# HÜTTE Bautechnik Band I

# HÜTTE Taschenbücher der Technik

Herausgegeben vom
Wissenschaftlichen Ausschuß des Akademischen Vereins Hütte e.V.

29. Auflage

# Bautechnik

Band I

Springer-Verlag Berlin Heidelberg GmbH

Mit 467 Abbildungen

ISBN 978-3-662-00860-7   ISBN 978-3-662-00859-1 (eBook)
DOI 10.1007/978-3-662-00859-1

Das Werk ist urheberrechtlich geschützt. Die dadurch begründeten Rechte, insbesondere die der Übersetzung, des Nachdruckes, der Entnahme von Abbildungen, der Funksendung, der Wiedergabe auf photomechanischem oder ähnlichem Wege und der Speicherung in Datenverarbeitungsanlagen bleiben, auch bei nur auszugsweiser Verwertung, vorbehalten.
Bei Vervielfältigungen für gewerbliche Zwecke ist gemäß § 54 UrhG eine Vergütung an den Verlag zu zahlen, deren Höhe mit dem Verlag zu vereinbaren ist.

© by Springer-Verlag Berlin Heidelberg 1974
Ursprünglich erschienen bei Springer-Verlag Berlin Heidelberg New York 1974
Softcover reprint of the hardcover 29th edition 1974

Library of Congress Catalog Card Number 73-78075

Die Wiedergabe von Gebrauchsnamen, Handelsnamen, Warenbezeichnungen usw. in diesem Werk berechtigt auch ohne besondere Kennzeichnung nicht zu der Annahme, daß solche Namen im Sinne der Warenzeichen- und Markenschutz-Gesetzgebung als frei zu betrachten wären und daher von jedermann benutzt werden dürften.

# Mitarbeiter dieses Bandes

*Bernet, O.*, Rechtsanwalt, Frankfurt/Main (3)

*Boes, A.*, Fachhochschullehrer und Prof., Dr.-Ing., Fachhochschule für Bauwesen, Aachen (4.5)

*Drees, G.*, o. Prof. Dr.-Ing., Universität Stuttgart (2.1, 2.2, 2.5)

*Flatten, H.*, Dr.-Ing., Düren (4.4)

*Heupel, A.*, Prof. Dr.-Ing., Universität Bonn (1)

*Holzapfel, F.*, Dr.-Ing., Baustoffüberwachung Aachen (4.6)

*Jäniche, W.*, Dr.-Ing., Dr.-Ing. E. h., Direktor, Fried. Krupp Hüttenwerke AG, Bochum (4.9)

*Jung, F. R.* †, Prof. Dr. phil. habil., TH Aachen (1)

*Jurecka, W.*, o. Prof. Dipl.-Ing. Dr. Techn., Technische Hochschule Wien (2.4)

*Kottas, H.*, Dipl.-Ing., Techn. Physiker, Aachen-Eilendorf (4.1.2)

*Krämer, W.*, Dipl.-Ing., Fried. Krupp Hüttenwerke AG, Rheinhausen (4.9)

*Kuhne, V.*, Dr.-Ing., Ing.-Büro Drees + Kuhne + Partner, Stuttgart (2.2.4)

*Manns, W.*, Dr.-Ing., Forschungsinstitut der Zementindustrie e. V., Düsseldorf (4.10)

*Pilny, F.*, o. Prof. Dr.-Ing., Technische Universität Berlin (4.1.1, 4.2, 4.3)

*Prange, H.*, Prof. Dipl.-Kfm., Vorstandsmitglied der Dyckerhoff & Widmann AG, München (2.3)

*Sasse, H. R.*, Wiss. Rat und Prof. Dr.-Ing., Institut für Bauforschung, Aachen (4.7, 4.8)

*Wesche, K.*, o. Prof. Dr.-Ing., Rheinisch-Westfälische Technische Hochschule Aachen (4.1.2, 4.4, 4.5, 4.6, 4.7, 4.8, 4.10)

Die in **Klammern** stehenden Zahlen beziehen sich auf die von den Autoren verfaßten Beiträge

# Vorwort zur 29. Auflage

Seit über hundert Jahren verfolgt die Hütte das Ziel, auf allen wichtigen Gebieten der Technik ein zuverlässiges Nachschlagewerk und Informationsmittel für Praxis und Studium zu sein. Ohne die speziellen Hand- und Lehrbücher ersetzen zu wollen, vermittelt sie dem Ingenieur nicht nur einen Überblick über seinen eigenen fachlichen Sektor, sondern ermöglicht es ihm, sich auch über andere Gebiete leicht und schnell zu unterrichten, wobei sie durch Neuauflagen immer wieder der Entwicklung angepaßt wird.

Der Bautechnik wurde erstmalig in der 20. Auflage (1909) ein eigener Band gewidmet, der unter dem Namen HÜTTE III bekannt geworden ist. In der 28. Auflage (1956) umfaßte dieser Band ca. 1600 Seiten.

Wenn auch die Bautechnik zu den klassischen Gebieten der Technik zählt, so hat doch ihre Weiterentwicklung in den letzten Jahrzehnten eindrucksvolle Fortschritte gemacht. Sie sind u. a. gekennzeichnet durch neue und verbesserte Konstruktionsmethoden, durch die zunehmende Verwendung neuer Baustoffe, durch die Benutzung elektronischer Datenverarbeitungsanlagen für Planung und Berechnung, durch Mechanisierung, Spezialisierung und Rationalisierung des Bauens, durch den verstärkten Übergang von handwerklichen zu industriellen Bauverfahren, durch den ausgedehnten Einsatz von Baumaschinen. Auf Grund dieser Fortschritte sind wir heute Zeugen eines Baugeschehens im weltweiten Ausmaß, das die Voraussetzung ist für das Wachstum der Städte, für den zügigen Ausbau der Industrie, für die Schaffung leistungsfähiger Anlagen des Personen- und Güterverkehrs und für die Sicherstellung der Rohstoff- und Energieversorgung einer wachsenden Bevölkerung.

Gegenüber der 28. Auflage erfordert die Darstellung der verschiedenen Gebiete der Bautechnik einen mehr als doppelten Umfang. Daher ist die Verteilung des Stoffes auf mehrere Bände notwendig. Für die Buchreihe „HÜTTE Bautechnik" ist daher folgendes Programm vorgesehen:

| | |
|---|---|
| Band I | Vermessungstechnik, Baubetriebswirtschaft, Bauvertragsrecht, Baustoffe. |
| Band II | Grundbau und Tunnelbau, Straßenplanung und Straßenbau, Flugplatzbau, Wasserbau und Wasserwirtschaft, Stau- und Wasserkraftanlagen (erschienen 1970 im Verlag Wilhelm Ernst & Sohn). |
| Band III | Baustatik, Baumaschinen. |
| Band IV | Stahlbetonbau, Spannbetonbau, Stahlbau, Leichtmetallbau, Verbundbau, Holzbau, Lehrgerüste und Schalungen, Abdichtungen. |
| Band V | Stadtplanung, Versorgungsanlagen, Hoch- und Industriebau, Gebäudeausstattung. |

Bei dieser Gruppierung stellte sich für den Herausgeber das Problem, wie die Zuordnung des Stoffes zu den einzelnen Bänden zum Nutzen des Lesers am besten zu bewerkstelligen sei. Dabei war u. a. zu berücksichtigen, daß jeder Band aus preislichen Gründen einen Umfang von 800 Seiten nicht wesentlich überschreiten sollte. Zu der oben stehenden Programmeinteilung geben wir folgende Begründung:

Band I und III enthalten die Grundlagenkapitel, d. h. es werden hier verschiedene Themen abgehandelt, die in einem wesentlichen Zusammenhang mit dem Baugeschehen stehen und seine wirksame und rationelle Gestaltung erst ermöglichen. Erstmals in dieser Auflage erscheinen so wichtige Gebiete wie die Baubetriebswirtschaft und das Bauvertragsrecht. Die Aufteilung des Stoffes auf zwei Bände erfolgt aus oben genannten umfangsbedingten Gründen. — Die übrigen Bände behandeln in sich geschlossene Gebiete: Band II Tiefbau bzw. Verkehrsbauten, Band IV den konstruktiven Ingenieurbau und Band V Stadtplanung und Hochbau.

Zum Stand der Technik ist anzumerken, daß bei einem Sammelwerk wie der HÜTTE, das sich aus Beiträgen vieler Autoren zusammensetzt, die Schwierigkeiten, die mit der sachlichen und terminlichen Koordinierung verbunden sind, nicht unterschätzt werden dürfen. Die Arbeiten vom Beginn der Manuskriptbearbeitung bis zum Erscheinen des Bandes erstrecken sich über einen Zeitraum von mehreren Jahren. Für Autoren und Redaktion treten daher besondere Probleme auf, wenn während der Herstellungszeit auf bestimmten Gebieten sich neue Entwicklungen vollziehen. Gemeint ist vor allem das Gebiet der Normung. So konnten z. B. manche Beiträge erst endgültig abgeschlossen werden, als die Fassung der neuen Normen DIN 1045 und 488 vorlag. Letzte Feinheiten und Ergänzungen, die aus Gründen der Aktualität erforderlich waren, wurden bei der Fahnenkorrektur berücksichtigt.

Das Kapitel *Vermessungstechnik* wurde nach dem Tode des ursprünglichen Autors von einem anderen Verfasser überarbeitet. Es wurde auf den heutigen Stand gebracht und es berücksichtigt die Entwicklungen der letzten Jahre. Besondere Beachtung fanden die Meßverfahren, die für das Tätigkeitsfeld des Bauingenieurs von Bedeutung sind.

Wie bereits erwähnt wurde das Kapitel *Baubetriebswirtschaft* in diese Auflage neu aufgenommen. Der Zwang zur Rationalisierung und Industrialisierung der Bauproduktion haben die Fertigungs- und Organisationsprobleme sehr viel stärker als früher in den Vordergrund treten lassen; dem wurde durch Aufnahme der entsprechenden Abschnitte, nicht zuletzt durch Berücksichtigung der elektronischen Datenverarbeitung, Rechnung getragen. Der Abschnitt Rechnungswesen entspricht dem Stand von Mitte 1971. Bei den übrigen betriebswirtschaftlichen Abschnitten konnten noch die Neuentwicklungen bis 1973 eingefügt werden.

Neu ist auch das Kapitel *Bauvertragsrecht.* Kein an einem Bauvorhaben Beteiligter, ob Bauherr, Architekt oder Bauunternehmer, kommt ohne die Kenntnis der Grundzüge des Baurechts aus. Bei der Bewerbung um ein Angebot, bei der Vertragsgestaltung, bei der Planung und Kalkulation, kurz bei fast jeder technischen und wirtschaftlichen Fragestellung spielen auch Rechtsvorschriften mit hinein. Rechtsnormen und ihre Beachtung sind daher in den Beziehungen der Vertragspartner zueinander, aber auch in ihren Beziehungen zu Dritten und zu den staatlichen Behörden — als Interessenvertretern der Allgemeinheit — unentbehrlich.

Für die künftige Entwicklung läßt sich, mit einigem Vorbehalt, folgende Voraussage machen: In den nächsten Jahren wird die privatrechtliche Diskussion über die Fragen der Gefahrtragung, also der Risikotragung bei zufälligen Leistungsstörungen, und über die Abgrenzung von Mangelschäden und Mangelfolgeschäden sowie über die Verjährung der daraus entstehenden Schadenersatzansprüche weitergeführt und vielleicht durch eine feste höchstrichterliche Rechtsprechung beendet werden. Auf öffentlich-rechtlichem Gebiet wird es durch die verstärkten Bemühungen um eine dem allgemeinen Interesse entsprechende Städte- und Landschaftsplanung, Bau- und Bodennutzung sowie durch Umweltschutzauflagen neue Rechtsvorschriften geben, die bei der Durchführung eines Bauvorhabens wirtschaftliche und technische Schwierigkeiten bereiten werden.

Die *Baustoffe* sind in einem Kapitel zusammengefaßt, während sie früher den einzelnen Bauweisen (Stahl-, Stahlbeton- und Holzbau) zugeordnet waren. Dadurch wurde eine völlige Neubearbeitung dieses Kapitels notwendig. Zur Darstellungsweise sowie zur Erläuterung der in diesem Kapitel benutzten Begriffe, physikalischen Größen und Einheiten sei besonders auf den Abschnitt 4.1 sowie auf „Wichtige Hinweise" aufmerksam gemacht.

Alle Beiträge, Bilder und Tabellen wurden sorgfältig bearbeitet und durchgesehen; jedoch kann eine Gewähr für Einzelheiten nicht übernommen werden.

Die Autoren haben trotz beruflicher Belastung ihr Wissen und ihre Erfahrung zur Verfügung gestellt und den Wünschen der Schriftleitung verständnisvoll Rechnung getragen. Ihnen gilt unser besonderer Dank! Wir danken auch allen, die uneigennützig mit ihrem Rat und durch Überlassung wertvoller Informationen der Schriftleitung behilflich waren. Wir danken ebenso dem Springer-Verlag für die vorzügliche Ausstattung des Bandes.

Berlin, im März 1974

| | |
|---|---|
| Wissenschaftlicher Ausschuß des Akademischen Vereins Hütte e. V. | Redaktion der HÜTTE-Taschenbücher |
| Dipl.-Ing. **H. Knipping** (Vorsitzender) | Dipl.-Ing. **W. Stenger** (Hauptschriftleiter) |

# Inhaltsverzeichnis

## 1. Vermessungstechnik
(*F. R. Jung* † und *A. Heupel*)

**1.1 Allgemeines** .................................................. 1
   1.1.1 Einführung ............................................... 1
   1.1.2 Definitionen der Erdgestalt ............................... 2
   1.1.3 Maßeinheiten .............................................. 2
      1.1.3.1 Längeneinheit ...................................... 2
      1.1.3.2 Winkeleinheiten .................................... 3
   1.1.4 Koordinatensysteme ........................................ 4
   1.1.5 Lage- und Höhenfestpunkte ................................. 6
   1.1.6 Stufen der allgemeinen Landesvermessung ................... 8

**1.2 Vermessungsgeräte und Vermessungsinstrumente** (Prüfung und Berichtigung)   9
   1.2.1 Vermarkung und Geräte zur Längenmessung ................... 9
   1.2.2 Hilfsmittel und Meßwerkzeuge zur einfachen Winkelmessung und zur Absteckung fester Winkel .............................. 11
   1.2.3 Teile geodätischer Winkelmeßinstrumente .................. 13
      1.2.3.1 Libellen ........................................... 13
      1.2.3.2 Ableseeinrichtungen für die Teilkreise ............. 15
      1.2.3.3 Meßfernrohre ....................................... 18
   1.2.4 Nivellierinstrumente ..................................... 20
      1.2.4.1 Instrumente zum flüchtigen Einwägen und für Sonderzwecke   20
      1.2.4.2 Nivellierinstrumente mit Libellen oder Kompensatoren .... 20
      1.2.4.3 Prüfung und Justierung der verschiedenen Nivelliertypen ... 21
      1.2.4.4 Instrumentelle Hilfsmittel zur Genauigkeits- und Geschwindigkeitssteigerung beim Nivellieren ........... 23
      1.2.4.5 Nivellierlatten .................................... 25
   1.2.5 Theodolite einschließlich Bussolen ........................ 25
      1.2.5.1 Aufbau des Theodolits ............................... 25
      1.2.5.2 Prüfung und Berichtigung des Theodolits ............. 27
      1.2.5.3 Horizontalwinkelmessung ............................ 28
      1.2.5.4 Vertikalwinkelmessung .............................. 30
      1.2.5.5 Bussolen ........................................... 31
   1.2.6 Optische Distanzmesser ................................... 33
      1.2.6.1 Fadendistanzmesser ................................. 33
      1.2.6.2 Diagrammtachymeter ................................. 34
      1.2.6.3 Tachymeter mit mechanisch-optischer Entfernungsreduktion . 35
      1.2.6.4 Doppelbildentfernungsmesser ........................ 35
      1.2.6.5 Entfernungsbestimmung mit Basislatte ............... 38
      1.2.6.6 Tangentenschrauben ................................. 39

**1.3 Reine Lagemessungen** ........................................ 40
   1.3.1 Rechnen mit Koordinaten .................................. 40
      1.3.1.1 Koordinatentransformation .......................... 40
      1.3.1.2 Berechnung von Strecke $s$ und Richtungswinkel $\alpha$ aus ebenen Koordinaten ........................................ 42
      1.3.1.3 Arbeiten mit Richtungswinkeln ...................... 43

## Inhaltsverzeichnis

| | |
|---|---|
| 1.3.1.4 Umrechnen polarer in rechtwinklige Koordinaten | 44 |
| 1.3.1.5 Geradenschnitt | 45 |
| 1.3.2 Triangulation | 47 |
| 1.3.2.1 Signalisierung | 47 |
| 1.3.2.2 Selbständige örtliche Triangulation | 48 |
| 1.3.2.3 Anschluß an die Landes-Triangulation | 49 |
| 1.3.2.4 Zentrierung exzentrisch beobachteter Richtungen | 52 |
| 1.3.3 Polygonierung | 53 |
| 1.3.3.1 Zugarten und Polygonpunktberechnung | 53 |
| 1.3.3.2 Anschluß eines Polygonzuges an einen unzugänglichen Punkt | 57 |
| 1.3.3.3 Anlage von Polygonzügen und -netzen | 57 |
| 1.3.4 Einzelvermessung | 58 |
| 1.3.4.1 Orthogonale Aufmessung | 58 |
| 1.3.4.2 Polare Aufmessung | 60 |
| **1.4 Höhenaufnahmen** | **60** |
| 1.4.1 Nivellements | 60 |
| 1.4.1.1 Das Höhennetz in der BRD | 61 |
| 1.4.1.2 Festpunkt- und Anschlußnivellement | 61 |
| 1.4.1.3 Längs- und Querprofile | 63 |
| 1.4.1.4 Flächennivellement | 65 |
| 1.4.2 Trigonometrische Höhenbestimmung | 66 |
| 1.4.2.1 Allgemeine Formeln | 66 |
| 1.4.2.2 Trigonometrisches Nivellement | 67 |
| 1.4.2.3 Sichtbarkeitsbestimmung | 68 |
| 1.4.2.4 Turmhöhenbestimmung | 68 |
| 1.4.3 Physikalische Höhenbestimmung | 68 |
| **1.5 Gleichzeitige Lage- und Höhenaufnahme** | **70** |
| 1.5.1 Theodolittachymetrie | 70 |
| 1.5.1.1 Arbeit am Instrument | 70 |
| 1.5.1.2 Tachymeterzüge | 72 |
| 1.5.1.3 Einzelaufnahme des Geländes | 73 |
| 1.5.2 Meßtischtachymetrie | 73 |
| **1.6 Planarbeiten, Flächenberechnungen und Karten** | **74** |
| 1.6.1 Pläne, Karten und ihre Maßstäbe | 74 |
| 1.6.2 Kartierung der Pläne | 74 |
| 1.6.3 Flächenberechnung | 75 |
| 1.6.3.1 Flächenberechnung nach Feldmaßen | 75 |
| 1.6.3.2 Flächenberechnung nach Koordinaten | 75 |
| 1.6.3.3 Halbgraphische Flächenberechnung | 76 |
| 1.6.3.4 Graphische Flächenbestimmung | 76 |
| 1.6.4 Papierveränderung | 77 |
| 1.6.5 Maßstabänderung, Reproduktion und Vervielfältigung von Plänen | 78 |
| 1.6.5.1 Maßstabänderung | 78 |
| 1.6.5.2 Vervielfältigung | 78 |
| 1.6.6 Wichtige amtliche topographische Karten und Übersichtskarten der BRD | 79 |
| **1.7 Kurvenabsteckung** | **80** |
| 1.7.1 Absteckung der symmetrischen Hauptpunkte bei Kreisbögen | 80 |
| 1.7.2 Abstecken von Hauptpunkten eines Kreisbogens durch Sehnenvielecke und Polygone | 82 |
| 1.7.2.1 Abstecken mit gleichen Bogenlängen | 82 |
| 1.7.2.2 Abstecken mit ungleichen Sehnen | 83 |
| 1.7.2.3 Abstecken von einem Polygonzug aus | 83 |
| 1.7.3 Abstecken von Kleinpunkten eines Kreisbogens | 84 |
| 1.7.3.1 Rechtwinklige Koordinaten von der Tangente aus | 84 |

1.7.3.2 Rechtwinklige Koordinaten von der Sehne aus . . . . . . . . 84
1.7.3.3 Sehnenwinkelverfahren . . . . . . . . . . . . . . . . . 84
1.7.3.4 Stationierung der Bögen . . . . . . . . . . . . . . . 85
1.7.4 Näherungen . . . . . . . . . . . . . . . . . . . . . . . . . . . 85
   1.7.4.1 Viertelsmethode . . . . . . . . . . . . . . . . . . . 85
   1.7.4.2 Parabelmethode . . . . . . . . . . . . . . . . . . . 85
   1.7.4.3 Sekanten- oder Einrückungsmethode . . . . . . . . . . . 86
   1.7.4.4 Bogenabsteckung mit gleichen Peripheriewinkeln . . . . . . 86
   1.7.4.5 Ellipsen und Parabeln aus Strahlbüscheln . . . . . . . . . 86
1.7.5 Korbbögen . . . . . . . . . . . . . . . . . . . . . . . . . . . 86
1.7.6 Tangenten an gegebene Bögen . . . . . . . . . . . . . . . . . . 87
1.7.7 Kuppen- und Wannenausrundung . . . . . . . . . . . . . . . . . 88
1.7.8 Kubische Parabel und Vorbogen als Übergangskurven . . . . . . . 89
   1.7.8.1 Kubische Parabel . . . . . . . . . . . . . . . . . . . 89
   1.7.8.2 Vorbogen . . . . . . . . . . . . . . . . . . . . . . 90
1.7.9 Klothoide als Übergangskurve . . . . . . . . . . . . . . . . . . 91
1.7.10 Spezielle Verfahren zum Abstecken der Klothoiden . . . . . . . . 93
   1.7.10.1 Abstecken der Klothoide durch ein Sehnenpolygon . . . . . 93
   1.7.10.2 Sehnenwinkelverfahren . . . . . . . . . . . . . . . . 94
   1.7.10.3 Klothoidenabsteckung von der Sehne . . . . . . . . . . 94
   1.7.10.4 Klothoidenabsteckung von der Tangente . . . . . . . . . 95
   1.7.10.5 Zwischenpunkte . . . . . . . . . . . . . . . . . . . 95
1.7.11 Bemerkungen zur Klothoide als Trassierungselement . . . . . . . . 95
1.7.12 Nalenzverfahren zur Kurvenabsteckung (Winkelbildverfahren) . . . 96

**1.8 Benutzung der Photogrammetrie bei Ingenieuraufgaben** . . . . . . . . . 100
1.8.1 Allgemeiner Einsatz der Photogrammetrie . . . . . . . . . . . . 100
1.8.2 Technische Daten der Luftbildaufnahme . . . . . . . . . . . . . 101
1.8.3 Einfache zeichnerische Verfahren zur Ausmessung von Einzelluftbildern
   ebenen oder nahezu ebenen Geländes . . . . . . . . . . . . . . 103
   1.8.3.1 Ausmessen von Schrägaufnahmen . . . . . . . . . . . . 103
   1.8.3.2 Ausmessen von Senkrechtaufnahmen . . . . . . . . . . . 104
1.8.4 Luftbildpläne . . . . . . . . . . . . . . . . . . . . . . . . . . 107
1.8.5 Stereoskopisches Sehen und Messen . . . . . . . . . . . . . . . 107
   1.8.5.1 Natürliches und künstliches stereoskopisches Sehen . . . . . 107
   1.8.5.2 Ausmessen von Stereomodellen mit dem Stereometer . . . . 110
   1.8.5.3 Automatische Auswertegeräte I. und II. Ordnung . . . . . 113
1.8.6 Verwendung der Photogrammetrie für nichttopographische technische
   Zwecke des Ingenieurbaues . . . . . . . . . . . . . . . . . . . 114
1.8.7 Einsatz der Photogrammetrie beim Bau von Verkehrsbändern . . . . 115

**1.9 Besondere Absteckungen und Kontrollvermessungen bei Ingenieurbauten** . . 117
1.9.1 Allgemeines . . . . . . . . . . . . . . . . . . . . . . . . . . 117
1.9.2 Abstecken von Bauwerken sowie von Damm- und Einschnittprofilen 117
   1.9.2.1 Hilfen beim Abstecken von Bauwerken . . . . . . . . . . 117
   1.9.2.2 Abstecken von Damm- und Einschnittprofilen . . . . . . . 118
1.9.3 Überwachung von Talsperren . . . . . . . . . . . . . . . . . . 120
1.9.4 Absteckungs- und Kontrollvermessungen beim Brückenbau . . . . . 122
1.9.5 Vermessungsarbeiten beim Tunnelbau . . . . . . . . . . . . . . 126

**1.10 Formeln zur Fehlerrechnung und Ausgleichung** . . . . . . . . . . . . 127
1.10.1 Fehlerrechnung . . . . . . . . . . . . . . . . . . . . . . . . 127
   1.10.1.1 Fehlermaße . . . . . . . . . . . . . . . . . . . . . 127
   1.10.1.2 Fehlerfortpflanzungsgesetz . . . . . . . . . . . . . . 128
   1.10.1.3 Gewichte . . . . . . . . . . . . . . . . . . . . . . 128
   1.10.1.4 Beobachtungsdifferenzen . . . . . . . . . . . . . . . 129
1.10.2 Ausgleichung direkter Beobachtungen . . . . . . . . . . . . . . 129
   1.10.2.1 Arithmetisches Mittel . . . . . . . . . . . . . . . . 129

1.10.2.2 Direkte Beobachtungsergebnisse, für die eine Summengleichung besteht . . . . . . . . . . . . . . . . . . . . . 130
1.10.3 Ausgleichung nach vermittelnden Beobachtungen . . . . . . . . . 130
1.10.4 Ausgleichung nach bedingten Beobachtungen . . . . . . . . . . 132
1.10.5 Zusammenfassung . . . . . . . . . . . . . . . . . . . . . . 133
**1.11 Tabellen für Gon und Altgrad und Kreisfunktionen für Gon** . . . . . . . 134
Literatur zu 1. Vermessungstechnik . . . . . . . . . . . . . . . . . . . 140

# 2. Baubetriebswirtschaft

**2.1 Organisation von Bauunternehmungen** (G. Drees) . . . . . . . . . . . 143
2.1.1 Aufgabe der Bauunternehmung . . . . . . . . . . . . . . . 143
2.1.2 Die Organisationsbereiche des Bauunternehmens . . . . . . . . . 143
2.1.2.1 Auftragsbeschaffung . . . . . . . . . . . . . . . . . . 146
2.1.2.2 Konstruktion . . . . . . . . . . . . . . . . . . . . . 148
2.1.2.3 Geräte . . . . . . . . . . . . . . . . . . . . . . . 149
2.1.2.4 Personal . . . . . . . . . . . . . . . . . . . . . . 154
2.1.2.5 Stoffe . . . . . . . . . . . . . . . . . . . . . . . 156
2.1.2.6 Finanzen . . . . . . . . . . . . . . . . . . . . . . 157
2.1.2.7 Rechnungswesen . . . . . . . . . . . . . . . . . . 159
2.1.2.8 Betriebsstätten . . . . . . . . . . . . . . . . . . . 160
2.1.2.9 Sonstige Organisationsbereiche . . . . . . . . . . . . 161
2.1.2.10 Der Betriebsrat . . . . . . . . . . . . . . . . . . . 162
2.1.3 Die Organisationsform der Bauunternehmen . . . . . . . . . . 163
2.1.3.1 Organisationsprinzipien . . . . . . . . . . . . . . . . 163
2.1.3.2 Die Organisationsform bestimmter Einflußfaktoren . . . . . 164
2.1.3.3 Unternehmenstypen . . . . . . . . . . . . . . . . . 167
2.1.3.4 Rechtliche Unternehmensformen . . . . . . . . . . . . 173
2.1.3.5 Formen der Zusammenarbeit von Bauunternehmen für Zwecke der Bauausführung . . . . . . . . . . . . . . . . . . 174
2.1.3.6 Hilfsmittel für die Betriebsorganisation . . . . . . . . . 176
2.1.4 Verbandswesen . . . . . . . . . . . . . . . . . . . . . . 178
2.1.4.1 Arbeitgeberverbände . . . . . . . . . . . . . . . . . 179
2.1.4.2 Arbeitnehmerverbände . . . . . . . . . . . . . . . . 179
Literatur zu 2.1 Organisation von Bauunternehmungen . . . . . . . . 180

**2.2 Leistungserstellung** (Auftragsabwicklung) (G. Drees) . . . . . . . . . . 181
2.2.1 Fertigungsplanung (Arbeitsvorbereitung) . . . . . . . . . . . . 181
2.2.1.1 Sinn und Bedeutung der Fertigungsplanung . . . . . . . 181
2.2.1.2 Auswahl des Bauverfahrens . . . . . . . . . . . . . . 182
2.2.1.3 Bauablaufplanung . . . . . . . . . . . . . . . . . . 187
2.2.1.4 Bereitstellungsplanung . . . . . . . . . . . . . . . . 204
2.2.1.5 Planung der Baustelleneinrichtung . . . . . . . . . . . 205
2.2.1.6 Arbeitspläne . . . . . . . . . . . . . . . . . . . . 206
2.2.1.7 Organisationsmittel der Fertigungsplanung . . . . . . . . 206
2.2.1.8 Die organisatorische Stellung der Fertigungsplanung . . . . 207
2.2.2 Kontrolle des Fertigungsablaufes . . . . . . . . . . . . . . . 208
2.2.2.1 Berichtswesen . . . . . . . . . . . . . . . . . . . 208
2.2.2.2 Auswertung der Berichte . . . . . . . . . . . . . . . 210
2.2.2.3 Qualitätskontrolle . . . . . . . . . . . . . . . . . . 212
2.2.2.4 Einhaltung der Arbeitsschutzbestimmungen . . . . . . . 212
2.2.3 Bauleistungsabrechnung . . . . . . . . . . . . . . . . . . . 213
2.2.3.1 Abrechungsgrundlagen . . . . . . . . . . . . . . . . 213
2.2.3.2 Leistungserfassung und Mengenberechnung . . . . . . . 213
2.2.3.3 Rechnungsaufstellung . . . . . . . . . . . . . . . . 215
2.2.3.4 Vergütung . . . . . . . . . . . . . . . . . . . . . 216

## Inhaltsverzeichnis

      2.2.3.5 Elektronische Bauabrechnung . . . . . . . . . . . . . . . 216
   2.2.4 Netzplantechnik (unter Mitarbeit von *V. Kuhne*) . . . . . . . . . . 218
      2.2.4.1 Allgemeines . . . . . . . . . . . . . . . . . . . . . . . . 218
      2.2.4.2 Netzplanmethoden . . . . . . . . . . . . . . . . . . . . . 219
      2.2.4.3 Praktische Anwendung der Netzplantechnik im Bauwesen. . . 227
      2.2.4.4 Einsatz von EDV-Anlagen . . . . . . . . . . . . . . . . . 236
      2.2.4.5 Kosten der Netzplantechnik . . . . . . . . . . . . . . . . . 240
   Literatur zu 2.2 Leistungserstellung (Auftragsabwicklung) . . . . . . . . 241
2.3 **Rechnungswesen im Baubetrieb** (*H. Prange*) . . . . . . . . . . . . . . 242
   2.3.1 Begriff und Aufgabe des baubetrieblichen Rechnungswesens . . . . 242
      2.3.1.1 Begriff . . . . . . . . . . . . . . . . . . . . . . . . . . . 242
      2.3.1.2 Aufgabe . . . . . . . . . . . . . . . . . . . . . . . . . . 243
   2.3.2 Zweige des baubetrieblichen Rechnungswesens . . . . . . . . . . 243
   2.3.3 Buchführung . . . . . . . . . . . . . . . . . . . . . . . . . . . 243
      2.3.3.1 Allgemeines . . . . . . . . . . . . . . . . . . . . . . . . 243
      2.3.3.2 Besonderheiten der baubetrieblichen Buchführung . . . . . . 245
      2.3.3.3 Bauhandwerk — Bauindustrie . . . . . . . . . . . . . . . . 246
      2.3.3.4 Normalkontenrahmen für das handwerkliche Bauhauptgewerbe 250
      2.3.3.5 Musterkontenrahmen der Bauindustrie . . . . . . . . . . . 250
      2.3.3.6 Bilanzanalytische Betrachtungen . . . . . . . . . . . . . . . 264
   2.3.4 Kosten- und Leistungsrechnung . . . . . . . . . . . . . . . . . . 269
      2.3.4.1 Aufgabe . . . . . . . . . . . . . . . . . . . . . . . . . . 269
      2.3.4.2 Zweck . . . . . . . . . . . . . . . . . . . . . . . . . . . 269
      2.3.4.3 Kalkulation . . . . . . . . . . . . . . . . . . . . . . . . . 270
      2.3.4.4 Betriebsabrechnung . . . . . . . . . . . . . . . . . . . . . 276
      2.3.4.5 Leistungsrechnung . . . . . . . . . . . . . . . . . . . . . . 277
      2.3.4.6 Produktionsergebnisrechnung . . . . . . . . . . . . . . . . 278
   2.3.5 Betriebsstatistik und Planungsrechnung . . . . . . . . . . . . . . 279
      2.3.5.1 Betriebsstatistik . . . . . . . . . . . . . . . . . . . . . . . 279
      2.3.5.2 Planungsrechnung . . . . . . . . . . . . . . . . . . . . . 280
   Literatur zu 2.3 Rechnungswesen im Baubetrieb . . . . . . . . . . . . . 282
2.4 **Baustelleneinrichtung** (*W. Jurecka*) . . . . . . . . . . . . . . . . . . 283
   2.4.1 Definition und Abgrenzung . . . . . . . . . . . . . . . . . . . . 283
      2.4.1.1 Aufgabenstellung . . . . . . . . . . . . . . . . . . . . . . 283
      2.4.1.2 Voraussetzungen . . . . . . . . . . . . . . . . . . . . . . 283
      2.4.1.3 Umfang der Baustelleneinrichtungsplanung . . . . . . . . . 284
   2.4.2 Platzbedarf für Baustelleneinrichtungen . . . . . . . . . . . . . . 284
      2.4.2.1 Platzbedarf für ortsfeste maschinelle Anlagen . . . . . . . . 284
      2.4.2.2 Platzbedarf für Hilfsbetriebe . . . . . . . . . . . . . . . . 284
      2.4.2.3 Werkstätten . . . . . . . . . . . . . . . . . . . . . . . . 291
      2.4.2.4 Verkehrsanlagen . . . . . . . . . . . . . . . . . . . . . . 294
      2.4.2.5 Platzbedarf für Baustoffe . . . . . . . . . . . . . . . . . . 296
      2.4.2.6 Baustellengebäude . . . . . . . . . . . . . . . . . . . . . 298
   2.4.3 Zuordnung der Einzelteile einer Baustelleneinrichtung . . . . . . . 300
      2.4.3.1 Allgemeine Grundsätze . . . . . . . . . . . . . . . . . . . 300
      2.4.3.2 Grundsätze für Hochbau- und Betonbaustellen . . . . . . . 300
      2.4.3.3 Grundsätze für Tief- und Straßenbaustellen . . . . . . . . . 305
   2.4.4 Merkblatt . . . . . . . . . . . . . . . . . . . . . . . . . . . . 306
   Literatur zu 2.4 Baustelleneinrichtung . . . . . . . . . . . . . . . . . 310
2.5 **Arbeitsstudium im Baubetrieb** (*G. Drees*) . . . . . . . . . . . . . . 311
   2.5.1 Datenermittlung . . . . . . . . . . . . . . . . . . . . . . . . . 311
      2.5.1.1 Grundlagen . . . . . . . . . . . . . . . . . . . . . . . . 311
      2.5.1.2 Zeitgliederung . . . . . . . . . . . . . . . . . . . . . . . 312
      2.5.1.3 Zeitaufnahme . . . . . . . . . . . . . . . . . . . . . . . 319
   2.5.2 Arbeitsgestaltung . . . . . . . . . . . . . . . . . . . . . . . . . 330

2.5.3 Arbeitsbewertung.......................... 330
2.5.4 Leistungsentlohnung........................ 336
    2.5.4.1 Vorgabezeitermittlung................... 336
    2.5.4.2 Formen des Leistungslohns................ 339
Literatur zu 2.5 Arbeitsstudium im Baubetrieb............. 342

# 3. Bauvertragsrecht
*(O. Bernet)*

3.1 Rechtsfragen und Geltungsbereich.................... 344
  3.1.1 Übersicht............................. 344
  3.1.2 Vertragsformen......................... 344
  3.1.3 Räumliche Geltung....................... 345

3.2 Der Bauvertrag............................... 345
  3.2.1 Der Bauvertrag nach dem Recht des BGB............ 345
    3.2.1.1 Begriff und Abschluß.................... 345
    3.2.1.2 Art der Vergütung..................... 346
  3.2.2 Anfechtung eines Bauvertrages.................. 347
  3.2.3 Auslegungsregeln für den Bauvertrag............... 349
  3.2.4 Die Personen des Bauvertrages und ihre Beauftragten...... 349
  3.2.5 Anordnungen des Bauherrn und nachträgliche Änderung des Bauvertrages ............................. 351
    3.2.5.1 Anordnungen des Bauherrn................ 351
    3.2.5.2 Änderung der Bauleistung................. 351
    3.2.5.3 Vergütung bei Änderung der Bauleistung......... 352
  3.2.6 Verpflichtungen des Unternehmers................ 352
  3.2.7 Positive Vertragsverletzung.................... 354
  3.2.8 Verspätete Fertigstellung..................... 355
  3.2.9 Vertragsstrafe........................... 355
  3.2.10 Unmöglichkeit der Vertragserfüllung............... 356
    3.2.10.1 Ursprüngliche Unmöglichkeit.............. 356
    3.2.10.2 Nachträgliche Unmöglichkeit.............. 356
  3.2.11 Das Bauwagnis.......................... 356
  3.2.12 Die Gefahrtragung........................ 358
  3.2.13 Verpflichtungen des Bauherrn.................. 359
    3.2.13.1 Vergütung........................ 359
    3.2.13.2 Abnahme......................... 359
    3.2.13.3 Abnahmeverzug des Bauherrn.............. 359
    3.2.13.4 Verzug des Bauherrn in anderen Fällen.......... 360
    3.2.13.5 Verjährung der Vergütungsansprüche........... 360
  3.2.14 Eigentumsrecht — Sicherung................... 361
    3.2.14.1 Eigentumsrecht am Bauwerk............... 361
    3.2.14.2 Sicherung des Unternehmers............... 361
  3.2.15 Kündigung des Bauvertrages................... 362
  3.2.16 Das Baupreisrecht........................ 363
    3.2.16.1 Allgemeines....................... 363
    3.2.16.2 Das Preisrecht...................... 363
  3.2.17 Ordnungswidrigkeiten und Straftaten im Baurecht........ 365
    3.2.17.1 Allgemeines....................... 365
    3.2.17.2 Das Wirtschaftsstrafgesetz (WiStG) 1954........ 366
    3.2.17.3 Allgemeine strafrechtliche Vorschriften......... 367
  3.2.18 Arbeitsgemeinschaften und Beteiligungsverträge......... 369
    3.2.18.1 Arbeitsgemeinschaften (Arge).............. 369

## Inhaltsverzeichnis

3.2.18.2 Beteiligungsvertrag ........................... 370
3.2.18.3 Steuerliche Erwägungen ....................... 371
3.2.19 Bauleistungen und der Kauf von Baustoffen .............. 371
3.3 **Der Bauvertrag nach der VOB** ........................ 372
  3.3.1 Die VOB, ihr Verhältnis zum BGB .................... 372
  3.3.2 Die Ausschreibung ............................ 374
    3.3.2.1 Allgemeines ............................. 374
    3.3.2.2 Verdingungsunterlagen ....................... 375
    3.3.2.3 Titel III VOB/A — Ausschreibung ............... 378
    3.3.2.4 Titel IV VOB/A — Angebot und Zuschlag .......... 379
  3.3.3 Der Inhalt des Bauvertrages ....................... 382
    3.3.3.1 § 1 VOB/B — Art und Umfang der Leistung ........ 383
    3.3.3.2 § 2 — Vergütung .......................... 383
    3.3.3.3 § 3 — Ausführungsunterlagen .................. 386
    3.3.3.4 § 4 — Ausführung .......................... 387
    3.3.3.5 § 5 — Ausführungsfristen ..................... 389
    3.3.3.6 § 6 — Behinderung und Unterbrechung der Ausführung .. 390
    3.3.3.7 § 7 — Verteilung der Gefahr .................. 392
    3.3.3.8 § 8 — Kündigung durch den Auftraggeber ......... 393
    3.3.3.9 § 9 — Kündigung durch den Auftragnehmer ........ 394
    3.3.3.10 § 10 — Haftung der Vertragsparteien ............ 394
    3.3.3.11 § 11 — Vertragsstrafe ....................... 397
    3.3.3.12 § 12 — Abnahme .......................... 397
    3.3.3.13 § 13 — Gewährleistung ...................... 398
    3.3.3.14 § 14 — Abrechnung ........................ 400
    3.3.3.15 § 15 — Stundenlohnarbeiten ................... 400
    3.3.3.16 § 16 — Zahlung ........................... 400
    3.3.3.17 § 17 — Sicherheitsleistung .................... 402
    3.3.3.18 § 18 — Streitigkeiten ....................... 402
    3.3.3.19 § 19 — Arbeitsunfälle im Baubetrieb, gesetzliche Unfallversicherung (Anhang zu 3.3.3.10) .................. 403
  3.3.4 VOB Teil C — Allgemeine Technische Vorschriften .......... 405
    3.3.4.1 Erdarbeiten (DIN 18300) ..................... 405
    3.3.4.2 Rammarbeiten (DIN 18304) ................... 407
3.4 **Rechtliche Stellung von Architekt und Fachingenieur** ........... 408
  3.4.1 Der Architektenvertrag .......................... 408
    3.4.1.1 Der Architektenvertrag und seine rechtliche Bedeutung ... 409
    3.4.1.2 Der Architekt als Vertragspartei ................ 410
    3.4.1.3 Die Pflichten des Architekten im einzelnen ......... 410
    3.4.1.4 Die Gewährleistungsverpflichtungen des Architekten .... 411
    3.4.1.5 Die gleichzeitige Haftung von Architekt und Unternehmer .. 413
  3.4.2 Der Fachingenieur ............................. 414
Literatur zu 3. Bauvertragsrecht ........................... 415

# 4. Baustoffe

4.1 **Einführung** ................................... 417
  4.1.1 Allgemeines (*F. Pilny*) .......................... 417
  4.1.2 Die Eigenschaften der Baustoffe (*K. Wesche* und *H. Kottas*) .... 418
    4.1.2.1 Klassifizierung der Eigenschaften ............... 418
    4.1.2.2 Meßtechnik und Einheitensysteme ............... 418
    4.1.2.3 Maßordnung im Hochbau ..................... 421
    4.1.2.4 Physikalische Eigenschaften von Baustoffen ......... 422

|  |  | 4.1.2.5 Mechanische Eigenschaften | 425 |
|---|---|---|---|
|  |  | 4.1.2.6 Physikalisch-chemische Eigenschaften | 434 |
|  |  | 4.1.2.7 Technologisches Verhalten der Baustoffe | 434 |

### 4.2 Natursteine (F. Pilny) ... 436
- 4.2.1 Bezeichnungen und Begriffe ... 436
- 4.2.2 Eigenschaften ... 437
  - 4.2.2.1 Petrographische Merkmale ... 437
  - 4.2.2.2 Physikalisch-technische Eigenschaften ... 439
  - 4.2.2.3 Physikalisch-chemische Eigenschaften ... 442
- 4.2.3 Bearbeitung und Handelsformen ... 443

### 4.3 Mörtel und Beton (F. Pilny) ... 444
- 4.3.1 Formelzeichen, Größen und Einheiten ... 444
- 4.3.2 Bezeichnungen und Begriffe ... 446
  - 4.3.2.1 Zusammensetzung ... 447
  - 4.3.2.2 Herstellung ... 448
  - 4.3.2.3 Verarbeitung ... 448
- 4.3.3 Die Ausgangsstoffe für Mörtel und Betone ... 449
  - 4.3.3.1 Bindemittel für Mörtel und Beton ... 450
  - 4.3.3.2 Zuschlag für Mörtel und Beton ... 455
  - 4.3.3.3 Zugabewasser ... 462
  - 4.3.3.4 Zusatzstoffe ... 463
  - 4.3.3.5 Zusatzmittel ... 465
  - 4.3.3.6 Poren ... 467
- 4.3.4 Eigenschaften des Betons ... 470
  - 4.3.4.1 Frischbetoneigenschaften ... 471
  - 4.3.4.2 Festbetoneigenschaften ... 474
- 4.3.5 Einflußgrößen in Beton ... 524
  - 4.3.5.1 Zusammensetzung ... 524
  - 4.3.5.2 Herstellung ... 526
  - 4.3.5.3 Nachbehandlung ... 528
  - 4.3.5.4 Erhärtungsalter ... 529
  - 4.3.5.5 Erhärtungstemperatur ... 529
  - 4.3.5.6 Dampfhärtung ... 530
- 4.3.6 Entwurf von Betonmischungen ... 530
  - 4.3.6.1 Einführung ... 530
  - 4.3.6.2 Berechnungsverfahren ... 531
  - 4.3.6.3 Empirische Verfahren ... 532
  - 4.3.6.4 Baustoffbedarfsrechnung ... 534
- 4.3.7 Nachträgliche Bestimmung der Betonzusammensetzung ... 534
  - 4.3.7.1 Frischbeton ... 534
  - 4.3.7.2 Festbeton ... 535
- 4.3.8 Sichtfläche des Betons ... 535
- 4.3.9 Sondermörtel und Sonderbeton ... 535
  - 4.3.9.1 Klassifizierung nach Ausgangsstoffen ... 535
  - 4.3.9.2 Klassifizierung nach Anwendungsgebieten ... 536
  - 4.3.9.3 Klassifizierung nach Verarbeitungsmethoden ... 537
- Literatur zu 4.2 Natursteine und 4.3 Mörtel und Beton ... 538

### 4.4 Keramische Baustoffe (K. Wesche und H. Flatten) ... 547
- 4.4.1 Rohstoffe ... 547
  - 4.4.1.1 Plastische Rohstoffe ... 547
  - 4.4.1.2 Nichtplastische Rohstoffe bzw. Zusatzstoffe ... 547
- 4.4.2 Verarbeitung der Rohstoffe, Erzeugnisse ... 548
  - 4.4.2.1 Aufbereitung ... 548
  - 4.4.2.2 Formgebung und Trocknung ... 548
  - 4.4.2.3 Oberflächenbehandlung ... 548

# Inhaltsverzeichnis XVII

4.4.3 Fehler und Schäden an grobkeramischen Erzeugnissen. . . . . . . . 549
    4.4.3.1 Schäden durch Herstellungsfehler . . . . . . . . . . . . 549
    4.4.3.2 Ausblühungen . . . . . . . . . . . . . . . . . . . . . 549
    4.4.3.3 Frostschäden . . . . . . . . . . . . . . . . . . . . . 552
4.4.4 Eigenschaften keramischer Erzeugnisse . . . . . . . . . . . . . 554
4.4.5 Güteeigenschaften grobkeramischer Erzeugnisse. . . . . . . . . . . 555
    4.4.5.1 Ziegeleierzeugnisse . . . . . . . . . . . . . . . . . . . 555
    4.4.5.2 Steinzeugprodukte . . . . . . . . . . . . . . . . . . . 567
    4.4.5.3 Zwischenstufen . . . . . . . . . . . . . . . . . . . . 569
4.4.6 Verschiedene Erzeugnisse und ihre Handelsform . . . . . . . . . 572
Literatur zu 4.4 Keramische Baustoffe . . . . . . . . . . . . . . . 573

**4.5 Bauglas** (*K. Wesche* und *A. Boes*) . . . . . . . . . . . . . . . . . . 574
  4.5.1 Formelzeichen, Größen und Einheiten . . . . . . . . . . . . . . 574
  4.5.2 Ausgangsstoffe der Glasherstellung . . . . . . . . . . . . . . . 575
  4.5.3 Zusammensetzung . . . . . . . . . . . . . . . . . . . . . . 575
  4.5.4 Glasschmelze. . . . . . . . . . . . . . . . . . . . . . . . . 575
  4.5.5 Chemische Widerstandsfähigkeit des Glases . . . . . . . . . . . 576
    4.5.5.1 Widerstand gegen zerstörende Wirkung von Wasser, Salzlösungen, Feuchtigkeit und $CO_2$ . . . . . . . . . . . . . . . 576
    4.5.5.2 Widerstandsfähigkeit gegen Säuren. . . . . . . . . . . . 576
    4.5.5.3 Empfindlichkeit gegen organische Substanzen (Silikone). . . . 576
  4.5.6 Physikalische Eigenschaften des Glases . . . . . . . . . . . . . 576
    4.5.6.1 Mechanische Eigenschaften . . . . . . . . . . . . . . . 576
    4.5.6.2 Thermische Eigenschaften. . . . . . . . . . . . . . . . 579
    4.5.6.3 Verhalten gegen Licht- und Wärmestrahlung . . . . . . . . 580
    4.5.6.4 Elektrische Eigenschaften. . . . . . . . . . . . . . . . 580
  4.5.7 Glasarten . . . . . . . . . . . . . . . . . . . . . . . . . 580
  4.5.8 Herstellung der Gläser. . . . . . . . . . . . . . . . . . . . . 581
    4.5.8.1 Flachglas . . . . . . . . . . . . . . . . . . . . . . . 581
    4.5.8.2 Preßglas . . . . . . . . . . . . . . . . . . . . . . . 582
    4.5.8.3 Glasfasern. . . . . . . . . . . . . . . . . . . . . . . 582
    4.5.8.4 Schaumglas . . . . . . . . . . . . . . . . . . . . . . 582
  4.5.9 Flachglas . . . . . . . . . . . . . . . . . . . . . . . . . . 582
    4.5.9.1 Tafelglas . . . . . . . . . . . . . . . . . . . . . . . 582
    4.5.9.2 Oberflächenveredeltes Tafelglas . . . . . . . . . . . . . 585
    4.5.9.3 Gußglas. . . . . . . . . . . . . . . . . . . . . . . . 585
    4.5.9.4 Spiegelglas . . . . . . . . . . . . . . . . . . . . . . 585
    4.5.9.5 Sicherheitsgläser . . . . . . . . . . . . . . . . . . . . 588
    4.5.9.6 Wärmeschutzgläser. . . . . . . . . . . . . . . . . . . 589
    4.5.9.7 Farbenglas . . . . . . . . . . . . . . . . . . . . . . 590
    4.5.9.8 Sondergläser. . . . . . . . . . . . . . . . . . . . . . 593
  4.5.10 Preßglas . . . . . . . . . . . . . . . . . . . . . . . . . . 595
    4.5.10.1 Glasbausteine . . . . . . . . . . . . . . . . . . . . 595
    4.5.10.2 Betongläser . . . . . . . . . . . . . . . . . . . . . 596
    4.5.10.3 Hohl-Betongläser . . . . . . . . . . . . . . . . . . . 598
    4.5.10.4 Vorgespannte Betongläser . . . . . . . . . . . . . . . 598
    4.5.10.5 Glasdachsteine . . . . . . . . . . . . . . . . . . . . 598
  4.5.11 Glasfasererzeugnisse . . . . . . . . . . . . . . . . . . . . . 598
    4.5.11.1 Arten der Glasfasererzeugnisse. . . . . . . . . . . . . 598
    4.5.11.2 Eigenschaften . . . . . . . . . . . . . . . . . . . . 599
  4.5.12 Schaumglas . . . . . . . . . . . . . . . . . . . . . . . . . 600
  Literatur zu 4.5 Bauglas . . . . . . . . . . . . . . . . . . . . . 600

**4.6 Holz** (*K. Wesche* und *F. Holzapfel*) . . . . . . . . . . . . . . . . . 601
  4.6.1 Allgemeines . . . . . . . . . . . . . . . . . . . . . . . . . 601

4.6.2 Aufbau des Holzes ... 602
  4.6.2.1 Chemischer Aufbau ... 602
  4.6.2.2 Biologisch-physikalischer Aufbau ... 602
4.6.3 Technische und physikalische Eigenschaften ... 605
  4.6.3.1 Einflüsse ... 605
  4.6.3.2 Dichte ... 606
  4.6.3.3 Rohdichte ... 606
  4.6.3.4 Verhalten gegenüber Feuchtigkeit ... 606
  4.6.3.5 Verhalten gegenüber Wärme ... 607
  4.6.3.6 Festigkeit bei statischer Belastung ... 607
  4.6.3.7 Festigkeit bei dynamischer Belastung ... 608
  4.6.3.8 Härte und Abnutzungswiderstand ... 608
  4.6.3.9 Verformungsverhalten ... 608
4.6.4 Holzfehler ... 609
  4.6.4.1 Definition ... 609
  4.6.4.2 Fehler der Stammform ... 609
  4.6.4.3 Fehler im anatomischen Aufbau ... 609
  4.6.4.4 Fehler durch äußere Einwirkungen ... 610
4.6.5 Holzwerkstoffe ... 611
  4.6.5.1 Bauholz ... 611
  4.6.5.2 Weiterverarbeitetes Holz ... 616
4.6.6 Holzschutz ... 620
  4.6.6.1 Definition ... 620
  4.6.6.2 Holzschädigende Einflüsse ... 620
  4.6.6.3 Holzschutzmaßnahmen ... 625
  4.6.6.4 Holzschutzarbeiten ... 626
  4.6.6.5 Holzschutzmittel ... 627
  4.6.6.6 Holzschutzverfahren ... 629
Literatur zu 4.6 Holz ... 632

**4.7 Bituminöse Baustoffe** (*K. Wesche* und *H. R. Sasse*) ... 633
4.7.1 Begriffe ... 633
4.7.2 Prüfung der Bindemittel ... 633
  4.7.2.1 Aufgaben ... 633
  4.7.2.2 Verfahren ... 634
4.7.3 Bitumen ... 635
  4.7.3.1 Entstehung, Gewinnung und Aufbau ... 635
  4.7.3.2 Destillierte Bitumen (B) ... 635
  4.7.3.3 Hochvakuumbitumen (HVB) ... 636
  4.7.3.4 Geblasene Bitumen ... 636
  4.7.3.5 Verschnittbitumen (VB) ... 636
  4.7.3.6 Bitumenemulsionen ... 639
4.7.4 Naturasphalte ... 640
  4.7.4.1 Vorkommen, Bitumengehalt ... 640
  4.7.4.2 Verwendung ... 640
4.7.5 Teer und Pech ... 640
  4.7.5.1 Entstehung, Herstellung und Aufbau ... 640
  4.7.5.2 Normal-Teerpeche ... 642
  4.7.5.3 Sonderpeche ... 642
  4.7.5.4 Straßenteere (T) ... 642
  4.7.5.5 Straßenteere mit Bitumen (BT) ... 642
  4.7.5.6 Kaltteer ... 644
  4.7.5.7 Alterungsbeständige Teere (Wetterteere) ... 644
  4.7.5.8 Teeremulsion ... 645
4.7.6 Anwendung der bituminösen Baustoffe ... 645
  4.7.6.1 Bituminöser Straßendeckenbau ... 645
  4.7.6.2 Dachbelagstoffe ... 647

## Inhaltsverzeichnis

|  |  |
|---|---|
| 4.7.6.3 Bituminöse Abdichtstoffe | 648 |
| 4.7.6.4 Bituminöser Wasserbau | 648 |
| 4.7.6.5 Sonstige Verwendungsarten | 648 |
| Literatur zu 4.7 Bituminöse Baustoffe | 651 |
| **4.8 Kunststoffe** (*K. Wesche* und *H. R. Sasse*) | 652 |
| 4.8.1 Definition | 652 |
| 4.8.2 Chemischer Aufbau | 653 |
| 4.8.2.1 Allgemeines | 653 |
| 4.8.2.2 Polymerisate | 653 |
| 4.8.2.3 Polykondensate | 654 |
| 4.8.2.4 Polyaddukte | 655 |
| 4.8.3 Physikalische Einteilung | 655 |
| 4.8.3.1 Thermoplaste (Plastomere) | 655 |
| 4.8.3.2 Elastomere (Elaste) | 655 |
| 4.8.3.3 Duromere (Duroplaste) | 656 |
| 4.8.4 Lieferformen | 656 |
| 4.8.4.1 Kunstharze | 656 |
| 4.8.4.2 Formmassen | 656 |
| 4.8.4.3 Halbzeug | 656 |
| 4.8.4.4 Fertigteile | 657 |
| 4.8.5 Bautechnische Eigenschaften | 657 |
| 4.8.6 Anwendungsgebiete | 658 |
| 4.8.6.1 Allgemeines | 658 |
| 4.8.6.2 Kunststoffe für konstruktive Bauteile | 658 |
| 4.8.6.3 Ausbau | 660 |
| 4.8.6.4 Dämmung, Dichtung | 662 |
| 4.8.6.5 Rohre | 664 |
| 4.8.6.6 Versiegelungen, Beschichtungen | 666 |
| 4.8.6.7 Anstriche | 667 |
| 4.8.6.8 Kleber | 667 |
| 4.8.7 Kunststoff-Tabellen | 668 |
| Literatur zu 4.8 Kunststoffe | 677 |
| **4.9 Stahl** (*W. Jäniche* und *W. Krämer*) | 678 |
| 4.9.1 Stahlerzeugung und Eigenschaften der Stähle | 678 |
| 4.9.1.1 Stahlerzeugung | 678 |
| 4.9.1.2 Eigenschaften der Stähle | 683 |
| 4.9.2 Stähle für den Stahlbau und Behälterbau | 695 |
| 4.9.2.1 Allgemeine Baustähle | 695 |
| 4.9.2.2 Hochfeste schweißbare Baustähle | 698 |
| 4.9.2.3 Einsatz- und Vergütungsstähle | 702 |
| 4.9.2.4 Kessel- und Behälterstähle | 703 |
| 4.9.2.5 Witterungs- und Korrosionsschutz | 709 |
| 4.9.3 Bewehrungsstähle | 714 |
| 4.9.3.1 Begriffsbestimmung, Einsatzgebiete, Anforderungen | 714 |
| 4.9.3.2 Betonstähle | 716 |
| 4.9.3.3 Bewehrungsstähle für den Spannbetonbau (Spannstähle) | 724 |
| 4.9.4 Stähle für Verbindungsmittel | 734 |
| 4.9.4.1 Funktion der Verbindungsmittel | 734 |
| 4.9.4.2 Stähle für Schrauben, Niete und Muttern | 735 |
| 4.9.4.3 Festigkeitsklassen, Formen und Abmessungen für Niete | 737 |
| 4.9.4.4 Festigkeitsklassen, Abmessungen und Prüfverfahren für Schrauben und Muttern für allgemeine Verwendung | 737 |
| 4.9.4.5 Schrauben und Muttern für besondere Verwendungszwecke | 739 |
| 4.9.4.6 Bedingungen für den Einsatz von Nieten und Schrauben | 741 |
| 4.9.4.7 Schweißzusatzwerkstoffe | 742 |
| 4.9.5 Stähle für sonstige Konstruktionselemente im Bauwesen | 751 |

4.9.5.1 Seile . . . . . . . . . . . . . . . . . . . . . . . . . 751
4.9.5.2 Stahlspundwände . . . . . . . . . . . . . . . . . . 752
4.9.5.3 Rohre — Rohrprofile. . . . . . . . . . . . . . . . . 754
Literatur zu 4.9 Stahl . . . . . . . . . . . . . . . . . . . . . . . 755

**4.10 Nichteisenmetalle** (*K. Wesche* und *W. Manns*) . . . . . . . . . . . . 757
   4.10.1 Definition . . . . . . . . . . . . . . . . . . . . . . . . . 757
   4.10.2 Schwermetalle . . . . . . . . . . . . . . . . . . . . . . . 757
      4.10.2.1 Kennzeichnung, Verwendung im Bauwesen . . . . . . . . 757
      4.10.2.2 Blei-, Kupfer- und Zinkwerkstoffe. . . . . . . . . . . . 758
      4.10.2.3 Korrosionsverhalten der Schwermetalle . . . . . . . . . 775
   4.10.3 Leichtmetalle . . . . . . . . . . . . . . . . . . . . . . . . 776
      4.10.3.1 Kennzeichnung . . . . . . . . . . . . . . . . . . . . 776
      4.10.3.2 Aluminium und Aluminiumlegierungen . . . . . . . . . 776
Literatur zu 4.10 Nichteisenmetalle . . . . . . . . . . . . . . . . . 793

**Sachverzeichnis** . . . . . . . . . . . . . . . . . . . . . . . . . . . 794

# Wichtige Hinweise

Die Abschnittskennzeichnung wurde gegenüber früheren Auflagen geändert und nunmehr eine durchgehende Zahlengliederung eingeführt. Bei Hinweisen im Text ist dadurch eine eindeutige Kennzeichnung des betreffenden Unterabschnitts gegeben.

Am 5. Juli 1970 ist in der Bundesrepublik Deutschland das „Gesetz über Einheiten im Meßwesen" in Kraft getreten. Die Auswirkungen dieses Gesetzes und der dazugehörigen Ausführungsverordnung sind in der Neufassung der DIN 1301 vom Nov. 1971 berücksichtigt. Demgemäß werden in der HÜTTE die Basisgrößen und Basiseinheiten des Internationalen Einheitensystems (SI) benutzt:

**Länge**: Meter m, **Masse**: Kilogramm kg, **Zeit**: Sekunde s, **elektrische Stromstärke**: Ampere A, **Temperatur**: Kelvin K, **Lichtstärke**: Candela cd, **Stoffmenge**: Mol mol.

Nach dem Gesetz über Einheiten im Meßwesen erlischt im Laufe der nächsten Jahre die Zulässigkeit verschiedener, bisher üblicher Einheiten. Zu diesen gehört u. a. das Kilopond, dessen Verwendung bis Ende 1977 zugelassen ist. Da diese gesetzliche Regelung während der Herstellung der 29. Auflage der HÜTTE Bautechnik in Kraft getreten ist, wird aus Gründen der Einheitlichkeit in diesem Band das Kilopond noch als Krafteinheit verwendet (Entsprechendes gilt für die Kalorie). Für diese Übergangszeit werden, soweit erforderlich, in Tabellen Zahlenkolumnen mit den bisher üblichen und den neuen SI-Einheiten nebeneinander gebracht werden. Gewichtsangaben erfolgen in Kilogramm (kg), soweit es sich um Mengen (Massen) im Sinne eines Wägeergebnisses handelt (vgl. DIN 1305).

Das Schrifttum erscheint jeweils am Schluß des Kapitels und ist aufgeteilt nach Normen, Vorschriften, Büchern, Zeitschriften und wichtigen Aufsätzen, versehen mit Schrifttumsnummern, z. B. 15. Bei einem Schrifttumshinweis im Text wird nur die Schrifttumsnummer in eckigen Klammern angegeben, unter der die Veröffentlichung am Kapitelschluß verzeichnet ist. Schrifttumsnummern hinter Überschriften verweisen auf Quellen, deren Inhalt sich auf das ganze folgende Kapitel bezieht.

Andere Bände der HÜTTE werden wie das übrige Schrifttum jeweils durch eine Nummer zitiert, jedoch mit dem vorangestellten Buchstaben H = HÜTTE; z. B. bedeutet [H 3] die STOFFHÜTTE, die im Schrifttumsverzeichnis unter „Bücher" aufgeführt ist mit Auflage und Erscheinungsjahr.

Bei den in diesem Band zitierten DIN-Normen ist der jeweils neueste Stand maßgebend. Es sei auf das jährlich erscheinende Normblatt-Verzeichnis, herausgegeben vom Deutschen Normenausschuß (DNA), 1 Berlin 30, Burggrafenstraße 4—7, hingewiesen.

Anregungen zur Verbesserung dieses Bandes bitten wir an die Hauptschriftleitung der Hütte, 1 Berlin 12, Carmerstraße 12, zu richten.

# Abkürzungen

Vgl. auch Sachverzeichnis S. 794 ff.

| | |
|---|---|
| AD | Arbeitsgemeinschaft Druckbehälter, 43 Essen |
| AEF | Ausschuß für Einheiten und Formelgrößen im Deutschen Normenausschuß, s. DNA |
| ARBIT | Arbeitsgemeinschaft der Bitumenindustrie, 2 Hamburg 36, Alsterterrasse 11 |
| ASA | American Standards Association, New York |
| ASTM | American Society for Testing Materials, Philadelphia/Pa. |
| AWF | Ausschuß für wirtschaftliche Fertigung, 6 Frankfurt/M. AWF-Blätter des Ausschusses für wirtschaftliche Fertigung sind beim Beuth-Vertrieb GmbH., 1 Berlin 30, Burggrafenstraße 4/7, und 5 Köln/Rh., Friesenplatz 16, erhältlich. Verbindlich ist jeweils nur die neueste Ausgabe eines Blattes |
| BSI | British Standards Institution, London |
| DAfSt | Deutscher Ausschuß für Stahlbeton, 1 Berlin 30, Reichpietschufer 72/76 |
| DHI | Deutsches Hydrographisches Institut, 2 Hamburg |
| DIN, RAL | Normblätter und Vorschriften des Deutschen Normenausschusses und des Ausschusses für Lieferbedingungen und Gütesicherung beim DNA (RAL). Erhältlich durch Beuth-Vertrieb GmbH., 1 Berlin 30, Burggrafenstraße 4/7, und 5 Köln/Rh., Friesenstraße 16. Verbindlich ist nur die neueste Ausgabe dieses Blattes |
| DNA | Deutscher Normenausschuß, 1 Berlin 30, Burggrafenstraße 4/7 |
| FBW | Forschungsinstitut Bauen und Wohnen, 7 Stuttgart |
| FG | Forschungsgesellschaft für das Straßenwesen e. V., 5 Köln/Rh., Maastrichter Straße 45 |
| ISA | International Federation of National Standardizing Associations |
| ISO | International Organization of Standardization |
| IUPAC | International Union of Pure and Applied Chemistry |
| NBS | National Bureau of Standards, Washington D.C. |
| PTB | Physikalisch-Technische Bundesanstalt, 33 Braunschweig |
| RAL | Ausschuß für Lieferbedingungen und Gütesicherung beim DNA |
| REFA | Verband für Arbeitsstudien — REFA — E. V., 61 Darmstadt, Wittichstraße 2 |
| RKW | Rationalisierungs-Kuratorium der Deutschen Wirtschaft, 6 Frankfurt/M. 9, Gutleutstraße 163/67 |
| SI | Système International d'Unités |
| TÜO | Technische Überwachungsorganisation |
| TÜV | Technischer Überwachungsverein (Bundesgebiet und West-Berlin) |
| UGGI | Union Géodésique et Géophysique Internationale, Geophysics Laboratory, University of Toronto, Toronto 5/Canada |
| VDE | Verband Deutscher Elektrotechniker, 6 Frankfurt/M., und 1 Berlin 12 |
| VDI | Verein Deutscher Ingenieure, 4 Düsseldorf |
| VdTÜV | Vereinigung der Technischen Überwachungsvereine e. V., Essen |
| ZVEI | Zentralverband der Elektrotechnischen Industrie, 6 Frankfurt/M. 70, Stresemann-Allee 19 |

Abkürzungen zum Kapitel „Bauvertragsrecht" S. 415.

| | | | | | |
|---|---|---|---|---|---|
| betr. | betreffs, betreffend | max. | maximal | u. a. | unter anderem |
| bzw. | beziehungsweise | mind. | mindestens | usw. | und so weiter |
| d. h. | das heißt | Mio. | Million | vgl. | vergleiche |
| Dmr. | Durchmesser | Mrd. | Milliarde | zul. | zulässig |
| einschl. | einschließlich | NN | Normal Null | z. B. | zum Beispiel |
| i. allg. | im allgemeinen | s. | siehe | z. Z. | zur Zeit |
| l. W. | lichte Weite | sog. | sogenannt | | |

Sonstige Abkürzungen und Schreibweisen nach Duden.

# Mathematische Zeichen

| | | | | | |
|---|---|---|---|---|---|
| $+$ | plus, mehr, und | $\uparrow\uparrow$ | gleichsinnig parallel | i, j | $= \sqrt{-1}$ |
| $-$ | minus, weniger | $\uparrow\downarrow$ | gegensinnig parallel | Re $z$ | Realteil von $z$ |
| $\cdot \times$ | mal, multipliziert mit | $\perp$ | rechtwinklig zu, senkrecht auf | Im $z$ | Imaginärteil von $z$ |
| $: / -$ | durch, geteilt durch, zu | $\rightarrow$ | nähert sich | $z^*$ | Konjugierte von $z$ |
| | | $\sim$ | proportional, ähnlich | ( ) | Matrix |
| $\%$ | Prozent, vom Hundert | $\approx$ | angenähert, nahezu gleich (rund, etwa) | $\mid \; \mid$ oder det | Determinante |
| $\%_0$ | Promille, vom Tausend | $\simeq$ | asymptotisch gleich | $\Delta f$ | Differenz zweier Funktionswerte |
| $\ldots$ | und so weiter bis | lim | Limes (Grenzwert) | | |
| $=$ | gleich | $\cong$ | kongruent | d | Differentialzeichen |
| $\triangleq$ | entspricht | sgn | signum (Vorzeichen) | $\partial f$ | partielle Differentiation |
| $\neq$ | nicht gleich, ungleich | $\lvert a \rvert$ | Betrag von $a$ | q | |
| $\equiv$ | identisch gleich | $\bar{a}$ | Mittelwert von $a$ | $\int$ | Integral |
| $<$ | kleiner als | $\hat{a}$ | Größtwert von $a$ | | |
| $>$ | größer als | $\check{a}$ | Kleinstwert von $a$ | $\oint$ | Randintegral, Hüllenintegral |
| | | $\measuredangle$ | Winkel | | |
| $\leq$ | kleiner oder gleich, höchstens gleich | $\overline{AB}$ | Strecke AB | $\log_a x$ | Logarithmus zur Basis $a$ von $x$ |
| $\geq$ | größer oder gleich, mindestens gleich | $\overset{\frown}{AB}$ | Bogen AB | $\ln x$ | natürlicher Logarithmus von $x$ |
| | | $\triangle$ | Dreieck | | |
| $\gg$ | groß gegen | $n!$ | Fakultät | g $x$ | Zehnerlogarithmus von $x$ |
| $\ll$ | klein gegen | $\binom{n}{p}$ | $n$ über $p$ | lb $x$ | Zweierlogarithmus von $x$ |
| $\infty$ | unendlich | $\Sigma$ | Summe | | |
| $\|$ | parallel | $\Pi$ | Produkt | $\exp x = e^x$ (Exponentialfunktion von $x$) | |

# 1. Vermessungstechnik[1])

Bearbeitet von F. R. *Jung* †,
durchgesehen und ergänzt von A. *Heupel*

## 1.1 Allgemeines

### 1.1.1 Einführung

Jedes Ingenieurbauwerk braucht *Geländeaufmessung* und *-darstellung* in Karten und Plänen für die Planung, *Absteckung* für die Gründung der Bauelemente, *Baukontrolle* hinsichtlich der Erstreckung in den drei Dimensionen, eine *Schlußaufmessung* zur rechtlichen oder dokumentarischen Festlegung der im Boden steckenden bzw. mit ihm verbundenen Werte und oft eine messende Beobachtung seiner *Deformationen*, schlicht *Vermessung*.

Oft genügt es, die Messungen auf das Bauwerk oder seine nähere Umgebung zu beschränken; häufig müssen aber die Messungen in einen größeren Rahmen einbezogen werden. Dies ist regelmäßig der Fall, wenn das Ingenieurbauwerk Aufgaben erfüllen soll, die sich über einen weiteren örtlichen Bereich erstrecken, oder wenn es einen Teil künftiger größerer Planungen darstellt, oder wenn seine Aufmessung gleichzeitig einen Beitrag zu dem gesamten Vermessungs- und Kartenwerk des Landes erbringen muß. Die letzte Forderung wird selten in unerschlossenen Gebieten, häufig in Kulturländern mit dichter Besiedlung zu erfüllen sein.

In Kulturländern muß der tragende Rahmen des Landesvermessungswerkes bereits so gestaltet sein, daß nirgendwo in den Vermessung- und Kartenwerken Sprungstellen auftreten und überall das Gesetz der Nachbargenauigkeit gewahrt bleibt. Der Ingenieur muß Vermessungen überall zwangsfrei anschließen können. Die genannten, für die *Landesvermessung* zu beachtenden Grundsätze gelten auch für die bei Ingenieurbauten selbst auftretenden Vermessungen, die man kurz *Ingenieurvermessungen* nennt. Immer ist zunächst der Rahmen zu schaffen, in den die Einzelvermessungen eingepaßt werden können. Stets vom Großen ins Kleine arbeiten.

Die Wahrnehmung der Gesamtheit der vermessungstechnischen Belange eines Kulturlandes verlangt u. a. eine umfangreiche Organisation, da die Vermessungsaufgaben häufig mit Fragen von Recht, Verwaltung, Wirtschaft und allgemeiner Technik verknüpft sind. Unter *Vermessungswesen* eines Landes versteht man die Summe von eigentlicher Vermessungstechnik einschließlich Arbeiten auf Grenzgebieten sowie von Organisations-, Verwaltungs- und Rechtsfragen, deren Beachtung notwendig ist, um gestellte Aufgaben zu lösen. Wir beschäftigen uns hier nur mit Aufgaben der Vermessungstechnik und auch dies nur, soweit sie von Vermessungs- und Bauingenieuren in erschlossenen Gebieten für die Erstellung von Ingenieurbauwerken unmittelbar benötigt werden. Die Frage des größeren Rahmens, in den Ingenieurvermessungen u. U. einbezogen werden müssen, wirft sofort die Frage nach Bezugsflächen für Lage- und Höhenbestimmungen, also nach der Erdgestalt, auf.

---

[1]) Literatur S. 140 ff.

## 1.1.2 Definitionen der Erdgestalt

Fundamentalrichtungen: *Rotationsachse* der Erde und *Erdlot*. Die *physikalische Definition* der Erdgestalt liefert uns das *Geoid*, die Niveaufläche der Erde, die genähert mit der unter den Kontinenten fortgesetzt gedachten idealen Meeresoberfläche zusammenfällt. Die großräumigen Höhenunterschiede gegenüber dem Erdellipsoid sind $< 50$ m.
Die *mathematische Definition* der Erdgestalt liefert uns je nach dem Grad der Annäherung das *Erdellipsoid* oder die *Erdkugel*. Das Erdellipsoid ist definitionsgemäß ein Rotationsellipsoid, dessen kleine Achse (Rotationsachse) mit der Erdachse zusammenfällt, und dessen Fläche das Geoid möglichst gut approximiert[1]). In Deutschland liegt der Landesvermessung das *Besselsche Erdellipsoid* zugrunde. Die Internationale Union für Geodäsie und Geophysik (Union Géodésique et Géophysique Internationale: UGGI) empfiehlt die Anwendung des *Internationalen Erdellipsoids* (Tabelle 1-1.).

Tabelle 1-1. Dimensionen der Erde in internationalem Meter

| Größen | | Nach *Bessel* (1841) | International |
|---|---|---|---|
| Große Halbachse $a$ | m | 6 377 482 | 6 378 388 |
| Kleine Halbachse $b$ | m | 6 356 164 | 6 356 912 |
| Abplattung $a = (a - b)/a$ | | 1 : 299 | 1 : 297 |
| Meridianquadrat | m | 10 000 989 | 10 002 288 |
| Oberfläche | km² | 509 964 335 | 510 100 934 |
| Radius der | | | |
| oberflächengleichen Kugel | m | 6 370 375 | 6 371 228 |
| inhaltsgleichen Kugel | m | 6 370 368 | 6 371 221 |

Für genauere Rechnungen innerhalb eines begrenzten Bereiches genügt oft die Schmiegungskugel des Erdellipsoids in der Mitte des Bereichs, deren Radius $R = \sqrt{MN}$ ist, wo $M$ den Meridiankrümmungsradius und $N$ den Querkrümmungsradius des Erdellipsoids in der Gebietsmitte bedeuten (Tabellen für $M$ und $N$ in [6e], Anhang). Für rohe Näherungsrechnungen: *Erdradius* $R = 6370$ km.

Bei Lagemessungen in einem Bereich bis zu 100 km² genügt es in der Regel, die Erdoberfläche als *Ebene* anzunehmen. Für trigonometrische Höhenmessungen muß die Krümmung der Erdoberfläche bereits bei kürzeren Entfernungen berücksichtigt werden (s. 1.4.2). Als *geographische Erdoberfläche* bezeichnet man die natürliche Oberfläche des Geländes. Die Erfassung ihrer Lage und Erhebungen sowie ihrer natürlichen und künstlichen Gegebenheiten auf und über den oben definierten Bezugsflächen ist Ziel der topographischen Vermessungen und der Darstellung in topographischen Karten.

## 1.1.3 Maßeinheiten

### 1.1.3.1 Längeneinheit

Als Maßeinheit für Streckenmessungen bei Ingenieurvermessungen wird das *Internationale Meter* benutzt. Nach der Definition der Basiseinheiten des Internationalen Einheitensystems (SI) ist das *Meter* das 1 650 763,73fache der Wellenlänge der von den Atomen des Nuklids $^{86}$Kr, eines Isotops des Edelgases Krypton mit der Masse 86, beim Übergang vom Zustand $5d_5$ zum Zustand $2p_{10}$ ausgesandten Strahlung. Diese Strahlung läßt sich unter bestimmter Voraussetzung mit der sogenannten *Engelhard-Lampe* realisieren, die sich dabei in einem Kältebad von 63 Kelvin befindet. Vorläufer des internationalen Meters

---

[1]) Zwischen Erdlot in einem Standpunkt und zugehöriger Flächennormale auf dem Erdellipsoid kann eine Richtungsdifferenz bestehen, die von der Massenverteilung im Erdinneren und der Wahl des Referenzellipsoides abhängt. Diese normalen Abweichungen treten vor allem in Erscheinung als Differenzen zwischen geodätischer und astronomischer Ortsbestimmung.

war das sog. *legale Meter*. Für die Maßstäbe gilt: 1 m legal − 1 m international = +13,355 μm ≙ +58 Einheiten der siebenten Stelle des Logarithmus. Die neueren Maßangaben in internationalen Metern sind also größer als die früheren Maßangaben in legalen Metern.

### 1.1.3.2 Winkeleinheiten

Nach dem Internationalen Einheitensystem (SI) ist die Einheit der Radiant (rad). Daneben bleiben die abgeleiteten Einheiten (Alt)Grad (°) mit weiterer Unterteilung (′, ″) bestehen. An die Stelle des Neugrads ($^g$) tritt das „Gon" mit dem Einheitenzeichen gon. Weitere Unterteilungen gehen aus der nachfolgenden Zusammenstellung hervor.

SI-Einheit: Radiant (rad)

$$1 \text{ rad} = \frac{\text{Kreisbogen}}{\text{Kreisradius}} = 1 = 1 \text{ m/m}$$

1 Vollwinkel = $2\pi$ rad

Rechter Winkel: 1 R = 1 1∟ = 90° = $\frac{\pi}{2}$ rad = 100 gon

1 gon = 0,01570796 rad = $\frac{\pi}{200}$ rad

1 cgon (Zentigon) = $1^c$ = 1,570796 rad = $\frac{\pi}{2} \cdot 10^{-4}$ rad

1 mgon (Milligon) = $10^{cc}$ = 15,70796 rad = $\frac{\pi}{2} 10^{-5}$ rad

$^g$ Neugrad; $^c$ Neuminute; $^{cc}$ Neusekunde
1 gon = $1^g$ = $100^c$ = $10000^{cc}$
= 100 cgon = 1000 mgon (1 mgon = $10^{cc}$)

**Umrechnungstabelle** (aus DIN 1315)

Der Erleichterung des rechnerischen Überganges von einer Winkelteilung in die andere dienen eine Reihe von Rechentafeln (siehe Anmerkung). Als Schlüsseltabelle wird hier eine Zusammenstellung der wichtigsten Beziehungen gegeben.

|   | rad | Vollwinkel | ∟ | ° | ° ′ ″ | gon |
|---|---|---|---|---|---|---|
| 1 rad = | 1 | 0,1591594... | 0,6366197... | 57,29577... | 57 17 44,8... | 63,66197... |
| 1 Vollwinkel = | 6,283185... | 1 | 4 | 360 | 360 0 0,0 | 400 |
| 1 ∟ = | 1,570796... | 0,25 | 1 | 90 | 90 0 0,0 | 100 |
| 1° = | 0,01745329... | 0,00277$\bar{7}$ | 0,0111111$\bar{1}$ | 1 | 1 0 0,0 | 1,111111$\bar{1}$ |
| 1 gon = | 0,01570796... | 0,0025 | 0,01 | 0,9 | 0 54 0,0 | 1 |

**Fettdruck** bedeutet, daß die letzte Ziffer genau ist. Bei periodischen Dezimalbrüchen ist die Periode mit einem Querstrich versehen.

Unendliche nichtperiodische Dezimalbrüche haben 3 Punkte hinter der letzten angegebenen Dezimalstelle.

Für die Umrechnung Altgrad (°, ′, ″) in gon und umgekehrt siehe [72] sowie Tabellen 1 bis 29 und 1−30.

Die Einteilung nach Gon (Neugrad) hat gegenüber der Altgradeinteilung den Vorteil der Zehnerübertragung beim Rechnen mit Dezimalteilung. In Deutschland ist für Vermessungszwecke grundsätzlich Neugradeinteilung (jetzt Gon) eingeführt worden. Beobachtungsergebnisse mit Instrumenten, die noch eine Einteilung nach Altgrad besitzen, werden vor Einführung in die Berechnungen in Gon (Neugrad) umgewandelt (vgl. Tab. 1−29 und 1−30).

# 1. Vermessungstechnik

*Analytisches Winkelmaß* ist die zu einem Winkel gehörige Bogenlänge im Einheitskreis. Für beliebigen Bogen $b$ im Kreis mit Radius $r$ gilt

$$b/r = \alpha/\varrho. \qquad (1)$$

| Für Altgrad | | | für Neugrad | | |
|---|---|---|---|---|---|
| $\varrho^\circ$ = | 57,29578 | ≈ 57,3 | $\varrho^{gon}$ = | | 63,7 |
| $\varrho'$ = | 3437,747 | ≈ 3438 | $\varrho^c$ | = | 6366 |
| $\varrho''$ = | 206264,8 | ≈ 206265 | $\varrho^{cc}$ | = | 636620 |

Angegebene Zahlen sind die Maßbeträge für den Winkel mit der Bogenlänge $r$. Beziehung (1) kann auch zum Berechnen der kleinen Kathete schmaler rechtwinkliger Dreiecke verwendet werden.

## 1.1.4 Koordinatensysteme

In der *Ebene* benutzt die angewandte Geodäsie ebene rechtwinklige Koordinaten und Polarkoordinaten (Bild 1-1).

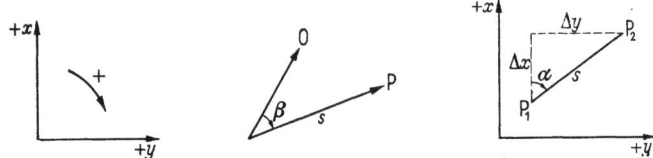

Bild 1-1. Ebene Koordinatensysteme. $\Delta y = s \sin\alpha$, $\Delta x = s \cos\alpha$, $\alpha$ Richtungswinkel, von positiver $x$-Achse an im Uhrzeigersinn gezählt. $\beta$ und $s$ Polarkoordinaten von P bezogen auf O.

In der gesamten Geodäsie werden die ebenen Koordinatensysteme stets mit obiger Orientierung benutzt. Positiver Drehungssinn: Sinn des Uhrzeigers. Abweichungen müssen besonders gekennzeichnet werden.

*Kugel* (Bilder 1-2 bis 1-4). Die Definitionen in der Legende zu Bild 1-2 gelten in dieser Form auch für ellipsoidische Breite $B$ und Länge $L$ auf dem Erdellipsoid. Auf dem *Ellipsoid* definiert man entsprechend ellipsoidische Orthogonal- und Polarkoordinaten, es treten dann an die Stelle der größten Kreise sogenannte geodätische Linien (kürzeste Verbindungen auf einer Oberfläche).

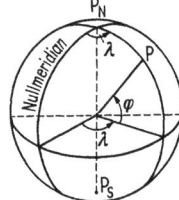 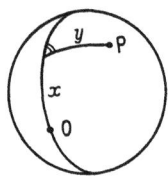 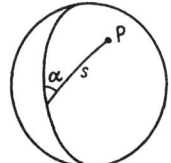

Bild 1-2. Geographische Koordinaten. $\varphi$ sphärische Breite = Winkel des Erdlots mit der Äquatorebene, $\lambda$ sphärische Länge = Winkel zwischen Orts- und Nullmeridian.

Bild 1-3. Sphärische Orthogonalkoordinaten (größte Kreise).

Bild 1-4. Sphärische Polarkoordinaten (größte Kreise).

Früher benutzte man sphärische oder ellipsoidische Koordinaten einfach als ebene. Nachteil: Große Verzerrungen und Notwendigkeit zur Einführung vieler kleiner Systeme. Heute benutzt man nach dem Vorbild von C. F. *Gauß* (1777 bis 1855) und nach Angaben von L. *Krüger* (1912) in der Regel ebene, konforme Koordinaten (konform bedeutet

## 1.1.4 Koordinatensysteme

winkeltreu in kleinsten Teilen), die die Erde in Meridianstreifen abbilden. Hierbei bleibt Nullmeridian längentreu oder wird in einem Maßstab abgebildet, der der Verzerrung in den Randgebieten entgegenwirkt. Im damaligen Deutschen Reich wurde die ebene konforme Abbildung nach *Gauß-Krüger* [45; 46; 52] die man als *transversale Merkatorabbildung* des Erdellipsoids bezeichnen kann, mit 3° breiten Meridianstreifen und längentreuen Mittelmeridianen in den zwanziger Jahren eingeführt (Bild 1-5).

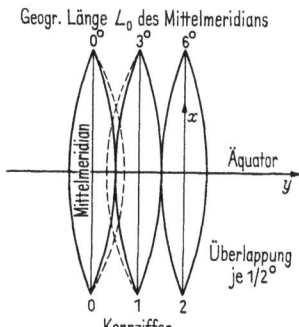

Bild 1-5. Meridianstreifen — System nach *Gauß-Krüger*. $x$ Abstand vom Äquator auf dem Mittelmeridian in m; $y$ ebene konforme Ordinate $+ 500 000$ m. Vorgesetzt wird als Kennziffer die geographische Länge $L_0$ des Mittelmeridians dividiert durch 3.
Grundzahl: $G = 10^6 \, (1/3 L_0 + 1/2)$ m.

Beispiel:

$B = 53°00'00'',0000$,   $x = 5 930 886,304$ m
$L = 13°37'37'',9332$,   $y = 4 607 957,090$ m

Koordinaten stets positiv.
Der Punkt ist 5 930 886 m vom Äquator entfernt und liegt 107 957 m östlich des Meridians von 12°.

Überlappung der Systeme beträgt je 0,5°. In Überlappungsräumen werden für jeden Punkt die Koordinaten in zwei Systemen angegeben. Für die Rechnung werden die Koordinaten abgekürzt. Für ingenieurtechnische Zwecke dürfen die Verzerrungen der *Gauß-Krüger*-Abbildung in der Regel vernachlässigt werden. Die ebene konforme Meridianstreifenabbildung hat seit der Einführung im damaligen Deutschen Reich in der ganzen Welt Anwendung gefunden. Es finden sich in manchen Ländern aus früheren Zeiten aber auch noch andere geodätische Abbildungen, z. B. normale und zwischenständige Kegel- und Zylinderabbildungen sowie die stereographische Azimutalabbildung ([6e] S. 790 bis 846 (Kugel); [6e] S. 1094—1282 (Ellipsoid)[1]).

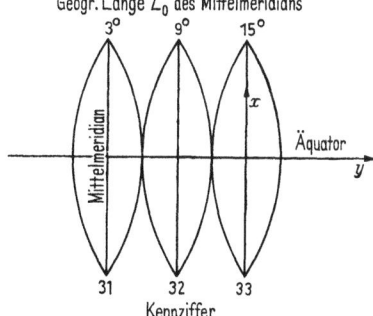

Bild 1-6. Universale - Transverse - Merkator - System (UTM-System). $x$ Äquator-Abstand auf dem Mittelmeridian (reduziert um den Faktor 0,9996) in m, $y$ ebene konforme Ordinate $+ 500 000$ m. Als Kennziffer wird die Streifenbezeichnung vorgesetzt, beginnend mit 1 für den Streifen 180° West bis 174° West ostwärts fortschreitend bis 60 m für den Streifen 174° Ost bis 180° Ost.

*Kennziffer für westliche Längen:* $30 - \dfrac{1}{6}(L_0 - 3)$.

*Kennziffer für östliche Längen:* $30 + \dfrac{1}{6}(L_0 + 3)$.

Beispiel:

$B = 32°16''22',3754$,   $x = 3 573 321,98$ m
$L = 28°53'12'',1356$,   $y = 35 677 743,36$ m
$x$ und $y$ stets positiv.

Die *Internationale Union für Geodäsie und Geophysik* (UGGI) empfiehlt seit 1951 das *UTM-System* (Universale-Transverse-Merkator-System) [61]. Es ist eine ebene konforme Meridianstreifenabbildung der oben skizzierten Art mit 6° Meridianstreifenbreite (Bild 1-6). UTM-System wurde mit anderer Bezeichnung zuerst im früheren Rußland

---

[1] Für die Aufstellung von Reihen für konforme Abbildungen s. [81 (1944) S. 102—107]. Eine Zusammenstellung der an den europäischen Küsten bisher benutzten etwa 25 verschiedenen Koordinatensysteme und der Daten für ihre Umformung befindet sich im Handbuch für die Vermessungen der ehemaligen deutschen Kriegsmarine. II. Bd., 2. Teil, mit den Anlagen 1, 2, 3 und dem Anhang mit Beispielen.

angewandt. In Koordinaten des UTM-Systems wurden auch die Ergebnisse der Ausgleichung des europäischen Dreiecksnetzes durch die USA *Coast and Geodetic Survey* dargestellt (1951). Die Meridianstreifeneinteilung des UTM-Systems fällt zusammen mit der Einteilung der Internationalen Weltkarte 1:1 000 000, deren Karten im Normalfall Gradabteilungsblätter von 4° Breite und 6° Länge sind.

Zu beachten bleibt stets, daß die Einführung eines neuen Koordinatensystems die Zahl der vorhandenen Systeme um ein weiteres vermehrt. So bestehen z. B. in vielen Städten mehrere Koordinatensysteme nebeneinander. Es ist praktisch nicht möglich, mit den vorhandenen Kräften die Fülle der bereits bestimmten Koordinaten sämtlich umzuformen. Der Ingenieur, der für Ingenieurvermessungen Koordinaten zur Verfügung gestellt bekommt, muß sich stets vergewissern, welcher Art diese sind und ob sie einem einheitlichen System entstammen.

### 1.1.5 Lage- und Höhenfestpunkte

Träger der Koordinaten sind vor allem die durch das Netz I. Ordnung und die meist in absteigender Ordnung durch fortgesetzte Punkt-Einschaltung bestimmten *trigonometrischen Punkte*. Zur Verdichtung des durch die Triangulation aller Ordnungen gegebenen Rahmens mit Hilfe eigener Messungen s. 1.3. Das Netz I. O. ist in Europa meist aus gleichseitigen Dreiecken, in den USA aus Diagonalvierecken zusammengesetzt. Es bedeckt in der Regel das aufzuschließende Land in Form eines Netzes aus Triangulationsketten, dessen Maschen durch Füllnetze geschlossen werden.

Gemessen werden an den trigonometrischen Punkten die *Winkel* — innere Genauigkeit $\approx 0{,}5''$ —; ausgewählte *Grundlinien* — innere Genauigkeit $\approx 1:1\,000\,000$, d. h. 1 mm auf 1 km —, aus denen die Längen der nächsten Dreiecksseiten abgeleitet werden; ferner ausgewählte geodätisch-astronomische *Azimute* — innere Genauigkeit $\approx 0{,}3''$ — zur Richtungsversteifung im Netz. Bei der fortgesetzten Punkt-Einschaltung werden nur noch Winkel bzw. Richtungen gemessen. — Bei der Trilateration werden alle Dreiecksseiten durch elektronische Distanzmessung bestimmt.

In der BRD werden die trigonometrischen Punkte aller Ordnungen unter dem Begriff trigonometrisches *Festpunktfeld* zusammengefaßt (Tabelle 1-2). Die Koordinaten des trigonometrischen Rahmennetzes wurden und werden in der BRD auf der mathematischen

Tabelle 1-2. Gliederung des Festpunktfeldes

| Ordnung | Entfernung km | Bezeichnung | Abkürzung alt | neu |
|---|---|---|---|---|
| I. O. | $\approx 40$ | (Reichs-) Haupt- dreiecksnetz | TP (R) | TP (1) |
| II. O. | $\approx 10 \cdots 20$ | | | TP (2) |
| III. O. | $\approx 3 \cdots 5$ | Landes dreiecksnetz | TP (L) | TP (3) |
| IV. O. | $\approx 1 \cdots 2$ | Aufnahmenetz | TP (A) | TP (4) |

Mittlerer Lagefehler eines trigonometrischen Punktes in bezug auf seine Nachbarpunkte beträgt $\approx 5$ bis 10 cm.

Figur des *Besselschen Bezugsellipsoides* (s. 1.1.2) berechnet. Wir messen zwar bei der Triangulation in Tangentialebenen an Niveauflächen der Erde, rechnen aber aus technischen Gründen auf einem Bezugsellipsoid, ohne im einzelnen die Lage der tangentialen Meßebenen gegen die Bezugsfläche mit einer der heutigen Meßtechnik entsprechenden Genauigkeit angeben zu können. Ingenieurvermessungen machen höchstens bei größeren Tunnelbauten entsprechende Überlegungen notwendig.

### 1.1.5 Lage- und Höhenfestpunkte

Besonders wichtig ist eine dauerhafte *Vermarkung* der trigonometrischen Punkte. Pfeiler und Platten haben die aus Bild 1-7 ersichtlichen Ausmaße und Bezeichnungen und werden so eingebracht, daß die Buchstaben TP nach Süden zeigen. Das *Höhen-Festpunktfeld* in der BRD setzt sich nach der seit 1949 in der BRD festgelegten Einteilung aus Nivellement I. Ordnung oder Haupthöhennetz, Landeshöhennetzen und Aufnahmehöhennetzen zusammen (s. 1.4.1). In den drei Höhennetzen finden sich die in den Bildern 1-8 bis 1-11 dargestellten *Vermarkungen*. In Marschgebieten benutzt man Rohrfestpunkte, die in den diluvialen Untergrund reichen, dazu Flachpunkte für Sackungsbeobachtung.

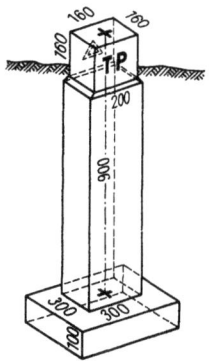

Bild 1-7. Festlegung der Punkte durch dauerhafte Vermarkung; Maße in mm.

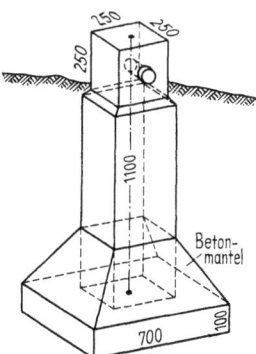

Bild 1-8. Vermarkung eines Höhenfestpunktes (Pfeilerbolzen); Maße in mm.

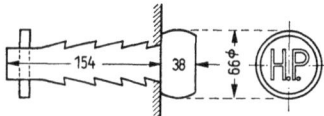

Bild 1-9. Höhenbolzen nach DIN 18 708; Maße in mm.

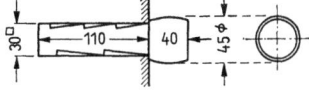

Bild 1-10. Höhenbolzen (Mauerbolzen der Trigonometrischen Abteilung der Landesaufnahme).

Bild 1-11. Höhenbolzen (Stehbolzen).

Bezugsfläche für alle *Höhenbestimmungen* in der BRD ist die *Normal-Null*-Fläche (NN). Sie ist identisch mit der Niveaufläche der Erde, die 37,000 m unter dem alten *Normal-Höhenpunkt* (NH) von 1879 an der ehemaligen Berliner Sternwarte verläuft, und entspricht ungefähr dem mittleren idealisierten Meeresspiegel der Nordsee. Heute gilt als Festlegung für NN der unterirdisch vermarkte NH von 1912, 40 km östlich Berlin, der durch weitere unterirdische Festlegungen in seiner Nähe versichert ist.

Von 1913 ab hat das ehemalige *Reichsamt für Landesaufnahme* die planmäßige Wiederherstellung aller seitherigen Nivellements-Arbeiten in einem neuen Netz betrieben. Das neue Netz wurde aus älteren und neuen Messungen zusammengesetzt, und hat mit dem alten Netz alle Vermarkungen und die Höhe des NH gemeinsam; es wurde jedoch ohne

Anschlußzwang an das alte Netz vollständig neu berechnet. Bezeichnung „Höhen im neuen System" gegenüber „Höhen im alten System" ist nicht glücklich gewählt. *Höhen verschiedener Systeme dürfen nicht ohne weiteres nebeneinander verwendet werden.*

Die Bezugsfläche für die *Meerestiefen* an der deutschen Nordseeküste ist den Bedürfnissen der Schiffahrt entsprechend festgelegt. Der Seemann erwartet, die in den Seekarten eingetragenen Meerestiefen in der Regel auch bei Niedrigwasser vorzufinden. Meist wird daher das *Seekartennull* in der Deutschen Bucht als *örtliches, mittleres Springniedrigwasser* definiert. Es ist keine Niveaufläche und liegt ungefähr um den halben Betrag des örtlichen, mittleren Springtidenhubs unter Normal-Null. Diese letzte Vorstellung trifft zwar nur angenähert zu, ist aber anschaulich und genügt für den Wasserbauer zum Verständnis der Zusammenhänge. In Flußmündungen gelten besondere Festlegungen. Die Ostseeküste ist für die Schiffahrt praktisch gezeitenfrei. Dort gilt also: Seekartennull gleich Normal-Null. Das *Seekartennull* wird in der BRD auf Grund von Gezeitenermittlungen durch das *Deutsche Hydrographische Institut* in Hamburg festgesetzt (s. auch die Gezeitentafeln des DHI). Die praktische Reduktion der Lotungen auf Seekartennull bei den nautischen Vermessungen geschieht durch den Anschluß an benachbarte Pegel, für die im Pegelbuch des DHI die Höhenlage des Seekartennulls angegeben ist, und die während der Lotungen entweder visuell oder mechanisch registriert werden.

Die Bezugsflächen für Höhen und Meerestiefen sind in den einzelnen Staaten verschieden. Dieser Umstand ist bei Ingenieurarbeiten an den Grenzen und bei Wasserbauten an den Küsten besonders zu beachten.

*Auskünfte* über die Koordinaten der trigonometrischen Punkte und die Höhen der Nivellementsfestpunkte geben die örtlichen *Kataster-* und *Vermessungsbehörden* sowie die *Landesvermessungsämter*. Auskünfte über die Bestimmung der Meerestiefen gibt das Deutsche Hydrographische Institut in Hamburg. In anderen Ländern wende man sich an die entsprechenden Landesvermessungs- und hydrographischen Dienste. Über Seevermessung und Seekarten fremder Länder kann auch das *Internationale Hydrographische Büro* in Monaco um Rat gefragt werden.

## 1.1.6 Stufen der allgemeinen Landesvermessung

Zur *allgemeinen Landesvermessung* rechnet man die Tätigkeit der Vermessungsverwaltungen, die jeden Quadratmeter des Bodens eines Landes berücksichtigen. Die Tätigkeit der übrigen Liegenschafts-, Vermessungs- und Landeskulturverwaltungen oder von Industrieunternehmen, die sich nur mit der Vermessung von Landesausschnitten und Verkehrsbändern beschäftigen, faßt man im Begriff *Sondervermessung* zusammen.

*Stufen der allgemeinen Landesvermessung:*

1. Triangulation I. Ordnung
2. Netzverdichtung:
   Triangulation II. bis IV. Ordnung
   und Aufnahmenetz
3. Polygonierung
4. Einzelvermessung
5. Höhenmessung
6. Kartenherstellung

oder 6. terrestrische und photogrammetrische topographische Aufnahmen.

Hiervon umfaßt die *Landesvermessung* im engeren Sinne die Triangulation I. bis III. Ordnung, die Höhenmessungen im übergeordneten Netz und die Herstellung von lückenlos zusammenhängenden Werken topographischer Karten und Übersichtskarten verschiedener Maßstäbe.

## 1.2 Vermessungsgeräte und Vermessungsinstrumente (Prüfung und Berichtigung)

### 1.2.1 Vermarkung und Geräte zur Längenmessung

Eine *Lagevermarkung* im Gelände bezeichnet eine *Lotlinie*; der Horizontalabstand zweier Vermarkungen ist der Abstand ihrer Lotlinien im Landeshorizont. Dauerhafte *Lagevermarkung oberirdisch*: etwa 80 cm lange behauene Steine mit Kreuzen, Betonklötze mit Eisenrohren, Pfähle, gegebenenfalls mit Nägeln; ferner *unterirdisch*: Steinplatten mit Kreuzen, hartgebrannte Hohlziegel (Polygonsteine), hartgebrannte Dränrohre und auch Gasrohre. Unterirdische Vermarkungen müssen, wenn sie ohne Tagesmarke gesetzt werden, unbedingt eingemessen werden, um ihr Auffinden zu ermöglichen bzw. zu erleichtern.

Zum vorübergehenden Sichtbarmachen von Geländepunkten und zum Durchfluchten gerader Linien dienen *Fluchtstäbe* oder Baken (DIN 18 705). Sie sind 2 bis 3 m lang, meist rund, 3 bis 4 cm dick, vom stumpfen Ende her in 0,5-m-Abschnitten schwarz-weiß oder rot-weiß gestrichen und tragen Spitzen (für die Vermessung von Landstraßen, Schotterspitzen), deren Laschen die Fluchtstäbe lang umfassen sollen. Hilfsgeräte: Bakenhalter (in Städten) und Doppelringe zum Feststellen und Aufeinanderstecken, Handlot, Klemmlibellen und Lattenrichter zum Senkrechtstellen der Fluchtstäbe.

Zur einfachen *Längenmessung* werden Meßlatten, jeweils ein Paar, oder Meßbänder benutzt.

*Meßlatten* sind 5, 4 oder 3 m lang; 4- und 3-m-Latten dienen für Stadtvermessungen usw. Sie tragen zweckmäßig um 1 R $\triangle$ 90° $\triangle$ 100$^{gon}$ versetzte Endschneiden mit langen Laschen. Der Ölfarbenanstrich als Schutz gegen Feuchtigkeitseinflüsse teilt zugleich die eine Latte in schwarz-weiße, die andere in weiß-rote Meterabschnitte. Die m-, 0,5-m- und dm-Abschnitte werden durch Metallknöpfe abnehmender Größe und wechselnder Gestalt gekennzeichnet. Die cm werden geschätzt. Einfluß der Wärme auf die Holzlatten ist gering, erheblicher ist Einfluß der Feuchtigkeit. Daher Lagerung der Latten im Freien, aber unter einem Schutzdach. *Merkregel* für die Messung: Immer mit derselben Farbe beginnen, z. B. schwarz, dann zeigt der Anfang jeder schwarzen Latte volle 10 m und Anfang jedes bunten Feldes eine gerade m-Zahl an.

*Meßbänder* aus Stahl (Längenausdehnungskoeffizient $\alpha = 12 \cdot 10^{-6}$) sind entweder solche mit Endringen und Ziehstäben für reine Feldmessungen, dann sind sie meist 20 m lang, oder Rollmeßbänder mit Handgriff (DIN 6403), dann können sie 10, 20, 25, 30 m oder für Sonderzwecke, z. B. Stationierungen, auch 50 m lang sein. Für feine Messungen Meßbänder aus Invar (Längenausdehnungskoeffizient $\alpha = 1 \cdot 10^{-6}$). Die 20-m-Meßbänder mit Ziehstäben tragen als Maßmarkierungen Messingscheiben und Nieten; die dm können auch durch Löcher gekennzeichnet sein, die cm werden geschätzt. Zur Zählung der Meßbandlagen bis zu 200 m dienen 10 Zählnadeln. Für Rollbandmaße hat sich eine hochgeätzte Einteilung in cm eingebürgert. Wärmeausdehnung eines 20-m-Bandes aus Stahl bei $\Delta t = 10\,°C$ ist 2,4 mm, bei $\Delta t = 30\,°C$ ist 7,2 mm. Entsprechende Zahlen für Invar: 0,2 und 0,6 mm.

*Eichung* der 5-m-Meßlatten erfolgt auf einem etwas über 5 m langen Komparator (Holzbalken), auf dem zwei senkrechte Endschneiden aufgeschraubt sind, mit Hilfe eines *Normalmeterpaares* und eines *Meßkeiles*. Das Normalmeterpaar besteht aus zwei Stahlstäben mit quadratischem Querschnitt ($1 \times 1$ cm$^2$) und versetzten Endschneiden, das von der *Physikalisch-Technischen Bundesanstalt* mit Gleichungen zur Berücksichtigung der konstanten Abweichung und der Temperatur versehen worden ist. *Länge des Komparators* wird zuerst mit den Normalmetern + Meßkeil bestimmt. Länge einer aufgelegten Latte ergibt sich aus Komparatorlänge − Keilablesung. Eichung der Meßbänder zweckmäßig auf einer 20 bis 100 m langen Vergleichsstrecke, deren Länge mit geeichten Latten bestimmt wird. Die Meßbänder werden aufliegend bei einer konstanten Zugspannung von 5 kp geeicht. Daher muß unter ähnlichen Bedingungen gemessen werden. Als Fehlergrenze für die Länge der Meßwerkzeuge nach Berücksichtigung der Temperaturänderung gilt im Vermessungswesen $d = (1{,}0 + n \cdot 0{,}1)$ mm, wo $n \leqq 30$ die Länge in m bedeutet. Bei feinen Messungen Eichreduktionen und Temperaturänderungen anbringen.

*Messungen in geneigtem Gelände* müssen auf den Horizont reduziert werden. Reduktion erfolgt entweder durch Abloten oder durch Bestimmen der Reduktionsbeträge mit Hilfe eines Neigungsmessers.

Man unterscheidet Reduktionen $r$, deren Summe bei durchlaufender Messung (z. B. Polygonseiten) am Endmaß angebracht wird, und Zulagen $z$, um die jede folgende Meßwerkzeuglage vorgeschoben wird, wenn es gilt, Zwischenmaße unmittelbar abzulesen (Bild 1-12). Zur Ermittlung der Reduktionsbeträge aus der gemessenen Neigung legt man eine kleine Tabelle an oder beziffert die Neigungsmesser nach ihnen.

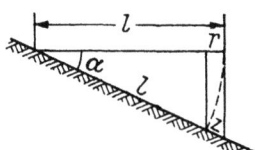

Bild 1-12. Reduktion von Messungen in geneigtem Gelände. $r = l(1 - \cos \alpha)$, $z = l(1/\cos \alpha - 1)$.

Der *Neigungsmesser* für *Meßlatten* besteht zweckmäßig aus einem kleinen aufsetzbaren Gradbogen mit Pendelzeiger oder Zeiger mit Libelle. Als *Neigungsmesser für die 20 m langen Feldmeßbänder* benutzt man ein handliches Pendelinstrument (Taschenformat), das an einem der Ziehstäbe oben angehalten wird und mit dessen Visiereinrichtung der Kopf des zweiten Ziehstabes angezielt wird. Man liest die Neigung der Köpfe der gleichlangen Ziehstäbe und damit auch der Meßbandlage ab. Richtige Anzeige des Instruments durch Gegenzielung prüfen. Fehlerfreie Neigung $\alpha$ ist gleich dem Mittel aus den beiden Ablesungen $\alpha_{A-B}$ und $\alpha_{B-A}$. Mit einem solchen Gerät können auch Meßbandhöhenzüge gelegt werden (1.4.1.3).

Faustregeln zur *Ermittlung der Zulagen z* in *schwach* geneigtem Gelände $< 6\%$; a) bei Messung mit 5-m-Latten schätzt man die Höhe des Endes der horizontal gehaltenen Meßlatte über dem Gelände in dm und setzt das Quadrat dieser Größe in mm vor; b) bei Messung mit einem 20-m-Band schätzt man das Gefälle in Prozent und setzt das Quadrat der Prozentzahl in mm vor.

*Fehlergrenzen* für die Längenmessungen richten sich je nach der verlangten Genauigkeit. Allgemeine Formel für Fehlergrenzen: $d = a \sqrt{s} + bs + c$; hierin sind $s$ Länge der Meßstrecke, $a$, $b$ und $c$ Konstanten. Es bedeuten $a\sqrt{s}$ den unregelmäßigen, $bs$ den regelmäßigen und $c$ einen konstanten Fehleranteil (1.3.3.1 und 1.3.4.1). Bei der Polygonseitenmessung nimmt man als *mittleren* Fehler der einmaligen Messung ungefähr $\pm 2$ cm auf 100 m an. Das entspricht einer Genauigkeit von $\approx 1:5000$.

Bei *Feinmessungen für Ingenieuraufgaben* erreicht man mit kompariertem Präzisionsstahlband, Zugwaage und Anreihevorrichtung und durch Bestimmen der Reststücke mit optischem Lot sehr genaue Längenmessungen [6c]. *Feinste Messungen* werden mit 24 m langen *Invardrähten* ausgeführt, die über besondere Spannböcke mit konstantem Zug gespannt werden [36; 37]. Alle 24 m muß ein tief eingeschlagener Pfahl stehen, in dessen Kopf eine Ablesemarke mit einem feinen Strichkreuz eingelassen wird. Durch mehrfache Messungen und nach Berücksichtigung vieler Reduktionen kann ein mittlerer Fehler $m = \pm 1$ mm/km, also eine innere Genauigkeit von ungefähr $1:1\,000\,000$, erreicht werden; die äußere Genauigkeit ist geringer.

Die *elektronische Entfernungsmessung* hat in den letzten Jahren einen großen Aufschwung genommen [2; 61; 32; 81 (1959), S. 361—379, (1968) S. 377—381 u. 439—445; 82 (1962) H. 5 u. 6; (1963) H. 3 u. 8; (1964) H. 3 u. 8; (1965) H. 4 u. 8; (1966) H. 1 u. 8; (1967) H. 7]. Mit Hilfe der Laufzeitmessung *hochfrequent modulierter Lichtwellen* (*Geodimeter* verschiedener Bauart u. a.) ist es mit bedeutend weniger Aufwand als bei der Invardrahtmessung gelungen, bei Nacht bis zu 30 km lange Strecken auf wenige Zentimeter genau, also mit einer Genauigkeit von annähernd $1:1\,000\,000$, unmittelbar zu messen. Das entspricht der Genauigkeit einer sehr guten Triangulation I. Ordnung. Mit demselben Verfahren hat man jetzt erreicht, bei Tage Strecken von 15 bis zu 5000 m mit handlichen Instrumenten auf wenige cm genau zu bestimmen.

Die Entwicklung *elektronischer Nahbereichs-Entfernungsmesser* verdient besondere Beachtung. Diese Geräte erlauben eine exakte Streckenmessung von wenigen Metern bis zu etwa 1 000 m. Dies ist der Bereich, in dem die Messungen des Vermessungs-Ingenieurs überwiegend ausgeführt werden. Beispielhaft sei hingewiesen auf die Geräte SM 11 (Zeiss), RegElta (Zeiss), Distomat DI 10 (Wild), EOK 200 (Jenoptik), Geodimeter 7 T (AGA) u. a. Mit diesen Instrumenten werden die o. a. Entfernungen mit einem distanzunabhängigen mittleren Fehler von $\pm 1{,}0$ cm bis $\pm 1{,}5$ cm gemessen [81 (1968) S. 439—445; (1972) S. 233—241; 82 (1972) S. 41—59].

Die *Laufzeitmessung elektromagnetischer Wellen* (Mikrowellen) dient bei mehreren neuen leistungsstarken Geräten (*Tellurometer, Electrotape, Distomat, Distameter* u. a.) zur Entfernungsmessung von $\approx$ 100 m bis zu 80 km. Der Messungsaufwand ist bei diesen Verfahren sehr gering. Die erreichte innere Genauigkeit wird mit $\approx \pm 1$ cm $\pm 3 \cdot 10^{-6} \cdot s$ angegeben, die wesentlich von der Erfassung der meteorologischen Daten des Meßweges abhängt. Mit Hilfe der *hochfrequent' modulierten Lichtwellen* lassen sich auch in Tunnel und Stollen Entfernungsmessungen mit gutem Erfolg durchführen. Die Mikrowellen können jedoch wegen Reflexionsstörungen und Hohlleiterwirkung für diese Aufgaben nicht eingesetzt werden.

Entfernungen von im Durchschnitt 350 km sind mit Hilfe der Laufzeitmessung elektromagnetischer Wellen unmittelbar vom Flugzeug aus durch sogenannte *Shoran*-Geräte mit einem Fehler von ungefähr 6 m überbrückt worden. Das entspricht einer Genauigkeit von etwa 1:60000. Die elektromagnetische Entfernungsmessung vom Flugzeug aus über große Entfernungen hat in Verbindung mit der Photogrammetrie große Bedeutung für die schnelle Vermessung und Kartenherstellung zur Erschließung bisher unerschlossener Gebiete. Sie wurde z. B. mit gutem Erfolg im nördlichen Kanada verwandt [36; 44; 53].

## 1.2.2 Hilfsmittel und Meßwerkzeuge zur einfachen Winkelmessung und zur Absteckung fester Winkel

Die einfachsten Hilfsmittel zum Abstecken rechter Winkel sind die sogenannten *Schnurdreiecke*, deren Seitenlängen die Bedingung erfüllen: $(3n)^2 + (4n)^2 = (5n)^2$, wo $n$ eine ganze Zahl ist (*Ägyptisches Dreieck*). Mit den Schnüren kann man Winkelrechte auch durch Bogenschlag finden.

Die nächsthöhere Stufe stellen *Diopterinstrumente* dar. Von diesen ist heute wegen ihrer guten Steilsicht im Gebirge noch die *Kegelkreuzscheibe* im Gebrauch. In ihrem metallenen Kegelmantel sind um 1 R[1]) versetzte Visierschlitze eingeschnitten. Sie wird auf ein

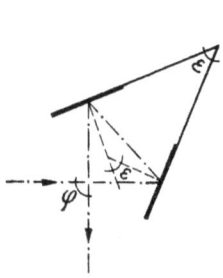

Bild 1-13. Winkelspiegel.

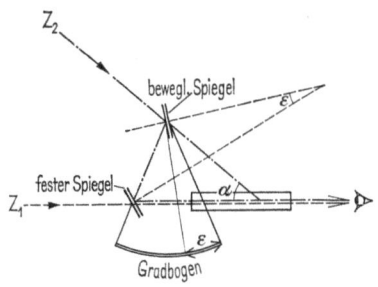

Bild 1-14. Sextant.

---

[1]) $1 R = 1 L = 90° = \dfrac{\pi}{2}$ rad $= 100$ gon (vgl. DIN 1315).

handliches Stockstativ aufgesetzt. Auf dem Krokiertisch benutzt man ein Diopterlineal als Visier- und Zeicheneinrichtung. Selten findet man noch eine *Winkeltrommel,* deren beide Zylinder je für sich mit Dioptereinrichtungen versehen sind. Durch die meßbare Verdrehung des oberen gegen den unteren Zylinder kann man eine Winkelmessung vornehmen. Auch die Winkeltrommel, in deren Deckfläche in der Regel eine Libelle und eine Bussole eingelassen sind, wird mit einem Stockstativ benutzt.

*Winkelspiegel* sind billige, aber schnell dejustierte Instrumente. Der zweimal reflektiert ausfallende Strahl bildet mit dem Einfallstrahl den Winkel $2\varepsilon$, für $\varepsilon = R/2$ also einen Winkel von $\varphi = R$ (Bild 1-13).

Das *Winkelkreuz,* das aus zwei senkrecht übereinander angeordneten Winkelspiegeln besteht, gestattet das Einfluchten in eine gerade Linie. *Prüfung* des *Diopterkreuzes* und des *Winkelspiegels* durch Abstecken eines rechten Winkels von zwei Seiten; Prüfen des Spiegelkreuzes durch Aufstellen in einer Geraden. Genauigkeit $\approx 2'$.

Ein Winkelspiegel besonderer Art ist der *Sextant* des Nautikers. Er wird auf See zur Ermittlung von Gestirnshöhen für die geographische Ortsbestimmung und auch in Küstennähe zur Doppelwinkelmessung benutzt. Dabei werden immer *Positionswinkel* (s. Bild 1-33, 1.2.5) gemessen. Beim Sextanten sind ein fester und ein beweglicher Spiegel auf einem Gradbogen befestigt (Bild 1-14). Der Zeiger des beweglichen Spiegels läßt auf dem nach Doppelgrad bezifferten Gradbogen sofort den Winkel $\alpha = 2\varepsilon$ zwischen den Zielen $Z_1$ und $Z_2$ ablesen. Genauigkeit $\approx 1'$.

Sämtliche *Spiegelinstrumente* einschließlich der noch zu erwähnenden Prismen benötigen keine *feste Aufstellung,* sondern können in der freien Hand benutzt werden. Für Winkelmessungen an Land ist der Sextant bei seiner beschränkten Genauigkeit zu unhandlich.

Bild 1-15a. Winkelhalbierer nach *Weiken.*

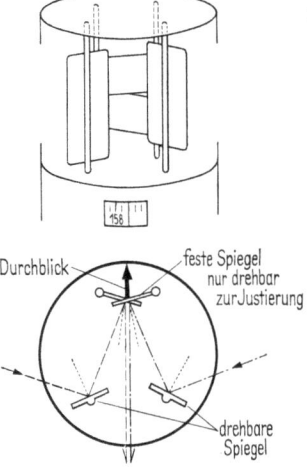

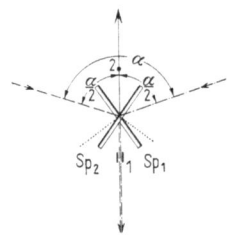

Bild 1-15b. Winkelhalbierer. *1* und *2* Diopter, Sp$_1$, Sp$_2$ symmetrisch bewegliche Spiegel.

Zur einfachen Winkelmessung und zum Abstecken von Winkelhalbierenden bei der Übertragung von Wegenetzentwürfen in die Örtlichkeit ist nach *Weiken* ein handlicher *Winkelhalbierer* [82 (1951) S. 295] konstruiert worden, der aus symmetrisch angeordneten, gekoppelten Winkelspiegeln besteht (Bild 1-15a). Die drehbaren Spiegel sind so mit einem Teilkreis gekuppelt, daß an diesem die Winkel abgelesen werden können, die die einfallenden Strahlen miteinander bilden.

Das Instrument kann auch zum rohen Abstecken eines Kreisbogens, der durch zwei feste Punkte geht, nach dem Peripheriewinkelverfahren benutzt werden. Die beiden festen Spiegel können bei der Aufstellung in einer Geraden für die Winkelablesung 200$^{gon}$ justiert werden.

### 1.2.3 Teile geodätischer Winkelmeßinstrumente

Ein anderer *Winkelhalbierer* stellt eine Kombination von Spiegelkreuz und Diopter dar (Bild 1-15 b). Die Spiegel lassen sich um ihre Schnittlinie symmetrisch zur Zielebene des Diopters meßbar drehen. Der Winkel zwischen den ankommenden Strahlen kann an einem Teilkreis mit vortragendem Nonius abgelesen werden [85 (1954) S. 234]. Das Instrument ist ein wenig umständlicher in der Handhabung als das Winkelspiegelgerät.

Die einfachsten, kleinsten, genauesten und nicht dejustierbaren Instrumente zum Abstecken rechter Winkel sind *Winkelprismen*. Ihre Genauigkeit ist allein vom Schliff abhängig. Am gebräuchlichsten sind (Bild 1-16): a) das dreiseitige Prisma, b) das Pentagon, c) das dreiseitige Prisma mit Eckabschrägung und d) das 135°-Prisma, die beiden letzten nur in Doppelprismen.

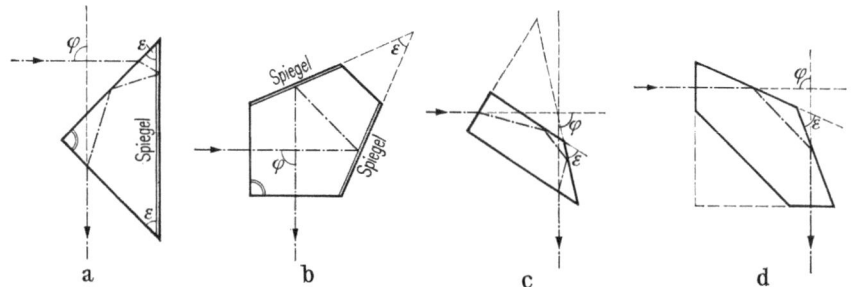

Bild 1-16. Winkelprismen. a) Dreiseitiges Prisma, b) Pentagon-Prisma, c) dreiseitiges Prisma mit Eckabschrägung, d) 135°-Prisma.

Der zweimal gebrochene und zweimal reflektierte Strahl bildet mit dem Einfallstrahl den festen Winkel $\varphi = 2\varepsilon$; für $\varepsilon = R/2$ ist $\varphi = 1R$. Die Prismen haben im allgemeinen so kleine Schliffehler, daß $\varphi$ auf weniger als 1' genau abgesteckt werden kann, wenn man das Prisma so hält, daß sein Hauptschnitt waagerecht liegt.

Das *einfache dreiseitige Winkelprisma* gewährt von allen Prismen ohne Sonderschliff die *höchste Steilsicht* und auch die *größte Breitsicht*. Die Steilsicht ist, wenn sich die anzuwinkelnden Gegenstände, z. B. bei Dämmen, nicht in derselben Horizontalebene wie das Prisma befinden, im praktischen Gebrauch meist noch wichtiger als eine gute Gesichtsfeldbreite, die auch dem Pentagonprisma zukommt. Beim einfachen Pentagonprisma fehlen die ausspringenden Ecken des dreiseitigen Prismas, und es fallen die Fußpunkte der rechten Winkel in die Prismenfläche, während sie beim dreiseitigen Prisma in zwei kleinen halbmondförmigen Sicheln vor den Katheten liegen.

Für Messungen in hügeligem Gelände benutzt man *Steilsichtprismen*, deren Deckflächen senkrecht zu den Kanten abgeschliffen und verspiegelt sind. Von diesen Prismen verdient das Pentagon-Prisma wegen der auch bei Steilsichten hellen, breiten Gesichtsfelder als Einzelprisma den Vorzug.

*Doppelprismen* bestehen aus zwei übereinandergesetzten Einzelprismen. Mit ihnen kann man sich in eine Gerade einschalten, indem man sich so lange quer zu ihrer Erstreckung bewegt, bis die Sichtstrahlen, von ihren beiden Endpunkten je um 1 R abgelenkt, aus derselben Richtung zu kommen scheinen. Gleichzeitig kann man den rechten Winkel abstecken. Von den genannten Prismenformen erweist sich die Verwendung dreiseitiger Prismen wiederum als sehr günstig. Pentagon-Prismen haben sich in Doppelprismen wegen ihrer großen Höhe nicht besonders bewährt.

## 1.2.3 Teile geodätischer Winkelmeßinstrumente

### 1.2.3.1 Libellen

Alle geodätischen Messungen müssen in irgendeiner Weise auf das *Erdlot* als Fundamentalrichtung bezogen werden. Hierzu dienen meist das Schnurlot oder die Libellen. Für gröbere Arbeiten gibt man den Libellen die Form von Dosenlibellen, für feinere Arbeiten die Form von Röhrenlibellen.

Den Meridianschnitt der *Röhrenlibelle* kann man sich durch die Rotation eines Kreisbogens um eine Sehne entstanden denken. Der Glaskörper der Libelle trägt auf der Oberseite, im Falle einer Wendelibelle auf Ober- und Unterseite, eine Teilung in Pariser Linien (1 Altpars = 2,26 mm) oder in Doppelmillimetern (1 Neupars = 2 mm). Bei Ingenieurnivellieren wird die Blase in der Regel eingestellt, daher trägt die Parsteilung keine Bezifferung. Libellen sind entweder mit einer Unterlage (*Setzlibellen*) oder mit einer Achse fest, aber in der Regel justierbar verbunden.

Die *Füllung* der *Libellen* besteht aus Äther, die Blase aus Ätherdampf. Die Blase wird bei Erwärmung der Libelle kleiner und träger. Die modernen Libellen werden nach dem Füllen zugeschmolzen, so daß Äther nicht verdampfen kann. Bei älteren Libellen beobachtet man manchmal ein gewisses Kleben der Blase. Diese Libellen dürfen nicht mehr für feinere Arbeiten verwandt werden. Die Teilungen der Wendelibellen werden so angebracht, daß beide Libellenachsen parallel sind. Bei den feinen Kammerlibellen kann man einen Teil der Blase hinter eine Scheidewand abdrängen, um die Blasenlänge konstant zu halten.

Einteilung der Röhrenlibellen

Einfache Libellen   ⎫                        Kreuzlibellen   ⎫
Wendelibellen       ⎬ verschiedene           Reiterlibellen  ⎬ verschiedene
Kammerlibellen      ⎭ Ausstattung            Hängelibellen   ⎭ Anordnung

*Begriffe*. *Libellentangente*: Tangente in einem beliebigen Punkt der Schliffkurve. Der Mittelpunkt der Blase steht immer im höchsten Punkt des Kreisbogens, die zugehörige Tangente ist horizontal.

*Normalpunkt*: Nullpunkt oder Mittelpunkt der Teilung.

*Libellenachse*: Libellentangente im Normalpunkt.

*Angabe α der Libelle*: Winkel, um den die Libelle geneigt werden muß, damit die Blase um 1 pars weiterläuft. Für $\alpha = 10'$ (*grobe Dosenlibelle*) ist der Schliffradius $r = 0,8$ m, für $\alpha = 5''$ (*Feinnivellier*) ist $r = 93$ m. Je kleiner $\alpha$, um so genauer arbeitet die Libelle, um so schwerer ist es aber auch, sie zum Einspielen zu bringen. Daher für grobe Arbeiten keine feinen Libellen benutzen!

*Spielpunkt* S der Libelle in bezug auf die mit ihr fest verbundene Unterlage oder Achse ist der Punkt, in dem die Libelle einspielt, wenn die Unterlage horizontal oder die Achse vertikal ist. Die Libellentangente in S ist also parallel zur Unterlage oder winkelrecht zur Achse.

Aus Symmetriegründen liegen die Blasenstellungen in zwei um $2R \triangleq 180° \triangleq 200^{gon}$ verschiedenen Lagerichtungen der Libelle beim Umsetzen auf der Unterlage oder beim Drehen um die Achse auf der Schliffkurve der Libelle gleich weit von S entfernt. Diesen Umstand benutzt man zur Bestimmung von S.

Eine *Libelle berichtigen* heißt, mit Hilfe der Justierschrauben den Spielpunkt in den Normalpunkt legen.

*Praktische Justierung einer Setzlibelle*. 1. Setzlibelle auf eine Unterlage legen und Blasenstellung ablesen oder Blasenmittelpunkt markieren. 2. Nach Umsetzen um 2R wieder ablesen oder markieren. 3. Das Mittel der Ablesungen oder die Mitte der Markierungen entspricht dem Spielpunkt S. 4. Mit den Justierschrauben Blase um den Betrag in der Richtung Spielpunkt S → Normalpunkt N laufen lassen, um den S von N entfernt ist. Damit ist der Spielpunkt in den Normalpunkt gelegt. Die Justierung wird einfacher, wenn eine mit Fußschrauben versehene Unterlage vorhanden ist.

*Praktische Justierung einer Vertikalachsenlibelle. Röhrenlibelle.* 1. Achse genähert vertikal stellen. 2. Libelle parallel zu zwei Fußschrauben bringen und mit diesen die Blase im Normalpunkt einspielen lassen. 3. Instrument mit Libelle um 2R drehen. Die Mitte des sich zeigenden Ausschlages ist der Spielpunkt S. Vom Ausschlag wird die Hälfte mit den Fußschrauben beseitigt und damit die Stehachse in erster Richtung aufgerichtet, die andere Hälfte mit den Libellenjustierschrauben beseitigt und damit der Spielpunkt in den Normalpunkt verlegt, die Libellenachse also winkelrecht zur Stehachse gemacht. 4. Instrument um 1R drehen und Libelle mit der dritten Fußschraube einspielen lassen. Damit wird die Achse in zweiter Richtung aufgerichtet. 5. Zur Probe Wiederholung der Vorgänge 1 bis 4. Dann muß beim ruhigen Drehen der Achse die Blase im Normalpunkt stehenbleiben.

Eine mit einer Achse verbundene *Dosenlibelle* wird, wenn möglich, nach der ebenfalls vorhandenen Röhrenlibelle justiert. Ist keine Röhrenlibelle vorhanden, dann 1. Libelle

### 1.2.3 Teile geodätischer Winkelmeßinstrumente

in kleineren Beträgen einmal rund drehen und jedesmal die Stellung des Blasenmittelpunktes markieren. Der Mittelpunkt des dabei entstehenden Kreises ist der Spielpunkt S.
2. Mit den Fußschrauben Blase nach S bringen und damit die Achse vertikal stellen.
3. Bei vertikaler Achse mit den Libellenjustierschrauben Blase im Normalpunkt N einspielen lassen (Bild 1-17).

Im praktischen Gebrauch werden kleine Fehler bei feineren Libellen nicht berichtigt, man läßt die Blase im Spielpunkt S einspielen.

Bild 1-17. Justierung einer Dosenlibelle.

*Libellenkreuzung.* Die Achse einer beweglichen Libelle (Reiterlibelle oder Libelle auf wälzbarem Fernrohr) muß parallel zur Wälzachse sein, sonst wird durch den sogenannten Kreuzungswinkel bei einer von der Justierstellung etwas abweichenden Lage der Libelle die Hauptjustierung zerstört. Zur Prüfung Libelle in der Normallage einspielen lassen und etwas um die Wälzachse drehen. Wandert jetzt die Blase aus, so läßt sich Libellenkreuzung mit den seitlich wirkenden Justierschrauben durch Probieren leicht beseitigen; dabei beachten, daß die Blase stets zum höheren Ende der Libelle hinläuft. Libellenkreuzung zweckmäßig vor der Hauptjustierung beseitigen.

Zur *Bestimmung der Angabe* einer mit einem Meßfernrohr verbundenen Libelle in Nähe des Instrumentes einen Maßstab aufstellen und Entfernung $r$ zur Stehachse des Instrumentes messen, das so aufgestellt wird, daß eine Fußschraube auf den Maßstab zu zeigt. Man liest nun bei zwei Höhenstellungen der Fußschraube die Libelle (Differenz $p$) und durch das Meßfernrohr den Maßstab (Differenz $b$) ab. Dann ist die Angabe $\alpha$ der Libelle in Sekunden mit dem Umrechnungsfaktor $\varrho'' = 206265$ oder $\varrho^{cc} = 636620$; $\alpha = (b\varrho/r)(1/p)$. Ist Libelle am Oberteil des Theodolits rechtwinklig zum Fernrohr angebracht, so sind beide Ablesungen in jeder der beiden Höhenlagen der Fußschraube abwechselnd Fernrohr und Libelle auf den Maßstab zu richten. Kenntnis der Angabe und damit der Genauigkeit von Instrumentenlibellen ist wichtig für den sachgemäßen Einsatz der Instrumente.

#### 1.2.3.2 Ableseeinrichtungen für die Teilkreise

Zur Vergrößerung des Teilkreisbildes nimmt man bis zu etwa zehnfacher Vergrößerung *Lupen*, darüber hinaus von 20- bis 50facher Vergrößerung *Mikroskope*[1]. Vergrößerung der Teilung allein genügt bei feinen Ablesungen nicht, da Anzahl der Teilkreisstriche nicht beliebig vermehrt werden kann. Daher wurde eine Reihe von Hilfseinrichtungen geschaffen.

Als *Nonius* verwendet man im Vermessungswesen den *nachtragenden* Nonius. Bei ihm wird im Anschluß an den Nullstrich auf dem Zeigerkreis eine Anzahl von Strichen angebracht, deren Abstände um ein bestimmtes Maß kleiner sind als die Abstände der Hauptteilung.

Ist $T$ das kleinste Teilungsintervall der Hauptteilung, $V$ das Teilungsintervall des Nonius und $n$ die Anzahl der Noniusintervalle, so gilt

$(n-1)T = nV$ und somit $T - V = T/n = \delta$ = Angabe des Nonius.

Beispiele: $T = 20'$; $n = 60$, $\delta = 20''$ oder $n = 40$, $\delta = 30''$;
$T = 20^c$; $n = 100$, $\delta = 2$ mgon oder $n = 40$, $\delta = 5$ mgon usw.

---

[1] Die Einstellung der Lupen und Okulare auf die Scharfsicht der Bildebene kann für jedes Beobachterauge je nach seiner Fernpunktlage verschieden sein.

Wenn bei einer Noniusangabe von 20" z. B. der fünfte Noniusstrich mit einem Strich der Hauptteilung koinzidiert, so ist der Nonius-Nullstrich um $5 \cdot 20'' = 1'40''$ von dem ihm vorausgehenden Teilungsstrich entfernt. Entsprechend wird der Nonius beziffert.

Die *Genauigkeit der Noniusablesung* beträgt etwa $1/2$ bis $1/3$ der Noniusangabe. *Nachteile des Nonius*: längeres Suchen des koinzidierenden Striches. Infolge der mechanisch reibenden Berührung von Teil- und Zeigerkreis kann stellenweise ein Klaffen eintreten.

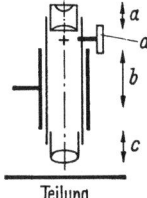

Bild 1-18. Schraubenmikroskop. a) Scharfstellung des Bildfeldes, b) Scharfstellung der Hauptteilung, c) { Verkleinern / Vergrößern } des Skalenbildes, d) Meßschraube.

Das *Schraubenmikroskop* (Bild 1-18), bei dem im Bildfeld ein Ablesedoppelfaden durch eine feine Schraube mit Ablesetrommel verschoben werden kann, wird heute bei Ingenieur-Instrumenten kaum mehr angewendet. Durch ein Trommelintervall muß der Doppelfaden um ein volles Teilstrichintervall bewegt werden. Abweichung bezeichnet man als *Run*; Beseitigen des Run durch systematisches Probieren (82 (1922) S. 863). Sowohl optische wie mechanische Vergrößerung. *Nachteile* des Schraubenmikroskops: Toter Gang der Meßschraube, schwierige Justierung des Run, Sperrigkeit, Ermüdung durch wechselnde Akkommodation des Auges beim Einstellen und Ablesen

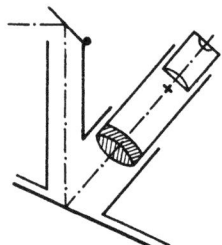

Bild 1-19. Grundsätzlicher Aufbau eines Mikroskops zu Bild 1-20a bis c.

*Ablesemikroskope* (Bild 1-19 bis 1-21) zeigen eine namentlich von *O. Fennel* entwickelte Ausgestaltung als a) *Strichmikroskop*, b) *Skalenmikroskop*, c) *Nonienmikroskop* oder *Feinmeß-* und *Kombinationsmikroskop* (Bild 1-21). In den Fällen a) bis c) ist in der Bildebene des Mikroskops, in der der Teilkreis abgebildet wird, eine dem Namen entsprechende Ablesevorrichtung angebracht. Ablesemikroskope erlauben wesentlich bequemere Ablesung als Nonien. Feinmeß- und Kombinations-Mikroskope erreichen die Genauigkeit der Schraubenmikroskope.

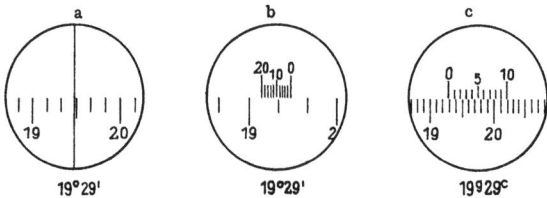

Bild 1-20. Bildebenen. a) Strich-, b) Skalen-, c) Nonien-Mikroskop.

### 1.2.3 Teile geodätischer Winkelmeßinstrumente

Beim *Feinmeß-* oder *Planglasmikroskop* nach *Fennel* (Bild 1-21) ist im Strahlengang nahe dem Objektiv eine drehbare planparallele Glasplatte eingeführt, durch die das Bild der Teilung optisch parallel verschoben werden kann, so daß ein Teilstrich in die Mitte des Einstell-Doppelstriches fällt. Die planparallele Platte verschiebt mit einem Arm eine unter dem oberen Teil des Bildfeldes befindliche Skala, an der die durch die Planplatte hervorgerufene Verschiebung der Teilung am Indexstrich sofort abgelesen werden kann.

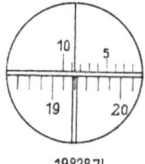

Bild 1-21. Feinmeß- oder Planglasmikroskop (Bildebene).

19°28,7'

Das *Kombinationsmikroskop* nach *Heckmann-Breithaupt* (Bild 1-22) ist im Prinzip ein Nonienmikroskop für Minutenablesung; volle Koinzidenz des Ablese-Nonienstrichs wird durch seitliche Verschiebung einer unter dem Bildfeld befindlichen Linse herbeigeführt. Auf der Linse ist ein Zeiger angebracht, der unter einer Hilfsskala im Bildfeld gleitet. An dieser sind die Sekunden abzulesen.

Beim *optischen Mikrometer* nach *Wild-Zeiß* (Bild 1-23) werden die Teilkreisbilder von zwei diametral gegenüberliegenden Teilkreisstellen übereinanderprojiziert, durch Drehen zweier gegenläufig geschalteter, planparalleler Glasplatten verschoben und zur Koinzidenz gebracht. Drehung der planparallelen Platten kann unmittelbar nach Minuten und Sekunden beziffert werden.

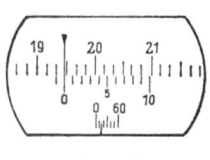

19°29'14"

Bild 1-22. Kombinationsmikroskop (Bildebene).

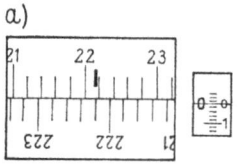 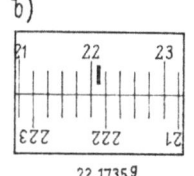

22,17359

Bild 1-23. Optisches Mikrometer. Bildebene a) vor und b) nach Betätigung des Mikrometers.

*Doppelkreis-Theodolite* der Fa. Kern, Aarau haben auf gläsernem Teilungsträger zwei Teilungen. Die sich diametral gegenüberliegenden Stellen der 1. und der 2. Teilung werden entweder nebeneinander (Doppelstriche) oder untereinander projiziert. Im ersten Falle erfolgt Ablesen der scheinbaren Bewegung von Indexstrich und Teilung durch die nach Minuten und Sekunden bezifferte Drehung einer planparallelen Glasplatte; im zweiten Falle ist innere Teilung einfacher, ihre Striche dienen als Indexstriche für die Ablesung in der äußeren, dichteren Teilung. Die zweite Konstruktion liefert eine weniger genaue Ablesung als die erste.

Mit den modernen optischen Ablesemitteln sind die Idealbedingungen für Ableseeinrichtungen an Theodoliten praktisch erreicht. 1. Die Mechaniken liegen geschützt im Inneren der tragenden Teile. 2. Das Gesichtsfeld ist übersichtlich und zeigt nur wenige gleichmäßige Striche. Zwischen Zielung und Teilkreis-Ablesung ist kein Akkommodationswechsel notwendig. 3. Kein Herumtreten um das Instrument, geringste Zahl von Ablesungen für eine Zielung.

Neuere Entwicklungen gehen in die Richtung von selbstregistrierenden Theodoliten. Beispielhaft sei auf die Code-Theodolite der Firmen *Fennel* und *Kern* hingewiesen. Mit diesen Geräten ist eine Verbesserung, Beschleunigung und ein wirtschaftlicherer Ablauf des Arbeitsprozesses zu erwarten. Dies gilt besonders auch für die Weiterverarbeitung der Meßergebnisse [82 (1968) H. 12].

### 1.2.3.3 Meßfernrohre

(Bild 1-24 und 1-25)

Meßfernrohre für ein geodätisches Instrument bestehen in der Regel aus einem einfach oder mehrfach zusammengesetzten Objektiv *1*, einem Faden- oder Strichkreuz *2* und einem Okular *3*.

Das Objektivsystem entwirft ein Bild des Zieles in der Ebene des Fadenkreuzes. Dieses wurde früher aus Spinnwebenfäden hergestellt, heute aus feinen Strichen (8 μm) die auf einer dünnen, planparallelen Glasplatte eingeätzt sind. Das Okular wirkt als Lupe zur gemeinsamen Beobachtung von Bild und Fadenkreuz.

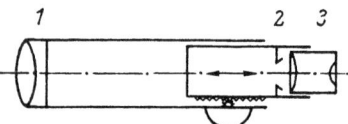
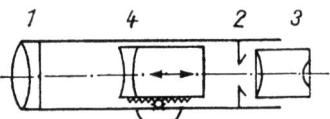

Bild 1-24. Meßfernrohr mit Okularauszug. *1* Objektiv, *2* Faden- oder Strichkreuz, *3* Okular.

Bild 1-25. Meßfernrohr mit Innenfokussierung. *1* Objektiv, *2* Faden- oder Strichkreuz, *3* Okular, *4* Zwischenlinse.

Bei den älteren Instrumenten finden wir noch den überholten Typ mit Okularauszug. Alle neueren Instrumente haben Innenfokussierung, bei der die scharfe Einstellung des Bildes in die Fadenkreuzebene durch Bewegen einer Zerstreuungslinse erreicht wird, die einen Teil des Objektivsystems bildet. Die Ersetzung der Bewegung des Okularauszuges durch Parallelverschiebung einer Zwischenlinse im Inneren des Fernrohrs gestattet, die Ziellinie sicherer den theoretischen Forderungen anzupassen, sowie das Fernrohr geschlossener zu bauen und damit das Fernrohrinnere besser gegen äußere Einflüsse zu schützen. Die durch die Bewegung der Zwischenlinse hervorgerufene, bei den nutzbaren Entfernungen geringe Veränderung der Objektivbrennweite und damit der Vergrößerung ist bei Richtungsbeobachtungen ohne Einfluß und bei der optischen Distanzmessung mit parallelen Fäden in der Fadenkreuzebene ohne praktische Bedeutung, wenn man für die Einstellung auf ∞ Multiplikationskonstante $k = 100$ macht.

Als Okular benutzt man im Prinzip nur noch das sogenannte *Ramsdensche Okular* (Bild 1-24 u. 1-25), das aus zwei plankonvexen Linsen besteht, deren gewölbte Flächen einander zugekehrt sind. Zur Korrektur der chromatischen und der sphärischen Aberration bestehen Kollektiv- und Augenlinse bei hochwertigen Okularen aus verschiedenen, verkitteten Einzellinsen. Der Abstand des Okulars von der Fadenkreuzebene ist gemäß der Dioptrienzahl des jeweiligen Beobachterauges einzustellen. Ein normalsichtiges, entspanntes Auge verlangt eine Okularstellung, bei der das Fadenkreuz mit der vorderen Brennebene des Okulars zusammenfällt (Fernpunkt des normalen Auges liegt im Unendlichen); beim kurzsichtigen Auge ist der Abstand etwas geringer, beim weitsichtigen etwas größer.

Bei der Beurteilung der Güte der Objektivsysteme beachte die Abbildung an den Rändern des Gesichtsfeldes. Bei modernen Objektiven ist die Korrektion der chromatischen und der sphärischen Aberration vorzüglich.

Von Bedeutung sind auch *Spiegellinsenfernrohre* als Meßfernrohre bei Theodoliten. Sie ermöglichen bei kurzer Baulänge eine geringe Durchschlagshöhe und haben infolge

## 1.2.3 Teile geodätischer Winkelmeßinstrumente

einer großen Öffnung und langen Brennweite eine starke Vergrößerung bei bemerkenswerter Helligkeit. Das sekundäre Spektrum kann hierbei nahezu vollständig beseitigt werden.

Bei allen modernen geodätischen Instrumenten werden auf die brechenden Flächen reflexvermindernde dünne Schichten aufgebracht, die die Leistung der Fernrohre durch erhöhte Lichtdurchlässigkeit und Kontrasterhöhung verbessern (*vergütete Optik*). Für visuelle Geräte wird das Maximum der Reflexverminderung in das grüne Spektralgebiet gelegt. In der Draufsicht sehen die Schichten dann violett aus.

Zur Unterstützung der Korrektur der Objektivsysteme benutzt man zwei Arten von Blenden. *Apertur- oder Öffnungsblende*, meist Objektivfassung, sonst kleinste wirksame Blende im Tubusinneren, begrenzt Öffnung der ankommenden Strahlenbündel. *Gesichtsfeldblende*, meist Fadenkreuzfassung, begrenzt Neigung der Zielstrahlenbündel gegen die optische Achse. Das Bild der Aperturblende zur Objektseite hin, meist also Objektivfassung selbst, ist die Eintrittspupille, das Bild der Aperturblende zur Beobachterseite hin ist Austrittspupille. Diese kann bei Einstellung auf $\infty$ und Einrichten des Fernrohrs gegen den hellen Himmel kurz hinter dem Okular als scharfer, heller Kreis (*Ramsdenscher Kreis*) auf Pauspapier aufgefangen werden. Die *Vergrößerung* $v$ des Fernrohrs ergibt sich als Verhältnis der Durchmesser von Eintritts- und Austrittspupille. In der Regel also $v$ = Dmr. Objektivfassung/Dmr. Austrittspupille.

Allgemein bezeichnet man als *Vergrößerung $v$ eines Fernrohres* das Verhältnis der Sehwinkel, unter denen dem Auge das Bild im Okular ($\gamma_2$) und der Gegenstand im vorderen Brennpunkt ($\gamma_1$) erscheinen:

$$v = \gamma_2/\gamma_1 = \frac{\text{Dmr. Eintrittspupille}}{\text{Dmr. Austrittspupille}} = \frac{\text{Brennweite Ob}}{\text{Brennweite Ok}}.$$

Vergrößerung ergibt sich näherungsweise durch direkten Vergleich von Gegenstand und Bild vom Okular aus. Man betrachtet mit einem Auge einen Abschnitt $l_1$, z. B. das halbe Dezimeterfeld einer Nivellierlatte durch das Fernrohr und liest mit dem anderen unbewaffneten Auge die entsprechende Zentimeterzahl $l_2$ auf der Latte ab. Dann ist $v \approx l_2/l_1$.

Als *Helligkeit H* eines Fernrohrs bezeichnet man das Verhältnis der Lichtmengen, die ein flächenhaftes Objekt auf die Einheit der Augennetzhaut bei bewaffnetem und unbewaffnetem Auge wirft. $H$ wird bestimmt durch den wirksamen Objektivdurchmesser $D$ (Eintrittspupille), die Vergrößerung $v$, den Durchmesser der Augenpupille $p$ und durch die Lichtverluste im Fernrohr, die durch den konstanten Faktor $c$ berücksichtigt werden. $H = c (D/v)^2/p^2$. $c$ ist bei nicht vergüteter Optik etwa 0,6, bei vergüteter Optik etwa 0,8. Da $D/v$ = Durchmesser der Austrittspupille ist, ist die Bildhelligkeit auf der Netzhaut proportional dem Quadrat der Austrittspupille. Das gilt aber nur, wenn die Augenpupille gleich groß oder größer als die Austrittspupille ist. Die größtmögliche Helligkeit eines Fernrohrs ist daher gleich $c$. Der Pupillendurchmesser $p$ beträgt zwischen Helligkeit und Dunkelheit etwa 1 bis 5 mm.

*Gesichtsfeld $\gamma$ eines Fernrohres* ist der kegelförmige Raum, der sich bei Einstellung auf $\infty$ ohne Änderung der Fernrohrrichtung überblicken läßt. Bei einem Lattenabschnitt $l$ zwischen Ober- und Unterrand der Gesichtsfeldblende bei einer Latte in der Entfernung $a$ ist $\gamma \approx (l/a) \varrho$. In der Regel ist der Gesichtsfeldwinkel $\gamma \approx 1°$ bis $2°$.

*Zielachse* ist bei Einstellung auf $\infty$ der Hauptstrahl des Objektivs, der durch den Fadenkreuzschnittpunkt geht. Allgemein gilt als Zielachse eines geodätischen Fernrohrs der geometrische Ort aller Punkte, in denen der Fadenkreuzschnittpunkt durch das Objektiv abgebildet wird.

Für das Zielen nach trigonometrischen Signalen ergaben Versuche als Zielgenauigkeit einen *mittleren Fehler* von

$$m_z = \pm 20''/v \triangleq \pm 6 \text{ mgon}/v,$$

wo $v$ die Fernrohrvergrößerung ist ($v$ bei Theodoliten 20- bis 30fach, selten 40- und 50fach, bei Nivellieren 25- bis 45fach). Im Durchschnitt nimmt man als Zielfehler $2''$ oder $6^{cc}$ an.

*Vorgänge beim Einstellen eines Zieles.* 1. Anzielen des hellen Himmels und Scharfstellen des Fadenkreuzes mit dem Okular. 2. Grobeinrichten des Zieles, Scharfstellen durch die Fokussierung. Durch leichtes Bewegen des Kopfes prüfen, ob Bild und Fadenkreuzebene zusammenfallen. Verschiebt sich das Bild gegen das Fadenkreuz, so liegt Parallaxe vor, die durch Nachstellen des Okulars zu beheben ist. 3. Dann etwa eintretende Unschärfe durch Nachstellen der Fokussierung beseitigen. 4. Einstellen der Zielachse auf das Ziel.

## 1.2.4 Nivellierinstrumente

Beim geometrischen Nivellement werden Einzelhöhenunterschiede aneinandergereiht, die durch ein Instrument gewonnen werden, das eine horizontale Visur erlaubt. Nivellierinstrumente sind in der Regel mit Meßfernrohren ausgestattete Instrumente für die Gewinnung horizontaler Sichten mit einer Genauigkeit von $12''$ bis $0,5''$. Das entspricht bei 50 m Zielentfernung einer Vertikalgenauigkeit der Sicht von 3 bis 0,1 mm. Dieser Unterschied macht die Spannweite von einem Bau- über ein Ingenieur- bis zu einem Feinnivellier deutlich. Zum Erzielen horizontaler Sichten muß in jedem Falle die Schwerkraft in Anspruch genommen werden. Bei den feineren Instrumenten geschah dies bisher ausschließlich durch Libellen von $60''$ bis $5''$ Angabe. Bei dem im Abschnitt 1.2.4.2 und 1.2.4.3.3 beschriebenen modernen Ingenieurnivellier hat man zum erstenmal auch für feinere Zwecke ein mechanisches Prinzip in der Form eines Gelenkpendels benutzt.

### 1.2.4.1 Instrumente zum flüchtigen Einwägen und für Sonderzwecke

*Verbindung von Schnurlot und Winkelprisma.* Mit Hilfe eines Winkelprismas projiziert man das lotrecht herabhängende Schnurlot in die Horizontale. Beim fortlaufenden Einwägen wird der jeweils nächste Standpunkt anvisiert. Genauigkeit für 1 km Weg etwa 0,5 bis 1 m.

*Hydrostatische Instrumente.* Die Kanalwaage wird heute nur noch in Gestalt eines kleinen rechteckig oder kreisförmig in sich selbst zurücklaufenden transparenten Rohres mit Flüssigkeitsfüllung als *Taschennivellier* benutzt.

Die *Schlauchwaage*[1]) gestattet, Einwägungen an schwer einsehbaren Stellen auszuführen; sie besteht aus zwei in Millimeter geteilten Standgläsern mit einem angeschlossenen 20 bis 30 m langen Schlauch, der mit Wasser gefüllt ist. Etwa eingedrungene Luftblasen werden durch leichtes Bewegen und Schlagen des Schlauches entfernt. Zu Beginn der Messungen wird die relative Nullpunktlage der Teilungen bei senkrecht nebeneinanderstehenden Röhren ermittelt. Bei jeder Beobachtung werden nach einigen Minuten des Wartens für den Gewichtsausgleich des Wassers beide Standgläser abgelesen. Nach Anbringen der Nullpunktreduktion ergibt die Differenz der Ablesungen den Höhenunterschied. Mittlerer Fehler eines einmal gemessenen Höhenunterschiedes bei sachgemäßer Handhabung: $m = \pm 0,5$ bis $2,0$ mm.

### 1.2.4.2 Nivellierinstrumente mit Libellen oder Kompensatoren

Häufigste Typen:
Nivelliere mit festem (nicht wälzbarem) Fernrohr und fester Libelle.
Nivelliere mit festem (nicht wälzbarem) Fernrohr und Kippschraube.
Nivelliere mit festem Fernrohr und automatischem Einspielen der Ziellinie nach genäherter Aufstellung.
Nivelliere mit wälzbarem Fernrohr, Wendelibelle und Kippschraube.

---

[1]) Zusammenstellung s. [5], S. 326. Geschichtliche Notizen s. [86] 1936, S. 155.

### 1.2.4 Nivellierinstrumente

Sämtliche Nivelliere haben heute sogenannten norddeutschen Unterbau mit drei Fußschrauben. Der früher in Süddeutschland übliche sogenannte Stampfersche Unterbau mit zwei von unten nach oben wirkenden Schrauben mit Gegenfedern hat nur noch historische Bedeutung.

#### 1.2.4.3 Prüfung und Justierung der verschiedenen Nivelliertypen

**1.2.4.3.1 Nivelliere mit festem Fernrohr und fester Libelle.** Die drei Achsen (Bild 1-26), Libellenachse L, Zielachse Z und Stehachse S müssen zwei Bedingungen erfüllen:

$$\text{I. } L \perp S; \qquad \text{II. } Z \parallel L;$$

dann ist automatisch auch $Z \perp S$.

Zur Erfüllung der Bedingung I. wird Libellenachse mit Hilfe der Libellenjustierschrauben senkrecht zur Stehachse gemacht (1.2.3.1). Erfüllung der II. Bedingung erfordert zwei Arbeitsgänge (Bild 1-27, 1-28):

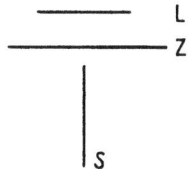

Bild 1-26. Achsen des Nivellierinstruments. L Libellenachse, S Stehachse, Z Zielachse.

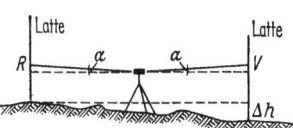

Bild 1-27. Untersuchung der Bedingung $Z \parallel L$; Schritt 1.

1. Instrument möglichst scharf in der Mitte zwischen zwei $\approx$ 60 m entfernten Nivellierlatten aufstellen. Aus der Differenz der Zielungen $\Delta h = R - V$ fällt dann Einfluß des Instrumentalfehlers $\alpha$ heraus. $\Delta h$ ist ein einwandfreier Höhenunterschied (Bild 1-27).
2. Sodann Instrument unmittelbar neben einer der Latten (z. B. $R$) aufstellen (Bild 1-28). Ablesung $R$ (Objektivmitte) ergibt sich als Mittel der Ablesungen für Ober- und Unterrand der Objektivfassung. Sollablesung $V$ für horizontale Sicht ergibt sich nach 1. zu: $V = R - \Delta h$. Liest man bei einspielender Libelle einen anderen Wert $V_1$ ab, so ist das Fadenkreuz mit Hilfe seiner Justierschrauben derart zu verschieben, daß Ablesung $V$ erscheint. Damit ist Fehlerwinkel $\alpha$ beseitigt, die Zielachse ist bei einspielender Libelle horizontal. Zur Probe ganzen Vorgang wiederholen.

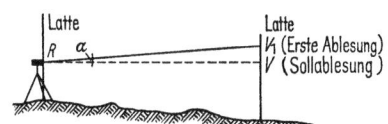

Bild 1-28. Untersuchung der Bedingung $Z \parallel L$; Schritt 2.

Bild 1-29. Achsen des Nivellierinstruments. L Libellenachse, Z Zielachse.

**1.2.4.3.2 Nivelliere mit festem Fernrohr und Kippschraube.** Bei diesen Instrumenten sind Libellenachse L und Zielachse Z fest, aber justierbar miteinander verbunden (Bild 1-29). Beide zusammen können mit einer Kippschraube gegen eine Normallage zur Stehachse, die nur genähert mit einer Dosenlibelle senkrecht gestellt zu werden braucht, gekippt werden, bis die Libelle einspielt. Die einzige Bedingung, der die beiden Achsen L und Z genügen müssen, lautet $L \parallel Z$.

Justierung erfolgt nach 1.2.4.3.1. Wenn beim Arbeitsgang 2 Ablesung $V$ für horizontale Sicht ermittelt worden ist, können wir die Bedingung $L \parallel Z$ auf zwei Wegen herbeiführen:
1. Libelle mit der Kippschraube einspielen lassen und Fadenkreuz mit seinen Justierschrauben auf Sollablesung $V$ bringen, oder
2. mit der Kippschraube Sollablesung $V$ einstellen und dann Libelle mit ihren Justierschrauben einspielen lassen. Dieser Weg wird im allgemeinen vorgezogen.

In beiden Fällen ist nach der Justierung bei einspielender Libelle die Sicht horizontal.

**1.2.4.3.3 Nivelliere mit festem Fernrohr und automatischem Einspielen der Ziellinie** nach genäherter Aufstellung. Ein derartiges Instrument wird seit 1951 von der Firma Carl Zeiss in Oberkochen/Württ. unter der Bezeichnung Ni2 gebaut [81 (1951) S. 225—231]. Es braucht nur mit einer Dosenlibelle von 15' auf 2 mm-Angabe genähert horizontiert zu werden. Die Ziellinie stellt sich dann automatisch scharf in die justierte Lage ein. Zu diesem Zweck befindet sich im Tubus des Meßfernrohrs zwischen Fokussierlinse und Fadenkreuz ein sog. Kompensator mit zwei festen und einer beweglichen Spiegelfläche. Der bewegliche Spiegel wird über ein räumliches Gelenkviereck von der Schwerkraft gesteuert. Bei beschränkter Fernrohrneigung bringt der Kompensator immer wieder einen Zielstrahl von bestimmter Neigung gegen den Horizont in das Fadenkreuz. Daß dieser Zielstrahl die Neigung Null hat, daß er also die horizontale Sicht repräsentiert, wird durch Justieren des Fadenkreuzes erreicht.

Gebrauchsfertige Instrumente müssen zwei *Justierbedingungen* erfüllen:
I. Tangentialebene im Normalpunkt der Dosenlibelle $\perp$ Stehachse.
II. Bei einspielendem Kompensator muß die Sicht horizontal sein.

Die praktische Justierung erfolgt in zwei Stufen:
I. Justieren der Dosenlibelle, mit der die Stehachse des Nivelliers genähert senkrecht gestellt werden muß (1.2.3.1).
II. Die horizontale Sicht verschaffen wir uns gemäß 1.2.4.3.1 und verschieben das Fadenkreuz mit seinen Justierschrauben so, daß bei einspielendem Kompensator die entsprechende Ablesung erscheint.

Die dreimalige Spiegelung im Instrument bewirkt eine Bildaufrichtung. Um die Vertauschung von links und rechts aufzuheben, ist ein Spiegelprisma als Dachprisma ausgeführt. Wegen der Bildaufrichtung Nivellierlatten mit *aufrechten* Zahlen verwenden. *Arbeitsbereich* des *Kompensators* etwa 10' entsprechend Angabe der Dosenlibelle. Die Horizontierung der Ziellinie erfolgt innerhalb eines Zeitraumes von höchstens einer halben Zeitsekunde mit einer Genauigkeit, die einer 3''-Libelle entspricht. Der mittlere Fehler für 1 km Doppelnivellement liegt nach zahlreichen Erprobungen bei Schätzung an der Nivellierlatte mit cm-Teilfeldern und bei 50 m Zielweiten etwa bei $\pm 2,0$ mm. Durch Anwendung eines Planplattenmikrometers und Ablesung an einer $1/_2$-cm-Teilung lassen sich mittlere Fehler von $\pm 0,5$ mm und weniger für 1 km Doppelnivellement erreichen [81 (1960) S. 466—472]. Instrumente sind gegen Sonnenbestrahlung und andere äußere Einflüsse weitgehend unempfindlich.

Das Nivellierinstrument Ni2 vereinigt die Genauigkeit eines guten Ingenieurnivelliers mit einer Bequemlichkeit und Schnelligkeit der Handhabung, die von keinem Nivellierinstrument anderer Bauart erreicht wird. Es kann daher, wenn nicht höchste Präzision gefordert wird, für alle Ingenieurarbeiten mit Vorteil eingesetzt werden. Nach der Entwicklung des Ni2 haben mehrere andere Instrumentenfirmen ebenfalls *Nivelliergeräte mit automatisch einspielender Ziellinie* gebaut. Prinzipiell bewirken auch hier die eingebauten Kompensatoren, daß die horizontal einfallenden Strahlen bei geringer Kippung des Fernrohrs durch die Mitte des Fadenkreuzes geleitet werden. Unterschiedlich sind im wesentlichen die Anordnung und Ausführung des Kompensators [89 (1961) S. 208—215).

Bei allen Nivellieren mit automatisch einspielender Ziellinie wird aus herstellungstechnischen Gründen die Justierung des Kompensators nicht ganz genau erreicht. Dies führt zu kleinen Fehlern (Horizontschiefe u. a.), die bei Präzisionsnivellements rechnerisch oder durch entsprechende Messungsanordnung berücksichtigt werden müssen [81 (1957) S. 430—434; (1963) S. 155—157].

**1.2.4.3.4 Nivelliere mit wälzbarem Fernrohr, Wendelibelle und Kippschraube.** Das System der justierbar miteinander verbundenen Achsen: Libellenachse L, Zielachse Z und Wälzachse W (Bild 1-30) kann mit einer Kippschraube gegen die Stehachse, die nur genähert mit einer Dosenlibelle senkrecht gestellt zu werden braucht, ein wenig geneigt werden. Beide Libellenachsen der Wendelibelle sind praktisch parallel; weshalb wir nur von einer Libellenachse L sprechen.

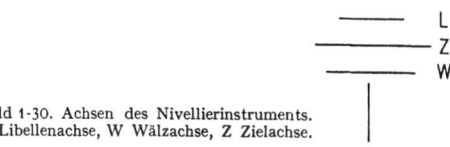

Bild 1-30. Achsen des Nivellierinstruments.
L Libellenachse, W Wälzachse, Z Zielachse.

Zwei Bedingungen müssen erfüllt werden: I. Z $\parallel$ W und II. L $\parallel$ Z.

I. Um die Parallelität von Ziel- und Wälzachse zu prüfen, zielen wir in der ersten Lage des Fernrohres einen fernen Punkt an und wälzen dann das Fernrohr in seine zweite Lage. Bilden beide Achsen einen störenden Winkel, so sind jetzt Fadenkreuz und Ziel getrennt. Fadenkreuz mit seinen Justierschrauben auf die Mitte der Auswanderungsstrecke bringen. Erreichte Parallelität der Achsen durch Wiederholen des Vorganges prüfen.

II. Die Bedingung Libellenachse parallel Zielachse kann hier aus dem Stand erfüllt werden. Bei einspielender Libelle Nivellierlatte in beiden Lagen des Fernrohrs anzielen. Das Mittel der Ablesung ergibt die Ablesung für die horizontale Visur. Mit der Kippschraube die horizontale Sicht einstellen und Libelle mit ihren Justierschrauben zum Einspielen bringen. Damit ist L $\parallel$ Z.

**1.2.4.3.5 Nivellierstative** heute fast ausschließlich mit einschiebbaren Beinen und Kugel- oder Zylinderreibung in den Gelenken. Befestigen des Instrumentes auf dem Stativteller geschieht bei neueren Geräten in der Regel durch Anschrauben einer Federplatte, die die Spitzen der Fußschrauben umfaßt. Das Instrument kann dann frei von jedem Zwang mit den Fußschrauben gehoben oder gesenkt werden.

Die Firma Kern, Aarau/Schweiz, hat ihr mit einer Kippschraube ausgerüstetes Baunivellier GK 1 mit einem Gelenkkopfstativ versehen. Dieses ist im Prinzip ähnlich, aber einfacher gebaut als das in 1.2.5.1 für den Theodolit beschriebene, da ein Nivellier nicht zentriert zu werden braucht. Das Nivellier wird durch eine Bajonettkupplung mit dem Gelenkkopf verbunden und mit ihm grob horizontiert.

## 1.2.4.4 Instrumentelle Hilfsmittel zur Genauigkeits- und Geschwindigkeitssteigerung beim Nivellieren

Die Wahl der Libellenangabe richtet sich nach der Zweckbestimmung der Arbeiten. Eine nicht notwendige Steigerung der Libellenempfindlichkeit hat eine größere Unruhe der Libelle und damit unnötige Verlängerung der Arbeitszeit zur Folge. Eine willkürliche Steigerung der Fernrohrvergrößerung zur Steigerung der Genauigkeit verbietet sich wegen der Verminderung des Gesichtsfeldes und der Helligkeit (Tabelle 1-3).

Tabelle 1-3. Technische Daten für Nivelliere

| Nivelliere | Fernrohr-vergrößerung | Libellen-angabe | Mittlerer km-Fehler |
|---|---|---|---|
| Baunivelliere | 15$\cdots$25 | $\approx 30''$ | $\approx 1$ cm |
| Ingenieurnivelliere | 25$\cdots$30 | 15$\cdots$20$''$ | 3$\cdots$5 mm |
| Feinnivelliere | 35$\cdots$45 | 5$\cdots$10$''$ | < 1 mm |

Zum bequemen Beobachten der Libelle vom Okular aus bringt man über ihr einen schräggestellten beweglichen Spiegel an. Besser ist ein *Prismensystem*, das ein Übereinanderspiegeln der beiden Hälften der Blasenenden bewirkt (Bild 1-31). Die genauere Einstellung der Blasenenden läßt eine Reduktion der Libellenangabe um die Hälfte und damit schnelleres Arbeiten zu. Das Betrachten der übereinandergespiegelten Blasenenden durch ein neben dem Okular endendes optisches System vermeidet die verschiedene Akkommodation des Auges beim Betrachten des Lattenbildes und der Libelle und setzt Ermüdungserscheinungen herab.

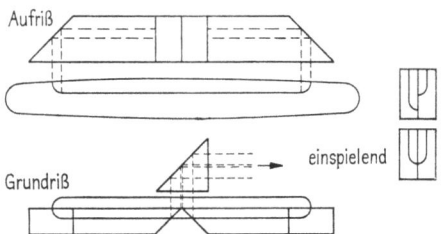

Bild 1-31. Prismensystem zur Beobachtung einer Libelle.

Zur Vermeidung des Schätzens im Zentimeterfeld der Nivellierlatten bringt man bei Instrumenten für technische Feinnivellements vor dem Objektiv eine planparallele, um eine horizontale Achse drehbare dicke Glasplatte an (Bild 1-32a). Ihre Drehung läßt den Horizontalstrich des Fadenkreuzes scheinbar auf den nächstniedrigen bzw. höheren cm-Strich verschieben. Die Verschiebung kann auf 0,1 mm auf dem Drehknopf abgelesen werden. Man kann auch den Horizontalstrich auf die Mitte eines cm-Feldes einstellen. Das Instrument muß entsprechend justiert werden. Die planparallele Glasplatte hat Sinn für wirklich feine Ingenieurnivellements. Andernfalls verzögert ihre Handhabung nur den Fluß der Arbeiten.

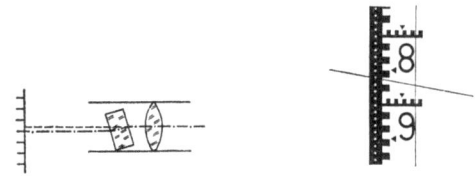

Bild 1-32a. Wirkungsweise der planparallelen Glasplatte vor dem Objektiv.

Bild 1-32b. Feinablese-Vorrichtung.

Die Schätzung im Zentimeterfeld kann auch wie folgt vermieden werden (Bild 1 – 32b). In der Fadenkreuzebene wird an Stelle des horizontalen Ablesestriches ein geneigter Strich angebracht, dessen Neigung sich nach dem Maßstab der horizontalen Hilfsteilung für die mm-Ablesung richtet[1]). Die Nivellierlatte wird in Abständen von je einem Zentimeter mit kreisförmigen Zielmarken versehen. Die Einstellung des Fadenkreuzes erfolgt mit der horizontal wirkenden Einstellschraube, so daß der schräge Strich durch eine der Kreismarken geht. Dann liest man an dieser die Zentimeter und an einer horizontalen Hilfsteilung mit Hilfe des Vertikalfadens die Millimeter ab, wobei die $1/10$ mm geschätzt werden können [85 (1954) S. 162 – 169]. Das Prinzip wurde erstmalig von *Heckmann* für Distanzmessungen mit horizontaler Latte angewandt (1.2.6.1). Es gibt Nivelliere, die die Einteilung des Drehknopfes und das Bild der übereinandergespiegelten Blasenenden in das Okular des Meßfernrohres projizieren.

---

[1]) Hersteller: Firma Kern, Aarau/Schweiz.

## 1.2.4.5 Nivellierlatten

(DIN 18703)

Im allgemeinen 3 m und 4 m, selten 5 m lang und etwa 8 cm breit; 3-m-Latten für Feinnivellements, 4-m-Latten für Ingenieur- und Geländeaufnahmen. Man unterscheidet starre Latten, Klapplatten und Schiebelatten. Schiebelatten empfehlen sich wegen Eindringens von Feuchtigkeit nur für besondere Zwecke. Für technische Feinnivellements verwendet man heute *Kastenlatten* mit einem unter konstantem Zug stehenden Invarband (kein Feuchtigkeits- und nur sehr geringer Temperatureinfluß). Latten für Gebrauchsnivellements werden mit verschiedenen Profilen aus Holz gefertigt (Längenänderung hauptsächlich durch Luftfeuchte). Jede Nivellierlatte muß einen Fußbeschlag aus gehärtetem Stahl wegen der konstanten Nullpunktlage, zwei Griffe und eine Dosenlibelle von etwa 8' bis 10' Angabe zum Senkrechtstellen besitzen.

Latten für technische Feinnivellements tragen eine Strichteilung, oft in Halbzentimeter; Latten für Gebrauchsnivellements werden zweckmäßig mit einer besonders angeordneten Felderteilung in cm versehen. Für die umkehrenden optischen Systeme müssen Zahlen auf dem Kopf, für die aufrichtenden Systeme (z. B. Ni2 und amerikanische Instrumente) aufrecht stehen. Um die Vorblicke dekadisch ablesen zu können, versieht man die Latten zusätzlich mit einer etwas kleineren roten Bezifferung in dekadischen Zahlen. Sehr praktisch sind Wendelatten mit I-förmigem Querschnitt mit je einer Teilung auf Vorder- und Rückseite. Die Rückseitenteilung wird zum Schutz gegen Ablesefehler um einen konstanten Betrag, der zweckmäßig größer ist als die Lattenlänge von 3 oder 4 m, versetzt, z. B. 3,035 oder 4,035 und 3,335 oder 4,335 m.

Zur Prüfung des Lattenmeters bei Nivellierlatten verwendet man *Normalmeter*. Als transportable Untersätze für Wechselpunkte bei Streckennivellements benutzt man *Unterlegplatten* (*Frösche*).

Zum Überbrücken langer Sichten beim Nivellieren, z. B. bei Flußübergängen, werden auf die Nivellierlatten *verschiebbare Zieleinrichtungen* aufgesetzt (für Nachtbeobachtungen Leuchtmarken), deren Stand an der Latte abgelesen werden kann. Man muß dann u. U. mit geneigter Sicht arbeiten. Hierzu wird wie bei Nivellements höchster Genauigkeit der Stand der Libelle abgelesen und die Abweichung der Blase von der Normallage über die genau bestimmte Angabe der Libelle durch Reduktion der Lattenablesung berücksichtigt. (Talübergangsausrüstung s. auch 1.9.4).

*Höhenbolzen* gemäß DIN 18708 (Bild 1-8, 1.1.5) aus Leichtmetall an Stelle von Gußeisen haben sich gut bewährt.

## 1.2.5 Theodolite einschließlich Bussolen

### 1.2.5.1 Aufbau des Theodolits

*Theodolite* dienen zum Messen von Horizontal- und Vertikalwinkeln (Bild 1-33), man kann keine Positionswinkel mit ihnen messen wie etwa mit den Sextanten (1.2.2). Der Theodolit hat drei Achsen: Die mit dem Meßfernrohr verbundene Zielachse ZZ, die horizontale Kippachse HH und die vertikale Stehachse VV. Bei Ingenieurtheodoliten kann das Meßfernrohr mit der Zielachse zumindest über das Objektiv, oft auch über das Okular durchgeschlagen werden.

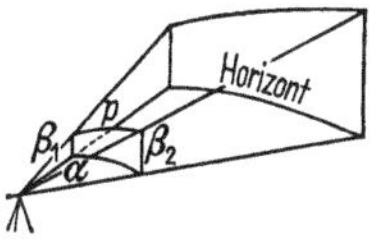

Bild 1-33. Winkelmessung. $p$ Positionswinkel, $\alpha$ Horizontalwinkel, $\beta_1$, $\beta_2$ Höhenwinkel.

Ein Universal-Theodolit (Bild 1-34) hat einen Horizontalkreis oder Limbus (Li) und einen Höhenkreis (Hk). Bei einem Repetitions-Theodolit (Bild 1-35) ist der Horizontalkreis im Vertikalachsensystem für sich drehbar. Die Achse des Zeigerkreises oder Alhidade (Al) steckt in der Achsbuchse des Teilkreises. Der Zeigerkreis kann durch eine Klemme mit Feintrieb mit dem Teilkreis und dieser durch eine entsprechende Einrichtung mit dem Theodolitfuß fest verbunden werden. Bei modernen Theodoliten ist die Teilgenauigkeit der Glaskreise so hoch, daß keine Repetitionswinkelmessung mehr angewendet zu werden braucht. Die Kreise können nur noch in sich gedreht werden, um eine vorgegebene Ablesung einstellen zu können.

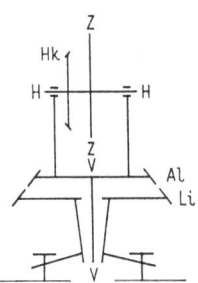

Bild 1-34. Universal-Theodolit. ZZ Zielachse, HH Kippachse, VV Stehachse, Li Horizontalkreis oder Limbus, Hk Höhenkreis, Al Zeigerkreis oder Alhidade.

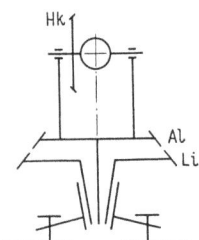

Bild 1-35. Repetitions-Theodolit. Al Zeigerkreis oder Alhidade, Li Horizontalkreis oder Limbus.

Moderne Präzisionstheodolite haben keine Achsen im üblichen Sinne mehr. Die Zentrierung wird durch Präzisionskugellager erreicht, die zugleich die Reibung weitgehend herabsetzen (Bild 1-36).

Für die *Theodolitstative* gilt das bei den Nivellierinstrumenten in 1.2.4.3.5 Gesagte entsprechend. Theodolitstative sind im allgemeinen schwerer gebaut. Sie müssen für die Zentrierung der Stehachse über dem Festpunkt die Anbringung eines Fadenlotes oder

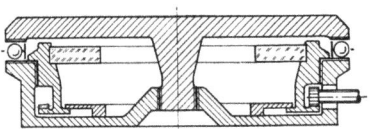

Bild 1-36. Vertikalachse eines Präzisionstheodoliten (schematisch)[1]).

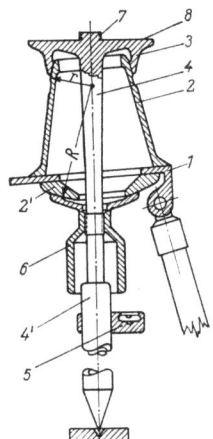

Bild 1-37. Zentrierstativ. *1* Stativteller, *2, 2'* Stativkopf, auf Stativteller *1* verschiebbar, *3* Aufnahmeteller, *4* Tellerstiel, *4'* ausziehbarer Zentrierstock, *5* justierbare Dosenlibelle, *6* Klemmgriff, *7* Schnellverschluß, *8* Gelenkkopf, *r* obere Kugelzone, *R* untere Kugelzone.

---

[1]) Aus dem Prospekt DK 516 der Firma Kern, Aarau/Schweiz.

eines starren Lotes an die Stehachse oder an ihre Befestigungsschraube und durch einen kreisförmigen Ausschnitt im Stativteller beschränkte horizontale Verschiebungen des Instrumentes bei feststehendem Stativ gestatten.

Die Firma Kern bringt zwei Besonderheiten heraus. 1. Bei Theodoliten mit horizontalwirkenden Fußschrauben, die eine sichere, aber beschränkte Höhenverstellung gestatten, ist auf dem Stativkopf ein kardanisch aufgehängter, festklemmbarer *Kippteller* angebracht. Er wird mit einer eingelassenen Kreuzlibelle horizontiert. Der Kippteller erleichtert die Zentrierung, ist aber nicht ganz leicht einzustellen. 2. Das neue *Zentrierstativ* (Bild 1-37) ist ein Gelenkkopfstativ mit Zentriereinrichtung. Die obere Kugelzone ($r$), auf der sich der Gelenkkopf bewegt, hat denselben Mittelpunkt wie die untere Kugelzone für die Einstellung ($R$). Zentrierstock 4' wird an den Tellerstiel 4 angeschraubt und ist dann starr mit dem Theodolit verbunden. Theodolit ist grob horizontiert und endgültig zentriert, wenn Spitze des Zentrierstockes 4' im Bodenpunkt eingesetzt ist und Dosenlibelle 5 einspielt. Genauigkeit der Zentrierung etwa 1 mm und die des groben Vertikalstellens der Stechachse etwa 3'.

Zum feineren Zentrieren auf einem Standpunkt sind neuere Theodolite häufig mit einem *optischen Lot* ausgestattet. Folgendes Vorgehen kann das Aufstellen und exakte Zentrieren solcher Geräte erleichtern und beschleunigen:

1. Stativ mit Instrument bei etwa einspielender Dosenlibelle nach Augenmaß zentrisch über dem Punkt aufstellen.
2. Marke (Ziellinie) des optischen Lots durch Drehen der Fußschrauben ins Zentrum bringen. (Libellen spielen jetzt nicht ein.)
3. Alhidaden-Libellen durch Verändern der Stativbeinlängen einspielen lassen (Stehachse damit senkrecht). Feineinstellung mit Fußschrauben.
4. Jetzt noch vorhandene kleinere Abweichungen durch Verschieben des Instuments auf dem Stativteller beseitigen.

Bei der Aufstellung sollen die drei Stativbeine möglichst gleiche Winkel ($\approx 120°$) miteinander bilden. In geneigtem Gelände ein Stativbein in Richtung der Fallinie zum Hang hin stellen.

## 1.2.5.2 Prüfung und Berichtigung des Theodolits

Ist ein Theolit mit einer Libelle versehen, die mit dem Fernrohrträger fest verbunden ist (*Alhidadenlibelle*), so müssen die links aufgeführten Achsen den rechts stehenden *Bedingungen* genügen:

| | | |
|---|---|---|
| Zielachse | ZZ | ZZ $\perp$ HH sonst Zielfläche ein Kegelmantel; |
| Kippachse | HH | HH $\perp$ VV sonst geht Zielebene nicht durch Stehachse; |
| Stehachse | VV | VV $\perp$ LL sonst ist Zielebene nicht senkrecht. |
| Libellenachse | LL | LL $\perp$ VV |

Die Zielachse soll eine *Ebene* beschreiben, die durch die *Stehachse* geht und *vertikal* ist.

### 1.2.5.2.1 Theodolite mit Alhidadenlibelle:

1. LL $\perp$ VV (1.2.3.1), praktische Justierung einer Vertikalachsenlibelle. Dabei auch VV vertikal stellen.

2. ZZ $\perp$ HH. Anzielen eines fernen Punktes im Horizont, am Teilkreis $\alpha$ ablesen. Durchschlagen, Einstellen von $\alpha + 2R$, worin $2R \triangleq 180° \triangleq 200$ gon. Etwa auftretende Abweichung zwischen Fadenkreuz und Zielpunkt entspricht dem doppelten Zielachsenfehler. Eine Hälfte mit Alhidadenfeintrieb, die andere mit Fadenkreuzjustierschrauben beseitigen.

3. HH $\perp$ VV (Bild 1-38). Anzielen eines hochgelegenen Punktes Z und Ablesen auf einem Maßstab im Horizont. Nach Durchschlagen erneut Z einstellen und am Maßstab ablesen. Mitte $M = \frac{1}{2}(A_1 + A_2)$ liegt senkrecht unter Z. Einstellen von M und hochschlagen. Etwa auftretende Abweichung zwischen Fadenkreuz und Zielpunkt entspricht dem einfachen Kippachsenfehler. Beseitigung durch Heben und Senken der Kippachsen-

auflagen. Bei modernen Theodoliten wird die Bedingung HH ⊥ VV genau genug durch den Hersteller herbeigeführt.

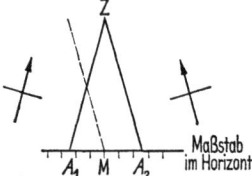

Bild 1-38. Untersuchung des Kippachsenfehlers (HH ⊥ VV); Erläuterung im Text.

**1.2.5.2.2 Theodolite mit Reiterlibelle.** 1. VV ⊥ LL und 2. ZZ ⊥ HH wie bei 1.2.5.2.1. 3. HH ⊥ VV. Spielpunkt $S_V$ der Reiterlibelle in bezug auf die Vertikalachse und Spielpunkt $S_H$ in bezug auf die Kippachse bestimmen (1.2.3.1). Mit den Kippachsen-Justierschrauben sodann $S_H$ auf $S_V$[1]) verlegen und damit HH ⊥ VV machen, siehe aber letzte Bemerkung zu 1.2.5.2.1 3.

Mit Ausnahme der Bedingung für das Lotrechtstehen der Stehachse brauchen Achsenfehler nur genähert eliminiert zu werden, da sie beim Messen in zwei Fernrohrlagen herausfallen. Nur für das Messen in einer Fernrohrlage muß Instrument gut justiert sein.

Die Theorie zeigt, daß der Zielachsenfehler mit dem Sekans (1/cos), Kippachsenfehler und Stehachsenfehler mit dem Tangens des Höhenwinkels in den Richtungsfehler eingehen. Daher ist insbesondere bei steilen Visuren Stehachse sehr sorgfältig mit der zusätzlichen feinen Reiterlibelle lotrecht stellen. (Herablegen von Punkten, 1.3.3.2)

*Tilgung der Instrumentalfehler durch das Meßverfahren.* Getilgt werden: 1. Mit dem Durchschlagen des Fernrohrs: Zielachsen-, Kippachsenfehler, Fernrohr- und Zielachsenexzentrizität, Alhidadenexzentrizität. 2. Durch zwei diametrale Ablesungen: Alhidadenexzentrizität. 3. Durch Messen in verschiedenen Teilkreislagen: Regelmäßige Teilungsfehler.

### 1.2.5.3 Horizontalwinkelmessung

**1.2.5.3.1 Satz- oder Richtungsmessung.** Bei einer Teilkreislage werden alle in Betracht kommenden Ziele in beiden Fernrohrlagen angeschnitten (vollständiger Richtungssatz).

Hingang in Fernrohrlage I und Rückgang in Fernrohrlage II durch alle angeschnittenen Ziele bezeichnet man je als einen *Halbsatz*, beide zusammen als einen *ganzen Satz*. Bei Messung in $n$ verschiedenen Teilkreislagen wird Teilkreis bei zwei Ablesestellen aus Symmetriegründen für jeden Satz um $\approx 2R/n$ Grad verschoben. Hierdurch werden regelmäßige Teilungsfehler getilgt (bei modernen Kreisen unwesentlich) und grobe Fehler aufgedeckt. Mißt man, wie bei der Polygonierung nur einen ganzen Satz, so verstellt man bei der Ablesung an zwei Kreisstellen den Teilkreis beim zweiten Halbsatz um $\approx 1R \triangleq 90° \triangleq 100$ gon, bei der Ablesung an einer Kreisstelle dagegen um einen nur geringfügigen Betrag.

Als *Nullziel* nimmt man einen nicht zu nahen, scharf einstellbaren Punkt. Um Mitschleppen des Limbus zu eliminieren, werden im ersten Halbsatz die Ziele rechtsläufig 1, 2, 3, im zweiten Halbsatz bei ständiger Rechtsdrehung der Alhidade die Ziele dagegen in umgekehrter Reihenfolge 3, 2, 1 angeschnitten, damit die Ergänzungswinkel bestrichen werden. *Aufschrieb* bei optischer Mittelbildung für eine Messung in zwei ganzen Sätzen (Tabelle 1-4).

*Fehlerrechnung.* Ist $s$ Anzahl der Strahlen und $n$ Anzahl der Sätze, und bildet man die Widersprüche $w = R - r$ und satzweise $[w]/s$ ([ ] = Summe), dann ergeben sich die Verbesserungen ebenfalls satzweise zu $v = w - [w]/s$. Man quadriert sämtliche $v$ und erhält den mittleren Fehler der einmal in zwei Fernrohrlagen beobachteten Richtung $r$ zu $m = \pm \sqrt{[vv]/(n-1)(s-1)}$. Dann ist der mittlere Fehler für das Mittel $R$ aus allen Beobachtungen $M = \pm m/\sqrt{n}$.

---

[1]) Parsdifferenz $S_V - S_H$ multipliziert mit Libellenangabe $\alpha$ ergibt den Winkel, den die Kippachse mit einer Winkelrechten zur Stehachse bildet.

### 1.2.5 Theodolite einschließlich Bussolen

**Tabelle 1-4. Richtungsmessung**

Standpunkt: 10; Instrument: XY, Nr. 64921, 2$^{cc}$-Ablesung; Wetter: Windstill, wolkenlos; Beobachter: NN;
Datum: 23. 6. 1972.

| Ziel | | Ablesung Lage I<br>gon c cc | Ablesung Lage II<br>gon c cc | Ablesung I reduziert<br>gon c cc | Ablesung II reduziert<br>gon c cc | Satzmittel $r$<br>gon c cc | Mittel R aus allen Beobachtungen<br>gon c cc |
|---|---|---|---|---|---|---|---|
| 1 | | 2 | 3 | 4 | 5 | 6 | 7 |
| 1. Satz | 11 | 0 11 25 | 200 11 28 | 0 00 00 | 0 00 00 | 0 00 00 | 0 00 00 |
| | 12 | 102 06 58 | 302 06 56 | 101 95 33 | 101 95 28 | 101 95 30 | 101 95 33 |
| | 13 | 172 31 66 | 372 31 63 | 172 20 41 | 172 20 35 | 172 20 38 | 172 20 32 |
| | | 49 49 | 49 47 | 15 74 | 15 63 | 15 68 | 15 65 |
| | | | | +33 75 | +33 84 | | |
| | | | | 49 49 | 49 47 | | |
| 2. Satz | 11 | 100 19 65 | 300 19 55 | 0 00 00 | 0 00 00 | 0 00 00 | |
| | 12 | 202 15 06 | 2 14 86 | 101 95 41 | 101 95 31 | 101 95 36 | |
| | 13 | 272 39 82 | 72 39 89 | 172 20 17 | 172 20 34 | 172 20 26 | |
| | | 74 53 | 74 30 | 15 58 | 15 65 | 15 62 | |
| | | | | +58 95 | +58 65 | | |
| | | | | 74 53 | 74 30 | | |

Bei zwei getrennten Ablesevorrichtungen treten an Stelle der Spalten 2 und 3 je drei Spalten: Zeiger A, Zeiger B' Mittel. Mittelbildung und richtige Reduktion der Halbsätze werden durch Summenproben geprüft.

**1.2.5.3.2 Repetitionswinkelmessung** wird angewandt, um bei mäßig genau geteilten Kreisen (älterer Instrumente) scharfe Endwerte zu erhalten. Jeder zu messende Einzelwinkel $\alpha$ wird auf dem Teilkreise unter Ausnutzung der Repetitionsmöglichkeiten optisch-mechanisch mehrmals aneinandergelegt. Abgelesen werden nur Anfangs- und Endeinstellung. Bei $2n$-facher Repetition liest man nach der Hälfte der Repetitionen ab, schlägt durch und repetiert dann den Ergänzungswinkel. Dadurch wird Mitschleppen des Teilkreises eliminiert (Verfahren nach *Gauß-Schumacher*).

Der neuere Theodolit Th 3 von Carl Zeiß in Oberkochen hat eine Repetitionseinrichtung mit zweckmäßig angebrachten Bedienungselementen. Mit diesem Gerät lassen sich mit je vierfacher Repetition in zwei Fernrohrlagen, die schnell und sicher ausgeführt werden können, mittlere Winkelfehler von $\pm$ 3$^{cc}$ erreichen.

*Arbeitsgang:* 1. Ziel 1 einstellen und ablesen ($A_1$); 2. Winkel 1—2 $n$-mal repetieren; 3. Ziel 2 ablesen ($A_2$); 4. Durchschlagen und mit festem Teilkreis 5. Ziel 2 wieder einstellen ($A_2$); 6. Winkel 2—1 (Ergänzungswinkel) $n$-mal repetieren; Ziel 1 ablesen ($A_3$).

$$2\alpha = \frac{A_2 - A_1}{n} + \frac{A_2 - A_3}{n} \quad \text{oder} \quad \alpha = \frac{2A_2 - A_1 - A_3}{2n}.$$

*Aufschrieb:* Für $2n$ = 6fache Repetition (Tabelle 1-5).
Mittel- und Differenzbildung sowie Divisionen werden über Summenproben geprüft. Abgekürzte einfache Ablesung dient nur der rohen Kontrolle.
*Mittlerer Fehler* $m_\alpha$ des $2n$-fach repetierten Winkels:

$$m_\alpha^2 = (n^2/4)(6m_a^2 + 4nm_z^2);$$

hierin ist $m_a$ mittlerer Ablese- und $m_z$ mittlerer Zielfehler.

Tabelle 1-5. Repetitionswinkelmessung

Standpunkt: 20; Theodolit: XY, Nr. 88256, Nonienangabe 50$^{cc}$; Wetter: Windstill, sonnig; Beobachter: NN; Datum: 23. 6. 1972.

| Ziel | Anzahl der Messungen | Ablesung Zeiger A gon c cc | Ablesung Zeiger B c cc | Mittel c cc | $n$-facher Winkel gon c cc | Einfacher Winkel gon c cc |
|---|---|---|---|---|---|---|
| 1 | 2 | 3 | 4 | 5 | 6 | 7 | 8 |
| Lage I | 7 | | 0 57 50 | 58 00 | 57 75 | | |
| | 8 | 1fach | (103 84) | | | | |
| Lage II | 8 | 3fach | 310 36 00 | 36 50 | 36 25 | 309 78 50 | 103 26 17 |
| | 7 | 3fach | 0 58 50 | 58 50 | 58 50 | 309 77 75 | 103 25 92 |
| | | | 52 00 | 53 00 | 52 50 Mittel | 309 78 12 +58 12 | 103 26 04 |
| | | | | | | 36 24 | |

## 1.2.5.4 Vertikalwinkelmessung

ist Richtungsmessung in Vertikalebenen, bei der Ausgangsrichtung die Richtung des Erdlotes ist. Im einzelnen werden unterschieden (Bild 1-39): $\alpha$ Höhenwinkel, $\delta$ Tiefenwinkel $\zeta$ Zenitwinkel, $\zeta'$ Nadirwinkel.

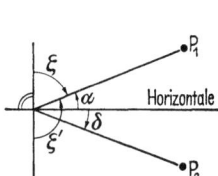

Bild 1-39. Vertikalwinkel.

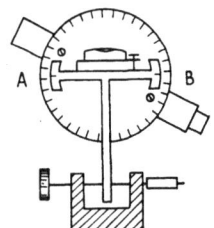

Bild 1-40. Vertikalkreis am Theodolit; A und B Zeiger.

Zur Vertikalwinkelmessung ist am Theodolit der Vertikalkreis fest mit der Kippachse und somit auch mit dem Meßfernrohr verbunden (Bild 1-40). Ablesung erfolgt an Zeigern A und B, die mit einer justierbaren Libelle horizontal gestellt werden (Höhenzeigerlibelle). Die justierte Libelle muß vor jeder Ablesung eingespielt werden. Bei neueren Theodolit-Konstruktionen wird durch *selbsttätige Höhenindex-Stabilisierung* oder durch andere Vorrichtungen der Einfluß der unvermeidlichen Stehachsenschiefe auf den Vertikalwinkel automatisch kompensiert. Nach genähertem Lotrechtstellen der Stehachse erübrigt sich ein besonderes Einstellen der Höhenzeiger. Durch diese Weiterentwicklungen werden grobe Fehler bei der Ablesung vermieden und die Messung selbst beschleunigt. Je nach Art der Bezifferung des Vertikalkreises liest man Höhen- oder Tiefenwinkel bzw. Zenit- oder Nadirwinkel ab.

Heute ist nur noch bei untergeordneten Instrumenten die Höhenzeiger- oder Indexlibelle fortgelassen, so daß man sich mit der zum Horizontieren des Theodolits dienenden Fernrohrträger-Libelle behelfen muß. Dann Horizontal- und Vertikalwinkel getrennt messen. Bei Vertikalwinkeln Fernrohrträger-Libelle jeweils vor Einstellen des Zieles mit den Fußschrauben zum genauen Einspielen bringen.

Bei Instrumenten mit nur einer Nivellierlibelle am Fernrohr ermittelt man Vertikalwinkel, indem zunächst bei horizontal gestelltem Fernrohr und dann bei der Visur zum Ziel am Höhenkreis abgelesen wird. Die Differenz ergibt den gesuchten Winkel.

## 1.2.5 Theodolite einschließlich Bussolen

Wir unterscheiden: Quadranten-, Halbkreis- und durchlaufende Bezifferung (Bild 1-41 u. 1-42). Letzte hat sich für neuere Instrumente allgemein durchgesetzt. Am häufigsten finden wir bei modernen Instrumenten Zenitwinkel bei durchlaufender Bezifferung.

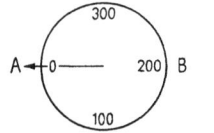

Bild 1-41. Nonius A ergibt Höhenwinkel.

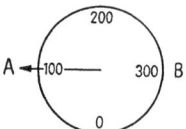

Bild 1-42. Nonius A ergibt Zenitwinkel.

*Indexverbesserung.* Bei horizontaler bzw. vertikaler Sicht und einspielender Höhenzeigerlibelle muß Sollablesung Null sein. Istablesung wird als Indexabweichung bezeichnet; sie rührt im allgemeinen von einer mangelnden Justierung der Libelle her. Die an jeder Ablesung anzubringende Indexverbesserung ist dann $i = -$ Indexabweichung (Verbesserung = Soll minus Ist). Indexverbesserung wird durch die Vertikalkreisablesungen I und II des gleichen Zieles in den beiden Fernrohrlagen ermittelt (Tabelle 1−6).

Bei durchlaufender Bezifferung gilt für

*Höhenwinkel:*    $I + II = 200 \text{ gon} - 2i$   oder   $II - I = 200 \text{ gon} - 2\alpha$.
*Zenitwinkel:*    $I + II = 400 \text{ gon} - 2i$   oder   $II - I = 400 \text{ gon} - 2\zeta$.

Tabelle 1-6. Zenitwinkel-Messung

Standpunkt: 30; Instrument: XY, Nr. 64921, $2^{cc}$-Ablesung;
Wetter: Windstill, wolkenlos; Beobachter: NN; Datum: 23. 6. 1972.

| Ziel | Lage | Ablesung gon c cc | Index- verb. cc | Verbesserter Zenitwinkel gon c cc |
|---|---|---|---|---|
| 1 | 2 | 3 | 4 | 5 |
| P | I<br>II<br>Probe | 76 15 88<br>323 84 34<br>400 00 22 | −11<br>−11<br>−22 | 76 15 77<br>323 84 23<br>400 00 00 |

Bei zwei getrennten Ablesevorrichtungen treten an Stelle der Spalte 3 drei neue Spalten: Zeiger A, Zeiger B, Mittel.

Bei einfachen Handinstrumenten, bei denen der Vertikalgradbogen durch die Schwerkraft in seine Nullage gebracht wird und die Zielvorrichtung nicht durchgeschlagen werden kann, wird Indexabweichung durch Gegenbeobachtungen zwischen zwei nahen Zielen (z. B. zwei Meßbandstäben) A und B bestimmt. Fehlerfreier Vertikalwinkel auf A ist $\alpha = (1/2) (\alpha_A + \alpha_B)$. Indexverbesserung somit $i =$ Soll minus Ist $= \alpha - \alpha_A$.

### 1.2.5.5 Bussolen

gestatten durch eine schwingende Magnetnadel oder ein schwingendes Magnetnadelsystem unmittelbar Richtungen gegen Magnetisch-Nord (MaN), d. i. die Richtung der erdmagnetischen Kraftlinien, zu messen. Außerdem werden unterschieden Geographisch-Nord (GeN) und Gitter-Nord (GiN) als Bezugsrichtungen (Bild 1-43).

**1.2.5.5.1 Meridiankonvergenz:** $\gamma =$ GeN − GiN. Zählung vom Meridian an im Uhrzeigersinn. Damit ist $\gamma$ ostwärts des Mittelmeridians (s. 1.1.4.) positiv, westlich negativ. Ist die

Längendifferenz des Ortsmeridians eines Standpunktes gegen den Mittelmeridian des Meridianstreifen-Systems (s. Bild 1-5) $\Delta\lambda$ und die Breite $\varphi$, so ist $\gamma \approx \Delta\lambda \cdot \sin\varphi$.
Für Aachen, Geodätisches Institut, mit $\varphi = 50°46'40''$ und $\lambda = 6°04'40''$ ist $\gamma = 4{,}7' \cdot 0{,}77 = 3{,}6' = 0{,}06°$.

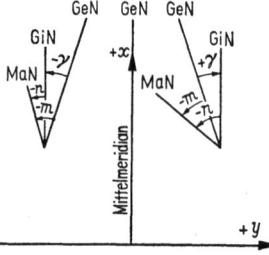

Bild 1-43. Nordrichtungen. GeN Geographisch-Nord, GiN Gitter-Nord, MaN Magnetisch-Nord, $\gamma$ Meridiankonvergenz, $m$ Mißweisung, $n$ Nadelabweichung.

**1.2.5.5.2 Mißweisung:** $m = $ GeN $-$ MaN. Zählung vom Meridian an im Uhrzeigersinn. Zeigt das Nordende der Nadel ostwärts von GeN, so ist $m$ positiv; zeigt es westlich, so ist $m$ negativ.

**1.2.5.5.3 Nadelabweichung:** $n = $ GiN $-$ MaN, $n = m - \gamma$. Aachen, Geodätisches Institut. Nach der topographischen Karte 1:25000 $n_{1955} = -5{,}53°$ (westlich), jährliche Veränderung $+0{,}145°$ (östlich). Mithin $n_{1960} = -5{,}53° + 0{,}72° = -4{,}81°$ (westlich). Aus der Definition von $m$ und $n$ folgt $\gamma = m - n$.

**1.2.5.5.4 Zielachsenabweichung** von Gitter-Nord bei einspielender Nadel: $z = n + $ Instrumentalfehler. Sämtliche Abweichungen einschließlich Meridiankonvergenz werden positiv genommen, wenn die Bezugsrichtungen östlich, negativ, wenn sie westlich von GiN verlaufen. Damit wird erreicht, daß ihre algebraischen Beträge als Verbesserungen zu den Richtungswinkeln in bezug auf GeN, MaN oder die fehlerhafte Nordrichtung des Instruments aufgefaßt werden können, um Richtungswinkel gegen GiN zu erlangen. Die jährlichen Veränderungen sind positiv zu nehmen, wenn sie ostwärts, negativ, wenn sie westlich gerichtet sind, so daß auch mit ihnen algebraisch gerechnet werden kann.
*Zur Bestimmung der Zielachsenabweichung $z$* stelle man sich auf einem nach Koordinaten bekannten Punkt auf und ziele einen ebensolchen an. Dann ist $z = \alpha$ (gerechnet) $-\alpha$ (gemessen). Diese Bestimmung gilt nur für das betreffende Instrument zur Beobachtungszeit.
Die *Richtung der erdmagnetischen Kraftlinien* zeigt eine jährliche und tägliche Veränderung (säkulare und interdiurne Schwankung), dazu treten Einflüsse von magnetischen Gewittern und Bai-Störungen. Tägliche Schwankungen haben in Deutschland etwa bei $10^h$ und $18^h$ ihren Nullwert und bei $13^h$ ihren Maximalwert von ungefähr $+4'$. Genaue Auskünfte über erdmagnetische Schwankungen geben die erdmagnetischen Observatorien.

**1.2.5.5.5. Bussolentachymeter** müssen eine Vollkreisbussole oder einen Teilkreis mit Kastenbussole besitzen. Oft findet man auch Teilkreis- und Vollkreisbussole. Bei schwingender Nadel muß Bezifferung links herum, bei schwingendem Teilkreis rechts herum laufen, damit die Richtungswinkel im Uhrzeigersinn positiv gemessen werden. Genauigkeit der Ablesungen von $0{,}1°$ genügt im Hinblick auf die täglichen Schwankungen.

**1.2.5.5.6 Kasten- oder Röhrenkompaß:** Teilkreis wird dadurch orientiert, daß man bei einspielender Nadel (MaN) den Teilkreis abliest $(\alpha_n)$. Eine beliebige Ablesung $\alpha$ wird durch Hinzufügen von $\sigma = -\alpha_n + z$ zum Richtungswinkel $r$ gegen GiN: $r = \alpha + \sigma$. Bei Repetitionstheodoliten wird $\sigma$ zu Null gemacht, indem man den Zeigerkreis auf $z$ einstellt — bei $z = -6{,}0° \triangleq -6{,}7$ gon, z. B. auf $354° \triangleq 393{,}3$ gon — und Nadel durch Drehen des Teilkreises einspielt. Klemmt man jetzt den Teilkreis und löst den Zeigerkreis, so ist stets $\alpha = r$.

**1.2.5.5.7 Prismenbussole.** Für flüchtige Aufnahmen hat sich die auf einen Stock aufgesetzte *Prismenbussole* (*Schmalkalder Bussole*) bewährt. Ihr Diopterschlitz wird durch eine schmale Aussparung im Spiegelbelag auf der Hypotenusenfläche eines kleinen Prismas gebildet, durch das zugleich der schwingende Kreis abgelesen wird. Eine Kombination des Prismenprinzips mit einem die Kreisschwingungen dämpfenden Fluidkompaß ist noch nicht bekannt geworden.

*Forderungen an Nadelbussolen:* 1. Metallteile müssen eisenfrei sein. 2. Nadel muß waagerecht hängen und beim Drehen des Fernrohrs gleichen Abstand von der Teilkreisfläche behalten. 3. Nadel darf nicht träge sein und muß gleiche Ablesungen bei Rechts- und Linksdrehen des Fernrohrs ergeben. 4. Pinne muß im Mittelpunkt der Teilung sitzen. Beim *Aufstellen einer Bussole* Gas- und Wasserleitungsrohre, Gleise, Drahtzäune und Starkstromleitungen meiden. Beobachter darf keine Eisenteile mitführen. Wegen der Ungenauigkeiten setzt man Bussoleninstrumente in Kulturländern im allgemeinen nur für topographische Ergänzungsarbeiten in Waldgegenden oder unter Tage ein.

## 1.2.6 Optische Distanzmesser

Optische Distanzmesser für Vermessungszwecke sind wegen der bei gleichem Aufwand höheren Genauigkeit meist Instrumente mit der *Basis am Ziel*. Nur für topographische Aufnahmen werden einige Modelle mit der *Basis am Standort* gebaut. Bei Instrumenten mit Basis am Ziel wurden bis in die dreißiger Jahre dieses Jahrhunderts Distanzmesser mit *festem Distanzwinkel* und Ablesung an der Basislatte wegen günstigerer Fehlerfortpflanzung bevorzugt. Die hohe Präzision moderner Teilkreise aus Glas und ihre bequeme Ablesung (1.2.3.2) hat die Verwendung einer *festen Basis* am Ziel (2-m-Basislatte) ständig steigen lassen.

### 1.2.6.1 Fadendistanzmesser

Die älteste, einfachste und für Tachymeteraufnahmen noch immer gern benutzte Vorrichtung zur optischen Entfernungsmessung sind zwei parallele Linien, Fäden oder Striche auf einer Glasplatte, in der Bildebene des Fernrohrs, die bei Einstellung auf ∞ im vorderen Brennpunkt des Objektivsystems den distanzmessenden Winkel $\varepsilon$ entstehen lassen.

Liest man an einer senkrechten Latte am Ziel zwischen den Fäden einen Lattenabschnitt $l$ ab, so ist die Entfernung $E$ zwischen Stehachse des Instruments und Latte: $E = c + kl$. Additionskonstante $c$ ist der Abstand des vorderen Brennpunktes des Objektivsystems von der Stehachse, Multiplikationskonstante $k = 1/\varepsilon$ ist der reziproke Wert des analytischen Maßes für den distanzmessenden Winkel

$$\varepsilon = l/(E - c).$$

Die Instrumentenhersteller bemühen sich, $c$ gleich Null zu machen, was bei Meßfernrohren mit Zwischenlinse möglich ist, und $k = 100$ werden zu lassen, wozu $\varepsilon' = \varrho'/100 = 34{,}38'$ $\triangleq 63{,}66$ cgon und der Abstand der Distanzfäden $p = f\varepsilon = f/100$ sein muß.

Zur gemeinsamen Bestimmung von $c$ und $k$ mißt man die Lattenabschnitte $l_1$ und $l_2$ für eine kurze und eine lange Entfernung $E_1$ und $E_2$ mehrmals, Lattenabschnitt für die kurze Entfernung mit Millimetermaßstab ermitteln, und rechnet dann

$$c = \frac{E_1 l_2 - E_2 l_1}{l_2 - l_1}; \qquad k - 100 = \frac{(E_2 - 100 l_2) - (E_1 - 100 l_1)}{l_2 - l_1}.$$

Wird über mehr als zwei Entfernungen gemessen, so trägt man die Differenzen $\Delta E = E - 100 l$ als Funktion der $l$ in einem rechtwinkligen $xy$-Koordinatensystem etwa im Maßstab 1:100 auf und legt durch die so gewonnenen Punkte eine ausgleichende Gerade. Der Abschnitt auf der $y(\Delta E)$-Achse ist gleich $c$, und man erhält mit den Koordinaten zweier beliebiger Punkte $P_1$ und $P_2$ $k - 100 = (y_2 - y_1)/(x_2 - x_1)$ (s. o.). Man kann aber auch mit $k = 100$ rechnen und aus der Zeichnung oder einer entsprechenden Tabelle die notwendigen Zuschläge $\Delta E$ in m für jeden Lattenabschnitt entnehmen. Mittlere *Fehler* in der Entfernungsermittlung $\approx \pm 15$ cm auf 100 m ($\approx \pm 0,15\%$).

Hauptfehlerquellen der gewöhnlichen Fadendistanzmesser: a) Parallaxen, da körperhafte Fädern oder geätzte Striche der Glasplatte mit dem ebenen Lattenbild zur Deckung gebracht werden b) Schätzungsfehler (keine Nonien). c) Differentialrefraktion zwischen oberer und unterer Sicht.

Diese grundsätzlichen Fehler der Fadendistanzmesser vermeidet weitgehend ein vor dem zweiten Weltkrieg gebauter Präzisions-Fadendistanzmesser nach *Heckmann*. Es wurde eine horizontale Latte benutzt (Behebung der Differentialrefraktion). Der linke Nullstrich der horizontalen Distanzlatte verlief senkrecht und trug von oben nach unten eine Teilung von 0 bis 10 cm. Die übrigen Teilstriche der Horizontalteilung hatten von der Nullinie ausgehend die Neigung 1:10. In der Bildebene verlief der linke Distanzstrich senkrecht, der rechte hatte die Neigung 1:10. Wurde nun der linke Distanzstrich auf die linke Nullmarke der Latte eingestellt und das Fernrohr so weit gekippt, bis der rechte schräge Distanzstrich mit dem vorhergehenden cm-Teilstrich der Hauptteilung zusammenfiel, so konnte der zehnfache Betrag seiner Horizontalbewegung in der kleinen senkrechten cm-Teilung der Latte mit dem Horizontalfaden abgelesen werden (Behebung von Schätzungsfehlern). Die Parallaxe sollte durch eine Festlegung des Augortes ausgeschaltet werden.

*Ermittlung von Horizontalentfernung und Höhe bei geneigter Visur.* Bei einer Visur, die um $\alpha$ gegen den Horizont geneigt ist, und senkrecht gehaltener Latte setzt man die Rechengröße $c + kl = s$ und erhält Horizontalentfernung $d$ sowie Höhenunterschied $h$ zwischen der Kippachse des Instrumentes und dem Zielpunkt des Mittelfadens an der Latte für die Praxis genau genug zu

$$d = s \cos^2 \alpha = s - s \sin^2 \alpha = s(1 - \sin^2 \alpha),$$
$$h = s \sin \alpha \cos \alpha = s \,{}^1/_2 \sin 2\alpha.$$

Je geneigter die Ziellinie ist, um so schärfer muß die Latte senkrecht gehalten werden. Hilfsmittel zur Ermittlung von $d$ und $h$ aus Lattenabschnitt und Höhenwinkel:

1. Rechenschieber mit Teilungen: $\cos^2 \alpha$ oder $\sin^2 \alpha = 1 - \cos^2 \alpha$ für $d$ und $\sin \alpha \cos \alpha$ für $h$.
2. Graphische Tafeln, z. B. [81 (1908) S. 389; 82 (1925) S. 565; 81 (1935) S. 417; 81 (1952) S. 15].
3. Zahlentafeln. *Altgrad*: [64; 69]. *Neugrad*: [63; 70].

### 1.2.6.2 Diagrammtachymeter

Die bewährten Diagrammtachymeter vermeiden die zeitraubende Reduktion der Messungsdaten der Fadendistanzmesser bei geneigter Sicht. (Mechanische Lösung der Reduktion durch Schiebe- und Kontakttachymeter hat sich nicht durchgesetzt.) Diagrammtachymeter haben für die Bestimmung von Horizontalentfernung $d$ und Höhenunterschied $h$ an Stelle der festen Distanzfäden im Okulargesichtsfeld Kurven. Diese ändern ihre Abstände in Abhängigkeit von der Fernrohrneigung derart, daß an einer senkrechten Latte (am Vertikalfaden) Abschnitte abgelesen werden können, aus denen man nach Multiplikation mit Konstanten 100 für die Entfernung und 10, 20, 50 oder 100 für die Höhen sofort die Werte $d$ und $h$ erhält.

Verschiedene Formen von Diagrammtachymetern (Tabelle 1-7):

1. Hammer-Fennel-Tachymeter FENTA (Fennel, Kassel).
2. Selbstreduzierendes Universaltachymeter GRAMA (Breithaupt, Kassel).
3. Reduktions-Taychmeter DAHLTA 020 (Jenoptik, Jena).
4. Reduktions-Distanzmesser WILD RDS für senkrechte Latte (Wild, Heerbrugg/Schweiz).
5. Reduktions-Tachymetertheodolit KERN DKR (Kern, Aarau/Schweiz).

1.2.6 Optische Distanzmesser

Es sind Tachymetertheodolite mit 20- bis 27facher Fernrohrvergrößerung bei 35 bis 45 mm Objektivdmr. und direkter Ablesung der Kreise auf 1′ oder 1°. Darüber hinaus tragen sie ein Diagramm der oben erwähnten Art zur Reduktion der Lattenabschnitte bei geneigter Sicht.

Tabelle 1-7. Technische Daten der Diagrammtachymeter

| Instrument | | 1. | 2. | 3. | 4. | 5. |
|---|---|---|---|---|---|---|
| Diagrammkonstanten | für $h$ | 10, 20 | 10, 20, 50 | 10, 20, 100 | 0,1, 0,2, 0,5, 1 | 20, 50, 100 |
| | für $l$ | 100 | 100 | 100 | 1 | 100 |
| | | bei $l$ in m | bei $l$ in m | bei $l$ in m | bei $l$ in cm | bei $l$ in m |
| Ablesestellen je Kreis (und insgesamt) | | 1 (2) | 2 (4) | 1 (1) | 1 (1) | 2 (1) |
| Gewicht ohne Stativ | kg | 6,8 | 5,8 | 4,9 | 6,2 | 5,4 |

Zu 1. und 2.: Die Hälfte des Gesichtsfeldes wird verdeckt durch das Prisma für die Diagrammprojektion.
Zu 3. bis 5.: Gesichtsfeld ist frei, Kurven ergeben am Vertikalstrich, der an die Distanzlatte herangeführt wird, die reduzierten Lattenabschnitte für Horizontalentfernung $d$ und Höhenunterschied $h$.
Zu 1. bis 4.: Diagramm entsteht in der Bildebene durch optische Projektion. Mit einer einzigen Einstellung nämlich der Einstellung des Diagramm-Grundkreises, dessen Zentrum in der Kippachse liegt, auf einen runden Lattenwert ergibt sich Ablesebereitschaft für $d$ und $h$ gleichzeitig.
Zu 4. und 5.: Diagrammkurven haben auf Grund konstruktiver Neuheiten einen sehr flachen Verlauf.
Zu 5.: In der Bildebene schleifen zwei Glasplatten aufeinander. In die Oberfläche der festen ersten ist das Strichkreuz eingeätzt, in die berührende Oberfläche der drehbaren zweiten, deren Drehzentrum außerhalb des Fernrohrs liegt, das *Kurvendiagramm*. Dieses besteht aus zwei Paaren von flachen Kurven; die äußeren gelten für $d$, die inneren für $h$. Es ist eine Einstellung für $d$ und $h$ notwendig. Bei gleichzeitiger Benutzung von Strichkreuz und Diagramm können Parallaxen entstehen. Diese Gefahr ist durch eine weitgehende Aussparung des festen Strichkreuzes im Mittelteil des Gesichtsfeldes abgeschwächt.

Diagrammtachymeter gestatten ein bequemes und schnelles Arbeiten sowie einen vereinfachten Aufschrieb. Ihre Genauigkeit ist nicht größer als die eines einfachen Fadendistanzmessers.

### 1.2.6.3 Tachymeter mit mechanisch-optischer Entfernungsreduktion

Man kann bei der *Reichenbachschen Fadendistanzmessung* eine Reduktion auf den Horizont dadurch erreichen, daß man die beiden Distanzstriche auf zwei verschiedene Glasplatten einätzt, von denen eine durch eine Steuerung mechanisch so verschoben wird, daß bei jeder Fernrohrneigung der zu der horizontalen Entfernung gehörende Lattenabschnitt $E/100$ abgelesen werden kann. Die Steuerung wird durch die Fernrohrkippung automatisch herbeigeführt. Latten-Millimeter können unmittelbar abgelesen werden, wenn man einen Distanzstrich so schräg stellt und die Latte so ausgestaltet, wie dieses unter 1.2.4.4 angegeben ist. Dadurch kann die Entfernung genauer als beim normalen Fadendistanzmesser ermittelt werden. Mittlerer Fehler für 100 m ± 4 cm [85 (1954) S. 121—124; 93 (1954) S. 115ff.]. Bei dieser Art der Konstruktion kann der Höhenunterschied nicht unmittelbar, sondern nur über den Vertikalwinkel (oder den Tangententeilung) und die horizontale Entfernung bestimmt werden. (Doppelkreis-Reduktions-Tachymeter für vertikale Latte DK-RV von Kern, Aarau/Schweiz.)

### 1.2.6.4 Doppelbildentfernungsmesser

Die Hauptfehlerquelle der Fadendistanzmessung, die Parallaxe zwischen körperhaften Fäden oder Strichen und ebenem Lattenbild, kann beseitigt werden durch Erzeugung des parallaktischen Winkels mittels eines Glaskeiles, der vor einen Teil des Objektivs geschaltet wird, wodurch eine scheinbare Versetzung der Distanzlatte gegeneinander bewirkt wird (*Mischbilder*). Man kann den Glaskeil vor das Objektiv klappen (Bild 1-44) oder vorstecken (*Vorstecktubus*), so daß die Instrumente wahlweise als Theodolite und als Distanzmesser dienen können. Ein achromatisch zusammengesetzter schmaler Glaskeil lenkt nahezu senkrecht auffallende Strahlen um einen konstanten Winkel ε ab. Schleift man den Keil so, daß ε = 34,38′ ≙ 63,66 cgon wird, so hat der Doppelbildentfernungsmesser die Multiplikationskonstante 100, denn nach 1.2.6.1 ist

$$E = l\varrho'/\varepsilon' = l\,3438/34{,}38 = 100\,l.$$

Distanzlatten teilt man in cm und beziffert sie nach Bild 1-45.

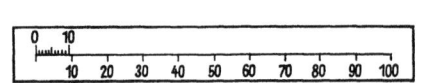

Bild 1-44. Symmetrische Lösung nach *Aregger-Kern*.

Bild 1-45. Distanzlatte.

Bild 1-46. Bild der Distanzlatte im Okular.

Richtet man die horizontale Latte winkelrecht zur Visur (Abweichung < 0,5ᵉ) und dreht den Glaskeil so, daß seine Normalebenen parallel zur Teilungslinie der Latte verlaufen, dann ist im Okular Bild 1-46 zu sehen. Der Nonius der Latte erscheint entlang der Teilung um den Lattenabschnitt verschoben. Man liest ab $l = 45{,}3$, wenn etwa der dritte Noniusstrich koinzidiert.

Die Additionskonstante, die sich aus den Abständen von der Theodolitachse bis zum Keil und von der Lattenteilung bis zur Lattenstehachse zusammensetzt, wird durch Nonienversetzung ausgeglichen.

*Bildtrennung* muß hier durch entsprechende Farbgebung der Latte erreicht werden; zweckmäßig weiße Striche auf tiefschwarzem Grund. Für scharfe Ablesungen ist optische Bildtrennung wie beim REDTA (Bild 1-47) besser. Dann kann man schwarze Striche auf weißem Grund wählen.

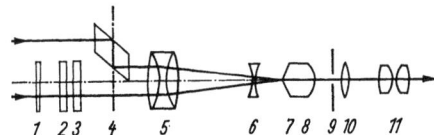

Bild 1-47. Prinzipskizze des Reduktions-Tachymeters REDTA von Zeiß.

*1* Schwach keilförmiges Abschlußglas zur Kompensation eines etwaigen Winkelfehlers des rhombischen Prismas *4* und der Glaskeile sowie zur Berücksichtigung kleiner Maßstab-Reduktionen. *2* und *3* Drehbare Glaskeile, die den ablenkenden Winkel ε erzeugen. *4* Rhombisches Prisma, das die ungebrochen einfallenden Strahlen in die obere Hälfte des Objektivs *5* spiegelt. Es wirkt bei geringer Drehung um eine senkrechte Achse als optisches Mikrometer ähnlich wie eine planparallele Glasplatte. *5* Objektiv. *6* Bewegliche Zwischenlinse zum Fokussieren. *7* Keilprisma mit horizontaler Kante zur optischen Trennung der Mischbilder in Verbindung mit Blende *9*. *8* Auf Keilprisma *7* aufgesetzte Kollektivlinse. *9* Blende zum Trennen der Mischbilder in Verbindung mit Keil *7*. *10* Umkehrlinse. *11* Okular.

Zur *Genauigkeitssteigerung* kann der Nonius weiter auseinandergezogen werden. Besser ist Vorschalten einer planparallelen Glasplatte vor den Keil, durch deren Drehung einfallende Strahlen parallel zu sich selbst verschoben werden. Man kann dann entweder ganz auf den Nonius verzichten, indem man die Nullmarke mit dem nächstliegenden Teilungsstrich koinzidieren läßt, oder man bringt einen Noniusstrich zur Deckung mit einem Teilungsstrich. Der Drehknopf der Planplatte kann entsprechend der Verschiebung beziffert werden. Mit Keil und Planplatte erreicht man einen mittleren Fehler von ±2 cm auf 100 m (1:5000), wenn zum Ausschalten subjektiver Fehler bei Koinzidenz von links und rechts abgelesen wird.

## 1.2.6 Optische Distanzmesser

Man benutzt für *verschiedene Meßbereiche* Latten von verschiedener Länge, etwa zwischen 70 und 200 cm. Die längeren Latten tragen zwei Nonien, damit bei kurzen und langen Strecken möglichst symmetrisch zur Lattenmitte gemessen werden kann. Bei längeren Strecken wird die Latte in der Mitte der zu messenden Strecke aufgestellt und von beiden Endpunkten her gemessen.

Der Mangel der bisher im Prinzip geschilderten *Vorsatzeinrichtungen* liegt in dem Fehlen einer automatischen Reduktion schräg gemessener Entfernungen auf den Horizont zur Vermeidung der Multiplikation mit dem cos des Neigungswinkels $\alpha$. Auf Grund der Erfindung von R. *Bosshardt* im Jahre 1923 brachte Zeiß den ersten automatisch reduzierenden Doppelbildentfernungsmesser heraus. Prinzipskizze (Bild 1-47) zeigt Wirkungsweise und der letzten Konstruktion des Reduktions-Tachymeters REDTA von Zeiß als Beispiel [6c, S. 166; 38, S. 22][1]).

Das grundsätzlich Neue am Gerät von Bosshardt-Zeiß war die Einführung der beiden kreisförmigen, um den gleichen Winkel $\varphi$ gegeneinander drehbaren Glaskeile *2* und *3*, von denen jeder die Ablenkung $\varepsilon/2$ hat. In Nullstellung bei horizontaler Sicht addieren sich die Drehung der Kreise ist mit der Fernrohrneigung $\alpha$ gekoppelt. Durch geeignete Übersetzung wird $\varphi = \alpha$ gemacht. Der ablenkende Winkel in der Schrägebene ist dann $\varepsilon' = \varepsilon \cos \alpha$, und der Lattenabschnitt bei geneigter Sicht ergibt sich zu $l' = l \cos \alpha$, wenn $l$ Lattenabschnitt ohne Reduktion ist. Damit wird

$$100 l' = 100 l \cos \alpha = E \cos \alpha = d.$$

Reduktionseinrichtung arbeitet nur richtig, wenn die justierte Höhenzeigerlibelle vorher eingespielt wird.

Die Optik im Okularende des REDTA bewirkt das Aufrichten und Trennen der durch die beiden Objektivhälften erzeugten Bilder entlang einer scharfen Kante (Prisma *7*), die durch Bewegen des Fernrohrs in die Mittellinie der Lattenteilung gebracht wird. Sie bewirkt ferner, daß die zu den getrennten Bildern gehörenden Austrittspupillen ineinandergelegt werden, so daß Eigenheiten der Augenlinse des Beobachters keine persönlichen Entfernungsfehler hervorrufen können. Bei reiner Winkelmessung wird abgelenkter Strahlengang abgeblendet und Austrittspupille ganz für den direkten Strahlengang freigegeben.

Das *Material der Glaskeile und der Latte* ist so gewählt, daß Änderungen des parallaktischen Winkels und der Lattenlänge für einen Temperaturgrad entsprechend gleich sind. Die nach 1935 hergestellten REDTA weisen praktisch keine Temperaturempfindlichkeit mehr auf [86 (1936) S. 57—60].

*Doppelbildentfernungsmesser*, die auf dem *Drehkeilprinzip* beruhen, sind 1. Reduktionstachymeter REDTA 002 von Jenoptik, Jena, 2. Reduktions-Distanz- und Höhenmesser für waagerechte Latte WILD RDH von Wild, Heerbrugg/Schweiz, 3. Doppelkreis-Reduktions-Tachymeter für horizontale Latte DK-RT von Kern, Aarau/Schweiz.

Das Instrument WILD RDH gestattet, durch Umschalten der Drehkeile unmittelbar Höhenunterschiede zu messen. In Nähe des Horizontes dürfte jedoch eine Nivelliergenauigkeit bei der mittelbaren Bestimmung der Höhenunterschiede über die genaue Horizontalentfernung mit dem Zenitwinkel nicht erreicht werden. Das Gerät DK-RT hat eine durch das ganze Fernrohr hindurchgehende mechanische Bildtrennung, die bei reiner Winkelmessung die Mitte des Gesichtsfeldes sperrt.

Kern hat für seine Theodolite auch einen *Vorsatztubus* mit reduzierendem Distanz-Meßkeil DR herausgebracht. Die kleinen Drehkeile werden vom Beobachter durch eine einzuspielende Libelle von Hand eingestellt. Der Einrichtung fehlt die geschilderte Planplatte. Daher Ablesen auf cm nicht möglich.

Bis 1945 brachte die Fa. Zeiß einen Lotstabentfernungsmesser LODIS für städtische Abmessungen heraus, der mit einem Keilvorsatz zum Ablesen an einer senkrechten Latte ausgestattet war. Die Halbzentimeterteilung der Latte verlangte zusammen mit der Keilkonstante 20 eine Multiplikation des Lattenabschnitts mit 10. Da die Latte 4 m lang war, konnten Entfernungen bis zu 80 m gemessen werden.

---

[1]) S. auch den Prospekt REDTA 002 für 1966 von Jenoptik, Jena.

Tabelle 1-8. Winkelmessung und
Instrument: XY Nr. 27476, 2$^{cc}$-Ablesung; Basislatte Nr. 17412; Ort: B-Dorf;

| Stand- | Ziel- | Lagewinkel | | | | Satzmittel |
| punkt | punkt | Ablesung Lage I | Ablesung Lage II | Ablesung I reduziert | Ablesung II reduziert | |
| | | gon c cc | gon c cc | gon c cc | gon c cc | gon c cc |
| 1 | 2 | 3 | 4 | 5 | 6 | 7 |
| 4 | 3 | 16 24 7 | 211 46 2 | 0 00 0 | 0 00 0 | 0 00 0 |
| | 5 | 212 38 9 | 7 60 7 | 196 14 2 | 196 14 5 | 196 14 35 |
| 5 | 4 | 163 06 3 | 365 76 8 | 0 00 0 | 0 00 0 | 0 00 0 |
| | 6 | 371 89 8 | 174 60 1 | 208 83 5 | 208 83 3 | 208 83 4 |
| | | 59 7 | 43 8 | 97 7 | 97 8 | 97 75 |
| | | | 2 × | 247 = 49 4 | 92 4 | |
| | | | 2 × | 063 = 12 6 | 53 6 | |
| | | | | 59 7 | 43 8 | |

## 1.2.6.5 Entfernungsbestimmung mit Basislatte

Moderne Theodolite mit Glaskreisen, optischem Mikrometer und Sekundenablesung gestatten infolge ihrer hohen Genauigkeit trotz der hierbei auftretenden ungünstigen Fehlerfortpflanzung eine Präzisionsdistanzmessung durch unmittelbare Messung des Winkels zu einer festen horizontalen und zur Visur winkelrechten Basis am Ziel.

Die Länge der zusammenklappbaren 2-m-Basislatte muß auf 0,1 mm (1 : 20 000) bekannt sein. Das bedingt bei Stahllatten eine Temperaturbestimmung auf 5 °C; Invarlatten können als konstant betrachtet werden. Die Einrichtung der Latte winkelrecht zur Visur muß genauer als 0,6$^g$ sein. Die Winkelmessung ergibt mit der Einstellung l, r, r, l, (l links, r rechts) bei zwei Sätzen in einer Fernrohrlage eine Genauigkeit von 1" ≙ 3$^{cc}$. Da der Theodolit Horizontalwinkel liefert, ist das Ergebnis sofort die Horizontalentfernung. Distanztabellen mit den Horizontalwinkeln als Eingang werden in der Regel von den Lieferfirmen der Basislatten zur Verfügung gestellt.

Die ungünstige *Fehlerfortpflanzung* mit dem Quadrat der Strecke s bei direkter Messung mit der Basislatte ($m_s = \pm s^2 m \gamma/b$) zwingt bei längeren Strecken zu Kunstgriffen in der Anordnung der 2-m-Basis b, um möglichst kleine mittlere Fehler $m_s$ zu erhalten (Bild 1-48).

$$s_1 = (b/2) \cot \gamma_1/2; \qquad s_2 = (b/2) (\cot \gamma_2/2) + \cot \gamma_3/2;$$
$$s_3 = (b/2) (\cot \gamma_4/2) \cot \gamma_5; \qquad s_4 = (b/2) (\cot \gamma_6/2) (\cot \gamma_7 + \cot \gamma_8).$$

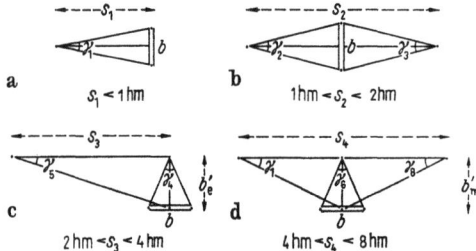

Bild 1-48. Entfernungsbestimmung mit der 2-m-Basislatte. a) $s_1 < 1$ hm, b) 1 hm $< s_2 < 2$ hm, c) 2 hm $< s_3 < 4$ hm, d) 4 hm $< s_4 < 8$ hm. $b_e'$, $b_m'$ Hilfsbasen.

## 1.2.6 Optische Distanzmesser

Streckenmessung mit Basislatte
Datum: 5. 4. 1973; Wetter: Bedeckt, windstill; Beobachter: NN.

| Stand-punkt | Ziel-punkt | Tempe-ratur °C | Marke | Streckenwinkel | | | | Gesamt-mittel | Strecke |
| | | | | 1. Messung | | 2. Messung | | | |
| | | | | Ablesung gon c cc cc | Mittel cc | Ablesung gon c cc cc | Mittel cc | gon c cc | m |
|---|---|---|---|---|---|---|---|---|---|
| 8 | 9 | 10 | 11 | 12 | | 13 | | 14 | 15 |
| 4 | 5 | 16 | l r | 87 61 48 44 89 45 60 63 1 84 12 19 | 46 62 16 | 91 41 96 90 93 26 10 12 1 84 14 22 | 93 11 18 | 1 84 17 | 69 13 |
| 5 | 6 | 15 | l r | 173 50 08 16 175 70 12 10 2 20 04 94 | 12 11 99 | 170 87 24 28 173 07 29 26 2 20 05 98 | 26 28 02 | 2 20 00 | 57 87 |

Die *Streckenfehler* gehen nicht über $m_s = \pm 2\sqrt{s}$ ($s$ in hm, $m_s$ in cm) hinaus, wenn man die vier Fälle: a) Basis am Ende, b) Basis in der Mittel c) Hilfsbasis am Ende und d) Hilfsbasis in der Mitte in den angegebenen Bereichen anwendet. Günstigste Werte für die Längen der Hilfsbasen:

$$b_e' = 20 \text{ bis } 28 \text{ m } (\approx \sqrt{2s}); \qquad b_m' = 17 \text{ bis } 25 \text{ m } (\approx \sqrt{0{,}7s}),$$

im Durchschnitt 22 m ([38] S. 50). Strecken über 800 m erhalten einen größeren Fehler als $\pm 2\sqrt{s}$. Selbstverständlich kann man, wenn Gelände und Zeit es erlauben, auch eine lange Strecke in $n$ 100-m-Stücke unterteilen und erreicht dann einen mittleren Fehler in cm von $m_s = \pm 2\sqrt{n}$.

Die Streckenmessung mit Basislatte erfreut sich steigender Beliebtheit, da Theodolit und Basislatte wesentlich billiger und leichter zu transportieren sind als die teueren Doppelbildentfernungsmesser. Allerdings ist die Meßarbeit etwas größer. Beispiel für den Aufschrieb der Messungsdaten bei einer Polygonzugmessung mit der 2-m-Basislatte in Tabelle 1-8 [31; 38]. Zur Herleitung der Horizontalentfernungen in Metern aus Horizontalwinkeln, die zwischen den Endpunkten einer 2 m langen, horizontalen Basislatte gemessen wurden (*Streckenwinkel*), stehen bequeme Tafeln zur Verfügung (z. B. [73]).

### 1.2.6.6 Tangentenschrauben

Horizontal und vertikal wirkende Tangentenschrauben zur Entfernungs- und Höhenbestimmung findet man nur noch bei älteren Instrumenten oder bei Instrumenten mit einfachen Teilkreisen, die man auch zur Distanzmessung herrichten will, z. B. bei Phototheodoliten.

Bezeichnen $r$ den Horizontalabstand der Schraube mit der Ganghöhe $g$ von der Kippachse, $d$ den Horizontalabstand der Latte von der Kippachse, ferner bei vertikal wirkender Schraube die Ablesungen $a_0$, $a_1$, $a_2$ die horizontale Sicht sowie die Sichten zur unteren und oberen Grenze des vertikalen Lattenabschnittes $l$ und $h$ die Höhe der unteren Grenze des Lattenabschnittes über der Kippachse, dann ist

$$d = (r/g)l/(a_2 - a_1) \quad \text{und} \quad h = l(a_1 - a_0)/(a_2 - a_1);$$

40  1. Vermessungstechnik

für $r/g = k$ (Instrumentkonstante etwa 100 oder 200) und $a_2 - a_1 = 1$ (eine Schraubenumdrehung) ist $d = kl$ und $h = l(a_1 - a_0)$.
Zweckmäßig arbeitet man bei nahen Entfernungen mit runden Schraubenumdrehungen und bei weiten Entfernungen mit runden Lattenabschnitten. Bei horizontal wirkender Tangentenschraube gelten die Formeln für $d$ sinngemäß, wenn die Latte horizontal und winkelrecht zur geraden Verbindung der Festpunkte steht. Bei Meßschrauben wegen des toten Ganges letzte Feineinstellung immer im gleichen Sinne ausführen, z. B. rechts herum.

## 1.3 Reine Lagemessungen

Arbeitsstufen der reinen Lagemessung: Triangulation, Polygonierung, Einzelvermessung. Jede dieser Stufen wird in der Regel als ein in sich abgeschlossenes Gebilde behandelt und für Nachfolgemessungen als fehlerfreier Rahmen betrachtet, in den diese eingepaßt werden müssen. So wird bis in die letzte Stufe das Prinzip der Arbeit vom Großen ins Kleine gewahrt, das, konsequent durchgeführt, Nachbargenauigkeit in allen Teilen gewährleistet.

### 1.3.1 Rechnen mit Koordinaten

Koordinatensysteme vgl. 1.1.4

#### 1.3.1.1 Koordinatentransformation

[H 01]

**1.3.1.1.1. Allgemeiner Fall.** Bei Vermessungsarbeiten müssen häufig Koordinaten eines Punkthaufens in ein anderes Koordinatensystem umgeformt werden. Voraussetzung: Die Koordinaten von zwei Punkten $P_a$, $P_e$ müssen in beiden Systemen bekannt sein.
$\mathfrak{x}$, $\mathfrak{y}$, altes System; $x$, $y$, neues System (Bild 1-49). Verhältnis der Einheiten $E = m\mathfrak{E}$, Streckenverhältnis $s = m\mathfrak{S}$.
Allgemeine Transformationsgleichungen:

$$y - y_0 = \mathfrak{x} m \sin \varphi + \mathfrak{y} m \cos \varphi, \qquad (1)$$
$$x - x_0 = \mathfrak{x} m \cos \varphi - \mathfrak{y} m \sin \varphi.$$

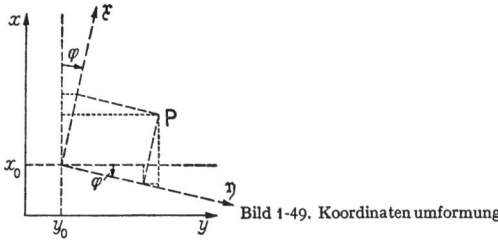

Bild 1-49. Koordinatenumformung.

Setzt man $m \sin \varphi = o$ und $m \cos \varphi = a$, schreibt die Gleichungen für $P_a$ und $P_e$ an und löst nach $o$ und $a$ auf, so ist:

$$o = \frac{(y_e - y_a)(\mathfrak{x}_e - \mathfrak{x}_a) - (x_e - x_a)(\mathfrak{y}_e - \mathfrak{y}_a)}{(\mathfrak{x}_a - \mathfrak{x}_a)^2 + (\mathfrak{y}_e - \mathfrak{y}_a)^2} = \frac{\Delta y \cdot \Delta \mathfrak{x} - \Delta x \cdot \Delta \mathfrak{y}}{\Delta \mathfrak{x}^2 + \Delta \mathfrak{y}^2},$$

$$a = \frac{(y_e - y_a)(\mathfrak{y}_e - \mathfrak{y}_a) + (x_e - x_a)(\mathfrak{x}_e - \mathfrak{x}_a)}{\mathfrak{S}^2} = \frac{\Delta y \cdot \Delta \mathfrak{y} + \Delta x \cdot \Delta \mathfrak{x}}{\Delta \mathfrak{x}^2 + \Delta \mathfrak{y}^2}. \qquad (2)$$

1.3.1 Rechnen mit Koordinaten       41

Als Rechenprobe hat man: $o^2 + a^2 = m^2 = (s/\mathfrak{z})^2$.

Geht man von $P_a$ aus, so kann man über die *Koordinatendifferenzen* der Reihe nach die alten Koordinaten aller Punkte in neue umformen:

$$y_2 - y_1 = (\mathfrak{x}_2 - \mathfrak{x}_1)o + (\mathfrak{y}_2 - \mathfrak{y}_1)a = \Delta\mathfrak{x}o + \Delta\mathfrak{y}a = \Delta y,$$
$$x_2 - x_1 = (\mathfrak{x}_2 - \mathfrak{x}_1)a - (\mathfrak{y}_2 - \mathfrak{y}_1)o = \Delta\mathfrak{x}a - \Delta\mathfrak{y}o = \Delta x. \quad (3)$$
$$y_2 = y_1 + \Delta y, \qquad x_2 = x_1 + \Delta x. \quad (4)$$

Die praktische Rechnung geschieht mit den Koordinatendifferenzen nach den Gleichungen (2) bis (4). Zur Kontrolle schließt man auf dem zweiten identen Punkt $P_e$ ab. Zweckmäßig wird ein Formular (Tabelle 1-9) verwendet, in dem für jeden Punkt mit Ausnahme des ersten zwei Zeilen vorzusehen sind.

Tabelle 1-9. Umformung von Koordinaten

| $P_{n-1}$ | $\mathfrak{y}_{n-1}$ | $\mathfrak{x}_{n-1}$ | $o$ | $a$ | $y_{n-1}$ | $x_{n-1}$ | $P_{n-1}$ |
|---|---|---|---|---|---|---|---|
| (alt) | $\Delta\mathfrak{y}$ | $\Delta\mathfrak{x}$ | $+\Delta\mathfrak{x} \cdot o$ | $+\Delta\mathfrak{x} \cdot a$ | $\Delta y$ | $\Delta x$ | (neu) |
| $P_n$ | $\mathfrak{y}_n$ | $\mathfrak{x}_n$ | $+\Delta\mathfrak{y} \cdot a$ | $-\Delta\mathfrak{y} \cdot o$ | $y_n$ | $x_n$ | $P_n$ |
| 1 | 2 | 3 | 4 | 5 | 6 | 7 | 8 |
| 7 | +914,90 | +435,42 | −0,30220 | +0,95321 | +666,59 | −364,83 | 7 |
|   | −74,38 | −47,15 | +14,25 | −44,94 | −56,65 | −67,42 |   |
| 2 | +840,52 | +388,27 | −70,90 | −22,48 | +609,94 | −432,25 | 2 |

**1.3.1.1.2 Messungslinie = $\mathfrak{x}$-Achse des alten Systems** (Kleinpunktberechnung).

*Gegeben:* Die Aufmessung von Punkten auf eine Messungslinie, für deren Endpunkte die Koordinaten bekannt sind. *Gesucht:* Koordinaten der aufgemessenen Punkte (Bild 1-50).

Mit $\mathfrak{y}_a = \mathfrak{y}_e = 0$ und $\mathfrak{x}_e - \mathfrak{x}_a = \mathfrak{z}$ ist nach Gl. (2)

$$o = \frac{y_e - y_a}{\mathfrak{z}}, \qquad a = \frac{x_e - x_a}{\mathfrak{z}}. \quad (5)$$

$$y_2 - y_1 = o(\mathfrak{x}_2 - \mathfrak{x}_1) + a(\mathfrak{y}_2 - \mathfrak{y}_1) = \Delta y,$$
$$x_2 - x_1 = a(\mathfrak{x}_2 - \mathfrak{x}_1) - o(\mathfrak{y}_2 - \mathfrak{y}_2) = \Delta x. \quad (6)$$

$$\Delta y = o\Delta\mathfrak{z} + a\Delta l,$$
$$\Delta x = a\Delta\mathfrak{z} - o\Delta l. \quad (6a)$$

$$y_2 = y_1 + \Delta y, \qquad x_2 = x_1 + \Delta x. \quad (7)$$

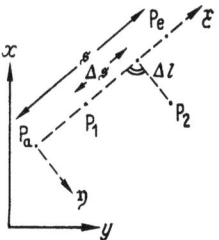
Bild 1-50. Kleinpunktberechnung.

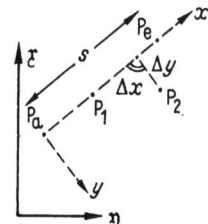
Bild 1-51. Umformen auf eine Messungslinie.

### 1.3.1.1.3 Messungslinie = $x$-Achse des neuen Systems.

Die allgemeinen Koordinaten von Punkten zwischen den Grenzpunkten $P_a$ und $P_e$ sollen auf $P_a P_e$ als Messungslinie umgeformt werden (Bild 1-51).

Mit $y_e = y_a = 0$ und $x_e - x_a = s = \mathfrak{s}$ liefert Gl. (2)

$$o = -\frac{\mathfrak{y}_e - \mathfrak{y}_a}{s}, \qquad a = \frac{\mathfrak{x}_e - \mathfrak{x}_a}{s}. \tag{8}$$

Mit
$$o = +\frac{\mathfrak{y}_e - \mathfrak{y}_a}{s} \quad \text{und} \quad a = +\frac{\mathfrak{x}_e - \mathfrak{x}_a}{s} \tag{9}$$

ist
$$y_2 - y_1 = -(\mathfrak{x}_2 - \mathfrak{x}_1) o + (\mathfrak{y}_2 - \mathfrak{y}_1) a,$$
$$x_2 - x_1 = +(\mathfrak{x}_2 - \mathfrak{x}_1) a + (\mathfrak{y}_2 - \mathfrak{y}_1) o. \tag{10}$$

$$\Delta y = a \Delta \mathfrak{y} - o \Delta \mathfrak{x}, \qquad \Delta x = o \Delta \mathfrak{y} + a \Delta \mathfrak{x}. \tag{10a}$$

$$y_2 = y_1 + \Delta y, \qquad x_2 = x_1 + \Delta x, \tag{11}$$

Diese Aufgabe kommt häufig vor, wenn nach Koordinaten gegebene Punkte von der geraden Verbindungslinie zweier örtlich vorhandener Punkte aus abgesteckt werden sollen.

### 1.3.1.2 Berechnung von Strecke $s$ und Richtungswinkel $\alpha$ aus ebenen Koordinaten

(Bild 1-52)

$$s = \sqrt{(y_2 - y_1)^2 + (x_2 - x_1)^2}, \tag{12}$$
$$s = \Delta y / \sin \alpha = \Delta x / \cos \alpha, \tag{13}$$
$$\tan \alpha = \Delta y / \Delta x. \tag{14}$$

Der Pythagoras (12) ist immer vorzuziehen, wenn nur die Strecke verlangt wird. Berechnung mit Quadrattabellen [H 01]. Werden $s$ und $\alpha$ verlangt, so rechnet man über (14) mit (13). Wegen der Fehlerfortpflanzung ist das Ergebnis des größeren Koordinatenunterschiedes anzuhalten. Die Strecke $s$ wird positiv genommen, daher haben $\Delta y$ und $\Delta x$ stets gleiches Vorzeichen wie $\sin \alpha$ und $\cos \alpha$. Für den Einheitskreis (Bild 1-53) gilt dann (Tabelle 1-10):

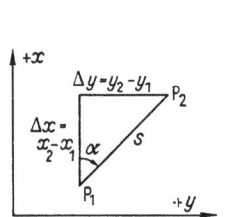

Bild 1-52. Strecken- und Winkelberechnung.

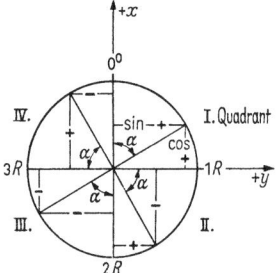

Bild 1-53. Einheitskreis.

Bei der praktischen Berechnung von $\alpha = \nu$ nach Gl. (14) neben der Schlußprobe unbedingt die richtige Bildung der Koordinatenunterschiede prüfen.

Probe 1: $(y_2 + x_2) - (y_1 + x_1) = (y_2 - y_1) + (x_2 - x_1) = \Delta x + \Delta y$,
Probe 2: $\tan (R/2 + \nu) = (\Delta x + \Delta y)/(\Delta x - \Delta y)$.

Schema für die numerische Rechnung in Tabelle 1-11.

## 1.3.1 Rechnen mit Koordinaten

Tabelle 1-10. Vorzeichen- und Quadrantenregeln

| Funktion \ Quadrant | I | II | III | IV |
|---|---|---|---|---|
| $\Delta y = \sin \alpha$ | + | + | − | − |
| $\Delta x = \cos \alpha$ | + | − | − | + |
| $\dfrac{\Delta y}{\Delta x} = \tan \alpha$ | $\dfrac{+}{+}$ | $\dfrac{+}{-}$ | $\dfrac{-}{-}$ | $\dfrac{-}{+}$ |

| Funktion \ Winkel | $\alpha$ | $R + \alpha$ | $2R + \alpha$ | $3R + \alpha$ |
|---|---|---|---|---|
| sin | $\sin \alpha$ | $+\cos \alpha$ | $-\sin \alpha$ | $-\cos \alpha$ |
| cos | $\cos \alpha$ | $-\sin \alpha$ | $-\cos \alpha$ | $+\sin \alpha$ |
| tan | $\tan \alpha$ | $-\cot \alpha$ | $+\tan \alpha$ | $-\cot \alpha$ |
| cot | $\cot \alpha$ | $-\tan \alpha$ | $+\cot \alpha$ | $-\tan \alpha$ |

Für den zweiten und vierten Quadranten in den trigonometrischen Tabellen immer die co-Funktion aufschlagen.

Tabelle 1-11. Richtungswinkel und Entfernung

| $P_2$ $P_1$ | $\begin{array}{c}y_2\\x_2\\\hline y_2 + x_2\\s^2 = \Delta x^2 + \Delta y^2\end{array}$ | $\begin{array}{c}y_1\\x_1\\\hline y_1 + x_1\\s\end{array}$ | $\begin{array}{c}\Delta y = y_2 - y_1\\\Delta x = x_2 - x_1\\\hline \tan v_1^2\\v_1^2\end{array}$ | $\begin{array}{c}\Delta x + \Delta y\\\Delta x - \Delta y\\\hline \tan(R/2 + v_1^2)\\R/2 + v_1^2\end{array}$ |
|---|---|---|---|---|
| 1 | 2 | 3 | 4 | 5 |
| 15 | + 78012,12 | + 78702,91 | − 690,79 | − 112,35 |
| 23 | + 33179,89 | + 32601,45 | + 578,44 | + 1269,23 |
|  | + 111192,01 | + 111304,36 | − 1,19423 | − 0,08852 |
|  | 811783,6 | 900,99 | 344,3795 gon | 394,3794 gon |

Bei dieser Art des Aufschreibens läßt sich Probe 1 auch spaltenweise ausführen

$$\Sigma(y_2 + x_2) - \Sigma(y_1 + x_1) = \Sigma(\Delta x + \Delta y).$$

### 1.3.1.3 Arbeiten mit Richtungswinkeln

Richtungswinkel im engeren Sinne (Neigung) ist der rechtsläufig gemessene Winkel einer Richtung gegen die positiv gerichtete $x$-Achse (Gitter-Nord = GiN). Der rechtsläufig gemessene Winkel zwischen zwei Richtungen ergibt sich stets als Differenz: folgende minus vorhergehende Richtung und umgekehrt (Bild 1-54a). Vielfache von $4R$ können, wenn zweckmäßig, bei jeder Richtung ergänzt oder gekürzt werden. Beispiel in Bild 1-54a u. 1-54b.

$$v_1^2 = 370 \text{ gon} \qquad v_1^3 = 30 \text{ gon}$$
$$\alpha = v_1^3 - v_1^2 = 430 \text{ gon} - 370 \text{ gon} = 60 \text{ gon}$$
$$\beta = v_1^2 - v_1^3 = 370 \text{ gon} - 30 \text{ gon} = 340 \text{ gon}$$
$$v_1^2 = v_1^3 - \alpha = 30 \text{ gon} - 60 \text{ gon} = 370 \text{ gon} = v_1^3 + \beta$$
$$= 30 \text{ gon} + 340 \text{ gon} = 370 \text{ gon}$$

Der Richtungszug dient zur Übertragung von Richtungen in unübersichtlichem Gelände, z. B. im Wald (Bild 1-55):

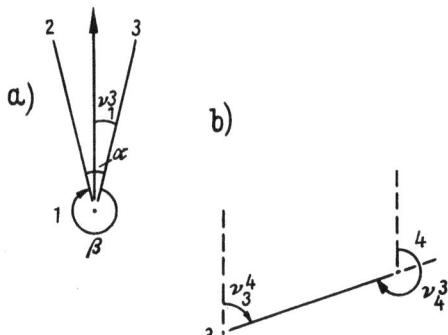

Bild 1-54. Richtungswinkel.

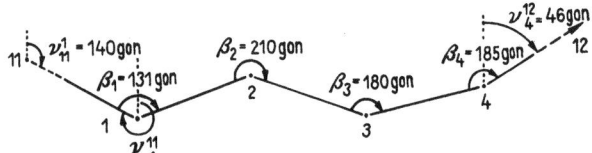

Bild 1-55. Richtungszug.

$\nu_4^{12} = \nu_{11}^1 \pm 2R + \beta_1 \pm 2R + \beta_2 \pm 2R + \beta_3 \pm 2R + \beta_4$
$\nu_4^{12} = \nu_{11}^1 \pm \Sigma\beta + n2R;$   $n$ ist eine ganze positive Zahl.
(Zwischendurch können auch 4R mehrfach abgezogen werden.)
$\nu_4^{12} = (140\,\text{gon} + 131\,\text{gon} + 210\,\text{gon} + 180\,\text{gon} + 185\,\text{gon}$
$= 846\,\text{gon}) - 4 \cdot 2R = 46\,\text{gon}.$

## 1.3.1.4 Umrechnen polarer in rechtwinklige Koordinaten

(Anhängen = Grundelement des Polygonzuges, Bild 1-56).

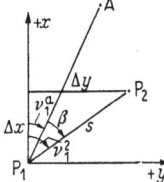

Bild 1-56. Polare und rechtwinklige Koordinaten.

*Gegeben:* Koordinaten von $P_1$ und A.
*Gemessen:* Anschlußwinkel $\beta$ und Strecke $s$.
*Gesucht:* Koordinaten von $P_2$.

*Rechnungsgang:*
1. Berechnung von $v_1^a$.
2. $v_1^2 = v_1^a + \beta$.
3. $\left.\begin{array}{l}\Delta y = y_2 - y_1 = s \sin v_1^2 \\ \Delta x = x_2 - x_1 = s \cos v_1^2\end{array}\right\}$ Rechenprobe, $\Delta x + \Delta y = \sqrt{2}\, s \sin(v + R/2)$.
4. $\left.\begin{array}{l}y_2 = y_1 + \Delta y \\ x_2 = x_1 + \Delta x\end{array}\right\}$ Rechenprobe durch Summenproben oder im Einzelfall durch Rückwärtsrechnung.

Anmerkung zu 3.: $\sqrt{2} = 1{,}414213$.

Beispiel s. 1.3.3.1 bei der Polygonpunktberechnung.

## 1.3.1.5 Geradenschnitt

*Geradenschnitt* (*Vorwärtseinschnitt*) (Bild 1-57) kommt in der Vermessungspraxis ex- oder implizit sehr häufig vor, sei es, daß die Koordinaten von vier Punkten oder die Koordinaten von zwei Punkten und die Richtungswinkel bzw. die Richtungskoeffizienten der Geraden gegeben sind.

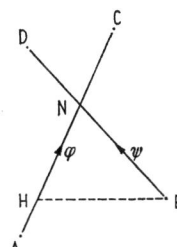

Bild 1-57. Geradenschnitt.

*Gegeben:* Koordinaten von A, B, C, D.
*Gesucht:* Koordinaten des Schnittpunktes N.
*Rechnungsgang:*

1. $\tan v_a^c = \dfrac{y_c - y_a}{x_c - x_a} = \varphi, \qquad \tan v_b^d = \dfrac{y_d - y_b}{x_d - x_b} = \psi$.

2a. $\Delta x_a = x_n - x_a = \dfrac{y_b - y_a - \psi(x_b - x_a)}{\varphi - \psi} = \dfrac{A}{C}$,

2b. $\Delta x_b = x_n - x_b = \dfrac{y_b - y_a - \varphi(x_b - x_a)}{\varphi - \psi} = \dfrac{B}{C}$ Rechenprobe

3a. $\Delta y_a = y_n - y_a = (x_n - x_a)\varphi = \dfrac{A}{C}\varphi$,

3b. $\Delta y_b = y_n - y_b = (x_n - y_b)\psi = \dfrac{B}{C}\psi$ Rechenprobe

4. $y_n = y_a + \Delta y_a = y_b + \Delta y_b$ Rechenprobe, $x_n = x_a + \Delta x_a = x_b + \Delta x_b$ Rechenprobe

*Schlußprobe:*

5. $\tan v_n^c = \dfrac{y_c - y_n}{x_c - x_n}, \qquad \tan v_n^d = \dfrac{y_d - y_n}{x_d - x_n}$.

Es muß $\tan v_n^c = \varphi$ und $\tan v_n^d = \psi$ sein.

Die angegebenen Formeln können für *logarithmische Rechnung* und für die Arbeit mit der *einfachen Rechenmaschine* gebraucht werden.

Irrtümer in der Berechnung von $\tan \nu_a{}^c$ und $\tan \nu_b{}^d$ treten in den Rechenproben 2b. und 3b. nicht hervor. Erst durch Schlußprobe 5. wird volle Sicherheit erreicht.

Die Richtungswinkel $\nu_a{}^c$ und $\nu_b{}^d$ selbst braucht man nicht zu kennen, sondern nur ihre Tangenten. Die Rechenformeln gelten nicht nur für unmittelbare Schnitte, sondern auch für Verlängerungen, Parallelen usw. Die Art der Gewinnung von $\tan \nu_a{}^c$ und $\tan \nu_b{}^d$ ist gleichgültig. Soll z. B. die Gerade $\overline{AN}$ parallel oder winkelrecht zur Geraden $\overline{MN}$ verlaufen, so ist:

$$\tan \nu_a{}^n = \frac{y_n - y_m}{x_n - x_m} \quad \text{bzw.} \quad = -\frac{x_n - x_m}{y_n - y_m}.$$

Der *Geradenschnitt* ist besonders elegant mit der *Doppelrechenmaschine* zu lösen.

Die Doppelrechenmaschine hat zwei gekoppelte Einstellwerke EW und zwei Resultatwerke RW. Umdrehungszählwerk UW gilt für beide Maschinen (Bild 1-58).

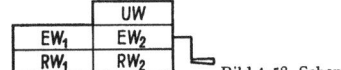

Bild 1-58. Schema für Doppelrechenmaschine; Erläuterung im Text.

Bezeichnen wir die eingestellten Werte mit $U$, $E$ und $R$ und geben wir der linken Maschine den Index 1, der rechten Maschine den Index 2, so gelten folgende Regeln für das algebraische Rechnen mit Doppelmaschinen:

1. Bei negativen Werten im UW und RW dekadische Zahlen benutzen.
2. Bei gleichen Vorzeichen von $E_1$ und $E_2$ Einstellwerke gleichläufig, bei ungleichen Vorzeichen gegenläufig schalten.
3. Bei positivem $E_2$ im UW weiße, bei negativem $E_2$ rote Ziffern benutzen (oder UW auf Multiplikation bzw. Division einstellen).

Die *Bestimmung des Neupunktes* N mit der *Doppelrechenmaschine* erfolgt in zwei Stufen. 1. Zuerst wird die steilere Gerade mit dem größeren Absolutwert des Richtungskoeffizienten, wir nennen sie $\overline{AC}$, in das linke Werk eingestellt und auf ihr ein Hilfspunkt H berechnet, der dieselbe Abszisse $x_b$ hat wie B. 2. Sodann wird der Tangens der Geraden $\overline{BD}$ in die rechte Maschine eingestellt, und es werden die Koordinaten des Neupunktes N von denen der Punkte H und B aus durch einfaches Gleichkurbeln der Resultatwerke ($y$) gefunden.

Mit den Symbolen ——— einstellen, ᴗᴗᴗᴗ einkurbeln, —·—·— Resultat lassen sich die beiden Rechengänge in einfacher Weise schematisch darstellen.

1. Eingestellt werden: $x_a$ in UW, $\tan \nu_a{}^c$ in $EW_1$ und $y_a$ in $RW_1$; dann wird im UW $x_a$ auf $x_b$ gekurbelt, und es erscheint $y_h$ im $RW_1$ (Bild 1-59).

$$y_h = y_a + \tan \nu_a{}^c (x_b - x_a). \tag{15}$$

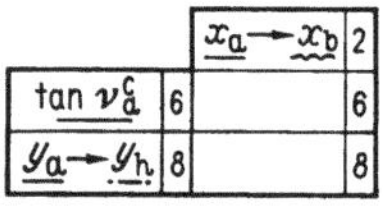

| $x_a \to x_b$ | 2 |   |
|---|---|---|
| $\tan \nu_a^c$ | 6 | 6 |
| $y_a \to y_h$ | 8 | 8 |

| $x_b \to x_n$ | 2 |   |   |
|---|---|---|---|
| $\tan \nu_a^c$ | 6 | $\tan \nu_b^d$ | 6 |
| $y_h \to y_n$ | 8 | $y_b \to y_n$ | 8 |

Bild 1-59. Schema des Rechenganges; Erläuterung im Text.

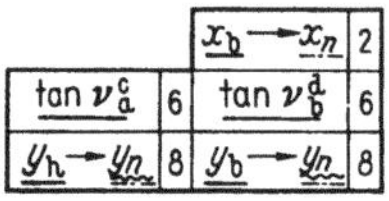

Bild 1-60. Schema des Rechenganges; Erläuterung im Text.

2. Es bleiben stehen $x_b$ im UW, $\tan \nu_a{}^c$ im $EW_1$, $y_h$ im $RW_1$. Neu eingegeben werden $\tan \nu_b{}^d$ in das $EW_2$, $y_b$ in das $RW_2$. Nunmehr werden die Resultatwerke unter Berück-

sichtigung der obigen Regeln 1. bis 3. gleichgekurbelt, und es erscheinen $y_n$ im $RW_1$ und $RW_2$ und $x_n$ im UW als Ergebnisse (Bild 1-60).

Werk 1. $\quad y_n = y_h + \tan v_a{}^c (x_n - x_b)$ \hfill (16)
Werk 2. $\quad y_n = y_b + \tan v_b{}^d (x_n - x_b)$.

Die Ziffern in den schmalen Kästchen geben als Beispiel die Stellenzahlen an, die in der Maschine abzuteilen sind.

Werden Gl. (15) und (16) zusammengeschrieben, so erhält man:

$$y_n = y_a + \tan v_a{}^c (x_b - x_a) + \tan v_a{}^c (x_n - x_b),$$
$$y_n = y_b \qquad\qquad\qquad + \tan v_b{}^d (x_n - x_b). \tag{17}$$

Berechnen eines Geradenschnitts und damit auch eines Vorwärtseinschnitts (s. 1.3.2.3) mit der Doppelrechenmaschine dauert einschließlich der Ermittlung von $\tan v_a{}^c$ und $\tan v_b{}^d$ etwa 8 min. *Probe für den Geradenschnitt* auf der Doppelrechenmaschine: 1. UW von $x_n$ auf $x_c$ kurbeln; dann muß im linken $RW_1$ $y_c$ erscheinen. 2. UW auf $x_d$ kurbeln; dann muß im rechten $RW_2$ $y_d$ erscheinen. Damit ist erwiesen, daß N sowohl auf $\overline{AC}$ wie auf $\overline{BD}$ liegt, also der gesuchte Schnittpunkt ist.

## 1.3.2 Triangulation

### 1.3.2.1 Signalisierung

Über die dauernde oder vorübergehende Vermarkung von Festpunkten s. 1.1.5 und 1.2.1. Für die Signalisierung von Festpunkten bei Ingenieurvermessungen können folgende einfache *Vorrichtungen* (Bild 1-61) empfohlen werden:

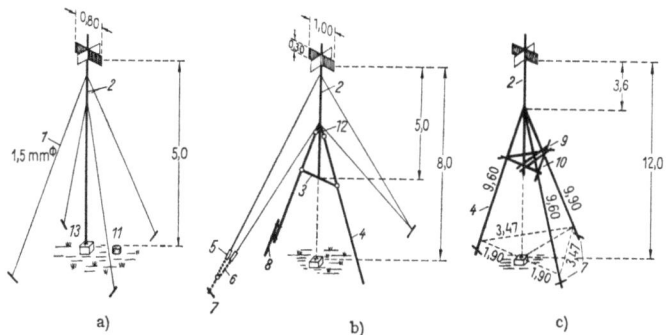

Bild 1-61. Signale für Ingenieurvermessungen. a) Stangensignal, b) Schnellsignal, c) Dreibeinsignal, *1* Stahldraht 1,5 mm Dmr., *2* Tafelstange, *3* Querholm, *4* Strebe, *5* Spannschlösser, *6* Kette, *7* Anker, *8* Verlängerungsstrebe, *9* Zangen, *10* Kranzhölzer, *11* Nebenpfahl, *12* Scharnier, *13* Zentrum. Längen in m.

**1.3.2.1.1 Stangensignal** (Bild 1-61a). Bestandteile: 1 Tafelstange (Länge je nach Notwendigkeit), 1 Tafelkreuz, 3 oder 4 Drähte, 4 oder 5 Pfähle. Die Drähte werden unmittelbar unter der Tafel befestigt. Nebenpfahl 11 dient zum Abstellen der Tafelstange während der Beobachtung auf 13, Drähte durch Lappen oder Strohwische sichtbar machen.

**1.3.2.1.2 Schnellsignal** (Bild 1-61b) zusammenlegbar und zum wiederholten Gebrauch bestimmt. Aufstellzeit 7 bis 8 min. Materialbedarf: 1 Tafelstange, 2 Streben mit Scharnier *12*, 1 Querholm, 1 Verlängerungsstrebe für unebenes Gelände, 1 Tafelkreuz (zweiteilig), 2 mal 2 besser 3 mal 2 Spannseile, 2 Anker, 2 Ankerketten, 4 Spannschlösser mit

Karabinerhaken, 2 Schraubzwingen mit Flügelschrauben für die Verlängerungsstrebe zum Ausgleich bei unebenem Gelände, 2 Schrauben mit Kronenmuttern für die Tafelstange, 4 Schrauben mit Flügelmuttern für die Streben. Das Schnellsignal kann auch starr hergestellt werden.

**1.3.2.1.3 Dreibeinsignal** (Bild 1-61 c) für Tafelhöhen von 7 bis 17 m. Materialbedarf: 3 Streben, 1 Tafelstange, 2 Zangen bei Signalen bis 12 m bzw. 4 bei solchen über 12 m Höhe, 1 Kranz bei Signalen bis 12 m bzw. 2 Kränze bei solchen über 12 m Signalhöhe, 1 Tafelkreuz, 3 Ankerpfähle.

Der Bau beginnt mit dem Abstecken des Grundrisses und dem Ausheben von 3 etwa 40 cm tiefen Löchern. Das Zusammensetzen beginnt mit dem später senkrechten Teil, dann folgen die lange Strebe, Kranz und Zangen. Die Hölzer werden vernagelt. Nach dem Aufrichten werden die Anker angeschlagen und die Löcher zugestampft.

*Signalhöhe* = Abstand vom Festpunkt bis Unterkante Tafelstange plus Länge der Tafelstange bis Unterkange Tafelkreuz, an eine der Streben anschreiben.

**1.3.2.1.4 Baumsignale** werden im Walde verwendet. Die Tafelstange wird in einem Baum befestigt und mit Drähten, die im Boden verankert sind, so verstrebt, daß das Tafelkreuz lotrecht über dem Festpunkt ist.

Beim Aufrichten der Signale müssen die Tafelkreuze von zwei zueinander senkrechten Richtungen aus zentriert werden. *Vorteil* des Schnell-, Dreibein- und Baumsignals: Senkrecht unter den Tafelkreuzen kann auf dem Festpunkt ungestört beobachtet werden. Für Signale bis zu 12 m Höhe kann mit Vorteil ein aus 3 m langen Leichtmetallrohren zusammensetzbares und mit Drähten zu verspannendes Signal benutzt werden. Bei höheren Signalbauten verwendet man Stahltürme. *Im Hochgebirge* ist es häufig zweckmäßig, wegen des starken Windes Signale ohne Tafelkreuz zu verwenden.

## 1.3.2.2 Selbständige örtliche Triangulation

Ist bei einer größeren Ingenieurvermessung kein Anschluß an eine Landes-Triangulation möglich, so ist durch Aneinanderlegen einiger Dreiecke eine örtliche Klein-Triangulation als Vermessungsrahmen auszuführen. Die Längen der Seiten einer Triangulation bewegen sich bei Ingenieurvermessungen zwischen 1 und 10 km, wenn wir annehmen, daß diese Vermessungen nicht über eine Fläche von 10 km$^2$ hinausgehen, die für Lagemessungen als eben betrachtet werden kann. Bei der Erkundung des der Aufgabe angemessenen Dreiecksnetzes beachten, daß wenigstens für eine Dreieckseite die Länge bestimmt werden muß (zweckmäßig auch der Richtungswinkel gegen den Meridian).

Den *Koordinaten-Nullpunkt* eines örtlichen Netzes nimmt man außerhalb des Gebietes so an, daß nur positive Koordinaten entstehen. Zweckmäßig orientiert man jedes örtliche Netz nach Geographisch-Nord, damit bei einem späteren Zusammenschluß die Koordinaten im wesentlichen nur durch additive Beträge zu verbessern sind. Läßt sich eine Azimutmessung nach den Regeln der geodätisch-astronomischen Ortsbestimmung nicht durchführen, so erhält man eine gute Orientierung, wenn man auf einem Dreieckspunkt die Winkel zwischen einem irdischen Anschlußziel und einem dem Himmelspol nahen Stern in seiner größten östlichen und westlichen Digression (Auswanderung aus dem Meridian) mißt und das Mittel der beiden Richtungen als Nordrichtung annimmt. Ist auch das nicht möglich, dann wenigstens nach Magnetisch-Nord orientieren.

Die *Länge einer Dreiecksseite* bestimmt man zweckmäßig aus einer Grundlinien- oder Basismessung über ein Basisvergrößerungsnetz (Bild 1-62 u. 1-63). Die Anlage eines Basisvergrößerungsnetzes wird in der Regel die Länge der Dreiecksseite bei geringerem Gesamtaufwand mit größerer Genauigkeit liefern, als wenn die ganze Seite mit der gleichen Sorgfalt wie die Basis gemessen würde, sofern dies überhaupt möglich ist. Die rhombische Form ist für ein Basisnetz am günstigsten (Bild 1-63). Bestimmend für die Genauigkeit der Übertragung sind die spitzen Winkel, die der Basis gegenüberliegen; sie sind deshalb besonders scharf zu messen.

## 1.3.2 Triangulation

Die *Länge der Basis* kann bei ebenem horizontalem Gelände in absteigender Genauigkeit gemessen werden: 1. mit Invardrähten und Basismeßgerät (1.2.1), 2. mit geeichtem 20-m-Band aus Stahl oder Invar, eventuell mit Anreihevorrichtung und optischem Lot, 3. mit Doppelbild-Entfernungsmessern (1.2.6.4) oder 4. mit der Basislatte (1.2.6.5). *Genauigkeit* bei sorgfältigster Arbeit mit dem 20-m-Band etwa 1:20000 bis 1:30000, mit der Basislatte etwa 1:10000 bis 1:20000. Die größte Schnelligkeit in der Ausführung liefert 4.

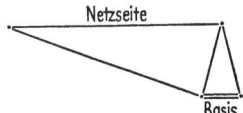

Bild 1-62. Basisvergrößerungsnetz.

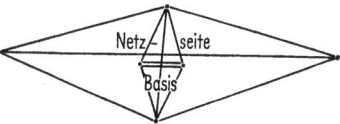

Bild 1-63. Basisvergrößerungsnetz.

Bei größerem Geräteaufwand ergibt heute die direkte Bestimmung einer oder aller Dreiecksseiten mittels elektronischer Entfernungsmessung (1.2.1) sehr gute Genauigkeit bei geringem Arbeitsaufwand.

Nach Ausgleichung der gemessenen Winkel (Basis muß als fehlerfrei angesehen werden) werden die Seiten der Triangulation in einfachster Weise sukzessive nach dem Sinussatz berechnet. Die Richtungswinkel der Dreiecksseiten ergeben sich durch Addition der gemessenen Winkel zu der Ausgangsrichtung nach den Grundsätzen zur Berechnung von Richtungszügen (1.3.1.3). Die ebenen, rechtwinkligen Koordinaten ergeben sich gemäß 1.3.1.4.

Vermeidet man bei einfachen Ingenieur-Triangulationen die Bildung von Zentralpunkten, legt man also die Dreiecke in einfacher Folge aneinander, so beschränkt sich die Ausgleichung auf das Abstimmen der Dreieckswinkel auf die Summe von 2R. Lassen sich Zentralpunkte nicht umgehen, Messungen so anlegen, daß sie als Einzelpunkte eingeschaltet werden können.

*Beispiel:* Triangulation ABCD (Bild 1-64). Berechnung in einem Guß verlangt den Ansatz einer etwas schwierigeren Ausgleichung[1]), daher Berechnung in zwei Stufen: (a) Abstimmen der Winkel (1 + 6), (2 + 3) und (4 + 5) auf 2R und Berechnung von Koordinaten von A, B und C. (b) Abstimmen von 7, 8 und 9 auf 4R, Bestimmung von D als Einzelpunkt. Hierzu Berechnung der günstigen Rückwärts- und Vorwärtsschnitte (s. 1.3.2.3) und Mittelung der Ergebnisse. Nachbargenauigkeit von A, B, C und D ist sicher gewahrt, Rechenarbeit ist allerdings gegenüber der strengen Ausgleichung in einem Guß nicht geringer. Je exakter die Messungen sind, eine um so nachgeordnetere Bedeutung spielt im allgemeinen die Art der Ausgleichung. Die beste Ausgleichung kann fehlerhafte Messungen nicht richtig stellen.

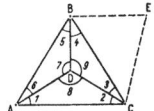

Bild 1-64. Dreiecksnetz.

### 1.3.2.3 Anschluß an die Landes-Triangulation

Beim Anschluß an die Landes-Triangulation ist der große Rahmen bereits gegeben; hinsichtlich der Triangulation können nur Verdichtungsaufgaben vorkommen, um den Anschluß der Polygonzüge zu erleichtern. Bei diesen Verdichtungsarbeiten ist das Haupt-

---

[1]) Fehlerlehre und Ausgleichungsrechnung s. 1.10.

augenmerk auf eine gute Nachbargenauigkeit nach allen Richtungen zu legen. Die Folgepunkte müssen also durch Beobachtungen festgelegt werden, die über den Horizont verteilt sind und zu den nächstbenachbarten Punkten laufen. Ausgezogene Strahlen von und zu den nächsten Nachbarpunkten *1*, *2* und *3* von N dürfen auf keinen Fall fehlen (Bild 1-65). Können sie beobachtet werden, so kann man auf die punktierten, weiten Sichten verzichten.

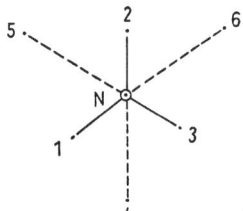

Bild 1-65. Einzelpunkteinschaltung.

Wir unterscheiden verschiedene *Einschneideaufgaben* (Bild 1-66).

Der *Rückwärtseinschnitt* ist unbestimmt, wenn der Neupunkt auf oder in der Nähe des Kreises durch die drei Festpunkte liegt (*Gefährlicher Kreis*). Dieser Fall ist durch geeignete Festpunktwahl auszuschalten.

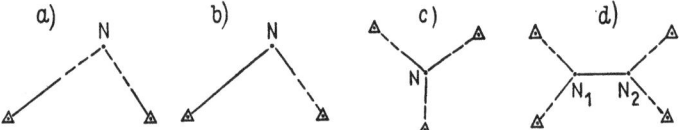

Bild 1-66. Arten der Punkteinschaltung. a) Vorwärts-Einschneiden, b) Seitwärts-Einschneiden, c) Rückwärts-Einschneiden, d) Doppelpunkt-Einschaltung (— — einseitig beobachtete Richtung, —— zweiseitig beobachtete Richtung).

Bei der *graphischen Bearbeitung* lassen sich die einfachen Einschneideaufgaben leicht konstruktiv lösen. Den Rückwärtseinschnitt pflegt man auf Pauspapier aufzutragen und einzupassen. Bei *rechnerischer Lösung* der Einschneideaufgaben stellt man bei Überbestimmung die möglichen günstigen Kombinationen zusammen und mittelt die Ergebnisse der Berechnungen. Bei sachgemäßem Vorgehen kommt das Resultat dem der Ausgleichung nach der Methode der kleinsten Quadrate sehr nahe.

Beim *Vorwärtseinschnitt* bestimmt man aus den Anschlußmessungen die Richtungswinkel der Strahlen zum Neupunkt, ermittelt ihre Tangenten aus einer Funktionstafel und rechnet dann nach 1.3.1.5 (*Geradenschnitt*). Bei günstigem Vorwärtseinschnitt ist der Winkel am Neupunkt ≈ 120 gon.

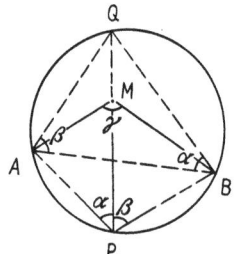

Bild 1-67. Lösung des Rückwärts-Einschneidens nach *Collins*; Erläuterung im Text.

## 1.3.2 Triangulation

Beim *Rückwärtsschnitt* werden auf dem Neupunkt die Richtungen zu wenigstens drei Festpunkten gemessen. Für die Berechnung sind mehrere Lösungen angegeben worden. Zuerst betrachten wir die Lösung mit einem Hilfspunkt nach *Collins* (Bild 1-67). A, M, B seien gegebene Festpunkte, P der Neupunkt. Kreis durch A, B und P zeichnen, PM bis Q verlängern, damit wird $\sphericalangle$ QAB = $\beta$ und $\sphericalangle$ ABQ = $\alpha$. Der Punkt Q läßt sich also durch Vorwärtseinschnitt bestimmen. Jetzt wird die Richtung QP = QM ermittelt und damit und mit $\alpha$ und $\beta$ werden die Richtungen $v_a^p$ und $v_b^p$ berechnet. Nunmehr läßt sich auch P durch Vorwärtseinschnitt bestimmen.

$$\tan v_a^b = (y_b - y_a)/(x_b - x_a) \quad \text{mit Proben}$$
$$v_a^q = v_a^b - \beta, \quad \tan v_a^q = \varphi_1; \quad v_b^q = v_a^b \pm 2R + \alpha, \quad \tan v_b^q = \psi_1.$$

Mit den Koordinaten von A und B sowie den Richtungskoeffizienten $\varphi_1$ und $\psi_1$ ergibt sich Q als Vorwärtseinschnitt (1.3.1.5).

Jetzt wird berechnet $\tan v_q^m = (y_m - y_q)/(x_m - x_q)$ mit Proben
$$v_a^b = v_q^m - \alpha, \quad \tan v_a^p = \varphi_2; \quad v_b^p = v_q^m + \beta, \quad \tan v_b^p = \psi_2.$$

Mit den Koordinaten von A und B sowie den Richtungskoeffizienten $\varphi_2$ und $\psi_2$ ergibt sich dann der Neupunkt P als Vorwärtseinschnitt (1.3.1.5).
Als Schlußprobe werden $\alpha$ und $\beta$ aus den Koordinaten von P, A, M und B errechnet.

Für eine schnelle Berechnung des Rückwärtseinschnittes mit der *Doppelrechenmaschine* [82 (1941) S. 290] eignet sich die Lösung mit zwei Hilfspunkten nach *Cassini* (Bild 1-68a u. 1-68b).

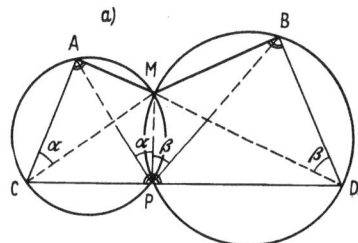

|  | cot $\alpha$ | 6 |
|---|---|---|
| $x_a - x_m$ | 2 | $y_a - y_m$ | 2 |
| $y_a \to y_c$ | 8 | $x_a \to x_c$ | 8 |

|  | cot $\beta$ | 6 |
|---|---|---|
| $x_b - x_m$ | 2 | $y_b - y_m$ | 2 |
| $y_b \to y_d$ | 8 | $x_b \to x_d$ | 8 |

Bild 1-68a. Lösung des Rückwärts-Einschneidens nach *Cassini*; Erläuterung im Text.

Bild 1-68b. Rechenschema für Doppelrechenmaschinen; Erläuterung im Text.

1. Berechnung des Hilfspunktes C:
$$y_c = y_a - (x_a - x_m) \cot \alpha,$$
$$x_c = x_a + (y_a - y_m) \cot \alpha,$$

2. Berechnung des Hilfspunktes D:
$$y_d = y_b + (x_b - x_m) \cot \beta,$$
$$x_b = x_b - (y_b - y_m) \cot \beta.$$

3. Berechnung von P als Schnittpunkt der Geraden CD mit der darauf senkrecht stehenden Geraden durch M, entweder von C oder von D aus nach 1.3.1.5.

$$\tan v_c^d = (y_d - y_c)/(x_d - x_c), \quad \tan v_m^p = -\frac{1}{\tan v_d^c} \quad \text{mit Proben}$$

$$y_p = y_c + (x_m - x_c) \tan v_c^d + (x_p - x_m) \tan v_c^d,$$
$$y_p = y_m \quad\quad\quad\quad + (x_p - x_m) \tan v_m^p$$

oder

$$y_p = y_d + (x_m - x_d) \tan v_d^c + (x_p - x_m) \tan v_d^c,$$
$$y_p = y_m \quad\quad\quad\quad + (x_p - x_m) \tan v_m^p.$$

Hat einer der beiden Hilfskreise einen sehr großen Radius (Winkel $\alpha$ bzw. $\beta$ nahezu 0$^g$ oder 200$^g$), so ist die Berechnung der Schnittpunktaufgabe im kleineren Hilfskreis vorzuziehen.

Wegen geringer Feldarbeit auf nur einem Standpunkt ist der Rückwärtseinschnitt sehr beliebt.
Die *Doppelpunkteinschaltung* kommt nur selten vor. Ihre rechnerische Lösung wird hier nicht behandelt.

### 1.3.2.4 Zentrierung exzentrisch beobachteter Richtungen

Die Notwendigkeit der exzentrischen Beobachtungen von Richtungen kann sowohl beim Vorwärts- als auch beim Rückwärtseinschneiden auf dem Standpunkt wie bei den Zielpunkten vorkommen (Bild 1-69). Es bedeuten: Z Zentrum der Station, S Standpunkt,

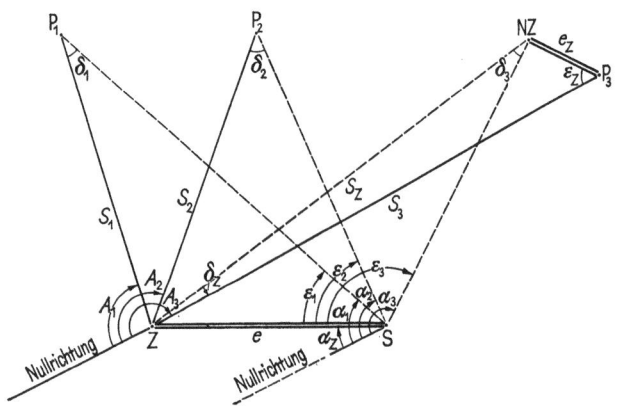

Bild 1-69. Stand- und Zielpunktzentrierung; Erläuterung im Text.

$P_i$ Ziele, NZ Nebenzielpunkt, $\alpha_i$ und $\varepsilon_Z$ gemessene Winkel, $A_i$ die auf Z reduzierten Richtungen, $e$ und $e_Z$ lineare Exzentrizitäten, $s_i$ Entfernungen. Damit ist:

$$\varepsilon_1 = \alpha_1 - \alpha_z, \quad \varepsilon_2 = \alpha_2 - \alpha_z, \quad \varepsilon_3 = \alpha_3 - \alpha_z \tag{18}$$

$$\sin \delta_{1,2,3} = e \frac{\sin \varepsilon_{1,2,3}}{s_{1,2,3}}, \qquad \delta^{cc}{}_{1,2,3} \approx e \varrho^{cc} \frac{\sin \varepsilon_{1,2,3}}{s_{1,2,3}} \tag{19}$$

$$\sin \delta_z = e_z \frac{\sin \varepsilon_z}{s_z}, \qquad \delta^{cc}{}_z \approx e_z \varrho^{cc} \frac{\sin \varepsilon_z}{s_z} \tag{20}$$

$$A_{1,2} = \alpha_{1,2} + \delta_{1,2} \qquad A_3 = \alpha_3 + \delta_3 + \delta_z. \tag{21}$$

*Regeln:* 1. Vorzeichen von $\delta$ ist gleich dem Vorzeichen von $\sin \varepsilon$, wenn $\varepsilon$ von SZ aus rechtsläufig gezählt wird. 2. $\delta_Z$ wird positiv, wenn von S aus NZ links von P, negativ, wenn von S aus NZ rechts von P liegt. 3. $s_i$ gewinnt man aus vorläufigen Rechnungen, wenn $e/s$ klein ist, auch aus einem Netzriß. Für $e/s < 1/41$ ist der größte zu erwartende Fehler in $\delta < 1,5^{cc}$. 4. $e_i$ genauer ermitteln als die $s_i$, z. B. $e$ in mm, $s$ in m.

*Ermittlung der Zentrierungselemente.* Bei Turmbeobachtungen müssen die Zentrierungselemente $e$ und der Anschlußwinkel $\eta_Z$ für $e$ häufig indirekt von den Endpunkten einer seitwärts gelegenen Grundlinie $g$ aus bestimmt werden (Bild 1-70).

*Gemessen* werden der Richtungssatz auf S mit $\eta_a$ und $\eta_b$, die Basis $g$ sowie die Dreieckswinkel auf A und B.

*Berechnet* werden die Koordinaten von S und Z im örtlichen System, daraus ergeben sich $e$ und $v_s^z$.

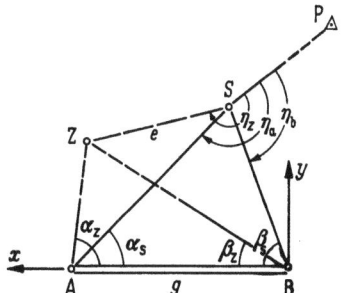

Bild 1-70. Ermittlung der Zentrierungselemente; Erläuterung im Text.

$$x_s = \frac{g \tan \alpha_s}{\tan \alpha_s + \tan \beta_s} = A_s/C_s, \qquad y_s = x_s \tan \beta_s,$$

$$g - x_s = \frac{g \tan \beta_s}{\tan \alpha_s + \tan \beta_s} = B_s/C_s, \qquad y_s = (g - x_s) \tan \alpha_s,$$

$$x_z = \frac{g \tan \alpha_z}{\tan \alpha_z + \tan \beta_z} = A_z/C_z, \qquad y_z = x_z \tan \beta_z,$$

$$g - x_z = \frac{g \tan \beta_z}{\tan \alpha_z + \tan \beta_z} = B_z/C_z, \qquad y_z = (g - x_z) \tan \alpha_z.$$

Aus den Koordinaten von S und Z ergeben sich $e$ und $v_s^z$ nach 1.3.1.2. Ferner ist

$$\eta_z = \eta_a + (v_s^z + \alpha_s).$$

## 1.3.3 Polygonierung

Durch die Polygonierung wird das Festpunktfeld der Triangulation so weit verdichtet, daß die Hauptmessungslinien der Einzelvermessung zwanglos in das verdichtete Netz eingebunden werden können. Grundelemente des Polygonzuges sind Winkel und Strecken. Der Polygonzug ist daher gut zur Umgehung von Hindernissen geeignet.

### 1.3.3.1 Zugarten und Polygonpunktberechnung

Man unterscheidet *Gerüstpolygonzüge*, die an die Stelle schwer zu beschaffender direkter trigonometrischer Sichten treten, *Hauptpolygonzüge*, die unter möglichst günstigen Bedingungen die trigonometrischen Punkte oder ausgesuchte Polygonpunkte verbinden, und *Nebenzüge*, die vornehmlich der örtlichen Erschließung des Vermessungsgeländes dienen. Einteilung nach der Form: *offene Züge* enden frei, *geschlossene Züge* führen auf den Anfangspunkt zurück, *angeschlossene Züge* werden mit oder ohne An- und Abschlußwinkel zwischen zwei trigonometrische Punkte eingehängt. Wegen der Nachbargenauigkeit ist die letzte Form zu bevorzugen.

Bei *geschlossenen Zügen* beträgt für die Innenwinkel $\Sigma \beta = 2R(n-2)$, für die Außenwinkel $\Sigma \beta = 2R(n+2)$. Für die *angeschlossenen Züge* (Bild 1-71) entspricht das Winkelsummengesetz dem der Richtungszüge.

Aus Gründen der Fehlerfortpflanzung und der Fehlerverteilung werden die *Polygonseiten* nicht zu kurz und möglichst gleichlang sowie die Brechungswinkel möglichst gestreckt gewählt. Aus formalen Gründen werden die Brechungswinkel in der Messungsrichtung (Richtung der Numerierung) sämtlich an der gleichen (linken) Zugseite gemessen. Soll die allgemeine *Genauigkeit* des Polygonzuges etwa 1:5000 betragen, so ist die Längenmessung mit einer Genauigkeit von 2 cm auf 100 m und die Winkelmessung auf wenigstens $d\beta = \varrho^c : 5000 = 1{,}3^c$ genau auszuführen.

*Polygonzugstrecken* werden mit geeichten Schneidenlatten oder Meßbändern (1.2.1.), mit Präzisionsdistanzmessern (1.2.6.4) oder mit Hilfe von Basislatten (1.2.6.5) doppelt gemessen. Die in den letzten Jahren entwickelten elektronischen Nahbereichs-Entfernungsmesser (1.2.1) haben sich für die Messung dieser relativ kurzen Strecken gut bewährt. Polygonwinkel mißt man mit einem $1^c$-Theodolit in zwei Halbsätzen, wobei der Teilkreis nach dem ersten Halbsatz verschoben wird (1.2.5.3.1). Bei eingehängten Zügen gibt es bei zwei Abschlußwinkeln drei, bei einem Anschlußwinkel zwei und bei fehlendem An- und Abschluß nur eine Überbestimmung, wie die Verfolgung der graphischen Zugkonstruktion zeigt.

Bei *graphischer Einpassung für kartentechnische Zwecke* Züge im Maßstab der Karte auf Pauspapier auftragen, zwischen Endpunkte und Anschlußrichtungen einpassen und Punkte unter bestmöglichster Fehlerverteilung auf die Karte durchstechen. Im allgemeinen werden die Züge gerechnet. Die *Polygonpunktberechnung* eines angeschlossenen Zuges erfolgt in drei Stufen (Bild 1—71).

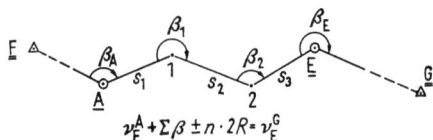

Bild 1-71. Angeschlossener Polygonzug mit An- und Abschlußwinkel.

1. *Abstimmen der gemessenen Brechungswinkel* und Berechnen der endgültigen Richtungswinkel (Neigungen).

$$\left. \begin{array}{l} v_A{}^1 = v_A{}^F + \beta = v_F{}^A \pm 2\,R + \beta_A \\ v_1{}^2 \phantom{= v_A{}^F + \beta} = v_A{}^1 \pm 2\,R + \beta_1 \\ v_2{}^E \phantom{= v_A{}^F + \beta} = v_1{}^2 \pm 2\,R + \beta_2 \\ v_E{}^G \phantom{= v_A{}^F + \beta} = v_2{}^E \pm 2\,R + \beta_E \end{array} \right\}$$

$$v_F{}^A \pm n2R + \Sigma\beta + f = v_E{}^G,$$
$$f = v_E{}^G - (v_F{}^A \pm n2R + \Sigma\beta).$$

Winkelabschlußfehler $f\beta$ wird gleichmäßig verteilt auf alle $\beta$. Dann werden die endgültigen Richtungswinkel berechnet.

2. *Berechnung der Koordinatenunterschiede* und Abstimmen auf das Soll.

$$\Delta y = s \sin v, \qquad \Delta x = s \cos v,$$
$$f_y = [\Delta y]_{\text{Soll}} - [\Delta y]_{\text{Ist}}, \qquad f_x = [\Delta x]_{\text{Soll}} - [\Delta x]_{\text{Ist}}; \quad ([\,] = \text{Summe}).$$

Koordinatenabschlußfehler $f_x$ und $f_y$ werden auf die Koordinatenunterschiede proportional den Strecken verteilt.

3. *Berechnung der Koordinaten* der Polygonpunkte.

$$y_{n+1} = y_n + \Delta y_n, \qquad x_{n+1} = x_n + \Delta x_n.$$

Bei Benutzung einer Rechenmaschine wird für die Arbeitsgänge 1. bis 3. der Aufschrieb nach Tabelle 1—12 empfohlen (zur Proberechnung in Spalte 6 s. 1.3.1.4).

Für die Berechnung von Polygonzügen, insbesondere von Polygonzugnetzen, wird mit großem Vorteil die elektronische Datenverarbeitung eingesetzt. Entsprechende Programme liegen vor. Für die Durchführung einer einzelnen Polygonpunktberechnung wird das hier erläuterte Verfahren seine Bedeutung behalten.

Beim *Polygonzug ohne Richtungsabschluß* fällt die Abstimmung der Brechungswinkel nach (1) weg.

Der *Polygonzug ohne Richtungsan- und -abschluß* verlangt eine zweimalige Durchrechnung des Zuges (Bild 1-72). Man gibt zunächst der ersten Zugseite eine geschätzte

## 1.3.3 Polygonierung

Neigung oder die Neigung Null und rechnet die Koordinaten von E im vorläufigen $\mathfrak{x}, \mathfrak{y}$-System.

| | |
|---|---|
| Vorläufige Neigung | $\tan n_a^e = \mathfrak{y}_e/\mathfrak{x}_e$. |
| Endgültige Neigung | $\tan \nu_a^e = (y_e - y_a)/(x_e - x_a)$. |
| Orientierung | $o = \nu_a^e - n_a^e$. |
| Endgültige Neigung der ersten Zugseite | $\nu_a^1 = n_a^1 + o$. |

Anschließend Zug erneut durchrechnen und die Koordinatenabschlußfehler wie üblich verteilen.

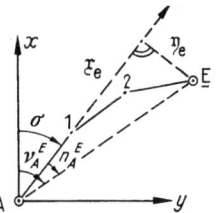

Bild 1-72. Polygonzug ohne Richtungsan- und abschluß; Erläuterung im Text.

Tabelle 1-12. Polygonpunktberechnung (M)

| Punkt | $\nu$ ($\beta$) | $\sin\nu$ $s$ $\cos\nu$ | $\Delta y$ | $\Delta x$ | $\sin(\nu + R/2)$ $\Delta y + \Delta x$ $\sqrt{2}\,s \sin(\nu + R/2)$ | $y_n$ $\Delta y$ $y_{n+1}$ | $x_n$ $\Delta x$ $x_{n+1}$ | Punkt |
|---|---|---|---|---|---|---|---|---|
| 1 | 2 | 3 | 4 | 5 | 6 | 7 | 8 | 9 |
| F | 143 gon,2679 | | | | | | | |
| A | +15 (135,5760) | | | | | 31052,59 | 52856,32 | A |
| | 78,8454 | +0,94530 | +1 | +2 | +0,89909 | | | |
| | | 150,26 | +142,04 | +49,02 | +191,06 | +142,05 | +49,04 | |
| 1 | +15 (301,0160) | +0,32621 | | | +191,06 | 31194,64 | 52905,36 | 1 |
| | 179,8629 | +0,31107 | +1 | +2 | −0,45207 | | | |
| | | 149,48 | +46,50 | −142,06 | −95,56 | +46,51 | −142,04 | |
| 2 | +15 (272,8926) | −0,95038 | | | −95,57 | 31241,15 | 52763,32 | 2 |
| | 252,7570 | −0,73706 | +1 | +2 | −0,99906 | | | |
| | | 144,30 | −106,36 | −97,52 | −203,88 | −106,35 | −97,50 | |
| E | +16 (37,7593) | −0,67583 | | | −203,88 | 31134,80 | 52665,82 | E |
| | 90,5118 | | +188,54 −106,36 | +49,02 −239,58 | | +82,21 | −190,50 | |
| G | 90,5179 | (Ist) (Soll) | +82,18 | −190,56 | (Ist) | (Soll) | | |
| | $f_\beta = +61^{cc}$ ($f_H = \pm 400^{cc}$) | | $f_y = +0,03$ | $f_x = +0,06$ | (Soll-Ist) | | | |

Bei einem angeschlossenen Zug lassen sich der *lineare Längs- und der lineare Querfehler* des Zuges graphisch bestimmen (Bild 1-73). Hierzu trägt man die Summe der Koordinatenunterschiede $[\Delta x]$ und $[\Delta y]$ im Maßstab $1:m_1$ (hier $1:5000$) auf und erhält dadurch die Zugrichtung AE. In einem wesentlich größeren Maßstab $1:m_2$ (hier $1:5$) trägt man nunmehr in $E_{Ist}$ $f_x$ und $f_y$ auf und erhält $E_{Soll}$. Das Lot von $E_{Soll}$ auf die Zugrichtung liefert $L$ und $W$.

$$f_x = +0{,}03; \quad f_y = +0{,}06,$$
$$L = -0{,}04; \quad W = -0{,}05,$$
$$f_x^2 + f_y^2 = L^2 + W^2 = f_s^2 \text{ Rechenprobe}$$

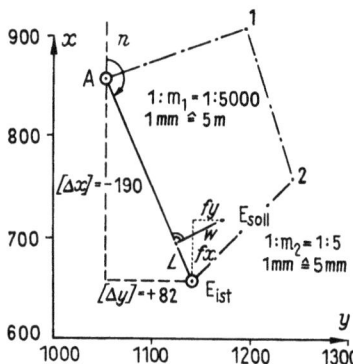

Bild 1-73. Bestimmung des linearen Längs- und Querfehlers; Erläuterung im Text.

Für die Rechnung mit dem Rechenschieber ist

$$L = f_y \sin n + f_x \cos n, \quad W = f_y \cos n - f_x \sin n,$$

wo $n$ die abgegriffene Neigung der Zugrichtung AE ist. Nach den Empfehlungen des „Beirats für Vermessungswesen" in den zwanziger Jahren haben die deutschen Länder die folgenden *Fehlergrenzen für Polygonzüge* angenommen (der Grenzfehler beträgt ungefähr das Dreifache des mittleren Fehlers):

Für die größte zulässige Differenz zweier *Polygon-Seitenmessungen* gilt für Haupt- bzw. Nebenzüge:

$$d_H = 4\sqrt{s} + 3s + 2,$$
$$d_N = 6\sqrt{s} + 3{,}5s + 2,$$

Die Angaben erfolgen für $d$ in cm, für $s$ = Länge der Zugseite in Hektometer (hm).
Für den *Winkelabschlußfehler* gilt:

$$f_H = 2\sqrt{n}, \quad f_N = 2\sqrt{n} + 2,$$

H Hauptzüge, N Nebenzüge, $n$ Anzahl der Brechpunkte einschließlich An- und Abschlußpunkte, $f$ in cgon. Für den linearen Querfehler gilt:

$$\Delta W_H = 2{,}9 Q [s]^{hm} + 5,$$
$$\Delta W_N = 3{,}2 Q [s]^{hm} + 10,$$

wo $Q = \sqrt{\dfrac{n(n+1)}{12(n-1)}},$

[s] Summe der Polygonseitenlängen in hm, $\Delta W$ und $\Delta L$ in cm.

| $n$ | $Q$ | $\sqrt{n}$ |
|---|---|---|
| 3 | 0,71 | 1,7 |
| 4 | 0,75 | 2,0 |
| 6 | 0,84 | 2,4 |
| 8 | 0,93 | 2,8 |
| 10 | 1,01 | 3,2 |

### 1.3.3 Polygonierung

Für den *linearen Längsfehler* gilt:

$$\Delta L_H = 2\sqrt{[s]} + 3{,}0\,[s] + 5,$$
$$\Delta L_N = 3\sqrt{[s]} + 3{,}5\,[s] + 5,$$

Für Gerüstpolygonzüge gelten ²/₃ der Fehlergrenzen für Hauptpolygonzüge.

*Auffinden eines groben Messungsfehlers* in einem Winkel: Den Zug von beiden Seiten rechnen. Winkelfehler ist auf dem Punkt begangen worden, für den man die gleichen Koordinaten erhält. In einer Strecke eines geschlossenen oder angeschlossenen Zuges: Neigung des Schlußfehlers $f_s$ ist gleich der Neigung der fehlerhaft gemessenen Seite.

#### 1.3.3.2 Anschluß eines Polygonzuges an einen unzugänglichen Punkt

*(Herablegen des Anschlußpunktes)*

Oft kann ein Polygonzug an einen Hochpunkt (Kirchturm) nicht unmittelbar angeschlossen werden. Dann müssen die Koordinaten des Hochpunktes durch Hilfsmessungen auf den nächstgelegenen Polygonpunkt, auf dem eine Anschlußsicht möglich ist, übertragen (herabgelegt) werden. *Beispiel* (Bild 1-74): Um die Koordinaten des TP 11 auf den Polygonpunkt 51 mit der Fernsicht nach TP 12 herabzulegen, benutzen wir das Hilfsdreieck 11 − 51 − 1 und das Probedreieck 11 − 51 − 2 (oder 2′). *Gegeben:* Koordinaten von 11 und 12. Zu *messen* sind: Strecken $a$ und $b$ sowie Winkel $\varphi$, $\alpha$, $\beta$, $\gamma$, $\delta$. *Berechnung:* 1. $d$ und Richtung $v_{12}^{11}$ nach Koordinaten. 2. $c$ nach dem Sinussatz $c = a \sin \gamma / \sin(\alpha + \gamma) = b \sin \delta / \sin(\beta + \delta)$. 3. $\varepsilon$ nach dem Sinussatz $\sin \varepsilon = (c \sin \varphi)/d$. 4. $v_{11}^{51} = v_{12}^{11} + \varepsilon + \varphi$.

5. $\Delta y = c \sin v_{11}^{51}, \qquad \Delta x = c \cos v_{11}^{51},$

$y_{51} = y_{11} + \Delta y, \qquad x_{51} = x_{11} + \Delta x.$

Mit den Koordinaten von 51 geht der Anschluß wie üblich vor sich.

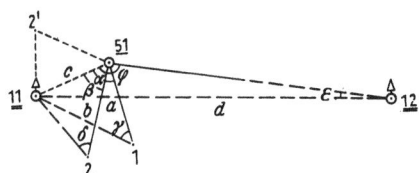

Bild 1-74. Herablegen eines Anschlußpunktes; Erläuterung im Text.

#### 1.3.3.3 Anlage von Polygonzügen und -netzen

Ein geschlossenes Messungsgebiet ist im Anschluß an die vorhandenen trigonometrischen Punkte durch eine Reihe von Hauptzügen zu erschließen, die in absteigender Ordnung durch weitere Hauptzüge sowie durch Nebenzüge so weit verdichtet werden (Bild 1-75), daß die Einzelvermessung auf ein Messungsliniennetz von geraden Linien (*Messungslinien*) gegründet werden kann. Die Zugverknotung durch Mittelbildung ist wegen der Vermehrung der Rechenarbeiten möglichst sparsam anzuwenden.

Der im Hinblick auf eine günstige Fehlerverteilung ideale Polygonzug verläuft gestreckt mit nahezu gleich langen Seiten und ist nicht über ≈ 2 km lang. Zwingt die Örtlichkeit zu Abweichungen, dann wenigstens Verhältnisse innerhalb eines Polygonzuges möglichst gleichartig gestalten. Vor allem Wechsel von langen und kurzen Seiten vermeiden. Ist dies nicht möglich, versuchen, die Richtungsübertragung über eine kurze Seite durch Zwischenorientierungen zu einem Fernziel F auszuschalten (Bild 1-76). Hierzu bestimmt man vorläufige Koordinaten von 2 und 3 und berechnet hiermit und mit den Koordinaten von F den kleinen Winkel $\varepsilon$. Richtungsübertragung dann auf dem Wege 1-2-F-3-4. Sind Zwischenorientierungen nicht möglich, dann Brechungswinkel durch einen Theodolit mit Zwangszentrierung messen (drei Stative mit Dreifußgestellen, in die abwechselnd die Zieltafelachsen und die Instrumentenachse gesteckt und dadurch zwangsweise zentriert werden können).

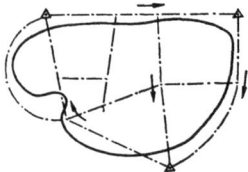
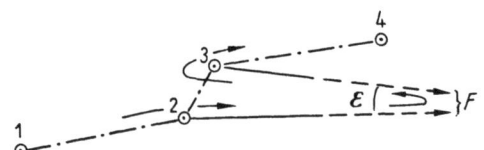

Bild 1-75. Polygonnetz.

Bild 1-76. Ausschalten einer kurzen Seite durch Zwischenorientierung; Erläuterung im Text.

Fehlertheoretisch sind lange *Polygonseiten* günstig. In Hauptzügen bleibt man über 100 m und unter 300 bis 400 m. Ungünstig zu messende Strecken überbrückt man durch indirekte Streckenmessungen. *Beispiel:* Übergang über eine Schlucht oder einen Damm (Bild 1-77). In einem Hilfsdreieck werden eine günstig gelegene Basis b und zwei Winkel gemessen.

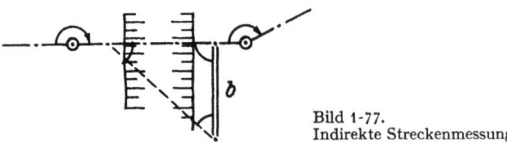

Bild 1-77. Indirekte Streckenmessung.

*Polygonpunkte* in gesicherter Lage so auswählen, daß die Fußpunkte der sie signalisierenden Baken angezielt werden können. Die Polygonpunktvermarkungen, unterirdisch hartgebrannte Hohlziegel, in Städten Tagesmarken, sind gegen markante Punkte der Örtlichkeit zum Wiederauffinden und Wiederherstellen sorgfältig einzumessen (Einmessungsskizzen).

## 1.3.4 Einzelvermessung

### 1.3.4.1 Orthogonale Aufmessung

Die Mittel der orthogonalen Einzelaufmessung sind durchgefluchtete gerade Linien, Streckenmessungen und rechte Winkel. An den Anfang der Einzelaufmessung setzt man Auswahl, Vermarkung und Messung des Hauptmessungsliniennetzes (Bild 1-78). Dann folgt die Aufnahme der Gebäude, Grenzen und topographischen Einzelheiten mit Einbänden und Verlängerungen und möglichst wenig rechten Winkeln, da diese im allgemeinen umständlicher zu bestimmen und zu kartieren sind (Bild 1-79).

## 1.3.4 Einzelvermessung

*Regeln für die Herstellung von Vermessungsrissen und Feldbüchern:* Anwendung gewährleistet Arbeitserleichterung und Verständlichkeit für andere Bearbeiter: Nordpfeil und ungefähren Maßstab eintragen. Jeder Messungspunkt ist durch einen Punkt darzustellen. Bei den Messungspunkten ist gegebenenfalls ein Kennbuchstabe für die Art ihrer Vermarkung mit Angabe der Tiefe/Höhe unter/über Gelände einzutragen, z. B. $\frac{D}{0,3}$ = Drainrohr, 3 dm unter Gelände, $\frac{0,3}{N}$ = Nagel, 3 dm über Gelände usw.

Wir unterscheiden *abschnittsweise* und *durchlaufende Messungen*. Bei der abschnittsweisen Messung werden die Messungszahlen im Riß parallel zur Messungslinie, bei durchlaufender Messung senkrecht zur Linie mit dem Fuß zu ihrem Anfang geschrieben. Einbindemaße werden einfach, die der Fehlerverteilung dienenden Endmaße doppelt unterstrichen. Die durchlaufende Schreibweise ist gleichzeitig Kennzeichen der Geradlinigkeit, die in allen anderen Fällen besonders vermerkt werden muß, z. B. wenn die Messungslinie eine gerade, nicht durchlaufend gemessene Grenze überquert, durch einen Halbkreisbogen auf dieser um den Schnittpunkt und bei einer Verlängerung durch einen Pfeil.

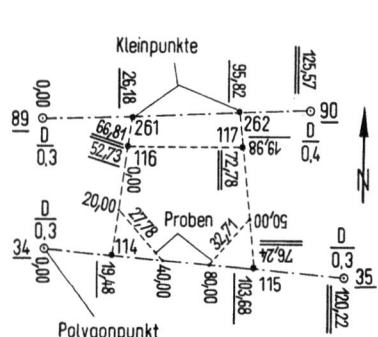

Bild 1-78. Hauptmessungsliniennetz; Maße in m.

Bild 1-79. Aufnahme eines Gebäudes; Maße in m.

Die *Längen der Winkelrechten* werden in der Regel an deren Ende mit dem Fuß zum Anfang der Messungslinie geschrieben, nur bei Raummangel an die Winkelrechte selbst. Bei mehreren Zwischenpunkten auf einer Winkelrechten wird durchlaufende Schreibweise angewandt. Ist der rechte Winkel instrumentell genommen, so kennzeichnet man ihn durch einen Doppel-Viertelkreis, ist er nach Augenmaß genommen, durch einen einfachen Viertelkreis. Jedes Maß muß direkt oder indirekt *geprüft* sein. Bei Pythagorasproben darauf achten, daß Probedreiecke möglichst gleichschenklig sind, da bei schmalen Dreiecken nur die lange Kathete geprüft wird.

Der „Beirat für Vermessungswesen" (s. 1.3.3.1) hat für die Stückvermessung die Einhaltung folgender *Fehlergrenzen D* in cm für die Abweichungen zweier Streckenmessungen von der Länge $s$ in hm empfohlen:

$$D_I = 8\sqrt{s} + 3s + 5, \quad \text{I. günstige}$$
$$D_{II} = 10\sqrt{s} + 4s + 5, \quad \text{II. mittlere}$$
$$D_{III} = 12\sqrt{s} + 5s + 5, \quad \text{III. ungünstige Verhältnisse.}$$

Grenzfehler beträgt das Dreifache des mittleren Fehlers.

## 1.3.4.2 Polare Aufmessung

Die Elemente der polaren Aufmessung sind *Winkel* und *Strecken*. Die Methode ist abgesehen von der Tachymetrie, zuerst in gebirgigen Gegenden zur Blüte gekommen, als es gelang, optische Präzisionsdistanzmesser mit automatischer Reduktion auf den Horizont zu bauen (1.2.6.4).

Polare Messung

| Standpunkt | Zielpunkt | Richtung | Strecke |
|---|---|---|---|
| 15 | 112 | 85$^g$348 | 72,34 m |

Soll in einem Gebiet die polare Aufnahmemethode angewandt werden, so wählt man das Polygonnetz von vornherein so dicht, daß die Einzelaufmessung von den Polygonpunkten aus bewältigt werden kann. Kurze Kopfmaße (z. B. Hausbreiten) werden in jedem Fall (auch zur Probe) direkt linear gemessen (Bild 1-80).

Bei Umlegungen hat sich für die Aufmessung des Wege- und Grabennetzes eine Kombination von polarer und orthogonaler Aufmessung bewährt. Die Richtpunkte werden polar im Polygonnetz aufgemessen. Die Einzelaufmessung der Wege-, Graben- und Plangrenzen erfolgt orthogonal (Bild 1-81).

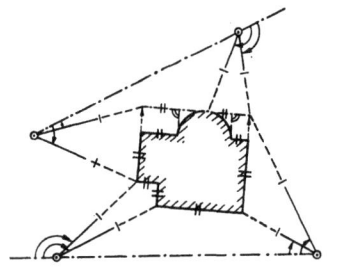

Bild 1-80. Polaraufnahme. ⌒ Winkelmessung,
—|— optische Streckenmessung,
—|—|— lineare Streckenmessung.

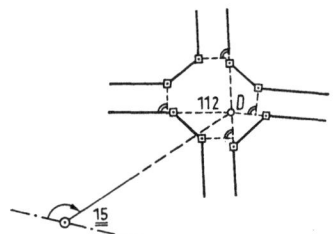

Bild 1-81. Kombination polarer und orthogonaler Aufmessung.

## 1.4 Höhenaufnahmen

In der Praxis haben sich für verschiedene Zwecke drei Arten von Höhenaufnahmen durchgesetzt: *Geometrische Nivellements, trigonometrische Höhenbestimmungen und physikalische Höhenbestimmungen*. Die Reihenfolge entspricht der erreichbaren Genauigkeit.

### 1.4.1 Nivellements

Bei den *Rahmennivellements* werden unter sorgfältiger Ausmerzung aller erkennbaren systematischen Fehler durch Summieren der mit Präzisionsnivellieren gewonnenen Einzelhöhenunterschiede die Höhen benachbarter und weit entfernter Nivellements-Festpunkte über einer einheitlichen Nullfläche bestimmt. Ähnlichem Zweck dienen auf einer niedrigeren Stufe die Festpunkt- und Anschlußnivellements für Ingenieuraufgaben.

1.4.1 Nivellements

Bei den *Flächennivellements* gilt es, mit möglichst geringem Arbeits- und Zeitaufwand die Höhen der für den Zweck der Arbeit repräsentativen Geländepunkte über der allgemeinen Nullfläche sicher zu erfassen. Mit diesen Geländehöhen soll projektiert werden, ferner sollen Erdmassenberechnungen mit ihnen durchgeführt werden können.
Über *Nivellierinstrumente* s. 1.2.4 in Verbindung mit 1.2.3.

### 1.4.1.1 Das Höhennetz in der BRD

Alle Nivellements werden heute in der BRD auf Normal-Null (NN) bezogen (1.1.5).
Man unterscheidet drei Stufen von Nivellementsnetzen, die alle zum Anschluß für örtliche Arbeiten dienen können. Über ihre Vermarkung s. 1.1.5.

**1.4.1.1.1 Das Nivellementsnetz I. Ordnung oder Haupthöhennetz** bildet mit seinen Maschen von etwa 50 km Dmr. den großen Rahmen. Sein Rückgrat sind die etwa 200 bis 400 km voneinander entfernten Landes-Nivellements-Hauptpunkte, die in geologisch sicherem Gelände in Gruppen zu je 5 Festlegungen unterirdisch vermarkt sind. Auf den freien Strecken des Haupthöhennetzes ist oberirdisch etwa alle 2 km ein Pfeilerbolzen gesetzt, in Ortschaften ist die Folge der Bolzen dichter.

**1.4.1.1.2 Landeshöhennetze** verdichten das Haupthöhennetz durch Maschen von etwa 20 km Dmr. Dazu gehören auch die Nivellements des ehemaligen Büros für Feinnivellements und Wasserstandsbeobachtungen, seit 1929 Landesanstalt für Gewässerkunde, heute Bundesanstalt für Gewässerkunde mit dem Sitz in Koblenz. Veröffentlichungen: Höhen über NN von Festpunkten und Pegeln an Wasserstraßen.

**1.4.1.1.3 Aufnahmehöhennetze** sind die letzte planmäßige Verdichtungsstufe mit Maschen von etwa 8 km Dmr., sie sind aber noch nicht überall vorhanden. An ihrer Stelle finden sich an vielen Orten wilde Verdichtungen.

Als *Fehlergrenzen* für die Widersprüche $d$ des gegebenen und des gemessenen Höhenunterschiedes zwischen zwei benachbarten Nivellementspunkten bei Überprüfung eines Anschlußpunktes gelten bei $s$ km Nivellementsweg

1. im Haupthöhennetz (neues System)    $d\,(H) = (2 + 1{,}5\,\sqrt{s})$ mm,

2. in den Landeshöhennetzen    $d\,(L) = (2 + 3\,\sqrt{s})$ mm,

3. in den Aufnahmehöhennetzen    $d\,(A) = (2 + 10\,\sqrt{s})$ mm.

Die Fehlergrenzen zu 2. und 3. sollten auch bei genaueren Ingenieurnivellements berücksichtigt werden. Dabei beachten, daß jedes Nivellement aus Sicherungsgründen hin- und zurückgeführt wird.

Auskunft über Nivellementsfestpunkte geben Vermessungs- und Katasterämter sowie Landesvermessungsämter.

### 1.4.1.2 Festpunkt- und Anschlußnivellement

(Bild 1-82)

$$\Delta h = R - V, \qquad (1)$$

$$\Delta H = \Sigma \Delta h, \qquad (2)$$

$$\text{Rechenprobe } \Sigma \Delta h = \Sigma(R - V) = \Sigma R - \Sigma V. \qquad (3)$$

Werden die Nivellierlatten aufeinanderfolgend in den Wechselpunkten WP aufgestellt, dann ergeben sich die Einzelhöhenunterschiede $\Delta h$ für einen Stand bei horizontaler Visur als Differenzen der Ablesungen nach rückwärts R und vorwärts V (1). Der Gesamthöhenunterschied zwischen Anfangs- und Endpunkt des Nivellements $\Delta H$ ist gleich der Summe der Einzelhöhenunterschiede $\Delta h$ (2).

Die Entfernung der Nivellierlatten nimmt man nicht größer als etwa 100 m. Das Nivellierinstrument wird zum Ausschalten von Instrumentalfehlern, Erdkrümmung und Refraktionseinflüssen jeweils in der Mitte zwischen zwei Nivellierlatten aufgestellt. Steigt das Gelände an, Entfernung des Instruments von der rückwärtigen Latte gleich der möglichen Länge der horizontalen Visur nach vorwärts machen (Taschennivellier 1.2.4.1).

Zur Steigerung der Arbeitsgeschwindigkeit mit zwei Nivellierlatten arbeiten. Die R-Latte wird abgerufen, sobald die Ablesungen im Stand geprüft sind. Die V-Latte muß während des Wechsels des Instrumentenstandes stehenbleiben. Als Instrument kann man jedes der in 1.2.4 geschilderten Typen benutzen; zweckmäßig wählt man jedoch ein Ingenieurnivellier mit Kippschraube oder mit automatischem Einspielen der Ziellinie (Typ B, C oder D).

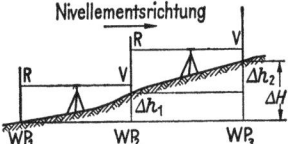

Bild 1-82. Festpunktnivellement; Erläuterung im Text.

Wenn keine Zeit für ein Rücknivellement vorhanden ist, dann wenigstens ein Nivellement mit doppelter Ablesung an einer Wendelatte durchführen (1.2.4.5). Hierdurch werden aber nur die Ablesungen geprüft. Ungeprüft bleiben: das Einspielen der Libelle und Veränderungen während des Wechsels des Instrumentenstandes. Wenn es also auf Sicherheit ankommt, Rücknivellement in Kauf nehmen. Wird eine Wendelatte benutzt, so ergibt sich eine Sicherung gegen Verschiebung im Stand, wenn man die Visuren in der Reihenfolge R-V-V-R nimmt. Zweckmäßig ist die Benutzung *dekadischer Zahlen* für den *Vorblick*, weil hierdurch in der ganzen Nivellementsberechnung nur *addiert* zu werden braucht. Die Latte soll hierzu neben der normalen eine kleinere oder rote Bezifferung in dekadischen Zahlen tragen.

*Dekadische Zahlen:* $-2{,}345 = \times 7{,}655 = \times 97{,}655$ usw.

Das liegende Kreuz bedeutet eine negative Einheit der Stelle, in der es steht. Die schematische Bildungsregel für dekadische Zahlen: Man ergänze von links nach rechts jede Ziffer zu 9, die letzte zu 10.

$$\left.\begin{array}{r}+6{,}789\\-2{,}345\\\hline+4{,}444\end{array}\right\} \text{Subtraktion (normal)} \qquad \left.\begin{array}{r}+6{,}789\\\times 7{,}655\\\hline+4{,}444\end{array}\right\} \text{Addition (dekadisch)}$$

Geraten bei Addition oder Multiplikation mehrere Kreuze in eine Stelle, so können sie gegen positive Einheiten aufgerechnet werden; 2mal $\times 9{,}823 = \times 9{,}646$. $\overset{\times}{1}{,}234$ bedeutet $-18{,}766$. Bei Division einer dekadischen Zahl durch 2 ergänze man in *Gedanken* eine positive und eine Kreuzeinheit. Dann läßt sich die Division ohne weiteres durchführen.

$$\times 1{,}234/2 = \left(\begin{array}{c}\times\\ \times\\ 1\end{array} 1{,}234/2\right) = \times 5{,}617$$
$$-8{,}766/2 \qquad\qquad\qquad = -4{,}383.$$

Der Aufschrieb für ein *Festpunktnivellement* mit Wendelatte unter Verwendung dekadischer Zahlen für die Vorblicke kann wie in Tabelle 1—13 geschehen.

Hauptmeßproben gegen unbemerkte Veränderungen und Irrtümer während des Nivellements:

1. *Rücknivellement.* Bester Schutz bei vielen Zwischenpunkten. Guter Einblick in die Güte der Arbeit.

## 1.4.1 Nivellements

2. *Schleifenbildung.* Seitenpunkte bleiben ungeprüft. Kein Schutz gegen Verwechslungen in Örtlichkeit und Feldbuch. Nur ein Abschlußfehler zur Beurteilung der Güte.
3. *Festpunktanschluß.* Dieselben Nachteile wie 2.
4. *Nivellementsnetze.* Ähnlich wie 2.
5. *Anschluß an Wasserspiegel.* Gute Probe, wenn etwaige zeitliche Veränderungen des Spiegels durch Pegelpfähle geprüft werden. Im übrigen ähnlich 2.

Die Fehlertheorie zeigt, daß der mittlere Fehler eines Höhenunterschiedes mit der Wurzel aus der Nivellementsstrecke, sein Gewicht mit dem reziproken Wert der Streckenlänge wächst.

Tabelle 1-13. Festpunktnivellement

| Punkt | Entf. | Niv. I. Rückblick Vorblick | Niv. II. Rückblick Vorblick | Rückblick weniger Vorblick = Höhenunterschied | Höhenunterschied | Verb. | Verb.-Höhe | Instrument-Nr., Tag, Wetter, Beobachter, Bemerkungen |
|---|---|---|---|---|---|---|---|---|
| 1 | 2 | 3 | 4 | 5 | 6 | 7 | 8 | 9 |
| NP 201 | 45 | 2,076 | 6,411 | 1,374 | 1,374 | | 185,556 | Niv.-Festpunkt |
| W₁ | 45 50 | ×9,298 3,563 | ×4,964 7,898 | −1 1,375 0,078 | 0,078 | | | Lattenkonstante $d$, 4-m-Latte 4,335 |
| Tr. | (25) | ×6,515 3,485 | ×2,180 7,820 | 0,078 ×9,775 | [1,452] ×9,775 | −2 | 187,006 | Haus Nr. 13 Treppenstufe rechts |
| Pf. 51 | 50 40 | ×6,290 0,085 | ×1,955 4,420 | ×9,775 −1 ×7,391 | [×9,775] ×7,390 | | 186,781 | Festpunkt für den Anschluß einer Kanalisation |
| W₂ | 40 33 | ×7,306 0,393 | ×2,970 4,728 | ×7,390 ×8,881 | ×8,881 | | | |
| NP 202 | 33 | ×8,488 | ×4,153 | ×8,881 | [×6,271] | −2 | 183,050 | Niv.-Festpunkt |
| | 336 | ×7,499 ×4,998 | ×7,499 | ×4,998 | −2 ×7,498 | −4 | ×7,494 | |

Wird bei einem Anschlußnivellement ein Zwischenpunkt (z. B. Tr.) aufgenommen, so trägt man seine Ablesung doppelt ein, als Vorblick dekadisch, als Rückblick einfach.
Bei einem Nivellement mit einfacher Latte fällt Spalte 4 weg. In Spalte 5 erscheint nur jeweils ein Höhenunterschied und in Spalte 6 erscheinen nur die Teilsummen.
Bei einfachem Nivellement ohne dekadische Ablesungen benutzt man am besten den Vordruck für Längsnivellement (Tabelle 1-14).

### 1.4.1.3 Längs- und Querprofile

Zur Höhenaufnahme für die Trassierung von Verkehrsbändern, wie Straßen, Eisenbahnen und Wasserläufen, benutzt man ein Längsprofil mit Querprofilen. Die Leitlinie wird in den Punkten durch Grund- und Merkpfähle stationiert, in denen die Querprofile abgehen, also in runden Abständen 20, 25, 50 m je nach Zweck und Gelände und in den markanten Geländeknickpunkten.
Die Verbindungslinie entsprechender Punkte der Querprofile soll im Gelände liegen. Das Mittel der Projektflächen benachbarter Querprofile, multipliziert mit ihrem Abstand, soll die eingeschlossene Erdmasse ergeben. Querprofile werden im allgemeinen rechtwinklig

64    1. Vermessungstechnik

zur Leitlinie, bei Leitlinienknicken in der Winkelhalbierenden und bei Kurven radial abgesteckt (Abstand der Tangente von der Kurve in der Entfernung $\sigma$ vom Berührungspunkt ist $\eta = \sigma^2/2r$).

Tabelle 1-14. Leitliniennivellement

| Punkt | Entfernung | Lattenablesungen Rückblick | Zwischenblick | Vorblick | Höhenunterschiede Steigen + | Fallen − | Höhe | Instr.-Nr., Tag, Wetter, Beobachter, Bemerkungen |
|---|---|---|---|---|---|---|---|---|
| 1 | 2 | 3 | 4 | 5 | 6 | 7 | 8 | 9 |
| $0^{+00}$ |  | 0,122 |  |  |  |  | 219,958 |  |
| $0^{+25}$ |  |  | 0,226 |  |  | 0,104 | 219,854 |  |
| $0^{+37}$ |  |  | 0,629 |  |  | 0,403 | 219,451 |  |
| $0^{+50}$ |  |  | 1,551 |  |  | 0,922 | 218,529 |  |
| $W_1$ |  | 0,480 |  | 3,497 |  | 1,946 | 216,583 | (Bei dieser Art des |
| $0^{+75}$ |  |  | 1,031 |  |  | 0,551 | 216,032 | Aufschriebs ist |
| $1^{+00}$ |  |  | 3,456 |  |  | 2,425 | 213,607 | jede berechnete |
| $1^{+12}$ |  | 0,478 |  | 3,751 |  | 0,295 | 213,312 | Zahl geprüft) |
| $1^{+25}$ |  |  | 2,168 |  |  | 1,690 | 211,622 |  |
| $1^{+50}$ |  |  |  | 1,852 | 0,316 |  | 211,938 |  |
|  |  | 1,080 |  | 9,100 | 0,316 | 8,336 | −8,020 |  |
|  |  | −8,020 |  |  |  | 8,020 |  |  |

Beim *Längsprofil* werden die Längen im Maßstab $1:m_1$ (z. B. 1:1000) des Lageplans als Abszissen, die Höhen fünf- oder zehnfach überhöht im Maßstab $1:m_2$ (z. B. 1:200), jedoch um einen konstanten Betrag vermindert, als Ordinaten aufgetragen (Millimeterpapier). Die Horizontale (Abszissenachse) wird um einen solchen Betrag gehoben (z. B. NN + 200 m), daß an die verbleibenden Ordinaten bequem in je einer Zeile die vollen Beträge der Geländehöhen (schwarz), Gewässerhöhen (blau) und Bauwerkshöhen (rot) angeschrieben werden können. In das Längsprofil wird unter Beachtung des Massenausgleichs die Bauwerks-Trasse eingetragen.

Die *Aufnahme der Querprofile* wird in Skizzen niedergelegt (Bild 1-83). Nivellement und Horizontalmessung an den Leitpfahl anschließen. Querprofile unverzerrt auf Millimeterpapier im Maßstab $1:m_2$ der Höhe im Längsprofil auftragen. Arbeitsgang: 1. Horizontale festlegen, 2. Achspfahl nach Längsprofil der Höhe nach eintragen, 3. Höhe der Sicht zeichnen, 4. Geländepunkte absetzen.

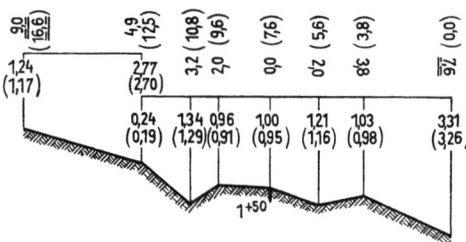

Bild 1-83. Aufnahme eines Querprofils; eingeklammerte Zahlen sind Kontrollmessungen; Maße in m.

An bewachsenen steilen Hängen verwendet man *Setzlattenprofile*. Zur Längenmessung dient die mit einer Wasserwaage horizontal gehaltene 3 bis 4 m lange Setzlatte, für Höhenmessung der mit einer Dosenlibelle versehene, in dm geteilte Peilstab. Mittlerer Fehler bei $n$ Lagen: $\mu = \pm 0{,}5 \sqrt{n}$ in cm.

### 1.1.4 Nivellements

An die Stelle der örtlichen Aufnahme von Längs- und Querprofilen kann mit Vorteil auch die Entwicklung von Längs- und Querprofilen aus einer großmaßstäbigen topographischen Karte mit Höhenlinien (M etwa 1 : 1 000) treten. Die Verlegung einer Trasse bereitet bei diesem Vorgehen keine Schwierigkeiten und erübrigt neue Feldarbeiten.

Für flüchtige, schnelle Trassierungen benutzt man *Meßbandzüge* (20-m-Meßband mit Ziehstäben und Taschengefällmesser). $\Delta h = s \sin \alpha$. Genauigkeit 0,3 bis 0,5 m/km.

#### 1.4.1.4 Flächennivellement

Die verschiedenen Arten unterscheiden sich nur durch die Grundrißaufnahme. Für alle Flächennivellements benutzt man zwecks Arbeitsersparnis Nivelliere mit festem Fernrohr und fester Libelle von etwa $30'' \approx 90^{cc}$ Angabe oder ein Gerät mit automatisch einspielender Ziellinie, dessen Sicht nach Justierung stets horizontal ist (1.2.4).

**1.4.1.4.1 Rostaufnahme.** Man denkt sich die Erdoberfläche durch die Höhen der Schnittpunkte eines *quadratischen*, recht- oder schiefwinkligen Rostes dargestellt. Einweisung des Lattenträgers auf Grund von Leitlinien, selten Vermarkung.

*Maschenweite* abhängig von Zweck und Gelände, 5 bis 50 m. Die Oberfläche jeder Masche muß das Gelände durch ein windschiefes Viereck ersetzen, dessen Seiten im Gelände liegen. Der Höhe nach stark ausspringende Punkte müssen besonders eingemessen und nivelliert werden. Bezeichnung der Rostlinien: a, b, c usw. sowie 1, 2, 3 usw. Dann lautet Punktbezeichnung: a1, b2 usw. Der Feldausweis für die Geländepunkte wird zweckmäßig getrennt vom Hauptnivellement geführt.

Tabelle 1-15. Aufnahme der Geländepunkte

| Nr. | Latte | Probe-ablesung | Sichthöhe | Punkthöhe | Bemerkungen |
|---|---|---|---|---|---|
| $F_1$ | 2,64 | × 7,36 | 48,73 | 46,088 (46,09) | |
| a 1 | 3,67 | × 6,33 | 48,73 | 45,06 | |
| b 1 | 2,91 | × 7,09 | 48,73 | 45,82 | Rechenprobe |
| c 1 | 2,20 | × 7,80 | 48,73 | 46,53 | 243,65 |
| d 1 | 1,69 | × 8,31 | 48,73 | 47,04 | × 86,89 |
| | 13,11 | × 86,89 | 243,65 | 230,54 | 230,54 |

Kopf der Tabelle 1-15 wird zweckmäßig als Fußleiste auf den Formularen für Festpunkt- und Leitliniennivellement angebracht, damit diese Formulare sowohl für Haupt- wie für Flächennivellements verwendet werden können.

*Pläne*, die nur Höhenzahlen wiedergeben, sind selten, meist werden *Höhenlinien* gezeichnet. Ihre runden Koten auf den Netzseiten findet man durch Interpolation mit Hilfe einer schräg gelegten Planimeterharfe.

*Erdmassenberechnung* [H 32] aus *prismatischen Erdkörpern*: $q$ Fläche des Rostquadrates, $h_a$ Höhe, die zu 4, $h_b$ zu 3, $h_c$ zu 2 Vollquadraten und $h_d$ zu 1 Vollquadrat gehört. Gesamtvolumen $K$ ist Summe der Volumina über den Vollquadraten $K_1$ und den Randflächen $K_2$.

$$K = K_1 + K_2,$$
$$K_1 = q\,(1/4)\,(4\Sigma h_a + 3\Sigma h_b + 2\Sigma h_c + \Sigma h_d),$$
$$K_2 = (1)\,(1/4)\,\Sigma h_{(1)} + (2)\,(1/4)\,\Sigma h_{(2)} + \cdots,$$

wo (1), (2) ... die Randflächen,
$\Sigma h_{(1)}$, $\Sigma h_{(2)}$ ... die Summen der zu den Randflächen gehörenden Höhen darstellen.

*Erdmassenberechnung nach Schichtlinien:*

$$K = (1/2)(h_1 - h_0)(f_0 + f_1) + (\Delta h/2)(f_1 + 2f_2 + 2f_3 + \cdots 2f_{n-1} + f_n)$$
$$+ (h_e - h_n)(1/2)f_n + C;$$

$h_0$ kleinste Geländehöhe über Nullebene in m,
$h_1$ kleinste Höhenlinienkote in m,
$\Delta h$ Kotenunterschied der Höhenlinien in m,
$h_n$ größte Höhenlinienkote in m,
$h_e$ größte Geländehöhe in m,

$f_0$ Grundfläche in m²
$f_1, f_2, f_3 \ldots$ die von den Höhenlinien nach dem Geländeinnern eingeschlossenen Flächen in m²,
$C$ Volumen des geraden Prismas von der Nullebene der Höhen bis zur Horizontalebene $h_0$ in m³.

**1.4.1.4.2 Aufnahme nach zerstreuten Punkten.** Hat man eine Flurkarte mit zahlreichen Grenzen, so kann man die Erdoberfläche durch ein Reliefpolyeder aus Dreiecken und windschiefen Vierecken ersetzen. Die Polyederpunkte werden auf die Grenzen aufgemessen. In einem Handriß stellt man (geschlängelt) die Linien, auf denen interpoliert werden darf, und Formlinien dar.
Arbeit wird erleichtert durch ein *Nivelliertachymeter* mit Distanzfäden für Entfernungs- und einem Teilkreis zur Richtungsbestimmung. Mit dem Nivelliertachymeter kann man auch *Höhenlinien* in sehr flachem Gelände im Felde aufsuchen und aufmessen.

**1.4.1.4.3 Höhenaufnahmen von Wasserläufen und an der Küste.**

a) *Stations- und Peilpfähle* (Bild 1-84) werden nivelliert und dann bei gleichmäßigem Fortschreiten im Hin- (H) und Rückgang (R) der Abstand Wasser—Pfahloberkante gemessen. Bei linearen Änderungen mit der Zeit ist (H + R) $1/_2$ der richtige Abstand.
b) *Querprofile in Flüssen* werden mit markierten Peillinien und mit freihändig gegen den Strom eingesetzten oder zwangsweise geführten Peilstäben ermittelt. Die Höhe des Wasserstandes im Augenblick der Aufnahme ist durch Pegel zu bestimmen.

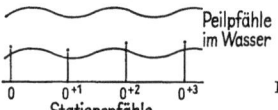

Bild 1-84. Höhenaufnahme von Wasserläufen.

c) *Bei Küstenvermessungen* fährt ein Fahrzeug die Küste in parallelen Kurslinien winkelrecht zu den Tiefenlinien ab. Hierbei werden der Schiffsort ständig durch Doppelwinkelmessung mit Sextanten bestimmt (in neuerer Zeit haben sich auch elektronische Ortungsverfahren bewährt) und die Tiefen durch Lotleine, Lotstab und Echolot ermittelt. Berücksichtigung der Gezeiten durch Pegelablesungen, Zonen gleichen Tidenhubs und Linien gleicher Flutzeiten. Das Kartennull entspricht in den Seekarten der BRD an der Nordseeküste dem mittleren örtlichen Springniedrigwasser, an der Ostseeküste Normalnull (NN), etwa gleich dem mittleren Wasserstand der Ostsee (1.1.5).

## 1.4.2 Trigonometrische Höhenbestimmung

### 1.4.2.1 Allgemeine Formeln

(Bild 1-85)

Zur trigonometrischen Höhenbestimmung wird die freie Sicht im Luftraum ausgenutzt unter Inkaufnahme der störenden unsicheren Refraktion.
Bei einem Zenitwinkel $z$ und einer Horizontalentfernung $s$ ist der Höhenunterschied zwischen Kippachse und Zielpunkt $\Delta h = s \cdot \cot z$. Werden die Instrumenthöhe $i$ und

### 1.4.2 Trigonometrische Höhenbestimmung

Zieltafelhöhe $t$ berücksichtigt und sind $H_A$ und $H_E$ die Geländehöhen vom Standort A und Zielort E, dann ist

$$H_E = H_A + s \cot z + i - t \quad \text{und} \quad H_A = H_E - s \cot z - i + t.$$

Der Einfluß der Erdkrümmung $s^2/2r$ muß positiv und der Anteil der Strahlenbrechung $k s^2/2r$ negativ berücksichtigt werden (Bild 1-85 und Tabelle 1-16). Damit wird

$$\Delta H = s \cot z + (1 - k) s^2/2r;$$

$k$ kann etwa zwischen 0 und 1 schwanken, wird aber in der Regel zu 0,13 (1 $\pm$ 0,25) angenommen. Refraktionskonstante $k$ repräsentiert die Integration der Brechungsverhältnisse auf dem gesamten Strahlweg. Geodätische Bestimmung von $k$ ist, abgesehen von dem Fall bekannter Beobachtungshöhen, aus gleichzeitigen Gegensichten möglich.

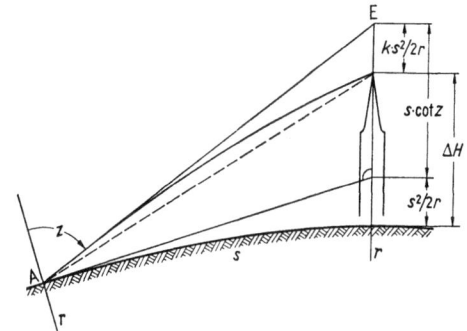

Bild 1-85. Trigonometrische Höhenbestimmung; Erläuterung im Text.

Tabelle 1-16. Einfluß von Erdkrümmung und Refraktion

| $s$ in km | 0,5 | 1,0 | 1,5 | 2,0 | 2,5 | 3,0 | 3,5 | 4,0 | 4,5 | 5,0 | 6,0 | 7,0 | 8,0 |
|---|---|---|---|---|---|---|---|---|---|---|---|---|---|
| $s^2/2r$ in m | 0,02 | 0,08 | 0,18 | 0,31 | 0,49 | 0,71 | 0,96 | 1,26 | 1,59 | 1,96 | 2,83 | 3,85 | 5,02 |
| $0,87\, s^2/2r$ in m | 0,02 | 0,07 | 0,15 | 0,27 | 0,43 | 0,61 | 0,84 | 1,08 | 1,38 | 1,71 | 2,46 | 3,35 | 4,37 |

#### 1.4.2.2 Trigonometrisches Nivellement

Unter einem trigonometrischen Nivellement versteht man die Bestimmung von Höhenunterschieden mit Hilfe von Entfernungen und Zenitwinkeln unter Berücksichtigung der Zieltafelhöhen. Für den einzelnen Stand gilt:

$$H_v = H_r - s_r \cot z_r + s_v \cot z_v + R - V.$$

Hierin bedeuten: $H$ Geländehöhe, r rückwärts, v vorwärts, $s_r$ und $s_v$ Entfernungen vom Instrument zu den Latten, $z_r$ und $z_v$ Zenitwinkel zu den Zieltafeln mit den Höhen $R$ und $V$.

Beim tachymetrischen Nivellement werden für $s \cot z$ die mit dem Lattenabschnitt $l$ und dem Zenitwinkel $z$ aus der Tachymetertafel entnommenen Höhenunterschiede $\Delta h = (1/2)(c + kl) \sin 2z$ eingesetzt. $R$ und $V$ sind dann die mit dem Nullfaden angezielten Lattenhöhen.

### 1.4.2.3 Sichtbarkeitsbestimmung

Bekannt sind zwei Signalhöhen $h_1$ und $h_2$ über NN. Gesucht wird die Höhe $h$ über NN, die der Visierstrahl von $h_1$ zu $h_2$ in der Entfernung $s_1$ von $h_1$ und $s_2$ von $h_2$ innehat ($s_1 + s_2 = s$).

$$h = h_1 + (h_2 - h_1) \frac{s_1}{s_1 + s_2} - \frac{s_1 s_2}{2r} (1 - k).$$

### 1.4.2.4 Turmhöhenbestimmung

Kann eine Turmhöhe nicht unmittelbar mit dem Meßband gemessen werden, so legt man in die Nähe des Turmes ein horizontales oder vertikales Hilfsdreieck zur mittelbaren Bestimmung der Entfernung und arbeitet im übrigen nach den Regeln der trigonometrischen Höhenmessung.

Bei einem *horizontalen Hilfsdreieck* ergeben sich die Entfernungen $\overline{AT}$ und $\overline{BT}$ (Standpunkt—Turm) aus der Basis $\overline{AB}$ und den anliegenden Horizontalwinkeln $\alpha$ und $\beta$ nach dem Sinussatz

$$\overline{AT} = \overline{AB} \sin\beta/\sin(\alpha + \beta), \qquad \overline{BT} = \overline{AB} \sin\alpha/\sin(\alpha + \beta).$$

Ein *vertikales Hilfsdreieck* verwendet man, wenn z. B. nur enge Straßen auf den Turm zuführen. Nennt man $\overline{TA} = x$, $\overline{AB} = d$, so daß $\overline{TB} = x + d$ ist, und bezeichnet man den Höhenunterschied der Kippachsen der Instrumente in A und B mit $\Delta h$, dann ist mit $z_a$ und $z_b$ als Zenitwinkel

$$x = \frac{d \cot z_b + \Delta h}{\cot z_a - \cot z_b}.$$

Mit den Entfernungen $\overline{AT}$ und $\overline{BT}$ sowie den Zenitwinkeln $z_a$ und $z_b$ läßt sich in beiden Fällen die Turmhöhe doppelt bestimmen.

## 1.4.3 Physikalische Höhenbestimmung

Unter der Voraussetzung, daß die Flächen gleichen, auf 0 °C reduzierten Luftdrucks den Niveauflächen der Erde entsprechen, läßt sich die Höhe eines Ortes über dem Meeresspiegel durch eine *Luftdruckmessung* bestimmen. Örtliche Abweichungen von dieser Voraussetzung lassen sich überhaupt nicht, zeitliche Änderungen etwas umständlich durch ein festes Registrierbarometer, ein sog. Standbarometer, erfassen. Wegen dieser Abweichungen bleibt die barometrische Höhenmessung trotz genauester Instrumente mit einer erheblichen Unsicherheit behaftet.

Der *Luftdruck* wird gemessen in Torr (mm Hg) oder in Millibar; 760 Torr $\triangleq$ 1 013 Millibar, 750 Torr $\triangleq$ 1 000 Millibar.

*Näherungsformel* zum Bestimmen des Höhenunterschiedes zweier Orte in Mitteleuropa [6d, S. 179]:

$$H_2 - H_1 = 18464 \, (\lg B_1 - \lg B_2)(1 + 0{,}0037t). \qquad (4)$$

Hierin sind: $H$ Höhen in m, $B$ Barometerstände in beliebigem, aber gleichem Maß, $t$ Temperatur in °C.

*Barometrische Höhenstufen* HS sind die Höhendifferenzen für 1 Torr. HS ist im Meeresspiegel $\approx 11{,}0$ m, in Mitteldeutschland $\approx 11{,}5$ m, in 5 000 m Höhe $\approx 20$ m.

Bei Absolutbestimmungen werte man Gl. (4) direkt aus. Für relative Arbeiten hat *Jordan* nach dieser Gleichung die Höhenunterschiede gegen einen Nullstand von 762 Torr

### 1.4.3 Physikalische Höhenbestimmung

mit $B$ und $t$ als Eingängen tabuliert [65]. Man bezeichnet sie als Rechnungshöhen. Ihre Differenzen ergeben die Unterschiede der Geländehöhen. Die Tafeldifferenzen für 1 Torr sind zugleich barometrische Höhenstufen.

Transportable *Instrumente für Grundwertmessungen* zum Anschluß der Feldinstrumente: *Reise-(Schiffs-)Barometer*[1]), d. i. ein Quecksilber-Gefäßbaromter mit reduzierter Skala. Seine Ablesungen bedürfen für absolute Bestimmungen u. a. einer Schwerereduktion $b_0^{45} - b = -b\,0{,}00264\cos 2\varphi - 2bH/2r$ ($b$ Barometerstand, $\varphi$ geographische Breite, $H$ Geländehöhe, $r$ Erdradius). Der Transport von Quecksilberbarometern ist unangenehm.

Für Expeditionen sind vorteilhafter *Siedethermometer*, auch Siedebarometer oder *Hypsometer* genannt. Gemessen wird die Siedetemperatur des Wassers, die mit dem Luftdruck steigt oder fällt. 1 °C Änderung der Siedetemperatur entspricht 27 Torr oder einem Höhenunterschied von etwa 297 m. Die Thermometer müssen also für eine Höhengenauigkeit von $\approx 1$ m mindestens eine Einteilung in 0,01° haben [6d, S. 454–458]; oft zeigen sie auch direkt Torr oder Millibar an. Die Schwerereduktion entfällt bei Siedethermometern.

Für die eigentlichen *Feldaufnahmen* [49a; 81 (1963) S. 369–380] stehen verschiedene Geräte zur Verfügung.

Das handliche *Aneroid*- oder *Federbarometer*. Der Luftdruck wird durch elastische Änderungen einer luftleer gepumpten Metalldosen-Batterie gemessen. Das Gleichgewicht wird durch eine Gegenfeder gehalten. Die kleinen Veränderungen werden durch ein mechanisches Hebelsystem 250fach vergrößert auf die Skala übertragen. Direkte Ablesung 1 Torr, Schätzung 0,1 Torr. Das Aneroidbarometer Barolux hat eine genauer arbeitende optische Anzeige[2]).

Für saubere Arbeiten braucht man: Standkorrektion $a$, Temperaturkorrektion $bt$ und Teilungskorrektion $c\,(760 - A)$. Verbesserte Ablesung $B = A + a + bt + c\,(760 - A)$. Die Geräte läßt man in einem Geodätischen Institut oder beim Deutschen Hydrographischen Institut in Hamburg eichen.

Bei dem *Askania-Mikro-Barometer*[3]) wird durch Verwendung einer *Bourdon*-Schraubenfeder in Verbindung mit einer optischen Ableseeinrichtung eine direkte Ablesung auf 0,1 und Schätzung auf 0,01 Torr erreicht. Seine Genauigkeit kann wegen der örtlichen und zeitlichen Abweichungen des Luftdrucks im Gelände nicht voll ausgenutzt werden.

Bei *Feldarbeiten* nimmt man zur Kontrolle in der Regel zwei Federbarometer mit. Aufzunehmende Punkte werden so aufgesucht, daß man vorhandene Höhenunterschiede allmählich überwindet. Abgelesen werden: Barometerstand, innere Temperatur, Zeit und etwa alle 30 min mit dem Schleuderthermometer die äußere Temperatur.

*Auswertung* bei mehreren festen Anschlußpunkten zweckmäßig nach dem Interpolationsverfahren. Die Barometerablesungen werden auf 0 °C oder gleiche Temperatur reduziert. Die Unterschiede der aus der Tabelle gewonnenen Rechnungshöhen werden nach der Zeit auf die Sollhöhenunterschiede abgestimmt. Auch einfache Verteilung des Höhenunterschiedes nach Barometerdifferenzen über eine örtliche Höhenstufe wird angewendet.

Bei wenigen Festpunkten stellt man zweckmäßig in mittlerer Höhenlage ein *Standbarometer* auf, das alle 10 bis 15 min einschließlich innerer Temperatur abgelesen wird. Nach Reduktion der Ablesungen von Stand- und Feldbarometer auf 0 °C oder gleiche Temperatur werden Schwankungen des Standbarometers (graphische Auswertung) von den Feldbarometerablesungen abgezogen. Die weitere Arbeit erfolgt mit Barometertafeln.

Mittlerer Fehler der barometrischen Höhenmessungen beträgt bei Höhenunterschieden $< 200$ m auf engerem Raum etwa 1 bis 2 m.

Bei *barometrischen Flächennivellements* sind Geripp- und Formlinien wie sonst in Lagepläne einzutragen, die gegebenenfalls durch Bussolenmessung ergänzt werden können.

---

[1]) Hersteller: Fuess, Westberlin, und Friedrichs & Co., Hamburg-Schnelsen.
[2]) Hersteller: Fuess, Westberlin.
[3]) Hersteller: Askania-Werke, Westberlin.

## 1.5 Gleichzeitige Lage- und Höhenaufnahme

Gleichzeitige Aufnahme der Erdoberfläche nach Lage und Höhe ist in vielerlei Kombinationen denkbar. Hier interessieren die bewährten topographischen Verfahren zur Herstellung von Karten und Planungsunterlagen, in denen sowohl der Grundriß wie die Geländeformen dargestellt werden sollen.

Die Topographie bedient sich 1. der *Tachymetrie* (Schnellmessung), d. i. Aufmessung des Geländes nach räumlichen Polarkoordinaten durch *Theodolittachymetrie*, bei der Zahlenwerte die Feldarbeit beschließen, oder durch *Meßtischtachymetrie*, bei der eine Arbeitskarte im Felde entsteht, 2. der *Erd- und Luftbildmessung* und 3. der *Routenaufnahmen*. Tachymetrie wird für mehr oder weniger intensive Aufnahmen, Erd- und Luftbildmessung sowohl für intensive als auch für extensive Auswertungen und Routenaufnahmen ausschließlich zur extensiven Vermessung auf Expeditionen benutzt.

In diesem Kapitel werden die tachymetrischen Verfahren behandelt. Über die Anwendung der Photogrammetrie bei Ingenieurvermessungen s. 1.8. Die Routenaufnahmen bleiben unberührt.

Bei größeren Aufnahmen setzt die Anwendung der Tachymetrie ein übergeordnetes Festpunktnetz nach Lage und Höhe voraus. Ist ein solches Netz nicht vorhanden, so muß es durch Triangulation, Polygonierung und Höhenbestimmung geschaffen werden. Nach dem Prinzip der Arbeit vom Großen ins Kleine schließt daran die Verdichtung des Netzes und schließlich die Einzelaufnahme mit den Mitteln der Tachymetrie selbst an. Bei kleineren Arbeiten wird der Aufnahmerahmen mit Tachymeterzügen erstellt, sofern nicht spätere Absteckungs- und Aufmessungsarbeiten ohnedies genauere Polygonzüge und Nivellements-Anschlüsse verlangen.

### 1.5.1 Theodolittachymetrie

#### 1.5.1.1 Arbeit am Instrument

Arbeitsinstrumente der Theodolittachymetrie sind entweder ein einfacher Universaltheodolit mit Minutenablesung, dessen Meßfernrohr zwei distanzmessende Fäden enthält (1.2.6.1), oder ein Diagrammtachymeter (1.2.6.2). Mit beiden Instrumenten wird die am Zielpunkt aufgestellte Tachymeterlatte angeschnitten. Beim einfachen Tachymetertheodolit werden Horizontalwinkel, Höhenwinkel und Lattenabschnitt im Feld abgelesen. Häuslich gewinnt man durch Reduktion der beiden letzten Ablesungen (1.2.6.1) Horizontalentfernung und Höhenunterschied gegen die Kippachse. Beim Diagrammtachymeter werden neben dem Horizontalwinkel Horizontalentfernung und Höhenunterschied gegen die Kippachse im Felde fast unmittelbar abgelesen, so daß eine häusliche Reduktion vollständig entfällt.

Bei beiden Instrumenten braucht man zum Ermitteln des Höhenunterschiedes zwischen Aufstellungs- und Zielort *Instrumenthöhe* $i$ der Kippachse über dem Standpunkt und *Zielhöhe* $t$ des mit dem Mittelfaden oder mit der Nullkurve angezielten Lattenpunktes (1.4.2.1). Da nur die Differenz $i - t$ wirksam wird, wählt man für $t$ einen gleichbleibenden runden Wert, der ungefähr gleich der Instrumentenhöhe ist, also etwa $t = 1{,}40$ m. Hiervon weicht man nur ab, wenn Sichthindernisse zwingen, eine höhere Lattenstelle anzuzielen. Aufschrieb s. Tabelle 1-17.

Um Fehler zu vermeiden, empfiehlt es sich, die Ablesungen $l_h$ für den Höhenunterschied des Zielpunktes an der Latte (Stellung des Mittelfadens bzw. der Nullkurve des Höhendiagramms) gegen die Kippachse des Instrumentes unverändert niederzuschreiben und die für den benutzten Kurvenast geltende Multiplikationskonstante $k_h$ (10, 20, 50, 100), wie in Tab. 1-18 vorgesehen, daneben zu vermerken. Die Umwandlung der Ablesung in den Höhenunterschied kann dann jederzeit geprüft werden. Die Sicherung der Diagrammablesungen kann durch Einstellen der jeweiligen Nullkurve auf eine andere Zielhöhe $t$ und Ablesen zweiter Werte für $l$ und $l_h$ erfolgen.

## 1.5.1 Theodolittachymetrie

Tabelle 1-17. Geländeaufnahme mit Tachymettertheodolit

Instrument .................................................. $c = 0$ ....., $k = 100 + \Delta k = 100 + 0$ .......,
Tag .................. Wetter ..................................... Beobachter .....................

| $l$ = Lattenabschnitt<br>$i$ = Instrumenthöhe<br>$m \triangleq t$ = Zielhöhe<br>$z$ = Zenitwinkel | $s' = c + kl = 100\, l + \Delta s'$,<br>wo $\Delta s' = c + \Delta kl$ (Zuschlagtafel)<br>$s = s' \cdot \sin^2 z$<br>$\Delta h = s' \cdot (^1/_2) \sin 2z$ } (Tachymetertafel) | $H$s Standpunkthöhe<br>$H$g Geländehöhe<br>$H$g = $H$s + $\Delta h + i - m$ |
|---|---|---|

| Ziel-<br>punkt | Latte | | | | Zenit-<br>winkel | Horizontal-<br>winkel | Rechnungen | | | |
|---|---|---|---|---|---|---|---|---|---|---|
| | m | o | o | $l = o-u$ | | | $s'$ | $s$ | $\Delta h$ | |
| | | u | u | $l = o-u$ | (Hilfszeiger) | (Hilfszeiger) | | | $i - m$ | $H$g |
| | | | | | | | | | $\Delta h + (i-m)$ | |
| 1 | 2 | 3 | 4 | 5 | 6 | 7 | 8 | 9 | 10 | 11 |
| | Standpunkt P.P. 44/8 | | | | ($i = $ 1,43 m) | | | | $H_s = 213{,}76$ | |
| P.P. 44/7 | | (Anschlußrichtung) | | | gon c | gon c<br>77  24,7 | | | | |
| 424 | 1,43 | 1,625 | 1,600 | 0,425 | 106  31 | 186  41 | 42,5 | 42,1 | −4,18<br>+0,03 | |
| | | 1,200 | 1,175 | 0,425 | | | | | −4,15 | 209,61 |
| 425 | 2,10 | 2,545 | 2,600 | 0,845 | 105  49 | 197  36 | 84,5 | 83,9 | −7,26<br>−0,67 | |
| | | 1,700 | 1,755 | 0,845 | | | | | −7,93 | 205,83 |

Die Begriffe o (oben) und u (unten) beziehen sich auf die Ablesungen an der Latte. Im Okular liegen sie bei umkehrenden Fernrohren entgegengesetzt.
u (Spalte 3) und o (Spalte 4) werden an der Latte auf volle Dezimeter eingestellt. In Spalte 5 erscheint der Lattenabschnitt zweimal, gerechnet wird mit dem Mittel.
Bei Verwendung eines Diagrammtachymeters ist der Aufschrieb wesentlich einfacher (Tabelle 1−18).

Tabelle 1-18. Geländeaufnahme mit Diagrammtachymeter

Instrument ............... $k_s = 100; k_h = \pm$ ................
Tag ...................... Wetter .................. Beobachter ................

| $l_s$ = Lattenabschnitt für $s$<br>$l_h$ = Lattenabschnitt für $\Delta h$<br>$i$ = Instrumenthöhe<br>$t$ = Zielhöhe | $s = k_s \cdot l_s = 100 \cdot l_s$<br>$\Delta h = k_h \cdot l_h$ | $H$s Standpunkthöhe<br>$H$r = $H$s + $i - t$ = Rechenhöhe<br>$H$g = $H$r + $\Delta h$ = Geländehöhe |
|---|---|---|

| Ziel-<br>punkt | Hori-<br>zontal-<br>winkel | Hilfszeiger | Ent-<br>fernung<br>$s$ | Höhen-<br>kurve | | $\Delta h$<br>$m$ | | Rechen-<br>höhe | Gelände-<br>höhe | Be-<br>merkungen |
|---|---|---|---|---|---|---|---|---|---|---|
| | gon c | gon c | m | $l_h$ | $k_h$ | + | − | m | m | ($t = ...$) |
| 1 | 2 | 3 | 4 | 5 | | 6 | | 7 | 8 | 9 |
| | Standpunkt PP. 29/3 | | ($i = $ 1,42 m) | | | | | $H_s = 218{,}72$ | | |
| P.P. 29/2 | 99  58 | (100  07) | (Anschlußrichtung) | | | | | | | |
| 501 | 138  47 | (138  97) | 43,5 | 0,148 | −10 | | 1,48 | 218,74 | 217,26 | ($t = 1{,}40$) |
| 502 | 168  88 | (169  37) | 52,5 | 0,365 | +10 | 3,65 | | 218,74 | 222,39 | ($t = 1{,}40$) |
| 503 | 179  13 | (179  63) | 67,8 | 0,708 | +20 | 14,16 | | 217,84 | 232,00 | ($t = 2{,}30$) |

Die *Lattenabschnitte l* werden nach Möglichkeit auf mm ermittelt; dann ergeben sich die Entfernungen dezimetergenau. Die *Horizontalwinkel α* und *Zenitwinkel z* werden in einer Lage und an einem Zeiger auf Minuten abgelesen; die Höhen ergeben sich damit zentimetergenau. Das Messen in einer Lage bedingt die Justierung des Instrumentes in bezug auf Zielachsenfehler, Kippachsenfehler und Indexabweichung (1.2.5.2ff.).

*Arbeitsgänge* bei einem einfachen *Fadendistanzmesser*: 1. Bestimmung des Lattenabschnittes, 2. Einstellen des Mittelfadens auf 1,40 der Latte, 3. Abrufen des Lattenträgers, 4. Einspielen der Höhenzeigerlibelle (bei Instrumenten mit automatischem Höhenindex fällt dieser Arbeitsgang fort, s. auch 1.2.5.4) und Vertikalkreis ablesen, 5. Horizontalwinkel ablesen.

*Arbeitsgänge* bei einem *Diagrammtachymeter*: 1. Einstellen des Grundkreises auf einen runden Lattenwert, 2. Einspielen der Höhenzeiger- und Diagrammlibelle, 3. Ablesen von Entfernungs- und Höhengrundwert, 4. Abrufen des Lattenträgers, 5. Horizontalwinkel ablesen.

Bei der Aufnahme flachwelligen Geländes wird mit Vorteil ein Nivelliertachymeter 1.4.1.4 oder ein Nivellier mit distanzmessenden Fäden und einfachem Teilkreis benutzt. Wegen der stets horizontalen Sicht sind Arbeit am Instrument und Aufschrieb einfacher als beim Tachymetertheodolit. Als Nivellier nimmt man bei einer Geländeaufnahme im Hinblick auf die beschränkten Genauigkeitsansprüche und die hohen Ansprüche an rationelles Arbeiten ein Instrument mit festem Fernrohr und fester Libelle, dessen Sicht nach richtiger Aufstellung praktisch stets horizontal ist (1.2.4.3.1) oder ein Instrument mit (nach Justierung) selbsttätiger Horizontierung der Ziellinie (1.2.4.3.3).

### 1.5.1.2 Tachymeterzüge

sind Polygonzüge mit optischer Streckenmessung (1.2.6) und tachymetrischer Höhenübertragung (1.4.2.2ff.). Das Gelände ist mit einem Netz von Tachymeterzügen zu erschließen. Standpunkte so auswählen, daß das Gelände gut eingesehen werden kann.

Bei *Zugseiten* < 100 m mißt man die Entfernungen unmittelbar und überträgt die Höhe von Punkt zu Punkt. Zur Kontrolle auf jedem folgenden Standpunkt auch zum vorhergehenden zurückmessen. Bei *Zugseiten* > 100 m erfolgt die Entfernungsmessung und Höhenübertragung zweckmäßig über doppelte Wechselpunkte, die in der Flucht der Zugseite liegen (Bild 1-86). Die Winkelmessung geschieht unmittelbar.

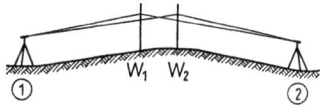

Bild 1-86. Entfernungsmessung und Höhenübertragung über doppelte Wechselpunkte.

Die Reduktion von Lattenablesungen und Zenitwinkeln in Horizontalentfernungen und Höhenunterschiede erfolgt wie allgemein bei Tachymeteraufnahmen nach 1.2.6.1. Höhenabschluß und Fehlerverteilung wie beim Nivellement durch Zusammenstellung. Die Lageauswertung geht im allgemeinen graphisch vor sich. Hierzu benutzt man wie für das Auftragen der tachymetrischen Einzelaufnahme zweckmäßig einen transparenten Vollkreistransporteur mit Linksteilung (Teilung entgegen dem Uhrzeigersinn) und einen auf dem Nullradius eingearbeiteten Maßstab. Der Zug wird im Maßstabverhältnis der Karte zunächst auf Pauspapier aufgetragen. Die Verteilung des Abschlußfehlers erfolgt bei gestreckten und geschlossenen Zügen auf Parallelen zur Richtung des Abschlußfehlers proportional zur jeweiligen Zuglänge. Die verbesserten Punkte werden durchgestochen.

Legt man untergeordnete Züge mit einem Bussolentachymeter, so kann man theoretisch, da keine Winkel sondern Richtungswinkel gemessen werden, mit der Bussole in Springständen arbeiten, d. h. man braucht nur auf jedem zweiten Punkt aufzustellen. Man verliert aber eine wertvolle Probe. Daher entweder wie beim Kreistachymeter auf jedem Brechpunkt aufstellen oder bei Springständen mit doppelten Wechselpunkten arbeiten. Beim Bussolenzug können wegen der unabhängigen Richtungsmessung kurze und lange Zugseiten wechseln. Praktisch nimmt man wegen der Richtungsgenauigkeit von nur $\pm 0{,}2°$ die Seiten $< 120$ m. Sehr lange Bussolenzüge ($> 2$ km) sind wegen der günstigeren Fehlerfortpflanzung genauer als entsprechende Polygonzüge.

### 1.5.1.3 Einzelaufnahme des Geländes

erfolgt in der Regel getrennt von der Messung der Tachymeterzüge, kann aber bei einiger Übung auch damit gekoppelt werden. Das *Ziel* ist neben der Gewinnung eines topographischen Grundrisses (vgl. 1.3.4) die Herstellung eines Höhenlinienplanes des Geländes mit Hilfe charakteristischer Geländepunkte. Ihre Auswahl ist nach topographischen und morphologischen Gesichtspunkten so zu treffen, daß durch geeignete Interpolation gestaltbestimmende Punkte der Höhenlinien gewonnen werden. Die Erfassung der Geländeformen ist im allgemeinen schwieriger als die Darstellung der fest umrissen gegebenen Situation. Bei der Grundrißaufnahme kann man die instrumentell aufgenommenen Meßpunkte durch flüchtiges lineares Einmessen, Aufschreiben der Wegebreiten usw. ergänzen.

Zur *Gliederung des Geländes für Tachymeteraufnahmen* gibt es zwei Verfahren. 1. Man ersetzt in Gedanken das Gelände durch ein *Reliefpolyeder* aus Dreiecken und windschiefen Vierecken, deren Seiten im Gelände liegen (vgl. 1.4.1.4.2). Dieses Verfahren ist zweckmäßig für großmaßstäbige Aufnahmen. 2. Man zeichnet die *Geripplinien* (Kamm- und Tallinien) und nimmt auf diesen die Gefällbrechpunkte auf. Das Verfahren empfiehlt sich für die zügige Aufnahme von größeren Flächen. In ebenem und schwach geneigtem Gelände legt man die Aufnahmepunkte in Profilen an.

In beiden Fällen eine gute lagerichtige, nicht notwendig maßstäbliche Geländeskizze aus freier Hand mit Formlinien anfertigen. Geschlängelt einzutragen sind die Linien, auf denen interpoliert werden darf; Sichtlinien (Spinnen) sind überflüssig.

Häufig benutzte *Bezeichnungen für Geländeformen:* Kuppe, Kessel, Rücken, Nase, Rippe, Mulde, Schlucht, Rinne, Sattel.

Die mögliche *Genauigkeit der Geländeaufnahme* ist abhängig von Maßstab und Geländeneigung. *C. Koppe* nennt für die Bestimmung des mittleren Höhenfehlers eine Gleichung von der Form $m_h = \pm (a + b \tan \alpha)$, worin $\alpha$ die Geländeneigung und $a$ und $b$ Konstanten sind [81 (1902) S. 397—424; 82 (1956) S. 179—188 u. S. 337—344]. Als Grenzfehler (dreifacher Betrag des mittleren Fehlers) des Höhenfehlers in Metern nimmt man z. B. für den Maßstab 1:5000 (Deutsche Grundkarte) $\pm (1{,}2 + 9 \tan \alpha)$, für 1:25000 $\pm [(1{,}5 \text{ bis } 2{,}0) + (15 \text{ bis } 20) \cdot \tan \alpha]$ [6d, S. 601] an. Der Vertikalabstand der Höhenlinien muß mindestens das Doppelte des Grenzfehlers betragen.

Für größere Aufnahmen wird zweckmäßig folgendes *Personal* eingesetzt: 1 Ingenieur für Leitung, Punktauswahl und Führung der Geländeskizze, 1 Techniker und 1 Feldbuchführer am Instrument, 1 Meßgehilfe zur Unterstützung des Ingenieurs (Markierung und Numerierung der Punkte), 1 bis 2 Meßgehilfen als Lattenträger; insgesamt also 1 Ingenieur, 1 Techniker, 4 Meßgehilfen.

Das *Auftragen der tachymetrischen Einzelaufnahme* geschieht graphisch mit dem in 1.5.1.2 beschriebenen Transporteur. Die runden Koten auf den Interpolationslinien findet man am schnellsten mit einer schräg gelegten Planimeterharfe.

## 1.5.2 Meßtischtachymetrie

Eine Meßtischausrüstung besteht aus dem eigentlichen Meßtisch ($60 \times 60$ cm²), der ähnlich wie ein Theodolit aufgestellt wird und das Zeichenblatt trägt, der Kippregel, d. i. ein frei bewegliches Lineal mit distanzmessendem, kippbarem Fernrohr, und der Distanzlatte. Mit der Meßtischausrüstung lassen sich alle Aufgaben des Einschneidens und alle Tachymeteraufgaben graphisch lösen.

*Vorteile der Meßtischaufnahme:* Die Karte entsteht im Anblick des Geländes; dadurch wird eine große Zuverlässigkeit und eine sehr gute Naturtreue selbst bei dem kleinen Aufnahmemaßstab 1:25000 erreicht. *Nachteile der Meßtischaufnahme:* Vermehrung der teueren Feldarbeit, Abhängigkeit von der Witterung und Schwerfälligkeit der Apparatur. Gute Meßtischaufnahmen setzen eine sehr große Übung voraus.

## 1.6 Planarbeiten, Flächenberechnungen und Karten

### 1.6.1 Pläne, Karten und ihre Maßstäbe

Die Definition der Begriffe *Plan* und *Karte* ist nicht einheitlich. Sehr gebräuchlich ist eine generelle Einteilung nach dem Maßstab: Pläne bis 1:5000, topographische Karten 1:5000 bis 1:200000, topographische Übersichtskarten mit und kleiner als 1:200000. Karten kleiner als 1:1000000 werden auch als Länderkarten und in noch kleineren Maßstäben als Erdteilkarten bezeichnet [40 S. 12—19]. Die Grenzen fließen, sie sind auch weitgehend abhängig vom Inhalt der Blätter und der Art seiner Wiedergabe. Topographische Karten sind für den Ingenieur wertvolle Entwurfs- und Planungsgrundlagen. Rein ingenieurmäßige Darstellungen in großen Maßstäben, bei denen das topographische Bild zurücktritt, werden allgemein als Pläne bezeichnet.

Ist $m$ die Maßstabszahl, dann ist das Maßstabsverhältnis (kurz der Maßstab) $M = 1/m$. Ist $l$ die Kartenstrecke zu einer Feldstrecke $L$, $f$ die Kartenfläche zu einer Feldfläche $F$ und bezeichnen die Indizes 1 und 2 zwei verschiedene Karten mit verschiedenen Maßstäben, so gelten die Beziehungen

$$l/L = 1/m = M, \qquad l_2/l_1 = M_2/M_1 = m_1/m_2;$$
$$f/F = 1/m^2 = M^2, \qquad f_2/f_1 = M_2{}^2/M_1{}^2 = m_1{}^2/m_2{}^2.$$

### 1.6.2 Kartierung der Pläne

Bei der Kartierung von Plänen nach voraufgegangenen Messungen wird in den einfachsten Fällen unmittelbar der Messungslinienrahmen benutzt. Im allgemeinen errechnet man für die übergeordneten Meßergebnisse Koordinaten und verwendet bei ihrer Kartierung ein Quadratnetz von 10 cm Seitenlänge. Das Quadratnetz ist der Rahmen für die gesamte Kartierung und dient zugleich der Eliminierung bzw. der Erfassung der Papierveränderung.

Die Eckpunkte des Quadratnetzes werden entweder zusammen mit den Festpunkten mit Hilfe eines großen Koordinatographen[1]) auf 0,01 mm oder mit einer Quadratnetzschablone aus Metall oder mit Hilfe eines Sägeblattlineals mit dm-Teilung und eines Stangenzirkels über eine Rahmenkonstruktion (Diagonalviereck oder Mittelsenkrechte durch Bogenschlag) auf 0,1 mm gestochen. Auch für die Einzelkartierung gibt es eine Reihe von Hilfsmitteln. Ebenso genau, aber etwas langsamer arbeitet man mit dem Anlegemaßstab mit Millimeterteilung und zwei rechtwinkligen Präzisionsdreiecken aus Stahl. Bei Verwendung einer Kartiernadel kann die Kartiergenauigkeit 0,1 bis 0,2 mm auf dem Papier betragen. Zum Auftragen der Richtungen von Polarkoordinaten entweder ein einfacher transparenter Vollkreistransporteur oder ein Präzisions-Polarkoordinatograph[2]) benutzt.

Nach der Kartierung wird der Plan mit hartem Bleistift und, wenn nötig, in Tusche ausgezogen. Die gestochenen Punkte bleiben frei.

Seit etwa 1960 gibt es über Lochkarten oder Lochstreifen gesteuerte *Koordinatographen* (Aristomat, Coradoma, Coragraph, Cartimat, Koordimat u. a. Das Angebot ist sehr vielseitig und kaum noch zu übersehen), die ein vollautomatisches Kartieren von Punkten und das Zeichnen von Verbindungslinien und anderen Kurven erlauben.

---

[1]) Hersteller: Ott, Kempten, sowie Dennert & Pape, Hamburg.
[2]) Hersteller: Haag-Streit, Bern; Dennert & Pape, Hamburg; Wild, Heerbrugg, Schweiz.

## 1.6.3 Flächenberechnung

### 1.6.3.1 Flächenberechnung nach Feldmaßen

Sie erfolgt, wie auch die Berechnung nach Feld- und Kartenmaßen und teilweise die rein graphische Bestimmung durch Zerlegen der Flächen in Dreiecke und Trapeze und unter Benutzung der bekannten Inhaltsformeln in [H 01].
Beim *Dreieck* gilt $2I = ah$; $2I = bc \sin \alpha$; $I = \sqrt{s(s-a)(s-b)(s-c)}$, wo $s = (a+b+c)/2$ und beim *Trapez* $2I = (a+b)h$ oder bei rechtwinkliger Aufnahme auf eine Messungslinie $2I = g(h_1 + h_2)$. Für verschränkte Trapeze gilt mit Vorzeichen $2I = g(h_1 - h_2)$, wenn $h_2$ die außerhalb der Figur liegende Höhe ist (Bild 1-87).

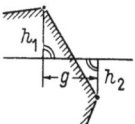

Bild 1-87. Verschränktes Trapez; Erläuterung im Text.

### 1.6.3.2 Flächenberechnung nach Koordinaten

Für die Flächeninhaltsberechnungen geschlossener Figuren nach Koordinaten verwendet man die *Gaußschen Flächeninhaltsformeln* [H 01]

$$2F = \Sigma \left[ y_i(x_{i-1} - x_{i+1}) \right] \quad \text{und} \quad 2F = \Sigma \left[ x_i(y_{i+1} - y_{i-1}) \right].$$

Bei Benutzung einer Rechenmaschine sorgt man durch Verschieben des Nullpunktes für gleiche Vorzeichen in $x$ und $y$ und läßt bei der Produktbildung die Koordinatenunterschiede nach dem sogenannten *Ellingschen Verfahren* durch geschickte Eingabe der Koordinaten in das Umdrehungszählwerk in der Maschine entstehen [6c; 5, S. 228; 11, S. 295]. Etwas weniger schnell, aber für den ungeübten Rechner einfacher, wird mit Produkten aus Koordinaten gerechnet.

$$2F = \Sigma (y_i x_{i-1} - x_i y_{i-1}) \quad \text{und} \quad 2F = \Sigma (x_i y_{i+1} - y_i x_{i+1}).$$

Unterlage ist in beiden Fällen nur das Koordinatenverzeichnis. Die Maschine addiert die einzelnen Produkte automatisch. Die zweite Formel wird jeweils zur Kontrolle verwendet. Zur Flächenberechnung läßt sich auch die Doppelrechenmaschine einsetzen. [82 (1940) S. 60—63; 6c, S. 664].
Bei Benutzung eines geodätischen Koordinatensystems, bei dem die $+X$-Achse durch *Rechtsdrehung* in die $+Y$-Achse übergeht, liefern die Formeln bei Rechtsumfahren der Figur positive, bei Linksumfahren negative Flächenwerte. Sie gelten auch für verschränkte Figuren. Bei positivem Ergebnis ist die Fläche des rechtsumfahrenen Teils größer als die des linksumfahrenen und umgekehrt (Bild 1-88).

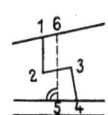

Bild 1-88. Flächenberechnung verschränkter Figuren.

Bild 1-89. Grenzbegradigung.

Anwendung bei der *Grenzbegradigung*. Man mißt die Punkte 1, 2, 3, 4, 5, 6 auf die Näherungslinie 5 bis 6 auf. Der Inhalt des verschränkten Vielecks $F_{1,2,3,4,5,6} = \Delta F$ muß zu Null gemacht werden. Die Parallelverschiebung von $\overline{56}$ ist $v = \Delta F / \overline{56}$ (Bild 1-89).
*Flächenteilungen*, die stets mit Flächenberechnungen verknüpft sind, lassen sich in den meisten praktischen Fällen mit Hilfe von *Näherungslinien* lösen, die dann entsprechend den Flächenbedingungen verschoben oder gedreht werden.

### 1.6.3.3 Halbgraphische Flächenberechnung

Bei diesen Berechnungen, bei denen Produkte aus Feldmaßen und abgegriffenen Kartenmaßen gebildet werden, ist wegen der Fehlerfortpflanzung darauf zu achten, daß die kleineren Faktoren der Produkte aus Feldmaßen bestehen.

### 1.6.3.4 Graphische Flächenbestimmung

erfolgt meist durch Zerlegen der Flächenstücke in Vierecke, Dreiecke usw. Oft bringt die Verwandlung von Vielecken in Dreiecke durch sukzessives Ausschalten der Ecken (Bild 1-90) eine Erleichterung.

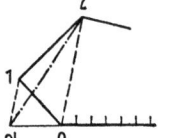

Bild 1-90. Verwandlung von Vielecken in Dreiecke.

Das *Becker-Planimeter*, bestehend aus einer durchsichtigen Grundplatte mit Maßstab, hierzu parallelen Konstantenlinien und Schwenklineal mit Drehzentrum im Nullpunkt des Maßstabs, löst die Verwandlung von Vielecken in Dreiecke mechanisch. Das einfache Gerät gestattet zudem, mit Hilfe der Konstantenlinien das Schlußdreieck in ein solches mit konstanter Höhe zu verwandeln und seinen Flächeninhalt sofort am Maßstab abzulesen.

Weitere einfache Hilfsmittel zur graphischen Flächenbestimmung: *Parallelen- oder Höhentafel* auf Glas zum bequemen Ablesen von Höhen und Höhensummen; *Quadratglastafel*, mit der man die Flächen in Streifen zerlegt, deren Länge durch Parallelverschiebung der Tafel an einem Lineal vorbei leicht ermittelt werden kann — mühsamer ist das Abzählen der Quadrate; *Planimeterharfe* auf Transparentfolie mit parallelen Linien zur Inhaltsbestimmung schmaler Flächenstücke, auf der die Mittellinien der entstehenden Paralleltrapeze gleicher Höhe mit dem Zirkel mechanisch summiert werden; *Hyperbeltafel*, auf der nach entsprechender Parallelverschiebung an einem Lineal vorbei die Fläche eines Dreiecks unmittelbar abgelesen werden kann.

Von großer Bedeutung für die graphische Flächenbestimmung sind die *Polarplanimeter* verschiedener Bauarten. Mit diesen Geräten findet man den Flächeninhalt durch Umfahren der Figur. Grundgesetz: $rA$ = const, wo $r$ Fahrarmlänge und $A$ Rollenabwicklung (im Sinne einer Ablesungsdifferenz) bedeuten. Dieses Gesetz gilt bei Geräten mit festem Pol in dieser Einfachheit nur, wenn der feste Pol des Gerätes außerhalb der zu bestimmenden Figur liegt. Berücksichtigt man für die Flächenermittlung den Maßstab der Zeichnung, dann ist $F = A\omega$, wo $\omega$ den Wert der Nonieneinheit in m² bedeutet. Bei Pol innerhalb gilt $F = (A + C)\omega$, wo $C$ die sog. große Konstante des Gerätes ist, die den Flächeninhalt des Grundkreises berücksichtigt. Da die Grundkreisfläche nicht sehr zuverlässig bestimmt werden kann, zerlegt man zweckmäßig größere Figuren und ermittelt die Teilflächen mit Pol außerhalb.

Die Geräte können sehr einfach geeicht werden, wenn man auf dem Plan eine Figur bekannten Feldflächeninhaltes $F_1$, z. B. ein Netzquadrat, umfährt. Hierbei sei $A_1$ die Differenz der Rollenablesungen. Ist $F_1/A_1 = \omega$, dann ist der Flächeninhalt einer zweiten Figur $F_2 = A_2\omega$. Dabei wird zugleich die Papierveränderung des Planes berücksichtigt. Unangenehm ist bei diesem Vorgehen der unrunde Wert von $\omega$.

Die *Geräte* mit *festem Fahrarm* werden so hergestellt, daß $\omega$ für bestimmte Maßstäbe runde Werte erhält. Beträgt für den Maßstab $1:m_1$ der Wert der Rollen-(Nonien-)Einheit $\omega_1$, dann ist für den Maßstab $1:m_2$ $\omega_2 = \omega_1(m_2/m_1)^2$. Ist z. B. für $1:m_1 = 1:1\,000$ $\omega_1 = 10\ \mathrm{m}^2$, dann ist für $1:m_2 = 1:200\,\omega_2 = 0{,}4\ \mathrm{m}^2$ oder für $1:m_3 = 1:2000$ $\omega_3 = 40\ \mathrm{m}^2$. Mit diesen runden Werten ist die Papierveränderung des Planes noch nicht berücksichtigt. Durch Umfahren einer Figur auf dem Plan, deren Flächeninhalt bekannt ist, läßt sich jedoch für die Papierveränderung ein Prozentsatz ermitteln, der bei den weiteren Umfahrungsergebnissen berücksichtigt werden kann. Bei *Geräten mit veränderlichem Fahrarm* kann durch Einstellen der Fahrarmlänge $r$, die dem Konstantentäfelchen des Gerätes entnommen wird, für jeden Planmaßstab ein besonderer runder Wert der Nonieneinheit $\omega$ herbeigeführt werden. Die Papierveränderung kann durch Prozentrechnung berücksichtigt werden. Will man auch die Papierveränderung durch die Fahrarmeinstellung eliminieren, so umfährt man eine Figur mit bekanntem Sollflächeninhalt $F$, der bei der gesuchten Fahrarmeinstellung $r_s$ die Sollablesung $A_s = F/\omega$ ergeben muß, mit der eingestellten Fahrarmlänge $r_i$. Die Differenz der Rollenablesungen sei $A_i$. Dann ist die Verbesserung der Fahrarmlänge mit richtigem Vorzeichen: $r_s - r_i = r_i(A_i - A_s)/A_s$.

Beim *Kompensations-Polarplanimeter* läßt sich durch das Arbeiten mit dem Instrument in zwei Lagen des Gelenks und Mittelbildung der durch eine etwaige Rollenschiefe hervorgerufene Fehler eliminieren.

*Polarplanimeter* liefern die besten Ergebnisse bei Figuren, deren Umfang klein ist im Verhältnis zu ihrem Flächeninhalt. Sie sind ungeeignet zur Flächenbestimmung schmaler, langgestreckter Figuren. Hierfür verwendet man die Planimeterharfe.

Die *Ergebnisse der Planimeter*, deren Rollen unmittelbar auf dem Zeichenpapier gleiten, sind abhängig von der Beschaffenheit der Papieroberfläche. Unabhängig hiervon sind die älteren Scheibenrollplanimeter und die neueren Kugelrollplanimeter.

Seit etwa 1960 werden *elektronische Planimeter* mit lochenden und druckenden Transistorzählern gebaut[1]). Bei diesen Geräten beschränkt sich die Flächenermittlung auf das Umfahren der Figur. Dadurch erhebliche Leistungssteigerung und Ausschalten von Fehlermöglichkeiten durch falsches Ablesen und beim Bilden der Differenzen und Summen. Durch Weiterentwicklungen soll die Arbeit des genauen Umfahrens noch reduziert werden 85 (1960) S. 369].

## 1.6.4 Papierveränderung

Für technische Meßzwecke am geeignetsten sind Zeichenpapiere und Folien, die sich unter dem Einfluß von Temperatur und normaler Luftfeuchtigkeit möglichst wenig und gleichmäßig nach allen Seiten verändern. Diese Forderungen erfüllen bei den Zeichenpapieren am besten die handgeschöpften Büttenpapiere. Maschinenpapiere verändern sich in der Querrichtung mehr als in der Laufrichtung ihrer Herstellung. Besondere Bedeutung haben die *Transparentfolien* erlangt. Sie stehen in Platten von 0,1 bis 1 mm Dicke aus Polyester, Polyvinylchlorid-Mischpolymerisaten und Polycarbonaten zur Verfügung und werden mit glatter und gekörnter (mattierter) Oberfläche geliefert.

Das *Zeichnen auf den Kunststoff-Folien* ist trotz der Anwendung von Spezialtuschen schwieriger als auf Zeichenpapier. Dafür bieten die transparenten Folien den großen Vorteil, daß man sie unmittelbar durchlichten und ohne Einschalten einer photographischen Kamera reproduzieren kann. Regelrechte Kartierungen wird man jedoch wegen der Möglichkeit, die Meßpunkte zu stechen, meist auf Zeichenkarton vornehmen. Wird eine besondere Maßhaltigkeit verlangt, so benutzt man Zeichenpapiere, die auf dünne *Aluminiumplatten* aufgezogen sind. Lichtpausfähige Zwischenoriginale lassen sich aus photographisch, neuerdings direkt durch Umkehrreflexkopie [82 (1962) S. 388–391] gewinnen. Das Hochzeichnen auf eine Transparentfolie sollte wegen der Fehlermöglichkeiten, der Ungenauigkeit und des Arbeitsaufwandes nur noch in Ausnahmefällen erfolgen.

---
[1]) Hersteller: Zuse KG in Bad Hersfeld.

*Maßveränderungen* von Papier und Folien lassen sich am besten durch das Quadratnetz erfassen. Die Veränderungen auf den Quadratnetzseiten betragen in NS-Richtung $p$ in %, in OW-Richtung $q$ in %. Die wahre Länge einer Strecke sei $l$, die Papierstrecke $l'$, die Vorzeichen von $p$ und $q$ seien festgelegt durch $l = l'(1 + p/100)$ bzw. $l = l'(1 + q/100)$. Also $p$ und $q$ verstanden im Sinne von Verbesserungen: $p$ bzw. $q = l - l' =$ Soll − Ist. Dann erhält man die Papierveränderung $t$ in % in einer Richtung, die mit der NS-Richtung den Winkel $\varphi$ bildet mit richtigem Vorzeichen zu $t = p \cos^2 \varphi + q \sin^2 \varphi$. Bezeichnet $F$ die Sollfläche einer Planfigur, $F'$ die tatsächliche Papierfläche bei der vorliegenden Papierveränderung, so ist $F = F'(1 + (p + q)/100)$, die Flächenveränderung also $(p + q)$ in % oder bei $p = q$ $2p$ in %.

## 1.6.5 Maßstabsänderung, Reproduktion und Vervielfältigung von Plänen

### 1.6.5.1 Maßstabsänderung

Ein altes und bewährtes Hilfsmittel zur Maßstabsänderung technischer Zeichnungen ist der gleichschenklige, über dem Pol P an Drähten freischwebend aufgehängte *Präzisions-Pantograph* aus Metall. Er fußt auf den Ähnlichkeitsprinzipien des Gelenkparallelogramms und wird in den zwei Formen *Pol außen* oder *Pol innen* benutzt, je nachdem Urbild $(1:m_1)$ und Abbild $(1:m_2)$ sich im Maßstab viel oder wenig unterscheiden.

Bild 1-91. Pol P außen, $m_1/m_2 = v_1$, $\overline{PC} = \overline{CZ} = \overline{AB} = v_1 l$.
Bild 1-92. Pol P innen, $m_1/(m_1 + m_2) = v_2$, $\overline{PC} = \overline{CZ} = \overline{AB} = v_2 l$.

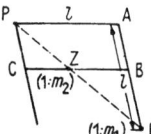 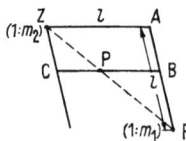

Bild 1-91 u. 1-92. Präzisions-Pantograph. Bild 1-91 Pol P außen; Bild 1-92 Pol P innen; Erläuterung im Text.

Die Stangen $l$ sind meist 72 cm lang. In der Nähe des Endpunktes F ist eine Rolle angebracht. Die Plätze von Fahrstift F und Zeichenstift Z können wechseln. Die errechneten Werte werden an den Nonien B, C und Z (P) eingestellt. Eine gleichmäßige Papierveränderung kann berücksichtigt werden.

Ein sehr schnell arbeitendes Hilfsmittel zum Vergrößern oder Verkleinern ist die *photographische Reproduktion*. Auch hier kann eine gleichmäßige Papierveränderung ohne weiteres berücksichtigt werden; bei unterschiedlicher Maßveränderung in zwei Richtungen läßt sich eine im Endergebnis affine Transformation über eine Zwischenaufnahme erreichen. Maßhaltig sind nur die Aufnahmeplatten, mit Einschränkungen auch die Reproduktionsfilme, nicht die hiervon hergestellten einfachen Papierkopien; diese arbeiten sehr stark und unregelmäßig. Kopien auf Korrektostatpapier (mit Aluminiumeinlage) sind gut maßhaltig. Bei größeren Formaten der Pläne werden Teilaufnahmen gemacht, die z. B. nach dem Gitternetz zusammengestellt werden.

### 1.6.5.2 Vervielfältigung

[33; 35]

Technische Zeichnungen müssen in der Mehrzahl der Fälle vervielfältigt werden. Aus Gründen der Wirtschaftlichkeit photographische Vervielfältigungen nur bis zu etwa 10 Exemplaren, Lichtpausen nur bis zu etwa 25 Exemplaren herstellen, von 25 Exemplaren an lohnt sich bereits der Druck. Sind die Pläne nicht unmittelbar lichtpausfähig, so ist ein transparentes Zwischenoriginal über eine photographische Aufnahme mit der Reproduktionskamera oder mit Hilfe der photographischen Kopie oder über die Umkehrreflexkopie herzustellen. Von lichtpausfähigen Originalzeichnungen können transparente Zwischenoriginale auch auf dem Lichtpauswege selbst geschaffen werden. Die Lichtpausmaschinen haben in der Regel eine Breite von 1,00 bis 1,20 m. In der Länge können sie praktisch unbeschränkt beschickt werden. Für kleinere Formate (DIN A 4 bis DIN A 3) lassen sich mit Vorteil neuere Büro-Kopierverfahren einsetzen. Diese arbeiten nach photographischem, wärmetechnischem (Thermofax) oder elektrostatischem (Xerographie) Prinzip. Diese Verfahren werden schnell weiterentwickelt bzw. durch neuere ergänzt.

Für die Vervielfältigung von Karten und Plänen eignet sich der *Flachdruck* in der Form des *Offsetdrucks* wohl am besten. Liegt ein kopierfähiges Original, z. B. auf einer transparenten Folie, vor und soll der Maßstab nicht geändert werden, so überträgt man das Kartenbild mit einem *Positiv-Kontakt-Kopierverfahren* auf die Druckplatte. Bei Veränderung des Maßstabes oder, wenn das Original, wie bei einer Zeichnung auf kaschiertem Karton, nicht direkt kopierfähig ist, muß zunächst über die Repro-Kamera bzw. auf dem Weg über die Umkehrreflexkopie eine transparente Kopiervorlage gefertigt werden. Hiervon erfolgt dann eine Übertragung auf die Druckplatte. Reicht das Mattscheibenformat der Reproduktionskamera für die Größe des Planes nicht aus, so kann man sich durch mehrere Aufnahmen mit anschließender Montage helfen (auch Aufnahme im kleineren Maßstab mit anschließender Rückvergrößerung). Keinesfalls kann man über das Format der Flachdruckpresse hinausgehen. Flachdruckschnellpressen (Offset) mit größerem Format als 85 cm × 125 cm sind selten. Größtes nutzbares Format von Offsetmaschinen beträgt etwa 108 cm × 158 cm. Die photographische Reproduktion verlangt der Einfachheit und Billigkeit halber gut gedeckte Schwarz-Weiß-Zeichnungen.

## 1.6.6 Wichtige amtliche topographische Karten und Übersichtskarten der BRD[1])

*Deutsche Grundkarte* 1 : 5 000. Begrenzung durch Gitterlinien mit gerader Bezifferung (Ausnahmen: Blätter an den Grenzmeridianen). Quadratisches Format von 40 cm $\triangle$ 2 km Seitenlänge. *Gauß-Krüger-Abbildung*. Abstand der Gitterlinien 4 cm $\triangle$ 200 m. Höhenlinien. Mindestens zwei Farben: Grundriß schwarz, Höhenlinien braun. Vorstufe: *Katasterplankarte*, ohne Höhen, im wesentlichen aus Katasterunterlagen zusammengetragen.

*Topographische Karte* 1 : 25 000. Gradabteilungskarte $B = 6'$, $L = 10'$. *Gauß-Krüger-Abbildung*. Abstand der Gitterlinien 4 cm $\triangle$ 1 km. Höhenlinien. Standardausgabe dreifarbig: Grundriß schwarz, Gewässer blau, Höhenlinien braun. Als Sonderausgaben auch vier- und mehrfarbig. Frühere Bezeichnung: *Meßtischblatt*. Blattschnitt $6' \times 10'$. Polyederabbildung. Höhenlinien. Teils einfarbig, teils dreifarbig.

*Topographische Karte* 1 : 50 000. Gradabteilungskarte $B = 12'$, $L = 20'$. *Gauß-Krüger-Abbildung*. Abstand der angerissenen Gitterlinien 4 cm $\triangle$ 2 km. Höhenlinien. Standardausgabe vierfarbig: Grundriß schwarz, Gewässer blau, Höhenlinien braun, Bodenbewachsung grün. Als Sonderausgaben auch fünf- und mehrfarbig. Frühere Bezeichnung: *Deutsche Karte*. Blattschnitt $15' \times 30'$. Polyederabbildung. Höhendarstellung in Schraffen, im Hochgebirge außerdem Höhenlinien.

*Topographische Karte* 1 : 100 000. Gradabteilungskarte $B = 24'$, $L = 40'$. *Gauß-Krüger-Abbildung*. Abstand der angerissenen Gitterlinien 5 cm $\triangle$ 5 km. Höhenlinien. Standardausgabe vierfarbig: Grundriß schwarz, Gewässer blau, Höhenlinien braun, Bodenbewachsung grün. Als Sonderausgaben auch fünf- und mehrfarbig. Frühere Bezeichnung: *Karte des Deutschen Reiches*. Blattschnitt $15' \times 30'$. Polyederabbildung. Höhendarstellung in Schraffen. Am bekanntesten sind die aus vier Einzelblättern bestehenden Großblätter, Format $\approx 60 \times 70$ cm², erschienen als Schwarzausgabe und im Mehrfarbendruck. Teilweise auch heute noch erhältlich.

---

[1]) Die amtlichen *topographischen Kartenwerke* der BRD können durch die zuständigen Landesvermessungsämter oder den Buchhandel bezogen werden.

80  1. Vermessungstechnik

*Topographische Übersichtskarte* 1:200000. Gradabteilungskarte $B = 48'$, $L = 80'$. *Gauß-Krüger-Abbildung*. Abstand der angerissenen Gitterlinien 5 cm $\triangleq$ 10 km. Höhenlinien. Standardausgabe vierfarbig: Grundriß schwarz, Gewässer blau, Höhenlinien braun, Bodenbewachsung grün. Als Sonderausgaben auch fünf- und mehrfarbig. Frühere Bezeichnung: *Topographische Übersichtskarte des Deutschen Reiches*. Blattschnitt $30' \times 60'$. Mittabstandstreue Kegelabbildung mit zwei längentreuen Parallelkreisen in 50° und 53° nördlicher Breite. Höhendarstellung durch Höhenlinien. Dreifarbig.

*Übersichtskarte von Mitteleuropa* 1:300000. Gradabteilungskarte $B = 1°$, $L = 2°$. *Kegelabbildung* und *Polyederabbildung*. Abstand der Gitterlinien $3^1/_3$ cm $\triangleq$ 10 km. Teils Schraffen, teils Schummerung. Farben: Straßen, Gewässer und Wald sind in die Schwarzplatte aufgenommen und erhalten roten, blauen und grünen Überdruck; Höhendarstellung braun. Das Kartenwerk soll zukünftig nicht mehr fortgeführt werden.

*Internationale Weltkarte* 1:1000000. Gradabteilungskarte $B = 4°$, $L = 6°$. *Modifizierte Polykonische Abbildung*, neue Blätter (ab 1963) *Lambertsche konforme konische Abbildung*, nördlich 84° N und südlich 80° S *stereographische Abbildung*. Mehrfarbige Höhenschichtenkarte.

Eine Zusammenstellung der amtlichen *deutschen Seekarten* findet sich im „Verzeichnis der Nautischen Karten und Bücher" des Deutschen Hydrographischen Instituts in Hamburg; Vertrieb durch die hierfür bestimmten „Amtlichen Vertriebsstellen für Seekarten und nautische Bücher".

## 1.7 Kurvenabsteckung

Die Kurvenabsteckung hat ihre besondere Bedeutung bei der Trassierung sowie der Anlage und Verbesserung von Verkehrsbändern aller Art im Eisenbahn-, Straßen- und Wasserbau.

Man kann zwei Arten der Kurvenabsteckung unterscheiden. Bei der ersten werden geometrische Konstruktionslinien benutzt, von denen aus die Absteckung bewerkstelligt wird (1.7.1 bis 1.7.11); bei der zweiten dient die bereits vorhandene Kurve oder ein Schmiegungspolygon als Standlinie für das Absetzen der neuen Kurve (1.7.12). Die erste Art wird meist bei Neuerstellung von Bauwerken [41; 54], die zweite zur Verbesserung der Linienführung schon vorhandener Kurven benutzt.

### 1.7.1 Absteckung der symmetrischen Hauptpunkte bei Kreisbögen

Sind die Richtungen der Tangenten eines Kreisbogens gegeben, so ist zunächst ihr Schnittwinkel mit einem Theodolit entweder direkt oder durch die Messung der Schnittwinkel einer Hilfsgeraden mit den Tangenten oder durch einen Richtungszug (1.3.1.3) zu bestimmen; hierbei Formeln über die Summe der Innen- und Außenwinkel eines Polygons (1.3.3.1) beachten. In einfachen Fällen führen auch lineare und orthogonale Aufmessungen zum Ziel.

Für die symmetrischen Hauptunkte eines Kreisbogens zwischen den Tangenten mit dem Schnittpunkt T, also: Anfangspunkt A, Endpunkt E, Scheitelpunkt S und entsprechend für die weiteren Halbierungspunkte des Kreisbogens gelten folgende Beziehungen, die beim Abstecken in verschiedenen Kombinationen gebraucht werden (Bild 1-93):

*Sehne* $\overline{AE} = 2r \sin (\alpha/2)$, \hfill (1)
  Rechenprobe: $(^1/_2) \overline{AE} = 2r \sin (\alpha/4) \cos (\alpha/4)$.

*Tangente* $\overline{TA} = \overline{TE} = r \tan (\alpha/2)$, \hfill (2)
  Rechenprobe s. Gl. (8).

*Scheitelabstand* $\overline{TS} = [r/\cos (\alpha/2)] - r = r[1/\cos (\alpha/2) - 1]$, \hfill (3)
  Rechenprobe: $\overline{TS} = \overline{TA} \tan (\alpha/4)$.

## 1.7.1 Absteckung der symmetrischen Hauptpunkte bei Kreisbögen

*Scheitelabszisse* $\overline{AF} = (^1/_2) \overline{AE} = \overline{AG} = r \sin(\alpha/2)$, (4)
Rechenprobe: $\overline{AF} = 2r \sin(\alpha/4) \cos(\alpha/4)$.

*Scheitelordinate = Pfeilhöhe* $\overline{SF} = \overline{SG} = r[1 - \cos(\alpha/2)] = 2r \sin^2(\alpha/4)$. (5)

*Scheiteltangente* $\overline{A_1A} = \overline{A_1S} = \overline{E_1S} = \overline{E_1E} = r \tan(\alpha/4) = \overline{TS}/\tan(\alpha/2)$. (6)

*Bogen* $\widehat{ASE} = \pi r \alpha / 2R$. (7)

Ferner ist: $\overline{TA_1} = \overline{TS}/\sin(\alpha/2) = 2\overline{SF}/\sin \alpha$, (8)
Rechenprobe: $\overline{TA_1} + \overline{AA_1} = \overline{TA}$.

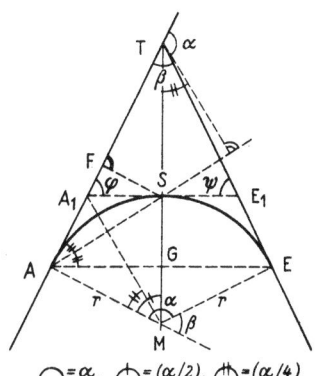

$\frown = \alpha$, $\overset{\frown}{\cdot} = (\alpha/2)$, $\overset{\frown}{\cdot\cdot} = (\alpha/4)$

Bild 1-93. Hauptpunkte eines Kreisbogens.

Ist $\beta$ spitz, so arbeitet man mit $A_1$ und $E_1$; ist $\beta$ stumpf, so wird S schärfer durch Halbieren von $\beta$ und Absetzen von TS gewonnen.

Muß der Zwischenpunkt S unsymmetrisch abgesteckt werden, und werden bei $A_1$ und $E_1$ die ungleichen Winkel $\varphi$ und $\psi$ gemessen, so ist

$$\sphericalangle TA_1E_1 = \sphericalangle AMS = \varphi; \quad \sphericalangle A_1E_1T = \sphericalangle SME = \psi; \quad \varphi + \psi = \alpha.$$

Hiernach erhält man

$$\overline{AA_1} = r \tan(\varphi/2) \qquad (9)$$
$$\overline{EE_1} = r \tan(\psi/2) \qquad (10)$$

*Rechenprobe:* Im Dreieck $A_1E_1T$ mit den Winkeln $\varphi, \beta, \psi$ und der Basis $\overline{AA_1} + \overline{EE_1}$ kann man die fehlenden Seiten berechnen und mit den Strecken $\overline{AA_1}$ und $\overline{EE_1}$ zu den Haupttangenten zusammensetzen.

Soll der Kreisbogen eine Tangente berühren und durch einen vorgegebenen Punkt gehen, so gebraucht man die *Scheitelgleichung* des Kreises. Mit $+x$ in tangentialer Richtung und $+y$ auf den Mittelpunkt zu ist

$$x^2 = r^2 - (r-y)^2; \quad x = \pm \sqrt{2ry - y^2} \quad \text{oder für logarithmisches Rechnen}$$
$$x = \pm \sqrt{y(2r-y)} \quad \text{und umgekehrt} \quad y = r \pm \sqrt{r^2 - x^2}. \qquad (11)$$

Sind zwei Achsen gegeben und ein außerhalb derselben gelegener Punkt K, so ergeben sich für das Abstecken von Anfangs- und Endpunkt des die Achsen berührenden Kreisbogens durch K folgende Beziehungen (Bild 1-94):

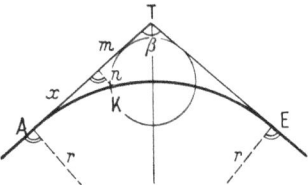

Bild 1-94. Kreis an zwei Tangenten durch einen gegebenen Punkt; Erläuterung im Text.

Gemessen $m$, $n$ und $\beta$,

$$x = z \pm \sqrt{z(z + 2m) - n^2}, \text{ wo } z = n \tan(\beta/2), \quad (12)$$

$$\overline{TA} = \overline{TE} = x + m, \quad (13)$$

$$r = \overline{AT} \tan(\beta/2). \quad (14)$$

Rechenprobe: $x^2 + n^2 = 2rn$. $\quad (15)$

Positives Vorzeichen in Gl. (12) liefert den verlangten Kreis mit dem größeren Radius.

## 1.7.2 Abstecken von Hauptpunkten eines Kreisbogens durch Sehnenvielecke und Polygone

Sehnenvielecke und Polygone empfehlen sich zur Kurvenabsteckung vornehmlich in Einschnitten, im Tunnel, im Walde usw. Bei einem Sehnenpolygon, das einer Tunnelachse einbeschrieben wird, ist bei einer Gesamtbreite $d$ des Tunnels die Sehnenlänge $s \approx 2\sqrt{dr}$. Gleichung dient umgekehrt auch zur genäherten Bestimmung des Halbmessers aus $d$ und $s:r \approx s/4d$. Die Polygonseiten werden länger, wenn man die Achse nach außen legt oder ein Tangentialvieleck absteckt.

### 1.7.2.1 Abstecken mit gleichen Bogenlängen

Als Punktabstand wird eine runde Bogenlänge $b$ vorgegeben, was für die Stationierung besonders vorteilhaft ist. Abgesteckt wird mit Theodolit und Meßband (Bild 1-95).

$$\gamma^{(c)} = \varrho^{(c)} b/r, \quad (16)$$
Rechenprobe $\gamma^{(g)} = \varrho^{(g)} 2b/2r;$

$$s = 2r \sin \gamma/2, \quad (17)$$
Rechenprobe $s/2 = 2r \sin \gamma/4 \cos \gamma/4$.

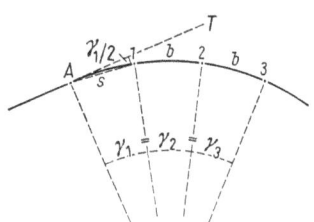

Bild 1-95. Kreisbogenabsteckung mit gleichen Bogenlängen; Erläuterung im Text.

### 1.7.2 Abstecken von Hauptpunkten eines Kreisbogens

Arbeitsgang:
1. Aufstellen in A. Von $\overline{AT}$ aus Winkel $\gamma/2$ antragen und $s$ absetzen.
2. In den Punkten 1, 2, 3 ... aufstellen und Brechungswinkel $(2R + \gamma)$ antragen und jeweils $s$ absetzen. Bei einseitigem Vortrieb Probe am Ende, bei zweiseitigem Vortrieb in der Mitte; zeitlich immer erst am Ende der Gesamtarbeit, daher sorgfältig messen.

#### 1.7.2.2 Abstecken mit ungleichen Sehnen
(Bild 1-96 a)

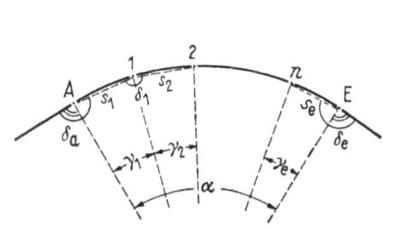
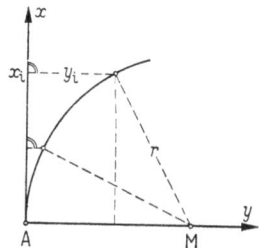

Bild 1-96 a. Kreisbogenabsteckung mit ungleichen Sehnen.

Bild 1-96 b. Kleinpunktabsteckung mit runden Abszissen (s. 1.7.3.1.1).

Sichthindernisse in der Örtlichkeit (z. B. Waldgebiete) lassen Absteckung häufig nur mit ungleichen Sehnenlängen zu. $\delta_a$ bzw. $\delta_i$ werden im Gelände nach Sichtmöglichkeit ermittelt, daraus dann über $\gamma_i$ die Sehnenlänge $s$ bestimmt. Man kann auch von der örtlich möglichen Sehnenlänge $s$ ausgehen und durch Umkehrung der Formeln (18) $\gamma_i$ und $\delta_i$ berechnen. Auf diese Weise werden die Kreispunkte an vorgeschriebenen Stellen eingeschaltet.

Formeln:
$$\begin{aligned}
\gamma_1 &= 2R - 2(\delta_a - R), & s_1 &= 2r \sin(\gamma_1/2), \\
\gamma_2 &= 2R - 2(\delta_1 - \delta_a + R), & s_2 &= 2r \sin(\gamma_2/2), \\
&\cdots\cdots\cdots\cdots\cdots\cdots\cdots\cdots\cdots\cdots\cdots\cdots\cdots & & \quad (18)\\
\gamma_e &= \alpha - \sum_1^n \gamma, & s_e &= 2r \sin(\gamma_e/2).
\end{aligned}$$

Rechenprobe:

a) $\delta_e = [2R - (\gamma_e/2)]$,
b) $\delta_n = [R - (\gamma_e/2)] + [R - (\gamma_a/2)]$,     (19)
c) $s_e = 2r \sin(\gamma_e/2)$.

Die gerechneten Werte $\delta_e$, $\delta_a$ und $s_e$ müssen gleich den gemessenen sein.

In Waldgebieten wird das Fernrohr zunächst tangential gerichtet $(\delta_1 + \gamma_1/2 = 2R - \gamma_i/2)$, dann bis zur Sichtmöglichkeit nach innen gedreht, und mit dem sich ergebenden $\delta$ werden der Winkel $\gamma$ und die Sehne $s$ berechnet.

#### 1.7.2.3 Abstecken von einem Polygonzug aus

Der Polygonzug liegt in der Nähe des Bogens. Man rechnet aus Koordinaten die Strecken $s$ vom Mittelpunkt zu den Polygonpunkten oder Kleinpunkten auf den Polygonseiten und zieht von ihnen den Radius $r$ ab. Positive $\Delta r = s - r$ werden nach innen, negative nach außen abgesetzt.

## 1.7.3 Abstecken von Kleinpunkten eines Kreisbogens

### 1.7.3.1 Rechtwinklige Koordinaten von der Tangente aus

**1.7.3.1.1 Runde Abszissen auf der Tangente** gestatten einfaches Rechnen (Bild 1-96b).
$y = r - \sqrt{r^2 - x^2}$ oder $y = r - \sqrt{(r-x)(r+x)}$ für log. Rechnen; für $x \ll r$ gilt:
$y = x^2/2r + x^4/8r^3 = x[(x/2r) + (x/2r)^3]$.

Sehr häufig gebraucht man die strenge Gleichung:

$$y = x^2/2r + y^2/2r$$

mit $y = x^2/2r$ als erste Näherung. Zur Berechnung des Gliedes $y^2/2r$ genügt in vielen Fällen der Rechenschieber. Als Rechenprobe wird die Gleichung in der Form $y = (x^2 + y^2)/2r$ benutzt. Eine Meßprobe für die Absteckung gewinnt man durch die Aufmessung der Kleinpunkte von einer Parallelen zur Absteckungstangente aus.

**1.7.3.1.2 Runde Kleinbogen** erlauben bequemes Stationieren und einfache Meßproben. Dieser Vorteil muß jedoch durch umständliche Rechnung erkauft werden. 1. Nach Wahl des Kleinbogens $b$ ergeben sich aus diesem und dem Gesamtbogen $\widehat{ASE} = B = r\alpha'/\varrho'$ [1]) bei beiderseitigem Vortrieb die Restbögen bei S zu $b_r = (B/2) - nb$. 2. Aus den Kleinbögen $b$ und $b_r$ Zentriwinkel $\omega$ und $\omega_r$ berechnen. 3. Mit $\omega$ und $\omega_r$ ergeben sich die Kleinsehnen zu $s = 2r \sin \omega/2$; Rechenprobe: $s \approx b - b^3/24r^2$. 4. Mit den Kleinsehnen $s$ und den Brechungswinkeln in den Kleinpunkten $2R + \omega/2$ bzw. $2R + \omega$ Koordinaten der Kleinpunkte in bezug auf die Tangente in der Art eines Polygonzuges berechnen.

### 1.7.3.2 Rechtwinklige Koordinaten von der Sehne aus

Sie lassen sich aus der Absteckung der Tangente herleiten. Entsprechende Abszissen ergänzen sich zur halben Sehne und entsprechende Ordinaten zur Mittelordinate (Bild 1-97).

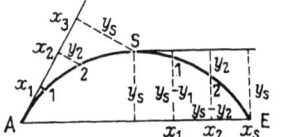

Bild 1-97. Kleinpunktabsteckung von der Sehne.

### 1.7.3.3 Sehnenwinkelverfahren

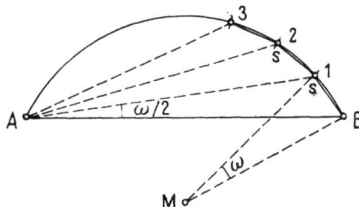

Bild 1-98.
Sehnenwinkelverfahren.

Gebraucht werden für dieses Verfahren ein Theodolit und ein Meßband.

$s = 2r \sin \omega/2;$   Rechenprobe: $2s = 8r \sin \omega/4 \cos \omega/4$.

---

[1]) $\alpha' = \alpha$ in Minuten, $\varrho' = \varrho$ in Minuten (1.1.3).

1.7.4 Näherungen    85

Mit runden Peripheriewinkeln arbeitet man bequemer (vorzuziehen); runde Bögen gestatten einfachere Stationierung. Immer auf den Standpunkt (A) hin arbeiten, damit die Absteckungen trotz der Streckenfehler im Bogen bleiben. Rohe Einweisung nach der Sekantenmethode (1.7.4.3). Hiernach auch Ergänzung der wegen Sichtmangel ausfallenden Zwischenpunkte. Das Verfahren ist besonders günstig bei Dämmen. Es verlangt wenig Rechen- und Meßarbeit und liefert scharfe Ergebnisse. *Hauptmeßprobe:* Nachmessen der Peripheriewinkel auf einem geeigneten Kreispunkt, am besten dem Scheitelpunkt.

#### 1.7.3.4 Stationierung der Bögen

Bei Kleinpunkten mit gleichen Bögen addiert man die Längen der Bögen und fügt die Station zwischen zwei Kleinpunkte nach der Parabel-Methode (1.7.4.2) ein.
Bei unrunden *Kleinbögen*, z. B. beim Abstecken mit runden Abszissen von der Tangente aus, müssen die Stationspunkte besonders eingerechnet werden. Ist der Bogen vom Berührungspunkt aus $b$, so ist der Zentriwinkel $\gamma = \varrho\, b/r$ und die Sehne $s = 2r \sin \gamma/2$. Mit dem Sehnentangentenwinkel $\gamma/2$ erhält man für den Stationspunkt die Tangenten-Coordinaten $x = s \cos \gamma/2$, $y = s \sin \gamma/2$.

### 1.7.4 Näherungen

#### 1.7.4.1 Viertelsmethode

(Bild 1-99)

Streng ist $h_1 = h s_1/(s + 2s_1)$. Für *flache Bögen* $s < r/5$ ist genähert $s \approx 2s_1$, damit wird

$$h_1 \approx h/4. \qquad (20)$$

Der Fehler in $h_1$ ist dann $\Delta h_1 \approx 2\,\mathrm{R}\,(h/s)^4$.

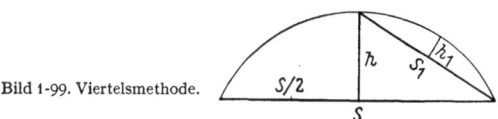

Bild 1-99. Viertelsmethode.

#### 1.7.4.2 Parabelmethode

(Bild 1-100)

Streng gilt $h = ab/2r$. Bei flachen Bögen ist

$$a \approx p, \quad b \approx q, \quad h \approx pq/2r. \qquad (21)$$

Gleichung (21) ist streng eine Parabel, die im Scheitel den Krümmungsradius $r$ besitzt. Für die Mitte gilt: $h_m = s^2/8r$ (entsprechend $y \approx x^2/2r$ für $x = s/2$). Diese Gleichung wird auch zum rohen Bestimmen des Radius von Eisenbahnkurven benutzt: $r = s^2/8h_m$.

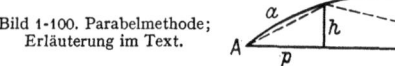

Bild 1-100. Parabelmethode; Erläuterung im Text.

### 1.7.4.3 Sekanten- oder Einrückungsmethode

Verlängert man eine Sehne von der Länge $s$ um sich selbst ($x = s$), so beträgt der Kreisabstand von der Sekante

$$y \approx s^2/r. \tag{22}$$

Wegen der ungünstigen Fehlerfortpflanzung kann die Sekantenmethode nur für Vorarbeiten und zur Probe benutzt werden.

### 1.7.4.4 Bogenabsteckung mit gleichen Peripheriewinkeln

Ist der zu einer Sehne gehörende Zentriwinkel $\alpha$, so beträgt der Peripheriewinkel in dem über der Sehne stehenden Bogen $2R - \alpha/2$. Für die Absteckung kann als Handwinkelinstrument der Winkelhalbierer nach *Weiken* oder der Winkelhalbierer der Firma Hensoldt benutzt werden (s. 1.2.2).

### 1.7.4.5 Ellipsen und Parabeln aus Strahlbüscheln

(Bild 1-101 u. 1-102)

Die Verfahren der synthetischen Geometrie (Geometrie der Lage) eignen sich nur für zeichnerische Lösungen, nicht für Absteckungen im Felde.

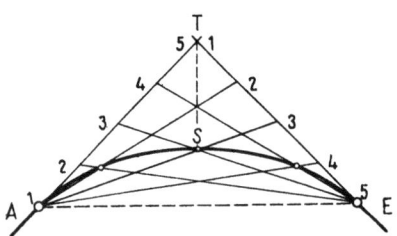

Bild 1-101. Punktkonstruktion; Ellipse als Kurve zweiter Ordnung, berührt in A und E; dort stärkste Krümmung.

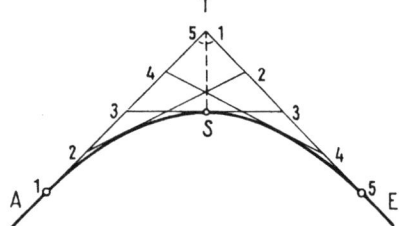

Bild 1-102. Tangentenkonstruktion; Parabel als Kurve zweiter Klasse berührt in A und E; dort schwächste Krümmung.

### 1.7.5 Korbbögen

Oft ist es aus technischen Gründen nicht möglich, zwei Trassen durch einen einzigen Kreisbogen zu verbinden. Dann werden mehrere Kreisbögen zu einem sog. *Korbbogen* zusammengesetzt. Beim Bau von Straßen für hohe Geschwindigkeiten sollte man wegen der für den Fahrer nicht sofort erkennbaren Krümmungsänderung Korbbögen vermeiden. Zumindest sind, wenn irgend möglich, Zwischengeraden oder Übergangsbögen einzuschalten.

1. Gegeben sind *zwei gerade Trassen* mit dem *Schnittpunkt* T sowie der *Anfangspunkt* A und die *Radien* $r_1$ und $r_2$ eines zweiteiligen Korbbogens, der die Trassen berühren soll. Gesucht werden die fehlenden Hauptpunkte des Korbbogens [7] (Bild 1-103).

$$\cos \alpha_2 = \frac{r_2 + r_1 \cos \beta - m \sin \beta}{r_2 - r_1},$$

Rechenprobe:

$$\sin \alpha_2/2 = \sqrt{\frac{\sin \beta (m - r_1 \cot \beta/2)}{2(r_2 - r_1)}},$$
$$\alpha_1 = (2R - \beta) - \alpha_2.$$

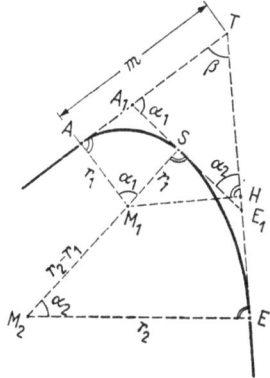

Bild 1-103. Zweiteiliger Korbbogen.

Weiter ergeben sich die Tangentenlängen aus Radius und Zentriwinkel zu

$$\overline{AA_1} = r_1 \tan \alpha_1/2, \qquad \overline{EE_1} = r_2 \tan \alpha_2/2.$$

Strecke $\overline{TE_1}$ ergibt sich aus dem Dreieck $A_1TE_1$, in dem zwei Seiten und die Winkel bekannt sind.

2. Gegeben sind *zwei gerade Trassen* mit dem *Schnittpunkt* T, die durch einen *zweiteiligen Korbbogen* verbunden werden sollen. Ferner sind gegeben: Anfangspunkt A, Endpunkt E und Radius $r_1$. Gesucht wird $r_2$ [7].

$$\overline{M_1H} = m \sin \beta - r_1 \cos \beta, \qquad (\overline{TH})^2 = m^2 + r_1^2 - (\overline{M_1H})^2,$$

$$r_2 = \frac{r - (\overline{TE} - \overline{TH})^2 - (\overline{M_1H})^2}{2(r_1 - \overline{M_1H})}$$

### 1.7.6 Tangenten an gegebene Bögen

1. Gegeben sind eine *geradlinige Trasse* und der im *Punkte* A anschließende *Kreisbogen* vom Radius $r$. Es ist eine Tangente abzustecken, die durch den örtlich gegebenen Punkt K $(x, y)$ geht (Bild 1-104).

$$\tan \varepsilon = (r - y)/x, \qquad \cos \delta = r/\overline{MK} = r \sin \varepsilon/(r - y) = r \cos \varepsilon/x,$$
$$\alpha = R - (\delta + \varepsilon), \qquad \overline{TA} = \overline{TE} = r \tan \alpha/2.$$

2. Auf *zwei geradlinigen Trassen* mit dem Schnittwinkel $\gamma$ sind die Anfangspunkte $A_1$ und $A_2$ der anschließenden Kreisbögen mit den Radien $r_1$ und $r_2$ gegeben. Die den Bögen gemeinschaftliche Tangente $\overline{T_1T_2}$ ist abzustecken (Bild 1-105).

Durch Auflösen der Dreiecke $BA_2M_2$ und $BM_2C$ erhält man $\overline{BC}$ und $\overline{M_2C}$. Dann ist

$$\overline{M_2D} = \overline{BA_1} - \overline{BC}, \quad \overline{M_1D} = r_1 - \overline{M_2C}, \quad \overline{M_1M_2}^2 = \overline{M_1D}^2 + \overline{M_2D}^2,$$

$$\tan(\alpha_1 + \delta) = \overline{M_2D}/\overline{M_1D}, \quad \cos\delta = (r_1 + r_2)/\overline{M_1M_2},$$

$$\alpha_1 = (\alpha_1 + \delta) - \delta, \quad \alpha_2 = \alpha_1 + \gamma.$$

Mit den Radien und den Zentriwinkeln berechnet man die Tangenten $\overline{T_1A_1}$ und $\overline{T_1E_1}$ sowie $\overline{T_2A_2}$ und $\overline{T_2E_2}$. Aus $\triangle BT_1T_2$ ergeben sich $\overline{BT_1} = \overline{BA_1} - \overline{T_1A_1}$ und $\overline{BT_2}$ nach dem Sinussatz.

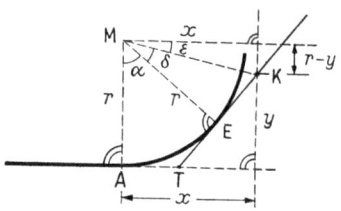

Bild 1-104. Tangente an einen Kreisbogen durch einen gegebenen Punkt; Erläuterung im Text.

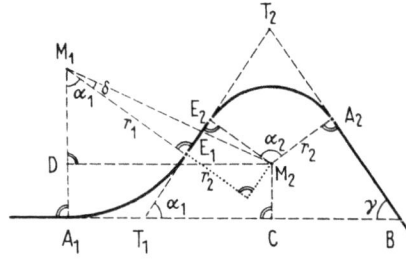

Bild 1-105. Gemeinsame Tangente an zwei Kreisbögen; Erläuterung im Text.

### 1.7.7 Kuppen- und Wannenausrundung

(Bild 1-106), [70a]

$$\alpha = \alpha_1 + \alpha_2; \quad \text{arc } \alpha \approx |s_1 - s_2|.$$

$s_1$ und $s_2$ sind positiv beim Steigen, negativ beim Fallen der Trassen.

$$t = R_a \tan \alpha/2 \approx (R_a/2) \text{ arc } \alpha \approx (R_a/2) \cdot |s_1 - s_2|;$$

$y \approx x^2/2R$ (quadratische Parabel als Näherung für den Kreis (1.7.3.1.1)).

Für Wannen nimmt man $R_a > 6000$, für Kuppen $R_a > 8000$ (größere Sichtlänge).

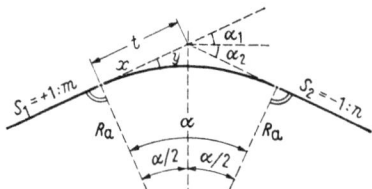

Bild 1-106. Kuppenausrundung; Erläuterung im Text.

## 1.7.8 Kubische Parabel und Vorbogen als Übergangskurven

### 1.7.8.1 Kubische Parabel

Soll in einer Übergangskurve zu einem Kreisbogen mit dem Radius $R$ und in diesem selbst beim Befahren mit gleichbleibender Geschwindigkeit $V$ überall Gleichgewicht der Kräfte herrschen, so muß der Außenrand der Fahrbahn erhöht werden. Verlangt man für eine stoßfreie Fahrt ein lineares Anwachsen der Überhöhung und damit der Krümmung $1/r$ vom Werte Null im Anfang bis zum Werte $1/r = 1/R$ am Ende des Übergangsbogens, so ergibt sich bei Annahme eines flachen Bogens, bei dem die Kurvenlänge $l_x$ gleich der Tangentenabszisse $x$ gesetzt werden kann[1]), als Gleichung für die Übergangskurve von der Gesamtlänge $l$ die *kubische Parabel* $y = x^3/6Rl$. (23)

Die mathematischen Eigenschaften der kubischen Parabel (23) ergeben eine Reihe von wertvollen Absteckungshilfen (Bild 1-107).

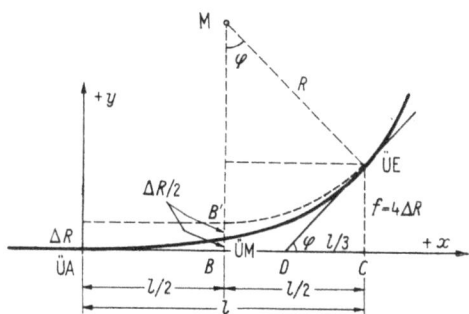

Bild 1-107. Kubische Parabel als Übergangskurve, ÜA Übergangsbogen-Anfang, ÜM Übergangsbogen-Mitte, ÜE Übergangsbogen-Ende.

| | | |
|---|---|---|
| *Ordinate* in ÜE ist mit | $x = l: f = l^2/6R$, | (24) |
| Länge der *Subtangente* in ÜE: | $\overline{DC} = l/3$, | (25) |
| *Kreisausrückung:* | $\overline{BB'} = \Delta R = l^2/24R = f/4$, | (26) |
| *Koordinaten* von M: | $x_M = l/2$, $\quad y_M = R + \Delta R$, | (27) |
| *Koordinaten* von ÜM: | $x_{ÜM} = l/2$, $\quad y_{ÜM} = l^2/48R = f/8 = \Delta R/2$. | (28) |

Bei *langen Übergangsbögen*, bei denen $l/R \ll 1$ nicht mehr zutrifft, treten zwischen Übergangsbogen und Kreis in ÜE drei Unstetigkeiten auf:

| | | |
|---|---|---|
| *Ordinatensprung* | $y_K - y_Ü = \Delta y \approx (l/128)(l/R)^3$, | (29) |
| *Radiensprung* | $r_Ü - R_K = \Delta r \approx 0{,}4l(l/R)$, | (30) |
| *Knick* | $\varphi_K - \varphi_Ü = \Delta\varphi \approx 1/12 \, (l/R)^3$. | (31) |

Wenn der Ordinatensprung $< 8$ mm ist, wird er im *Eisenbahnbau* vernachlässigt. Dann muß $l < \sqrt[4]{R^3}$ sein ($R = 200$ m, $l < 53$ m).

Zur Herabminderung der Differenzen, die beim im Verhältnis zu den Kreisradien größeren Übergangsbogenlängen auftreten können, sind verschiedene Vorschläge gemacht worden. Der einfachste ist der von *Helmert* (1872), von ÜE bis ÜM die Ordinaten von Kreisbogen aus abgesteckt zu denken, die von ÜA bis ÜM von der Tangente aus abgesteckt wurden[2]). Bei wachsendem $l/R$ entstehen aber auch in ÜM wieder unerwünschte Abweichungen [81 (1952) S. 22—27]. Zum Abstecken langer Übergangsbögen bei kleinen Kreisradien benutzt man daher zweckmäßig die *Klothoide* (1.7.9) und [H 32].

---

[1]) Ohne diese Näherung gelangt man zur Klothoide.
[2]) Nach dem Vorschlag von *Helmert* wird bei der Deutschen Bundesbahn vielfach gearbeitet.

90                     1. Vermessungstechnik

Für den *Eisenbahnbau* [H 46; 34a; 62] gilt für Überhöhung $Ü$ in mm, $R$ in m, $V$ in km/h und $l$ in m:

*Regelüberhöhung:* $Ü = \dfrac{8V^2}{R}$, wo $20 \leqq Ü \leqq 150$ mm.

*Gerade Überhöhungsrampe:* Regelneigung $1:10\,V$, größte Neigung $1:8\,V$ bzw. $1:400$.
*Übergangsbogenlänge:* $l \geqq 10\,V\,Ü$ bei $V > 40$ km/h, $l \geqq 400\,Ü$ bei $V < 40$ km/h.
$l \geqq 0{,}7\,\sqrt{R}$; kürzere $ÜB$ wirken sich kaum aus (Tabelle 1-19).

Zwischen zwei geraden Überhöhungsrampen legt man einen Gleisabschnitt ohne oder mit gleichbleibender Überhöhung von mindestens $V/10$ m Länge.

Tabelle 1-19. Höchstgeschwindigkeit $V_{max}$, Überhöhungen $Ü$ und Übergangsbogenlängen $l$ in Gleisbögen mit dem Radius $R$ [H 43]

| $R$ m | $V_{max}$ km/h | $Ü$ mm | $l$ m | $R$ m | $V_{max}$ km/h | $Ü$ mm | $l$ m |
|---|---|---|---|---|---|---|---|
| 1 500 | 175 | 150 | 260 | 300 | 75 | 150 | 115 |
| 1 000 | 140 | 150 | 220 | 200 | 55 | 125 | 70 |
| 800 | 130 | 150 | 195 | 180 | 50 | 115 | 60 |
| 600 | 110 | 150 | 165 | 150 | 45 | 110 | 50 |
| 400 | 90 | 150 | 135 | 125 | 35 | 100 | 35 |
|  |  |  |  | 100 | 25 | 80 | 30 |

Auszug aus: Deutsche Bundesbahn, Hilfsheft h 501, S. 13. Weitergehend: DBB Oberbauvorschrift 820 mit Anhang und Taschenbuch für den Eisenbahn-Vermessungsdienst der Bundesbahn-Direktion Hannover [62].

*Übergangsbögen* legt man bei Straßenbögen mit kleinen Radien oder hohen Ausbaugeschwindigkeiten an, um das gefährliche Schneiden der Bögen zu vermeiden. Wird eine Querabweichung $< 0{,}30$ m als unerheblich betrachtet, so kann man auf Übergangsbögen, deren Gesamtlänge $l < 2{,}7\,\sqrt{R}$ ist, verzichten (z. B. $R = 400$ m, $l \geqq 54$ m; $R = 60$ m, $l \geqq 20$ m) [H 32].

Über die Verwendung der *Klothoide* beim Bau von *Autobahnen* vgl. 1.7.11.

### 1.7.8.2 Vorbogen

Als Näherung für die kubische Parabel empfiehlt sich der Krümmungskreis in ÜM, der den Radius $r_v = r_{1/2} = 2R$ besitzt; im Straßenbau als Vorbogen benutzt.

Beim Vorbogen ergeben sich ebenfalls einige Absteckungshilfen (Bild 1-108):

Ordinate in VM = ÜM:    $y_{VM} = \Delta R/2$,            (32)

Ordinate in VE:    $y_{VE} = 2\Delta R$.                  (33)

Wählt man die Kreisausrückung $\Delta R$ nach fahrdynamischen Gesichtspunkten ($\Delta R = 0{,}3$ bis $3{,}0$ m) [43], so ergibt sich die *halbe Vorbogenlänge* $a = \sqrt{2R\,\Delta R}$. (34)
Zwischen $a$ und $l$ bestehen die Beziehungen

$$a = l/6\,\sqrt{3} = 0{,}28867\,l \quad \text{und} \quad l = 2a\,\sqrt{3} = 3{,}46410\,a. \quad (35)$$

*Übergangsbogen-Übergriff:*

$$(l/2) - a = a(\sqrt{3} - 1) = \text{VA} - \text{ÜA} = \text{ÜE} - \text{VE} = 0{,}73206\,a = 0{,}21133\,l.$$

### 1.7.9 Klothoide als Übergangskurve

Die kubische Parabel kann auch vom Vorbogen bzw. vom Kreis als Standlinie aus radial abgesteckt werden. Von ÜA bis VM = ÜM liegt die kubische Parabel auf der Innen-(Mittelpunkt-) Seite von Tangente und Vorbogen; von VM = ÜM bis ÜE auf der Außenseite von Vorbogen und Kreis. Sorgt man für gleiche Bogenabstände von ÜA bzw. von ÜE aus, so sind die absoluten Werte entsprechender Radialabstände $e$ gleich. Teilt man den Übergangsbogen von ÜA bis ÜE in 20 gleiche Teile ein, so daß 10 bei ÜM liegt, so ergibt sich für $e = c e_{max}$, wobei $e_{max} = 0{,}06 \Delta R$ ist, die Tabelle 1-20. Die Tabellenwerte entsprechen den Ordinaten der Abstandslinie beim Nalenzverfahren (1.7.12).

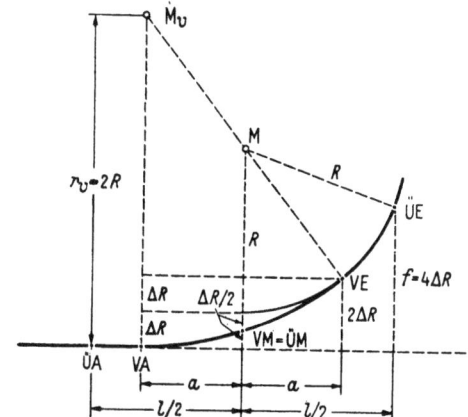

Bild 1-108. Vorbogen. VA Vorbogen-Anfang, VM Vorbogen-Mitte, VE Vorbogen-Ende.

Tabelle 1-20. Zusammenstellung der Radialabstände für $c_{max} = 1$

| Station | | Abstand von ÜA $l$ | $c$ | Station | | Abstand von ÜA $l$ | $c$ |
|---|---|---|---|---|---|---|---|
| ÜA = ÜE | 0 | 0,00 | 0,00 | | 5 | 0,25 | 0,88 |
| | 1 | 0,05 | 0,01 | $e_{max}$ 6 | | 0,30 | 1,00 |
| | 2 | 0,10 | 0,07 | | 7 | 0,35 | 0,92 |
| | 3 | 0,15 | 0,22 | | 8 | 0,40 | 0,70 |
| | 4 | 0,20 | 0,53 | | 9 | 0,45 | 0,37 |
| VA = VE | | 0,21133 | 0,61 | ÜM | 10 | 0,50 | 0,00 |

### 1.7.9 Klothoide als Übergangskurve

Wird für den *Landstraßenbau* angenommen, daß der Fahrer eines Kraftfahrzeuges, wenn er seine Fahrgeschwindigkeit unverändert beibehält, um beim freien Wechsel der Richtung von einer geraden zu einer Kreisfahrt zu kommen, das Steuer mit gleichbleibender Geschwindigkeit einschlägt, so gelangt man zu einer Übergangskurve, bei der die Krümmung $1/R$ linear mit der Bogenlänge $L$ wächst: $1/R = \text{const} \times L$ (Klothoide). Die gleiche Grundrißkurve erhält man, wenn man den Ansatz nach 1.7.8 macht, aber die Voraussetzung flacher Bögen fallen läßt, bei denen genähert die Bogenlänge der Abszissenlänge auf der Tangente gleichgesetzt werden darf.

Die Klothoide hat ihre Bedeutung beim freien Projektieren von Straßen [93 (1952) S. 47—49] und auch im *Eisenbahnbau*, wenn man sich bei Übergangskurven von der Näherung ,,Bogenlänge gleich Abszissenlänge" freimachen muß. Ausnahmsweise wendet die Deutsche Bundesbahn an Stelle der linearen auch S-förmig geschwungene Überhöhungsrampen an, da diese bei Linienverbesserungen geringere Seitenverschiebungen ergeben. Die Grundrißkurve ist dann keine Klothoide mehr.

$$RL = \text{const} = C = a^2 \tag{36}$$

ist die *natürliche Gleichung* der Klothoide (Bild 1-109).

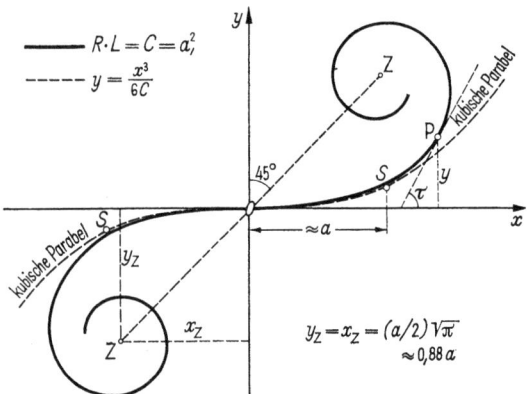

Bild 1-109. Klothoide; Erläuterung im Text.

Die Klothoide nähert sich asymptotisch den Zentralpunkten Z. Ihre Krümmung wird immer größer, sie kann theoretisch bis zu beliebigen Steigungswinkeln $\tau$ benutzt werden. Die Verwendung der kubischen Parabel reicht nur bis zu ihren Scheiteln S, deren Abszissen $a \approx \sqrt{C}$ sind. Für $x = \sqrt{C}$ darf die Übergangsbogen-Gesamtlänge $l$ höchstens gleich dem Kreisradius $R$ werden.

Zwischen den zum Punkt P gehörenden Größen, Bogenlänge $L$ vom Nullpunkt, Krümmungsradius $R$, Tangentenwinkel $\tau$ in analytischem Maß und dem linearen Parameter $a$ der Klothoide bestehen die Beziehungen:

$$\tau = L/2R = L^2/2a^2 = a^2/2R^2, \qquad a^2 = LR = L^2/2\tau = 2\tau R^2,$$
$$L = a^2/R = 2\tau R = a\sqrt{2\tau}, \qquad R = a^2/L = L/2\tau = a/\sqrt{2\tau}. \tag{37}$$

Bezeichnet man die Koordinaten der Klothoide mit dem Parameter $a$ mit $X$, $Y$, der Klothoide mit dem Parameter 1, der sog. *Einheitsklothoide*, mit $x$, $y$, so ist

$$X/a = x; \quad Y/a = y; \quad L/a = l; \quad R/a = r. \tag{38}$$

Die Koordinaten lassen sich nur durch unendliche Reihen über einen Parameter darstellen. Für die Einheitsklothoide ist:

$$x = l - l^5/40 + l^9/3456 - + \cdots = \sqrt{2\tau}\,(1 - \tau^2/10 + \tau^4/216 - + \cdots).$$
$$y = l^3/6 - l^7/336 + l^{11}/42240 - + \cdots = \sqrt{2\tau}\,(\tau/3 - \tau^3/42 + \tau^5/1320 - + \cdots) \tag{39}$$

Die Klothoide wurde in verschiedenen Formen tabuliert [66; 67; 67a; 68; 71]. Mit Gl. (38) liefert (39) für $L = X$ als erste Näherung die kubische Parabel $Y = X^3/6a^2 = X^3/6R_k L_k$ (k Kreis); (1.7.8). Zum Abstecken werden gebraucht (Bild 1-110): Tangentenabrückung der Krümmungskreise

$$\Delta r = y - (r - r \cos \tau). \tag{40}$$

Abszissen und Ordinaten der Krümmungsmittelpunkte

Polarkoordinaten:
$$x_M = x - r \sin \tau, \qquad y_M = r + \Delta r. \qquad (41)$$
$$s = \sqrt{x^2 + y^2} \quad \text{und} \quad \sigma = \arctan(y/x). \qquad (42)$$

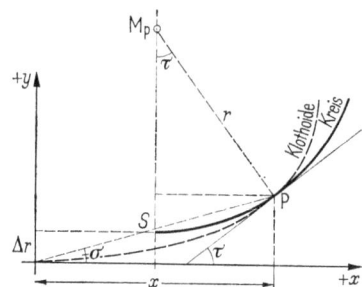

Bild 1-110. Ermittlung von $\Delta r$, $x_M$, $y_M$, $s$ und $\sigma$.

## 1.7.10 Spezielle Verfahren zum Abstecken der Klothoiden
[57, S. 53]

Die Theorie liefert für den spitzen Winkel $\varphi$ zwischen den Parallelen zur Grundtangente G durch S und den Zielungen nach Z (Bild 1-111):

$$\varphi = (\varrho/6a^2)(L_S{}^2 + L_S L_Z + L_Z{}^2). \qquad (43)$$

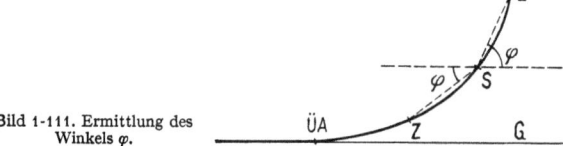

Bild 1-111. Ermittlung des Winkels $\varphi$.

Hierin ist: $L$ die Klothoidenlänge von ÜA bis S bzw. Z und $\varrho$ der Umrechnungsfaktor von Grad in analytisches Maß. Gl. (43) gilt, solange $SZ \leq a/2{,}5$ ist ($a$ Klothoidenparameter).

Auf Gleichung (43) beruhen alle speziellen Verfahren der Klothoidenabsteckung, die in Anlehnung an die bewährten Verfahren der Kreisabsteckung entwickelt wurden.

### 1.7.10.1 Abstecken der Klothoide durch ein Sehnenpolygon
(Bild 1-112)

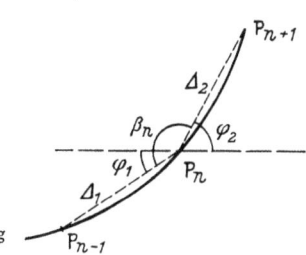

Bild 1-112. Klothoiden-Absteckung durch ein Sehnenpolygon.

Mit den Sehnenlängen $\Delta_1$ und $\Delta_2$ sowie der Kurvenlänge $L_n$ vom Nullpunkt $P_n$ an ist:

$$\beta_n = 200\,\text{gon} - (\varrho\,\text{gon}/6a^2)\,(\Delta_1 + \Delta_2)\,(3L_n + \Delta_2 - \Delta_1). \tag{44}$$

Beim Übergang aus der Geraden ist im Klothoidenwendepunkt $\Delta_1 = 0$ und $L_n = 0$. Beim Übergang von der Klothoide in den Kreis bestimmt man im Klothoidenendpunkt zunächst den Richtungswinkel $\varphi$ der letzten Klothoidensehne nach Gl. (43) und dann den Richtungswinkel $\psi$ der anschließenden Kreissehne $\Delta_k$ als Summe des Klothoidentangentenwinkels $\tau = \varrho\,\text{gon}\,L/2R$ und des Sehnentangentenwinkels $\alpha = \varrho\,\text{gon}\,\Delta_k/2R$. Dann ist

$$\psi = \tau + \alpha = \varrho\,\text{gon}\,(L + \Delta_k)/2R = 3\,(\varrho\,\text{gon}/6a^2)\,L\,(L + \Delta L).$$

Der konstante Faktor $\varrho/6a^2$ wurde hierfür und für das Sehnenwinkelverfahren für runde Parameter $a$ tabuliert. Schließlich ist Brechungswinkel $\beta = 200\,\text{gon} + \varphi - \psi$.

Mit den angenommenen Sehnen $\Delta_i$ und den Brechungswinkeln $\beta_i$ wird das Sehnenpolygon abgesteckt wie beim Kreis (1.7.2). Für gleiche Sehnen $\Delta$ ergeben sich einige Vereinfachungen. *Anwendung* wie beim Kreis, vornehmlich in Tunneln und im Walde.

### 1.7.10.2 Sehnenwinkelverfahren

(Bild 1-113)

Mit Gl. (43) gewinnt man den zu dem Bogen $\Delta L$ gehörenden Standpunktwinkel zu

$$\Delta\varphi = (\varrho/6a^2)\,(L_S\,\Delta L + 2L\,\Delta L - \Delta L^2). \tag{45}$$

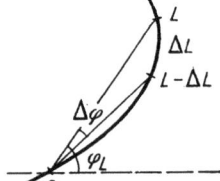

Bild 1-113. Sehnenwinkelverfahren; Erläuterung im Text.

Wieder gilt die unter (1.7.10) gemachte Einschränkung $SL \leqq a/2{,}5$. Soll ferner die zu $\Delta\varphi$ gehörende Sehne $\Delta s$ um nicht mehr als 4,5 mm vom Bogen $\Delta L$ abweichen, so muß $\Delta L \leqq 0{,}48 R^{2/3}$ sein ($R = 60$ m, $\Delta L \leqq 7{,}2$ m; $F = 100$ m, $\Delta L \leqq 10{,}4$ m; $R = 200$ m, $\Delta L \leqq 16{,}5$ m). Reduktion der Bogenlänge: $\Delta L - \Delta s = \Delta L^3/24 R^2$.

Der Klothoidenbogen wird wie beim Sehnenwinkelverfahren für den Kreis mit Meßband und Theodolit auf den Standpunkt zu abgesteckt.

### 1.7.10.3 Klothoidenabsteckung von der Sehne

(Bild 1-114)

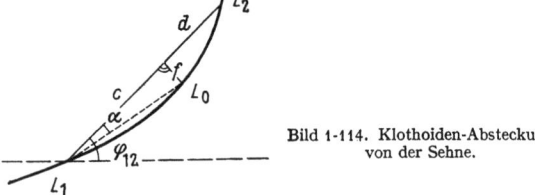

Bild 1-114. Klothoiden-Absteckung von der Sehne.

Über Gl. (43) erhält man unter der Voraussetzung, daß für flache Bögen $f = c \tan \alpha \approx \alpha c$ gesetzt werden kann,

$$f = (cd/12a^2)(3L_1 + 3L_2 + c - d), \qquad (46)$$

oder mit $L_2 = L_1 + c + d$

$$f = (cd/6a^2)(3L_1 + 2c + d). \qquad (47)$$

Gl. (46) und (47) können wie die Parabelmethode beim Kreis (1.7.4.2) sowohl zur Punktverdichtung als auch zum Einschalten runder Stationen benutzt werden.

### 1.7.10.4 Klothoidenabsteckung von der Tangente

(Bild 1-115)

Mit den Bogenlängen $L_0$ und $(L_0 + x)$ liefert Gl. (43) mit dem Tangentenwinkel $\tau = L_0^2/2a^2$ und $y = \alpha x$

$$y = (x^2/6a^2)(3L_0 + x). \qquad (48)$$

Für den Koordinatenursprung ergibt sich mit $L_0 = 0$ die kubische Parabel $y = x^3/6a^2$.

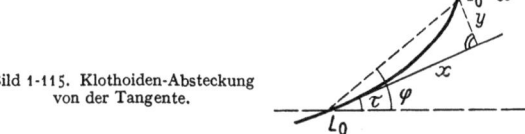

Bild 1-115. Klothoiden-Absteckung von der Tangente.

### 1.7.10.5 Zwischenpunkte

Diese werden bei gleichabständig verpflockten Kurven im Anschluß an vier benachbarte Pflöcke nach der *Zweiachtelmethode* abgesteckt [93 (1953) S. 8—15 und 71, S. 67]. Vergleiche Viertelsmethode beim Kreis (1.7.4.1).

## 1.7.11 Bemerkungen zur Klothoide als Trassierungselement

Die Klothoide hat man zuerst beim Bau der Autobahnen hauptsächlich aus fahrpsychologischen Gesichtspunkten angewandt, da den Fahrer in der perspektivischen Verkürzung Knicke stören, die im Grundriß gar nicht in Erscheinung treten. Anfänglich wurde die Klothoide entsprechend 1.7.8.2 von einem Vorbogen aus abgesteckt. Heute ist dieser Umweg unnötig, da mehrere Klothoidentabellen vorliegen [66; 67; 67a; 68; 71].

Durch eine Klothoide können nicht nur eine Gerade und ein Kreis, sondern auch zwei gleich- oder gegensinnig gerichtete Kreise verbunden werden (*Ei-Linie* oder *Wende-Linie*). Eine *Klothoide* ist durch *vier Punkte* gegeben.

Der Richtungsänderungswinkel beträgt bei der kubischen Parabel höchstens 23° — beim Absetzen vom Kreis auch mehr —, 135° bei der Lemniskate [H 01], bei der Klothoide ist er theoretisch beliebig, praktisch also nur durch die Aufgabe begrenzt.

Der gleiche Radius kommt bei Klothoiden mit verschiedenen Parametern $a$ an verschiedenen Stellen vor. Die Parameter wählt man nach den fahrdynamischen Verhältnissen. Zur schnelleren Fahrt gehört der flachere Bogen. Bei gleichen Kreisradien $R$ werden für steigende Tangentenabrückungen $\Delta R$ und bei gleichen $\Delta R$ für wachsende Kreisradien $R$ steigende Klothoidenparameter $a$ benötigt. Maßgebend für die Wahl von $R$, $\Delta R$ und damit von $a$ ist die Ausbaugeschwindigkeit. An der Stelle der stärksten Krümmungsänderung der Klothoide soll die auftretende Beschleunigung $d^2s/dt^2 < 0{,}4$ m/s² sein.

Die *Bauanweisung für Autobahnen-Trassierungsgrundsätze* (Baurab TG) 1943 bringt für Übergangsbogenlängen eine graphische Tabelle mit den Geschwindigkeitsklassen 1 bis 4 und den Kreisradien als Argumente (Tabelle 1-21). Die entsprechende Zahlentabelle, ergänzt durch den Parameter $a = \sqrt{RL}$, lautet:

Tabelle 1-21. Erforderliche Übergangsbogenlängen

| Klasse | Ausbau-geschwindig-keit V km/h | Kreisradius R m | Übergangskurve | |
|---|---|---|---|---|
| | | | Üb. Länge L m | Parameter a m |
| 1 | 160 | 1100···1800 | 200···120 | 470···465 |
| 2 | 140 | 600···1800 | 250···80 | 387···380 |
| 3 | 120 | 400···1800 | 230···52 | 303···306 |
| 4 | 100 | 250···1800 | 210···30 | 229···232 |

Bei freier und großzügiger Trassierung wird im *englischen* und *amerikanischen Landstraßenbau* die Klothoide auch als selbständiges Trassierungselement benutzt. Die Vorschriften der BRD verlangen einen Zwischenkreis mit $\operatorname{arc}\varphi \geqq \sqrt{32\,\Delta R/R}$, um dem Fahrer Zeit zu geben, sich auf den neuen Drehsinn des Lenkrades einzustellen.

Bei einem Kreisbogen mit unsymmetrischen Klothoidenübergängen ist Tangentenwinkel $\alpha$ der Gesamtkurve gleich der Summe der beiden Tangentenwinkel $\tau_1$ und $\tau_2$ der Übergangsbögen, vermehrt um den Zentriwinkel $\gamma$ des Kreisbogens (Bild 1-116). Beim reinen Kreisbogen ohne Übergangskurven (0; 1; 0) entstehen die kürzesten, beim reinen Scheitelbogen aus Klothoiden ohne Kreisbogen (1; 0; 1) die längsten Tangenten. Für die *zeichnerische Bearbeitung* von *Klothoiden* benutzt man *Klothoiden-Kurvenlineale* nach *Lorenz* [57 (1950) S. 39].

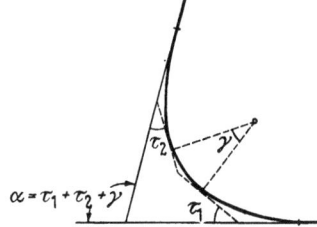

Bild 1-116. Tangentenwinkel bei zusammengesetzten Bögen.

## 1.7.12 Nalenzverfahren zur Kurvenabsteckung (Winkelbildverfahren)

Bei dem von *Nalenz* (1898) begründeten Winkelbildverfahren wird von einem vorhandenen Gleis oder Schmiegungspolygon[1]) als Standlinie S der Entwurf E durch Querabstände $e$ abgesteckt (Bild 1-117).

Zu diesem Zweck schreiben wir dem Standlinienbogen S, beginnend in der gemeinsamen Anfangstangente vor dem Bogenanfang und endend in der gemeinsamen Schlußtangente nach dem Bogenende, ein Sehnenpolygon von kleinen, vorgegebenen Polygonseiten $\Delta s \approx \Delta b$ ein. Durch jeden Polygonpunkt auf S denkt man sich zu der entsprechen-

---

[1]) Zum Beispiel Pfähle mit Nägeln im Abstand von $\Delta b = 10$ m auf der Kronenmitte einer Dammschüttung.

### 1.7.12 Nalenzverfahren zur Kurvenabsteckung

den Sehne von E die Parallele gezogen ($\not\!\!\!\!\!\!\not\subset \delta$). Für gleiche $\Delta b$ ist

$$e_1 = \Delta b\, \delta_1;\quad e_2 = \Delta b\, (\delta_1 + \delta_2);\ \ldots\ e_i = \Delta b \sum_1^i \delta_i; \tag{49}$$

die beiden Tangentenwinkel für $P_i^S$ und $P_i^E$ ergeben $\delta_i = \varphi_i^E - \varphi^S_i$ \hfill (50)
($\delta$ im Sinne eines Fehlers: Sollwert minus Istwert.)

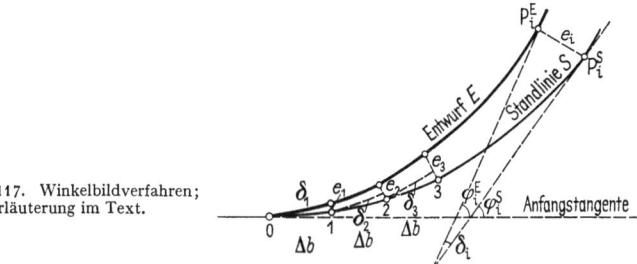

Bild 1-117. Winkelbildverfahren; Erläuterung im Text.

Im Winkelbild (Bild 1-118) werden von einem in der $x$-Richtung um $\Delta b/2$ nach rechts verschobenen Nullpunkt aus[1]) im Maßstab $M_x = 1:m_x$ die $\Delta b$ und in $y$-Richtung im Maßstab $M_\varphi$ die Winkelbilder $\varphi_i^S$ und $\varphi_i^E$ aufgetragen. Die Endpunkte der Ordinaten werden verbunden. Dann ist der Flächeninhalt zwischen den Kurven $\varphi_i^S$ und $\varphi_i^E$ vom Bogenanfang bis zum Punkte $P_i$ proportional dem gesuchten Querabstand $e_i$. Ermittlung der $e_i$ wiederum graphisch im Abstandsbild (Bild 1-119).

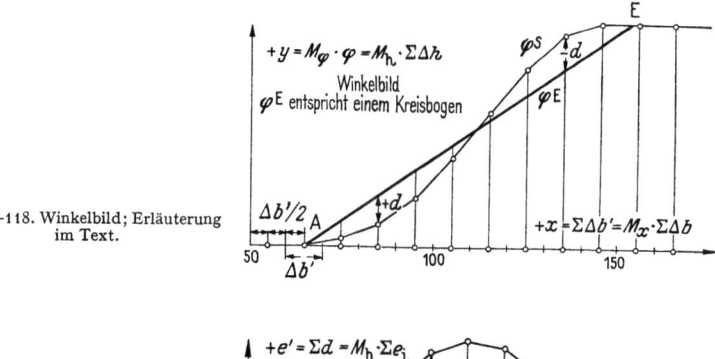

Bild 1-118. Winkelbild; Erläuterung im Text.

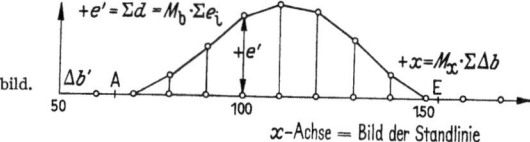

Bild 1-119. Abstandsbild.

Die Kurvenabstände $d$ auf den Mittelordinaten der Abszissenstrecken $\Delta b'$ im Winkelbild werden vom Anfangspunkt A beginnend mit dem Zirkel summiert; die jeweilige Summe wird am Ende der entsprechenden Abszissenstrecke $\Delta b'$ im Abstandsbild als

---

[1]) Winkelbild des Sehnenpolygons wäre eine Treppe von der Stufenweite $\Delta b$. Nur die Mitten der Treppenstufen werden benutzt.

Ordinaten $e'$ aufgetragen. Die Endpunkte der Ordinaten werden der Übersicht halber wiederum verbunden. Die Ordinaten der Abstandslinie ergeben unter Berücksichtigung des Ordinaten-(Breiten)-Maßstabes $M_b$ für jede Abszisse $b$ der Standlinie den zugehörigen Querabstand $e$ zwischen der Standlinie S und dem Entwurf E. Über die Vorzeichen und Maßstäbe s. u.

*Praktische Ermittlung* der *Kurven* $\varphi_i{}^S$ und $\varphi_i{}^E$ im *Winkelbild*. Für die *Standlinie* S (Bild 1-120) gilt:

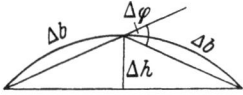

Bild 1-120. Element der Standlinie S; Erläuterung im Text.

$$\Delta\varphi = 2\Delta h/\Delta b, \quad \text{wenn } \Delta h \ll \Delta b,$$
$$\varphi_i{}^S = \overset{i}{\underset{1}{\Sigma}} \Delta\varphi = (2/\Delta b) \overset{i}{\underset{1}{\Sigma}} \Delta h. \tag{51}$$

$\varphi_i{}^S$ wird durch Summieren der Pfeilhöhen gebildet, die in der Mitte der zu $2\Delta b$ gehörenden Sehnen mit einem *Pfeilhöhenmesser*[1]) auf mm ermittelt werden. Die Regellängen der Sehnen $s \approx 2\Delta b$ betragen 20 m, bei Bögen mit $R < 200$ m auch 10 m. Die Pfeilhöhen sind positiv, wenn die Sehne auf der Innenseite, negativ, wenn die Sehne auf der Außenseite des Gesamtbogens liegt.

Für den *Entwurf* E (Bild 1-121) gilt:

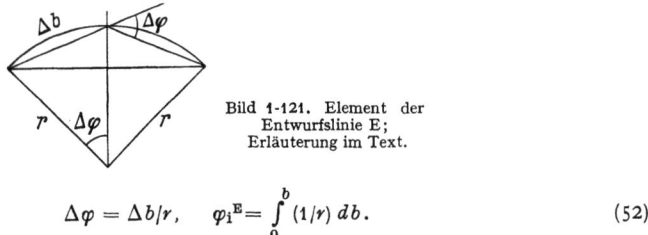

Bild 1-121. Element der Entwurfslinie E; Erläuterung im Text.

$$\Delta\varphi = \Delta b/r, \quad \varphi_i{}^E = \int_0^b (1/r)\, db. \tag{52}$$

Man erhält $\varphi_i{}^E$ als Integral der Krümmungsfunktion $1/r = f(b)$.

Ist der Entwurf ein Kreis (Krümmung konstant), so ist mit $1/r = c$ die Winkelfunktion $\varphi = \int c\, db = cb$ eine Gerade. Ist der Entwurf eine Klothoide (Krümmungsfunktion linear), so ist mit $br = c$ oder $1/r = b/c$ die Winkelfunktion $\varphi = \int (b/c)\, db = b^2/2c$ eine quadratische Parabel. Ihre Einzeichnung in das Winkelbild erfolgt nach Annahme der Übergangsbogenlänge nach Bild 1-102, 1.7.4.5.

Der Entwurf ist in das Winkelbild so einzutragen, daß (a) die Endparallelen von $\varphi^S$ und $\varphi^E$ zusammenfallen, sonst sind die Endtangenten nicht parallel; (b) die von $\varphi^S$ und $\varphi^E$ eingeschlossenen Flächen sich ausgleichen, sonst ist der Abstand von Standlinie S und Entwurf E in der Endtangente nicht Null. Ist der Abstand, der sich nach der ersten Summierung ergibt, zu groß, so muß $\varphi^E$ verschoben oder eine besondere Bezugslinie (s. u.) gewählt werden.

Für die *Zeichnung* von Winkelbild und Abstandsbild gelten folgende *Konventionen*:
a) Im Winkelbild sind beim Linksbogen positive Pfeilhöhensummen nach oben, negative nach unten abzusetzen; beim Rechtsbogen umgekehrt. b) Das Vorzeichen von $d$ regelt

---

[1]) Schnur-Pfeilhöhenmesser liefern die Firmen Max Wolz, Bonn, und Martin Held, Augsburg. Die zweite Firma stellt auch ein Gerät mit einer Sehne aus Stahldraht und verschieblichen Meßskalen mit verschiedenen Maßstäben her. Den optischen Pfeilhöhenmesser nach *Höfer* baut die Firma Dennert & Pape, Hamburg-Altona.

### 1.7.12 Nalenzverfahren zur Kurvenabsteckung

Gleichung (50). $d$ ist positiv, wenn $\varphi^E$ über $\varphi^S$, negativ, wenn $\varphi^E$ unter $\varphi^S$ liegt ($d$ = Soll − Ist, entsprechend $\delta = \varphi^E - \varphi^S$). Im Abstandsbild werden positive $d$-Summen nach oben, negative nach unten abgetragen[1]). Da nach der Vorzeichenregelung für $d$ die positiven $e$ links und die negativen $e$ rechts von der Standlinie liegen, so entspricht mit dieser Festsetzung das Abstandsbild der Anschauung.

*Maßstäbe* in den Zeichnungen. Bei der Auswertung auf Millimeterpapier kommen für $\Delta b$ praktisch nur 1-cm- und 2-cm-Intervalle in Betracht. Bezeichnet man als Maßstab $M = 1/m$ das Verhältnis von Papierstrecke zur Sollstrecke (1.6.1), so ergeben sich mit den genannten Intervallen und mit $\Delta b = 10$ m bzw. $\Delta b = 5$ m runde *Längenmaßstäbe* (Tabelle 1-22).

Tabelle 1-22. Längenmaßstäbe

| $\Delta x$ \ $\Delta b$ | 10 m | 5 m | |
|---|---|---|---|
| 1 cm | 1:1000 | 1:500 | $\Bigr\}\ M_x$ |
| 2 cm | 1:500 | 1:250 | |

Tabelle 1-23. Pfeilhöhenmaßstäbe

| $M_y$ \ $\Delta b$ | 10 m | 5 m | |
|---|---|---|---|
| 1 m | 1:5 | 1:2,5 | $\Bigr\}\ M_h$ |
| 2 m | 1:2,5 | | |

$x = M_x b$,
$M_x = 1 : m_x = \Delta x / \Delta b = 1 : (\Delta b / \Delta x)$.

*Pfeilhöhenmaßstab* $M_h = 1 : m_h$, in dem die Pfeilhöhensumme im Winkelbild aufgetragen wird, so wählen, daß gleichzeitig runde Werte für den *Winkelmaßstab* $M_y = 1 : m_y$ entstehen (Tabelle 1-23). Nach Gl. (51) ist

$y = M_y \varphi = M_y (2/\Delta b) \Sigma \Delta h = M_h \Sigma \Delta h$,    $M_y = y/\varphi = M_h \Delta b/2$,    $M_h = y/\Sigma \Delta h = 2 M_y \Delta b$.

Die als Ergebnis der zeichnerischen Auswertung anfallenden Ordinaten $e'$ der Summen- oder Abstandslinie sind mit der *Maßstabszahl* $m_b$ des *Breitenmaßstabes* $M_b = 1 : m_b$ (Tabelle 1-24) zu multiplizieren, um die Breitenabstände $e$ in der Örtlichkeit zu erhalten.

Tabelle 1-24. Maßstabszahl $m_b$

| $M_y$ \ $\Delta b$ | 10 m | 5 m | |
|---|---|---|---|
| 1 m | 10 | 5 | $\Bigr\}\ m_b$ |
| 2 m | 5 | 2,5 | |

Nach Gl. (49) ist mit $\delta = d/M_y$    $e = (\Delta b/M_y) \Sigma d = m_b \Sigma d$,    $m_b = \Delta b/M_y = 2 \cdot 1/M_h$.

Zum Berechnen der Krümmung $1/r$ aus dem Winkelbild bedient man sich des *Krümmungsmaßstabes* $M_r = 1 : m_r$; z. B. $M_r = 1000$ m oder 500 m.

$dy/dx = (M_y\, d\varphi)/(M_x\, db) = (M_y/M_x)(1/r)$;    $M_r = M_y/M_x$;    $m_r = M_x/M_y$;    $1/r = m_r\, dy/dx$.

*Zusammenfassung* der *Arbeitsgänge*:

1. Standlinie in gleiche Abschnitte $\Delta b$ einteilen.
2. Pfeilhöhen $\Delta h$ zu den Sehnen $2\Delta b$ messen.
3. Winkelbild zeichnen;
   a) Pfeilhöhensummen $\Sigma \Delta h$ als Ordinaten zu den Abszissen $b = \Sigma \Delta b$ auftragen (Winkelbild $\varphi^S$ der Standlinie).
   b) Winkelbild $\varphi^E$ des abzusteckenden Entwurfs eintragen (z. B. Kreis mit Klothoiden als Übergangskurven).
4. Abstandsbild zeichnen. Summenlinie zu den Ordinatenunterschieden von $\varphi^S$ und $\varphi^E$ konstruieren (Abstandslinie).
5. Querabstände $e$ von der Standlinie aus abstecken.

---

[1]) Im Schrifttum findet man häufig die umgekehrte Festsetzung des Vorzeichens von $d$ ($\delta = \varphi^S - \varphi^E$). Das Abstandsbild entspricht dann nicht der Anschauung, und das Gedächtnis wird nicht durch die allgemeine Vorzeichenregel „Verbesserung = Soll minus Ist" unterstützt.

Eine *Verfeinerung* des *Nalenzverfahrens* besteht in der Kürzung sehr großer Pfeilhöhensummen bei großen Bogenwinkeln oder in der Kürzung der Pfeilhöhensummen bei steiler $\varphi^S$-Linie (im Winkelbild) um einen konstanten Betrag [55, S. 103 u. 111; 49]. Die Endtangenten werden dann nicht waagerecht, sondern mit einer Neigung dargestellt, die der Neigung der $\varphi^S$-Linien entgegengesetzt ist.

Eine weitere *Verfeinerung* ist durch die Einführung einer besonderen Bezugslinie [55, S. 103 u. 111; 49] für das Herausmessen der Querverschiebungen $e$ an Stelle der Abszissenachse im Abstandsbild unter gewissen Bedingungen möglich. Man spart durch eine solche Bezugslinie bei einem nicht zu vernachlässigenden Flächenrest zwischen $\varphi^S$ und $\varphi^E$ im Winkelbild die Verschiebung und Neuzeichnung von $\varphi^E$.

Für das exakte Ausrichten von Gleisbögen hat sich das *Gleisfeinrichtverfahren* mit *Wandersehne* gut bewährt [90 (1954) S. 47—50 u. S. 269—272; (1957) S. 313—314]. Es stellt keine Absteckung dar und sichert auch nicht einen theoretischen Bogenverlauf mit größter Genauigkeit, jedoch erreicht man mit diesem Verfahren einen *stetigen Krümmungsverlauf*. Dies ist für einen guten Fahrzeuglauf die wichtigste Voraussetzung.

*Arbeitsablauf:* Der auszurichtende Bogen mit einer Länge $l$ (z. B. 160 m) wird in 40 Teilstrecken geteilt, so daß sich ein Teilpunktabstand von $l/40$ (im Beispiel 4 m) ergibt (günstige Abstände 3 bis 5 m). Mit einer Sehne, die eine Länge des achtfachen Punktabstandes hat, mißt man vom Bogenanfang beginnend und jeweils um einen Punktabstand fortschreitend die Pfeilhöhen zu den je zwei letzten Teilpunkten. Die Messung erfolgt am zurückliegenden Ende der Sehne, also im gerichteten Bereich des Gleisbogens, während die Sehnenspitze sich im ungerichteten Teil befindet. Ein etwa vorhandener Richtungsfehler an der Spitze wirkt sich nur mit $1/8$ seines Wertes auf die letzte Pfeilhöhe aus. Der Gleisbogen erhält so den geforderten stetigen Krümmungsverlauf. Die Sollgrößen der Pfeilhöhen können für alle gebräuchlichen Bogenformen Tabellen entnommen werden. Das *Wandersehnenverfahren* hat sich auch für das Richten von Geraden ausgezeichnet bewährt.

Eine Weiterentwicklung stellt das *Pfeilhöhenvergleichsverfahren* dar [90 (1956) S. 239 bis 242]. Es ist von bestimmten Sollwerten praktisch unabhängig und bewirkt ebenfalls eine Glättung der Restfehler bei einem zunächst nur grob richtig verlegten Gleis. Bei diesem Verfahren werden vom Grundgedanken her zunächst die Pfeilhöhen in dem Bereich bis zur Sehnenmitte, bis wohin das Gleis bereits gerichtet ist, gemessen. Durch Gleisverschiebungen wird dann dafür gesorgt, daß z. B. für einen Kreisbogen die Pfeilhöhen *nach* der Sehnenmitte die gleiche Größe wie *vor* der Sehnenmitte erhalten. Für Klothoiden haben die verglichenen Pfeilhöhen konstante Differenzen.

## 1.8 Benutzung der Photogrammetrie bei Ingenieuraufgaben

### 1.8.1 Allgemeiner Einsatz der Photogrammetrie

Die Photogrammetrie oder *Bildmessung*, namentlich die *Luftbildmessung*, ist in den letzten Jahrzehnten ein selbstverständliches Hilfsmittel für Erkundung, Planung und Ausführung von Ingenieurbauwerken sowie für die Herstellung von Karten aller Maßstäbe geworden.

*Terrestrische Photogrammetrie oder Erdbildmessung* wird heute nur noch für besondere Projekte, z. B. Talsperren im Gebirge, sowie für nichttopographische technische Zwecke des Ingenieurbaues verwendet.

Der *Anwendungsbereich* der Luftbildmessung ist bei Ingenieuraufgaben praktisch nur durch die Wirtschaftlichkeit des Flugzeugeinsatzes beschränkt. Zu beachten bleibt, daß die Luftbildmessung für Katasterzwecke in wertvollem Gelände u. U. hinsichtlich der erzielbaren Lagegenauigkeit nicht immer ausreicht; ferner ergibt bei sehr flachem Verlauf der Höhenformen des Geländes der schleifende Schnitt der Meßmarke mit dem Geländemodell keine ausreichende Höhengenauigkeit. In solchen Fällen tritt an die Stelle der linienhaften Auswertung die Höhenbestimmung einzelner Punkte und die Interpolation der Höhenlinien. Die Einsatzmöglichkeit der Luftbildmessung reicht seit Einführung der Weitwinkelobjektive von der Ebene bis zum Hochgebirge.

## 1.8.2 Technische Daten zur Luftbildaufnahme

(DIN 18716)

Die Aufnahmekammern sind in der Regel automatisch gesteuerte Reihenbildner, die mit schrumpfungsarmem Film beschickt werden. Man bezeichnet Luftbilder mit einem Nadirwinkel bis zu etwa 3° als Senkrechtaufnahmen, bei größeren Nadirwinkeln als Steil- oder Schrägaufnahmen. Früher ziviles *Bildformat* allgemein 18 cm × 18 cm. Heute hat sich das amerikanische Bildformat 9 in. × 9 in. ≙ 23 cm × 23 cm weitgehend durchgesetzt.

Auf den Bildern werden im allgemeinen die Rahmenmarken der Kammer, Kammerkonstante $c$ (Abstand des Projektionszentrums vom Bildhauptpunkt), Bildnummer, Aufnahmezeit und eine Libelle abgebildet. Die Abbildung der Libelle ist wegen der am Flugzeug angreifenden Flugbeschleunigungen nur sehr bedingt zu benutzen.

Bei einer richtig justierten Kammer fällt der Fußpunkt des Lotes vom Projektionszentrum auf die Bildebene (*Bildhauptpunkt*) mit dem Schnittpunkt der Verbindungslinien gegenüberliegender Rahmenmarken (*Bildmittelpunkt*) zusammen.

Bei ebenem und horizontalem Gelände gilt für den Vertikalschnitt durch das Projektionszentrum (Bild 1-122)

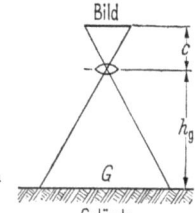

Bild 1-122. Vertikalschnitt durch das Projektionszentrum.

$$\text{Bildmaßstab} \quad \frac{1}{m_b} = \frac{\text{Bildstrecke}}{\text{Geländestrecke}} = \frac{g}{G} = \frac{c}{h_g} = \frac{1}{h_g/c};$$

wo $h_g$ Höhe über Grund. $1/m_b$ ist nur bei Senkrechtaufnahmen einheitlich.
*Beispiel:* $c = 0{,}20$ m, $h_g = 1000$ m, $1/m_b = 1/5000$.

Im allgemeinen ist die Korngröße der photographischen Emulsion so fein und das Auflösungsvermögen des Objektives so hoch, daß eine drei- bis zwölffache Vergrößerung möglich und zweckmäßig ist. Die Grenze für den Aufnahmemaßstab liegt bei der Erkennbarkeit topographischer Einzelheiten.

Die Beziehung zwischen Bildmaßstabszahl $m_b$ und Kartenmaßstabszahl $m_k$ ist: $m_b = c \cdot \sqrt{m_k}$, wo heute $c = 200$ gesetzt werden kann. Bei großen Kartenmaßstäben $1/m_k$ ist $1/m_b < 1/m_k$, bei kleinen Kartenmaßstäben ist $1/m_b > 1/m_k$ (Tabelle 1-25).

Tabelle 1-25. Bild- und Kartenmaßstäbe

| Karte | Bild | Karte | Bild |
|---|---|---|---|
| 1: 1000 | 7000 | 1: 25000 | 32000 |
| 1: 5000 | 14000 | 1: 50000 | 45000 |
| 1:10000 | 20000 | 1:100000 | 60000 |

Aufnahme des Geländes erfolgt in parallelen Flugstreifen, die, soweit möglich, nach der Karte geplant werden (Bild 1-123 u. 1-124).

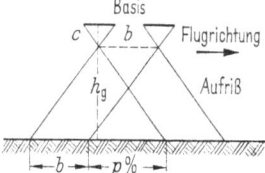

Bild 1-123. Flugstreifen (Aufriß).

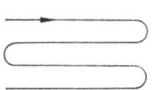

Bild 1-124. Flugstreifen (Grundriß).

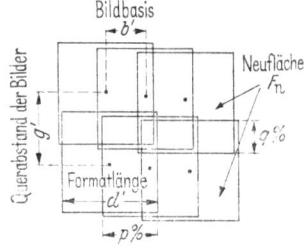

Bild 1-125. Luftbild-Überdeckung.

Luftbildüberdeckung (Bild 1-125)[1]

| Überdeckung | Ebene | Gebirge |
|---|---|---|
| Längs-$p$ in % | 60 | 80 |
| Quer-$q$ in % | 30 | 50 |

Bildmaßstab $\quad 1/m_b = g/G = c/h_g = \dfrac{1}{h_g/c},\quad$ (1)

Höhe über Grund $\quad h_g = c m_b,\quad$ (2)

Gedeckte Fläche $\quad F = d'^2 m_b^2 \ (d'^2 \text{ Bildformat}),\quad$ (3)

Basis $\quad b = \dfrac{100 - p}{100} d' m_b,\quad$ (4)

Basisverhältnis $\quad \dfrac{b}{h_g} = \dfrac{100 - p}{100} \dfrac{d'}{c},\quad$ (5)

Querabstand $\quad g = \dfrac{100 - q}{100} d' m_b,\quad$ (6)

Neufläche $\quad F_n = bg = \dfrac{100 - p}{100} \dfrac{100 - q}{100} d'^2 m_b^2.\quad$ (7)

*Beispiel:* Gegeben: $\quad c = 0{,}20$ m (Bildkonstante), $d' = 0{,}18$ m (Formatlänge).
Gefordert: $\quad p = 60\%,\ q = 30\%,\ 1/m_b = 1/5000.$
Errechnet: $\quad h_g = 1000$ m, $F = 0{,}81$ km², $F_n = 0{,}23$ km².

Beträgt aufzunehmende Fläche etwa 60 km², so fallen mindestens 60:0,23 = 261 Bilder an.

In der BRD werden *Luftbildaufträge* u. a. von den Firmen Hansa Luftbild G.m.b.H. bzw. Plan und Karte G.m.b.H. in Münster, Luftbildtechnik G.m.b.H. in Berlin, Aero Exploration in Frankfurt/Main, Schneiker in Dortmund, Rüpke in Hamburg und Photogrammetrie G.m.b.H. in München entgegengenommen. Bei der Flugplanung in unerschlossenen Gebieten muß auf die Flugplätze und eine gute Bodenorganisation geachtet werden. Die *Flüge* werden meist vor der Belaubung im Frühjahr oder nach dem Laubabfall im Spätherbst ausgeführt, damit das Gelände möglichst gut eingesehen werden kann; dichter Nadelwald gestattet dies zu keiner Jahreszeit.

---

[1] Neuerdings $p$ häufig bis 90% (zur Auswahl geeigneter Bilder).

## 1.8.3 Einfache zeichnerische Verfahren zur Ausmessung von Einzelluftbildern ebenen oder nahezu ebenen Geländes

Zur reinen Betrachtung Luftbilder so halten, daß die Schatten auf den Beschauer zufallen. Sonst täuschen die Schatten dem Auge Erhebungen an Stelle von Vertiefungen vor und umgekehrt. Am besten liegt die Beleuchtung in den Luftbildern in bezug auf den Betrachter links oben.

Luftbilder ebenen Geländes stehen mit einer Karte dieses Geländes in projektiver Beziehung, die eine kollineare Abbildung vermittelt. Die projektive Beziehung ist eindeutig gegeben, wenn sich in Luftbild und Karte vier identische Paßpunkte entsprechen, von denen keine drei auf einer Geraden liegen dürfen. Bei Aufnahmen in Richtung des Erdlotes geht die projektive Beziehung zwischen Bild und Karte in den Sonderfall der Ähnlichkeit über.

Einzelluftbilder eignen sich *nur* zum Ausmessen des Grundrisses. Die höchstzulässige Höhenabweichung $\Delta h$ des Geländes von einem mittleren Geländehorizont richtet sich nach der Genauigkeitstoleranz $\Delta r_k$, die man in der Karte $1/m_k$, in die das Luftbild übertragen werden soll, oder in dem herzustellenden Luftbildplan zulassen will. Ist $r'$ Radialabstand des betrachteten Bildpunktes im Luftbild vom Bildhauptpunkt, so ist für genäherte Senkrechtaufnahmen mit $\Delta h$ in m und $\Delta r_k$ in mm (Bild 1-143, 1.8.5.2)

$$\Delta h = \frac{c}{r'} \frac{m_k}{1\,000} \Delta r_k.$$

*Beispiel:* Kammerkonstante $c = 20$ cm; $r' = 10$ cm; $1/m_k = 1/5\,000$; $\Delta r_{k\max} = 1$ mm

Dann ist $\Delta h_{\max} = 10$ m.
Soll $\Delta h_{\max} = 20$ m betragen, so darf der Radialabstand $r'$ nicht größer als 5 cm sein.

Diese Überlegung ist wichtig für die Betrachtung der Genauigkeitsleistungen von Bildplänen.

### 1.8.3.1 Ausmessen von Schrägaufnahmen

**1.8.3.1.1 Linienschnittverfahren.** Man versucht, den Neupunkt in Bild und Karte als Schnittpunkt der geraden Verbindungslinien je zweier Paßpunkte oder je zweier auf solche Weise bereits übertragenen Hilfspunkte zu bestimmen.

**1.8.3.1.2 Punktreihenverfahren.** Der gesuchte Neupunkt liege auf der geraden Verbindungslinie zweier Paßpunkte. Den notwendigen dritten Paßpunkt auf dieser Geraden findet man dann meist als Schnittpunkt dieser mit einer in Bild und Karte identischen Grundrißlinie. Zum Übertragen des Doppelverhältnisses der vier Punkte auf der geraden Punktreihe vom Bild in die Karte legt man auf das Bild ein Stück Pauspapier und zeichnet von einem beliebigen, aber günstigen seitwärts gelegenen Scheitelpunkt aus die Strahlen durch die drei Paßpunkte und den Neupunkt (*perspektives Strahlenbüschel*). Die Strahlenpause wird anschließend so in die Karte eingepaßt, daß die drei Paßpunktstrahlen durch die zugehörigen Paßpunkte gehen. Der Neupunktstrahl schneidet dann auf der Paßpunktgeraden den Neupunkt aus. Das Verfahren empfiehlt sich besonders bei Neupunkten auf geradlinig verlaufenden Verkehrsbändern.

**1.8.3.1.3 Vierstrahl- oder Papierstreifen-Verfahren.** Man wählt unter den vier Paßpunkten ABCD in Luftbild und Karte nach Maßgabe von Bild 1-126 und 1-127 zwei Paßpunkte als Träger von Strahlenbüscheln zwischen den Paßpunkten so aus, daß die Neupunktstrahlen durch $P'$ im Bild einen günstigen Schnitt liefern. Die beiden Doppelverhältnisse zwischen den zusammengehörigen Paßpunktstrahlen und dem jeweiligen Neupunktstrahl überträgt man mit zwei auf der Kante eines Papierstreifens markierten

Punktreihen für die Strahlenbüschel A' und A bzw. D' und D vom Luftbild in die Karte. In der Karte zieht man die Neupunktstrahlen aus und findet den Neupunkt P als ihren Schnittpunkt. Das Hinzunehmen eines weiteren der vier möglichen Strahlenbüschel liefert lediglich eine Zeichenkontrolle. Die Identität der Paßpunkte kann nur durch Benutzen von mehr als vier Paßpunkten geprüft werden.

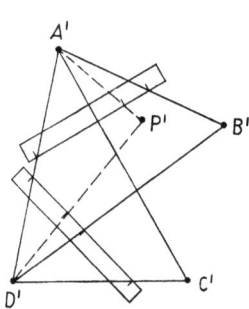
Bild 1-126. Papierstreifen-Verfahren (Luftbild).

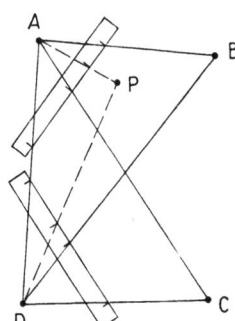
Bild 1-127. Papierstreifen-Verfahren (Karte).

**1.8.3.1.4 Übertragung des Kartengitters in das Luftbild.** Zunächst werden nach 1.8.3.1.3 die Eckpunkte eines Rechtecks aus Gitterquadraten übertragen. Die Abbildung der mittleren Gitterlinien des ausgesuchten Gitterrechtecks erfolgt nach Bild 1-128 (a' ∥ a; b' ∥ b; $d_1' \parallel d_1$; $d_2' \parallel d_2$). Die Bilder der mittleren Gitterlinien schneiden auf den vier Seiten des Bildvierecks je einen weiteren Punkt aus. Auf jeder Seite der Umrißfigur sind also jetzt drei idente Punkte des Gitters bekannt. Fehlende Punkte können durch weitere Anwendung der erwähnten Konstruktion auf die Teilvierecke oder nach dem Punktreihenverfahren (1.8.3.1.2) eingeschaltet werden.

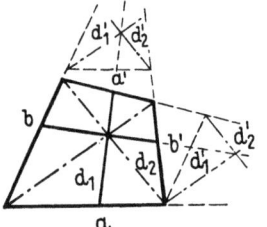
Bild 1-128. Übertragung des Kartengitters in das Luftbild.

### 1.8.3.2 Ausmessen von Senkrechtaufnahmen

**1.8.3.2.1 Bestimmung von Bildmaßstab und Flughöhe.** Bei einer Paßpunktstrecke in Bild (s') und Karte (s) ergibt sich beim Kartenmaßstab $1/m_k$ die Bildmaßstabszahl $m_b = m_k(s/s')$; $s$ und $s'$ zweckmäßig in mm. Beziehung zwischen Flughöhe über Grund ($h_g$), Bildmaßstabszahl ($m_b$) und Kammerkonstante ($c$) lautet: $h_g = m_b c$; $h_g$ und $c$ zweckmäßig in m. Ist die Flughöhe über Grund aus Aneroidablesungen bekannt, so ergibt sich näherungsweise ebenfalls der Bildmaßstab.

**1.8.3.2.2 Bestimmung der Lage des Nadirpunktes aus Paßpunkten.** Um festzustellen, wie genau die Bedingung der Senkrechtaufnahme erfüllt ist, bestimmt man den Schnittpunkt des Erdlotes durch das Projektionszentrum mit dem Luftbild (Bildnadir N'). — Durch den Bildnadir N' laufen im Luftbild die Bildlinien aller auf der Erdoberfläche vertikalen Geraden. — Der Winkel zwischen dem Erdlot durch das Projektionszentrum und dem Lot vom Projektionszentrum auf die Aufnahmeebene (Fußpunkt = Bildhauptpunkt H') ist die gesuchte Nadirdistanz $v$ der Aufnahmerichtung (Bild 1-129). Mit Kammerkonstante $c$ ist

$$\tan v = H'N'/c.$$

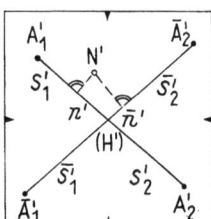

Bild 1-129. Bestimmung der Lage des Nadirpunktes.

Aus vier Paßpunkten, von denen je zwei angenähert auf einer Geraden durch den Bildhauptpunkt liegen (Bild 1-129), läßt sich die Lage des Nadirpunktes N' einfach ermitteln [83 (1943) S. 36].

Mit $s$ und $\bar{s}$ als Kartenstrecken, $s'$, $\bar{s}'$, $n'$ und $\bar{n}'$ als Bildstrecken ($n'$, $\bar{n}'$, $c$, $s$, $\bar{s}$, $s'$ und $\bar{s}'$ zweckmäßig in mm) und mit

ist
$$v_1 = s_1/s_1' \quad \text{und} \quad v_2 = s_2/s_2' \quad \bar{v}_1 = \bar{s}_1/\bar{s}_1' \quad \text{und} \quad \bar{v}_2 = \bar{s}_2/\bar{s}_2'$$
$$n' = c^2(v_1 - v_2)/(s_1 + s_2), \quad \bar{n}' = c^2(\bar{v}_1 - \bar{v}_2)/(\bar{s}_1 + \bar{s}_2).$$

Positives (negatives) $n'$ wird vom Schnittpunkt aus auf $A_2'$ ($A_1'$) zu abgesetzt. Für $\bar{n}'$ gilt Entsprechendes. Der Nadirpunkt N' ergibt sich als Schnittpunkt der in den Endpunkten der Strecken $n'$ und $\bar{n}'$ errichteten Lote. Eine dritte Paßpunktstrecke kann zur Probe herangezogen werden. Können die Paßpunkte nicht schon von vornherein nach Voraussetzung ausgesucht werden, so können sie doch immer nach 1.8.3.1.3 konstruiert werden.

**1.8.3.2.3 Senkrechtaufnahmen** können nach einem der Verfahren 1.8.3.1 für Schrägaufnahmen ausgemessen werden.

*Senkrechtaufnahmen (20/24 × 24) mit Nadirwinkeln bis zu etwa 2°* können nach Ähnlichkeitsverfahren ausgemessen werden, wenn in der Karte eine Punktgenauigkeit von 1 Papiermillimeter genügt. *Zweckmäßige Verfahren:* Graphischer Rückwärtseinschnitt bei Einzelpunktübertragung. Bogenschnitt bei Massenarbeit. Mechanische Vereinfachung durch Reduktionszirkel, zeichnerische Vereinfachung durch ein Maßstabdiagramm zum Umwandeln von Bild- in Kartenstrecken und umgekehrt.

**1.8.3.2.4 Luftbildumzeichner.** Zum schnellen Übertragen von Grundrissen mit vielen Einzelheiten vom Senkrechtbild in die Karte benutzt man im Prinzip eine halbversilberte Fläche, mit der Luftbild und Karte subjektiv übereinander projiziert werden (Bild 1-130).

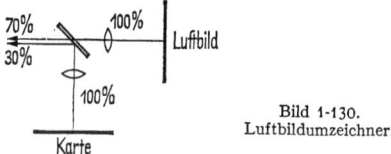

Bild 1-130. Luftbildumzeichner.

Die Maßstabs-Einpassung wird durch gegenseitige Entfernungsänderung von Luftbildern und Karte herbeigeführt. Geringe Neigungen der Aufnahmekammer werden durch entsprechende Neigung des Bildträgers ausgeglichen. Um das Auge akkomodationsfrei arbeiten zu lassen, benutzt man Linsen und Vorsatzlinsen, deren Brennweiten zusammen so zu bemessen sind, daß die Strahlen von Bild und Karte nach der Brechung parallel ins Auge treten. Nach dem Einpassen läßt sich der Luftbildgrundriß in der Karte einfach mit dem Zeichenstift nachzeichnen. Geräte: Luftbildumzeichner[1]), Rektoplanigraph[2]), Sketchmaster[3]).

### 1.8.3.2.5 Radialtriangulation [22, S. 253ff.; 29, S. 261ff.].

Soll aus mehreren Luftbildern eine Grundrißdarstellung zusammengetragen werden, ohne daß für jedes Bild wenigstens vier Paßpunkte zur Verfügung stehen, so muß mit Richtungssätzen, die aus den Bildern entnommen werden (Bild 1-131), vorab eine Radialtriangulation durchgeführt werden, die man in die zur Verfügung stehenden Festpunkte einhängt (Bild 1-132). Als

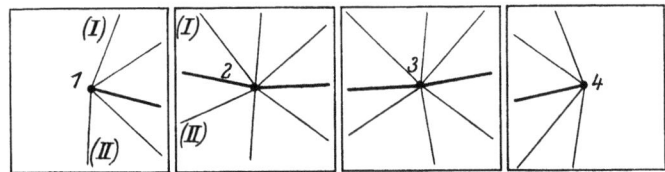

Bild 1-131. Richtungssätze für eine Radialtriangulation in den Bildern 1, 2, 3 ... eines Flugstreifens.

Scheitel- oder Radialpunkt nimmt man bei Senkrechtaufnahmen in ebenem bis hügeligem Gelände im allgemeinen den Bildmittelpunkt, bei Aufnahmen mit größeren Nadirdistanzen (man denke z. B. an Kurskorrekturen des Flugzeuges) den Fokalpunkt (winkeltreuer Punkt) und im Gebirge den Nadirpunkt (Bild 1-133). Da die Scheitelpunkte in die Nachbarbilder übertragen werden müssen, wählt man in der Praxis markante Punkte in unmittelbarer Nähe der genannten ausgezeichneten Punkte.

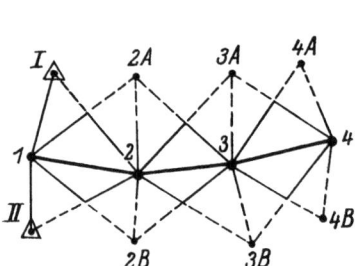

Bild 1-132. Schema einer Radialtriangulation. Zusammenfügen der Richtungssätze aus Bild 1-131 zu einer Rautenkette. *1, 2,* ... sind Radialpunkte; 2A, 2B, ... frei wählbare Bildpunkte.

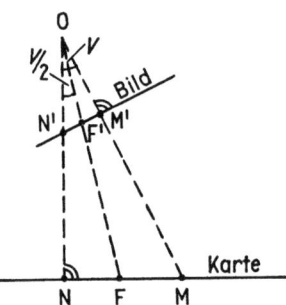

Bild 1-133. Vertikalschnitt zu Aufnahme und Gelände durch das Projektionszentrum.

Je nachdem, ob man die Richtungssätze graphisch auf Pauspapier übernimmt oder sie mechanisch in Form von Schlitzen in die Luftbilder oder in besondere Schablonen einstanzt, spricht man von graphischer Radialtriangulation oder Radialschlitztriangulation. Es ist auch möglich, die Radialstrahlen durch geschlitzte Stahlarme darzustellen, die zu Strahlbüscheln verbolzt werden. Diese werden dann zur Radialtriangulation zusammen-

---

[1]) Hersteller: Carl Zeiss, Oberkochen. — [2]) Hersteller: Fairchild, New York, USA. — [3]) Hersteller: Abrams, Lansing-Michigan, USA.

gesetzt (weniger genau als Radialschlitztriangulation). Die graphische und mechanische Radialtriangulation wird zweckmäßig ungefähr im Maßstab der Luftbilder durchgeführt, sie liefert in jedem Falle die fehlenden Paßpunkte für die Einzelausmessung. Die *numerische Radialtriangulation*, bei der die Richtungssätze gemessen und durch Rechnung streifenweise zu einer Radialtriangulation vereinigt werden, wird kaum noch angewendet.

### 1.8.4 Luftbildpläne

Bei größeren Planungen empfiehlt sich eine Entzerrung der Luftbilder mit Hilfe der Paßpunkte auf optisch-mechanischem Wege durch *Entzerrungsgeräte*. Die entzerrten Einzelluftbilder werden über den aufgetragenen Paßpunkten zu *Luftbildplänen*[1]) zusammengesetzt und reproduziert. Infolge ihrer Maßstäblichkeit können Luftbildpläne wie Karten benutzt werden. *Vorteile der Luftbildpläne:* Reicherer und differenzierterer Bildinhalt, Augenblicksbezogenheit und damit größerer dokumentarischer Wert, Kürze der Herstellungszeit. *Vorteile der Karten:* Größere Genauigkeit, einheitlicher Maßstab, leichtere Lesbarkeit, Darstellung der Höhen, leichte Wiedergabemöglichkeit von Dingen, die sich sonst nur durch Geländebegehungen feststellen lassen, Möglichkeit der unmittelbaren Benutzung als Entwurfsunterlage. Luftbildpläne können also die Karten nicht ersetzen, wohl aber ergänzen. Sie sind für Eisenbahn-, Straßen- und Wasserbau sowie für Landschafts-, Industrie- und Stadtplanung von hoher Bedeutung. Zur *Beurteilung der Genauigkeit eines Luftbildplanes* studiere man die Nahtstellen der Einzelluftbilder und beachte das unter 1.8.3 Gesagte.

Bei hügeligem Gelände treten wegen der Zentralperspektive des Luftbildes bedeutende Verlagerungen im Luftbildplan auf. Durch neuere Geräteentwicklungen für *Orthophotoskopie*, z. B. Orthoprojektor von Carl Zeiss, Oberkochen, wird erreicht, die Zentralperspektive durch differentielle Entzerrung in eine Orthogonalprojektion umzubilden, so daß die so entstehenden Bilder frei sind von Verzerrungen und Lageverschiebungen. Mit Hilfe des Höhenschraffenzusatzes zum Orthoprojektor wird es möglich, auch die 3. Dimension zu erfassen. Diese Entwicklung sollte aufmerksam verfolgt werden, bietet sich doch hier die Möglichkeit, schnell Planungsunterlagen mit guter Genauigkeit zu erhalten.

### 1.8.5 Stereoskopisches Sehen und Messen

Das paarweise stereoskopische Betrachten und Ausmessen von sich überdeckenden Luftbildern unter dem Stereoskop ist ein einfaches und wichtiges Hilfsmittel bei der Planung vieler Ingenieurbauten.

#### 1.8.5.1 Natürliches und künstliches stereoskopisches Sehen

Beim natürlichen Sehen mit beiden Augen vermitteln folgende Umstände eine anschauliche Vorstellung von dem betrachteten Raum: a) die Erfahrung über scheinbare Größe, Perspektive, Verdeckung und Ferndunst, b) für die nähere Umgebung das eigentliche stereoskopische Sehen, das durch die Verschiedenheit der Bilder bewirkt wird, die auf den Netzhautflächen unserer Augen entstehen.

Zu b): Die *natürliche räumliche Betrachtung* erfolgt in *Kernebenen* (Ebenen durch die Aufnahmebasis $b$; (Bild 1-134). Auf der Netzhaut (Bild 1-135) sind die Verbindungslinien von Punkten benachbarter Kernebenen parallel zur Augenbasis. Horizontalparallaxen $\Delta p$ geben die Entfernung, eventuelle Vertikalparallaxen stören den Raumeindruck. *Trennschärfe* beim einäugigen Sehen etwa $60''$, *Tiefenschärfe* bei zweiäugigem Sehen etwa $\delta = 25''$:

---

[1]) Luftbildpläne können nur in Spezialwerkstätten hergestellt werden.

Die Grenzen des natürlichen stereoskopischen Sehens können durch künstliches Vergrößern des Augenabstandes bzw. der Aufnahmebasis (Luftbildaufnahmen) und durch Vergrößern der Sehwinkel mittels Lupen usw. im Betrachtungsgerät erweitert werden.
Verlauf der Kernstrahlen bei verschiedenen Luftbildaufnahmen in Bild 1-136. Der beste Raumeindruck entsteht bei der Betrachtung von Normalaufnahmen aus gleicher Höhe (Bild 1-136a), weil hier die Kernstrahlen sowohl zueinander als auch zur Betrachtungsbasis parallel sind.

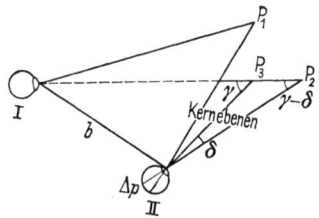

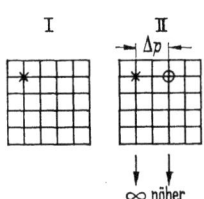

Bild 1-134. Räumliches Betrachten in Kernebenen; Erläuterung im Text.

Bild 1-135. Darstellung der Horizontalparallaxe $\Delta p$ auf der Netzhaut; Erläuterung im Text.

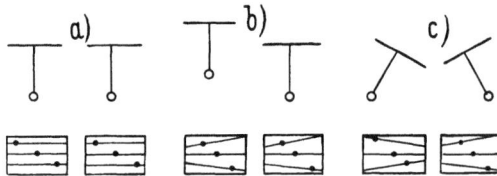

Bild 1-136. Kernstrahlen-Verlauf bei verschiedenen Luftbildaufnahmen; a) Normalaufnahmen, b) verschiedene Höhe, c) Konvergenzaufnahmen.

*Die Bedingungen für künstliches Sehen*, z. B. mit einem *Stereoskop*, entsprechen denen des natürlichen räumlichen Sehens.

1. Jedem Auge muß ein besonderes Bild dargeboten werden, dessen Aufnahmestandpunkt von dem des anderen verschieden ist.

2. Die Bilder müssen so vor die Augen gesetzt werden, daß sich die Blickrichtungen nach entsprechenden Bildpunkten schneiden (keine Vertikalparallaxen).

3. Die Blickrichtungen dürfen höchstens um etwa 16° konvergieren (Divergenz ist ausgeschlossen). Zugleich muß die der Konvergenz entsprechende Akkomodation möglich sein.

4. Der Größenunterschied der Bilder darf höchstens etwa 10% betragen. Größere Unterschiede durch Wahl verschiedener Betrachtungsentfernungen ausgleichen; Akkomodation durch Vorsatzlinsen berücksichtigen. (Zu beachten bei Aufnahmen verschiedener Flüge.)

5. Der Raumeindruck ist um so besser, je mehr die den Bildpunkten benachbarten Kernstrahlen parallel sind. Läßt sich dies wie im Normalfall der Aufnahme (s. o.) nicht für das ganze Bild erreichen, so ist dieser Zustand wenigstens für den betrachteten engeren Ausschnitt durch entsprechende Orientierung der Bilder in ihren Ebenen herbeizuführen.

### 1.8.5 Stereoskopisches Sehen und Messen

Um beim Betrachten von Stereoskopbildern den Augen die Möglichkeit zu geben, bei Parallelstellung auf ∞ zu akkomodieren, benutzt man *Linsen-* und *Spiegelstereoskope* (Bild 1-137 u. 1-138). Die Bilder liegen jeweils in den Brennebenen der Linsen.

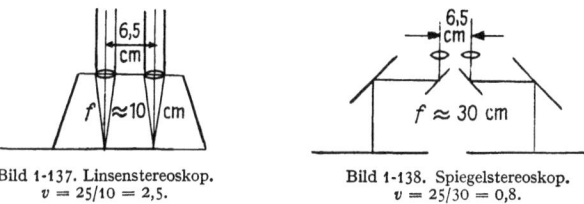

Bild 1-137. Linsenstereoskop.  
$v = 25/10 = 2{,}5$.

Bild 1-138. Spiegelstereoskop.  
$v = 25/30 = 0{,}8$.

Nimmt man als deutliche Sehweite 25 cm an, so ergibt sich beim Linsenstereoskop mit der Brennweite $f = 10$ cm eine Vergrößerung von $v = 2{,}5$ und beim Spiegelstereoskop mit der Brennweite $f = 30$ cm eine Verkleinerung von $v = 0{,}8$. Zu den Spiegelstereoskopen werden aufsetzbare Feldstecherlupen hergestellt, die etwa vier- bis sechsmal vergrößern; sie haben jedoch ein sehr kleines Gesichtsfeld. Müssen große Bilder betrachtet werden und steht nur ein Linsenstereoskop zur Verfügung, so hilft ein Bildbrett (Bild 1-139), in das die Bilder zum Teil eingeschoben werden.

 Bild 1-139. Bildbrett.

*Erste Orientierung* der Luftbilder unter dem Stereoskop so, daß die Mittelpunkte der Luftbilder und ihre wechselseitigen Abbildungen ungefähr auf einer Geraden liegen, die parallel zur Verbindungslinie der Linsenmitten (Betrachtungsachse) verläuft.

*Einzelorientierung* für einen bestimmten Bereich dadurch, daß durch vertikales Verschieben eines Bildes zur Betrachtungsachse die Vertikalparallaxen beseitigt und sodann durch leichtes Drehen beider Bilder in ihrer Ebene die dem betrachteten Bildpunkt benachbarten Kernstrahlen parallel gemacht werden. Das Optimum der Orientierung zeigt sich durch ein Maximum des Stereoeffektes.

Bei richtiger Folge und Lage der Bilder unter dem Stereoskop entsteht ein raumrichtiger, sog. *orthoskopischer Effekt*. Vertauscht man rechtes und linkes Bild, oder betrachtet man sie seitenverkehrt, oder dreht man sie in ihrer Ebene um 200 gon, so erscheinen Höhen und Tiefen verkehrt, und es entsteht ein *pseudoskopischer Effekt*. Hierbei treten auch Lage- und Größenänderungen auf. Bei Gegenständen, deren Erstreckungsrichtung in der dritten Dimension bekannt ist, z. B. Bäume und Häuser, wehrt sich die Erfahrung gegen den pseudoskopischen Effekt.

*Andere Verfahren der stereoskopischen Betrachtung:*

1. Beim *Anaglyphenverfahren* werden die beiden stereoskopischen Teilbilder a) übereinander gezeichnet oder gedruckt bzw. b) übereinander projiziert. Man zeichnet oder projiziert die Bilder in komplementären Farben, z. B. rot und grün, und betrachtet sie durch eine Brille mit entsprechend gefärbten Gläsern. Beim Zeichnen und Drucken sieht jedes Auge das komplementärfarbige Bild: Brille grün-rot. Beim Projizieren sieht jedes Auge das gleichfarbige Bild: Brille rot-grün [29, S. 70]. Das Übereinanderzeichnen oder -drucken wird auch zum stereoskopischen Darstellen von Höhenlinien und Verkehrsbandprojekten verwendet [83 (1941) S. 59—66.] Beide Verfahren eignen sich naturgemäß nur für schwarze Vorlagen. Besonders gute Anaglyphenbilder sind mit photographischem Anaglyphen-(Zweifarben-)Papier erzielbar.

2. Zur *stereoskopischen Projektion* auch mehrfarbiger Bilder werden sog. *Polarisationsfilter* benutzt, die das Licht der beiden Teilbilder senkrecht zueinander linear polarisieren. Als Analysatoren benutzt man Brillen mit Filtern entsprechend paralleler Polarisationsrichtung.

3. Synchron laufende *Wechselblenden* vor den Projektoren und vor den Augen benutzen das Prinzip der zeitlichen Bildtrennung. In raschem Wechsel (35 bis 50/s) werden je ein Auge und das zugehörige Projektionsbild freigegeben. Es ist bisher nicht gelungen, bei Dauerbelastung einwandfrei arbeitende Wechselbrillen herzustellen.
Weitere Vorschläge in [29, S. 70—72].

### 1.8.5.2 Ausmessen von Stereomodellen mit dem Stereometer

Wird das Spiegelstereoskop durch ein Stereometer (Bild 1-140) ergänzt, so können in dem beim Betrachten senkrecht aufgenommener *Luftbilder* entstehenden virtuellen Raummodell auch *Höhenmessungen* vorgenommen werden, die für die Projektierung von Ingenieurbauten nützlich sein können.

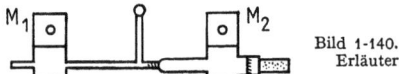

Bild 1-140. Stereometer; Erläuterung im Text.

Das *Stereometer* besteht aus zwei kleinen Glasplättchen mit Meßmarken ($M_1$ und $M_2$), deren Abstandsänderungen durch eine Mikrometerschraube bewirkt und auf etwa 0,02 mm gemessen werden. Das Stereometer wird mit seinen Marken auf idente Punkte der orientierten Luftbilder gelegt und zum Nachfahren der Situation entweder von Hand oder besser durch eine Parallelführung parallel zu sich selbst und parallel zur Betrachtungsbasis verschoben. Die beiden Stereometermarken verschmelzen beim stereoskopischen Betrachten zu einer einzigen Meßmarke, die im stereoskopischen Modell zu schweben scheint. Je weiter man die Meßmarken in einem durch die Modelldimensionen gegebenen Bereich mit der Mikrometerschraube zusammenführt oder auseinanderzieht, um so mehr scheint die *wandernde Marke* im Raum zu steigen oder zu sinken (Bild 1-135). Die Abstands- oder Parallaxendifferenz $\Delta p$ der Stereometermarken, die beim Aufsetzen der wandernden Marke auf benachbarte, aber verschieden hohe Geländepunkte als Differenz der Ablesungen an der Mikrometerschraube festgestellt wird, ist ein Maß für die Höhendifferenz zwischen den angemessenen Punkten. (Um Störungen im stereoskopischen Sehen zu vermeiden, wird die Meßmarke mit der Mikrometerschraube stets von oben auf das Gelände geführt.) Auf diese Weise können Höhenunterschiede im Gelände und Bauwerkshöhen genähert sehr einfach bestimmt werden.

Bild 1-141 zeigt einen Vertikalschnitt durch die Luftbildaufnahmen I und II, zwischen denen die Basis $b$ liegt. $x'$ und $x''$ sind die Bildabszissen der Abbildungen des Geländepunktes $P_0$ in bezug auf die Bildmittelpunkte. $p = x' - x''$ ist die zu $P_0$ gehörende Parallaxe. Die Höhe über Grund $h_0$ soll hier von der Basis aus nach unten gemessen sein. Wachsenden Höhen $h$ entsprechen also fallende Geländehöhen $H$, so daß $\Delta h = -\Delta H$ ist.

*Grundgleichung der Stereophotogrammetrie* (Bild 1-141).

$$h = bc/p. \tag{8}$$

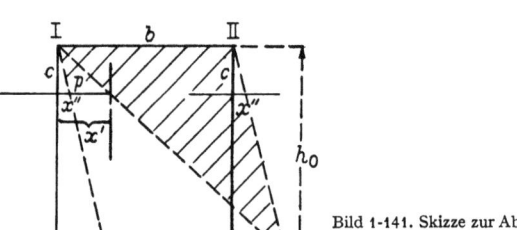

Bild 1-141. Skizze zur Ableitung der stereophotogrammetrischen Grundgleichung; Erläuterung im Text.

### 1.8.5 Stereoskopisches Sehen und Messen

Nimmt man einen Bezugshorizont an, der den Abstand $h_0$ von der Basis $b$ hat, so daß

$$h_0 = bc/p_0, \quad h = h_0 + \Delta h \quad \text{und} \quad p = p_0 + \Delta p \quad \text{ist,} \tag{9}$$

so erhält man über die Entwicklung von Gl. (8) nach *Taylor* bis zu den Gliedern 2. Ordnung einschließlich mit

$$C = h_0^2/bc = h_0/b' \quad \text{(Bildbasis } b' \approx p_0\text{),} \tag{10}$$
$$\Delta h = -C\,\Delta p\,(1 - \Delta p/p_0), \tag{11}$$
$$\Delta h = -C\,\Delta p\,(1 + \Delta h/h_0), \tag{12}$$
$$\Delta p = -(1/C)\,\Delta h\,(1 - \Delta h/h_0). \tag{13}$$

Bei nicht sehr großen Höhenunterschieden genügt jeweils die Näherung des ersten Gliedes; dann folgt mit $\Delta h \to \mathrm{d}h$, $\Delta p \to \mathrm{d}p$

aus Gl. (12):
$$\mathrm{d}h = -C\,\mathrm{d}p, \tag{14}$$

(13):
$$\mathrm{d}p = -\frac{1}{C}\,\mathrm{d}h, \tag{15}$$

damit ergibt Gl. (12):
$$\Delta h = \mathrm{d}h + \frac{\mathrm{d}h^2}{h_0}, \tag{16}$$

und (13):
$$\Delta p = \mathrm{d}p + \frac{\mathrm{d}p^2}{b'}. \tag{17}$$

Bei einer Flughöhe über Grund $h_0 = 2000$ m und $\Delta h = 50$ m beträgt das Glied 2. Ordnung nach Gl. (16) $\mathrm{d}h^2/h_0 = 1{,}25$ m. Setzt man in Gl. (14) bis (17) $\mathrm{d}h = -\mathrm{d}H$ (und entsprechend $\Delta h = -\Delta H$), wobei $\mathrm{d}H$ positiv ist, wenn $H$ zum Zenit hin wächst, dann ist

$$\mathrm{d}H = C\,\mathrm{d}p, \tag{18}$$

$$\mathrm{d}p = \frac{1}{C}\,\mathrm{d}H, \tag{19}$$

$$\Delta H = \mathrm{d}H - \frac{\mathrm{d}H^2}{h_0}, \tag{20}$$

$$\Delta p = \mathrm{d}p + \frac{\mathrm{d}p^2}{b'}. \tag{21}$$

Es empfiehlt sich, die praktische Rechnung nach Gl. (18) bis (21) durchzuführen und dabei $h_0$, $\Delta H$ und $\mathrm{d}H$ in m, $b'$, $\Delta p$ und $\mathrm{d}p$ in mm zu messen.

*Beispiel:* Höhe über Grund $h_0 = 1030$ m; Bildbasis $b' = 80{,}1$ mm; Parallaxendifferenz für Spitze und Fußpunkt eines Turmes $\mathrm{d}p = 2{,}33$ mm.

Rechnung:    $C = h_0/b' = 1030$ m$/80{,}1$ mm $= 12{,}9$ m/mm,
Turmhöhe:    $\mathrm{d}H = C\,\mathrm{d}p = 12{,}9$ m/mm $\cdot 2{,}33$ mm $= 30$ m.

Sollen unentzerrte Luftbilder flächenhaft ausgemessen werden, so ist immer mit dem Vorhandensein von Modellverbiegungen zu rechnen. Um diese zu beseitigen, müssen im Modell etwa 4 bis 6 gut verteilte Höhenpaßpunkte vorhanden sein. Man mißt dann zunächst die Parallaxen aller Höhenpunkte und bildet die Parallaxenunterschiede $\Delta p_g$ gegen einen derselben als Bezugspunkt. Mit den $\Delta p_g$ ergeben sich vorläufige Höhenunterschiede $\Delta H' = C\,\Delta p_g$. Zu diesen werden mit Hilfe der wahren Höhenunterschiede $\Delta H$ Verbesserungen $H_V = \Delta H - \Delta H'$ errechnet, so daß $\Delta H = \Delta H' + H_V$ ist. Werden in einer Deckpause zu einem Luftbild die Verbesserungen $H_V$ an die zugehörigen Punkte geschrieben, so können in der Deckpause Linien gleicher Höhenverbesserungen $H_V$ eingezeichnet werden, die gestatten, für jeden beliebigen Punkt $P_i$ ein $H_{Vi}$ zu interpolieren, das seinem vorläufigen Höhenunterschied $\Delta H_i' = C\,\Delta p_i$ zugeschlagen werden muß. $\Delta H_i = \Delta H_i' + H_{Vi}$[1]). Das Verfahren hat alle Nachteile eines Interpolationsverfahrens.

*Beispiel:* In einem stereoskopischen Luftbildmodell ($c = 10$ cm) mit der Höhe über Grund $h_0 = 1047$ m und der Bildbasis $b' = 66{,}6$ mm sind 4 Höhenpaßpunkte I, II, III, IV gegeben.

---

[1]) Im folgenden Beispiel wurde über die Höhen gerechnet: $H_i = H_I + \Delta H_i + H_{Vi} = H_i + H_V$. Man kann auch Linien gleicher Parallaxenverbesserungen zeichnen.

Es ist: $C = h_0/b' = 1047 \text{ m}/66{,}6 \text{ mm} = 15{,}7 \text{ m/mm}$.

Tabelle 1-26. Berechnung der Verbesserungen $H_V$

| Höhenpaßpunkte | | P | I | II | III | IV |
|---|---|---|---|---|---|---|
| Höhen $H$ | m | | 194,4 | 189,0 | 194,6 | 200,6 |
| Gemessene Parallaxen $p_i$ | mm | | 10,60 | 9,40 | 10,26 | 12,85 |
| $\Delta p_i = p_i - p_I$ | mm | | 0 | −1,20 | −0,34 | +2,25 |
| $\Delta H_i' = C \Delta p_i$ | m | | 0 | −18,8 | −5,3 | +35,3 |
| $H_i' = H_I + \Delta H_i'$ | m | | 194,4 | 175,6 | 189,1 | 299,7 |
| $H_{Vi} = H_i - H_i'$ | m | | 0 | +13,4 | +5,5 | −29,1 |

Mit Hilfe der $H_{Vi}$ für die Paßpunkte I, II, III, IV wurden in Bild 1-142 die Linien gleicher Verbesserungen (lang gestrichelt) $H_V = H_i - H_i'$ gezeichnet.

Führt man bei festem Meßmarkenabstand das Stereometer parallel zu sich selbst so über die Luftbilder, daß im Stereoskop die Raummarke am Gelände entlang zu gleiten scheint, so zeichnet der Zeichenstift des Stereometers eine Formlinie des Geländes. Durch Einstellen der den Höhendifferenzen $\Delta H$ entsprechenden Parallaxendifferenzen $\Delta p$ am Mikrometer kann ein System etwa gleichabständiger Formlinien gezeichnet werden. Es entstehen keine Höhenlinien wegen der durch die Aufnahmeneigungen und die mangelhafte Bildorientierung hervorgerufenen Modellverbiegungen und wegen der Perspektivität der linken Aufnahme, die nach der Konstruktion des angenommenen Stereometers für den Grundriß maßgebend ist. Hierdurch erscheinen die höherliegenden Schichtlinien gegenüber einer orthogonalen affinen Abbildung vom Nadirpunkt fort verschoben.

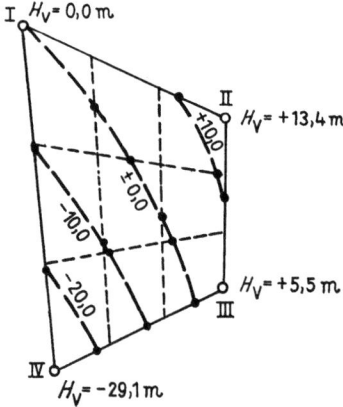

Bild 1-142. Linien gleicher Höhenverbesserungen $H_V$ (Tabelle 26)[1]).

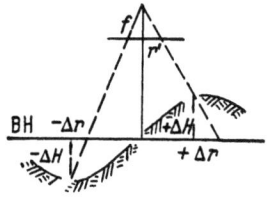

Bild 1-143. Radialverschiebungen $\Delta r$.

Man kann durch zusätzliches Kanten der Bilder in ihrer Ebene die den Höhenverbesserungen $H_V$ entsprechenden Parallaxenverbesserungen $V_p = H_V/C$ in den Paßpunkten oder an den Ufern größerer horizontaler Wasserflächen wenigstens näherungsweise zu Null machen. Bei gut entzerrten Luftbildern müssen die dann noch verbleibenden Modellverbiegungen sehr klein sein. Sollen die nunmehr entstehenden Schichtlinienbilder auch in die richtige Grundrißlage gebracht werden, so müssen die höheren Schichtlinien auf den Nadirpunkt zu um

$$\Delta r = \Delta H r'/c \tag{22}$$

radial verschoben werden. In Bild 1-143 ist BH der Bezugshorizont für die Höhenunterschiede $\Delta H$.

---

[1]) Bei vier gegebenen Punkten ergibt sich als Interpolationsfläche im allgemeinen eine windschiefe Regelfläche.

### 1.8.5 Stereoskopisches Sehen und Messen

Diese Behelfe machen das an sich elegante Grundverfahren wegen der damit verbundenen Arbeit schwerfällig. Sind die genannten Verfeinerungen der Ausmessung notwendig, so sollte man die hierfür konstruierten Hilfsmittel benutzen, die man wegen ihrer sonstigen Beschränkungen als photogrammetrische *Auswertegeräte III. Ordnung* bezeichnet. Ein solches Gerät III. Ordnung ist das *Stereotop*[1]). Eine entsprechende elektronische Lösung bietet das *Planitop*[1]) [83 (1960) S. 134—147].

Geräte III. Ordnung sind nicht nur dem Spezialisten vorbehalten, sondern leisten in der Hand jedes in der Landschaft planenden Ingenieurs gute Dienste. Bei einigen Stereokartiergeräten III. Ordnung bleibt der gegenseitige Abstand der Meßmarken grundsätzlich unverändert. Das scheinbare Aufsetzen der Raummarke auf das Modell wird durch die vertikale Bewegung entweder des Meßmarkensystems oder der Luftbilder erreicht. Geräte dieser Art: *Stereoflex* und *KEK-Plotter*. Bei beiden Geräten können die Luftbilder um geringe Beträge gekippt werden, um die Aufnahmeneigung der Kammer auszugleichen. Nachteilig bei den Geräten, die vornehmlich für kleinmaßstäbige Auswertungen benutzt werden, ist die Notwendigkeit der Fixierung des Kopfes, da Meßmarken und Bilder in verschiedenen Ebenen liegen.

#### 1.8.5.3 Automatische Auswertegeräte I. und II. Ordnung

Zur genaueren Auswertung des Geländes, für die man heute meist genäherte Senkrechtaufnahmen nimmt, muß der Vorgang in den Aufnahmekammern während des Bildfluges in den Auswertekammern der Meßgeräte reproduziert werden.

Eine übersichtliche Lösung vermittelt der Aeroprojektor *Multiplex*[2]). Er gestattet durch eine Reihe von kleinen Projektoren (Bild 1-144), die so gegenseitig und absolut orientiert werden, wie die Aufnahmekammern im Augenblick der Belichtung orientiert waren, eine objektive Projektion des Geländemodells. Dieses wird meist nach dem Anaglyphenverfahren (1.8.5.1) sichtbar gemacht und durch Abfahren des Modells mit einem Zeichentischchen auf dem Zeichenbogen in senkrechter Parallelprojektion gezeichnet. *Nachteil* des Multiplex: Originalaufnahmen werden zunächst auf 4 × 4 cm² verkleinert und dann auf das etwa 2- bis 3fache des Originalmaßstabes vergrößert. Diesen Nachteil vermeidet z. B. der mit Originalaufnahmen arbeitende *Kelsh-Plotter* (USA), der allerdings auf zwei Kammern beschränkt ist.

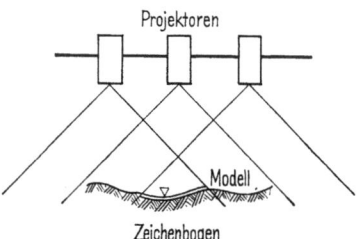

Bild 1-144. Prinzip des Aeroprojektors Multiplex.

*Photogrammetrische Auswertegeräte II. Ordnung* erlauben die Herstellung topographischer Karten für beliebiges Gelände. Sie stehen bezüglich der Genauigkeit den Universalgeräten I. Ordnung nicht nach. Für Präzisionsmessungen und größere Neigungsbereiche der Aufnahmen wurden *photogrammetrische Auswertegeräte I. Ordnung* gebaut, die nur zwei Auswertekammern besitzen und nur subjektives Betrachten des aus den orientierten

---

[1]) Hersteller: Carl Zeiß, Oberkochen.
[2]) 1930 von der Firma Zeiß-Aerotopograph herausgebracht. Heute mit einigen Verbesserungen z. B. von den Firmen Bausch & Lomb/USA und OMI, Italien gebaut.

Aufnahmen resultierenden Geländemodells gestatten, die aber trotzdem durch Umschalten des Strahlengangs eine Luftbildtriangulation mit vielen Bildern ermöglichen. Bei der Einzelausmessung werden über die scheinbare Führung der Meßmarke im Geländemodell Richtungsbestimmungen durchgeführt, die entweder optisch oder optisch-mechanisch oder rein mechanisch durch Raumlenker auf ein räumliches Kreuzschlittensystem übertragen werden. An diesem werden die Raumkoordinaten abgelesen oder von dort mechanisch auf eine Zeichenfläche übertragen. Auf der Zeichenfläche können sowohl Grundriß als auch Höhenlinien automatisch gezeichnet werden.

Neuerdings liegen Anlagen vor, die *Stereobilder automatisch auszuwerten* gestatten. Außerdem können die Modellkoordinaten für die Weiterverarbeitung in digitalen Rechenanlagen unmittelbar auf Lochstreifen oder Lochkarten registriert werden. Letzteres ist besonders für *Luftbildtriangulationen* von Bedeutung. Im Hinblick darauf wurden analytische Lösungen zur Bestimmung der Modellkoordinaten aus Bildkoordinaten unter Benutzung datenverarbeitender Rechenanlagen entwickelt [50].

*Probleme der geodätischen Photogrammetrie* sind: einmal die Erreichung einer größtmöglichen Genauigkeit im einzelnen Luftbildmodell, d. i. in Verbindung mit dem Luftbild- und Modellmaßstab auch eine Wirtschaftlichkeitsfrage; zum anderen beim Ausmessen großer Gebiete insbesondere die Überbrückung festpunktloser Räume durch möglichst exakte Luftbildtriangulationen. Eine wesentliche Erleichterung für die Photogrammetrie hat die *Entfernungsmessung mit elektromagnetischen Wellen* über große Distanzen gebracht (1.2.1). Hiermit kann der Flugzeugort auch von weitentfernten Erdpunkten aus bestimmt werden.

Photogrammetrische *Geräte I. Ordnung* werden auch für Katastermessungen verwendet, wenn die Bedingungen hierfür vorliegen. Die bekannten *Geräte I. Ordnung* sind z. Z.[1]) der Stereoplanigraph C 8 der Firma Carl Zeiß (erste Ausgabe 1923 nach *Bauersfeld*) und der Autograph A 7 nach *Wild* der Firma Wild AG, Heerbrugg/Schweiz. Entsprechende Geräte werden auch von den Firmen Société d'Optique et de Mécanique, Paris (Stereotopograph Typ B nach *Poivilliers*), Officine Galileo, Florenz (Stereokartograph IV nach *Santoni*), und von OMI, Rom (Photostereograph Mod. Beta/2 nach *Nistri*) gebaut. Zur Auswertung von *Überweitwinkel-Aufnahmen* steht der Autograph A 9 von Wild, Heerbrugg, zur Verfügung.

## 1.8.6 Verwendung der Photogrammetrie für nichttopographische technische Zwecke des Ingenieurbaues

Hinsichtlich der Anwendung der terrestrischen Photogrammetrie im bauingenieurtechnischen und insbesondere im wasserbautechnischen Versuchswesen s. [23, S. 93—124].

Bei der Wahl der Basis für terrestrische Stereoaufnahmen, die zweckmäßig normal zur Basis genommen werden, ist zu unterscheiden zwischen a) Meßaufnahmen und b) Aufnahmen zum Betrachten des Gesamtbildes.

a) Bei *Meßaufnahmen* ergibt sich die Basislänge aus der verlangten Entfernungsgenauigkeit[2]).

$$b = \frac{e^2}{de} \frac{dp}{c} \tag{23}$$

wo $b$ Basislänge, $e$ Entfernung des auszumessenden Gegenstandes, $de$ höchstzulässiger Entfernungsfehler der Meßpunktbestimmung, $dp$ mittlerer Fehler bei der Ausmessung der Parallaxen (0,01 mm) und $c$ Kammerkonstante ($\approx$ Brennweite) bedeuten.

*Beispiel:* $e = 30 \text{ m} = 3 \cdot 10^1 \text{ m}, \quad de = 1 \text{ cm} = 1 \cdot 10^{-2} \text{ m}, \quad c = 20 \text{ cm} = 2 \cdot 10^{-1} \text{ m}$

$$dp = 0{,}01 \text{ mm} = 1 \cdot 10^{-5} \text{ m}, \quad b = \frac{9 \cdot 10^2 \cdot 10^{-5}}{10^{-2} \cdot 2 \cdot 10^{-1}} = 4{,}5 \text{ m}.$$

---

[1]) Das erste vollautomatische Kartiergerät für den allgemeinen Fall der Luftaufnahme war der im Jahre 1919 von *Hugershoff* bei der Firma Heyde in Dresden konstruierte Autokartograph.

[2]) Es kann auf Entfernungsfehler und Seitenfehler ankommen. Ist die Seiten-Koordinate auf der Platte $\mathfrak{x}$ und in der Örtlichkeit $X$, so ist $dX \approx d\mathfrak{x} \, e/c$. Das Verhältnis von Entfernungs- und Seitengenauigkeit ergibt sich aus der gestellten Aufgabe.

Um auch noch einen guten Raumeindruck für die nachbarliche Tiefenzone ($\approx e/10$) der Meßpunkte zu bekommen, macht man auf alle Fälle $b \leqq e/5$.

b) Häufig sollen von Bauwerken oder Modellen Stereoaufnahmen gemacht werden, um sie bei einem Vortrag oder für eine Veröffentlichung reproduzieren zu können. Hier gilt es, die auf einmal ohne Störung übersehbare stereoskopische Tiefenzone zu berücksichtigen. *Lüscher* empfiehlt in diesem Falle zur Berechnung der Basis $b$ folgende Gleichung:

$$b = \frac{e_n e_f}{50(e_f - e_n)}. \tag{24}$$

Hierin bedeuten $e_n$ und $e_f$ die Entfernungen des nächsten und des fernsten Punktes.

*Beispiel:* $e_n = 10$ m, $e_f = 40$ m, $b = \dfrac{10 \cdot 40}{50 \cdot 30}$ m $= 27$ cm.

Bei stereoskopischen Aufnahmen naher Objekte mit einiger Tiefenausdehnung darf die Aufnahmebasis nicht wesentlich größer als die Augenbasis ($\approx 6{,}5$ cm) gewählt werden. Gleichungen (23) und (24) geben selbstverständlich nur einen Anhalt.

## 1.8.7 Einsatz der Photogrammetrie beim Bau von Verkehrsbändern

In weiträumigen, wenig vermessenen Gebieten unterscheidet man im Anschluß an die Festlegung der Endpunkte einer Landstraße zweckmäßig vier Planungsstufen [*Pryor*, 99 (1950) S. 439–444; (1951) S. 111–125; *Linkwitz*, 83 (1962) S. 198–202]:
1. Gebietserkundung hinsichtlich der Durchführbarkeit verschiedener Routen.
2. Routenerkundung für die Auswahl der besten Route durch Vergleich.
3. Vorläufige Vermessung und Planung in der Örtlichkeit zur Bestimmung des Platzes der Landstraße innerhalb der ausgewählten Route.
4. Endgültige örtliche Vermessung sowie Aufstellung der Projekt- und Vertragspläne; endgültige Absteckung der Trasse, der Gradienten und Profile, der Kreuzungen und der Bauwerke zur Vorbereitung der Ausführung.

Angemessene Luftbildunterlagen und topographische Karten müssen für jede der aufeinanderfolgenden Entwicklungsstufen vorhanden sein oder vorbereitet werden, damit trotz der Auswahl und Untersuchung mehrerer Trassen nur eine in der Örtlichkeit abgesteckt zu werden braucht und alle vorbereitenden Arbeiten auf dem Papier gemacht werden können. Ohne Luftbildunterlagen und daraus hergestellte Karten ist es praktisch wegen der Arbeitskapazität sowie aus zeitlichen und finanziellen Gründen nicht möglich, mehrere Routen auszusuchen, durchzuarbeiten und zu vergleichen; man weiß also auch nicht, ob man die beste der möglichen Routen gefunden hat. Mit Luftbildunterlagen ist dies nicht nur möglich, sondern jeder Sachverständige ist darüber hinaus in der Lage, ohne örtliche Erkundungen die Arbeit des planenden Ingenieurs im großen nachzuprüfen. Luftbilder gehören also zu jeder Planungsstufe.

Unter Auswertung der oben angegebenen Literatur erhalten wir folgende Aufstellungen (Tabellen 1–27 und 1–28).

Tabelle 1-27. Bandbreite und Maßstab der Arbeitsunterlagen

| Planungsstufe | Gelände Bandbreite km | Maßstab der Unterlagen |
|---|---|---|
| 1. Gebietserkundung | 5 ···150 | 1 : 5 000···1 : 50 000 |
| 2. Routenerkundung | 1,5···5 | 1 : 2 500···1 : 5 000 |
| 3. Vorläufige Vermessung und Entwürfe | 0,4···1,5 | 1 : 500···1 : 2 500 |
| 4. Örtliche Vermessung und Vertragspläne | 0,1···0,4 | 1 : 250···1 : 500 |

Tabelle 1-28. Art der Arbeits- und Meßunterlagen

| | |
|---|---|
| 1:25000···1:50000 | Überweitwinkel- und Weitwinkelaufnahmen, kleinmaßstäbige Senkrechtaufnahmen, Gebietserkundungskarten |
| 1: 5000···1:25000 | Großmaßstäbige Senkrechtaufnahmen, Herstellung topographischer Karten durch den Aero-Multiplex und andere stereoskopische Kartiergeräte |
| 1: 1000···1: 5000 | Großmaßstäbige Senkrechtaufnahmen, Herstellung topographischer Karten mit Auswertegeräten I. Ordnung (1.8.5.3). Örtliche topographische Vermessung nur bei dichtem Nadelwald |
| 1: 250···1: 1000 | Örtliche Vermessung. Karten mit 1,5 m und 0,5 m Höhenlinienabstand |

Luftbilder gestatten eine doppelte Benutzung: a) Interpretation und Vergleich der Topographie sowie der Benutzung des Landes durch Natur und Menschen. b) Ausmessung der topographischen und Landnutzungsgrenzen in horizontaler und vertikaler Richtung. Die Ausmessung b) ist besonders nutzbringend für unvermessene Gebiete. Soweit die Unterlagen zu b) bereits vorhanden sind, müssen sie nach den Luftbildern auf den neuesten Stand gebracht und in bezug auf die benötigten Einzelheiten ergänzt werden. Dazu kommt die Anfertigung von Luftbild-Mosaiks und von entzerrten Luftbildplänen bzw. von Orthophotoplänen (1.8.4).

Für die Rationalisierung der Entwurfsbearbeitung und zur Erzielung von optimalen Lösungen bei der Projektierung von Verkehrswegen hat sich der Einsatz photogrammetrischer Geräte in Verbindung mit digitalen Rechenanlagen als sehr zweckmäßig erwiesen. Nach Herstellung der Karten erfolgt die Ausmessung des Baugeländes in Querprofilen aus geeigneten Luftbildern in stereoskopischen Auswertegeräten. Diese können hierfür mit besonderen Hilfsmitteln (z. B. Profilmeßeinrichtung mit Einstellprojektor[1]) oder Profiloskop[2]) und mit automatischen Registriereinrichtungen für die Meßdaten ausgestattet werden. Diese Angaben stehen dann zur automatischen Weiterverarbeitung in elektronischen Rechnern zur Verfügung [34; 83 (1960) S. 41—45].

Die Luftbildinterpretation [27a)] ist eine wertvolle Hilfe in jeder Planungsstufe; sei es, daß sie an Hand von Einzelbildern oder durch die stereoskopische Betrachtung senkrecht oder schräg aufgenommener Luftbildpaare angemessener Maßstäbe vorgenommen wird. Für besondere Strecken und besondere Erkundungsgegenstände werden zweckmäßig in der Örtlichkeit Luftbildschlüssel aufgestellt, die gestatten, die gewonnenen Erfahrungen im Büro auf die übrigen Luftbilder auszudehnen. Die Luftbildinterpretation hat ihren besonderen Wert in den beiden ersten Planungsstufen, wobei genaue Horizontalvermessungen noch nicht so wichtig sind wie die vollständige Kenntnis der Topographie, der Bodenverhältnisse und der Bodenbedeckung, der Wasserführung, der Landnutzung, der Besiedlung sowie der Verhältnisse in den Stadtgebieten.

Für die verschiedenen Planungsstufen müssen zur Erlangung von Luftbildern adäquater Maßstäbe u. U. spezielle *Bildflüge*, insbesondere großmaßstäbige Bildflüge für die Planungsstufen 2 und 3, angesetzt werden. In manchen Fällen können aber auch entsprechende Luftbilder von den Ressortministerien beschafft werden. Zu den Arbeiten jeder Planungsstufe gehört die Beschaffung der vorbereitenden Unterlagen für die folgende.

Für die letzte Entwurfsstufe und die Nachfolgearbeiten werden zusätzlich zu den örtlichen Vermessungs- und Absteckungsarbeiten folgende *Luftbildunterlagen* empfohlen:

a) Schrägaufnahmen und hiermit erzeugte perspektive Darstellungen.
b) Senkrechtaufnahmen sowie daraus gewonnene Vergrößerungen, entzerrte Luftbilder und Luftbildpläne.
c) Aus den Senkrechtaufnahmen hergestellte Grundriß- und topographische Karten mit Höhenlinienabständen von 3, 1,5 und 0,5 m sowie Stereoskoppaare der Aufnahmen.
d) Strip-Camera-Aufnahmen.

Mit der amerikanischen verschlußlosen *Strip-Camera* nach *Sonne* kann man kontinuierliche großmaßstäbige Stereoskop-Senkrecht- oder Schrägaufnahmen des überflogenen

---
[1]) Hersteller: Carl Zeiß, Oberkochen. — [2]) Hersteller: Wild AG, Heerbrugg/Schweiz.

Geländes auf Film oder Farbfilm machen [99 (1952) S. 53—62; (1952) S. 705]. Hierbei werden im Fluge von zwei gegeneinander versetzten Linsen auf dem bewegten Filmband zwei kontinuierliche Abbildungen erzeugt, die alle Vorbedingungen für eine stereoskopische Betrachtung oder Filmprojektion erfüllen. Unter dem Stereoskop ergibt sich ein stereoskopisches Modell mit Maßstäben von 1:250 bis 1:2500. Es wird empfohlen, solche Aufnahmen entlang der Straßentrasse vor und nach dem Bau der Straße sowie einige Zeit nach ihrer Inspruchnahme anzufertigen. Einmal kann hierdurch der Bau der Straße gefördert werden, zum andern entstehen Dokumente, die zeigen, wo Verbesserungen angebracht sind, ferner wo und wie die beste Lösung erreicht wurde.

Das bisher Gesagte gilt grundsätzlich für die Verwendung der Photogrammetrie bei der Planung und der Ausführung aller Verkehrsbänder.

## 1.9 Besondere Absteckungen und Kontrollvermessungen bei Ingenieurbauten

### 1.9.1 Allgemeines

Bei Ingenieurbauten auftretende Besonderheiten der Absteckung, Aufmessung und Kontrollvermessung ergeben sich aus den verschiedenen Bedingungen der Örtlichkeit, des Bauens und des Bauwerks. Die bisher beschriebenen oder genannten Vermessungsmethoden, Instrumente und Hilfsmittel werden deshalb in verschiedenen Kombinationen und mit gewissen Varianten, aber immer nach denselben allgemeinen Grundsätzen anzuwenden sein. Um wirtschaftlich zu arbeiten, wird man stets die erforderliche Genauigkeit mit denjenigen zur Verfügung stehenden Mitteln zu erreichen versuchen, die am schnellsten zum Ziel führen. Aufwendungen für eine höhere als die notwendige Genauigkeit sind überflüssig; auf die notwendige Endgenauigkeit muß bei allen Teilarbeiten Rücksicht genommen werden.

Über *Kurvenabsteckungen*, insbesondere für den *Eisenbahn-* und *Straßenbau*, vgl. 1.7, über die *Messung von Bewegungen der Bauwerke* [58, S. 334—368].

### 1.9.2 Abstecken von Bauwerken sowie von Damm- und Einschnittprofilen

#### 1.9.2.1 Hilfen beim Abstecken von Bauwerken

Die *Absteckung des Grundrisses* von Einzelbauten erfolgt nach dem Bauplan von geeigneten Messungslinien aus; sie wird auf den bekannten Schnurgerüsten oder Schnurböcken durch Nägel oder Sägeschnitte festgelegt. Messungslinien müssen für die Dauer der Bauzeit an sicheren Stellen vermarkt werden. Für *Höhenabsteckungen* sind die Höhen über dem Bezugshorizont von den nächsten Höhenbolzen durch Nivellement an die Baustelle zu übertragen und durch geeignete Höhenfestpunkte an sicheren Stellen zu vermarken. Werden Lage- und Höhenfestpunkte auf der Baustelle durch Pfähle vermarkt, so sind diese gegen fahrlässige Beschädigungen durch sog. Dreiböcke oder Lattenhürden mit auffallendem Anstrich zu sichern (Bild 1-145).

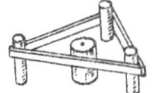

Bild 1-145. Dreibock oder Lattenhürde zur Sicherung von Vermarkungen.

*Höhenfestpunkte* können zur Höhensicherung am unteren Ende mit einem Latten- oder Erdkreuz versehen werden. Bei Höhenpfählen, die überwintern sollen, Erdkreuz in frostfreie Tiefe legen.

Über alle Absteckungen sorgfältig ausgeführte Risse und Feldbücher anlegen. Stets Übernahme der Absteckdaten bestätigen lassen. In größeren unbebauten und unbewirtschafteten Gebieten, in denen Erdbewegungen durchzuführen oder Bauten zu erstellen sind, werden häufig für eine erste Übersicht und zum späteren Anschluß die Schnittpunkte der 100-m-Linien des Koordinatensystems abgesteckt, vermarkt und der Höhe nach bestimmt.

Auf *Großbaustellen*, für die schon eine Bauplanung besteht, möglichst ein System von Hauptmessungslinien und Höhenfestpunkten anlegen. Dieses System von Hauptmessungslinien und Höhenpunkten soll das Abstecken aller Bauwerke und ihre Baukontrolle sowie aller Änderungen ohne größere Anschlußmessungen auf kürzestem Weg ermöglichen. Die Bauleitung hat sicherzustellen, daß die Vermarkungen des grundlegenden Messungssystems freigehalten werden. Wird der Platz eines vermarkten Messungspunktes für Baumaßnahmen gebraucht, so muß zur Vermeidung von Kosten und technischen Einbußen die Vermarkung vorher verlegt werden. Bei größeren Bauvorhaben empfiehlt es sich, den Vermessungsingenieur möglichst frühzeitig zu den Planungen hinzuzuziehen, damit er über die Absichten des Bauherrn und die voraussichtlichen Entwicklungsstufen des Baues bis in die Einzelheiten unterrichtet ist.

### 1.9.2.2 Abstecken von Damm- und Einschnittprofilen

1. Nimmt man ein quer zur Wegachse gleichmäßig fallendes Gelände an, so gilt in dem Damm- und Einschnittprofil (Bild 1-146 u. 1-147) für den Schnittpunkt der Böschung $1:n$ mit dem Gelände $1:m$ bei einer Höhendifferenz $h$ von Wegeachse und Gelände auf der Seite mit der *kürzeren Böschung*

$$h_1 = \frac{k/2 + hn}{m + n}, \quad b_1 = h_1 m; \tag{1}$$

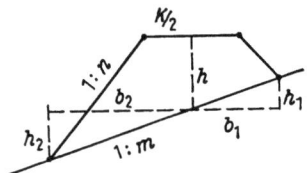
Bild 1-146. Dammprofil; Erläuterung im Text.

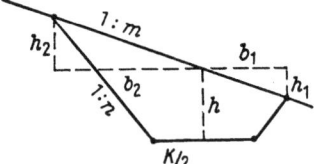
Bild 1-147. Einschnittprofil; Erläuterung im Text.

auf der Seite mit der *längeren Böschung*

$$h_2 = \frac{k/2 + hn}{m - n}, \quad b_2 = h_2 m. \tag{2}$$

*Beispiel:* $k = 6{,}0$ m, $h = 1{,}0$ m, $1:m = 1:10$, $1:n = 1:1{,}5$.

Dann ist $h_1 = 4{,}5 : 11{,}5 = 0{,}39$ m, $b_1 = 3{,}90$ m;

$h_2 = 4{,}5 : 8{,}5 = 0{,}53$ m, $b_2 = 5{,}30$ m.

1.9.2 Abstecken von Bauwerken sowie von Damm- und Einschnittprofilen 119

2. Ist die Geländeneigung winkelrecht zur Längsachse des Bauwerks nicht bekannt, so lassen sich die Schnittpunkte der Böschungen mit dem Gelände durch eine allmähliche Annäherung, z. B. mit Nivellierinstrument, Nivellierlatte und Meßband, abstecken. Sind Böschungs- und Geländegefälle gleichgerichtet (links im Bild 1-148), so gilt

$$b = k/2 + (H_k - H_0)n + (H_0 - H_1)n + (H_1 - H_2)n + \cdots \atop s_1 \qquad\qquad + s_2 \qquad\qquad + s_3 \qquad\qquad +\cdots \tag{3a}$$

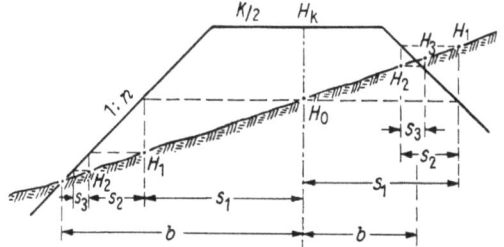

Bild 1-148. Absteckung eines Dammprofils durch allmähliche Annäherung.

Sind Böschungs- und Geländegefälle entgegengesetzt gerichtet (rechts im Bild 1-148) so gilt

$$b = k/2 + (H_k - H_0)n + (H_0 - H_1)n + (H_1 - H_2)n + \cdots \atop s_1 \qquad\qquad -s_2 \qquad\qquad + s_3 \qquad\qquad -+\cdots \tag{3b}$$

Positive $s$ nach außen, negative $s$ nach innen zur Achse hin absetzen. Die Absteckung ist also eine allmähliche Annäherung, die in der Praxis schnell konvergiert.

Die *Achspunkte der Längsprofile* werden mit *Pflöcken* bezeichnet, an denen bei Dammstrecken eine waagerechte Querlatte in der planmäßigen Höhe angebracht wird. Bei etwas größerer Bauhöhe wird ein Lattengestell gefertigt. Für Einschnitte wird am Pflock die Abtragtiefe angeschrieben; bei geringen Einschnittiefen bleibt der Pflock bis zum Erreichen des Planums auf einem Erdkegel stehen. Bei großen Bauhöhen oder -tiefen Pfähle mit dem Baufortschritt erneuern. Die Achspunkte für Nachtragsmessungen und zur Kontrolle der Bauausführung seitwärts in angemessenen Abständen versichern.

Böschungsrand und Böschungswinkel durch *Profillatten* oder *Böschungslehren* angeben (Bild 1-149). Das Abstecken derselben kann durch Böschungsdreiecke (Bild 1-149, links), deren horizontale Kante eingewogen wird, erleichtert werden. *Lehrgerüste* vornehmlich in den Durchstoßungspunkten des Längsprofils mit dem Gelände und in den Gefällwechseln des Längsprofils anbringen.

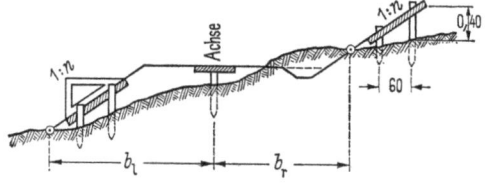

Bild 1-149. Lattenprofil.

Bei endgültiger Vermarkung der Dämme oder Einschnitte durch Steine ist zu beiden Seiten über die Böschungsränder hinaus ein *Schutzstreifen* von mindestens 0,5 m vorzusehen.

## 1.9.3 Überwachung von Talsperren

[43; 47; 48; 48a; 59; 81 (1939) S. 193—204; 101 (1954) S. 161—173]

Staumauern deformieren sich durch den Aufstau und die Temperaturunterschiede im wesentlichen winkelrecht zur Mauererstreckung (bei der 120 m hohen Limbergsperre bis etwa 35 mm). Die vertikalen Veränderungen sind von geringerer Größenordnung [81 (1939) S. 193—204; (1949) S. 159]. Man unterscheidet *dauernde* und *elastische Deformationen*. Sie sind über die ganze aufgehende Staumauerfläche vorhanden und werden daher zweckmäßig in einer kleinen, aber ausreichenden Zahl von Punkten gemessen, die in Horizontal- und Vertikalschnitten systematisch über die Mauerfront verteilt sind (Anordnung in Zeilen und Kolonnen). Größere dauernde Deformationen deuten auf unerwünschte geologische oder statische Veränderungen hin.

Die über die Mauerfront verteilten *Bolzen* (bis etwa 40) werden bei jeder Untersuchung von zwei, besser drei talwärts günstig gelegenen Instrumentpfeilern aus, die auf dem gewachsenen Fels aufsitzen oder frostfrei gegründet sind, durch Vorwärtseinschnitte (günstigster Schnitt ≈ 120 gon) bestimmt. Visurlängen je nach den örtlichen Verhältnissen (im Mittel etwa 50 bis 300 m).

Gemessen werden die Richtungswinkel $\alpha$ der Bolzen gegen die Pfeilerverbindungslinie I—II (Bild 1-150) oder besser gegen besondere Orientierungspunkte O. Die Richtungsdifferenzen $\Delta\alpha$ ergeben mit Hilfe der Entfernungen $e$ in der Horizontalen die Querverschiebungen der Bolzen:

$$b = e\,\Delta\alpha''/\varrho''. \tag{4}$$

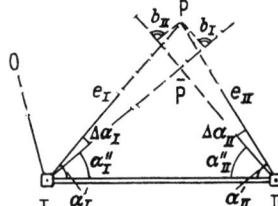

Bild 1-150. Vorwärtseinschnitt zu den Sperrmauerbolzen; Erläuterung im Text.

Durch Differentiation liefert Gl. (4):

$$db = \frac{\Delta\alpha''}{\varrho''}\,de + \frac{e}{\varrho''}\,d\Delta\alpha''. \tag{5}$$

Für $e_{max} = 100$ m, $de = 0{,}2$ m, $\Delta\alpha_{max} = 40''$ und $d\Delta\alpha = 1''$ wird $db = 0{,}04$ mm $+ 0{,}5$ mm. Betrachtet man $d\Delta\alpha = 1''$ als mittleren Fehler, so muß also $\Delta\alpha$ noch genauer als auf $1''$ gemessen werden, wenn bei $e_{max} = 100$ m Entfernung stets $db < 0{,}5$ mm sein soll. Es können demnach nur Sekundentheodolite verwendet werden. Für die Entfernungsbestimmungen der Basis I—II genügt eine Genauigkeit von $de/e_{max} = 0{,}2$ m/100 m $= 1/500$. Die Entfernung der Marken auf den Instrumentpfeilern ist entweder direkt zu messen oder aber ein kleines, örtliches Netz aus einer Basis abzuleiten.

Die Auswertung erfolgt zeichnerisch. Zunächst wird der Grundriß des Pfeiler- und Bolzensystems mit genügender Genauigkeit etwa im Maßstab 1:500 kartiert (Bild 1-150). Sodann werden im vergrößerten Maßstab ($\approx 10:1$) (Bild 1-151) zu den Strahlen, die einen Zielpunkt $P_I$ bestimmen, entsprechend den Vorzeichen von $\Delta\alpha$ im Abstand $b$ die Parallelen gezogen. Ihr Schnittpunkt ist $\overline{P}_I$. Der Verschiebungsvektor $v$ kann aus der Zeichnung nach Richtung und Größe entnommen werden.

*Messungen* von einem dritten Pfeiler III (Bild 1-152) werden zur Kontrolle benutzt und gestatten über die fehlerzeigende Figur einen Ausgleich. Bei der praktischen *Aus-*

### 1.9.3 Überwachung von Talsperren

*führung der Messungen* sind in etwas größerem Abstand von den Pfeilern I, II, III, möglichst über den Horizont verteilt, mindestens 4 Orientierungs- und Versicherungsbolzen anzuordnen (Bild 1-152), die zwei Zwecke erfüllen müssen: 1. Orientierung der künftigen Richtungssätze zu den Bolzen und 2. Feststellung von Eigenbewegungen der Pfeiler durch Vergleich der Richtungen der Orientierungsstrahlen bei der ersten und den folgenden Messungen. Um beiden Zwecken zu genügen, wählt man die Punkte O in einer mittleren Entfernung von etwa dem Doppelten der Zielstrahllänge zu den Mauerbolzen P. Die Entfernungen der Bolzen O brauchen ebenfalls nur auf etwa 1:500 bekannt zu sein, da es sich im ganzen nur um Relativbestimmungen handelt.

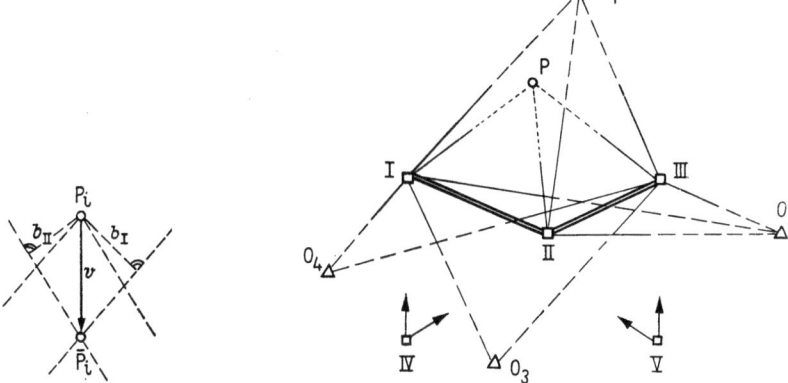

Bild 1-151. Zeichnerische Ermittlung des Verschiebungsvektors $v$.

Bild 1-152. Anordnung der Pfeiler und der Orientierungs- und Versicherungsbolzen; Erläuterung im Text.

Die Ermittlungen für die *Kontrolle* der *Pfeilerbewegungen durch Rückwärtseinschnitte* nach den Orientierungspunkten mit Hilfe der auftretenden Richtungsdifferenzen $\Delta \alpha$ werden am besten nach [6c, S. 499] ausgeführt. Man faßt den Ausgangspunkt als Näherungspunkt auf und bestimmt in einem örtlichen System Koordinatenzuschläge, die den Richtungsveränderungen $\Delta \alpha$ entsprechen [81 (1950) S. 238].

*Eigenbewegungen* der in unmittelbarer Nachbarschaft der Sperrmauer stehenden Pfeiler I, II, III können auch durch weiter talwärts gesetzte Pfeiler, z. B. IV und V (Bild 1-152), über dieselben oder andere Orientierungspunkte O durch Vorwärtseinschnitte kontrolliert werden. Ermittlungen dann ähnlich denen für die Sperrmauerbolzen.

*Bewegungen der Sperrmauerbolzen* gegen das Anfangsstadium der Messungen können in *Kavalierperspektive* dargestellt werden (Bild 1-153).

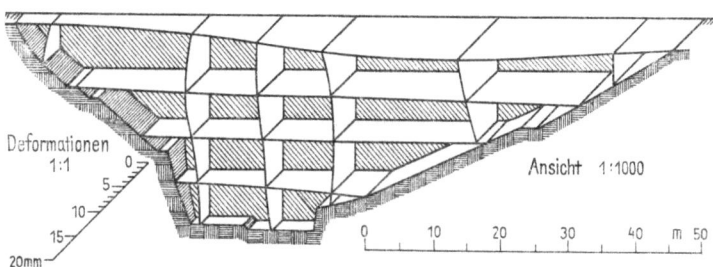

Bild 1-153. Rempen/Schweiz; Mauerverformung vom April 1925 (Stau 632,0) (Vertikalebene) bis Oktober 1928 (Stau 640,3) ([47], S. 37).

Wegen der verlangten hohen Genauigkeiten Instrumente auf den Pfeilern durch *Zwangszentrierung* stets in dasselbe Erdlot bringen. Die Zielmarken müssen a) für eine scharfe horizontale und vertikale Anzielung ausgestattet sein und b) mit Sichtmarken versehen werden, die ihr Auffinden erleichtern [43, S. 82—84].

Zur *Erfassung von Höhenänderungen* an den Bauwerken stehen das Nivellement und die trigonometrische Höhenmessung zur Verfügung. Das Nivellement ist genauer, benötigt aber mehr Feldarbeit und erlaubt nur die Höhenerfassung der Bolzen an der Mauerkrone. Soll die Höhenänderung an der ganzen Mauerfläche erfaßt werden, so muß man die trigonometrische Höhenmessung anwenden. Das Nivellement führt nur zum Ziele, wenn man Präzisionsgeräte einsetzt und entsprechende Methoden anwendet. Die Festpunkte für den jeweiligen Höhenanschluß sollen möglichst nah, aber so weit von der Sperrmauer entfernt liegen, daß sie ihrem Einfluß nicht mehr unterliegen.

Bei *Messung von Höhenwinkeln* $\beta$ zu den Sperrmauerbolzen (Bild 1-154) werden die Vertikalverschiebungen $\Delta h$ zweckmäßig ähnlich wie bei den Horizontalverschiebungen mit den Messungsunterschieden ermittelt, jedoch muß der Einfluß der Höhenwinkel berücksichtigt werden.

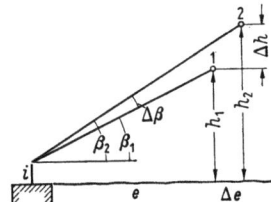

Bild 1-154. Höhenänderungen der Sperrmauerbolzen.

Aus $h_1 = i_1 + e_1 \tan \beta_1$, $h_2 + i_2 + e_2 \tan \beta_2$ folgt

$$\Delta h = \Delta i + \Delta \beta'' \cdot e/\varrho'' \cdot (1 + \tan^2 \beta) + \Delta e \tan \beta. \qquad (6)[1]$$

Hierin bedeuten $\Delta$ den Unterschied der Messungen $M$ im Sinne $M_2 - M_1$, wobei sich $\Delta e$ aus der Horizontalauswertung ergibt, $h$ die Zielhöhe und $i$ die Kippachsenhöhe über dem Pfeilerbolzen. $\beta$ und $e$ sind Näherungswerte für den Höhenwinkel und die Horizontalentfernung. Gleichung (6) läßt sich mit dem Rechenschieber leicht auswerten. Kippachsenhöhe $i$ muß auf 0,1 mm genau gemessen werden. Für die Genauigkeit der Höhenwinkelmessung gilt das oben für die Richtungswinkel Gesagte entsprechend.

Als letzte Kontrolle, die man stets anwenden sollte, sei das *Alignement* über die Mauerkrone erwähnt. Hierbei werden von zwei Pfeilern im gewachsenen Boden seitlich der Sperrmauer, je nach Form der Mauer, eine oder mehrere Zieltafeln in die gerade Flucht zum Gegenpunkt eingewiesen. Bei der nächsten Messung können die horizontalen und vertikalen Verschiebungen der Festlegungen am besten durch Winkelmessung bestimmt werden. Alignementsbeobachtungen, die sehr sorgfältig durchgeführt werden müssen, leiden immer sehr unter den Refraktionsstörungen, die sich an der Oberkante der Sperrmauer stark bemerkbar machen. Sie können auch von Bewegungen der meist ziemlich nahe an den Mauerenden stehenden Instrumentpfeiler beeinflußt werden. Pfeiler daher kontrollieren.

### 1.9.4 Absteckungs- und Kontrollvermessungen beim Brückenbau

[81 (1938) S. 709—730; 82 (1940) S. 41—48; 88, Bd. 25 (1942); 87 (1948) S. 68—71; (1950) S. 16—20; (1951) S. 89—94; 60]

Aus der Praxis der Deutschen Bundesbahn haben sich folgende Normen für Planungsunterlagen bei Brückenneubauten und -wiederherstellungen ergeben (*K. Matthews*: [87 (1948) S. 68—71]):

---

[1]) $\Delta \beta'' = \Delta \beta$ in Sekunden; $\varrho'' = \varrho$ in Sekunden (vgl. 1.1.3).

## 1.9.4 Absteckungs- und Kontrollvermessungen beim Brückenbau

1. Lageplan 1:500 und Geländedarstellung in genügender Ausdehnung (200 bis 300 m),
2. Längsprofil: Maßstab der Längen 1:500, der Höhen 1:100, seltener 1:200,
3. Querprofile: Maßstab 1:100, seltener 1:200,
4. Bei Überquerung von Wasserläufen Peilprofile entsprechend 3.,
5. Großmaßstäbige Planausschnitte für Einzelentwürfe.

Bei *Flußbrücken* sind mit Hilfe von Peillinien und Peilstangen (1.4.1.4.3) mehrere Querprofile im Abstand von etwa 10 bis 20 m zu legen und in das Messungssystem einzubinden. Besondere Hindernisse im Flußbett, z. B. herabgestürzte Brückenkonstruktionen, sind gegebenenfalls mit Hilfe eines Tauchers, der eine Stange hochhält, einzumessen und in den Plänen einzutragen.

In den *Plänen* ferner nach Angaben der zuständigen Behörden Straßenachse, Bahn- oder Gleisachse, Flußachse und Streichlinien des Flusses bei erhöhtem Wasserstand darstellen. Als Brückenachse nimmt man zweckmäßig die Achse größter Symmetrie in bezug auf Widerlager, Auflager und Konstruktion an.

Bei Wiederherstellung, also teilweisem Neubau einer Brücke, ist stets auf Verbesserung der Linienführung hinsichtlich Grundriß und Gefälle zu achten.

Der Polygonzug oder das Messungssystem, auf das die Aufmessungen und Absteckungen bezogen werden, darf nur durch eine einfache Ähnlichkeitstransformation (Umformung 1.3.1.1) auf das System der Landesaufnahme bezogen werden, damit nicht durch eine Abstimmung auf alte Messungen bei Neubau unnötige Spannungen im Sondersystem erzeugt werden.

Im Anschluß an die endgültige Festlegung der Brückenachse besteht die Aufgabe der Vermessung vorerst darin, ein System von Messungspunkten zu vermarken und zu bestimmen, von denen aus einmal der Abstand und die Höhe von zwei Achshauptpunkten $A_0$ und $B_0$ sowie weitere Punkte in der Achse, z. B. $A_3$, angegeben werden können (Bild 1-155).

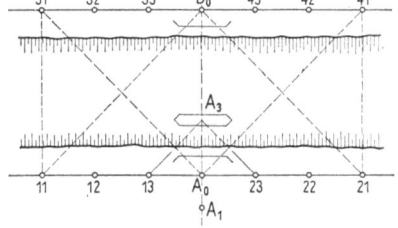

Bild 1-155. System für Absteckungs- und Kontrollvermessungen beim Brückenbau; Erläuterung im Text.

Zweckmäßig versucht man die *Grundlinien* zur Bestimmung der nicht meßbaren Entfernungen ungefähr rechtwinklig zur Achse auf beiden Seiten der künftigen Brücke so auszuwählen, daß für die Bestimmung der Entfernung $A_0 - B_0$ etwa gleichschenklig rechtwinklige Dreiecke entstehen. Die Örtlichkeit wird jedoch häufig ein Abgehen von dem obigen Schema verlangen. Es empfiehlt sich u. U., zwischen den Achshauptpunkten und den Basisendpunkten auf beiden Seiten der Brücke Zwischenpunkte zu vermarken und einzumessen, von denen aus Festpunkte auf Zwischenpfeilern der Brücke *günstig* durch Einschneiden bestimmt werden können.

Die *Achshauptpunkte* $A_0$ und $B_0$ werden nach rückwärts je durch zwei weitere Achspunkte $A_1$ und $B_1$ bzw. $A_2$ und $B_2$ versichert, von denen $A_1$ und $B_1$ weniger als 20 m (<Meßbandlänge), $A_2$ und $B_2$ etwa 50 bis 80 m von $A_0$ und $B_0$ entfernt sein sollen. (Auch auf Seitenversicherungen achten.) Als *Vermarkung aller Festpunkte* haben sich in der Örtlichkeit gestampfte Betonklötze bewährt, in die mit einem Bohrloch oder Kreuz versehene Bolzen eingelassen werden. Ist Überwinterung der Festpunkte notwendig, so

müssen die Fundamente frostfrei gegründet werden. Bei Veränderung des Grundwasserstandes tiefer gründen. Über Erhaltung der grundlegenden Vermessungspunkte auf Baustellen s. 1.9.2.1.

Die *Längenmessung* für die Grundlinien (in Bild 1-155, $A_0-11$, $A_0-21$, $B_0-31$, $B_0-41$) kann entweder mit guten Schneidenlatten, deren Eichung auf einem Komparator in der Nähe der Baustelle ständig zu überwachen ist (1.2.1), mit kompariertem Stahlmeßband mit Anreihevorrichtung und optischem Lot (1.2.1) oder optisch mit einer Streckenmeßeinrichtung erfolgen (s. 1.2.6.4), deren Eichung auf einer günstig gelegenen Prüfstrecke unter Kontrolle gehalten wird. Sämtliche Längenmessungen müssen, soweit notwendig, wegen der Temperatur der Meßwerkzeuge reduziert werden.

Haben bei *direkter Längenmessung* die Grundlinien kein gleichmäßiges Gefälle, und lassen sich die Meßstrecken zur gleichgeneigten Auflage der Meßlatten nicht einebnen, so können in etwa 3 m Abstand eingeschlagene kräftige Pfähle helfen, auf deren ausgerichtete Köpfe zur Auflage der Meßlatten Bretter genagelt werden. Die optische Streckenmessung führt in jedem Fall zum Ziel. Es ist auch denkbar, daß die Streckenmessung nur in einem schwach geknickten Polygonzug (1.3.3) möglich ist, während die eigentliche Basis geradlinig zwischen den Endpunkten verlaufend angenommen wird. Wird ein Paar sehr gut ausgewählter 5-m-Schneidenlatten verwendet und ein Meßkeil (1.2.1) für die Bestimmung der Lattenzwischenräume eingesetzt, dann kann man bei Anwendung ganz besonderer Sorgfalt während der mehrfach wiederholten Streckenmessung und Eichung durch Mittelbildung eine *äußere* Genauigkeit von 0,5 bis 1 cm auf 100 m erreichen[1]. Bei noch höheren Ansprüchen müssen *Invardrähte* benutzt werden (1.2.1). Die direkte Längenmessung kann auch mit Hilfe der Laufzeitmessung elektromagnetischer Wellen erfolgen (1.2.1 und [82 (1962) S. 167/178]).

Die Endpunkte der Strecke zweckmäßig durch einen winkelrecht zur Basis aufgestellten Theodolit von der Vermarkung herauffloten. Befindet sich dieser in $e = 3{,}438$ m Entfernung vom Endpunkt, so kann, für $db$ in mm, $db \triangleq \alpha'$ gesetzt werden. Für $e = 3{,}183$ m gilt $db \triangleq 2\alpha^c$.

Die *Winkelmessung* für die Längenübertragung von den Grundlinien auf die Achse erfolgt zweckmäßig mit einem modernen *Sekundentheodolit* mit optischer Mittelbildung, optischem Mikrometer (1.2.3.2) und optischem Lot für Triangulationen III. und IV. Ordnung unter Beachtung der Grundsätze für die Zwangszentrierung.

Welcher *mittlere Fehler* für die Entfernungsbestimmung zwischen den Achshauptpunkten $A_0$ und $B_0$ usw. einzuhalten ist, wird mit dem Konstrukteur der Brücke besprochen. Da die Brückenauflager meist etwas eingerichtet werden können, genügt eine Genauigkeit in $x$ von $1:3000$ bis $1:5000$ (2 bis 3 cm auf 100 m), die bei sorgfältigem Arbeiten mit guten, normalerweise zur Verfügung stehenden vermessungstechnischen Hilfsmitteln zu erreichen ist. In dem Ausdruck für den mittleren relativen Längenfehler $m_x : x$ der Dreieckseite $x$ aus den übrigen in Bild 1-156 angegebenen Stücken und deren mittleren Fehlern $m$

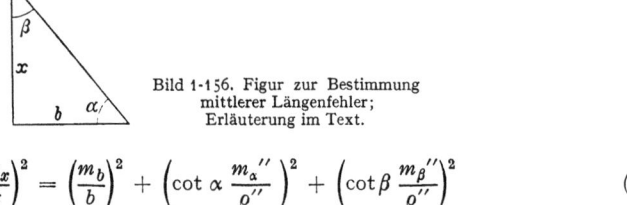

Bild 1-156. Figur zur Bestimmung mittlerer Längenfehler; Erläuterung im Text.

$$\left(\frac{m_x}{x}\right)^2 = \left(\frac{m_b}{b}\right)^2 + \left(\cot\alpha\,\frac{m_\alpha''}{\varrho''}\right)^2 + \left(\cot\beta\,\frac{m_\beta''}{\varrho''}\right)^2 \qquad (7)$$

machen sich dann bei $\alpha \approx \beta \approx R/2$ schon für $m_\alpha = m_\beta = 5''$ die beiden letzten Glieder kaum bemerkbar, so daß praktisch der mittlere relative Längenfehler von $x$ nur unwesent-

---

[1] Im Stahlbau wird den Berechnungen $+10\,°C$ (*Aufstellungswärme*) zugrunde gelegt. Bei einem Längenausdehnungskoeffizienten des Stahls von $1{,}2 \cdot 10^{-5}$ bringt eine Temperaturänderung von $10\,°C$ eine Längenänderung von $\approx 1:10000$ (1 cm auf 100 m) mit sich.

## 1.9.4 Absteckungs- und Kontrollvermessungen beim Brückenbau

ich größer als der von $b$ ist. Es ist notwendig, die *Normalmeter* der Vermessung und die der Firma für die Stahlkonstruktion *rechtzeitig* zu vergleichen.

Als Grundlage für alle *Höhenmessungen* sind auf jeder Seite der Brücke innerhalb einer Entfernung von ein oder zwei Instrumentaufstellungen, gegebenenfalls durch ein Flußübergangsnivellement, die Höhe von wenigstens zwei Höhenbolzen zu bestimmen. Um Spannungen im Sondersystem zu vermeiden, darf nur durch eine Konstante an die Landesaufnahme angeschlossen werden. Von den Bolzen aus Höhen der Widerlager, der Auflager, der Konstruktionsunterkante usw. örtlich festlegen.

Beim *Flußübergangsnivellement* (Bild 1-157) wird zur Ausschaltung von Fehlereinflüssen gleichzeitig mit zwei Präzisionsnivellieren gearbeitet (I), die anschließend ausgetauscht werden (II).

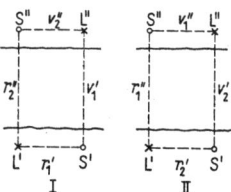

Bild 1-157. Flußübergangsnivellement; Erläuterung im Text.

$S'L' \approx S''L''$ und $S'L'' \approx S''L'$, Instrumente 1 und 2.
$L'$ und $L''$ Lattenaufstellungen, $S'$ u. $S''$ Standpunkte,
I. Instrument 1 auf $S'$, 2 auf $S''$

$$\left.\begin{array}{l}\Delta h_1' = r_1' - v_1' \\ \Delta h_2'' = r_2'' - v_2''\end{array}\right\} \text{ungefähr gleichzeitig bestimmt}$$

II. Instrument 1 auf $S''$, 2 auf $S'$

$$\left.\begin{array}{l}\Delta h_1'' = r_1'' - v_1'' \\ \Delta h_2' = r_2' - v_2'\end{array}\right\} \text{ungefähr gleichzeitig bestimmt}$$

$$\Delta H = 1/4 [(\Delta h_1' + \Delta h_1'') + (\Delta h_2' + \Delta h_2'')]. \tag{8}$$

Durch Gleichzeitigkeit der in bezug auf Rückblick und Vorblick umgekehrt symmetrischen Beobachtungen sollen die Differenzen der symmetrischen Refraktionseinflüsse ausgeschaltet werden. Durch den Austausch der Instrumente werden aus dem gleichen Grunde die Instrumentalfehler eliminiert. Die Höhendifferenz $\Delta H$ sollte also von den beiden Fehlereinflüssen befreit sein. Die durch Asymmetrie der Refraktion hervorgerufenen Fehler lassen sich nicht ausschalten.

Für lange Zielungen müssen die *Nivellierlatten mit einstellbaren Zieleinrichtungen* versehen sein.

Mit etwas größerem Geräteaufwand lassen sich mit der *Talübergangsausrüstung zum Nivellier* Ni2 von Zeiß-Oberkochen die Beobachtungszeit verkürzen und die Genauigkeit steigern. Die Messungen erfolgen auf jeder Seite des Tals oder des Flusses mit zwei Ni2, die jeweils auf einer gemeinsamen Grundplatte befestigt sind. Der Instrumentenwechsel fällt hierbei fort. Durch das Beobachtungsverfahren wird erreicht, daß das Mittel aus einer Zielung mit dem Doppelinstrument von den Restfehlern der Instrumentenjustierung frei ist [81 (1960) S. 227—235; 82 (1960) S. 367—370]. Der Einfluß unsymmetrischer Refraktion wird auch hier nicht getilgt. Deshalb zur Erreichung größter Genauigkeit zahlreiche Messungen bei verschiedenen Wetterlagen ausführen.

Für die messende Verfolgung der *Belastungsprobe* einer Brücke wird im Benehmen mit dem Konstruktionsbüro eine weiße Tafel mit Richtungsvermerken O, U, L, R, die ein schwarzes cm-Quadratnetz trägt, so daß mm leicht geschätzt werden können, mit den tragenden Brückenteilen fest verbunden. Als Beobachtungsinstrument wird ein Theodolit benutzt, der in mindestens 30 m Entfernung auf einem erschütterungsfreien, festen Standpunkt aufgestellt wird. Die Lageänderung der Quadrattafel in horizontaler und vertikaler Richtung wird ausgehend von der Lage ohne Belastung, bei ruhender Belastung, bei rollender Belastung in einer und gleichzeitig in beiden Richtungen sowie abschließend nach der Belastung in Ruhe beobachtet.

Nach *Inbetriebnahme der Brücke* sollen periodisch wiederholte *Kontrollvermessungen* Auskunft über etwaige Bewegungen der Pfeiler, also über Senkungen, Seiten- und Längsverschiebungen in Richtung der Brückenerstreckung, Drehungen in der Waagerechten sowie Kippungen der Pfeiler (Verdrehung und Verkippung werden oft als *Schiefstellung* zusammengefaßt) in der lotrechten Ebene geben. Zu diesem Zweck Pfeiler mit entsprechenden Meßmarken, Höhenbolzen und Zielmarken versehen. Schwierig ist oft die Festlegung und Erhaltung geeigneter Bezugspunkte, die so nahe am Bauwerk liegen, daß die Messungen möglichst einfach, genau und sicher werden, die aber doch so weit von den Pfeilern entfernt sein müssen, daß ihre Lage als praktisch unveränderbar und unbeeinflußt vom Bauwerk anzusehen ist. Dies gilt vornehmlich für die absoluten Bewegungen. Bei der Untersuchung relativer Veränderungen der Kontrollpunkte an den Pfeilern entfällt diese Sorge zum Teil. Kritisch ist die Konstanz des Abstandes der Pfeilerköpfe in der Längsrichtung der Brücke. Wenn möglich, daher auch Entfernungsbestimmungen zwischen alignierten Bolzen in den Pfeilerköpfen in das Kontrollprogramm aufnehmen (s. 1.9.3). Die Kippung hoher Landpfeiler kann durch Theodolitbeobachtungen je zweier am Pfeiler in einer Vertikalebene angebrachten Zielmarken bei Aufstellung in deren Vertikalebene kontrolliert werden. Zweckmäßig auch hier Standpunkte vermarken.

Über den Einfluß jahreszeitlicher Temperaturschwankungen auf die Scheitelbewegungen eines weitgespannten Steinbogens [81 (1949) S. 159].

### 1.9.5 Vermessungsarbeiten beim Tunnelbau
[87 (1949) S. 41—46 u. S. 61—66; 6c, S. 795—804]

Die Absteckung eines geradlinigen Tunnels ist am einfachsten, wenn es gelingt, in der gemeinsamen Vertikalebene der Endpunkte auf dem dazwischen liegenden Gebirge einen Zwischenpunkt zu finden, von dem aus beide Endpunkte zu sehen sind (Beispiel: Mont Cenis, Länge 12,2 km). Gelingt dies nicht, und das ist die Regel, so müssen die beiden vor den künftigen Mundlöchern gelegenen Achspunkte durch eine Triangulation oder bei kleineren Projekten durch einen Präzisionspolygonzug verbunden werden. Dann können rechnerisch diejenigen Winkel bestimmt werden, die die anstoßenden Dreiecksseiten oder Polygonseiten mit der Verbindungslinie der Achspunkte, d. h. der Achsrichtung, einschließen.

Bei der grundlegenden *Sondertriangulation* kann es notwendig sein, Normalenabweichungen, das sind die Abweichungen der Normalen auf der mathematischen Bezugsfläche des Ellipsoids, auf dem gerechnet wird, von der wahren physikalischen Lotrichtung, in der die Theodolitachse aufgestellt wird, zu berücksichtigen (Beispiel: Lötschbergtunnel, Länge 14 km). Dies ist dann der Fall, wenn bei den Triangulationen die Theodolitzielungen verhältnismäßig steil sind, und ein einseitiges Gebirgsmassiv starke örtliche Abweichungen des Geoidlotes von der Ellipsoidnormalen hervorruft. Lotabweichungen wirken sich wie Aufstellungsfehler des Theodolits aus.

Neben den Lagebestimmungen erfolgen Höhenbestimmungen durch trigonometrische Höhenmessungen und Präzisionsnivellements.

Nachdem durch Rechnung festgestellt ist, welche Winkel die Tunnelachse in den Achspunkten vor den beiden Mundlöchern mit den anstoßenden Dreiecksseiten einschließt, werden zweckmäßig je zwei Visiermarken (runde Leuchtmarken mit weißem Kreisring, zwei zur gegenseitigen Kontrolle) in einiger Entfernung möglichst genau in die gleiche Vertikalebene mit der gefundenen Achsrichtung gesetzt, damit man bei schlechtem Wetter unabhängig von der Sicht zu weit entfernten trigonometrischen Punkten wird.

Die Absteckung in einem geradlinigen Tunnel besteht in einem fortlaufenden Alignement, das mit einem Theodolit in beiden Fernrohrlagen ausgeführt wird. Die Absteckung wird bedeutend umständlicher, wenn die Tunnelachse eine Kurve beschreiben soll, oder wenn zum Überwinden größerer Höhenunterschiede ein Kehrtunnel mit mehreren Bogen, deren Richtungen sich um mehr als 2R ändern können, gebaut werden muß. Die Tunnelachse wird dann durch ein Sehnenpolygon abgesteckt (1.7.2). Jetzt sind nicht nur genaue Richtungs-, sondern ebenfalls genaue Längenmessungen notwendig.

Ein Tunnel wird mindestens von beiden Mundlöchern aus gleichzeitig vorgetrieben. Die Vortriebe müssen sich in Richtung und Höhe innerhalb der Größenordnung eines Dezimeters genau treffen. Bei einem längeren Tunnel tritt die Aufgabe auf, diesen auch von mehreren Stellen im Innern des Gebirges aus in Angriff zu nehmen. Hierzu kann nebenher ein kleiner Pioniertunnel erbohrt werden, um von diesem aus durch kurze Querstollen Arbeitskräfte und Maschinen im Haupttunnel an mehreren Stellen gleichzeitig anzusetzen (Beispiel: Kaskadentunnel der Great Northern Railway mit 12,5 km Länge). Die Tunnelachse kann auch so geführt werden, daß man dasselbe Ziel von oberflächennahen Stellen des Tunnels durch sog. Fenster und Fensterstollen erreicht (Der Zugspitztunnel mit 4,6 km Länge hatte neben den beiden Mundlöchern vier Fensterbaustellen.) In beiden Fällen wird die Vermessung durch Vorwärtseinschnitte eingewiesen. Nach den ersten Aussprengungen werden die Fensterstandpunkte durch Rückwärtseinschnitte sicher bestimmt. Von ihnen aus muß man sich dann mit Polygonzügen ins Berginnere vorarbeiten.

Die gesamten *Vermessungsarbeiten beim Tunnelbau* können in folgende Gruppen eingeteilt werden:

1. Aufnahme und Wiedergabe des Geländes nach Lage und Höhe in großem Maßstab mit möglichst eingehender Darstellung des Höhenlinienverlaufs für die Einzelplanung. Hierzu wird zweckmäßig die Photogrammetrie eingesetzt.

2. Festlegung der Achspunkte vor den Mundlöchern des Tunnels und Festlegung der Fensterstellen. Bestimmung ihrer Lage und Höhe und der Anschlußrichtungen durch Präzisionsmessungen.

3. Absteckung der Tunnelachse für die Vortriebe im Berginnern.

Selbst in den einfacheren Fällen sind Tunnelabsteckungen wegen der Genauigkeit, Sicherheit und Schnelligkeit, mit der sie bei den hohen Investitionskosten für den Bau unter den ungünstigsten, äußeren Verhältnissen und oft während des laufenden Arbeitsbetriebes durchgeführt werden müssen, schwierige Unternehmen. Daher muß in jedem Falle dem Vermessungsingenieur von der Bauleitung jede nur mögliche Erleichterung geboten werden.

## 1.10 Formeln zur Fehlerrechnung und Ausgleichung
[3; 6a; 12]

Der Bauingenieur, der Vermessungen für Ingenieurbauten ausführt, wird nur selten größere Ausgleichungen nach der *Methode der kleinsten Quadrate* ausführen können. Er muß aber seine Beobachtungen möglichst willkürfrei abstimmen und wird auch Fehlermaße für seine Messungen ermitteln wollen, um damit Genauigkeit seiner Arbeiten und die Zuverlässigkeit, Zweckmäßigkeit und Wirtschaftlichkeit seines Vorgehens abschätzen zu können.

### 1.10.1 Fehlerrechnung
#### 1.10.1.1 Fehlermaße

| | |
|---|---|
| Wahre zufällige Fehler einer Fehlerreihe | $\varepsilon_1, \varepsilon_2, \varepsilon_3, \ldots$ |
| Durchschnittlicher Fehler | $t = \pm [|\varepsilon|]/n$ |
| Mittlerer Fehler | $m = \pm \sqrt{[\varepsilon\varepsilon]/n}$ |

($n$ Anzahl der $\varepsilon$; [ ] Summenzeichen).

Wahrscheinlicher Fehler $r$ heißt der mittelste von allen ihrer Größe nach geordneten absoluten Werten einer Fehlerreihe (*Zentralwert*).

*Gaußsches Fehlergesetz*: Ist $\varphi(\varepsilon)$ ein Maß für die relative Häufigkeit des Auftretens eines bestimmten Fehlers $\varepsilon$ in einer Fehlerreihe zufälliger Fehler, so gilt:

$$\varphi(\varepsilon) = \frac{h}{\sqrt{\pi}} e^{-h^2\varepsilon^2}, \quad \text{wo} \quad h^2 = 1:2m^2. \tag{1}$$

Es ist $r \approx 0{,}67\,m$; $t \approx 0{,}80\,m$; $m \approx {}^3/_2\,r \approx {}^5/_4\,t$. Nach dem *Gaußschen Fehlergesetz* (1) kommt unter 1 000 Fällen der 3,3fache mittlere Fehler (*Grenzfehler*) einmal vor.

### 1.10.1.2 Fehlerfortpflanzungsgesetz

$l_1, l_2, l_3, \ldots$ unabhängige Beobachtungswerte mit den mittleren Fehlern $\pm m_1, \pm m_2, \pm m_3, \ldots$

$$x = a_0 + a_1 l_1 + a_2 l_2 + \cdots,$$

$$\varepsilon_x = \pm a_1 \varepsilon_1 \pm a_2 \varepsilon_2 \pm \cdots,$$

$$m_x^2 = (a_1 m_1)^2 + (a_2 m_2)^2 + \cdots,$$

$$x = \varphi(l_1, l_2, l_3, \ldots),$$

$$\varepsilon_x = \pm \frac{\partial \varphi}{\partial l_1} \varepsilon_1 \pm \frac{\partial \varphi}{\partial l_2} \varepsilon_2 \pm \cdots,$$

$$m_x^2 = \left(\frac{\partial \varphi}{\partial l_1} m_1\right)^2 + \left(\frac{\partial \varphi}{\partial l_2} m_2\right)^2 + \cdots$$

Sind $\varphi(x), \varphi(l_1), \varphi(l_2), \ldots$ Funktionen, von denen Logarithmentafeln vorliegen, ist

$$\varphi(x) = \frac{\varphi_1(l_1)\,\varphi_2(l_2)\cdots}{\varphi_3(l_3)\,\varphi_4(l_4)\cdots}$$

und sind $\Delta_x, \Delta_1, \Delta_2, \ldots$ die Fortschritte der Logarithmen für die gewählten Einheiten (logarithmische Differenzen), so ist ferner:

$$m_x^2 = \frac{1}{\Delta_x^2}\{(\Delta_1 m_1)^2 + (\Delta_2 m_2)^2 + (\Delta_3 m_3)^2 + (\Delta_4 m_4)^2 + \cdots\}.$$

Das Fehlerfortpflanzungsgesetz ist auch anwendbar zur Bildung eines mittleren Fehlerbetrages bei Einwirkung mehrerer *voneinander unabhängiger* Fehlerursachen, die in ein Beobachtungsergebnis eingehen.

### 1.10.1.3. Gewichte

$p_i = c/m_i^2$. Die Gewichte von Beobachtungen ungleicher Güte verhalten sich umgekehrt wie die Quadrate ihrer mittleren Fehler.

$$m_i^2 : m_k^2 = p_k : p_i, \qquad m_i^2 : m_0^2 = 1/p_i \quad \text{oder} \quad p_i = m_0^2 : m_i^2.$$

$\sqrt{c} = m_0$ mittlerer Fehler der Beobachtung vom Gewicht 1.

$$p_1 : p_2 : p_3 = \frac{1}{m_1^2} : \frac{1}{m_2^2} : \frac{1}{m_3^2}.$$

*Gewichtsfortpflanzung:*

$$x = a_0 + a_1 l_1 + a_2 l_2 + \cdots,$$

$$\frac{1}{p_x} = a_1^2 \frac{1}{p_1} + a_2^2 \frac{1}{p_2} + \cdots,$$

$$x = \varphi(l_1, l_2, l_3, \ldots),$$

$$\frac{1}{p_x} = \left(\frac{\partial \varphi}{\partial l_1}\right)^2 \frac{1}{p_1} + \left(\frac{\partial \varphi}{\partial l_2}\right)^2 \frac{1}{p_2} + \cdots$$

Anwendungen:

Streckenmessung mit Meßlatten oder -bändern $\qquad p_s = c/s$,

optische Distanzmessung:

a) mit konstantem parallaktischem Winkel $\qquad p_s = c/s^2$,

b) durch Messung des parallaktischen Winkels $\qquad p_s = c/s^4$,

geometrisches Nivellement $\qquad p_{\Delta h} = c/s$,

trigonometrische Höhenmessung $\qquad p_{\Delta h} = c/s^2$.

### 1.10.1.4 Beobachtungsdifferenzen

$l_i$ erste Messung, $l_i'$ zweite Messung: Differenz $d_i = l_i' - l_i$. Mittlerer Fehler $m$ bzw. $m_0$ einer einzelnen Beobachtung vom Gewicht 1

$m^2 = [dd] : 2n$ für gleiche Gewichte der Paare,
$m_0^2 = [ddp] : 2n$ für ungleiche Gewichte der Paare,
$m_i^2 = m_0^2 : p_i$ Quadrat des mittleren Fehlers einer Beobachtung vom Gewicht $p_i$.

*Anwendungen:* Bei Streckenmessungen (Meßlatten oder -bänder usw.) und geometrischen Nivellements ist $p = 1/s$. Um bei Nivellements für die Gewichte Zahlen zwischen 0 und 10 zu erhalten, setzt man zunächst das Gewicht von $s_0 = 100$ m oder 1 km oder 10 km Nivellementsweg gleich 1, bildet also $1/p = s_i : s_0 = s_i'$.

Strecke vom Gewicht 1 $\qquad m_0 = \pm \sqrt{\dfrac{1}{2n}\left[\dfrac{dd}{s'}\right]}$.

Mittlerer Fehler einer gemittelten Doppelmessung $\quad M_0 = \pm \dfrac{1}{2}\sqrt{\dfrac{1}{n}\left[\dfrac{dd}{s'}\right]}$.

Der mittlere Fehler für eine Strecke $s_i$ ergibt sich nach 1.10.1.3 dann mit $1/p_i = s_i : s_0$ aus $m_i^2 = m_0^2(s_i : s_0)$. Entsprechendes gilt für $M_i$, dem mittleren Fehler einer gemittelten Doppelmessung mit dem Gewicht $p_i$.

## 1.10.2 Ausgleichung direkter Beobachtungen

### 1.10.2.1 Arithmetisches Mittel

Bei direkten Beobachtungen einer Größe liefert das arithmetische Mittel wahrscheinlichste Werte und mittlere Fehler im Sinne der *Methode der kleinsten Quadrate* [H 01; 12].

| | Gleiche Gewichte | Ungleiche Gewichte |
|---|---|---|
| Verbesserungsgleichungen | $v_i + l_i = x$ | $v_i + l_i = x$ Gewicht $p_i$ |
| Ausgleichsergebnis | $x = [l] : n$ | $x = [lp] : [p]$ |
| Proben | $[v] = 0;\ [vv] = [ll] - [l]\,x$ | $[vp] = 0;\ [vvp] = [llp] - [lp]\,x$ |
| Mittlerer Fehler einer Beobachtung | $m^2 = \dfrac{[vv]}{n-1}$ | $m_0^2 = \dfrac{[vvp]}{n-1}$ |
| Mittlerer Fehler von $x$ | $m_x^2 = m^2/n$ | $m_x^2 = m^2/[p]$ |
| Gewicht | $n$ | $[p]$ |

Man kann, um mit kleineren Zahlen zu rechnen, in die Verbesserungsgleichungen einen Näherungswert $x_0$ für $x$ einführen.

$$v_i + l_i = x = x_0 + \delta x; \qquad v_i + (l_i - x_0) = \delta x.$$

In den Gleichungen ist dann $(l_i - x_0)$ für $l_i$ und $\delta x$ für $x$ zu setzen.

Stehen die mittleren Fehler $m$ der Größen $l$ von vornherein fest, so läßt sich aus diesen ein mittlerer Fehler für $x$ a priori angeben:

$$m_x^2 = \dfrac{1}{1/m_1^2 + 1/m_2^2 + \cdots}$$

### 1.10.2.2 Direkte Beobachtungsergebnisse, für die eine Summengleichung besteht

$$\begin{aligned} x_1 + x_2 + x_3 + \cdots &= S \quad \text{(Sollsumme)} \\ l_1 + l_2 + l_3 + \cdots &= \Sigma \quad \text{(Istsumme)} \end{aligned}$$

$$\underbrace{v_1 + v_2 + v_3 + \cdots}_{\text{Anzahl } n} = S - \Sigma = W \quad \text{(Widerspruch)}$$

Gleiche Gewichte

$$x_i = l_i + \frac{W}{n},$$

$$m^2 = W^2/n; \quad m_x^2 = m^2 \left(1 - \frac{1}{n}\right).$$

Ungleiche Gewichte

$$x_i = l_i + W \cdot \frac{1/p_i}{[1/p]},$$

$$m_0^2 = \frac{W^2}{[1/p]}; \quad m_{xi}^2 = \frac{m_0^2}{p_i}\left(1 - \frac{1/p_i}{[1/p]}\right)$$

*Anwendungen.* Winkelabstimmung für ein Vieleck, Berechnung von Nivellements und Polygonzügen (insbesondere Zugvernotung).

*Anmerkung:* Methodisch gehören die hier angegebenen Formeln zu 1.10.4 *Ausgleichung nach bedingten Beobachtungen,* wo sie sich als Sonderfall ergeben.

## 1.10.3 Ausgleichung nach vermittelnden Beobachtungen

Nach Einführung von Ausgleichungsunbekannten (z. B. Koordinaten oder Höhen für die Neupunkte) wird als Ansatz für jede Beobachtung als Funktion der Unbekannten eine *Verbesserungsgleichung* aufgestellt.

$$l_i + v_i = \varphi_i(x, y, z, \ldots).$$

Nach Einführung von Näherungswerten $x = x_0 + \delta x$, $y = y_0 + \delta y$, $z = z_0 + \delta z, \ldots$ und Entwicklung der $\varphi_i$ nach *Taylor* [H 01] erhält man die linearen, umgeformten Verbesserungsgleichungen

$$v_i = \underbrace{-l_i + \varphi_i(x_0, y_0, z_0, \ldots)}_{+f_i} + \underbrace{(\varphi_{ix})_0}_{+a_i}\delta x + \underbrace{(\varphi_{iy})_0}_{+b_i}\delta y + \underbrace{(\varphi_{iz})_0}_{+c_i}\delta z + \cdots$$

in abgekürzter Schreibweise $v_i = f_i + a_i \delta x + b_i \delta y + c_i \delta z + \cdots$

Die eingeführte Bezeichnungsweise und das Vorzeichen von $f$ entsprechen dem überwiegenden Gebrauch der Praxis. [3] bezeichnet die Beobachtungen mit $L$ und setzt $-L_i + \varphi_i(x_0, y_0, z_0, \ldots) = -l_i$.
Normalgleichungen bei ungleichen Gewichten (für gleiche Beobachtungsgewichte $p = 1$ setzen).

$$\begin{aligned}
[avp] &= 0 = [afp] + [aap]\delta x + [abp]\delta y + [acp]\delta z + \cdots \\
[bvp] &= 0 = [bfp] + [abp]\delta x + [bbp]\delta y + [bcp]\delta z + \cdots \\
[cvp] &= 0 = [cfp] + [acp]\delta x + [bcp]\delta y + [ccp]\delta z + \cdots \\
&\cdots\cdots\cdots\cdots\cdots\cdots\cdots\cdots\cdots\cdots\cdots\cdots\cdots\cdots\cdots \\
[svp] &= 0 = [sfp] + [asp]\delta x + [bsp]\delta y + [csp]\delta z + \cdots
\end{aligned}$$

In der Summenprobe ist: $a_i + b_i + c_i + \cdots = s_i$.

Normalgleichungssysteme werden zur Gewinnung der Unbekannten $\delta x, \delta y, \delta z, \ldots$ nach dem *Gaußschen Algorithmus* (oder einem anderen Verfahren zur Auflösung linearer

### 1.10.3 Ausgleichung nach vermittelnden Beobachtungen

Gleichungssysteme) aufgelöst. Dann ergeben sich als weitere Proben

$$\Sigma = [afp]\,\delta x + [bfp]\,\delta y + [cfp]\,\delta z + \cdots = -\frac{[afp]^2}{[aap]} - \frac{[bfp\cdot 1]^2}{[bbp\cdot 1]} - \frac{[cfp\cdot 2]^2}{[ccp\cdot 2]} - \cdots$$
$$[vvp] = [ffp] + \Sigma.$$

Mittlere Fehler der Beobachtung vom Gewicht 1 $m_0 = \pm\sqrt{\dfrac{[vvp]}{n-u}}$, wo $n$ Zahl der Beobachtungen und $u$ Zahl der unabhängigen Unbekannten ist.

*Mittlere Fehler der Unbekannten* (für ungleiche Gewichte):

$$Q \text{ Gewichtskoeffizient};\quad \frac{1}{p_x} = Q_{11};\quad \frac{1}{p_y} = Q_{22};\quad \frac{1}{p_z} = Q_{33}\cdots$$

*Gewichtsgleichungen:*

für $x$
$$[aap]\,Q_{11} + [abp]\,Q_{12} + [acp]\,Q_{13} + \cdots = 1$$
$$[abp]\,Q_{11} + [bbp]\,Q_{12} + [bcp]\,Q_{13} + \cdots = 0$$
$$[acp]\,Q_{11} + [bcp]\,Q_{12} + [ccp]\,Q_{13} + \cdots = 0$$
$$\cdots\cdots\cdots\cdots\cdots\cdots\cdots\cdots\cdots$$

für $y$

treten an die Stelle von $Q_{11}, Q_{12}, Q_{13}\ldots \to Q_{21}, Q_{22}, Q_{23}\ldots$ Die Absolutglieder lauten von oben nach unten 0, 1, 0 ...

für $z$

treten an die Stelle von $Q_{11}, Q_{12}, Q_{13}\ldots \to Q_{31}, Q_{32}, Q_{33}\ldots$ Die Absolutglieder lauten von oben nach unten 0, 0, 1, ...

Damit ist: $m_x^2 = m_0^2 Q_{11};\quad m_y^2 = m_0^2 Q_{22};\quad m_z^2 = m_0^2 Q_{33};\;\ldots$

Die Absolutglieder der Gewichtsgleichungen werden den Normalgleichungen angehängt und mit ihnen zusammen reduziert.

Für eine Funktion der Unbekannten $\varphi(x, y, z \ldots)$ ist

mit $\dfrac{\partial\varphi}{\partial x} = \varphi_x,\quad \dfrac{\partial\varphi}{\partial y} = \varphi_y,\ldots$

$$\begin{aligned}m_\varphi^2 = m_0^2(\varphi_x^2\,Q_{11} &+ 2\varphi_x\varphi_y Q_{12} + 2\varphi_x\varphi_z Q_{13} + \cdots\\ &+ \varphi_y^2 Q_{22} + 2\varphi_y\varphi_z Q_{23} + \cdots\\ &+ \varphi_z^2 Q_{33} + \cdots\\ &+ \cdots).\end{aligned}$$

*Anwendungen:* Für zwei Unbekannte $x, y$ ist mit $D = [aap][bbp] - [abp]^2$

$$\delta x = \frac{[bbp][afp] - [abp][bfp]}{D};\qquad \delta y = \frac{[aap][bfp] - [abp][afp]}{D}$$

$$Q_{11} = \frac{[bbp]}{D};\quad Q_{22} = \frac{[aap]}{D};\quad Q_{12} = -\frac{[abp]}{D}.$$

*Richtungskoeffizienten* für Einschneiden ($d\alpha = a\delta x + b\delta y$):

$$a_i = \frac{\sin^2\varphi_0}{y_i - y_0}\,\varrho,\qquad b_i = -\frac{\cos^2\varphi_0}{x_i - x_0}\,\varrho.$$

Die Koeffizienten $a$ bzw. $b$ sind die Änderungen des Richtungswinkels $\varphi$ im auszugleichenden, also beweglichen Punkt (Näherung $P_0$ $(x_0, y_0)$), wenn dessen Koordinaten in $x$ bzw. $y$ um eine Einheit verändert werden.

## 1.10.4 Ausgleichung nach bedingten Beobachtungen

Die zwischen den verbesserten Beobachtungen bestehenden unabhängigen Bedingungen werden als Ansatz hingeschrieben

$$\varphi_i(x_1, x_2, \ldots x_n) = 0, \quad \text{wo } x_k = l_k + v_k.$$

Ist bei $n$ Beobachtungen und $r$ Bedingungen $n > r$, so liegen $n - r$ überschüssige Beobachtungen und somit Bedingungen vor. Die Widersprüche $w$ werden im Sinne Soll−Ist gebildet.

$$\varphi_i(l_1, l_2, \ldots l_n) + w_i = 0.$$

Linearmachen der Bedingungsgleichungen nach *Taylor* [H 01]:

$$\varphi(l_1 + v_1, l_2 + v_2, \ldots l_n + v_n) = \varphi(l_1, l_2, \ldots l_n) + \varphi_{l_1}v_1 + \varphi_{l_2}v_2 + \cdots + \varphi_{l_n}v_n = 0.$$

Für die lineare Bedingungsgleichung $\varphi_a$ ergibt sich also abgekürzt:

$$-w_a + a_1 v_1 + a_2 v_2 + \cdots + a_n v_n = 0.$$

Lineare Bedingungsgleichungen

$$\begin{aligned} a_1 v_1 + a_2 v_2 + \cdots + a_n v_n &= w_a \\ b_1 v_1 + b_2 v_2 + \cdots + b_n v_n &= w_b \\ &\cdots \\ r_1 v_1 + r_2 v_2 + \cdots + r_n v_n &= w_r \end{aligned} \qquad \begin{aligned} [av] &= w_a \\ [bv] &= w_b \\ &\cdots \\ [rv] &= w_r \end{aligned}$$

Normalgleichungen für ungleiche Beobachtungsgewichte (bei gleichen Gewichten $p = 1$ setzen):

$$\left[\frac{aa}{p}\right] k_a + \left[\frac{ab}{p}\right] k_b + \cdots + \left[\frac{ar}{p}\right] k_r - w_a = 0$$

$$\left[\frac{ab}{p}\right] k_a + \left[\frac{bb}{p}\right] k_b + \cdots + \left[\frac{br}{p}\right] k_r - w_b = 0$$

$$\left[\frac{ar}{p}\right] k_a + \left[\frac{br}{p}\right] k_b + \cdots + \left[\frac{rr}{p}\right] k_r - w_r = 0$$

Summenprobe wie bei vermittelnden Beobachtungen, wobei

$$s_i = a_i + b_i + \cdots + r_i.$$

Korrelatengleichungen

$$v_i = \frac{a_i}{p_i} k_a + \frac{b_i}{p_i} k_b + \cdots + \frac{r_i}{p_i} k_r.$$

Proben:

$$[wk] = \frac{w_a^2}{\left[\frac{aa}{p}\right]} + \frac{(w_b \cdot 1)^2}{\left[\frac{bb}{p} \cdot 1\right]} + \frac{(w_c \cdot 2)^2}{\left[\frac{cc}{p} \cdot 2\right]} + \cdots + \frac{(w_r \cdot (r-1))^2}{\left[\frac{rr}{p} \cdot (r-1)\right]} = [vvp].$$

$w_r \cdot (r - 1)$ bedeutet $w_r \to (r - 1)$-mal reduziert.

Mittlerer Fehler einer Beobachtung vom Gewicht 1 $m_0^2 = [vvp] : r$. Das Gewicht einer Beobachtung vom Gewicht $p_i$ ergibt sich nach 1.10.1.3.

*Gewicht einer Funktion der ausgeglichenen Beobachtungswerte.*

$$\varphi(l_1 + v_1, l_2 + v_2, \ldots l_n + v_n) = \varphi(l_1, l_2, \ldots l_n) + \frac{\partial \varphi}{\partial l_1} v_1 + \frac{\partial \varphi}{\partial l_2} v_2 + \cdots + \frac{\partial \varphi}{\partial l_n} v_n$$

$$= f_0 + f_1 v_1 + f_2 v_2 + \cdots + f_n v_n.$$

In der Funktion $\varphi$ brauchen nicht alle $l$ vorzukommen. Die entsprechenden $f$ sind dann gleich Null.

*Übertragungsgleichungen* (Übertragungsgrößen $t$ im Schrifttum häufig mit $r$ bezeichnet. Synonym $r$ hier nur für die Anzahl der Bedingungsgleichungen und die Koeffizienten der $r$-ten Bedingungsgleichung verwendet):

$$\left[\frac{aa}{p}\right] t_1 + \left[\frac{ab}{p}\right] t_2 + \cdots + \left[\frac{ar}{p}\right] t_r + \left[\frac{af}{p}\right] = 0.$$

$$\left[\frac{ab}{p}\right] t_1 + \left[\frac{bb}{p}\right] t_2 + \cdots + \left[\frac{br}{p}\right] t_r + \left[\frac{bf}{p}\right] = 0,$$

$$\cdots\cdots\cdots\cdots\cdots\cdots\cdots\cdots\cdots\cdots\cdots\cdots\cdots\cdots\cdots$$

$$\left[\frac{ar}{p}\right] t_1 + \left[\frac{br}{p}\right] t_2 + \cdots + \left[\frac{rr}{p}\right] t_r + \left[\frac{rf}{p}\right] = 0.$$

Aus der Auflösung dieses Gleichungssystems ergeben sich die Unbekannten $t$. Hiermit ergibt sich

$$\frac{1}{p_\varphi} = \left[\frac{af}{p}\right] t_1 + \left[\frac{bf}{p}\right] t_2 + \cdots + \left[\frac{rf}{p}\right] t_r.$$

Mit den Gliedern der einzelnen Reduktionsstufen ist

$$\frac{1}{p_\varphi} = \left[\frac{ff}{p}\right] - \frac{\left[\frac{af}{p}\right]^2}{\left[\frac{aa}{p}\right]} - \frac{\left[\frac{bf}{p} \cdot 1\right]^2}{\left[\frac{bb}{p} \cdot 1\right]} - \frac{\left[\frac{cf}{p} \cdot 2\right]^2}{\left[\frac{cc}{p} \cdot 2\right]} - \cdots - \frac{\left[\frac{rf}{p} \cdot (r-1)\right]^2}{\left[\frac{rr}{p} \cdot (r-1)\right]}.$$

Schließlich ist

$$m_\varphi^2 = m_0^2 \frac{1}{p_\varphi}.$$

## 1.10.5 Zusammenfassung

Ausgleichungen nach vermittelnden und nach bedingten Beobachtungen liefern die gleichen Ergebnisse, nur der Gang der Ausgleichung ist verschieden. Bei jedem Verfahren wächst der Arbeitsaufwand ungefähr mit dem Quadrat der Anzahl der aufzulösenden Normalgleichungen. Die Anzahl der Normalgleichungen ist bei vermittelnden Beobachtungen gleich der Anzahl der Unbekannten, bei bedingten Beobachtungen gleich der Anzahl der unabhängigen Systembedingungen. Man wird stets das Verfahren auswählen, das den geringsten Arbeitsaufwand erfordert.

Wenn die *Methode der kleinsten Quadrate* [12] im strengen Sinne keine wahrscheinlichsten Werte mehr liefert, etwa weil die eingeführten Beobachtungsergebnisse nicht nur mit zufälligen Fehlern, sondern auch mit gewissen systematischen Fehleranteilen behaftet sind, oder weil in den Konstanten (z. B. den Festpunktkoordinaten) nicht berücksichtigte Fehler stecken, so ist dieses Verfahren doch noch eine vorzügliche Ordnungsrechnung, die widerspruchsfreie Ergebnisse liefert.

Mit der *Fehlerrechnung* nach der Methode der kleinsten Quadrate lassen sich ferner die Teile einer Messung oder einer Berechnung, deren Struktur bekannt ist, auf ihre Genauigkeit untersuchen. Dadurch ist es möglich, Teilmessungen und Berechnungen gerade so genau anzusetzen, wie es für die verlangte Genauigkeit des Endergebnisses notwendig und hinreichend ist. Dies ist wichtig zur wirtschaftlichen Durchführung größerer Messungs- und Rechenoperationen.

## 1.11 Tabellen für Gon und Altgrad und Kreisfunktionen für Gon

Tabelle 1-29. Verwandlung der 360°- in 400 gon-Teilung

### Grade

| ° | 0 | 1 | 2 | 3 | 4 | 5 | 6 | 7 | 8 | 9 |
|---|---|---|---|---|---|---|---|---|---|---|
| 00 | 0,0.. | 1,1.. | 2,2.. | 3,3.. | 4,4.. | 5,5.. | 6,6.. | 7,7.. | 8,8.. | 10,0.. |
| 10 | 11,1.. | 12,2.. | 13,3.. | 14,4.. | 15,5.. | 16,6.. | 17,7.. | 18,8.. | 20,0.. | 21,1.. |
| 20 | 22,2.. | 23,3.. | 24,4.. | 25,5.. | 26,6.. | 27,7.. | 28,8.. | 30,0.. | 31,1.. | 32,2.. |
| 30 | 33,3.. | 34,4.. | 35,5.. | 36,6.. | 37,7.. | 38,8.. | 40,0.. | 41,1.. | 42,2.. | 43,3.. |
| 40 | 44,4.. | 45,5.. | 46,6.. | 47,7.. | 48,8.. | 50,0.. | 51,1.. | 52,2.. | 53,3.. | 54,4.. |
| 50 | 55,5.. | 56,6.. | 57,7.. | 58,8.. | 60,0.. | 61,1.. | 62,2.. | 63,3.. | 64,4.. | 65,5.. |
| 60 | 66,6.. | 67,7.. | 68,8.. | 70,0.. | 71,1.. | 72,2.. | 73,3.. | 74,4.. | 75,5.. | 76,6.. |
| 70 | 77,7.. | 78,8.. | 80,0.. | 81,1.. | 82,2.. | 83,3.. | 84,4.. | 85,5.. | 86,6.. | 87,7.. |
| 80 | 88,8.. | 90,0.. | 91,1.. | 92,2.. | 93,3.. | 94,4.. | 95,5.. | 96,6.. | 97,7.. | 98,8.. |
| 90 | 100,0.. | 101,1.. | 102,2.. | 103,3.. | 104,4.. | 105,5.. | 106,6.. | 107,7.. | 108,8.. | 110,0.. |
| 100 | 111,1.. | 112,2.. | 113,3.. | 114,4.. | 115,5.. | 116,6.. | 117,7.. | 118,8.. | 120,0.. | 121,1.. |
| 110 | 122,2.. | 123,3.. | 124,4.. | 125,5.. | 126,6.. | 127,7.. | 128,8.. | 130,0.. | 131,1.. | 132,2.. |
| 120 | 133,3.. | 134,4.. | 135,5.. | 136,6.. | 137,7.. | 138,8.. | 140,0.. | 141,1.. | 142,2.. | 143,3.. |
| 130 | 144,4.. | 145,5.. | 146,6.. | 147,7.. | 148,8.. | 150,0.. | 151,1.. | 152,2.. | 153,3.. | 154,4.. |
| 140 | 155,5.. | 156,6.. | 157,7.. | 158,8.. | 160,0.. | 161,1.. | 162,2.. | 163,3.. | 164,4.. | 165,5.. |
| 150 | 166,6.. | 167,7.. | 168,8.. | 170,0.. | 171,1.. | 172,2.. | 173,3.. | 174,4.. | 175,5.. | 176,6.. |
| 160 | 177,7.. | 178,8.. | 180,0.. | 181,1.. | 182,2.. | 183,3.. | 184,4.. | 185,5.. | 186,6.. | 187,7.. |
| 170 | 188,8.. | 190,0.. | 191,1.. | 192,2.. | 193,3.. | 194,4.. | 195,5.. | 196,6.. | 197,7.. | 198,8.. |

### Minuten

| ′ | 0 | 1 | 2 | 3 | 4 | 5 | 6 | 7 | 8 | 9 |
|---|---|---|---|---|---|---|---|---|---|---|
|    | 0, | 0, | 0, | 0, | 0, | 0, | 0, | 0, | 0, | 0, |
| 00 | 00 000 | 01 852 | 03 704 | 05 556 | 07 407 | 09 259 | 11 111 | 12 963 | 14 815 | 16 667 |
| 10 | 18 519 | 20 370 | 22 222 | 24 074 | 25 926 | 27 778 | 29 630 | 31 481 | 33 333 | 35 185 |
| 20 | 37 037 | 38 889 | 40 741 | 42 593 | 44 444 | 46 296 | 48 148 | 50 000 | 51 852 | 53 704 |
| 30 | 55 556 | 57 407 | 59 259 | 61 111 | 62 963 | 64 815 | 66 667 | 68 519 | 70 370 | 72 222 |
| 40 | 74 074 | 75 926 | 77 778 | 79 630 | 81 481 | 83 333 | 85 185 | 87 037 | 88 889 | 90 741 |
|    |        |        |        |        | 1,     | 1,     | 1,     | 1,     | 1,     | 1,     |
| 50 | 92 593 | 94 444 | 96 296 | 98 148 | 00 000 | 01 852 | 03 704 | 05 556 | 07 407 | 09 259 |

### Sekunden

| ″ | 0 | 1 | 2 | 3 | 4 | 5 | 6 | 7 | 8 | 9 |
|---|---|---|---|---|---|---|---|---|---|---|
|    | 0, | 0, | 0, | 0, | 0, | 0, | 0, | 0, | 0, | 0, |
| 00 | 00 000 | 00 031 | 00 062 | 00 093 | 00 123 | 00 154 | 00 185 | 00 216 | 00 247 | 00 278 |
| 10 | 00 309 | 00 340 | 00 370 | 00 401 | 00 432 | 00 463 | 00 494 | 00 525 | 00 556 | 00 586 |
| 20 | 00 617 | 00 648 | 00 679 | 00 710 | 00 741 | 00 772 | 00 802 | 00 833 | 00 864 | 00 895 |
| 30 | 00 926 | 00 957 | 00 988 | 01 019 | 01 049 | 01 080 | 01 111 | 01 142 | 01 173 | 01 204 |
| 40 | 01 235 | 01 265 | 01 296 | 01 327 | 01 358 | 01 389 | 01 420 | 01 451 | 01 481 | 01 512 |
| 50 | 01 543 | 01 574 | 01 605 | 01 636 | 01 667 | 01 698 | 01 728 | 01 759 | 01 790 | 01 821 |
|    | 0,0″ | 0,1″ | 0,2″ | 0,3″ | 0,4″ | 0,5″ | 0,6″ | 0,7″ | 0,8″ | 0,9″ |
| 0, | 00 000 | 00 003 | 00 006 | 00 009 | 00 012 | 00 015 | 00 019 | 00 022 | 00 025 | 00 028 |

$$\text{Beispiel: } 29°16′14″ = \begin{cases} 32,22\ 222 \\ 0,29\ 630 \\ \underline{0,00\ 432} \\ 32,52\ 284 \end{cases}$$

32, 5228 gon

## 1.11 Tabellen

Tabelle 1-30. Verwandlung der 400 gon- in 360°-Teilung

### Grade

| gon | 0 | | 1 | | 2 | | 3 | | 4 | | 5 | | 6 | | 7 | | 8 | | 9 | |
|---|---|---|---|---|---|---|---|---|---|---|---|---|---|---|---|---|---|---|---|---|
| | ° | ′ | ° | ′ | ° | ′ | ° | ′ | ° | ′ | ° | ′ | ° | ′ | ° | ′ | ° | ′ | ° | ′ |
| 00 | 0 | 0 | 0 | 54 | 1 | 48 | 2 | 42 | 3 | 36 | 4 | 30 | 5 | 24 | 6 | 18 | 7 | 12 | 8 | 6 |
| 10 | 9 | 0 | 9 | 54 | 10 | 48 | 11 | 42 | 12 | 36 | 13 | 30 | 14 | 24 | 15 | 18 | 16 | 12 | 17 | 6 |
| 20 | 18 | 0 | 18 | 54 | 19 | 48 | 20 | 42 | 21 | 36 | 22 | 30 | 23 | 24 | 24 | 18 | 25 | 12 | 26 | 6 |
| 30 | 27 | 0 | 27 | 54 | 28 | 48 | 29 | 42 | 30 | 36 | 31 | 30 | 32 | 24 | 33 | 18 | 34 | 12 | 35 | 6 |
| 40 | 36 | 0 | 36 | 54 | 37 | 48 | 38 | 42 | 39 | 36 | 40 | 30 | 41 | 24 | 42 | 18 | 43 | 12 | 44 | 6 |
| 50 | 45 | 0 | 45 | 54 | 46 | 48 | 47 | 42 | 48 | 36 | 49 | 30 | 50 | 24 | 51 | 18 | 52 | 12 | 53 | 6 |
| 60 | 54 | 0 | 54 | 54 | 55 | 48 | 56 | 42 | 57 | 36 | 58 | 30 | 59 | 24 | 60 | 18 | 61 | 12 | 62 | 6 |
| 70 | 63 | 0 | 63 | 54 | 64 | 48 | 65 | 42 | 66 | 36 | 67 | 30 | 68 | 24 | 69 | 18 | 70 | 12 | 71 | 6 |
| 80 | 72 | 0 | 72 | 54 | 73 | 48 | 74 | 42 | 75 | 36 | 76 | 30 | 77 | 24 | 78 | 18 | 79 | 12 | 80 | 6 |
| 90 | 81 | 0 | 81 | 54 | 82 | 48 | 83 | 42 | 84 | 36 | 85 | 30 | 86 | 24 | 87 | 18 | 88 | 12 | 89 | 6 |
| 100 | 90 | 0 | 90 | 54 | 91 | 48 | 92 | 42 | 93 | 36 | 94 | 30 | 95 | 24 | 96 | 18 | 97 | 12 | 98 | 6 |
| 110 | 99 | 0 | 99 | 54 | 100 | 48 | 101 | 42 | 102 | 36 | 103 | 30 | 104 | 24 | 105 | 18 | 106 | 12 | 107 | 6 |
| 120 | 108 | 0 | 108 | 54 | 109 | 48 | 110 | 42 | 111 | 36 | 112 | 30 | 113 | 24 | 114 | 18 | 115 | 12 | 116 | 6 |
| 130 | 117 | 0 | 117 | 54 | 118 | 48 | 119 | 42 | 120 | 36 | 121 | 30 | 122 | 24 | 123 | 18 | 124 | 12 | 125 | 6 |
| 140 | 126 | 0 | 126 | 54 | 127 | 48 | 128 | 42 | 129 | 36 | 130 | 30 | 131 | 24 | 132 | 18 | 133 | 12 | 134 | 6 |
| 150 | 135 | 0 | 135 | 54 | 136 | 48 | 137 | 42 | 138 | 36 | 139 | 30 | 140 | 24 | 141 | 18 | 142 | 12 | 143 | 6 |
| 160 | 144 | 0 | 144 | 54 | 145 | 48 | 146 | 42 | 147 | 36 | 148 | 30 | 149 | 24 | 150 | 18 | 151 | 12 | 152 | 6 |
| 170 | 153 | 0 | 153 | 54 | 154 | 48 | 155 | 42 | 156 | 36 | 157 | 30 | 158 | 24 | 159 | 18 | 160 | 12 | 161 | 6 |
| 180 | 162 | 0 | 162 | 54 | 163 | 48 | 164 | 42 | 165 | 36 | 166 | 30 | 167 | 24 | 168 | 18 | 169 | 12 | 170 | 6 |
| 190 | 171 | 0 | 171 | 54 | 172 | 48 | 173 | 42 | 174 | 36 | 175 | 30 | 176 | 24 | 177 | 18 | 178 | 12 | 179 | 6 |

### Minuten

| gon | 0 | | 1 | | 2 | | 3 | | 4 | | 5 | | 6 | | 7 | | 8 | | 9 | |
|---|---|---|---|---|---|---|---|---|---|---|---|---|---|---|---|---|---|---|---|---|
| | ′ | ″ | ′ | ″ | ′ | ″ | ′ | ″ | ′ | ″ | ′ | ″ | ′ | ″ | ′ | ″ | ′ | ″ | ′ | ″ |
| 0,00 | 0 | 0,0 | 0 | 32,4 | 1 | 4,8 | 1 | 37,2 | 2 | 9,6 | 2 | 42,0 | 3 | 14,4 | 3 | 46,8 | 4 | 19,2 | 4 | 51,6 |
| 0,10 | 5 | 24,0 | 5 | 56,4 | 6 | 28,8 | 7 | 1,2 | 7 | 33,6 | 8 | 6,0 | 8 | 38,4 | 9 | 10,8 | 9 | 43,2 | 10 | 15,6 |
| 0,20 | 10 | 48,0 | 11 | 20,4 | 11 | 52,8 | 12 | 25,2 | 12 | 57,6 | 13 | 30,0 | 14 | 2,4 | 14 | 34,8 | 15 | 7,2 | 15 | 39,6 |
| 0,30 | 16 | 12,0 | 16 | 44,4 | 17 | 16,8 | 17 | 49,2 | 18 | 21,6 | 18 | 54,0 | 19 | 26,4 | 19 | 58,8 | 20 | 31,2 | 21 | 3,6 |
| 0,40 | 21 | 36,0 | 22 | 8,4 | 22 | 40,8 | 23 | 13,2 | 23 | 45,6 | 24 | 18,0 | 24 | 50,4 | 25 | 22,8 | 25 | 55,2 | 26 | 27,6 |
| 0,50 | 27 | 0,0 | 27 | 32,4 | 28 | 4,8 | 28 | 37,2 | 29 | 9,6 | 29 | 42,0 | 30 | 14,4 | 30 | 46,8 | 31 | 19,2 | 31 | 51,6 |
| 0,60 | 32 | 24,0 | 32 | 56,4 | 33 | 28,8 | 34 | 1,2 | 34 | 33,6 | 35 | 6,0 | 35 | 38,4 | 36 | 10,8 | 36 | 43,2 | 37 | 15,6 |
| 0,70 | 37 | 48,0 | 38 | 20,4 | 38 | 52,8 | 39 | 25,2 | 39 | 57,6 | 40 | 30,0 | 41 | 2,4 | 41 | 34,8 | 42 | 7,2 | 42 | 39,6 |
| 0,80 | 43 | 12,0 | 43 | 44,4 | 44 | 16,8 | 44 | 49,2 | 45 | 21,6 | 45 | 54,0 | 46 | 26,4 | 46 | 58,8 | 47 | 31,2 | 48 | 3,6 |
| 0,90 | 48 | 36,0 | 49 | 8,4 | 49 | 40,8 | 50 | 13,2 | 50 | 45,6 | 51 | 18,0 | 51 | 50,4 | 52 | 22,8 | 52 | 55,2 | 53 | 27,6 |

### Sekunden

| gon | 0 | 1 | 2 | 3 | 4 | 5 | 6 | 7 | 8 | 9 |
|---|---|---|---|---|---|---|---|---|---|---|
| 0,000 0 | 0,00 | 0,32 | 0,65 | 0,97 | 1,30 | 1,62 | 1,94 | 2,27 | 2,59 | 2,92 |
| 0,001 0 | 3,24 | 3,56 | 3,89 | 4,21 | 4,54 | 4,86 | 5,18 | 5,51 | 5,83 | 6,16 |
| 0,002 0 | 6,48 | 6,80 | 7,13 | 7,45 | 7,78 | 8,10 | 8,42 | 8,75 | 9,07 | 9,40 |
| 0,003 0 | 9,72 | 10,04 | 10,37 | 10,69 | 11,02 | 11,34 | 11,66 | 11,99 | 12,31 | 12,64 |
| 0,004 0 | 12,96 | 13,28 | 13,61 | 13,93 | 14,26 | 14,58 | 14,90 | 15,23 | 15,55 | 15,88 |
| 0,005 0 | 16,20 | 16,52 | 16,85 | 17,17 | 17,50 | 17,82 | 18,14 | 18,47 | 18,79 | 19,12 |
| 0,006 0 | 19,44 | 19,76 | 20,09 | 20,41 | 20,74 | 21,06 | 21,38 | 21,71 | 22,03 | 22,36 |
| 0,007 0 | 22,68 | 23,00 | 23,33 | 23,65 | 23,98 | 24,30 | 24,62 | 24,95 | 25,27 | 25,60 |
| 0,008 0 | 25,92 | 26,24 | 26,57 | 26,89 | 27,22 | 27,54 | 27,86 | 28,19 | 28,51 | 28,84 |
| 0,009 0 | 29,16 | 29,48 | 29,81 | 30,13 | 30,46 | 30,78 | 31,10 | 31,43 | 31,75 | 32,08 |

$$\text{Beispiel: } 32{,}5228 \text{ gon} = \begin{cases} 28°48' \\ 28'04{,}8'' \\ \underline{9{,}1''} \\ 29°16'13{,}9'' \end{cases}$$

29°16′14″

## 1. Vermessungstechnik

Tabelle 1-31. Kreisfunktionen für neue Winkelteilung[1]) (Gon)

| gon | Sinus 00c | 10c | 20c | 30c | 40c | 50c | 60c | 70c | 80c | 90c | 100c | |
|---|---|---|---|---|---|---|---|---|---|---|---|---|
| 0gon | 0,000 0 | 0,001 6 | 0,003 1 | 0,004 7 | 0,006 3 | 0,007 9 | 0,009 4 | 0,011 0 | 0,012 6 | 0,014 1 | 0,015 7 | 99 gon |
| 1 | 0,015 7 | 0,017 3 | 0,018 8 | 0,020 4 | 0,022 0 | 0,023 6 | 0,025 1 | 0,026 7 | 0,028 3 | 0,029 8 | 0,031 4 | 98 |
| 2 | 0,031 4 | 0,033 0 | 0,034 6 | 0,036 1 | 0,037 7 | 0,039 3 | 0,040 8 | 0,042 4 | 0,044 0 | 0,045 5 | 0,047 1 | 97 |
| 3 | 0,047 1 | 0,048 7 | 0,050 2 | 0,051 8 | 0,053 4 | 0,055 0 | 0,056 5 | 0,058 1 | 0,059 7 | 0,061 2 | 0,062 8 | 96 |
| 4 | 0,062 8 | 0,064 4 | 0,065 9 | 0,067 5 | 0,069 1 | 0,070 6 | 0,072 2 | 0,073 8 | 0,075 3 | 0,076 9 | 0,078 5 | 95 |
| 5 | 0,078 5 | 0,080 0 | 0,081 6 | 0,083 2 | 0,084 7 | 0,086 3 | 0,087 9 | 0,089 4 | 0,091 0 | 0,092 5 | 0,094 1 | 94 |
| 6 | 0,094 1 | 0,095 7 | 0,097 2 | 0,098 8 | 0,100 4 | 0,101 9 | 0,103 5 | 0,105 0 | 0,106 6 | 0,108 2 | 0,109 7 | 93 |
| 7 | 0,109 7 | 0,111 3 | 0,112 9 | 0,114 4 | 0,116 0 | 0,117 5 | 0,119 1 | 0,120 7 | 0,122 2 | 0,123 8 | 0,125 3 | 92 |
| 8 | 0,125 3 | 0,126 9 | 0,128 4 | 0,130 0 | 0,131 6 | 0,133 1 | 0,134 7 | 0,136 2 | 0,137 8 | 0,139 3 | 0,140 9 | 91 |
| 9 | 0,140 9 | 0,142 5 | 0,144 0 | 0,145 6 | 0,147 1 | 0,148 7 | 0,150 2 | 0,151 8 | 0,153 3 | 0,154 9 | 0,156 4 | 90 |
| 10 | 0,156 4 | 0,158 0 | 0,159 5 | 0,161 1 | 0,162 6 | 0,164 2 | 0,165 7 | 0,167 3 | 0,168 8 | 0,170 4 | 0,171 9 | 89 |
| 11 | 0,171 9 | 0,173 5 | 0,175 0 | 0,176 6 | 0,178 1 | 0,179 7 | 0,181 2 | 0,182 8 | 0,184 3 | 0,185 8 | 0,187 4 | 88 |
| 12 | 0,187 4 | 0,188 9 | 0,190 5 | 0,192 0 | 0,193 5 | 0,195 1 | 0,196 6 | 0,198 2 | 0,199 7 | 0,201 2 | 0,202 8 | 87 |
| 13 | 0,202 8 | 0,204 3 | 0,205 9 | 0,207 4 | 0,208 9 | 0,210 5 | 0,212 0 | 0,213 5 | 0,215 1 | 0,216 6 | 0,218 1 | 86 |
| 14 | 0,218 1 | 0,219 7 | 0,221 2 | 0,222 7 | 0,224 3 | 0,225 8 | 0,227 3 | 0,228 9 | 0,230 4 | 0,231 9 | 0,233 4 | 85 |
| 15 | 0,233 4 | 0,235 0 | 0,236 5 | 0,238 0 | 0,239 6 | 0,241 1 | 0,242 6 | 0,244 1 | 0,245 6 | 0,247 2 | 0,248 7 | 84 |
| 16 | 0,248 7 | 0,250 2 | 0,251 7 | 0,253 3 | 0,254 8 | 0,256 3 | 0,257 8 | 0,259 3 | 0,260 8 | 0,262 4 | 0,263 9 | 83 |
| 17 | 0,263 9 | 0,265 4 | 0,266 9 | 0,268 4 | 0,269 9 | 0,271 4 | 0,273 0 | 0,274 5 | 0,276 0 | 0,277 5 | 0,279 0 | 82 |
| 18 | 0,279 0 | 0,280 5 | 0,282 0 | 0,283 5 | 0,285 0 | 0,286 5 | 0,288 0 | 0,289 5 | 0,291 0 | 0,292 5 | 0,294 0 | 81 |
| 19 | 0,294 0 | 0,295 5 | 0,297 0 | 0,298 5 | 0,300 0 | 0,301 5 | 0,303 0 | 0,304 5 | 0,306 0 | 0,307 5 | 0,309 0 | 80 |
| 20 | 0,309 0 | 0,310 5 | 0,312 0 | 0,313 5 | 0,315 0 | 0,316 5 | 0,318 0 | 0,319 5 | 0,320 9 | 0,322 4 | 0,323 9 | 79 |
| 21 | 0,323 9 | 0,325 4 | 0,326 9 | 0,328 4 | 0,329 9 | 0,331 3 | 0,332 8 | 0,334 3 | 0,335 8 | 0,337 3 | 0,338 7 | 78 |
| 22 | 0,338 7 | 0,340 2 | 0,341 7 | 0,343 2 | 0,344 6 | 0,346 1 | 0,347 6 | 0,349 1 | 0,350 5 | 0,352 0 | 0,353 5 | 77 |
| 23 | 0,353 5 | 0,354 9 | 0,356 4 | 0,357 9 | 0,359 3 | 0,360 8 | 0,362 3 | 0,363 7 | 0,365 2 | 0,366 7 | 0,368 1 | 76 |
| 24 | 0,368 1 | 0,369 6 | 0,371 0 | 0,372 5 | 0,374 0 | 0,375 4 | 0,376 9 | 0,378 3 | 0,379 8 | 0,381 2 | 0,382 7 | 75 |
| 25 | 0,382 7 | 0,384 1 | 0,385 6 | 0,387 0 | 0,388 5 | 0,389 9 | 0,391 4 | 0,392 8 | 0,394 3 | 0,395 7 | 0,397 1 | 74 |
| 26 | 0,397 1 | 0,398 6 | 0,400 0 | 0,401 5 | 0,402 9 | 0,404 3 | 0,405 8 | 0,407 2 | 0,408 6 | 0,410 1 | 0,411 5 | 73 |
| 27 | 0,411 5 | 0,412 9 | 0,414 4 | 0,415 8 | 0,417 2 | 0,418 7 | 0,420 1 | 0,421 5 | 0,422 9 | 0,424 4 | 0,425 8 | 72 |
| 28 | 0,425 8 | 0,427 2 | 0,428 6 | 0,430 0 | 0,431 5 | 0,432 9 | 0,434 3 | 0,435 7 | 0,437 1 | 0,438 5 | 0,439 9 | 71 |
| 29 | 0,439 9 | 0,441 3 | 0,442 8 | 0,444 2 | 0,445 6 | 0,447 0 | 0,448 4 | 0,449 8 | 0,451 2 | 0,452 6 | 0,454 0 | 70 |
| 30 | 0,454 0 | 0,455 4 | 0,456 8 | 0,458 2 | 0,459 6 | 0,461 0 | 0,462 4 | 0,463 8 | 0,465 2 | 0,466 5 | 0,467 9 | 69 |
| 31 | 0,467 9 | 0,469 3 | 0,470 7 | 0,472 1 | 0,473 5 | 0,474 9 | 0,476 2 | 0,477 6 | 0,479 0 | 0,480 4 | 0,481 8 | 68 |
| 32 | 0,481 8 | 0,483 1 | 0,484 5 | 0,485 9 | 0,487 3 | 0,488 6 | 0,490 0 | 0,491 4 | 0,492 7 | 0,494 1 | 0,495 5 | 67 |
| 33 | 0,495 5 | 0,496 8 | 0,498 2 | 0,499 5 | 0,500 9 | 0,502 3 | 0,503 6 | 0,505 0 | 0,506 3 | 0,507 7 | 0,509 0 | 66 |
| 34 | 0,509 0 | 0,510 4 | 0,511 7 | 0,513 1 | 0,514 4 | 0,515 8 | 0,517 1 | 0,518 5 | 0,519 8 | 0,521 2 | 0,522 5 | 65 |
| 35 | 0,522 5 | 0,523 8 | 0,525 2 | 0,526 5 | 0,527 8 | 0,529 2 | 0,530 5 | 0,531 8 | 0,533 2 | 0,534 5 | 0,535 8 | 64 |
| 36 | 0,535 8 | 0,537 2 | 0,538 5 | 0,539 8 | 0,541 1 | 0,542 4 | 0,543 8 | 0,545 1 | 0,546 4 | 0,547 7 | 0,549 0 | 63 |
| 37 | 0,549 0 | 0,550 3 | 0,551 6 | 0,553 0 | 0,554 3 | 0,555 6 | 0,556 9 | 0,558 2 | 0,559 5 | 0,560 8 | 0,562 1 | 62 |
| 38 | 0,562 1 | 0,563 4 | 0,564 7 | 0,566 0 | 0,567 3 | 0,568 6 | 0,569 9 | 0,571 1 | 0,572 4 | 0,573 7 | 0,575 0 | 61 |
| 39 | 0,575 0 | 0,576 3 | 0,577 6 | 0,578 9 | 0,580 1 | 0,581 4 | 0,582 7 | 0,584 0 | 0,585 2 | 0,586 5 | 0,587 8 | 60 |
| 40 | 0,587 8 | 0,591 1 | 0,590 3 | 0,591 6 | 0,592 9 | 0,594 1 | 0,595 4 | 0,596 6 | 0,597 9 | 0,599 2 | 0,600 4 | 59 |
| 41 | 0,600 4 | 0,601 7 | 0,602 9 | 0,604 2 | 0,605 4 | 0,606 7 | 0,607 9 | 0,609 2 | 0,610 4 | 0,611 7 | 0,612 9 | 58 |
| 42 | 0,612 9 | 0,614 1 | 0,615 4 | 0,616 6 | 0,617 9 | 0,619 1 | 0,620 3 | 0,621 6 | 0,622 8 | 0,624 0 | 0,625 2 | 57 |
| 43 | 0,625 2 | 0,626 5 | 0,627 7 | 0,628 9 | 0,630 1 | 0,631 4 | 0,632 6 | 0,633 8 | 0,635 0 | 0,636 2 | 0,637 4 | 56 |
| 44 | 0,637 4 | 0,638 6 | 0,639 8 | 0,641 0 | 0,642 3 | 0,643 5 | 0,644 7 | 0,645 9 | 0,647 1 | 0,648 3 | 0,649 4 | 55 |
| 45 | 0,649 4 | 0,650 6 | 0,651 8 | 0,653 0 | 0,654 2 | 0,655 4 | 0,656 6 | 0,657 8 | 0,659 0 | 0,660 1 | 0,661 3 | 54 |
| 46 | 0,661 3 | 0,662 5 | 0,663 7 | 0,664 8 | 0,666 0 | 0,667 2 | 0,668 4 | 0,66 95 | 0,670 7 | 0,671 8 | 0,673 0 | 53 |
| 47 | 0,673 0 | 0,674 2 | 0,675 3 | 0,676 5 | 0,677 6 | 0,678 8 | 0,680 0 | 0,681 1 | 0,682 3 | 0,683 4 | 0,684 5 | 52 |
| 48 | 0,684,5 | 0,685 7 | 0,686 8 | 0,688 0 | 0,689 1 | 0,690 3 | 0,691 4 | 0,692 5 | 0,693 7 | 0,694 8 | 0,695 9 | 51 |
| 49gon | 0,695 9 | 0,697 0 | 0,698 2 | 0,699 3 | 0,700 4 | 0,701 5 | 0,702 6 | 0,703 8 | 0,704 9 | 0,706 0 | 0,707 1 | 50 gon |
| | 100c Cosinus | 90c | 80c | 70c | 60c | 50c | 40c | 30c | 20c | 10c | 00c | gon |

[1]) Die entsprechenden Tabellen für Altgrad befinden sich in [H 01].

## 1.11 Tabellen

Tabelle 1-31 (Fortsetzung)

| gon | Cosinus 00ᶜ | 10ᶜ | 20ᶜ | 30ᶜ | 40ᶜ | 50ᶜ | 60ᶜ | 70ᶜ | 80ᶜ | 90ᶜ | 100ᶜ | |
|---|---|---|---|---|---|---|---|---|---|---|---|---|
| 0gon | 1,000 0 | 1,000 0 | 1,000 0 | 1,000 0 | 1,000 0 | 1,000 0 | 1,000 0 | 0,999 9 | 0,999 9 | 0,999 9 | 0,999 9 | 99gon |
| 1 | 0,999 9 | 0,999 9 | 0,999 8 | 0,999 8 | 0,999 8 | 0,999 7 | 0,999 7 | 0,999 6 | 0,999 6 | 0,999 6 | 0,999 5 | 98 |
| 2 | 0,999 5 | 0,999 5 | 0,999 4 | 0,999 3 | 0,999 3 | 0,999 2 | 0,999 2 | 0,999 1 | 0,999 0 | 0,999 0 | 0,998 9 | 97 |
| 3 | 0,998 9 | 0,998 8 | 0,998 7 | 0,998 7 | 0,998 6 | 0,998 5 | 0,998 4 | 0,998 3 | 0,998 2 | 0,998 1 | 0,998 0 | 96 |
| 4 | 0,998 0 | 0,997 9 | 0,997 8 | 0,997 7 | 0,997 6 | 0,997 5 | 0,997 4 | 0,997 3 | 0,997 2 | 0,997 0 | 0,996 9 | 95 |
| 5 | 0,996 9 | 0,996 8 | 0,996 7 | 0,996 5 | 0,996 4 | 0,996 3 | 0,996 1 | 0,996 0 | 0,995 9 | 0,995 7 | 0,995 6 | 94 |
| 6 | 0,995 6 | 0,995 4 | 0,995 3 | 0,995 1 | 0,995 0 | 0,994 8 | 0,994 6 | 0,994 5 | 0,994 3 | 0,994 1 | 0,994 0 | 93 |
| 7 | 0,994 0 | 0,993 8 | 0,993 6 | 0,993 4 | 0,993 3 | 0,993 1 | 0,992 9 | 0,992 7 | 0,992 5 | 0,992 3 | 0,992 1 | 92 |
| 8 | 0,992 1 | 0,991 9 | 0,991 7 | 0,991 5 | 0,991 3 | 0,991 1 | 0,990 9 | 0,990 7 | 0,990 5 | 0,990 2 | 0,990 0 | 91 |
| 9 | 0,990 0 | 0,989 8 | 0,989 6 | 0,989 3 | 0,989 1 | 0,988 9 | 0,988 7 | 0,988 4 | 0,988 2 | 0,987 9 | 0,987 7 | 90 |
| 10 | 0,987 7 | 0,987 4 | 0,987 2 | 0,986 9 | 0,986 7 | 0,986 4 | 0,986 2 | 0,985 9 | 0,985 6 | 0,985 4 | 0,985 1 | 89 |
| 11 | 0,985 1 | 0,984 8 | 0,984 6 | 0,984 3 | 0,984 0 | 0,983 7 | 0,983 4 | 0,983 2 | 0,982 9 | 0,982 6 | 0,982 3 | 88 |
| 12 | 0,982 3 | 0,982 0 | 0,981 7 | 0,981 4 | 0,981 1 | 0,980 8 | 0,980 5 | 0,980 2 | 0,979 9 | 0,979 5 | 0,979 2 | 87 |
| 13 | 0,979 2 | 0,978 9 | 0,978 6 | 0,978 3 | 0,977 9 | 0,977 6 | 0,977 3 | 0,976 9 | 0,976 6 | 0,976 3 | 0,975 9 | 86 |
| 14 | 0,975 9 | 0,975 6 | 0,975 2 | 0,974 9 | 0,974 5 | 0,974 2 | 0,973 8 | 0,973 5 | 0,973 1 | 0,972 7 | 0,972 4 | 85 |
| 15 | 0,972 4 | 0,972 0 | 0,971 6 | 0,971 3 | 0,970 9 | 0,970 5 | 0,970 1 | 0,969 7 | 0,969 4 | 0,9690 | 0,968 6 | 84 |
| 16 | 0,968 6 | 0,968 2 | 0,967 8 | 0,967 4 | 0,967 0 | 0,966 6 | 0,966 2 | 0,965 8 | 0,965 4 | 0,965 0 | 0,964 6 | 83 |
| 17 | 0,964 6 | 0,964 1 | 0,963 7 | 0,963 3 | 0,962 9 | 0,962 5 | 0,962 0 | 0,961 6 | 0,961 2 | 0,960 7 | 0,960 3 | 82 |
| 18 | 0,960 3 | 0,959 9 | 0,959 4 | 0,959 0 | 0,958 5 | 0,958 1 | 0,957 6 | 0,957 2 | 0,956 7 | 0,956 3 | 0,955 8 | 81 |
| 19 | 0,955 8 | 0,955 3 | 0,954 9 | 0,954 4 | 0,953 9 | 0,953 5 | 0,953 0 | 0,952 5 | 0,952 0 | 0,951 5 | 0,951 1 | 80 |
| 20 | 0,951 1 | 0,950 6 | 0,950 1 | 0,949 6 | 0,949 1 | 0,948 6 | 0,948 1 | 0,947 6 | 0,947 1 | 0,946 6 | 0,946 1 | 79 |
| 21 | 0,946 1 | 0,945 6 | 0,945 1 | 0,944 5 | 0,944 0 | 0,943 5 | 0,943 0 | 0,942 5 | 0,941 9 | 0,941 4 | 0,940 9 | 78 |
| 22 | 0,940 9 | 0,940 3 | 0,939 8 | 0,939 3 | 0,938 7 | 0,938 2 | 0,937 6 | 0,937 1 | 0,936 5 | 0,936 0 | 0,935 4 | 77 |
| 23 | 0,935 4 | 0,934 9 | 0,934 3 | 0,933 8 | 0,933 2 | 0,932 6 | 0,932 1 | 0,931 5 | 0,930 9 | 0,930 4 | 0,929 8 | 76 |
| 24 | 0,929 8 | 0,929 2 | 0,928 6 | 0,928 0 | 0,927 4 | 0,926 9 | 0,926 3 | 0,925 7 | 0,925 1 | 0,924 5 | 0,923 9 | 75 |
| 25 | 0,923 9 | 0,923 3 | 0,922 7 | 0,922 1 | 0,921 5 | 0,920 8 | 0,920 2 | 0,919 6 | 0,919 0 | 0,918 4 | 0,917 8 | 74 |
| 26 | 0,917 8 | 0,917 1 | 0,916 5 | 0,915 9 | 0,915 2 | 0,914 6 | 0,914 0 | 0,913 3 | 0,912 7 | 0,912 0 | 0,911 4 | 73 |
| 27 | 0,911 4 | 0,910 8 | 0,910 1 | 0,909 5 | 0,908 8 | 0,908 1 | 0,907 5 | 0,906 8 | 0,906 2 | 0,905 5 | 0,904 8 | 72 |
| 28 | 0,904 8 | 0,904 2 | 0,903 5 | 0,902 8 | 0,902 1 | 0,901 5 | 0,900 8 | 0,900 1 | 0,899 4 | 0,898 7 | 0,898 0 | 71 |
| 29 | 0,898 0 | 0,897 3 | 0,896 6 | 0,895 9 | 0,895 2 | 0,894 5 | 0,893 8 | 0,893 1 | 0,892 4 | 0,891 7 | 0,891 0 | 70 |
| 30 | 0,891 0 | 0,890 3 | 0,889 6 | 0,888 9 | 0,888 1 | 0,887 4 | 0,886 7 | 0,886 0 | 0,885 2 | 0,884 5 | 0,883 8 | 69 |
| 31 | 0,883 8 | 0,883 0 | 0,882 3 | 0,881 6 | 0,880 8 | 0,880 1 | 0,879 3 | 0,878 6 | 0,877 8 | 0,877 1 | 0,876 3 | 68 |
| 32 | 0,876 3 | 0,875 5 | 0,874 8 | 0,874 0 | 0,873 2 | 0,872 5 | 0,871 7 | 0,871 0 | 0,870 2 | 0,869 4 | 0,868 6 | 67 |
| 33 | 0,868 6 | 0,867 9 | 0,867 1 | 0,866 3 | 0,865 5 | 0,864 7 | 0,863 9 | 0,863 1 | 0,862 3 | 0,861 5 | 0,860 7 | 66 |
| 34 | 0,860 7 | 0,859 9 | 0,859 1 | 0,858 3 | 0,857 5 | 0,856 7 | 0,855 9 | 0,855 1 | 0,854 3 | 0,853 5 | 0,852 6 | 65 |
| 35 | 0,852 6 | 0,851 8 | 0,851 0 | 0,850 2 | 0,849 3 | 0,848 5 | 0,847 7 | 0,846 8 | 0,846 0 | 0,845 2 | 0,844 3 | 64 |
| 36 | 0,844 3 | 0,843 5 | 0,842 6 | 0,841 8 | 0,840 9 | 0,840 1 | 0,839 2 | 0,838 4 | 0,837 5 | 0,836 7 | 0,835 8 | 63 |
| 37 | 0,835 8 | 0,834 9 | 0,834 1 | 0,833 2 | 0,832 3 | 0,831 5 | 0,830 6 | 0,829 7 | 0,828 8 | 0,828 0 | 0,827 1 | 62 |
| 38 | 0,827 1 | 0,826 2 | 0,825 3 | 0,824 4 | 0,823 5 | 0,822 6 | 0,821 7 | 0,820 9 | 0,820 0 | 0,819 1 | 0,818 1 | 61 |
| 39 | 0,818 1 | 0,817 2 | 0,816 3 | 0,815 4 | 0,814 5 | 0,813 6 | 0,812 7 | 0,811 8 | 0,810 9 | 0,809 9 | 0,809 0 | 60 |
| 40 | 0,809 0 | 0,808 1 | 0,807 2 | 0,806 2 | 0,805 3 | 0,804 4 | 0,803 4 | 0,802 5 | 0,801 6 | 0,800 6 | 0,799 7 | 59 |
| 41 | 0,799 7 | 0,798 7 | 0,797 8 | 0,796 8 | 0,795 9 | 0,794 9 | 0,794 0 | 0,793 0 | 0,792 1 | 0,791 1 | 0,790 2 | 58 |
| 42 | 0,790 2 | 0,789 2 | 0,788 2 | 0,787 3 | 0,786 3 | 0,785 3 | 0,784 3 | 0,783 4 | 0,782 4 | 0,781 4 | 0,780 4 | 57 |
| 43 | 0,780 4 | 0,779 4 | 0,778 5 | 0,777 5 | 0,776 5 | 0,775 5 | 0,774 5 | 0,773 5 | 0,772 5 | 0,771 5 | 0,770 5 | 56 |
| 44 | 0,770 5 | 0,769 5 | 0,768 5 | 0,767 5 | 0,766 5 | 0,765 5 | 0,764 5 | 0,763 5 | 0,762 4 | 0,761 4 | 0,760 4 | 55 |
| 45 | 0,760 4 | 0,759 4 | 0,758 4 | 0,757 3 | 0,756 3 | 0,755 3 | 0,754 3 | 0,753 2 | 0,752 2 | 0,751 1 | 0,750 1 | 54 |
| 46 | 0,750 1 | 0,749 1 | 0,748 0 | 0,747 0 | 0,745 9 | 0,744 9 | 0,743 8 | 0,742 8 | 0,741 7 | 0,740 7 | 0,739 6 | 53 |
| 47 | 0,739 6 | 0,738 6 | 0,737 5 | 0,736 5 | 0,735 4 | 0,734 3 | 0,733 3 | 0,732 2 | 0,731 1 | 0,730 0 | 0,729 0 | 52 |
| 48 | 0,729 0 | 0,727 9 | 0,726 8 | 0,725 7 | 0,724 7 | 0,723 6 | 0,722 5 | 0,721 4 | 0,720 3 | 0,719 2 | 0,718 1 | 51 |
| 49gon | 0,718 1 | 0,717 0 | 0,715 9 | 0,714 8 | 0,713 7 | 0,712 6 | 0,711 5 | 0,710 4 | 0,709 3 | 0,708 2 | 0,707 1 | 50gon |
| | 100ᶜ Sinus | 90ᶜ | 80ᶜ | 70ᶜ | 60ᶜ | 50ᶜ | 40ᶜ | 30ᶜ | 20ᶜ | 10ᶜ | 00ᶜ | gon |

## 1. Vermessungstechnik

Tabelle 1-31 (Fortsetzung)

| gon | Tangens 00° | 10° | 20° | 30° | 40° | 50° | 60° | 70° | 80° | 90° | 100° | |
|---|---|---|---|---|---|---|---|---|---|---|---|---|
| 0gon | 0,000 0 | 0,001 6 | 0,003 1 | 0,004 7 | 0,006 3 | 0,007 9 | 0,009 4 | 0,011 0 | 0,012 6 | 0,014 1 | 0,015 7 | 99gon |
| 1 | 0,015 7 | 0,017 3 | 0,018 9 | 0,020 4 | 0,022 0 | 0,023 6 | 0,025 1 | 0,026 7 | 0,028 3 | 0,029 9 | 0,031 4 | 98 |
| 2 | 0,031 4 | 0,033 0 | 0,034 6 | 0,036 1 | 0,037 7 | 0,039 3 | 0,040 9 | 0,042 4 | 0,044 0 | 0,045 6 | 0,047 2 | 97 |
| 3 | 0,047 2 | 0,048 7 | 0,050 3 | 0,051 9 | 0,053 5 | 0,055 0 | 0,056 6 | 0,058 2 | 0,059 8 | 0,061 3 | 0,062 9 | 96 |
| 4 | 0,062 9 | 0,064 5 | 0,066 1 | 0,067 6 | 0,069 2 | 0,070 8 | 0,072 4 | 0,074 0 | 0,075 5 | 0,077 1 | 0,078 7 | 95 |
| 5 | 0,078 7 | 0,080 3 | 0,081 9 | 0,083 4 | 0,085 0 | 0,086 6 | 0,088 2 | 0,089 8 | 0,091 4 | 0,092 9 | 0,094 5 | 94 |
| 6 | 0,094 5 | 0,096 1 | 0,097 7 | 0,099 3 | 0,100 9 | 0,102 5 | 0,104 0 | 0,105 6 | 0,107 2 | 0,108 8 | 0,110 4 | 93 |
| 7 | 0,110 4 | 0,112 0 | 0,113 6 | 0,115 2 | 0,116 8 | 0,118 4 | 0,120 0 | 0,121 5 | 0,123 1 | 0,124 7 | 0,126 3 | 92 |
| 8 | 0,126 3 | 0,127 9 | 0,129 5 | 0,131 1 | 0,132 7 | 0,134 3 | 0,135 9 | 0,137 5 | 0,139 1 | 0,140 7 | 0,142 3 | 91 |
| 9 | 0,142 3 | 0,143 9 | 0,145 5 | 0,147 1 | 0,148 7 | 0,150 3 | 0,151 9 | 0,153 6 | 0,155 2 | 0,156 8 | 0,158 4 | 90 |
| 10 | 0,158 4 | 0,160 0 | 0,161 6 | 0,163 2 | 0,164 8 | 0,166 4 | 0,168 1 | 0,169 7 | 0,171 3 | 0,172 9 | 0,174 5 | 89 |
| 11 | 0,174 5 | 0,176 1 | 0,177 8 | 0,179 4 | 0,181 0 | 0,182 6 | 0,184 3 | 0,185 9 | 0,187 5 | 0,189 1 | 0,190 8 | 88 |
| 12 | 0,190 8 | 0,192 4 | 0,194 0 | 0,195 6 | 0,197 3 | 0,198 9 | 0,200 5 | 0,202 2 | 0,203 8 | 0,205 5 | 0,207 1 | 87 |
| 13 | 0,207 1 | 0,208 7 | 0,210 4 | 0,212 0 | 0,213 7 | 0,215 3 | 0,216 9 | 0,218 6 | 0,220 2 | 0,221 9 | 0,223 5 | 86 |
| 14 | 0,223 5 | 0,225 2 | 0,226 8 | 0,228 5 | 0,230 1 | 0,231 8 | 0,233 4 | 0,235 1 | 0,236 8 | 0,238 4 | 0,240 1 | 85 |
| 15 | 0,240 1 | 0,241 7 | 0,243 4 | 0,245 1 | 0,246 7 | 0,248 4 | 0,250 1 | 0,251 7 | 0,253 4 | 0,255 1 | 0,256 8 | 84 |
| 16 | 0,256 8 | 0,258 4 | 0,260 1 | 0,261 8 | 0,263 5 | 0,265 1 | 0,266 8 | 0,268 5 | 0,270 2 | 0,271 9 | 0,273 6 | 83 |
| 17 | 0,273 6 | 0,275 3 | 0,276 9 | 0,278 6 | 0,280 3 | 0,282 0 | 0,283 7 | 0,285 4 | 0,287 1 | 0,288 8 | 0,290 5 | 82 |
| 18 | 0,290 5 | 0,292 2 | 0,293 9 | 0,295 6 | 0,297 4 | 0,299 1 | 0,300 8 | 0,302 5 | 0,304 2 | 0,305 9 | 0,307 6 | 81 |
| 19 | 0,307 6 | 0,309 4 | 0,311 1 | 0,312 8 | 0,314 5 | 0,316 3 | 0,318 0 | 0,319 7 | 0,321 4 | 0,323 2 | 0,324 9 | 80 |
| 20 | 0,324 9 | 0,326 7 | 0,328 4 | 0,330 1 | 0,331 9 | 0,333 6 | 0,335 4 | 0,337 1 | 0,338 8 | 0,340 6 | 0,342 4 | 79 |
| 21 | 0,342 4 | 0,344 1 | 0,345 9 | 0,347 6 | 0,349 4 | 0,351 2 | 0,352 9 | 0,354 7 | 0,356 5 | 0,358 2 | 0,360 0 | 78 |
| 22 | 0,360 0 | 0,361 8 | 0,363 6 | 0,365 4 | 0,367 1 | 0,368 9 | 0,370 7 | 0,372 5 | 0,374 3 | 0,376 1 | 0,377 9 | 77 |
| 23 | 0,377 9 | 0,379 7 | 0,381 5 | 0,383 3 | 0,385 1 | 0,386 9 | 0,388 7 | 0,390 5 | 0,392 3 | 0,394 1 | 0,395 9 | 76 |
| 24 | 0,395 9 | 0,397 7 | 0,399 6 | 0,401 4 | 0,403 2 | 0,405 0 | 0,406 9 | 0,408 7 | 0,410 5 | 0,412 4 | 0,414 2 | 75 |
| 25 | 0,414 2 | 0,416 1 | 0,417 9 | 0,419 7 | 0,421 6 | 0,423 4 | 0,425 3 | 0,427 2 | 0,429 0 | 0,430 9 | 0,432 7 | 74 |
| 26 | 0,432 7 | 0,434 6 | 0,436 5 | 0,438 3 | 0,440 2 | 0,442 1 | 0,444 0 | 0,445 9 | 0,447 7 | 0,449 6 | 0,451 5 | 73 |
| 27 | 0,451 5 | 0,453 4 | 0,455 3 | 0,457 2 | 0,459 1 | 0,461 0 | 0,462 9 | 0,464 8 | 0,466 7 | 0,468 6 | 0,470 6 | 72 |
| 28 | 0,470 6 | 0,472 5 | 0,474 4 | 0,476 3 | 0,478 3 | 0,480 2 | 0,482 1 | 0,484 1 | 0,486 0 | 0,487 9 | 0,489 9 | 71 |
| 29 | 0,489 9 | 0,491 8 | 0,493 8 | 0,495 8 | 0,497 7 | 0,499 7 | 0,501 6 | 0,503 6 | 0,505 6 | 0,507 5 | 0,509 5 | 70 |
| 30 | 0,509 5 | 0,511 5 | 0,513 5 | 0,515 5 | 0,517 5 | 0,519 5 | 0,521 5 | 0,523 5 | 0,525 5 | 0,527 5 | 0,529 5 | 69 |
| 31 | 0,529 5 | 0,531 5 | 0,533 5 | 0,535 5 | 0,537 5 | 0,539 6 | 0,541 6 | 0,543 6 | 0,545 7 | 0,547 7 | 0,549 8 | 68 |
| 32 | 0,549 8 | 0,551 8 | 0,553 9 | 0,555 9 | 0,558 0 | 0,560 0 | 0,562 1 | 0,564 2 | 0,566 2 | 0,568 3 | 0,570 4 | 67 |
| 33 | 0,570 4 | 0,572 5 | 0,574 6 | 0,576 7 | 0,578 7 | 0,580 8 | 0,582 9 | 0,585 1 | 0,587 2 | 0,589 3 | 0,591 4 | 66 |
| 34 | 0,591 4 | 0,593 5 | 0,595 6 | 0,597 8 | 0,599 9 | 0,602 0 | 0,604 2 | 0,606 3 | 0,608 5 | 0,610 6 | 0,612 8 | 65 |
| 35 | 0,612 8 | 0,615 0 | 0,617 1 | 0,619 3 | 0,621 5 | 0,623 7 | 0,625 8 | 0,628 0 | 0,630 2 | 0,632 4 | 0,634 6 | 64 |
| 36 | 0,634 6 | 0,636 8 | 0,639 0 | 0,641 2 | 0,643 5 | 0,645 7 | 0,647 9 | 0,650 2 | 0,652 4 | 0,654 6 | 0,656 9 | 63 |
| 37 | 0,656 9 | 0,659 1 | 0,661 4 | 0,663 6 | 0,665 9 | 0,668 2 | 0,670 5 | 0,672 7 | 0,675 0 | 0,677 3 | 0,679 6 | 62 |
| 38 | 0,679 6 | 0,681 9 | 0,684 2 | 0,686 5 | 0,688 8 | 0,691 1 | 0,693 5 | 0,695 8 | 0,698 1 | 0,700 5 | 0,702 8 | 61 |
| 39 | 0,702 8 | 0,705 2 | 0,707 5 | 0,709 9 | 0,712 2 | 0,714 6 | 0,717 0 | 0,719 4 | 0,721 8 | 0,724 1 | 0,726 5 | 60 |
| 40 | 0,726 5 | 0,728 9 | 0,731 4 | 0,733 8 | 0,736 2 | 0,738 6 | 0,741 0 | 0,743 5 | 0,745 9 | 0,748 4 | 0,750 8 | 59 |
| 41 | 0,750 8 | 0,753 3 | 0,755 7 | 0,758 2 | 0,760 7 | 0,763 2 | 0,765 7 | 0,768 2 | 0,770 7 | 0,773 2 | 0,775 7 | 58 |
| 42 | 0,775 7 | 0,778 2 | 0,780 7 | 0,783 3 | 0,785 8 | 0,788 3 | 0,790 9 | 0,793 4 | 0,796 0 | 0,798 6 | 0,801 2 | 57 |
| 43 | 0,801 2 | 0,803 7 | 0,806 3 | 0,808 9 | 0,811 5 | 0,814 1 | 0,816 7 | 0,819 4 | 0,822 0 | 0,824 6 | 0,827 3 | 56 |
| 44 | 0,827 3 | 0,829 9 | 0,832 6 | 0,835 2 | 0,837 9 | 0,840 6 | 0,843 3 | 0,846 0 | 0,848 7 | 0,851 4 | 0,854 1 | 55 |
| 45 | 0,854 1 | 0,856 8 | 0,859 5 | 0,862 3 | 0,865 0 | 0,867 8 | 0,870 5 | 0,873 3 | 0,876 1 | 0,878 8 | 0,881 6 | 54 |
| 46 | 0,881 6 | 0,884 4 | 0,887 2 | 0,890 0 | 0,892 8 | 0,895 7 | 0,898 5 | 0,901 4 | 0,904 2 | 0,907 1 | 0,909 9 | 53 |
| 47 | 0,909 9 | 0,912 8 | 0,915 7 | 0,918 6 | 0,921 5 | 0,924 4 | 0,927 3 | 0,930 2 | 0,933 2 | 0,936 1 | 0,939 1 | 52 |
| 48 | 0,939 1 | 0,942 0 | 0,945 0 | 0,948 0 | 0,951 0 | 0,954 0 | 0,957 0 | 0,960 0 | 0,963 0 | 0,966 0 | 0,969 1 | 51 |
| 49gon | 0,969 1 | 0,972 1 | 0,975 2 | 0,978 2 | 0,981 3 | 0,984 4 | 0,987 5 | 0,990 6 | 0,993 7 | 0,996 9 | 1,000 0 | 50gon |
| | 100° | 90° | 80° | 70° | 60° | 50° | 40° | 30° | 20° | 10° | 00° | gon |
| | Cotangens | | | | | | | | | | | |

## 1.11 Tabellen

Tabelle 1-31 (Fortsetzung)

| gon | Cotangens 00ᶜ | 10ᶜ | 20ᶜ | 30ᶜ | 40ᶜ | 50ᶜ | 60ᶜ | 70ᶜ | 80ᶜ | 90ᶜ | 100ᶜ | |
|---|---|---|---|---|---|---|---|---|---|---|---|---|
| 0gon | ∞      | 636,62 | 318,31 | 212,21 | 159,15 | 127,32 | 106,10 | 90,942 | 79,573 | 70,731 | 63,657 | 99gon |
| 1    | 63,657 | 57,869 | 53,045 | 48,964 | 45,466 | 42,433 | 39,780 | 37,439 | 35,358 | 33,496 | 31,821 | 98 |
| 2    | 31,821 | 30,304 | 28,926 | 27,667 | 26,513 | 25,452 | 24,472 | 23,564 | 22,722 | 21,937 | 21,205 | 97 |
| 3    | 21,205 | 20,520 | 19,878 | 19,274 | 18,706 | 18,171 | 17,665 | 17,187 | 16,733 | 16,303 | 15,895 | 96 |
| 4    | 15,895 | 15,506 | 15,136 | 14,783 | 14,446 | 14,124 | 13,815 | 13,520 | 13,238 | 12,967 | 12,706 | 95 |
| 5    | 12,706 | 12,456 | 12,215 | 11,984 | 11,761 | 11,546 | 11,339 | 11,139 | 10,946 | 10,759 | 10,579 | 94 |
| 6    | 10,579 | 10,404 | 10,236 | 10,072 | 9,9137 | 9,7601 | 9,6112 | 9,4667 | 9,3264 | 9,1902 | 9,0579 | 93 |
| 7    | 9,0579 | 8,9293 | 8,8042 | 8,6826 | 8,5642 | 8,4490 | 8,3367 | 8,2274 | 8,1209 | 8,0171 | 7,9158 | 92 |
| 8    | 7,9158 | 7,8170 | 7,7207 | 7,6266 | 7,5348 | 7,4451 | 7,3575 | 7,2719 | 7,1882 | 7,1064 | 7,0264 | 91 |
| 9    | 7,0264 | 6,9481 | 6,8715 | 6,7966 | 6,7233 | 6,6514 | 6,5811 | 6,5122 | 6,4447 | 6,3786 | 6,3138 | 90 |
| 10   | 6,3138 | 6,2502 | 6,1879 | 6,1267 | 6,0668 | 6,0080 | 5,9502 | 5,8936 | 5,8380 | 5,7834 | 5,7297 | 89 |
| 11   | 5,7297 | 5,6771 | 5,6253 | 5,5745 | 5,5246 | 5,4755 | 5,4272 | 5,3798 | 5,3332 | 5,2873 | 5,2422 | 88 |
| 12   | 5,2422 | 5,1978 | 5,1542 | 5,1112 | 5,0689 | 5,0273 | 4,9864 | 4,9461 | 4,9064 | 4,8673 | 4,8288 | 87 |
| 13   | 4,8288 | 4,7909 | 4,7536 | 4,7168 | 4,6805 | 4,6448 | 4,6096 | 4,5749 | 4,5407 | 4,5070 | 4,4737 | 86 |
| 14   | 4,4737 | 4,4410 | 4,4086 | 4,3768 | 4,3453 | 4,3143 | 4,2837 | 4,2535 | 4,2237 | 4,1943 | 4,1653 | 85 |
| 15   | 4,1653 | 4,1367 | 4,1084 | 4,0805 | 4,0529 | 4,0257 | 3,9989 | 3,9724 | 3,9462 | 3,9203 | 3,8947 | 84 |
| 16   | 3,8947 | 3,8695 | 3,8446 | 3,8199 | 3,7956 | 3,7715 | 3,7477 | 3,7242 | 3,7010 | 3,6781 | 3,6554 | 83 |
| 17   | 3,6554 | 3,6330 | 3,6108 | 3,5889 | 3,5672 | 3,5457 | 3,5245 | 3,5036 | 3,4828 | 3,4623 | 3,4420 | 82 |
| 18   | 3,4420 | 3,4220 | 3,4021 | 3,3824 | 3,3630 | 3,3438 | 3,3247 | 3,3059 | 3,2873 | 3,2688 | 3,2506 | 81 |
| 19   | 3,2506 | 3,2325 | 3,2146 | 3,1969 | 3,1793 | 3,1620 | 3,1448 | 3,1278 | 3,1109 | 3,0942 | 3,0777 | 80 |
| 20   | 3,0777 | 3,0613 | 3,0451 | 3,0290 | 3,0131 | 2,9974 | 2,9818 | 2,9663 | 2,9510 | 2,9358 | 2,9208 | 79 |
| 21   | 2,9208 | 2,9059 | 2,8911 | 2,8765 | 2,8620 | 2,8476 | 2,8333 | 2,8192 | 2,8052 | 2,7914 | 2,7776 | 78 |
| 22   | 2,7776 | 2,7640 | 2,7505 | 2,7371 | 2,7238 | 2,7106 | 2,6976 | 2,6846 | 2,6718 | 2,6590 | 2,6464 | 77 |
| 23   | 2,6464 | 2,6339 | 2,6215 | 2,6092 | 2,5970 | 2,5848 | 2,5728 | 2,5609 | 2,5491 | 2,5373 | 2,5257 | 76 |
| 24   | 2,5257 | 2,5142 | 2,5027 | 2,4913 | 2,4801 | 2,4689 | 2,4578 | 2,4468 | 2,4358 | 2,4250 | 2,4142 | 75 |
| 25   | 2,4142 | 2,4035 | 2,3929 | 2,3824 | 2,3719 | 2,3616 | 2,3513 | 2,3411 | 2,3309 | 2,3209 | 2,3109 | 74 |
| 26   | 2,3109 | 2,3009 | 2,2911 | 2,2813 | 2,2715 | 2,2620 | 2,2524 | 2,2429 | 2,2334 | 2,2240 | 2,2148 | 73 |
| 27   | 2,2148 | 2,2055 | 2,1963 | 2,1872 | 2,1782 | 2,1692 | 2,1602 | 2,1514 | 2,1426 | 2,1338 | 2,1251 | 72 |
| 28   | 2,1251 | 2,1165 | 2,1079 | 2,0994 | 2,0909 | 2,0825 | 2,0741 | 2,0658 | 2,0576 | 2,0494 | 2,0413 | 71 |
| 29   | 2,0413 | 2,0332 | 2,0251 | 2,0171 | 2,0092 | 2,0013 | 1,9935 | 1,9857 | 1,9779 | 1,9703 | 1,9626 | 70 |
| 30   | 1,9626 | 1,9550 | 1,9475 | 1,9400 | 1,9325 | 1,9251 | 1,9177 | 1,9104 | 1,9031 | 1,8959 | 1,8887 | 69 |
| 31   | 1,8887 | 1,8815 | 1,8744 | 1,8673 | 1,8603 | 1,8533 | 1,8464 | 1,8395 | 1,8326 | 1,8258 | 1,8190 | 68 |
| 32   | 1,8190 | 1,8122 | 1,8055 | 1,7989 | 1,7922 | 1,7856 | 1,7791 | 1,7725 | 1,7661 | 1,7596 | 1,7532 | 67 |
| 33   | 1,7532 | 1,7468 | 1,7405 | 1,7341 | 1,7279 | 1,7216 | 1,7154 | 1,7092 | 1,7031 | 1,6970 | 1,6909 | 66 |
| 34   | 1,6909 | 1,6849 | 1,6789 | 1,6729 | 1,6669 | 1,6610 | 1,6551 | 1,6492 | 1,6434 | 1,6376 | 1,6319 | 65 |
| 35   | 1,6319 | 1,6261 | 1,6204 | 1,6147 | 1,6091 | 1,6034 | 1,5979 | 1,5923 | 1,5867 | 1,5812 | 1,5757 | 64 |
| 36   | 1,5757 | 1,5703 | 1,5649 | 1,5595 | 1,5541 | 1,5487 | 1,5434 | 1,5381 | 1,5328 | 1,5276 | 1,5224 | 63 |
| 37   | 1,5224 | 1,5172 | 1,5120 | 1,5068 | 1,5017 | 1,4966 | 1,4915 | 1,4865 | 1,4814 | 1,4764 | 1,4715 | 62 |
| 38   | 1,4715 | 1,4665 | 1,4616 | 1,4567 | 1,4517 | 1,4469 | 1,4420 | 1,4372 | 1,4324 | 1,4276 | 1,4229 | 61 |
| 39   | 1,4229 | 1,4181 | 1,4134 | 1,4087 | 1,4040 | 1,3994 | 1,3947 | 1,3901 | 1,3855 | 1,3809 | 1,3764 | 60 |
| 40   | 1,3764 | 1,3718 | 1,3673 | 1,3628 | 1,3584 | 1,3539 | 1,3495 | 1,3450 | 1,3406 | 1,3362 | 1,3319 | 59 |
| 41   | 1,3319 | 1,3275 | 1,3232 | 1,3189 | 1,3146 | 1,3103 | 1,3061 | 1,3018 | 1,2976 | 1,2934 | 1,2892 | 58 |
| 42   | 1,2892 | 1,2850 | 1,2809 | 1,2767 | 1,2726 | 1,2685 | 1,2644 | 1,2603 | 1,2563 | 1,2522 | 1,2482 | 57 |
| 43   | 1,2482 | 1,2442 | 1,2402 | 1,2362 | 1,2323 | 1,2283 | 1,2244 | 1,2205 | 1,2166 | 1,2127 | 1,2088 | 56 |
| 44   | 1,2088 | 1,2049 | 1,2011 | 1,1973 | 1,1934 | 1,1896 | 1,1859 | 1,1821 | 1,1783 | 1,1746 | 1,1708 | 55 |
| 45   | 1,1708 | 1,1671 | 1,1634 | 1,1597 | 1,1561 | 1,1524 | 1,1487 | 1,1451 | 1,1415 | 1,1379 | 1,1343 | 54 |
| 46   | 1,1343 | 1,1307 | 1,1271 | 1,1236 | 1,1200 | 1,1165 | 1,1130 | 1,1094 | 1,1059 | 1,1025 | 1,0990 | 53 |
| 47   | 1,0990 | 1,0955 | 1,0921 | 1,0886 | 1,0852 | 1,0818 | 1,0784 | 1,0750 | 1,0716 | 1,0682 | 1,0649 | 52 |
| 48   | 1,0649 | 1,0615 | 1,0582 | 1,0549 | 1,0516 | 1,0483 | 1,0450 | 1,0417 | 1,0384 | 1,0352 | 1,0319 | 51 |
| 49gon| 1,0319 | 1,0287 | 1,0255 | 1,0222 | 1,0190 | 1,0158 | 1,0126 | 1,0095 | 1,0063 | 1,0031 | 1,0000 | 50gon |
|      | 100ᶜ | 90ᶜ | 80ᶜ | 70ᶜ | 60ᶜ | 50ᶜ | 40ᶜ | 30ᶜ | 20ᶜ | 10ᶜ | 00ᶜ | gon |
|      | Tangens |   |   |   |   |   |   |   |   |   |   |   |

## Literatur zu 1. Vermessungstechnik

### Normen

DIN 1315 Winkeleinheiten, Winkelteilungen.
DIN 6403 Meßbänder aus Stahl. Aufrollrahmen oder Aufrollkapsel.
DIN 18 701 Meßstäbe mit Facette aus Bandstahl.
DIN 18 702 Zeichen für Vermessungsrisse, großmaßstäbige Karten und Pläne (Ersatz für DIN 3020).
DIN 18 703 Nivellierlatten mit Felderteilung.
DIN 18 705 Runde Fluchtstäbe.
DIN 18 708 Höhenbolzen (Ersatz für DIN 3008).
DIN 18 716 Begriffe, Benennungen und Formelgrößen in der Photogrammetrie (Bildmessung); (Ersatz für DIN 3035).
DIN 18 717 Nivellierlatten mit Strichteilung auf Invarband.

DIN 18 718 Geodätische Instrumente; Begriffe.
DIN 18 719 Geodätische Instrumente; Steckzapfen und Aufnahme, Anschlußmaße.
DIN 18 720 Verbindung zwischen Instrument und Stativ bei Theodoliten und Nivellierinstrumenten; Richtlinien.
DIN 18 721 Kreisteilungen für geodätische Instrumente.
DIN 18 723 (Entwurf April 1967) Geodätische Instrumente; Prüfung, Meßverfahren.
DIN 18 725 Geodätische Instrumente; Fernrohr-Strichfiguren.
DIN 18 726 Stative für geodätische Instrumente.

### Bücher

H 01 HÜTTE, Mathematische Formeln und Tabellen, Berlin: Springer 1974.
H 32 Bauhütte II, Grundbau, Verkehrsbau, Wasserbau, Berlin, München, Düsseldorf: Ernst & Sohn 1970.
H 40 HÜTTE VB, Berlin: Ernst & Sohn 1955.
1 *Drake:* Taschenbuch für Vermessungsingenieure, 5. Aufl., Berlin: VEB Bauwesen 1967.
2 *Gigas:* Physikal.-Geodät. Meßverfahren, Bonn: Dümmler 1966.
3 *Großmann:* Grundzüge der Ausgleichungsrechnung, 2. Aufl., Berlin, Göttingen, Heidelberg: Springer 1961.
4 *Großmann:* Vermessungskunde, Bd. I, 14. Aufl. 1972, Bd. II, 11. Aufl. 1971, Bd. III, 10. Aufl. 1960 (Slg. Göschen Bd. 4468, 4469 und Bd. 7362), Berlin: de Gruyter.
5 *Heckelmann:* Praktische Vermessungskunde, Bd. I, Essen: Girardet 1951.
6 *Jordan, Eggert, Kneißl:* Handbuch der Vermessungskunde, 10. Ausgabe, Stuttgart: J. B. Metzlersche Verlagsbuchhandlung 1956ff.
[a] Bd. I, Mathematische Grundlagen, Ausgleichsrechnung und Rechenhilfsmittel. Von *M. Näbauer.* Mit einem Beitrag von *H. Wittke.* 1961.
[b] Bd. Ia, Geländeformen, Reproduktion, Topographische Karten und Kartenabbildungen. Von *W. Beck.* 1957.
[c] Bd. II, Feld- und Landmessung, Absteckungsarbeiten. Von *M. Kneißl.* 1963.
Dazu Anhang (als selbständ. Teilband): Hilfstafeln und Rechenbeispiele. Von *M. Kneißl.* 1963.
Bd. IIa, Geodätische Astronomie. Von *K. Ramsayer.* 1970.
[d] Bd. III, Höhenmessung, Tachymetrie. Von *M. Kneißl.* 1956.
Bd. IIIa/1 – a/3 (3 Bde.) Photogrammetrie. Von *K. Rinner* und *R. Burkhardt.* 1972.
[e] Bd. IV, Mathematische Geodäsie (Landesvermessung), 1. Hälfte 1958 (Die Figur der Erde und die geodätischen Bezugsflächen; Die Feldarbeiten bei der Haupttriangulation), – 2. Hälfte 1959 (Die geodätischen Berechnungen auf der Kugel und auf dem Ellipsoid). Von *M. Kneißl.*
[f] Bd. IVb, Ländliche Neuordnung (Flurbereinigung). Von *H. Gamperl.* 1967.
Dazu Anhang (als selbständ. Teilband): Karten (11). 1967.
[g] Bd. V, Astronomische und physikalische Geodäsie (Erdmessung). Von *K. Ledersteger.* 1969.

[h] Bd. Va, Gravimetrische Instrumente und Meßmethoden. Von *A. Graf.* 1967.
[i] Bd. VI, Die Entfernungsmessung mit elektromagnetischen Wellen und ihre geodätische Anwendung. Von *K. Rinner* und *F. Benz.* 1966.
7 *Müller:* Taschenbuch der Landmessung und Kulturtechnik, Stuttgart: Wittwer 1929.
8 *Näbauer:* Vermessungskunde, 3. Aufl., Berlin/Göttingen/Heidelberg: Springer 1949.
9 *Volquarts, Matthews:* Vermessungskunde, Teil I, 22. Aufl. 1967; Teil II, 11. Aufl. 1967, Stuttgart: Teubner.
10 *Werkmeister:* Lexikon der Vermessungskunde, Berlin: Wichmann 1943
11 *Wittke:* Einführung in die Vermessungstechnik (Geodätische Briefe), 4. Aufl., Bonn: Dümmler 1971.
12 *Wolf:* Ausgleichungsrechnung nach der Methode der kleinsten Quadrate, Bonn: Dümmler 1968.
13 *Zill:* Vermessungskunde für Bauingenieure, 4. Aufl., Leipzig: Teubner 1965.
21 *Buchholtz:* Photogrammetrie, Berlin: VEB Technik 1954.
22 *Finsterwalder, Hofmann:* Photogrammetrie. 3. Aufl., Berlin: de Gruyter 1968.
23 *Gruber:* Ferienkurs der Photogrammetrie, Stuttgart: Wittwer 1930.
24 *Lacmann:* Die Photogrammetrie in ihrer Anwendung auf nichttopographischen Gebieten, Leipzig: Hirzel 1950.
25 *Lehmann:* Photogrammetrie, 3. Aufl., Berlin: de Gruyter 1969 (Slg. Göschen, Bd. 1188/1188a).
26 Manual of Photogrammetry, 3. Aufl., 2 Bde., American Society of Photogrammetry 1966.
27 Manual of Photographic Interpretation, American Society of Photogrammetry 1960.
28 Mehrsprachiges Wörterbuch für Photogrammetrie. Deutsch – englisch – französisch – italienisch – spanisch, Berlin-Liebenwerda: Wichmann 1943.
29 *Schwidefsky:* Grundriß der Photogrammetrie, 6. Aufl., Stuttgart: Teubner 1963.
30 *Zeller:* Lehrbuch der Photogrammetrie, Zürich: Orell-Füssli 1947.

### Spezielle Abhandlungen

31 Anweisung für die Bestimmung von Vermessungspunkten in Nordrhein-Westfalen, Teil I, 1958; Teil II. 1960, Landesvermessungsamt Nordrhein-Westfalen.

## Literatur zu 1. Vermessungstechnik

32 *Bergstrand:* Measurement of Distances with the Geodimeter. (Rikets Allmänna Kartverk, Meddelande Nr. 16) Stockholm 1951 (Almquist & Wiksells Boktryckeri AB, Uppsala).
33 *Bosse:* Kartentechnik, Lahr/Schwarzwald: Astra-Verlag, Bd. I, 3. Aufl. 1954; Bd. II, 3. Aufl. 1955.
34 Elektronisches Rechnen im Straßenbau und Brückenbau. Herausgegeben von der Forschungsgesellschaft für das Straßenwesen e. V. Köln (Heft 8 der Informationen über elektronisches Rechnen im Straßenwesen), Wiesbaden, Berlin: Bauverlag 1962.
34a *Elsner:* Taschenbuch für den bautechnischen Eisenbahndienst, 39. Bd., Frankfurt: Tetzlaff 1967.
35 *Ermel:* Die Reproduktionstechnik im Vermessungswesen und in der Kartographie, Berlin: Wichmann 1949.
36 *Gigas:* Geodätische Entfernungsmessung, Frankfurt: Institut für Angewandte Geodäsie 1954.
37 *Gigas:* Handbuch für die Verwendung von Invardrähten bei Grundlinienmessungen, Berlin: Reichsamt für Landesaufnahme 1934.
38 *Gruber:* Optische Streckenmessung und Polygonierung, 2. Aufl., Berlin: Wichmann 1955.
39 Handbuch für die Topographische Aufnahme der deutschen Grundkarte, Stuttgart: Landesvermessungsamt Baden-Württemberg 1956.
40 *Heissler, Hake:* Kartographie I, 4. Aufl. (Slg. Göschen, Bd. 30/30a/30b), Berlin: de Gruyter 1970.
40a *Hake:* Kartographie II, 1. Aufl. (Slg. Göschen, Bd. 1245/1245a/1245b), Berlin: de Gruyter 1970.
41 *Höfer:* Taschenbuch zum Abstecken von Kreisbogen mit und ohne Übergangsbogen für Teilung des Kreises in 400$^g$, 8. Aufl., Berlin, Göttingen, Heidelberg: Springer 1968.
42 *Hugershoff:* Ausgleichsrechnung, Kollektivmaßlehre und Korrelationsrechnung im Dienste von Technik, Wissenschaft und Wirtschaft, 2. Aufl., Berlin, Liebenwerda: Wichmann 1948
43 *Huggenberger:* Talsperren-Meßtechnik, Berlin, Göttingen, Heidelberg: Springer 1951.
44 *Jung:* Die geodätische Erschließung Kanadas durch elektronische Entfernungsmessung, Köln-Opladen: Westdeutscher Verlag 1960.
44a *Kloppenburg:* Die kartographische Reproduktion. Bonn: Dümmler 1972.
45 *Krüger:* Formeln zur konformen Abbildung des Erdellipsoids in der Ebene. Preuß. Landesaufnahme, Berlin: Selbstverlag 1919.
46 *Krüger:* Konforme Abbildung des Erdellipsoids in der Ebene. Veröffentl. d. Königl. Preuß. Geodät. Institutes. Neue Folge Nr. 52, Leipzig: Teubner 1912.
46a *Kupfer:* Zur Geometrie des Luftbildes, München 1971, Heft 170 d. Reihe C d. Veröff. d. Dtsch. Geod. Komm.
47 *Lang:* Deformationsmessungen an Staumauern, Bern: Verlag der Abteilung für Landestopographie 1929.
47a *Lichte:* Der Aufbau großräumiger Höhennetze aus barometrisch ermittelten Höhenunterschieden. In: Aus der geodätischen Lehre und Forschung, Stuttgart: Wittwer 1967.
48 *Löschner:* Die Geodätischen Grundlagen für den Bau des Tauernkraftwerkes. Schriftenreihe der Tauernkraftwerke AG., Abt. A, Bd. 2, Wien/Heidelberg: Bohmann 1951.
48a *Löschner, Hilger, Brettschneider:* Geodätische Deformationsmessungen, untersucht am Beispiel der Oleftalsperre, Heft 33 d. Reihe I d. Nachr. a. d Karten- u. Verm.-Wesen, Frankfurt/M: 1966.
49 *Matthews:* Gleistechnische Blätter, Eisenbahndirektion Hannover: 1949/1953.

49a *Möller:* Beiträge zur barometrischen Höhenmessung. München 1962, Heft 52 d. Reihe C d. Veröff. d. Dtsch. Geod. Komm.
50 *Müller:* Betrachtungen und Untersuchungen zur blockweisen Aerotriangulation, Aachen: Geodätisches Institut 1963.
50a *Müller, Haas:* Elektronische Datenverarbeitung im Bau- und Vermessungswesen, Düsseldorf: Werner 1971.
51 *Örley:* Übergangsbogen bei Straßenkrümmungen, Berlin: Volk u. Reich Verlag 1937.
52 Preuß. Finanzministerium, Katasterverwaltung. Anweisung XI vom 11. 3. 1932 für die Umformung geographischer, sphäroidischer und konformer Koordinaten (vgl. [61]).
53 *Ross:* Shoran-Triangulation in Northern Canada (Report for International Union of Geodesy and Geophysics). 9. General Conference, Brussels: Manuskriptdruck 1951.
54 *Sarrazin, Oberbeck, Höfer:* Taschenbuch zum Abstecken von Kreisbogen mit und ohne Übergangsbogen (für Altgrad), 70. Aufl., Berlin: Springer 1943.
55 *Schramm:* Bogengestaltung und Bogenabsteckung, Berlin, Bielefeld, München: Schmidt 1949.
56 *Schramm:* Der Gleisbogen, 4. Aufl., Darmstadt: Elsner 1962.
57 *Schram, Lorenz, Kasper:* Übergangsbögen im Straßenbau, Berlin, Bielefeld, München: Schmidt 1950.
58 *Schultze, Muhs:* Bodenuntersuchungen für Ingenieurbauten, Berlin, Göttingen, Heidelberg: Springer 1950.
59 *Unterse:* Die geodätische Methode zur Ermittlung der räumlichen Deformationen von Staumauern, Bern: Eidgn. Landestopographie 1951.
60 *Voß:* Geodätische Messungen bei der Errichtung und Überprüfung von Brücken. Dissertation, Bonn: Geodätisches Institut 1953.

### Tabellenwerke

61 Brechpunktstabelle für *Gauß-Krügersche* Koordinaten, Hamburg: Deutsches Hydrographisches Institut (vgl. [52]) 1943.
62 Deutsche Bundesbahn, Direktion Hannover, Taschenbuch für den Eisenbahn-Vermessungsdienst, 4. Aufl. 1952.
63 *Jadanza, Hammer:* Tachymetertafeln, Stuttgart: Wittwer 1909.
64 *Jordan, Gotthardt:* Hilfstafeln für Tachymetrie mit einer Ergänzungstafel bis 45° Neigung mit Maschinenrechnen, 15. Aufl., Stuttgart: Metzler 1961.
65 *Jordan, Hammer:* Barometrische Höhentafeln (B = 630 bis 765 mm, t = 0°C bis 35°C), 5. Aufl., Stuttgart: Metzler 1944.
66 *Kasper, Niederquell:* Tafel der Einheitsklothoide, Berlin, Brünn: Selbstverlag 1944.
67 *Kasper, Schürba, Lorenz:* Die Klotoide als Trassierungselement, 5. Aufl., Bonn: Dümmler 1968.
67a *Krenz, Osterloh:* Klothoiden-Taschenbuch für Entwurf und Absteckung, 10. Aufl., Wiesbaden, Berlin: Bauverlag 1971.
68 *Niederquell:* Klothoidentafel, 2 Bde. 1942, Dienstdrucksache des Generalinspekteurs für das deutsche Straßenwesen, Berlin.
69 *Reger:* Tachymetertafeln als Ergänzungen der Jordanschen „Hilfstafeln für Tachymetrie", 2. Aufl. Stuttgart: Metzler 1926.
70 *Reger:* Tachymetertafeln für neue Teilung, 3. Aufl., Stuttgart: Metzler 1964.
70a *Röttig:* Kuppen und Wannen, Ordinatentafel für die Ausrundung im Straßenbau, 2. Aufl., Wiesbaden, Berlin: Bauverlag 1966.

# Literatur zu 1. Vermessungstechnik

71 *Schürba:* Klothoiden-Abstecktafeln, Berlin: Volk u. Reich Verlag 1942.
72 *Sust:* Tafeln für die Umwandlung von Winkeln aus alter in neue Teilung und aus neuer in alte Teilung, 2. Aufl., Stuttgart: Wittwer 1942.
73 *Zeiß:* 400$^g$ Streckentafel für Basislatte 2 m, Jena: Zeiß.

## Zeitschriften

81 Zeitschrift für Vermessungswesen (Z. f. V.). Im Auftrage des Deutschen Vereins für Vermessungswesen (DVW). Stuttgart: Wittwer.
82 Allgemeine Vermessungs-Nachrichten (AVN). Berlin: Wichmann. Seit 1962 in Karlsruhe.
83 Bildmessung und Luftbildwesen (Bul). Berlin: Wichmann. Seit 1962 in Karlsruhe.
84 Mitteilungen aus dem Markscheidewesen. Bis 1953: Stuttgart: Wittwer, seit 1954: Druck Kartenberg in Herne.
85 Vermessungstechnische Rundschau (VTR). Hamburg: Hanseatische Verlagsanstalt. Seit 1965 Bonn: Dümmler.
86 Zeitschrift für Instrumentenkunde (Z. f. I.). Berlin: Springer bis 1944. Seit 1957 bei Vieweg: Braunschweig.
87 Der Eisenbahnbau. Frankfurt/Main: Tetzlaff (1948/1951).
88 „Straße", Schriftenreihe. Berlin: Volk u. Reich Verlag (1935/1944). — „Straße und Autobahn". 1950 ff. Bielefeld; 1960 ff. Bad Godesberg: Kirschbaum.
89 Vermessungstechnik. Berlin: VEB Verlag für Bauwesen.
90 Der Eisenbahningenieur. Frankfurt/Main: Tetzlaff.
91 Photogrammetria. (Nach 1945: Offizielles Organ der Internationalen Gesellschaft für Photogrammetrie). Amsterdam: N. V. Wed. J. Ahrend u. Zoon.
92 Österreichische Zeitschrift für Vermessungswesen. Baden bei Wien: Österreichischer Verein für Vermessungswesen.
93 Schweizerische Zeitschrift für Vermessung, Kulturtechnik und Photogrammetrie. Herausgeber: Schweiz. Verein für Vermessungswesen und Kulturtechnik u. a., Buchdruckerei Winterthur.
94 Bulletin Géodésique. (Organe de l'Association Internationale de Géodésie). Paris: Bureau central de l'Association Internationale de Géodésie.
95 Revue de Géomètres-Experts et Topographes Français. Neuilly-sur-Seine: Paul le Chevallier.
96 Empire Survey Review. London: The Crown Agents for the Colonies.
97 The Photogrammetric Record. London: The Dept. of Civil and Municipal Engineering University College.
98 Surveying and Mapping. Washington: American Congress on Surveying and Mapping.
99 Photogrammetric Engineering. Washington: American Society of Photogrammetry.
100 Canadian Surveyor. Ottawa: Canadian Institute of Surveying and Photogrammetry.
101 Zeitschrift des Österreichischen Ingenieur- und Architekten-Vereines. Wien: Springer.

# 2. Baubetriebswirtschaft

## 2.1 Organisation von Bauunternehmungen[1])

[1—4; 6—10; 12; 13; 15—20; 22—24; 27; 31; 32]

Bearbeitet von G. Drees

Unter *Organisation* ist die strukturierte, auf Grund von Gesetzmäßigkeiten hergestellte Ordnung eines Unternehmens zu verstehen, die durch ordnende Zusammenfassung aller Unternehmensteile und wechselseitige Abstimmung der ihnen zugewiesenen Teilaufgaben einen optimalen Unternehmenserfolg ermöglicht. Für die Erarbeitung der Unternehmensorganisation ist es notwendig, die Unternehmensaufgabe klar zu definieren, sie zu ihrer Erfüllung in Teilaufgaben zu zerlegen und den Unternehmensteilen zuzuweisen. Die Gestaltung der Unternehmensteile hängt somit vor allem von den ihnen übertragenen Teilaufgaben ab.

### 2.1.1 Aufgabe der Bauunternehmung

Es ist Aufgabe des Bauunternehmens, *Bauleistungen* auf wirtschaftliche Weise zu erstellen und unter Berücksichtigung der Erhaltung der Arbeitsplätze und der Fortentwicklung des Unternehmens Gewinn zu erzielen. Das Bauunternehmen entnimmt zu diesem Zweck der umgebenden Wirtschaft Güter und Dienstleistungen, formt sie zu Bauwerken um und gibt diese an die Wirtschaft zurück. Das Bauunternehmen nimmt also am *Wirtschaftskreislauf* teil und bildet gleichzeitig einen Bestandteil dieses Kreislaufes.

Bei der Lösung der *Unternehmensaufgabe* sind zwei Aufgabengebiete zu unterscheiden, die als *auftragsgebunden* und *unternehmensgebunden* bezeichnet werden. Die *auftragsgebundene Aufgabe* (Tab. 2.1-1) steht in unmittelbarem Zusammenhang mit der Erstellung der Bauleistung. Sie zerfällt in

Auftragsbeschaffung,
Beschaffung der Produktionsmittel,
Auftragsausführung.

Es ist dabei zu beachten, daß es sich bei der Bauproduktion um eine *Auftragsfertigung* handelt, d. h. die Herstellung eines Bauwerkes kann erst begonnen werden, wenn der Auftrag erteilt ist.

Die *unternehmensgebundene Aufgabe* (Tab. 2.1-2) ist demgegenüber auf den *Bestand* und die *Weiterentwicklung* des Unternehmens ausgerichtet. Sie zerfällt in

Planung,
Disposition und Koordination,
Kontrolle.

### 2.1.2 Die Organisationsbereiche des Bauunternehmens

[30]

Jedes Unternehmen setzt sich aus *Organisationsbereichen* zusammen, in denen die Unternehmensaufgabe verwirklicht wird. Diese Organisationsbereiche sind nicht identisch mit Unternehmensabteilungen. Welche Abteilungen gebildet werden, hängt von einer

---

[1]) Literatur S. 180ff.

Tabelle 2.1-1. Auftragsgebundene Funktionen (aus [30])

| Aufgaben | | Organisationsbereiche | | | | | | |
|---|---|---|---|---|---|---|---|---|
| | | Auftrags-beschaffung | Personal | Geräte | Stoffe | Konstruktion | Finanzen | Rechnungs-wesen | Betriebs-stätten |
| Auftrags-beschaffung | Akquisition | Akquisition | | | | | | | |
| | Angebot für Bauausführung | Angebot | Bedarf | Bedarf | Bedarf | Beraten Projekt-bearbeitung | Bedarf | Vorkalkulation | |
| | Auftrags-verhandlung | Verhandlung u. Abschluß | | Vormerken | | Verhandlungen | | Auftrags-kalkulation | |
| Beschaffung der Produktions-mittel | Einholen von Angeboten | | Bedarf bekannt-gegeben | Angebote einholen | Angebote einholen | | Angebote einholen | | |
| | Prüfen der Angebote | | Bewerbungen prüfen | Angebote prüfen | Angebote prüfen | | Angebote prüfen | | |
| | Bestellen | | Personal einstellen | Geräte bestellen | Stoffe bestellen | | Kredite bereitstellen | | |
| Leistungs-erstellung | Arbeits-vorbereitung | | Einsatzplan | Einsatzplan | Abrufplan | Ausführungs-pläne | Finanzierungs-plan | Arbeits-kalkulation | Ablaufplan Baustellen-einrichtungs-plan Bereit-stellungsplan |
| | Ausführen der Bauleistung | | Einsatz | Einsatz | Verarbeiten | Ausführungs-pläne | Kredite abrufen | kurzfristige Erfolgsrechnung | Bau-ausführung |
| | Abrechnen | | Abrechnen | Abrechnen | Abrechnen | | Rechnungs-stellung | Ergebnis-ermittlung | Leistungs-abrechnung |
| | Abschluß-aufgaben | | Freistellen | Lagern | Lagern | | Kredite zurückzahlen | Nach-kalkulation | Räumen |

## 2.1.1 Aufgabe der Bauunternehmung

Tabelle 2.1-2. Unternehmensgebundene Funktionen (aus [30])

| Aufgaben | Organisationsbereiche | | | | | | | |
|---|---|---|---|---|---|---|---|---|
| | Auftragsbeschaffung | Personal | Geräte | Stoffe | Konstruktion | Finanzen | Rechnungswesen | Betriebsstätten |
| Planen | Marktforschung u. Auftragsprogramm, Werbung | Personalstruktur, Ausbildungsplan und Personalpolitik | Typenprogramm und Beschaffungsplan | Marktforschung | Entwicklung neuer Konstruktionen und Bauverfahren | Finanzplanung | Kosten- und Umsatzplanung | Kapazität, Standort, langfristige Produktionsplanung |
| Disponieren und Koordinieren | Projektbearbeitung und -auswahl | Einstellung, Einsatz, Ausbildung, Betreuung | Einsatzsteuerung, Personalschulung, Instandhaltung | Beschaffung, Einkaufsbedingungen | Festlegung von Konstruktionsgrundsätzen, u. Berechnungen, Nachwuchsschulung | Laufende Finanzierung | Erfassung der Geschäftsvorfälle | mittelfristige Produktionsplanung |
| Kontrollieren | Auftragsbestand, Angebotsstatistik | Beurteilung, Statistik (Beschäftigte, Fehlzeiten, Urlaub usw.) | Statistik (Verwendung, Zustand, Reparaturkosten, Ausnutzung) | Verbrauch, Statistik (Lieferanten, Mengen u. Preise) | Technische Zweckmäßigkeit und Wirtschaftlichkeit | Zahlungsverkehr und Liquiditätskontrolle | Baubetriebsrechnung, Nachkalkulation, Bilanz | Termine, Qualität, Wirtschaftlichkeit |

## 2.1 Organisation von Bauunternehmungen

Reihe von Faktoren ab, die unter 2.1.3 aufgeführt sind. Organisationsbereiche in einem Bauunternehmen: Auftragsbeschaffung, Konstruktion, Geräte, Betriebsstätten, Personal, Stoffe, Finanzen, Rechnungswesen (vgl. Tabelle 2.1-1).

Dazu tritt der *Stabsbereich*, dem die Lösung von Sonderproblemen (z. B. Versicherungen, Rechtsfragen, Organisation) zugewiesen wird. Nachstehend sind die einzelnen Organisationsbereiche mit den zugehörigen Teilaufgaben beschrieben.

### 2.1.2.1 Auftragsbeschaffung
[32]

#### 2.1.2.1.1 Auftragsgebundene Aufgaben

*2.1.2.1.1.1 Akquisition.* Unter Akquisition im engeren Sinn sind die Maßnahmen zu verstehen, die zu Bauaufträgen führen. Während bei *öffentlichen Ausschreibungen* jedes Unternehmen berechtigt ist, ein Angebot einzureichen, ist es bei der *beschränkten Ausschreibung* notwendig, die geeigneten Schritte zu unternehmen, um zur Angebotsabgabe aufgefordert zu werden. Das ist nur dann der Fall, wenn der Ausschreibende die Überzeugung gewinnt, daß der Bieter in der Lage ist, ein preisgünstiges Angebot zu erstellen und die Bauleistung ordnungsgemäß auszuführen. Das Unternehmen hat deshalb durch die Akquisition frühzeitig Kontakte zu bauvergebenden Stellen zu schaffen, um seine speziellen fertigungstechnischen und konstruktiven Kenntnisse den ausschreibenden Stellen beratend zur Verfügung zu stellen. Für die Auftragserteilung können außer der *Preiswürdigkeit des Angebots* freie Gerätekapazitäten, eigene Bauweisen, Mithilfe bei der Finanzierung, Ingenieurkapazität u. a. m. entscheidend sein.

*2.1.2.1.1.2 Ausarbeitung des Angebotes.* Nach Erhalt der Ausschreibungsunterlagen (öffentliche oder beschränkte Ausschreibung) ist das Angebot zu erstellen, das dem Auftraggeber für die ausgeschriebene Bauleistung einen verbindlichen Preis angibt, beim *Einheitspreisvertrag* aufgeteilt nach Teilleistungen mit den zugehörigen Einheitspreisen, vgl. 3.2.1.2. Obwohl i. allg. der billigste Bieter den Auftrag erhält, empfiehlt es sich, nach Abgabe des Angebots bis zu Beginn der Auftragsverhandlungen engen Kontakt mit dem Auftraggeber zu halten, da insbesondere bei privaten Auftraggebern bei der Vergabe eine Reihe von Einflüssen berücksichtigt werden (z. B. Leistungsfähigkeit, Erfahrung, Sonderkonstruktionen), die nicht unbedingt zur Auftragsvergabe an den billigsten Bieter führen. Hierüber sagt DIN 1960 (VOB/A), § 2: Bauleistungen sind an fachkundige, leistungsfähige und zuverlässige Bewerber zu angemessenen Preisen zu vergeben.

*2.1.2.1.1.3 Auftragsübernahme.* Der Auftrag kann auf Grund einer *öffentlichen* oder *beschränkten Ausschreibung* (vgl. 3.3.2.1) oder *freihändig* vergeben werden. Der Bieter ist bis zum Ablauf der Zuschlagsfrist an sein Angebot gebunden. Vor der Auftragsvergabe sind i. allg. Auftragsverhandlungen üblich. Dabei sind alle unklaren oder strittigen Fragen um Auseinandersetzungen während oder nach der Bauausführung zu vermeiden. Wichtig sind folgende Punkte:

*Preise* (Angemessenheit, Festpreise oder Gleitklauseln, Pauschalpreise),

*Termine* (Beginn, Zwischentermine, Fertigstellung, Konventionalstrafen, Prämien für frühere Fertigstellung),

*Zahlungsbedingungen* (Höhe der Abschlagsrechnungen, Garantieeinbehalte, Zahlungsfristen, Verzugszinsen),

*Abrechnungsform* (Einheitspreisvertrag, Pauschalvertrag, Selbstkostenerstattungsvertrag, Stundenlohnvertrag).

Weiterhin sind von Interesse: Auswahl der Nachunternehmer, zusätzliche technische Bestimmungen, Abgrenzung der Zuständigkeiten, Beilegung von Streitigkeiten.

Nach Klärung aller Fragen wird der *Auftrag schriftlich* oder *mündlich* erteilt. Bei *mündlicher Auftragserteilung* empfiehlt sich eine *schriftliche Bestätigung*. Die Auftragserteilung bedarf allgemein keiner schriftlichen Annahme durch den Auftragnehmer, um gültig zu werden, wenn dieser durch sein Verhalten gezeigt hat, daß er den Auftrag über-

## 2.1.2 Die Organisationsbereiche des Bauunternehmens

nehmen will. Ein *Rücktritt vom Vertrag* ist nur mit Einwilligung des Auftraggebers möglich. Alle in der Auftragsverhandlung geklärten Punkte sind in den Bauvertrag aufzunehmen oder durch ergänzende Schreiben festzulegen.

#### 2.1.2.1.2 Unternehmensgebundene Aufgaben

*2.1.2.1.2.1 Marktforschung und Planung der Tätigkeitsgebiete* [26]. Da auch für Bauleistungen ein *Markt* besteht, hat sich das Bauunternehmen über seine Entwicklungsmöglichkeiten auf dem Baumarkt eine Übersicht zu verschaffen. Dies geschieht durch die *Marktforschung*, die in die beiden Zweige *Marktuntersuchung* und *Marktanalyse* unterteilt wird. Die Marktuntersuchung erforscht gezielt die Absatzmöglichkeiten eines bestimmten Produkts, z. B. vorgefertigte Hallen oder Schulen, oder die Einsatzmöglichkeiten eines bestimmten Bauverfahrens, z. B. Vorbaurüstung oder mechanisierte Tunnelbauverfahren. Die Marktbeobachtung hingegen beschäftigt sich ganz allgemein mit der Entwicklung und Veränderung des Baumarkts. Hierbei stellen die Ausschreibungsergebnisse besonders wertvolle Informationen dar, da aus der Höhe der Angebote und der Anzahl der Bieter ein Rückschluß auf die konjunkturelle Entwicklung möglich ist (Bild 2.1-1). Aus diesem Grund haben bauwirtschaftliche Verbände besondere Informationssysteme geschaffen, die hierüber Auskunft geben.

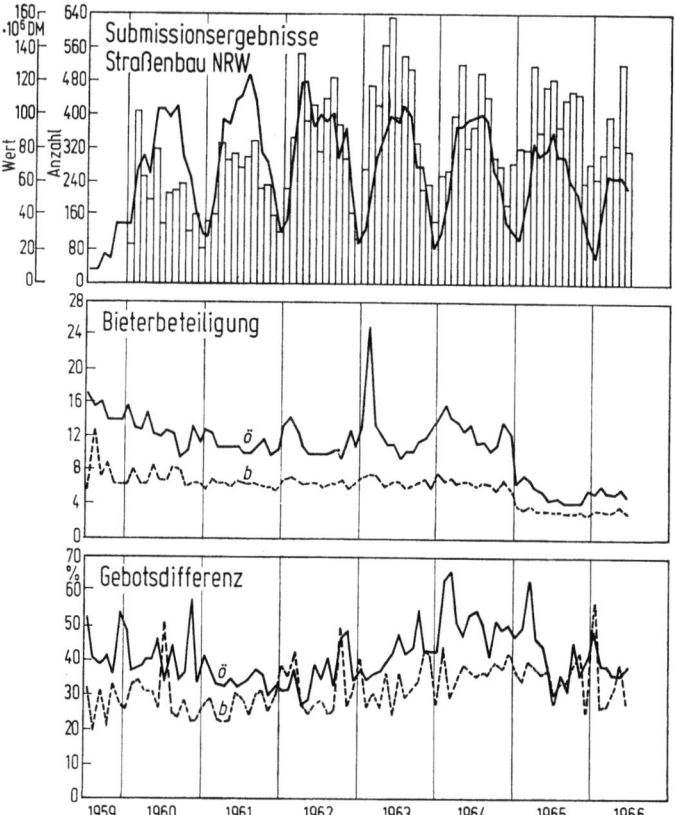

Bild 2.1-1. Auswertung von Submissionsergebnissen; ö öffentliche Submission, b beschränkte Submission (aus Sonderdienst „Bauindustrie", Hrsg. Wirtschaftsvereinigung Bauindustrie e. V. NRW).

Neben diesen Informationen sind für eine Marktforschung Kenntnisse über *langfristige Bauprogramme* (z. B. Ausbau von Schiffahrtswegen, Straßenbauprogramme, Stadtsanierungen) notwendig, um rechtzeitig das Unternehmen auf neue Tätigkeitsgebiete auszurichten. Auch die gesamtwirtschaftliche Lage gibt Hinweise etwa auf verstärkte Investitionsprogramme gewerblicher und industrieller Betriebe. Einzuschließen sind in diese Überlegungen Beobachtungen über die Konkurrenzunternehmen.

*2.1.2.1.2.2 Werbung.* Die Werbung soll den Auftraggebern ein Bild vom *technischen Stand* und der *Leistungsfähigkeit* des Unternehmens geben. Werbung kann durch eine Firmenzeitschrift, Veröffentlichungen und Anzeigen in Fachzeitschriften, geeignete Schilder auf Baustellen und an Baumaschinen erfolgen. Die Werbung hat sich gezielt an den Auftraggeber zu wenden und dabei vor allem technische Informationen zu vermitteln. Da Bauaufträge das Ergebnis langfristiger Maßnahmen sind, muß die Werbung eine Konstanz aufweisen.

Ein wichtiges Teilgebiet der Werbung stellt die öffentliche Geltungspolitik (*Public Relations*) dar, die der bauinteressierten Öffentlichkeit das Bild des Unternehmens (Image) als fortschrittlich, mit den neuesten technischen Methoden vertraut, leistungsfähig und zuverlässig einprägen soll.

*2.1.2.1.2.3 Überwachung der Entwicklung des Baumarktes.* Die für einzelne Tätigkeitsbereiche aufgestellte Planung ist kritisch zu überprüfen. Ergeben sich aus der Marktbeobachtung Anzeichen für eine Veränderung des Marktes, so sind die Planungsentscheidungen zu korrigieren. Solche Veränderungen können z. B. durch Abschwächung der Gesamtkonjunktur, veränderte Finanzlage der öffentlichen Hand, Überangebot von Bauleistungen infolge zu starker Kapazitätsausweitung der Bauwirtschaft hervorgerufen werden.

## 2.1.2.2 Konstruktion

[32]

### 2.1.2.2.1 Auftragsgebundene Aufgaben

*2.1.2.2.1.1 Projektbearbeitung.* Der Konstruktionsbereich des Unternehmens (*Konstruktionsbüro*) hat bei der Angebotserstellung die technische Bearbeitung des anzubietenden Bauprojekts zu übernehmen (*Projektbearbeitung*). Das ist besonders dann der Fall, wenn die gesamte Konstruktion dem Wettbewerb unterworfen wird oder wenn nur die äußeren Abmessungen angegeben sind, so daß eine überschlägige statische Berechnung und eine Massenermittlung vorzunehmen sind. Darüber hinaus sind preisgünstige Bauwerkskonstruktionen auszuarbeiten, wenn bei einer Ausschreibung außer dem Hauptangebot noch Nebenangebote zugelassen sind.

*2.1.2.2.1.2 Bearbeitung der Ausführungspläne.* Werden die Ausführungspläne nicht vom Auftraggeber geliefert, so sind sie vom Unternehmer termingemäß anzufertigen, so daß ein Zeitraum von 3 bis 4 Wochen zwischen Planlieferung und Ausführung liegt. Diese Pläne können sich sowohl auf das eigentliche Bauwerk als auch auf *Hilfskonstruktionen* (z. B. Zufahrtsbrücken, Lehrgerüste, Baugrubenverbau) beziehen. Bei der Terminplanung für die Planlieferung ist der Zeitbedarf für die Prüfung der Berechnungen und Zeichnungen sowie für die Vorbereitung der Bauausführung zu berücksichtigen. Viele Planungsentscheidungen fallen erst während der Ausführung des Bauwerks, so daß selbst bei vollständig *ausgearbeiteten Plänen* noch ein gewisser Umfang an Änderungen während des Bauablaufes anfällt. Solche Änderungen können sich z. B. in der Gründung ergeben, wenn der anstehende Boden von dem in der Konstruktion angenommenen abweicht. Auch besondere Auflagen der Prüfbehörden führen oft zu veränderten Konstruktionen. Die meisten Änderungen während des Bauablaufes ergeben sich aber durch besondere Wünsche des *Auftraggebers*, die auf während der Bausführung gewonnenen Erkenntnissen beruhen.

### 2.1.2.2.2 Unternehmensgebundene Aufgaben

*2.1.2.2.2.1 Forschung und Entwicklung.* Die Konstruktion darf sich nicht allein auf die Anfertigung von Berechnung und Plänen *laufender Bauvorhaben* beschränken, sondern muß darüber hinaus die *technische Entwicklung* des Unternehmens vorausbestimmen. Dazu ist die Kenntnis des Standes von Wissenschaft und Technik notwendig. Ziel der technischen Entwicklung und Forschung muß es sein, neue Konstruktionen und Bauverfahren zu entwickeln, um erfolgreicher auf dem Baumarkt konkurrieren zu können. Dabei ist auch die Weiterentwicklung von *Betriebsmitteln* zu beobachten. Neue Bauverfahren und neue Betriebsmittel gehören zusammen, wie z. B. der moderne Brücken- und Straßenbau zeigt. Verschiedentlich haben erfolgreiche Entwicklungsarbeiten den Aufschwung eines Unternehmens stark begünstigt.

Die entwickelten Bauverfahren und Konstruktionen müssen bei ihrer Anwendung auf Zweckmäßigkeit und Wirtschaftlichkeit überprüft werden. Wichtig für Neuentwicklungen ist, ob die Entwicklungskosten durch eine genügende Anzahl von Bauaufträgen getragen werden können und ob die Neuentwicklungen in den Rahmen des Unternehmens passen.

Auch nach Fertigstellung des Bauwerks ist bei neuen Konstruktionen die technische Qualität langfristig zu überwachen. Oft zeigen sich bei Verwendung neuer Bauverfahren und Baustoffe nachteilige Auswirkungen erst nach Jahren, da gewisse Prozesse, z. B. Kriechen von Beton und Stahl, über Jahre hinweg verlaufen. Das gleiche gilt für Anwendung neuer Bauweisen im Straßen- und Erdbau.

*2.1.2.2.2.2 Wirtschaftlichkeitskontrolle.* Die Kontrolle der Wirtschaftlichkeit des Organisationsbereiches Konstruktion kann durch Vergleich der Bearbeitungskosten mit den entsprechenden Gebührensätzen der GOI [40] oder Erfahrungssätzen, die aus der Zusammenarbeit mit fremden Ingenieurbüros erhalten wurden, durchgeführt werden. Jedoch ist zu beachten, daß ein unternehmenseigenes Konstruktionsbüro stets eine gewisse Mehrkapazität aufweisen muß, um auch einen Spitzenbedarf decken zu können. Die technische Qualität wird durch Kontrolle der Reklamationen überprüft, die von dem bauausführenden Bereich gemacht werden. Auch die Erfolgsquote bei ausgearbeiteten Sondervorschlägen läßt Rückschlüsse auf das technische Niveau zu.

*2.1.2.2.2.3 Nachwuchsschulung.* Der Organisatonsbereich Konstruktion kann auch zur Ausbildung und Einarbeitung des technischen Personals dienen. Vielfach wird der technische Nachwuchs für eine gewisse Zeit in der Konstruktion geschult, bevor er im Außendienst eingesetzt wird.

## 2.1.2.3 Geräte
[32; 33; 37]

### 2.1.2.3.1 Auftragsgebundene Aufgaben

*2.1.2.3.1.1 Mitarbeit bei der Angebotsbearbeitung.* Schon bei der Angebotsbearbeitung ist der Gerätebereich hinzuzuziehen. Es sind entsprechende Vorschläge für optimalen Geräteeinsatz auszuarbeiten und Baustelleneinrichtungen zu entwerfen, vgl. 2.4. Die *Vorkalkulation* faßt alle Geräte in einer *Geräteliste* zusammen, an Hand derer im Auftragsfall entschieden werden kann, welche Geräte vorhanden, welche zu beschaffen sind und welche Arbeiten am zweckmäßigsten an Subunternehmer weiterzuvergeben werden können.

Besteht Aussicht auf Auftragserteilung, so sind innerhalb der Geräteverwaltung die notwendigen Geräte zu reservieren. Für einen beabsichtigten Neukauf sind entsprechende Erkundigungen (Preise, Lieferfristen) einzuziehen. Weiter werden Vorverhandlungen mit Subunternehmern oder Gerätevermietern geführt.

*2.1.2.3.1.2 Gerätebeschaffung.* Nach Auftragserteilung müssen verbindliche Angebote eingeholt werden. Außerdem wird eine endgültige Zusammenstellung der eigenen auf der Baustelle einzusetzenden Geräte angefertigt und das notwendige Maschinenpersonal zusammengestellt. Die Geräte werden überprüft und notwendige Reparaturen oder Umbauten durchgeführt. Sonderanfertigungen sollten die Ausnahme sein. Bevor neue Geräte bestellt werden sind die Angebote der Maschinenhersteller auf Zweckmäßigkeit und Preiswürdigkeit zu prüfen. Bei der Bestellung werden Lieferkonditionen festgelegt (Preis, Liefertermin) und der Empfangsort mitgeteilt. Gleichzeitig sind auch die Aufträge an Maschinenvermieter zu erteilen.

*2.1.2.3.1.3 Geräteeinsatz.* Vor dem Versand der Geräte auf die Baustelle sind die *Baustelleneinrichtung* und der *Geräteeinsatz* zu planen, vgl. 2.4. Beginn und Dauer des Einsatzes sind zu bestimmen, um für den Versand und spätere Anschlußbaustellen entsprechend disponieren zu können. Nach Abschluß der Vorarbeiten werden die Geräte vom Lager oder von der abgebenden Baustelle oder vom Hersteller versandt. Es ist auf das wirtschaftlichste Transportmittel zu achten: Straße, Eisenbahn oder Wasserweg. Für Auslandseinsätze kann in Ausnahmefällen auch der Luftweg in Frage kommen. Bei zugelassenen gummibereiften Geräten ist Straßentransport mit eigener Kraft möglich. Für den Aufbau auf der Baustelle werden zweckmäßig besondere *Montagekolonnen* verwendet, die von dem Maschinenbedienungspersonal unterstützt werden können. Für die Einrichtung einer *Baustellenwerkstatt* müssen die notwendigen Voraussetzungen vorliegen (Größe und Dauer der Baustelle, Art, Größe und Anzahl der eingesetzten Maschinen, Entfernung zur nächsten Werkstatt), vgl. 2.4.2.3.

Die Überwachung des Geräteeinsatzes erfolgt durch laufende Inspektionen am Einsatzort und durch ein schnelles und übersichtliches Berichtswesen. In den Maschinenberichten (Bild 2.1-2) werden außer Betriebsstoffverbrauch und Einsatzart vor allem folgende Angaben festgehalten: Betriebsstunden, Stillstandsstunden, Wartungsstunden, Transportstunden, Reparaturstunden. Fällt ein Gerät durch hohen Betriebsstoffverbrauch oder hohe Reperaturkosten auf, so sind Sonderkontrollen anzusetzen.

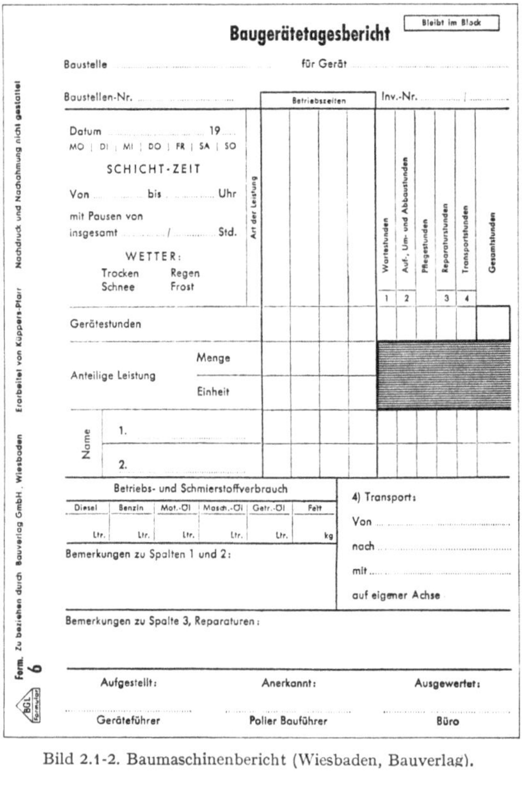
Baugerätetagesbericht

Bleibt im Block

Baustelle ........ für Gerät ........

Baustellen-Nr. ........ Betriebszeiten Inv.-Nr. ..... / .....

Datum ........ 19...
MO | DI | MI | DO | FR | SA | SO

SCHICHT-ZEIT

Von ..... bis ..... Uhr

mit Pausen von
insgesamt ..... / ..... Std.

WETTER:
Trocken Regen
Schnee Frost

Art der Leistung

Wartestunden (1) | Auf-, Um- und Abbaustunden (2) | Pflegestunden | Reparaturstunden (3) | Transportstunden (4) | Gesamtstunden

Gerätestunden

Anteilige Leistung: Menge / Einheit

Name 1. 2.

Betriebs- und Schmierstoffverbrauch

| Diesel | Benzin | Mot.-Öl | Masch.-Öl | Getr.-Öl | Fett |
|---|---|---|---|---|---|
| Ltr. | Ltr. | Ltr. | Ltr. | Ltr. | kg |

4) Transport:
Von ........
nach ........
mit ........
auf eigener Achse

Bemerkungen zu Spalten 1 und 2:

Bemerkungen zu Spalte 3, Reparaturen:

Aufgestellt: Anerkannt: Ausgewertet:

Geräteführer Polier Bauführer Büro

Form. 6

Zu beziehen durch Bauverlag GmbH, Wiesbaden. Erarbeitet von Küppers-Plarr. Nachdruck und Nachahmung nicht gestattet

BGL Formular

Bild 2.1-2. Baumaschinenbericht (Wiesbaden, Bauverlag).

## 2.1.2 Die Organisationsbereiche des Bauunternehmens

Während des Einsatzes ist die vorgeschriebene Instandhaltung auszuführen. Im allg. werden auf der Baustelle nur die laufenden Reparaturen ausgeführt, um das Gerät betriebsbereit zu halten. Nur bei Großbaustellen mit eigener Werkstatt werden ggf. auch größere Reparaturen auf der Baustelle ausgeführt (vgl. 2.4.2.3). Dafür wird ein Lager an Ersatz- und Verschleißteilen vorgehalten, um längere Ausfallzeiten zu vermeiden.

Für die Einsatzzeit werden *Gerätemieten* und *Reparaturpauschalen* berechnet und den Baustellen belastet. Grundlage hierfür ist die *Baugeräteliste* [41]. Innerbetriebliche Verrechnungssätze sollten nur nach Vorliegen genügender Erfahrung angewendet werden.

*2.1.2.3.1.4 Abschlußarbeiten.* Nach Abschluß der Baustelle wird das Gerät freigemeldet und anderen Baustellen zur Verfügung gestellt. Meist wird das Gerät zur Werkstätte zurückgebracht, um vor dem nächsten Einsatz durchgesehen bzw. repariert zu werden. Das Maschinenpersonal kehrt zur Zentrale zurück oder wird zur Anschlußbaustelle versetzt. Schließlich ist eine *Nachkalkulation* des Maschineneinsatzes durchzuführen, um der *Vorkalkulation* Leistungswerte zu liefern.

### 2.1.2.3.2 Unternehmensgebundene Aufgaben

*2.1.2.3.2.1 Investitionsplanung.* Ein großer Teil des Anlagevermögens ist in den Geräten gebunden; daher ist die Planung mit besonderer Sorgfalt durchzuführen, um Fehlinvestitionen zu vermeiden. Die Gerätebeschaffung ist auf die von der Unternehmensleitung festgelegte Unternehmensstruktur abzustimmen. Dabei ist auf ein einheitliches Typenprogramm zu achten, das die Ersatzteilvorhaltung, die Geräteinstandhaltung und die Austauschbarkeit des Bedienungspersonals erleichtert. Innerbetriebliche Erfahrungen über die Wirtschaftlichkeit der Baugeräte sind zu berücksichtigen.

Der *Gerätebeschaffungsplan*, der mindestens einmal jährlich erarbeitet werden sollte, hat zu unterscheiden zwischen Ersatz-, Rationalisierungs- oder Kapazitätserweiterungsinvestitionen. Jedoch sind die Übergänge zwischen den Investitionsarten meist fließend. Ferner sind für einzelne Geräte Pläne für Grundüberholung und Instandhaltung auszuarbeiten. Empfehlenswert sind auch genaue Angaben über den Zeitpunkt des Verkaufs oder der Verschrottung vorhandener Geräte, um die wirtschaftliche Nutzungsdauer nicht zu überschreiten (Bild 2.1-3).

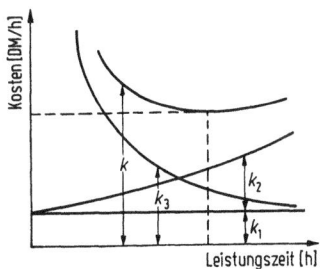

Bild 2.1-3. Wirtschaftliche Nutzungsdauer von Baugeräten (nach *Hayessen*). $k = k_1 + k_2 + k_3$; $k_1$ durchschnittliche Kosten aus Betriebskosten, Löhnen, Geschäftskosten, verursacht durch Gerätebesitz; $k_2$ durchschnittliche Kosten aus Reparatur, Leistungsabfall durch technische Überalterung und Verschleiß; $k_3$ durchschnittliche Kosten aus Differenz zwischen Neuwert und Marktwert des gebrauchten Gerätes.

*2.1.2.3.2.2 Einsatzsteuerung der Geräte.* Eine besonders wichtige unternehmensgebundene Aufgabe stellt die Steuerung des Geräteeinsatzes dar. Die Geräte sind so einzusetzen, daß der Bedarf der Betriebsstätten erfüllt und ein maximaler Ausnutzungsgrad erzielt wird. Zu diesem Zweck muß die Geräteverwaltung über Organisationsmittel (z. B. Karteien (Bild 2.1-4), Standortlisten, Sichttafeln) verfügen, aus denen Standort, Einsatzdauer, Zustand und Verwendungsmöglichkeit der Geräte hervorgehen. Hierzu ist ein Berichtswesen aufzubauen, das die notwendigen Informationen liefert (Gerätetages- oder Wochenberichte, Formulare für Geräteanforderung, -freimeldung, -stilliegemeldung, Versandanzeige). In kleineren und mittleren Unternehmen erfolgt die *Geräteeinsatzsteuerung* meist durch mündliche Informationen (Telefon, Besprechungen) oder ein gemischtes mündlich-schriftliches Informationssystem. Wichtig ist für den Geräteeinsatz bei *Nieder-*

## 2.1 Organisation von Bauunternehmungen

Bild 2.1-4. Baumaschinenkarte; a) Vorderseite; b) Rückseite (Berlin, Köln, Frankf. a. M., Beuth).

## 2.1.2 Die Organisationsbereiche des Bauunternehmens

*lassungsunternehmen* die Entscheidung, ob Geräte zentral oder dezentral beschafft, verwaltet und eingesetzt werden sollen. Bei dezentraler Organisation steht dem Vorteil der größeren Beweglichkeit der Nachteil eines u. U. uneinheitlichen und weniger ausgenutzten Geräteparks gegenüber.

*2.1.2.3.2.3 Schulung des Maschinenpersonals.* Die Ausbildung und Weiterbildung des Maschinenpersonals stellt eine wichtige Voraussetzung für den optimalen Betrieb der Geräte dar. Zu diesem Zweck wird das Bedienungspersonal in inner- oder außerbetrieblichen Kursen (Lehrbaustellen, von Herstellern veranstaltete Schulungskurse, innerbetriebliche Schulung in der Bauhofwerkstatt) mit dem neuesten Stand der Technik vertraut gemacht. Meist wird hierzu die Wintersaison verwendet. Dabei ist besonders auf die laufende Instandhaltung und Reparatur der Geräte hinzuweisen. Aber auch das Führen der Geräte und ihr zweckmäßiger Einsatz sollte gelehrt werden.

*2.1.2.3.2.4 Instandhaltung der Geräte* [34, 14]. Für die Instandhaltung und Reparatur der Geräte werden *Werkstätten* eingerichtet (Bild 2.1-5). Ob eine Werkstatt genügt oder mehrere Werkstätten (u. U. auch auf Baustellen) eingerichtet werden müssen, hängt von der Größe des Geschäftsbereichs und der Art und Größe der einzelnen Bauvorhaben ab. Für Unternehmungen mit Geräten, die einen hohen Reparaturschwierigkeitsgrad aufweisen, hat sich die Einrichtung von *Schwerpunktwerkstätten* bewährt, die über alle für die Reparatur not-

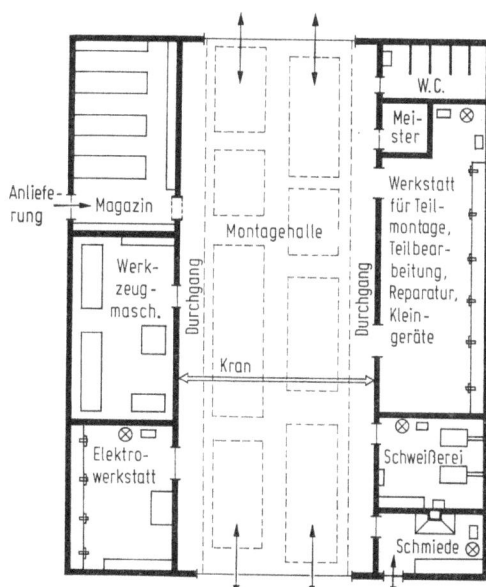

Bild 2.1-5. Reparaturwerkstatt.

wendigen maschinellen Einrichtungen verfügen. Lohnt sich bei kleinerem Gerätebestand die Anlage solcher Werkstätten nicht, so werden für schwierigere Reparaturen *Vertragswerkstätten* herangezogen. Der Umfang der Ersatzteillager ist zurückgegangen, da der Kundendienst der Hersteller für schnelle Beschaffung der Ersatzteile sorgt. Nur dort, wo Maschinen ausländischen Ursprungs längere Fristen für die Ersatzteilbeschaffung verursachen, ist ein größerer Lagerbestand vorzusehen oder auf Eigenanfertigung überzugehen (Bild 2.1-6).

Zu den unternehmensgebundenen Aufgaben der Werkstätten gehört auch die in längeren Zeiträumen vorzunehmende *Grundüberholung*. Hierbei werden wesentliche Teile des Gerätes erneuert, um es wieder für längere Zeit funktionsfähig zu machen und unvorhergesehenen Geräteausfall zu vermeiden. Es lohnt sich, hierfür besondere Untersuchungen anzustellen, um die Kosten des vorzeitigen Ersatzes bestimmter Verschleißteile und die durch den Geräteausfall verursachten Kosten der Betriebsunterbrechungen gegeneinander abzuwägen.

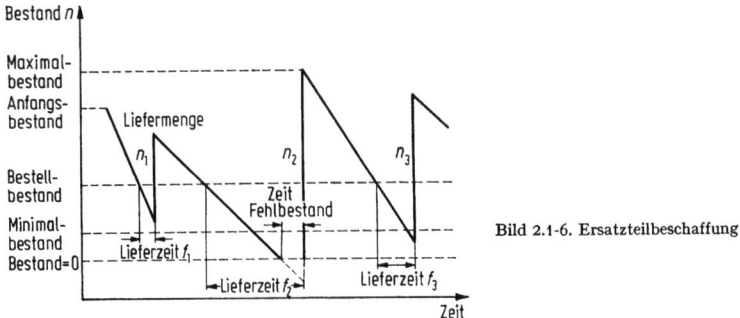

Bild 2.1-6. Ersatzteilbeschaffung

Nur wenige sehr große Unternehmen verfügen über eigene *Maschinenkonstruktionsbüros*. Sonderanfertigungen lohnen sich nur dann, wenn sehr spezielle Bauwerke mit besonderem Verfahren ausgeführt werden sollen. Meist beschränkt man sich auf den Kauf von auf dem Markt befindlichen Geräten und paßt diese durch Umbau den speziellen Erfordernissen an. Maschinenkonstruktionsbüros können auch zur Nachwuchsschulung von Maschineningenieuren herangezogen werden.

*2.1.2.3.2.5* Die *Gerätekontrolle* wird mit Hilfe der Gerätestatistik durchgeführt. Die *Gerätestatistik* hat den jährlichen Beschäftigungsgrad und die Reparaturkosten der Geräte zu ermitteln und zu überprüfen. Unter Umständen ergeben sich hieraus betriebsinterne Abschreibungs- und Reparatursätze, die von denen in der Baugeräteliste festgesetzten abweichen. Auch für die Kalkulation sind Unterlagen zu erarbeiten, insbesondere über Betriebsstoffverbrauch, Geräteleistung und Reparaturkosten in Abhängigkeit von den Einsatzbedingungen. Das gilt vor allem für Erdbaugeräte. Die statistischen Unterlagen sind auch erforderlich, wenn steuerliche Sonderabschreibungen nachgewiesen werden sollen. Schließlich ist dafür zu sorgen, daß die jeweils aufgestellten Pläne für Typisierung der Geräte, Ersatz nicht mehr funktionsfähiger oder unwirtschaftlicher Geräte, Grundüberholung und Instandhaltung eingehalten werden.

## 2.1.2.4 Personal
[19; 38]

### 2.1.2.4.1 Auftragsgebundene Aufgaben

*2.1.2.4.1.1 Personalbedarf.* Schon bei der Angebotsbearbeitung ist der Personalbedarf zu ermitteln und dabei abzuschätzen, wieviel Arbeitskräfte örtlich eingestellt und wieviel auf die Baustelle entsandt werden müssen, da hiervon die Höhe der Lohnnebenkosten abhängt. Im Auftragsfall werden durch die Fertigungsplanung der genaue Bedarf an Arbeitskräften und Zeitpunkt und Dauer des Einsatzes festgestellt, so daß im Personalbereich frühzeitig vorbereitende Maßnahmen getroffen werden können.

*2.1.2.4.1.2 Personalbeschaffung.* Die Personalbeschaffung unmittelbar für Baustellen bezieht sich i. allg. nur auf gewerbliche Arbeitnehmer und untere Angestellte. Alle anderen Angestellten werden überwiegend im Verlauf langfristiger Planungsmaßnahmen eingestellt. Der Kontakt zu den Bewerbern wird entweder durch das zuständige Arbeitsamt oder Anzeigen in der Tages- und Fachpresse hergestellt. Bei höheren Angestellten wird manchmal auch die Zentralstelle für Arbeitsvermittlung oder ein spezieller Personalberater eingeschaltet.

*2.1.2.4.1.3 Personaleinsatz.* Nach der Einstellung werden die für eine Baustelle bestimmten Arbeitskräfte dieser in Übereinstimmung mit dem *Bereitstellungsplan* zugewiesen. Wichtig ist beim Einsatz von Arbeitsgruppen im *Leistungslohn*, daß dieser *vor* Beginn

## 2.1.2 Die Organisationsbereiche des Bauunternehmens

der Arbeit festgelegt wird. Liegen keine Erfahrungen über die Höhe der *Vorgabezeiten* vor, so kann ein Probelauf vereinbart werden. Besondere Einarbeitungsschwierigkeiten werden durch einen Zuschlag zu den Grundzeiten berücksichtigt, der mit zunehmender Einarbeitung reduziert wird.

Bei der Festlegung der Entlohnung ist auf die jeweiligen tariflichen Berufsgruppen zu achten. Besondere Erfahrung wird durch *Leistungs-* oder *Stammarbeiterzulagen* berücksichtigt. Höhere Angestellte werden i. allg. außerhalb des Gehaltstarifes bezahlt, der allerdings in den Entlohnungsrahmen des Unternehmens passen muß. Während der Bauausführung findet in bestimmten Zeitabständen eine Entlohnung statt. Diese Zeitabstände schwanken zwischen einer Woche und einem Monat. Bei Einsatz von maschinellen Abrechnungsverfahren besteht die Tendenz zu größeren Zeitabständen.

*2.1.2.4.1.4 Abschlußaufgaben.* Nach Beendigung der Baustelle werden Angestellte und Stammarbeiter auf andere Baustellen versetzt und die nur für die Baustellendauer eingestellten Arbeitnehmer entlassen. Sie stehen damit für andere Bauaufgaben im gleichen Raum zur Verfügung. Bei einem Mangel an Arbeitskräften besteht die Tendenz, diese auch bei einer gewissen Unterbeschäftigung zu halten.

### 2.1.2.4.2 Unternehmensgebundene Aufgaben

*2.1.2.4.2.1 Personalplanung.* Ohne Personal, das die Unternehmensaufgaben ausführen kann, ist ein Unternehmen nicht lebensfähig. Daher ist die Personalstruktur weit vorausschauend zu planen, da erfahrungsgemäß Maßnahmen auf diesem Gebiet längere Zeit benötigen, bis sie voll wirksam werden. Gerade bei Kapazitätsausweitungen hat sich das Fehlen geeigneten Personals als einer der Hauptgründe für erhebliche Verluste herausgestellt.

Diese Personalplanung hat sowohl die Weiterentwicklung des Unternehmens zu berücksichtigen als auch das Ausscheiden aus Altersgründen und infolge Stellenwechsels. Dabei ist ein *Einstellungsprogramm* aufzustellen, das detaillierte Angaben über Anzahl, Anforderungen und Einstellungszeitpunkt macht. Mit Hilfe der Arbeitsbewertung können die Arbeitsplätze gerecht innerhalb der Entlohnungshierarchie eingestuft werden (s. 2.5.3). Bei der Ausführung des Einstellungsprogramms sind die Fähigkeiten der Arbeitskräfte und die Anforderungen der einzelnen Arbeitsplätze in Einklang zu bringen. Außerdem hat eine ständige Koordination mit allen Organisationsbereichen stattzufinden, da erfahrungsgemäß Personalmaßnahmen sich auf den gesamten Unternehmensbereich erstrecken.

Nach [28] hatte das Bauhauptgewerbe 1971 folgende Beschäftigtenstruktur:

| Stellung im Betrieb | Beschäftigte Ende Juni 1971 | Anteil an der Gesamtzahl der Beschäftigten |
|---|---|---|
| | Anzahl | % |
| Inhaber | 69886 | 4,4 |
| Unbezahlte mithelfende Familienangehörige | 6787 | 0,4 |
| Kaufm. Angestellte | 85521 | 5,4 |
| Techn. Angestellte | 58542 | 3,7 |
| Poliere, Schachtmeister und Meister | 50299 | 3,2 |
| Hilfspoliere, Hilfsmeister und Vorarbeiter | 86537 | 5,5 |
| Maurer | 303408 | 19,1 |
| Betonbauer | 35191 | 2,2 |
| Zimmerer | 117535 | 7,4 |
| Übrige Baufacharbeiter | 130954 | 8,2 |
| Sonstige Facharbeiter | 170007 | 10,7 |
| Helfer und Hilfsarbeiter | 446837 | 28,1 |
| Gewerbliche Lehrlinge | 26230 | 1,7 |
| Insgesamt | 1587814 | 100 |

*2.1.2.4.2.2 Berufliche Weiterbildung.* Besondere Bedeutung auf dem Gebiet der Personalplanung kommt dem *Ausbildungsprogramm* zu. Hierbei sind die Interessen des Unternehmens mit denen des einzelnen Arbeitnehmers abzustimmen. Zu einem solchen Ausbildungsprogramm gehören z. B. Schulung der gewerblichen und kaufmännischen Lehrlinge, Ausbildung von Maschinisten an bestimmten Baumaschinen, Fortbildung von technischen und kaufmännischen Angestellten in Kursen, die innerhalb oder außerhalb des Unternehmens stattfinden.

*2.1.2.4.2.3 Betreuung der Arbeitnehmer.* Während der Beschäftigung ist mit den Arbeitskräften enger Kontakt zu halten, um ihre Befähigung für den ihnen übergebenen Arbeitsplatz beurteilen zu können. Es ist eine Bindung zwischen Arbeitnehmer und Betrieb herzustellen. Jedem Betriebsangehörigen ist das Recht auf unmittelbaren Kontakt zu seinem höheren Vorgesetzten einzuräumen. Die Bindung an das Unternehmen kann weiter durch Anteilnahme an persönlichen Ereignissen, Betriebsfeste, Gewinnbeteiligung, zusätzliche Altersversorgung (z. B. Betriebsrente, Pensionskassen) verstärkt werden.

*2.1.2.4.2.4 Beurteilung, Personalstatistik.* Alle Personalmaßnahmen sind laufend auf ihre Wirksamkeit zu überprüfen, insbesondere die Kontrolle des Einstellungsprogramms und des Ausbildungsprogramms. Mit Hilfe der *Statistik* ist zu kontrollieren, inwieweit die geplante Personalstruktur der vorhandenen entspricht. Die Entwicklung jedes Arbeitnehmers im Unternehmen ist zu beobachten, um den Führungsnachwuchs aus dem eigenen Unternehmen zu gewinnen. Es ist eine *Personalkartei* anzulegen, in der Urlaub und Krankheit, bekleidete Dienststellungen, Gehalt, Vollmachten, Beförderungen festgehalten werden.

## 2.1.2.5 Stoffe

### 2.1.2.5.1 Auftragsgebundene Aufgaben

*2.1.2.5.1.1 Ermittlung des Stoffbedarfs.* Bei der Angebotsbearbeitung sind Mengen und Preise der Baustoffe und der Zeitpunkt der Lieferung zu ermitteln. Zu prüfen ist dabei, ob in Ausnahmefällen der Bedarf aus dem eigenen Bauvorhaben durch Aufbereitung der gewonnenen Stoffe (Kiesaushub) gedeckt werden kann. Bei Straßenbauten spielen die Kapazitäten der Lieferwerke eine große Rolle, da z. B. bei großen Deckenbaulosen täglich große Gesteinsmengen eingebaut werden müssen. Die Größe der Vorratslager hängt vom Baustoffverbrauch und der Art der Anlieferung ab. Vielfach werden von Lieferanten Preislisten herausgegeben, so daß sich besondere Anfragen bei der Ausarbeitung des Angebots erübrigen.

*2.1.2.5.1.2 Einholen von Angeboten.* Die Ausschreibung der Baustoffe wird vorgenommen, sobald der Auftrag erteilt ist. Hierbei wird den Lieferanten die Art und Menge der benötigten Stoffe, der Angebotstermin und der Zeitpunkt der Lieferung mitgeteilt. Gleiches gilt für *Subunternehmerangebote*. Eine Lieferantenkartei erleichtert die Einholung von Angeboten. Es ist darauf zu achten, daß bei Ausführung von Teilleistungen durch einen Fremdunternehmer dieser sich den gleichen Vertragsbedingungen unterwirft wie der Hauptunternehmer. Auf jeden Fall ist zu vermeiden, daß der *Auftragnehmer* für Lieferungen und Leistungen eine größere Haftung eingeht als der *Lieferant* oder der *Fremdunternehmer*.

*2.1.2.5.1.3 Prüfen der Angebote und Bestellen.* Nach Prüfung aller Angebote (Preis, Qualität, Termin, Menge, Zahlungsbedingungen) wird dem günstigsten Bieter der Zuschlag erteilt. Auf die Wünsche des Auftraggebers ist dabei Rücksicht zu nehmen. Genügen die schriftlichen Angebote nicht, so werden Proben angefordert, die im Laboratorium untersucht werden. Zusammen mit der Bestellung muß dem Lieferanten ein *Abrufplan* ausgehändigt werden, damit die Forderungen des Bestellers erfüllt werden können. Dabei ist die Transportfrage zu prüfen (Eigentransport, Fremdtransport).

*2.1.2.5.1.4 Verarbeitung der Stoffe.* Bei der Lieferung sind laufend Proben zu entnehmen, um die Übereinstimmung von angebotener und gelieferter Qualität zu kontrollieren. An

## 2.1.2 Die Organisationsbereiche des Bauunternehmens

Hand des *Lieferscheines* wird die Menge überprüft und damit später auch die Rechnung. Erst wenn Menge und Qualität für richtig befunden worden sind, sollte eine Rechnung zur Zahlung angewiesen werden.

*2.1.2.5.1.5 Abschlußaufgaben.* Nach Abschluß der Baustelle sind die nicht verbrauchten Stoffe entweder zurückzugeben oder auf Lager zu nehmen oder an eine andere Baustelle abzugeben. Es ist jedoch darauf zu achten, daß anfallende Transport- und Ladekosten nicht den Wert der Restbaustoffe überschreiten. Besondere Gefahr besteht bei Stoffen, die vor ihrer Wiederverwendung erst gesäubert und vorbereitet werden müssen, z. B. Holz. Hier ist das Vernichten oft billiger als die Wiederverwendung.

### 2.1.2.5.2 Unternehmensgebundene Aufgaben

*2.1.2.5.2.1 Marktuntersuchung.* Da die Bauwirtschaft sehr materialintensiv ist, kommt dem Organisationsbereich *Stoffe* eine große Bedeutung innerhalb der gesamten Betriebsorganisation zu. Deshalb sollte eine Marktuntersuchung durchgeführt werden, die einen umfassenden Überblick über Liefermöglichkeiten, Qualität und Preis erlaubt. Als Folge der Marktuntersuchung kann sich die Errichtung eigener Produktionsstätten (z. B. Kiesgruben, Steinbrüche mit Schotterwerk) als günstig erweisen. Außerdem sollten neuentwickelte Stoffe bekannt sein, um den technischen Fortschritt auch auf diesem Gebiet dem Unternehmen nutzbar zu machen. Standortuntersuchungen sind insbesondere für die Errichtung von stationären Produktionsstätten (z. B. Betonfertigteilwerke, Transportbetonwerke, stationäre Mischanlagen für Schwarzmischgut) notwendig.

*2.1.2.5.2.2 Richtlinien für den Einkauf.* Hierher gehört die Überwachung der Einkaufsgewohnheiten der mit dem Einkauf beauftragten Abteilung. Insbesondere sind die *Wertgrenzen* festzulegen, bis zu denen selbständig Einkäufe vorgenommen werden können, ohne die Geschäftsleitung zu benachrichtigen. Bestimmte Großeinkäufe von Maschinen und Großabschlüsse für Baustoffe werden der Genehmigung der obersten Stellen bedürfen. Falls eine weitgehende Dezentralisation, z. B. in Form von Niederlassungen, vorhanden ist, sind die Einkäufe zu koordinieren, um optimalen Effekt zu erreichen (Einrichtung eines Zentraleinkaufs). Für bestimmte Stoffe ist es üblich, einen Mindestbestand zu halten. Durch Verträge mit *Liefergarantie* der jeweiligen Hersteller kann die Lagerhaltung stark eingeschränkt werden. Für den Einkauf sind Prüf- und Lieferbedingungen für Stoffe festzulegen.

*2.1.2.5.2.3 Verbrauchskontrolle.* Für die Verbrauchskontrolle von Stoffen empfiehlt es sich, eine *Verbrauchsstatistik* anzulegen, in der wichtige Stoffe nach Baustellen getrennt aufgeführt werden. Dies erleichtert eine Kontrolle der monatlichen Leistungsermittlung, da Bauleistungen und verbrauchte Baustoffe voneinander abhängen. Außerdem ist es üblich, eine *Lieferantenkartei* mit Erzeugnissen und zugehörigen Preisen einzurichten. Vielfach werden von Lieferanten auch *Preislisten* über ihre Produkte herausgegeben, so daß sich besondere Anfragen bei der Ausarbeitung der Angebote erübrigen.

## 2.1.2.6 Finanzen

[38]

### 2.1.2.6.1 Auftragsgebundene Funktionen

*2.1.2.6.1.1 Finanzierung von Großbauvorhaben.* Nur bei ausgesprochenen Großbauvorhaben oder bei fehlenden Finanzierungsmöglichkeiten des Auftraggebers ist es notwendig, bereits bei der Auftragsbeschaffung den Finanzbedarf für ein einzelnes Bauvorhaben zu ermitteln. Dabei ist zu prüfen, ob der Finanzbedarf aus eigener Kraft gedeckt werden kann oder ob bereits Vorverhandlungen mit Kreditgebern geführt werden müssen. Kredite und Unternehmensgröße müssen in angemessenem Verhältnis zueinander stehen. Nach Auftragserteilung empfiehlt es sich, besondere *Finanzierungspläne* (Bild 2.1-7) für aus dem Rahmen fallende Bauvorhaben aufzustellen, um den jeweiligen Einfluß losgelöst vom restlichen Unternehmen feststellen zu können. Dies ist oft bei *Arbeitsgemeinschaften* der Fall, um den beteiligten Unternehmen schon vor Baubeginn einen Überblick über die zu erwartenden finanziellen Belastungen zu geben.

*2.1.2.6.1.2 Kreditbeschaffung.* Bei Kreditaufnahme sind wie bei anderen Beschaffungsaufgaben entsprechende Verhandlungen mit den Phasen Einholen der Angebote, Prüfen der Angebote, Festlegen der Kreditbedingungen zu führen. Die vom Kreditgeber zur Verfügung gestellten Kredite werden nach Bedarf abgerufen und nach Abschluß des Bauvorhabens zurückgezahlt. Von besonderer Bedeutung sind dabei für den Kreditgeber die Sicherheiten, die vom Kreditnehmer gegeben werden können.

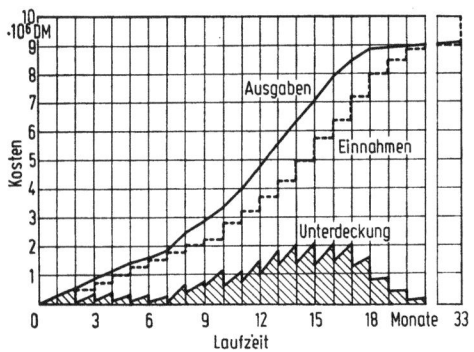

Bild 2.1-7. Finanzplan einer Arge-Baustelle (nach [32]).

### 2.1.2.6.2 Unternehmensgebundene Funktionen

*2.1.2.6.2.1 Finanzplanung.* Die Lebensfähigkeit eines Unternehmens hängt in weitem Maß von der Richtigkeit der auf dem Gebiet der Finanzen getroffenen Maßnahmen ab. Die Finanzierung eines Unternehmens muß so geplant werden, daß die Fähigkeit des Unternehmens, allen Zahlungsverpflichtungen rechtzeitig nachzukommen, nicht gefährdet wird (*Liquidität*). Zu diesem Zweck werden Finanzpläne aufgestellt, die lang-, mittel- oder kurzfristiger Art sein können. Der Finanzplan wird aus einem Einnahmen- und Ausgabenplan aufgebaut. Für die Fristigkeiten können folgende Annahmen gelten:

        langfristig      mindestens 1 Jahr;
        mittelfristig     3 bis 6 Monate,
        kurzfristig      1 Monat.

Es können folgende *Finanzierungsarten* verwendet werden: Eigen-, Selbst- und Fremdfinanzierung. Dabei wird die *Eigenfinanzierung* durch Zuführung neuer Mittel der Eigentümer, die *Selbstfinanzierung* durch einbehaltene Gewinne und die *Fremdfinanzierung* durch Kredite ausgeführt. Welche Finanzierungsform gewählt wird, hängt von der Ertragslage und von steuerlichen und betriebswirtschaftlichen Überlegungen ab. Während Eigenkapital langfristig zur Verfügung steht, ist Fremdkapital oft nur als kurzfristiger Kredit zu erhalten (Lieferanten-, Kontokorrent-, Wechselkredit). Langfristige Kredite sind meist hypothekarisch gesicherte Darlehen oder Schuldscheindarlehen. Für bestimmte Zwecke stehen auch öffentliche Mittel zur Verfügung (z. B. Förderung von Entwicklungsgebieten, Arbeiterunterkünften, Winterbaumaßnahmen). Ein großer Teil der Investitionen wird im Unternehmen durch Abschreibungen finanziert.

*2.1.2.6.2.2 Finanzdispositionen.* Hierunter sind alle Maßnahmen zu verstehen, die die laufende Koordinierung aller *Finanzierungsvorgänge* im Unternehmen betreffen und gleich-

### 2.1.2 Die Organisationsbereiche des Bauunternehmens

zeitig eine optimale Disposition der zur Verfügung stehenden *flüssigen Mittel* ermöglichen. Hierzu dienen vor allem kurzfristige Finanzpläne, die in der Bauwirtschaft in der Regel für einen Monat aufgestellt werden. Eine Koordinierung aller Finanzierungsvorgänge ist besonders dort unumgänglich, wo das Unternehmen in *Niederlassungsform* betrieben wird. Durch die Einrichtung eines *zentralen Verrechnungskontos* ist es möglich, überschüssige und fehlende Geldmittel in den Zweigbetrieben zu kompensieren. Ergibt sich aus dem kurzfristigen Finanzplan, in dem der Bestand an liquiden Mitteln und voraussichtliche Zahlungseingänge den voraussichtlichen Zahlungsausgängen gegenübergestellt werden, ein Überschuß oder ein Fehlbetrag an Geldmitteln, so sind die notwendigen Maßnahmen zur Anlage der überschüssigen Mittel oder zur Aufnahme entsprechender Kredite zu treffen.

*2.1.2.6.2.3 Finanzkontrolle.* Die Kontrolle hat sich zunächst auf den *Zahlungsverkehr* zu erstrecken. Dabei werden Fristen für ein- und ausgehende Zahlungen kontrolliert. Zwischen Leistungserstellung und Geldeingang liegen bei Abschlagsrechnungen oft sechs bis acht Wochen, manchmal auch mehr. Dieser Zeitraum kann durch zügige Abrechnung beeinflußt werden. Zur Kontrolle dient ferner der regelmäßig aufzustellende *Finanzstatus*, der auf einen bestimmten Stichtag erstellt wird. Hierin sind vorhandene Mittel, Forderungen und Verbindlichkeiten aufzuführen. Der nach Fristigkeiten aufgestellte Finanzstatus kann gleichzeitig als *Liquiditätsstatus* angesprochen werden. Der Finanzstatus zeigt, ob das Unternehmen allen Verpflichtungen nachkommen kann und ob die Finanzpläne eingehalten worden sind. Bleibt die finanzielle Situation eines Unternehmens unkontrolliert, so ist insbesondere bei übermäßigen Investitionen die Gefahr der *Zahlungsunfähigkeit* gegeben. Bei der Liquidität wird nach verschiedenen Graden unterschieden (kurzfristig, mittelfristig, langfristig). Das Verhältnis von Zahlungsmitteln zu Zahlungsverpflichtungen muß gleich oder größer als 1 sein. Das Anlagevermögen eines Unternehmens sollte vor allem durch Eigenkapital und nur zu einem geringen Teil durch langfristiges Fremdkapital gedeckt sein.

#### 2.1.2.7 Rechnungswesen

[38]

Es ist Aufgabe des Rechnungswesens, den gegenwärtigen Stand und den Entwicklungstrend des Unternehmens in Zahlenform darzustellen. Es können folgende Zweige des Rechnungswesens unterschieden werden:

>Bauauftragsrechnung (Kalkulation),
>Baubetriebsrechnung,
>Unternehmensrechnung (Finanzbuchführung),
>Planungsrechnung.

Das Rechnungswesen wird hier nur im Rahmen der Unternehmensorganisation behandelt. Ausführliche Darstellung des Rechnungswesens in 2.3.

##### 2.1.2.7.1 Auftragsgebundene Funktionen

In der *Bauauftragsrechnung* (Kalkulation) [40] werden die Selbstkosten ermittelt, die bei der Herstellung eines Bauwerks wahrscheinlich entstehen. Die Selbstkosten sind die Grundlage des Angebotspreises. Die Kalkulation bildet Bestandteil des Rechnungswesens, obwohl sie meist von technisch vorgebildeten Angestellten (Kalkulatoren) vorgenommen wird und somit aus dem kaufmännischen Bereich des Unternehmens ausgegliedert ist.

Aufgabe der *Ergebnisrechnung*, des wichtigsten Zweiges der *Baubetriebsrechnung*, ist in erster Linie die Ermittlung der Baustellenergebnisse. Eine den Zwecken der Bauindustrie angepaßte Ergebnisrechnung muß so kurzfristig durchgeführt werden, daß aus den Ergebnissen rechtzeitig Konsequenzen für die Bauausführung gezogen werden können. Da die Ergebnisrechnung für kurze Zeiträume (Monat, Vierteljahr) aufgestellt wird, muß auf eine periodengerechte Abgrenzung der gegenübergestellten Kosten und Leistungen besonderer Wert gelegt werden.

### 2.1.2.7.2. Unternehmensgebundene Funktionen.

In der *Unternehmensrechnung* (Finanzbuchhaltung) werden laufend die Geschäftsvorfälle erfaßt, die eine Veränderung der Vermögens-, Schuld- und Eigenkapitalwerte der Eröffnungsbilanz zum Gegenstand haben. Es werden also die Vorgänge festgehalten, die sich zwischen dem Unternehmen und der es umgebenden Gesamtwirtschaft abspielen.

Gegenstand der *Planungsrechnung* sind Kosten-, Umsatz- und Ertragsplanung. Dabei gewinnt die *Fixkostenplanung* immer größere Bedeutung, da die Fixkosten einen ständig wachsenden Anteil an den Kosten des Unternehmens beanspruchen. Fixkosten und Umsatz müssen in einem ausgewogenen Verhältnis zueinander stehen, das ganz wesentlich vom Markt beeinflußt wird. Es ist jedoch zu beachten, daß die Umsatzplanung in der Bauwirtschaft mit besonderen Schwierigkeiten verbunden ist, da es sich um einen schwer übersehbaren Markt mit wechselndem Preisniveau handelt. Innerhalb der Fixkosten ist den allgemeinen Geschäftskosten besondere Beachtung zu schenken.

Das Baubetriebsergebnis wird aus den Ergebnissen der Baustellen, Neben- und Hilfsbetriebe und der Beteiligungsgesellschaften berechnet. Am Ende des Geschäftsjahres wird in der Unternehmensrechnung der Jahresabschluß aufgestellt, der aus der Bilanz und der Gewinn- und Verlustrechnung besteht. In der Bilanz werden die Vermögens-, Schuld- und Eigenkapitalwerte, in der Gewinn- und Verlustrechnung die Aufwendungen und Erträge einander gegenübergestellt.

Zur Ergänzung der aufgeführten Zweige des Rechnungswesens werden für die Unternehmensplanung, -koordination und -kontrolle noch *Betriebsstatistiken* geführt, mit der die Zahlen des Rechnungswesens für bestimmte Zwecke zusammengestellt werden (z. B. Erlösstatistik, Gehaltsstatistik, Statistik der Debitoren und Kreditoren).

## 2.1.2.8 Betriebsstätten

Die Aufgabe des Organisationsbereiches Betriebsstätten besteht in der wirtschaftlichen Ausführung der Bauaufträge. Unter den Begriff Betriebsstätten fallen die *Baustellen*, die *Nebenbetriebe* und die *Hilfsbetriebe*, soweit sie nicht anderen Organisationsbereichen zugerechnet werden. Die Baustellen sind als *Hauptbetriebe* zu bezeichnen, da an ihnen die Hauptaufgabe des Bauunternehmens, nämlich die Herstellung von Bauwerken, erfüllt wird. Die *Nebenbetriebe* produzieren ebenfalls für den Absatz (auch an Dritte) bestimmte Erzeugnisse, jedoch entspricht diese Produktion nicht der Haupttätigkeit des Unternehmens. Solche Nebenbetriebe können sein: Kiesgruben, Betonstein- und Fertigteilwerke, Steinbrüche. Wenn sich der Absatz nur auf das eigentliche Unternehmen beschränkt, spricht man von *Hilfsbetrieben*. Hilfsbetriebe können z. B. Eisenbiegerei, Reparaturwerkstätten, Lagerplätze, holzverarbeitende Betriebe sein.

### 2.1.2.8.1 Auftragsgebundene Funktionen; vgl. 2.2.1. bis 2.2.3

### 2.1.2.8.2 Unternehmensgebundene Funktionen

*2.1.2.8.2.1 Planung von Kapazität, Produktion und Standort.* Kapazität ist das Leistungsvermögen einer wirtschaftlichen und technischen Einheit — beliebiger Art, Größe und Struktur — in einem Zeitabschnitt. Die Unternehmenskapazität ist vom zur Verfügung stehenden Kapital und den vorhandenen Führungskräften, Arbeitskräften und Maschinen abhängig. Die Marktforschung liefert durch Marktanalysen und Marktbeobachtung die notwendigen Informationen, die für die Durchführung der Kapazitätsplanung notwendig sind.

Um die installierte Kapazität optimal ausnutzen zu können, ist eine *Produktionsplanung* notwendig. Vorhandene Kapazität und vorhandene Bauaufträge bilden die Grundlage der langfristigen Kapazitätsplanung (Bild 2.1-8a). Dabei ist zu beachten, daß die ausnutzbare Kapazität während der Schlechtwettermonate niedriger und während der übrigen Monate höher als die Durchschnittskapazität liegt. Für die Ausnutzung freier Kapazitäten ist erfahrungsgemäß ein Vorlauf von 3 bis 5 Monaten erforderlich (Angebotsbearbeitung, Auftragsverhandlungen, Arbeitsvorbereitung, Anlaufphase).

### 2.1.2 Die Organisationsbereiche des Bauunternehmens

Bei den stationären Betrieben des Bauunternehmens ist eine sorgfältige *Standortplanung* vorzunehmen (Werkstätten, Lagerplätze, Fertigteilwerke, Transportbetonwerke usw.). Dabei ist vor allem auf eine Minimierung der Transportkosten zu achten.

*2.1.2.8.2.2 Disposition und Koordination der Baustellen.* Da es bei der Herstellung von Bauwerken durch unvorhersehbare Einflüsse, wie z. B. Planänderungen, Gründungsschwierigkeiten, Schlechtwetter, immer wieder zu Abweichungen vom vorgesehenen Ablauf kommt, müssen die langfristigen Pläne an die tatsächlichen Verhältnisse angepaßt werden. Grundlage der Disposition und Koordination bilden die *Bauablaufpläne*, aus denen die vorgesehenen Termine und notwendigen Kapazitäten hervorgehen. Für stationäre Betriebe werden Produktionspläne aufgestellt, aus denen die Belegung der Fertigungsplätze zu entnehmen ist (Bild 2.1-8b).

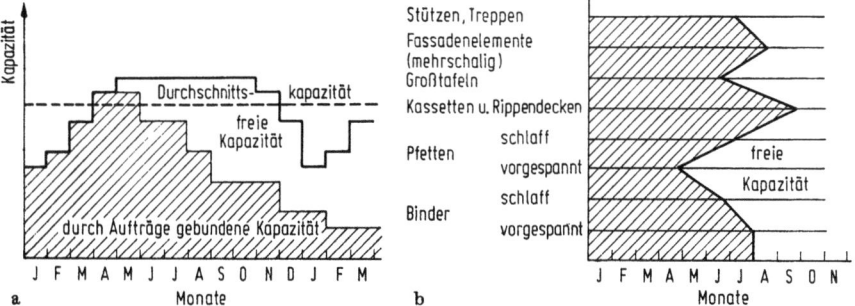

Bild 2.1-8. a) Kapazitätsplan eines Bauunternehmens; b) Produktionsplan eines Fertigteilwerks.

*2.1.2.8.2.3 Betriebskontrolle.* Die Qualität, Wirtschaftlichkeit und Ausführungszeit der Bauausführung sind zu überwachen. Die *Qualitätskontrolle* läßt sich mit Hilfe von Laboruntersuchungen (z. B. Entnahme von Beton- oder Schwarzmischgutproben) und Verfolgung von Schadensfällen ausüben. In großen Unternehmungen sind besonders ausgebildete Arbeitskräfte vorhanden, die sich allein der Qualitätsüberwachung widmen (z. B. Betoningenieure, Straßenbaulaboranten). Die *Wirtschaftlichkeitskontrolle* wird durch Nachkalkulation und Ergebnisrechnung möglich gemacht. Es ist auf rechtzeitige Ergebnisvorlage zu achten. Speziell angesetzte Wirtschaftlichkeitsuntersuchungen können den Grund für Baustellenverluste offenlegen. Für die *Bauzeitkontrolle* sind die aufgestellten Ablaufpläne zu überwachen.

Soweit nach Abschluß eines Bauvorhabens oder auch noch während des Bauablaufes *Mängelrügen* vom Auftraggeber gemacht und Garantieansprüche erhoben werden (vgl. 3.3.3.4, 3.3.3.12, 3.3.3.13), sind diese Fragen in der Niederlassungs- oder Unternehmensleitung zu klären, insbesondere dann, wenn sie größeren Umfang haben und nicht ohne weiteres von der örtlichen Bauleitung erledigt werden können. Ferner gehört hierher die Frage der Erstattung zusätzlicher Herstellungskosten infolge veränderter Ausführungsbedingungen, deren Klärung oft erhebliche Zeit in Anspruch nimmt, vgl. 3.2.5.

### 2.1.2.9 Sonstige Organisationsbereiche

[19; 32; 38]

Neben den unter 2.1.2.1 bis 2.1.2.8 aufgeführten Organisationsbereichen, in denen die eigentliche Unternehmensaufgabe abgewickelt wird, sind eine Reihe von kleineren Bereichen vorhanden, die bei der betrieblichen Gliederung meist in Form von *Stabsstellen* geführt werden. Dazu gehören insbesondere die Bereiche für Revision, Steuern und Recht, Versicherungen, Volkswirtschaft, Statistik, Public Relations, Gesundheitswesen.

Von einer bestimmten Unternehmensgröße an ist ein besonderer *Revisionsbereich* zu bilden. Ihm obliegt die regelmäßige oder stichprobenweise Prüfung von Geschäftsvorgängen. Gegenstand von Revisionen sind z. B. Lohnbuchhaltung, Einkauf, Finanzbuchhaltung, Rechnungen für den Auftraggeber. Prüfungen der Jahresabschlußrechnung werden je nach gesetzlichen Vorschriften oder vertraglichen Vereinbarungen von freiberuflichen Prüfern (z. B. Wirtschaftsprüfer, Bücherrevisoren) oder Treuhand- und Revisionsgesellschaften durchgeführt.

Im Bereich Recht sind alle Fragen zu bearbeiten, die einer juristischen Prüfung und einer juristisch einwandfreien Formulierung bedürfen. Dazu gehören insbesondere die Prüfung von Bauverträgen und die Ausarbeitung von Verträgen der Zusammenarbeit mit anderen Unternehmen. Ferner hat dieser Bereich das Unternehmen bei der Vorbereitung der Schriftsätze für Rechtsstreitigkeiten zu unterstützen. Unter Umständen wird innerhalb des Bereichs Recht eine besondere *Vertragsabteilung* eingerichtet, in der *besondere* Fachkräfte für alle Vertragsfragen zusammengefaßt werden. In der gleichen Weise werden oft auch Versicherungsfragen vom allgemeinen Rechtsbereich abgetrennt. Diese weitgehende Spezialisierung ist nur für sehr große Unternehmen lohnend.

Bei großen Unternehmen wird oft ein besonderer *Stabsbereich Organisation* gebildet in dem Organisationspläne ausgearbeitet, Arbeitsanweisungen aufgestellt, Organisationsmittel geprüft und sämtliche notwendigen Maßnahmen getroffen werden, die einen optimalen Arbeitsablauf innerhalb der Unternehmensorganisation gewährleisten. Die Prüfung der Organisationsmittel hat sich nicht nur auf Formulare, sondern auch auf maschinelle Hilfsmittel von der Schreibmaschine bis zur Datenverarbeitungsanlage zu erstrecken. Ohne eine Zusammenarbeit zwischen dem Stabsbereich Organisation und den großen Organisationsbereichen wird die Wirksamkeit der Unternehmensorganisation erheblich vermindert.

Die Fragen der Statistik, der Volkswirtschaft und der Public Relations werden in den Bauunternehmen im allgemeinen mit von anderen Bereichen wahrgenommen. Die Öffentlichkeitsarbeit (Public Relations) bildet meist Bestandteil der Auftragsbeschaffung. Jedoch bestehen in sehr großen Unternehmen auch spezielle *Werbeabteilungen*. Fragen der *Statistik* werden im allgemeinen innerhalb des Rechnungswesens bearbeitet. Es ist darüber hinaus möglich, die hier erwähnten Bereiche ganz oder teilweise in einem *Zentralsekretariat* zusammenzufassen.

### 2.1.2.10 Der Betriebsrat

Er stellt die gewählte Vertretung der *Arbeitnehmer* im Unternehmen dar. Seine Aufgaben sind im *Betriebsverfassungsgesetz* (BVG) vom 15. 1. 1972 festgelegt [11]. Dazu gehören:

— Maßnahmen, die dem Betrieb und der Belegschaft dienen, beim Arbeitgeber zu beantragen;
— darüber zu wachen, daß die zugunsten der Arbeitnehmer geltenden Gesetze, Verordnungen, Tarifverträge und Betriebsvereinbarungen durchgeführt werden;
— Beschwerden von Arbeitnehmern entgegenzunehmen und, falls sie berechtigt erscheinen, durch Verhandlung mit dem Arbeitgeber auf ihre Abstellung hinzuwirken;
— die Eingliederung Schwerbeschädigter und sonstiger besonders schutzbedürftiger Personen in den Betrieb zu fördern.

*Mitbestimmungsrecht* besteht z. B. bei Regelung der täglichen Arbeitszeit, Regelung der Durchführung der Lohnauszahlung, Verwaltung von Wohlfahrtseinrichtungen, Leistungslohnvereinbarungen, Einführung neuer Entlohnungsmethoden, Gestaltung von Arbeitsplätzen, Arbeitsablauf, Arbeitsumgebung. Weiter steht ihm ein Mitbestimmungsrecht bei personellen Angelegenheiten (berufliche Weiterbildung, Kündigungen und Einstellungen) zu.

Der Betriebsrat wird von den wahlberechtigten Arbeitnehmern in geheimer, unmittelbarer Wahl nach den Grundsätzen der Verhältniswahl gewählt. Der Wahlvorstand wird von der Betriebsversammlung bestellt, der Wahllisten aufstellt und Wahlbedingungen festlegt. Die Betriebsratsmitglieder bestimmen nach ihrer Wahl den Betriebsratsvorsitzenden, der den Betriebsrat nach außen vertritt. Die Betriebsversammlung, der alle wahlberechtigten Arbeitnehmer angehören, tritt in bestimmten Zeitabständen zusammen, um vom Betriebsrat über seine Tätigkeit im Unternehmen informiert zu werden. Für Betriebe von 5 bis 20 Arbeitnehmern wird ein Betriebsobmann gewählt. Bei 21—50 Arbeitnehmern besteht der Betriebsrat aus 3 Mitgliedern; die Zahl der Mitglieder steigt bis auf 31 bei 9000 Arbeitnehmern an. Darüber hinaus erhöht sich die Zahl der Betriebsratmitglieder um 2 je angefangene weitere 3000 Arbeitnehmer. Von 9 Betriebsratsmitgliedern an ist ein Betriebsausschuß zu bilden, der die laufenden Geschäfte des Betriebsrats wahrnimmt. Nach der gesetzlichen Vorschrift müssen Arbeiter und Angestellte entsprechend ihrem zahlenmäßigen Verhältnis im Betriebsrat vertreten sein. Bei Groß- und Mittelbetrieben mit mehr als 100 Arbeitnehmern muß ein *Wirtschaftsausschuß* gebildet werden, dem ein Mitbestimmungsrecht in wichtigen wirtschaftlichen Angelegenheiten zusteht.

Die Betriebsratsmitglieder sind zur Erfüllung ihrer Aufgaben von ihrer betrieblichen Arbeit freizustellen. Für die zeitlichen Aufwendungen außerhalb der tariflichen Arbeitszeit sind ihnen auf Antrag zusätzliche Freistunden zu gewähren oder als ordentliche Arbeitszeit mit Zuschlägen zu vergüten.

Der Arbeitgeber hat die durch die Betriebsratstätigkeit entstehenden Kosten zu tragen. Er hat außerdem für Sitzungen, Sprechstunden und die laufende Geschäftsführung Räume, Sachmittel und Büropersonal zur Verfügung zu stellen. In Betrieben ab 300 Arbeitnehmer ist mindestens ein Betriebsratsmitglied zur Führung der laufenden Geschäfte völlig von der beruflichen Arbeit freizustellen. Die Betriebsratsmitglieder genießen besonderen Kündigungs- und Beschäftigungsschutz. Arbeitgeber und Betriebsrat sollen einmal im Monat zu einer gemeinschaftlichen Besprechung zusammentreten. Über strittige Fragen ist mit dem ernsten Willen zur Einigung zu verhandeln. Bei Meinungsverschiedenheiten ist eine paritätisch besetzte Einigungsstelle zu bilden, deren Vorsitz ein Unparteiischer übernimmt. Beschlüsse der Einigungsstelle werden mit Stimmenmehrheit gefaßt.

## 2.1.3 Die Organisationsform der Bauunternehmen

### 2.1.3.1 Organisationsprinzipien

[4; 9; 15; 22; 30; 27]

In 2.1.2 sind die für die Erfüllung der *Unternehmensaufgaben* notwendigen Funktionen dargestellt. In 2.1.3 wird die Verteilung der Funktionen auf die *Arbeitskräfte* des Unternehmens behandelt. Das Bauunternehmen wird meist nach *technischen* oder *kaufmännischen* Bereichen gegliedert. Diese Unterteilung, die nach der beruflichen Ausbildung der Beschäftigten orientiert ist, entspricht, wie aus 2.1.2 ersichtlich, nicht den sachlichen Belangen, da sich sowohl Beschäftigte mit kaufmännischer Ausbildung in technische Belange als auch umgekehrt technisch ausgebildete Arbeitskräfte in kaufmännische Belange einarbeiten können. Trotzdem zieht sich diese Aufteilung durch die Unternehmen hindurch und führt oft zu Gegensätzen.

Als Ordnungsprinzipien werden in der Literatur drei *Systeme* unterschieden: Das Linien-, das Funktionen- und das Stab-Linien-System.

**2.1.3.1.1 Liniensystem.** Bei diesem System zieht sich eine einheitliche Anordnungsreihe von oben nach unten kontinuierlich durch das Unternehmen. Die Einheitlichkeit der Auftragserteilung ist gewahrt. Kompetenzüberschneidungen sind nicht möglich, da alle Anordnungen nur von der jeweils übergeordneten Stelle kommen können. Jedoch werden hierdurch viele Aufgaben auf den jeweiligen Vorgesetzten konzentriert. Bei tiefer gegliederten Betrieben ist eine Entlastung der Führungsstellen durch die Delegation von Anordnungsbefugnissen an nachgeordnete Stellen und Bildung von Stäben zur Entscheidungsfindung notwendig (s. 2.1.3.1.3 und 2.1.3.2.1).

**2.1.3.1.2 Funktionensystem.** Der Begriff der *funktionalen Aufgabenverteilung* und des daraus resultierenden Organisationssystems wurde von Frederick W. Taylor [22] geschaffen. Nach diesem System erhält jede Arbeitskraft je nach der auszuführenden Arbeit nur von einem in der jeweiligen Arbeit spezialisierten Vorgesetzten Anordnungen. Dadurch ist zwar gewährleistet, daß stets die besten Fachkenntnisse angewendet werden, jedoch ist die Einheit der Auftragserteilung nicht mehr vorhanden, da nun eine Stelle von vielen übergeordneten Stellen Anordnungen erhalten kann. Deshalb tritt dieses System im Bauunternehmen nur dort in Erscheinung, wo disziplinarische und fachliche Anordnungsbefugnis auseinanderfallen. Das ist insbesondere in *Niederlassungsbetrieben* der Fall, in denen zwar sämtliche dort tätigen Arbeitskräfte dem *Niederlassungsleiter* disziplinarisch unterstellt sind, sich aber je nach ihrer Arbeit nach Anordnungen und Empfehlungen richten müssen, die von der zuständigen Abteilung der Hauptverwaltung gegeben werden. Als Beispiel sei auf den Bereich der Geräte hingewiesen. Die Maschineningenieure in den Niederlassungen unterstehen disziplinarisch der Niederlassungsleitung, fachlich jedoch der Geräteabteilung bei der Hauptverwaltung. Gleiches gilt auch für das Rechnungswesen. Vorgesetzte Stellen haben jedoch darauf zu achten, daß die Einheit der Auftragserteilung gewahrt bleibt und die unmittelbaren disziplinarischen Vorgesetzten über die Anordnungen informiert sind, die ihren nachgeordneten Abteilungen gegeben werden.

**2.1.3.1.3 Stab-Liniensystem.** Dieses ist, wie das Liniensystem, nach dem Grundsatz der Einheit der Auftragserteilung organisiert. Jedoch bedienen sich die anordnenden Stellen der Unternehmensleitung zur Entscheidungsfindung beratender Stabsstellen. Sie versorgen auf Grund ihrer speziellen Kenntnisse die Leitung mit Informationen. Es werden die Vorteile des Funktionensystems, nicht aber die Nachteile, nämlich die Zersplitterung der Anordnungsbefugnis, übernommen. Da die Bildung von Stabsstellen besonders qualifizierte Mitarbeiter verlangt (Direktionsassistenten z. B.), kommt dieses System wegen des Personalaufwands nur für Großbetriebe in Frage. Eine Sonderform des Stab-Liniensystems ist die Matrixorganisation [2].

## 2.1.3.2 Die Organisationsform bestimmenden Einflußfaktoren
[2, 12, 18]

**2.1.3.2.1 Delegation der Anordnungsbefugnisse.** Liegen alle Anordnungsbefugnisse bei der Unternehmensspitze, so spricht man von *zentralem Unternehmensaufbau*. Werden dagegen die Anordnungsbefugnisse, und damit auch die Verantwortung, auf nachgeordnete Stufen verlegt, so spricht man von *dezentralem Unternehmensaufbau*. Je nach Grad der Zentralisierung oder Dezentralisierung ergibt sich als Zwischenform eine teilzentrale Lösung. Für Bauunternehmen ist typisch, daß sie ihre Betriebsleistung in weit verstreuten Betriebsstätten erbringen. Diese Dezentralisierung der Produktion erfordert eine *Delegation der Anordnungsbefugnisse* [17], die zu einer mehr oder minder stark ausgeprägten Dezentralisierung des Unternehmens führt. Jedoch bewirkt die Umstellung vieler Verwaltungsaufgaben auf die elektronische Datenverarbeitung eine stärkere Zentralisierung.

*2.1.3.2.1.1 Zentralisierung.* Nur bei kleineren und mittleren Unternehmen ist noch eine Zentralisierung bis zu einem gewissen Grad möglich, da sich hier der gesamte Betrieb überschauen läßt und Anordnungsbefugnisse in der Hand weniger Personen liegen können. Insbesondere kann die wichtige Aufgabe der *Auftragsbeschaffung* zentralisiert bleiben, da der Unternehmensleitung noch alle besonderen Verhältnisse, insbesondere bei privaten Bauherrn, bekannt sind. Auch örtlich bedeutende Unternehmen beschränken sich vielfach bewußt auf ein Gebiet, innerhalb dessen man die Baustellen noch an einem halben Tag bereisen kann. Diese Unternehmen sind der Meinung, daß eine weitere Ausdehnung, insbesondere das Einrichten entfernt liegender Niederlassungen, ihre Einsatzbereitschaft und damit ihr wirtschaftliches Arbeiten vermindert.

Für ein Großunternehmen wird es nur dann möglich sein, eine weitgehende Zentralisierung, insbesondere der Auftragsbeschaffung beizubehalten, wenn es sich auf wenige sehr große Aufträge von nationaler oder internationaler Bedeutung beschränkt.

### 2.1.3 Die Organisationsform der Bauunternehmen

*2.1.3.2.1.2 Teilzentralisierung.* Bei Bauunternehmen, deren Arbeitsgebiet sich auf große Gebiete erstreckt, empfiehlt es sich, alle Anordnungsbefugnisse zu dezentralisieren, die unmittelbaren Einfluß auf die Bauausführung haben; dies sind insbesondere solche, die sich aus der Wahrnehmung der *auftragsgebundenen Funktionen* ergeben. Es werden zu diesem Zweck *Niederlassungen* eingerichtet, die Bauaufgaben in den ihnen zugeteilten Gebieten übernehmen. Jedoch haben Großbauunternehmen verschiedentlich *zentrale Bauabteilungen* aufgebaut, die Bauvorhaben ausführen, die die Kapazität der örtlichen Niederlassungen überschreiten.

Da diese *Niederlassungen* in den meisten Fällen wie selbständige Unternehmen am Markt auftreten, muß ihnen insbesondere das Gebiet der *Auftragsbeschaffung* überlassen bleiben. Nur Aufträge, die den Niederlassungsrahmen sprengen, sollten von der Hauptverwaltung beschafft und bearbeitet werden. Eine Dezentralisierung bei der Beschaffung der Produktionsmittel ist nur dort unangebracht, wo es sich um Betriebsmittel handelt, die sich im gesamten Unternehmensbereich einsetzen lassen. Auch die *Stoffbeschaffung* wird man meist auf regionaler Ebene vornehmen, da die örtlichen Bedingungen sehr verschieden sind und eine zentrale Einkaufsstelle mit diesen meist nicht hinreichend vertraut ist.

Beim Einstellen von *Personal* ist ebenfalls differenziert zu verfahren. Arbeitskräfte in Stellungen von nur regionaler Bedeutung sind von den regional Verantwortlichen auszuwählen und einzustellen. Angestellte, die in ihrer Tätigkeit für das gesamte Unternehmen von Bedeutung sind, d. h. das Personal der oberen Instanzen, sollten jedoch von der Zentrale ausgewählt und eingestellt werden.

Alle *unternehmensgebundenen Befugnisse* dagegen müssen nach einheitlichen Gesichtspunkten ausgerichtet sein und infolgedessen in der Verantwortung der *Zentrale* verbleiben. Hierzu gehört in erster Linie die Planung der *Unternehmenskonzeption.* Es sollte der Entscheidung der Zentrale überlassen bleiben, auf welchem Gebiet ein Unternehmen tätig wird und wie groß die Kapazität auszulegen ist. Solche Entscheidungen betreffen z. B. die Einrichtung neuer Niederlassungen, den Aufbau von Auslandsabteilungen und die Aufnahme neuer Produktionszweige.

*Zentral* ist stets auch der gesamte *Finanzierungsbereich* zu betreiben, weil die hier getroffenen Entscheidungen das gesamte Unternehmen in seinem Bestand und in seiner Fortentwicklung betreffen. Auch die sich aus der *Kontrolle* ergebenden Aufgaben, also die Überwachung durch ein nach einheitlichen Gesichtspunkten aufgebautes *Rechnungswesen* und die Überwachung durch die *Revision*, müssen in zentraler Verantwortung bleiben. Schließlich hat die Unternehmensleitung dafür zu sorgen, daß durch fortwährende Abstimmung aller Unternehmensbereiche das Unternehmen koordiniert arbeitet und alle Tätigkeiten auf das Erreichen des Unternehmenszieles ausgerichtet sind.

*2.1.3.2.1.3 Dezentralisierung.* Völlige Dezentralisierung, bei der sowohl die unternehmensgebundenen als auch die auftragsgebundenen Funktionen den nachgeordneten Stellen zur Ausführung überlassen bleiben, kommt in der Praxis kaum vor. Solange die nachgeordneten Stellen finanziell von der Zentrale abhängig sind, wird sich diese vorbehalten, die Kontrolle über die Verwendung des zur Verfügung gestellten Kapitals auszuüben. Der höchste demnach denkbare Grad der Dezentralisierung erstreckt sich also auf die Gesamtheit aller Aufgaben mit Ausnahme einer Kontrolle durch das *Rechnungswesen* und Überwachung der *finanziellen Dispositionen*, insbesondere der Investitionen. Auch aus der Untersuchung der Organisationsprinzipien großer Konzerne ergibt sich, daß eine Zentralisierung immer für folgende grundlegende Aufgaben besteht:

1. Planung der grundsätzlichen Unternehmenskonzeption;
2. Kontrolle durch ein zentrales Rechnungswesen und Überwachung aller Investitionen;
3. Auswahl der in den Konzerngesellschaften tätigen leitenden Personen.

**2.1.3.2.2 Zusammensetzung der Bauaufträge.** Die Zusammensetzung der Bauaufträge spielt eine entscheidende Rolle bei der Festlegung der Unternehmensorganisation. So fällt z. B. bei Straßenbauunternehmen das Konstruktionsbüro fort, hingegen ist ein Baustofflaboratorium notwendig. Demgegenüber ist beim Betonbauunternehmen ein Konstruktionsbüro einzurichten, insbesondere wenn schwierige Stahlbetonbauten ausgeführt oder eigene Planbearbeitungen vorgenommen werden. Kleinere Unternehmen des Betonoder Mauerwerksbaus können auf ein eigenes Konstruktionsbüro verzichten und im Bedarfsfall mit einem Ingenieurbüro zusammenarbeiten.

**2.1.3.2.3 Unternehmensgröße.** Sie beeinflußt in erheblichem Maße die Unternehmensorganisation. Große Anzahl von Arbeitskräften bedeutet große Zahl von Abteilungen und tiefgegliederter Instanzenaufbau, da eine wirksame Überwachung nur bei einer begrenzten Anzahl von Mitarbeitern möglich ist. Soweit einfache Aufgaben mit regelmäßig wiederkehrenden Arbeiten nach leicht überschaubaren und festliegenden Arbeitsmethoden durchgeführt werden, kann eine größere Zahl von Arbeitskräften beaufsichtigt werden als dies etwa bei sehr schwierigen, individuellen Arbeiten möglich ist. In der unteren Instanz, also auf der *Ausführungsebene*, wird nach [3] eine Abteilungsgröße von 10 bis 40 Mitarbeitern empfohlen. Bei *übergeordneten Leitungsinstanzen* wird dagegen nur mit 5 bis 8 unterteilten Abteilungen gerechnet. In der *Unternehmensspitze* werden sogar nur 2 bis 4 nachgeordnete Abteilungen für überschaubar gehalten. Die Anzahl der nachgeordneten Abteilungen richtet sich jedoch wieder sehr stark nach der Delegation der Befugnisse. Beschränkt sich die Überwachung auf nur wenige prinzipielle Punkte, so läßt sich ein größerer Bereich überwachen als bei einem System, bei dem die nachgeordneten Stellen nur wenig Anordnungsbefugnisse haben.

Bei sehr großen Unternehmen mit vielen *Niederlassungen* wird in der Unternehmensspitze meist so verfahren, daß dem jeweiligen Mitglied der Geschäftsleitung neben einer Anzahl von Niederlassungen noch gewisse Stabsabteilungen unterstellt sind.

**2.1.3.2.4 Sonstige Einflußfaktoren.** Auch die *historische Entwicklung* eines Unternehmens hat Einfluß auf die Unternehmensorganisation. So neigen Unternehmen, die sich aus kleinen Anfängen entwickelt haben, oft mehr zur Zentralisierung als solche, die als Großunternehmen gegründet wurden oder durch Zusammenfassung verschiedener vorher selbständiger Unternehmen entstanden sind. Ferner spielt die *Anzahl der Auftraggeber* eine erhebliche Rolle. Wo man nur mit wenigen Auftraggebern, etwa Industrieunternehmen oder lokalen Behörden, zu tun hat und dort laufend beschäftigt ist, wird die Funktion der *Auftragsbeschaffung* weniger ausgebaut sein als bei Unternehmen, die mit ständig wechselnden Auftraggebern zu tun haben.

Schließlich spielt die *Persönlichkeit* der im Unternehmen tätigen Personen, insbesondere derjenigen in leitenden Stellungen, eine erhebliche Rolle. So findet man im gleichen Unternehmen bestimmte Geschäftsbereiche, die sehr weitgehend selbständig arbeiten, da die dort tätigen Führungskräfte in erheblichem Maß unternehmerisch tätig sind, während andere Geschäftsbereiche in starkem Maße von Anordnungen der zentralen Leitung abhängig sind. Auch bei der Abteilungsbildung finden sich solche Tendenzen, bei denen starke Persönlichkeiten mehrere Funktionen auf ihren Bereich konzentrieren, obwohl dafür sachlich keine Notwendigkeit besteht.

*Konjunkturelle Einflüsse* machen sich ebenfalls im Unternehmensaufbau bemerkbar. So können in bestimmten Gebieten Schwerpunkte auf begrenzte Zeit errichtet werden, solange dort ein Bauprogramm abgewickelt wird, oder neue Bausparten in das Produktionsprogramm aufgenommen werden. Gerade Anfang der sechziger Jahre haben sich unter dem Einfluß der Mehrjahrespläne für den Straßenbau eine Reihe von Unternehmen eigene Straßenbauabteilungen angegliedert oder an bestehenden Unternehmen beteiligt. Bei nachlassender Konjunktur werden unrentabel gewordene Betriebsbereiche wieder aufgegeben oder stark in ihrer Geschäftstätigkeit eingeschränkt.

Weiter beeinflußt der technische Strukturwandel die Unternehmensstruktur. Infolge zunehmender Mechanisierung des Bauablaufes gewannen z. B. die Werkstätten und die Maschinenverwaltung erheblich an Einfluß. Von wenig bedeutenden Hilfsbetrieben wuchsen sie oft zu selbständigen Abteilungen, die dementsprechend in den Leitungsgremien vertreten sind. Gleiches gilt für die mit der Durchführung der Fertigungsplanung (Arbeitsvorbereitung) beauftragten Abteilungen, die in den vergangenen Jahren durch den Zwang zur Rationalisierung und die zunehmend größeren Bauaufgaben notwendig wurden. Auch die elektronische Datenverarbeitung hat vielfach zur Bildung bedeutender Abteilungen geführt. [23]

### 2.1.3.3 Unternehmenstypen

[32]

Um in Organisationsplänen beispielhaft Unternehmensstrukturen darstellen zu können, ist eine *Systematisierung* notwendig. Da die Unternehmensgröße ein wesentliches Organisationskriterium darstellt, kann man nach Klein-, Mittel- und Großunternehmen unterscheiden. Eine weitere Unterscheidung ist nach Unternehmen mit oder ohne Niederlassungen möglich. Die im folgenden aufgezeigten Typen sollen nur Beispiele sein, die entsprechend den jeweiligen Gegebenheiten variiert werden können.

**2.1.3.3.1 Kleinbetriebe.** Hierbei handelt es sich i. allg. um Unternehmen mit etwa 70 bis 100 Beschäftigten (Bild 2.1-9). Bei Kleinbetrieben entfällt i. allg. das Konstruktionsbüro. Die Auftragsbeschaffung wird von der Geschäftsleitung, meist dem Inhaber, wahrgenommen. Für den Außenbetrieb ist eine Bauführung vorhanden. Alle Angelegenheiten der Organisationsbereiche Personal, Stoffe, Rechnungswesen sind zusammengefaßt einer kaufmännischen Abteilung überlassen, während die Finanzierung von der Geschäftsleitung bearbeitet wird. Außerdem ist noch ein Sekretariat vorhanden. Werkstatt und Lagerplatz sind zusammengelegt. Die Werkstatt ist nur mit den notwendigsten Maschinen ausgestattet.

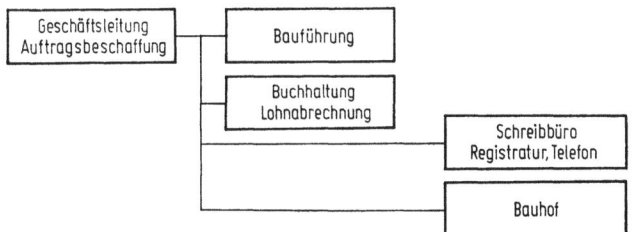

Bild 2.1-9. Organisationsplan eines Kleinbetriebes (nach [32]).

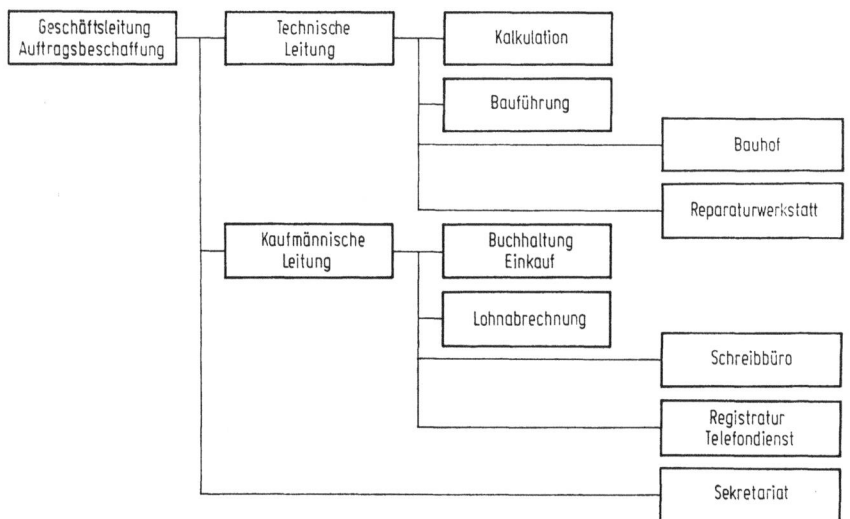

Bild 2.1-10. Organisationsplan eines kleineren Mittelbetriebes (nach [32]).

**2.1.3.3.2 Mittelbetriebe.** Von mehr als 100 bis 150 Beschäftigten an kann man das Unternehmen zum Mittelbetrieb zählen (Bild 2.1-10). Auch hier sind die Grenzen fließend, da sie sich nach der Art der auszuführenden Bauleistungen richten. Während die eigentliche Auftragsbeschaffung noch der Geschäftsleitung überlassen bleibt und selbständige Akquisiteure nicht vorhanden sind, wird für die Betreuung der Maschinen schon eine gut ausgestattete Werkstatt vorhanden sein, die von einem Maschinenmeister geleitet wird. Die Angebote werden von einem besonderen Kalkulator, meist einem Bauingenieur mit besonderen Erfahrungen auf dem Gebiet der Bauausführung, ausgeführt. Ein Konstruktionsbüro wird nur dann einzurichten sein, wenn auf die Dauer Bauwerke schwieriger Art, z. B. Brücken, auszuführen sind. Auf der kaufmännischen Seite ist eine Aufteilung in Buchhaltung, Einkauf, Lohnabrechnung üblich.

Bei größeren Mittelbetrieben wird die Untergliederung noch weiter getrieben (Bild 2.1-11). Hier wird im Normalfall außer der Kalkulationsabteilung auch ein Konstruktionsbüro vorhanden sein. Geräte und Werkstatt werden von einem Maschineningenieur überwacht; die Baustellen sind getrennt nach Bausparten unter je einer Oberbauleitung zusammengefaßt. Auf der kaufmännischen Seite muß ein besonderes Personalbüro eingerichtet werden. Die Buchhaltung wird in Finanz- und Betriebsbuchhaltung aufgeteilt. Auch die finanziellen Probleme werden vom Inhaber oder Geschäftsführer nicht mehr nebenbei erledigt werden können, sondern einer besonderen Stelle, meist dem kaufmännischen Leiter, übertragen. Die übrigen Bereiche (Einkauf, Lohnabrechnung, Bürohilfsdienste) sind eigene Abteilungen.

**2.1.3.3.3 Großunternehmen.** Es ist äußerst schwierig, die Abgrenzung zwischen Mittel- und Großbetrieb vorzunehmen. Bei einer Belegschaft von mehr als 1000 bis 1200 Arbeitnehmern nähert sich der Betrieb schon dem Großunternehmen. Dabei ist zu berücksichtigen, daß einzelne Großunternehmen mehr als 10000 Beschäftigte zählen. Unternehmen von mehr als 1000 bis 1200 Beschäftigten werden in der Regel mit Niederlassungen arbeiten, die aber auch schon bei Unternehmen mit erheblich weniger Beschäftigten angetroffen werden.

*2.1.3.3.3.1 Großunternehmen mit Niederlassungen* können sowohl zentral als auch dezentral aufgebaut sein. Im folgenden wird davon ausgegangen, daß nur übergeordnete Aufgaben in der *Zentrale* wahrgenommen werden (Bild 2.1-12). Die Niederlassungen A, B, C und die Nebenbetriebe sind der technischen Geschäftsleitung unmittelbar unterstellt.

In der *Zentrale* sind in dargestellten Beispiel im *technischen Bereich* zwei Hauptabteilungen (Ingenieurwesen und Maschinenwesen) und je eine Abteilung für Arbeitsvorbereitung und technische Revision vorhanden. Diese Stellung der Arbeitsvorbereitung ist im Unternehmen mit Zweigniederlassungen nur dann zweckmäßig, wenn ihm übergeordnete Aufgaben, insbesondere für besonders schwierige Bauvorhaben, zugewiesen werden. Die Hauptabteilung Ingenieurwesen wird neben dem technischen Büro auch Laboratorien, z. B. für Baugrunduntersuchungen und Baustoffprüfungen, umfassen. In der Hauptabteilung Maschinenwesen ist neben der eigentlichen Geräteverwaltung und der zentralen Reparaturwerkstatt auch ein Geräteaußendienst vorhanden, der den Maschineneinsatz in den Niederlassungen überwacht.

Im *kaufmännischen Bereich* sind ebenfalls Hauptabteilungen (Finanzen, Verwaltung) gebildet worden, unter denen entsprechende Abteilungen zusammengefaßt sind. Bei der Hauptabteilung Finanzen handelt es sich im wesentlichen um finanzielle und buchhalterische Vorgänge, die das gesamte Unternehmen, weniger die einzelnen Niederlassungen, betreffen. Stoff- und Personalbeschaffung, sowie die Bürohilfsdienste und die Grundstücksverwaltung sind ebenfalls zu einer gemeinsamen Hauptabteilung Verwaltung zusammengefaßt. Auch hier wird sich die Zentrale entweder auf reine Überwachungsfunktionen oder aber nur besonders wichtige Einzelaufgaben beschränken (z. B. Einstellung leitender Angestellter, Durchführung von Großeinkäufen). Außerdem sind eine EDV-Abteilung und eine kaufmännische Revision vorhanden. Diese hat insbesondere Vorgänge zu überprüfen, die mit einem Geldverkehr verbunden sind.

## 2.1.3 Die Organisationsform der Bauunternehmen

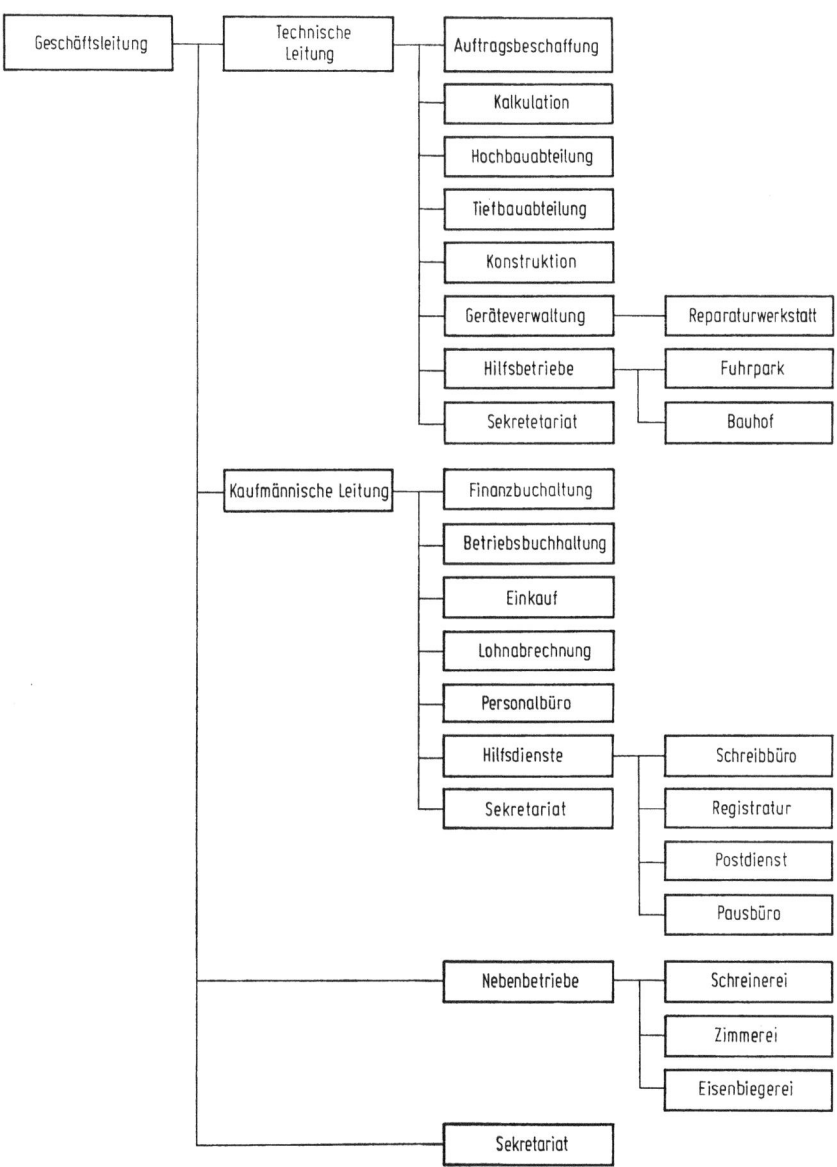

Bild 2.1-11. Organisationsplan eines größeren Mittelbetriebes (nach [32]).

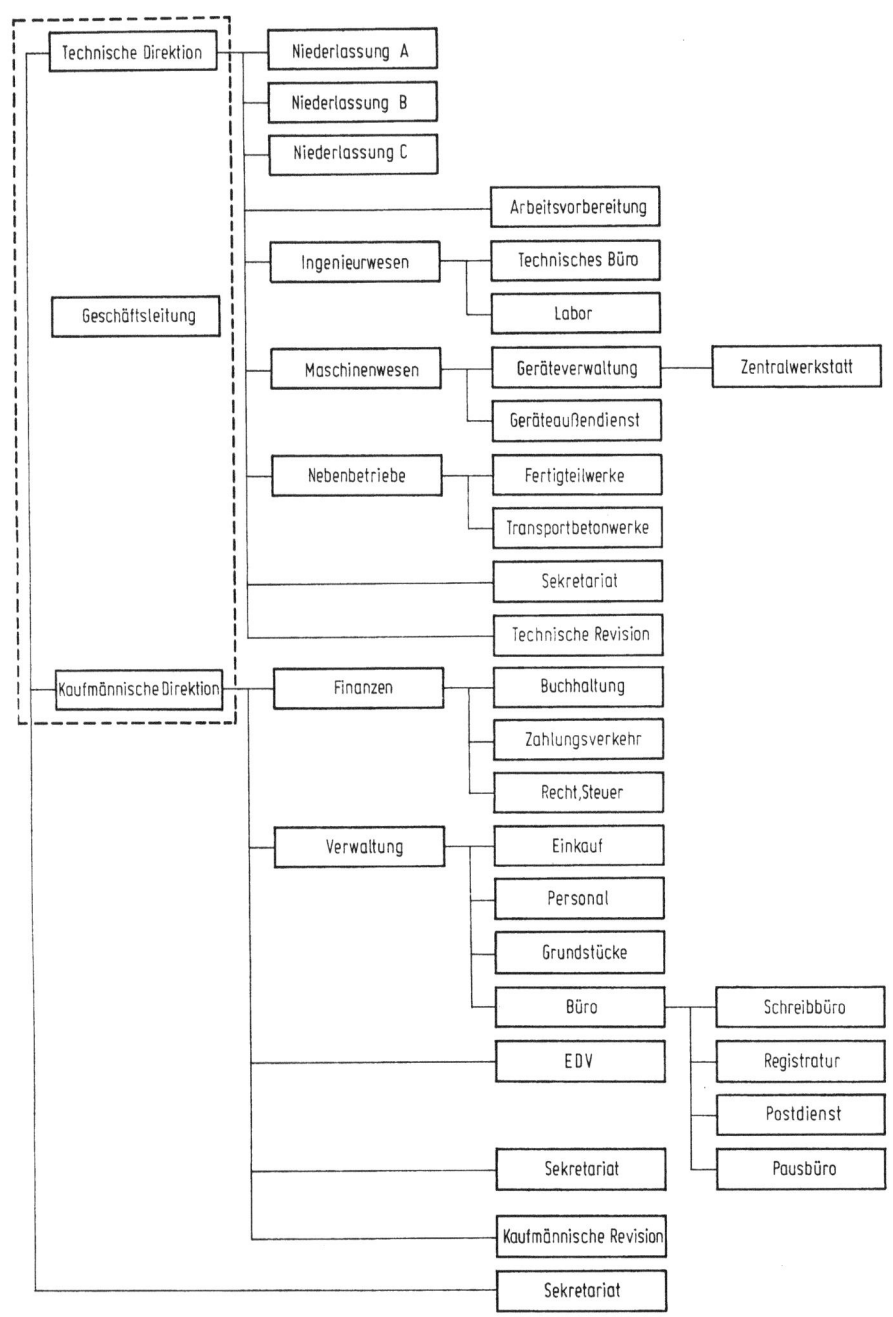

Bild 2.1-12. Organisationsplan eines Großunternehmens mit Niederlassungen (nach [32]).

### 2.1.3 Die Organisationsform der Bauunternehmen

In einer *Niederlassung* (Bild 2.1-13) wird man unter der Geschäftsleitung meist eine Vierteilung vorfinden, und zwar technischer Innendienst, kaufmännische Verwaltung, Akquisition und Oberbauleitung, der der gesamte technische Außendienst untersteht. Bei sehr großen Niederlassungsbetrieben kann auch der Geräteeinsatz herausgenommen werden und direkt der Geschäftsleitung unterstellt werden. Wie aus dem Organisationsplan ersichtlich ist, sind alle finanziellen Fragen der Zuständigkeit der Niederlassung entzogen und der Zentrale zugeordnet worden. Im übrigen ist die Niederlassung wie ein selbständiges Unternehmen aufgebaut.

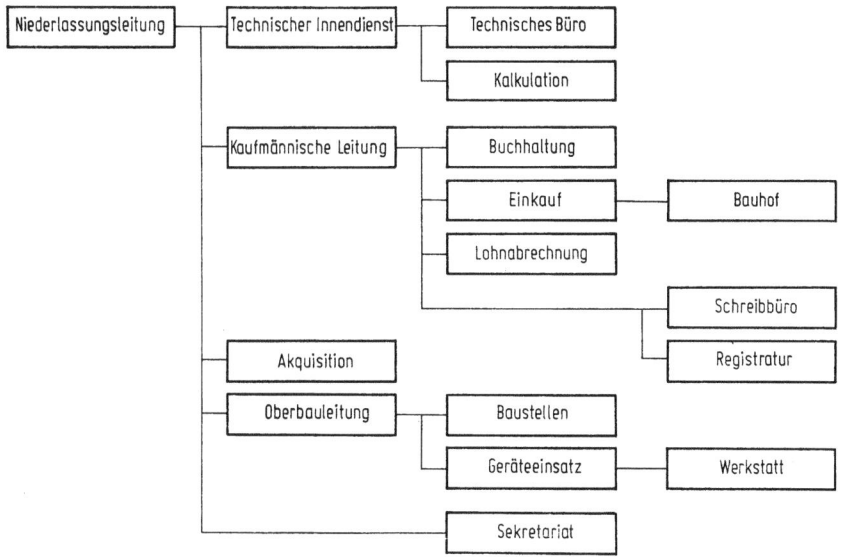

Bild 2.1-13. Organisationsplan einer Niederlassung (nach [32]).

*2.1.3.3.3.2 Das Großunternehmen ohne Niederlassung* [29]. Nur wenige Großunternehmen sind so organisiert, daß weit auseinander liegende Baustellen ohne die Zwischenschaltung einer Niederlassung durchgeführt werden. Eine vollständige Zentralisierung aller Aufgaben in der Hauptverwaltung, wobei nur der Bereich der Ausführung der Baustelle überlassen bleibt, verlangt wenige große Baustellen mit nationaler oder internationaler Bedeutung. Diese bewußte Beschränkung macht das Unternehmen besonders geeignet für Ausführung von Großbauten, jedoch sehr schwerfällig, wenn es sich um Baustellen lokaler Größe handelt, die nur mit geringem örtlichen Aufwand rentabel durchzuführen sind.

Bei zentralisierten Großunternehmen (Bild 2.1-14) sind je nach Art der auszuführenden Bauwerke Hauptabteilungen gebildet worden, denen die Ausführung direkt übertragen wird. Es empfiehlt sich in einem solchen Fall, innerhalb der Hauptabteilung für mehrere Baustellen jeweils eine *Korrespondenzabteilung* zu bilden, die der unmittelbare Partner der jeweiligen Bauleitung ist, und zwar für alle mit der Bauausführung zusammenhängenden Fragen. Der Leiter einer solchen Abteilung tritt also als Koordinator und Vermittler auf und sorgt dafür, daß die Interessen der entfernt liegenden Baustellen gewahrt und die notwendigen Arbeiten anderer Organisationsbereiche ausgeführt werden. Der weit entfernte Bauleiter, der sich z. B. in Übersee befindet, hat einen einzigen Partner, der für ihn Fragen der Finanzierung, Planbearbeitung, Gerätebeschaffung, Personalbeschaffung und des Einkaufs von Baustoffen erledigt und auch für den Transport sorgt. Der Bauleiter kann also unbeschwert von diesen Aufgaben seine ganze Aufmerksamkeit

## 2.1 Organisation von Bauunternehmungen

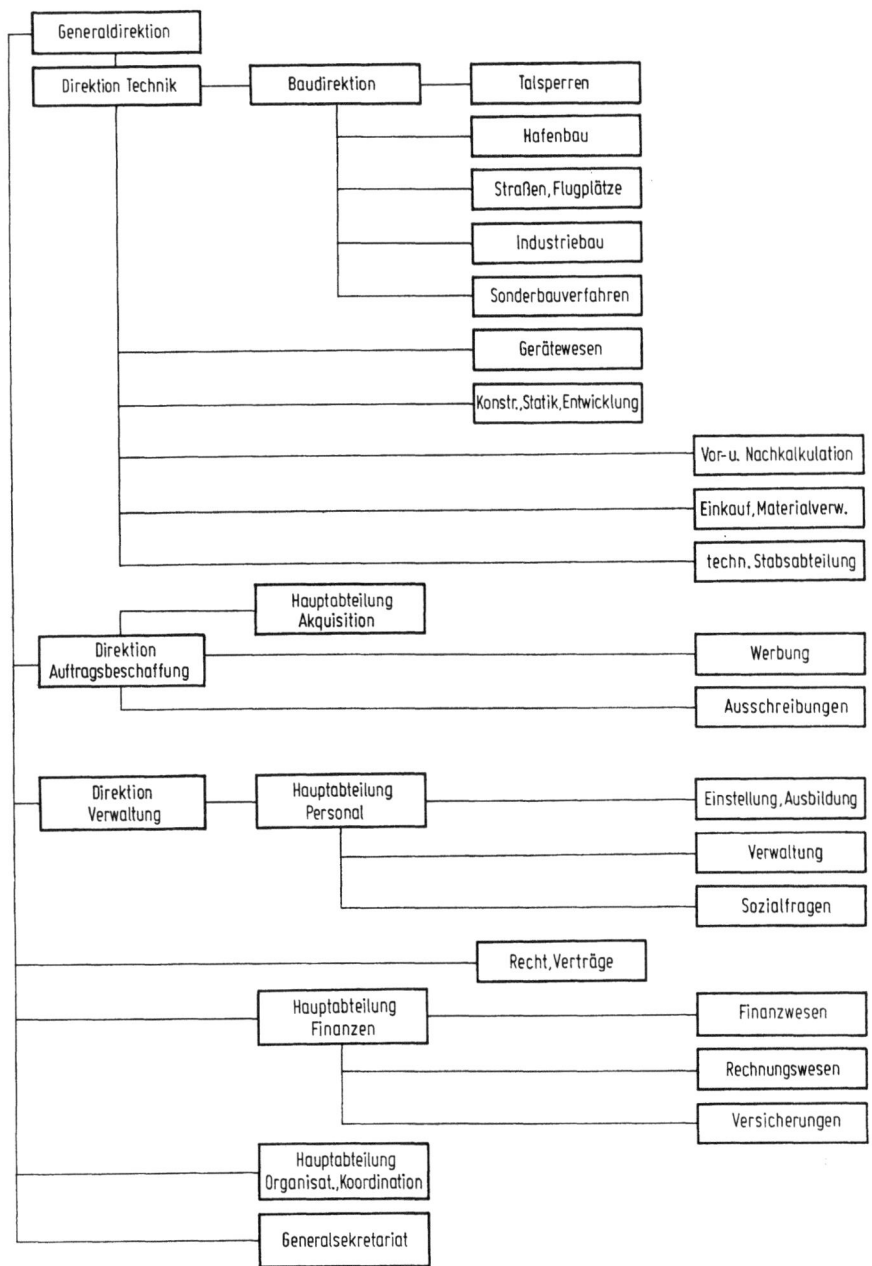

Bild 2.1-14. Organisationsplan eines Großunternehmens ohne Niederlassungen (nach [29]).

der Bauausführung widmen. Für die Kontrolle solcher Großbaustellen wird auf der Baustelle eine besondere Betriebsbuchhaltung eingerichtet, die ihre Instruktionen direkt von der Zentrale erhält und dem Bauleiter nur disziplinarisch unterstellt ist.

Wie aus dem Organisationsplan (Bild 2.1-14) zu sehen ist, sind drei Hauptabteilungen (Direktionen) gebildet, von denen die Technik den größten Umfang hat. Ihr wurde neben den typisch technisch orientierten Abteilungen auch die Stoffbeschaffung eingegliedert. Alle sonstigen kaufmännisch orientierten Organisationsbereiche gehören zur Hauptabteilung (Direktion) Verwaltung, während der Auftragsbeschaffung eine eigene Direktion zugeordnet wurde. Wenn auch Bild 2.1-14 der Praxis entnommen ist, so kann es dennoch nicht als allgemeinverbindlich angesehen werden.

## 2.1.3.4 Rechtliche Unternehmensformen

[15; 38]

Wenn auch kein unmittelbarer Zusammenhang zwischen organisatorischer und rechtlicher Unternehmensform besteht, so ist doch nicht zu verkennen, daß bestimmte rechtliche Unternehmensformen an bestimmte Firmengrößen gebunden sind. Zu unterscheiden sind *Einzelunternehmen*, *Personengesellschaften* und *Kapitalgesellschaften*.

**2.1.3.4.1 Das Einzelunternehmen.** Es wird von einem *Alleininhaber* betrieben und stellt die am meisten verbreitete Form der Erwerbswirtschaft dar. Ein Bauunternehmen wird durch Eintragung der Firma in das Handelsregister *Handelsgewerbe*, wenn es nach Art und Umfang einen kaufmännisch eingerichteten Betrieb erfordert [35]. Beim Einzelunternehmer kann in finanzieller Hinsicht nicht zwischen Betriebs- und Privatsphäre unterschieden werden, er haftet stets mit seinem gesamten Vermögen. Der Einzelkaufmann hat als Firma seinen Familiennamen und einen ausgeschriebenen Vornamen zu führen. Zusätze zum Familiennamen sind erlaubt, sofern sie nicht irreführend sind.

**2.1.3.4.2 Personengesellschaften.** Es sind Unternehmen ohne eigene Rechtsfähigkeit; die Gesellschafter selbst sind Träger des Vermögens und der Verbindlichkeiten. Geschäftsführung und Beschlußfassung, Vertretung der Gesellschaft nach außen und Dauer der Gesellschaft sind eng auf die Person des Gesellschafters bezogen. Personengesellschaften können als typisch für Bauunternehmen angesehen werden.

Bei der *Offenen Handelsgesellschaft* (OHG) ist die Haftung der Gesellschafter gegenüber den Gläubigern unmittelbar, gleichgeordnet und unbeschränkt, d. h. sie erstreckt sich auch auf das Privatvermögen. Die Firma der OHG hat den Namen wenigstens eines Gesellschafters mit einem auf das Vorhandensein einer Gesellschaft andeutenden Zusatz oder die Namen aller Gesellschafter zu führen.

Bei der *Kommanditgesellschaft* (KG) muß mindestens ein Gesellschafter unbeschränkt haften (persönlich haftender Gesellschafter, *Komplementär*). Bei den übrigen Gesellschaftern (*Kommanditisten*) ist die Haftung auf die Vermögenseinlage beschränkt.

Bei der *Stillen Gesellschaft* beteiligt sich ein nach außen nicht hervortretender Teilhaber an dem Gewerbe eines anderen (sog. Geschäftsinhaber). Die Einlage geht in das Vermögen des Geschäftsinhabers über. Der Stille Gesellschafter hat stets ein Recht auf Gewinnanteil. Eine Beteiligung am Verlust kann vertraglich ausgeschlossen werden. Seine Kontrollrechte sind beschränkt.

**2.1.3.4.3 Kapitalgesellschaften.** Bei diesen steht nicht die Person des Gesellschafters, sondern die Kapitalbeteiligung im Vordergrund. Kapitalgesellschaften besitzen als juristische Personen eigene Rechtspersönlichkeit. Allein die Gesellschaft ist Träger von Rechten und Pflichten. Die Mitglieder werden durch die Geschäfte selbst nicht betroffen.

Die *Aktiengesellschaft* ist eine Gesellschaft, bei der die Gesellschafter (*Aktionäre*) mit Einlagen an dem in Aktien zerlegten Grundkapital beteiligt sind. Ihre Haftung ist nicht persönlich und beschränkt sich auf die Höhe der Einlage. Als unpersönliche Unternehmensform, bei der das Grundkapital von einer größeren Anzahl von Kapitalgebern aufgebracht wird, ist sie die typische Form der Großunternehmung. Die Anzahl der Aktiengesellschaften in der Bauwirtschaft liegt bei etwa 50 Unternehmen. Der Anteil am Gesamtumsatz des Bauhauptgewerbes dürfte etwa 15% betragen, jedoch ist ihr Anteil an den großen Bauvorhaben erheblich größer. Die Organe der Aktiengesellschaft sind der Aufsichtsrat, der Vorstand und die Hauptversammlung. Die Mindesthöhe des Grundkapitals beträgt 100 000 DM.

Die *Kommanditgesellschaft auf Aktien* (KGaA) stellt eine Mischform von Kommanditgesellschaft (KG) und Aktiengesellschaft (AG) dar. Das Grundkapital ist in Aktien zerlegt. Es ist mindestens ein persönlich haftender Gesellschafter erforderlich (*Komplementär*). Die übrigen Gesellschafter (*Kommandit-Aktionäre*) haften nur mit ihrer Einlage. Diese Unternehmensform hat für die Bauwirtschaft keine Bedeutung und ist auch in der sonstigen Wirtschaft nur selten anzutreffen.

Die *Gesellschaft mit beschränkter Haftung* (GmbH) ist eine Gesellschaft, an der die Gesellschafter mit Einlagen auf das Stammkapital beteiligt sind. Die Haftung der Gesellschafter beschränkt sich auf ihre Einlage. Das Stammkapital beträgt mindestens DM 20 000,—. Die Organe der Gesellschaft sind Geschäftsführer, Gesellschafterversammlung und Aufsichtsrat oder Beirat oder Verwaltungsrat als fakultative Organe. Bei mehr als 500 Arbeitnehmern muß die Gesellschaft nach dem *Betriebsverfassungsgesetz* einen Aufsichtsrat bilden.

**2.1.3.4.4 Mischung von Personen- und Kapitalgesellschaften.** Eine juristische Person kann Mitglied einer Personengesellschaft sein, z. B. kann eine GmbH Gesellschafterin einer OHG oder Komplementärin einer KG sein. Nach herrschender Meinung kann eine OHG ausschließlich aus juristischen Personen zusammengesetzt und insbesondere eine GmbH einzige persönlich haftende Gesellschafterin einer KG sein (GmbH & Co KG). In beiden Fällen ist die unbeschränkte Haftung einer natürlichen Person ausgeschaltet. Die steuerlichen Vorteile der Personengesellschaft gehen jedoch verloren.

**2.1.3.4.5 Gesellschaften bürgerlichen Rechts.** Alle Gesellschaften, die das Gesetz nicht als *Handelsgesellschaften* bezeichnet, sind nach bürgerlichem Recht zu behandeln [36]. Grundlage einer BGB-Gesellschaft ist ein *Gesellschaftsvertrag*. Bei der Geschäftsführung müssen alle mitwirken, wenn sie nicht vertraglich einem Gesellschafter übertragen wird. Der Zusammenschluß kann zeitlich begrenzt sein. Eine Dauergesellschaft endet durch Gesellschafterbeschluß oder bei Erreichen des vereinbarten Zweckes. Die BGB-Gesellschaft spielt als lockere Vereinigung von Unternehmen eine geringe Rolle. In der Bauwirtschaft hat diese Gesellschaftsform durch die *Arbeitsgemeinschaft* (*Arge*) große Bedeutung erlangt (2.1.3.5.1.) Der Gesellschaftsvertrag wird als sogenannter Arge-Vertrag aufgestellt, vgl. 3.2.18.1.

**2.1.3.4.6 Sonstige rechtliche Unternehmensformen.** Die sonstigen Gesellschaftsformen, z. B. Genossenschaften und Versicherungsvereine, spielen in der Bauwirtschaft keine Rolle.

## 2.1.3.5 Formen der Zusammenarbeit von Bauunternehmen für Zwecke der Bauausführung

[24; 25; 32; 38; 39]

Die bei Bauunternehmen oft vorhandene Beschränkung auf bestimmte Bausparten und die wachsende Größe der Bauaufgaben haben es mit sich gebracht, daß vielfach Bauvorhaben in Zusammenarbeit mehrerer Unternehmen ausgeführt werden. Dabei hat sich eine Reihe von Formen der Zusammenarbeit eingebürgert, von denen manche typisch für die Bauwirtschaft sind:

**2.1.3.5.1 Arbeitsgemeinschaft** (Arge). Sie ist eine Gesellschaft bürgerlichen Rechts, in der sich mehrere Bauunternehmen zum Zwecke einer Bauausführung zusammengeschlossen haben, vgl. 3.2.18.1. Diese Unternehmen können verschiedenen (z. B. Unternehmen des Betonbaus und des Erdbaus) oder auch gleichen Bausparten angehören. Dabei wird der Bauauftrag vom Auftraggeber an die Arbeitsgemeinschaft unter namentlicher Nennung

## 2.1.3 Die Organisationsform der Bauunternehmen

der beteiligten Unternehmen vergeben. Aus den zusammengeschlossenen Unternehmen wird von diesen eines mit der Leitung der Arbeitsgemeinschaft beauftragt und als sogenanntes *federführendes Unternehmen* bezeichnet. Die Federführung kann auch als *kaufmännische* und *technische Federführung* auf zwei Unternehmen entsprechend diesen Aufgaben verteilt werden. Vielfach werden wichtige Aufgaben für die Arbeitsgemeinschaft von den federführenden Unternehmen in ihrer eigenen technischen oder kaufmännischen Verwaltung ausgeführt, z. B. Planbearbeitung, Ergebnisrechnung, Lohnbuchhaltung. Es ist üblich, das Schwergewicht auf die *technische Federführung* zu legen und das damit beauftragte Unternehmen als die Führung der Arbeitsgemeinschaft anzusehen. Als Entgelt für die durch die Federführung entstehenden Kosten wird von den *Partnerfirmen* die sogenannte *Federführungsgebühr* bezahlt, deren Höhe sich nach dem Umfang der übernommenen Aufgaben richtet (meist zwischen 0,5 und 1,5% der Abrechnungssumme).

Oberstes Organ der Arbeitsgemeinschaft ist die *Aufsichtsstelle*, in der die an der Arbeitsgemeinschaft beteiligten Unternehmen Sitz und Stimme haben. Die dort gefaßten Beschlüsse sind auch für das federführende Unternehmen verbindlich. Rechte und Pflichten der Partnerunternehmen sind im *Arbeitsgemeinschaftsvertrag* niedergelegt. Hierfür sind von den Unternehmensverbänden *Musterverträge* ausgearbeitet worden.

**2.1.3.5.2 Beihilfegemeinschaft.** Wird vom Auftraggeber der Auftrag an einen Auftragnehmer (z. B. Arbeitsgemeinschaft oder ein einzelnes Unternehmen) vergeben und schließt sich dieser mit einem oder mehreren weiteren Unternehmen zusammen, die nach außen hin in Erscheinung treten, jedoch am Gewinn und Verlust beteiligt sind, so spricht man von einer *Beihilfegemeinschaft*, vgl. 3.2.18.2.

**2.1.3.5.3 Hauptunternehmer und Nebenunternehmer.** Diese Form der Zusammenarbeit wird vielfach bei größeren Aufträgen angewendet, bei denen unterschiedliche Unternehmen eindeutig abgrenzbare Bauleistungen erbringen, z. B. bei Verbundbrücken (Stahl-, Betonbau) oder bei großen Straßenbaulosen (Erd-, Decken-, Brückenbau). Der Auftraggeber kann dem Hauptunternehmer ein *Weisungsrecht* gegenüber den Nebenunternehmern zur Koordinierung der Bauausführung einräumen. Der Nebenunternehmer tritt im Gegensatz zum Nachunternehmer in ein unmittelbares Vertragsverhältnis mit dem Auftraggeber. Der Hauptunternehmer haftet jedoch auch für die Leistung des Nebenunternehmers. Nach Einführung der Mehrwertsteuer hat diese Form der Zusammenarbeit von Bauunternehmen an Bedeutung verloren, da der Umsatzsteuervorteil wegfiel. Ein Haupt- und Nebenunternehmerverhältnis liegt nur vor, wenn die tatsächliche Geschäftsabwicklung getrennt erfolgt.

**2.1.3.5.4 Nachunternehmer** (*Subunternehmer*). Er ist der mit der Ausführung einer Arbeit beauftragte Unternehmer, der im Namen und für Rechnung des eigentlichen Auftragnehmers tätig wird, vgl. 3.2.4. Es besteht kein Rechtsverhältnis zwischen dem Nachunternehmer und dem Auftraggeber (*Bauherrn*). Primär haftet der Auftragnehmer für die Ausführung der Arbeit; er kann jedoch beim Nachunternehmer Regreß nehmen. Diese Form der Zusammenarbeit wird sehr viel häufiger angetroffen als die unter 2.1.3.5.3 beschriebene von Haupt- und Nebenunternehmer. Sie ist üblich für Teilarbeiten von Bauaufträgen, die von spezialisierten Unternehmen wirtschaftlicher ausgeführt werden können, so z. B. Erdarbeiten oder Bewehrungsarbeiten. Oft behält sich der Auftraggeber die Zustimmung bei der Weitervergabe von Bauarbeiten an Nachunternehmer vor (VOB/B, § 4.8), vgl. 3.3.3.4.

**2.1.3.5.5 Generalunternehmer.** Nach Vorbild des Auslandes, insbesondere USA, hat sich die Auftragsausführung durch einen Generalunternehmer auch in der Bundesrepublik Deutschland eingeführt. Generalunternehmer ist ein bauausführendes Unternehmen, das die Ausführung des gesamten Auftrags in allen Gewerken übernimmt und das Bauwerk schlüsselfertig übergibt. Dabei kann der Generalunternehmer sowohl einen Teil der Arbeiten selbst ausführen (meist die Rohbauarbeiten), als auch sich auf die Überwachung und Koordination aller am Bau beteiligten Unternehmen beschränken. Wichtig ist dabei, daß der Generalunternehmer zwischen Auftraggeber und Ausführende tritt. Letztere haben kein unmittelbares Vertragsverhältnis zum eigentlichen Auftraggeber. Es liegt also das schon erläuterte Verhältnis Haupt- und Nachunternehmer vor. In letzter Zeit wird der Generalunternehmer häufiger im Hochbau angetroffen. Als *Totalunternehmer* wird ein Generalunternehmer dann bezeichnet, wenn er vom Auftraggeber den gesamten Auftrag einschl. Entwurf, Bauleitung und Planlieferung übernimmt.

#### 2.1.3.5.6 Sonstige Formen der Zusammenarbeit [39].

Unter Konkurrenzdruck der Großbetriebe haben sich in letzter Zeit besondere Formen der Zusammenarbeit der Klein- und Mittelbetriebe entwickelt. Diese Zusammenarbeit hat eine bessere Ausnutzung der Betriebseinrichtungen zum Ziel. Außerdem soll sie den zusammenarbeitenden Unternehmen eine größere Kapazität verschaffen und sie somit auch für die Durchführung von Groß-Bauvorhaben geeignet machen. Die Zusammenarbeit kann sich auf folgende Gebiete erstrecken:

Beschaffung und Auswertung von Informationen (Marktforschung);
Einkauf (Bildung von Einkaufsgemeinschaften);
Forschung und Entwicklung;
Konstruktion (Bildung einer gemeinsamen Konstruktionsabteilung, Austausch von Erfahrungen, Vereinheitlichung von Konstruktionselementen);
Gerätenutzung und Gerätevermittlung (Bildung eines Gerätepools);
Hilfsbetriebe (gemeinsame Einrichtungen für Fuhrpark, Tankstellen, Reparaturwerkstätten);
Nebenbetriebe (gemeinsame Kieswerke, Fertigbetonwerke, Fertigteilwerke, stationäre Mischanlagen für Schwarzmischgut);
Akquisition (gemeinsame Verkaufsingenieure);
elektronische Datenverarbeitung (gemeinsame Rechenzentren).

### 2.1.3.6 Hilfsmittel für die Betriebsorganisation
[1; 17; 22; 23; 32]

Für das Funktionieren einer Organisation sind *Organisationsmittel* unumgänglich, die den Nachrichtenverkehr unter den einzelnen Unternehmensteilen vermitteln und einen schnellen Informationsaustausch ermöglichen. Dabei ist eine *Rückkoppelung* [5; 30] notwendig, um das Ergebnis einer Tätigkeit mit dem vorgegebenen Plan zu vergleichen und aus einer vorhandenen Abweichung die notwendigen Anweisungen zu erarbeiten, die zum Erreichen des Unternehmenszieles führen. Es müssen sowohl die Anordnungen der übergeordneten Stellen den nachgeordneten Stellen als auch umgekehrt die Ergebnisse dieser Anordnungen von den nachgeordneten Stellen den übergeordneten Stellen übermittelt werden. Das *Nachrichtensystem* muß also in beiden Richtungen funktionieren. Gleichzeitig ist eine *Speichermöglichkeit* der betrieblichen Erfahrungen vorzusehen, um bei wechselnden äußeren Bedingungen auf Grund früherer Erkenntnisse unter mehreren möglichen Entscheidungen die jeweils optimale heraussuchen zu können. Solche Speicher sind z. B. Karteien mit Erfahrungswerten, Archive, Speicher von Datenverarbeitungsanlagen, Gedächtnis der Mitarbeiter. Wertvolle Erfahrungen sind unverlierbar zu speichern (Bild 2.1-15).

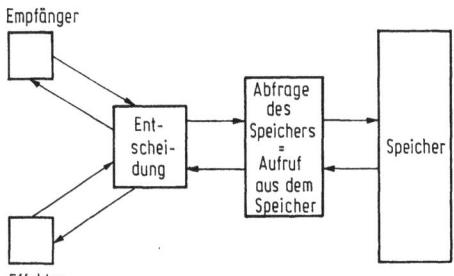

Bild 2.1-15. Rückkoppelungskreis mit Speicher (nach [5]).

### 2.1.3 Die Organisationsform der Bauunternehmen

**2.1.3.6.1 Nachrichtenübermittlung.** Hierfür dienen Schriftverkehr, Telefon und Fernschreiber. Für bestimmte sich wiederholende Nachrichten werden vorzugsweise Formulare verwendet, die vorgedachte Arbeitsabläufe darstellen. Die Fernschreibeinrichtung hat den Vorteil, in kürzester Frist Nachrichten zu übermitteln und sie gleichzeitig schriftlich festzuhalten.

**2.1.3.6.2 Anweisungen und Schaubilder.** In Anweisungen werden optimal ermittelte Arbeitsmethoden für alle damit in Berührung kommenden Arbeitskräfte vorgeschrieben. Dadurch wird erreicht, daß mit den rationellsten Verfahren gearbeitet wird.

Die *Arbeitsablaufbeschreibungen* (Bild 2.1-16) halten für bestimmte Arbeiten die verschiedenen Phasen des Arbeitsablaufes fest, zeigen die berührten Arbeitsplätze auf und geben an, welche spezielle Arbeit an jedem Arbeitsplatz vorgenommen werden muß. Dadurch wird verhindert, daß wichtige Tätigkeiten vergessen werden. Gleichzeitig wird die Verantwortung abgegrenzt.

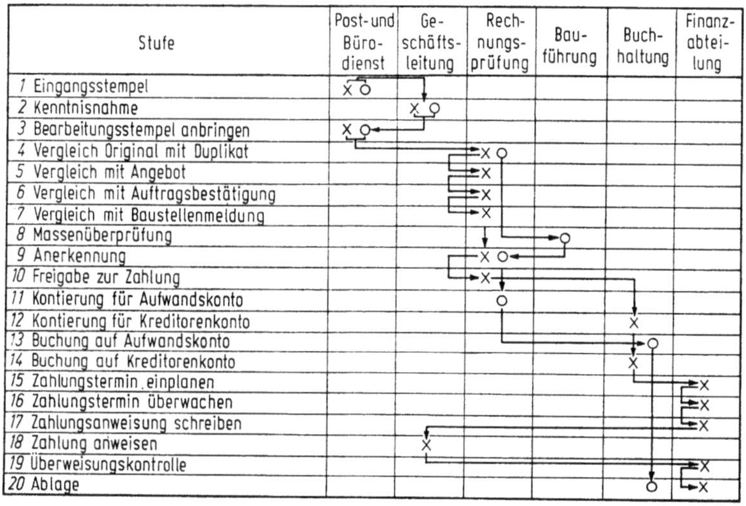

| Stufe | Post- und Bürodienst | Geschäftsleitung | Rechnungsprüfung | Bauführung | Buchhaltung | Finanzabteilung |
|---|---|---|---|---|---|---|
| 1 Eingangsstempel | X O | | | | | |
| 2 Kenntnisnahme | | X O | | | | |
| 3 Bearbeitungsstempel anbringen | X O | | | | | |
| 4 Vergleich Original mit Duplikat | | | X O | | | |
| 5 Vergleich mit Angebot | | | X | | | |
| 6 Vergleich mit Auftragsbestätigung | | | X | | | |
| 7 Vergleich mit Baustellenmeldung | | | X | | | |
| 8 Massenüberprüfung | | | | O | | |
| 9 Anerkennung | | | X O | | | |
| 10 Freigabe zur Zahlung | | | X | | | |
| 11 Kontierung für Aufwandskonto | | | | O | | |
| 12 Kontierung für Kreditorenkonto | | | | | X | |
| 13 Buchung auf Aufwandskonto | | | | | X O | |
| 14 Buchung auf Kreditorenkonto | | | | | X | |
| 15 Zahlungstermin einplanen | | | | | | X |
| 16 Zahlungstermin überwachen | | | | | | X |
| 17 Zahlungsanweisung schreiben | | | | | | X |
| 18 Zahlung anweisen | | | | X | | |
| 19 Überweisungskontrolle | | | | | | X |
| 20 Ablage | | | | | O | X |

Bild 2.1-16. Arbeitsablaufdiagramm für den Durchlauf einer Nachunternehmensrechnung (nach [32]); X Original, O Duplikat.

Bei der *Arbeitsplatzbeschreibung* [17] wird jedem Arbeitsplatz eine bestimmte Arbeitsmenge zugeteilt. Eine solche Beschreibung hat den Vorteil, daß die Organisation exakt durchdacht werden muß und der Arbeitsanfall gleichmäßig auf die Arbeitsplätze verteilt wird. Infolge wechselnder Bedingungen kann sich der Umfang der an den einzelnen Arbeitsplätzen durchzuführenden Arbeiten in kurzer Zeit ändern. Deshalb ist in kürzeren Zeitabständen die Arbeitsplatzanweisung auf ihre Aktualität zu prüfen. Dabei sollten die Arbeitskräfte von Zeit zu Zeit eine Beschreibung ihrer Tätigkeit mit dem dafür notwendigen Zeitaufwand abgeben.

Schließlich ist in jedem Unternehmen eine große Reihe von Regelungen vorhanden, teils schriftlich festgelegt, teils in nicht fixierter Form. Sie machen das Unternehmen in seinen inneren Beziehungen erst arbeitsfähig. Solche Anweisungen können sein: Urlaubsplan, Kontenplan, Buchungs-, Abrechnungsrichtlinien, Sicherheitsbestimmungen. Soweit diese Anweisungen nicht schriftlich festgelegt sind, empfiehlt es sich, diese zu fixieren, da erfahrungsgemäß neueintretende Arbeitskräfte solche Regelungen nur mit Schwierigkeiten kennenlernen. Deshalb haben manche Firmen alle erwähnten Arbeitsplatz-, Arbeitsablaufbeschreibungen, Arbeitsanweisungen sowie interne Regelungen in einem Handbuch festgelegt, das jedem Arbeitnehmer bei seinem Eintritt ins Unternehmen ausgehändigt wird.

### 2.1.3.6.3 Maschinelle Hilfsmittel.
Hierzu gehören alle Büromaschinen, z. B. Buchungs-, Schreib-, Rechen-, Zeichenmaschinen, Lichtpaus- und Fotokopier-, Vervielfältigungs-, Diktiergeräte, Sprechanlagen, Adressiermaschinen. Buchungsmaschinen haben folgende Vorteile: schnelles Arbeiten, fortlaufende Saldierung und klare Schriftzeichen, die in Form eines Textes oder von Symbolen auf die Kontenkarten aufgebracht werden. Buchungsmaschinen erfordern zu ihrer rationellen Verwendung allerdings entsprechenden Arbeitsanfall und gewisse Zentralisierung wichtiger Buchungsvorgänge.

*Datenverarbeitungsanlagen* haben sich in großem Umfang für bestimmte Gebiete der Bauwirtschaft durchgesetzt [38]. Im *technischen* Bereich werden diese Maschinen z. B. für statische Berechnungen, Vor- und Nachkalkulation, Abrechnungen von Bauvorhaben (insbesondere von Erd- und Straßenbauten größeren Umfangs) eingesetzt. In diesem Zusammenhang sei auf das vom Gemeinsamen Ausschuß für Elektronik im Bauwesen entwickelte Standardleistungsbuch hingewiesen.

Auf *kaufmännischem* Gebiet werden mit ihrer Hilfe z. B. Arbeiten auf dem Gebiet der Statistik, Buchhaltung, Lohn- und Geräteabrechnung durchgeführt. Manche Bauunternehmen verfügen über eigene Rechenzentren. Häufig werden jedoch unabhängige Rechenzentren in Anspruch genommen, die entweder von den Herstellerfirmen, speziellen Gesellschaften oder mehreren Bauunternehmen gemeinsam betrieben werden. Auch große Ingenieurbüros verfügen zur Lösung ihrer Probleme über Datenverarbeitungsanlagen. Für die Bearbeitung der unterschiedlichen Aufgaben wurden von den Herstellerfirmen Programme entwickelt. Daneben verfügen aber auch Bauunternehmen, Rechenzentren und Ingenieurbüros über eigene Programme, mit denen besondere Probleme gelöst werden. Die Ausarbeitung solcher Programme ist mit großen Kosten verbunden, da der ganze Lösungsweg analysiert werden muß und in die spezielle Sprache der Datenverarbeitungsanlage übersetzt werden muß.

Die Kosten eigener Rechenzentren sollen 0,5% des Umsatzes nicht überschreiten. Eigene Rechenzentren mit Großanlagen bleiben deshalb auf wenige Großunternehmen beschränkt. Jedoch hat die Entwicklung der Mittleren Datentechnik (MDT) dazu geführt, daß heute auch mittlere und kleinere Bauunternehmen sich der elektronischen Datenverarbeitung für technische und kaufmännische Aufgaben bedienen.

## 2.1.4 Verbandswesen

Die moderne Industriegesellschaft zwingt den einzelnen zum Zusammenschluß mit anderen zum Zweck wirkungsvoller Vertretung gemeinsamer Interessen. Solche Zusammenschlüsse haben sowohl auf der Arbeitnehmer- als auch auf der Arbeitgeberseite stattgefunden (Tabelle 2.1-3). Arbeitgeber- und Arbeitnehmerverbände stellen die sog. Tarifpartner dar, zwischen denen allgemeinverbindliche Tarifverträge (z. B. Rahmentarifvertrag, Lohntarifvertrag, Gehaltstarifvertrag) abgeschlossen werden.

Tabelle 2.1-3. Organisationsschema der Bauverbände in der Bundesrepublik Deutschland

| Organisation | Industrie | Handwerk | Gewerkschaften |
|---|---|---|---|
| Zentralorgan | Bundesverband der Deutschen Industrie (BDI) Köln | Zentralverband des Deutschen Handwerks e. V. (ZDH) Bonn | Deutscher Gewerkschaftsbund (DGB) Düsseldorf |
|  | Bundesvereinigung der Deutschen Arbeitgeberverbände, Köln | | |
| Spitzenverbände | Hauptverband der Deutschen Bauindustrie e. V. Frankfurt a. M. | Zentralverband des Deutschen Baugewerbes e. V. Bonn | Industriegewerkschaft Bau – Steine – Erden Frankfurt a. M. |
| Vereinigungen auf Landes- oder Bezirksebene | Bauindustrielle Landesvereinigungen e. V. | Baugewerbliche Landesvereinigungen e. V. | Bezirksstellen der IG Bau – Steine – Erden |
| Mitglieder | Industrielle Bauunternehmen | Handwerkliche Bauunternehmen | Abhängige Bauschaffende |

## 2.1.4.1 Verbände der Bauwirtschaft

Die Unternehmen der Bauwirtschaft sind je nach ihrer Zugehörigkeit zur *Bauindustrie* oder zum Baugewerbe (*Bauhandwerk*) in eigenen Verbänden organisiert. Die Abgrenzung der Mitgliedsbetriebe ist unklar, da jedem Verband sowohl große als auch kleine Unternehmen angehören. Es überwiegen allerdings bei den Verbänden der Bauindustrie die mittleren bis sehr großen Unternehmen, während das Baugewerbe vorwiegend kleinere Unternehmen umfaßt. Die Zugehörigkeit zu den Verbänden erklärt sich vielfach aus der historischen Entwicklung des Unternehmens. Dabei sind kleine Handwerksbetriebe zu sehr bedeutenden Unternehmen aufgestiegen, während umgekehrt Unternehmen der Bauindustrie mittlerer Größe von Anfang an im bauindustriellen Verband organisiert waren.

Die Unternehmen der *Bauindustrie* in der Bundesrepublik Deutschland sind in den *Landesverbänden* zusammengefaßt, die teilweise unterschiedliche Namen tragen und selbständig sind. Sie leisten die unmittelbare praktische Arbeit und nehmen die regionalen Interessen ihrer Mitgliedsunternehmen wahr. Als *Dachverband* aller Landesverbände besteht der *Hauptverband der Deutschen Bauindustrie*. Von ihm werden vor allem überregionale Fragen bearbeitet. Der Hauptverband der Deutschen Bauindustrie gehört wieder seinerseits dem *Bundesverband der Deutschen Industrie* (BDI) an, in dem sämtliche industriellen Verbände zusammengeschlossen sind.

Bei den Unternehmen des *Baugewerbes* in der Bundesrepublik Deutschland ist ein entsprechender Verbandsaufbau vorhanden. Die einzelnen Unternehmen gehören den bauhandwerklichen Landesverbänden an, die ihrerseits im *Zentralverband des Deutschen Baugewerbes* zusammengefaßt sind. Dieser baugewerbliche Zentralverband gehört seinerseits wieder dem *Zentralverband des Deutschen Handwerks* an.

Der Bundesverband der Deutschen Industrie und der Zentralverband des Deutschen Handwerks haben vor allem wirtschaftspolitische Aufgaben zu erfüllen. Daneben gehören die Spitzenverbände der Bauwirtschaft der *Bundesvereinigung der Deutschen Arbeitgeberverbände* an, die gemeinsamen sozialpolitischen Belange wahrt.

Die Aufgaben der Verbände sind insbesondere der Förderung gemeinschaftlicher wirtschaftlicher Interessen der Mitgliedsunternehmen, Vertretung gegenüber der Öffentlichkeit, Verwaltungen und den Gesetzgebungsorganen. Außerdem nehmen sie die Interessen gegenüber den Gewerkschaften wahr. Wichtige Grundsatzarbeit wird in den entsprechenden Arbeitsausschüssen der Verbände geleistet, in denen ausgewählte Vertreter der Mitgliedsfirmen zusammenarbeiten.

## 2.1.4.2 Arbeitnehmerverbände

Die Arbeitnehmer sind in *Gewerkschaften* zusammengeschlossen. Die Gewerkschaften der Bundesrepublik Deutschland sind im *Deutschen Gewerkschaftsbund* (DGB) nach Industriezweigen oder Tätigkeitsbereichen zusammengefaßt. Die Arbeitnehmer der Bauwirtschaft sind in der *Industriegewerkschaft Bau — Steine — Erden* organisiert. Sie umfaßt nicht nur die eigentlichen Bauunternehmen und die Baustoffindustrie, sondern ebenso die Unternehmen des Maler-, Dachdecker- und Steinmetzhandwerks, außerdem Glas- und Gebäudereinigungsunternehmen. Die Industriegewerkschaft Bau — Steine — Erden ist ihrerseits nach Landesverbänden unterteilt. Die einzelnen Mitglieder gehören ihnen über die Kreisverbände an. Neben dem Deutschen Gewerkschaftsbund gibt es in der Bundesrepublik Deutschland noch andere Arbeitnehmerverbände, so z. B. die *Deutsche Angestelltengewerkschaft* (DAG) und den Deutschen Beamtenbund.

In ihrer geschichtlichen Entwicklung hatten die Gewerkschaften wechselnde Ziele. Im Vordergrund steht die Verbesserung der sozialen und wirtschaftlichen Verhältnisse der Arbeitnehmer. Wie bei den Arbeitgeberverbänden gehen auch hier die Ziele über die Tagespolitik hinaus. So ist die gesellschaftliche Weiterentwicklung ein erklärtes Ziel der Gewerkschaften, das sich insbesondere in den Fragen der *Mitbestimmung* und des *Miteigentums* ausdrückt.

## Literatur zu 2.1 Organisation von Bauunternehmungen

### Normen

DIN 1960 Teil A: Allgemeine Bestimmungen für die Vergabe von Bauleistungen.

DIN 1961 Teil B: Allgemeine Vertragsbedingungen für die Ausführung von Bauleistungen.

### Bücher

1 *Acker:* Organisationsanalyse, Verfahren und Techniken praktischer Organisationsarbeit, Baden-Baden und Bad Homburg v. d. H.: Gehlen 1966.
2 *Bleicher:* Perspektiven für Organisation und Führung von Unternehmungen. Baden-Baden und Bad Homburg v. d. H.: Gehlen 1971.
3 *Böhrs:* Organisation des Industriebetriebes. Wiesbaden: Gabler 1963.
4 *Chorafas:* Management-Informationssysteme, Planung, Entwurf, praktische Anwendung. München: Hanser 1972.
5 *Churchman, Ackoff, Arnoff:* Operations Research, 3. Aufl., Wien, München: Oldenbourg 1966.
6 *Corsten:* Der Straßenbaubetrieb. Berlin: Duncker & Humblot 1961.
7 *Deatherage:* Construction Company Organization and Management. New York: McGraw-Hill 1964.
8 *Dressel:* Grundriß der Baubetriebslehre. Bd. 1: Organisation der Bauunternehmung. Köln: Müller 1965.
9 *Dworatschek:* Management-Informations-Systeme. Berlin, Heidelberg, New York: Springer 1971.
10 *Fayol:* Allgemeine und industrielle Verwaltung (aus dem Französischen übersetzt von *K. Reinecke*). München, Berlin: Oldenbourg 1929 (Original 1916).
11 *Fitting-Aufarth:* Betriebsverfassungsgesetz nebst Wahlordnung, Handkommentar, 10. Auflage. München: F. Vahlen 1972.
12 *Grochla* (Hrsg.): Unternehmensorganisation rororostudium Band 3 und 4. Reinbeck: Rowohlt 1972.
13 *Gutenberg:* Unternehmensführung. Wiesbaden: Gabler 1962.
14 *Haag:* Planmäßige Instandhaltung von Baumaschinen (Schriftenreihe des Instituts für Baubetriebslehre der Universität Stuttgart, hrsg. v. G. Drees, Bd. 10). Wiesbaden, Berlin: Bauverlag 1973.
15 Handwörterbuch der Betriebswirtschaft. 3. Aufl. 4 Bde., Stuttgart: Poeschel 1956/1962.
16 *Hennig:* Betriebswirtschaftliche Organisationslehre. 4. Aufl., Wiesbaden: Gabler 1965.
17 *Höhn:* Stellenbeschreibung und Führungsanweisung. Bad Harzburg: Verlag für Wissenschaft, Wirtschaft und Technik 1969.
18 *Kosiol:* Die Unternehmung als wirtschaftliches Aktionszentrum. rororostudium Bd. 11. Reinbek: Rowohlt 1966.
19 Unternehmensorganisation. Hrsg. Arbeitskreis Dr. *Krähe* der Schmalenbach-Gesellschaft. 4. Aufl., Köln, Opladen: Westdeutscher Verlag 1963.
20 Konzernorganisation. Hrsg. Arbeitskreis Dr. *Krähe* der Schmalenbach-Gesellschaft. 2. Aufl., Köln, Opladen: Westdeutscher Verlag 1964.
21 *Kuhne:* Produktionsplanung in Fertigteilwerken auf der Grundlage der Kostenoptimierung durch eine Dringlichkeitsfunktion (Schriftenreihe des Instituts für Baubetriebslehre der Universität Stuttgart, hrsg. v. G. Drees, Bd. 9). Wiesbaden, Berlin: Bauverlag 1973.
22 Management-Enzyklopädie, Bd. 1—6. München: Verlag Moderne Industrie 1972.
23 *Parisini* und *Wächter:* Organisationshandbuch für die Einführung von ADV-Systemen. Berlin: de Gruyter 1971.
24 *Pfarr:* Die Bauunternehmung. Wiesbaden: Bauverlag 1967.
25 *Prange:* Kommentar zum Arbeitsgemeinschaftsvertrag der Bauindustrie 1961. Düsseldorf: Werner 1963.
26 *Schäfer, E.:* Grundlagen der Marktforschung. 4. Aufl., Köln, Oplaken: Westdeutscher Verlag 1966.
27 *Schwarz:* Betriebsorganisation als Führungsaufgabe. München: Verlag Moderne Industrie 1969.
28 Statistisches Bundesamt Wiesbaden, Bauwirtschaft, Bautätigkeit, Wohnungen, Fachserie E, Reihe 2. 1971.
29 *Tofani:* Calcul des Prix de Revient et des Prix Prévisionnels. 2. Aufl., Paris: Éditions du Moniteur des Travaux Publics 1959.
30 *Wiener:* Cybernetics, control and communication in the animal and the machine. New York: Wiley & Sons 1948 (deutsch: Kybernetik. Regelung u. Nachrichtenübertragung im Lebewesen. u. in der Maschine, 4. Aufl. Düsseldorf: Econ 1968).
31 Wirtschafts-Lexikon. 7. Aufl., Wiesbaden: Gabler 1967.
32 Unternehmersorganisation in der Bauindustrie. Hrsg. Wirtschaftsvereinigung Bauindustrie. Wiesbaden, Berlin: Bauverlag 1965; Düsseldorf: Wibau-Verlag 1965. (Neuaufl. in Vorbereitung).
33 Geräteverwaltung im Bauunternehmen. Hrsg. Institut für Baubetriebslehre der TH Stuttgart und Betriebswirtschaftliches Institut der Westdeutschen Bauindustrie. Düsseldorf: Wibau-Verlag 1966.
34 *Link:* Gerätereparaturwerkstätten in Bauunternehmungen. Grundsätze der Planung von Standort und Betriebsform von Bauhöfen industrieller Bauunternehmungen. Wiesbaden, Berlin: Bauverlag 1967 (Schriftenreihe des Institutes für Baubetriebslehre der TH Stuttgart, hrsg. v. G. Drees, H. 1).
35 Handelsgesetzbuch vom 10. Mai 1897 (HGB).
36 Bürgerliches Gesetzbuch vom 18. August 1896 (BGB).
37 Baukosten im Bauunternehmen. Hrsg. Institut für Baubetriebslehre der Universität Stuttgart und Betriebswirtschaftliches Institut der Westdeutschen Bauindustrie. Düsseldorf: Wibau 1969.
38 Der Baukaufmann. Hrsg. *Th. Küppers* und *H. Frey*. 3. Aufl., Düsseldorf: Werner 1968.
39 *Bieger, Holzinger, Kainsbauer:* Bau-Kooperationsfibel, Frankfurt/Main 1968 (Schriftenreihe des Hauptverbandes der Deutschen Bauindustrie und Schriftenreihe des Zentralverbandes der Deutschen Baugewerbes).
40 *Drees,* und *D. Hirsch:* Die Kalkulationsmethoden der Bauindustrie. Wiesbaden, Berlin: Bauverlag 1968 (Schriftenreihe des Hauptverbandes der Deutschen Bauindustrie, H. 14).
41 Baugeräteliste. Hrsg. Hauptverband der Deutschen Bauindustrie. Ausgabe 1971. Wiesbaden: Bauverlag 1971.

### Zeitschriften

60 Industrielle Organisation. Zürich: Verlag Industrielle Organisation.
61 Zeitschrift für Organisation. Wiesbaden: Gabler.
62 Zeitschrift für Bürotechnik und Automation. Baden-Baden: Göller.
63 Zeitschrift der Arbeitsgemeinschaft für elektronische Datenverarbeitung und Lochkartentechnik. Kiel.
64 VDI-Zeitschrift. Düsseldorf: VDI.
65 Die Bauwirtschaft (mit Beilage: Der Baubetriebsberater). Wiesbaden: Bauverlag.
66 Zeitschrift für Betriebswirtschaft. Wiesbaden: Gabler.
67 Fortschrittliche Betriebsführung. Berlin, Köln: Beuth.

## 2.2 Leistungserstellung (Auftragsabwicklung)[1])

Bearbeitet von G. *Drees*

Unter *Leistungserstellung*, auch *Auftragsabwicklung* genannt, ist die Ausführung des dem Unternehmen übertragenen Bauauftrages zu verstehen. Die für die Bauausführung maßgebenden Vorschriften sind in der *Verdingungsordnung für Bauleistungen* (VOB), Teil B, ,,Allgemeine Vertragsbedingungen für die Ausführung von Bauleistungen" (DIN 1961) und im Teil C, ,,Allgemeine Technische Vorschriften für Bauleistungen" (DIN 18300 bis 18309, 18320, 18330 bis 18339, 18350, 18352 bis 18358, 18360 bis 18367, 18380 bis 18384 und 18421) festgelegt. Daneben bestehen zahlreiche Richtlinien, Normen, Arbeitsblätter, zusätzliche und besondere Vertragsbedingungen und Vorschriften, die weitere Einzelheiten der Bauausführung regeln und sich auf einzelne Auftraggeber oder Bauvorhaben erstrecken. Die Leistungserstellung ist die eigentliche Unternehmensaufgabe. Ihr haben sich alle anderen Aufgaben unterzuordnen.

Die Leistungserstellung wird in vier *Stufen* durchgeführt:

Fertigungsplanung (Arbeitsvorbereitung),
Bauausführung,
Bauablaufkontrolle,
Bauabrechnung.

### 2.2.1 Fertigungsplanung (Arbeitsvorbereitung)
[2, 8, 12, 28, 10, 13]

#### 2.2.1.1 Sinn und Bedeutung der Fertigungsplanung

Unter *Fertigungsplanung*, oft auch als *Arbeitsvorbereitung* bezeichnet, sind alle vorbereitenden Maßnahmen zu verstehen, die zu einer Bauausführung mit den geringstmöglichen Kosten (Minimalkosten) innerhalb der vorgegebenen Randbedingungen führen. Durch eine sorgfältige Planung der Fertigung ist also eine maximale Wirtschaftlichkeit zu erzielen. Die Wirksamkeit der Fertigungsplanung beruht darauf, daß bei einem geplanten (vorgedachten) Arbeitsablauf *rechtzeitig* alle Maßnahmen ergriffen werden können, die für eine optimale Bauausführung notwendig sind. Demgegenüber ist bei einem ungeplanten Arbeitsablauf stets mit objektiv vermeidbaren Verlusten zu rechnen, die eine maximale Wirtschaftlichkeit verhindern. Auch bei einem geplanten Arbeitsablauf treten nicht vorhersehbare Ereignisse auf (z. B. Regen, Frost, plötzlicher Maschinenschaden), die die wirtschaftliche Bauausführung stark beeinträchtigen können. Bei einem geplanten Arbeitsablauf lassen sich aber leichter die Auswirkungen übersehen und wirksame Gegenmaßnahmen treffen als bei einem ungeplanten.

---
[1]) Literatur S. 241.

Während in der stationären Industrie die Fertigungsplanung seit langem als selbstverständlicher Bestandteil der Produktion angesehen wird, ist das in der Bauwirtschaft noch nicht der Fall. Es wirkt sich erschwerend auf die Einführung der Fertigungsplanung aus, daß Konstruktion und Fertigung i. allg. nicht in einer Hand liegen und der Arbeitsablauf in stärkerem Maße als in der stationären Industrie nicht vorhersehbaren und unbeeinflußbaren Störungen ausgesetzt ist.

Durch die Fertigungsplanung werden die Voraussetzungen geschaffen, daß

$$\left.\begin{array}{l}\text{Arbeitskräfte}\\ \text{Maschinen}\\ \text{Baustoffe}\end{array}\right\} \left\{\begin{array}{l}\text{zur richtigen Zeit}\\ \text{in der notwendigen Menge}\\ \text{am richtigen Ort}\end{array}\right.$$

sind.

Die Fertigungsplanung wird in 5 *Stufen* durchgeführt:

Auswahl des wirtschaftlichsten *Bauverfahrens* (s. 2.2.1.2),
Planung des *Bauablaufs* (s. 2.2.1.3),
*Bereitstellungsplanung* von Arbeitskräften, Baustoffen und Maschinen (s. 2.2.1.4),
Planung der *Baustelleneinrichtung* (s. 2.2.1.5),
Anfertigung von *Arbeitsplänen* (s. 2.2.1.6).

## 2.2.1.2 Auswahl des Bauverfahrens

[9, 11, 13, 16, 20, 21]

Unter Bauverfahren ist eine bestimmte Kombination von Arbeitskräften, Maschinen und Baustoffen (*Produktionsfaktoren*) zu verstehen, durch die nach einer bestimmten vorgegebenen *Arbeitsanweisung* ein Bauwerk erstellt wird. Solche Arbeitsanweisungen können aus Plänen, mündlichen oder schriftlichen Anordnungen bestehen. Kennzeichnend für die Bauausführung ist, daß ein Bauwerk i. allg. mit verschiedenartigen Bauverfahren hergestellt werden kann. So kann z. B. der Beton zu seiner Einbaustelle mittels Kran, Betonpumpe, Druckluft, Förderband, Motorjapaner, Lastkraftwagen, Transportmischer usw. transportiert werden. Unter den gegebenen Umständen, die sowohl von den innerbetrieblichen Gegebenheiten als auch von den äußeren Umständen der Baustelle und den vorgeschriebenen Ausführungsbedingungen abhängen, wird sich i. allg. nur ein Verfahren als besonders wirtschaftlich, d. h. mit minimalen Kosten durchführbar, herausstellen. Die *Ausführungsbedingungen* können sich beziehen auf: Vorhandene Baumaschinen, Qualität, Bauzeit, technische Normen, Unfallverhütungsvorschriften usw. Um Minimalkosten zu erhalten, ist es oft notwendig, außer dem Bauverfahren auch die *Konstruktion* des Bauwerks zu ändern, da beide eng zusammenhängen. In einem solchen Fall sind nur vorgegebene technische Forderungen an das Bauwerk einzuhalten, z. B. Stützweite, Tragkraft, Schall- und Wärmedämmung. Solche besonders wirtschaftlichen Konstruktionen werden oft als Nebenangebote in Ergänzung zum Ausschreibungsentwurf angeboten.

Welches Bauverfahren anzuwenden ist, hängt von dem Ergebnis einer methodisch durchgeführten Kostenvergleichsrechnung, dem *kalkulatorischen Verfahrensvergleich*, ab [20].

**2.2.1.2.1 Gegenstand des Verfahrensvergleichs.** Was zum Gegenstand eines Verfahrensvergleichs gemacht wird, hängt allein vom gewünschten Ziel ab. Solche *Ziele* können sein:

*2.2.1.2.1.1 Güte des Bauwerks oder eines Bauwerksteiles.* Hier werden die Verfahren in ihrer Auswirkung auf die Güte des hergestellten Produktes untersucht. So können z. B. bestimmte Baustoffe oder Baumaschinen auf Grund der Untersuchungen als optimal erkannt werden, ohne daß gleichzeitig Minimalkosten erreicht werden.

*2.2.1.2.1.2 Baustoffmengen.* Es ist das Verfahren auszuwählen, das die *geringsten* Baustoffmengen erfordert. Dabei darf nicht übersehen werden, daß Ersparnisse an Baustoffen

## 2.2.1 Fertigungsplanung (Arbeitsvorbereitung)

sehr oft mit einem höheren Lohnaufwand verbunden sind. In Zeiten bestimmter Mangelerscheinungen wird ein Baustoffmengenvergleich sich u. U. nur auf einzelne, schwer zu beschaffende Baustoffarten beziehen.

*2.2.1.2.1.3 Investitionskapital.* Oft stehen dem ausführenden Unternehmen nur beschränkte Mittel zur Beschaffung von Betriebsmitteln zur Verfügung. In einem solchen Fall sind die möglichen Bauverfahren auf den notwendigen Kapitalbedarf für Investitionen zu untersuchen. Es empfiehlt sich oft, ein weniger mechanisiertes, dafür aber geringere finanzielle Mittel erforderndes Verfahren auszuwählen, insbesondere dann, wenn die weitere Verwendbarkeit der beschafften Maschinen nach Fertigstellung des Bauwerks nicht gewährleistet ist. Solche Überlegungen treffen z. B. für den *Fertigteilbau* zu, bei dem hochmechanisierte Fertigteilwerke nur erstellt werden, wenn eine Absatzgarantie gegeben ist. Ähnliche Überlegungen werden bei der Beschaffung von Maschinen des *Erd-* und *Deckenbaus* angestellt.

*2.2.1.2.1.4 Arbeitskräfte.* Sind Arbeitskräfte nur unter großen Kosten oder gar nicht zu beschaffen, so sind die Bauverfahren auf ihre *Arbeitsintensität* zu untersuchen. Hierauf ist besonders bei der *Konstruktion* zu achten, damit arbeitsintensive Verfahren von vornherein unnötig werden.

*2.2.1.2.1.5 Körperliche Beanspruchung, Unfallgefahr.* Die Auswirkung bestimmter Arbeitsverfahren auf den menschlichen Organismus infolge unerwünschter Nebenerscheinungen (z. B. Lärm, Staub, Erschütterungen) kann ein sehr wichtiger Punkt eines Verfahrensvergleichs sein. Hier sind häufig die Kosten als die Einhaltung bestimmter *Vorschriften* entscheidend. So führen z. B. die Forderungen nach einer bestimmten Emissionsgrenze zu Entstaubungseinrichtungen bei Schwarzdeckenaufbereitungsanlagen, die erhebliche Mehrkosten verursachen und sich im Preis auswirken. Im gleislosen Erdbau z. B. ist das Gerät auszuwählen, das die geringsten Erschütterungen für den Fahrer verursacht.

*2.2.1.2.1.6 Zeit.* Vielfach müssen Bauvorhaben in einer sehr kurzen Zeit abgeschlossen werden, auch wenn dadurch höhere Baukosten entstehen. Das trifft insbesondere für gewerbliche Bauten und Verkehrsbauten zu. Optimal ist das Bauverfahren, bei dem die Kosten bei Einhaltung der vorgegebenen Bauzeit unter Berücksichtigung des Mehrnutzens ein Minimum erreichen.

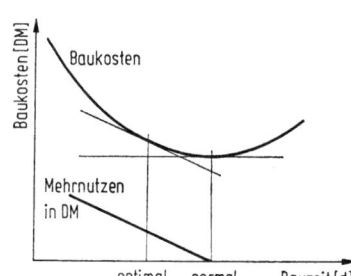

Bild 2.2-1. Abhängigkeit von Baukosten und Bauzeit.

Dabei sind die durch verkürzte Bauzeit verursachten höheren Baukosten dem Mehrnutzen gegenüberzustellen, der durch frühere Nutzung des Bauwerks erzielt werden kann. Es ist die Bauzeit auszuwählen, bei dem die Differenz zwischen Baukosten und Mehrnutzen ein Minimum erreicht (Bild 2.2-1).

Werden *lohnintensive Bauverfahren* auf ihre Wirtschaftlichkeit untersucht, so ist meist das Verfahren als optimal anzusehen, das den geringsten Aufwand an Arbeitszeit (Arbeitsstunden/Produktionseinheit, z. B. h/m²) verursacht.

*2.2.1.2.1.7 Kosten* stellen das wichtigste Kriterium eines Verfahrensvergleichs dar, da die Kostenminimierung eines der grundlegenden Ziele eines Wirtschaftsunternehmens ist. Ein Verfahrensvergleich zur Ermittlung der Minimalkosten setzt für jedes zu untersuchende Bauverfahren eine Kostenermittlung (Kalkulation) voraus. Hierbei werden die Kosten auf diejenigen Produktionseinheiten bezogen, die zur Beurteilung des Verfahrens geeignet sind. Im Baubetrieb sind üblich z. B. 1 $m^3$ Beton, 1 $m^3$ Aushub, 1 t Bewehrungsstahl, 1 t Schwarzmischgut, 1 m Rohrleitung. Der Gegenstand des Verfahrensvergleichs wird also auf diese Erzeugniseinheiten bezogen, z. B. DM/$m^3$ hergestellten Betons oder h/$m^2$ verlegte Schalung oder h/t eingebautes Schwarzmischgut.

**2.2.1.2.2 Methodische Richtigkeit des Verfahrensvergleichs.** Bei einer Vergleichsrechnung sind alle Größen auszuschalten, die die methodische Richtigkeit des Vergleichs beeinträchtigen können. Die häufigsten Fehler sind bedingt durch die Nichtberücksichtigung der *vergleichserschwerenden Einflüsse* und der verschiedenartigen *betrieblichen Herkunft der Unterlagen* sowie durch die grundsätzlichen Unrichtigkeiten bei der Ermittlung der Vergleichsgrößen.

*2.2.1.2.2.1 Vergleichserschwerende Einflüsse.* Im Baubetrieb können die in der Vergleichskalkulation anzusetzenden Werte nicht unverändert von anderen Baustellen oder aus fremden Betrieben übertragen werden, da die Außer- und innerbetrieblichen Einflüsse zu unterschiedlichen Werten mit großer Streubreite führen. Es ist deshalb eine Bereinigung der Werte erforderlich, um die abgewandelten Verhältnisse zu berücksichtigen. So ist z. B. im gleislosen Erdbau bei völlig gleichen Bodenbedingungen der Einfluß der Witterung von außerordentlicher Bedeutung, so daß Aufwandswerte, die unter guten und schlechten Witterungsverhältnissen gemessen wurden, nicht vergleichbar sind. Auch andere Einflüsse, wie z. B. Eingeübtheit einer Fertigungsgruppe — z. B. einer Arbeiterkolonne — können Ergebnisse vollständig verfälschen.

Gleiches trifft auch für unterschiedliche Kapazitätsauslastung von Maschinen zu, so daß sich z. B. bei gleicher Größe und Art des Bauobjekts unterschiedliche Vorhaltezeiten ergeben können. Bei der Übernahme von Werten für Maschinenkosten ist also der Einfluß der zeitproportionalen Abschreibung und Verzinsung besonders zu berücksichtigen.

Es gelingt im Baubetrieb meist nicht, alle Einflüsse bei einem Vergleich auszuschalten, die aus unterschiedlichen inner- und außerbetrieblichen Einflüssen vergangener Perioden resultieren, so daß die Vergleichsergebnisse meist mit einem gewissen Ausführungsrisiko behaftet sind. Ob die getroffene Entscheidung richtig war, stellt sich i. allg. erst bei der Bauausführung heraus, wenn sich die inner- und außerbetrieblichen Einflüsse auswirken. Der kalkulatorische Verfahrensvergleich ist also letzten Endes nur eine Entscheidungshilfe, mit der man Ausführungsrisiken zwar minimieren, aber nicht ausschalten kann.

*2.2.1.2.2.2 Grundsätzliche Unrichtigkeiten.* Verfahrensvergleiche führen oft deshalb zu unrichtigen Schlußfolgerungen, weil die gegenüberzustellenden Größen nicht methodisch richtig festgelegt werden. Insbesondere ist hierbei auf die Richtigkeit der *vorgegebenen Abhängigkeiten* zu achten. So besteht ein häufig gemachter Fehler darin, bei der Bewertung der Arbeitsstunden den vollen Kalkulationszuschlag auf den Lohn anzusetzen, der bekanntlich aus einer Verteilung der allgemeinen Geschäftskosten, der Baustellengemeinkosten, des Gewinns und des Wagnisses resultiert, obwohl bei der allermeisten Bauverfahren keinerlei Abhängigkeit zwischen den auf der Baustelle anfallenden Lohnkosten und diesem Zuschlag besteht. Es wäre aber ebenfalls verkehrt, nur den Arbeiterlohn ohne die Sozialasten und Lohnnebenkosten anzusetzen, da hier ein klarer Zusammenhang besteht. Gleiche Überlegungen gelten für Baustoffe und Subunternehmerleistungen. Insbesondere sind letztere sehr oft falschen Vergleichen ausgesetzt, wenn entschieden werden soll, ob die Eigenleistungen durch Subunternehmerleistungen ersetzt werden sollen. Berücksichtigt werden dürfen nur wirkliche Einsparungen und nicht Zuschläge, die im Einheitspreis zwar enthalten sind, in Wirklichkeit aber zur Deckung von Gemeinkosten dienen.

Auch die Genauigkeit der zum Verfahrensvergleich herangezogenen Unterlagen ist genau zu prüfen. Oft entstehen Fehler durch *Fehlbuchungen*, bei denen ein falsches Konto belastet wird. Weiter ist auf richtige zeitliche Abgrenzung und richtig angewendete *Verschlüsselung* der weiterverrechneten Kosten zu achten. Gerade bei der Verschlüsselung

## 2.2.1 Fertigungsplanung (Arbeitsvorbereitung)

(z. B. für Lager- und Werkstattkosten, für Beleuchtung und Heizung, für Werkzeug und Kleingeräte) werden oft Fehler gemacht, die das Ergebnis eines Verfahrensvergleichs stark verfälschen können.

### 2.2.1.2.3 Durchführung des kalkulatorischen Verfahrensvergleichs (*Wirtschaftlichkeitsvergleich*).

Kosten sind als bewerteter Verzehr von Gütern und Dienstleistungen definiert. Beim kalkulatorischen Verfahrensvergleich (auch Wirtschaftlichkeitsvergleich oder Wirtschaftlichkeitsrechnung genannt) sind bei den zu vergleichenden Bauverfahren die Kosten zu ermitteln, die von jedem der zu vergleichenden Verfahren verursacht werden. Diese zum Zwecke des Vergleichs durchgeführte Kostenermittlung wird deshalb auch als *Vergleichskalkulation* bezeichnet. Voraussetzung für einen Verfahrensvergleich, der zu richtigen Ergebnissen führt, ist seine methodisch richtige Durchführung. Insbesondere müssen die durch Auftraggeber, betriebsinterne Verhältnisse und die Gegebenheiten der Baustelle geschaffenen *Zwangspunkte* berücksichtigt werden. Sie können verursacht werden z. B.

vom *Auftraggeber* durch Bauzeit, Arbeitszeit, Baukonstruktion;
vom *Auftragnehmer* durch Betriebsmittel, Arbeitskräfte, Baustoffe, zur Verfügung stehendes Kapital;
auf der *Baustelle* durch Witterungsverhältnisse, topographische Gegebenheiten, Zufahrtswege, Versorgungsleitungen.

Für die Durchführung des Verfahrensvergleichs kann je nach dem verfolgten Zweck eine der beiden nachstehend beschriebenen Methoden angewendet werden, bei denen entweder die Kostendifferenz (Unterschiedsrechnung) oder die Wirtschaftlichkeitsgrenze zweier Verfahren berechnet wird.

*2.2.1.2.3.1 Unterschiedsrechnung.* Sie wird angewendet, wenn der absolute Unterschied zweier Größen ermittelt werden soll. Dazu müssen sämtliche Einflußgrößen bekannt sein. Die Rechnung kann vereinfacht werden, wenn nur die Größen berücksichtigt werden, die in den zu vergleichenden Bauverfahren veränderlich sind. Nicht veränderliche Größen werden also von vornherein ausgeschieden.

Der *absolute Unterschied* zweier Größen $G_1$ und $G_2$ ergibt sich zu $D = G_1 - G_2$.
Die Dimension der Größen $G_1$ und $G_2$ muß gleich sein, z. B. DM/m³.
Beim *bezogenen Unterschied* haben $G_1$ und $G_2$ selbstverständlich ebenfalls gleiche Dimensionen, der Unterschied wird jedoch nicht in absoluten Zahlen, sondern bezogen auf eine Größe in % angegeben.

$$D_b = \frac{G_1 - G_2}{G_1} \quad \text{oder} \quad D_b = \frac{G_1 - G_2}{G_2}$$

*Beispiel.* Auf einer Baustelle sollen 5000 m³ Beton in 10 Monaten hergestellt werden. Es stehen zwei Betonbereitungs-Kompaktanlagen mit folgenden Daten zur Verfügung:

|  |  | Anlage A | Anlage B |
|---|---|---|---|
| Betonierleistung | m³/h | 20 | 10 |
| Kosten für An- und Abtransport, Auf- und Abladen, Auf- und Abbau | DM | 7 000.— | 5 000.— |
| Abschreibung, Verzinsung und Reparatur monatlich | DM | 4 800.— | 2 900.— |
| Betriebsstoffe | DM/m³ Beton | 0,70 | 0,90 |
| Aufwandswert | h/m³ Beton | 0,15 | 0,30 |
| Mittellohn einschl. Soziallasten und Lohnnebenkosten | 14,— DM/h | | |

Wie groß sind der absolute und der bezogene Unterschied für die Betonherstkosten beim Einsatz der Anlagen A und B?

$$G_1 = \frac{7000 + 10 \cdot 4800}{10000} + 0{,}15 \cdot 14{.}- + 0{,}70 = 8{,}30 \text{ DM/m}^3$$

$$G_2 = \frac{5000 + 10 \cdot 2900}{10000} + 0{,}30 \cdot 14{.}- + 0{,}90 = 8{,}50 \text{ DM/m}^3$$

$$D_b = \frac{G_1 - G_2}{G_2} = \frac{8{,}50 - 8{,}30}{8{,}30} = 2{,}4\%$$

*2.2.1.2.3.2 Berechnung der Wirtschaftlichkeitsgrenze.* Dieses Verfahren ist anzuwenden, wenn der Wirtschaftlichkeitsbereich zweier Verfahren festgelegt werden soll. Unter Wirtschaftlichkeitsgrenze wird der Schnittpunkt der Kostenkurven zweier Verfahren verstanden. An diesem Schnittpunkt sind die Kosten beider Verfahren gleich:

$$D = K_1 - K_2 = 0$$
$$K_1 = A_1 + b_1 \cdot x$$
$$K_2 = A_2 + b_2 \cdot x$$

für $K_1 = K_2$ ist $x = x_0$

$$x_0 = \frac{A_1 - A_2}{b_2 - b_1}$$

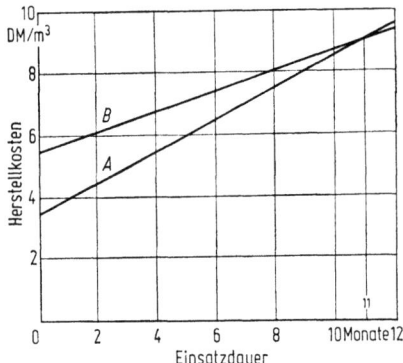

Bild 2.2-2. Ermittlung der Grenzeinsatzdauer zweier Betonmischanlagen.

*Beispiel* (Bild 2.2-2): Bei welcher Einsatzdauer $n$ wird im obigen Beispiel die Anlage B wirtschaftlicher als die Anlage A?

### 2.2.1 Fertigungsplanung (Arbeitsvorbereitung)

Kosten $G_1$ beim Einsatz der Anlage A:

$$G_1 = \frac{7000}{10000} + \frac{4800}{10000} \cdot n + 0{,}15 \cdot 14{.}- + 0{,}70 = 3{,}50 + 0{,}48\, n \quad \text{in DM/m}^3;$$

Kosten $G_2$ beim Einsatz der Anlage B:

$$G_2 = \frac{5000}{10000} + \frac{2900}{10000} \cdot n + 0{,}30 \cdot 14{.}- + 0{,}90 = 5{,}60 + 0{,}29 n \quad \text{in DM/m}^3;$$

$$n = \frac{5{,}60 - 3{,}50}{0{,}19} = 11{,}0 \text{ Monate}$$

Für oft sich wiederholende Vergleiche können auch Nomogramme verwendet werden, aus denen man die zu vergleichenden Größen unmittelbar entnehmen kann.

#### 2.2.1.2.4 Differenzierter Verfahrensvergleich [20].
Die Auswahl von Bauverfahren auf der alleinigen Grundlage des kalkulatorischen Verfahrensvergleichs führt manchmal zu unrichtigen Ergebnissen, wenn die außer- und innerbetrieblichen Bedingungen nicht ausreichend berücksichtigt werden. Deshalb wurde von *Schmidt* ein System der Verfahrensauswahl entwickelt, das auf der Festlegung von *Zielen* und *Kriterien* beruht, denen entsprechende Gewichtungen und Bewertungen zugewiesen werden. Da dieses Verfahren ein differenziertes Vorgehen erlaubt, ist hierfür der Begriff *,,Differenzierter Verfahrensvergleich"* geprägt worden. Die Verfahrensauswahl wird auf Grund von Entscheidungsgleichungen getroffen, die für jedes Verfahren gesondert aufgestellt werden. Es berechnet sich für jedes Verfahren ein Entscheidungswert $E$; das Verfahren mit dem höchsten $E$-Wert kann als das optimale Verfahren angesehen werden.

## 2.2.1.3 Bauablaufplanung
[2, 8, 12, 17, 25, 26, 32]

Das optimale, nach den in 2.2.1.2 angeführten Methoden ausgewählte Bauverfahren muß vor der Bauausführung bis in die Einzelheiten geplant werden, um alle Zufälligkeiten bei der Bauausführung auszuschließen. Ein vorgedachter Bauablauf erlaubt in optimaler Weise die Anwendung der Erkenntnisse der Baubetriebsforschung und der innerbetrieblichen Erfahrung und führt zu Minimalkosten.

### 2.2.1.3.1 Grundgrößen der Bauablaufplanung sind:

*Fertigungszeit* (Bauzeit, s. 2.2.1.3.1.1)
*Fertigungsmenge* (s. 2.2.1.3.1.2)         } als ursprüngliche Größen
*Fertigungsgruppe* (s. 2.2.1.3.1.3)
*Leistung* und *Aufwand* (s. 2.2.1.3.1.4) als abgeleitete Größen

*2.2.1.3.1.1 Fertigungszeit (Bauzeit).* Hierunter ist der Zeitabschnitt zu verstehen, der für die Fertigung (Herstellung) des Bauwerks zur Verfügung steht. Zu unterscheiden ist zwischen Kalendertagen und Arbeitstagen. Bei den Arbeitstagen sind alle Ausfälle zu berücksichtigen, die durch arbeitsfreie Tage (Sonnabend, Sonntag, Feiertage, Tage zwischen Weihnachten und Neujahr), Schlechtwetter und sonstige tariflich festgelegte Ausfalltage entstehen.

Die arbeitsfreien Tage sind genau vorausbestimmbar, da sie durch tarifliche, gesetzliche oder innerbetriebliche Regelungen festgelegt sind. Bei Schlechtwettertagen ist man auf Schätzungen auf Grund von Erfahrungswerten angewiesen.

## 2.2 Leistungserstellung (Auftragsabwicklung)

Die Angaben für Feiertage und Ausfalltage wegen Schlechtwetter gelten für süddeutsche Verhältnisse.

| | |
|---|---:|
| Kalendertage | 365 Tage |
| Sonntage | 52 |
| Samstage | 52 |
| Feiertage, die stets auf Werktage fallen (Karfreitag, Ostermontag, Himmelfahrt, Pfingstmontag, Fronleichnam, Buß- und Bettag) | 6 |
| Feiertage, die auf Samstage und Sonntage fallen können (Neujahr, Erscheinungsfest, 1. Mai, Allerheiligen, 1. und 2. Weihnachtstag), davon i. M. auf Montag bis Freitag $\dfrac{6 \cdot 5}{7}$ | 4 |
| Feiertage mit örtlichem Charakter (z. B. Fasching oder Betriebsausflug)[1] | 1 |
| Betriebsversammlungen, Betriebsratssitzungen, -wahlen[1] | 2 |
| Ausfalltage zwischen Weihnachten und Neujahr (Werktage, die dem Lohnausgleich unterliegen; Feiertage bereits erfaßt)[1] | 4 |
| Arbeitsfreie Tage | 121 Tage |
| mögliche Arbeitstage im Jahr | 244 Tage |
| Ausfalltage wegen Schlechtwetter 10 bis 30 (Durchschnittswert) i. M. 20[1] | 20 Tage |
| Tatsächliche Arbeitstage/Jahr | 224 Tage |

Die Anzahl der arbeitsfreien Tage beträgt ≈120 Tage/Jahr. Die Anzahl der Schlechtwettertage hängt im wesentlichen von der geographischen Lage ab (Frosttage). Insgesamt kann man in Deutschland etwa mit 200 bis 235 Arbeitstagen jährlich rechnen. Witterungsempfindliche Bausparten, z. B. Straßenbau, rechnen bei großen Bauvorhaben für die Ausführung der Hauptarbeiten nur mit 125 bis 135 Arbeitstagen, verteilt auf 8 Monate. Die restlichen Tage können nur für Nebenarbeiten ausgenutzt werden. Im Hochgebirge beschränkt sich die Bauzeit oft nur auf wenige Monate.

Laut Bundesrahmentarifvertrag vom 1. 4. 1971 beträgt die Arbeitszeit ab 1. 5. 1971 40 h/Woche bei 5 Arbeitstagen. Infolge von Überstunden, insbesondere während der Sommermonate (10 h/Schicht), ist mit jährlich 2000 bis 2200 Arbeitsstunden zu rechnen. Im maschinenintensiven Betrieb kann im Sommer sogar von 10 bis 11 h/Tag ausgegangen werden.

In der Baugeräteliste 1971 [15] sind 175 Vorhaltestunden/Monat für den *Maschineneinsatz* angegeben. Nach Untersuchungen durch das Institut für Baubetriebslehre der Universität Stuttgart (TH) können für Aufbereitungsanlagen für bituminöses Mischgut im Straßenbau nur etwa 700 Arbeitsstunden/Jahr angesetzt werden. Von einigen Unternehmen des Straßenbaus werden 800 bis 1200 Betriebsstunden als für Straßenbaugeräte üblich angegeben.

*2.2.1.3.1.2 Fertigungsmenge (Fertigungsmasse).* Die der Fertigungsplanung zugrunde zu legenden Mengen müssen in der Regel aus dem Leistungsverzeichnis entnommen werden.

Bei der Mengenermittlung im Hinblick auf den Arbeitsablauf ist zu berücksichtigen, daß nach den Grundsätzen der Bauablaufplanung das Bauobjekt in *Bauabschnitte* und die Bauabschnitte in *Arbeitsvorgänge* möglichst gleicher Arbeitsmenge zerlegt werden sollen (s. 2.2.1.3.2). Deshalb müssen die Fertigungsmengen für die einzelnen Bauabschnitte und die einzelnen Arbeitsvorgänge entsprechend dieser Untergliederung ermittelt werden.

*2.2.1.3.1.3 Fertigungsgruppe.* Im Baubetrieb kann die in Gruppen ausgeführte Arbeit als typisch angesehen werden. Unter Fertigungsgruppe wird eine bestimmte Zusammenstellung von Arbeitskräften in Arbeitergruppen oder von Geräten in Gerätegruppen oder auch Arbeiter und Geräte in Arbeiter-Gerätegruppen zum Zweck der Leistungserstellung verstanden.

---

[1] Durchschnittswerte, bei denen regional und/oder von Betrieb zu Betrieb Abweichungen auftreten können.

## 2.2.1 Fertigungsplanung (Arbeitsvorbereitung)

Überwiegt bei einer Fertigungsgruppe die *Handarbeit*, so wird sie als *Arbeitergruppe* oder auch *Arbeiterkolonne* bezeichnet. Überwiegt dagegen der *Maschineneinsatz*, so ist eine solche Gruppe als *Maschinengruppe* zu bezeichnen, z. B. eine Einbaugruppe im Deckenbau, bestehend aus Fertiger und Walzen.

Für die Planung des Bauablaufs und dem Einsatz von Fertigungsgruppen bestehen folgende Möglichkeiten:

Fertigung mit Arbeitergruppen, die verschiedene Arten von Arbeitsvorgängen durchführen, sogenannte *gemischte Kolonnen*;
Fertigung mit Arbeitergruppen, die fortlaufend gleiche Arten von Arbeitsvorgängen durchführen, sogenannte *spezialisierte Kolonnen*.

Bei *gemischten Kolonnen* setzen sich die Arbeitergruppen aus Beschäftigten mit unterschiedlichen Berufen zusammen, z. B.

Maurer — Facharbeiter,
Zimmerer — Facharbeiter,
Betonbauer — Facharbeiter,
Einschaler, Eisenbieger und Flechter,
Hilfsarbeiter

Diese Fertigungsgruppen sind in der Lage, verschiedene Arten von Arbeitsvorgängen auszuführen, wobei die anfallenden Arbeiten entsprechend der Ausbildung der Arbeitskräfte aufgeteilt werden.

Obwohl die Durchführung von Bauarbeiten mit spezialisierten Fertigungsgruppen anzustreben ist, kann der Einsatz von gemischten Kolonnen auch Vorteile haben, z. B.:

a) Bei Personalausfall durch Krankheit, Urlaub usw. kann bei eiligen Arbeiten die betroffene Arbeitergruppe leichter aus anderen Arbeitergruppen ergänzt werden, die nicht so dringende Arbeiten auszuführen haben.

b) Es ist keine langfristige Leistungsabstimmung zwischen einzelnen Arbeitern notwendig. Dadurch werden Engpässe vermieden, die zu einer Nichtauslastung oder Überlastung einzelner Arbeiter führen können.

Durch den Einsatz *spezialisierter Arbeitergruppen* auf der Baustelle ist infolge der Arbeitsteilung der einzelnen Gruppen eine erhebliche Steigerung der Arbeitsproduktivität möglich. Im Hinblick auf den kontinuierlichen Einsatz der Arbeitergruppen wird eine Folge von Arbeitsvorgängen so angeordnet, daß die einzelnen Arbeiter oder Arbeitergruppen fortlaufend die gleichen Teilarbeiten durchführen; z. B.:

Arbeitergruppe 1: Schalen Abschnitt 1
Schalen Abschnitt 2
Schalen Abschnitt 3 usw.
Arbeitergruppe 2: Bewehren Abschnitt 1
Bewehren Abschnitt 2
Bewehren Abschnitt 3 usw.

Die einzelnen spezialisierten Arbeitergruppen werden meist nach der von ihnen ausgeführten Teilarbeit als

Schalkolonnen
Bewehrungskolonnen
Betonierkolonnen
Maurerkolonnen, usw.

bezeichnet.

Als *Maßeinheit* wird bei der Arbeitergruppe die Anzahl der zugehörigen Arbeiter verwendet. Ihre *Arbeitszeit* wird in Stunden (h) gemessen.

Soll auch für die in einer *Maschinengruppe* eingesetzten Geräte eine einheitliche Maßeinheit verwendet werden, so wird meist das Gewicht der Maschinen (in t) oder die installierte Motorleistung (PS oder kW) gewählt, manchmal auch der Neuwert der Maschinen. Solche Zahlen können jedoch bestenfalls für eine Grobplanung verwendet werden, da kein eindeutiger Zusammenhang zwischen Maschinenleistung (z. B. m³/h), Gewicht, Motorleistung und Neuwert besteht.

*2.2.1.3.1.4 Leistung und Aufwand.* Die von einer Fertigungsgruppe zur Herstellung einer bestimmten Fertigungsmenge benötigte Fertigungszeit wird mit dieser im Leistungs- oder Aufwandswert verknüpft. Allgemein gilt: *Leistung* = Arbeit/Zeiteinheit. Da im Bauwesen die Arbeit der hergestellten *Fertigungsmenge* entspricht (auch als *Masse* bezeichnet), kann der *Leistungswert* als hergestellte Menge/Zeiteinheit ausgedrückt werden. Die Menge kann z. B. Aushub von Boden (m³), Herstellung einer Straßendecke (m²), Verlegen von Bewehrungsstählen (t) sein. Als Zeiteinheit wird meist die Stunde (h) verwendet, seltener die Schicht oder die Minute. Unter Schicht ist hierbei die tägliche Arbeitszeit einer Arbeiter- oder Maschinengruppe zu verstehen, z. B. 9 oder 10 h/Tag. Statt des Begriffs Schicht wird auch der Begriff *Tagewerk* verwendet, wenn es sich dabei um eine einzige Schicht/Tag handelt. Der Leistungswert hat also z. B. die Einheit t/h oder m³/h usw. Da bei vorwiegend *manueller* Arbeit die in einer Zeiteinheit, d. h. in 1 h, hergestellte Fertigungsmenge gering ist, wird aus praktischen Gründen zur Leistungsmessung der Begriff *Aufwand* als reziproker Wert der Leistung verwendet: Aufwand = Arbeitszeit/Mengeneinheit in h/t, h/m³ usw.

Der *Leistungswert* wird weitgehend für die Leistungsmessung bei der *maschinellen Arbeit* verwendet, während der Aufwandswert der manuellen Arbeit zugeordnet wird.

*Beispiel:*

| | |
|---|---|
| Herstellen einer Säulenschalung | 2,0 h/m² |
| Aushub von Boden der Klasse 2.25 mit 0,6-m³-Hydraulikbagger | 35,0 m³/h |

### 2.2.1.3.2 Organisation des Bauablaufs

*2.2.1.3.2.1 Darstellung des Bauablaufs.* Bekannt sind vier Formen zur Darstellung eines Arbeitsablaufes: *Tabelle*, *Balkendiagramm* (Bild 2.2-12), *Liniendiagramm* (Zeit-Mengen-Diagramm; Bild 2.2-16a), *Netzwerk* (Bild 2.2-56).

Bei der Darstellung eines Bauablaufs, der nur wenig verschiedene Teilarbeiten enthält, wird häufig eine *Tabelle* verwendet. Es ist hier möglich, den Beginn und das Ende einer Tätigkeit und die hierfür erforderliche Anzahl von Arbeitern und die Kapazität der erforderlichen Geräte anzugeben. Durch diese einfache Art der Darstellung erhält die bauausführende Stelle in übersichtlicher und handlicher Form die notwendigen Angaben über den zeitlichen Ablauf der Arbeiten.

Bei der Darstellung eines Bauablaufs mit einer großen Anzahl verschiedener Arbeitsabschnitte ohne ausgeprägte Fertigungsrichtung wird das *Balkendiagramm* (Bild 2.2-5) verwendet. Es ist allerdings nicht möglich, unterschiedliche Leistungen innerhalb eines Balkens aufzuzeigen, da dieser nur Beginn und Ende der Arbeit genau anzeigt. Für die Berechnung von Zwischenterminen muß eine lineare Proportionalität zwischen Fertigungszeit und Fertigungsmenge angenommen werden.

Es ist üblich, auf der Vertikalen die Arbeitsabschnitte und auf der Horizontalen die Arbeitszeit darzustellen. Die unterschiedlichen Fertigungsgruppen werden meist mit verschiedenen Farben versehen oder mit unterschiedlicher Markierung, um die verschiedenen Arbeitsvorgänge im gleichen Arbeitsabschnitt unterscheiden zu können. Insbesondere werden Hochbauten, Ingenieurbauten, Brückenbauten, aber auch Tiefbauten wie z. B. Schleusen- und Wehranlagen, mit Balkendiagramm geplant.

Während das Balkendiagramm nur eine Zuordnung der Zeit zu einzelnen Fertigungsabschnitten darzustellen ermöglicht, kann im *Liniendiagramm*, auch *Geschwindigkeitsdiagramm*, *Zeit-Weg-Diagramm* oder *Zeit-Mengen-Diagramm* genannt, in einer zweidimensionalen Darstellung der Zusammenhang zwischen Fertigungszeit und den erstellten Mengen oder dem zurückgelegten Weg dargestellt werden. Es enthält eine Zeit- und eine

### 2.2.1 Fertigungsplanung (Arbeitsvorbereitung)

Wegachse; es ist somit möglich, die Arbeitsgeschwindigkeit der Fertigungsgruppen in diesem Koordinatensystem darzustellen.

Der besondere Vorteil des Liniendiagramms liegt in der Sichtbarmachung des Arbeitsfortschrittes der für die Fertigung eingesetzten Fertigungsgruppen. Es entspricht also dem graphischen Fahrplan, der bei der Planung des Schienenverkehrs verwendet wird. Es ist möglich, die einzuhaltenden kritischen Abstände der Fertigungsgruppen zu planen, deren Unterschreitung zu einer gegenseitigen Behinderung führt. Als Einheiten der Wegachse werden meist Längeneinheiten (m oder km) verwendet, manchmal aber auch Raummaße (m³), Flächenmaße (m²) oder Mengenmaße (t).

Die verschiedenen Fertigungsgruppen können durch unterschiedliche Kennzeichnung oder durch unterschiedliche Farbgebung sichtbar gemacht werden. Die Neigung der Kurven des Arbeitsfortschrittes gegen die Zeitachse stellt ein Maß für die Vortriebsgeschwindigkeit dar (2.2-3). Es gilt

$$\tan \alpha = v = \mathrm{d}s/\mathrm{d}t.$$

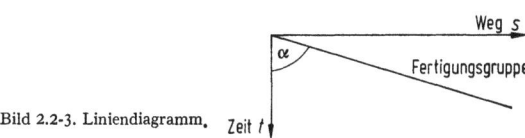

Bild 2.2-3. Liniendiagramm.

Durch Verschiebung oder unterschiedliche Neigung der Zeit-Weg-Linien läßt sich eine Abstimmung der Fertigungsgruppen nach den Notwendigkeiten des Bauablaufs vornehmen. Besonders bei Bauobjekten mit ausgeprägter Fertigungsrichtung, wie z. B. Straßen, Stollen, Tunneln, Stützmauern, Rohrleitungen, Kanalisationsarbeiten, eignet sich diese Darstellungsform sehr gut, da sich auf der Wegachse das gesamte Bauwerk wiedergeben läßt.

In der Literatur der DDR wird zur Darstellung eines Bauablaufs häufig ein sogenanntes *Zyklogramm* verwendet. Das Zyklogramm stellt eine Erweiterung des Balkenplanes dar. Der Balkenplan für einen einzelnen Arbeitsabschnitt wird in ein Liniendiagramm umgewandelt. Da aber auch hierbei ein linear verlaufender Baufortschritt vorausgesetzt wird, bringt das Zyklogramm keine wesentlichen Vorteile.

Der *Netzplan* hat gegenüber den beiden anderen Verfahren den Vorteil, daß die Verflechtung der Arbeitsvorgänge, d. h. ihre gegenseitige Abhängigkeit, dargestellt werden kann. Dabei wird die zeitliche, nicht aber die räumliche Folge angegeben. Es eignet sich also besonders zur Darstellung komplizierter Bauabläufe. Näheres zur Netzplantechnik in 2.2.4.

*2.2.1.3.2.2 Wiederholung von Fertigungsabschnitten.* Bei der Herstellung eines Bauwerks sind zu unterscheiden:

*Fertigung ohne mehrfache Wiederholung von Fertigungsabschnitten.* Sie findet sich bei allen Arten von Bauwerken, sowohl bei kleinen, wie z. B. Einfamilienhäusern, als auch bei großen, wie z. B. Kläranlagen, Industrieanlagen. Manchmal zeigt sich, daß eine Wiederholung nur bei einzelnen Bauwerksteilen möglich ist, das Bauwerk aber im übrigen keine Wiederholung zuläßt.

*Fertigung mit mehrfacher Wiederholung von Fertigungsabschnitten.* Sie sollte bei allen Bauwerken angestrebt werden, da hierdurch die größtmögliche Arbeitsproduktivität erreicht wird, vor allem dann, wenn spezialisierte Kolonnen zum Einsatz gelangen. Der Effekt macht sich jedoch meist erst bemerkbar, wenn mindestens 3 bis 5 Wiederholungen vorliegen. Läßt sich noch zusätzlich eine lückenlose Folge der einzelnen Arbeitsvorgänge erzielen, dann sind optimale Produktionsbedingungen gegeben, wie sie z. B. bei der Fließbandarbeit in der stationären Industrie vorliegen.

## 2.2 Leistungserstellung (Auftragsabwicklung)

Die Voraussetzungen für diese Produktionsbedingungen sind:
Die auszuführende Bauleistung muß in gleiche Fertigungsabschnitte zerlegt werden können, so daß hintereinander gleiche Arbeitsvorgänge ausgeführt werden können;
diese Arbeitsvorgänge werden immer von denselben Arbeitergruppen, die entweder spezialisiert oder gemischt sein können, ausgeführt;
die einzelnen Arbeitsvorgänge werden in einem bestimmten Fertigungsrhythmus ausgeführt;
die verschiedenen Arbeitsvorgänge laufen weitgehend gleichzeitig an verschiedenen Fertigungsabschnitten ab.
Fertigungsabschnitte sind z. B. ein Geschoßteil eines Verwaltungsgebäudes, eine Wohnungseinheit eines Hochhauses (Bild 2.2-4), ein Feld einer mehrfeldigen Brücke, eine Stütze oder ein Binder bei einer Industriehalle oder ein durch Dehnfugen unterteilter Arbeitsabschnitt einer Tiefgarage.

Bild 2.2-4. Fertigungsabschnitte in einem Hochbau.

Im Straßenbau erfolgt die Fertigung ohne ausgeprägte Fertigungsabschnitte, wenn man davon absieht, daß der je Schicht hergestellte Fertigungsabschnitt bei der Leistungskontrolle besonders betrachtet wird. Die Fertigungsabschnitte sind im Hinblick auf die Ablaufplanung nur als ideell zu betrachten; die räumliche Folge der Abschnitte ergibt sich aus der Fertigungsrichtung.

*2.2.1.3.2.3 Taktfertigung, Fließfertigung.* Läßt sich ein Bauwerk in konstruktiv abgrenzbare Fertigungsabschnitte gleicher Art und Menge einteilen, die in Zeitabschnitten gleicher Dauer von den Fertigungsgruppen hergestellt werden, so spricht man von *Taktfertigung*.
Die Taktfertigung wird vorwiegend im Hochbau, z. B. Geschoßbauten, angewendet, aber auch bei Brücken, Stützmauern, Kanälen usw. Folgen die Arbeitsvorgänge bei der Taktfertigung lückenlos aufeinander, so wird dies als *Fließfertigung* oder *Fließarbeit* (nach REFA) bezeichnet. Dabei kann die Fertigung nach dem Platzprinzip, z. B. im Hochbau, oder nach dem Wanderprinzip, z. B. im Straßendeckenbau, ablaufen.

Die Vorteile der Fließfertigung oder Taktfertigung wirken sich besonders bei einer genügend großen Anzahl von Arbeitstakten aus, da durch ständiges Wiederholen der gleichen Arbeitsvorgänge eine Einarbeitung stattfindet, die zu sinkenden Fertigungszeiten führt. Es ist das Ziel jeder Fertigungsplanung, das auszuführende Bauwerk so aufzugliedern, daß Arbeitsabschnitte gleicher Zeitdauer und gleicher Arbeitsart (*Arbeitstakte*) entstehen, die den spezialisierten Fertigungsgruppen zur Ausführung zugewiesen werden. Ein solcher Arbeitsabschnitt ist z. B. das Geschoß eines Verwaltungsgebäudes, eine Wohneinheit eines Hochbaues oder ein Brückenfeld.

Die Größe der *Taktzeit* bei vorgegebener Gesamtbauzeit ergibt sich folgendermaßen:

$$t = \frac{T - T_A - T_E - T_1}{m - 1}$$

$t$ Taktzeit in Arbeitstagen, $T$ Gesamtausführungszeit der Baumaßnahme, $T_A$ Zeit vom Baubeginn bis zum frühest möglichen Beginn der Taktarbeit; $T_E$ Zeit vom Ende der Taktarbeit bis zum Ende der Baumaßnahme; $T_1$ Ausführungszeit für den ersten Abschnitt; $m$ Anzahl der Abschnitte (Bild 2.2-5).

Bei der Festlegung der Anzahl der Arbeiter und Maschinen einer Fertigungsgruppe ist eine *Leistungsabstimmung* vorzunehmen, so daß die Dauer des einzelnen Arbeitsvorgangs der für das Bauwerk festgelegten Taktzeit entspricht. Dafür gilt

$$n = \frac{Q \cdot a}{t}$$

## 2.2.1 Fertigungsplanung (Arbeitsvorbereitung)

$n$ Anzahl der Arbeiter oder Maschinen; $Q$ Menge der herzustellenden Erzeugniseinheiten (z. B. m² Schalung, m³ Aushub); $a$ Anzahl der je Erzeugniseinheit aufzuwendenden Arbeitsstunden; $t$ Taktzeit in Arbeitsstunden.

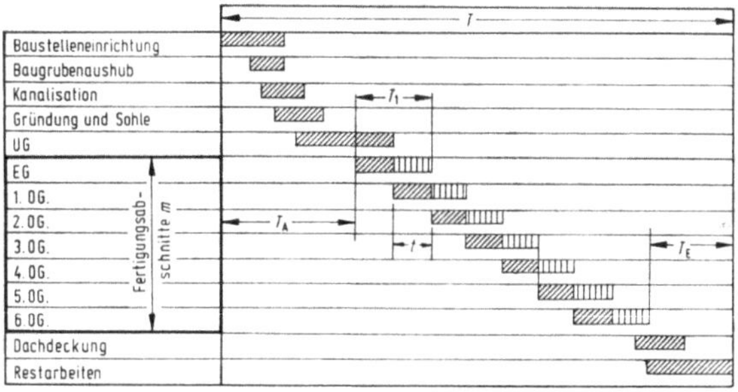

Bild 2.2-5. Berechnung der Taktzeit bei vorgegebener Gesamtbauzeit (Erläuterung im Text).

**2.2.1.3.2.4 Abstand von Fertigungsgruppen.** Der Einsatz mehrerer Fertigungsgruppen am gleichen Bauwerk ist nur möglich, wenn sich diese nicht gegenseitig behindern. Der hierbei geringstmögliche Abstand wird als *kritischer Abstand* $s_k$ (räumlich) und $t_k$ (zeitlich) bezeichnet (Bild 2.2-6). Infolge der Abhängigkeit der Bauarbeit von zahlreichen inneren und äußeren Einflüssen ergeben sich jedoch oft abweichend vom angenommenen Normalablauf unterschiedliche Arbeitsgeschwindigkeiten der verschiedenen Fertigungsgruppen, die bei einem Aufeinanderfolgen der Gruppen im technisch notwendigen Minimalabstand (kritischer Abstand) zu einer gegenseitigen Behinderung führen. Zwischen den einzelnen Fertigungsgruppen ist also ein vergrößerter zeitlicher und räumlicher Abstand zu lassen, um eine Ausgleichsmöglichkeit zu schaffen. Ist ein solcher vergrößerter Abstand nicht möglich, so ist durch Ausweichen auf andere Arbeiten (*Pufferarbeiten*) oder Veränderung von Schichtzeit, Arbeitsleistung oder Kapazität eine Anpassung an die vorgesehene Arbeitsgeschwindigkeit oder Taktzeit möglich.

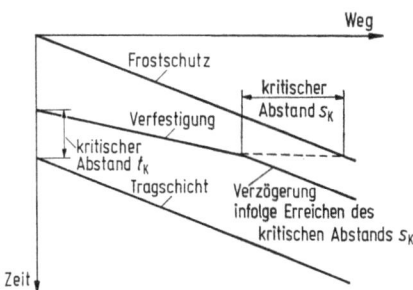

Bild 2.2-6. Kritische Abstände $s_k$ und $t_k$ im Straßenbau.

Läuft eine Arbeit in streng geordneter Reihenfolge der einzelnen Fertigungsgruppen ab und besteht keine Möglichkeit, eine entsprechende *Pufferzeit* oder *Pufferarbeit* vorzusehen, so stellen sich alle Fertigungsgruppen auf die Arbeitsgeschwindigkeit der *langsamsten* Gruppe ein. Das ist z. B. im Erdbau der Fall, wenn Fahrzeuge unterschiedlicher Geschwindigkeit kontinuierlich Erdtransporte durchführen, ohne daß eine Überholmöglichkeit besteht. Im Beton- oder Mauerwerksbau ist eine Ausweichmöglichkeit auf andere Bauteile meist möglich.

*2.2.1.3.2.5 Störungen im Bauablauf* entstehen durch unvorhergesehene Einwirkungen, wie z. B. Verzögerung der Planlieferung, Gründungsschwierigkeiten, Planänderungen, Schlechtwetter. Während bei planmäßigem Baufortschritt (Bild 2.2-7) die Kapazität der Baustelle bei Baubeginn stetig erweitert wird bis zur Soll-Kapazität, während der Hauptbauzeit konstant bleibt und gegen Baustellenende wieder stetig verringert wird, treten bei Störungen Unstetigkeiten in der Kapazität auf (Bild 2.2-8). Bei Verzögerung des Bauablaufs muß die Kapazität verringert werden, bei Beschleunigung vergrößert werden. Mit welchen Maßnahmen eine *Störung* im Bauablauf überwunden wird, hängt von den jeweiligen Bedingungen ab. Sind feste Termine vorgeschrieben, so folgt auf eine Verzögerungsphase eine Beschleunigungsphase, um die verlorene Bauzeit wieder aufzuholen (Bild 2.2-9). Liegt eine Terminbeschränkung nicht vor, so paßt man die Leistung der Fertigungsgruppen an die mögliche Arbeitsmenge während der Dauer der Störung an und arbeitet nach Beseitigung der Störung mit der geplanten Leistung weiter.

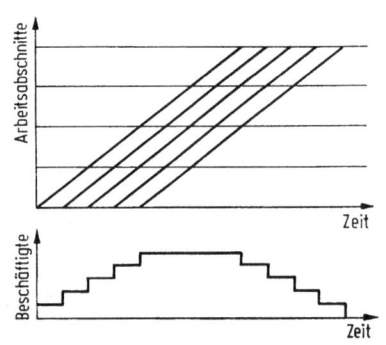

Bild 2.2-7. Kontinuierlicher Verlauf der Beschäftigungskurve bei ungestörtem Bauablauf [43].

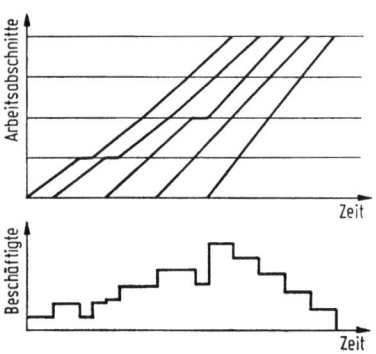

Bild 2.2-8. Diskontinuierlicher Verlauf der Beschäftigungskurve bei gestörtem Bauablauf [43].

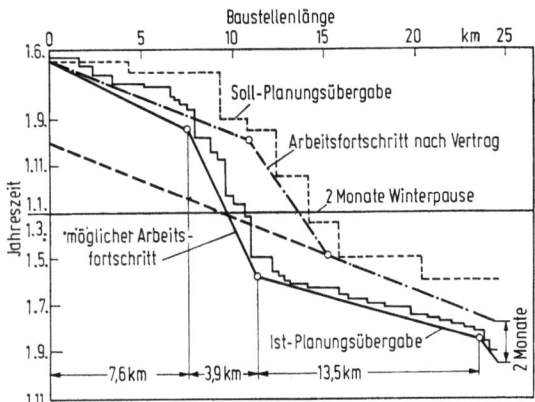

Bild 2.2-9. Störung des Bauablaufs durch Verzögerung der Planungsübergabe nach [43].

*2.2.1.3.2.6 Einarbeitung* [43]. Der besondere Rationalisierungseffekt der Taktarbeit beruht darauf, daß bei ständiger Wiederholung der gleichen Arbeit die Einübung der ausführenden Fertigungsgruppen zunimmt und der Arbeitsaufwand abnimmt. Dies bezeichnet man als Serieneffekt oder Einarbeitung.

## 2.2.1 Fertigungsplanung (Arbeitsvorbereitung)

Die Anzahl der Wiederholungen ist maßgeblich für die Größe der Einarbeitung. Die Einarbeitung wirkt sich am stärksten bei den ersten Wiederholungen aus. Mit zunehmender Zahl der Wiederholungen wird der Serieneffekt in seiner absoluten Größe geringer. Deshalb wird bei Hochhäusern bei Arbeiten im Leistungslohn die in den ersten Geschossen noch nicht vorhandene Einübung durch Zuschläge zur Vorgabezeit berücksichtigt.

Die Größe des Einarbeitungseffekts hängt u. a. von der Art und dem Schwierigkeitsgrad der auszuführenden Arbeiten, den örtlichen Gegebenheiten der Baustelle und der Zusammensetzung der Fertigungsgruppe ab. So geht z. B. bei personellen Veränderungen in eingearbeiteten Kolonnen ein Teil der gewonnenen Einarbeitung wieder verloren. Die Arbeitsvorbereitung hat deshalb darauf zu achten, daß Kolonnen möglichst in gleicher Zusammensetzung von einer Baustelle zur nächsten versetzt werden. Holländische Untersuchungen ergaben, daß die Verminderung des Zeitaufwandes infolge Einarbeitung bei Schalungsarbeiten am größten ist. Wesentlich geringer ist sie dagegen bei Maurer- und Betonarbeiten.

Im Straßenbau ist bei Beginn der Fertigung und nach jeder Winterpause eine Anlaufzeit zu berücksichtigen. Während dieser Anlaufzeit $T_A$ weicht der Baufortschritt von dem Durchschnitt ab (Bild 2.2-10). Die Einarbeitung dauert um so länger, je mehr die veränderten äußeren oder inneren Arbeitsbedingungen vom Normalzustand abweichen. Die während der Anlaufphase infolge der Einarbeitung verlorene Zeit wird als *Leerzeit* $T_L$ bezeichnet. Beim Aufstellen der Bauablaufpläne ist die Leerzeit durch erhöhte Aufwandswerte oder niedrigere Leistungswerte zu berücksichtigen.

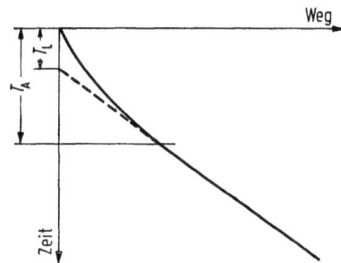

Bild 2.2-10. Einarbeitungskurve im Straßenbau [43].

Meist sind die Zeitgewinne durch Einarbeitung bei der reinen Tätigkeitszeit unbedeutend gegenüber denen, die bei der ablaufbedingten Wartezeit (z. B. das Warten auf die Wiederkehr des Krankübels beim Betonieren), der sachlichen und persönlichen Verteilzeit (Weg vom und zum Arbeitsplatz, Besprechung mit dem Polier, Arbeitsunterbrechung für persönlicher Bedürfnisse, zu später Arbeitsbeginn, Einflüsse unsteter Arbeitsbedingungen, z. B. durch den Ausfall einer Maschine), erzielt werden können. Gleichzeitig wird damit auch der Einfluß der Intensität der Arbeitsvorbereitung sichtbar (Bild 2.2-11).

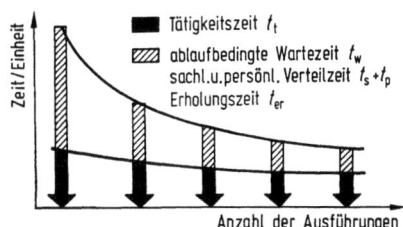

Bild 2.2-11. Senkung der Tätigkeitszeit und der Verteilzeit, Wartezeit, Verlustzeit durch Einarbeitung.

## 2.2.1.3.2.7 Leistungsabstimmung von Maschinen innerhalb von Arbeitsketten [23].

Unter Arbeitskette ist eine Kombination von Geräte- oder Arbeitsgruppen zu verstehen, die voneinander abhängig sind. Typische Arbeitsketten treten z. B. im Erdbau, Kanalbau und Straßendeckenbau auf.

| Erdbau | Kanalbau | Straßendeckenbau |
|---|---|---|
| Lösen und Laden | Ausheben | Aufbereiten (Mischen) |
| Transportieren | Verbauen | Transportieren |
| Einbauen | Rohre verlegen | Einbauen |
| Verdichten | Verbau entfernen und Verfüllen | Verdichten |
| | Verdichten | |

Die Gesamtleistung der Arbeitskette ist auf dasjenige Gerät abzustimmen, das die höchsten Kosten verursacht. Alle übrigen Glieder der Arbeitskette werden überdimensioniert, um die Engpaßleistung auf alle Fälle sicherzustellen.

Grundlagen der Abstimmung von Arbeitsketten sind Kenntnisse bei den einzelnen Gliedern über:

Leistungswerte,
Kosten,
Einsatzmöglichkeiten.

Für die Leistungsbestimmung bei Arbeitsketten wird aus Vereinfachungsgründen meist ein deterministischer Ansatz gewählt, obwohl ein stochastischer eher der Wirklichkeit entspricht.

Trotz richtiger Leistungsabstimmung kann der Engpaß in einer Arbeitskette kurzfristig zwischen verschiedenen Geräten wechseln. Das ist vor allem dann der Fall, wenn bei einem Gerät ein unvorhergesehener Ausfall auftritt, der als Störung auf die anderen Glieder der Arbeitskette durchschlägt. Es ist deshalb bei Arbeitsketten zu empfehlen, Zwischenlager einzurichten, mit deren Hilfe Leistungsschwankungen aufgefangen werden können. So wird z. B. im Straßendeckenbau der Mischanlage ein Verladesilo nachgeordnet, das Störungen im Abtransport auffangen kann. Beim Fertiger dienen die Transportfahrzeuge des Mischguts kurzfristig als Zwischenlager.

Von besonderer Bedeutung ist bei einer Arbeitskette die Betriebsbereitschaft der Geräte, um nicht durch Ausfall eines Geräts eine ganze Kette zum Zusammenbruch zu bringen. In extrem hohem Maße muß das bei Bandanlagen gewährleistet sein, wenn diese das einzige Transportmittel bei Erdbauvorhaben sind. Es ist deshalb bei der Auswahl von Bauverfahren zu überlegen, ob man eine gesamte Baustelle von der Betriebsbereitschaft eines einzigen Geräts abhängig machen will.

*Beispiel:*

Für die Herstellung einer Bitukies-Tragschicht sind Mischanlage und Transportfahrzeuge aufeinander abzustimmen.

Mischanlage Ist-Leistung      100 t/h

Transportfahrzeuge: LKW mit 14 t Nutzlast
Ladezeit    $t_b = 3$ min
Wiegezeit    $t_v = 2$ min
Rangierzeit am Fertiger    $t_r = 2$ min
Entladezeit    $t_e = 4$ min
Geschwindigkeit Hinfahrt im Mittel      24 km/h
Geschwindigkeit Rückfahrt im Mittel      30 km/h
Transportentfernung 8 km
Transportleistung eines Fahrzeugs $L_f$:

$$L_f = \frac{14 \cdot 60}{3 + 2 + 2 + 4 + \dfrac{8 \cdot 60}{24} + \dfrac{8 \cdot 60}{30}} = 17{,}9 \text{ t/h}.$$

### 2.2.1 Fertigungsplanung (Arbeitsvorbereitung)

Anzahl der Transportfahrzeuge $n$:

$$n = \frac{100}{17,9} \cdot 1,2 = 6,7, \text{ gewählt 7 Transportfahrzeuge}$$

$$\alpha_{\text{vorh}} = \frac{7 \cdot 17,9}{100} = 1,25.$$

Es können also Störungen des Transportes bis zu 25% der Transportzeit auftreten, ohne daß dies Rückwirkungen auf die Mischanlage hat. Wird ein Mischgutsilo angeordnet, so dient dieser als Puffer zum Auffangen von Störungen.

**2.2.1.3.3 Planung des Bauablaufs.** Für die Planung des Bauablaufs hat sich das Vorgehen in den folgenden drei Stufen bewährt:

1. Analyse des Bauwerks und Aufstellen des Grobablaufplans, der sich auf die wichtigsten Bauabschnitte bezieht und hierfür Rahmentermine festlegt;
2. Aufstellen des Feinablaufplans, der die einzelnen Arbeitsabschnitte näher detailliert;
3. Kontrolle des Bauablaufs und Anpassung von Fein- und Grobablaufplan.

Die Erfahrung bei der Steuerung von Baustellen hat gezeigt, daß langfristige Feinpläne keinen Vorteil gegenüber Grobplänen haben, da die zahlreichen während der Bauzeit auftretenden inner- und außerbetrieblichen Einflüsse einen über längere Zeiträume aufgestellten Feinplan schnell unrealistisch werden lassen.

*2.2.1.3.3.1 Vollständigkeitsprüfung der Unterlagen.* Vor Beginn der Ablaufplanung sind alle Arbeitsunterlagen auf Vollständigkeit zu prüfen und auszuwerten. Insbesondere sind die allgemeinen und besonderen *Vertragsbedingungen* durchzusehen. Folgende Fragen interessieren dabei:

Umfang der Bauleistungen. Welche Nebenleistungen gehören dazu? — Zwischen- und Endtermine, Anerkennung von Schlechtwettertagen; — Abrechnungs- und Zahlungsbedingungen; — Abnahme- und Gewährleistungsbedingungen; — Vollständigkeit der Konstruktionszeichnungen und der statischen Berechnung; — zur Verfügung gestelltes Gelände für Baustelleneinrichtung und Baustofflagerung; — Zufahrt zur Baustelle; — Anschlüsse für Strom, Wasser, Telefon; — dem Bauherrn zur Verfügung zu stellende Baustelleneinrichtungen (z. B. Baubüro, Stromanschluß, Telefon, Wasser); — laufende Bauüberwachung durch Bauherrn (z. B. tägliches Vorlegen des Bautagebuchs, Baustoffprüfungen); — Anerkennung von Winterbaumaßnahmen; — Vertragsstrafen; — Sonderbedingungen (z. B. Maßtoleranzen).

Zu den *Arbeitsunterlagen* gehören: Gesamter Schriftwechsel mit dem Bauherrn; — Bauvertrag mit allen Vertragsbedingungen; — Leistungsverzeichnis; — Pläne; — Angebotskalkulation.

Alle bei der Prüfung der Unterlagen festgestellten Besonderheiten sind festzuhalten und Geschäftsleitung und Baustelle mitzuteilen.

*2.2.1.3.3.2 Zerlegung des Bauobjekts in Bauwerksteile und Bauabschnitte.* Für die Durchführung der Bauablaufplanung ist das auszuführende Bauwerk in *Bauwerksteile* aufzugliedern, wobei konstruktive Gesichtspunkte besonders zu beachten sind. Die Bauwerksteile werden dann je nach den Erfordernissen der Fertigung in *Bauabschnitte* möglichst gleicher Arbeitsmenge unterteilt. Bei allen Unterteilungen sind insbesondere die vorgeschriebenen Dehnfugen und Arbeitsfugen zu beachten. Beispiele für Arbeitsabschnitte: Das Geschoß bei Wohnungsbauten, der Kammerblock bei Schleusenbauten, das Brückenfeld bei Mehrfeldbrücken; vgl. 2.2.1.3.2.2.

An die Unterteilung des Bauwerks in Bauabschnitte schließt sich für die Feinplanung die Aufteilung der Fertigung in *Arbeitsvorgänge* an. Diese Arbeitsvorgänge haben die Spezialisierung der einzusetzenden Fertigungsgruppen zu berücksichtigen (vgl. 2.2.1.3.1.3). Arbeiten unterschiedlicher Natur müssen bereits bei der Fertigungsplanung getrennt werden.

*Bauwerksanalyse.* Neben der Art des Objekts (Hochbauten, Brücken, Straßenknoten usw.) sind auch die Gegebenheiten der Baustelle und die Art der Konstruktion sowie Art und Umfang des Ausbaus für die Grobplanung äußerst wichtig. Folgende Punkte sollen einen Anhalt geben, welche Fragen im Interesse einer optimalen Aufstellung eines Grobplans geklärt werden müssen:

überbaute Fläche, Geschoßzahl und m$^3$ umbauter Raum bei Hochbauten;
Art der Konstruktion, insbesondere Gleichartigkeit von Bauteilen, Schwierigkeitsgrad der Schalarbeiten;
Art und Schwierigkeit der Gründung;
Lage der Technikzentralen bei Hochbauten, da Bauteile, in denen die Klima-, Elektro- und Heizungszentralen installiert werden, möglichst frühzeitig im Rohbau erstellt werden sollen, um mit den umfangreichen Installationen so früh wie möglich anfangen zu können.

*Ermittlung der Fertigungsmengen (Massenermittlung).* Die Massenermittlung für die Grobplanung ist so durchzuführen, daß mit Hilfe von Kennzahlen Ausführungszeit und Kapazität ermittelt werden können [31]. Eine Massenermittlung im Sinne der Feinplanung, für die eine Trennung nach Arbeitsvorgängen notwendig ist (Schalen, Bewehren, Betonieren usw.), ist bei der Grobplanung weder notwendig noch zweckmäßig.
Folgende Bezugsgrößen können z. B. gewählt werden:

Hochbau: m$^3$ umbauter Raum;
Straßenbau: m$^2$ Fahrbahnfläche oder t einzubauende Baustoffe;
Erdbau: m$^3$ Aushub (die Bodenklassen 2.27 und 2.28 sind getrennt auszuweisen).

Für die Feinplanung werden die Fertigungsmengen getrennt nach Arbeitsvorgängen benötigt. Die Feinplanung setzt also eine abgeschlossene Planung voraus, da diese Angaben nur aus den Schal- und Bewehrungsplänen entnommen werden können. Gleiches gilt für Straßenbauten. Nur bei Fehlen der Ausführungspläne sollte auf die Mengen des Leistungsverzeichnisses (LV) zurückgegriffen werden. Zu beachten ist, daß diese im LV meist zu hoch angegeben werden.

*2.2.1.3.3.3 Grobplanung.* Die Grobplanung bildet die erste Stufe der Bauzeitplanung. Ein realistischer Grobplan wird im allgemeinen erst von der Arbeitsvorbereitung vor Beginn der Bauausführung aufgestellt. Er kann jedoch bei Großbauvorhaben schon im Rahmen der Kostenermittlung notwendig werden, wenn die zeitabhängigen Kosten genau erfaßt werden sollen. Die bei der Abgabe von Angeboten oft geforderten Bauzeitpläne sind meist mit derartigen Toleranzen aufgestellt, daß sie nicht als Grobplan im Sinne der Fertigungsplanung bezeichnet werden können.
Der Grobplan zeigt die Termine der wichtigsten Fertigungsabschnitte an, ohne auf einzelne Arbeitsvorgänge einzugehen. Grundlage des Grobplans sind die vorgegebene oder in der Arbeitsvorbereitung ermittelte Bauzeit, die zur Verfügung stehende Ausführungskapazität und das herzustellende Bauwerk. Der Grobplan umfaßt die gesamte Bauzeit und dient als langfristiges Steuerungsinstrument des Bauablaufs. Beispiel in Bild 2.2-12.
Für die Aufstellung des Grobplans eignen sich alle in 2.2.1.3.2.1 aufgeführten Darstellungsformen. Wird die Netzplantechnik verwendet, so können für die Vorgänge früheste und späteste Ausführungstermine errechnet werden, deren Differenzen bei weiteren Überlegungen im Rahmen der Arbeitsvorbereitung in Form von Pufferzeiten in Anspruch genommen werden.

*Bestimmung der Ausführungskapazität und der Ausführungstermine.* Die notwendige Ausführungskapazität kann mit Hilfe von Kennzahlen ermittelt werden. Solche Kennzahlen sind z. B.

Arbeitsstunden/m$^3$ umbauter Raum (Bild 2.2-13),
Aushubleistung m$^3$/Schicht,
Einbauleistung t Schwarzmischgut/Tag;
oder Umsatz/Beschäftigter und Zeiteinheit
z. B. DM/Arbeiter · Monat

## 2.2.1 Fertigungsplanung (Arbeitsvorbereitung)

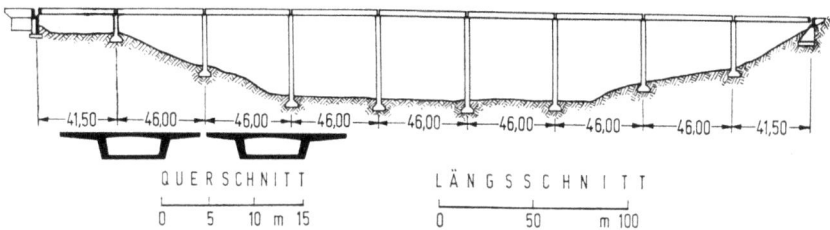

Bild 2.2-12. Grobablaufplan einer Talbrücke.

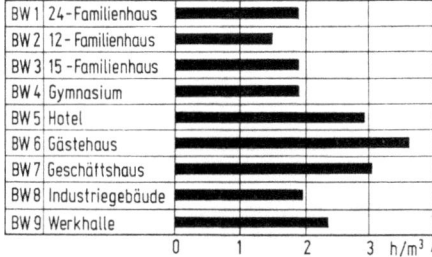

Bild 2.2-13. Arbeitsstunden je m³ umbauter Raum (Hochbauten).

## 2.2 Leistungserstellung (Auftragsabwicklung)

Die daraus ermittelte Kapazität wird der geplanten Bauzeit gegenübergestellt. Es ist dann zu prüfen, ob die Platzverhältnisse der Baustelle einen rationellen Einsatz der ermittelten Arbeitskräfte und Maschinen zulassen. Bei der Berechnung der Anzahl der notwendigen Arbeitskräfte sind Krankheitsstand sowie Winter- und Urlaubsmonate zu berücksichtigen, da hierdurch die Sollzahl vermindert wird (Bild 2.2-14).

Ergeben sich Kapazitätsspitzen, so sind Alternativen im Bauablauf zu entwickeln, die eine Nivellierung der zu installierenden Kapazität möglich machen. Hierbei sind folgende Punkte zu beachten:

Überprüfen der End- und Zwischentermine;
Überprüfen, ob Alternativen in der Festlegung der Bauabschnitte oder der Fertigungsrichtung Verschiebungen in der erforderlichen Kapazität von Arbeitskräften oder Maschinen ergeben;
Kontrolle, ob durch die Wahl eines bestimmten Fertigungsverfahrens die erforderliche Kapazität entscheidend beeinflußt wird.

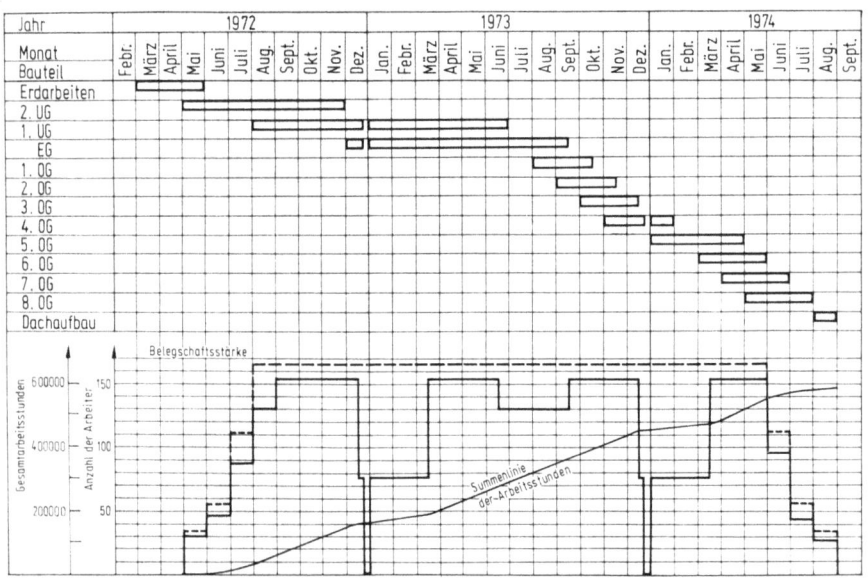

Bild 2.2-14. Grobplan eines Krankenhauses.

Soweit hierzu Verschiebungen von Zwischenterminen notwendig sind, müssen diese mit dem Auftraggeber abgestimmt werden.

Falls durch diese Maßnahmen eine Beeinflussung der Kapazität nicht in erforderlichem Maße möglich ist, sind rechtzeitig Maßnahmen zur Erhöhung der Kapazität zu treffen. Hierbei stehen folgende Möglichkeiten zur Verfügung:

Bildung von Arbeitsgemeinschaften,
Vergabe von Arbeiten an Nachunternehmer,
Anwerbung von Arbeitskräften,
Kauf oder Mieten von Maschinen.

Bei der Berechnung der möglichen Bauleistung ist auf Schlechtwetterzeiten, Abwesenheit ausländischer Arbeitskräfte und Urlaubszeiten Rücksicht zu nehmen, da während dieser Zeiträume die Bauleistung erheblich absinkt. Im günstigsten Fall kann damit gerechnet werden, daß zehn volle Arbeitsmonate/Jahr zur Verfügung stehen.

## 2.2.1 Fertigungsplanung (Arbeitsvorbereitung)

Wichtig ist, daß der Einfluß der Jahreszeiten auf die Bauarbeiten berücksichtigt wird. Nach Möglichkeit sollten die für das Bauwerk notwendigen Gründungsarbeiten nicht auf das Jahresende, d. h. in die Schlechtwetterperiode, verlegt werden, da sich Schlechtwetterzeiten wesentlich stärker auf Arbeiten an der Gründung als in Normalgeschossen eines Hochbaus auswirken.

Ein sehr schwieriges Problem bilden Umbauten unter voller Aufrechterhaltung des Betriebes. Die Forderung des Bauherrn nach minimalen Störungen des laufenden Betriebes und auf strikte Einhaltung bestimmter Zwischentermine erfordern eine starke Anpassungsfähigkeit der Produktionsfaktoren und eine detaillierte Planung ihres Einsatzes.

Ein ähnliches Problem kann auch bei der Erstellung von großen Straßenknoten vorliegen, die aus bestimmten Gründen (z. B. Ferienanfang) in Teilabschnitten in Betrieb genommen werden müssen. Auch in diesem Fall müssen die einzuplanenden Kapazitäten auf die vorgegebenen Bauzeiten abgestimmt werden, ohne daß man dabei aber einen kostengünstigen Ablauf aus dem Auge verliert.

*2.2.1.3.3.4 Feinplanung.* Während der Grobplan das gesamte Bauwerk umfaßt, jedoch nur die Termine für die großen Bauabschnitte festlegt, beschränkt sich der Feinplan auf einzelne Ausführungsabschnitte, geht jedoch hier in die Einzelheiten bis zu den Arbeitsvorgängen und legt deren Ausführungszeiträume fest. Entsprechend dieser Zielsetzung treten zwei Arten von Feinplanungen in der Ablaufplanung eines Bauwerks auf:

Feinplanung zur Untersuchung von Sonderproblemen innerhalb der Grobplanung eines Bauwerks,
Feinplanung als Arbeitsanweisung für die Herstellung des Bauwerks, jedoch beschränkt auf kurze Zeiträume.

Die Feinplanung zur Untersuchung von Sonderproblemen wird dann benötigt, wenn z. B. die Dauer eines Arbeitstaktes näher untersucht werden soll. Solche Untersuchungen sind notwendig, wenn ein Grobplan auf einer Taktarbeit aufbaut und eine möglichst kurze Taktzeit erreicht werden soll. Es wird dann ein repräsentativer Taktabschnitt herausgegriffen und an diesem exemplarisch die günstigste Fertigungsmethode festgestellt. Es werden also nur der Arbeitsablauf in seiner Dauer und die Aufeinanderfolge der Arbeitsvorgänge festgelegt, nicht jedoch die Ausführungstermine. Ein solcher Taktplan ist für den Bau einer Talbrücke mittels Vorschubrüstung in Bild 2.2-15 gezeigt. Er umfaßt einen 2-Wochen-Takt und beginnt mit dem Aufbringen der Teilvorspannung am Montag und endet mit dem Betonieren am Freitag.

Demgegenüber stellt der Feinplan mit einer Terminierung der Arbeitsvorgänge eine detaillierte Arbeitsanweisung dar, die für kurzfristig übersehbare Zeiträume ausgearbeitet wird. Dieser Feinplan baut also auf einem realen Ausgangstermin auf und gibt in einer sehr detaillierten Darstellung die Ausführungstermine der Arbeitsvorgänge an (Bild 2.2-16a und 16b). Er ordnet sich in den großen Rahmen des Grobplans ein. Mit ihm wird die Kompensation von Terminüberschreitungen vorgenommen.

*Bestimmung der Ausführungskapazität und der Ausführungstermine.* Zunächst werden die Fertigungsmengen getrennt nach Arbeitsvorgängen berechnet. Gleichzeitig werden die Leistungs- und Aufwandswerte, die unter den gegebenen Baustellenverhältnissen bei den einzelnen Fertigungsvorgängen erreicht werden können, zusammengestellt.

Unter Berücksichtigung des durch die Grobplanung gesteckten Rahmens für den betreffenden Fertigungsabschnitt oder Zeitraum können mit Hilfe dieser Unterlagen die erforderlichen Ausführungszeiten und die notwendigen Kapazitäten ermittelt werden. Zur Durchführung dieser Zusammenstellung und der hierfür erforderlichen Rechenvorgänge wird am zweckmäßigsten ein spezielles Formular, das sog. Arbeitsverzeichnis, verwendet (Bild 2.2-17).

Die einzelnen Fertigungsvorgänge werden hier mit allen Angaben in der Reihenfolge des Bauablaufs eingetragen. Nach der Multiplikation mit den zu erwartenden Aufwands- bzw. Leistungswerten erhält man als Ergebnis die Arbeiter- bzw. Maschinenstunden. Nach Division durch die tägliche Arbeitszeit (h/d) können die erforderlichen Tagewerke je Fertigungsvorgang, die Ausführungszeiten und notwendigen Kapazitäten ermittelt werden.

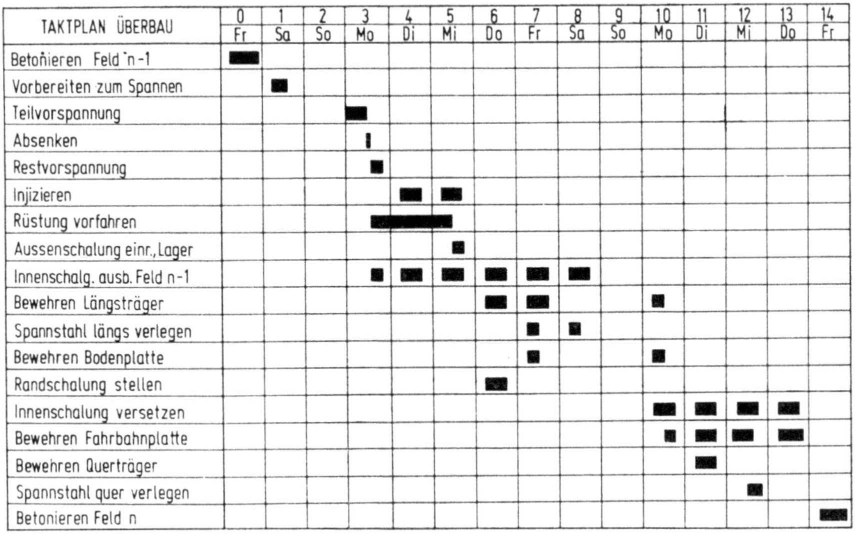

## 2.2 Leistungserstellung (Auftragsabwicklung)

| TAKTPLAN ÜBERBAU | 0 Fr | 1 Sa | 2 So | 3 Mo | 4 Di | 5 Mi | 6 Do | 7 Fr | 8 Sa | 9 So | 10 Mo | 11 Di | 12 Mi | 13 Do | 14 Fr |
|---|---|---|---|---|---|---|---|---|---|---|---|---|---|---|---|
| Betonieren Feld n-1 | ■ | | | | | | | | | | | | | | |
| Vorbereiten zum Spannen | | ■ | | | | | | | | | | | | | |
| Teilvorspannung | | | | ■ | | | | | | | | | | | |
| Absenken | | | | ■ | | | | | | | | | | | |
| Restvorspannung | | | | | ■ | | | | | | | | | | |
| Injizieren | | | | | | ■ | ■ | | | | | | | | |
| Rüstung vorfahren | | | | | | ■ | ■ | | | | | | | | |
| Aussenschalung einr., Lager | | | | | | ■ | | | | | | | | | |
| Innenschalg. ausb. Feld n-1 | | | | | ■ | ■ | ■ | ■ | ■ | ■ | | | | | |
| Bewehren Längsträger | | | | | | | ■ | ■ | | | ■ | | | | |
| Spannstahl längs verlegen | | | | | | | | | ■ | ■ | | | | | |
| Bewehren Bodenplatte | | | | | | | | ■ | | | ■ | | | | |
| Randschalung stellen | | | | | | | ■ | | | | | | | | |
| Innenschalung versetzen | | | | | | | | | | | ■ | ■ | ■ | ■ | |
| Bewehren Fahrbahnplatte | | | | | | | | | | | ■ | ■ | ■ | ■ | |
| Bewehren Querträger | | | | | | | | | | | | | ■ | | |
| Spannstahl quer verlegen | | | | | | | | | | | | | | ■ | |
| Betonieren Feld n | | | | | | | | | | | | | | | ■ |

Bild 2.2-15. Ablaufplan eines Überbaufeldes [2].

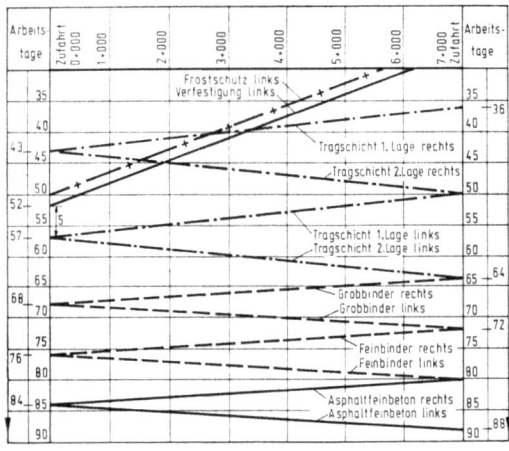

Bild 2.2-16a. Feinplan für den Bau einer Straßendecke.

## 2.2.1 Fertigungsplanung (Arbeitsvorbereitung)

| Arbeitsverzeichnis | | | | | | | | | | Bauablaufplan | | | | | | | | | | |
|---|---|---|---|---|---|---|---|---|---|---|---|---|---|---|---|---|---|---|---|---|
| lfd. Nr. LV | BAS Nr. | Fertigungsvorgang und Bauteil | Mengen- angabe | je Einh. Aufwendg. h/E E/h | je Einh. Leistung E/h | Ges.-Stund. Personal | Maschinen | Tgl.Arb.-Zeit h/T | Tagewerke | Anz. Personen | Arbeitstage | Kalender 1.3. | 1.4. | 1.5. | 1.6. | 1.7. | 1.8. | 1.9. | 1.10. | 1.11. | 1.12. |
| | | | | | | | | | | | | Bauzeit 1. Monat | 2. Monat | 3. Monat | 4. Monat | 5. Monat | 6. Monat | 7. Monat | 8. Monat | 9. Monat | 10. Monat |
| 1+2 | | Baustelleneinrichtung Antransport u. Aufbau von Geräten u. Baracken | | | | 1100 | | 10 | 110 | 10 | 11 | | | | | | | | | | |
| | 82 | Spundwand rammen | 2200 m² | 3,2 | | 7040 | | 10 | 704 | 10 | 71 | | | | | | | | | | |
| | 47 | Kanalaushub | 7850 m³ | 2,5 | | | | | 314 | 10 | 32 | | | | | | | | | | |
| | | Vorarbeiten Schalung | | | | 800 | | 10 | 80 | 10 | 9 | | | | | | | | | | |
| | 108-184 | Betonarbeiten unterteilt in 10 Abschnitte je Abschnitt | | | | | | | | | | | | | | | | | | | |
| | | Schalarbeiten | | | | 620 | | 10 | 62 | 8 | 8 | | | | | | | | | | |
| | | Bewehrungsarbeiten | | | | 290 | | 10 | 29 | 7 | } 8 | | | | | | | | | | |
| | | Betonierarbeiten | | | | 300 | | 10 | 30 | 7 | | | | | | | | | | | |
| | 125 | Auskleidung der Gerinne | 200 lfd.m | 3,3 | | 660 | | 10 | 66 | 3 | 22 | | | | | | | | | | |
| | 137-143 | Isolierarbeiten (Subunternehmer) | 41000 m² | 0,3 | | 12300 | | 10 | 1230 | 6 | 24 | | | | | | | | | | |
| | 48 | Baugrube verfüllen u. Material verdichten | 3600 m³ | 2,0 | | 180 | | 10 | | | 18 | | | | | | | | | | |
| | 83 | Spundwand ziehen | 2200 m² | 1,0 | | 2200 | | 10 | 220 | 10 | 22 | | | | | | | | | | |
| | 3-5 | Geräteabbau und Baustelle räumen | | | | 800 | | 10 | 80 | 10 | 8 | | | | | | | | | | |
| | | (usw.) | | | | | | | | | | | | | | | | | | | |

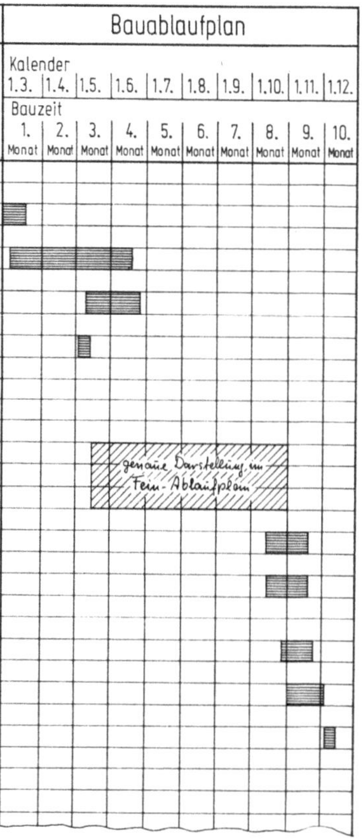

Bild 2.2-16 b. Feinplan einer Tiefbaustelle.

| lfd. Nr. LV | BAS Nr. | Fertigungsvorgang und Bauteil | Mengen- angabe | je Einheit Aufw. | je Einheit Leistg. | Gesamtstunden Personal | Gesamtstunden Masch. | tgl. Arb. Zeit h/T | Tage Wer- ke | Anz. Pers. | Arb. Tage |
|---|---|---|---|---|---|---|---|---|---|---|---|
| | | Übertrag | | | | | | | | | |
| | | | | ① | ② | ③ | ④ | ⑤ | ⑥ | ⑦ | ⑧ | ⑨ |
| | 1.) | Einschalen der Stützen 40×60 cm; Höhe 3,5 m; 15 St. | | | ① × ② = | | ④ : ⑥ = ⑦ : ⑧ = | | | | |
| | | a) | 105 m² | 1,4 | | 149 | | 8 | 18 | 3 | 6 |
| | | | | | | | | ⑦ : ⑨ = | | | |
| | | b) | 105 m² | 1,4 | | 149 | | 8 | 18 | 6 | 3 |

Bild 2.2-17. Arbeitsverzeichnis.

## 2.2 Leistungserstellung (Auftragsabwicklung)

Mit Hilfe folgender Beispiele wird der Gebrauch dieses Formulars näher erklärt:
Einschalen von Stützen: 40% 60 cm, Höhe 3,50 m, 15 Stück (Bild 2.2-17)

a) bekannt: Menge: 105 m²
   Aufwandswert: 1,4 h/m²
   tägliche Arbeitszeit: 8 h/T
   Arbeitsgruppe: 3 Mann
   ermittelt: Gesamtstunden 147 h
   Ausführungszeit für Einschalen der Stützen: 6 AT

b) bekannt: Menge: 105 m²
   Aufwandswert: 1,4 h/m²
   tägliche Arbeitszeit: 8 h/T
   max. Ausführungszeit für Einschalen der Stützen: 3 AT
   ermittelt: Gesamtstunden 147 h
   Anzahl der Arbeiter für Schalkolonne 6 Arbeiter
   d. h. 2 Gruppen je 3 Mann

### 2.2.1.4 Bereitstellungsplanung

Im Bereitstellungsplan sind Anzahl, Art und Einsatzdauer der produktiven Faktoren (Betriebsmittel, Arbeitskräfte, Stoffe) angegeben (Bild 2.2-18). Der Zeitraum des Einsatzes ist aus dem Ablaufplan ersichtlich. Bereitstellungsplan und Ablaufplan gehören zusammen und werden meist auf einer Zeichnung dargestellt.

Für *Arbeitskräfte* wird oft die Form des *Mengen-Zeit-Diagramms* (Bild 2.2-14) verwendet, während die *Betriebsmittel* (i. allg. Maschinen) in Form des *Balkendiagramms* einzeln dargestellt werden (Bild 2.2-18).

**2.2.1.4.1 Arbeitskräfte.** Nach Aufstellung des *Arbeitskräfte-Bedarfsplanes* ist mit der Personalverwaltung des Unternehmens der Einsatz der Arbeitskräfte festzulegen. Es kann dabei auf *Personalkarteien* zurückgegriffen werden, aus denen berufliche Fähigkeit, gegenwärtiger Einsatzort und persönliche Daten hervorgehen. Bei einer sehr gut ausgebildeten Fertigungsplanung (Arbeitsvorbereitung) werden Stammarbeiter ähnlich wie Betriebsmittel in Sichtkarteien geführt, die nach Einsatzort geordnet sind. Die Versetzung von Arbeitskräften von einer Baustelle zur anderen ist nur nach vorheriger Rücksprache mit dem betroffenen Mitarbeiter und dem zuständigen Baustellenführungspersonal vorzunehmen (s. a. 2.1.2.4).

**2.2.1.4.2 Geräte** [22; 18]. Hierher gehören Maschinen, Schal- und Rüstelemente, Werkzeuge, Kleingerät, Baracken und Baustellenausstattung. Für Maschinen, Baracken und Baustellenausstattung wird eine *Geräteliste* aufgestellt, aus der Zeitpunkt und Dauer des Einsatzes hervorgehen. Anhand dieser Liste hat die Geräteabteilung die notwendigen Dispositionen vorzunehmen und die Geräte vom Bauhof oder einer anderen Baustelle zu versenden. Vielfach obliegt es der Geräteabteilung (Maschienverwaltung), auch das dazu notwendige Maschinenpersonal zu beschaffen und den Aufbau der Baustelleneinrichtung zu übernehmen (s. a. 2.1.2.3).

Rüst- und Schalmaterialeinsatz sollten ebenfalls vorgeplant werden. Dazu gehört das Anfertigen von Arbeitsplänen, die als Basis für Bereitstellungsplanung dienen. Werkzeuge und Kleingerät werden i. allg. nicht so eingehend vorgeplant wie die anderen Betriebsmittel. Hier genügt es, wenn auf Grund von Erfahrungswerten in Abhängigkeit von der Art und Größe der Arbeitskolonnen bestimmte Standardausrüstungen der Baustelle auf Abruf zugeleitet werden.

**2.2.1.4.3 Stoffe.** Ein Bereitstellungsplan für Stoffe mit Angabe der Anlieferungstermine wird nur für ausgesprochene Großbaustellen aufgestellt, bei denen ein großer Stoffbedarf konzentriert anfällt (z. B. Deckenbau großer Autobahnlose). Weiter werden *Stoffbereitstellungspläne* dort ausgearbeitet, wo eine schwierige Versorgungslage langfristige Dis-

## 2.2.1 Fertigungsplanung (Arbeitsvorbereitung)

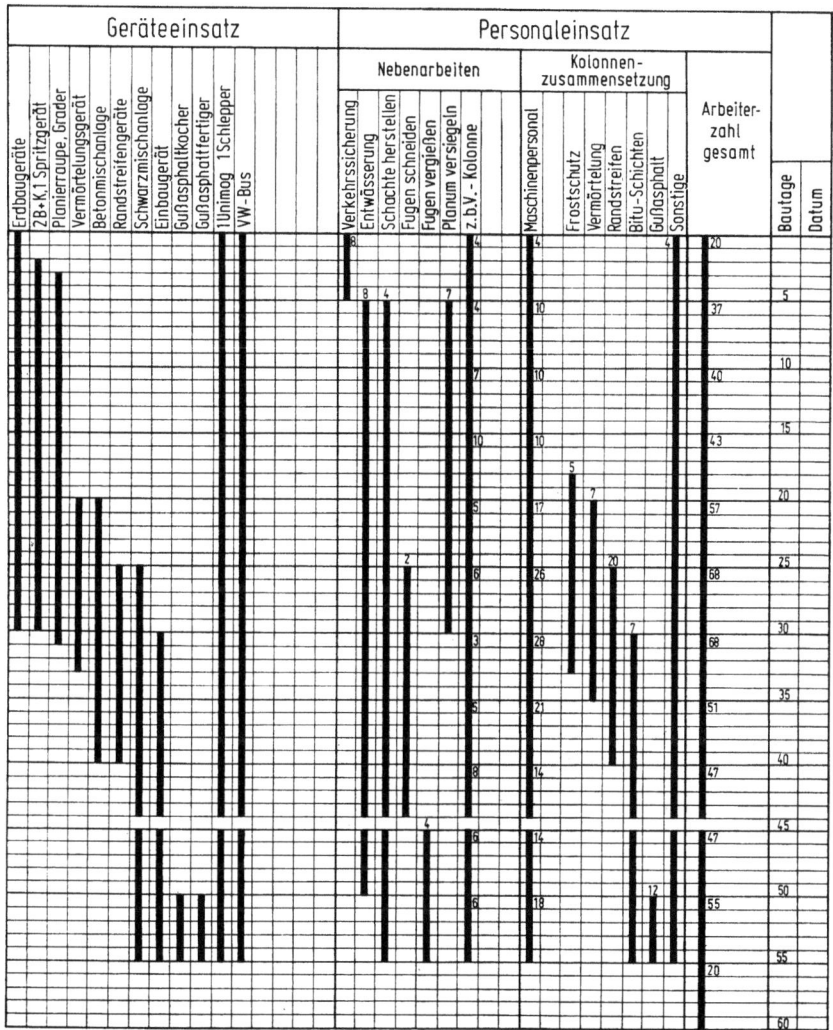

Bild 2.2-18. Bereitstellungsplan für Geräte und Arbeitskräfte.

positionen notwendig macht, (z. B. bei Auslandsbaustellen). Für die meisten Baustellen genügt eine *Rahmenvereinbarung* mit entsprechenden Lieferanten, wobei dann die Einzelmengen durch die Baustelle kurzfristig abgerufen werden.

### 2.2.1.5 Planung der Baustelleneinrichtung
(vgl. 2.4) [30]

Nach Abschluß der Ablauf- und Bereitstellungsplanung ist mit der Planung der Baustelleneinrichtung zu beginnen. Meist wird man sich im Zuge der Ablaufplanung schon mit der Einrichtung der Baustelle beschäftigt haben, da Bauablauf und Baustelleneinrichtung eng ineinandergreifen. Es wird dabei oft zunächst ein *vorläufiger Einrichtungsplan* verwendet, der nach Abschluß der Ablaufplanung in den *endgültigen Einrichtungsplan* umgewandelt wird.

### 2.2.1.6 Arbeitspläne

Neben den Ausführungszeichnungen für das Bauobjekt und den unter 2.2.1.2 bis 2.2.1.5 beschriebenen Plänen sind noch weitere Pläne anzufertigen, die entweder *Arbeitsanweisungen* oder *Ausführungszeichnungen* für *Betriebsmittel* und *Hilfskonstruktionen* darstellen.

Wegen des erheblichen Arbeitsaufwandes, der bei Betonbauten aller Art durch *Schalung* und *Rüstung* auf der Baustelle verursacht wird, empfiehlt es sich, die Gestaltung der Schalung und Rüstung nicht der Baustelle zu überlassen, sondern diese in der Arbeitsvorbereitung sehr detailliert zu planen. Soweit es sich dabei um *Lehrgerüste* von Brücken und weitgespannten Hallen handelt, wird vom Auftraggeber i. allg. eine prüffähige Zeichnung mit statischer Berechnung gefordert. Aber auch bei anderen Stahlbetonbauten lohnt eine genaue Ausarbeitung von Plänen. Dabei ist besonders auf Verwendungsmöglichkeit von Großflächenschalung, standardisierten Elementen und Schalungsvorfertigung zu achten. Wegen der Bedeutung einer wirtschaftlichen Schalung und Rüstung haben Betonbauunternehmungen vielfach eigene Schalungskonstruktionsbüros eingerichtet.

### 2.2.1.7 Organisationsmittel der Fertigungsplanung

In den letzten Jahren hat die elektronische Datenverarbeitung (EDV) Eingang in die Arbeitsvorbereitung im Bauwesen gefunden. Dabei wird sie vor allem für die Netzplantechnik und die Fertigungsplanung und Fertigungssteuerung in Fertigteilwerken eingesetzt, da hier infolge der gleichartigen Arbeiten ein geschlossenes System von der Angebotskalkulation bis zur Abrechnung angewendet werden kann. Voraussetzung ist die Typisierung von Fertigteilen, für die die zugehörigen Vorgabezeiten, Baustoffe und Einbauteile gespeichert sind.

Bei der Baustellenfertigung erfordert der Einsatz der EDV eine Aufgliederung der Arbeiten nach gleichartigen Arbeitsvorgängen auf der Grundlage eines Bauarbeitsschlüssels (BAS). Soll ein geschlossenes System von der Angebotskalkulation bis zur Abrechnung verwendet werden, so muß bereits die Kalkulation auf BAS-Arbeitsvorgängen aufbauen. Werden die im Ablaufplan angegebenen Bauabschnitte mit den nach einem Bauarbeitsschlüssel verschlüsselten Arbeitsvorgängen verknüpft, so lassen sich daraus die benötigten Arbeitskräfte, Maschinen und Baustoffe als Funktion der Bauzeit berechnen. Auch die Verwendung eines Standardleistungsbuchs bei der Aufstellung der Leistungsverzeichnisse erleichtert den Einsatz der EDV bei der Arbeitsvorbereitung, da die Leistungsverzeichnisse gleiche standardisierte Positionen enthalten. Bei der Anwendung der Netzplantechnik in der Bauablaufplanung können die Termine mit der EDV berechnet werden (s. 2.2.4).

Außerdem empfiehlt sich die Anlegung einer Kartei, aus der Daten über Arbeitskräfte und Betriebsmittel entnommen werden können, soweit solche Informationen nicht in einer EDV-Anlage gespeichert sind und auf dem Bildschirm abgerufen werden.

Aus den Karteikarten soll folgendes zu ersehen sein:

Für Arbeitskräfte: Alter, Beruf, Lohnsatz, Familienstand, besondere berufliche Fähigkeiten, Möglichkeit der Auswärtsbeschäftigung, Zugehörigkeit zu einer bestimmten Fertigungsgruppe, Krankheit, Urlaub;

für Betriebsmittel: Art des Betriebsmittels, Baujahr, Fabrikat, Zustand, Motorleistung, Gewicht, Abmessungen, bisherige Baustelleneinsätze, Vormerkung für neue Baustellen, Reparaturkosten, Dauer des gegenwärtigen Einsatzes, Einsatzort, Abschreibung und Verzinsung, Verschleißteilkosten (z. B. Reifenverschleiß), Betriebsstoffkosten.

Außerdem sollte die Fertigungsplanung eine Kartei mit *Aufwands-* und *Leistungswerten* für die wichtigsten Arbeiten besitzen.

### 2.2.1.8 Die organisatorische Stellung der Fertigungsplanung

Die Arbeitsvorbereitung hat den Charakter einer Stabsfunktion, wie das Technische Büro. Sie wird deshalb meist als Stabsstelle der Geschäftsleitung zugeordnet. Seltener ist die Unterstellung unter die Oberbauleitung anzutreffen, da hierdurch der Einfluß der bauausführenden Stellen die sachliche Arbeit beeinträchtigen kann (Bild 2.2-19).

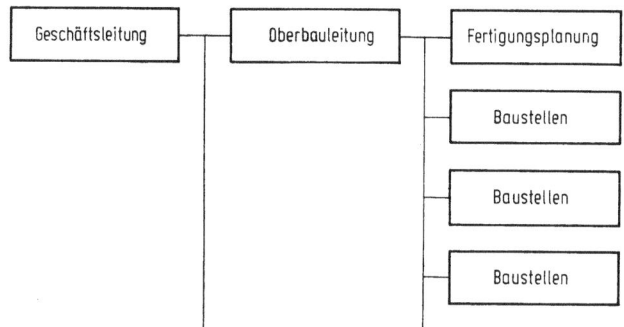

Bild 2.2-19. Organisationsplan für die Unterstellung der Fertigungsplanung unter die Oberbauleitung.

Bei Großunternehmen mit Niederlassungen sollte zumindest am Sitz der Hauptniederlassungen eine eigene Arbeitsvorbereitung bestehen (Bild 2.2-20). Darüber hinaus ist ein zentrales Schalungsbüro und eine zentrale Arbeitsvorbereitung am Sitz der Hauptverwaltung zu empfehlen für Aufgaben, die über die Erfahrung und das Arbeitsvermögen der einzelnen Niederlassungen hinausgehen (Bild 2.2-21). Aus dieser Zentralabteilung sollten dann auch Arbeitsvorbereiter auf diejenigen Baustellen entsandt werden, die an Ort und Stelle die Arbeitsvorbereitung durchführen.

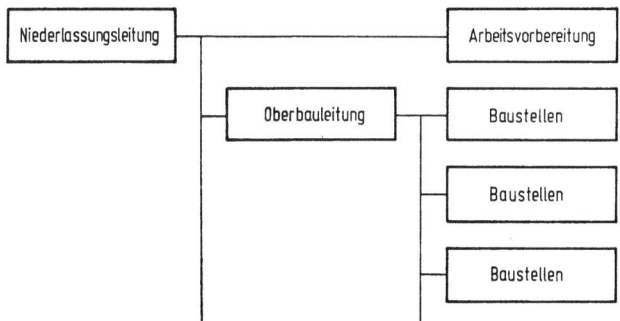

Bild 2.2-20. Arbeitsvorbereitung als Stabsstelle einer Niederlassung.

Nur durch frühzeitige Zusammenarbeit mit der Baustellenleitung (Bauleiter, Bauführer, Poliere) haben alle Maßnahmen der Fertigungsplanung (Arbeitsvorbereitung) Aussicht, bei der Bauausführung befolgt zu werden. Einseitige Maßnahmen rufen den Widerstand der bauausführenden Stellen hervor. Darüber hinaus ist enger Kontakt mit der Kalkulationsabteilung, der Geräteabteilung (Maschinenverwaltung) und dem Konstruktionsbüro zu halten, da Entscheidungen dieser Abteilungen unmittelbaren Einfluß auf die Fertigungsplanung haben.

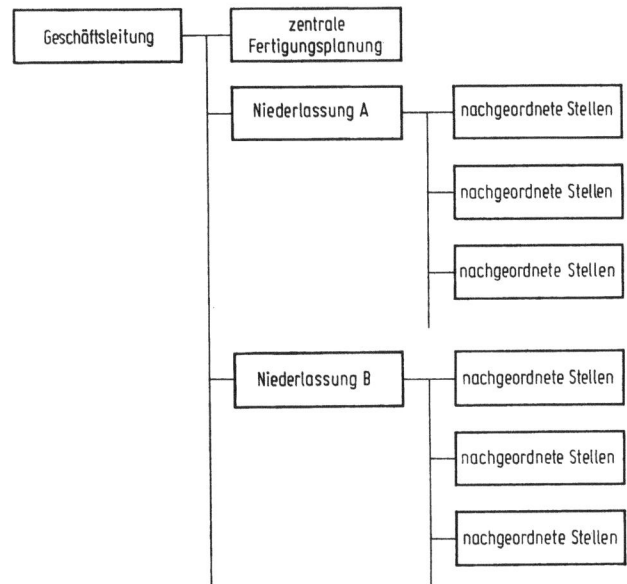

Bild 2.2-21. Organisationsplan für die direkte Unterstellung der Fertigungsplanung unter die Geschäftsleitung.

## 2.2.2 Kontrolle des Fertigungsablaufes

Die Kontrolle des Bauablaufes hat sich auf vier Gebiete zu erstrecken:
a) Einhaltung aller die menschliche Arbeit betreffenden gesetzlichen oder tariflichen *Bestimmungen* (z. B. Unfallverhütung, Jugendschutz);
b) *Bautermine*;
c) *Qualität* der Bausführung;
d) *Wirtschaftlichkeit* der Bauausführung.

### 2.2.2.1 Berichtswesen

[3, 18]

Voraussetzung für eine wirksame Kontrolle der Bauausführung ist ein ausgebautes Berichtswesen (*Bauberichterstattung*), das einen kontinuierlichen Überblick über den Einsatz von Arbeitskräften, Betriebsmitteln und Stoffen gestattet.

**2.2.2.1.1 Bautagebuch.** Soweit nicht bereits vom Auftraggeber vorgeschrieben (u. U. eigene Formblätter) ist auf der Baustelle vom verantwortlichen Bauleiter ein Tagebuch zu führen, das sämtliche Vorfälle auf der Baustelle festhält und der Geschäftsleitung einen Gesamtüberblick erlaubt. Es ist i. allg. zu berichten über: Arbeitskräfte, Einsatz der Geräte, Witterung, ausgeführte Leistungen, Anlieferung von Baustoffen, Eingang von Plänen, allgemeine Vorfälle (Bild 2.2-22). Das Bautagebuch kann bei späteren Unstimmigkeiten ein wichtiges Beweismittel sein. Der Auftraggeber oder der von ihm beauftragte Architekt oder Ingenieur sollte stets eine Durchschrift erhalten.

**2.2.2.1.2. Berichterstattung über Arbeitskräfte** Grundlage der Berichterstattung ist ein *Tages-Stundenbericht*, auf dem die Arbeitsstunden eingetragen werden, die für die Ausführung der einzelnen Arbeitsvorgänge verbraucht wurden. Für die Klassifizierung

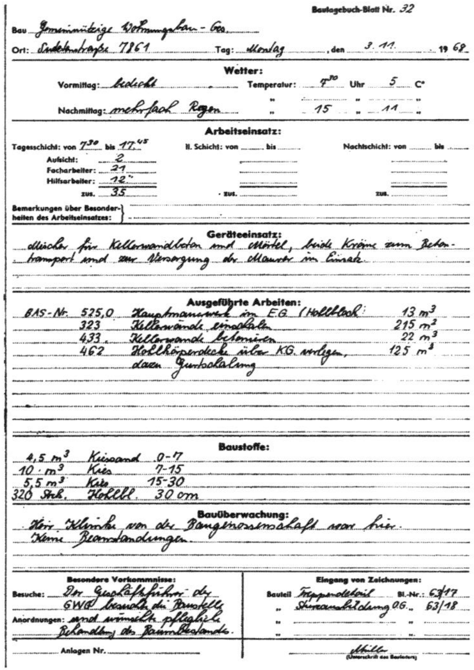

## 2.2.2 Kontrolle des Fertigungsablaufes

Bild 2.2-23. Tages-Stundenbericht.

Bild 2.2-22. Bautagebuch-Blatt.

der Arbeitsvorgänge ist der gleiche Schlüssel zugrunde zu legen, der bereits bei dem Arbeitsverzeichnis angewendet worden ist (z. B. Bauarbeitsschlüssel). Die Berichte werden i. allg. vom Kolonnenführer (meist Polier) aufgestellt (Bild 2.2-23).

**2.2.2.1.3 Geräteberichterstattung** (*Maschinenberichterstattung*) [18]. Grundlage der Geräteberichterstattung ist der *Gerätebericht*, auch als *Maschinen-Tagesbericht* bezeichnet. Üblicherweise wird er nur für Großgeräte aufgestellt, soweit diese ständig im Einsatz sind, sich auf eine bestimmte Leistung zuordnen lassen und mit einem ständigen Maschinenführer besetzt sind. Großgeräte der Betonbaustelle, z. B. Mischanlagen, Turmdrehkrane, werden oft nicht in diese Berichtserstattung einbezogen. Hierüber kann auch im Bautagebuch berichtet werden. Gegenstand der Geräteberichterstattung sind somit vorzugsweise Geräte des Erd-, Tief- und Straßenbaues. In den Berichten ist anzugeben: Geräte-Belegungszeiten, aufgegliedert nach Stundenarten, Art der ausgeführten Bauleistung, u. U. Betriebsstoffverbrauch, besondere Vorkommnisse (Bild 2.2-24a und b; s. auch 2.5).

**2.2.2.1.4 Stoffberichterstattung.** Diese beschränkt sich vor allem auf solche Bauarbeiten, die stoffintensiv sind, wie z. B. Herstellung von Straßendecken, und bei denen der Stoffverbrauch nicht durch die Verwendung von maßgerechten Schalungen begrenzt ist. Da Mehrdicken von nur wenigen Millimeter bei Straßendecken bereits zu erheblichen Mehrkosten führen, müssen die Baustoffmengen anhand der Lieferscheine täglich durch Soll-Ist-Vergleich kontrolliert werden.

**2.2.2.1.5 Sonstige Baustellenberichte.** Neben den unter 2.2.2.1.1 bis 2.2.2.1.4 angeführten Berichten werden auf den Baustellen meist noch folgende Berichte verwendet: *Versandanzeigen* und *Empfangsanzeigen* für Stoffe und Betriebsmittel innerhalb des Unternehmens [18]; *Reparaturaufträge*, soweit die Baustelle eine eigene Werkstatt besitzt oder berechtigt ist, solche Aufträge zu erteilen; *Entnahmescheine* für Baustellenmagazine mit Angabe der Verwendung; *Aufmaßformulare* (s. 2.2.3.2).

## 2.2.2.2 Auswertung der Berichte

Anhand der ordnungsgemäß ausgefüllten Berichte ist es der Bauleitung und den vorgesetzten Stellen möglich, einen vollständigen und rechtzeitigen Überblick über den Bauablauf zu erhalten.

**2.2.2.2.1 Bautermine.** Die Kontrolle der Bautermine kann mit Hilfe des *Bautagebuchs* (Angabe über ausgeführte Leistungen) und der monatlichen *Leistungsmeldungen* erfolgen. Bei Leistungsmeldungen ist in einem gewissen Umfang Vorsicht geboten, da hier manchmal Verschiebungen in den ausgeführten Mengen vorgenommen werden.

**2.2.2.2.2 Wirtschaftlichkeit der Bauausführung (Baubetriebsrechnung, Nachkalkulation)** [21; 34]. Die Wirtschaftlichkeitskontrolle erfolgt i. allg. mittels zwei Methoden:

a) *Baubetriebsrechnung*
b) *Nachkalkulation*.

In der *Baubetriebsrechnung* werden Kosten und bewertete Bauleistungen gegenübergestellt.

Die Aufgabe der *Nachkalkulation* ist es, die Ansätze der Vorkalkulation zu überprüfen und einen Soll-Ist-Vergleich durchzuführen. Hierzu werden die unter 2.2.2.1 aufgeführten Berichte herangezogen. Da vor allem die für die Bauausführung benötigten Arbeitsstunden durch baustelleninterne Maßnahmen beeinflußt werden können, erstreckt sich die Nachkalkulation in erster Linie auf den Soll-Ist-Vergleich der *Arbeitsstunden*. Dem Mengenvergleich ist bei den Arbeitsstunden ein Kostenvergleich zur Seite zu stellen, da weitere erhebliche Differenzen bei den Kosten des Mittellohnes, den Lohnnebenkosten und den Zuschlägen für Überstunden, Sonntags- und Feiertagsarbeit anfallen können.

Außerdem wird vielfach die Nachkalkulation auf die *Geräte-* und die *Stoffkosten* ausgedehnt, da auch hier weitgehend Abweichungen von den Sollkosten auftreten können. Da die Abschreibung und Verzinsung der Geräte proportional der Zeit verläuft, wirkt sich jede Terminüberschreitung unmittelbar in einer Überschreitung der Gerätekosten aus.

**Tagesarbeitsbericht Nr 172** — Datum 19. 7 1972

Baustelle: Bundesstraße 27

Fertigungskolonne: Bitu-Unterbau

Tägliche Leistung: Einbau Bitu-Kies 885 to von Km 4+245 – Km 4+562

| Geräte-Nr. | Geräte | Arbeiter | Beruf | Personal: Bitu-Kies einbauen und verdichten | Personal: Geräte umsetzen | Personal: Geräte Wartung | Personal: Verkehrssicherung | Personal: Aufsicht | Personal: Nacharbeiten | Personal: Reparatur | Personal: Gesamtstunden | Geräte: Bitu-Kies einbauen und verdichten | Geräte: Wartung | Geräte: Reparatur | | | | | | Geräte: Gesamtstunden |
|---|---|---|---|---|---|---|---|---|---|---|---|---|---|---|---|---|---|---|---|---|
| | | BAS Teilleistung | | | | | | | | | | | | | | | | | | |
| | | Steinmann | VA | 5 | | | 1 | 4 | | | 10 | | | | | | | | | |
| | Fertiger | Meill | MF | 8½ | ½ | 1 | | | | ½ | 10½ | 9 | 1 | ½ | | | | | | 10½ |
| 521/9 | | Schulner | FA | 8½ | ½ | 1 | | | | ½ | 10½ | | | | | | | | | |
| 361/4 | Tandemwalze | Huber | MF | 9½ | | 1 | | | | | 10½ | 9½ | 1 | | | | | | | 10½ |
| 361/9 | Gummiradwalze | Roeder | MF | 9½ | | 1 | | | | | 10½ | 9½ | 1 | | | | | | | 10½ |
| 361/15 | Dreiradwalze | Kurz | MF | 9½ | | 1 | | | | | 10½ | 9½ | 1 | | | | | | | 10½ |
| | | Meyer | FA | 8½ | ½ | | | | ½ | | 9½ | | | | | | | | | |
| | | Schulze | HA | 7½ | ½ | | 1 | | ½ | | 9½ | | | | | | | | | |
| | | Kreuz | HA | 7½ | ½ | | 1 | | ½ | | 9½ | | | | | | | | | |
| | | | | | | | | | | | | | | | | | | | | |
| | | | | | | | | | | | | | | | | | | | | |
| | | | | | | | | | | | | | | | | | | | | |
| | | | | | | | | | | | | | | | | | | | | |
| | | | | | | | | | | | | | | | | | | | | |
| | | | | | | | | | | | | | | | | | | | | |
| | | | Σ | | | | | | | | | | | | | | | | | |

Bemerkungen: 1/2 Stunde Unterbrechung, Reparatur am Fertiger

Aufgestellt [signature] | Geprüft Po. | Ausgewertet [signature]

Bild 2.2-24 a. Tagesarbeitsbericht (Geräte und Arbeiter).

**Maschinen - Tagesbericht**

Baustelle: Maschine

| | Bauleistung | | | | Wartezeiten | Maschinenwartung | | Gesamtstunden |
|---|---|---|---|---|---|---|---|---|
| Datum | | | | | | | | |
| Arbeitszeit | | | | | | | | |
| Maschinenstunde | | | | | | | | |
| erbrachte Bauleistung | | | | | | | | |
| Maschinenpersonal 1 | | | | | | | | |
| 2 | | | | | | | | |

Bemerkungen

Bild 2.2-24 b. Maschinen-Tagesbericht.

Für einen Vergleich von Baubetriebsrechnung und Vorkalkulation müssen beide nach gleichen Kostenarten untergliedert werden. Ein Vergleich läßt sich aber nur unter Zuhilfenahme der Berichterstattung (2.2.2.1) erreichen. Da ein solcher Vergleich sehr arbeitsaufwendig ist, werden hierfür meist *Datenverarbeitungsanlagen* verwendet.

#### 2.2.2.3 Qualitätskontrolle

Eine wichtige Aufgabe der Baustellenleitung ist die Überwachung der Qualität und Maßhaltigkeit des Bauwerks. Als Grundlage hierfür gelten die DIN-Normen und die entsprechenden Vorschriften der Auftraggeber. Die Qualitätsprüfung kann entweder am Bauwerk selbst (z. B. Proctorversuch, Kugelschlagproben, Ebenheitsmessungen) oder an entnommenen Baustoffproben (z. B. Betonwürfel, Zementproben, Mischgutproben beim bituminösen Deckenbau, Bohrproben) durchgeführt werden, vgl. 4.3.

Die Einhaltung der Maßtoleranzen wird durch Vermessen kontrolliert. Bei der Fertigteilherstellung hat die Qualitätskontrolle eine besondere Bedeutung, da Maßabweichungen zu erheblichen Montageschwierigkeiten führen. Außerdem ist die Ausbesserung von Fehlstellen erheblich leichter im Werk als auf der Baustelle möglich. Es ist deshalb im Werk eine von der Fertigung unabhängige Qualitätskontrolle einzurichten.

#### 2.2.2.4 Einhaltung der Arbeitsschutzbestimmungen

(vgl. 3.3.3.19) [5]

Unter Arbeitsschutz ist der den Arbeitnehmern gewährte Schutz vor Gefahren zu verstehen, die sich aus der Arbeit ergeben. Wichtige Teilgebiete der Arbeitsschutzgesetzgebung sind der Arbeitszeit, den Sondervorschriften für Frauen und Jugendliche und dem Betriebsschutz gewidmet. Der *Betriebsschutz* betrifft alle Gefahren, die aus den technischen Betriebseinrichtungen für das Leben und die Gesundheit der Arbeitnehmer entstehen können. Zu diesem Zweck sind von den Berufsgenossenschaften *Unfallverhütungsvorschriften* erlassen, zu deren Anwendung der Unternehmer gesetzlich verpflichtet ist.

Die *gewerblichen Berufsgenossenschaften* sind Zwangsvereinigungen von Unternehmern derselben oder verwandter Gewerbezweige. Sie sind die Träger der gesetzlichen *Unfallversicherung*. Außerdem haben sie die Durchführung der Unfallverhütungsvorschriften zu überwachen. Die Beiträge richten sich nach dem Grad der Unfallgefahr. Es gibt sieben Bau-Berufsgenossenschaften (vorwiegend Unternehmen des Hochbaues) und eine Tiefbau-Berufsgenossenschaft.

Auf der Baustelle ist für die Anwendung der allgemein anerkannten Regeln der Baukunst, zu denen auch die Unfallverhütungsvorschriften gehören, der vom Bauherrn bestellte *Verantwortliche Bauleiter* verantwortlich. Nur bei geringfügigen Bauarbeiten kann die Bauaufsichtsbehörde auf ihn verzichten. Er hat insbesondere darauf zu achten, daß die Arbeiten der Unternehmer ohne gegenseitige Gefährdung durchgeführt und die Arbeitsschutzbestimmungen eingehalten werden. Näheres dazu ist den *Länderbauordnungen* zu entnehmen. Verantwortlicher Bauleiter ist i. allg. ein Architekt oder ein Bauingenieur, es sei denn der Auftragnehmer, meist der Rohbauunternehmer, ist gegenüber der Baubehörde als verantwortlicher Bauleiter benannt worden. Der Unternehmer kann sich dabei auch durch einen besonders befähigten Bauführer vertreten lassen. Ein Polier oder Vorarbeiter genügt nicht. Beherrscht der verantwortliche Bauleiter ein Spezialgebiet nicht genügend, so kann er den Bauherrn veranlassen, einen *Fachbauleiter* für dieses Gebiet heranzuziehen.

Auch nach VOB, Teil B, § 4, Nr. 2(2) ist der Auftragnehmer seinen Arbeitnehmern für die Erfüllung der berufsgenossenschaftlichen Verpflichtungen verantwortlich. Er hat bei der Ausführung die anerkannten Regeln der Technik, die gesetzlichen und die polizeilichen Vorschriften zu beachten.

Kommt es im Betrieb des Bauunternehmers zu einem *Arbeitsunfall*, der auf die Nichtbeachtung der Unfallverhütungsvorschriften zurückzuführen ist, so haftet nach der RVO (Reichsversicherungsordnung) der Bauunternehmer.

## 2.2.3 Bauleistungsabrechnung
[6, 19, 29]

### 2.2.3.1 Abrechnungsgrundlagen

In der Bauabrechnung werden die Bauleistungen ermittelt und dem Auftraggeber auf Grund eines Einheitspreises oder Pauschalpreises in Rechnung gestellt. Außerdem können Bauleistungen auch in Form von Stundenlohnverträgen oder Selbstkostenerstattungsverträgen vereinbart werden (vgl. 3.2.1.2). Grundlage der Bauabrechnung sind der *Bauvertrag*, die entsprechenden Vorschriften (z. B. VOB Teil B, §§ 14, 15, 16; ZTVE — StB; ZV Stra, VOB Teil C) und die Reichsrechnungslegungsordnung (RRO) für öffentliche Auftraggeber.

Besondere Bedeutung hat innerhalb des Bauvertrages für die Abrechnung das *Leistungsverzeichnis* (LV) mit der zugehörigen Kalkulation; vgl. 3.3.2.1 und 3.3.3.

Für die Zwecke der Baubetriebsrechnung genügt die Angabe der abgerechneten Bauleistungen nicht. Entsprechend Bild 2.2-25 sind noch Abgrenzungen vorzunehmen (B, C, D).

A Hergestellte und abgerechnete Bauleistungen
  1. Bauleistungen laut Leistungsverzeichnis;
  2. Nachtragsarbeiten, anerkannt;
  3. Nachtragsarbeiten, nicht anerkannt;
  4. Stundenlohnarbeiten;
  5. Leistungen Dritter, soweit nicht unter 1 bis 3 aufgeführt;
  6. Leistungen für Dritte.

B Hergestellte, jedoch nicht abgerechnete Bauleistungen

C Abgerechnete, jedoch noch herzustellende Bauleistungen

D Korrekturposten
  1. Lohnerhöhungen laut Lohngleitklausel;
  2. Stoffpreiserhöhungen laut Stoffpreisgleitklausel
  3. Preisnachlässe;
  4. Rückstellungen für Garantiearbeiten;
  5. zu erwartende Abstriche;
  6. Baustellenvorräte.

Bild 2.2-25. Leistungsermittlung [21].

### 2.2.3.2 Leistungserfassung und Mengenberechnung

Nach VOB/B, § 14,2 ist das Aufmaß gemeinsam von Auftraggeber und Auftragnehmer durchzuführen (vgl. 3.3.3.14). Die Aufmaße werden entweder anhand von Ausführungszeichnungen (z. B. im Betonbau) oder als vermessungstechnische Aufmaße unter Benutzung von Vermessungsinstrumenten (z. B. im Erdbau) durchgeführt. Während bei der Mengenberechnung im Hochbau die Mengen unmittelbar durch einfache Rechenoperationen ermittelt werden, sind bei Verwendung von vermessungstechnisch ermittelten Aufmaßen i. allg. längere Rechenoperationen notwendig.

Soweit Positionen im LV pauschal ausgeschrieben sind (z. B. Baustelleneinrichtung), ist derjenige Prozentsatz in Rechnung zu stellen, der bis zu dem jeweiligen Zeitpunkt der Leistungsermittlung fertiggestellt war. Dabei ist es unerheblich, ob der Wert der fertiggestellten Leistung dem entsprechend ermittelten Teilbetrag der Pauschalposition entspricht. Maßgebend ist allein, zu welchem Bruchteil die Leistung bereits ausgeführt ist. Voraussetzung ist allerdings, daß Leistungsbeschrieb und in Rechnung gestellte Leistung übereinstimmen. Für vermessungstechnische Aufmaße werden i. allg. *Aufmaßbücher* verwendet, in denen Formulare für den Aufschrieb und die Ausrechnung angeordnet sind (Bild 2.2-26a und 26b).

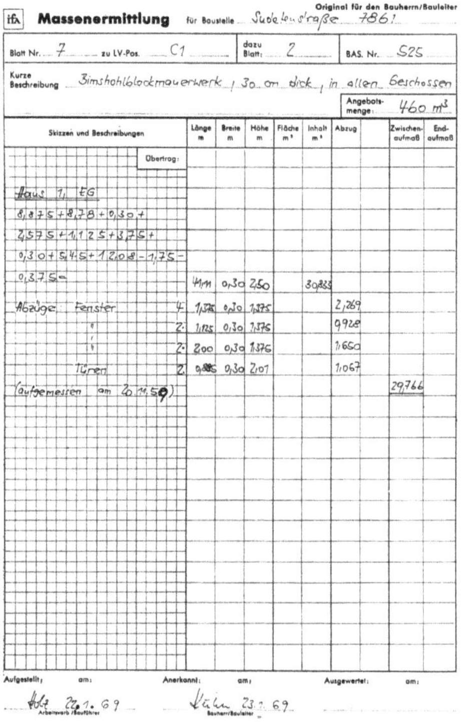

Bild 2.2-26a. Aufmaßformular für Mauerwerksbau.

Die *Mengenberechnung* (Umwandlung der Aufmaße in die Leistungseinheiten) ist der umfangreichste und aufwendigste Teil der Leistungserfassung. Hierbei werden sowohl numerische als auch graphische Verfahren benutzt. Dabei werden vorwiegend *Tischrechenmaschinen* oder *Planimeter* verwendet (Elektronische Bauleistungsabrechnung s. 2.2.3.5).

Bei der numerischen Berechnung von *Flächen* und *einfachen Körpern* werden die aus der Geometrie bekannten Formeln benutzt. Ferner sei auf Formeln bzw. Rechenverfahren hingewiesen, die sich speziell für die Bedürfnisse der Bauabrechnung eignen (*Heron-Formel*, *Gauß-Dreiecksformel*, Rechenverfahren nach L. P. *Elling*).

### 2.2.3 Bauleistungsabrechnung

Für Berechnung von *unregelmäßigen Körpern* aus Profilen werden nach DIN 18300, Abschnitt 5.11.1, die Erdmassen zwischen zwei Profilen $F_1$ und $F_2$ berechnet nach der Formel

$$M = \frac{F_1 + F_2}{2} \cdot l; \quad l \text{ Achsabstand beider Profile}$$

Weitere Verfahren s. [6].

### Beispiel: Flächenberechnung für $n=4$

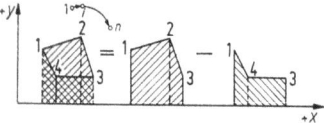

Trapezfläche $F = \frac{1}{2}(x_{i+1}-x_i)(y_{i+1}+y_i)$

Berechnungsfläche $F_{1...n} = \frac{1}{2}\sum_{i=1}^{i=n-1}\left[(x_{i+1}-x_i)(y_{i+1}+y_i)\right] + \frac{1}{2}(x_1-x_n)(y_1+y_n)$

Durch Änderung der Flächenform für Kurbel- oder elektrische Rechenmaschine aufbereitet (Gauß-Elling-Verfahren)

| Station km: | | | Projekt: | | |
|---|---|---|---|---|---|
| Punkt | $x_i$ | $x_{i+1}-x_i$ / $x_1-x_n$ | $y_i$ | $y_{i+1}+y_i$ / $y_1+y_n$ | $2F_{i(i+1)}$ |
| 1 | 2 | 3 | 4 | 5 | 6 |
| | | | | | Sp 3×5 |
| 1 | $x_1$ | | $y_1$ | | |
| 2 | $x_2$ | $x_2-x_1$ | $y_2$ | $y_2+y_1$ | $2F_{12}$ |
| 3 | $x_3$ | $x_3-x_2$ | $y_3$ | $y_3+y_2$ | $2F_{23}$ |
| 4 | $x_4$ | $x_4-x_3$ | $y_4$ | $y_4+y_3$ | $2F_{34}$ |
| | | $x_1-x_4$ | | $y_1+y_4$ | $2F_{41}$ |
| $F_{1234}=$ | | | | $2F = \sum_{1}^{4} 2F_{i(i+1)} =$ | |

### Erdmassenberechnung

| Station km | Profilabstand | halber Pr.-ab. | Projekt: | | | | | | | | | Aufgestellt am | | | | Blatt-Nr. | | | | | | | |
|---|---|---|---|---|---|---|---|---|---|---|---|---|---|---|---|---|---|---|---|---|---|---|---|---|
| | | | Erdmassen | | | | | | Humus | | | | Frostschutz-schicht | | | sonstige Massen | | | | | | | | |
| | | | Abtrag | | | Auftrag | | | Abtrag | | | Auftrag | | | | | | Felsabtrag | | | Schutt-Schlick | | | |
| S | | | $F_i$ | $F_i \cdot F_{i+1}$ | Masse | $F_i$ | $F_i \cdot F_{i+1}$ | Masse | $F_i$ | $F_i \cdot F_{i+1}$ | Masse | $F_i$ | $F_i \cdot F_{i+1}$ | Masse | $F_i$ | $F_i \cdot F_{i+1}$ | Masse | $F_i$ | $F_i \cdot F_{i+1}$ | Masse | $F_i$ | $F_i \cdot F_{i+1}$ | Masse |
| 1 | 2 | 3 | 4 | 5 | 6 | 7 | 8 | 9 | 10 | 11 | 12 | 13 | 14 | 15 | 16 | 17 | 18 | 19 | 20 | 21 | 22 | 23 | 24 |
| Übertrag | | | | | | | | | | | | | | | | | | | | | | | | |
| Kontrollen: | | | | | | | | | | | | | | | | | | | | | | | | |
| | | Summe | | | | | | | | | | | | | | | | | | | | | | |

Bild 2.2-26b. Erstmassenberechnung.

#### 2.2.3.3 Rechnungsaufstellung

In der Rechnungsaufstellung werden die ermittelten Leistungseinheiten (Massenberechnung) mit den Preisen des LV multipliziert. Es ist dabei zu unterscheiden zwischen *Schlußrechnung*, *Teilschlußrechnung*, *Abschlagsrechnung*, Rechnung für eine *Vorauszahlung*.

**2.2.3.3.1 Schlußrechnung** (vgl. 3.3.3.14 und 3.3.3.16). In der Schlußrechnung ist der Text der Leistungsbeschreibung, u. U. abgekürzt, wiederzugeben. Dabei sind sämtliche im Zusammenhang mit dem Bauauftrag erbrachten Leistungen aufzuführen. Änderungen und Nachträge sind gesondert aufzustellen. Oft wird verlangt, daß auch nicht ausgeführte Positionen des LV mit aufgeführt und mit dem Vermerk „entfällt" versehen werden. Zur Schlußrechnung gehören sämtliche Abrechnungsunterlagen, wie z. B. Massenberechnungen, Zeichnungen.

In der Schlußrechnung sind evl. vereinbarte *Lohn- und Stoffpreisgleitklauseln* anzuwenden und die errechneten Beträge ebenfalls gesondert aufzuführen.
Nach VOB/B, § 14,Nr. 3, sind gewisse Fristen für die Aufstellung der Schlußrechnung in Abhängigkeit von der Ausführungszeit einzuhalten. Für Bauzeit von einem Jahr beträgt diese 30 Werktage nach der terminlichen Fertigstellung. Meist werden längere Fristen zugestanden.

Nach vorbehaltloser Annahme der Schlußrechnung durch den Auftraggeber ist die Frist für Vorlage von Nachtragsforderungen beendet. Auch unerledigte Nachtragsforderungen erlöschen mit der vorbehaltlosen Annahme der Schlußzahlung. Bei Fehlern in der Bauabrechnung erhält der benachteiligte Teil unter besonderen Umständen einen Anspruch auf Ausgleich, jedoch nur innerhalb der durch das BGB gegebenen Fristen (*Verjährung*), vgl. 3.2.13.5.

**2.2.3.3.2 Abschlagsrechnungen.** Während der Bauausführung werden in bestimmten Zeitabständen (meist monatlich) Abschlagsrechnungen über die bis zum Zeitpunkt der Rechnungsstellung erbrachten Leistungen aufgestellt. Der Text des LV wird dabei nur auszugsweise wiedergegeben. Abschlagszahlungen des Auftraggebers auf die vorgelegten Abschlagsrechnungen sind ohne Einfluß auf die Haftung und Gewährleistung des Auftragnehmers; sie gelten nicht als Abnahme von Teilleistungen. Sind in der Abschlagsrechnung Über- oder Unterschreitungen der ausgeführten Leistung vorgenommen, so können diese Abweichungen jederzeit in der Schlußrechnung korrigiert werden. Aus den in den Abschlagsrechnungen aufgeführten Leistungen entsteht also kein Rechtsanspruch auf deren Anerkennung in der Schlußrechnung, wenn nicht die entsprechenden Unterlagen beigebracht werden.

**2.2.3.3.3 Teilschlußrechnungen.** Da alle Abschlagsrechnungen nach Fertigstellung der Arbeit die Aufstellung einer Schlußrechnung erfordern, muß man zur Aufstellung sogenannter Teilschlußrechnungen übergehen, wenn man diese Doppelarbeit vermeiden will. Die in den Teilschlußrechnungen aufgeführten Leistungen gelten als endgültig erbracht, so daß an die Genauigkeit der Leistungsermittlung höhere Anforderungen gestellt werden als bei Abschlagsrechnungen (VOB/B, § 16, Nr. 3). Nach Vorlage der letzten Teilschlußrechnung und deren Annahme treten die gleichen Bestimmungen wie bei der Vorlage und Annahme der Schlußrechnung in Kraft. Die Summe der Teilschlußrechnung ist gleich der Schlußrechnung. Für Abschlagsrechnungen gilt das nicht.

### 2.2.3.4 Zahlung

Für die Zahlung gilt VOB/B § 16, vgl. 3.3.3.16. Hiernach sind bestimmte *Zahlungsfristen* einzuhalten (Abschlagszahlungen binnen 6 Werktagen, ausnahmsweise bis 12 Werktage; Schlußzahlungen binnen 2 Monaten). Die Rechnungen werden vom Auftraggeber i. allg. unter Abzug eines bestimmten Einbehaltes für die Gewährleistung und zur Verhinderung von Überzahlungen (meist 10%) ausgezahlt. Nach Vorlage und Anerkennung der Schlußrechnung bzw. der letzten Teilschlußrechnung wird dieser Einbehalt meist nach Vorlage einer entsprechenden Bankbürgschaft ausgezahlt.

### 2.2.3.5 Elektronische Bauabrechnung

[6, 19]

Der große Arbeitsaufwand für die Bauabrechnung, insbesondere bei Verwendung vermessungstechnisch ermittelter Aufmaße (i. allg. bei Erd- und Deckenbauarbeiten) hat zum verstärkten Einsatz der EDV geführt. Werden dabei Zwischenergebnisse wie bei der üblichen manuellen Form ausgewiesen, so ist nach [9] die Ersparnis auf mehr als 50% zu schätzen. Sie hängt ab von der Art der verwendeten Rechenverfahren.

Bei der *elektronischen Bauabrechnung* werden alle Eingabedaten (z. B. Meßwerte, Instrumentenablesungen) nur einmal eingegeben. Die Rechnung als Endergebnis aller Berechnungen wird ohne Zwischenergebnisse erstellt. Eine Zwischenprüfung ist also nicht mehr möglich. Die Prüfung einer mittels der elektronischen Bauabrechnung erstellten Rechnung erfordert eine vollständige Nachrechnung bis zum Endergebnis (Prüfberechnung).

Die Anwendung der elektronischen Bauabrechnung ermöglicht eine vollständige Erlösrechnung, d. h. jede Rechnung eines bestimmten Zeitabschnitts wird nicht mehr für sich allein aufgestellt und dann mit den vorhergehenden Rechnungen addiert, sondern jede Zwischenrechnung gibt die gesamte von Beginn der Baustelle an erbrachte Leistung an.

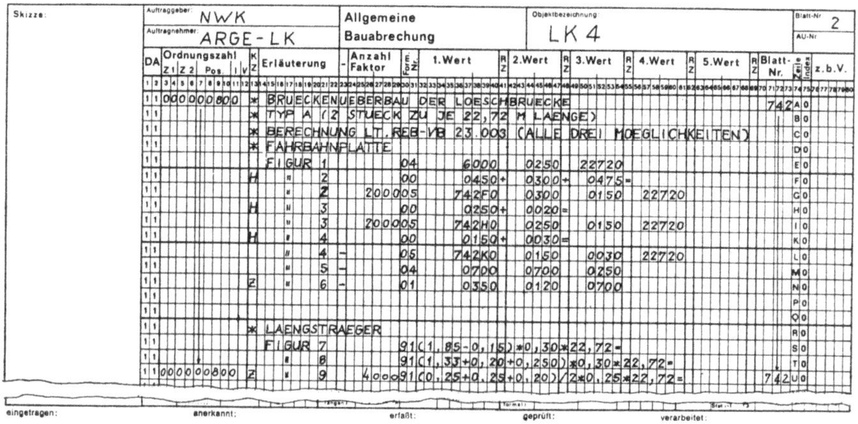

Skizze: | Auftraggeber: NWK | Auftragnehmer: ARGE-LK | Allgemeine Bauabrechung | Objektbezeichnung: LK 4 | Blatt-Nr. 2 | AU-Nr.

| DA | Ordnungszahl Z1 Z2 Pos. I V | KZ | Erläuterung | - | Anzahl Faktor | Form-Nr. | 1.Wert | RZ | 2.Wert | RZ | 3.Wert | RZ | 4.Wert | RZ | 5.Wert | RZ | Blatt-Nr. | Zeile Index | z.b.V. |
|---|---|---|---|---|---|---|---|---|---|---|---|---|---|---|---|---|---|---|---|
| 11 | 000000800 | * | BRUECKENUEBERBAU DER LOESCHBRUECKE | | | | | | | | | | | | | | 742 | A0 | |
| 11 | | * | TYP A (2 STUECK ZU JE 22,72 M LAENGE) | | | | | | | | | | | | | | | B0 | |
| 11 | | * | BERECHNUNG LT. REB-VB 23.003 (ALLE DREI MOEGLICHKEITEN) | | | | | | | | | | | | | | | C0 | |
| 11 | | * | FAHRBAHNPLATTE | | | | | | | | | | | | | | | D0 | |
| 11 | | | FIGUR 1 | | | 04 | 6000 | | 0250 | | 22720 | | | | | | | E0 | |
| 11 | | H | " 2 | | | 00 | 0450 | + | 0300 | + | 0475 | = | | | | | | F0 | |
| 11 | | | " 2 | | 2000 | 05 | 742F0 | | 0300 | | 0150 | | 22720 | | | | | G0 | |
| 11 | | H | " 3 | | | 00 | 0250 | + | 0020 | = | | | | | | | | H0 | |
| 11 | | | " 3 | | 2000 | 05 | 742H0 | | 0250 | | 0150 | | 22720 | | | | | I0 | |
| 11 | | H | " 4 | | | 00 | 0150 | + | 0030 | = | | | | | | | | K0 | |
| 11 | | | " 4 | - | | 05 | 742K0 | | 0150 | | 0030 | | 22720 | | | | | L0 | |
| 11 | | | " 5 | - | | 04 | 0700 | | 0700 | | 0250 | | | | | | | M0 | |
| 11 | | Z | " 6 | - | | 01 | 0350 | | 0120 | | 0700 | | | | | | | N0 | |
| 11 | | | | | | | | | | | | | | | | | | P0 | |
| 11 | | | | | | | | | | | | | | | | | | Q0 | |
| 11 | | * | LAENGSTRAEGER | | | | | | | | | | | | | | | R0 | |
| 11 | | | FIGUR 7 | | | 91 | (1,85-0,15)*0,30*22,72= | | | | | | | | | | | S0 | |
| 11 | | | " 8 | | | 91 | (1,33+0,20+0,250)*0,30*22,72= | | | | | | | | | | | T0 | |
| 11 | 000000800 | Z | " 9 | | 4000 | 91 | (0,25+0,25+0,20)/2*0,25*22,72= | | | | | | | | | | 742 | U0 | |

eingetragen: | anerkannt: | erfaßt: | geprüft: | verarbeitet:

Bild 2.2-27a. Allgemeine Bauabrechnung, Eingabe-Formblatt REB-VB 21.013 (16) 1972.

REB-VB 23.003 TEST-BEISPIEL DATUM BLATT-NR 1

| POS. I | | ANZAHL | FN | WERT 1 | WERT 2 | WERT 3 | WERT 4 | WERT 5 | HILFSWERT | ERGEBNIS | |
|---|---|---|---|---|---|---|---|---|---|---|---|
| ABSCHNITT 00.00 | | | | | | | | | | | |
| 0080.0 | BRUECKENUEBERBAU DER LOESCHBRUECKE | | | | | | | | | | 742A0 |
| 0080.0 | TYP A (2 STUECK ZU JE 22.72 M LAENGE) | | | | | | | | | | 742B0 |
| 0080.0 | BERECHNUNG LT.REB-VB 23.003 (ALLE DREI MOEGLICHKEITEN) | | | | | | | | | | 742C0 |
| 0080.0 | FAHRBAHNPLATTE | | | | | | | | | | 742D0 |
| 0080.0 | FIGUR 1 | | 4 | 6.000 | 0.250 | 22.720 | | | | 34.080 | 742E0 |
| 0080.0 | H FIGUR 2 | | 0 | 0.450 + | 0.300 + | 0.475 = | | | 1.225 | | 742F0 |
| 0080.0 | FIGUR 2 | 2.000 | 5 | 742F0 | 0.300 | 0.150 | 22.720 | | | 5.197 | 742G0 |
| 0080.0 | H FIGUR 3 | | 0 | 0.250 + | 0.020 = | | | | 0.270 | | 742H0 |
| 0080.0 | FIGUR 3 | 2.000 | 5 | 742H0 | 0.250 | 0.150 | 22.720 | | | 1.772 | 742I0 |
| 0080.0 | FIGUR 11 | 2.000 | 91 | 0.40*0.25*3.95= | | | | | | 0.790 | 743C0 |
| | Z | | | | | | | | ZWISCHENSUMME | 1.284 | 743C0 |
| 0080.0 | BEDIENUNGSSTEG | | | | | | | | | | 743F0 |
| 0080.0 | FIGUR 12 | | 4 | 0.100 | 0.600 | 22.720 | | | | 1.363 | 743G0 |
| 0080.0 | H FIGUR 13 | | 0 | 0.100 + | 0.050 = | | | | 0.150 | | 743H0 |
| 0080.0 | FIGUR 13 | | 4 | 743H0 | 0.150 | 22.720 | | | | 0.511 | 743I0 |
| | Z | | | | | | | | ZWISCHENSUMME | 1.874 | 743I0 |
| | | | | | | | | | TEILSUMME POS 0080.0 | 75.628 | |
| | | | | | | | | | GES.SUMME POS 0080.0 | 75.628 | |

Bild 2.2-27b. DV-Ergebnisliste mit Eingabedaten und Ergebnissen REB-VB 21.013 (17) 1972.

Außerdem wird beim Einsatz der elektronischen Rechner die Verwendung von *automatischen Zeichenmaschinen* für das Zeichnen von Querprofilen möglich gemacht.

Als Lochbeleg bei der elektronischen Bauabrechnung werden die *Aufmaßbücher* verwendet, als Datenträger i. allg. *Lochstreifen* oder *Lochkarten*. Für die Anwendung der elektronische Bauabrechnung wurden Richtlinien ausgearbeitet: *Richtlinien für die Elektronische Bauabrechnung* (REB 1972), s. [19]. Formulare für die elektronische Bauabrechnung im Hochbau sind in Bild 2.2-27, im Erdbau in Bild 2.2-28 angegeben. Die elektronische Bauabrechnung ist eine notwendige Vorraussetzung für die Einführung der integrierten Datenverarbeitung im Bauwesen, da diese einen kontinuierlichen Datenfluß vom Entwurf bis zur Schlußrechnung erfordert.

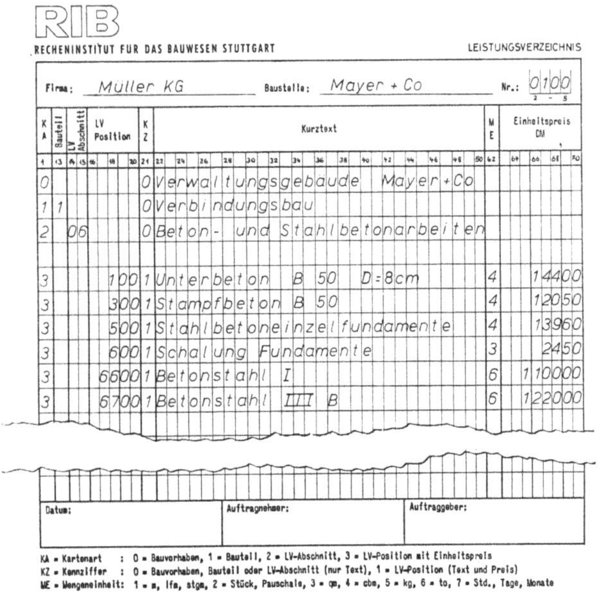
RECHENINSTITUT FÜR DAS BAUWESEN STUTTGART — LEISTUNGSVERZEICHNIS

Firma: Müller KG — Baustelle: Mayer + Co — Nr.: 0100

| KA | Bauteil | LV Abschnitt | LV Position | KZ | Kurztext | ME | Einheitspreis DM |
|---|---|---|---|---|---|---|---|
| 0 | | | | 0 | Verwaltungsgebäude Mayer+Co | | |
| 1 | 1 | | | 0 | Verbindungsbau | | |
| 2 | | 06 | | 0 | Beton- und Stahlbetonarbeiten | | |
| 3 | | | 100 | 1 | Unterbeton B 50 D=8cm | 4 | 14400 |
| 3 | | | 300 | 1 | Stampfbeton B 50 | 4 | 12050 |
| 3 | | | 500 | 1 | Stahlbetoneinzelfundamente | 4 | 13960 |
| 3 | | | 600 | 1 | Schalung Fundamente | 3 | 2450 |
| 3 | | | 6600 | 1 | Betonstahl I | 6 | 110000 |
| 3 | | | 6700 | 1 | Betonstahl III B | 6 | 122000 |

Datum: — Auftragnehmer: — Auftraggeber:

KA = Kartenart : 0 = Bauvorhaben, 1 = Bauteil, 2 = LV-Abschnitt, 3 = LV-Position mit Einheitspreis
KZ = Kennziffer : 0 = Bauvorhaben, Bauteil oder LV-Abschnitt (nur Text), 1 = LV-Position (Text und Preis)
ME = Mengeneinheit: 1 = m, lfm, stgm, 2 = Stück, Pauschale, 3 = qm, 4 = cbm, 5 = kg, 6 = to, 7 = Std., Tage, Monate

Bild 2.2-27c. Formulare für elektronische Bauabrechnung im Hochbau, Leistungsverzeichnis.

## 2.2.4 Netzplantechnik[1])

DIN 69900 [(35, 36, 37, 38, 39, 40, 41)]

### 2.2.4.1 Allgemeines

Die Netzplantechnik ist ein Verfahren der Unternehmensforschung (*Operations Research*) zur Planung, Steuerung und Kontrolle des Ablaufes von Projekten aller Art. Theoretische Grundlage der Netzplantechnik ist die *Graphentheorie*, eine Spezialdisziplin der Mengenlehre. Der Netzplan wird einem gerichteten Graphen (Bild 2.2-29) gleichgesetzt und die sich aus der mathematischen Disziplin ergebenden allgemeinen Regeln und Prinzipien werden auf den Netzplan übertragen.

Voraussetzung für die Darstellung des Ablaufes eines Projektes durch einen Netzplan ist die Möglichkeit, das Projekt in Teilarbeiten (Vorgänge) aufzulösen und die Beziehungen, die zwischen den Teilarbeiten bestehen, festzulegen. Die dabei verwendeten Begriffe sind in DIN 69900 festgelegt.

---

[1]) Dieser Abschnitt wurde unter Mitarbeit von *V. Kuhne* erstellt.

## 2.2.4 Netzplantechnik

Bild 2.2-28. Formulare für elektronische Bauabrechnung im Erdbau. Massenermittlung aus Querprofilen. a) Eingabewerte Querprofilpunkte REB-VB 21.003 (11) 1972, b) Eingabewerte Kurvenband REB-VB 21.003 (10) 1972.

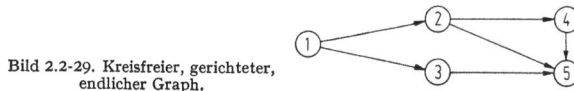

Bild 2.2-29. Kreisfreier, gerichteter, endlicher Graph.

Die Netzplantechnik eignet sich für Bauprojekte jeder Art. Ihre Vorzüge werden aber bei der Planung von besonders schwierigen Bauabläufen mit komplexen Strukturen oder sehr kurzen Ausführungsfristen besonders deutlich. Sie erlaubt durch die Einbeziehung der Abhängigkeiten in die Darstellung des Bauablaufs eine Ausschöpfung aller technischen Möglichkeiten und führt zu einem optimalen Bauablauf. Bei der Überwachung der Ausführung läßt sie die Störungen des geplanten Ablaufs in ihren Auswirkungen einwandfrei erkennen und macht somit erfolgreiche Gegenmaßnahmen frühzeitig möglich.

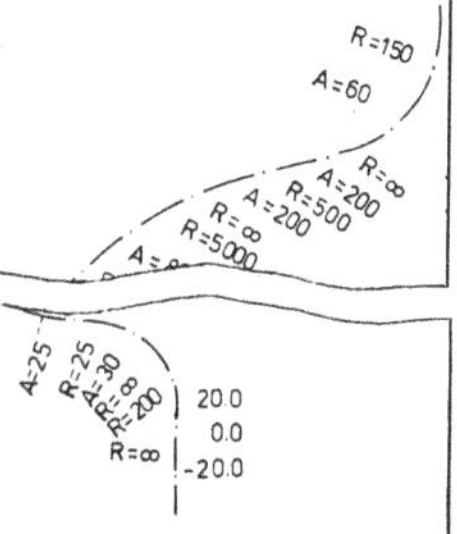

### 2.2.4.2 Netzplanmethoden

In einem Netzplan werden die erfaßten Projektbestandteile (Vorgänge, Ereignisse und Anordnungsbeziehungen) durch graphische Elemente (Knoten und Pfeile) dargestellt. Entsprechend den verschiedenen Zuordnungsmöglichkeiten sind folgende Methoden zu unterscheiden:

*Vorgangspfeilnetz,* bei dem jeder Vorgang durch einen Pfeil dargestellt wird (Bild 2.2-30)a;
*Vorgangsknotennetz,* bei dem jeder Vorgang durch einen Knoten dargestellt wird (Bild 2.2-30)b;

Anfangs- ① Vorgang ② End-
Ereignis        Ereignis

Bild 2.2-30 a. Die Grundelemente eines Vorgangspfeil-Netzes.

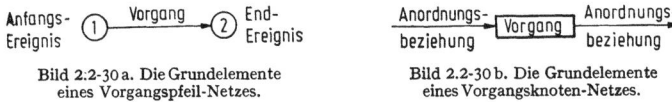

Bild 2.2-30 b. Die Grundelemente eines Vorgangsknoten-Netzes.

**2.2.4.2.1 Vorgangspfeilnetze.** Bei den Vorgangspfeilnetzen wird ein Vorgang durch einen Pfeil dargestellt, der von einem Knoten ausgeht und in einen Knoten mündet. Da die Pfeilrichtung die Richtung des zeitlichen Ablaufs festlegt, stellen diese Knoten am Anfang und Ende des Pfeiles den Anfangs- oder Endzeitpunkt des Vorganges dar und werden als *Ereignisse* bezeichnet (Anfangs- oder Endereignis). Die Länge des Pfeiles ist beliebig und somit kein Maßstab für die Dauer des Vorgangs.

*Aufbau der Netzplanstruktur.* Bei den Vorgangspfeilnetzen wird der Aufbau der Netzplanstruktur durch nachstehende Bedingungen bestimmt:
Das *Endereignis* eines Vorgangs kann gleichzeitig Anfangsereignis für beliebig viele andere Vorgänge sein (Bild 2.2-31);
Das *Anfangsereignis* eines Vorgangs kann gleichzeitig Endereignis für beliebig viele andere Vorgänge sein (Bild 2.2-32).

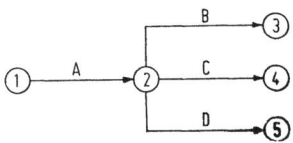

Bild 2.2-31. Anordnungsbeziehungen bei mehreren Nachfolgern.

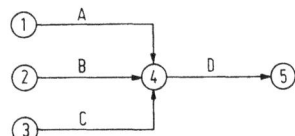

Bild 2.2-32. Anordnungsbeziehung bei mehreren Vorgängern.

Da diese Bedingungen den Abschluß eines oder mehrerer Vorgänge für den Anfang eines weiteren Vorganges voraussetzen, muß man bei der Darstellung von Überlappungen die Vorgänge so unterteilen, daß eine den Bedingungen des Netzplanmodells gerecht werdende Vorgangsfolge entsteht (Bild 2.2-33).

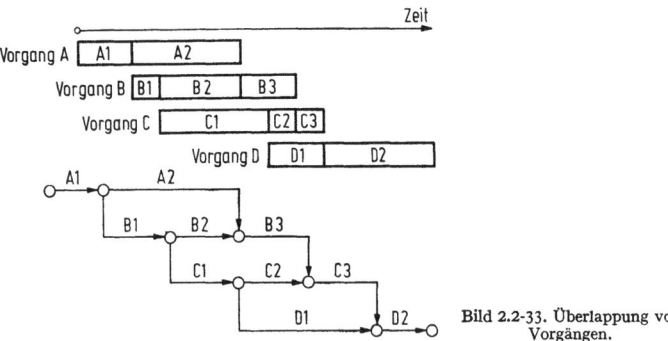

Bild 2.2-33. Überlappung von Vorgängen.

### 2.2.4 Netzplantechnik

Um bestimmte Zusammenhänge eindeutig darstellen zu können, wird ein weiteres Element, der *Scheinvorgang*, eingeführt. Dieser Scheinvorgang entspricht, wie es der Name sagt, keinem wirklichen Vorgang im Projekt, und kann daher auch keine Zeit verbrauchen. Er wird in zwei Fällen angewendet:

Ein Vorgang wird durch sein Anfangs- und Endereignis definiert. Haben zwei oder mehr Vorgänge das gleiche Anfangs- und Endereignis, dann ist eine eindeutige Definition eines jeden Vorganges nur durch die Einführung je eines weiteren Anfangsereignisses je zusätzlichen Vorgang möglich, wobei diese neuen Anfangsereignisse aber mit dem ursprünglichen Anfangsereignis identisch sein müssen. Dies wird durch die Verbindung des Anfangsereignisses mit den zusätzlich eingeführten mittels eines Scheinvorgangs ermöglicht (Bild 2.2-34). Statt der Einführung neuer Anfangsereignisse könnten auch neue Endereignisse gewählt werden. Da dies aber zu Schwierigkeiten bei der Zuordnung der Pufferzeiten führen kann, sollte davon abgesehen werden.

Haben mehrere Vorgänge zwar ein gemeinsames Endereignis, ohne daß sie aber alle zusammen direkte Vorgänger weiterer Vorgänge sind, dann ist auch hier zur eindeutigen Festlegung der Struktur die Einführung von Scheinvorgängen notwendig (Bild 2.2-35).

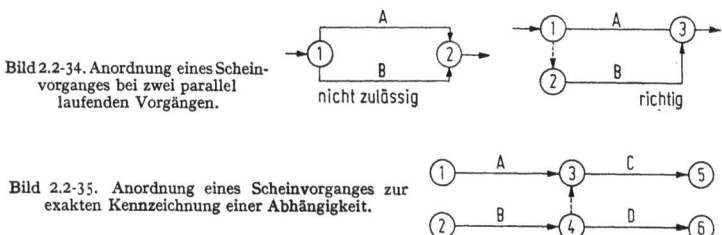

Bild 2.2-34. Anordnung eines Scheinvorganges bei zwei parallel laufenden Vorgängen.

Bild 2.2-35. Anordnung eines Scheinvorganges zur exakten Kennzeichnung einer Abhängigkeit.

Mit Hilfe dieser Elemente und Anordnungsbedingungen kann man den geplanten Ablauf eines Projektes in seiner Aufeinanderfolge im Netzplan darstellen. Damit ist ein Ablauf in der Reihenfolge festgelegt, ohne daß eine Aussage über den zeitlichen Rahmen gemacht wird.

*Zuordnung der Zeitdauern.* Im nächsten Schritt werden den einzelnen Vorgängen, Zeitdauern, die auf Schätzungen, Erfahrungs- oder Kalkulationswerten beruhen können, zugeordnet. Im Normalfall erhält dabei jeder Vorgang eine Zeitdauer. Das bekannteste Verfahren dieser Art ist CPM (Critical Path Method); (Bild 2.2-36).

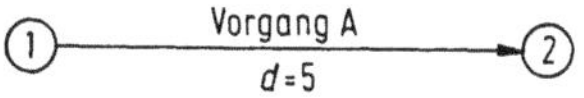

Bild 2.2-36. Zuordnung der Dauer zu einem Vorgang.

Um eine statistische Aussage über die Wahrscheinlichkeit des Eintreffens bestimmter Termine machen zu können, wurde das PERT-Verfahren (Program Evaluation and Review Technique) entwickelt, bei dem jedem Vorgang drei Zeitdauern zugeordnet werden, und zwar eine optimistische Dauer $a$, eine wahrscheinliche Dauer $m$, eine pessimistische Dauer $b$. Aus diesen drei Werten wird eine mittlere Zeitdauer

$$\bar{t} = \frac{a + 4m + b}{6}$$

errechnet, die in die weitere Berechnung des Netzplans eingeht (Bild 2.2-37).

Die Verwendung von PERT empfiehlt sich vor allem für Forschungs- und Entwicklungsprojekte, bei denen nicht ausreichend gesicherte Erfahrungswerte für die Dauer von Vorgängen vorliegen. Im Bauwesen wird diese Form der Ermittlung der Vorgangsdauer nicht angewandt.

## 2.2 Leistungserstellung (Auftragsabwicklung)

*Berechnung des Netzplans.* Die Durchrechnung des Netzplanes soll den Endtermin des Projektes und die Folge der Vorgänge, die für diesen Endtermin bestimmend sind, ergeben. Sie besteht aus zwei Rechenschritten, die als Vorwärts- und Rückwärtsrechnung bekannt sind.

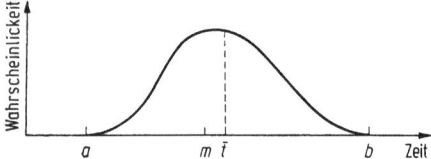

Bild 2.2-37. Verteilung von Vorgangsdauern.

Bei der Vorwärtsrechnung werden die frühesten Zeitpunkte der Ereignisse berechnet, indem man vom Netzplananfang ausgehend zu den Zeitpunkten der Anfangsereignisse die Dauern der Vorgänge addiert und somit die Zeitpunkte für die Endereignisse erhält, die ihrerseits Anfangsereignisse für weitere Vorgänge sind. Haben dabei mehrere Vorgänge ein Endereignis, dann muß diese Addition bei allen Vorgängen durchgeführt werden, da die höchste der Summen den Zeitpunkt des Endereignisses bestimmt. Die so ermittelten Zeitpunkte der Endereignisse sind gleichzeitig die frühesten Anfangszeitpunkte der Vorgänge, die von diesen Ereignissen ausgehen (Bild 2.2-38).

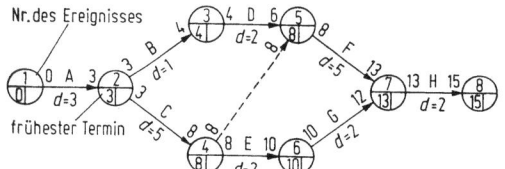

Bild 2.2-38. Netzplan mit den frühesten Ereigniszeitpunkten.

Bei der Rückwärtsrechnung werden die spätesten Zeitpunkte der Ereignisse berechnet indem man vom Netzplanende ausgehend von den Zeitpunkten der Endereignisse die Dauer der Vorgänge subtrahiert und somit die Zeitpunkte für die Anfangsereignisse erhält, die ihrerseits Endereignisse für die vorausgehenden Vorgänge sind. Haben dabei mehrere Vorgänge ein Anfangsereignis, dann muß die Subtraktion bei allen Vorgängen durchgeführt werden, da die niedrigste Differenz den Zeitpunkt des Anfangsereignisses bestimmt. Die spätesten Anfangszeitpunkte der Ereignisse ergeben sich aus der Subtraktion der Vorgangsdauer vom spätesten Endzeitpunkt (Bild 2.2-39).

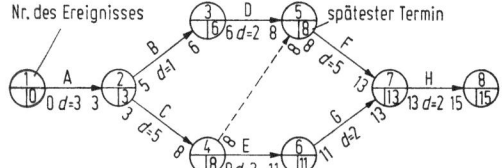

Bild 2.2-39. Netzplan mit den spätesten Ereigniszeitpunkten.

*Ergebnisse der Berechnung.* Als Ergebnis der Berechnung erhält man die frühesten und spätesten Anfangs- und Endzeitpunkte der Vorgänge (Bild 2.2-40). Dabei wird es eine Folge von Vorgängen geben, bei denen diese beiden Zeitpunkte zusammenfallen. Voraussetzung dafür ist, daß man bei Vorwärts- und Rückwärtsrechnung den frühesten Zeitpunkt des Endereignisses des Netzplans gleich dem spätesten Zeitpunkt gesetzt hat. Die Folge

### 2.2.4 Netzplantechnik

dieser Vorgänge nennt man den *kritischen Weg*, da eine Verschiebung der Zeitpunkte eines auf dem kritischen Weg liegenden Vorgangs einen direkten Einfluß auf den ermittelten Endzeitpunkt des Netzplans hat.

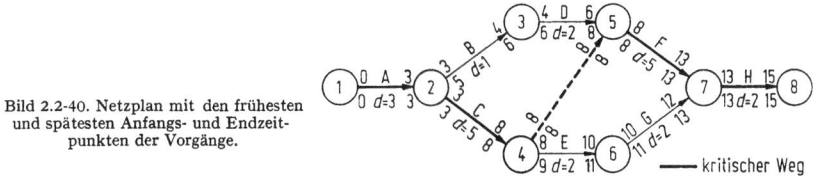

Bild 2.2-40. Netzplan mit den frühesten und spätesten Anfangs- und Endzeitpunkten der Vorgänge.

Alle Vorgänge, bei denen diese beiden Zeitpunkte nicht zusammenfallen, können im Rahmen dieser Zeitpunkte verschoben werden, ohne den Endzeitpunkt des Netzplans zu beeinflussen.

*Ermittlung der Pufferzeiten.* Die Zeitspanne, um die ein Vorgang verschoben werden kann, wird *Pufferzeit* genannt. Insgesamt sind vier verschiedene Arten von Pufferzeiten möglich, die durch die Endtermine der Vorgänger und die Anfangszeitpunkte der Nachfolger eines Vorganges bestimmt werden (Bild 2.2-41):

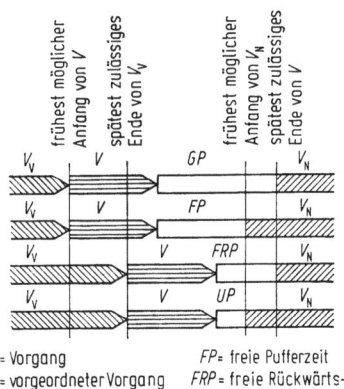

Bild 2.2-41. Pufferzeiten.

$V$ = Vorgang
$V_V$ = vorgeordneter Vorgang
$V_N$ = nachgeordnete Pufferzeit
$GP$ = gesamte Pufferzeit
$FP$ = freie Pufferzeit
$FRP$ = freie Rückwärts-Pufferzeit
$UP$ = unabhängige Pufferzeit

| Pufferzeit | Vorgänger in | Nachfolger in |
|---|---|---|
| gesamte Pufferzeit | frühester Lage | spätester Lage |
| freie Pufferzeit | frühester Lage | frühester Lage |
| freie Rückwärts-Pufferzeit | spätester Lage | spätester Lage |
| unabhängige Pufferzeit | spätester Lage | frühester Lage |

Die gesamte Pufferzeit GP eines Vorgangs ist gleich der Differenz zwischen seinem spätesten und frühesten Anfangszeitpunkt.

Die freie Pufferzeit FP eines Vorgangs ist gleich der Differenz zwischen seinem frühesten Endzeitpunkt und dem frühesten Anfangszeitpunkt seines Nachfolgers.

Die freie Rückwärtspufferzeit FRP eines Vorgangs ist gleich der Differenz zwischen dem spätesten Anfangszeitpunkt seines Nachfolgers und seinem spätesten Endzeitpunkt.

## 2.2 Leistungserstellung (Auftragsabwicklung)

Die unabhängige Pufferzeit UP eines Vorgangs ist gleich der Differenz zwischen dem frühesten Anfangszeitpunkt seines Nachfolgers und dem spätesten Endzeitpunkt seines Vorgängers, vermindert um die Dauer des Vorgangs.

Die gesamte Pufferzeit wird stets einem ganzen Netzplanast zugeordnet. Falls ein Vorgang eines Astes diesen Puffer für sich beansprucht, werden alle nachfolgenden Vorgänge dieses Astes zu kritischen Vorgängen.

Die freie Pufferzeit wird stets dem letzten Vorgang eines Netzplanastes zugeordnet. Daher sollen Scheinvorgänge nie an das Ende eines solchen Netzplanastes gestellt werden, da dann den Scheinvorgängen die freie Pufferzeit zugeordnet wird. Das ist aber nicht sinnvoll, da ein Scheinvorgang definitionsgemäß keine Zeit beansprucht.

Bei der Berechnung der unabhängigen Pufferzeit können sich negative Werte ergeben. In solchen Fällen ist die unabhängige Pufferzeit gleich Null zu setzen. Die Pufferzeiten, die sich für den Netzplan in Bild 2.2-40 ergeben, sind in Bild 2.2-42 zusammengestellt.

| | Vorgänge | | | Zeitpunkte | | | | Pufferzeiten | | | |
|---|---|---|---|---|---|---|---|---|---|---|---|
| Abkürzung | Anfangsereignis | Endereignis | Dauer | frühester Anfangszeitpunkt | frühester Endzeitpunkt | spätester Anfangszeitpunkt | spätester Endzeitpunkt | gesamte Pufferzeit | freie Pufferzeit | freie Rückwärts-Pufferzeit | unabhängige Pufferzeit |
| A | 1 | 2 | 3 | 0 | 3 | 0 | 3 | 0 | 0 | 0 | 0 |
| B | 2 | 3 | 1 | 3 | 4 | 5 | 6 | 2 | 0 | 0 | 0 |
| C | 2 | 4 | 5 | 3 | 8 | 3 | 8 | 0 | 0 | 0 | 0 |
| D | 3 | 5 | 2 | 4 | 6 | 6 | 8 | 2 | 2 | 0 | 0 |
| | 4 | 5 | 0 | 8 | 8 | 8 | 8 | 0 | 0 | 0 | 0 |
| E | 4 | 6 | 2 | 8 | 10 | 9 | 11 | 1 | 0 | 0 | 0 |
| F | 5 | 7 | 5 | 8 | 13 | 8 | 13 | 0 | 0 | 0 | 0 |
| G | 6 | 7 | 2 | 10 | 12 | 11 | 13 | 1 | 1 | 0 | 0 |
| H | 7 | 8 | 2 | 13 | 15 | 13 | 15 | 0 | 0 | 0 | 0 |

Bild 2.2-42. Ergebnis der Berechnung von Zeitpunkten und Pufferzeiten für den Netzplan in Bild 2.2-40.

**2.2.4.2.2 Vorgangsknotennetze.** Bei den Vorgangsknotennetzen wird ein Vorgang durch einen Knoten dargestellt. Die Pfeile stellen Anordnungsbeziehungen zwischen den einzelnen Vorgängen dar und legen die Richtung des Ablaufes fest. Gegenüber den Vorgangspfeilnetzen werden hier für die Darstellung der Knoten meist Rechtecke verwendet. Die Länge der Knoten ist beliebig und damit kein Maßstab für die Dauer des Vorgangs (Bild 2.2-30).

*Aufbau der Netzplanstruktur.* Bei den Vorgangsknotennetzen wird die Netzplanstruktur durch die Anordnungsbeziehungen aufgebaut. Geht man davon aus, daß jeder Vorgang durch zwei Zeitpunkte, nämlich seinen Anfang und sein Ende, gekennzeichnet ist, dann gibt es vier verschiedene Möglichkeiten, die zeitlichen Beziehungen zwischen zwei Vorgängen zu erläutern, jenachdem ob man vom Anfang oder Ende der Vorgänge ausgeht: Ende-Anfang-Beziehung EA, Anfang-Anfang-Beziehung AA, Ende-Ende-Beziehung EE, Anfang-Ende-Beziehung AE.

Alle vier verschiedenen Anordnungsbeziehungen sollen durch einen Pfeil von einem Vorgang zu dem von ihm abhängigen Vorgang dargestellt werden. Um dabei aber die Art der Abhängigkeit stets exakt erkennen zu können, sind die verschiedensten Vorschläge zur Kennzeichnung bekannt geworden. Eine gute Lösung besteht in der Kennzeichnung des Pfeils durch zwei Buchstaben, wobei sich der erste auf den Vorgang, von dem der Pfeil ausgeht, bezieht und der zweite auf den Vorgang, in den der Pfeil einmündet (z. B. EA = Ende-Anfang).

Während bei den Vorgangspfeilnetzen das Endereignis eines Vorgangs gleichzeitig Anfangsereignis weiterer Vorgänge ist, können bei den Vorgangsknotennetzen mit der Festlegung der Anordnungsbeziehungen gleichzeitig zeitliche Abstände definiert werden,

## 2.2.4 Netzplantechnik

indem man den Pfeilen Zeitdauern zuordnet. Es lassen sich somit folgende Anordnungsbeziehungen aufstellen (in den Bildern sind die zeitlichen Abhängigkeiten zum Vergleich auch in der Darstellungsart des Balkendiagramms angegeben):

Ende-Anfang-Beziehung EA (Bild 2.2-43). Soll ein Vorgang frühestens nach $n$ Zeiteinheiten bezogen auf das Ende seines Vorgängers beginnen können, so wird $n$ zur Kennzeichnung EA der Anordnungsbeziehungen an den Pfeil geschrieben.

Anfang-Anfang-Beziehung AA (Bild 2.2-44). Soll ein Vorgang frühestens nach $n$ Zeiteinheiten bezogen auf den Anfang seines Vorgängers beginnen können, so wird $n$ zur Kennzeichnung AA der Anordnungsbeziehungen an den Pfeil geschrieben.

Ende-Ende-Beziehung EE (Bild 2.2-45). Soll ein Vorgang frühestens nach $n$ Zeiteinheiten bezogen auf das Ende seines Vorgängers enden können, so wird $n$ zur Kennzeichnung EE der Anordnungsbeziehung an den Pfeil geschrieben.

Anfang-Ende-Beziehung AE (Bild 2.2-46). Soll ein Vorgang frühestens nach $n$ Zeiteinheiten bezogen auf den Anfang seines Vorgängers enden können, so wird $n$ zur Kennzeichnung AE der Anordnungsbeziehung an den Pfeil geschrieben.

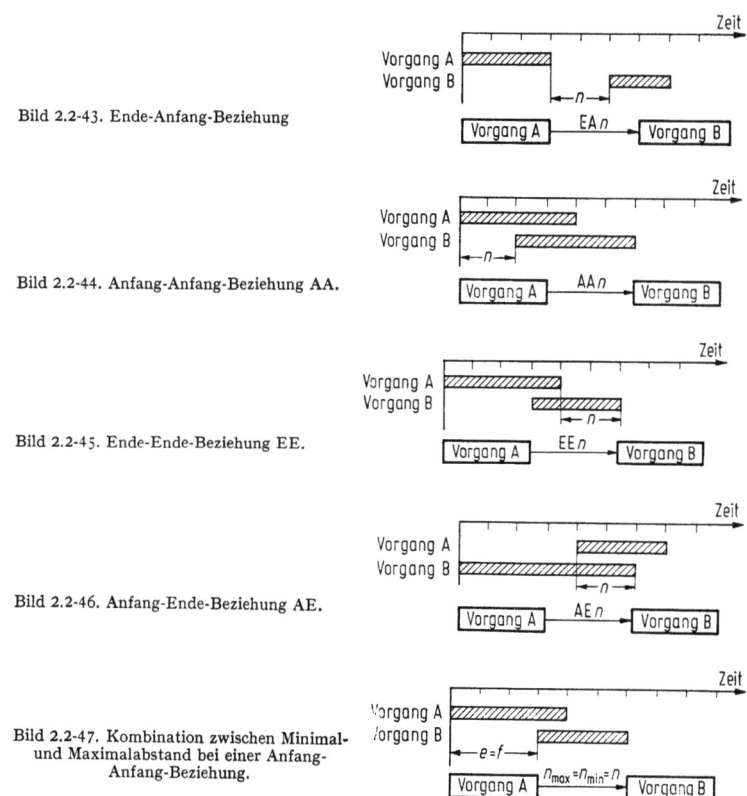

Bild 2.2-43. Ende-Anfang-Beziehung

Bild 2.2-44. Anfang-Anfang-Beziehung AA.

Bild 2.2-45. Ende-Ende-Beziehung EE.

Bild 2.2-46. Anfang-Ende-Beziehung AE.

Bild 2.2-47. Kombination zwischen Minimal- und Maximalabstand bei einer Anfang-Anfang-Beziehung.

Diese Abstände werden als Minimalabstände definiert und ihr Wert soll stets größer oder gleich Null ($n \geq 0$) sein. Es sind Netzplanverfahren bekannt, bei denen dieser Wert $n$ auch kleiner als Null sein darf. In diesem Fall wird der Abstand mit $n > 0$ als Wartezeit und mit $n < 0$ als Vorziehzeit bezeichnet.

## 2.2 Leistungserstellung (Auftragsabwicklung)

Weiterhin läßt sich jedem Minimalabstand auch ein Maximalabstand zuordnen, wobei aber darauf zu achten ist, daß der Minimalabstand nicht größer als der Maximalabstand ist, da dies einen Widerspruch beinhalten würde.

Durch die gleichzeitige Anwendung des Minimal- und des Maximalabstandes kann der Ablauf eines Vorgangs in beliebig genauen Grenzen auf seinen Vorgänger festgelegt werden (Bild 2.2-47).

*Zuordnung der Zeitdauern.* Den einzelnen Vorgängen des Netzplans wird, wie bei den Vorgangspfeilnetzen, jeweils eine Zeitdauer zugeordnet. Die Trennung zwischen Aufstellung der Netzplanstruktur und Zuordnung der Zeitdauern läßt sich aber hier nicht mehr so eindeutig durchführen, da die Zeitdauern, die den Anordnungsbeziehungen zugeordnet werden, in den meisten Fällen einen direkten Bezug zu den Zeitdauern der einzelnen Vorgänge haben.

*Berechnung des Netzplans.* Eine Berechnung des Netzplanes von Hand ist bei der Anwendung verschiedener Anordnungsbeziehungen in einem Netz kaum mehr durchführbar. Lediglich bei einer Beschränkung auf nur eine der vier Anordnungsbeziehungen ist eine Berechnung von Hand sinnvoll möglich. Dafür können leicht zu handhabende Rechenregeln aufgestellt werden, die dem Berechnungsverfahren bei den Vorgangspfeilnetzen entsprechen.

*Ergebnisse der Berechnung.* Wie bei den Vorgangspfeilnetzen erhält man als Ergebnis der Durchrechnung des Netzplanes die frühesten Anfangs- und Endtermine der Vorgänge bei der Vorwärtsrechnung (Bild 2.2-48) und die spätest zulässigen Anfangs- und Endtermine bei der Rückwärtsrechnung (Bild 2.2-49). Auch hier liegen alle die Vorgänge auf

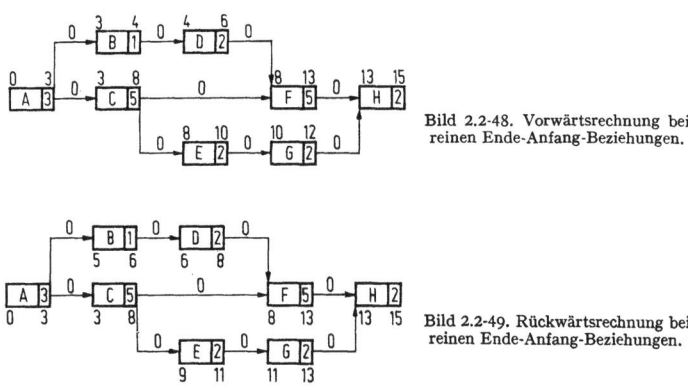

Bild 2.2-48. Vorwärtsrechnung bei reinen Ende-Anfang-Beziehungen.

Bild 2.2-49. Rückwärtsrechnung bei reinen Ende-Anfang-Beziehungen.

dem „kritischen Weg", bei denen die frühest möglichen Termine mit den spätest zulässigen Terminen zusammenfallen (Bild 2.2-50). Alle Vorgänge, die nicht auf dem kritischen Weg liegen haben mehr oder weniger große Pufferzeiten.

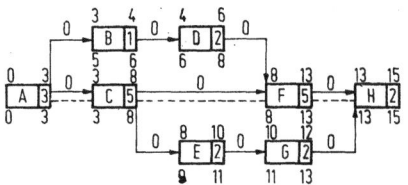

Bild 2.2-50. Kennzeichnung des kritischen Weges.

*Ermittlung der Pufferzeiten.* Die Definition der Pufferzeiten beim Vorgangsknotennetz entspricht der beim Vorgangspfeilnetz (2.2.4.2.1). Während die gesamte Pufferzeit GP als Differenz zwischen dem spätesten und frühesten Anfangs- oder Endzeitpunkt sofort abgelesen werden kann, ist die Berechnung der freien Rückwärts- und unabhängigen Pufferzeit von Hand sehr umständlich. Sie wird deshalb in der Praxis nur mit Hilfe von elektronischen Rechenanlagen durchgeführt.

Wie schon unter 2.2.4.2.1 erwähnt, wird die *gesamte Pufferzeit* stets einem Netzplanzweig zugeordnet; d. h. beansprucht einer der Vorgänge eines solchen Zweiges die Pufferzeit, dann werden alle nachfolgenden Vorgänge „kritisch", d. h. sie haben keine Pufferzeit mehr.

Um dieses Risiko etwas abzubauen, sind die verschiedensten Vorschläge zu einer Aufteilung der gesamten Pufferzeit auf alle Vorgänge eines solchen Netzplanzweiges gemacht worden. Dabei wurde bei einigen Lösungsvorschlägen die gesamte Pufferzeit gleichmäßig auf alle Vorgänge dieses Netzplanzweiges aufgeteilt. In anderen Fällen führte man eine Gewichtung nach den verschiedensten Kriterien für die einzelnen Vorgänge ein und teilte die Pufferzeit dann entsprechend den Gewichtsfaktoren auf. All diese Lösungsvorschläge sind aber mehr oder weniger theoretische Modelle, die bei der Anwendung in der Praxis zu Schwierigkeiten führten.

Am seltensten tritt die unabhängige Pufferzeit in den Netzplänen auf. Diese Pufferzeit hat eine etwas größere Bedeutung, da der Vorgang, dem sie zugeordnet ist, ohne Rücksicht auf Vorgänger oder Nachfolger innerhalb der Zeitgrenzen verschoben werden kann.

### 2.2.4.2.3 Auswahl der Netzplanmethoden für die Anwendung im Bauwesen.

Von den zwei unter 2.2.4.2.2 dargestellten Methoden und zwar Vorgangspfeilnetz und Vorgangsknotennetz hat das Vorgangsknotennetz die größere Bedeutung für das Bauwesen. Folgende Gründe sind hierfür maßgebend:

Das Vorgangsknotennetz erlaubt eine sehr viel übersichtlichere und einfachere Darstellung von Vorgängen, die ganz oder teilweise gleichzeitig ablaufen, wie es bei Bauabläufen oft vorkommt (Bild 2.2-51). Eine Aufteilung von zusammengehörenden Vorgängen aus Gründen der Netzplanmethode ist nicht notwendig. (Bild 2.2-52).

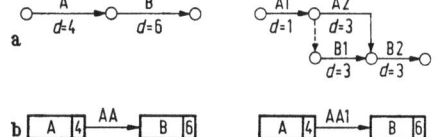

Bild 2.2-51. Verkürzung des kritischen Weges durch Überlappung. a) bei Vorgangspfeil-Netzen. b) bei Vorgangsknoten-Netzen.

Änderungen in der Netzplanstruktur, die oft infolge von Behinderungen der Bauausführung notwendig werden, lassen sich beim Vorgangsknotennetz wesentlich schneller und leichter durchführen. Oft genügt nur die Änderung einiger Anordnungsbeziehungen, ohne den Netzplan neu aufstellen zu müssen.

Die Programme für die Verarbeitung von Vorgangsknotennetzen mit EDV-Anlagen sind wesentlich weiter entwickelt als für Vorgangspfeilnetze.

Das Vorgangsknotennetz läßt sich übersichtlicher darstellen als das Vorgangspfeilnetz.

Eine Übersicht über häufig verwendete Netzplansysteme gibt Bild 2.2-53.

### 2.2.4.3 Praktische Anwendung der Netzplantechnik im Bauwesen

#### 2.2.4.3.1 Allgemeines.
Die Kenntnis der Methoden der Netzplantechnik und ihrer theoretischen Grundlagen ist zwar eine notwendige Voraussetzung für die Anwendung dieses Planungsverfahrens in der Praxis, reicht aber normalerweise nicht aus, den Ablauf eines konkreten Projektes wirklich erfolgreich zu planen und zu steuern. Erst bei der

realen Arbeit an einem Projekt wird man immer wieder mit Fragen und Problemen konfrontiert, die weniger mit den grundlegenden Theorien dieses Planungsmodells als vielmehr mit den damit verbundenen praktischen und organisatorischen Dingen zusammenhängen.

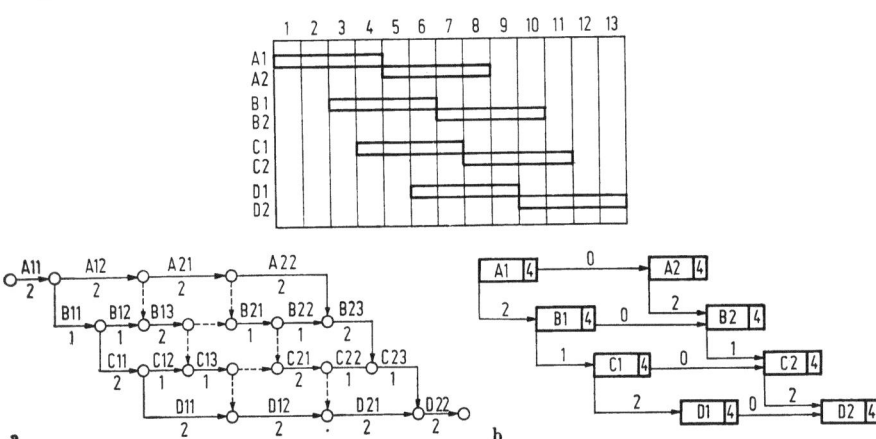

Bild 2.2-52. Vergleich der Darstellungen. a) Darstellung als Vorgangspfeil-Netz. b) Darstellung als Vorgangsknoten-Netz.

| Abkürzung - Bezeichnung | | Entwicklung | Anmerkungen |
|---|---|---|---|
| CPM | Critical Path Method | Dupont de Nemours Remington Rand | Erste Vorgangspfeiltechnik |
| MPM | Metra Potential Methode | SEMA (Société d'Economie et de Mathématiques Appl. | Erste Vorgangsknotentechnik |
| PERT | Program Evaluation and Review Technique | US Navy Lockheed | Erstes ereignisorientiertes probabilistisches Verfahren |
| PD | Precedence Diagramming | | Vorgänger werden angegeben |
| PCS | Projekt Control System | IBM | wahlweise Vorgangspfeil- oder -knotentechnik |
| PMS | Projekt Managing System | IBM | |
| PPS | Projekt-Planungs-und Steuerungs-System | Dornier AG | |
| SINETIK | Siemens Netzplantechnik | Siemens AG | |

Bild 2.2-53. Einige Netzplansysteme (38).

Im folgenden soll auf einige dieser Probleme eingegangen werden. Dabei werden — soweit es möglich ist — Lösungsmöglichkeiten angegeben, die nach den bisher gesammelten Erfahrungen für die Mehrzahl der Anwender gültig sein können. Die in 2.2.4.3.2 angegebenen Beispiele sind nur mit Vorgangsknotennetzen dargestellt, da diese Methode weitaus am häufigsten im Bauwesen verwendet wird.

### 2.2.4.3.2 Darstellung der Netzpläne

*Terminierung (Kalendrierung).* Für die Aufstellung der Netzplanstruktur und die anschließende Durchrechnung werden die Zeitdauern in bestimmten Einheiten angegeben. Das Ergebnis ist dann ein Netzplan, der zum Zeitpunkt 0 beginnt und nach einer gewissen Anzahl der vereinbarten Zeiteinheiten (z. B. Tage, Wochen oder Monate) endet.

### 2.2.4 Netzplantechnik

In der graphischen Darstellung der Netzpläne und in den Vorgangslisten sollten aber unbedingt die Kalenderdaten aufgenommen sein. Das hat verschiedene Gründe:
Der einzelne am Projekt beteiligte Unternehmer benötigt Kalenderdaten, um diese Arbeiten in seinen Terminkalender einplanen zu können.
Gewisse Zwangspunkte (Fixtermine) werden immer kalendermäßig festgelegt. Das können z. B. Fertigstellungstermine aber auch wichtige Zwischentermine sein.
Im Bauwesen kann erst an Hand der Kalenderdaten festgestellt werden, welche Arbeiten z. B. in der Schlechtwetterzeit liegen. Sind dies Arbeiten, die sehr stark witterungsabhängig sind, dann wird man sich überlegen, ob sie nicht zu einem anderen Termin durchgeführt werden können.
Nachteilig ist bei der Angabe von Kalenderdaten jedoch, daß sich durch Schlechtwettertage und andere Behinderungen Verschiebungen im Bauablauf ergeben können, die eine Änderung der Termine notwendig werden lassen. Die Änderung der Kalenderdaten im Netzplan ist verhältnismäßig aufwendig, jedoch überwiegen die Vorteile auf Grund der Klarheit und Eindeutigkeit, so daß man diesen Mehraufwand in Kauf nehmen sollte. Zur praxisnahen Darstellung von Netzplänen gehört auch die Beschreibung der Vorgänge im Klartext, so daß auch der mit der Netzplantechnik nicht vertraute Anwender leicht Einblick in die Planung nehmen kann (Bild 2.2-54).

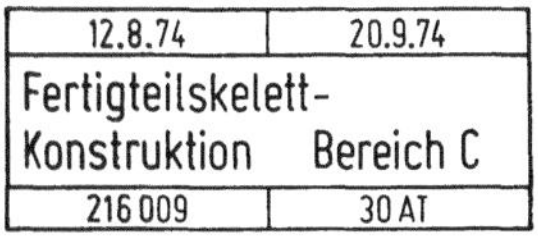

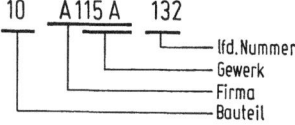

Bild 2.2-54. Vorgangsknoten mit frühesten Kalenderdaten, Schlüsselnummer und Dauer.

*Verschlüsselung der Vorgänge.* Jeder Vorgang eines Netzplanes muß, zumindest wenn man an den Einsatz einer elektronischen Datenverarbeitungsanlage denkt, durch eine eindeutige Vorgangsnummer definiert sein.

Die einfachste Art des Vorgehens bei der Zuordnung von Vorgangsnummern ist eine aufsteigende Numerierung, die mit 1 beginnt und bei der jeder neu hinzukommende Vorgang die nächste Nummer erhält. Da in den EDV-Programmen für diese Vorgangsnummern aber im Mittel 8 oder 10 Stellen vorgesehen sind, kann diese Nummer gleichzeitig als Schlüsselnummer aufgebaut werden.

In dem nachstehenden Beispiel ist eine 10stellige Schlüsselnummer aufgebaut worden (Bild 2.2-55). Dabei bezeichnen die ersten 2 Stellen den jeweiligen Bauteil, die Stellen 3 bis 7 das Gewerk und die ausführende Firma und die Stellen 8 bis 10 sind als fortlaufende Nummern innerhalb eines Gewerkes oder eines Feinplanes gedacht.

Bild 2.2-55. Aufbau einer zehnstelligen Schlüsselnummer.

```
10   A 115 A   132
                 └── lfd. Nummer
             └────── Gewerk
       └──────────── Firma
 └────────────────── Bauteil
```

Die Gewerknummer als solche besteht aus den Stellen 4 bis 7. Im Normalfall ist diese Gewerknummer mit der Firmennummer identisch. Für den Fall, daß mehrere Firmen innerhalb eines Gewerkes tätig werden, dient die 3. Stelle zur eindeutigen Identifikation. In diesem vorliegenden Fall entsprechen außerdem die Stellen 3 bis 7 dem im Rechnungswesen beim Bauherrn enthaltenen Schlüssel, so daß eine eindeutige Kostenzuordnung gewährleistet ist.

*Übersichtlichkeit der Netzpläne.* Um jedem Beteiligten die Arbeit mit dem Netzplan zu erleichtern, sollten auch gewisse Ordnungsgesichtspunkte beachtet werden. Bild 2.2-56 zeigt hierzu den Ausschnitt aus einem Netzplan, der für den Ablauf der Planung eines Bauprojektes aufgestellt wurde. Man kann erkennen, daß in horizontaler Richtung die einzelnen Ablaufphasen im zeitlichen Nacheinander und in vertikaler Richtung die beteiligten Stellen angeordnet wurden.

230    2.2 Leistungserstellung (Auftragsabwicklung)

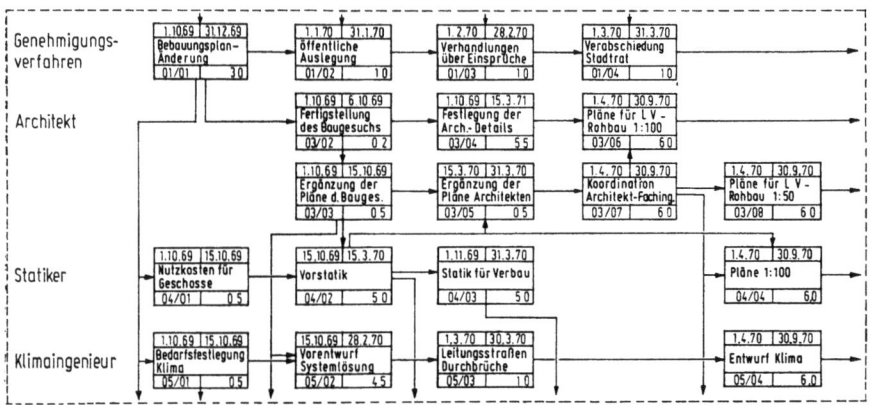

Bild 2.2-56. Ausschnitt aus einem nach Ordnungsprinzipien gezeichneten Netzplan.

Bei sehr großen Netzen kann es sich u. U. empfehlen, für die Vorgangskästchen Planquadrate einzuführen, um einzelne Vorgänge schneller auffinden zu können.

#### 2.2.4.3.3 Planungsebenen

Der Netzplan ist ein abstraktes Abbild des geplanten Ablaufs eines Projektes. Er soll möglichst realistisch sein, d. h. der wirkliche Ablauf soll mit der Planung weitestgehend übereinstimmen.

Die Grundlage der Planung sind Daten und Erfahrungen aus vorangegangenen Projekten, die für das zu planende Objekt unter Beachtung der zukünftigen Entwicklung modifiziert werden. Dabei sinkt der Genauigkeitsgrad mit dem Abstand vom Planungszeitpunkt ab. Dieser Zusammenhang zwischen dem Genauigkeitsgrad der Planung und dem Planungszeitraum ist in Bild 2.2-57 dargestellt, wobei je drei Genauigkeitsstufen und Planungszeiträume zu unterscheiden sind. Diesen Stufen entsprechend können drei Netzebenen unterschieden werden (Bild 2.2-58):

Grob- oder Übersichtsnetze,
Gruppen- oder Objektnetze,
Detail- oder Feinnetze.

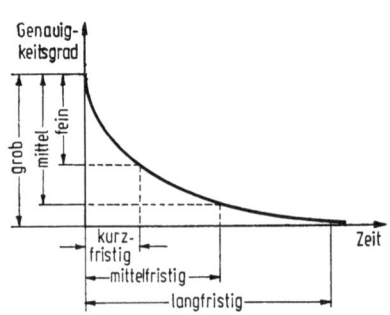

Bild 2.2-57. Genauigkeitsgrad und Planungsfristen.

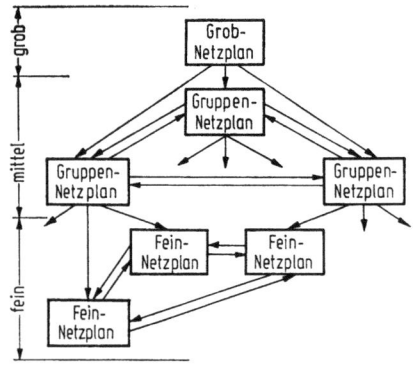

Bild 2.2-58. Aufbau der Netzplanebenen.

## 2.2.4 Netzplantechnik

Während das Übersichtsnetz (auch Generalnetz) ein gesamtes Projekt in seinen wesentlichen Abschnitten und Phasen darstellt, werden in den Gruppennetzen die nächsten Baugruppen, die in Angriff genommen werden sollen, in ihren Zusammenhängen vorgestellt und schließlich in den Feinnetzen die jeweils direkt auf den Planungszeitpunkt folgenden Arbeiten im Detail eingeplant.

Im Bauwesen wird in vielen Fällen auf die Feinnetze verzichtet und man erstellt an Hand des Übersichtsnetzplanes in den einzelnen Phasen die Objektnetzpläne.

*Grobplanung.* Mit Hilfe des Grob- oder Generalnetzplanes wird der gesamte terminliche Ablauf eines Projektes in seinen Umrissen festgelegt. Die einzelnen Vorgänge dieses Netzplanes müssen in ihrem zeitlichen Rahmen durch Erfahrungswerte festgelegt werden. Grundlage des Generalnetzes ist eine eingehende Analyse des gesamten Bauobjektes. In diese Analyse müssen die Kapazitäten der beauftragten Planungsgruppen ebenso eingehen, wie die äußeren Bedingungen der Baustelle, die Art des Gebäudes, die Forderungen an den Ausbau und die Einflüsse durch Ver- und Entsorgung usw. Die Genauigkeit dieser Analyse steht in direktem Zusammenhang mit der Genauigkeit der Ablaufplanung.

Folgende Punkte sollen einen Anhalt geben, welche Fragen im Interesse einer guten Planung für die Aufstellung des Grobnetzes geklärt werden müssen (s. auch 2.2.1.3.3):

Lage des Bauwerks (z. B. Verkehrsverhältnisse, Zufahrt zur Baustelle, Flächen für Baustelleneinrichtung und Baustofflagerung);
Überbaute Fläche, Geschoßzahl und $m^3$ umbauter Raum bei Hochbauten;
Art der Konstruktion, insbesondere Gleichartigkeit von Bauteilen, Schwierigkeitsgrad der Schalarbeiten;
Aufteilung des Bauwerks durch Fugen in Bauteile;
Art und Schwierigkeit der Gründung;
Möglichkeiten des Anschlusses an zentrale Versorgungseinrichtungen (z. B. Fernwärme);
Lage der Klimazentralen und evtl. der Rückkühlwerke;
Forderung auf Staubfreiheit für den Einbau elektrischer Anlagen;
Spezielle Anforderungen an die Akustik usw.;
Kapazitäten der Planlieferanten (Architekten, Bauämter, Ingenieurbüros);
Notwendige Arbeitskräfte und Maschinen;
Lieferzeiten für Einbauteile, technische Installationen, Fassaden, Betriebsausstattung usw.;
Beginnzeitpunkt der Rohbauarbeiten (Die Schlechtwetterzeit wirkt sich auf die Gründung und die Geschosse unterhalb der Oberfläche sehr viel stärker aus als auf Arbeiten über der Geländeoberfläche, wie z. B. Obergeschosse eines Hochbaus).

Die besondere Schwierigkeit beim Aufstellen des Generalnetzplanes liegt auch darin, daß sehr viele Fragen der Aus- und Durchführung zum Zeitpunkt der Aufstellung dieses Planes noch gar nicht bekannt sind. Es ist also nicht sinnvoll, den Generalnetzplan in seinen Vorgängen zu weit zu detaillieren. Man muß sich vielmehr darauf beschränken, zusammengefaßte Abschnitte zu bilden und für die Dauer der Vorgänge Annahmen mit einem gewissen Spielraum zu treffen.

*Mittelfristige Planung.* Ein Netzplan der mittelfristigen Planung soll schon genauere Aussagen über die Vorgänge in einer Gruppe, z. B. Gewerk, enthalten. So wird z. B. beim Objektnetz für den Rohbau eines Hochbaus dieser in Bauteile (Bauabschnitte) und Stockwerke zerlegt.

Die Einteilung in Bauteile folgt dabei normalerweise den Bauwerksfugen. Die Reihenfolge der Fertigstellung dieser Bauteile kann z. B. durch den Verwendungszweck bestimmt werden. So werden Bauteile, in denen die Klima- und Heizungszentralen installiert werden, möglichst frühzeitig im Rohbau erstellt, um mit den umfangreichen Montagen so früh wie möglich anfangen zu können.

Ist ein Bauwerk in verschiedene Bauteile unterteilt, dann wird man mit den Rohbauarbeiten nicht gleichzeitig in allen Bereichen anfangen, da die Belegschaft einer Baustelle nur stufenweise auf ihre Maximalstärke gebracht werden kann (Bild 2.2-59 und 2.2-14). Dem Rohbau kommt bei der Netzplanung von Bauobjekten besondere Bedeutung zu, da er den Bauablauf erfahrungsgemäß zu 70 bis 80% bestimmt. Bild 2.2-60 stellt einen Objektnetzplan dar.

*Feinplanung.* Die letzte Stufe der Netzplanung bilden die Feinnetze. Bei diesen Netzen soll die Detaillierung so weit gehen, daß alle Vorgänge, die verschiedenen Verantwortungsbereichen angehören oder unterschiedliche Produktionsfaktoren beanspruchen, einzeln dargestellt sind. Die Grenzen zwischen Objekt- und Feinnetzplan sind fließend. Bild 2.2-60 kann auch als Feinnetzplan eines sehr großen Bauvorhabens entworfen sein. Vielfach werden nur die im Rahmen der Arbeitsvorbereitung der ausführenden Unternehmen erstellten, bis in Arbeitsvorgänge unterteilten Netzpläne als Detail- oder Feinnetze bezeichnet.

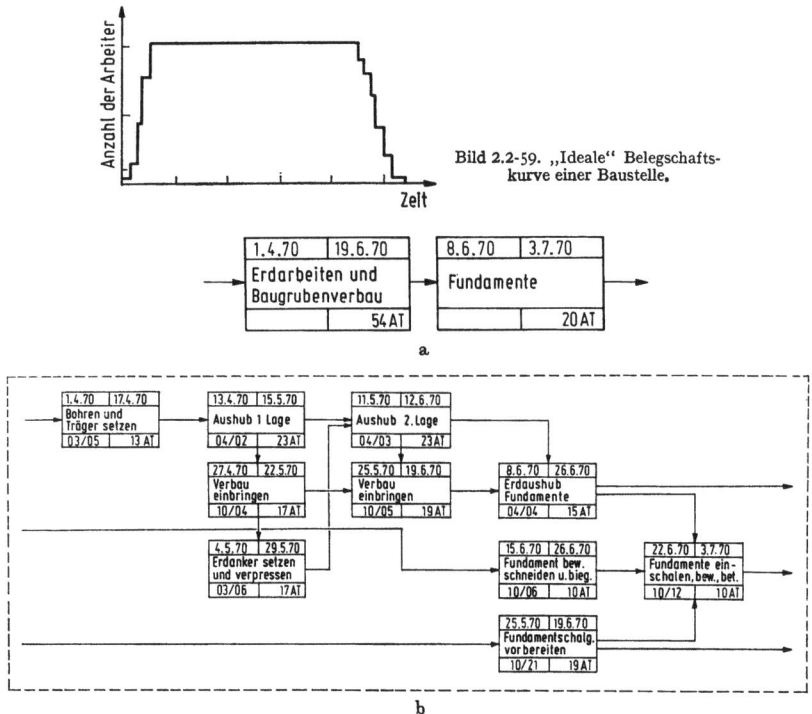

Bild 2.2-59. „Ideale" Belegschaftskurve einer Baustelle.

Bild 2.2-60. Ausschnitt eines Objektnetzplanes im Vergleich zu den entsprechenden Vorgängen im Grobnetzplan. a) Ausschnitte aus dem Grobnetz. b) Ausschnitt aus dem zugehörigen Objektnetz.

Ein zu weiter Vorlauf der Feinplanung ist nicht sinnvoll, da die Genauigkeit der Annahmen mit zunehmender Entfernung vom Planungszeitpunkt abnimmt (Bild 2.2-57). Der Vorlauf sollte auf 3 bis 9 Monate beschränkt werden; nur in Ausnahmefällen wird man 12 Monate überschreiten. Durch diese Art der laufenden Feinplanung ist es möglich, daß sich zusätzliche Abhängigkeiten zu anderen Bereichen im Netzplan ergeben oder daß sich der kritische Weg und u. U. sogar der Zeitbedarf des gesamten Projektes ändern. Dies beeinträchtigt aber die Planung nicht, da gerade der Netzplan die Auswirkungen solcher unvermuteter Änderungen ganz klar aufzeigt und damit gezielte Änderungsmaßnahmen erlaubt.

**2.2.4.3.4 Projektkontrolle.** Jede Planung erfordert eine laufende Ablaufkontrolle, um Planung und Realisierung weitgehend in Übereinstimmung zu bringen. Hierdurch werden frühzeitig Schwierigkeiten und Behinderungen des Bauablaufs erkannt, so daß rechtzeitig Gegenmaßnahmen getroffen werden können, bevor nicht wieder gutzumachende Verzögerungen eingetreten sind.

Die Kontrollen finden meist in monatlichen oder halbmonatlichen, in Ausnahmefällen auch in wöchentlichen Abständen statt. Als Hilfsmittel für die Aufnahme des Ist-Zustandes (Fertigstellungsgrad des Vorgangs in %) haben sich Kontrollisten bewährt (Bild 2.2-61). Für die Berechnung des Soll-Zustandes wird ein Arbeitsfortschritt proportional zur Vorgangsdauer angenommen. Er berechnet sich wie folgt:

$$\text{Soll} = \frac{\text{Kontrollzeitpunkt minus frühester Anfangszeitpunkt}}{\text{Vorgangsdauer}}$$

| Prof. Dr.-Ing. G. Drees - Dipl.-Ing. V. Kuhne<br>Beratende Ingenieure<br>7 Stuttgart 1, Mozartstraße 20 Tel. 606886 | | | | | Netzplantechnik<br>Bauüberwachungsliste | | | |
|---|---|---|---|---|---|---|---|---|
| Projekt: | | Berichtzeitraum | | | Bericht Nr. | Datum | Seite | |
| Vorgangs-Nr. | Vorgang | Dauer Vorgang | frühest. Beginn | Arbeitslage | Soll % | Ist % | Abweichung + | - |
| | | | | | | | | |
| | | | | | | | | |
| | | | | | | | | |
| | | | | | | | | |
| | | | | | | | | |
| | | | | | | | | |

Bild 2.2-61. Beispiel für eine Kontroll-Liste.

Die Differenz zwischen Kontrollzeitpunkt und frühestem Anfangszeitpunkt des Vorgangs wird in Arbeitstagen in das Formular eingetragen. Bei der manuellen Berechnung der Netzpläne müssen diese Listen durch den Netzplaner erstellt werden. Bei der Anwendung einer EDV-Anlage können diese Listen auf Wunsch ausgedruckt werden.

Im einzelnen ergeben sich für die laufende Kontrolle eines Netzplanes folgende Aufgaben: Durchführung der Kontrolle, Soll-Ist-Vergleich und Analyse der Änderungen, Erarbeitung von Korrekturvorschlägen, Änderungen des Netzplanes zur Anpassung an den tatsächlichen Stand der Arbeiten, erneute Durchrechnung des geänderten Netzplanes zur Bestimmung der neuen Termine.

**2.2.4.3.5 Netzpläne für die Planungsphase.** Der Ablauf von Bauprojekten zeigt immer wieder, daß der Planung ein entscheidender Einfluß auf die Ausführung zukommt. In vielen Fällen und besonders bei Bauten mit sehr kurzen Terminen wird der Baufortschritt von der Bereitstellung der Ausführungspläne bestimmt (Bild 2.2-62).

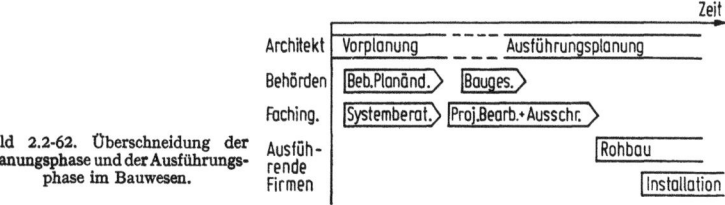

Bild 2.2-62. Überschneidung der Planungsphase und der Ausführungsphase im Bauwesen.

Eine enge Zusammenarbeit mit den Büros, die diese Pläne erstellen, und eine gute Abstimmung der Büros untereinander sind Voraussetzung für die Einhaltung kurzer Fristen. Dabei ist es oft notwendig, die Planlieferung und damit den Bauablauf auf die vorhandenen bzw. auf die sinnvoll einsetzbaren Kapazitäten abzustimmen.

Ein Netzplan, der für die Steuerung der Planung aufgestellt wird, muß demnach die Zusammenhänge zwischen den einzelnen Planungsgruppen wie Architekten, Statiker, Fach- und Sonderingenieuren und den Genehmigungsstellen aufzeigen (Bild 2.2-56). Daraus ergeben sich in der Regel auch Entscheidungstermine für den Bauherrn. Das Ergebnis des Netzplanes der Planungsphase sind die Ausschreibungs- und Vergabetermine der einzelnen Gewerke.

Änderungen in der Planung, die das Projekt beeinflussen, sind im Bauwesen besonders häufig, da teilweise Planung und Ausführung eines Projektes parallel laufen. Durch diese Änderungen können sowohl die Dauern als auch die Abhängigkeiten der Vorgänge verändert werden, so daß auch die Planungsphase in die Kontrolle einzubeziehen ist.

**2.2.4.3.6 Kostenplanung.** Grundlage für eine Kostenplanung ist in der Regel das Netz der Zeitplanung. Dabei geht man davon aus, daß den einzelnen Vorgängen im Netzplan die entsprechenden Kostenanteile zugeordnet werden können. Diese Kostenanteile werden über den zeitlichen Ablauf des jeweiligen Vorgangs als linear verteilt angenommen. Durch eine einfache Addition der Kostenanteile der einzelnen Vorgänge lassen sich zu jedem Zeitpunkt eines Projektes die bis zu diesem Zeitpunkt anfallenden Kosten bestimmen.

Da alle Vorgänge, die nicht auf dem kritischen Weg liegen, im Rahmen ihrer Pufferzeiten verschoben werden können, besteht somit auch die Möglichkeit, die Kosten in diesem Rahmen zu verschieben. Somit lassen sich für ein Projekt zwei Kostensummenkurven angeben, die den Bereich, in dem die Kosten anfallen können, eingrenzen: die Kostensummenkurve nach Frühstart, die Kostensummenkurve nach Spätstart.

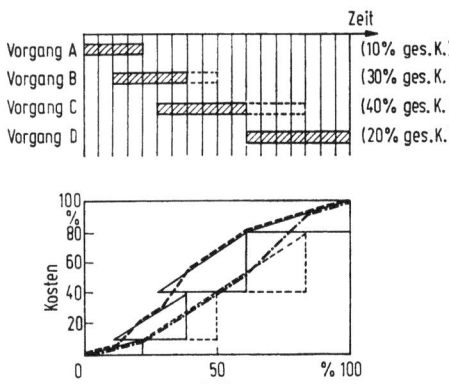

Bild 2.2-63. Kostensummenkurven bei Früh- und Spätanfang.

In Bild 2.2-63 sind diese beiden Kurven anhand eines einfachen Beispiels ermittelt worden. Man kann erkennen, daß nach der halben Bauzeit bei der Frühstartsummenkurve bereits 66,7% der Gesamtkosten angefallen sind, während bei der Spätstartsummenkurve zum selben Zeitpunkt erst 40% der Gesamtkosten angefallen sind.

Um Kostenprognosen, die zu Beginn eines Projektes aufgestellt werden, zu überprüfen und gegebenenfalls zu korrigieren, wird das in Bild 2.2-64 gezeigte Verfahren angewendet. Zu einem Kontrollzeitpunkt werden die tatsächlich angefallenen Kosten ermittelt und die nach der ersten Schätzung noch zu erwartenden Restkosten addiert. Das Ergebnis dieser Addition ist dann die berichtigte Kostenschätzung.

**2.2.4.3.7 Kapazitätsplanung.** Ähnlich wie bei den Kosten lassen sich jedem Vorgang eines Netzplanes auch Kapazitäten zuordnen, die sich z. B. in Maschinenstunden, Arbeitsstunden oder Arbeitern angeben lassen. Eine Aufsummierung dieser

## 2.2.4 Netzplantechnik

Kapazitäten bei einer Frühstart- oder Spätstartfolge ergibt normalerweise eine sehr willkürliche und unausgeglichene Kapazitätsbedarfskurve. Da aber in der Regel eine möglichst kontinuierliche Beschäftigung oder Auslastung von Maschinen angestrebt wird, muß man einen Kapazitätsausgleich vornehmen.

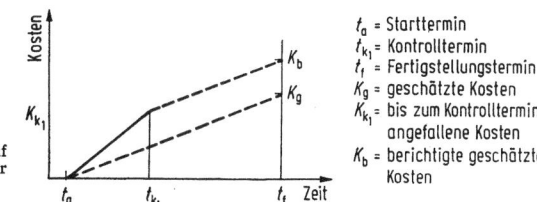

Bild 2.2-64. Kostenabstimmung auf Grund einer Kostenstelle (linearer Verlauf angenommen).

$t_a$ = Starttermin
$t_{k_1}$ = Kontrolltermin
$t_f$ = Fertigstellungstermin
$K_g$ = geschätzte Kosten
$K_{k_1}$ = bis zum Kontrolltermin angefallene Kosten
$K_b$ = berichtigte geschätzte Kosten

In einem ersten Schritt versucht man, durch Verschieben von Vorgängen, die nicht auf dem kritischen Weg (vgl. 2.2.4.2.2) liegen, im Bereich der errechneten Pufferzeiten zu einem Kapazitätsausgleich zu kommen. Reicht das Verschieben innerhalb der Pufferzeiten nicht aus, so wird z. B. bei einer vorgegebenen Kapazität der kritische Weg so verlängert, daß die Kapazitätsgrenzen eingehalten werden (Bild 2.2-65).

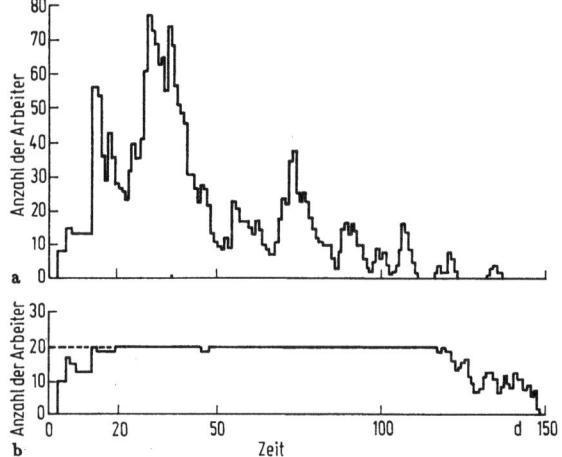

Bild 2.2-65. Arbeitskräfteausgleich durch Ausnutzung der Pufferzeiten und Verschiebung des Endtermins (nach [44]).

Die Arbeitskräfte-Berechnungen ermöglichen schon sehr frühzeitig eine exakte Disposition für eine Baustelle. Dabei darf aber nicht übersehen werden, daß hierbei die einzelnen Vorgänge in ihren Vorkommen festgelegt werden, so daß jetzt ein Netzplan vorliegt, der insgesamt kritisch geworden ist. Dadurch sind natürlich alle weiteren Dispositionen, die bei Änderungen des Bauablaufs notwendig werden, erschwert. Änderungen im Ablauf bedeuten also in diesen Fällen fast immer eine Neuberechnung des Netzplanes.

Es ist weiter zu beachten, daß im Bauwesen eine starre Festlegung von Vorgängen ohne Pufferzeiten nicht möglich ist. Die stets im Bauablauf auftretenden Abweichungen setzen ein elastisches Vorgehen voraus, so daß einem Kapazitätsausgleich mit frühzeitiger endgültiger Fixierung von einzelnen Arbeitsvorgängen ohne Anpassungsmöglichkeiten keine größere praktische Bedeutung bei der Ausführung von Bauarbeiten zukommt.

## 2.2.4.4 Einsatz von EDV-Anlagen

Mit dem Begriff „Netzplantechnik" wird in vielen Fällen automatisch der Gedanke an die elektronische Datenverarbeitung verbunden. Der Grund hierfür kann in der starken Herausstellung der Netzplantechnik durch die Hersteller von EDV-Anlagen liegen, da von dieser Seite die Vorteile dieser Planungsmethode sehr bald erkannt und schon frühzeitig die entsprechenden Programme für die Anwender bereitgestellt wurden. Mit der Entwicklung der Programme war in den meisten Fällen auch die Entwicklung eines eigenen „Netzplanverfahrens" gekoppelt, so daß die einzelnen Verfahren vielfach nur in ihrem direkten Zusammenhang mit der elektronischen Datenverarbeitung bekannt wurden.

Fast alle Hersteller von EDV-Anlagen haben Rechenprogramme für die Berechnung von Netzplänen aufgestellt, so daß die Auswahl eines für den Einzelfall geeigneten Programms nicht immer leicht ist. Um diese Auswahl zu erleichtern, sollen im folgenden einige charakteristische Kriterien, die für die Leistungsfähigkeit der Programme maßgebend sind, aufgezeigt werden.

**2.2.4.4.1 Programmkapazität.** Für die meisten Programme wird eine Obergrenze der Anzahl der Vorgänge und/oder der Anordnungsbeziehungen eines Netzplanes angegeben, die in der Regel von der Kernspeicherkapazität der Anlagen abhängen, für die diese Programme jeweils geschrieben wurden. Bei den Programmen, die für die Maschinen der dritten Generation geschrieben worden sind, kann man normalerweise davon ausgehen, daß sie in ihrer Kapazität den Anforderungen im Bauwesen genügen.

JOB NR. 9999      \*\*\* FRUEH START \*\*\*      1 JUN 1970   SEITE 1

| TAETIGKEIT | BESCHREIBUNG | GESMT DAUER | REST DAUER | KAL FK PZ ST.S.T. | FRUEH START | SPAET START | FRUEH ENDE | SPAET ENDE | GESAMT PUFFER | FREIER PUFFER |
|---|---|---|---|---|---|---|---|---|---|---|
| • 100 | ERDARBEITEN | 23.0 | 23.0 | 8 1 5 | .0 | .0 | 23.0 | 23.0 | .0 | .0 |
| 1 | ANFANG | .0 | .0 | 8 1 5 | .0 | .0 | .0 | .0 | .0 | .0 |
| • 110 | ROHBAUARBEITEN | 104.0 | 104.0 | 8 1 5 | 23.0 | 23.0 | 127.0 | 127.0 | .0 | .0 |
| 262 | INNENPUTZ HEIZRAUM UND OELLAGER | 5.0 | 5.0 | 8 1 5 | 64.6 | 107.4 | 69.6 | 112.4 | 42.8 | \*V\* |
| 203 | BRENNER-MONTAGE | 5.0 | 5.0 | 8 1 5 | 69.6 | 227.2 | 74.6 | 232.2 | 157.6 | 157.6 |
| • 201 | HEIZUNG ROHMONTAGE UND TANK | 30.0 | 30.0 | 8 1 5 | 112.4 | 112.4 | 142.4 | 142.4 | .0 | \*V\* |
| 121 | DACHSTUHL AUFSCHLAGEN | 7.0 | 7.0 | 8 1'5 | 112.4 | 215.2 | 119.4 | 222.2 | 102.8 | \*V\* |
| 131 | DACHRINNEN UND VERWAHRUNGEN | 5.0 | 5.0 | 8 1 5 | 117.4 | 220.2 | 122.4 | 225.2 | 102.8 | \*V\* |
| 141 | DACHDECKERARBEITEN | 4.0 | 4.0 | 8 1 5 | 122.4 | 225.2 | 126.4 | 229.2 | 102.8 | .0 |
| 151 | BLITZSCHUTZ | 3.0 | 3.0 | 8 1 5 | 126.4 | 229.2 | 129.4 | 232.2 | 102.8 | 102.8 |
| 261 | SCHALLDAEMMUNG / WAERMEDAEMMUNG | 15.0 | 15.0 | 8 1 5 | 127.0 | 152.1 | 142.0 | 167.1 | 25.1 | .0 |
| 221 | STAHLZARGEN | 10.0 | 10.0 | 8 1 5 | 127.0 | 172.2 | 137.0 | 182.2 | 45.2 | 45.2 |
| 241 | GLASBAUSTEINE | 3.0 | 3.0 | 8 1 5 | 127.0 | 209.2 | 130.0 | 212.2 | 82.2 | 82.2 |
| 2 | | .0 | .0 | 8 1 5 | 137.1 | 162.2 | 137.1 | 162.2 | 25.1 | \*V\* |
| • 204 | SANITAERE INSTALLATION ROHMONTAGE | 30.0 | 30.0 | 8 1 5 | 137.3 | 137.3 | 167.3 | 167.3 | .0 | \*V\* |
| 282 | ISOLIEREN TERASSEN UND BALKONE | 5.0 | 5.0 | 8 1 5 | 142.0 | 177.2 | 147.0 | 182.2 | 35.2 | 35.2 |
| • 211 | ELEKTROINSTALLATION ROHMONTAGE | 20.0 | 20.0 | 8 1 5 | 162.2 | 162.2 | 182.2 | 182.2 | .0 | \*V\* |
| 111 | SCHLIESSEN AUSSPARUNGEN UND SCHLITZE | 17.0 | 17.0 | 8 1 5 | 172.2 | 172.2 | 189.2 | 189.2 | .0 | \*V\* |
| • 232 | PUTZLEISTEN | 5.0 | 5.0 | 8 1 5 | 177.2 | 177.2 | 182.2 | 182.2 | .0 | \*V\* |
| • 263 | INNENPUTZ | 5.0 | 5.0 | 8 1 5 | 182.2 | 182.2 | 187.2 | 187.2 | .0 | \*V\* |
| 281 | ISOLIEREN DUSCHEN UND WC | 5.0 | 5.0 | 8 1 5 | 187.2 | 187.2 | 192.2 | 192.2 | .0 | .0 |
| 301 | GELAENDER / GITTERROSTE | 10.0 | 10.0 | 8 1 5 | 187.2 | 187.2 | 197.2 | 197.2 | .0 | .0 |
| 234 | SCHRANKTRENNWAENDE | 20.0 | 20.0 | 8 1 5 | 187.2 | 187.2 | 207.2 | 207.2 | .0 | .0 |
| 251 | SIMSE UND ABDECKPLATTEN | 5.0 | 5.0 | 8 1 5 | 187.2 | 192.2 | 192.2 | 197.2 | 5.0 | 5.0 |
| 231 | EINBAU-RAHMEN | 15.0 | 15.0 | 8 1 5 | 187.2 | 202.2 | 202.2 | 212.2 | 10.0 | 10.0 |
| 271 | FENSTER EINSETZEN | 13.0 | 13.0 | 8 1 5 | 187.2 | 199.2 | 200.2 | 212.2 | 12.0 | 12.0 |
| 161 | TREPPEN UND BODENBELAG | 4.0 | 4.0 | 8 1 5 | 192.2 | 208.2 | 196.2 | 212.2 | 16.0 | \*V\* |
| • 291 | PLATTENLEGERARBEITEN | 20.0 | 20.0 | 8 1 5 | 197.2 | 197.2 | 217.2 | 217.2 | .0 | \*V\* |

Bild 2.2-66. Ausdruck eines Vorgangsberichtes (geordnet nach frühesten Anfangsterminen).

2.2.4 Netzplantechnik

**2.2.4.4.2 Numerierung der Vorgänge.** Die Art der Numerierung der Vorgänge ist heute in fast allen Fällen beliebig, d. h. Bedingungen wie die Einhaltung einer bestimmten Reihenfolge (z. B. fortschreitend aufsteigend usw.) müssen nicht mehr eingehalten werden. Wichtig ist aber die Stellenzahl der Vorgangsnummern, die verarbeitet werden kann. Eine zehnstellige alpha-numerische Vorgangsnummer hat in der Praxis in den allermeisten Fällen zu befriedigenden Ergebnissen geführt (Bild 2.2-55).

**2.2.4.4.3 Berechnung von Kalenderdaten.** Entscheidend ist hierbei nicht nur die generelle Möglichkeit, einen Kalender aufzustellen und die Vorgänge im Ausdruck mit ihren Kalenderdaten zu erhalten, sondern auch die Frage, ob *bestimmte* Kalenderdaten verwendet werden müssen, oder ob der Kalender frei vereinbar ist. Im Bauwesen ist ein frei vereinbarter Kalender von großem Vorteil, um Sperrzeiten für Perioden, in denen nicht gearbeitet wird, eingeben zu können.

**2.2.4.4.4 Angabe von Zeiteinheiten.** Die meisten neueren Programme erlauben eine freie Wahl der Zeiteinheit für jeden einzelnen Vorgang und ermöglichen zusätzlich die Angabe, ob 1, 2 oder 3 Schichten pro Tag gefahren werden und an wievielen Tagen in der Woche gearbeitet wird. Dadurch erspart man sich beim Aufstellen des Netzplanes u. U. mühevolle Umrechnungen, die auch gleichzeitig sehr fehlerintensiv sein können.

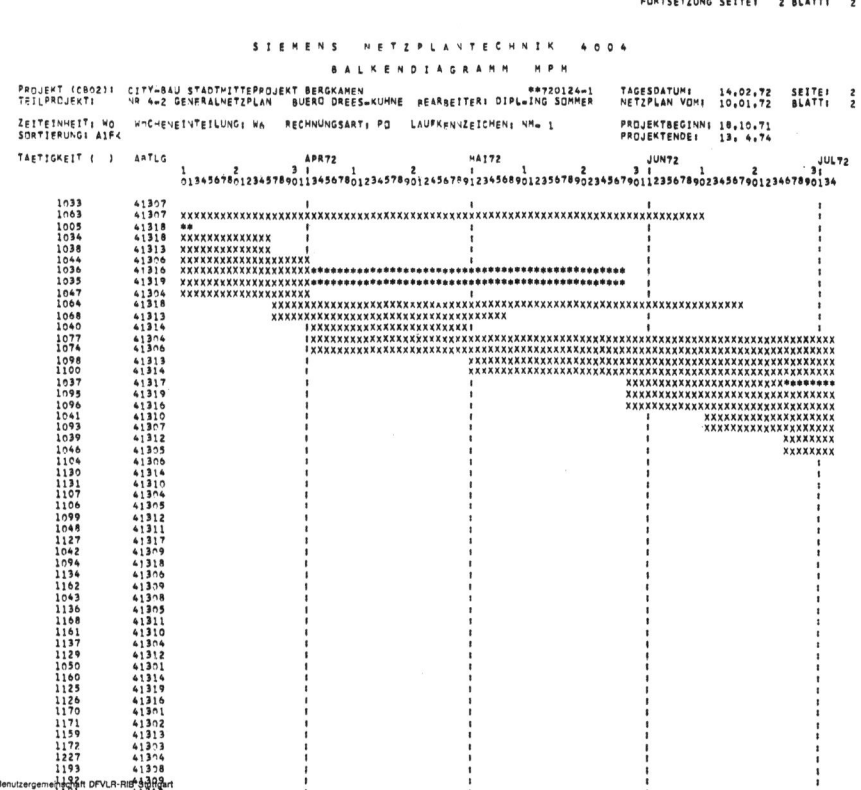

Bild 2.2-67. Ausdruck eines Balkenplans.

## 2.2 Leistungserstellung (Auftragsabwicklung)

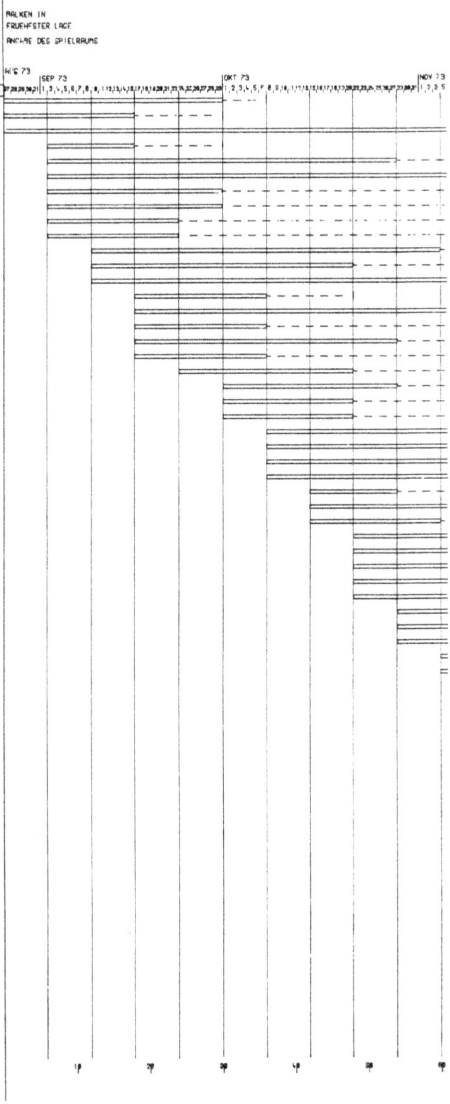

Bild 2.2-68. Balkenplan (gezeichnet mit EDV-gesteuerter Zeichenmaschine).

## 2.2.4 Netzplantechnik

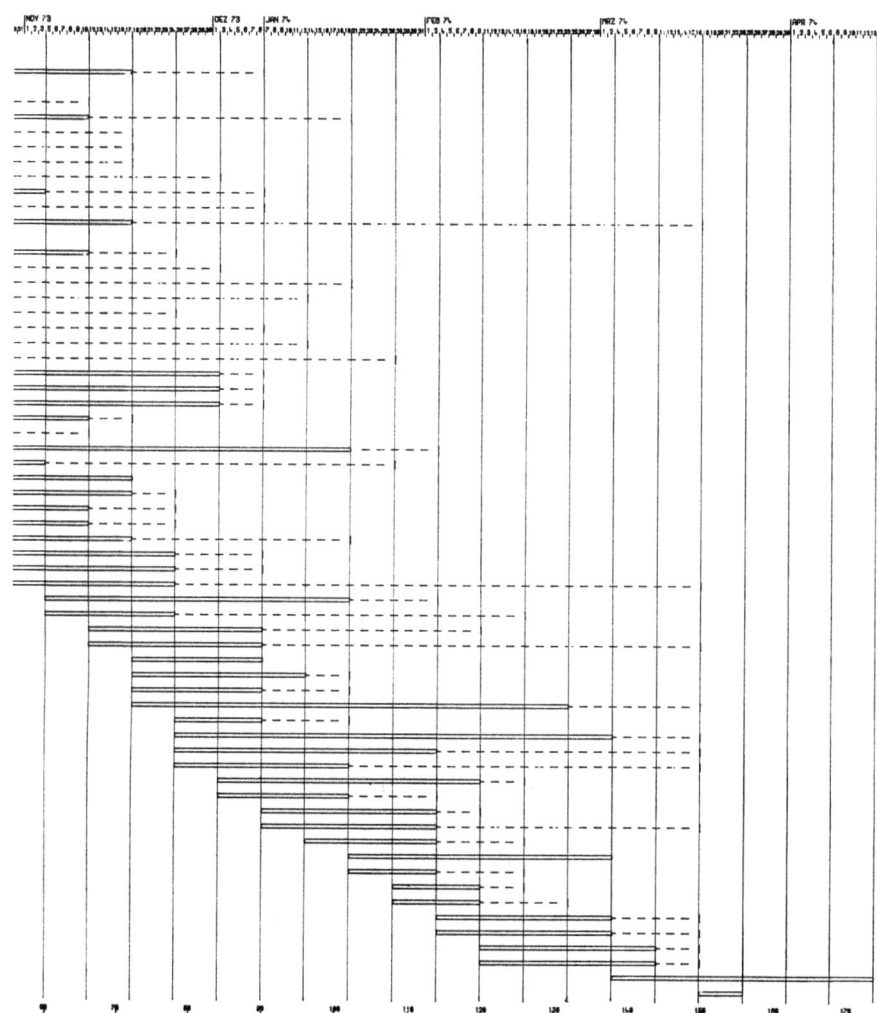

**2.2.4.4.5 Angabe von verschiedenen Anordnungsbeziehungen.** Anfänglich ließen die Programme nur *eine* Anordnungsbeziehung zu. Da aber in der Praxis verschiedene Arten der Abhängigkeiten von Vorgängen vorkommen, sind viele Programme heute so erweitert worden, daß sie mehrere Arten von Anordnungsbeziehungen zulassen. Man muß aber darauf achten, daß das ausgewählte Programm die Arten von Anordnungsbeziehungen enthält, die in dem eigenen Arbeitsbereich am häufigsten auftreten.

**2.2.4.4.6 Arten des Listenausdrucks.** Der Bereich ist hier sehr weit gespannt und reicht vom Ausdruck einer einzigen unsortierten Liste bis zum Ausdruck von vielen nach bestimmten Richtlinien sortierten Listen, z. B. Sortierung in der Reihenfolge aufsteigender Pufferzeiten, Sortierung nach frühesten Beginnterminen (Bild 2.2-66), Sortierung nach besonderen Merkmalen (z. B. nach Gewerken).

Für die Sortierung nach besonderen Merkmalen müssen für die Vorgänge Schlüsselzahlen (Codes) angegeben werden, die diesen Merkmalen zugeordnet sind. Es sollte hier beachtet werden, ob eine Rangfolge der einzelnen Codes möglich ist, so daß man z. B. als übergeordneten Sortierbegriff die Bauteile eines Projektes angeben und innerhalb der einzelnen Bauteile eine Ordnung nach Abschnitten vornehmen kann.

Sehr beliebt im Bauwesen ist der *Balkenplan*, und daher erlauben auch die meisten Programme den Ausdruck eines Balkenplanes, bei dem die „Balken" durch den Ausdruck (Bild 2.2-67) verschiedener Symbole dargestellt werden. Seit einiger Zeit besteht auch bei einigen Programmen die Möglichkeit, einen *Plotter* (EDV-gesteuerte Zeichenmaschine) anzuschließen, der die Balkenpläne auf pausfähiges Papier zeichnet. Sie werden dadurch den bisher im Bauwesen verwendeten Balkenplänen sehr ähnlich und sind für die Baustelle besser als die ausgedruckten Pläne zu verstehen (Bild 2.2-68).

Wichtig sind weiter die sog. „Meilensteinberichte", bei dem nur die für den Projektablauf besonders maßgebenden Termine ausgedruckt werden.

**2.2.4.4.7 Weitere Programm-Merkmale.** Neben den aufgeführten Merkmalen lassen sich noch weitere Unterscheidungsmerkmale angeben, die mehr oder weniger wichtig sind. Dazu zählen die Fragen der programmierten Fehlersuche, um formale Fehler schon vor der Durchrechnung aufzufinden, und der Änderungsdienst, der verschieden aufwendig sein kann. Es sollte aus Kostengründen auch beachtet werden, ob die bereits abgeschlossenen Daten eines Netzplanes bei jedem neuen Lauf in die Berechnung aufgenommen werden müssen, da sie die Rechenzeiten erheblich steigern können.

Die unter 2.2.4.3.6 und 2.2.4.3.7 aufgeführte Kostenplanung und Kapazitätsplanung läßt sich nur mit EDV-Anlagen durchführen. Während die allermeisten Programme eine Kostenplanung möglich machen, ist dies bei der Kapazitätsplanung nicht der Fall. Es ist also bei der Programmauswahl auf diese Anforderung besonders zu achten.

## 2.2.4.5 Kosten der Netzplantechnik

Die Kosten der Netzplantechnik hängen von Projektart, Projektdauer und Umfang der geforderten Leistung ab. Große Hochbauprojekte, z. B. Krankenhäuser, Industriewerke, Verwaltungsgebäude, Kaufhäuser, erfordern wegen der großen Zahl von Vorgängen und des starken Verflechtungsgrades einen höheren Aufwand als reine Tiefbauten wie Brücken oder Straßen. Jedoch kann auch hier ein erheblicher Aufwand auftreten, wenn solche Baumaßnahmen in andere Vorgänge verflochten sind, z. B. Verkehrsumleitungen, Umlegung von Versorgungsleitungen.

Die Dauer der Projektdurchführung wirkt sich vor allem auf die Kosten der Kontrolle aus, da diese zeitabhängig ist. Beim Umfang der Leistung ist zu berücksichtigen, ob nur ein Generalnetzplan aufzustellen ist oder auch Objekt- und Feinnetzpläne für alle Leistungsbereiche und regelmäßige Kontrollen. Ferner können sich Mehrkosten durch notwendige Überarbeitungen oder Neuaufstellungen von Netzplänen ergeben. Schließlich ist zu berücksichtigen, welche Ausdrucke gewünscht werden und welche Rechenprogramme und EDV-Anlagen zur Verfügung stehen oder benötigt werden. Nach den bekannt gewordenen Zahlen belaufen sich die Kosten für die Anwendung der Netzplantechnik, falls auf der Planungs- und Ausführungsebene Übersichts- und Objektnetzpläne aufgestellt und Kontrollen durchgeführt werden, je nach Schwierigkeitsgrad und Anzahl der Kontrollen auf 0,4% bis 1,0% der Herstellkosten bei Projekten zwischen 100 und 10 Mio. DM. Werte, die darunter oder darüber liegen, beziehen sich entweder auf einfache Objekte mit geringem Verflechtungsgrad oder kleinere Objekte, z. B. Umbauten, bei denen ein hoher Aufwand für die Netzplanung nur geringen Herstellkosten gegenübersteht. Die Anzahl der Vorgänge stellt als Grundlage von Kostenberechnungen i. allg. keinen geeigneten Maßstab dar, da diese sehr willkürlich erweitert oder vermindert werden kann. Seit 1973 liegt eine Leistungs- und Honorarordnung für die Ablaufplanung (Netzplantechnik) vor, die vom Verband Beratender Ingenieure (VBI), Essen, herausgegeben wurde.

## Literatur von 2.2 Leistungserstellung (Auftragsabwicklung)

### Bücher

1 *Hereth:* Baupreisrecht, 2. Aufl., München: C. H. Beck'sche Verlagsbuchhandlung 1968.
2 *Dressel:* Arbeitstechnische Blätter für den Baubetrieb. Hrsg. Forschungsgemeinschaft Bauen und Wohnen, Loseblattsammlung, Stuttgart Ifa-Verlag
3 *Dressel:* Die Bauberichterstattung und ihre Auswertung. 2. Aufl., Stuttgart: Forschungsgemeinschaft Bauen und Wohnen 1963.
4 *Dressel:* Organisation der Bauunternehmung, Köln: Müller 1965.
5 *Gallas:* Die strafrechtliche Verantwortung der am Bau Beteiligten unter besonderer Berücksichtigung des verantwortlichen Bauleiters, Heidelberg: Recht und Wirtschaft 1964.
6 *Günther:* Bauabrechnung im Ingenieurbau. Düsseldorf: Werner 1963.
7 *Corsten:* Der Straßenbaubetrieb. Berlin: Duncker & Humblot 1961 (H. 13 Abhandlungen aus dem Industrieseminar der Universität Köln).
8 *Mecklenburg, Speidel:* Arbeitsvorbereitung für Baustellen. Wiesbaden, Berlin: Bauverlag 1961 (Schriftenreihe „Arbeitskunde im Baubetrieb", H. 2).
9 *Krämer:* Rüstungs- und Taktschiebeverfahren im Brückenbau, Ausführungs- und Wirtschaftlichkeitsvergleich, Wiesbaden, Berlin: Bauverlag 1973 (Schriftenreihe des Instituts für Baubetriebslehre der Universität Stuttgart, Hrsg. G. Drees Band 11).
10 *Kuhne:* Produktionsplanung in Fertigteilwerken, Wiesbaden, Berlin: Bauverlag 1972 (Schriftenreihe des Instituts für Baubetriebslehre der Universität Stuttgart, Hrsg. G. Drees Band 10).
11 *Caterpillar* (Hrsg.): Performance Handbook, Peoria, Illinois (USA), Selbstverlag 1972.
12 Arbeitskreis für Arbeitstechnik. Hrsg. Wirtschaftsvereinigung Bauindustrie Nordrhein-Westfalen. Arbeitsvorbereitung im Baubetrieb. 2. Aufl. Wiesbaden: Bauverlag 1965: Düsseldorf: Wibau-Verlag 1971.
13 REFA-Methodenlehre des Arbeitsstudiums. Hrsg. Verband für Arbeitsstudien — REFA, 2. Auflage 1971, München, Hanser
Teil 1 Grundlagen
Teil 2 Datenermittlung
Teil 3 Kostenrechnung, Arbeitsgestaltung.
14 Bauarbeitsschlüssel für das Bauhauptgewerbe. Hrsg. Arbeitskundlicher Kreis Hochbau. Stuttgart: Ifa-Verlag 1963.
15 Baugeräteliste. Hrsg. Hauptverband der Deutschen Bauindustrie. Ausgabe 1971. Wiesbaden: Bauverlag 1971.
16 *Burkhardt:* Kostenprobleme der Bauproduktion. Wiesbaden: Bauverlag 1963 (Schriftenreihe des Bayerischen Bauindustrieverbandes Nr. 3).
17 *Burkhardt:* Numerische Ablaufplanung einer Baustelle. Wiesbaden, 2. Auflage, Berlin: Bauverlag 1968.
18 Geräteverwaltung im Bauunternehmen. Hrsg. Institut für Baubetriebslehre der TH Stuttgart und Betriebswirtschaftliches Institut der Westdeutschen Bauindustrie GmbH Düsseldorf. Düsseldorf: Wibau-Verlag 1966.
19 Forschungsgesellschaft für das Straßenwesen e. V. Sammlung REB (Richtlinien für die elektronische Bauabrechnung, Verfahrensbeschreibung zur REB, Erlasse). Köln: Selbstverlag 1972.
20 *Schmidt, H. Th.:* Kriterien baubetrieblicher Verfahrensauswahl. Wiesbaden, Berlin: Bauverlag 1969. (Schriftenreihe des Instituts für Baubetriebslehre der Universität Stuttgart (TH), Hrsg. G. Drees, Bd. 5.)
21 *Drees, Frey:* Richtlinien für die Kosten- und Leistungsrechnung, KLR-Bau, Gutachten im Auftrag des Hauptverbandes der Deutschen Bauindustrie. Stuttgart, Düsseldorf 1973.
22 *Drees, Link:* Baumaschinen für Bauingenieure. Düsseldorf: Werner 1969.
23 *Fritz:* Leistungsermittlung und Leistungslohn bei maschinenintensiven Bauarbeiten. Wiesbaden, Berlin: Bauverlag 1969 (Schriftenreihe des Instituts für Baubetriebslehre der Universität Stuttgart (TH), Hrsg. G. Drees, Bd. 4).
24 *Bernzott:* Grundsätze der Planung und des Betriebs von Fertigteilwerken. Wiesbaden, Berlin: Bauverlag 1969 (Schriftenreihe des Instituts für Baubetriebslehre der Universität Stuttgart (TH), Hrsg. G. Drees, Bd. 3).
25 *Nawrath:* Analyse und Steuerung von Linienbaustellen. Wiesbaden, Berlin: Bauverlag 1968.
26 *Schub:* Probleme der Taktplanung in der Bauproduktion. Habilitation TH München.
27 *Herrmann, H.:* Elektronische Datenverarbeitung im Rechnungswesen der Bauindustrie. Wiesbaden, Berlin: Bauverlag 1967.
28 *Drees:* Arbeitsvorbereitung und Steuerung von Baustellen, Beitrag zu Entwickeln, Konstruieren, Bauen, München: Held & Franke Bauaktiengesellschaft, Selbstverlag 1972.
29 Handbuch Bauabrechnung. Hrsg. Recheninstitut für Bauwesen (RIB). Stuttgart 1967.
30 *Drees, Reiff:* Einrichtung von Baustellen; Planung, Entwurf, Beispiele. Düsseldorf: Werner 1971.
31 *Hruschka:* Die Anwendung des Normprodukts in der Baubetriebsplanung, erläutert am Beispiel der Rohbauarbeiten im Hochbau. Diss. TH München 1969.
32 *Rudert:* Wirtschaftliche Fertigung von bituminösen Straßendecken. Wiesbaden, Berlin: Bauverlag 1970 (Schriftenreihe des Instituts für Baubetriebslehre

der Universität Stuttgart (TH), Hrsg. *G. Drees*; Band 5).
33 *Ulle:* Verlustquellenforschung auf Baustellen. Wiesbaden, Berlin: Bauverlag 1970 (Schriftenreihe des Instituts für Baubetriebslehre der Universität Stuttgart (TH), Hrsg. Prof. Dr.-Ing. *G. Drees*; Band 8).
34 *Günther:* Kostensenkung durch Kostenkontrolle im Baubetrieb. Düsseldorf: Werner Verlag und Wibau-Verlag 1970.
35 *Hirsch:* Anwendungsprobleme der Netzplantechnik im Bauwesen. Bd. 2 der Schriftenreihe des Instituts für Baubetriebslehre der Universität Stuttgart (TH). Hrsg. Prof. Dr.-Ing. *G. Drees*, 2. Auflage. Wiesbaden: Bauverlag 1970.
36 *Wille, Gewald, Weber:* Netzplantechnik, Methoden zur Planung und Überwachung von Projekten. Bd. I Zeitplanung. München, Wien: Oldenbourg 1966.
37 *Dierks:* Netzplantechnik in der Baupraxis. 2. Auflage. Düsseldorf: Werner 1972.
38 Netzplantechnik, Ein Fortbildungskurs im Medienverband Fernsehen-Lehrbuchseminare (Hrsg. Südwestfunk/wdr/Westdeutsches Fernsehen/VDI-Bildungswerk). Düsseldorf: VDI 1971.
39 IBM Deutschland, Project Control System/360 360 A-C 06X). Anwendungsprogramm, IBM Form 79922-0.
40 RIB-Information 34, Netzplantechnik. Sinetik MPM-Terminplanung. Recheninstitut für das Bauwesen. Stuttgart: Selbstverlag Dez. 1970.
41 *Jurecka:* Netzwerkplanung im Baubetrieb, 2. Aufl., Wiesbaden, Berlin: Bauverlag 1972.
42 *Öfverholm:* Framstegskurvan (Einarbeitungskurven) Statens institut för byggnadsforskning, Stockholm Rapport R 14, 1971.
43 *Bauer:* Prinzip und Möglichkeit der maschinellen Bauproduktion in der Bauindustrie. Diss. München 1964 (auszugsweise abgedruckt in [113] 1965, H. 1, S. 13—18; H. 2, S. 57—66; H. 3, S. 125—133).
44 *Jochem, A.:* Praktische Erfahrungen mit der Netzplantechnik beim Bau verfahrenstechnischer Großanlagen. VDI-Zeitschrift 108 (1966) Nr. 14, S. 625/32.

### Zeitschriften

111 Die Bauwirtschaft. Wiesbaden, Berlin: Bauverlag.
112 Der Baubetriebsberater. Wiesbaden, Berlin: Bauverlag.
113 Baumaschine und Bautechnik. Wiesbaden, Berlin: Bauverlag.
114 Bauplanung — Bautechnik. Berlin: VEB Verlag f. Bauwesen.
115 Der Bauingenieur. Berlin, Heidelberg, New York: Springer.
116 Das Baupraxis. Stuttgart: Konradin-Verlag.
117 Der Straßenbau. Düsseldorf: Braun.
118 Zeitschrift für Organisation. Wiesbaden: Gabler.
119 Bitumen. Hamburg, Arbeitsgemeinschaft der Bitumenindustrie e. V.
120 Beton. Düsseldorf: Betonverlag
121 Straßenbau-Technik. Köln: Rud. Müller.
122 Construction Methods. New York: McGraw-Hill.
123 Unternehmensforschung. Würzburg: Physika.
124 VDI-Zeitschrift. Düsseldorf: VDI.
125 Schweizerische Bauzeitung. Zürich: Jegher & Ostertag.
126 Ablauf- und Planungsforschung. Frankfurt/M.: Arbeitskreis Operational Research.
127 Rüsten und Schalen. Lintorf b. Düsseldorf: Hünnebeck Selbstverlag
128 IBM-Fachbibliothek. Sindelfingen. Internat. Büromaschinen GmbH.
129 Das Baugewerbe. Köln: Rud. Müller.
130 Annales de l'Institut Technique du Bâtiment et des Travaux Publics. Paris.
131 Deutsches Architektenblatt. Stuttgart: Forum-Verlag.
132 VDI-Bildungswerk. Düsseldorf: VDI.
133 Industrielle Organisation. Zürich: Verlag Industrielle Organisation.

## 2.3 Rechnungswesen im Baubetrieb[1])[2])

Bearbeitet von *H. Prange*

### 2.3.1 Begriff und Aufgabe des baubetrieblichen Rechnungswesens

#### 2.3.1.1 Begriff

Der Baubetrieb ist wie jeder andere Betrieb im Sinne der Betriebswirtschaftslehre ein *Organismus*. Alle Vorgänge im Leben dieses Organismus schlagen sich im betrieblichen *Rechnungswesen* nieder. Als Darstellungsmittel dient die Zahl; sie ermöglicht es, alle betrieblichen internen und externen Vorgänge zu erfassen, zu ordnen und für die verschiedensten Auswertungszwecke aufzubereiten. Die Erfassung der Daten muß vollständig, ihre Ordnung systematisch und ihre Auswertung logisch sein. Die Betriebe einer

---

[1]) Die in diesem Kapitel gemachten Ausführungen kennzeichnen den Entwicklungsstand in der Bundesrepublik Deutschland.
[2]) Literatur S. 282.

Branche weisen zwar gewisse gemeinsame Grundzüge des Rechnungswesens auf, der Zuschnitt aber muß dem einzelnen Betrieb individuell angepaßt werden. Das heißt, die Ausgestaltung des Rechnungswesens hängt unter Beachtung gesetzlicher Verpflichtungen von den Besonderheiten des Wirtschaftszweiges, von der Organisationsform und der Struktur des Betriebes, von der Betriebsgröße und dem Betriebsablauf und nicht zuletzt von den Informationsbedürfnissen der Betriebsführung ab. Das Rechnungswesen bildet nicht nur ein Instrument zur Überwachung und Förderung der betrieblichen Wirtschaftlichkeit, sondern es muß auch selbst wirtschaftlich sein.

### 2.3.1.2 Aufgabe

Die Aufgabe des baubetrieblichen Rechnungswesens besteht darin, Verfahren zu entwickeln und anzuwenden, die es ermöglichen, alle Vorgänge in den betrieblichen Funktionsbereichen Beschaffung, Produktion, Absatz und Betriebsführung zahlenmäßig nach Mengen und Werten und unter Verwendung arithmetischer Gleichungssysteme [1] zu erfassen. Im einzelnen handelt es sich um

Aufzeichnung aller Veränderungen des *Vermögens* und *Kapitals*,
Feststellung der *Aufwendungen*, *Erträge* und *Ergebnisse* am Ende und während der Wirtschaftsperiode,
Ermittlung von *Kosten* und *Leistungen*,
Bereitstellung von Unterlagen für eine *Überwachung* der Wirtschaftlichkeit, der Kosten und Leistungen, für inner- und zwischenbetriebliche *Betriebsvergleiche* sowie für die *Preisermittlung* [2] jeweils unter Berücksichtigung handelsrechtlicher, steuerrechtlicher und sonstiger gesetzlicher Vorschriften.

## 2.3.2 Zweige des baubetrieblichen Rechnungswesens

Das baubetriebliche Rechnungswesen umfaßt die Grundzweige: *Buchführung, Kostenund Leistungsrechnung*; ferner *Betriebsstatistik* und *Planungsrechnung*.

Die Grundzweige *Buchführung* und *Kosten- und Leistungsrechnung* sowie die *Betriebsstatistik* sind wegen zwingender gesetzlicher Vorschriften und aus Gründen der Teilnahme an der Marktpreisbildung selbst in einem kleinen Baubetrieb vorhanden. Allerdings spannt sich in der bauausführenden Wirtschaft vom Kleinbetrieb bis zum Großbetrieb ein weiter Bogen individueller Gestaltungsmöglichkeiten, die vom einfachsten manuellen Verfahren bis zur elektronischen Datenverarbeitung reichen.

Die *Planungsrechnung* ist erst im Kommen; mehr oder weniger bruchstückweise wird sie vielfach betrieben; als voll ausgebautes System ist sie noch kaum bekannt.

## 2.3.3 Buchführung

### 2.3.3.1 Allgemeines

**2.3.3.1.1 Aufgabe.** Die Buchführung hält in laufender und systematischer Aufzeichnung den Stand und alle Bewegungen im *Anlage- und Umlaufvermögen*, im *Eigen- und Fremdkapital* sowie die *Aufwendungen* und *Erträge* fest. Auf Grund dieser Aufschreibungen entsteht am Ende der Wirtschaftsperiode (Geschäftsjahr) die *Bilanz* als Gegenüberstellung von Vermögen und Kapital zum Stichtag sowie die *Gewinn- und Verlustrechnung* als Gegenüberstellung von Aufwendungen und Erträgen der Wirtschaftsperiode. Der Erfolg der Wirtschaftsperiode, der Gewinn oder Verlust sein kann, zeigt sich im Bilanzsaldo und in gleicher Höhe im Saldo der Gewinn- und Verlustrechnung.

Die Buchführung ist so auszugestalten, daß sie außer dem Jahresabschluß auch Zwischenbilanzen und kurzfristige Erfolgsrechnungen zu anderen Terminen als dem Geschäftsjahresende ermöglicht.

Die Buchführung ist eine *Zeitabschnittsrechnung* (Periodenrechnung); ihr Blick ist in die Vergangenheit gerichtet.

**2.3.3.1.2 Organisationsgrundsätze.** Jede Buchführung bedarf eines *Organisationsplans*, auf Grund dessen die verschiedenartigen Geschäftsvorgänge auf systematisch geordneten *Konten* zahlenmäßig festgehalten werden. Das Ordnungsschema der Konten in einem Wirtschaftszweig wird als *Kontenrahmen* bezeichnet. Aus dem Kontenrahmen entsteht in Anpassung an die individuellen Bedürfnisse des Betriebes durch Kontraktion und Extension der Konten des Ordnungsschemas der betriebliche *Kontenplan*. Gleichartige Konten werden in Kontengruppen und sachlich zusammenhängende Kontengruppen in Kontenklassen zusammengefaßt. Konten, Kontengruppen und Kontenklassen werden nach dem dekadischen Prinzip numeriert, das sich für den Zuschnitt eines Kontenrahmens auf die jeweiligen betrieblichen Verhältnisse durch besondere Flexibilität auszeichnet.

**2.3.3.1.3 Prozeßgliederungsprinzip — Bilanzgliederungsprinzip.** Die wissenschaftliche Beschäftigung mit Organisationsfragen der Buchführung und den Gestaltungsgrundsätzen eines Kontenrahmens setzte in Deutschland relativ früh ein. Es sei hier nur auf die bahnbrechenden Arbeiten von *Schär* (1911) und *Schmalenbach* (1927) hingewiesen. Insbesondere auf den Arbeiten Schmalenbachs fußen der Kontenrahmen des *Reichskuratoriums für Wirtschaftlichkeit* von 1936, der staatliche *Pflichtkontenrahmen* von 1937 und in der Nachkriegszeit der *Gemeinschaftskontenrahmen* industrieller Verbände von 1949 sowie der *Einheitskontenrahmen* für das deutsche Handwerk von 1955.

Alle diese Kontenrahmen sind von dem sog. *Prozeßgliederungsprinzip* Schmalenbachs beeinflußt, das den innerbetrieblichen Güterfluß bis zur vollendeten Leistungserstellung und damit die Selbstkostenrechnung in den Vordergrund geschoben hat [3]. Demgegenüber steht das *Bilanzgliederungsprinzip* unter Abschluß-Gesichtspunkten und den gesetzlichen Vorschriften. Es verlangt eine klare Trennung von Aktiv- und Passivkonten sowie von Aufwands- und Ertragskonten. Weiterhin erfordert es eine übersichtliche Ordnung von Bestands- und Erfolgskonten. Damit erhält die *Finanzbuchhaltung*, in der alle pagatorischen Vorgänge in den Beziehungen zwischen der Unternehmung und der Außenwelt aufgezeichnet werden [4], als Grundlage des Jahresabschlusses nur ein scheinbares Primat. Die *Betriebsbuchhaltung* als innerbetriebliche kalkulatorische Rechnung und betriebliche Entscheidungsgrundlage wird dadurch nicht in ihrer Bedeutung beeinträchtigt, sondern eher hervorgehoben.

Buchhaltungsorganisationen unter Verwendung der elektronischen Datenverarbeitung verlassen in der Regel das doppische System, mindestens in der Betriebsbuchhaltung; auch die Grenzen zwischen den gewohnten Begriffen des Ein- und Zweikreissystems werden dann flüssig.

**2.3.3.1.4 Einkreis- und Zweikreissystem.** Die in 2.3.3.1.3 eingangs erwähnten Kontenrahmen der Vorkriegszeit betrachten externe und interne Wertbewegungen im Sinne des Prozeßgliederungsprinzips als eine organische Einheit; sie tendieren demzufolge zum *Einkreissystem*, das keine Trennung von Finanz-(Geschäfts-)buchhaltung und Betriebsbuchhaltung kennt. Die herkömmlichen wichtigsten Teile des traditionellen Rechnungswesens, verkörpert in der Finanzbuchhaltung unter bilanziellen Gesichtspunkten, und die Betriebsbuchhaltung für Zwecke der Betriebsrechnung bilden ein in sich geschlossenes System, eine weitgehend rechnerische und organisatorische Einheit von Finanz- und Betriebsbuchhaltung [3].

Für Kontenrahmen dagegen, die dem Bilanzgliederungsprinzip folgen, ist die Neigung zum *Zweikreissystem* charakteristisch, indem eine Aufspaltung der gesamten Buchhaltung in zwei Kreise, in die finanz- und die betriebsbuchhalterische Sphäre erfolgt. Jeder Kreis kann für sich abgeschlossen werden, ohne daß eine Behinderung des einen durch den anderen eintreten kann. Dies bedeutet nicht, daß zwischen beiden Kreisen keine Möglichkeit der Abstimmbarkeit und gegenseitigen Kontrolle besteht. Die Buchhaltungstechnik hat hierfür verschiedene Wege aufgezeigt und in der Praxis verwirklicht.

Voraussetzung für jedes Zweikreissystem, gleich welcher Spielart, ist stets eine voll ausgebaute *Kostenartensammelklasse*, die alle originären Betriebsaufwendungen aufzunehmen hat.

## 2.3.3 Buchführung

**2.3.3.1.5 Doppische und tabellarische Betriebsbuchhaltung.** Die Betriebsbuchhaltung kann in zwei Formen geführt werden, in der strengen Form der *kontenmäßigen Verbuchung* und in der loseren Form der *tabellarischen Verbuchung* [5]. Im erstgenannten Fall herrscht ein *doppisches* System, das charakteristisch, aber nicht zwingend für die Einkreissysteme ist. Die *tabellarische* Verbuchung, insbesondere bei Isolierung von der Geschäftsbuchhaltung, findet sich vorwiegend bei Zweikreissystemen, häufig unter Verwendung eines *Betriebsabrechnungsbogens*. Aber auch dieser kann in Gestalt einer tabellarischen Zwischenrechnung in ein vereinfachtes doppisches System der Betriebsbuchhaltung eingebunden werden [3]. Der im Jahre 1971 vom Bundesverband der Deutschen Industrie herausgegebene *Industrie-Kontenrahmen* (IKR), der den Gemeinschaftskontenrahmen industrieller Verbände von 1949 abgelöst hat, bedeutet ein Abgehen vom Prozeßgliederungsprinzip und einen kompromißlosen Übergang zum Bilanzgliederungsprinzip [41]. Im neuen klassischen Sinn treten an die Stelle von Finanz- und Betriebsbuchhaltung die Begriffe Unternehmensrechnung und Kosten- und Leistungsrechnung.

### 2.3.3.1.6 Grundbegriffe der Finanz- und Betriebsbuchhaltung

*2.3.3.1.6.1 Aufwand und Ertrag.* Hierbei handelt es sich um buchhalterische Begriffe *Aufwand* bezeichnet den wertmäßigen Verbrauch an Gütern und in Anspruch genommenen Diensten in einer bestimmten Periode, z. B. in einem Geschäftsjahr. Aufwand kann Werteverbrauch für die betriebliche Leistung, die Produktion, aber auch für andere Zwecke der Unternehmung sein. Man unterscheidet deshalb betrieblichen und neutralen Aufwand. *Betrieblicher Aufwand* ist mit dem Begriff der Kosten identisch (s. 2.3.3.1.6.2). *Neutraler Aufwand* sind solche Aufwendungen, die zwar im Rechnungsabschnitt entstanden sind, aber nicht den Kosten der betrieblichen Leistung zuzurechnen sind wie z. B. Spenden, Sonderabschreibungen, Steuernachzahlungen, Aufwendungen für nicht betriebsnotwendige Anlagegegenstände.

Das Gegenstück zum Aufwand stellt der *Ertrag* dar. Er bezeichnet alles das, was die Unternehmung im Rechnungsabschnitt durch betriebliche und betriebsfremde Leistungen an Erträgen erhält. Man spricht deshalb von *betrieblichen Erträgen* (Gegenwert der betrieblichen Leistung) und *betriebsfremden Erträgen* (z. B. Kursgewinne aus Wertpapierverkäufen). Die betrieblichen Erträge umfassen in der bauausführenden Wirtschaft auch die Bestandsveränderungen an Stoffen und unfertigen Bauten.

*2.3.3.1.6.2 Kosten und Leistung* [2]. *Kosten* sind die Werte der für die betriebliche Leistungserstellung verbrauchten Güter und in Anspruch genommenen Dienste. Der Verbrauch an Gütern, z. B. an eingebauten Baustoffen, und an Dienstleistungen, z. B. an Lohnstunden, wird zunächst mengenmäßig festgestellt und dann bewertet, d. h. in Geldwert ausgedrückt, um eine Gleichnamigkeit zu erzielen. Die in einem Zeitabschnitt entstandenen Kosten decken sich mit den Betriebsaufwendungen.

Der korrespondierende Begriff der Kosten ist der *Leistung*. Hierunter versteht man den Wert, der sich aus dem betrieblichen Umformungsprozeß der Kostengüter ergibt. Leistung ist somit der Wert der in Erfüllung des Betriebszwecks erstellten Güter und Dienstleistungen.

*2.3.3.1.6.3 Ausgabe und Einnahme.* Diese kassentechnischen Begriffe sind einfach zu definieren: *Ausgabe* bedeutet nichts weiter als Geldausgabe und stellt den Gegenwert für zu Geldwerten erworbene Güter und Dienstleistungen dar. Dementsprechend heißt *Einnahme* soviel wie Geldeingang.

Auf die Unterschiede zwischen Aufwand, Kosten und Ausgabe einerseits und Ertrag, Leistung und Einnahme ist besonders zu achten.

*2.3.3.1.6.4 Erlöse* sind der wertmäßige Ausdruck für die in einer Periode abgerechneten Lieferungen und Leistungen [6]; sie entsprechen dem Umsatzbegriff [41].

## 2.3.3.2 Besonderheiten der baubetrieblichen Buchführung

Es gibt Grundvorgänge, die in jedem Wirtschaftsbetrieb vorkommen, gleichgültig welcher Branche er angehört wie z. B. Einkauf, Verkauf, Zahlungsverkehr, Beschaffung und Verwendung von eigenem und fremdem Kapital, Verbrauch von Gütern und Dienstleistungen für die Leistungserstellung. Ein *Kontenrahmen*, der zum Ziel hätte, als Organisationsschema der Buchführung für alle Wirtschaftsbetriebe anwendbar zu sein, müßte sich auf gewisse globale Regeln beschränken, die für die Praxis ohnehin meist selbstverständlich, als Ordnungsschema aber unzureichend wären. So enstanden folgerichtig Kontenrahmen für *Gruppen von Gewerbezweigen* mit gleichgearteten wirtschaftlichen Tätigkeiten z. B. Industrie, Handel, Handwerk, Bank- und Versicherungswesen. In Anlehnung an die Gruppen-Kontenrahmen wurden Kontenrahmen für die *einzelnen Gewerbezweige* entwickelt, in denen den besonderen Branchenverhältnissen Rechnung zu tragen war.

Solche Eigenheiten liegen ganz besonders in der bauausführenden Wirtschaft vor, die sich als Bereitschaftsgewerbe mit vorwiegend auftragsweiser Einzelfertigung in der Regel auf fremdem Grund und Boden von den stationär produzierenden Gewerbezweigen in technischer, betriebswirtschaftlicher und rechtlicher Hinsicht deutlich abhebt, wobei es keine Rolle spielt, ob der einzelne bauausführende Betrieb der Industrie oder dem Handwerk zuzurechnen ist.

Unter dem zwingenden Einfluß der staatlichen Zentralverwaltungswirtschaft entstanden in den 30er Jahren auch in der bauausführenden Wirtschaft *Einheitskontenrahmen*, der Musterkontenplan 1938 für die Bauindustrie und der Kontenrahmen 1941 für das Bauhandwerk [3][1]. Die Allgemeinverbindlichkeit beider Organisationsschemata endete 1945; ihre Anwendung in der Praxis reichte aber im Bauhandwerk noch bis in die 50er, in der Bauindustrie bis in die 60er Jahre hinein, bis von den zuständigen Wirtschaftsverbänden des Bauhandwerks und der Bauindustrie neue modernere Kontenrahmen bekanntgegeben waren.

### 2.3.3.3 Bauhandwerk — Bauindustrie

Die Unterscheidung des Bauhauptgewerbes in handwerkliche und industrielle Betriebe ist traditionell. Äußerliches Kriterium ist die Zugehörigkeit zu einer handwerklichen oder industriellen Wirtschafts- und Arbeitgeberverbandsorganisation [7]. Darin kommt aber nicht mehr, wie noch um die Jahrhundertwende ein wirtschaftliches Wesensmerkmal zum Ausdruck; wenn auch eine Einteilung des Bauhauptgewerbes in Klein-, Mittel- und Großbetriebe immer noch gewisse Indizien für eine Zuordnung zum Handwerk oder zur Industrie liefert [8], vgl. Tabelle 2.3-1.

Tabelle 2.3-1. Das handwerkliche und industrielle Bauhauptgewerbe der Bundesrepublik einschl. West-Berlin nach Betriebsgrößenklassen (Stand 30. 6. 1967) [9]

| Betriebe mit ... Beschäftigten | Betriebe | | | Beschäftigte | | |
|---|---|---|---|---|---|---|
| | insgesamt | davon in % Handwerk | Industrie | insgesamt | davon in % Handwerk | Industrie |
| 0···99 | 63 564 | 92,0 | 8,0 | 942 545 | 84,7 | 15,3 |
| 100···499 | 2 503 | 46,1 | 53,9 | 448 473 | 41,6 | 58,4 |
| 500 u. mehr | 131 | 14,5 | 85,5 | 109 113 | 12,1 | 87,9 |
| insgesamt | 66 198 | — | — | 1 500 131 | — | — |

Gliedert man die bauhauptgewerblichen Betriebe und die in diesen Beschäftigten nach Zweigen auf, so zeigt sich, daß die industriellen Betriebe vorwiegend im Hoch-, Tief-, Ingenieur- und Straßenbau vertreten sind (Tabelle 2.3-2).

---

[1]) Die bauausführende Wirtschaft umfaßt hinsichtlich ihrer organisatorischen Zugehörigkeit die *Bauindustrie*, das *bauhauptgewerbliche Handwerk* und das *Ausbaugewerbe*. Im folgenden wird zur Vereinfachung lediglich auf die bauhauptgewerblichen Betriebe der Industrie und des Handwerks Bezug genommen. Die Betriebe des Ausbaugewerbes, meist handwerklicher Art, führen vielfach nur z. T. baugewerbliche Leistungen aus, z. B. Kunst- und Bauschlosser, Möbel- und Bautischler, Rahmen- und Bauglaser, Elektrohändler mit Werkstatt. Die bauausführenden Abteilungen dieser Betriebe unterliegen ähnlichen betriebswirtschaftlichen Gesetzmäßigkeiten wie die Betriebe des Bauhauptgewerbes.

Tabelle 2.3-2. Das handwerkliche und industrielle Bauhauptgewerbe der Bundesrepublik einschl. West-Berlin nach Zweigen (Stand 30. 6. 1967) [9]

| Zweig | Betriebe | | | Beschäftigte | | |
|---|---|---|---|---|---|---|
| | insgesamt | davon Handwerk | davon Industrie | insgesamt | davon Handwerk | davon Industrie |
| Hoch-, Tief-, Ingenieur- u. Straßenbau | 38 766 | 32 967 | 5 799 | 1 265 210 | 799 373 | 465 837 |
| Schornstein-, Feuerungs- u. Industrieofenbau | 306 | 217 | 89 | 12 251 | 2 699 | 9 552 |
| Dämmung u. Abdichtung (Isolierbau) | 1 508 | 1 193 | 315 | 30 392 | 11 762 | 18 630 |
| Brunnenbau u. nichtbergbauliche Tiefbohrung | 300 | 237 | 63 | 6 655 | 2 472 | 4 183 |
| Abbruch-, Spreng- u. Enttrümmerungsgewerbe | 384 | 182 | 202 | 3 898 | 1 207 | 2 691 |
| Stukkateurgewerbe, Gipserei und Verputzerei | 7 276 | 7 253 | 23 | 71 771 | 71 281 | 490 |
| Zimmerei und Ingenieurholzbau | 10 792 | 10 777 | 15 | 61 065 | 60 966 | 99 |
| Dachdeckerei | 6 866 | 6 851 | 15 | 48 889 | 48 329 | 560 |
| insgesamt | 66 198 | 59 677 | 6 521 | 1 500 131 | 998 089 | 502 042 |

Auf diese Strukturunterschiede, die selbst bei unter klassischen Gesichtspunkten stark verwischten Grenzen zwischen Handwerks- und Industriebetrieb immer noch deutlich hervortreten, war und ist in Ordnungsvorschriften für das bauhauptgewerbliche Rechnungswesen seitens der Wirtschaftsverbände Rücksicht zu nehmen.

In diesem Zusammenhang ist darauf hinzuweisen, daß die Begriffe Betrieb und Unternehmen nicht identisch sind. Die Bundesstatistik (s. Tab. 2.3-1 und 2) unterscheidet nach handwerklichen und industriellen Betrieben. Die Definition für die Unterscheidung von Bauhandwerk und Bauindustrie wurde 1968 vom Statistischen Bundesamt aufgegeben, so daß seitdem eine Darstellung der handwerklichen und industriellen Betriebe im bisherigen Sinne nicht mehr möglich ist. Auf Grund der früheren langjährigen statistischen Erhebungen ist aber anzunehmen, daß sich die Anteile von Handwerk und Industrie an den Betrieben und Beschäftigten des Bauhauptgewerbes seither nur unwesentlich verändert haben.

Der statistische Begriff des Betriebes weicht wesentlich ab von dem Begriff des *Unternehmens* als rechtlich-finanzieller Einheit, entspricht aber auch nicht dem betriebswirtschaftlichen Begriff des Betriebes als einer technisch-wirtschaftlichen Einheit. Die Bundesstatistik erfaßt als Bau-Betriebe nicht nur alle Bau-Unternehmen, deren wirtschaftlicher Schwerpunkt in der Bauausführung liegt, sondern auch die Niederlassungen von Bauunternehmen (nicht aber die einzelnen Baustellen) sowie die Arbeitsgemeinschaften, die von Bauunternehmen eingegangen sind. Hieraus erhellt, daß gerade auf der Industrieseite zwischen der Zahl der Betriebe lt. Statistik und der Zahl der Unternehmen ein erheblicher Unterschied bestehen muß. Nach Auskunft des Hauptverbandes der Deutschen Bauindustrie unterhalten die in den bauindustriellen Landesfachverbänden organisierten Unternehmen etwa 900 Niederlassungen im Bundesgebiet einschl. West-Berlin und weisen Beteiligungen an etwa 1000 Arbeitsgemeinschaften im gleichen Gebietsstand auf. Diese Niederlassungen und Arbeitsgemeinschaften zählen statistisch bei den Betrieben mit, ohne daß sie Unternehmen als rechtlich-finanzielle Einheiten darstellen.

Tabelle 2.3-3. Normalkontenplan

| Kontenklasse 0<br>Anlage- und Kapitalkonten | Kontenklasse 1<br>Finanzkonten | Kontenklasse 2<br>frei | Kontenklasse 3<br>Bestände an Stoffen und Leistungen |
|---|---|---|---|
| 00 Bebaute Grundstücke (Betriebsvermögen)<br>   000 Betriebsgebäude<br>   001 Wohngebäude<br>   002 Sonstige bebaute Grundstücke<br>01 Unbebaute Grundstücke (Betriebsvermögen)<br>02 Geräte, Maschinen<br>   020 Geräte für Bau betrieb ⎫<br>   021 Maschinen für Werkstatt ⎬ nach betrieblichem Ermessen<br>   023 .......... ⎭<br>03 Fahrzeuge<br>   030 LKW ⎫<br>   031 PKW ⎬ nach betrieblichem Ermessen<br>   032 Sonstige Fahrzeuge ⎭<br>04 Betriebs- und Geschäftsausstattung<br>   040 Baubuden, Wohnwagen ⎫<br>   041 Gerüste<br>   042 Schalungsvorrichtungen<br>   043 Werkzeuge ⎬ nach betrieblichem Ermessen<br>   044 Sonstige Betriebseinrichtungen<br>   045 Geschäftseinrichtung<br>   046 ..........<br>   047 ..........<br>   048 ..........<br>   049 Geringwertige Anlagegüter ⎭<br>05 Patente und ähnliche Rechte<br>06 Langfristige Forderungen und Beteiligungen<br>   060 Hypothekenforderungen<br>   061 Darlehnsforderungen<br>   062 Beteiligungen, Genossenschaftsanteile<br>   063 Anlagewertpapiere<br>   064 ..........<br>07 Langfristige Verbindlichkeiten<br>   070 Darlehnsschulden<br>   071 Stille Beteiligungen<br>   072 Hypothekenschulden<br>   073 ..........<br>08 Kapitalkonten<br>   080 Kapital<br>   081 ..........<br>   082 Gesetzliche Rücklagen<br>   083 Freiwillige Rücklagen<br>09 Wertberichtigung, Rückstellungen, Rechnungsabgrenzung<br>   090 Wertberichtigung Anlagevermögen<br>   091 Wertberichtigung Umlaufvermögen<br>   092 Rückstellungen<br>   093 Aktive Rechnungsabgrenzungsposten<br>   094 Passive Rechnungsabgrenzungsposten | 10 Kasse<br>11 Postscheck, Banken<br>   110 Postscheck<br>   111 Banken<br>   112 ............<br>12 Besitzwechsel, Schecks, Wertpapiere des Umlaufvermögens<br>13 Verrechnungskonten<br>   130 Baustellenverrechnung<br>   131 Zweigstellen<br>14 Forderungen aus Lieferungen und Leistungen<br>   140 Kundenforderungen<br>   141 Forderungen aus Sicherheitsleistungen<br>   142 Zweifelhafte Forderungen<br>   143 ............<br>   144 ............<br>   145 ............<br>   146 ............<br>   147 ............<br>   148 Arbeitsgemeinschaften<br>   149 Sonstige Forderungen<br>15 Eigene Anzahlungen und Vorschüsse<br>   150 Lohnvorschüsse<br>   151 Anzahlungen (für Bilanzstichtag)<br>16 Kurzfristige Verbindlichkeiten<br>   160 Lieferanten-Verbindlichkeiten<br>   161 Bankschulden (für Bilanzstichtag)<br>   162 Lohnlistenkonten<br>   1620 Abzuführende Lohnsteuer u. ä.<br>   1621 Gesetzliche Sozialversicherung<br>   1622 Urlaubsmarken<br>   1623 ..........<br>   1624 Lohnpfändungen<br>   1625 Sonstiges<br>   163 Betriebs-Steuerschulden<br>   164 ............<br>   165 ............<br>   166 ............<br>   167 ............<br>   168 ............<br>   169 Sonstige kurzfristige Verbindlichkeiten<br>17 Kundenanzahlungen<br>   170 Kundenanzahlungen<br>   171 ............<br>18 Schuldwechsel<br>19 Privatkonten | | 30 Baustoffe<br>31 Betriebs- und Bauhilfsstoffe<br>32 Bauteile<br>33 Ersatzteile, Reparaturstoffe u. sonstige Stoffe<br>34 Handelsware<br>35 ..............<br>36 Halb- und Fertigerzeugnisse der Nebenbetriebe<br>37 ..............<br>38 Noch nicht abgerechnete Bauleistungen (halbfertige Arbeiten)<br>39 Frei für selbsterstellte Anlagen und Großreparaturen |

[1]) Evtl. für Nebenbetriebe z. B. Bauhof, Werkstätten, Fuhrpark, Handelslager, Sägewerk
[2]) Untergliederung nach betrieblichem Ermessen

für das Baugewerbe [40]

| Kontenklasse 4 Kostenarten | Kontenklasse 5 frei | Kontenklasse 6 frei[1]) | Kontenklasse 7 frei für Baukonten[2]) | Kontenklasse 8 Erträge | Kontenklasse 9 Abgrenzungs- und Abschlußkonten |
|---|---|---|---|---|---|
| 40 Stoffe (Einzelstoffe-Verbrauch) <br> 41 Löhne und Gehälter <br>    410 Sammelkonto Löhne <br>    411 Sammelkonto Polier-Entgelte <br>    412 Sammelkonto Gehälter <br>    413 Sammelkonto Lohn- und Gehaltsnebenkosten <br> 42 Soziale Aufwendungen <br>    420 Gesetzliche soziale Beiträge <br>    421 Berufsgenossenschaft <br>    422 Urlaubsmarken <br>    423 Sonstige gesetzliche soziale Aufwendungen <br>    424 .......... <br>    425 Freiwillige soziale Aufwendungen <br>                      nach betrieblichem Ermessen <br> 43 Hilfs- und Betriebsstoffe (Verbrauch) <br>    430 Brenn- und Treibstoffe <br>    431 Energiekosten <br>    432 Kleinwerkzeuge <br>    433 Sonstige Hilfs- und Verbrauchsstoffe <br>                      nach betrieblichem Ermessen <br> 44 Betriebssteuern, Beiträge, Versicherungen (ausgenommen Umsatzsteuer) <br>    440 Betriebssteuern <br>    441 Gebühren und sonstige Abgaben <br>    442 .............. <br>    443 Beiträge <br>    444 .............. <br>    445 Betriebliche Versicherungen <br> 45 Verschiedene Gemeinkosten <br>    450 Miete und Pacht <br>    451 Instandhaltungskosten (Fremdleistungen) <br>    452 Postkosten <br>    453 Büromaterial, Zeitungen, Zeitschriften <br>    454 Werbekosten <br>    455 Reisekosten <br>    456 Rechts-und Beratungskosten <br>    457 Fahrzeugkosten <br>    458 .............. <br>    459 Sonstige Gemeinkosten <br> 46 Frei für kalkulatorische Kosten <br>    460 Geräteabschreibung und Verzinsung <br>    461 Gerüstabschreibung und Verzinsung <br>    462 Unternehmerlohn <br>    463 Wagnisse <br>    464 Sonstige kalkulatorische Kosten <br> 47 frei <br> 48 Nachunternehmerleistungen <br> 49 Sonstige Sonderkosten <br>    490 Fremdgerätemieten <br>    491 Lizenzgebühren <br>    492 .......... <br>    494 Umsatzsteuer <br>                      nach betrieblichem Ermessen | | | | 80–85 Bauerträge <br> 86 Erlösschmälerungen <br> 87 Bestandsveränderungskonto <br> 88 Verkaufserlöse <br> 89 Erlöse aus Arbeitsgemeinschaften | 90 Außerordentliche Aufwendungen und Erträge <br>    900 Außerordentliche Aufwendungen <br>    901 Außerordentliche Erträge <br> 91 Betriebsfremde Aufwendungen und Erträge <br>    910 Betriebsfremde Aufwendungen <br>    911 Betriebsfremde Erträge <br> 92 Haus- und Grundstücksaufwendungen und Erträge <br> 93 Zins- und Diskontaufwendungen und Erträge <br>    930 Zins- und Diskontaufwendungen <br>    931 Zins- und Diskonterträge <br> 94 Bilanzielle Abschreibungen <br> 95 Aus dem Ergebnis zu deckende Aufwendungen <br> 96 Frei für Verrechnungskonto (kalkulatorische Kosten) <br> 97 ............. <br> 98 Verlust- und Gewinnkonto <br> 99 Bilanzkonto |

### 2.3.3.4 Normalkontenrahmen für das handwerkliche Bauhauptgewerbe

Auf der Grundlage des im Auftrage des Zentralverbandes des Deutschen Handwerks (vgl. 2.1.4) vom Deutschen Handwerksinstitut in München herausgegebenen Einheitskontenrahmens für das Deutsche Handwerk vom Jahre 1955 wurde vom Zentralverband des Deutschen Baugewerbes ein neuer Kontenrahmen für die Betriebe des handwerklichen Bauhauptgewerbes entwickelt und veröffentlicht. Damit wurde der bis 1945 verbindliche, danach noch vielfach weiter verwendete Kontenplan 1941 für das Bauhandwerk abgelöst und durch ein moderneres und dem handwerklichen Zuschnitt der meisten Betriebe besser entsprechendes Ordnungsschema ersetzt.

Der *Normalkontenrahmen für das Baugewerbe* (Tabelle 2.3-3) weist ebenso wie sein Vorbild, der Einheitskontenrahmen für das deutsche Handwerk, einige bemerkenswerte Abweichungen vom herkömmlichen Kontenrahmensystem auf. Die Kontenklasse 2, die bisher die neutralen Aufwendungen und Erträge enthielt, ist frei geblieben. Diese Aufwendungen und Erträge wurden der Kontenklasse 9 zugewiesen. Die Kontenklasse 5 bleibt grundsätzlich frei, in der Kontenklasse 6 können Hilfs- und Nebenbetriebe wie z. B. Bauhof, Handelslager, Sägewerk je nach betrieblicher Entscheidung untergebracht werden. Für eine Baukontenführung, wenn sie gewünscht wird, steht die Kontenklasse 7 zu Verfügung. Somit kann man die Kontenklassen 0, 1 und 3 als *Bestandskontenklassen*, die Kontenklassen 4, 8 und 9 als *Erfolgskontenklassen* bezeichnen. Allerdings enthält die Klasse 9 mit dem Bilanzkonto einen wesensfremden Bestandteil, der den Bestandskonten zugehört. Die Klassen 5 bis 7 sollen grundsätzlich frei bleiben zu Gunsten einer Betriebsabrechnung mittels eines geeigneten Betriebsabrechnungsbogens.

Der Normalkontenrahmen für das Bauhandwerk bedeutet einen eindeutigen Schritt zum Bilanzgliederungsprinzip und eröffnet die Möglichkeit eines Zweikreis-Systems, indem die doppische Buchführung auf die Finanzbuchhaltung beschränkt, die Betriebsbuchhaltung aber auf den Weg tabellarisch-statistischer Verfahren verwiesen wird, vgl. [4; 10; 11].

Die finanzbuchhalterischen Aufzeichnungen in den 6 Kontenklassen 0, 1, 3, 4, 8 und 9 lassen einen schnellen und zuverlässigen Abschluß handelsrechtlicher Art zu; für die Feststellung der Bestände an noch nicht abgerechneten Bauleistungen (Bewertung zu Herstellkosten) muß allerdings auf die Buchungen auf den Baukonten der Klasse 7 oder die entsprechenden Aufzeichnungen in der Betriebsabrechnung zurückgegriffen werden.

Grundlage der Betriebsabrechnung ist die Kontenklasse 4, in der alle Betriebsaufwendungen ursprünglicher Art nach Kostenarten gesammelt werden. „Aufgabe der Betriebsabrechnung ist es, für einen Zeitabschnitt die weitere Ordnung und Verrechnung des Kostenanfalls nach Einzel- und Gemeinkosten und nach Hilfsbetrieben und Baustellen vorzunehmen" [10]. In Anpassung an das Gerüst der *Vorkalkulation* werden die in der Buchhaltung aufgezeichneten Betriebsaufwendungen nach *Einzel-* und *Gemeinkostenarten* aufgegliedert und auf die *Kostenträger* (Baustellen und Nebenbetriebe) nach dem Prinzip der Kostenverursachung verteilt. Eine direkte Zurechnung auf den Kostenträger ist insbesondere für die *Einzelkonten* (Einbau- und Vorhaltestoffe, Löhne, Vorhaltekosten der Baumaschinen, Baugeräte, Baubaracken und Baugerüste, Sonderkosten der einzelnen Baustelle) möglich. Die *Gemeinkosten* werden grundsätzlich mit Hilfe geeigneter Schlüssel z. B. in v. H. der Löhne, auf die Kostenträger umgelegt. Diese Gemeinkostenumlage kann ohne Schwierigkeit bei Bedarf verfeinert werden, so daß z. B. die Baustellengemeinkosten (u. a. Gehälter der Baustelle, gesetzliche, tarifliche und freiwillige soziale Aufwendungen für Löhne und Gehälter der Baustelle, Verbrauch an Kleingerät und Werkzeug) als Ganzes oder in Teilen den Kostenträgern zugewiesen werden und in einem weiteren Schritt die Verwaltungsgemeinkosten mittels einem besonderen Verrechnungssatz umgelegt werden.

In Tabelle 2.3-4 ist das Beispiel eines einfachen Betriebsabrechnungsbogens für einen bauhandwerklichen Betrieb dargestellt.

### 2.3.3.5 Musterkontenrahmen der Bauindustrie

**2.3.3.5.1 Vorgeschichte.** Die damalige Wirtschaftsgruppe Bauindustrie gab den Musterkontenplan 1938 heraus. Er hatte Mängel, die sich im Laufe der Jahre herausstellten [3].

## 2.3.3 Buchführung

Tabelle 2.3-4. Beispiel eines einfachen Betriebsabrechnungsbogens für einen bauhandwerklichen Betrieb

| Konto | Kostenart | Betrag | Gemeinkosten der Hilfskostenstellen[1]) Verwaltung/Bauhof | Gemeinkosten der Baustellen[1]) | Einzelkosten des Bauhofs[1]) | Hauptkostenstellen (Baust.) 70 | 71 | 72 | 79[3]) |
|---|---|---|---|---|---|---|---|---|---|
| 40 | Stoffe | 150000 | – | – | – | 40000 | 20000 | 80000 | 10000 |
| 410/411 | Löhne einschl. Polierentgelte | 210000 | 10000 | – | 40000 | 50000 | 30000 | 60000 | 20000 |
| Sa. 1 | | 360000 | 10000 | – | 40000 | 90000 | 50000 | 140000 | 30000 |
| 412 | Gehälter[2])[4]) | 40000 | 30000 | – | – | – | – | – | – |
| 42 | Soz. Aufwendungen für Löhne und Gehälter[4]) | | 10000 | – | – | – | – | – | – |
| 432 | Werkzeug[4]) | 70000 | 5000 | 63500 | – | – | – | – | – |
| 460/461 | Geräte- u. Gerüstabschreibung[4]) | 5000 | – | 4000 | – | – | – | – | – |
| 48 | Nachunternehmer | 40000 | – | – | – | 14000 | 6000 | 12000 | 2000 |
| | | 1000 | – | – | – | 1000 | – | – | – |
| Sa. 2 | – | 516000 | 45000 | 67500 | 40000 | 105000 | 56000 | 152000 | 32000 |
| Umlagen | | | | | | | | | |
| 1. Gemeinkosten Bauhof | | | | 18500 | | | | | |
| 2. Gesamtkosten Bauhof nach Geräte- und Gerüstabschreibung[5]) | | | | | 58500 | 24080 | 10320 | 20640 | 3460 |
| 3. Gemeinkosten der Baustelle nach Lohnschlüssel | | | 18500 | | | 21100 | 12660 | 25320 | 8420 |
| Sa. 3 | | 471000 | | | | 150180 | 78980 | 197960 | 43880 |
| 4. Gemeinkosten Verwaltung $\frac{45000 \times 100}{471000} = 9{,}6\%$[4])[6]) | | | | | | 14410 | 7580 | 25320 | 4010 |
| Sa. 4 | | 516000 | | | | 164590 | 86560 | 216960 | 47890 |
| | | | | Selbstkosten der Baustellen | | | | | |

Den Selbstkosten der Baustellen werden die Baustellenerlöse (Klasse 8) zu Vertragspreisen gegenübergestellt, wobei auf Periodengleichheit der Kosten- und der Erlösseite (Erlös im Sinne von Leistung) zu achten ist. Die Differenz zwischen Kosten und Erlösen der einzelnen Baustelle ist das Betriebsergebnis am Stichtag, das Gewinn oder Verlust sein kann.

[1]) Untergliederung nach Bedarf.
[2]) Sammelkonto für Kleinbaustellen.
[3]) einschl. Unternehmerlohn.
[4]) der Einfachheit halber sind von den verschiedenen Gemeinkostenarten nur einige Beispiele angeführt.
[5]) in diesen Schlüssel könnten, wenn z. B. Werkzeuge und Einzelstoffe vom Bauhof geliefert wurden, entsprechende Anteile einbezogen werden. –
[6]) der Umlagesatz liegt bei Erfassung sämtlicher umzulegender Gemeinkosten selbstverständlich höher

Diese Mängel waren bei einer Reform des Musterkontenplans 1938 zu beheben. Daneben konnte an einigen allgemeinen Einflußfaktoren auf die baubetriebliche Buchführung nicht vorbeigegangen werden, z. B. an den durch die kleine Aktienrechtsreform 1959 eingeleiteten und durch das Aktiengesetz von 1965 vollendeten Änderungen der Rechnungslegungsvorschriften für Aktiengesellschaften[1]), an in der Nachkriegszeit im In- und Ausland entwickelten neueren Kontenrahmenlösungen, an den Einflüssen und Forderungen der elektronischen Datenverarbeitung.

Als Ergebnis seiner Reformarbeiten veröffentlichte der Hauptverband der Deutschen Bauindustrie 1964 einen *Musterkontenrahmen*, der in vieler Hinsicht vom Kontenplan 1938 und von den herkömmlichen Kontenplänen der übrigen Industrie abweicht.

**2.3.3.5.2 Formeller Aufbau.** Das neue Ordnungsschema wurde Musterkonten*rahmen* und nicht wie 1938 Musterkonten*plan* genannt. Zwischen beiden Bezeichnungen besteht zwar nur ein gradueller Unterschied [4], der aber hier durch die Wortwahl besonders hervorgehoben werden sollte. Die in den Verbänden der Bauindustrie organisierten Unternehmen sind hinsichtlich Betriebsgröße, Betriebsstruktur und Produktionsart so verschieden, daß ein überbetriebliches Ordnungsschema für die Buchführung nur als Rahmen, nicht aber bereits als Kontenplan bezeichnet werden kann.

Anstelle der bisher fast allgemein in der Wirtschaft üblichen Numerierung der *Kontenklassen*, Kontengruppen und Konten nach dem dekadischen Prinzip in der Ziffernfolge 0 bis 9 wurde die natürliche Zahlenreihe 1 bis 9 mit der Möglichkeit einer 10. Kontenklasse mit der Ziffer 0 gewählt.

Neben anderen Gründen, die z. B. in der Schreibtechnik älterer, aber noch weithin verbreiteter Buchungsmaschinen lagen, war für die Änderung des Zählsystems ein sehr pragmatisches Motiv ausschlaggebend: Da der Musterkontenrahmen 1964 abweichend von herkömmlichen Kontenplänen dem *Bilanzgliederungsprinzip* folgt, wurde die erste Kontenklasse für das *Anlagevermögen*, die zweite für das *Umlaufvermögen* und die dritte für das *Eigen- und Fremdkapital* benötigt. Entsprechend dem Bilanzgliederungsprinzip waren die neutralen Aufwendungen und Erträge, die bisher üblicherweise in der Kontenklasse 2 untergebracht waren, in eine hintere Kontenklasse zu verweisen. Da mit der Kontenklasse 4 die *Erfolgsrechnung* beginnen konnte, mündete die Kontenklasseneinteilung von dieser Klasse an wieder in das althergebrachte Gliederungsschema ein, wenn man an Stelle des dekadischen Systems die natürliche Zahlenreihe verwendete. So kam es zu folgendem Formalaufbau:

| Kontenklasse 1 | (geändert) | Anlagevermögen |
| Kontenklasse 2 | (geändert) | Umlaufvermögen |
| Kontenklasse 3 | (geändert) | Eigen- und Fremdkapital |
| Kontenklasse 4 | (z. T. bisher vorhanden) | Kostenarten |
| Kontenklasse 5 | (etwa wie bisher) | Verwaltungskosten und umzulegende Baustellengemeinkosten |
| Kontenklasse 6 | (wie bisher) | Hilfskostenstellen |
| Kontenklasse 7 | (wie bisher) | Baukonten und Nebenbetriebe |
| Kontenklasse 8 | (wie bisher) | Betriebserträge |
| Kontenklasse 9 | (bisher 2) | neutrale Anwendungen und Erträge |
| Kontenklasse 0 | (bisher 9) | Abschlußkonten. |

**2.3.3.5.3 Materieller Inhalt.** Der neue Kontenrahmen ermöglicht sowohl ein Beibehalten des bis dahin in der Bauindustrie herrschenden Einkreissystems als auch den Übergang zum Zweikreissystem. Damit bestehen gegenüber dem Musterkontenplan 1938 wichtige Vorteile:

---

[1]) Wenn auch das Aktiengesetz 1965 zur Zeit der Neubearbeitung des Kontenrahmens für die Bauindustrie noch nicht verkündet war, so waren doch die Entwürfe bereits bekannt.

## 2.3.3 Buchführung

Handels- und Steuerrecht verlangen u. a. von jedem Unternehmen alljährlich einen *Abschluß*, der grundsätzlich 12 Kalendermonate umfaßt, gegliedert in Bilanz sowie Gewinn- und Verlustrechnung. Von diesem Erfordernis wird der als *Finanz-* oder *Geschäftsbuchhaltung* bezeichnete Teil der Buchhaltung betroffen. Die Finanzbuchhaltung unterliegt als Beweismaterial für die Erfüllung der gesetzlichen Vorschriften durch das Unternehmen zwangsläufig strengeren Ordnungsregeln, die z. B. in dem Grundsatz der Ordnungsmäßigkeit der Buchführung zum Ausdruck kommen, als vergleichsweise die *Betriebsbuchhaltung*. Diese kann nach betrieblichem Ermessen ausgestaltet werden und ist frei von jedem Zwang zum doppischen System.

Wird das Bilanzgliederungsprinzip des Kontenrahmens bei der Anwendung im Unternehmen mit einem *Zweikreissystem* gekoppelt, so vollzieht sich die Arbeit in der Finanzbuchhaltung ungehindert von den Aufzeichnungen in der Betriebsbuchhaltung. Dieser Vorteil der Unabhängigkeit der Finanzbuchhaltung wirkt sich besonders beim Jahresabschluß und bei Zwischenabschlüssen aus.

Die *Finanzbuchhaltung* umfaßt folgende *Kontenklassen* (1. Kreis):
als Vermögens- und Kapitalrechnung:

| Kontenklasse 1 | Anlagevermögen | } Aktivseite der Bilanz | } Bilanz |
| Kontenklasse 2 | Umlaufvermögen | | |
| Kontenklasse 3 | Eigen- und Fremdkapital | } Passivseite der Bilanz | |

als Erfolgsrechnung:

| Kontenklasse 4 | Betriebsaufwendungen | } Betriebsergebnisrechnung | } Gewinn- und Verlustrechnung |
| Kontenklasse 8 | Betriebserträge | | |
| Kontenklasse 9 | neutrale Aufwendungen und Erträge | } Abgrenzungsrechnung | |

Für die *Betriebsbuchhaltung* stehen folgende *Kontenklassen* zur Verfügung (2. Kreis):

Kontenklasse 5   Verwaltungskosten und umzulegende Baustellengemeinkosten
Kontenklasse 6   Hilfskostenstellen wie z. B. Werkstatt, Fuhrpark, Lagerplatz
Kontenklasse 7   Kosten der Baustellen und Nebenbetriebe (z. B. Kieswerk, Betonfertigteilwerk, Sägewerk).

Die Betriebsbuchhaltung kann total im doppischen System wie die Finanzbuchhaltung, im doppischen System unter Einschaltung tabellarischer Zwischenrechnungen oder im rein statistisch-tabellarischen System geführt werden [3]. Eine von der Finanzbuchhaltung abweichende Systemwahl für die Betriebsbuchhaltung wird erleichtert, wenn das *Zweikreissystem* gewählt wird. Dabei ist es prinzipiell unerheblich und der betrieblichen Entscheidung überlassen, welchen Organisationstyp das Unternehmen für die Betriebsbuchhaltung als zweiten Kreis wählt.[1]) Beschränkt man die Betriebsbuchhaltung im Baubetrieb auf die Kontenklassen 5 bis 7, so muß folgendes streng beachtet werden:

a) Die der Finanzbuchhaltung zugewiesene Kontenklasse 4 darf nur originäre Aufwendungen, und zwar Betriebsaufwendungen (= Kosten) aufnehmen. Alle kalkulatorischen Kosten gehören also in Klasse 4 wie z. B. die kalkulatorische Abschreibung. Die bilanzielle Abschreibung dagegen berührt nicht die Klasse 4, sondern geht direkt in die Klasse 9 ein, wo nach Überbuchung der kalkulatorischen Abschreibung in Klasse 9 der Saldo zwischen beiden als Posten der Abgrenzungsrechnung festgestellt werden kann.

b) Jede Buchung in Klasse 4 löst eine Buchung in der Betriebsbuchhaltung aus.

c) Zu diesen Buchungen treten in der Betriebsbuchhaltung Kostenverrechnungen von Hilfskostenstellen auf Hauptkostenstellen (Kostenträger oder Baustellen bzw. Nebenbetriebe) sowie Verrechnungen innerbetrieblicher Leistungen. Bei diesen Kostenverrech-

---

[1]) *Kosiol* [5] erwähnt folgende Möglichkeiten: angehängte Betriebsbuchhaltung (Nebenbuchhaltung), isolierte Betriebsbuchhaltung (Spiegelbildsystem), ausgegliederte Betriebsbuchhaltung (Übergangssystem), mit dem Hinweis: „In sämtlichen Fällen besteht die Möglichkeit, in der Betriebsbuchhaltung statt der kontenmäßigen die tabellarische Verbuchungstechnik zu wählen. Sie erstreckt sich vor allem auf die Verwendung des Betriebsabrechnungsbogens und die Beschränkung auf Gruppenkonten für die Kostenträger".

nungen handelt es sich meistens um zusammengesetzte (abgeleitete oder derivative) Kosten, z. B. Tagewerkssätze für Statiker, die den Gehaltsanteil und einen Zuschlag enthalten. Hinsichtlich der Buchungen von originären Kosten, die durch Übernahme aus der Klasse 4 entstehen, besteht Abstimmbarkeit mit der Klasse 4. Verrechnungen von derivativen Kosten ergeben in der Betriebsbuchhaltung niemals einen Saldo, da die Hilfskostenstelle, bei der zunächst der Aufwand entstanden ist, diesen Aufwand nur an die verursachende Stelle abgibt.

d) Sind im Verrechnungsverfahren die Kosten der Klassen 5 und 6 auf die Kostenträger der Klasse 7 übertragen[1]), so sind die Gesamtkosten des einzelnen Kostenträgers im Zeitabschnitt festgestellt. Um das wirtschaftliche Ergebnis des einzelnen Kostenträgers am Stichtage zu ermitteln, sind die Betriebserträge der Klasse 8, also ein Bestandteil der Finanzbuchhaltung, heranzuziehen. Die Finanzbuchhaltung bucht nach *Fakturen*; fakturierter Umsatz ist aber nicht gleich Leistungsumsatz. Deshalb ist für jene Kostenträger, deren Leistung noch nicht erfüllt und abgerechnet ist, eine *Sonderberechnung* nach folgendem Schema notwendig:

Schlußabgerechneter Umsatz der Periode[2])
+ bis Ende der Periode erbrachte, aber noch nicht schlußabgerechnete Leistungen
+ bis Ende der Vorperiode schlußabgerechnete, aber erst später erbrachte Leistungen
− bis Ende der Periode schlußabgerechnete, aber noch nicht erbrachte Leistungen
− bis Ende der Vorperiode erbrachte, aber erst später schlußabgerechnete Leistungen.

In etwaigen *Nebenbetrieben* sind bei der Ermittlung des Leistungsumsatzes Bestandsminderungen und -mehrungen der unfertigen Erzeugnisse zu berücksichtigen.

**2.3.3.5.4 Konteneinrichtung nach dem Musterkontenrahmen.** Für die Einrichtung von Konten nach dem Musterkontenrahmen hat der Hauptverband der Deutschen Bauindustrie (vgl. 2.1.4) folgende Fassung 1967 — unter Einschluß der Änderungen auf Grund des Umsatzsteuergesetzes (*Mehrwertsteuer*) 1967 — empfohlen:

### Klasse 1 — Anlagevermögen

11 *Grundstücke und grundstücksgleiche Rechte mit Bauten*
z. B. 111 Grundstücke mit Betriebsgebäuden
112 Grundstücke mit Verwaltungsgebäuden
113 Grundstücke mit Wohngebäuden

12 *Grundstücke und grundstücksgleiche Rechte ohne Bauten*
z. B. 121 Unbebaute Grundstücke
122 Nutzungsrechte, Schürfrechte usw.

13 *Eigenbauten auf fremden Grundstücken*
z. B. 131 Betriebsgebäude auf fremdem Grund und Boden
132 Verwaltungsgebäude auf fremden Grund und Boden

14 *Betriebsvorrichtungen*
z. B. 141 Versorgungsanlagen soweit nicht in Gebäudewerten enthalten
142 Gleisanlagen und Wegbefestigungen
143 Auffahrrampen

15 *Baugeräte, Maschinen und maschinelle Anlagen*
z. B. 151 Geräte für Betonherstellung und Materialaufbereitung
152 Hebezeuge und Transportgeräte (ohne LKW-Park)
153 Bagger, Flachbagger, Rammen, Bodenverdichter

154 Geräte für Brunnenbau, Erdbohrungen und Wasserhaltung
155 Geräte für Straßenbau und Gleisoberbau
156 Druckluft- und Tunnelbaugeräte
157 Geräte für Energieerzeugung und -verteilung
158 Naßbaggergeräte und Wasserfahrzeuge
159 Sonstige Geräte und Maschinen

16 *Baustellen-, Betriebs- und Geschäftsausstattung*
z. B. 161 Baracken, Buden, Wohnwagen und ihre Grundausstattung
162 Genormte Rüst- und Schalungsteile
163 LKW-Fuhrpark
164 PKW, Krafträder
165 Kleingeräte und Werkzeuge
166 Büroausstattung
167 Baustelleninstallation

17 *Anlagen im Bau (unfertige Eigenanlagen) und Anzahlungen auf Anlagen*

18 *Patente, Lizenzen und ähnliche Rechte*

19 *Finanzanlagen*
z. B. 191 Beteiligungen und sonstige Anlagewertpapiere
192 Langfristige Forderungen
193 Aktiv-Hypotheken

---

[1]) Werden in den Klassen 5 und 6 unverrechnete Kostenreste belassen, so werden die Kostenträger der Klasse 7 kaum mit mehr als den Herstellkosten belastet. Bei der Ermittlung des Kostenträgerergebnisses sind die in Klasse 5 und 6 stehengebliebenen Kostenreste (im allgemeinen die Verwaltungsgemeinkosten) statistisch zu berücksichtigen.
[2]) Zum Beispiel für Stundenlohnarbeiten, schlußabgerechnete, Teilleistungen.

## Klasse 2 — Umlaufvermögen

21 *Vorräte*
z. B. 211 Baustoffe (einschl. Fertigteile)
212 Hilfs- und Sprengstoffe
213 Betriebsstoffe
214 Ersatzteile und Reparaturstoffe
215 Sonstige Verbrauchsstoffe
216 Unfertige eigene Erzeugnisse
217 Fertige eigene Erzeugnisse und Handelsware

22 *Unfertige, noch nicht abgerechnete Bauten und andere Kundenaufträge*

23 *Forderungen*
z. B. 231 Forderungen aus Lieferungen und Leistungen
232 Andere kurzfristige Forderungen
Arbeitnehmerdarlehen
Forderungen an Gemeinschaftsbaustellen
Forderungen an verbundene Unternehmen
233 geleistete Anzahlungen (soweit nicht unter 17)
234 Forderungen aus Lohn- und Gehaltslistenkonten
z. B. Abschlagszahlungen
Zahlungen an Urlaubskasse
Zahlungen an Schlechtwettergeld
Zahlungen an Lohnausgleich
235 Sonstige Forderungen
2351 Fordg. aus Vorsteuern
23511 Vorsteuer
23512 ...
23513 Vorsteuer aus Entlastung von Altvorräten[1])
23514 Anrechnungsfähige Altsteuer[1])

24 *Wertpapiere, soweit nicht Finanzanlagen*
z. B. 241 Eigene Aktien
242 Andere Wertpapiere

25 *Besitzwechsel und Schecks*
z. B. 251 Besitzwechsel
252 Schecks

26 *Barmittel, Bundesbank- und Postscheckguthaben*
z. B. Bundesbank
Postscheck
Kassen

27 *Andere Bankguthaben*

28 *Posten der Rechnungsabgrenzung (Aktiva)*

29 *Verrechnungskonten*

## Klasse 3 — Eigen- und Fremdkapital

31 *Eigenkapital (und Privatkonten)*
a) für Kapitalgesellschaften
z. B. 311 Nennkapital
312 Gesetzliche Rücklagen
313 Freie Rücklagen
314 Gewinn- oder Verlustvortrag
b) für Personalgesellschaften und Einzelunternehmen
z. B. 311 Eigenkapital (Privatkonten)
Untergliederung bei Einzelunternehmen
3111 Kapitalkonto
3112 Allg. Privatentnahmen
3113 Private Steuern
312 Rücklagen
313 Gewinn- oder Verlustvortrag

32 *Wertberichtigungen*
z. B. 321 zum Anlagevermögen
322 zum Umlaufvermögen

33 *Rückstellungen*
z. B. 331 für Gewährleistungsverpflichtungen (Garantierückstellungen)
332 Steuerrückstellungen
333 Rückstellungen für Versorgungszusagen
334 Reparaturrückstellungen
335 Rückstellungen für Prozeßkosten und Prozeßrisiko

34 *Langfristige Verbindlichkeiten*
z. B. 341 Anleihen
342 Passiv-Hypotheken
343 Pensionskassen

35 *Verbindlichkeiten gegenüber Kreditinstituten, soweit sie nicht unter 34 gehören*

36 *Verbindlichkeiten aus der Annahme gezogener Wechsel und der Ausstellung eigener Wechsel*
z. B. 361 Schuldwechsel
362 Regreßverpflichtungen aus gezogenen Wechseln

37 *Verbindlichkeiten aus Lieferungen und Leistungen und andere Verbindlichkeiten*
z. B. 371 Lieferantenverbindlichkeiten
372 Andere kurzfristige Verbindlichkeiten:
Verbindlichkeiten gegenüber Betriebsangehörigen
Verbindlichkeiten gegenüber Gemeinschaftsbaustellen
Verbindlichkeiten gegenüber verbundenen Unternehmen
373 Erhaltene Anzahlungen (Abschlagszahlungen auf unfertige Bauten)
374 Lohn- und Gehaltslistenkonten
Lohnabrechnungskonten
Lohnsteuer und zugehörige Kirchensteuer
Sozialversicherung
Verpflichtungen gegenüber Sozialkassen
abzuführende vermögenswirksame Leistungen
375 Sonstige Verbindlichkeiten
Steuerschulden[2])
Beiträge und Versicherungen

38 *Posten der Rechnungsabgrenzung (Passiva)*

39 *Verrechnungskonten*

---

[1]) vgl. §§ 28 Abs. 4, 27 Abs. 4 UStG v. 29. 5. 67.
[2]) Zum Beispiel Umsatzsteuerverbindlichkeiten (unterteilt nach alter und neuer Umsatzsteuer), Investitionssteuerverbindlichkeiten.

## Klasse 4 — Kostenarten

41 *Personalkosten*
　411 Löhne und Lohnzuschläge für invalidenversicherungspflichtige Arbeitnehmer und Gehälter und Gehaltszuschläge für Poliere und Schachtmeister (AP) (bei Bedarf aufgliedern wie Kostenartenschlüssel)
　　z. B. Grundlöhne
　　　Leistungsmehrlohn
　　　Leistungszulagen
　412 Sozialleistungen für AP
　　darunter: gesetzl. u. tarifl. Sozialleistungen (bei Bedarf aufgliedern wie Kostenartenschlüssel)
　　z. B. Rentenversicherung
　　　Krankenversicherung
　　　Arbeitslosenversicherung
　　　Berufsgenossenschaft
　　　Schwerbeschädigtenablösung
　　　Sozialkassen — LAK, ZVK, Urlaubskasse—
freiwillige Sozialleistungen (z. B. Beihilfen, Gratifikationen, Betriefsfeiern)
Arbeitgeberzulage zur Vermögensbildung für AP
　413 Lohn- und Gehaltsnebenkosten für AP (erforderlichenfalls Untergliederung, wenn hier Kosten für Wohnungsunterkünfte gebucht werden)
　414 Gehälter und Gehaltszuschläge für technische und kaufmännische Angestellte (TK)
　415 Sozialleistungen für TK
　　darunter: gesetzl. u. tarifl. Sozialleistungen, freiwillige Sozialleistungen
　　Arbeitgeberzulage zur Vermögensbildung für TK
　416 Gehaltsnebenkosten für TK
　417 Fremdlohn- und Fremdgehaltskosten

42 *Verbrauchsstoffkosten (einschl. Bezugskosten)*
　z. B. Baustoffe
　　Hilfsstoffe
　　Sprengstoffe
　　Betriebsstoffe
　　Ersatzteile
　　Reparaturstoffe

43 *Kosten des Rüst- und Schalmaterials*
　darunter: Abschreibung, Verzinsung und Fremdkosten für:
　z. B. Rüst- und Schalholz
　　Schalungsteile, Schalungszubehör
　　Sonderschalungen
　　Sonderrüstungen
　　Spundbohlen, Träger, Schwellen

44 *Kosten der Geräte*[1])
　darunter: Abschreibung, Verzinsung und Fremdkosten für:
　z. B. Betonherstellungs- und Materialaufbereitungsgeräte

　　Hebezeuge und Transportgeräte
　　Geräte für Erd- und Grundbau
　　Geräte für Schacht-, Brunnenbau und Wasserhaltung
　　Straßenbau- und Gleisoberbaugeräte
　　Druckluft- und Tunnelbaugeräte
　　Geräte für Energieerzeugung und -verteilung
　　Schwimmgeräte und Wasserfahrzeuge

45 *Kosten der Betriebs- und Baustellenausstattung*
　darunter: Abschreibung, Verzinsung und Fremdkosten für:
　z. B. Feste Betriebsausstattung
　　Büroausstattung
　　Baracken, Buden, Wohnwagen und ihre Ausstattung
　　Baustelleninstallationen
　　Beförderungsmittel
　　Kleingeräte, Werkzeuge
　　Sonstige Ausstattung

46 *Kosten der Hilfsleistungen einschl. Nachunternehmerleistungen*
　z. B. Nachunternehmerleistungen
　　Transportleistungen (nur fremde)

47 *Sonderkosten*
　z. B. Untersuchungs- und Entwicklungskosten (nur fremde)
　　Lizenzgebühren

48 *Sonstige Kosten*
　z. B. 481 Sachkosten des Bürobetriebs
　　Bürostoffe (Büromaterial)
　　Postkosten
　　Bücher, Zeitschriften, Zeitungen
　　Heizung, Beleuchtung, Reinigung
　482 Verkehrs- und Reisekosten
　　Reisespesen
　　Fahrtkosten für Fahrten mit betriebsfremden Verkehrsmitteln
　　Kilometergelder
　　Bewirtungsspesen
　483 Kosten der Werbung
　484 Rechts-, Beratungs-, Finanzierungs- und Versicherungskosten
　485 Beiträge, Gebühren, Steuern (Betriebssteuern)
　486 Kalkul. Kosten (Zinsen, Wagnisse und Abschreibungen, soweit nicht in Kostenartengruppen 43, 44, 45)
　488 Umsatzsteuer[2])
　489 Nicht abzugsfähige Vorsteuer zur Weiterverrechnung

49 Diese Kontengruppe kann verwendet werden für eine innerbetriebliche Verrechnung der Kostenarten auf Kostenstellenkonten — d. h. als Kostenartensammelkonto für eine statistische oder buchhalterische Kostenstellenabrechnung.

## Klasse 5 — Verwaltungskosten und umzulegende Baustellengemeinkosten

Je nach betrieblichem Bedürfnis eine oder mehrere Kostenstellen vorsehen. Baustellengemeinkosten, die den Kostenträgern — Klasse 7 — nicht direkt zugerechnet werden, sind in Klasse 5 vor Umlage zu sammeln. Kostenartengliederung nach dem Kostenartenschlüssel (KAS).

---
[1]) s. [42].
[2]) Dieses Konto wird bei Bruttoverbuchung zur Darstellung der Steuertraglast weiter verwendet.

## 2.3.3 Buchführung

z. B. 51 *Kostenstelle Verwaltung*
Untergliederung:
z. B. 51.1 Personalkosten der Verwaltung
darunter:
Löhne, Lohnzuschläge für AP-Verwaltung
Sozialleistngen für AP-Verwaltung
Lohn- und Gehaltsnebenkosten für AP
Gehälter und Gehaltszuschläge für TK
Sozialleistungen für TK
Gehaltsnebenkosten für TK
Fremdlohn- und Fremdgehaltskosten oder, falls Sammelkonten für Personalkosten, in Klasse 4 und Weiterverrechnung mit Verrechnungssätzen für Löhne und Gehälter,
z. B. Verrechnete Verwaltungslöhne
Verrechnete Verwaltungsgehälter
51.2 Verbrauchsstoffkosten der Verwaltung (einschl. Bezugskosten)
darunter:
Hilfsstoffe Verwaltung
Betriebsstoffe Verwaltung (Brennstoffe u. Energien)
Ersatzteile Verwaltung (z. B. für Büromaschinen)
51.5 Kosten der Büroausstattung
darunter:
Abschreibung, Verzinsung und Fremdleistungen
51.6 Kosten der Hilfsleistungen
darunter:
Fremdleistungen
Hilfsbetriebsleistungen
51.7 Sonderkosten der Verwaltung
darunter:
Untersuchungs- und Entwicklungskosten
Lizenzkosten
Angebots- und Auftragsbearbeitungskosten
51.8 Sonstige Kosten
51.81 Sachkosten Bürobetrieb Verwaltung
darunter:
Bürostoffe
Postkosten
Bücher, Zeitschriften
Heizung, Beleuchtung, Reinigung
Sonstige Sachkosten
51.82 Verkehrs- und Reisekosten
darunter:
Reisespesen
Fahrtkosten mit fremden Verkehrsmitteln
Kilometergelder
Bewirtungsspesen
51.83 Werbekosten
51.84 Rechts-, Beratungs- und Finanzierungskosten
darunter:
Rechts- und Beratungskosten
Finanzierungskosten
Versicherungskosten
51.85 Beiträge, Gebühren, Steuern
darunter:
Beiträge und Spenden
Gebühren
Steuern (Betriebssteuern)
51.87 Kalkulatorische Kosten
51.88 Nicht abzugsfähige Vorsteuer zur Weiterverrechnung

z. B. 52 *Sammel- und Abrechnungskonto für Baustellengemeinkosten, die der Klasse 7 nicht direkt zugerechnet wurden*
darunter:
z. B. 52.1 Personalkosten, die nicht Verwaltungs- oder sonstige Kostenstellenkosten sind und auch nicht als Baustelleneinzelkosten verrechnet werden
52.2 Stoffe, die als Gemeinkostenmaterial auf Baustellen verrechnet werden
52.3 Kosten des Rüst- und Schalmaterials[1])
52.4 Kosten der Geräte[1])
52.5 Kosten der Betriebs- und Baustellenausstattung[1])
52.6 Kosten der Hilfsleistungen, soweit nicht als Baustelleneinzelkosten direkt oder im Wege der Kostenstellenabrechnung verrechnet
52.7 Sonderkosten
52.8 Sonstige Kosten
soweit nicht über Verwaltung oder Klasse 6 und 7 abgerechnet

### Klasse 6 — Hilfskostenstellen

Als Beispiel sei die Aufgliederung einer Hilfskostenstelle „Werkstattbetrieb" aufgeführt

z. B. 61 *Hilfskostenstelle Werkstattbetrieb*
61.1 Personalkosten Werkstattbetrieb
verrechnete Werkstattlöhne
verrechnete Gehälter des Werkstattbetriebs
61.2 Stoffkosten des Werkstattbetriebs (einschl. Bezugskosten)
darunter:
Hilfsstoffe
Betriebsstoffe (Brennstoffe und Energien)
Ersatzteile
Reparaturstoffe
61.5 Kosten der Werkstattausstattung
darunter:
Grundstücks- und Gebäudekosten für Werkstatt
Kosten der Werkstatteinrichtung
Kosten für Büroausstattung des Werkstattbetriebs
Kosten für Baracken und Buden des Werkstattbetriebs
Kosten für Beförderungsmittel des Werkstattbetriebs
Kosten für Kleingeräte und Werkzeuge des Werkstattbetriebs
Kosten für sonstige Ausstattung des Werkstattbetriebs
61.6 Kosten der Hifsleistungen für Werkstattbetrieb
darunter:
Hilfsleistungen von Fremden (Fremdleistungen für Werkstattbetrieb)

---

[1]) Soweit sie nicht im Wege der Kostenstellenabrechnung mit Hilfe von Verrechnungssätzen als Baustelleneinzelkosten verrechnet werden.

Hilfsleistungen von anderen Hilfskostenstellen und Nebenbetrieben
61.7 Sonderkosten
61.8 Sonstige Kosten
z. B. Sachkosten für Werkstattbüro
Verkehrs- und Reisekosten des Werkstattbetriebs
spezielle Versicherungen

*Weiter Hilfskostenstellen können z. B. sein:*
Kostenstellen für Abrechnung der Kosten von
a) Rüst- und Schalmaterial
b) Gerätekosten — insbesondere Kostenstellen für Großgeräte
ferner
c) Hilfskostenstelle Bauhof
d) Hilfskostenstelle Fuhrpark
e) Hilfskostenstelle Eisenbiegeplatz
usw.

## Klasse 7 — Kosten der Baustellen und Nebenbetriebe

Kostenstellen z. B. nach örtlichen und/oder spartenmäßigen Gesichtspunkten laufend numerieren. Kostenartengliederung nach dem Kostenartenschlüssel (KAS)

z. B. *Aufgliederung eines Baustellenkontos*
Baustellenkonto Nr. 723

723.1 Personalkosten
darunter:
a) bei baustelleneigener Personalkostenabrechnung (d. h. getrennter Lohn- und Gehaltsliste):
Löhne, Lohnzuschläge, Gehälter, Gehaltszuschläge für AP
Sozialleistungen für AP
Lohn- und Gehaltsnebenkosten für AP
Gehälter und Gehaltszuschläge für TK
Gehaltsnebenkosten für TK
Fremdlohn- und Fremdgehaltskosten
b) bei Verrechnung der Personalkosten über Sammelkonten (in Klasse 4):
Verrechnete Baustellenlöhne und Lohnnebenkosten
Verrechnete Baustellengehälter und Gehaltsnebenkosten

723.2 Verbrauchsstoffkosten (einschl. Bezugskosten)
darunter:
Baustoffe

Bauhilfsstoffe
Sprengstoffe
Betriebsstoffe — soweit nicht in Kosten der Hilfsbetriebsleistungen enthalten

723.3 Kosten des Rüst- und Schalmaterials

723.4 Kosten der Geräte

723.5 Kosten der Baustellen- und Nebenbetriebsausstattung

723.6 Kosten der Hilfsleistungen
darunter:
Fremde Hilfsleistungen (insbesondere Nachunternehmerleistungen)
Hilfsbetriebsleistungen

723.7 Sonderkosten
z. B. Untersuchungs- und Entwicklungskosten
Angebots- und Auftragsbearbeitungskosten (letztere, soweit nicht unter Verwaltungskosten erfaßt)

723.8 Sonstige Kosten
darunter:
Sachkosten Baubüro
Reisekosten für Baustelle
Spezielle Versicherungen (z. B. für Sprengungen)
Spezielle Beratungskosten

## Klasse 8 — Betriebserträge

81 *Baustellenerlöse*[2])

82 *Erlöse aus Lieferungen und Leistungen an Gemeinschaftsbaustellen*[1])

83 *Ergebnisanteile von Gemeinschaftsbaustellen*

84 *Verkaufserlöse*[2])

85 *Verwaltungserlöse und Erlöse der Hilfskostenstellen*[1])

86 *Nebenbetriebserlöse*[2])

87 *Bestandsveränderungen*

88 *Aktivierte Eigenleistungen*

89 *Sonstige Betriebserträge*[3])
Anmerkung: Die Ertragsarten sind nach Bedarf nach Kostenstellengesichtspunkten u. ä. zu gliedern.
z. B. Erträge aus Großbaustelle 723 = 81.723
Verwaltungserlöse (sofern Verwaltungsstelle = Kto. 51) = 85.51
Hilfsbetriebserlöse (z. B. von Fuhrpark = Kto. 63) = 85.63
Nebenbetriebserlöse (z. B. Erlöse von Transportbetonanlage = Kto. 750) = 85.750
usw.

## Klasse 9 — Neutrale Aufwendungen und Erträge[3])

91 *Bilanzabschreibungen*

(Untergliederung nach Bedarf wie Anlagekonten)

92 *Erträge und Verluste aus Anlagenabgängen, Erträge aus Zuschreibungen*

z. B. 921 Erträge aus Anlagenabgängen
922 Verluste aus Anlagenabgängen
923 Erträge aus Zuschreibungen

93 *Zinsen und ähnliche Aufwendungen*
z. B. 931 Sollzinsen

---

[2]) Bei Nettoverbuchung können die Konten der Erlöse bzw. Erträge nach steuerpflichtigen Umsätzen, unterteilt nach Steuersätzen, sowie nach steuerbefreiten Umsätzen getrennt werden. Bei Bruttoverbuchung können außerdem die Umsatzsteuerbeträge auf Unterkonten gesondert erfaßt werden.
[3]) Es gilt Fußnote[2]) zur Kl. 8 sowie zum Kto. 488 sinngemäß.

darunter:
Sollzinsen für kurzfristige Bankkredite
Sollzinsen für andere kurzfristige Kredite
Zinsen für Dauerschulden (Hypothekenzinsen)
Zinsen für Schuldverschreibungen, Obligationen und sonstige langfristige Darlehen
932 Diskontaufwendungen und Kreditprovisionen (letztere, soweit gesondert erhoben)

94 *Zinsen und ähnliche Erträge*
z. B. 941 Habenzinsen
942 Wertpapiererträge (nur Zinsen)
943 Diskonterträge
944 Lieferantenskonti (Skonti können auch als Minderung der Anschaffungskosten gebucht werden)

95 *Steueraufwendungen (und Abgaben)*
bei Kapitalgesellschaften:
Vermögensabgabe
Körperschaftsteuer
bei Personengesellschaften und Einzelunternehmen werden die nicht abzugsfähigen Steuern und Abgaben besser in Unterkonten zu den Gesellschafterkonten bzw. Privatkonten erfaßt
Sonstige Abgaben (z. B. nicht abzugsfähige Spenden, Auftragsbeschaffungskosten u. ä.)

96 *Gewinn- und Verlustübernahmen*
z. B. von Beteiligungsgesellschaften

97 *Betriebsfremde Aufwendungen und Erträge*
z. B. 971 Betriebsfremde Aufwendungen
darunter:
(abzugfähige) Spenden
Kursverluste
Sonstige betriebsfremde Aufwendungen
972 Betriebsfremde Erträge
darunter:
Kursgewinne
Sonstige betriebsfremde Erträge

98 *Periodenfremde sowie außerordentliche Aufwendungen und Erträge*
z. B. 981 Periodenfremde sowie außerordentliche Aufwendungen
darunter:
Forderungsverluste
Zuweisungen zu Wertberichtigungen und Rückstellungen
Haus- und Grundstücksaufwendungen
– nur für Grundstücke und Gebäude des Betriebsvermögens – (evtl. getrennt nach einzelnen Grundstücken und Gebäuden)
Gewährleistungsarbeiten
(evtl. getrennt nach Bausparten)
Versicherungsschäden
982 Periodenfremde sowie außerordentliche Erträge
darunter:
Eingänge auf abgeschriebene Forderungen
Gewinne aus der Auflösung von Wertberichtigungen und Rückstellungen
Haus- und Grundstückserträge
– nur für Grundstücke und Gebäude des Betriebsvermögens – (evtl. getrennt nach einzelnen Grundstücken und Gebäuden)
Erstattung von Versicherungsschäden

99 *Kalkulatorische Erträge*
z. B. verrechnete kalkulatorische Kosten für:
Abschreibungen auf Gebäude
Abschreibungen auf Rüst- und Schalmaterial
Abschreibungen auf Geräte
Abschreibungen auf Betriebs- und Baustellenausstattung

### Klasse 0 — Abschlußkonten

01 *Bilanzkonto*

02 *Gewinn- und Verlustkonto*

03 *Betriebsergebnis*

04 *Neutrales Ergebnis*

**2.3.3.5.5 Kostenartenschlüssel.** Die Betriebsaufwendungen der Kontenklassen 4, 5, 6 und 7 sind nach dem Kostenartenschlüssel für den Baubetrieb gegliedert [13]. Dieser Schlüssel ist das Ergebnis einer systematischen Sammlung, Ordnung, Definition und Dokumentation aller in einem Baubetrieb vorkommenden Kostenarten. Die Verwendung des Kostenartenschlüssels in der Kontenklasse 4 und in der Betriebsbuchhaltung erfüllt allerdings nur dann voll ihren Zweck, wenn sich auch die Kalkulation (Preisermittlung) dieses Schlüssels bedient und damit für diese und für die Betriebsabrechnung eine einheitliche Sprachregelung geschaffen wird. Eine solche gemeinsame Grundlage ist deswegen im Baubetrieb so besonders wichtig, weil die Kalkulation überwiegend eine Aufgabe für den Ingenieur ist, die Betriebsabrechnung aber im Bereich des kommerziellen Rechnungswesens liegt. Der Kostenartenschlüssel ist nicht ganz frei von Kostenstellengesichtspunkten, die einer reinen Kostenartengliederung eher hinderlich als förderlich sind.

**2.3.3.5.6 Muster für eine Gliederung der Bilanz, der Gewinn- und Verlustrechnung sowie einer internen Betriebsergebnisrechnung.** Die Vorschriften des Aktienrechts für die Gliederung der Jahresbilanz und der Gewinn- und Verlustrechnung gelten zwar zwingend nur für Aktiengesellschaften und Kommanditgesellschaften auf Aktien. Jedoch beeinflussen die aktienrechtlichen Gliederungsvorschriften und Begriffe – ebenso wie andere Bestimmungen des Aktienrechts – die Rechnungslegung der nicht in der Rechtsform der Aktiengesellschaft geführten Unternehmen. Der Musterkontenrahmen 1964 hat deswegen die bis zu seiner Veröffentlichung bekannten Entwurfsfassungen der Aktienrechtsreform soweit als möglich berücksichtigt.

In enger Anlehnung an die Gliederungsvorschriften für den Jahresabschluß und die Begriffe des *Aktiengesetzes 1965* (insbes. der §§ 151 und 157) unter Einfügung der für ein Bauunternehmen typischen Bezeichnungen gewisser Bilanz- und Erfolgskonten lassen sich Muster für eine Gliederung der Bilanz und der Gewinn- und Verlustrechnung aufstellen. Diese Muster sind für Bauunternehmen jeder Rechtsform verwendbar. Bei Bau-Aktiengesellschaften können in der Bilanz und in der Erfolgsrechnung Posten vorkommen, die in den Mustern nicht erscheinen und daher entsprechend den Vorschriften des Aktiengesetzes (insbes. §§ 151 und 157) gesondert auszuweisen oder hinzuzufügen sind. In den Mustern ist auf die auf Grund des *Umsatzsteuergesetzes (Mehrwertsteuer)* vom 29. 5. 1967 (Bundesgesetzbl. I S. 545) ab 1. 1. 1968 eintretenden Neuerungen in den Bilanz- und Erfolgskonten hingewiesen.

### 2.3.3.5.6.1 Muster einer Bilanzgliederung

*Aktiva*

I. Anlagevermögen

A. Sachanlagen und immaterielle Anlagewerte
1. Grundstücke und grundstücksgleiche Rechte mit Bauten (weitere Untergliederung nach der Art der Bauten wie z. B. Verwaltungsbauten, Hilfs- und Nebenbetriebsbauten, Wohnbauten)
2. Grundstücke und grundstücksgleiche Rechte ohne Bauten
3. Eigenbauten auf fremden Grundstücken, die nicht zu I A 1 oder 2 gehören
4. Baugeräte, Maschinen und maschinelle Anlagen
5. Baustellen-, Betriebs- und Geschäftsausstattung[1])
6. Anlagen im Bau (unfertige Eigenanlagen) und Anzahlungen auf Anlagen
7. Konzessionen, gewerbliche Schutzrechte u. ä.

B. Finanzanlagen
1. Beteiligungen
2. Sonstige Wertpapiere des Anlagevermögens
3. Langfristige Forderungen (Ausleihungen mit einer Laufzeit von mindestens vier Jahren)

II. Umlaufvermögen

A. Vorräte
1. Bau-, Bauhilfs- und Betriebsstoffe
2. Ersatzteile, Reparaturstoffe
3. Unfertige und fertige Erzeugnisse[2])
4. Handelsware
5. Angefangene Bauten[3])

B. Unfertige, noch nicht abgerechnete Bauten und andere Kundenaufträge[4])

C. Andere Gegenstände des Umlaufvermögens
1. Geleistete Anzahlungen, soweit sie nicht zu I A 6 gehören
2. Forderungen
2.1 aus Lieferungen und Leistungen (z. B. aus schluß- oder teilabgerechneten Bauten)
2.2 an Arbeitsgemeinschaften und andere Gemeinschaftsbaustellen
2.3 Sonstige Forderungen (z. B. aus Arbeitnehmerdarlehen und Lohnlistenkonten, an Sozialkassen, Versicherungen)
3. Wechsel
4. Schecks
5. Kassenbestand, Bundesbank- und Postscheckguthaben
6. Guthaben bei Kreditinstituten
7. Wertpapiere, soweit sie nicht Finanzanlagen sind
8. Forderungen an verbundene Unternehmen (z. B. an Mutter- und Tochtergesellschaften)
9. Sonstige Vermögensgegenstände

III. Rechnungsabgrenzungsposten

IV. Bilanzverlust

*Passiva*

I. Eigenkapital (und Privatkonten)
Für Personalgesellschaften und Einzelunternehmen
1. Kapitalkonten

---

[1]) Zum Beispiel nichtstationäre Baracken, Wohn- und Gerätewagen einschl. ihrer Ausstattungen, genormte Rüst- und Schalungsteile, Lkw-Fuhrpark, Pkw, Kleingeräte und Werkzeuge, Büromöbel und -maschinen.
[2]) Zum Beispiel von Nebenbetrieben.
[3]) Hierunter sind solche Baustellen zu verstehen, die meist erst gegen Geschäftsjahresende begonnen worden sind, aber bis zum Stichtag noch keine abrechnungsfähige Leistung aufweisen, die nach dem Bauvertrag zu einem Antrag auf Abschlagszahlung berechtigt, jedoch bereits Baustellenaufwand erfordert haben. In diesen Fällen wird der entstandene Baustellenaufwand aktiviert.
[4]) Diese unfertigen Bauten und anderen Kundenaufträge werden grundsätzlich zu Herstellkosten aktiviert. Die Herstellkosten können den Baukonten und Nebenbetriebskonten der Klasse 7 entnommen werden. Stattdessen kann auch von den Vertragspreisen ausgegangen werden, die auf die Herstellkosten wertzuberichtigen sind. Für die bilanzmäßige Darstellung werden nachstehend folgende Möglichkeiten gewährt:
a) Auf der Aktivseite unter II B wird die Summe der Werte der Abschlagszahlungsanträge zu Herstellkosten und auf der Passivseite unter V 4 der Wert der erhaltenen Abschlagszahlungen ausgewiesen. Dadurch tritt eine erhebliche Aufblähung der Bilanzsumme ein.
b) Will man diese Aufblähung vermeiden, so führt man die Posten der Abschlagszahlungsanträge und der erhaltenen Abschlagszahlungen auf der Aktivseite unter II B in einer Vorspalte und läßt nur den Saldo in die Additionsspalte der Bilanzposten eingehen.

2. Rücklagen
3. Privatkonten
4. Gewinn- oder Verlustvortrag
Für Kapitalgesellschaften
  1. Nennkapital
  2. Gesetzliche Rücklage
  3. Andere Rücklagen (freie Rücklagen)
  4. Gewinn- oder Verlustvortrag
II. Wertberichtigungen[1])
III. Rückstellungen
  1. Pensionsrückstellungen
  2. Andere Rückstellungen
    2.1 für Gewährleistungs- und Garantieverpflichtungen
    2.2 Steuerrückstellungen
    2.3 Reparaturrückstellungen
    2.4 Sonstige Rückstellungen
IV. Langfristige Verbindlichkeiten (mit einer Laufzeit von mindestens vier Jahren), z. B.
  1. Anleihen
  2. Passiv-Hypotheken
  3. Verbindlichkeiten gegenüber Kreditinstituten
V. Andere Verbindlichkeiten
  1. Verbindlichkeiten aus Lieferungen und Leistungen
  2. Schuldwechsel u. dgl.
  3. Verbindlichkeiten gegenüber Kreditinstituten, soweit sie nicht zu IV 3 gehören
  4. Erhaltene Abschlagszahlungen (s. Fußnote 4 zu II B Aktivseite)
  5. Erhaltene Vorauszahlungen
  6. Verbindlichkeiten gegenüber Arbeitsgemeinschaften und anderen Gemeinschaftsbaustellen
  7. Verbindlichkeiten gegenüber verbundenen Unternehmen (z. B. Pensionskassen)
  8. Sonstige Verbindlichkeiten (z. B. Steuerschulden Lohnforderungen der Arbeitnehmer aus dem letzten Monat des Geschäftsjahres, Sozialversicherungsbeiträge wie vor)
VI. Rechnungsabgrenzungsposten
VII. Bilanzgewinn

## 2.3.3.5.6.2 Muster einer Gliederung der Gewinn- und Verlustrechnung

1. Bruttoumsatzerlöse[2])[3])
   darin enthaltene Mehrwertsteuer  Umsatzerlöse
2. Erhöhung oder Verminderung des Bestandes an fertigen und unfertigen Erzeugnissen[4])         ..........
3. Andere aktivierte Eigenleistungen (z. B. Wert der in der Periode selbst hergestellten Bauten, Betriebsvorrichtungen, Maschinen)         ..........
4. Gesamtleistung         ..........
5. Aufwendungen für Bau-, Bauhilfs- und Betriebsstoffe sowie für bezogene Waren (einschl. Gemeinkostenstoffe)         ..........
6. Rohertrag/Rohaufwand         ..........
7. Erträge aus Gewinnabführungsverträgen[5])         ......
8. Erträge aus Beteiligungen         ......
9. Erträge aus anderen Finanzanlagen         ......
10. Sonstige Zinsen und ähnliche Erträge         ......
11. Erträge aus dem Abgang von Gegenständen des Anlagevermögens und aus Zuschreibungen zu Gegenständen des Anlagevermögens         ......
12. Erträge aus der Auflösung von Wertberichtigungen         ......

---

[1]) Siehe hierzu § 152 Absatz 6 Aktiengesetz vom 6. 9. 1965 (Bundesgesetzbl. I S. 1089).
[2]) Nach Inkrafttreten des *Mehrwertsteuergesetzes* 1967 am 1. 1. 1968 können Zweifel entstehen, ob die Umsatzerlöse in der Gewinn- und Verlustrechnung netto oder brutto, d. h. ohne oder mit Mehrwertsteuer (Traglast) auszuweisen sind. Werden in der Klasse 8 nur Nettoumsätze verbucht — entsprechend der Auffassung, daß die Mehrwertsteuer bei umsatzsteuerpflichtigen Unternehmern nur einen durchlaufenden Posten darstellt —, dann wird der Umsatzerlös in der Gewinn- und Verlustrechnung als Nettoerlös erscheinen mit der Folge, daß die darauf entfallende Umsatzsteuer nicht als Steueraufwand gezeigt werden kann. Als weitere Möglichkeiten bestehen:
Bruttoerlöse mit sichtbarer Absetzung der darin enthaltenen Umsatzsteuerbeträge in einer Vorspalte (diese Möglichkeit wird im Beispiel verwendet) oder
Bruttoerlöse bei Ausweis der darin enthaltenen Umsatzsteuer unter den Aufwendungen [14]. Bei Bruttoausweis wird die Vergleichbarkeit mit den Umsatzerlösen des Jahres vor 1968 nicht gestört.
[3]) Zu den Umsatzerlösen gehören auch die anteiligen auf das Geschäftsjahr abgegrenzten Umsatzerlöse der Arbeitsgemeinschaften, an denen das Unternehmen beteiligt war. Die in der Praxis häufige Übung, unter diesem Posten nur die eigenen Umsatzerlöse vermindert und vermehrt um die Anteile an den Bruttogewinnen und Bruttoverlusten der Arbeitsgemeinschaften auszuweisen, muß die Umsatzerlöse bei steigendem Engagement in Arbeitsgemeinschaften bis zur Unkenntlichkeit entstellen. Soweit publikationspflichtige Bau-Aktiengesellschaften in dieser Weise verfahren, geben sie den Gesamtumsatz in der Regel im Geschäftsbericht an. Führt man dagegen, was betriebswirtschaftlich richtig wäre, in den Umsatzerlösen auch die anteiligen Umsätze in Arbeitsgemeinschaften an, so kann es schwierig sein, die entsprechenden Aufwandanteile der Arbeitsgemeinschaften zu erfassen und den Aufwandposten der Gewinn- und Verlustrechnung zuzuordnen. In diesen Fällen kann man aber unschwer zu folgender Darstellungsweise greifen:
a) Bruttoumsatzerlöse einschließlich der Anteile aus Arbeitsgemeinschaften         ..........
abzüglich der anteiligen Aufwendungen der Arbeitsgemeinschaften         ..........
abzüglich der in den Bruttoumsatzerlösen enthaltenen Mehrwertsteuer
Nettoumsatzerlöse         ..........
b) Bestandserhöhung/Bestandsverminderung
usw.
[4]) Die Bestandserhöhung bzw. -verminderung ergibt sich aus der Differenz der Bilanzposten in 2.3.3.5.6.1 Aktiva II A 3, 5 und B am Ende des Geschäftsjahres im Vergleich zum vorangegangenen Geschäftsjahresende.
[5]) Hier sind die von Organgesellschaften abgeführten Gewinne zu zeigen, die bei der Organmutter einen Ertragsposten bilden.

13. Erträge aus der Auflösung von Rückstellungen ......
14. Sonstige Erträge ......
15. Erträge aus Verlustübernahme[1]) ...... ............
16. Löhne und Gehälter[2]) ......
17. Soziale Abgaben[3]) ......
18. Aufwendungen für Altersversorgung und Unterstützung[4]) ......
19. Abschreibungen und Wertberichtigungen auf Sachanlagen und immaterielle Anlagewerte ......
20. Abschreibungen und Wertberichtigungen auf Finanzanlagen ......
21. Abschreibungen und Wertberichtigungen auf das Umlaufvermögen ......
22. Verluste aus dem Abgang von Gegenständen des Anlagevermögens ......
23. Zinsen und ähnliche Aufwendungen ......
24. Steuern
    a) vom Einkommen, Ertrag und Vermögen ......
    b) Sonstige ......

25. Aufwendungen aus Verlustübernahme[5]) ......
26. Sonstige Aufwendungen ......
27. Auf Grund eines Gewinnabführungsvertrages abgeführte Gewinne[6]) ...... ............
28. Jahresüberschuß/Jahresfehlbetrag ......
29. Gewinnvortrag/Verlustvortrag aus dem Vorjahr ............ ............
30. Entnahmen aus offenen Rücklagen
    a) aus der gesetzlichen Rücklage ......
    b) aus anderen Rücklagen ...... ............ ............
31. Einstellungen aus dem Jahresüberschuß in offene Rücklagen
    a) in die gesetzliche Rücklage ......
    b) in andere Rücklagen ...... ............
32. Bilanzgewinn/Bilanzverlust ============

[1]) Hier sind die dem Unternehmen von einem anderen Unternehmen auf Grund gesetzlicher oder vertraglicher Verpflichtung zu erstattenden Aufwendungen als Ertrag auszuweisen.

[2]) Unter diesem Posten werden neben den Löhnen und Gehältern Sonderzuwendungen, Erfolgsbeteiligungen, gesetzliche Arbeitgeberzuschüsse zum Krankengeld, Tantiemen sowie Erziehungsbeihilfen für Lehrlinge aufgeführt.

[3]) Hierunter sind gesetzliche soziale Aufwendungen, die Abgabencharakter haben, auszuweisen, somit also die Arbeitgeberanteile an der Sozialversicherung, Beiträge an die Berufsgenossenschaften und Schwerbeschädigtenabgaben. Ferner gehören hierher in der bauausführenden Wirtschaft die Beiträge zu den Sozialkassen (Urlaubs-, Lohnausgleichs- und Zusatzversorgungskasse), Abgabe für Winterbauförderung (z. Z. 4% der Bruttolohnsumme) gemäß Winterbau-Umlageverordnung.

[4]) Zuweisungen zu Pensionsrückstellungen, Pensionszahlungen, Zuweisungen an betriebliche Pensionskassen (in der Regel in der Rechtsform der GmbH) u. ä.

[5]) Hier sind die Aufwendungen einzustellen, die ein Unternehmen auf Grund gesetzlicher oder vertraglicher Verpflichtungen von einem anderen Unternehmen übernimmt.

[6]) In diesen Posten sind die von einer Organtochter auf Grund von gesetzlichen oder vertraglichen Verpflichtungen an die Organmutter abzuführenden Gewinne aufzunehmen.

*2.3.3.5.6.3 Muster einer Gliederung einer internen Betriebsergebnisrechnung.* Die Muster einer Bilanz (2.3.3.5.6.1) und einer Gewinn- und Verlustrechnung (2.3.3.5.6.2) entsprechen den handelsrechtlichen Erfordernissen des Jahresabschlusses. Die handelsrechtliche Gewinn- und Verlustrechnung weist in einer bestimmten Abfolge die Entwicklung des Jahreserfolges des Unternehmens, also unter Einschluß aller neutralen Aufwendungen und Erträge aus. Für die Betriebsführung hat dieses Zahlenwerk noch wenig Aussagekraft, da nicht klar erkennbar wird, welcher Teil des Gesamterfolges aus der betrieblichen Tätigkeit, der Produktion, und welcher Teil aus neutralen (betrieblichen periodenfremden und außerordentlichen sowie betriebsfremden) Aufwendungen und Erträgen resultiert. Hierüber gibt eine andersartige Gliederung der Gewinn- und Verlustrechnung Auskunft, für die nachfolgend ein Muster in der altbekannten Kontoform dargestellt wird. Diese Rechnungsart setzt allerdings eine hinreichend ausgebaute Betriebsabrechnung, möglichst im Zweikreissystem, voraus.

## 2.3.3 Buchführung

### Betriebsrechnung[1])

| Kosten | Leistungen |
|---|---|
| *Kosten der eigenen Baustellen*[2]) | *Eigenumsatzerlöse* |
| Einzelkosten der Baustellen wie<br>Personalkosten<br>Lohn- und Gehaltsnebenkosten<br>Stoffekosten<br>Kalkulatorische Abschreibung[3])<br>Kosten der Fremdleistungen<br>Sonstige Baustelleneinzelkosten<br>Baustellengemeinkosten<br>Anteilige Verwaltungsgemeinkosten[4])<br>Kalkulatorische Zinsen[5]) | In einer Summe oder z. B. aufgegliedert nach Sparten<br>wie Wohnungsbau<br>gewerblicher und industrieller Bau<br>öffentlicher und Verkehrsbau<br>(Hochbau, Straßenbau, sonstiger Tiefbau)<br>oder nach In- und Ausland<br>Bestandsveränderung[6]) |
| Zwischensumme I[7]) | Zwischensumme I[7]) |
| *Kosten der Arbeitsgemeinschafts-Baustellen* | *Anteilige Umsatzerlöse in Arbeitsgemeinschaften* |
| Anteilige Kosten Argen Inland[8])<br>Anteilige Kosten Argen Ausland[8])<br>Anteilige Verwaltungsgemeinkosten[9])<br>Kalkulatorische Abschreibung[10])<br>Kalkulatorische Zinsen[11])<br>Sonstige eigene Kosten für Argen[12]) | Inland<br>Ausland<br>Umsatz mit Arbeitsgemeinschaften[13]) |
| Zwischensumme II[14])<br>Kosten der Eigenleistungen[15]) | Zwischensumme II[14])<br>Eigenleistungen[15]) |
| Zwischensumme III<br>Gesamtkosten[16]) | Zwischensumme III<br>Gesamtleistung[16]) |
| (Zwischensumme I + II + III)<br>Betriebsgewinn | (Zwischensumme I + II + III)<br>Betriebsverlust |

[1]) Die Betriebsrechnung wird auf Kostenträgergruppen wie z. B .eigene Baustellen und Arbeitsgemeinschaftsbaustellen abgestellt. Sind Nebenbetriebe vorhanden, so können diese sowohl auf der Kosten- als auch auf der Leistungsseite gesondert geführt werden.
[2]) Die Kosten der eigenen Baustellen können nach betrieblichem Ermessen und entsprechend der Kontierung in Klasse 7 untergliedert werden.
[3]) Es handelt sich hierbei um die den Kostenträgern belastete Abschreibung, im allgemeinen für Baugeräte und -maschinen, Baustellen- und Betriebsausstattungen.
[4]) Die Verwaltungsgemeinkosten werden in aller Regel im Umlageverfahren aufgeteilt auf eigene Baustellen, Arbeitsgemeinschaftsbaustellen und ggf. Nebenbetriebe.
[5]) Die kalkulatorischen Zinsen entsprechen dem Begriff der Verzinsung des betriebsnotwendigen Kapitals im betriebswirtschaftlichen Sinn.
[6]) vgl. hierzu 2.3.3.5.6.2 (Muster einer Gewinn- und Verlustrechnung) Nr. 2.
[7]) Der Saldo der Zwischensumme I auf der Kosten- und der Leistungsseite ergibt den Betriebsgewinn oder -verlust der eigenen Baustellen in einem Gesamtbetrag. Welche Erfolge von den einzelnen Kostenträgern erzielt worden sind, ergibt sich aus der Betriebsabrechnung.
[8]) Die anteiligen Kosten der Arbeitsgemeinschaften werden nach dem Beteiligungsverhältnis des Unternehmens ermittelt. Eine Aufgliederung nach Kostenartengruppen ist nicht unbedingt erforderlich, aber erwünscht. Sind Auslandsumsätze vorhanden, empfiehlt sich eine Aufteilung nach Inland und Ausland.
[9]) Die Verwaltungsgemeinkosten des Unternehmens sind den Kostenträgern anteilig nach dem Verursachungsprinzip zuzurechnen, also den eigenen Baustellen, den Arbeitsgemeinschaftsbaustellen, etwaigen Nebenbetrieben. Für eine hinreichende Genauigkeit der Kostenzurechnung nach Anteilen ist die richtige Schlüsselwahl entscheidend.
[10]) s. Fußnote [3]).
[11]) s. Fußnote [5]).
[12]) Interner Aufwand für Lieferungen und Leistungen an Arbeitsgemeinschaften wie z. B. Aufwendungen für Transporte, Werkzeugbeistellung, Planbearbeitungen und statische Berechnungen, für Buchführung und Lohnabrechnung, wenn solche Arbeiten von einem Unternehmen für Arbeitsgemeinschaften ausgeführt werden.
[13]) Hierunter sind die Umsätze eines Unternehmens mit Arbeitsgemeinschaften zu verstehen. Diesen Umsätzen stehen als Aufwand die eigenen Kosten des Unternehmens gegenüber, s. Fußnote 12).
[14]) Der Saldo der Zwischensummen II ist der anteilige Betriebserfolg aus Arbeitsgemeinschaften sowie aus dem Umsatz mit Arbeitsgemeinschaften.
[15]) s. 2.3.3.5.6.2 (Muster einer Gewinn- und Verlustrechnung) Nr. 3. Die Kosten der Eigenleistungen entsprechen ihrem Wert, so daß die Zwischensummen III keinen Saldo ergeben.
[16]) Aus der Gegenüberstellung von Gesamtkosten und Gesamtleistung ergibt sich der Betriebserfolg, der Gewinn oder Verlust sein kann.

## Abgrenzungsrechnung[1])

| Aufwendungen | Erträge |
|---|---|
| Bilanzabschreibung | Kalkulatorische Abschreibung |
| Zinsaufwendungen | Zinserträge |
| Bildung von Rückstellungen | Skonti |
| Bildung von Wertberichtigungen | Auflösung von Rückstellungen |
| Verluste aus dem Abgang von | Auflösung von Wertberichtigungen |
|   Gegenständen des Anlagevermögens | Kalkulatorische Zinsen |
| Sonstige Aufwendungen | Erträge aus dem Abgang von |
| |   Gegenständen des Anlagevermögens |
| | Sonstige Erträge |
| Summe | Summe |
| Abgrenzungsgewinn | Abgrenzungsverlust |

## Gesamtergebnisrechnung[1])

| | |
|---|---|
| Steuern vom Einkommen, Ertrag und Vermögen | Erträge aus Gewinnabführungsverträgen |
| Vermögensabgabe | Erträge aus Beteiligungen |
| Aufwendungen aus Verlustübernahme | Erträge aus anderen Finanzanlagen, soweit nicht in der |
| Einstellung in offene Rücklagen |   Abgrenzungsrechnung ausgewiesen |
| Betriebsverlust | Betriebsgewinn |
| Abgrenzungsverlust | Abgrenzungsgewinn |
| | Gewinnvortrag |
| Summe | Summe |
| Bilanzgewinn | Bilanzverlust |

### 2.3.3.5.7 Musterkontenplan für Arbeitsgemeinschaften

Die bauindustriellen Großunternehmen erbringen schätzungsweise mindestens ein Drittel ihres Umsatzes in Arbeitsgemeinschaften. Rechtsformen der Arbeitsgemeinschaften s. 3.2.18.1.

Ein *Mustervertrag für Arbeitsgemeinschaften* wurde vom Hauptverband der Deutschen Bauindustrie und vom Zentralverband des Deutschen Baugewerbes (vgl. 2.1.4) zuletzt 1971 herausgegeben [15][2]).

Zur Vereinfachung und Vereinheitlichung des Rechnungswesens der Arbeitsgemeinschaften hat das Betriebswirtschaftliche Institut der Westdeutschen Bauindustrie — nach einem Vorläufer 1956 — im Jahre 1967 einen *Musterkontenrahmen für Arbeitsgemeinschaften* [16] veröffentlicht.[3]) In Abweichung zum Musterkontenrahmen der Branche erscheinen im Musterkontenplan für Arbeitsgemeinschaften nur die Kontenklassen und Kontengruppen, die in der Praxis der Gemeinschaftsarbeit benötigt werden. Da der Gemeinschaftszweck in der Regel in der Ausführung eines einzigen Bauauftrages besteht, entfallen z. B. grundsätzlich die der Kostenstellenrechnung vorbehaltenen Kontenklassen 4, 5 und 6.

### 2.3.3.6 Bilanzanalytische Betrachtungen

Der handelsrechtliche Jahresabschluß, bestehend aus Bilanz und Gewinn- und Verlustrechnung, gibt Veranlassung zu bilanzanalytischen Untersuchungen, d. h. zur kritischen Durchdringung des Zahlenmaterials. Die *Bilanzanalyse* stellt den mehr oder weniger gelungenen Versuch dar, den den Jahresabschluß umgebenden bilanzpolitischen Schleier zu lüften und die Realitäten zu erkennen. Es ist einleuchtend, daß dieser Versuch um so erfolgreicher sein wird, je mehr die Intima des Unternehmens bekannt sind. Externen

---

[1]) Die einzusetzenden Zahlen sind der Kontenklasse 9 zu entnehmen.
[2]) Dieses Vertragsmuster ist im Hinblick auf das Umsatzsteuergesetz (Mehrwertsteuer) 1967 überarbeitet, 1968 in Neufassung erschienen und 1971 nochmals novelliert worden.
[3]) Da dieser Kontenrahmen auf dem Musterkontenrahmen 1964 der Bauindustrie aufbaut, also ein Derivat ist; wäre es besser als Musterkontenplan bezeichnet worden.

### 2.3.3 Buchführung

Bilanzanalysen, die von Außenstehenden angestellt werden, sind engere Erkenntnisgrenzen gesetzt als internen Bilanzanalysen, für die alles unternehmenseigene Material und alle Auskunftsmöglichkeiten über das Zustandekommen des Zahlenwerks zur Verfügung stehen. Gegenstände der Bilanzanalyse sind im allgemeinen: Vermögen- und Kapitalstruktur, Anlagendeckung und Investierung, Liquidität, Kapitalrentabilität, Kapitalumschlag, Wirtschaftlichkeit. Die Bilanzanalyse setzt eine zweckentsprechende statistische Aufbereitung des Zahlenmaterials voraus durch Gruppieren, Zusammenfassen, Umbilden und Inbeziehungsetzen, durch Ermittlung von absoluten Zahlen, Verhältniszahlen (Prozentzahlen, Indexzahlen, Beziehungszahlen) und Mittelwerten sowie mit Hilfe von statistischen Darstellungen [17]. Neben Querschnittsbetrachtungen für einen bestimmten Zeitpunkt sind vor allem Vergleiche über mehrere Jahre aufschlußreich.

Grundlage und Ausgangspunkt für nähere bilanzanalytische Untersuchungen ist die *Kennziffernbildung*.

**2.3.3.6.1 Vorberechnungen.** Es ist zweckmäßig, an den Beginn bilanzanalytischer Betrachtungen Vorberechnungen zu stellen, in denen jene Posten des Quellenmaterials, die in den verschiedenen Sparten der Bilanzanalyse mehrfach benötigt werden, vorab ermittelt werden. Hierzu gehören z. B.[1])

| | |
|---|---|
| *Anlagevermögen* $(V_a)$: | Anlagevermögen<br>− Wertberichtigungen |
| *Umlaufvermögen* $(V_u)$: | Umlaufvermögen<br>− Wertberichtigungen<br>− aktive Rechnungsabgrenzungsposten |
| *Gesamtvermögen* $(V_g)$: | Anlagevermögen<br>+ Umlaufvermögen<br>− Wertberichtigungen<br>+ aktive Rechnungsabgrenzungsposten |
| *Offenes Eigenkapital* $(K_o)$: | Grundkapital<br>+ offene Rücklagen<br>+ Gewinnvortrag<br>− Verlustvortrag |
| *Offenes Eigenkapital und eigenkapitalähnliche Mittel* $(K_\ddot{a})$: | Offenes Eigenkapital<br>+ Pensionsrückstellungen[2]) |
| *Fremdkapital* $(K_f)$: | Rückstellungen<br>(ausgenommen Pensionsrückstellungen)<br>+ Verbindlichkeiten<br>+ passive Rechnungsabgrenzungsposten<br>+ Dividende |
| *Gesamtkapital* $(K_g)$: | Offenes Eigenkapital<br>+ Rückstellungen<br>+ Verbindlichkeiten<br>+ passive Rechnungsabgrenzungsposten<br>+ Dividende |

*Gesamtleistung* $(L_g)$: s. 2.3.3.5.6.2, Nr. 4

---

[1]) Im weiteren werden die Begriffe und Gliederungen des *Aktiengesetzes 1965* (insbesondere §§ 151 und 157) als Vorlage verwendet, da sich diese durch Eindeutigkeit und Klarheit auszeichnen und für Unternehmen, die eine andere Rechtsform als die Aktiengesellschaft und die Kommanditgesellschaft auf Aktien besitzen, keine vergleichbaren einheitlichen Vorschriften oder auch nur Gewohnheitsregeln bestehen.
[2]) Rückstellungen mit Reservecharakter sind durch das Aktiengesetz 1965 § 152 Absatz 7 nicht mehr zugelassen. Pensionsrückstellungen sind ihrem Charakter nach zwar Verbindlichkeiten, werden aber in der Bilanzanalyse meist wie eigenkapitalähnliche Mittel behandelt.

## 2.3.3.6.2 Vermögenstruktur

Anlageintensität $\quad \dfrac{V_a}{V_g} \times 100$

Grad der Schichtung der Aktiva $\quad \dfrac{V_a}{V_u} \times 100$

Schwerpunkte im Anlagevermögen $\quad \dfrac{\text{Anteil einzelner Anlagewerte}}{V_a} \times 100;$

z. B. $\dfrac{\text{Baugeräte, Maschinen u. maschinelle Anlagen}}{V_a} \times 100$

Schwerpunkte im Umlaufvermögen

$\dfrac{\text{Anteil einzelner Umlaufwerte}}{V_u} \times 100;$ z. B. $\dfrac{\text{Unfertige Bauten}}{V_u} \times 100$

Schwerpunkte im Gesamtvermögen

$\dfrac{\text{Anteil einzelner Vermögenswerte}}{V_g} \times 100$

## 2.3.3.6.3 Kapitalstruktur

Verschuldungskoeffizient $\quad \dfrac{K_f}{K_ä} \times 100$

Anspannungskoeffizient $\quad \dfrac{K_f}{K_g} \times 100$

Selbständigkeitskoeffizient $\quad \dfrac{K_ä}{K_g} \times 100$

Grad der Kapitalbildung $\quad \dfrac{K_ä + \text{langfristiges Fremdkapital}}{K_g} \times 100$

Dringlichkeitsgrad der Verbindlichkeiten

$\dfrac{\text{kurz-, mittel- oder langfristige Verbindlichkeiten}}{\text{Gesamtverbindlichkeiten}} \times 100$

Eigenkapitalanteil an der Dauerfinanzierung

$\dfrac{K_ä}{K_ä + \text{langfristiges Fremdkapital}} \times 100$

Fremdkapitalanteil an der Dauerfinanzierung

$\dfrac{\text{langfristiges Fremdkapital}}{K_ä + \text{langfristiges Fremdkapital}} \times 100$

Grad der Selbstfinanzierung $\quad \dfrac{\text{offene Rücklagen}}{K_ä} \times 100$

## 2.3.3.6.4 Anlagendeckung und Investierung

Anlagendeckung $\quad \dfrac{K_ä}{V_a} \times 100; \quad \dfrac{K_o}{V_a} \times 100$

### 2.3.3 Buchführung

*Eigenkapitalinvestition*

$$\frac{V_a + \text{Vorräte}^1)}{K_ä} \times 100; \quad \frac{V_a + \text{Vorräte} + \text{unfertige Bauten}}{K_ä} \times 100$$

*Investition des langfristigen Kapitals*

$$\frac{V_a + \text{Vorräte}^2)}{K_ä + \text{langfristiges Fremdkapital}} \times 100$$

*Abschreibungsgeschwindigkeit des Anlagevermögens*

$$\frac{\text{Bilanzmäßige Abschreibungen}^3)}{V_a} \times 100$$

*Anlagevermögen im Verhältnis zum Leistungsumsatz*

$$\frac{V_a}{L_g} \times 100; \quad L_g \text{ Gesamtleistung oder Teile davon.}$$

#### 2.3.3.6.5 Liquidität

*Liquidität 1. Grades*

$$\frac{\text{Geldwerte}^4) + \text{kurzfristige Forderungen}^5)}{\text{kurzfristige Verbindlichkeiten}^5)} \times 100$$

*Liquidität 2. Grades*

$$\frac{\text{Geldwerte} + \text{kurzfristige} + \text{mittelfristige Forderungen}}{\text{kurzfristige} + \text{mittelfristige Verbindlichkeiten}} \times 100$$

Auf eine Darstellung weiterer Liquiditätsgrade durch Hinzunahme der jeweils nächstfristigen Forderungen und Verbindlichkeiten wird verzichtet. Zur genauen Ermittlung der verschiedenen Liquiditätsgrade sind intime Bilanzkenntnisse unerläßlich.

#### 2.3.3.6.6 Kapitalrentabilität

*Eigenkapitalrentabilität*

$$\frac{\text{Bilanzgewinn}}{K_o} \times 100; \quad \frac{\text{Bilanzgewinn} + \text{Einstellung in offene Rücklagen}^6)}{K_o (+ \text{eigenkapitalähnliche Mittel})} \times 100$$

*Gesamtkapitalrentabilität*

$$\frac{\text{Bilanzgewinn} + \text{Einstellung in offene Rücklagen} + \text{Zinsaufwendungen}^7)}{K_g} \times 100$$

*Unternehmensrentabilität*

$$\frac{\text{Bilanzgewinn} + \text{Einstellung in offene Rücklagen}}{\text{betriebsnotwendiges Kapital}} \times 100$$

Das betriebsnotwendige Kapital kann wie folgt ermittelt werden:

Gesamtvermögen
— darin enthaltenes betriebsfremdes Vermögen (z. B. Hotel, Maschinenfabrik)

---

[1] s. 2.3.3.5.6.1, Aktiva, Nr. IIA, 1 bis 5.
[2] Der Wert der Vorräte kann auf den eisernen Bestand beschränkt werden.
[3] s. 2.3.3.5.6.2, Nr. 19 und 20.
[4] s. 2.3.3.5.6.1, Aktiva, Nr. IIC 3 bis 7.
[5] Aus den Beständen an unfertigen Bauten und den Forderungen sind jene Posten aufzuführen, die innerhalb einer kurzen Frist (z. B. 1 Monat, 1 Vierteljahr) Geldeingänge ergeben werden. Die Höhe des voraussichtlichen Geldeingangs ist anzusetzen. Analog ist bei den Verbindlichkeiten zu verfahren. Auf gleiche Fristigkeiten ist zu achten.
[6] s. 2.3.3.5.6.2, Nr. 31.
[7] s. 2.3.3.5.6.2, Nr. 23.

— nicht betriebsnotwendiges Vermögen (z. B. landwirtschaftlich genutztes Gelände neben einem Bauhof)

betriebsnotwendiges Vermögen
— zinslose Vorauszahlungen[1])
— zinslose Verbindlichkeiten (z. B. Verbindlichkeiten aus Lieferungen und Leistungen, Verbindlichkeiten gegenüber Arbeitsgemeinschaften)

betriebsnotwendiges Kapital

*Umsatzrentabilität*

$$\frac{\text{Bilanzgewinn} + \text{Einstellung in offene Rücklagen}}{L_g} \times 100; \quad \frac{\text{Betriebsgewinn}[2])}{L_g} \times 100$$

*Cash Flow* $\quad \dfrac{\text{Jahresüberschuß} + \text{Abschreibungen auf Sachanlagen}[3])}{L_g} \times 100$

### 2.3.3.6.7 Kapitalumschlag

*Gesamtkapital-Umschlagshäufigkeit* $\quad \dfrac{L_g}{K_g} \times 100$

*Gesamtkapital-Umschlagsdauer* $\quad \dfrac{K_g \times 360 \text{ Tage}}{L_g} \times 100$

*Eigenkapital-Umschlagshäufigkeit* $\quad \dfrac{L_g}{K_o} \times 100$

### 2.3.3.6.8 Investitionsquote

$$\frac{\text{Anlagenzugang}}{L_g} \times 100$$

### 2.3.3.6.9 Wirtschaftlichkeit, Kosten, Leistung[4])

*2.3.3.6.9.1 Wirtschaftlichkeit.* Die Gesamtkosten der eigenen Baustellen und deren wichtigste Kostengruppen werden in Beziehung zu den Eigenumsatzerlösen gesetzt, z. B.

$$\frac{\text{Gesamtkosten}}{\text{Eigenumsatzerlöse}[5])} \times 100 \text{ oder}$$

$$\frac{\text{Personalkosten (untergliedert in Löhne und Gehälter)}}{\text{Eigenumsatzerlöse}} \times 100$$

*2.3.3.6.9.2 Kosten.* Kostenarten und Kostengruppen werden zu den Gesamtkosten der eigenen Baustellen in Beziehung gesetzt, z. B.

$$\frac{\text{Personalkosten}}{\text{Gesamtkosten}} \times 100$$

In ähnlicher Weise können Kennziffern aus dem Kosten- und Leistungsbereich der Arbeitsgemeinschaften und Kennziffern bezogen auf die Gesamtkosten und die Gesamtleistung der Betriebsrechnung gebildet werden.

*2.3.3.6.9.3 Leistung.* Leistungskennziffern entstehen dadurch, daß Leistungsteile (z. B. Umsatzleistung eigener Baustellen, anteilige Umsatzleistung der Arbeitsgemeinschaften, Umsatzleistung In- oder Ausland, Umsatzleistung Wohnungsbau) zur Gesamtleistung (mit der Möglichkeit zweckmäßiger Untergliederung) in Beziehung gesetzt werden.

---

[1]) s. 2.3.3.5.6.1, Passiva V 5.
[2]) s. 2.3.3.5.6.3.
[3]) s. 2.3.3.5.6.2, Nr. 28 und 19. Für den Cash Flow werden auch andere Formeln verwendet.
[4]) Die Kennziffernermittlung bedient sich des Zahlenmaterials der internen Betriebsergebnisrechnung, vgl. 2.3.3.5.6.3.
[5]) Erlöse = Leistung.

Steht außer den Abschlußzahlen noch weiteres betriebsinternes Material (z. B. beschäftigte Personen, Produktionsmengen) zur Verfügung, so lassen sich vor allem zur Sichtbarmachung von Wirtschaftlichkeit und Produktivität des Unternehmens und seiner einzelnen Betriebe zahlreiche Kennziffern von großer Aussagekraft gewinnen [18; 18a].

**2.3.3.6.10 Heranziehung externen Materials.** Bilanzanalytische Betrachtungen sollten sich nicht in der Auswertung internen Zahlenmaterials erschöpfen. Das Unternehmen hat die Möglichkeit, seinen eigenen Stand im Rahmen der Branche festzustellen und zu verfolgen. Zu diesem Zweck veranstalten die Verbände des Bauhandwerks und der Bauindustrie seit Jahren periodisch wiederkehrende Betriebsvergleiche, an denen alle Mitgliedsunternehmen teilnehmen können. Vergleichsmaterial kann aber auch von jedem Unternehmen aus den Veröffentlichungen des Statistischen Bundesamtes und der Statistischen Landesämter sowie anderer Institute entnommen werden.

## 2.3.4 Kosten- und Leistungsrechnung

### 2.3.4.1 Aufgabe

Die Aufgabe einer geordneten Kosten- und Leistungsrechnung besteht in de ɪ betriebswirtschaftlich richtigen Erfassung und Verrechnung aller Kosten und Leistungen, abgegrenzt nach Aufträgen, und in ihrer Zusammenstellung zum Zwecke der Auswertung [2].

Die Bauproduktion ist in der Regel eine auftragsweise *Einzelfertigung*. Jeder Bauauftrag erfordert daher grundsätzlich eine besondere rechnungsmäßige Behandlung, beginnend mit der Angebotsbearbeitung und Preisermittlung (Vorkalkulation), im Auftragsfalle fortfahrend mit der Ermittlung und Aufzeichnung der auftragsgebundenen und der als Gemeinkosten zuzurechnenden Ist-Kosten sowie des Leistungsfortschritts und der Gesamtleistung des Auftrages und ihrer Bestandteile (Hauptvertragsleistungen, Zusatzaufträge, Stundenlohnarbeiten u. a.) und endend mit der Ergebnisrechnung und Nachkalkulation. Zentralproblem der Baubetriebsrechnung ist somit die *Auftragsrechnung*. Die Abrechnung des einzelnen Bauauftrages erstreckt sich auf die Zeit vom Beginn der Bauproduktion bis zur Fertigstellung und Abnahme des bestellten Bauwerkes durch den Auftraggeber, unabhängig von periodischen Rechnungszeitabschnitten, z. B. Vierteljahre, Geschäftsjahre. Der einzelne Bauauftrag ist Hauptkostenstelle und Kostenträger zugleich. Entsprechend dem Verfahren bei der *Angebotserstellung* (besondere *Vorkalkulation* für jedes Objekt) werden die Kosten der Bauausführung in der Buchführung in besonderer Rechnung (*Baukonto*) aufgezeichnet. Ebenfalls in Übereinstimmung mit der Vorkalkulation werden für den Bauauftrag nicht direkt erfaßbare Kosten (z. B. sachliche Bürokosten der Baustelle) und dem Bauauftrag mittelbar zuzurechnenden Kosten (z. B. Verwaltungsgemeinkosten) dem Baukonto mit *innerbetrieblichen Verrechnungssätzen* belastet. Das Verfahren der Auftragsrechnung erfordert eine Unterscheidung zwischen *Einzel- und Gemeinkosten*, deren Abgrenzung in Vorkalkulation, Betriebsabrechnung und Nachkalkulation stetig unter gleichen Gesichtspunkten erfolgen soll. Durch auftragsweise Gegenüberstellung von Soll-Kosten der Vorkalkulation und Ist-Kosten der Betriebsabrechnung lassen sich die Änderungen zwischen Soll und Ist zum Zweck der Ursachenfeststellung ermitteln. Durch Vergleich von Ist-Kosten und Leistung ergibt sich der *Betriebserfolg* der einzelnen Baustelle [19]. Ändern sich während der Produktionszeit Umfang, Massen und Einheitspreise oder werden Teilleistungen, die zunächst als Eigenleistungen kalkuliert waren, an Nachunternehmer vergeben, so ist die Angebotskalkulation jeweils in eine Auftragskalkulation umzuwandeln, um einen Soll-Ist-Vergleich zu ermöglichen.

### 2.3.4.2 Zweck

Die Kosten- und Leistungsrechnung dient zwei Hauptzwecken, der *Kalkulation* und der *Betriebsabrechnung*. Nebenzwecke sind u. a.: Kontrolle von Wandlungen in der Kostenstruktur des gesamten Betriebes und der einzelnen Baustellen in den verschiedenen Beschäftigungssparten, Grundlage für die Bewertung von unfertigen Erzeugnissen (z. B.

Betonwaren in Herstellung und unfertige Bauten), betriebsstatistische Zwecke (z. B. Kennziffernbildung, Grundlage für Betriebsvergleiche), Wirtschaftlichkeitsuntersuchungen (z. B. Verfahrensvergleiche in der Produktion), Plankostenrechnung für Hilfsbetriebe (z. B. Fuhrpark, Werkstatt) [20–22].

### 2.3.4.3 Kalkulation

**2.3.4.3.1 Grundsätzliches.** Bei der *Kalkulation* von Bauleistungen handelt es sich um eine Kostenträgerrechnung, in der die Kosten für das einzelne, nach Teilleistungen gegliederte Bauwerk ermittelt werden. Findet die Kalkulation vor der Ausführung der Leistung statt, so wird sie als *Vorkalkulation* bezeichnet, auf deren Grundlage der Angebotspreis gebildet wird. Eine Kalkulation nach beendeter Bauproduktion nennt man *Nachkalkulation*. Nachkalkulationen während der Bauzeit kann man als *Zwischennachkalkulationen* bezeichnen; sie sind in der Regel mit einer Ergebnisvorschau verbunden [23].

Ihrer Form nach ist die Bauleistungskalkulation stets eine Zuschlagsrechnung, deren Unterscheidungsmerkmal zur sog. *Divisionskalkulation* und ihren Spielarten darin liegt, daß sie zwingend eine Aufspaltung der Kosten in Einzel- und Gemeinkosten verlangt und daß die Einzelkosten der Bauleistung direkt erfaßt und zugerechnet werden.

**2.3.4.3.2 Methoden der Zuschlagsrechnung.** Die Darstellung erfolgt in Beispielen mit fortschreitender Verfeinerung.

*Beispiel 1.* Der Verbrauch an *Einzelkostenlöhnen* und *Einzelkostenstoffen* wird für jedes Bauprodukt (angebotene Bauleistung) gesondert ermittelt (Menge × Wert). Der *Zuschlag* für (Betriebs- und Verwaltungs-)Gemeinkosten wird der Betriebsabrechnung der vorangegangenen Periode entnommen, indem die verbrauchten Gemeinkosten zu den verbrauchten Einzellohnkosten in Beziehung gesetzt werden. Der so vorgegebene Zuschlag wird grundsätzlich für eine Periode beibehalten und dann auf Grund der neuen Betriebsabrechnungsergebnisse korrigiert. Der Gemeinkostenzuschlag erhöht sich um den Zuschlag für Gewinn und Wagnis.

|  |  |  |
|---|---:|---:|
| Einzelkostenlöhne | 100,00 | |
| Einzelkostenstoffe | | 50,00 |
| + Zuschlag für Gemeinkosten, Gewinn und Wagnis 75% | 75,00 | |
| | 175,00 | |
| | + 50,00 ← | |
| Kalkulations-Nettopreis | 225,0 | |
| + Umsatzsteuer 11% | 24,75 | |
| Kalkulations-Bruttopreis | 249,75 | |

*Beispiel 2*

|  |  |  |
|---|---:|---:|
| Einzelkostenlöhne | 100,00 | |
| Einzelkostenstoffe | | 50,00 |
| + Zuschlag für Gemeinkosten Gewinn und Wagnis 65% | 65,00 | |
| 20% | | 10,00 |
| | 165,00 | 60,00 |
| | + 60,00 ← | |
| Kalkulations-Nettopreis | 225,00 | |
| + Umsatzsteuer 11% | 24,75 | |
| Kalkulations-Bruttopreis | 249,75 | |

Im Unterschied zum Beispiel 1 wird der Zuschlag für Gemeinkosten, Gewinn und Wagnis in je einen Zuschlag auf Einzelkostenlöhne und Einzelkostenstoffe getrennt.

## 2.3.4 Kosten- und Leistungsrechnung

*Beispiel 3*

| | | | |
|---|---|---|---|
| Einzelkostenlöhne | | 100,00 | |
| Einzelkostenstoffe | | | 50,00 |
| + Zuschlag für Gemeinkosten | 50% | 50,00 | |
| | 10% | | 5,00 |
| | | 150,00 | 55,00 |
| | | + 55,00 ⬅ | |
| Selbstkosten | | 205,00 | |
| + Gewinn und Wagnis | 10% | 20,50 | |
| Kalkulations-Nettopreis | | 225,50 | |
| + Umsatzsteuer | 11% | 24,81 | |
| Kalkulations-Bruttopreis | | 250,31 | |

Verfahren wie in den Beispielen 1 und 2, jedoch wird der Zuschlag für Gewinn und Wagnis getrennt von den Gemeinkostenzuschlägen berechnet.

*Beispiel 4.* Bei der Zuschlagskalkulation mit sog. *Betriebsgemeinkosten* (Begriff von *Opitz*)[1]) wird davon ausgegangen, daß es für die kostenrechnerische Genauigkeit ausreicht, mit vorgegebenen Zuschlagssätzen für Betriebsgemeinkosten zu rechnen, mit Ausnahme von hochmechanisierten Baustellen, bei denen die menschliche Arbeitskraft die Werkstoffe kaum berührt. Die Grenzen zwischen den Gemeinkosten der Baustelle und den Verwaltungsgemeinkosten seien so flüssig, daß ein Auseinanderhalten mehr oder weniger willkürlicher Auskontierungen bedürfe.

Nach *Opitz* umfassen die *Einzelkosten* der Baustelle folgende Kosten:
Die Baustellenlöhne einschl. der Gemeinkostenlöhne (z. B. Löhne für Auf-, Ab- und Umbau der Geräte und Baustelleneinrichtung, Hilfslöhne, Soziallöhne);
die hauptsächlichen Bau-, Bauhilfs- und Betriebsstoffe;
die Nachunternehmerleistungen;
etwaige Sonderkosten (z. B. besondere Bauwesenversicherung, besondere Bauwagnisse).
Die *Betriebsgemeinkosten* enthalten alle übrigen Kosten, die hier begrifflich den Baustellengemeinkosten und den Verwaltungsgemeinkosten zugerechnet werden.
Das Verfahren stellt sich beispielhaft wie folgt dar:

1. *Stufe (allgemeine Vorberechnung).* Rechnerische Feststellung der Betriebsgemeinkosten aus der jährlichen Betriebsabrechnung.
Angenommen Einzelkosten- und Gemeinkostenlöhne 100000 DM
Betriebsgemeinkosten 90000 DM
Zuschlag für Betriebsgemeinkosten somit 90%

2. *Stufe (Einzelkalkulation)*

A. *Einzelkosten lt. besonderer Berechnung*

| | | | |
|---|---|---|---|
| 1. Einzelkosten- u. Gemeinkostenlöhne | 118,00 | | |
| 2. Hauptstoffe | | 140,00 | |
| 3. Nachunternehmerleistung | | | 20,00 |

B. *Betriebsgemeinkosten*

je 10% Zuschlag auf A 2 und A 3               14,00  2,00
Zwischenberechnung für Zuschlag auf A 1:

| | | |
|---|---|---|
| 90% von 118 | = 106,20 | |
| bereits verteilt | 14,00 | |
| | 2,00 | |
| | 90,20 | 90,20 |
| | | 208,20   154,00   22,00 |

---

[1]) Die Betriebsgemeinkosten im Sinn von *Opitz* umfassen die Baustellengemeinkosten und die allgemeinen Geschäftskosten (Verwaltungsgemeinkosten). Die Bezeichnung ist somit begrifflich mißverständlich. Besser wäre von Gesamtgemeinkosten zu sprechen.

$$\frac{90{,}20}{118{,}00} = 76{,}4\% \text{ auf } A1$$

|  |  |
|---|---|
|  | 208,20   154,00   22,00 |
|  | +154,00 ←─────┘ |
|  | + 22,00 ←────────────── |
| Selbstkosten | 384,20 |
| C. *Gewinn und Wagnis* 10% | 38,42 |
| Netto-Kalkulationspreis | 422,62 |
| D. *Umsatzsteuer* 11% | 46,49 |
| Brutto-Kalkulationspreis | 469,11 |

Die *Einheitspreise* der *Teilleistungen* (Ordnungszahlen, Positionen) werden in der Weise ermittelt, daß auf die jeweils besonders berechneten

| Einzelkostenlöhne | 76,4% Zuschlag |
| Einzelkostenstoffe | 10,0%   ,, |
| Nachunternehmerleistungen | 10,0%   ,, |

zur Abdeckung der Betriebsgemeinkosten berechnet werden. Auf die Gesamtsumme folgt der *Zuschlag* für Gewinn und Wagnis (hier 10%). Alle Einheitspreise enden mit dem *Kalkulations-Nettopreis*. Auf die Summe der Einheitspreise wird für die *Umsatzsteuer* ein Zuschlag von 11% gelegt.

*Beispiel 5.* Die Beispiele 1 bis 4 gehören der *einfachen Zuschlagsrechnung* an. Diese Rechnungsmethode wird in ihrer Richtigkeit (Einhaltung des Verursachungsprinzips der Kosten) angesichts der raschen Entwicklung der Baumaschinentechnik[1]) mehr und mehr in Frage gestellt. Auch das bereits erweiterte Verfahren in Beispiel 4 kann nur noch für Betriebe gelten, bei denen nach ihrer Organisation und nach der Art der von ihnen auszuführenden gleichförmigen Leistungen eine Trennung der Gesamtgemeinkosten in Gemeinkosten der Baustelle und Verwaltungsgemeinkosten nicht zweckmäßig und infolge gleichartiger Kostenstruktur der Baustellen nicht nötig ist. Liegen diese Voraussetzungen nicht vor, so kommt nur eine *verfeinerte Zuschlagsrechnung* als betriebswirtschaftlich befriedigend in Frage, deren hauptsächliches Unterscheidungsmerkmal zum Verfahren im Beispiel 4 darin liegt, daß der Gemeinkostenblock in Gemeinkosten der Baustelle und in Verwaltungsgemeinkosten aufgespalten wird.

Die bei diesem Verfahren vorkommenden drei Hauptgruppen *Einzelkosten* der Teilleistungen, *Gemeinkosten der Baustelle* und *Verwaltungsgemeinkosten* sind wie folgt zu definieren:

*Einzelkosten* der Teilleistungen sind Kosten, die bei der Ausführung bestimmter Teilleistungen des Bauwerks entstehen und sich der einzelnen Teilleistung direkt (d. h. ohne Umlage- und Schlüsselverfahren) zurechnen lassen.

*Gemeinkosten der Baustelle* sind Kosten, die nicht für bestimmte, sondern für die Gesamtheit der Teilleistungen entstehen und sich daher der einzelnen Teilleistung nicht direkt zurechnen lassen. Sie sind aber Kostenträger-(Bauwerks-) Einzelkosten; ihre Zurechnung zu den Teilleistungen erfolgt mit Hilfe von Umlage- und Schlüsselverfahren. Man kann diese Kostengruppe folgerichtig auch *Gemeinkosten der Teilleistungen* nennen.

*Verwaltungsgemeinkosten* entstehen nicht durch den Betrieb der einzelnen Baustelle; sie umfassen die Kosten der Oberleitung und Verwaltung des Unternehmens als Ganzes.

Die Grenzen zwischen den Einzelkosten der Teilleistungen und den Gemeinkosten der Baustelle lassen sich nicht generell scharf abgrenzen, da die Kostenzuordnung zu diesen beiden Gruppen von der Aufgliederung des Leistungsverzeichnisses abhängt (z. B. Kosten der Baustelleneinrichtung in einer besonderen Position des Leistungsverzeichnisses oder mangels einer solchen Position in den Gemeinkosten der Baustelle).[2])

---

[1]) Der Gerätebestand des Bauhauptgewerbes ist von 1950 bis 1969 auf3. das 9,1fache gestiegen; vgl. Baustatistisches Jahrbuch 1970 des Hauptverbandes der Deutschen Bauindustrie.
[2]) *Blessing* [24] spricht daher auch von *Positions-Einzelkosten* und *Positions-Gemeinkosten.*

### 2.3.4 Kosten- und Leistungsrechnung

Bei der *verfeinerten Zuschlagskalkulation*, meist Kalkulation über die Angebotssumme genannt, vollzieht sich der Rechengang beispielmäßig folgendermaßen:

*1. Stufe (allgemeine Vorberechnung).* Rechnerische Feststellung der Verwaltungsgemeinkosten aus der jährlichen Betriebsabrechnung.

Angenommen:
Gesamtleistung (Leistungsumsatz) ohne Umsatzsteuer     15 000 000 DM
Verwaltungsgemeinkosten     1 200 000 DM
Zuschlag für Verwaltungsgemeinkosten somit 8%

*2. Stufe (Einzelkalkulation)*

*A. Einzelkosten lt. besonderer Berechnung*
1. Einzelkostenlöhne einschl. Polierentgelte    100 000 DM
2. Hauptstoffe    120 000 DM    220 000 DM

*B. Gemeinkosten der Baustelle*
1. Gerätevorhaltungskosten    20 000 DM
2. Gehälter für Angestellte    15 000 DM
3. Gemeinkostenlöhne    8 000 DM
4. Werkzeuge und Kleingeräte
   5% von A 1    5 000 DM
5. Gesetzliche und tarifliche soziale Aufwendungen
   60% der Einzel- und Gemeinkostenlöhne (108 000)    64 800 DM
   30% der Angestelltengehälter    4 500 DM
6. Lohn- und Gehaltsnebenkosten    10 000 DM
7. Sonderkosten (nur dieser Baustelle)
   Bauwesenversicherung    3 000 DM
   Sonderwagnis (Terminwagnis)    10 000 DM    140 300 DM

*C. Nachunternehmerleistung* (Nettopreis)    50 000 DM
                  Herstellkosten    410 300 DM

*D. Verwaltungsgemeinkosten (VGK),*

    *Gewinn u. Wagnis (GuW)*

8% der Netto-Gesamtleistung (VGK)
6% der Netto-Gesamtleistung (GuW)
14% der Netto-Gesamtleistung

$$\frac{14 \times 100}{100 - 14} = 16{,}3\% \text{ der Herstellkosten} \quad\quad 66\,979 \text{ DM}$$

       Netto-Kalkulationspreis    477 279 DM

*E. Umsatzsteuer (Mehrwertsteuer)* 11%    52 501 DM
       Brutto-Kalkulationspreis    529 780 DM

*3. Stufe (Berechnung der Zuschläge)*

Netto-Kalkulationspreis    477 279 DM
abzüglich A und C    270 000 DM
somit umzulegen    207 279 DM
16,3% von A 2    19 560 DM
16,3% von C    8 150 DM
verbleibt für Zuschlag auf A 1    179 569 DM

$$\frac{179\,569}{100\,000} \times 100 = 179{,}6\% \text{ Zuschlag auf A 1.}$$

Mit den ermittelten Zuschlägen 179,6% der Einzelkostenlöhne, je 16,3% der Hauptstoffekosten und der Kosten der Nachunternehmerleistung) werden die Einheitspreise der Teilleistungen zu Ende gerechnet. Die auf diese Weise ermittelten Einheitspreise werden darauf in das Leistungsverzeichnis übertragen und mit den Massen oder Mengen jeder Position multipliziert. Die so errechneten Gesamtpreise der einzelnen Positionen des Leistungsverzeichnisses ergeben addiert den *Netto-Kalkulationspreis* des Angebots. Dem Netto-Kalkulationspreis wird die Umsatzsteuer mit 11%[1]) zugeschlagen. Das Ergebnis ist der *Brutto-Kalkulationspreis*.

### 2.3.4.3.3 Neue Tendenzen [25—33d]

*2.3.4.3.3.1 Gründe.* Die technischen und organisatorischen Veränderungen der Bauproduktion seit den fünfziger Jahren haben erkennen lassen, daß die im Beispiel 5 dargestellte Zuschlagsrechnung den Ansprüchen an eine moderne kostengerechte Preiskalkulation nicht mehr genügt. Im wesentlichen handelt es sich um folgende Gründe:

Die Kostenstrukturen der Baustellen verändern sich, indem der Lohnkostenanteil infolge fortschreitender Rationalisierung abnimmt und gleichzeitig der Kostenanteil der Betriebsmittel (Baumaschinen, Schalung und Rüstung, Kleingeräte, Anlagewerte von Produktionshilfsbetrieben, Büromaschinen, EDV-Anlagen) zunimmt.

Die Tendenz zur Einschränkung improvisatorischer Entscheidungen und zur Ausbreitung planerischer Maßnahmen führt zwangsläufig zur Erweiterung des dispositiven Bereichs und damit zu einer Vermehrung und Intensivierung der Angestelltentätigkeiten im Verhältnis zu den unmittelbar mit der Bauproduktion verbundenen Arbeitertätigkeiten.

Die unter 2.3.4.3.3.1 aufgezeigten Tendenzen werden verstärkt durch neue Baumethoden (z. B. Montagebau) und den Zug zur schlüsselfertigen Vergabe, der durch das ab 1. 1. 1968 geltende Umsatzsteuerrecht noch verstärkt wird.

*2.3.4.3.3.2 Konsequenzen* dieser Entwicklungen für das baubetriebliche Rechnungswesen, insbesondere für die Kosten- und Leistungsrechnung liegen auf der Hand [24; 27].

Der Bildung neuer *Kostenschwerpunkte* im Kalkulationsgerüst ist Rechnung zu tragen. Zu den bisherigen Einzelkosten der Teilleistungen (Lohnkosten, Stoffkosten) treten die *Gerätekosten* und die Kosten der Nachunternehmerleistungen als weitere *Basiskosten*, die Gerätekosten allerdings nur insoweit, als sie einer oder mehreren Positionen des Leistungsverzeichnisses direkt zugerechnet werden können. Allgemein-Geräte verbleiben mit ihren Kosten in den Gemeinkosten.

Die bisherigen Kalkulationsverfahren führen die Kosten der gesetzlichen, tariflichen und freiwilligen *sozialen Leistungen* sowie die *Lohnnebenkosten* grundsätzlich unter den *Gemeinkosten* der Baustelle auf. Da die sozialen Aufwendungen in der Regel mit sog. relativen Erfahrungswerten (in % der Lohnkosten) berechnet werden, stehen sie in proportionaler Abhängigkeit von der Zuschlagsbasis. Es ist daher begründet, die sozialen Aufwendungen ohne Umwege der Verrechnung direkt bei den Lohnkosten der Teilleistungen anzusetzen. Bei den Lohnnebenkosten ist dieser Kalkulationsansatz zu relativen Erfahrungswerten nur unter der Voraussetzung gleichbleibender Anteile von örtlichen und auslösungsberechtigten Lohnempfängern denkbar. Sonst aber sind die Lohnnebenkosten fallweise zu berechnen. Kostenrechnerisch steht aber nichts im Wege, die Lohnnebenkosten in beiden Fällen direkt den Lohnkosten zuzurechnen. Aus den gleichen Gründen ist es wahlweise möglich, weitere lohnbezogene Kostenarten (z. B. Kleingeräte und Werkzeuge, Nebenstoffe, Nebenfrachten) mit relativen Erfahrungswerten den Lohnkosten direkt zuzuordnen.

Durch Einbeziehung der in 2.3.4.3.3.2, Abs. 3 aufgeführten Kostenarten erweitert sich der bisherige Mittellohnbegriff zum *Kalkulationsmittellohn*. Danach und durch die Ernennung der *Gerätekosten* zu Einzelkosten wird der Block der Gemeinkosten, die im Zuschlagsverfahren umzulegen sind, stark reduziert bei gleichzeitiger Vergrößerung der Lohnbasis, was im Interesse kostenrechnerischer Genauigkeit erwünscht ist. Als Faust-

---

[1]) Stets ist der Brutto-Kalkulationspreis, wenn er Vertragspreis geworden ist, das zivilrechtliche Entgelt für die erfüllte Bauleistung. Die Nichteinbeziehung der Umsatzsteuer in die Einheitspreise entspricht lediglich der nach dem Umsatzsteuergesetz vom 29. 5. 1967 zweckmäßigen Rechentechnik.

### 2.3.4 Kosten- und Leistungsrechnung

regel kann dienen, daß ein im Wege der Zuschlagsrechnung über die Angebotssumme ermittelter Gesamtzuschlag auf die Lohnkosten der Teilleistungen, der 100% übersteigt, kostenrechnerisch ungenau ist; dann wäre zu prüfen, ob sich nicht Teile der Gemeinkosten der Baustelle herauslösen und besser den *Basiskosten* direkt zurechnen lassen (vgl. Beispiel 5 in 2.3.4.3.2: Lohnkostenzuschlag 179,6%!).

*2.3.4.3.3.3 Neue Gliederung.* Unter den Gesichtspunkten von 2.3.4.3.3.2 gliedert sich das Kalkulationsgerüst einer Bauleistung wie folgt[1]):

1. Einzelkosten
2. + Gemeinkosten der Baustelle

   Herstellkosten
3. + Verwaltungsgemeinkosten

   Selbstkosten
4. + Gewinn und Wagnis

   Netto-Kalkulationspreis
5. + Umsatzsteuer (Mehrwertsteuer)[2])

   Brutto-Kalkulationspreis

Zu den *Herstellkosten* gehören folgende Kostenartengruppen:

*1. Einzelkosten*

   1.1 *Arbeiterkosten*

      1.11 Baustellenlöhne —Gehälter für Arbeiter, Poliere und Meister (AP)
      1.12 Gesetzliche, tarifliche und freiwillige Sozialaufwendungen für AP
      1.13 Lohnnebenkosten
      1.14 (nach Wahl) sonstige lohnbezogene Kosten (z. B. Kleingeräte und Werkzeuge, Nebenstoffe, Nebenfrachten)

   1.2 *Gerätekosten*

      1.21 Verrechnungssätze oder
      1.22 Abschreibung, Verzinsung (oder Fremdmiete), Reparaturkosten und/oder
      1.23 sonstige Einsatzkosten

   1.3 *Kosten der Bau- und Betriebsstoffe* (soweit nicht Nebenstoffe)

   1.4 *Kosten des Schal- und Rüstmaterials*[3])

   1.5 *Kosten der Nachunternehmerleistungen*

*2. Gemeinkosten* der Baustelle, soweit nicht den Einzelkosten direkt zugerechnet.

Der Rechengang zur Ermittlung des *Brutto-Kalkulationspreises* und der *Einheitspreise* der Positionen des Leistungsverzeichnisses entspricht dem Berechnungsverfahren über die *Angebotssumme* (s. Beispiel 5 in 2.3.4.3.2). Neue Wege sind lediglich bei der Umlage der Summe aus Gemeinkosten der Baustelle, Verwaltungsgemeinkosten, Gewinn und Wagnis zu beschreiten. Dabei ist von der Überlegung auszugehen, daß der Auftraggeber in der Regel ein fertiges Bauwerk, nicht aber Arbeitsleistungen oder Stofflieferungen bestellt. Der Auftragnehmer tritt also als Bauunternehmer und nicht etwa als Stofflieferant oder als Ausleiher von Arbeitskräften und Baugeräten auf. Folglich ist es betriebswirtschaftlich richtig, auf die *Basiskosten* Arbeiterkosten, Gerätekosten, Stoffkosten, Kosten des Schal-

---

[1]) Der folgende Text hält sich an ein Rahmenschema, das der Bundesarbeitskreis Kosten- und Leistungsrechnungs-Richtlinien (KLR-Bau) im Hauptverband der Deutschen Bauindustrie 1967 festgelegt hat.
[2]) Über den Einfluß des neuen Umsatzsteuersystems auf die Kalkulation s. Beilage „Änderungen und Ergänzungen des Kalkulations-Schulungsheftes" 1968 [27].
[3]) Bei Zuordnung zu Ziff. 1.2 und/oder 1.3 entfällt eine besondere Kostengruppe 1.4.

und Rüstmaterials und Kosten der Nachunternehmerleistungen die kalkulatorisch ermittelte Summe aus Verwaltungsgemeinkosten und Gewinn und Wagnis gleichmäßig zu verteilen. Ein niedrigerer Zuschlagssatz auf Nachunternehmerleistungen ist dann berechtigt, wenn die Verwaltungskostenstellen durch vergebene Leistungen weniger beansprucht werden als durch Eigenleistungen. Von den zur Verteilung noch verbleibenden Gemeinkosten der Baustelle sind unter Kostenverursachungs-Gesichtspunkten gewisse Anteile (z. B. an Baustellengehältern, Büro- und Verkehrskosten) auf alle Basiskosten umzulegen; der Rest an Gemeinkosten der Baustelle ist in einen Zuschlag auf die Arbeiterkosten umzuwandeln.

**2.3.4.3.4 Nachkalkulation.** Die Nachkalkulation wurde in 2.3.4.3.1 als Nachrechnung nach beendeter Bauproduktion unter Einfluß der Spielart Zwischennachkalkulation definiert. Man unterscheidet *auftragsbezogene* und *periodenbezogene* Nachkalkulation. Die auftragsbezogene Nachrechnung beschränkt sich in der Regel auf die Ermittlung des Ist-Verbrauchs an Einzelkosten und gewisser Teile der Gemeinkosten der Baustelle, die nicht zu relativen Erfahrungswerten angesetzt worden sind, z. B. Baustellengehälter, Kosten allgemeiner Geräte. Die Einbeziehung der Gemeinkostenzuschläge erübrigt sich, da sie „nicht genauer sind als in der Vorkalkulation" [34]. Die Erfassung der Ist-Kosten je Leistungsposition und je Baustelle erfolgt nach Mengen und Werten. Eine Gegenüberstellung mit den vorkalkulatorischen Mengen und Werten setzt Vergleichbarkeit voraus. Abgesehen von der Notwendigkeit gleichartiger Kostenartengliederung in der Vor- und Nachrechnung ist es erforderlich, die Vorkalkulation im Falle von Preisnachlässen, Zusatzaufträgen u. a. jeweils zu berichtigen und auf einem mit den Ist-Kosten vergleichbaren Stand zu halten.

Die periodenbezogene Nachkalkulation vollzieht sich in der Betriebsbuchhaltung s. 2.3.4.4).

**2.3.4.3.5 Interne Kalkulation.** Hierbei handelt es sich um die betriebsinterne Ermittlung von Verrechnungspreisen für Lieferungen und Leistungen zwischen verschiedenen Kostenstellen, z. B. von Hilfskosten- auf Hauptkostenstellen. Beispiel: Berechnung eines t/km-Satzes für die Beförderung von Baumaschinen vom Bauhof zur Baustelle mit betriebseigenen Fahrzeugen. Solche Verrechnungssätze sind im allgemeinen Plankostensätze, die an den Ist-Kosten oder an den Preisen fremder Betriebe (z. B. eines gewerblichen Fuhrunternehmers) orientiert sind.

## 2.3.4.4 Betriebsabrechnung

Die Betriebsabrechnung ist das Bindeglied zwischen Finanzbuchhaltung und Kalkulation (Kostenträgerstückrechnung) [35]. Sie geht im Baubetrieb in folgenden *Stufen* vor sich [3]:

*1. Kostenartenrechnung:* Übernahme der in Klasse 4 gebuchten Einzel- und Gemeinkostenarten unter Kostenstellengesichtspunkten in die Klassen 5 bis 7.

*2. Kostenstellenrechnung:* die Kosten der Hilfskostenstellen in den Klassen 5 und 6 werden den Hauptkostenstellen (Kostenträgern) in Klasse 7 unter Verwendung geeigneter Verfahren und Schlüssel zugerechnet.

Die Betriebsabrechnung ist grundsätzlich eine *Vergangenheitsrechnung*; ihr Ziel besteht darin, „den Produktionsprozess auf rechnerischer Ebene nachzuvollziehen" [22]. Im Baubetrieb ist die Betriebsabrechnung eine *Periodenrechnung* (Monat, Viertel-, Halb-, Geschäftsjahr) für Kostenarten, Kostenstellen und Kostenträger (Bauwerke). Sie liefert, ergänzt durch besondere statistische Aufzeichnungen, z. B. über den Verbrauch an Arbeitsstunden und Gerätebetriebsstunden einzelner Teilleistungen eines Bauauftrags, das Grundlagenmaterial für die kostenträgerbezogene Nachkalkulation (vgl. 2.3.4.3.4). Darüber hinaus ermöglichen ihre Ergebnisse eine Kontrolle und Modifikation innerbetrieblicher Verrechnungssätze (vgl. 2.3.4.3.5) und nicht zuletzt der in der Vorkalkulation verwendeten Erfahrungswerte, insbesondere der sog. relativen Erfahrungssätze (z. B. Zuschläge für gesetzliche, tarifliche und freiwillige soziale Leistungen, für Kleingerät und Werkzeug, Gerätereparaturkosten) und des vorkalkulatorischen Ansatzes der Verwaltungsgemeinkosten. Damit wird die Betriebsabrechnung zu einem der wichtigsten Instrumente der *Wirtschaftlichkeitskontrolle* im Betriebe.

Hinsichtlich ihrer Technik kann die Betriebsabrechnung in doppischer oder in tabellarisch-statistischer (Betriebsabrechnungsbogen) Form geführt werden (s. 2.3.3.3.4 und 2.3.3.1.5); Beispiel für einen Bau-Betriebsabrechnungsbogen in [26].

### 2.3.4.5 Leistungsrechnung

**2.3.4.5.1** Der Leistungsbegriff des betrieblichen Rechnungswesens steht in Korrelation zu dem der Kosten. Kosten sind von den Aufwendungen und den Ausgaben abzugrenzen, die Leistung von den Erträgen, den Einnahmen und den Erlösen (s. 2.3.3.1.6). Die Leistung wird im Rechnungswesen wertmäßig ausgedrückt.

**2.3.4.5.2 Arten der Leistung.** Die Leistung kann *periodenbezogen* ausgedrückt werden, und zwar entweder als Gesamtleistung eines Bauunternehmens (z. B. Gesamtleistung in einem Geschäftsjahr) oder als Leistung einer einzelnen Baustelle in einer Periode. Anstelle der letztgenannten Möglichkeit wird wegen begrenzter Aussagekraft eine *objektbezogene* Leistungsrechnung bevorzugt. Erstreckt sich z. B. eine bestimmte Bauproduktion auf mehrere Jahre, so wäre es nicht ausreichend, eine Leistungsrechnung nur für den auf ein einzelnes Kalenderjahr treffenden Leistungsanteil aufzumachen. Vielmehr berechnet man die Leistung objektbezogen, d. h. vom Beginn der Bauproduktion an fortschreitend bis zum jeweiligen Stichtag der Leistungsrechnung (Monatsende, Vierteljahresende, Geschäftsjahresende und schließlich Bauende). Die *periodenbezogene Gesamtleistungsrechnung* ist typisch für die interne Betriebsergebnisrechnung eines Geschäftsjahres, vgl. 2.3.3.5.6.3. Dagegen ist die *objektbezogene Leistungsrechnung* Hauptgegenstand der Kostenträgerrechnung.

**2.3.4.5.3 Objektbezogene Leistungsermittlung.** Die objektbezogenen Leistungen können aus folgenden Teilen bestehen (Ertragsarten):
1. Bauproduktionserlöse
   aus Vertragsarbeiten (einschl. Zusatz- und Nachtragsarbeiten)
   aus Stundenlohnarbeiten
2. Erlöse aus Lieferungen und Leistungen an Dritte und Belegschaftsmitglieder
3. Aktivierte Eigenleistungen
4. Erlöse aus Lieferungen und Leistungen an Gesellschafter und Beteiligungsfirmen (nur im Falle einer Gemeinschaftsbaustelle)
5. Sonstige Erlöse wie z. B. Hilfs- und Nebenbetriebserlöse.

Die Feststellung der Erlöse der Ziff. 2 bis 5 zum Stichtag aus den Konten der Klasse 8 bereitet kaum Schwierigkeiten; diese Erlösarten spielen mit Ausnahme der Ziff. 4 meist nur eine untergeordnete Rolle. Im Prinzip sind die nachfolgenden Regeln für die Ermittlung der Erlöse der Ziff. 1 auch auf die Erlösarten der Ziff. 2 bis 5, falls erforderlich, anzuwenden. Bei Bauproduktionen, die sich über mehr als ein Geschäftsjahr erstrecken, sind die Erlöse ggf. aus der Buchführung von mehr als einer Periode zu entnehmen.

Die Bauproduktionserlöse werden ebenfalls der Klasse 8 entnommen, wo die bis zum Stichtag gebuchten Erlöse aufgezeichnet sind. Damit ist aber nur ein Teil, wenn auch meist der größte Teil der bis zum Stichtag erbrachten Produktionsleistung erfaßt. Die bereits erbrachten, jedoch noch nicht abgerechneten Bauleistungen (z. B. zwar fertiggestellte, aber noch nicht abrechnungsfähige Teilleistungen des Leistungsverzeichnisses und erst teilweise fertiggestellte und daher noch nicht abrechnungsfähige Teilleistungen des Leistungsverzeichnisses) sind den Erlösen hinzuzurechnen. Dabei sind die noch nicht abgerechneten Produktionsleistungen zur Vermeidung vorzeitiger Gewinnrealisierung zum Selbstkostenwert anzusetzen[1]).

---

[1]) Im Gegensatz hierzu werden die unfertigen Bauten in der Jahresbilanz nur zu Herstellkosten bewertet.

Die so ermittelten Bauproduktionserlöse aus abgerechneten und noch nicht abgerechneten Leistungen sind zu erhöhen um zum Stichtag bereits feststehende, noch nicht fakturierte Ansprüche aus Lohn- und Materialgleitklauseln, um den Wert bereits ausgeführter, noch nicht abgerechneter Stundenlohnarbeiten; sie sind zu ermäßigen um Erlösschmälerungen aus Preisnachlässen, um den Wert kostenloser Materialbeistellungen des Auftraggebers, den Wert bereits berechneter, aber noch nicht ausgeführter Produktionsleistungen [24] und den Wert der auf der Baustelle lagernden, bereits gebuchten Baustoffe, Bauhilfs- und Betriebsstoffe[1]). Die Summe der hiernach ermittelten Erlöse der Ziff. 1 bis 5 stellt die bis zum Stichtag erbrachte Leistung einer Baustelle dar.

## 2.3.4.6 Produktionsergebnisrechnung

Die Produktionsergebnisrechnung entsteht durch Gegenüberstellung von Kosten und Leistungen. Ebenso wie die Leistungsrechnung kann sie perioden- oder objektbezogen sein. Als *periodenbezogene Rechnung* umfaßt sie in der Regel die Gesamtleistungen und Gesamtkosten eines Bauunternehmens in einer Periode, in einem Geschäftsjahr als Betriebsergebnisrechnung oder in kürzeren Perioden (Monat, Vierteljahr, Halbjahr) als kurzfristige Erfolgsrechnung, vgl. 2.3.3.5.6 und 2.3.4.5.2.

In der *objektbezogenen Rechnung* werden Leistung und Kosten einer bestimmten Bauproduktion gegenübergestellt. Es werden die jeweils bis zum Rechnungsstichtag für die einzelne Bauproduktion erbrachten Leistungen und entstandenen Kosten dargestellt. Die objektbezogene Ergebnisrechnung wird zum Schluß der Bauproduktion und zu beliebigen Stichtagen während der Bauproduktion gelegt. Leistungen und Kosten sind in gleicher Weise auf den Stichtag derart abzugrenzen, daß der ermittelten Leistung die auf sie entfallenden Kosten gegenüberstehen. Die objektbezogene Produktionsergebnisrechnung vollzieht sich nach den Grundsätzen der nach Kostenarten aufgegliederten Gesamtkostenrechnung [3; 22; 35]. Entsprechend dem Vorgehen bei der Leistungsermittlung bestehen die Produktionskosten aus gebuchten und noch nicht gebuchten Kosten (z. B. vor dem Stichtag gelieferte und in den Beständen erfaßte, jedoch wegen fehlender Rechnungen noch nicht gebuchte Lieferwerte, vor dem Stichtag geleistete, in der Leistung erfaßte, aber wegen fehlender Rechnungen noch nicht gebuchte Nachunternehmerleistungen, vor dem Stichtag ausgeführte, in den Beständen oder Leistungen erfaßte, aber wegen fehlender Rechnungen noch nicht gebuchte Liefer- und Leistungswerte von Gesellschaftern und Beihilfeunternehmen im Falle von Gemeinschaftsbaustellen).

---

[1]) Der Wert der Stoffbestände kann statt auf der Leistungsseite wahlweise auf der Stoffkostenseite abgesetzt werden.

*Beispiel:* *Produktionsergebnisrechnung der Baustelle X in Y*
ab Beginn 27. 11. 1969 bis zum 30. 9. 1970

| Kosten[1])[2]) | DM | Leistungen | DM |
|---|---|---|---|
| Personalkosten | | Bauproduktionserlöse | |
| gebucht | 1 275 000 | Vertragsarbeiten gebucht[9]) | 3 037 000 |
| ungebucht | 55 000[3]) | ungebucht[10]) | 423 000 |
| | | Stundenlohnarbeiten | |
| Verbrauchsstoffkosten[4]) | | gebucht | 42 000 |
| gebucht | 1 340 000 | | |
| ungebucht | 36 000 | Erlöse aus Lieferungen und Leistungen an Dritte und Belegschaftsmitglieder gebucht[11]) | 4 500 |
| Kosten des Rüst- und Schalmaterials[5]) | | | |
| gebucht | 54 000 | Aktivierte Eigenleistungen[12]) | |
| | | gebucht | 56 000 |
| Kosten der Geräte[5]) | | | |
| gebucht | 248 000 | | |

| *Kosten:* | | *Leistungen:* | |
|---|---|---|---|
| | | Sonstige Erlöse[13]) gebucht | 19 000 |
| Kosten der Baustellenausstattung[5]) | | Baustoffbestände[14]) | 86 000 |
| gebucht | 46 000 | Gesamtleistung | 3 667 500 |
| | | abzüglich Herstellkosten | 3 263 000 |
| Kosten der Hilfsleistungen[6]) | | | |
| gebucht | 63 000 | Bruttoergebnis | 404 500 |
| ungebucht | 20 000 | abzüglich Verwaltungsgemeinkosten[15]) | 303 500 |
| Sonderkosten[7]) | | Produktionsergebnis | |
| gebucht | 34 000 | per 30. 9. 1970 | +101 000 |
| ungebucht | 10 000 | | |
| Sonstige Kosten [8]) | | | |
| gebucht | 72 000 | | |
| ungebucht | 10 000 | | |
| Herstellkosten | 3 263 000 | | |

[1]) Aus Vereinfachungsgründen sind die Kostenarten zusammengezogen.
[2]) Ein Teil der als ungebucht ausgewiesenen Kosten kann bereits gebucht sein, wenn die Aufstellung der Produktionsergebnisrechnung nicht kurzfristig, z. B. nach dem 20. 10. erfolgt.
[3]) Restzahlungen für September im Oktober 1970.
[4]) Bis zum 30. 9. 1970 auf der Baustelle angelieferte Stoffe. Soweit gebucht Werte der Lieferantenrechnungen, soweit ungebucht geschätzte Lieferpreise auf Grund der Lieferscheine.
[5]) In der Regel auf Grund innerbetrieblicher Verrechnungssätze.
[6]) Hier Nachunternehmerleistungen.
[7]) Hier Kosten statischer Berechnungen, Bewehrungspläne.
[8]) Hier sachliche Bürokosten, Reisekosten der Baustelle, besondere Bauwesenversicherung.
[9]) Es wird unterstellt, daß Abschlagsrechnungen einschl. des Sicherheitseinbehalts gebucht werden. Andernfalls ist der Wert der bis 30. 9. 1970 gestellten à-Conto-Zahlungsanträge (ohne Abzug für Sicherheitseinbehalt) einzusetzen (s. Verdingungsordnung für Bauleistungen VOB − Teil B § 16 i. Vbdg. mit § 17). In beiden Fällen bleibt die Umsatzsteuer (Mehrwertsteuer) unberücksichtigt.
[10]) Bis 30. 9. 1970 nicht fertiggestellte und daher noch nicht abrechnungsfähige Leistungen (ohne Umsatzsteuer).
[11]) Ohne Umsatzsteuer.
[12]) Eigenherstellung eines Schalwagens. Herstellungswert abzüglich Abschreibung pro rata temporis (einschl. Investitionsteuer).
[13]) Wohnlagermieten (ohne Umsatzsteuer).
[14]) Lagermaterial, in den Verbrauchsstoffkosten bereits erfaßt.
[15]) lt. Vorkalkulation:

Verwaltungsgemeinkosten 8% der Angebotssumme
Wagnis und Gewinn 6% der Angebotssumme

somit $\dfrac{8 \times 100}{100 - (8 + 6)} = \dfrac{800}{86} = 9{,}3\%$ der Herstellkosten

$\dfrac{9{,}3 \times 3\,263\,000}{100} =$ rd. 303 500 DM.

## 2.3.5 Betriebsstatistik und Planungsrechnung

### 2.3.5.1 Betriebsstatistik

#### 2.3.5.1.1 Wesen und Aufgabe.
Die Betriebsstatistik ist eine *Kontroll-* und *Vergleichsrechnung*, sie ergänzt die Buchführung und die Kosten- und Leistungsrechnung. Durch Einbeziehung außerbetrieblicher Daten weitet sich ihr Beobachtungsfeld auch auf die Außensphäre des Betriebes aus. Ihre Aufgabe besteht darin, alle relevanten Erscheinungen im Betrieb und in seinen Beziehungen zur Außenwelt zahlenmäßig (Mengen und Werte) zu erfassen, methodisch aufzubereiten und auszuwerten, in geeigneter Weise zu veranschaulichen und als Unterlage für Kontrolle, Disposition und Planung zur Verfügung zu stellen. In dieser ausgebauten Form wird die Betriebsstatistik zu einem Instrument der Betriebs- und Unternehmensführung.

In der Regel wird die Betriebsstatistik nicht als selbständiger Zweig des Rechnungswesens, sondern dezentralisiert bei den Fachabteilungen geführt. Die Funktion der Betriebsstatistik soll nicht zufallsbedingt, sondern systematisiert und geplant sein. In methodischer Hinsicht bedient sie sich des Vergleichs (z. B. Zeitvergleich, Soll-Ist-Vergleich) und der Herstellung von Beziehungen (z. B. Produktionsleistung je beschäftigten Arbeiter) zur Aufhellung von Zusammenhängen (z. B. Lohnabhängigkeit bestimmter Kostenarten). Das Zahlenmaterial der Betriebsstatistik besteht aus absoluten Zahlen, Verhältniszahlen (Prozentzahlen, Indexzahlen, Beziehungszahlen — Kennziffern —) und Mittelwerten.

Die Betriebsstatistik erfordert eine nicht unerhebliche Verwaltungsarbeit, die durch Einführung einer integrierten elektronischen Datenverarbeitung wesentlich erleichtert werden kann, indem die für die Statistik benötigten Grunddaten aus den Routineabläufen der anderen Teile des Rechnungswesens gewonnen werden.

#### 2.3.5.1.2 Hauptsächliche Anwendungsgebiete im Baubetrieb

*2.3.5.1.2.1 Produktionsstatistik.* Dieses Gebiet ist sehr umfangreich und mannigfaltig; das Zahlenmaterial bezieht sich auf einzelne Baustellen, auf Bausparten (z. B. Abteilung Straßenbau) und auf die Gesamtproduktion. Es werden erfaßt: Mengenverbrauch (z. B. verfahrene Arbeitsstunden, Gerätebetriebsstunden, Stoffverbrauch) und Kostenverbrauch (z. B. Lohnkosten, Lohnnebenkosten, Gerätevorhaltekosten, Stoffkosten, Gemeinkosten), Produktionsleistung nach Menge und Wert, Personalzahlen (Lehrlinge, Arbeiter, Meister und Poliere, Angestellte), Lohnformen und andere Tatbestände.

*2.3.5.1.2.2 Einkaufs- und Materialstatistik* nach Mengen, Preisen und eisernen Beständen.

*2.3.5.1.2.3 Bilanz- und Erfolgsstatistik* vgl. 2.3.3.6.

*2.3.5.1.2.4 Umsatzstatistik.* Untergliederung nach Gesamtleistung und Bausparten, nach Auftraggebergruppen, nach Absatzgebieten (z. B. nach Niederlassungen, In- und Ausland). Hierher gehört auch die Statistik der Auftragsbestände und ihrer voraussichtlichen Abwicklung.

*2.3.5.1.2.5 Betriebsvergleich* Hier handelt es sich vorzugsweise um die Teilnahme an externen Branchen betriebsvergleichen, wie sie — meist initiiert von den bauwirtschaftlichen Fachverbänden — regelmäßig stattfinden.

*2.3.5.1.2.6 Statistik der Neben- und Hilfsbetriebe.* Es gelten die Hinweise in 2.3.5.1.2.1 bis 2.3.5.1.2.5.

### 2.3.5.2 Planungsrechnung

**2.3.5.2.1 Begriff.** Der betriebswirtschaftliche Planungsbegriff ist mehrdeutig; er läßt folgende Interpretationen zu [36—38]:

*2.3.5.2.1.1* Die Entwicklung von Alternativen zur Entscheidung in einer gegebenen Situation; die Entwicklung selbst heißt *Planung*, jede Alternative ist ein *Plan*.

*2.3.5.2.1.2* Ein System von Entscheidungen zur Vorausbestimmung der Unternehmenspolitik. Die Ausarbeitung von Entscheidungen ist die Planung, jede Entscheidung ein Plan.

*2.3.5.2.1.3* Die Vorschaurechnung oder Budgetierung, durch die Ziele und Wege der Unternehmenspolitik vorausbestimmt werden.

Die Grenzen zwischen den Definitionen 2.3.5.2.1.2 und 2.3.5.2.1.3 sind flüssig, die Tätigkeiten nach Definition 2.3.5.2.1.1 münden in 2.3.5.2.1.2 und 2.3.5.2.1.3 als Teilaktivitäten ein. Jede richtige Planung trägt operationalistische Züge, da nicht allein das Zukunftsziel anvisiert werden kann, sondern auch Aktivitäten, die „personell oder durch organisatorische Maßnahmen gegenwärtig oder später für die Gestaltung der Zukunft ausgelöst werden müssen" [37], zu berücksichtigen sind.

## 2.3.5 Betriebsstatistik und Planungsrechnung

Die Definitionen zeigen, daß betriebswirtschaftliche Planung ein Medium der Unternehmensführung überhaupt darstellt. Unter dem Thema *Rechnungswesen* kann hier nur ein Ausschnitt angesprochen werden, der sich methodisch unter diesem Rubrum einordnen läßt und somit der Definition 2.3.5.2.1.3 am nächsten steht.

**2.3.5.2.2 Gegenstände der baubetrieblichen Planung.** Im Baubetrieb ist die Planungsrechnung unternehmens- und auftragsbezogen. Es ist symptomatisch, daß die „Industrie der wandernden Fabriken" [26] Planungsrechnungen zunächst für die einzelne Baustelle aufgemacht hat, während die unternehmensbezogene Planungsrechnung erst viel später aufgegriffen wurde und noch heute in den Anfängen steht. Auftragsbezogene Planungsrechnungen sind realistischer und kurzfristiger als unternehmensbezogene, sie liegen dem Techniker, der lange Jahre das Primat der Unternehmensführung im Baubetrieb innehatte, näher als die mehr unter kommerziellen Gesichtspunkten stehenden Unternehmensbudgetierungen. Aber auch die auftragsbezogene Planungsrechnung muß beides umfassen, den technischen und den kommerziellen Bereich.

*2.3.5.2.2.1 Auftragsbezogene Planungsrechnung.* Diese die Bauproduktion betreffende Rechnung hat weitgehend dispositiven Charakter, d. h. sie dient dem Zweck, den Produktionsablauf so weit wie möglich zu regeln und den Bereich der improvisatorischen Entscheidungen zu minimieren. Ziel dabei ist, der Produktion der Baustelle nicht nur End- und Zwischentermine (Balkendiagramme, Ablaufpläne) für die Fertigung zu setzen, z. B. für den Verbrauch an Arbeitsstunden, Geräteaufstunden und Material. Diese technischen Planzahlen werden ergänzt um Wertvorgaben, z. B. Mittellöhne, Lohnnebenkosten, Kosten der Baustellengehälter. Die Netzplantechnik spielt in diesem Bereich der Arbeitsvorbereitung eine zunehmend wichtige Rolle [39]; s. 2.2.4.3.

*2.3.5.2.2.2 Unternehmensbezogene Planungsrechnung.* In diesen Bereich gehören alle generellen Planungsrechnungen. Je länger der Planungszeitraum ausgelegt wird, um so mehr gerät die Planung unter den Begriff der *Prognosen*. Angelpunkt für alle planerischen Entscheidungen ist die Umsatz- oder (genauer gesagt) Leistungsvorschau, die in einem Bereitschaftsgewerbe wie der bauausführenden Wirtschaft fast nur an Prognosen volkswirtschaftlicher Rechnungen zu orientieren ist. Für die unternehmensbezogene Planungsrechung ergeben sich somit die folgenden Teilpläne:

*Umsatzprognose.* Da im Bauhauptgewerbe fast 2/3 des Umsatzes vom Verhalten der öffentlichen Auftraggeber abhängen, erscheint eine Umsatzprognose selbst für nur fünf Jahre von den Finanzplanungen der öffentlichen Hand abhängig. Die Umsatzprognose entscheidet über die folgenden Teilpläne:

*Investitionsplan.* Er richtet sich nach den Umsatzprognosen und für bausparensspezifische Maschinen nach den Intentionen der Geschäftsleitung des Unternehmens. Seinem Inhalt nach umfaßt er alle Investitionen in das Sach- und Finanzanlagevermögen einschl. der geringwertigen Wirtschaftsgüter sowie Miet-, Pacht- und Leasingverträge.

*Finanzplan.* Die langfristige Finanzplanung ist von der *Umsatzprognose* abhängig. Hier ist nicht nur an Ersatz-, sondern auch an Zusatzbeschaffungen an Anlagegütern zu denken. Wegen der für das Unternehmen lebenswichtigen Bedeutung der Finanzsicherung geht es nicht nur um langfristige, sondern auch um kurzfristige Finanzpläne (Liquiditätsübersichten monatlich, vierteljährlich usw.). Dabei mag als Grundsatz gelten, daß selbst vorübergehend aufgetretene Illiquidität jede weitere Planung anderer Art gegenstandslos macht. Damit wird der Finanzplan zum Kernstück der Unternehmensplanung.

*Personalplan.* Auch dieser ist (unter Beachtung der sog. *Kostenremanenz*) abhängig von der Umsatzprognose. Dabei ist zu berücksichtigen, daß Änderungen in der Umsatzstruktur (höhere oder geringere Maschinisierung, die Entwicklung der Anteile von Eigen- und Fremdleistungen an der Gesamtleistung, mehr oder weniger know how) eine wichtige Rolle spielen. Der Personalplan umfaßt auch Vorsorgeeinrichtungen und Nachwuchsplanung.

*Einkaufsplan.* Da die Beschaffung von Baustoffen meist nur für den Bedarf existierender Baustellen und im sog. *Streckengeschäft* erfolgt, hat der Einkaufsplan — von Baumaschinen abgesehen — grundsätzlich nur auftragsbezogene Bedeutung.

## Literatur zu 2.3 Rechnungswesen im Baubetrieb

H 70 Betriebshütte III, 6. Aufl., Berlin, München: Ernst & Sohn 1965.
1 Handwörterbuch der Betriebswirtschaft, 3. Aufl., Stuttgart: Poeschel 1956/62.
2 Grundsätze für das Rechnungswesen, Hrsg. Bundesverband der Deutschen Industrie, Frankfurt/M.: Verlag für Rechnungswesen und Organisation 1952.
3 *Alpers, van Kann, Knöß, Prange:* Der Musterkontenrahmen der Bauindustrie in der betrieblichen Praxis, Wiesbaden, Berlin: Bauverlag 1967.
4 *Kosiol:* Kontenrahmen und Kontenpläne der Unternehmungen, Essen: Girardet 1962.
5 *Kosiol:* Grundriß der Betriebsbuchhaltung, 4. Aufl., Wiesbaden: Gabler 1966.
6 Gemeinschafts-Richtlinien für die Buchführung (GRB), Hrsg. Bundesverband der Deutschen Industrie, 2. Aufl., Frankfurt/M.: Industrie-Verlag (Gemeinschaftsrichtlinien f. d. Rechnungswesen Teil 1, Loseblattausgabe).
7 *Reuß:* Die Verbände der Bauindustrie, ihr Werden, Wesen und Wirken, Wiesbaden, Berlin: Bauverlag 1956.
8 *v. Lucadou:* Struktur und Probleme des Bauhauptgewerbes. Wiesbaden, Berlin: Bauverlag 1960.
9 Betriebe und Unternehmen des Bauhauptgewerbes, I: Betriebe — Beschäftigung und Umsatz, Gerätebestand 1967 (Stat. Bundesamt, Fachserie E, Reihe 2). Mainz: Kohlhammer 1969.
10 *Zeiger:* Normalkontenrahmen für das Baugewerbe, Köln: Rud. Müller 1956.
11 *Zeiger:* Betriebsabrechnung im Baugeschäft, 2. Aufl., Düsseldorf: Werner 1963.
12 *Marx:* Verbandseigene Buchführungs- und Kostenrechnungsrichtlinien, Teil I: Kontenrahmen und Buchführungsrichtlinien, Wiesbaden: Gabler 1965.
13 Kostenartenschlüssel für den Baubetrieb, mit Erläuterungen von *Meyer-Keller, van Kann* und *Blessing.* Wiesbaden, Berlin: Bauverlag 1961.
14 *Kühn, Leipold:* Umsatzsteuer der Baubetriebe. Wiesbaden, Berlin: Bauverlag 1969.
15 *Prange,* u. a.: Kommentar zum Arbeitsgemeinschaftsvertrag 1961 der Bauindustrie, Düsseldorf: Werner 1963.
16 Musterkontenrahmen für Arbeitsgemeinschaften. Düsseldorf: Werner 1967.
17 *Mayer:* Bilanz- und Betriebsanalyse. Wiesbaden: Gabler 1960.
18 *Schulz-Mehrin:* Betriebswirtschaftliche Kennzahlen als Mittel zur Betriebskontrolle und Betriebsführung, Hrsg. Deutsche Gesellschaft für Betriebswirtschaft und Rationalisierungskuratorium der Deutschen Wirtschaft, Berlin 1960.
18a ZVEI-Kennzahlensystem, Hrsg. Betriebswirtschaftlicher Ausschuß des Zentralverbandes der Elektrotechnischen Industrie, Frankfurt 1970.
19 Gemeinschafts-Richtlinien für die Kosten- und Leistungsrechnung (GRK), Hrsg. Bundesverband der Deutschen Industrie, Frankfurt/M.: Gesellschaft für Rechnungswesen und Organisation 1951.
20 *Schmalenbach:* Kostenrechnung und Preispolitik. 7. Aufl., Opladen: Westdeutscher Verlag 1956.
21 *Kosiol:* Kostenrechnung, Wiesbaden: Gabler 1964.
21a *Kosiol:* Kostenrechnung in [H 70].
22 *Kosiol:* Kostenrechnung, in [1].
23 *Opitz:* Kontenplan und Kostenrechnung, Buchhaltung und Nachkalkulation in der Bauwirtschaft, Düsseldorf: Werner 1950.

24 *Blessing:* Die Kostenrechnung im Baubetrieb (Handwerkswirtschaftliche Reihe Nr. 68, Deutsches Handwerksinstitut) München 1963.
25 *Burkhardt:* Kostenprobleme der Bauproduktion (Schriftenreihe des Bayerischen Bauindustrieverbandes Nr. 3). Wiesbaden, Berlin: Bauverlag 1963.
26 *Mast:* Kalkulation und Kostenkontrolle im Bauindustriebetrieb, Berlin: Selbstverlag 1963.
27 *Naschold, Prange:* Kalkulations-Schulungsheft (Schriftenreihe des Hauptverbandes der Deutschen Bauindustrie Nr. 2). 5. Aufl., Wiesbaden: Bauverlag 1965.
28 *Opitz:* Selbstkostenermittlung für Bauarbeiten, Teil I, 5. Aufl. 1967; Teil II, 5. Aufl. 1963. Düsseldorf: Werner.
29 *Plümecke:* Preisermittlung für Bauarbeiten, 16. Aufl., Köln: Rud. Müller 1966.
30 *Drees, Hirsch:* Die Kalkulationsmethoden in der Bauindustrie (Schriftenreihe des Hauptverbandes der Deutschen Bauindustrie Nr. 14), Wiesbaden: Bauverlag 1968.
31 *Pfarr:* Die Bauunternehmung, Wiesbaden, Berlin: Bauverlag 1967.
32 *Steinheit:* Die Kalkulation in der Bauindustrie. Baubetriebswirtschaft 6/1963, Beilage zu Bau und Bauindustrie 6/1963, Düsseldorf: Werner.
33 *Steinheit:* Die Kalkulation im Ingenieurbau, Baubetriebswirtschaft 3/1968. Beilage zu Bau und Bauindustrie 3 (1968, Düsseldorf: Werner.
33a *Prange:* Wie ermittelt der Baubetrieb den Unternehmerzuschlag? Die Bauwirtschaft 49/50/51/1971, Wiesbaden: Bauverlag.
33b *Dress, Prange, Frey, Wolfram:* Neue Erkenntnisse in Kalkulation, Betriebsrechnung und Gerätewirtschaft in der Bauindustrie, Düsseldorf: Wibau-Verlag, 1970.
33c *Wäger:* Angebotskalkulation des Baubetriebes im System der Deckungsbeitragsrechnung, Düsseldorf: Werner 1971.
33d *Schröcksnadl:* Kosten- und Leistungsrechnung in einem Unternehmen der Bauindustrie (innerbetriebliche Verrechnung/Eliminierung von Preisschwankungen). KL 14 Schriftenreihe des BDI/RKW Rechnungswesen als entscheidungsorientiertes Führungsinstrument, Frankfurt 1971.
34 *Pfarr:* Plus oder Minus? Wiesbaden: Bauverlag 1961.
35 *Kalveram:* Betriebsabrechnung, Wiesbaden: Gabler 1961.
36 *Koch:* Planung, in [1].
37 *Illetschko:* Unternehmenstheorie, Wien: Springer 1964.
38 *Illetschko:* Betriebswirtschaftslehre für Ingenieure, Wien, New York: Springer 1963.
39 *Burkhardt:* Numerische Ablaufplanung einer Baustelle (Schriftenreihe des Bayerischen Bauindustrieverbandes Nr. 4), Wiesbaden, Berlin: Bauverlag 1966.
40 Normalkontenplan für das Baugewerbe, Hrsg. Zentralverband der Deutschen Baugewerbes e. V., Köln: Rud. Müller.
41 Industrie-Kontenrahmen (IKR), Hrsg. Bundesverband der Deutschen Industrie — Betriebswirtschaftlicher Ausschuß, Bergisch-Gladbach: Heider 1971.
42 Baugeräteliste (BGL), Hrsg. Hauptverband der Deutschen Bauindustrie, Wiesbaden—Berlin: Bauverlag 1971.

## 2.4 Baustelleneinrichtung[1])

Bearbeitet von *W. Jurecka*

### 2.4.1 Definition und Abgrenzung

Unter *Baustelleneinrichtung* wird vereinzelt im umfassenden Sinne die Bereitstellung *aller* Produktionsmittel maschineller Art und die Errichtung der ortsfesten Anlagenteile verstanden. Da die Bereitstellungsplanung der maschinellen Produktionsmittel im Rahmen der Arbeitsvorbereitung in 2.2.1.4.2 behandelt wird, verbleibt hier für die Baustelleneinrichtung nur die Aufgabe, das Aufstellen der *ortsfesten* maschinellen und der sonstigen zur Bauausführung notwendigen ortsfesten Anlagen zu planen und zeichnerisch darzustellen.

#### 2.4.1.1 Aufgabenstellung

Die Aufgabenstellung beschränkt sich daher auf die Auswahl der *Aufstellungsplätze* für die bei der Bauausführung fast immer in kleinerem oder größerem Umfang benötigten ortsfesten Anlagen einschließlich der notwendigen Materiallagerplätze. Die Aufstellung muß so erfolgen, daß eine gegenseitige Behinderung der Einzelanlagen vermieden wird, und daß die geforderte Bauleistung mit einem optimalen Minimum an Transportleistung und Umladearbeit für Baustoffe und einem Minimum von Gerät- und Materialtransportkosten ausgeführt werden kann. Bei Kenntnis der Einzelheiten jeder Transportarbeit könnte der günstigste Standort jedes Anlageteils nach *OR-(Operations-Research)-Methoden* gefunden werden. Das aber üblicherweise ohne mathematische Hilfsmittel gefundene Ergebnis stellt sich in einem oder mehreren (z. B. für verschiedene Zeitabschnitte des Bauablaufes) gültigen *Baustelleneinrichtungsplänen* mit Detailzeichnungen (z. B. Fundament- und Montagepläne für Anlagenteile) dar.

#### 2.4.1.2 Voraussetzungen

Zur Erarbeitung von Baustelleneinrichtungsplänen ist die Kenntnis folgender Einzelheiten Voraussetzung:

**2.4.1.2.1 Kenntnis der Bauaufgabe** mit allen Einzelheiten, ersichtlich aus der *Baubeschreibung* (Ausschreibung) und den zugehörigen Plänen. Die Kenntnis ist im Zweifelsfalle durch Rückfragen beim Bauherrn zu ergänzen.

**2.4.1.2.2 Ergebnis des Verfahrensvergleichs**, d. h. Kenntnis der für die Bauausführung ausgewählten *Bauverfahren* (vgl. 2.2.1.2).

**2.4.1.2.3 Ergebnis der Ablaufplanung**, d. h. Kenntnis der vorgesehenen Reihenfolge der einzelnen im Rahmen der Bauausführung abzuwickelnden *Teilleistungen* (vgl. 2.2.1.3).

**2.4.1.2.4 Ergebnis der Bereitstellungsplanung**, d. h. Kenntnis der für die Bauausführung vorgesehenen Maschinen und maschinellen Anlageteile, sowie die Kenntnis sonstiger zur Bauausführung notwendiger Teile der Baustelleneinrichtung (Büroräume, Magazinräume, Werkstätten usw.) als zusammengefaßtes Ergebnis des Verfahrensvergleiches und der Ablaufplanung.

**2.4.1.2.5 Kenntnis der örtlichen Verhältnisse** im Hinblick auf
örtliche Oberflächenverhältnisse (z. B. Bewuchs, Straßen, Höhenlagen);
örtliche Untergrundverhältnisse (z. B. Bodenklassen, Gewinnungsmöglichkeiten für Baustoffe);
örtliche Wasserverhältnisse (Oberflächenwasser, Grundwasser, Hochwasser);

---
[1]) Literatur S. 310.

örtliche klimatische Verhältnisse (Regen, Schnee, Frostperioden);
örtliche Verkehrsmöglichkeiten (Straßenanschluß, Eisenbahn, Wasserstraßen);
Versorgungsmöglichkeiten (Wasser, Strom, Lieferanten von Baustoffen, Bauhilfsstoffen u. Betriebsstoffen, Tankstellen);
Unterkunftsverhältnisse;
Arbeitsmarktverhältnisse.

Die Voraussetzungen können nur durch eine eingehende *Ortsbesichtigung* ermittelt werden, die nach Vorstudium der Voraussetzungen zu 2.4.1.2.1 bis 2.4.1.2.4 durchgeführt wird. Hierbei wird zweckmäßigerweise ein Fragebogen für die Baustellenbesichtigung aufgestellt oder ein Standard-Fragebogen verwendet (Muster s. 2.4.4).

### 2.4.1.3 Umfang der Baustelleneinrichtungsplanung

Erfahrungsgemäß bestimmt bei sehr vielen Bauaufträgen nur eine beschränkte Zahl von Leistungspositionen mit hohem Anteil an den Gesamtkosten den zeitlichen Ablauf. Der Umfang der Baustelleneinrichtungsplanung wird aus Gründen der Übersichtlichkeit in erster Linie auf diese Arbeiten beschränkt. Erst in einem zweiten Schritt werden Nebenarbeiten analysiert und eine eventuelle zusätzliche Baustelleneinrichtung berücksichtigt.

## 2.4.2 Platzbedarf für Baustelleneinrichtungen

### 2.4.2.1 Platzbedarf für ortsfeste maschinelle Anlagen

Ungefähre Angaben über den Platzbedarf von maschinellen Anlagen enthält die *Baugeräteliste* [1]. Besser entnimmt man bei erfolgter Auswahl der betreffenden maschinellen Anlage diese Angabe den Prospektblättern oder bei Sonderanfertigungen den Angeboten der Hersteller oder der Literatur z. B.; [4; 8]; s. auch Kap. Baumaschinen in [H 31]. Für Anlagen oder Anlagenteile, die immer wieder in gleicher Form auf verschiedenen Baustellen aufgebaut werden, fertigt man zweckmäßigerweise *Gruppenpläne* an, die immer wieder verwendet werden können (z. B. Betonmischanlagen, Schwarzdeckenanlagen). Der Aufbau maschineller Anlagen kann u. U. erhebliche zusätzliche Erd-, Beton- u. Montagearbeiten notwendig machen (z. B. Kabelkräne für Talsperrenbauten im Gebirge) [47; 54; 55], die es zweckmäßig erscheinen lassen, hierfür ein eigenes Leistungsverzeichnis aufzustellen (Bild 2.4-1).

### 2.4.2.2 Platzbedarf für Hilfsbetriebe

Auf Großbaustellen werden vielfach Hilfsbetriebe nötig, die der allgemeinen Baustellenversorgung und der Versorgung maschineller Anlagen dienen. Sie umfassen die
Versorgung mit Trink- und Brauchwasser (Pumpanlagen, Rohrleitungen, Vorratsbehälter, Klär- u. Reinigungsanlagen);
Druckluftversorgung;
Stromversorgung (bei Strom-Fremdbezug: Transformatoren und Niederspannungsverteilung; bei Eigenstromerzeugung: Dieselzentrale mit Niederspannungsverteilung, eventuell bei großer Entfernung zu den Abnehmern über zwischengeschaltete Mittelspannungsübertragung);
Nachrichtenverbindungen auf Baustellen;
Versorgung mit Treibstoffen und Schmiermitteln.

#### 2.4.2.2.1 Wasserversorgungsanlagen

*2.4.2.2.1.1 Brauchwasser.* Brauchwasserbedarf kann großen Umfang annehmen, z. B. für Betrieb einer Wasch- und Sortieranlage (Aufbereitungsanlage) oder Feuchthalten von eingebrachtem Beton. Wasserbedarf von Aufbereitungsanlagen 1 bis 2 $m^3/m^3$ Durchsatz,

### 2.4.2 Platzbedarf für Baustelleneinrichtungen

bei hydraulischer Sandklassierung zusätzlich bis 5 m³/m³ Sanddurchsatz. Der Wasserverbrauch zur Betonbereitung liegt demgegenüber um eine bis zwei Zehnerpotenzen niedriger. Wasser kann meist ungereinigt als Rohwasser oder nach reiner Absatzklärung verwendet werden (jedoch kein Meerwasser).

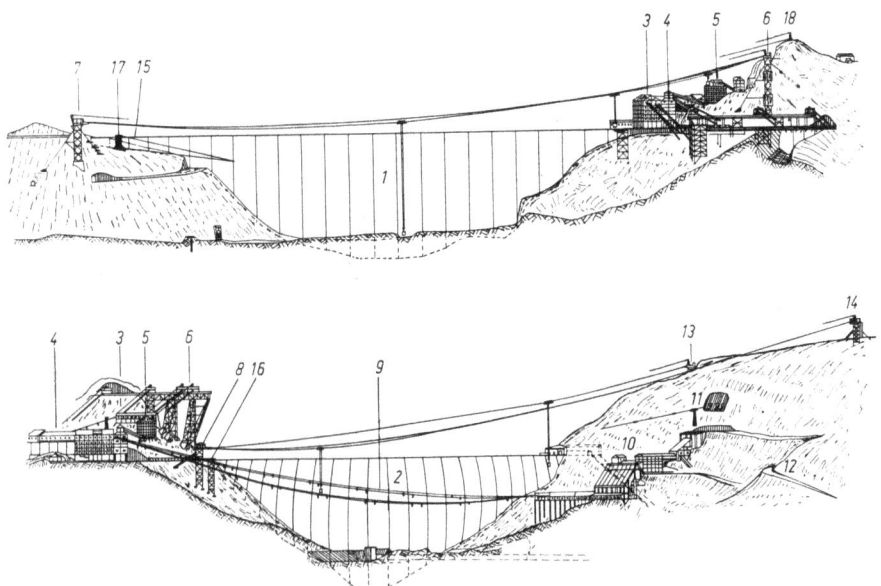

Bild 2.4-1. Maschinelle Anlagen von Großbaustellen. *1* Moosersperre, *2* Drossensperre, *3* Betonturm, *4* Kiessilos, *5* Zementsilo, *6* Gegenfahrbahn Kabelkräne Moosersperre, *7* Maschinenfahrbahn Kabelkräne Moosersperre, *8* Gegenfahrbahn Kabelkräne Drossensperre, *9* doppelte Kiesseilbahn, *10* Kiesaufbereitung, *11* Kabelkrankiesgewinnung, *12* Zufahrtsstraße Rohkiestransport, *13, 14* Maschinenfahrbahnen Kabelkräne Drossensperre, *15* Betonkai Moosersperre, *16* Betonkai Drossensperre, *17* Abspannungskabelkrankiesgewinnung, *18* fester Montagekabelkran.

Bei Stromerzeugungsanlagen und Kompressoren mit Wasserkühlung wird Kühlwasser benötigt, entweder zur Durchflußkühlung oder zur Umlaufkühlung. Im ersteren Falle ist der Kühlwasserbedarf groß, im anderen Fall ist er wesentlich kleiner, jedoch ist dann eine umfangreiche Rückkühlung nötig. In beiden Fällen muß sauberes Wasser verwendet werden, was häufig eine Wasseraufbereitungsanlage nötig werden läßt. Kühlwasserverbrauch des Dieselmotors 30 bis 40 dm³/PS und h, des Kompressors gleiche Werte [51].

*2.4.2.2.1.2 Trinkwasser.* Trinkwasserbedarf kann nach den üblichen Verbrauchssätzen für kleine Siedlungen ermittelt werden, wenn damit ein Wohnlager zu versorgen ist. Wenn hierfür kein Quellwasser oder einwandfreies Grundwasser zur Verfügung steht, ist umfangreiche Klärung und Reinigung notwendig [H 31].

*2.4.2.2.1.3 Anlagenteile:*

*Vorratsbehälter.* Ihre Größe bestimmt sich entweder aus der Forderung der Bereitstellung eines Vorrates für unvorhergesehene Betriebsausfälle der Pumpenanlagen oder aus der Forderung nach Klärung des Wassers durch Absetzen. Im ersteren Falle wird ein Tagesvorrat dann für ausreichend gehalten, wenn Reservepumpen zur Verfügung stehen.

*Pumpen.* Größe der Pumpen ergibt sich aus Fördermenge und manometrischer Förderhöhe (einschl. Rohrreibungsverlusten) auf Grund von $Q, H$-Kurven. Zur besseren Anpassung an den wechselnden Bedarf und zur geringeren Reservehaltung an Pumpen ist es zweckmäßig, die maximale Fördermenge auf zwei oder mehrere Pumpen aufzuteilen. Platzbedarf an Pumpenanlagen aus Maßblättern der Hersteller.

*Rohrleitungen.* Investitionskosten für Pumpenanlagen werden entscheidend durch die Kosten der Rohrleitungen bestimmt. Ermittlung des Rohrdurchmessers aus einer Wirtschaftlichkeitsuntersuchung unter Einbeziehung von Investitions- und Betriebskosten ist empfehlenswert.

#### 2.4.2.2.2 Druckluftversorgungsanlagen [22; 31].

Vorausgehende Ermittlung des Druckluftbedarfes (in $m^3/min$) unter Berücksichtigung der Leitungsverluste, der Seehöhe der Baustelle und des Gleichzeitigkeitsfaktors (0,9 bis 0,7) aller angeschlossenen Druckluftgeräte ist notwendig. Für je 1 $m^3/min$ Druckluftbedarf ist die Kompressorenanlage je nach Baustellenlage in

| | | |
|---|---|---|
| Seehöhe | 0 m | auf 1,20 PS |
| Seehöhe | 1000 m | auf 1,15 PS |
| Seehöhe | 2000 m | auf 1,08 PS |

auszulegen. Zur Ermittlung der Nennleistung der Antriebsmotoren sind diese Leistungswerte nach folgender Tabelle zu vergrößern:

| Seehöhe m | Vergrößerungsfaktor | |
|---|---|---|
| | Elektromotor | Dieselmotor |
| 0 | 1,00 | 1,00 |
| 1000 | 1,03 | 1,09 |
| 2000 | 1,08 | 1,19 |

*2.4.2.2.2.1 Platzbedarf von Kompressoren* ergibt sich aus Baugeräteliste oder Prospektblättern der Hersteller. Im allgemeinen werden als Aufstellfläche etwa 1,0 $m^2$ je $m^3/min$ Förderleistung benötigt. Fahrbare, luftgekühlte Kompressoren werden meist nur unter leichten Flugdächern (guter Luftzutritt) aufgestellt; stationäre, wassergekühlte Kompressoren dagegen in massiven oder halbmassiven Gebäuden mit umbautem Raum von 4 $m^3$ je $m^3/min$; Kühlwasserbedarf s. 2.4.2.2.1.1.

*2.4.2.2.2.2 Windkessel* in notwendiger Größe (Platzbedarf nach Abmessungen) sind vorzusehen.

*2.4.2.2.2.3 Rohrleitungen.* Wirtschaftliche Dimensionierung der Rohrleitungen ähnlich wie bei Wasserrohrleitungen anstreben (Bild 2.4-2). Für ortsfeste Leitungen Flanschenrohre, für temporäre Leitungen Schnellkupplungsrohre verwenden. Verlegung der Leitungen mit einseitigem Gefälle, möglichst zum Windkessel. Tiefpunkte der Leitung wegen Bildung von Wassersäcken vermeiden; wenn unvermeidbar, an diesen Stellen Wasserablaßstutzen vorsehen und laufend kontrollieren (Querschnittsverengung durch Wasser erhöht Druckverlust). Leitungen laufend auf Dichtigkeit prüfen.

#### 2.4.2.2.3 Stromversorgung [45; 46]

*2.4.2.2.3.1 Ermittlung des Anschlußwertes.* Für den Zeitpunkt der voraussichtlichen Spitzenleistung wird der Anschlußwert (Wirkleistung) aller elektrisch betriebenen Maschinen ermittelt und addiert. Hinzu kommt der Anschlußwert aller Beleuchtungsanlagen sowie eventueller Heiz- und Kühlanlagen. Ist bei verschiedenen Bauphasen der Zeitpunkt der möglichen Spitzenleistung nicht vorauszusehen, so ist die Rechnung zur Ermittlung des Maximums für mehrere Zeitpunkte getrennt zu führen. Bei ungenauer Kenntnis der Anschlußwerte sind ggf. Reserven einzusetzen.

*2.4.2.2.3.2 Ermittlung der bereitzustellenden elektrischen Leistung.* Neben der für den Betrieb der elektrisch angetriebenen Maschinen notwendigen, nach 2.4.2.2.3.1 ermittelten *Wirkleistung* in kW muß die Versorgungsanlage mit elektrischer Kraft die für den Betrieb

## 2.4.2 Platzbedarf für Baustelleneinrichtungen

der Motoren notwendige *Blindleistung* in kvar (DIN 40110) bereitstellen. Dies bedeutet einen zahlenmäßig (mit dem Faktor cos $\varphi$ multiplizierten), gegenüber der Wirkleistung erhöhten Bedarf an *Scheinleistung* in kVA. Gleichzeitig muß die elektrische Leistung zur Deckung der *Übertragungsverluste* des (Mittel- und) Niederspannungsnetzes bereitgestellt werden.

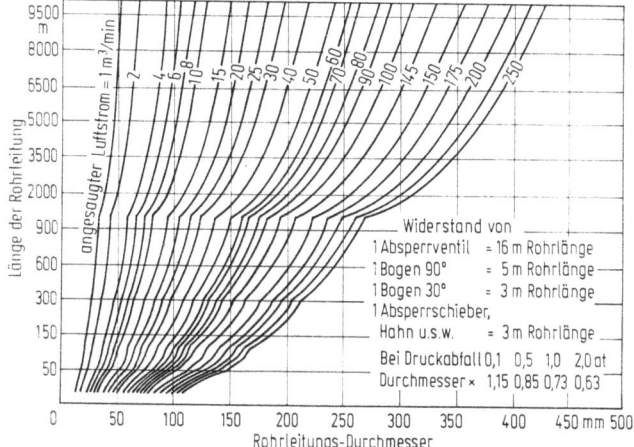

Bild 2.4-2 Nomogramm zur Bestimmung des Durchmessers von geraden Druckluftleitungen bei 7 at Überdruck und 0,2 at Druckabfall über die ganze Leitung.

Andererseits laufen auch in Spitzenzeiten nicht alle Maschinen gleichzeitig, und bei vielen Maschinen arbeiten die Motoren nur sehr kurzzeitig auf Voll-Last (Anfahrspitzen), so daß eine Reduktion der bereitgestellten elektrischen Leistung vertretbar erscheint, wenn die Bereitstellung hohe Kosten verursacht. Ausnahmen hiervon bilden nur Wasserhaltungspumpen bei Grundwasserabsenkungsanlagen, weil sie fast dauernd auf Voll-Last laufen.

### 2.4.2.2.3.3 Fremdstrombezug

*Auslegung der Transformatoren.* Beim Fremdstrombezug aus dem öffentlichen Versorgungsnetz können Transformatoren wegen ihrer geringen Kosten relativ groß gewählt werden. Man wird sie in ihrer Scheinleistung (in kVA) gleich dem 1,0- bis 1,5fachen des Anschlußwertes (Wirkleistung in kW) der von ihnen versorgten Maschinen wählen. Die Leistungsdifferenz deckt dann mit großer Sicherheit die Ungleichzeitigkeit des Maschineneinsatzes, die Anfahrspitzen, der cos $\varphi$ und die Verteilungsverluste (Tabelle 2.4-1, s. S. 288).

*Platzbedarf von Transformatoren.* Größenabmessungen nach Baugeräteliste 1971 [1] oder nach Maßblättern der Hersteller (Fläche 0,03 bis 0,06 m²/kVA, umbauter Raum 0,10 bis 0,15 m³/kVA). Anordnung bei kleiner Leistung als Masttransformatoren, bei großer Leistung in Freiluftbauweise oder in Transformatorenhäuschen, Zutritt Unbefugter durch absperrbare Zugänge verhindern.

*Verteilung von Transformatoren auf der Baustelle.* Da Transformatoren wartungsfrei arbeiten und die Hochspannungsverteilung billiger ist als Niederspannungsverteilung, kann es bei ausgedehnten Baustellen wirtschaftlich richtig sein, mehrere örtlich separierte Transformatorenstationen zu errichten. Jedenfalls sollen sie etwa im Schwerpunkt ihres Versorgungsgebietes liegen, um Niederspannungsleitungen kurz zu halten.

### 2.4.2.2.3.4 Eigenstromerzeugung

*Auslegung der Stromerzeuger.* Bei Eigenstromerzeugung wird wegen der hohen Kosten der Stromerzeuger die Auslegung ihrer Leistung knapp gehalten werden müssen. Man wird ihre *Erzeugungskapazität* (als Scheinleistung in kVA) auf etwa das 0,8- bis 0,9fache des An-

## 2.4 Baustelleneinrichtung

Tabelle 2.4-1. Elektrische Installation von Baustellen und Stromverbrauch bei Fremdstrombezug

| Baustelle | Land | Gesamter installierter Anschlußwert[6]) $P_v$ kW | Theoretischer Stromverbrauch[7]) $W_{th}$ kWh | Maximaler, monatlicher Stromverbrauch | | Installierte Transformatorleistung | |
|---|---|---|---|---|---|---|---|
| | | | | $W_v$ kWh | $100 \dfrac{W_o}{W_{th}}$ % | $P_i$ in kVA | $100 \dfrac{P_i}{P_v}$[8]) % |
| Bremgarten | BRD | 793 | 397 000 | 123 120 | 31,0 | 1 000 | 126,0[9]) |
| Tunnel Horrem[1]) | BRD | 1 598 | 798 000 | 675 600[12]) | 84,5 | 2 200 | 137,5 |
| Vianden[2]) | Lux | 3 610 | 1 805 000 | 518 166 | 28,7 | 3 460 | 45,7[10]) |
| Gepatsch[3]) | Ö | 3 600 | 1 800 000 | 729 665 | 40,4 | 2 490 | 69,0 |
| Aschach[4]) | Ö | 6 770 | 3 380 000 | 2 016 000[13]) | 59,6 | 13 600 | 200,0[11]) |
| Rheinbr. Emmerich[5]) | BRD | 2 440 | 915 000 | 166 300 | 18,2 | 1 580 | 64,8 |

[1]) Erdarbeiten mit Bandstraßenförderung,
[2]) Untertagearbeiten,
[3]) Erddammbaustelle,
[4]) Flußkraftwerk in der Donau,
[5]) Senkkastengründung,
[6]) Anschlußwert aller zum Zeitpunkt des maximalen Stromverbrauches angeschlossen gewesenen Maschinen einschl. Beleuchtung und Heizung,
[7]) Installierter Anschlußwert, multipliziert mit 25 Tagen × Schichtzahl/Tag × 10 h/Schicht,
[8]) Der Faktor deckt Ungleichzeitigkeit des Maschineneinsatzes, Anfahrspitzen, cos φ und Verluste,
[9]) Blindarbeit des betrachteten Monats 160 480 kVArh entsprechend einem cos φ = 0,61,
[10]) Gemessener cos φ = 0,86,
[11]) Gemessener cos φ = 0,92 (alle Motoren über 20 kW waren blindstromkompensiert), Blindstromverbrauch des betrachteten Monats 828 125 kVArh, Maximalzählerablesung 4 850 kW,
[12]) Hoher Verbrauch wegen Materialtransport über elektr. betriebene Bandstraße,
[13]) Hoher Stromverbrauch wegen umfangreicher Wasserhaltung

schlußwertes (Wirkleistung in kW) der von ihnen versorgten Arbeitsmaschinen wählen. Die Leistungsdifferenz deckt dann immer noch gerade mit genügender Sicherheit die unter 2.4.2.2.3.1 aufgeführten Faktoren einschl. einer kleinen Reserve für Reparaturen an den Stromerzeugern (Tabelle 2.4-2).

Tabelle 2.4-2. Elektrische Installation von Baustellen und Stromverbrauch bei Eigenerzeugung

| Baustelle | Land | Gesamter installierter Anschlußwert[5]) $P_o$ kW | Theoret. Stromverbrauch[6]) $W_{th}$ kWh | Maximaler monatlicher Stromverbrauch | | Installierte Trafoleistung | |
|---|---|---|---|---|---|---|---|
| | | | | $W_o$ kWh | $100 \dfrac{W}{W_{th}}$ % | $P_i$ in kVA | $100 \dfrac{P_i}{P}$[7]) % |
| Sariyar[1]) | Türkei | 8 540 | 4 270 000 | 1 300 000 | 30,4 | 7 125 | 83,5 |
| Bergellen[2]) | Schweiz | — | — | — | 26,0 | — | — |
| Assuan[3]) | Ägypten | 2 740 | 1 330 000 | 435 000 | 31,7 | 2 030 | 74,1 |
| [4]) | USA | 6 500 | 3 250 000 | 1 310 000 | 40,3 | — | — |
| Shannon[3]) | Irland | 7 700 | 3 840 000 | 1 350 000 | 35,2 | 4 520 | 58,8 |

[1]) Schwergewichtsstaumauer und Wasserkraftwerk,
[2]) Hochdruckkraftwerk,
[3]) Niederdruck-Wasserkraftwerk,
[4]) Nach [10],
[5]) Anschlußwert aller zum Zeitpunkt des maximalen monatlichen Stromverbrauches angeschlossenen gewesenen elektrischen Maschinen einschl. Beleuchtung, Heizung und Kühlung,
[6]) Installierter Anschlußwert, multipliziert mit 25 Tagen × Schichtenzahl/Tag × 10 h/Schicht,
[7]) Der Faktor deckt Ungleichzeitigkeit des Maschineneinsatzes, Anfahrspitzen, cos φ, Leitungsverluste und eine etwa 10%-ige Reserve für Reparaturen an den Stromerzeugern,

*Grundsätze für die Auswahl der Stromerzeuger.* Hauptsächlich kommen Dieselgeneratoren infrage. Die Möglichkeit der Verwendung von Gasturbinen ist jedoch nicht mehr ganz auszuschließen, müßte aber sorgsam geprüft werden, da noch keine diesbezüglichen Erfahrungen vorliegen.

### 2.4.2 Platzbedarf für Baustelleneinrichtungen

*Erzeugungskapazität* ist auf mehrere Stromerzeuger aufzuteilen, um bessere Anpassung an Belastungszustand des Netzes zu erreichen und kleine Reserve für Reparaturen und Instandhaltung zu bilden. Dabei muß allerdings auf der Baustelle sichergestellt werden, daß Großverbraucher erst nach vorheriger Anmeldung im Dieselkraftwerk und Bereitstellung (Parallelschaltung) der notwendigen Erzeugungskapazität zugeschaltet werden.

*Stromerzeuger* sollen ungefähr gleiche Größe haben, da es sonst zu Überlastung der kleineren Maschinen und ihrem Ausfall und konsequenterweise zum Netzzusammenbruch kommt.

*Reglerkennlinie* muß für alle Stromerzeuger gleich steil sein, damit Lastschwankungen auf alle Maschinen möglichst gleichmäßig verteilt werden. Stromerzeuger mit flacherer Kennlinie nehmen bei solchen Lastschwankungen höheren Lastanteil auf, kommen damit u. U. an ihre Leistungsgrenze und werden durch Überlastschutz abgeschaltet, was ebenfalls zu Netzzusammenbrüchen führt.

*Zusammenarbeit.* Stromerzeuger gleichen Fabrikats und gleicher Type arbeiten am reibungslosesten zusammen.

*Platzbedarf für Stromerzeuger* etwa 0,2 bis 0,3 m$^2$ je kVA, Raumbedarf einschließlich Sammelschienen und Schaltanlagen etwa 1,0 bis 1,2 m$^3$ umbauten Raum je kVA, Gewicht der Stromerzeuger etwa 50 bis 60 kg je kVA.

*Anordnung von Baustromkraftwerken.* Sie sollen nach Möglichkeit im Verbrauchsschwerpunkt der Gesamtbaustelle zur Aufstellung kommen. Eine Trennung in mehrere Baukraftwerke in Verbrauchsschwerpunkten von Teilbaustellen, wie bei Transformatoren, ist wegen der hohen Personalkosten für Wartung und Betrieb (Dreischichten-Betrieb) nicht zu empfehlen. Bei zu großen Entfernungen (über 800 bis 1000 m) ist eine Mittelspannungsverteilung (3 bis 10 kV Übertragungsspannung) vorzusehen. Ob in diesem Falle Stromerzeuger für Mittelspannung (geringere Investitionskosten, geringe Wiederverwendungsmöglichkeit) oder für Niederspannung mit nachgeschaltetem Übertragungstransformator zur Verwendung kommen sollen, ist von Fall zu Fall zu prüfen.

*2.4.2.2.3.5 Notstromanlagen.* Baustellen, die gegen Stromausfall aus dem öffentlichen Versorgungsnetz geschützt sein müssen (Wasserhaltungen, Druckluftarbeiten) müssen mit Notstromanlagen ausgerüstet sein. Hierfür kommen meist Dieselgeneratoren in Frage. Hinsichtlich der Auslegung gelten die gleichen Grundsätze wie bei der Eigenstromerzeugung mit der Ausnahme, daß für die Notstromversorgung nur die lebenswichtigen Teile der Baustelle berücksichtigt und andere Teile bei Stromausfall stillgelegt werden. Möglichkeit der sofortigen Umschaltung von Fremdstrombezug auf Eigenstromerzeugung (Abtrennung vom Netz und Zuschaltung auf die Eigenstromerzeuger durch einen Zentralschalter) muß vorgesehen werden. Notstrom-Kraftwerk ist zur Sicherstellung der Betriebsbereitschaft mindest einmal täglich in Alarmübung in Betrieb zu nehmen, wobei sicherzustellen ist, daß diese Umschaltung zu jeder Tages- und Nachtzeit erfolgen kann (Einrichtung eines Nachtdienstes auf der Baustelle mit Alarmanlage).

*2.4.2.2.3.6 Stromlieferungsverträge* [59]. Lieferungsverträge mit dem Stromversorgungsunternehmen können als reine Arbeits-Tarife (Wirk-kWh-Tarif, Zonentarif, Staffeltarif oder Nachtstrom-Tarif), als Wirk-Blindstrom-Tarife oder als Leistungstarife (Tarife mit Benutzungsstundenrabatt, Tarife mit Berücksichtigung der bereitgestellten Leistung, Wirkleistungs-Maximumtarif oder Blindleistungs-Maximumtarif) abgeschlossen werden. Die notwendige Zähleranlage stellt das Stromversorgungsunternehmen. Überwachung des Stromverbrauches durch laufende Zählerkontrolle und Maximumwächter ist empfehlenswert.

*2.4.2.2.3.7 Blindstromkompensation.* Es empfiehlt sich immer, Elektromotoren maschineller Anlagen sorgfältig auszuwählen, vor allem die Verwendung übergroßer Motoren zu vermeiden (schlecht ausgenutzte Elektromotoren haben niedrigen cos $\varphi$-Wert). Dort, wo bezogene Blindleistung bezahlt werden muß, empfiehlt es sich, durch Einbau von Kondensatorbatterien eine Blindstromkompensation vorzunehmen.

## 2.4 Baustelleneinrichtung

*Einzelkompensation.* Aufstellung je eines Kondensators entsprechender Größe bei jedem Motor. Die Anordnung erlaubt es, Zuleitungen schwächer zu dimensionieren (nur auf Wirkleistung) und damit billiger zu gestalten.

*Gruppenkompensation.* Aufstellung eines Kondensators für mehrere Motoren.

*Zentralkompensation.* Aufstellung von Kondensatoren in der Trafostation bzw. beim Erzeuger (Dieselsätzen). Alle Leitungen führen vollen Scheinstrom und müssen darauf gemessen werden. Zentralkompensation erfordert Einbau einer Automatik, um Über-Kompensation (schädlich wegen möglicher Spannungserhöhung in anderen Netzteilen) zu vermeiden.

*Wirkleistungsverluste von Kompensationsanlagen.* Kondensatoren müssen mit hochohmigen Ableitwiderständen versehen sein, die aus Sicherheitsgründen ihre Entladung bei Abschaltung in weniger als 1 min ermöglichen müssen. Diese Ableitwiderstände stellen im Betrieb einen Wirkleistungsverlust von etwa 3 W je kvar Kondensatorleistung dar (unbedeutend).

*2.4.2.2.3.8 Abschätzung des voraussichtlichen Stromverbrauches.* Der Maximalverbrauch von Strom in einem Monat kann gemäß Tabelle 2.4-1 u. 2 bei Kenntnis des Anschlußwertes $P_V$ aller angeschlossenen Maschinen mit

$$W_V = \eta \times 25 \text{ Tagen/Monat} \times \text{Schichtzahl/Tag} \times 10 \text{ h/Schicht} \times P_V$$

abgeschätzt werden. Dabei ist der Ausnutzungsgrad $\eta$ bei normalen Baustellen mit 0,30 bis 0,40 anzusetzen (Wasserhaltungen und Sondereinrichtungen können den Wert erheblich erhöhen). Ist im Ablauf der ganzen Bauzeit der Verlauf des Anschlußwertes $P_V$ bekannt oder kann er zumindest abgeschätzt werden, so läßt sich ebenso der Gesamtstrombedarf abschätzen.

*2.4.2.2.3.9 Stromversorgungsnetze.* Stromversorgungsnetze auf Baustellen sind unter Beachtung der VDE 0100 vom Dez. 1965, insbesondere hinsichtlich der auf Baustellen gemäß Ziffer 3-f-9 zugelassenen Schutzarten (Schutzisolierung, Schutzkleinspannung, FI-Schutzschaltung oder Schutztrennung) aufzubauen. Dabei sind für Hochspannungsübertragungen Freileitungen (bei der Kreuzung von im Baubetrieb benutzten Geländes auf entsprechend hohen Masten), für Niederspannungsanlagen Freileitungen oder Verlegung im Boden (Gummischlauchleitungen NSSH oder Kabel) zu verwenden.

Einzuhaltende Abstände zwischen Freileitungen und Arbeitsstellen nach VDE 0210 insbesondere § 32c).

### 2.4.2.2.4 Nachrichtenmittel auf Baustellen.
Eine Großbaustelle benötigt eine leistungsfähige Anlage zur Nachrichtenübermittlung. Sie kann entweder durch den Aufbau eines Telephonnetzes im Selbstwählverkehr mit oder ohne Anschluß an die Außenverbindung erfolgen. Die notwendigen Leitungen werden zweckmäßigerweise als Freileitungen geführt.

Neuerdings bürgert sich die Verwendung von Funksprechgeräten (tragbar, zum Einbau in Fahrzeuge geeignet, Reichweite bis 2 km) ein. Bei Baustellen großer Ausdehnung ist die Verwendung drahtloser Telephoniergeräte mit großer Reichweite zweckmäßig. Für alle drahtlos betriebenen Nachrichtenmittel ist Frequenzzuweisung und Benutzungsbewilligung durch zuständige Stellen nötig (in der BRD durch die Bundespost).

### 2.4.2.2.5 Treibstoffversorgung:

*2.4.2.2.5.1 Tankstelle.* Je nach voraussichtlichem Treibstoffverbrauch 1 bis 2 Zapfstellen für Dieselöl und eine für Benzin mit oberirdischen oder unterirdischem Tanks. Tanks und Zapfstellen stellt Lieferant bei Abschluß eines Liefervertrages für die Bauzeit. Einrichtungsarbeiten bei oberirdischen Tanks gering, bei unterirdischem Aushub und Wiederanfüllen zusätzlich. Ferner Aufenthaltsraum für Tankstellenwärter (mit Handmagazin für Schmiermittel und Reifenreperaturwerkstätte mit Reifenfüllkompressor) vorsehen, sofern nicht Tankstelle in der Nähe des Magazins errichtet und von dort bedient wird. Größe der Tanks nach Empfehlungen des Lieferanten (Vorrat etwa für 1 Woche).

*2.4.2.2.5.2 Tankfahrzeug.* Zur Versorgung ortsfester Dieselmotoren oder schwer beweglicher Maschinen (Kettenfahrzeuge, Anhängefahrzeuge) am Einsatzort Tankfahrzeug mit Motorpumpe und Schmiermittelvorrat einsetzen. Tanken mit Handpumpe aus Fässern unwirtschaftlich (Zeitbedarf, Verluste, Verschmutzung). Bei Großbaustellen ist Anzahl und Größe der Tankfahrzeuge sorgfältig aus dem Verbrauch zu ermitteln und Reservetankwagen vorzusehen.

*2.4.2.2.5.3 Waschplätze.* Zur Pflege der Fahrzeuge und fahrbaren Baumaschinen gehört ihre regelmäßige Säuberung vor Durchführung des vom Hersteller vorgeschriebenen Abschmierdienstes. Am besten geeignet sind betonierte, schwach geneigte Flächen mit Wasseranschluß (nicht unter 3 at Überdruck) und Wasserabfluß, seitlich je 1 m größer als größtes Fahrzeug. Anzahl der Waschplätze richtet sich nach vorgesehener Durchführung des Abschmierdienstes (entweder während des Betriebes, was größere Waschplatzanzahl nötig macht, oder in besonderer Pflegeschicht, was Leistungsausfall bedingt). Waschzeit für ein Fahrzeug etwa 1/4 Stunde. Anordnung in der Nähe der Tankstelle (Schmieröllager).

**2.4.2.2.6 Feuerlöschgerät.** An allen feuergefährlichen Stellen Handfeuerlöscher vorhalten (Tankstelle, Öllager, Werkstätte, elektrische Schaltanlagen, Holzlagerplatz und Zimmerei). Bei isolierten Großbaustellen zumindest Wasserreservoir anlegen bzw. vorhandene zugänglich machen. Hierzu eignen sich alle Wasserbehälter (s. 2.4.2.2.1.3) der Baustelle. An allen größeren Wasserleitungen (s. 2.4.2.2.1.3) Anschlüsse für Feuerlöschschläuche vorsehen, gut zugänglich und kenntlich machen. Gegebenenfalls Feuerlöschfahrzeug mit Pumpen und Schläuchen und wenn nötig Wassertankfahrzeug mit Pumpe vorrätig halten.

## 2.4.2.3 Werkstätten

Bis vor wenigen Jahren wurden ausnahmslos Baustellen auch kleinerer Art mit den notwendigen Werkstätten ausgerüstet, und zwar zur Reparatur der maschinellen Einrichtung mit mechanischen Werkstätten (einschließlich Elektrowerkstätte) und bei Betonarbeiten mit Zimmerplätzen zur Anfertigung der Schalung und Eisenbiegeplätzen zur einbaufertigen Herstellung der Bewehrungsstäbe. Die Schaffung besser eingerichteter und besser ausgenutzter zentraler Biegeplätze mit Anlieferung des vorgebogenen Bewehrungseisens auf die Baustelle lassen dieses Verfahren für kleinere Baustellen als wirtschaftlich günstiger erscheinen. Die Ausdehnung des Kundendienstes der Baumaschinenfirmen und die häufig benachbarte Lage von Baustellen zu privaten, mechanischen Werkstätten reduzieren ebenfalls den Bedarf an mechanischen Werkstätten, insbesondere bei kleineren Baustellen. Trotzdem verbleiben genügend Einzelfälle isolierter Lage der vorgesehenen Baustelle und des Umfanges der zu erwartenden Teilleistungen, daß die Anordnung von Werkstätten sinnvoll und wirtschaftlich günstiger sein kann.

### 2.4.2.3.1 Zimmerplätze

*2.4.2.3.1.1 Platzbedarf.* Er richtet sich im wesentlichen nach der maximalen monatlichen Schalungsleistung und dementsprechend nach der zu erwartenden Betonierleistung. Er kann mit etwa 0,10 $m^2/m^3$ monatlicher Betonleistung für den überdachten Teil, 0,60 $m^2/m^3$ monatlicher Betonleistung für den nichtüberdachten Zimmerplatz selbst und mit 0,10 $m^2/m^3$ monatlicher Betonleistung für den Rohholz- und Schalplattenlagerplatz in seiner notwendigen Größe abgeschätzt werden. Die Zahlen gelten unter der Voraussetzung eines Schalungsaufwandes von etwa 2,0 $m^2/m^3$ Beton ohne umfangreiche Arbeiten an hölzerner Einrüstung. Inwieweit der überdachte Teil zu Lasten des nichtüberdachten Teiles aus Witterungsgründen vergrößert werden muß, ist in jedem Einzelfall zu prüfen.

*2.4.2.3.1.2 Zimmereimaschinen.* Für die Ausstattung eines Zimmerplatzes einer kleineren Baustelle genügt neben einer Anzahl kleinerer, tragbarer Bearbeitungsmaschinen (Hand-Bohrmaschinen, -Stemmaschinen, -Fräsmaschinen, -Kreissägen und -Schleifmaschinen) eine Kreissäge. Bei Großbaustellen werden zusätzlich Bandsägen sowie Abricht- und Dicktenhobelmaschinen nötig.

## 2.4 Baustelleneinrichtung

*2.4.2.3.1.3 Zuordnung der Einzelteile.* Berücksichtigung eines einfachen Materialflusses ist wirtschaftlich notwendig. Dabei sollen Bretter-, Kantholz- und Schalplattenstapel an einer Zufahrt liegen. Sägen und Arbeitsplätze sollen so angeordnet werden, daß sich die einzelnen Rohholzteile längs vom Stapel abziehen lassen und damit auch sägegerecht liegen. Der Lagerplatz für fertige Schalung und rückgelieferte Altschalung soll im Bereich des die Baustelle bedienenden Turmdrehkranes liegen (Bild 2.4-3). Aus Gründen der Sicherheit

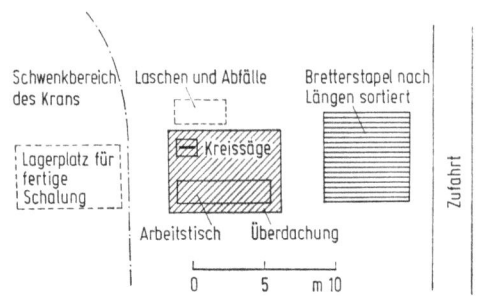

Bild 2.4-3. Regelplan eines kleinen Zimmerplatzes (nach FBW 3.33).

sollen aber der Arbeitsplatz (Reißboden) und die Arbeitsmaschinen außerhalb des Kranschwenkbereiches bleiben. Wo dies bei der Größe des Zimmerplatzes und durch topographisch bedingte Lage nicht möglich ist, ist fahrbares Hebezeug (Autokran) zur Verladung fertiger Schalung vorzusehen (Bild 2.4-4).

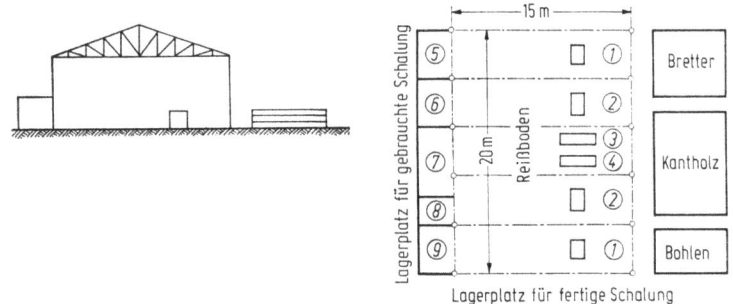

Bild 2.4-4. Regelplan eines großen Zimmerplatzes mit überdachtem Reißboden. *1* Kreissägen, *2* Bandsägen, *3* Abrichthobelmaschine, *4* Richtenhobelmaschine, *5* Abfallboxen, *6* Werkzeugraum u. Ausgabe, *7* Magazin für Kleinmaterial, *8* W.C., *9* Meisterbude.

*2.4.2.3.1.4 Durchführung von Schalungsarbeiten.* Anfertigung großer, vorfabrizierter Schalungsteile auf dem Zimmerplatz und Einbau dieser Teile mit Kranen kann Schalungszeit auf der Einbaustelle erheblich herabsetzen und zu beachtlicher Bauzeitreduzierung führen.

### 2.4.2.3.2 Eisenbiegeplätze

*2.4.2.3.2.1 Platzbedarf.* Er richtet sich auch hier im wesentlichen nach der erforderlichen maximalen monatlichen Einbauleistung. Je Monatstonne eingebauten Bewehrungsstahles werden etwa 10 m² Fläche benötigt, davon etwa 1/4 als Rohstahllager, 1/4 als

Arbeitsplatz und 1/2 als Lager für fertig gebogenen Stahl. Inwieweit der Arbeitsplatz überdacht werden soll, hängt von klimatischen Bedingungen ab; zumindest ist dies aber für den Platz um die Biege- und Schneidemaschine nötig.

#### 2.4.2.3.2.2 Einzelteile (Bild 2.4-5)

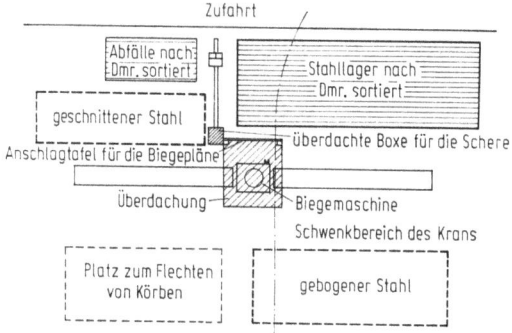

Bild 2.4-5. Regelplan eines Eisenbiegeplatzes (nach FBW 3.34).

*Stahllager.* Einzelne Boxen an der Zufahrt für jede Abmessung zwischen eingerammten oder einbetonierten Walzprofilen, besser als Doppelboxen (zusammen 1,20 m) für jede Abmessung, die abwechselnd gefüllt und entleert werden (zur Vermeidung von übermäßigem Rostansatz der untersten Lagen). Trennung der Lagen durch eingelegte Zwischenhölzer. Liegt das Stahllager nicht im Schwenkbereich des Baustellenkranes, einfache Ablademöglichkeit vorsehen (Bild 2.4-6). Länge des Stahllagers 15 m (größte Lieferlänge).

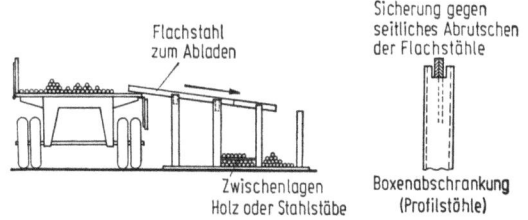

Bild 2.4-6. Lagerboxen für Rundstahl und Ablademöglichkeit für LKW (nach FBW 4.420.3).

*Lager für Bewehrungsmatten.* An Zufahrt für stehende Lagerung der Matten, am besten im Schwenkbereich des Baustellenkranes anordnen, Abstand etwa 1,20 bis 1,50 m.

*Schneidemaschine.* Fahrbar quer vor dem Stahllager anordnen.

*Zwischenlagerplatz für geschnittenen Stahl.* In Verlängerung des Rohstahllagerplatzes auf der anderen Seite der Schneidemaschine vorsehen.

*Biegemaschine mit Biegetischen.* Parallel zum Stahllager so anordnen, daß gebogener Stahl ohne Schwenken auf den Biegetisch (je 8 m lang, 1,20 m breit) gelangen kann.

*Lagerplatz für fertig gebogenes Eisen.* Im Schwenkbereich des Baustellenkranes anordnen (wenn möglich).

*Arbeitsplätze für die Herstellung von Bewehrungskörben.* Aus Sicherheitsgründen außerhalb des Schwenkbereiches des Baustellenkranes anordnen.

**2.4.2.3.3 Mechanische Werkstätten** sind bei Großbaustellen mit längerer Bauzeit und bei isolierter Lage der Baustelle immer nötig. Bei Baustellen mit großer Längserstreckung einige zusätzlich oder alle als fahrbare Werkstattwagen.

*2.4.2.3.3.1 Größe der mechanischen Baustellenwerkstatt.* Es hängt einschließlich der Ausstattung von einer Entscheidung darüber ab, welche Reparaturarbeiten auf der Baustelle in eigener Regie durchgeführt werden sollen. Diese Entscheidung wird beeinflußt durch

Lage der Baustelle und ihre Entfernung zu anderen Reparaturmöglichkeiten (Bauhof, Fremdwerkstätten);
Vorhandensein geeigneter Werkstätten in der Nachbarschaft;
Güte der Kundendienstorganisation der Baumaschinenhersteller;
Bauzeit (da erfahrungsgemäß Reparaturen in eigener Werkstätte rascher ausgeführt werden können);
Alter und Güte des Geräteparks;
Verwendung der Werkstätte zur Eigenanfertigung von Anlageteilen und Umbauten, zur Anfertigung von Zubehörteilen (z. B. Schalungsankern) oder Einbauteilen (z. B. Geländern, Treppenwinkeln, Abdeckungen).

*2.4.2.3.3.2 Werkstattgeräte.* Art, Anzahl und Größe der Werkstattmaschinen ist in jedem Falle neu zu bestimmen. Daneben ist jedenfalls Schmiede und Schweißerei mit den notwendigen Maschinen einzurichten. Wertmäßig beläuft sich das Werkstattgerät auf etwa 1,5 bis 1,9% des Wertes des Gesamtgerätes, gewichtsmäßig auf etwa 1,4 bis 1,8% des Gesamtgerätes. Die Anordnung der Werkstattmaschinen soll in Gruppen erfolgen, die den hauptsächlichsten Arbeitsgängen entsprechen. Auf alle Fälle ist eine Werkstätte mit Montagekränen auszurüsten, entweder als Brückenkräne im Werkstattgebäude oder als mobiler Autokran.

*2.4.2.3.3.3 Platzbedarf und Gebäude.* Je Tonne Werkstattmaschinen wird ohne Berücksichtigung von Demontageplätzen für Großgeräte ein überdeckter Arbeitsraum von 20 m² benötigt. Soll der Demontageplatz ebenfalls überdacht werden, so werden hierfür noch einmal etwa 20 m² je Tonne Werkstattmaschinen benötigt.

Werkstätten müssen in geschlossenen Gebäuden untergebracht werden. Hierzu eignen sich einfache Bauwerke in billiger örtlicher Bauweise mit genagelten hölzernen Dachbindern oder Stahlgerüsthallen mit Wellblech oder Eternitverkleidung. Aufenthalts-, Wasch- und Toilettenräume für das Personal, Werkstatt-Büroräume und Werkzeugmagazin sind anzubauen.

**2.4.2.3.4 Elektrowerkstätte.** Mit der mechanischen Werkstätte ist auch eine Elektrowerkstätte zu verbinden, am zweckmäßigsten in einem Anbau. Ihr Platzbedarf ist gering, da sie nur zur Aufbewahrung der Elektrikerwerkzeuge und eines kleinen Handvorrates dient. Bei Großbaustellen in isolierter Lage sollten sie auch mit Geräten zur Neuwicklung von Motoren ausgestattet sein.

## 2.4.2.4 Verkehrsanlagen

Beim heute üblichen gleislosen Materialtransport kommen als Verkehrsanlagen in erster Linie Baustraßen in Frage. Vereinzelt werden noch Gleisanlagen (Tunnelbau, Deckenbaustellen im Straßenbau bei Materialanlieferung durch die Eisenbahn, Betoniergleisezur Beförderung der Betonkübel von der Mischanlage zum Kran), Einschienenbahnen, Bandstraßen und Seilbahnen für Materialtransport verwendet (s. 2.4.3.2.3.2). Der Platzbedarf für letztere ergibt sich aus den Prospektblättern bzw. Angeboten der Hersteller.

**2.4.2.4.1 Gleistransportanlagen** sind heute wegen geringer möglicher Steigung und daher langen Rampen bei der Überwindung von Höhenunterschieden nur noch selten in Gebrauch, können aber wegen geringer Bodenbelastung bei Schmalspurbetrieb (600 mm, in Ausnahmefällen 750 mm oder 900 mm Spurweite) und schlechten Untergrundverhältnissen wirtschaftlich besser sein als Neuanlage von Transportstraßen. Ausbildung von Gleisanlagen und Auswahl von Fördermitteln s. [H 40].

## 2.4.2 Platzbedarf für Baustelleneinrichtungen

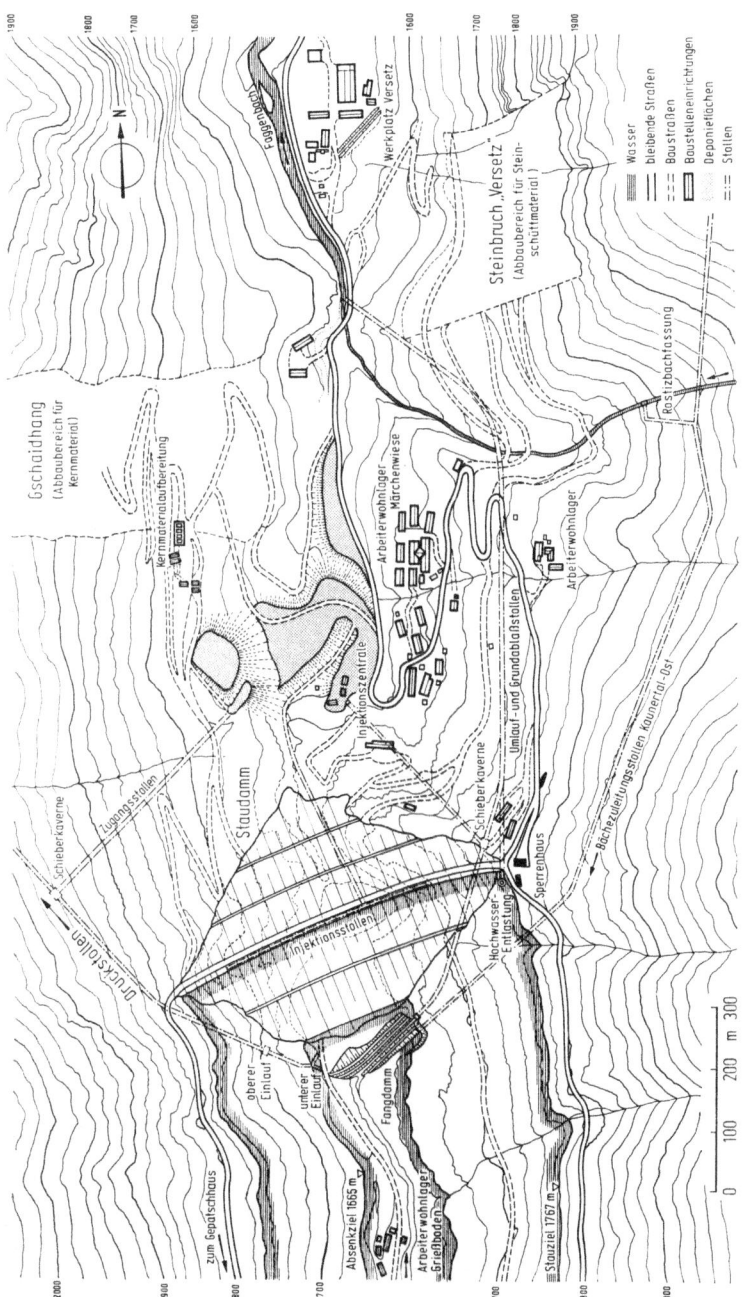

Bild 2.4-7. Gepatsch-Staudamm: Lageplan (Anordnung der Baustraßen).

## 2.4 Baustelleneinrichtung

#### 2.4.2.4.2 Baustraßen

*2.4.2.4.2.1 Trassenführung.* Für gleislosen Materialtransport Anlage neuer Baustraßen oder Ausbau vorhandener Wege (Beispiel Bild 2.4-7) notwendig; Umfang kann erheblich sein (Neubau Hennetalsperre 3,6 km, Wasserkraftanlage Sariyar/Türkei 13,6 km, Staudamm Gepatsch rd. 10 km). Ausbau bei geringem Verkehr einbahnig mit Ausweichstellen, bei großem Verkehr zweibahnig, in schwierigem Gelände eventuell mit getrennten Richtungsfahrbahnen (geringe Erdbewegungen). Steigungen für Massengütertransport bei Bergförderung nach Möglichkeit nicht über 6 bis 8%, bei Talförderung nicht über 8 bis 10%, in Ausnahmefällen (Baugrubenausfahrten) bis 15%. Variantenstudium mit Massenauszugsvergleichen immer empfehlenswert.

*2.4.2.4.2.2 Straßendecken* [H 32]. Zwischen bituminöser Straßendecke und wassergebundener Makadamdecke besteht erheblicher Kostenunterschied, allerdings ist der Unterhaltsaufwand bei Bitumendecken (0,0015 h/tkm) gegenüber Makadamstraßen (0,0030 h/tkm) ebenfalls beachtlich. Ein Unterschied im Reifenverbrauch ist bei guter Instandhaltung beider Arten nicht feststellbar.

*2.4.2.4.2.3 Straßenunterhalt.* Baustraßen, insbesondere als Erdstraßen oder als Straßen mit Makadamdecken, bedürfen einer laufenden Instandhaltung durch Grader (vgl. Kap. Baumaschinen in [H 31]), bei trockenen Witterungsperioden unter Anfeuchten des Materials durch Sprengwagen. Entsprechende Maschinen sind bereitzustellen (Erhöhung des Rollwiderstandes der Fahrzeuge nur um 1% entspricht einer Fahrzeitverlängerung in gleicher Größe wie 5% bis 7% Fahrstreckenverlängerung).

#### 2.4.2.4.3 Bauzäune.
In geschlossener Bauweise aus Brettertafeln (1,90 m lang und 2,00 m hoch) auf Riegeln zwischen hölzernen Pfosten (bei Schutz der Anlieger gegen Einwirkungen der Baustelle); oder in offener Bauweise aus Holz (Lattenzaun), Baustahlmatten (Stabstärke 4,2 mm, quadratischer Abstand 15 cm, Höhe 2,15 m = Mattenbreite); oder Maschendraht zwischen hölzernen Pfosten (notwendig, wo Sichtbehinderung vermieden werden muß, z. B. an Straßenecken). Ragt der Bauzaun in den Verkehrsraum hinein, muß er an den Ecken deutlich rot-weiß gestreift markiert und nachts mit gelben Lampen beleuchtet sein.

#### 2.4.2.4.4 Verkehrssicherung.
In der BRD sind die Bestimmungen des § 45 der Straßenverkehrsordnung (StVO) vom 16. 11. 1970 zu beachten.

### 2.4.2.5 Platzbedarf für Baustoffe

Zur störungsfreien Abwicklung von Bauarbeiten muß stets ein genügend großer *Vorrat* von Baumaterial auf der Baustelle vorhanden sein. Dieser notwendige Vorrat setzt sich grundsätzlich aus drei Teilen zusammen, nämlich einem *Tagesverbrauch* des Materials, einer *Reservemenge* zur Überbrückung eventueller Ausfälle und aus einer *Anlieferungsmenge*. Hiervon ist der Tagesverbrauch auf Grund des Bauprogrammes einwandfrei zu ermitteln. Hingegen hängt die notwendige Reservemenge von der Beurteilung der Regelmäßigkeit der Anlieferung ab. Erfolgt die Materialanlieferung durch einen Baustofflieferanten, von dem große Zuverlässigkeit angenommen werden kann, genügt ein weiterer Tagesbedarf. Bei Eigenerzeugung und damit möglichem Ausfall der Produktion durch Störungen und notwendige Reparaturen oder bei unzuverlässigeren Lieferanten ist diese Menge zu erhöhen. Die Liefermenge bei Fremdbezug kann kleiner, gleich oder größer als der Tagesverbrauch sein. Da man zur wirtschaftlichen Gestaltung des Antransportes volle Liefermengen einer Transporteinheit (Lkw, Lkw mit Anhänger, Eisenbahnwaggon) anstreben wird, ist diese Menge noch hinzuzuzählen. Bei der Ermittlung des Platzbedarfes ist zu berücksichtigen, daß u. U. Lagerplätze für Baustoffe je nach dem Baufortschritt für verschiedene Materialien verwendet werden können.

### 2.4.2 Platzbedarf für Baustelleneinrichtungen

**2.4.2.5.1 Mauersteine.** Der Platzbedarf ergibt sich bei Stapelhöhen von 1,50 m (größere Höhen wegen Unfallgefahr vermeiden) aus Tabelle 2.4-3. Für andere Formate kann eine entsprechende Tabelle unschwer aufgestellt werden.

Tabelle 2.4-3. Platzbedarf für Mauersteine

| Material | Abmessungen cm | Stapelhöhe m | Stück/m² |
|---|---|---|---|
| Ziegelstein | 24 × 11,5 × 7,1 | 1,50 | 728 |
| Wabensteine | 30 × 14,5 × 11,3 | 1,50 | 290 |
| Splittsteine | 24 × 11,5 × 11,5 | 1,50 | 455 |
| Splittsteine | 49 × 10 × 23,8 | 1,50 | 126 |
| Bimsdielen | 99 × 32 × 6 | 1,50 | 78 |
| Hohlblock 30 | 36,5 × 30 × 23,8 | 1,50 | 54 |
| Hohlblock 24 | 49 × 24 × 23,8 | 1,50 | 48 |
| Deckensteine | 50 × 25 × 20 | 1,50 | 39 |
| Porenbetonsteine | 50 × 25 × 25 | 1,50 | 48 |
| Torfoleum-Platten | 100 × 50 × 3 | 1,50 | 92 |

**2.4.2.5.2 Zement und Kalk**

*2.4.2.5.2.1 Silozement.* Platzbedarf von Zementsilo je nach Bauart aus den Prospektblättern der Hersteller.

*2.4.2.5.2.2 Eingesacktes Material.* Platzbedarf von Sackstapeln nach Tabelle 2.4-4. Größere Stapelhöhen als 1,75 m sind wegen Klumpenbildung in den untersten Sacklagen nicht empfehlenswert. Säcke gegen Bodenfeuchtigkeit durch Lagerung auf Bretterboden schützen.

**2.4.2.5.3 Betonzuschlagsstoffe.** Platzbedarf für vom Lkw abgekipptes Zuschlagstoffmaterial nach Tabelle 2.4-5. Fassungsvermögen von Reihenboxen, bei darunter liegendem mittigem Abzugskanal, getrennt nach Nutzraum und Totraum (Material nur durch Beischieben wiederzugewinnen) nach Tabelle 2.4.-6. Fassungsvermögen von Boxen der Sternanlagen nach Prospektblättern der Hersteller.

Tabelle 2.4-4. Platzbedarf für Sackzement und Sackkalk

| Material | Stapelhöhe m | Sackzahl/m³ |
|---|---|---|
| Sackzement | 1,00 | 23 |
|  | 1,50 | 35 |
|  | 1,75 | 41 |
| Sackkalk | 1,00 | 21 |
|  | 1,50 | 31 |
|  | 1,75 | 37 |

Tabelle 2.4-5. Platzbedarf von Zuschlagstoffmaterial (frei vom Lkw abgekippt)

| Liefermenge m³ | Platzbedarf m² |
|---|---|
| 3 | 10 |
| 5 | 13 |
| 10 | 17 |
| 15 | 24 |
| 20 | 30 |
| 25 | 36 |

Tabelle 2.4-6. Fassungsvermögen von Reihenboxen mit mittigem Abzugskanal je m Boxenlänge

| Füllhöhe m | Nutzraum m³ | Totraum m³ |
|---|---|---|
| 3 | 4,5 | 3 |
| 4 | 8 | 16 |
| 5 | 12,5 | 25 |
| 7,5 | 28 | 56 |
| 10 | 50 | 100 |

## 2.4.2.6 Baustellengebäude

Neben den Gebäuden für Kompressorenanlagen, Stromerzeugungsanlagen und Werkstätten werden bei Großbaustellen noch weitere Gebäude notwendig. Bei Kleinbaustellen werden sie häufig durch mobile Einheiten (Bürowagen, Magazinwagen, Wohnwagen usw. ersetzt).

### 2.4.2.6.1 Baubüros

*2.4.2.6.1.1 Platzbedarf.* Je Angestellten (ohne Bauführer, die eine Bürobaracke oder einen Bürowagen an ihrer Arbeitsstelle erhalten sollten) etwa 8 bis 10 m² Grundfläche.

*2.4.2.6.1.2 Ausführung von Baubüros.* Entweder als doppelwandige Holzbaracke oder als Fertigteilhaus oder in örtlicher Bauweise (insbesondere bei Auslandsbaustellen billigste Lösung).

### 2.4.2.6.2 Magazine.
Nur als Zentralmagazin errichten, Aufteilung in Einzelmagazine unzweckmäßig und unwirtschaftlich. Besteht aus geschlossenem, überdachtem und verschließbarem Raum mit eingebautem Magazinbüro zur Vorratshaltung an Kleingerät, Werkzeugen, Ersatzteilen, Werkstattmaterialien, Elektromaterial, Reifen und Bauhilfsstoffen sowie witterungsempfindlichen Einbauteilen. Dazu gehört eingezäuntes Gelände zur Vorratshaltung größerer, witterungsempfindlicher Teile.

*2.4.2.6.2.1 Platzbedarf* ist stark abhängig von der notwendigen Vorratshaltung; abgesehen von Einbauteilen des Bauwerkes im wesenlichen hinsichtlich der notwendigen Ersatzteilhaltung. Bei isolierten Baustellen werden etwa 0,20 bis 0,30 m² Grundfläche/t Gerätebestand auf der Baustelle als überdachtes, verschließbares Magazingebäude und 0,30 bis 1,0 m² Freifläche/t Gerätebestand nötig. In Deutschland bei geringer Vorratshaltung gut zugänglicher Baustellen Werte bis herunter zu einem Drittel.

*2.4.2.6.2.2 Ausführung.* Magazingebäude mit Ausnahme des Magazinbüros als einwandige Holzbaracke oder in örtlicher Bauweise. Einzäunung nach 2.4.2.4.3.

*2.4.2.6.2.3 Sprengstoffmagazine.* Sie müssen den Bestimmungen des jeweiligen Landesrechtes entsprechen (in NRW: Verordnung über die Errichtung und den Betrieb von Sprengstofflagern-Spr. Lag. V. O. vom 19. 7. 1961) und bedürfen vor der Inbetriebnahme einer Genehmigung durch das örtlich zuständige Gewerbeaufsichtsamt. Sie sind so anzuordnen, daß sie von bewohnten Gebäuden, Eisenbahnen und Landstraßen Mindestabstände je nach vorgesehener maximaler Lagermenge entsprechend Tabelle 2.4-7 aufweisen. Sie sind in Fels oder standfesten Boden einzubauen und nur dort, wo dies nicht möglich ist, freistehend zu errichten. Sie sind gegen Eindringen von Wasser, gegen Ein-

Tabelle 2.4-7. Sicherheitsabstände bei Sprengstofflagern

| Sprengstoff-menge | Entfernung des Sprengstofflagers von | | |
|---|---|---|---|
| | bewohnten Gebäuden | Eisenbahnen | Landstraßen |
| kg | m | m | m |
| bis 5 | 60 | 35 | 20 |
| ,, 30 | 75 | 45 | 25 |
| ,, 40 | 85 | 50 | 25 |
| ,, 50 | 95 | 55 | 30 |
| ,, 100 | 140 | 75 | 40 |
| ,, 150 | 175 | 105 | 50 |
| ,, 200 | 200 | 120 | 60 |
| ,, 250 | 240 | 145 | 70 |
| ,, 300 | 260 | 155 | 80 |
| ,, 400 | 285 | 170 | 85 |
| ,, 500 | 310 | 185 | 90 |
| ,, 600 | 325 | 195 | 95 |
| ,, 800 | 355 | 215 | 105 |
| ,, 1000 | 375 | 225 | 115 |

2.4.2 Platzbedarf für Baustelleneinrichtungen

bruch, gegen Übertragung von Bränden und gegen Verwitterung zu schützen. Bei freistehenden Sprengstoffmagazinen kann das Gewerbeaufsichtsamt ihre Umwallung bis zu 3 m Höhe anordnen. Frühzeitige Abstimmung mit den Gewerbeaufsichtsämtern ist zu empfehlen.

**2.4.2.6.3 Baustellenunterkünfte.** In der Bundesrepublik Deutschland gelten die Ausführungsvorschriften zum Gesetz über die Unterkunft bei Bauten vom 21. 2. 1959 — BGBl 1959/I, S. 44, und landesrechtliche Vorschriften.

*2.4.2.6.3.1 Tagesaufenthaltsräume.* Vorschriften: Sie müssen trockenen Fußboden und Fenster zum Öffnen haben, wetterfest und verschließbar und bei naßkalter Witterung heizbar sein. Bodenfläche 0,75 m² je auf der Baustelle beschäftigten Arbeiter, Ausstattung mit Sitzgelegenheiten, Tischen, Vorrichtungen zum Wärmen von Speisen, Einrichtungen zum Ablegen und Trocknen von Kleidung.

*2.4.2.6.3.2 Schlafräume.* Vorschriften: Sie müssen wetterdichte Wände und Dächer, fußwarmen Bodenbelag, Mindesthöhe 2,30 m, Luftraum je Arbeiter 10 m³, verschließbare, nach außen öffnende Tür mit Windfang, Fensterfläche gleich 1/10 der Fußbodenfläche, Fenster zum Öffnen und Heizungsmöglichkeit in naßkalter Jahreszeit haben. Sie sind einzurichten mit Bettstelle (nicht mehr als 2 übereinander und nicht mehr als 6 Mann in einem Raum) mit Strohsack, Kopfkissen, Wolldecken und Bettwäsche (Stroh vierteljährlich, Bettwäsche monatlich wechseln), verschließbaren Kleiderbehältern oder Schränken, Plätzen am Tisch mit Sitzgelegenheit, Möglichkeiten zum Trocknen der Kleidung und Beleuchtung. Wird Mehrschichtenbetrieb durchgeführt, sind für jede Schichtbelegschaft getrennte Schlafräume vorzusehen. Für Wohnwagen (Wohnschiffe) sind bei guter Lüftungsmöglichkeit nur 5 m³ Luftraum je Bewohner vorgeschrieben, Notausgang ist vorzusehen.

*2.4.2.6.3.3 Unterkünfte bei Auslandsbaustellen.* Isolierte Lage der Auslandsbaustelle erfordert oft Unterbringung von Familien europäischer Arbeitnehmer bei schwierigen klimatischen Verhältnisse. Platzbedarf je verheirateten Arbeitnehmer je nach Stellung und Kinderzahl 30 bis 100 m²/Arbeitnehmer. Die Zahl der unterzubringenden Familien beträgt bis zu 50% der Zahl der europäischen Arbeitnehmer.

*2.4.2.6.3.4 Ausführung von Unterkünften.* In Deutschland doppelwandige Holzbaracken oder Fertighäuser, im Ausland lokale Bauweisen unter Berücksichtigung der klimatischen Verhältnisse.

**2.4.2.6.4 Sanitäre und Soziale Einrichtungen**

*2.4.2.6.4.1 Abortanlagen.* Auf jeder Baustelle (für 20 Arbeiter ein Abort) und in jedem Wohnlager (für 15 Bewohner ein Abort, Abstand mindestens 10 m von der Unterkunft) anzulegen, müssen Anforderungen der Hygiene und des Anstandes entsprechen. Fäkalienabfuhr am besten in öffentliche Kanalisation; wenn unmöglich, Anlage von Absitzbecken und Sickerbecken nötig. Wo Verunreinigung des Grundwassers zu befürchten, nur wasserdichte Senkgrube. Absitzbecken und Senkgruben müssen von Zeit zu Zeit, letztere viel häufiger ausgepumpt und angefallene Fäkalien abgefahren werden. Verwendung offener Erdgruben (mit Chlorkalk zur Desinfektion behandeln) nur in Ausnahmefällen und auch dann nur bei kleineren und kurzzeitig betriebenen Baustellen.

*2.4.2.6.4.2 Waschanlagen.* Am besten in Massivgebäuden mit Waschbecken und Duschen, eventuell mit Abortanlagen zusammengebaut. Bereitstellung von Warmwasser nötig.

*2.4.2.6.4.3 Sanitätsraum für Erste Hilfe.* In Schlaf- und Aufenthaltsräumen ist ausreichend Verbandzeug bereitzuhalten (Überwachung durch Arzt). Bei Baustellen mit mehr als 50 Personen in Baustellenunterkünften muß gesonderter Sanitätsraum vorgesehen werden. Entsprechende Vorschriften für Druckluftbaustellen finden sich in der Druckluftverordnung [12].

*2.4.2.6.4.4 Kantinen.* Bei Baustellen außerhalb des geschlossenen Wohngebietes empfiehlt es sich, eine Baustellenkantine vorzusehen: Gebäude und Einrichtung stellt üblicherweise ein Pächter.

## 2.4.3 Zuordnung der Einzelteile einer Baustelleneinrichtung

### 2.4.3.1 Allgemeine Grundsätze

Planung einer Baustelleneinrichtung bedeutet zweckmäßige räumliche Zuordnung der Einzelteile mit dem Ziel, die Transportkostensumme auf der Baustelle insgesamt zu einem Minimum werden zu lassen. Da die Bauleistung im einzelnen zwar unterschiedlich, insgesamt gesehen aber zu einem großen Teil als Transportleistung anfällt, können durch sinnvolle Zuordnung erhebliche Kosten eingespart werden. Sind Transportwege und Transportkosten — wo nötig unter Berücksichtigung von Belade- und Abladekosten der Transporteinrichtungen — bekannt, ist das Problem der Standortoptimierung der Baustelleneinrichtung mathematisch mit Hilfe der Methoden der Unternehmensforschung (*Operations Research*) lösbar. Dabei müßten theoretisch nicht nur die Kosten des Baumaterials, sondern auch die für Bauhilfs- und Betriebsstoffe sowie Transportkosten des Personals mit einbezogen werden. Da darüber hinaus während des Bauablaufes verschiedene Transportsituationen auftreten, für die aus anderen Situationen Anlagenteile bereits festgelegt sind, würde eine solche Rechnung sehr umfangreich werden. Ferner zwingt die örtlich unterschiedliche Situation auf jeder Baustelle (bestehende Verbauung, Grundgrenzen, Gebäudebeschaffenheit) zu einer individuellen Betrachtung und Lösung der Aufgabe.

In der Praxis wird daher auf eine mathematische Lösung der Standortoptimierung der Einzelteile einer Baustelleneinrichtung verzichtet und die Anlage unter Berücksichtigung von Leitsätzen geplant, die sich auf die wesentlichsten Transportaufgaben beziehen.

### 2.4.3.2 Grundsätze für Hochbau- und Betonbaustellen

#### 2.4.3.2.1 Anordnung der Betonieranlage

*2.4.3.2.1.1 Zufahrtmöglichkeiten.* Hauptleitsatz: Reibungslose Materialanfuhr sicherstellen, d. h. Zufahrt nicht in Sackgasse (erschwerte Wendemöglichkeit); bei einspuriger Zufahrt Ausweichen insbesondere dort vorsehen, wo Fahrzeuge zum Entladen länger halten.

*Zementzufuhr.* Bei Verwendung von Silozement muß Silo neben dem Mischer stehen, um kurze Wege zwischen diesem und der Mischerwaage zu erhalten. Silo muß nicht am Fahrweg liegen, da Füllung auch über längere Schlauch- oder Rohrleitungen möglich. Bei Verwendung von Sackzement muß Zementschuppen an der Zufahrt und dieser wieder unmittelbar neben der Zementwaage der Betonieranlage liegen.

*Zuschlagstoffzufuhr.* Anfahr- und Abkippmöglichkeit, auch für Lkw-Züge mit Anhängern, möglichst nahe an die Zuschlagstoffsilos (oder in diese) muß gesichert sein. Zur Aufhäufung angefahrenen Materials ggf. Planiergerät oder Schaufellader vorsehen. Zuschlagstoffsilos können außerhalb eines eventuellen Kranschwenkbereiches liegen.

*2.4.3.2.1.2 Lage der Betonieranlage zum Hebezeug*

*Turmdrehkranbetrieb*, vgl. Kap. Baumaschinen in [H 31]. Bauwerk mit Betonierstellen, Turmdrehkrangleise und Mischanlage sollen so zueinander angeordnet werden, daß
  bei *Kranen mit Wippausleger* Fahrzeit des Kranes zwischen Be- und Entladestelle innerhalb der Hub- und Schwenkzeit bewältigt werden kann und Heben- bzw. Senken des Auslegers vermieden wird;
  bei *Kranen mit Katzausleger* eine Fahrbewegung des Kranes zwischen Be- und Entladestelle gänzlich vermieden wird.

*Aufzugsbetrieb.* Wird für den Materialtransport ein Aufzug verwendet, so ist die Betonieranlage so aufzustellen, daß sie unmittelbar in den Aufzug entleert.

*2.4.3.2.1.3 Lage der Steinstapel.* Im Mauerwerksbau haben Steinstapel den größten Platzbedarf. Wegen der Größe der bewegten Massen sind insbesondere beim Aufzugs-

### 2.4.3 Zuordnung der Einzelteile einer Baustelleneinrichtung

betrieb kurze, gut ausgebaute Transportwege und beim Kranbetrieb Anlieferung und Lagerung auf Paletten mit Gewichten entsprechend der Krantragfähigkeit notwendig. Sorgfältige Planung bei mehrfacher Verwendung der Stapelplätze nötig.

*Lage der Steinstapel zum Turmdrehkran.* Steinstapel am Zufahrtsweg im Schwenkbereich des Kranes, mindestens aber die Schwerteile im Schwenkbereich vorsehen.

*Lage der Steinstapel zum Aufzug.* Steinstapel am Zufahrtsweg und möglichst nahe beim Aufzug, und zwar schwere Teile in der Nähe, leichte Teile nötigenfalls in größerer Entfernung. Stapel keinesfalls höher als 2 m (Erleichterung der Abräumung und Minderung der Unfallgefahr).

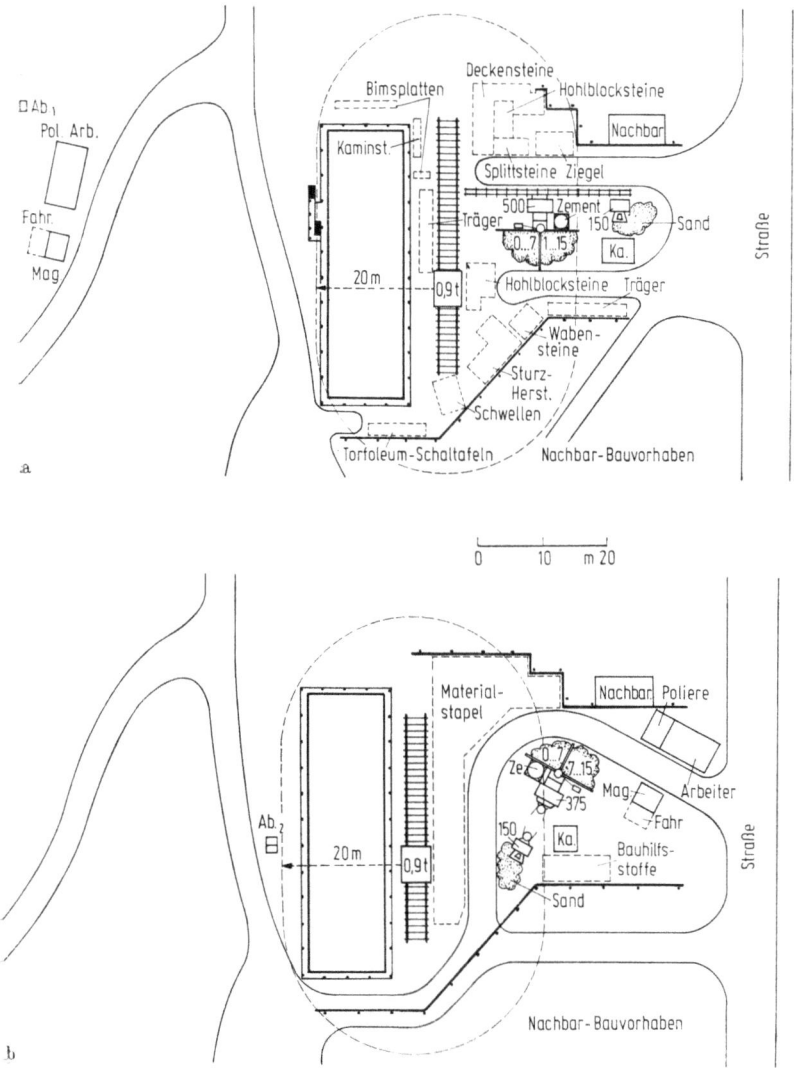

Bild 2.4-8. Hochbaustelle mit Turmdrehkran. a) schlechte; b) gute Baustelleneinrichtung.

## 2.4.3.2.1.4 Werkplätze

*Zimmerplatz.* Holzlager an der Anfahrstraße. Holzlager und Zimmerplatz außerhalb des Kranschwenkbereiches. Lagerplatz für fertige Schalung und Altschalung im Schwenkbereich.

*Biegeplatz.* Zufahrt und Stahllager möglichst im Kranschwenkbereich, sonst Entlademöglichkeit vorsehen (vgl. 2.4.2.3.2.2). Arbeitsplätze (Schneide- und Biegemaschine sowie Biegetische) außerhalb des Schwenkbereiches. Lager für fertig gebogene Eisen im Schwenkbereich. Das gilt einschl. der Zufahrt auch für den Fall, daß fertig gebogenes Eisen angeliefert wird.

## 2.4.3.2.1.5 Baubuden und Magazine.
Zuordnung nicht von großer Bedeutung. Magazin sollte am Zufahrtsweg, Baubude (Büro) möglichst nah am Aufgang zum Neubau stehen.

## 2.4.3.2.1.6 Planungsbeispiel.
Je ein Beispiel mit guter und schlechter Zuordnung für Kranbetrieb und Aufzugsbetrieb zeigen die Bilder 2.4-8 und 2.4-9.

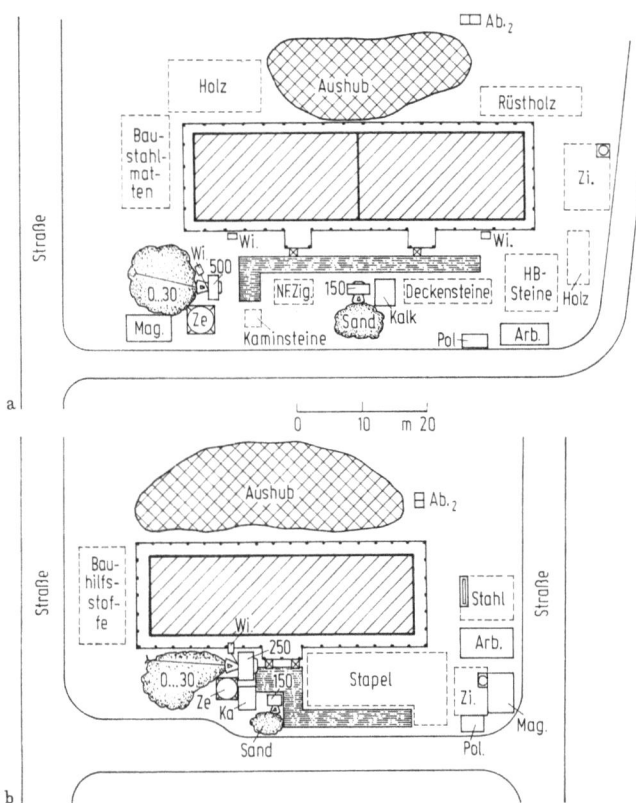

Bild 2.4-9. Hochbaustelle mit 2 Aufzügen. a) schlechte; b) gute Baustelleneinrichtung (nach FBW 3.511).

## 2.4.3.2.2 Anordnung von Turmdrehkränen.
Zur Ausführung von Bauarbeiten ist oftmals die Anordnung von Turmdrehkränen an mehreren Stellen notwendig. Da für den Auf- und Abbau der Krane selbst und ihrer Gleisanlagen erhebliche Zeiten und Kosten

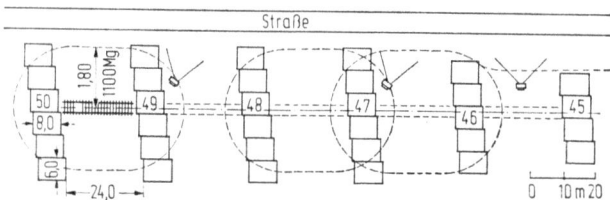

Bild 2.4-10. Anordnung des Turmdrehkranes und der Betonieranlage bei einer Gruppe von 6 Reihenhäusern (nach FBW 3.522).

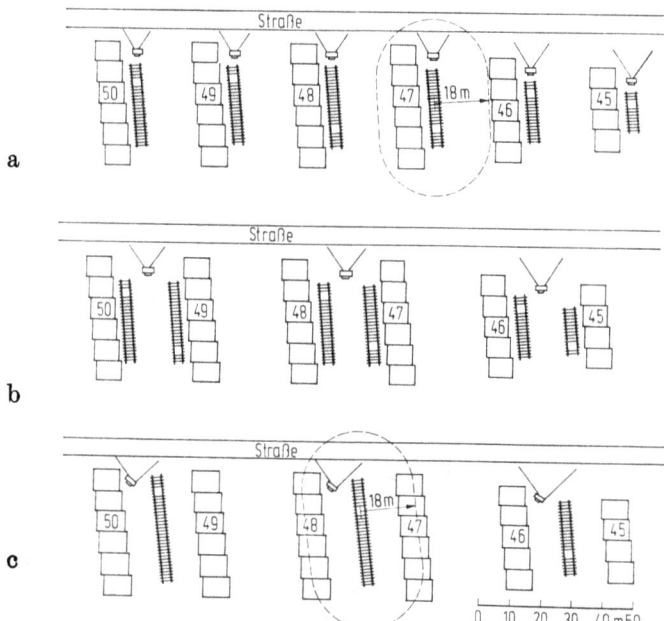

Bild 2.4-11. Vorstudien der Baustelleneinrichtung zur Bauaufgabe nach Bild 2.4-10. a) je 1 Turmkranstellung und 1 Stellung der Betonieranlage für jedes Reihenhaus; b) je eine Turmkranstellung für jedes Reihenhaus und je eine Stellung der Betonieranlage für zwei Reihenhäuser; c) je 1 Turmkranstellung und 1 Stellung der Betonieranlage für zwei Reihenhäuser (nach FBW 3.522).

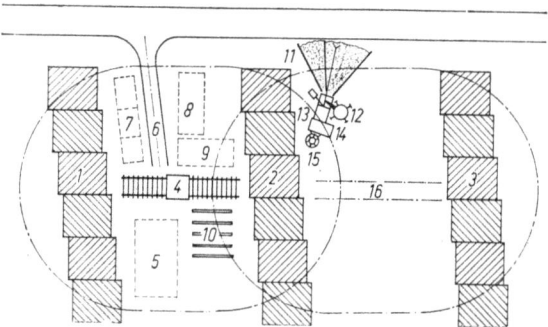

Bild 2.4-12. Baustelleneinrichtungsplan. *1* Block 48, *2* Block 49, *3* Block 50, *4* Turmdrehkran mit Gleis, *5* Schalung, *6* Fahrweg, *7, 8* Mauerstein, *9* Fertigteile, *10* Baustahlgitter und Rundstahl, *11* Kieslager, *12* Zementsilo, *13* Waage, *14* Mischer, *15* Zentriergrube, *16* Krangleisverlängerung (nach Fertigstellung der Kellerdecke von 2).

benötigt werden, sind solche Fälle besonders sorgfältig zu planen. So erspart die Aufstellung des Turmkranes nach Bild 2.4-10 jeden Kranumbau, und die Krangleise können nach kompletter Fertigstellung einer Hauszeile und der nächsten bis zur Kellerdecke durch einfaches Umlegen mit dem Kran verlängert werden. Gegenüber Bild 2.4-11 ergeben sich damit erhebliche Einsparungen. Die Detailplanung der Einrichtung führt dann unter Beachtung der Leitsätze nach 2.4.3.2.1 zu einem Baustelleneinrichtungsplan nach Bild 2.4.-12 mit nur zweimaliger Umsetzung der Betonieranlage.

Müssen auf einer Baustelle mehrere Turmdrehkrane gleichzeitig aufgestellt werden, und zwar so, daß sich ihre Schwenkbereiche überdecken (Bild 2.4-13), so ist es aus Sicherheitsgründen zweckmäßig, Fahr- und Schwenkwege der Krane so zu begrenzen (Endschalter), daß sie sich bei ihren Bewegungen nicht berühren können.

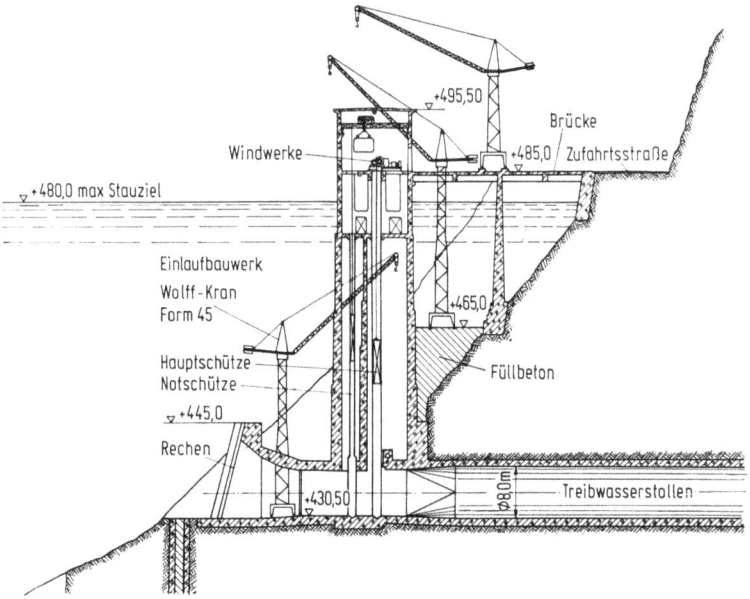

Bild 2.4-13. Gleichzeitige Aufstellung mehrerer Turmdrehkrane bei einem Bauwerk.

**2.4.3.2.3 Fördermittel zwischen Betonieranlage und Hebezeug.** Bei Baustellen großer Flächenausdehnung wird es notwendig, eine Transporteinrichtung zwischen Betonieranlage und dem Hebezeug vorzunehmen. Hierzu können vorgesehen werden:

*2.4.3.2.3.1 Gleisloser Transport* mit Handkarren oder Motordumpern, letztere von kleinen (0,5 t) bis zu großen Abmessungen (13,5 t Nutzlast) oder mit Lkw (Seiten- oder Hinterkipper) oder mit Transportmischern (Agitatoren) auf vorbereiteter Fahrbahn (Baustraßen, Bohlenwege). Übergabe direkt in die Schalung (Ausnahme) oder in Krankübel an besonderer Übergabestelle (Betonierung der Talsperren der Oberstufe Kaprun, Bild 2.4-1).

*2.4.3.2.3.2 Gleistransport* des Betons in Kübeln auf Schmalspur- oder Normalspurgleisen (Diesellokomotiven und Plattformwagen) mit Übernahme der Kübel durch das Hebezeug (Bild 2.4-14) oder auf Sonderbahnen, z. B. Einschienenbahnen, Seilbahnen.

Gleisbetrieb praktisch nur, wenn keine nennenswerte Überwindung eines Höhenunterschiedes. Bei Einschienenbahnen ist zusätzliche Behinderung anderer Verkehrsverbindungen auch durch sorgfältige Planung nicht immer vermeidbar.

*2.4.3.2.3.3 Betonförderung durch Rohrleitungen* erlaubt meistens nicht die Einsparung eines Turmdrehkranes (Schalungsaufbau, Bewehrungseinbau, Rüst- und Verlegearbeiten der Betonrohrleitung).

## 2.4.3.3 Grundsätze für Tief- und Straßenbaustellen

Bei Tief- und Straßenbaustellen mit verhältnismäßig großem Anteil ortsbeweglicher Maschinen faßt man den stationär einzurichtenden Teil einschließlich eventueller Betonieranlagen auf einem zentralen Baustelleneinrichtungsplatz zusammen. Hinsichtlich der Lage dieses Platzes gilt der Hauptgrundsatz, ein verfügbares Gelände möglichst nahe einer Zufahrtsstraße (falls möglich, mit vorhandenen Versorgungsleitungen für Strom, Wasser und Vorflut für Abwässer) zu wählen und zwar so, daß die Transportwege zu den jeweiligen Arbeitsstellen im Mittel zu einem Minimum werden. Für die Planung dieses Baustelleneinrichtungsplatzes gilt darüber hinaus der Grundsatz einfacher Materialzu- und -abfuhr, wobei auch für die Innentransporte und Verkehrswege zwischen den Anlageteilen selbst ein Minimum der Transportkosten anzustreben ist. Als Beispiel mag ein Lageplan für die Baustelleneinrichtung einer Wasserkraftanlage mit (außerhalb des Bildes liegender) Kiesgewinnung, Rohkiesantransport im Gleisbetrieb, Kiesaufbereitungsanlage und Betonieranlage, letztere für zwei Sorten Beton, Notstromanlage und Nebeneinrichtungen dienen (Bild 2.4-14).

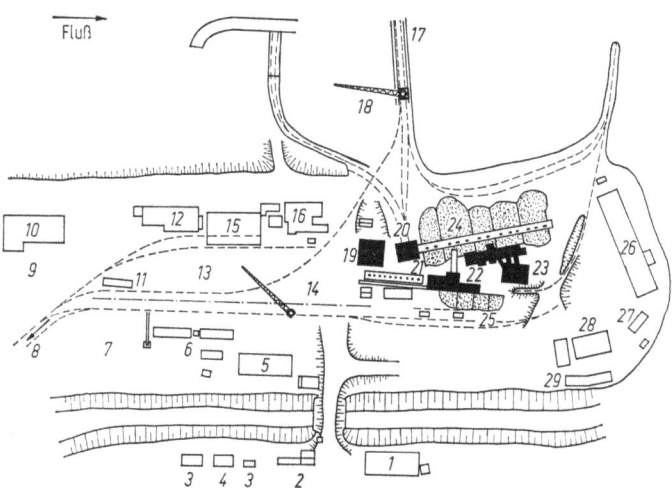

Bild 2.4-14. Baustelle mit Gleisbetrieb. *1* Büro Bauherr, *2* Garage, *3* Aufseher, *4* Magazin Bauherr, *5* Büro Unternehmer, *6* Eisenbiegeanlage, *7* Eisenlager, *8* zur Rohkiesentnahme, *9* Holzlager, *10* Zimmerei, *11* Ölmagazin, *12* Hauptmagazin, *13* Lagerplatz, *14* Lagerplatzkran F 30, *15* Werkstatt, *16* Trafo und Notstrom, *17* Baubrücke, *18* Turmkran F 60, *19* Zementsilo, *20* Betonierturm, *21* Rohkiesaufgabe, *22* Siebturm, *23* Brech- und Waschanlage *24* Kiessilos, *25* Betonieranlage für Schwerbeton, *26* Kantine, *27* Poliere, *28* Unterkunft, *29* Waschplatz.

## 2.4.4 Merkblatt

In dem folgenden Merkblatt sind alle für Preisermittlung und Planung wichtigen Positionen enthalten.

**Merkblatt**[1])

für die Durchführung von örtlichen Erhebungen (Baustellenbegehungen) für Preisermittlung und Planung der Baustelleneinrichtungen

*1.0 Vorbemerkungen*

Die bei einer Ortsbesichtigung zu klärenden Fragen, die für eine einwandfreie Preiskalkulation und für eine Planung der Baustelleneinrichtung notwendig sind, sind im folgenden in einzelnen Kapiteln sinngemäß zusammengefaßt.

Hierbei sind die Kapitel 2 und 3 durch Auswerten der Ausschreibungsunterlagen vor Durchführung der Ortsbesichtigung festzustellen. Darüber hinaus wird sich die eine oder andere Frage der folgenden Kapitel ebenfalls bereits beantworten lassen und bedarf dann bei der Ortsbesichtigung nur noch der Überprüfung.

Die sorgfältige Erkundung der im Merkblatt aufgeführten Fragen ist dann um so wichtiger, je weiter die vorgesehene Baustelle vom Ort der Kalkulations-Bearbeitung und der Aufstellung des Einrichtungsplanes entfernt ist und weitere Erkundungen durch Telefon oder Reisen teurer oder unmöglich werden.

Die Ortsbesichtigung soll von einem erfahrenen Fachmann unter Mitnahme der Ausschreibungsunterlagen, vor allem der Pläne, durchgeführt werden. Letztere sind an Ort und Stelle zu überprüfen und zu ergänzen, wozu Lichtbilder sehr nützlich sein können (Fotoapparat mitnehmen, Standpunkt und Blickwinkel in Pläne eintragen).

Gleichzeitig ist das Merkblatt in drei Teile gegliedert, deren erster die Fragen für die Erstellung eines Hochbaues oder eines Tiefbaues im Inland sowie eines Bauwerkes im Ausland von Interesse sind.

*2.0 Lage und kurze Beschreibung der Baustelle*

Lageskizze des Bauwerkes, eventuell Karte oder Kartenausschnitt mit Skizze oder Eintragung der Zufahrtswege, Höhenlage angeben.

Beschreibung des Bauvorhabens nach Zweck und Größe.

Bei aufgenommenen Lichtbildern in Lageplan Standpunkt und Blickwinkel eintragen (nach durchgeführter Besichtigung).

*3.0 Umfang des Objektes*

Schon vor Durchführung der Ortsbesichtigung ist an Hand der bewilligten oder notwendigen Gesamtbauzeit ein erster Entwurf eines Bauzeitplanes aufzustellen. Er ist notwendig, um die Hauptpositionen des Leistungsverzeichnisses den Material- und Personalbedarf zu ermitteln, über dessen Deckung bei der Ortsbesichtigung Erhebungen angestellt werden müssen, z. B. über Bezugsmöglichkeiten von Material und Beschaffung von Arbeitskräften.

*4.0 Örtliche Oberflächenverhältnisse*

4.11 Geländezustand und Neigung?
4.12 evtl. Bepflanzung? (Baumbestand, Unterholz, landw. Nutzung)
4.13 bestehende Bauwerke? (ev. Abbruch notwendig, Verwendung f. Bauzwecke)
4.14 Zäune und Grundstücksgrenzen?
4.15 Ist Stromanschluß vorhanden (Spannung, Anschlußwert)?
4.16 Ist Fernsprechanschluß vorhanden oder wo möglich?
       Eventuell Mitbenutzung?
4.17 Sonstige bemerkenswerte Einzelheiten:

*5.0 Örtliche Untergrundverhältnisse*

Ergänzung der Ausschreibungsunterlagen durch eigene Beobachtungen.
5.11 Bodenarten im Baubereich (Proben mitnehmen)?
5.111 Lagerung?
5.112 Mächtigkeit?
5.113 Festigkeit?
5.114 Bei Felsmaterial welcher Zustand (verwittert, gesund)?
5.12 Höchster und tiefster Stand des Grundwassers? (Mächtigkeit und Geschwindigkeit des Grundwasserstromes? Ist das Wasser aggressiv (Probe mitnehmen)?)
5.13 Körnung oder Durchlässigkeit der wasserführenden Schichten (Probe)?
5.14 Wenn möglich, geologische Karten beschaffen
5.15 Sonstige bemerkenswerte Einzelheiten:

*6.0 Wasserverhältnisse*

6.11 Welche Wasserläufe befinden sich in Baustellennähe (evtl. Wasserprobe)?
6.12 Angabe von Pegelständen (Kote), Wassermengen und Geschwindigkeit bei HW und NW?
6.13 Zeitlicher Verlauf von HW und NW?
6.14 Steig- und Fallgeschwindigkeit der HW-Welle?
6.15 Zustand des Wassers bei HW?
6.16 Katastrophen-HW, Pegelstand (Kote)?
6.17 Gezeitenhub, normal und Springzeiten?

---

[1]) entwickelt im Institut für Baumaschinen und Baubetrieb der T. H. Aachen (Prof. Dr. W. Jurecka).

6.18 Eisbildung und Eisgang?
6.19 Wassertemperaturen im Sommer und Winter?
6.20 Bei Seebauten
6.201 Ist das Wasser aggressiv (Wasserprobe)?
6.202 Schädlinge im Meerwasser (Bohrwurm etc.)?
6.21 Ist Wasserleitungsanschluß vorhanden?
6.22 Welche Lieferfähigkeit hat der Anschluß (Kosten)?
6.23 Wo kann sonst Wasser beschafft werden?
6.24 Sonstige bemerkenswerte Einzelheiten:

*7.0 Klimatische und gesundheitliche Verhältnisse*
Können in Deutschland im allgemeinen als bekannt vorausgesetzt werden.
7.1 Bei allen Baustellen
7.11 Frostperiode?
7.12 Ausnahmen von normalen Fällen angeben (Moorgebiet, Hochgebirge)?
7.2 Bei Auslandsbaustellen
7.21 Höchste und tiefste Temperaturen im Sommer/Winter und Tag/Nacht?
7.22 Dauer von Wärme- und Kälteperioden?
7.23 Luftfeuchtigkeit, Niederschläge, Schnee, Sturm?
7.24 Arbeitspausen durch Frost oder Regenzeit?
7.25 Einfluß des Klimas auf Leistungsfähigkeit der Arbeiter (Europäer/Einheimische)?
7.26 Zweckmäßige oder übliche Arbeitszeit mit Rücksicht auf Klima?
7.27 Infektionskrankheiten?
7.28 Krankheitshäufigkeit und Kosten der Krankenbetreuung?
7.29 Sonstige bemerkenswerte Einzelheiten:
7.3 Anzuwendende Unfallverhütungsvorschriften

*8.0 Arbeitskräfte (einschl. Poliere und Meister)*
8.1 Bei allen Baustellen
8.11 Zuständiges Arbeitsamt?
8.12 Tarifgebiet gemäß Tarifordnung?
8.13 Beschaffungsmöglichkeiten am Ort?
8.14 Beschaffungsmöglichkeiten in der Umgebung?
8.141 Wegegelder, Transportkosten?
8.142 Baustellenunterkunft für wieviel Mann?
8.15 Möglichkeiten des Mehrschichtenbetriebes?
8.16 Für welche Arbeiten ist Erschwerniszuschlag zu zahlen?
8.2 Bei Auslandsbaustellen
8.21 Deutsche Arbeitskräfte
8.211 Für welche Arbeiten müssen Deutsche eingesetzt werden?
8.212 Arbeitszeit und Leistungsfähigkeit (arbeitsfreier Wochentag)?
8.213 Auslösungen?
8.214 Hin- und Rückreisekosten, Nebenkosten (Paß, Visum, Gepäck, Impfungen)?
8.215 Familiennachreisen erwünscht?
8.216 Sind im Gastland Sozialbeiträge für Deutsche abzuführen?
8.217 Urlaub und Urlaubsreisekosten?
8.22 Einheimische Arbeitskräfte
8.221 Beschaffungsmöglichkeit?
8.222 Tarifvertragliche oder ortsübliche Stundenlöhne, detailliert nach Meistern, versch. Facharbeitern und Hilfsarbeitern?
8.223 Tarifliche oder ortsübliche Lohnzuschläge?
8.224 Leistungsfähigkeit einheimischer Arbeitskräfte?
8.225 Kosten der Arbeiterbeschaffung (Reisen)?
8.226 Mentalität der Arbeitskräfte, bes. Umstände (Fastenzeit)?
8.227 Zuschlag für unproduktive Kräfte (Aufsicht, Protektionskinder)?
8.23 Örtliches Arbeitsgesetz (auch für Angestellte)
8.231 Arbeitszeit?
8.232 Soziale Lasten des Arbeitgebers?
8.233 Auslösungen?
8.234 Überstunden, Nach-, Sonn- und Feiertagsarbeit, Möglichkeit, Mehrkosten?
8.235 Unterbringung auf Baustelle?
8.236 Täglicher Antransport zur Baustelle?
8.237 Ist durch das Bauvorhaben mit Lohnerhöhungen zu rechnen? (Konjunkturlöhne)
8.3 Sonstige bemerkenswerte Einzelheiten:

*9.0 Angestellte*
9.1 Bei allen Baustellen
9.11 Welche Angestellte werden auf Baustelle entsandt?
9.12 Welche Angestellte werden auf Baustelle eingestellt?
9.13 Tarifgebiete, Ortsklasse?
9.14 Sonstige bemerkenswerte Einzelheiten?
9.2 Zusätzlich bei Auslandsbaustellen
9.21 Deutsche Angestellte
9.211 Wieviel Deutsche werden entsandt (Qualifikation)?
9.212 Auslösungen?
9.213 Hin- und Rückreisekosten, Nebenkosten (Paß, Visa, Gepäck, Impfungen)?

9.214 Familiennachreise erwünscht?
9.215 Sozialbeiträge im Gastland?
9.216 Urlaub und Urlaubsreisekosten?
9.22 Einheimische Angestellte
9.221 Beschaffungsmöglichkeit?
9.222 Tarifvertragliche oder ortsübliche Gehälter?
9.223 Leistungsfähigkeit?
9.224 Kosten der Angestelltenbeschaffung?
9.225 Mentalität einheimischer Angestellter (Fastenzeit)?
9.3 Sonstige bemerkenswerte Einzelheiten?

*10.0 Unterkunfts- und Verpflegungsmöglichkeiten*

10.1 Bei allen Baustellen
10.11 Ist Tagesaufenthaltsraum für Arbeiter vorzusehen?
10.12 Ist Zubereitung von Mahlzeiten auf Baustelle nötig?
10.13 Soll Baustellenkantine eingerichtet werden?
10.14 Müssen Unterkünfte vorgesehen werden und für wieviel Leute?
10.15 Kosten des Betriebes für Unterhalt und Betrieb von Kantine und Unterkünften?
10.16 Sonstige bemerkenswerte Einzelheiten?
10.2 Zusätzlich bei Auslandsbaustellen
10.21 Größe und Kosten der Unterkünfte für
10.211 Hilfsarbeiter je Kopf?
10.212 Facharbeiter je Kopf?
10.213 Einheimische Meister je Kopf?
10.214 Einheimische Angestellte je Kopf?
10.215 Deutsches Personal je m²?
10.22 Sanitäre Einrichtung, Abwasserbeseitigung? Skizze und Vorschlag?
10.23 Notwendige Nebeneinrichtungen?
10.231 Toiletten (Größe)?
10.232 Waschräume (Größe)?
10.233 Kantine (Größe)?
10.234 Kaufladen (Größe)?
10.235 Club, Kino, Kirche, Sportplatz, Schwimmbad usw.?
10.236 Krankenrevier, Krankenhaus?
10.24 Kosten der Einrichtung von Unterkünften und Nebenanlagen?
10.25 Müssen Eisschränke und Klimaanlagen vorgesehen werden?
10.26 Hotelkosten auf Zwischenstationen der Anreise?
10.27 Bei Baustellen in Städten von Wohnungen (Möbliert und unmöbliert)?

*11.0 Bau-, Bauhilfs- und Betriebsstoffe*

Vor Durchführung der Ortsbesichtigung Feststellung der benötigten Stoffe hinsichtlich Menge und Qualität nach dem Leistungsverzeichnis.
11.1 Bei allen Baustellen
11.11 Lieferanten mit Anschrift und Leistungsfähigkeit (Lieferfristen)?
11.12 Preise für diese Stoffe?
11.121 frei verladen Lagerplatz des Lieferanten?
11.122 frei Abgangsstation?
11.123 frei Empfangsstation?
11.124 frei Baustelle?
11.13 Preise für Betriebsstoffe (Dieselöl) mit Angabe nächster Tankstelle?
11.14 Preise für Strom (Stromart, Anschlußwert, Tag- und Nachtstrom, Licht- und Kraftstrom, Anschlußkosten)
11.15 Sonstige bemerkenswerte Einzelheiten:
11.16 Bei Eigengewinnung von Baustoffen (Sand, Kies, Bruchsteine, Schotter):
11.161 Gewinnungsstelle (Mächtigkeit, Ergiebigkeit, Lage)?
11.162 Transportweite, Zugänglichkeit?
11.163 Abraum, Abfälle?
11.164 Notwendige Aufbereitung dieser Materialien?
11.165 Proben mitnehmen
11.17 Ist Eigenerzeugung von Strom nötig?
11.171 Für den Baubetrieb?
11.172 Nur als Reserve für Stromausfall?
11.18 Sonstige bemerkenswerte Einzelheiten:
11.2 Zusätzlich bei Auslandsbaustellen
11.21 Qualität der einheimischen Baustoffe?
11.22 Materialpreise (Pos. 11.12) für Inlandsware und Importware?
11.23 Welches Material ist nicht erhältlich und muß aus dem Ausland bezogen werden?
11.24 Welche Stoffe sind bewirtschaftet und dürfen nicht eingeführt werden?

*12.0 Subunternehmer*

Bereits nach Möglichkeit vor Ortsbesichtigung klären.
12.1 Bei allen Baustellen
12.11 Welche Teilarbeiten sollen an Subunternehmer vergeben werden?

## 2.4.4 Merkblatt

12.12 Entsprechende Angebote einholen?
12.2 Bei Auslandsbaustellen
12.21 Welche einheimischen Subunternehmer sind vorhanden?
12.211 Namen und Anschriften?
12.212 Arbeitsgebiet?
12.213 Referenzen für diese Subunternehmer?
12.214 Angebote einholen!
12.22 Welche ausländischen (deutsche, europäische, amerikanische) Firmen arbeiten im Lande?
12.221 Namen und Anschriften?
12.222 Arbeitsgebiet?
12.223 Für welche Subunternehmerleistung verwendbar?
12.224 Angebote einholen!
12.23 Welche Subunternehmerleistungen müssen aus der BRD angeboten werden?

*13.0 Transportverhältnisse*

13.1 Für alle Baustellen
13.11 Wie weit ist Anfahrt auf öffentlicher Straße möglich?
13.12 Zufahrtsmöglichkeit zur Baustelle (Skizze)?
13.121 Ist Neubau nötig?
13.122 Ist Befestigung vorhandener Wege nötig?
13.13 Transportbehinderungen?
13.131 Tragkraft von Brücken (Schwertransporte)?
13.132 Freie Durchfahrtshöhe, Breite, Kurven, Steigungen?
13.14 Nächste Eisenbahnstation für Stückgutzulieferung?
13.15 Sind Straßensperrungen (Umleitungen) möglich und nötig?
13.16 Sonstige bemerkenswerte Einzelheiten:
13.17 Nächster Entladebahnhof für Gerät und Material?
13.171 Skizze der Entlademöglichkeiten (Rampe, Krane etc.)?
13.172 Lagerungsmöglichkeiten am Entladebahnhof?
13.173 Notwendige Anschlußgleise (Kosten)?
13.18 Wenn Schiffstransport möglich
13.181 Sinngemäß wie 13.171
13.182 Sinngemäß wie 13.172
13.183 Ist Neubau eines Anlegers nötig (Skizze)?
13.19 Notwendige Baustraßen?
13.2 Zusätzlich für Auslandsbaustellen
13.21 Straßenzustand (Breite, Decke nsw.)?
13.22 Eisenbahnzustand (Ladeprofil, Güterwagenzahl, Transportdauer)?
13.23 Wasserstraßenzustand (Transportmittel, Transportdauer)?
13.24 Transportkosten für Gerät und Material mit Lkw, Bahn und/oder Schiff?
13.241 ab nächsten Seehafen?
13.242 ab Übernahmestelle des Materials?
13.25 Seefrachten ab europäischem Nordseehafen (fob)?
13.26 Umschlagkosten, Hafen- und Kaigebühren im Ankunftshafen?

*14.0 Baugeräte*

Vor Durchführung der Ortsbesichtigung ungefähre Geräteliste aufstellen und mitnehmen, an Ort und Stelle überprüfen.
14.1 Bei allen Baustellen:
 Ergeben sich auf Grund örtlicher Verhältnisse neue Gesichtspunkte hinsichtlich der bereits getroffenen Vorauswahl?
14.2 Zusätzlich bei Auslandsbaustellen
14.21 Welche Geräte sind im Lande üblich?
14.22 Welche großen Baumaschinenfirmen haben Vertretungen im Lande?
14.23 Unterhalten diese Vertretungen Ersatzteillager?
14.24 Können Baugeräte angemietet werden (Zustand)?
14.25 Welche Preise werden für gebrauchtes Gerät verlangt (Beispiel mit Alter, Zustand und Preis)?

*15.0 Baustelleneinrichtung*

15.1 Bei Ortsbesichtigung Baustelleneinrichtung skizzieren
15.2 Bei Erd- und Felsarbeiten Untergrundverhältnisse angeben?
15.3 Alle Angaben machen, die zur Massenermittlung für Bauarbeiten zu der Einrichtung nötig sind?
15.4 Eventuelle Umleitung für Wasserläufe angeben (Flußbettverlegung, Fangedämme, Spundwände usw.)?
15.5 Ablagerungsflächen (Kippe) angeben?
15.6 Sonstige bemerkenswerte Einzelheiten:

*16.0 Zölle, Gebühren, Abgaben, Steuern*

Nur bei Auslandsbaustellen Einzelheiten erheben.

*16.0 Banken, Versicherungen, Garantien*

Nur bei Auslandsbaustellen Einzelheiten erheben.

# Literatur zu 2.4 Baustelleneinrichtung

## Bücher

H 31 Bauhütte III, 29. Aufl. (in Vorbereitung).
H 32 Bauhütte II, 29. Aufl., Berlin, München, Düsseldorf: Ernst & Sohn 1970.
H 40 HÜTTE VB, 28. Aufl., Berlin: Ernst & Sohn 1955.
H 70 Betriebshütte III, 6. Aufl., Berlin, München: Ernst & Sohn 1965.
1 Baugeräteliste, Hrsg. Hauptverband der Deutschen Bauindustrie. Ausgabe 1971. Wiesbaden: Bauverlag 1971.
2 *Baxmann* u. *Rosendahl:* Rammen, Ziehen, Felsbeseitigung, 4. Aufl., Essen: Vulkan 1964.
3 *Dressel:* Arbeitstechnische Merkblätter für den Baubetrieb (atm), Forschungsgemeinschaft für Bauen und Wohnen (FBW), Stuttgart: Deva-Fachverlag.
4 *Duic, Trapp, Jurecka:* Baumaschinen-Handbuch für Kalkulation, Arbeitsvorbereitung und Einsatz sowie Maschinenverwaltung, Wiesbaden, Berlin: Bauverlag. Bd. 1, 2. Aufl. 1966; Bd. 2, 1966; Bd. 3, 1968; Bd. 4, 1966; Bd. 5, 1965.
5 *Garbotz:* Baumaschinen und Baubetrieb, Bd. 1, 2. Aufl. 1957; Bd. 2, 2. Aufl. 1958, München: Hanser.
6 *Gossmann:* Planung und Einrichtung von Produktionsstätten im Bauwesen, 3. Aufl., Berlin: VEB Verlag f. Bauwesen 1969.
7 *Koncz:* Handbuch der Fertigteilbauweise, Bd. 1, 3. Aufl. 1971; Bd. 2, 1967; Bd. 3, 3. Aufl. 1970. Wiesbaden: Bauverlag.
8 *Sachse* u. *Theiner,* Typenblätter für Baumaschinen, Köln: Rudolf Müller 1962/65.
9 *Simons, Wind, Moser:* Die Brücke über den Maracaibo-See in Venezuela, Wiesbaden, Berlin: Bauverlag 1963.
10 *Walch:* Baumaschinen und Baueinrichtungen. Bd. 2. Berlin, Göttingen, Heidelberg: Springer 1957.
11 *Wiedemann:* Ausführung von Stollenbauten in neuzeitlicher Technik, 6. Aufl., Berlin: Ernst & Sohn 1952.
12 Verordnung über Arbeiten in Druckluft (Druckluftverordnung) vom 4. Okt. 1972 (BGBL. I, Nr. 110, 14. Okt. 1972, S. 1909ff.).

## Zeitschriften

21 VDI-Zeitschrift. Düsseldorf, VDI.
22 Der Bauingenieur. Berlin, Springer.
23 Steinbruch und Sandgrube. Berlin, Hill.
24 Baumaschine und Bautechnik. Wiesbaden, Bauverlag.
25 Baubetriebstechnik. Mainz, Kraußkopf.
26 Österr. Bauzeitschrift. Wien, Springer.
27 L'Energia Elettrica. Milano.
28 Porr-Nachrichten. Wien, Allg. Baugesellschaft A. Porr AG.

## Aufsätze

41 *Baumfrisch:* Triebwasserstollen Enuskraftwerk Landl. [28] H. 34 (1967) 29–38.
42 *Boxberger:* Druckluftversorgung von Großbaustellen. [25] H. 2 (1965) 39–42.
43 *Herbeck:* Bau der Biggetalsperre-Betriebseinrichtungen und Ablauf. [22] H. 12 (1965) 490–494.
44 *Herbeck:* Felbertauerntunnel-Süd. [28] H. 30 (1966) 24–44.
45 *Ilsemann:* Stromversorgungsaggregate auf Baustellen. [24] H. 2 (1964) 61–62.
46 *Ilsemann:* Errichtung elektrotechnischer Anlagen auf Baustellen nach den VDE-Vorschriften. [24] H. 10 (1964) 435–441.
47 *Jurecka:* Einige Erfahrungen über Entwurf und Bau einer Schwergewichtsmauer in Anatolien. [26] H. 7/8 (1957) 149–156.
48 *Kast:* Baustellenbesuch am Saad-el-Aali-Hochdamm bei Assuan. [24] H. 4 (1962) 139.
49 *Kirschner:* Betonierung der Staumauer Kops. [28] H. 28/29 (1966) 4–28.
50 *Komoli:* Vergleichende Betrachtungen über Baustelleneinrichtungen u. Baumaschineneinsatz österreichischer Großbaustellen. [24] H. 6 (1965) 255–262.
51 Die Kompressorenstation. [23] H. 1 (1962) 12–14.
52 *Kühm:* Der Assuan-Hochdamm 1963. [24] H. 1 (1964) 1–8; H. 2, 55–60.
53 *Meischeider:* Die Baustelleneinrichtung der Koyna-Talsperre in Indien. [22] H. 3 (1969) 77–82.
54 *Meschan:* Betonierbrücken und Kabelkranfahrbahnen bei den Sperren der Oberstufe des Tauernkraftwerkes Glockner-Kaprun. [22] H. 5 (1955) 175 bis 185.
55 *Morpurgo:* La costruzione della diga di Dez in Iran. [27] H. 12 (1962).
56 *Reismann:* Der Einsatz von Großgeräten beim Bau der Staudämme Gepatsch und Durlaßboden. [22] H. 9 (1965) 369–372.
57 *Rössler:* Pipelinetunnel Felbertauern „Süd". [28] H. 30 (1966) 45–49.
58 *Spanier:* Erschließung und Einrichtung der Großbaustelle der Innstufe Schärding-Neuhaus. [21] (1961) 281–290.
59 *Wetzel:* Stromlieferungsverträge für Baustellen. [25] H. 2 (1966) 44–46.
60 *Zohler:* Staudamm Durlaßboden. [28] H. 34 (1967) 3–19.

## 2.5 Arbeitsstudium im Baubetrieb[1])

[20—23]

Bearbeitet von G. Drees

Das Arbeitsstudium umfaßt vier Aufgaben:
Datenermittlung
Arbeitsgestaltung,
Arbeitsbewertung,
Arbeitsunterweisung.

Es macht eine Messung und Bewertung der menschlichen Arbeit und eine Leistungsentlohnung möglich. Außerdem bildet es die Grundlage der Rationalisierung.

### 2.5.1 Datenermittlung

[3, 5, 20, 21, 39]

Nach [20] ist unter Daten zu verstehen:
Zeiten für Ablaufabschnitte;
Einflußgrößen, von denen die Zeiten für Ablaufabschnitte abhängen;
Bezugsmengen, auf die sich die Zeit bezieht;
Daten der Arbeitsbedingungen.

#### 2.5.1.1 Grundlagen

**2.5.1.1.1 Einflußgrößen.** Die Zeit für die Ausführung eines Ablaufabschnittes hängt von der Arbeitsperson, vom Arbeitsverfahren, von der Arbeitsmethode und von den Arbeitsbedingungen ab. Die Zeit ist somit eine Funktion verschiedener Einflußgrößen:
Zeit = F (Einflußgröße 1, Einflußgröße 2 usw.)

**2.5.1.1.2. Anforderungen an die Datenermittlung.** Bei der Datenermittlung sind zu berücksichtigen:
Verwendungszweck,
Reproduzierbarkeit.

Der Verwendungszweck bestimmt, welche und wie viele Daten mit welcher Genauigkeit erfaßt werden müssen. Folgende vier Verwendungszwecke sind zu unterscheiden:

Planung,             Kontrolle,
Steuerung,           Entlohnung.

Gegenüber der stationären Industrie wechseln bei der Bauarbeit ständig Arbeitsplätze und äußere Arbeitsbedingungen. Dabei ist die Herstellungszeit eines Bauwerks meist nur kurz. Diese Bedingungen erschweren die Durchführung von langfristigen Arbeitsuntersuchungen auf vielen Baustellen. Beim Arbeitsstudium im Baubetrieb ist anzustreben, über die jeweils vorliegenden Baustellenverhältnisse hinaus allgemein gültige, auch auf anderen Baustellen anwendbare Ergebnisse zu erreichen. Es ist deshalb bei allen Untersuchungen sorgfältig zu unterscheiden zwischen *baustellenbedingten* und *allgemein gültigen* Einflüssen auf den Arbeitsvorgang.

Die Reproduzierbarkeit ist unter folgenden Voraussetzungen gewährleistet:
Der den Daten zugrunde liegende Arbeitsablauf muß beschrieben sein;
Die den Daten zugrunde liegenden Arbeitsbedingungen müssen bekannt sein;
Die erfaßten Daten müssen eine bestimmte Genauigkeit gewährleisten.

**2.5.1.1.3 Beschreibung des Arbeitsablaufs.** Eine genaue Beschreibung des Arbeitsablaufs ist für die Datenermittlung und die Wiederverwendbarkeit der gemessenen Daten unerläßlich. Folgendes Vorgehen ist notwendig:
Zerlegung des Arbeitsablaufs in Ablaufabschnitte,
Bezeichnung des Arbeitsverfahrens und der Arbeitsmethode,
Beschreibung der Arbeitsbedingungen.

---
[1]) Literatur S. 342.

Nach REFA [20] sind diese Begriffe wie folgt definiert:

*Ablaufabschnitte* sind Teile eines Arbeitsablaufs.

Unter *Arbeitsverfahren* wird die Technologie verstanden, die zur Veränderung des Arbeitsgegenstandes im Sinne der Arbeitsaufgabe verwendet wird.

Die *Arbeitsmethode* besteht in den Regeln zur Ausführung des Arbeitsablaufs durch den Menschen bei einem bestimmten Arbeitsverfahren.

Die Bedingungen eines Arbeitssystems (*Arbeitsbedingungen*) umfassen die Gesamtheit der Eigenschaften der Systemelemente, nämlich:

(a) der Eingabe;
(b) der Anforderungen an die Ausgabe;
(c) der arbeitenden Menschen;
(d) der Betriebsmittel;
(e) der Umwelteinflüsse, soweit deren Veränderungen den Arbeitsablauf beeinflussen.

Bei den Ablaufabschnitten sind zu unterscheiden:

*Makroablaufabschnitte*

| | |
|---|---|
| Projekt | z. B. Verwaltungsgebäude |
| Teilprojekt | 1. Obergeschoß |
| Projektstufe | Stahlbetonwände herstellen |
| Vorgang | Einschalen |

*Mikroablaufabschnitte*

| | |
|---|---|
| Vorgang | Einschalen |
| Teilvorgang | Verspannen der Schalung |
| Vorgangsstufe | Spannmuttern andrehen |
| Vorgangselement | Aufnehmen der Spannmutter und auf Anker aufsetzen |

### 2.5.1.2 Zeitgliederung

[3, 5, 21]

Innerhalb der Datenermittlung besitzt die Zeitaufnahme besondere Bedeutung, da sie die Grundlage aller Maßnahmen des Arbeitsstudiums bildet. Für die Analyse der Zeitaufnahme als Ist-Zeit und die Bestimmung der Vorgabezeit als Soll-Zeit ist eine Zeitgliederung notwendig. Dabei ist zu unterscheiden nach:

Zeit des Menschen,
Zeit des Betriebsmittels,
Zeit des Arbeitsgegenstandes (= Input = Eingabe).

**2.5.1.2.1 Ablaufarten.** Innerhalb des Arbeitsablaufs können Menschen, Betriebsmittel und Arbeitsgegenstand auf sehr verschiedene Arten zusammenwirken, die als Ablaufarten bezeichnet werden. Häufig vorkommende Ablaufarten sind:

*2.5.1.2.1.1 Ablaufarten bezogen auf den Menschen* (Bild 2.5-1).

| | |
|---|---|
| Haupttätigkeit MH: | Planmäßige, unmittelbar der Erfüllung der Arbeitsaufgabe dienende Tätigkeit; |
| Nebentätigkeit MN: | Planmäßige, nur mittelbar der Erfüllung der Arbeitsaufgabe dienende Tätigkeit; |
| zusätzliche Tätigkeit MZ: | Tätigkeit, deren Vorkommen oder Ablauf nicht vorausbestimmt werden kann; |
| ablaufbedingtes Unterbrechen MA: | Planmäßiges Warten des Menschen auf das Ende von Ablaufabschnitten, die beim Betriebsmittel oder Arbeitsgegenstand selbständig ablaufen; |

## 2.5.1 Datenermittlung

störungsbedingtes Unterbrechen MS: Zusätzliches Warten des Menschen infolge von technischen und organisatorischen Störungen und Informationsmangel;
erholungsbedingtes Unterbrechen ME: Unterbrechen der Tätigkeit, um tätigkeitsbedingte Arbeitsermüdung abzubauen;
persönlich bedingtes Unterbrechen MP: Unterbrechen der Tätigkeit aus persönlichen Gründen.

Kann während einer Untersuchung die Ablaufart nicht einwandfrei definiert werden, so wird sie als nicht erkennbar mit MX bezeichnet.

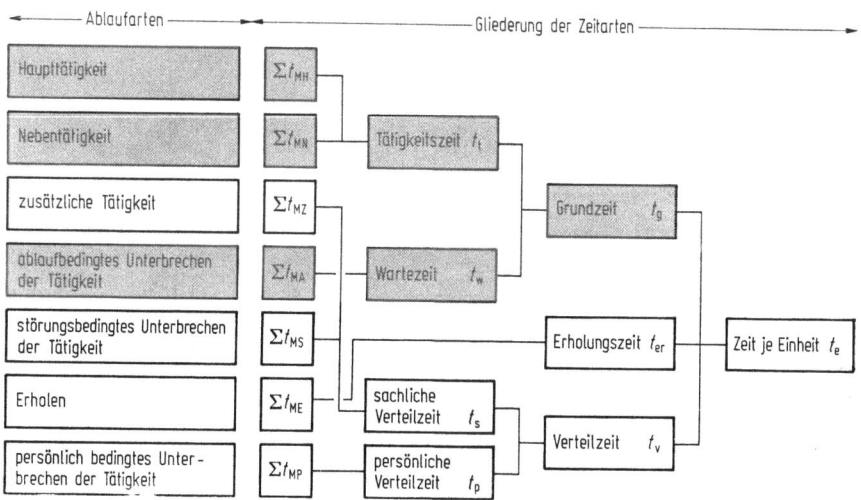

Bild 2.5-1. Gegenüberstellung der Ablaufarten und der Gliederung der Zeit je Einheit $t_e$ des Menschen [21].

*Beispiel:* Einschalen einer Stahlbetonwand:

| | |
|---|---|
| Aufstellen und Verspannen der Schalung | Haupttätigkeit MH, |
| Herholen von Schaltafeln | Nebentätigkeit MN, |
| Warten auf den Kran | störungsbedingtes Unterbrechen MS, |
| Ausruhen nach beendetem Einschalen | erholungsbedingtes Unterbrechen ME, |
| Privatgespräch mit Kollegen | persönlich bedingtes Unterbrechen MP. |

Ablaufbedingtes, störungsbedingtes oder persönliches Unterbrechen können auch zur notwendigen Erholung dienen.

*2.5.1.2.1.2 Ablaufarten bezogen auf das Betriebsmittel.* Die hierfür definierten Ablaufarten (Bild 2.5-2) entsprechen denen des Menschen, jedoch wird statt des Begriffes „Tätigkeit" der Begriff „Nutzen" verwendet und statt der Abkürzung „M" (für Mensch) die Abkürzung „B" (für Betriebsmittel). So bedeuten z. B.:

Hauptnutzung BH: Planmäßige, unmittelbar der Zweckbestimmung dienende Nutzung;
Nebennutzung BN: Planmäßige, nur mittelbar der Zweckbestimmung dienende Nutzung, wobei das Betriebsmittel zur Hauptnutzung vorbereitet, beschickt, entleert oder in den ursprünglichen Zustand zurückversetzt wird oder wobei es zur Prüfung des Arbeitsgegenstandes stillsteht;

| ablaufbedingtes Unterbrechen BA: | Planmäßiges Warten des Betriebsmittels auf das Ende von Ablaufabschnitten, die durch Mensch, Arbeitsgegenstand oder andere Betriebsmittel in ihrer Dauer bestimmt werden; |
|---|---|
| störungsbedingtes Unterbrechen BS: | Zusätzliches Warten des Betriebsmittels infolge von technischen und organisatorischen Mängeln; |
| erholungsbedingtes Unterbrechen BE: | Unterbrechen der Nutzung durch den Menschen, um Arbeitsermüdung abzubauen; |
| persönlich bedingtes Unterbrechen BP: | Unterbrechen der Nutzung durch den Menschen aus persönlichen Gründen. |

*Beispiel:* Betonmischer als Betriebsmittel:

| Mischen | Hauptnutzung BH, |
|---|---|
| Entleeren oder Beschicken | Nebennutzung BN, |
| Warten auf Rückschwenken des Kranes | ablaufbedingtes Unterbrechen BA, |
| Kran fällt aus | störungsbedingtes Unterbrechen BS. |

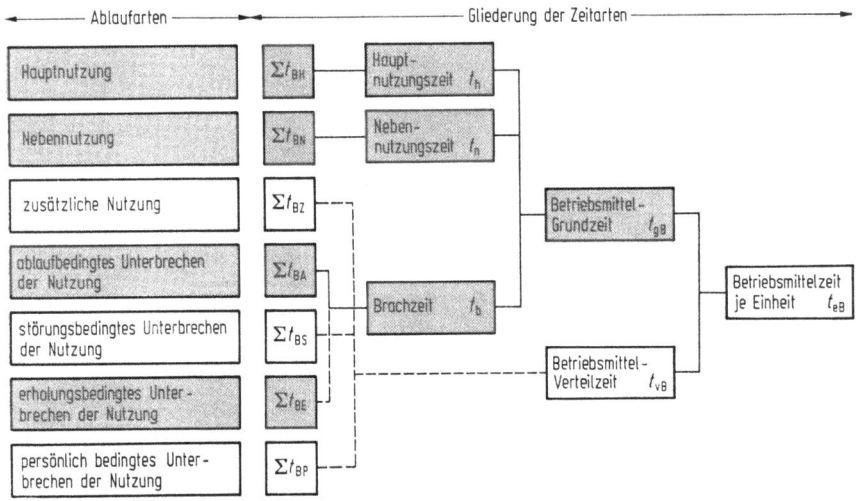

Bild 2.5-2. Gegenüberstellung der Ablaufarten und der Gliederung der Zeit je Einheit $t_{eB}$ des Betriebsmittels [21].

*2.5.1.2.1.3 Ablaufarten bezogen auf den Arbeitsgegenstand.* Die hier auftretenden Ablaufarten werden bezeichnet als
  Verändern (Einwirken, Fördern, zusätzliches Verändern);
  Prüfen;
  Liegen (ablaufbedingtes oder zusätzliches Liegen);
  Lagern.

**2.5.1.2.2 Vorgabezeit.** Vorgabezeiten nach REFA sind Soll-Zeiten für von Menschen und Betriebsmitteln ausgeführte Arbeitsabläufe. Vorgabezeiten für den Menschen enthalten Grundzeiten, Erholungszeiten und Verteilzeiten. Vorgabezeiten für das Betriebsmittel enthalten Grundzeiten und Verteilzeiten.

*2.5.1.2.2.1 Vorgabezeit für den Menschen.*

*Auftragszeit T:* Vorgabezeit für die Ausführung einer bestimmten Arbeit einschließlich Vorbereitung und Abschluß (*Rüstzeit*) (Bild 2.5-3).

## 2.5.1 Datenermittlung

*Rüstzeit* $t_r$: Vorgabezeit für Vorbereitung und Abschluß einer bestimmten Arbeit (z. B. Lesen der Zeichnung, Bereitlegen der Werkzeuge, Reinigen der Werkzeuge nach Arbeitsschluß). Arbeiten, die zu Anfang oder Ende einer Schicht ausgeführt werden und Aufräumungsarbeiten, jedoch keine Vorbereitungs- und Abschlußarbeiten darstellen, werden unter *Verteilzeiten* erfaßt. Die Rüstzeit $t_r$ wird meist je Arbeitsauftrag zusammengefaßt und nur einmal als Summe ohne weitere Untergliederung vorgegeben. Wird für die Rüstzeiten ein größerer Zeitabschnitt benötigt, so müssen Zeitanteile für die *Rüstverteilzeit* $t_{rv}$ und gegebenenfalls für *Rüsterholungszeiten* $t_{rer}$ berücksichtigt werden. Die Gesamtsumme dieser Zeitanteile wird dann als Rüstzeit $t_r$ ausgewiesen.

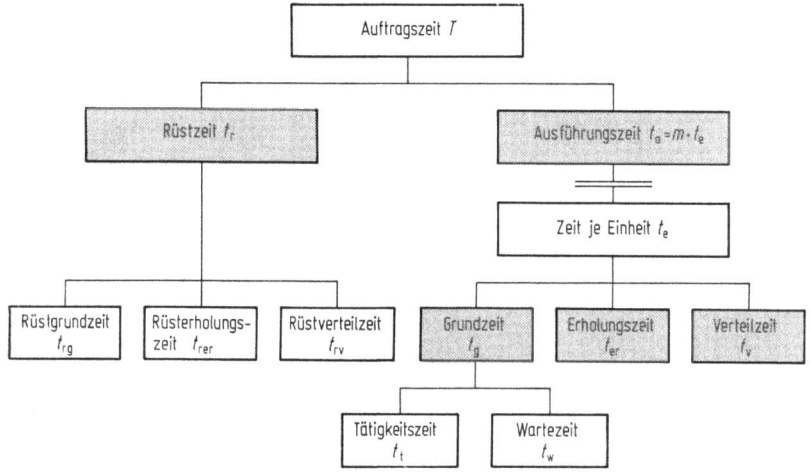

Bild 2.5-3. Zeitgliederung für die Auftragszeit $T$ [21].

*Ausführungszeit* $t_a$: Vorgabezeit für das Ausführen der Menge $m$ eines Auftrags.

*Zeit je Einheit* $t_e$: Vorgabezeit für die Ausführung einer Mengeneinheit (z. B. h/m² Schalung oder h/Stück Fertigteil), jedoch ohne Rüstzeit.

*Grundzeit* $t_g$: Summe der Soll-Zeiten von Ablaufabschnitten, die für die planmäßige Ausführung eines Ablaufs durch den Menschen erforderlich sind.

*Verteilzeit* $t_v$: Summe der Soll-Zeiten aller Ablaufabschnitte, die zusätzlich zur planmäßigen Ausführung erforderlich sind. Die Verteilzeit wird häufig als prozentualer Zuschlag zur Grundzeit ausgewiesen. Es ist:

$$Z_v = \frac{t_v}{t_g} \cdot 100 \text{ in } \%.$$

*Tätigkeitszeit* $t_t$: Summe der Soll-Zeiten aller Ablaufabschnitte mit der Ablaufart Haupttätigkeit MH und Nebentätigkeit MN. Sie entspricht der Grundzeit nach Abzug der arbeitsablaufbedingten Wartezeit.

*Arbeitsablaufbedingte Wartezeit* $t_w$: Summe der Soll-Zeiten aller Ablaufabschnitte mit der Ablaufart ablaufbedingtes Unterbrechen MA (z. B. das Warten auf das Rückschwenken des Kranes beim Betonieren).

*Sachliche Verteilzeit* $t_s$ (Bild 2.5.—2): Summe der Soll-Zeiten für zusätzliche Tätigkeit MZ und störungsbedingtes Unterbrechen MS, z. B.: Weg vom und zum Arbeitsplatz, arbeitsbedingte persönliche Säuberung; bei Arbeitsbeginn Werkzeug aus dem Magazin holen und bereitlegen; bei Arbeitsschluß Werkzeug säubern und in das Magazin zurücklegen; bei Arbeitsbeginn Maschine abschmieren; bei Arbeitsbeginn Maschine in Gang bringen und bei Arbeitsende wieder abstellen; Arbeitsplatz während der Arbeit säubern; Beseitigung kleiner behebbarer Störungen; Säubern von Arbeitskleidung (sofern die Abgeltung nicht anderweitig erfolgt); bei Arbeitsende Säubern der Maschine bzw. des Arbeitsplatzes; Stunden- und Mengenaufschriebe.

*Persönliche Verteilzeit* $t_p$: Summe der Soll-Zeiten für persönlich bedingtes Unterbrechen MP, z. B.: Lohnangelegenheiten regeln; Lohnempfang; Vesper bestellen und entgegennehmen; persönliche Bedürfnisse verrichten (Bild 2.5-2).

*Erholungszeit* $t_{er}$: Summe der Soll-Zeiten für erholungsbedingtes Unterbrechen ME. Die ablaufbedingten und störungsbedingten Unterbrechungszeiten können teilweise angerechnet werden. Die in der Vorgabezeit berücksichtigte Erholungszeit wird dann als Rest-Erholungszeit bezeichnet. Die Erholungszeit kann auch als prozentualer Erholungszuschlag zur Grundzeit angegeben werden. Dann ist

$$Z_{er} = \frac{t_{er}}{t_g} \cdot 100 \text{ in } \%.$$

Außer den vorstehend aufgeführten Zeiten, treten in seltenen Fällen Zeiten auf, die von Fall zu Fall abzugelten sind und nicht in die Vorgabezeiten eingeschlossen werden können. Hierzu gehören z. B.: Wartezeit bei Stromausfall; Wartezeit bei Maschinenschaden; Wartezeit bei nicht rechtzeitiger Bereitstellung von Baustoffen; Betriebsversammlung.

*2.5.1.2.2.2 Vorgabezeit für das Betriebsmittel.* Der Begriff Betriebsmittel im Sinn des Arbeitsstudiums wird für Geräte mit und ohne Antrieb verwendet.

Im Baubetrieb werden die Betriebsmittelzeiten nicht nur für die Zeitstudie, sondern auch für die *Maschinenkontrolle* und für die *Kostenrechnung* verwendet. Es muß also, abweichend von den stationären Industriebetrieben, eine Zeitgliederung verwendet werden, die auch diesen Belangen gerecht wird. In der Baugeräteliste 1971 werden deshalb folgende Zeitarten unterschieden:

Vorhaltezeit: Zeit, in der das Betriebsmittel (Gerät) der Baustelle zur Verfügung steht; sie beginnt mit dem Verladen zum Transport auf die Baustelle und endet mit dem Verladen zum Transport auf eine andere Baustelle oder mit der Rückkehr zum Bauhof.

Stilliegezeit: Zeit, in der ein Betriebsmittel wegen fehlender Einsatzmöglichkeit oder fehlender Betriebsbereitschaft nicht vorgehalten werden kann (Gerät lagert z. B. auf dem Bauhof oder auf einer Baustelle) oder innerhalb der Vorhaltezeit durch höhere Gewalt oder vergleichbare Umstände stillgelegt werden muß.

Reparaturzeit: Zeit, in der das Betriebsmittel repariert wird; eingeschlossen sind auch Wartezeiten wegen fehlender Ersatzteile.

Die Vorhaltezeit setzt sich aus nachstehend aufgeführten Zeitarten zusammen, von denen nur die Belegungszeit als Vorgabezeit im Sinne der REFA-Lehre bezeichnet werden kann. Zu beachten ist, daß die Stilliegezeit und die Reparaturzeit auch bei der Anwesenheit des Betriebsmittels auf der Baustelle auftreten können. In einem solchen Fall sind sie Bestandteil der Vorhaltezeit.

1. Belegungszeit,
2. Einrichte- und Räumzeit,
3. Wartungszeit,
4. Reparaturzeit auf den Baustellen,
5. Stilliegezeit auf den Baustellen,
6. Transportzeit.

Der in der Baugeräteliste 1971 verwendete Begriff der Betriebszeit entspricht der Haupt- und Nebennutzungszeit $t_h$ und $t_n$; die baubetrieblich bedingte Wartezeit ist mit dem ablaufbedingten und störungsbedingten Unterbrechen gleichzusetzen. Die Einsatzzeit entspricht der Belegungszeit.

## 2.5.1 Datenermittlung

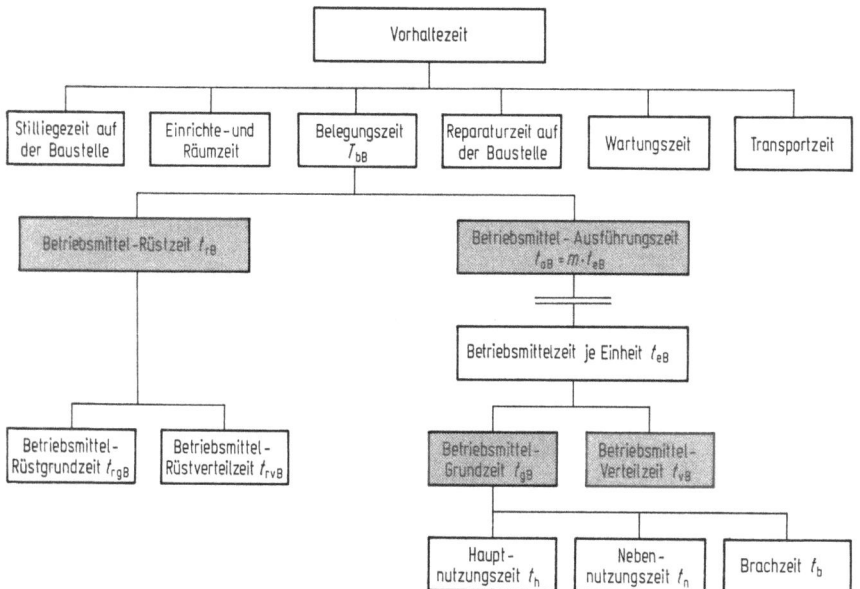

Bild 2.5-4. Zeitgliederung für die Vorhaltezeit des Betriebsmittels.

In manchen Betrieben ist es üblich, die Transportzeit in die Einrichte- und Räumzeit einzuschließen und nicht getrennt auszuweisen. Mit Ausnahme der Belegungszeit $T_{bB}$ ist es nicht üblich, für die übrigen Zeitarten, die durch Maschinenberichte erfaßt werden, besondere Kurzzeichen zu verwenden. Die Kurzzeichen werden also nur in der Untergliederung der Belegungszeit eingesetzt.
In der Gliederung der Vorhaltezeit des Betriebsmittels (Bild 2.2-4) bedeuten:

*Stilliegezeit:* Zeit, in der das Gerät auf der Baustelle stillgelegt ist im Sinne der Baugeräteliste, oder Zeit außerhalb der Vorhaltezeit, in der das Gerät nicht eingesetzt ist.

*Transportzeit:* Zeit, in der sich das Gerät auf dem Transport befindet.

*Einrichte- und Räumzeit:* Die für Auf- und Abbau und Umbau der Geräte erforderliche Zeit.

*Wartungszeit:* Zeit für das Reinigen und Abschmieren des Gerätes.

*Reparaturzeit:* Die bei einer Reparatur eines Gerätes anfallende Zeit.

*Belegungszeit $T_{tB}$ (Einsatzzeit):* Vorgabezeit für die Belegung des Betriebsmittels durch einen Auftrag (Bauleistung).

*Betriebsmittel-Rüstzeit $t_{rB}$:* Vorgabezeit, in der das Betriebsmittel für die Erfüllung seiner Arbeitsaufgabe vorbereitet und — falls erforderlich — nach Beendigung in seinen ursprünglichen Zustand zurückversetzt wird; z. B.: Fahren der Maschine in Arbeitsstellung; Anbau des speziellen Arbeitswerkzeuges.

*Betriebsmittel-Ausführungszeit $t_{aB}$:* Vorgabezeit für das Ausführen der Menge $m$ eines Auftrags.

*Betriebsmittelzeit je Einheit $t_{eB}$:* Vorgabezeit für die Ausführung einer Mengeneinheit.

*Betriebsmittel-Grundzeit $t_{gB}$:* Summe der Soll-Zeiten aller Ablaufabschnitte, die für die planmäßige Ausführung eines Ablaufs durch das Betriebsmittel erforderlich sind.

*Betriebsmittel-Verteilzeit* $t_{vB}$: Summe der Soll-Zeiten aller Ablaufabschnitte, die zusätzlich zur planmäßigen Ausführung erforderlich sind.

*Brachzeit* $t_b$: erholungs- und ablaufbedingtes Unterbrechen der Nutzung; z. B. Kran wartet auf Füllen des Betonkübels, bevor er anhebt und schwenkt.

*Hauptnutzungszeit* $t_h$: Vorgabezeit, in der das Betriebsmittel unmittelbar für seinen Verwendungszweck genutzt wird; z. B. Abgraben des Bodens und Schwenken des Baggers zur Entleerungsstelle.

*Nebennutzungszeit* $t_n$: Vorgabezeit, in der das Betriebsmittel nur unmittelbar für seinen Verwendungszweck genutzt wird; z. B. Rückschwenken des Baggers, Rückfahrt einer Planierraupe vor dem nächsten Abschieben des Bodens.

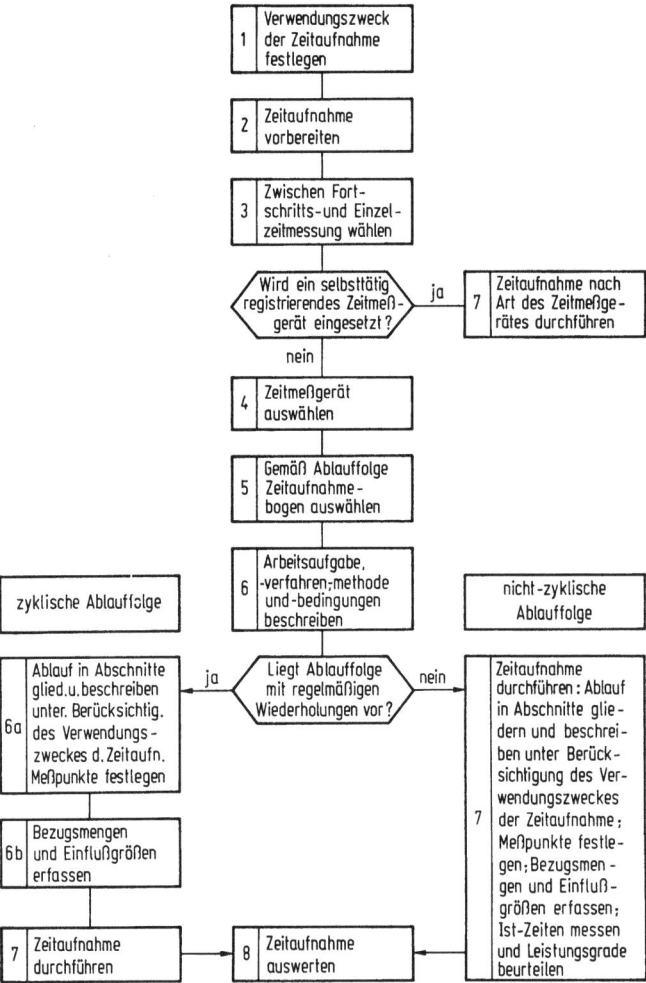

Bild 2.5-5. REFA-Standardprogramm Zeitaufnahme [21].

## 2.5.1.3 Zeitaufnahme

[3; 5; 8; 11; 18; 21; 26; 39]

Nach REFA [21] gilt: Zeitaufnahmen bestehen in der Beschreibung des Arbeitssystems, im besonderen des Arbeitsverfahrens, der Arbeitsmethode und der Arbeitsbedingungen, und in der Erfassung der Bezugsmengen, der Einflußgrößen, der Leistungsgrade und Ist-Zeiten[1]) für einzelne Ablaufabschnitte; deren Auswertung ergeben Soll-Zeiten für bestimmte Ablaufabschnitte. Im REFA-Standardprogramm Zeitaufnahme (Bild 2.5-5) ist ein Überblick über die auszuführenden 8 Schritte gegeben.

Zeitaufnahmen können als *Einzelzeitaufnahmen* oder *Gruppenzeitaufnahmen* durchgeführt werden. Mit einer Einzelzeitaufnahme wird nur ein Beobachtungsobjekt erfaßt. Sie eignet sich demnach für *Maschinenzeitaufnahmen* (Betriebsmittelzeitaufnahmen) oder für *Arbeitszeitaufnahmen*, bei denen eine in sich geschlossene Arbeit von einer einzigen Person ausgeführt wird. Da die Bauarbeit aber vorwiegend Gruppenarbeit ist, stellt die Gruppenzeitaufnahme die übliche Zeitaufnahme dar. Mit ihr werden mehrere Arbeitskräfte, die als geschlossene Gruppe eine genau abgegrenzte Arbeit ausführen, während des Arbeitsvollzuges beobachtet unter gleichzeitiger Messung der aufgewandten Arbeitszeit.

Für die Ausführung der Zeitmessung wurde eine Reihe von Verfahren entwickelt, die in Bild 2.5-6 dargestellt sind. Näheres in 2.5.1.3.2., 2.5.1.3.3 und 2.5.1.3.4.

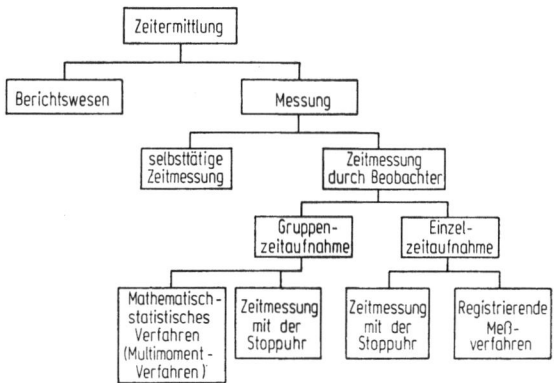

Bild 2.5-6. Zeitaufnahmeverfahren.

**2.5.1.3.1 Leistungsgradbeurteilung.** Es ist für die menschliche Leistung typisch, daß sie innerhalb eines verhältnismäßig weiten Bereichs schwankt. Sie ist abhängig von der beim Arbeitsvollzug vorhandenen *Intensität* und von der *Wirksamkeit*.

*2.5.1.3.1.1 Leistungsgrad* [4; 21]. Um die sog. *Normalleistung* des arbeitenden Menschen erfassen zu können, hat REFA den Begriff des *Leistungsgrades* geschaffen, mit dessen Hilfe die gemessenen Zeiten in Normalzeiten umgewandelt werden können.

$$\text{Leistungsgrad} = \frac{\text{beobachtete Ist-Leistung}}{\text{vorgestellte Bezugsleistung}} \times 100$$

Innerhalb der REFA-Lehre wird das Leistungsniveau der Bezugsleistung als Normalleistung bezeichnet und nach [21] wie folgt beschrieben: Unter REFA-Normalleistung

---

[1]) Ist-Zeiten sind dadurch gekennzeichnet, daß der Buchstabe $t$ als Symbol für die Ist-Zeit den Index $i$ erhält. $t_i$ ist also eine Ist-Zeit.

wird eine Bewegungsausführung verstanden, die dem Beobachter hinsichtlich der Einzelbewegungen, der Bewegungsfolge und ihrer Koordinierung besonders harmonisch, natürlich und ausgeglichen erscheint. Sie kann erfahrungsgemäß von jedem in erforderlichem Maße geeigneten, geübten und voll eingearbeiteten Arbeiter auf die Dauer und im Mittel der Schichtzeit erbracht werden, sofern er die für persönliche Bedürfnisse und gegebenenfalls auch für Erholung vorgegebenen Zeiten einhält und die freie Entfaltung seiner Fähigkeiten nicht behindert wird.

*Bramesfeld* gibt in einem Schema Bild 2.5-7 die Entstehung des menschlichen Leistungsgrades an [4].

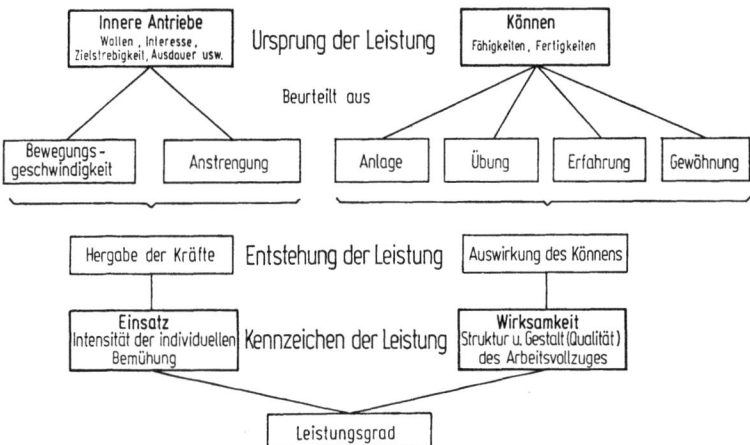

Bild 2.5-7. Entstehung des Leistungsgrades [4].

Das Leistungsgradbeurteilen besteht darin, daß der Arbeitsstudienmann das Erscheinungsbild des Bewegungsablaufs beobachtet und mit dem Bild des vorgestellten Bewegungsablaufs vergleicht. Die Beurteilung des Erscheinungsbildes des Bewegungsablaufs ist damit die Grundlage des Leistungsgradbeurteilens. Dabei charakterisieren den Bewegungsablauf im wesentlichen zwei Merkmale, die *Intensität* und die *Wirksamkeit*. Die Intensität äußert sich in der Bewegungsgeschwindigkeit und Kraftanspannung der Bewegungsausführung. Die Wirksamkeit ist ein Ausdruck für die Güte der Arbeitsweise der Arbeitsperson.

In der Praxis der Zeitaufnahme sind Intensität und Wirksamkeit meist nicht voneinander zu trennen. Deshalb werden beide zusammen im Leistungsgrad beurteilt. Die Streubreite liegt etwa zwischen 75 und 150%. Diese Beurteilung ist vom Arbeitsstudienmann während der Zeitaufnahme durchzuführen. Sie erfordert große Übung und eine hinreichende Vertrautheit mit der Arbeit.

*2.5.1.3.1.2 Leistungsspanne* [7; 24]. Da in der Praxis die Beurteilung des Leistungsgrades mit großen Schwierigkeiten verbunden ist, wird von *Euler* und *Stevens* stattdessen die sog. Leistungsspanne vorgeschlagen, die durch die obere und untere *Grenzleistung* abgegrenzt wird. Diese Begriffe sind wie folgt definiert:

Die *untere Grenzleistung* ist gegeben, wenn alle oder die Mehrzahl der leistungsmindernden Einflüsse auf die Sachleistung wirksam sind. Die *obere Grenzleistung* ist gegeben, wenn alle oder die Mehrzahl der leistungsfördernden Einflüsse auf die Sachleistung wirksam sind. Untere und obere Grenzleistung kommen selten vor. Die Differenz zwischen oberer und unterer Grenzleistung wird verbleibende *Streubreite* der Sachleistung genannt.

Die verbleibenden Ist-Werte enthalten also alle restlichen Einflüsse auf die Leistung. Diese müssen durch weitere, geeignete Maßnahmen in ihrer Größe und Richtung erfaßt

## 2.5.1 Datenermittlung

und behandelt werden. Auf diese Weise entsteht die *Leistungsobergrenze* und die *Leistungsuntergrenze* (Bild 2.5-8). Die *Leistungsobergrenze* $L_o$ liegt in der Regel niedriger als die obere Grenzleistung; sie ist normalerweise erreichbar, darf aber nicht zur Gesundheitsschädigung des Menschen und nicht zu Schäden an Betriebsmittel oder Werkstoff bzw. Werkstück führen.

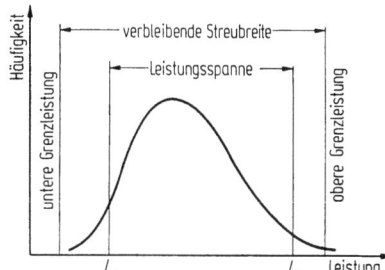

Bild 2.5-8. Leistungsspanne [7].

Die *Leistungsuntergrenze* $L_u$ liegt in der Regel oberhalb der unteren Grenzleistung; sie darf nicht niedriger sein, als wirtschaftlich tragbar ist. $L_o$ und $L_u$ sind also nicht identisch mit der oberen und unteren Grenzleistung. Bei der Festsetzung der Entlohnung können $L_o$ und $L_u$ mit der Ober- und Untergrenze der Entlohnung gleichgesetzt werden.

### 2.5.1.3.2 Zeitermittlung durch Meßverfahren
[8; 18; 21; 33; 39]

*2.5.1.3.2.1 Stoppuhrverfahren.* Bei der Zeitmessung durch Beobachter werden am häufigsten die Stoppuhrverfahren verwendet. Mit ihnen lassen sich sowohl Einzelzeitaufnahmen als auch Gruppenzeitaufnahmen durchführen. Bei Gruppenzeitaufnahmen ist allerdings für jeden Arbeiter ein Zeitstudienmann erforderlich. Bei langdauernden Arbeitsstufen kann ein geübter Zeitstudienmann auch zwei, in Ausnahmefällen drei Arbeiter aufnehmen.

Zu unterscheiden sind zwei Stoppuhrverfahren:
1. Einzelzeitmessung
2. Fortschrittzeitmessung.

Bei beiden Verfahren werden eine Stoppuhr (i. allg. 1/100 Minuten-Teilung) und Formblätter benötigt, in die man die Stoppuhrablesungen einträgt (Bild 2.5-9). Während bei *Einzelzeitmessung* bereits die Einzelzeiten der aufgenommenen Teilvorgänge des Arbeitsvorgangs abgelesen werden können, erfordert die *Fortschrittszeitmessung* eine zusätzliche Subtraktion für jede Ablesung. Es muß zur Ermittlung der Einzelzeit die Differenz zwischen der zur jeweiligen Arbeitsverrichtung gehörenden Fortschrittszeit und der vorhergehenden Zeit ermittelt werden. Anschließend erfolgt eine Sortierung und Zusammenstellung der Einzelzeiten.

Vor Beginn der Zeitmessung muß der gesamte Arbeitsvorgang beobachtet und in meßtechnisch günstige *Ablaufabschnitte* unterteilt werden. Der *Meßpunkt* muß einwandfrei bestimmbar sein und einer deutlich wahrnehmbaren Grenze zwischen zwei Ablaufabschnitten entsprechen. Die Feinheit der Unterteilung muß dem jeweiligen Arbeitsvorgang angemessen sein. Im Baubetrieb wird man selten Teilvorgänge unter 1 min Dauer annehmen.

*Einzelzeitverfahren.* Bei diesem Verfahren wird der Uhrzeiger bei jedem Meßpunkt gestoppt und sofort in die Null-Stellung zurückgeführt. Die richtige Ablesung erfordert große Übung, da anderenfalls erhebliche Fehler auftreten. Zur Kontrolle wird die Gesamtdauer der Messung mit einer zweiten Uhr festgestellt. REFA empfiehlt statt dessen die

## 2.5 Arbeitsstudium im Baubetrieb

| Zeitaufnahme | | | | | | | | | M   RA   Blatt 2 | |
|---|---|---|---|---|---|---|---|---|---|---|
| Arbeit: Abladen von Fertigteilen für Leitstreifen<br>Ist-~~Soll~~-Zustand | | | | | | | | | Zugehörige Arbeits-<br>beschreibung: RA 1 | |
| Beobachter: Me    Datum: 10.5.1973 | | | | | | | | | Umfang der Zeitaufnahme:<br>Blatt: RA 2-7 | |
| Uhrzeit  Beginn 12$\frac{26}{}$  Pausen von 12$\frac{50}{}$  Netto-Dauer: 2 h 56 min<br>         Ende  16$\frac{17}{}$ = 3h 51min         bis 13$\frac{45}{}$ = 55min | | | | | | | | | | |
| 1 | 2 | 3 | 4 | 5 | 6 | 7 | 8 | 9 | 10 | 11 |
| Lfd.<br>Nr. | Stu-<br>fen<br>Nr. | Schlüs-<br>sel<br>Nr. | Tätigkeit | Anzahl<br>Arbeiter | Fortschr.-<br>Zeit F | Einzel-<br>zeit E | Leistungs-<br>grad L | Normalzeit<br>L·E/100 = N | Bemerkungen<br>Technische Daten | Takt ③ |
| — | — | — | — | — | 1/100min | 1/100min | % | 1/100min | — | — |
| 1 | 1 |  | Kran vorgefahren | 1 | 1375 | 30 | ① | ② |  | / |
| 2 | 8 |  | Kranführer-Unterschrift | 1 | 1405<br>1560 | 155 |  |  | Lkw.: 6 Fertigteile<br>Anhänger: 7 Fertigteile | / |
| 3 | 2 |  | Fertigteil angeschlagen | 3 | 1580 | 20 |  |  |  |  |
| 4 | 3 |  | Fertigteil abgesetzt | 2 | 1635 | 55 |  |  |  | 24 |
| 5 | 4 |  | Haken abgenommen | 2 | 1670 | 35 |  |  |  |  |
| 6 | 5 |  | Kran II Spur gedreht | 1 | 1705 | 35 |  |  |  |  |
| 7 | 2 |  | Fertigteil angeschlagen |  | 1735 | 30 |  |  |  |  |
| 8 | 3 |  | Fertigteil abgesetzt |  | 1780 | 45 |  |  |  | 25 |
| 9 | 4 |  | Haken abgenommen |  | 1815 | 35 |  |  |  |  |
| 10 | 5 |  | Kran II Spur gedreht |  | 1835 | 20 |  |  |  |  |
| 11 | 1 |  | Kran vorgefahren |  | 1870 | 35 |  |  |  |  |
| 12 | 3 |  | Fertigteil abgesetzt |  | 1960 | 90 |  |  |  | 26 |
| 13 | 4 |  | Haken abgenommen |  | 2000 | 40 |  |  |  |  |
| 14 | 5 |  | Kran II Spur gedreht |  | 2030 | 30 |  |  |  |  |
| 15 | 1 |  | Kran vorgefahren |  | 2065 | 35 |  |  | ≈ 12,5 m | / |
| 16 | 2 |  | Fertigteil angeschlagen |  | 2110 | 45 |  |  |  | 27 |
| 17 | 3 |  | Fertigteil abgesetzt |  | 2165 | 55 |  |  |  | ↓ |

Besondere Vorfälle (Beschreibung, Beginn-Ende, Dauer, Zeitart; Pausen):
① Ist-Aufnahme für Arbeitsgestaltung: Kein Leistungsgrad geschätzt, LG = 100%
② N = E auf Grund von ①
③ Takt = Arbeitsstufe 2 bis 5
Zeitkontrolle: F = 790/100 min = $\Sigma E$ = 790/100 min

Bild 2.5-9. Zeitaufnahmebogen.

## 2.5.1 Datenermittlung

Doppelzeigeruhr „Taylor", bei der der Hauptzeiger beim Stoppen am Meßpunkt auf Null springt, der Schleppzeiger jedoch stehenbleibt und deshalb fehlerfrei abgelesen werden kann. Nach der Ablesung läßt man den Schleppzeiger dem Hauptzeiger nachspringen. Um die *Meßfehler* bei Verwendung nur einer Stoppuhr zu vermeiden, wird häufig das *3-Uhren-Verfahren* angewendet (Bild 2.5-10). Dabei übernehmen die Uhren wechselweise folgende Aufgaben:

erste Uhr steht auf Null,
zweite Uhr steht in Ablesestellung,
dritte Uhr läuft.

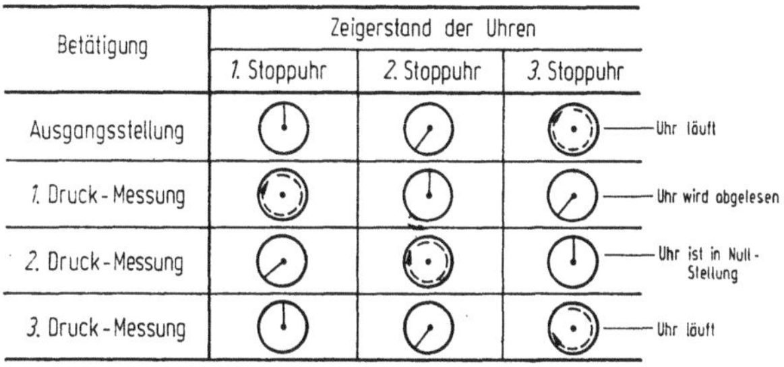

| Betätigung | Zeigerstand der Uhren | | |
|---|---|---|---|
| | 1. Stoppuhr | 2. Stoppuhr | 3. Stoppuhr |
| Ausgangsstellung | ① | ⊘ | ⊙ — Uhr läuft |
| 1. Druck-Messung | ⊙ | ① | ⊘ — Uhr wird abgelesen |
| 2. Druck-Messung | ⊘ | ⊙ | ① — Uhr ist in Null-Stellung |
| 3. Druck-Messung | ① | ⊘ | ⊙ — Uhr läuft |

Bild 2.5-10. Vorgang der Einzelzeitmessung beim 3-Uhren-Verfahren [18].

Zur Kontrolle kann eine vierte Uhr mitlaufen, die die Gesamtdauer der Zeitmessung registriert (*4-Uhren-Verfahren*).

*Fortschrittzeitverfahren.* Es kann mit jeder normalen Uhr durchgeführt werden, die über einen Sekundenzeiger verfügt. Am jeweiligen Meßpunkt wird die Uhrzeit abgelesen und bei der Auswertung die Einzelzeit durch die erwähnte Differenzenbildung ermittelt. Da eine Ablesung bei laufendem Zeiger erfahrungsgemäß zu Abgrenzungsfehlern führt, wird statt dessen meist eine Stoppuhr mit Schleppzeiger verwendet. Während der Hauptzeiger ständig umläuft, wird der Schleppzeiger an den betreffenden Meßpunkten angehalten und abgelesen. Nach der Ablesung wird der Schleppzeiger (Doppelzeiger) wieder zum Mitlaufen mit dem Hauptzeiger gebracht. Nach Ende der Messung erfolgt die notwendige Differenzenbildung zur Ermittlung der Einzelzeiten.

*2.5.1.3.2.2 Registrierende Meßverfahren.* Hierbei wird die Zeit auf ein ablaufendes Papierband gezeichnet oder gedruckt, so daß der Zeitstudienmann von der Ablese- und Schreibarbeit entlastet wird und sich vollständig der Beobachtung des gemessenen Arbeitsvorganges widmen kann. Die hierfür angewendeten Meßgeräte, *Arbeitsschauuhr* und *Zeitdrucker*, haben im Bauwesen kaum Eingang gefunden, obwohl sie nach [29] empfohlen werden. Sie werden als zu schwer und zu umständlich empfunden.

*2.5.1.3.2.3 Selbsttätig registrierende Zeitmeßverfahren* [18; 26; 33; 61; 64]. Sie werden zur Messung von langdauernden Arbeitsvorgängen bei Betriebsmitteln (*Maschinen*) verwendet. Sie erfordern keine menschliche Mitwirkung, da die Impulse zur Erfassung eines Vorganges von der Maschine selbst geliefert werden. Folgende Zeitmeßgeräte werden unterschieden: Betriebsstundenzähler; mechanischer Zeitschreiber; elektrischer Zeitschreiber.

*Betriebsstundenzähler.* Es handelt sich um einen einfachen Zähler, mit dem die Betriebsstunden des Gerätes gezählt werden. Er kann sowohl für Maschinen mit Elektroantrieb als auch für Maschinen mit Antrieb durch Verbrennungsmotoren verwendet werden. Man kann mit ihm jedoch keinen Einblick in die Dauer und zeitliche Lage der Betriebsunterbrechungen erhalten. Er wird im Baubetrieb vor allem zur Kontrolle von Großgeräten, z. B. von schweren Erdbaugeräten, verwendet.

## 2.5 Arbeitsstudium im Baubetrieb

*Mechanischer Zeitschreiber (Rüttelschreiber).* Im Gerät befindet sich eine mit einer Wachsschicht überzogene farbige *Diagrammscheibe,* die von einem Uhrwerk angetrieben wird (Bild 2.5-11). Diese Scheibe dreht sich unter einem auslenkbaren Schreibstift hinweg, der in die Wachsschicht eine Spur eingräbt und somit den farbigen Untergrund sichtbar macht. Wird der Schreibstift durch Erschütterungen, Kippen oder Pendeln ausgelenkt, so wird eine breite Schreibspur sichtbar; wird er nicht bewegt, so ist nur eine feine Linie zu sehen. Es entsteht also ein fortlaufendes Diagramm, das infolge der Zeitmarken genauen Aufschluß über Lage und Dauer der Arbeitsunterbrechungen gibt. Es können also Nutzungs- und Brachzeiten unterschieden werden. Bei geschickter Anordnung des Schreibers können u. U. auch innerhalb der Nutzungszeit unterschiedliche Arbeitsvorgänge im Diagramm festgestellt werden.

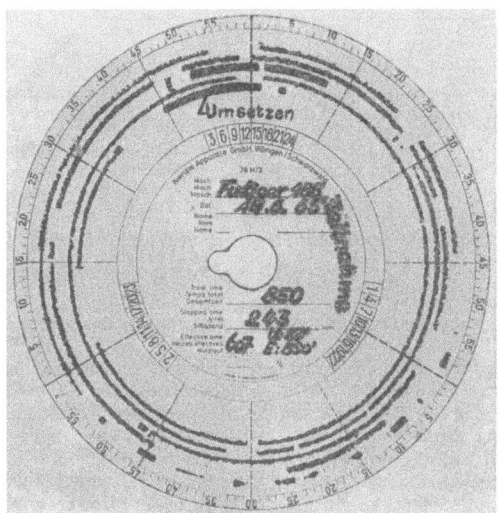

Bild 2.5-11. Rüttelschreiberscheibe.

Rüttelschreiber müssen an den Maschinenteilen angebracht werden, an denen sich der zu registrierende Arbeitsvorgang durch Erschütterungen, Kippen oder Pendeln am besten bemerkbar macht. Die Diagrammscheiben haben eine Laufzeit von 3, 12 oder 24 Stunden. Das Auswechseln der Scheiben erfolgt von Hand. Es empfiehlt sich das Führen eines zusätzlichen *Geräteberichts,* um die Gründe für Störungen im Arbeitsablauf zu erfahren. Hierdurch werden Rationalisierungsmaßnahmen wesentlich unterstützt [61; 64].

Mechanische Zeitschreiber werden im Baubetrieb für die Überwachung von *Großgeräten* eingesetzt, z. B. Straßenfertiger, Walzen, Erdbaugeräte.

*Elektrische Zeitschreiber* entsprechen in ihrer Funktion dem mechanischen Zeitschreiber, verfügen jedoch über einen elektrischen Antrieb der Diagrammscheibe. Außerdem wird der Schreibstift durch einen Kontaktgeber betätigt, der in den Steuerstromkreis der untersuchten Maschine eingeschaltet ist. Je nach Ausführung des Geräts können bis zu 10 verschiedene Vorgänge registriert werden. Werden mehr als 4 Vorgänge registriert, so verwendet man statt der Diagrammscheibe einen *Wachspapierstreifen.*

Elektrische Zeitschreiber werden im Baubetrieb zur Überwachung von *Großgeräten mit Elektroantrieb,* z. B. Großmischanlagen, Turmdrehkrane, verwendet. Ihr Einbau erfordert einen erheblich höheren Aufwand als der eines Rüttelschreibers.

*Leistungsschreiber* entsprechen in ihrer Funktion im wesentlichen den Zeitschreibern. Sie werden jedoch in den Hydraulikkreislauf einer Maschine mit Hydraulikausrüstung eingeschaltet und ermöglichen durch Registrierung des Hydraulikdrucks eine weitergehende Unterteilung der Arbeitsvorgänge. Außerdem erlauben sie eine Aussage über die Ausnutzung der installierten Geräteleistung. Sie können bei sämtlichen Geräten mit *Hydraulikausrüstung* verwendet werden, z. B. Hydraulikbaggern, Gabelstaplern [64].

**2.5.1.3.2.4 Genauigkeit gemessener Zeiten** [DIN 55302; 12; 21; 25—28; 36; 39]. Zeitmessungen stellen stets eine Stichprobe aus einer großen Anzahl von Werten dar. Da die Anzahl der zu messenden Werte ausschlaggebend für die Wirtschaftlichkeit von Zeitstudien ist, müssen die gemessenen Werte überprüft werden, ob sie den Genauigkeitsanforderungen entsprechen, die an eine Zeitstudie zu stellen sind. Ist das nicht der Fall, so sind die Messungen fortzuführen. Zur Beurteilung der Meßwerte gibt es eine Reihe von *statistischen Prüfverfahren*.

*Mittelwert.* Die Meßwerte $x_1, x_2, \ldots, x_N$ einer Zeitaufnahme werden aus $N$ Zeitmessungen gewonnen. Aus ihnen wird der *Mittelwert* $\bar{x}$ gebildet, dessen Genauigkeit mit Hilfe der mathematischen Statistik abgeschätzt wird.

$$\bar{x} = \frac{x_1 + x_2 + \cdots + x_i + \cdots + x_N}{N} = \frac{1}{N} \sum_{i=1}^{N} x_i$$

Das arithmetische Mittel gibt die genaue mittlere Lage einer Wertreihe an.

*Streuungsmaße.* Die Genauigkeit des Mittelwertes, d. h. die Abweichung des gemessenen Mittelwertes vom tatsächlichen Wert, wird durch *Streuungsmaße* näher beschrieben:

*Variationsbreite.* Die einfachste Maßzahl ist die absolute *Variationsbreite* $R$ (*Spannweite*), die die Abweichung des größten Meßwertes vom kleinsten Meßwert angibt:

$$R = x_{\max} - x_{\min}$$

Die Variationsbreite ist ein ungenaues Streuungsmaß, da bei aus dem Rahmen fallenden Extremwerten die Streuung nicht genau genug erfaßt werden kann.

*Einzelabweichung.* Eine bessere Maßzahl ist die mittlere *Einzelabweichung* $f$, die die durchschnittliche Abweichung der Meßwerte vom Mittelwert beschreibt:

$$f = \frac{1}{N} \sum_{i=1}^{N} (x_i - \bar{x})$$

*Standardabweichung.* Das beste Maß für die Streuung der einzelnen Meßwerte ist die *Standardabweichung* $s$ (mittlere quadratische Abweichung):

$$s = \sqrt{\frac{1}{N-1} \sum_{i=1}^{N} (x_i - \bar{x})^2}$$

*Vertrauensbereich.* Jeder Mittelwert $\bar{x}$ genießt mit einer bestimmten statistischen Sicherheit Vertrauen in dem Bereich

$$\bar{x} \pm t \frac{s}{\sqrt{N}}$$

Der Faktor $t$ entstammt der sog. *Student-Verteilung*; mit ihm wird außer der statistischen Sicherheit der Umfang der Stichprobe berücksichtigt. Die Werte von $t$ sind für bestimmte statistische Sicherheiten $S$ und Freiheitsgrade $n$ tabelliert. Mit Freiheitsgrad wird die Anzahl der voneinander unabhängigen Abweichungen $x_i - \bar{x}$ bezeichnet. Für die Meßwerte aus $N$ voneinander unabhängigen Zeitmessungen ist der Freiheitsgrad $n = N - 1$.

Die Abweichung $t \dfrac{s}{\sqrt{N}}$ bezogen auf den Mittelwert der Zeitstudie $\bar{x}$ wird mit dem *relativen Fehler* $\varepsilon$ bezeichnet:

$$\varepsilon = \frac{ts}{\bar{x}\sqrt{N}}$$

326                     2.5 Arbeitsstudium im Baubetrieb

*Beispiel:* Aus einer Meßreihe von $N = 25$ Werten ergeben sich folgende Meßzahlen:
*Mittelwert* $\bar{x} = 0{,}66$ h/m²;
*Standardabweichung* $s = 0{,}084$ h/m²;
für $n = N - 1 = 24$ und $S = 95\%$ ergibt sich $t = 2{,}064$.
Der errechnete Mittelwert genießt Vertrauen im Bereich:

$$0{,}66 \pm 2{,}064 \frac{0{,}084}{\sqrt{25}} = 0{,}66 \pm 0{,}035 \text{ h/m}^2$$

$$\text{oder } \varepsilon = \frac{0{,}035}{0{,}66} = 0{,}053 = 5{,}3\%.$$

Für Zeitmessungen wird bei einer statistischen Sicherheit von $s = 95\%$ ein relativer Fehler $\varepsilon = 10\%$ als zulässig erachtet.

**2.5.1.3.3 Zeitermittlung durch mathematisch-statistische Verfahren** [11; 13; 29; 31; 39].
Die statistischen Verfahren zur Zeitermittlung ersetzen die Messung der Zeiten durch die Zählung der *Häufigkeit* ihres Auftretens. Sie eignen sich in besonderem Maß für den Baubetrieb, da hiermit eine *Gruppenzeitaufnahme* leicht und schnell durchgeführt werden kann.
Vor der Durchführung der Zeitaufnahme müssen vom Zeitstudienmann die zu registrierenden Vorgänge (Teilvorgänge, Arbeitsstufen) genau festgelegt und in einem Formular eingetragen werden. Es werden dann Rundgänge ausgeführt und die bei den jeweiligen Personen beobachteten Tätigkeiten in der betreffenden Rubrik des Formulars mit einem Strich festgehalten. Es entsteht somit eine *Strichliste*, die nach Beendigung der Zeitaufnahme ausgezählt wird (Bild 2.5-12).

| Blatt: 1 | | Tag 17.3.73 | Beginn 7,00 Uhr | Ende 15,45 Uhr | Arbeit Fertigteilsitzen 6.St. | | | | | | Strich-summe | Anteil $p$ (%) | Anteil $p$ (min) | absolut. Fehler $f$ | relative Fehler $\varepsilon$ |
|---|---|---|---|---|---|---|---|---|---|---|---|---|---|---|---|
| Nr. | Vorgang | \multicolumn{9}{c}{Notierungen} | | | Arbeiter 2 | | | | |
| 1 | 2 | 3/1 | 3/2 | 3/3 | 3/4 | 3/5 | 3/6 | 3/7 | 3/8 | 3/9 | 3/10 | 4 | 5 | 6 | 7 | 8 |
| 1 | Einschalen | ##### ##### | ##### ##### | ##### ##### | ##### ##### | ##### ##### | ##### ##### | ##### ##### | ##### ##### | ##### ##### | ##### ##### | 107 | 33 | 158 | ±5,1 | 15,5 |
| 2 | Bewehren | ##### ##### | ##### ##### | ##### //// | | | | | | | | 39 | 12 | 58 | ±3,1 | 2,6 |
| 3 | Betonieren | ##### ##### | ##### ##### | ##### ##### | ##### ##### | ##### ##### | ##### ##### | ##### ##### | ##### ##### | ##### ##### | ##### ##### | 124 | 38 | 182 | ±5,3 | 1,4 |
| 4 | Ausschalen | ##### ##### | ##### ##### | ##### ##### | ##### / | | | | | | | 36 | 11 | 53 | ±3,4 | 3,1 |
| 5 | Verteilzeit | ##### ##### | ##### ##### | | | | | | | | | 20 | 6 | 29 | ±2,5 | 4,2 |
| | Summe | | | | | | | | | | | 326 | 100 | 480 | | |

Bild 2.5-12. Aufnahmebogen für Multimomentaufnahmen.

Die *Einzelzeit* $t_i$ eines Vorgangs $i$ ermittelt sich nach folgender Formel:

$$t_i = p z t; \quad p_i = \frac{n_i}{N}$$

$n_i$ Anzahl der Notierungen für den Vorgang $i$;  $z$ Anzahl der beobachteten Personen;
$N$ Gesamtzahl der Notierungen;  $t$ Beobachtungsdauer.

## 2.5.1 Datenermittlung

Wichtig ist, daß diejenige Tätigkeit notiert wird, die beim ersten Anblick der beobachteten Person gerade ausgeführt wird. Hieraus erklärt sich auch die von *de Jong* geprägte Bezeichnung *Multimomentaufnahme* [62]. Es wird damit zutreffend ein mathematisch-statistisches Verfahren bezeichnet, das in „vielen Augenblicken" von Beobachtungen Tatsachenmaterial zusammenträgt. Als geistiger Vater des Verfahrens gilt der Engländer *Tippet*.

Nach der Art der Intervalle zwischen den Beobachtungen werden zwei Arten von *Multimomentverfahren* unterschieden:

Multimomentverfahren mit *unregelmäßigen* Zeitintervallen, vgl. 2.5.1.3.3.1,
Multimomentverfahren mit *regelmäßigen* Zeitintervallen, vgl. 2.5.1.3.3.2.

*2.5.1.3.3.1 Multimomentverfahren mit unregelmäßigen Zeitintervallen* [11; 29; 31; 39]:
*Anwendungsgrundsätze.* Voraussetzung für die Anwendung des Multimomentverfahrens ist, daß jeder Zeitpunkt eines Arbeitsvorgangs dieselbe Wahrscheinlichkeit haben muß, durch eine zufällige Beobachtung aufgeschrieben zu werden. Systematische Fehler treten dann auf, wenn bestimmte Vielfache der Intervalle zwischen den Beobachtungen mit periodisch wiederkehrenden Tätigkeiten zusammenfallen. Unregelmäßige Zeitintervalle sind also bei *zyklischen Arbeiten* anzuwenden.

Das Verfahren ist nur dann anzuwenden, wenn es sich um langzyklische Arbeitsvorgänge handelt. Kurzzyklische Vorgänge, die nur von ein oder zwei Personen ausgeführt werden, oder Maschinenzeitaufnahmen werden wirtschaftlicher mit der Stoppuhr erfaßt. Besonders vorteilhaft ist, daß die Zeitstudienmänner keine besondere Ausbildung und Übung benötigen und mehrere Arbeitsplätze auf *einem* Rundgang beobachtet werden können. Eine Schätzung des Leistungsgrades ist nicht möglich, da diese eine langdauernde, intensive Beobachtung der Person voraussetzt. Das steht aber im Widerspruch zur Natur der Multimomentaufnahme. Manchmal wird empfohlen, das Leistungsgradschätzen von einem zweiten Zeitstudienmann durchführen zu lassen. Jedoch kann damit nur ein durchschnittlicher Gruppenleistungsgrad ermittelt werden, dessen Anwendbarkeit umstritten ist und der den REFA-Grundsätzen nicht entspricht.

*Genauigkeit* [11]. Der *absolute Fehler* $f_i$ für die Zeit $t_i$ des Vorgangs $i$ berechnet sich nach folgender Formel (*MM-Hauptformel*):

$$f_i = \pm \lambda \sqrt{\frac{p_i(100 - p_i)}{N}}$$

$\lambda$ ist ein von der statistischen Sicherheit $S$ abhängiger Wert, dem die Normalverteilung der Grundgesamtheit zu Grunde liegt; für $S = 95\%$ gilt $\lambda = 1{,}96$.

Meist wird zur Beurteilung der Genauigkeit der Einzelwerte der *relative Fehler* $\varepsilon$ verwendet:

$$\varepsilon = \frac{f \cdot 100}{p}$$

Durch Auflösen der MM-Hauptformel nach $N$ läßt sich bei vorgegebenem Fehler und geschätztem Zeitanteil $t_i$ die Anzahl der notwendigen Beobachtungen ermitteln:

$N = \dfrac{1{,}96^2}{f^2} \cdot p \cdot (100 - p)$ oder unter Verwendung des relativen Fehlers

$$N = \frac{196^2 \cdot (100 - p)}{\varepsilon^2 \cdot p}$$

Der REFA-Grundsatzausschuß „Zeitermittlung" schlägt für $\varepsilon$ einen Wert von 2,5 bis 10% vor in Abhängigkeit vom Verwendungszweck der Werte. In den USA wird bei MM-Aufnahmen ein Fehler von 5 bis 20% noch als zulässig erachtet.

*Beispiel:* Bei einer Multimomentaufnahme wurden für die Zeitart $t_2$ 300 Notierungen von insgesamt 1 000 vorgenommen. Wie groß sind der absolute und der relative Fehler?

Wieviel Notierungen sind notwendig, wenn der relative Fehler auf 5% begrenzt werden soll?

$$p_2 = \frac{n_2}{N} = \frac{300}{1000} = 30\,\%;$$

$$f_2 = \pm\, 1{,}96 \cdot \sqrt{\frac{30 \cdot (100 - 30)}{1000}} = 2{,}84;$$

$$\varepsilon = \frac{2{,}84 \cdot 100}{30} = 9{,}5\,\%$$

Für $\varepsilon = 5\,\%$ ergibt sich für $N$

$$N = \frac{196^2 \cdot (100 - 30)}{5^2 \cdot 30} = 3\,580 \text{ Notierungen.}$$

*2.5.1.3.3.2 Multimomentverfahren mit regelmäßigen Zeitintervallen* [2; 5; 39; 63; 65; 66]: *Anwendungsgrundsätze.* Dieses Verfahren wird auch als *systematische Multimomentaufnahme* bezeichnet. Sie wurde von *A. D. J. Flowerdew* und *P. W. Malin* [63] entwickelt. Bei diesem Verfahren werden die Beobachtungen in gleichen Zeitintervallen durchgeführt. Sie müssen kleiner sein als der kleinste gemessene Teilvorgang des Arbeitsvorganges. In Versuchen von ***Hauen*** wird bestätigt, daß Aufnahmen mit periodischen Beobachtungsintervallen genauere Ergebnisse liefern als die zufällig verteilten Beobachtungen.

Die systematische MM-Aufnahme kann vor allem bei *Gruppenzeitaufnahmen* im Baubetrieb verwendet werden, da die hier zu notierenden Ablaufabschnitte meist langdauernd sind. Zur Planung der MM-Aufnahme empfiehlt sich, vorher eine kurze Zeitaufnahme mit der Stoppuhr durchzuführen. Daraus läßt sich der zeitliche Intervall ermitteln. *Dressel* [5] und *Bernzott* [2] empfehlen für Gruppenzeitaufnahmen einen Zeitintervall von 1 min.

Wird nur *eine* Gruppe beobachtet, so notiert der Zeitstudienmann in den festgelegten Zeitabständen die beobachteten Tätigkeiten, ohne seinen Standort zu verändern. Werden *mehrere* Gruppen in die Beobachtung einbezogen, so sind Rundgänge notwendig. Die Auswertung geschieht wie beim Multimomentverfahren mit unregelmäßigen Zeitintervallen (Bild 2.5-13).

Systematische Multimomentaufnahme — Am 5.7. 1972 Von 8.00 Bis 8.30 Uhr — Aufgenommen: B — Ausgewertet: B — Blatt: 1 — Dazu: — Betonieren einer Decke

Fortschritts-Minuten: 8.00 Uhr … Uhr 8.30

| Nr. | Teilvorgang | 1 | 2 | 3 | 4 | 5 | 6 | 7 | 8 | 9 | 10 | 11 | 12 | 13 | 14 | 15 | 16 | 17 | 18 | 19 | 20 | 21 | 22 | 23 | 24 | 25 | 26 | 27 | 28 | 29 | 30 | Σ Min. = n | Lstg. Grd. = LG | Normal-Zeit = N | Perioden = P | Zeitart |
|---|---|---|---|---|---|---|---|---|---|---|---|---|---|---|---|---|---|---|---|---|---|---|---|---|---|---|---|---|---|---|---|---|---|---|---|---|
| | Betonieren | | | | | | | | | | | | | | | | | | | | | | | | | | | | | | | | 100 | | 16 | $t_t$ |
| | | | | 4 | 4 | | | 4 | 4 | 4 | | | | 4 | 4 | 4 | 4 | 4 | | | | | 4 | 4 | 2 | 2 | | | | | | 52 | | 52 | | |
| | Beton abziehen | | | | | | | | | | | | | | | | | | | 100 | | | | | | | | | | | | | 100 | | 9 | $t_t$ |
| | | | | | | 2 | 2 | | | | 2 | 2 | 2 | | | | | | 3 | 3 | 3 | 3 | | | 2 | 2 | 2 | 2 | 2 | 2 | | 34 | | 34 | | |
| | Warten auf Beton | | | | | | | | | | | 100 | | | | | | | | | | | | | | | | | | | | | 100 | | 6 | $t_w$ |
| | | 2 | 2 | | | 2 | 2 | | | | 2 | 2 | 2 | | | | | | | | | | | | | | | | | | | 14 | | 14 | | |
| | Warten auf Kran | 100 | | | | | | | | | | | | | | | | | | | | | | | | | | | | | | | 100 | | 2 | $t_w$ |
| | | 2 | 2 | | | | | | | | | | | | | | | | | | | | | | | | | | | | | 4 | | 4 | | |
| | Zigaretten drehen | | | | | | | | | | | | | | | | | | | 100 | | | | | | | | | | | | | 100 | | 1 | $t_p$ |
| | | | | | | | | | | | | | | | | | | | 1 | 1 | 1 | 1 | | | | | | | | | | 4 | | 4 | | |
| | Werkzeug reinigen | | | | | | | | | | | | | | | | | | | | | | | | | | | 100 | | | | | 100 | | 2 | $t_r$ |
| | | | | | | | | | | | | | | | | | | | | | | | | | | | 2 | 2 | 2 | 2 | | 8 | | 8 | | |
| | Σ | | | | | | | | | | | | | | | | | | | | | | | | | | | | | | | 116 | | 116 | | |

Bild 2.5-13. Aufnahmebogen für die systematische Multimomentaufnahme [2].

## 2.5.1 Datenermittlung

*Genauigkeit.* In [80] ist für ein Stichprobenintervall, das kleiner als die kürzeste Tätigkeitsdauer, eine Formel zur Beurteilung der Genauigkeit der Ergebnisse einer Zeitstudie entwickelt worden. Der *absolute Fehler* $f_i$ für die Zeit $t_i$ des Vorgangs $i$ berechnet sich wie folgt:

$$f_i = \pm \frac{\lambda}{N} \sqrt{\frac{N_i}{6}}$$

Der *relative Fehler* $\varepsilon$ berechnet sich nach folgender Formel:

$$\varepsilon = \pm \frac{100 \cdot \lambda}{n_i} \sqrt{\frac{N_i}{6}} \quad \text{für } S = 95\%, \; \lambda = 1{,}96.$$

Darin bedeuten
$N$ Gesamtzahl der Notierungen für sämtliche Vorgänge;
$n_i$ Anzahl der Notierungen für Vorgang $i$;
$N_i$ Häufigkeit des Auftretens des Vorgangs $i$ während der gesamten Beobachtungsdauer. Werden mehrere Arbeiter beobachtet, so ist die Häufigkeit $N_i$ das Produkt aus der Anzahl des Auftretens des Vorgangs $i$ und der Anzahl der dabei tätigen Arbeiter. $N_i$ entspricht der Periode $P$ in Bild 2.2-13.

Bezeichnet man die *Anzahl der Intervalle* je Vorgang mit $k$, so ergibt sich für Vorgang $i$:

$$k_i = \frac{n_i}{N_i}$$

Hieraus läßt sich die *Anzahl der Notierungen* $n_i$ für den Vorgang $i$ und die Gesamtzahl der Notierungen $N$ bei vorgegebenem $\varepsilon$ ermitteln, wenn vorher eine abschätzende Annahme über $k_i$ durchgeführt wird:

$$n_i = \left(\frac{196}{\varepsilon}\right)^2 \cdot \frac{1}{6\,k_i}$$

*Beispiel:* In einem Fertigteilwerk werden systematische MM-Aufnahmen durch Rundgänge mit einem Zeitintervall von 4 min ausgeführt. Dabei wird ein Arbeitsplatz berührt, an dem 2 Arbeiter Fertigteilstützen herstellen. Durch eine Vorstudie hat sich ergeben, daß der Teilvorgang ,,Bewehren" bei Einsatz von 2 Arbeitern 10 min in Anspruch nimmt. Da 2 Arbeiter beschäftigt werden, ist die Häufigkeit das Produkt aus der Anzahl des Auftretens des Bewehrungsvorgangs (bei jeder Fertigteilstütze einmal) und der Anzahl der Arbeiter (hier 2 Arbeiter), d. h. $N_i = 2$.
Wieviel Stützenfertigungen müssen erfaßt werden, damit $\varepsilon = 5\%$ eingehalten wird?

$$k_i = \frac{2 \cdot 10}{2 \cdot 4} = 2{,}5 \text{ Notierungen/Teilvorgang};$$

$$n_i = \left(\frac{196}{5}\right)^2 \cdot \frac{1}{6 \cdot 2{,}5} = 102$$

Anzahl der Stützenfertigungen $\frac{102}{2 \cdot 2{,}5} \approx 20$.

Aus Zeitmangel wurden nur 15 Stützenfertigungen aufgenommen. Für den Teilvorgang ,,Bewehren" ergaben sich $n = 72$ Notierungen. Bei jedem Bewehrungsvorgang wurden mindestens einmal 2 Arbeiter beobachtet, d. h. Häufigkeit $N_i = 2 \cdot 15 = 30$. Wie groß ist der relative Fehler $\varepsilon$?

$$\varepsilon = \pm \frac{196}{72} \sqrt{\frac{30}{6}} = \pm 6{,}1\%$$

**2.5.1.3.4 Ermittlung von Ist-Zeiten** durch Auswerten des Berichtswesens [21; 39]. Ein wesentliches Hilfsmittel der Zeitermittlung im Baubetrieb ist die Bauberichterstattung und ihre Auswertung in der Nachkalkulation. Die Aussagefähigkeit der Nachkalkulation hängt dabei weitgehend von der Genauigkeit der auf der Baustelle erfaßten Daten und der vorhandenen Einflußgrößen ab. Für die Zwecke der Bauberichterstattung werden die einzelnen Positionen des Leistungsverzeichnisses in Arbeitsvorgänge unterteilt, die dem Arbeitsablauf entsprechen. Dabei sollte nur so weit untergliedert werden, wie eine getrennte Erfassung der Stunden auf der Baustelle ohne unzumutbaren Aufwand durch die Bauberichterstatter möglich ist.

Der Aufsichtsführende verteilt in der Regel am Abend die Stunden der einzelnen Arbeiter nach seiner Erinnerung auf die einzelnen Arbeitsvorgänge. Häufig ist dabei derselbe Arbeiter an einem Tag an mehreren Arbeitsvorgängen beteiligt. Zuordnungsschwierigkeiten treten besonders bei kurzdauernden Arbeitsvorgängen sowie bei Arbeiten, die ineinandergreifen, auf.

Bei dieser Handhabung ergeben sich zwangsläufig gewisse Differenzen zwischen den tatsächlichen und den berichteten Stunden.

Einen weiteren Nachteil besitzen die Nachkalkulationswerte darin, daß sie meist nicht bereinigt sind, d. h., sie enthalten Verlustzeiten und es kann auch keine Berichtigung hinsichtlich des Leistungsgrades vorgenommen werden.

## 2.5.2 Arbeitsgestaltung

[22]

Arbeitsgestaltung nach REFA ist das Schaffen eines aufgabengerechten, optimalen Zusammenwirkens von arbeitenden Menschen, Betriebsmitteln und Arbeitsgegenständen durch zweckmäßige Organisation von Arbeitssystemen unter Beachtung der menschlichen Leistungsfähigkeit und Bedürfnisse. Im besonderen besteht die Arbeitsgestaltung in der Neuentwicklung oder Verbesserung von Arbeitsverfahren, Arbeitsmethoden und Arbeitsbedingungen, von Arbeitsplätzen, Maschinen, Werkzeugen, Hilfsmitteln sowie der ablaufgerechten Gestaltung von Arbeitsgegenständen.

Die Arbeitsgestaltung wird durch Lösung folgender *Aufgaben* durchgeführt:

Organisation des Arbeitsablaufes,
Bestgestaltung des Arbeitsvorganges,
Bestgestaltung des Arbeitsplatzes.

Die Arbeitsgestaltung beginnt mit der Aufnahme des Ist-Zustandes. In einer umfassenden Beschreibung der Baustelle, des Arbeitsplatzes und der Arbeitsbedingungen wird der beobachtete Arbeitsablauf genau festgelegt. Besondere Schwierigkeiten oder Vorfälle sind dabei aufzuzeichnen (z. B. Maschinenausfälle). Gleichzeitig gehören zur Arbeitsbeschreibung Angaben über die Arbeiter mit Beruf, Alter und Eignung für die vorliegende Arbeit, die benutzten Unterlagen (z. B. Ausführungspläne) und Betriebsmittel (z. B. Baumaschinen), Bild 2.5-14. Meist wird die Arbeitsbeschreibung noch durch eine *Zeitaufnahme* ergänzt, s. 2.5.1. Zur Veranschaulichung des Ist-Zustandes werden *Ablauf-Diagramme* aufgestellt (Bild 2.5.-15). Nach der Aufnahme des Ist-Zustandes wird durch Analyse und Beurteilung erhaltener Werte sowie praktische Erprobung ein Soll-Zustand, zugleich der derzeitige Optimalzustand, entwickelt. Dabei ist nicht ausgeschlossen, daß dieser Optimalzustand später noch verbessert werden kann. Zur methodischen Lösung dieser vielfältigen Gestaltungsaufgaben schlägt REFA ein 6-Stufen-Verfahren vor (Bild 2.5-16).

## 2.5.3 Arbeitsbewertung

[10; 14; 19; 30; 23; 32]

Unter den verschiedenen Theorien der *Lohnbildung* (Bedarfsgerechter Lohn, betriebsgerechter Lohn, leistungsgerechter Lohn) hat sich der *leistungsgerechte Lohn* durchgesetzt. Bei ihm wird die in der Zeiteinheit erstellte Arbeit, also die Leistung, als Lohnmaßstab genommen (Grundsatz der Äquivalenz von Lohn und Leistung).

## 2.5.3 Arbeitsbewertung

| Arbeitsbeschreibung | | M | RA | Blatt: 1 |
|---|---|---|---|---|
| Arbeit: Abladen von Fertigteilen für Leitstreifen auf Mittelstreifen | | Zugehörige Zeitaufnahme: RA 2-9 | | |
| Arbeitsteilvorgang | Ist-Soll-Zustand | | | |
| Firma: X | Baustelle: M Los 9 | | | |

Ort: M   Datum: 10.5.1973   Beobachter: We.

Niederschlag: trocken
Wind, Bewölkung: West, mäßig bedeckt
Temperatur während der Aufnahme
max. +10 °C   min +5 °C   +10 °C (14⁰⁰)

| Berufsgruppe | Schachtm. Polier | Vorarbeiter | Facharbeiter | Maschinist | Hilfsarbeiter | Helfer | Techniker | Ingenieur | zusammen |
|---|---|---|---|---|---|---|---|---|---|
| Arbeitskräfte (1.Dtsch. 2.Ausländ.) | | | | 1 | | 3 Jugosl. | | | 1  3  4 |

Gerät und Werkzeug: Liebherr Hydro-Mobilbagger A 360 mit Kranausrüstung
Seil mit 4 Ausschlaghaken

Baustoff (Menge, Maße, Gewicht), technische Daten (Entfernung, Transport):
Fertigteile mit 400 x 75 x 22 cm³ = 0,66 m³, Gewicht 1,66 t 1)

| Leistung | insgesamt: während der Beobachtungszeit: Abladen von 71 Fertigteilen | max. erforderlich: | /Tag |
|---|---|---|---|
| Dauer | der Arbeiten von: 2) der Beobachtungszeit von: 12³⁶ | bis: — bis: 16⁰² | |

| Arbeitsablauf | optische od. akustisch Meßpunkte a. Ende | Skizze M 1:250 | Fahrspur | Spur gesperrt | Leitplanke | Spur gesperrt | Fahrspur (nach Ulm) |
|---|---|---|---|---|---|---|---|
| 1. Kran vorgefahren | Rollende | | nach Stgt. | vorbindend Fahrzeug | | | |
| 2. Fertigteil angeschlagen | letzten Haken losgelassen | | | | | | |
| 3. Fertigteil abgesetzt | Seil locker | | | | | | Auflösung der Fertigteile |
| 4. Haken abgenommen | letzt. Haken aus Öse | | fließender Verkehr | | | | |
| 5. Kran I Spur gedreht | Seil mit Haken bereit zum Ausschluß | | | | | | |
| 6. Lkw. + H vorgezogen Lkw allein zurückgestoßen | Neue Abladestellung | | | | | | |
| 7. Auf Lkw gewartet | | | | | | je 4 Stck. je 2 Stck. auf Sattelschlepper | |
| 8. Kranführer Unterschrift für Lieferung | Absetzen Schreibstift | | | | | ① ② ③ abgeladen | Fertigteile |

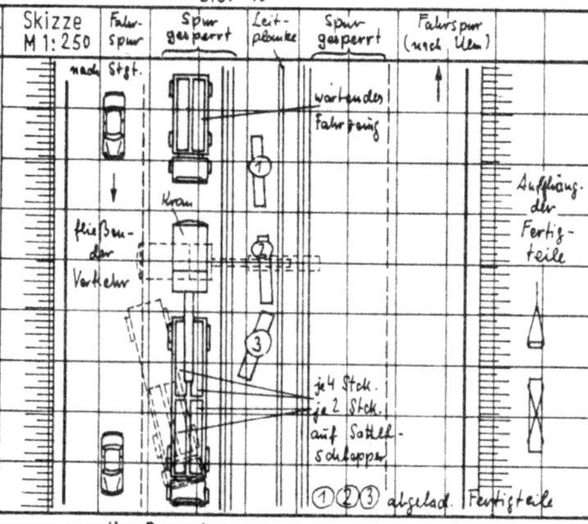

Unterlagen, Arbeitsplatz, Erschwernisse, Verbesserungen, sonstige Bemerkungen:
1) Anlieferung mit Lkw bauseitig vom Werk Pfuhl bei Ulm
2) Die Gruppe führt seit längerer Zeit die gleiche Arbeit aus
3) 4 Fotografien
4) Gefahr: Ausschwenken des Krans in die Fahrspur, Überschreiten der Überholspur in der Gegenrichtung durch das Fertigteil
5) Erschwernis: Abladen der vorderen Teile vom Sattelschlepper

Bild 2.5-14. Beschreibung des Arbeitsablaufs.

## 2.5 Arbeitsstudium im Baubetrieb

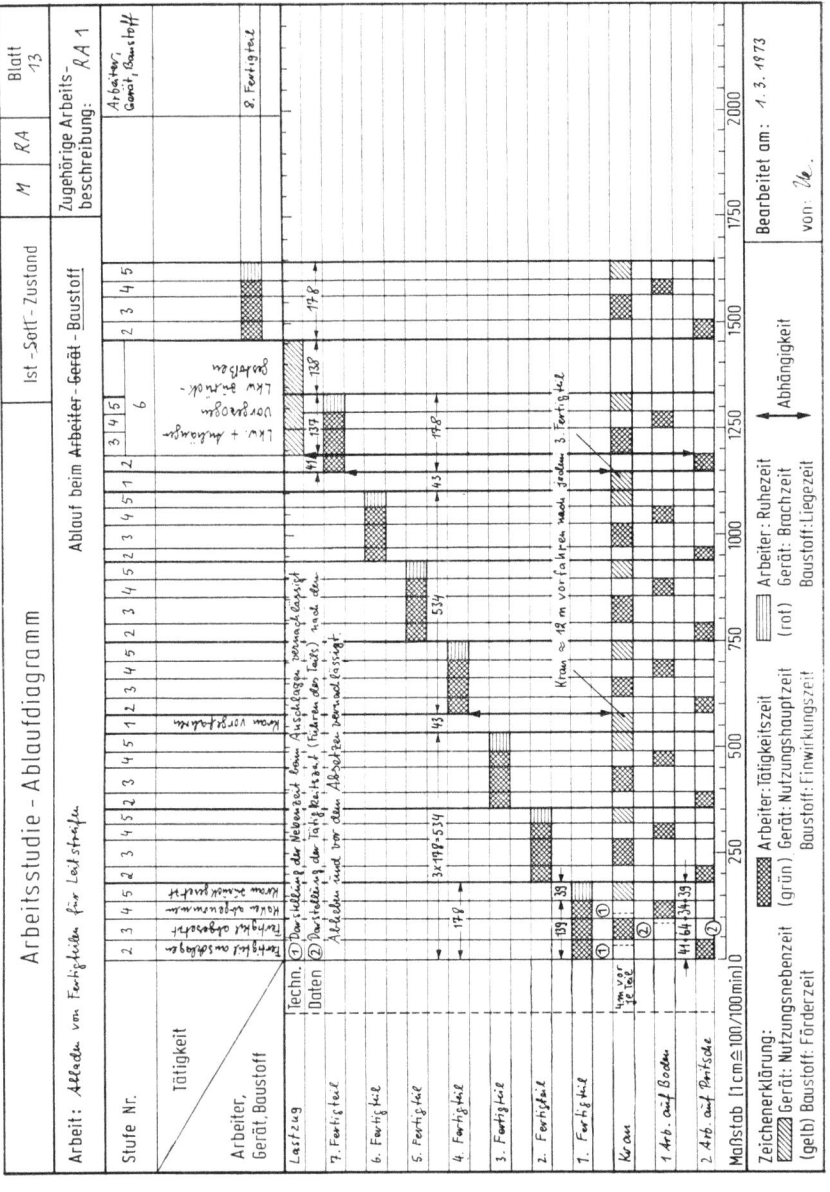

Bild 2.5-15. Ablaufdiagramm.

### 2.5.3 Arbeitsbewertung

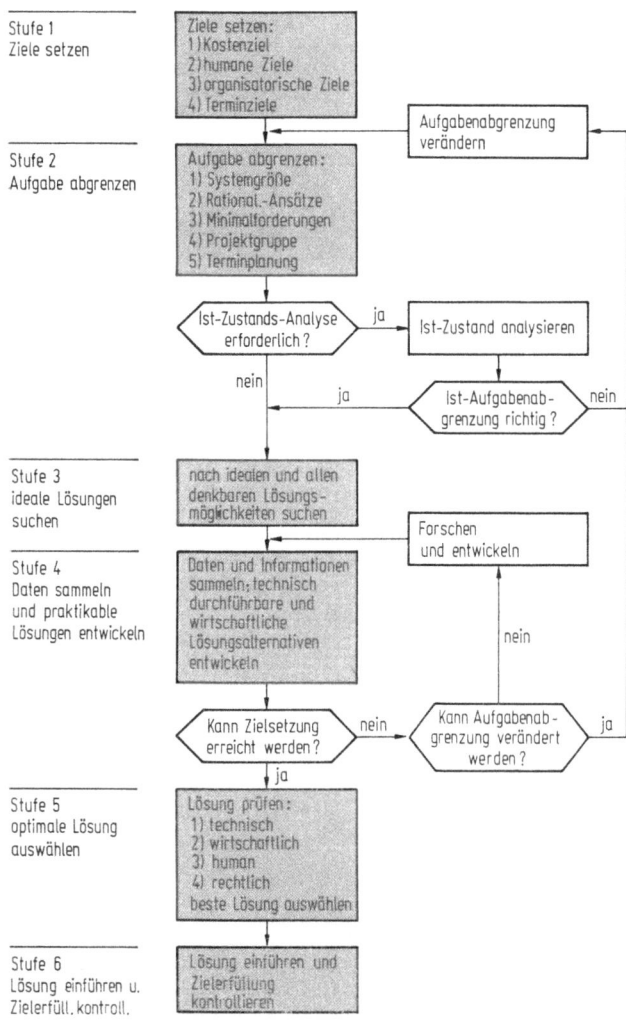

Bild 2.5-16. REFA-Standardprogramm Arbeitsgestaltung [22].

Bei der Umwandlung der angeführten Leistung in den zugehörigen Lohn sind Arbeitsart und örtliche Gegebenheiten (z. B. Lebenshaltungskosten, äußere Arbeitsbedingungen, Arbeitsmarktlage) zu berücksichtigen.

Nach *Gombert* [10] läßt sich die Entlohnung in folgender Form darstellen:

$$L = ABC$$

$L$ Entlohnung (DM/Zeiteinheit);
$A$ Arbeitswert (Bewertungszahl der ausgeführten Arbeit);
$B$ Lohnbasis (abhängig von lokalen oder nationalen Lohngebieten);
$C$ Leistung (ausgeführte Arbeit/Zeiteinheit).

## 2.5 Arbeitsstudium im Baubetrieb

Für die Ermittlung des Arbeitswertes $A$ sind eine Reihe von Methoden der Arbeitsbewertung bekannt, z. B. REFA, *Gombert, Bédaux, Breuer-Breugel*, BASF [30]. Alle Verfahren beruhen auf einer Festlegung sogenannter *Anforderungsarten*, die additiv oder multiplikativ miteinander verknüpft sind, Bild 2.5—17. Dabei werden jeder Anforderungsart bestimmte Wertzahlen zugeordnet. Die Größe dieser Wertzahlen hängt jedoch von bestimmten nationalen Gegebenheiten ab, die den Entwicklungsstand des Landes und bestimmte nationale Anschauungen kennzeichnen. So werden z. B. Vorbildung oder muskelmäßige Belastung in hochindustrialisierten oder unterentwickelten Ländern sehr unterschiedlich bewertet. Eine quantitative Arbeitsbewertung läßt sich also nur für abgegrenzte nationale Lohngebiete durchführen.

Nach *Gombert* gilt folgende Formel:

$$A = fsoi$$

$f$ physiologische Anforderungen;
$s$ berufliches Können;
$o$ Vorbildung, Verantwortung, dispositive Fähigkeiten;
$i$ wirtschaftliche, soziale, politische, geschäftliche Gesichtspunkte.

| Hauptanforderungsarten | REFA | Hagner/Weng (1952) (Lohnempfänger) | Nordwürtt.-Nordbaden Tarifvertrag v. 8.11.67 Metallind. (Lohnempf.) | Wirtschaftsvereinigung Eisen-u. Stahlind.(1971 (Gehaltsempfänger) | Zander (1972) (Lohn- und Gehaltsempfänger) |
|---|---|---|---|---|---|
| Können | 1. Kenntnisse 2. Geschicklichkeit | 1. Arbeitskenntnisse und Erfahrung 2. Geschicklichkeit | 1. Kenntnisse, Ausbildung und Erfahrung 2. Geschicklichkeit, Handfertigkeit | 1. Fachkenntnisse 2. körperliche Geschicklichkeit | 1.1 Geistige und körperliche Fähigkeit 1.2 Betriebserfahrung |
| Verantwortung | 3. Verantwortung | 3. Verantwortung a) Betriebsmittel und Erzeugnisse b) Sicherheit anderer c) Arbeitsablauf | 6. Verantwortung für die eigene Arbeit 7. Verantwortung für die Arbeit anderer 8. Verantwortung für die Sicherheit anderer | 3. Verantwortung für Arbeitsausführung und Arbeitsablauf 4. Verantwortung für Arbeitssicherheit 5. Verantwortung für Personalführung 6. Verantwortung für Kontakte | 3.1 Verantwortung für eigene Arbeit 3.2 Verantwortung für Personalführung |
| Belastung | 4. geistige Belastung 5. muskelmäßige Belastung | 4. Arbeitsbeanspruchung a) Muskeln b) Sinne und Nerven c) Nachdenken | 3. Belastung der Sinne und Nerven 4. Zusätzlicher Denkprozeß 5. Belastung der Muskeln | 7. Nachdenken, Gestalten und Planen 8. Aufmerksamkeit 9. Muskelbelastung | 2.1 Geistige Beanspruchung 2.2 Körperliche Beanspruchung |
| Umgebungseinflüsse | 6. Umgebungseinflüsse | 5. Umgebungseinflüsse a) Temperatur b) Wasser, Feuchtigkeit, Säure, Dämpfe c) Schmutz, Fett Öl, Staub d) Gase e) Lärm und Erschütterung f) Blendung oder Lichtmangel g) Erkältungsgefahr h) Unfallgefahr | 9. Schmutz 10. Staub 11. Öl/Fett 12. Temperatur 13. Nässe, Säure, Lauge 14. Gase, Dämpfe 15. Lärm 16. Erschütterung 17. Blendung/Lichtmangel 18. Erkältungsgefahr 19. Unfallgefahr 20. Hinderliche Schutzkleidung | 10. Umgebungseinflüsse/ Unfallgefährdung | Erschwernisse durch Umgebungseinflüsse werden gesondert behandelt |

Bild 2.5-17. Beispiel für die Gliederung von Anforderungsarten [23].

### 2.5.3 Arbeitsbewertung

Nach REFA [23] sind folgende Anforderungsarten (Bild 2.5-17) für eine Arbeit zu unterscheiden
Kenntnisse (erworbenes Wissen aus Schulung oder Erfahrung);
Geschicklichkeit (manuelles Geschick);
Verantwortung;
geistige Belastung;
muskelmäßige Belastung;
Umgebungseinflüsse.

Die den Anforderungsarten zugeteilten Gewichtungsfaktoren variieren von Betrieb zu Betrieb. Bei der praktischen Durchführung der Arbeitsbewertung nach der *REFA-Methode* (Bild 2.5-18) erhält die zu bewertende Arbeit innerhalb jeder Hauptanforderungsart eine REFA-Rang-Platznummer, die sich nach bestimmten Bewertungskriterien richtet. Aus der Multiplikation von REFA-Rang-Platznummer und Gewichtsfaktor der betreffenden Anforderungsart ergibt sich der Anforderungswert. Die Summe aller Anforderungswerte für eine bestimmte Arbeit ist die Wertzahlsumme des zu bewertenden Arbeitssystems. Bei der Bewertung einer Arbeit innerhalb eines bestimmten Bereiches (z. B. Betrieb) kann jedoch die einzelne Arbeit niemals isoliert gesehen werden. Sie ist vielmehr in den durch alle Arbeiten vorgegebenen Rahmen einzuordnen.

Neben der oben beschriebenen Bewertung mit den getrennten Faktoren REFA-Rangplatz-Nummer und Gewicht (sog. getrennte Gewichtung) gibt es noch die Zusammenfassung beider Faktoren in Form von Punkten, die je nach Gewicht der Anforderungsart dieser in unterschiedlicher Höhe zugeteilt werden (sog. gebundene Gewichtung). So erhält z. B. die höher zu bewertende Anforderungsart „Kenntnisse" mehr Punkte als die Anforderungsart „Geschicklichkeit" (Bild 2.5-18).

In der Bauwirtschaft der BRD sind die Arbeitertätigkeiten in *Berufsgruppen* aufgeteilt, die tariflich festgelegt wurden und vorwiegend nach Vorbildung und Verantwortung

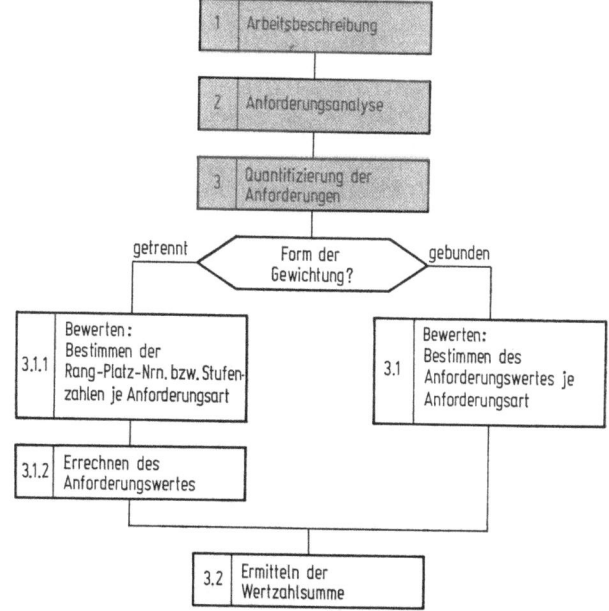

Bild 2.5-18. REFA-Standardprogramm Anforderungsermittlung (Arbeitsbewertung) [23].

ausgerichtet sind. Jeder Berufsgruppe sind bestimmte Wertzahlen zugeordnet, die sich jedoch infolge absolut gewährter Lohnerhöhungen verschoben haben (s. Tabelle 2.5-1).

Tabelle 2.5-1. Berufsgruppen in der Bauwirtschaft der BRD
Beispiel für Berufsbild 7, Betonbauer

| Berufsgruppe | Bezeichnung | Lohnschlüssel lt. Tarif in % | effekt. Lohnschlüssel 1972 |
|---|---|---|---|
| I | Betonhilfspolier | 120 | 112 |
| II | Betonvorarbeiter | 110 | 107 |
| III a/b | gehobener Betonbauer-Facharbeiter | 102 | 102 |
| III b | Betonbauer-Facharbeiter | 100 | 100 |
| IV | Einschaler, Eisenbieger und Flechter | 95 | 98 |
| IV | Betonbaufachwerker | 88 | 92 |
| V | Werker | 85 | 91 |

Besondere Umgebungseinflüsse und unterschiedliche Lebenshaltungskosten werden durch absolute Zulagen oder unterschiedliche Lohnhöhen in verschiedenen *Ortsklassen* berücksichtigt.

Läßt sich dagegen die in einem bestimmten Zeitabschnitt geleistete Arbeit nicht unmittelbar messen, wie es bei den meisten Angestelltentätigkeiten und bei den im Zeitlohn beschäftigten Arbeitern der Fall ist, so muß bei der Festsetzung der Entlohnung außer der auf die Arbeitsart bezogenen Bewertung (*Objektbewertung*) noch eine weitere auf die Person bezogene Bewertung eingeführt werden (*Subjektbewertung*) [30]. Eine solche Subjektbewertung (auch als *Merit Rating*, d. h. Bewertung nach persönlichem Verdienst, bezeichnet) enthält u. a. folgende Anforderungsarten: Quantitative Leistung; qualitative Leistung; Zuverlässigkeit; Selbständigkeit; Verwendbarkeit; Bereitschaft zur Zusammenarbeit.

In der Praxis setzt sich i. allg. die Entlohnung, aufbauend auf dem Prinzip der Subjekt- und Objektbewertung, insbesondere bei *Angestelltentätigkeiten* aus dem nach der Objektbewertung festgesetzten *Tarifgehalt* und einer nach der Subjektbewertung festgesetzten *Leistungszulage* zusammen.

## 2.5.4 Leistungsentlohnung

[1; 2; 6—8; 15; 16; 21; 24; 27; 67]

Grundsatz der Leistungsentlohnung ist, daß das Ergebnis der Arbeit *meßbar* ist, vom Leistungslohnempfänger *beeinflußt* werden kann und bereits vor Arbeitsbeginn die Höhe der *Leistungsentlohnung* in Abhängigkeit von der erbrachten Leistung bekannt ist. Der Leistungslohn kann entweder als *Akkordlohn* oder *Prämienlohn* durchgeführt werden (2.5.4.2 und 2.5.4.3). Grundlage des Leistungslohns ist der methodisch ermittelte *Vorgabewert*.

### 2.5.4.1 Vorgabezeitermittlung

Der Zusammenhang zwischen der Erfassung der Ist-Zeiten und der Bestimmung der Soll-Zeiten und Vorgabezeiten ist aus Bild 2.5-19 ersichtlich.

Die Ergebnisse von Zeitaufnahmen werden in *Tabellen* zusammengestellt (Bild 2.5-20), um daraus die Vorgabezeiten ermitteln zu können. In manchen Fällen werden auch graphische Darstellungen verwendet (Bild 2.5-21). Bei der Vorgabezeitermittlung sind die Einflußgrößen zu berücksichtigen, die auf die Höhe der Werte einen großen Einfluß haben können.

2.5.4 Leistungsentlohnung

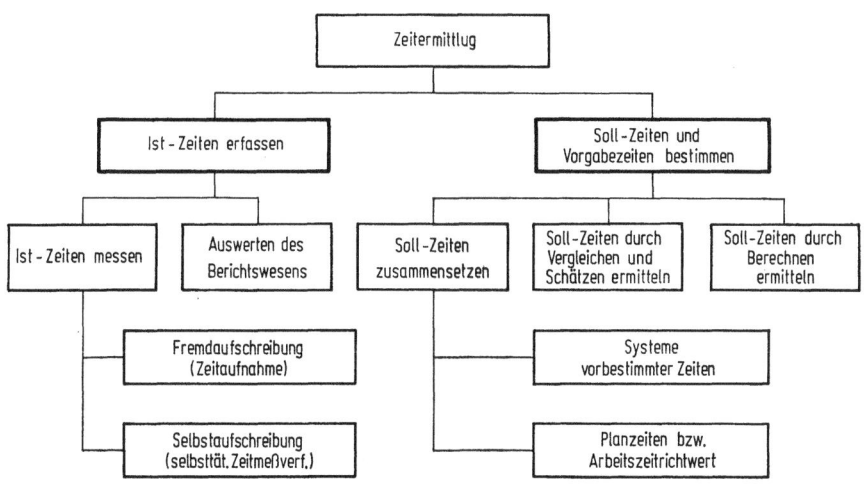

Bild 2.5-19. Gliederung der Zeitermittlung.

## RICHTWERTE ARBEITSZEITBEDARF HOCHBAU
Herausgegeben vom Baugewerbeverband Westfalen
nach den Richtwerten des Arbeitskreises Leistungslohn Bau e. V.

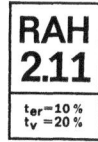

RAH 2.11
$t_{er} = 10\%$
$t_v = 20\%$

## SCHALUNGSARBEITEN doppelhäuptige Wände und Fundamente

| | 51 | 52 | 53 | 54 | 55 | 56 | 57 | 58 | 59 | 60 | 61 | 62 | 63 | 64 | 65 |
|---|---|---|---|---|---|---|---|---|---|---|---|---|---|---|---|
| 01 | | | Grundwert [h/m²] | | | | | | | | Zulagen [h/m²] | | | | |
| 02 | Schalart | Wand-höhe bis m | erster Einsatz | | | | wiederholter Einsatz | | | Ent-nageln, Schluß-reini-gung | Sichtbeton | | Leicht-bau-platten | be-wehrte Wände | Außen-wand |
| 03 | | | Vor-berei-tung | Ein-schalen Ölen | Aus-schalen Reinig. | Σ | Ein-schalen Ölen | Aus-schalen Reinig. | Σ | | Sperr-holz | Nut u. Feder | | | |
| 04 | | | | | | | | | | | | | | | |
| 05 | Schalbretter | 0,50 | 0,10 | 0,90 | 0,25 | 1,25 | 0,90 | 0,25 | 1,15 | 0,15 | 0,30 | | | | |
| 06 | | 1,00 | 0,10 | 0,80 | 0,25 | 1,15 | 0,80 | 0,25 | 1,05 | 0,15 | 0,25 | | | | 0,10 |
| 07 | | 2,50 | 0,10 | 0,70 | 0,25 | 1,05 | 0,70 | 0,25 | 0,95 | 0,15 | 0,20 | 0,30 | 0,15 | 0,05 | |
| 08 | | 3,50 | 0,10 | 0,85 | 0,30 | 1,25 | 0,85 | 0,30 | 1,15 | 0,15 | 0,20 | | | | |
| 09 | | 5,00 | 0,10 | 1,05 | 0,35 | 1,50 | 1,05 | 0,35 | 1,40 | 0,15 | 0,20 | | | | 0,15 |
| 10 | | >5,00 | 0,10 | 1,20 | 0,35 | 1,65 | 1,20 | 0,35 | 1,55 | 0,15 | 0,20 | | | | |
| 11 | | 0,50 | 0,05 | 0,60 | 0,15 | 0,80 | 0,60 | 0,15 | 0,75 | 0,10 | 0,30 | | | | |

Bild 2.5-20. Richtwerttabelle für Schalungsarbeiten.

## 2.5 Arbeitsstudium im Baubetrieb

Solche Einflußgrößen, die sich nicht ungewollt ändern und für bestimmte Arbeitsabläufe konstant sind, sind vorhersehbar und somit vor der Ausführung einer Bauarbeit bekannt. Hierzu gehören z. B. Konstruktion der Bauteile, bei der Herstellung verwendete Betriebsmittel, Arbeitsmethode, Einarbeitung, Baustellenbedingungen. Diese werden in Tabellen oder graphischen Darstellungen der Vorgabewerte berücksichtigt.

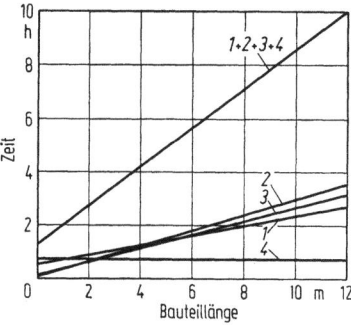

Bild 2.5-21. Vorgabezeit $t_e + t_r$ für Überholen (*1*) bzw. Ein- und Ausschalen (*2*) der Holzschalung von Stützen und Riegeln einfacher Ausführung nach *Bernzott* [2].

Einflußgrößen, die nicht vorhersehbar, zufällig und nur zum Teil und in beschränktem Umfang beeinflußbar sind, z. B. *Witterung*, personelle Besetzung der Baustelle, Güte der Arbeitsvorbereitung, sind von Fall zu Fall gesondert zu berücksichtigen.

Aus diesem Grund können die Zusammenstellungen von Vorgabewerten nur als *Richtwerte* betrachtet werden, die durch Zu- oder Abschläge an die tatsächlichen Verhältnisse angepaßt werden.

Im Rahmentarifvertrag für Leistungslohn im Baugewerbe vom 1. Juli 1971 heißt es hierzu in § 3 — Grundlagen für die Bestimmung der Vorgabewerte:

1. Vorgabewerte sind grundsätzlich methodisch zu ermitteln.
2. Methodisch ermittelte Vorgabewerte sind alle Vorgabewerte, die aufgrund einer Methode gemessen wurden oder
   die aus statistisch ermittelten Werten, z. B. aufgrund von Multimomentaufnahmen oder von Nachkalkulationen, aufgebaut sind oder
   die unter Berücksichtigung der betrieblichen Arbeitsbedingungen aus Teilzeitkatalogen oder überbetrieblichen Vorgabewerten zusammengesetzt werden, deren Werte methodisch ermittelt wurden, oder
   die aus Vergleich mit gleichartigen Arbeitsvorgängen, deren Werte nach den genannten Methoden ermittelt wurden, unter Berücksichtigung abweichender Arbeitsbedingungen zusammengesetzt sind oder
   die methodisch ermittelte Schätzwerte sind, insbesondere wenn sie unter Zuhilfenahme von technischen Baumaschinendaten zusammengesetzt sind.
3. Gemeinsam von den Tarifvertragsparteien erarbeitete Richtwerte sollen die Grundlage für die Ermittlung der Vorgabewerte bilden.
4. Die Ermittlung der Vorgabewerte erfolgt durch den Arbeitgeber nach einer von ihm im Einvernehmen mit der Betriebsvertretung zu bestimmenden Methode.
5. Die anzuwendende Methode ist zu beschreiben und in einer Betriebsvereinbarung festzulegen.

*Beispiel:* Eine Stahlbetonmassivplatte eines Wohnhauses mit einer Fläche von $A = 120$ m² ist mit 4 Arbeitern einzuschalen. Wie hoch ist die Vorgabezeit je Arbeiter? Nach der Zeitgliederung ergibt sich

$$T = m(t_e + t_r); \quad t_e = t_g + t_{er} + t_v.$$

Aus einer Richtwerttabelle wird entnommen

$$t_g = 0{,}4 \text{ h/m}^2;$$

### 2.5.4 Leistungsentlohnung

Zuschlag für $t_{er} = 10\%$ und für $t_v = 15\%$. Die Rüstzeit wird je Arbeiter mit 0,5 h festgesetzt.

$T = 120 \cdot (0,4 + 0,4 \cdot 0,15 + 0,4 \cdot 0,10) + 4 \cdot 0,5 = 120 \cdot 0,5 + 2,0 = 62,0$ h.

Da es sich um eine Winterbaustelle mit schwierigen Witterungsbedingungen handelt, wird zur Berücksichtigung der Einflußfaktoren ein Zuschlag von 15% gewährt.

$$T = 1,15 \cdot 62,0 = 71,3 \text{ h}.$$

Es entfällt auf jeden Arbeiter eine Vorgabezeit von

$$\frac{71,3}{4} = 17,8 \text{ h}.$$

#### 2.5.4.2 Formen des Leistungslohns

Der Leistungslohn stellt eine häufig verwendete Lohnform dar, bei der Erfolg der Arbeit und Entlohnung unmittelbar miteinander verknüpft sind. Eine Übersicht über sämtliche Lohnformen gibt Bild 2.5-22.

**2.5.4.2.1 Akkordlohn.** Bei dieser Lohnform verläuft die Lohnkurve direkt proportional zur erbrachten Leistung. Grundlage des Akkords bildet entweder eine je Mengeneinheit festgelegte Vorgabezeit oder ein Geldwert. Man spricht dann von *Zeitakkord* oder *Geldakkord*. Für einige Städte bestehen Akkordtarifverträge.

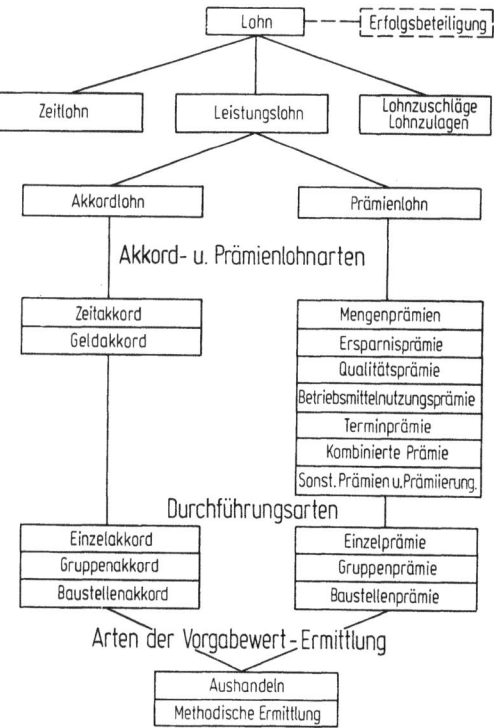

Bild 2.5-22. Lohnformen [16].

Weiter wird unterschieden nach *Einzelakkord*, *Gruppenakkord* und *Baustellenakkord*.
Beim *Einzelakkord* wird die Zeit- oder Geldvorgabe für den einzelnen Arbeiter festgelegt. Voraussetzung ist, daß dieser die Arbeit allein ausführen kann.
Der *Gruppenakkord* ist die häufigste Akkordform im Baubetrieb. Bei ihm wird die Vorgabe für eine ganze Arbeitsgruppe z. B. Schalkolonne, Maurerkolonne, festgesetzt. Sie wird mit Hilfe eines Schlüssels auf die einzelnen in der Gruppe zusammengeschlossenen Arbeiter verteilt. Als Schlüssel wird meist die Anweisenheitszeit des einzelnen Arbeiters festgelegt.

Beim *Baustellenakkord* müssen sämtliche Arbeiten in den Akkord einbezogen werden, also auch Randarbeiten, die sonst im Zeitlohn ausgeführt werden. Er hat den Vorteil der einfacheren Berechnung, jedoch den Nachteil, daß der einzelne Arbeiter nunmehr keinen unmittelbaren Zusammenhang mehr zwischen seiner eigenen Leistung und der Entlohnung sieht. Damit geht der Leistungsanreiz teilweise verloren.

Bei der Berechnung des Wertes einer Vorgabezeiteinheit wird im allgemeinen der *Tariflohn* herangezogen. Es wird jedoch angestrebt, einen höheren Satz zu Grunde zu legen (*Akkordrichtsatz*), der meist 10 oder 15% über dem Tariflohn liegt. Die Berechnung der Entlohnung auf der Akkordgrundlage ist in nachstehendem Beispiel dargestellt.

*Beispiel:* Für die Ausführung der Schalarbeiten an einer Massivplatte von $A = 120$ m² wurde eine Vorgabezeit von 71,3 h ermittelt. Die Schalkolonne setzt sich aus 2 Facharbeitern und 2 Werkern zusammen, mit einem Lohn von 8,60 DM/h bzw. 7,60 DM/h. Es wurden für die Arbeit 14 h/Arbeiter aufgewendet. Wie hoch ist der Akkordüberschuß, der über den Zeitlohn hinaus gezahlt wird?

$$\text{Facharbeiter:} \quad 8{,}60 \left(\frac{71{,}3}{4} - 14\right) = \text{DM } 32{,}90$$

$$\text{Werker::} \quad 7{,}60 \left(\frac{71{,}3}{4} - 14\right) = \text{DM } 29{,}07$$

Der Akkordüberschuß beträgt in beiden Fällen

$$\frac{\frac{71{,}3}{4} - 14}{14} = 27{,}5\%.$$

**2.5.4.2.2 Prämienlohn.** Nach *Meyer-Keller* [16] weist der Prämienlohn folgende Merkmale auf: „Der Lohn steht nicht in dem starren direkt proportionalen Verhältnis zur Mengenleistung, wie dies bei Akkorden der Fall ist. Bei Prämienlohnformen wird grundsätzlich der Zeitlohn garantiert. Die Prämie ist ein Zusatzlohn, der mit einem Zeitlohn oder Akkordlohn kombiniert auftritt. Die Prämie setzt ein, wenn entweder eine bestimmte Leistung erreicht wird oder eine Leistung erbracht wird, die über die normale Leistung hinausgeht."

In Bild 2.5-23 sind verschiedene *Lohnkurvenverläufe* beim Prämienlohn dargestellt. Welcher Verlauf gewählt wird, hängt vom angestrebten Ziel ab. So kann z. B. durch einen degressiven Verlauf erreicht werden, daß eine zu große Leistungssteigerung, die zu Lasten der Gesundheit des Arbeiters geht, vermieden wird. Ähnliche Gesichtspunkte können auch bei Maschinenarbeiten eine Rolle spielen, wenn ein übermäßiger Verschleiß der Geräte verhindert werden soll.

Außer der Leistung können auch andere Kriterien zum Gegenstand eines Prämienlohns gemacht werden, z. B. Qualität der Arbeit; Nutzung und Pflege der Betriebsmittel; Ersparnis an Bau-, Hilfs- und Betriebsstoffen; Einhaltung von Terminen.

Weiter können Prämien gewährt werden z. B. für erfolgreiche Aufsicht auf der Baustelle (für Poliere, Vorarbeiter, Schachtmeister, Maschinenmeister usw.); Verbesserungsvorschläge; unfallfreies Arbeiten; Anwesenheit (zur Vermeidung von Fehlstunden); Betriebstreue.

**2.5.4.2.3 Leistungslohn für maschinenintensive Arbeiten** [8; 9; 24]. Ein besonderes Problem stellt der Leistungslohn für maschinenintensives Arbeiten dar, da hierbei die menschliche und maschinelle Leistung von zahlreichen Einflüssen überlagert wird, die

## 2.5.4 Leistungsentlohnung

sich teilweise der menschlichen Beeinflussung entziehen. Zu unterscheiden sind zwei Arten von maschinenintensiven Arbeiten:

1. Arbeiten mit Maschinen, die ein vergrößertes *Werkzeug* darstellen. Der Maschinenführer kann die Leistung je nach Grad seines Einsatzes und seiner Vertrautheit mit dem Gerät (Wirksamkeit) erheblich beeinflussen.
2. Arbeiten mit Maschinen, die die Leistung *ohne menschliche Einflüsse* erstellen. Die Tätigkeit des Maschinenführers beschränkt sich auf die Überwachung und Instandhaltung des Gerätes.

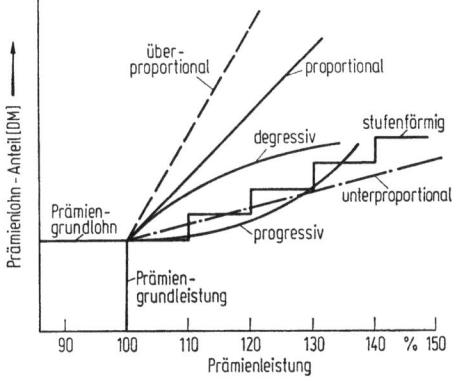

Bild 2.5-23. Lohnkurvenverläufe beim Prämienlohn [16].

Für Typ (1) empfiehlt *H.-J. Fritz* [8] ein gleiches Vorgehen wie bei lohnintensiven Arbeiten. Er führt Zeitstudien durch in Form der Einzelzeitaufnahme und ermittelt Vorgabezeiten für Arbeitsstufen in Abhängigkeit von unterschiedlichen Arbeitsbedingungen. Die Vorgabezeit wird dann aus den Arbeitsstufen zusammengesetzt unter Berücksichtigung der vorhandenen Arbeitsbedingungen. Als Beispiele führt er Bagger und Schaufellader an. Diese Art der Leistungsentlohnung ist nur möglich, wenn es sich um eine *Einzelarbeit* handelt, die unbehindert von vor- oder nachgeschalteten Arbeiten ausgeführt werden kann. Es muß also dafür gesorgt werden, daß z. B. für den Abtransport gebaggerten Bodens stets genügend Fahrzeuge zur Verfügung stehen.

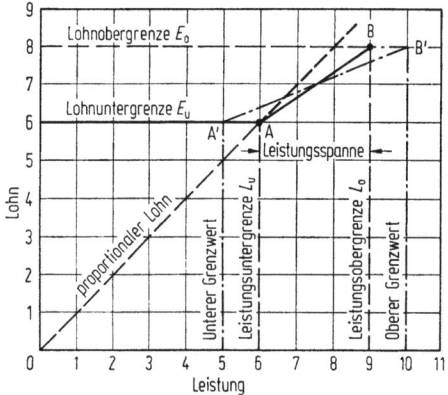

Bild 2.5-24. Zusammenhang von Leistungsspanne und Lohnbereich [7].

Bei Arbeiten mit Maschinen des Typs 2 kann ein Leistungslohn nur in Form eines Prämienlohns eingeführt werden, um z. B. bei einer Mischanlage für bituminöses Mischgut durch gute Instandhaltung und Überwachung das störungsbedingte Unterbrechen auf ein Minimum zu reduzieren.

Für Maschinen, die in einer Leistungskette arbeiten und infolge ihrer gegenseitigen Abhängigkeit in ihrer Leistung begrenzt sind, schlägt *Euler* [7] die Ermittlung der Leistungsober- und -untergrenze und Festlegung einer zugehörigen Lohnober- und -untergrenze vor. Es handelt sich dann um einen *Prämienlohn* (s. 2.5.4.2.2, Bild 2.5-25).

*Bedaux* [10] empfiehlt für das gleiche Problem eine *Kombination* von Akkord- und Prämienlohn. Für die arbeitsablaufbedingte *Brachzeit* $t_B$ (z. B. Bagger wartet auf Transportgeräte) führt er einen sog. *Methodenzuschuß* ein, mit dem die Differenz zwischen Maximalleistung und möglicher Leistung im Zeitlohn bezahlt wird.

*Beispiel:*

Bei einem Baugrubenaushub ist infolge der vorhandenen Transportkapazität die Aushubleistung auf 30 m³/h begrenzt; die Maximalleistung des Baggers beträgt jedoch 40 m³/h. Bei Maximalleistung ist der Baggerführer $60 - \dfrac{30}{40} \cdot 60 = 15$ min beschäftigungslos. Diese 15 min werden im Zeitlohn bezahlt. Die *Vorgabezeit* beträgt demnach $\dfrac{60 + 15}{30} = 2{,}5$ min/m³.

## Literatur zu 2.5 Arbeitsstudium im Baubetrieb

### Normen

DIN 55302 Statistische Auswertungsverfahren: Häufigkeitsverteilung, Mittelwert und Streuung. Bl. 1 Grundbegriffe und allgemeine Rechenverfahren; Bl. 2 Rechenverfahren in Sonderfällen.

### Bücher

H 70 Betriebshütte III. 6. Aufl., Berlin, München: Ernst & Sohn 1965.

1 *Baierl:* Produktivitätssteigerung durch Lohnanreizsysteme, 5. Aufl., München: Hanser 1973.

2 *Bernzott:* Grundlagen der Planung und des Betriebs von Fertigteilwerken (Schriftenreihe des Instituts für Baubetriebslehre der Universität Stuttgart (TH), Hrsg. *G. Drees,* Bd. 3). Wiesbaden, Berlin: Bauverlag 1969.

3 *Böhrs, Bramesfeld, Euler, Pentzlin:* Einführung in das Arbeits- und Zeitstudium, München: Hanser 1970.

4 *Bramesfeld, E., O. Graf:* Praktisch-physiologischer und arbeits-physiologischer Leitfaden für das Arbeitsstudium. München: Hanser 1955.

5 *Dressel:* Die Arbeitsstudie im Baubetrieb (Schriftenreihe Arbeitskunde im Baubetrieb, H. 1). Wiesbaden, Berlin: Bauverlag 1961.

6 *Dressel:* Arbeitstechnische Merkblätter, Hrsg. Forschungsgemeinschaft Bauen und Wohnen. Stuttgart: Ifa-Verlag

7 *Euler, H., H. Stevens:* Vorschlag für eine neue Methode der Leistungsentlohnung. Düsseldorf 1962, Stahleisen.

8 *Fritz, H.-J.:* Leistungsermittlung und Leistungslohn bei maschinenintensiven Bauarbeiten (Schriftenreihe des Instituts für Baubetriebslehre der Universität Stuttgart (TH), Hrsg. *G. Drees,* Bd. 4). Wiesbaden, Berlin: Bauverlag 1969.

9 *Garbotz:* Die Leistungen von Baumaschinen. Köln: Rud. Müller 1966.

10 *Gombert* Qualification du Travail. Sart-lez-Spa (Belgien): Selbstverlag 1959.

11 *Haller-Wedel:* Multimomentaufnahmen in Theorie und Praxis, 2. Aufl., München: Hanser 1969.

12 *Linder:* Statistische Methoden, 4. Aufl. Basel, Stuttgart: Birkhäuser 1964.

13 *John:* Grundlagen und industrielle Praxis des Multimomentverfahrens, Schriftenreihe Arbeitsstudium – Industrial Engineering. Berlin, Köln, Frankfurt: Beuth-Vertrieb 1972.

14 *Kaminsky:* Praktikum der Arbeitswissenschaft. München: Hanser 1971.

15 *Kassel:* Leistungslohn in der Baupraxis. Wiesbaden und Berlin: Bauverlag 1972.

16 *Meyer-Keller:* Leistungslohn im Baubetrieb (Schriftenreihe Arbeitskunde im Baubetrieb, H. 3). Wiesbaden Berlin: Bauverlag 1967.

17 *Pornschlegel* und *Birkwald:* Handbuch der Erholungszeitermittlung. Köln: Bund-Verlag 1968.

18 *Pechhold:* Zeitmessung und Zeitmeßgeräte im Arbeits-Studium, Lehrunterlage des Kurt-Hegner-Institutes für Arbeitswissenschaft des Verbandes für Arbeitsstudien, REFA e. V. Berlin: Beuth 1964.

19 *Hennecke:* Die Verfahren der Arbeitsbewertung. Düsseldorf: Stahleisen 1965.

## Literatur zu 2.5 Arbeitsstudium im Baubetrieb

20 REFA, Verband für Arbeitsstudien. Methodenlehre des Arbeitsstudiums, Teil 1, Grundlagen. München: Hanser 1972.
21 REFA, Verband für Arbeitsstudien. Methodenlehre des Arbeitsstudiums, Teil 2, Datenermittlung. München: Hanser 1972.
22 REFA, Verband für Arbeitsstudien. Methodenlehre des Arbeitsstudiums, Teil 3, Kostenrechnung, Arbeitsgestaltung. München: Hanser 1972.
23 REFA, Verband für Arbeitsstudien. Methodenlehre des Arbeitsstudiums, Teil 4, Anforderungsermittlung (Arbeitsbewertung). München: Hanser 1972.
24 REFA, Verband für Arbeitsstudien, Leistungslohn heute und morgen. Berlin: Beuth 1965.
25 REFA e. V., Verband für Arbeitsstudien, Landesverband Baden-Württemberg, Aufnahmemenge und Beobachtungsdauer bei Zeitstudien. Stuttgart: Poeschel 1965.
26 *Ulle:* Verlustquellenforschung auf Baustellen, Schriftenreihe des Instituts für Baubetriebslehre der Universität Stuttgart, Hrsg. G. Drees, Bd. 8. Wiesbaden und Berlin: Bauverlag 1971.
27 *Drees* u. *Haag:* Der Leistungslohn in Geräte-Reparaturwerkstätten von Bauunternehmen, Forschungsreihe der Bauindustrie (Hrsg. Hauptverband der Deutschen Bauindustrie), Bd. 12. Frankfurt: Selbstverlag 1972.
28 *Schröder, R.:* Mathematisch-statistische Grundlagen der Zeitstudie. 3. Aufl. Berlin: Beuth 1962.
29 *Tschöpe* u. *Trahm:* Multimoment-Verfahren im Bauwesen — Experimentelle Erprobung von Zeitmeßgeräten. Berlin: VEB-Verlag für Bauwesen 1966.
30 *Wibbe:* Arbeitsbewertung. München: Hanser 1966.
31 *Pornschlegel* u. *Schiffer:* Die Multimomentaufnahme. Bonn: Bund-Verlag 1970.
32 *Zander:* Arbeits- und Leistungsbewertung. Heidelberg: Sauer-Verlag 1970.
33 *Baucke, Nestle:* Die Einsatzmöglichkeiten selbsttätig registrierender Meßgeräte zur Erfassung von Betriebsmitteldaten. Hrsg. REFA. Berlin, Köln: Beuth 1968.
34 *Hofmann, Lawinsky:* Arbeitsnormen in der Bauwirtschaft. Berlin: VEB Verlag Technik 1966.
35 *Heinz:* Geräte zur Zeitmessung bei Arbeits- und Zeitstudien und ihre Einsatzmöglichkeiten. Köln, Opladen: Westdeutscher Verlag 1967.
36 *Maul:* Technische Statistik in der Arbeitsvorbereitung. Stuttgart: Großmann 1964.
37 Bau-Geräteliste, Hrsg. Hauptverband der Deutschen Bauindustrie. Ausg. 1971. Wiesbaden, Berlin: Bauverlag.
38 REFA — Literaturverzeichnis, hrsg. vom Verband für Arbeitsstudien REFA e.V. Darmstadt: 1972.
39 *Spranz:* Arbeitszeitermittlung für lohnintensive Arbeiten im Baubetrieb (Schriftenreihe des Instituts für Baubetriebslehre der Universität Stuttgart, Hrsg. G. Drees). Wiesbaden, Berlin: Bauverlag 1974.

### Zeitschriften

41 Die Bauwirtschaft. Wiesbaden: Bauverlag.
42 TZ für praktische Metallbearbeitung. Stuttgart: Großmann.
43 Die Straßenbauindustrie. Beilage zu [43]. Wiesbaden, Berlin: Bauverlag.
44 Baupraxis. Stuttgart: Kohlhammer.
45 Straßen- und Tiefbau. Heidelberg: Straßenbau, Chemie u. Technik Verlagsgesellschaft.
46 Der Bauingenieur. Berlin, Heidelberg, New York: Springer.
47 Baumaschine und Bautechnik. Wiesbaden: Bauverlag.
48 Zentralblatt für Arbeitswissenschaften und Fachberichte aus der sozialen Betriebspraxis. Frechen Köln: Bartmann.
49 REFA-Nachrichten. Zeitschrift für Arbeitsstudien. Darmstadt, Verband für Arbeitsstudien REFA e. V. Berlin, Köln: Beuth.
50 Industrielle Organisation. Zürich: Industrielle Organisation.
51 Fortschrittliche Betriebsführung. Darmstadt: Verband für Arbeitsstudien REFA e. V.
52 Betonwerk- und Fertigteil-Technik. Wiesbaden, Berlin: Bauverlag.

### Aufsätze

61 *Ulle:* Zeit- und Leistungsschreiber im Bauwesen. Der Baubetriebsberater, Beilage zu [42] H. 3 (1968) 25—34.
62 *de Jong:* Internationale Entwicklungen auf dem Gebiet der Leistungsentlohnung in den letzten zwei Jahrzehnten und Folgerungen für die Zukunft, (51), 2/1972.
63 *Ma in, Flowerdes:* Systematische Multimomentaufnahme. [51] H. 4 (1964) 122—128.
64 *Ulle:* Nutzungsmessungen an Bauhofgeräten. [46] H. 2 (1969) 52—57.
65 *Glatz:* Kombinierte Multimomentaufnahme. [50] H. 2 (1969) 53—59.
66 *Hauen:* Mikromultimomentstudie. [50] H. 2 (1969) 45—52.
67 *Kassel:* Leistungslohn, Entwicklung und Möglichkeiten. Das Baugewerbe, H. 5 (1973) 59—67.

### Formblätter

REFA-Formblätter: Formblätter f. d. praktische Durchführung von Zeitstudien. Berlin, Köln: Beuth.

# 3. Bauvertragsrecht[1)]

Bearbeitet von *O. Bernet*

## 3.1 Rechtsfragen und Geltungsbereich

### 3.1.1 Übersicht

In diesem Beitrag wird ein wesentlicher Teil der mit einem Bauvorhaben zusammenhängenden Rechtsfragen behandelt; in erster Linie privatrechtliche Fragen, die sich aus der Vorbereitung und dem Abschluß von Verträgen über Planung und Durchführung von Bauvorhaben ergeben.

Öffentlich-rechtliche Bestimmungen über Bodennutzung und Bebauung werden hier nicht erörtert, sondern werden in den entsprechenden Abschnitten berücksichtigt (z. B. Planungsrecht bei der Stadtplanung). Technische Fragen, selbst wenn sie eng mit rechtlichen Fragen verknüpft sind, können nur, soweit es der Zusammenhang gebietet, gestreift werden.

Zu den hier behandelten Baurechtsfragen gehören das Architekten- und Ingenieurrecht, das sich im wesentlichen mit der planerischen Gestaltung der Bauobjekte befaßt; das eigentliche Bauvertragsrecht; das Haftpflichtrecht, das sich in Zusammenhang mit Bauausführungen stellt; die Haftpflichtversicherung einschließlich der Sozialversicherung für Arbeitsunfälle; die Bauwesenversicherung; das Baupreisrecht; das Kartellrecht, soweit es für Bauverträge bedeutsam ist, und das Baustrafrecht.

Bei der Durchführung eines Bauvorhabens müssen auch Baustoffe und Bauhilfsstoffe beschafft werden. Der Kauf und die Haftung für Mängel der Kaufgegenstände folgen zum Teil anderen Vorschriften als die Verträge über Bauleistungen; sie werden daher auch hier kurz behandelt.

In diesem Beitrag können nur rechtliche Gesichtspunkte berücksichtigt werden, die für die Praxis von Bedeutung sind. Für eingehende Unterrichtung bringt das Literaturverzeichnis Hinweise auf die angegebene Rechtsprechung, die Kommentare und sonstige Fachliteratur. Da die fortschreitende Rechtsentwicklung und auch Angleichungen an Richtlinien der Europäischen Wirtschaftsgemeinschaft laufend zu Neufassungen und Änderungen führen, muß darauf geachtet werden, daß jeweils die neuesten Texte hinzugezogen werden.

Viele Fragen des Baurechts sind ungeklärt. Die richtige rechtliche Beurteilung mancher Frage setzt eine gründliche technische Kenntnis der Materie voraus, die auch für den Juristen, der sich beruflich mit diesen Fragen befassen muß, nur schwer zu erlangen ist. Das geschriebene Gesetz läßt viele Fragen offen. Die Rechtsprechung der oberen ordentlichen Gerichte, insbesondere des Bundesgerichtshofes, zeigt nur allmählich durch einheitliche Rechtsprechung festgelegte Wege. Entscheidungen von Schiedsgerichten, die vielfach angerufen werden, bleiben meist unbekannt, sie werden auch nicht selten von wirtschaftlichen und anderen als rechtlichen Überlegungen mitbestimmt.

Die bei großen Bauarbeiten auftauchenden Rechtsfragen können, je nachdem von welcher Seite sie beleuchtet werden — von der des Bauherrn, des Architekten, des beratenden Ingenieurs oder des Unternehmers —, verschieden beantwortet werden. Hier wird versucht, eine Lösung zu finden, die den Interessen der am Bau Beteiligten bei Abwägung aller Umstände am ehesten gerecht wird.

---

[1)] Literatur und Abkürzungen S. 415.

### 3.1.2 Vertragsformen

Zunächst werden hier die *Bauverträge* behandelt. Sie können in mancherlei Gewand gekleidet werden und verschiedenen Inhalt haben. Der Bauunternehmer kann als *Hauptunternehmer*, als *Nachunternehmer* oder als *Nebenunternehmer* tätig werden. Auch kann er als Hauptunternehmer für das ganze Bauwerk oder als Spezialunternehmer für nur eine einzelne Bauleistung verantwortlich sein. Er kann gleichzeitig als Architekt oder als Ingenieur Leistungen erbringen, so, wenn er auf Grund eines Nebenangebotes, das auf eigenen Konstruktionsvorschlägen aufgebaut ist, den Auftrag erhält.

In der Bundesrepublik Deutschland wurden für die wirtschaftlich bedeutsamsten Bauaufgaben Verträge entwickelt, die weitgehend nach den Bestimmungen der *Verdingungsordnung für Bauleistungen* (VOB) gestaltet sind, vgl. 3.3. Die VOB geht zurück auf das geltende gesetzliche Recht des *Bürgerlichen Gesetzbuches* (BGB), das für viele kleine Bauleistungen ausschließlich anzuwenden ist. Das geltende gesetzliche Recht ist daher die Grundlage aller Bauverträge, auch wenn in ihnen die VOB vereinbart ist.

Die großen und wirtschaftlich bedeutsamen Bauvorhaben werden technisch im wesentlichen durch Planung und Konstruktion festgelegt, die Aufgaben des beratenden Ingenieurs und des Architekten sind oder vom sachverständigen Bauherrn selbst (Wasser- und Schiffahrtsämter, Neubauabteilungen der Oberfinanzdirektionen, Autobahnämter usw.) durchgeführt werden. Die Ausführung, die der Bauunternehmer vornimmt, ist finanziell und wirtschaftlich der bedeutsamste Teil der gesamten Aufgabe. Durch ihn wird nicht nur offenbar, wie die Aufgabe ingenieurmäßig gelöst worden ist, sondern es werfen sich regelmäßig erst bei oder nach der Ausführung die Rechtsfragen auf, die für Planung und Konstruktion bedeutsam sind.

### 3.1.3 Räumliche Geltung

Der räumliche Geltungsbereich des hier behandelten Baurechts beschränkt sich auf das Gebiet der *Bundesrepublik Deutschland* einschließlich *West-Berlin*.

Es kann jedoch in dem Umfange, in dem Privatrecht frei vereinbart werden kann, auch auf Bauarbeiten außerhalb dieses Gebietes erstreckt werden. Überträgt ein deutscher Bauherr einem deutschen Bauunternehmer in der BRD Arbeiten, die im *Ausland* auszuführen sind, so kann es dem Willen der Vertragschließenden entsprechen, daß deutsches Recht angewandt werden soll, soweit dies nach den Gesetzen des ausländischen Staates zulässig ist. Legt der Vertrag dies nicht ausdrücklich fest, so ist im Wege der Auslegung der *Vertragswille* festzustellen. Wenn z. B. ein Schiedsgericht nach der deutschen *Zivilprozeßordnung* oder der *Schiedsgerichtsordnung des Deutschen Betonvereins* in der BRD für die Entscheidung von Streitigkeiten vereinbart ist, so kann dies ein Anhaltspunkt für diesen Willen der Parteien sein.

## 3.2 Der Bauvertrag nach dem Recht des BGB und anderer gesetzlicher Bestimmungen

### 3.2.1 Abgrenzung

#### 3.2.1.1 Begriff und Abschluß

Der Bauvertrag stellt sich nach dem Recht des BGB als *Werkvertrag* dar, der in den §§ 631 ff. BGB behandelt wird. Der Werkvertrag verpflichtet den Auftragnehmer, ein bestimmtes Arbeitsergebnis — einen Erfolg — gegen Entgelt herbeizuführen. Der Bauvertrag verpflichtet demgemäß den Unternehmer, eine Bauleistung zu erbringen, und den Bauherrn, die vereinbarte Vergütung zu gewähren.

Das bürgerliche Recht kennt verschiedene typische *Vertragsformen*, die auch im Baugeschehen von Bedeutung sind. Kauft der Bauherr oder der Unternehmer einen Baustoff, so ist dies ein *Kaufvertrag*. Werden Geräte von Dritten zur Durchführung einer Bauaufgabe vorübergehend übernommen, so ist dies ein *Mietvertrag*. Alle diese Vertragsformen sind in ihrem Inhalt verschieden, ebenso in ihren Auswirkungen, was z. B. die Haftung und die Verjährung anlangt. Alle Verträge, die eine *Bauleistung* zum hauptsächlichen Inhalt haben, sind Werkverträge. Nicht nur die Herstellung eines Bauwerkes, sondern auch Reparaturarbeiten an Häusern sind demgemäß Werkverträge. Auch reine Erdarbeiten können Bauleistungen darstellen, so, wenn ein Unternehmer einen Rohrgraben herzustellen und später, wenn ein anderer Unternehmer die Rohre verlegt hat, wieder zu verfüllen hat. Hat ein Unternehmer vertraglich ein Haus mit einer Waschmaschinenanlage herzustellen, so ist der wesentliche Inhalt des Vertrages die Erstellung des Bauwerkes. Demgemäß ist die Lieferung und die Montage der Maschinenanlage ein unselbständiger Teil des Bauvertrages und untersteht damit Werkvertragsrecht. Bestellt der Unternehmer die Lieferung und Montage der Maschinenanlage bei einer Maschinenfabrik, so stellt sich dies jedoch als Kaufvertrag dar, denn die Montage der Anlage, die eine Werkleistung darstellt, ist nur ein unselbständiger Teil des Kaufvertrages.

Die Grenzen sind jedoch zuweilen flüssig. Vorfabrizierte *Fertigteile* werden in immer stärkerem Maße in Bauwerke eingebaut. Werden solche Fertigteile von einem Unternehmer geliefert und montiert, so wird dies nicht als Kaufvertrag mit einer Nebenleistung — der Montage — angesehen, sondern als eine einheitliche Bauleistung, die in vollem Umfang den Bestimmungen über den Werkvertrag unterworfen ist. Wenn sich aber die Leistung des Unternehmers auf die Lieferung der Bauteile ohne Montage beschränkt, liegt ein Kaufvertrag vor.

Auch hier gehen die Bestrebungen dahin, für Umfang und Dauer der Gewährleistung die Vorschriften über den Werkvertrag gelten zu lassen; dies muß aber ausdrücklich vereinbart werden.

Der Bauvertrag bedarf nicht der Schriftform. Er kommt also bereits durch *mündliches Angebot* und mündliche Annahme zustande. Wenn aber Schriftform vereinbart ist, so bestimmt § 154 BGB, daß der Vertrag ,,im Zweifel" nicht früher geschlossen ist, als der schriftliche Vertrag vorliegt. Im Baugewerbe dürfte jedoch diese Regel ,,im Zweifel" nicht gelten, worauf auch § 28 Ziff. 2 VOB/A hinweist. Es kann daher davon ausgegangen werden, daß nach der Übung in der Bauwirtschaft der Vertrag bereits mündlich gültig abgeschlossen ist, auch wenn eine schriftliche Urkunde, die zuweilen erst Monate später ausgefertigt wird, vorgesehen ist.

Beginnt der Unternehmer jedoch auf Drängen der örtlichen Bauleitung des Bauherrn vor der mündlichen Auftragserteilung bereits mit dem Einrichten der Baustelle und sonstigen vorbereitenden Arbeiten, so handelt der Unternehmer *auf eigene Gefahr*. Kommt später der Auftrag nicht zustande, so hat der Unternehmer im Regelfall keine Ersatzansprüche. Soll jedoch der Auftrag später unter nachträglich abgeänderten Bedingungen erteilt werden, so kann der Unternehmer den geänderten Auftrag ablehnen und Schadensersatz wegen Verschuldens bei Vertragsabschluß verlangen. Dieser Anspruch erfaßt aber nicht den ganzen Schaden wegen Nichterfüllung des — nicht zustande gekommenen — Bauvertrages, sondern beschränkt sich auf die seitherige Bauausführung.

Viele wirtschaftlich bedeutsame Bauverträge enthalten über die Verpflichtung des Unternehmers, eine Bauleistung zu erbringen, hinaus noch die Verpflichtung, diese Bauleistung gemäß den dem Vertrag zugrunde gelegten Plänen des Bauherrn zu bewirken. Auch wird oft die Gesamtleistung des Unternehmens vertraglich in ihre Teile zerlegt, als ob der Unternehmer eine Summe von Einzelleistungen zu erbringen habe. Hierbei darf aber nicht übersehen werden, daß das Bauwerk als Ganzes geschuldet wird.

### 3.2.1.2 Art der Vergütung

Soweit die Vergütung vertraglich vereinbart ist, hat es hierbei sein Bewenden. Die Vergütung kann sich darstellen als

a) Vergütung nach Einheitspreisen.
b) Pauschalpreis,
c) Selbstkostenfestpreis,

d) Selbstkostenerstattungspreis,
e) Stundenlohnpreis.

*Zu a):* Der Regelfall ist die Vergabe zu *Einheitspreisen*. Dies entspricht der Übung im Baugewerbe, vgl. § 2 Ziff. 2 VOB/B. Es ist die Vergütungsart, die dem Unternehmer das

### 3.2 Der Bauvertrag

Massenrisiko nicht aufbürdet. Soweit der Umfang der einzelnen Leistung nach den Anschauungen in der Bauwirtschaft im Rahmen des Vertrages vom Unternehmer eigenverantwortlich festgelegt werden kann, wird für diese Leistung oft eine *Pauschalvergütung* neben den sonstigen Einheitspreisen vorgesehen, z. B. für Baustelleneinrichtung und Gerätevorhaltung. Denn nur der Unternehmer kann bestimmen, welche Geräte er für die geforderte Leistung verwenden will.

Der Einheitspreis ist ein *Festpreis*, sofern im Vertrag nicht etwas anderes bestimmt ist. Den Gegensatz dazu bildet der *gleitende Preis*, der aber in normalen Zeiten kaum vereinbart wird. Dagegen sind vor allem bei Bauverträgen, deren Ausführung sich über mehrere Jahre hinzieht, Lohn- und *Stoffpreisgleitklauseln* üblich und preisrechtlich zulässig, §§ 14 und 15 VPöABau.

*Zu b):* Der *Pauschalpreis* bürdet dem Unternehmer das Massenrisiko allein auf. Während bei dem Einheitspreis die Vergütung für eine Einzelleistung je Einheit festgelegt wird und die Gesamtvergütung die Summe aller Einzelvergütungen darstellt, steht der Pauschalpreis als Gegenleistung der gesamten Bauleistung gegenüber. Der Pauschalpreis ist wie der Einheitspreis ein Festpreis, wenn nichts anderes vereinbart ist. Dies bedeutet aber nur, daß der Bauleistung eine in Geld ausgedrückte, pauschal feststehende Gegenleistung gegenübersteht. Ändert sich die Bauleistung über eine reine Änderung der Massen hinaus, so ist die vertragsrechtliche Kongruenz durch Änderung des Pauschalpreises wiederherzustellen.

Abgeschlossene Verträge legen die Rechte und Pflichten der Vertragspartner endgültig fest. Dies bedeutet, daß bei einem Kauf- oder Mietvertrag nachträgliche Änderungen des Vertrages der freien Zustimmung aller Beteiligten bedürfen. Lediglich beim Bauvertrag hat die Praxis das Bedürfnis immer wieder von Neuem hervorgehoben, daß der Bauherr einseitige Änderungen des Bauvertrages, die die Einzelheiten des Vorhabens oder der Ausführung betreffen, vornehmen kann. Dem trägt die bewegliche Abrechnung nach Einheitspreisen und Vordersätzen Rechnung.

Der Pauschalvertrag kennt diese Beweglichkeit nicht. Daher ist es zweifelhaft, ob dem Bauherrn auch in diesem Fall das Recht zusteht, nachträglich einseitig Änderungen des Vertrags festzulegen, denn der Pauschalpreis ist starr. Es dürfte daher ein Fehler sein, wenn ein Bauherr, um einen festen Endpreis zu haben, einen Pauschalpreis vereinbart, denn damit bürdet er der Gegenseite und sich selbst das Massenrisiko (z. B. für Wasserhaltung) auf und verliert die Beweglichkeit, die dem Bauvertrag anhaften muß.

*Zu c) und d):* *Selbstkostenerstattungsverträge* sind in normalen Zeiten kaum zu finden. Sie spielen jedoch bei anormalen Verhältnissen eine große Rolle. Immer dann, wenn der Unternehmer einen Preis nicht ordnungsgemäß kalkulieren kann, weil etwa infolge der Einwirkung außergewöhnlicher Ereignisse oder der besonderen Eigenart und des ungewöhnlichen Einsatzes die Aufwendungen nicht im voraus abzuschätzen sind, bleibt nichts anderes als der Abschluß eines solchen Vertrages übrig. Solche Verträge sind preisrechtlich nur zulässig, wenn eine andere Preisermittlung nicht möglich ist (§ 8 VPöABau), und müssen so bald wie möglich in *Selbstkostenfestpreise* überführt werden (§§ 7 und 8 Abs. 4 VPöABau). Können die Parteien z. B. übersehen, welche Leistungen niedrig bezahlte oder nicht entlohnte Kräfte im Arbeitseinsatz nachhaltig erbringen, so können und müssen sie für diese Leistungen Festpreise nachträglich für die Zukunft vereinbaren.

*Zu e):* Im *Stundenlohn* werden vielfach kleine Arbeiten abgerechnet. Auch geringfügige zusätzliche Arbeiten bei der Ausführung großer Bauwerke lassen sich zuweilen nur in dieser Form vergüten.

### 3.2.2 Anfechtung eines Bauvertrages

Ein Bauvertrag kann nach seinem Abschluß unter den gesetzlichen Voraussetzungen der §§ 119 und 123 BGB wegen *Irrtums* oder wegen *arglistiger Täuschung* angefochten werden. Der Bauherr kann z. B. den Vertrag anfechten, wenn er die Bauarbeiten im Wettbewerb ausgeschrieben, der Unternehmer jedoch an einer Preisabsprache teilgenommen hat und den Bauherrn durch Abgabe seines Angebots in scheinbar freiem Wettbewerb täuscht. Die Anfechtung wegen Täuschung muß innerhalb eines Jahres ausgesprochen werden von dem Zeitpunkt ab, zu welchem der Bauherr von der Preisabsprache erfährt.

Unternehmer versuchen zuweilen, ihr Angebot anzufechten, wenn ihnen der Zuschlag erteilt worden ist und sie feststellen, daß sie ein ungewöhnlich billiges Angebot abgegeben haben, das auf einem Kalkulationsfehler beruht.

Es ist eine in der Eigenart der Marktwirtschaft und des Baugeschäftes ruhende Tatsache, daß die Angebote der Bieter oft weit auseinanderliegen. Das Wort „Submissionsblüte" hat hier seine begriffliche Grundlage. Die wesentlichsten Ursachen für diese Erscheinung liegen teils in der verschiedenartigen Beurteilung der objektiven Momente der Bauaufgabe, z. B. des Untergrundes, der Wasserhaltung und der Witterung, teils in der Wettbewerbslage, die den Bieter bei mangelnder Ausnutzung seiner Kapazität veranlaßt, den Einsatz seiner Geräte sehr gering zu bewerten, zuweilen aber auch in einem echten *Kalkulationsirrtum*, wenn der Bieter z. B. die Aufwendungen für den Kubikmeter Beton zu gering geschätzt hat. Der Kalkulationsirrtum berechtigt jedoch regelmäßig nicht zu einer Anfechtung des Bauvertrages, da er als Motivirrtum in dem Vertrag nicht zum Ausdruck kommt.

Nur in den Fällen, in denen bei der Vergabe zwischen Bauherrn und Unternehmer über Bestandteile der Kalkulation verhandelt wurde und sie insoweit zur Grundlage einer Preisvereinbarung gemacht worden sind, kann eine Anfechtung gerechtfertigt sein. Auch wenn der Bauherr bei der Ausschreibung für die Bodengewinnung eine leichte Bodenklasse angegeben hat, vgl. VOB/C DIN 18 300 Ziff. 2.2, die bei der Ausführung nicht festgestellt worden ist, und wenn statt dessen der tatsächlich angetroffene Boden schwer zu gewinnen war, oder wenn der Betonpreis auf Grund von Verhandlungen, die zur Auftragserteilung geführt haben, ermäßigt worden ist und sich hierbei ein dem Bauherrn erkennbarer Kalkulationsirrtum eingeschlichen hat, kann eine Anfechtung für den Unternehmer in Frage kommen.

Wird wegen *Irrtums* angefochten, so muß die Anfechtung unverzüglich erklärt werden, nachdem der Unternehmer von dem Anfechtungsgrund Kenntnis erlangt hat. Unter Umständen muß der Teil, der wegen Irrtums anficht, dem anderen Teil Schadensersatz leisten. Dieser Schadensersatz geht auf das *Vertrauensinteresse*. Dies ist der Schaden, den der andere dadurch erlitten hat, daß er auf die Gültigkeit des Vertrages vertraute. Dieser Schaden umfaßt aber nicht den entgangenen Gewinn.

Bei Anfechtung wegen *arglistiger Täuschung* entfällt für den Anfechtenden jede Schadenersatzpflicht, während für den, der getäuscht hat, eine Schadenersatzpflicht nach allgemeinen Regeln in Frage kommt, z. B. aus unerlaubter Handlung.

In jedem Falle vernichtet die Anfechtung den Vertrag mit *rückwirkender Kraft*.

Der Bauherr, der die Ausschreibung ausarbeitet, muß daher die Ausschreibung so klar wie irgend möglich halten, denn Zweideutigkeiten, die mehrere Auslegungen gestatten, können zu seinen Lasten gehen.

*Beispiel:*

In der VOB Teil A ist in § 9 — Leistungsbeschreibung — unter Ziffer 9 bestimmt:

„Ist mit Lohn- und Gehaltsnebenkosten (z. B. Wege- und Fahrgeldern, Auslösungen) zu rechnen und sollen sie gesondert vergütet werden, so ist die Art der Vergütung (z. B. durch Pauschalsumme oder auf Nachweis) in den Verdingungsunterlagen zu bestimmen."

Wird in der Ausschreibung nun angegeben, daß die Lohnnebenkosten besonders vergütet werden, so ergibt sich die Frage, welche Auslegung richtig ist, denn unter den Oberbegriff „Lohn" fallen Löhne und Gehälter; vgl. z. B. die Richtlinien zu § 6 Abs. 1 der Verordnung PR 8/55 Ziffer 1 „Löhne".

Die Schwierigkeit wird durch eine klare Formulierung der Ausschreibung beseitigt, z. B. durch den Satz:

„Zu den Lohnnebenkosten gehören nicht die Gehaltsnebenkosten."

Unser geltendes Recht kennt im Regelfalle nur die *Verschuldenshaftung*, nicht dagegen die Haftung für Verursachung, die allerdings vertraglich vereinbart werden kann.

Zuweilen finden sich in Ausschreibungsunterlagen Bestimmungen wie:

„Der Unternehmer haftet für alle Schäden, die seine Arbeitnehmer dem Bauherrn oder Dritten gegenüber verursachen."

Dies ist die Vereinbarung einer *Verursachungshaftung*, die jedoch, wie die Erfahrung lehrt, häufig nicht beabsichtigt ist. Gemeint ist vielmehr die gesetzliche Haftung, für die allein auch im Regelfalle Versicherungsschutz gewährt wird. Unklarheiten lassen sich in solchen Fällen durch eine klare Formulierung vermeiden:

„Der Unternehmer haftet für alle Schäden, die seine Arbeitnehmer gegenüber dem Bauherrn und Dritten verursachen und für die er nach dem Gesetz einzustehen hat."

### 3.2.3 Auslegungsregeln für den Bauvertrag

Für die Auslegung von Bauverträgen muß berücksichtigt werden, wie der Bauvertrag zustande gekommen ist.

a) Im *Regelfalle* arbeitet der Bauherr oder der von ihm beauftragte Architekt oder Ingenieur die Ausschreibungsunterlagen bis in die letzte Einzelheit aus, wie es in der VOB/A — II — Verdingungsunterlagen — die §§ 9—15 vorsehen. Der Bewerber hat danach lediglich gemäß § 6 aaO. die Preise, die er für seine Leistung fordert, in das Leistungsverzeichnis einzusetzen. Er darf aber, will er nicht Gefahr laufen, daß sein Angebot unberücksichtigt bleibt, Änderungen an den Ausschreibungsunterlagen nicht treffen; vgl. § 23 Ziffer 1 VOB/A.

b) In *Ausnahmefällen* wird in der Praxis von diesem Schema abgewichen, so daß hier der Unternehmer in stärkerem Maße an den Verdingungsunterlagen und ihrer Formulierung beteiligt ist.

Für die Auslegung des Bauvertrags wird deshalb hier nur der in a) angeführte Regelfall berücksichtigt. Der Bieter kalkuliert danach in erster Linie die im Leistungsverzeichnis angeführten Bauleistungen und berechnet danach sein Angebot. Entstehen ihm in diesem Stadium Unklarheiten über die Auslegung der Ausschreibungsunterlagen, so hat er eine Klärung dieses Punktes herbeizuführen.

In manchen Fällen wird er jedoch die Unklarheit nicht erkennen und sein Angebot auf der Grundlage ausarbeiten, die sich für ihn aus der Ausschreibung ergibt.

Im gegebenen Falle kann auch der Grundsatz des § 254 BGB zur Anwendung kommen, der besagt, daß ein Schaden je nach dem Grade des Verschuldens oder der Verursachung der Beteiligten aufzuteilen ist, wenn beiderseits ein Verschulden mitgewirkt hat oder eine Ursache gesetzt worden ist.

Die Ausschreibungsunterlagen werden vom Bauherrn ausgearbeitet. Die Sprache der Ingenieure weicht manchmal von der der Juristen ab. Sie verwendet zuweilen für Begriffe, die für den Juristen feststehen, Worte, die dem Juristen ein falsches Bild geben. In vielen Bauverträgen finden sich z. B. die Worte „gesetzliche Garantie". Sie wollen i. allg. nichts anderes besagen als der juristische Ausdruck „gesetzliche Gewährleistung".

### 3.2.4 Die Personen des Bauvertrages und ihre Beauftragten

Die *Vertragsparteien* werden in den Verträgen festgelegt. Bauherr und Unternehmer sollten daraus ohne Schwierigkeiten zu ersehen sein.

Wenn der Bauherr nicht selbst den Auftrag vergibt, sondern sich durch einen Bevollmächtigten vertreten läßt, so wird der Auftrag „im Namen und für Rechnung" des Bauherrn vergeben. Dieser oder ein ähnlicher Wortlaut zeigt den wirklichen Bauherrn an.

Fehlt es an der Vollmacht, so hängt die Wirksamkeit des Bauvertrages für den Bauherrn von dessen Genehmigung ab, § 177 BGB. Der Unternehmer kann auch im gegebenen Falle nach seiner Wahl von dem vollmachtslosen Vertreter Schadenersatz verlangen oder ihn auf Erfüllung in Anspruch nehmen, § 179 BGB.

Bei *Bauaufträgen des Bundes* ist zu beachten, daß der Bund bei der „Auftragsverwaltung" durch die Landesbehörden vertreten wird, vgl. Artikel 85 ff. Grundgesetz. Die Aufträge werden in diesem Fall von dem betreffenden Land, vertreten durch die örtlich zuständige Baubehörde, vergeben. Solche Aufträge sind z. B. die von Autobahnämtern vergebenen Autobahnarbeiten. In derartigen Fällen ist im Zweifel aus dem Wortlaut des Bauvertrages zu entnehmen, ob die Arbeiten im Namen und für Rechnung des Bundes oder des Landes vergeben werden. Bei Verhandlungen über streitige Fragen wird jedoch berücksichtigt werden müssen, ob der Bund ein Weisungsrecht besitzt und daher Verhandlungen auf Landesebene ohne seine Mitwirkung Erfolg versprechen.

Bei den *Unternehmern* kann unterschieden werden zwischen Angehörigen des *Baugewerbes* und denen der *Bauindustrie*.

Der Bauunternehmer ist nicht kraft Gesetzes ein *Mußkaufmann* im Sinne des § 1 HGB, da er die Baustoffe nicht als Händler weiterveräußert, sondern als Mittel zur Herstellung des Bauwerkes verwendet. Vollkaufleute sind aber nach § 2 HGB insbesondere solche Unternehmer, die im Handelsregister eingetragen sind, das sind alle Bau-Aktiengesellschaften, Bau-Gesellschaften mit beschränkter Haftung, die Offenen Handelsgesellschaften, die Kommanditgesellschaften und die Kommanditgesellschaften auf Aktien einschließlich der persönlich haftenden Gesellschafter. Kleine Baubetriebe sind in der Regel *Minderkaufleute*, § 4 HGB, die keine Prokuristen bestellen können, die anderseits jedoch unangemessen hohe Vertragsstrafen gerichtlich herabsetzen lassen können, und für die die Abrede des Schiedsvertrages nur gültig ist, wenn sie schriftlich auf einem besonderen Formblatt, das nichts anderes als diese Abrede enthält, geschlossen ist, § 1027 ZPO.

Wenn Bauunternehmer als Vollkaufleute anzusehen sind, so gelten für sie alle für diese festgelegten Bestimmungen. So müssen sie z. B. für die Sorgfalt eines ordentlichen Kaufmannes einstehen, § 347 HGB, oder sie müssen unverzüglich *Mängelrüge* erheben, § 377 HGB. Während nach bürgerlichem Recht Stillschweigen gegenüber einem Angebot oder einer sonstigen rechtserheblichen Handlung nicht als Annahme oder Einverständnis gilt, muß der Vollkaufmann unverzüglich widersprechen, wenn er damit nicht einverstanden ist. Man wird jedoch auch hier nicht an den Gebräuchen im Baugeschehen vorübergehen können, die den Bauunternehmer als Vollkaufmann nicht mit dem strengen Maßstab des Handels messen.

Die *Handelsregister*, die bei den jeweiligen Amtsgerichten geführt werden, enthalten Angaben über die Bauunternehmungen, die in ihnen eingetragen sind. Handelsregister A führt die natürlichen Personen und Handelsregister B die juristischen Personen. Die Handelsregister können von jedem eingesehen werden und enthalten Auskünfte über die Inhaber der Unternehmungen, die Vorstände der Aktiengesellschaften und ihre Vertretungsbefugnis, die Komplementäre und Kommanditisten, die Prokura u. a. m.

In der Rolle des Bauherrn tritt auch der *Hauptunternehmer* auf, der die gesamte Herstellung eines Bauwerkes übertragen bekommen hat und der nunmehr seinerseits weitere Unternehmer als *Nachunternehmer* heranzieht, vgl. 2.1.3.5.4.

Nicht dagegen erhält der Hauptunternehmer diese Stellung bei Vergabe von Arbeiten an *Nebenunternehmer*. Nebenunternehmer sind solche Unternehmer, die vom Hauptunternehmer „im Namen und für Rechnung des Bauherrn" Aufträge erhalten. Unmittelbare Vertragsbeziehungen in Ansehung der Bauleistung des Nebenunternehmers entstehen daher nur zwischen dem Bauherrn und dem Nebenunternehmer. Der Hauptunternehmer tritt jedoch dem Nebenunternehmer als Bevollmächtigter des Bauherrn gegenüber, er hat also Verhandlungen mit dem Nebenunternehmer zu führen und auch seine Rechnungen zu prüfen. Die Zahlungen gehen meist unmittelbar vom Bauherrn an den Nebenunternehmer, jedoch übernimmt oft der Hauptunternehmer vertraglich ganz oder teilweise die Gewähr für die Arbeiten des Nebenunternehmers wie für seine eigenen.

Aus dieser Zwischenstellung des Hauptunternehmers können sich komplizierte Rechtsbeziehungen zwischen dem Hauptunternehmer und dem Bauherrn einerseits und zwischen dem Hauptunternehmer und dem Nebenunternehmer anderseits ergeben, die bei Abschluß des *Nebenunternehmervertrages* sorgfältig geregelt werden müssen. Wird z. B. dem Hauptunternehmer vom Bauherrn eine Vertragsstrafe für Terminüberschreitungen, die Bauleistungen des Nebenunternehmers betreffen, auferlegt, so haftet der Nebenunternehmer für diese Vertragsstrafe nur, wenn dies ausdrücklich zwischen ihm und dem Bauherrn oder dem Hauptunternehmer vereinbart worden ist.

Der Nebenunternehmervertrag ist vor Jahrzehnten mit Zustimmung des damaligen Reichsfinanzministers geschaffen worden zu dem hauptsächlichen Zweck, die doppelte

## 3.2 Der Bauvertrag

Umsatzsteuer einzusparen. Er wird aus diesem Grunde auch heute noch mit Billigung der Behörde exerziert, ist aber mit dem Wegfall der Umsatzsteuer in ihrer damaligen Form ab 1. 1. 1968 in vielen Fällen bedeutungslos.

Ein weiteres Unternehmergebilde für Bauaufträge ist die *Arbeitsgemeinschaft*, vgl. 3.2.18.1 und 2.1.3.5.1.

Der Bauherr läßt sich vielfach bei den Verhandlungen über den Vertragsabschluß von den von ihm beauftragten Architekten oder Ingenieurbüros, die auch die Ausschreibungsunterlagen erstellen, vertreten. Der Vertrag wird manchmal später allein vom Bauherrn unterschrieben und in dem Vertrag lediglich festgestellt, inwieweit der Architekt oder der Fachingenieur bei der Durchführung des Objektes mitwirkt.

Das Wissen und die Kenntnisse des Architekten bei den Vorverhandlungen wie auch bei späteren Verhandlungen kann von erheblicher rechtlicher Bedeutung für den Bauunternehmer werden. In diesen Fällen gilt die Regel des § 278 BGB, wonach der Bauherr das *Verschulden* seiner *Erfüllungsgehilfen* — auch schon bei den Vorverhandlungen — wie sein eigenes zu vertreten hat. Das gleiche gilt selbstverständlich für den Unternehmer in Ansehung seiner Leute. Es muß sich aber stets um eine Vertragsverletzung handeln.

Für einen *Diebstahl*, den ein Erfüllungsgehilfe gelegentlich der Ausführung von Arbeiten seines Unternehmers begeht, haftet dieser grundsätzlich nicht. Die Haftung kann aber eintreten, wenn auf Grund des Bauvertrages eine stillschweigende Nebenverpflichtung angenommen werden kann, das Eigentum des Bauherrn zu sichern, und der Diebstahl möglich war, weil der Unternehmer dieser Verpflichtung nicht nachgekommen ist.

### 3.2.5 Anordnungen des Bauherrn und nachträgliche Änderung des Bauvertrages

#### 3.2.5.1 Anordnungen des Bauherrn

Der Bauvertrag, auch der ins Einzelne gehende Bauvertrag, ist in vielen Punkten nur ein *Rahmenvertrag* insofern, als viele Einzelheiten noch durch spätere Festlegung endgültig bestimmt werden müssen. Diese Bestimmungen trifft der Bauherr durch Anordnungen, indem er z. B. die Farbe des Verputzes festlegt. Wo die Grenzen liegen, innerhalb deren der Bauherr durch Anordnungen dieser Art den Vertrag ergänzen kann, mag im Einzelfalle zweifelhaft sein. In allen den Fällen, in denen *Mehrkosten* entstehen, handelt es sich nicht mehr um Ergänzungen, sondern um *Änderungen* des Vertrages, auch wenn sie nur geringfügiger Natur sind, vgl. 3.2.5.2

Für die Art und Weise, wie der Unternehmer seinen Verpflichtungen nachkommt, ist er innerbetrieblich allein verantwortlich. Die Anordnungen des Bauherrn können grundsätzlich in diesen Betrieb unmittelbar nicht eingreifen. Der Bauherr muß sich vielmehr im Regelfalle an seinen Vertragspartner, also an den Unternehmer selbst, wenden.

#### 3.2.5.2 Änderung der Bauleistung

Durch unser geltendes Recht zieht sich der Grundsatz, daß abgeschlossene Verträge einseitig nicht abgeändert werden können. Bei der Ausführung von Bauten kommt es jedoch häufig vor, daß der Bauherr solche Änderungen ohne vorherige Zustimmung des Unternehmers anordnet. Diese Übung dürfte als ein echtes *Gewohnheitsrecht* anzusehen sein. Man wird es dahin zusammenfassen können, daß der Bauherr befugt ist, Bauleistungen, die in dem Vertrag festgelegt sind, nachträglich einseitig zu ändern oder durch andere Leistungen zu ersetzen, soweit er diese Änderungen zur Ausführung des Bauvorhabens für notwendig oder zweckmäßig hält und sie dem Unternehmer zumutbar sind. Das gleiche gilt in noch stärkerem Maße für Anordnungen des Bauherrn, die nicht zugleich Vertragsänderungen sind.

*Zusätzliche* Arbeiten, die über die Vertragsleistung hinausgehen, kann der Bauherr dem Unternehmer dagegen nur übertragen, wenn dieser in vollem Umfange zustimmt, also auch eine Einigung über die Vergütung hierfür vorher erzielt wird. Wünscht der Bauherr eines Wohnhauses nachträglich die Erstellung von zusätzlichen Garagen außerhalb des Gebäudes, so ist dies zur Ausführung des Bauvorhabens nicht erforderlich und kann von dem Unternehmer abgelehnt werden. Änderungen des Hausgrundrisses, auch wenn sie der Schaffung einer Garage im Erdgeschoß dienen, werden dagegen wohl von diesem Recht des Bauherrn umfaßt, ebenso z. B. die Anordnung von Tiefgaragen, die die Bauaufsicht nachträglich verlangt. Hier liegt eine Gefahr für Pauschalvereinbarungen, da hier auch die Bauleistung pauschal bestimmt, also kaum einseitig abänderbar ist.

### 3.2.5.3 Vergütung bei Änderung der Bauleistung

Die Frage der Vergütung für die abgeänderten oder zusätzlichen Arbeiten ist unabhängig von der Änderungsbefugnis des Bauherrn zu beantworten. Wird eine Einigung über die Vergütung nicht erzielt, so gilt die Regel des § 632 BGB, wonach in solchen Fällen die übliche Vergütung als vereinbart gilt. Soweit Bestandteile der ursprünglichen Vertragsleistung in der neuen Bauleistung enthalten sind, sind die entsprechenden Vergütungssätze heranzuziehen. Denn zunächst kann davon ausgegangen werden, daß die Parteien in dem Vertrag angemessene Preise vereinbart haben. Über- oder unterschreiten sie jedoch die übliche Vergütung, so ist diese maßgeblich.

Der Anspruch auf die Vergütung muß von dem Unternehmer rechtzeitig erhoben werden. Macht er ihn verspätet geltend, so setzt er sich der Einrede der *Verwirkung* aus. Der Bauherr kann mit Recht verlangen, sobald er Änderungen, die ihm Kosten verursachen, anordnet, daß ihm diese Kosten rechtzeitig mitgeteilt werden, damit er in der Lage ist, seine Anordnungen zurückzunehmen oder abzuändern. Es kann auch davon ausgegangen werden, daß eine Änderung geringfügiger Natur vom Unternehmer nicht sogleich zum Anlaß genommen wird, um deswegen eine zusätzliche Forderung zu erheben. Macht also der Unternehmer wegen einer zusätzlichen Vergütung keine Vorbehalte, ehe er die geänderten Arbeiten in Angriff nimmt, so dürfte regelmäßig der verspätet geltend gemachte Anspruch als verwirkt anzusehen sein. Das gleiche gilt, wenn der Unternehmer, der solche Ansprüche der Höhe nach geltend gemacht hat, nachträglich bei der Ausführung feststellen muß, daß sie wesentlich höhere Aufwendungen verursacht. In allen Fällen aber, in denen der Bauherr offensichtlich auch ohne Ankündigung durch den Unternehmer mit einer zusätzlichen Vergütung rechnen mußte, kann wohl die Einrede der Verwirkung nicht erhoben werden.

Notfalls muß die Vergütung durch das Gericht festgestellt werden, wofür dieses einen *Sachverständigen* heranzieht. Die Parteien können sich auch auf einen solchen Sachverständigen selbst einigen. Unterwerfen sich die Parteien von vornherein dem Gutachten dieses Sachverständigen über die Höhe der Vergütung, so liegt ein *Schiedsgutachtervertrag* vor, für den die Bestimmungen der §§ 317ff. BGB maßgeblich sind.

### 3.2.6 Verpflichtungen des Unternehmers

Die Verpflichtungen des Unternehmers gehen zunächst auf die vertragsgemäße *mangelfreie Herstellung* des Bauwerkes, § 633 Abs. 1 BGB. Das Bauwerk muß bei der Abnahme dem Bauherrn in dieser Beschaffenheit angeboten werden. Nur dann ist der Bauherr verpflichtet, das Bauwerk abzunehmen. Bestreitet der Bauherr zu Recht die vertragsgemäße Erfüllung, so kann er die Abnahme verweigern und die Beseitigung des Mangels verlangen, § 633 Abs. 2 BGB.

Den Unternehmer trifft bis zur Abnahme die Beweislast für die vertragsgemäße Herstellung des Bauwerkes.

Ist die Beseitigung des Mangels nur mit einem *unverhältnismäßigen Aufwand* möglich, so kann allerdings der Unternehmer seine Beseitigung verweigern, § 633 Abs. 2 Satz 2 BGB. Dies ist dann der Fall, wenn der Vorteil, den die Besserung gewährt, gegenüber dem erforderlichen Aufwand geringwertig ist. In diesem Falle muß der Unternehmer eine entsprechende Minderung der Vergütung hinnehmen. Ist z. B. die vorgeschriebene Betongüte

## 3.2 Der Bauvertrag

bei der Errichtung eines Hochhauses nicht erreicht, so liegt keine vertragsgemäße Herstellung vor. Ist trotzdem aber die Standfestigkeit in vollem Umfange gewahrt, also die Tauglichkeit des Hochbaues für die vorgesehene Verwendung gegeben, was durch die baupolizeiliche Abnahme bescheinigt wird, so ist das Verlangen auf Neuerstellung des Bauwerkes mit der vorgeschriebenen Betonqualität dem Unternehmer regelmäßig nicht zumutbar. Der *Minderwert* des Bauwerkes gegenüber dem vertragsgemäß geschuldeten ist jedoch festzustellen und vom Unternehmer zu vergüten.

Der Bauherr kann den Mangel selbst beseitigen, wenn der Unternehmer eine ihm hierfür gesetzte *Frist* hat verstreichen lassen, § 633 Abs. 3 BGB. Ist der Unternehmer noch bei Ablauf des für die Beendigung der Bauarbeiten vereinbarten Endtermines im Verzug, so kann der Bauherr die Beseitigung des Mangels durch den Unternehmer ablehnen, wenn er dies rechtzeitig vorher angedroht hat, § 634 BGB. Nach dem fruchtlosen Ablauf der Frist kann der Bauherr nur noch Wandlung oder Minderung verlangen. Die *Wandlung* — das ist die Rückgängigmachung der Vertragsfolgen — ist theoretisch auch bei Bauwerken möglich. Sie hat jedoch hier keine praktische Bedeutung, da i. allg. der Besteller im Besitz des mangelhaften Werkes bleibt und in diesem Falle nur eine *Minderung* in Frage kommt.

Für *Mängel* des Bauwerkes haftet der Unternehmer auch ohne Verschulden. Dies gilt auch dann, wenn es sich um neuartige Baumethoden oder Baustoffe handelt, für deren vertragsgemäße oder übliche Tauglichkeit der Unternehmer ohne Exkulpationsmöglichkeit einstehen muß. Wenn dagegen der Unternehmer schuldhaft einen Mangel herbeigeführt hat, so kann der Bauherr anstelle der Wandlung oder Minderung einen Anspruch auf *Schadensersatz* erheben. Hat der Bauleiter des Unternehmers z. B. vorsätzlich für den Beton Zuschlagstoffe minderer Qualität verwandt und ist hierdurch die Standfestigkeit des Bauwerkes gefährdet, so kann Schadensersatz auch wegen des entgangenen Gewinnes und der nutzlosen Aufwendungen des Bauherrn geltend gemacht werden.

Zu vertreten hat der Unternehmer auch besondere *Garantieerklärungen*. Umfaßt die vereinbarte unselbständige Garantie nur, wie vielfach, die gesetzliche *Gewährleistung*, so hat es hierbei sein Bewenden. Wenn jedoch darüber hinaus der Unternehmer Eigenschaften bedingungslos zugesichert hat, so hat er diese Zusicherung mit der Folge des § 635 BGB neben etwaiger Wandlung oder Minderung zu vertreten. Eine noch weitergehende Garantie, das Einstehen für einen bestimmten, über das Bauwerk hinausgehenden Erfolg, wird dagegen bei Bauverträgen selten vorkommen. Sie ist z. B. gegeben, wenn der Unternehmer bei seiner Arbeit in einem schiffbaren Kanal dafür garantiert, daß die Schiffahrt auf dem Kanal nicht länger als 24 Stunden gesperrt werden muß. Dauert die Sperrung infolge unabwendbarer Ereignisse länger, so hat der Unternehmer auf Grund seiner Garantie den Bauherrn so zu stellen, als wäre die Frist von 24 Stunden nicht überschritten worden. Das ist dann kein Schadensersatzanspruch, sondern ein selbständiger Anspruch auf Erfüllung der Garantie.

Die *Gewährleistungsverpflichtung* des Unternehmers *nach der Abnahme* regelt sich nach denselben Bestimmungen wie vor der Abnahme des Bauwerkes, lediglich die Beweispflicht hat sich geändert. Nunmehr muß der Bauherr beweisen, daß ein Mangel bei der Abnahme vorgelegen hat. Bildet sich erst nach der Abnahme durch spätere Einwirkungen ein mangelhafter Zustand, so ist dies kein Mangel im Sinne des Gesetzes, den der Unternehmer zu vertreten hätte. Ist ein Mangel bei der Abnahme offensichtlich, so muß der Bauherr zumindest einen Vorbehalt deswegen aussprechen, andernfalls gilt das mangelhafte Bauwerk als genehmigt, § 640 Abs. 2 BGB.

Die Ansprüche des Bauherrn auf Mängelbeseitigung, auf Wandlung, Minderung oder Schadensersatz *verjähren* bei Bauwerken nach dem Gesetz in 5 Jahren. Bauwerke sind in diesem Zusammenhang alle Bauleistungen für ein Bauvorhaben ohne Rücksicht darauf, ob es sich um die Errichtung eines Bauwerkes oder um eine größere oder kleinere Instandsetzungsarbeit an dem fertiggestellten Bauwerk handelt. Jedoch werden vielfach in der Praxis der Gerichte reine Instandsetzungsarbeiten an Gebäuden nicht als Bauwerke angesehen, sondern als Arbeiten an Grundstücken, die in 1 Jahr verjähren. Gewährleistungsansprüche aus Bauleistungen, die sich auf reine Erdarbeiten beziehen (vgl. 3.2.1.1), verjähren ebenfalls in 1 Jahr, z. B. für das Herstellen eines geböschten Grabens.

Keine Bauleistungen in diesem Sinne sind selbständige *Lieferungen von Maschinen*. Die Ansprüche verjähren in diesem Falle nach Kaufvertragsrecht bereits in 6 Monaten.

Die *Verjährungsfrist* beginnt mit der Abnahme, sie kann durch Vertrag verlängert werden.

Der Unternehmer kann sich nicht auf den Ablauf der Verjährungsfrist berufen, wenn er den Mangel arglistig verschwiegen hat. Hat z. B. ein Polier vorsätzlich Baustoffe minderer Qualität eingebaut, so haftet der Unternehmer für dieses Handeln seines Erfüllungsgehilfen, das als *arglistiges Verschweigen* anzusehen ist, bis zum Ablauf der allgemeinen Verjährungsfrist von 30 Jahren.

Die Verjährung wird gehemmt, wenn der Unternehmer den ihm gemeldeten Mangel prüft, bis er den Mangel für beseitigt erklärt hat oder die Beseitigung verweigert, § 639 BGB. Die *Hemmung* bewirkt, daß diese Zeit der Verjährungsfrist hinzugeschlagen wird, soweit es sich um den betreffenden Mangel handelt. Andere Mängel werden von dieser Hemmung nicht berührt.

Die Verjährungsfrist wird nur durch eine rechtzeitige Klage unterbrochen, wenn der Unternehmer den Anspruch nicht anerkennt. Einige Zeit vor dem Ablauf der Verjährungsfrist muß daher der Bauherr die erforderlichen Schritte unternehmen, wenn er diese Wirkung erreichen will. Mit der *Unterbrechung* beginnt eine neue Verjährungsfrist mit gesetzlicher Dauer zu laufen, z. B. bei Bauwerken wieder eine Frist von 5 Jahren.

### 3.2.7 Positive Vertragsverletzung

Bei der Fassung des Bürgerlichen Gesetzbuches vor der Jahrhundertwende glaubte der Gesetzgeber mit der Mängelhaftung alle Ansprüche wegen Schlechterfüllung im Werkvertragsrecht erfaßt zu haben. Es zeigte sich jedoch, daß dies nicht der Fall war und daß es zum Schadensersatz verpflichtende Tatbestände gibt, bei denen entweder überhaupt kein Mangel vorliegt oder durch den Hinzutritt weiterer Umstände erst ein mittelbarer Schaden entsteht. Diese Tatbestände werden unter dem Begriff der *positiven Vertragsverletzung* zusammengefaßt. Sie sind auch im Baurecht anzutreffen.

Stürzt z. B. nach der Abnahme eine mangelhaft errichtete Decke ein und reißt sie die darunter liegenden Decken mit, so haftet der Unternehmer für die erste Decke auf Grund der Gewährleistungsvorschriften. Sind die anderen Decken ordnungsmäßig hergestellt gewesen, so liegt bei diesen kein Mangel vor. Der Unternehmer haftet jedoch für diese Schäden aus dem Gesichtspunkt der positiven Vertragsverletzung. Voraussetzung hierfür ist im Gegensatz zur Gewährleistung ein *Verschulden* des Unternehmers. Dieses Verschulden wird bei positiver Vertragsverletzung beim Unternehmer in entsprechender Anwendung des Grundsatzes des § 282 BGB vermutet, wenn die Schadensursache in dem Gefahrenbereich des Unternehmers liegt. Im vorliegenden Falle hätte demnach der Unternehmer den Beweis zu liefern, daß die anderen Decken ohne sein Verschulden eingestürzt sind.

Das gleiche gilt, wenn bei einem Bauwerk ein *Wasserschaden* dadurch eintritt, daß die Arbeiter des Unternehmers nach Reparaturarbeiten die Wasserleitung nicht abstellen und einem Dritten hierdurch ermöglicht wird, einen Wasserschaden an einem anderen Gebäudeteil zu verursachen.

Ein weiteres häufiges Beispiel ist die Verletzung einer *Versorgungsleitung* auf dem Baugelände durch Arbeitnehmer des Unternehmers. Der Bauherr hat zwar die bekannten Versorgungsleitungen auf seinem Baugelände mitzuteilen. Auch trägt er für die unbekannt gebliebenen Versorgungsleitungen die Gefahr, vgl. § 645 BGB, jedoch muß der Unternehmer bekanntgegebene Leitungen im Baugelände berücksichtigen und nach unbekannt gebliebenen beim Bauherrn und den sonst zuständigen Stellen (Post, Gaswerk, Wasserwerk u. a.) nachforschen. Tut er dies nicht, so trifft ihn bei Schäden entweder das alleinige Verschulden wegen Verletzung einer Nebenverpflichtung oder zumindest ein *Mitwirkungsverschulden*.

Hat ein Unternehmer einen Hochbau so mangelhaft errichtet, daß später der Eigentümer auf Auflage der Baupolizei räumen muß, so ist dies ein unmittelbarer, aus dem Mangel sich ergebender Schaden, der durch die Gewährleistungsvorschriften erfaßt wird. Zerschlägt sich jedoch wegen dieses Mangels der Abschluß eines günstigen Verkaufs, so ist dies ein mittelbarer Schaden, der durch die Gewährleistungsvorschriften nicht mehr gedeckt wird und nach den Vorschriften über positive Vertragsverletzung zu beurteilen ist.

Treten Schäden an der Bauleistung selbst *vor der Abnahme* ein, so trifft den Unternehmer der Schaden deswegen, weil er nach den gesetzlichen Bestimmungen die Gefahr des Bauwerkes bis zur Abnahme zu tragen hat. Hierbei kommt es auf ein Verschulden des Unternehmers überhaupt nicht an.

Positive Vertragsverletzungen können nur gegenüber dem Bauherrn als Vertragsgegner begangen werden. Dritten gegenüber haftet der Unternehmer nach allgemeinen Grundsätzen, insbesondere den Vorschriften über unerlaubte Handlung. Ist bei dem vorerwähnten Deckeneinsturz der Bauherr verletzt worden, so hat der Unternehmer für die Folgen einzustehen, wenn er nicht beweist, daß ihn an dem Deckeneinsturz kein Verschulden trifft. Das gleiche gilt auch für Ansprüche des Bauherrn wegen Verletzung seiner von ihm beauftragten Vertreter. Ein anderer Dritter dagegen, der bei dem Deckeneinsturz verletzt worden ist, kann gegen den Unternehmer unmittelbar nur Ansprüche aus unerlaubter Handlung erheben und muß die Voraussetzungen hierfür, also auch ein Verschulden des Unternehmers, beweisen.

## 3.2.8 Verspätete Fertigstellung

Wird das Bauwerk ganz oder auch nur zum Teil *nicht rechtzeitig* fertiggestellt, so kann der Bauherr vom Vertrag zurücktreten, § 636 BGB. Hierfür ist kein Verzug und kein Verschulden des Unternehmers erforderlich.

In den Verträgen über die Herstellung von Bauwerken werden regelmäßig *Endtermine* kalendermäßig festgelegt. Hat der Unternehmer zu diesem Zeitpunkt das Bauwerk noch nicht fertiggestellt, so gerät er ohne weiteres in *Verzug*, § 284 Abs. 2 BGB. Bei kleineren Bauleistungen ohne Festlegung eines Endtermines bedarf es einer *Mahnung*, § 284 Abs. 1 BGB, mit der zweckmäßigerweise eine angemessene Fristsetzung mit der Erklärung, daß die Annahme der Leistung nach dem Ablauf der Frist abgelehnt werde, verbunden wird. Dies gilt in gleicher Weise, wenn der Beginn oder der Fortschritt der Arbeiten über Gebühr verzögert wird.

Der Bauherr kann nach fruchtlosem Ablauf der Frist vollen Schadenersatz fordern oder vom Vertrag zurücktreten, § 326 BGB.

Der Unternehmer kommt auch in Verzug, wenn er das Bauwerk mangelhaft herstellt, der Bauherr das Bauwerk deswegen bei der Fertigstellung nicht abnimmt, und hierdurch der Fertigstellungstermin überschritten wird. Hier gelten aber nicht die allgemeinen Verzugsregeln; sie sind vielmehr durch die speziellen Gewährleistungsvorschriften für Mängel zu ersetzen mit der Maßgabe, daß nur diese gelten.

## 3.2.9 Vertragsstrafe

Vielfach wird in Bauverträgen eine Vertragsstrafe vereinbart, die zu zahlen ist, wenn der Fertigstellungstermin nicht eingehalten wird. Auch hier kann die Vertragsstrafe nur erhoben werden, wenn der Unternehmer in Verzug geraten ist, also den Endtermin *schuldhaft* überschritten hat. Nur trifft den Unternehmer die Beweislast dafür, daß er durch ein Verschulden des Bauherrn oder infolge sonstiger für ihn unabwendbarer Ereignisse den Termin nicht einhalten kann. Die Verzugsstrafe kann neben der Vertragserfüllung verlangt werden, § 341 BGB. Soweit der Gläubiger jedoch einen Verzugsschaden geltend machen kann, gilt die verwirkte Strafe als Mindestbetrag des Schadens, § 341 Abs. 2 in Verbindung mit § 340 Abs. 2 BGB. Hat der Gläubiger die Absicht, eine solche Strafe nach der Abnahme geltend zu machen, so muß er bei der *Abnahme* des Bauwerkes sich dieses Recht vorbehalten. Ein vorher ausgesprochener Vorbehalt genügt nicht.

Von dieser unselbständigen Vertragsstrafe ist die selbständige Garantie und die hierdurch ausgelöste, ohne Verschulden zum Zug kommende Vertragsstrafe zu unterscheiden. Die Voraussetzungen hierfür hat der Bauherr zu beweisen. Verspricht der Unternehmer, den Neubau für ein Warenhaus so rechtzeitig zu beenden, daß der Verkauf zum 1. November aufgenommen werden kann, so wird hierin im Regelfalle nur eine normale Fertigstellungserklärung zu sehen sein. Lautet aber die Erklärung dahin, daß der Unternehmer bedingungslos und ohne Einwendungen den Termin garantiert und sich verpflichtet, für den Fall der Terminüberschreitung eine Geldstrafe zu zahlen, so dürfte der Beweis gegen ihn geführt sein.

### 3.2.10 Unmöglichkeit der Vertragserfüllung

#### 3.2.10.1 Ursprüngliche Unmöglichkeit

Wird eine Bauleistung ausgeschrieben und versprochen, die technisch nicht möglich ist, so ist diese Vertragsbestimmung *nichtig*, § 306 BGB. Wird z. B. bei einem Wasserbau im Hinblick auf eine später einzubauende Maschinenanlage die absolute Wasser- und Luftundurchlässigkeit einer 40 cm starken Betonwand in einer Leistungsposition gefordert, so ist dies eine technisch unmögliche Leistung. Es kann in diesem Fall nur eine relative Wasserdichtigkeit gewährleistet werden, aber überhaupt nicht eine Luftundurchlässigkeit. Ist diese Vertragsbestimmung nichtig, so kann dies die Nichtigkeit des ganzen Vertrages zu Folge haben, § 139 BGB, nämlich dann, wenn anzunehmen ist, daß es ohne den nichtigen Teil nicht zum Abschluß gekommen wäre. In anderen Fällen kann man sich mit der Konversion des § 140 BGB helfen, indem die geforderte Leistung in eine rechtlich mögliche umgedeutet wird. Dies wird aber gerade bei Bauleistungen sehr schwer sein, wenn damit eine Änderung der Konstruktion verbunden ist; denn diese ist im allgemeinen nicht Sache des Unternehmers, sondern des planenden Ingenieurs. In diesem Falle ist auch eine festgelegte Vertragsstrafe unwirksam, § 344 BGB.

Der Unternehmer muß jedoch nach § 307 BGB *Schadensersatz* leisten bis ggf. zum vollen Erfüllungsinteresse, wenn er die Unmöglichkeit kennt oder hätte kennen müssen. Diese Verpflichtung entfällt aber, wenn auch der Bauherr oder sein Vertreter bei der Ausschreibung die Unmöglichkeit gekannt haben oder hätten kennen müssen.

#### 3.2.10.2 Nachträgliche Unmöglichkeit

Dieser Fall wird bei Bauleistungen kaum denkbar sein. Wird ein Bauwerk vor der Abnahme zerstört oder beschädigt, so handelt es sich in Ansehung des Vertrages um den fruchtlosen Versuch einer Vertragserfüllung, der den Vertrag als solchen nicht aufhebt. Der Unternehmer muß daher erneut den Vertrag durch eine Wiederholung seiner Leistung erfüllen. Nur wenn etwa die Untergrundverhältnisse eines Baues in einer Hanglage die Wiederholung des Baues unmöglich machen, fällt die Verpflichtung zum Weiterbau weg. Die ausgeführten Leistungen des Unternehmers sind in diesem Falle gemäß § 645 Abs. 1 BGB zu vergüten. Waren die Untergrundverhältnisse vom Bauherrn mangelhaft erforscht oder die richtigen Ergebnisse bei der Ausschreibung falsch dargelegt, so kann zusätzlich *Schadensersatz* gemäß § 645 Abs. 2 BGB wegen Verschuldens des Bauherrn in Frage kommen.

### 3.2.11 Das Bauwagnis

Bauwagnisse sind solche Umstände oder Ereignisse, die dem Einfluß der Parteien ganz oder überwiegend entzogen sind, aber den Ablauf der gestellten Bauaufgabe entscheidend beeinflussen können.

Bei Bauarbeiten treten zuweilen Ereignisse in Erscheinung, die solchen Arbeiten eigentümlich sind und rechtlich sehr bedeutsam werden können. Wagnisse dieser Art sind:

a) Der *Grund und Boden*, auf dem und in dem ein Bauwerk gegründet werden soll. Er ist für die Art der Gründung und die Planung des Bauwerks von großer Bedeutung. Die Bodenbeschaffenheit und das Grundwasser sind hierbei die wesentlichsten Faktoren. Bei Wasserbauten tritt das Wasser als Element, in dem das Bauwerk errichtet wird, hinzu.

## 3.2 Der Bauvertrag

b) Die *Witterung* beeinflußt den Fortgang der Arbeiten zuweilen in entscheidender Weise. Ein ganz anormaler Winter, wie der von 1962/63, kann eine Baustelle ebenso viele Wochen stillegen wie es bei einem normalen Winter sonst Tage sind.

c) Daneben gibt es noch zahlreiche Umstände, die unter normalen Verhältnissen nicht als Wagnis angesehen werden, die sich aber bei besonderen Verhältnissen hierzu schnell entwickeln können. Die Beschaffung von Bau- oder Bauhilfsstoffen ist im Regelfall ein normaler Vorgang. Wenn aber Kohle oder Baustahl knapp oder gar bewirtschaftet werden, wie dies noch Jahre nach 1945 der Fall war, so kann daraus ein erhebliches Wagnis erwachsen. Das gleiche gilt in Zeiten der Überbeschäftigung für Arbeitskräfte.

Im Regelfall gehen die Bauwagnisse kostenmäßig zu Lasten des Unternehmers. Er hat sie in seinem Angebot durch *Risikozuschläge* angemessen zu berücksichtigen und kann nur ausnahmsweise gesonderte Erstattung dieser Kosten beanspruchen.

Teilweise fallen diese Wagnisse auch terminmäßig in das *Risiko des Unternehmers*. Wenn jedoch nach Abschluß des Vertrages etwa die Zimmerleute in der näheren und weiteren Umgebung der Baustelle so knapp werden, daß die Arbeitsämter kaum Arbeitskräfte dieser Art vermitteln können, so führt dies notwendigerweise zur Verlängerung der Baufrist. Das gleiche gilt für *Streik*, im Gegensatz zu früher, wo Ereignisse wie Streik und Aussperrung als innerbetriebliche Angelegenheiten angesehen wurden, die sich auf den Vertrag nicht auswirkten.

Ein Wagnis ist jedoch von besonderer Art und liegt innerhalb des *Risikos des Bauherrn*: das ist der *Untergrund*. Der Untergrund ist der Stoff, den der Bauherr stellt und für dessen Eigenschaften er einzustehen hat. Dies ergibt sich aus § 645 BGB und dürfte heute kaum mehr bestritten werden. Der sachverständige Bauherr oder der vom sachverständigen Architekten oder Ingenieur beratene Bauherr läßt daher vor der Ausschreibung eingehende Bodenuntersuchungen durch Spezialunternehmer ausführen und gibt den Bietern das Ergebnis dieser Untersuchungen bekannt. Den unkundigen Bauherrn wird dagegen der Unternehmer fachmännisch beraten müssen, wenn er sich nicht einer Verletzung seiner Unternehmerpflichten — einer culpa in contrahendo — schuldig machen will.

Es gibt Bauarbeiten, die nicht ohne *Wasserhaltung* ausgeführt werden können. Das Absenken des Grundwasserspiegels wirkt sich teilweise in größerer Entfernung aus, so daß Häuser in der Nachbarschaft, zumal wenn sie schlecht gegründet sind, erhebliche Schäden durch Rissebildung erleiden können. Läßt sich jedoch mit wirtschaftlich vertretbaren Mitteln kein anderes Verfahren finden, um den Bau durchzuführen, so gab früher die Rechtsprechung dem Geschädigten gegenüber dem Bauherrn einen sogenannten *Aufopferungsanspruch*. Da der Geschädigte das Verfahren dulden mußte, so wurde ihm als Äquivalent ein Anspruch dagegen gegeben, der den Nutzen von der Arbeit hatte, das war der Bauherr. Der Bauunternehmer dagegen, der die allgemein anerkannten Regeln der Technik beachtet hatte, konnte nicht in Anspruch genommen werden.

Im Jahre 1959 wurde im Hinblick auf diese Rechtsprechung § 906 BGB geändert, der nunmehr festlegt, in welchen Fällen der Nachbar solche Eingriffe dulden muß. Danach muß der Nachbar eine wesentliche Beeinträchtigung durch eine ortsübliche Benutzung des anderen Grundstücks dulden, wenn sie nicht durch Maßnahmen anderer Art vermieden werden kann, die wirtschaftlich zumutbar sind. So muß der Nachbar z. B. beim Wiederaufbau eines Bankgebäudes die *Einwirkung* durch Wasserhaltung oder durch Lärm, der notwendigerweise mit Bauarbeiten verbunden ist, dulden. Wird dem Nachbar die Duldungspflicht aus Gründen des *Gemeinwohls* auferlegt, so hat er gegen den Bauherrn einen *Ausgleichsanspruch*, der kein Schadensersatzanspruch ist. Der Unternehmer haftet dagegen nicht, da insoweit die Einwirkung rechtmäßig ist. Anders wird es jedoch dann, wenn die einwirkenden Baumaßnahmen durch andere, die zwar teurer, aber wirtschaftlich noch vertretbar sind, ersetzt werden können. Dann ist die Einwirkung rechtswidrig und es haftet sowohl der Unternehmer als unmittelbar Schädigender, als auch der Bauherr als mittelbar Schädigender nach allgemeinen Vorschriften, insbesondere aus unerlaubter Handlung. Das gleiche gilt, wenn der Unternehmer bei einer an sich rechtmäßigen Einwirkung gegen die anerkannten Regeln der Bautechnik verstößt; dann haftet insoweit der Unternehmer aus unerlaubter Handlung. Bietet z. B. ein Unternehmer eine Pfahlgründung an und entstehen Rammschäden an Nachbargebäuden, so ist die Schadenseinwirkung rechtmäßig, wenn eine andere Bauweise wirtschaftlich nicht vertretbar erscheint. Läßt sich dagegen der gleiche Erfolg durch eine Bodenplatte erzielen, die etwas teurer ist, so wird die Einwirkung rechtswidrig.

Der Baustoff, den der Bauherr zur Verfügung stellt, kann auch ein Gebäude sein: Der Eigentümer eines großen Verwaltungsgebäudes baut nachträglich in den Kellerräumen eine Tiefgarage ein. Bestehende Pfeiler, die die Last des Bauwerkes mittragen, müssen beseitigt und die Lastkräfte abgefangen werden. Es kann vorkommen, daß trotz peinlicher Beachtung aller Regeln der Technik Schäden an dem Gebäude eintreten. Diese Schäden fallen in das Wagnis des Bauherrn, da sie aus dem von ihm gestellten Baustoff herrühren. Der nichtsachverständige Bauherr muß jedoch von dem Unternehmer vor Übernahme solcher Arbeiten über die Möglichkeit von Schäden aufgeklärt werden.

Die Fälle können jedoch jeweils verschieden liegen. Ein Spezial-Unternehmen für Pfahlgründungen muß dafür einstehen, daß die von ihm geschlagenen Pfähle das Bauwerk tragen. Denn die besondere Kenntnis und Erfahrung dieses Unternehmens erzeugt Verpflichtungen, die das allgemeine Wagnis des Bauherrn für den Baugrund überlagern. Besondere Wagnisse des Baugrundes, mit denen der Unternehmer auch auf Grund seiner besonderen Sorgfaltspflicht nicht rechnen mußte, stellen jedoch die alte Regel wieder her. Wenn z. B. der Pfahlunternehmer seine Pfähle in einen morastigen Untergrund schlägt, so steht er dafür ein, daß die Pfähle ordnungsmäßig im festen Untergrund verankert und auch im übrigen vertragsgemäß ausgeführt sind. Wirken jedoch in dem Untergrund Strömungen, die auch bei sorgfältiger Baugrunduntersuchung nicht erkennbar waren, so kann der Unternehmer für diese Eigenschaften des Untergrundes keine Haftung übernehmen, wenn hierdurch in allmählicher, jahrelanger Einwirkung das Bauwerk zum Einsturz gebracht wird.

Wagnisse, die auf Anordnungen des Bauherrn zurückgehen, treffen ebenfalls den Bauherrn, soweit nicht ein Verschulden des Unternehmers mitwirkt, § 645 BGB. Schreibt z. B. der Bauherr die Verwendung bestimmter Baustoffe vor, so trifft ihn auch grundsätzlich die Verantwortung für die Güte dieses Stoffes. Wie verschiedenartig die Rechtslage je nach den Umständen des Falles beurteilt werden muß, zeigt das folgende Beispiel:

Ende der zwanziger Jahre wurden an Stelle der bewährten Kiespressdächer, deren Unterhaltung jedoch teuer ist, Flachdächer aus Aluminium verwandt. Später zeigte sich, daß Witterungseinflüsse in die Aluminiumhaut Löcher einfraßen, die die Beseitigung der Aluminiumdächer notwendig machten. Beruhte die Verwendung des Aluminiums danach auf einer Anordnung des Bauherrn oder seines Architekten, so war der Mangel vom Unternehmer zunächst nicht zu vertreten. Sobald aber der Unternehmer Kenntnis von der Mangelhaftigkeit des Aluminiums erhalten hatte oder hätte haben müssen, handelte er schuldhaft, wenn er nicht auf diese Bedenken hinwies. Nach dem Grundsatz des § 254 BGB kann in einem solchen Falle eine Schadensteilung eintreten oder dem Unternehmer die Haftung für den ganzen Mangel angelastet werden. Dies kann selbst in dem Fall gelten, in dem der Unternehmer auf die schädlichen Folgen hinwies, sich jedoch nicht energisch genug gegen die Anordnung zur Wehr gesetzt hat. Hatte dagegen der Unternehmer das Aluminiumdach selbst vorgeschlagen und eingebaut, so trifft ihn auf Grund seiner gesetzlichen Gewährleistung, ohne Rücksicht auf ein Verschulden, die Haftung für das mangelhafte Dach.

### 3.2.12 Die Gefahrtragung

Nach dem Gesetz trägt der Unternehmer die Gefahr des Bauwerkes bis zur Abnahme, d. h., geht das Bauwerk infolge eines von keiner Partei zu vertretenden Umstandes unter oder wird es beschädigt, so schuldet der Unternehmer gleichwohl weiterhin die vertragsmäßige Erstellung ohne Anspruch auf Vergütung der bereits geleisteten Bauarbeiten, § 644 BGB.

Nur wenn das Bauwerk infolge einer Eigenschaft des Untergrundes untergeht oder beschädigt wird, trifft aus den genannten Gründen den Bauherrn der Schaden. Auch hier darf ein Verschulden des Unternehmers nicht mitgewirkt haben. Dieser Grundsatz stellt sich bei allen Haftungsfragen. Hat der Unternehmer die haftungsbegründenden Umstände mitverschuldet, so hat er je nach den Umständen des Falles entweder überhaupt keinen Vergütungsanspruch oder es tritt gemäß § 254 BGB eine Teilung des Schadens ein.

Der Bauherr trägt auch die Gefahr, wenn der Schaden am Bauwerk infolge einer von ihm erteilten Anweisung eingetreten ist, § 645 BGB.

Nach Abs. 2 dieser Bestimmung bleibt eine weitergehende Haftung des Bauherrn wegen Verschuldens unberührt. Hat also der Bauherr die Bodenuntersuchungen nur mangelhaft ausführen lassen oder sind die Bodenproben nicht einwandfrei entnommen worden, so daß der Unternehmer kein richtiges Bild von dem Untergrund gewinnen konnte, so hat der Bauherr für dieses Verschulden der von ihm Beauftragten gemäß § 278 BGB einzustehen mit der Maßgabe, daß er nunmehr Schadensersatz zu leisten hat.

Es ist gemäß dem Grundsatz der Vertragsfreiheit rechtlich durchaus zulässig und wird nicht selten so gehandhabt, daß durch vertragliche Vereinbarungen diese Wagnisse auf den Unternehmer abgewälzt werden. Der gewissenhafte Unternehmer wird dem durch einen *Risikozuschlag* in seinem Angebot Rechnung tragen.

### 3.2.13 Verpflichtungen des Bauherrn

#### 3.2.13.1 Vergütung

Der Bauherr ist verpflichtet, das Bauwerk vereinbarungsgemäß zu bezahlen. Ist kein *Preis* vereinbart, so gilt § 632 BGB, wonach die übliche Vergütung zu zahlen ist, vgl. auch 3.2.1.2.

Sind über die Fälligkeit keine besonderen Abmachungen getroffen, so ist die Vergütung bei der Abnahme zu entrichten, § 641 BGB. Bei kleineren Bauleistungen ist es üblich, die Vergütung erst nach Rechnungsstellung zu bezahlen. Beispiel: In einem Privathaus wird ein Treppenhaus instandgesetzt, ohne daß ein Preis vereinbart worden ist. Die Rechnung, die der Unternehmer aufstellt, muß die üblichen Preise enthalten und ist in angemessener Frist zu begleichen.

Bei größeren Bauleistungen werden dagegen Abschlagszahlungen üblicherweise vereinbart. Auch größere Anzahlungen können in Frage kommen, z. B. beim Umbau einer Zentralheizung werden erhebliche Vorauszahlungen in Frage kommen; sie müssen jedoch vertraglich vereinbart werden.

Ist ein Termin nach dem Kalender für die einzelnen Zahlungen vereinbart, so kommt der Bauherr in *Verzug*, wenn er zu diesem Zeitpunkt nicht zahlt, § 284 Abs. 2 BGB. Im anderen Falle ist eine *Mahnung* erforderlich, um die Verzugsfolgen eintreten zu lassen, § 284 Abs. 1 BGB.

#### 3.2.13.2 Abnahme

Der Bauherr ist verpflichtet, das vertragsmäßig hergestellte Werk abzunehmen. Hierunter ist die Anerkennung zu verstehen, daß das Bauwerk die nach dem Vertrag geschuldete Leistung darstellt. Mit der *vorbehaltlosen Abnahme* beschränken sich die künftigen Rechte des Bauherrn auf das Geltendmachen von Mängel- und Gewährleistungsansprüchen. Künftighin muß der Bauherr die Mängel beweisen, ebenso, daß sie zur Zeit der Abnahme, wenn auch verdeckt, bereits vorhanden waren. Der förmlichen Abnahme steht die Abnahme durch *schlüssige Handlung* gleich. Nimmt der Bauherr ein Gebäude in Benutzung, ohne daß eine förmliche Abnahme vorausgegangen ist, so ist darin die Abnahme zu sehen.

#### 3.2.13.3 Annahmeverzug des Bauherrn

Spricht der Bauherr die beantragte Abnahme des vertragsmäßig fertiggestellten Bauwerkes nicht aus, so gerät er in *Annahmeverzug*, § 293 BGB. Die Gefahr des Bauwerkes geht damit auf den Bauherrn über, § 644 Abs. 1 Satz 2 BGB. Die rechtlichen Folgen des Annahmeverzuges des Bauherrn sind ansonsten nicht besonders bedeutsam.

Die Abnahme des Bauwerks ist jedoch auch eine echte Schuldnerverpflichtung des Bauherrn, § 640 Abs. 1 BGB. Will sich der Unternehmer gegen die Folgen einer nicht ausgesprochenen Abnahme sichern, so muß er den Bauherrn in Schuldnerverzug setzen. Dies bedeutet, daß er ihm nicht nur das im wesentlichen vertragsmäßig hergestellte Bauwerk anbieten muß, sondern daß er ihn auch gemäß § 284 BGB mahnen muß. Er muß ihn also erneut zur Abnahme auffordern und hierbei zweckmäßigerweise eine angemessen kurze *Frist* hierfür setzen. Nach fruchtlosem Ablauf der Frist hat nunmehr der Bauherr dem Unternehmer den durch die Nichtabnahme entstehenden Schaden zu ersetzen. Dies bedeutet, die Gefahr geht nunmehr auf den Bauherrn über. Der Bauherr muß den Unternehmer so stellen, als ob nunmehr die Gewährleistungsfrist zu laufen begonnen hätte.

### 3.2.13.4 Verzug des Bauherrn in anderen Fällen

Die Mitwirkung des Bauherrn ist bei der Durchführung von Bauaufgaben oft von erheblicher Bedeutung. Er muß dem Unternehmer die *Pläne* für die Bauausführung rechtzeitig liefern, er muß regelmäßig auch die *statischen Unterlagen* rechtzeitig bereitstellen. Ist er dazu nicht in der Lage, weil etwa der von ihm beauftragte Prüfingenieur die Statik nicht fristgemäß fertiggestellt hat, so kommt er ebenfalls in Verzug der Annahme und hat gemäß § 642 Abs. 1 BGB dem Unternehmer eine angemessene Entschädigung hierfür zu gewähren. Selbst wenn man in dieser notwendigen Mitwirkung des Bauherrn nicht stets eine Schuldnerverpflichtung des Bauherrn sieht, so liegt doch oft eine *positive Vertragsverletzung* vor, wenn der Bauherr diese Mitwirkung unterläßt oder verzögert. Der Unternehmer kann ihn demgemäß in Verzug setzen und danach über die angemessene Entschädigung hinaus Schadensersatz verlangen.

Bei der Bauabwicklung ist es zuweilen nicht ohne weiteres ersichtlich, ob eine Verzögerung dadurch eintritt, daß der Bauherr in Verzug geraten ist oder ob der Unternehmer selbst nicht in der Lage war, den Baufortschritt termingemäß durchzuführen. Hat der Unternehmer nicht genügend Leute auf der Baustelle, so kann der Bauherr insoweit nicht in Verzug geraten, § 285 BGB. Hat aber der Unternehmer im Hinblick auf den Verzug des Bauherrn die für die Baustelle vorgesehenen Arbeitskräfte deswegen anderweitig beschäftigt, um die Kosten der Verzögerung zu vermindern, so ist er damit nur der Verpflichtung aus § 254 BGB nachgekommen, den Schaden möglichst niedrig zu halten.

In allen diesen Fällen empfiehlt es sich, durch rechtzeitige *schriftliche Anmeldung* eine klare Grundlage zu schaffen, wenn aus der Verzögerung Ansprüche geltend gemacht werden sollen.

Der Unternehmer kann sogar, wenn die Unterbrechung infolge des Gläubiger-Verzuges zu lange dauert, eine angemessene *Nachfrist* setzen mit der Erklärung, daß er bei fruchtlosem Ablauf der Nachfrist den Vertrag kündige, § 643 BGB.

### 3.2.13.5 Verjährung der Vergütungsansprüche

Sie richtet sich nach § 196 Abs. 1 Ziff. 1 und Abs. 2 BGB. Danach verjähren die Ansprüche regelmäßig mit dem 31. Dezember des zweiten auf die Fälligkeit der Forderung folgenden Jahres. Die *Fälligkeit* bestimmt sich nach der Abnahme, § 641 BGB. Wird keine Abnahme ausgesprochen, wie oft bei kleineren Bauleistungen, so können Zweifel über diesen Zeitpunkt erwachsen. Der Unternehmer wird gut daran tun, das Ende seiner Arbeiten der Fälligkeit zugrunde zu legen. Die Dachdeckerarbeiten sind z. B. im November 1962 fertig geworden, die Forderung verjährt am 31. Dezember 1964.

Wenn die Bauleistung für einen *Gewerbebetrieb* erfolgt ist, verlängert sich die Verjährungsfrist auf vier Jahre, § 196 Ziff. 1 BGB. Gewerbebetrieb ist in diesem Sinne weit auszulegen, es genügt ein Geschäftsbetrieb, der auf Dauereinnahmen abgestellt ist. Ein solcher Gewerbetreibender ist aber nicht schon der Architekt, der sich ein Mietshaus bauen läßt.

## 3.2.14 Eigentumsrecht — Sicherung

### 3.2.14.1 Eigentumsrecht am Bauwerk

Während im Regelfall das von dem Unternehmer hergestellte Werk bis zur Abnahme in seinem Eigentum verbleibt, ist die Rechtslage bei Bauwerken im allgemeinen für den Unternehmer wesentlich ungünstiger.

Nach § 94 BGB gehören zu den wesentlichen Bestandteilen eines Grundstückes die mit dem Grund und Boden fest verbundenen Sachen, insbesondere die Gebäude. Zu den wesentlichen Bestandteilen eines Gebäudes gehören die zur Herstellung des Gebäudes eingefügten Sachen. Diese Regelung bedeutet, daß alle Leistungen des Unternehmers, die in das Bauwerk eingehen, zugleich Eigentum des Bauherrn werden, vorausgesetzt, daß der Bauherr selbst der Eigentümer oder auch Erbbauberechtigter ist, vgl. VO über das Erbbaurecht vom 15. 1. 1919, § 12.

Nur in dem sehr seltenen Fall, daß der Mieter eines Grundstückes ausschließlich für seine vorübergehenden Zwecke ein Bauwerk, z. B. eine Gartenhütte, errichten läßt, geht das Eigentum an dem Bauwerk erst mit der Übergabe auf den Mieter über. In diesem Falle liegt ein sogenannter *Werklieferungsvertrag*, § 651 BGB, vor, weil nicht bereits die einzelne Bauleistung in das Eigentum des Bauherrn übergeht, sondern erst das fertiggestellte Bauwerk im Zeitpunkt der Abnahme. Es gilt auch für diesen Werklieferungsvertrag im wesentlichen Werkvertragsrecht.

### 3.2.14.2 Sicherung des Unternehmers

Da im Regelfall der Unternehmer keine unmittelbaren Rechte an dem von ihm erstellten Bauwerk besitzt, schafft § 648 BGB eine Sicherung für ihn, dergestalt, daß der Unternehmer für seine Bauforderungen die Einräumung einer *Sicherungshypothek* an dem Baugrundstück verlangen kann. Dies gilt auch, wenn der Unternehmer nur einen Teil des Bauwerkes erstellt und auch nur einen Umbau vornimmt. Auch der Architekt ist Unternehmer in diesem Sinne, wenn das Gebäude auf Grund seiner Pläne errichtet wird.

Dieses Recht auf Sicherungshypothek besitzt jedoch praktisch nur einen geringen Wert, da der finanzschwache Bauherr stets mit *Baudarlehen* arbeiten muß, die entsprechend frühzeitig dinglich gesichert werden. Der Bauunternehmer kann daher meist eine Sicherungshypothek nur an ranglet zter Stelle im Grundbuch erhalten und hat z. B. im Falle einer Zwangsversteigerung nur wenig Aussicht, einen Teil seiner noch offenen Bauforderung hereinzubekommen. Er kann sich zwar im Wege der einstweiligen Verfügung eine Vormerkung zur Sicherung des Anspruchs auf Eintragung der Sicherungshypothek eintragen lassen; im Regelfall führt aber auch dies nicht zu einer Rangverbesserung.

Daher ist das Gesetz über die Sicherung von Bauforderungen vom 1. 6. 1909 geschaffen worden, das jedoch auch keine erhebliche Verbesserung für die Sicherheit des Unternehmers mit sich gebracht hat. Danach darf ein Eigentümer eines Grundstückes, der eine Baugeldhypothek erhalten hat, dieses Geld nur zur Befriedigung solcher Forderungen verwenden, die aus Bauleistungen oder -lieferungen entstanden sind. Befriedigt er solche Baugläubiger aus anderen Mitteln, so ist er insoweit selbstverständlich zur anderweitigen Verwendung der Baugeldhypothek berechtigt. Stellt der Baugeldempfänger seine Zahlungen ein oder fällt er in Konkurs und werden Baugläubiger geschädigt, so wird er mit Gefängnis oder mit Geldstrafe bestraft, wenn er diese Vorschriften zum Nachteil von Baugläubigern vorsätzlich verletzt hat, § 5 des Gesetzes.

Alle Baugewerbetreibenden, welche einen Neubau herstellen, und alle Personen, welche sich Baugeld für einen Neubau gewähren lassen, sind verpflichtet, ein *Baubuch* zu führen. Aus diesem Baubuch müssen sich ersehen lassen:

a) die *Unternehmer*, mit denen der Bau-, Dienst- oder Lieferungsvertrag abgeschlossen worden ist, die ihnen übertragene Leistung und die vereinbarte Vergütung,

b) die auf jede Forderung geleisteten *Zahlungen*,

c) die *Finanzierungsmittel* und die Gläubiger der Baugeldhypotheken u. ä.

Das Baubuch soll also den Nachweis der ordnungsgemäßen Verwendung der Baugelder sicherstellen. Wer es versäumt, das vorgeschriebene Baubuch zu führen, oder ähnliche Tatbestände erfüllt, wird bei Konkurs usw. ebenfalls mit Gefängnis oder mit Geldstrafe belegt, wenn ein Baugläubiger geschädigt ist, § 6 des Gesetzes.

Die weiteren Vorschriften des *Gesetzes über die dingliche Sicherung von Bauforderungen* haben keine praktische Bedeutung erlangt, da sie nur für die Gemeinden gelten, in denen *Bauschöffenämter* auf Grund landesrechtlicher Vorschriften eingerichtet worden sind. Das ist aber in den verflossenen Jahrzehnten nicht geschehen.

Besonders unangenehme Situationen entstehen für den Unternehmer, wenn der Bauherr, der in Kaufverhandlungen über ein Grundstück steht oder das Grundstück schon gekauft hat, aber noch nicht im Grundbuch als Eigentümer eingetragen ist, Bauaufträge vergibt und mit den Arbeiten beginnen läßt. Der Unternehmer baut dann auf einem Grundstück, das einem Dritten gehört, in das aber seine Leistungen als wesentlicher Bestandteil des Grundstücks eingehen. Zerschlagen sich später die Kaufverhandlungen oder wird aus einem anderen Grund der Kaufvertrag nicht durchgeführt, weil etwa der Verkäufer zurücktritt oder eine behördliche Genehmigung nicht erteilt wird, so kann der Unternehmer nicht einmal eine Sicherungshypothek für seine Forderung auf dem Grundstück eintragen lassen, denn zu dem Eigentümer des Grundstückes steht er in keinem Vertragsverhältnis. Gegenüber dem Bauherrn hat der Unternehmer dann nur eine rein persönliche Forderung, die in solchen Fällen besonders stark gefährdet ist. Gegebenenfalls kann hier der Bauherr sich des Betruges schuldig gemacht haben, nämlich dann, wenn er in dem Unternehmer den Irrtum erweckt hat, er sei Eigentümer des Grund und Bodens, und hierdurch den Unternehmer zur Durchführung der Arbeiten bewogen hat. Gegenüber dem wirklichen Eigentümer des Grundstückes hat in solchen Fällen der Unternehmer lediglich einen Anspruch aus ungerechtfertigter Bereicherung nach §§ 951, 812ff. BGB, der auch kaum realisierbar ist, da der Eigentümer an den erbrachten Bauleistungen nur ausnahmsweise interessiert ist.

## 3.2.15 Kündigung des Bauvertrages

Der Bauherr kann den Bauvertrag jederzeit bis zur Vollendung des Bauwerkes kündigen, ohne daß er hierfür einen besonderen Grund geltend machen muß. In diesem Falle ist der Unternehmer berechtigt, die volle vereinbarte Vergütung zu verlangen, § 649 BGB. Er muß sich jedoch das anrechnen lassen, was er infolge der Aufhebung des Vertrages an Aufwendungen erspart oder durch anderweitige Ausnutzung seiner Kapazität erwirbt. Diese Bestimmung wird wohl für Teilleistungen wesentlich eingeschränkt durch die Befugnis des Bauherrn, Änderungen des Bauvertrages, die er für zweckmäßig hält, vorzunehmen. Wenn er also einzelne Positionen, die er durch andere Arbeiten ersetzt, wegfallen läßt, so erhält der Unternehmer insoweit einen zusätzlichen Vergütungsanspruch, den er sich nach Treu und Glauben auf den alten Vergütungsanspruch anrechnen lassen muß.

Ein weiteres Kündigungsrecht steht dem Bauherrn zu, wenn der Unternehmer einen *unverbindlichen* Kostenanschlag für die Arbeiten aufgestellt hat, und es sich bei der Ausführung ergibt, daß die Bauleistung nicht ohne wesentliche Überschreitung des Anschlages ausgeführt werden kann. Der Unternehmer muß dem Bauherrn unverzüglich Mitteilung machen, wenn eine Überschreitung des *Kostenvoranschlages* zu erwarten ist, § 650 BGB. Bei dieser Kündigung hat der Unternehmer nur Anspruch auf Vergütung der seither erbrachten Bauleistungen und Ersatz der in dieser Vergütung nicht inbegriffenen Auslagen.

Hatte der Unternehmer dagegen einen *verbindlichen* Kostenanschlag aufgestellt, so ist dies einer vertraglichen Festlegung der Vergütung gleichzuachten. Der Unternehmer hat also grundsätzlich, auch wenn seine Kosten höher werden, nur Anspruch auf die von ihm gewährleistete Endsumme des Anschlages.

3.2 Der Bauvertrag

## 3.2.16 Das Baupreisrecht

### 3.2.16.1 Allgemeines

In der Marktwirtschaft gilt grundsätzlich der *Marktpreis*. Der Marktpreis ist der Preis, der augenfällig durch Angebot und Nachfrage bestimmt wird. Die Marktwirtschaft geht davon aus, daß sich auf dieser Grundlage das Spiel der freien Kräfte vom Ganzen her gesehen volkswirtschaftlich optimal auswirkt und nachhaltig auch zu angemessenen Preisen führt. Auswüchse, die der Marktwirtschaft eigentümlich sind, werden hierbei als unvermeidliche Begleiterscheinungen, die auf die Dauer gesehen den Erfolg der Marktwirtschaft nicht in Frage stellen, in Kauf genommen. So werden in Zeiten der Übernachfrage Baupreise gefordert und bezahlt, die wesentlich über dem „angemessenen" Baupreis liegen, während sich beim wirtschaftlichen Niedergang die Unternehmer darüber beklagen, daß die Marktlage zu einem ruinösen Wettbewerb zwinge.

1933—1945 galten in Deutschland andere Grundsätze. Die staatliche Wirtschaftsplanung griff mit Lenkungsmaßnahmen stark in das Wirtschaftsgeschehen ein und suchte in den späteren Jahren, die mit der Vollbeschäftigung verbundenen Begleiterscheinungen mit einem allgemeinen Preis- und Lohnstopp zu beheben. Aus diesen Erwägungen heraus wurde zur gesetzlichen Regelung der Baupreise vom Reichskommissar für die Preisbildung am 16. 6. 1939 die *Verordnung über die Baupreisbildung* erlassen.

Diese wiederholt geänderte Verordnung wurde zunächst nach dem Ende des 2. Weltkrieges beibehalten. Staatliche Lenkungsmaßnahmen in einer freien Marktwirtschaft sind systemwidrig. Trotzdem wurde das Baupreisrecht nicht völlig aufgehoben, jedoch durch die *Verordnung PR 8/55 über die Preise bei öffentlichen Aufträgen für Bauleistungen* vom 19. 12. 1955 eingeschränkt und auf die Marktwirtschaft ausgerichtet. Die neue Baupreisverordnung setzt für öffentliche und ihnen gleichgestellte Bauaufträge *Höchstpreise* unter Beachtung der marktwirtschaftlichen Grundsätze fest. Für private Bauaufträge gelten dagegen keine Höchstpreise mehr; sie unterstehen in vollem Umfange den Wettbewerbsregeln der Marktwirtschaft.

### 3.2.16.2 Das Preisrecht

Das Preisrecht ist öffentliches Recht mit zivilrechtlichen Auswirkungen. Das *Baupreisrecht* setzt einen öffentlich-rechtlichen Rahmen, innerhalb dessen Baupreise mit rechtlicher Wirkung vereinbart werden können. Überschreiten dagegen die Baupreise diesen Rahmen, so wird nicht etwa der ganze Vertrag nichtig, es wird lediglich die über den Rahmen hinausgehende Spitze abgeschnitten. Im übrigen bleibt der Vertrag gültig.

Da das gegenwärtige Baupreisrecht die Bedeutung der Marktwirtschaft anerkennen muß, spaltet die VO PR 8/55 die zulässigen Baupreise. Preise für Bauaufträge, die im Wettbewerb zustande gekommen sind, sind nur dann preisrechtlich unzulässig, wenn der Preis in auffälligem Mißverhältnis zur Leistung steht, § 5 Abs. 1 PR 8/55. Dies ist dann der Fall, wenn der Preis einen nach den Richtlinien zu § 5 Abs. 1 ermittelten Preis wesentlich überschreitet.

Die Ermittlung des *Richtlinienpreises* ist im wesentlichen eine Angelegenheit der Kalkulation. Dieser Preis hat jedoch zugleich eine preisrechtliche Funktion. Es ist schon schwierig, bei stets wiederkehrenden, im grundsätzlichen gleichen Bauvorhaben, z. B. des sozialen Wohnungsbaues, eine feste Grundlage für die Kalkulation zu finden. Bei einmaligen, stets verschiedenen Bauvorhaben, wie es die der öffentlichen Hand meist sind, ist dies eine fast unlösbare Aufgabe, wie die Submissionsergebnisse bei solchen Ausschreibungen erkennen lassen. Daher können die Meinungen der Beteiligten über den „angemessenen" Richtlinienpreis weit auseinandergehen.

Die Verordnung bestimmt, daß erst bei einer *wesentlichen* Überschreitung dieses Preises der Baupreis preisrechtlich unzulässig wird. Damit ist ein weiterer Streitpunkt gegeben: Während nach der Meinung der Unternehmer eine Überschreitung in Höhe von 15% noch als zulässig angesehen werden kann, legen die Preisprüfungsbehörden einen wesentlich engeren Maßstab an. Die Gerichte scheinen sich dem Standpunkt der Unternehmer zu nähern.

## 3. Bauvertragsrecht

Ist der Wettbewerb auf der Anbieterseite beschränkt und wird die Preisbildung hierdurch beeinflußt, so ist nach § 5 Abs. 2 der VO PR 8/55 dagegen höchstens ein Preis zulässig, der einem *Selbstkostenfestpreis* nach § 7 der VO entspricht. Diese Vorschrift gilt insbesondere für *Preisabsprachen*. Der Verdacht einer Preisabsprache genügt nicht, vielmehr muß die Preisbehörde im gegebenen Falle den Nachweis der Preisabsprache erbringen. In diesem Falle stellt die *Preisbehörde* ein Angebot auf, wie es der Bieter bei Abgabe auf Grund einer ordnungsmäßigen Vorkalkulation hätte fertigen müssen; der darüber hinausgehende Preis ist dann preisrechtlich unzulässig.

Im übrigen spielen die preisrechtlichen Vorschriften über *Selbstkostenfestpreise* und *Selbstkostenerstattungspreise* kaum eine praktische Rolle, vgl. 3.2.1.2.

Dagegen finden die preisrechtlichen Vorschriften über *Lohn-* und *Stoffpreisgleitklauseln* (§§ 14 und 15 PR 8/55) in der Praxis eine starke Beachtung. Derartige *Gleitklauseln* sind in Zeiten anhaltender Lohn- und Preiserhöhungen vor allem bei Bauverträgen mit mehrjährigen Bauterminen notwendig. Lohnerhöhungen, die bis zur Abgabe des Angebotes eingetreten sind, müssen in den Einheitspreisen des Angebotes selbst berücksichtigt werden. Zweifelhaft ist dagegen, ob Lohnerhöhungen, die zwar bei Abgabe des Angebotes schon bekannt sind, aber erst nach Auftragserteilung in Kraft treten, auf diese Weise zu erfassen sind, oder ob sie unter eine vertragliche Lohngleitklausel fallen und daher besonders berechnet werden können. Die zweite Möglichkeit dürfte dem Sinn der PR 8/55 am ehesten entsprechen, da sie sich nach den tatsächlichen *Mehrkosten* richtet und ein ungewisser Risikozuschlag im Einheitspreis vermieden werden kann. Nach der ausdrücklichen Bestimmung des § 14 Abs. 2 PR 8/55 dürfen nur die tatsächlichen Mehrkosten vergütet werden und müssen deswegen im Einzelfall nachgewiesen werden. Prozentuale Zuschläge, um die Berechnung der Lohnerhöhung zu vereinfachen, sind unzulässig. Innerhalb der ersten vier Monate vom Tage der Angebotsabgabe ab dürfen nur die lohngebundenen Kosten zuzüglich Umsatzsteuer vergütet werden, insbesondere also die gesetzlichen und tariflichen Sozialaufwendungen. Danach dürfen weiterhin die *Gemeinkosten*, das sind Gemeinkosten der Baustelle und die allgemeinen Geschäftskosten, hinzugeschlagen werden.

Auch für die vertraglichen Stoffpreisgleitklauseln gelten Beschränkungen. Diese Klauseln sind in der Regel auf wichtige Stoffe zu beschränken. Eine angemessene Selbstbeteiligung des Unternehmers ist vorzusehen und die Baustoffe müssen mit den dem Vertragspreis zugrunde liegenden Ansätzen gesondert ausgewiesen werden.

Auf Verlangen des Bauherrn ist bei größeren Aufträgen über DM 40000,— eine Aufgliederung der Angebotssumme vorzulegen, § 17 PR 8/55.

Werden Gleitklauseln nicht vereinbart, also im Regelfall der Ausschreibung nicht zugrunde gelegt, so sind die Preise Festpreise, d. h. es können Lohnerhöhungen und Preiserhöhungen für Stoffe nicht gefordert werden. Dagegen sind Zuschläge hierfür, die bei Abgabe des Angebotes in die Einheitspreise eingerechnet werden, preisrechtlich nicht unzulässig.

Die *Preisaufsicht*, § 18, ist ein wesentlicher Bestandteil des Baupreisrechts. Danach hat der Unternehmer der Preisbehörde auf Verlangen seine Unterlagen über die Preisberechnung, also die Vorkalkulation, offen zu legen und die geforderten Auskünfte zu erteilen. Prüfungsmaßnahmen bei echten *Wettbewerbspreisen* des § 5 Abs. 1 dürfen jedoch nur innerhalb der ersten sechs Monate nach Zuschlagserteilung angeordnet werden. Diese Frist kann durch die oberste Landesbehörde verlängert werden. Hierdurch ist der Wert dieser Bestimmung erheblich eingeschränkt, sofern nicht in sachlich unbegründeten Fristverlängerungen ein Ermessensmißbrauch gesehen werden kann.

Die Preisbehörde vertritt die Meinung, daß zu den Unterlagen, die der Unternehmer offen legen muß, auch die *Baukonten* gehören, wodurch die Preisbehörde einen Einblick in die tatsächlichen Aufwendungen des Unternehmers gewinnt. Die Unternehmer — und diese Ansicht dürfte sich stillschweigend durchgesetzt haben — argumentieren dagegen: Sinn der Baupreisverordnung ist, unangemessen hohe Preise zu unterbinden und ggf. zu berichtigen. Ob ein Preis unangemessen hoch ist, kann jedoch nur nach dem Zeitpunkt der Angebotsabgabe beurteilt werden. Spätere Momente können die Angemessenheit eines Preises weder nach oben noch nach unten beeinflussen. Insbesondere der tatsächliche Ablauf eines Bauvorhabens läßt keine rückwirkenden Schlüsse auf die Angemessenheit des Angebotes zu dem Zeitpunkt der Ausschreibung zu.

Der Preisprüfer muß daher nach Meinung der Unternehmer alle Umstände, die zur Zeit der Angebotsabgabe vorgelegen haben, berücksichtigen und darf die erst später hervortretenden Umstände nicht bewerten. Ist dieser Standpunkt richtig, so ist es auch schädlich und beeinflußt das unbefangene Urteil des Preisprüfers, wenn er das tatsächliche Ergebnis der Baustelle erfährt. Denn das tatsächliche Ergebnis wird von vielerlei Momenten beeinflußt, die bei der Kalkulation nur geschätzt werden können, vgl. 3.2.11.

Der Preisprüfer muß daher bei der Prüfung der Frage, ob der angebotene Preis dem *Richtlinienpreis* zu § 5 Abs. 1 PR 8/55 entspricht oder dem *Selbstkostenfestpreis* des § 5 Abs. 2, selbst eine Kalkulation unter Berücksichtigung der Verhältnisse im Zeitpunkt der Angebotsabgabe aufstellen und danach seine Preise berechnen.

Diese Aufgabe ist außerordentlich schwierig. Wenn selbst die Kalkulatoren angesehener Unternehmen bei der Bearbeitung der Angebote zu Preisen kommen, die weit auseinanderliegen, ist es sehr schwer, dem, der den Auftrag erhalten hat, und das ist meist der mit dem niedrigsten Angebot, nachzuweisen, daß auch dieses Angebot den Vorschriften der Baupreisverordnung nicht entspricht. Aus diesem Grunde hat die Baupreisverordnung mehr eine theoretische als eine praktische Bedeutung.

Maßgeblich kann für die Prüfung zudem nicht der Ansatz der einzelnen Positionen bei der Angebotsabgabe sein, sondern nur die Summe aller Einzelpositionen. Es kann also durchaus möglich sein, daß Überhöhungen bei einzelnen Positionen sich ausgleichen mit zu geringen Ansätzen bei anderen Positionen.

Wird im Einzelfall ein Verstoß gegen die Baupreisverordnung festgestellt, so kann dieser nach den Straf- und Bußgeldvorschriften des *Wirtschaftsstrafgesetzes* 1954 geahndet werden, § 21 PR 8/55, vgl. 3.2.17. Oft haben Preisbehörden keine Verfahren gegen die Täter eingeleitet und versucht, die *Rückerstattung* des Mehrerlöses selbständig anzuordnen. Die selbständige Anordnung der Rückerstattung des Mehrerlöses ist jedoch nur zulässig, wenn aus besonderen Gründen ein Ordnungswidrigkeits- oder Strafverfahren nicht durchgeführt werden kann. Sie ist also unzulässig, wenn der Unternehmer oder die für die Ausarbeitung des Angebotes Verantwortlichen in einem solchen Verfahren verfolgt werden können, wie es dem Regelfall entspricht.

Soweit der vereinbarte Baupreis preisrechtlich überhöht ist, kann der Bauherr die Zahlung dieser überhöhten Spanne verweigern. Hat er bereits gezahlt, so steht ihm ein privatrechtlicher *Bereicherungsanspruch* gemäß § 817 BGB gegen den Unternehmer zu. Dieser Anspruch kann innerhalb einer *Verjährungsfrist* von 30 Jahren geltend gemacht werden. Er kann also noch erhoben werden, wenn die *Ordnungswidrigkeit*, die innerhalb von zwei Jahren verjährt, nicht mehr verfolgt werden kann.

## 3.2.17 Ordnungswidrigkeiten und Straftaten im Baurecht

### 3.2.17.1 Allgemeines

Der Gesetzgeber muß die Verletzung von Rechtsnormen, die zum Schutze der staatlichen Ordnung und des einzelnen Bürgers erlassen sind, mit Mitteln des *Strafrechts* verfolgen. In der Bundesrepublik Deutschland sind solche Verletzungen in zwei Kategorien aufgeteilt worden: Das sogenannte *Verwaltungsunrecht* und das kriminelle Unrecht, die *Straftat* im engeren Sinne.

Das *Verwaltungsunrecht* ist in dem *Gesetz über Ordnungswidrigkeiten* (OWiG) vom 24. 5. 1968 systematisch erfaßt. Es bestimmt in § 1 Abs. 1:

„Eine Ordnungswidrigkeit ist eine rechtswidrige und vorwerfbare Handlung, die den Tatbestand eines Gesetzes verwirklicht, das die Ahndung mit einer Geldbuße zuläßt."

Soweit die Verletzung einer Rechtsnorm eine *Ordnungswidrigkeit* oder eine Straftat sein kann, ist zur Abgrenzung für den Einzelfall im *Wirtschaftsstrafgesetz* 1954 vom 9. 7. 1954 in § 3 folgendes bestimmt:

„Eine Zuwiderhandlung ist eine Straftat, wenn

1. die Tat ihrem Umfange oder ihrer Auswirkung nach geeignet ist, die Ziele der Wirtschaftsordnung, insbesondere einer geltenden Marktordnung oder Preisregelung, erheblich zu beeinträchtigen, oder

2. der Täter die Zuwiderhandlung hartnäckig wiederholt, gewerbsmäßig, aus verwerflichem Eigennutz oder sonst verantwortungslos handelt oder daß sein Verhalten zeigt, daß er das öffentliche Interesse an dem Schutz der Wirtschaftsordnung, insbesondere einer geltenden Marktordnung oder Preisregelung mißachtet.
In allen anderen Fällen ist die Zuwiderhandlung eine Ordnungswidrigkeit."

*Ordnungswidrigkeiten* im Sinne des Wirtschaftsstrafgesetzes (WiStG) werden mit Geldbußen bis zu DM 50000,— geahndet, *Straftaten* dagegen, wenn sie vorsätzlich begangen werden, mit Freiheitsstrafe bis zu fünf Jahren und Geldstrafe bis zu DM 100000,— oder mit einer dieser Strafen, fahrlässig begangene Straftaten mit Geldstrafen bis zu DM 50000,—.

Ordnungswidrigkeiten können im Baurecht vielfach begangen werden.

Verstöße gegen das Baupreisrecht werden gemäß § 21 Baupreisverordnung nach den Straf- und Bußgeldvorschriften des WiStG 1954 verfolgt. Praktisch sind hier nur die mit Geldbußen belegten Ordnungswidrigkeiten von Bedeutung.

Auch das *Gesetz gegen Wettbewerbsbeschränkungen* — GWB — (*Kartellgesetz*) wertet grundsätzlich die Verstöße gegen seine Vorschriften als Ordnungswidrigkeiten und setzt hierfür Geldbußen fest. So ist eine *Preisabsprache* unter Bauunternehmern anläßlich der Ausschreibungen einer Behörde für sich allein ein Verstoß gegen das Kartellgesetz, der mit einer Geldbuße zu ahnden ist, nicht dagegen eine Straftat — Betrug oder Betrugsversuch —, die ein kriminelles Unrecht darstellt.

Das *Strafgesetz* gliedert die Straftaten in *Übertretungen, Vergehen* und *Verbrechen*. Wer wegen einer solchen Straftat zu einer Freiheitsstrafe verurteilt wird, wird in das *Strafregister* eingetragen und gilt als vorbestraft, nicht dagegen der, der eine Ordnungsstrafe durch einen Bußgeldbescheid oder — von Sonderfällen abgesehen — wegen einer Übertretung eine Geldstrafe erhalten hat.

## 3.2.17.2 Das Wirtschaftsstrafgesetz (WiStG) 1954

Dieses Gesetz erfaßt, soweit es baurechtlich interessiert, vorsätzliche oder fahrlässige Verstöße insbesondere gegen die *Baupreisverordnung*, § 2 des Gesetzes i. V. m. § 21 Baupreisverordnung, daneben vorsätzliche Verstöße durch Forderungen für Bauleistungen, die infolge einer Wettbewerbsbeschränkung unangemessen hoch sind, § 2a. Auch der Inhaber oder Leiter einer Bauunternehmung oder der Vorstand einer Baugesellschaft kann mit einer Geldbuße belegt werden, wenn Verstöße gegen das WiStG in seinem Betrieb begangen wurden und dadurch möglich geworden sind, daß der verantwortliche Leiter seine Aufsichtspflicht vorsätzlich oder fahrlässig verletzt hat.

Neben der Geldbuße kann die Abführung des Mehrerlöses angeordnet werden, § 8. Statt dessen kann auch die *Rückerstattung* des Mehrerlöses an den Bauherrn ausgesprochen werden, § 9. Nur wenn ein Straf- oder Bußgeldverfahren nicht durchgeführt werden kann, kann die Rückerstattung des Mehrerlöses selbständig angeordnet werden, § 10, vgl. 3.2.16.2.

*Ordnungswidrigkeiten* im Sinne des Gesetzes *verjähren* in zwei Jahren. Daher können Verstöße gegen die Baupreisverordnung nach dieser Zeit nicht mehr verfolgt werden.

Ordnungswidrigkeiten werden nach dem OWiG § 35 von der zuständigen Verwaltungsbehörde verfolgt. Verwaltungsbehörde ist in Ansehung der Baupreisverordnung der Regierungspräsident.

Der Tatbestand einer Ordnungswidrigkeit im Sinne des Baupreisrechtes liegt nur vor, wenn neben dem äußeren auch der innere Tatbestand gegeben ist, § 2 WiStG. Der äußere Tatbestand liegt vor, wenn objektiv betrachtet der Baupreis überhöht ist. Der innere Tatbestand ist jedoch nur dann gegeben, wenn der Verantwortliche entweder vorsätzlich oder fahrlässig diesen Verstoß begangen hat.

Hat die Verwaltungsbehörde ein Ermittlungsverfahren wegen einer Ordnungswidrigkeit aufgegriffen, so ist dem Betroffenen vor dem Erlaß eines Bußgeldbescheides Gelegenheit zur Äußerung gegeben, § 55 Abs. 1 OWiG. Auch kann sich der Betroffene in jeder Lage des Verfahrens eines Verteidigers bedienen, § 55 Abs. 2 OWiG, also einen Anwalt mit seiner Vertretung beauftragen. Der *Bußgeldbescheid* wird von der örtlich zuständigen Verwaltungsbehörde festgesetzt, § 37. Er ist zu begründen, § 66. Aus der Begründung müssen die Ordnungswidrigkeit, die gesetzliche Bestimmung, die verletzt worden ist, die Beweismittel und die Rechtsbehelfe in genügend klarer Form zu entnehmen sein. Gegen den Bußgeldbescheid kann der Betroffene binnen einer Woche nach der Zustellung des Bescheides bei einer Verwaltungsbehörde Einspruch einlegen (§ 67), über den das Amtsgericht entscheidet (§ 68). Gegen die Entscheidung des Amtsgerichts können beide Teile das zuständige Oberlandesgericht anrufen und Rechtsbeschwerde binnen einer Woche einlegen, § 74; sie kann nur auf eine Verletzung des Gesetzes gestützt werden, nicht dagegen darauf, daß dem Amtsgericht bei der Feststellung des Tatbestandes Fehler unterlaufen seien.

Bei Verstößen gegen das GWB ist zuständige Verwaltungbehörde die *Kartellbehörde*. Die Geldbuße kann jedoch nur vor dem Kartellsenat des zuständigen Oberlandesgerichts festgesetzt werden, §§ 81, 92 GWB. Gegen die Entscheidung dieses Senats ist die Rechtsbeschwerde an den Bundesgerichtshof zulässig, über die von dem Kartellsenat des Bundesgerichtshofes entschieden wird, §§ 83, 95 GWB.

### 3.2.17.3 Allgemeine strafrechtliche Vorschriften

Das Gebiet der kriminellen Straftaten, die bei der Vorbereitung und der Durchführung von Bauarbeiten begangen werden können, ist recht bedeutend.

Einer der häufigsten Fälle ist, daß ein Mensch auf einer Baustelle verletzt oder getötet wird, weil vorsätzlich oder fahrlässig gegen die anerkannten Regeln der Technik, gegen die Unfallverhütungsvorschriften oder sonstige Bestimmungen verstoßen worden ist. Vorsätzliche Straftaten dieser Art können hier außer Betracht bleiben, da sie wohl nur ganz ausnahmsweise begangen werden.

Nach § 230 StGB wird derjenige, der durch Fahrlässigkeit die *Körperverletzung* eines anderen verursacht, mit Geldstrafe oder Freiheitsstrafe bis zu drei Jahren bestraft. Solche Delikte werden jedoch nur auf Antrag des Verletzten verfolgt, soweit nicht wegen des besonderen öffentlichen Interesses die Staatsanwaltschaft auch ohnedem die Verfolgung übernimmt. Die *fahrlässige Tötung* wird dagegen nach § 222 mit Freiheitsstrafe bis zu fünf Jahren bestraft und von der Staatsanwaltschaft verfolgt. Hier bedarf es keines Antrages.

Als Täter kommen bei solchen *Bauunfällen* in Frage: der Inhaber des Betriebes; bei größeren Unternehmungen meist jedoch Personen, die mit speziellen Aufgaben betraut sind, z. B. der Maschineningenieur, dem die Geräte unterstehen, der Bauleiter, der für die Baustelle verantwortlich ist, der Polier oder der Arbeitskollege selbst, der mit dem Verletzten oder Getöteten zusammengearbeitet hat.

Auch der Architekt kann sich strafbar machen, wenn infolge seiner fehlerhaften Konstruktion ein Mensch verletzt oder getötet wird.

Der § 330 StGB bedroht denjenigen mit Geldstrafe oder mit Freiheitsstrafe bis zu einem Jahr, der bei der Leitung oder Ausführung eines Baues gegen die allgemein anerkannten Regeln der Technik dergestalt gehandelt hat, daß hieraus für andere eine Gefahr entsteht. Die Gefahr ist ein Zustand, der die ernste und naheliegende Besorgnis eines Schadens begründet. Sie muß gegenwärtig sein, der Schaden muß jedoch nicht unmittelbar bevorstehen. Auch hier genügt eine fahrlässige Zuwiderhandlung. Nicht selten wird eine fahrlässige Körperverletzung zugleich ein Vergehen gegen § 330 StGB erfüllen.

Auch Angehörige der *Baupolizei* können sich der fahrlässigen Körperverletzung oder Tötung schuldig machen. Privatrechtlich kann die Baupolizei grundsätzlich nicht für einen Schaden haftbar gemacht werden, den der Unternehmer oder der Architekt zu vertreten hat. Denn insoweit tritt die Baupolizei nur in Erfüllung ihrer öffentlich-rechtlichen

Aufgaben auf. Sie wird auch nach Prüfung und Genehmigung eines Bauvorhabens nicht Vertragspartei und steht als öffentliche Bauaufsicht außerhalb der privatrechtlichen Vorschriften. Jedoch in strafrechtlicher Hinsicht ist der Beamte der Baupolizei für sein Handeln oder für ein Unterlassen genau so verantwortlich wie die übrigen am Bau Beteiligten. Hat der Beamte eine strafrechtliche Schuld auf sich geladen, so ist auch er hierfür zur Verantwortung zu ziehen.

Nach § 367 Ziff. 13 StGB begeht eine *Übertretung*, die mit Geldstrafe bis zu DM 500,— oder mit Freiheitsstrafe bis zu sechs Wochen bestraft wird, wer es trotz der polizeilichen Aufforderung unterläßt, Gebäude, welche vom Einsturz bedroht sind, auszubessern oder niederzureißen. Gemäß Ziffer 14 daselbst wird in gleicher Weise bestraft, wer Bauten oder Ausbesserungen an Bauwerken vornimmt, ohne die von der Polizei angeordneten oder sonst erforderlichen Sicherungsmaßnahmen zu treffen. Nach Ziff. 15 daselbst werden der Bauherr, der Architekt oder der Unternehmer bestraft, wenn sie einen Bau oder eine Bauleistung durchführen, ohne die erforderlichen *polizeilichen Genehmigungen* zu haben. Diese Regel wird nicht selten aus Termingründen überschritten, wenn die baupolizeiliche Genehmigung zwar noch nicht erteilt, aber nach dem Stand der Verhandlungen unbedenklich angenommen werden kann, daß sie in Kürze erteilt wird. Auch die Überschreitung der *Arbeitszeitordnung* vom 30. 4. 1938, nach der grundsätzlich die tägliche Arbeitszeit 10 Stunden nicht überschreiten darf, kann zu strafrechtlichen Folgen führen. Wenn z. B. ein Arbeiter zwei Schichten, also 20 Stunden hintereinander mit Genehmigung seines Vorgesetzten arbeitet und er wegen Übermüdung vom Baugerüst tödlich abstürzt, so ist hierfür der Vorgesetzte strafrechtlich mitverantwortlich, selbst wenn der Arbeiter die Doppelschicht gefordert hat. Der Architekt, dem auch die örtliche Bauleitung übertragen ist, der also die Arbeitsweise des Unternehmers ständig überwacht, übernimmt dadurch auch eine strafrechtliche Verantwortung, wenn er wahrnimmt, daß der Unternehmer gegen die Regeln der Technik verstößt und hieraus eine Gefahr für die auf dem Bau Tätigen erwächst.

Auch eine weitere allgemeine strafrechtliche Bestimmung kann bei Bauarbeiten übertreten werden. Wenn Wagen einer Baustelle Lehm oder sonst feuchte Erde über die öffentlichen Straßen befördern und der nasse Sand fällt auf die Straßen, so muß der Unternehmer Maßnahmen treffen, durch die eine hierdurch bedingte Gefahr für die anderen Straßenbenutzer beseitigt wird. Das Aufstellen von Schildern genügt nicht. Es muß auch für die sofortige Beseitigung der herabfallenden Erde gesorgt werden und, so lange dies dauert, der vorüberfließende Verkehr an diesen Arbeiten vorbeigeleitet werden. Stürzt an einer solchen Stelle ein Motorradfahrer tödlich, so kann sich der Unternehmer der *fahrlässigen Tötung* in Verbindung mit Verstoß gegen § 32 der Straßenverkehrsordnung schuldig machen.

Ganz anderer Art sind die strafrechtlichen Verstöße, die sich aus den Vorschriften über *Betrug*, § 263 StGB, ergeben. Betrug gegenüber dem Unternehmer kann der Bauherr begehen, der seine Zahlungsunfähigkeit bei Abschluß des Bauvertrages verschweigt. Wer einen Bauvertrag abschließt, aus dem sich Zahlungsverpflichtungen ergeben, erweckt in dem anderen Teil die Vorstellung, daß er bei Fälligkeit die Zahlung auch leisten kann. Spiegelt der Bauherr dem Unternehmer diese Zahlungsbereitschaft lediglich vor, so schädigt er das Vermögen des anderen und kann wegen Betrugs bestraft werden. Andererseits kann auch der Unternehmer einen Betrug begehen, wenn er eine *Preisabsprache* getroffen hat und Abfindungen für die schützenden Unternehmer in seinen Preis eingerechnet hat, denn dann ist sein Preis um diese Beträge, die keine Gegenleistung für seine Bauleistung sind, zu hoch. Die Preisabsprache allein genügt nicht, wie der BGH in einem vielbeachteten Urteil vom Jahre 1961 dargelegt hat, um allein eine Betrugsabsicht zu dokumentieren. Der Bauherr hat in der Marktwirtschaft die Möglichkeit, sich unter den konkurrierenden Bewerbern denjenigen auszusuchen, der ihm bei günstigem Angebot für die Ausführung als der geeignetste erscheint. Dadurch, daß sich die Bieter gegen die Regeln der Marktwirtschaft zu einer Preisabsprache zusammenfinden, verstoßen sie zwar gegen die Marktwirtschaft und gegen das *Gesetz gegen Wettbewerbsbeschränkungen*. Sie machen sich einer *Ordnungswidrigkeit* schuldig, die mit einer Geldbuße zu ahnden ist. Solange sie aber nur eine in ihren Augen angemessene Gegenleistung für ihre Bauleistung erhalten wollen, so lange schädigen sie das Vermögen des Bauherrn in strafrechtlichem Sinne nicht.

## 3.2.18 Arbeitsgemeinschaften und Beteiligungsverträge

### 3.2.18.1 Arbeitsgemeinschaften (Arge)

**3.2.18.1.1 Offene Arbeitsgemeinschaften.** Es ist vielfach üblich, daß sich für Angebote von Bauarbeiten und für ihre Durchführung Arbeitsgemeinschaften von Bauunternehmern bilden, die nach außen als solche in Erscheinung treten. Der Hauptverband der Deutschen Bauindustrie e. V. in der BRD hat das Muster eines Argevertrages ausgearbeitet, das im allgemeinen solchen *offenen Arbeitsgemeinschaften* zugrunde gelegt wird und dessen Grundzüge hier kurz erörtert werden sollen.

Arbeitsgemeinschaften stellen *Gesellschaften des bürgerlichen Rechts* nach §§ 705 ff. BGB dar. Sie sind der Zusammenschluß mehrerer selbständiger Unternehmer für die Durchführung einer einzelnen Bauaufgabe. Die Arbeitsgemeinschaft ist nicht mit den Rechten einer juristischen Person ausgestattet, nähert sich jedoch dieser Rechtsform mit teilweise komplizierten rechtlichen Konstruktionen.

Die Arbeitsgemeinschaft wird einmal zur Erlangung eines Bauauftrages — *Bietergemeinschaft* — gebildet und zum anderen Mal zu seiner Durchführung. So lange es sich darum handelt, einen Bauauftrag zu erhalten, müssen Vereinbarungen darüber getroffen werden, wie die Arbeiten zur Ausarbeitung des gemeinsamen Angebots aufzuteilen sind, in welcher Form die Kosten, die hierdurch entstehen, von den einzelnen Partnern zu tragen sind, wer als Bevollmächtigter die Verhandlungen mit dem Bauherrn zu führen hat, und mit welcher Beteiligung die Gesellschaft für den Fall der Auftragserteilung fortgesetzt werden soll. Erhält die Bietergemeinschaft den Auftrag nicht, so ist der Zweck der Gesellschaft erledigt; sie ist abzuwickeln.

Mit der Auftragserteilung an die Arbeitsgemeinschaft setzt dagegen ein neuer Abschnitt ein. Durch die Übertragung des Auftrages an sämtliche Partner der Arbeitsgemeinschaft entsteht ein *gesamtschuldnerisches Verhältnis* gemäß §§ 421 ff. BGB, kraft dessen jeder Einzelne in vollem Umfange des Auftrages verpflichtet ist, was sehr bedeutsam werden kann, wenn z. B. ein Partner im Verlauf der Bauarbeiten in Konkurs geht.

Der Regelfall der Arbeitsgemeinschaft ist die sogenannte *Quoten-Arge*, d. h. eine Arbeitsgemeinschaft, an der jeder Partner mit einer bestimmten Quote, z. B. je 50 % oder in einem anderen Verhältnis, beteiligt ist und demzufolge in diesem Verhältnis die einzelnen Beiträge, die zur Durchführung der Bauaufgaben notwendig werden, zu leisten hat. Organe der Arbeitsgemeinschaft sind:

a) die *Aufsichtsstelle*, die sich aus Vertretern der einzelnen Partner zusammensetzt und die wesentlichen Entscheidungen zur Durchführung der Arbeiten trifft. Sie legt fest, welche Beiträge im einzelnen von den Partnern zu stellen sind, z. B. Geräte; die Vergütung für die Gerätegestellung ist dagegen bereits im Argevertrag festgelegt.

b) die *federführende Firma* als Bevollmächtigte nach außen hin, und

c) der *Bauleiter*, der auf der Baustelle die Beschlüsse der Aufsichtsstelle durchzuführen und mit dem örtlichen Vertreter des Bauherrn zu verhandeln hat.

Die *Aufsichtsstelle* setzt fest, welche Bareinschüsse zu leisten sind und wie die vom Bauherrn eingehenden Gelder verwertet oder verteilt werden. Die Hauptlast der Geschäftsführung liegt bei der *federführenden Firma*, die hierfür auch eine besondere Gebühr erhält. Die Federführung wird bei großen Argen zuweilen unterteilt in die *technische Federführung* und die *kaufmännische* Verwaltung, vgl. 2.1.3.5.1.

Die Arbeitsgemeinschaft hat eine eigene Buchhaltung und ermittelt selbständig ihre Bilanz. Die bei den Partnern anfallenden allgemeinen Geschäftskosten traten unter der Herrschaft des bis 31. 12. 1967 geltenden Umsatzsteuerrechts in der Erfolgsrechnung der Arge nicht in Erscheinung. Auch wurden sehr oft die Gebrauchsgebühren für die Überlassung der Geräte aus umsatzsteuerlichen Gründen nur statistisch ermittelt.

Verschieden von der Quotenarge ist die *Abschnitts-Arge*, in der die Partner nicht nach Quoten an einer einheitlichen Arbeit beteiligt sind, sondern nach Abschnitten. Es kommt vor, daß Arbeitsgemeinschaften gebildet werden zwischen Baufirmen und Stahlbaufirmen z. B. bei Brückenbauten, bei denen die Stahlbauteile der Brücke ausschließlich von den

Stahlbaufirmen hergestellt werden, die Pfeiler und Widerlager der Brücke sowie die sonstigen Bauarbeiten dagegen ausschließlich von den Baufirmen. Solche Arbeitsgemeinschaften werden meist vom Bauherrn gewünscht, dem dann eine Haftungsgemeinschaft der Stahlbaufirmen und der Baufirmen gegenübertritt, während im anderen Falle die Gefahr besteht, daß er sich mit den Beteiligten darüber unterhalten muß, ob die Gewährleistung den Bauunternehmer trifft oder die Stahlbaufirma.

Je weiter die Spezialisierung im Baugewerbe fortschreitet, um so mehr werden Abschnittsargen auch unter Baufirmen vereinbart. So ist es z. B. üblich, daß bei Straßenbauarbeiten die reinen Erdarbeiten und die Straßendeckenarbeiten von verschiedenen Unternehmungen ausgeführt werden, daß aber auch hier der Bauherr es nur mit einer Gemeinschaft zu tun haben möchte. In der Abschnittsarge leisten die Partner ihre Beiträge nicht quotal, sondern für den einzelnen fest vorgesehenen Abschnitt, für den sie ihre Leute und Geräte abstellen und die sonstigen Leistungen erbringen. Die Erträge werden dementsprechend nicht quotal verteilt sondern nach den Ergebnissen in den einzelnen Abschnitten, die bei der Eigenart der Bauarbeiten sehr verschieden liegen können.

Ein bemerkenswerter Unterschied gegenüber der normalen *Haftung* gilt für die Arbeitsgemeinschaft. Während im Regelfall bei Verträgen für jedes schuldhafte Verhalten, also auch für leichte Fahrlässigkeit, gehaftet werden muß, hat nach § 708 BGB ein Argepartner dem andern bei der Erfüllung seiner Verpflichtungen nur für diejenige Sorgfalt einzustehen, welche er in eigenen Angelegenheiten anzuwenden pflegt. Diese Regelung wird im allgemeinen für rechtspolitisch bedenklich angesehen und soll häufig als stillschweigend ausgeschlossen gelten. Sie ist aber für die Arbeitsgemeinschaft im Baugewerbe als befriedigend anzusehen. Der Bauunternehmer, der mit einem anderen Unternehmer eine Arbeitsgemeinschaft bildet, kennt im allgemeinen diesen Unternehmer und seine Leute ebenso wie die Leistungsfähigkeit und den Ruf dieser Firma. Hat er die Kenntnis nicht, kann er sie sich leicht verschaffen. Fehler, die bei der Erfüllung der Argepartnerverpflichtung einschließlich der Federführung unterlaufen, berechtigen die anderen Partner nicht, *Schadensersatz* zu verlangen, wenn dem Partner der gleiche Fehler unterlaufen wäre, falls die Argebaustelle seine eigene gewesen wäre. Lediglich für grobe Fahrlässigkeit muß er nach § 277 BGB in jedem Falle einstehen.

**3.2.18.1.2 Stille Arbeitsgemeinschaften.** Neben den vorbeschriebenen offenen Arbeitsgemeinschaften werden zuweilen auch *stille Arbeitsgemeinschaften* gebildet, die nach außen hin nicht tätig werden. Auftragnehmer ist in diesem Fall ein Unternehmer oder auch eine offene Arbeitsgemeinschaft. Andere Unternehmer werden sodann an diesen Arbeiten in stiller Arbeitsgemeinschaft beteiligt. Für das interne Verhältnis gelten dieselben Spielregeln wie bei der offenen Arbeitsgemeinschaft.

## 3.2.18.2 Beteiligungsvertrag

Aus der stillen Arbeitsgemeinschaft, die wohl nur noch selten vereinbart wird, hat sich der *Beteiligungsvertrag* entwickelt. Dieser Vertrag — auch *Beihilfevertrag* genannt — sieht vor, daß ein Unternehmer, der einen Auftrag erhalten hat, einen anderen quotenmäßig an seinem Auftrag beteiligt. Zu diesem Zweck hat der Beteiligte seiner Quote gemäß Geräte zu vermieten, Leute in die Dienste des Auftragnehmers abzustellen, Darlehen zu gewähren und innerhalb der Quote alles für die Durchführung des Auftrages zu tun. Dem Beteiligten steht das Mitbestimmungsrecht über die Hauptgrundsätze der Baudurchführung zu. Der Auftragnehmer bleibt aber nach wie vor allein für die Durchführung der Arbeiten verantwortlich. Es wird jedoch eine Verbindungsstelle geschaffen, durch die die Rechte des Beteiligten wahrgenommen werden sollen. An dem Ergebnis der Baustelle wird der Beteiligte mit seiner Quote beteiligt, wobei das Ergebnis nach festgelegten Grundsätzen zu ermitteln ist. Der Beteiligungsvertrag ähnelt zwar der Stillen Arbeitsgemeinschaft, ist jedoch wohl als ein Vertrag eigener Art anzusehen. Er kann als eine Art Subunternehmerauftrag bezeichnet werden, der sich nicht auf ein Fachlos beschränkt, sondern eine Quote nach dem Gesamtauftrag zum Gegenstand hat.

### 3.2.18.3 Steuerliche Erwägungen

Arbeitsgemeinschaftsverträge und Verträge ähnlicher Art werden in ihrem Inhalt von vielfältigen Überlegungen bestimmt. Eine erhebliche Rolle spielen hierbei steuerliche Erwägungen, insbesondere des Umsatzsteuerrechtes.
Das geltende Umsatzsteuerrecht wurde ab 1. 1. 1968 in ein Mehrwertumsatzsteuerrecht umgewandelt. Mit dieser Änderung der Umsatzsteuer in eine wettbewerbsneutrale Steuer erfuhren auch die privatrechtlichen Verträge zwischen Bauherren und Unternehmern sowie der Unternehmer untereinander tiefgreifende Änderungen. Bis zum 31. 12. 1967 betrug die Umsatzsteuer 4 v. H. des Endpreises, das sind 4,16% des Nettopreises, und wurde in jeder Phase des Umsatzes grundsätzlich in vollem Umfange erhoben. Ab 1. 7. 1968 beträgt die Steuer 11% des Nettopreises, wobei Steuern, die in einem früheren Umsatzstadium gezahlt worden sind, auf die Steuerschuld angerechnet werden können. Während demzufolge im ungünstigen Falle bei Arbeitsgemeinschaften nach dem bisherigen Steuerrecht die Steuer zweimal, einmal bei der Arge und sodann bei dem Umsatz des einzelnen Unternehmers gegenüber der Arge mit dem gleichen Betrage denselben wirtschaftlichen Vorgang erfassen konnte, wird nunmehr eine von den Arge-Partnern bezahlte Umsatzsteuer auf die Steuerpflicht der Arge angerechnet werden können. Welche Vertragsformen sich infolge dieses Umstandes entwickeln werden, bleibt abzuwarten, vgl. 2.3.3.5.7.

## 3.2.19 Bauleistungen und der Kauf von Baustoffen

Für eine Übersicht über das Baurecht ist es notwendig, auch das Recht des *Kaufvertrages* kurz zu streifen, denn dieses weicht in manchen Punkten nicht unwesentlich von dem Recht des *Werkvertrages* ab, was zu unliebsamen Ergebnissen führen kann.
Wer Baustoffe kauft, um sie bei einer Bauleistung zu verwenden, haftet nicht für den Baustoff, sondern für die Bauleistung nach Werkvertragsrecht. Er selbst hat aber nur Ansprüche gegenüber seinem Verkäufer nach Kaufvertragsrecht.
Hier sind es insbesondere die *Gewährleistungsansprüche* für Sachmängel, die in der Praxis erheblich von denen des Werkvertrags abweichen. Der Verkäufer haftet grundsätzlich nur für Fehler der verkauften Sache — nicht der Bauleistung — mit der Folge, daß der Käufer Wandlung oder Minderung des verkauften Baustoffes verlangen kann. Wenn eine zugesicherte Eigenschaft fehlt oder ein Fehler arglistig verschwiegen wird, kann stattdessen *Schadensersatz* wegen Nichterfüllung verlangt werden. In diesen Fällen werden jedoch oft auf Grund der Lieferungsbedingungen des Verkäufers Schadensersatzansprüche jeder Art und auch *Wandlungsansprüche* ausgeschlossen. Nicht selten findet sich noch die Bestimmung, daß der Verkäufer zwischen Minderung oder Ersatzlieferung frei wählen kann.
Wichtig ist ferner, daß diese Gewährleistungsansprüche grundsätzlich in sechs Monaten *verjähren*, während die gesetzlichen Gewährleistungsansprüche beim Bauvertrag wesentlich länger laufen. Es tritt also leicht der Fall ein, daß der Unternehmer für seine Bauleistung wegen eines Mangels, der in dem verwandten Baustoff seine Ursache hat, haftet, während der Verkäufer nicht für die Bauleistung, sondern nur für die verkaufte Sache haftet und dem Käufer gegenüber die kurze Verjährungsfrist bereits abgelaufen ist.
Wenn daher Mängel dieser Art zu befürchten sind, für die der Unternehmer u. U. gerade stehen muß, so bleibt nichts anderes übrig, als die Verjährung durch Klageerhebung oder ggf. durch ein *Beweissicherungsverfahren* zu unterbrechen, wenn nicht der Lieferant freiwillig auf die Einhaltung der Verjährungsfrist verzichtet. Abweichend von § 225 BGB kann in einem solchen Fall die *Verjährungsfrist* verlängert werden, § 477 Abs. 1, S. 2, BGB. Aber auch hierdurch wird nicht in allen Fällen die bestehende Divergenz zwischen den beiden Arten des Kaufvertrags und des Bauvertrags ausgeräumt, was zur Folge hat, daß dann der Unternehmer eine *Haftung*, die ihn trifft, nicht an seinen Lieferanten des Baustoffes, der die Haftung verursacht hat, weitergeben kann.

## 3.3 Der Bauvertrag nach der VOB

### 3.3.1 Die VOB, ihr Verhältnis zum BGB

Für die Vergabe von Bauarbeiten wurde vom *Reichsverdingungsausschuß* in den 20er Jahren die ,,*Verdingungsordnung für Bauleistungen*" (VOB) geschaffen, die heute eine der wichtigsten Quellen für die Regelung privatrechtlicher Baufragen ist [29]. Sie liegt jetzt in der Ausgabe 1965 vor. Die VOB besteht aus drei Teilen:

Teil A DIN 1960
(VOB/A) Allgemeine Bestimmungen für die Vergabe von Bauleistungen,

Teil B DIN 1961
(VOB/B) Allgemeine Vertragsbedingungen für die Ausführung Bauleistungen,

Teil C (VOB/C) DIN 18300ff. Allgemeine technische Vorschriften für Bauleistungen.

Die VOB ist kein Gesetz, hat auch nicht den Charakter einer Rechtsordnung und gilt daher nur, wenn und soweit sie von den Parteien des Bauvertrages vereinbart wird.

Die Ministerien des Bundes und der Länder sowie zahlreiche andere öffentliche Stellen haben durch interne Dienstanweisung die Anwendung der VOB für die Ausschreibung und Vergabe von Bauarbeiten vorgeschrieben. Es entspricht aber ständiger Rechtsprechung, daß diese Anweisungen dem Bauunternehmer kein Recht geben, da, wo ihnen entgegengehandelt wird, sich auf die VOB zu berufen und aus deren Nichtanwendung Ansprüche herzuleiten. Hieraus folgt jedoch nicht, daß alle Bestimmungen der VOB nur bei ausdrücklicher Vereinbarung gelten; denn die Bestimmungen der VOB gründen sich zum Teil auf allgemein gültige Rechtssätze oder geben Gewohnheitsrecht wieder. Aber auch hier können, wie so oft im Baurecht, im Einzelfall Art und Umfang dieser Rechtssätze sehr streitig werden.

Es kann vorkommen, daß einem Bauherrn auferlegt wird, bei der Vergabe von Bauarbeiten die VOB zugrunde zu legen. Dies geschieht zur Zeit regelmäßig im sozialen Wohnungsbau bei der Bewilligung von Landesbaudarlehen, vgl. z. B. die Richtlinien über die Förderung des sozialen Wohnungsbaues in Hessen, II Ziff. 12, vom 8.12.1953. Könnte hierin ein Vertrag zu Gunsten Dritter erblickt werden, so könnte der Unternehmer gegenüber dem Bauherrn auf Einhaltung dieser vertraglichen Abmachung bestehen und verlangen, daß die für den Unternehmer gegenüber dem Gesetz günstigeren Bestimmungen der VOB zur Anwendung kommen. Aber auch solche Auflagen können wohl nicht nach den Regeln der Verträge zu Gunsten Dritter behandelt werden, denn diese Auflagen bezwecken nicht den Schutz des Bauunternehmers, sondern sollen wie die internen behördlichen Anweisungen im allgemeinen öffentlichen Interesse eine möglichst einheitliche Handhabung der Bauvergabe und des Bauvertragsrechtes herbeiführen.

Ohne ausdrückliche Vereinbarung gelten daher die Bestimmungen der VOB nur insoweit, als sie geltendes Recht sind. Dies gilt auch für einige Bestimmungen in Teil A der VOB, obwohl dieser Teil regelmäßig in den Bauverträgen als nicht vereinbart bezeichnet wird.

Aus dem Charakter der VOB als Vertragsrecht ergibt sich die Stellung, die die VOB zum geltenden Recht einnimmt. Das BGB behandelt in den §§ 631 ff. das Recht des *Werkvertrages*. Es gelten demgemäß neben den allgemeinen Bestimmungen des bürgerlichen Rechts für den Bauvertrag die besonderen gesetzlichen Bestimmungen über den Werkvertrag. Diese erfassen jedoch vielfach nicht die Einzelheiten, die bei der Durchführung eines größeren Bauwerkes vertraglich geregelt sein sollten. Mit aus diesem Grunde ist auch die VOB geschaffen worden. Sie tritt also als vertragliches Recht abändernd vor oder ergänzend neben die gesetzliche Regelung. Die gesetzlichen Bestimmungen sind grundsätzlich *nachgiebiges Recht*, sie können also durch Parteivereinbarung geändert werden. Soweit dies in der VOB geschieht, gilt diese vertragliche Regelung vor dem gesetzlichen Recht.

Soweit jedoch die VOB nur ergänzend eingreift, gilt neben der VOB das gesetzliche Recht weiter. Die VOB setzt also insoweit kein *abschließendes Recht*. Findet sich in ihr keine Regelung eines Sachverhaltes, so muß geprüft werden, ob und inwieweit nach geltendem Recht der Sachverhalt rechtlich zu bestimmen ist.

Wenn z. B. der Unternehmer gemäß § 4 Ziff. 3 VOB/B Bedenken gegen die vorgesehene Art der Ausführung dem Bauherrn *schriftlich* mitgeteilt hat, so wird er gemäß § 13 Ziff. 3 VOB/B von der *Gewährleistung* für *Mängel*, die auf die Art der Ausführung zurückzuführen sind, frei. Hat er jedoch, wie es oft geschieht, seine Bedenken nicht schriftlich, sondern nur mündlich geäußert, so bleibt er dem Grunde nach für den Mangel verhaftet, kann jedoch gemäß § 254 BGB mitwirkendes Verschulden des Bauherrn einwenden, so daß er nur gemäß seinem Anteil an dem Ausmaß des Gesamtverschuldens an der Beseitigung des Mangels oder des Schadens mitzuwirken hat.

VOB/C teilt in DIN 18300 Ziff. 2.1 bis 2.8 die *Bodenarten* in verschiedene Klassen ein. Für die Einteilung sind keine geologischen Unterschiede maßgeblich, sondern allein die Unterschiede in der Schwierigkeit, die das Gewinnen des Bodens dem Unternehmer verursacht, denn danach richtet sich seine Kalkulation, und er kann seine Leistung nur zu einem angemessenen Preis anbieten, wenn er diesen Schwierigkeitsgrad genauer kennt. Wenn nun entgegen den Ausschreibungsbedingungen ein schwerer zu gewinnender Boden angetroffen wird, der sich nicht in diese Klassifizierung einreihen läßt — man könnte an das Gewinnen von Sand und Geröll mit großen Steinen in einem Flußbett denken —, so muß nachträglich die Vergütung nach den aus den gesetzlichen Bestimmungen in Verbindung mit der Übung im Baugewerbe sich ergebenden Grundsätzen errechnet werden.

Das Verhältnis der VOB zu den gesetzlichen Bestimmungen läßt sich daher wie folgt umreißen:

a) die VOB gilt als vertragliche Regelung *vor* den gesetzlichen Bestimmungen, soweit diese nicht zwingender Natur sind.

b) Soweit die VOB eine Regelung trifft, muß geprüft werden, ob diese Regelung *abschließend* sein soll oder ob daneben noch das *gesetzliche Recht* gelten soll, soweit die VOB keine Antwort gibt. Die VOB/B regelt z. B. eingehend die Gewährleistung nach der Abnahme in § 13. Diese Regelung wird als abschließend anzusehen sein, die gesetzlichen Bestimmungen finden keine Anwendung. Gelten jedoch diese Gewährleistungsvorschriften auch in Ansehung positiver Vertragsverletzungen? Diese Frage ist von den Gerichten noch nicht endgültig entschieden. Es spricht jedoch vieles dafür, daß sich die VOB-Regelung auf die Gewährleistung für Mängel und deren unmittelbare Folgen beschränkt. Dann gilt für das große Gebiet der positiven *Vertragsverletzungen* eine einheitliche Regelung. Beschädigt z. B. ein Bauunternehmer im Baugelände fahrlässigerweise eine Versorgungsleitung, so ist die Verletzung einer vertraglichen Nebenpflicht. Ein Mangel im Sinne des Gewährleistungsrechts ist nicht gegeben. Tritt die Beschädigung der Versorgungsleitung jedoch als mittelbare Folge eines Mangels ein, so ist die Rechtslage keine andere.

Im oben genannten Beispiel regelt die VOB nur den Fall, daß der Unternehmer seine Bedenken *schriftlich* geltend gemacht hat. Dies sagt nichts darüber, was geschehen soll, wenn die Bedenken nur mündlich vorgetragen worden sind. Hier ist die Regelung der VOB nicht als abschließend anzusehen, so daß diese Frage daher nach dem Gesetz zu beantworten ist.

c) Regelt die VOB eine Materie überhaupt nicht, so gelten ausschließlich das Gesetz und die auf dieser Grundlage entwickelten Rechtsgrundsätze. Dies gilt auch dann, wenn die VOB Regeln aufstellt, die nicht Vertragsbestandteil werden, was sie ausdrücklich für Teil A bestimmt. Es ist dann zu prüfen, ob nicht nach allgemeinen Grundsätzen oder nach dem Recht des Werkvertrages Bestandteile dieser VOB-Regeln zugleich gesetzliche Regeln sind. Ist dies der Fall, so gelten diese Regeln kraft Gesetzes. Wenn z. B. § 9 VOB/A Vorschriften über die Leistungsbeschreibung gibt, so sind diese zum Teil auch nach allgemeinen rechtlichen Grundsätzen vom Bauherrn zu beachten mit der Folge, daß er ggf. bei Verletzung dieser Vorschriften hierfür einstehen muß.

d) Bei Rechtsstreitigkeiten ist zu beachten, daß vertragliche Bestimmungen, wie sie die VOB darstellt, nur insoweit zu beachten sind, als sie von den Parteien vorgetragen werden, während gesetzliche Bestimmungen auch ohnedem der Entscheidung zugrunde zu legen sind.

## 3.3.2 Die Ausschreibung

### 3.3.2.1 Allgemeines

VOB Teil A beschäftigt sich mit dem Verfahren der Ausschreibung bis zum Zuschlag. Für die Ausschreibung gibt es keine besonderen gesetzlichen Bestimmungen. Die Ausschreibung als solche ist daher auch an sich keine Rechtsfrage. Wie ein Bauherr seine Arbeiten vergibt, ist regelmäßig seine eigene Angelegenheit. Er verletzt keine Rechtsvorschrift, wenn er ein Verfahren wählt, das wesentlich von dem der VOB abweicht. Dies gilt nicht nur für den privaten Bauherrn, sondern auch für den öffentlichen, der durch interne Verwaltungsvorschriften gehalten ist, das Ausschreibungsverfahren der VOB/A anzuwenden. Rechtsfolgen aus der Nichtanwendung dieser Vorschriften können daher nur geltend gemacht werden, wenn besondere Gründe hinzutreten. Wenn ein Bauherr z. B. von vornherein gewillt ist, den Auftrag einem bestimmten Bieter zu übertragen, jedoch den Weg der Ausschreibung nach VOB/A wählt, um dies zu verschleiern, so kann er sich nach § 826 BGB *schadensersatzpflichtig* machen, da er die anderen Bieter vorsätzlich in einer gegen die guten Sitten verstoßenden Weise bewogen hat, an der Ausschreibung teilzunehmen, ohne ihnen eine Chance nach diesem Verfahren einzuräumen. Der Schaden geht aber nicht über die Kosten hinaus, die die Beteiligung an der Ausschreibung verursacht hat.

Wenngleich das Ausschreibungsverfahren demnach rechtlich ohne Bedeutung zu sein scheint, ist es in Wahrheit doch für den Vertrag und seine Ausführung von großer Wichtigkeit. Daher muß auch Teil A der VOB näher beleuchtet werden, vor allem in den Fragen, die sich mit der Erarbeitung der Verdingungsunterlagen und der Leistungsbeschreibung beschäftigen. Denn diese werden Inhalt des Bauvertrages und bilden mit sie seine wichtigsten Bestandteile.

Ähnliches gilt für Teil C der VOB, der, obwohl er nur technische Vorschriften gibt, doch eine große rechtliche Bedeutung besitzt, die wohl erst allmählich im Laufe der nächsten Jahre erkannt wird, vgl. 3.3.4.

Im einzelnen bestimmt zunächst § 1 VOB/A den sachlichen Geltungsbereich der VOB. Danach gilt die VOB für *Bauleistungen*. Hierfür gelten die Ausführungen zu dem gesetzlichen Werkvertragsrecht, vgl. 3.2.1.1. Ergänzend ist zu erwähnen, daß *Erdarbeiten*, die keine Bauleistungen enthalten, z. B. gärtnerische Arbeiten, zwar Werkleistungen aber keine Bauleistungen sind. Werden *gärtnerische Arbeiten* selbständig an einen Gartenarchitekten vergeben, so gelten hierfür nicht die Bestimmungen der VOB. Aber auch hier gilt wieder, daß die VOB anzuwenden ist, wenn die Gartenarbeiten von einem Hauptunternehmer als Nebenleistung des Gesamtbauwerkes übernommen werden.

§ 2 stellt den Grundsatz auf, daß Bauleistungen an fachkundige, leistungsfähige und zuverlässige Bewerber regelmäßig im *Wettbewerb* vergeben werden sollen. Für das Baugewerbe gilt die Gewerbefreiheit, d. h. jeder, der sich dazu berufen fühlt, kann Bauarbeiten übernehmen und durchführen. Es kommt immer wieder vor, daß des Bauens Unkundige Baugeschäfte eröffnen oder übernehmen, oder daß Bauunternehmer, ohne einen entsprechenden Gerätepark zu besitzen, sich um schwierige Bauaufgaben bewerben. Wird ein Bauauftrag an einen Unternehmer vergeben, der nicht die erforderliche Qualifikation besitzt, so können sich hieraus rechtlich erhebliche Konsequenzen ergeben. Der vergebende Bauherr kann z. B., wenn durch die mangelnde Eignung ein *Bauunfall* herbeigeführt wird, als mitverantwortlicher Täter strafrechtlich herangezogen werden. Denn er muß, wenn er den Auftrag erteilt, sich über die Qualifikation des Unternehmers Gedanken gemacht haben. Wenn er nicht selbst die hierfür notwendige Sachkunde besitzt, so nutzt ihm dies je nach den Umständen des Falles nicht viel, wenn er einen Architekten oder Fachingenieur mit der Ausschreibung hätte beauftragen müssen.

§ 3 legt als Grundsatz die öffentliche *Ausschreibung* fest. An der öffentlichen Ausschreibung kann sich jeder Unternehmer beteiligen und ein Angebot abgeben. Die beschränkte Ausschreibung, in der die Teilnehmer namentlich vom Bauherrn zur Beteiligung aufgefordert werden, soll dann stattfinden, wenn die Bauleistung schwieriger Art ist und nur ein beschränkter Kreis von Unternehmer für die Ausführung in Frage kommt, oder

### 3.3 Der Bauvertrag nach der VOB

wenn die Bauleistung z. B. aus militärischen Gründen geheimgehalten werden soll. Die dritte Form ist die der *freihändigen Vergabe*, die nur aus besonderem Anlaß stattfinden soll z. B. bei Zusatzaufträgen.

§ 4 bestimmt, daß nur ausnahmsweise sämtliche zu einem Bau gehörenden Leistungen an einen Auftragnehmer, den Generalunternehmer, vergeben werden sollen und daß die Vergabe in Teillosen oder Fachlosen die Regel sein soll.

§ 5 sieht als Regelfall für die Ausschreibung den *Einheitspreisvertrag* vor, kennt daneben den *Pauschalvertrag* und für besondere Fälle den *Stundenlohnvertrag* sowie als Ausnahme den *Selbstkostenerstattungsvertrag*. Aus § 2 Ziff. 2 VOB/B ergibt sich, daß der Einheitspreisvertrag im Rechtssinne als die Regel angesehen wird. Da auch bei den Einheitspreisverträgen die Angebotsendsummen eine Rolle spielen, ist diese Regel für den Nicht-Baufachmann bei der Prüfung eines Vertrages manchmal nicht leicht zu erkennen.

Die §§ 6, 7 und 8 beziehen sich auf das technische Verfahren der Ausschreibung. § 6 legt jedoch bereits einen rechtlich bedeutsamen Grundsatz fest:

,,Das Angebotsverfahren ist darauf abzustellen, daß der Bewerber die Preise, die er für sein Leistungen fordert, in das Leistungsverzeichnis einzusetzen oder in anderer Weise im Angebot anzugeben hat.''

Das heißt, die Ausschreibung ist so zu gestalten, daß der Bewerber für eine größere Zahl von Bauleistungen, die vom Bauherrn genauer beschrieben werden, die Preise in das *Leistungsverzeichnis* einzusetzen oder sonst anzugeben hat. Wenn später die Bauleistung anders erbracht werden muß als im Leistungsverzeichnis angegeben, so ergibt sich hieraus ein rechtlich bedeutsamer Unterschied zwischen der geforderten Leistung, für die die Vergütung berechnet und festgelegt ist, und der tatsächlich ausgeführten, für die keine Vergütung festliegt.

Der komplette Vertragstext wird in Abschnitt II VOB/A — Verdingungsunterlagen — § 9 bis 15 genauer umschrieben.

#### 3.3.2.2 Verdingungsunterlagen

§ 9 — *Leistungsbeschreibung* — stellt in Ziff. 1 eine Grundregel von besonderer Art auf. Sie lautet:

,,Die Bauleistung ist eindeutig und so erschöpfend zu beschreiben, daß alle Bewerber die Ausschreibung im gleichen Sinne verstehen müssen und ihre Preise sicher und ohne umfangreiche Vorarbeiten errechnen können.
Dem Auftragnehmer soll kein ungewöhnliches Wagnis aufgebürdet werden für Umstände oder Ereignisse, auf die er keinen Einfluß hat und deren Einwirkung auf die Preise und Fristen er nicht im voraus schätzen kann.''

Ziff 2. des § 9 fordert ein Leistungsverzeichnis, dessen einzelne Positionen Inhalt und Umfang der Bauleistung beschreiben und die für die Vertragsabwicklung von wesentlicher Bedeutung sind.

Ziff. 3 besagt, daß alle die Preisermittlung beeinflussenden Umstände festzustellen und in den Verdingungsunterlagen anzugeben sind.

Die Boden- und Wasserverhältnisse sind so zu beschreiben, daß der Bewerber den *Baugrund* und seine Tragfähigkeit und die *Grundwasserverhältnisse* hinreichend beurteilen kann. Im Baugelände vorhandene Anlagen sind danach anzugeben u. a. m.

§ 9 gilt zwar nur für die Ausschreibung und wird nicht zum Inhalt des Bauvertrages gemacht. Trotzdem enthält § 9 wichtige Rechtssätze, denn er gibt wieder, welche Vorarbeiten und Angaben bei dieser Art der Vergabe nach der Verkehrsübung im Baugeschehen Sache des Bauherrn sind, und legt allgemein fest, welchen Inhalt das Angebot des Bewerbers hat.

Daneben ist die tatsächliche Handhabung bei der Ausschreibung von Bedeutung. Der Bauherr legt in manchmal jahre- oder monatelanger Vorarbeit den gesamten Vertragstext des Bauvertrages fest, ausgenommen die Preise, die jeder einzelne Bieter in das Angebot einsetzen muß. Dieser unvollkommene Vertragstext wird als *Blankett* bezeichnet.

Als Beispiel für das Blankett wird ein solcher typischer Vertragstext für eine größere Tiefbauarbeit herausgegriffen und in Ausschnitten zitiert:

*1. Leistungsverzeichnis* mit Vorbemerkungen:
  a) eigenmächtige Abänderung des Leistungsverzeichnisses macht das Angebot ungültig,
  b) die mit „W" bezeichneten Positionen sind Wahlpositionen, auf deren Ausführung der Auftragnehmer keinen Anspruch hat.

*Titel I: Planbearbeitung*
*Titel II: Einrichtung und Räumung der Baustelle*
(Diese beiden Titel sind im vorliegenden Falle wie meist mit Pauschalsummen anzubieten.)
*Titel III:*
*A. Betonarbeiten*

| | | |
|---|---|---|
| Pos. 11 7800 m³ Stahlbeton B 300 ... herstellen ... einbringen und ... verdichten einschl. des Vorhaltens aller Geräte und des Transports der Baustoffe vom Lagerplatz zur Verwendungsstelle für 1 m³ | Einheitspreis | Gesamtpreis |

*B. Isolierungs- und Dichtungsarbeiten*

| | | |
|---|---|---|
| Pos. 34 290 t Stahlblechisolierungen liefern und zeichnungsgemäß einbauen für 1 t | Einheitspreis | Gesamtpreis |

*Titel V: Erdarbeiten*

| | | |
|---|---|---|
| Pos. 41 1 133 910 m³ Boden verschiedener Beschaffenheit ... profilgerecht ausheben für 1 m³ | Einheitspreis | Gesamtpreis |
| Pos. 64 323 460 m³ Boden der Pos. 41 zur Kippe ... befördern und dort nach näherer Anweisung des Auftraggebers ablagern für 1 m³ | Einheitspreis | Gesamtpreis |

*Titel VI: Grundwasserabsenkung*

| | | |
|---|---|---|
| Pos. 103 68 Stück Absenkungsbrunnen ... herstellen für 1 Brunnen | Einheitspreis | Gesamtpreis |
| Pos. 109 720 Kalendertage die gesamte Grundwasserabsenkungsanlage .. vorhalten und unterhalten für 1 Kalendertag | Einheitspreis | Gesamtpreis |
| Pos. 120 290 m Fangedamm ... herstellen einschl. Vorhalten des gesamten Materials ... für 1 m³ | Einheitspreis | Gesamtpreis |

*Titel VII: Ausbau- und Ausrüstungsarbeiten*

*Titel IX: Sonstiges*
  u. a. Zuschlagstoffe, Bindemittel, Spundwände, Werksteine, Baugeräte

| | |
|---|---|
| | Gesamtpreis |

Gesamtsumme Titel I bis IX: DM
Danach Lohngleit- und Stoffpreisgleitklausel.

*2. Besondere Vertragsbedingungen,* die Allgemeinen Vertragsbedingungen VOB/B ergänzen. (BVB).

 *2. Vergütung* (zu DIN 1961, § 2)
  Die im Leistungsverzeichnis angegebenen Einheits- und Pauschalpreise sind Festpreise ... Die Lohnnebenkosten werden auf Nachweis vergütet.
  Außervertragliche Leistungen, Leistungsänderungen usw. werden nur vergütet, wenn sie vom Bauherrn schriftlich angeordnet oder vor der Ausführung schriftlich genehmigt sind.
  ... Der Auftragnehmer hat seinem Angebot einen Arbeitszeitplan beizufügen. ...
 *5. Ausführungsfristen ...*
  Der Auftragnehmer hat seine gesamten Arbeiten innerhalb von 40 Monaten ... zu beenden.
 *6. Behinderung und Unterbrechungen der Ausführung*
  ... Unterläßt der Auftragnehmer die schriftliche Anzeige, so hat er keinen Anspruch auf Berücksichtigung der hindernden Umstände.
 *9. Haftung* der Vertragsparteien ...
  Der Auftragnehmer haftet für alle Schäden, die ... von ihm verursacht werden.
 *10. Vertragsstrafen ...*
  Der Auftragnehmer hat bei Fristüberschreitung folgende Vertragsstrafen zu zahlen ...
 *11. Abnahme ...*
 *13. Abrechnung ...*

*3. Zusätzliche technische Vorschriften.*
  Diese enthalten Angaben über die Beschreibung des Bauwerkes, über die Belastungen, über die möglichen Lastfälle, über die Lage und Beschaffenheit der Baustelle, die Zufahrtswege, die Versorgung mit Wasser und elektrischer Energie, die Betonaufbereitung, die Abdichtung gegen Grundwasser, die Erdarbeiten u. a. m."

## 3.3 Der Bauvertrag nach der VOB

Das Blankett, das manchmal nur wenige Blätter umfaßt, zuweilen aber den Umfang eines stattlichen Buches besitzt, wird den Unternehmern, die bei öffentlicher Ausschreibung ein Angebot abgeben wollen oder bei beschränkter Ausschreibung aufgefordert worden sind, übergeben und ist von ihnen innerhalb weniger Wochen durch Ausfüllen der Preise zu vervollständigen und innerhalb der Angebotsfrist einzureichen. Die Arbeit des Unternehmers beschränkt sich demnach darauf, die in den Positionen des Leistungsverzeichnisses im einzelnen beschriebenen Leistungen zu berechnen und die Einheitspreise hierfür in das Blankett einzusetzen. Soweit für einzelne Leistungen Pauschalpreise vorgesehen sind — wie oft bei der Baustelleneinrichtung —, sind diese einzusetzen.

Der Bauunternehmer hat gleichzeitig die Ausschreibungsunterlagen daraufhin zu prüfen, ob in ihnen Zweifelsfragen enthalten sind. Im vorliegenden Beispiel ist unter 2.9 der besonderen Vertragsbedingungen in ungenauer Ausdrucksweise eine über die Verschuldenshaftung hinausgehende *Verursachungshaftung* festgelegt (vgl. 3.2.3), die aber den Kalkulator nicht beeindruckt hat.

Dieses Verfahren ist — vom Bauherrn gesehen — notwendig, damit er die Preise der einzelnen Bieter mit hinreichender Sicherheit vergleichen und den Auftrag dem Unternehmer erteilen kann, der unter sonst gleichen Voraussetzungen das preisgünstigste Angebot erstellt hat, vgl. auch §§ 23, 24 VOB/A.

In diesem Verfahren wird die Gesamtleistung des Unternehmers in eine Vielzahl einzelner Positionen aufgegliedert. Eine Vergütung erhält der Unternehmer nicht für die Erstellung des Gesamtwerkes, sondern für die einzelnen Bauleistungen gemäß *Leistungsverzeichnis*. Der Unternehmer schuldet zwar die vertragsgemäße Herstellung des Bauwerkes, aber die einzelnen die verschiedenen Leistungen gemäß Leistungsverzeichnis, für die allein er bezahlt wird. Es ist offensichtlich, daß in einem Ideal-Vertrag die Summe der einzelnen Leistungen identisch sein muß mit dem Gesamtwerk. Werden jedoch für die Erstellung des Gesamtwerkes notwendige Positionen im Leistungsverzeichnis nicht aufgeführt, oder werden bei der tatsächlichen Ausführung andere Teilleistungen notwendig als in den einzelnen Positionen angegeben, so müssen sich hieraus erhebliche rechtliche Konsequenzen ergeben.

Der Bauherr, der, wie dargelegt, für die Eigenschaften des von ihm gestellten Baustoffes einzustehen hat, muß bei der Aufstellung des Blanketts richtige Angaben machen über den Untergrund und die Grundwasserverhältnisse, oder, wenn er die Verwendung konkret bestimmter Baustoffe anordnet, auch dafür einstehen, daß diese Stoffe geeignet sind.

Es liegt daher im eigenen Interesse des Bauherrn, Untersuchungen über die *Bodenverhältnisse* und die *Grundwasserverhältnisse*, wie es auch regelmäßig geschieht, in der Ausschreibung bekannt zu geben. Da er darüber hinaus die Leistungen des Unternehmers im Leistungsverzeichnis genau beschreibt und der Unternehmer danach sein Angebot berechnet, ist es klar, daß der Bauherr auch alles tun muß, um richtige und vollständige Angaben hierfür zu machen.

Die rechtlichen Konsequenzen, die sich nach dem Abschluß des Vertrages und der Bauausführung ergeben, sind später zu behandeln. Hier ist jedoch festzuhalten, wie der Bauherr die Ausschreibung vornimmt und für welche Arbeiten der Unternehmer sein Angebot abgibt.

Es ergibt sich weiter, daß eine klare und eindeutige Sprache für das Blankett gewählt werden muß, da Mehrdeutigkeiten, wie bereits unter Ziff. 3 erwähnt, zu Lasten des Bauherrn gehen. In dem Blankettbeispiel hatte der Bauherr in BVB 2.2 angegeben, daß die Lohnnebenkosten auf Nachweis vergütet werden. Der Unternehmer hatte hierunter auch die Gehaltsnebenkosten verstanden und hierfür demgemäß keinen Risikozuschlag eingesetzt.

§ 10 VOB/A enthält Bestimmungen über die Allgemeinen und Besonderen Vertragsbedingungen, die das Leistungsverzeichnis durch allgemeine und besondere Bestimmungen ergänzen und auslegen. Hier ist jedoch schon auf § 1 Ziff. 2 VOB/B hinzuweisen, wonach die *Leistungsbeschreibung* den Vorrang vor anderen Vertragsbedingungen hat. Wichtig ist die Bestimmung in § 10 Ziff. 2 und 3, die besagt, daß Zusätzliche Vertragsbedingungen den Allgemeinen Vertragsbedingungen der VOB/B nicht widersprechen dürfen. Es kann aber im Einzelfall leicht zweifelhaft werden, ob die zusätzlichen Vertragsbedingungen nicht doch manchmal solche Änderungen herbeiführen, obwohl sie im Blankett ausdrücklich als Ergänzungen bezeichnet werden. Da jedoch, wie bereits aufgezeigt, die Bestimmungen der VOB/A nicht Vertragsbestandteil werden, müssen die Unternehmer Verpflichtungen, die sich aus Abänderungen der allgemeinen Vertragsbestimmungen bei der Ausschreibung ergeben, hinnehmen.

Es dürfte aber nicht folgerichtig sein, wenn § 1 Ziff. 2 VOB/B vorschreibt, daß bei Widersprüchen die Zusätzlichen und Besonderen Vertragsbedingungen den Allgemeinen Vertragsbedingungen vorgehen. In dem auszugsweise wiedergegebenen Text eines Blanketts ist z. B. in Ziff. 9 der Besonderen Vertragsbedingungen „Haftung der Vertragsparteien" gesagt, daß der Unternehmer für alle Schäden einzustehen hat, die er verursacht. Das ist keine Ergänzung, sondern eine völlige Umgestaltung der *Haftungsbestimmungen* des § 10 Ziff. 1 VOB/B, wenn dadurch nicht die Verschuldenshaftung, sondern die *Verursachungshaftung* vertraglich vereinbart werden soll. Solche Klauseln kann nicht einmal der Fachjurist eines Unternehmens einwandfrei auslegen, vgl. 3.2.3. Der Unternehmer muß aber das Risiko, das ihm hier vertraglich aufgebürdet wird, in seinem Angebot irgendwie bewerten. Gerade die zuweilen recht unklaren Ergänzungen der Haftungsbestimmungen der VOB/B geben nicht selten Anlaß zu Auseinandersetzungen nicht nur zwischen Bauherr und Unternehmer, sondern mehr noch zwischen Unternehmer und Haftpflichtversicherer. Daher sollte bei der Möglichkeit widersprüchlicher Auslegung die Auslegung der VOB vorab gelten.

Die Bestimmungen in § 11 über Ausführungsfristen, § 12 Vertragsstrafen, § 13 Gewährleistung und § 14 Sicherheitsleistung werden bei der Erörterung der entsprechenden Stelle in der VOB/B behandelt.

§ 15 über Änderung der *Vergütung* bei wesentlichen Änderungen der Preisermittlungsgrundlagen hat im allgemeinen nur theoretischen Wert.

Dieser Paragraph klingt an die sog. „clausula rebus sic stantibus" an. Diese besagt, daß ein Vertrag zu ändern ist, wenn die bei seinem Abschluß angenommene Geschäftsgrundlage weggefallen ist. Wenn die Vertragsgrundlage weggefallen ist, kann aber auch ohne vertragliche Bestimmung gefordert werden, daß Leistung und Gegenleistung wieder in das bei Vertragsabschluß vorgesehene Verhältnis gerückt werden. Eine entscheidende Rolle hat diese Frage in der Inflationszeit nach dem 1. Weltkrieg gespielt, als infolge der Geldentwertung die Vergütung für die Bauleistung oft nur noch ein geringer Bruchteil dessen war, was bei Vertragsabschluß als Vergütung vereinbart worden war. In normalen Zeiten gilt jedoch der allgemeine Grundsatz, daß Verträge zu halten sind, auch wenn sich nach ihrem Abschluß ihre Grundlagen in einzelnen Punkten verschieben.

Die *Baupreisverordnung* sieht die preisrechtliche Zulässigkeit bei zusätzlichen Leistungen, §§ 11 und 12, und Preisvorbehalte für Änderungen bei Löhnen und Stoffen, §§ 13 bis 15, in den dort gesetzten preisrechtlichen Rahmen vor. Dies besagt aber nicht, daß aus anderen Gründen preisrechtliche Änderungen nicht zulässig wären, vielmehr müssen insoweit die aus allgemeinen Grundsätzen erfolgenden Vergütungsänderungen als preisrechtlich statthaft angesehen werden.

### 3.3.2.3 Titel III VOB/A — Ausschreibung

In § 16 werden die Grundsätze der Ausschreibung und in § 17 die Bekanntgabe der Ausschreibung festgelegt. Sie enthalten vom Standpunkt der Rechtspraxis her gesehen keine bemerkenswerten Vorschriften. Dagegen behandeln § 18 — *Angebotsfrist* — und § 19 — *Zuschlagsfrist* — bereits materiell-rechtliche Vorschriften, die im Einzelfall erhebliche Bedeutung erlangen können. Die Frist zur Einreichung eines Angebotes wird regelmäßig bei der Ausschreibung kalendermäßig bestimmt. Es wird jedoch in § 18 Ziff. 2 gesagt, daß die Angebotsfrist abläuft, sobald der Verhandlungsleiter im Eröffnungstermin mit der Öffnung der Angebote beginnt. Dies bedeutet im Zweifel, daß bis zu diesem Zeitpunkt noch Angebote nachgereicht werden können, selbst wenn der in der Ausschreibung genannte kalendermäßige Termin bereits verstrichen ist. Wichtig ist ferner, daß bis zum Ablauf der Angebotsfrist die Angebote schriftlich oder telegrafisch zurückgezogen werden können.

Die *Zuschlagsfrist* des § 19 kann rechtlich bedeutsam werden. Bei der Ausschreibung ist sie anzugeben, und der Bieter hat in seinem Angebot zu erklären, daß er sich bis zum Ablauf der Zuschlagsfrist an sein Angebot gebunden hält. Es kommt nun leicht vor, daß die Verhandlungen über den Zuschlag über diesen Termin hinaus geführt werden mit der Folge, daß der Bietende nicht mehr an sein Angebot gebunden ist. Daher muß diese Frist rechtzeitig vor ihrem Ablauf verlängert werden, was aber nicht durch eine einseitige Erklärung des Bauherrn, sondern nur durch eine Erklärung des Bietenden erreicht wird, die, um alle Zweifel auszuscheiden, stets *schriftlich* erfolgen sollte.

In diesem Zusammenhang hat der Unternehmer folgenden Gesichtspunkt zu beachten: In manchen Fällen holt der Unternehmer vor Abgabe seines Angebotes Angebote von Subunternehmern ein, damit er weiß, daß und zu welchen Preisen er Arbeiten an Subunternehmer vergeben und dies in seinem eigenen Angebot entsprechend verwerten kann. Verlängert er seine eigene Zuschlagsfrist, dann muß er sich zugleich bei seinen künftigen Subunternehmern desgleichen versichern; es kann sonst vorkommen, daß er an seinem verlängerten Angebot festgehalten wird, während die Subunternehmerarbeiten nicht mehr zu den von ihm vorgesehenen Bedingungen und Preisen durchgeführt werden können.

§ 20 handelt von den *Kosten* der Ausschreibung und sollte zu rechtlichen Ausführungen keinen Anlaß geben. Trotzdem ergeben sich zu Ziff. 2 ab und zu Streitigkeiten, nämlich dann, wenn der Unternehmer glaubt, daß er für den Bauherrn Entwürfe, Massenberechnungen oder andere Unterlagen ausgearbeitet habe und später, wenn er den Auftrag nicht erhält, diese Kosten fordert. Liegen keine Vereinbarungen vor, für welche Vorarbeiten er eine Vergütung fordern kann, so werden die Ansprüche des Unternehmers kaum durchzusetzen sein. Denn es liegt nahe, daß der Unternehmer in solchen Fällen diese Vorarbeiten auch in seinem Interesse geleistet haben kann, um hierdurch bei der Vergabe eine Vorzugsstellung zu erlangen. Damit entfallen aber die Voraussetzungen für Ansprüche auf Grund einer Geschäftsführung ohne Auftrag, die Handeln im fremden Interesse voraussetzt.

Ziff. 3 sieht vor, daß die Angebote *geistiges Eigentum* der Bieter bleiben, wenn nichts anderes vereinbart ist. Soweit eine solche Vereinbarung nicht getroffen ist, bleibt der Bieter, falls er den Auftrag nicht erhält, Eigentümer sowohl der eingereichten Schriftstücke als auch des in ihnen zum Ausdruck gekommenen geistigen Werkes.

### 3.3.2.4 Titel IV VOB/A — Angebot und Zuschlag

Daß die Angebote nach § 21 Ziff. 1 mit rechtsverbindlicher *Unterschrift* versehen sein müssen, versteht sich eigentlich von selbst. Gleichwohl ist dies rechtlich zuweilen nicht ohne weiteres erkenntlich. Wenn der Inhaber einer Bauunternehmung selbst unterschreibt, gibt es keine Zweifel. Wenn mehrere Geschäftsführer einer GmbH oder mehrere Vorstandsmitglieder einer AG bestellt sind, so kann es ungewiß sein, ob ein Geschäftsführer oder ein Vorstandsmitglied allein berechtigt ist, ein Angebot zu unterzeichnen. Das gleiche gilt, wenn Prokuristen Gesamtprokura erteilt ist, d. h. nach dem Gesetz zwei Prokuristen unterschreiben müssen, oder wenn der alleinige Leiter einer Niederlassung, dessen Vertretungsbefugnis nicht aus dem Handelsregister hervorgeht, selbständig unterzeichnet. In allen diesen Fällen kann angenommen werden, daß eine ausdrückliche *Vollmacht* für die alleinige Zeichnung erteilt ist. Ist eine solche Vollmacht jedoch nicht erteilt, so gilt folgender Grundsatz:

Ein Unternehmer, der zuläßt, daß in seinem Unternehmen solche Angebote abgegeben werden, hat nach der Regel der Anscheinsvollmacht die Bevollmächtigung gegen sich gelten zu lassen, auch wenn sie nicht ausdrücklich gegeben ist. Über die Regeln der §§ 170 ff. BGB hinaus werden gutgläubige Verhandlungspartner weitgehend durch die Regeln der Duldungs- und Anscheinsvollmacht gedeckt mit der Maßgabe, daß der Unternehmer sich nicht auf mangelnde Vollmacht berufen kann, wenn ihm dies z. B. wegen eines Kalkulationsirrtums zweckmäßig erscheinen möchte.

Ferner ist wesentlich die Bestimmung in Abs. 3, daß *Arbeitsgemeinschaften* und andere gemeinschaftliche Bieter einen von ihnen bevollmächtigten Vertreter zu benennen haben. Es ist daher üblich, daß, wenn Arbeitsgemeinschaften anbieten, in dem Angebot die federführende Firma benannt wird, die nach dem Argevertrag berechtigt ist, die Verhandlungen mit dem Bauherrn zu führen und die Arbeitsgemeinschaft zu vertreten.

Es kommt jedoch öfter vor, daß die Firmen allein für sich anbieten und daß sie sich erst später zu einer Arbeitsgemeinschaft zusammenschließen, oder auch daß ein Bieter von dem Bauherrn mit einem Außenstehenden, z. B. ortsansässigen Unternehmer, zu einer Arbeitsgemeinschaft verbunden wird. In diesen Fällen muß wiederum von beiden Teilen darauf geachtet werden, daß ordnungsmäßig Bevollmächtigte vorhanden sind, damit der Auftrag an die Arge formgültig erteilt werden kann.

Bedeutungsvoll ist, daß Änderungen an den *Verdingungsunterlagen* nach Ziff. 1 Satz 2 unzulässig sind. Wenn also die Verdingungsunterlagen in einem Punkt geändert werden, darf das Angebot nach der VOB/A nicht mehr berücksichtigt werden, § 25 Ziff. 1 b). Das Motiv für diese Vorschrift muß festgehalten werden: Bei Änderungen kann der Ausschreibende nicht mehr die Angebote in vollem Umfange vergleichen, daher muß jeder Bieter auf stets die gleiche Frage antworten.

Lediglich für *Nebenangebote* gilt eine Ausnahme, vgl. § 21 Ziff. 2 in Verbindung mit § 25 Ziff. 3 VOB/A. Unter Nebenangeboten sind solche Angebote zu verstehen, die der Unternehmer für die geforderte Bauaufgabe mit eigenen technisch-konstruktiven Ideen ausgearbeitet hat. Der Unternehmer versucht, in dem Nebenangebot für das Bauwerk eine Lösung vorzuschlagen, die zweckmäßiger als der Verwaltungsentwurf erscheint. Der Bieter übernimmt in diesem Falle die Aufgabe des planenden Ingenieurs.

Das Nebenangebot, mag es konstruktiv eine noch so gute Lösung darstellen, hat jedoch einen Nachteil; es läßt sich nicht im normalen Einheitspreis-Angebot nicht ohne weiteres mit den Hauptangeboten in Ansehung der Preiswürdigkeit vergleichen, denn der Unternehmer stellt für das Nebenangebot ein eigenes *Leistungsverzeichnis* auf mit Positionen, die zum Teil erheblich von denen des Leistungsverzeichnisses des Angebotes abweichen. Da die Vordersätze, also die Massen, variabel sind, können sich erhebliche Preisabweichungen gegenüber den Hauptangeboten ergeben. Aus diesem Grunde ist es vielfach üblich, dem Bieter für den Fall des Zuschlags eine *Massengarantie* aufzuerlegen, d. h. der Bieter muß für die von ihm errechneten Massen die Gewähr der Richtigkeit übernehmen, wobei ihm im allgemeinen ein Rahmen von 5% Abweichung eingeräumt wird. Diese 5%-Klausel wird zuweilen für jede einzelne Position festgelegt, zuweilen auch für die gesamte oder einen Teil der Massen. Erhöhen sich die Massen darüber hinaus, so erhält der Unternehmer für sie keine Vergütung. Diese Übung sichert zwar den Bauherrn in Ansehung des Gesamtpreises, bürdet aber dem Unternehmer neben dem Risiko für die von ihm vorgeschlagene Konstruktion noch ein zusätzliches, unter Umständen erhebliches Risiko auf.

§ 22 stellt das Verfahren für den *Eröffnungstermin* fest und schreibt in Ziff. 4 vor, daß eine Niederschrift hierüber zu fertigen ist.

§ 23 handelt von der *Prüfung* der Angebote. Da sich leicht rechnerische Fehler bei den zuweilen eilig ausgearbeiteten Angeboten einschleichen können, legt Ziff. 3 fest, daß lediglich der *Einheitspreis* der einzelnen Positionen maßgebend ist und daß der Einheitspreis vor dem Gesamtpreis gilt. Für *Pauschalangebote* bestimmt Ziff. 3 Abs. 2, daß die Pauschalsumme ohne Rücksicht auf Einzelpreise gilt. Hier ist die Berichtigung des Endpreises wesentlich schwieriger als bei Einheitspreisangeboten. Da sich jedoch vielfach das Pauschalangebot aus der Summe der Einzelpositionen errechnen läßt, kann ggf. hieraus der Nachweis der Unrichtigkeit geführt werden.

In § 24 wird bestimmt, daß nach der Öffnung der Angebote bis zur Zuschlagserteilung mit einem Bieter nur verhandelt werden soll über seine Leistungsfähigkeit, über das Angebot selbst oder Nebenangebote usw., nicht dagegen nach Ziff. 3 über Preisänderung des Angebotes. Diese Bestimmung sollte in der Praxis mehr beachtet werden.

§ 25 besagt, welche Angebote *ausgeschlossen* werden sollen, insbesondere solche, die nicht rechtzeitig im Eröffnungstermin vorgelegen haben, Ziff. 1 a, Angebote, die die Ausschreibungsunterlagen geändert haben, Ziff. b, Angebote auf Grund von Preisabreden, Ziffer d. Nach Ziff. 2 soll der Zuschlag nur solchen Bietern gegeben werden, die für die Erfüllung der vertraglichen Verpflichtungen die notwendige Sicherheit bieten. Diese Bestimmung hat im wesentlichen Bedeutung für öffentliche Ausschreibungen, an denen sich jeder beteiligen kann, während bei einer beschränkten Ausschreibung sich der Bauherr von vornherein darüber klar sein muß, daß er nur solche Unternehmer auffordern darf, ein Angebot abzugeben, die die technische, finanzielle und wirtschaftliche Voraussetzung für die Durchführung der Arbeiten mitbringen.

Die wichtige Bestimmung in Ziff. 2, daß Angebote auszuscheiden sind, deren Preise in offenbarem Mißverhältnis zur Leistung stehen, ist lediglich eine Sollvorschrift. Ein Bieter, der bei der Ausschreibung ein solches Mißverhältnis bei seinen Preisen nach unten feststellt, kann deswegen allein die Übernahme des Auftrages nicht ablehnen, vgl. 3.2.2.

§ 25 berührt die *Preisabrede*. Geheime Preisabreden der Unternehmer bei der Bewerbung um einen Auftrag verstoßen gegen die Regeln der Marktwirtschaft und sind von ihr verpönt. Derartige Preisabreden sind nicht nur nach dem *Gesetz gegen Wettbewerbsbeschränkungen* unzulässig, sie verstoßen auch regelmäßig gegen die Ausschreibungsbedingungen. Angebote solcher Art werden nach § 25 Ziff. 1 d) von der Ausschreibung ausgeschlossen. Zuweilen sind auch Vertragsstrafen für diesen Fall vorgesehen. Trotzdem sind solche Preisabreden nicht nur in der Bundesrepublik Deutschland, sondern wohl in allen Staaten, in denen die Marktwirtschaft gilt, nicht selten. Das erklärt sich z. T. daraus, daß in kaum einem Zweig der Gesamtwirtschaft so große Risiken enthalten sind wie in der Bauwirtschaft. Trotz aller Vorkehrungen, durch die die Risiken für Erdarbeiten, für Wasserhaltung und ähnliche Momente nach der VOB gering gehalten werden sollen, läßt es sich nicht vermeiden, daß diese Risiken im Wettbewerb leicht unterschätzt und durch besondere Bedingungen der Ausschreibung, z. B. über die Haftung, noch wesentlich verschärft werden. Hinzu treten die Risiken durch Witterungseinflüsse, durch die Lage des Arbeitsmarktes und eine größere Zahl anderer Momente, die dazu führen, daß im Einzelfall bei einer Bauarbeit große Verluste erwachsen, aber auch erhebliche, unvorhergesehene Erträge verbleiben können. In der Regel dürften Preisabsprachen dem Zwecke dienen, solche Risiken in erträglichen Grenzen zu halten.

Wenn nun der Bauherr glaubt, bei dem Vergleichen der Angebote den Verdacht einer Preisabsprache schöpfen zu müssen, ohne ihn beweisen zu können, so hilft er sich damit, daß er die Ausschreibung gemäß § 26 Ziff. 1 c) aus schwerwiegenden Gründen *aufhebt* und dann mit einzelnen Bietern zum Zwecke der Preisermäßigung verhandelt.

§ 26 bestimmt, in welchen Fällen die Ausschreibung aufgehoben werden kann. Aus § 26 c) ergibt sich, daß stets die Ausschreibung aus einem *schwerwiegenden Grund* aufgehoben werden kann, wobei die Bestimmungen zu a) und b) Einzelfälle behandeln, während c) die Generalklausel darstellen. Neben dem Verdacht der Preisabrede kommt in Frage, daß bei einer Ausschreibung nur ein oder zwei Angebote eingehen oder daß *Scheinangebote* abgegeben werden.

Die Abgabe von Scheinangeboten wird vielfach als Unterfall der Preisabsprache angesehen. Dies kann richtig sein, wird aber der Mehrzahl dieser Fälle nicht gerecht. In Zeiten der Hochkonjunktur, in denen die Kapazität der einzelnen Unternehmer oft auf lange Zeit hin ausgelastet ist, hat ein solcher Unternehmer kein Interesse daran, weitere Arbeiten zu übernehmen. Er befürchtet jedoch, daß er, wenn er bei einem für ihn an sich interessanten Bauherrn kein Angebot abgibt, dann späterhin, wenn er nicht mehr ausgelastet ist, an Ausschreibungen dieses Bauherrn nicht beteiligt wird. Aus diesem Grunde beteiligt er sich an der vorliegenden Ausschreibung durch Abgabe eines Scheinangebotes, das so hoch liegt, daß er mit der Zuschlagserteilung nicht zu rechnen braucht. Zu diesem Zweck setzt er sich mit einem ernsthaften Anbieter in Verbindung, läßt sich dessen Preise sagen und setzt entsprechend überhöhte Preise in sein Angebot ein. Er will den Ausschreibenden darüber täuschen, daß er ernsthaft sich an der Ausschreibung beteiligt, während er in Wahrheit den Auftrag nicht übernehmen möchte.

Der Wille zu einer Preisabsprache ist aber im allgemeinen weder bei dem Scheinanbieter noch bei dem ernsthaften Bieter vorhanden, denn hierfür ist nötig, daß ein Bieter geschützt werden soll, damit er den Auftrag erhalte. Nur wenn der Sachverhalt hierfür besondere Anhaltspunkte gibt, dürfte die gegenteilige Ansicht richtig sein.

Die Bieter in ihrer Gesamtheit haben einen Rechtsanspruch darauf, daß im ordnungsmäßigen Ausschreibungsverfahren ein *Zuschlag* erteilt wird. Diese Regel ist nicht in der VOB enthalten. Sie ergibt sich jedoch aus allgemeinen Gesichtspunkten. Derjenige, der eine Bauarbeit ausschreibt und die verschiedenen Bieter an ihr Angebot für eine bestimmte Frist bindet, befindet sich mit der Bietergemeinschaft in Vorverhandlungen über die Auftragserteilung. Der Auftrag befindet sich „in statu nascendi". In diesem Stadium kann nach allgemeiner Übung der Ausschreibende nicht mehr grundlos die Ausschreibung aufheben und von weiteren Verhandlungen absehen. Treu und Glauben bestimmen nach unserem Recht auch bereits die Vorverhandlungen und verpflichten zum *Schadensersatz*, wenn bereits in diesem Stadium eine sog. „culpa in contrahendo" vorliegt. Der Schaden geht aber auch hier wieder nur auf die Kosten, die durch die Beteiligung an der Ausschreibung aufgewandt worden sind.

§ 28 bestimmt, daß der Zuschlag vor Ablauf der *Zuschlagsfrist* dem Bieter gegenüber erklärt worden sein muß. Ziff. 2 stellt im Gegensatz zur Regel des § 154 BGB fest, daß mit der rechtzeitigen mündlichen Zuschlagserteilung der Bauvertrag abgeschlossen ist, auch dann, wenn der Abschluß eines schriftlichen Bauvertrages vorgesehen ist; vgl. 3.2.1.1. Dieser ist aber materiell bereits durch die Ausschreibung, die das gesamte Leistungsverzeichnis und die allgemeinen, besonderen und zusätzlichen Bedingungen enthält und die anschließenden Verhandlungen festgelegt.

Soll jedoch in dem schriftlichen Bauvertrag im Hinblick auf inzwischen eingetretene Änderungen etwas anderes, als mit der Zuschlagserteilung geschehen, festgelegt werden, so bedarf es insoweit des übereinstimmenden Willens beider Vertragschließenden.

Ziff. 3 macht darauf aufmerksam, daß ein Zuschlag, der Erweiterungen, Einschränkungen oder Änderungen enthält, oder ein verspäteter Zuschlag nicht zu einer Vertragsbindung führen. Vielmehr ist dieser abgeänderte oder verspätete Zuschlag als ein neues Angebot des Bauherrn anzusehen, das nach allgemeinen Regeln unter Anwesenden nur sofort angenommen werden kann, § 150 BGB. Das gleiche gilt für den fernmündlich abgegebenen oder verspäteten Zuschlag.

Wird dagegen der abgeänderte oder verspätete Zuschlag dem Bieter schriftlich unterbreitet, so bleibt dieses Angebot bis zu dem Zeitpunkt wirksam, zu welchem der Bauherr den Eingang der Antwort unter regelmäßigen Umständen erwarten darf. Für einen solchen Fall ist es zweckmäßig, eine Frist für die Annahme des abgeänderten Zuschlages zu setzen.

§ 29 erwähnt ausdrücklich, daß ein schriftlicher Vertrag nur dann gefertigt werden muß, wenn der Vertragsinhalt nicht schon durch das Angebot, das Zuschlagsschreiben und andere Schriftstücke eindeutig und erschöpfend festgelegt ist. Dies entspricht bei größeren Aufträgen der Regel, und es ist zu empfehlen, einen schriftlichen Bauvertrag später noch zu vollziehen. Dies ist vor allem dann zweckmäßig, wenn der ausschreibende Bauherr sich für die endgültige Auftragserteilung noch die Genehmigung einer vorgesetzten Dienststelle vorbehalten hat. Ist eine solche Genehmigung noch erforderlich, so liegt es im Interesse des Unternehmers, nach angemessener Zeit festzustellen, ob die Genehmigung vorliegt. Spätere Änderungen des genehmigten Vertrages bedürfen, ebenfalls wie der Hauptvertrag, zu ihrer Wirksamkeit der Einwilligung der vorgesetzten Behörde.

### 3.3.3 Der Inhalt des Bauvertrages

Mit der Zuschlagserteilung ist der Bauvertrag in seinen Einzelheiten festgelegt. Er ist nunmehr die Grundlage für die Vertragsabwicklung und fixiert die Rechte und Pflichten der Vertragsteile im einzelnen. Der nach dem Ausschreibungsverfahren der VOB/A geschlossene Vertrag legt die Leistungen des Unternehmers im *Leistungsverzeichnis* fest und ebenso die *Einheitspreise* für die einzelnen Leistungen. Es steht nunmehr vertraglich der Einzelleistung, die nach Massen und Einheitspreisen abgerechnet wird, die Einzelvergütung gegenüber. Der Unternehmer wird demgemäß bezahlt für die Leistungen gemäß den Positionen des Leistungsverzeichnisses. Er schuldet darüber hinaus aber das Bauwerk als solches.

Bei einem *Pauschalpreisauftrag* ist dieser Zusammenhang deutlicher. Der Gesamtvergütung steht das Gesamtbauwerk gegenüber. Ist jedoch auch hier ein Leistungsverzeichnis die Vertragsgrundlage, so sind die Rechtsfolgen die gleichen, wenn das Leistungsverzeichnis nicht alle erforderlichen Positionen enthält. Denn dann steht der Pauschalpreis als Gegenleistung der Summe der Einzelleistungen als Leistung gegenüber.

### 3.3 Der Bauvertrag nach der VOB

Auch wenn die VOB/B zum Vertragsinhalt erhoben wird, bleiben die gesetzlichen Bestimmungen die Grundlage. Die Bestimmungen der VOB/B schaffen jedoch für viele Fragen eine rechtliche Vertragsgrundlage, die teils abändernd an die Stelle der gesetzlichen Bestimmungen treten oder teils ergänzend neben sie.

#### 3.3.3.1 § 1 VOB/B — Art und Umfang der Leistung

Er bestimmt in Ziff. 2 ergänzend, daß bei Widersprüchen im Vertrag nacheinander gelten

a) die Beschreibung der Leistung (Leistungsverzeichnis mit etwaigen Erläuterungen),
b) die besonderen Vertragsbedingungen,
c) etwaige zusätzliche Vertragsbedingungen,
d) etwaige zusätzliche technische Vorschriften,
e) die allgemeinen technischen Vorschriften für Bauleistungen,
f) die allgemeinen Vertragsbedingungen für die Ausführung von Bauleistungen.

Lassen sich die Bestimmungen der einzelnen vertraglichen Vorschriften gegensätzlich auslegen, so gilt in erster Linie das *Leistungsverzeichnis* (Vorlagen dazu in [32]), das den wesentlichsten Teil des Vertrages darstellt, während die übrigen besonders vereinbarten Bedingungen den allgemeinen Vertragsbedingungen der VOB/B vorgehen. Handelt es sich jedoch, z. B. bei den zusätzlichen technischen Vorschriften, um Ergänzungen des Leistungsverzeichnisses, so sind sie voll wirksam, auch wenn sie in scheinbarem Widerspruch zum Leistungsverzeichnis stehen.
Die in Ziff. 3 erwähnten Änderungen des Bauentwurfes wirken sich als Änderungen der Bauleistung aus, die in dem in 3.2.5.2 aufgezeigten Rahmen gültig sind und den Bauvertrag entsprechend abändern.
Ziff. 4 spricht von nicht vereinbarten Leistungen, die zur Ausführung der Vertragsleistung erforderlich werden. Das sind solche Leistungen, die im Leistungsverzeichnis nicht aufgeführt sind, sich jedoch nachträglich für die Erstellung des Gesamtbauwerkes als notwendig erweisen. Nach dieser Bestimmung hat der Unternehmer diese Leistungen auszuführen, es sei denn, daß sein Betrieb auf solche Leistungen nicht eingerichtet ist. Unter anderen Leistungen, die dem Unternehmer nur mit seiner Zustimmung übertragen werden können, sind solche Bauleistungen zu verstehen, die über den Gesamtrahmen des vertraglich vereinbarten Bauwerkes hinausgehen, vgl. 3.2.5.2.

#### 3.3.3.2 § 2 — Vergütung

In Ziff. 1 wird festgelegt, welche Leistungen der Unternehmer für die vereinbarten Preise zu erbringen hat. Dies sind die in den einzelnen Positionen des Leistungsverzeichnisses festgelegten *Bauleistungen* mit den durch die weiteren Vertragsbestimmungen festgelegten Ergänzungen. Zur Hauptleistung gehören insbesondere die *Nebenleistungen*, wie sie sich aus den allgemeinen technischen Vorschriften für Bauleistungen VOB/C und nach der gewerblichen Verkehrssitte im einzelnen ergeben. Insbesondere führt VOB/C bei den einzelnen Arbeiten eine große Zahl von Nebenarbeiten unter Ziff. 4 an, und zwar

4.1 Leistungen, die stets Nebenleistungen sind,
4.2 Leistungen, die Nebenleistungen sind, wenn sie nicht durch besondere Ansätze in der Leistungsbeschreibung erfaßt sind.

Danach ist z. B. das Vorhalten der Baustelleneinrichtung in die Einheitspreise einzurechnen, wenn nicht eine besondere Position hierfür gemäß DIN 18 300 Ziff. 4.22 in dem Blankett des Leistungsverzeichnisses vorgesehen war. Stets sind eine Nebenleistung, also in der Vergütung mit einbegriffen, Sicherheitsmaßnahmen nach den Unfallverhütungsvorschriften und der Schutz der ausgeführten Bauleistung vor Beschädigung bis zur Abnahme. Keinesfalls aber können als Nebenleistungen angesehen werden Boden- und Wasseruntersuchungen, O. Z. 4.302 daselbst, die stets besonders in Auftrag gegeben werden müssen.

Ebenfalls legt § 2 Ziff. 1 den wichtigen und schon wiederholt besprochenen Grundsatz fest, daß die vereinbarten Preise die im Leistungsverzeichnis angegebenen Leistungen zzgl. aller Nebenleistungen abgelten. Damit ist auch gesagt, daß nur ,,diese Leistungen" damit vergütet werden. Insbesondere ergibt sich daraus, daß andere Leistungen, als die in den einzelnen Positionen des Leistungsverzeichnisses aufgeführten, durch diese Preise nicht abgegolten sind. Sie müssen also ermittelt werden entweder nach den Vorschriften der VOB, soweit diese hierüber Regeln enthält, insbesondere für die vom Bauherrn geforderten Leistungsänderungen oder zusätzlichen Leistungen, oder aber nach den allgemeinen gesetzlichen Grundsätzen.

§ 2 befaßt sich in den Ziff. 3 bis 6 mit der Vergütung bei *Vertragsänderungen*. Werden die in den Vordersätzen der einzelnen Positionen des Leistungsverzeichnisses angegebenen Massen um nicht mehr als 10% überschritten, so gilt für diese Mehrmengen der vertragliche *Einheitspreis*. Für die darüber hinausgehenden Massen ist auf Verlangen ein neuer Preis zu vereinbaren. Wie dieser Preis zu berechnen ist, darüber enthält die VOB keine Bestimmungen. Daher ist auf den Grundsatz des § 632 BGB zurückzugreifen, nach dem für diese Mehrmassen die übliche Vergütung zu berechnen ist.

Bei *Massenmehrung* tritt für den Einheitspreis unter sonst gleichen Voraussetzungen eine Kostenverbilligung ein. Wenn jedoch bei ständig steigenden Lohnkosten sich der Mittellohn erhöht, kann dies zu erheblichen Mehrkosten führen. Diese Kosten sind bei den Mehrmassen wohl zu berücksichtigen.

Nach dem Recht des *Werkvertrages* wie nach allen übrigen Vertragsrechten kann eine Mehrleistung des Unternehmers gegenüber der vertraglich vereinbarten Leistung nur gefordert werden, wenn sich die Vertragsparteien über die *Mehrleistung* und die Vergütung hierfür verständigt haben. Wünscht z. B. der Besteller eines Kraftwagens vor der Lieferung Änderung an dem Wagen, so muß er sich mit dem Unternehmer über die Vergütung hierfür verständigen oder der Vertrag wird in der einmal abgeschlossenen Form ohne die Änderungen erfüllt. Denn einmal abgeschlossene Verträge können nur mit beiderseitiger Zustimmung abgeändert werden. Dies bedeutet, daß man sich sowohl über die Änderung als auch über die Vergütung hierfür einigen muß.

Allein bei dem Bauvertrag gilt anderes. Hier können sich Mehrleistungen und Änderungen durch die Bauausführung ergeben. Sie können auch durch einseitige Änderungswünsche des Bauherrn verbindlich für den Unternehmer vorgeschrieben werden. Wenn der Unternehmer diese Einschränkung seiner allgemeinen Vertragsrechte hinnehmen muß, so können ihm hierdurch aber keinesfalls die sonst üblichen Vergütungsgrundsätze beschnitten werden. Daher müssen bei Mehrleistungen und sonstigen Vertragsänderungen auch die Mehrkosten des Unternehmers nach seiner Meinung für die neu festgesetzte Vergütung herangezogen werden.

Bei Unterschreitung der Vordersätze um 10% kann der Unternehmer eine höhere Vergütung für die tatsächlich ausgeführten Massen verlangen. Für diese Erhöhung ist hier vertraglich festgelegt, daß sie im wesentlichen dem Mehrbetrag entsprechen soll, der sich durch die Verteilung der Baustelleneinrichtungs- und sonstigen Gemeinkosten auf die verringerte Leistungsmenge ergibt.

Die Änderung einer *Pauschalvergütung* kann im Falle der Massen-Mehrung oder -Minderung nur gefordert werden, wenn die Bauleistung, für die die Pauschalsumme vereinbart ist, ausnahmsweise durch die veränderten Massen selbst als geändert anzusehen ist.

Der Bauherr hat auch das Recht, gemäß § 2 Ziff. 4 Positionen des Leistungsverzeichnisses selbst auszuführen. In diesem Falle steht dem Unternehmer nach § 8 Ziff. 1 VOB/B der Anspruch auf die vereinbarte Vergütung zu. Er muß sich jedoch die Kosten, die er erspart, anrechnen lassen. Nach dem Grundsatz der Vertragsfreiheit kann jedoch in den zusätzlichen Vertragsbedingungen festgelegt werden, daß eine Vergütung auch in diesem Falle ganz entfällt. Dies wird insbesondere bei W-Positionen vorgesehen, die nur dann auszuführen sind, wenn der Bauherr dies besonders verlangt, vgl. 3.3.2.2, Blankett unter 1 b).

Ziff. 5 und 6 — Änderung der Positionen des Leistungsverzeichnisses und zusätzliche Leistungen — spielen in der Praxis eine große Rolle. Bei größeren Bauarbeiten kommt es vielfach nachträglich zu *Änderungen des Projektes* und damit zu Änderungen der ein-

### 3.3 Der Bauvertrag nach der VOB

zelnen im Leistungsverzeichnis vorgesehenen Bauleistungen oder zu *zusätzlichen Leistungen*. Beide Bestimmungen gehen von dem Grundsatz aus, daß so weit wie möglich die vertragliche Vergütung für die geänderte Leistung oder die zusätzliche Leistung heranzuziehen ist. Bei der Änderung der Leistung ist ein neuer Preis „unter Berücksichtigung der Mehr- und Minderkosten" zu vereinbaren. Der neue Preis soll also die tatsächlichen Kosten des Unternehmers berücksichtigen. Die neue Preisvereinbarung hat demnach zwei Komponenten:

a) der alte Vertragspreis, der so weit wie möglich herangezogen werden soll,
b) die tatsächlichen Aufwendungen des Unternehmers, soweit sie Mehr- oder Minderkosten ergeben.

Dies bedeutet, daß der alte Vertragspreis insoweit gelten soll, als die alte Leistung in der abgeänderten enthalten ist. War der alte Preis ein schlechter Preis, so gilt er auch insoweit für die abgeänderte Leistung, wie umgekehrt ein guter Preis weiterhin heranzuziehen ist. Wenn aber tatsächlich Mehr- oder Minderleistungen, die bei Abschluß des Vertrages nicht erfaßt werden konnten, entstehen, so sind diese tatsächlichen *Mehrkosten* oder *Einsparungen* zu erfassen. Hierzu gehören wohl auch Lohnerhöhungen, wenn sie nachträglich eingetreten sind.

Die Vergütung für die zusätzlichen Leistungen soll sich auf der Grundlage der Preisermittlung für die vertragliche Leistung und der besonderen Kosten der geforderten Leistung bestimmen. Es soll also zunächst eine ähnliche vertragliche Leistung herangezogen werden und die Grundlage für die Preisermittlung bei dieser Leistung eine Komponente sein, die andere sind wiederum die darüber hinausgehenden tatsächlichen Kosten.

Für die geänderte Bauleistung soll die Vergütung vor der Ausführung festgelegt werden. Für die zusätzliche Leistung muß der Unternehmer seinen Anspruch ankündigen, bevor er mit der Ausführung beginnt. In beiden Fällen trifft den Unternehmer die vertragliche Nebenverpflichtung, seine Ansprüche in der geeigneten Weise *rechtzeitig* geltend zu machen. Er läuft sonst Gefahr, seine Ansprüche zu verwirken, vgl. 3.2.5.3.

Ziff. 6 meint im übrigen nur solche zusätzlichen Leistungen, die in dem Leistungsverzeichnis nicht aufgeführt, jedoch zur Erreichung des Vertragszweckes notwendig sind. Für darüber hinausgehende zusätzliche Leistungen gilt der allgemeine Grundsatz, daß nicht nur über die Leistung als solche, sondern auch über die Vergütung eine Übereinstimmung erzielt werden muß, damit eine Verpflichtung für den Unternehmer insoweit entsteht, vgl. 3.2.5.3. Ist z. B. in einem Vertrag über ein größeres Erdbauwerk festgelegt, daß unbrauchbare Bodenmassen an einer bestimmten Stelle abgekippt werden, weil eine andere Behörde als die vertragschließende die Bodenmassen für eine künftige Straße gebrauchen kann, und ändert diese Behörde später die Trassenführung, so ist der Transport zu einer neuen, weiter entfernten Ablagerungsstelle zur Ausführung des Erdbauwerkes nicht notwendig. Der Unternehmer kann daher ohne seine Einwilligung und seine Zustimmung zur vorgesehenen Vergütung nicht zu einem weiteren Transport der Bodenmassen gezwungen werden. Wenn dagegen die ursprünglich vorgesehene Kippe nicht benutzt werden kann, weil z. B. die zuständige Gemeinde hierzu nicht ihre Zustimmung gibt und aus diesem Grunde eine andere Kippe vom Bauherrn bestimmt werden muß, so muß eine etwaige Mehrleistung vom Unternehmer durchgeführt werden, auch wenn zunächst keine Übereinstimmung über die Vergütung der Mehrkosten erzielt werden kann.

Ziff. 7 aaO. bestimmt, daß Leistungen, die der Unternehmer ohne besonderen Auftrag oder unter eigenmächtiger Abweichung vom Vertrag ausführt, nicht vergütet werden. Der Unternehmer setzt sich sogar der Gefahr aus, daß er innerhalb angemessener Frist beseitigen und für Schäden, die hieraus entstehen, einstehen muß. War jedoch diese *eigenmächtige Leistung* für die Erstellung des Bauwerkes notwendig und entsprach sie dem mutmaßlichen Willen des Bauherrn, so ist die Leistung zu vergüten, wenn sie unverzüglich angezeigt worden ist.

Zusammenfassend zu den Bestimmungen in Ziff. 5, 6 und 7 ist zu sagen, daß es sowohl im Interesse des Bauherrn als auch des Unternehmers liegt, vor der Festlegung der abgeänderten oder zusätzlichen Leistung die Preise festzulegen. Dies geschieht dadurch, daß der Unternehmer ein *Nachtragsangebot* einreicht und hierauf einen *Nachtragsauftrag* erhält. Mit dem Abschluß dieses Nachtragsauftrages liegt auch fest, daß weitergehende

Ansprüche nachträglich nicht gestellt werden können. Daher müssen die Auswirkungen von Leistungsänderungen auch auf andere Positionen, z. B. Baustelleneinrichtung und Länge ihres Vorhaltens, berücksichtigt werden. Es kann vorkommen, daß die Auswirkungen bei erheblichen Änderungen nicht voll überblickt werden können. In diesen Fällen kann nur ein Vorbehalt bei Abgabe des Nachtragsangebotes die Rechte des Unternehmers wahren. Gehen der Abänderung Untersuchungen des Bauherrn und des Unternehmers über die preislichen Auswirkungen voraus, so sind diese Berechnungen, wenn es nicht ausdrücklich vereinbart ist, keine verbindlichen Voranschläge, jedoch verbieten Treu und Glauben dem Unternehmer, nachträglich zusätzliche Forderungen zu erheben, wenn der Bauherr auf Grund der vorgelegten Berechnungen sich zu Änderungen entschlossen hat.

Ziff. 8 aaO. betrifft *Zeichnungen* und *Berechnungen*, die der Unternehmer weder nach dem Vertrag noch nach der Übung im Baugeschehen zu beschaffen hat. Auch hierfür ist eine Vergütung zu zahlen. Darüber, was nach der Verkehrssitte üblich ist, können leicht Meinungsverschiedenheiten entstehen. Glaubt aber der Unternehmer, daß er zusätzliche Pläne u. a. zu beschaffen hat, so empfiehlt es sich, auch hier ohne Verzug den Vergütungsanspruch anzumelden.

*Anhang:* § 2 regelt nicht den Fall, daß die tatsächliche Bauleistung anders erbracht wird als die im Leistungsverzeichnis vom Bauherrn geforderte. Auch wenn der Bauherr die Änderung gemäß Ziff. 5 oder die zusätzliche Leistung gemäß Ziff. 6 später anordnet, so können für die rechtliche Regelung diese Vorschriften zwar herangezogen werden, aber nur mit Zustimmung des Unternehmers. Denn nicht die Anordnung des Bauherrn ist hier die Ursache, sondern der Umstand, daß die tatsächliche Leistung von der geforderten bei der Ausführung abweichen muß. Die tatsächlich erbrachte Leistung ist jedoch nicht ausgeschrieben worden, weil der Bauherr, aus welchen Gründen auch immer, bei der Aufstellung des Leistungsverzeichnisses von anderen Voraussetzungen ausgegangen ist.

Vielfach herrscht auch zunächst eine Meinungsverschiedenheit zwischen den Parteien über diesen Umstand. Während der Unternehmer z. B. meint, daß ihn erheblich höhere Aufwendungen treffen, weil er für die Bewältigung des Grundwassers mehr Pumpen einsetzen muß, als nach den Angaben des Bauherrn zu erwarten war, bestreitet dies der Bauherr.

Da die VOB hierzu schweigt, muß die Antwort nach allgemeinen Grundsätzen gefunden werden. Es ist zweifelhaft, ob die Vorschriften der Ziff. 5 und 6 entsprechend angewendet werden können, denn diese halten den Unternehmer entgegen den Regeln des allgemeinen Vertragsrechts an den Vertragspreisen grundsätzlich fest. Diese Regel wirkt sich allgemein ungünstig für den Unternehmer aus. Wenn der Unternehmer im Wettbewerb Aussichten haben will, den Auftrag zu erhalten, so muß er sich an das Leistungsverzeichnis, so wie es ausgeschrieben ist, halten und darf die Angebotspreise nicht zu hoch ansetzen. Die Vertragspreise für Positionen, die solche Risiken enthalten, werden daher meist knapp sein. Die Bestimmungen der Ziff. 5 und 6 sind aus diesem Grunde wohl als Ausnahmeregeln anzusehen, die für andere Fälle grundsätzlich nicht anwendbar sind. Es wird also die Vergütung aus § 632 BGB bestimmt werden müssen.

Hat ein *Verschulden des Bauherrn* bei der Aufstellung des *Leistungsverzeichnisses* mitgewirkt, haftet der Bauherr hierfür gemäß § 10 Ziff. 1 VOB/B mit der Folge, daß er auch für einen weitergehenden Schaden einzustehen hat.

Die gleiche Regel gilt, wenn der Unternehmer Bodenklassen anderer Art bewegen muß, als die Positionen des Leistungsverzeichnisses vorsehen. Auch hier herrscht oft Streit darüber, ob die tatsächliche Annahme des Unternehmers, der sie ggf. beweisen muß, zutrifft.

### 3.3.3.3 § 3 — Ausführungsunterlagen

Ziff. 1 gibt den Grundsatz wieder, daß der Bauherr die für die Ausführung nötigen Unterlagen — insbesondere die Pläne — dem Unternehmer rechtzeitig zu übergeben hat. Geschieht dies nicht, so kann der Bauherr in Leistungsverzug kommen und hierdurch zum *Schadensersatz* verpflichtet werden, vgl. 3.2.13.4.

Ziff. 2 legt fest, daß es Aufgabe des Bauherrn ist, die Hauptachsen des Bauwerkes und der Baustrecke, die Grenzen des Geländes und die notwendigen geodätischen Punkte dem Unternehmer zur Verfügung zu stellen.

Für die gesamten Unterlagen, die der Bauherr dem Unternehmer zur Verfügung zu stellen hat, gilt der Grundsatz gemäß Ziff. 3, daß diese Unterlagen für den Unternehmer maßgebend sind, daß er sie jedoch nicht kritiklos übernehmen darf, sondern sie auf etwaige Unstimmigkeiten zu überprüfen und den Bauherrn auf entdeckte oder vermutete Mängel hinzuweisen hat. Denn den Unternehmer trifft eine allgemeine *Prüfungspflicht*, die zwar nicht so weit geht, daß er allen Unterlagen, die vom Bauherrn gestellt werden, bis in die letzten Einzelheiten nachgehen muß. Es wird jedoch vorausgesetzt, daß der Bauunternehmer auf seinem speziellen Gebiet eine besondere Erfahrung und besondere Kenntnisse besitzt, die ihm eine allgemeine Prüfung der Unterlagen, der vom Bauherrn gelieferten Baustoffe und des Geländes ermöglichen. Innerhalb dieser durch die allgemeine Prüfungspflicht geschaffenen Grenzen ist der Unternehmer verpflichtet, Stellung zu nehmen und etwaige Bedenken zu äußern.

#### 3.3.3.4 § 4 — Ausführung

In Ziff. 1 wird festgelegt, daß der Unternehmer die allgemeine Ordnung auf der *Baustelle* aufrechtzuerhalten und das Zusammenwirken der verschiedenen Unternehmer zu regeln hat. Dies gilt in erster Linie im Verhältnis zu den Nachunternehmern. Wenn weiter dort gesagt wird, daß er die baupolizeilichen und die etwa weiter notwendig werdenden verkehrspolizeilichen sowie wasser- und gewerbepolizeilichen *Genehmigungen* herbeizuführen hat, so trifft dies nur solche Genehmigungen, die für die Arbeiten des Unternehmers erforderlich werden. Die baupolizeiliche Genehmigung für das Bauwerk kann der Unternehmer dagegen nicht erst dann beibringen, denn diese muß bereits bei der Planung durch den Architekten oder das Ingenieurbüro des Bauherrn berücksichtigt und von diesen eingeholt werden. Für *Hilfsbauwerke*, die der Unternehmer für die Errichtung des Bauwerkes benötigt, die aber später wieder beseitigt werden, also in die verantwortliche Planung des Unternehmers fallen, hat dieser dagegen die baupolizeiliche Genehmigung zu beschaffen.

Die Absätze 2 und 3 der Ziff. 1 legen das *Überwachungsrecht* des Bauherrn fest. Auf großen Baustellen wird der Bauherr meist durch eine eigene örtliche *Bauleitung* vertreten, die im Benehmen mit der örtlichen Bauleitung des Unternehmers die Ausführung des Vertrages im einzelnen regelt; Vertragsänderungen und Grundsatzfragen des Bauvertrages können dagegen von der örtlichen Bauleitung nicht erfaßt werden. Nach dem letzten Absatz der Ziff. 1 hat der Unternehmer Bedenken geltend zu machen, wenn er die Anordnungen des Auftraggebers für unberechtigt oder unzweckmäßig hält, hat jedoch die Anordnungen auszuführen, außer wenn gesetzliche oder polizeiliche Bestimmungen dem entgegenstehen.

Ziff. 2 bestimmt, daß der Auftragnehmer die Leistung unter eigener Verantwortung auszuführen und die anerkannten Regeln der Technik zu beachten hat. Es ist selbstverständlich, daß auch er für die Erfüllung der Verpflichtungen gegenüber seinen Arbeitnehmern allein verantwortlich ist und er auch allein sein Verhältnis zu seinen Arbeitnehmern zu regeln hat.

Ziff. 3 wiederholt die schon oft festgestellte Regel für die vorgesehene Art der Ausführung, die vom Bauherrn gelieferten Stoffe oder die Leistungen anderer Unternehmer. Hat der Unternehmer Bedenken hiergegen, so hat er diese Bedenken dem Auftraggeber unverzüglich, möglichst vor Beginn der Arbeiten, *schriftlich* mitzuteilen. Die Verantwortung des Bauherrn für seine Angaben, Anordnungen oder Lieferungen bleibt in diesem Falle in vollem Umfange aufrechterhalten.

Hat der Unternehmer oder der von ihm bestellte Vertreter, insbesondere der Bauleiter, keine Bedenken, so kann er sie auch nicht mitteilen. Die VOB behandelt diesen Fall nicht, der aber für die gesetzliche *Mängelhaftung* von Bedeutung ist je nach dem, ob der Unternehmer solche Bedenken hätte haben müssen oder nicht zu haben brauchte, vgl. 3.2.11.

Die VOB behandelt den weiteren Fall nicht, daß der Unternehmer zwar Bedenken hatte, jedoch glaubte, diese Bedenken nicht äußern zu können. Hat z. B. der Bauherr zur Untersuchung eines Untergrundes den Inhaber eines Lehrstuhls für dieses Gebiet, eine Kapazität, herangezogen und bejaht dieser die Möglichkeit, auf diesem Untergrund das vorgesehene Bauwerk zu errichten, so wird man es dem Unternehmer nicht zumuten können, trotzdem etwaige Bedenken geltend zu machen. Es wird hier stets auf den Einzelfall ankommen.

Ziff. 4 bestimmt, daß der Bauherr mangels anderer Vereinbarung *unentgeltlich* zur Verfügung zu stellen hat: notwendige Lager- und Arbeitsplätze auf der Baustelle, vorhandene Zufahrtswege und Anschlußgleise sowie die Mitbenutzung vorhandener Wasser-, Gas- oder Stromanschlüsse.

Es handelt sich hier im wesentlichen um Punkte, die bei der *Kalkulation* zu berücksichtigen sind. Sind keine Zufahrtswege vorhanden oder sind die vorhandenen Wege für den Verkehr mit schweren Baugeräten ungeeignet, so kann der Unternehmer keine Ansprüche an den Bauherrn stellen, wenn er in seiner Kalkulation nicht hierauf schon Rücksicht genommen hat.

Ziff. 5 bestimmt, daß der Unternehmer die Bauleistung bis zur Abnahme vor Beschädigung und Diebstahl zu schützen hat. Hierzu gehören auch Maßnahmen zum Schutze gegen Winterschäden und Grundwasser, die jedoch besonders zu vergüten sind, wenn sie nicht als *Nebenleistung* auf Grund der Ausschreibung im Angebot enthalten sein mußten. Dieser Bestimmung entsprechen in VOB/C zahlreiche Festlegungen bei Ziff. 4 — Nebenleistungen —, die jeweils zu berücksichtigen sind. Es gehören z. B. zu den Nebenleistungen bei den Erdarbeiten DIN 18300 gemäß 4.106 das Sichern der Arbeiten gegen Tagwasser, mit dem normalerweise gerechnet werden muß; gemäß 4.110 Schutz der ausgeführten Leistung vor Beschädigung bis zur Abnahme; gemäß 4.113 das Unterhalten nicht endgültig befestigter Böschungen von Erdbauwerken. Dagegen sind keine Nebenleistungen gemäß 4.305 das Gewinnen, Pflegen und Unterhalten von Mutterboden, und gemäß 4.313 Maßnahmen für die Weiterarbeit bei gefrorenem Boden und Schnee, wenn der Vertrag nichts anderes besagt.

In Ziff. 7 wird bestimmt, was zu geschehen hat, wenn während der Ausführung — also *vor der Abnahme* des Bauwerkes — *Mängel* oder *vertragswidrige Leistungen* festgestellt werden. Der Unternehmer hat solche Mängel auf seine Kosten zu beseitigen und vertragswidrige Leistungen durch vertragsgemäße zu ersetzen. Wenn der Unternehmer den Mangel oder die Vertragswidrigkeit infolge Verschuldens oder besonderer Zusage zu vertreten hat, so hat er auch den daraus entstehenden *Schaden* zu ersetzen, während nach der Abnahme diese Haftung wesentlich eingeschränkt wird. Bedeutsam ist, daß den Unternehmer bis zur Abnahme die Beweislast für die vertragsgemäße Herstellung seiner Bauleistung trifft. Ein Verschulden spielt hierbei keine Rolle.

Während das gesetzliche *Gewährleistungsrecht* nur eine einheitliche Regelung der Materie kennt, stellt die VOB zwei Grundsätze auf, die als vertragliches Recht die gesetzliche Gewährleistung abändern und vor ihr gelten. Bis zur Abnahme gelten danach die vorerwähnten Grundsätze, die gegenüber dem Gesetz den Unternehmer schlechter stellen; vergl. § 634 Abs. 1 BGB. *Nach der Abnahme* tritt dagegen eine wesentlich eingeschränktere Gewährleistungspflicht ein, die in § 13 behandelt wird. Ist bei der Abnahme ein Mangel erkennbar und behält sich der Bauherr seine Rechte zu diesem Punkt vor, so erhebt sich die Frage, ob damit auch die verschärfte *Haftung* nach § 4 Ziff. 7 weiter gilt. Diese Frage wird zu verneinen sein. Denn dann würde die verschärfte Haftung für alle Mängel gelten müssen, die während der Ausführung bereits erkennbar waren, aber bei der Abnahme noch nicht behoben sind. Andererseits fordert § 12 Ziff. 5 Abs. 3, daß Vorbehalte wegen bekannter Mängel spätestens bei der Abnahme geltend gemacht werden müssen. Zu dem Vorbehalt der Vertragsstrafe, § 11 Ziff. 2, ist entschieden, daß er nicht spätestens, sondern im Zusammenhang mit der Abnahme vorgebracht oder erneut vorgebracht werden muß. Geschieht dies nicht, so kann die Vertragsstrafe später nicht mehr gefordert werden, auch wenn sie bereits früher angedroht worden ist. Das gleiche muß auch für einen bekannten Mangel gelten. Hat der Bauherr wegen eines bekannten Mangels Ansprüche nach § 4 Ziff. 7 vor der Abnahme erhoben, sie aber nicht weiterverfolgt, so muß er sich hier, wie bei der Vertragsstrafe, bei der Abnahme erneut seine Ansprüche vorbehalten, andernfalls gilt der Mangel als genehmigt. Nach der Abnahme gelten dann die eingeschränkten Gewährleistungsvorschriften des § 13. Das gleiche muß wohl auch gelten, wenn ein Prozeß wegen des Mangels vor der Abnahme geführt und während des Prozesses die Abnahme ausgesprochen wird. Denn wenn die Parteien vereinbaren, daß nach der Abnahme eine verminderte Haftung eintritt, so gilt von diesem Zeitpunkt ab das, was die Parteien hierfür festgelegt haben. Dies bedeutet, daß im Falle eines Prozesses bis zur Abnahme die verschärfte Haftung gilt, nach der Abnahme jedoch die eingeschränkte des § 13.

Zu vertreten hat der Unternehmer eigenes *Verschulden* und das Verschulden seiner Erfüllungsgehilfen, die er am Bau oder für den Bau beschäftigt. Soweit diese vorsätzlich oder fahrlässig Mängel bei der Leistung verursachen oder vertragswidrige Leistungen ausführen, haftet der Unternehmer für jeden Schaden, den der Bauherr hierdurch erleidet. Wird durch die Beseitigung des Mangels der Fertigstellungstermin überschritten, so hat der Unternehmer dem durch den verspäteten Gebrauch entgehenden Ertrag zu ersetzen. Wird die im Vertrag vorgeschriebene Güte des Betons nicht erreicht, so kann der Bauherr grundsätzlich verlangen, daß der Beton minderer Qualität durch einen vertragsgemäßen ersetzt wird. Er kann aber auch den *Minderwert* als Schaden geltend machen.

Nach dem Gesetz, § 633 Abs. 2 BGB, kann der Unternehmer die Beseitigung verweigern, wenn sie einen unverhältnismäßigen Aufwand erfordert. Dies ist dann der Fall, wenn die Kosten für die *Mängelbeseitigung* außer Verhältnis zu dem Vorteil stehen, den die Besserung gewährt. Diese Bestimmung übernimmt die VOB für die Zeit der Gewährleistung nach der Abnahme, vgl. § 13 Ziff. 6 VOB/B, jedoch nicht für die Zeit vor der Abnahme. Es erscheint daher zumindest zweifelhaft, ob diese gesetzliche Bestimmung außer, wenn es Treu und Glauben gebieten, für die Zeit bis zur Abnahme gilt.

Der Unternehmer muß damit rechnen, daß ihm der Auftrag entzogen wird, wenn er einen Mangel nicht innerhalb einer angemessenen Frist, die ihm der Bauherr gesetzt hat, beseitigt hat. Bei der Fristsetzung muß der Bauherr erklären, daß er nach fruchtlosem Ablauf der Frist den Auftrag entziehen werde.

Ziff. 8 bestimmt, daß der Unternehmer Fachlose, auf die sein Betrieb nicht eingerichtet ist, ohne Genehmigung durch den Bauherrn an *Subunternehmer* (vgl. 2.1.3.5.4) weitervergeben kann, daß die Untervergabe im übrigen jedoch stets der schriftlichen Zustimmung des Bauherrn bedarf. Bildet der Unternehmer eine stille *Arbeitsgemeinschaft* oder vergibt er auf Grund eines Beteiligungsvertrages eine Quote an einen anderen Unternehmer, so bedarf er hierfür wohl der Zustimmung des Bauherrn. Wird die Zustimmung nicht eingeholt, so verstößt der Unternehmer gegen seine Vertragspflichten mit der Folge, daß der Bauherr, wenn er später davon Kenntnis erhält, die Weiterarbeit des Beteiligten am Bauwerk untersagen kann. In besonders schweren Fällen kann der Entzug des Auftrages in Frage kommen. Vergibt der Unternehmer Arbeiten weiter, so ist er verpflichtet, die *Verdingungsordnung für Bauleistungen* hierbei zugrunde zu legen. Es ist aber üblich, daß bei Untervergabe von Arbeiten der Unternehmer seine eigenen Vertragsbedingungen, die vielfach von der VOB abweichen, anerkannt verlangt. Die Bestimmungen in Ziff. 8 Abs. 2 sind ebenfalls nicht als Vertrag zugunsten Dritter anzusehen, aus dem der Nachunternehmer unmittelbar Recht herleiten könnte. Von der VOB abweichende allgemeine Vertragsbedingungen des Unternehmers, die der Nachunternehmer anerkannt hat, gelten daher vor den Bestimmungen der VOB.

Ziff. 9 bestimmt, daß *Altertumsfunde* und andere Funde von Wert dem Bauherrn anzuzeigen und abzuliefern sind. Das *Aneignungsrecht* steht daher dem Bauherrn und nicht dem Unternehmer zu.

### 3.3.3.5 § 5 — Ausführungsfristen

Er enthält Bestimmungen über den *Fertigstellungstermin*. Bei einfacheren Bauleistungen genügt ein Endtermin, der im Bauvertrag fixiert ist. Bei größeren Bauwerken ist es üblich, einen *Bauzeitenplan* aufzustellen, aus dem der Beginn und das Ende der einzelnen Arbeiten ersichtlich ist. Dieser Bauzeitenplan mit seinen Einzelterminen gilt nach Ziff. 1 nur dann als Vertragsfrist, wenn dies im Bauvertrag ausdrücklich festgelegt ist. In diesem Falle kann der Unternehmer auch mit der Überschreitung eines Zwischentermins in Verzug kommen.

Es erscheint selbstverständlich, daß der Unternehmer gemäß Ziff. 3 Abhilfe zu schaffen hat, wenn er die Baustelle so unzureichend mit Geräten ausrüstet oder sowenig Arbeitskräfte zur Verfügung stellt, daß die Ausführungsfristen offenbar nicht eingehalten werden können. Kommt der Unternehmer mit dem Beginn oder der Fortsetzung seiner Arbeiten in *Verzug*, so kann ihm der Bauherr eine angemessene Frist zur Vertragserfüllung setzen und hierbei erklären, daß er nach fruchtlosem Ablauf der Frist dem Unternehmer den Auftrag entziehen wird.

### 3.3.3.6 § 6 — Behinderung und Unterbrechung der Ausführung

Die Behinderung oder Unterbrechung kann durch drei verschiedene Umstände mit jeweils andersartiger Folgewirkung verursacht werden, nämlich
  a) durch Umstände, die der Unternehmer zu vertreten hat,
  b) durch höhere Gewalt oder andere für den Unternehmer unabwendbare Umstände,
  c) durch Umstände, die der Bauherr zu vertreten hat.

Der Tatbestand zu a) ist gegeben, wenn der Unternehmer oder sein Erfüllungsgehilfe eine Verzögerung der Bauausführung schuldhaft verursacht hat. Es ist selbstverständlich, daß in diesem Falle der Unternehmer in vollem Umfange für alle Folgen einzustehen hat. Er muß also *Schadensersatz* leisten, wenn der Bauherr das Bauwerk erst verspätet in Betrieb nehmen kann, und er muß sogar gemäß § 5 Ziff. 4 mit dem Entzug des Auftrages rechnen.

Liegt der Tatbestand zu b) vor, so hat der Unternehmer Anspruch gemäß Ziff. 2 auf eine entsprechende Vertragsverlängerung, jedoch nicht auf Erstattung der *Mehrkosten*, die ihm selbst durch die Verlängerung erwachsen. Er muß also die Baustelleneinrichtung für die längere Zeit vorhalten, ohne die Möglichkeit zu haben, die Mehrkosten dem Bauherrn in Rechnung zu stellen.

*Höhere Gewalt* ist gegeben, wenn es sich um ein außergewöhnliches, von außen wirkendes Ereignis handelt, das nach den gegebenen Umständen auch durch äußerste, nach Lage der Sache vom Betroffenen zu erwartende Sorgfalt nicht verhütet werden kann. Betriebsinterne Ereignisse scheiden danach aus. Das *unabwendbare Ereignis* dagegen ist der umfassendere Begriff und umfaßt alle Ereignisse, die durch die äußerste, dem Unternehmer noch zumutbare Sorgfalt weder abgewendet, noch in ihren schädlichen Folgen verhindert werden konnten. Während z. B. ein Erdbeben als höhere Gewalt anzusehen ist, ist dieser Tatbestand nicht gegeben, wenn an einem fabrikneuen Turmdrehkran das Seil infolge eines nicht erkennbaren Materialfehlers reißt oder beim Rammen einer Spundwand infolge eines verdeckten Materialfehlers eine Bohle aus dem Schloß springt. Dagegen sind diese beiden Fälle für den Unternehmer unabwendbare Ereignisse.

Aus Ziff. 2c) ergibt sich, daß *Witterungseinflüsse* während der Ausführungszeit, mit denen bei Abgabe des Angebotes normalerweise gerechnet werden mußte, nicht als Behinderung gelten. Eine Behinderung der Ausführung durch schlechtes Wetter oder sonstige Witterungseinflüsse, mit denen üblicherweise zu rechnen ist, verlängert nicht den Fertigstellungstermin. Im Einzelfall kann es schwierig werden festzustellen, ob Witterungseinflüsse überhaupt eine Behinderung darstellen und ob und wann die Witterungseinflüsse über das übliche Maß hinausgehen. Bei einem Hochbau, der rechtzeitig vor Eintritt des Winters verglast werden kann, wird auch ein sehr harter Winter kaum als Behinderung für den Weiterbau gelten können. Für eine Baustelle im Gebirge gelten andere Witterungseinflüsse als für eine Baustelle in mildem Klima. Bei einer Baustelle in einem engen Tal muß im Sommer damit gerechnet werden, daß normalerweise bei längerem Regen oder Gewitter sich das friedliche Flüßchen in eine reißende Sturzflut verwandeln kann. Der Unternehmer kann sich in diesem Falle nicht auf höhere Gewalt berufen, wenn die Baustelle hierdurch erheblich beschädigt wird und er die Termine deswegen nicht halten kann.

Die Bestimmung in Ziff. 2 c): ,,mit denen bei Abgabe des Angebots normalerweise gerechnet werden mußte", wird man als Ausfluß einer allgemeinen bedeutsamen Regel ansehen müssen. Alle Umstände, mit denen der Unternehmer zu diesem Zeitpunkt rechnen mußte, muß er auch in seinen Preisen, also in seinem Angebot erfassen. Dagegen Umstände, mit denen er nicht zu rechnen brauchte, soll er nach dieser Regel auch nicht in seinen *Einheitspreisen* berücksichtigen. Hierzu gehört nicht nur Regen, sondern auch *Grundwasser*. Wenn z. B. der Bauherr Grundwassermengen angibt (von ... bis ...), so soll der Unternehmer in seinem Angebot nicht mit wesentlich darüber hinausgehenden Wassermengen rechnen. Ergeben sich dann bei der tatsächlichen Ausführung doch erhebliche Mehrmengen, so dürfte für die Mehrleistung nach § 2 Ziff. 6 VOB/B ein neuer Preis unter Berücksichtigung der bereits festgelegten Preise zu vereinbaren sein. Das gleiche gilt für alle *Bodenverhältnisse*, wie überhaupt für alle Momente, die in den Risikobereich des Bauherrn fallen und die der Unternehmer bei Abgabe seines Angebots nicht berücksichtigt hat und nicht zu berücksichtigen brauchte.

Auch Streik und Aussperrung gelten im Rahmen der Bestimmungen von Ziff. 2 b) als *unabwendbare Ereignisse*. Ebenso ist es heute ein unabwendbares Ereignis, wenn Facharbeiter bei der Ausführung, anders als zur Zeit der Ausschreibung, nicht in genügendem Maße zu beschaffen sind.

Ziff. 3 bringt in diesem Zusammenhang die Bestimmung, daß der Unternehmer alles zu tun hat, was ihm billigerweise zugemutet werden kann, um die Weiterführung der Arbeiten zu ermöglichen. Diese Bestimmung kann bedeuten, daß der Unternehmer verpflichtet ist, auch bei unabwendbaren Ereignissen, wenn ihm an sich eine Fristverlängerung zusteht, diese Verlängerung durch Mehrschichten und sonstige zusätzlichen Aufwendungen abzukürzen. Denn dem Unternehmer entstehen durch die Fristverlängerung Mehrkosten. Er hat die Baustelleneinrichtung länger vorzuhalten, er hat zumindest seine Führungskräfte während der Zeit der Behinderung zu entlohnen. Diese Kosten entfallen, wenn er durch zusätzliche Maßnahmen die Verlängerung beseitigen kann. In diesem Falle sind die zusätzlichen Maßnahmen für ihn insoweit zumutbar, als sich die Kosten der zusätzlichen Arbeiten kompensieren mit den Kosten der Verlängerung. Hat der Unternehmer gar die Verlängerung selbst zu vertreten, so ist selbstverständlich, daß ihm in diesem Falle alle Maßnahmen zumutbar sind, die wirtschaftlich vertretbar sind.

Hat dagegen der Bauherr die Behinderung zu vertreten, so kann der Unternehmer nach Billigkeit nicht verpflichtet sein, die Kosten, die dann den Bauherrn in vollem Umfange treffen, auf seine, des Unternehmers, Kosten zu vermindern.

Nach Ziff. 5 sind bei einer längeren *Unterbrechung* die ausgeführten Leistungen zu den Vertragspreisen abzurechnen und außerdem die Kosten zu vergüten, die dem Auftragnehmer bereits entstanden und in den Vertragspreisen des nicht ausgeführten Teiles der Leistung enthalten sind. Wenn z. B. die Baustelleneinrichtung in die Einheitspreise einbezogen worden ist, so werden diese Kosten durch die ausgeführten Leistungen nicht in vollem Umfange gedeckt und sind in diesem Umfange zusätzlich zu entrichten.

Sind die hindernden Umstände von einem Vertragsteil zu vertreten, so hat der andere Teil Anspruch auf Ersatz des nachweislich entstandenen *unmittelbaren Schadens*, nicht aber des entgangenen Gewinnes. Die *Einheitspreise* sind stets voll zu vergüten. Nur wenn darüber hinaus ein Schaden geltend gemacht wird, so entfällt dort die Gewinnspanne. Der Ersatz wird beschränkt auf den unmittelbaren Schaden. Dieser Begriff ist unserem geltenden Recht unbekannt. Es kann daher im Einzelfalle rechtlich schwer sein, festzustellen, wann ein mittelbarer Schaden, der nicht vergütet wird, vorliegt. Tritt eine Behinderung aus den Gründen des § 642 BGB ein, so werden diese Ansprüche durch § 6 VOB/B nicht berührt. Hat demgemäß der Bauherr Pläne zu liefern oder Entscheidungen, die für die Weiterführung der Arbeiten bedeutsam sind, zu treffen und tut er dies nicht rechtzeitig, so kann der Besteller gemäß § 642 Abs. 1 BGB eine angemessene Vergütung verlangen. Nur wenn der Bauherr dagegen auf Mahnung hin in Schuldnerverzug gerät, kann der Unternehmer darüber hinausgehenden *Schadensersatz* verlangen, der jedoch durch § 6 Ziff. 5 VOB/B beschränkt wird.

Wandelt sich eine Behinderung in eine Unterbrechung und dauert diese länger als drei Monate, so kann jeder Vertragsteil danach den Vertrag schriftlich kündigen ohne Rücksicht darauf, ob er selbst die Unterbrechung zu vertreten hat oder nicht.

Entstehen durch die *Kündigung* dem Bauherrn oder dem Unternehmer zusätzliche Schäden, so sind diese Schäden verursacht durch die Kündigung und nicht durch die Unterbrechung; da die Kündigung ein vertragliches Recht darstellt, von dem der Kündigende ordnungsgemäß Gebrauch macht, so kann dieser Akt nicht zu weiteren Schadensersatzforderungen führen, es muß vielmehr für die Zeit bis zum Auslaufen der Kündigung abgerechnet werden, wie in der vorerwähnten Ziff. 5 festgelegt worden ist. Auch die Kosten der Baustellenräumung sind in diesem Falle gesondert zu vergüten, soweit sie nicht in den Vertragspreisen, die zu zahlen sind, enthalten sind.

In Ziff. 1 wird, wie auch an anderen Stellen, festgelegt, daß der Unternehmer unverzüglich dem Bauherrn eine Behinderung *schriftlich* anzuzeigen hat. Unterläßt er die Anzeige, so kann der Bauherr es ablehnen, die Behinderung anzuerkennen, es sei denn, daß er offenkundig die Ursache der Behinderung und deren hindernde Wirkung kennt. Diese Vorschrift gibt leicht zu unangenehmen Auseinandersetzungen Anlaß, denn der Unternehmer scheut sich, jede Behinderung sogleich schriftlich mitzuteilen. Oft läßt sich auch zu Beginn der hindernden Ursache nicht übersehen, welche Auswirkungen sie hat. Auch ein Winter, mit dem der Unternehmer normalerweise nicht rechnen mußte, kann zu Behinderungen führen, die der Unternehmer zunächst nicht erwartete oder glaubt, einholen zu können. Er wird deswegen keine Meldung erstatten. Wirkt sich dann der Winter so streng aus wie der von 1962/63, so lassen sich der ganze Schaden und die ganze Auswirkung oft erst einige Zeit nach dem Ende des Frostes überblicken. Diesen und ähnlichen Gründen ist bei der Auslegung der Vorschrift, daß die schriftliche Meldung unverzüglich, d. h. ohne schuldhaftes Zögern, zu erfolgen hat, Rechnung zu tragen.

Diese Bestimmung stellt eine *vertragliche Vereinbarung* dar. Während gesetzliche Bestimmungen nach dem Wortlaut in Verbindung mit dem Sinn und Zweck des Gesetzes ausgelegt werden müssen, kann bei vertraglichen Vereinbarungen auch der Parteiwille ergänzend herangezogen werden. Die VOB enthält Vorschriften, die das gesetzliche Recht teils zugunsten des Unternehmers abwandeln, teils zu seinen Ungunsten. Zu den ungünstigen Bestimmungen gehören die über die Schriftform der Meldung, vgl. § 6 Ziff. 1 über die schriftliche Anzeige der Behinderung, § 4 Ziff. 3 über die schriftliche Meldung der Bedenken gegen die vorgesehene Art der Bauausführung usw., sowie § 9 Ziff. 2 über die schriftliche Kündigung des Vertrages durch den Unternehmer. Diese Schriftform wird vom Unternehmer nicht immer eingehalten, weil durch sie das Vertrauensverhältnis, das bei der Durchführung einer Bauaufgabe beiderseits erforderlich ist, gestört wird. Werden die Juristen später mit der Sache befaßt, so wird durch die schriftliche Form nicht selten erst gewahrt, wenn die Juristen des Bauherrn sie als verspätet zurückweisen. Man wird aber dem Vertragswillen der Parteien nur gerecht, wenn für die Schuldhaftigkeit des Zögerns die Verhältnisse auf der Baustelle in angemessener Weise berücksichtigt werden.

In gleicher Weise sollte die Vorschrift ausgelegt werden, daß der Unternehmer, wenn er die Anzeige unterläßt, nur dann Anspruch auf Berücksichtigung der hindernden Umstände habe, wenn dem Auftraggeber offenkundig die Tatsache und deren hindernde Wirkung bekannt waren. Unter der Tatsache ist die Ursache der Behinderung zu verstehen. Offenkundig ist eine solche Tatsache, wenn sie vom Bauherrn nicht übersehen werden konnte. Eine solche Tatsache stellte der harte Winter 1962/63 dar, und die Auswirkungen waren ebenfalls nicht zu verkennen. Eine offenkundige Kenntnis wird in allen den Fällen angenommen werden können, in denen der Bauherr durch einen Architekten, ein Ingenieurbüro oder durch eine eigene Bauleitung auf der Baustelle vertreten war, also über dieselbe allgemeine und konkrete Kenntnis wie der Unternehmer selbst verfügte.

### 3.3.3.7 § 7 — Verteilung der Gefahr

Über die gesetzlichen Bestimmungen der *Gefahrtragung* vgl. 3.2.12. Die VOB trifft in § 7 eine abweichende Regelung. Während nach dem Gesetz der Unternehmer die volle Gefahr zu tragen hat, gibt sie ihm in § 7 für den Fall, daß das Bauwerk vor der Abnahme durch *höhere Gewalt*, zu der auch Krieg zählt, oder durch andere unabwendbare, vom Unternehmer nicht zu vertretende Umstände beschädigt oder zerstört wird, einen Vergütungsanspruch, der sich nach § 6 Ziff. 5 richtet.

Tritt unter diesen Umständen eine Beschädigung oder Zerstörung ein, so erhebt sich zunächst die Frage, welche Auswirkungen dieser Umstand auf den Vertrag als solchen hat. Ist die Ausführung weiterhin möglich, so wird dadurch der Vertrag in seinem Inhalt nicht berührt. Das Werk ist erneut zu erstellen. Bereits ausgeführte Leistungen sind danach nochmals zu den Vertragspreisen zu bezahlen. Neue Bautermine sind unter Berücksichtigung der eingetretenen Behinderung zu vereinbaren und es ist zu den alten Vertragspreisen weiterzubauen. Inzwischen eingetretene Verteuerungen werden in diesem Falle im Rahmen des bestehenden Vertrages berücksichtigt. Wenn eine *Lohngleitklausel* vereinbart ist, so sind Mehrlöhne in diesem Umfange, aber auch nur in diesem Umfange zu erstatten.

Die Beweislast dafür, daß das Bauwerk durch *unabwendbare Ereignisse* beschädigt worden ist, trifft den Unternehmer. Gelingt ihm dieser Beweis nicht, so wird er nicht einmal der Vergünstigung des § 7 zuteil. Für Schäden, die nicht durch die Vertragspreise gemäß § 7 abgegolten werden, wird nach ausdrücklicher Vorschrift kein gegenseitiger Ersatz geleistet. Hat der Unternehmer an seiner Baustelleneinrichtung Schäden erlitten, so kann er hierfür aus § 7 VOB/B vom Bauherrn keine Vergütung verlangen.

In Fällen, in denen solche Gefahren im Bereich des Möglichen liegen, empfiehlt es sich zu erwägen, eine *Bauwesenversicherung* abzuschließen und damit die Schäden, die dem Unternehmer nicht vergütet werden, abzudecken. Denn die Bauwesenversicherung tritt für unvorhergesehene Schäden ein in dem Umfange, in dem der Unternehmer den Schaden allein zu tragen hat, und deckt auch die Baustelleneinrichtung des Unternehmers. In manchen Fällen kann es ratsam sein, die Gefahr, die der Bauherr gemäß § 7 übernimmt, mit in die Bauwesenversicherung einzuschließen.

Es kann sein, daß der Bauherr den Schaden zu vertreten hat, z. B. deshalb, weil er bewußt vorgeschrieben hat, das Hochwasserrisiko unter einer bestimmten Höhe nicht zu berücksichtigen; dann hat er die Hochwasserschäden, die unter dieser Linie entstehen, zu vertreten. Bei Seebaustellen kann es vorkommen, daß nur ein Teil der *höheren Gewalt* vom Unternehmer nach dem Vertrag zu vertreten ist, während ein anderer Teil zu Lasten des Bauherrn geht. In diesem Falle muß wiederum der Unternehmer den Nachweis führen, daß er vom Bauherrn freizustellen ist für die höhere Gewalt im Risikobereich des Bauherrn.

Ist der Unternehmer in *Leistungsverzug* geraten, dann hat er gemäß § 287 BGB u. U. auch bei höherer Gewalt den Schaden allein zu vertreten.

Zu den unabwendbaren Umständen der Ziff. 7 darf nichts hinzutreten, was der Unternehmer zu vertreten hat. Zu den *Nebenleistungen*, zu denen der Unternehmer nach den technischen Vorschriften der VOB/C verpflichtet ist, gehört auch eine große Zahl von Maßnahmen zum *Schutze* der Baustelle und des Bauwerkes. Werden Aussparungen bei Betonbauwerken nicht ordnungsmäßig geschützt und wird der Beton an diesen Stellen durch einen strengen Winter stark beschädigt, so war zwar der strenge Winter ein unabwendbares Ereignis; hätte aber der Unternehmer die Aussparungen ordnungsmäßig geschützt, so wären die Schäden nicht eingetreten. Folglich hat der Unternehmer diese Schäden selbst zu tragen.

### 3.3.3.8 § 8 — Kündigung durch den Auftraggeber

In Ziff. 1 wird die gesetzliche Bestimmung wiederholt, daß der Bauherr jederzeit *ohne Angabe von Gründen* den Vertrag kündigen kann, daß er aber in diesem Falle die volle vereinbarte *Vergütung* zu zahlen hat. Der Unternehmer muß sich aber das anrechnen lassen, was er infolge der Aufhebung des Vertrages erspart hat oder durch eine anderweitige Verwendung des auf der Baustelle eingesetzten Teilbetriebes erworben hat oder zu erwerben böswillig unterlassen hat.

Wenn dagegen der Auftragnehmer seine Zahlungen einstellt, das Vergleichsverfahren beantragt oder in Konkurs gerät, kann der Bauherr aus *wichtigem Grunde* kündigen. In diesem Falle werden die ausgeführten Leistungen nach § 6 Ziff. 5 abgerechnet und wegen Nichterfüllung des Restes kann der Bauherr *Schadensersatz* verlangen.

Eine weitere Kündigung des Vertrages gemäß Ziff. 3 ist für den Bauherrn möglich, wenn der Unternehmer *mangelhafte* oder *vertragswidrige Leistungen* trotz Fristsetzung nicht durch mangelfreie oder vertragsgemäße ersetzt hat oder mit der Ausführung trotz der Androhung der Kündigung in Verzug geblieben ist. Die gesetzliche Bestimmung, daß es keiner Fristsetzung bedarf, wenn die Erfüllung für ihn aus besonderen Gründen kein

Interesse mehr hat, wird hier nicht wiederholt. Trotzdem wird man annehmen können, daß diese Regel durch die VOB nicht ausgeschlossen ist. Also auch hier gilt, wenn nach Lage des Falles der mit der Fristsetzung verbundene Zweck nicht erreichbar ist, bedarf es keiner Fristsetzung. Hat sich ein Unternehmer z. B. verpflichtet, eine bestimmte Erdbewegung innerhalb von 20 Monaten zu vollenden, und hat er nach 15 Monaten trotz vielfacher Mahnung nur einen geringen Bruchteil seiner Arbeit erbracht, so ist eine weitere Fristsetzung regelmäßig zwecklos. Die Kündigung muß in solchen Fällen auch ohnedem als zulässig angesehen werden.

Von den folgenden Bestimmungen der Ziff. 3 ist wesentlich, daß der Bauherr verlangen kann, die auf der *Baustelle* befindliche Baustelleneinrichtung für die Weiterführung der Arbeiten zur Verfügung zu stellen und ebenso bereits angelieferte Stoffe und Bauteile. Eine angemessene Vergütung für diese Inanspruchnahme ist zu zahlen. Nach Sinn und Zweck der Bestimmung muß der Unternehmer, wenn zu den Geräten Bedienungspersonal gehört, auch dieses dem Bauherrn mit dem Gerät überlassen, da ohne Personal das Gerät nicht zur Fortführung der Arbeit verwendet werden kann. Die Arbeitnehmer dagegen können nicht unmittelbar vom Bauherrn ohne ihre Einwilligung verpflichtet werden. Das gleiche gilt für Geräte, das der Unternehmer für die Baustelle angemietet hatte. Der Unternehmer ist zwar verpflichtet, das Gerät im Rahmen seines Mietvertrages dem Bauherrn zur Verfügung zu stellen. Stimmt aber der Vermieter dem nicht zu, kann der Bauherr grundsätzlich nicht erzwingen, daß das gemietete Gerät auf der Baustelle verbleibt.

Eine vereinbarte *Vertragsstrafe*, die nach Tagen oder anderen Zeiteinheiten bemessen ist, kann nur bis zur Kündigung des Vertrages gefordert werden.

Eine Kündigung aus *wichtigem Grunde* kann nach Ziff. 4 ausgesprochen werden, wenn der Unternehmer aus Anlaß der Ausschreibung an einer *Preisabsprache* teilgenommen hat. Diese Kündigung muß innerhalb von 12 Werktagen, nachdem die Teilnahme an der Preisabsprache bekannt wurde, ausgesprochen werden.

### 3.3.3.9 § 9 — Kündigung durch den Auftragnehmer

Zwei Gründe sind vorgesehen:

a) wenn der Bauherr in Annahmeverzug geraten ist,
b) wenn er eine fällige Zahlung nicht geleistet hat.

Voraussetzung für die Kündigung ist, daß der Unternehmer ohne Erfolg eine angemessene *Nachfrist* gesetzt hat. Die Kündigung muß schriftlich erklärt werden. Die ausgeführten Leistungen sind in diesem Falle nach den Vertragspreisen abzurechnen, auch ist ein Anspruch auf angemessene Entschädigung und ggf. auf weiteren *Schadensersatz* festzulegen. Es ist anzunehmen, daß die Kündigungsgründe der §§ 8 und 9 abschließend gelten für die dort genannten Fälle, daß sie jedoch im übrigen ergänzend neben die gesetzlichen Kündigungsgründe treten, s. 3.2.15.

### 3.3.3.10 § 10 — Haftung der Vertragsparteien

Von der Haftung ist zu unterscheiden die Gewährleistung, die in § 13 besonders geregelt ist; die Haftung wird öfter in den Bauverträgen abweichend von § 10 geregelt.

Nach Ziff. 1 des § 10 haften die Vertragsparteien wie nach dem Gesetz einander für eigenes *Verschulden*, für das Verschulden ihrer gesetzlichen Vertreter (z. B. Vorstand einer Aktiengesellschaft) und ihrer Erfüllungsgehilfen.

Ziff. 2 regelt die Fälle, in denen auf Grund gesetzlicher Bestimmungen sowohl der Bauherr als auch der Unternehmer haftet. Hier sollen für den Ausgleich zwischen den Vertragsteilen die gesetzlichen Bestimmungen gelten, soweit im Vertrag nichts anderes vereinbart ist.

Nicht selten erhebt ein Nachbar Ansprüche gegen den Bauherrn und den Unternehmer, wenn er z. B. durch Wasserhaltung oder durch Rammarbeiten einen Schaden erlitten hat. Regelt sich in diesen Fällen der Anspruch nach § 906 BGB, so stehen dem Nachbarn nur Ansprüche gegenüber dem Bauherrn zu, denn in diesen Fällen muß er die Wasserhaltung oder die Rammarbeiten dulden, nämlich dann, wenn nicht eine andere

Art der Bauausführung dem Bauherrn wirtschaftlich zumutbar ist. Errichtet z. B. eine Bank in einer Großstadt beim Wiederaufbau eines Bankgebäudes einen Tiefbau mit mehreren Kellergeschossen, so läßt sich dies vielfach nicht ohne Wasserhaltung ausführen. Der Unternehmer handelt in diesem Fall nicht widerrechtlich und gegenüber dem Bauherrn besteht kein *Schadensersatzanspruch*, sondern gemäß § 906 Abs. 2 BGB ein *Ausgleichsanspruch*. Eine Gesamthaftung in diesem Fall ist nicht gegeben. Hat der Unternehmer ausnahmsweise den Bauherrn von solchen Ansprüchen freigestellt, so tritt lediglich der Unternehmer an die Stelle des Bauherrn in Ansehung des Ausgleichsanspruches. Kann das Rammen einer Spundwand mit wirtschaftlich vertretbaren Mitteln vermieden werden durch das Schlitzwandverfahren, so handelt der Unternehmer widerrechtlich und kann neben dem Bauherrn aus unerlaubter Handlung haften. In diesem Fall kommt Ziff. 2 zur Anwendung.

Abs. 2 daselbst handelt von der Haftung der Parteien untereinander, wenn Dritte einen Schaden erleiden, und bestimmt, daß der Unternehmer den Schaden im Innenverhältnis allein zu tragen hat, soweit er ihn durch den Abschluß einer *Haftpflichtversicherung* gedeckt hat oder hätte zu normalen Prämien abdecken können. Durch diese Regelung wird ein großer Teil aller Haftpflichtfälle dem Unternehmer angelastet.

Wichtig kann die Bestimmung werden, daß der Unternehmer dann den Schaden nicht allein zu tragen hat, wenn er ihn nur durch eine ungewöhnlich hohe Prämie hätte abdecken können oder wenn er das Risiko überhaupt nicht bei einem deutschen Versicherer hätte decken können. In diesem Falle gilt zunächst die allgemeine Bestimmung des § 840 BGB, wonach mehrere Haftpflichtige als *Gesamtschuldner* haften, d. h. der Geschädigte kann sich nach seiner Wahl an beide zusammen oder an jeden einzelnen halten. Im Innenverhältnis gilt dagegen die Regel des § 426 BGB, wonach im Zweifel die Gesamtschuldner im Verhältnis zueinander zu gleichen Anteilen verpflichtet sind. Hier wiederum sind für die Ausgleichung die Grundsätze des § 254 BGB zu beachten. Sie bestimmen, daß der Ausgleich von den Umständen, insbesondere davon abhängt, inwieweit der Schaden vorwiegend von dem einen oder anderen Teil verursacht worden ist. Dies gilt auch dann, wenn der eine es unterlassen hat, auf die Gefahr eines ungewöhnlich hohen Schadens aufmerksam zu machen, oder daß er es unterlassen hat, den Schaden abzuwenden oder zu vermindern. Wird z. B. auf dem Baugelände durch den Bagger des Unternehmers ein Kabelstrang aufgerissen, so kann beide Vertragsteile ein Verschulden treffen, den Bauherrn, weil er es bei der Planung übersehen hat, das Kabel festzustellen, den Unternehmer, weil ihm das gleiche Versäumnis bei der Ausführung zur Last gelegt werden kann. In diesem Falle haftet der Unternehmer, da er den Schaden durch seine Haftpflichtversicherung gedeckt hat. Wird dagegen ein auf dem Nachbargrundstück nach der Grenze verlaufendes Fernsprechkabel, über das eine große Zahl internationaler Gespräche geführt wird, mit der Folge eines Millionenschadens gefährdet, so trifft den Bauherrn die Hauptlast eines etwaigen Schadens, da eine solche Haftung bei einem deutschen Versicherer mit einer normalen Prämie nicht abzudecken ist. Hat gar der Unternehmer den Bauherrn auf die mit der Ausführung verbundene Gefahr nach § 4 Ziff. 3 schriftlich hingewiesen, so haftet der Bauherr im Innenverhältnis allein.

Jeder Unternehmer ist im eigenen Interesse gezwungen, eine ausreichende *Haftpflichtversicherung* abzuschließen. Die Haftpflichtversicherung deckt im allgemeinen nur Personenschäden und Sachschäden sowie, soweit sie sich darauf erstreckt, auch reine Vermögensschäden. Ein reiner Vermögensschaden tritt z. B. ein, wenn der Unternehmer einen Bauzaun so anbringt, daß ein angrenzendes Ladengeschäft hierdurch einen spürbaren Umsatzrückgang erfährt. Ob jedoch der Unternehmer für den Vermögensschaden haftet, richtet sich nach den Umständen des Einzelfalles, insbesondere danach, ob den Unternehmer ein Verschulden trifft.

Die Versicherungssummen müssen ausreichend sein. Dies liegt auch im Interesse des Bauherrn wegen der gesamtschuldnerischen Haftung. Daher wird zuweilen vor Abschluß der Bauverträge der Nachweis einer ausreichenden Haftpflichtversicherung gefordert.

Nicht selten fehlt es aber an der Kongruenz zwischen der Haftpflicht des Unternehmers und dem Versicherungsschutz durch den Versicherer. Im allgemeinen schließen die von der Versicherungs-Aufsichtsbehörde genehmigten *Allgemeinen Versicherungsbedingungen* der Versicherer bestimmte Haftpflichtfälle von dem Versicherungsschutz aus.

Schäden, die unter die *Gewährleistungsverpflichtung* des Unternehmers fallen, sind nicht versicherbar, denn die Versicherungsgesellschaften können nicht dafür einstehen, daß der Unternehmer seinen Berufspflichten für die vertragsgemäße Herstellung eines Bauwerkes nicht in ordnungsgemäßer Weise nachkommt. Dies ist und bleibt ureigene Sache des Unternehmers.

Deswegen hat der Unternehmer Sachschäden, die *Mängel* darstellen, auf eigene Kosten zu beseitigen. Dies gilt auch für solche Schäden, die im Zusammenhang mit der Mängelbeseitigung entstehen. Müssen Wände und Decken aufgebrochen werden, um mangelhafte Rohrleitungen zu ersetzen, so genießt der Rohrunternehmer für diese Schäden, die aus Anlaß von Garantiearbeiten notwendig werden, keinen Versicherungsschutz.

Stürzt eine Decke infolge eines Mangels ein, so trägt diesen Schaden der Unternehmer allein. Wird aber durch die einstürzende Decke eine weitere, mangelfrei erstellte Decke ebenfalls zum Einsturz gebracht, so ist dies ein *Folgeschaden*, für den der Versicherer wohl Versicherungsschutz gewähren muß.

Versicherungsschutz wird ferner nicht gewährt für vorsätzlich begangene Handlungen, vgl. *Allgemeine Versicherungsbedingungen für Haftpflichtversicherung*, § 4 II.1. Zu diesen zählen auch Schadenszufügungen mit bedingtem Vorsatz, die bei Bauarbeiten eine gewichtige Rolle spielen. Wenn ein Unternehmer Rammarbeiten in der Nähe von Gebäuden übernimmt, so mag er durchaus der Meinung sein, daß durch die Rammarbeiten Schäden an den benachbarten Gebäuden nicht entstehen werden. Wenn nun im Verlauf der Rammarbeiten Risse an einem benachbarten Gebäude verursacht werden und der Unternehmer erhält hiervon Kenntnis, so kann ihm bis zum Zeitpunkt der Kenntnisnahme höchstens der Vorwurf einer fahrlässigen Sachbeschädigung gemacht werden. Von dem Zeitpunkt aber, von dem ab er mit einer an Sicherheit grenzenden Wahrscheinlichkeit annehmen muß, daß weitere Schäden entstehen, handelt er mit *bedingtem Vorsatz*, wenn er trotzdem weiterrammt. Während er vorher gerammt hat in der Erwartung, daß solche Schäden nicht eintreten werden, rammt er nach der Kenntnis der ersten Schäden weiter, obwohl er weiß, daß weitere Schäden mit großer Wahrscheinlichkeit zu erwarten sind. Nunmehr handelt er mit bedingtem Vorsatz. Für den ersten Schaden, bei dem Unternehmer der Vorwurf der Fahrlässigkeit gemacht werden kann, genießt er, falls die Deckung für Rammschäden in die Versicherung eingeschlossen ist, Versicherungsschutz; für die weiteren Schäden aber tritt die Versicherung nicht mehr ein, da sie für Schäden, die mit bedingtem Vorsatz verursacht werden, nicht aufkommt.

Hat der Unternehmer im Falle des § 906 BGB gegen die anerkannten Regeln der Technik verstoßen und haftet er deswegen, so hat der Nachbar neben dem *Ausgleichsanspruch* gegen den Bauherrn einen *Schadensersatzanspruch* gegen den Unternehmer, soweit durch den Verstoß ein zusätzlicher Schaden entstanden ist. Der Unternehmer hat insoweit die alleinige Haftung, so daß die Versicherung ihm im Rahmen des Versicherungsvertrages Versicherungsschutz gewähren muß. Für den Ausgleichsanspruch kommt dagegen die Versicherung grundsätzlich nicht auf. Nur wenn es der Unternehmer vertraglich übernommen hat, den Bauherrn auch von solchen Ausgleichsansprüchen freizustellen und der Versicherungsschutz auch solche vertraglich übernommen, über die gesetzliche Haftung hinausgehende Verpflichtungen deckt, vgl. § 4 I 1 *Allg. Versicherungsbedingungen für Haftpflichtversicherung*, wird Versicherungsschutz gewährt.

Es mehren sich die Fälle, in denen bei der Ausführung von Tiefbauarbeiten, z. B. U-Bahnbauten in großen Städten, Haftungsrisiken in Frage kommen können, die der Höhe nach unübersehbar sind. In solchen Fällen sind die Unternehmer bestrebt, ihre Haftung innerhalb vertretbarer Grenzen dadurch zu halten, daß der Bauherr sie von darüber hinausgehenden Haftpflichtansprüchen freistellt. Diese Forderung wird damit begründet, daß das Haftungsrisiko durch die besondere Art der Baumaßnahmen bedingt ist, durch die Haftpflichtversicherung der Höhe nach nur unzureichend gedeckt werden kann und durch Risikozuschläge im Baupreis nicht mehr erfaßbar ist.

Weitere Fälle, in denen der Unternehmer im allgemeinen keinen Versicherungsschutz genießt, umfassen folgende Ansprüche:

a) Haftpflichtansprüche aus Sachschäden, die durch allmähliche Einwirkung von Feuchtigkeit, Erdrutschungen und Erschütterung infolge Rammarbeiten entstehen, vgl. *Allgemeine Versicherungsbedingungen für Haftpflichtversicherung* § 4 Ziff. 5,

b) Haftpflichtansprüche aus Obhutschäden,
c) Haftpflichtansprüche wegen Schäden an Bauwerken, an denen der Unternehmer arbeitet, oder an nahe damit zusammenhängenden Teilen, Ziff. 6a und b daselbst.
Wird z. B. eine Hausfassade instandgesetzt und werden hierbei Fensterscheiben zertrümmert, so genießt der Unternehmer wegen dieses Schadens keinen Versicherungsschutz. Die Ausschlüsse aus dem Versicherungsschutz können vertraglich aufgehoben werden, was dann jedoch eine manchmal recht empfindliche Prämienerhöhung bedeutet.

Im Hinblick darauf, daß der Bauherr mit einer eigenen Haftung rechnen muß, ist der Abschluß einer Bauherrn-Haftpflichtversicherung im Einzelfall zu überlegen.

Es kommt immer wieder vor, daß *Patentrechte* und andere gewerbliche *Schutzrechte* bei Bauausführung verletzt werden. Für diesen Fall haftet der Bauherr im Innenverhältnis allein, wenn er die Verwendung des geschützten Verfahrens oder der geschützten Stoffe vorgeschrieben und nicht auf das Schutzrecht hingewiesen hat. In diesem Falle kann der Unternehmer davon ausgehen, daß der Bauherr berechtigt ist, das geschützte Gut zu verwenden. Hat der Bauherr aber bei der Ausschreibung darauf hingewiesen oder bietet der Unternehmer erst mit seinem Angebot das Verfahren oder den geschützten Gegenstand an, so trifft ihn im Verhältnis zum Bauherrn die alleinige Haftung, auch wenn er es unterlassen hat, Lizenzgebühren oder ähnliche Kosten in seiner Kalkulation zu berücksichtigen.

### 3.3.3.11 § 11 — Vertragsstrafe

Die Bestimmungen des § 11 entsprechen der gesetzlichen Regelung, vgl. 3.2.9.

### 3.3.3.12 § 12 — Abnahme

Auch für die Abnahme, die in § 12 ergänzend geregelt ist, gelten die gesetzlichen Bestimmungen, vgl. 3.2.13.2. Nach Ziff. 1 des § 12 soll die Abnahme innerhalb von 12 Werktagen durchgeführt werden. Von Bedeutung ist die Bestimmung in Ziff. 2, daß in sich abgeschlossene *Teilleistungen* besonders, also vorzeitig abzunehmen sind, und ebenso Teile der Leistungen, wenn sie durch die weitere Ausführung der Prüfung und Feststellung entzogen werden.

Die Teilnahme bei in sich abgeschlossenen Leistungen setzt auch den Beginn der *Gewährleistungsfrist* hierfür in Lauf, § 13 Ziff. 4, während für andere Teilleistungen erst die Abnahme des Gesamtbauwerkes diese Wirkung hervorruft. Wie wichtig es für den Unternehmer ist, rechtzeitig die Abnahme von in sich geschlossenen Teilleistungen gemäß § 12 Ziff. 2a) zu beantragen, erhellt folgendes Beispiel:

Der Unternehmer hatte Betonfundamente herzustellen. Diese Arbeiten waren vor Beginn des Winters beendet. Er hatte danach noch die Aussparungen, die für die Installation von Maschinenanlagen vorgesehen waren, zu verfüllen. Diese Nebenleistung zur Montage der maschinellen Anlage konnte erst im Frühjahr erbracht werden. Der Unternehmer glaubte irrtümlich, deswegen nicht vorher die Abnahme der Hauptleistung beantragen zu können; ihn traf daher während des ganzen Winters die Verpflichtung gemäß § 4 Ziff. 5 VOB/B, das Bauwerk gegen Winterschäden zu schützen. Im Winter liefen die Aussparungen voll Wasser, das gefror und erhebliche Schäden verursachte, für die der Unternehmer einzustehen hatte. Bei rechtzeitig beantragter Abnahme der Hauptleistung wäre dagegen die Gefahr des Bauwerkes auf den Bauherrn übergegangen.

Die Abnahme kann gemäß Ziff. 3 nur wegen *wesentlicher Mängel* bis zu deren Beseitigung verweigert werden, nicht dagegen wegen geringfügiger Mängel.

Zuweilen ist in den Bauverträgen eine förmliche, schriftliche Abnahme festgelegt. Unterbleibt diese Abnahme, geht aber aus dem Verhalten der Parteien hervor, daß sie das Bauwerk als abgenommen betrachten, etwa deswegen, weil der Bauherr Zahlungen leistet, die erst nach der Abnahme fällig werden, so kann diese Bedingung des Vertrages als stillschweigend aufgehoben angesehen werden. Ist im Bauvertrag nichts über die Abnahme festgelegt und wird keine Abnahme verlangt, so gilt die Leistung als abgenommen mit Ablauf von 12 Werktagen nach der schriftlichen Mitteilung über die Fertigstellung der Leistung.

### 3.3.3.13 § 13 — Gewährleistung

§ 13 behandelt die Gewährleistung des Unternehmers für die Zeit nach der Abnahme. Während das BGB nur eine einheitliche Regelung der Gewähr vor und nach der Abnahme kennt, regelt die VOB die Gewährleistung vor der Abnahme anders und schärfer als nach der Abnahme, vgl. §§ 4 Ziff. 7, 13 Ziff. 7 VOB/B.

Die *Gewährleistungsverpflichtung* ist für die Zeit nach der Abnahme in § 13 Ziff. 1 entsprechend der gesetzlichen Gewährleistung formuliert. Besonders aufgeführt ist, daß die Bauleistung den anerkannten Regeln der Technik entsprechen muß, was jedoch auch bei der gesetzlichen Gewährleistung vorausgesetzt wird.

Diese allgemeine Fassung ist für den einzelnen Fall zu konkretisieren, denn jede Fachrichtung der Technik hat ihre eigenen anerkannten Regeln, die der einzelne nicht alle zu beherrschen vermag. So gibt es solche Regeln für die Baukunst, die der Architekt kennen muß, Regeln für den Betonbau, den vorgespannten Stahlbetonbau, den Stahlbau, den Maschinenbau, die Bautechnik usw. Der Unternehmer muß diese Regeln, soweit sie in sein Fachgebiet einschlagen, beherrschen. Hierbei spielt es keine Rolle, ob er die fachliche Vorbildung hat oder nicht.

Ziff. 3 aaO. bestimmt ausdrücklich, daß der Unternehmer von der Gewährleistung frei ist, wenn der *Mangel* zurückzuführen ist auf

a) die Leistungsbeschreibung,
b) Anordnungen des Bauherrn,
c) die von ihm gelieferten oder vorgeschriebenen Stoffe oder Bauteile,
d) die Beschaffenheit der Vorleistung eines anderen Unternehmers.

Der Unternehmer leistet nur Gewähr für seine eigenen *Bauleistungen*. Seine Bauleistungen enthalten fast stets fremde Elemente, z. B. die Konstruktion des Architekten oder Baustoffe, die der Bauherr liefert. Nicht selten finden sich in den Verträgen Bestimmungen, daß der Unternehmer für solche fremden Bestandteile wie für eigene Leistungen haftet. Da auf diesem Gebiet Vertragsfreiheit herrscht, bleiben solche Verpflichtungen, die ein großes Risiko enthalten können, gültig, auch wenn sie zu einer drückenden Last werden. Mangels solcher Vereinbarungen haftet aber der Unternehmer für die Mangelfreiheit nur, wenn ihm als Baufachmann bei der Prüfung der Konstruktion, der Baustoffe oder der Anordnungen des Architekten ein Fehler unterlaufen ist, der ihm kraft seines Berufes zum Vorwurf gemacht werden kann. Läßt sich ein solcher Fehler nicht feststellen, so ist der Unternehmer von der Gewährleistung befreit.

Aber auch wenn der Unternehmer hierfür einzustehen hat, kann eine Teilung des Schadens nach den Grundsätzen des § 254 BGB dann richtig sein, wenn den Bauherrn ein Mitverschulden trifft. Hat das *Verschulden* eines vom Bauherrn beauftragten Architekten mitgewirkt, so können dem Bauherrn sowohl der Architekt als auch der Unternehmer haften. Dies ist jedoch keine gesamtschuldnerische Haftung im eigentlichen Sinne, denn der Unternehmer hat für seine Leistung einzustehen und kann ein Mitverschulden des vom Bauherrn beauftragten Architekten als dessen Erfüllungsgehilfen dem Bauherrn entgegenhalten, während der Architekt auf Grund seines Vertrages einzustehen hat und ein Mitverschulden des Unternehmers nicht geltend machen kann, wenn in dem Architektenvertrag eine andere Regelung der Haftung für Gewährleistungsansprüche vorgesehen ist, denn der Unternehmer ist nicht Erfüllungsgehilfe des Bauherrn im Verhältnis zum Architekten.

Der Bundesgerichtshof (BGH) hat jedoch auch in besonderen Fällen ein *Gesamtschuldverhältnis* zwischen Architekten und Bauunternehmer bejaht. Er geht dabei davon aus, daß Architekt und Unternehmer das gleiche Bauwerk zu errichten haben, der eine auf geistigem und der andere auf handwerklichem Gebiet. Haben nun beide denselben Fehler dem Bauherrn gegenüber zu vertreten, so ist gegen den Architekten nur ein Anspruch auf Geldersatz gegeben, für den der Unternehmer im Innenverhältnis mithaften kann. In einem solchen Fall kann danach intern zwischen Architekten und Unternehmer eine Ausgleichspflicht gegeben sein, auch wenn der Bauherr bereits vorher gegenüber dem einen Teil auf weitere Ansprüche verzichtet hat. Es ist abzuwarten, ob diese Rechtsprechung sich durchsetzt.

Die *Verjährungsfrist* ist in der VOB anders geregelt als im Gesetz. Während sie nach dem Gesetz bei Bauwerken fünf Jahre beträgt, § 638 BGB, wird sie von der VOB bei Bauwerken und Holzerkrankungen auf zwei Jahre beschränkt. Für Bauarbeiten an einem Grundstück ist sie unverändert mit einem Jahr in die VOB übernommen. Die einjährige Verjährungsfrist gilt auch für von Feuer berührte Teile von Feuerungsanlagen.

Die *Gewährleistungsfrist* beginnt mit der Abnahme der Gesamtleistung, jedoch für in sich abgeschlossene Teile der Leistung mit der Teilabnahme, Ziff. 4 aaO. Nach Ziff. 5 hat der Unternehmer alle Mängel während der Verjährungsfrist, die auf vertragswidrige Leistungen zurückzuführen sind, zu beseitigen, wenn es der Bauherr vor Ablauf der Frist schriftlich verlangt.

Während die Rechte des Bauherrn auf Mängelbeseitigung bei der gesetzlichen Gewährleistungsfrist im allgemeinen nur durch eine rechtzeitige Klageerhebung vor Ablauf der Frist gewahrt werden, genügt nach der VOB die schriftliche Mitteilung des Bauherrn an den Unternehmer innerhalb dieser Frist. Es genügt nicht das Absenden innerhalb der zweijährigen Verjährungsfrist, sondern die Mitteilung muß bei dem Unternehmer innerhalb dieser Frist eingegangen sein. Dann wirkt sie wie eine Unterbrechung, d. h. nunmehr beginnt die zweijährige Verjährungsfrist neu zu laufen, dies aber nur in Ansehung des gerügten Mangels.

Nach der VOB geht die Gewährleistungsverpflichtung des Unternehmers grundsätzlich nicht über die Beseitigung des Mangels hinaus. Handelt es sich jedoch um einen *wesentlichen Mangel*, der die Gebrauchsfähigkeit erheblich beeinträchtigt, und geht dieser auf ein *Verschulden* des Unternehmers zurück, so hat der Unternehmer außerdem den Schaden am Bauwerk zu ersetzen, zu dessen Herstellung, Instandhaltung oder Änderung die Leistung dient. Hatte der Unternehmer z. B. eine Pfahlgründung durchzuführen und erleidet das Bauwerk, das auf den Pfählen erstellt wird, durch Setzungen der Pfähle Schäden, so hat der Unternehmer auch für diese Schäden einzustehen, wenn etwa ein sonst verläßlicher Meister bei der Herstellung der Pfähle die anerkannten Regeln der Pfahlgründungstechnik außer acht gelassen hat. Einen darüber hinausgehenden *Schaden* hat der Unternehmer zu *ersetzen*

a) wenn der Mangel auf Vorsatz oder grober Fahrlässigkeit beruht, oder
b) wenn der Mangel durch einen Verstoß gegen die anerkannten Regeln der Technik verursacht worden ist, oder
c) wenn eine vertraglich zugesicherte Eigenschaft fehlt, oder
d) soweit der Unternehmer den Schaden durch eine Haftpflichtversicherung zu normalen Prämien oder Prämienzuschlägen hätte decken können.

In dem gewählten Beispiel der Pfahlgründung hätte der Unternehmer dem Bauherrn auch den entgangenen Gewinn zu ersetzen, da der Mangel der Pfahlgründung auf einem Verstoß gegen die anerkannten Regeln der Technik beruhte. Gegebenenfalls treffen auch die Voraussetzungen unter d) zu, soweit die *Folgeschäden* Sachschäden sind, die normalerweise durch die Haftpflichtversicherung gedeckt wird.

Wird Versicherungsschutz gewährt, so ist nach Ziff. 7 Abs. 3 nicht die eingeschränkte zweijährige *Verjährungsfrist* für Bauwerke gültig, sondern die gesetzliche *Verjährungsfrist*. Dies gilt auch dann, wenn im Bauvertrag festgelegt ist, daß der Unternehmer einen besonderen Versicherungsschutz für dieses Bauwerk nehmen mußte. Praktische Bedeutung hat diese Bestimmung seither nicht erlangt, da der Versicherungsschutz der Höhe nach stets beschränkt ist und vielfach nur Sachschäden bis DM 30 000,— gedeckt werden.

Die *positive Vertragsverletzung* wird in der VOB nicht ausdrücklich erwähnt, jedoch enthält die VOB Vorschriften über die Regelung dieser Ansprüche im Zusammenhang mit der Gewährleistung. Wenn in Ziff. 7 die Verpflichtung, Schäden am Bauwerk, die nicht eigene Bauleistung betreffen, und darüber hinausgehende Schäden zu ersetzen, eingeschränkt ist, so behandelt dies die Schadensfälle, die nicht unmittelbar die Gewährleistung für Mängel betreffen, die jedoch durch solche Mängel verursacht worden sind. In dem Beispiel des Deckeneinsturzes hat nach der VOB der Unternehmer den Einsturz der mangelfreien Decken nur zu vertreten, wenn bei dem Mangel der ersten Decke ein *Verschulden* des Unternehmers mitgewirkt hat und es sich um einen *wesentlichen Mangel* handelt, der die Gebrauchsfähigkeit erheblich beeinträchtigt. Macht der Bauherr darüber hinaus noch *Schadensersatzansprüche* geltend wegen verspäteter Inbetriebnahme des Bauwerks, so muß der Mangel auf Vorsatz oder grober Fahrlässigkeit beruhen oder eine der anderen Voraussetzungen der Ziff. 7 gegeben sein. Wie in 3.2.7 ausgeführt, hat im Regelfall der Unternehmer zu beweisen, daß ihn kein Verschulden trifft.

Die gesetzliche Verjährungsfrist für positive Vertragsverletzungen richtet sich nach der allgemeinen Regel des § 195 BGB und beträgt 30 Jahre. Aus Ziff. 7 kann jedoch entnommen werden, daß die kürzesten Verjährungsfristen der VOB auch für diese Ansprüche aus Ziff. 7 gelten. Besteht jedoch Versicherungsschutz durch eine Haftpflichtversicherung, so verbleibt es bei der gesetzlichen Verjährungsfrist von 30 Jahren, vgl. Ziff. 7, Abs. 3.

### 3.3.3.14 § 14 — Abrechnung

Hier werden Regeln über die Abrechnung aufgestellt, von denen die in Ziff. 2 bedeutsam sind. Danach sind die für die Abrechnung notwendigen Feststellungen, also insbesondere die *Aufmaße* (vgl. 2.2.3.2), dem Fortgang der Leistung entsprechend, möglichst gemeinsam vorzunehmen, und der Unternehmer hat für Leistungen, die durch die Weiterführung der Arbeiten der Feststellung entzogen werden, rechtzeitig bei dem Bauherrn gemeinsame Feststellungen zu beantragen.

Es kann vorkommen, daß der Bauherr diese gemeinsame Feststellung ablehnt, vor allem dann, wenn der Unternehmer glaubt, eine andere Leistung ausführen zu müssen als im Leistungsverzeichnis gefordert, und der Bauherr dies bestreitet. Dann muß der Unternehmer einseitig diese Feststellungen so verankern, daß sie ggf. in einem späteren Verfahren beweiskräftig sind. Er muß den Bauherrn in Verzug setzen und die Beweise sichern. Eine gerichtliche *Beweissicherung* wird nur in besonderen Ausnahmefälle in Frage kommen, weil hierdurch das Vertrauensverhältnis zwischen den Parteien gestört werden kann.

Ziff. 3 bestimmt, daß die *Schlußrechnung* innerhalb einer bestimmten Frist, je nach der Länge der Ausführungszeit, einzureichen ist.

Nach Ziff. 4 kann der Bauherr, wenn der Unternehmer eine prüfungsfähige Schlußrechnung nach Fristsetzung nicht einreicht, sie selbst aufstellen und die Kosten hierfür dem Unternehmer in Rechnung stellen.

### 3.3.3.15 § 15 — Stundenlohnarbeiten

Diese müssen vor Beginn ausdrücklich vereinbart sein, § 2 Ziff. 9 VOB/B. Ihre Ausführung ist ebenfalls vor dem Beginn der Arbeiten dem Bauherrn anzuzeigen. Stundenlohnzettel sind einzureichen, damit sie der Bauherr anerkennt, Ziff. 5. Die Ziffern 1 bis 4 treffen im wesentlichen Bestimmungen über die Vergütung der Stundenlohnarbeiten und welche Zuschläge zu zahlen sind.

### 3.3.3.16 § 16 — Zahlung

§ 16 trifft in Ziff. 1 Bestimmungen über *Abschlagszahlungen*. Der Unternehmer hat seine Leistungen in regelmäßigen Abständen oder zu den im Vertrag festgelegten Terminen prüfungsfähig nachzuweisen. Abschlagszahlungen hierauf, die vertraglich meist auf 90% festgelegt werden, sind innerhalb von ein bis zwei Wochen zu zahlen. Die Abschlagszahlungen gelten nicht als Abnahme von *Teilleistungen*, Ziff. 1. Der *Schlußzahlung* hat die Einreichung der prüfungsfähigen Schlußrechnung vorauszugehen (vgl. 2.2.3.3.1). Sie soll innerhalb von zwei Monaten erfolgen. Falls Positionen streitig oder unklar sind, ist das unbestrittene Guthaben als Abschlagszahlung (vgl. 2.2.3.3.2) sofort zu zahlen.

Ziff. 2 legt fest, daß die vorbehaltlose Annahme der Schlußzahlung *Nachforderungen* ausschließt. Dies gilt auch für Forderungen, die im Laufe der Bauzeit erhoben, aber noch nicht erledigt sind. Auch sie müssen nochmals ausdrücklich vorbehalten werden. Der Vorbehalt muß innerhalb von zwei Wochen durch eine prüfungsfähige Rechnung belegt werden, oder er muß innerhalb dieser Frist eingehend begründet werden.

Diese Bestimmung führt zu bedenklichen Folgen. Fast alle Bauarbeiten der öffentlichen Hand werden vom *Bundesrechnungshof* oder ähnlichen Stellen nachgeprüft. Diese Prüfungen, für die eine Frist nicht gesetzt ist, können sich dahin auswirken, daß der Unternehmer nach drei oder vier Jahren von seinem öffentlichen Bauherrn die Mitteilung erhält, bei der Abrechnung sei falsch aufgemessen worden oder es seien preisrechtliche Bestimmungen über Lohnerhöhungen nicht beachtet worden. Aus diesem Gesichtspunkt der ungerechtfertigten Bereicherung müsse daher der Unternehmer diesen Betrag zurückzahlen. Will der Unternehmer dann Gegenforderungen erneut aufgreifen, so steht dem die Bestimmung in § 16 Ziff. 2 entgegen.

Bei größeren Bauvorhaben der öffentlichen Hand stellt die Schlußabrechnung vielfach eine Verständigung über zahlreiche Einzelfragen dar. In oft monatelanger Arbeit werden die einzelnen Positionen beiderseits geprüft und im Wege beiderseitigen Nachgebens abgestimmt. Trifft dies zu, dann kann die Schlußrechnung nicht einseitig wieder aufgerollt werden. Sie enthält vielmehr Elemente einer vergleichsweisen Regelung nach § 779 BGB, durch die die Unstimmigkeiten der beiderseitigen Auffassungen beseitigt werden und die nur unter den Voraussetzungen des genannten Paragraphen als unwirksam angesehen werden kann. Es läßt sich also nicht begründen, wenn die Verwaltung nach Jahren einseitig solche Ansprüche erhebt, die, da der Rechnungshof dahinter steht, mit Hartnäckigkeit verfolgt werden. Bauarbeiten verlangen auf Seiten des öffentlichen Bauherrn selbstverantwortliche Vertreter, die gewillt und in der Lage sind, die zahlreichen, im Verlauf einer großen Bauarbeit zutage tretenden Zweifelsfragen bindend zu klären und zu erledigen. Selbst wenn im Einzelfall zweifelhaft sein kann, ob die Entscheidung, die der Bauherr getroffen hat, richtig ist, so muß sie durch die seinem Vertreter notwendigerweise innewohnende Befugnis gedeckt sein und kann daher nicht zu einem späteren Zeitpunkt erneut aufgerollt werden. Inzwischen sind auf Veranlassung des Bundesrechnungshofes die zusätzlichen Vertragsbedingungen des Bundes zu diesem Punkt geändert worden.

Nach einer Teilabnahme, § 12 Ziff. 2a), kann dieser Teil der Bauleistung endgültig abgerechnet werden, § 16 Ziff. 3.

Nach Ziff. 4 sind *Skontoabzüge* unzulässig. Wirtschaftszweige, die bei Barzahlung einen Skonto gewöhnt sind, können diese Sitte nicht auf Bauleistungen übertragen, da in die Baupreise hierfür nichts eingerechnet ist.

Zahlt der Bauherr bei Fälligkeit nicht, so kann der Unternehmer *Verzugszinsen* fordern, wenn er dem Bauherrn eine angemessene Nachfrist gesetzt hat, vgl. 2.2.3.4.

Ziff. 5 gibt dem Bauherrn das Recht, unmittelbar an bestimmte Gläubiger des Unternehmers Zahlungen zu leisten, wenn diese Gläubiger an den Bauleistungen des Unternehmers auf Grund von Dienst- oder Werkverträgen beteiligt waren.

Es kommt nicht selten vor, daß ein Bauunternehmer zur Durchführung eines Auftrages einen *Bankkredit* in Anspruch nehmen muß und daß die Bank sich zur Sicherung ihres Kredites die Forderungen des Unternehmers aus dem Bauvertrag abtreten läßt. Zur weiteren Sicherung verlangt in solchen Fällen die Bank von dem Bauherrn eine Erklärung, wonach er die Abtretung anerkennt. In der von der Bank formulierten Erklärung befindet sich öfters außerdem eine Erklärung über die Höhe der Forderung und darüber, daß Rechte Dritter an der Forderung oder eigene zur Aufrechnung geeignete Gegenansprüche nicht entgegenstehen.

Glaubt der Bauherr, späterhin Zahlungen verweigern zu können, weil der Unternehmer mangelhafte Arbeiten geleistet hat, oder macht er sonstige Gegenansprüche geltend, so erhebt sich die Frage, ob der Bauherr auch der Bank gegenüber berechtigt ist, die Zahlung zu verweigern. Diese Frage hat schon wiederholt zu Prozessen vor den ordentlichen Gerichten geführt und den Bauherrn in eine unangenehme Lage gebracht.

Der Bauherr muß daher die von ihm gewünschte *Bestätigung* daraufhin überprüfen, ob nicht die Bestätigung aufgefaßt werden kann als:

a) eine vom Schuldgrund losgelöste selbständige Zahlungsverpflichtung. In diesem Falle werden für den Bauherrn gegenüber der Bank alle Einwendungen ausgeschlossen, die er in dem Zeitpunkt der Bestätigung kannte, oder mit denen er damals rechnete. Möglicherweise kann der Ausschluß sich auch auf zu diesem Zeitpunkt noch unbekannte Einwendungen erstrecken.

b) ein bestätigendes Anerkenntnis über die Kenntnisnahme von der Abtretung der Forderung. In diesem Falle können ebenfalls Einwendungen in dem Umfange zu a) als ausgeschlossen angesehen werden.

c) Verzicht auf Einwendungen, mit denen der Bauherr bei Abgabe der Bestätigung noch nicht rechnete. In diesem Falle können der Bank gegenüber keine Einwendungen wegen mangelhafter Bauausführung entgegen gehalten werden.

Es empfiehlt sich daher, solche Bestätigungen darauf zu beschränken, daß ein Bauvertrag mit einer vorläufigen Bausumme von DM ... abgeschlossen ist, daß der Bauherr von der Abtretung der geldlichen Forderung aus dem Bauvertrag Kenntnis genommen hat, daß er sich aber alle Einwendungen und Gegenansprüche aus dem Vertragsverhältnis auch der Bank gegenüber vorbehält.

### 3.3.3.17 § 17 — Sicherheitsleistung

§ 17 stellt Vorschriften auf für die Sicherheitsleistung, die dem Unternehmer durch den Bauvertrag auferlegt wird.

Die Sicherheitsleistung dient

a) der vertragsmäßigen Durchführung der Bauleistung,
b) der Erfüllung der Gewährleistung.

Im allgemeinen wird die Sicherheit für a) dadurch geleistet, daß der Bauherr von den Abschlagszahlungen 10% einbehält, vgl. Ziff. 8 aaO. Für die Sicherheitsleistung gelten die gesetzlichen Vorschriften der §§ 232 bis 240 BGB.

Danach kann Sicherheit geleistet werden durch Hinterlegung von Geld oder Wertpapieren, durch Verpfändung, durch Hypotheken u. a. Auch die Sicherheitsleistung durch Bürgen ist zulässig, Ziff. 2 aaO. Der Unternehmer hat die Wahl, in welcher Form er Sicherheit stellen will, Ziff. 3. Er kann eine Sicherheit durch die andere ersetzen. Auch Sichtwechsel sind ausnahmsweise zulässig, Ziff. 5.

### 3.3.3.18 § 18 — Streitigkeiten

§ 18 trifft Bestimmungen für den Fall, daß Punkte des *Bauvertrages* streitig werden. Private Bauherren sind im allgemeinen bereit, solche Streitigkeiten durch ein *Schiedsgericht* entscheiden zu lassen. Schiedsgerichtsverfahren haben den Vorteil, daß ein Streit verhältnismäßig schnell und ohne allzu hohe Kosten entschieden wird, während die schiedsrichterlichen Entscheidungen nicht so sehr wie die der ordentlichen Gerichte von juristischen Erwägungen, sondern auch von Billigkeitsgesichtspunkten getragen sein können. Deswegen und aus Gründen allgemeiner Erwägung lehnt der öffentliche Bauherr Schiedsgerichtsverfahren grundsätzlich ab. Es bleibt in diesem Fall nur der ordentliche Rechtsweg, den wiederum der Unternehmer nur ungern beschreitet.

Deshalb ist die Bestimmung in Ziff. 2 aaO., daß bei Meinungsverschiedenheiten der Unternehmer zunächst die der auftraggebenden Stelle unmittelbar *vorgesetzte Stelle* anrufen soll, von erheblicher Bedeutung. Die unmittelbar vorgesetzte Stelle ist die Behörde, die die Kompetenz hat, sachlich als Vertreter des Bauherrn zu entscheiden, ohne daß sie jedoch bereits vorher die Streitpunkte bearbeitet hat. Bei Streitigkeiten mit einem Wasser- und Schiffahrtsamt kommt daher nicht in Frage die dem Amt unmittelbar vorgesetzte Abteilung der Wasser- und Schiffahrtsdirektion, mit der das Amt die Streitpunkte oft bereits eingehend erörtert hat, wohl aber der Präsident der Wasser- und Schiffahrtsdirektion, der im allgemeinen einen unmittelbaren Einfluß vorher nicht ausgeübt hat. Für die Verhandlungen wird also die Unbefangenheit der angerufenen Stelle vorausgesetzt, da nur in diesem Falle ein fruchtbares Gespräch stattfinden kann. Hierbei ist zu beachten, daß auch die vorgesetzte Dienststelle an die Verträge gebunden ist und nur innerhalb dieses Rahmens und dem ihr belassenen Ermessensspielraum mit dem Unternehmer verhandeln kann.

Erteilt die vorgesetzte Behörde dem Unternehmer einen schriftlichen Bescheid, so ist in ihm darauf hinzuweisen, daß die Entscheidung als anerkannt gilt, wenn der Unternehmer nicht innerhalb eines Monats schriftlich Einspruch erhebt.

Ziff. 3 legt ein *Schiedsgutachterverfahren* fest, wenn Meinungsverschiedenheiten über die Eigenschaften von bestimmten Stoffen und über die Zulässigkeit oder Zuverlässigkeit der angewendeten Prüfungsverfahren bestehen. Danach kann jeder Vertragsteil die materialtechnische Untersuchung durch eine anerkannte Material-Prüfungsstelle vornehmen lassen. Die Feststellungen dieser Prüfungsstelle sind für beide Teile verbindlich.

Ziff. 4 legt fest, daß der Unternehmer nicht berechtigt ist, bei Streitfällen die Arbeiten einzustellen. Einstellung der Arbeiten kann bedeuten, eine endgültige Einstellung mit Räumung der Baustelle, was danach nicht gestattet ist, oder eine vorübergehende Einstellung. Bedeutet die vorübergehende Einstellung die Ausübung eines *Zurückbehaltungsrechtes* gemäß § 273 BGB, so erhebt sich die Frage, ob auch dieses Zurückbehaltungsrecht hier ausgeschlossen sein soll. Die gleiche Frage stellt sich, wenn ein Anspruch des Unternehmers zwar noch nicht streitig geworden ist, jedoch etwa bei abgeänderter Leistung, § 2 Ziff. 5 VOB/B, oder bei zusätzlicher Leistung, Ziff. 6 aaO., zur Debatte steht, ohne daß der beiderseitige Standpunkt angenähert werden kann. Das Zurückbehaltungsrecht des § 273 BGB kann grundsätzlich dann nicht ausgeübt werden, wenn der Unternehmer zur Vorleistung verpflichtet ist. Dies ist bei Bauverträgen grundsätzlich der Fall. Anders liegt der Fall jedoch, wenn der Bauherr fällige *Abschlagszahlungen* nicht leistet. Abschlagszahlungen haben den Charakter einer echten Gegenleistung. Man wird daher davon ausgehen können, daß der Unternehmer nicht nur mit seinen Bauleistungen zurückhalten kann, wenn fällige Abschlagszahlungen nicht geleistet werden, sondern auch dann, wenn *zusätzliche Leistungen* von ihm gefordert werden, die nach dem Leistungsverzeichnis nicht zu erbringen sind und ein Einverständnis über die Vergütung nicht zu erzielen ist. Dagegen wird bei abgeänderten Leistungen, wenn der Bauherr zunächst bereit ist, die im Vertrag festgelegte Vergütung zu entrichten, ein solches Zurückbehaltungsrecht nicht als zulässig angesehen werden können.

### 3.3.3.19 Arbeitsunfälle im Baubetrieb, gesetzliche Unfallversicherung (Anhang zu 3.3.3.10)

Mit der zunehmenden Technisierung unserer Wirtschaft im 19. Jahrhundert ereigneten sich in wachsendem Maße Arbeitsunfälle innerhalb der einzelnen Industriebetriebe. Insbesondere im Baugewerbe häuften sich diese Fälle.

Sie konnten nach dem geltenden bürgerlichen Recht selten befriedigend gelöst werden. Vielfach fehlte es an dem *Verschulden* eines anderen oder zumindest an einem ausreichenden Beweis hierfür. Der Unternehmer selbst konnte meist nicht für das Verschulden anderer Arbeitnehmer innerhalb des Betriebes haftbar gemacht werden, so daß die Verunfallten und ihre Familien letztlich der öffentlichen Fürsorge zur Last fielen. Um diesem wenig befriedigenden Zustand abzuhelfen, wurde auf öffentlich-rechtlicher Basis eine Versicherung gegen solche Unfälle durch den Gesetzgeber in der *Reichsversicherungsordnung* (RVO) festgelegt. Die RVO, die auch die gesetzliche Krankenversicherung regelt, enthält in ihrem dritten Buch die Bestimmungen über die gesetzliche *Unfallversicherung*. Diese Bestimmungen sind durch das *Unfallversicherungsneuregelungsgesetz* vom 30. 4. 1963 mit Wirkung vom 1. 7. 1963 ab in wesentlichen Punkten abgeändert worden. Diese Abänderungen sind hier berücksichtigt, jedoch lassen sich ihre Auswirkungen noch nicht voll übersehen.

Nach der RVO sind alle in einem Baubetrieb auf Grund eines Arbeits-, Dienst- oder Lehrverhältnisses Beschäftigten gegen Unfälle im Betrieb versichert. Hierbei gelten auch Unfälle auf dem *Weg* nach und von der Arbeitsstätte als *Arbeitsunfall*.

Versichert sind die Folgen von *Körperverletzungen*, *Tötung* oder der Beschädigung eines *Körperersatzstückes*. Nicht versichert sind Sachbeschädigungen, z. B. die beim Unfall beschädigten Kleidungsstücke. Ausgeschlossen von der Versicherung sind ferner Unfälle, die der Verunfallte vorsätzlich herbeigeführt hat, und Unfälle anläßlich des Begehens eines Verbrechens oder vorsätzlichen Vergehens.

Die *Unfallfürsorge* umfaßt die erforderliche Krankenbehandlung und angemessenes Krankengeld, ggf. eine Rente für den Verunfallten und seine Hinterbliebenen und alle geeigneten Mittel, um den Verunfallten wieder seinem früheren Beruf oder einen ihm nach der Verletzung geeigneten Beruf zuzuführen. Die Rente beläuft sich bei völliger Erwerbsunfähigkeit auf zwei Drittel des seitherigen Arbeitsverdienstes; sie ist steuer- und sozialversicherungsfrei. Grundsätzlich erhalten auch die Witwe und die Kinder eines Getöteten eine Rente.

Träger der Versicherung sind die für diesen Zweck geschaffenen *Berufsgenossenschaften*, Körperschaften des öffentlichen Rechts. In der Bauwirtschaft gibt es für Hoch- und Tiefbau verschiedene Berufsgenossenschaften. Die *Tiefbauberufsgenossenschaft*, die sich über das gesamte Bundesgebiet erstreckt, hat ihren Sitz in München. Sie unterhält in verschiedenen Städten des Bundesgebietes Gebietsverwaltungen. Für den Hochbau gibt es dagegen verschiedene selbständige Berufsgenossenschaften, z. B. in Frankfurt am Main eine Genossenschaft, die für Hessen und Rheinland-Pfalz zuständig ist. Die Frankfurter Genossenschaft ist federführend für gemeinsame Aufgaben der *Bauberufsgenossenschaften im Hochbau*.

Die Organisation der einzelnen Genossenschaften wird durch ihre Satzung bestimmt. Jeder Bauunternehmer ist zwangsläufig Mitglied seiner Berufsgenossenschaft. Betreibt ein Bauunternehmer sowohl Hochbau als auch Tiefbau, so gehört er beiden Genossenschaften an.

Die Mittel, die die Berufsgenossenschaften für ihre Zwecke aufzuwenden haben, werden ausschließlich durch Beiträge der Unternehmer aufgebracht. Der Vorstand verwaltet diese Mittel. Er hat Gefahrtarife der Genossenschaftsversammlung vorzuschlagen, nach denen die Höhe der Beiträge unter Berücksichtigung der Lohnsummen abgestuft sind. Auch können besonders unfallträchtigen Betrieben Zuschläge hierzu auferlegt werden.

Außerordentlich wichtig sind die Bestimmungen der RVO über die *Unfallverhütung*. Die Bauberufsgenossenschaften haben Unfallverhütungsvorschriften und Sicherheitsvorschriften für die Bedienung der einzelnen Baugeräte erlassen, die regelmäßig dem Stand der Technik angepaßt werden und bei deren Beachtung die Unfälle auf den Baustellen auf ein Mindestmaß beschränkt werden. Technische Aufsichtsbeamte der Berufsgenossenschaften überwachen die Einhaltung dieser Vorschriften.

Durch die Beiträge, die die Unternehmer an die Berufsgenossenschaften zahlen, ist die Gewähr dafür, daß die Unfallfolgen, mögen sie auf höhere Gewalt oder andere unabwendbare Ereignisse zurückzuführen sein oder auf ein Verschulden von Arbeitskameraden oder Vorgesetzten, schnell, ausreichend und ohne langwierige Prozesse behoben werden können.

Da die Unternehmer nach dem Grundsatz der *Gefährdungshaftung* auch für solche Unfälle materiell aufzukommen haben, für die sie nach bürgerlichem Recht keine Verantwortung tragen, ist in den §§ 636ff. RVO ihre bürgerlich-rechtliche Haftpflicht stark eingeschränkt worden. Danach ist der Unternehmer den in seinem Unternehmen tätigen Versicherten, deren Angehörigen und Hinterbliebenen nach anderen gesetzlichen Vorschriften zum Ersatz des Personenschadens bei einem Arbeitsunfall nur dann verpflichtet, wenn er den Arbeitsunfall vorsätzlich herbeigeführt hat oder wenn der Arbeitsunfall bei der Teilnahme am allgemeinen Verkehr eingetreten ist. Diese *Haftungsbeschränkung* besteht auch dann, wenn kein Anspruch auf eine Versicherungsrente gegeben ist, weil sich z. B. die Erwerbsfähigkeit um nicht mehr als 20% vermindert hat. Stehen dem Geschädigten Ansprüche gegen den Unternehmer zu, so vermindern sie sich um die Leistungen, die er infolge des Arbeitsunfalles von der Berufsgenossenschaft erhält.

Die gleiche Beschränkung gilt für Ersatzansprüche Versicherter, die Beschäftigte eines weiteren Unternehmers sind. Weitere Unternehmer sind solche, die den Versicherten auf Grund eines Leih-Arbeitsverhältnisses, eines Arbeitsverhältnisses bei einer Arbeitsgemeinschaft oder auf Grund einer Hilfeleistung vorübergehend beschäftigen. Der zu einer *Arbeitsgemeinschaft* überstellte, aber nicht in ihre Dienste getretene Stammarbeiter eines Bauunternehmers hat danach grundsätzlich keine bürgerlich-rechtlichen Haftpflichtansprüche aus Anlaß eines Betriebsunfalls gegenüber anderen Partnern dieser Arbeitsgemeinschaft.

Die vor dem *Unfallversicherungsneuregelungsgesetz* weiter notwendige Voraussetzung, daß die vorsätzliche Schadenszufügung strafgerichtlich festgestellt worden sein muß, entfällt künftighin. Während ferner seither Ansprüche gegen Arbeitskollegen, die nicht Repräsentanten oder Dienstvorgesetzte waren, nicht beschränkt waren, unterliegen nunmehr alle privatrechtlichen *Schadensersatzansprüche* der in demselben Betrieb tätigen Betriebsangehörigen untereinander den gleichen Beschränkungen wie die Ansprüche gegen die Unternehmer, wenn der Arbeitsunfall durch eine betriebliche Tätigkeit der Betriebsangehörigen verursacht worden ist.

Die Bauunternehmer können jedoch zusätzlich zu ihrer allgemeinen Beitragspflicht von den Berufsgenossenschaften für den Ersatz ihrer Aufwendungen regreßpflichtig gemacht werden, wenn sie den Arbeitsunfall vorsätzlich oder grob fahrlässig herbeigeführt haben. Das gleiche gilt für die Regreßpflicht von Betriebsangehörigen. Früher konnte der von der Berufsgenossenschaft in Anspruch genommene Unternehmer gegen den Beschluß des Vorstandes die Entscheidung der Genossenschaftsversammlung anrufen. Dieses gesetzliche Recht ist künftighin nicht mehr gegeben. Die Möglichkeit der Anrufung der Genossenschaftsversammlung wird sich jedoch regelmäßig aus der Satzung der Berufsgenossenschaft ergeben.

Der Regreßpflichtige kann nicht einwenden, der Verletzte habe den Arbeitsunfall mitverschuldet oder er habe überhaupt keinen Schaden, weil er nach dem Arbeitsunfall das gleiche verdiene wie vorher, denn der Ersatzanspruch der Berufsgenossenschaft ist kein aus dem Anspruch des Versicherten abgeleiteter Anspruch, sondern ein Anspruch eigenen Rechts.

Neu ist die Bestimmung des *Unfallneuregelungsgesetzes*, daß die Berufsgenossenschaft auf den Ersatzanspruch verzichten kann, wenn dies nach billigem Ermessen, insbesondere unter Berücksichtigung der wirtschaftlichen Verhältnisse, vertretbar erscheint.

Der Unternehmer genießt im allgemeinen Versicherungsschutz seiner *Haftpflichtversicherung* gegen solche Regreßansprüche, ebenso seine Aufsichtspersonen. Nicht dagegen erstreckt sich der Versicherungsschutz auf Ansprüche, die gegen andere Arbeitskollegen erhoben werden.

Nunmehr müssen auch Unternehmer, die mehr als 20 Arbeitnehmer beschäftigen, *Sicherheitsbeauftragte* bestellen. Die Unternehmer sind künftighin verpflichtet, die Versicherten über die Unfallverhütungsvorschriften und die Strafbestimmungen bei Verstoß gegen diese Vorschriften zu unterrichten. Die Aufsichtsbeamten der Berufsgenossenschaften sind nunmehr berechtigt, Auskünfte über Einrichtungen oder Arbeitsverfahren zu verlangen und Proben von Arbeitsstoffen zu entnehmen, sie können sogar sofort vollziehbare Anordnungen zur Beseitigung von Unfallgefahren treffen.

Die Rechtsprechung ist in der Frage der Haftung eines Arbeitnehmers für einen Unfall, den er bei einem Arbeitskollegen schuldhaft herbeigeführt hat, neue Wege gegangen. Sie hat diese Haftung bei gefahrengeneigten Arbeiten eingeschränkt und den Arbeitnehmer freigestellt, wenn seine Schuld im Hinblick auf die Gefahr der ihm übertragenen Arbeiten nach den Umständen des Einzelfalles nicht schwer wiegt. Es bleibt abzuwarten, inwieweit sich die neuen Bestimmungen des Unfallversicherungsneuregelungsgesetzes auf diese Rechtsprechung auswirken.

### 3.3.4 VOB Teil C — Allgemeine Technische Vorschriften

Wie aus der Überschrift von VOB/C hervorgeht, handelt es sich hier um technische Vorschriften. Jedoch haben diese Vorschriften erhebliche Rückwirkungen auf die rechtliche Beurteilung des Bauvertrages, so daß insoweit auf sie eingegangen werden muß. Teil C gibt für eine große Zahl von Arbeiten ins einzelne gehende Hinweise und Vorschriften.

In dieser Darstellung kann nur beispielhaft bei einigen dieser Arbeiten auf die Rechtsfragen hingewiesen werden, die sich dort ergeben und die grundsätzlich auch für alle anderen Arbeiten gelten. Es werden zu diesem Zwecke herausgegriffen:

#### 3.3.4.1 Erdarbeiten (DIN 18300)

**3.3.4.1.1 Hinweise für die Leistungsbeschreibung (Ziff. 0).** Zunächst gibt Teil C unter Ziff. 0 bei allen Arbeiten Hinweise für die *Leistungsbeschreibung* mit der Anmerkung, daß diese Hinweise nicht Vertragsbestandteil werden. Diese Anmerkung gibt dem Bauherrn jedoch keinen Freibrief, vielmehr ist stets zu untersuchen, ob er nicht aus anderen Rechtsgründen diese Hinweise zu beachten hat und ggf. bei ihrer Verletzung ersatzpflichtig wird. Es gilt nämlich auch hier das zu § 9 VOB/A Gesagte, daß der Bauherr gegenüber dem Unternehmer die Verpflichtung bereits vor Vertragsabschluß hat, die Leistung so eingehend wie möglich zu beschreiben und im *Leistungsverzeichnis* die Positionen so zu umreißen, daß der Unternehmer in der Lage ist, seinen Aufwand zu berechnen und danach seinen Preis abzugeben.

Auch dort, wo ein *Verschulden* nicht in Frage kommt, kann den Bauherrn trotzdem das Vergütungswagnis treffen, nämlich dann, wenn ihn das *Bauwagnis* belastet. Da der Untergrund in das Wagnis des Bauherrn fällt, hat er für etwaige, trotz genauer Bodenuntersuchungen unvorhergesehene Mehrleistungen eine angemessene Vergütung zu zahlen.

Wenn nun Teil C Hinweise auf die Leistungsbeschreibung gibt, so bedeutet das, daß nach der VOB, die im allgemeinen die im Baugeschehen geltende Verkehrssitte und Üblichkeit wiedergibt, der Bauherr sein Leistungsverzeichnis daraufhin unter Beachtung dieser Gesichtspunkte aufzustellen hat. Zum Beispiel ist anzugeben

a) nach DIN 18300 O. Z. 0.105, in welchem Umfange Mutterboden abzutragen und besonders zu schützen ist,
b) nach 0.110 sind Schürfgruben und Bohrergebnisse anzugeben,
c) nach 0.111 Gründungstiefen, Gründungsarten und Lasten benachbarter Bauwerke,
d) nach 0.112 oder vermutete Hindernisse im Bereich der Baustelle, z. B. Leitungen, Kanäle, Bauwerksreste und
e) nach 0.115 die verschiedenen Längen der Förderungswege, wenn sie voraussichtlich 50 m überschreiten.

**3.3.4.1.2 Bodenklassen** [32]. In Ziff. 2 sind die Bodenklassen nach dem Widerstand, den sie dem Gewinnen entgegensetzen, also nach den Geräten, die der Unternehmer für das Gewinnen und Bearbeiten benötigt, eingeteilt in

2.21 Mutterboden,
2.22 wasserhaltender Boden, insbesondere Schluff, der nicht selten zu großen Schwierigkeiten bei der Bauausführung Anlaß gibt,
2.23 leichter Boden,
2.24 bündiger, mittelschwerer Boden,
2.26 schwerer Boden,
2.27 leichter Fels,
2.28 schwerer Fels.

Vorangestellt werden den Bodenklassen unter O. Z. 2.1 Baugrunduntersuchungen und Wasserbohrungen und deren Ergebnisse.

Nach diesen Klassen setzt der Bauherr die hierfür in Frage kommenden Positionen des *Leistungsverzeichnisses* ein. Er hat demgemäß auch für die Richtigkeit dieser Bezeichnung im Leistungsverzeichnis einzustehen. Wie gesagt, ist diese Einteilung nicht als endgültig bindende anzusehen. Werden Bodenschichten angetroffen, die nicht in diese Klassifizierung fallen, so sind sie nach allgemeinen Grundsätzen zu beurteilen und zu vergüten.

Unter O.Z. 3 — *Ausführung* — ist in 3.031 festgelegt, daß es dem Unternehmer freisteht, wie er den Boden gewinnt, wenn in der Leistungsbeschreibung nichts anderes vorgeschrieben ist.

Nach 3.042 gilt für die Preisermittlung als größte Länge des *Förderungsweges* 50 m, wenn in der Leistungsbeschreibung keine anderen Längen angegeben sind.

3.05 enthält über Arbeitsraum und Sohle der Baugrube im wesentlichen technische Vorschriften, ebenso für Böschungen, Behandlung der einzelnen Bodenarten, insbesondere Mutterboden.

Unter 3.073 solche über Mutterboden-Abtrag und -Auftrag, das Zwischenlagern und den Schutz des Mutterbodens, über das Hinterfüllen und Überschütten von Bauwerken, das Arbeiten bei und nach Frostwetter u. a. m.

**3.3.4.1.3 Nebenleistungen.** O. Z. 4 enthält Vorschriften über Nebenleistungen. Unter Nebenleistungen versteht die VOB Leistungen, die auch ohne Erwähnung in der *Leistungsbeschreibung* zur vertraglichen Leistung gehören, vgl. § 2 Ziff. 1 VOB/B. Es wird unterschieden zwischen Leistungen, die stets Nebenleistungen sind, O.Z. 4.1, und Leistungen, die Nebenleistungen sind, wenn sie nicht als besondere Positionen des *Leistungsverzeich-*

*nisses* erscheinen, O.Z. 4.2, und Leistungen, die keine Nebenleistungen sind, O.Z. 4.3, die also stets als besondere Positionen im Leistungsverzeichnis angegeben werden müssen.

Dies bedeutet zunächst einmal, daß der Unternehmer in allen Positionen, für die Nebenleistungen in Frage kommen, die Aufwendungen für diese Nebenleistungen einzurechnen hat, O.Z. 4.1.

Wenn Leistungen der O.Z. 4.2 als besondere Positionen des Leistungsverzeichnisses erfaßt werden, folgen sie der Regel nach 4.1. Zum Beispiel wird das Einrichten und Räumen der *Baustelle* einschl. Vorhalten der Baustelleneinrichtung sehr oft als besondere Position in das Leistungsverzeichnis eingesetzt, für die dann im allgemeinen eine Pauschale zu berechnen ist. Findet sich aber im Leistungsverzeichnis keine Position hierfür, so muß der Unternehmer die Kosten dafür auf die *Einheitspreise* anderer Leistungen, z. B. das Gewinnen von Boden, einrechnen. Unterläßt der Unternehmer diese Einrechnung oder erfaßt er die erforderlichen Geräte nicht in vollem Umfange, so geht dies zu seinen Lasten. Er ist demnach rechtlich verpflichtet, diese Leistung in vollem Umfange als Nebenleistung zu erbringen, wenn sie nicht im Leistungsverzeichnis enthalten ist.

Wenn jedoch die Bodenarten im Leistungsverzeichnis nicht richtig bezeichnet sind und der Unternehmer schwerere Geräte einsetzen muß und längere Zeit für die Arbeiten benötigt, weil im wesentlichen kein leichter Fels, O.Z. 2.27, angetroffen wird, sondern schwerer Fels, O.Z. 2.28, so liegt nicht eine Nebenleistung vor, sondern an Stelle der in der Position geforderten Leistung wird eine andere erbracht.

Die rechtliche Bedeutung der O.Z. 4.3 ist, daß nach der Üblichkeit die dort im einzelnen angegebenen Leistungen stets als besondere Positionen aufgeführt werden müssen. Ist das nicht der Fall, so handelt es sich um zusätzliche Arbeiten, die zwar gemäß § 2 Ziff. 6 VOB/B zu erbringen sind, für die aber die Vergütung noch nachträglich besonders festzusetzen ist. Zum Beispiel ist das Sichern von Kabeln, O.Z. 4.308, nur dort möglich, wo die Kabel gemäß O.Z. 0.112 in der Leistungsbeschreibung angegeben sind. Ist dies nicht der Fall, und werden die Kabel bei den Arbeiten zerrissen, so entstehen unliebsame Haftpflichtfälle, die im allgemeinen durch die *Haftpflichtversicherung* des Unternehmers gedeckt sind, vgl. § 10 Ziff. 2 Abs. 2 VOB/B. Soweit aber darüber hinaus dem Unternehmer zusätzliche Kosten entstehen, hat sie der Bauherr zu vergüten, wenn er das Kabel in der Leistungsbeschreibung hätte angeben müssen und die Kosten für die Sicherung im Leistungsverzeichnis als besondere Position hätte ausweisen müssen. Aber auch hier können Ausnahmen gelten, z. B. O.Z. 4.313, wonach die Maßnahmen für die Weiterarbeit bei gefrorenem Boden nur besonders zu vergüten sind, wenn sie nicht nach dem Vertrag vom Unternehmer als Nebenleistung einzurechnen waren.

**3.3.4.1.4 Aufmaß und Abrechnung.** Die Vorschriften der O.Z. 5 — Aufmaß und Abrechnung — sind rechtlich gesehen Auslegungsregeln, die bei der Durchführung der Arbeiten beachtet werden müssen und die für beide Teile verbindlich sind. Hat z. B. der Bauherr in dem Leistungsverzeichnis die *Förderungswege* nicht angegeben, so muß er die Längen über 50 m besonders vergüten, O.Z. 5.24, denn Teil C ist gemäß § 1 Ziff. 2d) Vertragsbestandteil und daher auch in diesem Punkt vereinbart. Der Bauherr kann sich jedoch darauf berufen, daß der Unternehmer aus der Zeichnung die Länge des Förderungsweges hätte ersehen können, wenn die Zeichnungen den Vorrang vor den allgemeinen technischen Vorschriften haben, also als Teil des Leistungsverzeichnisses festgelegt worden sind. Auch würde der Unternehmer gegen Treu und Glauben handeln, der tatsächlich die längeren Förderungswege erkannt und eingerechnet hat, aber sich nunmehr auf O.Z. 5.24 berufen sollte.

Ist nach Flächenmaß der gerodeten Fläche abzurechnen, O.Z. 5.26, so ist z. B. am Hang die tatsächlich gerodete schräge Fläche, nicht die von oben projizierte waagerechte Fläche zugrunde zu legen.

### 3.3.4.2 Rammarbeiten (DIN 18304)

Für sie gelten die allgemeinen Grundsätze der O.Z. 0 — Hinweise für die *Leistungsbeschreibung*. Sind im Bereich der Baustelle gemäß O.Z. 0.111 bekannte oder vermutete Hindernisse (z. B. Bauwerksreste) zu erwarten, so sind sie anzugeben. Geschieht dies nicht, werden aber die Rammarbeiten z. B. im Hafengelände dadurch erschwert, daß

Trümmerschutt dort versenkt worden ist, so hat der Bauherr die hierdurch entstehenden Mehrkosten zu vergüten. Einmal haftet er für die Eigenschaften des *Untergrundes*, zum anderen hat er das *Leistungsverzeichnis* so aufzustellen, daß solche Hindernisse für die Berechnung der Preise berücksichtigt werden können.

Schwieriger ist die Rechtslage zu beurteilen, wenn der Unternehmer *Nachforderungen* geltend macht, weil die Rammarbeiten wesentlich schwieriger geworden sind, nicht weil die Bodenbeschaffenheit falsch angegeben worden ist, sondern trotz richtiger Angaben. Die Bodenklasseneinteilung der VOB/C DIN 18 300 Ziff. 2 erfaßt den Boden nach dem Widerstand, den er dem Gewinnen entgegensetzt. Beim Rammen ist dieses Moment jedoch nicht so wichtig wie der Umstand, daß die Pfähle nach dem Rammen für die geforderte Tragfähigkeit ausreichend feststehen, O.Z. 3.041. Bei richtiger Angabe der Bodenbeschaffenheit können nun größere Gesteinsbrocken und Findlinge das Rammen wesentlich erschweren, auch können einzelne Bohlen aus den Schlössern springen oder aber die vorgesehenen Bohlen reichen längenmäßig nicht aus, um in einen tragfähigen Boden gerammt zu werden. Davon, welche Schwierigkeiten eintreten können, geben die Vorschriften zu Ziff. 3 — Ausführung — im einzelnen ein anschauliches Bild. Auch hier ergibt sich die Antwort aus dem geltenden Recht. Der Unternehmer muß die geforderte Rammleistung gemäß der Klassifizierung der Bodenmassen berechnen, obwohl seine Leistung nicht das Gewinnen von Massen, sondern das Rammen einer bestimmten Linienführung ist, für die der Boden im Einzelfall ganz andere Eigenschaften besitzen kann als im Durchschnitt gesehen. Weist der Unternehmer nach, daß durch Bodeneigenschaften, die für ihn nicht vorhersehbar waren, Mehrkosten entstanden sind, so gilt der Grundsatz, daß der Bauherr, der den Untergrund stellt, auch insoweit für seine Eigenschaften verantwortlich ist und die Mehrkosten zu übernehmen hat, die über die im *Blankett* geforderte Leistung hinausgehen.

Aus O. Z. 2.21 ergibt sich, daß der Unternehmer gebrauchte *Stahlbohlen* verwenden darf, wenn die Spundwand nicht im Bauwerk verbleiben soll und auch in der Leistungsbeschreibung nichts anderes vorgeschrieben ist. Dies können auch zusammengeschweißte Bohlen sein, wenn sie im übrigen den vorgeschriebenen Gütebestimmungen entsprechen. Der Bauherr kann auch nicht die Verwendung bestimmter Bohlen vorschreiben, wenn er dies nicht bereits bei der Ausschreibung festgelegt hat, § 9 Ziff. 6 VOB/A.

Für die Abrechnung werden die *Bohlen* berechnet, die unter die Ramme kommen, O. Z. 5.13 in Verbindung mit O. Z. 3.09 und O. Z. 5.204. Unbekannt ist vielfach die Bestimmung in O. Z. 5.309, daß Pfähle und Bohlen, die infolge nachträglich notwendig werdender Änderung der Rammtiefen nicht gerammt werden, zusätzlich zu vergüten sind, wenn sie vom Unternehmer bereits angeliefert oder fest bestellt sind.

So haben viele technische Vorschriften zugleich ihre rechtliche Bedeutung. Sie regeln konkret die abstrakte Frage, welche Positionen im *Blankett* des Leistungsverzeichnisses zu erfassen sind, sie bestimmen, welche Leistungen der Unternehmer zu erbringen hat, um seinen vertraglichen Verpflichtungen bei den einzelnen Positionen gerecht zu werden, gleichgültig, ob diese Leistungen von ihm als Nebenleistungen gerechnet wurden oder nicht.

Sie bringen in vielen Fällen eine Klärung der Frage, wann eine Leistung zusätzlich ist und wann nicht, und dienen so dem allgemeinen Ziel der VOB, die Vertragsgrundlagen für die zu erbringende Leistung so weit zu klären, daß dem Bauwerk, das der Unternehmer zu erstellen hat, eine angemessene Vergütung, die der Bauherr hierfür zahlt, entspricht.

## 3.4 Rechtliche Stellung von Architekt und Fachingenieur

### 3.4.1 Der Architektenvertrag

Die gesetzliche Grundlage für den Architektenvertrag ist das bürgerliche Recht. Hinzu tritt die Verordnung PR 66/50 über die Gebühren für Architekten vom 13. 10. 1950 in der Fassung vom 11. 11. 1958. Die Gebührenordnung geht auf Normen zurück, die vom Verband deutscher Architekten und Ingenieurverein bereits im Jahre 1871 veröffentlicht worden sind. In der Folge wurden diese Normen vielfach abgeändert. Heute gilt die vom Bund Deutscher Architekten ausgearbeitete und vom Bundeswirtschaftsminister durch die erwähnte Verordnung in Kraft gesetzte *Gebührenordnung* (GOA 1950). Durch eine weitere Verordnung vom 11. 11. 1958 ist diese Gebührenordnung in einigen Einzelheiten abgeändert worden.

### 3.4.1.1 Der Architektenvertrag und seine rechtliche Bedeutung

Durch den Architektenvertrag verpflichtet sich der Architekt zu Architekten-Leistungen, der Bauherr zur Zahlung der vereinbarten Vergütung.
Die *Architekten-Leistungen* umfassen im wesentlichen

1. die Ausarbeitung der Pläne für das Bauwerk,
2. die künstlerische Oberleitung der Bauausführung und
3. die technisch-geschäftliche Oberleitung der Bauausführung, sowie
4. die örtliche Bauführung, wenn besonders vereinbart.

Die wichtigste Aufgabe des Architekten ist die Planbearbeitung. Daher wird heute allgemein anerkannt, daß der Architektenvertrag ein *Werkvertrag* ist. Während der Bauvertrag auf die tatsächliche Ausführung des Bauvertrages ausgerichtet ist, geht der Architektenvertrag auf die geistige Schöpfung des Bauwerkes. Die Kräfte für die Erstellung des Bauwerkes fließen aus diesen beiden Wurzeln und bilden das Bauwerk als eine Einheit. Für den Architektenvertrag gelten daher dieselben gesetzlichen Regeln wie für den Bauvertrag.

Nur dort, wo die Architektenleistung ausschließlich in der Leistung von Diensten besteht, folgt der Vertrag den Regeln des *Dienstvertrages*. Dies ist z. B. der Fall, wenn dem Architekten lediglich die örtliche Bauführung übertragen worden ist. Das hat z. B. zur Folge, daß der Vertrag jederzeit oder kurzfristig von beiden Teilen gekündigt werden kann, § 621 Nr. 5 BGB, womit Fortzahlung des Entgeltes entfällt. Wird aber die örtliche Bauführung dem Architekten, wie meist, im Zuge des Gesamtvertrages als Teil seiner Gesamtleistung übertragen, so gilt auch für diese Tätigkeit die grundsätzliche Regel, daß ein einheitlicher Vertrag rechtlich einheitlich behandelt werden muß. Für die örtliche *Bauleitung* gilt daher in diesem Falle Werkvertragsrecht, das keine entschädigungslose Kündigung kennt, § 649 BGB.

Für die Vergütung gilt in erster Linie das, was im Vertrag vereinbart ist. Fehlt es an einer Abmachung, so gilt nach § 632 BGB die *übliche Vergütung* als stillschweigend vereinbart. Als übliche Vergütung werden die in der GOA 1950 festgelegten Sätze anzusehen sein.

Über die Form des Vertrages gilt grundsätzlich das zur Form des Bauvertrages Gesagte, vgl. 3.2.1.1. Hier aber wird die Regel des § 154 BGB beachtet werden müssen, daß nämlich der Architektenvertrag, wenn er schriftlich geschlossen werden soll, „im Zweifel" erst dann wirksam wird. Es empfiehlt sich aber auch sonst zur Vermeidung von Unklarheiten die an sich nicht notwendige Schriftform.

Es kommt zuweilen vor, daß der künftige Bauherr von dem Architekten „unverbindlich" Vorschläge anfordert und später mit dieser Begründung die Vergütung ablehnt. Dieser Ausdruck genügt hierfür jedoch nicht; er besagt lediglich, daß der Auftraggeber bezüglich der weiteren Beauftragung freie Hand behält, die vorher geforderte Leistung muß er jedoch bezahlen.

Nur wenn der Architekt *unaufgefordert* dem künftigen Bauherrn solche Pläne vorlegt oder wenn ausdrücklich die Vergütung von der *Durchführbarkeit* des Baues abhängig gemacht worden ist, hat er keinen Vergütungsanspruch. Dieser Gesichtspunkt kann dann Bedeutung gewinnen, wenn z. B. Wohnungsbaugesellschaften zur Vorbereitung eines Bauvorhabens erhebliche Vorarbeiten leisten, aber die Ausführung der Bauvorhaben zurückstellen müssen, weil die Finanzierung zu diesem Zeitpunkt nicht möglich ist. Kann dann später das Bauvorhaben ausgeführt werden, so erwächst grundsätzlich dem Architekten mit dem Eintritt dieser Bedingung der Vergütungsanspruch.

### 3.4.1.2 Der Architekt als Vertragspartei

Nach bürgerlichem Recht gilt der Grundsatz der *Vertragsfreiheit*, d. h. jeder, der glaubt, die nötige Sachkunde zu haben, kann danach architektonische Leistungen übernehmen.

Jedoch wird die Berufsbezeichnung „Architekt" durch Gesetze der Bundesländer geschützt (vgl. etwa Hessisches Architektengesetz vom 25. September 1968). Danach darf sich Architekt nur nennen, wer in die Architektenliste eingetragen ist (§ 1), die bei der Architektenkammer geführt wird (§ 3).

Voraussetzungen für die Eintragung sind nach § 4 eine abgeschlossene Berufsausbildung an einer Technischen Hochschule oder einer gleichwertigen Lehranstalt und eine mehrjährige berufliche Praxis, deren Länge von der Ausbildungsstätte abhängt.

### 3.4.1.3 Die Pflichten des Architekten im einzelnen

Der schriftliche Architektenvertrag führt im Einzelfall die *Teilleistungen*, zu denen sich der Architekt verpflichtet hat, auf. Da nach der GOA diese Teilleistungen verschieden honoriert werden, ist es üblich, sich an die Gliederung der GOA zu halten.

§ 19 der GOA sieht für Neubauten und Umbauten folgende Teilleistungen vor:

**3.4.1.3.1 Vorentwurf.** Dieser befaßt sich mit der Planung des Bauwerkes im ganzen, ohne auf Einzelheiten einzugehen. Er umfaßt eine allgemeine Kostenabschätzung des Bauwerks und die Verhandlungen mit den zuständigen behördlichen Stellen darüber, daß das Bauvorhaben in dieser Form genehmigt werden kann. Es kommt öfters vor, daß der Architekt mehrere Vorentwürfe aufstellen muß, bis die Lösung im grundsätzlichen gefunden worden ist. Ob und in welchem Umfange die zusätzliche Leistung vergütet wird, sollte besonders vereinbart werden.

**3.4.1.3.2 Entwurf.** Die endgültige Lösung der Bauaufgabe im Entwurf hat sämtliche Grundrisse, Ansichten und Schnitte zu enthalten.

**3.4.1.3.3 Bauvorlagen.** Sie müssen den baupolizeilichen Verordnungen entsprechen. Hierzu gehört auch die statische Berechnung, die bei der Genehmigung vorliegen muß.

**3.4.1.3.4 Massen- und Kostenberechnung.** Sie umfaßt die Aufstellung einer Leistungsbeschreibung und der sonstigen für die Ausschreibung erforderlichen Unterlagen.

**3.4.1.3.5 Ausführungszeichnungen im Maßstab 1:50.** Hierzu gehört die Ausarbeitung aller für die Durchführung der Arbeiten zu beachtenden Angaben.

**3.4.1.3.6 Künstlerische Oberleitung.** Sie bedeutet die Überwachung der Bauausführung in künstlerischer Hinsicht.

**3.4.1.3.7 Technische und geschäftliche Oberleitung.** Diese umfaßt den Abschluß der Verträge mit den Unternehmern. Hier hat der Architekt die Ausführung des oder der Unternehmer auch in technischer Hinsicht allgemein zu überwachen und die von den Unternehmern einzureichenden Rechnungen zu prüfen.

**3.4.1.3.8 Örtliche Bauführung.** Sie bedeutet, daß der Architekt selbst oder durch einen Vertreter, auf großen Baustellen durch einen ständigen Vertreter, die Bauausführung der Unternehmer daraufhin überwacht, daß sie nicht nur allgemein, sondern auch im einzelnen den anerkannten Regeln der Technik entspricht, daß er für die Ausführung — soweit erforderlich — Anordnungen gibt und daß er die Baustoffe und alle anderen Lieferungen und Leistungen auf ihre Vertragsmäßigkeit prüft. Mit dieser örtlichen Bauaufsicht übernimmt der Architekt eine Mitverantwortung dafür, daß die allgemein anerkannten Regeln der Technik bei der Bauausführung eingehalten werden; auch hat er zu überwachen, daß die Unfallverhütungsvorschriften beachtet werden. Ihn trifft in diesen Punkten neben dem Unternehmer eine strafrechtliche Verantwortung.

Die Gebühren für diese Teilleistungen sind gemäß § 10 nach einer *Gebührentafel* zu berechnen, die von der Kostenanschlagsumme ausgeht und Prozente für die verschiedenen Bauklassen festlegt. Die *Bauklassen* sind in § 7 erfaßt und umfassen die Bauklassen I bis

VI, die von den einfachsten Bauwerken über einfache Wohnbauten und bessere Wohnbauten zu solchen mit reichem Ausbau gehen und auch die Inneneinrichtung in einer Bauklasse zusammenfassen.

Die §§ 19 und 20 legen fest, mit welchem Vom-Hundert-Satz der Gebühr die einzelnen Teilleistungen berechnet werden.

Auch die Gebühren für Gutachten und für Abschätzungen von Grundstücken und Gebäuden sind in den §§ 22 und 23 festgelegt.

Ein besonderer Abschnitt beschäftigt sich mit städtebaulichen Arbeiten und den Gebühren hierfür in den §§ 24 bis 30 in der ab 1958 gültigen Fassung. Für diese Leistungen ist ein neuer Abschnitt der Gebührenordnung im Entwurf aufgestellt, der jedoch noch nicht in die Form einer Verordnung gekleidet worden ist.

### 3.4.1.4 Die Gewährleistungsverpflichtungen des Architekten

Die Gewährleistungsverpflichtungen des Architekten, dem die Planung übertragen worden ist, richten sich nach den Regeln des *Werkvertrages*. Dies bedeutet, daß er wie der Unternehmer für den Erfolg seiner Arbeiten einzustehen hat, daß insbesondere Pläne und Konstruktionen die Erstellung eines vertragsgemäßen, mangelfreien Bauwerkes ermöglichen. Der Architekt hat das Bauwerk nicht handwerksmäßig zu erstellen, er haftet also grundsätzlich für *Mängel*, die daraus entstehen, nicht. Er haftet vielmehr dafür, daß die in den Zeichnungen und den dazugehörigen Unterlagen zum Ausdruck gekommene geistige Planung bei der vertragsmäßigen Ausführung mangelfrei ist, daß sie insbesondere die durch die Planung zugesicherten Eigenschaften besitzen.

Abgesehen von der tatsächlichen Verschiedenheit des Werkes, das der Architekt zu erstellen hat, und des Werkes, das der Bauunternehmer errichtet, gelten im übrigen grundsätzlich die gleichen gesetzlichen Vorschriften.

Da die VOB ihrem Sinn und Zweck nach nur für Bauleistungen gilt, ist es nicht üblich, für die Gewährleistung des Architekten die VOB heranzuziehen. Dies bedeutet überall dort, wo die VOB eine für den Unternehmer gegenüber dem Gesetz günstigere Regelung vorsieht, eine Beschwerung für den Architekten. Er haftet von der Abnahme seines Werkes, also von der Übergabe seiner als vertragsgemäß anerkannten Pläne ab fünf Jahre lang, § 638 BGB, während der Unternehmer nach der VOB nur zwei Jahre lang von der Abnahme des Bauwerkes an haftet.

Der Architekt kann die Beseitigung eines unerheblichen Mangels gemäß § 633 Abs. 2 BGB verweigern, muß aber dann eine Minderung seiner Vergütung in Kauf nehmen.

Liegt ein wesentlicher Mangel in der Planung vor, so beginnen jedoch die Schwierigkeiten. Der Architekt hat nicht das Bauwerk, sondern die Planung zu erstellen. Liegt nun ein Planungsfehler vor, so wird er meist erst während oder gar nach der tatsächlichen Erstellung des Bauwerkes entdeckt. Der Unternehmer, der den *Planungsfehler* nicht erkennen mußte, ist von der Gewährleistung für die mangelhafte Konstruktion frei, da er seine vertragsmäßige Aufgabe, nach den Plänen des Bauherrn das Bauwerk zu erstellen, erfüllt hat. Ändert der Architekt nachträglich die mangelhaften Pläne, so ist dies unwesentlich, da der Fehler in das Bauwerk bereits eingegangen ist. Ein Nachbesserungsanspruch in Ansehung des Bauwerkes selbst entfällt aber aus praktischen Gründen, da der Architekt nicht in das von dem Unternehmer geschaffene Bauwerk eingreifen kann.

Da jedoch der Architekt nicht nur für die Planung haftet, sondern auch dafür, daß das vertragsmäßig hergestellte Bauwerk nach mangelfreien Plänen erstellt ist, mangelfrei auch in Ansehung der von ihm vorgeschriebenen Konstruktion ist, so werden dem Bauherrn auch ohne Fristsetzung die Rechte des § 633 Abs. 3 BGB gegen den Architekten zuzubilligen sein. Der Bauherr kann also den Mangel der Konstruktion beseitigen und Ersatz der erforderlichen Aufwendungen verlangen.

Hat der Architekt gar den Mangel schuldhaft herbeigeführt, indem er z. B. die notwendigen Bodenuntersuchungen unterlassen hat, so hat er dem Bauherrn gemäß § 635 BGB *Schadensersatz* wegen Nichterfüllung zu leisten. Ferner wird der Bauherr auch ohne Fristsetzung gemäß § 634 Abs. 2 BGB *Wandlung* oder *Minderung* geltend machen können.

Kein Planungsfehler ist es, wenn der Architekt neuartige Konstruktionen wählt, denen im Hinblick auf die Fortentwicklung der Architektur die Anerkennung nicht versagt werden kann. Erfordert diese Planung jedoch ein besonders sorgfältiges Arbeiten bei der Ausführung, so muß der Architekt nach Treu und Glauben dies überwachen. Verstöße gegen die allgemein anerkannten Regeln der Baukunst sind aber stets Mängel der Planung.

Da der Architekt auch dafür verantwortlich ist, daß seine Pläne von der Bauaufsicht genehmigt werden, verstößt er gegen seine Verpflichtungen, wenn er es versäumt, diese *Genehmigung* rechtzeitig einzuholen und sie später nicht erteilt wird.

Der Architekt kann auch eine Verantwortung für die Finanzierung des durchzuführenden Bauwerkes tragen, wenn ihn der Bauherr hiermit beauftragt. Er hat bereits bei der Vorplanung eine vorläufige *Kostenschätzung* aufzustellen und später die genauen Kosten zu ermitteln, da bei einer Überschreitung der Bausumme der Bauherr u. U. in eine schwierige Lage geraten kann. Verletzt der Architekt hierbei seine Verpflichtungen aus dem Architektenvertrag, so begeht er eine *positive Vertragsverletzung*, für die er bei Verschulden haftet, wobei er wiederum sein Nichtverschulden beweisen muß.

Ein wichtiges Kapitel ist die Untersuchung des Baugrundes und die Prüfung der Wünsche des Bauherrn.

Der *Baugrund* ist der Stoff, den der Bauherr stellt und für dessen Eigenschaften er dem Unternehmer gegenüber einzustehen hat. Daher ist es Pflicht des sachverständigen Beraters des Bauherrn — hier des Architekten —, Untersuchungen über den Baugrund anzustellen. Der Architekt darf sich nicht darauf verlassen, daß bei Bauten in der Umgebung keine schwierigen Böden festgestellt worden sind. Ein zugeschüttetes altes Bachbett, ein ausgeziegeltes Gelände, alte Pfahlroste können immer angetroffen werden. Der Architekt muß daher dem Bauherrn gegenüber darauf bestehen, daß mindestens einfache Schürflöcher gemacht werden. Denn nur in diesem Fall kann er seine Pläne mangelfrei konstruieren. Er hat im anderen Falle bereits auf Grund seiner *Gewährleistungsverpflichtungen* für mangelfreie Pläne und damit auch für die Eigenschaften des Untergrundes einzustehen. Er macht sich darüber hinaus *schadensersatzpflichtig*, wenn ihm ein Verschulden vorgeworfen werden kann, wobei ihn zusätzlich die Beweislast für sein Nichtverschulden trifft.

Die Wünsche des Bauherrn sind für den Unternehmer in vielen Fällen Anordnungen; Mängel, die daraus entstehen, berühren den Unternehmer nicht, soweit nicht sein eigenes *Verschulden* mitgewirkt hat. Steht zwischen dem Bauherrn und dem Unternehmer ein Architekt, der die Wünsche des Bauherrn als seine Anordnung weitergibt, so trifft im Verhältnis zum Bauherrn ihn die *Haftung*. Daher muß auch in diesen Fällen stets der Architekt prüfen, ob diesen Wünschen nicht planerische oder ausführungsmäßige Bedenken entgegenstehen. Auch die *Aufsichtspflicht* trifft den Architekten, wenn er die Oberleitung hat, und noch mehr, wenn er zugleich örtlicher Bauführer ist.

Der Architekt soll das Recht des *Werkvertrages* und der VOB beherrschen. Er muß wissen, daß er gegen seine Verpflichtungen verstößt, wenn er nur das Angebot eines einzigen Unternehmers für ein größeres Bauwerk einholt, statt die Arbeiten auszuschreiben. Er soll den Bauherrn auf den Unterschied in den Gewährleistungsvorschriften und -fristen zwischen VOB und Gesetz hinweisen und er darf rechtlich vor allem eines nicht: wissentlich vertragswidrige Leistungen von Unternehmern, denen gegenüber er die Interessen des Bauherrn zu vertreten hat, dulden.

Inwieweit der Architekt, der die künstlerische Oberleitung hat, die Bauleistungen des Unternehmers verantwortlich zu prüfen hat, und in welchem Maße darüber hinaus er solche Prüfungen vornehmen muß, wenn er die örtliche Bauleitung hat, ist manchmal schwierig zu beantworten. Noch komplizierter wird diese Rechtslage durch die *Bauordnungen* der Länder, die einen *verantwortlichen Bauleiter* vorsehen (z. B. §§ 81, 82 Hess. BauO). Der verantwortliche Bauleiter hat Verpflichtungen zunächst nur gegenüber der Baubehörde. Hieraus werden aber auch zivilrechtliche und strafrechtliche Folgerungen in der Zukunft gezogen werden, die jetzt noch nicht übersehen lassen.

Endlich haftet der Architekt, der die verantwortliche Oberleitung hat, dem Bauherrn dafür, daß die *Rechnungen* der Unternehmer ordnungsgemäß geprüft und ihm nur insoweit zur Anweisung vorgelegt werden, als sie anzuerkennen sind. Er haftet für alle Folgen, die aus der schuldhaften Verletzung dieser Prüfungspflicht dem Bauherrn erwachsen. Außerdem haftet der Architekt, wenn er schuldhaft bei der Abnahme des Bauwerkes Mängel übersieht oder wenn er sich für den Bauherrn bei der Abnahme eine etwaige Vertragsstrafe nicht vorbehalten hat.

### 3.4.1.5 Die gleichzeitige Haftung von Architekt und Unternehmer

Die gleichzeitige Haftung, bei der sowohl Ansprüche gegen den Architekten als auch gegen den Unternehmer gegeben sind, ist eine schwierige Frage des Baurechts.

Die Fälle der gleichzeitigen Haftung können sehr verschieden gelagert sein, von dem Extrem, daß dem Architekten ein Planungsfehler unterlaufen ist, den der Unternehmer nicht bemerkt hat, aber hätte erkennen können, bis zu dem anderen, daß der Unternehmer einen Ausführungsfehler begangen hat, den der mit der örtlichen Bauleitung beauftragte Architekt nicht gerügt hat.

In diesen Fällen liegt zunächst *keine echte Gesamtschuldnerschaft* vor. Jeder haftet nur auf Grund des von ihm abgeschlossenen Vertrages und in der für ihn gültigen Weise. Der Architekt haftet auf Grund des *Werkvertrages* für Mängel seiner Konstruktion nach den gesetzlichen Vorschriften. Der Unternehmer haftet ebenfalls nach diesen Bestimmungen, i. allg. aber nach den vertraglichen Regeln der VOB. Es ist daher davon auszugehen, daß im Regelfall die Haftung des Architekten und des Unternehmers gegenüber dem Bauherrn nach verschiedenen Vorschriften zu beurteilen ist.

Die Haftung des Unternehmers ist durch § 13 VOB/B über die Gewährleistung von der *Abnahme* an ihrem Umfange nach beschränkt und auf zwei Jahre im Regelfall begrenzt. Der Architekt dagegen haftet nach den weitergehenden gesetzlichen Bestimmungen für seine Leistung und haftet gemäß § 638 BGB bei Bauwerken auf die Dauer von fünf Jahren.

Der Architekt ist im Verhältnis zum Bauherrn und Unternehmer Erfüllungsgehilfe des Bauherrn — von der örtlichen Bauleitung abgesehen. Der Unternehmer kann daher bei Fehlern des Architekten in den Vorverhandlungen bereits ,,culpa in contrahendo" einwenden, § 278 BGB. Er kann im gegebenen Falle z. B. bei *Planungsfehlern* die Übernahme des Schadens in voller Höhe ablehnen. Dieses Recht steht ihm aber nicht zu, wenn der Architekt einen Fehler bei der örtlichen Bauüberwachung gemacht hat. Die Bauleitung und Bauüberwachung ist keine Pflicht des Bauherrn gegenüber dem Unternehmer, sondern eine eigene Last des Bauherrn. Der Unternehmer dagegen ist in Ansehung des Architekten kein Erfüllungsgehilfe des Bauherrn, so daß dem Architekt dieser Einwand versagt bleibt.

Der Architekt, der die örtliche Bauleitung hat, kann nur für die Verletzung seiner *Überwachungspflicht* zur Verantwortung gezogen werden. Dies bedeutet, daß er fahrlässig gehandelt haben muß, während für die Gewährleistung des Unternehmers ein Verschulden nicht vorausgesetzt wird.

Es ist wiederholt versucht worden, die Haftung des Architekten dahin einzuschränken, daß er nur subsidiär neben dem Unternehmer haftet. Wenn dies jedoch nicht vertraglich festgelegt ist, wie es i. allg. die Muster der Architektenverträge vorsehen, so wird eine solche subsidiäre Haftung nur ausnahmsweise aus einem besonderen Tatbestand gefolgert werden können. Eine allgemeine gesetzliche Stütze hierfür ist nicht ersichtlich.

Der Architekt kann bei Planungsfehlern nicht einwenden, daß in jedem Fall die zusätzlichen Kosten ganz oder zum Teil entstanden wären, dem Bauherrn also insoweit kein Schaden entstanden sei. Dieser Einwand ist nicht gegeben, weil die Vermögenslage des Bauherrn dadurch verschlechtert wurde, daß die abgeschlossenen Verträge so nicht erfüllt werden können und der Schaden bei vertragsgemäßer Erfüllung nicht entstanden wäre.

Der Unternehmer, der den Bau ausführt, haftet zunächst für diesen Mangel nicht. Wenn er jedoch bei der Bauausführung als Fachmann gegen die vorgesehene Art der Ausführung Bedenken bekommen mußte und diese Bedenken dem Bauherrn **nicht** mitgeteilt hat, so wächst er in die Haftung hinein. Bei *schriftlicher* Mitteilung entfällt jede Haftung, § 13 Ziffer 3 i. V. m. § 4 Ziffer 3 VOB/B. Hat er sie lediglich mündlich mitgeteilt, so bleibt ihm der Einwand der *Mithaftung* des Architekten aus § 254 BGB zwar erhalten, er muß jedoch je nach der konkreten Lage des Falles einen Teil der Mehrkosten übernehmen.

Der Architekt haftet auf Grund seines Architektenvertrages, der Unternehmer haftet auf Grund seines Bauvertrages. Beide Haftungen stehen nebeneinander. Es ist keine *gesamtschuldnerische* Haftung, denn die Haftungsgründe sind verschieden, auch der Haftungsumfang kann sehr unterschiedlich sein. Es fehlen also die Voraussetzungen des § 421 BGB.

Demzufolge entfällt auch die *Ausgleichungspflicht* unter den Gesamtschuldnern, wie sie § 426 BGB vorsieht. Dies bedeutet, daß der Bauherr nach seiner Wahl den Architekten oder den Unternehmer verklagen kann. Er wird in diesem Falle gemäß § 72 ZPO dem anderen Teil den Streit verkünden. In einem Folgeprozeß gegen den anderen Teil kann dieser dann nicht einwenden, der erste Rechtsstreit sei vom Bauherrn mangelhaft geführt. Die tatsächlichen und rechtlichen Urteilsgründe haben für den Folgeprozeß Rechtskraftwirkung. Der Bauherr wird wohl auch gemäß der weit auszulegenden Vorschrift des § 60 ZPO den Architekten und den Unternehmer in einem Verfahren verklagen können.

Die Eigenschaften des *Untergrundes* sind grundsätzlich vom Bauherrn zu vertreten, vgl. 3.2.11. Waren die Eigenschaften des Untergrundes für den Architekten auch bei *sorgfältiger Untersuchung* nicht erkennbar, so entfällt sowohl die Verpflichtung, die Pläne auf Grund der Gewährleistung in Ordnung zu bringen, als auch die Schadensersatzpflicht. Der Bauherr muß aus diesem Grunde die zusätzlichen architektonischen Leistungen und die zusätzlichen Bauleistungen in vollem Umfange vergüten.

Liegt ein *Planungsfehler* des Architekten vor und hat zugleich der Unternehmer die vorgeschriebene Betongüte nicht erreicht, so können u. U. beide für denselben tatsächlichen Mangel aus verschiedenen Rechtsgründen haftbar sein.

Hat der Unternehmer für einen Ausführungsfehler Gewähr zu leisten und der Architekt als örtlicher Bauleiter seine Überwachungspflicht verletzt, so können wiederum beide für denselben Fehler haftbar gemacht werden.

Wird in solchen Fällen nur einer in Anspruch genommen, so erhebt sich die Frage der *Ausgleichspflicht*. Da es sich nicht um eine echte *Gesamtschuldnerschaft* handelt, kann nur in Frage kommen Ersatz der Aufwendungen aus Geschäftsführung ohne Auftrag, §§ 677ff. BGB, oder aus ungerechtfertigter Bereicherung, §§ 812ff. BGB.

Wird der Architekt auf Grund seiner eigenen *Gewährleistungsverpflichtung* in Anspruch genommen, so führt er bei der Erfüllung seiner Gewährleistung ein eigenes Geschäft aus. Das gleiche gilt im analogen Fall für den Bauunternehmer. Wenn dagegen der Architekt lediglich als örtliche Bauleitung seine *Überwachungspflicht* verletzt hat und in Anspruch genommen wird, so haftet er für die Schuld eines anderen und es kann ihm hier ein Anspruch aus Geschäftsführung ohne Auftrag erwachsen, in jedem Fall aber kommen Bereicherungsansprüche in Frage. Wenn z. B. der Unternehmer von Gewährleistungsverpflichtungen dadurch frei geworden ist, daß der Architekt für ihn eingetreten ist, so ist der Unternehmer ungerechtfertigt bereichert, da dies im Innenverhältnis Sache des Unternehmers gewesen wäre. Unter Umständen kann auch der Bauherr in solchen Fällen nach Treu und Glauben gemäß § 242 BGB als verpflichtet angesehen werden, in erster Linie den in Anspruch zu nehmen, den auf Grund der Sach- und Rechtslage die Haftung in besonderem Maße trifft.

Der Bundesgerichtshof (BGH) hat in einer neueren Entscheidung in bestimmten Fällen ein *Gesamtschuldverhältnis* und damit auch eine *Ausgleichspflicht* zwischen Architekt und Bauunternehmer bejaht.

## 3.4.2 Der Fachingenieur

Ähnlich wie die Stellung des Architekten ist die des Fachingenieurs bei der Durchführung von speziellen Bauaufgaben. Fachingenieure haben für ihr Fachgebiet die gleichen Aufgaben wie der Architekt für den Hochbau.

Der Fachingenieur für Wasserbau z. B. arbeitet die Pläne für ein Wasserbauwerk aus, führt im Auftrage des Bauherrn die Verhandlungen mit den Unternehmern und leitet auch für den Bauherrn die Bauarbeiten. Der zwischen ihm und dem Bauherrn abgeschlossene Vertrag ist ein *Werkvertrag*. Die für den Architektenvertrag gegebene Darstellung ist auf seinen Vertrag entsprechend anzuwenden.

Der Fachingenieur für Heizung entwirft z. B. die Pläne für den Umbau einer Fernheizanlage, fertigt die Ausschreibungsunterlagen, vergibt die Arbeiten im Namen und für Rechnung des Bauherrn oder ist sein Berater bei diesen Verhandlungen, stellt Kostenvoranschläge auf und überwacht die ausführende Heizungsfirma bei ihren Arbeiten.

### 3.4 Rechtliche Stellung von Architekt und Fachingenieur

Der Fachingenieur für Statik liefert die statische Berechnung, die die Voraussetzung für die behördliche Baugenehmigung ist.

In manchen Fällen werden Fachingenieure als „*Consulting Engineer*" — insbesondere bei Bauaufgaben im Ausland — tätig. Für das Recht dieser Verträge gilt im gegebenen Falle das Recht des betreffenden ausländischen Staates. Teilweise sind diese Verträge mit Consulting Engineers außerordentlich umfangreich und grenzen vertraglich die Rechte und Pflichten der Vertragsteile in eingehender Regelung ab.

Immer schuldet der Fachingenieur einen Erfolg, die *Planung* des speziellen Bauwerks, und haftet dafür, daß das vertragsmäßig nach seinen Plänen hergestellte Bauwerk bei einwandfreier Ausführung keine Mängel aufweist.

Auch beim Fachingenieur kann es eintreten, daß er neben dem Unternehmer haftet mit allen den bei dem Architektenvertrag erwähnten Begleiterscheinungen.

In der Bundesrepublik Deutschland bestehen für die Leistungen und die Gebühren der Fachingenieure keine gesetzlichen Vorschriften. Jedoch hat der Ausschuß für die *Gebührenordnung der Ingenieure* eine Gebührenordnung herausgegeben, die mit Wirkung vom 3. 4. 1956 neu gefaßt ist. In dieser Gebührenordnung werden die Gebührensätze als das übliche und angemessene Entgelt für die Leistungen des selbständigen Ingenieurs angegeben. Die Gebühren werden grundsätzlich — wie die der Architekten — nach Vom-Hundert-Sätzen der Herstellungskosten und der Gebührenklasse berechnet. In drei Klassen wird zwischen einfachen und schwierigeren Konstruktionen unterschieden und auch Gebühren nach dem Zeitaufwand sowie für Nebenkosten festgelegt. Die *Leistungen* des Bauingenieurs gliedern sich — wie bei den Architekten — in

a) Vorentwurf und Kostenvoranschlag,
b) Entwurf,
c) Massenermittlung und Leistungsverzeichnis,
d) Bauvorlagen für die Genehmigung der Bauaufsichtsbehörde,
e) Nachprüfung und Ausführungszeichnungen,
f) Oberleitung der Bauausführung.

Der Gebührenordnung liegt das Muster eines *Ingenieur-Vertrages* an, das jedoch nur gilt, wenn und soweit es vereinbart ist.

## Literatur zu 3. Bauvertragsrecht

### Abkürzungen

| | | | |
|---|---|---|---|
| Arge | Arbeitsgemeinschaft | OWiG | Gesetz über Ordnungswidrigkeiten |
| BGB | Bürgerliches Gesetzbuch | PR 8/55 s. VPöA Bau | |
| BGH | Bundesgerichtshof | PR 66/50 s. GOA | |
| BLB | Bauleistungsbuch | RVO | Reichsversicherungsordnung |
| BRD | Bundesrepublik Deutschland | StGB | Strafgesetzbuch |
| BVB | Besondere Vertragsbedingungen | StVO | Straßenverkehrsordnung |
| GOA | Gebührenordnung der Architekten (PR 66/50) | VO | Verordnung |
| GWB | Gesetz gegen Wettbewerbsbeschränkungen (Kartellgesetz) | VOB | Verdingungsordnung für Bauleistungen |
| HGB | Handelsgesetzbuch | VPöA | Bau Verordnung PR 8/55 über die Preise bei öffentlichen Aufträgen für Bauleistungen |
| HTL | Höhere Technische Lehranstalt | WiStG | Wirtschaftsstrafgesetz |
| | | ZPO | Zivilprozeßordnung |

### Bücher

H 32 Bauhütte II, 29. Aufl., Berlin, München, Düsseldorf: Ernst & Sohn 1970.
1 *Baumbach, Duden:* Handelsgesetzbuch, Kurzkommentar, 16. Aufl., München, Berlin: Beck 1964.
2 *Baumbach, Lauterbach:* Zivilprozeßordnung, Kurzkommentar, 27. Aufl., München, Berlin: Beck 1963.
3 *Bindhardt:* Die Haftung des Architekten, 5. Aufl., Düsseldorf: Werner 1966.
4 Bürgerliches Gesetzbuch vom 18. August 1896 (BGB).
5 *Dalcke:* Strafrecht und Strafverfahren, Kommentar, 37. Aufl., Berlin, München: Schweitzer 1960.
6 Zivilprozeßordnung vom 30. Januar 1877 (ZPO).
7 *Eplinius:* Der Bauvertrag, 3. Aufl., Berlin: Heymanns 1940.
8 *Gallas:* Die strafrechtliche Verantwortlichkeit der am Bau Beteiligten, Heidelberg: Verlagsgesellschaft Recht und Wirtschaft 1963.
9 Gesetz über Ordnungswidrigkeiten vom 24. Mai 1968 (OWiG).
10 Handelsgesetzbuch vom 10. Mai 1897 (HGB).
11 *Hereth, Ludwig, Naschold:* Kommentar zur VOB, Bd. 1: Erläuterungen zu Zeil A der VOB, 2. Aufl.

1969; Bd. 2: Erläuterungen zu Teil B der VOB, 54. Nachdr., Wiesbaden, Berlin: Bauverlag 1965.
12 *Ingenstau, Korbion:* Kommentar zur VOB/A und B, 4. Aufl., Düsseldorf: Werner 1966.
13 *Langen:* Kommentar zum Kartellgesetz, 4. Aufl., Neuwied, Berlin: Luchterhand 1965.
14 *Müller:* Straßenverkehrsrecht, 22. Aufl., Berlin: de Gruyter 1968.
15 *Müller, Henneberg, Schwartz:* Gesetz gegen Wettbewerbsbeschränkung, Kommentar, Köln, Berlin: Heymanns 1958.
16 *v. Nordenflycht:* Leitfaden durch das Bau- und Architektenrecht, Frankfurt a. M.: Lutzeyer 1950.
17 *Oberbach:* Allgemeine Versicherungsbedingungen für Haftpflichtversicherung, Teil I u. II (Sammlung Guttentag Nr. 213 u. 213a), Berlin: de Gruyter 1947.
18 *Palandt:* Kommentar zum Bürgerlichen Gesetzbuch, 23. Aufl., München, Berlin: Beck 1964.
19 *Piel:* Die Betriebshaftpflichtversicherung des Bauunternehmers, Wiesbaden, Berlin: Bauverlag 1959.
20 *Pribilla:* Kostenrechnung und Preisbildung, Das Recht der Preisbildung bei öffentlichen Aufträgen. München, Berlin: Beck 1963.
21 Reichsversicherungsordnung vom 19. Juli 1911 (RVO.)
22 *Rhösa, Pantke:* Baupreisverordnung, Kommentar zur VO PR 8/55, Stuttgart: Forke 1958.
23 *Rotberg:* Gesetz über Ordnungswidrigkeiten, Kommentar, 2. Aufl., Berlin, Frankfurt: Vahlen 1958.
24 *Roth, Gaber:* Kommentar zum Vertragsrecht und zur Gebührenordnung für Architekten, 8. Aufl., Berlin: Ullstein 1966.
25 *Schäfer, Finnern:* Rechtsprechung der Bau-Ausführung, Düsseldorf: Werner 1966.
26 Strafgesetzbuch vom 31. Mai 1870 (StGB).
27 Straßenverkehrsordnung vom 16. Nov. 1970 (StVO).
28 *Tischer:* Kommentar zur VOB/C (DIN 18300 bis DIN 18303), 2. Aufl., Düsseldorf: Werner 1967.
29 Verdingungsordnung für Bauleistungen (VOB), Ausgabe 1968, Köln, Berlin: Ullstein; Köln: Rud. Müller; Düsseldorf: Werner.
30 Verordnung PR 8/55 über die Preise bei öffentlichen Aufträgen für Bauleistungen vom 19. Dez. 1955 (VPöABau).
31 Wirtschaftsstrafgesetz 1954 (WStG).
32 Bauleistungsbuch (BLB). Anstricharbeiten, DIN 18363. 5. Aufl. 1966. — Beton- u. Stahlbetonarbeiten, DIN 18331. 5. Aufl. 1965. — Elektrische Leitungsanlagen in Gebäuden, Blitzschutzanlagen, DIN 18382 bis 18384. 2. Aufl. 1962. — Erdarbeiten im Hochbau, DIN 18300. 5. Aufl. 1965. — Dachdeckungsarbeiten, DIN 18338. 1960. — Fliesen- u. Plattenarbeiten, DIN 18352. 1960. — Gas-, Wasser- u. Abwasserinstallationsarbeiten, DIN 13381. 1958. — Klempnerarbeiten, DIN 18339. 3. Aufl. 1963. — Mauerarbeiten, DIN 18330. 4. Aufl. 1965. — Naturwerksteinarbeiten, DIN 18332. 4. Aufl. 1965. — Putz- u. Stuckarbeiten, DIN 18350. 4. Aufl. 1964. — Betonwerksteinarbeiten, DIN 18333. 1960. — Landschaftsgärtnerische Arbeiten, DIN 18320. 3. Aufl. 1965. — Estricharbeiten, DIN 18353. 2. Aufl. 1963. — Tischlerarbeiten, DIN 18362. 4. Aufl. 1965. — Verglasungsarbeiten, DIN 18361. 3. Aufl. 1966. — Zentralheizungs-, Lüftungs- u. zentrale Warmwasserbereitungsanlagen, DIN 18380. 2. Aufl. 1963. — Asphaltbelagarbeiten, DIN 18354. 1964. — Ofen- u. Herdarbeiten, DIN 18362. 1962. — Wärmedämmungsarbeiten, DIN 18421. 2. Aufl. 1963. — Zimmerarbeiten, DIN 18334. 4. Aufl. 1966. — Bodenbelagarbeiten/Tapezierarbeiten, DIN 18365/18366. 1965. — Parkettarbeiten, DIN 18356. 1963. — Abdichtungsarbeiten gegen drückendes Wasser, DIN 18335. 1965. — Abdichtungsarbeiten gegen nichtdrückendes Wasser, DIN 18337. 1966. — Beschlagarbeiten, DIN 18357. 1965. — Wasserleitungsbau im Erdreich, DIN 18307. 1966. — Metallbauarbeiten, DIN 18359/18360. 1966. — Landwirtschaftliche Bauarbeiten, Herstellung von Grünfuttersilos (Neuaufl. in Vorb.). Wiesbaden, Berlin, Bauverlag; Berlin, Köln: Beuth,: Ullstein; Köln: Rud. Müller; Düsseldorf: Werner.
33 Gesetz gegen Wettbewerbsbeschränkungen (Kartellgesetz) vom 27. Juli 1957 (GWB).
34 Gebührenordnung der Architekten vom 13. Oktober 1950 (PR 66/50) in der geänderten Fassung vom 11. November 1958, 21. Aufl. Gütersloh: Bertelsmann 1970 (GOA).

# 4. Baustoffe

## 4.1 Einführung

### 4.1.1 Allgemeines

Bearbeitet von *F. Pilny*

In dem Kapitel 4. Baustoffe werden unter anderem neben der Erläuterung fachlicher Begriffe Informationen über gültige Normen und amtliche Richtlinien, naturgesetzliche Zusammenhänge, Prüfmöglichkeiten und die handelsübliche Formgebung behandelt. Viele dieser Angaben sind einem dauernden Wandel unterworfen. In der Normung ist daher jeweils auf den neuesten Entwicklungsstand Bezug genommen worden, auch wenn dieser erst im Entwurf (z. B. DIN 1084 E) seinen Niederschlag gefunden hat.

Zur Darstellungsweise sei darauf hingewiesen, daß beim Leser eine Mindestsachkenntnis vorausgesetzt werden muß. Auch vom Fachmann wird verlangt, daß er spezielle Informationen in der angeführten Fachliteratur nachschlägt. Von den Normen konnten nur wesentliche Ausschnitte gebracht werden. Prüfverfahren und deren Anwendung werden nur zur Information, nicht zur erschöpfenden Anleitung bei der Versuchsdurchführung beschrieben.

Bei Zusammenhängen, über die in der Fachwelt keine einheitliche Meinung besteht, wäre dem Durchschnittsleser schlecht gedient, wenn hier die widersprechenden Auffassungen kommentarlos und gleichwertig nebeneinander gestellt würden. Von den hier dargestellten Erkenntnissen läßt sich die Auffassung vertreten, daß sie mit großer Wahrscheinlichkeit den wahren Zusammenhängen sehr nahe kommen, wobei man in Kauf nehmen muß, einer zukünftigen Entwicklung durch entsprechende Berichtigungen Rechnung zu tragen.

Beton und einige andere Baustoffe nehmen eine Sonderstellung ein, weil sie erst auf der Baustelle hergestellt werden und dort vielen gütebestimmenden Einflüssen unterliegen. Die Betoneigenschaften, deren Vorausbestimmung wegen der Vielfalt der Einflußgrößen schwierig ist, verlangen eine genaue Betrachtung. Begrüßenswerterweise führte die Entwicklung der Betontechnologie von einer durch die willkürliche Wahl der Variablen hervorgerufenen Vervielfachung der wirkenden Gesetzmäßigkeiten zu einer einfacheren Anschauungsweise, bei der es nur noch auf einige grundsätzliche Zusammenhänge wesentlich ankommt.

Schwierigkeiten ergaben sich durch die Uneinheitlichkeit der in der Fachliteratur üblichen Bezeichnungen. Selbst in den DIN-Normen finden sich durch das laufende, nicht aufeinander abgestimmte Erneuerungsbestreben für verschiedene Begriffe gleiche Formelzeichen. Hier mußten zum Zwecke einer Bereinigung Umbenennungen vorgenommen werden, in Einzelfällen auch bei geläufig gewordenen Buchstaben.

Bei der Festlegung der oberen Grenze für die Rohdichte des Konstruktionsleichtbetons werden im In- und Ausland unterschiedliche Angaben gemacht. Hier ist die Entwicklung noch zu sehr im Fluß, um an einem bestimmten Wert festzuhalten. Eine zusammenfassende Darstellung wie in diesem Band gibt die Möglichkeit, Oberbegriffe (z. B. *Feuchtigkeitsdehnung*) einzuführen, die es gestatten, aus der Einzelbeobachtung entstandene Bezeichnungen (in diesem Fall *Schwinden* und *Quellen*) ihrer gemeinsamen Ursache entsprechend unter einem Begriff einzuordnen, um das Verständnis zu erleichtern.

# 4. Baustoffe

## 4.1.2 Die Eigenschaften der Baustoffe

Bearbeitet von *K. Wesche* und *H. Kottas*

### 4.1.2.1 Klassifizierung der Eigenschaften

Die Eigenschaften der Baustoffe lassen sich am besten mit Hilfe der in den Naturwissenschaften gebräuchlichen Unterscheidungen klassifizieren.

Für die Bedürfnisse der Bautechnik sind in erster Linie physikalische Eigenschaften von Bedeutung. Chemische Eigenschaften von Baustoffen werden daher nur gestreift.

Im einzelnen lassen sich Baustoffeigenschaften mit Hilfe der physikalischen Disziplinen Mechanik, Thermodynamik, Optik, Elektrodynamik und Atomphysik beschreiben. Diesen Fachgebieten ist die Festlegung von Eigenschaftseinheiten und deren Messung gemeinsam.

### 4.1.2.2 Meßtechnik und Einheitensysteme

Die Meßtechnik der Baustoff-Mechanik bedient sich in der Hauptsache der Längen-, Kraft- und Zeitmessungen. Von den thermischen Messungen sind Temperatur- und Wärmeleitfähigkeitsmessungen erfaßt. Die Meßtechnik von Baustoffen mittels elektrischer Verfahren und mit Hilfe von Elementarteilchen ist erst in Ansätzen vorhanden.

Mit dem Gesetz vom 2. Juli 1969 über die Einheiten im Meßwesen wurde für die Bundesrepublik Deutschland das *Internationale Einheitensystem* (SI) eingeführt. Das SI hat ab 2. Juli 1970 gesetzliche Gültigkeit. Die bisher gebräuchlichen Einheiten dürfen zeitlich gestaffelt und begrenzt weiter verwendet werden. Spätestens ab 1. 1. 1978 sind dann nur noch die Einheiten des SI gesetzlich gültig. Tabelle 4.1-1 enthält die diesem System zugrunde liegenden *Basisgrößen und Einheiten*.

Tabelle 4.1-1. Basisgrößen und Basiseinheiten des Internationalen Einheitensystems

Die durch das „Gesetz über Einheiten im Meßwesen" vom 2. Juli 1969 festgelegten Basisgrößen und Basiseinheiten eines Maßsystems, genannt: *Internationales Einheitensystem, Système International d'Unités*, mit der international verbindlichen Abkürzung „SI", heißen:

| Basisgröße | Basiseinheit | Kurzzeichen der Einheit |
|---|---|---|
| Länge | Meter | m |
| Masse | Kilogramm | kg |
| Zeit | Sekunde | s |
| elektrische Stromstärke | Ampere | A |
| thermodynamische Temperatur oder Kelvin Temperatur | Kelvin | K |
| Lichtstärke | Candela | cd |

Das SI soll die bisher verwendeten Einheitensysteme ersetzen, und zwar das durch die geschichtliche Entwicklung der Physik und vor allem durch *Gauß* begründete CGS-System und das als m-kp-s-System bekannte *technische Maßsystem*.

Tabelle 4.1-2 enthält die wichtigsten physikalischen Größen, die für diese Größen zu verwendenden Formelzeichen, die gesetzlich vorgeschriebenen Einheiten des Internationalen Einheitensystems sowie „weitere Einheiten" mit Angaben über deren Gültigkeitsdauer.

4.1.2 Die Eigenschaften der Baustoffe

Tabelle 4.1-2. Einheitensystem physikalischer Größen

| Größenart | Formelzeichen | Das Internationale Einheitensystem Système International d'Unités SI | | | Weitere Einheiten | | |
|---|---|---|---|---|---|---|---|
| | | Einheit | | Definition | Einheit | Benennung | Definition durch SI |
| Zeit | $t$ | s | Sekunde | | min<br>h<br>d | Minute<br>Stunde<br>Tag | 1 min = 60 s<br>1 h = 3600 s<br>1 d = 86400 s |
| Länge | $l$ | m | Meter | | Å[1]) | Angström | 1 Å = $10^{-10}$ m |
| Fläche | $A, S$ | m² | | | | | |
| Volumen | $V$ | m³ | | | l | Liter | 1 l = 1 dm³<br>= $10^{-3}$ m³ |
| Geschwindigkeit | $v$ | ms$^{-1}$ | | | | | |
| Beschleunigung<br>Fallbeschleunigung | $a$<br>$g$ | ms$^{-2}$ | | | g | Gramm | 1 g = $10^{-3}$ kg |
| Masse | $m$ | kg | Kilogramm | | t | Tonne | 1 t = $10^3$ kg<br>= 1 Mg |
| Dichte | $\varrho$ | m$^{-3}$kg | | | | | |
| Kraft<br>Gewichtskraft | $F$<br>$G$ | N | Newton | 1 N = 1 m kg s$^{-2}$ | kp[1]) | Kilopond | 1 kp = 9,80665 N |
| Wichte | $\gamma$ | m$^{-3}$N | | | | | |
| Arbeit<br>Energie<br>Moment | $W, A$<br>$E, W$<br>$M$ | J | Joule | 1 J = 1 Nm = 1 m² kg s$^{-2}$ | | | |
| Druck<br>Spannung<br>Elastizitätsmodul | $p$<br>$\sigma, \tau$<br>$E$ | Pa<br>Nm$^{-2}$ | Pascal | 1 Pa = 1 N/m² | atm[1])<br>Torr[1])<br>at[1])<br>bar | phys. Atmosphäre<br><br>techn. Atmosphäre<br>Bar | 1 atm = 1,01325 · $10^5$ m$^{-2}$ N<br>1 Torr = 1,33324 · $10^2$ m$^{-2}$ N<br>1 = 1/760 atm<br>1 at = 9,80665 · $10^4$ m$^{-2}$ N<br>1 bar = $10^5$ m$^{-2}$ N |

Tabelle 4.1-2 (Fortsetzung)

| Größenart | Formelzeichen | Das Internationale Einheitensystem Système International d'Unités SI | | | Weitere Einheiten | | |
|---|---|---|---|---|---|---|---|
| | | Einheit | | Definition | Einheit | Benennung | Definition durch SI |
| Leistung | $P$ | W | Watt | $1\text{ W} = 1\text{ m}^2\text{ kg s}^{-3}$ | PS¹ | Pferdestärke | $1\text{ PS} = 735{,}49875\text{ W}$ |
| dyn. Viskosität kinem. Viskosität | $\eta$ $\nu$ | Pa s $\text{m}^2\text{s}^{-1}$ | | $1\text{ Pa s} = 1\text{ N s m}^{-2}$ | | | |
| Frequenz | $f$ | Hz | | | Hz | Hertz | $1\text{ Hz} = 1\text{ s}^{-1}$ |
| Wärme | $Q$ | J | Joule | | cal¹) kcal | Kalorie Kilokalorie | $1\text{ cal} = 4{,}1868\text{ J}$ $1\text{ kcal} = 4{,}1868 \cdot 10^3\text{ J}$ |
| Wärmestrom spezifische Wärmekapazität Wärmeleitfähigkeit Temperaturleitfähigkeit | $\Phi$ $c_p$ $\lambda$ $\alpha$ | W J/kg K W/m K $\text{m}^2/\text{s}$ | Watt | $1\text{ W} = 1\text{ J/s}$ | kcal/kg K kcal/m h K | | $1\text{ kcal/kg K} = 4{,}1868 \cdot 10^3\text{ J/kg K}$ $1\text{ kcal/m h K} = 1{,}163\text{ W/mK}$ |
| Thermodynamische Temperatur Celsius-Temperatur Temperatur-Intervall | $T$ $t$ $\Delta T,$ | K °C K | Kelvin Grad Celsius Kelvin | | | | |
| Lichtstärke Lichtstrom Beleuchtungsstärke | $I$ $\Phi$ $E$ | cd lm lx | Candela Lumen Lux | $1\text{ lm} = 1\text{ cd sr}$ $1\text{ lx} = 1\text{ m}^{-2}\text{ cd sr}$ | | | |
| Stromstärke Spannung Widerstand Ladung | $I$ $U$ $R$ $Q$ | A V Ω C | Ampere Volt Ohm Coulomb | $1\text{ V} = 1\text{ m}^2\text{ kg s}^{-3}\text{ A}^{-1}$ $1\text{ Ω} = 1\text{ m}^2\text{ kg s}^{-3}\text{ A}^{-2}$ $1\text{ C} = 1\text{ sA}$ | | | |
| Stoffmenge | | mol | Mol | | | | |

¹) gültig bis 31. 12. 1977.

4.1.2 Die Eigenschaften der Baustoffe

In Tabelle 4.1-3 werden als Ergänzung zu Tabelle 4.1-2 die Formelzeichen geometrischer Größenarten angegeben. Dezimale Vielfache mechanischer Einheiten in Tabelle 4.1-4.

Tabelle 4.1-3. Formelzeichen für geometrische Größenarten (nach DIN 1304)

| Größenart | Formelzeichen | Größenart | Formelzeichen |
|---|---|---|---|
| Länge | $l$ | Halbmesser | $r$ |
| Breite | $b$ | Weglänge | $s$ |
| Höhe | $h$ | Fläche | $S, A$ |
| Durchmesser | $d$ | Volumen | $V$ |

Tabelle 4.1-4. Dezimale Vielfache mechanischer Einheiten

| Einheit | Definition | Einheit | Definition |
|---|---|---|---|
| Zentimeter | $1 \text{ cm} = 10^{-2} \text{ m}$ | Milligramm | $1 \text{ mg} = 10^{-3} \text{ g}$ |
| Millimeter | $1 \text{ mm} = 10^{-3} \text{ m}$ | Kilogramm | $1 \text{ kg} = 10^3 \text{ g}$ |
| Mikrometer | $1 \text{ μm} = 10^{-6} \text{ m}$ | Tonne = Megagramm | $1 \text{ t} = 10^3 \text{ kg} = 10^6 \text{ g} = 1 \text{ Mg}$ |
| Nanometer | $1 \text{ nm} = 10^{-9} \text{ m}$ | Millipond | $1 \text{ mp} = 10^{-3} \text{ p}$ |
| Pikometer | $1 \text{ pm} = 10^{-12} \text{ m}$ | Kilopond | $1 \text{ kp} = 10^3 \text{ p}$ |
| | | Megapond | $1 \text{ Mp} = 10^6 \text{ p}$ |

### 4.1.2.3 Maßordnung im Hochbau

**4.1.2.3.1 Normung im Bauwesen** erfordert eine Maßordnung, die mit DIN 4172 (Juli 1955) festgelegt wurde. Dadurch wird die Anzahl von Baustoffen und Bauteilen beschränkt, die dann miteinander verarbeitet werden können. Wenn nicht besondere Gründe für die Wahl anderer Maße vorliegen, sind die Baunormzahlen der Maßordnung anzuwenden.

**4.1.2.3.2 Baunormzahlen** sind die Zahlen für Baurichtmaße und die daraus abgeleiteten Einzel-, Rohbau- und Ausbaumaße.

**4.1.2.3.3 Baurichtmaße** sind zunächst theoretische Maße; sie sind aber die Grundlage für die in der Praxis vorkommenden Einzel-, Rohbau- und Ausbaumaße. Sie sind nötig, um alle Bauteile planmäßig zu verbinden und sind in Teilen des Meters abgestuft. Diese Maßsprünge betragen 1/2 m, 1/4 m, 1/8 m, 1/16 m. Der kleinste Maßsprung im Rohbau beträgt 6,25 cm.

*Einzelmaße* sind Maße (meist Kleinstmaße) für Einzelheiten des Rohbaues; z. B. Fugendicken, Putzdicken, Falzmaße, Maueranschlagmaße, Toleranzmaße.

*Rohbaumaße* sind Maße für den Rohbau; z. B. Mauerwerksdicken, Maße für unverputzte Tür- und Fensteröffnungen.

*Ausbaumaße* sind Maße für den fertigen Bau; z. B. lichte Maße oberflächenfertiger Räume und Öffnungen, Stellflächenmaße.

*Nennmaße* entsprechen bei Bauarten ohne Fugen den Baurichtmaßen. Bei Bauarbeiten mit Fugen ergeben sich Nennmaße aus den Baurichtmaßen zuzüglich der Fugen.

Beispiele:

| | |
|---|---|
| Baurichtmaß für Länge des Mauerziegels | 25 cm |
| Dicke der Stoßfuge | 1 cm |
| Nennmaß für Länge des Mauerziegels | 24 cm |
| Baurichtmaß für Dicke geschütteter Betonwände | 25 cm |
| Nennmaß für Dicke geschütteter Betonwände | 25 cm |

*Toleranzen* sind die für die Nennmaße der Baustoffe und Bauteile zulässigen Maßabweichungen.

## 4.1.2.4 Physikalische Eigenschaften von Baustoffen

**4.1.2.4.1 Masse und Gewicht** (DIN 1305). Die *Masse m* eines Körpers ist eine allgemeine Eigenschaft und kann durch Vergleich mit Körpern bekannter Masse bestimmt werden. Das *Gewicht G* ist eine Größe von derselben Art wie die Kraft. Das Gewicht eines Körpers ist definiert als Produkt aus seiner Masse $m$ und der örtlichen Fallbeschleunigung $g$:

$$G = mg$$

In der Technik wurde bisher der Ausdruck *Gewicht* auch vielfach für den physikalischen Begriff *Masse* gebraucht. Wo Mißverständnisse möglich sind, sollte anstelle des Wortes Gewicht das Wort *Gewichtskraft* für die auf den Körper wirkende *Schwerkraft* verwendet werden. Anstelle des Wortes Gewicht für den Begriff Masse sollte das tatsächlich gemeinte Wort Masse verwendet werden.

Die betreffenden technischen Festlegungen sind in den Normen DIN 1301 (Nov. 1971) und DIN 1305 (Juni 1968) enthalten.

**4.1.2.4.2 Dichte** (DIN 1306, Dez. 1971) $\varrho$ eines Stoffes ist die Masse $m$ eines Stoffes bezogen auf das hohlraumfreie Volumen $V_r$:

$$\varrho = \frac{m}{V_r} = \frac{m}{V_g - V_h - V_z}$$

$m$   Masse der Stoffprobe,
$V_g$  gesamtes Volumen der Stoffprobe,
$V_r$  Volumen der Probe ohne Einbeziehung etwaiger Hohlräume und Zwischenräume,
$V_h$  Volumen der Hohlräume in den Stücken,
$V_z$  Volumen der Zwischenräume zwischen den Stücken.

*Rohdichte* $\varrho_R$ ist die Masse $m$ eines Stoffes einschließlich aller Hohlräume (Poren und Löcher), aber ohne Zwischenräume, bezogen auf das Stückvolumen $V_g - V_z$:

$$\varrho_R = \frac{m}{V_r + V_h} = \frac{m}{V_g - V_z}$$

*Schüttdichte* $\varrho_S$ ist die Masse $m$ eines Stoffes, der aus mehreren porösen oder nicht porösen Stücken besteht, einschließlich aller Hohlräume und Zwischenräume, bezogen auf das Gesamtvolumen $V_g$:

$$\varrho_S = \frac{m}{V_r + V_h + V_z} = \frac{m}{V_g}$$

**4.1.2.4.3 Gefüge.** Der innere physikalische Aufbau eines Stoffes wird durch das Gefüge bestimmt, wobei zwischen kristallin, amorph, geschichtet, dicht, porig (offenporig, geschlossenporig) unterschieden wird. Für nachfolgende Eigenschaften der Baustoffe ist die *Porigkeit* besonders wichtig: Festigkeit, E-Modul, Wasseraufnahme, Wasseraufsaugung, Wasser- und Gasdurchlässigkeit, Frost, Witterung, chemisches Verhalten, Wärmeleitfähigkeit. Am wichtigsten ist die Kenntnis des gesamten Porenraumes; aber auch Größe, Art und Verteilung der Poren sind wesentliche Kennzeichen des Gefüges. Die Porigkeit von Stoffen läßt sich durch folgende Größen ausdrücken:

*Dichtigkeitsgrad d*, Anteil des porenfreien Stoffes:

$$d = \frac{\varrho_R}{\varrho} \leqq 1$$

*Undichtigkeitsgrad u*, Anteil der Poren im Stoff:

$$u = 1 - d \quad \text{oder} \quad u = 1 - \frac{\varrho_R}{\varrho} = \frac{\varrho - \varrho_R}{\varrho}$$

### 4.1.2 Die Eigenschaften der Baustoffe

*Gesamtporosität p*, Gesamtporenraum des trockenen Stoffes in Vol.-%, bezogen auf das Gesamtvolumen (offene und geschlossene Poren):

$$p = 100u = \left(1 - \frac{\varrho_R}{\varrho}\right)100 = \frac{\varrho - \varrho_R}{\varrho} \cdot 100 \text{ (Vol.-\%)}$$

*Offene Porosität.* Offene Poren können durch geeignete Maßnahmen nach 4.1.2.4.4.2 mit Wasser oder, falls das Wasser die chemische Zusammensetzung des zu prüfenden Stoffes beeinflussen würde, durch eine andere Flüssigkeit geprüft werden.

#### 4.1.2.4.4 Verhalten gegenüber Wasser und Gasen

**4.1.2.4.4.1** *Dampfdruckverhältnisse.* Wenn die Luft beim *Taupunkt* mit Feuchtigkeit gesättigt ist, ist der Dampfdruck gleich dem Sättigungsdruck. Unterhalb des Taupunktes tritt Kondensation ein.

$$\text{Relative Luftfeuchte} = \frac{\text{vorhandener Feuchtigkeitsgehalt}}{\text{möglicher Feuchtigkeitsgehalt}} = \frac{\text{vorhandener Dampfdruck}}{\text{Sättigungsdruck}}$$

Bei unterschiedlichem Dampfdruck auf beiden Seiten eines Baustoffes wandert die Luftfeuchtigkeit infolge Dampfdiffusion in Richtung des Dampfdruckgefälles. Die *Dampfleitfähigkeit* ist diejenige Feuchtigkeitsmenge, die in 1 h durch 1 m² einer 1 m dicken Schicht hindurchdiffundiert.

Der *Diffusionswiderstandswert* kennzeichnet den Widerstand des Stoffgefüges für den Durchgang von Wasserdampfmolekülen und gibt an, um wieviel größer der Diffusionswiderstand eines Stoffes gegenüber einer Luftschicht von gleichen Abmessungen ist. Je dichter z. B. ein Putz ist, um so größer ist ein Widerstand gegen den Durchgang von Wasserdampfmolekülen.

**4.1.2.4.4.2** *Wasseraufnahme W* (nach DIN 52103, Entwurf März 1966) ist die Differenz zwischen der Masse $m_w$ der bis zur Sättigung wassergelagerten Probe und der Masse $m_{tr}$ der getrockneten Probe:

$$W = m_w - m_{tr}$$

Bezogen auf die trockene Masse ergibt sich

$$W_m = W/m_{tr} \cdot 100 \text{ in Massen-\% und}$$
$$W_v = W_m \varrho_{tr} \text{ in Vol.-\%.}$$

Die Wasseraufnahme wird auch unter Druck von 150 at ($W_{150}$) nach Entlüften der Poren unter Wasser bestimmt und daraus die offene Porosität errechnet:

$$W_v = \frac{W_{150} \varrho_{tr}}{m_{tr}} \cdot 100 = W_{m150} \varrho_{tr} \text{ in Vol.-\%.}$$

**4.1.2.4.4.3** *Sättigungswert S.* Bei Natursteinen kann in gewissen Fällen aus dem Sättigungswert $S$ auf die Frostbeständigkeit geschlossen werden:

$$S = \frac{\text{Wasseraufnahme bei normalem Luftdruck}}{\text{Wasseraufnahme bei Überdruck 150 at}}$$

**4.1.2.4.4.4** *Wasseraufsaugefähigkeit* infolge Kapillarität wird in Massen-% bzw. Volumen-% bei wenige cm tief in Wasser eingetauchten Prismen gemessen. Bei der Auswertung von Steigelinien an der Prismenoberfläche ist mit Vorsicht zu verfahren, da aus diesen Steigelinien nicht unbedingt auf den Wasseranstieg im Prismeninnern geschlossen werden kann.

*4.1.2.4.4.5 Wasserabgabe* (Wasserabgabevermögen nach DIN 52103). $W_a$ wird in kg, Wasserabgabevermögen $W_{m,a}$ bzw. $W_{v,a}$ wird in M.-% bzw. Vol.-% einer unter Atmosphärendruck wassergesättigten Probe bei Lagerung im Exsikkator bei $\approx 20\,°C$ bis zur Massenkonstanz angegeben.

Wasserabgabe $W_a = m_s - m_{a,tr}$

Wasserabgabevermögen nach Masse $W_{m,a} = \dfrac{W_a}{m_{tr}} \cdot 100$ in Massen-%

Wasserabgabevermögen nach Volumen $W_{v,a} = \dfrac{W_a \varrho_{tr}}{m_{tr}} \cdot 100 = W_{m,a} \varrho_{tr}$ in Vol.-%

$m_s$    Masse der wassergesättigten Proben bei 20°C
$m_{a,tr}$    Masse der im Exsikkator getrockneten Proben
$m_{tr}$    Masse der bei 105°C getrockneten Proben

*4.1.2.4.4.6 Gleichgewichtsfeuchte.* Jeder porige Baustoff stellt sich je nach Feuchtigkeitsgehalt der Luft oder umgebender Stoffe durch Feuchtigkeitsaufnahme oder -abgabe auf eine Gleichgewichtsfeuchte ein (Tabelle 4.1-5).

Tabelle 4.1-5. Wassergehalt von Baustoffen

| Baustoffe | Wassergehalt in Vol.-% bei relativer Luftfeuchte in % | | | | |
|---|---|---|---|---|---|
| | 60 | 70 | 90 | 97 | 100 |
| Ziegel | 0,2···0,5 | 0,6 | 1,0 | 2,3 | 2,7··· 3,2 |
| Zement- u. kalkgeb. Steine | 2 ···9 | 3···9 | 6···12 | 7···11,5 | 6,4···13 |
| Gasbetone | 2 | 3 | 4···5 | 6···11 | |

*4.1.2.4.4.7 Wasserundurchlässigkeit (Wasserdichtheit).* Probekörper werden auf einer Seite bestimmten Wasserdrücken ausgesetzt (DIN 1048, DIN 1115). Ein Körper ist dann wasserundurchlässig, wenn an der Luftseite nach einer in den Normen festgelegten Zeit kein Wasser auftritt oder keine Tropfen abfallen.

*4.1.2.4.4.8 Gasdurchlässigkeit (Gasdichtheit)* hängt nicht nur von der Porigkeit, sondern auch wesentlich vom Feuchtigkeitsgehalt ab. Die Angabe der Gasdichtheit ist u. a. wichtig für Kaminformsteine, Reinigungsverschlüsse, Gashauben über Faulbecken von Kläranlagen, Vakuum- und Druckkammern im Grundbau.

**4.1.2.4.5 Thermische Eigenschaften.** *Spezifische Wärmekapazität* $c_p$ ist die Wärme, die 1 kg Masse eines Stoffes um 1 K erwärmt.

*Wärmeleitfähigkeit* $\lambda$ ist der Wärmestrom in Watt, der durch 1 m² einer 1 m dicken Schicht fließt, wenn der Temperaturunterschied zwischen beiden Oberflächen 1 K beträgt. $\lambda$ ist abhängig u. a. von Grundmasse, Porigkeit, Feuchtigkeit, Temperatur (DIN 1341.)

*Wärmeeindringkoeffizient* $b = \sqrt{\lambda c_p \varrho}$ ist ein Maß für die Geschwindigkeit der Wärmeaufnahme und Wärmeableitung bzw. Wärmeübertragung bei Berührung, vor allem bei Fußböden. Je nach der Wärme, die dem Fuß beim Berühren mit dem Boden in einer bestimmten Zeit entzogen wird, unterscheidet man zwischen *fußkalten* und *fußwarmen Böden*. Die Wärmeableitung soll für Fußböden so niedrig wie möglich sein. Für fußwarm sollte $b < 70\;\text{Ws}^{0,5}/\text{m}^2\,\text{K}$ bzw. für fußkalt $b > 70\;\text{Ws}^{0,5}/\text{m}^2\,\text{K}$ gewählt werden.

*Wärmereflexion.* Bei stark rückstrahlenden Schichten (Metallfolien, Anstrichen u. ä.).

*Wärmedehnung.* Ausdehnen bzw. Zusammenziehen eines Körpers bei Temperaturänderung. Als Maß wird der Längendehnkoeffizient $\alpha_T$ benutzt und als lineare Ausdehnung eines Stabes von 1 m Länge bei einer Temperatursteigerung um 1 K definiert. Volumendehnkoeffizient $\gamma = 3\alpha$.

#### 4.1.2.4.6 Elektrische Eigenschaften

*Ohmsche Leitfähigkeit.* Baustoffe, die in Wohn- und Aufenthaltsräumen als Träger elektrischer Leitungen benutzt werden, sollen elektrisch gut isolieren. Als Richtwert für den spezifischen elektrischen Widerstand bei 20°C muß $\geqq 1 \cdot 10^6 \, \Omega$ cm gefordert werden. Werte für einige Natursteine: Schiefer $1 \cdot 10^8$, Marmor $1 \cdot 10^{10}$ und Quarz $3 \cdot 10^{16} \, \Omega$ cm. Baustoffe muß man jedoch i. allg. zu den Halbleitern rechnen. Sie können eine in weiten Bereichen schwankende elektrische Leitfähigkeit aufweisen.

Baustoffe zeigen meist die Eigenschaft eines Dielektrikums, d. h. es können an leitfähigen Belegungen (Grenzflächen) unerwünschte Aufladungen entstehen. Derartige elektrostatische, etwa durch Reibung entstehende Aufladungen sind gefährlich, wenn es zur Entzündung explosiver Gasgemische kommen kann. Man mischt daher in solchen Fällen Baustoffen (z. B. Fußbodenbelägen) leitende Substanzen, z. B. Graphit bei.

*Dielektrische Festigkeit.* Durchschlagfestigkeit fester Stoffe, die gelegentlich auch bei Baustoffen zu beachten ist. Bei Dielektrizitätszahlen zwischen 3 bis 15 haben Gläser Durchschlagsfestigkeiten von 100 bis 400 kV/cm.

*Ionenleiter.* Durch freies Wasser werden dissoziationsfähige chemische Verbindungen zu Ionenleitern. Derartige Elektrolytlösungen führen zu Korrosionserscheinungen an Metallen.

*Magnetische Permeabilität $\mu$.* Von Bedeutung bei Baustahl und einigen anorganischen Verbindungen, insbesondere Chloriden. Durch starke elektrische Wechselströme, die parallel zu Baustählen geführt werden, können in diesen elektrische Spannungen induziert werden und dadurch auch mechanische Wechselspannungen auftreten.

**4.1.2.4.7 Verhalten gegen Lichteinwirkung.** Nach den lichttechnischen Eigenschaften unterscheidet man (DIN 5036, April 1970, Bl. 4)

a) ausschließlich reflektierende Stoffe;
b) schwach durchlassende, vorwiegend reflektierende Stoffe;
c) stark durchlassende Stoffe, die jeweils noch in eine Gruppe mit schwacher oder starker Lichtstreuung eingeteilt werden.

Der Farbeindruck, den das Auge von einem Gegenstand aufnimmt, bezieht sich sowohl auf das *Farbton* (charakteristisch für die Art des Farbstoffes) wie auf dessen *Farbtiefe* (Maß für die Konzentration des Farbstoffes, auch abhängig von der Schichtdicke). Bestimmung der Farbe mit Hilfe von *Farbtafeln*.

*4.1.2.4.7.1 Lichtdurchlässigkeit.* Verhältnis des aus einem Werkstoff austretenden Lichtstromes zu dem eindringenden Lichtstrom (auch Durchlässigkeitsgrad oder Durchsichtigkeitsgrad). Abhängig vom Reflexionsgrad $\varrho$ und vom Absorptionsgrad $\alpha$ (DIN 5036, Bl. 2).

*Reflexionsgrad $\varrho$.* Verhältnis des von einem Körper zurückgestrahlten Lichtstromes $\Phi_\varrho$ zu dem auffallenden Lichtstrom $\Phi$.

*Absorptionsgrad $\alpha$.* Verhältnis des von einem Körper aufgenommenen Lichtstromes $\Phi_\alpha$ zu dem auffallenden Lichtstrom $\Phi$.

*4.1.2.4.7.2 Helligkeitsgrad* von Baustoffen wird durch Vergleichsmessungen festgestellt. Die Helligkeit ist ein Maß für die Leuchtdichte des diffus reflektierten Lichtes und wird als Helligkeitswert angegeben.

*4.1.2.4.7.3 Farbbeständigkeit (Lichtechtheit).* Der Widerstand von Farbtönen gegenüber Einwirkung natürlicher oder künstlicher Lichtstrahlen ist besonders bei Wand- und Fußbodenbelägen, Putzen, Anstrichen von Bedeutung.

### 4.1.2.5 Mechanische Eigenschaften

#### 4.1.2.5.1 Festigkeits-Eigenschaften

*4.1.2.5.1.1 Aufbau der Materie.* In der Bezeichnungsweise der Technik unterscheidet man bei der Materie die feste, flüssige und gasförmige Stoffphase. Bei den Baustoffen interessieren insbesondere die im makromolekularen Zustand erkennbaren Eigenschaften der Festkörper. Dabei lassen sich *amorphe* und *kristalline* Ausbildung von Festkörpern unterscheiden. Während zu der amorphen Zustandsart die Gläser und einige andere, aus erstarrten Schmelzen gewonnene Stoffe sowie bestimmte Kunststoffe zählen, gehört die überwiegende Zahl der Baustoffe zu den kristallinen Festkörpern.

Die Baustoff-Forschung ist bestrebt, die Erscheinungen des Entstehens und des Zusammenhaltens von Festkörperbindungen zu erklären, um hierdurch Hinweise für die technischen Festigkeiten zu bekommen. Hierzu dient auch die im Mikrobereich fundierte *Festkörperphysik*, die im wesentlichen zwischen vier Hauptbindungsarten unterscheidet, die jedoch in vielen Fällen durch Übergangszustände nicht deutlich zu trennen sind.

Der erste Bindungstyp, der die chemische Bindung in Kristallen darstellt, wird mit *Ionenbindung* bezeichnet. Es handelt sich hier um heteropolare Bindungen, deren Ursachen in den Dipolmomenten der Moleküle liegen, die wiederum durch die Verschiedenheit der Atomkernladungen bedingt sind. Die Kristallstrukturen sind in diesem Fall durch den Typus des Ionengitters bestimmt.

Die *homöopolaren* oder *kovalenten Bindungen* beruhen ebenfalls auf den elektrostatischen Kräften zwischen den Elektronen und den Kernen benachbarter Atome. Derartige Moleküle gehören zu den festest gebundenen, die man kennt, vor allem sind es die $H_2$-, $O_2$- und $N_2$-Moleküle. Durch den Zusammentritt mehrerer Moleküle dieser Art entstehen *Valenzgitterbindungen*.

Einen weiteren Bindungstyp stellen die *Metall-Moleküle* dar, die sich durch die Existenz freier Elektronen auszeichnen und im Molekülverband die Metallgitter bilden.

Die *van der Waals-* oder *Molekül-Bindung* kann zwischen Atomen auftreten, ohne daß dabei die Elektronenhüllen eine Verschmelzung eingehen. In diesem Falle ist eine Molekularattraktion vorhanden, die sich aus der Überlagerung kurzreichweitiger abstoßender atomarer Kräfte und anziehend wirkender van-der-Waals-Kräfte zusammensetzt. Die thermische Ausdehnung wird auf eine derartige Kraftfeldunsymmetrie zurückgeführt.

Auf Grund der aufgezählten vier Bindungstypen kann man sich die Bildung von Festkörpern durch den Zusammenschluß von Molekülen in *Gitterverbänden* vorstellen. Flüssigkeiten entsprechen dann dem Verbindungszustand von Quasigittern.

Von besonderem Interesse für die Baustoff-Forschung sind die *Bindungsenergien* der verschiedenen Molekül-Typen, die in den nuklearen und atomaren Bereichen am größten sind und sich in der vorhin aufgezählten Reihenfolge fortlaufend verkleinern. Die Bindungsenergien nehmen also von den hetero- und homöopolaren über die metallischen Moleküle bis zu den durch van-der-Waals-Kräfte verbundenen Molekülen ab und zwar um mehrere Größenordnungen.

*4.1.2.5.1.2 Festigkeit.* Die statische Festigkeit $\beta$ von Probekörpern und von Bauteilen wird im allgemeinen für Kurzzeitbeanspruchung angegeben. Die zugehörigen Einheiten sind aus Tabelle 4.1-2 zu entnehmen. Als Festigkeit $\beta$ gilt die bis zum Bruch erreichte Höchstspannung, abhängig von der in den verschiedenen Normen festgelegten Belastungsgeschwindigkeit (Belastungszunahme in der Sekunde).

*Druckfestigkeit* $\beta_D = \hat{\sigma}_D = \hat{F}/A$, wobei $\hat{F}$ Höchstdrucklast, $A$ Ausgangsquerschnitt. Die bis zum Bruch erreichte Höchstdruckspannung ist gestaltabhängig *(Gestaltfestigkeit)*. Man unterscheidet insbesondere Würfel-, Prismen-, Zylinder- und Plattendruckfestigkeit.

*Zugfestigkeit (Zerreißfestigkeit)* $\beta_Z = \hat{\sigma}_Z = \hat{F}/A$, wobei $\hat{F}$ Höchstzuglast, $A$ Ausgangsquerschnitt.

*Spaltzugfestigkeit* $\beta_{SZ} = 2\hat{F}/\pi\, d\, l$, wobei $\hat{F}$ Höchstlast, $d$ Durchmesser, $l$ Länge des Probekörpers.

Zur Ermittlung der Spaltzugfestigkeit $\beta_{SZ}$ werden Probekörper auf 2 gegenüberliegenden parallelen Linien ihrer Oberflächenbegrenzung bis zur Spaltung gedrückt.

Spaltzugspannungen treten auf bei Einschlagen von Nägeln, Einleitung von Vorspannkräften, Verbundwirkung beim Stahlbeton, an Köpfen von Stahlbeton-Fertigteil-Säulen u. dgl.

*Biegefestigkeit* $\beta_B = \hat{\sigma}_B = \hat{M}/W$, wobei $\hat{M}$ höchstes Biegemoment, $W$ Widerstandsmoment.

Die Biegefestigkeit $\beta_B$ ist die bis zum Bruch erreichte Höchstbiegespannung, ermittelt an Balken auf zwei Stützen, die durch eine mittige Einzellast oder durch mehrere symmetrische Einzellasten belastet werden.

## 4.1.2 Die Eigenschaften der Baustoffe

Bei Baustoffen mit geringer Zug- und hoher Druckfestigkeit tritt der Bruch durch Versagen der Zugzone ein; man spricht dann auch von Biege*zug*festigkeit $\beta_{ZB}$ im Gegensatz zur Biege*druck*festigkeit $\beta_{BD}$.

*Scherfestigkeit* $\beta_A = \hat{\sigma}_A = \hat{F}/A$. Die Scherfestigkeit ist die bis zum Bruch erreichte Höchstspannung beim Abscheren, wobei die Abscherkraft $F$ parallel zur Scherfläche $A$ wirksam ist. Die beim Biegeversuch auftretenden Scherspannungen werden im allg. Schubspannungen genannt. Da sich der Schubversuch kaum ohne Einwirkung von Biegemomenten durchführen läßt, kann man aus Balkenversuchen nicht ohne weiteres auf die zulässige Schubspannung bei Torsions-, Biegungs- und Querkraftübertragung schließen.

*Haftfestigkeit* $\beta_H$ ist die höchste erreichbare Haftspannung zwischen zwei gleichen, z. B. miteinander verleimten oder verklebten Stoffen oder zwischen zwei verschiedenen Stoffen (Putze, Anstriche). Die Kraft wirkt senkrecht zur Haftfläche.

*Torsionsfestigkeit* $\beta_T$ stellt die höchste erreichbare Spannung bei Beanspruchung durch Verdrehen dar.

*Schlagfestigkeit* stellt den Widerstand gegen Schlagbeanspruchung dar, d. h. die Arbeit, die erforderlich ist, um eine Probe durch Schlag zum Bruch zu bringen. Mit Schlagfestigkeit wird auch der Zertrümmerungsgrad körniger Stoffe bei festgelegter Schlagarbeit bezeichnet.

*4.1.2.5.1.3 Ermüdungsfestigkeit* $\beta_F$. Im Bauwerk tritt nur ein Teil der Lasten kurzfristig auf (z. B. Verkehrs-, Schnee-, Windlasten), so daß gegebenenfalls nur diese Einwirkung auf den Baustoff durch die Kurzzeitfestigkeit charakterisiert werden könnte. Diese kurzfristig einwirkenden Lasten wirken jedoch nicht nur einmal, sondern wiederholt. Die Baustoffe werden dadurch dynamisch oder schwingend beansprucht (*Schwingbeanspruchung*). Das Eigengewicht dagegen wirkt über die gesamte Lebensdauer des Bauwerks, es wirkt auf den Baustoff dauernd statisch ein (*Standbeanspruchung*). Bei den derzeitigen vorgesehenen Lebensdauern im Bauwesen von 50 bis 100 Jahren muß die statische Beanspruchung „unendlich lange", die dynamische „unendlich oft" ertragen werden können (*Dauerfestigkeit*). Da man im Maschinenbau mit wesentlich geringeren Lebensdauern rechnet, wird dort mehr mit dem Begriff der Zeitfestigkeit gearbeitet (z. B. 1 000 h, begrenzte Zahl von Lastwechseln).

Man unterscheidet demnach folgende Arten der Ermüdungsfestigkeit:

Zeitschwingfestigkeit,
Dauerschwingfestigkeit,
Zeitstandfestigkeit,
Dauerstandfestigkeit.

Die Festigkeit bei dynamischer Beanspruchung ist bei allen Stoffen kleiner als die Kurzzeitfestigkeit, für die dauernde statische Beanspruchung gilt dies nicht bei allen Baustoffen.[1])

Da die Güte der Baustoffe jedoch durch die einfacher zu prüfende Kurzzeitfestigkeit charakterisiert und kontrolliert wird, muß der negative Einfluß der Dauerbeanspruchung entweder durch pauschale Erhöhung des Sicherheitsgrades (z. B. beim Beton), durch zusätzliche Sicherheitszuschläge (z. B. bei Kunststoffen) oder Erhöhung der angesetzten Lasten mit Hilfe von Stoß- oder Schwingzahlen (z. B. im Stahlbau) berücksichtigt werden.

Gemäß DIN 1080 (Zeichen für statische Berechnungen im Bauingenieurwesen) ist das Symbol für die Ermüdungsfestigkeit $\beta_F$. Die weitere Unterscheidung erfolgt durch die Ergänzung des Index mit dem Wert

$$\varkappa = \frac{\check{\sigma}}{\hat{\sigma}} = \frac{\sigma_u}{\sigma_o} = \frac{\text{Unterspannung}}{\text{Oberspannung}} \text{ in Klammern}$$

z. B. $\beta_{(F-1)}$, wobei $\check{\sigma}$ bzw. $\hat{\sigma}$ immer die absolut kleinste bzw. größte Spannung angibt.

---
[1]) Da z. B. bei Stahl unter üblichen Bedingungen ($\sigma \leq \sigma_{zul}$, Raumtemperatur) die Dauerstandfestigkeit genau so groß ist wie die Kurzzeitfestigkeit und daher nicht berücksichtigt zu werden braucht, spricht man im Maschinenbau auch nur von Zeit- und Dauerfestigkeit anstelle der Zeit- bzw. Dauerschwingfestigkeit. Im Bauwesen sollte man dagegen zur besseren Unterscheidung immer von Dauerstand- und Dauerschwingfestigkeit sprechen.

*Dauerschwingfestigkeit.* Es gelten folgende Bezeichnungen:

$\sigma_m$ bzw. $\sigma_M = 0,5(\sigma_o + \sigma_u)$   Mittelspannung
$\sigma_a$ bzw. $\sigma_A = \pm 0,5(\sigma_o - \sigma_u)$   Spannungsausschlag
$2\sigma_a$ bzw. $2\sigma_A$   Schwingbreite

Kleine Indizes bezeichnen den allgemeinen Fall, große Indizes den Sonderfall der Dauerschwingfestigkeit.

Gemäß Bild 4.1-1 unterscheidet man zwei Bereiche, in denen die Schwingbreite liegen kann, nämlich den *Schwellbereich*, in dem die Beanspruchung (Zug oder Druck) nicht wechselt, und den *Wechselbereich* mit wechselnder Beanspruchung.
Sonderfälle der Dauerschwingfestigkeit sind
die Schwellfestigkeit $\beta_{F(0)}$ mit $\sigma = 0$ und
die Wechselfestigkeit $\beta_{F(-1)}$ mit $\breve{\sigma} = -\hat{\sigma}$.

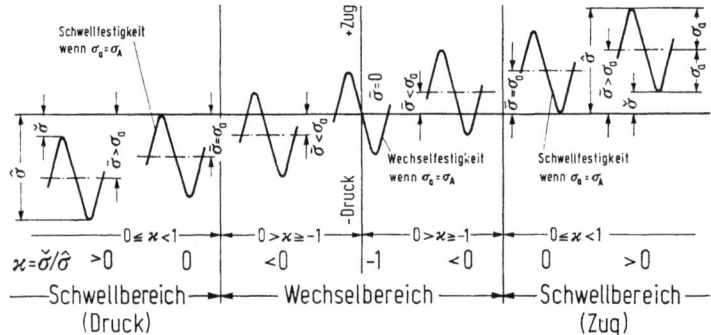

Bild 4.1-1. Beanspruchungsfälle beim Dauerschwingversuch.

*Wöhlerlinie.* Die Dauerschwingfestigkeit wird durch Dauerschwingversuche (z. B. nach DIN 50100) ermittelt, bei denen Baustoffproben von einer konstanten Ober-, Mittel- oder Unterspannung ausgehend mit einer Schwingbreite $2\sigma_a$ bei konstanter Schwingungsfrequenz bis zum Bruch oder bis zu einer Grenzlastspielzahl beansprucht werden. Das einfachste Verfahren ist das von Wöhler, der im vergangenen Jahrhundert als erster Dauerschwingversuche und zwar zur Bemessung von Eisenbahnachsen durchführte.
Beim ersten Versuch wird eine Oberspannung gewählt, die unterhalb der Kurzzeitfestigkeit (bzw. bei Baustoffen mit Dauerstandeinfluß unterhalb der Dauerstandfestigkeit) liegt. Die Probe geht nach einer gewissen Anzahl von Lastwechseln $N$ zu Bruch (Zeitschwingfestigkeit).[1]) Bei den weiteren Versuchen wird die Schwingbreite von Versuch zu Versuch verringert, wobei sich die Anzahl der Lastwechsel jeweils erhöht. Zeichnet man mit Hilfe der Versuchswerte eine Kurve für $\sigma_a = f(N)$, so erkennt man, daß die Kurve einem asymptotischen Wert für $N = \infty$ zustrebt, der Dauerschwingfestigkeit (Bild 4.1-2). Mit ausreichender Genauigkeit wird dieser Grenzwert bei Stahl schon mit $10^7$, bei Leichtmetallen mit $10^8$ Lastwechseln erreicht. Zur Abkürzung der Prüfdauer genügt es, bei diesen Stoffen die Versuche nur bis zu Grenzlastspielzahlen von $2 \cdot 10^6$ bzw. 10 bis $50 \cdot 10^6$ durchzuführen. Die Wöhlerlinie wird also durch die gebrochenen Proben und die ungebrochene Probe (Durchläufer) mit der höchsten Schwingbreite gekennzeichnet.

---

[1]) Da die Versuche jeweils mit konstanter Schwingbreite $2\sigma_a$ durchgeführt werden, spricht man hier von „Einstufenversuchen" im Gegensatz zu „Mehrstufenversuchen", bei denen während des Versuches die Schwingbreite verändert wird.

### 4.1.2 Die Eigenschaften der Baustoffe

Das Wöhlerverfahren ist durch die grafische Auswertung von Hand verhältnismäßig ungenau. Bei genaueren Untersuchungen werden die Verfahren nach *Prot* (Mehrstufenversuch, Auswertung durch Ansatz einer Parabel) oder *Müller* (Auswertung durch Ansatz einer arctan-Funktion) angewendet. Vor allem bei der Prüfung ganzer Bauteile (z. B. im Flugzeugbau) wird neben der Dauerschwingfestigkeit mit konstanter Schwingbreite die *Betriebsfestigkeit* geprüft. Hierbei wird Baustoff oder Bauteil einem Mehrstufenversuch mit wechselnder Schwingbreite unterworfen, wobei die jeweiligen Schwingbreiten bzw. Spannungsausschläge und ihre zugehörigen Schwingungszahlen in einem *Belastungsspektrum* (Bild 4.1-3) festgelegt werden, das aus der wirklichen Beanspruchung im Betrieb ermittelt wurde.

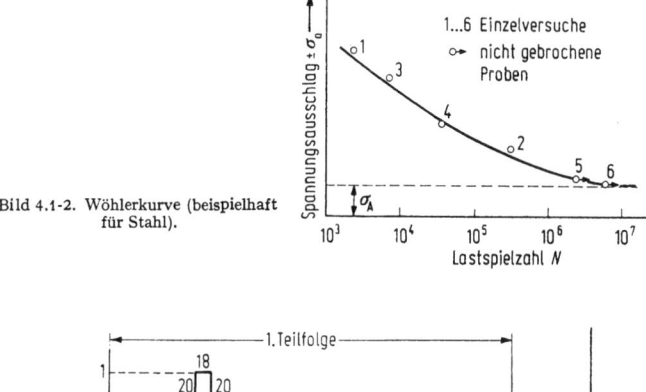

Bild 4.1-2. Wöhlerkurve (beispielhaft für Stahl).

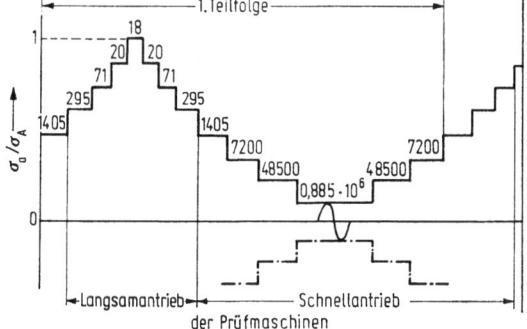

Bild 4.1-3. Schema einer Belastungsfolge bei einem Mehrstufenversuch (Belastungsspektrum) (nach *Gaßner*).

*Dauerfestigkeitsschaubild.* Die Wöhlerlinie gibt nur das Verhalten des Stoffes bei einem bestimmten $\sigma_o$, $\sigma_m$ oder $\sigma_u$ an. Um zulässige Verhältnisse von Spannungen aus Eigengewicht und Verkehrslast angeben zu können, benötigt man eine Übersicht über das Verhalten bei verschiedensten Spannungen, die man durch sogenannte Dauerfestigkeitsschaubilder erhält. Das bekannteste und am meisten angewendete ist dasjenige nach *Smith* (Bild 4.1-4). In ihm werden $\sigma_o$ und $\sigma_u$ über $\sigma_m$ aufgetragen, d. h. die Werte der Dauerschwingfestigkeit werden aus den einzelnen Wöhlerlinien in das Diagramm übertragen. Da $\sigma_m = 0,5(\sigma_o + \sigma_u)$ ist, enthält die 45°-Gerade ebenfalls die Mittelspannungen. Um das Dauerfestigkeitsschaubild genügend genau zeichnen zu können, benötigt man neben der Kurzzeitfestigkeit (bzw. Dauerstandfestigkeit) für die $\sigma_o = \sigma_u$ und $\sigma_A = 0$ ist, noch die Werte aus 2 bis 3 Wöhlerlinien. (Bei Annahme eines linearen Verlaufs der Begrenzungslinien genügt 1 Wöhlerlinie.)

Eine andere Art der Darstellung ist das Schaubild nach *Moore, Kommers* und *Jasper* (Bild 4.1-5), bei dem die Oberspannung über dem Wert $\varkappa = \dfrac{\check{\sigma}}{\hat{\sigma}}$ aufgetragen wird. Ob die Dauerfestigkeitsschaubilder für Druck- und Zugbeanspruchung symmetrisch sind, hängt nicht nur vom spezifischen Verhalten des Stoffes selbst, sondern auch von Faktoren ab, die z. B. das Verhalten des Stoffes bei Zugbeanspruchung stärker als bei Druckbeanspruchung beeinflussen (z. B. Kerben, Korrosion).

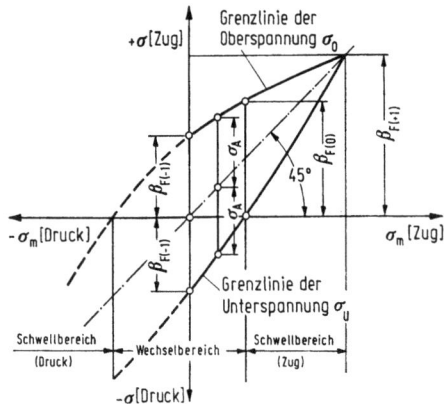

Bild 4.1-4. Dauerfestigkeitsschaubild nach *Smith* (schematisch).

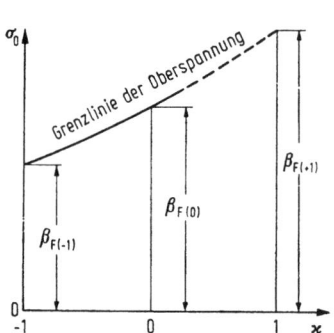

Bild 4.1-5. Dauerfestigkeitsschaubild nach *Moore, Kommers* und *Jasper*.

*Schadenslinie.* In das Wöhlerdiagramm kann man noch eine Schadenslinie eintragen, die angibt, wie oft man einen Baustoff mit $\sigma_a \geqq \sigma_A$ beanspruchen kann, der außerdem $\sigma_a \leqq \sigma_A$ unendlich oft ertragen kann. Ein Stoff kann aber neben seiner Dauerschwingfestigkeit noch mit einer bestimmten Anzahl Lastwechsel mit größerem $\sigma$, das kleiner als die Zeitschwingfestigkeiten sind, beansprucht werden, ohne daß ein Bruch auftritt.

*Dauerstandfestigkeit.* Bei der Dauerstandfestigkeit ist $\hat{\sigma} = \check{\sigma}$; sie wird daher mit $\beta_{F(+1)}$ gekennzeichnet.

Die Dauerstandfestigkeit wird durch Dauerstandversuche ermittelt, bei denen die konstante Dauerlast durch Gewichte, Federn oder Druckluft auf die Proben übertragen wird. Die Versuche werden mit verschieden hohen Spannungen durchgeführt, so daß man aus den Dauerbrüchen und Durchläufern und der Auftragung der Dauerspannung über der Zeit bis zum Bruch eine Kurve entsprechend der Wöhlerlinie zeichnen und daraus die Dauerstandfestigkeit als Grenzwert entnehmen kann.

*4.1.2.5.1.4 Zulässige Beanspruchung ($\sigma_{zul}$, $\tau_{zul}$).* Jedes Bauteil ist so zu bemessen, daß die jeweils gestellte Aufgabe mit Sicherheit und in einwandfreiem Zustand erfüllt wird. Der geforderte einwandfreie Zustand kann verloren gehen durch zu große elastische Verformungen, zu große bleibende Verformungen, zu große Risse oder Bruch des Bauteils.

Unsicherheiten ergeben sich im Wert der berechneten Spannungen (Lastannahmen, Berechnungs-Vereinfachungen, Rechenfehler, Baufehler) und im Wert der vorausgesetzten Stoffeigenschaften (Streuungen, nur Kurzzeit-Normversuch, Stoffehler, Ausführungsfehler). Die zulässige Beanspruchung $\sigma_{zul}$ ergibt sich als Quotient aus der Festigkeit und dem jeweils geforderten Sicherheitsgrad, wobei dieser jeweils nach dem Stoff und der Art des Bruches verschieden sein kann:

$$\sigma_{zul} = \beta/\nu$$

Bei stark verformbaren Baustoffen (z. B. Stahl) wird statt auf die Festigkeit auf eine Verformungsgrenze (z. B. Streckgrenze) bezogen.

## 4.1.2 Die Eigenschaften der Baustoffe

Anorganische Stoffe brechen wegen ihrer Sprödigkeit plötzlich und ohne Vorankündigung, d. h., sie verhalten sich hinsichtlich der *Sicherheit* ungünstiger als zähe Stoffe, bei denen ein Bruch angekündigt wird. Der Sicherheitswert muß daher bei spröden Stoffen größer sein als bei zähen Stoffen.

**4.1.2.5.2 Spannungs-Dehnungs-Diagramm.** Die bei einer Belastung auftretenden Spannungen und Dehnungen, trägt man in ein Spannungs-Dehnungs-Diagramm (ggf. auch Kraft-Verlängerungs-Diagramm) ein. Die dabei entstehenden Kurven sind charakteristisch für das Verformungsverhalten des Werkstoffes. Man unterscheidet danach rein elastische Stoffe (z. B. Glas, Elastomere), viskose Stoffe mit bleibender Verformung ohne nennenswerter Rückfederung (z. B. einige Thermoplaste), viskoelastische Stoffe mit viskoser und elastischer Komponente (z. B. Beton) und Stoffe mit einem Bereich starker Verformung ohne nennenswerte Spannungszunahme und mit anschließender Verfestigung (z. B. Stahl; Bild 4.1-6).

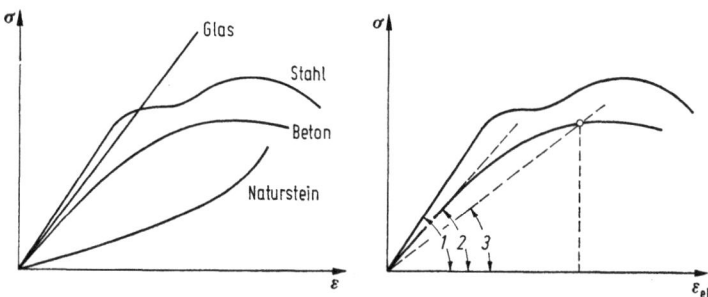

Bild 4.1-6. $\sigma$-$\varepsilon$-Diagramme und E-Moduldefinitionen. *1* E-Modul $E = \sigma/\varepsilon_{el}$; *2* Tangentenmodul; *3* Sekantenmodul.

Während der Belastungsversuche ändert sich der Probenquerschnitt entsprechend der Querdehnungszahl $\mu$ (vgl. 4.1.2.5.3). Der Einfachheit halber wird jedoch während des Versuches mit einem konstanten Probenquerschnitt gerechnet.

Bei Biegebeanspruchung ändert sich die Spannung über den Querschnitt, d. h. auf der Seite der Lasteinwirkung sind die größten Druck-, auf der anderen Seite die größten Zugspannungen. Zur Vereinfachung der Spannungsberechnung und der daraus folgenden Bemessung der Bauteile rechnet man mit dem Ebenbleiben der Querschnitte (*Navier-Hypothese*), d. h. mit einer linearen Dehnungsverteilung über den Querschnitt (Bild 4.1-7). Unter dieser Voraussetzung und bei Kenntnis der $\sigma-\varepsilon$-Linien für Druck- und Zugbeanspruchung kann man die Verteilung der Spannungen über den Querschnitt angeben. Dabei muß der Spannungsnullpunkt (neutrale Faser) so weit verschoben werden, daß die inneren Momente mit den äußeren Momenten im Gleichgewicht stehen.

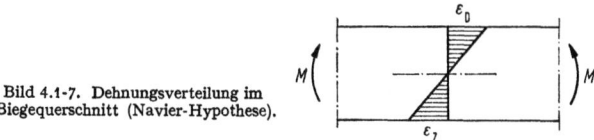

Bild 4.1-7. Dehnungsverteilung im Biegequerschnitt (Navier-Hypothese).

**4.1.2.5.3 Elastisches Verhalten.** Elastische Formänderungen treten bei Belastung auf und gehen nach Beendigung der Lasteinwirkung vollständig zurück. Formänderungen und Belastungen sind einander proportional. Als Proportionalitätsfaktoren werden *Formänderungsmoduln* benutzt.

*Elastizitätsmodul E* ist der Quotient aus Normalspannung $\sigma$ und zugehöriger elastischer (federnder) Dehnung $\varepsilon_e$.

$$E_{el} = \sigma/\varepsilon_e = \sigma/\Delta l \quad \text{(Hookesches Gesetz)}$$

Bei rein elastischen Stoffen ist der $E$-Modul bis zum Bruch konstant. Bei anderen Stoffen ist auch die $\sigma-\varepsilon$-Linie für die elastische Verformung, d. h. nach Abzug der bleibenden Verformung, gekrümmt. Man unterscheidet dann i. allg. zwischen dem Tangentenmodul im Ursprung und dem Sekantenmodul, wobei sich letzterer mit der Spannung ändert (Bild 4.1-6).

*Querdehnungszahl* $\mu$ ist der Quotient aus elastischer Querdehnung $\varepsilon_q$ und elastischer Längsdehnung $\varepsilon_{el}$.

$$\mu = \varepsilon_q/\varepsilon_{el}$$

*Schubmodul G* ist der Quotient aus Schubspannung $\tau$ und zugehöriger elastischer Schubverformung (Winkeländerung) $\gamma$.

$$G = \tau/\gamma$$

$E$, $G$ und $\mu$ sind durch folgende Beziehung miteinander verbunden:

$$G = \frac{E}{2(1+\mu)}$$

#### 4.1.2.5.4 Rheologische Eigenschaften

*Rein viskoses Verhalten.* Der Flüssigkeitsgrad von bituminösen Baustoffen, Lacken, Ölen, bei bestimmter Temperatur, wird in Viskosimetern oder anderen geeigneten Geräten gemessen.

*Konsistenz, Verarbeitbarkeit.* Die Steife eines weichen Baustoffes im Hinblick auf die Möglichkeit, ihn zu bearbeiten, zu formen und zu glätten, wird durch Konsistenzmeßgeräte ermittelt.

*Verdichtbarkeit, Verdichtungswilligkeit* ist die Eigenschaft eines weichen oder rolligen Baustoffes, bei Einwirkung einer bestimmten Verdichtungsenergie ein möglichst geringes Volumen einzunehmen.

*Viskoelastisches Verhalten.* Feste Stoffe nennt man *viskoelastisch*, wenn sich ihr Formänderungsverhalten sowohl auf elastische als auch viskose Anteile zurückführen läßt. Bild 4.1-8 zeigt die $\sigma-\varepsilon$-Linien derartiger Stoffe bei Erstbelastung und Entlastung, die eine Hysteresisschleife bilden und die auf der Abszisse die bleibende Dehnung angeben.

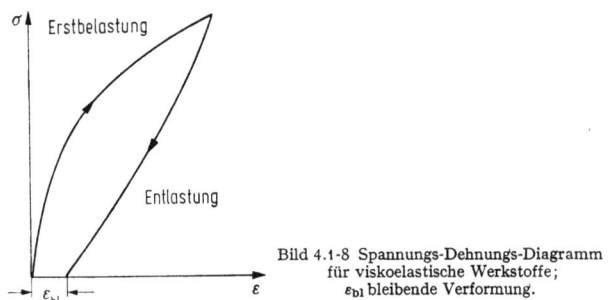

Bild 4.1-8 Spannungs-Dehnungs-Diagramm für viskoelastische Werkstoffe; $\varepsilon_{bl}$ bleibende Verformung.

Für die *Viskositätskonstante* $\eta$ (dynamische Viskosität, Zähigkeitskonstante) gilt analog dem Hookeschen Gesetz für den Elastizitäts- und Schubmodul:

$\eta_E = \sigma/\dot{\varepsilon}$ und $\eta_G = \tau/\dot{\gamma}$, wobei

$\eta_E$ Dehnviskosität, $\eta_G$ Scherviskosität.

### 4.1.2 Die Eigenschaften der Baustoffe

Letzte stellt die im eigentlichen Sinne bekannte Viskositätskonstante dar, die für das Newtonsche Fließen kennzeichnend ist.

In einem viskoelastischen Festkörper superponieren sich Hookesche Verformungen und Newtonsches Fließen. Die dabei auftretenden Zustandsänderungen sind *Spannungsrelaxation (Entspannung)* und *Zeitstandverhalten (Kriechen)*, vgl. Bild 4.1-9.

*Relaxation.* Eine Probe wird einer zeitlich konstanten Verformung $\varepsilon_0$ unterworfen, wobei die anfänglich erreichte Spannung $\sigma_0$ im Laufe der Zeit abklingt $(\sigma_t)$.

*Kriechen.* Eine Probe wird einer zeitlich konstanten Spannung $\sigma_0$ unterworfen, wobei die anfängliche Verformung $\varepsilon_0$ im Laufe der Zeit zunimmt $(\varepsilon_t)$.

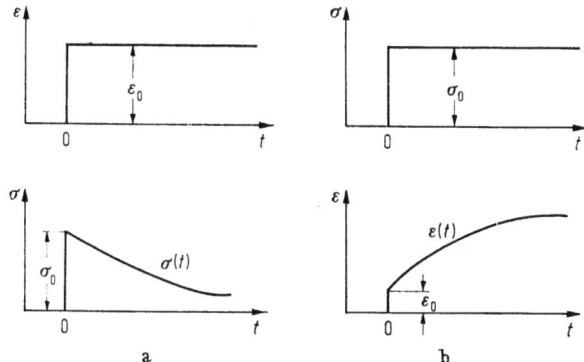

Bild 4.1-9. Viskoelastische Formänderungen. a) Relaxation; b) Kriechen.

**4.1.2.5.5 Härte** ist der Widerstand eines Körpers gegen Oberflächenverformung. Bei Gesteinen: *Mohshärte* gegen Ritzen, *Rosivalhärte* gegen Schleifen (Tabelle 4.1-6).

Tabelle 4.1-6. Härte von Mineralien

|  | Mohshärte | Rosivalhärte (relative Schleiffestigkeit) |
|---|---|---|
| Talk | 1 | 0,03 |
| Gips, Steinsalz | 2 | 1,25 |
| Kalkspat | 3 | 4,5 |
| Flußspat | 4 | 5 |
| Apatit | 5 | 6,5 |
| Feldspat | 6 | 37 |
| Quarz | 7 | 120 |
| Topas | 8 | 175 |
| Korund | 9 | 1 000 (Vergleichswert) |
| Diamant | 10 | 140000 |

Bei *Metallen* Eindruckhärte nach *Brinell, Rockwell, Vickers*.
Bei *Beton* Schlaghärte (z. B. Prüfung mit Kugelschlaghammer oder Rückprallhammer).
Bei bestimmten Baustoffen (Gips, Steinholz, Fußbodenbelägen) wird die Eindruckhärte als Eindringtiefe einer Kugel unter Drucklast bestimmt.

#### 4.1.2.5.6 Sprödigkeit, Zähigkeit

*Sprödigkeit:* Neigung eines Stoffes zu plötzlichen Vollbrüchen bei geringer Verformung (Sprödbrüche z. B. Glas, Gußeisen, Schweißnähte, Natursteine, hochfester Beton).

*Zähigkeit:* Neigung eines Stoffes zu langsam eintretenden Brüchen bei großer Verformung (Verformungsbrüche z. B. naturharter Stahl, Holz, Leichtbeton, Kunststoffe).

## 4.1.2.6 Physikalisch-chemische Eigenschaften

### 4.1.2.6.1 Chemische Zusammensetzung.
Der innere chemische Aufbau wird erfaßt durch die quantitative Analyse. Die chemische Zusammensetzung ist maßgebend für das chemische Verhalten und die Verträglichkeit mit anderen Stoffen (Korrosion).

Tabelle 4.1-7. Wichtigste chemische Elemente [H 03]

| Element | Symbol | Kern-ladungszahl | relative Atommasse | Element | Symbol | Kern-ladungszahl | relative Atommasse |
|---|---|---|---|---|---|---|---|
| Aluminium | Al | 13 | 26,97 | Mangan | Mn | 25 | 54,93 |
| Blei | Pb | 82 | 207,21 | Natrium | Na | 11 | 22,997 |
| Calcium | Ca | 20 | 40,08 | Phosphor | P | 15 | 30,98 |
| Chlor | Cl | 17 | 35,475 | Sauerstoff | O | 8 | 16,0000 |
| Eisen | Fe | 26 | 55,85 | Schwefel | S | 16 | 32,066 |
| Fluor | F | 9 | 19,00 | Silicium | Si | 14 | 28,06 |
| Kalium | K | 19 | 39,096 | Stickstoff | N | 7 | 14,008 |
| Kohlenstoff | C | 6 | 12,010 | Wasserstoff | H | 1 | 1,008 |
| Kupfer | Cu | 29 | 63,54 | Zink | Zn | 30 | 65,38 |
| Magnesium | Mg | 12 | 24,32 | Zinn | Sn | 50 | 118,70 |

### 4.1.2.6.2 Volumenänderungen durch chemische Reaktionen
*Treiben:* Quellen durch chemische Umwandlungen, die zur Zerstörung des Baustoffes führen können.

*Schrumpfen* (chemisches Schwinden): Volumenverringerung bei chemischen Umsetzungen (Wasserbindung von Zementen, Härtung von Kunststoffen).

## 4.1.2.7 Technologisches Verhalten der Baustoffe

### 4.1.2.7.1 Einwirkung von Feuchtigkeitsänderungen
*Schwinden und Quellen:* Zusammenziehen bzw. Ausdehnung bei Feuchtigkeitsabgabe bzw. -aufnahme, wird in ‰ oder mm/m der ursprünglichen Länge angegeben.

*Wirkung von Volumenänderungen:* Bei Behinderung der infolge Volumenänderungen auftretenden Verformung oder bei ungleichmäßiger Verformung treten Spannungen auf, die vom E-Modul abhängig sind und gegebenenfalls durch Kriechen bzw. Relaxation wieder teilweise abgebaut werden können. Überschreitet die auftretende Zugspannung die Zugfestigkeit des Baustoffes, so treten Risse auf (z. B. Schwindrisse).

### 4.1.2.7.2 Verhalten gegen Witterungseinflüsse
*Frostwiderstandsfähigkeit, Frostbeständigkeit (Normfrostversuch):* Im allgemeinen Überstehen von 25maligem Gefrieren ($-15°C$) und Auftauen ($+15°C$) ohne äußere Zerstörung. Diese Frostwiderstandsfähigkeit ist jedoch nur ein relatives Maß, da die tatsächliche Beanspruchung vielfältig ist und daher versuchsmäßig nicht vollkommen erfaßt werden kann. Wichtige Einflüsse für die Frostbeständigkeit sind u. a. Porenverhältnisse, Wasseraufnahme, Kristallisationsdruck, Temperaturdehnung, E-Modul.

*Gefrierbeständigkeit:* Beständigkeit des jungen Betons gegen einmaliges Durchfrieren. Wichtige Eigenschaft für Winterbau.

*Witterungsbeständigkeit:* Dauerhaftigkeit der Baustoffe bei Verwendung im Freien. Sie ist eine noch komplexere Eigenschaft, da außer dem Frostwiderstand auch das Verhalten gegen größere Temperaturwechsel und chemische Einwirkungen eine Rolle spielen. Es ist nicht möglich, alle diese Umstände durch ein Prüfschema zu erfassen. Bei Natursteinen ist in Grenzfällen reiche persönliche Erfahrung erforderlich. Erhebungen über die Bewährung an der Lagerstätte (Fundstätte) und an alten Bauten sowie gesteinskundliche, chemische und physikalisch-technologische Untersuchungen (Dichte, Rohdichte, Porosität, Wasseraufnahme, Frostwiderstandsfähigkeit) werden ergänzend herangezogen.

## 4.1.2 Die Eigenschaften der Baustoffe

### 4.1.2.7.3 Abnutzung

*Verschleiß* (auch *Erosion*). Massen- bzw. Raumverlust eines Stoffes durch *mechanische* Abnutzung bei schleifender, rollender oder pickender Beanspruchung.

*Korrosion.* Von der Oberfläche eines Baustoffes ausgehende, durch unbeabsichtigten chemischen oder elektrochemischen Angriff hervorgerufene schädliche Veränderung eines Werkstoffes.

### 4.1.2.7.4 Verhalten gegenüber Feuer

*4.1.2.7.4.1 Brandverhalten der Baustoffe.* Einteilung der Baustoffe nach dem Brandverhalten:

Klasse A nicht brennbare Baustoffe
Klasse B brennbare Baustoffe:
    B 1 schwer entflammbare Baustoffe
    B 2 normal entflammbare Baustoffe
    B 3 leicht entflammbare Baustoffe.

*Nicht brennbar Klasse A 1* sind Stoffe, die bei einem Brandversuch keine Flammen zeigen oder glimmen und die Temperatur im Ofen nicht mehr als 50 K steigern.

Ohne Nachweis gelten als nicht brennbar Klasse A 1:
Sand, Lehm, Ton, Gips, Zement, Kies, Kalk, Hochofenschlacke, Hüttenbims, Kesselschlacke, Lavaschlacke, Naturbims, Steine, Mörtel, Beton mit mineralischem Zuschlag, Glas, Asbest, Asbestzement, Mineralwolle, Gußeisen, Stahl und andere Metalle in nicht fein verteilter Form außer Alkali- und Erdalkalimetallen.

*Nicht brennbar Klasse A 2* sind Stoffe, die zwar bei Feuereinwirkung durch Glimmen bzw. mit geringer Flammenbildung teilweise zerstört werden, die jedoch das Feuer nicht weiterleiten können und keinen nennenswerten Anteil an der Brandlast haben.

Sie bedürfen z. Zt. in jedem Falle eines Nachweises.

Als *schwer entflammbar* gelten ohne Nachweis:
Holzwolle-Leichtbauplatten mit mineralischen Bindemitteln nach DIN 1101.

Als *normal entflammbar* gelten ohne Nachweis:
insbesondere Holz und Holzwerkstoffe mit $d \geq 2$ mm und genormte Dachpappen.

Als *leicht entflammbar* gelten:
Papier, Stroh, Heu, Reth, Holzwolle, Baumwolle und andere Zellulosefasern, insbesondere in loser Form sowie Holz und Holzwerkstoffe mit $d < 2$ mm und brennbare Stoffe in fein verteilter Form, soweit kein gegenteiliger Nachweis erbracht ist.

*Baustoffe für Feuerungsanlagen* sind Stoffe, die dauernd oder unterbrochen starker Hitze ausgesetzt sind. Bei diesen Stoffen ist vor allem der Schmelzpunkt maßgebend.

Feuerfeste Stoffe sind Stoffe mit einem Schmelzpunkt     $\geq 1\,520\,°C$
Hochfeuerfeste Stoffe sind Stoffe mit einem Schmelzpunkt $\geq 1\,830\,°C$

*4.1.2.7.4.2 Brandverhalten der Bauteile* (DIN 4102)

*Feuerhemmend* sind Bauteile, die während einer Feuereinwirkung nach DIN 4102 von mindestens 30 min (Feuerwiderstandsklasse F 30) bzw. 60 min (F 60) den Feuerdurchgang verhindern bzw. unter ihrer zulässigen Gebrauchslast nicht zusammenbrechen. Raumabschließende Bauteile dürfen sich auf der dem Feuer abgewandten Seite im Mittel nicht mehr als 140 K erwärmen und dort keine entzündbaren Gase entwickeln, die alleine weiterbrennen. Bei biegebeanspruchten Bauteilen darf die Durchbiegungsgeschwindigkeit einen bestimmten Wert nicht überschreiten. Feuerhemmend bekleidete Stahlstützen dürfen im Mittel nicht wärmer als 400 °C werden.

*Feuerbeständig* sind Bauteile, die den Anforderungen an feuerhemmende Bauteile während einer Prüfzeit von 90 min (F 90) bzw. 120 min (F 120) genügen. Darüberhinaus müssen statisch bedeutsame Bauteile ganz aus nicht brennbaren Baustoffen der Klasse A bestehen. Andere raumabschließende Bauteile müssen mindestens eine durchgehende Schicht bestimmter Dicke aus Baustoffen der Klasse A besitzen. Außerdem müssen

Wände am Ende des Brandversuches an drei Stellen dem Stoß einer Stahlkugel von 2 kpm (20 Nm) so widerstehen, daß die raumabschließende Wirkung erhalten bleibt. Stützen mit Verkleidungen und Ummantelungen müssen unmittelbar nach dem Brandversuch 1 min lang einem Löschwasserstrahl standhalten.

*Hochfeuerbeständig* sind Bauteile, die den Anforderungen an feuerbeständige Bauteile während einer Prüfzeit von 180 min genügen. Hochfeuerbeständige Bauteile gehören in Feuerwiderstandsklasse F 180.

*4.1.2.7.4.3 Brandverhalten der Bauwerke.* Für Industriebauten kann nach DIN 18230 (Entw. Juli 1968) „Baulicher Brandschutz im Industriebau" die Ermittlung der Brandschutzklasse vorgenommen werden. Es wird unter Berücksichtigung von Sicherheits- und Bewertungsfaktoren eine auf die Brandbeanspruchung nach DIN 4102 bezogene Brandbelastung ermittelt, aus der sich die erforderliche Brandschutzklasse des Gebäudes oder Gebäudeteils sowie die erforderlichen Feuerwiderstandklassen der einzelnen Bauteile ergeben.

**4.1.2.7.5 Einwirkung von Lichtstrahlen.** Lichtstrahlen können chemische Veränderungen hervorrufen und Moleküle in Atome zerlegen (Alterung von bituminösen Stoffen und Kunststoffen). Von den Lichtstrahlen sind besonders die kurzwelligen und damit energiereichsten blauen und violetten, vor allem aber die nicht mehr sichtbaren UV-Strahlen chemisch wirksam. Mit kohärenten Strahlen auch sichtbaren Lichtes, bekannt als *Laser-Strahlen*, lassen sich große spezifische Energien übertragen.

**4.1.2.7.6 Schutz gegen energiereiche atomphysikalische Strahlen.** Strahlungsschutz ist besonders wichtig beim Reaktorbau und im Luftschutzwesen. Schutz gegen $\gamma$-Strahlen wird erreicht durch große Masse des Baustoffes z. B. Blei, Stahl, Schwerbeton. Schutz gegen Neutronenstrahlen wird erreicht durch hohen Anteil von Wasserstoffatomen, d. h. durch hohen Gehalt an physikalisch oder chemisch gebundenem Wasser. Mit energiereichen Strahlen können einige Kunststoffe auch gehärtet oder in anderer Art in ihrem Molekülverband verändert werden.

# 4.2 Natursteine[1])

[49; 145]
Bearbeitet von *F. Pilny*

## 4.2.1 Bezeichnungen und Begriffe

*Mineral* ist jeder stofflich einheitliche, natürliche Bestandteil der Erdrinde. *Gesteine* sind natürlich entstandene Kornverbände, die aus einem Mineral oder mehreren Mineralarten bestehen und größere, geologisch selbständige Körper in der Erdkruste bilden. *Industriegesteine* sind Nutzgesteine, die Festgesteine und Lockergesteine sein können. *Natursteine* heißen die nutzbaren Festgesteine. *Werkstein* nennt man einen steinmetzmäßig bearbeiteten Naturstein. Dem Entstehen nach unterscheidet man:

*Erstarrungsgesteine* (Granit, Syenit, Diorit, Gabbro, Quarzporphyr, Keratophyr, Porphyrit, Andesit, Basalt, Melaphyr, Basaltlava, Diabas).

*Schichtgesteine* (Gangquarz, Quarzit, Grauwacke, quarzitischer Sandstein, Quarzsandsteine, Kalke, Dolomite, Marmore, Kalkkonglomerate, Travertin, vulkanische Tuffsteine).

*Metamorphe Gesteine* (Gneise, Granulit, Amphibolit, Serpentin, Dachschiefer).

---

[1]) Literatur S. 538 ff.

## 4.2.2 Eigenschaften

Tabelle 4.2-1. Formelzeichen, Größen und Einheiten

| Zeichen | Größe | SI-Einheit | weitere Einheiten |
|---|---|---|---|
| $E$ | Elastizitätsmodul | $\}$ $N/m^2$ | $kp/cm^2$ |
| $K$ | Kompressionsmodul | | |
| $P$ | Porositätsgrad | 1 | Vol.-% |
| $S$ | Sättigungszahl | 1 | |
| $d$ | Dichtigkeitsgrad | 1 | |
| $m_a$ | unter Atmosphärendruck aufgenommene Wassermasse | $\}$ kg | |
| $m_{tr}$ | Masse der trockenen Probe | | |
| $m_ü$ | unter Überdruck aufgenommene Wassermasse | | |
| $w_m$ | massenbezogene Wasseraufnahme | 1 | Gew.-% |
| $w_V$ | volumenbezogene Wasseraufnahme | 1 | Vol.-% |
| $\beta_D$ | Druckfestigkeit | $N/m^2$ | $kp/cm^2$ |
| $\varepsilon_{el}$ | elastische Verformung | 1 | |
| $\lambda$ | Wärmeleitfähigkeit | W/m K | kcal/m h K |
| $\nu$ | Querdehnzahl | 1 | |
| $\varrho_0$ | Dichte | $\}$ $kg/m^3$ | $kg/dm^3$ |
| $\varrho_R$ | Rohdichte | | |
| $\varrho_W$ | Dichte des Wassers | | |
| $\sigma$ | mechanische Spannung | $N/m^2$ | $kp/cm^2$ |

## 4.2.2 Eigenschaften

### 4.2.2.1 Petrographische Merkmale

Die technisch wichtigen Eigenschaften der Natursteine werden durch deren *chemische Zusammensetzung, Struktur, Textur* und *Klüftung* bestimmt.

Die chemische Zusammensetzung ist bei Angriff von kohlensäurehaltigem Wasser, Meer- und Abwasser, Säuren und Basen, Rauchgasen u. a. von Bedeutung.

Erstarrungsgesteine besitzen eine durch Abkühlungsgeschwindigkeit, Ausscheidungsfolge und Gehalt an leichtflüchtigen Bestandteilen bewirkte *Struktur*, die durch Korngestalt, Korngröße, Kornbindung und Grad der Kristallinität beschrieben werden kann (Tabelle 4.2-2).

Tabelle 4.2-2. Beschreibung der Kornstruktur von Gesteinen nach *Teuschert* und *Rosenbusch* [145]

| Bezeichnung | Kornzahl/cm² | Korngröße in mm |
|---|---|---|
| großkörnig | 1 | 10 |
| grobkörnig | 1 ··· 10 | 3,3 ··· 10 |
| mittelkörnig | 10 ··· 100 | 1,0 ··· 3,3 |
| kleinkörnig | 100 ··· 1 000 | 0,33 ··· 1,0 |
| feinkörnig | 1 000 ··· 10 000 | 0,1 ··· 0,33 |
| dicht | > 10 000 | < 0,1 |

Schichtgesteine aus groben, ungleich großen Gesteinstrümmern ergeben nach der Verkittung eine Struktur, die bei runder Kornform als *Konglomerat*, bei eckiger als *Breccie* bezeichnet wird. Gleichgroße fein- bis grobkörnige Verwitterungsprodukte führen zu sandsteinartiger Verkittung. Feinkörnige Gesteinstrümmer können körnig-kristallin bis zu einem dichten Gefüge verkittet sein. Grobe und feine Poren entstehen u. a. durch Gasblasen oder als Haufwerkporen zwischen runden Körnern. Die Bindemittel sind kieselig, karbonatisch, tonig oder oxidisch.

Tabelle 4.2-3. Vorläufige Richtwerte für Auswahl und Bewertung von Naturstein (mittlere Häufigkeitswerte)

| | Gesteinsgruppe | Rohdichte $\varrho_R$ | Dichte $\varrho_0$ | Wahre Porosität $\left(\frac{\varrho_R - \varrho_0}{\varrho_0}\right)$ | Wasseraufnahme DIN 52103 · 100 | | Druckfestigkeit des trockenen Gesteins DIN 52105 | Biegezugfestigkeit | Schlagprüfung nach DIN 52107 Anzahl der Schläge $n$ bis zur Zerstörung | Abnutzung durch Schleifen Verlust auf 50 cm² | Rohdichte Schotter 30/60 DIN 52110 |
|---|---|---|---|---|---|---|---|---|---|---|---|
| | | kg/dm³ | kg/dm³ | Vol.-% | Gew.-% | Vol.-% | kp/cm² | kp/cm² | | cm³ | t/m³ |
| Erstarrungsgesteine | Granit, Syenit | 2,60···2,80 | 2,62···2,85 | 0,4···1,5 | 0,2···0,5 | 0,4···1,4 | 1600···2400 | 100···200 | 10···12 | 5···8 | 1,30···1,40 |
| | Diorit, Gabbro | 2,80···3,00 | 2,85···3,05 | 0,5···1,2 | 0,2···0,4 | 0,5···1,2 | 1700···3000 | 100···220 | 10···15 | | 1,40···1,50 |
| | Quarzporphyr, Keratophyr, Porphyrit, Andesit | 2,55···2,80 | 2,58···2,83 | 0,4···1,8 | 0,2···0,7 | 0,4···1,8 | 1800···3000 | 150···200 | 11···13 | | 1,30···1,40 |
| | Basalt, Melaphyr | 2,95···3,00 | 3,00···3,15 | 0,2···0,9 | 0,1···0,3 | 0,2···0,8 | 2500···4000 | 150···250 | 12···17 | 5···8,5 | 1,40···1,50 |
| | Basaltlava | 2,20···2,35 | 3,00···3,15 | 20···25 | 4···10 | 9···24 | 800···1500 | 80···120 | 4···5 | 12···15 | 1,10···1,25 |
| | Diabas | 2,80···2,90 | 2,85···2,95 | 0,3···1,1 | 0,1···0,4 | 0,3···1,0 | 1800···2500 | 150···250 | 11···16 | 5···8 | 1,35···1,45 |
| Schichtgesteine | Kieselige Gesteine Gangquarz, Quarzit, Gauwacke quarzitische Sandsteine | 2,60···2,65 | 2,64···2,68 | 0,4···2,0 | 0,2···0,5 | 0,4···1,3 | 1500···3000 | 130···250 | 10···15 | 7···8 | 1,25···1,35 |
| | sonstige Quarzsandsteine | 2,00···2,65 | 2,64···2,72 | 0,5···25 | 0,2···9 | 0,5···24 | 1200···2000 | 120···200 | 8···10 | | |
| | | | | | | | 300···1800 | 30···150 | 5···10 | 10···14 | |
| Kalksteine | Dichte (feste) Kalke und Dolomite (einschl. Marmore) sonstige Kalksteine einschl. Kalkkonglomerate | 2,65···2,85 | 2,70···2,90 | 0,5···2,0 | 0,2···0,6 | 0,4···1,8 | 800···1800 | 60···150 | 8···10 | 15···40 | 1,30···1,40 |
| | Travertin | 1,70···2,60 | 2,70···2,74 | 0,5···30 | 0,2···10 | 0,5···25 | 200···900 | 50···80 | — | — | — |
| | | 2,40···2,50 | 2,69···2,72 | 5···12 | 2···5 | 4···10 | 200···600 | 40···100 | — | — | — |
| | Vulkanische Tuffgesteine | 1,80···2,00 | 2,62···2,75 | 20···30 | 6···15 | 12···30 | 200···300 | 20···60 | — | — | — |
| metamorphe Gesteine | Gneise, Granulit | 2,65···3,00 | 2,67···3,05 | 0,4···2,0 | 0,1···0,6 | 0,3···1,2 | 1600···2800 | — | 6···12 | 4···10 | 1,40···1,50 |
| | Amphibolit | 2,70···3,10 | 2,75···3,15 | 0,4···2,0 | 0,1···0,4 | 0,3···1,1 | 1700···2800 | — | 10···16 | 6···12 | 1,40···1,50 |
| | Serpentinit | 2,60···2,75 | 2,62···2,78 | 0,3···2,0 | 0,1···0,7 | 0,3···1,8 | 1400···2500 | — | 6···15 | 8···18 | 1,30···1,40 |
| | Dachschiefer | 2,70···2,80 | 2,82···2,90 | 1,6···2,5 | 0,5···0,6 | 1,4···1,8 | — | 500···800 | — | — | — |

## 4.2.2.2 Physikalisch-technische Eigenschaften

Bei metamorphen Gesteinen erfolgt das Wachsen der Mineralkörner unter Raumnot. Energetisch stärkere Minerale wachsen auf Kosten der schwächeren. Dadurch können sich körnige, schuppenförmige oder faserige Gefüge ergeben. Erstarrt eine Gesteinsschmelze in völliger Ruhe, so entsteht eine *isotrope Textur*. Während der Abkühlung bewegte Schmelzen können eine flächenhafte, lineare oder kugelige Struktur annehmen, die sich ungünstig auf die technische Verwendung auswirkt. Schichtgesteine sind oft entsprechend ihrer Entstehungsweise wegen der ungleichmäßigen Ablagerungen in strömenden Medien anisotrop, statistisch isotrop und nur selten isotrop.

Die *Klüftung* ist für die Gewinnung der Gesteine von großer Bedeutung. Sie entsteht durch magmatische oder tektonische Bewegungen. Vulkanische Gesteinskörper bilden bei Abkühlung auch *Schwundklüfte* (z. B. sechskantige Basaltsäulen).

### 4.2.2.2 Physikalisch-technische Eigenschaften

Die Probenentnahme erfolgt nach DIN 52101 und die Auswahl der Prüfverfahren nach DIN 52100.

Dichte und Rohdichte (DIN 52102, [146]) in kg/dm³ bezeichnen das Gewicht der Raumeinheit eines bei 105 °C getrockneten Gesteines ohne Porenraum beziehungsweise mit Einschluß des Porenraumes. Geringe Rohdichte ist wegen Gewichtsersparnis ein Vorteil im Hochbau, größere Rohdichten werden bei Fundamenten und im Wasserbau bevorzugt.

Der *Dichtigkeitsgrad* ergibt sich aus

$$d = \frac{\varrho_R}{\varrho_0}$$

und die **wahre Porosität** aus

$$P = (1 - d)\,100 = \frac{\varrho_0 - \varrho_R}{\varrho_0} \cdot 100 \quad \text{in Vol.-\%.}$$

Sie beinhaltet sowohl offene als auch geschlossene Poren.

Tabelle 4.2-4. Porositätsgrade

| Bezeichnung | P in Vol.-% |
|---|---|
| Sehr kompakt | 1 |
| geringporig | 1···2,5 |
| mäßig porig | 2,5···5 |
| erheblich porig | 5···10 |
| stark porig | 10···20 |
| sehr stark porig | > 20 |

Tabelle 4.2-5. Porengrößen

| Bezeichnung | Porenweite in mm |
|---|---|
| großporig | > 2 |
| grobporig | 2···0,2 |
| feinporig | 0,2···0,005 |
| mikroporig | < 0,005 |

Die Porenform kann konkav, konvex oder flächig sein. Sie bestimmt zusammen mit der Porenweite die kapillare Steighöhe infolge Oberflächenspannung und Adhäsion. Die Wasseraufnahme und -abgabe nach DIN 52103 bei Atmosphärendruck (scheinbare Porosität) kann nach

$$w_m = \frac{m_a}{m_{tr}} \cdot 100 \quad \text{in Gew.-\%}$$

oder

$$w_V = \frac{m_a \varrho_R}{m_{tr} \varrho_W} \cdot 100 = \frac{\varrho_R}{\varrho_W} w_m \quad \text{in Vol.-\%}$$

bestimmt werden. Eine weitergehende Wasseraufnahme wird durch Kochen und Erkalten unter Wasser oder durch eine auf 25 mbar luftverdünnte Atmosphäre mit anschließendem Überdruck von 150 at (24 Stunden lang) erreicht. Im zuletzt genannten Verfahren erhält man die Wasseraufnahme unter Überdruck $m_ü$. Der Sättigungswert $S$ ergibt sich aus DIN 52113

$$S = \frac{m_a}{m_ü}.$$

Er wird bei Gestein mit einer Wasseraufnahme von 0,5 Gew.-% zur Bestimmung der Frostbeständigkeit DIN 52104 benutzt und soll $\leq 0{,}75$ sein (DIN 52106). Die Zuverlässigkeit dieses Beurteilungsverfahrens ist jedoch nicht in jedem Fall gewährleistet. Für die Beurteilung der Wetterbeständigkeit, zu der u. a. die Frostbeständigkeit gehört, sind auch

gesteinskundliche Untersuchungen,
Dichte- und Rohdichtebestimmung (DIN 52102),
25maliges Gefrieren bei $-15\,°C$ (DIN 52104),
Druckfestigkeitsprüfung, lufttrocken (DIN 52105)
und der Kristallisationsversuch (DIN 52111)

vorgesehen.

Die Frostgefährdung hängt nicht allein von Porenraum und -form ab. Sie kann am verläßlichsten anhand von örtlichen Erfahrungen (z. B. an Grabsteinen) beurteilt werden. Als *mechanische Verwitterung* bezeichnet man die Zerstörung durch staubreichen Wind (Windschliff), Festkörper mitführende Wassermassen (Regen, Fluß, Meer) und durch den Verkehr bewirkten Abrieb.

Die *Wärmeleitfähigkeit* nimmt mit dem Feuchtigkeitsgehalt zu und wird auch durch die Klüftung und Schichtung beeinflußt.

Tabelle 4.2-6. Wärmeleitfähigkeit einiger Gesteine
(nach *Reich, Kappelmeyer* u. a.)

| Gesteinsart | | Wärmeleitfähigkeit $\lambda$ kcal/m h K |
|---|---|---|
| Erstarrungsgestein | Granit | 1,44 ··· 2,88 |
|  | Andesit | 1,80 ··· 2,52 |
|  | Basalt | 1,08 ··· 2,52 |
|  | Tuff | 0,36 ··· 1,44 |
| Schichtgestein | Kalkstein | 1,80 ··· 2,88 |
|  | Sandstein | 1,08 ··· 2,88 |
|  | Tonschiefer | 1,08 ··· 1,80 |
| metamorphe Gesteine | Gneis | 1,44 ··· 1,80 |
|  | Marmor | 1,80 ··· 2,16 |
|  | Serpentinit | $\approx 2{,}88$ |

Auch die *Wärmedehnung* ist bei den meisten anisotropen Gesteinen richtungsabhängig. Sie liegt [82] bei wassersattem Gestein etwa um 10% niedriger als bei lufttrockenem. Durch Feuchtigkeitsaufnahme und -abgabe überlagert sich außerdem ein Feuchtigkeitsdehnungsanteil (DIN 52450 E) von etwa 50 bis $100 \cdot 10^{-6}$, der bei manchen Natursteinen mit der Zeit zu Zerstörungen führen kann.

Tabelle 4.2-7. Wärmedehnkoeffizient von Gesteinen in $10^{-6}/K$

| | | | |
|---|---|---|---|
| Granit | 4,7 ··· 8,2 | Quarzit | 8,9 ··· 12,8 |
| Syenit | 6,0 ··· 6,8 | Sandstein | 9,4 ··· 12,0 |
| Diorit | 6,4 ··· 7,3 | Kalkstein | 3,9 ··· 10,4 |
| Gabbro | 5,8 ··· 8,1 | Marmor | 4,7 ··· 11,2 |
| Quarzporphyr | 4,7 ··· 8,2 | Dolomit | 7,9 ··· 10,2 |
| Andesit | 6,4 ··· 7,3 | Travertin | 8,7 |
| | | Gneis | 4,7 ··· 8,2 |

### 4.2.2 Eigenschaften

Die *Druckfestigkeit* (DIN 52105) wird an einachsig belasteten Würfeln (50 ± 2 oder 100 ± 5 mm Kantenlänge) oder Zylindern (50 ± 2 oder 100 ± 5 mm Durchmesser und Höhe) gemessen. Feuchte Proben geben niedrigere Festigkeiten (Erweichungsgrad = $\beta_{Ds}/\beta_{Dtr}$). Unterhalb der Fließgrenze sind die Verformungen vorwiegend elastisch, darüber vorwiegend bleibend. Längere Einwirkungsdauer vergrößert den bleibenden Verformungsanteil. Abnehmende Korngröße und geringe Porosität wirken festigkeitserhöhend. Mittlere Druckfestigkeiten in Tab. 4.2-3.

Die Bestimmung der *Zugfestigkeit* ist nicht genormt. Sie erreicht etwa den 0,1- bis 0,67fachen Wert der Druckfestigkeit. In der Regel wird die einfacher zu ermittelnde *Biegefestigkeit* (DIN 52112) gemessen, zu deren Bestimmung Prismen $b \times h \times 4h$ durch Einzelkraft in der Mitte über der Stützweite $2,5h$ bis zum Bruch belastet werden. Von Interesse ist auch die Biegefestigkeit von wassersatten (DIN 52103) und 25mal gefrorenen und wieder aufgetauten Proben (DIN 52104). Porengehalt, Klüftung und Schichtung sind dabei von wesentlichem Einfluß. Die *Scherfestigkeit* ist etwa 0,05- bis 0,25mal der Druckfestigkeit.

Bei Naturstein wird neben dem aus dem elastischen Verformungsanteil errechneten Elastizitätsmodul

$$E = \frac{\sigma}{\varepsilon_{el}} \text{ in kp/cm}^2$$

auch der *Kompressionsmodul* $K$ in kp/cm² zur Kennzeichnung der Verformbarkeit unter allseitigem Druck benutzt. Die Querdehnzahl $\nu$, die das Verhältnis der Querdehnung zur Längsdehnung bei einachsiger Druckbeanspruchung angibt, hängt mit den obigen Festwerten wie folgt zusammen:

$$E = 2K(1 - 2\nu)$$

Werte für die wichtigsten Naturgesteine in Tab. 4.2-8.

Tabelle 4.2-8. Elastizitätsmodul, Querdehnzahl und Kompressionsmodul verschiedener Gesteine

| Gesteinsart | | Elastizitätsmodul $E$ in $10^6$ kp/cm² | Querdehnzahl $\nu$ | Kompressionsmodul $K$ in $10^6$ kp/cm² |
|---|---|---|---|---|
| Erstarrungs-gesteine | Granite | 0,38···0,76 | 0,200···0,260 | 0,29···0,52 |
| | Syenite | 0,64···0,82 | 0,274 | 0,52···0,58 |
| | Gabbros | 0,67···1,25 | 0,270···0,302 | 0,82···0,84 |
| | Porphyre | 0,25···0,65 | — | — |
| | Diabas | 0,78···1,16 | 0,277···0,281 | 0,40···0,93 |
| | Basalte | 0,58···1,03 | 0,31 | 0,40···0,72 |
| Schicht-gesteine | Quarzite, Grauwacken } | 0,74···0,77 | 0,118···0,170 | 0,37···0,48 |
| | Kalksteine | 0,40···0,92 | 0,276 | 0,46 |
| | Marmor | 0,61···0,90 | 0,250···0,299 | 0,71···1,6 |
| Gneise | parallel zur Schieferung | 0,36 | — | — |
| | normal zur Schieferung | 0,13 | — | — |

Die Schlagfestigkeit (DIN 52107) wird an 4-cm-Würfeln in trockenem Zustand, in Sonderfällen in wassersattem oder 25mal gefrostetem (DIN 52105) Zustand geprüft und als Schlagarbeit je Raumeinheit (kpcm/cm³) angegeben. Bei Schotter ist die Bestimmung eines Zertrümmerungsgrades (DIN 52109) vorgesehen, der als mittlerer Siebdurchgang in Gew.-% errechnet wird. Die Ausgangskorngruppe ist 30/60 oder 35/70 mm.

Wegen der meist heterogenen Zusammensetzung der Gesteine ist deren *Härte*, die durch Kornfestigkeit, Kornverbandfestigkeit und Mineralhärte bewirkt wird, nicht unmittelbar meßbar. Für die Mineralhärte steht die Mohssche Härteskala zur Verfügung, deren Stufung aber sehr ungleichmäßig ist (vgl. 4.1.2.5.5).

Die Bestimmung der Härte erfolgt durch Ritzen der Mineralproben. Die ungleiche Stufung ist an der relativen Schleiffestigkeit nach Rosival (Quarz ≙ 100) zu erkennen. Die häufigsten Mineralhärten liegen zwischen 6 und 7. Die Bezeichnung der Gesteinshärte erfolgt dagegen nach praktischen Gesichtspunkten (Tab. 4.2-9).

Tabelle 4.2-9. Härtegrade der häufigsten Festgesteine (nach *Frechen*)

1. Gesteine aus harten Mineralen

| Druckfestigkeit $kp/cm^2$ | Härtegrad (Bezeichnung) | Gesteinsart |
|---|---|---|
| > 1800 | Hartgesteine | Granit, Syenit, Diorit, Gabbro, Quarzporphyr, Porphyrit, Diabas Melaphyr, Liparit, Trachyt, Phonolith, Andesit, Dolerit, Basalt, Granulit, Gneis, Amphibolit, Quarzit, kieselige Grauwacke, kieseliger Sandstein |
| 1800···800 | mittelharte Gesteine | Basaltlava und die unter „Hartgestein" genannten Arten, wenn deren Druckfestigkeit zwischen 1800 und 800 $kp/cm^2$ liegt |
| < 800 | Weichgestein | Trachyttuffstein, Phonolithtuffstein, Basalttuffstein |

2. Gesteine aus weichen Mineralen

| Druckfestigkeit $kp/cm^2$ | Härtegrad | Gesteinsart |
|---|---|---|
| meist < 1800 | Weichgestein | reiner Kalkstein, Dolomit, Travertin |

3. Gesteine aus harten und weichen Mineralen
Zu dieser Gruppe gehören: sandige oder kieselige Kalksteine und Dolomitsteine, kalkige oder dolomitische Sandsteine und Grauwacke

| Druckfestigkeit $kp/cm^2$ | Anteil der harten Minerale | | |
|---|---|---|---|
| | 0···35% | 35···65% | 65···100% |
| > 1800 | weich | mittelhart | hart |
| 1800···800 | weich | weich | mittelhart |
| < 800 | weich | weich | weich |

Einen Aufschluß über die Härte gibt annähernd auch die Abnutzung bei schleifender Beanspruchung (DIN 52108), wie sie für die Prüfung anorganischer Werkstoffe vorgesehen ist. Sie wird bei Pflastersteinen, Bordschwellen, Gehbahnblöcken und Treppenstufen angewandt.

Für *Dachschiefer* bestehen hinsichtlich der Prüfverfahren eigene Normen (DIN 52201).

### 4.2.2.3 Physikalisch-chemische Eigenschaften

Unter dem Begriff *Verwitterung* werden alle physikalischen und chemischen Vorgänge zusammengefaßt, die zu Veränderungen der Gesteine führen.

**4.2.2.3.1 Physikalische Verwitterung** kann Temperatur-, Frost-, Salzverwitterung oder eine biologische, durch Pflanzenwurzeln hervorgerufene Sprengwirkung sein. Der Raumzuwachs durch den Frost und durch die Kristallisation sich ausscheidender Salze zerstört die Gesteine über die Kapillarräume infolge des entstehenden mechanischen Druckes. Auch Temperaturunterschiede bewirken Eigenspannungen bis in den plastischen Verformungsbereich und führen mit der Zeit zu oberflächlichen Absprengungen.

**4.2.2.3.2 Chemische Verwitterung** erfolgt im Oberflächenbereich der Gesteine durch Stoffumsatz zwischen mineralischen Bestandteilen und wäßrigen Lösungen. Dieser kann durch physikalische Verwitterung, Klima, Vegetation und Einwirkungszeit entscheidend beeinflußt werden. Man unterscheidet Lösungs-, Kohlensäure-, Oxydations- und chemisch-biologische Verwitterung.

Während in natürlichen Gesteinslagerstätten Wasser und Zeit für die vollständige Verwitterung immer ausreichend zur Verfügung stehen, braucht ein Werkstein im Verband des Bauwerkes nur angemessen lange den Angriffen zu widerstehen. Beurteilungsgrundlagen für die Verwitterungsbeständigkeit in DIN 52106. Chemisch leicht löslich sind die Mineralbestandteile der Elemente K, Na, Ca, Mg, als schwerlöslich gelten Kieselsäure, Tonerde und Eisenoxide (Verwitterungsrückstände). Nach Löslichkeit geordnet werden der Reihe nach ausgewaschen $Na_2O$, $CaO$, $MgO$, $K_2O$, $SiO_2$, $Al_2O_3$, $Fe_2O_3$.

Da sich aus der Kohlensäure der Luft (Anteil etwa 0,03%) nur 0,1% als $H_2CO_3$ im Wasser löst, wirkt die Gesamtlösung zwar nur als schwache Säure, sie greift aber Kalk- und Dolomitgestein an. Diese Art der Verwitterung ist vor allem in niederschlagsreichen, großstädtischen und industriereichen Zonen anzutreffen. Rauchgasverwitterung entsteht bei zusätzlichem $SO_2$-Gehalt der Luft und führt auch zur Salzbildung. Oxydationsverwitterung bewirkt bei Natursteinen, die Eisenverbindungen enthalten, gelbbraune Verfärbungen. Schwefelhaltige Gesteine scheiden Schwefelsäure aus, die sehr aggressiv ist und Schäden hervorruft. Algen, Flechten, Moose und andere niedere Pflanzen führen durch Ausscheiden organischer Säuren zur chemischen Verwitterung. Auch Humus und Humussäuren wirken in gleicher Weise zerstörend. Carbonatgesteine sind besonders anfällig.

Basaltgesteine zeigen manchmal „Sonnenbrand", d. h. sie zerfallen unter dem Einfluß der Atmosphäre nach 1 bis 5 Jahren.

Für die Werksteinverwitterung sind Porosität, Wasseraufnahme und Frostbeständigkeit ausschlaggebend. Gefährdet sind Bereiche der aufsteigenden Bodenfeuchte, Wasserablauf und Sickerstellen, Unterseiten auskragender Bauteile und der Grenzbereich von Baustoffen unterschiedlicher Wasserdurchlässigkeit. Außer dem Klima gemäß der geographischen Lage spielt auch das Mikroklima (Wetterseite, Windrichtung, Windsog, Schnee- und Wasserreste, Sulfidstaubansammlungen) eine wichtige Rolle.

Gefügelockerungen durch Steinmetzbearbeitung der Oberfläche (Spitzen, Stocken), Mörtel, deren Porosität geringer als die des Natursteines ist und nicht lagerhaftes (der natürlichen Lagerung nicht entsprechendes) Versetzen sind weitere Ursachen für Verwitterungsschäden.

### 4.2.3 Bearbeitung und Handelsformen

Blöcke lassen sich durch Keile (Abstand 10 bis 40 cm) trennen, die in Lochreihen eingetrieben werden. Die Bearbeitung erfolgt durch Bossierhammer, Spitzeisen, Zweispitz Krönel, Fläche, Beil und Scharriereisen.

Maschinell beginnt die Bearbeitung mit dem Schüren (Quarzsand mit stählerner Scheibe gerieben), Schleifen, Polieren, Sägen, Drehen und Fräsen mit Hartmetall- oder Diamantwerkzeugen.

Handelsformen sind: Werksteine, Platten, Pflastersteine (DIN 18502), Bordsteine (DIN 482), Packlagergesteine, Schotter, Splitt, Dachschiefer (DIN 52201 bis 52206).

# 4.3 Mörtel und Beton[1]

Bearbeitet von F. *Pilny*

## 4.3.1 Formelzeichen, Größen und Einheiten

| Zeichen | Größe | SI-Einheit | weitere Einheiten |
|---|---|---|---|
| $A$ | Flächeninhalt | $m^2$ | $cm^2$ |
| $A$ | je Volumeneinheit aufgenommene Wassermasse | $kg/m^3$ | |
| $A^*$ | spezifische Oberfläche | $m^2/m^3$ | |
| $A_{0,25}$ | Anteil des Zuschlages bis 0,25 mm | 1 | |
| $B$ | Beiwert nach Bolomey | $N/m^2$ | $kp/cm^2$ |
| $C$ | Kalkstandard | 1 | |
| $D$ | Dehnmodul | | |
| $E$ | Elastizitätsmodul | | |
| $E_0$ | Elastizitätsmodul beim Spannungsnullpunkt | | |
| $E_b$ | Elastizitätsmodul von Beton | $N/m^2$ | $kp/cm^2$ |
| $E_d$ | dynamischer Elastizitätsmodul | | |
| $E_s$ | Elastizitätsmodul aus Laufzeitmessung | | |
| $E_s$ | Sekantenmodul | | |
| $F$ | Kraft | $N$ | $kp$ |
| $G$ | Schubmodul | $N/m^2$ | $kp/cm^2$ |
| $H$ | Beiwert | $m^{-1/2}$ | $cm^{-1/2}$ |
| $I_0$ | ankommende Strahlungsintensität | $W/m^2$ | $MeV/cm^2\,s$ |
| $I_d$ | hindurchgehende Strahlungsintensität | | |
| $K$ | Zuschlaggehalt | $kg/m^3$ | |
| $K$ | Kompressionsmodul | $N/m^2$ | $kp/cm^2$ |
| $L$ | Amplitude | $m$ | $cm$ |
| $M$ | Mehlkorngehalt | $kg/m^3$ | |
| $M_t$ | Torsionsmoment, Verdrehmoment | $Nm$ | $kp\,cm$ |
| $P$ | Porositätsgrad, Porengehalt, relatives Luftporenvolumen | | |
| $P_g$ | relatives geschlossenes Luftporenvolumen | 1 | Vol.-%, $dm^3/m^3$ |
| $P_{ges}$ | relatives Gesamtporenvolumen | | |
| $Q$ | Wassermasse je Zeit und Fläche | $kg/m^2 s$ | $g/cm^2\,h$ |
| $R$ | Reife nach *Saul* | | °C d |
| $R_i$ | Siebrückstand der Korngruppe $i$ | 1 | % |
| $S$ | Sättigungswert | 1 | |
| $S$ | Siebdurchgang | | Gew.-% |
| $T$ | Verteilungszahl | 1 | |
| $TS$ | Trichtersteife | s | |
| $U$ | Umfang | m | cm |
| $V$ | Variationskoeffizient | 1 | % |
| $V$ | Volumen, Rauminhalt | $m^3$ | $cm^3$ |
| $V_0$ | Volumen des Pyknometers | | |
| $W$ | Wasseranteil | $kg/m^3$ | $g/cm^3$ |
| $W_p$ | polares Widerstandsmoment | $m^3$ | $cm^3$ |
| $Y$ | Konstante | 1 | |
| $Z$ | Zementgehalt | $kg/m^3$ | |
| $a$ | spezifische Oberfläche | $m^2/kg$ | |
| $a$ | Beschleunigung | $m/s^2$ | $cm/s^2$ |
| $b$ | Breite, Eintauchtiefe | m | cm |
| $b$ | Vertrauensbereich der Stichprobentheorie | 1 | |
| $c_b$ | spezifische Wärmekapazität von Beton | $J/kg\,K$ | $kcal/kg\,K$ |
| $d$ | Dicke, Probendurchmesser | m | cm |
| $d_w$ | wirksame Querschnittsdicke | | |
| $d$ | Dichtigkeitsgrad | 1 | |
| $e$ | Dehnkoeffizient | $m^2/N$ | $cm^2/kp$ |
| $f$ | Feuchtigkeitsgehalt | 1 | % |
| $f_0$ | Resonanzfrequenz | Hz | |
| $g$ | Fallbeschleunigung | $m/s^2$ | $cm/s^2$ |
| $h$ | Höhe | m | cm |
| $k$ | Zuschlaggehalt | 1 | |
| $k$ | Kriechmaß | 1 | % |
| $k\infty$ | Kriechmaß für $t = \infty$ | | |
| $l$ | Probenlänge | m | cm |
| $l_s$ | Stützweite | | |
| $m$ | Masse | | |
| $m_0$ | Masse des leeren Pyknometers | kg | g |
| $m_1$ | Masse des Pyknometers mit Körnung | | |

[1]) Literatur S. 538 ff.

## 4.3.1 Formelzeichen, Größen und Einführung

| Zeichen | Größe | SI-Einheit | weitere Einheiten |
|---|---|---|---|
| $m_2$ | Pyknometermasse mit Körnung und Wasser | | |
| $m_K$ | Zuschlagmasse | | |
| $m_{Ktr}$ | Masse des trockenen Zuschlags $> 0{,}25$ mm | | |
| $m_L$ | Zementleimmasse | kg | g |
| $m_{tr}$ | Masse der trockenen Probe | | |
| $m_W$ | Wassermasse, Wassermenge | | |
| $m_Z$ | Zementmasse | | |
| $n$ | Anzahl | 1 | |
| $n$ | Schwingungszahl, Frequenz | | 1/min |
| $p$ | Druck, Flächenpressung | | |
| $p_ü$ | Überdruck | $N/m^2$ | $kp/cm^2$ |
| $p_1, p_2$ | Wasserdampfteildrücke | | |
| $p_S$ | Sättigungsdruck | $N/m^2$ | $kp/cm^2$ |
| $p_H$ | Wasserstoffionen-Konzentrationszahl | 1 | |
| $q_n$ | Hydratationswärme in $n$ Tagen | J/kg | kcal/kg, cal/g |
| $r$ | Radius | | |
| $s$ | Schwingweite | m | cm |
| $t$ | Zeit, Alter | | |
| $t_V$ | Verdichtungszeit | s | min, h, d |
| $u$ | Mischungsverhältnis | 1 | |
| $v$ | Schallgeschwindigkeit | m/s | cm/s |
| $v_V$ | Verdunstungsgeschwindigkeit von Wasser | m/s | $dm^3/m^2$ h |
| $v_W$ | Windgeschwindigkeit | m/s | |
| $v_H$ | spezifisches Hohlraumvolumen | $m^3/kg$ | |
| $w^*$ | Wassergehalt | 1 | Gew.-% |
| $w$ | Wasserzementwert | 1 | |
| $w'$ | berichtigter Wasserzementwert | 1 | |
| $x, y, z$ | Gemengeanteile | 1 | |
| $\Phi$ | Feinheitswert | | |
| $\Phi_i$ | Feinheitswert der Korngruppe $i$ | 1 | |
| $\alpha_F$ | Feuchtigkeitsdehnzahl | 1 | mm/mm % |
| $\alpha_i$ | Wasseranspruchszahl der Korngruppe $i$ | 1 | kg/kg |
| $\alpha_Z$ | Wasseranspruchszahl von Zement | | |
| $\alpha_T$ | thermischer Längendehnkoeffizient | 1/K | mm/mm K |
| $\beta_{BD}$ | Biegedruckfestigkeit | | |
| $\beta_{BZ}$ | Biegezugfestigkeit von Beton | | |
| $\beta_C$ | Zylinderfestigkeit | | |
| $\beta_D$ | Druckfestigkeit von Beton | | |
| $\bar{\beta}_D$ | mittlere Betondruckfestigkeit | | |
| $\beta_i$ | Betondruckfestigkeit (Einzelwert) | | |
| $\beta_N$ | Normdruckfestigkeit des Zementes | | |
| $\beta_P$ | Prismenfestigkeit | | |
| $\beta_R$ | Rechenwert der Betondruckfestigkeit | $N/m^2$ | $kp/cm^2$ |
| $\beta_S$ | Scherfestigkeit von Beton | | |
| $\beta_{SZ}$ | Spaltzugfestigkeit von Beton | | |
| $\beta_t$ | Torsionsfestigkeit, Verdrehfestigkeit | | |
| $\beta_W$ | Würfeldruckfestigkeit | | |
| $\bar{\beta}_W$ | mittlere Würfeldruckfestigkeit | | |
| $\beta_{W28}$ | Würfeldruckfestigkeit nach 28 Tagen | | |
| $\beta_Z$ | Betonzugfestigkeit | | |
| $\beta_{ZH}$ | Zug-Haftfestigkeit | | |
| $\beta_\varepsilon$ | Mindestdruckfestigkeit (Fraktile) | | |
| $\gamma_T$ | thermischer Volumendehnkoeffizient | 1/K | $mm^3/mm^3$ K |
| $\delta$ | Wasserdampfleitwert | s | kg m/kp h |
| $\varepsilon$ | Verformung, Dehnung | 1 | |
| $\varepsilon_b$ | Betondehnung | 1 | ⁰/₀₀ |
| $\varepsilon_{el}$ | elastische Verformung | 1 | |
| $\varepsilon_k$ | Kriechverformung | 1 | |
| $\varepsilon_l$ | Längsdehnung | 1 | |
| $\varepsilon_q$ | Querdehnung, Querkontraktion | 1 | |
| $\varepsilon_s$ | Restschwindmaß | 1 | |
| $\varepsilon_{s0}$ | Endwert des Schwindmaßes | 1 | |
| $\dot{\varepsilon}_b$ | Dehngeschwindigkeit von Beton | | ⁰/₀₀ $s^{-1}$, ⁰/₀₀ $min^{-1}$, ⁰/₀₀ $d^{-1}$ |
| $\vartheta$ | Celsius-Temperatur | | |
| $\vartheta_b$ | Betontemperatur | | |
| $\vartheta_K$ | Zuschlagtemperatur | | |
| $\vartheta$ | Lufttemperatur | | °C |
| $\Delta\vartheta_n$ | Temperaturanstieg wegen Hydratation nach $n$ Tagen | | |
| $\vartheta_W$ | Wassertemperatur | | |
| $\vartheta_Z$ | Zementtemperatur | | |

| Zeichen | Größe | SI-Einheit | weitere Einheiten |
|---|---|---|---|
| $k_1, k_2$ | Beiwerte für Zeiteinfluß | 1 | |
| $\lambda$ | Wärmeleitfähigkeit | W/m K | kcal/m h K |
| $\mu$ | Bewehrungsgehalt | 1 | % |
| $\mu$ | Reibungsbeiwert | 1 | |
| $\nu$ | Querdehnzahl, Poisson-Zahl | 1 | |
| $\xi$ | Schwächungskoeffizient | 1/m | 1/cm |
| $\varrho$ | Dichte | | |
| $\varrho_b$ | Rohdichte von Beton | | |
| $\varrho_b'$ | porenfreie Rohdichte von Beton | | |
| $\varrho_{Fl}$ | Dichte einer Flüssigkeit | | |
| $\varrho_K$ | Rohdichte des Zuschlags | | |
| $\varrho_L$ | Rohdichte von Zementleim | | |
| $\varrho_R$ | Rohdichte | kg/m³ | kg/dm³, g/cm³ |
| $\varrho_W$ | Dichte des Wassers | | |
| $\varrho_{ZS}$ | Dichte des Zementsteines | | |
| $\varrho_0$ | Dichte | | |
| $\varrho_{0b}$ | Dichte von Beton | | |
| $\varrho_{0K}$ | Dichte des Zuschlags | | |
| $\varrho_{0Z}$ | Dichte des Zementes | | |
| $\sigma$ | Standardabweichung | 1 | |
| $\sigma$ | mechanische Spannung | | |
| $\sigma_D$ | Druckspannung | | |
| $\sigma_0$ | Oberspannung | | |
| $\sigma_{PH}$ | Putzhaftspannung | N/m² | kp/cm² |
| $\sigma_u$ | Unterspannung | | |
| $\tau$ | Schubspannung | | |
| $\tau_0$ | Schubfestigkeit | | |
| $\varphi$ | Kriechzahl | 1 | |
| $\varphi_0$ | Endwert der Kriechzahl | 1 | |
| $\varphi$ | Torsionswinkel, Verdrehwinkel | rad | ° |
| $\psi$ | Diffusionswiderstandsbeiwert | 1 | |

## Fußzeiger

| | | | |
|---|---|---|---|
| B | Biegung | ZS | Zementstein |
| BD | Biegedruck | b | Beton |
| BZ | Biegezug | bl | bleibend |
| D | Druck | c | Zylinder |
| E | Einzelkraft | d | dynamisch |
| F | Feuchtigkeit | el | elastisch |
| Fl | Flüssigkeit | g | gebunden, geschlossen |
| H | Wasserstoff, Hohlraum, Haft- | ges | gesamt |
| I | Istwert | $i$ | $i$-ter Wert einer Wertemenge |
| K | Zuschlag, Kies | k | kriechen |
| L | Laufzeit, Leim, Luft | l | längs |
| M | Mehlkorn | $n$ | nach bzw. in $n$ Tagen |
| N | Norm | o | oben |
| P | Prisma, Putz | p | polar |
| PH | Putzhaft- | q | quer |
| R | Roh- | s | stützen, schwinden, satt |
| Rh | Rheinkies | t | tordieren, verdrehen |
| S | Spalt, Sekante, Scherung, Stein, Sollwert | tr | trocken |
| SZ | Spaltzug- | u | unten |
| T | Temperatur | ü | Über- |
| V | Verdunstung | v | verdichten |
| V | Volumen | w | wirksam |
| W | Wasser, Würfel, Wind | 0 | Resonanz, leeres Gefäß, Bezugswert |
| Ws | mit Wasser gesättigt | $\infty$ | nach sehr langer Zeit ($t = \infty$), Endwert |
| Z | Zement, Zug | 28 | nach 28 Tagen |
| ZH | Zug-Haft- | | |

## 4.3.2 Bezeichnungen und Begriffe

*Beton* bezeichnet in der Regel ein Gemisch aus Zement, Wasser und Zuschlägen, dem u. U. auch Zusatzstoffe und Zusatzmittel beigegeben werden. Im technischen Sprachgebrauch unterscheidet man neben (Zement-)Beton je nach Bindemittel auch Asphalt-, Teer-, Kalk-, Gipsbeton u. a. Diese werden hier nicht näher behandelt.

### 4.3.2 Bezeichnungen und Begriffe

*Mörtel* heißt nach Übereinkommen ein Beton, dessen Zuschläge aus Sand oder anderen Stoffen bestehen, deren Korndurchmesser 4 mm nicht überschreiten (DIN 1045). Im Folgenden wird daher nur in jenen Fällen auf Mörtel gesondert eingegangen, wenn eine von Beton abweichende Behandlung erforderlich ist.

#### 4.3.2.1 Zusammensetzung

Gebräuchliche Mörtel- und Betonarten:

*Luftmörtel* [24] enthalten als Bindemittel Stoffe, die nur an der Luft erhärten.

*Wassermörtel* verwenden hydraulische Bindemittel, die auch unter Wasser erhärten [24].

*Feinmörtel* ist aus Sand zubereitet, dessen Größtkorn 1 mm Durchmesser nicht überschreitet.

*Grobmörtel* besitzt Sandanteile mit Korndurchmesser über 1 mm und unter 4 mm.

*Normalbeton*, auch kurz Beton genannt, kann Rohdichten zwischen 2000 und 2800 kg/m$^3$ haben, meist liegen sie aber im Bereich von 2100 bis 2500 kg/m$^3$.

*Schwerbeton* [10] besitzt durch Verwendung schwerer Zuschläge wie Schwerspat, Magnesit, Stahlschrott oder ähnlichem, eine Mindestrohdichte von 2800 kg/m$^3$. Erreichbar sind Werte über 6500 kg/m$^3$.

*Leichtbeton* [1; 6] besitzt eine Rohdichte unter 2000 kg/m$^3$, die meist zwischen 300 kg/m$^3$ und 1600 kg/m$^3$ liegt. Im Bereich unter 500 kg/m$^3$ wird er als *Isolierbeton* bezeichnet. Die Grenzwerte sind in der Fachliteratur nicht einheitlich.

*Konstruktionsleichtbeton* [300] strebt im Stahlbetonbau Rohdichten unter 1500 kg/m$^3$ und Druckfestigkeiten zwischen 120 und 300 kp/cm$^2$ an. In Sonderfällen sind, allerdings bei der höheren Rohdichte von 1800 kg/m$^3$, bisher 690 kp/cm$^2$ erreicht worden [7].

*Portlandzement-, Eisenportlandzement-, Hochofenzement-, Traßzement-, Mischbinder-* oder *Tonerdeschmelzzementbeton* weisen auf die Art des verwendeten Bindemittels hin.

*Kiessandbeton, Splittbeton, Ziegelsplittbeton* [8] (DIN 4163) u. a. kennzeichnen Beton nach dem Zuschlag.

*Naturbims-, Hüttenbims-, Kesselschlacken-, Müllschlackensinter-, Blähton-, Blähschiefer-* *beton* u. a. verwenden porige Zuschläge zur Gewichtsverminderung und Verbesserung der Wärmedämmung.

*Einkornbeton* enthält Zuschläge annähernd gleicher Korngröße, praktisch einer Korngruppe, 4/8, 8/16 oder 16/31,5 und nutzt die Haufwerksporigkeit zur Gewichtsersparnis [1].

*Entfeinter Beton* enthält gemischtkörnigen Zuschlag, dessen Feinkorn 0/2 oder 0/4 fehlt.

*Gasbeton* (DIN 4164) wird aus feinkörnigem Sand und Bindemittel hergestellt, durch Zusatz eines Treibmittels mit zahlreichen Poren durchsetzt und meist dampfgehärtet.

*Schaumbeton* (DIN 4164) entsteht durch Beimengung von Schaum und ist in seiner Zusammensetzung dem Gasbeton etwa gleich.

*Hartbeton* (DIN 1100) enthält Zuschläge aus Hartgestein, künstlichen Schmelzen oder Metallen.

*Holzbeton* [1; 9] erzielt eine geringere Rohdichte und höhere Wärmedämmung durch Verwendung von mineralisierten Holzspänen als Zuschläge. Holzwolle kann gips-, magnesit- oder zementgebunden zu Holzwolle-Leichtbauplatten (DIN 1101) verarbeitet werden.

*Fetter* und *magerer* Beton unterscheiden sich durch hohen bzw. niedrigen Bindemittelgehalt (kg/m$^3$).

*Abschirmbeton* [140; 10] oder Reaktorbeton ist ein Schwerbeton, der zum Schutz gegen $\gamma$-Strahlen Baryt, Stahlabfälle oder andere, spezifisch schwere Materialien als Zuschläge enthält. Neutronen werden durch Bindemittel mit möglichst hohem Anteil an chemisch gebundenem Wasser abgebremst.

*Asbestzement* [11] ist ein Beton aus Zement, Asbest und Wasser (bei Dampfhärtung auch Quarzmehl), der während der Verarbeitung von Überschußwasser befreit wird.

*Massenbeton* [12], in der Regel unbewehrt, besitzt ein Größtkorn etwa bis 150 mm und zur Verminderung der Wärmespannungen einen kleinen Zementgehalt.

*Sperrbeton* [303] oder *Sperrmörtel* streben durch geeignete Zusammensetzung, gute Verdichtung und durch Zusatz eines Dichtungsmittels Wasserundurchlässigkeit an.

*Kunststoffbeton* (Plastbeton) bzw. *Kunststoffmörtel* [147] (Plastmörtel) enthalten einen Kunststoffzusatz, der den Elastizitätsmodul herabsetzt und u. a. die Verformbarkeit erhöht. Es können aber auch das Bindemittel durch ein geeignetes Kunstharz [305] oder die Zuschläge durch ein Haufwerk aus Kunststoff [306] ersetzt sein.

### 4.3.2.2 Herstellung

*Ortbeton* wird als Frischbeton in Bauteile, die ihre endgültige Lage haben, eingebracht.

*Transportbeton* [13; 308] wird zur Baustelle im einbaufertigen Zustand geliefert.

*Trockenbeton* ist ein werkmäßig hergestellter und 2 Jahre lagerungsfähig verpackter Baustoff aus Zement, getrockneten Zuschlägen und ggf. Zusatzstoffen, der mit Wasser einen Normalbeton der Festigkeitsklasse Bn 250 ergibt. (Für Spannbeton nicht zulässig) [V 18].

Bei *Prepakt-Beton* [301] werden die groben Zuschläge in die Schalung eingebracht und die dazwischenliegenden Hohlräume mit Injektionsmörtel ausgefüllt.

*Colcrete-Beton* [14] unterscheidet sich vom Prepakt-Beton durch die Verwendung eines Sondermörtels (Colgrout).

*Expansiv-Beton* [15] enthält als Bindemittel Quellzement oder normalen Zement und ein Treibmittel (z. B. Aluminiumpulver).

*Felsbeton* enthält Steineinlagen (Zyklopensteine) bis zu 1 m³ Größe, die in die eingebrachte Frischbetonschicht eingerüttelt werden.

*Bruchsteinbeton* [5] oder *Holterbeton* entsteht, wenn eine Lage Bruchsteine in eine darunter befindliche Frischbetonschicht eingerüttelt oder eingedrückt wird.

### 4.3.2.3 Verarbeitung

*Mischgut* heißt das Erzeugnis eines Mischvorganges und bezeichnet den fertig gemischten, noch unverarbeiteten Beton oder Mörtel.

*Frischbeton* und *Frischmörtel* heißt der Beton bzw. der Mörtel, solange er noch verarbeitet werden kann.

*Steifer, erdfeuchter, weicher* (plastischer) oder *flüssiger* Beton sind übliche Bezeichnungsweisen hinsichtlich der Frischbeton-Konsistenz.

*Festbeton* und *Festmörtel* nennt man den erhärteten Beton bzw. Mörtel.

*Stahlbeton* [27] ist bewehrter Beton, bei dem eingebettete Stähle Zug-, Schub-, Scherspannungen oder auch Druckspannungen aufnehmen und durch das Zusammenwirken die Tragfähigkeit der Bauteile erhöhen.

Bei *Spannbeton* [19; 20] erzeugen Spannglieder Druckvorspannungen im Betonquerschnitt.

*Stahlsaitenbeton* [310] verwendet (vor dem Betonieren) gespannte Stahlsaiten als Spannglieder, bei denen wegen ihres kleinen Durchmessers (bis 2,5 mm) die Endverankerung allein durch Haftung erfolgen kann.

*Stahlleichtbeton* [39] heißt bewehrter Leichtbeton.

*Stampfbeton, Schüttbeton* [311], *Rüttelbeton* [16; 18; 312], *Pumpbeton* [17], *Schleuderbeton* [313; 315], *Gußbeton* [314], *Schockbeton* [319] sind Bezeichnungsweisen, die auf die Einbringungs- oder Verdichtungsart Bezug nehmen.

Bei *Spritzbeton* [21; 316; 317] wird das trockene Mischgut durch einen Schlauch mit Druckluft an die Einbaustelle gefördert und an der Austrittsdüse das Wasser zugesetzt.

*Preßbeton* [148] ist ein durch Druckluft eingebrachter Feinbeton.

*Strangpreßbeton* wird unter hohem Druck durch ein Mundstück zu Formsteinen oder bewehrten Trägern geformt.

*Vakuumbeton* [321] entsteht durch Absaugen von Überschußwasser unter Vakuum und Rütteln.

*Sichtbeton* [22] ist so geschalt und verarbeitet, daß seine Oberfläche ein bestimmtes Aussehen erlangt.

*Waschbeton* [23] entsteht, wenn durch das Entfernen der Oberflächenschicht die gröberen Körner des Zuschlags freigelegt werden.

*Vorsatzbeton* nennt man die Deckschicht auf dem Kernbeton.

*Kernbeton* ist der durch den Vorsatzbeton ganz oder teilweise umhüllte innenliegende Beton eines Bauteiles oder Bauwerkes.

*Unterwasserbeton* (DIN 1047) [322] wird durch Trichter geschüttet, um das Auswaschen des Bindemittelleimes zu vermeiden.

*Putzmörtel* dient an Wand- oder Deckenflächen als mineralischer Belag. Für seine Zusammensetzung, Anforderungen und Verarbeitung gilt DIN 18550.

*Mauermörtel* werden nach DIN 1053 hergestellt und verarbeitet.

*Estrichmörtel* (DIN 4109, DIN 272) dienen zur Herstellung von monolitischen Fußböden.

*Ansetzmörtel* (DIN 18352) ist ein Zementmörtel der Gruppe III, nach DIN 1053, der zur Befestigung von Platten verwendet wird.

*Spritzbewurf* (DIN 18352) bezeichnet einen dünnflüssigen Zementmörtel, der zur Verbesserung der Haftung unter Ansetzmörtel auf den Untergrund angeworfen wird.

*Einpreßmörtel* dienen zum Dichten oder Verfestigen des Untergrundes (DIN 4093), Ausfüllen von Spanngliedern (DIN 4227), [V 2], [25] Fugen und Rissen.

*Schüttbeton* [26] ist ein nach dem Einschütten in die Schalung nur mäßig verdichteter haufwerkporiger Beton.

### 4.3.3 Die Ausgangsstoffe für Mörtel und Betone

Beton besteht i. allg. aus 6 Komponenten: Zement, Zuschlag, Wasser, Zusatzstoff, Zusatzmittel und Luftporen.

*Zusatzstoffe* sind latenthydraulische Stoffe oder Farben (nicht aber mehlfeine mineralische Stoffe, die nur zur Ergänzung der Kornzusammensetzung dienen).

*Latenthydraulisch* ist ein Stoff, wenn er seine Fähigkeit, auch unter Wasser zu erhärten, erst durch einen Anreger (z. B. Kalkhydrat, Gips) gewinnt.

*Zusatzmittel* sind Stoffe, die durch chemische oder durch chemische und physikalische Wirkung die Betoneigenschaften ändern. Ihr Einfluß als Raumanteil ist ohne Bedeutung.

*Luftporen* sind kleine Hohlräume verschiedener Form, die beim Mischen und durch Zement, Zuschlag und Zusatzstoffe sowie (beabsichtigt) durch bestimmte Zusatzmittel in den Beton gelangen (LP-Mittel).

Hinsichtlich der Beurteilung der Frischbetonzusammensetzung und der Festbetoneigenschaften hat es sich als praktisch erwiesen, Beton nur als ein Zweikomponentensystem zu betrachten, bestehend aus Zementleim und Zuschlägen. Der Einfluß der übrigen Komponenten kann besser getrennt und einzeln beurteilt werden.

*Zementleim* nennt man das Gemisch von Zement und Wasser. Er erstarrt zum *Zementstein*.

*Trockengemisch* heißen die Bestandteile des Mörtels und Betons, solange noch kein Wasser zugegeben worden ist.

## 4.3.3.1 Bindemittel für Mörtel und Beton

**4.3.3.1.1. Bindemittelarten.** Zur Herstellung von Mörtel und Beton stehen folgende Bindemittel zur Verfügung:

*Genormte Bindemittel:*
DIN 1164: Portlandzement (PZ), Eisenportlandzement (EPZ), Hochofenzement (HOZ), Traßzement (TrZ)
DIN 4207: Mischbinder; nur für unbewehrten Beton bei Bn 50 nach DIN 1045 zugelassen
DIN 1060: Baukalk
DIN 1168: Baugips

*Nicht genormte Bindemittel:*
Tonerdeschmelzzement
Ölschieferzement (nur in Baden-Württemberg zugelassen)
Suevit-Traßzement
Traßhochofenzement
Quellzement
Weißzement (entspricht DIN 1164)
Straßenbauzement
Zement für Einpreßmörtel
Wasserabweisender (hydrophober) Zement
Tiefbohrzement
Bariumzement u. a.

*Zement* ist ein feingemahlenes hydraulisches (auch unter Wasser erhärtendes) Bindemittel, das im wesentlichen aus Verbindungen von Calciumoxid mit Siliciumdioxid, Aluminiumoxid und Eisenoxid besteht. Diese sind durch Sintern oder Schmelzen entstanden.

*Normenzemente* sind laufend überwachte Zemente, für die Normen bestehen.

*Vermischen* von verschiedenen Zementen ist nur zulässig, wenn sie nach DIN 1164 genormt sind [36]. Tonerdeschmelzzement darf nicht mit anderen Zementen und Bindemitteln vermischt werden (Treibgefahr und Verzögerung der Erhärtung). Auch Baugips darf Zementen nicht zugesetzt werden [323].

*Portlandzement* besteht aus unter Zusatz von Calciumsulfat gemahlenem Zementklinker.

*Eisenportlandzement* erhält man durch Feinmahlen von mindestens 60 Gewichtsteilen Portlandzementklinker und höchstens 40 Gewichtsteilen Hüttensand unter Zusatz von Calciumsulfat.

*Hochofenzement* erhält man durch Feinmahlen von 15 bis 59 Gewichtsteilen Portlandzementklinker und entsprechend 85 bis 41 Gewichtsteilen Hüttensand unter Zusatz von Calciumsulfat.

*Traßzement* erhält man durch Feinmahlen von 60 bis 80 Gewichtsteilen Portlandzementklinker und entsprechend 40 bis 20 Gewichtsteilen Traß unter Zusatz von Calciumsulfat.

*Traß* ist ein natürlicher puzzolanischer Stoff. Er ist bei Beton mit einem Gehalt an PZ von mindestens 240 kg/m$^3$ bis zu 20% auf den Bindemittelgehalt anrechenbar [V 3].

*Mischbinder* (DIN 4207) entstehen durch Feinmahlen von hydraulischen Stoffen mit höchstens 30% Anregern (z. B. Weißkalk, Dolomitkalk, Portlandzementklinker) oder höchstens 6% Gips.

*Baukalk* (DIN 1060) wird durch Brennen von Kalkstein gewonnen. DIN 1060 unterscheidet *Luftkalke* (Weißkalk, Dolomitkalk und Carbidkalk) und *Wasserkalke* (hydraulischer, hochhydraulischer und Romankalk). Je nach Art können sie gelöscht und/oder ungelöscht, stückig, pulverförmig oder teigig geliefert werden. Prüfverfahren, Prüfgeräte und Gütevorschriften sind in DIN 1060 beschrieben.

*Baugips* (DIN 1168) entsteht durch Brennen und Mahlen von Gipsstein. DIN 1168, Bl. 1 unterscheidet Stuckgips, Putzgips, Hartputzgips, Estrichgips und Marmorgips. Bl. 2 beinhaltet Anforderungen, Prüfverfahren und Prüfgeräte für Stuck- oder Putzgips.

*Lehm* (DIN 1169), ein natürliches Gemisch aus Ton und Sand, kann nach DIN 1169 zu Lehmmörtel für Mauerwerk und Putz verarbeitet werden.

4.3.3 Die Ausgangsstoffe für Mörtel und Betone 451

*Tonerdeschmelzzement* ist ein aus Kalkstein und Bauxit erschmolzener und fein gemahlener Zement. Er ist seit 1962 für tragende Bauteile aus Beton, Stahlbeton und Spannbeton nicht mehr zugelassen [V 17].

*Ölschieferzement* besteht aus 70% Portlandzementklinker und 30% getemperten Ölschiefermineralen.

*Suevit-Traßzement* besteht aus 20 bis 25 Gewichtsteilen bayerischem Traß, der DIN 51043 nicht ganz entspricht, und 75 bis 80 Gewichtsteilen Zementklinker. Nur für massige Bauteile zulässig.

*Traßhochofenzement* besteht aus 15 bis 25 Gewichtsteilen Traß, 35 bis 50 Gewichtsteilen Hüttensand und 25 bis 50 Gewichtsteilen Portlandzementklinker.

*Quellzement* entsteht durch aluminat- und gipsreiche Anteile aus einem Gemisch von Portlandzement und Hüttensand, die ein gelenktes „Gipstreiben" hervorrufen. Das Ziel ist ein schwindfreier Zement oder ein Quellen [323; 343; 345].

*Weißzement* [28] ist ein durch das Fehlen von Eisenoxid weißer Zement, der aus eisenfreiem Kalkstein, Quarzsand und Kaolin hergestellt wird.

*Straßenbauzemente* [324] entsprechen dem Wunsch, die maßgebenden Eigenschaften der Zemente für den Straßenbau einzugrenzen und bestimmte Werte für Mahlfeinheit, Erstarrungsbeginn bei 30°C und Biegezugfestigkeit (60 kp/cm²) einzuhalten.

*Zement für Einpreßmörtel* [25; 325; 326] soll ein geringes Absetzen (max. 2%) und einen kleinen Wasseranspruch aufweisen und nach 3 Tagen frostbeständig sein.

*Wasserabweisender Zement* [327; 346] steigert durch Zusatz von 0,1 bis 0,2% (des Zementgewichtes) Seife, Naphten-, Stearin- oder Ölsäure neben der Klinker-Mahlbarkeit auch die Lagerfähigkeit des Zementes, die Wasserundurchlässigkeit und die Frostwiderstandsfähigkeit. Durch Verminderung der Wasseraufnahme des Betons ergeben sich kleinere Schwind- und Quellmaße. Die hydrophoben Zusätze können auch dem Anmachwasser beigegeben werden.

*Tiefbohrzement* [328] muß Anforderungen erfüllen, die sich aus der Beanspruchung durch sulfat- und natriumchloridhaltige Wässer, erhöhter Lagerungstemperatur (bis 160°C) und Überdrücken bis 1000 at ergeben, wobei die Pumpfähigkeit gewährleistet bleiben muß.

*Bariumzement* entsteht durch teilweisen Ersatz des CaO im Portlandzement durch BaO. Er ist widerstandsfähiger gegen chemischen Angriff, hohe Temperaturen und schirmt Gamma- und Röntgenstrahlen wirksamer ab. Ähnliches gilt für Strontiumzement [329].

Tabelle 4.3-1. Chemische Zusammensetzung der Zemente

Anhaltswerte in % [32]

| Zementart | PZ | EPZ | HOZ | TrZ | TSZ |
|---|---|---|---|---|---|
| CaO | 60···67 | 54···60 | 43···55 | 44···49 | 37···42 |
| SiO$_2$ | 19···24 | 21···27 | 24···30 | 21··,27 | 6···9 |
| Al$_2$O$_3$ + TiO$_2$ | 4···9 | 6···10 | 7···16 | 7···10 | 46···50 |
| Fe$_2$O$_3$ (FeO) | 1,6···6 | 1···4 | 1···3 | 2···4 | 0,5···1,0 |
| Mn$_2$O$_3$ (MnO) | 0···0,5 | 0,3···1,5 | 0,5···1,5 | — | 0,3 |
| MgO | 0,6···3 | 1···4 | 2···6 | 1···3 | 1,5···2,0 |
| SO$_3$ | 1···3 | 1···3 | 1···3 | 1···3 | 0,4 |

**4.3.3.1.2 Eigenschaften und Prüfung.** In Portlandzement ist TiO$_2$ von 0,3 bis 0,8% enthalten. Die Umrechnung von SO$_3$ in Calciumsulfat CaSO$_4$ (kristallwasserfrei) erfolgt auf Grund der Molekulargewichte durch Multiplikation mit 1,7. Der Kristallwassergehalt von Gipsstein liegt bei etwa 18%. Portlandzementklinker entsteht durch Sintern (Schmelzen an der Oberfläche bei 1400 bis 1500°C im Schacht- oder Drehofen) einer Mischung von Kalkstein und Tonerde, die vorher im Trocken- oder Naßverfahren aufbereitet wird. Die Zusammensetzung muß nach dem *hydraulischen Modul*

$$\frac{CaO}{SiO_2 + Al_2O_3 + Fe_2O_3} = 1,7 \text{ bis } 2,2$$

gewählt werden. Höhere Werte führen zum Treiben, niedrigere zum Zerrieseln des aus dem Zement hergestellten Mörtels [29; 30]. Eine weitere Begrenzung der Rohmischung ist durch den *Silikatmodul* und den *Tonerdemodul* gegeben.

Kalkreichere Zemente erreichen höhere Festigkeiten. Als Maß für den Kalkgehalt eines Zementes gilt der *Kalkstandard*

$$C = \frac{100\,CaO}{2{,}8\,SiO_2 + 1{,}1\,Al_2O_3 + 0{,}7\,Fe_2O_3},$$

der bei Portlandzement zwischen 90 und 98 liegt und das Verhältnis der vorhandenen zur chemisch bindbaren Kalkmenge darstellt [30].

Das Sintern führt zu chemischen Verbindungen, von denen folgende die Eigenschaften des Zementes wesentlich beeinflussen:

Tricalciumsilikat ($3\,CaO \cdot SiO_2 \equiv C_3S$) ist Hauptträger der Erhärtung, seine Hydratationswärme beträgt 130 cal/g. Dicalciumsilikat ($2\,CaO \cdot SiO_2 \equiv C_2S$) ist maßgebend für die Nacherhärtung, seine Wärmetönung beträgt 60 cal/g. Tricalciumaluminat ($3\,CaO \cdot Al_2O_3 \equiv C_3A$) ist maßgebend für Anfangserhärtung, Schwinden, Hydratationswärme, Sulfatwiderstand. Seine Hydratationswärme beträgt 200 cal/g. Tetracalciumaluminatferrit ($4\,CaO \cdot Al_2O_3 \cdot Fe_2O_3 \equiv C_4AF$) hat geringen Festigkeitsbildungswert, aber günstigen Einfluß auf die Erhärtung der kalkreichen Silikate, seine Hydratationswärme beträgt 100 cal/g.

Alkalien ($Na_2O$ und $K_2O$) können bei alkaliempfindlichen Zuschlägen (z. B. Chalcedon, Flint, bestimmte Quarzarten, Opal oder Hornstein) zum Treiben führen [330]. Die chemische Zusammensetzung von PZ, EPZ, HOZ und TrZ kann nach DIN 1164 Bl. 3 bestimmt werden.

Tabelle 4.3-2. Hydratationswärme $q$ der Normenzemente in cal/g [31]

| Alter in Tagen | 1 | 3 | 7 | 28 |
|---|---|---|---|---|
| Z 550 | 50···65 | 70···85 | 80···90 | 90···100 |
| Z 350 und Z 450 | 30···50 | 50···80 | 65···90 | 70···100 |
| Z 250 NW | 15···40 | 30···60 | 35···65 | 50··· 85 |

Für die Erwärmung eines Bauteiles ist aber vor allem auch der zeitliche Ablauf der Wärmeentwicklung maßgebend, der für den Zement aus dem Versuch bestimmt werden kann [33]. Durch Hydratation entstehen Di- und Tricalciumhydrat sowie etwa 18% bzw. 40% Kalkhydrat $Ca(OH)_2$, sog. ,,freier Kalk", der durch Wasser gelöst werden kann und für die Korrosionsbeständigkeit des Betons von großer Bedeutung ist.

Physikalisch nehmen die 0,5 bis 50 μm großen Zementkörner an ihrer Oberfläche Wasser auf und bilden eine starre Gelschicht, die je nach Wasserangebot gegen den unhydratisierten Kern hin fortschreitet. Das Gel vergrößert die Oberfläche des Zementes etwa um das Tausendfache, und die Bindung des Wassers führt zum Erstarren des Gemenges. Dieses geht stetig in das Erhärten über, dessen Ausmaß vom Wasserzementwert, den Lagerungsbedingungen und dem Alter abhängig ist.

An Wasser wird bei vollständiger Hydratation theoretisch $28 \pm 1\%$ des Zementgewichtes chemisch gebunden, im Versuch etwa 25%. Es kann nur durch Erhitzen auf 1000 °C ausgetrieben werden. Bei Frischbeton ist der Anteil an chemisch gebundenem Wasser vernachlässigbar klein. Er kann bis zum Erstarrungsende aber bereits etwa 15 Gew.-% betragen.

Die Eigenschaften der Zemente werden gekennzeichnet durch:

*Mahlfeinheit* entsprechend einem Mindestwert der spezifischen Oberfläche von 2200 cm²/g, nach *Blaine* aus der Luftdurchlässigkeit (DIN 1164 Bl. 4) bestimmt, oder durch Siebung [339].

*Erstarren* bei Raumtemperatur, geprüft mit dem Nadelgerät (DIN 1164 Bl. 5), Beginn frühestens 1 Stunde und Ende spätestens 12 Stunden nach dem Anmachen.

*Raumbeständigkeit:* Nachweis durch den Kochversuch (DIN 1164 Bl. 6), bei dem ein Zementkuchen scharfkantig und rissefrei bleiben muß und sich nur bis zu einem Stich von

### 4.3.3 Die Ausgangsstoffe für Mörtel und Betone

2 mm auf mindestens 100 mm Meßstrecke verwölben darf. Schwindrisse klaffen im Innenbereich der Kuchenfläche stärker als am Rand, Treibrisse erweitern sich gegen den Rand zu.

Die *Festigkeit* wird an einer Mörtelmischung bestimmt (DIN 1164 Bl. 7), die aus 1 Gew.-Teil Zement, 3 Gew.-Teilen Normensand und 0,5 Gew.-Teilen Wasser besteht. Andere Verfahren in [338; 340].

*Hydratationswärme:* Zemente mit niedriger Hydratationswärme, bezeichnet mit den Kennbuchstaben NW, dürfen nach dem Lösungswärmeverfahren in den ersten 7 Tagen gemäß DIN 1164 Bl. 8 höchstens 65 cal/g Wärme entwickeln.

Ein hoher *Sulfatwiderstand*, mit den Buchstaben HS gekennzeichnet, beruht auf den in DIN 1164 Bl. 1 angegebenen $C_3A$-, Hüttensand- und $Al_2O_3$-Höchstwerten.

*Festigkeitsklassen der Normenzemente.* Da mit größerer Mahlfeinheit die Oberfläche wächst, nimmt die Anfangsfestigkeit (wegen der vermehrten Gelbildung) entsprechend zu. Im höheren Alter gleichen sich jedoch die Festigkeiten aller Zementklassen (250 bis 550) in zunehmendem Maße einander an.

Tabelle 4.3-3. Festigkeitsklassen der Normenzemente

| Festigkeitsklasse | Druckfestigkeit $\beta_D$ in kp/cm² nach | | | | Kennfarbe/ Farbe des Aufdrucks |
|---|---|---|---|---|---|
| | 2 Tagen mindest. | 7 Tagen mindest. | 28 Tagen mindest. | höchstens | |
| 250 | — | 100 | 250 | 450 | violett/schwarz |
| 350 L | — | 175 | 350 | 550 | hellbraun/schwarz |
| 350 F | 100 | — | 350 | 550 | hellbraun/rot |
| 450 L | 100 | — | 450 | 650 | grün/schwarz |
| 450 F | 200 | — | 450 | 650 | grün/rot |
| 550 | 300 | — | 550 | — | rot/schwarz |

Die Klasse 250 ist NH- und HS-Zementen [342] vorbehalten.

Die Zusatzbezeichnungen L und F bedeuten langsame Anfangserhärtung bzw. höhere Anfangsfestigkeit. Die *Bezeichnung* lautet z. B. Zement PZ 350 L DIN 1164 oder Zement HOZ 250 DIN 1164-HS.

*Lieferform:* 50 kg-Ventil-Säcke ($\pm$ 2%) aus 2- bis 6fachem Natronpapier, bis 20 Lagen stapelbar.

Fässer (nur im Überseeverkehr üblich) mit 170 kg Zement, loser Zement, in Silos und Sonderfahrzeugen mit Druckluftentleerung für Straßen-, Eisenbahn- und Schiffsverkehr. Behältertransport ab 3 t Inhalt wirtschaftlich.

*Festigkeitsverlust durch Lagerung:* Feuchtigkeit in jeder Form (aus Boden, Luft oder Niederschlägen) ist fernzuhalten! Zemente höherer Festigkeit sind empfindlicher. Die Lagerungsdauer soll bei Sackzement auch im trockenen Raum nicht 2 Monate überschreiten. Nach 3 Monaten kann ein Festigkeitsverlust von 20%, nach 6 Monaten von 30% eingetreten sein. Nur bituminierte Säcke lassen ein jahrelanges Lagern ohne nennenswerten Festigkeitsverlust zu. Extreme Lagerungen siehe [341] und [331].

Tabelle 4.3-4. Dichte und Schüttdichte von Zement

| Baustoff | Dichte $\varrho_0z$ in kg/m³ | Schüttdichte $\varrho_Z$ in kg/m³ |
|---|---|---|
| Portlandzement | 2950···3150 | 900···1950 |
| Hochofenzement | 2900···3100 | 900···1900 |
| Traß | 2350···2500 | 840···1500 |

Die Berechnungsdichte nach DIN 1055 beträgt für
- Zement      1 700 kg/m³,
- Traß           1 500 kg/m³,
- Luftkalk      700 kg/m³.
- Wasserkalk  1 200 kg/m³.

## 4.3 Mörtel und Beton

Die *Farbe der Zemente* ist für deren Verwendbarkeit und Festigkeit ohne Bedeutung.
*Wasserzementwert.* Zur ausreichenden Verdichtung benötigt Beton mehr Wasser als für die chemische Bindung erforderlich ist. Ein Teil des Wassers hinterläßt daher nach dem Austrocknen Kapillarporen, die zusammen mit den Gelporen festigkeitsmindernd wirken. Bei vollständiger (hohlraumfreier) Verdichtung eines Leimes ist der Wasserzementwert

$$w = \frac{\text{Wassergewicht}}{\text{Zementgewicht}}$$

für die Zementsteinfestigkeit allein maßgebend. Aus der Erfahrung kann man annehmen, daß $w \geqq 2{,}0$ keine Festigkeit mehr ergibt; der andere Grenzwert liegt in der Baupraxis etwa bei $w = 0{,}35$ und ist durch die Grenze der Verdichtbarkeit gegeben [1]. Zementstein erreicht normalerweise, je nach Dichtigkeit, (am 4 cm-Würfel gemessene) Druckfestigkeiten zwischen 350 und 1100 kp/cm² [332]. Bei extrem niedrigem, chemisch nicht ausreichendem $w$-Wert (0,19) sind Druckfestigkeiten von 1900 kp/cm² und Biege-Zugfestigkeiten von 280 kp/cm² erreicht worden, da der nicht hydratisierte Zementklinker eine noch wesentlich höhere Druckfestigkeit (3000 kp/cm²) besitzt.

Der *Elastizitätsmodul* des Zementsteines liegt etwa bei 200000 kp/cm² (1/2 bis 1/5 der üblichen Zuschläge), und der Volumendehnkoeffizient beträgt im trockenem Zustand $11 \cdot 10^{-6}/K$, wassergesättigt jedoch etwa (18 bis 20) $10^{-6}/K$ [35].

Mit ansteigendem Wasserzementwert nimmt die Wasserdurchlässigkeit von Zementstein rasch zu [302], die Rohdichte [348] und Festigkeit ab. Bild 4.3-1 zeigt schematisch die Aufteilung des Stoffraumes von Zementstein, der gegen Austrocknen geschützt war. Die Porengrößen liegen bei [334]

| | |
|---|---|
| Gelporen | zwischen 0,25 und $10 \cdot 10^{-6}$ mm, |
| Kapillarporen | zwischen 20 und $10000 \cdot 10^{-6}$ mm, |
| Luftporen | zwischen 0,1 und 2 mm. |

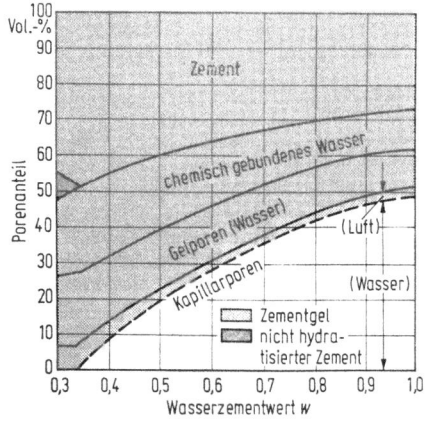

Bild 4.31. Aufteilung des Stoffraumes im Zementstein [333].

Das *Schrumpfen* und *Bluten* sind Begleiterscheinungen beim Erstarren des Zementleimes. Portlandzement schrumpft z. B. bis zum Alter von 3 Monaten um 4,9 cm³/100 g Zement (chemisches Schwinden). Durch Multiplikation dieses cm³-Wertes mit 4 ergibt sich ziemlich genau die Menge des jeweils chemisch gebundenen Wassers [30]. Das Wasser erfährt nämlich durch diese Bindung eine Rauminhaltsverringerung [28]. Das *Bluten* hängt mit dem Wasserhaltevermögen der Zementart, insbesondere mit der Mahlfeinheit zusammen und besteht in einer Wasserabsonderung kurz nach dem Anmachen [1, 34].

### 4.3.3 Die Ausgangsstoffe für Mörtel und Betone

*Schwinden* und *Quellen (Feuchtigkeitsdehnungen)*: Beim Austrocknen von Zementstein ziehen sich die Wasser-Menisken in immer engere Kapillarräume zurück, und die Krümmung der Oberflächen wird immer stärker. Da der Dampfdruck über einem Flüssigkeitsspiegel von dessen Krümmung abhängig ist, entleeren sich größere Porenräume zuerst. Durch die Oberflächenspannung des Wassers (etwa 7,4 p/m) wirken auf die Kapillarwände Kräfte, die das Stoffgerüst unter Druck setzen und dadurch zu einer Volumenverminderung führen, die man als *Schwinden* bezeichnet.

Der Verlauf des Schwindens wird vom Dampfteildruck des Wassers in der umgebenden Luft, von deren Geschwindigkeit, der Beschaffenheit des Zementsteines ($w$), Alter, Hydratationsgrad, Carbonatisierung und dem Kriechverhalten beeinflußt [336]. Es ist daher zum Teil irreversibel. Je nach Wasserzementwert liegt es bei Zementstein nach einem Jahr zwischen 1,6 mm/m ($w = 0{,}26$) und 3 mm/m ($w = 0{,}65$) und ist wegen des fehlenden Stützgerüstes (Zuschläge) relativ groß. In einem bestimmten Umgebungsklima (rel. Luftfeuchtigkeit und Temperatur) stellt sich je nach Porengröße und Porengrößenverteilung ein hygroskopisches Gleichgewicht ein. Eine Feuchtigkeitszunahme der Umgebung bewirkt Quellen.

Schwinden und Quellen wird zur Beurteilung des Verhaltens der Zemente im Bauwerk nur an Betonproben gemessen, da die Stützwirkung des Zuschlages auf die Volumenveränderung von großem Einfluß ist.

Nach dem Sprachgebrauch in der Bautechnik bezeichnet Schwinden eine durch Austrocknen hervorgerufene monotone spezifische und negative Längenänderung (mm/m), Quellen die durch Einwirkung von Wasser bewirkte Dehnung. Da aber auch die in Gasform vorhandene Luftfeuchtigkeit jederzeit positive und negative Volum- bzw. Längenänderungen hervorbringen kann, bezeichnet man alle derartigen spezifischen Längenänderungen als *Feuchtigkeitsdehnungen* [335].

Erstarren und Erhärten von Zementleim ist, weil es sich um einen chemischen Prozeß handelt, von der Temperatur [37; 337], vom Mischvorgang und von der Nachbehandlung stark abhängig. Es kann daher durch Zusatzmittel auch in bestimmten Grenzen verändert werden.

Die Technischen *Gewährleistungsbedingungen* für Normenzemente (Fassung 1963) [31] schützen den Käufer bei Beachtung bestimmter Festlegungen vor Schaden durch mangelhafte Zementgüte. Unter anderem muß die Lieferung von losem Zement plombiert und der zu füllende Silo als frei von anderen Zementsorten nachgewiesen sein. Die Übereinstimmung von bestellter und gelieferter Zementart ist sofort nachzuprüfen. Bei Abweichungen darf nichts von der Sendung verarbeitet werden. Je 250 t sind Proben bestimmter Menge zu entnehmen, zu kennzeichnen und luftdicht aufzubewahren. Beanstandungen müssen innerhalb von 6 Monaten geltend gemacht werden. Über den Wert des gelieferten Zementes hinausgehende Schadensersatzansprüche sind ausgeschlossen.

#### 4.3.3.2 Zuschlag für Mörtel und Beton

Zuschläge für Mörtel und Beton müssen ausreichende Eigenfestigkeit (Kornfestigkeit), geeignete Kornzusammensetzung und gute Haftung am Zementstein besitzen. Sie dürfen keine Stoffe enthalten, die die Erhärtung des Zementes stören [349; 371]. Man unterscheidet natürliche (aufbereitete oder natürlich gekörnte) und künstliche Zuschläge.

*Natürliche Zuschläge* sind z. B. Flußkies, Flußsand, Grubenkies, Grubensand, Schotter, Schwerspat, Splitt (4/31,5), Brechsand (0/4), Asbestfaser, Naturbims, Lavaschlacke [365], Tuffe, Sägemehl, Sägespäne und Holzwolle.

*Künstliche Zuschläge* sind z. B. Stahlschrott, Stahlspäne, Stahlfeilspäne, Hochofenschlacke (gebrochen, granuliert), Hüttenbims, Korund, Siliciumcarbid, Synthoporit, Sintersplitt [357; 358], Sinterkies [359], Sinterbims, Kesselschlacke [366; 369], Müllsinterschlacke [362; 364], Ziegelsplitt, Blähton [367], Blähschiefer, Globulit, Schaumkies, Flugaschen.

Die *Eigenschaften* der Zuschläge werden gekennzeichnet mit: dicht, hart, fest, schwer, leicht, porig, wärmedämmend oder gegen Strahlen schützend.

## 4.3 Mörtel und Beton

*Kornform* (DIN 51991) [38]: gerundet (Kies über 4 mm) oder kantig (Splitt 4/31,5) und gedrungen $l:d = 3:1$), plattig, spießig. Nach DIN 4226 ist eine möglichst gedrungene Kornform erwünscht. Der Anteil an ungünstig ($l:d > 3$) geformten Körnern (über 8 mm) soll 50% nicht überschreiten.

Die *Kornoberfläche* hat sowohl auf die Haftung des Zementsteines als auch auf die Verdichtungswilligkeit eines Zuschlags Einfluß. Zwischen glasig-glatt und rauh mit groben, offenen Poren (z. B. bei Schlackensinter) sind alle Zwischenstufen möglich. Die Verdichtungsunwilligkeit kann durch vermehrte Natursandbeigabe und wirksameres Rütteln weitgehend ausgeglichen werden. Fest an der Oberfläche haftende, mehlfeine Stoffe sind von Nachteil.

Als *allgemeine Beschaffenheit* bezeichnet man den petrographischen Zustand. Zu vermeiden sind verwitterte, leicht spaltbare, stark schiefrige, rissige, absandende und quellfähige [360; 361] und nicht frostbeständige [370] Körner. Die Beurteilung erfolgt nach Augenschein durch Hammerschlag und in Zweifelsfällen durch Eignungsprüfung im Vergleich mit einem Nullbeton, aus dessen Zuschlag die nicht einwandfreien Körner herausgesucht worden sind. Erfahrungsgemäß macht im allgemeinen ein Anteil an ungeeignetem Korn unter 5% den Zuschlag noch nicht unbrauchbar [349].

Ungeeignet als Zuschlag sind: Gipsstein, Anhydritstein, gebrannter Kalkstein, Schwefelkies, Kohle, bestimmte Aschen, nicht frostbeständige Steine und alle Stoffe, die den Chemismus des Zementes stören; z. B. humus- oder zuckerähnliche Stoffe, Sulfide, wasserlösliche Sulfate werden als ungeeignet angesehen, wenn ihr Gehalt, als $SO_3$ berechnet, 1% des trockenen Zuschlaggewichtes überschreitet.

An kohleartigen Teilen oder quellenden Stoffen dürfen nicht mehr als 0,5% enthalten sein (DIN 4226).

*Haufwerk* ist die allgemeine Bezeichnung für einen aus Einzelkörnern ohne Verkittung zusammengesetzten Körper. Der *Körnungsaufbau* wird anhand einer Siebanalyse (DIN 4226) beurteilt. Diese gibt über den gewichtsmäßigen Anteil der verschiedenen *Korngrößen* Aufschluß (DIN 66100). Eine *Korngruppe* (Kornfraktion) umfaßt alle Korngrößen, die zwischen zwei gewählten Prüfsieben liegenbleiben. Sie wird in mm mit den beiden Nennweiten der Prüfsieböffnungen gekennzeichnet (z. B. Korngruppe 2/4 enthält kein Korn unter 2 mm und keines über 4 mm Nennabmessung).

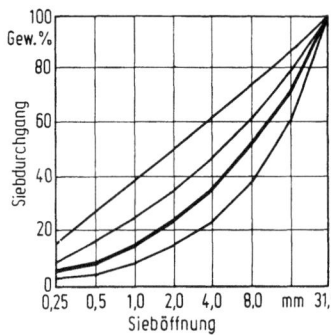

Bild 4.3-2. Durchgang als Funktion der Sieböffnung.

Als *Nennweiten der Prüfsiebe* für Betonzuschläge sind nach DIN 1045 gemäß DIN 4187, Bl. 2 (Juli 62) für Quadratlochung und DIN 4188, Bl. 1 (Apr. 69) für Drahtgewebe vorgesehen: 0,25 — 0,5 — 1,0 — 2,0 — 4,0 — 8,0 — 16,0 — 31,5 — 63 mm. Die als *Betonzuschlag* gebräuchlichen *Körnungen* werden in Anlehnung an DIN 1179 und DIN 4226 bezeichnet als:

### 4.3.3 Die Ausgangsstoffe für Mörtel und Betone

| Natürliche Stoffe | Zerkleinerte Stoffe | Kleinstkorn/ Größtkorn mm |
|---|---|---|
| Feinstsand | Feinstbrechsand | 0/0,25 |
| Feinsand | Feinbrechsand | 0/1 |
| Grobsand | Grobbrechsand | 1/4 |
| Kies | Splitt | 4/32 |
| Grobkies | Schotter | 32/63 |

In DIN 4226 (1970) sind die Korngruppen begrenzenden Prüfkorngrößen wie folgt vorgesehen: 0/1, 0/2, 0/4, 0/8, 0/16, 0/32, 0/63, 1/2, 1/4, 2/4, 2/8, 4/8, 4/16, 4/32, 8/16, 8/32, 16/32, 16/63 und 32/63. In DIN 4226 sind auch die zulässigen Grenzen für Über- und Unterkorn, die Probenmenge sowie der Anteil an abschlämmbaren Bestandteilen festgelegt. Die Gesteinseigenschaften werden durch die Frostbeständigkeitsprüfung (DIN 52100, 52104, 52106), den Kristallisationsversuch (DIN 52111) und bei gebrochenen Zuschlagstoffen auch durch den Schlagversuch (DIN 52109) nachgewiesen. Im Zweifelsfall nach DIN 4226 Bl. 3 Abschnitt 3.5.

Tabelle 4.3-5. Höchstzulässige abschlämmbare Anteile der Korngruppen nach DIN 4226

| Korngruppen | abschlämmbar (Gew.-%) |
|---|---|
| 0/1, 0/2, 0/4 | 4 |
| 1/2, 1/4, 2/4 | 3 |
| 2/8; 4/8 | 2 |
| 4/16; 4/32; 8/16; 8/32; 16/32; 16/63; 32/63 | 0,5 |

Als abschlämmbarer Bestandteil gilt jener Körnungsanteil, der durch das Sieb mit 0,063 mm Maschenweite hindurchgeht.

Bei Normal- und Schwerbeton ist aus Gründen der Dichtigkeit und Festigkeit ein möglichst geschlossenes und hohlraumarmes Gefüge anzustreben, bei Leichtbeton kann Haufwerkporigkeit, hervorgerufen durch fehlende Korngrößen von Vorteil sein.

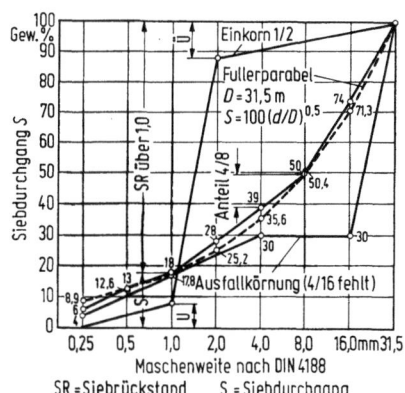

Bild 4.3-3. Beispiele für Sieblinien.

Für *geschlossenes Gefüge* müssen jene Korngrößen jeweils in ausreichender Menge zur Verfügung stehen, die als *Schlupfkorn* die verbleibenden Hohlräume zwischen den größeren Körnern [353] füllen können, ohne daß die Packungsdichte verschlechtert wird. Praktisch

## 4.3 Mörtel und Beton

sind meist in natürlichen Zuschlägen alle Korngrößen vertreten, und es ist sinnvoll zu fragen, welche Mengenanteile jeweils erwünscht sind, damit die Hohlraumfreiheit bei kleinster Gesamtkornoberfläche möglichst vollkommen erreicht wird. Neben dieser Forderung (kleinste Oberfläche) tritt noch eine weitere, nämlich die leichte Verdichtbarkeit. Die Erfahrung hat gezeigt, daß nicht nur der theoretisch richtige stetige Körnungsaufbau der Fullerparabel (Bild 4.3-3), sondern auch *Ausfallkörnungen*, bei denen eine einzelne oder mehrere Korngruppen fehlen, einen Beton mit vorzüglichen Eigenschaften ergeben, bei dem der Mehrverbrauch an Zementleim durch leichtere Verdichtbarkeit wirtschaftlich ausgeglichen wird. Mehrere fehlende Korngruppen können die Mischung jedoch wieder sperriger machen.

Die Kornoberfläche wächst mit abnehmendem Korndurchmesser sehr stark an (Tabelle 4.3-6).

Tabelle 4.3-6. Korndurchmesser und spezifische Kornoberfläche

| Korndurchmesser in mm | spezifische Kornoberfläche $a$ in m²/kg (Korndichte 2,65 kg/dm³) |
|---|---|
| 63 | 0,036 |
| 31,5 | 0,072 |
| 16 | 0,142 |
| 8 | 0,283 |
| 4 | 0,566 |
| 2 | 1,13 |
| 1 | 2,26 |
| 0,5 | 4,53 |
| 0,25 | 9,06 |
| 0,125 | 18,1 |
| 0,063 | 36,2 |
| 0,01 | 226 |

Unter der vereinfachenden Annahme, daß die Kornform kugelig sei, kann die Kornoberfläche für die Normengrenzsieblinien errechnet werden (Tabelle 4.3-7).

Tabelle 4.3-7. Spezifische Kornoberfläche $a$ in m²/kg, für die Normengrenzsieblinien (Korndichte 2,65 kg/dm³) ohne Feinanteil $< 0{,}25$ mm

| Größtkorndurchmesser | mm | 8 | 16 | 31,5 | 63,0 |
|---|---|---|---|---|---|
| Sieblinie | A | m²/kg | 1,338 | 0,836 | 0,592 | 0,442 |
| ,, | B | m²/kg | 1,930 | 1,522 | 1,276 | 1,058 |
| ,, | C | m²/kg | 2,083 | 1,836 | 1,620 | 1,490 |
| ,, | U | m²/kg | 1,452 | 0,844 | 0,699 | 0,451 |

Die spezifische Oberfläche in m²/m³ einer Korngruppe $d_1/d_2$ ergibt sich nach [354] zu

$$A^* = \frac{6000}{d_2 - d_1} \ln\left(\frac{d_2}{d_1}\right) \text{ in } \frac{\text{m}^2}{\text{m}^3}.$$

DIN 1045 sieht drei Grenzsieblinien vor (Bild 4.3-4), die für die Größtkorndurchmesser 8, 16, 31,5 und 63 mm einen brauchbaren und einen günstigen Bereich umschließen. Je höher eine Sieblinie liegt, um so größer wird wegen der zunehmenden Kornoberfläche der Leimbedarf (bei gleicher Steife) und je tiefer sie liegt, um so schwieriger wird die Verdichtung des Frischbetons.

Ein besonderer Bereich (U) ist ferner für Ausfallkörnungen abgegrenzt. Abweichungen von der Sieblinie im Bereich über 8 mm wirken sich auf die Betoneigenschaften nur wenig aus.

Bei vollkommener Frischbetonverdichtung tritt der Einfluß des Körnungsaufbaues auf die Betonfestigkeit vollständig in den Hintergrund. Vergleicht man aber Betone mit gleichem Mischungsverhältnis und gleicher Steife, dann nimmt die Betonfestigkeit mit

4.3.3 Die Ausgangsstoffe für Mörtel und Betone

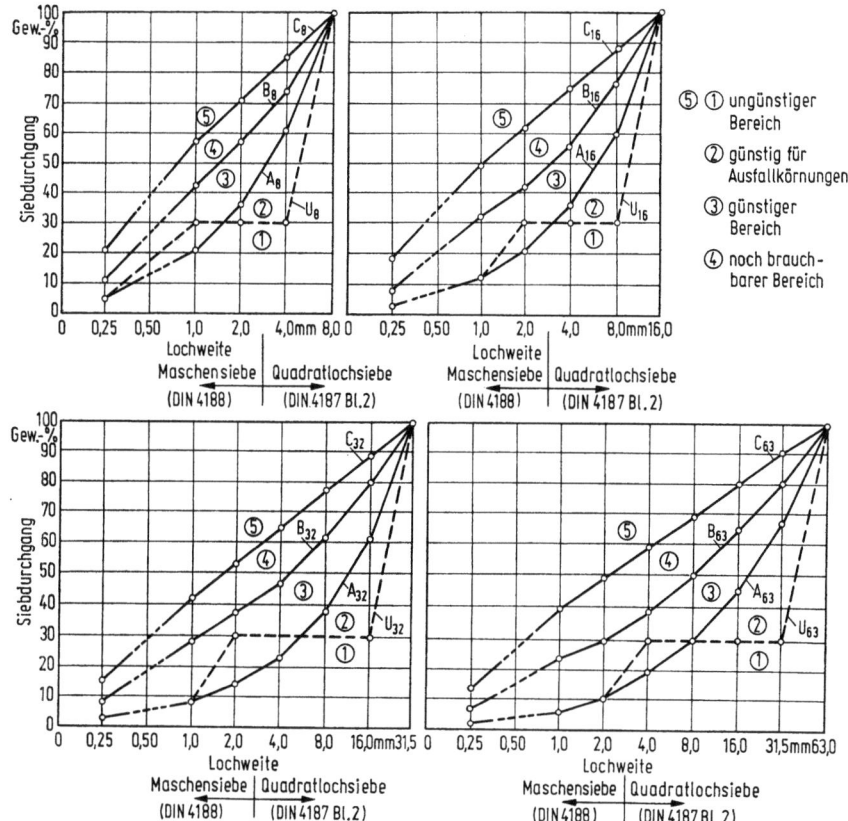

Bild 4.3-4. Grenzsieblinien nach DIN 1045.

wachsender Kornoberfläche stark ab, weil zur vollständigen Verdichtung mehr Anmachwasser erforderlich wird. Auf diese Weise gewinnt der Körnungsaufbau großen Einfluß [350].

Bei Zuschlägen mit wesentlich verschiedener Gesteinsrohdichte ist die Sieblinie von Gewichtsprozenten auf Stoffraumprozente umzurechnen (Teilung der Gewichtsanteile durch die Stoffrohdichte). Werden Korngruppen durch Trennen auf Rundlochsieben erhalten, so kann die gleichwertige Siebmaschenweite, die von der Kornform abhängig ist, annähernd errechnet werden [3; 40]:

Tabelle 4.3-8. Verhältnis von Sieblochdurchmesser und gleichwertiger Siebmaschenweite

| Kornform | Sieblochdurchmesser: Maschenweite |
|---|---|
| gedrungener Kies | 1:0,80 bis 1:0,85 |
| plattiger Kies | 1:0,70 (fein) bis 1:0,85 (grob) |
| gebrochenes Korn | 1:0,70 (fein) bis 1:0,85 (grob) |
| im Mittel | 1:0,80 |

## 4.3 Mörtel und Beton

Zur Beurteilung des Körnungsaufbaues eines Zuschlags oder einer Korngruppe durch einen einzigen, in Zahlen ausdrückbaren Kennwert, sind *Feinheitswerte* (Körnungsziffern) definiert worden. Diese ergeben sich auf Grund der dabei vorgesehenen Schaubildmaßstäbe als dimensionslose Größen (Kennzahlen). $d$ wird als logarithmischer Mittelwert der begrenzenden Prüfkorngrößen einer Korngruppe in mm eingesetzt.

[1] [356] Abramsscher Feinheitsmodul $\cong 3{,}32 \log 10\, d$
[1] Hummelscher Wert $\Phi = 100 \cdot \log 10\, d$
[540] Sternsche Kornpotenz $= \log 1000\, d$
[2] Körnungsziffer $= \dfrac{1}{100} \sum$ Rückstände in Gew.-%

Sie beruhen auf der von *Abrams* gefundenen Gesetzmäßigkeit, daß bei gleicher Frischbetonsteife der Festigkeitsbildungswert des verwendeten Zuschlags der Fläche über der Sieblinie verhältnisgleich ist. Abweichungen von einer Soll-Sieblinie können demnach durch flächengleiche Änderungen an anderer Stelle wieder ausgeglichen werden (Bild 4.3-5). Die *Körnungsziffer* summiert die Rückstände über den genormten Maschenweiten und ist daher von der Wahl des Siebsatzes abhängig. Sie berücksichtigt die größere spezifische Kornoberfläche der kleineren Körnungen nur wenig. Der *Hummelsche* $\Phi$-Wert wird am einfachsten aus den $\Phi$-Werten der einzelnen Korngruppen und ihren Rückständen in Gew.-% nach der Gleichung

$$\Phi = \frac{1}{100} \sum_i R_i\, \Phi_i$$

errechnet.

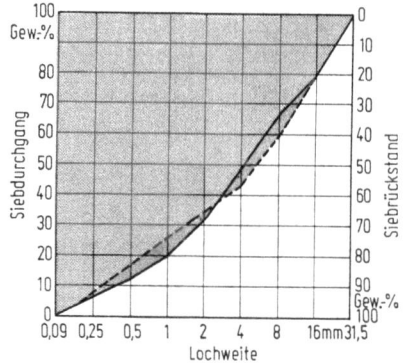

Bild 4.3-5. Sieblinien mit gleichem Festigkeitsbildungswert.

Da in den $\Phi_i$-Wert der Korndurchmesser logarithmisch eingeht, tragen feinere Körnungen relativ mehr zum $\Phi$-Wert bei. Feinere Korngruppen haben kleinere $\Phi$-Werte. Alle Feinheitswerte gestatten auch die Berechnung des *Wasseranspruchs* eines Zuschlags, der zur Erzielung einer bestimmten Frischbetonsteife erforderlich ist (vgl. 4.3.5.2). Sind zwei oder drei Zuschläge mit bekannten Feinheitsziffern so zu mischen, daß eine Körnung mit bestimmtem Feinheitswert entsteht, so kann das Mischungsverhältnis bei nicht zu großem Unter- oder Überkornanteil ausreichend genau errechnet werden [42]. Sind die Anteile des Gemenges $x$, $y$, $z$, so bestehen die Zusammenhänge

$$\Phi_1 x + \Phi_2 y + \Phi_3 z = \Phi_i, \qquad x + y + z = 1$$

### 4.3.3 Die Ausgangsstoffe für Mörtel und Betone

Tabelle 4.3-9. $\Phi_t$-Werte für die Korngruppen und Sieblinien gemäß DIN 1045

| | $\Phi$ | | $\Phi$ |
|---|---|---|---|
| 0,125/0,25 | 25 | $U_8$ | 140 |
| 0,25/0,50 | 55 | $A_{16}$ | 162 |
| 0,25/1,0 | 70 | $B_{16}$ | 133 |
| 0,50/1,0 | 85 | $C_{16}$ | 103 |
| 1,0/2,0 | 115 | $U_{16}$ | 171 |
| 2,0/4,0 | 145 | $A_{31,5}$ | 189 |
| 4,0/8,0 | 175 | $B_{31,5}$ | 149 |
| 8,0/16,0 | 205 | $C_{31,5}$ | 120 |
| 16,0/31,5 | 235 | $U_{31,5}$ | 194 |
| 31,5/63 | 265 | $A_{63}$ | 209 |
| $A_8$ | 133 | $B_{63}$ | 171 |
| $B_8$ | 109 | $C_{63}$ | 133 |
| $C_8$ | 88 | $U_{63}$ | 222 |

Voraussetzung für die Gültigkeit eines auf Grund von Feinheitsziffern errechneten Festigkeitsbildungswertes ist, daß mindestens 3 verschiedene Korngruppen, worunter eine Feinkorngruppe sein muß, Verwendung finden und ein verdichtungsfähiges Kornhaufwerk vorliegt. Die Stetigkeit der Sieblinie ist nicht erforderlich [351].

*Massenbeton* erhält wegen der unerwünschten Wärmeentwicklung wenig Zement, er muß möglichst rasch verdichtbar und ausreichend frostbeständig sein. Zur Erfüllung dieser Forderungen hat es sich als zweckmäßig erwiesen, den Feinsand aufzubereiten und in eng begrenzte Korngruppen (z. B. 0/0,5 und 0,5/2) zu unterteilen. Die Feinstkorngruppe 0/0,1 oder 0/0,063 würde wegen ihrer großen Oberfläche unverhältnismäßig viel Zement zur Verkittung benötigen. Sie wird daher meist durch ein selektives Schlämmverfahren entfernt [352; 355; 388].

Zur guten Verarbeitbarkeit, für einwandfreien Porenschluß und Wasserundurchlässigkeit darf ein bestimmter Mehlkornanteil (Zement, Zusatzstoffe und Zuschlaganteil 0/0,25) i. allg. nicht unterschritten werden. Da auch der Zement und die Luftporen infolge der Zusatzmittel sich wie Mehlkorn auswirken, gelten die unteren Grenzwerte für bindemittelreicheren bzw. mit Luftporen durchsetzten Beton in Tabelle 4.3-10.

Tabelle 4.3-10. Mehlkorngehalt von Beton

| Größtkorn des Zuschlaggemisches in mm | Mehlkorngehalt in kg/m³ verdichtetem Beton |
|---|---|
| 8 | 475···525 |
| 16 | 400···450 |
| 32 | 325···400 |
| 63 | 275···325 |

Es soll nur soviel Mehlkorn im Beton enthalten sein, daß seine Verarbeitbarkeit gerade sicher gewährleistet ist.

Werden wie bei Massenbeton Zuschläge mit einem Größtkorn über 63 mm verwendet, so können die Sieblinien A, B, C von den bei 8 mm abzulesenden Durchgangsprozenten bis zum 100%-Punkt des Größtkornes durch 3 Geraden verlängert werden. Eine Eignungsprüfung des Betons ist, insbesondere bei Ausfallkörnungen, zu empfehlen.

Die DIN 4226 läßt auch werkgemischten Betonzuschlag aus ungebrochenen und/oder gebrochenen Körnern mit einem Größtkorn von höchstens 32 mm zu, wenn dessen Sieblinie nach der DIN 1045 zulässig ist.

Für folgende Anwendungsfälle sind erprobte Sonder-Sieblinienbereiche bekannt:
Straßenbeton: Richtlinien für Betonfahrbahnen [V 11]; Massenbeton [16; 12; 41]; Pumpbeton [17]; Spritzbeton [21]; Ziegelsplittbeton [8]; Mörtelsande [541].

Die *Kornfestigkeit* von Leichtbeton-Zuschlagstoffen kann nach Hummel [26] in einem 5 dm³-Mörser, dessen Stempel mit 5 Mp belastet wird, bestimmt werden. Die Differenz der Körnungsziffern vor und nach der Belastung ist der *Druckzertrümmerungsgrad*.

Um den vorgesehenen Körnungsaufbau in jeder Mischerfüllung zu gewährleisten, soll der Zuschlag in Kornfraktionen möglichst zugewogen werden. Nur bei Leichtzuschlägen mit sehr wechselndem Wassergehalt und Korngruppen mit unterschiedlicher Einzelkorndichte kann nach Raumteilen zugemessen werden. Wieviele und welche *Kornfraktionen* jeweils erforderlich sind, richtet sich nach DIN 1045 und hängt von der Betongüteklasse, dem Größtkorn und den Herstellungsbedingungen (Beton I oder II) ab. In manchen Anwendungsfällen ist auch die Verwendung von werkgemischtem Betonkiessand [V 4; 371] zulässig.

Für Leichtbeton mit porigem Gefüge gelten die Sieblinien nach DIN 1045 nicht. Mit Zuschlägen aus Naturgestein kann Haufwerkporigkeit dadurch erzielt werden, daß eine oder mehrere Korngruppen weggelassen werden. Beton aus nur einer Korngruppe heißt *Einkornbeton* und ist in seiner Rohdichte (1,1 bis 1,95 kg/dm$^3$) fast unabhängig vom Nennkorndurchmesser. Fehlen eine oder mehrere Korngruppen der kleinsten Körnungen, so spricht man von *entfeintem Beton*.

Die Schüttrohdichte einer Korngruppe oder eines Zuschlags ist nicht nur vom Körnungsaufbau, sondern auch von ihrem Feuchtigkeitsgehalt abhängig, und zwar um so mehr, je feiner die Körnung ist (Bild 4.3-6).

Die Feuchtigkeit, die in den Körnern enthalten ist und die sich am Zementleim nicht beteiligt, nennt man *Kernwasser*, an der Oberfläche befindliche Feuchtigkeit *Oberflächenwasser*. Dieses muß bei der Betonbereitung berücksichtigt werden. Hierfür stehen Trocken-, Verdrängungs-, chemische, elektrische-, Absorptions- u. a. Verfahren zur Verfügung [43; 363; 368].

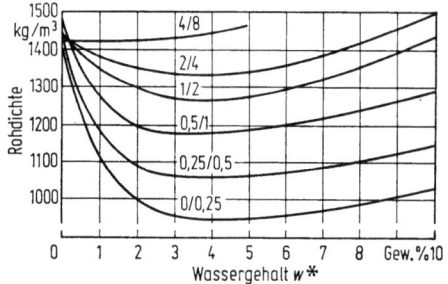

Bild 4.3-6. Rohdichten von feuchten Kiessand-Körnungen.

### 4.3.3.3 Zugabewasser

Das *Zugabewasser* hat im Beton die Aufgabe, die Hydratation des Zementes herbeizuführen und eine verarbeitbare Konsistenz zu bewirken. Das Oberflächenwasser der Zuschläge muß angerechnet werden. *Kernwasser* ist an der Hydratation nur unwesentlich beteiligt.

Unter *Überschußwasser* versteht man jenen Teil des Zugabewassers, der nicht für die chemisch-physikalische Reaktion des Zementes gebraucht wird und nur zur Erzielung ausreichender Verarbeitbarkeit zugegeben werden muß. Es hinterläßt nach dem Austrocknen Poren, die die Festigkeit des Zementsteines herabsetzen (Verdünnungsabfall) (Bild 4.3-7).

Für die chemische Bindung sind je nach Alter des Zementsteines bis zu etwa 25 Gew.-% des Zementgewichtes an Wasser erforderlich. Außerdem werden 15 Gew.-% physikalisch lose als *Gelwasser* aufgenommen, das erst später in trockener Luft oder durch Trocknen bei 105 °C herausdampft [28]. Für die vollständige Hydratation sind demnach etwa 40 Gew.-% Wasser erforderlich.

Als Zugabewasser ist jedes in der Natur vorkommende Wasser geeignet, so weit es nicht das Erhärten störende oder, bei Stahlbeton, Korrosion bewirkende Bestandteile enthält. Ungeeignet sind demnach Wässer, die Öle, Fette, Zucker, Huminsäure, über

### 4.3.3 Die Ausgangsstoffe für Mörtel und Betone

0,8% $SO_3$, über 3% NaCl oder $MgCl_2$, Kalisalze, Reste aus Enthärtungsanlagen, Mineralwasser und die bei Stahl- und Spannbeton mehr als 300 mg/dm³ Chloride enthalten [V 5].
Da verschiedene Zemente unterschiedlich reagieren, ist in Zweifelsfällen eine Eignungsprüfung durch Vergleich mit einem Nullbeton empfehlenswert. Die Schädigung ist bei Feuchtlagerung ausgeprägter [2].

Wässer, die erhärteten Beton angreifen, brauchen als Zugabewasser nicht ungeeignet zu sein. Moorwasser, Meerwasser (nicht bei TrZ) und $CO_2$-haltiges Grundwasser können verwendet werden. Salzhaltige Wässer führen aber u. U. zu Ausblühungen. Eine Vergrößerung des Wasseranteiles im Zementleim setzt die Erstarrungszeiten merkbar hinauf (Bild 4.3-8).

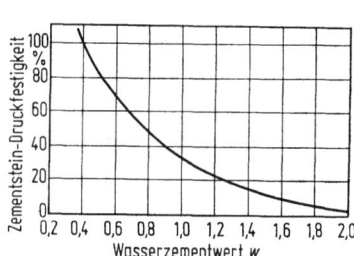

Bild 4.3-7. Zementsteindruckfestigkeit nach [1].

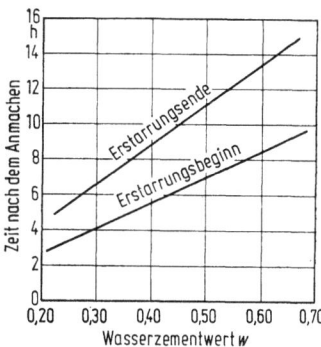

Bild 4.3-8. Erstarrungszeiten in Abhängigkeit vom Wasserzementwert $w$ [1].

Im Winterbau kann das Anmachwasser auf 60 bis 90 °C erhitzt werden, wenn es dem Trockengemisch in der laufenden Mischmaschine zugegeben wird. Eine Beeinträchtigung der Verarbeitbarkeit und Festigkeit tritt in der Regel nicht ein, doch ist bei den höheren Temperaturen eine Eignungsprüfung empfehlenswert, weil nicht alle Zemente gleich ansprechen [372]. Die zu erzielende Betontemperatur läßt sich aus den Mengenanteilen ($Z$, $K$, $W$), den spezifischen Wärmekapazitäten $c$ (0,2 und 1,0 kcal/kg) und den Temperaturen $\vartheta$ nach der Gleichung

$$\vartheta_b = \frac{Z\vartheta_Z + K\vartheta_K + 5W\vartheta_W}{Z + K + 5W}$$

errechnen [373].

Wasser saugende Zuschläge sind vor dem Mischen so anzufeuchten, daß sie danach dem Zementleim kein Wasser entziehen. Wasser muß laut DIN 1045 mit einer Genauigkeit von ± 3 Gew.-% zugemessen werden. Bei Beton II ist ein Durchlaufmesser oder eine Wasserwaage vorgeschrieben. Für die Dosierung der zuzugebenden Wassermenge stehen handbediente, halb- und vollautomatische sowie auch das Oberflächenwasser der Zuschläge und den Wassergehalt des Frischbetons berücksichtigende elektrische Geräte zur Verfügung [374].

#### 4.3.3.4 Zusatzstoffe

Zusatzstoffe können pulverförmig oder suspendiert dem Mischgut zugegeben werden und wirken hauptsächlich als Volumenbestandteil. Sie gehen in Einzelfällen auch chemische Verbindungen mit dem Zement ein.

*Mehlfeine* Zusätze können inert, puzzolanisch oder zementartig sein. Die Mahlfeinheit ist in der Regel größer oder höchstens gleich der des Zementes.

*Inerte Mehle* (gemahlener Quarz, Kalkstein, Bentonit, Kalkhydrat oder Kalk) beeinflussen die physikalischen Eigenschaften des Frischbetons und ersetzen jenen Teil des Zementes, der nicht für die Festigkeit benötigt wird. Sie verbessern die Verarbeitbarkeit (insbesondere bei 0,063 mm Korngröße) und vermindern die Wasserabsonderung stark blutender Zemente. Solange im Mischgut ein Mangel an Mehlkorn besteht, bewirkt die Zugabe von Mehlfeinem eine Verbesserung der Festigkeit, vermindertes Schwinden und kleinere Wasseraufnahme. Bei ausreichendem Mehlkorngehalt treten bei Zugabe von Mehlfeinem die entgegengesetzten Eigenschaftsänderungen auf. Durch gedrungene Kornform soll der Wasseranspruch des Mineralmehles möglichst klein gehalten werden. Je nach Feinheit liegen die Zugabemengen, auf Zementgewicht bezogen, zwischen 5% (bei feineren) und 30% (bei gröberen Mehlen). Im allgemeinen wird die Festigkeit magerer Mischungen erhöht und die von zementreichen gemindert.

*Puzzolanische Stoffe* (Traß [DIN 1167], Flugasche, vulkanisches Glas, Diatomeenerde, bestimmte Tone und Schiefertone) und zementartige Stoffe (granulierte Hochofenschlacke, Naturzemente, hydraulische Kalke) werden von 20 bis 100%, bezogen auf das Zementgewicht, beigegeben. Die zulässige und als Bindemittel anrechenbare Menge ist durch die Zulassungsbehörden geregelt. Hochofenschlacken beeinflussen die Festigkeit nur wenig, da sie latenthydraulische Eigenschaften besitzen, die durch den freien Kalk des Zementes wirksam gemacht werden. Der Erhärtungsverlauf ist langsamer und ein längeres Feuchthalten zweckmäßig. Durch die Bindung des Kalkes wird die Gefahr des Ausblühens verringert und bei Portlandzementen der Sulfatwiderstand verbessert. Rheinischer Traß kann nach einem Jahr bis 30%, bayerischer Traß etwa bis 23% an Kalk binden [376]. Bei massigen Bauwerksteilen ist die Verminderung der Temperaturerhöhung durch langsameren Anfall der Hydratationswärme von Vorteil. Die runde Kornform und glatte Oberfläche bestimmter Elektrofilterabzug-Flugaschen [375] bewirken bei gleicher Steife etwa 7% Wassereinsparung.

Bei Beton, der durch Pumpen oder Rutschen eingebracht wird, verhindern möglichst gemischtkörnige, natürliche oder künstliche Mineralstoffe der Korngruppe 0 bis 0,25 die Entmischung und mildern den Verschleiß. Auch dicht bewehrte Bauteile, Sichtbetonflächen und wasserundurchlässige Wände erfordern einen Mindestgehalt an Mehlkorn (Zement, Zuschlaganteil und Zusatzstoffe bis 0,25) im Beton (DIN 1045). Die Frostwiderstandsfähigkeit kann aber durch zu großen Mehlkorngehalt leiden. Mehlfeine Zusätze sind kein Ersatz für eine gute Betonzusammensetzung.

*Traß* wird feiner als Zement bis auf weniger als 10% Rückstand am 4900 Maschensieb ausgemahlen. Die Dichte beträgt 2350 bis 2500 kg/m³, die Schüttrohdichte 840 bis 1500 kg/m³, die Hydratationswärme 15 cal/g.

Tabelle 4.3-11. Zusammensetzung und HCl-Löslichkeit von Traß

| chemische Analyse | | davon HCl-löslich |
|---|---|---|
| $SiO_2$ | 61% | 36% |
| $Al_2O_3$ | 19% | 16% |
| FeO | 5% | 4,2% |
| CaO | 2,2% | } 3,4% |
| MgO | 1,8% | |
| Alkalien | 10% | 9% |

Unter Berücksichtigung der geringeren Dichte ergibt Traß im Vergleich zu Zement einen etwa 30% größeren Volumenanteil. Traß wird auch als Traßkalk, Traßhochofenzement und neuerdings bei sog. *Dreistoffbindern* (Hochofenschlacke, Portlandzement und Traß) verwendet [45].

*Thurament*, Dichte 2900 bis 3100 kg/m³, Schüttrohdichte 1150 kg/m³, kann mit Portlandzement 1:1 vermischt verarbeitet werden, in besonders aggressiven Wässern auch bis zu einem Verhältnis von 2:1 (Eignungsprüfung erforderlich). Es ist voll auf die erforderliche Mindestzementmenge anrechenbar. Die Biegezug- und Druckfestigkeit ist nach 28 Tagen u. U. besser als bei Verwendung reinen Zementes, die Nachhärtung außerordentlich gut. Bei Mörtel vom Mischungsverhältnis 1:1 erreicht die Druckfestigkeit nach 3 Jahren den 2,5fachen Wert der 28 Tage-Festigkeit (bei PZ der 1,3fache Wert).

### 4.3.3 Die Ausgangsstoffe für Mörtel und Betone

Weitere Vorteile sind die geringe Hydratationswärme und die gute Beständigkeit gegen aggressive Wässer, auch mit freier Kohlensäure. Langes Feuchthalten ist aber erforderlich [377].

*Farbzusätze* für Beton müssen im Sonnenlicht und bei Dampfhärtung auch im gespannten Dampf farbbeständig sowie gegen Alkalien unempfindlich sein. Sie dürfen das Erstarren und die Festigkeitsentwicklung des Zementes nicht stören. Mit dem Färben können Nebenwirkungen verbunden sein. So vermindert der zur Grau- und Schwarzfärbung verwendete Ruß die Luftporenbildung und kieselige Farbstoffe zeigen Puzzolanwirkung. Eisenoxidfarben verblassen bei Dampfhärtung. Farben, die Ausblühen und Treiben verursachen, sind zu vermeiden. Auf Verträglichkeit mit anderen Zusatzstoffen und -mitteln ist zu achten. Zementfarbstoffe können anorganischen oder organischen [378] Ursprungs sein.

Brauchbar sind [379]: Ruß, Eisenoxidschwarz, Eisenoxidrot, Eisenoxidgelb, Manganschwarz, Chromoxidgrün, Titandioxid (weiß).

Die Zusatzmenge soll 10% des Zementgewichtes nicht übersteigen.

#### 4.3.3.5 Zusatzmittel

**4.3.3.5.1 Übersicht.** Zusatzmittel werden dem Frischbeton zugegeben: zur Änderung des Erstarrens und Erhärtens, zur Verminderung des Wasseranspruchs sowie zur Verbesserung der Verarbeitbarkeit, Frostempfindlichkeit und der Wasserundurchlässigkeit. Man unterscheidet:

Betonverflüssiger (BV)
luftporenbildende Betonverflüssiger (LPV)
luftporenbildende Betonzusatzmittel (LP)
Betondichtungsmittel (DM)
Erstarrungsverzögerer (VZ)
Erstarrungsbeschleuniger (BE)
Einpreßhilfen für Einpreßmörtel bei Spannbeton (EH)

Alle genannten Arten der Betonzusatzmittel dürfen bei tragenden Bauteilen aus Stahlbeton nur verwendet werden, wenn sie das Prüfzeichen tragen [380] [V 6]. Lediglich bei Putz-, Estrich- und Mauermörtel dürfen nichtgeprüfte Zusatzmittel Anwendung finden. Farben sind Zusatzstoffe. Polyvinylazetat- und Polyvinylpropionat-Dispersionen und andere Kunststoffe dürfen z. Z. tragendem Beton noch nicht beigemischt werden. Die Prüfung nach den Richtlinien [V 6] umfaßt

die Bestimmung des Gehaltes an Halogenen (außer Fluor),
den elektrochemischen Nachweis etwa vorhandener korrosionsfördernder Stoffe,
den Nachweis der Raumbeständigkeit (nicht bei VZ, BE)
und den Nachweis des Erstarrens (nur bei BV, LP, DM).

Geprüft wird mit 10 Portlandzementen und 6 Hochofenzementen verschiedener Herkunft unter Zugabe der „höchstzulässigen Zusatzmenge", die im allgemeinen der doppelten „empfohlenen Zusatzmenge" entspricht (beide sind auf der Verpackung vermerkt).

Um die für das Bauwerk geforderten Eigenschaften vor Anwendung nachzuprüfen, sind Eignungsprüfungen durchzuführen. Bei EH gemäß den Richtlinien [V 2], bei den übrigen anhand von Vergleichsbeton ohne Zusatzmittel. Geprüft wird: Druckfestigkeit (DIN 1048), Raumbeständigkeit (DIN 1164), Erstarren (bei Bauwerkstemperatur an Beton mit Hilfe eines Innenrüttlers), Luftgehalt nach dem Druckausgleichsverfahren [33], Schwinden, Frostwiderstand, Wasseraufnahme und Wasserundurchlässigkeit. Weitere Betoneigenschaften, die sich bei Anwendung von Betonzusatzmitteln ändern können und denen u. U. Beachtung geschenkt werden muß, sind der Widerstand gegen chemische Angriffe, die Gasdurchlässigkeit und die Carbonatisierungsgeschwindigkeit. Zusatzmittel beeinflussen sie meist mehr als eine Betoneigenschaft (manchmal auch nachteilig), und die Betonzusammensetzung hat auf ihre Wirkung entscheidenden Einfluß.

Die Auswirkungen eines Zusatzes können daher ohne Eignungsprüfung niemals vollständig vorausgesagt werden. Außer den genannten Zusatzmittelarten gibt es noch [47]:
Chemikalien gegen Alkali-Zuschlagtreiben,
Luftabführende Zusätze,
Haftzusätze,
korrosionsverhindernde Zusätze,
ausflockende Zusätze,
gasbildende Zusätze,
quellende Zusätze und
wasserabweisende (hydrophobierende) Zusätze.

Die Anzahl der auf dem Markt befindlichen Zusatzmittel-Erzeugnisse ist sehr groß und ändert sich laufend [48]. Eine Übersicht über die gemessenen Eigenschaften von 176 Fabrikaten aller Art gibt [387].

**4.3.3.5.2 Betonverflüssiger** vermindern durch Adsorption und Verringerung der Oberflächenspannung des Wassers [48; 381] den Wasseranspruch des Frischbetons um etwa 3 bis 12% [387] und verbessern dadurch dessen Verarbeitbarkeit. Die dadurch ermöglichte Verkleinerung des Wasserzementwertes bringt einen Rohdichte- und Festigkeitsgewinn. Eine dreifache Überdosierung bewirkt in der Regel bei Verflüssigern nur eine Abminderung der Frühfestigkeiten im Alter von 3 und 7 Tagen. Nach 28 Tagen wird die bei richtiger Mengenzugabe erreichte Festigkeit sogar etwas überschritten [46].

**4.3.3.5.3 Luftporenbildner** erzeugen im Zementleim zahlreiche, etwa 0,02 bis 0,1 mm große, 0,12 bis 0,25 mm voneinander entfernte Poren, die neben der Verbesserung der Verarbeitbarkeit (bei LPV) auch den Wasseranspruch herabsetzen und zu einer Erhöhung des Frost- und Tausalzwiderstandes führen. Der Elastizitätsmodul und der Gleitmodul werden mit anwachsendem Luftporengehalt kleiner [382], die Druck- und Biegezugfestigkeiten nehmen ab, bei LPV kann aber durch Wassereinsparung der Druckfestigkeitsabfall wieder ausgeglichen werden. Ein Raumteil Luft ersetzt etwa 0,4 bis 0,5 Raumteile Wasser oder 0,5 bis 1,0% Feinsand [383], Luftporenbildner sind dem Aufbau nach natürliche Harze, Fette, Öle oder Sulfoverbindungen.

**4.3.3.5.4 Betondichtungsmittel** vermindern die Wasseraufnahme von Beton (max. ≈ 40%) und führen als unbeabsichtigte Nebenwirkung auch Luftporen ein. Sie bestehen meist aus porenfüllenden Stoffen (Traß oder Kalkhydrat) und Alkali- oder Metallseifen, denen eine verflüssigende Komponente (Sulfitablauge z. B.) und andere Hilfsstoffe zugesetzt sein können. Ihre Wirkung hat eine günstige Betonzusammensetzung zur Voraussetzung [384]. Wasserundurchlässigkeit sollte daher vor allem durch einen richtigen Körnungsaufbau angestrebt werden. Sperrbeton, allein durch Dichtungsmittel erreicht, versagt nach längerer Wassereinwirkung.

**4.3.3.5.5 Erstarrungsverzögerer** hemmen den Erstarrungsprozeß und können zum Teil auch eine verflüssigende Wirkung haben. Sie sind Lignosulfonate, Polyoxicarbonsäuren oder zuckerartige Kohlenwasserstoffe. Die Biegezug- und Druckfestigkeit werden bereits nach wenigen Tagen merklich (etwa 29%) verbessert und liegen auch nach 1 Jahr noch um 17% höher als beim vergleichbaren Nullbeton [46]. Die Hydratationswärme wird auf eine längere Zeitspanne verteilt. Die erzielbare Verzögerung ist temperaturabhängig und kann bis zur dreifachen Erstarrungszeit führen. Bei Zementklassen höherer Festigkeit [450; 550] kann vorzeitiges Versteifen (Umschlagen) eintreten.

**4.3.3.5.6 Erstarrungsbeschleuniger** verkürzen die Zeitspanne, die zwischen Anmachen und Erstarrungsbeginn des Zementleimes liegt. Sie enthalten in der Regel als Grundstoff Calciumchlorid, doch sind auch calciumchloridfreie Mittel erhältlich (z. B. Orgen, das Stahl nicht angreift). Calciumchlorid wirkt hygroskopisch und bindet dadurch länger Feuchtigkeit, die der Hydratation zugute kommt und zu höheren Anfangsfestigkeiten, aber auch zu größeren Quell- und Schwindmaßen führt. Insbesondere bei weniger dichtem Beton besteht für Stahlbewehrung Rostgefahr [386]. Die Schädlichkeitsgrenze wird in den Richtlinien [V 6] mit 0,002%, bezogen auf das Zementgewicht, angegeben.

4.3.3 Die Ausgangsstoffe für Mörtel und Betone 467

Für Dichtungsarbeiten gegen eindringendes Wasser kann die Erstarrungszeit von Zementleimen bei entsprechend hoher Dosierung auf Sekunden herabgedrückt werden. Die größte Druckfestigkeit von Beton ergibt sich bei etwa 4% $CaCl_2$. Mit 2% wird normalerweise die 28 Tagefestigkeit nach 7 Tagen erreicht.
Mit Tonerdeschmelzzement sind $CaCl_2$-haltige Erstarrungsbeschleuniger unverträglich. Calcium- oder natriumchloridhaltige wie calciumchloridfreie Zusätze dienen auch als Frostschutzmittel und gestatten ein Betonieren noch bei $-10\,°C$. Die Wirkung besteht vorwiegend in der früher ausgelösten Wärmeentwicklung des Zementes und in der Beschleunigung des Erstarrens, weniger in der geringen Gefrierpunktabsenkung (1% $CaCl_2$ erniedrigt diesen nur um 0,17 °C) des Wassers. Wegen der rostfördernden Wirkung von $CaCl_2$ [50] sind andere Frostschutzmaßnahmen (Anwärmen des Wassers und der Zuschläge) zu bevorzugen. Eine korrosionsfördernde Wirkung von Erstarrungsbeschleunigern läßt sich durch elektrochemische Prüfung nachweisen [385]. Die Verwendung von Frostschutzmitteln kann zu Ausblühungen führen und bedarf daher nach DIN 18331 der Zustimmung des Bauherrn.

**4.3.3.5.7 Einpreßhilfen** sollen das Absetzen des Zementmörtels in Spannkanälen verhindern und zur Verbesserung des Haftschlusses ein mäßiges Quellen bewirken. Außerdem ist eine Verminderung des Wasseranspruchs durch günstigeres Fließverhalten erwünscht [25; V 2]. Diese Zusätze bestehen in der Regel aus einem Verflüssiger, aus Stoffen, die das Wasserabsondern vermindern (Traß, Flugasche, Bentonit, Weißkalkhydrat) und aus einem Treibmittel (Aluminiumpulver). Der Gehalt an Halogenen (außer Fluor), ausgedrückt als Chlor Cl, darf nicht mehr als 0,1 Gew.-% betragen.

### 4.3.3.6 Poren

**4.3.3.6.1 Entstehungsursachen.** Poren im Festbeton können verschiedene Entstehungsursachen haben:

Formbedingte Hohlräume (Setzporen) sind auf das Fehlen oder die unrichtige Verteilung von Zuschlagkörnern oder Zementteilchen geeigneter Größe und ausreichender Menge zurückzuführen. Sie erreichen auch bei bester Verdichtung 0,3 bis 2% des Betonvolumens und haben Abmessungen bis zu einigen Millimetern. Größere Hohlräume werden Nester genannt und entstehen in der Regel durch örtlichen Feinkornmangel, durch während des Mischens oder Einbringens hervorgerufene Lufteinschlüsse, durch mangelhaftes Verdichten oder durch undichte Schalungen. Bei Gasbeton werden Poren von 0,5 bis 3 mm Größe auf chemischem Weg durch Zusatz von Aluminiumpulver, Wasserstoffsuperoxid, Carbidschlamm u. ä. Stoffen erzeugt (s. Leichtbeton 4.3.9.2.3).
Auf physikalischem Weg werden durch intensives Mischen der Beton- und Mörtelbestandteile, insbesondere unter der Wirkung von luftporenbildenden Zusätzen, bläschenförmige, etwa 0,1 bis 0,02 mm große Hohlräume im Zementleim erzeugt, die zu den Mikroluftporen erstarren. Derartige Luftblasen entstehen durch ein steiles Konzentrationsgefälle an der Luft-Flüssigkeits-Grenzschicht, wie es durch kettenförmige, zum Teil hydrophobe und zum Teil hydrophile Moleküle von Schaumbildnern bewirkt wird. Die verkleinerte Oberflächenspannung führt zur Bildung von Blasen, deren Beständigkeit vorwiegend durch ihren Durchmesser und die Viskosität des Zementleimes bestimmt wird. Der Volumenanteil dieser Porenart kann zwischen 2,5 und 12% liegen. Er ist dem Größtkorn anzupassen (Bild 4.3-9) [51] und hängt vom Zusatzmittel und dessen Zugabemenge, von dem Wasserzementwert, der Temperatur, dem Körnungsaufbau, der Oberflächenrauhigkeit des Zuschlags, der Zementart und -menge sowie vom Mischen ab.
Abschlämmbare Stoffe unter 0,1 mm Korndurchmesser hemmen die Porenbildung, Sande der Gruppe 0,25/0,5 mm fördern sie. Gröbere Kornanteile setzen den Porenanteil im Beton herab. Mit wachsendem Zementgehalt geht der Porenanteil zurück. Der Zementleim soll für gute Verarbeitbarkeit und Frostbeständigkeit etwa 15% Luftporen enthalten. Größere Mahlfeinheit gibt weniger und größere Poren. Der Innendruck derartiger Mikroporen ist um so größer, je kleiner der Durchmesser ist (z. B. bei 1 μm Überdruck 3,85 at)

und je tiefer sie unter der freien Betonoberfläche liegen. Durch das größere Lösungsvermögen werden Poren unter 10 μm Anfangsdurchmesser in der Regel bis zum Erstarren vom Wasser gelöst und größere Poren entsprechend verkleinert. Wegen der geringen Aufstiegsgeschwindigkeit im Zementleim (bei Bläschen mit 1 mm Durchmesser 0,002 mm/s) und der zusätzlichen Behinderung durch kapillare und hydrostatische Kräfte können nur größere Blasen aus dem Leim hochsteigen und entweichen. Die Mikroporen eines Betons werden durch den mittleren Porendurchmesser (0,02 bis 0,1 mm) und den mittleren Porenabstand (Abstand 0,12 bis 0,25 mm) gekennzeichnet.

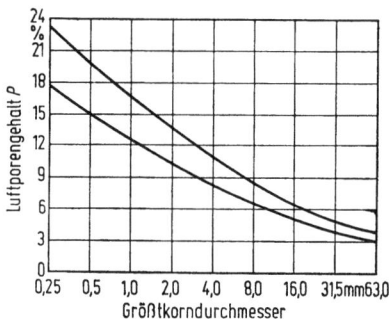

Bild 4.3-9. Porengehalt in Abhängigkeit vom Größtkorndurchmesser nach [51].

*Dosierungsangaben* beziehen sich meist auf Freifallmischer. Zwangsmischer benötigen wegen kürzerer Mischzeit meist eine um 10 bis 14% höhere Dosierung. Geringere Mischerfüllung vermindert auch den Porengehalt. Bei der Mischdauer ist ein deutliches Maximum feststellbar, das jedoch aus wirtschaftlichen Gründen meist nicht genutzt werden kann. Die Zugabe mit Pumpe oder Waage ist der Handzugabe vorzuziehen. Durchlaufmischer sollten Luftporenbildner 1:10 verdünnt zugesetzt erhalten.

*Der Porenraum im Zementstein* geht darauf zurück, daß im Zementleim auch ohne Zugabe von LP-Mittel je nach Steife und Verdichtung 1 bis 5% *Frischleimporenraum* möglich ist. Durch Austrocknen des für die Hydratation nicht benötigten Wasseranteiles, der durch Bluten meist gegenüber dem auf Grund des Mischungsverhältnisses errechneten Wert bereits vermindert ist, entsteht der *Austrocknungsporenraum*. Er beträgt [332] bei Portlandzementen 13 bis 44%, Hochofenzementen 15 bis 55%, bezogen auf den Zementsteinrauminhalt ($w = 0,15$ bis 0,65, Alter 28 Tage).

Da das Wasser beim Übergang in das Zementgel eine Kompression erfährt, entsteht unter der Voraussetzung, daß kein Wasser von außen nachgesaugt werden kann, zusätzlich der sog. *Schrumpfporenraum*, der nach 28 Tagen bei

Portlandzementen 3 bis 8%,
Hochofenzementen 4,5 bis 10%,

bezogen auf den Zementsteinrauminhalt, betragen kann. Verdampft man das nicht der Hydratation zur Verfügung stehende Gelwasser, so erhält man einen *Gelporenraum*, der etwa ein Viertel des Gelrauminhaltes einnimmt. Der Gesamtporenraum setzt sich demnach aus dem Luft-, Kapillar- und Gelporenraum zusammen. Da die Hydratationsprodukte in die noch leeren Kapillarräume hineinwachsen, und auch in höherem Alter gebildet werden, ist der Porenraum des Zementsteines nicht nur vom Wasserzementwert, sondern auch vom Hydratationsalter und den Lagerungsbedingungen abhängig. Seine Bestimmung durch die Pyknometermethode ist schwierig, weil die Gelporen mit Wasser zwar füllbar sind, aber durch Quellen Raumänderungen erleiden.

**4.3.3.6.2 Einfluß der Poren auf die Betoneigenschaften.** Mikroporen haben auf folgende Betoneigenschaften Einfluß: Die *Verarbeitbarkeit* wird bei gleichzeitiger Wassereinsparung verbessert, weil die Entmischungsneigung (z. B. bei Rinnenförderung, Pumpbeton u. ä.)

4.3.3 Die Ausgangsstoffe für Mörtel und Betone         469

und das Bluten stark vermindert sind. Auch die Verdichtbarkeit wird verbessert (wichtig bei gebrochenem Zuschlag), weil die kleinen Bläschen zwischen den 0,35 bis 0,5 mm großen Sandkörnern einzeln erhalten bleiben und die innere Reibung des Gemisches merkbar herabsetzen. Die bessere Verdichtbarkeit und das geringe Bluten führen zu größerer Dichtigkeit, die Voraussetzung für die Beständigkeit gegen aggressive Flüssigkeit ist.

Durch Mikroporen kann insbesondere auch bei magerem Beton *Frostbeständigkeit* erzielt werden, weil diese für noch nicht gefrorenes, auf unter Null Grad unterkühltes Wasser als Ausweichräume dienen. In Körpern mit engen Hohlräumen gefriert nicht alles Wasser gleichzeitig. Es wird daher zum Teil durch die Eisbildung verdrängt [52]. Zum Gefrierverzug trägt außer dem verringerten Dampfdruck in den Feinstporen auch der Gehalt an Kalkhydrat und anderen Alkalien bei. Je größer die Pore, um so eher gefriert der Wasserinhalt. Für deutsche Witterungsverhältnisse sind (z. B. Straßenbeton) mindestens 3,5% Luftporenraum bei der Prüfung am Mischer erforderlich. Die Porengrößen zwischen 20 und 60 µm sind am wirksamsten, vorausgesetzt, daß sie genügend kleinen Abstand haben. Auch gegen den Angriff durch *Tausalze*, wie er bei Betonstraßen gegeben ist, wirken künstliche Mikroporen zerstörungsverhindernd. Sie gleichen neben der Raumvergrößerung (9%) des Eises auch osmotische Drücke aus, die sich durch das Konzentrationsgefälle der Salzlösung einstellen. Der Angriff wird vor allem durch das rasche Gefrieren infolge des Eindringens stark unterkühlter Sohle verstärkt, deren Konzentration durch Verdunstung des Wasseranteiles und Sublimierung des Eises noch erhöht worden ist.

Die Entleerung der Poren ist von ihrem Durchmesser sowie von der relativen Feuchtigkeit und Temperatur der Umgebungsluft abhängig. Größere Poren entleeren sich zuerst. Bei der Durchfeuchtung an der Luft füllen sich dagegen zunächst die kleineren Poren durch Kapillarkondensation [149].

Tabelle 4.3-12. Abhängigkeit der Grenzfeuchtigkeit von dem Porenhalbmesser, unterhalb dessen keine Verdunstung stattfindet

| Kapillarhalbmesser in µm | Grenzfeuchtigkeit in % bei der Lufttemperatur in °C | | | |
|---|---|---|---|---|
| | 0 | 20 | 40 | 60 |
| 1 | 26 | 35 | 40 | 46 |
| 10 | 87 | 90 | 91 | 92 |
| 100 | 99 | 99 | 99 | 99 |

Die Druckfestigkeit des Zementsteines ist vom Gesamtporenraum abhängig; die Zementgüte beeinflußt diesen wenig. Sie entscheidet nur den Zeitpunkt, wann ein bestimmter Porositätsgrad erreicht wird [28].

**4.3.3.6.3 Beeinflussung und Messung der Porosität.** Der beim Mischen erzielte Porengehalt vermindert sich durch Abliegen und längeren Transport nur geringfügig. Beim Einbringen des Frischbetons wird durch den Wegfall des Überlagerungsdruckes eine Vergrößerung der Poren eintreten. Große Fallhöhen können zu deren Zerplatzen führen. Rütteln führt nur dann, wenn es länger als erforderlich andauert, zu einem wesentlichen Mikroporenverlust: Bei 2facher Rüttelzeit 8 bis 11%, bei 10facher 21 bis 28%. Steiferer Beton ist unempfindlicher [51].
Mit zunehmender Temperatur und geodätischer Höhe vergrößern sich der Porengehalt und der Porendurchmesser. Bei Pumpbeton ist für je 100 m Förderweite mit einer Luftporengehaltsabnahme um 1 bis 2% zu rechnen [17]. Zu großer Luftporengehalt kann zu unerwünschter Zusammendrückbarkeit des Betons führen. Bei der Messung des Luftporengehaltes [52] im Frischbeton haben sich drei Verfahren bewährt:
Das *Druckausgleichverfahren* ist für setzporenarmen Beton geeignet, der verdichtet eine Oberfläche bildet, in die Wasser nicht ohne weiteres eindringen kann. Dabei wird aus dem Druckabfall in einer Vorkammer, der durch die Raumverminderung der Luft im Beton entsteht, auf den Porenanteil geschlossen. Es gilt als das Verfahren mit den am besten reproduzierbaren Werten.

Das *Verdrängungsverfahren* benutzt ein zylindrisches Rollgefäß, in dessen unterem Teil der Beton verdichtet wird, der Restraum erhält eine Wasserfüllung bis zu einer Marke an einem mit Teilung versehenen Glasröhrchen. Nach Hochsteigen aller Luftbläschen durch die Rollbewegung, entspricht das Absinken des Flüssigkeitsspiegels dem Porenraum.

Der Luftporengehalt $P$ läßt sich auch mit Hilfe der Stoffraumrechnung ermitteln. Ein m³ verdichteter Frischbeton enthält

$$P = 1000 - \frac{K}{\varrho_{0K}} - \frac{Z}{\varrho_{0Z}} - \frac{W}{\varrho_W} \text{ in dm}^3/\text{m}^3.$$

Luftporen.

Die beiden letztgenannten Verfahren können gegenüber dem ersten Abweichungen von $\pm 10\%$ bzw. $\pm 40\%$ ergeben. Am erhärteten Beton kann der Luftporengehalt nach folgendem Verfahren [52] gemessen werden:

Das *Meßlinienverfahren* zählt unter einer 50- bis 200fachen mikroskopischen Vergrößerung entlang kurzer insgesamt 200 cm langer Linien in einem Betonquerschnitt von etwa 100 cm² Größe die Porensehnen und Feststoffstrecken. Bei Seitenlicht heben sich dabei die Luftporen schwarz und deutlich vom Beton ab. Tausalzbeständiger Beton mit 3,5% Luftporengehalt zeigt z. B. 20 Poren je 100 mm [389].

Bei der Stoffraumrechnung an erhärtetem Beton wird vorausgesetzt, daß sich durch Wasserlagerung bei atmosphärischem Druck alle Kapillar- und Gelporen vollständig füllen. Durch Trocknen bei 105 °C kann dann dieser Porenraum aus der Gewichtsabnahme ermittelt werden. Außerdem muß die Rohdichte und Dichte ($\varrho_b$ und $\varrho_{0b}$) des Betons durch archimedisches Wiegen bzw. durch eine Pyknometermessung bekannt sein. Der Luftporenraum $P$ beträgt dann:

$$P = 1000 \left(1 - \frac{\varrho_b}{\varrho_{0b}}\right) - \frac{A}{\varrho_W} - P_g \text{ in dm}^3/\text{m}^3$$

Darin ist $A$ die aufgenommene Wassermenge in kg/m³ und $P_g$ das relative geschlossene Zuschlagporenvolumen in dm³/m³, das sich gleichfalls durch eine Pyknometermessung ermitteln läßt.

Das relative Gesamtporenvolumen im Festbeton ist in dm³/m³

$$P_{ges} = 1000 \left(1 - \frac{\varrho_b}{\varrho_{0b}}\right).$$

Das *Sättigungsverfahren* nimmt an, daß sich bei Wasserlagerung unter Atmosphärendruck alle Poren mit Ausnahme der Luftporen und der geschlossenen Zuschlagporen füllen. Unter einem Druck von 350 kp/cm² wird die weitere Wasseraufnahme volumetrisch bestimmt. Die getrennt gemessene Wasserzusammendrückung und die Wasseraufnahme des Zuschlags wird davon abgezogen. Der Fehler durch die verbleibende verdichtete Luft ist etwa 0,3%.

Die Genauigkeit der Stoffraumrechnung ist etwa $\pm 20\%$, die der beiden anderen Verfahren $\pm 15\%$. Mit zunehmendem Luftporengehalt sinken die Rohdichte, die Festigkeiten sowie die elastischen Festwerte $E$, $G$ und $\nu$. Bei Mörtel kann der Elastizitätsmodul durch 15% Luftporengehalt auf $2/3$ seines Wertes vermindert werden [382].

### 4.3.4 Eigenschaften des Betons

Gefordert wird eine gleichmäßige Güte, die bei möglichst geringem Verdichtungsaufwand und Bindemittelgehalt wirtschaftlich hergestellt werden kann. Der Güteanspruch bezieht sich z. B. auf Rohdichte, Festigkeit, Sichtfläche u. a. Die Festigkeit des Betons wird unmittelbar durch

die Gesteinsgüte der Zuschläge,
die Zementsteinfestigkeit und
den Verdichtungsgrad

### 4.3.4 Eigenschaften des Betons

beeinflußt; mittelbar über die Zementsteinfestigkeit durch den Wasserzementwert, die Zementgüte und die Nachbehandlung sowie über den Verdichtungsgrad durch die Leimviskosität, Leimmenge, Körnungsaufbau (Sieblinie) und den Verdichtungsaufwand.

#### 4.3.4.1 Frischbetoneigenschaften

**4.3.4.1.1 Dichte.** Bei Zementleim wird die Dichte durch den Wasserzementwert (Bild 4.3-10), bei Frischbeton durch die nach der Verdichtung verbliebenen Hohlräume und den Hydratationsgrad beeinflußt [303]. Sind die Dichten $\varrho_0$ aus Messungen [393; 394] bekannt, so läßt sich die bei vollkommener Frischbetonverdichtung theoretisch erreichbare Rohdichte nach

$$\varrho_b' = \frac{1 + k + w}{\dfrac{1}{\varrho_{0Z}} + \dfrac{k}{\varrho_{0K}} + \dfrac{w}{\varrho_W}} \quad \text{in kg/m}^3$$

errechnen.

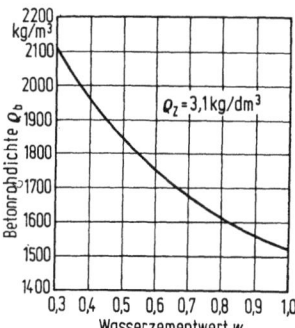

Bild 4.3-10. Zementleimrohdichte in Abhängigkeit vom Wasserzementwert $w$ nach [392].

Praktisch wird die Rohdichte wegen vorhandener Hohlräume $v_H$ (m³/kg Zement), hervorgerufen durch unvollkommene Verdichtung oder gegebenenfalls durch LP-Mittel, kleiner sein, nämlich

$$\varrho_b = \frac{1 + k + w}{\dfrac{1}{\varrho_{0Z}} + \dfrac{k}{\varrho_{0K}} + \dfrac{w}{\varrho_W} + v_H} \quad \text{in kg/m}^3.$$

Sie wird, da $v_H$ unbekannt ist, durch Wägen der in einer Probenform verdichteten Betonmasse, geteilt durch deren Rauminhalt bestimmt (DIN 1048). Der Porengehalt $P$ ergibt sich dann aus

$$P = \frac{\varrho_0' - \varrho_b}{\varrho_b'} \cdot 100 \quad \text{in \%}.$$

Bei einem Verhältnis Wasser:Mehlkorn $> 0{,}4$ bis $0{,}5$ findet beim Verdichten ein Wasserabstoßen statt (Bluten), das u. U. zu Wassersäcken unter dem Grobkorn oder zu senkrechten Kanälen führt und die der Rechnung zugrunde liegenden Voraussetzungen stark verändert.

Richtwerte für die theoretisch (bei 2 Vol.-% Luftporen, $\varrho_{0K} = 2600$ kg/m³ und $\varrho_{0Z} = 3100$ kg/m³) erreichbaren Rohdichten zeigt (Bild 4.3-11) [392].

**4.3.4.1.2 Konsistenz.** Unter Konsistenz versteht man den Widerstand, den Frischbeton einer aufgezwungenen Verformung entgegensetzt. Er gilt als Maß für den Arbeitsaufwand, der zu seiner Verdichtung erforderlich ist.

Die Konsistenz ist von der Anmachwassermenge [396] (dm³/m³), dem Körnungsaufbau (Kornoberfläche) und der Kornform abhängig. Die Zementart und der Zementgehalt beeinflußt sie nur wenig. DIN 1045 unterscheidet bei Beton drei Konsistenzbereiche:

K 1: Steifer Beton, bei dem der Feinmörtel etwas nasser als erdfeucht ist und der beim Schütten noch lose fällt (Rüttelbeton);
K 2: Plastischer Beton mit weichem Feinmörtel, beim Schütten schollig bis knapp zusammenhängend (leicht verdichtbar, auch durch Stochern und Stampfen von Hand);
K 3: Weicher Beton mit flüssigem Feinmörtel, beim Schütten noch fließend (keine größere Verdichtungsarbeit erforderlich).

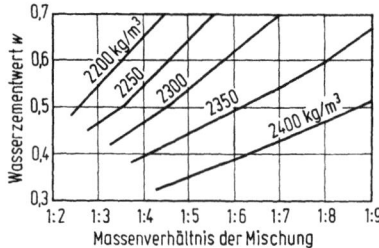

Bild 4.3-11. Betonrohdichte in Abhängigkeit vom Mischungsverhältnis und Wasserzementwert nach [392].

Für die Messung der Konsistenz bei Eignungs-, Güte- und Erhärtungsprüfungen sieht DIN 1048 für die Bereiche K 1, K 2 und K 3 den Verdichtungsversuch [395] oder den Ausbreitversuch (nur für K 2 und K 3) vor. Zur Überwachung der Gleichmäßigkeit der Konsistenz können auch andere Geräte verwendet werden, deren Wirkungsweise in DIN 1048 durch Rohrversuch, Trichterversuch, Verformungsversuch und Setzzeitversuch gekennzeichnet sind. In Betracht kommen z. B. das Rohrgerät nach *Nycander* [54], das Trichtersteifemeßgerät nach *Pilny* [400], [401], das Powersgerät [54] und für K 1 das Vebe-Gerät [398]. Weitere Verfahren siehe [51].

Die Konsistenzmessung ist deswegen unbefriedigend, weil nicht alle Geräte den gesamten Bereich erfassen und einzelne Eigenschaften, die für die Konsistenz von Bedeutung sind (z. B. Kornform und -rauhigkeit, innere Reibung), unterschiedlich berücksichtigen. Sehr rauhes Korn wirkt sich bei den verschiedenen Prüfverfahren verschieden aus [397]. Außerdem ist die Streuung der Meßwerte groß, das Auflösungsvermögen im Meßbereich meist sehr unterschiedlich. Bei vielen Verfahren liegt ein Einfluß durch die Art des Füllens vor.

Bei Massenbeton kann die Mischerantriebsleistung als Konsistenzmaß dienen. Für Mörtel gibt es Sondermeßgeräte, die mit einem Fallkörper [402] oder mit einer in ihren Winkeln veränderlichen prismatischen Form [403] arbeiten.

Die Konsistenz von Beton und Mörtel ändert sich durch Lagern nach dem Mischen in Abhängigkeit von der Zeit nur geringfügig. Wiederholtes Durchmischen oder langandauerndes Mischen versteift den Frischbeton um so mehr, je schneller es erfolgt [55]. Eine visuelle Überwachung der Konsistenz auf der Baustelle durch den Mischmaschinisten genügt nicht, da allmähliche Änderungen (z. B. durch abnehmenden Feinkornanteil) nicht wahrgenommen werden. Durch Messung festgestellte Konsistenzabweichungen müssen durch Zementleim- oder Zuschlagzugabe (nicht durch Zugabewasser) richtiggestellt werden.

Der Zusammenhang der nach verschiedenen Verfahren bestimmten Konsistenzmaße ist für Kiesbeton, über dem Wassergehalt aufgetragen, in Bild 4.3-12 dargestellt. In Sonderfällen, bei denen eine hohe Grünstandfestigkeit verlangt ist (z. B. bei der Bürgersteigplattenherstellung nach DIN 485), arbeitet man mit extrem wasserarmen Gemengen ($w = 0{,}30$), deren Konsistenz, mit den üblichen Verfahren gemessen, wegen des krümeligen Verhaltens keine vergleichbaren Werte ergibt.

#### 4.3.4 Eigenschaften des Betons

**4.3.4.1.3 Verdichtungswilligkeit.** Die Verdichtungswilligkeit (auch Rüttelwilligkeit genannt) kennzeichnet den Arbeitsaufwand, der für Frischbeton bei der Verdichtung aufgewendet werden muß.

Sie wird mit dem Rüttelprüfgerät nach *Fritsch* [404] gemessen, das die Rauminhaltsverminderung einer lose eingebrachten Frischbetonmenge unter Rütteleinwirkung in Abhängigkeit von der Zeit aufzeichnet. Setzlinienverlauf, erreichte Dichte und visuelle Beobachtung von Leimabsonderungen gestatten eine objektive Beurteilung der Betonmischung. Das Gerät eignet sich vor allem zur Beurteilung des Einflusses von Luftporen- und Mehlkorngehalt bei magerem Massenbeton [405; 406].

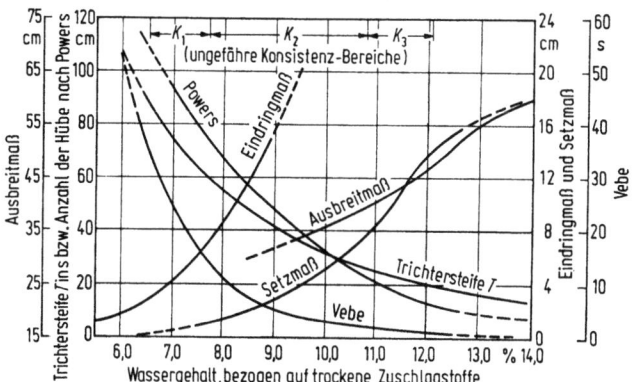

Bild 4.3-12. Konsistenzmaße in Abhängigkeit vom Wassergehalt in Gew.-% [392].

**4.3.4.1.4 Bluten** heißt die Eigenschaft des Frischbetons oder -mörtels, vor dem Erstarrungsbeginn durch Absinken aller spezifisch schwereren Bestandteile des Gemenges einen Teil des Anmachwassers abzusondern, das sich an der Oberfläche sammelt. Das Ausmaß des Blutens hängt vom Wasserhaltevermögen des Zementes („lange" und „kurze" Zemente, *Blainewert*), vom Wasserzementwert, von den Zuschlagstoffen und den verwendeten Betonzusatzmitteln ab. Es ist größer bei feinsandarmen, mageren und später erstarrenden Mischungen [34].

Bluten vermindert zwar den Wasserzementwert und wirkt dadurch festigkeitssteigernd. Dem wirkt aber entgegen, daß nicht mehr schließbare Poren und Kanäle entstehen, aus denen hochsteigendes Wasser Zementteilchen mitnimmt. Ungünstig sind auch die sich an der Oberfläche bildende Zementschicht sowie die unter den großflächigen Zuschlägen und Bewehrungsgliedern entstehenden Wassersäcke, die dort die Haftfestigkeit mindern.

Der Zugabe-Wasserzementwert ist daher nicht gleich dem wirksamen Wasserzementwert, sobald er größer als 0,4 gewählt wird. Bei Mischungen mit $w < 0,4$, die luftgefüllte Leimporen besitzen, kann der wirksame Wasserzementwert größer werden, wenn sich diese Poren durch Wasserlagerung füllen [35]. Nachverdichten durch Stampfen oder Rütteln kann die festigkeitsmindernde Wirkung des Blutens wieder aufheben.

Starkes Bluten führt bei Rohrförderung leicht zu Verstopfen. Zum Auspressen von Spannkanälen vorgesehene Mörtel enthalten einen Luftporenbildner, der eine Rauminhaltsvergrößerung bewirkt und durch Bluten abgesondertes Wasser durch Steigrohre verdrängt.

**4.3.4.1.5 Verarbeitbarkeit** von Frischbeton umfaßt eine Gruppe von Eigenschaften und ist im Fachschrifttum nicht einheitlich definiert [407]. Sie ergibt sich aus der Konsistenz, dem Widerstand gegen Entmischen beim Fördern und Einbringen in die Schalung, der Verdichtungswilligkeit und aus der Neigung zum Bluten. Manchmal wird auch die Vermischbarkeit der einzelnen Betonkomponenten in den Begriff der Verarbeitbarkeit einbezogen.

474   4.3 Mörtel und Beton

Die Verarbeitbarkeit kann nicht direkt gemessen werden; sie ergibt sich aus den Meßwerten für die Eigenschaften, aus denen sie sich zusammensetzt. Die Beurteilung ist nur im Hinblick auf das in Aussicht genommene Einbringungs- und Verdichtungsverfahren möglich.

### 4.3.4.2 Festbetoneigenschaften

Beton läßt sich mit sehr verschiedenen Eigenschaften herstellen (Dichtigkeit, Festigkeit, Verformbarkeit, Oberflächenbeschaffenheit, Durchdringbarkeit, Temperaturbeständigkeit, Wärmedehnung, chemische Widerstandsfähigkeit) und daher seinen Aufgaben jeweils weitgehend anpassen.

Die wesentlichen Einflußgrößen sind [460] die Eigenschaften des Zementsteines, die Eigenschaften des Zuschlags und die Haftung zwischen Zementstein und Zuschlag. Sie beeinflussen die drei wichtigsten Betoneigenschaften, auf die sich alle anderen ganz oder teilweise zurückführen lassen: Dichtigkeit, Festigkeit und Verformung.

Alle Eigenschaften müssen an Probekörpern bestimmt werden, meist genormter Gestalt gemessen werden, da diese nicht ohne Einfluß auf das Meßergebnis ist. Auch Rückwirkungen der Prüfmaschine können auftreten [408].

Die kennzeichnendste Betoneigenschaft ist die Druckfestigkeit, die daher auch den Güteklassen des Betons gemäß DIN 1045 zugrunde gelegt wurde. Ihr Zusammenhang mit anderen Festigkeiten läßt sich durch die Grenzwerte in Tabelle 4.3-13 beschreiben.

Tabelle 4.3-13. Zusammenhang der Betonfestigkeiten

|  |  | $\beta_W$ | $\beta_P$ | $\beta_{BD}$ | $\beta_{BZ}$ | $\beta_Z$ | $\tau_0$ |
|---|---|---|---|---|---|---|---|
| Würfeldruckfestigkeit | $\beta_W$ | 1,0 | | | | | |
| Prismenfestigkeit | $\beta_P$ | 0,75—0,83 | 1,0 | | | | |
| Biegedruckfestigkeit | $\beta_{BD}$ | 1,33 | 1,7 | 1,0 | | | |
| Biegezugfestigkeit | $\beta_{BZ}$ | 0,13 | 0,17 | 0,09 | 1,0 | | |
| Zugfestigkeit | $\beta_Z$ | 0,06 | 0,08 | 0,05 | 0,5 | 1,0 | |
| Schubfestigkeit | $\tau_0$ | 0,13 | 0,17 | 0,09 | 1 | 2 | 1,0 |
| Haftfestigkeit | $\tau_1$ | 0,13 | 0,17 | 0,09 | 1 | 2 | 1 |

**4.3.4.2.1 Festbetondichte.** Je größer der Anteil von Zementgel im Zementstein ist und je vollkommener die Zwischenräume des Zuschlags mit Zementstein ausgefüllt sind, um so höher liegt die Festbetonrohdichte und die Festigkeit des Betons. Eine hohe Festbetonrohdichte ist Voraussetzung für seine geringe Verformbarkeit, für die Gas- und Wasserdichtigkeit, Frostbeständigkeit, den Rostschutz und die chemische Widerstandsfähigkeit.

Die Rohdichte des Festbetons läßt sich aus dem Anteil des Zuschlags (dessen Kornrohdichte durch ein ausreichend großes Pyknometer mit 1 bis 5 Liter Rauminhalt bestimmt werden kann), die des Zementsteines [1]

$$\varrho_Z = \frac{1 + w_{geb}}{\dfrac{1}{\varrho_{0Z}} + \dfrac{w}{\varrho_W}},$$

sowie aus dem Anteil des bei der Verdichtung verbliebenen Porenraumes nur theoretisch berechnen, da der Prozentsatz des bereits chemisch gebundenen Wassers in der Regel nicht bekannt ist. Außerdem ändert sich die Rohdichte insbesondere bei weich angemachtem Beton durch das Bluten. Sie wird daher im Versuch durch Wägen eines Probekörpers bekannten Rauminhaltes mit $\varrho_b = m/V$ oder mit Hilfe einer Unterwasserwägung bestimmt [56].

Die Dichte kann mit einem Pyknometer (die bei 105°C getrocknete Probe wird vorher auf 0,25 mm Korngröße zerrieben) durch 4 Wägungen nach der Gleichung

$$\varrho_{0b} = \frac{m_1 - m_0}{V_0 - (m_2 - m_1)/\varrho_{Fl}}$$

4.3.4 Eigenschaften des Betons

berechnet werden. Als Flüssigkeit wird dabei nicht Wasser, sondern Petroleum, Terpentinöl oder Toluol verwendet. Die Dichte kann auch mit einem *Luftpyknometer* gemessen werden, wenn die geschlossenen Poren durch Zermahlen geöffnet worden sind.

Tabelle 4.3-14. Trockenrohdichten von Beton

| Betonart | $\varrho_b$ in kg/m³ |
|---|---|
| Leichtbeton (nach DIN 1045) | bis 2000 |
| Besonders leichter, wärmedämmender Beton | 300···800 |
| Normalbeton (nach DIN 1045) | 2000···2800 |
| Kiesbeton (31,5 mm Größtkorn) | 2100···2500 |
| Schwerbeton (nach DIN 1045) | > 2800 |
| Sandreicher Beton, | 1800···2100 |
| Massenbeton, Felsbeton | 2500···2800 |
| Abschirmbeton [10] | 2900···6500 |

Als Berechnungsdichte ist bei Kiesbeton 2300 kg/m³ und bei Stahlbeton 2500 kp/m³ anzusetzen. Werte für andere Betonarten siehe DIN 1055.

Die Dichte von Festbeton hängt vom Zementgehalt und den Mineralen der Zuschläge ab. Sie liegt zwischen 2500 und 2650 kg/m³. Ein Vergleich von Dichte und Rohdichten zeigt, daß der Gehalt an Luft- und Wasserporen bei Festbeton zwischen 6 und 20% liegen kann.

An Kiesbeton stellt sich durch Lagerung unter freiem Himmel etwa eine um 4 bis 6% größere Rohdichte ein als im trockenen Zustand.

#### 4.3.4.2.2 Druckfestigkeit

*4.3.4.2.2.1 Prüfung.* Da Beton ein Konglomerat aus Zuschlagkörnern und Zementstein darstellt, ist der Kraftverlauf vom Verformungsvermögen und der Festigkeit dieser beiden Komponenten abhängig. Die gegenseitige Haftung reicht in der Regel aus, um auch die auftretenden Schub- und Zugkräfte zu übertragen. Nur bei sehr glatten Kornoberflächen und wasserreichen Mischungen ist sie von Einfluß auf die Druckfestigkeit. Bei Normal- und Schwerbeton ist die Zuschlagfestigkeit größer als die des Zementsteines, der daher auf den Bruchbeginn entscheidenden Einfluß hat. Im Leichtbeton ist dagegen die hier kleinere Zuschlagkornfestigkeit maßgebend.

Die *Zementsteinfestigkeit* ist nach abgeschlossener Hydratation ausschließlich vom Wasserzementwert abhängig und wird auch durch Magerung mit feinsten Zuschlägen nicht beeinflußt (Bild 4.3-13). Der Festigkeitsabfall entsteht durch die Zunahme des Porenvolumens. Da dickere Zementsteinschichten infolge der Gestaltabhängigkeit eine

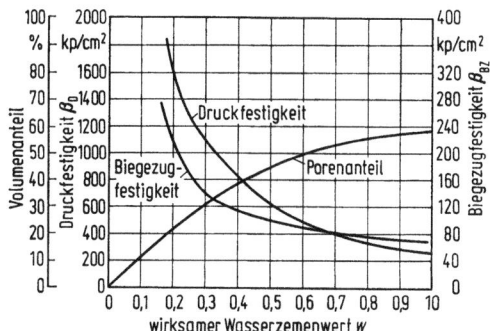

Bild 4.3-13. Festigkeit und Porenraum von Zementstein [409].

geringere Druckfestigkeit aufweisen [410], fällt auch die Betondruckfestigkeit mit zunehmender Leimmenge, im Extremfall bis 15%. Im Bereich üblicher Zementgehalte ist dieser Einfluß jedoch vernachlässigbar klein.

Es ist daher möglich, die Betondruckfestigkeit für ein bestimmtes Alter allein in Abhängigkeit vom Wasserzementwert darzustellen [411]. Als Parameter verbleibt dann nur noch die nach DIN 1164 bestimmbare Normdruckfestigkeit des verwendeten Zements (Bild 4.3-14). Die Linien gelten für vollständige Frischbetonverdichtung und an 20-cm-Würfeln ermittelte Druckfestigkeiten nach Luft- oder Wasserlagerung.

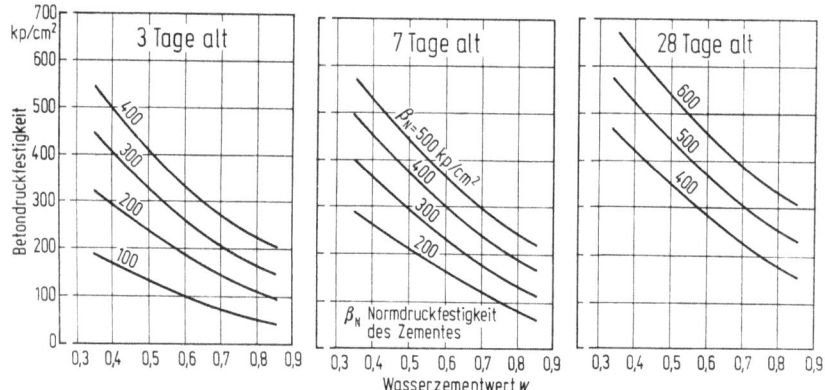

Bild 4.3-14. Betondruckfestigkeit nach [411] unter Berücksichtigung von DIN 1164. a) Festigkeit im Alter von 3 Tagen; b) Festigkeit im Alter von 7 Tagen; c) Festigkeit im Alter von 28 Tagen.

Der Einfluß der Zementart, unabhängig von der jeweiligen Normdruckfestigkeit, führt zu Festigkeitsunterschieden, die ein Streubereich zeigt, wie er für 6 PZ, 1 EPZ, 3 HOZ und 1 TrZ im Bild 4.3-15 dargestellt ist [411]. Je nach Alter wirkt sich eine Ver-

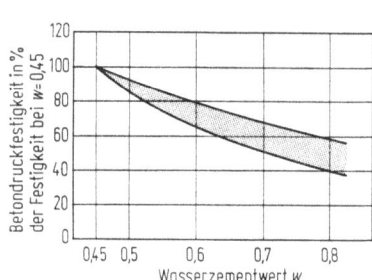

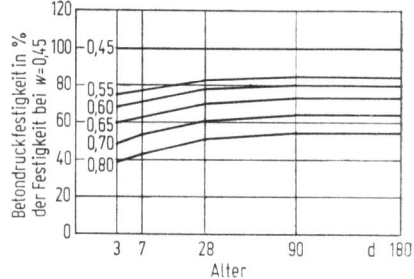

Bild 4.3-15. Streubereich der Zementart [411].

Bild 4.3-16. Druckfestigkeitsminderung in Abhängigkeit vom w-Wert und Alter [411].

größerung des Wasserzementwertes verschieden stark aus (Bild 4.3-16). DIN 1045 unterscheidet verschiedene *Betonfestigkeitsklassen*, deren Anwendung und Herstellung mit bestimmten Auflagen versehen sind (Tabelle 4.3-15).

### 4.3.4 Eigenschaften des Betons

Tabelle 4.3-15. Festigkeitsklassen des Betons und ihre Anwendung nach DIN 1045

| 1 | 2 | 3 | 4 | 5 |
|---|---|---|---|---|
| Betongruppe | Festigkeitsklasse des Betons | Nennfestigkeit $\beta_{wN}$ (Mindestwert für die Druckfestigkeit $\beta_{w28}$ jedes Würfels) kp/cm² | Serienfestigkeit $\beta_{wS}$ (Mindestwert für die mittlere Druckfestigkeit $\beta_{wM}$ jeder Würfelserie) kp/cm² | Anwendung |
| Beton B I | Bn 50<br>Bn 100 | 50<br>100 | 80<br>150 | Nur für unbewehrten Beton |
| Beton B II | Bn 150<br>Bn 250 | 150<br>250 | 200<br>300 | Für unbewehrten und bewehrten Beton |
|  | Bn 350<br>Bn 450<br>Bn 550 | 350<br>450<br>550 | 400<br>500<br>600 |  |

Bn bedeutet die Nennfestigkeit des Betons, die der Mindestfestigkeit $\beta_{W28}$ der im Alter von 28 Tagen zu prüfenden 20-cm-Würfel entspricht. Der Mittelwert $\overline{\beta_W}$ eines aus 3 Probekörpern bestehenden Würfelsatzes muß aber 30 bis 50 kp/cm² höher liegen. Bei Beton gleicher Zusammensetzung darf einer der neun aufeinander folgenden Würfel den verlangten Mindestwert $\beta_{W28}$ bis zu 20% unterschreiten. Die erforderliche Anzahl der beim Betonieren herzustellenden Probekörper ist in DIN 1045 festgelegt.

Die *Eignungsprüfung* dient dazu, vor Anwendung des Betons festzustellen, welche Zusammensetzung und Konsistenz er haben muß, damit die geforderten Eigenschaften erreicht werden.

Die *Güteprüfung* erbringt den Nachweis, daß der während der Bauausführung hergestellte Beton die geforderten Eigenschaften unter normgemäßer Lagerung erreicht.

Die *Erhärtungsprüfung* gibt zu einem gewünschten Zeitpunkt einen Anhalt für die im Bauteil erreichte Festigkeit des Betons (z. B. vor dem Ausschalen).

Die Anfertigung der Probekörper geschieht nach DIN 1048: In gleicher Weise wie den Bauwerksbeton verdichten (z. B. durch Rütteln, Stampfen oder Stochern), mit dem Datum des Herstellungstages kennzeichnen, nach 24 Stunden entschalen und erforderlichenfalls weitere 24 Stunden auf der Bodenplatte belassen. Die weitere Behandlung richtet sich danach, ob es sich um eine Eignungs-, Güte- oder Erhärtungsprüfung handelt. Bei Eignungs- und Güteprüfung sind die Probekörper in einem geschlossenen Raum auf einem Lattenrost bei +15 bis 22°C unter Wasser, in einer Feuchtkammer oder in ständig naß zu haltendem Sand oder Sägemehl zu lagern. Nach 7 Tagen soll bei gleicher Temperatur die Trockenlagerung beginnen. Für die Erhärtungsprüfung sind die Probekörper so zu lagern und nachzubehandeln, daß ihr Wärme- und Feuchtigkeitsaustausch möglichst dem des Bauwerksbetons entspricht. Druckflächen der Probekörper, die mehr als 0,1 mm uneben sind, müssen 3 Tage vor der Prüfung möglichst dünn mit Zementmörtel (1 Raumteil PZ 375 und 1 Raumteil gewaschener Natursand 0/1) auf einer ebenen Glas- oder Stahlplatte abgeglichen werden.

Die Belastung erfolgt senkrecht zur Einfüllrichtung des Betons und soll einen Spannungsanstieg von etwa 5 kp/cm² s. bewirken. Zulässig sind als Probenform Würfel mit 10, 15, 20 und 30 cm Kantenlänge und Zylinder mit 10, 15, 20 oder 30 cm Durchmesser und jeweils mit einer Höhe gleich dem doppelten Durchmesser. Bohrkerne ergeben, wenn die Höhe gleich dem Durchmesser gewählt wird, etwa die Würfeldruckfestigkeit des Betons [2]. In allen Fällen soll die geringste Probekörperabmessung mindestens das 4fache des Zuschlaggrößtkorns betragen.

Nach DIN 1045 ist bei gleichartiger Lagerung der Zusammenhang zwischen Zylinder- und Würfeldruckfestigkeit (⌀ 15 × 30 und W 20)

$\beta_W = 1{,}25 \beta_c$ (für Bn 150 und geringer)
$\beta_W = 1{,}18 \beta_c$ (für Bn 250 und höher).

## 4.3 Mörtel und Beton

Werte anderer Prüfkörpergrößen sollen jeweils bei der Eignungsprüfung ermittelt werden, weil auch Alter und Güte des Betons von Einfluß sind. Richtwerte in den Tabellen 4.3-16 bis 4.3-20 [V 7].

Tabelle 4.3-16. Richtwerte $\beta_c$ für Zylinder mit $d = 15$ cm

| $h/d$ | | 1 | 0,5 | 1,0 | 2,0 | 3,0 | 4,0 |
|---|---|---|---|---|---|---|---|
| $h$ | cm | | 7,5 | 15 | 30 | 45 | 60 |
| $\beta_c/\beta_c$ | | 1 | 1,80 | 1,17 | **1,00** | 0,94 | 0,89 |

Tabelle 4.3-17. Richtwerte $\beta_c$ für Zylinder mit $h/d = 2$

| $d$ | cm | 5 | 10 | 15 | 20 | 30 | 50 | 90 |
|---|---|---|---|---|---|---|---|---|
| $\beta_c/\beta_c$ | 1 | 1,09 | 1,04 | **1,00** | 0,96 | 0,91 | 0,86 | 0,82 |

Tabelle 4.3-18. Würfelfestigkeit bei verschiedenen Zylinderhöhen ($d = 15$ cm)

| $h/d$ | 0,5 | 1,0 | 2,0 | 3,0 | 4,0 |
|---|---|---|---|---|---|
| $\beta_w/\beta_w$ | 0,65 | **1,00** | 1,17 | 1,25 | 1,32 |

Weitere Zusammenhänge siehe [424].

Tabelle 4.3-19. Würfelfestigkeit für Würfel verschiedener Kantenlänge

| $a$ | cm | 10 | 15 | 20 | 30 | 40 |
|---|---|---|---|---|---|---|
| $\beta_w/\beta_w$ | 1 | 1,05···1,25 | 1,03···1,13 | **1,00** | 0,85···0,95 | 0,80···0,92 |

Dünne Platten oder Mörtelschichten [542] haben sehr hohe Druckfestigkeiten, weil der Beton bzw. Mörtel im mittleren Bereich nicht ausweichen kann. Selbst Frischmörtelschichten sind bereits beachtlich tragfähig (bis 50 kp/cm²) [417].

Tabelle 4.3-20. Auswirkung des Verhältnisses Höhe zur Kantenlänge bei Prismen für B 225 nach *Graf* [2]

| $h:a$ | 0,5 | 1 | 4 | 12 |
|---|---|---|---|---|
| $\beta_w/\beta_w$ | 1,50 | **1,00** | 0,87 | 0,84 |

Über den Einfluß der Herstellung und Gestalt der Prüfkörper sowie der Behandlung der Druckflächen s. [57; 58; 412; 414; 422]. Größere Druckflächen geben kleinere Festigkeitswerte [408]. Auch die Feuchtigkeit bewirkt gegenüber lufttrockenem Zustand bei 20-cm-Würfeln einen Abfall von etwa 9 bis 30% [450] ($\approx 10\%$ Festigkeitsänderung je Gewichtsprozent Feuchtigkeitsabgabe). Über die Umrechnung amerikanischer Prüfwerte in deutsche siehe [413]. Das Prüfalter ist im Regelfall 28 Tage. Um die Frühfestigkeit oder Nacherhärtung festzustellen, ist es auch üblich und bei Vereinbarung zulässig, nach 1, 3, 7, 56, 90, 180 und 360 Tagen zu prüfen. Festigkeitsprüfungen nach Warmbehandlung bei 80°C oder Kochen ermöglichen eine Voraussage der 28-Tage-Festigkeit bereits nach 24 Stunden. Dabei benötigte Verhältniswerte müssen aber für den betreffenden Beton durch Eignungsprüfung ermittelt werden [415; 416].

Für das Ausschalen unmittelbar nach dem Verdichten ist die sog. *Gründruckfestigkeit* des Betons von Interesse. Sie ist vom Wassergehalt, der aufgewendeten Verdichtungsarbeit und vom Zementgehalt abhängig und erreicht etwa 5 kp/cm² [418]. Mehlfeine Zusatzstoffe beeinflussen die Gründruckfestigkeit nur unwesentlich.

### 4.3.4 Eigenschaften des Betons

Nach DIN 1045 wird zwischen Beton I und Beton II unterschieden. Beton I darf in den Festigkeitsklassen Bn 50 bis Bn 250 ausgeführt werden und besitzt einen von der Konsistenz und dem Körnungsaufbau abhängigen Mindestzementgehalt. Beton II wird auf Grund einer Eignungsprüfung zusammengesetzt; an Herstellung, Einbau, Verarbeitung und Gütesicherung sind von der Norm erhöhte Anforderungen gestellt. Die beiden Festigkeitsklassen Bn 450 und Bn 550 sind vorwiegend der werksmäßigen Herstellung von Fertigteilen in Betonwerken vorbehalten.

Praktisch werden in Werksbetrieben 28-Tage-Druckfestigkeiten von 800 kp/cm² mit ausreichender Sicherheit ohne ungewöhnliche Maßnahmen erzielt. Im Laboratorium sind mit PZ 475 und Quarzit oder Basalt als Zuschlag (nach 42 Tagen und niederer Temperatur während der Erhärtungszeit) Druckfestigkeiten (Rohdichten) von 1 229 kp/cm² (2 490 kg/m³) bzw. 1 430 kp/cm² (2 810 kg/m³) erreicht worden [58].

Die Druckfestigkeit erhöht sich wesentlich, wenn nur ein Teil der Betonfläche belastet wird. Sie wird vermindert, wenn eine Streifenlast in der Nähe des Randes liegt. (Bilder 4.3-17 und 4.3-18) [2].

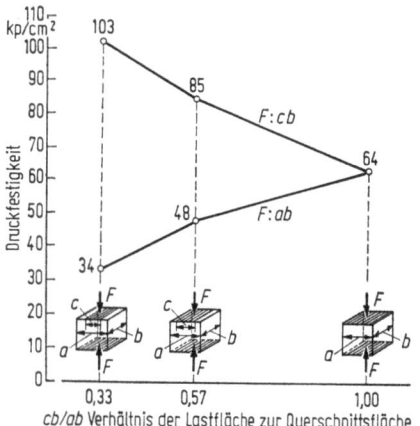
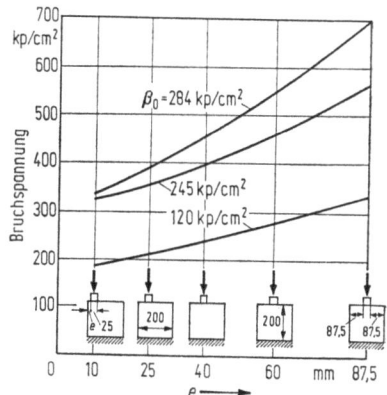

Bild 4.3-17. Druckfestigkeit bei Teilbelastung nach [2].  Bild 4.3-18. Druckfestigkeit bei Randbelastung nach [2].

An Balken übt der außerhalb der Belastungsflächen liegende Teil des Betons keinen nennenswerten Einfluß aus, wenn die sich gegenüberliegenden Belastungsflächen gleich groß sind. Reststücke von Biegeprismen (DIN 1164) ergeben, so beansprucht, daher einen Würfeldruckfestigkeitswert.

Bei konzentrierter Krafteinleitung kann Beton das 5- bis 17fache seiner Druckfestigkeit als Zertrümmerungsfestigkeit aufnehmen, wenn er z. B. durch Umschnürung am Ausweichen gehindert wird [59].

Die Festigkeit des Betons nimmt bei zwei- und dreiachsiger Druckbelastung wesentlich zu [67] (Bild 4.3-19). Eine vorangehende Standbelastung mit z. B. 75% der Bruchspannung bewirkt durch Abbau der Spitzenspannungen im Zementstein eine zusätzliche Erhöhung der zweiachsigen Festigkeit [60].

Bei dreiachsiger Druckbeanspruchung ergibt sich eine noch höhere Festigkeit, die vom Verhältnis der beiden Spannungen $\sigma_2/\sigma_1$ abhängig ist und mit $\sigma_3$ sehr rasch ansteigt [61] (Bild 4.3-20).

Gemischte, in ein oder zwei Achsrichtungen auch Zug enthaltende mehrachsige Spannungszustände setzen dagegen die Betonfestigkeit gegenüber der einachsigen Druckfestigkeit herab.

## 4.3 Mörtel und Beton

Die *Dauerstandfestigkeit* liegt bei Beton etwa 20 bis 30% unter der Kurzzeit-Druckfestigkeit [150]. Eine Vorbelastung hat bei einer nachfolgenden Kurzzeitfestigkeitsprüfung einen Festigkeitszuwachs zur Folge, der zwischen 3 und 18% liegt [78]. Dieser ist um so größer, je höher die Betongüte, Vorlast, Belastungszeit und je jünger der Beton bei der Vorbelastung waren.

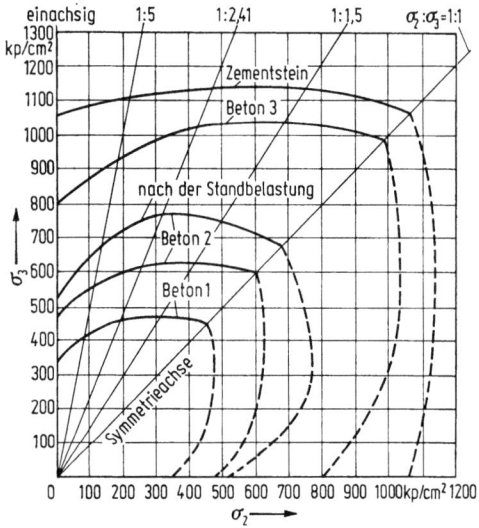

Bild 4.3-19. Zweiaxiale Zementstein- und Betondruckfestigkeit, Einfluß einer Standbelastung [60].

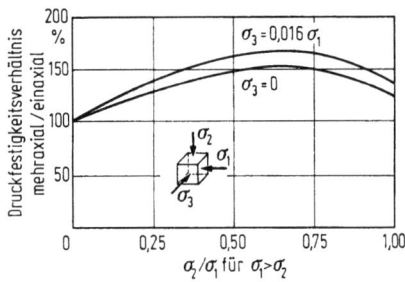

Bild 4.3-20. Druckfestigkeitsverhältnis bei zwei- und dreiaxialer Belastung [61].

Wiederholt aufgebrachte Belastungen führen bei Beton zu vorzeitigem Bruch [57; 62; 67]. Er besitzt keine feststellbare Grenzlastspielzahl; im Versuch muß daher die Anzahl der Lastspiele der im Bauteil zu erwartenden angepaßt werden. Für $2 \cdot 10^6$ Lastspiele ergeben sich die *Dauerfestigkeiten* in Bild 4.3-21 [419].

*4.3.4.2.2.2 Auswertung von Meßergebnissen.* Alle im Zusammenhang mit der Herstellung einer bestimmten Betonart gemessenen (unterschiedlichen) Druckfestigkeiten bilden ein Kollektiv, das nur statistisch sachgemäß beurteilt werden kann. Da die Fehler und Einflüsse, die zu den Abweichungen von der Soll-Festigkeit führen, in der Regel zufällig

## 4.3.4 Eigenschaften des Betons

sind, nähert sich die Verteilung der Einzelmeßwerte mit zunehmender Anzahl einer Gaußschen Normalverteilungskurve. Diese gilt zwar theoretisch nur für unendlich viele, praktisch aber bereits für mindestens 50 Meßwerte. Vielfach liegt bei Güteprüfungen nur eine geringere Anzahl von Ergebnissen vor. Diese können als eine zufällig aus einer Grund-

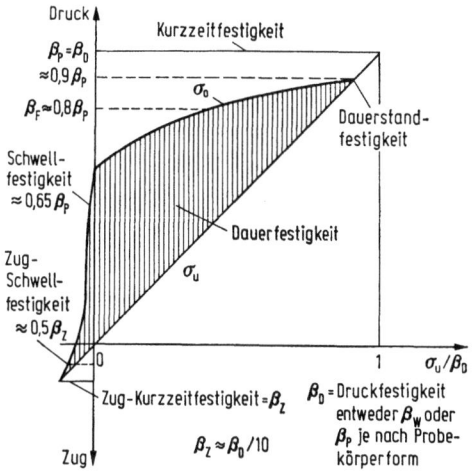

Bild 4.3-21. Dauerfestigkeit von Beton nach [419].

gesamtheit (mit unendlich vielen Werten aus der gleichen Betonart) entnommene Stichprobe betrachtet werden, auf die die Stichproben-Theorie der Wahrscheinlichkeitsrechnung anwendbar ist [421]. Sie gibt von etwa 10 Meßwerten an brauchbare Ergebnisse.

$$\text{Mittelwert} \quad \bar{\beta} = \frac{\sum \beta_i}{n} \quad \text{in kp/cm}^2$$

$$\text{Standardabweichung} \quad \sigma = \sqrt{\frac{\sum (\bar{\beta} - \beta_i)^2}{n-1}} \quad \text{in kp/cm}^2$$

$$\text{Variationskoeffizient} \quad V = \frac{\sigma}{\bar{\beta}} \cdot 100 \quad \text{in \%.}$$

Der Mittelwert $\bar{\beta}$ entspricht annähernd jener Druckfestigkeit, die von gleich vielen Werten über- wie unterschritten wird (50%-Fraktile).

Die *Standardabweichung* $\sigma$ ist ein Maß für die Streuung der Meßwerte und bedeutet (bei $n \to \infty$) geometrisch die halbe Breite der Gaußschen Glockenkurve in Höhe ihrer Wendepunkte (Bild 4.3-22).

Der *Variationskoeffizient* $V$ berücksichtigt, daß für eine sachgerechte Beurteilung die Standardabweichung auf den Mittelwert bezogen sein muß. $V$ wird mit zunehmender Gleichmäßigkeit der Betongüte kleiner. Aus der Gleichung der Glockenkurve läßt sich errechnen, wieviel Prozent der gemessenen Werte noch unterhalb eines Mindestwertes liegen, der vom Mittelwert den Abstand $k\sigma$ hat. Diese Mindestfestigkeit $\beta_\varepsilon$ nennt man die *Fraktile* und versieht sie mit dem Index $\varepsilon$ in %. Dieser besagt, wieviel % aller Werte niedriger als $\beta_\varepsilon$ zu erwarten sind (untere Ausfallwahrscheinlichkeit).

Wenn nur eine begrenzte Anzahl von Werten in Form einer Stichprobe vorliegen, so muß dies bei der Berechnung der Fraktile (Student-Verteilung) durch eine Verteilungszahl $T$ berücksichtigt werden. Es ist dann

$$\beta_\varepsilon = \bar{\beta} - T\sigma \quad \text{in kp/cm}^2$$

Der Wert $T$ ist von der Anzahl der zur Verfügung stehenden Meßwerte und vom Fraktile-Prozensatz $\varepsilon$ abhängig. Bei der Betonanwendung hält man die 5%-Fraktile für ausreichend, d. h., daß 5% aller gemessenen Druckfestigkeitswerte unter dem Mindestwert $\beta_\varepsilon$ liegen dürfen. Die Werte für $T$ bei einer 5%-Fraktile sind in Tab. 4.3-21 angegeben [64; 65]. Für $n \geqq \infty$ geht $T$ in den Wert $k$ der Grundgesamtheit in der Gaußschen Glockenkurve über.

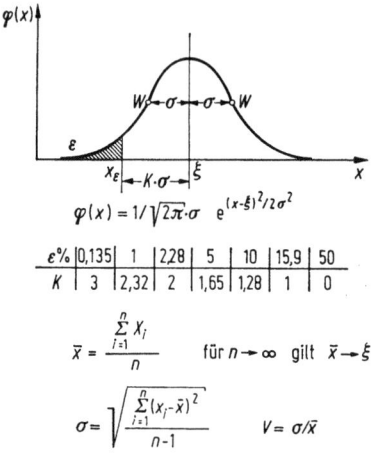

Bild 4.3-22. Gaußsche Glockenkurve.

Tabelle 4.3-21. $T$-Werte zur 5%-Ausfallwahrscheinlichkeit [64]

| Stichproben $n$ | Verteilungszahl $T$ bei einer unteren Ausfallwahrscheinlichkeit von 5% | Stichproben $n$ | Verteilungszahl $T$ bei einer unteren Ausfallwahrscheinlichkeit von 5% |
|---|---|---|---|
| 2 | 6,314 | 12 | 1,796 |
| 3 | 2,920 | 14 | 1,771 |
| 4 | 2,353 | 16 | 1,753 |
| 5 | 2,132 | 18 | 1,740 |
| 6 | 2,015 | 20 | 1,729 |
| 7 | 1,943 | 25 | 1,711 |
| 8 | 1,895 | 30 | 1,699 |
| 9 | 1,860 | ∞ | 1,645 |
| 10 | 1,883 | | |

Der Mittelwert $\bar{\beta}$ einer Stichprobe stimmt mit dem Mittelwert $\xi$ der Grundgesamtheit nicht genau überein. Die Stichprobentheorie gestattet die Berechnung eines Vertrauensbereiches $b$, innerhalb dessen dieser Mittelwert der Grundgesamtheit liegen muß

$$b = \pm T \frac{\sigma}{\sqrt{n}} \quad \text{in kp/cm}^2.$$

Diese statistische Deutung der Betondruckfestigkeiten trägt den wirklichen Verhältnissen Rechnung, daß es eine absolute Sicherheit gegen Unterschreiten eines Mindestwertes nicht gibt, und daß neben dem Mittelwert auch der Variationskoeffizient bekannt sein muß, wenn die Druckfestigkeit eines Betons sachgerecht beurteilt werden soll.

### 4.3.4 Eigenschaften des Betons

**Tabelle 4.3-22.** Richtwerte für den Variationskoeffizienten bei Bauwerksbeton
(jede Probe wird einer anderen Mischerfüllung entnommen)

| Gleichmäßigkeit der Betonherstellung | an der Baustelle | im Werk |
|---|---|---|
| sehr gut | < 10% | < 5% |
| gut | 10···15% | 5···7% |
| befriedigend | 15···20% | 7···10% |
| schlecht | > 20% | > 10% |

**Tabelle 4.3-23.** Variationskoeffizienten beim Prüfverfahren [63]

| Genauigkeit | an der Baustelle | im Laboratorium |
|---|---|---|
| sehr gut | < 4% | < 3% |
| gut | 4···5% | 3···4% |
| annehmbar | 5···6% | 4···5% |
| schlecht | > 6% | > 5% |

In der Praxis wird die verlangte Betonfestigkeitsklasse durch eine Mindestfestigkeit (Nennfestigkeit $\beta_{WN}$), in der Regel die 5%-Fraktile, gekennzeichnet. Der Variationskoeffizient und der Mittelwert ergeben sich um so niedriger, je sorgfältiger und gleichmäßiger die Baustelle den Beton herstellt.

Die Beurteilung der Betongüte erfolgt bei größeren Bauwerken am besten über ein Häufigkeitsdiagramm im Wahrscheinlichkeitsnetz [63] nach [66] (Bild 4.3-23): Man wählt beliebige Festigkeitsklassen (nach DIN 55 302 soll die Klassenbreite kleiner als das 0,6fache der Standardabweichung sein) zwischen dem Größt- und Kleinstwert. Die Häufigkeiten entsprechen den Höhen der Säulen im Balkenschaubild. Nach Errechnen der Summenhäufigkeiten werden deren Prozentanteile in das Wahrscheinlichkeitsnetz aufgetragen und ergeben dort, ausgeglichen, bei Normalverteilung eine Gerade. Die Differenz der Festigkeiten bei den Summenhäufigkeiten 50% (Mittelwert) und 16% (Standardabweichung) ergibt die Streuung in kp/cm². Den Variationskoeffizienten $V$ erhält man nach Division durch den Mittelwert. Die Festigkeit, die höchstens von 5% aller Werte unterschritten wird, läßt sich aus dem Schaubild mit 305 kp/m² ablesen.

**4.3.4.2.3 Zugfestigkeit.** Da die Zugfestigkeit der groben Zuschläge verhältnismäßig hoch liegt, ist für die Zugfestigkeit von Normalbeton die Mörtelzugfestigkeit und die Haftfestigkeit am Grobkorn maßgebend.

Die Mörtelzugfestigkeit hängt vorwiegend von der Zementart und -menge sowie von der Kornzusammensetzung ab. Sieblinien im oberen Drittel zwischen $A_8$ und $B_8$ geben die besten Zugfestigkeiten. Der Mörtelanteil im Beton soll so klein gehalten werden, daß Umhüllung des Grobkorns und ausreichende Verdichtung noch gewährleistet sind. Gebrochener Zuschlag gibt bei ausreichender Verdichtung eine bessere Zugfestigkeit [426]. Der Wasserzusatz wirkt sich bei weichen Mischungen auf die Zugfestigkeit viel weniger aus als auf die Druckfestigkeit. Der Kornaufbau zwischen 8 mm und dem Größtkorndurchmesser ist auf die Zugfestigkeit von untergeordneter Bedeutung. Ein Glimmergehalt kann diese erheblich herabsetzen (bei 6% auf $2/3$).

Zur Messung der Zugfestigkeit werden an den Stirnseiten von zylindrischen (10 cm Durchmesser) oder prismatischen (z. B. 10 × 10 cm, 30 oder 56 cm lang) Proben mit Epoxidharz Stahlplatten aufgeklebt, die bereits nach 24 Stunden eine meist ausreichende Zugspannung von etwa 50 kp/cm² zu übertragen gestatten [425]. Die Krafteinleitung muß möglichst momentenfrei über Kreuzgelenke oder zwei zwischengeschaltete lange dünne und daher biegeweiche Stahldrähte erfolgen. Als Zugfestigkeit ergibt sich dabei ein Mindestwert, weil der schwächste Querschnitt maßgebend ist.

Die Nachbehandlung der Probekörper hat großen Einfluß. Teilweises Austrocknen erzeugt starke querschnittsformabhängige Eigenspannungen, die die Festigkeit wesentlich vermindern. Ein höherer Zementgehalt kann durch Vergrößerung des Schwindens zu geringerer Zugfestigkeit führen. Langes Feuchthalten führt zu beachtlichem Festigkeitsanstieg, der bei Freiluftlagerung größer ist als bei Wasserlagerung [2]. Die Zugfestigkeit liegt bei Beton zwischen $^1/_{10}$ bis $^1/_{20}$ der Druckfestigkeit. Der Einfluß der Schlankheit ist bei zylindrischen Proben von $h/d = 2$ und bei prismatischen $h/a \geqq 3$ nur gering. Auch die Einformrichtung (liegend oder stehend) hat wenig Einfluß auf das Meßergebnis

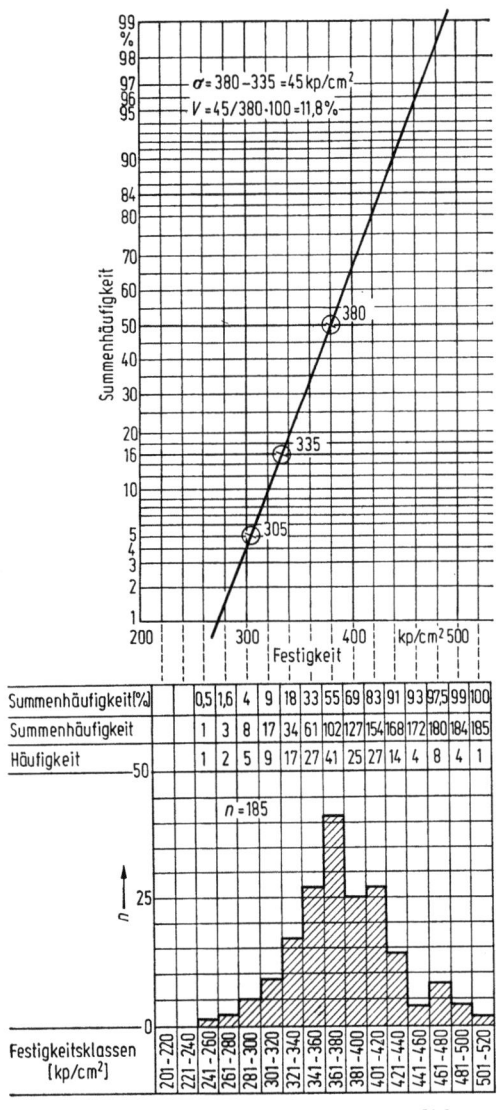

Bild 4.3-23. Auswertung mit Wahrscheinlichkeitsnetz [63].

## 4.3.4 Eigenschaften des Betons

(Bilder 4.3-24 und 4.3-25). Den Zusammenhang zwischen Zug-, Spaltzug- und Biegezugfestigkeit über der Würfeldruckfestigkeit aufgetragen, zeigt Bild 4.3-26 [427].

Über die *Dauerstand-Zugfestigkeit* von Beton sind keine Untersuchungsergebnisse bekannt geworden. Diese Beanspruchung kommt praktisch nur bei Massenbetonbauten vor, und hierbei sind die Spannungen so gering, daß einer Laboratoriumsprüfung keine praktische Bedeutung zukommt. Da bei sehr langsamen Belastungsgeschwindigkeiten die Zugfestigkeit um etwa 30% sinkt, ist anzunehmen, daß auch die Dauerstandfestigkeit entsprechend tief liegt. Die *Dauerfestigkeit* liegt etwa zwischen 0,5 bis 0,7 der Kurzzeit

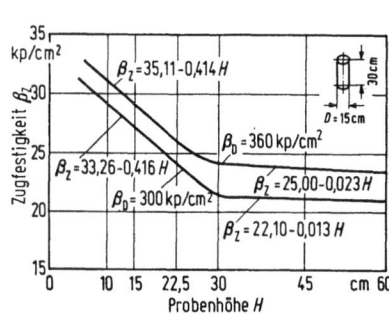

Bild 4.3-24. Abhängigkeit der Zugfestigkeit zylindrischer Betonproben von der Probenhöhe [426].

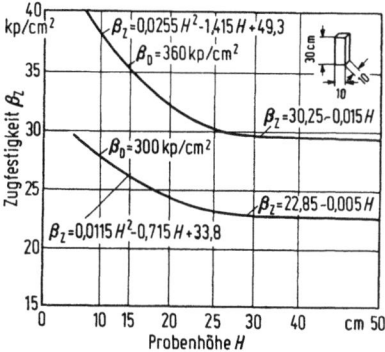

Bild 4.3-25. Abhängigkeit der Zugfestigkeit prismatischer Betonproben von der Probenhöhe [426].

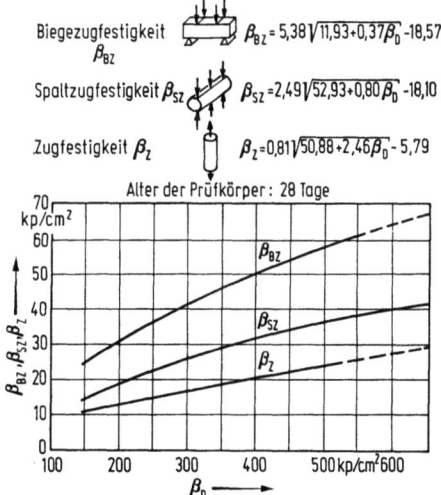

Bild 4.3-26. Abhängigkeit der Zug-, Biegezug- und Spaltzugfestigkeit von der Betondruckfestigkeit [427].

Zugfestigkeit bei Schwellbeanspruchung und $10^6$ Lastspielen. Auch ihr kommt kaum praktische Bedeutung zu, da Zugglieder aus Beton in der Regel bewehrt sind, mit gerissenem Betonquerschnitt gerechnet oder vorgespannt werden.

**4.3.4.2.4 Biegefestigkeit.** Betonbauteile wie Rohre, Behälter oder Platten, sollen rissefrei bleiben und setzen bei der Berechnung daher die Kenntnis der Biegezugfestigkeit voraus. Die Biegedruckfestigkeit kann zwar an zugseitig stark bewehrten Balken ermittelt werden [68; 69; 73]. Sie ist aber von geringer praktischer Bedeutung, da bei Stahlbetonkonstruktionen ohne Vorankündigung eintretende Druckbrüche vermieden werden können. Die Messung der Biegedruckfestigkeit ist daher in DIN 1048 nicht vorgesehen.

Die Biegezugfestigkeit wird nach DIN 1048 vorzugsweise an 70 cm (90 cm) langen Balken mit einem Querschnitt von $15 \times 15$ cm ($20 \times 20$ cm) geprüft. Die Abgleichfläche soll beim Versuch auf der Druckseite liegen. Bis zur Prüfung unter Wasser zu lagernde Probekörper werden hierzu in der Mitte oder durch zwei gleich große Einzelkräfte in den Drittelpunkten auf Biegung beansprucht (0,5 kp/cm² s). Aus der erreichten Höchstlast ergibt sich die Biegezugfestigkeit

$$\beta_{BZ} = \frac{3}{2} \frac{Fl_S}{bh^2} \quad \text{bzw.} \quad \beta_{BZ} = \frac{Fl_S}{bh^2} \quad \text{in kp/cm}^2.$$

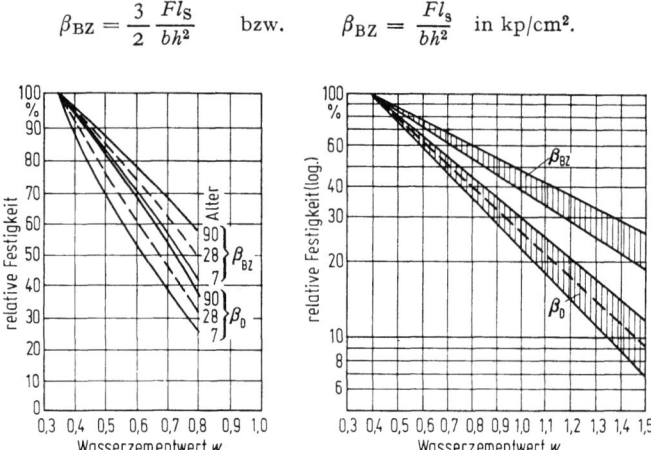

Bild 4.3-27. Einfluß des Wasserzementwertes auf die Druck- und Biegezugfestigkeit des Betons [429].

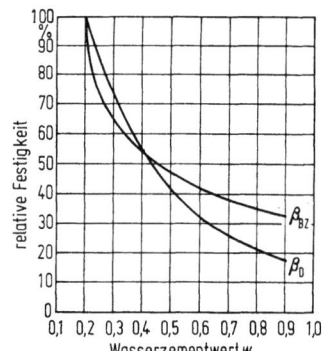

Bild 4.3-28. Einfluß des Wasserzementwertes auf die Druck- und Biegezugfestigkeit des Zementsteines [429].

Der Variationskoeffizient für die Prüfung einzelner Balken liegt zwischen 6 und 8,7% und ist höher als der der Druckfestigkeitsprüfung (5,2%) [428]. Die Biegezugfestigkeit ist außer von der Betonzusammensetzung im allgemeinen auch von der Prüfkörperform, dem Prüfverfahren, dem Betonalter, der Lagerung (Nachbehandlung) und der Belastungsgeschwindigkeit abhängig [429]. Beton mit größerem Wasserzementwert hat eine kleinere Biegezugfestigkeit. Dieser Festigkeitsverlust wird aber mit wachsendem Alter geringer; auch ist er merklich kleiner als bei der Druckfestigkeit (Eigenschaft des Zementsteines). Einfluß des Wasserzementwertes in den Bildern 4.3-27 und 4.3-28.

### 4.3.4 Eigenschaften des Betons

Mit der Zementgüte (Normdruckfestigkeit) wächst auch die Biegezugfestigkeit. Splittbeton gibt bei gleichem Wasserzementwert und ausreichender Verdichtung rund 10 bis 20% größere Biegezugfestigkeiten als Kiessandbeton gleicher Druckfestigkeit. Sandreiche Betone besitzen zum Teil größere [70], zum Teil geringere [2] Biegezugfestigkeiten. Der Zusammenhang zwischen Druck- und Biegezugfestigkeit eines Betons ist wegen der zahlreichen Einflußgrößen nur in weiten Grenzen angebbar.:

| Betonfestigkeitsklassen | Bn 100 bis Bn 550 | Bn 100 bis Bn 550 |
|---|---|---|
| Zuschlag | Kiessand | Splitt |
| $\beta_D/\beta_{BZ}$ | 5 bis 12 | 4 bis 10 |

Einen aus zahlreichen Versuchen gemittelten Zusammenhang zeigt Bild 4.3-29. Früher benutzte Umrechnungsformeln gelten für die veraltete Probenform 10 × 15 × 70 cm und sind daher in Zukunft nur mehr bedingt anwendbar [71].

$$\beta_{BZ} = \beta_W^n \qquad n = 0{,}66 \cdots 0{,}70 \text{ (Splittbeton)}$$
$$n = 0{,}60 \cdots 0{,}66 \text{ (Kiesbeton)}$$
$$\beta_{BZ} = \sqrt[3]{\beta_W^2}$$

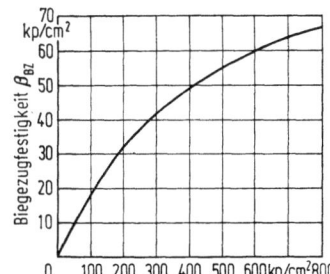

Bild 4.3-29. Zusammenhang von Biegezug- und Würfeldruckfestigkeit bei Beton [70].

Mit der Zugfestigkeit und Spaltzugfestigkeit bestehen die Zusammenhänge

$$\beta_{BZ}/\beta_Z = 1{,}6 \cdots 2{,}7 \qquad \beta_{BZ}/\beta_{SZ} = 1{,}1 \cdots 2{,}2$$
$$\text{im Mittel } 2{,}0 \qquad \text{im Mittel } 1{,}5$$

Einfluß der Balkenhöhe nach [70] in Bild 4.3-30. An 5 cm dicken Proben sind Höchstwerte von 150 kp/cm² erreicht worden [2].

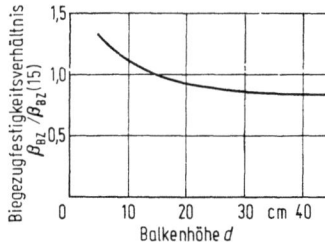

Bild 4.3-30. Einfluß der Balkenhöhe $d$ auf die Biegezugfestigkeit von Beton nach [70].

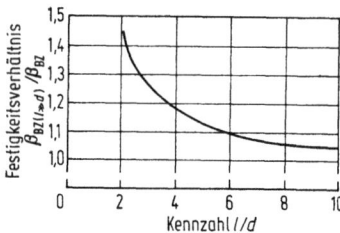

Bild 4.3-31. Einfluß der Balkenstützweite auf die Biegezugfestigkeit von Beton [70].

Das Prüfverfahren mit zwei Einzelkräften in den Drittelpunkten ergibt um 10 bis 30% kleinere Werte als die früher übliche Belastungsart durch Einzelkraft in der Mitte. Dies wird einerseits [430] mit der unterschiedlichen Spannungsverteilung (bei genauerer Berechnung nach der Scheibentheorie), andererseits mit der größeren Wahrscheinlichkeit des Zusammentreffens einer Fehlstelle mit einem Querschnitt größeren Biegungsmomentes bei zwei Einzelkräften begründet [70]. Der Einfluß einer Einzelkraft ist aber im Abstand $1,5H$ (Balkenhöhe) praktisch abgeklungen [430]. Bei kürzeren Balken wirkt sich auch die Gewölbeausbildung zwischen den Auflagen aus (Bild 4.3-31). Im jungen Alter wächst die Biegezugfestigkeit rascher als die Druckfestigkeit, später bleibt sie hinter dieser zurück (Bild 3.4-32).

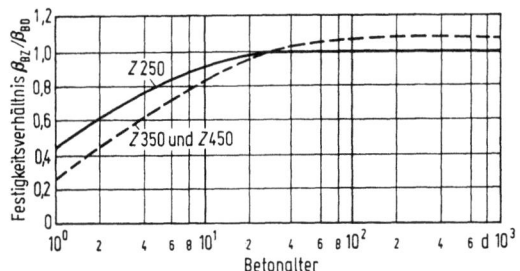

Bild 4.3-32. Einfluß des Betonalters auf die Biegezugfestigkeit [70].

Eine der Hauptursachen für die bei der Biegezugfestigkeitsprüfung beobachtete große Streuung ist der bei Austrocknung entstehende Eigenspannungszustand. Größere Probenquerschnitte ergeben daher kleinere Biegezugfestigkeiten. Die sich in der Außenzone bildenden Schwind-Zugspannungen können durch erneute Wasserlagerung zum Großteil wieder beseitigt werden. Einen Vergleich mit der Druckfestigkeit zeigt Bild 4.3-33). Die

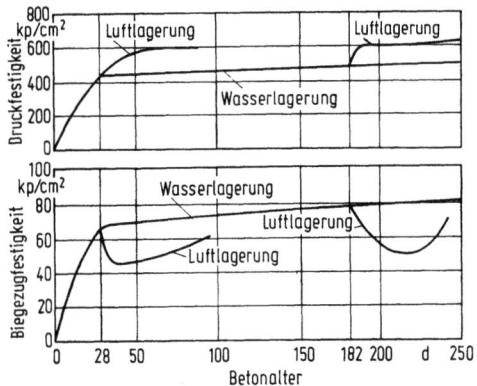

Bild 4.3-33. Einfluß der Lagerung auf die Druck- und Biegezugfestigkeit von Beton [429].

Belastungsgeschwindigkeit wirkt sich vor allem dann stark auf das Prüfergebnis aus, wenn sie besonders niedrig gewählt wird (Bild 4.3-34). Im Extremfall liegt die Dauerstandbiegefestigkeit vor. Sie führt zu Festigkeitseinbußen von etwa 30%. Auch wiederholt aufgebrachte Biegespannungen führen zu einer beträchtlichen Festigkeitserniedrigung (Bild 4.3-35).

Die Dauerbiegefestigkeit ist um so kleiner, je größer der Spannungsausschlag ist und je mehr Lastspiele aufgebracht werden, scheint aber nach $2 \cdot 10^6$ Lastspielen weitgehend abgeklungen zu sein.

4.3.4 Eigenschaften des Betons

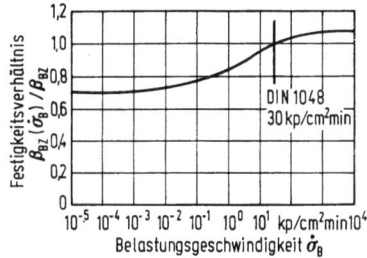

Bild 4.3-34. Einfluß der Belastungsgeschwindigkeit auf die Biegezugfestigkeit von Beton nach [70].

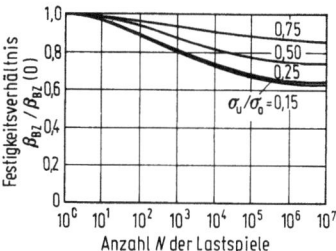

Bild 4.3-35. Dauerbiegefestigkeit von Beton [70]; $\sigma_o$ oberer Spannungswert, $\sigma_u$ unterer Spannungswert.

#### 4.3.4.2.5 Sonstige Festigkeitseigenschaften

*4.3.4.2.5.1 Spaltzugfestigkeit.* Wegen der einfachen Versuchsdurchführung, der Verwendbarkeit bereits üblicher Probenformen (Zylinder, Würfel, Biegebalken) und der geringen Empfindlichkeit gegenüber Schwindspannungseinflüssen hat die Spaltzugfestigkeitsprüfung Eingang in DIN 1048 gefunden (Bild 4.3-36). Die Belastung erfolgt dabei über Hartfilzstreifen (5 × 10 mm F 5 oder H 1 nach DIN 61 200), bei zylindrischen Proben (10, 15, 20 oder 30 cm Durchmesser und einer Höhe gleich dem doppelten Durchmesser) an zwei gegenüberliegenden Mantellinien, bei Probekörpern mit rechteckigem Querschnitt (Seitenverhältnis bis zu 1:1,5) an den gegenüberliegenden Flächen, wobei die Streifenlast über die ganze Breite der Probekörper und mindestens im Abstand entsprechend der halben Höhe vom Rand wirken muß (Belastungsgeschwindigkeit 0,5 kp/cm² s).

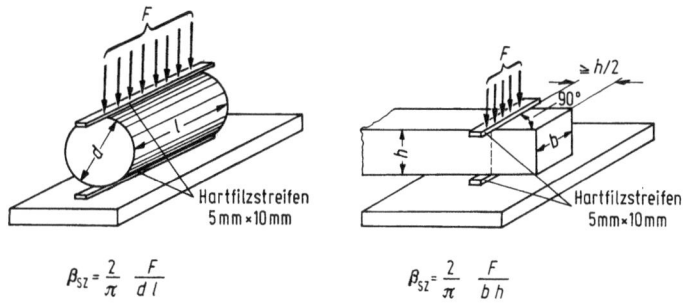

Bild 4.3-36. Versuchsanordnungen zur Spaltzugfestigkeit (DIN 1048).

Diese Prüfungsart bewirkt eine nahezu über den ganzen Querschnitt weitgehend gleichmäßig verteilte Zugspannung [431]. Die Spaltzugfestigkeit bleibt weitgehend unabhängig von der Probenform. Beim Würfel ist auch eine diagonale Krafteinleitung möglich. Zylinder 15 × 30 geben praktisch die gleichen $\beta_{SZ}$-Werte wie über Streifen belastete 20-cm Würfel.

Zusammenhang der Spaltzugfestigkeiten:

Zylinder: Würfel (normal eingebaut) = 1:0,92 bis 1:1,10
Zylinder: Würfel (diagonal eingebaut) = 1:0,79 bis 1:1,01

Deutlich höhere und weniger streuende Ergebnisse bringt das Aufmaßsägen der Betonzylinder an der Herstellungsoberseite. Von 31,5 mm Größtkorn an sollten die Proben mindestens 15 cm Durchmesser × 30 cm bzw. 20 cm Kantenlänge haben.

## 4.3 Mörtel und Beton

Die Versuchsdurchführung [74], Betonzusammensetzung, Alter und Nachbehandlung haben Einfluß auf die Spaltzugfestigkeit; Zementgüte und -gehalt bestimmen zusammen mit dem Wasserzementwert die Eigenschaften und die Haftung des Zementsteines an den Zuschlagstoffen (Bild 4.3-37).

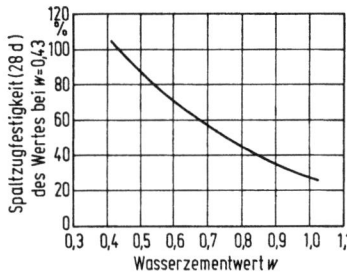

Bild 4.3-37. Abhängigkeit der Spaltzugfestigkeit vom Wasserzementwert [431].

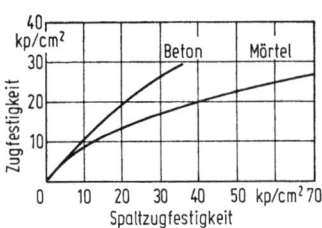

Bild 4.3-38. Zusammenhang von Zug- und Spaltzugfestigkeit bei Mörtel und Beton [341].

Mit abnehmendem Zementgehalt wird $\beta_{SZ}$ kleiner, jedoch deutlich weniger als $\beta_D$ und geringfügig mehr als $\beta_{BZ}$. Gebrochene Zuschlagstoffe bewirken, wie bei der Biegezugfestigkeit, 10 bis 20% höhere Werte als die bei Kiessandbeton gleicher Druckfestigkeit gemessenen. Nach 7 Tagen werden bei der Spaltzugfestigkeit etwa 72 bis 85%, nach 14 Tagen 84 bis 93%, nach 90 Tagen 100 bis 113% der 28-Tage-Festigkeit erreicht. Die Nachhärtung ist geringer als bei der Druckfestigkeit. Austrocknungsvorgänge sind auf $\beta_{SZ}$ von geringem Einfluß, weil der Bruch im Inneren der Probe beginnt. Luftporengehalt und wachsender Größtkorndurchmesser vermindern $\beta_{SZ}$. Trockene Spaltzugproben geben, ausreichende Hydratation vorausgesetzt, höhere Werte als feuchte oder wassergelagerte. Die Bilder 4.3-38 bis 41 zeigen den Zusammenhang mit anderen Betonfestigkeiten [431].

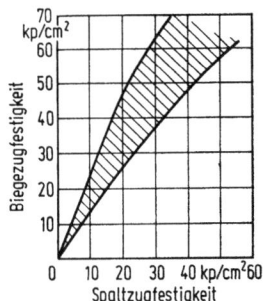

Bild 4.3-39. Zusammenhang von Biegezug- und Spaltzugfestigkeit bei Beton [431].

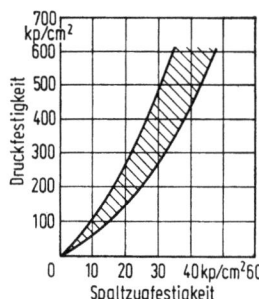

Bild 4.3-40. Zusammenhang von Druck- u. Spaltzugfestigkeit bei Beton [431].

Der Variationskoeffizient des Verfahrens liegt bei der Spaltzugfestigkeitsprüfung zwischen 6,1 und 10,4%, er ist demnach größer als bei der Bestimmung der Druckfestigkeit, etwas kleiner als bei der Biegezugfestigkeit und wesentlich kleiner als bei der Zugfestigkeit. Mit einem Kernbohrgerät herausgearbeitete Zylinder, die auch Teile der Bewehrung im Beton eingebettet haben, erfahren, wenn diese im rechten Winkel zur Spalt-

### 4.3.4 Eigenschaften des Betons

fläche liegen, einen Festigkeitszuwachs. Die Spaltzugfestigkeit ist dann [432]

$$\beta_{SZ} = \frac{2}{\pi\,de} (F - 1343\,\mu) \quad \text{in kp/cm}^2.$$

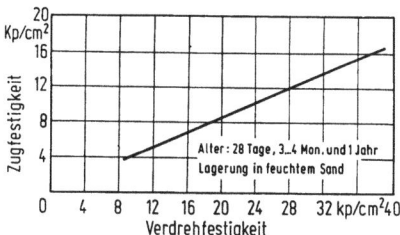

Bild 4.3-41. Zusammenhang von Zug- und Verdrehfestigkeit bei Beton (20 cm × 20 cm) [2].

*4.3.4.2.5.2 Verdrehfestigkeit.* Bei Verdrehbeanspruchung tritt der Bruch im Beton dessen Zugfestigkeit im Vergleich zur Druckfestigkeit gering ist, unter 45° zur Fläche mit der größten Schubspannung $\tau_t$ ein. Wegen der ungleichmäßigen Spannungsverteilung und der der Berechnung zugrunde liegenden Vereinfachungen (lineare Abhängigkeit der Verformungen von den Spannungen, gleicher Elastizitätsmodul bei Zug und Druck) ist die Verdrehfestigkeit sehr querschnittsabhängig. Sie ergibt sich [27] beim Rechteckquerschnitt mit

$$\beta_t \approx \left(3 + \frac{2{,}6}{b/h + 0{,}45}\right) \frac{M_t}{dA} \quad \text{in kp/cm}^2,$$

beim Kreisquerschnitt

$$\beta_t = \frac{M_t}{W_P} \quad \text{in kp/cm}^2.$$

Den Zusammenhang zwischen Zugfestigkeit und Verdrehfestigkeit, gemessen an Proben aus Stampfbeton mit 20 × 20 cm Querschnittfläche [2] zeigt Bild 4.3-41. Bei diesen Versuchen liegt zwar das Verhältnis $\beta_t : \beta_Z = 2{,}1 : 1$. Praktisch nimmt man jedoch die Verdrehfestigkeit etwa gleich der Zugfestigkeit an. Die große Querschnittsformabhängigkeit ist daran zu erkennen, daß Beton mit 18,6 kp/cm² Zugfestigkeit bei 30 × 30 cm Querschnittsfläche 30,4 kp/cm², bei einem Kreisquerschnitt mit 40 cm Durchmesser 25,6 kp/cm² und bei kreisringförmigem Querschnitt mit 25/50 cm Durchmesser 17,1 kp/cm² Verdrehfestigkeit aufweist.

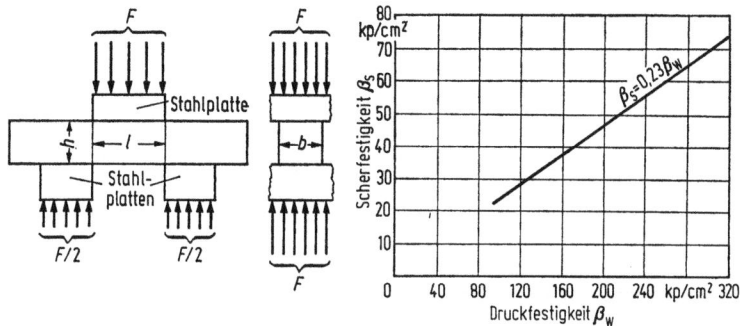

Bild 4.3-42. Zusammenhang von Würfeldruck- und Scherfestigkeit bei Beton [2].

*4.3.4.2.5.3 Scherfestigkeit.* Eine Scherbeanspruchung läßt sich biegungsspannungsfrei praktisch nur unzulänglich verwirklichen und die üblicherweise gewählte Belastung über Stahlprismen (Bild 4.3-42) führt bei niedrigen Probenquerschnitten vorzeitig zu einem Biegezugbruch in der Mitte, bei höheren Querschnitten zu einem Druckbruch unter den belastenden Platten. Auch ist die Scherspannungsverteilung über dem Querschnitt nicht gleichmäßig und ändert sich während der Belastung (Gewölbebildung).

Die Scherfestigkeit wächst bei Beton etwa verhältnisgleich mit der Druck- und Biegezugfestigkeit nach den Gleichungen [2]

$$\beta_S \approx 0{,}23\beta_{D20}; \quad \beta_S \approx 1{,}6\beta_{BZ}.$$

Für Zementmörtel liegen die Werte, gemessen an feuchtbehandelten Prismen (4 × 4 × 16 cm) bei

$$\beta_S = (0{,}24 \cdots 0{,}28)\beta_D \quad \text{und} \quad \beta_S = (1{,}87 \cdots 2{,}51)\beta_{BZ}.$$

*4.3.4.2.5.4 Haftfestigkeit.* Das Haften von Frischbeton wird im allgemeinen durch das Saugvermögen, die Oberflächenrauhigkeit und durch als Formschluß wirkende größere Unebenheiten des Haftgrundes beeinflußt. Ist ein poröser Haftgrund (z. B. erhärteter Beton) vorhanden, so wirken außer den van-der-Waals-Kräften auch makroskopische Verbindungen, die durch eingesaugten und später erstarrenden Zementleim entstehen. Stoffe, wie Schalungsöl, Silicone oder Fette, können die Haftfestigkeit daher beträchtlich herabsetzen. Da eine auf Schub beanspruchte Haftfläche wegen der ungleichmäßigen Spannungsverteilung im Versuch nur stark querschnittsabhängige Haftfestigkeits-Mittelwerte ergibt, wird die Haftfestigkeit zutreffender durch jene Zugspannung normal zur Haftfläche gekennzeichnet, die erforderlich ist, die beiden Schichten voneinander zu trennen. Auch die Biegezugfestigkeit kann als Maß für die Haftfestigkeit dienen, wenn die Haftfläche als Querschnitt im Bereich gleichen Biegungsmomentes gelegt wird.

Die Möglichkeiten, eine gute Haftung zu erzielen, sind je nach Haftgrund verschieden.

*Frischbeton auf erhärtetem Beton.* Bei waagerechten Flächen (z. B. Arbeitsfugen bei Massenbeton) muß die wasserreiche Zementsteinschicht von der Oberfläche entfernt werden. Hierfür ist am besten ein bestimmter Zeitpunkt nach dem Einbringen geeignet, an dem der Beton erst mäßig erstarrt ist. Da Zementart, Beton- und Lufttemperatur dabei von Bedeutung sind, muß dieser jeweils durch Versuch ermittelt werden. Als Arbeitsmittel hat sich ein Wasser-Druckluftgemisch ($p_\mathfrak{u} \approx 6$ at) bewährt. Vor dem Anbetonieren ist das zurückgebliebene Wasser zu beseitigen. Dann wird zementreicher Mörtel oder Feinbeton (bei Massenbeton läßt man das Korn über 8 mm weg) aufgebracht und eingebürstet, bis die Altbetonoberfläche ein mattfeuchtes Aussehen bekommen hat. Vollständig erhärtete Betonoberflächen müssen abgespitzt und angenäßt werden.

Frisch auf frisch betonierte Flächen ergeben Biegezugfestigkeit von etwa 57 kp/cm² nach 28 Tagen, nach obiger Empfehlung behandelte 36 kp/cm² [2]. Aufrauhen mit Stahlbürste nach einem Tag brachte eine Verbesserung bis auf 46 kp/cm². Frisch- und Altbeton haften besser, wenn gleiche Zemente verwendet werden und wenn sie etwa gleiche Temperatur haben [436]. Eine Verbesserung der Haftung kann durch Kunststoffzusätze im Mörtel erreicht werden (Haftbrücken).

Senkrechte Flächen müssen gleichfalls grob abgespitzt werden, bevor Zementleim oder Mörtel eingebürstet wird. Nach [2] sind nach diesem Verfahren etwa $^2/_3$ der Betonbiegezugfestigkeit in der Anschlußfläche erreichbar.

*Beton auf Stahl.* Dieser Haftung kommt besondere Bedeutung zu, da sie die Grundlage des Stahlbetons bildet. Je besser sie ist, um so enger sind die Rißabstände und um so kleiner die Rißbreiten (geringere Rostgefahr). Die Haftspannung, die zur Überwindung des Verbundes führt, ist verhältnismäßig klein und daher für das Zusammenwirken von Bewehrung und Beton von untergeordneter Bedeutung. Sie wird bereits nach einem Weg von weniger als 0,01 mm überwunden und liegt zwischen 2 und 4% der Würfeldruckfestigkeit. Kennzeichnender sind die Gleitwiderstandswerte bei einem Schlupf von 0,1, 0,25 und 1,0 mm. Sie können durch Rippen, Dellen oder Wellen der Oberfläche merklich erhöht werden. Man spricht dann von Verbundspannungen, da sie nicht allein durch Haften, sondern auch durch Formschluß zustande kommen. Sie werden entweder als Rechenwerte $\tau_1$ in kp/cm² wie in DIN 1045 angegeben oder wegen ihrer Abhängigkeit von der Beton-

## 4.3.4 Eigenschaften des Betons

druckfestigkeit in % der Druckfestigkeit [72] ausgedrückt. Verrostete Oberflächen zeigen keine merklich bessere Verbundwirkung. Plötzliches Trennen, wie es bei der Spannbetonherstellung beim Durchschweißen der Bewehrung vorkommt, führt zu örtlichen Überbeanspruchungen in der Haftung [433]. Die Betonzugfestigkeit wirkt sich auf die Haftfestigkeit mehr aus als die Druckfestigkeit. Erdfeuchter bis plastischer Beton ergibt, gut verdichtet, die besten Verbundspannungswerte. Die Mitwirkung der spannungsfreien Drahtenden bei der Verankerung im Stahlsaitenbeton (*Hoyer-Effekt*) wird praktisch durch Kriechen des Betons stark abgebaut [27].

Tabelle 4.3-24. Zulässige Rechenwerte der Verbundspannung nach DIN 1045 (zul $\tau_1$ in kp/cm²) unter vorwiegend ruhender Belastung

|   | 1 | 2 | 3 | 4 | 5 | 6 | 7 |
|---|---|---|---|---|---|---|---|
|   | Stabform | Lage der Verankerung | \multicolumn{5}{c}{Festigkeitsklasse des Betons Bn} |
|   |   |   | 150 | 250 | 350 | 450 | 550 |
| 1 | glatte Rundstäbe BSt 22/34 GU (I G) und glatte Stäbe BSt 50/55 GK (IV G) | A | 3 | 3,5 | 4 | 4,5 | 5 |
| 2 | für Betonstahlmatten | B | 6 | 7 | 8 | 9 | 10 |
| 3 | profilierte Stäbe BSt 50/55 PK (IV P) | A | 4 | 5 | 6 | 7 | 8 |
| 4 | für Betonstahlmatten (nach DIN 488 Blatt 4) | B | 8 | 10 | 12 | 14 | 16 |
| 5 | Rippenstäbe aus BSt 22/34 RU (I R), BSt 42/50 RU, RK (III U, III K) und BSt 50/55 RK (IV R) | A | 7 | 9 | 11 | 13 | 15 |
| 6 | für Betonstahlmatten | B | 14 | 18 | 22 | 26 | 30 |

Bei nicht vorwiegend ruhender Belastung nach DIN 1055 Blatt 3 dürfen die Werte der Tabelle 24 nur mit ihrem 0,85fachen Betrag in Rechnung gestellt werden.
Lage A gilt für alle Stäbe, die nicht der Lage B zuzuordnen sind.
Lage B gilt für alle Stäbe, die beim Betonieren zwischen 45° und 90° gegen die Waagerechte geneigt sind; für flacher geneigte und waagerechte Stäbe nur dann, wenn sie beim Betonieren in der unteren Querschnittshälfte des Bauteils oder mindestens 30 cm unter der freien Oberseite des Querschnittsteils oder eines Betonierabschnitts liegen.

Tabelle 4.3-25. Gemessene Verbundspannungen in % der Würfeldruckfestigkeit [72]

| Stabform | % |
|---|---|
| glatt | 4···6 |
| schwach narbig | 6···12 |
| narbig | 12···16 |
| verrippt | 40···60 |

Die Gleitwiderstände sinken im Verschiebungsbereich bis 1 mm nur geringfügig ab. Der Gleitwiderstand wird durch die Betonierlage beeinflußt: Liegend einbetonierte Bewehrungsstäbe erreichen etwa um $1/3$ geringere Widerstände als stehend betonierte.

Bei verrippten Stählen nimmt der Scherwiderstand etwa bei einem Verschiebeweg von 10% des Rippenabstandes rasch ab.

Tabelle 4.3-26. Verbundspannungen für Rippentorstahl, in Abhängigkeit vom Schlupf am zugbelasteten Ende ermittelt, in Beton mit verschiedenen Feinstteilgehalten [434]

| Beton mit Korn 0/0,2 und (PZ 275) in kg/m³ | mittlere Verbundspannung in kp/cm² bei einem Schlupf in mm | | |
|---|---|---|---|
|  | 0,1 | 0,25 | 1,0 |
| 41 (254) | 67,0 | 83,1 | 113,6 |
| 271 (318) | 28,9 | 39,9 | 65,1 |
| 272 (425) | 39,7 | 54,4 | 85,7 |

Die mineralische Beschaffenheit der Feinsandanteile (Kalk oder Quarz) ist von untergeordnetem Einfluß.

*Mörtel auf Putzgrund.* Ein zu schwach oder zu stark saugender Putzgrund ergibt schlechte Haftung des Mörtels und muß durch einen Spritzbewurf (Mörtel aus gemischtkörnigem Sand und Zement) vorbehandelt werden. Auch langsam, aber stetig saugende Baustoffe sind in der warmen Jahreszeit vor dem Verputzen vorzunässen [24]. Die Haftfestigkeit hängt bei Beachtung dieser Regel weitgehend nur von der Eigenfestigkeit des

Tabelle 4.3-27. Zug-Haftfestigkeit von Mörtel

| Mörtelgruppe | $\beta_{ZH}$ in kp/cm² |
|---|---|
| I | 0,3 ··· 1,5 |
| II | 2 ··· 4 |
| III | 8 ··· 12 |

Mörtels ab. Bei Beton kann die Putzhaftung durch zu glatte Schalung oder Schalölreste verschlechtert, durch Haftbrücken verbessert werden [435]. Sie ist in der Regel im Alter von 12 Monaten kleiner als im 2. Monat (Tab. 4.3-28).

Tabelle 4.3-28. Putzhaftspannung bei Beton nach 12 Monaten

| Putzverfahren | | $\sigma_{PH}$ in kp/cm² |
|---|---|---|
| mit Sperrholz geschalter Beton | ohne Schalöl | 4 |
| | mit Schalöl | 2 bis 4 |
| | mit Schalöl und Haftbrücke | 22 |
| | mit Zementmörtel 1:1 (RT) angeworfen | 9 |
| mit gehobelten Brettern geschalter Beton | ohne Schalöl | 8 |
| | mit Schalöl | 3 bis 7 |

Abbürsten gibt nur bei sehr großen Schalölresten eine günstige Wirkung, andererseits wirkt sich mehrfaches Einstreichen der Schalung mit Schalöl nicht merklich aus. Haftzugfestigkeitsprüfungen liefern in der Regel stark streuende Ergebnisse.

*4.3.4.2.5.5 Schlagfestigkeit.* Da die Schlagenergie während der Verformung des Betons aufgezehrt werden muß, ist eine hohe Druckfestigkeit und Spaltzugfestigkeit zwar eine notwendige, aber keine hinreichende Bedingung für gute Schlagfestigkeit [437]. Diese hängt vielmehr auch vom Verformungsvermögen ab, das durch die Zementsteinschichtdicke, den Sandanteil ($\geq 60\%$) und von der Haftung zwischen Zementstein und Zuschlag bestimmt wird. Der Formänderungsunterschied zwischen Zementstein und Zuschlag soll möglichst gering sein, d. h. ein kleiner Elastizitätsmodul der Zuschläge ist erwünscht (Bild 4.3-43).

Der Wasserzementwert ($\leq 0,45$) beeinflußt die Schlagfestigkeit weit mehr als die Druck- und Spaltzugfestigkeit (Bild 4.3-44).

Auf Grund von Versuchen [437] ist Zement der Güte 450 und ein Größtkorn unter 32 mm empfehlenswert. Die Schlagfestigkeit nimmt nach 28 Tagen bis etwa zum 90. Tag noch stark zu (Bild 4.3-45).

Feuchter Beton hat nur etwa die halbe Schlagfestigkeit. Pfähle z. B. sollten daher 7 Tage zur ausreichenden Hydratation feucht und 21 Tage oder länger an Luft trocken gelagert werden.

Zur Prüfung der Schlagfestigkeit wird ein 50 kg schwerer Fallbär (DIN 52107) aus 80 cm Höhe auf eine zylinderförmige Betonprobe (15 cm Durchmesser, 30 cm hoch) geschlagen. Bruchschlagzahlen über 100 kennzeichnen besonders schlagfesten Beton. Wegen der großen Streuung (Variationskoeffizient 56%) müssen 10 Proben geprüft werden.

### 4.3.4 Eigenschaften des Betons

Die Verformung nach dem ersten Schlag beträgt bei schlagfestem Beton in Längsrichtung weniger als $1600 \cdot 10^{-6}$, nach 90% der Bruchschlagzahl etwa $1800 \cdot 10^{-6}$. Die durch den Schlag entstehende Druckspannung kann näherungsweise nach der Formel

$$\sigma_D = HE\sqrt{h} \cdot 10^{-5} \text{ in kp/cm}^2$$

errechnet werden. Darin ist $H$ in $\text{cm}^{-1/2}$ ein Beiwert. Der Elastizitätsmodul $E$ von schlagfestem Beton liegt zwischen 300000 und 380000 kp/cm².

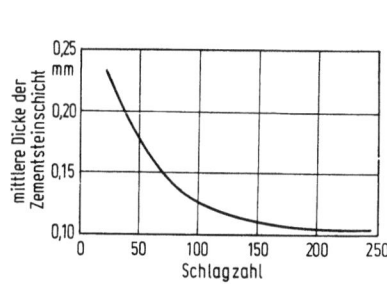

Bild 4.3-43. Einfluß der Dicke der Zementsteinschicht auf die Schlagzahl [437].

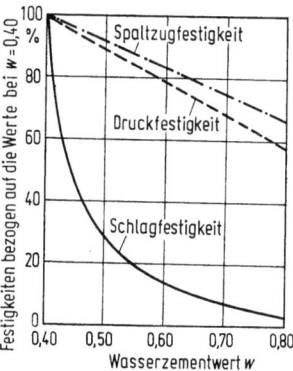

Bild 4.3-44. Einfluß des Wasserzementwertes auf die Schlag-, Spaltzug- und Druckfestigkeit des Betons [437].

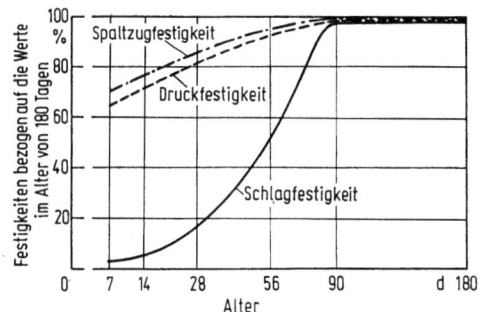

Bild 4.3-45. Einfluß des Alters auf Schlag-, Spaltzug- und Druckfestigkeit [437].

*4.3.4.2.5.6 Kugelschlagprüfung.* Um auch die Betonfestigkeit des Bauwerkes selbst prüfen zu können, sind Geräte entwickelt worden, von denen drei in DIN 4240 Aufnahme gefunden haben: Federhammer (*Baumann — Steinrück*), Pendelhammer (*Einbeck*), Prellhammer (*Schmidt*).

Für Gas- und Schaumbeton ist die Anwendung der ersten beiden Geräte durch DIN 4241 vorgesehen.

In allen Anwendungsfällen darf von diesen Verfahren neben einer Überprüfung der Gleichmäßigkeit der Betongüte nicht mehr als eine Abschätzung der Betondruckfestigkeit erwartet werden, da auch zahlreiche andere Einflußgrößen das Ergebnis mitbestimmen [438]. Feder- und Pendelhammer hinterlassen im Beton den Eindruck einer 10 mm bzw. 20 oder 35 mm Kugel, deren Durchmesser mit einer Meßlupe auf 0,1 mm genau auszumessen ist. Die Meßwerte hängen vorwiegend von der Härte der oberen Zementsteinschicht ab.

Der Prellhammer, der den Rücksprung eines Schlaggewichtes anzeigt, berücksichtigt die elastische Verformung einer etwa 3 cm dicken Betonschicht an der Oberfläche. Alle drei Verfahren arbeiten, da sie keinen unmittelbaren Zusammenhang mit der Betondruckfestigkeit haben, mit durch Eichung gewonnenen Tabellenwerten.

DIN 4240 und 4241 sehen die Bestimmung der mittleren Würfeldruckfestigkeit (50% — Fraktile) und die mit 90% Wahrscheinlichkeit zu erwartende (10% — Fraktile) vor. Die Werte in DIN 4240 bedürfen, um das Prüfalter und die Schlagrichtung zu berücksichtigen einer Berichtigung [80]. Sie gelten für dichten Schwerbeton im Alter von rund 28 Tagen. Die Werte für Gas- und Porenbeton sind vom Alter unabhängig, weichen aber bei im gespannten Dampf gehärteten Porenbeton etwas ab. In allen Fällen sind zerstörende Prüfverfahren zur Prüfung und Berichtigung der Umrechnungswerte empfehlenswert [438].

Die Ergebnisse der Kugelschlagprüfung werden beeinflußt durch [439]:

*Zementart* (wenn kein PZ sondern Tonerdeschmelzzement verwendet wird, ergeben sich doppelte Druckfestigkeitswerte) [440];

*Zementgehalt* (über 300 kg/m³ zu niedrige, unter 250 kg/m³ zu hohe Druckfestigkeiten);

*Verdichtungsmängel* (werden nicht erkannt);

*Oberflächenbeschaffenheit* (feuchte Oberflächen geben bis zu 50% kleinere Druckfestigkeiten, Beton aus saugenden Holzschalungen, geschlämmte Oberflächen und Deckenunterseiten meist zu gute Werte);

*Carbonatisierung* gibt zu gute Festigkeiten.

Ferner kann die Nachbehandlung [79], ein Druckspannungszustand oder die Prüftemperatur von Einfluß sein.

Nur bedingt geeignet ist das Verfahren für sandreiche oder mit Zuschlägen anderer Rohdichten hergestellte, mit Vakuum entwässerte oder dampfgehärtete Betone. Eigene Eichtabellen sind in diesen Fällen erforderlich [441].

Die abschätzbaren Druckfestigkeiten liegen beim Feder- und Pendelhammer zwischen 600 und 50 kp/cm², beim Prellhammer zwischen 630 und 110 kp/cm², Gasbeton kann zwischen 130 und 10 kp/cm² geprüft werden, und zwar mit 20 mm (Federhammer) bzw. 35 mm (Pendelhammer) Kugeln.

Der Variationskoeffizient liegt bei diesen Verfahren etwa bei 10%. Er ist also größer als beim zerstörenden Druckversuch.

#### 4.3.4.2.6 Formänderungen

*4.3.4.2.6.1 Schrumpfen.* Zementleim, Mörtel und Beton zeigen bis zum Erstarren Volumenverminderungen (bis 10%), die durch den Verlust von Anmachwasser hervorgerufen werden (Verdunsten, saugfähige Zuschlagstoffe, undichte Schalungen u. a.). Man nennt dies das äußere Schrumpfen. Schrumpfrisse bei Beton können durch Verringerung der Wasserzugabe und Nachverdichten beseitigt werden. Bei Einpreßmörtel spricht man vom Absetzmaß [81], das durch die Zementart, Erstarrungsgeschwindigkeit, Mahlfeinheit und treibende Zusatzmittel beeinflußt wird.

Das innere Schrumpfen beruht dagegen auf einer Volumenverminderung der Reaktionsprodukte des Zementes gegenüber den Ausgangsstoffen.

*4.3.4.2.6.2 Feuchtigkeitsdehnungen* (Schwinden und Quellen). Durch die Wechselwirkung zwischen den festen Teilen des Zementsteines (dem Zementgel mit seinen Poren und Kapillaren) und dem verdunstbaren Wasser kommt es zu Volumenänderungen, denen Längenänderungen in den drei Achsrichtungen entsprechen. Die eigentliche Ursache sind die durch Oberflächenspannungen hervorgerufenen Zugspannungen des im Zementstein verbliebenen Wassers [443]. Die mit dem monotonen Trocknen verbundenen Verkürzungen werden *Schwinden* genannt, die durch Wasseraufnahme (meist durch Wasserlagerung) bewirkten Verlängerungen mit *Quellen* bezeichnet. In vielen Fällen sind aber auch jene Längenänderungen von Interesse, die allein durch Schwankungen der Luftfeuchtigkeit zustande kommen. Alle diese, durch Änderungen des Wassergehaltes verursachten Erscheinungen können als *Feuchtigkeitsdehnungen* bezeichnet werden [444]. Die Feuchtigkeitsdehnungen von Mörtel und Beton sind einerseits vom Zement (Art und Menge)

### 4.3.4 Eigenschaften des Betons

abhängig, andererseits von den Zuschlägen, die ein Stützgerüst bilden, das der Volumenänderung je nach Steifigkeit widersteht. Sie können daher nur am Mörtel oder Beton selbst gemessen werden und nicht ersatzweise an Normsandprismen. Ihren grundsätzlichen Verlauf in Abhängigkeit von der Umgebungsfeuchtigkeit zeigt Bild 4.3-46.

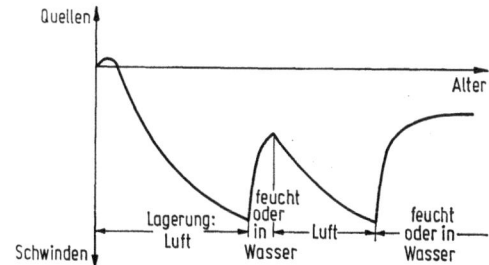

Bild 4.3-46. Feuchtigkeitsdehnungen bei wechselnder Lagerung (schematisch).

Da nicht alle Poren, die entleert worden sind, wieder gefüllt werden und die Hydratation fortschreitet, sind die Längenänderungen zum Teil irreversibel. Einflußgrößen, die das Schwindmaß bestimmen, sind: *Zementgehalt* und *Wasserzementwert* [28], *Zementart*: Das Schwinden ist bei PZ am kleinsten, dann folgt Eisenportlandzement und Hochofenzement (am größten). Es wird durch geringe Mahlfeinheit und kleinen Rohgipssteinzusatz vermindert (Bild 4.3-47). *Kornzusammensetzung*: Zunahme der feineren Kornanteile vergrößert das Schwinden erheblich. Je höher der Elastizitätsmodul des Gesteins, um so kleiner meist das Schwindmaß, in Einzelfällen jedoch Abweichungen (z. B. Muschelkalkbeton mit sehr kleinem Schwindmaß) [2]. Betonzusatzmittel, Betonverflüssiger und insbesondere Chlorkalzium beeinflussen das Schwinden u. U. stark (Bild 4.3-48).

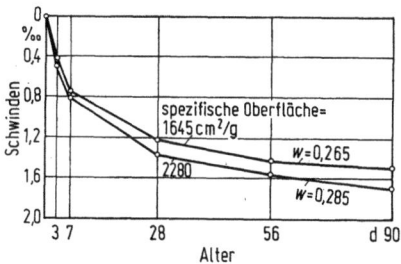

Bild 4.3-47. Einfluß der Mahlfeinheit auf das Schwinden [28].

Mit zunehmender Austrocknung wirkt sich die relative Luftfeuchtigkeit der Umgebung stärker auf die Feuchtigkeitsdehnungen aus. Beton und Mörtel streben mit der Zeit ihrem hygroskopischen Gleichgewicht zu (Tabelle 4.3-29).

Tabelle 4.3-29. Wassergehalt von Mörtel und Beton in Gew.-%

| relative Luftfeuchtigkeit in % | 30 | 50 | 70 | 80 | 90 | 100 |
|---|---|---|---|---|---|---|
| Beton ($\varrho = 2{,}3$ kg/dm³) | 0,75 | 1,1 | 1,5 | 1,75 | 2,0 | – |
| Zementmörtel (1:3 RT, $\varrho = 2{,}04$ kg/dm³) | 2,35 | 3,4 | 4,7 | 5,5 | 6,4 | 6,9 |
| Kalk-Zement-Mörtel (1:2:9 RT, $\varrho = 1{,}96$ kg/dm³) | 1,9 | 2,8 | 4,1 | 5,1 | 6,3 | 7,5 |

Die Feuchtigkeitsdehnungen kommen dann zum Stillstand. Das Schwinden ist daher von der relativen Luftfeuchtigkeit der Umgebung abhängig (Bild 4.3-49). Der Einfluß der Querschnittsform läßt sich durch eine wirksame Querschnittsdicke

$$d_w = \frac{2A}{U} \quad \text{in cm}$$

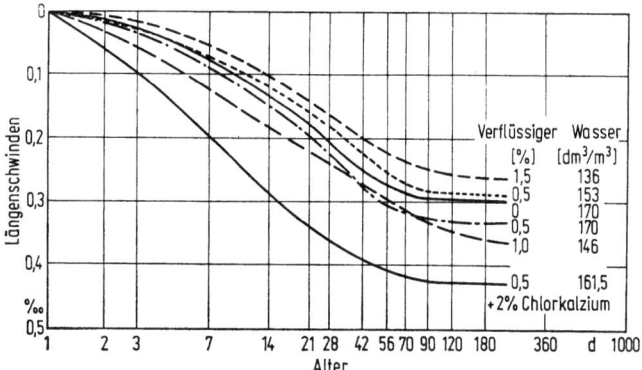

Bild 4.3-48. Einfluß von Zusatzmitteln auf das Schwinden von Beton [453].

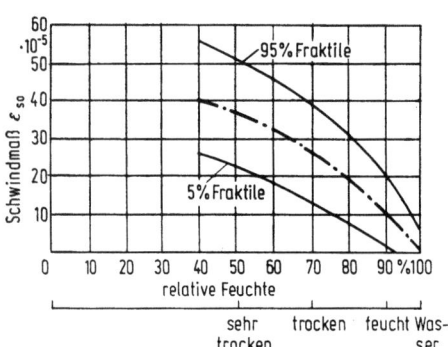

Bild 4.3-49. Einfluß der relativen Luftfeuchtigkeit auf das Schwinden [70].

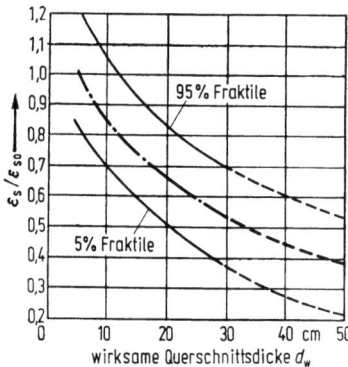

Bild 4.3-50. Einfluß der Querschnittsform auf das Schwinden [70].

kennzeichnen, die sich aus der Querschnittsfläche $A$ und dem der Austrocknung ausgesetzten Umfang $U$ des Bauteils ergibt [70] (Bild 4.3-50, 4.3-52 und 4.3-53). Die Wasserabgabe je Stunde einer windbestrichenen Betonoberfläche zeigt Bild 4.3-51.

DIN 1045 sieht für den in Rechnung zu stellenden Endwert des Schwindmaßes $\varepsilon_{s0}$ nach Betonkonsistenz und Luftfeuchtigkeit Werte vor, die noch vermindert werden dürfen, wenn der Einfluß des Schwindens später als 6 Wochen nach der Herstellung des Betons wirksam wird (Bild 4.3-52 und 4.3-53).

### 4.3.4 Eigenschaften des Betons

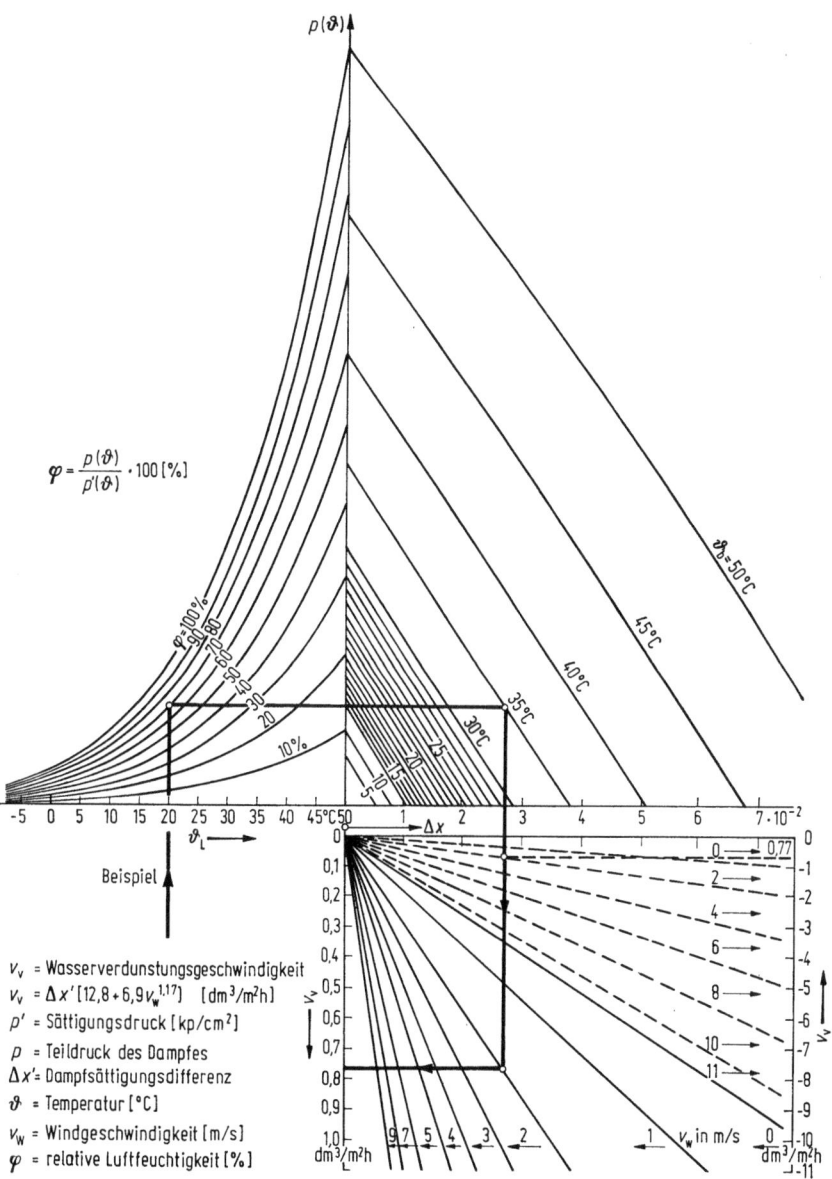

Bild 4.3-51. Wasserverdunstung auf freien Betonoberflächen [nach *Lerch*].

## 4.3 Mörtel und Beton

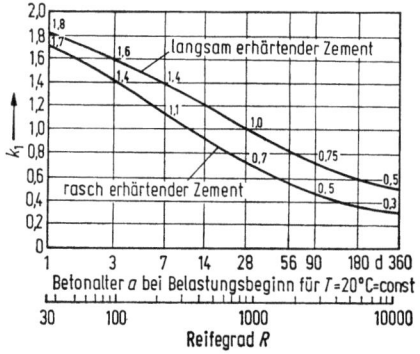

Bild 4.3-52. Einfluß des Belastungsalters auf das Kriechen (nach DIN 1045); $\varphi_t = \varphi_0 k_1 k_2$.

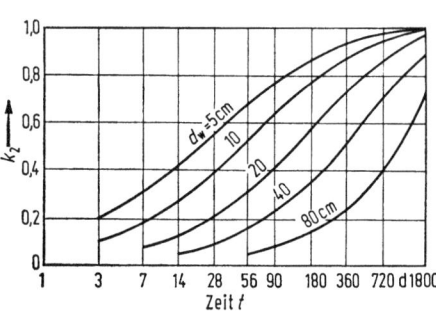

Bild 4.3-53. Zeitlicher Ablauf von Kriechen und Schwinden (nach DIN 1045); $\varepsilon_s = \varepsilon_{s0}(1 - k_2)$.

Tabelle 4.3-30. Endkriechzahl und Endschwindmaß nach DIN 1045 in Abhängigkeit von der Lage des Bauteils und der Konsistenz K

| Lage des Bauteils | Mittlere relative Luftfeuchte in % etwa | Kriechzahl $\varphi_0$ (Endwert) für Konsistenzmaße | | Schwindmaß $\varepsilon_{s0}$ (Endwert) | | Abgemindertes Schwindmaß $\varepsilon'_{s0}$ |
|---|---|---|---|---|---|---|
| | | K 1, K 2 | K 3 | K 1, K 2 | K 3 | |
| in Wasser | | 1,0 | 1,5 | — | — | — |
| in sehr feuchter Luft, z. B. unmittelbar über dem Wasser | 90 | 1,5 | 2,2 | $10 \cdot 10^{-5}$ | $15 \cdot 10^{-5}$ | $5 \cdot 10^{-5}$ |
| allgemein im Freien | 70 | 2,0 | 3,0 | $25 \cdot 10^{-5}$ | $37 \cdot 10^{-5}$ | $10 \cdot 10^{-5}$ |
| in trockener Luft, z. B. in trockenen Innenräumen | 40 | 3,0 | 4,5 | $40 \cdot 10^{-5}$ | $60 \cdot 10^{-5}$ | $15 \cdot 10^{-5}$ |

Der Abbau der Schwindspannungen durch das Kriechen darf berücksichtigt werden.

Tabelle 4.3-31. Nach längerer Zeit gemessene Endschwindmaße $\varepsilon_{s0}$ in mm/m

| | |
|---|---|
| Normalbeton | 0,25···0,65 |
| Konstruktiver Leichtbeton [449] | 0,60···0,79 |
| Leichtbeton | 0,40···2,0 |
| Holzbeton | >6 |
| Gas- und Schaumbeton | >4 |
| Nachschwinden im verbauten Zustand (DIN 4164, DIN 4165) | $\leq 0{,}5$ |
| Zementmörtel [2] | 0,5 ···1,2 |
| Barytbeton (3,6 kg/dm³) [10] | 0,24···0,32 |
| Magnetitbeton (3,4 kg/dm³) [10] | 0,12 |

Das Quellmaß von unmittelbar nach der Herstellung in Wasser gelagertem Beton liegt zwischen 0,1 und 0,3 mm/m.
Bei späterer Durchfeuchtung des teilweise getrockneten Betons erreicht die Feuchtigkeitsdehnung etwa 0,38 mm/m, wenn sich der Wassergehalt um 0,78 bis 4% erhöht [444]. Die Feuchtigkeitsdehnung kann unter Verwendung eines Feuchtigkeitsdehnwertes $\alpha_F$ berechnet werden [149]. Die Verlängerung eines Bauteiles bei Wasseraufnahme ergibt sich mit

$$\Delta l = l \alpha_F f.$$

### 4.3.4 Eigenschaften des Betons

Tabelle 4.3-32. Abhängigkeit der Feuchtigkeitsdehnzahl $\alpha_F$ vom Feuchtigkeitsgehalt des Betons Bn 250

|  | Luftlagerung (30···95% rel. Luftfeuchtigkeit) | | Wasserlagerung | |
|---|---|---|---|---|
| Wassergehalt (Gew.-%) | 1,27···1,34 | 1,34···1,60 | 1,60···3,45 | 3,45···4,2 |
| ($10^{-6}$/%-Wassergehalt) | 875 | 195 | 73 | 175 |

Werden durch Feuchtigkeitsdehnung hervorgerufene Längenänderungen behindert, so entstehen Spannungen, die je nach Elastizitätsmodul und Dehnfähigkeit (bei Zug) zu Schwindrissen führen können [446]. Bei Dehnungsfugen sind die durch Feuchtigkeit verursachten Weganteile gleichfalls von Bedeutung [447].

Schwindrisse können durch langes Feuchthalten und vorhergehendes Besprühen mit Schutzfilmen meist vermieden werden, weil dann die Verkürzung erst bei höherer Zugfestigkeit einsetzt [2]. Anfangs feucht gehaltener Beton zeigt auch ein kleineres Endschwindmaß.

*4.3.4.2.6.3 Temperaturdehnung.* Im Bereich von $-20$ bis $+70°C$, dem Betonbauwerke bei normaler Witterung ausgesetzt sind, zeigt Beton eine räumliche ($\gamma_T$) und eine lineare ($\alpha_T$) Wärmedehnung, die bei hinreichend isotropen Stoffen (annähernd auch bei Beton) nach der Gleichung

$$\gamma_T = 3\alpha_T$$

im Zusammenhang stehen.

Der Längendehnkoeffizient $\alpha_T$ von Beton ist von der Art der Zuschlagstoffe, dem Zementgehalt, dem Feuchtigkeitsgehalt und dem Alter abhängig. Mit wachsendem Zementgehalt nimmt die Dehnung des Betons bei Erwärmung zu, im Alter nimmt sie ab. Getrocknete und wassergesättigte Betone haben einen kleinen, ein lufttrockener bei 65 bis 70% (im Alter bei 45 bis 50%) rel. Luftfeuchtigkeit, den größten $\alpha_T$-Wert. Der $\alpha_T$-Wert setzt sich zusammen aus der „wahren" Wärmedehnung, die auf kinetischer Molekularbewegung beruht und aus der „scheinbaren" Wärmedehnung, die durch absorptive Massenanziehungskräfte und kapillare Spannungen hervorgerufen wird [82]. Diese ist nur mit einer Umlagerung des Feuchtigkeitswassers innerhalb des Gels verbunden und nicht mit einer Aufnahme oder Abgabe. Bei der in üblicher Weise durchgeführten $\alpha_T$-Bestimmung ändert sich aber in der Regel auch der Wassergehalt, und es überlagert sich daher eine Feuchtigkeitsdehnung, die eine teilweise Irreversibilität der Temperaturdehnung vortäuscht.

Der thermische Längendehnkoeffizient läßt sich aus der Betonzusammensetzung, dem Feuchtigkeitszustand und dem Alter errechnen, wenn die Dehnkoeffizienten der Bestandteile bekannt sind [82]. Den ausschlaggebenden Beitrag liefern die Zuschlagstoffe. Zementstein hat bei Feuchtigkeitsgehalten mit 35%, 65% und 100% (gesättigt) $\alpha_T$-Werte von 12, 19 und $10 \cdot 10^{-6}$/K, Wasser $\alpha_T = 60 \cdot 10^{-6}$/K.

Tabelle 4.3-33. Thermischer Längendehnkoeffizient von Zement [82]

| Zementart | $\alpha_T$ in $10^{-6}$/K |
|---|---|
| PZ | 21 ···23 |
| EPZ | |
| HOZ | 20 ···23 |
| TrZ | 19,5···21 |
| TSZ | 19 ···22 |

Zuschlaggesteine sind bezüglich der Wärmedehnung anisotrop. Ihr $\alpha_T$-Wert wird daher aus dem gemessenen Volumendehnkoeffizienten $\gamma_T/3$ bestimmt.

Tabelle 4.3-34. Thermischer Längendehnkoeffizient verschiedener Betonarten in $10^{-6}$/K [82]

| | | | |
|---|---|---|---|
| anorganische Leichtbetone | 8,0···14,0 | Zementmörtel 1:1 | 10,7···13,5 |
| Schaumbeton | 10,8 | „ 1:4 | 8,9···10,0 |
| Schüttbeton | 7,7··· 9,4 | „ 1:7 | 8,5··· 9,9 |
| Hochofenschlackenbeton | 5,8··· 6,6 | Barytbeton ($\varrho = 3,6$ kg/dm³) | 19,1···21,2 |
| Müllschlackensinterbeton | 9,1···12,5 | Magnetitbeton ($\varrho = 4,0$ kg/dm³) | 10,2 |

## 4.3 Mörtel und Beton

$\alpha_T$ ist praktisch unabhängig von der Zementgüte und -art, der Mahlfeinheit und dem Wasserzementwert. Nach DIN 1045 ist als Rechenwert $\alpha_T = 10 \cdot 10^{-6}/K$ zu nehmen oder im Einzelfall ein anderer nachzuweisen.

Behinderung der Wärmedehnungen kann bei Betonbauwerken Risse verursachen, deren Abstand sich näherungsweise errechnen läßt [448].

Tabelle 4.3-35. Thermischer Längendehnkoeffizient von Beton bei Wassergehalten von 180 bis 200 kg/m³ [82]

| Zuschlag | Feuchtigkeitsgehalt des Betons | Längendehnkoeffizient $\alpha_T$ in $10^{-6}/K$ | | | | |
|---|---|---|---|---|---|---|
| | | Zementgehalt in kg/m³ | | | | |
| | | 200 | 300 | 400 | 500 | 600 |
| Quarzgesteine | wassergesättigt | 11,6 | 11,6 | 11,6 | 11,6 | 11,6 |
| | lufttrocken | 12,7 | 13,0 | 13,4 | 13,8 | 14,2 |
| Quarzsande und -kiese | wassergesättigt | 11,1 | 11,1 | 11,2 | 11,2 | 11,3 |
| | lufttrocken | 12,2 | 12,6 | 13,0 | 13,4 | 13,9 |
| Granit, Gneis, Liparit | wassergesättigt | 7,9 | 8,1 | 8,3 | 8,5 | 8,8 |
| | lufttrocken | 9,1 | 9,7 | 10,2 | 10,9 | 11,8 |
| Syenit, Trachyt, Diorit, Andesit, Gabbro, Diabas, Basalt | wassergesättigt | 7,2 | 7,4 | 7,6 | 7,8 | 8,0 |
| | lufttrocken | 8,5 | 9,1 | 9,6 | 10,4 | 11,1 |
| dichter Kalkstein | wassergesättigt | 5,4 | 5,7 | 6,0 | 6,3 | 6,8 |
| | lufttrocken | 6,6 | 7,2 | 7,9 | 8,7 | 9,8 |

Die angegebenen Koeffizienten gelten bei lufttrockenem Beton für ein Alter bis zu 1 Jahr. Älterer Beton hat um $\Delta \alpha_T$ kleinere Werte $\alpha_T$, und zwar nach etwa 15 Jahren.

| Zementgehalt | kg/m³ | 200 | 300 | 400 | 500 | 600 |
|---|---|---|---|---|---|---|
| $\Delta \alpha_T$ | $10^{-6}/K$ | 0,5 | 0,7 | 0,9 | 1,2 | 1,4 |

*4.3.4.2.6.4 Verformungsverlauf.* Sowohl die elastischen als auch die bleibenden Verformungen von Beton sind davon abhängig, wie rasch die Belastung aufgebracht worden ist, wie lange sie gewirkt hat und welche Vorbelastung bereits stattgefunden hat, und wie oft die Belastungen sich wiederholt haben.

Bei der Erstbelastung zeigt sich, entsprechend der tatsächlichen Beanspruchung im Bauteil, an Prismen 10 cm × 15 cm × 60 cm gemessen [83], anfangs ein etwa parabelförmiger Verlauf der $\sigma/\beta_W$-Dehnungslinie, bei der durch zunehmende Verformungsgeschwindigkeit die Äste steiler werden.

Auf der Ordinate ist im Bild 4.3-54 das Verhältnis der Druckspannung zur Würfeldruckfestigkeit (20 cm) aufgetragen. Je höher die Betongüte ist, um so flacher ist der Anstiegswinkel, weil die Steifigkeit von Beton nicht im gleichen Maß wie die Festigkeit anwächst. Den mit verschiedenen Verformungsgeschwindigkeiten gewonnenen $\sigma/\beta_W$-Dehnungslinien eines Betons ($\beta_{W28}$ = 298 kp/cm², PZ 275, DE-Rheinkies 0/15, Z = 335 kg/m³, w = 0,55; $\varrho$ = 2,31 kg/dm³) ist im Bild 4.3-55 auch die Querdehnung $\varepsilon_q$, die von der Linie des gleichbleibenden Rauminhaltes $\varepsilon$ wesentlich abweicht, zugeordnet.

Mit gleichbleibender Belastungsgeschwindigkeit (kp/cm² s) durchgeführte Versuche ergaben etwa in 3,8% höhere Festigkeitswerte als die Versuche bei gleichbleibender Verformungsgeschwindigkeit.

DIN 1045 läßt für die Berechnung der Formänderungen vereinheitlichte Kennlinien zu, die je nach Würfeldruckfestigkeit des Betons verschieden große Spannungswerte $\beta_R$ ausweisen (Bild 4.3-56).

### 4.3.4 Eigenschaften des Betons

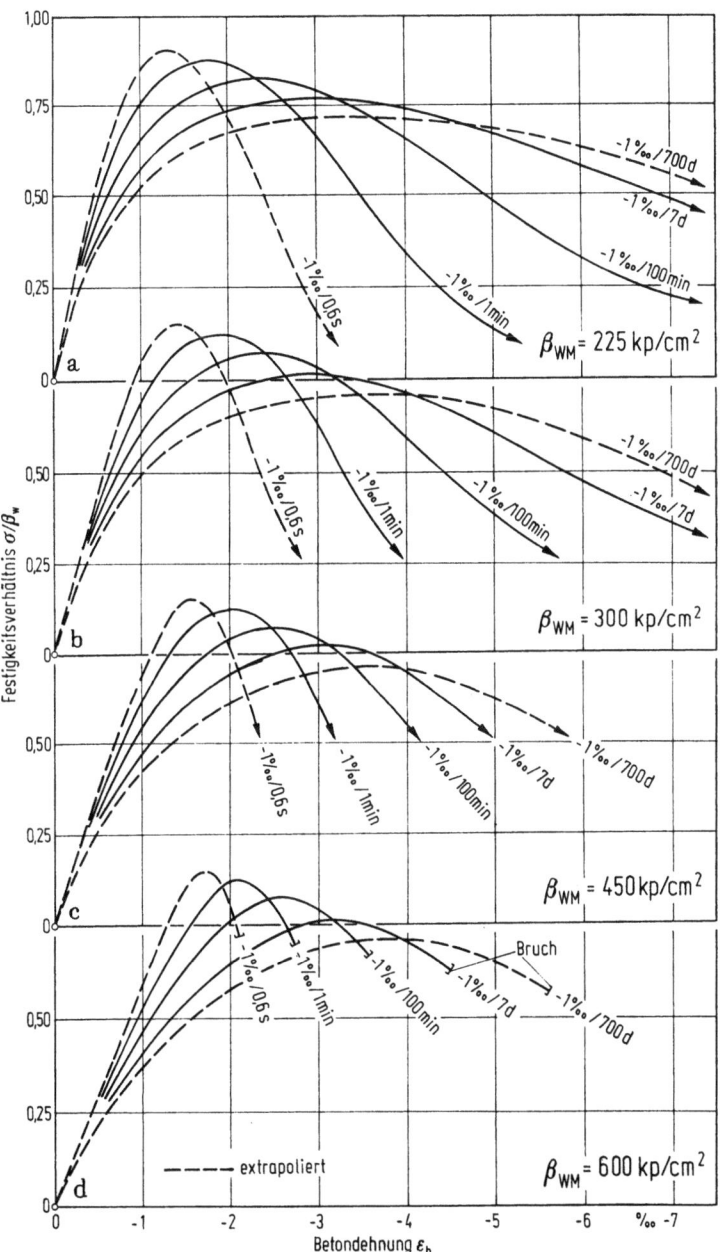

Bild 4.3-54. Spannungs-Dehnungslinien von Beton bei gleichbleibender Dehngeschwindigkeit $\dot{\varepsilon}_b$ als Parameter [83]; a) für Beton B 225; b) für Beton B 300; c) für Beton B 450; d) für Beton B 600.

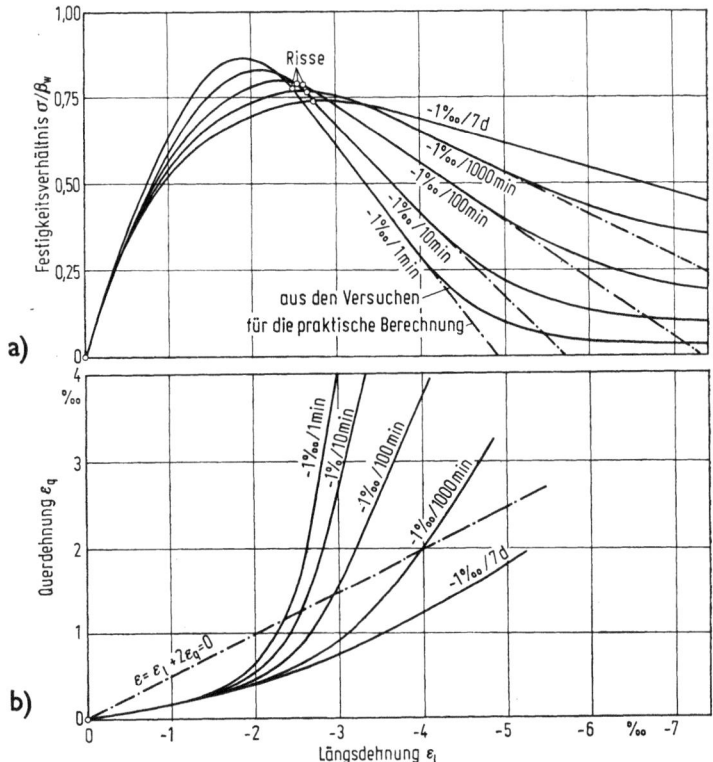

Bild 4.3-55. a) Spannungs-Dehnungslinien für die Berechnung; b) Querdehnungen von Beton; Längsdehngeschwindigkeit $\dot{\varepsilon}_1$ als Parameter [83].

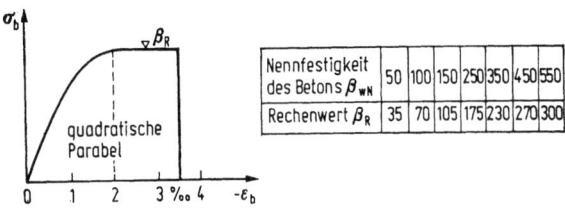

Bild 4.3-56. Spannungsdehnungslinien von Beton nach DIN 1045.

Wiederholt aufgebrachte Belastungen geben eine sich mit jedem Lastspiel ändernde Kennlinienform (Bild 4.3-57) [84]. Der Be- und Entlastungszweig sind entgegengesetzt gekrümmt. Je öfter die Be- und Entlastung erfolgt, um so mehr nähern sich diese Krümmungen einer Geraden. Die Gesamtformungen nehmen mit der Anzahl der Belastungen in Form einer Parabel zu. Die Zunahme der bleibenden Verformungen wird demnach zwar immer kleiner, aber nicht Null. Die Neigung der Sehne des Be- und Entlastungsastes einer Lastaufbringung sind zunächst stark voneinander verschieden, nähern sich bei

### 4.3.4 Eigenschaften des Betons

zunehmender Belastungszahl anscheinend einem Grenzwert. Die Steigung der Sehne ist nach der Gleichung $\tan \delta = \dfrac{1\,000\,000}{1{,}8 + 700/\beta_W}$ aus der Würfeldruckfestigkeit errechenbar. Auch der Verlauf der $\sigma-\varepsilon$-Linien wird durch wiederholtes Belasten etwas flacher. Beton kann statistisch isotrop betrachtet werden, solange keine grobe Zerstörung eingetreten ist. Er besitzt keine Fließeigenschaften, und der Bruch ist in jedem Fall spröde. Sein Verformungsverhalten kann nur näherungsweise mathematisch beschrieben werden, weil

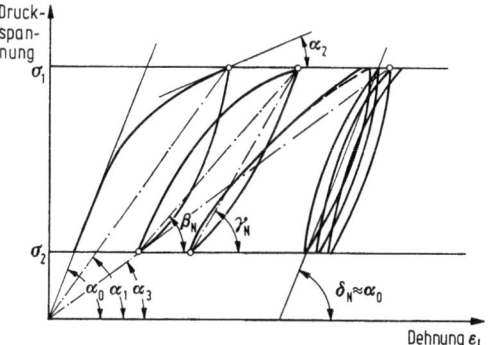

Bild 4.3-57. Verformungen von Beton bei wiederholter Belastung [84].

bereits im Bereich höherer Druckspannungen Zug- und Schubmikrorisse die sichtbare Zerstörung einleiten. Diese sind auch die maßgebende Ursache für die mit der Spannung zunehmende Krümmung der Spannungsdehnungslinie. Anschaulich läßt sich der Verformungsmechanismus durch ein Maxwellsches Modell darstellen, das durch ein nichtlineares Reibungselement zur Darstellung der bleibenden Verformungen und ein Schwindelement erweitert ist (Bild 4.3-58).

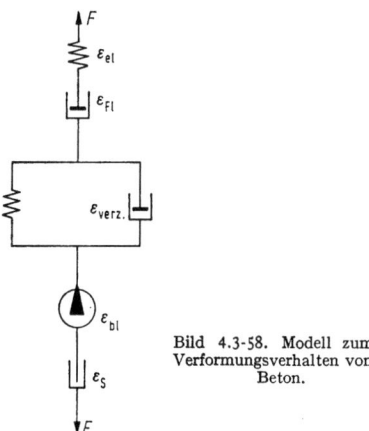

Bild 4.3-58. Modell zum Verformungsverhalten von Beton.

Durch die zeitabhängig-bleibenden ($\varepsilon_{Fl}$) und verzögert-elastischen ($\varepsilon_{verz}$)-Elemente ergibt sich zusammen mit den sofort zur Verformung beitragenden ($\varepsilon_{el}$ und $\varepsilon_{bl}$) eine Gesamtdehnung, die mit der im Versuch feststellbaren weitgehend übereinstimmt (Bild 4.3-59). Nimmt man ferner an, daß

$$\varepsilon + \varepsilon_{Fl\,verz} + \varepsilon_{bl} = \varepsilon_k$$

## 4.3 Mörtel und Beton

sich als Kriechverformung zusammenfassen läßt, und daß diese bis zu $^1/_3$ der Druckfestigkeit der einwirkenden Spannung verhältnisgleich ist, so kann man

$$\varepsilon_k = \varphi \varepsilon_{el} = \varphi \frac{\sigma}{E_b}$$

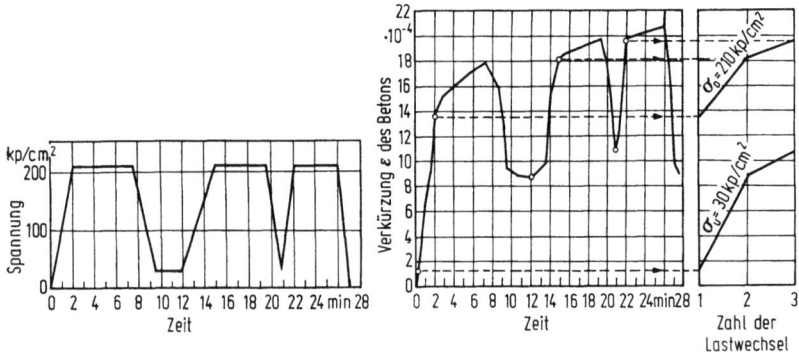

Bild 4.3-59. Einfluß von Zeit und Lastwechsel auf die Betonverformung [84].

setzen. Näherungsweise wird ferner in diesem Spannungsbereich $E_b = $ const und $\varepsilon_s$ proportional zum Kriechverlauf angenommen:

$$\varepsilon_{s(t)} = \frac{\varepsilon_{s0}}{\varphi_0} \varphi(t).$$

Es ergibt sich demnach [70] für Beton das Verformungsgesetz

$$\frac{d\varepsilon}{d\varphi} = \frac{1}{E_b} \frac{d\sigma}{d\varphi} + \frac{\sigma}{E_b} + \frac{\varepsilon_s}{\varphi}.$$

*Elastizitätsmodul und Dehnmodul.* Allgemeingültig ist der Elastizitätsmodul mit

$$E = \frac{d\sigma}{d\varepsilon}$$

definiert. Bei Beton ist er wegen der nichtlinearen Spannungs-Dehnungslinie spannungsabhängig. Im Bereich bis zu einem $^1/_3$ Prismenfestigkeit $\beta_P$ nimmt man aber den Elastizitätsmodul konstant an, da die Abweichungen von der Geraden noch gering sind (lineare Theorie). Da dieser Elastizitätsmodul dem Tangens des Neigungswinkels der Sehne entspricht, heißt er Sekantenmodul oder auch Sehnenmodul (Bild 4.3-57).

$$E_s = \tan \alpha_1 = \frac{\sigma_1}{\varepsilon}.$$

Er geht mit $\sigma_1 \rightarrow 0$ in

$$E_0 = \tan \alpha_0$$

über. Der Kehrwert des Elastizitätsmoduls wird als Dehnkoeffizient $e$ bezeichnet [83]:

$$e = \frac{1}{E}.$$

Die Elastizitätsmodulbestimmung kann an Prismen (15 cm × 15 cm × 60 cm) oder Zylindern (15 cm Durchmesser × 60 cm) vorgenommen werden. Zunächst wird der Prüfkörper je 1 Minute lang mit einer Grundlast (5 kp/cm²) und $^1/_3$ der erwarteten Bruchlast abwechselnd so lange belastet, bis sich die Anzeigen der Meßgeräte nicht mehr als um 10 μD (bei

### 4.3.4 Eigenschaften des Betons

mechanischen Meßverfahren) oder $2\,\mu D$ (bei optischen oder elektrischen Meßverfahren) unterscheiden ($1\,\mu D = 10^{-6}$ mm/mm). Der Elastizitätsmodul ergibt sich dann aus dem Quotienten der Spannungsdifferenzen zu den Dehnungsdifferenzen. Berücksichtigt man z. B. für Erstbelastungen auch die bleibenden Verformungen, dann spricht man vom Dehnmodul, der von der Spannung $\sigma$ abhängig ist (nach Bild 4.3-57)

$$D = \tan \alpha_2.$$

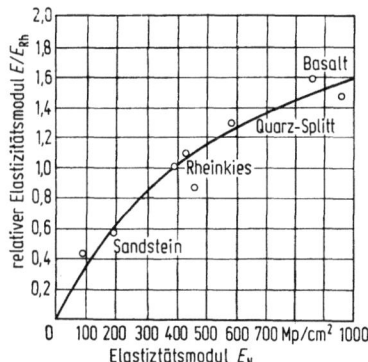

Bild 4.3-60. Einfluß der Zuschläge auf den Beton-Elastizitätsmodul [70].

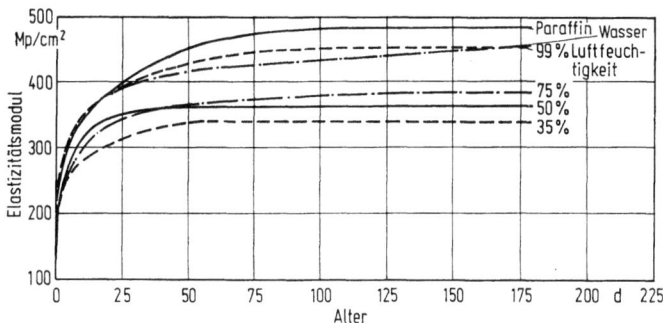

Bild 4.3-61. Einfluß der Lagerung auf den Elastizitätsmodul [453].

Zieht man wiederholte Vorbelastungen in Betracht, so ergibt sich ein weiterer Modul aus der Definition

$$D' = \tan \alpha_3.$$

Der Elastizitätsmodul wird um so größer, je besser die Zement-Normdruckfestigkeit, je kleiner der Wasserzementwert und je hohlraumärmer und starrer der Kornaufbau ist. Bezogen auf Rheinkies sind durch die Wahl des Zuschlages Veränderungen bis etwa $\pm 60\%$ bei Normalbeton möglich (Bild 4.3-60). Feuchtlagerung [453] trägt zur Verbesserung des Elastizitätsmoduls wesentlich bei (Bild 4.3-61).

## 4.3 Mörtel und Beton

Die Abhängigkeit des Dehnmoduls vom Alter und von der Belastungseinwirkung zeigt Bild 4.3-62). Nach 7 Tagen Belastung ist er wesentlich kleiner geworden [85].
Der Elastizitätsmodul hängt von der Druckfestigkeit des Betons ab und nimmt mit ihr über 28 Tage hinaus entsprechend zu [86].

Tabelle 4.3-36. Abhängigkeit des Elastizitätsmoduls vom Alter des Betons [86]

| Alter (Tage) | 7 | 28 | 45 | 90 | 180 | 2200 |
|---|---|---|---|---|---|---|
| $E_0$ | 0,76 | 1,0 | 1,06 | 1,11 | 1,18 | 1,27 |

Bei schlackenreichen Hochofenzementen kann bis zu 50% Zunahme erreicht werden [87].
Den Zusammenhang mit der Würfeldruckfestigkeit zeigt [70] (Bild 4.3-63).
Für Normal- und Leichtbeton gültig kann mit guter Näherung der Elastizitätsmodul nach der Gleichung [88]

$$E \approx 4000 \varrho^{3/2} \sqrt{\beta_W}$$

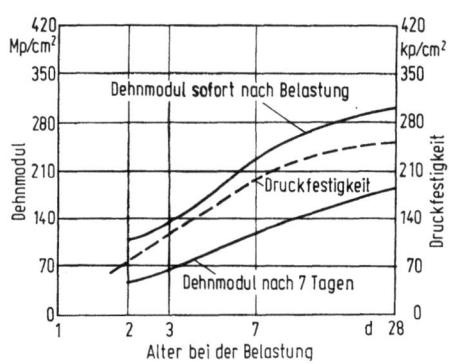

Bild 4.3-62. Abhängigkeit des Dehnmoduls vom Alter [85].

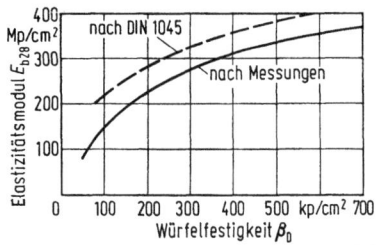

Bild 4.3-63. Zusammenhang von Elastizitätsmodul und Würfelfestigkeit [70].

errechnet werden. Der Elastizitätsmodul wird an Prismen gemessen, die auf Druck oder mit aufgeklebten Endplatten auf Zug beansprucht werden [56]. Zerstörungsfreie dynamische Messungen mit Hilfe von Schallschwingungen

$$E_d = C G_p f_0^2$$

oder Laufzeitmessungen

$$E_L = v^2 \varrho$$

ergeben höhere Werte [56]. Zusammenhang zwischen dem dynamisch gemessenen $E_d$ und der Zug-, Biegezug-, Spaltzugfestigkeit in [427], dynamische Messungen an Mörtelprismen zur Bestimmung der Zementfestigkeitsklasse in [454].

### 4.3.4 Eigenschaften des Betons

Tabelle 4.3-37. Elastizitätsmodul von Betonen

| Baustoff | $E$ in $10^6$ kp/cm² | Baustoff | $E$ in $10^6$ kp/cm² |
|---|---|---|---|
| Normalbeton | 0,1···0,5 | Hüttenbimsbeton | 0,05···0,18 |
| Zementmörtel des Betons | 0,1···0,15 | Einkornbeton | 0,04···0,1 |
| Leichtbeton | 0,01···0,1 | Magnetitbeton | 0,33···0,58 |
| Schaumbeton | 0,02···0,05 | Barytbeton | 0,30···0,33 |
| Konstruktionsleichtbeton | 0,1 ···0,2 | Eisenbeton | 0,46···0,62 |
| Blähschiefer- und Blähtonbeton | 0,13···0,7 | Betonzuschläge | 0,23···1,15 |
| Müllschlackensinterbeton | 0,24 | | |

*Schubmodul G* von Beton kann an Probekörpern mit rundem oder quadratischem Querschnitt im Verdrehversuch bestimmt werden.

$$G = \frac{M_t l}{\varphi I_P}$$

$$I_P = \frac{\pi d^4}{32} \quad \text{beim Kreisquerschnitt,}$$

$$I_P = \frac{d^4}{6} \quad \text{beim Quadratquerschnitt.}$$

Bei linear angenommener Spannungsverteilung sind die Winkeländerungen $\gamma$ nach dem Hooke-Gesetz

$$\gamma = \frac{\tau}{G} \quad \text{mit} \quad \tau = \frac{M_t}{I_P} r$$

für den Kreisquerschnitt errechenbar.

Mit Hilfe der Resonanzfrequenzmethode, bei der in einem prismatischen Probekörper Verdrehschwingungen veränderlicher Frequenz erzeugt werden, bis sich die an der größeren Schwingweite erkennbare Eigenschwingungszahl einstellt, läßt sich ein dynamischer Schubmodul bestimmen [454; 89]. Wenn es nicht auf besondere Genauigkeit ankommt, setzt man

$$G = 0{,}4 E$$

[2] gibt für einen Beton mit $E_Z = 298000$ kp/cm² einen Schubmodul von $G = 135000$ kp/cm² an.

*Querdehnzahl.* Sie ist durch das Verhältnis

$$\nu = \frac{\varepsilon_q}{\varepsilon_l}$$

definiert und steht mit den Größen $E$ und $G$ in dem Zusammenhang

$$\nu = \frac{E}{2G} - 1.$$

Die Querdehnzahl ist von der Zuschlagart, dem Alter, der Nachbehandlung, dem Spannungszustand (ein- oder mehrachsig) und von der Vorbelastung abhängig. Bei höherer Temperatur und Feuchtigkeit ergeben sich größere, bei zementreicheren Mischungen kleinere $\nu$-Werte [60]. Die Querdehnzahl wird mit zunehmender Druckbeanspruchung um so größer, je jünger der Beton und je höher sein Wasserzementwert ist. Nur bei niedrigen Spannungen ist $\nu$ annähernd konstant. Von etwa $^2/_3$ der Druckfestigkeit an gilt dieses Gesetz (von *Poisson*) nicht mehr [455], da Mikrorisse und normal zur Hauptspannungsrichtung wirkende Spannungen auftreten. Reiner Zementstein und ein Bn 250 haben bei ein- und zweiachsiger Druckbeanspruchung in der Lastebene aus Bild 4.3-64 und 4.3-65 ersichtliche Querdehnzahlen [60]. Eine vorangegangene Standbelastung hebt den $\nu$-Wert in einem einachsigen Druckbeanspruchungsbereich zwischen 0 und 250 kp/cm² auf etwa 0,2 an.

Den $\nu$-Wert-Verlauf bei einachsiger Zugbeanspruchung für Bn 250 zeigt Bild 4.3-66. Die Querdehnzahl $\nu$ liegt für Leicht- und Schwerbeton mit verschiedenen Zuschlägen zwischen 0,15 und 0,25. Als Rechenwert wird $\nu$ bei Normalbeton mit 0,17, bei hochwertigem mit 0,2 bis 0,25 eingesetzt. DIN 1045 sieht den Wert 0,2 vor, läßt aber zur Vereinfachung der Rechnung auch $\nu = 0$ zu.

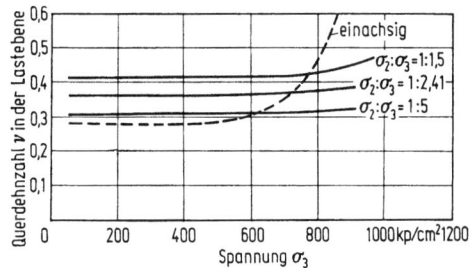

Bild 4.3-64. Querdehnzahl von Zementstein bei zweiachsiger Beanspruchung [60].

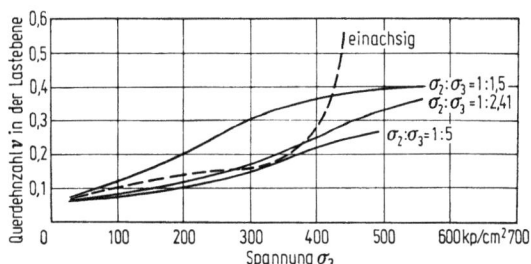

Bild 4.3-65. Querdehnzahl von Beton bei zweiachsiger Beanspruchung [60].

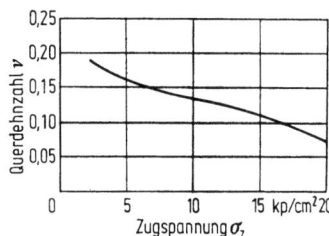

Bild 4.3-66. Querdehnzahl von Beton bei Zugbeanspruchung [60].

*Bruchdehnung.* Die Bruchdehnung von Beton ist von seiner Güte, dem Spannungszustand und der Lastdauer [150] abhängig. Mit zunehmender Festigkeit wird die Verformung bis zum Bruch kleiner. Sie wurde bei mittiger Belastung im Bereich zwischen 1,9 und 4,0 mm/m gemessen; in der Biegedruckzone treten auch bei kurzzeitiger Belastung höhere Werte auf (2,6 bis 5,0 mm/m) [73; 150]. Bei Zugbeanspruchung ist mit einer Bruchdehnung von 0,05 bis 0,15 mm/m zu rechnen.

*Kriechen.* Mit Kriechen bezeichnet man die zeitabhängige Zunahme bleibender Verformungen unter dauernd wirkenden Spannungen. Obwohl das Kriechen wie das Schwinden

4.3.4 Eigenschaften des Betons    511

mit der Absorption und Desorption des Wassers im Zementstein zusammenhängen [90; 456], betrachtet man beide Verformungsanteile als voneinander unabhängig. Es lassen sich dann die Verformungen aus Last, Schwinden und Kriechen einfach überlagern (Bild 4.3-67).

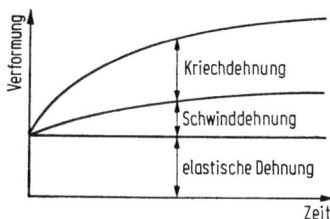

Bild 4.3-67. Verformungsanteile bei Beton (nach *Davis*).

Das *Kriechmaß* $k$ in cm²/kp bedeutet die durch die Einheit der Spannung hervorgerufene bezogene Längenänderung infolge Kriechens. Es hat einen durch die Gleichung

$$k(t) = \frac{t}{a + bt}$$

beschreibbaren hyperbolischen Verlauf und geht für $t \to \infty$ in den Wert

$$\frac{1}{b} = k_\infty$$

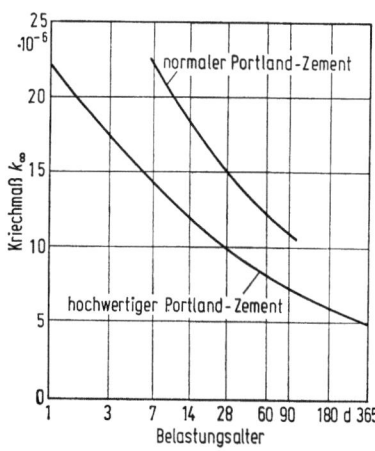

Bild 4.3-68. Endkriechmaß in Abhängigkeit vom Belastungsalter [92].

über, in das durch eine waagerechte Asymptote darstellbare Endkriechmaß (Bild 4.3-68). Läßt man die getrennt erfaßbaren Formänderungen durch Schwinden im folgenden außer Betracht und berücksichtigt man, daß die Formänderungen durch Kriechen — wie durch Versuch bestätigt — der wirkenden Spannung verhältnisgleich sind, so lautet die Grundbeziehung bei $E_b = $ const

$$\varepsilon = \frac{\sigma}{E_b} + \sigma k.$$

## 4.3 Mörtel und Beton

Definiert man ferner als Kriechzahl

$$\varphi = \frac{\text{Kriechdehnung}}{\text{elastische Dehnung}} = E_b k$$

und setzt oben ein, dann ist

$$\varepsilon = \frac{\sigma}{E_b}(1+\varphi).$$

Auch $\varphi$ ist zeitabhängig und strebt nach etwa 4 Jahren ihrem Endwert $\varphi_0$ zu.

Das Kriechen von Beton hängt vom Erhärtungszustand im Zeitpunkt des Aufbringens der Spannungen, von deren Größe und der Dauer ihrer Einwirkung, von der Beschaffenheit des Betons und dem Feuchtigkeitsgrad der Umgebung ab. In DIN 1045 wird der Einfluß des Belastungsalters und des zeitlichen Ablaufes durch die Beiwerte $k_1$ und $k_2$ berücksichtigt und (Bilder 4.3-52 und 4.3-53)

$$\varphi = \varphi_0 \cdot k_1 k_2$$

gesetzt.

Dem Einfluß der Lagerung trägt die Norm durch niedrige (Wasserlagerung) und hohe (trockene Luft mit 40% rel. Luftfeuchtigkeit) $\varphi_0$-Werte Rechnung und berücksichtigt auch die Konsistenz (Tabelle 4.3-30).

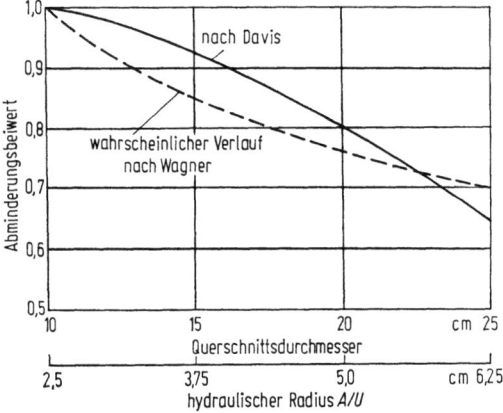

Bild 4.3-69. Einfluß der Querschnittsform auf das Kriechen [92].

Grundlegende Versuche [90—92] über das Kriechen haben zwar nicht alle, jedoch die wichtigsten Einflußgrößen bezüglich ihrer Auswirkung geklärt. Die Kriechverformung wird größer durch niedere Zement- und Betonfestigkeit, hohen Wasserzementwert, frühzeitiges Belasten (besonders vor 28 Tagen), großen Festleimporengehalt und Austrocknen des Betons während der Belastung. Aus der kurzzeitigen elastischen Verformung kann bei Betonen mit unterschiedlichen Zuschlägen kein eindeutiger Schluß auf die Kriechverformung gezogen werden. [92] schlägt vor, den mineralischen Einfluß der Zuschläge bei der Kriechverformung durch folgende Multiplikanden bei der Umrechnung zu berücksichtigen:

| | |
|---|---|
| Kiessand, Granit, Quarz | 1,0 |
| Kalkstein | 0,7 |
| Basalt | 1,4 |
| Sandstein | 1,6 |

Über den Einfluß der Querschnittsform liegen zwei verschiedene Ergebnisse vor (Bild 4.3-69). Das Querkriechen bei einachsigem Spannungszustand beträgt nach 1 Jahr etwa

4.3.4 Eigenschaften des Betons

$2 \cdot 10^{-6}$ cm²/kp und erreicht nur bei Sandstein den dreifachen Wert [91]. Bei zweiachsigen Dauerbelastungen scheinen sich die Spannungszustände hinsichtlich des Kriechens nicht zu beeinflussen [92]. Auf Zug belastete Proben zeigen etwa den gleichen Endwert der Kriechzahl wie bei Druck [457]. Im Verdrehversuch unterliegt das Kriechen des Betons den gleichen Gesetzmäßigkeiten wie beim Druckversuch.
Luftporen vergrößern das Kriechen [2]. Ein frühzeitiger wasserdampfdichter Anstrich kann die Kriech-(und Schwind-)Verformung merklich vermindern [93]. Nachverdichten des Betons hat keinen Einfluß. Tonerdeschmelzzement zeigt nach etwa einem Jahr Belastungsdauer neben einem Abfall der Druckfestigkeit ein starkes Anwachsen der Kriechverformungen [91]. Auswirkung des Kriechens auf die Durchbiegung von Stahlbetonbauteilen siehe [70].

#### 4.3.4.2.7 Durchdringbarkeit des Betons

*4.3.4.2.7.1 Gasdurchlässigkeit.* Gegen Luft kann Beton bis zu einem Überdruck von 5 at dicht hergestellt werden, wenn er 300 bis 350 kg/m³ Zement enthält, die Zuschläge mit ihrem Körnungsaufbau zwischen den Sieblinien A und B liegen und der Wasserzementwert unter 0,65 bleibt. Der Mehlkorngehalt und die Verdichtung müssen ausreichend sein. Voraussetzung ist ferner für die Luftdichtigkeit, daß der Feuchtigkeitsgehalt des Betons nicht unter einen Mindestwert sinkt. Feuchtigkeitsaufnahme stellt die Luftdichtigkeit wieder her. Anstriche auf der Überdruckseite helfen nur, wenn sie porenfrei sind [94].

Bei Wasserdampf herrscht zu beiden Seiten einer Betonschicht ein unterschiedlicher Dampfteildruck, der von den relativen Luftfeuchtigkeiten und den Temperaturen abhängig ist [H 08]. Die hindurch diffundierte Wasserdampfmasse $m$ in kg läßt sich aus der Gleichung des meßbaren Wasserdampfleitwertes

$$\delta = \frac{m}{A\,t}\,\frac{d}{p_1 - p_2}$$

errechnen [458]. Statt $\delta$ ist auch der *Diffusionswiderstandsbeiwert*

$$\psi = \frac{6{,}85 \cdot 10^{-6}}{\delta}$$

gebräuchlich, der für Luft definitionsgemäß den Wert 1 hat [96].

Tabelle 4.3-38. Wasserdampfleitwert von Mörtel und Beton bei 20°C und 0 bis 95% relativer Luftfeuchtigkeit

| Baustoff | $\delta$ in $10^{-8}$ kg m/kp h | Baustoff | $\delta$ in $10^{-8}$ kg m/kp h |
|---|---|---|---|
| Zementmörtel | 11,5 | Gasbeton (1350 kg/m³) | 65,0 |
| Kiesbeton | 18,0 | Ziegelsplittbeton | 56,0 |
| Blähbeton | 22,0 | Naturbimsbeton | 59,0 |
| Gasbeton (740 kg/m³) | 86,0 | Asbestzement | 2,2 |

Die angegebenen $\delta$-Werte werden durch einen niedrigen Wasserzementwert (bei vollständiger Verdichtung) sowie durch langes Feuchthalten zur guten Hydratation wesentlich verkleinert.

*4.3.4.2.7.2 Wasserdurchlässigkeit.* Der Zementsteinanteil, der im Normalfall rund 30 Volumprozente des Betons einnimmt, enthält etwa 1 bis 5% Luftporen und bei Wasserzementwerten zwischen 0,55 und 0,70 einen Kapillarporenanteil von 4 bis 9%. Je niedriger der Wasserzementwert, um so weniger wasserdurchlässig ist, vollständige Verdichtung vorausgesetzt, der Beton. Wasserdichtigkeit wird praktisch erreicht, wenn an der Luftseite ebensoviel Wasser verdunstet als hindurchströmt.
Dies wird durch eine Sieblinie der Zuschläge im günstigen Bereich, ausreichende Mehlkornmenge, einen Wasserzementwert $\leq 0{,}60$ und eine technisch vollkommene Frischbetonverdichtung sicher erreicht. Verflüssiger und Luftporenbildner wirken günstig. Da

es auch auf die Form der Poren ankommt, ist Dichtigkeit nicht mit Wasserdichtigkeit gleichsetzbar. Auch die Wasseraufnahme steht in keinem direkten Zusammenhang mit der Wasserdurchlässigkeit.

Laut DIN 1048 sind für die Wasserundurchlässigkeitsprüfung drei mindestens 12 cm dicke Proben herzustellen, an deren Bruchflächen die Eindringtiefen des Wassers gemessen werden. Der Mittelwert ist maßgebend. Die Überdrücke wirken 48 Stunden (1 at), 24 Stunden (3 at) und 24 Stunden (7 at) lang. Die größte Eindringtiefe soll nach DIN 1045 5 cm nicht überschreiten.

Unabhängig von der Zementart wird die Wassereindringtiefe mit abnehmendem Wasserzementwert und wachsendem Alter des Betons kleiner, jedoch nur bis zu einem bestimmten Kleinstwert [459]. Auch Beton mit etwas höherem Wasserzementwert [460] erlangt bei Wasserlagerung nach längerer Zeit praktisch Wasserdichtigkeit. DIN 1045 läßt daher für Beton II außer einem Wasserzementwert von 0,6 für 10 bis 30 cm dicke Bauteile auch 0,7 für dickere Bauteile als obere Grenze zu.

Bei starkem chemischen Angriff soll eine Eindringtiefe unter 3 cm angestrebt werden. Luftlagerung vergrößert die Wassereindringtiefe erheblich. Auch Feucht- und Wasserlagerung können stark voneinander abweichende Ergebnisse bringen [461]. Weitere Einflußgrößen in [94].

*4.3.4.2.7.3 Wärmeleitfähigkeit.* Beton leitet Wärme um so besser, je größer der Zementgehalt, die Wärmeleitfähigkeit der Zuschläge, der Feuchtigkeitsgehalt, seine Temperatur und seine Dicke sind. Größerer Porengehalt verkleinert etwas die Wärmeleitfähigkeit [2]. Bei sehr niedrigen Temperaturen ($-157°C$) werden wieder größere Wärmeleitfähigkeiten gemessen als bei Raumtemperatur [462].

Tabelle 4.3-39. Wärmeleitfähigkeit von Beton

| Betonart | $\lambda$ in kcal/mh K | Betonart | $\lambda$ in kcal/mh K |
|---|---|---|---|
| Zementmörtel (DIN 4108) | 1,20 | Bimsbeton | 0,25···0,40 |
| Beton $\leq$ Bn 150 | 1,30 | Gas- oder Schaumbeton | 0,12···0,30 |
| Beton $>$ Bn 150 | 1,75 | Barytbeton [10] | 1,30···1,40 |
| Beton, wassergesättigt | 1,65···2,0 | Magnetitbeton [10] | 1,10···2,50 |
| Ziegelsplittbeton | 0,65···0,80 | | |

*4.3.4.2.7.4 Schalldurchlässigkeit.* Durch Schall hervorgerufene Längswellen werden von Beton z. T. absorbiert, z. T. durch seine Inhomogenität dispergiert. Die starke Reflexion an Rissen, Fehlstellen und Bindefehlern gestattet es, mit Ultraschall die Gleichmäßigkeit des Betons zu beurteilen. Da bei höheren Frequenzen die Absorption zunimmt, kommt für die Prüfung des Betons nur Ultraschall im Bereich von 20 bis 70 kHz, bei sehr kurzen Betonweglängen bis $\approx$ 250 kHz in Betracht. Lufttrockener Schwerbeton läßt sich bis 3 m Dicke durchschallen [463].

In der Regel wird die Schallgeschwindigkeit gemessen, die mit dem Elastizitätsmodul in folgendem Zusammenhang steht (Bild 4.3-70):

$$\vartheta = \sqrt{\frac{E_d}{\varrho_0} \cdot \frac{(1 - \vartheta)}{(1 + \vartheta) \cdot (1 - 2\vartheta)}} \cdot 10^{-5} \text{ in } \frac{\text{km}}{\text{s}}.$$

Die Schallgeschwindigkeit hängt von der Art der Zuschläge, dem Zuschlaggehalt und nur im geringen Maße von der Zementsteingüte ab, die aber für die Betondruckfestigkeit maßgebend ist. Ein unmittelbarer Zusammenhang zwischen Druckfestigkeit und Schallgeschwindigkeit besteht daher nicht [463].

Zur Bestimmung der *Frühfestigkeit* eines Betons bekannter Zusammensetzung ist die Schallaufzeitmessung aber mit Erfolg anwendbar [464]. Auch Gefügeänderungen, wie sie durch hohe Druckbelastungen zustande kommen, und Hohlstellen lassen sich mit Hilfe der Schallgeschwindigkeit nachweisen.

### 4.3.4 Eigenschaften des Betons

Einfluß auf die Schallgeschwindigkeit haben außerdem die Feuchtigkeit (Sättigung ergibt etwa 0,5 km/s höhere Schallgeschwindigkeit entsprechend einem scheinbaren Druckfestigkeitszuwachs von 100 kp/cm²), Stahleinlagen (Durchschallung nur in Querrichtung möglich), die Temperatur und Risse [465], so daß bei unbekanntem Beton eine Gütebestimmung nicht möglich ist.

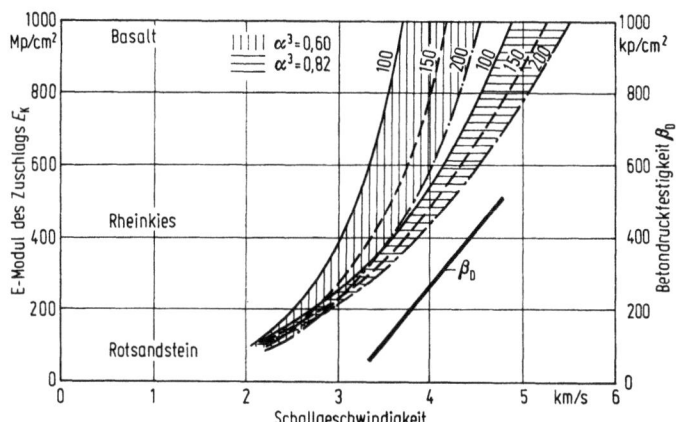

Bild 4.3-70. Zusammenhang von Elastizitätsmodul und Schallgeschwindigkeit in Beton, Parameter $E_{sz}$ (Elastizitätsmodul des Zementsteins), $\alpha^3 = V_K/V$ Anteil des Zuschlags am Gesamtvolumen.

*4.3.4.2.7.5 Strahlungsdurchlässigkeit.* Die Strahlungsdurchlässigkeit von Beton ist in zweifacher Hinsicht von Interesse: In der zerstörungsfreien Werkstoffprüfung werden mit Röntgen- oder $\gamma$-Strahlen Bauteile durchstrahlt, um Stahlbewehrung oder Ungleichmäßigkeiten der Rohdichte festzustellen. Bei Kernreaktoren dient Beton auch als Strahlungsschutz gegen $\alpha$-, $\beta$- und vor allem gegen $\gamma$-Strahlen und Neutronen, die das größte Durchdringungsvermögen haben.

Die Schwächung der Röntgen- oder $\gamma$-Strahlen erfolgt beim Durchgang durch Beton nach dem Gesetz

$$I_d = I_0 \, e^{-\xi d}.$$

Tabelle 4.3-40. Schwächungsbeiwert $\xi$ von Beton in 1/cm für verschiedene Strahlen [89]

| Strahler | Betonrohdichte $\varrho_b$ in kg/m³ | |
|---|---|---|
| | 2 200 | 3 500 |
| Co 60 | 0,12 | 0,18 |
| Cs 137 | 0,19 | 0,27 |
| Ir 192 | 0,21 | 0,29 |

Für größere Absorberdicken muß das Exponentialgesetz wegen des *Comptoneffektes* berichtigt werden.

Röntgenstrahlen von 150 kV können noch 200 mm Beton durchdringen.

$\gamma$-Strahler gibt es zwar bis 2 Curie[1] (Co 60, Cs 137) und 30 Curie (Ir 192); doch sind die wirtschaftlich noch zu durchstrahlenden Dicken nicht über

Co 60   400 mm,
Ir 192  200 mm,
Cs 137  200 mm.

---

[1] 1 Curie (Ci) = $3,7 \cdot 10^{10}$ · 1/s (vgl. DIN 1301).

## 4.3 Mörtel und Beton

γ-Strahlung ist eine elektromagnetische Welle, deren Energie in MeV (Megaelektronenvolt) ausgedrückt wird [H 08]. Gegen eine Beanspruchung von $2 \cdot 10^{11}$ MeV/cm²s, die eine Temperaturerhöhung um etwa 28°C im Beton verursacht, gilt dieser noch als beständig.

Zum Abbremsen von *Neutronen* eignen sich Elemente hoher Massenzahl (Baryt, Eisen) und wasserstoffhaltige Stoffe (Wasser, Bitumen), die für eine Umwandlung der Neutronenenergie sorgen. 21 cm dicker Beton (3550 kg/m³) schwächt z. B. eine schnelle Neutronenstrahlung auf 1/10 ab [97]. Beton gilt gegen eine Strahlung mit einer Flußdichte von $10^{11}$ Neutronen/cm² s sicher 10 Jahre als beständig.

*Strahlenschutzbeton* muß wasserundurchlässig und rissefrei bleiben. Sonderzemente sind (da nur 8% Gewichtsanteil am Beton) hinsichtlich der Neutronenabsorption kaum wirksamer als Normalzement. Ob der Zementstein durch Strahlung geschädigt werden kann, ist noch ungeklärt. Höhere Temperaturen (bis 320°C) veringern den Strahlenschutz [97].

Tabelle 4.3-41. Abschirmdicken für Beton, Blei und Wasser, die die Dosisleistung auf einen bestimmten Bruchteil vermindern in cm

| Stoff | Energie in MeV | Verminderung auf | | | | |
| --- | --- | --- | --- | --- | --- | --- |
| | | $10^{-1}$ | $10^{-2}$ | $10^{-3}$ | $10^{-4}$ | $10^{-5}$ |
| Beton | 0,5 | 20 | 33 | 46 | 57 | 70 |
| | 1,0 | 25 | 42 | 59 | 74 | 89 |
| | 2,0 | 32 | 56 | 80 | 102 | 122 |
| | 3,0 | 36 | 67 | 93 | 120 | 145 |
| Blei | 0,5 | 1,8 | 3,2 | 4,5 | 6,0 | 7,5 |
| | 1,0 | 3,7 | 7,0 | 10,2 | 13,2 | 17,2 |
| | 2,0 | 6,2 | 11,2 | 16,3 | 21 | 27 |
| | 3,0 | 6,4 | 12,5 | 18,3 | 24 | 29 |
| Wasser | 0,5 | 56 | 89 | 120 | 150 | 180 |
| | 3,0 | 89 | 158 | 226 | 285 | 356 |

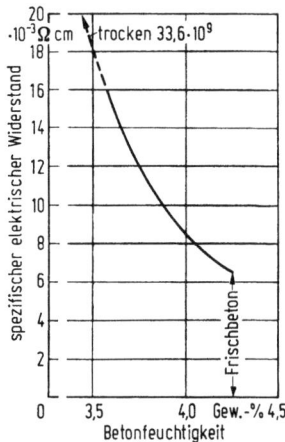

Bild 4.3-71. Abhängigkeit des spezifischen elektrischen Widerstandes von der Betonfeuchtigkeit.

*4.3.4.2.7.6 Elektrische Leitfähigkeit* von Beton ist vom Wasser- und dessen Salzgehalt abhängig. Bei üblichem Leitungswasser liegt der spezifische Widerstand in Abhängigkeit vom Feuchtigkeitsgehalt eines Betons Bn 250 zwischen $6,5 \cdot 10^3$ und $33,6 \cdot 10^9$ Ω cm (Bild 4.3-71).

### 4.3.4 Eigenschaften des Betons

Der Übergangswiderstand von einer Betonoberfläche zum Erdreich läßt sich durch bauübliche Isolation (bituminöser Anstrich oder Bitumenpappe) nur wenig beeinflussen [466].

Die Leitfähigkeit von Frischbeton ist bei der Anwärmung durch Gleichstrom mit Hilfe von Plattenelektroden an der Schalung von Interesse sowie bei der Konsistenzmessung über den Widerstand des Mischgutes. Kriechströme bei Tunnelröhren elektrischer Bahnen können an den Bewehrungsstählen, wenn es sich um Gleichspannung handelt, große Schäden (Absprengungen durch Ausdehnung der Elektrolytprodukte) verursachen [H 32]. Wechselspannung gilt in dieser Hinsicht als ungefährlich. Sehr hohe Ströme, wie sie bei Blitzeinschlag auftreten, schmelzen insbesondere im trockenen Beton, röhrenartige Hohlräume heraus.

#### 4.3.4.2.8 Sonstige Eigenschaften des Betons

*4.3.4.2.8.1 Wasseraufnahme.* Durch die vom Überschußwasser herrührenden feineren Kapillarporen besitzt Beton eine Wasseraufnahme, die zwischen 2 und 12 Vol.-% liegt und die eine Undurchlässigkeit gegen Druckwasser nicht ausschließt. Die Wasseraufnahme wird um so größer, je höher der Wasserzementwert und je kleiner der Zementgehalt ist. Ein guter Körnungsaufbau vermindert die Wasseraufnahme. Tricalciumsilikatarme Zemente und LP-Stoffe wirken sich günstig aus. Die Abhängigkeit vom Wasserzementwert zeigt Bild 4.3-72.

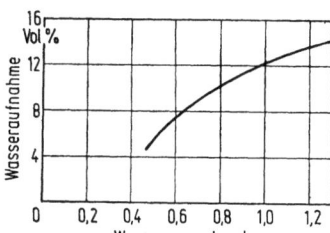

Bild 4.3-72. Zusammenhang von Wasseraufnahme und Wasserzementwert von Beton [94].

Auch feucht oder luftdicht abgeschlossener Frischbeton sinkt wegen der chemischen Wasserbindung auf einen Wassergehalt unter der Sättigung. Nur bei Wasserlagerung wird 95- bis 97%ige Sättigung durch Nachsaugen erreicht [82]. Die Wasseraufnahme kann durch Lagern bei langsam ansteigendem Wasserspiegel ($W_a$), Kochen, Evakuieren und anschließendem atmosphärischen oder auf 150 at erhöhten Überdruck ($W_D$) vergrößert werden. Sie wird in Anlehnung an DIN 52103 bestimmt. Die Wasserabgabe kann durch Trocknen bei 105°C oder im Exsikkator über entsprechenden Stoffen, die eine bestimmte relative Luftfeuchtigkeit erzwingen, beschleunigt werden [102].

Sättigung ist in keinem Fall voll erreichbar. Einmal ausgetrockneter Beton nimmt, da in der Regel nicht alle Poren wieder gefüllt werden können, weniger Wasser auf als bei seiner ersten Wasserlagerung. Das Verhältnis

$$U = \frac{W_a}{W_D}$$

heißt Sättigungswert. Er steht in nicht immer sicherem Zusammenhang mit dem Frostwiderstand [98].

Die Wasseraufnahme von Mörteln liegt zwischen 8 und 21, die von Leichtbeton zwischen 6 und 60 Vol.-% (Gewichtsprozente = Volumenprozente, geteilt durch die Trockenrohdichte des Betons).

Tabelle 4.3-42. Stoffe, mit denen ein definierter Endzustand der Feuchtigkeitsabgabe oder -aufnahme erreichbar ist [99], [100]

| Stoff | Chemische Formel | relative Luftfeuchte in % |
|---|---|---|
| Schwefelsäure | $H_2SO_4$ (80%) | 2 |
| Silicagel | | 3 |
| festes Lithiumchlorid | $LiCl \cdot H_2O$ | 15 |
| Calciumchlorid | $CaCl_2 \cdot 6 H_2O$ | 32 |
| Zinknitrat | $Zn(NO_3)_2 \cdot 6 H_2O$ | 42 |
| Natriumacetat | $CH_3COONa \cdot 3 H_2O$ | 76 |
| Kaliumsulfat | $K_2SO_4$ | 86 |
| Natriumsulfat | $Na_2SO_4 \cdot 10 H_2O$ | 93 |
| Calciumsulfat | $CaSO_4 \cdot 2 H_2O$ | 98 |

*4.3.4.2.8.2 Wasseraufsaugfähigkeit.* Durch die Kapillarporen nimmt Beton auch dann Wasser auf, wenn er nur an einem Teil der Oberfläche benetzt wird. Nur die eingedrungene Wassermenge (in Vol.-%) ist ein Maß für die Aufsaugfähigkeit, nicht aber die außen sichtbare Steighöhe, da in der Regel wegen der unterschiedlichen Porenausbildung im Inneren des Querschnitts eine andere Steighöhe sein wird als unter der Oberfläche.

Die Wasseraufsaugfähigkeit ist um so größer, je kleiner die Kapillarporen sind. Je dichter und bindemittelreicher ein Beton ist, um so geringer ist die mittlere Steighöhe. Sie liegt (bei $Z = 200$ bis 300 kg/m³) zwischen 10 und 18 cm. Ölige Flüssigkeiten, mit geringer Oberflächenspannung erreichen wesentlich größere Steighöhen.

Bei Putzmörteln bezieht man die in der Zeit $t$ in h aufgenommene Wassermenge $m_W$ in g auf die benetzte Fläche in cm². Der zeitliche Ablauf gehorcht dem Gesetz [467]

$$m_W = Q t^n.$$

Darin sind $Q$ die in einer Stunde aufgenommene Wassermenge in g/cm² h und $n$ ein stoffeigener Wert.

Tabelle 4.3-43. Zur Wasseraufnahme von Mörtel

| Mörtelart | | $Q$ in g/cm² h | $n$ |
|---|---|---|---|
| Kalkhydratmörtel | 1:3 bis 1:4 | 0,83···0,90 | 0,47···0,74 |
| Zementmörtel | 1:3 bis 1:4 | 0,21···0,27 | 0,42···0,68 |

Gas-, Schaum- und Einkornbetonwerte in [101].

*4.3.4.2.8.3 Wärmeentwicklung.* Zemente geben bei der Hydratation je nach Art Wärme frei, die mit Hilfe eines Lösungskalorimeters (DIN 1164) bestimmt werden kann. Die Hydratationswärme steht in eindeutiger Beziehung mit der Normdruckfestigkeit [468] des Zementes. Nach 7 Tagen ist die Wärmeentwicklung praktisch abgeklungen. Puzzolane besitzen nur die halbe Hydratationswärme von PZ 250 und vermindern daher bei 30% Zusatz die anfallende Wärmemenge um 15%. Auch $C_3A$-arme Zemente geben weniger Kalorien (50 bis 70 kcal/kg nach 28 Tagen). Ebenso wichtig wie die Wärme je kg ist der möglichst flache zeitliche Verlauf des Wärmeanfalles. Beton erwärmt sich im Grenzfall, wenn adiabates Verhalten vorausgesetzt werden kann, durch die Hydratationswärme des Zementes um

$$\Delta \vartheta_n = \frac{Z q_n}{c_b \varrho_b}.$$

Darin ist $\Delta \vartheta_n$ der Temperaturanstieg nach $n$ Tagen, $Z$ der Zementgehalt in kg/m³, $q_n$ die Hydratationswärme in $n$ Tagen, $c_b$ die spezifische Wärmekapazität des Betons und $\varrho_b$ die Rohdichte des Betons. Das Produkt $c_b \varrho_b = 550$ kcal/m³°C ist für alle Normalbetonarten etwa gleich [468]. Die Temperaturerhöhung läßt sich mit adiabaten Kalorimetern messen [469], [470].

Durch Auswahl des Zementes mit niedriger Wärmetönung, kleinem Zementgehalt (140 bis 200 kg/m³), größeren Größtkorndurchmessern und niedriger Einbringtemperatur

### 4.3.4 Eigenschaften des Betons

kann die Betontemperatur zur Vermeidung von Temperaturrissen [468] vermindert werden. Auch höhere Normendruckfestigkeit des Zementes gestattet es, bei ausreichend vorhandenem Mehlkorngehalt die erforderliche Zementmenge und damit die Betontemperatur herabzusetzen. Ergänzende konstruktive Maßnahmen: Blockbildung, Kühlspalte, wärmedämmende Schalung, Rohrinnenkühlung [103].

**4.3.4.2.8.4 Frostwiderstand** von Beton ist die wichtigste Voraussetzung für die Witterungsbeständigkeit [104]. Junger Beton kann durch einmaliges Auffrieren, erhärteter durch mehrmalige Frost-Tauwechsel auch in höherem Alter zerstört werden.

Der Frostwiderstand wird im wesentlichen von den Poren des Zementsteines bestimmt, da die Zuschläge in der Regel als frostbeständig vorausgesetzt werden können. ($\beta_D \geq$ 1 500 kp/cm², erforderlichenfalls Prüfung nach DIN 4226.) Die Zerstörung erfolgt durch die etwa 9 prozentige Volumenvergrößerung des gefrorenen Wassers, das über die saugfähigen Kapillaren (0,1 μm Durchmesser, 0 bis 40% des Zementsteines) eindringt und sprengend wirken kann. In den wesentlich kleineren Gelporen könnte das Wasser erst bei $-78\,°C$ frieren [98]. Künstliche Luftporen, die etwa einen 1 000mal größeren Durchmesser wie die Kapillaren haben, können das verdrängte (unterkühlte) Wasser aufnehmen und nach dem Auftauen wieder abgeben, wenn sie in genügender Anzahl und daher ausreichend naheliegend vorhanden sind [105].

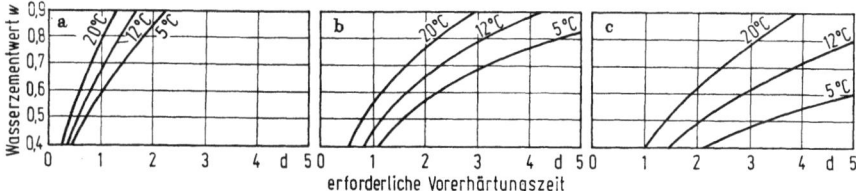

Bild 4.3-73. Vorhärtungszeit für jungen Beton zur Erreichung der Frostunempfindlichkeit; a) für PZ 475; b) für PZ 275; c) für HOZ 275-NH.

Schäden an Bauteilen treten manchmal erst bei mehr als 1 000 Frost-Tauwechseln auf. Die Gefahr für Frostschäden ist um so größer, je schneller das Frieren eintritt und je näher der Beton der vollen Wassersättigung ist. Die Wirkung des Frostes kann schon vor Eintritt sichtbarer Schäden durch die Ermittlung der Druck- oder Biegezugfestigkeit oder — zerstörungsfrei — über den dynamischen Elastizitätsmodul festgestellt werden. Durch den Sättigungswert kann die Frostbeständigkeit von Beton nicht ausreichend sicher bestimmt werden, da auch Setzporen für die Zerstörung durch Frost entscheidend sein können [98].

Junger Beton erleidet durch erstmaliges, auch länger andauerndes Durchfrieren keinen Schaden, wenn er eine Würfeldruckfestigkeit von mindestens 50 kp/cm² erreicht hat, vorausgesetzt, daß sein Zementgehalt $\geq 270$ kg/m³ und sein Wasserzementwert $\leq 0{,}60$ ist. Diese Mindestfestigkeit wird je nach Zementgüte und Betontemperatur nach einer bestimmten Vorhärtungszeit erreicht, die dem Bild 4.3-73 [471] entnommen werden kann [V 8].

Die Frostbeständigkeit des Betons hat zur Voraussetzung, daß der Zuschlagstoff frei von lehmigen, tonigen und glimmerhaltigen Bestandteilen ist, der Mehlkorngehalt auf die Mindestmenge beschränkt bleibt und der Wasserzementwert nicht über 0,60 (bei Verwendung eines Luftporenbildners nicht über 0,7) liegt. Der Gehalt an Luftporen soll je nach Größtkorn über 3 bzw. 5% liegen (DIN 1045). Während ein höherer Zementgehalt und eine feinere Ausmahlung den Beton frostempfindlicher machen, ist die Zementart nur wegen unterschiedlicher Porenbildung von geringem Einfluß.

Die Gefahr von Frostschäden kann durch wärmedämmende Abdeckungen, Schutzfilme und ausreichendes Feuchthalten vermindert werden [472]. Über Formeinfluß und Schalungsdämmwert siehe [V 9], Prüfverfahren [106; 473; 474].

## 4.3 Mörtel und Beton

**4.3.4.2.8.5 Verhalten bei höheren Temperaturen.** Mörtel und Beton verhalten sich bei höheren Temperaturen (etwa bis 600 °C) hinsichtlich der Druckfestigkeit im wesentlichen gleich. Man unterscheidet die *Kaltdruckfestigkeit*, die nach Abkühlen von einer bestimmten Temperatur bestimmt wird und die meist etwas höher liegende *Heißdruckfestgigkeit* bei Höchsttemperatur (Bild 4.3-74).

Die Kaltdruckfestigkeit steigt bei langsamer Erwärmung bis etwa 200 °C an, vorausgesetzt, daß die Proben zumindest die baupraktische Feuchtigkeit besaßen. Der Festigkeitsgewinn entspricht dem durch Wärmebehandlung erzielbaren [107]. Über dieser Temperatur ist der Festigkeitsverlust insbesondere ab 400 °C zunehmend größer, da dann bei kalkhydratreichem Beton das gebundene Wasser frei wird und sprengend wirkt. Bei 575 °C liegt ein ähnlich wirkender Umwandlungspunkt bei Quarz vor. Der Zeitpunkt der Lastaufbringung ist von wesentlichem Einfluß (Bild 4.3-75). Der Elastizitätsmodul nimmt stetig und rasch bis 300 °C ab und vermindert sich dann mit zunehmender Temperatur relativ nur wenig [475].

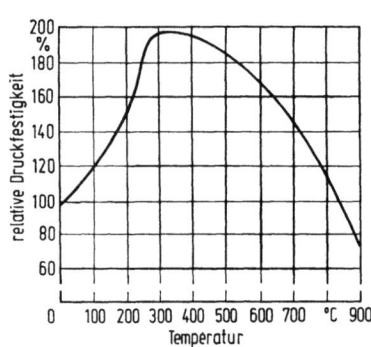

Bild 4.3-74. Heißdruckfestigkeit von Beton [475]. Massenverhältnis der Mischung 1:4, Zuschlag Grauwacke, Größtkorn 7 mm, Probekörperdurchmesser $d = 3,75$ cm, Probekörperhöhe $h = 3,5$ cm, Aufwärmgeschwindigkeit 8 °C/min.

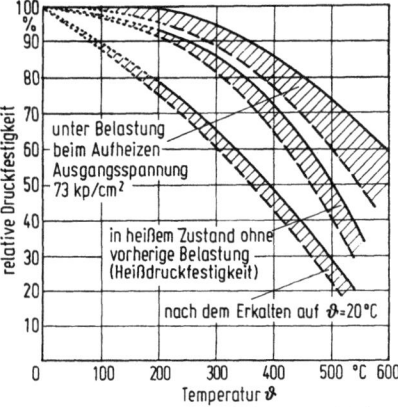

Bild 4.3-75. Betondruckfestigkeit in Abhängigkeit von der Temperatur [475]. Portlandzement, Flußsand und Kies als Zuschlag, $d = 9$ mm; Zylinderabmessungen $d = 5$ cm, $h = 10$ cm; Aufwärmgeschwindigkeit 5 bis 6 °C/min; — Mischungsverhältnis 1:6; --- Mischungsverhältnis 1:4,5.

Die Biegezugfestigkeit sinkt mit der Temperatur stetig und stärker ab als die Kaltdruckfestigkeit. Nachträgliche Wasserlagerung bringt einen beachtlichen Festigkeitsrückgewinn, Luftlagerung einen geringen weiteren Abfall. Die Porosität nimmt ab 300 °C stark zu. Sie kann durch Wasserlagerung wieder rückgängig gemacht werden.

Druckschwellbelasteter Beton zeigt nach Erwärmung etwa die gleichen Festigkeitsveränderungen, wie statisch belasteter.

Der Wasserzementwert hat keinen wesentlichen Einfluß auf das Temperaturverhalten [476].

Unter Druck erwärmter Beton erleidet eine mit zunehmender Spannung entsprechend abgeminderte Temperaturdehnung. Die bleibende, im kalten Zustand gemessene Verformung ist um so größer, je höher die Druckbeanspruchung war. Bei Fortdauer der Belastung steigen die Verformungswerte noch etwas an (Bild 4.3-76).

Über das *Brandverhalten* von bewehrtem Beton siehe [108], [109], von Spannbeton [477]. Durch geeignete Auswahl der Zuschlagstoffe und des Bindemittels lassen sich auch Hochtemperaturbetone herstellen [110]. Man unterscheidet

    hitzebeständigen Beton für    200 bis 1 100 °C,
    feuerfesten Beton für    1 100 bis 1 300 °C,
    hochfeuerfesten Beton für    > 1 300 °C.

### 4.3.4 Eigenschaften des Betons

Als Bindemittel dienen neben Zementen auch Wasserglas oder Magnesia, als Zuschlagstoffe z. B. Schamotte, Korund, Silika, Sinter-Magnesia, Chromerz oder Siliciumcarbid [111].

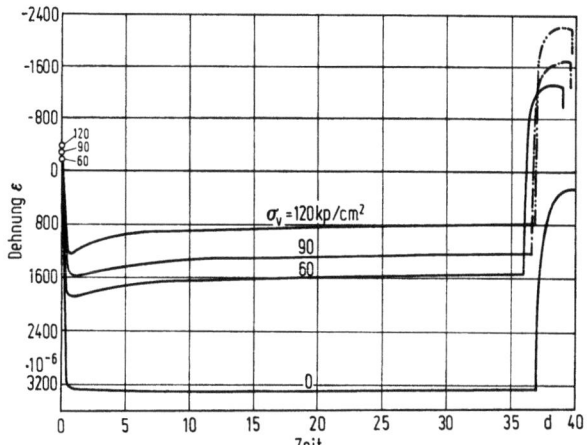

Bild 4.3-76. Betonverformung unter Druck bei 300 °C.

*4.3.4.2.8.6 Widerstand gegen chemische Einwirkungen.* Beton kann durch gegebene Umweltbedingungen chemischen Angriffen ausgesetzt sein, die bis zu seiner vollständigen Zerstörung führen. Betonschädlich wirken u. a. (DIN 4030), [478]:

*weiche Wässer* unter 3°d (deutsche Härtegrade [H 03]) lösen Kalkverbindungen;
*Wässer mit freien Säuren* (lösen Zement und carbonathaltige Zuschlagstoffe, $p_H$ <4,5 gilt als stark betonangreifend, $p_H$-Werte unter 6,5 als bereits schwach betonangreifend);
*freie Mineralsäuren* (lösen Zement und Carbonate);
*Schwefelwasserstoff* und *Schwefeldioxid* (bilden Salze);
*kalklösende Kohlensäure*;
*freie organische Säuren* (z. B. Essig-, Milch- und Buttersäure lösen Calcium. Weinsäure und Oxalsäure bilden dagegen Schutzschichten);
*Huminsäure* (nur für Frischbeton gefährlich);
*Sulfate* (führt zur Bildung von Calciumaluminatsulfat oder Gips und wirkt treibend);
*Magnesiumsalze* (wirken durch Verbindung mit Kalk festigkeitsschädigend);
*Ammoniumsalze* (außer Ammoniumcarbonat, -oxalat und -fluorid, wirken durch Abspaltung von Säuren in Anwesenheit von Kalk zerstörend);
*pflanzliche und tierische Fette* sowie Öle (wandeln den Kalk in weiche fettsaure Salze um);
*Mineralöle und -fette* wirken nicht betonschädlich, solange sie säurefrei sind und keine pflanzlichen oder tierischen Anteile enthalten (DIN 4030);
*leichtflüssige Öle* durchtränken den Beton und können dadurch seine Festigkeit beträchtlich herabsetzen.

Die Zerstörung zeigt sich in Form von Oberflächenrauhigkeit, Absanden, Abplatzungen, Rißnetzen oder Treiberscheinungen. Das Verhalten von Beton gegenüber anderen, nur in Sonderfällen vorkommenden Agenzien und die möglichen Schutzmaßnahmen sind umfassend untersucht worden [479]. Saure Wässer wirken um so zerstörender, je stärker die Konzentration, je größer die Fließgeschwindigkeit (Erneuerung); je höher Temperatur und der Flüssigkeitsdruck am Beton sind [112]. Beton ist gegen chemische Angriffe um so widerstandsfähiger, je dichter er hergestellt wurde. Das bedingt einen geeigneten Körnungsaufbau, ausreichenden Mehlkorngehalt, gute Verarbeitbarkeit, niedrigen Wasserzementwert und sorgfältige Nachbehandlung.

## 4.3 Mörtel und Beton

*Kalkhaltige Zuschlagstoffe* verzögern zwar einen Säureangriff, jedoch nur bei stehendem Wasser. Bei $p_H$-Werten unter 4,5 sind in jedem Fall Schutzschichten für den Beton erforderlich.

*Tausalze* (Natrium-, Calcium- und Magnesiumchlorid) beanspruchen Straßenbeton nicht chemisch, sondern dadurch, daß neben dem Eisdruck auch der Kristallisationsdruck der gesättigten und später gefrierenden unterkühlten Restsalzlösung physikalisch wirksam wird [98]. Dagegen spielt bei Tausalzschäden die rasche Abkühlung des Betons eine Rolle, weil das auf der Oberfläche tauende Eis diesem die Schmelzwärme entzieht und tiefer liegendes Kapillarwasser zum Gefrieren bringt [485]. Einen Schutz bietet auch bei ausreichender Betongüte nur ein Mindestluftporengehalt von 3,5%, der bei höherem Mehlkorngehalt auf 4,5% angehoben werden soll [480; V 10; V 11]. Der Mindestabstand der Luftporen muß 0,20 bis 0,25 mm sein, wenn sie als Ausweichraum wirken sollen [98]. Da gröbere Luftporen praktisch wenig zur Verbesserung des Frost- und Tausalzwiderstandes beitragen können, definiert man einen Luftporengehalt L 300, dem alle Poren bis 30 μm angehören und der nicht unter 1,5% liegen soll [117].

Bei jungem Straßenbeton ist auch eine Imprägnierung mit Leinölfirnis oder Epoxidharzlösung mit Erfolg versucht worden [113; 479].

Langzeituntersuchungen (20 Jahre) zeigten, daß aus den Zementeigenschaften nicht auf eine Sulfat-Beständigkeit des Betons geschlossen werden kann [481].

$C_3A$-freie Zemente sind auch gegen hoch konzentrierte Sulfatlösungen widerstandsfähig [484].

Die Witterungseinwirkung ist über 25 Jahre untersucht worden [104]. Beton kann nach dem derzeitigen Stand der Erkenntnisse gegen Meerwasser [114; 482], sulfathaltiges Haldenwasser und Moorwasser widerstandsfähig hergestellt werden [115; 483].

Öldurchtränkter Beton unter der Güte Bn 250 erleidet eine Druckfestigkeitsminderung von 10 bis 20%, höhere Güten werden u. U. sogar fester [116].

Technologische Maßnahmen am Beton gegen angreifende Wasser siehe [118; 486].

*4.3.4.2.8.7 Verschleiß.* Obwohl Betonoberflächen schleifend, rollend, durch Strahl oder Schlag auf Verschleiß beansprucht werden, begnügt man sich bei der Messung der Widerstandsfähigkeit gegenüber diesen Beanspruchungen mit der Bestimmung des Schleifverschleißes nach DIN 51108. Dieses Verfahren und auch andere, nicht genormte, sind jedoch hinsichtlich ihrer Aussagekraft umstritten [487]. Im strömenden Wasser kann neben dem Verschleiß durch mitgeführten Sand auch eine Oberflächenzerstörung durch Kavitation eintreten.

Der Verschleiß steht zwar in keiner einfachen unmittelbaren Beziehung zur Druck- oder Biegezugfestigkeit, er wird aber durch diese Größen beeinflußt. Eine deutlicher ausgeprägte Abhängigkeit zeigt er von der Rohdichte des Betons. Wesentlich ist ferner der Anteil, die Härte und Festigkeit der gröberen Zuschläge insbesondere bei Beton bis zu 720 kp/cm² Druckfestigkeit [436]. Im allg. wird geringer Verschleiß erreicht, wenn hochfester Beton verwendet wird ($w \leq 0{,}48$, $Z = 335$ kg/m³), lange feuchte Nachbehandlung nach bester Verdichtung mit geringstmöglichen Luftgehalt (ohne Beanspruchung durch Tausalze) gewährleistet ist und ein gut abgestufter Kornaufbau mit möglichst hohem Grobkornanteil ($\approx 45\%$ Sandgehalt) vorliegt. Wasserreste auf der Oberfläche sind zu entfernen. Bei hoher Beanspruchung ist ein Größtkorn von 16 mm günstiger als von 31,5 mm. Eine zusätzliche Verbesserung erreicht man durch Einstreuen von Hartgutschrott, Siliciumcarbid und Korund oder durch Fluatieren. Der Verschleißwiderstand wird mit zunehmendem Alter nicht in jedem Fall größer. Feuchtigkeit setzt ihn um $\approx 45\%$ herab [2].

Straßenbeton zeigt gemessen nach DIN 52108 einen Verschleiß je nach verwendeter Zuschlagart (Kalkstein, Rheinkies oder Porphyr) von 20 cm³/50 cm² (0,4 cm), 13,0 cm³/50 cm² (0,26 cm) und 7,5 cm³/50 cm² (0,15 cm). In Klammern steht die abgeschliffene Schichtdicke.

In den Anweisungen für den Bau von Betonfahrbahndecken (ABB) sind 32,5 cm³/50 cm² in feuchten und 17,5 cm³/50 cm² in trockenem Zustand noch zulässig (für das trockene Gestein 10 cm³/50 cm²).

*4.3.4.2.8.8 Reibungsbeiwert μ.* Er ist jene dimensionslose Größe, mit der eine auf die Berührungsfläche wirkende Anpreßkraft vervielfacht werden muß, um die Reibungskraft zu erhalten. Bei Beton zeigt er, von zahlreichen Einflußgrößen (Oberflächenrauhheit, Anteil und Beschaffenheit des Grobzuschlages und des Mörtels, Feuchtigkeit, Oberflächenveränderung durch wiederholte Beanspruchung) abhängig, einen großen Streubereich. Bei Fahrbahndecken spricht man vom Gleitbeiwert, der auch von der Geschwindigkeit des Fahrzeuges abhängig ist. Je größer die Geschwindigkeit ist, um so geringer fällt, besonders bei ,,geschlossenen" Oberflächen, der Gleitbeiwert aus [489]. Für Gummireifenprofile auf Straßenbeton liegt er bei 0,7 bis 0,9 (trocken) und 0,1 bis 0,9 (naß) [146], bei Laboratoriumswerten mit Gummireifen zwischen 0,3 und 0,6 [488]. Hohe Gleitbeiwerte erhält man durch die Verwendung eines scharfen natürlichen Quarz-Betonsandes mit möglichst stetiger Kornfolge, durch niedrigen $w$-Wert und ausreichendem Luftporengehalt sowie durch Entfernen des sich nach dem Abgleichen bildenden Wasserfilms. Eine nach dem Versteifen eingeprägte 1 bis 2 mm tiefe und rund 2 bis 3 mm weite Querriffelung bewirkt einen mit laufender Beanspruchung etwas zunehmenden Gleitbeiwert.

Reibungswerte bei extrem langsamen Bewegungen (1,14 mm/h) sind z. B. bei der Temperatur- und Feuchtigkeitsbewegung von Beton-Startbahnplatten von Interesse. Die Bewegung erfolgt dabei stetig, so daß ein Reibungswert der Ruhe nicht auftritt. Der mittlere Reibungswert zwischen Beton und Untergrund (bestehend aus bituminöser Ausgleichsschicht, überdeckt mit je 1 Lage paraffiniertem und bituminiertem Papier) wurde mit 0,52 gemessen [447].

Stahl (mit Walzhaut) auf Beton hat einen Reibungswert von etwa 0,5. Die Streuung kann jedoch wegen des meist vorhandenen und nicht überprüfbaren Formschlusses beträchtlich sein (bis 0,8). Wirksame Schmierung vermindert den Reibungsbeiwert bis 0,17.

Tabelle 4.3-44. An Brückenlagern gemessene Reibungsbeiwerte in Abhängigkeit von der Flächenpressung zwischen Gummi und Beton [67]

| $p$ | kp/cm² | 40 | 20 | 5 |
|---|---|---|---|---|
| $\mu$ | 1 | 0,14 | 0,22 | 0,58 |

*4.3.4.2.8.9 Carbonatisierung, Rißheilung, Ausblühungen.* Nach Abtrocknen der oberflächennahen Schicht eines Betons kann sich das hier vorhandene Calciumhydroxid durch Aufnahme von Kohlendioxid aus der Luft (0,03 Vol.-%, in bodennahen Schichten bis 1,4 Vol.-%) in Calciumcarbonat umwandeln. Dies führt einerseits zum Verlust der Passivierung ($p_H$-Wert sinkt unter 8) und somit des Rostschutzes, andererseits örtlich zu einer um 10 bis 100% größeren Druckfestigkeit und bis zu 40% größeren Zugfestigkeit [119]. Die Kugelschlag- und Rückprallprüfung ergibt wegen der bei Luftlagerung eintretenden Oberflächenverfestigung im Alter von etwa 2 Jahren Werte, die zur Beurteilung der Betonfestigkeit auf 65% bzw. 75% vermindert werden müssen [120]. Rosten der Stahleinlagen hat außer dem Verlust der Passivierung auch eine zeitweise Durchfeuchtung (Niederschläge, Tauwasser) und den Zutritt von Luftsauerstoff zur Voraussetzung. Durch das Entweichen des Calciumhydroxids tritt ein zusätzliches Schwinden ($\approx 900 \cdot 10^{-6}$) ein, das bei Behinderung zu Rissen führen kann. Die Rißtiefe entspricht etwa der Carbonatisierungstiefe. Die Gasdurchlässigkeit und das Wasseraufnahme- und Abgabevermögen der carbonatisierten Schicht wachsen.

Der Nachweis der Carbonatisierungstiefe kann u. a. durch Bestreichen der Bruchfläche mit einer 2%igen Phenolphthaleinlösung in Äthylalkohol erfolgen, die bei einem $p_H$-Wert über 9,3 von farblos in rot umschlägt. Die Carbonatisierungstiefe nimmt mit dem Alter (nach 50 Jahren etwa doppelt so groß wie nach 10 Jahren), der Porosität und dem Wasserzementwert (bei $w = 0,5$ halb so groß wie bei $w = 0,8$) zu. Portlandzemente carbonatisieren langsamer als Traß- und Hochofenzemente. Hohe Zementgehalte verlangsamen den Carbonatisierungsfortschritt, Wasserlagerung oder zeitweilige Befeuchtung verhindern bzw. verzögern ihn. Als Richtwerte können bei Beton mit dichtem Gefüge gelten [491]

Nach 6 Jahren: 2 bis 5 mm ($w = 0,60$)
10 bis 25 mm ($w = 0,95$).

An Bauwerken wurde gemessen: 85% aller Werte lagen unter 1 cm (im Freien unter Feuchtigkeitseinfluß,) unter 2 cm (im Freien gegen Feuchtigkeit geschützt).

In trockenen Räumen lagen nur 38% aller Werte unter 2 cm. Weitere Werte siehe [212].
Bei Leichtzuschlägen dringt Kohlensäure möglicherweise durch das poröse Korn ein. Die Betondeckung muß daher größer als das Größtkorn sein. Haufwerkporige Betone sind meist nach 2 Jahren durchcarbonatisiert; die Bewehrung muß daher durch Anstriche oder auf andere Weise gegen Rost geschützt werden [492].

Unter *Rißheilung* versteht man das Zuwachsen von meist in jungem Alter entstandenen, höchstens 1 bis 2 mm breiten Rissen. Es findet bei feuchtem Beton durch Ablagerung des gelösten Kalkhydrates, das aus dem Zement stammt, statt. Die Biegezugfestigkeit der verheilten Rißflächen wurde mit 1 bis 3 kp/cm² gemessen [493].

*Ausblühungen* entstehen bei Beton durch eingedrungenes Niederschlagswasser, das an Arbeitsfugen oder anderen undichten Stellen wieder austritt und vorwiegend das aus dem Zement herausgelöste Kalkhydrat durch Verdunsten ablagert. Die Kohlensäure der Luft wandelt es dann mit der Zeit zu wasserunlöslichem Kalkstein um. Außer diesen meist schlierenförmigen Kristallsinterungen verunzieren auch Flecken gleicher chemischer Zusammensetzung die Betonoberfläche, wenn stehendes, herabrinnendes oder zwischen die Schalung geratenes Wasser Kalkhydrat löst und später wegtrocknet.

Das Entstehen von Ausblühungen ist praktisch unabhängig von der Zementart, der Zusammensetzung, Dichtigkeit und Alter des Betons [122]. Sie können durch Zusatzmittel nicht verhindert werden, Anstriche aus Wasserglaslösung oder Siliconharz bieten dagegen einen weitgehenden Schutz [494]. Die Carbonatisierung des oberflächlichen Zementsteines stellt im Alter einen natürlichen und wirksamen Schutz dar.

### 4.3.5 Einflußgrößen in Beton

Die Eigenschaften von Beton werden nicht nur durch die Ausgangsstoffe und Zusammensetzung sondern auch durch die Art der Herstellung, Verarbeitung und Nachbehandlung beeinflußt. Soweit nicht schon bei den einzelnen Betoneigenschaften auf die jeweiligen Einflußgrößen eingegangen worden ist, sollen diese im folgenden behandelt werden.

#### 4.3.5.1 Zusammensetzung

Die *Zement-Festigkeitsklasse*, gekennzeichnet durch die Normdruckfestigkeit (DIN 1164), ist bei Zementgehalten unter 350 kg/m³ von größerem Einfluß auf die erzielbare Betondruckfestigkeit als bei sehr zementreichen Mischungen. Sie geht entsprechend dem Wasser-Zementwertgesetz als Multiplikand in die Betondruckfestigkeit ein [495].

Das *Größtkorn* des Zuschlags richtet sich nach der Größe und Bewehrungsdichte des Bauteiles und, bei Massenbeton, nach der Mischerkonstruktion. Bei Stahlbeton verwendet man in der Regel Korn bis zu 31,5 mm, seltener 63 mm Durchmesser, bei Massenbeton kann noch 150-mm-Korn in Mischern verarbeitet werden, größere Zuschlagstoffe werden als Steineinlagen eingerüttelt. Betonfertigteile mit kleinen Querschnitten erfordern eine Beschränkung auf 16 oder 8 mm Größtkorn. Der Zementgehalt und die Druckfestigkeit können durch die Wahl des Größtkorns wirksam beeinflußt werden.

Auch Ausfallkörnungen bringen Vorteile hinsichtlich Festigkeit und Verarbeitbarkeit [496], wenn sie ausreichend mit Rüttlern dynamisch verdichtet werden. Die *Kornform* und *Kornoberflächenbeschaffenheit* wirkt sich hauptsächlich auf die Verdichtungswilligkeit aus. Ist vollständige Frischbetonverdichtung hinreichend durch wirksames Rütteln erreichbar, so kann gebrochenes Korn bessere Festigkeiten ergeben als glattes. Solange die Druckfestigkeit des Gesteins mindestens doppelt so groß ist wie die des Betons, spielt die Gesteinsart nur eine nebensächliche Rolle [2].

Durch gebrochenes Feinkorn wird der Wasseranspruch erhöht (20 bis 30%) [497]. Es wird daher möglichst durch Natursand ersetzt.

Der Wasserzementwert bestimmt die Festigkeit des Zementsteines und damit auch die Druckfestigkeit des Betons, vorausgesetzt, daß es sich um ein voll verdichtungsfähiges Mischgut handelt. Nach *Graf* [2] ist

$$\beta_D = \frac{\beta_N}{Y w^2} \quad \text{in kp /cm}^2$$

### 4.3.5 Einflußgrößen in Beton

wobei die Konstante $Y$ einen Wert zwischen 2 und 6 annehmen kann und durch eine Eignungsprüfung (DIN 1048), nur für die jeweiligen Ausgangsstoffe gültig, bestimmt werden muß. Einen Teilabschnitt dieser zeichnerisch darstellbaren Gleichung zeigt *Walz* für mittlere Verhältnisse in dem Bild 4.3-14. Bei nicht verdichtbaren, wasserarmen Gemengen fällt die Druckfestigkeit nach einer anderen Gesetzmäßigkeit je nach Zementgehalt von einem bestimmten Wasserzementwert an wieder ab (Bild 4.3-77).

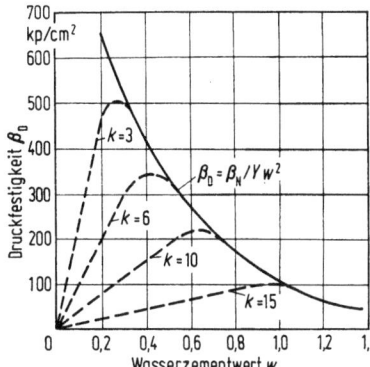

Bild 4.3-77. Druckfestigkeit in Abhängigkeit vom Wasserzementwert [1].

Durch gründliche Verdichtung am Rüttlertisch lassen sich noch $w$-Werte zwischen 0,24 und 0,28 anwenden, die z. B. bei 15 mm Größtkorn 28-Tage-Zylinderdruckfestigkeiten von etwa 800 kp/cm² ergeben [498].

Für häufig vorkommende Verhältnisse ($\beta_N = 400$ kp/cm², Kies 0/31,5 mm) ergeben sich nach [4] zur Erzielung einer bestimmten Betonfestigkeit die Betonzusammensetzungen in Tab. 4.3-45, die je nach Konsistenz verschieden sind. Sie stellen Richtwerte für jene Fälle dar, bei denen die Einhaltung einer Mindestzementmenge nach DIN 1045 nicht erforderlich ist (Eignungsprüfungen).

Tabelle 4.3-45. Betonzusammensetzungen

| Konsistenz | Betongüte | Sieblinienbereich | Mischungsverhältnis in Gew.-T. | Baustoffbedarf | | |
|---|---|---|---|---|---|---|
| | | | | Zement kg/m³ | Zuschlag kg/m³ | Wasser dm³/m³ |
| K 1 | Bn 50 | A/B$_{31,5}$<br>B/C$_{31,5}$ | 1:21,2:1,5<br>1:17,2:1,4 | 100<br>120 | 2120<br>2060 | 150<br>170 |
| | Bn 100 | A/B$_{31,5}$<br>B/C$_{31,5}$ | 1:14,9:1,1<br>1:12,6:1,1 | 140<br>160 | 2080<br>2020 | 150<br>170 |
| | Bn 150 | A/B$_{31,5}$<br>B/C$_{31,5}$ | 1:11,4:0,8<br>1: 9,9:0,9 | 180<br>200 | 2050<br>1980 | 150<br>170 |
| K 2 | Bn 100 | A/B$_{31,5}$<br>B/C$_{31,5}$ | 1:11,1:0,9<br>1:8,6:0,9 | 180<br>220 | 2000<br>1800 | 170<br>190 |
| | Bn 150 | A/B$_{31,5}$<br>B/C$_{31,5}$ | 1:9,4:0,8<br>1:7,8:0,8 | 210<br>240 | 1980<br>1880 | 170<br>190 |
| | Bn 250 | A/B$_{31,5}$<br>B/C$_{31,5}$ | 1:7,7:0,7<br>1:6,4:0,7 | 250<br>280 | 1930<br>1860 | 170<br>190 |
| K 3 | Bn 100 | A/B$_{31,5}$<br>B/C$_{31,5}$ | 1:8,6:0,9<br>1:8,0:0,9 | 220<br>230 | 1900<br>1830 | 190<br>210 |
| | Bn 150 | A/B$_{31,5}$<br>B/C$_{31,5}$ | 1:8,0:0,8<br>1:7,0:0,8 | 240<br>260 | 1880<br>1820 | 190<br>210 |
| | Bn 250 | A/B$_{31,5}$<br>B/C$_{31,5}$ | 1:6,6:0,7<br>1:5,6:0,7 | 280<br>320 | 1860<br>1780 | 190<br>210 |

## 4.3 Mörtel und Beton

Das *Mischungsverhältnis* und der *Zementgehalt* lassen sich bei der Eignungsprüfung aus der erforderlichen Leimmenge, die zur Erzielung einer bestimmten Konsistenz erforderlich ist, ermitteln. Das Mischungsverhältnis wird in Gewichtsteilen angegeben (Zement: Zuschlag:Wasser $= 1:k:w$*) und ist immer auf den Trockenzustand des Zuschlages bezogen. Der Wassergehalt der Zuschläge, insbesondere unter der Korngröße 4 mm, muß bestimmt [499] und der Anmachwassermenge in Anrechnung gebracht werden. Der Zementgehalt gibt das Zementgewicht je m³ fertig verdichteten Betons in kg/m³ an. Zuschlagmenge (kg/m³), Wasseranteil und Wasserzementwert stehen bei gegebenen Zement- und Zuschlagdichten (3,0 kg/dm³ bzw. 2,65 kg/dm³) im Zusammenhang gemäß Bild 4.3-78 [4].

Bild 4.3-79 zeigt den Zementgehalt in Abhängigkeit vom Mischungsverhältnis bei einem Beton der Konsistenz K 3 (weich).

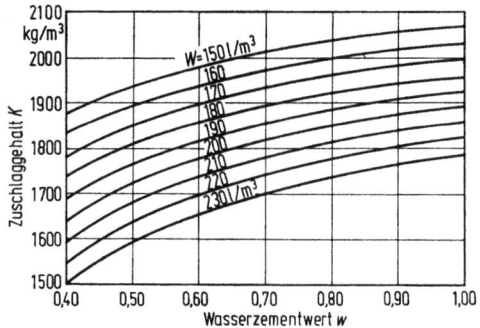

Bild 4.3-78. Zuschlagmenge für 1 m³ verdichteten Betons, in Abhängigkeit vom Wasserzementwert [4], $\varrho_{0Z} = 3{,}0$ kg/dm³; $\varrho_{0K} = 2{,}65$ kg/dm³.

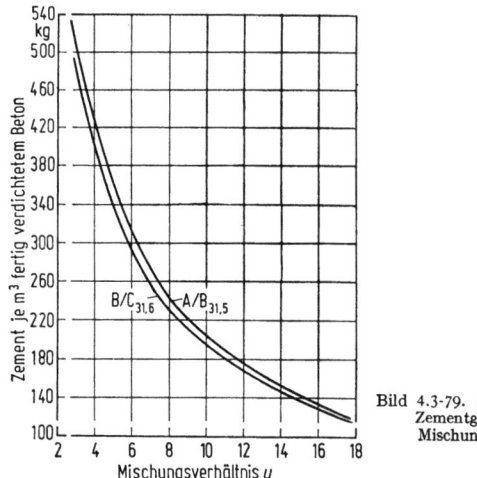

Bild 4.3-79. Abhängigkeit des Zementgehaltes vom Mischungsverhältnis.

### 4.3.5.2 Herstellung

**4.3.5.2.1 Mischen** (vgl. [31]). Dem Mischen des Betons (Mörtels) kommt hinsichtlich der Streuung der Festbetoneigenschaften entscheidende Bedeutung zu. Richtige Anteilmengen werden durch Chargenmischung und Zuteilen nach Gewicht besser gewährleistet

### 4.3.5 Einflußgrößen in Beton

als durch kontinuierliches Mischen und Zugeben in Raumteilen. Raumteilmäßige Zugabe ist nur bei porösen Zuschlägen, die viel Wasser aufgenommen haben können, empfehlenswert. Neben den üblichen Freifall- und Zwangsmischern [500] können auch Geräte und Verfahren angewendet werden, die gleichzeitig eine zusätzliche Verbesserung der Betoneigenschaften bewirken sollen.

Die *Intensivmischung* hat durch Vormischen des Betonmörtels (Zweiphasenmischung bei schnellerer Umdrehungszahl oder Einsatz eines Wirblers im Zwangsmischer) eine Verbesserung der Rüttelwilligkeit, der Druck- und Biegezugfestigkeit (vor allem der Frühfestigkeit), der Dichte und der Frostbeständigkeit zur Folge. Die Bildung von Mikroluftporen wird erleichtert und durch Zementeinsparung die Hydratationswärme vermindert [501]. Empfindliche Grobzuschläge (z. B. Baryt) werden durch die kürzere Mischdauer der 2. Phase geschont.

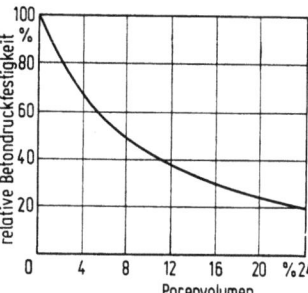

Bild 4.3-80. Einfluß des Porenvolumens auf die Druckfestigkeit [314].

Die *Dreiphasenmischung* [41] bereitet den Zement noch zusätzlich vorher mit dem Anmachwasser in einer Emulgiermaschine auf. Sowohl bei der Intensiv- als auch bei der Dreiphasenmischung geht es darum, die Klümpchenbildung des Zementes zu beseitigen und eine *Nachmahlung* (Abreiben der Gelschichten) zu erzielen, was zu einer besseren Umhüllung der Zuschlagstoffe führt [123].

Das *Colcrete-Verfahren* verwendet einen Zweitrommelmischer und stellt in einem Mischvorgang den Zementleim, im zweiten den Mörtel (Colgrout) her. Dieser wird am Ort über die groben Zuschläge gegossen [124].

In der Fertigteilindustrie kann der Mischvorgang durch Einleiten von Dampf gleichzeitig zur Beschleunigung der Hydratation genutzt werden.

Langdauerndes Mischen mit zunehmender Tourenzahl beschleunigt das Versteifen beträchtlich, die Betontemperatur steigt insbesondere bei größeren Mengen, und der Luftporengehalt kann bis auf 50% des Ausgangswertes sinken [502]. Der Abrieb bleibt unter 4% (0/0,25-Zunahme nach 4 Stunden Mischzeit), ist jedoch vom Zuschlaggestein abhängig. Die Druckfestigkeit kann unter der Voraussetzung, daß trotz Versteifens vollständig verdichtet wird, um 65%, die Anfangsfestigkeit sogar um 150% ansteigen. Die Biegezugfestigkeit wird gleichfalls verbessert. Betonzusammensetzung und Verzögerungsmittel wirken sich praktisch nicht auf die Folgen langen Mischens aus.

Für Transportbeton ist neben dem Rühren (2 bis 6 U/min) auch ein Mischen im Fahrzeug (4 bis 12 U/min) erforderlich, wenn es sich nicht um werkgemischten, sondern fahrzeuggemischten Beton handelt [125]. Das Entladen soll spätestens 1,5 Stunden (Fahrzeuge ohne Rührwerk 45 Min.) nach Zugabe des Wasser beendet sein.

**4.3.5.2.2 Verdichten.** Festigkeit und Dichte des Betons sind stark vom Festbetonporenraum abhängig, der durch sorgfältiges Verdichten bis auf 1 bis 2 Volumenprozente vermindert werden kann. Den Einfluß auf die Druckfestigkeit zeigt Bild 4.3-80.

Voraussetzung für einwandfreies Verdichten ist sachgerechtes Einbringen ohne Entmischen und eine richtig gewählte Konsistenz (K) [127].

Das Verdichten kann durch Stochern (K 2, K 3), Stampfen (K 1), Walzen (K 1), Schleudern (K 1), Schocken (K 1, K 2), Pressen (K 1) unter gleichzeitigem Rütteln ($w = 0,3$) und Rütteln (K 1, K 2) erfolgen.

Die Wirkung der wegen ihrer Wirtschaftlichkeit weit verbreiteten Rüttelverdichtung (Tisch-, Außen-, Innen- und Oberflächenrüttler) ist von der Rüttelbeschleunigung

$$a = 5{,}59 s n^2 g \cdot 10^{-6} \text{ cm/s}^2$$

abhängig. Darin bedeutet $s$ die Schwingweite in cm, $n$ die Schwingzahl in 1/min, $g = 981$ cm/s² die Fallbeschleunigung. $n$ soll bei Tischrüttlern (DIN 4236) über 2800, bei Innenrüttlern (DIN 4235) über 8000 liegen. Die Zentrifugalkraft der Unwucht, die der zu verdichtenden Betonmenge angepaßt sein muß (z. B. 500 kp bei Innenrüttlern), ergibt sich dabei aus ihrer Masse und Exzentrizität. Gerichtete (lineare) Schwingungen und lose Formen ergeben bei Rütteltischen eine bessere Verdichtung als kreisförmige Schwingungen und festgeschraubte Formen [128; 129]. Die Verdichtung des Betons wird in Würfelformen durch Innenrüttler [130] oder auf Rütteltischen bei Wahl von zu großen Beschleunigungen (über 1,5 $g$ bei loser bzw. 8 $g$ bei fest aufgespannter Form) oder durch länger andauerndes Einwirken nur unwesentlich verändert [128]. Stampfen ergibt 4 bis 20% geringere Festigkeiten als Rütteln.

Nach DIN 4235 kann bei Innenrüttlern die Verdichtungszeit aus der Gleichung

$$t_v = \frac{h + b}{4} \text{ in s}$$

errechnet werden.

$h$ Schichthöhe (möglichst groß, 30 bis 100 cm), $b$ Eintauchtiefe in die untere Betonschicht (maximal 2 Stunden alt, 15 bis 45 cm).

Die „vollständige" Verdichtung ist an der oberflächlichen Verflüssigung und dem Nachlassen des Austritts von Luftblasen zu erkennen.

Eine geringe Auflast ($\approx 0{,}04$ kp/cm²) ist vor allem beim Verdichten von Leichtbeton zweckmäßig [131], bei Normalbeton beschleunigt sie das Entweichen der eingeschlossenen Luftblasen.

Nachverdichten des Betons bis zu einem Betonalter von $\approx 1{,}5$ Stunden kann 10% Druckfestigkeitsminderung, nach 2 Stunden und mehr dagegen eine Festigkeitszunahme bis zu 20% bewirken. Im Alter von 7 Stunden ändert sich die Druckfestigkeit durch nochmaliges Verdichten nicht mehr. Der Zuwachs ist sowohl im 7-Tage- wie 90-Tage-Prüfalter prozentual gleich groß. Die Zugfestigkeit ändert sich durch Nachverdichten nicht [93]. Auch die Rohdichte, die elastischen Verformungen und das Kriechverhalten bleiben unbeeinflußt.

### 4.3.5.3 Nachbehandlung

Im engeren Sinne versteht man hier jene Maßnahmen, die dem erhärteten Beton das für die Hydratation notwendige Wasser sichern. Dies kann durch Besprengen mit Wasser (nicht bei stark erwärmtem jungem Beton, da Temperaturrißgefahr), durch Abdecken (Sand, Stroh- oder Schilfmatten, Plastikfolien) oder durch Aufsprühen von Filmen (Kunstharz, wachsartige Teilchen in wäßrigen Emulsionen), im jungen Betonalter (nach $\approx 3$ Stunden) geschehen. Neben der Vermeidung von Schwindrissen erzielt man eine höhere Druckfestigkeit, Wasserundurchlässigkeit und Abriebfestigkeit. Das Schwinden wird verzögert und in ein Alter verlagert, in dem der Beton bereits eine ausreichende Zugfestigkeit hat. Die Dauer der Nachbehandlung muß bei langsam erhärtenden Zementen und großen Wasserzementwerten länger sein. Sie hängt auch von den klimatischen Umweltbedingungen ab [127]. Das Austrocknen hängt von der relativen Luftfeuchtigkeit, der Windgeschwindigkeit und der Temperatur der Luft und des Betons ab. Es wird von der Betonzusammensetzung nur wenig beeinflußt [418].

Wasserdampfdichte Anstriche aus Kunstharz oder ähnlichem, wie sie in der Regel an Betonprüfkörpern im Laboratorium ausgeführt werden, bewirken eine Veränderung des Schwindens und Kriechens, und zwar um so mehr, je früher der Anstrich erfolgte.

Die Druckfestigkeit wird durch die zurückgehaltene Feuchtigkeit nur wenig vermindert [93].

Die Druckfestigkeit von Probewürfeln ist praktisch davon unabhängig, ob sie bis zur Prüfung bei $\approx 20\,°C$ unter Wasser oder nur die ersten 7 Tage feucht und dann bei 65% rel. Luftfeuchtigkeit nach DIN 1048 gelagert worden sind [411]. Massige Bauteile im Freien behalten auch an der Luft durch zeitweise Niederschläge ausreichend Wasser für die Hydratation und weisen gleichgroße Festigkeiten auf, wie dauernd wassergelagerte.

#### 4.3.5.4 Erhärtungsalter

Bei Temperaturen um $20\,°C$ und den üblichen Feuchtigkeitsverhältnissen, wie sie in freier Witterung gegeben sind, kann im Mittel bei verschiedenen Zementen mit den in Tabelle 4.3-46 aufgeführten Festigkeitsverhältnissen, bezogen auf die 28-Tagefestigkeit, gerechnet werden [132].

Tabelle 4.3-46. Festigkeitsverhältnis von Zement als Funktion der Erhärtungszeit

| Festigkeitsentwicklung des Zementes | Festigkeitsverhältnis in % im Alter (Tage) | | | | |
|---|---|---|---|---|---|
| | 3 | 7 | 28 | 180 | 360 |
| schnell | 65 | 75 | 100 | 110 | 120 |
| normal | 45 | 65 | 100 | 120 | 140 |
| langsam | 35 | 55 | 100 | 130 | 160 |

Bei ausreichender Feuchtigkeit dauert die Festigkeitszunahme abklingend über viele Jahre noch an. Für die Vorausberechnung der 28-Tage-Druckfestigkeit gibt es zahlreiche Formeln [1]. Für das höhere Alter ist eine Voraussage bei wechselndem Feuchtigkeitseinfluß unmöglich.

#### 4.3.5.5 Erhärtungstemperatur

In der Bautechnik sind folgende Temperaturbereiche von Bedeutung:
Erhärtung bei $\approx +5\,°C$, zeitweise aber Minustemperaturen,
Erhärtung zwischen $0\,°C$ und $-10\,°C$,
Erhärtung bei höheren Temperaturen bis $80\,°C$.

Massige Bauteile sind durch Frost weniger gefährdet als dünnwandige oder feingliedrige Bei Minustemperaturen ist es von entscheidender Bedeutung, ob der junge Beton bereits vor dem Durchfrosten eine ausreichende Druckfestigkeit erreicht hat ($50\,kp/cm^2$), die ihn vor Schäden schützt, vorausgesetzt daß er durch seine Zusammensetzung überhaupt frostbeständig ist [503].

Erhärten bei niedrigen Temperaturen (0 bis $-10\,°C$) bewirkt zwar eine sehr langsame Festigkeitszunahme, seine Endfestigkeit ist aber nach ausreichend langer Lagerung bei wieder normaler Temperatur sogar noch etwas höher [504]. Für Temperaturen bis $+40\,°C$, denen der erhärtende Beton verschieden lang ausgesetzt ist, läßt sich die Reife $R$ nach *Saul* [4] errechnen, der die Betonerhärtung bei $-10\,°C$ beginnend annimmt:

$$R = \sum t(T + 10)$$

ist die Anzahl der Tage mit der Temperatur $T$ und $T$ die mittlere Tagestemperatur des Betons in $°C$. Die Umrechnung der Reife $R$ in Prozente der 28-Tage-Festigkeit zeigt Bild 4.3-81.

Bei der Berechnung ist erforderlichenfalls für jeden Zeitabschnitt mit etwa gleichbleibender Temperatur die Reife zu berechnen und anschließend die Summe aller $R_i$ zu bilden. Frischbetontemperaturen sollen $+30\,°C$ nicht überschreiten [373]. Um hohe Frühfestigkeiten zu erreichen, kann man Beton durch eine Wärmebehandlung in feuchtigkeitsgesättigter Atmosphäre von 60 bis 80°C bereits im Alter von 24 Stunden die unter Normallagerung zu erwartende 3-Tage-Festigkeit geben. Die 28-Tage- und 90-Tage-Festigkeit fällt aber dadurch um etwa 10% [133; V 12].

Die Festigkeitsveränderung ist jeweils vom Zement, dem Wasserzementwert und der Wärmebehandlungsdauer abhängig [134]. Die Vorlagerungszeit zwischen Wasserzugabe und Aufbringen der erhöhten Temperatur wirkt festigkeitssteigernd [506]. Der Zeitbedarf für die eigentliche Wärmebehandlung setzt sich etwa aus 2 Stunden Aufheizen, drei Stunden Härten und einer Stunde Auskühlen zusammen. Er richtet sich nach den Abmessungen der zu behandelnden Teile [V 13]. Höhere Frühfestigkeiten ergeben sich auch durch Warmmischen, bei dem Sattdampf das Mischgut auf 55 bis 60°C erwärmt und kondensiert als Anmachwasser verwendet wird [508].

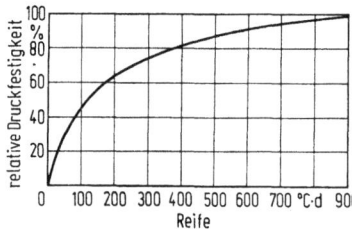

Bild 4.3-81. Relative Druckfestigkeit in Abhängigkeit von der Reife [4], Beton aus PZ 275 mit $w = 0{,}60$.

### 4.3.5.6 Dampfhärtung

Feinstverteilte Kieselsäure der Zuschläge geht mit dem Kalkhydrat des Zementes bei Dampftemperaturen über 150°C Verbindungen ein, die zu Betondruckfestigkeiten bis zu 1 500 kp/cm² führen können. Diese in Autoklaven unter Überdruck von etwa 8 at durchgeführte Behandlung des Betons nennt man Dampfhärtung. Sie erzielt die besten Ergebnisse bei 180°C und 8stündigem Einwirken und wird vorwiegend bei Gas- und Schaumbeton angewandt [507]. Eine Nachhärtung ist hierbei nicht zu erwarten.

## 4.3.6 Entwurf von Betonmischungen

### 4.3.6.1 Einführung

Grundsätzlich ist es möglich, die Betonzusammensetzung zu berechnen, d. h. aufgrund einer vorgegebenen Solldruckfestigkeit, den Zement-, Zuschlag- und Wassergehalt in kg je m³ verdichteten Beton anzugeben. Die Normdruckfestigkeit des Zementes, die geforderte Konsistenz, die Kornzusammensetzung des Zuschlages und der Luftporengehalt würden dabei als Parameter eingehen. Jede Rechnung hat aber zur Voraussetzung, daß die Eigenschaften und gegenseitige Beeinflussung der Ausgangsstoffe bekannt sind. Hinzu kommt, daß Zusatzmittel den Wasseranspruch und den Luftporengehalt verändern, so daß eine erschöpfende Kennzeichnung des Zusammenwirkens nur in Einzelfällen möglich ist. Die Berechnung hat daher in der Praxis die empirischen Methoden nicht voll ersetzen können.

Für die drei Unbekannten $Z$, $K$ und $W$ stehen drei Gleichungen zur Verfügung [509]. Die Druckfestigkeitsbeziehung nach *Graf*

$$\beta_D = \frac{\beta_N}{Y w^2} \text{ in kp/cm}^2 \quad \text{oder nach } Bolomey \quad \beta_D = B\left(\frac{1}{w} - 0{,}5\right) \text{ in kp/cm}^2,$$

die *Stoffraumgleichung* $\quad \dfrac{Z}{\varrho_{oZ}} + \dfrac{K}{\varrho_{oK}} + \dfrac{W}{\varrho_W} + P = 1\,000 \text{ dm}^3$

und die *Wasseranspruchsgleichung* $\quad W = \alpha_Z Z + \sum \alpha_i \Delta K_i;$

$\Delta K_i$ Anteil der Korngruppe $i$ in kg/m³.

In der 1. Gleichung nach *Graf* ist $Y$ ein Beiwert, der auch vom Wasserzementwert und vom Porenvolumen abhängig ist [510] und Werte zwischen 2 und 6 annehmen kann [2].
In der Gleichung nach *Bolomey* ist $B$ ein Beiwert, der von der Lagerungsart des Betons und der Zementfestigkeit abhängt.

In der Praxis benutzt man aber statt dieser Formeln meist ein von *Walz* [135] eingeführtes Diagramm (Bild 4.3-14), aus dem bei gegebener Normdruckfestigkeit des Zementes für eine geforderte Betonfestigkeit der größtzulässige Wasserzementwert entnommen werden kann.

Die *Wasseranspruchszahlen* $\alpha$ müssen empirisch für die einzelnen Korngruppen bestimmt werden [497] und stehen im Schaubild zur Verfügung (Bild 4.3-82).

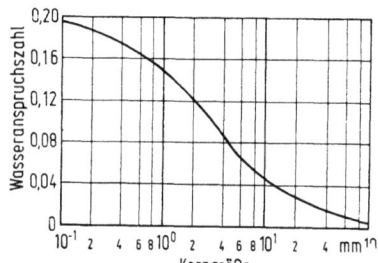

Bild 4.3-82. Wasseranspruchszahl $\alpha$ in Abhängigkeit von der Korngröße [509].

Der Wasseranspruch von Zement ist nach [509] mit $\alpha_Z = 0{,}193$ kg/kg anzusetzen wenn ein Ausbreitmaß von 40 bis 45 cm erzielt werden soll. Für steiferen Beton müssen die $\alpha_Z$-Werte verkleinert werden, im Extremfall bis auf $0{,}85 \times 0{,}193$. Der Wasserbedarf des Betons (dm³/m³) in Abhängigkeit vom Größtkorn und der Konsistenz ist in Tabelle 4.3-47 zusammengestellt. Den unterschiedlichen Kornzusammensetzungen wird durch Angabe von Grenzwerten Rechnung getragen. Die Zahlen gelten nur bis zu einem Mehlkorngehalt von 360 kg/m³ und bedürfen darüber einer Korrektur um $+0{,}1\,(M - 350)$ kg/m³.

Tabelle 4.3-47. Gesamtwassergehalt $W$ in dm³/m³ als Funktion des Größtkorndurchmessers bei verschiedenen Konsistenzen

| Konsistenz | Größtkorn in mm bis | | | |
|---|---|---|---|---|
| | 8 | 16 | 31,5 | 63 |
| K 1 | 195···215 | 170···195 | 150···175 | 135···160 |
| K 2 | 210···245 | 190···220 | 170···195 | 155···180 |
| K 3 | 235···265 | 210···230 | 185···215 | 170···195 |

Für Zement kann man eine etwas größere Wasseranspruchszahl einführen, die dann je nach verlangter Konsistenz durch Multiplikation mit einer Konsistenzzahl zwischen 0,80 und 1,20 angepaßt wird [497]. Die Wasseranspruchszahl ist in diesem Fall auf 1 dm³ Festvolumen des Zementes bezogen (0,80 dm³/dm³).

### 4.3.6.2 Berechnungsverfahren

Für den Entwurf einer Betonmischung sind in der Regel gegeben:
Sieblinie des Zuschlagstoffes in Gew.-%,
Normfestigkeit des Zementes in kp/cm²,
Gewünschte Konsistenz,

Dichten des Zementes und des Zuschlags (bei PZ 3,1 kg/dm³ und 2,65 kg/dm³ als häufigster Mittelwert).

Für die geforderten Betondruckfestigkeiten (kp/cm²) sind gesucht Zementgehalt, Zuschlaggehalt, Wassergehalt, jeweils in kg/m³.

*Berechnungsgang.* Wasseranspruch des Zuschlags und des Zementes nach der Wasseranspruchsgleichung bestimmen und die gewünschte Konsistenz durch Abminderung des Wertes für den Zuschlag (1,0 bis 0,85) berücksichtigen.

Aus Bild 4.3-14 für die Normdruckfestigkeit des Zementes auf Grund der geforderten Betondruckfestigkeit den Wasserzementwert entnehmen, der nicht überschritten werden darf. Nach DIN 1045 ist bei Eignungsprüfungen ein Vorhaltemaß vorzusehen, d. h. die im Laboratorium erzielte Festigkeit muß um einen Erfahrungswert höher liegen als die im Baustellenbetrieb zu erwartende.

Mit Hilfe der Stoffraumgleichung, in die $W = wZ$ (kg/m³) und ein geschätzter Restporengehalt von $P = 20$ dm³ oder $P = 0$ eingesetzt wird, sowie mit der Wasseranspruchsgleichung lassen sich nun die Unbekannten $Z$ und $M$ errechnen;

$$W = wZ.$$

Dieser Rechnungsgang [509] läßt sich auch in Schaubildern auswerten, so daß die Ergebnisse durch Ablesen an Schaulinien gewonnen werden können.

Ähnliche Berechnungsverfahren in [497; 510; 511]. In [4] wird die Tatsache genutzt, daß die Konsistenz eines Frischbetons hauptsächlich vom Wassergehalt abhängt und daß der Zementgehalt dabei kaum eine Rolle spielt. Der Wasseranspruch kann daher auch allein aus der Sieblinie berechnet werden, und zwar durch Summierung aller Durchgangsprozente bis zu einem bestimmten Größtkorn.

### 4.3.6.3 Empirische Verfahren

Wegen zahlreicher Einflußgrößen (Gesteinsart, Oberflächenbeschaffenheit, Kornform, Kornzusammensetzung innerhalb einer Korngruppe, gebrochener- oder Natursand, Restluftporengehalt,) die bei den idealisierten Voraussetzungen für die Berechnung einer Betonmischung nicht ausreichend Berücksichtigung finden konnten, sind Entscheidungen auf Grund einer Eignungsprüfung zu treffen, die in DIN 1045 für nach eigenem Ermessen zusammengesetzten Beton vorgeschrieben ist. Auch geht es praktisch manchmal darum, durch Veränderung einer der Einflußgrößen, z. B. der Sieblinie, die wirtschaftlichste Mischung zu ermitteln. Die Änderungen des Zementbedarfes sind zwar klein, wirken sich aber kostenmäßig besonders bei großen Bauwerkskörpern aus. Meistens soll ein Beton bestimmter Druckfestigkeit und Konsistenz mit möglichst wenig Zement- und Arbeitsaufwand hergestellt und eingebracht werden.

**4.3.6.3.1 Zementleim-Verfahren.** Die zu vergleichenden Probemischungen müssen alle die gleiche Konsistenz haben. Es wäre unweckmäßig (arbeitsaufwändiger), Mischungen mit unterschiedlichen Zementgehalten anzusetzen und jeweils so viel Wasser zuzugeben, bis die gewünschte Konsistenz erreicht ist. Man bestimmt besser aus Bild 4.3-14 den Wasserzementwert und bereitet eine ausreichende Leimmenge vor, die durch ein Tauchrührwerk am Entmischen gehindert wird [410]. Zu den getrockneten Zuschlagstoffen im Mischer wird dann soviel Leim hinzugefügt, bis die gewünschte Konsistenz erreicht ist. Die Zementzugabe ist dann

$$m_Z = \frac{m_{ZL}}{1 + m_W/m_Z} \quad \text{in kg}$$

$m_{ZL}$ Masse des Zementleimes. Waren $m_K$ kg trockene Zuschlagstoffe im Mischer, so beträgt das Mischungsverhältnis

$$m_Z : m_K : m_W = 1 : \frac{m_K}{m_Z} : \frac{m_W}{m_Z}.$$

### 4.3.6 Entwurf von Betonmischungen

Der Zementgehalt kann mit Hilfe der Frischrohdichte ermittelt werden. Wiegt der verdichtete Beton einer 20-cm-Würfelform $m$ kg, so ist

$$\varrho_b = \frac{m}{8} \text{ in kg/dm}^3,$$

und der Zementgehalt je m³ beträgt dann

$$Z = \frac{1000\,\varrho_b}{1 + m_K/m_Z + m_W/m_Z} \text{ in kg/m}^3$$

$$K = \frac{m_K}{m_Z} Z \text{ in kg/m}^3,$$

$$W = \frac{m_W}{m_Z} Z \text{ in kg/m}^3.$$

Ergibt die Druckfestigkeitsprüfung eine vom Sollwert ($S$) wesentlich abweichende Festigkeit ($I$), so kann z. B. nach der Druckfestigkeitsbeziehung von *Graf* ein $Y$-Wert errechnet werden, mit dessen Hilfe ein berichtigter Wasserzementwert $w'$ für die nächste Probemischung erhalten wird, z. B.:

$$Y = \frac{\beta_N}{\beta_{DI} w^2}; \quad w' = \sqrt{\frac{\beta_N}{Y \beta_{DS}}}$$

**4.3.6.3.2 Hohlraum-Verfahren.** Bei Beton, von dem eine gute Grünstandsfestigkeit verlangt werden muß, ist es besonders wichtig, die Zementleimmenge klein zu halten. Mit Hilfe eines Mischungsprüfgerätes [512] kann der Hohlraum einer eingerüttelten 10-kg-Zuschlagprobe bestimmt und durch eine entsprechend bemessene Leimmenge gefüllt werden. Auf diese Weise umgeht man die nicht ausreichend genaue Wasseranspruchsrechnung bei Mischkorn (rund und gebrochen) oder Ausfallkörnungen. Die tatsächlich zuzugebende Leimmenge muß wegen der umhüllenden Leimschichtdicken etwas erhöht werden, was sich auf Konsistenz und Druckfestigkeit nach Bild 4.3-83 auswirkt. Die erforderliche Zementmenge kann aus einem Schaubild oder an einem Sonderrechenstab auf Grund der Zusammenhänge abgelesen werden:

Zementleimmenge $\quad m_L = \Delta V_Z \varrho_L$

$$\varrho_L = \frac{1 + w}{\dfrac{1}{\varrho_{0Z}} + w}$$

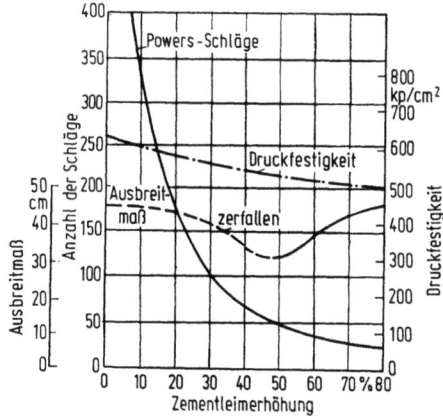

Bild 4.3-83. Konsistenz und Druckfestigkeit in Abhängigkeit von der Zementleimerhöhung [512].

Zementmenge im Prüftopf $\quad m_Z = \dfrac{m_L}{1+w}$; daraus $\quad Z = \dfrac{m_Z}{V}$.

Der erforderliche Leimrauminhalt $\Delta V_Z$ setzt sich aus dem durch Auslitern bestimmten Hohlraum zwischen den Zuschlagkörnern und der Raumvergrößerung des Gemenges nach Zugabe des Zementleimes zusammen. $w$ wird entsprechend der Zementnormendruckfestigkeit und der verlangten Betongüte aus dem Bild 4.3-14 gewählt [135]. Der Rauminhalt $V$ der verdichteten Betonprobe läßt sich am Gerät an einem Höhenanzeiger ablesen und durch Vervielfachung mit der Probenfläche errechnen.

### 4.3.6.4 Baustoffbedarfsrechnung

Da der Zementgehalt je m³ fertig verdichteten Beton nicht allein vom Mischungsverhältnis (in Gewichtsteilen), sondern auch vom Restporen- und Wassergehalt, die bei unterschiedlicher Sieblinie für gleiche Konsistenz verschieden sind, abhängt, kann sein Zusammenhang mit dem Mischungsverhältnis nur näherungsweise angegeben werden.

Die genauen Werte erhält man aus einem Mischversuch über die Rohdichte $\varrho_b$ und das angesetzte und daher bekannte Mischungsverhältnis $1:k:w$

$$Z = \frac{\varrho_b}{1+k+w} \cdot 1000 \quad \text{in kg/m}^3$$
$$M = kZ, \quad W = wZ.$$

Die Umrechnung in Raumteile (dm³/m³) erfolgt durch Division durch die jeweiligen Rohdichten $\varrho_Z$ und $\varrho_K$ (DIN 52171, DIN 52110).

## 4.3.7 Nachträgliche Bestimmung der Betonzusammensetzung

### 4.3.7.1 Frischbeton

Eine voraussetzungslose, auf eine einwandfreie Zuteilung der Korngruppen nicht angewiesene Überprüfung der Frischbetonzusammensetzung kann auf folgende Weise vorgenommen werden: Von $2 \times 5000$ g repräsentativ dem Mischgut entnommenen Proben wird eine bis zur Gewichtsgleiche gedarrt und der Wassergehalt $w^*$, in Gew.-% auf das feuchte Mischgut bezogen, bestimmt. Die zweiten 5000 g werden über ein gröberes Schutzsieb durch reichlich Wasser mit Hilfe eines 0,25 mm Siebes vom Mehlkorn (Zement und Zuschlag) befreit und getrocknet (Masse $m_{Ktr}$). Der 0,25-mm-%-Anteil im Zuschlag muß aus der Siebanalyse bekannt sein. Dann ist der Zementgehalt $m_Z = 5000 - m_{Ktr} - W - A_{0,25} m_{Ktr}$ in g.
Der Wasserzementwert beträgt

$$w = \frac{50 w^*}{m_Z}.$$

Man bestimmt die Rohdichte des Betons im verdichteten Zustand $\varrho_b$ in kg/dm³ und berechnet dann den Zementgehalt in kg/m³

$$Z = \frac{m_Z}{5} \varrho_b.$$

Den Zuschlaggehalt

$$K = \frac{m_{Ktr}(1 + A_{0,25})}{5} \varrho_b \quad \text{in kg/m}^3$$

und den Wassergehalt

$$W = wZ \quad \text{in kg/m}^3.$$

Der Porengehalt des verdichteten Betons kann nach 4.3.3.6.3 berechnet oder durch Versuch bestimmt werden.

## 4.3.7.2 Festbeton

Nach DIN 52170 kann das Mischungsverhältnis an 5 bis 10 kg (je nach Größtkorn) repräsentativ an mindestens 2 Stellen entnommenen Betonproben nicht voraussetzungslos nachträglich bestimmt werden. Je nachdem, ob der Zuschlag
*vollkommen salzsäureunlöslich* ist (Bestimmung möglich),
*zum Teil salzsäurelöslich* ist, z. B. Kalkstein, Basalt, Hochofenschlacke (Bestimmung nur bei Vorliegen noch unverarbeiteter Zuschläge möglich),
*ganz salzsäurelöslich* ist, z. B. Kalkstein (Bestimmung ist nicht möglich).

Bindemittel, die nicht vollkommen in Salzsäure löslich sind, müssen in unverarbeitetem Zustand als Probe zur Verfügung stehen (z. B. Traß).

Bei der Untersuchung wird das Bindemittel durch Säurebehandlung vom Zuschlag gelöst und der chemisch gebundene Wasseranteil an einer zweiten Probe durch Glühen bei 1000°C bestimmt [44; 517]. Die Fehlergrenzen sind in der Norm mit etwa ± 10% angegeben, können jedoch auch größer sein [514]. Bei Mörteluntersuchungen [514] wurden daher umfangreiche Vergleichsversuche vorgenommen [515], die das Verfahren als für die Praxis ausreichend genau bewerteten. Bei der Frage, ob der Bindemittelgehalt eines Mörtels ausreichend gewesen sei, genügt oft der Nachweis, daß das Mischungsverhältnis zu mager ist, ohne daß auf die Säurelöslichkeit des Zuschlags Rücksicht genommen zu werden braucht. Asbestzementanalyse siehe [516].

## 4.3.8 Sichtfläche des Betons

Sachkundig hergestellter Beton bedarf keines Schutzes gegen Witterung oder einer nachträglichen Bearbeitung. Dennoch werden aus architektonischen Gründen Verfahren angewandt, Aussehen und Struktur der Sichtflächen zu verändern [23]. *Sichtbeton* (Schalung aus Brettern, Sperrholzplatten, Hartfaserplatten, kunststoffbeschichtete Sperrholzplatten, eingelegte Gummi- oder Kunststoffolien) [22; 538]; *Freigelegte Zuschlagstoffe* (Waschbeton, steinmetzmäßig bearbeitet, Sandstrahlen) [23; 539]; *Putze* und *Anstriche* [24; 48]; *Brechbeton* (Maclit) [5].

## 4.3.9 Sondermörtel und Sonderbeton

Mörtel und Beton gestatten durch geeignete Auswahl ihrer Bestandteile nicht nur eine Anpassung der Eigenschaften an den Verwendungszweck, sondern auch an die Verfahrenstechnik bei der Verarbeitung. Umgekehrt sind auch zahlreiche Mörtel- und Betonarten auf Grund vorhandener, geeignet erscheinender Ausgangsstoffe entstanden. Zur Technologie der Sondermörtel und -betone siehe Schrifttum.

### 4.3.9.1 Klassifizierung nach Ausgangsstoffen

**4.3.9.1.1 Ziegelsplittbeton** [8] (DIN 4163) kommt wegen des Anfalles von Trümmerschutt aus Sanierungsgebieten auch in Zukunft noch einige Bedeutung zu. Er ist sowohl mit geschlossenem Gefüge als auch mit Haufwerksporigkeit herstellbar und kann geschüttet (DIN 4232), in Stein- oder Plattenform verarbeitet werden. Im Wasserbau wird Ziegelsplittbeton vermieden.

**4.3.9.1.2 Strahlenschutzbeton** [V 14] bewirkt durch seinen Gehalt an im Zementstein chemisch gebundenem Wasser einen vorzüglichen Schutz gegen Neutronenstrahlung; durch seine Zuschläge mit hoher Dichte ($> 3,5$ kg/dm$^3$) wird außerdem eine Abschirmung gegen $\gamma$-Strahlung erzielt [97; 140]. Geeignet erwiesen sich Baryt, Magnetit, Ferrophosphor Limonit, Goethit oder Stahlschrott, nicht aber (betonschädliches) Blei [2; 10].

**4.3.9.1.3 Asbestzement** (richtiger Asbestbeton) bezeichnet einen Beton aus Asbestfasern, Portlandzement und Anmachwasser, das zunächst reichlich zugegeben, dann aber bei dem Wickelprozeß zur Erzielung eines Wasserzementwertes von $w = 0{,}30$ wieder entzogen wird [11]. Handelsüblich sind Dachplatten, Welltafeln, ebene Tafeln (DIN 274), Fensterbänke, Abgasrohre, Druckrohre [136] (DIN 19800), Abflußrohre (DIN 19830), Regenrinnen, Hourdisplatten, Blumenkästen u. a. handgeformte Ware [138]. Weiterentwicklungen sind Internit (zellulosegefüllt) und Isoternit (perlitegefüllt).

**4.3.9.1.4 Holzbeton** ist ein aus Holzspänen aller Art herstellbarer Leichtbeton ($\varrho_b = 800$ bis 1500 kg/dm³) [1; 49]. Holzwolleleichtbauplatten (zement-, magnesit- oder gipsgebundene) (DIN 1101) gelten auf Grund ihres Aufbaues nicht als aus Holzbeton hergestellt. Holz muß wegen seiner störenden organischen Säuren vorher durch Kalkmilch, Zementleim, Natronwasserglas, Magnesiumsilikonfluorid oder Kalziumchlorid mineralisiert werden.

**4.3.9.1.5 Gießharzbeton** [518] enthält als Bindemittel meist Polyester-, Epoxid oder Polyurethanharz, das durch einen vorher zugemischten Härter sehr bald zu hohen Festigkeiten führt (etwa 600 bis 1400 kp/cm² Druckfestigkeit und 300 bis 1000 kp/cm² Biegezugfestigkeit) [519]. Wegen der noch hohen Kosten beschränkt sich die Anwendung auf Haftbrücken, Mörtelschichten, Rißfüllungen und Beschichtungen von Fahrbahnen [520], Rohren und Stollen [305; 521; 523].

**4.3.9.1.6 Beton aus Erdbaustoffen** [2] findet meist für Tragschichten unter Fahrbahnplatten durch Bodenvermörtelung Verwendung.

## 4.3.9.2 Klassifizierung nach Anwendungsgebieten

**4.3.9.2.1 Einpreß- und Injektionsmörtel.** Einpreßmörtel [524] dient zum Füllen der bei Spannbeton mit nachträglichem Verbund vorhandenen Kanäle, um Korrosionsschutz und Verbund der Spannglieder zu gewährleisten [25]. Injektionsmörtel sind Zementsuspensionen mit Wasserzementwerten zwischen 1,0 und 5,0 mit mehr oder weniger Feinsandzusatz oder Zusatzstoffen (Traß, Bentonit u. a.) (DIN 4093). Sie werden zum Schließen von Rissen (Breite über 0,1 mm) und durchlässigen Schichten (Korngrößen über 0,8 mm) verwendet [543].

**4.3.9.2.2 Mauer- und Putzmörtel** [24] verwenden als Bindemittel Zemente, Kalke oder Gipse. Sie können je nach Verwendungszweck auch als Kalkzementmörtel oder Gipskalkmörtel hergestellt werden.

Mauermörtel nach DIN 1053 sind vor allem hinsichtlich der Festigkeit, Putzmörtel nach DIN 18550 hinsichtlich der Wasserdampfdurchlässigkeit, Saugfähigkeit und des Dehnvermögens zu beurteilen. Mörtel der Gruppe I (mit nicht hydraulischem Bindemittel) sind auch als Fertigmörtel oder Trockenmörtel im Handel.

**4.3.9.2.3 Leichtbeton** [525; V 16] besitzt eine Rohdichte unter 2,0 kg/dm³ durch porige Zuschlagstoffe, Haufwerksporigkeit oder Treib- oder Schaummittel. Die höhere Wärmedämmfähigkeit geht auf Kosten der Druckfestigkeit [139]. An porigen Zuschlagstoffen stehen zur Verfügung: Naturbims, Hüttenbims, Steinkohlenschlacke, Sinterbims, Müllschlackensinter, Blähton, Blähschiefer, Lavaschlacke, Tuff, Ziegelsplitt, Perlite (expandiertes Al-Si-Gestein) und Granulate aus geschäumten Kunststoffen [526] oder Glas.

Haufwerksporigkeit liegt bei entfeintem Beton oder Einkornbeton vor. Sie kann auch bei porigen Zuschlägen genützt werden, wenn ausreichende Eigenfestigkeit gewährleistet ist. Die verwendeten Korndurchmesser liegen bei Einkornbeton innerhalb derselben Korngruppe 2/4, 4/8 usw. Gas- und Schaumbeton verwenden als Zuschlag feinkörnigen Quarzsand, Flugasche oder dergleichen und als Bindemittel Zement oder Kalk. Als Treibmittel dient Al-Pulver, Wasserstoffsuperoxid oder andere Chemikalien. Bei Schaumbeton werden seifenartige Emulsionen zu Schaum geschlagen und mit dünnflüssigem Mörtel vermengt. Das starke Schwinden kann durch Dampfbehandlung vorweggenommen werden (DIN 4164).

**4.3.9.2.4 Konstruktionsleichtbeton** [527—529] wurde durch Zuschläge wie Blähton [7; 530; 536; 537] oder Blähschiefer möglich, die Betonfestigkeiten von 300 kp/cm² bei

### 4.3.9 Sondermörtel und Sonderbeton

Rohdichten unter 1,60 kg/dm³ zu erzielen gestatten [531]. Auch Leichtspannbeton wird dadurch ausführbar [141].

**4.3.9.2.5 Expansivbeton** [15] verwendet Quellzement als Bindemittel oder ein Treibmittel (Al-Pulver), um das Schwinden und Kriechen nicht nur auszugleichen, sondern auch darüber hinaus eine Volumenzunahme zu erreichen. Die Anwendung ist bisher auf Ausbesserungsarbeiten und Unterfangungen von Bauteilen beschränkt.

### 4.3.9.3 Klassifizierung nach Verarbeitungsmethoden

**4.3.9.3.1 Rüttelbeton** hat im Betonbau größte Verbreitung gefunden, und die gewonnenen Erkenntnisse sind auch in Normblättern zusammengefaßt (DIN 4235, DIN 4236). Die Theorie und die Grenzen der Leistungsfähigkeit sind bekannt [16; 404]. Für die Wirksamkeit des Rüttlers oder Rütteltisches wird als maßgebend die Beschleunigung $a$

$$a = L \left(\frac{2\pi n}{60}\right)^2 \text{ in cm/s}^2$$

betrachtet. $L$ ist die erzielte Amplitude, $n$ die Drehzahl (9000 bis 12000 min⁻¹). Für die Rüttelwirkung ist das Verhältnis von Ist-Rohdichte zu Soll-Rohdichte maßgebend.

Da neben dem Verdichtungserfolg aus wirtschaftlichen Gründen auch die erforderliche Rüttelzeit beachtet werden muß, so ist bei der Erprobung neuer Mischungen die Messung der Verdichtungswilligkeit zu empfehlen (s. 4.3.4.1.3).

**4.3.9.3.2 Schockbeton** [319] wird bei der Herstellung von Fertigteilen verwendet. Die Verdichtung erfolgt durch Stöße, hervorgerufen durch Fallenlassen der angehobenen vollen Schalung.

**4.3.9.3.3 Massenbeton** ist in der Regel ein Rüttelbeton mit sehr grobem Größtkorn und geringem Bindemittelgehalt (bis 150 mm, 160 kg/m³), dessen Zuschlag-Kornzusammensetzung viel Sorgfalt erfordert. Vielfach wird auch der Feinsand hydraulisch aufbereitet und in Korngruppen unterteilt zugegeben, um Wasseranspruch und Frostunempfindlichkeit sicher zu beherrschen [142; 143; 532—534].

**4.3.9.3.4 Transportbeton** [125; 309; 535] kann fahrzeuggemischt oder werkgemischt geliefert werden (DIN 4164) [V 1]. In DIN 1045 sind für Transportbeton u. a. einschränkende Bestimmungen aufgenommen worden, die die Verarbeitung auf der Baustelle von deren Geräteausstattung und Prüfeinrichtungen abhängig machen.

**4.3.9.3.5 Trockenbeton** [V 18] wird in einer Verpackung geliefert, die den Zutritt der Luftfeuchtigkeit für mindestens 2 Jahre verhindert. Der anzugebende höchstzulässige Wassergehalt entspricht der Konsistenz K 3 (Verdichtungsmaß nicht unter 1,04).

**4.3.9.3.6 Schüttbeton** benutzt sowohl leichte Zuschläge als auch Haufwerksporigkeit, um die gewünschte Wärmedämmung zu erzielen. Die mit Zementmörtel ummantelten Zuschläge, wie z. B. Einkornkies, Ziegelsplitt, Blähton, Globulit, Naturbims oder Hüttenbims, werden durch Stochern oder auch durch Rütteln verdichtet [311].

**4.3.9.3.7 Prepaktbeton** verwendet zum Ausfüllen der zwischen dem dicht in die Schalung eingebrachten Grobzuschlag (>16 mm) vorhandenen (≈40%) Hohlräume einen Mörtel mit 2 bis 3 mm Größtkorn [304] und einen Sonderzusatz.

**4.3.9.3.8 Colcretebeton** [302; 321] wird ähnlich wie der Prepaktbeton hergestellt, es findet aber ein Aufschließen des Zementes und Mörtels in rasch laufenden Sondermischern statt (*Colgrout-Mörtel*), der anschließend mit einer Körnung 0/5 intensiv vermischt wird.

**4.3.9.3.9 Unterwasserbeton** wird als Prepaktbeton oder als Beton der Konsistenz K 3 eingebracht. Dieser darf das Wasser nicht durchfallen, sondern muß den bereits eingebrachten Beton über ein eingestecktes Rohr verdrängen (DIN 1045). Der Wasserzementwert soll nicht größer als 0,60 sein und der Zementgehalt muß bei 31,5 mm Größtkorn mindestens 350 kg/m³ betragen.

**4.3.9.3.10 Pumpbeton** erfordert eine Betonzusammensetzung, die auf Grund umfangreicher Erfahrungen eingegrenzt worden ist [17]. Der Beton kann auch chargenweise durch Druckluft mit pneumatischen Betonförderern in die Schalung eingebracht werden.

**4.3.9.3.11 Spritzbeton.** Hierbei wird das trockene Zuschlag-Bindemittelgemisch durch eine Düse, in der das erforderliche Wasser zugesetzt wird, an eine Oberfläche oder gegen eine Schalung geblasen und dadurch gleichzeitig verdichtet. Das Größtkorn kann 20 mm Durchmesser haben [21; 316].

**4.3.9.3.12 Schleuderbeton** wird bei der Herstellung von Rohren, Masten und ringförmigen Teilen benutzt [148]. Das überschüssige Anmachwasser sammelt sich bei der raschen Umdrehung der Form an den Innenflächen.

**4.3.9.3.13 Preßbeton** ist ein mit Druckluft in Hohlräume oder Schalungen eingepreßter dünner Feinbeton ($<$ 8 mm) [148].

**4.3.9.3.14 Saugbeton** (Vakuumbeton). Eine Saugpumpe entzieht über eine an der Oberfläche aufgelegte oder in die Schalung eingebaute Saugmatte überflüssiges Anmachwasser und verfestigt so vor allem die Oberflächenschicht [148].

## Literatur zu 4.2 Natursteine und 4.3 Mörtel und Beton

### Normen

DIN 272 Magnesiaestriche (Estriche aus Magnesiamörtel).
DIN 274 Asbestzement-Dachplatten und Asbestzement-Tafeln, Bedingungen für die Lieferung und Prüfung.
DIN 482 Bordsteine; Naturstein.
DIN 1045 Beton- und Stahlbetonbau; Bemessung und Ausführung.
DIN 1047 Bestimmungen für Ausführung von Bauwerken aus Beton.
DIN 1048 (Jan. 72) Prüfverfahren für Beton.
DIN 1053 Mauerwerk; Berechnung und Ausführung.
DIN 1055 Bl. 1, Lastannahmen für Bauten.
DIN 1060 Baukalk.
DIN 1084 (Ent. August 70) Bl. 1, Güteüberwachung von Beton B II auf Baustellen. Bl. 2, Güteüberwachung tragender Beton- und Stahlbetonfertigteile. Bl. 3, Güteüberwachung von Transportbeton.
DIN 1101 Holzwolle-Leichtbauplatten, Abmessungen, Eigenschaften und Prüfung.
DIN 1164 Portland-, Eisenportland-, Hochofen-Traßzement, Bl. 1 bis 8.
DIN 1168 Baugipse.
DIN 1169 Lehmmörtel für Mauerwerk und Putz.
DIN 1179 Körnungen für Sand, Kies und zerkleinerte Stoffe.
DIN 1319 Grundbegriffe der Meßtechnik.
DIN 4030 Beurteilung betonangreifender Wässer, Böden und Gase.
DIN 4093 Grundbau; Einpressungen in Untergrund und Bauwerke, Richtlinien für Planung und Ausführung.
DIN 4108 Wärmeschutz im Hochbau.
DIN 4109 Bl. 4, Schallschutz im Hochbau: Schwimmende Estriche auf Massivdecken, Richtlinien für die Ausführung. — Bl. 5, Schallschutz im Hochbau; Erläuterungen.
DIN 4163 Ziegelsplittbeton: Bestimmung für Herstellung und Verwendung.
DIN 4164 Gas- und Schaumbeton, Herstellung, Verwendung und Prüfung, Richtlinien.
DIN 4165 Wandbausteine aus dampfgehärtetem Gasbeton und Schaumbeton.

DIN 4207 Mischbinder.
DIN 4226 Zuschlag für Beton.
DIN 4227 Spannbeton, Richtlinien für Bemessung und Ausführung.
DIN 4232 Geschüttete Leichtbetonwände für Wohn- und andere Aufenthaltsräume; Richtlinien für die Ausführung.
DIN 4235 Innenrüttler zum Verdichten von Beton; Richtlinien für die Verwendung.
DIN 4236 Rütteltische zum Verdichten von Beton; Richtlinien für die Verwendung.
DIN 4240 Kugelschlagprüfung von Beton mit dichtem Gefüge, Richtlinien für die Anwendung.
DIN 4241 Kugelschlagprüfung von Gas- und Schaumbeton, Richtlinien für die Anwendung.
DIN 18331 VOB Beton- und Stahlbetonarbeiten.
DIN 18352 Fliesen- und Plattenarbeiten.
DIN 18502 Pflastersteine; Naturstein.
DIN 18550 Putz; Baustoffe und Ausführung.
DIN 19800 Bl. 2 Asbestzementdruckrohre, techn. Lieferbedingungen.
DIN 19830 Asbestzement-Abführrohre und -Formstücke. Herstellung, Gütebestimmung, Prüfverfahren.
DIN 51991 Grobe Schüttgüter, Kennzeichnung der Kornform und Oberflächenbeschaffenheit der Einzelteile.
DIN 52100 Prüfung von Naturstein; Richtlinien zur Prüfung und Auswahl von Naturstein.
DIN 52101 Prüfung von Naturstein, Probenahme.
DIN 52102 Prüfung von Naturstein; Bestimmung der Dichte.
DIN 52103 (Entw. März 66) Prüfung von Naturstein; Bestimmung der Wasseraufnahme.
DIN 52104 Prüfung von Naturstein; Frostbeständigkeit.
DIN 52105 Prüfung von Naturstein; Druckversuch.
DIN 52106 (Entw. Okt. 64) Prüfung von Naturstein; Beurteilungsgrundlagen für die Verwitterungsbeständigkeit.
DIN 52107 Prüfung von Naturstein; Schlagfestigkeit an Würfeln ermittelt (Stoffesigkeit).
DIN 52108 Prüfung anorganischer nichtmetallischer Werkstoffe; Verschleißprüfung mit der Schleifscheibe nach *Böhme*, Schleifscheibenverfahren.

Literatur zu 4.2 Natursteine und 4.3 Mörtel und Beton 539

DIN 52109 Prüfung von Naturstein; Widerstandsfähigkeit von Schotter gegen Schlag und Druck.
DIN 52110 Raummetergewicht und Gehalt von Steingekörn.
DIN 52111 Prüfung von Naturstein; Kristallisationsversuch.
DIN 52112 Prüfung von Naturstein; Biegefestigkeit.
DIN 52113 Prüfung von Naturstein; Bestimmung des Sättigungswertes.
DIN 52170 Mischungsverhältnis und Bindemittelgehalt von erhärtetem Mörtel und Beton.
DIN 52171 Stoffmengen und Mischungsverhältnis im Frisch-Mörtel und Frisch-Beton.
DIN 52201 bis DIN 52206 Dachschiefer.
DIN 52450 (Entw. Apr. 67) Prüfung anorganischer nichtmetallischer Baustoffe; Bestimmung des Schwindens und Quellens an kleinen Probekörpern.
DIN 55302 Bl. 1 Statistische Auswertungsverfahren; Häufigkeitsverteilung, Mittelwert und Streuung; Grundbegriffe und allgemeine Rechenverfahren.
DIN 66100 Körnungen.

## Vorschriften, Richtlinien

V 1 Runderlaß des Ministers für Landesplanung, Wohnungsbau und öffentl. Arbeiten des Landes Nordrhein-Westfalen vom 21. 11. 1961 — II B 2-2.75 Nr. 1679/61.

V 2 Vorläufige Richtlinien für das Einpressen von Zementmörtel in Spannkanäle (Juli 57). Amtl. Veröffentlichungsblätter der Länderministerien (z. B. Runderlaß des Niedersächsischen Finanzministers vom 7. Jan. 1965).

V 3 Deutscher Ausschuß für Stahlbeton N IV 1112/57 vom 28. 10. 1957.

V 4 Vorläufige Richtlinien für die Herstellung und Lieferung von werksgemischtem Betonkiessand (Fassung April 61), in: [39], Jg. 1969.

V 5 Runderlaß des Ministers für Landesplanung, Wohnungsbau und Öffentliche Arbeiten des Landes Nordrhein-Westfalen vom 12. 4. 1967 — II B 2 — 2750 Nr. 309/67.

V 6 Vorläufige Richtlinien für die Prüfung von Betonzusatzmitteln zur Erteilung von Prüfzeichen (Fassung 1965). Abgedruckt in: [219] 1965, H. 6. (Anträge auf Erteilung des Prüfzeichens sind an den Prüfungsausschuß für Betonzusatzmittel beim Landessachverständigenausschuß für neue Baustoffe und Bauarten, Bonn—Bad Godesberg, Deichmannsau, zu richten).

V 7 Deutsche Bundesbahn, DV 824 (1962), Zusätzliche Technische Vorschriften für Beton (ZTV-Beton). Drucksachenlager der Bundesbahndirektion Hannover, Minden/Westf., Schwarzer Weg 8.

V 8 Hinweise für die Vorbereitung und Durchführung von Winterarbeiten im Hochbau (Fassung 1957).

Herausgegeben vom Bundesminister für Wohnungsbau, Bonn.

V 9 RILEM-Richtlinien für das Betonieren im Winter- [206] 1964, H. 10, S. 411/27.

V 10 Vorläufiges Merkblatt für die Verwendung von luftporenbildenden Zusatzstoffen zu Straßenbeton. Ausg. 1953. Forschungsgesellschaft für das Straßenwesen e. V., Köln.

V 11 Richtlinien für den Bau von Betonfahrbahnen. 4. Ausg. 1963. Forschungsgesellschaft für das Straßenwesen e. V., Köln.

V 12 *Schäffler*, Allgemeine Empfehlungen für die Anwendung der Wärmebehandlung bis 100 °C in Betonwerken. Merkblatt, hrsg. vom Bundesverband der Betonsteinindustrie. Bonn 1958.

V 13 *Wischers*, Merkblatt für die Herstellung geschlossener Betonoberflächen bei einer Wärmebehandlung. [206] 1967, H. 3, S. 101/03; H. 4, S. 139/42.

V 14 Richtlinie des Deutschen Atomforums e. V. 1 II 4/2000 (Mai 1961): Abschirmbeton gegen ionisierende Strahlung. Düsseldorf: Walter-Rau-Verlag.

V 15 Vorläufige Richtlinien für die Herstellung und Lieferung von Transportbeton (Fassung April 1961), in: [126].

V 16 Vorläufiges Merkblatt für Stahlleichtbeton, Betonprüfung zur Überwachung der Leichtzuschläge (Fassung Juli 1968) [206] 1968, H. 8, S. 309/11.

V 17 Runderlaß des Ministeriums für Finanzen und Wiederaufbau des Landes Rheinland-Pfalz vom 1. März 1962.

V 18 Richtlinien für die Herstellung und Verwendung von Trockenbeton [206] 1971, H. 7 S. 302—304.

## Bücher

DAfSt Deutscher Ausschuß für Stahlbeton, Berlin 30.
H 02 HÜTTE I, 28. Aufl., Berlin: Ernst & Sohn 1955.
H 03 Stoffhütte, 4. Aufl., Berlin: München: Ernst & Sohn 1967.
H 07 Physikhütte I, 29. Aufl., Berlin, München, Düsseldorf: Ernst & Sohn 1971.
H 08 Physikhütte II, 29. Aufl., Berlin, München, Düsseldorf: Ernst & Sohn 1971.
H 32 Bauhütte II, Grundbau, Verkehrsbau, Wasserbau, 29. Aufl., Berlin, München, Düsseldorf: Ernst & Sohn 1970.

1 *Hummel:* Das Beton-ABC, Berlin: Ernst & Sohn 1959.
2 *Graf:* Die Eigenschaften des Betons, Berlin, Göttingen, Heidelberg: Springer. 1960.
3 *Rothfuchs:* Betonfibel, Wiesbaden, Berlin: Bauverlag 1962.
4 *Basalla:* Baupraktische Betontechnologie, Wiesbaden Berlin: Bauverlag 1965.
5 *Schulze:* Der Baustoff Beton und seine Technologie, Berlin: VEB-Verlag für Bauwesen 1967.

6 *Reinsdorf:* Leichtbeton, Berlin: VEB-Verlag für Bauwesen 1961.
7 *Walz, Wischers:* Konstruktions-Leichtbeton hoher Festigkeit, Düsseldorf: Beton-Verlag 1964.
8 *Charisius, Drechsel, Hummel:* Ziegelsplittbeton, Berlin: Ernst & Sohn 1952 (DAfSt, H. 110).
9 *Graf:* Über die Herstellung und über die Eigenschaften des Betons aus Zement und Holzspänen, Wiesbaden, Berlin: Bauverlag 1949.
10 *Seetzen,* Technologie der Abschirmbetone, Düsseldorf: Werner 1960.
11 *Hünerberg:* Das Asbestzement-Druckrohr, Berlin, Göttingen, Heidelberg: Springer 1960.
12 *Fritsch:* Der heutige Stand der Massenbetontechnik, Wien: Springer 1950.
13 *Wischers:* Transportbeton, Betontechnische Berichte, Düsseldorf: Beton-Verlag 1962.
14 *Brux:* Das Colcrete-Verfahren und seine Anwendungsgebiete, Düsseldorf: Beton-Verlag 1961.
15 *Gehler, Teichmann,* Die Erzeugung von Expansivbeton, Berlin: VEB Verlag Technik 1952.

16 *Walz:* Rüttelbeton, 3. Aufl., Berlin: Ernst & Sohn 1960.
17 *Weber:* Rohrförderung von Beton, Düsseldorf: Beton-Verlag 1963.
18 *Hütter:* Rüttelbeton, Berlin: VEB Verlag Technik 1958.
19 *Leonhardt:* Spannbeton für die Praxis, Berlin: Ernst & Sohn 1962.
20 *Kani:* Spannbeton in Entwurf und Ausführung, Stuttgart: Wittwer 1965.
21 *Rotter:* Anwendung von Spritzbeton, Wien: Springer 1962.
22 *Künzel:* Sichtbeton im Hoch- und Ingenieurbau, Düsseldorf: Beton-Verlag 1962.
23 *Wilson:* Sichtflächen des Betons, Wiesbaden, Berlin: Bauverlag 1967.
24 *Piepenburg:* Mörtel, Mauerwerk, Putz, Wiesbaden, Berlin: Bauverlag 1961.
25 *Albrecht, Schmid:* Einpreßmörtel für Spannbeton, Berlin: Ernst & Sohn 1960 (DAfSt, H. 142).
26 *Hummel, Wesche:* Schüttbeton aus verschiedenen Zuschlagstoffen, Berlin: Ernst & Sohn 1954 (DAfSt, H. 114).
27 *Franz:* Konstruktionslehre des Stahlbetons, Berlin, Göttingen, Heidelberg: Springer 1966.
28 *Czernin:* Zementchemie für Bauingenieure, Wiesbaden, Berlin: Bauverlag 1960.
29 *Labahn:* Ratgeber für Zementingenieure, Wiesbaden, Berlin: Bauverlag 1958.
30 *Kühl:* Der Baustoff Zement, Berlin: VEB Verlag für Bauwesen 1967.
31 Zement-Taschenbuch, Wiesbaden, Berlin: Bauverlag 1966/67.
32 *Keil:* Hochofenschlacke, Düsseldorf: Verlag Stahleisen 1963.
33 *Siebel:* Handbuch der Werkstoffprüfung, Bd. III. II. Aufl., Berlin, Göttingen, Heidelberg: Springer 1957.
34 *Pauss:* Die Wasserabsonderung bei frischen Zementleimen und nassen Steinmehlen. Diss. TH Aachen 1957.
35 *Wischers:* Betontechnische Berichte 1961. Physikalische Eigenschaften des Zementsteines, Düsseldorf: Beton-Verlag.
36 *Walz:* Betontechnische Berichte 1961. Die Festigkeit von Zementgemischen, Düsseldorf: Beton-Verlag.
37 *Keil:* Eigenschaften des Zementsteines, Wiesbaden: Deutscher Betonverein (Vorträge auf dem Betontag 1961 in Berlin).
38 *Schulze:* Die Bedeutung der Kornform und der Kornzusammensetzung im Straßenbau, Bonn: Stein 1956.
39 Betonkalender, Berlin, München, Düsseldorf: Ernst & Sohn.
40 *Breyer:* Zur Siebnormung und zur Beziehung zwischen Maschen- und Rundlochsieben, Bonn: Stein 1957 (Schriftenreihe ,,Der Naturstein im Straßenbau" H. 10).
41 *Uhl:* Das Ybbser Verfahren der Betonmischung, Düsseldorf: Beton-Verlag 1963.
42 *Wiedeke:* Kiesfibel, Düsseldorf: Braun 1951.
43 *Wischers, Hallauer:* Ermittlung und Bestimmung der Eigenfeuchte von Betonzuschlagstoffen, Düsseldorf: Betonverlag (Betontechnische Berichte 1966).
44 *Hummel, Charisius:* Baustoffprüfungen, Düsseldorf: Werner 1957.
45 *Bonzel:* Zur Frage eines Traßzusatzes bei Beton. (Betontechnische Berichte 1960), Düsseldorf: Beton-Verlag.
46 *Walz, Mathieu:* Einfluß der Zusatzmenge von Betonverflüssigern auf die Festigkeitsentwicklung (Betontechnische Berichte 1961), Düsseldorf: Beton-Verlag.
47 *Walz:* Zusätze bei Beton (Betontechnische Berichte) 1964), Düsseldorf: Beton-Verlag.
48 *Rüter von Meng:* Zusatz- und Anstrichmittel für Mörtel und Beton, Wiesbaden, Berlin: Bauverlag 1960.

49 *Scholz:* Baustoffkenntnis, Düsseldorf: Werner 1965.
50 *Bornemann:* Zemente und Zusatzmittel für Spannbeton (Vorträge Betontag 1963), Wiesbaden Deutscher Betonverein.
51 *Hess:* Künstliche Luftporen im Beton, Zürich: Gazetten-Verlag 1960.
52 *Schäfer:* Die Bestimmung des Luftporengehaltes im Beton (Betontechnische Berichte 1963). Düsseldorf: Beton-Verlag.
54 *Albrecht, Schäffler:* Konsistenzmessung von Beton, Berlin: Ernst & Sohn 1964 (DAfSt, H. 58).
55 *Wischers:* Einfluß langen Mischens oder Lagerns auf die Betoneigenschaften (Betontechnische Berichte 1963), Düsseldorf: Beton-Verlag.
56 *Siebel:* Handbuch der Werkstoffprüfung, Bd. III. 2. Aufl., Berlin, Göttingen, Heidelberg: Springer 1957.
57 *Gaede:* Über den Einfluß der Größe der Proben auf die Würfeldruckfestigkeit von Beton, Berlin, München: Ernst & Sohn 1962 (DAfSt, H. 144).
58 *Walz:* Über die Herstellung von Beton höchster Festigkeit (Betontechnische Berichte 1966), Düsseldorf: Beton-Verlag.
59 *Pohle:* Konzentrierte Lasteintragung in Beton, Berlin: Ernst & Sohn 1957 (DAfSt, H. 122).
60 *Weigler, Becker:* Untersuchung über das Druck- und Verformungsverhalten von Beton bei zweiachsiger Beanspruchung, Berlin, München: Ernst & Sohn 1963 (DAfSt, H. 157).
61 *Bremer:* Prestressed Concrete Pressure Vessels, London: The Institution of Civil Engeneers 1968.
62 *Mehmel, Kern:* Elastische und plastische Stauchungen von Beton infolge Druckschwell- und Standbelastung, Berlin, München: Ernst & Sohn 1962 (DAfSt, H. 153).
63 *Blaut:* Über den Zusammenhang zwischen Qualität und Sicherheit im Betonbau, Berlin, München: Ernst & Sohn 1962 (DAfSt, H. 149).
64 *Graf, Henning:* Formeln und Tabellen der mathematischen Statistik, Berlin, Göttingen, Heidelberg: Springer 1953.
65 *Linder:* Statistische Methoden, Basel/Stuttgart: Birkhäuser 1960.
66 *Rüsch:* Über die zweckmäßigere Art der Güteprüfung und ihren Einfluß auf die Baukosten (Vorträge Betontag 1957), Wiesbaden: Deutscher Betonverein.
67 *Hilsdorf:* Die Bestimmung der zweiachsigen Festigkeit des Betons, Berlin, München: Ernst & Sohn 1965 (DAfSt, H. 173).
68 *Scholz:* Festigkeit der Biegedruckzone, Berlin Ernst & Sohn 1961 (DAfSt, H. 139).
69 *Rüsch, Kordina, Stöckl:* Festigkeit der Biegedruckzone-Vergleich von Prismen- und Balkenversuchen, Berlin: Ernst & Sohn 1967 (DAfSt, H. 190).
70 *Mayer:* Die Berechnung der Durchbiegung von Stahlbetonbauteilen, Berlin, München: Ernst & Sohn 1967 (DAfSt, H. 194).
71 Betonkalender 1968, Berlin, München: Ernst & Sohn.
72 *Rehm:* Über die Grundlagen des Verbundes zwischen Stahl und Beton, Berlin: Ernst & Sohn 1961 (DAfSt, H. 138).
73 *Rüsch:* Versuche zur Festigkeit der Biegedruckzone, Berlin: Ernst & Sohn 1955 (DAfSt, H. 120).
74 *Sell:* Einfluß der Zwischenlage auf Streuung und Größe der Spaltzugfestigkeit, Berlin München: Ernst & Sohn 1963 (DAfSt, H. 155).
76 *Gaede:* Versuche über die Festigkeit und die Verformung von Beton bei Druck-Schwellbeanspruchung, Berlin, München: Ernst & Sohn 1962 (DAfSt, H. 144).
78 *Stöckl:* Tastversuche über den Einfluß von vorausgegangenen Dauerlasten auf die Kurzzeitfestigkeit des Betons, Berlin, München: Ernst & Sohn 1967 (DAfSt, H. 196).

## Literatur zu 4.2 Natursteine und 4.3 Mörtel und Beton

79 *Weinhold:* Betonprüfung mit dem Prellhammer und durch Kugelschlag (Vorträge Betontag 1961), Wiesbaden: Deutscher Beton-Verein.
80 *Gaede:* Kugelschlagprüfung von Beton mit dichtem Gefüge, Einfluß des Prüfalters, Berlin: Ernst & Sohn 1957 (DAfSt, H. 128).
81 *Albrecht, Schmid:* Einpreßmörtel für Spannbeton, Berlin: Ernst & Sohn 1960 (DAfSt, H. 142).
82 *Dettling:* Die Wärmedehnung des Zementsteines der Gesteine und der Betone, TH-Stuttgart: Otto Graf-Institut 1962, H. 3.
83 *Rasch:* Spannungs-Dehnungslinien des Betons und Spannungsverteilung in der Biegedruckzone bei konstanter Dehngeschwindigkeit, Berlin, München: Ernst & Sohn 1962 (DAfSt, H. 154).
84 *Gaede:* Versuche über die Festigkeit und die Verformung von Beton bei Druck-Schwellbeanspruchung und über den Einfluß der Größe der Probe auf die Würfeldruckfestigkeit von Beton, Berlin, München: Ernst & Sohn 1962 (DAfSt, H. 144).
85 *Thomas:* Der Elastizitätsmodul von Beton in feuchtem Alter (Betontechnische Berichte 1961), Düsseldorf: Forschungsinstitut der Zementindustrie.
86 *Schleicher:* Taschenbuch für Bauingenieure, 2. Aufl., Berlin, Göttingen, Heidelberg: Springer 1955.
87 *Leonhardt:* Spannbeton für die Praxis, 2. Aufl., Berlin, München: Ernst & Sohn 1962.
88 *Walz, Wischers:* Konstruktiver Leichtbeton hoher Festigkeit, Düsseldorf: Beton-Verlag 1962.
89 *Schulze:* Einführung in die Baustoffprüfung, Berlin: VEB Verlag für Bauwesen 1966.
90 *Ruetz:* Das Kriechen des Zementsteines im Beton und seine Beeinflussung durch gleichzeitiges Schwinden, Berlin, München: Ernst & Sohn 1966 (DAfSt, H. 183).
91 *Hummel* u. a.: Versuche über das Kriechen unbewehrten Betons, Berlin, München: Ernst & Sohn 1962 (DAfSt, H. 146).
92 *Wagner:* Das Kriechen unbewehrten Betons, Berlin: Ernst & Sohn 1958 (DAfSt, H. 131).
93 *Hilsdorf, Finsterwalder:* Untersuchungen über den Einfluß einer Nachverdichtung und eines Anstriches auf Festigkeit, Kriechen und Schwinden von Beton, Berlin, München: Ernst & Sohn 1966 (DAfSt, H. 184).
94 *Walz:* Undurchlässiger Beton (Bautechnik Archiv H. 13), Berlin: Ernst & Sohn 1956.
95 *Walz:* Zusätze für Beton (Betontechnische Berichte 1964), Düsseldorf: Beton-Verlag.
96 *Seifert:* Wasserdampfdiffusion im Bauwesen, Wiesbaden, Berlin: Bauverlag 1967.
97 *Jaeger:* Grundzüge der Strahlenschutztechnik 1960, Berlin, Göttingen, Heidelberg: Springer.
98 *Schäfer:* Frostwiderstand und Porengefüge des Betons, Beziehungen und Prüfverfahren, Berlin, München: Ernst & Sohn 1964 (DAfSt, H. 167).
99 *Kohlrausch:* Praktische Physik, Bd. 1, 22. Aufl., Stuttgart: Teubner 1968.
100 *Lück:* Feuchtigkeit, München: Oldenbourg 1964.
101 *Cammerer, Schäcke:* Feuchtigkeitsregelung, Druckfeuchtung und Wärmeleitfähigkeit bei Baustoffen und Bauteilen, Berlin: Ernst & Sohn 1957 (Forschungsberichte d. Bundesministers für Wohnungsbau, H. 5).
102 *Römpp:* Chemie-Lexikon, 7. Aufl., Bd. 1 bis 5, Stuttgart: Franckh 1970/71.
103 *Mandry:* Über das Kühlen von Beton, Berlin, Göttingen, Heidelberg: Springer 1961.
104 *Walz:* Witterungsbeständigkeit von Beton, Berlin: Ernst & Sohn 1957 (DAfSt, H. 127).
105 *Walz:* Über den Einfluß des Zementes auf den Widerstand des Betons gegen häufiges Durchfrieren (Betontechnische Berichte 1960), Düsseldorf: Beton-Verlag.
106 *Bonzel:* Beton mit hohem Frost- und Tausalzwiderstand (Betontechnische Berichte 1965), Düsseldorf: Beton-Verlag.
107 *Mathieu:* Das Verhalten von Beton zwischen 80 und 300 °C (Betontechnische Berichte 1962), Düsseldorf: Beton-Verlag.
108 *Kordina, Bornemann:* Brandverhalten von Stahlbetonplatten, Berlin, München: Ernst & Sohn 1966 (DAfSt, H. 181).
109 *Seekamp:* Brandversuche mit stark bewehrten Stahlbetonsäulen. — *Hannemann, Thoms:* Widerstandsfähigkeit von Stahlbetonbauteilen und Stahlsteindecken bei Bränden, Berlin: Ernst & Sohn 1959 (DAfSt, H. 132).
110 *Petzold, Röhrs:* Beton für hohe Temperaturen, Düsseldorf: Beton-Verlag 1964.
111 *Nekrassow:* Hitzebeständiger Beton, Wiesbaden, Berlin: Bauverlag 1961.
112 *Gille:* Über den Einfluß des Kalkgehalts des Zementes und Zuschlages auf das Verhalten des Betons in sauren Wässern (Betontechnische Berichte 1962), Düsseldorf: Beton-Verlag.
113 *Walz, Helms-Derfert:* Schutz von jungem Straßenbeton gegen Tausalzeinwirkung (Betontechnische Berichte 1965), Düsseldorf: Beton-Verlag.
114 *Hummel, Wesche:* Beton im Seewasser, Berlin: Ernst & Sohn 1956 (DAfSt, H. 124).
115 *Seidel:* Beton in chemisch angreifenden Wässern, Berlin: Ernst & Sohn 1959 (DAfSt, H. 134).
116 *Walz:* Vorläufiges Merkblatt über das Verhalten von Beton gegenüber Mineral- und Teerölen (Betontechnische Berichte 1966), Düsseldorf: Beton-Verlag.
117 *Walz, Helms-Derfert:* Luftporenkennwerte von Betonfahrbahndecken — Einfluß auf das Abwittern durch Tausalze (Betontechnische Berichte 1966), Düsseldorf: Beton-Verlag.
118 *Biczók:* Betonkorrosion, Betonschutz, Wiesbaden, Berlin: Bauverlag 1968.
119 *Meyer, Wiering, Husmann:* Karbonatisierung von Schwerbeton, Berlin, München: Ernst & Sohn 1967 (DAfSt, H. 182).
120 *Gaede, Schmidt:* Rückprallprüfung von Beton mit dichtem Gefüge, Berlin, München: Ernst & Sohn 1964 (DAfSt, H. 158).
121 *Gille:* Über die Tiefe der karbonatisierten Schicht von alten Betonproben (Betontechnische Berichte 1960), Düsseldorf: Beton-Verlag.
122 *Walz, Bonzel:* Ausblühungen auf Betonflächen (Betontechnische Berichte 1962), Düsseldorf: Beton-Verlag.
123 *Schlotmann:* Grundlagen der Betonherstellung mit vorgemischtem Zementleim, Diss. TH Aachen, Lünen: Selbstverlag 1962.
124 *Brux:* Das Colcrete-Verfahren und seine Anwendungsgebiete, Düsseldorf: Beton-Verlag 1961.
125 *Steege:* Transportbeton-Handbuch, 2. Aufl., Wiesbaden, Berlin: Bauverlag 1967.
126 *Wedler:* Ergänzungen und Erläuterungen zur 7. Auflage der Bestimmungen des Deutschen Ausschusses für Stahlbeton, Berlin, München: Ernst & Sohn 1963.
127 *Reinsdorf:* Verarbeiten des Betons, in: Zement-Taschenbuch 1968/69, Wiesbaden, Berlin: Bauverlag.
128 *Walz, Schäffler, Strey:* Versuche mit Innenrüttlern und Rütteltischen, Berlin: Ernst & Sohn 1960 (DAfSt, H. 135).
129 *Walz:* Untersuchungen über das Verdichten des Betons in aufgespannten und lose aufgesetzten Formen (Betontechnische Berichte 1960), Düsseldorf: Beton-Verlag.
130 *Walz:* Über den Einfluß von Beton-Probewürfeln auf die Druckfestigkeit (Betontechnische Berichte 1962), Düsseldorf: Beton-Verlag.
131 *Walz:* Verdichten von Beton aus leichten Zuschlagstoffen auf Rütteltischen (Betontechnische Berichte 1960), Düsseldorf: Beton-Verlag.

## 4.3 Mörtel und Beton

132 *Hummel:* Aufbau und Eigenschaften von Beton und Mörtel, in: Zement-Taschenbuch 1968/69, Wiesbaden, Berlin: Bauverlag.
133 *Walz:* Der Einfluß einer Wärmebehandlung auf die Festigkeit von Beton aus verschiedenen Zementen (Betontechnische Berichte 1960), Düsseldorf: Beton-Verlag.
134 *Walz:* Untersuchungen über die Wärmebehandlung von Beton (Betontechnische Berichte 1963), Düsseldorf: Beton-Verlag.
135 *Walz:* Anleitung für die Zusammensetzung und Herstellung von Beton mit bestimmten Eigenschaften, 2. Aufl., Berlin, München: Ernst & Sohn 1963.
136 *Hünerberg:* Handbuch für Asbestzementrohre, Berlin, Heidelberg, New York: Springer 1968.
138 *Neufert:* Well-Eternit Handbuch, Wiesbaden, Berlin: Bauverlag 1961.
139 *Rothfuchs:* Leichtbeton, Wiesbaden, Berlin: Bauverlag 1959.
140 *Jaeger:* Technischer Strahlenschutz, München: Thiemig 1959.
141 *Steinicke:* Leichtspannbeton und Leichtbeton, Wiesbaden, Berlin: Bauverlag 1965.
142 *Fritsch:* Der heutige Stand der Wasserbetontechnik (Schriftenreihe des österreichischen Wasserwirtschaftsverbandes, Wien, 1950, H. 19).
143 *Fritsch:* Talsperrenbeton, Sicherheit und Verantwortung (Schriftenreihe des Österreichischen Wasserwirtschaftsverbandes, Wien, 1949, H. 15).
145 *Villwock:* Industriegesteinskunde 1966, Offenbach: Stein.
146 *Wehner:* Anforderungen an die Griffigkeit von Straßen und Flugplatzpisten. Festschrift zum 75. Geburtstag von Prof. Dr. *Garbotz*, Essen: Vulkan 1966.
147 *Gundermann:* Bautenschutz, 2. Aufl., Dresden: Steinkopff 1970.
148 *Probst:* Handbuch der Betonsteinindustrie, 7. Aufl., Halle/Saale: Marhold 1962.
149 *Altmann:* Das Verhalten von Beton bei Einwirkung von Feuchtigkeit, Diss. TU Berlin: 1968.
150 *Rüsch, Sell, Rasch, Grasser, Hummel, Wesche, Flatten:* Festigkeit und Verformung von unbewehrtem Beton unter konstanter Dauerlast, Berlin, München: Ernst & Sohn 1968 (DAfSt, H. 198).
151 Planung, Bau und Betrieb des Schnellverkehrs in Ballungsräumen. Vorträge der zweiten wissenschaftlichen Tagung 1966 in Berlin. Veranstalter TU Berlin, Fak. für Bauingenieurwesen, Hrsg.: Inst. für Eisenbahnwesen der TU Berlin, Prof. Dr.-Ing. E. Graßmann.

### Zeitschriften

200 Betonsteinzeitung. Wiesbaden, Berlin, Bauverlag.
201 Schweizerische Bauzeitung. Zürich, Verlags-AG der Akademisch-Technischen Vereinigung.
202 The Indian Concrete Journal. Bombay, Cement House.
203 Hoch- und Tiefbau. München, Artibus Verlag.
204 Beton- und Stahlbeton. Berlin, München, Düsseldorf, Ernst & Sohn.
205 Zement-Kalk-Gips. Wiesbaden, Berlin, Bauverlag.
206 Beton. Düsseldorf, Beton-Verlag.
207 Beton und Eisen. Berlin, Ernst & Sohn (in [204] übergegangen).
208 Bau- und Bauindustrie. Düsseldorf, Werner.
209 Betontechnische Berichte. Düsseldorf, Beton-Verlag.
210 Straße und Autobahn. Bad Godesberg. Kirschbaum.
211 Straßen- und Tiefbau. Heidelberg, Straßenbau, Chemie und Technik Verlagsgesellschaft.
212 Erdöl-Erdgas-Zeitschrift. Wien.
213 Aufbereitungstechnik. Wiesbaden, Verlag für Aufbereitung.
214 Zement und Beton. Wien, Bondi & Sohn.
215 Baustoffindustrie. Berlin, VEB-Verlag für Bauwesen.
216 Magazine of Concrete Research. London, Cement and Concrete Association.
217 Die Bautechnik. Berlin, München, Düsseldorf, Ernst & Sohn.
218 Der Tiefbau. Gütersloh, Bertelsmann.
219 Die Bauwirtschaft. Wiesbaden, Berlin, Bauverlag.
220 Chemie-Ingenieur-Technik. Weinheim, Chemie-Verlag.
221 Journal ACI. Detroit/Michigan, American Concrete Institut.
222 Tonindustrie-Zeitung u. Keramische Rundschau. Goslar, Hübner.
223 Der Bauingenieur. Berlin, Springer.
224 Glastechnische Berichte. Frankfurt/Main, Verlag der Deutschen Glastechnischen Gesellschaft.
225 Materialprüfung. Düsseldorf, VDI.
226 Dyckerhoff-Zement. Wiesbaden-Amöneburg, Technisch-wissenschaftliche Mitteilungen, Dyckerhoff-Zementwerke AG.
227 Die Bauverwaltung. Düsseldorf, Werner.
229 Österreichische Ingenieurzeitschrift, Wien, New York, Springer.
230 Baumaschine und Bautechnik. Wiesbaden, Berlin, Bauverlag.
231 Die Sparwirtschaft. Wien.
232 Wasserwirtschaft, Zeitschrift des Deutschen Verbandes für Wasserwirtschaft, Stuttgart, Franckh.

### Aufsätze

300 *Weigler, Reissmann:* Untersuchungen an Konstruktionsleichtbetonen. [200] H. 11 (1965) 615 bis 629.
301 *Weigler, Reissmann:* Konstruktionen in Prepakt-Beton. [201] H. 23 (1948) 317–324.
302 *Manohar:* The production, properties and applications of Colcrete. [202] H. 7 (1967) 262–275.
303 *Grün:* Wasserdichte Sperrbetone. [203] H. 8 (1966) 9–14.
304 *Kuhn:* Prepakt-Beton für die Generatorschächte des Rohrturbinenkraftwerks Buckenhofen. [204] H. 2 (1967) 2–9.
305 *Bares:* Über die Technologie der Kunststoff-Betone. [205] H. 2 (1967) 47–60.
306 *Eick:* Styropor-Beton. [205] H. 6 (1959) 253–257.
308 *Melcher:* Transportbeton in Berlin. [206] H. 1 (1966) 15–18.
309 *Tröltzsch:* Normengerechter Transportbeton. [206] H. 8 (1966) 344–346.
310 *Kleinlogel:* Der Stahlsaitenbeton, System Hoyer. [207] H. 8 (1939) 141–147.
311 *Schütz:* Neuere Erfahrungen mit Schüttbeton in Österreich. [206] H. 7 (1963) 316–319.
312 *Kremer:* Vibrationstechnik bei der maschinellen Verdichten von Frischbeton. [200] H. 4 (1963), S. 186–191.
313 *Lens:* Schleuderbeton als Korrosionsschutz der Rohrinnenseite von Stahl- und gußeisernen Rohren. [208] H. 16 (1959) 411–414.

# Literatur zu 4.2 Natursteine und 4.3 Mörtel und Beton

314 *Bub:* Herstellung von Stahlbetonfertigteilen. [200] H. 5 (1968) 266—273.
316 *Linder:* Technologie des Spritzbetons. [204] H. 2 (1963) 40—45, H. 3, 63—67.
317 *Dahms:* Richtlinien für Spritzbeton. [206] H. 12 (1966) 497—500.
318 *Walz:* Die Beständigkeit von Beton unter Gebrauchsbeanspruchung. [209] (1963) 85—125.
319 Schockbeton, Technische Dokumentation, Firmenschrift N. V. Schockbeton Zeist Holland 1961.
321 *Brux:* Das Vacuum-Concrete-Verfahren und seine Anwendung beim Herstellen vorgespannter Betonrohre mit großen Abmessungen in Italien. [200] H. 6 (1961) 295—300.
322 *Dahms:* Amerikanische Erfahrungen über das Einbringen von Unterwasserbeton. [206] H. 12 (1966) 500—502.
323 *Albrecht:* Neuere Erkenntnisse über die Eigenschaften der Zemente [205] (1965) 1—12, 67—77, 145—148.
324 Lieferbedingungen für Normenzemente zu Betonfahrbahnen auf Bundesstraßen (Fassung vom 20. 2. 56). [210] (1956) 175—176.
326 *Walz, Mathieu:* Der Einfluß des Zementes auf die Eigenschaften von Zementsuspensionen zum Auspressen von Hohlräumen. [206] H. 6 (1961) 411—420.
327 *Walther:* Hydrophobe Zemente und Betone. [211] H. 7 (1956) 439—440.
328 *Wittkindt, Striebel:* Qualitätsbedingungen für Tiefbohrzemente. [212] H. 3 (1956) 302—309.
329 *Braniski:* Ähnlichkeiten und Verschiedenheiten der Calcium-, Strontium- und Bariumzemente. [205] (1961) 17—26.
330 *Bosschart:* Alkali-Reaktionen des Zuschlags im Beton. [205] H. 3 (1958) 100—108.
331 *Pilny, Püchel:* Berechnung von Silos, Messungen an einem Zementsilo aus Stahlbeton. [213] H. 1 (1962) 11—23.
332 *Arnds:* Der Porenraum im Zementstein — seine Entstehung und Erfassung und sein Einfluß auf die Druckfestigkeit. [200] (1962) 112—121.
333 *Wierig:* Betontechnische Gesichtspunkte bei der Herstellung von Betonwaren. [200] (1962) 10—18.
334 *Pilny:* Die Bedeutung des Porenraumes im Beton. [206] (1966) 147—150.
335 *Pilny:* Betondehnungen durch Feuchtigkeit. [214] H. 30 (1963) 444—452.
336 *Kroone:* Einfluß von wiederholtem Durchfeuchten und Trocknen auf die Carbonatisierung und Schwindung von Zementmörteln. [205] H. 1 (1966) 1—8.
337 *Odler, Gebauer:* Zementhydratation bei der Warmbehandlung. [205] H. 6 (1966) 276—281; H. 7, 303—308.
338 *Meyer:* Prüfverfahren zur Vorausbestimmung der 28-Tage-Zement-Normendruckfestigkeit in 5 Stunden. [205] H. 11 (1965) 574—579.
339 *Malhotra, Wallace:* Eine neue Methode zur Bestimmung der Feinheit von Zement. [205] (1965) 622—624.
340 *Keil, Mathieu:* Schnellprüfung von Zement nach dem Kleinzylinder-Verfahren. [205] H. 7 (1964) 279—298.
341 *Matouschek:* Lagerung von Zement unter verschiedenen Bedingungen. [205] H. 11 (1963) 483—488.
342 *Wittkindt:* Sulfatbeständige Zemente und ihre Prüfung. [205] H. 12 (1960) 565—572.
343 *Walz:* Spannbetonstraßen aus Quellzement. [206] H. 1 (1965) 31—3.
344 *Sajo, Sipos:* Die Schnellanalyse von Zement und Klinker mittels der thermometrischen Methode mit direkter Prozentanzeige. [205] H. 1 (1968) 32—37.
345 *Wischers:* Kritische Betrachtungen zur Anwendung des Quellzements. [205] H. 1 (1967) 36.
346 *Weigler, Nicolay:* Vergleichende Untersuchungen an hydrophoben Zementen und zugehörigen Portlandzementen. [200] H. 1 (1968) 16—25.
347 *Biczók:* Tonerdeschmelzzement in der Baupraxis. [215] H. 9 (1967) 284.
348 *Schulze, Reichel, Günzler:* Bestimmung der Reindichte von Zementstein. [206] H. 11 (1966) 452 bis 457.
349 *Bühs:* Zuschlagstoffe-Arten, Eigenschaften, Einflüsse. [206] H. 8 (1964) 323—326.
350 *Seidel:* Über die Größe des Einflusses der Kornzusammensetzung des Zuschlagstoffes auf die Betondruckfestigkeit und über die Beurteilung von Sieblinien. [205] H. 9 (1952) 295—298.
351 *Popovics:* The use of the fineness modulus for the grading evaluation of aggregates for concrete. [216] Vol. 18, Nr. 56, Sept. 66, 131—140.
352 *Fritsch:* Beitrag zur Technologie des Feinkorns in Betonmischungen. [205] H. 8 (1959) 290—296.
353 *Schwanda:* Hohlraumgehalt von Korngemischen. [206] H. 8 (1959) 427—434 und (1960) H. 1 12—17.
354 *Schäffler:* Beurteilung der Kornzusammensetzung nach einer Kennziffer. [200] H. 1 (1956) 27—30.
355 *Schwanda:* Auswirkung der Feinkornaufbereitung auf die Festigkeit von Beton. [205] H. 9 (1960) 424—427.
356 *Pawlowitsch:* Zusammensetzung von Beton mit bestimmten Eigenschaften mit Hilfe der Körnungsfläche. [217] H. 7 (1956) 234—239.
357 *Pilny, Korth:* Sintersplitt. [217] H. 3 (1961) 84—90.
358 *Melcher:* Berlin erzeugt eigene Leichtbeton-Zuschlagstoffe. [206] H. 8 (1963) 375—376.
359 *Pilny, Korth:* Sinterkies. [217] H. 4 (1963) 127—132.
360 *Matouschek:* Treibercheinungen durch Glas im Betonzuschlagstoff. [205] H. 12 (1963) 505—518.
361 *Pilny:* Zur Frage der Schädlichkeit von Glasanteilen in Betonzuschlagstoffen aus Müllschlackensinter. [224] H. 3 (1968) 97.
362 *Pilny, Hiese:* Schwer- und Leichtbeton aus Müll-Schlackensinter. [217] H. 7 (1967) 230—238.
363 *Serkin:* Feldmethode zur rohen Bestimmung des Wassergehaltes von Sanden. [206] H. 8 (1962) 542
364 *Pilny:* Geblähte Leichtzuschläge, Herstellungsmöglichkeiten und Anwendungsprüfungen in West-Berlin. [200] H. 11 (1965) 644—649.
365 *Portmann:* Lavakies für Konstruktiven Leichtbeton. [217] H. II (1965) 650—654.
366 *Krage, Schneider-Arnoldi:* Aufbereitetes Schlackengranulat Cewilith als Zuschlagstoff. [200] H. 9 (1965) 546—548.
367 *Schulz:* Herstellung, Klassierung und Verwendung von Blähton. [205] H. 8 (1963) 375—378.
368 *Dahl, Hentrich:* Über die Bestimmung des Feuchtigkeitsgehaltes der Zuschlagstoffe durch Wägen. [206] H. 3 (1966) 102—105.
369 *Schneider-Arnoldi:* Möglichkeiten des Einsatzes von vermahlenem Schlackengranulat für Beton. [206] H. 11 (1966) 458—460.
370 *Verbeck, Landgren:* Verhalten der Zuschlagstoffe im Beton unter Frosteinwirkung. [205] H. 1 (1964) 28—32.
371 *Grimm:* Technologie der Zuschlagstoffe (Normalbeton). [200] H. 12 (1965) 685—694.
372 *Wischers, Krumm:* Verwendung von heißem Anmachwasser für Beton im Winterbau. [206] H. 10 (1963) 463—466.
373 *Bonzel:* Über den Einfluß erhöhter Zement- und Betontemperaturen. [206] H. 3 (1961) 192—194.
374 *Müller:* Wasserdosierung mit Geräten. [200] H. 8 (1963) 419—430.
375 *Broschart:* Pumpspeicherwerk Rönkhausen, Betonarbeiten beim Bau des Druckstollens. [218] H. 4 (1967) 247—252.
376 *Ludwig, Schwiete:* Kalkbindung und Neubildungen bei den Traß-Kalk-Reaktionen. [205] H. 10 (1963) 421—331.

## 4.3 Mörtel und Beton

377 *Mall:* Untersuchungen über das Verhalten von Thurament gegenüber aggressiven Lösungen. [205] H. 12 (1952) 401–408.
378 *Herrmann:* Leuchtende Farbtöne in Beton und Zement. [200] H. 8 (1962) 399–402.
379 *Herrmann:* Zementfarben. [200] H. 3 (1960) 110 bis 113.
380 *Albrecht:* Richtlinien für die Prüfung von Betonzusatzmitteln zur Erteilung von Prüfzeichen, ergänzt durch Erläuterungen. [219] H. 6 (1965) 149–156.
381 *Schäffler:* Einflüsse von Zusatzmitteln mit grenzflächenaktiver Wirkung auf die Eigenschaften von Beton und Mörtel. [200] H. 2 (1961) 69–72.
382 *Martin:* Luftporenmörtel. [206] H. 3 (1963) 120 bis 124; H. 4, 166–170.
383 *Pilny:* Die Bedeutung des Porenraumes im Beton. [206] H. 4 (1965) 147–150.
384 *Albrecht:* Über die Wirkung von Betondichtungsmittel. [206] H. 10 (1966) 568–573.
385 *Kaesche:* Die Prüfung der Korrosionsgefährdung von Stahlarmierungen durch Betonzusatzmittel. [205] H. 7 (1959) 289–294.
386 *Bäumel:* Die Auswirkung von Betonzusatzmitteln auf das Korrosionsverhalten von Stahl in Beton. [205] H. 7 (1959) 294–305.
387 *Albrecht, Mannherz:* Eigenschaften von Betonzusatzmitteln. [200] H. 6 (1963) 281–296.
388 *Buchel:* Feinstkornaufbereitung. [220] H. 2 (1957) 112–115.
389 *Hansen:* 20-Jahresbericht der Langzeit-Untersuchung. [205] H. 3 (1966) S. 137–141.
390 *Grün, Grün:* Zur Frage der Physikchemischen Verhaltensweise von Wasser und Wasser des hydratisierenden Zementes im Beton. [205] H. 11 (1961) 514–520.
391 *H. J. Wierig:* Betontechnische Gesichtspunkte bei der Herstellung von Betonwaren. [200] H. 1 (1962) 10–18.
393 *W. Schulze, Reichel, Günzler:* Bestimmung der Reindichte von Zementstein. [206] H. 11 (1966) 452–457.
394 *Wesche, Stepath:* Die Bestimmung der Reinwichte von Baustoffen. [205] H. 10 (1957) 418–421.
395 *Walz:* Kennzeichnung der Betonkonsistenz durch das Verdichtungsmaß. [206] H. 11 (1964) 505–509.
396 *Popovics:* Über den Einfluß des Wassergehaltes auf die Konsistenz. [200] H. 12 (1966) 684–692.
397 *Pilny:* Steifenprüfung von Müllschlackensinterbeton. [219] H. 12 (1967) 271–273.
398 *Beijer:* Das Vee-Bee-Gerät. [221] 26, 1 (1954) 7/9, 31 (Sept.).
399 *Rychener:* Die Betonsonde. [201] 67, 33 (1949) 445–449.
400 —, Trichtersteife-Meßgerät nach *Pilny.* [222] H. 19 (1963) 446.
401 *Pilny:* Ein neues Steifeprüfverfahren für Massenbeton. [206] H. 3 (1966) 99–101.
402 *Steinegger:* Steifemeßgerät zur Prüfung der Verarbeitbarkeit von Mörteln. [205] H. 5 (1967) 234 bis 236.
403 *Otterbein:* Ein verbessertes Wuerpel-Gerät und die Beurteilung der Verarbeitbarkeit von Mörteln. [205] H. 5 (1968) 202–205.
404 *Kremer:* Der gegenwärtige Stand und die Erkenntnisse über die Rütteltechnik bei der Betonverdichtung, insbesondere bei der Verwendung von Tischrüttlern. [200] H. 4 (1960) 149–158.
405 *Pilny:* Die Messung von Steife und Rüttelwilligkeit bei Frischbeton. [223] H. 5 (1958) 169–174.
406 *Pilny:* Die Rüttelwilligkeitsprüfung. [200] H. 4 (1959) 138–140.
407 *Gotsch, Schrämli:* Zur Verarbeitbarkeit von Zement und Beton — Ihre Problematik und die Methoden ihrer Bestimmung. [205] H. 10 (1967) 468–472.
408 *Pilny:* Die Kraftwirkungslinie beim Druckversuch. [217] H. 1 (1959) 7–11.

409 *Wischers:* Physikalische Eigenschaften des Zement steins. [206] H. 7 (1961) 481–486.
410 *Schlotmann:* Über den Einfluß der Zementleimmenge auf die Betondruckfestigkeit. [206] H. 10 (1964) 436–438.
411 *Bonzel, Dahms:* Der Einfluß des Zementes, des Wasserzementwertes und der Lagerung auf die Festigkeitsentwicklung des Betons. [206] H. 8 (1966) 299–305 und 341–342.
412 *Henzel, Spitzner, Freitag:* Einflüsse auf die Ergebnisse der Druckfestigkeitsprüfungen an Beton. [206] H. 4 (1967) 135–138.
413 *Walz:* Beton- und Zementdruckfestigkeiten in den USA und ihre Umrechnung auf deutsche Prüfwerte. [206] (1962) 420–423 und 463–466.
414 *Williamson:* Untersuchungen an Betonzylindern. [205] H. 4 (1965) 187–188.
415 *Walz, Dahms:* Kurzfristige Festigkeitsprüfung zur Güteüberwachung des Betons. [206] H. 11 und 12 (1961) 752–756 und 813–818.
416 *Vuorinen:* Über Prüfungen der Betonfestigkeit im frühen Alter. [205] H. 1 (1967) 33.
417 *Völter:* Hohe Tragfähigkeit des frischen Fugenmörtels. [206] H. 9 (1966) 378.
418 *Wierig:* Eigenschaften von „grünen, jungem" Beton. [206] H. 3 (1968) 94–101.
419 *Franz:* Ermüdungsfestigkeit von vorgespannten, auf Biegung beanspruchten Betonquerschnitten. [223] H. 5 (1959) 205–207.
420 *Bonzel, Dahms:* Über die Bedeutung der statistischen Qualitätskontrolle bei Beton. [206] H. 10 (1964) 429–436.
421 *Struck:* Zur Berechnung von einseitigen, unteren Grenzwerten (Fraktilen) bei der statistischen Auswertung von Meßergebnissen. [225] H. 6 (1967) 218–222.
422 *Mängel:* Beitrag zur Prüfung von Betonwürfeln. [200] H. 4 (1968) 197–200.
423 *Bonzel:* Zur Gestaltsabhängigkeit der Betondruckfestigkeit. [204] H. 9 und 10 (1959) 223–228 und 247–248.
424 *Aurich:* Beitrag zum Verhältnis der Zylinderdruckfestigkeit zur Würfeldruckfestigkeit von Beton. [226] H. 2 (1969) 1–11.
425 *Krug:* Versuche mit Klebern und Mörteln unter Verwendung von Kunstharzen. [223] H. 8 (1961) 287–292.
426 *Špetla, Kadleček:* Einfluß der Schlankheit von Betonzylindern und Prismen auf die Zugfestigkeit. [200] H. 4 (1967) 200–201.
427 *Špetla, Kadleček:* Über die Ausführung der Zugprüfung an Beton. [206] H. 11 (1967) 459–464.
428 *Meyer:* Die Größe der Streuung der Betonfestigkeitsprüfungen hach DIN 1048. [206] H. 7 (1963) 319–322.
429 *Bonzel:* Über die Biegezugfestigkeit des Betons. [206] H. 4 (1963) 179–182 und 227–231.
430 *Schleeh:* Die Spannungszustände in den Biegezugbalken nach der strengen Biegetheorie. [206] H. 3 (1964) 64–97.
431 *Bonzel:* Über die Spaltzugfestigkeit des Beton [206] H. 3 und 4 (1964) 108–114 und 150–157.
432 *Kirtschik, Dulgeroglu:* Über die Prüfung der Spaltzugfestigkeit von Beton an bewehrten Proben. [200] H. 8 (1966) 471–479.
433 *Base:* Eine Untersuchung der Übertragungslänge bei Spannbeton mit sofortigem Verbund. [200] H. 3 (1963) 133–142.
434 *Walther, Sorets:* Versuche über den Einfluß der Kornzusammensetzung des Betons auf den Verbund [204] H. 5 (1967) 121–127.
435 *Albrecht:* Über den Einfluß von Schalölen und Schalpasten auf die Putzhaftung an Betondecken. [200] H. 9 (1966) 527–535.

## Literatur zu 4.2 Natursteine und 4.3 Mörtel und Beton

436 *Walz:* Die Beständigkeit von Beton unter Gebrauchsbeanspruchung. [206] H. 6 und 7 (1963) 279–286; 331–338.
437 *Dahms:* Über die Schlagfestigkeit des Betons für Rammpfähle. [206] H. 4 und 5, (1968) 131–136; 177–182.
438 *Wesche:* Die Prüfung der Betonfestigkeit im Bauwerk. [200] H. 6 (1967) 267–277.
439 *Abt:* Einflüsse auf den Aussagewert der zerstörungsfreien Betonprüfung nach DIN 4240. [206] H. 7 (1967) 260–267.
440 *Manns, Sasse:* Über die Auswertung der Kugelschlagprüfung bei Beton aus Sonderzementen. [206] H. 2 (1966) 63–67.
441 *Weigler, Siemens, Spitzner:* Zur nachträglichen Bestimmung der Betondruckfestigkeit. [200] H. 3 (1966) 150–158.
443 *Powers:* Grundlagen des Betonschwindens. [200] H. 2 (1961) 45–51.
444 *Pilny:* Betondehnungen durch Feuchtigkeit. [214] H. 30 (1964) 1–9.
445 *Wissmann:* Dissertation TH Darmstadt 1954.
446 *Wischers:* Die mathematische Erfassung der Spannungen infolge Schwindens. [200] H. 11 (1960) 470–472.
447 *Pilny:* Vorgespannte Bauweise für befestigte Flächen auf Flugplätzen. [227] H. 3 (1965) 148–153.
448 *Wischers:* Betontechnische und konstruktive Maßnahmen gegen Temperaturrisse in massigen Bauteilen. [206] H. 1 (1964) 22–26.
449 *Heufers, Aurich:* Beitrag zur Entwicklung des konstruktiven Leichtbetons in Deutschland. [200] H. 5 (1966) 265–283.
450 *Dahms:* Einfluß der Eigenfeuchtigkeit auf die Druckfestigkeit des Betons. [206] H. 9 (1968) 361–365.
451 *Ghosh:* Querdehnung von Beton. [206] H. 10 (1965) 422–426.
452 *Trost:* Spannungs-Dehnungsgesetz eines viskoelastischen Festkörpers und Folgerungen für Stabtragwerke aus Stahlbeton und Spannbeton. [206] H. 6 (1966) 233–248.
453 *Mamillan:* Untersuchungen über das Schwinden des Betons. [200] H. 11 (1960) 465–469.
454 *Catharin:* Die zerstörungsfreie Prüfung der Druckfestigkeit an Normenprismen. [205] H. 9 (1961) 370–384.
455 *Powers:* Der Aufbau des Betons. [205] H. 6 (1967) 276–278.
456 *Wittmann:* Einfluß der Schwindspannung auf das Kriechen des Zementsteins. [205] H. 11 (1966) 528–530.
457 *Illston:* Das Kriechen von Beton infolge einachsiger Zugbeanspruchung. [223] H. 11 (1967) 423–424.
458 *Wierig:* Die Wasserdampfdurchlässigkeit von Zementmörtel und Beton. [205] H. 9 (1965) 471 bis 482.
459 *Bonzel:* Der Einfluß des Zementes, des w/z-Wertes, des Alters und der Lagerung auf die Wasserundurchlässigkeit des Betons. [206] H. 9 und 10 (1966) 379–383 und 417–421.
460 *Bonzel:* Über die neuere Zement- und betontechnische Entwicklung. [206] H. 6 und 7 (1967) 221 bis 224, 263–267.
461 *Weigler, Reißmann:* Zur Prüfung der Wasserundurchlässigkeit von Beton. [200] H. 5 (1963) 260–262.
462 *Lentz, Monfore:* Wärmeleitung von Beton bei sehr tiefen Temperaturen. [205] H. 3 (1966) 130 bis 136.
463 *Weigler, Kern:* Über die Anwendungsmöglichkeiten des Ultraschallverfahrens zur Beurteilung der Betongüte. [200] H. 5 (1965) 279–286.
464 *Mittelmann, Montada:* Über den Beton für eine Spannbetonstartbahn. [206] H. 2 (1967) 50–56.
465 *Wesche:* Die Prüfung der Betonfestigkeit im Bauwerk. [200] H. 6 (1967) 267–277.

466 *Selz:* Die Frage der Isolierung von Untergrundbahntunneln gegen den Baugrund aus Elektrotechnischer Sicht. [228] (1966) 259–276.
467 *Cammerer:* Das Verhalten der wichtigsten Baustoffe gegenüber flüssigem und dampfförmigem Wasser. [222] H. 13/14 (1954) 199–204.
468 *Wischers:* Betontechnische und konstruktive Maßnahmen gegen Temperaturrisse in massigen Bauteilen. [206] H. 1 und 2 (1964) 22–26; 65–73.
469 *Basalla:* Ein adiabatisches Kalorimeter zur Bestimmung der Wärmeentwicklung im Beton. [205] H. 3 (1962) 136–140.
470 *Karsch, Schwiete:* Adiabatisches Kalorimeter zur Bestimmung der Hydratationswärme eines Zementes. [205] H. 5 (1963) 165–169.
471 *Basalla:* Über die Widerstandsfähigkeit des jungen Betons gegen Frosteinwirkung. [223] H. 4 (1964) 153–156.
472 *v. Meng:* Über den Einfluß von Frost auf frischen Beton. [206] H. 2 (1961) 79–84.
473 *Jung:* Über die Frostbeständigkeit des jungen Betons. [205] H. 3 (1967) 107–110.
474 *Hartmann:* Frostprüfverfahren von Beton. [206] H. 12 (1964) 543–549.
475 *Kordina:* Das Verhalten von Stahlbeton- und Spannbetonbauteilen unter Feuerangriff. [206] H. 1 und 2 (1963) 11–18; 81–84.
476 *Weigler, Fischer:* Über den Einfluß von Temperaturen über 100 °C auf die Druckfestigkeit von Zementmörtel. [200] H. 10 (1963) 493–502.
477 *Kordina:* Feuerwiderstandsfähigkeit von Spannbeton. [200] H. 5 (1966) 314–317.
478 *Locher:* Chemischer Angriff auf Beton. [206] H. 1 und 2 (1967) 17–19; 47–50.
479 *Weigler, Segmüller:* Schutz von Beton gegen chemische Angriffe. [206] H. 8 und 9 (1967) 293–299; 331–337.
480 *Bonzel:* Beton mit hohem Frost- und Tausalzwiderstand. [206] H. 11 und 12 (1965) 469–474 und 509–515.
481 *Keil:* Zwanzig-Jahres-Bericht der Langzeit-Versuche über das Verhalten von Zement im Beton. [206] H. 1 und 2 (1966) 27–35 und 77–83.
482 *Smolczyk:* Internationales Symposium über das Verhalten von Beton in Meerwasser. [200] H. 5 (1965) 465–470.
483 *Hecker:* Verhalten von Beton bei Sulfat-, Chlorid- und Säureangriffen. [205] H. 12 (1962) 513–521.
484 *Steinegger:* Untersuchung des Sulfatangriffs auf Beton durch Langzeitversuche. [206] H. 5 (1964) 200–204.
485 *Hartmann:* Über die Wirkung von Frost- und Tausalzen auf Beton ohne und mit luftporenbildenden Zusatzmitteln. [205] H. 7 und 8 (1957) 265 bis 268; 314–323.
486 *Bonzel:* Beurteilungsgrundsätze und technologische Maßnahmen für Beton in angreifenden Wässern. [200] H. 11 (1963) 633–636.
488 *Walz:* Einfluß der Zusammensetzung und der Oberflächentextur von Straßenbeton auf die Griffigkeit. [206] H. 11 und 11 (1967) 369–373; 403–406.
489 *Wehner:* Veränderungen von Straßenoberflächen durch Verkehr und Wetter insbesondere bezüglich der Straßengriffigkeit. [223] H. 1 (1965) 15–20.
490 Arbeitskreis Öleinwirkungen, Vorläufiges Merkblatt über das Verhalten von Beton gegenüber Mineral- und Teerölen. [206] H. 11 (1966) 461–463.
491 *Soretz:* Korrosionsschutz in Stahlbeton und Spannbeton. [200] H. 2 (1967) 52–63.
492 *Schulze, Günzler:* Korrosionsschutz der Bewehrung im Leichtbeton. [200] H. 5 (1968) 252–257.
493 *Springenschmid:* Über das Vermeiden von Rissen in Beton- und Stahlbetonbauwerken. [229] H. 12 (1966) 411–420.

## 4.3 Mörtel und Beton

494 *Blümel, Jung:* Untersuchungen über Zementausblühungen. [200] H. 6 und 7 (1962) 286−291; 363−370.
495 *Marbestad, Rudjord:* Untersuchung von Zementprüfmethoden und der Korrelation zwischen Zementfestigkeit und Betonfestigkeit. [205] H. 1 (1965) 13−23.
496 *Ullrich:* Vorteile von Ausfallkörnungen. [219] H. 28 und 29 (1965) 886−890; 915−919.
497 *Kluge:* Vorausbestimmung der Wassermenge bei Betonmischungen für bestimmte Betongüten und Frischbetonkonsistenzen. [223] H. 6 (1949) 172 bis 175.
498 *Kimura:* Druckfestigkeiten und Elastizitätsmoduli von Beton mit sehr niedrigem Wasserzementfaktor. [205] H. 5 (1967) 229−233.
499 *Wischers, Hallauer:* Einfluß und Bestimmung der Eigenfeuchte von Betonzuschlagstoffen. [206] H. 5, 6 (1966) 207−21 und 249−253.
500 *Bongert:* Die verschiedenen Mischsysteme und Untersuchungen an Betonmischern. [200] H. 8 (1964) 377−387.
501 *Ries:* Die Intensiv-Aufbereitung von Beton-Grundlagen und Ergebnisse aus der Praxis. [200] H. 4 (1967) 186−191.
502 *Wischers:* Einfluß langen Mischens oder Lagerns auf die Betoneigenschaften. [206] H. 1 und 2 (1963) 23−30; 86−90.
503 *v. Meng:* Über den Einfluß von Frost auf frischen Beton. [206] H. 2 (1961) 79−84.
504 *Walz, Bonzel:* Festigkeitsentwicklung verschiedener Zemente bei niederer Temperatur. [206] H. 1 (1961) 35−48.
506 *Aurich:* Zum Einfluß der Vorlagerungszeit bei der Wärmebehandlung von Beton. [200] H. 3 (1963) 143−149.
507 *Meyer:* Beton mit hoher Frühfestigkeit. [200] H. 5 (1967) 212−219.
508 *Hummelshoej:* Neue Methode zur Herstellung von warmem Frischbeton. [200] H. 9 (1967) 442−443.
509 *Kirtschig:* Zur Vorausberechnung der Zusammensetzung von Beton. [200] H. 8 und 9 (1967) 365 bis 369; 432−435.
510 *Krauss:* Vorausbestimmung der Druckfestigkeit und der Mischungsverhältnisse des Betons. [206] H. 10 und 11 (1963) 457−459, 497−499.
511 *Poley:* Berechnung der Mindestzementmenge für Beton mit dichtem Gefüge. [200] H. 9 (1965) 552−553.
512 *Zipelius:* Zementleimermittlung für beliebige Zuschlagstoffgemische. [200] H. 5 (1967) 223−227.
513 *Weinhold, Kirtschig:* Zur Frage der Genauigkeit bei der nachträglichen Ermittlung des Zementgehaltes von erhärtetem Beton. [222] H. 1, 2 (1965) 2−11.
514 *Charisius, Matthias:* Mischungsverhältnis und Bindemittelgehalt und Mörtel. [205] H. 9 (1957) 359−365.
515 *Alberti:* Vergleichsuntersuchungen zur Bestimmung des Mischungsverhältnisses von Mörteln. [205] H. 10 (1962) 433−436.
516 *Verma, Trehen, Dabas:* Über die Analyse von Asbestzementerzeugnissen. [205] H. 7 (1967) 302 bis 303.
517 *Babatschew, Markowa, Todorowa:* Zur Ermittlung des Zementgehaltes von Beton und Mörtel. [205] H. 5 (1966) 231−237 und [205] H. 6 (1967) 275 bis 276.
518 *Franz, Bossler:* Prüfung der wichtigsten Stoffeigenschaften von Gießharzbeton. [200] H. 2 (1962) 49−59.
519 *Springenschmid:* Kunstharze im Betonbau. [229] H. 5 (1965) 167−178.
520 *Kreukler:* Güteversuche des Betons durch Überzüge. [211] H. 7 und 8 (1960) 507−514- 583−590.
521 *Pilny:* Kunststoffe für Mörtel und Beton. [223] H. 8 (1962) 314−316.
523 *Trittler:* Erfahrungen mit Kunststoffen im Stahlbetonbau. [230] H. 10 (1965) 495−500.
524 *Albrecht:* Einpreßversuche an langen Spannkanälen. [204] H. 12 (1964) 265−269.
525 *Neumann-Venevere:* Leichtbeton als Transportbeton. [206] H. 8 (1968) 306−307.
526 *Köhling:* Die Herstellung von Leichtbeton unter Verwendung von vorexpandierten Styropor-Partikeln als Zuschlagstoff. [200] H. 5 (1960) 208−212.
527 *Walz:* Technologische und mechanische Besonderheiten des konstruktiven Leichtbetons. [206] H. 6 (1965) 263−267.
528 *Walz, Bonzel, Baum:* Versuche mit Leichtbeton hoher Festigkeit. [206] H. 2 und 3 (1965) 59−65; 107−114.
529 *Weigler, Reissmann:* Untersuchungen an Konstruktionsleichtbeton. [200] H. 11 (1965) 615−629.
530 *Schulz:* Beitrag zur Technologie des Leichtbetons. [206] H. 4 (1964) 137−142.
531 *Weigler:* Konstruktionsleichtbeton in Deutschland, Stand der Entwicklung und der Erkenntnisse. [200] H. 12 (1967) 557−563.
532 *Kühn:* Über den Einfluß der Feinstsandaufbereitung auf den Beton des Lechkraftwerkes Rain. [204] H. 7 (1955) 179−186.
533 *Böhmer:* Neue Methoden bei der Herstellung von Massenbeton. [214] H. 20 (1960) 1−7.
534 *Eder:* Die Feinkorntechnik als Mittel zur Herstellung von billigerem und besserem Beton. [200] H. 11 (1960) 525−528.
535 *Contag:* Konstruktiver Leichtbeton als Transportbeton. [206] H. 8 (1966) 343.
536 *Schulz:* Von Konstruktionsleichtbeton aus Leca-Blähton, [206] H. 3 (1965) 93−99.
537 *Heufers:* Konstruktionsleichtbeton B 300 aus deutschen geblähten Leichtzuschlagstoffen. [206] H. 3 (1966) 119−124.
538 *Uhl:* Ein Beitrag zur Technologie des Sichtbetons. [206] H. 11 (1963) 490−492.
539 *Mall:* Betrachtungen über den Sichtbeton. [200] H. 8 (1962) 314−670.
540 *Stern:* Die Kornpotenz. [231] H. 4 (1932)
541 *Pilny:* Zur Beanspruchung keramischer Wandbekleidungen. [222] H. 17, 18 (1965) 389−394.
542 *Hahn, Hornung:* Untersuchungen von Mörtelfugen unter vorgefertigten Stahlbetonstützen. [206] H. 11 (1968) 553−562.
543 *Koenig:* Neuzeitliche Einpreßtechnik. [232] H. 4 (1951) 120.

## 4.4 Keramische Baustoffe[1])

Bearbeitet von *K. Wesche* und *H. Flatten*

Keramische Baustoffe sind aus fein- bis feinstkörnigem Rohstoff geformt und durch Brennen verfestigt. Der irreversible Verfestigungsvorgang ist physikalisch-mineralogischer Art unter Beteiligung chemischer Vorgänge.

### 4.4.1 Rohstoffe

#### 4.4.1.1 Plastische Rohstoffe

Ton und Kaolin, entstanden durch Verwitterung feldspathaltiger Gesteine.
Mineralbestand (Oxidformel): *Kaolin* ($Al_2O_3 \cdot 2SiO_2 \cdot 2H_2O$), Blättchenstruktur, Korngröße 0,5 bis 9 µm; *Halloysit* ($Al_2O_3 \cdot 2SiO_2 \cdot 4H_2O$), längliche Röhrenform, Durchmesser 0,04 bis 0,19 µm; *Montmorillonit* ($Al_2O_3 \cdot 4SiO_2 \cdot H_2O \cdot nH_2O$), Blättchen, Länge 0,1 bis 0,3 µm, Dicke 0,001 µm; *Tonglimmer* ($K_2O \cdot 3Al_2O_3 \cdot 6SiO_2 \cdot 2H_2O$), Blättchen bis 0,1 µm.

*Ton*, meist auf sekundärer Lagerstätte, hat feineres Korn (beim Transport trat Kornzerkleinerung und Korngrößenklassifizierung auf), ist plastischer und sintert eher als Kaolin. Verunreinigungen durch humöse Stoffe und andere Bestandteile, z. B. Quarz, Feldspatreste, Glimmer, Eisenoxid, Kalk.

#### 4.4.1.2 Nichtplastische Rohstoffe bzw. Zusatzstoffe

*Quarz* verringert das Schwinden und setzt die Schmelztemperatur herab. Schädlich bei grobem Korn durch Behinderung gleichmäßigen Schwindens und Volumenvergrößerung beim Brennen.

*Feldspat* dient als Flußmittel, es bringt Alkalien in unlöslicher Form in die Masse.

*Kalk* dient als Flußmittel, er wird bei hellbrennenden Massen oft zugesetzt; ist schädlich, wenn er als nichtgebundenes CaO vorhanden ist (beim Nachlöschen: Abplatzungen, Zermürbung).

*Besondere Magerungsmittel:* Sand, Ziegel- und Schamottemehl dienen zur Herabsetzung des Schwindens (Verziehen, Maßänderung), erhöhen die Standfestigkeit der Rohlinge. Sie sind schädlich bei zu großem Korn durch Spannungen bei Behinderung gleichmäßigen Schwindens (Risse).

*Besondere Flußmittel:* Sehr stark wirken Metalloxide (Eisenoxide, Bleioxid, Bleiglanz, Mennige u. a.) und Salze (Borax, Salze, Alkalisalze, Kochsalz u. a.).

*Ausbrennstoffe* erhöhen die Porosität (Rohbraunkohle, Steinkohlen, Holzkohle, Sägemehl, Korkmehl, Kunststoffschaumperlen). Die Ascherückstände nehmen in der Reihenfolge der genannten Stoffe ab.

*Schaummittel:* z. B. Saponin, dient ebenfalls zur Porenerzeugung. Geschäumt wird durch Einblasen von Luft, durch Zersetzung von Carbonaten, durch Säuren oder durch Zersetzung von Wasserstoffperoxid ($H_2O_2$).

---
[1]) Literatur S. 573.

## 4.4 Keramische Baustoffe

Tabelle 4.4-1. Verschiedene Rohstoffe und ihre Verwendung

| Rohstoff | Zusammensetzung | Verwendungszweck |
|---|---|---|
| Ton | 70···95% Tonsubstanz | Klinker, Bodenplatten, Dachziegel, Dränrohre |
| Steingutton | weiß bzw. fast weiß brennender Ton und Kaolin, Zusatz von Quarz, Feldspat, Kalk, 45···55% Tonsubstanz | Wandfliesen, sanitäres Geschirr, Ofenkacheln |
| Feuerton | Steingutton mit Schamottezusatz | wertvolles sanitäres Geschirr, Badewannen |
| Steinzeugton | Glimmertone (früh sinternd) Zusatz von feinem Sand und gemahlenen Scherben | Rohre, Schalen, Platten, Bodenfliesen, Tröge, Isolatoren |
| Ziegeltone bzw. Ziegellehme | tonige Stoffe, Lehme (Löß-, Geschiebe-, Schwemm-, Schlicklehm) seltener Mergel, 20···70% Tonsubstanz | Ziegeleierzeugnisse: Klinker, Voll-, Loch- und Hohlziegel, Deckenziegel, Dränrohre, Kabelschutzhauben |

## 4.4.2 Verarbeitung der Rohstoffe, Erzeugnisse

### 4.4.2.1 Aufbereitung

Mechanisch werden die Rohstoffe aufbereitet durch Grobzerkleinerungs- und Feinaufbereitungsmaschinen. Physikalisch: Wettern, Sumpfen, Mauken, Heißaufbereitung durch Dampf. Aufgabe der Aufbereitung ist die Homogenisierung und Plastifizierung als Voraussetzung für gute Verformbarkeit und Verminderung der Texturbildung.

### 4.4.2.2 Formgebung und Trocknung

Die gebräuchlichste Formgebung ist das *Pressen* mittels Stempel- und Strangpresse, für besondere Formen kommt *Gießen* in Frage, bei besonderer Oberflächengestaltung (z. B. Verblender) *Streichen* (Handstrich, Streichmaschinen). Hauptsächlichste Fehler sind Texturen, Luft- und Wasserblasen (vgl. 4.4.3).

Trocknungsverfahren sind einfache Be- und Entlüftung, Luftumwälzung, rhythmische Trocknung, Feuchtluftverfahren, um Luftfeuchtigkeit und Temperatur dem Austrocknungszustand des Rohlings anzupassen.

Die Trockenschwindung ist je nach dem Feuchtigkeitsgehalt und der Form oft hoch. Bei ungleichmäßigem Schwinden besteht die Gefahr der Bildung von Rissen und Deformationen (z. B. Flügeln der Dachziegel).

### 4.4.2.3 Oberflächenbehandlung

Wenn vom Rohstoff her keine bestimmte Oberflächenfarbe, -beschaffenheit und -struktur möglich ist, kommt Engobieren oder Glasieren in Frage.

**4.4.2.3.1 Engobe** ist eine flüssige, feine Tonmasse, die durch Gießen, Spritzen oder Tauchen auf den Rohling aufgebracht und mit ihm zusammen gebrannt wird. Sie ergibt eine dichte und matte, aber dampfdurchlässige und glatte Oberfläche. Färbung durch Metalloxide ist möglich. Engoben sind oft die Grundlage für eine Glasur (z. B. bei Feuertonerzeugnissen).

**4.4.2.3.2 Glasur.** Das Aufbringen der Glasurmasse auf den Rohling erfolgt vor dem Brennen oder auf den fertigen Scherben in einem besonderen Brand (z. B. Steingut). Die Färbung erfolgt durch Metalloxide. Die Oberfläche ist glasartig glänzend, hart und dicht. Salzglasur des Steinzeuges bekommt man durch Zugabe von Kochsalz zum Feuer während des Scharfbrennens.

### 4.4.3 Fehler und Schäden an grobkeramischen Erzeugnissen

**4.4.2.3.3 Brennen.** Die Verfestigung bei Hitzeeinwirkung wird erreicht durch *Trockensinterung* (Umwandlungen und Reaktionen im festen Zustand) oder durch *Schmelzsinterung* (Verkittung durch partielle Schmelzflüsse, gesteuert durch Zugabe von Flußmitteln). Die Atmosphäre beim Brennen kann oxydierend, inert oder reduzierend sein. Bei reduzierendem Brennen erhält der Scherben nicht seine normale Brennfarbe (hell bis rot, je nach Oxydation, bestimmt hauptsächlich durch den Gehalt an $Fe_2O_3$), sondern wird blau bis schwarz (Umwandlung von $Fe_2O_3$ in FeO). Besondere Färbung wird durch bestimmte Metalloxide erreicht.

Beim Erhitzen entstehen Formänderungen (*Brennschwinden*), bedingt durch das Entweichen des Kristallwassers und insbesondere durch Reaktionen der Flußmittel mit der Kieselsäure bei der Sinterung.

Der Brennvorgang wird eingeleitet durch den *Schmauchprozeß* (langsame Vorwärmung und Austritt des restlichen freien Wassers). Im anschließenden Brennprozeß erfolgt zunächst der Austritt des chemisch gebundenen Wassers (450 bis 600°C), die Verbrennung der organischen Bestandteile, die Oxydation der Sulfide und der Zerfall der Sulfate und Carbonate bis zu Temperaturen von 750 bis 900°C unter starker Erhöhung der Porosität, die bei 850 bis 900°C ihren Maximalwert hat. Die bei diesen Vorgängen entstehenden Gase müssen vor dem *Garbrand* ($\approx$ 900 bis 1200°C) entweichen können (sonst erfolgt Aufblähen). Beim *Garbrand* werden die Eigenschaften des Produktes in Abhängigkeit vom Rohmaterial beeinflußt, z. B. durch Verminderung des Porenraumes bzw. Erhöhung der Dichte. Beim Brennen ist Sulfatbildung möglich durch Aufnahme schwefliger Säure aus den Brenngasen durch die entstandenen freien Oxide (CaO, MgO).

## 4.4.3 Fehler und Schäden an grobkeramischen Erzeugnissen

### 4.4.3.1 Schäden durch Herstellungsfehler

*Risse* und *Sprünge*, meist durch Trocknungs- und Brennfehler verursacht (Behinderung gleichmäßigen Schwindens, Volumenvergrößerungen durch grobe Einschlüsse (Quarz), Abkühlungsfehler u. a.), können insbesondere bei Klinkern die Undurchlässigkeit gegenüber Schlagregen vermindern und u. U. die Frostbeständigkeit herabsetzen. Abplatzungen, Blasen, Aufblähungen und Sprünge können bei unvollständiger Oxydation durch Gasbildung nach Porenschluß entstehen.

Sprengung, Abplatzungen und Zermürbung bei der Lagerung oder nach Verwendung im Bauwerk treten durch nachlöschenden Kalk auf (Absprengungen über Kalkkörnern, Zermürbung bei hohem Gehalt in fein verteilter Form; kann durch 12stündige Lagerung über Dampf beurteilt werden) oder entstehen durch Auskristallisieren von Salzen.

### 4.4.3.2 Ausblühungen

**4.4.3.2.1 Erscheinungsformen.** Ausblühungen sind wasserlösliche Stoffe, die bei Austrocknung durch die kapillare Leitfähigkeit auf die Oberfläche gelangen und dort auskristallisieren. Voraussetzung sind somit Feuchtigkeit, lösliche Stoffe, Porosität. Bei großer Verdunstungsgeschwindigkeit oder Behinderung der Leitfähigkeit erfolgt Verdunstung und Kristallisation unter der Oberfläche, die zu Abplatzungen, Absprengungen und Zermürbung führen können. Sichtbare Ausblühungen sind bereits bei Salzmasseanteilen von $10^{-5}$ des Baustoffes an möglich.

**4.4.3.2.2 Ursachen.** Ausblühfähige Stoffe sind Sulfate, Carbonate, Nitrate, Chloride und Vanadium-, Chrom- und Molybdänverbindungen. In vielen Fällen stammen diese Stoffe nicht aus dem Rohstoff, sondern sind von außen (z. B. falsche Lagerung, aus dem Mörtel) in den Ziegel gelangt oder bilden sich durch Reaktionen von Ziegelbestandteilen mit Mörtelbestandteilen, so daß oft eine Beurteilung der Ausblühung des Mauerwerks durch eine Beurteilung des Ziegels nicht möglich ist. In den Bildern 4.4-1 und 4.4-2 ist die erhöhte Löslichkeit verschiedener Salze durch $CO_2$- und $Ca(OH)_2$-Einwirkung dargestellt [45].

Tabelle 4.4-2. Einteilung der im Bauwesen verwendeten keramischen Stoffe [5]

| Allgemeine Bezeichnung | Irdenwaren (Scherben porig) | | | | Sinterwaren (Scherben dicht) | | |
|---|---|---|---|---|---|---|---|
| Spezielle Bezeichnung | Ziegeleierzeugnisse | Steingut | Feuertonware | Töpfereierzeugnisse | Klinker | Steinzeug | Porzellan |
| Struktur | grobkörnig | feinkörnig | fein- bis grobkörnig Deckschicht fein | feinkörnig | fein- bis grobkörnig, teilweise glasig | | feinkörnig, glasig |
| Farbe des Scherbens | i. allg. rot bis gelb | weiß bis leicht getönt | weiß bis rot | weiß bis rot | verschieden, meist dunkelrot | verschieden, hell bis braun | i. allg. weiß |
| Aussehen des Scherbens | matt | matt | matt | matt | mattglänzend | mattglänzend | glänzend |
| Oberfläche | i. allg. nicht bearbeitet, teilweise jedoch engobiert oder glasiert | i. allg. in einem zweiten Brand (Glattbrand) glasiert | auf feiner Deckschicht Glasur | nicht bearbeitet oder glasiert | i. allg. nicht bearbeitet | i. allg. Salz- oder Spaltglasur, seltener unglasiert | Glasur |
| Erzeugnisse | Mauer-, Decken-, Dachziegel, Dränrohre, Kabelschutzhauben, Hourdis, Terrakotten | Wandfliesen, sanitäres Geschirr, Halbporzellan (dichter Scherben, geringe Wasseraufnahme, in Technologie dem Porzellan ähnlich) | sanitäres Geschirr, Badewannen, Fayencen | Gefäße, Ofenkacheln, Terrakotten | Vollklinker, Kanalklinker, Bodenplatten, Bauterrakotten | Kanalisationsrohre, Schalen, Platten, Bodenfliesen, Platten- u. Treppenplatten, Stallartikel, chem.-techn. Steinzeug, Wandsteine, Spaltplatten, Sohlbänke | sanitäres Geschirr, Elektroporzellan |

### 4.4.3 Fehler und Schäden an grobkeramischen Erzeugnissen

Die Klärung der Ursache ist schwierig, da
die Ausblühungen meist an den Randzonen der Ziegeloberfläche auftreten und nur selten auf die Kernzone des Ziegels oder der Fuge beschränkt sind,
die Ausblühungen vielfach eine andere Zusammensetzung haben als die Salze im ausblühenden Teil,
durch Feuchtigkeitswanderung im Bauteil die Lage der Salze und der Ausblühungen örtlich verschieden sein können.

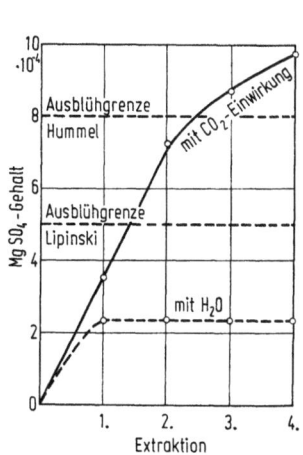

Bild 4.4-1. Erhöhte Löslichkeit von $MgSO_4$ durch Einwirken von Kohlensäure.

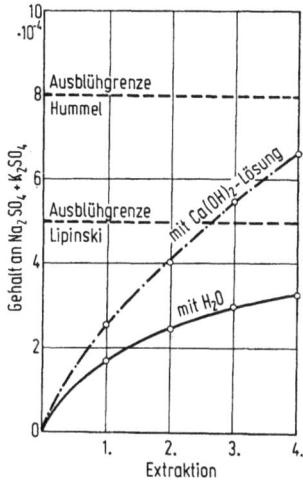

Bild 4.4-2. Erhöhte Alkalilöslichkeit durch Einwirkung von $Ca(OH)_2$-Lösung.

*4.4.3.2.2.1 Sulfate* kommen am häufigsten vor. Sie überstehen im Gegensatz zu Chloriden und Nitraten bisweilen die üblichen Brenntemperaturen oder bilden sich beim Brennprozeß. Gefährlich ist Magnesiumsulfat. Es kommt häufig vor, blüht bereits in kleinen Mengen allein oder in Verbindung mit anderen Sulfaten aus und kann durch Bindung von bis zu 12 Molekülen Wasser durch Volumenvergrößerung Sprengung oder Zermürbung hervorrufen. Das ebenfalls häufig vorkommende Calciumsulfat (Gips) ist weniger gefährlich, da es schwer löslich ist.

*4.4.3.2.2.2 Carbonate.* Calciumcarbonat gelangt als Calciumhydroxid an die Oberfläche und verbindet sich dort mit der Kohlensäure der Luft zu wasserunlöslichem Carbonat als weißer, unschädlicher Belag. Die selten auftretenden Carbonate des Kaliums und Natriums (Soda) sind hygroskopisch und können zu Schäden führen.

*4.4.3.2.2.3 Nitrate.* Es tritt hauptsächlich Calciumnitrat (*Mauersalpeter*) auf. Dieses entsteht durch Umwandlung von Stickstoff (aus nitrathaltigem Grundwasser, faulenden Stoffen, Fäkalien, Kunstdünger usw.; also nicht aus dem Baustoff!) mit dem Kalk des Mörtels oder Ziegels.

Da die Nitrate hygroskopisch sind, kann Mauerwerk bei ständigem Witterungswechsel durch abwechselnde Lösungs- und Kristallisationsvorgänge zermürbt werden: Zerstörung von außen (Mauerfraß).

*4.4.3.2.2.4 Chloride* gelangen meist von außen in den Ziegel, aus Mauer- und Putzmörteln, die Frostschutzmittel enthalten (vorwiegend Natrium- oder Calciumchlorid), oder durch unsachgemäßes Absäuern mit Salzsäure (verwandelt Kalk in Calciumchlorid). Calciumchlorid ist stark hygroskopisch, bewirkt dadurch längere Durchfeuchtung und fördert die Lösung von ausblühfähigen Sulfaten.

*4.4.3.2.2.5 Sonstige Verbindungen.* Von den Vanadium-, Mangan-, Chrom- und Molybdänverbindungen sind lediglich die *Vanadiumverbindungen* wichtig. Die Salze können farblos (aus neutraler oder alkalischer Lösung) oder farbig (aus saurer Lösung) auskristallisieren; hierbei entstehen meist grüne, manchmal auch gelbe und braune Flecke.

*4.4.3.2.2.6 Grad der Ausblühungen* ist abhängig von der Art, Menge und Herkunft der Salze, von der Feuchtigkeitsmenge, der Durchfeuchtungs- und Austrocknungsdauer und der Porenstruktur. Er ist am größten bei längerer Durchfeuchtung und langsamer Verdunstung; daher treten Ausblühungen verstärkt im Frühjahr auf. *Feuchtigkeitsquellen:* Baufeuchtigkeit, Niederschlag, Luftfeuchtigkeit von außen und innen, Bodenfeuchtigkeit und Grundwasser. Am ungünstigsten ist laufender Feuchtigkeitsnachschub. Der Ort des Auftretens braucht wegen der Kapillarwirkung nicht mit dem der Ursache übereinzustimmen.

**4.4.3.2.3 Beseitigung von Ausblühungen.** Zunächst ist die Ursache wiederholter Durchfeuchtung bzw. des Zuflusses ausblühfähiger Stoffe zu beseitigen. Bei der Reinigung ist zuerst trockene Beseitigung zu versuchen. Bei Naßbehandlung können die gelösten Salze unter Umständen wieder in das Mauerwerk eindringen. Nur wenn unbedingt erforderlich (i. allg. bei Carbonaten), ist mit stark verdünnter Salzsäure oder Essigsäure abzusäuern. Ungenügende Verdünnung erlaubt zwar schnelleren Arbeitsfortschritt, bei unsachgemäßer Anwendung ist jedoch auch eine Zunahme ausblühfähiger Stoffe möglich. Spezielle Reinigungsmittel sind meist schwache organische Sulfosäuren, die Gefahren aus zu hoher Konzentration vermindern. Die Entfernung von Vanadiumflecken erfolgt am besten mit einer starken Base (z. B. Natriumhydroxid) [30]. Bei der Verwendung von Säure ist zwar eine schnellere Reaktion, jedoch bei Rückständen wieder die Bildung farbiger Ausblühungen möglich, da die Säure weitere Vanadiumsalze an die Oberfläche bringen kann. Vorsicht ist beim Absäuern hellfarbiger Ziegel geboten, da sich verschiedene Verbindungen, die im basischen und neutralen Zustand farblos oder weißlich sind, im sauren Bereich kräftig verfärben können. Vorsicht bei Reinigung mit Säuren, vorher mit Lauge neutralisieren, z. B. mit 3%iger Kalilauge! Eine vorbeugende Behandlung mit Bariumchlorid ist nicht immer befriedigend; zwar bildet sich unlösliches Bariumsulfat, jedoch auch Calciumchlorid. Fluatieren, Silikonisieren, Aufbringen von Lackemulsionen und Kunststoffüberzügen u. ä. Verfahren sind durch Behinderung der Verdunstung erfolgreich. Nachteil: Bei der Entstehung von Rissen wird eingedrungenes Wasser am Entweichen gehindert, so daß u. U. eine Kristallisation unter der Oberfläche stattfindet.

*Arbeitsanweisung.* Sie sollte bei jeder Reinigung beachtet werden und gilt auch für die Beseitigung anhaftender Mörtelreste:
Soweit möglich, ist die Verunreinigung mit Spachtel oder Bürste trocken zu entfernen. Vornässen erfolgt von unten nach oben bis zur Wassersättigung der Ziegeloberfläche. Reinigung erfolgt mit Wasser und Bürste, evtl. unter Zugabe von Detergentien und Enthärtern oder mit verdünnter Salzsäure 1:10 bis 1:20, mit Essigsäure 1:20 oder speziellen Reinigungsmitteln; reichliches Nachspülen mit klarem Wasser, möglichst . mit Schlauch.

### 4.4.3.3. Frostschäden

Frostschäden entstehen durch *Temperaturspannungen* und vor allem durch den Eisdruck des in den Poren gefrierenden Wassers, begünstigt durch nach dem Brennen bei der Abkühlung auftretende Eigenspannungen. Gefährdet sind vor allem Dachziegel (Tränkungsgrad bei Schneeschmelze ist bis über 80% der Wasseraufnahme bei 20 Torr möglich).
*Schadensformen und -ursachen* [49]:
*Abblättern am Scherben, schalige Abplatzungen:* Textur (Kornaufbau, Aufbereitungsgrad, Verformungsfehler oder materialfremde Einschlüsse, beim Verpressen auftretende Luft- und Wasserblasen.
*Risse (Längs- und Querrisse), Abfrieren ganzer Teile* entstehen durch innere Spannungen im Scherben.

### 4.4.3 Fehler und Schäden an grobkeramischen Erzeugnissen

Tabelle 4.4-3. Allgemeine Eigenschaften keramischer Erzeugnisse [1—4; 8]

| Größe | Einheit | Ziegeleierzeugnisse | | | Steingut | Feuerton | Steinzeug | Porzellan |
| --- | --- | --- | --- | --- | --- | --- | --- | --- |
| | | Dachziegel | Mauerziegel | Klinker | | | | |
| Rohdichte $\varrho$ trocken | kg/dm³ | | 0,8···2,0 | $\geqq 1,9^4)$ | 1,9···2,1 | 1,8···1,9 | 2,1···2,5 | 2,3···2,5 |
| Druckfestigkeit $\beta_D$ | kp/cm² | 300···700 | 50···1000 | 350···1000 | 200···900 | 350···400 | 1500···5800 | 4500···5500 glasiert[2]) 4000···4500 unglasiert[3]) |
| Biegefestigkeit $\beta_B$ | kp/cm² | 80···300 | | | < 300 | 200···350 | 200··· 800 | 600···1000 glasiert 400··· 700 unglasiert |
| Zugfestigkeit $\beta_Z$ | kp/cm² | 10··· 40¹) | | | 50···100 | 70··· 80 | 80··· 200 | 300··· 500 glasiert 250··· 350 unglasiert |
| Elastizitätsmodul $E$ | kp/cm² | 80000···300000⁵) | 50000···300000 | | 200000···300000 | | 450000···750000¹) | 600000···800000 |
| Härte Ritzhärte nach *Mohs* | | | | | | | 5···8 | 6···8 |
| Wasseraufnahme | Gew.-% | 5···10 | 8···18 | | 5···20 | 12··· 15 | 0,1···1,5 | |
| Wasserdampfdiffusionswiderstandsfaktor $\mu$ | | 37···43 | 7···10 | 384···469 | | | | |
| thermischer Längendehnkoeffizient | 10⁻⁶/K | 3··· 3,5 | 3,6···5,8 | 2,8···4,8 | 5···7 | | 4 ···5,5 | 3,0···4,5 |
| Wärmeleitfähigkeit $\lambda$ | $\dfrac{\mathrm{kcal}}{\mathrm{m\,h\,K}}$ | ≈ 0,5 | 0,2···4,0 | 0,8···1,0 | | | 1,0···3,0 | 1···5 |
| spez. Wärmekapazität $c$ | $\dfrac{\mathrm{kcal}}{\mathrm{kg\,K}}$ | ≈ 0,2 | ≈ 0,2 | | 0,19 | | 0,19 | 0,18···0,21 |
| Verschleißverhalten | $\dfrac{\mathrm{cm}^3}{50\,\mathrm{cm}^2}$ | | | | | | 5···6 | |
| Dielektrizitätszahl $\varepsilon_r$ | | | 15···60⁵) | | | | | 5,5···6,5 |
| Scherfestigkeit | kp/cm² | | | | | | | |

¹) senkrecht zur Schichtung; — ²) im Mittel ≈ $\beta_D/8$; — ³) nach DIN 40685; — ⁴) nach DIN 105; — ⁵) Elastizitätsmodul des porösen Scherbens nach Bergmann ≈ 950- bis 1000facher Wert der Biegezugfestigkeit [8].

*Abfrieren feinster Teilchen* (selten) entsteht durch zu starke Magerung, schlechte Vermischung; diese Schäden sind ähnlich den Schäden, die durch Salze hervorgerufen werden.

*Ablösen der Brenn- oder Preßhaut* kommt von unterschiedlicher Dichtigkeit von Oberfläche und Kern bzw. Anreicherung von Feinstkorn auf der Oberfläche.

*Engobeschäden* (Ablösen der Engobe mit oder ohne dünne Scherbenschicht, anfänglich oft punktförmig) treten auf bei geringer Haftung (Ziegeloberfläche u. U. verschmutzt), zu dichter Engobe bei porösem Scherben (dann i. allg. mit Scherbenschicht), zu dicker Engobeschicht, unterschiedlichen Ausdehnungskoeffizienten von Engobe und Scherben (Risse, Abplatzen).

### 4.4.4 Eigenschaften keramischer Erzeugnisse

Physikalische Daten in Tabelle 4.4−3.

Tabelle 4.4-4. Wasserdampf-Diffusionswiderstandsfaktor $\mu$ von Mauerziegeln

| Rohdichte in kg/dm³ | 1,4 | 1,5 | 1,7 | 1,9 |
|---|---|---|---|---|
| $\mu$ | 5···6 | 6 | 8···9 | 9···10 |

(Dachziegel: $\varrho = 1,8$ bis $1,9$ kg/dm³; $\mu = 37$ bis $43$) [41]

Tabelle 4.4-5. Wärmeleitfähigkeit $\lambda$ von Mauerziegeln

| Trockenrohdichte in kg/dm³ | 0,6 | 0,8 | 1,0 | 1,2 | 1,4 | 1,6 | 1,8 | 2,0 |
|---|---|---|---|---|---|---|---|---|
| $\lambda$ in $\frac{\text{kcal}}{\text{m h K}}$ | 0,14 | 0,15 | 0,18 | 0,24 ··· 0,29 | 0,29 ··· 0,36 | 0,33 ··· 0,37 | 0,49 ··· 0,60 | 0,60 ··· 0,88 |

Tabelle 4.4-6. Änderung der Wärmeleitfähigkeit von Mauerziegeln in Abhängigkeit vom Feuchtigkeitsgehalt $f$

| $f$ in Vol.-% | 1 | 2 | 5 | 10 | 20 | 30 |
|---|---|---|---|---|---|---|
| $\Delta \lambda/\lambda$ in % | 14 | 28 | 60 | 106 | 175 | 230 |

Tabelle 4.4-7. Verlängerung des Wärmeweges in den Stegen gegenüber geraden Stegen

| $\Delta l/l$ in % | 25 | 50 | 75 | 100 | 125 | 150 |
|---|---|---|---|---|---|---|
| $\Delta \lambda/\lambda$ in % | 5 | 10 | 15 | 20 | 25 | 30 |

*Gleichgewichtsfeuchte* (s. DIN 52612: Bestimmung der Wärmeleitfähigkeit mit dem Plattengerät, Bl. 2: Wärmeleitfähigkeit für die Anwendung im Bauwesen) [40]

für Vollziegel: 1 Vol.-%
für Lochziegel: 2 Vol.-%.

Das spezifische Wassersaugvermögen [33] in g/dm² min ist definiert durch

$$S = \frac{m_{\text{naß}} - m_{\text{trocken}}}{A}$$

$A$ Gesamtfläche einschließlich Lochung.

Die Lagerfläche wird 1 min lang 1 cm tief in Wasser getaucht. Günstig für die Verarbeitung ist der Bereich $S = 15$ bis $20 \text{ g/dm}^2$ min. Bei $S > 20 \text{ g/dm}^2$ min ist Vornässen erforderlich; bei $S < 10 \text{ g/dm}^2$ min keine nassen Steine bei der Vermauerung, da sonst Schwimmen möglich.

Tabelle 4.4-8. Physikalische Eigenschaften von Spaltplatten

| | | |
|---|---|---|
| thermischer Längendehnkoeffizient $\alpha$ | $10^{-6}$/K | 4···8 |
| Biegefestigkeit $\beta_B$ | kp/cm² | 220···450 |
| Wärmeleitfähigkeit $\lambda$ | kcal/ m h K | 1···1,5 |
| Elastizitätsmodul $E$ | $10^5$ kp/cm² | 5···7 |
| Wasserdampf-Diffusionswiderstandsfaktor $\mu$ | 1 | 0,17···0,30 |

## 4.4.5 Güteeigenschaften grobkeramischer Erzeugnisse

### Normen und Richtlinien

#### 4.4.5.1 Ziegeleierzeugnisse

Tabelle 4.4-9. Mauerziegel; Vollziegel und Lochziegel (DIN 105)

| | |
|---|---|
| Arten und Kurzzeichen | Vollziegel Mz<br>Hochlochziegel HLz — Vollklinker KHz<br>Langlochziegel LLz — Hochlochklinker KHLz<br>Vormauerziegel: zum Kurzzeichen V: VMz, VHLz<br>Hochlochziegel Lochung A: HLz A, Lochung B: HLz B<br>Klinker: zum Kurzzeichen K: KMz, KHLz |
| Art, Gestalt | Mz: gelocht und ungelocht, Lochung senkrecht zur Lagerfuge, Gesamtquerschnitt $\leq 15\%$ der Lagerfläche<br>Griffschlitze bis 2 1/4 NF möglich, über 2 1/4 NF gefordert<br>HLz: Lochung senkrecht zur Lagerfläche, Lochung A u B Griffschlitze bis 2 1/4 NF möglich, über 2 1/4 NF gefordert<br>LLz: Lochung gleichlaufend zur Lagerfläche, Lochverteilung so, daß beidseitig ein Streifen von $\geq 60$ mm Breite vermörtelbar<br>Beispiele für Lochung siehe DIN 105 |
| Ziegelmaße und Vorzugsgrößen | Maße in mm     Vorzugsgrößen<br>Länge: 240, 365     Dünnformat DF 240 × 115 × 52<br>Breiten: 115, 175, 240, 300     Normalformat NF 240 × 115 × 71<br>Höhen: 52, 71, 113, 155, 175, 238     1 1/2 NF = 2DF 240 × 115 × 113<br>    2 1/4 NF = 3DF 240 × 175 × 113 |
| Rohdichten trocken (Mittelwerte) in kg/dm³ | Ziegelrohdichten 1,00, 1,20, 1,40, 1,60, 1,80, 2,00<br>Scherbenrohdichte für Klinker $\geq 1,90$ |
| Druckfestigkeiten in kp/cm² | Mz, HLz, LLz: 50, 100, 150, 250, 350 |
| Bezeichnung | Ziegelart, Ziegelrohdichte, Druckfestigkeit, Abmessungen<br>DIN Nummer, z. B.<br>Mz 1,8/150/240 × 115 × 71 DIN 105 oder Mz 1,8/150 NF DIN 105<br>HLzA 1,2/150/240 × 115 × 113 DIN 105 oder HLzA 1,2/150 1 1/2 NF DIN 105 |

Tabelle 4.4-9 (Fortsetzung)

| | |
|---|---|
| Kennzeichnung | Für sämtliche Ziegelarten mit Ausnahme der Ziegel für Verblendmauerwerk: Werkkennzeichen, zusätzliche Farbmarkierung: <br> Festigkeitsgruppe 50 kp/cm²: blau <br> Festigkeitsgruppe 100 kp/cm²: rot <br> Festigkeitsgruppe 150 kp/cm²: ohne <br> Festigkeitsgruppe 250 kp/cm²: weiß <br> Festigkeitsgruppe 350 kp/cm²: braun <br> Es genügt, wenn auf höchstens 200 Ziegel ein gekennzeichneter entfällt |
| Besondere Anforderungen | Vormauerziegel und Klinker müssen frostbeständig und sollen außerdem frei von Salzen sein, die zu Ausblühungen führen, die das Aussehen des Mauerwerks dauernd beeinträchtigen. Alle Mauerziegel sollen keine schädlichen Mergel- und Kalkknollen und sonstige Stoffe enthalten, die späteres Abblättern und schädliche Ausblühungen verursachen. |
| Angaben zur Prüfung | *Rohdichte:* Ziegel- und Scherbenrohdichte am getrockneten (105 °C) Ziegel bzw. Scherben <br> *Druckfestigkeit:* am ganzen Ziegel <br> Vollziegel NF und DF an aufeinander gemauerten Hälften <br> *Frostbeständigkeit:* 25 Frost-Tau-Wechsel <br> $(-15; +15 \cdots +20\,°C)$ <br> Verfahren ist unbefriedigend. Nichtbestehen schließt Eignung als Vormauerziegel bzw. Klinker nicht aus <br> Nachweis auch durch andere Verfahren (vgl. Merkblatt „Frostversuche" des Bundesverbandes der Deutschen Ziegelindustrie, Bonn) <br> *Gehalt an schädlichen und ausblühfähigen Stoffen:* Chemische Prüfung erst nach Auftreten der Schäden |

Tabelle 4.4-10. Mauerziegel, Leichtziegel (DIN 105 Bl. 2)

| | | | | |
|---|---|---|---|---|
| Art und Gestalt | Leichtziegel werden aus tonigen Massen mit oder ohne Zusatz von Magerungsmitteln oder porenbildenden Stoffen als Lochziegel hergestellt. An den Stoßflächen sind Rillen oder ähnliches zulässig. | | | |
| | Format | Länge | Breite | Höhe |
| Ziegelmaße (mm) und Vorzugsgrößen | 1½ NF = 2 DF <br> 2¼ NF = 3 DF <br> 3  NF = 4 DF <br> 3¾ NF = 5 DF <br> 4½ NF = 6 DF <br> 7½ NF = 10 DF <br> 9  NF = 12 DF <br> 12 NF = 16 DF | 240 <br> 240 <br> 240 <br> 240 <br> 240 <br> 240 <br> 240 <br> 490 | 115 <br> 175 <br> 240 <br> 300 <br> 365 <br> 300 <br> 365 <br> 240 | 113 <br> 113 <br> 113 <br> 113 <br> 113 <br> 238 <br> 238 <br> 238 |
| Trockenrohdichten (Mittelwerte) kg/dm³ | 0,60  0,70  0,80 | | | |
| Druckfestigkeiten (Mittelwerte) kp/cm² | 25   50,   75,   150,   250¹),   350¹) | | | |
| Kennzeichnung | Werkkennzeichen und Farbmarkierung <br><br> Festigkeitsgruppe 25: grün <br> Festigkeitsgruppe 50: blau <br> Festigkeitsgruppe 75: rot <br> Festigkeitsgruppe 150: ohne <br> Festigkeitsgruppe 250: weiß <br> Festigkeitsgruppe 350: braun | | | |

¹) Nur für Rohdichtegruppe 0,80.

## 4.4.5 Güteeigenschaften grobkeramischer Erzeugnisse

Tabelle 4.4-11. Mauersteine für freistehende Schornsteine (DIN 1057)

| Formen und Maße | Mauerziegel im Normalformat, wenn sie in ihrer Druckfestigkeit, Rohdichte und Frostbeständigkeit den Radialsteinen entsprechen und DIN 1056, Bl. 1, 8.69, beachtet wird. |
|---|---|

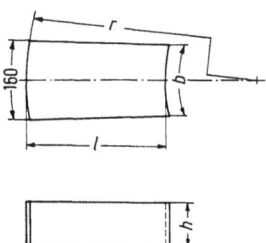

Bild 4.4-3. Form der Radialziegel, Maße in mm.

| Maße in mm | Länge $l$<br>Breite $b$<br>Höhe $h$<br>Größe | 240<br>140, 120, 100<br>71 oder 90<br>1  2  3 | 175<br>145, 125, 105<br>71 oder 90<br>1  2  3 | 115<br>150, 140, 130<br>71 oder 90<br>1  2  3 |
|---|---|---|---|---|
| Güteanforderung | \multicolumn{4}{l}{Festigkeit (Kurzzeichen gibt Mittelwert der erf. Druckfestigkeit an)<br>Radialhartklinker: R 450<br>Radialklinker: R 350, Radialhartbrandziegel Rz 250, Radialvollziegel Rz 150<br>Rohdichte: Für Rz 150 $\varrho \geqq$ 1,8 kg/dm³, für Rz 250, R 350, R 450, $\varrho \geqq$ 1,9 kg/dm³<br>Frostbeständigkeit im Sinne DIN 105 gefordert} | | | |
| Bezeichnung | z. B. Radialstein 2402 × 71 DIN 1057 R 350 | | | |
| Kennzeichnung | Größen 1, 2, 3 $\triangleq$ 1, 2, 3 Kerben<br>Kennzeichen des Herstellerwerkes | | | |

Tabelle 4.4-12. Säureschornsteine (DIN 1058)

Richtlinien für die Berechnung und Ausführung

Eigenschaften von keramischem Steinmaterial für Säureschutzfutter

| | Eigenschaft (Prüfung nach DIN 28062) | normalerweise feuchte Abgase | normalerweise trockene Abgase |
|---|---|---|---|
| Futter oder Innenröhre | Rohdichte<br>Kaltdruckfestigkeit<br>Wasseraufnahme<br>Säurelöslichkeit | mindestens 1,9 kg/dm³<br>mindestens 400 kp/cm²<br>höchstens 10 Massen-%<br>höchstens 2,5 Massen-% | mindestens 1,9 kg/dm³<br>mindestens 250 kp/cm²<br>höchstens 10 Massen-%<br>höchstens 8 Massen-% |

## 4.4 Keramische Baustoffe

Tabelle 4.4-13. Kanalklinker (DIN 4051)

| Arten, Maße, Bezeichnung | |
|---|---|
| | Kanalklinker<br>Normalformat NF DIN 4051[1])<br>240 × 115 (71 hoch)<br><br>Kanalkeilklinker A (für Kopfgewölbe) 240 × 115 DIN 4051<br>240 × 115, 67/56<br><br>Kanalkeilklinker B (für Sohlgewölbe) 240 × 115 DIN 4051<br>240 × 115, 67/46<br><br>Kanalschachtklinker C 240 × 115 DIN 4051[1])<br>240/77 × 115, 71 hoch<br><br>[1]) nach Vereinbarung auch:<br>    Kanalklinker NF 240 × 115 × 52    DIN 4051<br>  bzw. Kanalschachtklinker C 240 × 115 × 52    DIN 4051 |
| Rohdichte | im Mittel $\geq 1{,}80$ kg/dm³ im trockenen Zustand |
| Druckfestigkeit | im Mittel $\geq 350$ kp/cm², Einzelwerte $\geq 300$ kp/cm² |
| Wasseraufnahme | in kochendem Wasser $\geq 7$ Massen-% |
| Verschleißwiderstand | Abriebverlust nach DIN 52108 (Böhme-Schleifscheibe) $\leq 15$ cm³/50 cm² |
| Säurebeständigkeit | Gewichtsverlust der geprüften Proben $\leq 8\%$ |
| Frostbeständigkeit | gefordert. Da z. Z. kein befriedigendes Prüfverfahren bekannt ist, kann die Prüfung vorläufig entfallen. |
| Anmerkung | Die in dieser Tabelle geforderten Eigenschaften gelten nur für Kanalklinker 1. Sorte. Die Eigenschaften anderer Sorten können zwischen Erzeuger u. Verbraucher frei vereinbart werden. |

### 4.4.5 Güteeigenschaften grobkeramischer Erzeugnisse

Tabelle 4.4-14. Deckenziegel, statisch mitwirkend (DIN 4159)

| Arten und Kurzzeichen | Deckenziegel für vollvermörtelbare Stoßfugen einachsige Bewehrung: Dzv<br>Deckenziegel für vollvermörtelbare Stoßfugen zweiachsige Bewehrung: DzvK<br>Deckenziegel für teilvermörtelbare Stoßfugen: Dzt |
|---|---|
| | 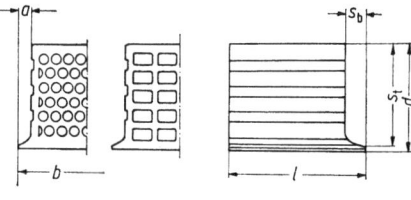<br>Bild 4.4-4. Deckenziegel für vollvermörtelbare Stoßfugen mit 2 Beispielen für die Lochung. |
| | 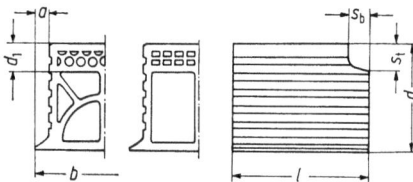<br>Bild 4.4-5. Deckenziegel für teilvermörtelbare Stoßfugen mit 2 Beispielen für die Lochung. |
| Gestalt | Alle Deckenziegel müssen an den Seitenflächen und können an der Ober- und Unterseite Rillen haben<br>Dzv und Dzvk: Für Stoßfugenvermörtelung Aussparung an einer Stirnseite<br>Dzt: Für die teilweise Stoßfugenvermörtelung Aussparung an einer Stirnseite im Druckplattenbereich. |
| Ziegelmaße in mm, *Vorzugsgrößen* | Dzv und Dzvk:<br>    Breite: *250*<br>    Längen: 166, *250*, 333<br>    Höhen: 90, *115, 140, 165,* 190, 215, 240<br><br>Dzt:<br>a) Breite: *250*<br>    Längen: 166, *250*, 333<br>    Höhen: *115, 140, 165,* 190, *215, 240*<br><br>b) Breite: 333, *500*<br>    Längen: 166, *250*, 333<br>    Höhen: 140, *165, 190, 215, 240, 265, 290,* 315, 340 |
| Steinrohdichten | $\leq$ 0,60; 0,90; 1,20 kg/dm³ |
| Druckfestigkeit | Dzv und Dzt: $\geq$ 160, *225*, 300 kp/cm²<br>Dzvk:<br>in Strangrichtung: $\geq$ 160, *225, 300* kp/cm²<br>senkrecht zur Strangrichtung $\geq$ 50, 80, 120, 80, 120, 160, 120, 160, 225 kp/cm² (Mittelwert) |
| Bezeichnung | Ziegelart, Rohdichte, Druckfestigkeit, Abmessungen, DIN-Nummer<br>z. B.: Dzv 0,9 — 225 — 250 × 250 × 190 DIN 4159 |
| Kennzeichnung | Sämtliche Ziegel mit Werkszeichen.<br>Druckfestigkeitsgruppen 225 und 300 außerdem auf der Unterseite mit 20 mm breiter Farbmarkierung: grün für 225, weiß für 300 kp/cm². Bei Dzvk Kennzeichnung für Druckfestigkeiten in beiden Richtungen.<br>Kennzeichnung für mindestens jeden 5. Ziegel.<br>Keine Kennzeichnung erforderlich, wenn Ziegel im Herstellerwerk zu Fertigteilen verarbeitet werden. |

## 4.4 Keramische Baustoffe

Tabelle 4.4-14 (Fortsetzung)

| | |
|---|---|
| Gehalt an schädlichen Stoffen | Deckenziegel sollen frei von Stoffen sein, die späteres Abblättern oder schädliche Ausblühungen verursachen. Prüfung erst nach Auftreten von Schäden. |
| Angaben zur Prüfung | Druckfestigkeit: Prüfung jeweils am ganzen Ziegel.<br>a) Dzv: $\beta_D = \dfrac{F}{A}$; $A$ Gesamtquerschnitt einschl. Löcher<br>b) Dzt: $\beta_{Ds} = \dfrac{F}{A_s}$; $A_s$ Scherbenquerschnitt.<br>kennzeichnende Druckfestigkeit: $\beta_D = \beta_{Ds} A_{sd}/A_d$<br>$A_{sd}$ Scherbenquerschnitt der Druckplatte<br>$A_d$ Gesamtquerschnitt der Druckplatte |

Tabelle 4.4-15. Deckenziegel, statisch nicht mitwirkend (DIN 4160)

| | |
|---|---|
| Kurzzeichen | Dz |
| Gestalt | Größe und Form der Löcher, Dicke der Stege und Wandungen beliebig. An den Seitenflächen müssen, an der Ober- und Unterseite können Rillen angeordnet sein. |
| Ziegelmaße in mm, Vorzugsgrößen | Breiten: *333, 500*<br>Längen: 166, *250*, 333<br>Höhen: 140, *165, 190, 215, 240, 265, 290*, 315, 340 |
| Rohdichten | $\leq$ 0,60, 0,90 kg/dm³ |
| Bruchlasten | Unabhängig von der Ziegelbreite geforderte Mindestbruchlasten in der Ziegelmitte oder an der ungünstigsten Stelle:<br>200 kp bei 166 mm Ziegellänge<br>300 kp bei 250 mm Ziegellänge<br>400 kp bei 333 mm Ziegellänge |
| Bezeichnung | Ziegelart, Rohdichte, Abmessungen, DIN-Nummer<br>z. B.: 0,9 − 250 × 333 × 190 DIN 4160 |
| Gehalt an schädlichen Stoffen | vgl. Tab. 4.4-14 DIN 4159 |
| Angaben zur Prüfung | Bruchlast: Lagerung des Ziegels auf 2 Rollen, Stützweite gleich der in der Decke vorgesehenen; Lastaufbringung als 20 mm breite Streifenlast parallel zum Auflager. |

Tabelle 4.4-16. Tonhohlplatten (Hourdis) (DIN 278)

Bild 4.4-6. Form der Tonhohlplatten

| Maße und Gewichte | Beispiel einer Bezeichnung: Tonhohlplatte 70 × 20 DIN 278<br>Breiten: 20, 25 cm |
|---|---|

| | | | | | | | |
|---|---|---|---|---|---|---|---|
| Längen: | cm | 50 | 60 | 70 | 80 | 90 | 100 |
| Höhen: | cm | 3,5 | 6 | 7 | 8 | 10 | 10 |
| Höchstgewichte: (lufttrocken)[1] | kg/m² | 36 | 45 | 50 | 55 | 65 | 65 |

[1]) gilt nicht für gesinterte Waren.

## 4.4.5 Güteeigenschaften grobkeramischer Erzeugnisse

**Tabelle 4.4-16** (Fortsetzung)

| Bruchlast | Mindestbruchlasten in kp für 1 m² Plattenfläche | | | | | |
|---|---|---|---|---|---|---|
| | Plattenlänge in cm | Plattenhöhe $h$ in cm | | | | |
| | | 3,5 | 6 | 7 | 8 | 10 |
| | 50 | 3 000 | 7 200 | 8 400 | 10 400 | 14 400 |
| | 60 | 2 000 | 5 250 | 6 000 | 7 900 | 10 750 |
| | 70 | 1 500 | 3 750 | 4 600 | 6 000 | 8 000 |
| | 80 | 1 250 | 3 100 | 3 750 | 4 800 | 6 750 |
| | 90 | 900 | 2 400 | 2 850 | 3 800 | 5 250 |
| | 100 | 750 | 2 000 | 2 400 | 3 250 | 4 700 |
| | Prüfung nach DIN 52 501 | | | | | |
| Frostbeständigkeit | nur für Tonhohlplatten, die für Außenwände verwendet werden. Prüfung nach DIN 101 und 52 104. Nach der Prüfung keine äußeren Beschädigungen und kein Festigkeitsabfall $\geq 20\%$. | | | | | |

**Tabelle 4.4-17.** Dachziegel (DIN 456)

| Allgemeines | Handelsübliche Unterscheidung: I., II. und III. Wahl. Genormt nur Dachziegel I. Wahl. Ausbildung der First- und Gratziegel, des Zubehörs und der Sonderziegel ist beliebig und nicht genormt. Eine einwandfreie Eindeckung mit genormten Ziegeln muß jedoch gewährleistet sein. |
|---|---|
| Arten | a) Preßdachziegel: Falzziegel und Reformpfannen, Flachdachpfannen, Krempziegel, b) Strangdachziegel: Hohlpfannen, Biberschwanzziegel, Strangfalzziegel vgl. Bilder 4.4-7 bis 4.4-14 |
| Maße | a) Preßdachziegel:      Deckmaße in mm<br>   mittlere Decklänge:    333 ± 10<br>   mittlere Deckbreite:   200 ± 6<br>   (Prüfung s. Bild 4.4-9)<br><br>b) Strangdachziegel:      Maße in mm<br>                                   Länge       Breite<br>   Hohlpfannen              400 ± 12    135 ± 7<br>   Biberschwanzziegel   375 ± 11    155 ± 5<br>   155 × 375<br>   Biberschwanzziegel   380 ± 11    180 ± 6<br>   180 × 380<br>   Strangfalzziegel         400 ± 12    205 ± 6<br>   400 × 205<br>   Strangfalzziegel         420 ± 13    225 ± 7<br>   420 × 225 |
| Form- und Maßhaltigkeit | *Formhaltigkeit* (Flügeligkeit)<br>bei Preßdachziegel      $\leq 8$ mm<br>Hohlpfannen              $\leq 12$ mm<br>bei ebenflächigen Dachziegeln:<br>Größe 155 × 375 und 400 × 205   $\leq 6$ mm<br>Größe 180 × 380 und 420 × 225   $\leq 4$ mm<br><br>*Maßhaltigkeit*<br>innerhalb der Lieferung für *ein* Bauwerk bei Prüfung nach Abschnitt 5.2. DIN 456 größter Unterschied<br>der Deckmaße (Preßdachziegel)     $\leq 2\%$<br>der Maße (Strangdachziegel)        $\leq 1,5\%$<br>(Zwischen größtem und kleinsten Ziegel, bezogen auf den kleinsten Ziegel) |
| Oberflächenbeschaffenheit und Farbe | Keine die Verwendbarkeit einschränkenden Risse<br>Geringe Farbunterschiede zulässig<br>Engobe haftfest |
| Tragfähigkeit | Mittelwert in kp<br>Preßdachziegel und Hohlpfannen:              $\geq 150$<br>Biberschwanz- und Strangpfalzziegel:     $\geq 50$<br>Prüfungsdurchführung: Mittige Einzellast bei 250 mm Stützweite |

## 4.4 Keramische Baustoffe

Tabelle 4.4-17 (Fortsetzung)

| | |
|---|---|
| Wasserundurchlässigkeit | bei nachfolgender Prüfung: Tropfenabfall bei 8 Stück nicht vor 2,5 Stunden, bei den restlichen 2 Stück nicht vor 2 Stunden<br>Prüfungsdurchführung: Anzahl 10 Stück<br>waagerechte Lagerung, Wasserspiegel 50 mm über der tiefsten, mindestens aber 10 mm über der höchsten Stelle des Ziegels, Prüfdauer: 5 Stunden |
| Frostbeständigkeit | gefordert; Prüfung nach DIN 456 |
| Gehalt an schädlichen Stoffen | Verhalten auf dem Dach ist maßgebend. Prüfung erst nach Auftreten von Beschädigungen, die die Regensicherheit der Dachhaut beeinträchtigen. |

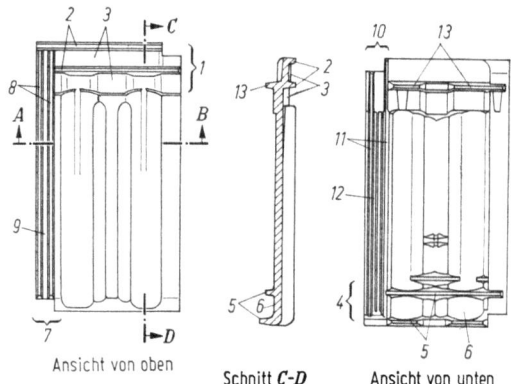

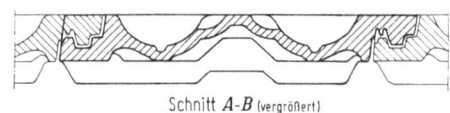

Bild 4.4-7 Falzziegel, einfalzig.

*1* Kopffalzteil,
*2* Kopffalzrippen,
*3* Kopffalznuten,
*4* Fußfalzteil,
*5* Fußfalzrippen,
*6* Fußfalznut,
*7* Seitenfalzteil,
*8* Seitenfalzrippen,
*9* Seitenfalznut,
*10* Deckfalzteil,
*11* Deckfalzrippen,
*12* Deckfalznut,
*13* Aufhängenasen.

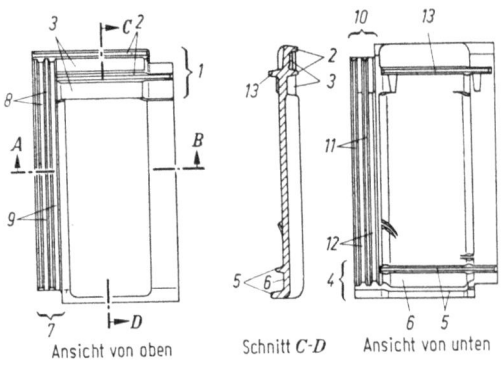

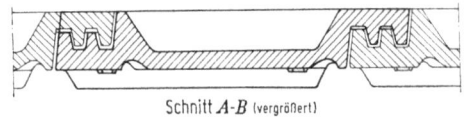

Bild 4.4-8. Reformpfanne, doppelfalzig.

*1* Kopffalzteil,
*2* Kopffalzrippen,
*3* Kopffalznuten,
*4* Fußfalzteil,
*5* Fußfalzrippen,
*6* Fußfalznut,
*7* Seitenfalzteil,
*8* Seitenfalzrippen,
*9* Seitenfalznuten,
*10* Deckfalzteil,
*11* Deckfalzrippen,
*12* Deckfalznuten,
*13* Aufhängenase.

### 4.4.5 Güteeigenschaften grobkeramischer Erzeugnisse

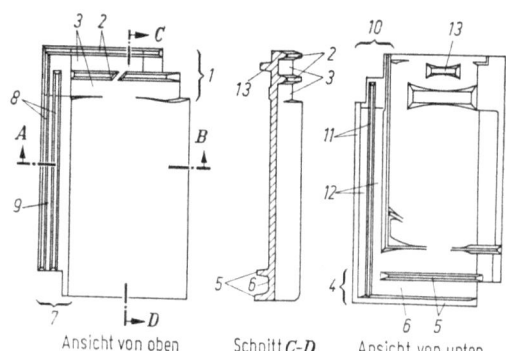
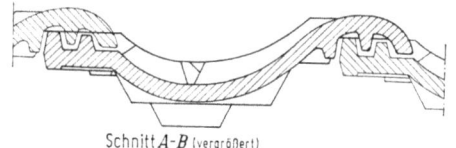

Bild 4.4-9. Falzpfanne.
*1* Kopffalzteil,
*2* Kopffalzrippen,
*3* Kopffalznuten,
*4* Fußfalzteil,
*5* Fußfalzrippen,
*6* Fußfalznut,
*7* Seitenfalzteil,
*8* Seitenfalzrippen,
*9* Seitenfalznut,
*10* Deckfalzteil,
*11* Deckfalzrippen,
*12* Deckfalznuten,
*13* Aufhängenase.

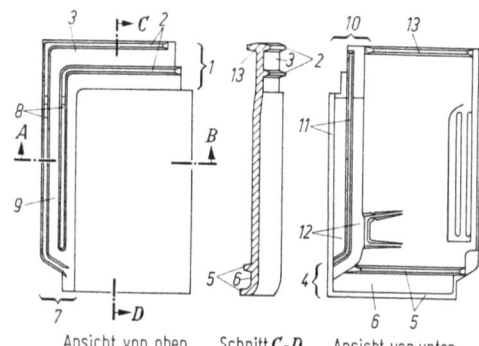
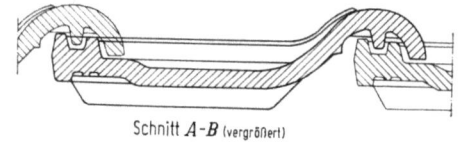

Bild 4.4-10. Flachdachpfanne.
*1* Kopffalzteil,
*2* Kopffalzrippen,
*3* Kopffalznut,
*4* Fußfalzteil,
*5* Fußfalzrippen,
*9* Fußfalznut,
*7* Seitenfalzteil,
*8* Seitenfalzrippen,
*9* Seitenfalznut,
*10* Deckfalzteil,
*11* Deckfalzrippen,
*12* Deckfalznuten,
*13* Aufhängenase.

## 4.4 Keramische Baustoffe

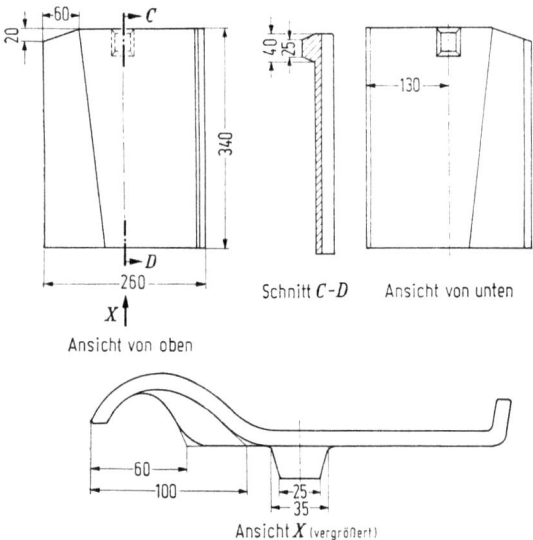

Bild 4.4-11. Krempziegel, Maße in mm.

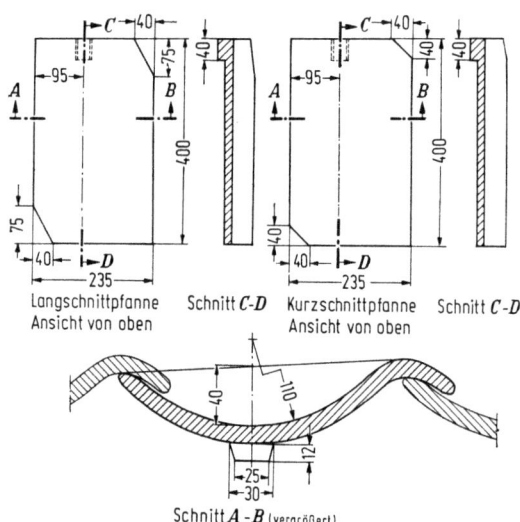

Bild 4.4-12. Hohlpfannen, Maße in mm.

## 4.4.5 Güteeigenschaften grobkeramischer Erzeugnisse

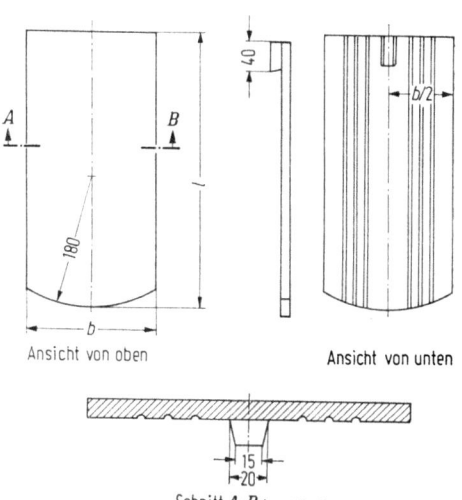

Bild 4.4-13. Biberschwanzziegel mit Segmentschnitt, Maße in mm.

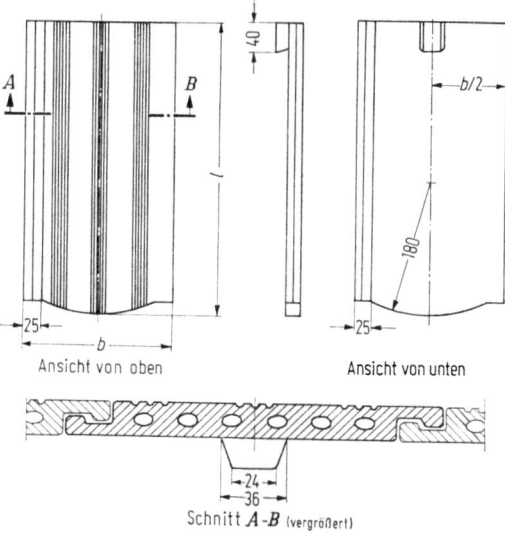

Bild 4.4-14. Strangfalzziegel, Maße in mm.

## 4.4 Keramische Baustoffe

Tabelle 4.4-18. Dränrohre aus Ton (DIN 1180)

| | |
|---|---|
| Maße, Form, Bezeichnung | Nennweiten (Innendurchmesser): 50, 65, 80, 100, 125, 150, 200 mm<br>Wanddicken: 6 bis 24 mm<br>mittlere Länge: 333 mm<br>Form: rund, sechs-, acht- oder zwölfkantig oder mit Längsrillen<br>Bezeichnung eines Rohres mit Nennweite 80 mm: Dränrohr 80 DIN 1180 |
| Lieferzustand | Dränrohre müssen immer rund und frei von Aufrauhungen, Auftreibungen, aufgeklebten oder festgebrannten Tonteilen und Rissen sein. Sie dürfen keine die Brauchbarkeit einschränkenden, bei Wasseraufnahme treibenden Einschlüsse (Kalknieren o. ä.) enthalten.<br>Dränrohre, die als Sauger verwendet werden, müssen beim Stoß der Rohre ausreichend große Eintrittsflächen für das Wasser ergeben. |
| Bruchkraft | Nennwerte: 50, 65, 80, 100, 125, 150, 200 mm<br>zugehörige Bruchkraft: 550, 700, 850, 1000, 1100, 1250, 1400 kp |

Tabelle 4.4-19. Kabelschutzhauben (DIN 279)

| Form, Maße, Bezeichnung | Größe | d | $h_1$ | $h_2$ |
|---|---|---|---|---|
| | 50 | 50 | 40 | 25 |
| | 75 | 75 | 55 | 35 |
| | 100 | 100 | 70 | 50 |

Bezeichnungsbeispiel: Kabelschutzhaube 50 DIN 279 — T
Kabelschutzhaube 75 DIN 279 — B
T: aus gebranntem Ton oder dgl.
B: aus Beton

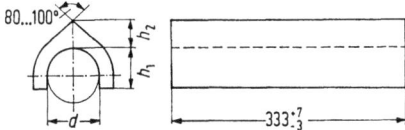

Bild 4.4-15. Form der Kabelschutzhauben.

| Festigkeit | Mindestbruchkraft in kp | | |
|---|---|---|---|
| | Größe | bei 8 Stück von insgesamt 10 | bei 2 Stück von insgesamt 10 |
| | 50 | 200 | 120 |
| | 75 | 400 | 270 |
| | 100 | 750 | 480 |

Prüfung: Scheitellast in Prüfkörpermitte,
Scheitel der Kabelschutzhaube in der Zugzone

| Frostbeständigkeit | gefordert<br>(Das bisherige Frostprüfverfahren ist nicht zufriedenstellend. Bis zur Einführung eines neuen Verfahrens ist das Verhalten der Kabelschutzhauben im Gebrauch maßgebend.) |
|---|---|

### 4.4.5.2 Steinzeugprodukte

Tabelle 4.4-20. Steinzeug für die Kanalisation; Rohre und Formstücke (DIN 1230 Bl. 1 und 2)

| | |
|---|---|
| Begriff | Rohre und Formstücke aus Steinzeug sind korrosionssichere Bauteile, die von den im Abwasser bzw. Grundwasser oder Erdreich enthaltenen Stoffen mit Ausnahme der Flußsäure nicht angegriffen werden. Sie müssen frei von Schäden sein, die ihre Einsatzfähigkeit hinsichtlich der Verlegung und des Kanalbetriebs beeinträchtigen. |
| Formen, Maße, Bezeichnung | Rohre:<br>Nennweiten: 50 bis 2000 mm<br>Regelbaulängen: 500, 750, 1000, 1250, 1500, 2000 mm<br>Abzweigungen, Muffen und Spitzenden s. Norm<br>Wanddicken: N = Normalwanddicke<br>V = verstärkte Wanddicke<br>Klassen: hinsichtlich der Maßanforderungen an Außendurchmesser des Schaftes von Rohren und Formstücken am Spitzende sowie den Innendurchmessern der Muffen aller Bauteile werden folgende Klassen unterschieden:<br>    Klasse S  (Standardsortierung)<br>    Klasse U  (Untersortierung)<br>Bezeichnung eines Steinzeugrohres (Stz-R) von Nennweite 400, Baulänge 20000, Klasse S mit verstärkter Wanddicke:<br>Rohr Stz — R 400 × 2000 DIN 1230 — SV<br>Bezeichnung eines in Längsrichtung halbierten Steinzeugrohres (Stz-hR) von Nennweite 300, Baulänge 1000, Klasse S, Normalwanddicke:<br>Rohr Stz — hR 300 × 1000 DIN 1230 — SN |
| Güte-eigenschaften | Scheiteldruckkräfte in Abhängigkeit von der Nennweite und der Wanddicke: $\geq$ 2000 bis 7000 kp/m.<br>Festigkeit von Bruchstücken (Biegezeug-, Spaltzug-, Druckfestigkeit) haben nur orientierenden Charakter.<br>Wasserdichtheit: bei 5 m WS Innendruck darf in der Prüfzeit von 15 min ein Wasserzugabewert von 0,1 l/m$^2$ nicht überschritten werden. An der Rohraußenseite dürfen keine feuchten Flecken oder Stellen auftreten. Korrosionsbeständigkeit für Glasur und Scherben im Einzelfall: Prüfung nach DIN 51102, Bl. 1. |

Tabelle 4.4-21. Keramische Fliesen für Labortische (DIN 12912)

| | |
|---|---|
| Werkstoff und Güteanforderungen | wie keramische Bodenfliesen nach DIN 18155 zulässige Abweichungen: für Länge, Breite und Dicke der Platten ± 1 mm |
| Maße, Bezeichnung, Form | s. Bild 4.4-16<br>Bezeichnung einer Fliese Form TAV, unglasiert:<br>Fliese TAV DIN 12912 — u |
| Ausführung, Farbe | u unglasiert (Farbe rot bis rotbraun)<br>g glasiert (Farbe weiß)<br>andere Farben sind zu vereinbaren |

Tabelle 4.4-22. Großformatige Labortischplatten aus tonkeramischen Werkstoffen (D)IN 12916)

| | |
|---|---|
| Werkstoff | Tonkeramische Werkstoffe nach Vereinbarung |
| Form, Art, Abmessungen, Bezeichnung | Tischplatten<br>  Form A 10 allseitiger Wulst<br>       A 11 Randwulst vorn, rechts und links<br>       A 20 Randwulst vorn, hinten und links<br>       A 21 Randwulst vorn und links<br>       A 30 Randwulst vorn, hinten und rechts<br>       A 31 Randwulst vorn und rechts<br>       A 40 Randwulst vorn und hinten<br>       A 41 Randwulst vorn<br>Installationsplatten<br>  Form B 10 Randwulst hinten, rechts und links<br>       B 20 Randwulst hinten und links<br>       B 30 Randwulst hinten und rechts<br>       B 40 Randwulst hinten<br>       B 50 Randwulst links<br>       B 60 ohne Randwulst |

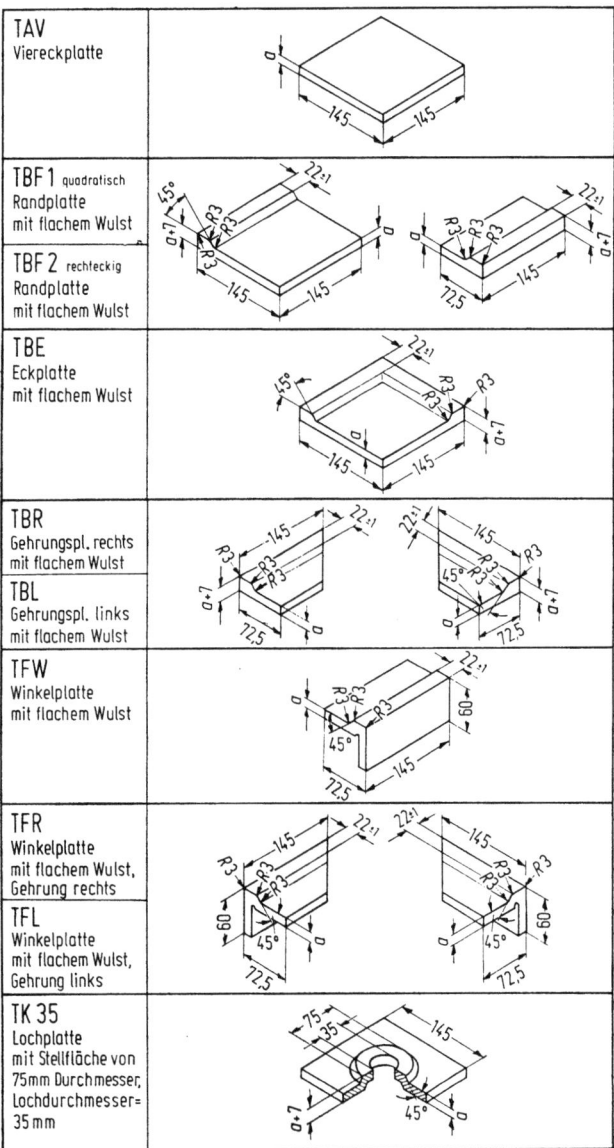

Dicke (a): im allgemeinen 13±1mm, soll (a) 9±1mm sein, so ist dies ausdrücklich zu vereinbaren.

Bild 4.4-16. Ausführungsbeispiele von Fliesen für Labortische, Maße in mm.

### 4.4.5.3 Zwischenstufen

Tabelle 4.4-23. Keramische Wand- und Bodenfliesen (DIN 18155)

| Formen, Werkstoff, Maße, Bezeichnung | Wandfliesen: feinkörnige, kristalline, poröse Scherben, einseitig glasiert, früher Steingutplatten<br>quadratisch: Bezeichnung WA bis WC (vgl. 4.4.6)<br>rechteckig: Bezeichnung je nach Form WD bis WH, (vgl. 4.4.6)<br>Beispiele für Formgebung und Bezeichnung in Bild 4.4-17<br>Bezeichnungsbeispiel: Wandfliese WG 300 × 150 DIN 18155<br><br>Bodenfliesen: feinkörnige, kristalline, gesinterte, nicht saugende Scherben, früher Steinzeugplatten<br>quadratisch: Bezeichnung BA bis BD<br>rechteckig: (Teilfliese: 150 × 100, 150 × 75) Bezeichnung BE<br>Sockelfliesen: Bezeichnung BF bis BS<br>Rinnenfliesen: Bezeichnung BT<br>Beispiele für Formgebung und Bezeichnung in Bild 4.4-20<br>Bezeichnungsbeispiel: Bodenfliese BE 150 × 100 DIN 18155 unglasiert. |
|---|---|
| Ausführung | Wandfliesen: handelsüblich<br>Weiße Wandfliesen, Elfenbein- und Industrie-Wandfliesen. Scherben weiß oder leicht getönt. Durchsichtig, undurchsichtig oder farbig glasiert. Oberfläche glatt, halbmatt oder matt, eben oder wellig<br>Frostbeständige Wandfliesen: geringere Porosität<br>Bodenfliesen:<br>ebene Oberfläche<br>profilierte Oberfläche (mit Nocken, genarbt, gekörnt, geriffelt oder gekuppt)<br>Kleinmosaik, ebene Oberfläche 20 × 20 mm<br>Glasierte und unglasierte Bodenfliesen auch als Wandbelag möglich |

| Güteeigenschaften | Wandfliesen | Bodenfliesen | Prüfnorm bzw. -verfahren |
|---|---|---|---|
| Rohdichte in kg/dm³ | | | |
| Mittelwert | ≧ 1,90 | ≧ 2,40 | 51056 |
| Einzelwert | ≧ 1,60 | ≧ 2,30 | 51057 |
| Dichte in kg/dm³ | | | |
| Mittelwert | — | ≧ 2,60 | 51056 |
| Einzelwert | — | ≧ 2,50 | 51057 |
| Wasseraufnahme in Massen-% | — | bei weiß, grün, blau, grau u. hieraus gemischten Farben<br>Mittelwert ≦ 1,5<br>Einzelwert ≦ 2 | 52103 |
| | | bei gelb, rot, braun, schwarz u. hieraus gemischten Farben<br>Mittelwert ≦ 2 bzw.<br>Einzelwert ≦ 2,5 | |
| Biegefestigkeit in kp/cm² | | | |
| Mittelwert | ≧ 200 | ≧ 250 | 51090 |
| Einzelwert | ≧ 150 | ≧ 200 | |
| Abnutzbarkeit cm³/50 cm² | | | |
| Mittelwert | — | ≦ 5,3 | 52108 |
| Einzelwert | — | ≦ 7,0 | |
| Härtegrad der Oberfläche | ≧ 3 | ≧ 5 | Mohs |
| Dehnkoeffizient in $10^{-6}$/K 20...100 °C | 5...9 | 4,5...8,0 | Dilatometer |
| Frostbeständigkeit | nur auf besondere Forderung | gefordert | vorläufig nach 52104 |
| Temperaturwechselbeständigkeit | — | gefordert | 51093 |
| Säurebeständigkeit | der Glasur im Sonderfall gefordert | gefordert, außer gegen Flußsäure und deren Verbindungen | 51091 |
| Laugenbeständigkeit | der Glasur im Sonderfall gefordert | gefordert, außer gegen heiße Lösungen und kalte Lösungen > 20% | 51091 |
| Lichtechtheit der Färbung | — | gefordert | 51094 |

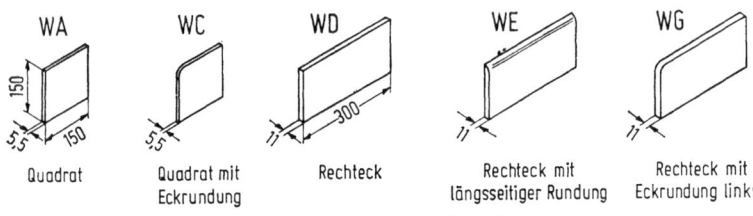

Bild 4.4-17. Beispiele für Wandfliesen, Maße in mm.

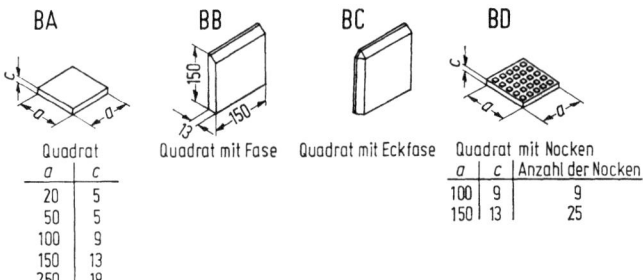

Bild 4.4-18. Beispiele für Bodenfliesen, Maße in mm.

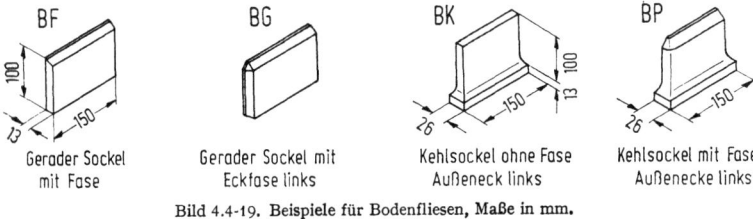

Bild 4.4-19. Beispiele für Bodenfliesen, Maße in mm.

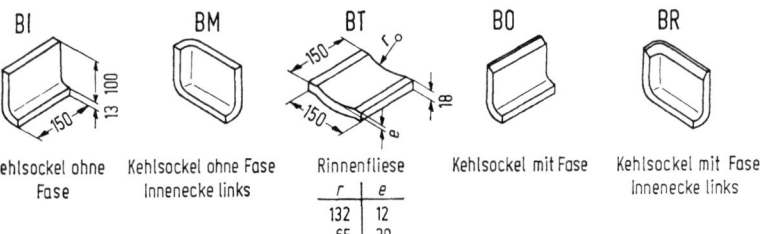

Bild 4.4-20. Beispiele für Bodenfliesen, Maße in mm.

## 4.4.5 Güteeigenschaften grobkeramischer Erzeugnisse

Tabelle 4.4-24. Keramische Spaltplatten (DIN 18166)

| | |
|---|---|
| Formen, Maße, Bezeichnungen | *Vorzugsformat:*<br>*Formen* rechteckig (Abschlußplatten kantig): Bezeichnung je nach Form A bis E<br>Beispiele für Form und Bezeichnung in Bild 4.4-21<br>Bezeichnungsbeispiel: Spaltplatte E DIN 18166<br>Ausführung: Ansichtsflächen glasiert und unglasiert. Beschaffenheit und Farbe der Ansichtsflächen bei Bestellung vereinbaren. Dicke bis zu 30 mm. |
| Güteeigenschaften: *Rohdichte:* | (getrocknet) $\geq$ 1,9 kg/dm³ |
| *Biegefestigkeit:* | $\geq$ 200 kp/cm², Prüfung nach DIN 51090 |
| *Wasseraufnahme:* | $\leq$ 6 Massen-%, Prüfung nach DIN 51056 |
| *Härtegrad der Oberfläche:* (Ritzhärte der Glasur) | $\geq$ 5, Prüfung nach *Mohs* |
| *Ritzhärte des Scherbens* bei unglasierten Platten: | $\geq$ 6, Prüfung nach *Mohs* |
| *thermischer Längendehnkoeffizient* zwischen 20 und 100 °C: | $4 \cdots 8 \cdot 10^{-6}$/K, Prüfung mit dem Dilatometer |
| *Frostbeständigkeit:* | gefordert, Prüfung nach DIN 52104 |
| *Temperaturwechselbeständigkeit:* | gefordert, Prüfung nach DIN 51093 (nach 10maligem Abschrecken keine Sprünge, Abblättern und Absprengungen) |
| *Farb- und Lichtbeständigkeit:* | gefordert, Prüfung nach DIN 51094 (nach 28tägiger Bestrahlung keine Farbänderung) |
| *Säure- und Laugenbeständigkeit* der Glasur: | gefordert, außer gegen Flußsäure und deren Verbindungen, Prüfung nach DIN 51092 (keine makroskopische, sichtbare Veränderung, geringfügige Farbänderungen und Beschläge zulässig) |
| *Säurebeständigkeit* unglasierter Platten: | gefordert, außer gegen Flußsäure und deren Verbindungen Prüfung nach<br>a) DIN 51091<br>b) DIN 51102 Bl. 2<br>c) nach Verfahren der Bundesforschungsanstalt für Milchwirtschaft, Kiel |
| *Laugenbeständigkeit* unglasierter Platten: | gefordert, Prüfung nach DIN 51091 (bei makroskopischer Untersuchung keine sichtbaren Veränderungen, abgesehen von Fleckenbildung und Verfärbung). |
| *Haftverhalten der Spaltplatten* auf Grund der Rückseitenausbildung: | Prüfung nach Abschn. 4.14 der Norm: Abscherversuch (Bruch nicht zwischen Spaltplatte und Mörtelbett oder nicht in der Platte) |
| *Aussehen der Ansichtsflächen:* | frei von Scherbenrissen und Blasen. Haarrisse nach Fertigstellung des Belags gelten nicht als Mangel, da sie wegen der Dichteit der Spaltplatten deren Güte nicht beeinträchtigen |

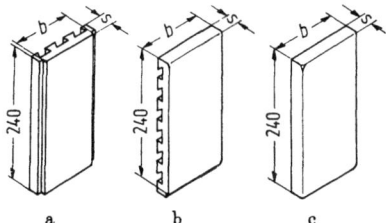

Bild 4.4-21. Beispiele für Spaltplatten. a) Rechteck; b) Rechteck, Abschlußplatte für Kopfseite (kantig) c) Rechteck, Eckabschlußplatte rechts (kantig).

Tabelle 4.4-25. Keramische Trenn- oder Zellenwandsteine (DIN 18167)

| Form, Maße, Bezeichnung | *Vorzugsformate* <br> *Formen:* Rechtecksteine mit oder ohne gerundeten Seiten oder Ecken. <br> Bezeichnung: je nach Form A bis C <br> Beispiele für Form und Bezeichnung in Bild 4.4-22 <br> Andere Formen und alle Maße sind besonders zu vereinbaren. <br> Bezeichnung: z. B. Trennwandstein C DIN 18167. | |
|---|---|---|
| Güteeigenschaften | *Rohdichte:* | lufttrocken, $\leq$ 1,9 kg/dm³ |
| | *Frostbeständigkeit:* | gefordert, Prüfung nach DIN 52104 |
| | *Wasseraufnahme:* | $\leq$ 6 Massen-%, Prüfung nach DIN 51056 |
| | *Härtegrad der Oberfläche* (Ritzhärte der Glasur): | $\geq$ 5, Prüfung nach *Mohs* |
| | *Thermischer Längendehnkoeffizient* zwischen 20 und 100 °C: | $4 \cdots 8 \cdot 10^{-6}$/K, Prüfung mit Dilatometer |
| | *Farb- und Lichtbeständigkeit:* | gefordert, Prüfung nach DIN 51094 (nach 28 tägiger Bestrahlung keine Farbänderung) |
| | *Säure- und Laugenbeständigkeit* der Glasur: | gefordert (außer gegen Flußsäure und deren Verbindungen), Prüfung nach DIN 51092 (keine makroskopisch sichtbaren Veränderungen der Glasur, geringfügige Farbänderungen oder Beschläge zulässig) |
| | *Aussehen der Ansichtsflächen:* | frei von Scherbenrissen und Blasen, eventuell auftretende Haarrisse kein Grund zur Beanstandung, da wegen Dichtheit der Steine keine Beeinträchtigung der Güte |

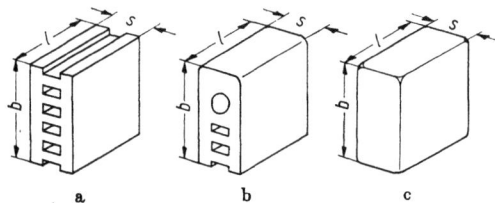

Bild 4.4-22. Vorzugsformate für Trenn- und Zellenwandsteine. a) Rechteckstein; b) Rechteckstein, Oberseite, gerundet; c) Rechteckstein mit Eckrundung.

Tabelle 4.4-26. Richtlinien für die Verwendung von Klinkern im Straßenbau

| | |
|---|---|
| Maße in mm | 250 × 120 × 65 <br> 240 × 115 × 71 (52) <br> 220 × 105 × 52 |
| Rohdichte | $\geq$ 1,9 kg/dm³ |
| Wasseraufnahme | $\leq$ 8 Massen-% |
| Biegefestigkeit | Mittelwert $\geq$ 100 kp/cm² <br> Einzelwert $\geq$ 80 kp/cm² |
| Druckfestigkeit | Mittelwert $\geq$ 800 kp/cm² <br> Einzelwert $\geq$ 700 kp/cm² |
| Abnutzbarkeit | $\leq$ 0,4 cm³/cm² (Prüfung nach DIN 52108, Böhmsche Schleifscheibe) |
| Rattlerprobe | Massenverlust nach 1800 Umdrehungen < 30%, von 10 Klinkern noch mindestens 6 ganz. Klinker mit mehr als 50% der Ursprungsmasse = ganze Klinker. |

*Anweisung für Abdichtung von Ingenieurbauwerken* (AIB). 2. Ausgabe, gültig vom 1. Nov. 1953 an (Nachdruck 1960, Ergänzungs- und Berichtigungsblatt 1 ist eingearbeitet).
Die Anforderungen an Klinker für Verblendung und Abdichtungströge gehen hinsichtlich der chemischen Zusammensetzung der Rohstoffe und der Form über die Anforderungen der DIN 105 hinaus. Druckfestigkeit $\geq$ 350 kp/cm²

## 4.4.6 Verschiedene Erzeugnisse und ihre Handelsform

*1. Großformatige Baukeramik.* Elemente (i. allg. Feuerton) verschiedener Größen, Farben und Formen: bis 100 cm Baulänge, 65 cm Breite (Dicken $\approx$ 3 cm), Gitterelemente für Vorsatzwand (bei Großbauten als selbständige Keramikwand).

### 4.4.6 Verschiedene Erzeugnisse und ihre Handelsform

2. *Ziegelfliesen*. Verschiedene Formate (z. B. 40 cm × 40 cm, 50 cm × 25 cm). Gute Wärmedämmung, gute Fußwärme; i. allg. Behandlung mit Steinpflegemittel erforderlich (Oberfläche empfindlich gegen Schmutz).
3. *Großblocksteine aus gebranntem Ton* (gepreßt) entsprechend Hbl 25, Hbl 50.
4. *Feinkeramische Fassadenriemchen* (Steinzeug) glatt und gerauht, auch glasiert. Format in cm: 5 × 20, 15 × 30.
5. *Wand- und Bodenfliesen:*
Handelsübliche Formate von *Wandfliesen* in mm: Grundformat (Nenngröße) nach DIN 18155: 150 × 150 (nicht genormt): 108 × 108, 100 × 200, 108 × 218, 150 × 300, 75 × 150. Streifen und Leisten: 15, 25, 30, 40 und 50 × 150.
*Bodenfliesen:*
Formate (Nenngrößen) in mm nach DIN 18155: 20 × 20, 50 × 50, 100 × 100, 150 × 150, 250 × 250.
daneben: 50 × 100, 50, 75 und 100 × 150, 100 und 200 × 200, 300 × 300.
*Riemchen:* 50 × 200, 52 × 242, 60 × 250.
*Kleinformate* (Mosaik): 24 × 24, 20 × 42, 24 × 50, 42 × 42.
*Kombimosaik; Spezialfliesen*
*Sortierung:*

*Wandfliesen:* 1. Sortierung, Kennzeichen: ←|→
2. Sortierung, Kennzeichen: □
3. Sortierung, Kennzeichen: 3. Sorte/Ausschuß
Kennzeichen: Stempel auf der Rückseite jeder Fliese.

*Bodenfliesen:* 1. Sortierung ⎫
2. Sortierung ⎬ Sortierungszeichen 1., 2. oder 3. Sorte/Ausschuß
3. Sortierung ⎭
Kennzeichen: Stempel an einer Kantenseite jeder Fliese.
Außerdem bei Wand- und Bodenfliesen: Kennzeichen auf der Verpackung.

## Literatur zu 4.4 Keramische Baustoffe
### Normen
(weitere Normen im Text)

DIN 409 Kacheln für Tonöfen, quadratisch.
DIN 1381 Flachspülklosetts aus Sanitärkeramik; Bl. 2 Flachspülklosetts, mit Ablaufstutzen innen senkrecht, aus Sanitärkeramik.
DIN 1382 Tiefspülklosetts aus Sanitärkeramik; Bl. 2 Tiefspülklosetts, mit Ablaufstutzen innen senkrecht, aus Sanitärkeramik.
Bl. 3 wandhängend mit verdecktem Ablauf, aus Sanitärkeramik.
DIN 1383 Bl. 1 Absaugklosetts mit hinterem Wassergeruchverschluß aus Sanitärkeramik. Bl. 2 — mit vorderem Wassergeruchverschluß aus Sanitärkeramik. Bl. 3 Absaugklosetts mit Wassergeruchverschluß und Abflußstutzen innen senkrecht, aus Sanitärkeramik. Bl. 4 —, mit vorderem Geruchverschluß und Ablaufstutzen innen senkrecht, aus Sanitärkeramik.
DIN 4251 Abflußrohre aus dichten keramischen Werkstoffen.
DIN 4252 — schräge Abzweige.
DIN 4253 — halbschräge Abzweige.
DIN 4254 — S-Stücke.
DIN 4255 — Übergänge, Übergangsbogen, Anschlußstücke an Steinzeugrohre, Endstöpsel, Verschlußdeckel.
DIN 4256 — Geruchverschlüsse und Reinigungsrohre.
DIN 4462 Spültische aus Feuerton.
DIN 4886 Brausewannen, Keramik.
DIN 7006 Muffenrohre, halbierte — aus säurefestem Steinzeug.

### Bücher

H 03 Stoffhütte, 4. Aufl., Berlin, München: Ernst & Sohn 1967.
1 *Singer:* Industrial Ceramics, London: Chapman & Hall 1963.
2 *Singer:* Industrielle Keramik, Bd. 1: Die Rohstoffe, 1964; Bd. 2: Massen, Glasuren, Farbkörper, Herstellungsverfahren, 1969; Bd. 3: Die keramischen Erzeugnisse, 1966, Berlin, Heidelberg, New York: Springer.
3 *Salmang, Scholze:* Die physikalischen u. chemischen Grundlagen der Keramik, 5. Aufl., Berlin, Göttingen, Heidelberg: Springer 1968.
4 Keramik, Bergakademie Freiberg, Berlin: VEB Deutscher Verlag der Wissenschaften 1961.
5 *Plaul:* Technologie der Grobkeramik, Bd. 1: Rohstoffe, Aufbereitung, Formgebung, 1964; Bd. 6: Herstellungs- und Prüfverfahren, 1966; Berlin: VEB Verlag für das Bauwesen.
6 Handbuch für die gesamte Ziegelindustrie, Ziegeleilexikon, 2. Aufl., Wiesbaden: Dr. Sandig KG 1966.
7 Ziegelbautaschenbuch, Jahrbuch des Bundesverbandes der Deutschen Ziegelindustrie e. V., Bonn, Wiesbaden: Verlag für Wirtschaftsschrifttum.

8 *Schneider:* Über den Frostwiderstand von Dachziegeln und seine Prüfung, Diss. TH Stuttgart, Otto Graf Institut, Schriftenreihe (1962) Heft 5.

9 Ziegel-Bauberatung, Merkblätter, Hrsg.: Bauberatung des Fachverbandes Ziegelindustrie Nordrhein-Westfalen, Essen-Kray.

### Zeitschriften

21 Deutsche Bauzeitschrift. Gütersloh, Bertelsmann.
22 Die Ziegelindustrie. Wiesbaden, Berlin, Bauverlag.
23 Silikattechnik. Berlin, VEB Verlag für Bauwesen.
24 Tonindustrie-Zeitung und Keramische Rundschau. Goslar, Hübener.
25 Forschungsberichte des Wirtschafts- und Verkehrsministeriums Nordrhein-Westfalen, Köln und Opladen, Westdeutscher Verlag.

### Aufsätze

31 *Mittag, Linke:* Keramik im Bauwesen. [21] H. 11 (1962).
32 *Scholl:* Über die Herstellung poröser Ziegel. [22] H. 18 (1960).
33 *Schellbach:* Hinweis zur Erfassung der Eigenschaften von Hochbauklinkern. [22] H. 2 (1964).
34 *Röbert:* Festigkeit, Härte und Rohwichte der Mauerziegel. [23] H. 7 (1959).
35 *Bröcker:* Die Eigenschaften des Mauerziegels. [22] H. 16 (1958).
36 *Sturhahn:* Die Temperaturwechselbeständigkeit von Spaltplatten. [24] H. 8 (1966).
37 *Cammerer:* Wärmeschutz und praktischer Feuchtigkeitsgehalt. [7] (1958).
38 *Künzel:* Feuchtigkeitstechnische Eigenschaften von Ziegelbaustoffen. [7] H. 7 (1964).
39 *Schüle:* Wärmeschutz und Feuchtigkeitsverhältnisse. [7] (1961).
40 *Schüle:* Wärmeschutz und Feuchtigkeitsverhältnisse. [7] (1962).
41 *Schüle:* Austrocknungsverhältnisse und Gleichgewichtsfeuchtigkeit bei Ziegelbaustoffen. [7] (1963).
42 *Homayer:* Über die Wärmewegverlängerung an Hohlziegelformen. [22] H. 20 (1955).
43 *Pels-Leusden:* Untersuchungen über die Porosität und das Sättigungsverhalten von Dach- und Mauerziegeln. [22] H. 8 (1960).
44 *Albrecht, Schneider:* Einfluß der Saugfähigkeit der Mauerziegel auf die Tragfähigkeit von Mauerwerk. [22] H. 24 (1963).
45 *Schmidt:* Neue Erkenntnisse auf dem Gebiet der Mauerwerksausblühungen. [22] H. 18 u. 19 (1965).
46 *Schmidt:* Verhinderung von Ausblühungen und Gefügezerstörungen, hervorgerufen durch lösliche Salze, besonders Magnesiumsulfat. [22] H. 24 (1960).
47 *Rüsch, Henkel:* Ausblühungen an Ziegel- und Verblendmauerwerk. [22] H. 3 (1958).
48 *Young:* Entstehung und Entfernung von Vanadiumausblühungen (Literaturauszug). [22] H. 5 (1960).
49 *Pels-Leusden, Bergmann:* Die Frostbeständigkeit von Ziegeln, Einflüsse der Materialzusammensetzung und des Brandes. [25] Nr. 482.
50 Über die Frostbeständigkeit von Ziegeleierzeugnissen. [22] H. 12 (1955).
51 *Bergmann:* Vergleichende Untersuchungen zur Frostprüfung von Ziegeln. [22] H. 11 (1957).
52 *Cammerer:* Wärmeschutz und Feuchtigkeitsgehalt. [7] (1955).

## 4.5 Bauglas[1])

Bearbeitet von *K. Wesche* und *A. Boes*

*Glas* ist ein anorganisches Produkt, das abgekühlt ist, ohne zu kristallisieren. Der Übergang aus dem flüssigen Zustand in den Glaszustand ist reversibel.

*Technisches Glas* ist eine amorph erstarrte (durchsichtige oder undurchsichtige) Masse hoher Viskosität aus glasbildenden Oxiden und deren Mischung mit vorwiegend basischen Oxiden.

### 4.5.1 Formelzeichen, Größen und Einheiten

| Zeichen | Größe | SI-Einheit | weitere Einheiten |
|---|---|---|---|
| $E$ | Elastizitätsmodul | N/m² | kp/cm², Mp/cm² |
| $E_D$ | Durchschlagsfeldstärke | V/m | kV/cm |
| $G$ | Gewichtskraft, Gewicht | N | kp |
| $V$ | Volumen | m³ | dm³ |
| $c$ | spezifische Wärmekapazität | J/kg K | kcal/kg K |
| $d$ | Durchmesser, Dicke | m | cm, mm, μm |
| $f$ | Schlagfestigkeit | N/m² | kp/cm² |
| $h$ | Höhe | m | cm |
| $k$ | Wärmedurchgangskoeffizient | W/m² K | kcal/m² h K |
| $\alpha$ | thermischer Längendehnkoeffizient | 1/K | $10^{-6}$/K |
| $\beta_B$ | Biegefestigkeit | } N/m² | kp/cm² |
| $\beta_Z$ | Zugfestigkeit | | |

[1]) Literatur S. 600.

### Tabelle (Fortsetzung)

| Zeichen | Größe | SI-Einheit | weitere Einheiten |
|---|---|---|---|
| $\varepsilon$ | Dielektrizitätszahl | 1 | |
| $\vartheta$ | Celsiustemperatur | | °C |
| $\varkappa$ | elektrische Leitfähigkeit | $1/\Omega$ m | $1/\Omega$ cm |
| $\lambda$ | Wärmeleitfähigkeit | W/m K | kcal/m h K |
| $\lambda$ | Wellenlänge | m | µm |
| $\varrho_R$ | Rohdichte | kg/m³ | kg/dm³ |

## 4.5.2 Ausgangsstoffe der Glasherstellung

Ausgangsstoffe für das Massenglas sind Kieselsäure $SiO_2$ (Quarzsand, Quarzit) als *Glasbildner*, Alkaliverbindungen (Soda $Na_2CO_3$, Pottasche $K_2CO_3$ oder Natriumsulfat $Na_2SO_4$) als *Flußmittel* und Erdalkaliverbindungen (Kalkstein $CaCO_3$, Magnesiumkarbonat $MgCO_3$, Dolomit $CaCO_3 \cdot MgCO_3$) oder Metalloxide als *Härtungsmittel*.
*Zusätze* zum Entwickeln besonderer Eigenschaften sind z. B. Kalifeldspat, Kaolin, Bariumkarbonat, Borax, Borsäure, Zinkoxid, Phosphorsäure, Arsenoxid, Antimonoxid, Eisenoxid; außerdem Zugabe von Glasscherben.

## 4.5.3 Zusammensetzung
[H 03]

Glas wird durch Zusammenschmelzen von Mischungen der in 4.5.2 genannten Stoffe erhalten. Normales Bauglas ist meist Kalk-Natron-Glas. Zusammensetzung einiger fertiger Gläser in Tabelle 4.5-1.
Für Tafelglas nach Tabelle 4.5-1 ist etwa folgendes Gemenge nötig: 59% Quarzsand $SiO_2$, 18% Soda $Na_2CO_3$, 10% Kalkstein oder Kalkspat, 10% Dolomit, 3% Natriumsulfat $Na_2SO_4$. Da der Kohlendioxidgehalt der Rohstoffe entweicht, ist die Zusammensetzung des fertigen Glases anders als die der Rohstoffe.

Tabelle 4.5-1. Zusammensetzung der gebräuchlichen Gläser in Massen-% [16]

| Glasart | $SiO_2$ | $Na_2O$ | $Al_2O_3$ | MgO | CaO | $K_2O$ | PbO | $Fe_2O_3$ |
|---|---|---|---|---|---|---|---|---|
| Bauglas | 70···75 | 12···18 | 0,5···2,5 | 0···4 | 5···14 | 0···1 | | |
| maschinell gezogenes Tafelglas | 71···73 | 13,0···15,0 | 0,5···1,0 | 1,0···4 | 8···10,5 | | | 0,1···0,18 |
| Bleiglas | 53···68 | 4···10 | 0···2 | | 0···6 | 1···10 | 15···40 | |
| Silikatglas rein | 99,8 | | | | | | | |
| Borsilikatglas | 96 | | | | | | | 3% $B_2O_3$ |
| E-Glas (alkalifreies Glas) | 54,5 | 0,5 | 14,5 | — | 22,0 | — | — | 8,5% $B_2O_3$ |

## 4.5.4 Glasschmelze

Das Schmelzen der Rohstoffe erfolgt in gasbeheizten Hafen- oder Wannenöfen mit Flammentemperaturen bis 1500 °C. Die *Läuterung* des Glases (Homogenisierung der Schmelze, Entfernung der Gase) geschieht durch Zugabe von gasabgebenden Stoffen oder durch Rühren.
Die Entfärbung des Glases ist physikalisch durch Erzeugen von Komplementärfarben, chemisch durch Überführen in schwächer färbende Verbindungen möglich.
Die Abkühlung der Schmelze erfolgt vom flüssigen über den teigigen, zähen bis zum festen Zustand. Zum Verhüten von Entglasungen und kristallinen Inhomogenitäten sind

richtige Homogenisierung, Ofenführung und bestimmte Abkühlungsgeschwindigkeit erforderlich; sie sind abhängig von der Glaszusammensetzung.
Die Formgebung geschieht im flüssigen bis teigigen Zustand. Infolge zu schnellen, unterschiedlichen Abkühlens zwischen der Oberfläche und dem Inneren entstehen Druck- und Zugspannungen; dadurch erhöht sich die Sprödigkeit. Deshalb sollen die fertigen Glaserzeugnisse in Kühlöfen möglichst spannungslos (kontrollierte Abkühlung) gekühlt werden. Mit zunehmendem Alter gleichen sich die Spannungen aus.

*Glasfehler:* Schmelz-, Schamotte-, Galle-, Entglasungs-Steinchen; Schlieren, Blasen; milchige Färbung durch Entglasung; Spannungssprünge und -wellen; Oberflächenfehler; Durchsichtsänderungen durch einseitige Abkühlung, Beschlagen, Anlaufen, Erblinden und Fleckigwerden [6].

## 4.5.5 Chemische Widerstandsfähigkeit des Glases
[H 03]

### 4.5.5.1 Widerstand gegen zerstörende Wirkung von Wasser, Salzlösungen, Feuchtigkeit und $CO_2$

Dieser Widerstand ist abhängig von der Glaszusammensetzung, der Art des Angriffs und der Temperatur. Silikate sind schwach löslich; daher tritt Hydrolisieren bei Reaktion mit Wasser oder Luftfeuchtigkeit ein. Bei längerer Berührung mit Wasser wird die Glasoberfläche durch Herauslösen von Bestandteilen zerstört. Dadurch entstehen unregelmäßige Oberfläche und ungleichmäßige Reflexion, Blindwerden und Irisieren. Die Prüfung der Widerstandsfähigkeit gegen Wasserdampf erfolgt nach DIN 12111. Nach der Wasserbeständigkeit werden die Gläser in fünf hydrolytische Klassen eingeteilt.

### 4.5.5.2 Widerstandsfähigkeit gegen Säuren

*Säurebeständigkeit* wird durch den $SiO_2$-Gehalt und den $Al_2O_3$-Gehalt bestimmt, die *Laugenbeständigkeit* wächst mit dem $SiO_2$- und dem CaO-Gehalt. Die Gläser werden nach der Säuren- und Laugenbeständigkeit in drei Gruppen eingeteilt. Die üblichen Baugläser haben eine gute Beständigkeit. Für die Prüfung der Widerstandsfähigkeit gegen Säuren und Laugen gelten DIN 12116 und DIN 52322. Silikatgläser werden von Flußsäure angegriffen, Phosphatgläser sind dagegen beständig.

### 4.5.5.3 Empfindlichkeit gegen organische Substanzen (Silikone)

Wegen ähnlichen Aufbaus von Silikonen und Silikatgläsern bilden sich durch Behandlung von Gläsern mit Silanen (Siliciumwasserstoffen) oder Silikonen bei normaler oder höherer Temperatur festhaftende Schichten. Dadurch wird die Kratzempfindlichkeit geringer und die Festigkeit höher [15]. Auftretende *Hydrophobierung* ist für Windschutzscheiben nachteilig. Durch eine besondere Oberflächenbehandlung läßt sich die chemische Beständigkeit erhöhen [20].

## 4.5.6 Physikalische Eigenschaften des Glases
[H 03]

### 4.5.6.1 Mechanische Eigenschaften

**4.5.6.1.1 Dichte** beträgt 2,0 bis 6,0 kg/dm³. Abhängig ist sie von der chemischen Zusammensetzung. Die Rohdichte für Schaumglas beträgt 0,14 bis 0,40 kp/dm³, für Baugläser 2,40 bis 2,60 kg/dm³; Rechengewicht nach DIN 1055: 2,6 kg/dm³.

### 4.5.6 Physikalische Eigenschaften des Glases

**4.5.6.1.2 Zugfestigkeit** $\beta_Z$ ist geringer als die Druckfestigkeit und daher bestimmend für die Verwendbarkeit bei mechanischer Beanspruchung und für die Temperaturwechselbeständigkeit. Die Zugfestigkeit hängt ab von der Struktur und Oberfläche des Glases, der chemischen Zusammensetzung und der Größe der Proben. Kleinste Risse oder Fehlstellen im Glas ergeben Spannungsspitzen. Sie mindern die Festigkeit. Durch Erhitzen über 150 °C tritt „Ausheilen" dieser Fehl- oder Kerbstellen durch Abrundung und damit Festigkeitssteigerung ein. Bei massivem Glas kann der Einfluß der Fehlstellen durch Vorspannung, Feuerpolitur oder andere Oberflächenbehandlung vermindert werden. Die Abhängigkeit von der Probengröße und der Oberflächenbehandlung gibt *Salmang* [2] mit nachstehenden Mittelwerten an, wobei Einzelergebnisse starke Streuungen aufweisen:

| Probendicke $d$ cm | Seiten geschliffen und poliert $\beta_Z$ kp/cm² | Seiten feuerpoliert $\beta_Z$ kp/cm² |
|---|---|---|
| 0,4 | 645 | 1 300 |
| 1,2 | 535 | 935 |

Trockenes Glas hat $\approx$ 20% mehr Festigkeit als nasses, im Vakuum erhitztes Glas 200 bis 250% mehr als normales Glas. Die Zugfestigkeit für normales Silikatglas beträgt 700 bis 1 200 kp/cm².

Dünne Glasfasern haben eine hohe Zugfestigkeit, die abhängt vom Fadendurchmesser und der chemischen Zusammensetzung. Nach [13] ist für alkalifreie bzw. alkaliarme Glasfasern

bei $d = 11$ μm $\quad \beta_Z \leqq 12 500$ kp/cm²,
bei $d = 4$ μm $\quad \beta_Z \leqq 38 000$ kp/cm².

Für alkalihaltige Glasfasern ist die Zugfestigkeit erheblich geringer, außerdem wird sie durch Einwirkung von Feuchtigkeit weiter gemindert [5]. Über den Einfluß der thermischen Vorbehandlung siehe 4.5.9.5.1.

**4.5.6.1.3 Druckfestigkeit** $\beta_D$ ist sehr hoch. Sie ist bei starker Schwankung der Einzelwerte abhängig von der Zusammensetzung des Glases und der Größe der Proben. Nach *O. Graf* betrug für ein Prisma aus Kristallglas $5 \times 5 \times 4,7$ cm³ die niedrigste ermittelte Festigkeit 4235 kp/cm² und für Prismen mit $5 \times 5$ cm² Querschnitt und 10 cm Höhe im Mittel 5 000 kp/cm².

Bei Silikatglas steigt die Druckfestigkeit auf 16 bis 20 Mp/cm². Für Opakglas, 5 bis 7 mm dick, beträgt sie je nach Belastungsrichtung 1 600 bis 4 800 kp/cm² [15], für Glasbausteine nach DIN 18175 75 bis 150 kp/cm².

**4.5.6.1.4 Biegefestigkeit** $\beta_B$ hängt u. a. von der Art und Vorbehandlung der Proben sowie der Art des Schneidens (mit Druck oder Zug, mit neuen oder alten Diamanten), Kühlung des Glases, Zustand der Kanten, Breite der Proben, Belastungsgeschwindigkeit und -dauer ab [2].

Biegefestigkeiten von Flachglasscheiben unterschiedlicher Scheibengröße in Tabelle 4.5-2, für 20 cm und 10 cm breite Proben aus verschiedenen Glasarten in Tabelle 4.5-3.

Tabelle 4.5-2. Biegefestigkeiten von Flachglasscheiben bei unterschiedlicher Scheibengröße nach Graf

| | | | | |
|---|---|---|---|---|
| Breite in cm | 40 | 20 | 10 | 5 |
| Länge in cm | 75 | 30 | 15 | 7,5 |
| Mittlere Biegefestigkeit in kp/cm² | 216 | 366 | 404 | 485 |
| Verhältniszahl | 1 | 1,7 | 1,9 | 2,2 |

Tabelle 4.5-3. Biegefestigkeiten von 20 cm und 10 cm breiten Proben aus verschiedenen Glasarten

| Proben aus | Mittlere Biegefestigkeit in kp/cm² bei Probenbreiten von[1] | |
|---|---|---|
| | 20 cm | 10 cm |
| Fensterglas | 447 | 605 |
| Rohglas | 384 | 511 |
| Spiegelglas | 380 | 455 |
| Drahtglas | 313 | 408 |

[1]) Biegefestigkeit für allseitig frei aufliegende Glasplatten ≈ 50% der an 20 cm breiten Proben ermittelten Werte.

Die Schwankungen in einer Platte betragen ± 40%, die Dauerfestigkeit beträgt nur ≈ 50% der Kurzzeitfestigkeit. Die Biegefestigkeit nasser Scheiben ist geringer als die trockener Scheiben. Bei tiefen Temperaturen ist sie höher als bei gewöhnlichen.
Biegefestigkeiten von Opakglas betragen 450 bis 600 kp/cm² [15], von Silikatglas ≈ 700 kp/cm², von Sicherheitsglas bis 3000 kp/cm².

**4.5.6.1.5 Ritz- oder Oberflächenhärte** ist wichtig für die mechanische Verletzbarkeit nnd den Abrieb. Die Härte wird bestimmt nach der Ritzmethode (*Mohshärte* in Tabelle 4.1-6) [H 03] oder der Schleifmethode (*Rosivalhärte*). Mohshärte: von Glas allgemein 5 bis 7, von Bauglas 6 bis 7. Die Schleifhärte des Glases entspricht etwa der des Basaltes (5 bis 8,5 cm³/50 cm²). Bei Abrieb trübt sich die Glasoberfläche.

**4.5.6.1.6 Elastisches Verhalten.** Der Elastizitätsmodul hängt von der chemischen Zusammensetzung des Glases ab.

| Glasart | Elastizitätsmodul $E$ in Mp/cm² |
|---|---|
| Glas allgemein | 480···830 |
| Bauglas | 624···856 |
| Silikatglas | 620···720 |
| alkalifreie Glasfaser, $d = 5···10$ μm | 700···750 |
| alkalihaltige Glasfaser, $d = 5···10$ μm | 450···600 |
| Schaumglas für $\varrho_R = 0{,}15$ kg/dm³ | 12··· 13 |

**4.5.6.1.7 Bruchdehnung** $\delta$ in % beträgt nach [13] bei alkalifreien Glasfasern von $d = 5$ μm ≈ 3,0 bis 3,5, von $d = 10$ μm ≈ 2; bei alkalihaltigen Glasfasern von $d = 10$ μm ≈ 2,0 bis 3,5 und bei normalem Bauglas ≈ 0,1.

**4.5.6.1.8 Querdehnungszahl** ist für Glas allgemein ≈ 0,25, für Glasfasern [13] 0,17 bis 0,30.

**4.5.6.1.9 Sprödigkeit und Schlagfestigkeit.** Die Sprödigkeit begrenzt die Verwendbarkeit. Nach *Föppl* wird die Sprödigkeit des Glases durch die Schlagfestigkeit angegeben, d. h. durch die Schlagarbeit, die von der Probe aufgenommen wird (DIN 52306, DIN 52307). Die Schlagfestigkeit hängt von der Zusammensetzung, der Nachbehandlung und der Kühlung ab.

Nach *B. Moore* ist die Schlagfestigkeit $f = 2\sqrt{EGh/V}$.
$E$ Elastizitätsmodul, $V$ Volumen, $G$ Gewicht des Würfels, $h$ Fallhöhe des Gewichtes.
Für Silikatglas ist $f \approx 810$ bis 830 kp/cm². Innere Spannungen wirken ungünstig.

| Glasart | zum Anbruch nötige Schlagarbeit in kp m |
|---|---|
| 4 mm Tafelglas | 0,12 |
| 6 mm Tafelglas | 0,41 |
| 6 mm Einscheibensicherheitsglas | > 1,00 |
| Betongläser | 1,00···2,50 |

## 4.5.6.2 Thermische Eigenschaften

**4.5.6.2.1 Längendehnkoeffizient** $\alpha$ hängt von der Dichte, der Zusammensetzung, der Wärmebehandlung und dem Temperaturbereich ab. $\alpha$ ist für normale technische Gläser (3,5 bis 10,5) · $10^{-6}$/K; für alkalihaltige Glasfaser von $d = 5$ bis 10 μm 4,8 · $10^{-6}$/K. Für Silikatglas ist $\alpha$ in $10^{-6}$/K nach DIN 52328 bis 100°C 0,50, bis 200°C 0,58, bis 300°C 0,62.

**4.5.6.2.2 Wärmeleitfähigkeit** $\lambda$ ist abhängig von der Zusammensetzung und der Temperatur.

| Glasart | Wärmeleitfähigkeit $\lambda$ in kcal/m h K |
|---|---|
| Flachglas, Preßglas | 0,60···0,83 |
| Silikatglas | 1,15 |
| Verbundsicherheitsglas | ≈ 0,50 |
| Doppelscheibenglas | 0,08···0,10 |
| Glasfaser, $d = 5$ bis 10 μm | 0,86 |
| Glaswolle (Rechenwert DIN 4108) | 0,035 |
| Schaumglas | 0,045···0,090 |

**4.5.6.2.3 Spezifische Wärmekapazität** $c$ beträgt in kcal/kg K je nach Zusammensetzung und Temperatur 0,08 bis 0,25, für normales Flach- und Preßglas 0,18 bis 0,21, für E-Glas und E-Glasseide 0,19 bis 0,20.

**4.5.6.2.4 Temperaturwechselbeständigkeit** hängt nach *Schott* und *Winkelmann* von Zugfestigkeit $\beta_Z$, Längendehnkoeffizienten $\alpha$, E-Modul $E$, Wärmeleitfähigkeit $\lambda$, der spezifischen Wärmekapazität $c$, Dichte $\varrho$ und der Wanddicke $d$ des Prüfkörpers ab:

$$K = \frac{\beta_Z \lambda d}{\alpha E \varrho c}.$$

Nach DIN 52325 ist die Temperaturwechselbeständigkeit der mittlere Unterschied zwischen Abschreck- und Kühlwassertemperatur, bei dem die Proben die ersten Sprünge zeigen. Sie kann durch Vorspannen, Wärmebehandlung, Ätzen mit nachträglicher Feuerbehandlung oder Anätzen in bewegter, 20%iger Flußsäurelösung bei 35°C verbessert werden.

| Glasart | $\Delta \vartheta_{max}$ in K |
|---|---|
| Fensterglas ED | 100 |
| Fensterglas MD | 80 |
| Fensterglas DD | 65 |
| Dickglas | 60 |
| Einscheibensicherheitsglas | 250···300 |

### 4.5.6.3 Verhalten gegen Licht- und Wärmestrahlung

Wichtig für die Lichtausbeute. Durchlässigkeit für sichtbare und unsichtbare Strahlung, Wärmezufuhr von außen, spektrale Durchlässigkeit, Absorption, Reflexion und Lichtbrechung sind weitgehend von der Zusammensetzung des Glases abhängig [1].

| Glasart | Lichtdurchlässigkeit in % |
|---|---|
| Rohglas | 87···92 |
| Kathedralglas | 50···62 |
| Drahtglas | 56···86 |
| Fensterglas, Spiegelglas | 90···92 |
| Preßglas | ···87 |

Durch *Absorption* des Lichtes ist bleibende *Verfärbung* des Glases möglich (*Solarisation*). Bei Bestrahlung mit $\gamma$-Strahlen nimmt die Lichtabsorption bei Wellenlängen von 0,3 bis 1,0 μm in Abhängigkeit von der Strahlungsdosis durch Färbung der Gläser stark zu. Nach Wegnahme der Bestrahlung klingt die Färbung der Gläser ab und die Lichtdurchlässigkeit nimmt wieder zu [9].

*Durchlässigkeit für infrarotes Licht* (*IR*). Farblose Gläser sind bis 2,8 μm Wellenlänge $\approx$ 80 bis 85% durchlässig. Farbige Gläser absorbieren bis über 90% der IR-Strahlen und sind jenseits 2,8 μm praktisch undurchlässig. Das bedeutet: Kurzwellige IR-Strahlen der Sonne und sehr heißer Lichtquellen werden durchgelassen, die von den erwärmten Körpern ausgehende langwelligeren Wärmestrahlen jedoch nicht (*Treibhauseffekt*).

Durchlässigkeit für *Wärmestrahlung* ist für Fensterglas $\approx$ 80 bis 85%.

### 4.5.6.4 Elektrische Eigenschaften
[H 03]

Elektrische Leitfähigkeit, Oberflächenleitfähigkeit, Dielektrizitätskonstante und Durchschlagfestigkeit sind im wesentlichen von der Zusammensetzung der Gläser, aber auch von der Temperatur abhängig. Es sind Elektrische Leitfähigkeit $\varkappa = 10^{-8}$ bis $10^{-18}\,\Omega^{-1}\,cm^{-1}$ für Glas allgemein, für Tafelglas $10^{-10}$ bis $10^{-11}\,\Omega^{-1}\,cm^{-1}$; Dielektrizitätszahl $\varepsilon = 3$ bis 16 für Glas allgemein, für Tafelglas 7 bis 8; Durchschlagfeldstärke $E_D$ bei 50 Hz $\approx$ 450 kV/cm.

## 4.5.7 Glasarten

*Einteilung der Baugläser.* Baugläser werden nach Form und Herstellung in Flachglas, Preßglas, Glasfaser und Schaumglas eingeteilt (Tabelle 4.5-4).

*Flachglas.* Dazu gehören alle Gläser, die flach, d. h. in einer Ebene ausgedehnt sind. Nach Herstellverfahren unterscheidet man Tafelglas, Gußglas, Spiegelglas sowie verschiedene andere, durch Abwandlung der Verfahren oder Weiterverarbeitung erzeugte Gläser.

*Preßglas* ist in Formen gepreßtes Glas, z. B. Glasbausteine, Betongläser, Glasdachziegel.

*Glasfasern* sind durch Ziehen, Blasen oder Schleudern hergestellte fadenförmige Erzeugnisse von 3 bis 30 μm Durchmesser. Nach der Herstellungsart werden Glaswolle, Glaswatte, Glasseide oder Glasgespinst unterschieden.

*Schaumglas* entsteht, indem Glasschmelze oder Glaspulver durch Gasbildung in schaumigen Zustand überführt wird.

Tabelle 4.5-4. Übersicht über die Glaserzeugnisse [15]

| Glasart und -herstellung | | Erzeugnisse bzw. Weiterverwendung |
|---|---|---|
| Flachglas | Mundgeblasenes Tafelglas | dünne Sondergläser, Farb-, (Signalglas), Deck-, Filter-, Überfang- und Antikgläser |
| | maschinell gezogenes Tafelglas | Dünnglas<br>Fensterglas (Bauglas)<br>Dickglas |
| | weiterverarbeitetes Tafelglas | sichthemmende und durchscheinende Gläser, Ziergläser |
| | Gußglas | Rohglas<br>Gartenklarglas<br>Ornamentglas<br>Drahtglas<br>Lichtstreugläser<br>Sonnenschutzglas |
| | Spiegelglas | Spiegelrohglas<br>Kristallspiegelglas<br>Drahtspiegelglas<br>poliertes Chauveldrahtglas |
| | Sicherheitsglas | Einscheibensicherheitsglas (ESG)<br>Verbundsicherheitsglas (VSG) |
| | Wärmeschutzglas | Doppelscheibenglas<br>Einscheibenglas |
| | Farbenglas | durchsichtiges Farbglas<br>Trübglas, Glasfliesen |
| Preßglas | Glasbausteine | wandartige Bauteile ohne Lasten, Fensterwände, Wandverglasungen |
| | Betongläser<br>Glasdachziegel | Tragwerke aus Glasstahlbeton<br>Bedachungszwecke |
| Glasfaser | Glaswolle<br>Glasgespinst<br>Glaswatte<br>Glasseide | vielfältige Arten der Wärme- und Schalldämmung, glasfaserverstärkte Kunststoffe, glasfaserverstärkter Mörtel und Beton, Textilglas u. a. |
| Schaumglas | | Wärmeisolierungen aller Art, zugleich auch Feuchtigkeitsisolierung und Dampfsperre |

## 4.5.8 Herstellung der Gläser

### 4.5.8.1 Flachglas

**4.5.8.1.1 Tafelglas** wird geblasen oder maschinell gezogen. Mundgeblasenes Tafelglas wird nur noch für Sondergläser verwendet (Tabelle 4.5-4). Massenerzeugung von Tafelglas geschieht durch moderne Ziehverfahren, z. B. Fourcault-Verfahren, Pittsburg-Verfahren Libbey-Owens-Verfahren. *Vorteil:* gleichbleibende Güte und Dicke, gute Durchsicht, ebenflächige, beidseitig feuerpolierte Oberflächen. Die Bandbreiten betragen 1,50 bis 3,00 m. Beim Fourcault-Verfahren sind die Ziehstreifen größer als bei anderen Verfahren.

**4.5.8.1.2 Gußglas** wird in unterbrochenem oder ununterbrochenem Walzverfahren hergestellt. Das benötigte Gemenge wird in „Wannen" oder „Häfen" geschmolzen und nach dem Tischverfahren, dem Maschinenwalzverfahren oder dem Dauerwalzverfahren nach *Ford* zu Glastafeln oder -bändern ausgewalzt.

Bei *Drahtglas* werden Drahtgeflecht oder Einzeldrähte mit Drahtdicken von 0,5 mm zwischen zwei plastischen, ausgeformten Glasbändern oder durch eine Eindruckwalze vor der Formwalze eingelegt. Durch Berührung mit gekühlten Platten und Walzen entsteht bei der Herstellung des Gußglases eine gehämmerte, matte Unterseite. Die Oberseite ist feuerpoliert. Bei entsprechender Formgebung der Walzen- oder Tischoberfläche ist eine einseitige oder zweiseitige Ornamentierung möglich.

**4.5.8.1.3 Spiegelglas** wird durch Weiterverarbeitung, meist von Gußglas, seltener von Tafelglas, durch beiderseitiges Mattschleifen und nachfolgendes Polieren in kontinuierlichem oder periodischem Verfahren hergestellt. Beim *Float-Plate-Glass-Prozess* wird flüssiges Glasband über flüssiges Metall geleitet [20]. Dadurch entstehen eine ebene glatte Unterseite und eine feuerpolierte Oberseite, die ohne Nachbehandlung Spiegelglasqualität besitzen.

### 4.5.8.2 Preßglas

Eine genau bemessene Schmelzmenge wird mit einem Preßstempel oder durch Preßluft in metallische Formen gedrückt, wobei Oberfläche abgekühlt wird und narbig und gehämmert erscheint. Infolge der Oberflächenspannung sind keine scharfen Kanten und Ecken möglich. Durch Erhitzen bis zum Anschmelzen erhält man Durchsichtigkeit und eine feuerpolierte Oberfläche. Wichtig ist spannungsfreies Kühlen und Überprüfen der Spannungsverhältnisse im Polarisator oder durch Abschreckversuch (DIN 52311).

### 4.5.8.3 Glasfasern

**4.5.8.3.1 Stabziehverfahren und Düsenziehverfahren.** Endlose Glasfäden werden auf Ziehtrommel aufgewickelt, Durchmesser hängt von der Vorschubgeschwindigkeit der schmelzenden Glasstäbe bzw. der Schmelzwanne und der Trommeldrehgeschwindigkeit ab. Die Fäden haben $d = 5$ bis $15\ \mu m$.

Spinnfäden (*Glasseide*) lassen sich nach Schlichtung durch Zusammenfassen von 50 bis 200 Fäden und Aufwinden auf einen Spulenkopf gewinnen.

**4.5.8.3.2 Blasverfahren und Stabblasverfahren** liefern Fasern von $d = 0,5$ bis $1,5\ \mu m$.

**4.5.8.3.3 Teller- und Düsenschleuderverfahren** sowie *Düsenblasverfahren* ergeben Fäden von 5 bis 40 cm Länge. Fasern, die nach dem in 4.5.8.3.1 und 4.5.8.3.2 angegebenen Verfahren hergestellt sind, erhalten durch Auftragen einer Schlichte (*Schmälze*) während der Fadenbildung einen Oberflächenschutz, der sie arbeits- und anwendungstechnisch brauchbar macht.

Die *Schlichtung* (Kunststoff- oder Textilschlichte) soll gegenseitiges Scheuern der Einzelfäden verhindern, Einzelfasern zu Faden binden, Faden schneidfähig und verwendbar machen, Feuchtigkeitsschutz verleihen und ggf. Haftung an Kunstharz ermöglichen [13].

### 4.5.8.4 Schaumglas

Zur Überführung von Glas in den schaumigen Zustand sind verschiedene Möglichkeiten bekannt [20]:

a) Schmelzen des Glases und unmittelbares Schäumen mit gasbildenden Komponenten oder durch Einblasen von Gas oder Luft bei rascher Temperatursenkung;
b) Fertiges, zerkleinertes Glas wird erhitzt und mit gasbildenden Mitteln in Formen geschäumt.

Es werden Glasschäume von 94 bis 96% Porenvolumen und gleichmäßiger Porenverteilung erhalten. Der Porendurchmesser beträgt $\approx 1$ mm.

## 4.5.9 Flachglas

### 4.5.9.1 Tafelglas

Nach DIN 1249 durch maschinelle Ziehverfahren hergestellte Art von Flachglas ist von gleichmäßiger Dicke und weist beidseitig feuerblanke, annähernd ebene Oberflächen auf. Ziehstreifen, Blasen, Wellen, Schlieren, Kratzer, kleine Knoten und ähnliche Fehler

### 4.5.9 Flachglas

können vorkommen. Prüfung erfolgt nach DIN 1249 auf Dicke und optische Fehler. Tafelgläser werden nach ihrer Dicke eingeteilt in *Dünnglas, Fensterglas* (Bauglas) und *Dickglas*. Angaben über die Bezeichnung, Dicken und Verwendung in Tabelle 4.5-5.

Tabelle 4.5-5. Tafelglasarten, Bezeichnung, Dicken, Verwendung und Scheibengrößen

| Bezeichnung | | Dicke mm | Toleranz mm | Verwendung | Sorten | Größtmaße[1]) cm |
|---|---|---|---|---|---|---|
| Dünnglas (DIN 1249) | | 0,7<br>0,9<br>1,1 } | ±0,1 | Trockenplatten, Objektträger, Bilderglas, Schutzgläser für Geräte, Fensterglas für explosionsgefährdete Kino-Vorführräume, Feuermelder, Deckgläser, Farbgläser als Signalglas | Verglasungs-Qualität (V) bei Dicke 1,9 mm auch Verarbeitungs-Qualität (VA) | 50 × 124<br>90 × 160 |
| | | 1,35<br>1,65 } | ±0,15 | | | |
| | | 1,9 | +0,15<br>−0,1 | | | |
| Fensterglas (DIN 1249) | | | | Bauverglasungen | Verglasungs-Qualität (V)<br>Verarbeitungs-Qualität (VA) | 50 × 180<br>110 × 220 |
| | MD | 2,8 | +0,2<br>−0,1 | Sorte V: Wo ungestörte Durchsicht gewünscht, in öffentl. Bauten, Bürogebäuden, Läden, besseren Wohnräumen | | |
| | DD | 3,8 | ±0,2 | Sorte VA: Wo keine besonderen Ansprüche, in Fabriken, einfachen Wohnräumen, Keller- u. Bodenräumen, Lagerräumen | | 140 × 240 |
| | ED | 1,8 | +0,2<br>−0,05 | Gartenbau, Kellerfenster, Verglasung von Räumen untergeordneter Bedeutung | Fensterglas, das nicht Sorte V u. VA ententspricht | 30 × 30<br>48 × 60 |
| Gartenblankglas[2]) | MD | 2,8 | +0,2<br>−0,1 | | | 48 × 120<br>73 × 143 |
| | DD | 3,8 | ±0,2 | | | 46 × 144<br>73 × 160[3])<br>60 × 200 |
| Dickglas (DIN 1249) | | 4,5 | +0,3<br>−0,2 | großflächige Fenster, Schaufenster, Trennwände, Möbelgläser, Spiegel, Fahrzeugverglasung, Ladeneinrichtung, Tischplatten, Schilder usw. | Verglasungs-Qualität (V)<br>Verarbeitungs-Qualität (VA) | 186 × 250<br>276 × 650 |
| | | 5,5<br>6,5 | ±0,3<br>±0,3 | | | 276 × 650 |
| Dickglas über 6,5 mm | | 8<br>10<br>12 | ±0,5<br>±0,7<br>±0,8 | wie vor, außerdem für Weiterverarbeitungszwecke | Verarbeitungs-Qualität (VA) | 261 × 450<br>261 × 402<br>261 × 351 |
| | | 15<br>19<br>21 } | ±1,0 | | | 252 × 351<br>240 × 300 |

[1]) nach [16]. — [2]) Abmessungen in DIN 11 525 genormt. — [3]) nicht in DIN genormt.

**4.5.9.1.1 Fensterglas.** Dickenwahl ist von Scheibengröße abhängig. Empfohlen werden Dicken entsprechend Bild 4.5-1. Größtmaße sind aus Tabelle 4.5-5 zu entnehmen. Die Belastbarkeit hängt von der Dicke und den Seitenverhältnissen ab. Für schräge und waagerechte Dachflächen ist die punktförmige Belastung durch Hagelschlag zu berücksichtigen. Nach [15] kann angenommen werden: ED hält meist gegen *normalen Hagel* von 4 bis 6 mm Korngröße; MD hält sicher gegen *normalen Hagel* von 4 bis 6 mm Korngröße; DD hält sicher gegen *schweren Hagel* von 9 bis 10 mm Korngröße.

**4.5.9.1.2 Sortierung nach DIN 1249.** Tafelglas wird in Sorte 1, Sorte 2 und Gartenblankglas unterteilt.

*Sorte 1* darf kleine, unauffällige Fehler und Mängel haben. Wellen und Schlieren dürfen bei Durchsicht nicht stören, vereinzelte Blasen und Kratzer sind zulässig.

*Sorte 2* darf Fehler in größerer Zahl und in auffälligerer Form haben.

*Gartenblankglas* entspricht nicht mehr Sorte 2. Bläschen, Schlieren, Knoten, Wellen sind zulässig. Abmessungen nach DIN 11 525. Bei Prüfung im polarisierten Licht sind keine Spannungsbilder zulässig.

**4.5.9.1.3 Handelsformen:** Tafelglas wird in Kisten mit Papierzwischenlagen zwischen den einzelnen Scheiben verpackt und transportiert. Handelsmaße sind aus Tabelle 4.5-6 zu entnehmen [15].

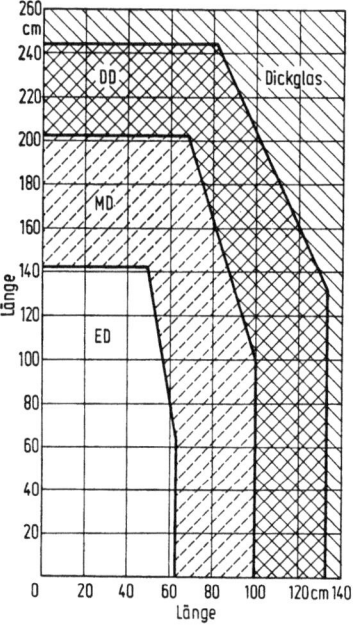

Bild 4.5-1. Maximale Scheibengröße für Fensterglas [16].

Tabelle 4.5-6. Handelsmaße von Tafelglas [16]

| Bezeichnung | Zuschnitt freie Maße | Zuschnitt feste Maße |
|---|---|---|
| Dünnglas 0,6···1,2 mm 1,2···1,8 mm | bis 124 cm Länge bis 160 cm Länge | nach Wunsch Berechnung nach dem nächsthöheren durch 2 teilbaren Maß |
| Fensterglas ED, MD, DD | Regellängen 160 cm Länge parallel zur Ziehrichtung. Freimaße in Breiten von 4 zu 4 geraden cm | nach Angaben des Bestellers; Berechnung erfolgt nach dem nächsthöheren durch 2 teilbaren Maß |
| Dickglas 4,5···6,5 mm | in Abmessungen, die durch 3 teilbar sind | nach Angaben des Bestellers. Berechnung erfolgt nach dem nächsthöheren durch 3 teilbaren Maß |
| Dickglas über 7 mm (7,5···13 mm) | in Abmessungen, die durch 3 teilbar sind | nach Angaben des Bestellers bis zur Größe der lieferbaren Größtmaße; Berechnung erfolgt durch Preisaufschlag auf entsprechendes Freimaß |

**4.5.9.1.4 Bestellung:** Die waagerechte Abmessung der Scheibe ist zuerst anzugeben. Die Bezeichnung geschieht in der Reihenfolge: Glasart, Qualität, Dicke, Zuschnitt, Tafelgröße, z. B. Fensterglas, Sorte 2, ED, Festmaß, 60 × 60 DIN 1249 oder Gartenblankglas MD 48 × 60 DIN 11525.
Die Scheiben werden mit Diamanten oder mit Hartstahl geschnitten.

### 4.5.9.2 Oberflächenveredeltes Tafelglas

Durch Oberflächenbearbeitung des Tafelglases — Aufrauhen durch Sandstrahlen oder Ätzen, Auftragen oder Einbrennen von Farben, Verspiegeln, Schleifen und Polieren — werden undurchsichtige oder durchscheinende Gläser hergestellt.

**4.5.1.2.1 Mattglas.** Eine Oberflächenseite wird mit Sandstrahlgebläse (gesandeltes Glas) oder durch Schleifen mit Schmirgel oder durch Ätzen mit Flußsäure bzw. Alkalifluoriden (Ätzglas) aufgerauht. Beim Ätzen sind verschiedene Tönungen (säurematt, feinmatt, seidenmatt) möglich. Fleckenempfindlichkeit läßt sich durch Kunststoffschicht beheben.

**4.5.9.2.2 Gemustertes Mattglas** (Musselinglas, Streifen-Mattglas) entsteht durch Abdecken der Glasflächen mit Lehren aus Papier oder mit sand- und säurefesten Deckanstrichen vor dem Aufrauhen.

**4.5.9.2.3 Eisblumenglas:** Sandstrahlmattiertes Mattglas wird mit flüssigem Leim überzogen, der sich beim Eintrocknen zusammenzieht und kleine Glasmuscheln aus der Oberfläche herausreißt; oder Glas wird mit Emaillepulver bestreut, bei Wasserdampfatmosphäre eingefroren und die entstandene Musterung eingebrannt.

**4.5.9.2.4 Rippenglas:** Scharfe Streifen- oder Rippenstruktur entsteht durch Vorbeistreifen der noch zähen Glastafel an kammartiger Schablone und Aufblasen eines kühlen Luftstromes aus Düsen auf Glasoberfläche.

**4.5.9.2.5 Hintermalte Gläser** sind rückseitig mit haftfähigen Farben oder eingebrannten Abziehbildern bemalte Glasschilder für Reklame, Skalen, Thermometer, Uhrzifferblätter, Lampenblenden usw.

**4.5.9.2.6 Weiterverarbeitung und Veredlung von Tafelglas** erfolgt durch *Glasschliff*, *Glasgravur*, *Glasradierung*, *Satinieren*, (Sandstrahlmattieren und Ätzen), *Seidentonmalerei*, *Verspiegeln* (s. 4.5.9.4), *Verschweißen*, (Metall, Glas) von zwei oder mehreren Scheiben zu *Wärmeschutzglas* (s. 4.5.9.6) oder Verbinden mit Kunststoffzwischenschicht zu *Verbundsicherheitsglas* (s. 4.5.9.5.2).

### 4.5.9.3 Gußglas

**4.5.9.3.1 Einteilung** nach Oberflächenbeschaffenheit und Herstellung ist aus Tabelle 4.5-7 ersichtlich. Die Oberflächen sind glatt, uneben, ein- oder beidseitig gemustert. Dementsprechend ist die Durchsicht durch Lichtstreuung oder Lichtlenkung mehr oder weniger behindert, ohne daß die Lichtdurchlässigkeit beeinträchtigt wird. Es gibt über 50 verschiedene Profilierungen [16; 20]. *Anwendung:* Bei gewünschter Lichtstreuung oder -lenkung zur besseren Ausleuchtung, für Trennwände von Innenräumen, als Drahtglas zum Schutz gegen Einbrüche und als feuerhemmender Stoff (wegen Sicherheit gegen Herabfallen einzelner Scherben für $b \leq 60$ cm, $h \leq 250$ cm als feuerbeständig anerkannt).

**4.5.9.3.2 Weiterverarbeitung und Veredlung** entspricht Tafelglas (s. 4.5.9.2). Es gibt außerdem je nach Zusammensetzung und Ornamentierung z. B. *wärmeabsorbierende Gläser* (s. 4.5.9.6.2), *Lichtstreugläser* und *Schmuckgläser*. Verbindung von Gußglasstreifen durch Kunstharz und Gewebefolie ergibt flexible, zusammenrollbare Glasfläche (Decofaltglas, Shed-Decofaltglas). Biegen von Tafelglas und Gußglas zu bestimmten Formen ist möglich.

### 4.5.9.4 Spiegelglas

Durch Zusammensetzung, Nachbehandlung bzw. Herstellung (Feinschleifen) vollkommen ebene, wellenfreie, glänzende Oberfläche und klare Durchsichtigkeit. Bei Kristallspiegelglas Durchsicht unter jedem Blickwinkel verzerrungsfrei. Drei *Güteklassen*, *Beleg-*

Tabelle 4.5-7. Einteilung, Oberflächenbeschaffenheit, Farbe, Abmessungen,

| Bezeichnung des Glases | Oberflächenbeschaffenheit oder Profilierung[1]) | Farbe | Dicken mm | Lagerbreiten cm |
|---|---|---|---|---|
| Rohglas | einseitig glatt und einseitig gehämmert, einseitig gerippt, einseitig feingerippt, einseitig gerautet | halbweiß und gelb, blaugrün | 3···10 | 39···126 |
| Ornamentglas Kathedralglas | einseitig oder beidseitig ornamentiert einseitig groß oder klein gehämmert | 20 Farben und weiß | 3··· 6 | 120/126 |
| Drahtglas | glatt gewalzt | halbweiß, gelb, grün, blaugrün | 4···10 | 39···126 |
| Draht-ornamentglas | einseitig oder beidseitig ornamentiert | halbweiß, gelb, grün, blaugrün | 6···10 | 39···126 |
| Gartenklarglas (DIN 11 526) | einseitig genörpelt, andere Seite glatt | halbweiß | 3,0 3,8 $\pm$ 0,3 5,0 | 30···73 46···73 60···73 |
| Gußglas mit Farbüberzug | einseitig ornamentiert, andere Seite eingebrannter Farbüberzug | 6 Farben und weiß | 3···4 | 126 |
| Welldrahtglas „Wellit 177" | Oberseite glatt, feuerpoliert, Unterseite gerippt | | 6···8 Wellenhöhe 57 Wellenlänge 177 | 92 |
| „Wellit 76 g" | wie vor | | 6···7 Wellenhöhe 24,5 Wellenlänge 76 | 83 |
| „Wellit 76 i" (ohne Drahteinlage) | Oberseite glatt, feuerpoliert, Unterseite ornamentiert | | 5···6 Wellenhöhe 24,5 Wellenlänge 76 | 83 |

[1]) Die verschiedenen Arten der Profilierung enthält [10].

*güte* für Herstellung von Spiegeln, AV = ausgesuchte Verglasungsgüte für Fahrzeugverglasung, V = Verglasungsgüte für Bauzwecke. Verschiedene Arten der Spiegelgläser in Tabelle 4.5-8.

*Drahtspiegelglas* mit silberweißen Drahteinlagen aus punktgeschweißtem Netz oder sechseckigem Geflecht.

*Chauvel-Spiegelglas* hat parallele Drahteinlage.

*Gebogenes Spiegelglas* für Vitrinen, Schaufenster u. ä. Im Biegeofen über Biegeformen durch Anheizen auf $\approx 650\,°C$ gebogen und langsam abgekühlt.

*Vollverspiegelte Gläser* durch Silber oder Aluminium einseitig verspiegelt. Silberschicht aus Silbersalzen ausgefällt und nachträglich galvanisiert oder im Hochvakuum Silber bzw. Aluminium aufgedampft. Metallschicht rückwärtig durch Kupferschicht und Lackanstrich geschützt.

*Einweg-Gläser*. Mit dünner, im Hochvakuum aufgedampfter Chromschicht halbverspiegelte Gläser mit 40 bis 60% Reflexion. Durchsicht vom Dunklen ins Helle möglich.

## 4.5.9 Flachglas

besondere Eigenschaften und Verwendung von Gußglas [10;17]

| Lagerlängen bzw. Sondermaße cm | Besondere Eigenschaften | Verwendung |
|---|---|---|
| bis 450, bei 200 cm Breite beliebig lang | gute Lichtstreuung bei mittlerer Lichtdurchlässigkeit (0,4 μm bis 0,7 μm) bis 92% | Für senkrechte Verglasung im Wohn- u. Industriebau, Schiebetüren, Auflegeplatten im Möbelbau, Regale, Türen und Fenster, Fahrstuhlschächte, Wandverglasungen, Fernsprechzellen u. a. |
| bis 420 | geringe bis starke Lichtstreuung, je nach Muster bis 92% Lichtdurchlässigkeit | vielseitig im Innenausbau u. Außenbau, Möbelbau, Leuchtenbau, Kirchenverglasung u. a. |
| bis 450 | Lichtdurchlässigkeit bei 6−8 mm Dicke bis 82%. Durch Drahteinlage Schutz gegen Scherbenstücke. Nach DIN 4102 widerstandsfähig gegen Feuereinwirkung | Bei rauher Beanspruchung u. Belastung. Dach- u. Seitenverglasungen, Oberlichte, Fahrstuhlschächte, Vordächer, Wartehallen-Balkonbrüstungen, Treppengeländer, Außen- u. Innentüren. |
| bis 450 | wie bei Drahtglas, jedoch höhere Durchsichtsbehinderung | wie bei Drahtglas, jedoch dekorativer in der Wirkung. |
| 30···200 60···200 143···200 | starke Lichtstreuung, Lichtdurchlässigkeit bei 3 mm Dicke rd. 92%. IR-Durchlässigkeit 85% für 1 μm | Verglasungen im Gartenbau, Frühbeete, Gewächshäuser, Glaszelte. |
| 201 | lichtdurchlässig | Lichtdecken, Trennwände, Schalterabtrennungen, Oberlichter. |
| 125, 135 160 | hoch lichtdurchlässig, hohe Stabilität, nicht brennbar (DIN 4102) | Dachverglasung, senkrechte Verglasung in Wänden und Oberlichtern |
| 200 (bis 300 auf Anfrage) | wie vor | wie vor |
| 150, 200 300 | hoch lichtdurchlässig, hohe Stabilität | senkrechte Verglasungen |

Tabelle 4.5-8. Spiegelglasarten, Oberflächenbeschaffenheit, Maße und Verwendung

| Art | Dicke mm | Oberflächenbehandlung und -beschaffenheit | Größtmaße cm | Verwendung |
|---|---|---|---|---|
| Spiegelrohglas | 9···26 | einseitig glatt andere Seite gerillt | 400 × 200···630 × 375 je nach Dicke | Großflächige, begehbare Oberlichte beleuchtete Tanzflächen, Lichtschächte Treppenstufen, Aquarien, Trennwände u. a. |
| | 30···45 | einseitig glatt andere Seite gesandelt | nach Rücksprache | |
| Kristallspiegelglas Normales Spiegelglas | 2···8 | beidseitig geschliffen u. poliert, besonders eben u. hochglänzend | 900 × 306···600 × 375 | Jegliche Art von Außenverglasung, besonders Schaufenster, Innenausbau, Fahrzeugbau, Möbelbau, wandartige Verglasungen |
| Dickes Spiegelglas | 8···10 | | 900 × 306··· 570 × 360 je nach Dicke | |
| Polierte Platten | 10···42 | | 300 × 183···900 × 306 | |
| Farbige Spiegelrohglasplatten (in 13 Standardfarben) | 21···24 | eine Oberfläche leicht gehämmert, andere matt | 120 × 220···10 m² Fläche auf Anfrage | In farbigen Fensterwänden. Für Trennwände, Treppenstufen, Tanzflächen, Lichtdecken, Leuchtkörperbekleidungen, Dekorgläser, Tischplatten, Konsolen, Wandmöborde, Ganzglastüren, Einlegeböden u. a. |
| Drahtspiegelglas | 5,5···8 | beidseitig geschliffen und poliert | 138 × 370 | Trennwände, Treppenbrüstungen, Türfüllungen, Aufzugschächte und feuerbeständige Bauteile |
| „Chauvel"-Spiegelglas | 5,5···8 | beidseitig geschliffen und poliert | 230 × 450 | wie vor, jedoch nicht in feuerbeständigen Bauteilen zugelassen. |

### 4.5.9.5 Sicherheitsgläser

Sie bieten bei Zerstörung Schutz gegen Verletzung durch Splitter. Arten und Verwendung in Tabelle 4.5-9.

**4.5.9.5.1 Einscheiben-Sicherheitsglas (ESG)** erhält an den Außenflächen eine Druckvorspannung durch Erhitzen bis über den Transformationspunkt (auf $\approx$ 630 bis 650 °C) und sofortige beidseitige Abkühlung in kaltem Luftstrom, Eintauchen in Ölbad oder Wasserstrahl. Die Druckvorspannung entsteht durch Zusammenziehen des Kerns *nach* Abkühlen der Oberfläche.

Tabelle 4.5-9. Sicherheitsglas, Arten, Eigenschaften und Verwendung

| Glasart | Herstellung aus | Besondere Eigenschaften | maximale Scheibengröße cm | Verwendung |
|---|---|---|---|---|
| Einscheiben-Sicherheits-glas (ESG) | Kristallspiegelglas von 4,5···26 mm Dicke oder aus 4,5···10 mm Dickglas. *Sonderausführungen aus:* farbigem Spiegelglas Spiegelrohglas wärmeabsorbierendem Kristallspiegelglas, Ornamentglas, eisblumierten, mattierten und säuregeätzten Gläsern. | hohe Schlagfestigkeit, hohe Elastizität, hohe Temperaturwechselbeständigkeit (250···350°C) Biegefestigkeit 1250···2500 kp/cm² | $d = 4{,}8$ mm···130 × 80 $d = 5{,}5$ mm···160 × 90 $d = 6{,}5$ mm···200 × 100 $d = 8···12$ mm 150 × 250 ··180 × 330 | Fahrzeugverglasung, Fenster, Glastüren, Ganzglasoberlichter, Ganzglas-Vitrinen, Balkonbrüstungen, Treppengeländer und -stufen, Tischplatten, Glaskabinen, Apparatebau, Lichtkuppeln, Fahrstuhlverglas., Turnhallen, Pausenhallen, Kindergärten, Heilstätten. |
| Verbund-Sicherheits-glas (VSG) | Zwei und mehr Scheiben, Tafelglas, Spiegelglas oder Kristallspiegelglas *Sonderausführungen:* Draht-Verbund-Sicherheitsglas, Panzer-Verbund-Sicherheitsglas, Alarm- und Alarm-Panzerverbund-Sicherheitsglas, Hitze- u. Wärmeschutzglas, UV-absorbierendes Glas mit eingefärbter Zwischenschicht u. a. | splitterbindend, einbruchhemmend, schlagfest, günstige Schalldämmung überfallhemmend, beschußfest, 50···60% Reflexion der Sonnenstrahlen, gute Lichtdurchlässigkeit bei trübem Wetter. | je nach Scheibendicke bis 246 × 351 | Fensterverglasung (Explosionsschutz), Schaufenster (einbruchhemmend), Schalter- und Kassenräume, Innenverglasungen, Trennwände, Türen, Türfüllungen, Brüstungsplatten (bis 120 × 200 cm), Vitrinen, Irrenhausfenster, Fahrzeug- u. Flugzeugverglasungen, Schießstände, Laboratorien, Apparate, Schiffe und Boote, Versuchsstände u. a. |

Bei Biegebeanspruchung muß zuerst die Druckvorspannung überschritten werden, bevor die kritische Zugspannung auftritt. Durch Vorspannung entsteht 5 bis 6fach höhere Biegezugfestigkeit und Elastizität. Der Grad der Vorspannung ist aus der Doppelbrechung im polarisierten Licht zu bestimmen. Bei schräger Durchsicht sind Interferenzfarben sichtbar. Bei Störung der Vorspannung durch Anritzen der Oberfläche (z. B. Steinschlag) und bei Belastung bis zum Bruch zerspringt ESG ohne Splitterbildung in Krümel, eine nachträgliche Bearbeitung ist daher nicht möglich. *Gebogene Scheiben* müssen vorher geformt werden.

**4.5.9.5.2 Verbund-Sicherheitsglas (VSG)** besteht aus zwei oder mehr Glasscheiben, die mit einer hochelastischen, reißfesten, licht- und witterungsbeständigen Kunststofffolie als Zwischenschicht verbunden sind. Die Kunststoffolie, mit gleichem Brechungsindex wie Glas, wird nach entsprechender Vorbehandlung mit den Glasscheiben verpreßt.

### 4.5.9 Flachglas

Nach neueren Verfahren wird eine Glastafel parallel zur Oberfläche in zwei gleiche Hälften gespalten, eine Kunststoffzwischenschicht eingelegt, und die Hälften werden wieder verpreßt. Die Glastafel hat das gleiche Aussehen wie vorher und die gleiche optische Qualität wie Mehrscheibenglas aus zwei Spiegelglasscheiben. Vorteil: nur zwei Flächen müssen geschliffen und poliert werden.

Bei Bruch von VSG bleiben Splitter an der Zwischenschicht kleben. Diese ist so elastisch, daß sie nur schwer zu durchstoßen ist und die Sprungbildung in den Glasscheiben gebremst wird.

*Ausführung:* planeben, gebogen, farblos, farbig, klar, durchsichtig, durchscheinend, weiß oder farbig eingetrübt, mit und ohne Drahteinlage, matt und undurchsichtig.

Nachträgliche Bearbeitung ist möglich. Für die Verglasung sind nur geeignete Öl- und Kunststoffkitte zu verwenden, da sonst die Zwischenschichten quellen, sich verfärben, trüben oder ablösen können.

*4.5.9.5.2.1 Draht-Verbund-Sicherheitsglas* mit gekreuzten oder parallel laufenden Stahldrähten oder -fäden von 0,1 bis 0,3 mm Durchmesser in Verbundschicht.

*4.5.9.5.2.2 Panzer-Verbund-Sicherheitsglas* aus drei oder mehr Scheiben mit einer Gesamtdicke von 24 bis 200 mm ist widerstandsfähig gegen Zertrümmerung durch schwere Werkzeuge, beschußfest gegen Pistolenkugeln ab $d \geqq 25$ mm und Hartkerngeschosse ab $d \geqq 60$ mm.

*4.5.9.5.2.3 Alarm-Verbund-Sicherheitsglas und Alarm-Panzer-Verbund-Sicherheitsglas* enthalten in Reihe geschaltete, 0,1 bis 0,2 mm dicke Kupfer-Bronze- oder Phosphor-Bronzedrähte, die an eine Alarmanlage angeschlossen werden können und bei Beschädigung Alarmsignale auslösen.

Verbundsicherheitsgläser in weiteren Ausführungen als Hitze- und Wärmeschutzglas, UV-absorbierendes Glas, veränderlich lichtdurchlässiges Glas (s. 4.5.9.8.1) oder Heizglas s. 4.5.9.8.6).

*4.5.9.5.2.4 Drahtglas* bietet Schutz gegen scharfkantige Splitter, da diese bei Bruch durch das einliegende Metallgewebe zusammengehalten werden, und ist dadurch auch feuerhemmend. Die Biegefestigkeit wird durch die Drahteinlage nicht erhöht.

### 4.5.9.6 Wärmeschutzgläser

Es gibt zwei Arten: *Isoliergläser* mit erhöhtem Wärmeschutz durch Herabsetzen des Wärmeaustauschs infolge Wärmeleitung und Konvektion und *wärmeabsorbierende* bzw. *strahlungsreflektierende Gläser* mit Schutz gegen unerwünschte Wärmeab- bzw. -einstrahlung. Arten in Tabelle 4.5-10.

**4.5.9.6.1 Isoliergläser** sind Doppel- oder Mehrfachscheiben, die am Rande durch Metallprofile oder Glas auf Glas entsprechend Bild 4.5-2 miteinander verbunden sind. Der Zwischenraum von 3 bis 12 mm ist luft- und diffusionsdicht abgeschlossen und enthält trockene Luft. Die Scheibendicke hängt von der Scheibenart, -größe, dem Scheibenabstand und der Windbelastung ab.

Durch Herabsetzung des Taupunktes entsteht zwischen den Scheiben kein Feuchtigkeitsniederschlag bis $-70\,°C$. Die Prüfung erfolgt durch Absenken der Temperatur bis $-70\,°C$ mit Azeton und Kohlensäureschnee. Bei „Thermopane"-Glas [44] und „Cudo"-Glas werden die Scheiben metallverschweißt; dabei dient ein Metallprofil als Abstandhalter und Randabdichtung.

Beim „Gado" [48] sind die beiden Scheiben an den Rändern schwach S-förmig gebogen und Glas auf Glas verschweißt.

*4.5.9.6.1.1 Zellenglas* besteht aus zwei Gußglasscheiben in beliebigem Abstand, meist 6 cm, die über kunststoffverklebte Glasstege miteinander verbunden sind. Durch einen Spezialfilm wird das Beschlagen im Innern der Elemente verhindert.

**4.5.9.6.1.2 Faserschichtglas** besteht aus zwei Scheiben mit einer Zwischenschicht von 1 bis 3 mm Glasgespinst und luft- und wasserdichtem Randabschluß aus Kitten oder Harzen. Anstelle des Glasfaservlieses werden auch gefaltete Kunststoffolien als Zwischenschicht verwendet.

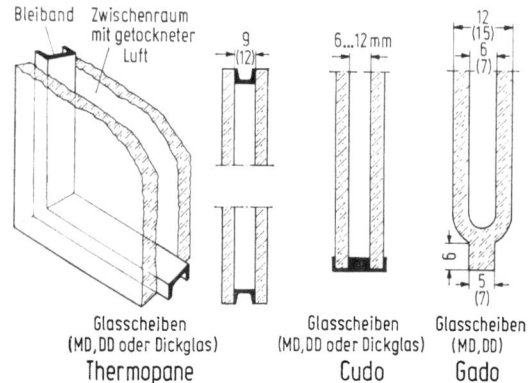

Bild 4.5-2. Querschnitte durch Doppelscheiben-Isoliergläser. Maße in mm.

**4.5.9.6.2 Wärmeabsorbierende Gläser** sind gegossene oder gewalzte Gläser, die durch Zusatz von Eisenoxydul (FeO) leicht hellblau bis blaugrün gefärbt sind und die Infrarotstrahlung der Sonne oder künstlicher Lichtquellen stark absorbieren, ohne die Durchlässigkeit im sichtbaren Bereich zu stark zu mindern. Durch 1,5% FeO-Zusatz wird die Infrarotstrahlung mit einer Wellenlänge $\lambda > 0,8\ \mu m$ von einer 3 mm dicken Scheibe vollständig absorbiert bei 60 bis 65% Lichtdurchlässigkeit. Phosphathaltige Gläser mit 1,5% FeO sind weniger gefärbt, sie absorbieren Infrarotstrahlen von $\lambda > 0,8\ \mu m$ vollständig bei 90% Lichtdurchlässigkeit im sichtbaren Bereich.

Die Lichtschwächung wird nicht als solche empfunden, da das Maximum der Durchlässigkeit mit dem Maximum der Lichtempfindlichkeit zusammenfällt.

Durch Absorption entsteht eine starke Aufheizung der Scheiben; daher ist eine gute Temperaturwechselbeständigkeit erforderlich. Bei Doppelscheiben liegt die wärmeabsorbierende Scheibe außen, damit die Wärme an die Luft abgegeben werden kann; die Wärmeableitung durch Belüftung ist wichtig; genügend Dehnungsmöglichkeit ist zu schaffen. Die Scheibe darf keine Schlagschatten bekommen, da durch unterschiedliche Aufheizung Spannungen entstehen und Bruch möglich ist.

**4.5.9.6.3 Hitzeschutzglas oder Sonnenschutzglas** aus Verbund- oder Einscheibensicherheitsglas ist außenseitig mit Metall bedampft; Thermopane-Doppelscheiben-Isolierglas ist mit einer innenseitig metallbedampften Scheibe versehen. Die Wärmeisolierung erfolgt durch Reflexion. „Cudo"-Goldglas mit goldbedampfter Glasinnenoberfläche und „Cudo"-Auresin-Glas, das zusätzlich mit einer Interferenzschicht versehen ist, haben eine erhöhte Lichtdurchlässigkeit. Die Raumaufheizung infolge Außeneinstrahlung ist hierbei geringer als bei „Cudo"-Normal. Der Wärmedurchlaßwiderstand liegt bei 1,75 kcal/m²hK.

### 4.5.9.7 Farbenglas

Die *Farbgebung* geschieht durch Auftragen von farbigen Schichten (Überfangglas) oder durch Zugabe von Metalloxiden und Salzen, die das Absorptionsvermögen der Glasmasse im Bereich der sichtbaren Strahlung beeinflussen (in der Masse gefärbtes Glas).

*Färbung der Oberfläche* durch Lasurfarben. Die Färbung wird je nach dem Farbmittel und der Zusammensetzung der Grundmasse erzeugt durch:

### 4.5.9 Flachglas

Tabelle 4.5-10. Wärme-, Hitze- und Sonnenschutzgläser – Arten, Eigenschaften und Verwendung [47]

| Art | Markenbezeichnung | Herstellung aus | besondere Eigenschaften | Scheibengröße cm | Verwendung |
|---|---|---|---|---|---|
| Isoliergläser | Thermopane | fast allen Arten von Flachglas außer Drahtglas, Kombination verschiedener Gläser möglich Scheibenabstand: 9 u. 12 mm Scheibendicke: 3···12 mm | Wärmedämmung $k = 0{,}92 \cdots 2{,}86$ kcal/m² h K Schalldämmung 25···36 dB, keine nachträgliche Bearbeitung möglich. Durch Einbau von zwei sich kreuzenden Kunststoffolien kann der Wärmeschutz gesteigert werden. | 24 × 24 ... 279 × 410 | Bauverglasung Fahrzeugbau Kühlmöbelbau |
| | Cudo | allen Arten von Tafel- und Gußglas, Drahtglas, ESG, Scheibenabstand: 6, 8, 10, 12 mm bzw. 2 × 4 u. 2 × 12 mm, Scheibendicke 2,8···5,5 mm | Wärmedämmung $k = 1{,}75 \cdots 3{,}20$ kcal/m² h K Schalldämmung 26···30 dB, keine nachträgliche Bearbeitung möglich | 24 × 24 ... 250 × 370 Dreifachscheiben bis 80 × 180 | |
| | Gado | Fensterglas MD o. DD Scheibenabstand: 7 mm | Wärmedämmung $k = 3$ kcal/m² h K Schalldämmung 27···30 dB | 48 × 78 ... 105 × 160 | |
| | Zellenglas | zwei unterschiedlichen Gußglasscheiben oder Farbgläsern, durch kunststoffverklebte Glasstege miteinander verbunden | steif und biegefest, begehbar, lichtstreuend, wärmeabsorbierend, Wärmedämmung $k = 2{,}44$ kcal/m² h K Schalldämmung 32 dB | 50 × 50 ... 75 × 150 | Oberlichter, Flachdächer u. a., sprossenlose Verglasung von Großfenstern u. Betonkonstruktionen. In Metall- o. Betonrahmen als Fertigteile bis 20 m |
| | Thermolux (Faserschichtglas) | verschiedenen Flachgläsern als Verbundglas mit Zwischenschicht aus 1···3 mm Glasgespinst, luftdicht abgeschlossen | 60···67% lichtdurchlässig, lichtstreuend, Schutz gegen Sonneneinstrahlung, IR-Absorption 59···74% Wärmedämmung $k = 2{,}09 \cdots 3{,}75$ kcal/m² h K, Schalldämmung 31···40 dB | 120 × 130 ... 130 × 260 | Krankenhäuser, Ateliers, Zeichensäle, OP-Säle, Bibliotheken, Schalterhallen. Für Trennwände, Glasdecken, Museen, Türfüllungen usw. |
| wärmeabsorbierende Gläser | Katacalor | Spiegel- oder Spiegelrohglas, $d = 6 \cdots 10$ mm | IR-Absorption 66···89%, i. M. 68% Lichtdurchlässigkeit, bei 0,5 μm ≈ 80% Aufheizung der Scheiben, daher Wärmedehnung beachten, keine Schlagschatten auf Scheibe | Lagermaße bis 150 × 300 sonst bis 300 × 600 | Eisenhüttenwerke, Industriehallen, Arbeitsräume, Lebensmittelbetriebe, -lager, -läden, Schaufenster, Stallungen, Fahrzeugbau u. a. |
| | Contracalor | Spiegel- oder Spiegelrohglas, Drahtglas, Roh- u. Ornamentglas, ESG. $d = 3 \cdots 8$ mm | | bis 126 × 360 | |
| wärmereflektierende Gläser | „Sigla"-Hitzeschutzglas | VSG mit außenseitiger Metallbedampfung | 85···90% Wärmereflektion | 30 × 30 ... 110 × 125 | Eisenhüttenwerke, Steuerstände u. -bühnen bei Walzwerken, Krankabinen von Hochofenkranen |
| | „Sigla"-Wärmeschutzglas | VSG mit innenseitiger Metallbedampfung | | | |
| | „Durvit"-Hitzeschutzglas | ESG mit einseitiger Metallbedampfung | 85···90% Wärmereflektion, bis 300 °C temperaturbeständig | 50 × 30 ... 120 × 100 | |
| | Infrastop-Sonnenschutzgläser | thermopaneartige Doppelscheibe aus Tafel- oder Spiegelglas, eine innere Fläche mit Metallbedampfung | IR-Absorption und -Reflektion ≈ 75% zwischen 0,75···1,2 μm, Lichtdurchlässigkeit 45···50%, geringes Aufheizen | 180 × 220 | wo Sonnenschutz erwünscht |

*Beigabe unmittelbarer Farbstoffe* (Lösungsfarben) z. B. Metalloxide und deren Kombinationen;
*Beigabe von Sättigungsfarbstoffen*, die einen geringen Gehalt von Farbstoffen voraussetzen und unter bestimmten Bedingungen in Erscheinung treten;
*Zusätze*, die bei bestimmter Temperatur kristalline Ausscheidungen ergeben (*Trübglas*). Trübungsmittel sind fluorhaltige Salze, Metalloxide und Knochenasche. Danach Unterscheidung in *Fluoridglas*, *Alabasterglas* (Magnesiumsilikat), *Emailglas* durch Ausscheiden von Bleiarsenat, *Beinglas* bei Trübung durch Knochenasche.

#### 4.5.9.7.1 Durchsichtige Farbgläser, leicht getrübtes, farbiges Spiegelglas in verschiedenen Farben. Sie haben Eigenschaften wie Spiegelglas, jedoch geringere Lichtdurchlässigkeit.

#### 4.5.9.7.2 Lichtdurchlässige Farbgläser:

*Farbige Gußgläser* in vielen Farben;

*Farbige Spiegelrohglasplatten* (Tabelle 4.5-8);

*Farbige Glasplatten* (Dallglas) gegossen, feuerpolierte Oberfläche, über 100 Standardfarben. Normgröße 20 cm × 30 cm, $d = 23$ bis 25 mm;

*Vorgespannte, farbige Flachgläser* aus Spiegel- oder Spiegelrohglas, in der Masse gefärbt oder einseitig aufgebrannte Farbemaille, mit Eigenschaften des Einscheiben-Sicherheitsglases (Polycolor, Delogcolor). *Verwendung* für Wandbekleidungen, Brüstungen, Geländer, Verarbeitung zu vorgefertigten Brüstungselementen (Tabelle 4.5-13).

*Überfanggläser*, für Bauzwecke meist Farbglasschicht mit Grundmasse flüssig aufeinandergegossen. *Verwendung* als Milchglas-Übergang für Oberlichter, farbige Überfanggläser für Schmuckverglasungen u. a.

#### 4.5.9.7.3 Lichtundurchlässiges Farbglas

*4.5.9.7.3.1 Opakglas* (Detopak, Schalker Opakglas) feuerpolierte, glatte, gemusterte oder nachträglich bearbeitete Oberfläche, mattiert, fein- und seidenmatt; die Rückseite ist gerillt.
*Ausführungsformen.* Glaswandplatten bis 147 × 342 cm², bei $d = 5$ bis 10 mm. Glasfliesen DIN 18170 von 15 × 15 bis 20 × 30 cm², bei $d = 6$ mm (Tabelle 4.5-11). Mittelmosaik 5 × 5 cm² und Riemchenmosaik 5 × 15,4 cm² in Tafeln von 31 × 31 cm² vorgefertigt, $d = 10$ mm einschließlich Haftschicht. Sockelplatten 30 × 7,5 und 30 × 10 cm², außerdem: Zubehör für alle Fliesenformate nach DIN 18170, Lochplatten für Labortische. Die Ansetzregel ist zu beachten.

Tabelle 4.5-11. Glasfliesen nach DIN 18170 — Form, Maße und Güteanforderungen

| Form[1]) | Kantenausbildung | Maße in mm[1]) | | | geforderte Eigenschaften | Prüfung der geforderten Eigenschaften nach: |
|---|---|---|---|---|---|---|
| | | Länge ±1,5 | Breite ±1,5 | Dicke ±1 | | |
| A | alle Kanten gesäumt | 150<br>200<br>200 | 150<br>150<br>200 | <br><br>7 | Maßhaltigkeit<br>Biegefestigkeit:<br>Mittelwert ≥ 300 kp/cm²<br>Einzelwerte ≥ 250 kp/cm² | DIN 18170, Abschn. 4.1<br>DIN 51090 und<br>DIN 18170, Abschn. 4.2 |
| B | eine lange Kante gerundet | 300<br>300 | 150<br>200 | | Härtegrad der Oberfläche<br>≥ 4 | nach *Mohs* und<br>DIN 18170, Abschn. 4.3 |
| C | eine kurze Kante gerundet | | | | Temperaturwechselbeständigkeit | DIN 51093 und<br>DIN 18170, Abschn. 4.4 |
| D | linke Ecke gerundet | | | | Frostbeständigkeit | DIN 52104 und<br>DIN 18170, Abschn. 4.5 |
| E | rechte Ecke gerundet | | | | Säure- u. Laugenbeständigkeit | DIN 51091 und<br>DIN 18170, Abschn. 4.6 |

[1]) Für jede Form alle Größen.

### 4.5.9 Flachglas

*Verwendung:* für alle Arten von Wandbekleidungen innen und außen.
*Güteforderungen* s. Tabelle 4.5-11.
*Weitere Stoffeigenschaften:*
Verschleißfestigkeit:   Mittelwert $\leq$ 12 cm³/50 cm².
Schlagbiegefestigkeit:  $d = 7$ mm $\geq 1,8$ kp cm;
$\qquad\qquad\qquad\qquad d = 9$ mm $\geq 3,5$ kp cm;
Elastizitätsmodul    820 000 kp/cm².
Längendehnkoeffizient: $\alpha = 7$ bis $9 \cdot 10^{-6}$/K. Licht-, farb- und wetterbeständig.

**4.5.9.7.3.2 Glasmosaik**, durch Pressen oder Walzen hergestellte Tafeln, aus denen opake Glasplättchen gebrochen werden. Zahlreiche Farben, Format $2 \times 2$ cm², $d = 4$ mm. In Mörtel verlegt oder mit Spezialkleber aufgeklebt, *verwendet* für Fassaden und Innenwände, Treppenhäuser, Badezimmer, Fußböden, Terrassen, Balkonbrüstungen, Wasser- und Schwimmbecken u. a.

**4.5.9.7.3.3 Gefärbte Glasstückchen**, auf Trägerplatten aus Asbestzement aufgeklebt, für Brüstungsplatten und den Innenausbau.

**4.5.9.7.3.4 Opalin**, einseitig geschliffen und poliert, die Unterseite ist gerillt, Farben: schwarz und weiß, $d = 5$ bis 7 mm, 14 bis 16 mm, Größtmaße bis $250 \times 500$ cm².
*Verwendung* für Schiebetüren, Wandverkleidungen innen und außen u. a.

**4.5.9.7.3.5 Eingetrübtes, farbiges Verbund-Sicherheitsglas**, durch Einbringen von Farbpigmenten oder sonstigen Trübungsmitteln, undurchsichtig oder durchscheinend, auch mit Drahteinlage. Eigenschaften und Verwendung wie Verbund-Sicherheitsglas.

**4.5.9.7.3.6 Seidentonglas**, durch eingebrannte Farben und Muster verzierte Tafel- oder Gußgläser, Farben bei 600 °C eingebrannt, ergeben seidenartigen Charakter. Seidentonglas ist lichtdurchlässig, jedoch undurchsichtig, abstimmbare Durchsichthemmung, schmutzunempfindlich.
*Verwendung:* Innenausbau, Lichtdecken, Glastrennwände, Türscheiben, Treppenhausfenster, Schalteranlagen u. a.

## 4.5.9.8 Sondergläser

**4.5.9.8.1 Glas mit automatisch veränderlicher Lichtdurchlässigkeit.** Zwischen zwei Glasscheiben befindet sich eine organische Polymerverbindung, die bei Wärmewirkung der Sonnenstrahlen oder anderer Wärmequellen durch eine reversible Thermokoagulation opalisierend getrübt wird und die Strahlung reflektiert. Die Umschlagtemperatur der thermokoagulierenden Verbindung läßt sich auf $\pm 1$ °C genau einstellen. Unterhalb dieser Temperatur ist die Zwischenschicht glasklar, und die Lichtdurchlässigkeit beträgt 86 bis 88%; oberhalb der Umschlagtemperatur ist die Zwischenschicht getrübt, und die Lichtdurchlässigkeit beträgt 25 bis 40%. Der Vorgang ist reversibel.
Der Vorteil gegenüber den Trüb- und Opalgläsern ist: Bei Sonneneinstrahlung besteht Schutz gegen zu hohe Erwärmung und gleichmäßiges, diffuses Licht, bei trübem Wetter ist fast volle Lichtdurchlässigkeit gewährleistet.

**4.5.9.8.2 Ultraviolettdurchlässiges Glas** (Uviolglas). Von normalem Glas werden die biologisch wirksamen UV-Strahlen (0,28 bis 0,32 µm) fast völlig absorbiert. Eisen- und titanfreie Natrium-Kalziumgläser und Gläser mit besonderer Zusammensetzung sind ultraviolettdurchlässig. Die Durchlässigkeit nimmt durch längere Sonnenbestrahlung ab (Solarisation), ist dann jedoch noch ausreichend.

**4.5.9.8.3 UV-undurchlässiges Glas** (Umbralglas, Uvilex) entsteht durch Zugabe von Eisenoxid und Titan. Es wird verwendet zum Schutz gegen Ausbleichen, Vergilben und Verderb von Textilien, Papier, Lederwaren, Pelzen, Tabakwaren, Gemälden u. a.

**4.5.9.8.4 Röntgenschutzgläser** enthalten hohe Anteile von Blei- oder Bariumoxid.

**4.5.9.8.5 Augenschutzgläser** gegen ultraviolette, infrarote und intensive sichtbare Strahlung entstehen durch Farbgebung und geeignete Kombination von Farbstoffen. Schutzgläser dienen für Arbeiten am Flammenofen, beim Elektro- und Gasschweißen. Die Herstellung erfolgt wie beim Fensterglas. Die gelbgrüne Farbe entsteht durch 5 bis 8% Eisenoxidzusatz.

**4.5.9.8.6 Heizgläser** für elektrische Erhitzung.

Feine Drähte von 0,01 bis 0,05 mm Dicke, die in 0,5 bis 5 mm Abstand in eine Verbundschicht eingebettet und parallel geschaltet sind.

Auf die Glasscheibe geschweißtes, dünnes Aluminiumgitter.

*Elektropane*, eine Scheibe mit durchsichtigem Metalloxidbelag, der sich bei Verbundglas zwischen den Scheiben befindet. Verwendung für das Eis- und Beschlagfreihalten von Fahrzeugverglasungen; für Flugzeug- und Schiffsverglasungen.

**4.5.9.8.7 Glasheizkörper** aus zwei vorgespannten Glasscheiben $40 \times 50$ cm² mit aufgespritzten, innenseitigen Metallbändern. Mit geringem Abstand in Glas- oder Metallrahmen gefaßt und Metallbänder an Stromkreis angeschlossen. Der Glasradiator ist ortsfest oder transportabel. Er wirkt durch Wärmestrahlung und Wärmeleitung, arbeitet staubfrei, liefert gleichmäßige Wärme. Für die Fußbodenheizung dienen begehbare Glasblöcke, die mit einem breiten Metallband verkittet sind; angenehme Fußwärme wird erreicht bei leichter Reinigung und geringem Energieverbrauch.

**4.5.9.8.8 Paneelheizung** besteht aus einer vorgespannten Glasscheibe, die einseitig mit einer Metallschicht bedeckt ist und an den Rändern über eine dünne Silberleiste in einen Stromkreis geschaltet ist. Wärmestrahlende Glasplatte wird auf eine glatte, wärmereflektierende Aluminiumplatte gelegt und in einen Stahlrahmen gefaßt. Der Energieverbrauch ist gering.

**4.5.9.8.9 Plastisch veredeltes Glas,** gebogen oder gewellt, aus Tafelglas, Gußglas oder Verbund-Sicherheitsglas. Erwärmung in Biegeöfen bis 600°C und Biegen über Schamotteformen, für Einscheiben-Sicherheitsglas Sonderanfertigung. Drahtglas nur mit kleinen Stichhöhen.

Verwendung für Schaufenster, Passagen, Industrie- und Wohnbauten.

**4.5.9.8.10 Gewölbte Gläser,** Lichtkuppeln aus Glas für den Einbau in Flachdächern; Angaben in Tabelle 4.5-12.

**4.5.9.8.11 Glasbau-Elemente** sind einbaufertige Brüstungs- bzw. Wandelemente. Zusammenstellung solcher Elemente in Tabelle 4.5-13.

Tabelle 4.5-12. Lichtkuppeln, Glasart und Eigenschaften

| Herstellung aus | Eigenschaften | Maße[1]) cm |
|---|---|---|
| Einscheiben-Sicherheitsglas (ESG) | schlagfest, splitterfrei, temperaturunempfindlich, nicht brennbar (DIN 4102), nicht vergilbend<br>Wärmedämmung: $k = 2{,}10$ kcal/m² h K<br>Schalldämmung: 29 dB<br>Sonderausführungen mit Belüftung und zur Vermeidung von Schwitzwasser | $\varnothing$ 70 und<br>$100 \times 100$<br>$100 \times 170$<br>auch mehrteilig |
| Verbund-Sicherheitsglas (VSG) | schlagfest, durchbruchfest, einbruchhemmend, splitterbindend, licht-, witterungs- säure- und laugenbeständig.<br>Lichtdurchlässigkeit: 85···90%<br>Wärmedämmung: $k = 4{,}9$ kcal/m² h K<br>Schalldämmung: 24···32 dB<br>Wärmeausdehnung: $\alpha = 8{,}5 \cdot 10^{-6}$/K | $\varnothing$ 70 |
| Drahtglas | splitterbindend, unbrennbar (DIN 4102), in feuerbeständigen Bauteilen zugelassen, korrosions- und säurebeständig, lichtstreuend.<br>Lichtdurchlässigkeit: 75···90%<br>Wärmedämmung: $k = 4{,}8$ kcal/m² h K<br>Schalldämmung: 30 dB | $\varnothing$ 78, 91, 108<br>$106 \times 106$<br>$122 \times 122$<br>$91 \times 122$ |

[1]) Angaben nach Firmenprospekt.

Tabelle 4.5-13. Glas-Bauelemente, Ausführung und Eigenschaften

| Ausführung[1]) | | Eigenschaften | Maße[1])<br>cm |
|---|---|---|---|
| Opakglas oder vorgespanntes Polycolorglas<br>20 mm Dämmstoff<br>Asbestzement- oder Rigipsplatten | | Wärmedämmung<br>$k = 1{,}20$ kcal/m² h K | je nach Glasart bis<br>150 × 200<br>bzw. bis<br>162 × 320<br>$d = 3{,}0 \cdots 5{,}0$ |
| vorgespanntes Polycolorglas<br>20 mm Dämmstoff<br>0,3 mm Bleifolie<br>Asbestzement- oder Rigipsplatten | dampfdicht durch Bleisteg verbunden | | |
| vorgespanntes Polycolorglas<br>35 mm feuerbeständiges Material (DIN 4102)<br>0,3 mm Bleifolie | dampfdicht durch Bleisteg verbunden | | |
| Vorgespanntes Colorglas<br>Schaumglas<br>Rigipsplatte | $d = 40 \cdots 52$ mm | Wärmedämmung<br>$k = 0{,}96$ kcal/m² h K<br>je nach Ausführung und Dicke nicht brennbar, feuerhemmend,<br>feuerbeständig (DIN 4102) | bis<br>162 × 320 |
| vorgespanntes Colorglas<br>Asbestzementplatte | $d = 10$ mm | | |

[1]) Angaben nach Firmenprospekt.

## 4.5.10 Preßglas

### 4.5.10.1 Glasbausteine

Voll- und Hohl-Glasbausteine nach DIN 18175 in Tab. 4.5-14, außerdem Entlüftungssteine und halbrunde Ecksteine.

Hohl-Glasbausteine bestehen aus zwei offenen Hälften, die heiß im flüssigen Zustand (glasverschweißt) oder durch Aufspritzen von flüssigem Aluminium verschweißt oder mit Kunstharz kalt verklebt werden. Bei glasverschweißten Hohl-Glasbausteinen entsteht ein luftverdünnter Raum von 50 bis 75% Vakuum nach Abkühlung (Vakuum-Glasbausteine). Lichtstreuung und Lichtlenkung werden erreicht durch Profilierung der inneren und äußeren Sichtflächen. In den Fugenflächen Rillen, Nocken oder festhaftender Überzug zur besseren Mörtelhaftung. Ausführungen in Bild 4.5-3.

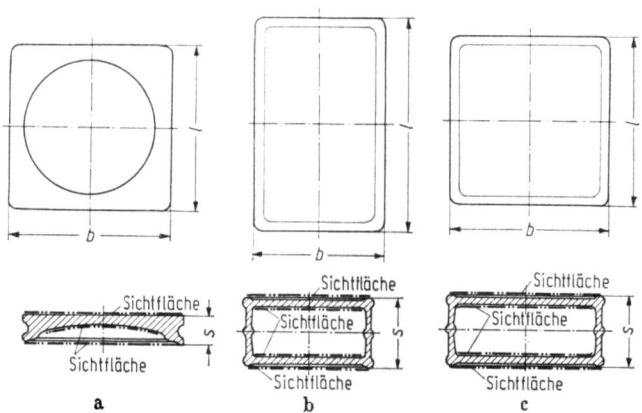

Bild 4.5-3. Glasbausteine nach DIN 18175. a) Voll-Glasbaustein; b) und c) Hohl-Glasbausteine.

4.5 Bauglas

Tabelle 4.5-14. Glasbausteine nach DIN 18175 —

| Steinart | Maße $l \times b \times s$ ± 2 mm | Forderung nach DIN 18175 ||| Mindestmasse kg | Wärmedämmzahl $1/\Lambda$ m² h K / kcal | Wärmedurchgangskoeffizient $k$ kcal / m² h K |
|---|---|---|---|---|---|---|---|
| | | Mindestdruckfestigkeit kp/cm² || Abschrecktemperatur K | | | |
| | | Mittelwert | Einzelwert | | | | |
| A Voll-Glasbausteine | 190 × 190 × 50 | 150 | 115 | ≧ 35 | 1,5 | — | — |
| B Hohl-Glasbausteine | 190 × 190 × 50 ×80 | 100 75 | 75 55 | ≧ 30 ≧ 25 | 2,0 2,2 | 0,215 0,235 | 2,46 2,35 |
| | 240 × 115 × 80 × 157 × 80 240 × 240 × 80 300 × 300 × 100 | 60 60 75 75 | 45 45 55 55 | ≧ 30 ≧ 25 ≧ 20 ≧ 18 | 1,8 2,3 3,5 6,7 | 0,210 0,230 0,245 0,175 | 2,50 2,38 2,30 2,75 |

Bezeichnungsbeispiel: Glasbaustein B 240 × 157 × 80 DIN 18175 — Sichtfläche glatt
Nicht genormte Abmessungen: 115 × 115 × 80; ⌀ 190 und ⌀ 157, $d$ = 80 mm

Glasbausteine gelten als feuerhemmend nach DIN 4102. Sie sind selbsttragend, dürfen aber keine zusätzlichen lotrechten Lasten erhalten. Verwendet werden sie hauptsächlich für senkrechte Raumabschlüsse (Stehverglasungen). Bei der Ausführung ist zu beachten, daß die Unterkonstruktion biegesteif ist und daß die Glasbausteine ausreichende Bewegungsmöglichkeit haben. Letzteres wird durch Gleit- und Dehnungsfugen erreicht, die seitlich und oben sowie innerhalb der Wand im Abstand von nicht mehr als 6 m angeordnet werden. Die Fugenbreite soll dabei ≧ 10 mm sein, das Fugenmaterial muß elastisch und witterungsfest sein. Der sichtbare Abstand der Glasbausteine richtet sich nach dem Format und beträgt ≧ 10 mm bzw. ≧ 15 mm, ≦ 30 mm. Zum Mauern und Verfugen sind möglichst schwindarme dichte Zementmörtel zu verwenden. Der Mörtel ist vor zu schnellem Austrocknen zu schützen. Bei Temperaturen unter 5 °C ist die Ausführung von Glasbausteinelementen nicht zulässig. Frostschutzmittel dürfen nicht verwendet werden. Glasbausteine erhalten in der Regel einen Stahlbeton-Randstreifen, der bei einer Breite ≦ 100 mm nicht dicker als die Wand ist.

Überschreiten Abmessungen und Windlast bestimmte Werte, sind die Glasbausteinwände in den Mörtelfugen zu bewehren, wobei sich Anzahl und Querschnitt der Stahleinlagen nach der statischen Berechnung richten. Unabhängig davon ist mindestens jede 3. Rippe zu bewehren; dabei muß der Stahlabstand ≦ 50 cm sein. Die Mörtelüberdeckung der Stahleinlagen muß mindestens betragen: im Freien 1,5 cm, im Inneren 1,0 cm, gegen die Glasbausteine 0,5 cm. Weitere Angaben in DIN 18175 und 4242.

### 4.5.10.2 Betongläser

dienen für den Einbau in Tragwerke aus Glasstahlbeton und verglaste Stahlbetongerippe; sie können bei Ausführung nach DIN 1045 in der Druckzone statisch wirksam in Rechnung gesetzt werden, wenn sie DIN 4243 entsprechen. Die Gläser sind durchscheinend, lichtstreuend, sie müssen wetterbeständig und spannungsfrei sein und der hydrolytischen

## 4.5.10 Preßglas

Abmessungen und Eigenschaften

| Lichtdurchlässiger Flächenanteil | Schalldämmung | Sichtflächenausbildung[1] Profilierung | Allgemeine Eigenschaften[1] | Verwendung[1] |
|---|---|---|---|---|
| % | dB | | | |
| 81<br>81<br>81<br>77<br>81<br>85<br>84 | 34<br>37<br>42<br>39<br>37<br>39 | außen: glatt oder ornamentiert<br>innen: pyramidenähnliche oder runde Vertiefung, gerillt<br>innere und/oder äußere Sichtflächen glatt oder beliebig profiliert, gerillt, gewellt, gleichlaufend oder gekreuzt gewellt und gerippt<br>Mit Spezialrippung Lichtlenkung nach oben (indirekte Beleuchtung) | mindestens hydrolytische Klasse 4 (DIN 12111); witterungs- und korrosionsbeständig, nicht brennbar (DIN 4102) Mohshärte 6···7.<br>Längendehnkoeffizient $\alpha = 6\cdots9 \cdot 10^{-6}$ K.<br>Steine B $190 \times 190 \times 80$ für Verglasung von Öffnungen in *feuerbeständigen* Wänden zugelassen.<br>Mit *eingeschweißtem Glasvlies* erhöhte Lichtstreuung, besserer Wärmeschutz, geringere Strahlungswärme | für wandartige, keiner Belastung ausgesetzte Glasbausteinwände (DIN 4242)<br>Mit eingelegten Farbscheiben oder Kathedralscheiben, mit mehrfarbigem, ornamentiertem Antikglas belegte, farbig gespritzte oder mit Glasüberzug versehene Glasbausteine für Schmuckzwecke in Schulen, Kirchen, Bibliotheken, Kindergärten, Erholungsheimen, Geschäftshäusern |

[1]) gilt für beide Steinarten

Klasse 4 nach DIN 12111 entsprechen. Lichtdurchlässigkeit $\approx 85\%$, der Wärmedurchgangskoeffizient $k \approx 4{,}70$ kcal/m²hK. Anforderungen nach DIN 4243 in Tab. 4.5-15, Ausführungen in Bild 4.5-4.

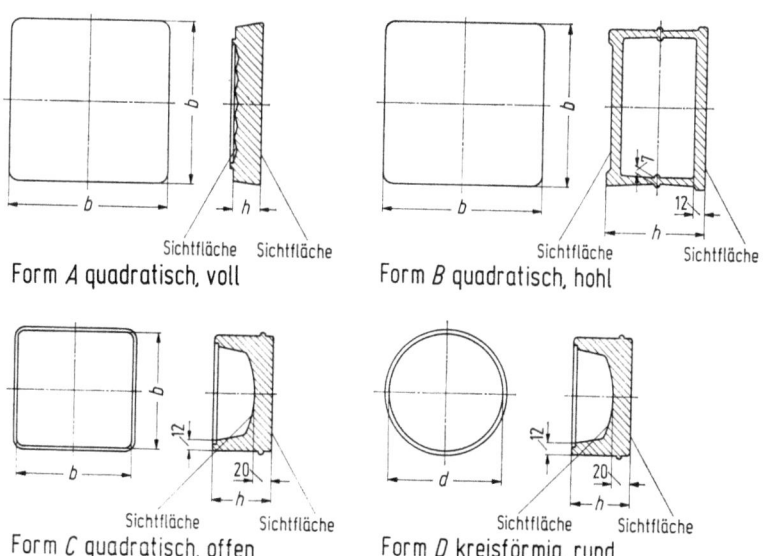

Bild 4.5-4. Betongläser nach DIN 4243 (Maße in mm).

Tabelle 4-5.-15. Anforderungen an Betongläser nach DIN 4243

| Form | Betonglas | Seitenlänge $b$ mm | Durchmesser $d$ mm | Höhe $h$ mm | Zulässige Abweichungen für $b$, $d$ und $h$ mm | Mindestgewicht (Masse) kg | Temperaturdifferenz beim Abschreckversuch (siehe Abschnitt 4.5.6.2.4) K |
|---|---|---|---|---|---|---|---|
| A | A 160 × 30 | 160 | – | 30 | ±1 | 1,6 | 35 |
|   | A 200 × 22 | 200 | – | 22 | ±1 | 1,8 | 35 |
| B | B 220 × 100 | 220 | – | 100 | ±2 | 4,4 | 25 |
| C | C 117 × 60 | 117 | – | 60 | ±1 | 1,2 | 35 |
| D | D 117 × 60 | – | 117 | 60 | ±1 | 0,9 | 35 |

### 4.5.10.3 Hohl-Betongläser

sind innen ornamentiert, außen glatt; sie werden verwendet für Oberlichter mit glatter Untersicht und erhöhter Wärmedämmung, weisen keine Kondenswasserbildung auf.

### 4.5.10.4 Vorgespannte Betongläser

sind geeignet für Tonnengewölbe, langgestreckte Tragriegel, Spannbetonoberlichter und vorgespannte Glasstahlbetonkonstruktionen. Vorteile: hohe Zugfestigkeit, wenig Betonfläche, bis 95% lichtdurchlässige Fläche.

### 4.5.10.5 Glasdachsteine

dienen für alle Arten von Dachdeckungen, zur Aufhellung von Dachräumen u. a., haben eine glatte feuerpolierte Oberfläche, Dicke ≈ 10 mm, mit und ohne Drahteinlage, sind widerstandsfähig gegen Schlag und stark lichtstreuend.

## 4.5.11 Glasfasererzeugnisse

### 4.5.11.1 Arten der Glasfasererzeugnisse

*Glaswolle*, wolleähnliches Vlies aus einzelnen Fasern; *Glasgespinst*, endlos ausgezogene Glasfäden; *Glaswatte*, feine, gewellte, ineinander verfilzte Glasfäden; *Glasseide*, seidenartig aussehende, feinste Spinnfäden aus gebündelten Einzelfasern; *Glasstapelfaser*, wolleartige Fasern, die aus vielen Einzelfasern unterschiedlicher Länge bestehen.

Glasseide und Glasstapelfasern werden als *Textilglas* auf Textilmaschinen zu Garnen, Zwirnen, Matten, Vliesen, Geweben und Wirkwaren verarbeitet und vielseitig verwendet als *Verstärkung* von Kunststoffen, Gummi, Kautschuk, Gips, Beton, Vergußmassen, Spachtelmassen, Bitumen, Papier, Schleifscheiben, als *Isolation* in der Elektrotechnik, als *Filterstoff* für Industrieabgase und Staub, in der Wasseraufbereitung, als *Schutzbekleidung* gegen Feuer und Hitze, als Dekorationsstoff für feuersichere Vorhänge, Stores, Wandbespannungen, Tapeten.

*Glaswolle* und *Glaswatte* werden zu Platten, Matten, Vliesen, Bahnen für Schall- und Wärmedämmung verarbeitet.

Verwendung der verschiedenen Arten in Tab. 4.5-16.

### 4.5.11 Glasfasererzeugnisse

Tabelle 4.5-16. Glasfasererzeugnisse

| Glasfaserart | Erzeugnis und Verwendung |
|---|---|
| Glasfasergespinst | Glasvlies-Dachbahnen und Glasvlies-Dichtungsbahnen, anstelle von Rohfilzpappe kunststoffgetränkte Glasfasereinlage mit Bitumendeckschicht überzogen (Verlegeanleitung beachten!). Zwischenschicht bei Doppelscheibengläsern, Hohl-Glasbausteinen, Intarsien aus farbigem Glasgespinst |
| Glaswatte und Glaswolle | Wärme- und Schalldämmung in Wänden, Decken, Dächern, Fußböden, Trennwänden, Zwischenwänden, schwimmenden Estrichen. Isolierung von Heizungsanlagen, Rohrleitungen, im Schiffsbau. Für Stopfisolierung bei Zwischenwänden, Holzbalkendecken, Mauerschlitzen, Dächern u. a.. Lieferung in Preßballen, Papier- oder Drahtsäcken |
| Baumatten | aus Glaswatte auf oder zwischen Bitumenpapier versteppt. Für schwimmende Estriche, Dächer, Holzbalken u. a. |
| Glaswollematten oder -bahnen | mit Zwischenlaufpapier, einseitiger Bitumenpapierauflage, verschiedene Papierunterlagen, Drahtgeflecht, Drahtumklöppelung. Schnüre, Streifen, Schalen für Dichtungsstreifen, Rohrumhüllung u. a. Für Wärme- und Luftschalldämmung im gesamten Industriebau, Kessel, Behälter, Rohrleitungen, Armaturen u. ä., im Fahrzeugbau |
| Glasfaserplatten, -filze und -schalen | Glasfaser mit Bindemittel (meist Kunstharz) zu Platten, Filzen oder Schalen gepreßt. Für Kühlschrankbau, schwimmende Estriche, Wärme- und Schalldämmung von Wänden, Isolierung von Deckenstrahlheizungen u. ä. |
| Glasseide | allein oder mit Stapelseide zu feuerhemmenden Vorhängen, Wandbespannungen, Bildschirmen in Kinos, Staub-, Rauch- und Flüssigkeitsfiltern verwebt. Hyper- und Superfeinfasern ($< 1,5\,\mu m$ bzw. $> \cdots 3\,\mu m$) für Spezialpapiere, glasfaserverstärkte Kunststoffe. Vorspannung von Betonteilen mit Glasfasern möglich |
| Glasfaserputz und -mörtel | Glasfaser mit kolloidalen Zusätzen in mehreren Farben als Putz bis 3 cm Dicke, in Gipsplatten zur Verstärkung |
| Glasfaser-Putzträgerplatte | aus 30 mm Glasfaserplatte und 0,3 mm Rippenstreckmetall als Putzträger für alle Arten von Wand- und Deckenisolierungen |

## 4.5.11.2 Eigenschaften

hängen ab von der Glaszusammensetzung, vom Faserdurchmesser und der Weiterverarbeitung. Sehr *hohe Zugfestigkeit* entsteht durch schnelle Abkühlgeschwindigkeit, für Einzelfaser mehr als doppelt so hoch wie für weiterverarbeitete Faser. *Temperaturbeständig* bis $+600\,°C$, kunstharzgebundene Erzeugnisse bis etwa $+200\,°C$. Sie haben hohe *Reißfestigkeit*, hohe *Bruchdehnung*, gutes *Arbeitsvermögen* und werden daher als Verstärkung von Kunststoffen, Papier, Mörtel und Beton verwendet. Die *Dauerstandfestigkeit* ist bei Einzelfasern hoch, bei Garnen und Schnüren aus Glasfasern beträgt sie nur 50 bis 60% davon. Die *Wärmeleitfähigkeit* der Erzeugnisse ist gering wegen des hohen Anteils der eingeschlossenen Luft (90 bis 98%); sie ist abhängig von der Rohdichte und der Temperatur.

Bei $0\,°C$:   $\lambda = 0{,}029$ bis $0{,}031$ kcal/m h K,  
bei $300\,°C$:   $\lambda = 0{,}085$ bis $0{,}108$ kcal/m h K.  
Rechenwert nach DIN 4108 für Dämmstoffe aus Glasfasern (DIN 18165): $\lambda = 0{,}035$ kcal/m h K, für dichtes Glasgewebe $\lambda = 0{,}04$ bis $0{,}05$ kcal/m h K [11].

Die *Wasseraufnahme* beträgt bei Geweben 3 bis 4%. Die *chemische Beständigkeit* hängt ab von der Zusammensetzung, i. allg. wasser-, säure- und laugenbeständig (außer gegen Flußsäure). Alkalifreie Glasfasern sind sehr gut wasser- und säurebeständig, alkalireiche sind weniger säurebeständig; sie werden durch Feuchtigkeit hydrolytisch zersetzt.

Glasfasererzeugnisse sind *nicht brennbar*, sind *feuerhemmend*, verrotten und verfaulen nicht, werden von Insekten und Hausungeziefer gemieden, sind raum-, erschütterungs- und formbeständig und *nicht hygroskopisch*.
Die akustischen Eigenschaften hängen von der Rohdichte ab. Die Schallenergie wird durch Reibung in den Poren verringert. Die Schallschluckzahl (Schallabsorptionsgrad) [H 08] beträgt je nach Frequenz und Schallstrahlrichtung 0,45 bis 0,90. Das Verbesserungsmaß für den Schallschutz bei Trittschalldämmung in schwimmenden Estrichen ist $\geq 24$ dB.

### 4.5.12 Schaumglas

Es besteht aus einer Glasmasse mit vielen abgeschlossenen Zellen von $\approx 1$ mm Durchmesser. Es ist *vollkommen dampfdicht*, hat *keine kapillare Saugfähigkeit*, keine oder nur geringe Wasseraufnahme, Rohdichte 0,13 bis 0,60 kg/dm³ (schwimmfähig), temperaturbeständig von $\approx -200\,°C$ bis $+430\,°C$, *Wärmeleitfähigkeit* je nach Temperatur und Rohdichte $\lambda = 0{,}043$ bis $0{,}15$ kcal/mhK, gute Schalldämmung, *Druckfestigkeit* je nach Rohdichte 7 bis 150 kp/cm², Biegezugfestigkeit z. B. 5,3 kp/cm² für $\varrho_R = 0{,}13$ kg/dm³. Es ist raum-, alterungs-, witterungs- und säurebeständig, unverrottbar, nicht brennbar, kein Befall tierischer oder pflanzlicher Schädlinge, wird von Ratten nicht benagt. Schaumglas läßt sich sägen, schneiden, bohren, drehen. Aus Quarzglas hergestelltes Schaumglas (*Foamsil*) ist temperaturbeständig bis $+1200\,°C$ und kann Temperaturänderungen von $\approx 1000\,°C$ ertragen, Längendehnkoeffizient $\alpha = 6 \cdot 10^{-6}$/K. Schaumglas findet Verwendung als universeller Dämmstoff, für Glas-Bauelemente mit aufgeklebten Glas-, Aluminium-, Stahl-, emaillierten, Porzellan-, Asbest- und Gipsplatten, als Zwischenschicht für vorgefertigte Wandteile aus zwei Betonschichten. Aus farbigen Schaumglasblöcken werden Belegplatten und Mosaikverzierungen hergestellt.
*Foamglas*, ein amerikanisches Erzeugnis, wird in Form von Blöcken oder Platten hergestellt. Maße: 30,5 bis 122 cm, Dicke = 3,8 bis 12,7 cm. Außerdem Kantenstreifen für Flächen, Schalenteile für Rohrisolierungen u. a.

## Literatur zu 4.5 Bauglas

### Normen

DIN 1045 Beton- und Stahlbetonbau; Bemessung und Ausführung.
DIN 1249 Tafelglas; Dicken, Sorten, Prüfung, Maßangaben.
DIN 1259 Begriffe für Glaserzeugnisse.
DIN 4242 Glasbaustein-Wände; Ausführung und Bemessung.
DIN 4243 Betongläser; Anforderungen, Prüfung.
DIN 11525 Gartenblankglas.
DIN 11526 Gartenklarglas.
DIN 12111 Bestimmung der Wasserbeständigkeit (Grieß-Titrations-Verfahren) und Einteilung der Gläser in hydrologische Klassen.
DIN 12116 Bestimmung der Säurebeständigkeit mit Einteilung der Gläser nach Säureklassen.
DIN 18170 Glasfliesen.
DIN 18175 Glasbausteine, gepreßt; Maße, Güteeigenschaften, Prüfung.
DIN 52303 Biegeversuch an Sicherheitsglas.
DIN 52304 Bestimmung der Temperaturwechselbeständigkeit von Sicherheitsglas.
DIN 52305 Optische Prüfung von Sicherheitsglas; Bestimmung des Ablenkwinkels und des Brechwertes.
DIN 52306 Kugelfallversuch an Sicherheitsglas.
DIN 52307 Pfeilfallversuch an Sicherheitsglas.
DIN 52320 Abdrückversuch für Hohlglasgefäße, insbesondere Behälterglas.
DIN 52321 Prüfung von Glas; Abschreckversuch für Hohlglaskörper, insbesondere Glasbehälter, Temperaturunterschied $\leq 80$ K.
DIN 52322 Bestimmung der Laugenbeständigkeit von Glas.
DIN 52323 Prüfung von Glas; Abschreckversuch für Hohlglaskörper, insbesondere Laboratoriumsgeräte, Temperaturunterschied über 80 K.
DIN 52324 Bestimmung der Transformationstemperatur.
DIN 52325 Bestimmung der Temperaturwechselbeständigkeit (Stäbchenverfahren).
DIN 52326 Bestimmung des spezifischen elektrischen Durchgangswiderstandes.
DIN 52328 Bestimmung des Längenausdehnungs-Koeffizienten.
DIN 52330 Bestimmung des Gehalts an organischen Stoffen von Glasfasern und daraus hergestellten Erzeugnissen.
DIN 58925 Bl. 1: Optisches Glas; Begriff, Einteilung. – Bl 2: desgl.; Begriffe der optischen Eigenschaften.
DIN 58927 Optisches Glas; technische Lieferbedingungen.

## 4.6.1 Allgemeines

### Bücher

H03 Stoffhütte, 4. Aufl., Berlin, München: Ernst & Sohn 1967.
H08 Physikhütte II. 29. Aufl., Berlin, München, Düsseldorf: Ernst & Sohn 1971.
1 *Morey:* The Properties of Glass, New York: Reinhold 1954.
2 *Salmang:* Die physikalischen und chemischen Grundlagen der Glasfabrikation, Berlin, Göttingen, Heidelberg: Springer 1957.
3 *Spiekermann:* Erweitertes Gußglas-Tabellarium, 2. Aufl., Schorndorf: Hoffmann 1958.
4 *Kitaigorodski:* Technologie des Glases, 2. Aufl., Berlin: VEB Verlag Technik 1959.
5 *Beyer, Schaab:* Glasfaserverstärkte Kunststoffe, 4. Aufl., München: Hanser 1969.
6 *Schnauck:* Glaslexikon, München: Callwey 1959.
7 Beiträge zur angewandten Glasforschung, Hrsg. E. *Schott.* Stuttgart: Wissenschaftl. Verlags-Ges. 1959.
8 *Jebsen, Marwendel:* Glastechnische Fabrikationsfehler, 2. Aufl., Berlin, Göttingen, Heidelberg: Springer 1959.
9 *Jebsen, Marwendel:* Tafelglas in Stichworten, 2. Aufl., Essen: Girardet 1960.
10 *Knapp:* Aktuelle Glasfragen, Coburg: Verlag Der Sprechsaal 1964.
11 Thermopane-Fibel, Gelsenkirchen: Verkaufsgesellschaft Thermopane 1960.
12 *Zincke:* Technologie der Glasverschmelzungen, Leipzig: Akad. Verlagsgesellsch. 1961.
13 Glasfaserverstärkte Kunststoffe, Hrsg. *P. H. Selden,* Berlin, Göttingen, Heidelberg: Springer 1961.
14 *Hähnle:* Baustoff-Lexikon, Stuttgart: Deutsche Verlags-Anstalt 1961.
15 *Völkers:* Tafelglas-Daten, 3. Ausg., Frankfurt a. M.: Fachverband der Fensterglasindustrie 1962.
16 *Knapp:* Architektur und Bauglas, 2. Aufl., Berlin: VEB Verlag f. Bauwesen 1962.
17 *Herbst:* Glastechnische Praxis, Leipzig: VEB Deutscher Verlag. f. Grundstoffindustrie 1962.
18 *Springer:* Lehrbuch der Glastechnik, 5. Aufl., Düsseldorf: Knapp 1964.
19 *Knapp:* Aus der Welt des Glases, Leipzig: VEB Fachbuchverlag 1963.
20 *Hinz:* Silikate, Einführung in Theorie und Praxis, Berlin: VEB Verlag f. Bauwesen 1963.
21 Europäisches Keramadreßbuch, 26. Aufl., Coburg: Verlag Der Sprechsaal 1969.
22 *Beyersdorfer:* Glashüttenkunde, 2. Aufl., Leipzig: VEB Deutscher Verlag f. Grundstoffindustrie 1964.
23 *Giegerich, Trier:* Glasmaschinen, Berlin, Göttingen, Heidelberg: Springer 1964.
24 *Scholze:* Glas-Natur, Struktur, Eigenschaften, Braunschweig: Vieweg 1965.
25 *Savage:* Glas. Übers. aus d. Engl., Frankfurt a. M.: Ariel-Verl. 1966.
26 *Flachglasindustrie:* Glas im Bau, 4. Aufl., Dortmund: Druck Busche 1967.
27 *Kühne:* Glas. Herstellung und Anwendung, Dresden: Steinkopff 1968.
28 Sprechsaal, DATA BOOK f. Keramik, Glas, Silikate (Sprechsaal-Silikat-Jahrbuch), Coburg: Verlag Der Sprechsaal.

Vgl. auch Firmenschriften von Glasherstellern. Anschriften z. B. in Katalogen der Hannovermesse (Deutsche Messe- und Ausstellungs-AG, Hannover).

### Zeitschriften

41 Glas-Email-Keramo-Technik. Hamburg, Brunke Garrels.
42 Glastechnische Berichte. Frankfurt a. M., Deutsche Glastechn. Gesellschaft.
43 Silikattechnik. Berlin, VEB Verl. f. Bauwesen.
44 Sprechsaal f. Keramik, Glas, Email, Silikate. Coburg, Verlag Der Sprechsaal.
45 Journal of the American Ceramic Society and Bulletin. Columbus/Ohio.

# 4.6 Holz[1])

Bearbeitet von *K. Wesche* und *F. Holzapfel*

## 4.6.1 Allgemeines

Als Holz bezeichnet man das durch die Tätigkeit des Kambiums nach innen erzeugte sekundäre Dauergewebe. Technisch versteht man darunter entrindete Stämme, Wurzeln und Äste vorzugsweise der Bäume. Holz wird im Bauwesen verwendet im natürlichen Zustand; im vergüteten Zustand unter Beibehaltung des inneren Gefüges; unter Auflösung des inneren Gefüges in *Späne* oder *Fasern* zur Bildung neuer Werkstoffe.

---
[1]) Literatur S. 632.

## 4.6.2 Aufbau des Holzes

### 4.6.2.1 Chemischer Aufbau

Als organischer, inhomogener Stoff besteht Holz mit geringen Schwankungen aus den Grundelementen Kohlenstoff ($\approx$ 50%), Sauerstoff ($\approx$ 43%), Wasserstoff ($\approx$ 6%), Stickstoff ($\approx$ 0,1$\cdots$0,2%) und geringen Mengen Aschebestandteilen ($\approx$ 0,2$\cdots$0,6%). Durch Verbindung mit Spurenelementen entstehen chemische *Hauptstoffgruppen*: Zellulose (40$\cdots$55%), Holzpolyosen (15$\cdots$35%), Lignin (20$\cdots$30%) und *Nebenstoffgruppen* (2$\cdots$7%): Fette, Öle, Wachse, Eiweiße, Harze, Stärke, Zucker, Gerbstoffe, mineralische Bestandteile.

**4.6.2.1.1 Hauptstoffgruppen.** *Zellulose* bildet als hochmolekulares Kohlenhydrat den überwiegenden Teil der Gerüstsubstanz des Holzgefüges. Durch Vereinigung von Glukosemolekülen unter Wasserabspaltung (*Polykondensation*) entsteht ein *Makromolekül* (Bild 4.6-1). Für die Eigenschaften der Zellulosefasern sind deren Polykondensationsgrad und die Verknüpfung der einzelnen Glukosereste bestimmend.

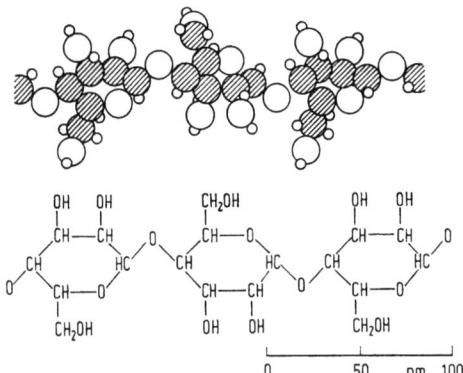

Bild 4.6-1. Strukturformel eines Ausschnitts aus einem Kettenmolekül der Zellulose (nach *Staudinger* in [4]).

*Holzpolyosen* umfassen den Gesamtanteil aller polymeren Kohlenhydrate einer Holzzellwand außer der Zellulose. Sie bilden im Holzgefüge z. T. mit der Zellulose die Gerüstsubstanz, dienen als Reservestoffe und übernehmen als Kittsubstanz die erste Verkittung der Zellwände.

*Lignin* ist ein amorpher, harzartiger Stoff, der teils aus aromatischen, teils aus aliphatischen Bausteinen besteht. Lignin ist kein selbständiger Baustoff, sondern Zusatzstoff zur Zellulose. Durch Einlagerung in das Zellulosegerüst wird die Verholzung bewirkt. Wechselnder Ligningehalt hat infolge seines Kohlenstoffgehaltes Einfluß auf die Rohdichte und andere Eigenschaften des Holzes.

**4.6.2.1.2 Nebenstoffgruppen.** Die im Holz als Stoffwechselprodukte in geringen Mengen vorkommenden Nebenstoffgruppen können nach Art und Menge durch chemische, physikalische und technische Wirkung Eigenschaften und Verwendbarkeit des Holzes beeinflussen. Sie verändern die Verkernung, Imprägnierbarkeit, Dichte, Festigkeit sowie Widerstandsfähigkeit gegen Krankheiten und den Befall von Holzschädlingen. Ihr Vorkommen ist nach Holzart, Baumteil, Alter und Standort verschieden.

### 4.6.2.2 Biologisch-physikalischer Aufbau

**4.6.2.2.1 Holzgefüge.** Holz besteht aus einer Vielzahl von Zellen als kleinster Einheit des Holzgefüges, die zu einem Verband zusammengeschlossen als *Gewebe* bezeichnet werden. Je nach Aufgabe werden unterschieden: Leit-, Festigungs- und Speichergewebe.

## 4.6.2 Aufbau des Holzes

Im *Leitgewebe* des Holzteils steigen Wasser und gelöste Nährsalze von den Wurzeln zur Krone, während im Leitgewebe der Rinde in der Krone gebildete Nährstoffe in den Stamm bzw. die Wurzel transportiert werden. In der zweiten Hälfte der Vegetationsperiode entstehendes *Festigungsgewebe* dient der mechanischen Festigung des Holzgefüges. Im *Speichergewebe* werden nicht benötigte Nährstoffe als Reserve eingelagert.

Im Aufbau sind vier typische *Zellarten* zu unterscheiden: *Gefäße, Poren* oder *Tracheen* sind weitlumige, dünnwandige Röhren, die der Durchlüftung und der Leitung von Wasser und Nährstoffen bei den Laubhölzern dienen. *Tüpfelzellen* oder *Tracheiden*, die als röhrenförmige, geschlossene Zellen mit meist spitzen Enden dem Flüssigkeitsaustausch durch die in ihren Wandungen angebrachten Tüpfel oder der Festigung des Holzes bei den Nadelhölzern dienen.

*Untersuchungen* der Holzgefüge werden an *Holzschnitten* vorgenommen, wobei nach der Schnittrichtung unterschieden werden: Quer- oder Hirnschnitt, Radial- oder Spiegelschnitt und Tangential-, Sehnen- oder Fladernschnitt. Der *Querschnitt* verläuft senkrecht zur Stammlängsachse, der *Radialschnitt* parallel zur Stammlängsachse halbiert die Querschnittsfläche, und der *Tangentialschnitt* parallel zur Stammlängsachse trennt eine Sehne der vom Querschnitt gebildeten Fläche ab (Bild 4.6-2 und 4.6-3).

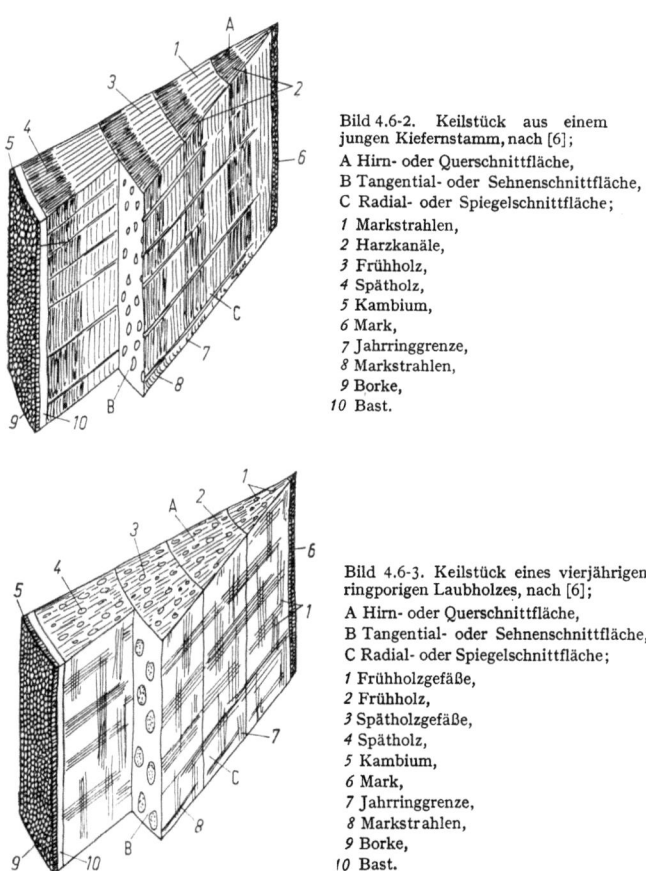

Bild 4.6-2. Keilstück aus einem jungen Kiefernstamm, nach [6];
A Hirn- oder Querschnittfläche,
B Tangential- oder Sehnenschnittfläche,
C Radial- oder Spiegelschnittfläche;
*1* Markstrahlen,
*2* Harzkanäle,
*3* Frühholz,
*4* Spätholz,
*5* Kambium,
*6* Mark,
*7* Jahrringgrenze,
*8* Markstrahlen,
*9* Borke,
*10* Bast.

Bild 4.6-3. Keilstück eines vierjährigen ringporigen Laubholzes, nach [6];
A Hirn- oder Querschnittfläche,
B Tangential- oder Sehnenschnittfläche,
C Radial- oder Spiegelschnittfläche;
*1* Frühholzgefäße,
*2* Frühholz,
*3* Spätholzgefäße,
*4* Spätholz,
*5* Kambium,
*6* Mark,
*7* Jahrringgrenze,
*8* Markstrahlen,
*9* Borke,
*10* Bast.

**4.6.2.2.2 Querschnitt.** Im Querschnitt sind von außen nach innen erkennbar: Rinde, Kambium, Holzteil und Markröhre.

Farblich und stofflich läßt sich die *Rinde* in einen lebenden (*Bast*) und einen abgestorbenen Teil (*Borke*) trennen. Die durch Dickenwachstum rissig gewordene Borke schützt das Holz vor Austrocknung und Beschädigung. Im zwischen Holzteil und Borke liegenden Bast befinden sich nicht sichtbare Leitbündelstränge zum Transport von Nähr- und Reservestoffen.

Zwischen Bast und Holzteil liegt ein für das Dickenwachstum maßgebendes, teilungsfähiges Bildungsgewebe (*Kambium*), das aus dünnwandigen, plasmareichen Zellen besteht. Es scheidet nach innen Holzzellen, nach außen Bastzellen ab. Die durch Wachstumshormone gesteuerte Teilung erfolgt in Mitteleuropa zwischen April und September.

Im Holzteil eines Stammquerschnittes von Bäumen der gemäßigten Klimazonen sind meist konzentrische Wachstumsringe erkennbar (*Jahresringe*). Sie entstehen durch jahreszeitlich unterschiedliche Tätigkeit des Kambiums, das im Frühjahr weitlumiges, dünnwandiges *Frühholz*, im Herbst dickwandiges, englumiges *Spätholz* bildet. Während der Übergang vom helleren Frühholz zum dunkleren Spätholz allmählich erfolgt, ist er in umgekehrter Richtung schroff ausgebildet, wodurch sich die Jahresringe deutlich abzeichnen. Die Ausbildung der Jahresringe ist stark umweltabhängig und gibt z. B. Auskunft über Standort, Trockenperioden, Witterungseinflüsse und Alter des Baumes. Bei beständigem Wachstum in tropischen Zonen bilden sich keine ausgeprägten Jahresringe. Bei ungenügender Ernährung kann die Jahresringbildung ausbleiben, während bei extremen Witterungsbedingungen auch mehr als ein Ring pro Jahr möglich ist.

*Markstrahlen*, allen Holzarten eigen, bilden radial verlaufende Linien im Querschnitt. Es sind bandartige Anhäufungen von Parenchymzellen, die vom Kambium gebildet in der Markröhre (primäre Markstrahlen) oder im Holzteil (sekundäre Markstrahlen) blind enden. Sie bilden den Querverband zwischen den Jahresringen und übernehmen den Transport von Nährstoffen von den äußeren Schichten nach innen. Markstrahlen verursachen Ebenen mit geringer Festigkeit und beeinflussen die Rißbildung.

*Kernholz* ist der um die Markröhre liegende zentrale, oft dunkel gefärbte Teil des Stammquerschnittes von Kernholzbäumen, an den sich hellfarbiges *Splintholz* anschließt. Kernholzbildung wird dadurch verursacht, daß beim Altern bestimmter Baumarten chemische und strukturelle Veränderungen im Holzteil erfolgen: Zunächst verlieren Poren und Tracheiden durch Thyllenbildung bei Laubhölzern oder durch Tüpfelverschluß bei Nadelhölzern die Fähigkeit, Wasser zu leiten und füllen sich mit Luft. Bleibt die Entwicklung auf dieser Stufe stehen, so ist der Zustand der *Reifholzbäume* gegeben. Bei äußerer Beschädigung des Splintholzes kann jedoch das Reifholz die Funktion der Wasserleitung übernehmen.

Bei fortschreitender Verkernung erfolgt Absterben der Markstrahlen- und Stoffspeicherzellen und Einlagerung von Nebenstoffgruppen, wodurch das Kernholz dunkler, fester, widerstandsfähiger wird und für den Baum nur noch statische Aufgaben erfüllt.

*Kernholzbäume* (Kiefer, Lärche, Eiche) haben einen sichtbar gefärbten Kern, *Reifholzbäume* (Fichte, Tanne, Buche) ohne deutlichen Farbunterschied zwischen Splint und Kern haben einen trockenen Kern. *Kernreifholzbäume*, die sowohl Kern- als auch Reifholz bilden können, haben einen Ring trockenen unverfärbten Holzes zwischen feuchtem Splint und trockenem Farbkern. *Splintholzbäume* (Birke, Erle, Ahorn) ohne Farb- und Feuchtigkeitsunterschied zwischen Splint und Kern werden als Konstruktionsholz kaum verwendet.

*Harzgänge*, mit harzausscheidenden Zellen ausgekleidet, sind vorwiegend bei Nadelhölzern anzutreffen, verlaufen axial im Spätholz und horizontal innerhalb der Markstrahlen und verbinden sich netzartig zu einem Harzgangsystem. Im Querschnitt bestimmter Nadelhölzer zeigen sie sich als kleine, helle Öffnungen.

**4.6.2.2.3 Radialschnitt.** Beim Radialschnitt erscheinen Jahresringe als senkrechte, fast parallel verlaufende Streifen, Markstrahlen als mehr oder weniger breite horizontal verlaufende Bänder oder Spiegel. Längs aufgeschnittene große Gefäße nennt man *Nadelrisse*.

**4.6.2.2.4 Tangentialschnitt.** Im Tangential- oder Fladernschnitt erscheinen die Jahresringe als verzerrte, parabel- oder ellipsenähnliche Kurven (*Fladern*), wobei die natürliche Zeichnung (Maserung, Textur) des Holzes am schönsten hervortritt. Größere Gefäße treten als Gefäßrillen in Erscheinung, die breiteren Markstrahlen als dunkle Linien oder spindelförmige Striche von je nach Holzart unterschiedlicher Länge.

**4.6.2.2.5 Nadelholzgefüge.** Nadelhölzer (*Koniferen*) bestehen als erdgeschichtlich ältere Gattung überwiegend aus einer Zellart, den in Stammlängsrichtung verlaufenden *Tracheiden*, die alle Aufgaben übernehmen.

Die im Frühjahr entstehenden dünnwandigen, weitlumigen Tracheiden dienen dem Wassertransport, bilden das Leitgewebe (*Frühholztracheiden*) und sind $\approx$ 2 bis 4 mm lang. Zahlreiche große runde Holztüpfel an ihren Wänden ermöglichen den Stoffaustausch.

Im Spätholz entstehende dickwandige und englumige Tracheiden bilden das Festigungsgewebe (*Spätholztracheiden*). Entsprechend ihrer Aufgabe haben sie nur wenige kleine Tüpfel, mit ihren zugespitzten gezähnten Enden verhaken sie sich untereinander.

In geringer Anzahl vorkommende *Parenchymzellen* bilden das Längs- und Querparenchym (*Markstrahlen*). Die Zellen des Längsparenchyms, dünnwandig, länglich und parallel zur Faserrichtung, dienen der Speicherung von Reserve- und Einlagerungsstoffen. Bei einigen Hölzern vermehren sich nachträglich einige dieser Zellgruppen und bilden Hohlräume im Holzkörper, in die dann Harze abgelagert werden.

*Querparenchymzellen*, in der Breite einzellig, in Stammlängsrichtung mehrzellig, führen vom Mark oder Holzteil radial zur Rinde. Sie dienen zur Versorgung des Kambiums und in der Vegetationsruhe der Speicherung. Harzführende Markstrahlen sind in der Breite mehrzellig.

**4.6.2.2.6 Laubholzgefüge.** Bedingt durch eine Arbeitsteilung auf mehrere Zellarten ist der Aufbau des Laubholzes verwickelter: Gefäße bilden Leitgewebe, Sklerenchymzellen Festigungsgewebe, Parenchymzellen Speichergewebe und Markstrahlen.

Die in Stammrichtung verlaufenden, meist tonnen- bis schlauchförmigen Gefäße (*Tracheen*) bilden mehrere cm bis > 1,0 m lange Röhren, die der Saftleitung dienen. Zur Versteifung haben die Wände verschiedenartige Verdickungen. Gefäße bilden sich im Querschnitt als kreisrunde oder ovale *Poren* ab. Bei ringporigen Hölzern findet die Bildung der Poren vorwiegend im Frühjahr statt, sie sind größer als im Spätholz und somit sichtbar ringförmig über den Querschnitt angeordnet (*Ringporigkeit*). Zerstreutporige Hölzer liegen vor, wenn Bildung und Anordnung engerer Gefäße über das ganze Jahr annähernd gleichmäßig verteilt sind (*Zerstreutporigkeit*). Mit der Verkernung wachsen bei den meisten Kernholzarten *Thyllen* durch Tüpfelöffnungen in die Gefäße und verstopfen sie für den Wasser- und Lufttransport.

*Sklerenchymfasern* bilden den Hauptbestandteil des Laubholzes und sind bestimmend für die Rohdichte und die Festigkeitseigenschaften. Es sind dickwandige, englumige, vorwiegend im Spätholz gebildete Zellen, die keine Säfte führen und der Festigkeit des Holzes dienen (*Stützzellen*).

Die beim Laubholz stärker entwickelten *Parenchymzellen* bilden ein Längs- und Querparenchymgewebe. Längsparenchymzellen haben meist dicke, mit Spalttüpfeln versehene Zellwände, sind oft um die Gefäße des Frühholzes gruppiert, können aber auch zonenweise vorkommen. *Querparenchymzellen* (*Markstrahlen*), mit benachbarten Zellen durch Tüpfel verbunden, sind in der Breite meist mehrzellig und bis zu 100 Zellreihen hoch. Sie bilden sich im Radialschnitt als Flecken oder Bänder ab.

## 4.6.3 Technische und physikalische Eigenschaften

### 4.6.3.1 Einflüsse

Gegenüber äußeren Einflüssen zeigt Holz durch den verschiedenartigen Aufbau ein unterschiedliches Verhalten. Jahrringbau, Porenraum, Einlagerungen und Wuchsfehler beeinflussen seine Eigenschaften.

## 4.6.3.2 Dichte

Auf Grund des annähernd gleichen chemischen Aufbaues ist die Dichte bei allen Hölzern praktisch gleich. Geringe Unterschiede sind auf die in Zellwänden eingelagerten *Inhaltsstoffe* (Harze, Gerbstoffe, Farbstoffe) zurückzuführen. Sie beträgt für Splintholz der Eiche $\approx$ 1,55 kg/dm$^3$, für Kernholz $\approx$ 1,59 kg/dm$^3$. Ausreichend genau kann ein Mittelwert von 1,54 kg/dm$^3$ gelten.

## 4.6.3.3 Rohdichte

Die Rohdichte hängt vom Porenraum, der Holzfeuchte und den Inhaltsstoffen ab und schwankt daher von 0,08 kg/dm$^3$ bei Balsaholz bis 1,38 kg/dm$^3$ bei Schlangenholz (Tabelle 4.6-1).

Tabelle 4.6-1. Mittelwerte und Variationsbreiten der Roh- und Raumdichte einiger Holzarten nach [4]

| Holzart | Rohdichte bei $u = 0\%$ kg/dm$^3$ | Rohdichte bei $u = 12\%$ kg/dm$^3$ | Raumdichte kg/fm |
|---|---|---|---|
| *1. Nadelhölzer* | | | |
| Kiefer | 0,30···0,49···0,86 | 0,32···0,51···0,88 | 282···391···631 |
| Fichte | 0,30···0,43···0,64 | 0,32···0,46···0,67 | 390 |
| Douglasie | 0,34···0,52···0,82 | 0,47···0,54···0,61 | 297···448···645 |
| Lärche | 0,40···0,55···0,82 | 0,43···0,58···0,84 | 495 |
| *2. Laubhölzer* | | | |
| Buche | 0,58···0,67···0,78 | 0,53···0,71···0,90 | 540 |
| Eiche | 0,39···0,65···0,93 | 0,42···0,68···0,95 | 555 |
| Esche | 0,41···0,65···0,82 | 0,44···0,68···0,85 | 562 |
| Robinie | 0,53···0,72···0,91 | 0,54···0,76···0,95 | 518···638···758 |
| Pappel | 0,25···0,41···0,56 | 0,39···0,44···0,59 | 279···366···497 |

## 4.6.3.4 Verhalten gegenüber Feuchtigkeit

Bei der Holzbildung lagert sich zunächst *Wasser* in Zwischenräumen der Zellwände ab, bis die das Mizellargerüst verbindenden Fadenmoleküle straff gespannt sind und nicht mehr nachgeben. Diesen Zustand bezeichnet man als *Fasersättigung* ($\approx$ 30% Holzfeuchte) und die aufgenommene Feuchtigkeit als *gebundenes Wasser*. Bei weiterer Feuchtigkeitsaufnahme wird *freies Wasser* in Zellhohlräume eingelagert.

Nur Änderungen des Feuchtigkeitsgehaltes unterhalb der Fasersättigung bewirken Verformungen, als *Quellen* bei Feuchtigkeitsaufnahme und *Schwinden* bei Feuchtigkeitsabgabe bezeichnet (*Arbeiten* des Holzes).

Schwinden und Quellen ist verschieden je nach der Holzart, Feuchtigkeit und Festigkeit von Kern und Splint, dem Anteil von Früh- und Spätholz, dem Verlauf der Jahresringe und der Richtung der Formänderung (Bild 4.6-4 und 4.6-5). Die Quell- und Schwindmaße längs der Faser, radial, tangential zu den Jahresringen und im Volumen verhalten sich wie etwa 1:10:20:30. Es ist zweckmäßig, Bauholz vor dem Einbau auf jene mittlere Holzfeuchtigkeit zu bringen, der es später überwiegend ausgesetzt ist. Abhängig von der Lage im Bauwerk beträgt sie in gemäßigten Zonen $\approx$ 12%, in ariden Gebieten 5%, in tropischen Gebieten bis 20%.

Bei *Holzverbindungen* wirkt das Quellen wegen der Vergrößerung der Reibungskräfte günstiger als das Schwinden.

Bei behinderter Verformung entstehender *Quellungsdruck* ist bei wassergesättigter Luft wesentlich größer als in Wasser, bei Buche (bis 50 kp/cm$^2$) etwa doppelt so hoch wie bei Kiefernsplintholz und Eiche. Holzverbindungen, die abwechselnd mit Luft und Wasser in Berührung kommen, lockern sich sehr schnell, dagegen nicht bei feuchter Luft, großen Feuchtigkeitsschwankungen und starker Sonneneinstrahlung.

### 4.6.3 Technische und physikalische Eigenschaften

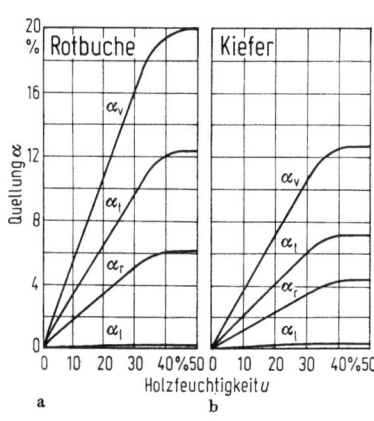
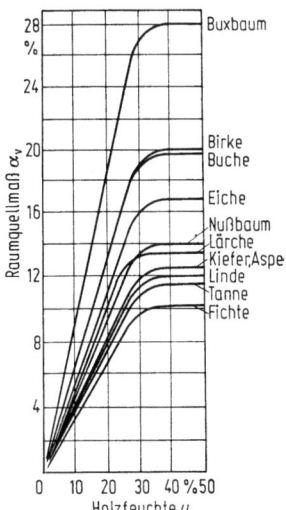

Bild 4.6-4. Quellungskurven a) für Rotbuchen-, b) für Kiefernholz (nach *Mörath* in [5]); $\alpha_v$ Quellung im Volumen; $\alpha_t$, $\alpha_r$ Quellung tangential bzw. radial zu den Jahresringen; $\alpha_l$ Quellung längs der Faser.

Bild 4.6-5. Quellungskurven für einige wichtige Holzarten (nach *Mörath* aus [9]).

#### 4.6.3.5 Verhalten gegenüber Wärme

[H 03]

*Längendehnkoeffizient* $\alpha$ ist gegenüber den anderen Baustoffen sehr klein und wird durch gleichzeitiges Schwinden übertroffen. Er beträgt in Faserlängsrichtung nur ein Bruchteil des Wertes quer zur Faserrichtung und ist bei einheimischen Hölzern in tangentialer Richtung $\alpha_t \approx 30 \cdot 10^{-6}/\text{K}$, in radialer Richtung $\alpha_r \approx 25 \cdot 10^{-6}/\text{K}$ und in Faserrichtung $\alpha_l \approx 4 \cdot 10^{-6}/\text{K}$. Bei verdichtetem Lagenholz liegen die Werte etwas höher. Von Bedeutung sind Verformungen bei Abkühlung unter 0°C, die zur Oberflächenrißbildung führen können.

*Wärmeleitfähigkeit* $\lambda$ hängt von der Rohdichte, der Holzfeuchtigkeit, der Temperatur und Richtung des Wärmestromes zur Faserrichtung ab. Längs zur Faserrichtung ist sie etwa doppelt so groß wie quer zur Faser. In Abhängigkeit von der Rohdichte $\varrho_{12}$ für 12% Holzfeuchtigkeit und mittlere Temperatur von 27°C kann sie errechnet werden nach

$$\lambda_\perp = 0{,}168 \cdot \varrho_{12} + 0{,}022; \quad \lambda_\parallel = 0{,}4 \cdot \varrho_{12} + 0{,}022.$$

#### 4.6.3.6 Festigkeit bei statischer Belastung

[H 03; H 20]

Durch den Zellenaufbau und die Anordnung der Zellen zu Röhrenbündeln ist die Holzfestigkeit je nach der Beanspruchungsrichtung verschieden. Sie hängt besonders ab von Holzfeuchtigkeit, Rohdichte, Spätholzanteil, Verhältnis Kern- zu Splintholz, Faserverlauf, Ästigkeit und Winkel zwischen Kraft- und Faserrichtung.

Mit zunehmender Holzfeuchtigkeit nehmen die Festigkeiten bis zum Fasersättigungspunkt ab und bleiben dann annähernd konstant (Bild 4.6-6). Alle Festigkeitsangaben werden daher auf eine Holzfeuchte von 12% bezogen.

Mit zunehmender Rohdichte steigt die statische Festigkeit geradlinig an, mit zunehmendem Spätholzanteil und abnehmender Jahresringbreite wird die Festigkeit größer. Ein Unterschied zwischen *Hart-* und *Weichholz* wirkt sich praktisch nur bei einer Beanspruchung quer zur Faser aus.

Ästigkeit und Wuchsunregelmäßigkeiten beeinflussen die Zugfestigkeit stärker als die Druckfestigkeit. Stärkere Ästigkeit mindert die *Zugfestigkeit* bis zu 90%, die *Druckfestigkeit* bis etwa 22%. Die *Biegefestigkeit* wird daher nur merklich verringert, wenn Äste in der Zugzone liegen.

Zunehmende Winkel zwischen Kraft- und Faserrichtung setzen die Festigkeiten, vor allem die Zugfestigkeit stark herab. Quer zur Faserrichtung beträgt die Zugfestigkeit weniger als 10% der Längszugfestigkeit, während die Biegefestigkeit um 25 bis 70%, die Druckfestigkeit um 25 bis 45% vermindert wird (Bild 4.6-7).

Die Dauerstandfestigkeit des Holzes ist gering und beträgt bei Vollholz und Lagenholz etwa 60% der Kurzzeitfestigkeit. Faserplatten verhalten sich hier besonders ungünstig.

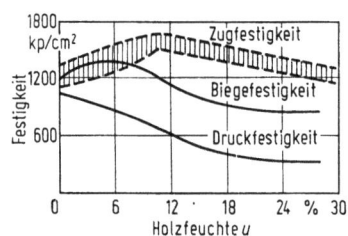

Bild 4.6-6. Abhängigkeit der Zug-, Druck- und Biegefestigkeit bei Rotbuche von der Holzfeuchtigkeit im hygroskopischen Bereich (nach *Kück* in [4]).

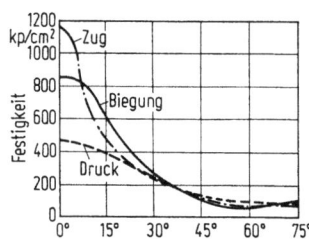

Bild 4.6-7. Abhängigkeit der Zug-, Druck- und Biegefestigkeit vom Winkel zwischen Faserverlauf und Kraftrichtung (nach *Baumann* und *Lang* in [4]).

### 4.6.3.7 Festigkeit bei dynamischer Belastung

Die dynamischen Festigkeiten werden von den gleichen Faktoren wie die statischen Festigkeiten beeinflußt. Das Verhältnis der Wechselfestigkeit zur statischen Festigkeit liegt zwischen 0,25 und 0,39. Eine Zunahme der Holzfeuchtigkeit von 1% bewirkt bei Holzfeuchten von 0% bis 25% eine durchschnittliche Abnahme der *Dauerschwingfestigkeit* von $\approx$ 4%. Bei reiner Wechselbeanspruchung sind Verfestigungserscheinungen zu beobachten.

### 4.6.3.8 Härte und Abnutzungswiderstand

Die *Holzhärte* wird von Rohdichte, Jahresringbreite, Schnittrichtung, Holzfeuchte und Spätholzanteil beeinflußt. In Faserrichtung ist sie fast doppelt so groß wie quer zur Faser. Steigende Holzfeuchte bis zum Fasersättigungspunkt vermindert die Hirnhärte auf etwa 20% bis 40%, weitere Feuchtigkeitszunahme hat nur noch geringen Einfluß.

Der *Abnutzungswiderstand*, stark beeinflußt von der Holzhärte, hängt von der Art der Beanspruchung und Belastung und von der Vorbehandlung ab. Er ist auf Hirnschnittflächen am größten, auf Tangentialschnittflächen am kleinsten. Bei großen Unterschieden im Jahresring erfolgt Herausschleifen des Frühholzes. Versiegelungsmittel ermöglichen starke Verbesserung.

### 4.6.3.9 Verformungsverhalten

**4.6.3.9.1 Elastizitätsmodul** unterliegt starken Streuungen. Er hängt ab von der Holzfeuchte, dem Winkel zwischen Faserverlauf und Beanspruchungsrichtung sowie dem Verhältnis von Spätholz zu Frühholz, da der Elastizitätsmodul des Spätholzes höher als der des Frühholzes ist. Zunehmende Rohdichte und Verkernung erhöhen den E-Modul, während er mit zunehmender Holzfeuchte bis $\approx$ 30% zunächst stärker und danach langsamer abnimmt.

**4.6.3.9.2 Spannungs-Dehnungs-Diagramm** unter Zugbeanspruchung zeigt keine eindeutig gekennzeichneten Bereiche und Punkte wie bei Stahl. Ein Proportionalitätsbereich fehlt, bereits bei niedrigen Spannungen treten bleibende Verformungen auf. Da diese jedoch gering sind, kann bei Spannungen unterhalb zul. $\sigma$ nach dem Hooke-Gesetz gerechnet werden. Oberhalb Dehnungen von $\approx 4\%$ nehmen Verformungen bis zum Bruch schnell zu.

**4.6.3.9.3 Fließgrenze.** Holz hat keine ausgeprägte *Fließgrenze*. Fließen tritt nur in beschränktem Maße auf, obwohl die Zellulose kristallines Gefüge besitzt. Einzelne Holzarten verhalten sich sehr unregelmäßig, sehr feuchtes Holz zeigt im Vergleich zu trockenem stärkere bleibende Verformungen.

**4.6.3.9.4 Kriechen** ist je nach Holzart bereits bei geringen Belastungen meßbar. Die Kriechverformungen steigen zu Beginn der Belastung stark an, um sich später asymptotisch einem Grenzwert zu nähern, der in Abhängigkeit von der Holzfeuchte nach etwa 1 bis 2 Monaten erreicht wird. Bis $\approx 50\%$ Holzfeuchte ist das Kriechen proportional der Spannung. Der Verlauf der Kriechkurve hängt von der Art der Belastung (Druck, Biegung, dynamische Beanspruchung) ab.

## 4.6.4 Holzfehler

### 4.6.4.1 Definition

Holzfehler sind Abweichungen von der Struktur, der Textur, der Farbe und den Eigenschaften des gesunden Holzes durch Einflüsse, die meist den Gebrauchswert mindern.

### 4.6.4.2 Fehler der Stammform

**4.6.4.2.1 Abholzigkeit:** die Abnahme des Stammdurchmessers in Richtung auf das Zopfende von mehr als 1 cm je m Stammlänge bewirkt hohen Abfall bei Einschnitt zu parallel besäumter Schnittware und geringere Festigkeit infolge angeschnittener Fasern.

**4.6.4.2.2 Exzentrischer Wuchs:** Wuchs der Stämme mit aus der Mitte des Stammquerschnittes verlagerter Markröhre und von der Kreisform abweichendem Stammquerschnitt. Qualitätsminderung entsteht durch ungleiches Arbeiten des Holzes infolge unterschiedlicher Jahresringbreiten und Früh- und Spätholzanteilen.

**4.6.4.2.3 Gabel- oder Zwieselwuchs:** Verzweigung des Hauptstammes in mehrere schwächere Stämme beeinträchtigt den Gebrauchswert stark, wenn er unterhalb 10 m Stammhöhe oder in Bodennähe auftritt (*Fäulnisbildung*).

**4.6.4.2.4 Hohlkehligkeit:** Tiefe Aussparungen infolge unzureichender Ernährung des Baumes, z. B. unter Astansätzen.

**4.6.4.2.5 Krummschäftigkeit:** Krümmung der Stabachse, die einschnürig genannt wird, wenn die Krümmung säbelförmig, und zweischnürig, wenn sie räumlich auftritt. Minderung für die Be- und Verarbeitung.

**4.6.4.2.6 Spannrückigkeit:** Abweichungen der Stammform durch Ein- und Ausbuchtungen vom Kreisquerschnitt, die durch grobwelligen Jahresringverlauf gekennzeichnet sind.

### 4.6.4.3 Fehler im anatomischen Aufbau

**4.6.4.3.1 Ästigkeit** gilt als Fehler, wenn die Äste nicht mit dem umgebenden Holz fest verwachsen sind. Sie stört den geraden Faserverlauf, erschwert die Bearbeitung und vermindert die Zug- und Biegefestigkeit. Je nach der Größe und Häufigkeit beeinflußt sie die Einteilung des Holzes in Güteklassen (DIN 4074).

**4.6.4.3.2 Drehwuchs:** Schraubenförmiger Verlauf der Fasern (*Spiralwuchs*) bedingt verminderte Festigkeit, ist schwer zu bearbeiten und neigt zum Werfen. Unterschieden wird rechtsgedrehtes (*widersonniges*) und linksgedrehtes (*sonniges*) Holz.

**4.6.4.3.3 Falschkern:** Anomale Verkernung, besonders bei Laubholz infolge physiologischer Vorgänge. Der *Rotkern* oder *Scheinkern* der Rotbuche läßt sich nicht tränken, beizen und dämpfen, ist aber besonders dauerhaft. *Graukern* bedeutet beginnende Zersetzung durch holzzerstörende Pilze, *brauner Kern* ist eine dunkel gefärbte, in der Stammmitte verlaufende Zone mit ungeminderten Eigenschaften.

**4.6.4.3.4 Harzgallen** sind durch Windeinwirkung mit Harz gefüllte Taschen innerhalb eines Jahresringes. Sie treten nur bei Nadelholz, nicht bei der Tanne, auf, mindern die Festigkeit und Qualität, da Harz auch am verarbeiteten Holz noch durch Farbanstriche herauslaufen kann.

**4.6.4.3.5 Maserwuchs** ist durch Wundreiz, schlafende Knospen oder Insektenstiche entstandener unregelmäßiger, verschlungener Verlauf der Holzfasern und Jahrringe. An den Entstehungsstellen bilden sich Maserkröpfe, Maserknollen oder Maserzapfen.

**4.6.4.3.6 Mondringe:** Durch Frosteinwirkung unterbleibt bei verschiedenen Kernholzbäumen für mehrere Jahre die Kernbildung, wodurch sichel- oder ringförmige, helle splintartige Streifen im Kernholzquerschnitt entstehen. Mondringiges Holz hat nur geringen Gebrauchswert.

**4.6.4.3.7 Ringschäle:** Trennung der Jahrringe durch Ring- oder Schälrisse infolge ungleichmäßiger Jahrringbreite und verschiedenem Schwinden der benachbarten Zonen. *Kernschäle:* Trennung der Jahrringe zwischen Kern und Splint.

**4.6.4.3.8 Rot- oder Druckholz** ist durch einseitige Druckwirkung entstandenes, meist dunkleres Reaktionsholz der Nadelbäume mit höherem Ligningehalt, größerer Längsschwindung, Härte, Dichte und Sprödigkeit als Normalholz.

**4.6.4.3.9 Wimmerwuchs** ist ungerichteter, meist wellenförmiger Verlauf der Fasern oder Jahrringe. Wegen geringerer Festigkeit für Bauholz wenig geeignet, für *Vertäfelungen* wegen lebhafter Textur geschätzt.

**4.6.4.3.10 Zugholz:** Bei Laubholz an der auf Zug beanspruchten Seite bei engem Jahrringabstand gebildetes helles Reaktionsholz (Weißholz). Bei maschineller Bearbeitung ergeben sich rauhe, faserige Oberflächen.

### 4.6.4.4 Fehler durch äußere Einwirkungen

**4.6.4.4.1 Blitzschaden:** Spiralige oder senkrechte Rindenablösung infolge Blitzschlag, die meist verbunden ist mit der Spaltung des Stammes.

**4.6.4.4.2 Frostrisse:** Längsrisse am stehenden Stamm infolge Spannungen bei starkem Frost, meist in späteren Jahren überwallt. Bei mehrmaligem Aufreißen einer Überwallung entstehen *Frostleisten*.

**4.6.4.4.3 Risse:** An der Holzoberfläche auftretend (*Luftrisse*) oder als *Markrisse* radial verlaufend infolge Schwinden bei trocknendem Holz.

**4.6.4.4.4 Rindenbrand:** (*Sonnenbrand*) Durch unmittelbare starke Sonnenbestrahlung bedingte Vertrocknung der Rinde, beginnend mit einer Verfärbung der Rindenoberhaut und späterem streifenweisen Absterben der Rinde bis zur Freilegung des Holzes.

**4.6.4.4.5 Wundholz:** Sondergewebe durch größere Verletzung des Baumes, wobei keine vollkommene Überwallung eintritt.

Alle Fehler durch äußere Einwirkungen begünstigen die Tätigkeit holzzerstörender Pilze und Insekten. Holzfehler durch tierische oder pflanzliche Schädlinge s. 4.6.6.

## 4.6.5 Holzwerkstoffe

### 4.6.5.1 Bauholz

**4.6.5.1.1 Einteilung von Bauholz.** Bauholz, für dessen Querschnittabmessung die Tragfähigkeit (*Ingenieurholzbau*) maßgebend ist, wird unterschieden in Bauschnittholz, Baurundholz und Bauholz für Zimmerarbeiten.

**4.6.5.1.2 Bauschnittholz.** Bauschnitthölzer sind Kanthölzer, Balken, Bretter, Bohlen und Latten zur Verwendung im *Ingenieurholzbau*. Für die Berechnung und Ausführung von Holzbauwerken gilt DIN 1052, für Holzbrücken DIN 1074. Für Kanthölzer, Balken und Latten gelten Abmessungen nach DIN 4070 (Nadelholz, Querschnittsmaße und statische Werte für Schnittholz), für Bretter und Bohlen nach DIN 4071 (Nadelholz, Bretter und Bohlen: Dicken). Die Gütebedingungen sind in DIN 4074 (Bauschnittholz — Nadelholz) festgelegt

Bauschnittholz wird eingeteilt

nach dem *Feuchtigkeitsgehalt*:

*trocken*: bei einem mittleren Feuchtigkeitsgehalt von höchstens 20%;
*halbtrocken*: bei einem mittleren Feuchtigkeitsgehalt von höchstens 30%, bei Querschnitten über 200 cm² von höchstens 35%;
*frisch*: ohne Begrenzung des Feuchtigkeitsgehaltes.

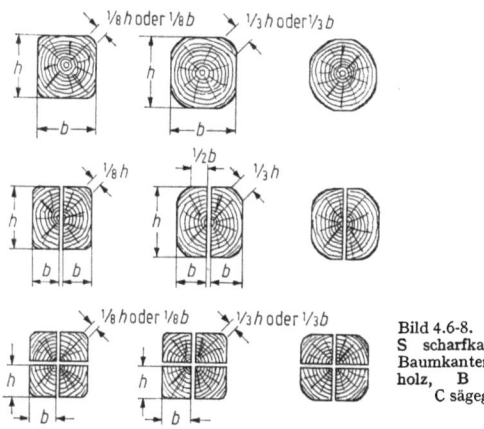

Bild 4.6-8. Holzschnittklasse [11]; S scharfkantiges Bauholz (keine Baumkanten), A vollkantiges Bauholz, B fehlkantiges Bauholz, C sägegestreiftes Bauholz.

nach den *Schnittklassen* (Bild 4.6-8):

S Scharfkantiges Bauschnittholz (Baumkanten nicht zulässig);
A Vollkantiges Bauschnittholz;
B Fehlkantiges Bauschnittholz;
C Sägegestreiftes Bauschnittholz.

nach den *Güteklassen*:

Güteklasse I: Bauschnittholz mit besonders hoher Tragfähigkeit;
Güteklasse II: Bauschnittholz mit gewöhnlicher Tragfähigkeit;
Güteklasse III: Bauschnittholz mit geringer Tragfähigkeit.

Für die Einstufung in Güteklassen wird die Beschaffenheit (Bläue, Risse, Insektenbefall, Fäule, Ringschäle, Mistelbefall, Schnittklasse, Maßhaltigkeit, Ästigkeit, Drehwuchs, Faserabweichung, Krümmung) zur Beurteilung herangezogen (Tabelle 4.6-2).

Tabelle 4.6-2. Bedingungen der Güteklasse I bis II für Bauschnittholz nach DIN 4074 (aus [11])

| Einteilung der Güteklassen | Güteklasse I besonders hohe Tragfähigkeit | Güteklasse II gewöhnliche Tragfähigkeit | Güteklasse III[1]) geringe Tragfähigkeit | Bemessungsbeispiele |
|---|---|---|---|---|
| **1. Allgemeine Beschaffenheit** | | | | |
| a) Hölzer ohne Schutzbehandlung (Verwendung nur unter Dach bzw. an Stellen, wo die Hölzer trocken bleiben)[2]) | zulässig: Bläue<br>unzulässig: Blitzrisse, Frostrisse, Insektenfraß (Bohrlöcher), Mistelbefall, Ringschäle, Rotfäule, braune und rote Streifen, Weißfäule | zulässig: Bläue, nagelfeste braune und rote Streifen[3])<br>unzulässig: Blitzrisse, Frostrisse, Insektenfraß (Bohrlöcher), Mistelbefall, Ringschäle, Rotfäule, Weißfäule | | |
| b) Hölzer mit Holzschutz gemäß DIN 68800 (Verwendung auch im Freien sowie in Räumen mit hoher Luftfeuchtigkeit)[2]) | zulässig: Bläue, nagelfeste braune und rote Streifen[3])<br>unzulässig: Blitzrisse, Frostrisse, Insektenbefall (Bohrlöcher), Mistelbefall, Ringschäle, Rotfäule, Weißfäule | zulässig: Bläue, Insektenfraß an der Oberfläche, nagelfeste braune und rote Streifen[3])<br>unzulässig: Blitzrisse, Frostrisse, Mistelbefall, Ringschäle, Rotfäule, Weißfäule | zulässig: Bläue, Blitzrisse[4]), Frostrisse[4]), Insektenfraß Mistelbefall, Ringschäle, nagelfeste braune und rote Streifen[3])<br>unzulässig: lebende Larven und Eier von Insekten im Holz, Rotfäule, Weißfäule | |
| **2. Schnittklasse** (Mindestforderungen) | Schnittklasse A | Schnittklasse B | Schnittklasse C | |
| **3. Maßhaltigkeit** | Abweichungen von den vorgesehenen Querschnittsmaßen nach unten sind im halbtrockenen Zustand bis zu 1,5% zulässig. Größere Einzelabweichungen sind | | | |
| | unzulässig | zulässig bis zu 3% bei 10% der Menge | | |
| **4. Feuchtigkeit** | Das Holz darf beim Einbau halbtrocken sein, aber nur dort, wo es bald auf den trockenen Zustand für dauernd zurückgehen kann. Für Sonderfälle (z. B. geleimte Bauteile, Wasserbauhölzer u. a.) gelten die Festlegungen in DIN 1052 und DIN 1074. | | | |
| **5. Mindestrohdichte** (Mindestraumgewicht) | Mindestrohdichte (Mindestraumgewicht bei 20% Feuchtigkeitsgehalt in kg/cm³)<br><br>Probekörper: astfrei / mit Ästen<br>Fichte und Tanne: 0,38 / 0,40<br>Kiefer und Lärche: 0,42 / 0,45 | — | — | |

## 4.6.5 Holzwerkstoffe

Tabelle 4.6-2 (Fortsetzung)

| Einteilung der Güteklassen | Güteklasse I besonders hohe Tragfähigkeit | Güteklasse II gewöhnliche Tragfähigkeit | Güteklasse III[1] geringe Tragfähigkeit | Bemessungsbeispiele |
|---|---|---|---|---|
| 6. *Jahrringbreite*[5] | Ringbreiten über 4 mm sind höchstens bei der Hälfte des Querschnitts zulässig | – | – | |
| 7. *Äste* 7.1 Einzeläste 7.11 Kantholz und Balken Durchmesser[6] des einzelnen Astes im Verhältnis zur Breite der Querschnittsseite, an der der Ast sitzt[7] | bis $1/5$, aber nicht über 50 mm | bis $1/3$, aber nicht über 70 mm | bis $1/2$ | Verhältniszahlen: $\dfrac{d_1}{b}$ bzw. $\dfrac{d_2}{h}$ |
| 7.12 Bretter, Bohlen, Latten Summe der senkrecht zur Brettlängsachse ermittelten Maße des einzelnen Astes an allen Schnittflächen, an denen der Ast auftritt, im Verhältnis zum doppelten Maß der Brettbreite[7][8] | bis $1/5$ | bis $1/3$ | bis $1/2$ | Schnitt $A$-$B$: Verhältniszahl: $\dfrac{a_4+a_5}{2b}$    Schnitt $C$-$D$: Verhältniszahl: $\dfrac{a_1+a_2+a_3}{2b}$ |
| 7.2 Astansammlung 7.21 Kantholz und Balken Summe der Astdurchmesser[6] auf 150 mm Länge auf jeder Fläche im Verhältnis zu ihrer Breite[7][9] | bis $2/5$ | bis $2/3$ | bis $3/4$ | Verhältniszahlen: $\dfrac{d_1+d_2}{b}$ bzw. $\dfrac{d_3+d_4+d_5}{h}$ |
| 7.22 Bretter, Bohlen, Latten Summe der senkrecht zur Brettlängsachse ermittelten Maße der auf 150 mm Länge vorhandenen Äste an allen Schnittflächen, an denen Äste auftreten, in Verhältnis zum doppelten Maß der Brettbreite[7][8][9] | bis $1/3$ | bis $1/2$ | bis $2/3$ | Schnitt $A$-$B$, $C$-$D$ und $E$-$F$ in einem Schnittbild Verhältniszahl: $\dfrac{a_1+a_2+a_3+a_4+a_5+a_6+a_7}{2b}$ |

Tabelle 4.6-2 (Fortsetzung)

| Einteilung der Güteklassen | Güteklasse I besonders hohe Tragfähigkeit | Güteklasse II gewöhnliche Tragfähigkeit | Güteklasse III[1]) geringe Tragfähigkeit | Bemessungsbeispiele |
|---|---|---|---|---|
| 8. *Drehwuchs* (gemessen nach den Schwindrissen)[9])[10]) | Abweichung *a* der Fasern auf 1 m Länge | | | Schwindrisse |
| | 100 mm | 200 mm | 330 mm | |
| 9. *Faserabweichung* beim Fehlen von Schwindrissen (gemessen an den angeschnittenen Jahrringen)[9])[10])[11]) | Abweichung *a* der Jahrringe auf 1 m Länge | | | |
| | 70 mm | 120 mm | 200 mm | |
| 10. *Krümmung* Zulässige Pfeilhöhe a) auf 2 m Meßlänge an der Stelle der größten Krümmung | 5 mm | 8 mm | 15 mm | Pfeilhöhe |
| b) bezogen auf die Gesamtlänge *l*, aber nur bei Hölzern für Druckglieder | $1/400$ | $1/250$ | — | Pfeilhöhe |

[1]) Für Zugglieder nicht zulässig.
[2]) vgl. hierzu DIN 52175 „Holzschutz; Grundlagen, Begriffe" sowie DIN 68800 „Holzschutz im Hochbau".
[3]) In der Breite nicht größer als die für die betreffende Güteklasse zulässigen Einzeläste.
[4]) Querschnittsminderung durch nicht mehr nagelfeste Teile darf nicht größer sein als diejenige durch die für diese Güteklasse zugelassenen Äste.
[5]) Bestimmung der Jahrringbreite nach DIN 52181 „Prüfung von Holz; Bestimmung der Wuchseigenschaften".
[6]) Ermittlung der Durchmesser nach DIN 52181. Maßgebend ist hier stets der kleinste sichtbare Durchmesser der Äste.
[7]) Beim Abbund ist zu beachten, daß für Äste im Bereich von Verschwächungen die Breite, abzüglich der Verschwächungen, maßgebend ist.
[8]) Bei Ästen, die von einer Schmalseite zur anderen Schmalseite durchlaufen, ohne an einer Breitseite in Erscheinung zu treten, wird auf das doppelte Maß der Brettdicke bezogen.
[9]) Jeweils an der ungünstigsten Stelle gemessen.
[10]) Drehwuchs ist nach den Schwindrissen oder mit Hilfe eines geeigneten Ritzgerätes zu messen, s. DIN 52181.
[11]) Am Stockende kann auf die Messung nach [6]) verzichtet werden, wenn es sich um einen regelmäßig gewachsenen Stockansatz handelt, da der Faserverlauf am Stockende aus den angeschnittenen Jahrringen meist nicht unmittelbar gemessen werden kann.

**4.6.5.1.3 Baurundhölzer** sind abgelängte entrindete Rundhölzer, entweder nicht geschnitten und nicht behauen oder ein- oder zweiseitig geschnitten oder behauen, die beim Ingenieurholzbau verwendet werden.
Baurundholz wird wie Bauschnittholz eingeteilt nach dem Feuchtigkeitsgehalt und der Güteklasse. Für die Einstufung in Güteklassen werden berücksichtigt die Beschaffenheit (Bläue, Blitz- und Frostrisse, Insektenfraß, Ringschäle, Rot- und Weißfäule, braune und rote Streifen, Ästigkeit, Krümmung). Im eingebauten Zustand müssen Baurundhölzer von Rinde und Bast befreit sein (Tabelle 4.6-3).

**4.6.5.1.4 Bauholz für Zimmerarbeiten** für Holzbauten *ohne statische Berechnung* wird eingeteilt in Bauschnittholz (Kantholz, Balken, Bohlen, Bretter, Rauspund, Latten, Leisten) und Baurundholz. Die Gütebedingungen enthält DIN 68365.

### 4.6.5 Holzwerkstoffe

Tabelle 4.6-3. Bedingungen der Güteklassen I bis III für Baurundholz nach DIN 4074 (aus [11])

| Einteilung der Güteklassen | Güteklasse I[1]) besonders hohe Tragfähigkeit | Güteklasse II[1]) gewöhnliche Tragfähigkeit | Güteklasse III[1]) geringe Tragfähigkeit | Bemessungsbeispiele |
|---|---|---|---|---|
| *1…4* entspr. Tabelle 4.6-2 | | | | |
| *5. Äste* | | | | |
| 5.1 Einzeläste Durchmesser des einzelnen Astes im Verhältnis zum Durchmesser des Rundholzes | bis $1/4$ | bis $1/4$ | bis $2/5$ | Verhältniszahl: $\frac{a}{d}$ |
| 5.2 Astansammlung Summe der Astdurchmesser auf einer Fläche von 150 mm Länge und der Breite entsprechend einem Viertel des Umfanges im Verhältnis zum Durchmesser des Rundholzes[2]) | bis $1/3$ | bis $1/2$ | bis $3/5$ | Verhältniszahl: $\frac{a_1+a_2+a_3}{d}$ |
| *6. Krümmung* Zulässige Pfeilhöhe a) auf 2 m Meßlänge an der Stelle der größten Krümmung | 10 mm | 15 mm | 20 mm | Pfeilhöhe $\vdash\!\!-2m-\!\!\dashv$ |
| b) bezogen auf die Gesamtlänge $l$ bei Hölzern für Biegeglieder | $1/200$ | $1/100$ | — | Pfeilhöhe |
| Druckglieder | $1/300$ | $1/200$ | — | |

[1]) Die für Zug- und Biegestäbe geltenden zulässigen Beanspruchungen werden in DIN 1052 nachgetragen.
[2]) jeweils an der ungünstigsten Stelle gemessen; $u$ Umfang

**4.6.5.1.5 Verwendete Holzarten.** Von den einheimischen Holzarten werden im Bauwesen vorwiegend die Nadelhölzer Kiefer, Fichte, Tanne und Lärche und die Laubhölzer Eiche, Buche und Erle verwendet. Eigenschaften in Tabelle 4.6-4.

Tabelle 4.6-4. Eigenschaften verschiedener Holzarten nach [7]

| Eigenschaft | | | Rotbuche | Eiche | Fichte | Tanne | Kiefer | Lärche | Pappel | Erle |
|---|---|---|---|---|---|---|---|---|---|---|
| Rohdichte | $\varrho_0$[1]) | kg/dm³ | 0,68 | 0,65 | 0,43 | 0,41 | 0,49 | 0,55 | 0,41 | 0,49 |
| | $\varrho_{12}$[2]) | kg/dm³ | 0,72 | 0,69 | 0,47 | 0,45 | 0,52 | 0,59 | 0,45 | 0,53 |
| Schwind- bzw. Quellmaß | längs | % | 0,3 | 0,4 | 0,3 | 0,4 | 0,4 | 0,3 | 0,3 | 0,5 |
| | radial | % | 5,8 | 4,0 | 3,6 | 2,8 | 4,0 | 3,3 | 5,2 | 4,4 |
| | tangential | % | 11,8 | 7,8 | 7,8 | 6,6 | 7,7 | 7,8 | 8,3 | 7,3 |
| Wärmeleitfähigkeit[2]) | $\perp$[3]) | kcal/m h K | | 0,15 | 0,08 | | 0,12 | | 0,15 | |
| Elastizitätsmodul aus Biegeversuch | $\perp$[3]) | kp/cm² | $16 \cdot 10^5$ | $12 \cdot 10^5$ | $11 \cdot 10^5$ | $8,6 \cdot 10^5$ | $12 \cdot 10^5$ | $13,8 \cdot 10^5$ | $8,8 \cdot 10^5$ | $7,7 \cdot 10^5$ |
| Zugfestigkeit | $\parallel$ | kp/cm² | 1350 | 900 | 900 | 700 | 1040 | 1070 | 770 | |
| | $\perp$ | kp/cm² | 70 | 40 | 27 | 13 | 30 | 23 | | 20 |
| Druckfestigkeit | $\parallel$ | kp/cm² | 620 | 630 | 500 | 320 | 550 | 550 | 350 | 470 |
| | $\perp$ | kp/cm² | 95 | 110 | 58 | 27 | 77 | 75 | | 65 |
| Biegefestigkeit | $\parallel$ | kp/cm² | 1230 | 1000 | 780 | 530 | 1000 | 990 | 650 | 850 |
| Bruchschlagarbeit | | kp m/cm² | 1,0 | 0,60 | 0,46 | 0,28 | 0,40 | 0,60 | 0,50 | 0,50 |
| Scherfestigkeit | $\parallel$ | kp/cm² | 80 | 110 | 67 | 50 | 100 | 90 | 50 | 45 |
| Härte (Brinell) | $\parallel$ | kp/mm² | 7,2 | 6,6 | 3,2 | 3,0 | 4,0 | 5,3 | 2,4 | 3,8 |
| | $\perp$ | | 3,4 | 3,4 | 1,2 | | 1,9 | 1,9 | | 1,7 |

[1]) Darrzustand. — [2]) Bei Holzfeuchte $u = 12\%$. — [3]) $\perp$ senkrecht, $\parallel$ parallel zur Faser.

## 4.6.5.2 Weiterverarbeitetes Holz

**4.6.5.2.1 Zweck und Möglichkeiten des Vergütens.** Durch Weiterverarbeiten (*Vergüten*) können Nachteile des Holzes verbessert bzw. aufgehoben werden: Festigkeit und Formänderungen können von Belastungsrichtung und Feuchtigkeit unabhängig werden. Außerdem kann *Abfallholz* (Wurzeln, Äste, Rinde, fehlerhaftes Holz) verwendet werden.

*Möglichkeiten* des Vergütens: *Bearbeitung des Vollholzes* durch Pressen, Dämpfen und chemische Behandlung; *Aufteilen des Holzes* in Lamellen, Furniere und Wiedervereinigung durch Verleimen unter Druck; *Zerkleinern* in Holzwolle, Holzspäne, Holzfasern und Neubindung durch Bindemittel; *Chemischer Aufschluß* bis zur völligen Holzfaserzerstörung und Pressen unter Druck mit oder ohne Bindemittel.

**4.6.5.2.2 Vergütetes Vollholz.** Vergütete Vollhölzer sind aus Vollholz hergestellte Holzwerkstoffe, deren Eigenschaften durch besondere Behandlung je nach Verwendungszweck verändert worden sind.

*4.6.5.2.2.1 Preßvollholz* (PVH). Durch ein-, zwei - oder mehrseitigen Druck (Schlagen, Walzen, Pressen) wird Vollholz (vorzugsweise zerstreutporige Laubhölzer) verdichtet, wodurch die Zellen fast geschlossen und bis zur Unkenntlichkeit verändert werden. Die erreichte Rohdichte ist abhängig vom Verdichtungsgrad, die Zugfestigkeit wird etwa verdoppelt, Druck- und Biegefestigkeit auf das Zwei- bis Vierfache gesteigert, Anisotropie und Hygroskopizität werden gering. *Verwendung:* verschleißfeste Geräte und Isolierstücke.

*4.6.5.2.2.2 Formvollholz* (FVH; Biegeholz) ist durch Dämpfen im Vakuum erweichtes und anschließend parallel zur Faserrichtung gestauchtes Laubholz, das sich dann im kalten Zustand gut biegen läßt. Bleibende Nachgiebigkeit rührt von der vom Stauchen hervorgerufenen Lockerung des Faserverbandes her. Nach der Formgebung muß FVH getrocknet und zum Vermeiden von Verformungen vor Feuchtigkeitsaufnahme geschützt werden. *Verwendung:* geschweifte Teile im Möbel-, Karosserie- und Flugzeugbau.

*4.6.5.2.2.3 Tränkvollholz* (TVH) entsteht durch Tränken von Vollholz mit Schutzmitteln, Kunststoffen, Paraffin, Wachs, Harzen, Ölen (*Ölholz* als Lagerwerkstoffe) oder flüssigen Metallen mit niedriger Schmelztemperatur (*Metallholz* als Lagerwerkstoff). Je nach verwendetem Tränkmittel ist die Vergütung der Eigenschaften unterschiedlich. Der Zweck der Tränkung kann sein:

a) *Schutz* gegen tierische Schädlinge, Pilze und Feuer (s. 4.6.6);
b) *Verbesserung der physikalischen Eigenschaften* wie Dichte, Festigkeit und Härte, hygroskopisches Verhalten und Formbeständigkeit.

*Verwendung:* In der Elektro- und chemischen Industrie.

**4.6.5.2.3 Lagenholz.** Lagenholz — ein Sammelbegriff für aus Furnierlagen aufgebaute, meist plattenförmige Werkstoffe — hat bessere physikalische und mechanische Eigenschaften als Vollholz, ist homogener und bei entsprechender Schichtungsart weniger anisotrop. Durch Auswahl geeigneter Furniere für stark beanspruchte Zonen werden ein dem Verwendungszweck angepaßter Aufbau erreicht und Quell- und Schwindmaße wesentlich verringert.

Lagenholz besteht aus aufeinandergeklebten Furnieren, die seltener gesägt (*Sägefurniere*), sonst geschnitten (*Messerfurniere*) oder durch Drehung des Stammes geschält (*Schälfurniere*) werden. Billigere Schälfurniere können in beliebiger Breite bis zu mehreren mm Dicke hergestellt werden. Für *Blindfurniere*, unter dem Deckfurnier zur Vermeidung von Rissen im Deckfurnier quer oder diagonal angeordnet, werden vorzugsweise billigere tropische Hölzer verwendet, für *Deckfurniere* alle Arten von Hölzern. Die Verbindung der einzelnen Lagen erfolgt meist durch wasserfeste Kunstharzleime.

*4.6.5.2.3.1 Sperrholz* (SP). Unter Sperrholz werden alle Platten aus mindestens *drei* aufeinander geleimten Holzlagen verstanden, deren Faserrichtungen gegeneinander *versetzt* sind, wodurch ein Ausgleich der Anisotropie angestrebt wird. Die Einzellagen haben

### 4.6.5 Holzwerkstoffe

häufig verschiedene Dicken, jedoch ist der Aufbau immer symmetrisch zur Mittellage. Verwerfen infolge Schwinden und Quellen parallel und quer zur Faserrichtung wird vermieden, während Verformungen in Dickenrichtung nicht behindert sind. Der *Elastizitätsmodul* ist gegenüber dem Vollholz nach den verschiedenen Richtungen gleichmäßiger und durch die Verleimung größer. Die *Zugfestigkeit* ist längs und quer zur Faser größer; Zugbeanspruchungen in Dickenrichtung sollten vermieden werden. Die *Scherfestigkeit* ist größer und nimmt mit der Anzahl der Lagen zu. Die *Verschleißfestigkeit* ist durch den Anteil an Kern- und Splintholz bestimmt. Wegen der Gefahr von Verwerfungen sollten beidseitig Oberflächenbehandlungen aufgebracht werden. Nach DIN 4076 Bl. 1 (Entw. Okt. 68) werden unterschieden:

*Furnierplatten* (FU) sind Platten aus Sperrholz, bei dem alle Lagen aus Furnieren bestehen und parallel zur Plattenebene *kreuzweise* mit härtbaren Kunstharzleimen mit meist ungerader Lagenzahl aufeinandergeleimt sind. Bei gerader Anzahl der Furniere werden die beiden innersten Lagen faserparallel angeordnet. Furnierplatten werden meistens zwischen 0,3 und 15 mm Dicke hergestellt. Bei mehr als fünf Furnieren und Furnierdicken < 5 mm spricht man von *Vielschichtsperrholz* (FUV). *Verwendung:* Im Möbelbau, für Türen, Verkleidungen, Schalttafeln u. a.

*Bau-Furnierplatten* (BFU): Bau-Furnierplatten werden nach DIN 69705, Bl. 3, für die Verwendung bei Holzhäusern in Tafelbauart und Leichtdächern hergestellt. Die Deck- und Unterfurniere dieser Platten sollen aus Hölzern guter Witterungsbeständigkeit bestehen, während für die höchstens 3,7 mm dicken Mittellagen fast alle Holzarten verwendet werden dürfen. Die Platten müssen hinsichtlich der Furnierdicken und Holzarten symmetrisch zur Mittelebene aufgebaut sein und je nach Plattendicke von 8 bis 29 mm drei bis neun Furnierlagen aufweisen. Eigenschaften in Tabelle 4.6-5.

Unabhängig von der Verleimungsart muß durch konstruktive Maßnahmen für den erforderlichen *Feuchtigkeitsschutz* gesorgt werden, bei Verwendung von Holzschutzmitteln ist auf deren Verträglichkeit mit den Bindemitteln zu achten.

Tabelle 4.6-5. Eigenschaften von Bau-Furnierplatten

| | | |
|---|---|---|
| Rohdichte $\varrho_{12}$ (bei Holzfeuchtigkeit $u = 12\%$) | kg/m³ | 500···800 |
| Biege-Elastizitätsmodul | | |
| längs zur Deckfaser | kp/cm² | 70000···120000 |
| quer zur Deckfaser (3 Lagen) | kp/cm² | 7000···12000 |
| (5 Lagen) | kp/cm² | 30000···70000 |
| Schubmodul | kp/cm² | 5000···6000 |
| Längen- bzw. Breitenquellung je % | | |
| Holzfeuchtigkeitsänderung | % | 0,01···0,02 |
| Wärmeleitfähigkeit | kcal/m h K | 0,12 |
| Dampfdiffusions-Widerstandsfaktor | — | 300···700 |

*Sternholz* (SN) ist eine Furnierplatte aus mindestens fünf so verleimten Lagen von Furnieren, daß die Faserrichtung aufeinanderliegender Furniere sich unter Winkeln von 45° oder kleiner *kreuzen*. Der Aufbau ist symmetrisch zur Mittellage, Außenfurniere haben gleiche Faserrichtung, und die Anzahl der Lagen ist meist ungerade. Dadurch erreicht man einen Ausgleich der Anisotropie, der mit abnehmendem Faserwinkel zunimmt. Die Festigkeiten sind in allen Richtungen nahezu gleich.

*Verdichtetes Lagenholz* entsteht bei Anwendung hoher Verleimdrücke (25···200 kp/cm²), wodurch die Einzelfurniere verdichtet, die Zellhohlräume eingedrückt werden und die Beständigkeit gegen Feuchtigkeitseinflüsse verbessert wird. Bei zusätzlicher Tränkung der Furniere mit flüssigem Kunstharz und einer Steigerung des Kunstharzgehaltes auf $> 8\%$ entsteht *Kunstharzpreßholz* (KP), und zwar

Klasse A bei *Preßschichtholz*,
Klasse B bei *Preßsperrholz*,
Klasse C bei *Preßsternholz*.

Die Rohdichten liegen zwischen 1,1 und 1,4 kg/dm³.

*Tischlerplatten* (TI) nennt man Sperrholz aus mindestens zwei *Deckfurnieren* und einer Mittellage aus nebeneinanderliegenden *Holzleisten*. Die Faserrichtung der Mittellage verläuft bei drei Lagen quer, bei fünf Lagen parallel zu den aufgeleimten Deckfurnieren. Alle Lagen sind *kreuzweise* aufeinandergeleimt. Tischlerplatten aus fünf Lagen werden vornehmlich bei höheren Ansprüchen an die Oberflächenbeschaffenheit und Dimensionsstabilität eingesetzt.

Nach der Art der *Mittellage* werden unterschieden: *Stäbchen-Mittellage* (STAE): Plattenförmig aneinandergeleimte Holzstäbchen aus Rundschälfurnieren bis 1 mm Dicke, die hochkant zur Plattenebene stehen; *Stab-Mittellage* (ST): Plattenförmig aneinandergeleimte Holzleisten, die meist $\approx$ 24 mm, höchstens 30 mm breit sind; *Streifen-Mittellage* (SR): Plattenförmig dicht nebeneinanderliegende, nicht miteinander verleimte Holzleisten, die meist $\approx$ 24 mm, höchstens 30 mm breit sind.

*Gütebedingungen* für Sperrholz in DIN 68705, Bl. 2. Weiter werden *Verbundplatten mit Hohlraummittellagen* (HO) hergestellt mit festen Deckschichten aus Holz, Faserplatten und Metallen und Innenschichten aus leichten, meist holzartigen Stützstoffen (Faserplatten, Spanplatten) zur Erhöhung der Beulsteifigkeit.

*4.6.5.2.3.2 Schichtholz* (SCH) besteht aus *Furnieren gleicher Dicke*, vorwiegend *faserparallel* geschichtet. Bei Einschub von querverlaufenden Furnieren in jeder 5. oder 10. Lage: *Kreuzschichtholz*. Seine Eigenschaften hängen ab von der Furnierdicke, der Holzart (meist Rotbuchenschälfurniere) und der Art des Klebers (meist wasserfeste Kunstharzleime). Im Vergleich zum Vollholz ist es homogener und hat längs- und quer zur Faserrichtung bessere Festigkeitseigenschaften. Die Richtungsabhängigkeit der Eigenschaften bleibt jedoch erhalten. *Verwendung:* Im Maschinen-, Modell- und Karosseriebau.

**4.6.5.2.4 Holzfaserwerkstoffe** werden durch Auflösen von Holzabfällen (chemische Behandlung, Kochen, Dämpfen) bis zur Faser gewonnen, dann mit eigenen Bindemitteln (Wachs, Harz) oder mit Kunstharzbindern verpreßt und unter Erwärmung und Druck nachgehärtet. Zweck der Herstellung ist die Eliminierung von Fehlern und Nachteilen des natürlichen Verbandes und Holzverwertung.

*4.6.5.2.4.1 Holzfaserplatten* (HF). Nach DIN 68750 werden aus verholzten Fasern mit oder ohne Füllstoffe und mit oder ohne Bindemittel hergestellt:
*Poröse Holzfaserplatten* (HFD; *Isolier-* oder *Dämmplatten*) mit Rohdichten von 230 bis 400 kg/m³;
*Harte Holzfaserplatten* (HFH) mit Rohdichten von $\approx$ 850 kg/m³. Durch besondere Wärme- bzw. Ölbehandlung nach dem Pressen wird höhere Festigkeit und verringertes Quellmaß erreicht. Ölgehärtete Platten sind schwerer als normale Hartplatten.
*Bitumen-Holzfaserplatten* (BPH) nach DIN 68752 mit einer Rohdichte von 230 bis 400 kg/m³ sind poröse Platten aus verholzten Fasern unter Zusatz eines Bitumengehaltes von 10 bis 15% (normal, BPH 1) oder über 15% (extra, BPH 2) hergestellt. Eigenschaften von Holzfaserplatten enthält Tabelle 4.6-6.
*Kunststoffbeschichtete dekorative Holzfaserplatten* (KH) nach DIN 68751 sind harte Holzfaserplatten nach DIN 68750, ein- oder beidseitig beschichtet mit Trägerbahnen, die mit Kondensationsharzen imprägniert und unter Wärmeeinwirkung aufgepreßt sind.

Tabelle 4.6-6. Eigenschaften von Holzfaserplatten (nach [7])

| Eigenschaft | | Isolierplatten | Hartplatten | Ölgehärtete Hartplatten | Bitumen-Holzfaserplatten |
|---|---|---|---|---|---|
| Dicke | mm | 5 ··· 24 | 3 ··· 10 | — | — |
| Rohdichte | kg/dm³ | 0,23 ··· 0,40 | 0,85 ··· 1,05 | 1,06 ··· 1,20 | 0,23 ··· 0,40 |
| Biegefestigkeit | kp/cm² | 15 ··· 20 | > 400 | > 950 | 15 ··· 20 |
| Elastizitätsmodul | kp/cm² | 1700 ··· 8800 | $28 ··· 36 \cdot 10^3$ | $56 ··· 70 \cdot 10^3$ | — |
| Wasseraufnahme | % | < 30 | < 30 | < 18 | 20 ··· 25 |
| Dickenquellung | % | < 8 | < 18 | < 15 | < 7 |

### 4.6.5.2.5 Holzspanwerkstoffe

*4.6.5.2.5.1 Holzwolleplatten* bestehen aus Holzwolle und mineralischen Bindemitteln (Magnesit, Zement, Gips, seltener Wasserglas). Bei Magnesitbindung bleibt Holzwolle zäh, während sie bei Gips- und Zementbindung versprödet und trotz Mineralisierung keine Pilzresistenz hat. Aus minderwertigem Faserholz, Schwarten und anderem dicken Abfallholz wird Holzwolle mit mindestens 80 mm Spanlänge, 5 bis 6 mm Breite und 0,2 bis 0,3 mm Dicke gehobelt. Zur Erhöhung der Haftfähigkeit des Bindemittels an den Spänen werden diese in Kalkmilch oder Chlorcalcium vorbehandelt. Die Gütebedingungen nach DIN 1101 enthält Tabelle 4.6-7.

Tabelle 4.6-7. Eigenschaften von Holzwolle-Platten (nach [7])

| Dicke | Breite | Länge | Plattengewicht Mittelwert | | Rohdichte Mittelwert | | Biegefestigkeit | Zusammendrückbarkeit | Wärmeleitfähigkeit |
|---|---|---|---|---|---|---|---|---|---|
| mm | mm | mm | kg/m² | | kg/m³ | | kp/cm² | % | kcal |
| | | | einschichtig | mehrschichtig | einschichtig | mehrschichtig | | | $\overline{\text{m h K}}$ |
| 15 | | | 8,5 | — | 570 | — | 17 | — | |
| 25 | | | 11,5 | — | 460 | — | 10 | 15 | |
| 35 | 500 | 2000 | 14,5 | — | 415 | — | 7 | 18 | $\leq 0{,}08$ |
| 50 | | | 19,5 | — | 390 | — | 5 | 20 | |
| 75 | | | 28 | 36 | 375 | 480 | 4 | 20 | |
| 100 | | | 36 | 44 | 360 | 440 | 4 | 20 | |

*4.6.5.2.5.2 Holzspanplatten* werden aus Holzspänen und Kunstharzbindemitteln heiß gepreßt. Die Eigenschaften ergeben sich durch das Spanmaterial, die Lage der Späne in der Platte, die Verleimung und das Herstellverfahren.

Holzspanplatten nach DIN 68761, Bl. 1, werden hergestellt bis 25 mm Dicke und Rohdichten > 450 bis 750 kg/m³ als *Flachpreßplatten* (FP; Holzspäne vorzugsweise parallel zur Plattenebene) und *Strangpreßplatten* (SPP; Holzspäne vorzugsweise senkrecht zur Plattenebene).

Hinsichtlich der Querschnittsstruktur werden bei *Flachpreßplatten* unterschieden: Einschichtplatten, Zweischichtplatten (zwei Schichten unterschiedlicher Struktur), Dreischichtplatten (Mittelschicht und zwei Deckschichten), Vielschichtplatten und Platten mit allmählichem Übergang von dünneren Spänen an der Oberfläche zu dickeren Spänen in der Plattenmitte. Hinsichtlich der Oberflächenbeschaffenheit werden sie ungeschliffen, geschliffen, furniert und beschichtet hergestellt.

Die *Biegefestigkeit* ist in allen Richtungen der Plattenebene gleich, steigt nach dem Furnieren parallel zur Faserrichtung des Deckfurniers an, kann jedoch senkrecht dazu abfallen. Bei unfurnierten Strangpreßplatten ist die Biegefestigkeit in Herstellrichtung geringer als quer zu dieser. Die *Querzugfestigkeit* der Strangpreßplatte ist größer als die der Flachpreßplatte. Strangpreßplatten haben eine geringere *Dickenquellung*, aber größere *Längenquellung* als Flachpreßplatten. Nach Vereinbarung können Holzspanplatten gegen Pilz- und Insektenbefall sowie Feuer vorbeugend geschützt werden. *Verwendung:* Für Möbel-, Geräte- und Behälterbau sowie Innenausbau.

*Leichte Holzspanplatten* nach DIN 68761, Bl. 2 (Rohdichte bis 450 kg/m³), werden hergestellt als Flachpreßplatten (LFP) oder als beidseitig furnierte, beklebte oder/und beschichtete, mit Hohlräumen versehene Strangpreßplatten. *Verwendung:* Für Wand- und Deckenverkleidung, Wärme- und Schallschutz.

Für Holzspanplatten nach DIN 68761, Bl. 3, hergestellt aus verleimten Holzspänen, Flachs- oder Hanfschäben oder Mischungen dieser Materialien für Anwendung im Bauwesen (s. Ergänzungen zu DIN 1052, z. B. Holzhäuser in Tafelbauart) werden drei nach der Beständigkeit abgestufte Verleimungen mit *Kunstharzen* vorgeschrieben: Verleimung V 100 mit Phenolharz oder Phenol-Resorcinharz ist beständig gegen hohe Luftfeuchtigkeit und begrenzt wetterbeständig; Verleimung V 20 mit Harnstoffharz ist beständig bei niedriger Luftfeuchtigkeit, aber nicht wetterbeständig. Auch gibt es Verleimungen V 70 mit melaminverstärktem Harnstoffharz.

Die *Biegefestigkeit* hängt von Verfahrenstechnik, Holzart, Form der Späne, Kunstharzgehalt, Rohdichte und Plattendicke ab. Die Beurteilung der *Verleimung* erfolgt aus der Querzugfestigkeit und der Dickenquellung. Eigenschaften von Holzspanplatten enthält Tabelle 4.6-8.

Tabelle 4.6-8. Eigenschaften von Holzspan-Platten (nach [7])

| Eigenschaft | | flachgepreßt leicht | mittel | schwer | DIN 68 761 Bl. 3 |
|---|---|---|---|---|---|
| Rohdichte | kg/dm³ | 0,30 | 0,4···0,8 | 0,80···1,05 | 0,35···0,75 |
| Biegefestigkeit | kp/cm² | 50 | 100···400 | 200···600 | 70···200 |
| Zugfestigkeit ∥ | kp/cm² | — | 30···300 | 120···390 | — |
| Zugfestigkeit ⊥ | kp/cm² | — | 3···20 | 20···30 | 0,7···1,5¹) |
| Druckfestigkeit | kp/cm² | — | 100···200 | 240···290 | — |
| Dickenquellung | % | — | 5···15 | 9···37 | 12···15¹) |
| Wärmeleitfähigkeit | $\frac{\text{kcal}}{\text{m h K}}$ | 0,045 | 0,05···0,12 | — | 0,075···0,12 |

¹) nach Wasserlagerung

## 4.6.6 Holzschutz

### 4.6.6.1 Definition

Unter Holzschutz versteht man Maßnahmen, die zur Erhaltung der Güteeigenschaften des Holzes dienen, indem sie dessen Wertminderung oder Zerstörung verhüten.

### 4.6.6.2 Holzschädigende Einflüsse

Als organische Substanz kann Holz durch pilzliche und tierische Organismen sowie durch Feuer geschädigt und zerstört werden. Nach DIN 52175 (Holzschutz, Grundlagen und Begriffe) werden nach *Gefährdungen* unterschieden:

Holzverfärbungen durch Pilze,
Holzzerstörung durch Pilze,
Holzzerstörung durch Tiere,
Holzzerstörung durch Feuer.

Je nach dem Ausmaß der Schädigung werden *Gefahrenstufen* unterschieden: keine, geringe, mäßige und starke Gefährdung. Nach der räumlichen Ausdehnung wird von Gefährdung im ganzen oder Gefährdung an begrenzten Gefahrenstellen gesprochen, an denen die Schädigung stärker wie als im benachbarten Holz und von deren Erhaltung die Brauchbarkeit des ganzen Holzteiles oder des Bauwerkes abhängt.
Holzschädlinge befallen entweder den stehenden Stamm (*Stammfäuleerreger*), das lagernde (*Lagerfäuleerreger*) oder das verarbeitete bzw. verbaute Holz (*Hausfäuleerreger*).

**4.6.6.2.1 Holzverfärbende Pilze** zerstören die Zellwände des Holzes nicht oder nur in geringem Umfang. Sie ernähren sich von den Zellinhaltsstoffen (Zucker, Eiweiß, Stärke). Die hervorgerufenen Festigkeitsminderungen sind geringfügig, und das Holz bleibt für Bauzwecke geeignet. Durch gefärbte Hyphen oder Abbauprodukte bewirken sie eine wertmindernde Verfärbung des Holzes. Bei Verwendung frischen Holzes besteht die Gefahr des Durchwachsens durch Farbanstriche. Die Tränkung mit öligen Holzschutzmitteln ist erschwert.

**4.6.6.2.1.1** *Schimmelpilze* befallen Oberflächen frisch geschnittenen, aber auch bereits verbauten Holzes hoher Feuchtigkeit. Sie verursachen keine Zerstörung, sondern eine meist auf die Holzoberfläche beschränkte Farbänderung.

### 4.6.5 Holzwerkstoffe

*4.6.6.2.1.2 Bläuepilze* durchdringen über Markstrahlen und Tüpfel das Splintholz vieler Nadelholzarten, seltener bei Laubhölzern. Für Rundholz und Schnittholz mit einer Holzfeuchte > 22% besteht die Gefahr des Befalls. Bei Nährstoffmangel zeigen sich auf der Holzoberfläche Fruchtkörper, die Anstrichschichten durchbrechen oder abheben können und samtartig schwarze Flecken bilden.

#### 4.6.6.2.2 Holzzerstörung durch Pilze.

Die Entwicklung und Lebensfähigkeit holzschädigender Pilze ist an klimatische Bedingungen gebunden: Die günstigste Temperatur liegt für die meisten Arten zwischen 20 °C und 35 °C, die günstigste Holzfeuchte zwischen 20% und 60%.

Fast alle holzzerstörenden Pilze besitzen ein verzweigtes System von *Zellfäden (Hyphen)*, die durch Zusammenwachsen ein wurzelartiges Netzwerk, die *Myzelstränge* bilden. Je nach der Verteilung des Myzels im Holz unterscheidet man *Substrat-* und *Oberflächenpilze*, wobei letzte auch auf benachbarte Hölzer übergreifen. Im fortgeschrittenen Stadium entwickeln sich in Farbe und Aufbau verschiedene Fruchtkörper, in oder auf denen sich die während des ganzen Jahres erzeugten, der Fortpflanzung dienenden Sporen befinden. Ihre Keimfähigkeit bleibt lange erhalten und wird durch extreme Witterungsverhältnisse nicht beeinträchtigt. Außer durch Sporen können sich Pilze durch Verschleppung des Myzels verbreiten, das auch unter ungünstigen klimatischen Bedingungen lange lebensfähig bleibt.

Zum Aufschluß der Holzsubstanz (Zellulose und Lignin) scheiden die Hyphenspitzen Fermente und Enzyme ab. Je *nach Art des Angriffes* werden unterschieden:

*4.6.6.2.2.1 Destruktionsfäule.* Wird vorzugsweise die Zellulose der Holzzellwände abgebaut, so färbt sich das Holz braun *(Braunfäule)*, verliert seine Festigkeit, zeigt längs, radial und tangential verlaufende Risse ähnlich denen verkohlten Holzes und ist im fortgeschrittenen Stadium pulverig zerreibbar.

*4.6.6.2.2.2 Korrosionsfäule.* Wird vorzugsweise Lignin abgebaut, steigt der Anteil der Zellulose, und das Holz wird weißlich *(Weißfäule)*. Risse treten nur selten auf, und trotz eines Festigkeitsabfalles kann das Holz noch für bestimmte Zwecke verwendet werden.

*4.6.6.2.2.3 Kernfäule* bezeichnet die Zerstörung des Holzes durch holzzerstörende Pilze von innen heraus, wobei die Zerstörung des Kern- bzw. Reifholzes *(Herzfäule)* und des Splintholzes *(Ringfäule)* unterschieden wird.

*4.6.6.2.2.4 Moderfäule*, eine besondere Form der Holzzerstörung, wird durch *Ascomyceten* an im Freien verbauten und imprägnierten Holz hoher Feuchtigkeit hervorgerufen (z. B. Kühltürme). Diese Pilze bauen nur bestimmte Teile des Holzes, in erster Linie die Sekundärlamellen der Spätholztracheiden ab, wodurch die Holzoberfläche weich, dunkel und rissig wird, und sich scharf von der darunterliegenden gesunden Schicht abgrenzt. Durch Abbröckeln der zerstörten Oberfläche schreitet der Zerfall fort bei Substanzverlust. Laubhölzer werden schneller zerstört als Nadelhölzer.

*4.6.6.2.2.5 Verstocken.* Nach dem Fällen von Laubhölzern (Rotbuche) können noch lebende Parenchymzellen eine Gefäßverstopfung durch Thyllen bewirken, wodurch das Holz erstickt und sich graubraun verfärbt. Meist tritt noch eine Pilzinfektion hinzu (Weißfäule), was als Verstocken bezeichnet wird. Die Imprägnierungseigenschaften des Holzes werden durch die Verthyllung erschwert.

*4.6.6.2.2.6 Stammfäuleerreger* werden durch holzzerstörende (parasitische) Pilze hervorgerufen. Meist tritt nur Herzfäule auf, da der Splint sehr wasserreich ist. Die Fruchtkörper dieser Pilze befinden sich vielfach konsolenförmig außen am Stamm.

*4.6.6.2.2.7 Lagerfäuleerreger.* Im Gegensatz zu den am lebenden Holz parasitisch auftretenden und sich von deren Säften ernährenden Holzschädlingen befallen die saprophytischen holzzerstörenden Pilze das *tote Holz* und ernähren sich von den toten pflanzlichen Stoffen. Zu ihrer Entwicklung brauchen sie eine hohe Holzfeuchtigkeit.

*4.6.6.2.2.8 Hausfäuleerreger*

*Echter Hausschwamm* ist der *gefährlichste Gebäudepilz*, der vorwiegend Nadelhölzer befällt, aber auch in geringerem Umfang Laubholz durch *Destruktionsfäule* zerstört.

## 4.6 Holz

Er paßt sich den Klimabedingungen seiner Umgebung sehr gut an und benötigt nur zu seiner Entstehung Feuchtigkeit. Durch seine Atmungstätigkeit (*Atmungswasser*) kann er auch trockenes Holz selbständig befeuchten. Seine optimalen Lebensbedingungen liegen bei ≈ 28% Holzfeuchte (jedoch findet ab 20% Holzfeuchte bereits ein Wachstum statt) und einer Temperatur von ≈ 18 bis 20 °C. Die Myzelstränge von ≈ 1,0 cm Durchmesser können größere Strecken überwinden und selbst Mörtelfugen von Mauerwerk durchwachsen. Das geschädigte Holz zeigt im Endzustand eine *Braunfäule* mit würfelbrüchiger Oberfläche.

*Weißer Porenhausschwamm* ist ein häufig anzutreffender Pilz, der vorwiegend Nadelholz, auch Laubholz (Buche) befällt, wenn es eine hohe Holzfeuchtigkeit besitzt. Er verursacht eine *Destruktionsfäule* und besitzt eine große Zerstörungskraft. Seine optimalen Lebensbedingungen liegen bei 40 bis 45% Holzfeuchte und ≈ 25 °C Temperatur.

*Kellerschwamm* beschränkt sich auf sehr feuchtes Nadelholz, selten Laubholz, das er schnell und weitgehend zerstören kann (*Destruktionsfäule*). Seine optimalen Lebensbedingungen liegen bei 50 bis 60% Holzfeuchtigkeit und 25 bis 30 °C Temperatur.

Wichtige pilzliche Holzschädlinge in Tabelle 4.6-9.

Tabelle 4.6-9. Holzzerstörung durch Pilze

| | Pilzart | befallende Holzart | optimale Lebensbedingungen | Schadensbild |
|---|---|---|---|---|
| Stammfäulen | Krebspilze | Laub- u. Nadelholz | | Infektion über aufgebrochene Knospenhüllen junger Triebe, z. T. Angriff der Holzsubstanz oder Rindenbastschicht |
| | Schwefelporling | Laubholz | | Infektion durch Wunden, Destruktionsfäule, zerstört hauptsächlich Kernholz |
| | Wurzelschwamm | Nadelholz, bes. Fichte (Rotfäule) | | Infektion über Wunden, vom Stammfußbereich und harzarmen Zonen ausgehend; Kernfäule |
| | Echter Zunderschwamm | Laubholz (Rot- u. Weißbuche, Ulme) | | Korrosionsfäule |
| | Hallimasch | Nadel- u. Laubholz (Kiefer, Fichte) | | Korrosionsfäule, wächst erst im Kambium, später im Holz; Aufplatzen der Rinde. Holz bedingt verwendbar. |
| | Kiefernbaumschwamm | Nadelholz (Kiefer) | | Infektion über Wunden; Korrosionsfäule, besonders des Kern-, aber auch Splintholzes. Holz bedingt verwendbar |
| | Schichtrindenpilze | Laubholz | | Infektion über Wunden, Weißfäule. Einige Arten bewirken Verstocken |
| Lagerfäulen | Tannen-Blätterling | Nadelholz, bes. Fichte u. Tanne | ≈ 40% Holzfeuchte, ≈ 30 °C | Destruktionsfäule, zunächst nicht wahrnehmbar. Holz zeigt gelblich-bräunliche Streifen (Rotstreifigkeit) |
| | Zaunblätterlin | Nadelholz, bes. Kiefer | ≈ 40% Holzfeuchte, ≈ 30 °C | Destruktionsfäule, zunächst optisch nicht wahrnehmbar. Holz zeigt gelblich-bräunliche Streifen (Rotstreifigkeit) |
| | Zähling | Nadelholz | 40…60% Holzfeuchte ≈ 29 °C | Destruktionsfäule, zerstört Kernholz (Zaunpfähle, Masten, Schwellen) |
| | Eichenwirrling | Laubholz, bes. Eiche | hohe Holzfeuchtigkeit, ≈ 29 °C | Destruktionsfäule; Holz wird rot, später graubraun und faserig (Braunfäule) |
| | Fächerschwamm | Nadelholz | ≈ 60% Holzfeuchte, ≈ 26 °C | Destruktionsfäule an Stubben, besonders Gruben- und Lagerholz |
| | Lederporling | Nadelholz, bes. Fichte u. Kiefer | ≈ 26 °C | bes. im Kiefernsplintholz; Holz zeigt sich gelb gefärbt u. durchlöchert |
| | Schmetterlingsporling | Laubholz | ≈ 26 °C | Weißfäule, rasche Holzzerstörung |
| Hausfäulen | Echter Hausschwamm | Nadelholz, auf Lagerplätzen, in Grubenholz | ≈ 28% Holzfeuchte, 18…20 °C, ab 20% und 3 °C Wachstum möglich | Destruktionsfäule, kann auf trockenes Holz übergreifen und Mauerwerk durchwachsen |
| | Weißer Porenhausschwamm | Nadelholz, sehr feuchtes Laubholz (Buche) | Holzfeuchte 40…45% ≈ 25 °C | Destruktionsfäule, große Zerstörungskraft |
| | Kellerschwamm | Nadelholz, selten Laubholz | 50…60% Holzfeuchte, 25…30 °C | Destruktionsfäule, große Zerstörungskraft, oft in Neubauten (Fußboden) |

### 4.6.6.2.3 Holzzerstörung durch Tiere.
Auf dem Lande sind nur Insekten, im Wasser Muscheln und Asseln von Bedeutung.

*4.6.6.2.3.1 Insekten.* Unterschieden werden *holzfressende* und *holzbrütende* Insekten. Holzfressende Insekten zerfressen das Holz zum Zweck der Ernährung, während holzbrütende Insekten das Holz zur Anlage von Brutplätzen zernagen, nicht aber von der Holzsubstanz leben.

Bei den allen höheren Insekten eigenen Entwicklungsstadien (Ei, Larve, Puppe, Vollinsekt) ist der eigentliche Holzzerstörer im allg. die *Larve*, die das Holz mit ihrer Fraßtätigkeit durchzieht und dadurch zerstört. Das Vollinsekt lebt nur kurze Zeit, zerstört Holz nur in geringem Umfang und sorgt durch Eiablage für Vermehrung und Verbreitung. Einige Arten befallen nur Laubholz oder Nadelholz, andere beide Holzarten, wobei das Kernholz meistens vermieden wird. Viele Arten sind auf den Eiweiß- oder Stärkegehalt des Holzes angewiesen, andere verwenden die Zellulose oder züchten zu ihrer Ernährung an den Fraßgangwänden Pilze. Befallen wird sowohl der saftfrische lebende Baum als auch lufttrockenes verbautes Nutzholz.

Die Entwicklungsgeschwindigkeit der Käferlarven und damit die Holzzerstörung sind von Temperatur und Holzfeuchtigkeit abhängig. Je nach Art unterschiedlich liegt das Optimum zwischen 14 bis 38 °C Temperatur und 10 bis 90% Holzfeuchte.

*Stammholz- und Lagerholzschädlinge:*

*Borkenkäfer* sind eine in Holzgewächsen lebende Käferfamilie, deren Vollinsekten und Larven gemeinsam Gangsysteme (*Familiengänge*) anlegen.

*Bockkäfer* sind eine Käferfamilie zahlreicher Gattungen und Arten, zu der viele Holzschädlinge gehören. Die Vollinsekten haben lange steinbockähnliche Fühler und sind von unterschiedlicher Färbung. Die Ablage der Eier erfolgt in Holz- oder Rindenritzen. Die Larven leben in der Rinde, zwischen Rinde und Holz oder nur im Holz, in das sie oft nur zur Verpuppung eindringen.

*Werftkäfer,* hauptsächlich in zwei Arten auftretend, befallen berindetes, frisch gefälltes Holz oder Holz hoher Feuchtigkeit, an dem sie schwere technische Schäden hervorrufen.

*Holzwespen,* groß, auffallend unterschiedlich gefärbt, befallen Nadelholz hoher Holzfeuchtigkeit, hauptsächlich kränkelnde Bäume und frisch geschlagenes Stammholz, das nicht unbedingt berindet sein muß. Trockenes und faulendes Holz wird gemieden. Da die Larven die Fraßgänge sehr fest hinter sich verstopfen, bleibt ein Befall bei der Holzverarbeitung oft unbemerkt.

*Ameisen* benutzen das Holz als Wohnung und Brutplatz. Sie dringen von ursprünglich unterirdischen Nestern in Stämme gesunder Nadelhölzer ein, indem sie das weiche Frühholz ausnagen. Im pilzbefallenen Holz fressen sie regellose Hohlräume, bei denen dann durch starke Aushöhlungen der Bruch eintreten kann.

*Termiten* zählen in subtropischen und tropischen Gebieten zu den gefährlichsten Holzschädlingen, die fast alle Holzarten in verschiedenstem Zustand befallen. Ihre Nester befinden sich im Erdreich in Holznähe oder direkt im Holz. Da sie lichtscheu sind, bleibt die Holzoberfläche unberührt, wodurch die schnell fortschreitende Zerstörung oft spät bemerkt wird.

*Schädlinge verbauten Holzes:*

*Hausbock* ist der in Mitteleuropa gefährlichste Zerstörer verbauten Nadelholzes. Die Larven fressen ovale Fraßgänge mit wellenförmigen Nagespuren durch das gesamte Splintholz. Die Holzoberfläche bleibt unberührt, und äußerlich zeigt sich nur ein ovales Flugloch $\approx 5 \times 7$ mm groß. Optimale Lebensbedingungen sind bei 28 bis 30 °C und $\approx 30\%$ Holzfeuchte gegeben.

*Pochkäfer* (*Anobium*), häufigster einheimischer Nagekäfer in Möbeln und Gebäuden, befällt Splintholz von Nadel- und Laubhölzern. Die Fraßgänge der Larven haben $\approx 2$ mm Durchmesser. Optimale Lebensbedingungen bei $\approx 23$ °C und 28% Holzfeuchte. Bei Holzfeuchten $< 10$ bis 12% erfolgt kein Befall. Äußerlich zeigt sich ein kreisrundes Flugloch von 1 bis 2 mm Durchmesser.

Tabelle 4.6-10. Holzzerstörung durch Tiere

| | | Schädlingsart | befallene Holzart | Schadensbild |
|---|---|---|---|---|
| **Stammholz- und Lagerholzschädlinge** | Borkenkäfer | Rindenbrüter | besonders unter der Rinde von kranken Kiefern und Fichten | oberflächliche Furchung der Rinde, bräunliches Bohrmehl, keine technischen Schäden |
| | | Holzbrüter | saftfrisches Holz | Fraßgänge ohne Fraßmehl, schwarz umrandete Leitergänge mit unterschiedlichen Sprossengängen |
| | Bockkäfer | Mulmbock | nur Nadelholz, besonders Kiefern und pilzbefallenes Holz | Fraßganginhalt: Kotwalzen, feine Nagespäne, längere Holzsplitter, ovales Flugloch 15···25 mm Breite |
| | | Grubenhalsbock | frisches, feuchtlagerndes berindetes Nadelholz, besonders Kiefern | Fraßgänge mit ovalem Querschnitt, Fraßganginhalt wie Mulmbock, ovales Flugloch 7···12 mm Breite |
| | | Fichtensplintbock | lebende oder frisch gefällte Nadelhölzer, besonders Fichte | Larven bevorzugen das nährstoffreiche Kambium; hakenförmige Puppenwiegen bis 5 cm Tiefe, ovales Flugloch 3···5 mm Breite |
| | | Blauer Scheibenbock | feuchtes und berindetes Nadelholz, selten Laubhölzer | Larven legen im Kambium große Fraßplätze an, tiefe Hakengänge in Splintholz als Puppenwiege, Flugloch 4···6 mm |
| | | Veränderlicher Scheibenbock | Laub- und Nadelhölzer, besonders hartes, feuchtes und berindetes Laubholz | wie Blauer Scheibenbock, ovales Flugloch etwas kleiner |
| | Werftkäfer | Gewöhnlicher Werftkäfer | Nadel- und Laubhölzer, besonders harte Laubhölzer | 2 mm große kreisrunde Fraßgänge, Bohrmehl wird ausgestoßen, Züchtung von Pilzen an Fraßgangwandungen, rundes Flugloch |
| | | Schiffswerftkäfer | nur Laubhölzer, besonders Eiche | Fraßgänge mit Bohrmehl verstopft, keine Pilzzüchtung und Verfärbung der Gänge, rundes Flugloch 2 mm Dmr. |
| | Holzwespen | Gelbe Riesenholzwespe | saftfrisches Kiefern-, Fichten- und Tannenholz | kreisrunde Fraßgänge, axial verlaufend, mit Bohrmehl fest verstopft, rundes Flugloch 5···7 mm Dmr. |
| | | Stahlblaue Fichtenholzwespe | saftfrisches Kiefern-, Fichten- und Tannenholz | wie Gelbe Riesenholzwespe, kleines Flugloch 2···4 mm Dmr. |
| | | Ameisen | verschiedene Holzarten | Ausfressen des weichen Frühholzes |
| | | Termiten | fast alle Holzarten, sehr gefährlich | Nester im Erdreich in Holznähe oder direkt im Holz, unberührte Oberfläche, schnell fortschreitende Holzzerstörung |
| **Gebäudeschädlinge** | | Hausbock | besonders Nadelholz | Fraßgänge im Splintholz, wellenförmige Nagespuren in Gängen, ovales Flugloch 4···7 mm Breite |
| | Nagekäfer | Pochkäfer | Nadel- und Laubhölzer (Möbel) | 2 mm weite runde Fraßgänge mit Bohrmehl und Kot verstopft, rundes Flugloch 1,5 mm Dmr. |
| | | Bunter Nagekäfer | pilzfaule Laubhölzer, besonders Eiche | runde Fraßgänge mit linsenförmigem Kot verstopft, rundes Flugloch 3···4 mm Dmr. |
| | | Gekämmter Nagekäfer | besonders harte Laubhölzer | runde Fraßgänge in Faserrichtung, besonders fest verstopft, rundes Flugloch 1 mm Dmr. |
| | | Weicher Nagekäfer | berindetes Nadelholz | Larvengänge in Faserrichtung, unregelmäßig im Bereich der Kambialzone, rundes Flugloch 2 mm Dmr. |
| | | Brauner Splintholzkäfer | stärkehaltige tropische Hölzer und Splintholz einheimischer Hölzer | Fraßbild ähnlich Pochkäfer, unberührte Oberfläche, rundes Flugloch 1 mm Dmr. |
| **Meerwasserschädlinge** | | Schiffsbohrmuschel | Laub- und Nadelholz | axial verlaufende runde Bohrgänge von 5···10 mm Dmr. |
| | | Bohrassel | Frühholz von Laub- und Nadelhölzern | 1,5···2 mm weite Fraßgänge meist im Frühholz, Holzzerstörung erfolgt schichtweise |

### 4.6.6 Holzschutz

*4.6.6.2.3.2 Holzschädlinge im Meerwasser*

*Schiffsbohrmuschel*, ein gefährlicher Holzschädling im Meerwasser, benötigt zur Entwicklung mindestens 0,7% Salzgehalt. Sie befällt Laub- und Nadelhölzer, nur wenige tropische Holzarten sind bohrmuschelresistent. Das befallene Holz wird durch die axial verlaufenden, kreisrunden Gänge von $\approx$ 7 mm Durchmesser, die gewöhnlich in Faserrichtung verlaufen, zerstört.

*Bohrassel*, eine im Meerwasser lebende Krebsart, ihre Verbreitung ist von einem Mindestsalzgehalt von $\approx$ 1,5% abhängig. Die Holzzerstörung durch 1,5 bis 2 mm weite Gänge im Frühholz erfolgt schichtweise von innen nach außen bei jährlicher Verringerung des Holzquerschnittes um 1 bis 3 cm.

Wichtigste tierische Holzschädlinge in Tabelle 4.6-10.

**4.6.6.2.4 Holzzerstörung durch Feuer.** Folgende Faktoren beeinflussen die *Entflammbarkeit*:

schwere Holzarten sind beständiger als leichte;
je größer Holzquerschnitt, umso größer ist der Einfluß der natürlichen Schutzschicht durch Holzkohlebildung;
feuchtes Holz brennt langsamer;
harzreiches Holz brennt besser.

*Thermische Beständigkeit* ist bis $\approx$ 105 °C gegeben, oberhalb erfolgt ein Abbau des Holzes unter Bildung von Gasen, die sich oberhalb 260 °C selbst entzünden. Auf der Holzoberfläche bildet sich eine Holzkohleschicht, die durch ihre geringe Wärmeleitfähigkeit eine weitere Wärmezufuhr ins Holzinnere beschränkt.

#### 4.6.6.3 Holzschutzmaßnahmen

Eine Holzschutzausführung bildet eine Einheit aus meist mehreren sich ergänzenden Schutzmaßnahmen, die sich nach Art und Ausmaß der Gefährdung sowie nach der Verwendungsweise des Holzes richten. Je nachdem, ob sich die Schutzausführung gegen zu erwartende oder bereits eingetretene Schäden richtet, werden *vorbeugender Schutz* und *Bekämpfung* unterschieden.

**4.6.6.3.1 Bauliche Holzschutzmaßnahmen.** Die Gefährdung kann herabgesetzt oder beseitigt werden durch Wahl geeigneter Holzarten, Verwendung ausreichend trockenen Holzes sowie Beachtung der Holzbeschaffenheit und der Abmessungen. Durch einwandfreie konstruktive Maßnahmen ist zu gewährleisten, daß Feuchtigkeit weder sich bilden noch eindringen oder aufsteigen kann. Für ausreichende *Belüftung* ist zu sorgen.

**4.6.6.3.2 Chemische Holzschutzmaßnahmen** sind Behandlungen mit chemischen Schutzmitteln in flüssiger oder fester Form. Sie werden dort angewandt, wo bauliche Maßnahmen Gefährdungsmöglichkeiten verbauten Holzes nicht sicher ausschließen. Die Verhinderung von Feuchtigkeitseinflüssen kann Fäulnis- und Schwammschäden verhüten, Schäden durch Insekten jedoch nicht unterbinden. Erfolg und Wirkungsdauer hängen ab von der Art, Beschaffenheit und Aufnahmefähigkeit des Holzes, der Wahl des geeigneten Schutzmittels und Einbringverfahrens und der Eindringtiefe der erforderlichen Schutzmittelmenge.

Je nach der *Verteilung der Schutzmittel* werden unterschieden:

*4.6.6.3.2.1 Deckschutz:* Eine Eindringtiefe des Schutzmittels wird nicht angestrebt, sondern das Schutzmittel liegt als Belag oder Film auf der Holzoberfläche.

*4.6.6.3.2.2 Randschutz:* Die Eindringtiefe liegt in der Größenordnung von Millimetern.

*4.6.6.3.2.3 Tiefschutz:* Die Eindringtiefe liegt in der Größenordnung von Zentimetern.

*4.6.6.3.2.4 Vollschutz* bedeutet völlige Durchsetzung mit Schutzstoffen.

*4.6.6.3.2.5 Teilschutz* ist ein auf Gefahrenstellen beschränkter Tiefschutz.

*4.6.6.3.2.6 Schutzausführung.* Zeitlich können die Holzschutzmaßnahmen durchgeführt werden vor dem Verarbeiten des Holzes (im Wald, beim Lagern, auf der Baustelle), während des Verarbeitens (beim Einbau) und nach dem Verarbeiten. Ablauf einer Schutzausführung: Die *Schutzplanung* legt rechtzeitig Art und Umfang der Schutzmaßnahmen fest; es folgt der *Grundschutz* als erstmaliges grundlegendes Durchführen von Schutzmaßnahmen; *Überwachen* dient zum Feststellen etwa eingetretener Schäden und des Erhaltungszustandes des Schutzes; der *Nachschutz* umfaßt Durchführung der jeweils erforderlichen Nachschutz-Maßnahmen.

**4.6.6.3.3 Bekämpfung von Holzschädlingen mit Gasen** erfolgt, wenn andere Holzschutzmittel die zu behandelnden Gegenstände nachteilig beeinflussen (Möbel) oder aus anwendungstechnischen Gründen mit flüssigen oder festen Holzschutzmitteln kein Erfolg zu erwarten ist. Holzschutzgase wirken nur *bekämpfend*, ein vorbeugender Schutz wird nicht erreicht.

## 4.6.6.4 Holzschutzarbeiten

**4.6.6.4.1 Ausschreibung von Holzschutzarbeiten.** Holzschutzarbeiten sind nach Gefährdungsausmaß, Art und Umfang in technisch einwandfreier Form unter wirtschaftlich vertretbarem Aufwand durchzuführen. Sachgemäße Ausführung ist nur von Firmen zu erwarten, die über die erforderlichen Kenntnisse und Einrichtungen verfügen.

Der *Ausschreibung* sind die Verdingungsordnung für Bauleistungen (VOB), DIN 52175 (Holzschutz — Grundlagen, Begriffe), DIN 68800 (Holzschutz im Hochbau) sowie sonstige technische Vorschriften und Gütebedingungen zugrunde zu legen. Es wird unterschieden zwischen:

vorbeugendem Schutz gegen Pilze und Insekten,
vorbeugendem Schutz gegen Pilze, Insekten und Feuer,
Bekämpfung tierischer Holzschädlinge,
Bekämpfung pilzlicher Holzschädlinge.

In der *Leistungsbeschreibung* sind Angaben erforderlich hinsichtlich:

des zur Verarbeitung angebotenen Schutzmittels,
des Behandlungsverfahrens (Anzahl der Arbeitsgänge, Angabe der Tauchzeiten),
der eingebrachten Holzschutzmenge.

Nach Abschluß der Holzschutzarbeiten hat der Unternehmer das Objekt mit dauerhaften Angaben über Name, Anschrift, verwendetes Holzschutzmittel, eingebrachte Holzschutzmenge, angewendetes Verfahren sowie Monat und Jahr der Behandlung zu versehen.

**4.6.6.4.2 Ausführung von Holzschutzarbeiten**

*4.6.6.4.2.1 Baulicher Holzschutz gegen Pilze und Insekten.* Alle Bauhölzer sind vor dem Einbau von Rinde und Bast zu säubern und möglichst trocken zu verbauen (DIN 4074). Durch geeignete Maßnahmen muß das Holz nachträglich austrocknen und sollte keine erneute Feuchtigkeit aufnehmen können. Lack- und Farbanstriche sind nur bei Holzfeuchten < 17%, luftdichte Bodenbeläge erst nach etwa zwei Jahren aufzubringen. Holzbauteile, die mit Mauerwerk und Beton in Berührung kommen, sind gemäß DIN 4117 zu *isolieren*; Kondenswasser ist durch ausreichende Wärmedämmung und Entlüften zu vermeiden. Weitere Einzelheiten in DIN 68800.

Bei der Sanierung von *Schwammschäden* sind die Ursachen der Befeuchtung zu beseitigen, Schwammgebilde zu vernichten, durchwachsene Schüttungen und befallene Holzteile ein ausreichendes Stück über den Befall hinaus zu entfernen. Putz, Mauerwerk und Mörtel sind sorgfältig auf Durchwachsungen zu untersuchen, locker gewordene Baustoffe zu entfernen. Befallenes Mauerwerk wird mit einem geeigneten Schutzmittel behandelt und zweckmäßigerweise mit einem dichten Zementputz versehen. Kann die Baufeuchtigkeit nicht in hinreichend kurzer Zeit beseitigt werden, so muß neu einzubauendes Holz durch *Kesseldruck-* oder *Trogtränkungsverfahren* geschützt werden. Bei schneller Austrocknung sind bei anderen Holzschutzverfahren die Mindestmengen der Holzschutzmittel zu verdoppeln.

*4.6.6.4.2.2 Chemischer Holzschutz gegen Pilze und Insekten* wird angewandt für Holzteile, die mit Mauerwerk oder Beton in Berührung kommen, für Dachstühle, für Holzwerk nicht unterkellerter Fußböden und der Witterung ausgesetzter Hölzer. Holz, das mit Anstrichen versehen wird, erhält zur Vermeidung von Anstrichschäden durch Bläuepilze einen möglichst durch Tauchen aufzubringenden *Bläueschutz*. Das Holz ist vor der Behandlung von Schmutz, Staub und Anstrich zu reinigen. Bei *Insektenbefall* ist die Standsicherheit der Bauteile zu prüfen. Von den befallenen Hölzern sind die zerstörten Teile abzubeilen und sofort zu verbrennen. Nach kräftigem Abbürsten ist das gesamte Bauholz mit Schutzmitteln zu streichen oder zu besprühen. Der Erfolg der Maßnahmen ist im nächsten Sommer nachzuprüfen.

Für die Insektenbekämpfung kann auch ein zugelassenes *Heißluft-* oder *Durchgasungsverfahren* mit einer anschließenden vorbeugenden chemischen Behandlung angewandt werden.

*4.6.6.4.2.3 Baulicher Holzschutz gegen Feuer.* Für die Ausführung eines baulichen Schutzes gegen Feuer ist DIN 4102 (Widerstandsfähigkeit von Baustoffen und Bauteilen gegen Feuer und Wärme) maßgebend.

*4.6.6.4.2.4 Chemischer Holzschutz gegen Feuer.* Da die hierfür verwendeten Schutzmittel auf Salzbasis nicht wetterbeständig sind, können Feuerschutzmaßnahmen nur an Holz vorgenommen werden, das Niederschlägen oder Erdfeuchtigkeit nicht ausgesetzt ist. Ihre Verwendung ist außer bei Holz nur bei saugfähigen Holzwerkstoffen zweckvoll. Bei nicht saugfähigen Holzwerkstoffen ist die Anwendung schaumschichtbildender Feuerschutzmittel zweckmäßig.

### 4.6.6.5 Holzschutzmittel

Holzschutzmittel sind Chemikalien, die in das Holz eingebracht dazu dienen, den Gebrauchswert von Holz und Holzwerkstoffen zu erhalten. Sie müssen einen Prüfbescheid und ein Prüfzeichen des Instituts für Bautechnik Berlin besitzen.

Holzschutzmittel schützen entweder vor einem Befall durch holzschädigende Pilze oder Insekten, können zur Bekämpfung von im Holz lebenden Insekten verwendet werden oder bewirken, daß Holz schwer entflammbar wird. Weiterhin gibt es Mittel mit kombinierter Wirksamkeit gegen verschiedene Schadenseinflüsse. Je nach *Wirksamkeit* werden die Holzschutzmittel gekennzeichnet:

P    wirksam gegen Pilze (*Fäulnisschutz*);
Iv   gegen Insekten vorbeugend wirksam;
(Iv)  dasselbe, jedoch nur bei Tiefschutz ist vorbeugende Wirkung gewährleistet;
Ib   wirksam gegen Insekten zur Bekämpfung;
F    wirksam zum Schwerentflammbarmachen (*Feuerschutz*);
S    auch zum Streichen, Sprühen, Kurztauchen und Tauchen geeignet;
W  geeignet auch für Holz, das der Witterung ausgesetzt wird.

Für die Anwendung sind weiterhin besondere Eigenschaften maßgebend, wie das Eindringvermögen in Holz und die Wirkung auf Metalle.

**4.6.6.5.1 Lieferformen.** Übliche Lieferformen von Holzschutzmitteln: Salze, ölige Mittel, Pasten, Fertigbandagen und Patronen. *Salze* werden vor Verwendung in Wasser mit einer Konzentration gelöst, die von der Löslichkeit des Mittels und der Feuchtigkeit des Holzes bestimmt wird.

**4.6.6.5.2 Wirkungsweise der Holzschutzmittel.** *Pilzwidrige* Holzschutzmittel zerstören entweder das Zellplasma der Pilze oder verhindern die Enzymbildung.

Holzschutzmittel gegen *Insekten* wirken als *Fraßgifte*, wenn sie auf dem Verdauungsweg in den Körper gelangen, als *Atemgifte*, wenn sie eingeatmet werden oder als *Kontaktgifte*, wenn sie bei Berührung mit der Körperoberfläche von dort vorhandenen Substanzen gelöst in den Körper gelangen.

*Feuerschutzmittel* machen das Holz schwer entflammbar. Die verzögernde Wirkung beruht auf der Abspaltung unbrennbarer Gase, auf der Wärmebindung beim Schmelzen der betreffenden Chemikalien oder auf der Bildung künstlicher wärmedämmender Schichten auf der Holzoberfläche.

### 4.6.6.5.3 Holzschutzmittelarten.
Eine Übersicht über die chemische Zusammensetzung, Wirksamkeit, Löslichkeit und Anwendung der Holzschutzmittelarten gibt Tabelle 4.6-11.

Tabelle 4.6-11. Holz- und Feuerschutzmittel (nach [7])

| Schutzmittel-gruppe | chem. Grundzusammensetzung | Wirksamkeit | Löslichkeit | Anwendung |
|---|---|---|---|---|
| *I. Salze* | | | | |
| NF-Salze | Alkalifluoride mit und ohne Zusatz von Dinitrophenol | P, (Iv) | 4% | Anwendungsbereich eingeschränkt; nicht zum Streichen, Sprühen, Tauchen; nicht für Holz, das Nässe (Witterung) ausgesetzt ist |
| U-Salze normal | Alkalimono- bzw. -bifluoride und Alkalibichromat mit und ohne Zusatz von Dinitrophenol, evtl. mit Borsäure modifiziert | P, (Iv), W | bis 6% | Anwendungsbereich nicht eingeschränkt; nicht zum Streichen, Sprühen, Tauchen; teilweise schwer auslaugbar, geeignet bei mittlerer Gefährdung durch Auslaugung, falls Tiefschutzbehandlung erfolgt |
| hochlöslich | | P, Iv, S, W | über 10% | Anwendungsbereich nicht eingeschränkt; teilweise schwer auslaugbar, geeignet bei mittlerer Gefährdung durch Auslaugung, falls Tiefschutzbehandlung erfolgt |
| UA-Salze normal | Alkalimono- bzw. -bifluoride, Alkaliarsenat, Alkalibichromat mit und ohne Zusatz von Dinitrophenol, evtl. mit Borsäure modifiziert | P, (Iv), W | bis 6% | Anwendungsbereich eingeschränkt; nicht für Holz in geschlossenen Räumen, die zum Aufenthalt von Menschen oder Tieren oder zum Lagern von Lebensmitteln dient; da schwerer auslaugbar als U-Salze, geeignet für Hölzer, die starker Gefährdung durch Auslaugung unterliegen, falls Tiefschutzbehandlung erfolgt |
| hochlöslich | | P, Iv, W | über 10% | hochlösliche UA-Salze sind besonders für frische bzw. nasse Hölzer geeignet |
| SF-Salze | Silicofluoride | P, Iv, S | über 20% | Anwendungsbereich eingeschränkt; nicht für Holz, das der Nässe (Witterung) ausgesetzt ist; mehr oder weniger Metall angreifend |
| BF-Salze | Bifluoride | P, Iv, teilweise Ib, S | über 20% | Anwendungsbereich eingeschränkt; nicht für Holz, das der Nässe (Witterung) ausgesetzt ist; die mit Ib gekennzeichneten Präparate auch als Bekämpfungsmittel geeignet; mehr oder weniger Metalle u. Glas angreifend, Ätzwirkung durch Fluorwasserstoffabgabe mehrere Monate anhaltend |
| B-Salze | anorg. Borverbindungen | P, Iv, S | bis 20% | Anwendungsbereich eingeschränkt; nicht für Holz, das der Nässe (Witterung) ausgesetzt ist; wegen der Ungiftigkeit auch geeignet für Holzwerk, das mit unverpackten Nahrungsmitteln in Berührung kommt |
| *II. Ölige und ölartige Mittel* | | | | |
| Teerölpräparate | reine Steinkohlenteerdestillate (Carbolineen) | P, (Iv), S, W | unverdünnt | besonders für trockene Hölzer (< 20% Feuchtigkeit bezogen auf Darrgewicht); bei Tiefschutzbehandlung sämtliche, bei Randschutz einige Iv, einzelne Ib; mehr oder weniger starker Eigengeruch, unterschiedliche Wirkungsdauer, meist kein Nachanstrich mit Farbe oder Lack möglich; allgemein geeignet für Hölzer, die der Nässe (Witterung) ausgesetzt sind; bei stärkerer Gefährdung ist Tiefschutzbehandlung erforderlich |
| | Steinkohlenteerdestillate mit Zusatz anderer Öle und bzw. oder besonderer Wirkstoffe | P, Iv, teilweise Ib, S, W | | |

4.6.6 Holzschutz

Tabelle 4.6-11 (Fortsetzung)

| Schutzmittel-gruppe | chem. Grundzusammensetzung | Wirksamkeit | Löslichkeit | Anwendung |
|---|---|---|---|---|
| Chlornapthalinpräparate | niedrig chlorierte Naphthaline mit Zusatz schwerflüchtiger und besonderer Wirkstoffe | P, Iv, teilweise Ib, S, W | unverdünnt | besonders für trockene und halbtrockene Bauhölzer ($<30\%$ Feuchtigkeit, bezogen auf Darrgewicht in der Randzone). Sämtliche Mittel Iv, einzelne auch Ib, mehr oder weniger starker Eigengeruch, unterschiedliche Wirkungsdauer; allgemein geeignet für Hölzer, die der Nässe (Witterung) ausgesetzt sind; bei stärkerer Gefährdung ist Tiefschutzbehandlunger erforderlich |
| Mineralölprodukte | in Mineralöl gelöste organische pilz- und insektenwidrige Wirkstoffe | P, Iv, teilweise Ib, S, W | unverdünnt | besonders für trockene und halbtrockene Bauhölzer ($<30\%$ Feuchtigkeit, bezogen auf Darrgewicht in der Randzone); sämtl. Iv, einzelne Ib; einzelne geruchsschwach oder geruchlos trocknend, daher auch im Innern von Wohnbauten geeignet, besonders zur Bekämpfung v. Insektenschäden; auch für Hölzer, die der Nässe (Witterung) ausgesetzt sind; bei starker Gefährdung Tiefschutzbehandlung erforderlich |
| *III. Öl/Salzgemische (Pasten)* | | | | |
| | Teeröle und fluor-, chrom- oder borbzw. arsenhaltige Salze mit und ohne Pastenbildner | P, Iv, W | ohne oder mit Zusatz von Wasser anwendungsfertig zu verarbeiten | sämtliche Präparate für Holz im Freien geeignet, Anwendungsbereich teilweise wie UA-Salze eingeschränkt, vorzugsweise zum Nachschutz verbauten Holzes zu verwenden |
| *IV. Feuerschutzmittel* | | | | |
| Salze | anorganische Salzgemische insb. der Phosphorsäure und Borsäure | F, S teilweise PP u. zusätzlich Iv | bis $35\%$ | nur für sägerauhes Holz und saugfähige holzhaltige Werkstoffe, die gegen Niederschläge geschützt sind. Mindestaufwand bei reinen Feuerschutzmitteln 120 g/m², bei Mehrzweckmitteln 150 g/m² |
| schaumschichtbildende Feuerschutzmittel | vorwiegend organische Bestandteile (Carbamidharze), z. T. auch mit anorganischen Zusätzen | F, S | unverdünnt | Präparate, die bei der Einwirkung von Feuer auf den geschützten Flächen eine hitzeisolierende Schaumschicht ausbilden. Werden verschärften Prüfbedingungen unterworfen und erfüllen erhöhte Anforderungen; geeignet für Holz- und holzhaltige Werkstoffe (Faserplatten, Sperrholz, Spanplatten), Auftragsmenge etwa 300 g/m² u. m. |

**4.6.6.5.4 Arbeitsschutz beim Umgang mit Holzschutzmitteln.** Holzschutzmittel gegen holzzerstörende Organismen enthalten Stoffe, die auch für höhere Lebewesen bedenklich sind. *Gesundheitsschäden* entstehen durch:

Giftreizungen auf der gesunden Haut;
Vergiftungserscheinungen beim Auftreffen auf die Schleimhäute;
Eindringen über offene Wunden in die Blutbahn, wodurch Vergiftungserscheinungen verschiedenen Grades hervorgerufen werden.
Einzelheiten enthält das *Merkblatt für den Umgang mit Holzschutzmitteln* [2].

### 4.6.6.6 Holzschutzverfahren

**4.6.6.6.1 Aufgabe.** Holzschutzverfahren dienen zur Auf- oder Einbringung des Holzschutzmittels in einer Menge, die gleich oder größer ist als die für das betreffende Schutzmittel festgelegte Sollaufnahme. Nach der Schutzbehandlung muß das Schutzmittel allseitig in einer *Randschicht* vorhanden sein oder bis zur festgelegten *Eindringtiefe* das Holz vollständig durchdrungen haben.

**4.6.6.6.2 Schutzmittelaufnahme.** Bei der Schutzmittelaufnahme werden unterschieden: *Benetzung* der Holzoberfläche, *Eindringen* des Schutzmittels, *Nachverteilung*.

*4.6.6.6.2.1 Benetzung* der Holzoberfläche wird beeinflußt durch das Netzvermögen und die Viskosität der Schutzmittel, die Beschaffenheit der Holzoberfläche, die Holzfeuchte und in geringem Umfang durch die Holzart. Zur Vermeidung ungeschützter Stellen werden den Schutzmitteln *Netzmittel* zugegeben.

*4.6.6.6.2.2 Eindringen* des Schutzmittels wird durch die Holzart stärker beeinflußt, durch hohe Oberflächenspannung, niedrige Viskosität und Diffusionsvermögen des Schutzmittels gefördert. Es wird hervorgerufen durch Kapillarkräfte, Druckdifferenzen zwischen dem Tränkmittel und dem Hohlraumsystem und Diffusion infolge eines Konzentrationsgefälles.

Das *Kernholz* aller Holzarten ist praktisch nur in äußeren Randschichten tränkbar. Beim *Nadelholz* liegt die Ursache in der bei Kern- und Reifholzbildung eintretenden Verklebung der Hoftüpfel und Verstopfung der Kapillaren mit Kernstoffen, beim *Laubholz* in der Thyllenbildung in den Tracheen. Das *Splintholz* der Nadel- und Laubhölzer ist leicht tränkbar. Lufttrockenes Fichtensplintholz verhält sich wie Kernholz, da sich auch im Splintholz beim Austrocknen die Hoftüpfel schließen.

*4.6.6.6.2.3 Nachverteilung* des Holzschutzmittels ergibt sich bei wasserlöslichen Salzen infolge von Diffusionsvorgängen, bei öligen Holzschutzmitteln durch Kapillarkräfte. Für Salze ist deshalb eine Tiefenverteilung, für ölige Mittel eine hohe Schutzstoffdichte in der Randzone kennzeichnend.

*4.6.6.6.2.4 Einfluß der Holzfeuchte.* In den Hohlräumen des Holzes befindliches Wasser bei Holzfeuchten $> 30\%$ behindert das Eindringen *öliger Holzschutzmittel* erheblich, weshalb sie nur bei lufttrockenen Hölzern verwendet werden sollten. Die *Konzentration wäßriger Lösungen* von Schutzmitteln wird durch die Holzfeuchte verringert. Deshalb sollte bei hohen Holzfeuchten mit hohen Konzentrationen, bei trockenem Holz jedoch wegen der Gefahr von Auskristallisationen mit geringen Konzentrationen gearbeitet werden.

**4.6.6.6.3 Vorbehandlung des Holzes.** Bei der Durchführung von Holzschutzarbeiten muß Holz in einem Zustand sein, der eine optimale Schutzmittelaufnahme und Verteilung gewährleistet. Rinde, Bast und Kambiumschicht und Verunreinigungen sind ggf. zu entfernen; die formgebende Bearbeitung muß abgeschlossen sein. Beste Tränkergebnisse werden erreicht, wenn das Holz auf mindestens $30\%$ Holzfeuchte abgetrocknet ist, wodurch auch die nachteilige Wirkung späterer *Trockenrisse* verringert wird. Ausgenommen ist die Anwendung der *Saftfrischverfahren*. *Gefrorenes Holz* ist aufzutauen und für Schutzmaßnahmen bei niederen Temperaturen das Tränkmittel zu erwärmen und die Tränkzeit zu verlängern.

**4.6.6.6.4 Einbringverfahren.** Die Schutzmittel können dem Holz mit den in Tabelle 4.6-12 aufgeführten Einbringverfahren zugeführt werden. Nähere Angaben in DIN 68800 Holzschutz im Hochbau).

*4.6.6.6.4.1 Verfahren zur Sonderbehandlung von Gefahrenstellen.* Sollen an besonderen Gefahrenstellen größere Schutzmittelmengen zugeführt oder mit üblichen Verfahren nicht erfaßbare Holzbereiche geschützt werden, sind verschiedene Wege möglich: Das Schutzmittel muß längere Zeit an der Holzoberfläche einwirken, was durch Vermischung mit haftenden Stoffen oder durch wasserdurchlässige oder -undurchlässige Binden, Kissen oder Kragen erreicht werden kann (*Fuß-*, *Kopfschutz* von Masten und Pfählen). Weiterhin dann das Schutzmittel in vorhandene Fugen oder Risse eingebracht oder in eigens hergestellte Löcher (*Bohrlöcher*, *Impfstiche*) mit oder ohne Druck eingefüllt werden.

*4.6.6.6.4.2 Holzschutz an plattenförmigen Holzwerkstoffen.* Wegen hoher Kosten und unbefriedigenden Ergebnissen können plattenförmige Holzwerkstoffe nach der Fertigung durch Anstreich-, Sprüh- und Tauchverfahren nicht in erforderlichem Maße geschützt werden. Während der Fertigung kann das Holz vor dem Verkleben behandelt, das Schutzmittel in den Spanteppich bzw. Faservlies eingesprüht oder dem Klebstoff beigemischt werden. Die chemische Verträglichkeit von Klebstoffen und Holzschutzmitteln ist ebenso zu beachten wie eine Beeinträchtigung der physikalischen Eigenschaften der Holzwerkstoffe.

## 4.6.6 Holzschutz

Tabelle 4.6-12. Anwendung und Erfolg von Einbringverfahren für Holzschutzmittel (aus [25])

| Allgemeine Kennzeichnung | Holzschutz-Verfahren | Ausführungs-dauer | Holz-beschaffenheit | Anwendbarkeit von Schutzmittel-Gruppen wasserlösliche | ölige | Öl-Salz-Gemische | Schutzerfolg nach Eindringtiefe des Schutzmittels |
|---|---|---|---|---|---|---|---|
| Handwerkliche Verfahren | Streichen, Sprühen, Kurztauchen | Minuten | trocken bis halbtrocken | ja | ja | ja / meist nein | Im allgemeinen Randschutz ($\leq 10$ mm), selt. Tiefsch. ($> 10$ mm) |
| | Trogtränkung Einfach-Doppel } Tränkung | Tage | trocken bis feucht | ja | ja | nein | Selten Randschutz, meist Tiefschutz (bis Vollschutz) |
| | **Diffusionstränkung „Osmotierung"** | Wochen | saftfrisch | ja | nein | ja | Tiefschutz (bis Vollschutz) |
| Maschinelle Verfahren | Saftverdrängung | Tage | saftfrisch | ja | nein | nein | Tiefschutz |
| | Kesseldrucktränkung | Stunden | trocken (aber Ausnahmen) | ja | ja | nein | Tiefschutz (bis Vollschutz) |
| Verschiedene Verfahren zur verstärkten Behandlung von Gefahrenstellen | | Minuten bis Tage | trocken bis feucht | ja | ja | ja | Tiefschutz (bis Vollschutz) |

**4.6.6.6.5 Gütekontrolle der Holzschutzarbeiten.** Die Wirksamkeit einer Schutzbehandlung wird im wesentlichen durch Schutzmittelaufnahme und -eindringtiefe bestimmt. Die Schutzmittelaufnahme kann durch Ermittlung der *Massenzunahme* des Holzes nach der Tränkung oder durch den *Schutzmittelverbrauch* bestimmt werden. Durch *Wägen* vor und nach der Tränkung und unter Berücksichtigung der Konzentration des Tränkmittels und des Volumens bzw. der Oberfläche des Holzes wird die *Aufnahme* in kg/m³ oder g/m² berechnet:

$$A_v = \frac{(m_E - m_A)}{V_H} \cdot \frac{K}{100}$$

$A_v$ auf das Holzvolumen bezogene Schutzmittelaufnahme in kg/m³, $m_E$ Masse des Holzes nach der Tränkung in kg, $m_A$ Masse des Holzes vor der Tränkung in kg, $V_H$ Volumen des Holzes in m³, $K$ Konzentration des Schutzmittels in %.

Aus der Differenz des *Tränkmittelverbrauches* unter Berücksichtigung der Dichte und Konzentration des Schutzmittels, des Volumens bzw. der Oberfläche des getränkten Holzes ergibt sich die Aufnahme in g/m² zu:

$$A_F = \frac{V_A - V_E}{x F_H} \frac{K \varrho \, 10^3}{100}$$

$A_F$ auf die Holzoberfläche bezogene Schutzmittelaufnahme in g/m², $V_A$ Volumen des Schutzmittels vor der Tränkung in dm³, $V_E$ Volumen des Schutzmittels nach der Tränkung in dm³, $\varrho$ Dichte des Schutzmittels bei 20 °C in g/cm³, $F_H$ Oberfläche des behandelten Holzes in m², $K$ Konzentration des Schutzmittels in %, $x$ Faktor für Sprühverluste: in gedeckten Räumen $x = 1,3$; im Freien $x = 2,0$.

Eine Bestimmung der Schutzmittelaufnahme zu einem späteren Zeitpunkt kann nur in chemischen Laboratorien unter erheblichem Aufwand durchgeführt werden.

Die Bestimmung der *Eindringtiefe* quer zur Faserrichtung erfolgt an entnommenen Bohrproben oder an Querschnittsflächen des Holzes. Bei nicht sichtbarer Eindringtiefe erfolgt die Bestimmung durch Farbreaktion.

## Literatur zu 4.6 Holz

### Normen

DIN 1052 Holzbauwerke; Berechnung und Ausführung.
DIN 1074 Holzbrücken; Berechnung und Ausführung.
DIN 1101 Holzwolle-Leichtbauplatten; Abmessungen, Eigenschaften und Prüfung.
DIN 4070 Nadelholz; Querschnittsmaße und statische Werte für Schnittholz.
DIN 4071 Rauhe Bretter und Bohlen aus Nadelholz; Abmessungen.
DIN 4074 Bauholz für Holzbauteile; Gütebedingungen für Schnittholz und Baurundholz.
DIN 4076 Holz, Holzwerkstoffe und Verbundplatten; Begriffe und Zeichen.
DIN 4102 Brandverhalten von Baustoffen und Bauteilen; Begriffe, Anforderungen und Prüfungen.
DIN 4117 Abdichtung von Bauwerken gegen Bodenfeuchtigkeit; Richtlinien für die Ausführung.
DIN 52175 Holzschutz; Grundlagen, Begriffe.
DIN 68365 Bauholz für Zimmerbauten; Gütebedingungen.
DIN 68705 Sperrholz für allgemeine Zwecke; Begriffe, Gütebedingungen.
DIN 68750 Holzfaserplatten; Gütebedingungen.
DIN 68751 Kunststoffbeschichtete dekorative Holzfaserplatten; Begriffe, Anforderung, Prüfung.
DIN 68752 Holzfaserplatten; Bitumenholzfaserplatten; Gütebedingungen.
DIN 68761 Holzspanplatten; Begriffe, Anforderung und Prüfung.
DIN 68800 Holzschutz im Hochbau.

### Bücher

H 03 Stoffhütte, 4. Aufl., Berlin, München: Ernst & Sohn 1967.
H 20 Betriebshütte I, 6. Aufl., Berlin, München: Ernst & Sohn 1964.
H 70 Betriebshütte III, 6. Aufl., Berlin, München: Ernst & Sohn 1965.
1 Holzschutz, Leverkusen: Farbenfabriken Bayer AG 1964.
2 Holzbau-Taschenbuch, Hrsg. *R. v. Halász.* 6. Aufl., Berlin, München: Ernst & Sohn 1963.
3 *Geiger:* Holzschutz, 2. Aufl. Düsseldorf: Werner 1962.
4 *Göhre:* Werkstoff Holz, 2. Aufl., Leipzig: VEB Fachbuchverlag 1961.
5 *Kollmann:* Technologie des Holzes und der Holzwerkstoffe, 2. Aufl., Bd. I, 1951; Bd. II, 1955, Berlin, Göttingen, Heidelberg: Springer.

6 Lexikon der Holztechnik, Leipzig: VEB Fachbuchverlag 1964.
7 *Lueger:* Lexikon der Technik, 4. Aufl., Bd. 3: Werkstoffe und Werkstoffprüfung; Bd. 10 u. 11: Bautechnik, Stuttgart: Deutsche Verlags-Anstalt 1966.
8 *Mahlke, Troschel, Liese:* Handbuch der Holzkonservierung, 3. Aufl., Berlin, Göttingen, Heidelberg: Springer 1950.
9 Taschenbuch der Holztechnologie, Leipzig: VEB Fachbuchverlag 1966.
10 *Trendelenburg, Mayer-Wegelin:* Das Holz als Rohstoff, 2. Aufl., München: Hanser 1955.
11 *Wendehorst, Spruck:* Baustoffkunde, 18. Aufl., Hannover: Vincentz 1966.

### Zeitschriften

15 Holz. Mering, Holz-Verlag.
16 Holz als Roh- und Werkstoff. Berlin, Springer.
17 Holzforschung. Berlin, Cram.
18 Holztechnologie. Leipzig, VEB Fachbuchverlag.
19 Holz-Zentralblatt. Stuttgart. Holz-Zentralblatt-Verl.
20 Bundesbaublatt. Herausgegeben vom Bundesminister für Raumordnung, Bauwesen und Städtebau. Wiesbaden, Bauverlag.

## 4.7 Bituminöse Baustoffe[1])

Bearbeitet von *K. Wesche* und *H. R. Sasse*

### 4.7.1 Begriffe

(DIN 55946)

**Bituminöse Stoffe** enthalten Bitumen, Teere und/oder Peche und können entweder in der Natur vorkommen oder technisch hergestellt werden; sie zeigen thermoplastisches Verhalten.

**Bitumen:** Bei der schonenden Destillation von Erdölen gewonnene dunkelfarbige, halbfeste bis springharte, schmelzbare, hochmolekulare Kohlenwasserstoffgemische und die in Schwefelkohlenstoff löslichen Anteile der Naturasphalte.

**Asphalte** sind Gemische von Bitumen und Mineralstoffen, als natürliche Vorkommen mit unterschiedlichen Bitumengehalten; sie werden vorwiegend technisch hergestellt.

**Teere und Peche** sind durch zersetzende thermische Behandlung organischer Naturstoffe, vornehmlich Steinkohle, gewonnene Kohlenwasserstoffgemische.

### 4.7.2 Prüfung der Bindemittel

(DIN 1995)

#### 4.7.2.1 Aufgaben

Bitumen und Teere sind gegenüber den meisten chemischen Angriffen infolge der Reaktionsträgheit der hochmolekularen organischen Verbindungen beständig. Ihre chemischen Eigenschaften interessieren daher nur in Sonderfällen (z. B. bei Angriff organischer Substanzen oder bei der Forderung hoher Altersbeständigkeit für dünne, der Witterung ausgesetzte Schichten). Für die Praxis sind physikalische Eigenschaften wichtiger, für die zahlreiche Prüfverfahren entwickelt wurden. Wichtig ist die Festlegung der Verformungseigenschaften, da diese in weiten Grenzen — je nach dem Ausgangsmaterial und der Verarbeitung — schwanken und meist für die Auswahl maßgebend sind. Es werden keine eindeutigen Materialkonstanten (z. B. Festigkeiten) ermittelt, sondern es wird durch meist international festgelegte Verfahren und Vergleichswerte eine Beurteilung der thermoplastischen Zustände ermöglicht.

---
[1]) Literatur S. 651

## 4.7.2.2 Verfahren

**4.7.2.2.1 Penetration:** Maßstab für die *Härte*. Festgestellt wird die Eindringtiefe einer genormten Nadel unter 100 p Belastung nach 5 s bei 25 °C (Bild 4.7-1). Die Bezeichnung der destillierten Normenbitumen (z. B. B 80) bedeutet Normenpenetration in 1/10 mm.

**4.7.2.2.2 Erweichungspunkt Ring und Kugel (R. u. K.)** ist ein Maß für die *Wärmeempfindlichkeit*. Festgestellt wird die Temperatur, bei der sich die in einen Ring gefüllte und von einer Stahlkugel belastete Masse in bestimmter Weise verformt (Bild 4.7-2).

**4.7.2.2.3 Erweichungspunkt nach Kraemer-Sarnow (K. S.):** Seltener angewandtes Verfahren. Festgestellt wird die Temperatur, bei der unter festgelegten Bedingungen eine Quecksilbersäule die Probe durchbricht.

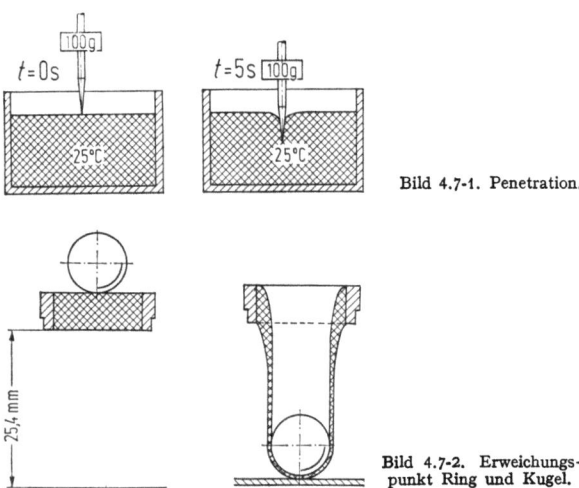

Bild 4.7-1. Penetration.

Bild 4.7-2. Erweichungspunkt Ring und Kugel.

**4.7.2.2.4 Brechpunkt nach Fraaß** ist ein Maß für die *Kälteempfindlichkeit*. Festgestellt wird die Temperatur, bei der eine auf Stahlblech aufgeschmolzene Probe bei festgelegter Verformung und gleichmäßiger Abkühlung reißt (Bild 4.7-3). Die Temperaturspanne zwischen Erweichungs- und Brechpunkt ermöglicht (in Verbindung mit der Penetration oder der Viskosität) eine gute Abschätzung der Verformungseigenschaften.

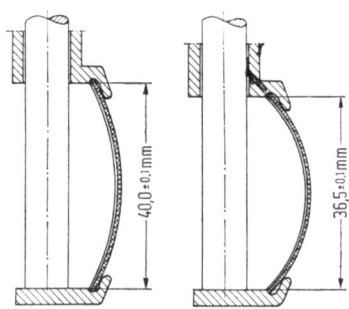

Bild 4.7-3. Brechpunkt nach *Fraaß*.

**4.7.2.2.5 Duktilität** ist ein Maß für die *Streckbarkeit*. Festgestellt wird die Länge eines Fadens, bis zu der sich eine Probe bei bestimmter Temperatur ziehen läßt.

**4.7.2.2.6 Viskosität:** Wird festgestellt durch Messung der Zeit, die für das Auslaufen einer bestimmten Probemenge aus der Düse des Straßenteerviskosimeters oder des Engler-Viskosimeters (DIN 1995) bei bestimmten Temperaturen benötigt wird. Umrechnung der so erhaltenen konventionellen Viskositäten in absolute kinematische Viskosität ist angenähert möglich. Daneben existieren Geräte, die eine Bestimmung der Viskosität in SI Einheiten gestatten. Hierzu gehören *Kapillarviskosimeter* und zur Messung bei tieferen Temperaturen auch *Mikroviskosimeter* bzw. *Rotationsviskosimeter* [H 03].

Um die sehr unterschiedlich viskosen bituminösen Bindemittel mit Auslaufviskosimetern prüfen zu können, müssen verschiedene Ausflußdüsen und Prüftemperaturen gewählt werden. Da Vergleiche hierdurch erschwert werden, wird für Teer auch die sog. *Äquiviskositätstemperatur* oder *Temperaturviskosität* ($T_v$) angegeben, das ist die Temperatur, bei der die Ausflußzeit aus dem Straßenteerviskosimeter (mit 10 mm Düse) 50 s beträgt. Auch die beim Erweichungspunkt R. u. K. für Bitumen angegebene Temperatur stellt eine Äquiviskositätstemperatur dar, da die Bitumen am Erweichungspunkt eine einheitliche Viskosität von etwa $10^6$ cSt haben.

**4.7.2.2.7 Weitere Prüfverfahren** wie Bestimmung der chemischen Zusammensetzung, Veränderung beim Erhitzen, Klebewirkung, Alterung usw. vgl. Normen, Richtlinien und Literatur.

## 4.7.3 Bitumen

### 4.7.3.1 Entstehung, Gewinnung und Aufbau

*Erdöle* sind Umwandlungsprodukte organischer Sedimente. Da Ausgangsstoffe und Entstehungsbedingungen verschieden, sind Zusammensetzungen entsprechend vielfältig, innerhalb eines Vorkommens jedoch weitgehend einheitlich.

Das *Rohöl* wird durch fraktionierte Destillation in technisch verwertbare Bestandteile zerlegt. Man erhält dabei nacheinander die leichtsiedenden *Benzine, Petroleum, Dieselöl* und schließlich die schwersiedenden *Schmieröle*. Als Destillationsrückstand verbleibt *Bitumen*.

Bitumen hat einen kolloidalen Aufbau. Geschlossene Phase, ölig bis zähflüssig (*Maltene*), darin fein verteilte Phase, fest (*Asphaltene*).

Die Bitumeneigenschaften werden durch die kolloidchemische Struktur bestimmt (Art, Zusammensetzung und Menge von Asphaltenen und Maltenen). Weitergehende Destillation vermindert den Maltengehalt und erhöht dadurch die Härte des Bitumens. Angriff von Treibstoffen (Benzin) und Mineralölen auf Bitumen durch Anlösen.

Die *Viskosität* aller bituminösen Stoffe nimmt mit steigender Temperatur bis zur Dünnflüssigkeit ab. Vorgang ist reversibel, wenn keine Überhitzung stattfindet. Dadurch ist Verstreichen oder Verspritzen und gute Benetzung anderer Stoffe möglich. Nach Erkalten ist Ausgangsviskosität wieder vorhanden (*Erhärtung*) und dadurch Beständigkeit gegen mechanische Angriffe gewährleistet.

### 4.7.3.2 Destillierte Bitumen (B)

Sie enthalten je nach Härte noch wesentliche Mengen an schweren Ölen. Genormt sind für Straßenbauzwecke in DIN 1995 sieben Sorten, die nach mittlerer Penetration mit B 300 bis B 15 (s. Tabelle 4.7-2) bezeichnet werden. Sie besitzen sehr gute Klebeeigenschaften und einen für alle normalen Aufgaben ausreichend großen plastischen Bereich (Abstand Brechpunkt-Erweichungspunkt R. u. K. = *Plastizitätsspanne*, 50 grd bis 70 grd). Für die Sortenauswahl ist meist Erweichen bei Wärme maßgebend. Die Verarbeitung erfolgt nur heiß.

Tabelle 4.7-1. Physikalische Eigenschaften von Bitumen, Teer und Pech

| Eigenschaft | Bitumen | Teer | Pech |
|---|---|---|---|
| Dichte kg/dm³ bei +25 °C | 1,00···1,07 | 1,18···1,30 ||
| Volumendehnkoeffizient (15 °C···200 °C) in $10^{-4}$/K | 6 | 7 | 5 |
| spezifische Wärmekapazität cal/g K<br>bei 0 °C<br>bei 200 °C | 0,4<br>0,5 | 0,3···0,6 | 0,3···0,5 |
| Wärmeleitfähigkeit kcal /m h K | 0,14 | 0,13···0,15 ||
| Wasserdampfdurchlässigkeit $10^{-8}$ g/h cm Torr[1]) | 1,0···2,4 | 4,0···5,0 ||
| elektr. Durchschlagfeldstärke bei 20 °C kV/mm | | weiche Sorten über 10<br>harte Sorten bis 60 ||

[1]) 1 Torr = 1,33322 mbar

### 4.7.3.3 Hochvakuumbitumen (HVB)

Es entsteht als Rückstand bei sehr weitgehender Erdöldestillation unter vermindertem Luftdruck, um die sonst über 400 °C ansteigende Destillationstemperatur zu senken. Durch diese schonende Behandlung wird thermische Zersetzung von Kohlenwasserstoffketten (*Cracken*) vermieden. Mehrere handelsübliche Sorten wie HVB 85/95, 95/105, 130/140 (Tabelle 4.7-3) werden nach der *Erweichungspunktspanne* (R. u. K.) bezeichnet. Verwendung dort, wo die Härte wichtiger als die plastischen Eigenschaften im Gebrauchszustand ist (z. B. Fußböden, Anstriche). Die Verarbeitung erfolgt nur heiß.

### 4.7.3.4 Geblasene Bitumen

**4.7.3.4.1 Herstellung.** Durch Einblasen von Luft in weiche destillierte Bitumen erfolgt Verschiebung von einem solartigen in einen gelartigen Charakter.

**4.7.3.4.2 Rheologische Eigenschaften** gegenüber destilliertem Bitumen verändert: Erhöhung der Viskosität und des Erweichungspunktes, trotzdem niedriger Brechpunkt, Rückgang der Duktilitätswerte, Verschlechterungen des Klebeverhaltens und der chemischen Widerstandsfähigkeit (vor allem bei Licht- und Sauerstoffangriff).

**4.7.3.4.3 Sorten:** Geblasenes Bitumen 75/30 bis geblasenes Bitumen 160/5, nach mittlerem Erweichungspunkt (R. u. K.) und mittlerer Penetration bezeichnet (Tabelle 4.7-3).

**4.7.3.4.4 Verwendung,** wo über einen großen Temperaturbereich (Plastizitätsspanne 90 bis 120 grd) gute Verformbarkeit gefordert wird (z. B. Deckmasse für Dachpappen und Dichtungsbahnen, für Rohr- und Behälterisolierung und Vergußmassen). Verarbeitung nur heiß.

### 4.7.3.5 Verschnittbitumen (VB)

**4.7.3.5.1 Entstehung.** Sie sind destillierte Bitumen, deren Viskosität durch Zusatz von Verschnittmitteln, im allgemeinen Steinkohlenteerölen, herabgesetzt ist. Bei leichtflüchtigen und in größerer Menge zugesetzten Verschnittmitteln (meist auf Mineralölbasis) spricht man von *Kaltbitumen*. VB brauchen eine gewisse Zeit, bis die Ausgangsviskosität des Bitumens durch Verdunstung des Verschnittmittels wieder erreicht wird (*Abbinden*).

Tabelle 4.7-2. Straßenbaubitumen nach DIN 1995

| | | | | | Bezeichnung | | | | | Prüf-verfahren |
|---|---|---|---|---|---|---|---|---|---|---|
| | | B 300 | B 200 | B 80 | B 65 | B 45 | B 25 | B 15 | | |
| Penetration (Eindringungstiefe) (100 g, 5 s, 25 °C) | in Zehntel mm | 250···320 | 160···210 | 70···100 | 50−70 | 35···50 | 20···30 | 10···20 | | U 3 |
| Erweichungspunkt a) Ring und Kugel b) *Kraemer-Sarnow* | °C °C | 27···37 16···24 | 37···44 24···30 | 44···49 30···35 | 49···54 35···40 | 54···59 40···45 | 59···67 45···53 | 67···72 53···58 | | U 4 U 5 |
| Brechpunkt nach *Fraaß* | höchst. °C[1] | −20 | −15 | −10 | −8 | −6 | −2 | +3 | | U 6 |
| Asche, höchstens[2]) | Gew.-% | 0,5 | 0,5 | 0,5 | 0,5 | 0,5 | 0,5 | 0,5 | | U 8 |
| Unlösliches abzügl. Asche | höchst. Gew.-% | 0,5 | 0,5 | 0,5 | 0,5 | 0,5 | 0,5 | 0,5 | | U 9 |
| Cyclohexan-Unlösliches abzügl. Asche | höchst. Gew.-% | 0,5 | 0,5 | 0,5 | 0,5 | 0,5 | 0,5 | 0,5 | | U 10 |
| Duktilität (Streckbarkeit) bei 15 °C bei 25 °C | mind. cm mind. cm | 100 − | − 100 | − 100 | − 100 | − 40 | − 15 | − 5 | | U 7 |
| Paraffin | höchst. Gew.-% | 2,0 | 2,0 | 2,0 | 2,0 | 2,0 | 2,0 | 2,0 | | U 11 |
| Dichte bei 25 °C | mind. g/cm³ | 0,99 | 1,0 | 1,0 | 1,0 | 1,0 | 1,0 | 1,0 | | U 2 |
| *Nach dem Erhitzen* (163 °C, 5 h): | | | | | | | | | | |
| Gewichtsverlust | höchstens % | 2,5 | 2,0 | 1,5 | 1,0 | 1,0 | 1,0 | *,0 | | U 12 |
| Anstieg des Erweichungspunktes Ring und Kugel | höchst. °C | 10 | 10 | 10 | 10 | 10 | 8 | 6 | | U 4 |
| Brechpunkt | höchst. °C[1] | −15 | −10 | −8 | −6 | −5 | ±0 | +5 | | U 6 |
| Verminderung d. Penetration | höchst. % | 60 | 60 | 60 | 60 | 60 | 50 | 40 | | U 3 |
| Duktilität bei 15 °C bei 25 °C | mind. cm mind. cm | 50 − | − 50 | − 50 | − 50 | − 15 | − 5 | − 2 | | U 7 |
| | vor dem Erhitzen nach dem Erhitzen | | −17 −15 | −13 −10 | −10 −8 | −8 −5 | −5 −3 | ±0 ±3 | | +5 +7 |

Bei Bitumen aus deutschem Rohöl sind folgende Höchstgrenzen für den Brechpunkt zugelassen:

[1]

[2]) Bitumen, deren Aschegehalt höher ist, können mit besonderem Hinweis angeboten werden.

Tabelle 4.7-3. Eigenschaften von Hochvakuumbitumen und geblasenen Bitumen
(nach Analysentafeln der Bitumen-Industrie)

| Eigenschaften | | Hochvakuumbitumen | | | | Geblasene Bitumen | | | | | | |
|---|---|---|---|---|---|---|---|---|---|---|---|---|
| | | HVB 85/95 | HVB 95/105 | HVB 130/140 | 75/30 | 85/25 | 85/40 | 105/15 | 115/15 | 135/10 | 160/5 |
| Penetration (Eindringungstiefe) 100 g, 5 s, bei 25 °C, in Zehntel mm | | 3···11 | 2···7 | 1···3 | 25···35 | 20···30 | 35···45 | 10···20 | | 3···12 | 2···5 |
| Erweichungspunkt | | | | | | | | | | | |
| a) Ring und Kugel | °C | 85···95 | 95···105 | 130···140 | 70···80 | 80···90 | 80···90 | 100···110 | 110···120 | 130···140 | 150···175 |
| b) Kraemer-Sarnow | °C | 70···80 | 80···90 | 110···120 | 55···65 | 60···70 | 60···70 | 80···90 | 90···100 | 110···120 | 130···150 |
| Tropfpunkt nach Ubbelohde | °C | 100···110 | 110···120 | | 82···92 | 92···102 | 92···102 | 112···122 | 122···140 | 145···160 | 160···190 |
| Brechpunkt nach Fraaß | höchst. °C | | | | −12 | −10 | −20 | −8 | −10 | | |
| Duktilität bei 25 °C | mindest. cm | | | | 4···10 | 3···8 | 3···8 | 2···5 | 2···3 | 0···2 | |
| Asche | höchst. Gew.-% | | 0,5 | | | | | 0,5 | | | |
| Unlösliches, abzügl. Asche, | höchst. Gew.-% | 0,5···1,0 | | 0,5 | | | | 0,5 | | 0,5···1,0 | |
| Paraffin | höchst. Gew.-% | | 2,0 | | | | | 2,0 | | | |
| Flammpunkt o. T. | über °C | 300···330 | | | 230···240 | 240···250 | 200···230 | 250···260 | 250···270 | 280 | 290 |
| Dichte | mind. g/cm³ | | 1,0 | | | | | 1,0 | | | |
| Nach dem Erhitzen (163 °C, 5 h): | | | | | | | | | | | |
| Gewichtsverlust höchst. Gew.-% | | 0,1 | 0,1 | | 0,5···1,0 | 0,5 | 0,5 | 0,2···0,3 | | 0,1···0,3 | 0,1 |
| Anstieg des Erweichungspunktes Ring und Kugel höchst. | °C | 5 | | 4 | | | | | | | |

### 4.7.3 Bitumen

**4.7.3.5.2 Hauptsorten:** *Normverschnittbitumen* VB (DIN 1995) mit etwa 15% Verschnittmittel und hochviskose VB 500 mit etwa 5% Verschnittmittel (Tabelle 4.7-4). Zur Erhöhung der Haftfestigkeit am Gestein werden in geringen Mengen Haftverbesserer aus hochmolekularen Aminen zugesetzt. DIN 1995 sieht besondere Gebrauchsprüfungen für das Klebeverhalten und das Verhalten des Bindemittelüberzugs bei Wasserlagerung vor. Die Verwendung erfolgt in erster Linie im Straßenbau für Kompressionsdecken und zu Reparaturzwecken. Die Verarbeitung erfolgt warm (Verschnittbitumen) bzw. kalt (Kaltbitumen). Je nach Art und Menge der Verschnittmittel ist beim Umgang mit diesen Bindemitteln wegen Entzündungsgefahr Vorsicht geboten.

Tabelle 4.7-4. Verschnittbitumen nach DIN 1995[1])

| Eigenschaften | | | Prüfverfahren |
|---|---|---|---|
| Äußere Beschaffenheit | | gleichmäßig | U 1 |
| Wasser | höchstens Gew.-% | 0,5 | U 17 |
| Viskosität im Straßenteerviskosimeter (10-mm-Düse) bei 30°C | s | 100···150 | U 14a |
| Siedeanalyse bis 360°C  a) Destillat bis 250°C  b) Destillat bis 300°C  c) Destillat bis 360°C | Gew.-% insgesamt Gew.-% insgesamt Gew.-% insgesamt | 0···2 1···5 5···14 | U 34 |
| Eigenschaften des Destillationsrückstandes  a) Erweichungspunkt Ring und Kugel  b) Penetration (100 g, 5 s, 25°C) | °C mindestens Zehntel mm | 25···45 100 | U 4 U 3 |
| Asche | höchstens Gew.-%[2]) | 0,5 | U 8 |
| Unlösliches abzügl. Asche | höchstens Gew.-% | 0,5 | U 9 |
| Gebrauchsprüfungen  a) Gewichtsverlust und Klebeprüfung  b) Verhalten des Bindemittelüberzuges bei Wasserlagerung | | lt. Prüfverfahren lt. Prüfverfahren | U 35 U 36 |

[1]) Verschnittbitumen anderer Zusammensetzung und mit anderen Eigenschaften können mit besonderem Hinweis angeboten werden.
[2]) Verschnittbitumen, deren Aschgehalt höher ist, können mit besonderem Hinweis angeboten werden.

### 4.7.3.6 Bitumenemulsionen

**4.7.3.6.1 Anionische Emulsionen.** Bitumenemulsionen sind Dispersionen von destilliertem Bitumen in wäßrigem Medium. Mechanische Zerteilung der Bitumenmasse, Erhaltung des Schwebezustandes der Bitumenkügelchen im Wasser durch *Emulgatoren*. Bei fettsauren Salzen (*Seifen*) sowie eiweißhaltigen Stoffen als Emulgatoren spricht man von *anionischen Emulsionen*, da die Bitumenkügelchen zusammen mit der sie umgebenden grenzflächenaktiven Emulgatorschicht eine negative elektrische Ladung tragen. Die Emulsion soll in einer gewissen Zeitspanne zerfallen (brechen), wenn sie bei der Verarbeitung mit Gestein in Berührung kommt. Erst dadurch kann sich das Bitumen zu einem zusammenhängenden Film ausbilden und das Gestein verkitten. Damit bei anionischen Emulsionen eine gute Klebewirkung zwischen Gestein und Bitumen auftritt, muß das Emulsionswasser nach dem Brechen verdunsten oder vom Gestein aufgesogen werden. Dies ist bei porösen und basischen Gesteinen im allgemeinen in zufriedenstellender Weise der Fall.

**4.7.3.6.2 Kationische Emulsionen.** Bei quarzreichen (sauren) und dichten Gesteinen kann der Abbindeprozeß jedoch erheblich verzögert werden, so daß z. B. Regenwasser die Emulsion fortspülen kann. Für solche Fälle sind in den letzten Jahren *kationische Emulsionen* entwickelt worden, die Aminosalze als Emulgatoren enthalten. Diese zeichnen sich durch bessere und sofortige Haftung des Bitumenfilms am Gestein nach dem Brechen aus, da die Bitumenteilchen eine positive Ladung besitzen und daher von der negativ geladenen Oberfläche saurer Gesteine angezogen werden.

**4.7.3.6.3 Sonderemulsionen** (*Haftkleber*) mit höherem Wasseranteil und stark gefluxtem Bitumen als Bindemittelbasis besitzen sehr hohes Haftvermögen und neigen unter Verkehr nicht zum Kleben.

**4.7.3.6.4 Vorzüge.** Bitumenemulsionen haben folgende vorteilhafte und für den Straßenbau wichtige Eigenschaften: bei Normaltemperatur sind sie dünnflüssig, daher kalt zu verarbeiten; auch auf feuchtem Gestein sofort haftend, unbrennbar, geruchlos.

**4.7.3.6.5 Sorten und Verwendung.** DIN 1995 unterscheidet anionische Bitumenemulsionen in unstabile, schnell brechende (U), unstabil-hochviskose (UV), unstabil-frostbeständige (F), halbstabile, mittelschnell brechende (H) und stabile, langsam brechende (S) (Tabelle 4.7-5). Verwendung für Oberflächenschutzschichten, Beläge und Ausbesserungen im Straßenbau und als Sperrschicht im Bautenschutz. Darüber hinaus gibt es eine Reihe noch nicht genormter Bitumenemulsionen, zu denen auch die kationischen Sorten gehören.

## 4.7.4 Naturasphalte

### 4.7.4.1 Vorkommen, Bitumengehalt

Naturasphalte sind natürlich vorkommende Gemische von Bitumen und Mineralstoffen. Ihr Bitumengehalt ist sehr unterschiedlich. Das aus dem verunreinigten Trinidad-Asphalt hergestellte Trinidad-Epuré enthält etwa 55 Gew.-% eines harten Bitumens und wird für bestimmte Zwecke destillierten Bitumen in geringer Menge zugesetzt. — An Kalkstein gebundene Vorkommen (Weserbergland, Schweiz und Frankreich) enthalten nur 4 bis 10 Gew.-% Bitumen. Dieses Asphaltgestein wird gemahlen und als Zuschlagstoff bei der Herstellung bestimmter Asphaltprodukte benutzt.

### 4.7.4.2 Verwendung

Trinidad-Epuré vielfach als Zusatz zum Bitumen bei der Herstellung von Gußasphalt für Straßendecken. Verwendung des deutschen Naturasphaltes, soweit wirtschaftlich, vornehmlich bei der Herstellung von Mastixbroten und Asphaltplatten.

## 4.7.5 Teer und Pech

### 4.7.5.1 Entstehung, Herstellung und Aufbau

**4.7.5.1.1 Destillation.** Die als Baustoff verwendeten Teere werden vorwiegend in Kokereien aus Steinkohlen mit geringem Gasgehalt (Fettkohlen) hergestellt, die unter Luftabschluß in Koksofenbatterien auf Temperaturen von $\approx 1000\,°C$ gebracht werden (*trockene Destillation*). Es entsteht Koks und Kokereigas, dem durch Kühlung das Nebenprodukt Rohteer entzogen wird. Durch *fraktionierte Destillation* werden Ammoniakwasser und die leicht siedenden aromatischen Kohlenwasserstoffe Benzol, Phenol, Naphthalin sowie Schweröl und Anthrazenöle abgetrennt. Als Rückstand verbleibt das Pech.

**4.7.5.1.2 Aufbau.** Teer und Pech weisen ähnliche Feinstruktur wie Bitumen auf. Die kolloidale Lösung, das *Sol*, wird hier aus vorwiegend aromatischen Kohlenwasserstoffen gebildet, wobei höhermolekulare, harzartige Bestandteile in den niedrigermolekularen Teerölen dispergiert sind.

### 4.7.5 Teer und Pech

Tabelle 4.7-5. Bitumenemulsionen nach DIN 1995

| Eigenschaften | | Unstabil (schnell brechend) | | | | Halbstabil (mittel-schnell brechend) | Stabil (langsam brechend) | Prüf-verfahren |
|---|---|---|---|---|---|---|---|---|
| | | U 55 | U 60 | U V | F | | | |
| a) Äußere Beschaffenheit | | braun, flüssig, glatt, ohne festen Bodensatz | | | | | | U 1,24 |
| b) Siebrückstand | höchst. Gew.-% | 0,5 | | | | | | U 26 |
| Viskosität a) im Engler-Viskosimeter bei 20°C | mind. E | 3 | höchstens 12 | — | 2,5 | 3 | — | U 14b |
| b) im Straßenteerviskosimeter (4-mm-Düse) bei 20°C | mind. s | — | — | 50 | — | — | — | U 14a |
| Bitumengehalt[1]) Trockensubstanz abzügl. Asche | mind. Gew.-% | 55 | 60 | 55 | 55 | 55 | 55 | U 25 |
| Asche | höchst. Gew.-% | 2,5 | | | | | | U 8 |
| Art des Bitumens | | Bitumen B 200 oder B 300 | | | | | | U 27, 4 |
| Stabilitätsgrad | | unstabil | unstabil | unstabil | unstabil[2]) | halbstabil | stabil | U 28 |
| Lagerbeständigkeit | | mindestens 8 Wochen | | | | | | U 29 |
| Siebrückstand nach 7 Tagen Lagerung | höchst. Gew.-% | 0,5 | | | | | | U 26 |
| Verhalten bei tiefer Temperatur | | — | — | — | lt. Prüfverfahren | — | — | U 30 |
| Gebrauchsprüfungen a) Klebeprüfung | | lt. Prüfverfahren | | | | | | U 31 |
| b) Verhalten des Bindemittelüberzuges bei Wasserlagerung | | lt. Prüfverfahren | | | | | | U 32 |

[1]) Unterschreitungen der geforderten Mindestwerte um 1,0 % (absolut) sind als Liefertoleranz einschließlich des Prüffehlers zulässig.
[2]) Stabilitätsgrad unstabil an der Grenze zu halbstabil ist noch zulässig.

**4.7.5.1.3 Eigenschaften.** Chemische und physikalische, vor allem rheologische Eigenschaften des *Teers* sind denen des Bitumens ähnlich. Aus dem Aufbau ergeben sich jedoch etwas abweichende chemische Eigenschaften: Wegen hohen Gehaltes an aromatischen Kohlenwasserstoffen (Benzolabkömmlingen) ist er in den vorwiegend kettenförmig und naphthen-ringförmigen Kohlenwasserstoffen des Erdöls nicht mehr löslich, wegen der im Mittelöl enthaltenen Phenole wirkt er als *biologisches Gift*. Diese Eigenschaft ist oft wertvoll (Bakterienbeständigkeit, Wurzelfestigkeit), in gewissen Fällen ist jedoch Vorsicht geboten (Trinkwasserschädigung). Nachteil: Höhere Alterungsempfindlichkeit, vor allem bei Licht- und Sauerstoffeinwirkung, kann aber durch besondere Maßnahmen bei der Herstellung und Verwendung gemindert werden.

### 4.7.5.2 Normal-Teerpeche

Je nach Destillationstemperatur verbleibt als Rückstand *Weichpech, Brikettpech* oder *Hartpech*. Verwendung vor allem bei der Dachpappenherstellung und als Bautenschutzmittel (Anstriche). *Plastizitätsspanne*, d. h. Unterschied zwischen Brechpunkt und Erweichungspunkt R. u. K., ist mit $\approx$ 30 K sehr gering. Verarbeitung als Heißmasse und in vielfältigen Lösungs- und Emulsionsformen in kaltem Zustand.

### 4.7.5.3 Sonderpeche

Durch Einblasen von Luft in Normalpech und unter Zugabe von Fluxmitteln entsteht eine dem geblasenen Bitumen ähnliche Gelstruktur. Bei Zugabe von Füllstoffen erreicht man Plastizitätsspannen bis 100 K.
Verwendung für Dachpappen, Dichtungen und zum Korrosionsschutz; im Straßenbau wegen zu geringer Klebkraft nicht möglich.

### 4.7.5.4 Straßenteere (T)

Sie entstehen aus Weichpech durch Verschneiden mit Fluxöl (Mischung verschiedener Teeröle). Maßgebend für die Viskosität im Verarbeitungszustand ist die Art und Menge der Fluxöle. Der Verlauf der Temperatur-Viskositätskurve ist steiler als bei Bitumen. Beim Abbinden (Zunahme der Viskosität im Laufe der Zeit) verdunsten die Mittelöle und Teile des Schweröls. Straßenteer darf bei der Verarbeitung nicht zu hoch erhitzt werden (gelbe Dämpfe), da sonst durch Verdampfen der Fluxöle die Viskosität erheblich ansteigen kann. Weitere, langsamer verlaufende Viskositätszunahme durch Oxydationsvorgänge (Verharzung, Alterung) ist nur dann von Bedeutung, wenn Teer in dünner Schicht ständig mit Luft in Berührung kommt.
Genormt sind in DIN 1995 vier Straßenteere T 40/70 bis T 250/500, bezeichnet nach der Viskositätsspanne (Straßenteerviskosimeter, Tabelle 4.7-6). Verwendung in allen Bereichen des Straßenbaues. Für heißgemischte Tragschichten ist auch nicht genormter, fluxmittelarmer, hochviskoser Straßenteer (Äquiviskositätstemperatur $T_v = 49$ bis 53°C) verwendbar.

### 4.7.5.5 Straßenteere mit Bitumen (BT)

Diese enthalten 15 Gew.-% Bitumen, dadurch ergeben sich gegenüber Normalteer günstigere Abbindeeigenschaften. Wegen starker Entmischungsneigung durch unterschiedlichen Kolloidaufbau sind erst seit kurzem auch Bitumenteere mit 30% bis 45%

4.7.5 Teer und Pech

Tabelle 4.7-6. Straßenteere nach DIN 1995

| | Straßenteere | | | | | Straßenteere mit Bitumen[1] | | | | |
|---|---|---|---|---|---|---|---|---|---|---|
| | Bezeichnung | | | | Prüf-verfahren | Bezeichnung | | | | Prüf-verfahren |
| | T 40/70 | T 80/125 | T 140/240 | T 250/500 | | BT 40/70 | BT 80/125 | BT 140/240 | BT 250/500 | |
| Äußere Beschaffenheit | gleichmäßig | | | | U 1 | gleichmäßig, nicht ölabscheidend | | | | U 1, 22 |
| a) Viskosität im Straßen-teerviskosimeter (10 mm) | | | | | | | | | | |
| bei 30°C   S | 40···70 | 80···125 | ≈140···240 25···40 | ≈250···500 45···100[2] | U 14a | 40···70 | 80···125 | ≈140···240 25···40 | ≈250···500 45···100 | U 14a |
| bei 40°C   S | | | | | | | | | | |
| b) Äquivalenz-Temperatur ($T_v$) °C[3] | 28,7···31,6 | 32,3···34,4 | 35,5···38,6 | 39,1···43,3 | | 28,7···31,6 | 32,3···34,4 | 35,5···38,6 | 39,1···43,3 | |
| Siedeanalyse bis 350°C bzw. 300°C | | | | | U 16 | | | | | U 16 |
| a) Wasser höchst. Gew.-% | 0,5 | | | | U 15, 16, 17 | 0,5 | | | | U 15, 16, 17 |
| b) Leichtöl (bis 170°C) höchst. Gew.-% | 1,0 | | | | | 1,0 | | | | |
| c) Mittelöl (170···270°C) Gew.-% | 6···12 | 5···11 | 3···9 | 2···8 | U 16 | 7···15 | 5···13 | 4···11 | 3···8 | U 16 |
| d) Schweröl (270···300°C) Gew.-% | 3···9 | | | | | 3···9 | | 2···8 | | |
| e) Anthracenöl (über 300°C) umgerechnet Gew.-% | 17···27 | | 18···28 | | | | | | | |
| f) Pechrückstand, umgerechnet auf 67°C Erweichungs-punkt Kraemer-Sarnow Gew.-% | 59···70 | 61···71 | 64···74 | | | | | | | |
| Erweichungspunkt Kraemer-Sarnow des Pechrückstandes höchstens °C | 70 | | | | | 45 | | | | U 5 |
| Phenole höchst. Raum-% | 3 | | 2 | | U 5 | 2,5 | | | 2 | U 18 |
| Naphthalin höchst. Gew.-% | 3 | | | | U 18 | | | 2,5 | | U 19 |
| Rohanthracen höchst. Gew.-% | 3,5 | | | 4 | U 19 | 3,5 | | | | |
| Toluol-Unlösliches Gew.-% | 5···16 | | 5···18 | | U 20 | | | | | |
| Dichte bei 25°C höchst. g/cm³ | 1,23 | 1,24 | | 1,25 | U 2 | 1,18 | 1,19 | | 1,21 | U 2 |

[1] Diese Bedingungen gelten nur für Mischungen von 85 Gew.-% Straßenteer mit 15 Gew.-% Norm-Bitumen B 45. Es dürfen nur Bitumen verwendet werden, die sich mit dem Straßenteer ohne Ölabscheidung in Emulsions- oder Tropfenform mischen lassen. — [2] Maßgebend ist die Bestimmung der Viskosität im Straßenteerviskosimeter bei 40°C. Die Zahlen für die Viskosität bei 30°C sind nur zum Vergleich angegeben. — [3] Die Äquiviskositäts-Temperatur $T_v$ ist die Temperatur, bei der der Teer eine Viskosität von 50 S, gemessen im Straßenteerviskosimeter mit der 10-mm-Düse, hat; S Saybolt-Sekunde.

Bitumen möglich, die gutes Abbindeverhalten und gegenüber Straßenteer eine größere Plastizitätsspanne und verbesserte Alterungsbeständigkeit aufweisen.
DIN 1995 enthält bisher vier Sorten von weichen BT 40/70 bis zum hochviskosen BT 250/500 (15% Bitumen, s. Tabelle 4.7-6).

### 4.7.5.6 Kaltteer

Nach DIN 1995 ist Kaltteer ein mit $\approx$ 15% leichtsiedenden Teerdestillaten (Benzol) verschnittener Straßenteer, der für Ausbesserungsarbeiten verwendet wird. Wie Verschnittbitumen ist er leicht entzündlich (Tabelle 4.7-7).

Tabelle 4.7-7. Kaltteer nach DIN 1995[1])

| Äußere Beschaffenheit | | gleichmäßig |
|---|---|---|
| Viskosität im Straßenteerviskosimeter (4-mm-Düse) bei 25 °C | höchstens S[2]) | 30 |
| Siedeanalyse bis 350 °C | | |
| Wasser | höchstens Gew.-% | 0,5 |
| Leichtöl (bis 170 °C) | Gew.-% | 10 ··· 18 |
| Mittelöl (170 °C bis 270 °C) | Gew.-% | 4 ··· 10 |
| Schweröl und Anthracenöl (über 270 °C) umgerechnet | Gew.-% | 16 ··· 32 |
| Pechrückstand, umgerechnet auf 67 °C, Erweichungspunkt K. S.[3]) | Gew.-% | 52 ··· 62 |
| Erweichungspunkt K. S.[3]) des Pechrückstandes | höchstens °C | 70 |
| Phenole | höchstens Raum-% | 3 |
| Naphthalin | höchstens Gew.-% | 3 |
| Rohanthracen | höchstens Gew.-% | 3 |
| Toluol-Unlösliches | Gew.-% | 4 ··· 16 |
| Gebrauchsprüfungen Klebeprüfungen | | Anforderungen s. Prüfverfahren |
| Verhalten des Bindemittelüberzuges bei Wasserlagerung | | Anforderungen s. Prüfverfahren |

[1]) Die Liefergefäße müssen einen deutlichen Hinweis auf die Leichtentzündlichkeit des Kaltteers tragen.
[2]) S Saybolt-Sekunde.
[3]) K. S. *Kraemer-Sarnow*.

### 4.7.5.7 Alterungsbeständige Teere (Wetterteere)

Die Oxydations- und Verharzungsvorgänge von Straßenteer unter dem Einfluß von Licht, Luft und Wasser (*Alterung*) werden bestimmt durch die *Schweröle* (Anthrazenöle) im weichpechartigen Teer. Durch besondere Wahl der Anthrazenöle läßt sich ein weniger alterungsempfindlicher Teer herstellen.
Drei Sorten nach Viskositätsspannen (80/125, 140/240 und 250/500, s. Tabelle 4.7-8). Verwendung vorzugsweise für Oberflächenbehandlungen und Tränkmakadamdecken im Straßenbau. Der Vermeidung des *Schwitzens* der Fahrbahnoberfläche (Hervorquellen von reinem Bindemittel zwischen den Gesteinskörnern) ist besondere Beachtung zu schenken, da das nach dem Abbinden verbleibende Pech relativ weich ist und sich auf der Oberfläche nicht verhärtet.

### 4.7.6 Anwendung der bituminösen Baustoffe

Tabelle 4.7-8. Alterungsbeständige Straßenteere und hochviskoser Straßenteer

| Eigenschaft | | Alterungsbeständige Straßenteere | | | Straßenteer (hochviskos) $T_v$ |
|---|---|---|---|---|---|
| | | 80/125 | 140/240 | 250/500 | 49···53°C |
| Äußere Beschaffenheit | | gleichmäßig | | | |
| Viskosität im Straßenteerviskosimeter (10-mm-Düse) | bei 30°C S³) | 80···125 | ≈140 ···240 | ≈250···500 | |
| | bei 40°C S³) | | 25 ···40 | 45 ···100 | 40···90¹) |
| Äquiviskositäts-Temperatur ($T_v$) | °C | 32,3···34,4 | 35,5···38,6 | 39,1···43,3 | ≈49···53 |
| Siedeanalyse bis 350°C | | | | | |
| Wasser | höchstens Gew.-% | 0,5 | 0,5 | 0,5 | 0,5 |
| Leichtöl (bis 170°C) | höchstens Gew.-% | 1,0 | 1,0 | 1,0 | 1,0 |
| Mittelöl (170···270°C) | Gew.-% | 6···11 | 4···9 | 3···8 | 0···5 |
| Schweröl (270···300°C) | Gew.-% | 6²) | 5²) | 4²) | 2···5 |
| Anthracenöl (über 300°C) umgerechnet | Gew.-% | 17···27 | 18···28 | 18···28 | 20···30 |
| Pechrückstand, umgerechnet auf 67°C Erweichungspunkt K. S.⁴) | Gew.-% | 59···70 | 61···71 | 64···74 | 66···78 |
| Verhältnis: Anthracenöl II (über 350°C) zu Anthracenöl I (unter 350°C) | mindestens | 1,5 | 1,5 | 1,5 | 1,0 |
| Erweichungspunkt K. S.⁴) des Pechrückstandes | höchstens °C | 45 | 45 | 45 | 60 |
| Phenole | höchstens Raum-% | 3 | 2 | 2 | 1 |
| Naphthalin | höchstens Gew.-% | 3 | 3 | 2 | 2 |
| Rohanthrazen | höchstens Gew.-% | 3,5 | 3,5 | 4 | 4 |
| Toluol-Unlösliches | Gew.-% | 5···16 | 5···18 | 5···18 | 5···18 |
| Dichte bei 25°C | höchstens g/cm³ | 1,23 | 1,24 | 1,25 | 1,26 |

¹) 10-mm-Düse bei 50°C. — ²) höchstens — ³) S = Saybolt-Sekunde. — ⁴) *Kraemer-Sarnow*.

#### 4.7.5.8 Teeremulsion

Sie ist unter der Bezeichnung S 60 als stabile Teeremulsion mit einem Gehalt von 60% T 80/125 im Handel. Verwendung kalt zur Verfestigung von bindigen und nichtbindigen Böden (Wirtschaftswege).

## 4.7.6 Anwendung der bituminösen Baustoffe
### 4.7.6.1 Bituminöser Straßendeckenbau

Wichtigstes Anwendungsgebiet dieser Baustoffe ist das Herstellen von Straßendecken [H 32]. Zusammenstellung der Bindemittelauswahl für die einzelnen Verwendungsarten nach [3] in den Tabellen 4.7-9 bis 4.7-12.

Tabelle 4.7-9. Bitumen im Straßenbau

| | | | |
|---|---|---|---|
| Oberflächenschutzschichten | | mit Rohsplitt und Mischsplitt | B 300, B 200, VB, VB 500, U 60 |
| | | mit bituminöser Schlämme | B 300, B 200, VB, VB 500, S |
| | | mit Mastix¹) | B 200, B 80, B 65¹) |
| | Decken | Tränkmakadam | B 300, B 200, VB, VB 500, U 60 |
| | | Streumakadam Kalteinbau²) | VB, VB 500, VB Emulsion |
| | | Heißeinbau | B 500, B 300, B 200 |
| | | Mischmakadam Kalteinbau²) | VB, VB 500 |
| | | Heißeinbau | VB, B 300, B 200 |
| | | Asphalt-Eingußdecke (Walzschottergußasphalt) | B 200, B 80, B 65¹) |
| | Teppiche | Mischsplitt offen | B 300, B 200, VB, VB 500, H, VB-Emulsion, KB |
| | | dicht | B 300, B 200, VB, VB 500, S, VB-Emulsion, KB |
| | | kalteinbaufähiger Asphaltbeton | VB, VB 500, Spezial-VB |
| | Binder | Asphaltbinder | (B 300), B 200, B 80, (B 65) |
| | | Teerasphaltbinder | 4 GT, B 450, B 65 + 1 GT, T 40/70 − T 140/240³) |

## 4.7 Bituminöse Baustoffe

Tabelle 4.7-9 (Fortsetzung)

| | | |
|---|---|---|
| Beläge nach dem Betonprinzip | Sandasphalt | B 65, B 45 |
| | splittarmer Asphaltfeinbeton | B 80, B 65, B 45 |
| | splittreicher Asphaltfeinbeton | (B 300), B 200, B 80, (B 65) |
| | Teerasphaltfeinbeton | 4 GT, B 450, B 65 + 1 GT, T 40/70 — T 140/240³) |
| | Asphaltgrobbeton | (B 300), B 200, B 80, (B 65) |
| | Teerasphaltgrobbeton | 4 GT, B 450, B 65 + 1 GT, T 40/70 — T 140/240³) |
| | Gußasphalt | (B 65), B 45, B 25, (B 15)¹) |
| Tragschichten aus bituminösem Mischgut | feinkörnig | B 80, B 65 |
| | mittelkörnig | (B 200), B 80, B 65 |
| | grobkörnig | B 200, B 80, (B 65) |
| Straßenunterhaltung | Spritzverfahren | B 300, B 200, VB, VB 500, U 60 |
| | Mischverfahren | VB, VB-Emulsion, KB |

¹) evtl. mit Naturasphaltmehl (u. Trinidad-Epuré).
²) einschl. Warmeinbau.
³) fertige oder an der Baustelle hergestellte Gemische.

Tabelle 4.7-10. Teer und Teerpech im Straßenbau (nach DIN 1995 und „Vorläufige Beschaffenheitsvorschriften für Sonderbindemittel auf Teerbasis")¹)

| | | |
|---|---|---|
| Anspritzen des Unterbaus Oberflächenbehandlungen | | T 40/70, T 80/125 |
| | | T 40/70 bis T 250/500, BT 40/70 bis BT 250/500, alterungsbeständige Straßenteere 80/125 bis 250/500, Bitumenteere mit erhöhtem Bitumengehalt 250/500, $T_v = 54\cdots56\,°C$ |
| Tränkmakadam | | T 40/70 bis T 140/240, BT 40/70 bis BT 140/240, alterungsbeständige Straßenteere 80/125, 140/240 |
| Streumakadam | | T 40/70 bis T 140/240, BT 40/70 bis BT 140/240, Bitumenteere mit erhöhtem Bitumengehalt 80/125 |
| Mischmakadam | Kalteinbau | T 40/70, T 80/125, BT 40/70, BT 80/125, Bitumenteere mit erhöhtem Bitumengehalt 80/125 |
| | Heißeinbau | T 140/240, T 2.0/500, BT 140/240, BT 250/500, Bitumenteere mit erhöhtem Bitumengehalt 250/500 |
| Teerbeton | Kalteinbau | Bitumenteere mit erhöhtem Bitumengehalt 80/125 |
| Asphaltteerbeton | Heißeinbau | T 250/500, BT 250/500, alterungsbeständiger Straßenteer 250/500, Bitumenteere mit erhöhtem Bitumengehalt 250/500, $T_v = 54\cdots56\,°C$ |
| Teergebundener Unterbeton | Heißeinbau | T 250/500, Straßenteer $T_v = 49\cdots53\,°C$ |
| Bodenverfestigung | | T 40/70 bis T 140/240, Straßenteer $T_v = 49\cdots53\,°C$, Straßenteeremulsion S 60 |
| Ausbesserung | | T 40/70, T 80/125, BT 40/70, BT 80/125, Kaltteer |

¹) Grundsatz für Verwendung: niedrigviskose Teere im Sommer,
hochviskose Teere im Frühjahr und Herbst.

## 4.7.6.2 Dachbelagstoffe

#### 4.7.6.2.1 Dachpappen

*4.7.6.2.1.1 Aufbau.* Als tragendes Gerüst im allgemeinen Rohfilzpappe nach DIN 52117. Bezeichnung nach Quadratmetergewicht in g als Rohfilzpappe 333 und Rohfilzpappe 500. Nach Tränkung mit weichem bis mittelhartem Bitumen oder Teer entstehen nackte Bitumen- oder Teerpappen (s. 4.7.6.2.1.2). Neben Rohfilzpappe wird heute in steigendem Umfang Glasvlies als Einlage verwendet und dadurch eine Quellmöglichkeit sowie eine eventuelle Verrottungsgefahr beseitigt. In besonderen Fällen werden auch Metall- oder Kunststoff-Folien als Einlagen verwendet.

Nackte Pappen werden durch beiderseitige Beschichtung mit Deckmasse zur Dachpappe. Bezeichnung nach Flächengewicht der Rohfilzpappe als 333er und 500er. Gefordert wird völlige *Wasserundurchlässigkeit*.

Eine gewisse *Wasserdampfdurchlässigkeit* ist dagegen erwünscht, um Wellen- und Blasenbildung vorzubeugen (bei Verwendung als Dampfsperre beachten). Bevorzugt verwendet werden geblasene Bitumen und Teersonderpeche, vielfach mit Zusätzen feiner Mineralstoffe (*gefüllte Deckmasse*). Einfache und wirksame Abhilfemaßnahme gegen die fotochemische Alterung ist neben Füllstoffen in der Deckmasse eine dichte und festhaftende mineralische Abdeckung. Dachpappen werden deshalb mit beiderseitigen Abstreuungen aus Talkum, Sand oder feinem Splitt in Rollen von 1 m Breite und 10 m bis 30 m Länge geliefert. Die Streumittel dienen auch zur Trennung der Lagen bei der Herstellung und Lagerung. Weitere Verbesserung von Wetterbeständigkeit und Aussehen sowie Verringerung der Wärmeabsorption durch *Abdeckung* mit farbigem Splitt oder Aufkleben von Kunststoff- oder Aluminiumfolien.

Wichtig für den Dauererfolg ist die genaue Beachtung der Deckungsregeln sowie eine regelmäßige Pflege (bei Pappen nach DIN 52128 und DIN 52140 Konservierungsanstriche erst nach etwa fünf bis zehn Jahren erforderlich, sonst alle zwei bis drei Jahre). Fertige Dachbeläge müssen die bauphysikalischen Forderungen des Wärmeschutzes und der Dampfdiffusion berücksichtigen.

*4.7.6.2.1.2 Nackte Pappen* (nur für Abdichtungen) auf Bitumenbasis (DIN 52129) oder Teerbasis (DIN 52126). Bezeichnung nach Flächengewicht der Rohfilzpappe als nackte Pappe 333 und nackte Pappe 500. Nur Träger der Bitumenaufstriche, keine eigene Dichtungswirkung. Gefordert werden *Bruchlast, Bruchdehnung* und *Kältebeständigkeit*.

*4.7.6.2.1.3 Bitumendachpappen mit beiderseitiger Btiumendeckschicht* (DIN 52128) aus Rohfilzpappe hergestellt, mit Tränkmasse getränkt, beiderseits mit Deckmasse versehen und mit mineralischen Stoffen bedeckt. Wichtigste Normenforderungen sind *Wasserundurchlässigkeit, Bruchlast, Bruchdehnung, Formbeständigkeit* bei Kälte (0°C) und Wärme $+70°C$).

*4.7.6.2.1.4 Teerdachpappen*, beiderseitig besandet (DIN 52121), aus getränkter und beiderseitig überzogener Rohfilzpappe. Gegenüber Bitumendachpappen bestehen verringerte Anforderungen bezüglich der Wasserundurchlässigkeit, Bruchlast und Formbeständigkeit, aber gleiche Anforderungen bezüglich der Bruchdehnung.

*4.7.6.2.1.5 Teer-Sonderdachpappen und Teer-Bitumendachpappen* mit beiderseitiger Sonderdeckschicht (DIN 52140). Aufbau und Normenforderungen wie Bitumendachpappen.

*4.7.6.2.1.6 Dachanstrichstoffe (Dachlacke)* sind bituminöse Konservierungsanstriche für Schutz und Pflege von Pappdächern (Alterung der Deckschicht durch Verharzung). Vorwiegend kalt verstreichbare Lösungen von Bitumen und Teerpech. Aus Verträglichkeitsgründen gleiche Basis wie Dachpappen-Deckmasse, sonst besteht Fluxgefahr! Durch Pigmentierung oder Metallpulverzugabe sind farbige oder metallisch glänzende Oberflächen möglich (z. B. Alu-Anstriche).

### 4.7.6.3 Bituminöse Abdichtungsstoffe

Verwendung zur Abdichtung von Bauwerken aus Mauerwerk, Beton, Stahlbeton usw. gegen *Bodenfeuchtigkeit, Sicker-* und *Druckwasser*. Maßgebend für Eigenschaften, Anwendung und Prüfung sind DIN 4122, DIN 4031, DIN 4117, VOB und AIB, s. Schrifttumsverzeichnis. Die Forderungen der AIB werden häufig auch für nichtbundesbahneigene Bauten zugrunde gelegt, da AIB sehr ausführlich ist.

**4.7.6.3.1 Dichtungsanstriche und Spachtelmassen.** Zum Voranstrich (kalt verarbeitbar) auf trockenem Untergrund dienen stabile Lösungen von Bitumen und Teerpech, auf feuchtem Untergrund Emulsionen.

*4.7.6.3.1.1 Deckaufstrichmittel* als Sperrschichten gegen Bodenfeuchtigkeit im Hochbau: Bitumen- oder Teerpech-Lösungen oder Emulsionen (kalt verarbeitbar, mindestens drei Anstriche), ungefüllte und gefüllte Bitumen und Teerpeche (heiß verarbeitbar, mindestens zwei Anstriche).

*4.7.6.3.1.2 Spachtelmassen,* kalt verarbeitbar, als Lösungen und Emulsionen, meist mit mineralischen Füllern; heiß verarbeitbar mit *Füllstoffen* als *Asphalt-Mastix*. Verwendung für Abdichtungen gegen *nicht drückendes Wasser* sowie für Ausbesserungsarbeiten.

*4.7.6.3.1.3 Verbrauchsmengen* vgl. DIN 4117.

**4.7.6.3.2 Bituminöse Klebedichtungen** für hochwertige Abdichtungen. Für Dauererfolg saubere und fachgerechte Ausführung und konstruktive Durchbildungen erforderlich (s. Normen, VOB, AIB). Reparaturen äußerst kostspielig!

*4.7.6.3.2.1 Nackte Pappen* als festigkeitsgebende Trägereinlagen zwischen bituminösen Klebemassen für Normalaufgaben.

*4.7.6.3.2.2 Metallfolien* (Weichkupfer, Aluminium) als Einlage zwischen Bitumenklebemassen. Sehr widerstandsfähig, aber teuer. Auch mit nackten Pappen kombiniert.

*4.7.6.3.2.3 Dichtungsbahnen* aus bituminösen Massen mit Einlagen aus 500er Rohfilzpappen, Jutegewebe, Glasvlies, Kunststoff- oder Metallfolien, vollflächig verklebt. Vorwiegend für hochbeanspruchte horizontale Dichtungen (Grundwasser, auch Terrassen).

*4.7.6.3.2.4 Klebemassen* und Deckaufstriche meist heiß verarbeitbar. Für Klebemassen und Deckaufstriche werden aus Verträglichkeitsgründen dieselben bituminösen Stoffe verwendet.

**4.7.6.3.3 Verußmassen** aus bituminösen Bindemitteln mit mineralischen und faserigen Füllern dienen zum Vergießen von Fugen. Gefordert werden allgemein *Gießvermögen, Kältebeständigkeit, Dehnbarkeit und Haftvermögen*. Für treibstoffbeständige Vergußmassen bestehen besondere Richtlinien. Im Tiefbau wird *Wurzelfestigkeit*, im Industriebau *Säurefestigkeit* gefordert. Die Abdichtung von Stoßverbindungen (Rohrleitungen) und Bewegungsfugen (Fertigteile) ist durch fertige, profilierte bituminöse Bänder möglich.

### 4.7.6.4 Bituminöser Wasserbau

Für wasserdruckhaltende Dichtungen im Fluß- und Talsperrenbau sowie im Ufer- und Küstenschutz häufig wirtschaftlich [H 32; 22] Sonderheft Asphaltwasserbau, 1962 Heft 7.

### 4.7.6.5 Sonstige Verwendungsarten

**4.7.6.5.1 Gußasphalt** ist ein hohlraumarmes Gemisch aus harten Bitumensorten mit mineralischen Füllstoffen, für Estriche (Wohnräume, Industrie, Keller), Balkone und Terrassen. Angriff durch Benzin und Öle beachten (Garagen). Zu beachten sind DIN 4102, DIN 4108, DIN 4109 und VOB.

### 4.7.6 Anwendung der bituminösen Baustoffe

Tabelle 4.7-11. Eigenschaften von Dachpappen

| Eigenschaft | Einheit | Teer-Dachpappen DIN 52121 Sorte | | Nackte Teerpappen DIN 52126 Sorte | | Bitumendachpappen DIN 52128 Sorte | | Nackte Bitumenpappen DIN 52129 Sorte | | Teer-Sonderdachpappen u. Teer-Bitumendachpappen[3]) Sorte | |
|---|---|---|---|---|---|---|---|---|---|---|---|
| Gewicht der Rohfilzpappe | g/m² | 500 | 333 | 500 | 333 | 500 | 333 | 500 | 333 | 500 | 333 |
| Gehalt an löslicher Tränkmasse | g/m² | — | — | ≧ das 1fache des Gewichts der absolut trockenen Rohfilzpappe | | — | — | ≧ das 1fache des Gewichts der absolut trockenen Rohfilzpappe | | — | — |
| Art der Tränkmasse bzw. Deckmasse[1]) | | Teer | | Teer | | Bitumen/ Naturasphalt | | Bitumen/ Naturasphalt Ep. R. u. K.[4]) 32···66 °C | | Weichpech (+ Bitumen oder Naturasphalt) | |
| Gehalt an löslicher Tränk- und Deckmasse | kg/m² | 1 | 0,7 | — | — | > 1,25 | > 0,90 | — | — | > 1,1 | > 0,8 |
| Wasserundurchlässigkeit in 72 h Prüfzeit bei einem Wasserdruck (Wassersäule) von | cm | 3 | | — | | 10 | | — | | 10 | |
| Bruchwiderstand Zugfestigkeit) | kp | > 15 | > 20 | > 15 | > 25 | > 20 | | > 15 | > 25 | > 20 | |
| Bruchdehnung | % | > 2 | | > 2 | | > 2 | | > 2 | | > 2 | |
| Kältebeständigkeit, ermittelt durch Biegsamkeit bei 0°C. Keine Rißbildung, Einknicken oder Durchbrechen um einen Dorn vom Dmr. | cm | 1,5²) | | 1,5 | | 5 | | 3 | | 5 | |
| Wärmebeständigkeit | | — | | — | | Kein Fließen der lotrechten Deckschichten in 2 h bei 70°C | | — | | Kein Fließen der lotrechten Deckschichten in 2 h bei 70°C | |

[1]) günstig geblasene Bitumen (Nachteil photochem. Alterung); — [2]) bei 20°C; — [3]) DIN 52140; — [4]) Erweichungspunkt Ring und Kugel.

Tabelle 4.7-12. Verschiedene Verwendungsgebiete

| Verwendung | | Bitumen | Teere und Peche |
|---|---|---|---|
| | *als Bindemittel und Sperrstoff im Wasserbau:* | | |
| Injektionen | | B 300, B 200 | Sonderpech Ep. R. u. K.[1]) 75, Synoplast FC |
| Hautdichtungen | geneigte Flächen | B 200, B 80, B 65, B 45 | Sonderpech Ep. R. u. K. 75, Synoplast FC |
| | horizontale Flächen | B 200, B 80 | Sonderpech Ep. R. u. K. 40 bis 55°C |
| | Tränkungen | B 200, B 80 | |
| Beläge nach dem Makadamprinzip | Eingußdecken Bituminöse Sande bzw. Kiessande | B 65, B 80, B 200²) B 200, B 80, B 65²) | |
| Vergußmassen | je nach Neigung | B 65, B 45, 75/30, 85/25 | |

## 4.7 Bituminöse Baustoffe

Tabelle 4.7-12 (Fortsetzung)

| Verwendung | | Bitumen | Teere und Peche |
|---|---|---|---|
| Beläge nach dem Betonprinzip | Sonderasphalt Asphaltfeinbeton Gußasphalt | B 80, B 65, B 45 | |
| Dachpappen | Tränkmasse | B 200, B 80 | Weichpech Ep. R. u. K. 30···40°C |
| | Deckmasse | 75/30, 85/25, (85/40, 105/15) | Weichpech Ep. R. u. K. 45···55°C, gefüllt, Sonderpech Ep. R. u. K. 60···75°C |
| | Klebemasse je nach Dachneigung | B 25, B 15, 75/30, 85/25, 105/15 | Sonderpech Ep. R. u. K. 55···80°C |
| | Aufstrichmittel | wie vor oder KB (der gleichen Bitumenbasis)[3]) | Dachteer, Teerpechlösung, Sonderpech Ep. R. u. K. 45···75°C |
| nackte Pappen | | B 200, B 80, B 65, B 45, B 25, B 15 | Weichpech Ep. R. u. K. 25···45°C |
| Dichtungsbahnen | Tränkmasse | B 200, B 80, B 65, B 45 | Weichpech Ep. R. u. K. 30···45°C |
| | Deckmasse | B 25, 75/30, 85/25 | Sonderpech Ep. R. u. K. 60···75°C |
| | *als Kleb- und Sperrstoff für Abdichtungen:* | | |
| Sperrschichten gegen Bodenfeuchtigkeit und Sickerwasser | Voranstrichmittel Deckaufstrichmittel | KB oder S-Emulsion[3]) B 45, B 25, B 15 | Steinkohlenteerpechlösung Sonderpech Ep. R. u. K. 45···55°C |
| | Spachtelmassen | B 200, B 80, B 65, B 45, B 25, B 15, 75/30, 85/25 mit Füll- und Faserstoffen | Sonderpech Ep. R. u. K. 40···60°C, + Füllstoffe |
| | Mastix | B 65, B 45, B 25, B 15, 75/30[2]) | |
| Abdichtungen gegen Grund- und Druckwasser | Voranstrichmittel Klebemasse | B oder S[3]) B 45, B 25, B 15 | Steinkohlenteerpechlösung Sonderpech Ep. R. u. K. 45···60°C |
| | Deckaufstrichmittel | B 25, B 15, 75/30, 85/25 auch als KB oder S-Emulsion | Sonderpech Ep. R. u. K. 45···60°C |
| | *als Dichtungsmittel für Fugen und Rohrverbindungen:* | | |
| Vergußmassen | | (B 15), 75/30, 85/25, (85/40) | Sonderpech Synoplast CF 1632 Synoplast FC |
| Dichtungsbänder | | 75/30, 85/25 | |
| Schutzanstriche | *als Korrosionsschutzmittel für Metalle:* | B 25, B 15, HVB 85/95, HVB 95/105, HVB 130/140, 85/25 | Teerpech- und Sonderpechlösungen nach AIB |
| Rohraußenschutz | Streich- oder Tauchverfahren | 85/25 | Tauchteer, Synoplast Tauchmasse C |
| | Wickelverfahren | 85/40, 105/15, 115/15 | Sonderpech Synoplast FC, Synoplast CF 1632 |
| Rohrinnenschutz | Schleuderverfahren | 85/25, 105/15, 115/15 | Synoplast FC |
| | *als Bindemittel für Estriche und Fußbodenbeläge:* | | |
| Gußasphalt bzw. Gußteer | | B 15, HVB 85/95, HVB 95/105, HVB 130/140[2]) | Sonderpech Ep. R. u. K. 45···55°C |
| Platten | | B 45, B 25, B 15, HVB 85/95[2]) | Weichpech, Sonderpech Ep. R. u. K. 45···55°C |

[1]) Ep. R. u. K. Erweichungspunkt Ring und Kugel; — [2]) evtl. mit Naturasphaltrohmehl — [3]) KB Kaltbitumen S stabile (langsambrechende) Bitumenemulsionen, vgl. [H 32].

**4.7.6.5.2 Platten**, aus feinkörnigem Asphaltmischgut gepreßt, eignen sich für Fußböden in Wohn- und Geschäftsräumen (2 cm dick), Industrie-Fußböden (3 bis 5 cm dick), vor allem in *explosionsgefährdeten Hallen* (hoher elektrischer Widerstand, keine Funkenbildung). Färbung durch Pigmentierung und Wahl der Zuschlaggesteine ist möglich. Mineralölbeständig werden die Platten durch Teer-Sonderpech als Bindemittel (vgl. VOB).

**4.7.6.5.3 Sportplatzbau.** Bituminöse Baustoffe ergeben hochwertige und wartungsarme pigmentierte Beläge für Laufbahnen und Tennisplätze.

**4.7.6.5.4 Korrosionsschutz** von Stahlbauten, auch Betonbauten ist mit diesen Baustoffen möglich. Im Seewasserbereich sind Lösungen auf Teerpechbasis bewährt. Vielfältige Arten dienen zu Sonderzwecken, auch Kombinationen mit Kunststoffen. Angaben der Hersteller beachten; vgl. [23], 1962, S. 473/475 und RoSt der Deutschen Bundesbahn.

**4.7.6.5.5 Bituminierte Filze und Korkplatten** eignen sich als Dämmstoffe für den Schall- und Wärmeschutz im Hochbau.

**4.7.6.5.6 Bitumenrasen** dient zur raschen Böschungsbefestigung und -begrünung, besonders an Steilhängen.

## Literatur zu 4.7 Bituminöse Baustoffe

### Normen

DIN 1995 Bituminöse Bindemittel für den Straßenbau; Probenahme und Beschaffenheit, Prüfung.
DIN 1996 Bl. 1 bis 19 Prüfung bituminöser Massen für den Straßenbau und verwandte Gebiete.
DIN 4031 Wasserdruckhaltende bituminöse Abdichtungen für Bauwerke; Richtlinien für Bemessung und Ausführung.
DIN 4038 Vergußmassen für Abwasserkanäle und -leitungen aus Steinzeug- und Betonmuffenrohren; Anforderungen und Prüfung.
DIN 4062 Kalt verarbeitbare Dichtstoffe für Entwässerungs- und Abwasserkanäle und -leitungen aus Betonrohren mit Falz und Nut.
DIN 4117 Abdichtung von Bauwerken gegen Bodenfeuchtigkeit; Richtlinien für die Ausführung.
DIN 4122 Abdichtung von Bauwerken gegen nichtdrückendes Oberflächenwasser und Sickerwasser mit bituminösen Stoffen, Metallbändern und Kunststoffolien; Richtlinien.
DIN 18190 Dichtungsbahnen für Bauwerksabdichtung.
DIN 18336 Abdichtung gegen drückendes Wasser.
DIN 18337 Abdichtungen gegen nichtdrückendes Wasser.
DIN 52117 Rohfilzpappe; Begriff, Bezeichnung, Anforderungen.
DIN 52118 Rohfilzpappe; Prüfung.
DIN 52121 Teerdachpappen, beiderseitig besandet; Begriff, Bezeichnung, Eigenschaften.
DIN 52122 Tränkmassen für besandete Teerdachpappen und nackte Teerpappen; Anforderungen, Prüfung.
DIN 52123 Dachpappen und nackte Pappen; Prüfverfahren.
DIN 52126 Nackte Teerpappen; Begriff, Bezeichnung, Eigenschaften.
DIN 52128 Bitumendachpappen mit beiderseitiger Bitumendeckschicht; Begriff, Bezeichnung, Eigenschaften.
DIN 52129 Nackte Bitumenpappen; Begriff, Bezeichnung, Eigenschaften.
DIN 52130 Bitumen-Dachdichtungsbahnen mit Rohfilzpappen-Einlage; Begriff, Bezeichnung, Anforderungen.
DIN 52136 Steinkohlenteere als Dachanstrichstoffe; Anforderungen, Prüfung.
DIN 52140 Teer-Sonderdachpappen und Teer-Bitumendachpappen, beide mit beiderseitiger Sonderdeckschicht; Begriff, Bezeichnung, Anforderungen.
DIN 55928 Schutzanstrich von Stahlbauwerken; Richtlinien.
DIN 55945 Bl. 1 Anstrichstoffe; Begriffe.
DIN 55946 Bituminöse Stoffe; Begriffe.

### Richtlinien und Vorschriften

(FG Forschungsgesellschaft für das Straßenwesen e. V., Köln, Maastricher Str. 45. — DB Deutsche Bundesbahn; alle Druckschriften der DB sind erhältlich beim Drucksachenlager der Bundesbahndirektion Hannover, Minden/Westf., Schwarzer Weg 8)
V 1 Anweisung für Abdichtung von Ingenieurbauwerken (AIB). Hrsg. DB, 2. Ausg. 1953.
V 2 Technische Vorschriften für den Rostschutz von Stahlbauwerken (RoST). Hrsg. DB.
V 3 Verdingungsordnung für Bauleistungen (VOB). Ausg. 1965. Berlin, Köln, Beuth; Berlin, Ullstein; Köln, Rud. Müller; Düsseldorf, Werner.
V 4 Richtlinien der Forschungsgesellschaft für das Straßenwesen e. V. (zusammengestellt in [4]).
V 5 Technische Vorschriften und Richtlinien für den Bau bituminöser Fahrbahndecken (TV bit). Hrsg. FG, Teil 1 bis 7, 1956/72.
V 6 Vorläufiges Merkblatt für die Beschaffenheit und Prüfung von kraftstoffbeständigen Fugenvergußmassen. Hrsg. FG. Teil A: Heißverarbeitbare bituminöse Fugenvergußmassen. Ausgabe 1966.
V 7 Technische Lieferbedingungen für bituminöse Sonderbindemittel. Hrsg. FG, 1962/71.

V 8 Vorläufige Lieferbedingungen für bituminöse Fugenvergußmassen. Hrsg. FG. Ausgabe 1968.
V 9 Merkblatt für die Behandlung und Verarbeitung von Bitumen- und Teeremulsionen in den Wintermonaten. Hrsg. FG. Ausgabe 1961.
V 10 Merkblatt über die Verwendung von Bitumenemulsionen und Kaltbitumen bei Ausbesserungsarbeiten auf Straßendecken. Hrsg. FG. Ausgabe 1961.
V 11 Richtlinien für die Ausführung von Straßenbauarbeiten mit Bitumenemulsionen und Kaltbitumen in der kalten Jahreszeit. Hrsg. FG. Ausgabe 1965.
V 12 Technische Vorschriften und Richtlinien für die Ausführung von Tragschichten im Straßenbau. (TVT), Hrsg. FG. Ausgabe 1972.
V 13 Empfehlungen für die Ausführung von Asphaltarbeiten im Wasserbau. Hrsg. Deutsche Gesellschaft für Erd- und Grundbau. Essen 1964.

### Bücher

H 03 Stoffhütte, 4. Aufl. Berlin, München: Ernst & Sohn 1967.
H 32 Bauhütte II, Grundbau, Verkehrsbau, Wasserbau, 29. Aufl., Berlin, München, Düsseldorf: Ernst & Sohn 1970.
1 Asphalt, Gußasphalt, Asphaltplatten, Hrsg. Beratungsstelle für Asphaltverwendung e. V., Braunschweig, 2. Aufl., Hamburg: Stöckmann & Büsche/Stromfeld-Verlag (jetzt München, Quadrant International) 1962.
2 Abdichtung von Ingenieurbauwerken. Schriftenreihe d. Bundesfachabteilung Abdichtung gegen Feuchtigkeit, Bd. 1: 1958, Bd. 2: 1960, Bd. 3: 1964, Bd. 4: 1967. Wiesbaden, Berlin: Bauverlag.
3 *Georgy:* Die Baustoffe Bitumen u. Teer, Aufbau, Eigenschaften u. Anwendung im Bauwesen, Köln: Rud. Müller 1963.
4 *Görner:* Straßenbau von A bis Z, Hrsg. FG, Berlin, Bielefeld, München: E. Schmidt (Sammelwerk).
5 *Lufsky:* Bituminöse Bauwerksabdichtung, Teil I, 4. Aufl., Leipzig: Teubner 1958.
6 *Lufsky:* Bituminöse Bauwerksabdichtung, Teil II, 3. Aufl., Leipzig: Teubner 1958.
7 *Lufsky:* Bauwerksabdichtung, 2. Aufl., Stuttgart: Teubner 1970.
8 *Mallison:* 40 Jahre Teerforschung, Heidelberg: Straßenbau, Chemie und Technik Verlagsges. 1956.
9 *Rick:* Ursachen, Vermeidung und Beseitigung von Wellen, Falten, Blasen und anderen Mängeln bei der Eindeckung mit Dachpappe, Heidelberg: Straßenbau, Chemie und Technik Verlagsges. 1954.
10 *Rick:* Dachpappen, Heidelberg: Straßenbau, Chemie und Technik Verlagsges. 1956.
11 Verband der Dachpappenindustrie e. V., ABC der Dachpappe, Wiesbaden: Selbstverlag.
12 *Walther:* Dachpappe, Pappdach und Flachdach, Berlin: VEB Verlag Technik 1953.
13 *Walther:* Bituminöse Stoffe im Bauwesen, Heidelberg: Straßenbau, Chemie und Technik Verlagsges. 1962.
14 Bitumen- und Asphalt-Taschenbuch, 4. Aufl., Hrsg. im Auftr. der Arbeitsgemeinschaft der Bitumen-Industrie e. V., Hamburg, von *W. Fuhrmann*, Wiesbaden, Berlin: Bauverlag 1970.
15 *Van Asbeck:* Bitumen im Wasserbau, Bd. 2., Mainz, Heidelberg: Hüthig & Dreyer 1968.
16 Empfehlungen für die Ausführung von Asphaltarbeiten im Wasserbau, Essen: Deutsche Gesellschaft für Erd- und Grundbau 1964.
17 *Zitscher:* Möglichkeiten und Grenzen in der konstruktiven Anwendung von Asphaltbauweisen bei Küstenschutzwerken, Hannover: Franzius-Institut der TH Hannover 1957.

### Zeitschriften

21 Arbit-Schriftenreihe. Hamburg, Arbeitsgemeinschaft der Bitumen-Industrie e. V.
22 Bitumen. Hamburg, Arbeitsgemeinschaft der Bitumen-Industrie e. V.
23 Bitumen, Teere, Asphalte, Peche und verwandte Stoffe. Heidelberg, Straßenbau, Chemie und Technik Verlagsgesellschaft.
24 Straßenbau-Technik. Köln, Rud. Müller.
25 Straße und Autobahn. Bad Godesberg, Kirschbaum.

# 4.8 Kunststoffe[1])

Bearbeitet von *K. Wesche* und *H. R. Sasse*

## 4.8.1 Definition

Kunststoffe sind Stoffe, deren wesentliche Bestandteile aus makromolekularen organischen Verbindungen (*Polymeren*) bestehen, die synthetisch aus *Monomeren* oder durch Umwandlung von Naturprodukten hergestellt werden. Kunststoffe sind in der Regel bei der Verarbeitung plastisch verformbar und werden daher auch *Plaste* genannt.

---
[1]) Literatur S. 177.

Im folgenden werden die wichtigsten im *Bauwesen* verwendeten Kunststoffe behandelt; ausgenommen sind Kunststoffzusätze zu hydraulischen Bindemitteln, die nicht eindeutig von den Zusatzmitteln zu trennen sind.

## 4.8.2 Chemischer Aufbau

[H 03]

### 4.8.2.1 Allgemeines

Tausende von Einzelmolekülen werden durch Einwirken von Katalysatoren, Licht, Wärme oder Druck zu *Makromolekülen* zusammengeschlossen. Die Molekulargewichte betragen $10^4$ bis $10^7$, die Molekül-Abmessungen liegen in der Größenordnung von Kolloidteilchen ($10^{-5}$ cm bis $10^{-7}$ cm). Auf Grund ihrer chemischen Bildungsreaktionen können *vollsynthetische Kunststoffe* in drei *Hauptgruppen* eingeteilt werden: *Polymerisate, Polykondensate* und *Polyaddukte*.

Ausnahmen stellen z. B. einige Polyamide dar, die mit gleichem Ergebnis nach verschiedenen Reaktionen hergestellt werden können. Kompliziert aufgebaute Kunststoffe durchlaufen häufig nacheinander verschiedene Prozesse (z. B. Epoxidharze: erst Polykondensation, dann Polyaddition).

Der *Molekülaufbau* kann sein:

linear: —O—O—O—O—O—O

verzweigt:

vernetzt:
(flächenhaft oder
räumlich)

Im Extremfall sind alle Moleküle chemisch verbunden zu einem Makromolekül.

### 4.8.2.2 Polymerisate

Sie *entstehen* durch Absättigung freier Valenzen oder Restvalenzen oder durch Umwandlung in stabile Ringsysteme, es erfolgt keine Abspaltung von Reaktionsprodukten. Das Polymerisat hat die gleiche prozentuale chemische Zusammensetzung wie der Ausgangsstoff, jedoch ein Vielfaches des Molekulargewichtes. *Ausgangsstoffe* sind vor allem Kohlenwasserstoffe, Alkohole, Ester, Äther usw., deren Doppel- und Dreifachbindungen

$$=C=C=, \quad =C=O, \quad =C=S, \quad =C=NH, \quad -C\equiv C-$$

aufgespalten und zur Aneinanderlagerung der Moleküle verwendet werden.

*Beispiel: Polyäthylen*

*Monomer:* gasförmiges Äthylen ($C_2H_4$), Molekulargewicht 28

$$\begin{array}{cc} H & H \\ | & | \\ C & = C \\ | & | \\ H & H \end{array}$$

*Polymer:* festes Polyäthylen ($C_nH_{2n}$), Molekulargewicht $\approx$ 2 500

$$\cdots\cdots -\underset{\underset{H}{|}}{\overset{\overset{H}{|}}{C}}-\underset{\underset{H}{|}}{\overset{\overset{H}{|}}{C}}-\underset{\underset{H}{|}}{\overset{\overset{H}{|}}{C}}-\underset{\underset{H}{|}}{\overset{\overset{H}{|}}{C}}-\underset{\underset{H}{|}}{\overset{\overset{H}{|}}{C}}- \cdots\cdots$$

Bei der Polymerisation einer einheitlichen Substanz spricht man von *Isopolymerisation (Homopolymerisation)*:

$$-A-A-A-A-A-$$

(z. B. Polyäthylen, Polystyrol, Cellulose)

Werden zwei oder mehr verschiedene Monomere zu Makromolekülen verkettet, liegt *Mischpolymerisation (Copolymerisation)* vor. Alternierende Mischpolymerisation:

$$-A-B-A-B-A-B- \quad \text{(Sonderfall)},$$

meist statistische Verteilung:

$$-A-A-B-A-A-B-B-A-B-A-A-A-A-B-$$

*Blockmischpolymerisation (Blockcopolymerisation)*:

$$-(A-A-A)_n-(B-B-B)_m-(A-A-A)_n-$$

Auch *Pfropf-Polymerisation* kann eintreten:

$$\begin{array}{c} E \\ | \\ (B)_m \\ | \\ -A-A-A-A-A-A-A-A-A-A- \\ | \qquad\qquad\qquad\qquad | \\ B-B-B-B-E \qquad (B)_m \\ \qquad\qquad\qquad\qquad | \\ \qquad\qquad\qquad\qquad E \end{array}$$

(E Endgruppe)

### 4.8.2.3 Polykondensate

Die Makromolekülbildung durch *Abscheidung* von Atomgruppen aus den Monomeren und *Verkettung* der freiwerdenden Valenzen wird *Kondensation* genannt, weil bei der Reaktion $H_2O$, HCl, Alkohol usw. ausgeschieden wird.

### 4.8.3 Physikalische Einteilung

Im Gegensatz zur Polymerisation sind stufenweise *Zwischenprodukte* möglich; diese sind mit Füllstoffen mischbar, erst dann erfolgt Verfestigung durch langsamere Reaktion

#### 4.8.2.4 Polyaddukte

Makromolekülbildung durch *Zusammenschluß* von zwei verschiedenen Monomeren (*Addition*) durch intramolekulare Umlagerung von H-Atomen und Verkettung der freiwerdenden Valenzen. Keine Abscheidung von Spaltprodukten.

### 4.8.3 Physikalische Einteilung

Nach ihrem *mechanisch-thermischen* Verhalten lassen sich die Kunststoffe in drei *Hauptgruppen* einteilen (Bild 4.8-1).

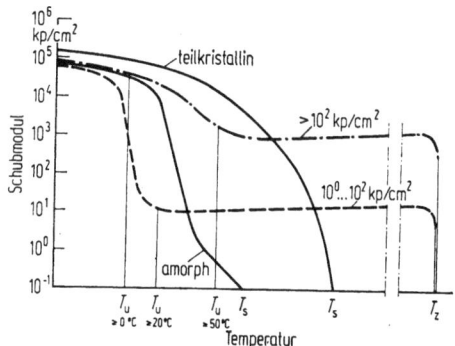

Bild 4.8-1. Klassifizierung hochpolymerer Werkstoffe durch schematische Darstellung der Temperaturfunktionen des Schubmoduls. ——— Thermoplaste, - - - Elastomere, —·—·— Duromere. $T_s$ Schmelztemperatur, $T_u$ Glasübergangstemperatur, $T_z$ Zersetzungstemperatur.

#### 4.8.3.1 Thermoplaste (Plastomere)

Oberhalb bestimmter Temperaturen (dynamische *Glasübergangstemperatur* bei amorphen, *Schmelztemperatur* bei teilkristallinen Polymeren) sinkt der Schubmodul rasch gegen Null ab und die Kunststoffe zeigen unter mechanischer Beanspruchung vorwiegend plastisches Fließverhalten. Solange der Vorgang unterhalb der *Zersetzungstemperatur* abläuft, ist er reversibel und kann zur *Formgebung* (z. B. Strangpressen) ausgenutzt werden.
Die Gruppe umfaßt hauptsächlich *Polymerisate* mit linear verschlungenen oder schwach vernetzten, amorphen oder teilkristallinen Polymeren, aber auch einige lineare *Polykondensate* und *Polyaddukte* (z. B. Polyamide).
Die mechanischen Eigenschaften (vgl. 4.8.7, Tabelle 4.8-1 und 4.8-5) sind stark temperaturabhängig; die Löslichkeit und Quellbarkeit in Lösungsmitteln, Säuren und Basen ist hoch. Mit üblichen Maschinen sind Thermoplaste spanabhebend bearbeitbar, meist gut verklebbar und verschweißbar.

#### 4.8.3.2 Elastomere (Elaste)

Der Schubmodul zeigt ebenfalls (bei steigenden Temperaturen unterhalb +20°C) starken Abfall, die Verformungen unter mechanischer Beanspruchung sind jedoch oberhalb dieser Temperatur bis zur Zersetzungstemperatur vorwiegend elastisch. Der Molekülaufbau ist weitmaschig vernetzt, so daß *gummielastische Stoffe* entstehen, die schwer löslich sind, jedoch je nach dem Vernetzungsgrad mehr oder weniger quellen können. Plastische Formgebung bei höheren Temperaturen oder thermisches Schweißen ist nicht möglich. Bei niedrigen Temperaturen tritt reversible Versprödung auf. Weitere Eigenschaften s. 4.8.7, Tabelle 4.8-2 und 4.8-5.

### 4.8.3.3 Duromere (Duroplaste)

Durch engmaschige Molekülvernetzung ist die plastische Verformbarkeit sehr gering, der Schubmodul sinkt bei steigender Temperatur nur mäßig ab. Die Kunststoffe sind *hart* und *spröde*, es gibt keinen Erweichungsbereich, die chemische Widerstandsfähigkeit ist hoch, ein Quellen in Lösungsmitteln findet nicht statt. Die *Zersetzungstemperaturen* können über 200 °C liegen. Weitere Eigenschaften vgl. 4.8.7, Tabelle 4.8-3 und 4.8-5.

## 4.8.4 Lieferformen

### 4.8.4.1 Kunstharze

Kunstharze sind makromolekulare Rohstoffe, die als Ausgangsprodukte für Kunststofferzeugnisse dienen (z. B. Grundstoffe für Lacke und Klebstoffe, Bindemittel, Rohstoffe für die Faserherstellung). Gießfähige, oft aus mehreren Komponenten zusammenzusetzende Produkte werden als *Gießharze* bezeichnet. Zur Verarbeitung werden die Kunstharze meist noch mit *Zusätzen* wie Pigmenten, Füllstoffen, Weichmachern, Stabilisatoren vermischt. *Füllstoffe*, vor allem für duroplastische Kunststoffe, können feinpulvrig, körnig, faserig oder bahnenförmig sein. Faserförmige, textile Füllstoffe übernehmen Bewehrungsaufgaben (glasfaserverstärkte Polyester).

Fast alle Kunstharze sind schäumbar. Es werden *Schaumkunststoffe* mit geschlossen-, offen- und gemischtzelliger Porenstruktur unterschieden, vgl. 4.8.7, Tabelle 4.8-4. Die Herstellung erfolgt durch Gasabspaltung aus Kunststoffkomponenten, durch Einschlagen von Schaum oder durch Treibmittel. Es entstehen Weich- und Hartschäume je nach dem verwendeten Grundstoff.

### 4.8.4.2 Formmassen

Formmassen sind verarbeitungsfertige Kunststoffe, die spanlos plastisch verformt werden sollen. Meist in körniger Form (*Granulate*), Thermoplaste vorwiegend als Spritzguß- und Strangpreßmassen, Duromere als Spritzpreß- und Preßmassen.

Die Erzeugnisse heißen *Formstoffe* (Preßstoffe, Spritzgußstoffe), untergliedert nach *Formteilen* (in geschlossenen Formen gefertigte Preßteile, Spritzgußteile usw.) und *Halbzeug*.

### 4.8.4.3 Halbzeug

Formstoffe, die ihre Endform durch weitere Arbeitsgänge erhalten (z. B. Schweißen, spanabhebendes Bearbeiten, Trennen und Fügen von Bahnen). Bezeichnungen:
*Folien:* bei Raumtemperatur flexibles, flächiges Halbzeug bis 2 mm Dicke, meist als gerollte Bahnen oder Bänder geliefert;
*Tafeln:* Platten von $\approx$ 0,5 mm bis $\approx$ 20 mm Dicke in Handelsformaten (z. B. 1 000 mm × 400 mm × 2 mm);
*Schichtpreßstoffe:* harte Preßstoffe mit durchgehend geschichtetem Füllstoff (Hartgewebe, Schichtpreßholz).
*Profilhalbzeug:* z. B. Rohre, Schläuche, Stangen.

#### 4.8.4.4 Fertigteile

Sie können unmittelbar aus den Harzen (z. B. aus Gießharzen) oder durch Bearbeiten aus Formmassen oder Halbzeug hergestellt werden.

### 4.8.5 Bautechnische Eigenschaften

Die in 4.8.7, Tab. 4.8-1 bis 4.8-5 angegebenen Eigenschaftswerte stellen *Richtzahlen* dar, die sich im allgemeinen auf Normprüfungen bei Raumtemperatur beziehen. Einzelheiten der die Ergebnisse teilweise stark beeinflussenden *Prüfverfahren* z. B. in [1—4]. Die Festlegung zulässiger Spannungen für den Dauergebrauch oder sonstige Rückschlüsse für den konstruktiven Einsatz sind nur nach auf den Einzelfall zugeschnittenen Prüfungen möglich. Sofern es sich nicht um zugelassene und güteüberwachte Baustoffe oder Bauteile handelt, ist eine Zusammenarbeit mit den anwendungstechnischen Abteilungen der Kunststoff-Hersteller oder mit Materialprüfungsämtern empfehlenswert.

Je nach *Verwendungsart* sind zahlreiche weitere, in Tabelle 4.8-1 bis 4.8-5 nicht angegebene Eigenschaften zu berücksichtigen:

**Mechanische Eigenschaften.** *Dauerstandfestigkeiten* (Zeitstandfestigkeiten); *Dauerschwingfestigkeiten* (Zeitschwingfestigkeiten); *Haftfestigkeit* an anderen Materialien (Zug, Scherung); *Rissüberbrückungsfähigkeit* (bei Anstrichen, Beschichtungen); *Kriechen* (zeitabhängige Verformungen); *Relaxation* (zeitabhängiger Spannungsabbau); Form der *Spannungs-Dehnungs-Linie*; *Schrumpfen* (Volumenverminderung beim Aushärten).

**Thermische Eigenschaften.** Mechanische Kennwerte als Funktion der Temperatur, *Zersetzungstemperatur*.

**Chemische Eigenschaften.** Der *Polymerisationsgrad* ist wichtig zur Güteprüfung vor allem bei Gießharzen; anorganische und organische *Füllstoffe* und *Verstärkungsstoffe* (Granulate, Fasern); die *Verseifungsgefahr* ist wichtig vor allem bei Beschichtungen von Mörtel und Beton; der Gehalt an bestimmten *Elementen* oder *Verbindungen* ist wichtig vor allem im Zusammenhang mit dem Lebensmittelgesetz (Chlor, Fluor, Phenole bei Rohren und Behältern für Trinkwasser); die *Polymerisationszeit* (Gelierzeit, Topfzeit) ist wichtig für die Verarbeitungszeit von Gießharzen).

**Physikalisch-chemische Eigenschaften.** Verhalten gegenüber *anderen Stoffen* (Quellen, Korrosionsförderung, Weichmacherwanderung); *Lichtalterung*, Beständigkeit gegen energiereiche *Strahlung*, *Wärme-* und *Klimaalterung*.

**Optische Eigenschaften.** *Lichtdurchlässigkeit*, auch im UV- und IR-Bereich; *Brechungszahl*, Glanz; *Farbveränderung*.

**Akustische Eigenschaften.** *Trittschalldämmung*; *Raumakustik* (Schallschluckvermögen); *Entdröhnung*.

**Elektrische Eigenschaften.** Der elektrische *Widerstand* ist wichtig zur Beurteilung der Ableitung elektrostatischer Aufladungen; *dielektrische Eigenschaften*; elektrische *Durchschlagfestigkeit*; *Kriechstromfestigkeit*.

**Verhalten gegenüber Organismen.** Bakterien, Pilze (Mikroorganismen); Insekten.

**Physiologische und toxische Wirkungen.** *Allergien* sind häufig bei der Gießharzverarbeitung; Austritt von Gasen, Flüssigkeiten oder Feststoffen, die die *Atemluft* oder *Lebensmittel* schädigen können.

Handelsnamen sind in den Tabellen nicht angegeben, Zusammenstellungen in [6; 12]. Weitere Angaben über Eigenschaften in [5—7; 19].

## 4.8.6 Anwendungsgebiete

### 4.8.6.1 Allgemeines

Wegen der fortschreitenden Entwicklung auf dem Kunststoffgebiet müssen Architekten und Ingenieure häufig Kunststoffe auf Grund von oft wenig klaren Herstellerangaben anwenden. Wichtig ist daher die vertraglich festzulegende Gewährleistungspflicht über längere Zeitspannen. Nur wenige Baustoffe und Bauteile wurden bisher genormt (z. B. Abdichtungsfolien, Rohre) [1].

Für einige Baustoffe bestehen *Gütegemeinschaften*, z. B. für Glasfaser-Polyester-Platten, PVC-Bauplatten, Hartschaum, Montageschaum, Fensterprofile, Rolladenprofile. Nachstehend folgen Hinweise für Anwendungen. Weitere Angaben in [6; 8].

### 4.8.6.2 Kunststoffe für konstruktive Bauteile

**4.8.6.2.1 Auflager.** *Chloropren-Gummi* (CR, Neoprene, vgl. 4.8.7, Tabelle 4.8-2). Hergestellt werden *Punktkipplager* (*Neotopf-Lager*) und mit einvulkanisierten Stahlblechen verstärkte *Lagerkissen*. Diese erlauben allseitige Verdrehungen und allseitige Horizontalverschiebungen bis zu 50% der Bauhöhe ($h = 14$ bis 84 mm), zulässige Vertikallast z. B. bei Lagergröße 30 × 40 cm ist 120 Mp. Für den Stahlbeton-Fertigteilbau, den Behälterbau und für Flachdachauflager werden auch unbewehrte Platten oder Bänder verwendet (zulässig $\sigma \approx 20$ bis 150 kp/cm² je nach Materialart und Bauhöhe). In Fertigteilstützen-Stößen werden gelochte Platten von 2 bis 5 mm Dicke zum Ausgleich von Fertigungstoleranzen und Auflager-Verdrehungen verlegt. Die CR-Lager sind wartungsfrei, sehr alterungsbeständig, haben hohe Bruchsicherheiten, kleine Bauhöhen und sind preisgünstig. Zu beachten ist eine Versprödung unterhalb $-20 °C$, die schlechte Treibstoffbeständigkeit sowie die örtliche Beanspruchung der angrenzenden Bauteile.

*Polytetrafluoräthylen* (PTFE, vgl. 4.8.7, Tabelle 4.8-1). Hergestellt werden wartungsfreie *Gleitlager* ($\mu = 0,01$ bis 0,03), oft in Verbindung mit CR-Lagern. Die freie Verschiebbarkeit ist in beliebiger Richtung gewährleistet (wichtig z. B. bei breiten Brücken). Der Reibungskoeffizient ist am niedrigsten bei Gleitflächen aus hartverchromtem Stahl mit Schmierstoffrillen und bei PTFE mit $MoS_2$-Füllung.

**4.8.6.2.2 Flächentragwerke (Platten, Scheiben, Schalen, Rohre, Silos).** *Glasfaserverstärkte ungesättigte Polyester- und Epoxidharze* (UP, EP, vgl. 4.8.7, Tabelle 4.8-3). Werkmäßige Herstellung von Bauteilen, die neben ihrer konstruktiven Funktion wartungsfrei, weitgehend witterungsbeständig, korrosionsbeständig, leicht und ggf. lichtdurchlässig sein sollen. Die Eigenschaften hängen von der Art und Menge der Glasfaserverstärkung, von der Harz-Härterkombination und vom Herstellverfahren ab. EP-Harze haben im allgemeinen etwas bessere mechanische Eigenschaften (vor allem höhere Dauerfestigkeiten), sind weniger korrosions- und feuchtigkeitsempfindlich, aber wesentlich teurer als UP-Harze; sie werden daher nur in Ausnahmefällen verwendet. GFUP-Bauteile sind sicher gegen Funkenflug, auch selbstverlöschende Harze werden angewendet, allerdings sind diese nicht UV-stabilisierbar (Vergilben). Schwer entflammbare Harze (nach DIN 4102) gibt es z. Z. nicht. Die Witterungsbeständigkeit ist unterschiedlich, hochbeständige Platten sind teurer.

*PVC schlagzäh* (vgl. 4.8.7, Tabelle 4.8-1). Selbsttragende Außenwandelemente werden seit 1960 erfolgreich auch bei ungünstiger Industrieatmosphäre angewendet. Wegen des geringen E-Moduls und des hohen Längenausdehnungskoeffizienten sind bei größeren Teilen Profilgebungen (Wellen, Falten) erforderlich.

**4.8.6.2.3 Bewehrungen für Betonbauteile.** *Epoxidharz* (EP, vgl. 4.8.7, Tabelle 4.8-3) mit gerichteten Glasfastersträngen, Zugfestigkeit bis 8000 kp/cm²; Verwendung bei extremer Korrosionsgefahr, ggf. in Verbindung mit Kunstharzbeton (vgl. 4.8.6.2.5). Nachteilig ist der geringe E-Modul (bis $E = 5 \cdot 10^5$ kp/cm², größere Durchbiegungen als bei Stahl) und die geringe Bruchdehnung ($\varepsilon_B = 1$ bis 3%, keine Bruchankündigung).

## 4.8.6 Anwendungsgebiete

**4.8.6.2.4 Schalungen für Betonfertigteile.** *Polyesterharz* (UP, vgl. 4.8.7, Tabelle 4.8-3), glasfaserverstärkt. Die Herstellung erfolgt im allgemeinen im Betonwerk von angelernten Arbeitern im Handauflege- oder im Faserspritzverfahren auf Mutterformen aus Holz oder Gips. Bei Verwendung alkalibeständiger Harze und sachgemäßer Aussteifung entstehen sehr formbeständige Schalungen, die mehr als hundertmal verwendet werden können. Sie sind geeignet für Rüttelverdichtung und Dampfbehandlung, ergeben sehr glatte Betonoberflächen, sind wartungsarm und ermöglichen leichte Entschalbarkeit. Bei Wanddicken von 3 bis 8 mm sind die Kosten nur wenig höher als für Holzformen.

**4.8.6.2.5 Mörtel und Beton.** *Polyesterharze* (UP) und *Epoxidharze* (EP) können in besonderen Fällen den Zementleim bei der Mörtel- und Betonherstellung ersetzen. Erreicht werden dadurch: Schnelleres Erhärten (nach 24 h Endfestigkeit), höhere mechanische Festigkeiten, erheblich bessere Beständigkeit gegen chemische Angriffe, sehr gute Haftung auf allen trockenen Flächen, auch in dünnen Schichten auftragbar. Der E-Modul ist etwas niedriger, das Schrumpfen und Kriechen oft größer. Hinweise für den Mischungsaufbau: getrocknete Zuschläge (Sand, Brechsand) anwenden, hohlraumärmstes Korngerüst anstreben (wegen hoher Bindemittelkosten), Mischungsverhältnis Harz:Sand etwa 1:6 bis 1:10 (Massenteile), Konsistenzregelung durch Wahl der Harz/Härter-Viskosität, Herstellerangaben beachten. Alle physikalischen und chemischen Eigenschaften sind stark von der Harz- und Härterart abhängig, vgl. Bilder 4.8-2 und 4.8-3. Die unter vielen Handelsnamen angebotenen fertigen Mörtelmischungen (mit Füllstoffen) sind wegen des hohen Preises nur für kleinere Arbeiten wirtschaftlich.

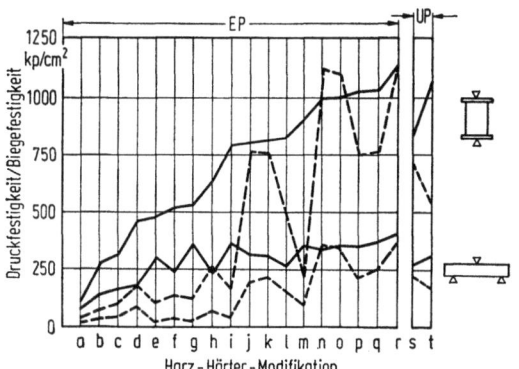
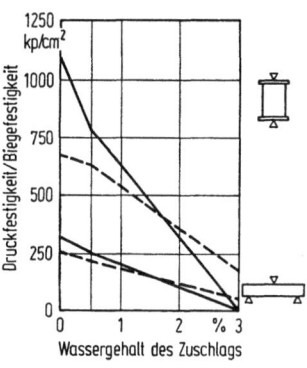

Bild 4.8-2. Abhängigkeit der Warmfestigkeit von der Harz-Härter-Kombination. Die Harz-Härter-Kombinationen a bis t sind nach zunehmender Druckfestigkeit nach 360 Tagen Normallagerung geordnet. ——— 360 Tage Normallagerung, Prüftemperatur 20°C, - - - 360 Tage Normallagerung, Prüftemperatur 80°C.

Bild 4.8-3. Abhängigkeit der Kurzzeitfestigkeit vom Feuchtigkeitsgehalt des Zuschlags bei zwei EP-Harzen. ——— EP 1, - - - EP 2.

**4.8.6.2.6 Hartschaum-Verbundkonstruktionen.** Als Fassadenelemente, Trennwände, Dachplatten, Industrietore und für ähnliche Bauteile werden zunehmend Verbundkonstruktionen aus einem Hartschaumkern mit Deckschichten aus Stahlblech, Aluminium oder GFK verwendet. Bei Verwendung von Stahlblechen ist auf dauerhaften Korrosionsschutz zu achten. Als brauchbar hat sich folgender Aufbau erwiesen: beidseitige Feuerverzinkung, Einbrennlackierung innen und Einbrennlackierung oder Kunststoffbeschichtung außen.

Bei Langzeitbeanspruchung auf Biegung findet merkliches Kriechen statt. Bei einseitiger Wärmebeanspruchung können sich die Platten stark verwölben; dies ist z. B. bei der Fugenausbildung von Fassadenelementen zu berücksichtigen, um Funktionsstörungen zu vermeiden. Bei nach Wärmedämmerfordernissen und statischer Tragfähigkeit dimensionierten Wänden ist Feuerbeständigkeitsklasse F 30 i. allg. nicht erreichbar.

Als Entwicklung zeichnen sich ab: Verwendung von Wabenkernen und von anorganischen Zuschlägen zum Schaum, über die Dicke der Platte veränderliche Dichte des Schaumes sowie eingeschäumte Installationen.

### 4.8.6.3 Ausbau

**4.8.6.3.1 Ebene und gewellte Lichtelemente.** *Glasfaserverstärkte Polyesterharze* (GFUP, vgl. 4.8.7, Tabelle 4.8-3). Grundlegende Eigenschaften vgl. 4.8.6.2.2. Angewendet werden Stützweiten bei gewellten Dachplatten bis 4 m (normal 0,8 bis 1,5 m) und Plattendicken von 0,8 bis 1,5 mm. Die Lichtdurchlässigkeit beträgt 70 bis 85% (opak farblos oder farbig); shedähnliche Lichtwirkung kann durch Beschichtung der nach Süden geneigten Wellenflanken erreicht werden.

Zweischalige Wellplatten mit 8 mm Dicke haben gute Wärmedämmwirkung ($\lambda = 0,06$ kcal/h m K) bei $\approx 70\%$ Lichtdurchlässigkeit (diffus).

Ebene Tafeln in Sandwich-Bauweise enthalten einen Kern aus Polystyrol-Kapillaren oder anderen Stützelementen sowie eine äußere UV-stabilisierte und eine innere selbstverlöschende GFK-Schicht. Die sehr biegesteifen Platten sind sehr gut wärmedämmend, schwitzwasserverhütend, 70 bis 80% diffus lichtdurchlässig und ersetzen Shedausbildungen. Für alle Platten ist vielfältiges Zubehör im Handel, die Verbindungen werden allgemein geschraubt (rostfreie Stähle verwenden).

*Polymethacrylsäureester* (PMMA, vgl. 4.8.7 Tabelle 4.8-1). Es werden glasklare und farbig durchscheinende Elemente hergestellt, die Witterungsbeständigkeit ist gut, die Platten sind brennbar.

*Polyvinylchlorid hart* (PVC hart, vgl. 4.8.7, Tabelle 4.8-1). Es werden opak-durchscheinende (farblose oder auch gefärbte) Wellplatten hergestellt.

**4.8.6.3.2 Lichtkuppeln.** *Celluloseacetobutyrat* (CAB, vgl. 4.8.7, Tabelle 4.8-1). Glasklare oder opak durchscheinende, ein- oder doppelschalige Kuppeln bis 3 m² Lichtfläche, verschmutzungsunempfindlich, bruchsicher.

*Polymethacrylsäureester* (PMMA, vgl. 4.8.7, Tabelle 4.8-1). Ein- und doppelschalige Kuppeln bis 4 m² Lichtfläche, glasklar oder mit lichtstreuender Profilierung der Oberfläche, auch mit äußerer Schale aus GFUP.

*Polyesterharz glasfaserverstärkt* (GFUP, vgl. 4.8.7, Tabelle 4.8-3). Funkenflugsichere, selbstverlöschende, ein- und zweischalige Kuppeln bis 5 m² Lichtfläche, diffus lichtdurchlässig 70 bis 80%, Dicke 1 bis 2,5 mm. Zur Verbesserung der Witterungsbeständigkeit (Erosion und Vergilben) sind ggf. Schutzanstriche empfehlenswert; s. a. 4.8.6.2.2 und 4.8.6.3.1.

**4.8.6.3.3 Fensterprofile.** Kunststoff-Fensterprofile sind wartungsfrei (keine Anstriche), leicht zu reinigen, stellen keine Kältebrücken dar, erlauben die Verwendung beliebiger Beschläge und Scheibenarten. Zu beachten ist bei allen Konstruktionen eine ausreichende Verwindungssteifigkeit.

*Polyvinylchlorid hart, schlagfest* (PVC, vgl. 4.8.7, Tabelle 4.8-1). Erhältlich sind vielfältige Profilformen, meist mit verschweißten Ecken bis 6 m² Einzelfläche, kittlose Verglasung ist durch federnde Klemmleisten möglich. Zur vollständigen Abdichtung gegen Schlagregen und Zugluft können Dichtungen aus Weichgummiprofilen angewendet werden.

*Polyesterharz glasfaserverstärkt* (GFUP, vgl. 4.8.7, Tabelle 4.8-3). GFUP ist selbstverlöschend und formbeständig auch bei hohen Temperaturen. Bei hohen Anforderungen an die Wärmedämmung verwendet man Profile mit Schaumstoffkern. Anwendung vorzugsweise in stark korrosionsfördernder Umgebung, teuer. Gute Abdichtung auch bei großen Temperaturschwankungen, da Längenausdehnungskoeffizient ähnlich wie bei konventionellen Baustoffen ist.

**4.8.6.3.4 Platten und Profile für den Innenausbau.** *Gefüllte Harnstoff- oder Melaminharze* (UF, MF, vgl. 4.8.7, Tabelle 4.8-3). Ebene Platten in vielen Farben und Mustern, glänzende und matte Oberflächen, zigaretten- und kochtopffest, schwer entflammbar. Die Platten besitzen sehr harte, porenfreie und mechanisch widerstandsfähige Oberflächen, sie sind bis $\approx$ 90 °C beständig gegen alle Haushaltschemikalien und einfach zu pflegen. Die Bearbeitung erfolgt ähnlich wie bei Hartholz. Zum Beschichten von Holzspanplatten u. ä. geeignet.

*Polyvinylchlorid hart, schlagfest* (PVC, vgl. 4.8.7, Tabelle 4.8-1). Platten und Profile für schwache mechanische, thermische und chemische Beanspruchungen, schweißbar.

*Polymethacrylsäureester* (PMMA, vgl. 4.8.7, Tabelle 4.8-1). Eigenschaften ähnlich wie PVC, ist jedoch witterungsbeständiger und hat gute optische Eigenschaften (als Sicherheitsglas verwendbar), brennbar. Vielfältiges Halbzeug als Platten, Blöcke, Vierkantstäbe, Rundstäbe, Rohre, Profile, auch in verschiedenen Färbungen und mit Oberflächenprofilierungen.

*Glasfaserverstärktes Polyesterharz* (GFUP, vgl. 4.8.7, Tabelle 4.8-3). Für selbsttragende Elemente, sehr feuchtigkeits- und chemikalienbeständig, auch für höhere Gebrauchstemperaturen, brennbar oder selbstverlöschend, auch zweischalig mit und ohne Wärmedämmschicht als durchscheinender, bruchsicherer Raumabschluß verwendbar.

**4.8.6.3.5 Fliesen.** *Polystyrol und Polyvinylchlorid weich* (PS, PVC, vgl. 4.8.7, Tabelle 4.8-1). In zahlreichen Farben und Oberflächen, mit Spezialklebern auf alle trockenen Verlegegründe klebbar, feuchtigkeitsbeständig. PVC mit Asbestfaser gefüllt ist unbrennbar.

### 4.8.6.3.6 Bodenbeläge

*4.8.6.3.6.1 Harte Kunststoffbodenbeläge* werden in vielfältigen Ausführungen auf Polyvinylchlorid-Grundlage hergestellt. Gemeinsame Eigenschaftsmerkmale sind glänzende und matte, glatte und genarbte, porenfreie Oberflächen, leicht zu reinigen, Verschleißschicht durchgefärbt. Die Beläge werden im allgemeinen mit Chloropren-Kleber auf den vorbehandelten Untergrund geklebt, die Fugen werden gestoßen oder zur Sicherung gegen eindringendes Putzwasser thermisch verschweißt. Dauereinwirkung von Wasser oder Sonne führt zu Ablösungen bzw. Verfärbungen. Zu beachten ist DIN 18 365 (VOB Bodenbelagsarbeiten).

*PVC weich* (vgl. 4.8.7, Tabelle 4.8-1). Bahnen bis 3,0 m Breite, Fliesengröße $20 \times 20$ cm bis $80 \times 80$ cm, Dicke 1,0 bis 3,0 mm, Shore-A-Härte 92 bis 96. Auch zweischichtig mit härterer Verschleißschicht.

*PVC weich mit Asbestfasern*, nur als Platten, Dicke 1,6 bis 3,2 mm. Verschleißfester als reines PVC, härter, weitgehend glutbeständig, unbrennbar. Auch Ausführungen mit erhöhter elektrischer Leitfähigkeit zur Vermeidung elektrostatischer Aufladungen (Funkenbildung!).

*PVC weich, kaschiert auf weiche Unterlage* (Filz, Jutegewebe, Kork, PVC-Schaum). Dicke der PVC-Schicht 0,5 bis 2,0 mm, Gesamtdicke 1,5 bis 6,0 mm, Bahnen bis 2,0 m Breite, Fliesen $0,25 \times 0,25$ m bis $0,80 \times 0,80$ m, Shore-A-Härte 60 bis 70, trittschalldämmend, unterschiedliche elastische und plastische Zusammendrückbarkeit unter hohen Punktlasten (Möbel) je nach Unterlage.

*PVC weich mit Kork- und ähnlichen Füllstoffen.* Ähnlich wie reines PVC, etwas trittschalldämmender, aber für geringere Beanspruchungen.

*Polyäthylen chlorsulfoniert.* Leicht zu reinigender Belag für hohe Beanspruchungen. Weitgehend beständig gegen glimmende Zigaretten und sicher gegen Verfärbungen.

*4.8.6.3.6.2 Weiche Bodenbeläge* mit Filzstruktur werden in steigendem Maße verwendet. Sie sind trittschalldämmend, schallschluckend, wärmedämmend, fußwarm und erfordern gegenüber harten Belägen geringe Pflegekosten.

*Polyamid* (PA, vgl. 4.8.7, Tabelle 4.8-1) mit Unterschicht aus Jutefilz o. ä. vernadelt. Bahnen bis 2,0 m Breite und Platten, Gesamtdicke $\approx$ 5 mm. Verlegung lose, verspannt oder auf vorbereiteten Untergrund verklebt.

*Polymethacrylsäureester* (PMMA, vgl. 4.8.7, Tabelle 4.8-1). Ähnlich wie PA, für geringe Beanspruchung.

**4.8.6.3.7 Stufenbeläge.** *Polyvinylchlorid weich* (PVC, vgl. 4.8.7, Tabelle 4.8-1). Aufbauarten der Trittstufenbeläge wie bei Bodenbelägen (s. 4.8.6.3.6), Befestigung durch Kleben. Vielfältige Oberflächenprofilierungen, oft mit angeformter Stoßkante, auch mit angeformtem Setzstufenbeschlag. Stoßkanten auch hellfarbig abgesetzt oder nachleuchtend.
*Butadien-Gummi* (Buna, vgl. 4.8.7, Tabelle 4.8-2). Im allgemeinen nur für Stoßkanten, gleitsicher, abriebfest, trittschalldämmend.
*Chlorsulfoniertes Polyäthylen.* Eigenschaften ähnlich wie Buna, jedoch auch in hellen Farbtönen herstellbar. Gleitsichere Oberflächenprofilierungen.

**4.8.6.3.8 Handläufe.** *Polyvinylchlorid* (PVC, vgl. 4.8.7, Tabelle 4.8-1). Vielfältige Profile (im allgemeinen für Flachstähle), viele Farben, an alle Krümmungen durch Erwärmen anpaßbar, Schweißstellen nach Abschleifen unsichtbar.

**4.8.6.3.9 Fußleisten.** *Polyvinylchlorid hart und weich* (PVC, vgl. 4.8.7, Tabelle 4.8-1). Vielfältige Ausführungen, mit federnden Profilen statt Holzviertelstäben, meist sehr gute Abdichtung gegen Wand und Fußboden, auch mit verdeckten Nuten für Schwachstromleitungen. Einfache Pflege, Befestigung durch Kleben, Nageln oder Einstecken.

**4.8.6.3.10 Geländer, Zäune.** *Polyvinylchlorid hart* (PVC, vgl. 4.8.7, Tabelle 4.8-1). Wartungsfreie, wetterfeste, farbige Profile, teilweise mit versteifendem Holz- oder Metallkern. Verarbeitung ähnlich wie Hartholz.

**4.8.6.3.11 Sanitärzellen.** Oberflächen aus PMMA haben sich seit vielen Jahren bewährt. Bei normaler Beanspruchung ist Ritzhärte ausreichend, Farbbeständigkeit gut. Beschädigungen, z. B. durch Einwirkung von Zigarettenglut, können durch Ausbessern (Kleben, Schweißen) nahtlos entfernt werden. Versuchsmäßig wird auch glasfaserverstärktes UP, ABS und PP verwendet.

## 4.8.6.4 Dämmung, Dichtung

**4.8.6.4.1 Wetterschutzfolien für Baustoffe, Maschinen, Bauteile.** *Polyäthylen niedriger Dichte* (Hochdruck-PE, vgl. 4.8.7, Tabelle 4.8-1). Dicke 0,1 bis 0,4 mm, 90% lichtdurchlässig (diffus) oder schwarz, Temperaturanwendungsbereich $-50$ bis $+80°C$. Kleb-, schweiß- und nagelbar.
*Polyvinylchlorid weich* (PVC, vgl. 4.8.7, Tabelle 4.8-1). Dicke 0,1 bis 0,35 mm, transparent oder schwarz, Temperaturanwendungsbereich $-20$ bis $+60°C$. Kleb- und schweißbar.
*Polypropylen* (PP, vgl. 4.8.7, Tabelle 4.8-1). Dicke 0,01 bis 0,025 mm, zweiaxial gereckt, transparent, Temperaturanwendungsbereich $-50$ bis $+90°C$. Weich und knitterfest, sehr reißfest.
*Gewebeverstärktes PVC, PA oder UP.* Dicke 0,4 bis 0,5 mm, Temperaturanwendungsbereich $-25$ bis $+75°C$ (PVC), bis $+120°C$ (PA), bis $150°C$ (UP); sehr reißfest, knickfest, teuer. Nagelbar.

**4.8.6.4.2 Abdichtungsbahnen gegen aufsteigendes und drückendes Wasser.** *Polyisobutylen* (PIB, vgl. 4.8.7, Tabelle 4.8-1). Dicke 1,5 bis 2,0 mm, genormte Mindesteigenschaften (DIN 16935). Sehr dehnfähig, verrottungssicher, beständig gegen alle natürlichen Wässer. Verklebbar mit Bitumen oder lösungsmittelfreien Klebern, thermisch oder chemisch verschweißbar, nicht mit teerhaltigen Baustoffen zusammen verarbeitbar.
*Polyäthylen weich* (Hochdruck-PE, vgl. 4.8.7, Tabelle 4.8-1). Dicke 0,1 bis 1,0 mm, dehnfähig, verrottungsfest.
*Polyvinylchlorid weich* (PVC, vgl. 4.8.7, Tabelle 4.8-1). Dicke 0,3 bis 0,75 mm, schweißbar und mit Spezialkleber klebbar. Bei sorgfältiger Ausführung sind einlagige Dichtungen möglich.
*Butylgummi* (vgl. 4.8.7, Tabelle 4.8-2). Dicke 2 bis 3 mm, auf Beton- und Mauerwerksflächen klebbar, auch ohne mechanische Schutzschichten verlegbar.

4.8.6 Anwendungsgebiete 663

**4.8.6.4.3 Flachdachabdichtungsbahnen.** *Polyisobutylen* (PIB, vgl. 4.8.7, Tabelle 4.8-1). Dicke 1 bis 3 mm, wartungsfrei, versprödungsfrei, witterungsbeständig, schwarz, mit Spezialfarben streichbar, teuer. Verlegung mit Heißbitumen oder Kleber, kalt und warm verschweißbar, auf Kleberseite auch mit Glasgewebebeschichtung. Nicht mit teerhaltigen Baustoffen zusammen verarbeiten, überstreichen mit Anstrichmitteln auf PIB-Basis.
*Polyvinylchlorid weich* (Weich-PVC, vgl. 4.8.7, Tabelle 4.8-1 und 4.8-8). Dicke 0,5 bis 0,85 mm, mechanisch und chemisch sehr widerstandsfähig, auch mit metallisierenden Oberflächen zur besseren Rückstrahlung der Sonnenenergie. Als Oberlage auf Bitumenpappe oder als alleinige Dichtungshaut, dann sehr sorgfältiges Arbeiten (Verkleben oder Verschweißen der Überlappungsstöße). Verklebbar mit Heißbitumen, wenn Weichmacherwanderung ausgeschlossen, nagelbar.
*Butylgummi* (vgl. 4.8.7, Tabelle 4.8-2 und 4.8-8). Dicke $\approx$ 2 mm, sehr dehnfähig, sehr witterungsbeständig, schwarz oder farbig. Fugen kalt verschweißbar, flächenhaft verklebbar.
*Polychloropren* (CR) (vgl. 4.8.7, Tabelle 4.8-2 und 4.8-8). Langjährig erprobtes Elastomer in vielfältigen Modifikationen (Füllstoffe), sehr witterungsbeständig und chemikalienfest (außer gegen Öle).
*Äthylen-Propylen-Kautschuk* und *chlorsulfoniertes Polyäthylen* (vgl. 4.8.7, Tabelle 4.8-8), neuere Werkstoffe mit gegenüber normalen Thermoplasten verbesserter Alterungsbeständigkeit.

**4.8.6.4.4 Fugendichtung, vorgefertigte Profile.** *Polyvinylchlorid weich* (Weich-PVC, vgl. 4.8.7, Tabelle 4.8-1). Vielfältige Ausführungsformen für Dehnungsfugen im Ortbeton, auch für Bewegungen in verschiedenen Ebenen, für Rißweiten bis 100 mm (Bergsenkungsgebiet), auch treibstoffbeständige Typen. Kältebeständig bis $-30\,°C$, thermisch schweißbar.
*Polyisobutylen* (PIB, vgl. 4.8.7, Tabelle 4.8-1). Elastische und plastische Massen für wenig belastete Fugen, teilweise weich und klebrig, preiswert.
*Geschäumtes Polyäthylen*. Verwendbar als witterungsbeständiger Füllstoff für tiefe Fugen, die einen äußeren Abschluß aus dauerplastischen Massen erhalten, s. 4.8.6.4.5.
*Butylgummi* (vgl. 4.8.7, Tabelle 4.8-2). Vorzugsweise für Sichtfugen, witterungsbeständig, meist schwarz, mit Spezialkleber klebbar. Selbstklebende Bänder und Pasten für Preßfugen im Fertigteilbau.
*Chloropren-Gummi* (CR, vgl. 4.8.7, Tabelle 4.8-2). Hohlprofile, auch in Verbindung mit PVC-Profilen, für Gleitfugen (z. B. zwischen Fundamenten oder Bodenplatten und Wänden), schwarz. Vielfältige Profile für Fertigteile aus Beton, für Fahrbahndehnungsfugen, für Fassadenelemente aus Glas, Kunststoff, Metallen.

**4.8.6.4.5 Fugendichtungen, am Bau aushärtend.** *Polyisobutylen* (PIB mit niedrigem Molekulargewicht). Farbige Einkomponentenmassen für wenig belastete Fugen, preiswert.
*Polysulfidkautschuk* (Thiokol, vgl. 4.8.7, Tabelle 4.8-2). Zweikomponentenmassen mit hoher Dehnfähigkeit, beste Einstellung des Harz/Härtergemisches so, daß plastische und elastische Verformungsanteile etwa gleich groß sind. Dauerhaftwirkung am Beton ist durch entsprechende Haftmittelbeimengung zu verbessern, günstig wirken auch Voranstriche mit lösungsmittelhaltigen, dünnflüssigen Kautschuken (Primer). Wird bei geringer Dehnfähigkeit größere Härte verlangt, kann Ruß bzw. für helle Fugen $TiO_2$ oder Al zugemischt werden (dadurch Verbilligung des teuren Materials).
*Silikonkautschuk* (SI, vgl. 4.8.7, Tabelle 4.8-2). Hochtemperaturbeständige Ein- und Zweikomponentenmassen, farblos opak bis farbig. Teuer.

**4.8.6.4.6 Wärmedämmschichten, vorgefertigte Platten.** Üblich sind Rohdichten von 13 bis 30 kg/m³, mit steigender Dichte steigen Festigkeiten und Preis, sinkt die Zusammendrückbarkeit, während die Wärmeleitfähigkeit nahezu konstant bleibt. Verwendet werden ausschließlich Hartschäume.
*Polystyrol, in Formen verschäumt* (PS, vgl. 4.8.7, Tabelle 4.8-4). Drei Rohdichteklassen ($\geq$ 13, $\geq$ 16, $\geq$ 20 kg/m³), Sondertypen schwer entflammbar oder treibstoffbeständig mit erhöhter Wärmestandfestigkeit. Besandete Platten können verputzt werden. Ebene

und profilierte Platten mit Zubehör zur Verlegung unter gewellten Dachplatten (wärmedämmend und schwitzwasserverhindernd), mit Binderfarbe streichbar. Als Verbundplatten mit Gips-, Kork- oder Holzwolleleichtbauplatten für leichte Trennwände, Ausfachungen, Zwischendecken und verlorene Schalungen. Als Verbundplatten mit Korkplatten oder Bitumenpappen für Warmdächer und belüftete Kaltdächer, bei normalen Temperaturen begehbar, dunkle Beschichtungen vermeiden. Als Isoliertapete zur Verbesserung der Wärmedämmung bestehender Räume, Dicke 2 bis 5 mm, mit lösungsmittelfreien Klebern auf Putz klebbar und mit Tapete überklebbar.

*Polystyrol, extrudiert* (PS, vgl. 4.8.7, Tabelle 4.8-4). Eigenschaften wie in Formen geschäumtes PS, vorzugsweise für großflächige Isolierungen bei Dächern und Wänden. Übliche Rohdichten 30 bis 45 kg/m$^3$.

*Phenolharzschaum* (PF, vgl. 4.8.7, Tabelle 4.8-4). Ähnlich wie PS-Schaum, jedoch unempfindlich gegen Lösungsmittel (Kaltbitumen), mit Heißbitumen verarbeitbar, schwer entflammbar, Dächer auch bei hohen Temperaturen begehbar. Teurer als PS-Schaum.

*Polyurethanschaum* (PUR, vgl. 4.8.7, Tabelle 4.8-4). Ähnlich wie PS-Schaum, jedoch unempfindlicher gegen Lösungsmittel und hohe Temperaturen, auch selbstverlöschende Typen. Als Weichschaum Profile für Rohrummantelungen.

**4.8.6.4.7 Wärmedämmschichten, am Bau aushärtend.** Für Hohlraumausfüllungen (Rohrleitungsschlitze), Beschichtung von Klimakanälen und kompliziert geformten Bauteilen, auch an senkrechten Flächen und „über Kopf". Zu beachten ist das Auftreten größerer Schrumpfmaße während der Erhärtung. Metallteile müssen vor Korrosion geschützt werden. Rohdichten 5 bis 15 kg/m$^3$.

*Harnstoffharz* (UF, vgl. 4.8.7, Tabelle 4.8-4). Nicht hygroskopisch, aber bei hoher Luftfeuchte oder Kondenswasserbildung erhebliche Wasseraufnahme.

*Polyurethan-Hartschaum* (PUR, vgl. 4.8.7, Tabelle 4.8-4). Gute Haftfestigkeiten, schnell aushärtend. Oberfläche anstreichbar, mit angeschäumtem Putzträger verputzbar. Teuer.

**4.8.6.4.8 Schalldämmschichten.** *Polystyrol, in Formen verschäumt* (PS, vgl. 4.8.7, Tabelle 4.8-4). Für Dämmschichten bei schwimmenden Estrichen meist mit Rohdichten von $\approx$ 15 kg/m$^3$. Für Körperschalldämmung von Rohrleitungen in Betonbauten, durch Kleben oder Nageln auf der Schalung zu befestigen, mit $\approx$ 150 bis 200 °C warmem Rohr durchstoßbar.

**4.8.6.4.9 Schallschluckplatten, Entdröhnung.** *Polystyrol, in Formen verschäumt* (PS, vgl. 4.8.7, Tabelle 4.8-4). Gelocht oder geschlitzt, Rohdichte $\approx$ 15 kg/m$^3$, Dicke 10 bis 20 mm, auch schwer entflammbar, mit Befestigungszubehör.

*Polyvinylchlorid hart* (PVC hart, vgl. 4.8.7, Tabelle 4.8-1). Gerillte und gelochte Profilplatten bis 60 cm Stützweite, weiß oder farbig, leicht zu säubern. Geschlitzte Kassetten mit Mineralwollefüllung, abwaschbar, teuer.

*Lösungsmittelhaltiger Kunstkautschuk.* Am Bau verspritzbar oder spachtelbar zum Entdröhnen von Blechen, Rohren, Luftkanälen u. a.; gute Haftung und Alterungsbeständigkeit. Farbe schwarz, anstreichbar.

*Polyamid* (PA) und *Polymethylmethacrylat* (PMMA). In Form textiler Bodenbeläge (gewebt oder als Filz), auch für Wand- und Deckenbekleidungen.

## 4.8.6.5 Rohre

**4.8.6.5.1 Druckrohre für Flüssigkeiten.** *Polyäthylen, hart und weich* (PE, vgl. 4.8.7, Tabelle 4.8-1). Nennweiten 6 bis 110 mm, für Innenüberdrücke bis 10 at, Lieferung auf Rollen bis 1 000 m Länge. Genormte Eigenschaften nach DIN 8072 bis 8076, Verarbeitungsrichtlinien DIN 16933. Durch glatte Innenoberflächen geringe Reibungsverluste, geringe Inkrustationsgefahr. Frostbeständig, geräuschdämpfend, schneid- und sägbar, weitgehend unempfindlich gegen Druckstöße (hohe Zeitwechselfestigkeit) und gegen Erdbewegungen.

### 4.8.6 Anwendungsgebiete

*Polymethacrylsäureester* (PMMA, vgl. 4.8.7, Tabelle 4.8-1). Für Leitungen, in denen das Fördergut sichtbar sein soll, opak oder glasklar mit Nennweiten von 20 bis 450 mm und bis 14 at Innenüberdruck bei +40°C.
*Polyvinylchlorid hart* (PVC, vgl. 4.8.7, Tabelle 4.8-1). Nennweiten 10 bis 150 mm, für Innenüberdrücke bis 16 at, Lieferung in Handelslängen von 5 bis 12 m, vielfältige Formstücke für Hausinstallation. Genormte Eigenschaften nach DIN 8061 bis 8063, Verarbeitungsrichtlinien DIN 16928. Glatte Innenwandungen. Aufnahme von Längsdehnungen und Erdbewegungen durch Gleitkupplungen. Bei wechselndem Innendruck ist Sprödbruchgefahr zu beachten, vor allem bei Formstücken.
*Polybutylen (1)*. Geeignet für höhere Temperaturen, hohe Dauerfestigkeiten. Noch in der Erprobung.
*Glasfaserstärkte Polyester- und Epoxidharze* (GFUP, GFEP, vgl. 4.8.7, Tabelle 4.8-3). Sonderanfertigungen für hohe Innendrücke und große Durchmesser (bis über 1000 mm). Gewickelte Rowings für höchste Festigkeiten.

**4.8.6.5.2 Gasdruckrohre.** *Polyvinylchlorid hart* (PVC, vgl. 4.8.7, Tabelle 4.8-1). Chemische Beständigkeit beachten, nicht bei benzolhaltigen Gasen verwenden, hierfür ist CAB geeignet.

**4.8.6.5.3 Abwasserrohre** sind prüfzeichenpflichtig (*Institut für Bautechnik*, Berlin 30, Reichpietschufer 72). Kunststoffrohre haben den Vorteil des geringen Gewichts und neigen infolge der sehr glatten Innenwandungen nicht zu Inkrustationen.
Gegenüber Gußeisen, Asbestzement und Keramik bestehen verarbeitungstechnische Vorteile. Bei fachgerechter Verlegung ergibt sich infolge hoher innerer Dämpfung gute Körperschalldämmung. In vielen Fällen sind Kunststoffrohre wirtschaftlichste Lösung. Bis auf PVC hart sind alle aufgeführten Werkstoffe heißwasserbeständig (drucklos!).
*Polyäthylen weich* (PE weich, vgl. 4.8.7, Tabelle 4.8-1). Auf Trommeln wickelbar, Verlegung im Erdreich ohne Grabenrand aus möglich, sehr schmale und stark gekrümmte Rohrgräben möglich, ohne Schäden einfrierbar, bruchsicher auch bei tiefen Temperaturen, beständig gegen alle natürlichen Böden und Wässer. Auch Einspülungen sind möglich, Dükerleitungen werden bis 600 mm lichte Weite ausgeführt. Tausalzbeständig, daher auch für Straßen- und Brückenentwässerungen geeignet.
*Polyvinylchlorid hart* (Hart-PVC, vgl. 4.8.7, Tabelle 4.8-1). Muffenrohre mit Nennweiten von 25 bis 400 mm, Handelslängen 3 bis 5 m, vielfältige Formteile für Hausinstallation, genormte Eigenschaften nach DIN 19531. Verbindung durch Kleben oder Dichtungsringe. Nicht im Erdboden verlegbar und nicht für treibstoffhaltige Abwässer. Für heißwasserbeständige Rohre ist *nachchloriertes* PVC erforderlich.
*Glasfaserverstärktes Polyesterharz* (GFUP, vgl. 4.8.7, Tabelle 4.8-3). Vorzugsweise im Wickelverfahren hergestellte Rohre für Sammelleitungen von betonkorrodierenden Abwässern. Die Scheitelbruchlast ist gering, bei sachgemäßem Einbau ist jedoch durch Wirksamwerden des passiven Erddruckes auch Verwendung unter Straßen möglich.

**4.8.6.5.4 Dachrinnen, Regenfallrohre.** *Polyvinylchlorid, hart, schlagfest.* Querschnitte rund oder gekantet, graue oder farbige Pigmentierung, Verbindung durch Steckmuffen, vielfältiges Zubehör. Witterungsbeständig, wartungsfrei, einige Typen auch schlagfest bei niedrigen Temperaturen.
*Glasfaserverstärktes Polyesterharz* (GFUP, vgl. 4.8.7, Tabelle 4.8-3). Querschnitte rund oder gekantet, farbig, vielfältiges Zubehör, begehbar. Witterungsbeständig, wartungsfrei, vor allem für stark korrosionsfördernde Industrieatmosphäre.

**4.8.6.5.5 Rohre für elektrische Installationen.** *Polyäthylen* (PE, vgl. 4.8.7, Tabelle 4.8-1). Starre und flexible Rohre für Unterputzverlegung, auch mit automatisch bei der Montage eingeschnittenem Panzerrohrgewinde für wasserdichte Ausführungen.
*Polyvinylchlorid hart* (Hart-PVC, vgl. 4.8.7, Tabelle 4.8-1). Querschnitte rund oder kastenförmig, mit einrastenden staubdichten Deckeln, Befestigung durch Kleben oder Schrauben, Stöße steck- oder schweißbar. Mit Weich-PVC-Schutzmantel als Panzerrohre auf oder unter Putz sowie im Beton verlegbar, wasserdicht verschraubbar.

**4.8.6.5.6 Dränrohre.** *Polyvinylchlorid hart* (Hart-PVC, vgl. 4.8.7, Tabelle 4.8-1). Geschlitzte Rohre mit Längen von 100 bis 250 cm, geringe Verschlammungsgefahr, Schraubmuffenverbindungen.

### 4.8.6.6 Versiegelungen, Beschichtungen

**4.8.6.6.1 Holzversiegelung.** *Polyurethanharz* (PUR, vgl. 4.8.7, Tabelle 4.8-2). Zwei-Komponenten-Masse, ergibt verschleißfeste, zähelastische Oberfläche, matt oder glänzend. Helle Holzfarben bleiben erhalten.

**4.8.6.6.2 Versiegelung von Mörtel-, Beton- und Mauerwerksflächen.** Versiegelungen werden angewendet, um mechanisch oder chemisch beanspruchte Flächen widerstandsfähiger zu machen. Verwendet werden reine oder gering gefüllte Harze, die im allgemeinen teilweise in die Kapillaren des Untergrundes eingesogen werden und so verfestigend und dichtend wirken und weitgehend vor Abblätterungen gesichert sind. Zu beachten sind in allen Fällen die Verseifungsgefahr bei alkalischen Mörteln und die Alterung der sehr dünnen Beschichtungen. Erforderlich sind meist Reinigen des Untergrundes von Verschmutzungen (vor allem von Fetten) und losen Teilen sowie Trocknen der Oberfläche. Reicht wegen geringer Kapillarwirkung das Aufsaugen nicht aus, so ist mit dünnflüssigem Primer vorzubehandeln.

*Chlorsulfoniertes Polyäthylen.* An der Luft aushärtendes Einkomponentenmaterial für Versiegelungen hoher Alterungsbeständigkeit und guter Dehnbarkeit, auch gegen starke Säuren beständig.

*Lösungsmittelhaltiges Polyvinylchlorid.* Zähharte, kapillarporige Beschichtung für geringe Beanspruchungen.

*Chlorbutadien.* An Luft vulkanisierend, alterungsbeständig, sehr dehnbar. Auch für Beschichtungen bis 2 mm Dicke.

*Polyurethan* (PUR). Vorzugsweise für Beschichtungen von 1 bis 5 mm Dicke mit harter und zähelastischer Oberfläche. Mit Verdünnern wird gute Eindringfähigkeit erreicht.

*Polyesterharze und Epoxidharze* (UP und EP). Für Versiegelungen und Beschichtungen, je nach Harzmodifikation und Härterart zähelastische bis sprödharte, hochverschleißfeste Oberflächen, Schichtdicken bis 1 mm. EP wird auch bei geringen mechanischen Beanspruchungen mit Teerpech vermischt, dadurch erhebliche Verbilligung bei vielfach gleicher Wirksamkeit. Bei EP gibt es Spezialsorten, die auch auf feuchtem Untergrund oder sogar unter Wasser angewendet werden können. Verarbeitungs- und Aushärtungstemperatur mindestens $+10$ bis $+15\,°C$, Sondertypen bis mindestens $0\,°C$.

**4.8.6.6.3 Mörtel und Beton für Boden- und Fahrbahnbeläge.** Allgemeine Hinweise in 4.8.6.2.5. Kunstharzgebundene Beläge werden für Ausbesserungsarbeiten und Neubauten wegen folgender Vorteile gegenüber Zementmörteln zunehmend eingesetzt: Schnelle Begeh- bzw. Befahrbarkeit (1 bis 3 Tage bei Normaltemperatur, bei künstlicher Erwärmung mit Infrarotstrahlern wenige Stunden), bei geeigneter Unterkonstruktion (Stahlbetonplatte) fugenlose Verlegung möglich, einfache Einfärbbarkeit, sehr hohe Verschleißfestigkeit. Die Rutschsicherheit kann in einfacher Weise durch Aufstreuen geeigneter Körnungen verbessert werden: Sand bzw. Brechsand (0,25 bis 0,30 mm bei Estrichen; 0,8 bis 2,0 mm bei Fahrbahnen), für besondere Anforderungen auch Silicium-Carbid (Karborund) oder Korund (0,5 bis 1,0 kg/m$^2$). Zur Vermeidung elektrostatischer Aufladungen kann die elektrische Leitfähigkeit durch bestimmte Füllstoffe vergrößert werden. Das Größtkorn der Mörtelzuschläge soll etwa $^1/_3$ der mittleren Schichtdicke betragen.

*Epoxidharze* (EP, vgl. 4.8.7, Tabelle 4.8-3). Vor allem bei porösem, wenig festem Untergrund ist Voranstrich mit niedrigviskosem, reinem Harz (Primer) erforderlich, der Mörtel wird anschließend auf das noch nicht erhärtete Harz aufgetragen. Der Untergrund und die Zuschläge müssen im allgemeinen trocken sein, Sondertypen mit geringer Feuchtigkeitsempfindlichkeit sind erhältlich. Die Druckfestigkeiten betragen 800 bis 1 500 kp/cm$^2$, die Zugfestigkeiten 300 bis 700 kp/cm$^2$ bei Raumtemperatur.

*Ungesättigte Polyesterharze* (UP, vgl. 4.8.7, Tabelle 4.8-3). Eigenschaften ähnlich wie EP, jedoch wasserempfindlicher, stärkeres Härtungsschrumpfen, chemisch und mechanisch etwas weniger beständig. Billiger.

**4.8.6.6.4 Stollenauskleidungen.** *Polyesterharze und Epoxidharze* (UP, EP, vgl. 4.8.7, Tabelle 4.8-3). Allgemeine Hinweise für Mörtel in 4.8.6.2.5 und 4.8.6.6.3, für glasfaserverstärkte Beschichtungen 4.8.6.2.2. UP-Mörtel werden für Abwasserkanäle der chemischen Industrie (chemisch beständiges Mauerwerk) verwendet. Stollenauskleidungen werden meist im Faserspritzverfahren ausgeführt, dabei sind bei senkrechten Wänden und bei Arbeiten „über Kopf" thixotrope Harzmodifikationen zu verwenden. Die Beschichtungen sind $\approx$ 3 bis 6 mm dick und vermögen Risse bis $\approx$ 2 mm Weite zu überbrücken. Bei Betonbeschichtungen sind alkalibeständige Harze (Verseifungsgefahr) zu verwenden. Wichtig ist die Beachtung der Untergrund- und Luftfeuchtigkeit. Bei niedrigen Temperaturen (unter $+15\,°C$) sind spezielle Katalysatoren erforderlich.

## 4.8.6.7 Anstriche

[13; 14]

Tab. 4.8-6 in 4.8.7 enthält eine Zusammenstellung der wichtigsten Kunstharz-Hauptkomponenten für Anstriche im Bauwesen.

## 4.8.6.8 Kleber

[16—18]

Die Herstellung einwandfreier Verklebungen erfordert Spezialkenntnisse. Die Wahl eines geeigneten Klebers (eine geringe Modifikation im Harzaufbau kann oft entscheidend sein!) ist genauso wichtig wie die richtige Vorbehandlung der Fügeflächen und die Verarbeitung (Tabelle 4.8-7).

**4.8.6.8.1 Holzkleben (Leimen), Kaltverarbeitung.** *Kaseinleim.* Gute Festigkeiten, aber nicht beständig bei hoher Luftfeuchtigkeit.
*Harnstoffharz* (UF). Ähnlich wie Kaseinleim, jedoch wasser- und schimmelbeständig (aber nicht wetterbeständig), durch Füllstoffe fugenfüllend, kalt verarbeitbar bei Temperaturen von $+5$ bis $+30\,°C$.
*Phenol-Resorzinharz.* Hochfest, witterungs- und wasserbeständig. Für geleimte Träger zugelassen.

**4.8.6.8.2 Betonkleben.** Das kraftschlüssige Verbinden von Betonbauteilen erfolgt mit reinen oder gefüllten duroplastischen Zweikomponentenklebern (keine Last übertragende Fugendichtungsstoffe s. 4.8.6.4.5). Die Festigkeiten überschreiten bei Normaltemperatur die Betonfestigkeiten. Ab $+60\,°C$ erfolgen — abhängig vom Harztyp — Festigkeitsrückgänge und starkes Kriechen.
Die Fugendicke soll bei reinen Harzen 2 bis 3 mm möglichst nicht überschreiten; bei Fugenmörteln soll das Größtkorn kleiner als ein Fünftel der Fugendicke sein. Die Betonoberflächen müssen sauber, fettfrei und i. allg. völlig trocken sein. Werden den Fugen Tragfunktionen zugewiesen, z. B. Druckfugen in vorgespannten Fertigteilkonstruktionen mit nachträglichem Verbund, so gelten die bauaufsichtlichen Bestimmungen für neue Baustoffe und Bauarten. Im *Deutschen Ausschuß für Stahlbeton*, 1 Berlin 30, Reichpietschufer 72/76, besteht eine Arbeitsgruppe, die „Richtlinien für das Verkleben von unbewehrten und bewehrten Betonbauteilen mittels Reaktionsharzen" ausarbeitet. Die vorläufige Fassung enthält folgende Forderungen:

Die Klebefugen dürfen nur einer Höchsttemperatur von $+60\,°C$ ausgesetzt werden.
Bindemittel dürfen nur aus reaktionsfähigen Stoffen bestehen.
Reaktionsharzmörtel bestehen aus Bindemittel und inerten Füllstoffen.
Die Fugendicke muß klein sein.
Vor der Inangriffnahme von Verklebungen sind Eignungsversuche erforderlich.
Die Betonflächen sind durch Säubern und ggf. Voranstrich für die Verklebung vorzubereiten.

Es dürfen nur trockene Betonflächen verklebt werden. Die Klebflächen dürfen nur dann wie die anschließenden Betonbauteile auf Druck und Schub beansprucht werden, wenn die Festigkeit der Fugenfüllung mindestens doppelt so groß ist wie die Würfelfestigkeit (Festigkeitsklasse) der Betonbauteile.

*Polyesterharze* (UP). Gute Festigkeiten, niedriger Preis, empfindlich gegen feuchte Klebeflächen.

*Epoxidharze* (EP). Einige Typen sind wenig empfindlich gegen Feuchtigkeitseinflüsse bei der Aushärtung, mit diesen Harzen ist bedingt auch ein schubfestes Verbinden von Alt- mit Neubeton möglich. Mit niedrigviskosen reinen Harzen können Risse über 0,2 mm Weite ausgepreßt werden ($\approx$ 3 bis 7 kp/cm² Druck).

**4.8.6.8.3 Metallkleben.** Das Verkleben von Metallen ist im Maschinenbau, vor allem bei sehr dünnen Blechen, weit verbreitet. Im Stahlbau liegen bisher nur Laborversuche und wenige praktische Erfahrungen vor. Mit UP und EP werden Scherfestigkeiten bei 20 °C im Kurzzeitversuch von $\approx$ 300 kp/cm² erreicht. Sehr wichtig sind die Vorbehandlung der Klebflächen und ein sauberes Aushärten.

Wegen der geringen Dauerfestigkeiten der reinen Klebeverbindungen wurden die *VK-Verbindungen* entwickelt. Dabei steht die Klebefuge, die durch ein Reaktionsharz (EP oder UP) mit Korund als Zuschlag gebildet wird, unter einer Druckvorspannung, die durch HV-Schrauben erzeugt wird.

## 4.8.7 Kunststoff-Tabellen

Strukturformeln in [H 03]

Tabelle 4.8-1. Thermoplaste

| Lfd. Nr. | Eigenschaft | Einheit | Polyäthylen (PE) stark verzweigt (Hochdruck-PE, Weich-PE) | Polyäthylen (PE) schwach verzweigt | Polyäthylen (PE) linear (Niederdruck-PE, Hart-PE) |
|---|---|---|---|---|---|
|  | Mechanische Eigenschaften |  |  |  |  |
| 1 | Streckgrenze $\beta_S$ | kp/cm² | 80$\cdots$120 | 120$\cdots$200 | 200$\cdots$330 |
| 2 | Zugfestigkeit $\beta_Z$ | kp/cm² | 90$\cdots$150 | 150$\cdots$250 | 250$\cdots$350 |
| 3 | Bruchdehnung $\varepsilon_B$ | % | 300$\cdots$1000 | 300$\cdots$1000 | 200$\cdots$1000 |
| 4 | Druckfestigkeit $\beta_D$ | kp/cm² | — | — | — |
| 5 | Biegefestigkeit $\beta_{BZ}$ | kp/cm² | ohne Bruch $\cdots$70 | (> 250) | (250$\cdots$420) |
| 6 | E-Modul | kp/cm² | 2$\cdots$5 · 10³ | 5$\cdots$8 · 10³ | 8$\cdots$14 · 10³ |
| 7 | Schlagzähigkeit | kp cm/cm² | ohne Bruch | o. B. | o. B. |
| 8 | Kerbschlagzähigkeit | kp cm/cm² | ohne Bruch | o. B. | 5$\cdots$20 |
| 9 | Kugeleindruckhärte, 60 s | kp/cm² | 100$\cdots$170 | 170$\cdots$300 | 300$\cdots$600 |
|  | Thermische Eigenschaften |  |  |  |  |
| 10 | Glasübergangstemperatur | °C | −21 | — | — |
| 11 | Längendehnkoeffizient $\alpha_t$ | 1/K | 23 · 10⁻⁵ | 20 · 10⁻⁵ | 15$\cdots$20 · 10⁻⁵ |
| 12 | Wärmeleitfähigkeit $\lambda$ | kcal/m h K | 0,28$\cdots$0,31 | 0,31$\cdots$0,33 | 0,33$\cdots$0,43 |
| 13 | Formbeständigkeit n. Martens | °C | 40 | — | — |
| 14 | Dauergebrauchstemperatur | °C | $\approx$ 80$\cdots$85 | $\approx$ 90$\cdots$100 | $\approx$ 95$\cdots$100 |
| 15 | Brennbarkeit | — | brennbar | brennbar | brennbar |
|  | Sonstige Eigenschaften |  |  |  |  |
| 16 | Dichte | g/cm³ | 0,915$\cdots$0,925 | 0,925$\cdots$0,940 | 0,94$\cdots$0,965 |
| 17 | Wasseraufnahme | Vol.-% | $\approx$ 0 | $\approx$ 0 | $\approx$ 0 |
| 18 | Spezifischer Widerstand | $\Omega$ cm | 10¹⁸ | 10¹⁸ | 10¹⁸ |
| 19 | Lichtdurchlässigkeit | — | durchsichtig bis opak | durchsichtig bis opak | durchsichtig bis opak |
| 20 | Wasserdampfdurchlässigkeit | g/cm h Torr | 2$\cdots$3 · 10⁻⁹ | 1$\cdots$2 · 10⁻⁹ | 1 · 10⁻⁹ |
| 21 | Schweißbarkeit | — | gut | gut | gut |
| 22 | Besonderheiten |  |  |  |  |

## 4.8.7 Kunststoff-Tabellen

Tabelle 4.8-1 (Fortsetzung)

| Lfd. Nr. | Polypropylen (PP) | Polyisobutylen (PIB) | Polyvinylchlorid (PVC) hart (normal) | Polyvinylchlorid weich |
|---|---|---|---|---|
| 1 | 300···330 | – | 500···600 | – |
| 2 | 300···400 | 40···60 | 500···600 | 200···250 |
| 3 | > 650 | > 1000 | 20···100 | 370···400 |
| 4 | 1100 | – | 800 | – |
| 5 | 430···500 | – | 750···1200 | – |
| 6 | 11···15 · 10$^3$ | – | 20···30 · 10$^3$ | (50) |
| 7 | o. B. | o. B. | o. B.···> 100 | o. B. |
| 8 | 3···15 | o. B. | 2···5 | o. B. |
| 9 | 580···750 | – | 950···1300 | (50) |
| 10 | −10···−20 | −50 | 70···87 | −30···−35 |
| 11 | 16···20 · 10$^{-5}$ | – | 7···8 · 10$^{-5}$ | 20 · 10$^{-5}$ |
| 12 | 0,19···0,26 | 0,10 | 0,14 | 0,13 |
| 13 | −40 | – | 65···75 | – |
| 14 | 100···120 | 60···100 | 60 | – |
| 15 | brennbar | brennbar | schwer entflammbar | brennbar |
| 16 | 0,905···0,907 | 0,92···0,93 | 1,38···1,40 | 1,19 |
| 17 | ≈ 0 | ≈ 0 | 0,02···0,2 | 0,2 |
| 18 | 10$^{15}$ | 10$^{15}$ | 10$^{15}$···10$^{16}$ | 10$^{13}$ |
| 19 | durchsichtig bis opak | opak bis undurchsichtig | opak bis glasklar | glasklar |
| 20 | 1,5···2,5 · 10$^{-9}$ | 2 · 10$^{-9}$ | 6···9 · 10$^{-9}$ | 2···3 · 10$^{-8}$ |
| 21 | gut | gut, kalt und warm | gut, meist mit Heißluft und Zusatzdraht | gut, meist mit Heißluft |
| 22 | | kautschukähnliche Eigenschaften. Rußzusatz verbessert Lichtbeständigkeit | | |

| Lfd. Nr. | Polystyrol (PS) normal | Polyvinylacetat (PVAC) | Polymethacrylsäureester (Polymethylmethacrylat, PMMA) | PMMA Copolymerisat mit Acrylnitril |
|---|---|---|---|---|
| 1 | – | – | – | – |
| 2 | 500···800 | – | 600···800 | 900 |
| 3 | 3···4 | – | 3···4 | 40···60 |
| 4 | −1000 | – | 1200···1400 | 1400 |
| 5 | 900···1200 | – | 1000···1500 | < 1700 |
| 6 | 30···34 · 10$^3$ | – | 30···32 · 10$^3$ | 48 · 10$^3$ |
| 7 | 16···22 | – | 12···20 | 45···100 |
| 8 | 2···3 | – | 2 | 4 |
| 9 | 1100···1500 | – | 1600···1900 | 2100···2200 |
| 10 | 90···100 | – | 105···112 | – |
| 11 | 6···8 · 10$^{-5}$ | – | 7···8 · 10$^{-5}$ | 7···8 · 10$^{-5}$ |
| 12 | 0,14···0,15 | – | 0,16 | 0,20 |
| 13 | 63···76 | 30···100 | 75···105 | 80 |
| 14 | 60···70 | – | 75···100 | 75 |
| 15 | brennbar | | brennbar | brennbar |
| 16 | 1,05 | – | 1,18 | 1,17 |
| 17 | 0,02···0,05 | – | 0,4···0,5 | 0,35···0,45 |
| 18 | 10$^{16}$ | – | > 10$^{15}$ | > 10$^{15}$ |
| 19 | glasklar | als Harz glasklar | glasklar | klar bis gelblich |
| 20 | 3···3,5 · 10$^{-8}$ | – | – | – |
| 21 | gut | – | gut | – |
| 22 | | in wäßriger Dispersion als Zusatz zu Zementmörteln, als Spachtelmassen, Anstriche und Kleber | gegenüber Glas geringe Ritzhärte | gegenüber Glas geringe Ritzhärte |

4.8 Kunststoffe

Tabelle 4.8-1 (Fortsetzung)

| Lfd. Nr. | Polytetrafluoräthylen (PTFE) | 6,6 Polyamid (PA, Perlon) | Celluloseacetat (CA, Acetylcellulose) | Celluloseacetobutyrat (CAB) |
|---|---|---|---|---|
| 1 | 140···160 | 570 | 420 | 330 |
| 2 | 150···350 | 600···700 | 250···500 | 250···500 |
| 3 | 200···500 | 70···170 | — | — |
| 4 | — | — | 350···400 | 360 |
| 5 | (200) | (500) | 450···650 | 450···550 |
| 6 | 4···5 · 10³ | 24 · 10³ | 20···22 · 10³ | 15···16 · 10³ |
| 7 | o. B. | o. B. | 55···80 | 15···o. B. |
| 8 | 13···15 | 20···40 | 15···20 | 18···30,5 |
| 9 | 300 | 900···1000 | 360···560 | 500···600 |
| 10 | −113 und +127 | 57, lufttrocken rd. 20 | (50···69) | 50 |
| 11 | 12···14 · 10⁻⁵ ²) | 7···10 · 10⁻⁵ | 8···9 · 10⁻⁵ | 10⁻⁴ |
| 12 | 0,20···0,41 | 0,20···0,27 | 0,20···0,22 | 0,18···0,21 |
| 13 | — | — | 50···70 | 45···70 |
| 14 | 260 | 80···100 | 40···75 | 45···75 |
| 15 | unbrennbar | selbstverlöschend | brennbar | brennbar |
| 16 | 2,1···2,3 | 1,12···1,15 | 1,29···1,32 | 0,19 |
| 17 | 0 | 3,4···3,8³) | 1,3 | 0,5 |
| 18 | 10¹⁸ | 10¹⁵ ⁴) | 10¹³ (wasserfrei) | 10¹⁵ (wasserfrei) |
| 19 | undurchsichtig | opak — transparent | transparent | transparent |
| 20 | — | 2···4 · 10⁻⁸ | 3 · 10⁻⁷ | — |
| 21 | nicht schweißbar | gut | — | — |
| 22 | nicht thermoplastisch verarbeitbar Reibungskoeffizient PTFE/Stahl 0,02···0,05 | | auch unbrennbare Typen | |

¹) ohne wesentliche mechanische Belastung.
²) 32 °C···100 °C; bei 15 °C und 31 °C Volumensprünge um ≈ 0,9% bzw. 0,2%.
³) bei 65% r. F.
⁴) völlig wasserfrei.

Tabelle 4.8-2. Elastomere

| Lfd. Nr. | Eigenschaft | Einheit | Weichgummi (Naturkautschuk mit Schwefel vernetzt) | Butadien-Gummi (Buna S) | Butyl-Gummi |
|---|---|---|---|---|---|
| | Mechanische Eigenschaften | | | | |
| 1 | Zugfestigkeit $\beta_Z$ | kp/cm² | 175···300 | 20···60 | 220···240 |
| 2 | Bruchdehnung $\varepsilon_B$ | % | 600···950 | 300···600 | 950 |
| 3 | Zug-E-Modul $E$ | kp/cm² | — | 10···30 | 7···15 |
| 4 | Schubmodul $G$ | kp/cm² | — | — | — |
| 5 | Shore-A-Härte | | 35···55 | 35···55 | 35 |
| | Thermische Eigenschaften | | | | |
| 6 | Glasübergangstemperatur | °C | −55 | −30···−50 | −45 |
| 7 | Dauergebrauchstemperatur¹) | °C | +60 | +75 | +90 |
| 8 | Brennbarkeit | | brennbar | brennbar | — |
| | Sonstige Eigenschaften | | | | |
| 9 | Dichte | g/cm³ | 0,92···0,99 | 1,8 | 0,91···0,92 |
| 10 | Wasseraufnahme | Vol.-% | — | — | — |
| 11 | Spezifischer Widerstand | Ωcm | 10¹⁴···5 · 10¹⁵ | 10¹⁴···10¹⁵ | 10¹⁸ |
| 12 | Besonderheiten | | | | |

4.8.7 Kunststoff-Tabellen

Tabelle 4.8-2 (Fortsetzung)

| Lfd Nr. | Chloropren-Gummi (CR) (Polychlorbutadien, Neoprene) | Chloropren-Gummi mit 25 Vol.-% Ruß | Alkyl-Polysulfid (Polysulfidkautschuk, Thiokol) | Alkyl-Polysulfid mit 25 Vol.-% Ruß | Polyurethan (PUR) (Beispiel) | Silikon-Kautschuk (SI) |
|---|---|---|---|---|---|---|
| 1 | 200···4000 | 200···300 | 5···10 | 40···150 | 460 | 28··· 50 |
| 2 | 800···1050 | 500···750 | 500···600 | 100···700 | − | 150···300 |
| 3 | 15···30 | 30··· 50 | ≈ 0 | − | − | − |
| 4 | − | − | − | − | − | − |
| 5 | 20···40 | 60···70 | 25···30 | 40···90 | − | 30···65 |
| 6 | −35 | −35 | − | 0···+80 | +30, lufttrocken rd. ±0 | −57 |
| 7 | − | +85 | +50 | +80 | +80 | +200 |
| 8 | brennbar | selbstverlöschend | brennbar | brennbar | selbstverlöschend | selbstverlöschend |
| 9 | 1,25 | 1,4 | 1,50···1,53 | 1,40···1,65 | 1,21 | 1,2···1,3 |
| 10 | − | − | − | − | 0,85 | − |
| 11 | $10^9···10^{10}$ | $10^{11}···10^{12}$ | − | $10^{10}···5·10^{14}$ | $10^{13}···10^{14}$ | $10^{11}···10^{16}$ |
| 12 | − | − | 2-Komponenten-Harz, auf der Baustelle verarbeitbar, vielseitig modifizierbar | − | teilweise thermoplastisch verarbeitbar, vielseitige Modifikationen | Einkomponenten-Harz, auf der Baustelle verarbeitbar |

[1]) ohne wesentliche mechanische Belastung.

Tabelle 4.8-3. Duromere

| Lfd. Nr. | Eigenschaft | Einheit | Phenolharz (PF, Phenoplast) | Phenolharz (PF) mit Asbestfasern (Typ 12 DIN 7708) |
|---|---|---|---|---|
|  | **Mechanische Eigenschaften** |  |  |  |
| 1 | Zugfestigkeit $\beta_Z$ | kp/cm² | 400···700 | > 200 |
| 2 | Bruchdehnung $\varepsilon_B$ | % | 0,5···1,5 | 0,2···0,5 |
| 3 | Druckfestigkeit $\beta_D$ | kp/cm² | 3000 | > 1000 |
| 4 | Biegefestigkeit $\beta_{BZ}$ | kp/cm² | 750···950 | > 5000 |
| 5 | E-Modul $E$ | kp/cm² | 60···90 · $10^3$ | 100···170 · $10^3$ |
| 6 | Schlagzähigkeit | kpcm/cm² | 5···10 | > 3,5 |
| 7 | Kerbschlagzähigkeit | kpcm/cm² | 1,5 | > 2,0 |
| 8 | Kugeleindruckhärte, 60 s | kp/cm² | 1900 | > 1500 |
|  | **Thermische Eigenschaften** |  |  |  |
| 9 | Längendehnkoeffizient $\alpha_t$ | 1/K | 5···8 · $10^{-5}$ | 1,5···3 · $10^{-5}$ |
| 10 | Wärmeleitfähigkeit $\lambda$ | kcal/mhK | 0,17 | 0,60···0,65 |
| 11 | Formbeständigkeit nach *Martens* | °C | 155 | > 150 |
| 12 | Dauergebrauchstemperatur[1]) | °C | ≈ 125 | ≈ 150 |
| 13 | Brennbarkeit | − | selbstverlöschend | selbstverlöschend |
|  | **Sonstige Eigenschaften** |  |  |  |
| 14 | Dichte | g/cm³ | 1,26···1,27 | 1,7···1,9 |
| 15 | Wasseraufnahme | Vol.-% | 0,3 | < 0,6 |
| 16 | Spezifischer Widerstand | Ωcm | > $10^{12}$ | $10^8$ |
| 17 | Lichtdurchlässigkeit |  | transparent | undurchsichtig |
| 18 | Besonderheiten |  |  |  |

Tabelle 4.8-3 (Fortsetzung)

| Lfd. Nr. | Harnstoffharz (UF, Aminoplast) mit Zellstoff-Fasern (Typ 131 DIN 7708) | Melaminharz (MF) mit Holz- oder Gesteinsmehl (Typ 150/155 DIN 7708) | Polyesterharz, ungesättigt (UP) (Beispiel) | Epoxidharz (EP, Äthoxilinharz) (Beispiel) |
|---|---|---|---|---|
| 1 | > 300 | > 300 | 500···850 | 800···900 |
| 2 | — | < 1,0 | 2···6 | — |
| 3 | > 2000 | > 1400 | 1200···1800 | 1600 |
| 4 | > 800 | > 700/> 400 | 900···1500 | 1200···1500 |
| 5 | 50···100 · 10³ | 80···110 · 10³ (Holz) | 32···38 · 10³ | 36 · 10³ |
| 6 | > 6,5 | > 6/> 2,5 | 5···15 | 15···20 |
| 7 | > 1,5 | > 1,5/> 1,0 | 1,5 | — |
| 8 | > 1400 | > 1500 (Holz) | 1300···2000 | < 2000 |
| 9 | 4···5 · 10⁻⁵ | 4···6·10⁻⁵ (Holz) | 10···15 · 10⁻⁵ | 6 · 10⁻⁵ |
| 10 | 0,31 | 0,34···0,55 | 0,13···0,17 | 0,12···0,20 |
| 11 | > 100 | > 120/> 130 | 55···90 | 120···175 |
| 12 | — | ≈ 100 (Holz) | — | ≈ 80 |
| 13 | selbstverlöschend | selbstverlöschend | brennt schwach | brennbar |
| 14 | 1,5 | 1,5···2,0 | 1,18···1,26 | 1,22 |
| 15 | < 3 | < 2,5 | 0,3···0,45 | — |
| 16 | 10¹¹ | 10⁹···10¹⁰ | 10¹⁵···10¹⁶ | > 10¹⁶ |
| 17 | Harz durchsichtig | undurchsichtig | durchsichtig | durchsichtig |
| 18 | nicht wasserbeständig | — | sehr großer Schwankungsbereich der Eigenschaften je nach Harz- u. Härterzusammensetzung. 2-Komponentenharz, auf der Baustelle ohne Druck bei Raumtemperatur aushärtend | extrem großer Schwankungsbereich d. Eigenschaften je nach Harz- u. Härterzusammensetzung (gummielastisch bis sprödhart). 2-Komponentenharze, auf der Baustelle ohne Druck bei Raumtemperatur aushärtend |

| Lfd. Nr. | Glasfaserverstärktes Polyesterharz (GFK (UP); Beispiele)[2] | | Glasfaserverstärktes Epoxidharz (GFK (EP); Beispiele)[2] | |
|---|---|---|---|---|
| | Glasgehalt 47 M.-% (Gewebe) | Glasgehalt 59 M.-% (Gewebe) | Glasgehalt 49 M.-% (Gewebe) | Glasgehalt 67 M.-% (Gewebe) |
| 1 | 2200 | 3000 | 2500 | 3600 |
| 2 | 1,7 | 1,9 | 1,8 | 1,9 |
| 3 | 1800 | 2600 | 1500 | 3400 |
| 4 | 3100 | 4100 | 2100 | 5300 |
| 5 | 135 · 10³ | 188 · 10³ | 105 · 10³ | 184 · 10³ |
| 6 | 90 | 124 | 80 | 124 |
| 7 | — | — | — | — |
| 8 | — | — | — | — |
| 9 | 2 · 10⁻⁵ | 1,6 · 10⁻⁵ | 1,5 · 10⁻⁵ | 1,2 · 10⁻⁵ |
| 10 | 0,20 | 0,28 | 0,21 | 0,31 |
| 11 | 60 | 65 | > 120 | > 150 |
| 12 | ≈ 50 | ≈ 50 | ≈ 80 | ≈ 90 |
| 13 | brennbar, auch selbstverlöschende Typen | brennbar oder selbstverlöschend | brennbar oder selbstverlöschend | brennbar oder selbstverlöschend |
| 14 | 1,84 | 2,00 | 1,87 | 2,10 |
| 15 | 0,2 | 0,2 | — | — |
| 16 | 10¹³ | 10¹³ | 10¹²···10¹³ | 10¹²···10¹³ |
| 17 | opak | opak | opak | opak |
| 18 | Zeitschwellfestigkeit bei 10⁷ Lastwechseln ≈ 15···25% der Kurzzeitwerte. Verarbeitungsvorschriften der Berufsgenossenschaft beachten [9] | | Zeitschwellfestigkeit bei 10⁷ Lastwechseln ≈ 20···30% der Kurzzeitwerte. Verarbeitungsvorschriften der Berufsgenossenschaft beachten [9] | |

[1] ohne wesentliche mechanische Belastung.
[2] zum umfangreichen Gebiet GFK s. besonders [10] u. [11].

## 4.8.7 Kunststoff-Tabellen

Tabelle 4.8-4. Schaumkunststoffe

| Lfd. Nr. | Eigenschaft | Einheit | Phenolharz | Harnstoffharz |
|---|---|---|---|---|
| 1 | Zellstruktur | | gemischt bis überwiegend geschlossenzellig | offen |
| 2 | Rohdichte | kg/m³ | 25···100 | 8···50 |
| 3 | Druckfestigkeit (bei 10% Stauchung) | kp/cm² | 1,1···7,8 | 0,1···2,0 |
| 4 | Zugfestigkeit | kp/cm² | 0,8···5,4 | — |
| 5 | Scherfestigkeit | kp/cm² | 0,8···4,6 | — |
| 6 | Elastizitätsmodul | kp/cm² | 35···400 | — |
| 7 | Wärmeleitzahl | kcal/m h K | 0,022···0,030 | 0,023···0,028 |
| 8 | Dauergebrauchstemperatur | rd. °C | 130 | 80···120 |
| 9 | Wasseraufnahme (7 Tage) | Vol.-% | 5···10 | 20 |
| 10 | Wasserdampfdurchlässigkeit | g/m h Torr | $1,3···1,5 \cdot 10^{-3}$ | $3···6 \cdot 10^{-2}$ |
| 11 | Wasserdampfdiffusionswiderstandsfaktor ($\mu$) | | 60···70 | 1,5···10 |
| 12 | Brennbarkeit | — | selbstverlöschend oder schwer entflammbar | normal entflammbar |
| 13 | Bemerkungen | — | kurzzeitig bis 200°C belastbar, schmilzt nicht, auch am Bau verspritzbar | am Bau verspritzbar, schmilzt nicht, Schrumpfmaß von chem. Modifikation abhängig |

Tabelle 4.8-4 (Fortsetzung)

| Lfd. Nr. | Polyurethan | | Polystyrol | | Polyvinylchlorid | PS-Schaum mit Silikatgerüst (HT-Schaum) |
|---|---|---|---|---|---|---|
| | $CO_2$ getrieben | Frigen-getrieben | in Formen versintert | stranggepreßt | | |
| 1 | gemischt | 95% geschlossen | geschlossen | geschlossen | geschlossen | geschlossen |
| 2 | 25 | 30···100 | 13···30 | 30···65 | 30···80 | 155···165 |
| 3 | 1,5 | 2···10 | 0,4···2,5 | 2,5···8,5 | 1···15 | 3,4···5,5 |
| 4 | 2,5 | 3···5 | 1,2···5,2 | 4,9···13 | 5···25 | 2···4 |
| 5 | — | 1···8 | 8···18 | 2,8···6,1 | 15···40 | 2,4···2,5 |
| 6 | 20 | 40···45 | — | 150···500 | 60···300 | — |
| 7 | 0,032 | 0,02···0,03 | 0,025···0,032 | 0,028···0,032 | 0,03···0,035 | 0,040 |
| 8 | 120···130 | 80···100 | 70···90 | 70···90 | 80···130 | 1000 [1] |
| 9 | 0,4 | 2 | 0,5···4 | 0,03 | — | 20 |
| 10 | $6···11 \cdot 10^{-3}$ | $0,9···1,8 \cdot 10^{-3}$ | $1,1···2,0 \cdot 10^{-3}$ | — | $2,3···4,5 \cdot 10^{-4}$ | — |
| 11 | 8···15 | 50···100 | 20···80 | 150···250 | 200···400 | 16,7 |
| 12 | selbstverlöschend, bei besonderer Oberflächenbeschichtung „schwer entflammbar" | | brennbar, auch selbstverlöschend | brennbar | selbstverlöschend | [2] |
| 13 | auch am Bau verspritzbar, Dachplatten sind ausreichend beständig gegen Flugfeuer und strahlende Wärme. Bei geeigneter Konstruktion sind F 30-Wandelemente möglich. | | auch komplizierte Formen herstellbar (Verpackung) | — | — | — |

[1] anorg. Gerüst, Wärmedämmwirkung nicht beeinträchtigt. Sonstige Eigenschaften verschlechtert.
[2] anorg. Gerüst nicht brennbar, Sinterpunkt 1025 °C.

Tabelle 4.8-5. Chemische Beständigkeit

| Kunststoffe | Säuren verdünnt | Säuren konzentriert[1] | Basen verdünnt | Basen konzentriert | Benzol | Benzin | Mineralische und organische Öle |
|---|---|---|---|---|---|---|---|
| *Thermoplaste* | | | | | | | |
| PE ($\varrho$ = 0,92 kg/dm³)[2] | + | + | + | + | − | 0 | +···0 |
| PE ($\varrho$ = 0,94 kg/dm³)[2] | + | + | + | + | 0 | +···0 | +···0 |
| PP | + | + | + | + | 0 | 0 | + |
| PIB | + | + | + | + | − | − | − |
| PVC hart[3] | + | + | + | + | − | + | + |
| PVC weich | + | 0 | + | 0 | − | 0···− | 0 |
| PS | + | +···0 | + | + | − | 0···− | +···− |
| PVAC | + | +···0 | +···0 | 0···− | − | 0 | 0 |
| PMMA | + | +···− | + | + | − | + | + |
| PMMA Cop. mit Acrylnitril | + | +···− | 0 | 0 | + | + | + |
| PTFE | + | + | + | + | + | + | + |
| 6,6 PA | − | − | + | 0 | + | + | + |
| CA | 0···− | − | − | − | +···0 | + | + |
| CAB | 0···+ | − | 0···− | − | − | + | + |
| *Duroplaste* | | | | | | | |
| PF | + | − | + | − | +···0 | +···0 | + |
| UF | 0 | − | +···0 | 0···− | +···0 | + | + |
| MF | 0 | − | +···0 | − | +···0 | +···0 | + |
| UP[4] | + | +···− | 0 | 0 | 0 | + | + |
| EP[4] | + | + | +···0 | 0···− | + | + | + |
| *Elastomere* | | | | | | | |
| PUR[4] | +···0 | 0···− | +···0 | +···0 | +···0 | + | + |
| CR | + | + | + | + | − | 0 | +···0 |

[1] außer stark oxydierenden Säuren (z. B. Salpetersäure).
[2] s. auch DIN 16934.
[3] s. auch DIN 16929.
[4] weitgehend von den Harz- und Härtermodifikationen abhängig.

### 4.8.7 Kunststoff-Tabellen

Tabelle 4.8-6. Anstriche (Hauptkomponenten), nach [15][1])

| Bindemittel | Putze, Beton | | Mauer-werk | | Asbest-zement | | Europ. Hölzer | | Trop. Hölzer | | Stahl, trocken | | Al-Legie-rungen | | Stahl, Beton, feucht oder unter Wasser |
|---|---|---|---|---|---|---|---|---|---|---|---|---|---|---|---|
| | A | I | A | I | A | I | A | I | A | I | A | I | A | I | A |
| *Wäßrige Dispersionen* | | | | | | | | | | | | | | | |
| Weißzement in Mischung mit Kalk | | | | | | | | | | | | | | | |
| Methylzellulose, PVAC- oder PVAC-Misch-Polymerisat-Dispersionen | + | + | + | + | + | + | | | | | | | | | |
| Farbenwasserglas | + | + | + | + | + | + | (+) | | | | | | | | |
| Haut- u. Knochenleime, Alginate (isländisch Moos), Stärkeleime | + | | + | | + | | | | | | | | | | |
| Methylzellulose, Zellulose-Glykonate (Stärke-Äther, Kaseinleim) | | + | | + | | + | (+) | | | | | | | | |
| Kasein-Kalk-Aufschluß | + | + | + | + | + | + | (+) | | | | | | | | |
| Kasein-Öl-Emulsion | + | + | + | + | + | + | + | | (+) | | + | + | + | + | |
| Alkyd-Emulsion (OW-Typ) | + | + | + | + | + | + | + | + | (+) | | + | + | + | + | |
| Alkyd-Emulsion (WO-Typ), Polyvinyl-acetat-Dispersion | + | + | + | + | + | + | + | + | (+) | (+) | + | + | + | + | |
| PVAC-Mischpolymerisat, Polyvinyl-propionat-Dispersion | + | + | + | + | + | + | + | + | (+) | (+) | | | + | + | |
| Polystyrol-Dispersion | + | + | + | + | + | + | (+) | + | (+) | (+) | | | + | + | |
| Kunstkautschuk-Latex | + | + | + | + | + | + | | + | | + | | | + | + | |
| *Ölhaltige Bindemittel* | | | | | | | | | | | | | | | |
| Leinölfirnis, Leinöl- u. Holzöl-Standöl, Faktisiertes Leinöl | + | + | + | + | + | + | + | + | (+) | (+) | + | + | + | + | |
| Standöl-Emaille-Lacke, Ölharzlacke | + | + | + | + | + | + | + | + | (+) | (+) | + | + | + | + | |
| Aufgefettete Alkydharzlacke, schnelltrocknende Alkydharzlacke | + | + | + | + | + | + | + | + | + | + | + | + | + | + | |
| *Ölfreie Lacke* | | | | | | | | | | | | | | | |
| Spritzlacke aus Schellack (u. a. spritzlöslichen Harzen), Nitro-Zaponlacke | | | | | | | | + | | + | | + | | + | |
| Nitro-Kombilacke | | | | + | | + | (+) | + | | (+) | | + | + | + | + | |
| Nitro-Mattinen | | | | | | | | | | + | | | | | |
| Vinylharz-Mischpolymerisatharz-Lacke | (+) | + | (+) | + | (+) | + | | + | (+) | + | | + | + | + | |
| Washprimer auf Acetalharz-Basis | | | | | | | | + | | (+) | | (+) | + | + | |
| Chlorkautschuklacke, Cyclokautschuk-lacke | + | + | + | + | + | + | | | | + | | | + | + | |
| Ungesättigte Polyesterlacke | (+) | (+) | + | + | (+) | + | | | | + | | | + | + | |
| UP in Kombination m. Isocyanat | (+) | + | + | + | (+) | + | | | | + | | | + | + | |
| Polyurethanlacke (DD-Lacke) | + | + | + | + | + | + | + | + | + | + | | | + | + | |
| Epoxidharzlacke, aminhärtend | + | + | + | + | + | + | + | + | + | + | (+) | | + | + | |
| Säurehärtende Epoxidharze | | | | | (+) | (+) | (+) | + | (+) | + | (+) | + | (+) | + | |
| Epoxidharz-Sondermodifikationen | | | | | | | | | | | | | | | + |

[1]) A außen, I innen, + hauptsächliches Anwendungsgebiet, (+) weniger gebräuchliches Anwendungsgebiet.

Tabelle 4.8-7. Kunstharzkleber, wasserbeständig, Hauptkomponenten, nach [18]

| Kunstharze[1] | | lösungsmittelhaltig | wäßrige Dispersion | Schmelzkleber | chem. härtend (2-Kompon.) | wäßrige Lösung | verarbeitbar kalt | verarbeitbar warm/heiß | wärmebeständig 60...100°C | wärmebeständig 100...150°C | Polyäthylen (PE) | Polyvinylchlorid (PVC) | Polystyrol (PS) | Aminoplaste (UF) | Phenoplaste (PF) | Polymethylmethacrylat (PMMA) | Kautschuke | PS-Schaum | PUR-Schaum | Polyamide (PA) Polyurethane (PUR) | keramische Baustoffe | Silikatgläser | Hölzer, Spanplatten | Metalle | Beton |
|---|---|---|---|---|---|---|---|---|---|---|---|---|---|---|---|---|---|---|---|---|---|---|---|---|---|
| Thermoplaste | Polyacrylate Polymethacrylate Polyvinylacetate Polyvinylchloride Polyvinylpropionat | ++++ | +++(+) | | + | | +++++ | +++++ | +++++ | (+) | | ++(+) | ++(+) | (+) | ++(+) | (+)(+) | ++(+)(+) | ++(+) | ++(+)(+) | | +(+) | ++(+)(+) | +++ + | (+)(++) | |
| Elaste (Kautschuke) | Naturkautschuke Styrol-Butadien Acrylnitril-Butadien Chloropren Butyl Polysulfid Polyurethane | +++++(+)(+) | +++ | (+) | + | | +++++++ | ++++ | +++++++ | (+)(+) | (+) | + | (+) | + | +(+) | (+)(+) | + | + | +++(+) ++ | + | (+) | + + | +++++++ | +++++++ | ++ |
| Duromere | Phenol-Resorzin Melamin Polyester Epoxid | +++ | | | ++ | ++ | ++++ | ++++ | ++++ | ++(+) | (+) | + | | | (+)(+) | +(+)(+) | + | +(+) | + | (+) | +(+) + | + | ++(+) + | (+) ++ | ++ |

[1] + hauptsächliche Klebstofftype, Anwendungsart, Wärmefestigkeit; (+) weniger gebräuchliche Klebstofftype, Anwendungsart, Wärmefestigkeit.
[2] ++ Klebevermögen gut bis sehr gut; (+) Klebevermögen mäßig bis gut.

Tabelle 4.8-8. Übliche physikalisch-mechanische Eigenschaften von Dachabdichtungsfolien (Firmenangaben)

| Lfd. Nr. | | | PVC weich | PVF[1]) | PIB |
|---|---|---|---|---|---|
| 1 | Dichte | g/cm³ | 1,2···1,7 | 1,38···1,57 | 1,4···1,7 |
| 2 | Shore-A-Härte DIN 53505 | | 70···85 | — | 60···80 |
| 3 | Reißfestigkeit | kp/cm² | 180···200 DIN 53371 | — | ≧ 25 DIN 16935 |
| 4 | Reißdehnung | % | 250···400 > 100 DIN 16937 | 9···12 DIN 52123 | ≧ 300 DIN 16935 |
| 5 | Wärmedehnung | 1/K | 150···225 · 10⁻⁶ | 50 · 10⁻⁶ (Folie) | 60···80 · 10⁻⁶ |
| 6 | Wasserdampfdurchlässigkeit | $\frac{g}{m^2 \cdot d \cdot Torr}$ | 1,5···2,5 1,6 DIN 53122 für 0,8 mm Foliendicke | — | 0,1 DIN 53122 für 1,5 mm Foliendicke |
| 7 | Wasserdampfdiffusionswiderstandsfaktor | | 7500···18000 | — | rd. 260000 |

Tabelle 4.8-8 (Fortsetzung)

| Lfd. Nr. | Äthylen-Copolymerisat mit Bitumen | Butylgummi | Polychloropren | Äthylen-Propylen-Kautschuk | Chlorsulforiertes Polyäthylen |
|---|---|---|---|---|---|
| 1 | 0,97 | 1,1···1,25 | ≈ 1,2···1,5 | ≈ 1,20 | 1,34 |
| 2 | 68 | 56···65 | 53···70 | 56 | 85 ASTM D-676-55T |
| 3 | 40 | 85···112 | > 50···250 | 81 | 88 ASTM D-412-51T |
| 4 | 800 | 300···650 | > 300···650 | 620 | 345 ASTM D-412-51T |
| 5 | 170 · 10⁻⁶ | 140 · 10⁻⁶ | 6,5 · 10⁻⁶ | — | — |
| 6 | 0,3 für 2 mm Foliendicke | — | 1,0²) DIN 53122 | — | — |
| 7 | 50000 | — | 29700 | — | — |

[1]) kaschiert auf kunststoffgetränktem Asbestfilz.
[2]) Richtwert für übliche Foliendicken.

## Literatur zu 4.8 Kunststoffe

H 03 Stoffhütte, 4. Aufl., Berlin, München: Ernst & Sohn 1967.
1 DIN-Taschenbuch 21: Kunststoffnormen, 4. Aufl., Berlin, Köln, Frankfurt a. M.: Beuth 1965.
2 *Carlowitz:* Tabellarische Übersicht über die Prüfung von Kunststoffen, 3. Aufl., Frankfurt: Umschau Verlag 1966.
3 *Nitsche, Wolf, Nowak:* Kunststoffe, Bd. 2: Praktische Kunststoffprüfung, Berlin, Göttingen, Heidelberg: Springer 1961.
4 *Wallhäußer:* Kunststoffprüfung, München: Hanser 1966.
5 *Römpp, Uhlein:* Chemie-Lexikon, 6. Aufl., Stuttgart: Franckh. 1966.
6 *Saechtling, Zebrowski:* Kunststoff-Taschenbuch, 17. Aufl., München: Hanser 1967.
7 *D'Ans, Lax:* Taschenbuch für Chemiker u. Physiker, Bd. 1, 1967; Bd. 2, 1964, Berlin, Heidelberg, New York: Springer.
8 Kartei für Bau, Raum und Gerät, Düsseldorf: Informationen für Bau, Raum und Geräte.
9 Merkblatt der Berufsgenossenschaft Chemische Industrie: Verarbeitung von Polyesterharzen und Epoxidharzen, Weinheim: Verlag Chemie 1966.
10 Glasfaserverstärkte Kunststoffe. Hrsg. *P. H. Selden* Berlin, Heidelberg, New York: Springer 1967.
11 VDI-Richtlinien (VDI 2010 und VDI 2011): Herstellen von Werkstücken aus GFK, Düsseldorf: VDI 1966.
12 Bauen mit Kunststoffen, Hannover: Vincentz 1967.
13 *Sponsel, Wallenfang:* Lexikon der Anstrichtechnik, 2. Aufl., München: Callwey 1968.
14 *Van Oeteren:* Korrosionsschutz durch Anstrichstoffe, Stuttgart: Wissenschaftl. Verlagsges. 1961.
15 *Wallhäußer:* Übersicht über die heute möglichen Anstrichausführungen, München: Detail, Zeitschrift für Architektur und Baudetail, H. 4/64.
16 *Plath, E.,* u. *L. Plath:* Taschenbuch der Kitte und Klebstoffe, 4. Aufl., Stuttgart: Wissenschaftl. Verlagsges. 1963.
17 *Baumann:* Leime und Kontaktkleber, Berlin, Heidelberg, New York: Springer 1967.
18 *Jordan:* Das Kleben von Kunststoffen, 2. Aufl., München: Hanser 1963.
19 *Carlowitz:* Kunststofftabellen, Bensberg-Frankenforst: Schiffmann 1963.

## 4.9 Stahl[1])

Bearbeitet von *W. Jäniche* und *W. Krämer*

### 4.9.1 Stahlerzeugung und Eigenschaften der Stähle

#### 4.9.1.1 Stahlerzeugung [H 90]

**4.9.1.1.1 Erschmelzung.** Die Basis der Stahlerzeugung bildet neben dem Schrott das Roheisen. Dieses wird im Hochofen aus Eisenerzen in Form von Stücken, Sinter oder Pellets unter Zugabe von Koks und Schlackenbildnern, insbesondere Kalkstein, durch Einblasen von vorgewärmter Luft reduzierend erschmolzen. Die klassischen metallurgischen Verfahren der Stahlerzeugung sind das Thomasverfahren, das Siemens-Martin-Verfahren und das Elektroofen-Verfahren. In jüngerer Zeit ist das Sauerstoffblasverfahren hinzugekommen, das zunehmend an Bedeutung gewinnt. Im Bereich der Montanunion ist es mengenmäßig bereits heute das bedeutendste Stahlherstellungsverfahren. Im Jahre 1970 erreichte der Anteil des nach dem Sauerstoffblasverfahren erschmolzenen Stahles in diesem Bereich fast 50% der Gesamtstahlerzeugung. Es ist damit zu rechnen, daß es in einigen Jahren das Thomasverfahren fast überall weitgehend abgelöst haben wird.

*Thomasstahl* (*T-Stahl*) ist ein im bodenblasenden Konverter erzeugter Massenstahl, der noch relativ hohe Anteile an unerwünschten Begleitelementen hat (Phosphor bis 0,08%; Schwefel bis 0,05%) in der Schmelze. Außerdem wirkt sich die verfahrensmäßig bedingte hohe Stickstoffaufnahme der Schmelze (Stickstoffgehalte bis rd. 0,014%) negativ auf die Eigenschaften des Thomasstahles aus (*Alterungsversprödung*). Der Thomasstahl fand früher im Stahlbau überall dort Verwendung, wo nur mäßige Anforderungen an die Stahlqualität gestellt wurden. Es wurde mit Erfolg versucht, die wirtschaftlichen Vorteile des Thomasverfahrens zu erhalten und trotzdem zu verbesserten Stahlqualitäten zu gelangen. Dies führte zunächst zu den Windfrischsonderstählen bzw. den verbesserten Konverterstählen (*W-Stähle*). Bei ihrer Erzeugung wurde durch geeignete Maßnahmen (z. B. Anreicherung der Blasluft mit Sauerstoff) eine Verminderung der Stickstoff- und Phosphorgehalte im Stahl erreicht. Nach einem neueren Vorschlag wird sogar reiner Sauerstoff zum Frischen im bodenblasenden Konverter verwendet und auf diese Weise der Gehalt an Phosphor und Stickstoff noch weiter gesenkt (*O.B.M.-Verfahren*).

Bereits vor zwei Jahrzehnten ist das *Sauerstoffblasverfahren*, bei dem reiner Sauerstoff mit Hilfe einer Lanze auf das Metallbad geblasen wird, zur Betriebsreife entwickelt worden. Es wird mittlerweile in verschiedenen Variationen (LD-; LDAC-; Caldo-Verfahren usw.) angewandt. Mit diesem Verfahren wird ein hochwertiger Stahl (*Y-Stahl*) erzeugt; er ist hinsichtlich der Reinheit an schädlichen Begleitelementen und der Sprödbruchunempfindlichkeit dem SM-Stahl zumindest gleichwertig. Im allg. kann bei Y-Stählen, wie sie im Bauwesen angewendet werden, mit folgenden Höchstgehalten in der Schmelze gerechnet werden: P = 0,06%; S = 0,05%; N = 0,005%. Die gute Qualität des Y-Stahles und seine damit nahezu universelle Verwendbarkeit haben dazu geführt, daß der Y-Stahl den Thomasstahl immer mehr verdrängt und bereits Anteile des Marktes erobert hat, die bislang dem SM-Stahl und dem Elektrostahl vorbehalten waren.

Der *Siemens-Martin-Stahl* (*SM-Stahl*) wurde im Stahlbau bisher dort eingesetzt, wo der Thomasstahl den gestellten Anforderungen nicht mehr genügte. Er zeichnet sich dadurch aus, daß der prozentuale Anteil der Eisenbegleiter Phosphor und Schwefel sowie der Stickstoffgehalte sehr niedrig gehalten werden können.

Der im Elektroofen (zumeist Elektro-Lichtbogenofen) erschmolzene Stahl (*E-Stahl*) ist von der Qualität her etwa mit den SM-Stählen direkt vergleichbar, hat aber einen verfahrensbedingten höheren Stickstoffgehalt.

---
[1]) Literatur S. 755ff.

4.9.1 Stahlerzeugung und Eigenschaften der Stähle 679

Der Hauptvorteil des SM- und E-Verfahrens liegt darin, daß infolge des relativ langsam ablaufenden Frischprozesses legierte Stähle mit hoher Analysengenauigkeit hergestellt werden können. Die nach diesen Verfahren hergestellten unlegierten und niedrig legierten Massenstähle können auf die Dauer wirtschaftlich nur schwer mit Stählen nach dem Sauerstoffblasverfahren konkurrieren und werden durch diese abgelöst. Nach der Norm DIN 17100 für Allgemeine Baustähle ist auch bei höherwertigen Güten das Erschmelzungsverfahren vom Hersteller frei wählbar, doch muß es auf Wunsch dem Besteller mitgeteilt werden. Die Unterscheidung von SM-, E- und Y-Stählen gleicher Güte ist heute nicht mehr sinnvoll, da erfahrungsgemäß vor allem die chemische Zusammensetzung einen hinreichenden Aufschluß über die Eigenschaften eines Stahles für das Bauwesen gibt.

### 4.9.1.1.2 Vergießen

*4.9.1.1.2.1 Gießverfahren.* Die im Stahlwerk fertiggefrischten flüssigen Stähle werden zu einem geringen Teil durch Abgießen in Formen für die Herstellung von Konstruktionsteilen verwandt. Derartiges Material wird als *Stahlguß* bezeichnet (DIN 1681). In der Regel werden die Stähle jedoch für die spätere Weiterverarbeitung im Walzwerk in Kokillen vergossen. Dabei handelt es sich um eiserne Formen, in denen der Stahl zu einem Block erstarrt. Je nach Gewicht der Schmelze und Fassungsvermögen der Kokillen wird pro Schmelze eine mehr oder weniger große Anzahl Kokillen entweder einzeln von oben oder zu Gespannen zusammengefaßt über Trichter und Kanäle von unten gefüllt. Der je nach Kokillen- und Desoxydationsart mehr oder weniger große Anteil an Kopf- und Fußschrott bei jedem Block beeinträchtigt das Ausbringen an verwendbarem Werkstoff.

Bei dem neuesten Gießverfahren, dem *Stranggießen*, besteht die Möglichkeit, die gesamte Menge einer oder sogar mehrerer Schmelzen in einem Strang oder mehreren Strängen großer Länge erstarren zu lassen. Ablängungen werden dann nach Bedarf vorgenommen. Der Vorteil dieses Verfahrens liegt einmal in seinem hohen Ausbringen und zum anderen darin, daß bereits der gegossene Querschnitt dem Endprodukt angepaßt werden kann. Außerdem kann durch eine nachfolgende Formgebung des noch warmen Stranges die spätere Walzarbeit reduziert werden. Die notwendige Walzverformung ergibt sich aus der bekannten Notwendigkeit, den vergossenen Stahl durch Walzen bzw. Schmieden oder Pressen durchzuarbeiten, damit er die geforderten mechanischen Eigenschaften bei guter Gleichmäßigkeit erhält.

*4.9.1.1.2.2 Desoxydationsarten.* Bei der Abkühlung einer ohne Silicium- oder Aluminiumzugabe abkühlenden Stahlschmelze ergeben sich Kocherscheinungen, die für einen unberuhigten Stahl (U) typisch sind. Sie resultieren aus der Reaktion der im flüssigen Stahl gelösten Elemente Kohlenstoff und Sauerstoff zu CO (Kohlenmonoxid), das blasenförmig im Stahlbad aufsteigt und dieses in heftige Bewegung versetzt, es unruhig macht. Der in Kokillen vergossene unberuhigte Stahl erfährt bei der Erstarrung von der Kokillenwand zur Blockmitte hin eine Entmischung, er seigert. Bei der *Seigerung* handelt es sich um eine Anreicherung der Stahlbegleitelemente in der Blockmitte, während die Randzone des Blockes relativ rein bleibt. Der Seigerungsgrad nimmt bei einem Gußblock mit der Blockhöhe zu und ist im Blockkopf am größten. Die starke Gasentwicklung des unberuhigt vergossenen flüssigen Stahles führt bei der Erstarrung in der Nähe der Block-Außenwandungen zur Bildung eines Blasenkranzes. Dadurch wird die Schwindung infolge Erstarrung ausgeglichen und die Entstehung des als Lunker bekannten Schwindungshohlraumes im Blockkopf unterdrückt.

Soll das Kochen des Stahles bei der Erstarrung mit seinen bekannten Begleiterscheinungen vermieden werden, so muß der Stahl beruhigt (R) werden. Dafür setzt man der Schmelze Silicium oder Aluminium zu. Stähle, denen beide Desoxydationsmittel zugegeben werden, bezeichnet man als besonders beruhigt oder doppelt beruhigt (RR). Durch die Beruhigung der Stähle wird die Seigerung in ihnen weitgehend verhindert. Bei einem beruhigten Stahl wirkt sich während der Abkühlung in der Kokille die Schwindung durch Bildung eines ausgeprägten Lunkers aus. Da der den Lunker enthaltende Teil des Blockkopfes abgeschnitten (geschopft) und verschrottet werden muß, ergibt sich für den beruhigten Stahl, im Vergleich zum unberuhigten, ein geringeres Ausbringen. Einen Längsschnitt durch je einen beruhigt und einen unberuhigt vergossenen Block mit Blasenkranz bzw. Lunker zeigt Bild 4.9-1. In Bild 4.9-2 erkennt man an geätzten Querschliffen von Knüppeln die Seigerung unterhalb der reinen Randzone (Speckschicht) eines unberuhigt vergossenen Stahles, während der beruhigt vergossene über den ganzen Querschnitt eine wesentlich gleichmäßigere Zusammensetzung aufweist.

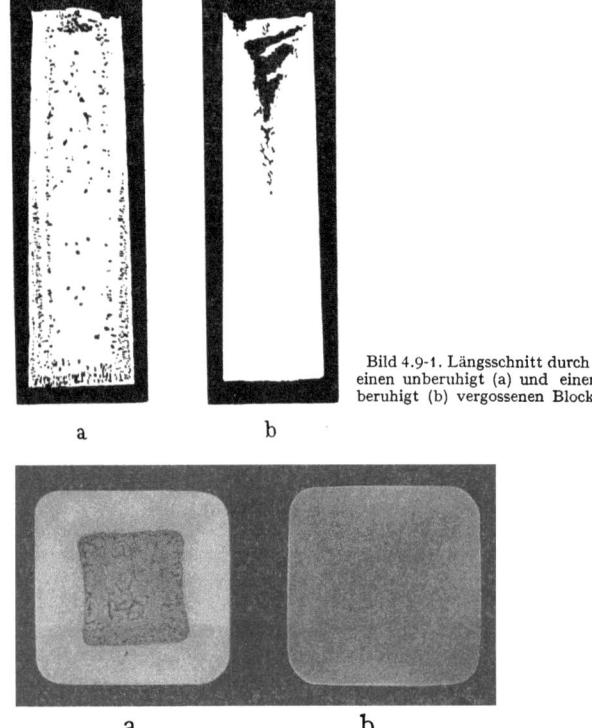

Bild 4.9-1. Längsschnitt durch einen unberuhigt (a) und einen beruhigt (b) vergossenen Block.

Bild 4.9-2. Geätzte Querschliffe von Knüppeln aus einem unberuhigt (a) und einem beruhigt (b) vergossenen Stahl.

Bei Stahlgüten bis ≈ 0,25% C gelingt es, die Vorteile von beruhigtem und von unberuhigtem Stahl durch ein halbberuhigtes Vergießen zu kombinieren. Durch entsprechende Dosierung der Desoxydationsmittel und Wahl eines geeigneten Zugabezeitpunktes erhält man einen Werkstoff, der eine dünne und reine Randschicht besitzt und im Kern nur wenig geseigert ist.

#### 4.9.1.1.3 Walzen.
Die in den Stahlwerken erschmolzenen und vergossenen Stähle müssen vom gegossenen rechteckigen oder quadratischen Vollquerschnitt auf Gebrauchsprofile (Walzwerk-Fertigerzeugnisse) ausgewalzt werden.

*4.9.1.1.3.1 Warmwalzen.* Die erstarrenden bzw. erstarrten Stahlblöcke bedürfen eines Wärmeausgleiches und einer Erwärmung auf Walzhitze in Tieföfen, bevor sie ausgewalzt werden können. Die notwendige Walzarbeit richtet sich hauptsächlich nach den Abmessungen der gegossenen Querschnitte und nach dem Fertigprofil. In der Regel durchläuft der Stahl eine Vielzahl von Walzkalibern (Stichen). Fertigprofile großer Querschnitte können auf der Blockstraße und einer nachgeschalteten Fertigstraße ihre endgültige Form er-

### 4.9.1 Stahlerzeugung und Eigenschaften der Stähle

halten (einhitziges Walzen), während Fertigprofile mit kleineren Querschnitten auf Block- und Halbzeugstraßen und nach erneuter Erwärmung auf Fertigstraßen ausgewalzt werden (zweihitziges Walzen).

Die Weiterentwicklung in der Walzwerkstechnik hat zu einem weitgehend kontinuierlichen Walzablauf an den Halbzeug- und Fertigstraßen geführt. Der Stahl durchläuft dabei mit zunehmender Geschwindigkeit eine größere Anzahl in Staffeln angeordneter Walzgerüste. Die Kontinuität des Verarbeitungsprozesses erstreckt sich dabei teilweise auch auf das Zwischenschopfen, Ablängen, Kennzeichnen und zerstörungsfreie Prüfen, z. B. Röntgenprüfung, Ultraschallprüfung des Walzgutes [H 03].

Neben den Walzstraßen mit universellem Erzeugungsprogramm gibt es auch solche, die auf die Herstellung eines speziellen Walzprofiles zugeschnitten sind: Breitbandstraßen, Drahtstraßen sowie Sonderwalzwerke für die Erzeugung nahtloser Rohre [H 90].

*4.9.1.1.3.2 Kaltwalzen.* Bei besonderen Anforderungen an die Oberfläche, an die Maßhaltigkeit oder an die mechanischen Eigenschaften und an die Umformbarkeit werden Bleche und Bänder im Bauwesen z. T. im kaltgewalzten Zustand eingesetzt. Als kaltgewalzt gelten dabei Erzeugnisse, die ohne vorherige Erwärmung eine Querschnittsverminderung um mindestens 25% erfahren haben. Der Anwendungsbereich kaltgewalzter Bleche und Bänder liegt im Dickenbereich von 0,002 bis 2,0 mm.

#### 4.9.1.1.4 Walzwerkserzeugnisse

*4.9.1.1.4.1 Warm- oder kaltgewalzte Erzeugnisse.* Von der Vielzahl der durch Warmwalzen und Kaltwalzen herstellbaren Stahlerzeugnisse sind die folgenden für das Bauwesen besonders wichtig (Benennung und Einteilung entsprechend Euronorm 79-69):

*Formstahl:* I- und U-Profile mit Trägerhöhen > 80 mm.

*Stabstahl:* gleiche Profile wie Formstahl, jedoch mit Trägerhöhen < 80 mm und Winkelstahl, T-Stahl, Z-Stahl; ferner Rundstähle, Halbrundstähle, Sechs- und Achtkantstähle sowie Flachstähle $\geq$ 3 mm Dicke und bis 150 mm Breite. Hierzu zählt ebenfalls Betonstahl, glatt oder gerippt, naturhart oder kaltverformt, mit rundem oder quadratischem Querschnitt ab 5 mm Durchmesser bzw. Kantenlänge.

*Breitflachstähle* und *Platinen:* Platinen werden in den Abmessungen zwischen 6 und 50 mm Dicke und 150 bis 500 mm Breite nur zwischen Ober- und Unterwalze, also freibreitend, ausgewalzt und haben daher abgerundete Kanten. Breitflachstahl in den Abmessungen über 4,75 mm Dicke und 150 bis 1 250 mm Breite erfordert wegen der engeren Abmessungstoleranzen zusätzliche vertikale Seitenwalzen, oder ein Walzen im geschlossenen Kaliber.

Als Bleche kommen für das Bauwesen *Feinbleche* (< 3 mm), *Mittelbleche* ($\geq$ 3,0 bis 4,75 mm) und *Grobbleche* ($\geq$ 4,76 mm) in Frage. Im Gegensatz zum Breitflachstahl ist die Formgebung der Kanten nicht festgelegt. Lieferform ist i. allg. die viereckige Tafel aber auch jede beliebige andere Form. Bleche können durch Längs- und/oder Querteilung aus Bändern oder Platinen geschnitten werden. Die Kanten können daher walzrund oder beschnitten sein.

*Band* wird in Breiten bis zu 2 700 mm und Dicken bis $\approx$ 12 mm auf kontinuierlich arbeitenden Spezialstraßen hergestellt und zu Coils bis $\approx$ 35 t gewickelt. Es hat im Walzzustand leicht gewölbte Kanten, kann aber auch mit beschnittenen Kanten (besäumt oder gespalten) geliefert werden. Entsprechend der Breite wird nach Warmbreitband ($\geq$ 600 mm) sowie Mittel- und Schmalband (< 600 mm) unterschieden.

*Walzdraht* mit runden, ovalen oder Vieleckquerschnitten und glatter Oberfläche wird in regellos gehaspelten Ringen geliefert.

*Eisenbahnoberbaustoffe* sind warmgewalzte Schienen, Schwellen, Laschen, Klemmplatten, Unterlegplatten sowohl für Eisenbahn- als auch für Krangleise.

*Spundwandprofile* sind Walzwerk-Fertigerzeugnisse, die auf Grund ihrer besonderen Form (Schlösser) durch Ineinanderschieben und Einrammen in den Boden dichte Wände bilden. Hierzu gehören auch durch Nieten oder Schweißen gebildete Eck- und Abzweigbohlen sowie Rammpfähle.

*Rohre,* nahtlos oder geschweißt, mit rundem Querschnitt für Leitungen, Apparate und Behälter sowie mit ovalem und mehreckigem Querschnitt (Formrohre) für Konstruktionszwecke.

Die gültigen DIN- und Euro-Normen bzw. besondere Lieferbedingungen für die Abmessungen und zulässigen Maßabweichungen dieser Profile sind in Tabelle 4.9-1 zusammengestellt.

Tabelle 4.9-1. DIN- und Euro-Normen bzw. besondere Lieferbedingungen für die Abmessungen und Maßabweichungen der wichtigsten Walzprofile

| DIN-Norm | Euro-Norm | Profilart |
|---|---|---|
| 1013 | 60 | Rundstahl |
| 1014 | 59 | Vierkantstahl |
| 1015 | 61 | Sechskantstahl |
| 1016 | 48, 51 | Bandstahl |
| 1017 | 58 | Flachstahl |
| 1018 | 66 | Halbrund- und Flachhalbrundstahl |
| 1022 | | Gleichschenkliger scharfkantiger Winkelstahl |
| 1024 | 55 | Rundkantiger T-Stahl |
| 1025 Blatt 1−5 | 19, 24, 34, 44, 53 | I-Träger verschiedener Reihen |
| 1026 | 24, 54 | Rundkantiger U-Stahl |
| 1027 | | Rundkantiger Z-Stahl |
| 1028 | 56 | Gleichschenkliger rundkantiger Winkelstahl |
| 1029 | 57 | Ungleichschenkliger rundkantiger Winkelstahl |
| 1541 | 33 | Feinblech |
| 1542 | 29 | Mittelblech |
| 1543 | 29 | Grobblech |
| 2448 | | Nahtlose Stahlrohre |
| 2458 | | Geschweißte Stahlrohre |
| 59110 | 17 | Walzdraht aus Stahl |
| 59200 | 91 | Breitflachstahl |
| Technische Lieferbedingungen für Stahlspundbohlen | | Spundwandprofile |

Der Lieferzustand der Walzprodukte ist i. allg. der unbehandelte, d. h. der an Luft abgekühlte und evtl. gerichtete sog. „Walzzustand". Für höherwertige Güten wird teilweise Normalglühung vorgeschrieben.

*4.9.1.1.4.2 Stranggepreßte Erzeugnisse.* Dem Warmwalzen als Formgebungsverfahren sind verfahrensbedingte technische und wirtschaftliche Grenzen gesetzt. Kleinere Losgrößen offener und geschlossener Spezialprofile stellt man im Strangpreßverfahren her. Hierbei wird der zu verformende Preßling (Block) zunderfrei etwa auf Schmiedetemperatur erwärmt, in einen zylindrischen Behälter (Rezipient) eingesetzt und mittels eines hydraulichen Stempels durch eine glasgeschmierte Matrize gedrückt, in die der gewünschte offene oder geschlossene Profilquerschnitt eingeschnitten ist.

Mit diesem Verfahren ist es möglich, komplizierte Profile bis zu einem Durchmesser von ≈ 300 mm des umschließenden Kreises zu erzeugen. Bild 4.9-3 zeigt eine Auswahl stranggepreßter Stahlprofile.

*4.9.1.1.4.3 Kaltprofilierte Erzeugnisse.* In jüngerer Zeit sind mit der Kaltprofilierung z. T. in Verbindung mit der Schweißtechnik Verfahren entwickelt worden, die die Warmwalztechnik ergänzen und es erlauben, den Wünschen des Stahlbaues nach Spezialprofilen Rechnung zu tragen. Als Ausgangsmaterial kommen hierbei Bleche, Bänder und Platinen geeigneter Güten und in Wanddicken bis ≈ 12 mm in Frage.

Für das Kaltprofilieren im technischen Maßstab werden das Abkanten auf Abkantbänken und das Walzprofilieren auf kontinuierlich arbeitenden Profilieranlagen angewendet. Bei diesen Verfahren tritt im Gegensatz zum Kaltwalzen, abgesehen von den gebogenen Bereichen, keine Dickenänderung des eingesetzten Vormaterials ein.

Das Abkanten als diskontinuierliches Verfahren eignet sich besonders für die Profilierung kleiner Losgrößen in begrenzten Stücklängen bis zu ≈ 12 m. Mit zunehmender Menge und Länge der zu fertigenden Kaltprofile wird das kontinuierliche Walzprofilieren

### 4.9.1 Stahlerzeugung und Eigenschaften der Stähle

dem Abkanten wirtschaftlich immer mehr überlegen. Eine derartige Profilieranlage besteht aus einer größeren Anzahl hintereinander angeordneter Ständer mit Walzrollen oder Walzrollenpaaren. Diese können sowohl horizontal als auch vertikal sowie in allen denkbaren Zwischenpositionen angeordnet sein. Wegen dieser frei wählbaren Anordnung der Walzrollen ist es möglich, komplizierte Profilformen wirtschaftlich zu erzeugen.

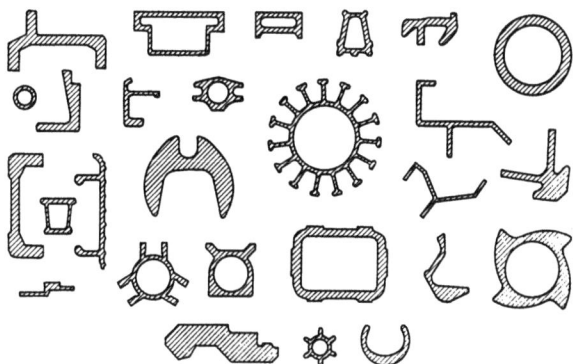

Bild 4.9-3. Auswahl stranggepreßter Stahlprofile.

Das Erzeugungsprogramm von Kaltprofilieranlagen reicht von einfachen Standardprofilen ( L , ⊏ , ⊐, ⊓, ⊥) bis zu eckigen Hohlprofilen und komplizierten, vielfach abgebogenen Sonderprofilen (Bild 4.9-4) in rundkantiger oder scharfkantiger Ausführung. Die Profile brauchen nicht symmetrisch zu sein. Ein Zusammenhang zwischen Profilabmessung und Wanddicke besteht im Gegensatz zum Warmwalzen meist nicht.
  In den kaltverformten Bereichen tritt abhängig vom Verformungsgrad eine Steigerung von Streckgrenze und Zugfestigkeit ein. Durch gezielte Hin- und Rückverformung vor oder während des Profilierens können auch die im Fertigprofil ebenen Bereiche kaltverfestigt werden. Beanspruchungsgerechte Profile mit entsprechend erhöhter Festigkeit ermöglichen vor allem im Leichtbau beträchtliche Werkstoffeinsparungen.
  Von den walzprofilierten Kaltprofilen aus Stahl sind die handelsüblichen Lieferformen (Standardprofile) genormt (Technische Lieferbedingung DIN 17118, Maßnormen DIN 59413). Diese Normen können häufig auch sinngemäß auf die zahlreichen nicht genormten Sonderprofile übertragen werden.

#### 4.9.1.2 Eigenschaften der Stähle

**4.9.1.2.1 Prüfeigenschaften.** Die Qualitätsmerkmale der Stähle sind heute weitgehend in Werkstoffnormen festgelegt. Sie werden durch einheitliche, allgemein anerkannte Prüfverfahren reproduzierbar festgestellt. Danach sind die Stähle z. B. gekennzeichnet durch Festigkeitseigenschaften, Umformbarkeit, Sprödbruchunempfindlichkeit, chemische Zusammensetzung, Härtbarkeit, Oberflächenbeschaffenheit, Maßhaltigkeit.
  Von den Prüfeigenschaften werden hier das Verhalten des Stahles im Zug- und Druckversuch, im Biege- und Faltversuch und die Zusammenhänge zwischen chemischer Zusammensetzung und Härtbarkeit behandelt. Die Feststellung dieser Eigenschaften erfolgt an genormten Proben, die aus den in den Normen angegebenen bestimmten Stellen der Erzeugnisse zu entnehmen sind, um Einflüsse aus Entmischungen, insbesondere bei nicht beruhigt vergossenen Stählen, auszuschließen.

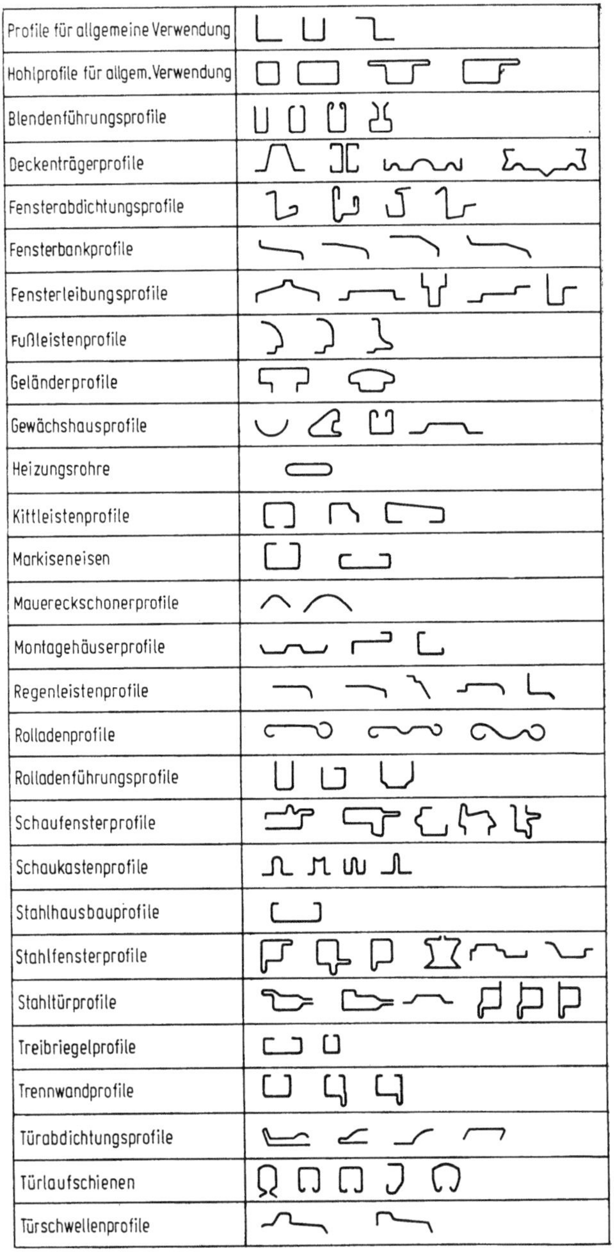

## 4.9 Stahl

| | |
|---|---|
| Profile für allgemeine Verwendung | |
| Hohlprofile für allgem. Verwendung | |
| Blendenführungsprofile | |
| Deckenträgerprofile | |
| Fensterabdichtungsprofile | |
| Fensterbankprofile | |
| Fensterleibungsprofile | |
| Fußleistenprofile | |
| Geländerprofile | |
| Gewächshausprofile | |
| Heizungsrohre | |
| Kittleistenprofile | |
| Markiseneisen | |
| Mauereckschonerprofile | |
| Montagehäuserprofile | |
| Regenleistenprofile | |
| Rolladenprofile | |
| Rolladenführungsprofile | |
| Schaufensterprofile | |
| Schaukastenprofile | |
| Stahlhausbauprofile | |
| Stahlfensterprofile | |
| Stahltürprofile | |
| Treibriegelprofile | |
| Trennwandprofile | |
| Türabdichtungsprofile | |
| Türlaufschienen | |
| Türschwellenprofile | |

Bild 4.9-4. Kaltprofile für die Bauindustrie.

## 4.9.1 Stahlerzeugung und Eigenschaften der Stähle

Im Zugversuch (DIN 50145 und 50146) dehnt sich der Stahl anfänglich rein elastisch und proportional der angelegten Spannung (Hooksche Gerade) bis zur *Elastizitätsgrenze* (Begriffe in Bild 4.9-5). Die Technische Elastizitätsgrenze ist definiert als die Spannung, bei der der **Stab** nach Entlastung eine bleibende Dehnung von 0,01% aufweist. Bis zu diesem Punkt ist der *Elastizitätsmodul* als Quotient aus Spannung und bezogener Dehnung definiert. Er beträgt bei nur geringerer Abhängigkeit von Zusammensetzung und Behandlungszustand i. M. $2,1 \cdot 10^6$ kp/cm². Steigert man die Spannungen über die Elasti-

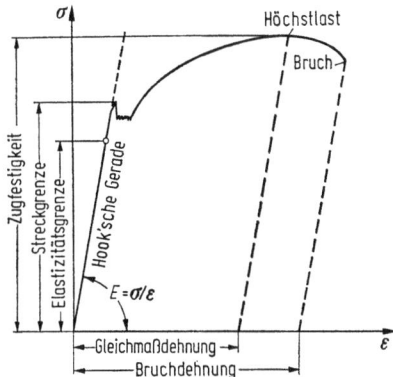

Bild 4.9-5. Begriffe im Zugversuch.

zitätsgrenze hinaus, nimmt der Anteil der bleibenden Verformung laufend zu, d. h. die Spannungs-Dehnungs-Linie biegt zunehmend mehr zur Dehnungsachse ab. Beim Erreichen der oberen Streckgrenze tritt ein Lastabfall ein, der Stahl beginnt zu fließen. Bei etwa konstanter Spannung entsprechend der unteren *Streckgrenze* nimmt die Dehnung ständig zu. Nach Durchlaufen der Streckgrenzendehnung tritt der Stahl in den Verfestigungsbereich ein, d. h. die angelegte Spannung kann wieder gesteigert werden und die Verformung nimmt zu. Nach Überschreiten des Höchstlastpunktes tritt bei abfallender Last eine örtlich begrenzte Querschnittsverminderung (Einschnürung) ein und der Bruch erfolgt an dieser Stelle. Während die Zugfestigkeit als auf den Ausgangsquerschnitt bezogene Höchstlast definiert ist, entspricht die *Reißfestigkeit* des Werkstoffes der Bruchlast bezogen auf den Bruchquerschnitt. Die gleichmäßige Dehnung bis zum Höchstlastpunkt wird als *Gleichmaßdehnung* bezeichnet. Wegen der Schwierigkeit ihrer Messung ist es aber üblich, die Dehnung nach dem Bruch unter Einschluß der Einschnürdehnung bezogen auf eine Meßstrecke entsprechend dem 5fachen ($\delta_5$) bzw. 10fachen ($\delta_{10}$) des Ausgangsstabdurchmessers zu bestimmen. Bei härteren Stählen oder nach vorausgegangenen Kaltverformungen ist die Streckgrenze häufig nicht ausgeprägt, d. h. die Spannungs-Dehnungslinie geht vom elastischen Bereich unmittelbar in den Verfestigungsbereich über. In solchen Fällen tritt an ihre Stelle die $\sigma_{0,2}$-Dehngrenze, d. i. die Spannung, bei der der Stahl eine bleibende Dehnung von 0,2% erreicht.

Bild 4.9-6 zeigt schematisch die Spannungs-Dehnungs-Linie für einen Stahl mit ausgeprägter Streckgrenze und einen Stahl nach Kaltverformung.

Beim Druckversuch (DIN 50106) verhält sich der Stahl ähnlich wie beim Zugversuch. Die *Fließgrenze* (*Quetschgrenze*) ist mit der beim Zugversuch festgestellten praktisch identisch. Daher kann der Stahl für statische Zug- und Druckbeanspruchung gleich bemessen werden.

Der Biege- oder Faltversuch nach DIN 1605, Bl. 4 stellt eine technologische Prüfung dar, deren Ergebnis nicht unmittelbar auf das Umformverhalten eines Werkstoffes übertragen werden kann (vgl. DIN 17100 Tab. 1 und Tab. 3).

Der Zusammenhang zwischen chemischer Zusammensetzung und Gefügeausbildung ist in erster Linie durch den Kohlenstoffgehalt bestimmt. Das *Eisen-Kohlenstoff-Diagramm* (Fe-C-Diagramm) in Bild 4.9-7 gibt Auskunft über die Gefügezustände von reinen Fe–C-Legierungen bei verschiedenen Temperaturen. Ausgenommen sind dabei die Verhältnisse bei bestimmten Zwangszuständen, die später behandelt werden. Auf der Abszisse des Diagramms ist, von links nach rechts steigend, der C-Gehalt aufgetragen, während auf der Ordinate die Temperaturen angegeben sind. In das Diagramm sind Linien eingezeichnet, die Zustandsgebiete einschließen. Die für bestimmte Temperaturen zutreffenden Gefügezustände der Fe–C-Legierungen können aus dem Diagramm entnommen werden und

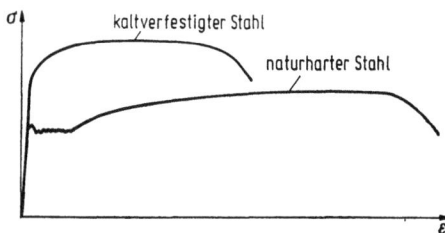

Bild 4.9-6. Spannungs-Dehnungs-Linien eines naturharten Stahles mit ausgeprägter Streckgrenze und eines kaltverformten Stahles.

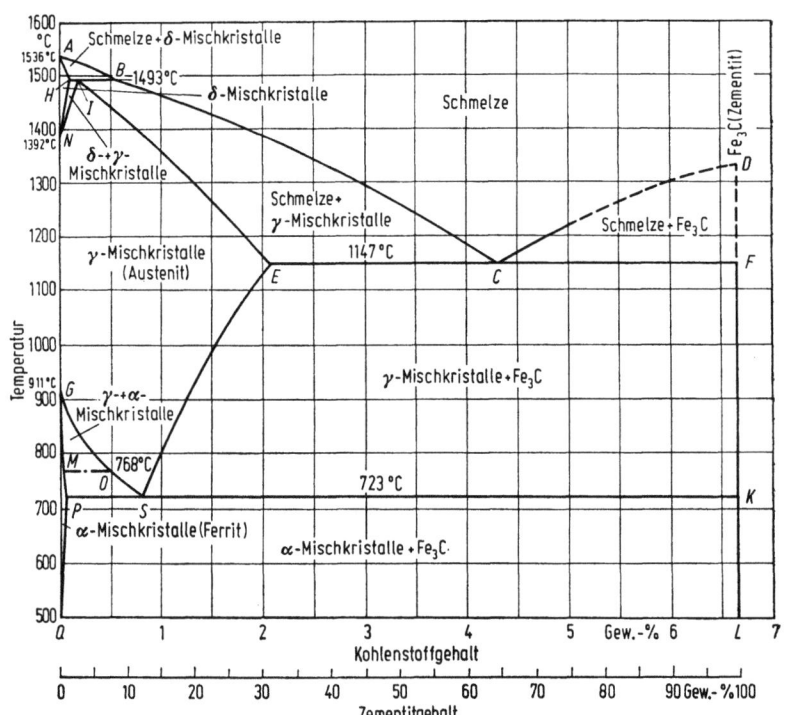

Bild 4.9-7. Eisen-Kohlenstoff-Diagramm.

## 4.9.1 Stahlerzeugung und Eigenschaften der Stähle

somit auch die Änderungen des Gefüges durch eine Temperaturänderung. Das Fe−C-Diagramm ist deshalb neben den Zeit-Temperatur-Umwandlungsschaubildern, die auch den Einfluß des Temperaturgradienten berücksichtigen, für die Wärmebehandlung von Stahl von größter Bedeutung.

Unter Stahl versteht man Fe−C-Legierungen mit maximal 2% C. Die nachfolgende Erklärung des grundsätzlichen Zusammenwirkens von Temperatur und Gefügeausbildung beschränkt sich daher auf den Konzentrationsbereich 0 bis 2% C.

Unterhalb der eutektoiden Temperatur von 723 °C besteht reinstes Eisen nur aus einem Gefügebestandteil, dem α-Eisen oder Ferrit. Enthält das Eisen einen geringen Anteil an Kohlenstoff, so tritt eine zweite Gefügekomponente auf (Perlit), die sich aus feinen Ferrit- und Eisencarbid ($Fe_3C$)-Lamellen zusammensetzt. Mit zunehmenden C-Gehalt wird der Perlitanteil im Gefüge immer größer, bis er bei etwa 0,9% C im Stahl 100% des Gefüges ausmacht (eutektoide Konzentration). Überschreitet der C-Gehalt 0,9%, so tritt bis etwa 2% C ein zunehmender Anteil Sekundärzementit (reines Eisencarbid) im perlitischen Grundgefüge auf. Eisencarbid ist im Gegensatz zum relativ weichen Ferrit hart und spröde. Deshalb wird der Stahl mit zunehmendem C-Gehalt grundsätzlich härter und auch weniger verformbar. Der Einfluß des C-Gehaltes auf die Festigkeits- und Verformungseigenschaften des Stahles geht aus Bild 4.9-8 hervor. Bei einer Einteilung der reinen Kohlenstoffstähle nach ihrer normalen Gefügeausbildung bei Raumtemperatur ergeben sich folgende 3 Gruppen:

|  | Gefüge | C-Gehalt |
|---|---|---|
| untereutektoide Stähle | Ferrit + Perlit | < 0,9% |
| eutektoider Stahl | reiner Perlit | 0,9% |
| übereutektoide Stähle | Perlit + Sekundärzementit | > 0,9 bis 2% |

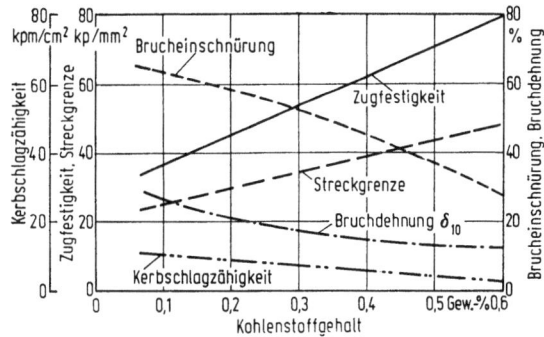

Bild 4.9-8. Einfluß des Kohlenstoff-Gehaltes auf die Festigkeits- und Verformungseigenschaften unlegierter Stähle im Walzzustand.

Unterwirft man diese Stähle einer Glühbehandlung, so tritt bei Erreichen der eutektoiden Temperatur eine Gefügeänderung ein. Dabei wird der gesamte Perlit in γ-Mischkristalle (Austenit) umgewandelt. Bis zum Abschluß des Umwandlungsvorganges Perlit − Austenit bleibt die Temperatur des Stahles konstant. Wird sie anschließend weiter gesteigert, wandelt bei untereutektoiden Stählen in zunehmendem Maße Ferrit zu Austenit um, während bei übereutektoiden Stählen die weitere Austenitbildung unter Aufzehrung des vorhandenen Sekundärzementitanteils erfolgt. Werden bei weiterer Wärmezufuhr die Trennlinien zum reinen Austenitgebiet im Fe−C-Diagramm (Linie G−O−S bzw. Linie S−E) überschritten, so besteht bei allen Stählen schließlich das gesamte Gefüge aus Austenit. Der Austenit ist dann, abgesehen von den sehr hoch kohlenstoffhaltigen Stählen, über einen weiten Temperaturbereich beständig. Erst bei extrem hohen Temperaturen (je nach C-Gehalt $\geq$ 1147 °C) erfolgt, entweder aus dem Austenit direkt, oder aber auf dem Umweg über die δ-Phase eine fortschreitende Aufschmelzung der Stähle. Oberhalb der obersten Begrenzungslinie im Fe−C-Diagramm sind alle Stähle flüssig.

Bei einer Abkühlung des Stahles aus der Schmelze verlaufen die beschriebenen Umwandlungsvorgänge in umgekehrter Reihenfolge. Voraussetzung für den normalen Ablauf der Umwandlungen ist, daß dafür genügend Zeit zur Verfügung steht und sonstige Einflüsse ausgeschaltet sind, die eine Umwandlung des Stahlgefüges fördern oder behindern können. Die Begleit- bzw. Legierungselemente im Stahl können die Umwandlungsvorgänge in andere Temperaturbereiche verschieben, teilweise sogar in bestimmten Konzentrationen Gefügeumwandlungen im festen Zustand völlig verhindern oder die Größe der sich bildenden Gefügekörner beeinflussen. Beispielsweise können Chromstähle trotz eines geringen Kohlenstoffgehalts im festen Zustand rein ferritisch sein. Bei mit Chrom und Nickel legierten Stählen kann der Austenit bei Raumtemperatur beständig sein. Von Aluminium, Niob, Titan, Vanadin usw. ist bekannt, daß sie durch Keimbildung Einfluß auf die Größe der sich bildenden Gefügekörner nehmen.

Das Umwandlungsverhalten eines Stahles, das für das Ergebnis einer Härtung oder des Verhaltens beim Schweißen von Bedeutung ist, läßt sich aus dem Gleichgewichtsschaubild Eisen-Kohlenstoff nicht ablesen. Dazu bedarf es der Berücksichtigung des Temperaturgradienten. Durch erhöhte Abkühlungsgeschwindigkeiten werden die Umwandlungen nämlich zu tieferen Temperaturen verschoben und so verändert, daß in Abhängigkeit von der Abkühlungsgeschwindigkeit unterschiedlich ausgebildete Gefüge entstehen. Um diese Zusammenhänge darzustellen, hat man *Zeit-Temperatur-Umwandlungs-(ZTU-)Schaubilder* aufgestellt, in denen für die gleiche Legierung in Abhängigkeit von der Temperaturführung die Umwandlung in den verschiedenen Stufen (Perlitstufe, Zwischenstufe, Martensitstufe) und die Zusammensetzung der entstehenden Gefüge dargestellt sind. Bild 4.9-9 zeigt als Beispiel das ZTU-Schaubild für einen hochfesten, schweißbaren Baustahl.

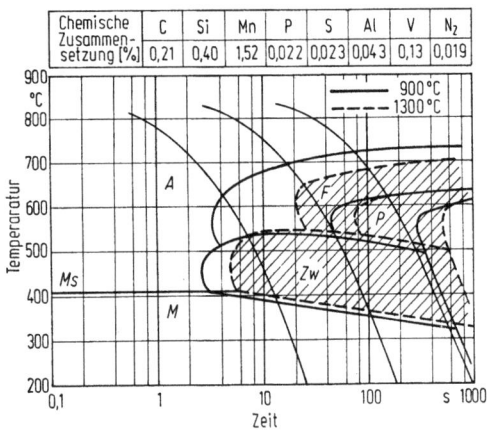

Bild 4.9-9. ZTU-Schaubild für einen hochfesten schweißbaren Baustahl.

Wichtige Wärmebehandlungsverfahren, Durchführung und Wirkungsweise (Benennung entsprechend DIN 17014):

a) *Normalglühen (Normalisieren)*: Erwärmen auf Temperaturen wenig oberhalb der Linie G−O−S im Fe−C-Diagramm (bei übereutektoiden Stählen oberhalb der eutektoiden Temperatur) mit nachfolgendem Abkühlen an ruhender Luft. Dadurch sollen durch Bearbeitungsvorgänge (z. B. Kaltwalzen u. Schweißen) hervorgerufene Zwangsgefüge beseitigt werden.

### 4.9.1 Stahlerzeugung und Eigenschaften der Stähle

b) *Härten:* Erwärmen bis auf Austenitisierungstemperaturen und nachfolgendes Abkühlen mit solcher Geschwindigkeit, daß oberflächlich oder durchgreifend die normalen Gefügeumwandlungen unterdrückt werden und ein neuer Gefügebestandteil (Martensit) auftritt, der u. a. durch große Härte bei geringer Verformbarkeit gekennzeichnet ist.

c) *Vergüten:* Wärmebehandlung zum Erzielen hoher Zähigkeit bei bestimmter Zugfestigkeit durch Härten und anschließendes Anlassen meist auf höhere Temperaturen.

d) *Weichglühen:* Glühen, bei dem die Temperaturen um die eutektoide Temperatur pendeln, mit anschließendem langsamen Abkühlen zum Erzielen eines für den vorgesehenen Verwendungszweck hinreichend weichen Zustandes (z. B. für spanende Bearbeitungen).

e) *Spannungsarmglühen:* Dient dem Abbau innerer Spannungen im Stahl bzw. in Konstruktionsteilen durch örtliche plastische Verformung. Es soll keine Gefügeumwandlung und keine wesentliche Änderung der Eigenschaften stattfinden. Die Glühtemperaturen liegen deshalb meist deutlich unter 723 °C, meist sogar unter 650 °C, bei vergüteten Stählen unterhalb der Anlaßtemperatur. Der Abkühlungsvorgang soll langsam erfolgen.

f) *Rekristallisationsglühen:* Erfolgt nach einem Umformen zum Zwecke der Neuorientierung des Gefüges.

**4.9.1.2.2 Gebrauchseigenschaften.** Den objektiv meßbaren und in Form von Mindestwerten garantierten Prüfeigenschaften stehen die Gebrauchseigenschaften gegenüber. Beide sind miteinander nur qualitativ, nicht aber durch zahlenmäßig erfaßbare Beziehungen verknüpft.

Zu den Gebrauchseigenschaften zählen die Verarbeitungseigenschaften (z. B. Umformbarkeit im warmen und kalten Zustand, Eignung zum Brennschneiden und Schweißen) und die Verwendungseigenschaften (z. B. Verhalten unter statischen Kurzzeit- und Dauerlasten, unter schwingenden und schlagartigen Beanspruchungen sowie bei hohen und tiefen Temperaturen). So betrachtet, charakterisieren die in den Normen festgelegten Prüfeigenschaften den Werkstoff im Ablieferungszustand. Ob er die erwarteten Verarbeitungs- und Verwendungseigenschaften besitzt, bedarf zusätzlich der Erfahrung.

*4.9.1.2.2.1 Verarbeitungseigenschaften.* Die Zusammenhänge zwischen Umformbarkeit im warmen und kalten Zustand einerseits sowie den zugehörigen Prüfeigenschaften andererseits werden als bekannt vorausgesetzt. Die Eignung der Stähle zum Schweißen und Brennschneiden soll wegen der besonderen Bedeutung kurz grundsätzlich behandelt werden.

Die *Schweißbarkeit* ist ein komplexer Begriff, in den zahlreiche Einflußgrößen eingehen. Sie ist nach DIN 17100 keine reine Werkstoffkenngröße, da die Abmessungen, die Form, die Herstellungsbedingungen und die Beanspruchungsverhältnisse entscheidend mitwirken.

Nach DIN 8528 hängt die Schweißbarkeit von drei nahezu gleichwertigen Einflußgrößen — Werkstoff, Fertigung, Konstruktion — ab. Bild 4.9-10 zeigt die Verknüpfung zwischen der Schweißbarkeit und den genannten Einflußgrößen sowie deren Wechselbeziehungen. *Schweißeignung* eines Werkstoffes ist vorhanden, wenn bei der Fertigung aufgrund der werkstoffgegebenen chemischen, metallurgischen und physikalischen Eigenschaften eine den jeweils gestellten Anforderungen entsprechende Schweißung hergestellt werden kann. *Schweißsicherheit* einer Konstruktion liegt vor, wenn für den verwendeten Werkstoff das Bauteil aufgrund seiner konstruktiven Gestaltung unter den vorgesehenen Betriebsbedingungen im geschweißten Zustand funktionsfähig ist. Die *Schweißmöglichkeit* ist gegeben, wenn die an einer Konstruktion vorgesehenen Schweißungen unter den gewählten Fertigungsbedingungen fachgerecht hergestellt werden können. Gute Schweißeignung eines Werkstoffes allein garantiert nicht notwendigerweise eine ausreichende Schweißsicherheit.

Durch den Schweißvorgang mit seiner plötzlichen, örtlich und zeitlich begrenzten Wärmezufuhr entsteht eine Zone aus aufgeschmolzenem Grundwerkstoff und Schweißgut mit Gußgefüge. Daran schließt sich beiderseits die wärmebeeinflußte Zone an, in der der

Stahl unterschiedlich hoch erhitzt wird. Nach dem Schweißen setzt eine schroffe Abkühlung — dem Abschrecken vergleichbar — ein, verbunden mit einer Härtesteigerung.

Die die Schweißeignung eines Werkstoffes am besten umschreibende Prüfeigenschaft ist die *Sprödbruchunempfindlichkeit* des Werkstoffes der wärmebeeinflußten Zone im Vergleich zum Grundwerkstoff. Die Komplexität dieses Begriffes erhellt allein aus den zahlreichen für die Sprödbruchprüfung vorgeschlagenen Prüfverfahren [40], die sich nach der Beanspruchung (Zug oder Biegung), nach der Belastungsgeschwindigkeit (quasi statisch oder schlagartig) und der Art der Probe unterscheiden. Die größere praktische Bedeutung kommt zweifelsohne der schlagartigen Beanspruchung gekerbter Proben zu. Da die Einstufung der Baustähle nach ihrer Zähigkeit weitgehend unabhängig von der Form der Kerbschlagprobe (DVM-, ISO-V- oder Schnadt-Probe) und der Art anderer Zähigkeits-Tests (Aufschweißbiegeprobe, Robertson-Versuch, Pellini-Test u. a.) ist, wird die Sprödbruchunempfindlichkeit der Werkstoffe in den Baustahl-Normen wegen der Einfachheit des Versuches nach wie vor nach dem Ergebnis der Kerbschlagbiegeprobe beurteilt. Neuere Forschungsarbeiten [41] könnten einen Weg aufzeigen, in Zukunft quantitative Aussagen zu ermöglichen. So ist es für hochfeste Stähle gelungen, eine *kritische Rißweite* (Critical Crack Opening Displacement) zu definieren und das Sprödbruchverhalten der Stähle im Bauwerk unmittelbar danach zu beurteilen.

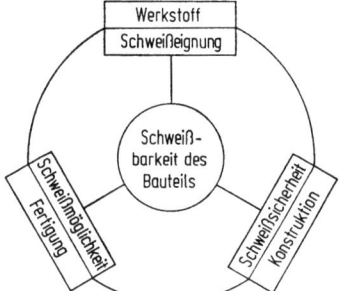

Bild 4.9-10. Darstellung der Schweißbarkeit.

Häufig wird als Kriterium für die Schweißbarkeit und Brennschneidbarkeit das *Kohlenstoffäquivalent* herangezogen. In ihm werden alle die Härtbarkeit des Werkstoffes beeinflussenden Elemente in äquivalente Kohlenstoffgehalte umgerechnet und aufsummiert. Abgesehen davon, daß die quantitative Bewertung der entsprechenden Elemente bei den verschiedenen vorgeschlagenen Formeln variiert, kann mit dem Kohlenstoffäquivalent im wesentlichen nur die evtl. auftretende Höchsthärte in der Schweißnaht oder an der Brennschnittkante beurteilt werden.

Beim *Brennschneiden* wird der Stahl mit dem Gasbrenner auf Zündtemperatur erhitzt und dann mit dem Schneidsauerstoffstrahl fortlaufend in der Schneidfuge verbrannt. Die flüssigen Verbrennungsprodukte werden durch den Sauerstoffstrahl ausgeblasen. Der Werkstoff neben der Schnittfuge wird dabei auf hohe Temperaturen erwärmt und anschließend schnell abgekühlt. Die Beeinflussung des Gefüges reicht je nach Schnittführung und Zusammensetzung des Grundwerkstoffs bis ≈ 2 mm in den Grundwerkstoff hinein. Der Wunsch des Stahlbauer geht dahin, Stahl mit Brennschnitten ohne spanende Nachbearbeitung der Kanten einzusetzen. Das setzt voraus, daß in diesen Zonen keine zu große Härtezunahme und vor allem keine Rißbildung eintritt.

Unlegierte und niedrig legierte Stähle bis zu einem Kohlenstoffäquivalent (C + Mn/6 + Ni/15 + Cr/5 + Mo/4 + V/5) von 0,4% lassen sich erfahrungsgemäß ohne Vorwärmung und ohne Nacharbeit der Kanten brennschneiden. Mit steigendem Kohlenstoffäquivalent nimmt die zur Vermeidung der kritischen Abkühlgeschwindigkeit erforderliche Vorwärmtemperatur rasch zu. Sehr nachteilig auf die Brennschneidbarkeit wirken sich Chrom-

## 4.9.1 Stahlerzeugung und Eigenschaften der Stähle

gehalte über 1,5% (wegen der Bildung hochschmelzender Oxide) sowie Kupfergehalte über 0,3% und Siliciumgehalte über 0,5% aus.
Auch die Zusammensetzung des Stahles an der Schnittkante kann durch das Brennschneiden beeinflußt werden. So ist zu beachten, daß die Elemente Cr, Mn und Si an der Schnittkante leicht ausbrennen, während sich C, Ni und Cu anreichern können.

*4.9.1.2.2.2 Verwendungseigenschaften.* Das Verhalten des Stahles unter statischen, kurzzeitigen Beanspruchungen wird durch den genormten Zug- und Druckversuch anschaulich und ausreichend beschrieben. Die Bemessung derart beanspruchter Bauteile erfolgt nach zulässigen Spannungen, die sich unter Berücksichtigung von Sicherheitsbeiwerten aus den garantierten Mindestwerten für die Festigkeitseigenschaften, vornehmlich aus der Streckgrenze, herleiten. Die Voraussetzung für ein solches Verfahren, Proportionalität zwischen Spannungen und Belastungen, ist beim Werkstoff Stahl voll gegeben. Stabilitätsfälle (Knicken, Kippen, Beulen; vgl. DIN 4114) sind besonders zu beachten und beschränken die Wirtschaftlichkeit höherfester Stähle. Bild 4.9-11 zeigt die idealisierten Arbeitslinien und zulässigen Spannungen einiger Baustähle. Wie daraus zu entnehmen ist, ergeben sich Vorteile für die höherfesten Stähle im Druckbereich nur bis zu bestimmten Schlankheitsgraden.

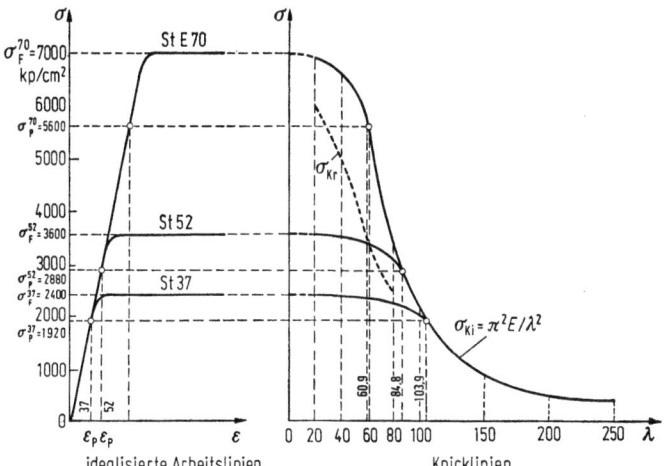

Bild 4.9-11. Idealisierte Arbeitslinien und Knicklinien einiger Baustähle.

Das Verhalten der allgemeinen Baustähle unter statischen Dauerlasten ist bei dem Bemessungsprinzip nach der Streckgrenze für normale Temperaturen ohne Belang, weil Streckgrenze und Quetschgrenze unter statischen Dauerlasten nur unwesentlich zu kleineren Werten verschoben werden. Bei hochfesten Stählen unter hohen Zugbeanspruchungen (Stähle für den Spannbeton) oder bei Stählen mit dauernden hohen Temperaturbeanspruchungen ist das *Kriechen* (zeitabhängige Längenänderung unter statischer Dauerlast) bzw. die *Relaxation* (Spannungsverlust unter Dauerlast bei fester Einspannlänge) zu beachten.
Von wesentlich größerer Bedeutung für den Stahlbau ist das Verhalten des Stahles unter häufig wiederkehrenden (dynamischen) Lasten (Brücken, Kranbahnen usw.), **die** im Bauwerk im Zusammenwirken mit den statischen Lasten aus Eigengewicht zu Spannungsausschlägen im Druck- und/oder Zugbereich führen können. Für diese dynamischen Beanspruchungen ist in DIN 50100 der Begriff der *Dauerschwingfestigkeit* genormt worden, d. i. der um eine gegebene Mittelspannung schwingende, größte Spannungsausschlag, den eine Probe ,,unendlich oft'' ohne Bruch oder unzulässige Verformung erträgt. Für die Baustähle ist es üblich und hinreichend, den $2 \cdot 10^6$mal ertragenen Spannungsausschlag als *Dauerfestigkeit* zu bewerten. Die ertragenen Spannungsausschläge für kleinere

Lastwechselzahlen werden als *Zeitfestigkeit* bezeichnet. Je nach dem, ob der Spannungsausschlag ständig zwischen Zug und Druck wechselt oder ganz im Zug- oder Druckbereich liegt, unterscheidet man nach *Wechselfestigkeit* und *Schwellfestigkeit* (Bild 4.9-12).

Die Ergebnisse von Dauerschwingversuchen werden i. allg. als *Wöhlerkurve* (Bild 4.9-13) aufgetragen, d. i. die ertragene Lastspielzahl in Abhängigkeit vom Spannungsausschlag

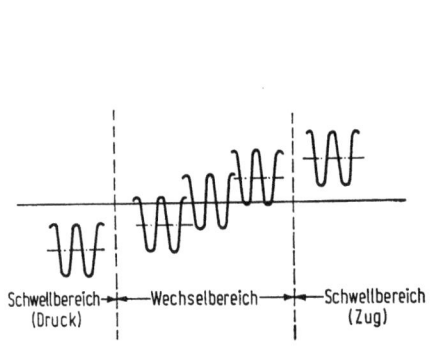

Bild 4.9-12. Schematische Darstellung von Schwell- und Wechselbeanspruchung.

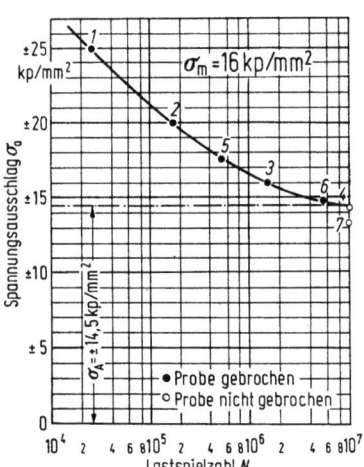

Bild 4.9-13. Wöhler-Schaubild (Beispiel).

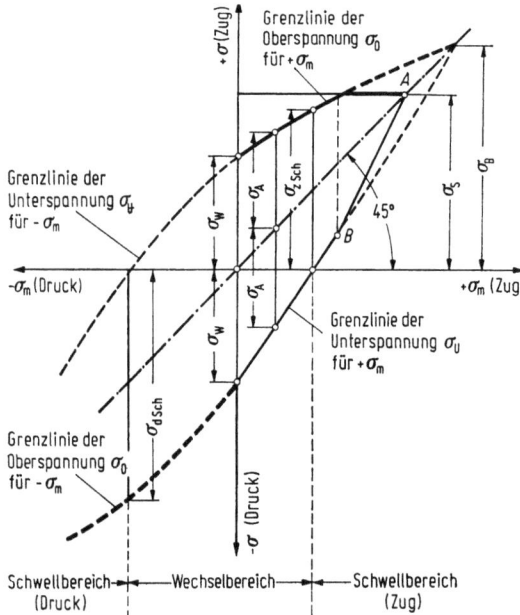

Bild 4.9-14. Dauerfestigkeits-Schaubild nach Smith.

### 4.9.1 Stahlerzeugung und Eigenschaften der Stähle

bei konstanter Mittelspannung. Die Summe der so ermittelten Dauerschwingfestigkeitswerte als Funktion über die Mittelspannung im Zug- und Druckbereich aufgetragen, ergibt das *Dauerfestigkeitsschaubild* nach Smith (Bild 4.9-14).

Aus der Tatsache, daß der Bruch im Dauerschwingversuch im allgemeinen von der Probenoberfläche ausgeht und praktisch ohne Verformung eintritt (beim statischen Zugversuch liegt der Bruchausgang nach starker örtlicher plastischer Verformung im Probeninneren) folgt, daß der Oberflächenzustand von entscheidender Bedeutung ist. Bild 4.9-15 zeigt, daß der Abfall der Dauerschwingfestigkeit gegenüber Proben mit polierter Oberfläche mit zunehmender Oberflächenrauheit größer wird. Bei Stäben mit Walzhaut kann er größer als bei solchen mit ringförmigem Spitzkerb sein. Der Einfluß der Oberfläche nimmt außerdem stark mit der Festigkeit zu.

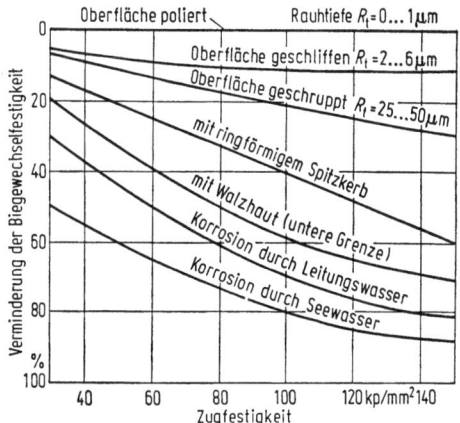

Bild 4.9-15. Einfluß von Oberflächenbeschaffenheit, Kerben und Korrosion auf die Biegewechselfestigkeit von Stählen (Nach Arbeitsblatt Nr. 1 des Fachausschusses für Maschinenelemente beim VDI).

Aus Untersuchungen des Deutschen Ausschusses für Stahlbau [7] sind in Bild 4.9-16 Versuchswerte und zulässige Dauerschwingbeanspruchungen für Stähle der Gütegruppe St 37-3 und St 52-3 eingetragen. Aus dem Vergleich des Lochstabes mit dem Vollstab zeigt sich der die Dauerfestigkeit stark vermindernde Einfluß von zusätzlichen Kerbspannungen. In gleicher Weise wurden Linien für die zulässige schwingende Beanspruchung geschweißter Verbindungen abgeleitet. Alle diesbezüglichen Versuche konnten aber das tatsächlich auftretende Belastungskollektiv nicht berücksichtigen. Daher ist für die Sicherheit dynamisch beanspruchter Konstruktionen der Einfluß schwingender Belastungen oberhalb der eigentlichen Dauerfestigkeit auf die Dauerfestigkeit selbst von wesentlicher Bedeutung. Die sich dabei ergebenden Zusammenhänge seien anhand von Bild 4.9-17 näher erläutert:

Die unterhalb der Wöhlerkurve eingetragene *Schadenslinie* begrenzt für jede Beanspruchungshöhe oberhalb der Dauerfestigkeit die Zahl der Lastspiele, die ohne Schaden ertragen werden kann (Bereich unterhalb der Schadenslinie). Der Bereich zwischen Schadenslinie und Wöhlerlinie entspricht einer Schädigung im Sinne einer Minderung der Dauerfestigkeit. Im unteren Teil des Bildes ist dargestellt, daß eine schwingende Vorbeanspruchung oberhalb der Dauerfestigkeit sogar zu einer Steigerung der Dauerfestigkeit führen kann, und zwar infolge Verfestigung und Abbau innerer Spannungen. Das ist der Fall im Bereich unterhalb einer zweiten Schadenslinie, die eine latente Schädigung anzeigt. Im aufgetragenen Beispiel steigt bei schwingender Vorbelastung die Dauerfestigkeit bis zum Erreichen der ersten Schadenslinie zu einem Höchstwert an. Bei längerer Einwirkung der Vorbelastung bis zur Schadenslinie fällt die Dauerfestigkeit auf ihren ur-

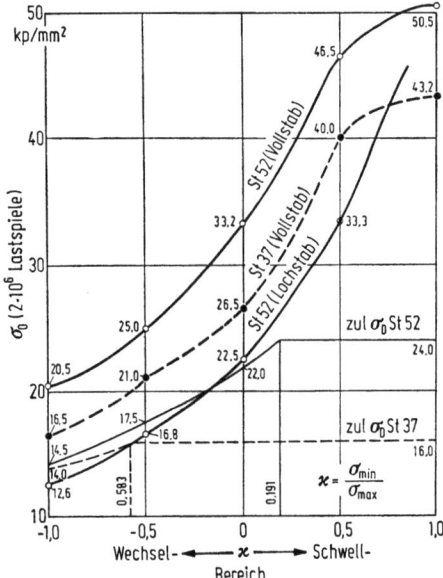

Bild 4.9-16. Versuchswerte der Dauerfestigkeit und zulässige Werte gemäß DV 848.

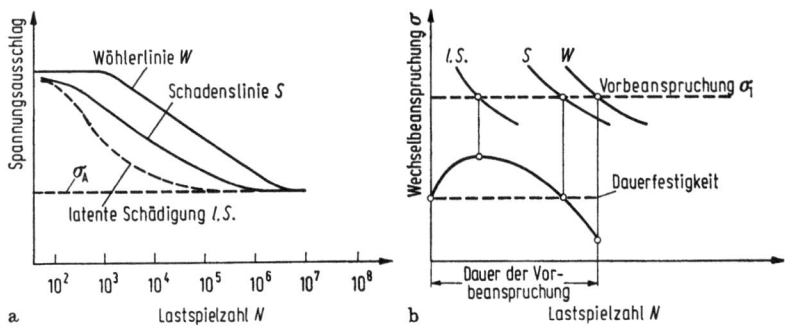

Bild 4.9-17. Einfluß schwingender Belastungen (schematisch); a) Wöhlerlinie und Schadenslinie; b) Dauerfestigkeit und Vorbeanspruchung.

sprünglichen Wert ab und sinkt darunter, wenn die Vorbeanspruchung über die Schadens-Linie hinaus andauert [5].

Hieraus folgt, daß es wenig sinnvoll ist, die Bemessung auf Dauerfestigkeit nach den höchsten, aber selten auftretenden Spannungsspitzen vorzunehmen. Vielmehr sollte die Dauerfestigkeit für das tatsächlich auftretende Spannungskollektiv ermittelt werden [42; 43; 44]. Dieser Wert wird als *Betriebsfestigkeit* bezeichnet.

Ein weiterer Schritt zur Ermittlung der Dauerhaltbarkeit der Konstruktion wäre die Berücksichtigung ihrer wahren Gestalt und Oberfläche. Diese sog. *Gestaltfestigkeit* ist vom Werkstoff, der Form und der Größe des Bauteiles abhängig. Ein Zuwachs an Dauerhaltbarkeit durch den Einsatz hochfester Stähle hat zur Voraussetzung, daß diese Zusammenhänge berücksichtigt werden.

Beim Einsatz von Stählen bei extremen Temperaturen steht im Vordergrund, daß bei hohen Temperaturen die Festigkeitswerte auch zeitabhängig abfallen, während bei niedrigen Temperaturen die Zähigkeit beeinträchtigt wird.

Bei den unlegierten Baustählen (Kohlenstoffstähle) beginnen bei Temperaturen über 200 °C Streckgrenze und Zugfestigkeit abzufallen. Die Warmstreckgrenze unterschreitet bei Temperaturen von $\approx$ 500 °C die im Stahlbau zulässigen Spannungen. Daraus folgt, daß der Stahl für den Brandfall vor der Einwirkung des Feuers geschützt werden muß, wenn die Standfestigkeit des Bauwerkes auch bei längerer Einwirkung eines Schadensfeuers nicht beeinträchtigt werden soll. Für die Langzeitbelastung des Stahles bei erhöhten Temperaturen ist der starke Abfall der Kriechgrenze zu beachten.

Bei Temperaturen unter 0 °C steigen Streckgrenze und Zugfestigkeit an, die Dehnung fällt dagegen ab. Bei statischen Lasten und langsamer Laststeigerung könnten die zulässigen Spannungen daher evtl. gesteigert werden. Die Zähigkeit, insbesondere die Kerbschlagzähigkeit des Werkstoffes nimmt allerdings so stark ab, daß man geradezu von einer *Temperaturversprödung* spricht. Die Übergangstemperatur, d. i. die Temperatur, bei der die Stähle im Kerbschlagbiegeversuch nach DIN 50115 von der Hochlage in die Tieflage der Kerbschlagzähigkeit übergehen, ist außer vom Werkstoff von der Kerb- und der Probenform abhängig. Sie nimmt von der Gütegruppe 1 bis zur Gütegruppe 3 nach DIN 17100 ab. Für den St 52 liegt sie etwa zwischen $-50$ und $-30$ °C.

Die Zähigkeit bei tieferen Temperaturen kann durch Zulegieren von Chrom und Nickel verbessert werden (kaltzähe Stähle). Auf diese Weise ist es möglich, die Übergangstemperatur bei der DVM-Probe auf Werte unter $-200$ °C zu verschieben.

## 4.9.2 Stähle für den Stahlbau und Behälterbau

### 4.9.2.1 Allgemeine Baustähle

Die im Stahlbau verwendeten Stähle für Formstahl, Stabstahl, Walzdraht, Breitflachstahl, Band und Blech sind in DIN 17100, Allgemeine Baustähle, genormt. Als allgemeine Baustähle gelten unlegierte und niedriglegierte Stähle, die üblicherweise im warmgeformten Zustand (Behandlungszustand U), nach Normalglühen (Behandlungszustand N) oder nach Kaltumformung im wesentlichen auf Grund ihrer Zugfestigkeit und Streckgrenze verwendet werden.

Die Norm umfaßt Stahlsorten von St 33 bis St 70, die in bis zu drei nach der chemischen Zusammensetzung, der Verarbeitbarkeit und insbesondere der Sprödbruchempfindlichkeit und der Schweißeignung unterschiedlichen Gütegruppen geliefert werden. Die für den Stahlbau wichtigsten Sorten und Güten sind in Tabelle 4.9-2 mit den gewährleisteten mechanischen Eigenschaften und der chemischen Zusammensetzung aufgeführt.

Danach handelt es sich bei den schweißgeeigneten Stählen um unlegierte und niedriglegierte mit Kohlenstoffgehalten bis zu 0,22% im Stück und mit Mindestwerten von bis zu 36 kp/mm² für die Streckgrenze und 52 kp/mm² für die Zugfestigkeit. Für jede Festigkeitsgruppe gibt es bis zu drei Gütegruppen: für allgemeine ($-1$), höhere ($-2$) und Sonderanforderungen ($-3$). Die Stahlbezeichnung setzt sich aus einer Kennzeichnung für die Vergießungsart, aus der Kurzbezeichnung für Stahl, der Mindestzugfestigkeit und der Gütegruppe zusammen. Der nur unter besonderen Bedingungen schweißgeeignete St 50 ist der übliche Konstruktionsstahl für Bauteile des Allgemeinen Maschinenbaues.

Die Auswahl der Stähle erfolgt nach den für die Verarbeitung und Verwendung erforderlichen Eigenschaften. Für geschweißte Konstruktionen gibt es ein Bewertungsschema [10], das es gestattet, unter Berücksichtigung von Eigenspannungen, Lastspannungen, Herstellungsempfindlichkeit, Wanddicke, Kaltverformung, Temperatur und Gefahrenklassen die erforderliche Gütegruppe auszuwählen[1]. Bei Verarbeitungsverfahren, die den ganzen Querschnitt erfassen (Kaltverformen, Schweißen und Brennschneiden), sollten vornehmlich beruhigt vergossene Stähle eingesetzt werden, denn die im Inneren der unberuhigten Werkstoffe vorliegenden Seigerungszonen mit Anreicherungen besonders an Phosphor und Schwefel können sich bei diesen Verfahren ungünstig auswirken [45].

---

[1]) DASt-Richtlinie 009.

Tabelle 4.9-2. Mechanische Eigenschaften und chemische Zusammensetzung der für den Stahlbau wichtigen Stahlsorten nach DIN 17100

| Stahlsorte Kurzname | Desoxydationsart[1]) | Behandlungszustand[2]) | Mechanische Eigenschaften | | | | | | | | | Chemische Zusammensetzung (Schmelzanalyse) in % | | | |
|---|---|---|---|---|---|---|---|---|---|---|---|---|---|---|---|
| | | | Zugfestigkeit | Streckgrenze | Bruchdehnung ($L_0 = 5d_0$) | Kerbschlagzähigkeit | | | | | | | | | |
| | | | | | | ISO-Spitzkerbproben | | Gealterte DVMF-Proben bei +20°C | | DVM-Proben bei ±0°C | | | | | |
| | | | | | | Mittelwert aus 3 Proben | bei °C | Mittelwert aus 3 Proben | Einzelwert | Mittelwert aus 3 Proben | Einzelwert | C | P | S | N |
| | | | kp/mm² | kp/mm² mind. | % mind. | kpm/cm² mind. | | kpm/cm² mind. | | | | max. | | | |
| USt 37-1 / RSt 37-1 | U / R | U, N / U, N | 37 bis 45 | 24 | 25 | – / – | – / – | – / – | – / – | – / – | – / – | 0,20 / 0,18 0,17 | 0,07 / 0,050 | 0,050 / 0,050 | – / 0,007 |
| USt 37-2 / RSt 37-2 | U / R | U, N / U, N | | | | 3,5 / 3,5 | +20 / +10 | 8 / 10 | 5 / 6 | – / – | – / – | | | | |
| St 37-3 | RR | U / N | | | | 3,5 / 3,5 | ± 0 / –20 | – / – | – / – | 7 / 9 | 3,5 / 4,5 | 0,17 | 0,045 | 0,045 | 0,009 |
| St 52-3 | RR | U / N | 52 bis 62 | 36 | 22 | 3,5 / 3,5 | ± 0 / –20 | – / – | – / – | 7 / 9 | 3,5 / 4,5 | 0,20 | 0,045 | 0,045 | 0,009 |
| St 50-1 | R | U, N | 50 bis 60 | 30 | 20 | – | – | – | – | – | – | ≈ 0,25 | 0,080 | 0,050 | – |
| St 50-2 | R | U, N | | | | – | – | – | – | – | – | ≈ 0,30 | 0,050 | 0,050 | 0,007 |

[1]) U unberuhigt, R beruhigt, RR doppelt beruhigt; — [2]) U Walzzustand, N normalgeglüht.

## 4.9.2 Stähle für den Stahlbau und Behälterbau

Neben den gewährleisteten mechanischen Eigenschaften kann bei den Stählen nach DIN 17100 von den folgenden technologischen Eigenschaften ausgegangen werden: Das Bestehen des Faltversuches zeigt, daß die Stähle weder kalt- noch rotbrüchig sind. Die Abkantbarkeit von Band und Blech kann bei St 37-2, St 42-2 und St 46-2 bis zu 4,75 mm Dicke, bei St 37-3, St 42-3 und St 52-3 bis 10 mm Dicke angenommen werden. Für die in Tabelle 4.9-3 angegebenen Stahlgüten und kleinsten Biegehalbmesser wird rißfreies Abkanten gewährleistet. Die Eignung von Band zur Herstellung von Profilen auf Kaltprofilieranlagen kann auf Vereinbarung für folgende Güten und Wanddicken gewährleistet werden: St 37-2, St 42-2 und St 46-2 bis 4,75 mm Dicke; St 37-3 und St 52-3 bis 10 mm Wanddicke.

Tabelle 4.9-3. Kleinste zulässige Biegeradien für Stahlsorten nach DIN 17100

| Stahlsorte Kurzname nach DIN 17006[1]) | beim Abkanten quer oder längs zur Walzrichtung | Kleinster zulässiger Biegehalbmesser für Dicken in mm | | | | | | | | | | | | | | |
|---|---|---|---|---|---|---|---|---|---|---|---|---|---|---|---|---|
| | | 1 | über 1…1,5 | über 1,5…2,5 | über 2,5…3 | über 3…4 | über 4…5 | über 5…6 | über 6…7 | über 7…8 | über 8…10 | über 10…12 | über 12…14 | über 14…16 | über 16…18 | über 18…20 |
| QSt 37-2 | quer | 1 | 1,6 | 2,5 | 3 | 5 | 6 | 8 | 10 | 12 | 16 | 20 | 25 | 28 | 36 | 40 |
| QSt 37-3 | längs | 1 | 1,6 | 2,5 | 3 | 6 | 8 | 10 | 12 | 16 | 20 | 25 | 28 | 32 | 40 | 45 |
| QSt 52-3 | quer | 1,6 | 2,5 | 4 | 5 | 6 | 8 | 10 | 12 | 16 | 20 | 25 | 32 | 36 | 45 | 50 |
| | längs | 1,6 | 2,5 | 4 | 5 | 8 | 10 | 12 | 16 | 20 | 25 | 32 | 36 | 40 | 50 | 63 |

[1]) Zur Kennzeichnung der gewünschten Desoxydationsart müssen bei den Stählen der Gütegruppe 2 dem Kurznamen für die Stahlsorte die Kennbuchstaben U oder R vorangestellt werden (siehe Tabelle 4.9-2).

Zur Sicherstellung einer ausreichenden *Sprödbruchunempfindlichkeit* wird bei den Gütegruppen -2 und -3 für die ISO-Spitzkerbprobe als Mittelwert eine Kerbschlagzähigkeit von 3,5 kp m/cm$^2$ an Längsproben bei den angegebenen Temperaturen gewährleistet. Zur weiteren Beurteilung der Schweißeignung kann zusätzlich ein Aufschweißbiegeversuch vereinbart werden.

Eine allgemeine Eignung der Stähle für die verschiedenen Schweißverfahren wird vom Stahlhersteller nicht gewährleistet, da das Verhalten des Stahles beim und nach dem Schweißen nicht nur vom Werkstoff, sondern auch von den Abmessungen und der Form sowie den Fertigungs- und Betriebsbedingungen des Bauteiles abhängt.

Die Eignung der Stähle zum Schmelzschweißen wird von der Sprödbruchunempfindlichkeit und von der Neigung zur Abschreckhärtung, d. h. vom Kohlenstoffgehalt bestimmt, der auf etwa 0,22% in der Schmelze zu begrenzen ist. Entsprechend ist Eignung zum Schmelzschweißen vorhanden bei:

St 37-2 und -3, St 46-2 und -3 und St 52-3,

im allgemeinen auch bei

St 37-1 und St 42-2 und -3,

mit Einschränkungen bei

St 42-1 und St 50-1 und -2.

Beruhigte Stähle sind unberuhigten vorzuziehen. Eignung zum Widerstandsstumpfschweißen und Gaspreßschweißen ist bei allen aufgeführten Stählen gegeben.

Die Stähle nach DIN 17100 werden im allg. im warmgeformten Zustand geliefert. Für Bleche und Breitflachstahl kommt häufig, bei Gütegruppe 3 ausschließlich der normalgeglühte Zustand in Betracht, der auch durch eine gleichwertige Temperaturführung beim und nach dem Walzen eingestellt werden kann. Bei den Herstellungsverfahren bleibt das Erschmelzungsverfahren für die Stahlsorten der Gütegruppe 1 immer, bei den Gütegruppen 2 und 3, wenn bei der Bestellung nicht anders vereinbart, dem Hersteller überlassen. Wird die Desoxydationsart nicht vorgegeben, bleibt sie ebenfalls dem Hersteller überlassen. Das Formgebungsverfahren bleibt dem Hersteller überlassen, es sei denn, daß in der Bestellung eine andere Vereinbarung getroffen wird.

### 4.9.2.2 Hochfeste schweißbare Baustähle

Auf Grund der guten Erfahrungen, die bei sachgemäßer Gestaltung und Verarbeitung mit dem St 52-3 gemäß DIN 17100 gewonnen wurden, setzte in den letzten Jahren in allen Industrieländern eine schnelle Entwicklung zu noch höherfesten schweißbaren Baustählen ein. Dabei wurden zwei verschiedene Wege beschritten; die erhöhten Festigkeitswerte werden entweder durch Zusatz von Legierungselementen allein oder durch Legierung in Verbindung mit einer Vergütung erreicht.

**4.9.2.2.1 Naturharte Stähle.** Naturharte hochfeste Baustähle liegen heute mit Mindeststreckgrenzen bis zu $\approx 55$ kp/mm² vor. Das wurde erreicht durch Hinzulegieren der Elemente Titan, Vanadium, Niob, Mangan, Kupfer, Silicium, Chrom oder Nickel. In wechselnden Mengen und Zusammenstellungen der Legierungselemente kommt es zu unterschiedlichen Wirkungsmechanismen [25; 46].

*4.9.2.2.1.1 Schweißbare Feinkornbaustähle* [nach Stahl-Eisen-Werkstoffblatt 089-70]. Feinkornstähle sind Baustähle, die solche Elemente enthalten, die fein verteilte, erst bei hohen Temperaturen in Lösung gehende Ausscheidungen, vor allem von Nitriden und/oder Carbiden, ergeben. Diese Ausscheidungen behindern das Wachsen der Kristallkörner im Austenitgebiet und ergeben ein feines Korn im Lieferzustand und nach dem Schweißen und infolgedessen eine hohe Sprödbruchunempfindlichkeit bei hoher Streckgrenze. Der Gehalt an Legierungselementen wird mit Rücksicht auf gute Schweißbarkeit gewählt, insbesondere wird der Kohlenstoffgehalt begrenzt.
Tabelle 4.9-4 gibt einen Überblick über Sorteneinteilung, Zusammensetzung und mechanische Eigenschaften bei Raumtemperatur. Wie daraus hervorgeht, handelt es sich um niedriglegierte, besonders beruhigte Feinkornstähle mit einem C-Gehalt von maximal 0,23% im Stück. Die Erschmelzungsart bleibt dem Lieferer überlassen. Der

Tabelle 4.9-4. Mechanische Eigenschaften und chemische Zusammensetzung der schweißbaren Feinkornbaustähle nach St. E. W 089

| Stahlsorte | Mechanische Eigenschaften | | | | | Chem. Zusammensetzung in % (Schmelze) | | | | |
|---|---|---|---|---|---|---|---|---|---|---|
| | Zugfestigkeit für Dicke in mm $\leq 70$ kp/mm² | Streckgrenze für Dicke in mm $\leq 16$ kp/mm² | Bruchdehnung $\delta_5$ in % mind. | Dorndurchmesser beim Faltversuch ($a =$ Probendicke) längs  quer | | C | Si | Mn | P | S |
| | Qualitätsstähle | | | | | | | | | |
| St E 26 | 37/49 | 26 | 25 | 1 $a$ | 1 $a$ | $\leq 0{,}18$ | $\leq 0{,}40$ | 0,40/1,30 | $\leq 0{,}040$ | $\leq 0{,}040$ |
| St E 29 | 40/52 | 29 | 24 | 1,5$a$ | 2 $a$ | $\leq 0{,}18$ | $\leq 0{,}40$ | 0,50/1,40 | $\leq 0{,}040$ | $\leq 0{,}040$ |
| St E 32 | 45/57 | 32 | 23 | 2 $a$ | 2,5$a$ | $< 0{,}18$ | $\leq 0{,}45$ | 0,60/1,50 | $\leq 0{,}040$ | $\leq 0{,}040$ |
| St E 36 | 50/64 | 36 | 22 | 2 $a$ | 3 $a$ | $\leq 0{,}20$ | 0,10/0,50 | 0,90/1,60 | $\leq 0{,}040$ | $\leq 0{,}040$ |
| | Edelstähle | | | | | | | | | |
| St E 39 | 51/66 | 39 | 20 | 2,5$a$ | 3,5$a$ | $\leq 0{,}20$ | — | — | $\leq 0{,}035$ | $\leq 0{,}035$ |
| St E 43 | 54/69 | 43 | 19 | 2,5$a$ | 3,5$a$ | $\leq 0{,}20$ | — | — | $\leq 0{,}035$ | $\leq 0{,}035$ |
| St E 47 | 57/74 | 47 | 17 | 3,0$a$ | 4 $a$ | $\leq 0{,}20$ | — | — | $\leq 0{,}035$ | $\leq 0{,}035$ |
| St E 51 | 62/79 | 51 | 16 | 3,0$a$ | 4 $a$ | $\leq 0{,}21$ | — | — | $\leq 0{,}035$ | $\leq 0{,}035$ |

## 4.9.2 Stähle für den Stahlbau und Behälterbau

Lieferzustand ist der normalgeglühte oder ein durch geregelte Temperaturführung bei und nach dem Walzen gleichwertiger. Als Bezeichnung wird abweichend von DIN 17100 die Mindeststreckgrenze gewählt, deren Abhängigkeit von der Wanddicke Bild 4.9-18a für die Edelstähle zeigt. Neben der Grundreihe (StE) gibt es eine warmfeste Reihe (WStE) und eine kaltzähe Reihe (TTStE), für die ebenfalls die Angaben in Tabelle 4.9-4 und Bild 4.9-18a gelten. Gewährleistungswerte der Warmstreckgrenze für die Edelstähle der warmfesten Reihe in Bild 4.9-18b.

Zur Sicherstellung ausreichender Sprödbruchunempfindlichkeit werden für die Grundreihe Kerbschlagzähigkeitswerte als Mittel aus drei DVM-Proben gewährleistet, wobei keine Probe unter 70% des Mittelwertes liegen darf (Tabelle 4.9-5). Für die warmfeste und kaltzähe Reihe werden Werte für die Probenform ISO-V, für letztere auch DVM-Werte im ungealterten und gealterten Zustand gewährleistet. Von den technologischen Eigenschaften kann die Abkantbarkeit nicht gewährleistet werden.[1] Die Schweißbarkeit der Stähle ist unter Beachtung der allgemeinen Regeln der Technik nach allen Verfahren sowohl für Hand- wie auch Maschinenschweißung gegeben. Die Richtlinien für die Verarbeitung dieser Stähle (Stahl-Eisen-Werkstoffblatt 088-69) sind dabei sowie bei Warmumformungen zu beachten.

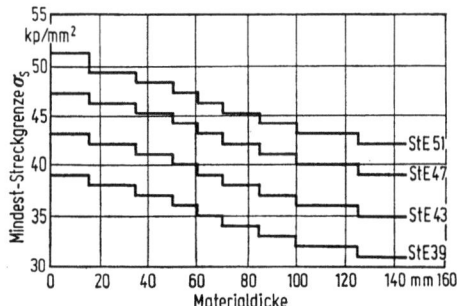

Bild 4.9-18 a. Abhängigkeit der garantierten Mindeststreckgrenze von der Materialdicke für Edelstähle gemäß St. E. W. 089.

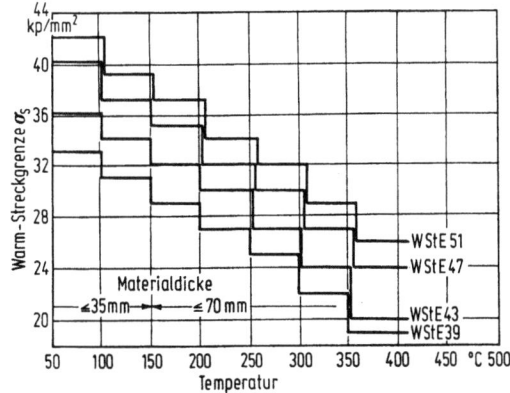

Bild 4.9-18 b. Gewährleistungswerte für die Warmstreckgrenze der Edelstähle der warmfesten Reihe gemäß St.E.W. 089.

---

[1] Ein Stahl-Eisen-Werkstoffblatt über schweißbare Feinkornbaustähle mit dieser Eigenschaft ist in Vorbereitung.

Tabelle 4.9-5. Garantierte Kerbschlagzähigkeitswerte für Stähle gemäß St. E. W. 089

| Stahlsorte | Probenform | Probenlage | Behandlungszustand | Kerbschlagzähigkeit für Dicken $\leq 70$ mm bei den Prüftemperaturen in °C | | | | |
|---|---|---|---|---|---|---|---|---|
| | | | | $-20$ | $-10$ | $\pm 0$ | $+10$ | $+20$ |
| | | | | kp m/cm² mind. | | | | |
| **Qualitätsstähle** | | | | | | | | |
| StE 26<br>StE 29<br>StE 32<br>StE 36 | DVM | längs<br>quer | normal geglüht | 7<br>5 | 8<br>5,5 | 9<br>6 | 9<br>6 | 9<br>6 |
| **Edelstähle** | | | | | | | | |
| StE 39 | DVM | längs<br>quer | | 7<br>5 | 8<br>5,5 | 9<br>6 | 9<br>6 | 9<br>6 |
| StE 43 | DVM | längs<br>quer | normal geglüht | 7<br>5 | 8<br>5,5 | 9<br>6 | 9<br>6 | 9<br>6 |
| StE 47 | DVM | längs<br>quer | | 7<br>5 | 7,5<br>5 | 8<br>5,5 | 8,5<br>5,5 | 9<br>6 |
| StE 51 | DVM | längs<br>quer | | 7<br>5 | 7,5<br>5 | 8<br>5,5 | 8<br>5,5 | 8<br>6 |

*4.9.2.2.1.2 Perlitarme Sonderbaustähle* mit einem besonders geringen C-Gehalt sowie Aluminium- und/oder Vanadin-, Titan- bzw. Niobzusätzen als Feinkornbildner zeichnen sich durch hohe Streckgrenzen bei gleichzeitig hervorragender Kaltumformbarkeit, großer Zähigkeit und guter Schweißbarkeit aus. Sie werden auf Warmbreitbandstraßen mit besonderer Temperaturführung beim Walzen und Abkühlen hergestellt und als Warmbreitband, Spaltband, Fein-, Mittel- und Grobblech geliefert. Der Walzzustand stellt den optimalen Gefügezustand dar. Die gewährleisteten Mindeststreckgrenzen reichen in diesem Zustand bis 50 kp/mm². Richtwerte für die chemische Zusammensetzung, die mechanischen Eigenschaften und die Kaltumformbarkeit in Tabelle 4.9-6. Besonders die gute Kaltumformbarkeit, charakterisiert durch den sehr kleinen Borndurchmesser des Faltversuches, ist bemerkenswert. Diese Stähle lassen sich ohne Vor- und Nachbehandlung kalt umformen sowie spanabhebend oder durch Brennschneiden bearbeiten. Die Schweißbarkeit für alle üblichen Verfahren ist sowohl bei Hand- als auch bei Automatenschweißungen gegeben. Die Wahl des Schweißzusatzwerkstoffes kann allein nach der Festigkeit des Grundwerkstoffes ohne Berücksichtigung seines Legierungsgehaltes erfolgen. In der Wärmeeinflußzone treten keine Aufhärtungen oder Entfestigungen auf. Diese Stähle sind besonders für die Herstellung von Kaltprofilen geeignet.

Tabelle 4.9-6. Perlitarme Sonderbaustähle. Chemische Zusammensetzung, mechanische Eigenschaften, Kaltumformbarkeit (Werte nach Angaben eines Herstellers, die der anderen weichen nur unwesentlich davon ab)

| Stahlsorte entsprechend einer Mindeststreckgrenze von kp/mm² | Chemische Zusammensetzung[1] | | | Mechanische Eigenschaften | | | Kaltumformbarkeit Faltversuch 180° a: Blechdicke D: Biegedorndurchmesser |
|---|---|---|---|---|---|---|---|
| | C % (max.) | Si | Mn | $\sigma_s$ (mind.) kp/mm² | $\sigma_B$[2]) | $\delta_5$ (mind.) % | |
| 38 | 0,12 | 0,5 | 1,6 | 38 | 45−59 | 23 | $D = 0,5a$ |
| 42 | 0,12 | 0,5 | 1,6 | 42 | 48−62 | 21 | $D = 0,5a$ |
| 46 | 0,12 | 0,5 | 1,7 | 46 | 52−67 | 19 | $D = 1a$ |
| 50 | 0,12 | 0,5 | 1,7 | 50[3]) | 55−70 | 17 | $D = 1a$ |

[1]) $\leq$ P 0,03, S = 0,03
[2]) Die Grenzwerte dürfen um 2 kp/mm² über oder unterschritten werden.
[3]) Für Dicken >8 mm 48 kp/mm².

### 4.9.2 Stähle für den Stahlbau und Behälterbau

**4.9.2.2.2 Vergütete Stähle.** Stähle mit Streckgrenzen über 55 kp/mm² können durch Vergütung, d. h. durch Abschrecken von Härtetemperaturen und nachfolgendes Anlassen geeigneter legierter Qualitäten hergestellt werden. Der erreichbare obere Wert für die Streckgrenze liegt für dieses Verfahren bei $\approx$ 100 kp/mm², wenn der Stahl noch schweißbar sein soll. Zwar ist bei diesen Stählen die erreichbare Härte bzw. Festigkeit allein vom Kohlenstoffgehalt abhängig; eine volle Durchvergütung der Querschnitte wird aber nur erreicht, wenn mit steigender Wanddicke auch der Gehalt an Legierungselementen zunimmt. Dafür kommen im wesentlichen die gleichen Elemente ,wie bei den naturharten hochfesten Baustählen in Frage [46].

**4.9.2.2.3 Besonderheiten der hochfesten Baustähle.** Im Hinblick auf die Anfangsschwierigkeiten bei der Einführung des St 52 stellt sich die Frage, auf welche Weise für die hochfesten Baustähle eine ausreichende Sprödbruchunempfindlichkeit und Schweißbarkeit sichergestellt worden ist.

Bei gleicher Stahlart nimmt die *Sprödbruchempfindlichkeit* mit steigender Festigkeit zu, mit feiner werdendem Korn aber ab (Bild 4.9-19). Da durch feineres Korn gleichzeitig die Streckgrenze erhöht wird, besteht durchaus die Möglichkeit, Streckgrenze und Sprödbruchunempfindlichkeit gleichzeitig anzuheben. So ist die Sprödbruchunempfindlichkeit der hochfesten Baustähle durchweg auf die Feinkörnigkeit des Gefüges und die feine Verteilung der eingelagerten Nitride und Carbide zurückzuführen.

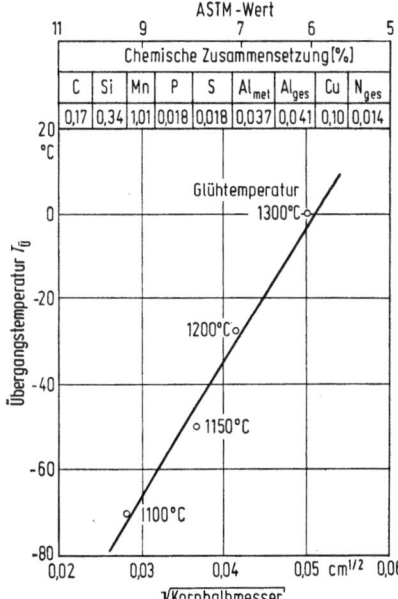

Bild 4.9-19. Einfluß der Korngröße auf die Übergangstemperatur (nach W. Dahl und H. Hengstenberg).

Für die Schweißung der hochfesten Baustähle [47] ist von Bedeutung, inwieweit in der aufhärtenden Grobkornzone neben der Schweißnaht noch eine ausreichende Zähigkeit vorliegt. Durch Begrenzung des C-Gehaltes auf $\approx$ 0,20% wird einer unerwünschten Aufhärtung dieser Zone vorgebeugt. Bei ungünstigen Schweißbedingungen sollte man durch weitere Maßnahmen (Vorwärmen und Schweißen mit hoher Wärmeeinbringung) sicherstellen, daß die Härte $H_V$ nicht über 350 bis 400 kp/mm² ansteigt [H 03].

Bei den vergüteten hochfesten Baustählen ist im Hinblick auf das Schweißen außer der Aufhärtungszone die räumlich anschließende einer Anlaßwirkung unterworfene Zone zu beachten. Hier kann es u. U. zu einer unerwünschten Minderung der Festigkeitswerte kommen. Dem ist vom Stahlhersteller Rechnung getragen durch geeignete Legierungselemente, die die Anlaßbeständigkeit verbessern. Die Erweichungszone beim Schweißen vergüteter Stähle sollte jedoch durch Vermindern der Schweißwärme so schmal wie möglich gehalten werden.

Gelegentlich geäußerte Einwände gegen das hohe Streckgrenzenverhältnis der hochfesten Baustähle sind angesichts der großen Dehnfähigkeit nicht angebracht. So beträgt die Bruchdehnung $\delta_5$ eines Stahles mit 70 kp/mm² Mindeststreckgrenze noch $\approx 16\%$. Sollte trotz der vorgeschriebenen Sicherheit von 1,5 gegen Erreichen der Streckgrenze im Zusammenwirken von Lastspannungen und Eigenspannungen örtlich die Streckgrenze überschritten werden, kann durch Fließen ein Abbau der Eigenspannungen erfolgen. Konstruktiv ungünstige Bedingungen können das Fließen allerdings behindern. Eine Erhöhung des Sicherheitswertes ist nicht geeignet, die Folgen solcher konstruktiver Fehler zu vermeiden. Vielmehr wird dadurch die mit der Verwendung dieser Stähle angestrebte Senkung des Eigengewichtes gefährdet, und die notwendige Vergrößerung der Wanddicken erschwert das Schweißen.

Die Bedeutung der hochfesten, schweißbaren Baustähle für den Stahlbau beruht darauf, daß sich die zulässigen Beanspruchungen der Konstruktionsteile über einen festgelegten Sicherheitsgrad an der Streckgrenze orientieren. Daraus folgen zulässige Spannungen für die hochfesten Baustähle, die in zugbeanspruchten Bauteilen und in druckbeanspruchten unterhalb der Stabilitätsgrenzen zu erheblichen Einsparungen an Konstruktionsgewicht einschließlich der damit verbundenen Transport- und Montageerleichterungen gegenüber den allgemeinen Baustählen nach DIN 17100 führen. Die Schweißmöglichkeiten sind durch die geringeren Wanddicken verbessert und es ergibt sich eine Ersparnis an Schweißgut. Im Hinblick auf die Dauerhaltbarkeit wird auf 4.9.1.2.2.2 verwiesen. Bei druckbeanspruchten Baugliedern ist zu beachten, daß die Elastizitätsgrenze bei 80% der Streckgrenze liegt. Daher bieten hochfeste Baustähle nur bis zu Schlankheitsgraden von $\lambda \approx 85$ Vorteile gegenüber St 52 (vgl. Bild 4.9-11).

Die gute Zähigkeit der hochfesten schweißbaren Baustähle bei niedrigen Temperaturen ermöglicht ihren Einsatz als Tieftemperaturstähle bis herab zu Betriebstemperaturen von ca. $-60\,°C$. Die teilweise hohen Werte für die Warmstreckgrenze erlauben die Verwendung als warmfeste Stähle bei Temperaturen bis zu 400 °C.

Die hochfesten schweißbaren Baustähle werden bereits in fast sämtlichen Sparten des Stahlbaues und Behälterbaues verwendet[1]. Mechanische Eigenschaften und chemische Zusammensetzung für St E 47 und St E 70 nach dem derzeitigen Stande in Tabelle 4.9-7.

Tabelle 4.9-7. Schweißbare Feinkornbaustähle für den Stahlbau

| Stahl | Behandlungszustand | Mechanische Eigenschaften | | | Chemische Zusammensetzung | | |
|---|---|---|---|---|---|---|---|
| | | Streckgrenze für die Dicke $\leq 16$ mm (mind.) kp/mm² | Zugfestigkeit für die Dicke $\leq 70$ mm kp/mm² | Bruchdehnung ($L = 5d_0$) % | C | P | S |
| | | | | | | % (max) | |
| StE 47 | N | 47 | 57/74 | 17 | 0,20 | 0,035 | 0,035 |
| StE 70 | V | 70 | 80/95 | 16 | | | |

### 4.9.2.3 Einsatz- und Vergütungsstähle

*Einsatzstähle* nach DIN 17210 sind Baustähle mit verhältnismäßig niedrigem C-Gehalt. Sie werden „im Einsatz" an der Oberfläche aufgekohlt und gegebenenfalls aufgestickt und dann gehärtet. In diesem Zustand weisen sie eine Oberflächenzone hoher Härte und guten Verschleißwiderstandes und einen Kern guter Zähigkeit auf.

---

[1] Ein Stahl-Eisen-Werkstoffblatt „Schweißbare Feinkornbaustähle für den Stahlbau" ist in Vorbereitung.

*Vergütungsstähle* nach DIN 17200 sind Baustähle, die sich auf Grund ihrer chemischen Zusammensetzung, besonders ihres Kohlenstoffgehaltes, zum Härten eignen und die im vergüteten Zustand hohe Zähigkeit bei bestimmter Zugfestigkeit aufweisen.

Lieferformen für beide Stahlarten sind Halbzeug, Draht, Stabstahl, Blech und Band, nahtlose Rohre sowie Freiform- und Gesenkschmiedestücke. Es handelt sich also im wesentlichen um Stähle zur Weiterverarbeitung durch spanende und spanlose Formgebung. Verwendungszwecke für Einsatzstähle: kleinere Maschinenteile, Wellen, Bolzen und Zahnräder; für Vergütungsstähle: Getriebeteile, Turbinenteile, Wellen Stäbe, Scheiben, Radreifen.

Bei beiden Stahlarten sind Qualitäts- und Edelstähle vertreten. Als unterscheidende Merkmale gelten dabei nicht nur die Gehalte der Begleitelemente P und S sondern auch die Gleichmäßigkeit der Eigenschaften vor allem im Hinblick auf das Ergebnis der Wärmebehandlung sowie der Grad der Freiheit von nichtmetallischen Einschlüssen und die Oberflächenbeschaffenheit. Als Sonderreihe bei den Edelstählen sind die Sorten mit geregeltem Schwefelgehalt zur Erzielung optimaler Zerspanungseigenschaften zu nennen.

Die Qualitätsstähle sind Kohlenstoffstähle z. T. mit angehobenen Mangangehalten; die Edelstähle werden mit Cr, Mo, Ni und V legiert. Der C-Gehalt reicht bei den Einsatzstählen bis zu einem Richtwert von 0,25%, bei den Vergütungsstählen von 0,22 bis 0,60%. Die Auswahl der Stahlsorte obliegt dem Besteller, die des Erschmelzungsverfahrens dem Hersteller. Für die Härtbarkeitseigenschaften ist zu verweisen auf die aus Stirnabschreckversuchen gewonnenen Streubänder der Härtbarkeit gemäß DIN 17200.

Entsprechend den unterschiedlichen Verfahren der Weiterverarbeitung sind neben dem unbehandelten (warmgeformten) folgende Behandlungszustände in den Normen vorgesehen: vergütet, normalgeglüht, weichgeglüht, wärmebehandelt auf bestimmte Zugfestigkeit bzw. verbesserte Verarbeitbarkeit sowie behandelt auf Kaltscherbarkeit. Die mechanischen Eigenschaften differieren je nach Stahlsorte und Behandlungszustand.

Bei den technologischen Eigenschaften stehen entsprechend dem Verwendungszweck dieser Stähle die Kaltumformbarkeit, Bearbeitbarkeit (Zerspanung), und Kaltscherbarkeit sowie Gefüge, Reinheitsgrad an nichtmetallischen Einschlüssen und Oberflächenbeschaffenheit im Vordergrund.

Schweißbarkeit: Die Einsatzstähle sind grundsätzlich für die Abbrennstumpfschweißung und Schmelzschweißung geeignet, sofern erprobte Schweißbedingungen eingehalten werden. Bei der Schmelzschweißung der legierten Stähle sind jedoch besondere Maßnahmen, z. B. Vorwärmen, erforderlich. Für die Vergütungsstähle kommt, von Ausnahmen abgesehen, nur die Abbrennstumpfschweißung in Betracht.

### 4.9.2.4 Kessel- und Behälterstähle

Für den Bau ortsfester und ortsbeweglicher Kessel und Behälter sowie von Druckrohrleitungen u. ä. werden vorwiegend Bleche und Bänder sowie daraus hergestellte Schmiede- und Preßteile verwendet. Sie unterliegen besonderen Zulassungen und Prüfungen gemäß den gesetzlichen Bestimmungen und Unfallverhütungsvorschriften. Daher sind neben den hier näher behandelten DIN-Werkstoffnormen die Merkblätter der „Arbeitsgemeinschaft Druckbehälter" (AD-Merkblätter) zu beachten.

Neben den Stählen für Druckbehälter, die bei den üblichen durch die Witterung bedingten Temperaturen Verwendung finden, gibt es Sonderstähle für Behälter, die tiefen Temperaturen, sowie für Kessel und Behälter, die erhöhten Temperaturen ausgesetzt sind. Für die Auswahl der Stähle sind Art und Höhe der thermischen und mechanischen Beanspruchung sowie die Art der Verarbeitung maßgebend.

**4.9.2.4.1 Stähle für Druckbehälter bei nur witterungsbedingten Temperaturen.** Nach AD-Merkblatt W 1 können Bleche aus den Stahlsorten nach DIN 17100 für diesen Zweck verwendet werden. Sinngemäß gilt das gleiche für Bleche aus den hochfesten, schweißbaren Baustählen nach Stahl-Eisen-Werkstoffblatt 089. Die speziell auf diesen Verwendungszweck abgestimmten Stähle sind in DIN 17155 genormt. Chemische Zusammensetzung und gewährleistete mechanische Eigenschaften in Tabelle 4.9-8. Maßgebend sind

Tabelle 4.9-8. Chemische Zusammensetzung und mechanische Eigenschaften von Kesselblechen nach DIN 17155

| Stahlsorte | Chemische Zusammensetzung in % (max.) | | | | | | | Zugfestigkeit $\sigma_B$ kp/mm² | Streckgrenze f. Dicken (mm) $\leq 16$ kp/mm² (mind.) | Bruchdehnung $\delta_b$ (%) (mind.) | Kerbschlagzähigkeit DVM-Probe kpm/cm² (mind.) | Biegewinkel von 180° im Faltvers. mit Borndurchm. a: Blechdicke |
|---|---|---|---|---|---|---|---|---|---|---|---|---|
| | C | Si | Mn | P | S | Cr | Mo | | | | | |
| | | | unlegierte Stähle | | | | | | | | | |
| H I   | $\leq 0{,}16$ | | $\geq 0{,}40$ | 0,050 | 0,050 | | | 35/45 | 23 | $\dfrac{1000}{\sigma_B}$ | 8 | 0,5 a |
| H II  | $\leq 0{,}20$ | | $\geq 0{,}50$ | | | | | 41/50 | 26 | | 7 | 2 a |
| H III | $\leq 0{,}22$ | $\leq 0{,}35$ | $\geq 0{,}55$ | | | $\leq 0{,}30$ | | 44/53 | 28 | | 6 | 2,5 a |
| H IV  | $\leq 0{,}26$ | | $\geq 0{,}60$ | | | | | 47/56 | 29 | | 5 | 3 a |
| | | | legierte Stähle | | | | | | | | | |
| 17 Mn 4 | 0,14/0,20 | 0,20/0,40 | 0,90/1,20 | 0,050 | 0,050 | $\leq 0{,}30$ | | 47/56 | 29 | $\dfrac{1000}{\sigma_B}$ | 5 | 3 a |
| 19 Mn 5 | 0,17/0,23 | 0,40/0,60 | 1,00/1,30 | | | | | 52/62 | 33 | | 5 | 3,5 a |
| 15 Mo 3 | 0,12/0,20 | 0,15/0,35 | 0,50/0,70 | 0,040 | 0,040 | 0,70/1,0 | 0,25/0,35 | 44/53 | 28 | | 6 | 3 a |
| 13 CrMo 44 | 0,10/0,18 | 0,15/0,35 | 0,40/0,70 | | | | 0,40/0,50 | 44/56 | 31 | | 6 | 3 a |

## 4.9.2 Stähle für den Stahlbau und Behälterbau

die Querwerte des Bleches. Als Stahlsorten sind darin unlegierte H-Stähle mit C-Gehalten $\leq 0,26\%$ und die mit Mn oder Mo bzw. Cr—Mo legierten Güten mit C-Gehalten $\leq 0,23\%$ aufgeführt.

Durch den begrenzten C-Gehalt sind die Kesselbleche schmelzschweißbar unter Beachtung der für den gesamten Schweißvorgang erforderlichen Vorwärmung von 200 °C bei den Stählen H IV, 19Mn5 und 13CrMo44 sowie bei den Stählen H III, 17Mn4 und 15Mo3 bei Dicken über 10 mm. Die unlegierten Stähle H I und H II mit C $\leq 0,20\%$ lassen sich erfahrungsgemäß auch ohne Vorwärmung schweißen. Die Warmformgebung sollte bei Temperaturen zwischen 1100 °C und 850 °C erfolgen. Angaben für Spannungsfreiglühen und Normalglühen in DIN 17155.

Wegen der ausschlaggebenden Bedeutung der Gebrauchsbeanspruchungen obliegt die Wahl der Stahlsorte dem Besteller. Dem Lieferer bleibt das Erschmelzungsverfahren freigestellt. Für die Güte H I ist unberuhigter Stahl zulässig; alle übrigen Güten werden beruhigt vergossen. Lieferzustand: normalgeglüht, bei 13CrMo44 luftvergütet.

Für Druckbehälter, bei denen es darauf ankommt, daß auch bei langzeitiger Verwendung kein größerer Abfall der Zähigkeit eintritt, sind bei Raumtemperatur und bis herab zu $\approx -30$ °C alterungsbeständige Stähle zu empfehlen. Zur Erzielung der *Alterungsbeständigkeit* müssen die Stähle einen ausreichenden Aluminiumgehalt haben. Als Merkmal der Alterungsbeständigkeit wurde ein absoluter und nicht ein relativer Maßstab eingeführt und zwar wird gewertet, daß die Kerbschlagzähigkeit (gemessen an der DVM-Probe bei 20 °C) nach künstlicher Alterung durch Kaltverformen um 5 oder 10% mit anschließendem Anlassen 1/2 h auf 250 °C bestimmte Werte nicht unterschreitet. Derartige Stähle sind in DIN 17135 genormt, wobei sich die Stahlgüten eng an die H-Güten der DIN 17155 anlehnen. Die Norm gilt für Grob- und Mittelblech, Breitflachstahl, Band, Rohre, Formstahl, Stabstahl sowie Schmiedestücke mit Schwerpunkten beim Flachmaterial und den Schmiedestücken für den Behälterbau. Chemische Zusammensetzung und gewährleistete mechanische Prüfwerte in Tabelle 4.9-9, Kerbschlagzähigkeit im gealterten und ungealterten Zustand in Tabelle 4.9-10.

Tabelle 4.9-9. Mechanische Eigenschaften und chemische Zusammensetzung alterungsbeständiger Stähle nach DIN 17135

| Stahlsorte | Mechanische Eigenschaften bei Raumtemperatur | | | Chemische Zusammensetzung in % | | | | |
|---|---|---|---|---|---|---|---|---|
| | Zugfestigkeit bei Dicken bis 100 mm kp/mm² | Streckgrenze bei Dicken bis 16 mm kp/mm² (mind.) | Bruchdehnung $\delta_s$ bei Dicken bis 100 mm % (mind.) | C (max.) | Si | Mn | P (max.) | S |
| Für Erzeugnisse außer nahtlosen Rohren | | | | | | | | |
| ASt 35 | 35/45 | 23 | 25 | 0,17 | 0,35 | $\geq 0,40$ | 0,045 | 0,045 |
| ASt 41 | 41/50 | 26 | 22 | 0,20 | 0,35 | $\geq 0,45$ | 0,045 | 0,045 |
| ASt 45 | 45/55 | 28 | 21 | 0,22 | 0,35 | $\geq 0,45$ | 0,045 | 0,045 |
| ASt 52 | 52/62 | 36 | 22 | 0,20 | 0,55 | $\geq 1,5$ | 0,045 | 0,045 |
| Für nahtlose Rohre | | | | | | | | |
| ASt 35 | 35/45 | 24 | 25 | 0,17 | 0,35 | $\geq 0,40$ | 0,045 | 0,045 |
| ASt 45 | 45/55 | 26 | 21 | 0,22 | 0,35 | $\geq 0,45$ | 0,045 | 0,045 |
| ASt 52 | 52/62 | 36 | 22 | 0,20 | 0,55 | $\leq 1,5$ | 0,045 | 0,045 |

Bis auf Breitflachstahl $\geq 400$ mm und Blech sind die Festigkeitswerte an Längsproben nachzuweisen; im ungealterten Zustand werden Kerbschlagzähigkeitswerte bis herab zu $-40$ °C gewährleistet. Damit ist ein Übergang zu den kaltzähen Stählen gegeben, die üblicherweise erst bei Temperaturen unter $-50$ °C eingesetzt werden. Auf Grund der begrenzten C-Gehalte und ihrer Sprödbruchunempfindlichkeit sind die alterungsbeständigen Stähle bei Beachtung der Regeln der Schweißtechnik gut schweißbar für Schmelzschweißung, Widerstandsstumpfschweißen und Preßschweißen. Vorwärmen ist im allg. nicht erforderlich.

Tabelle 4.9-10. Garantierte Kerbschlagzähigkeitswerte im gealterten und ungealterten Zustand für Stähle nach DIN 17135 (Werte gelten für Bleche und Rohre)

| Stahl-sorte | Kerbschlagzähigkeit[1]) in kpm/cm² (mind.) | | | | | | | | | |
|---|---|---|---|---|---|---|---|---|---|---|
| | im gealterten Zustand bei 20°C | | im ungealterten Zustand | | | | | | | |
| | | | −40°C | | −20°C | | 0°C | | +20°C | |
| | längs | quer | längs | quer | längs | quer | längs | quer | längs | quer |
| ASt 35 | 8 | (4,5) | 4,5 | (2,5) | 7 | (4,5) | 9 | (5,5) | 11 | (6) |
| ASt 41 | 7 | (4) | 4 | (2,5) | 6,5s | (3,5) | 8 | (4,5) | 10 | (5,5) |
| ASt 45 | 6 | (5,5) | 4 | (2) | 6 | (3,5) | 7 | (4) | 9 | (5) |
| ASt 52 | 6 | (3,5) | 4 | (2) | 6 | (3,5) | 7 | (4) | 8 | (4,5) |

[1]) Ermittelt an DVM-Proben.

**4.9.2.4.2 Kessel- und Behälterstähle für erhöhte Temperaturen.** Bis zu bestimmten Drücken und Behälterdurchmessern sind bei Wandtemperaturen unter 200 °C ebenfalls die Stähle nach DIN 17100 einzusetzen. Für die warmfeste Reihe der hochfesten, schweißbaren Baustähle nach Stahl-Eisen-Werkstoffbl. 089 werden Warmstreckgrenzen bis zu 400 °C garantiert, so daß die Eignung für diesen Verwendungszweck in bestimmten Grenzen ebenfalls gegeben ist. Für einen Temperaturbereich bis ≈ 600 °C sind spezielle warmfeste Stähle einzusetzen, d. h. Stähle, die bis zu der angegebenen Temperatur für den vorgesehenen Verwendungszweck noch ausreichende Festigkeitseigenschaften haben und als zusätzliche wesentliche Anforderung eine ausreichende Zunderbeständigkeit bei der Gebrauchstemperatur an Luft, in Dampf, in Feuer- und Rauchgasen und eine gute Schweißbarkeit aufweisen. Da Warmfestigkeit und Zunderbeständigkeit mit dem Gehalt an wirksamen Legierungselementen wachsen, die Legierungsmöglichkeiten aber vielfältig sind, werden die Stähle hier nach der höchsten noch langzeitig zulässigen Betriebstemperatur eingestuft.

*4.9.2.4.2.1 Warmfeste Stähle vorwiegend für Temperaturen bis* 400 °C sind unlegierte und legierte Stähle mit hoher im Warmzugversuch ermittelter Warmstreckgrenze. Hierfür kommen die Kesselbleche H I und H II sowie 17Mn4 und 19Mn5 nach DIN 17155 in Betracht, für die dort gewährleistete Warmstreckgrenzen angegeben sind.

*4.9.2.4.2.2 Warmfeste Stähle vorwiegend für Temperaturen zwischen* 400 *und* 550 °C. In diesem Temperaturbereich liegt, abhängig von Stahlart und Legierungsgehalt, die 100000-h-Zeitstandfestigkeit unterhalb der Warmstreckgrenze. Daher werden für diesen Zweck ausschließlich legierte ferritisch-perlitische Stähle mit hohen Zeitstandfestigkeiten und Zeitdehngrenzen eingesetzt. Die dafür wichtigsten Legierungselemente sind Chrom und Molybdän. Für Bleche werden hauptsächlich die Güten 15Mo3 und 13CrMo44 nach DIN 17155 verwendet.

*4.9.2.4.2.3 Warmfeste Stähle für Temperaturen bis zu* 600 °C *und darüber.* Durch erhöhte Chromzusätze bis zu ≈ 12% kann der Anwendungsbereich der ferritisch-perlitischen bzw. martensitischen warmfesten Stähle bis ≈ 600 °C ausgedehnt werden. Bei noch höheren Temperaturen kommen ausschließlich austenitische hochwarmfeste Stähle in Betracht. Für beide Verwendungsbereiche sind geeignete Stähle im Stahl-Eisen-Werkstoffblatt 670-69 angegeben.

**4.9.2.4.3 Behälterstähle für tiefe Temperaturen.** Bekanntlich steigen mit abnehmender Temperatur u. a. die Werte für Streckgrenze, Zugfestigkeit und Dauerschwingfestigkeit an, während insbesondere die Brucheinschnürung und die Kerbschlagzähigkeit absinken (Bild 4.9-20). Für Stähle von Behälterkonstruktionen, die im Betrieb tiefen Temperaturen ausgesetzt sind, ist daher zu fordern, daß sie auch bei tiefen Temperaturen noch ein plastisches Formänderungsvermögen aufweisen. Derartige Stähle werden als kaltzäh bezeichnet. Da die Eigenschaften eines Stahles bei Raumtemperatur im allg. keinen Hinweis auf das Verhalten bei tiefen Temperaturen geben, muß die Eignung anhand von Werkstoffkennwerten, ermittelt bei Gebrauchstemperatur, beurteilt werden.

## 4.9.2 Stähle für den Stahlbau und Behälterbau

Tabelle 4.9-11. Chemische Zusammensetzung und mechanische Eigenschaften bei Raumtemperatur der Stähle nach St. E. W. 680

| Stahlsorte | C | Si | Mn | P (max.) | S (max.) | Cr | Mo | Ni | sonstige | Behand-lungs-zustand | Streck-grenze[1]) oder 0,2-Grenze (mind.) kp/mm² | Zug-festigkeit kp/mm² | Bruch-dehnung[1]) $\delta_5$ (mind.) % | Bruch-einschnü-rung[1]) (mind.) % |
|---|---|---|---|---|---|---|---|---|---|---|---|---|---|---|
| TTSt 35 | ≦0,17 | 0,35 | ≧0,40 | 0,045 | 0,045 | – | – | – | – | N<br>V | 23<br>24/26 | 35/45<br>40/50 | 25<br>23/24 | 45<br>45 |
| TTSt 41 | ≦0,20 | 0,35 | ≧0,45 | 0,045 | 0,045 | – | – | – | – | V | 27 | 45/55 | 21 | 40 |
| 26CrMo4 | 0,12/0,29 | 0,10/0,35 | 0,50/0,80 | 0,030 | 0,035 | 0,90/1,2 | 0,15/0,30 | – | – | V | 45 | 60/75 | 18 | 60 |
| 14Ni6 | ≦0,18 | 0,10/0,35 | 0,30/0,60 | 0,035 | 0,035 | – | – | 1,3/1,6 | – | N oder V | 28 | 50/65 | 20 | 60 |
| 10Ni14 | ≦0,12 | 0,10/0,35 | 0,30/0,60 | 0,035 | 0,035 | – | – | 3,2/3,8 | – | N oder V | 35 | 45/65 | 20 | 50 |
| 16Ni14 | 0,12/0,19 | 0,10/0,35 | 0,30/0,60 | 0,035 | 0,035 | – | – | 3,2/3,8 | – | N oder V | 35 | 45/65 | 20 | 50 |
| 12Ni19 | ≦0,20 | 0,10/0,35 | 0,30/0,60 | 0,035 | 0,035 | – | – | 4,5/5,3 | – | N oder V | 43 | 55/75 | 19 | 50 |
| X8Ni9 | ≦0,10 | 0,10/0,35 | 0,30/0,80 | 0,035 | 0,035 | – | – | 8,0/10,0 | – | N oder N+A oder V | 50 | 65/85 | 17 | 50 |
| X 5CrNi1810 | ≦0,07 | ≦1,0 | ≦2,0 | 0,045 | 0,030 | 17,0/19,0 | ≦0,5 | 9,0/11,5 | – | H | 19 | 50/70 | 40/50 | 50/60 |
| X 12CrNi189 | ≦0,12 | ≦1,0 | ≦2,0 | 0,045 | 0,030 | 17,0/19,0 | ≦0,5 | 8,0/10,0 | – | H | 22 | 50/70 | 40/50 | 50/60 |
| X 10CrNiTi1810 | ≦0,10 | ≦1,0 | ≦2,0 | 0,045 | 0,030 | 17,0/19,0 | ≦0,5 | 10,0/12,0 | Ti: ≧5×%C; ≦0,8 | H | 21 | 50/75 | 30/40 | 40/50 |
| X 10CrNiNb1810 | ≦0,10 | ≦1,0 | ≦2,0 | 0,045 | 0,030 | 17,0/19,0 | ≦0,5 | 10,0/12,0 | Nb: ≧8×%C; ≦1,0 | H | 21 | 50/75 | 30/40 | 40/50 |

[1]) Je nach Erzeugnisform und Materialdicke

## 4.9 Stahl

Im Stahl-Eisen-Werkstoffblatt 680-70 sind besonders geeignete kaltzähe Stähle angegeben. Die Stähle werden als Formstahl, Stabstahl, Breitflachstahl, Bleche und Rohre, gegebenenfalls auch als Schmiedestücke und Halbzeug geliefert. Die Wahl der Stahlsorte muß unter Berücksichtigung der Betriebstemperatur und der Gesamtbeanspruchung, wie im AD-Merkblatt W 10 angegeben, erfolgen und ist Angelegenheit des Bestellers. Dafür stehen unlegierte, niedriglegierte und hochlegierte Stähle zur Verfügung. Im allgemeinen werden diese Stähle auf beste Kaltzähigkeit wärmebehandelt.

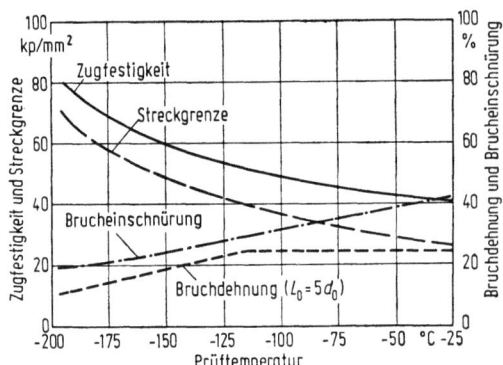

Bild 4.9-20. Temperaturabhängigkeit der mechanischen Eigenschaften des Stahles TT St 35 nach St. E. W. 680.

Tabelle 4.9-12. Inhaltsangaben über mechanische Eigenschaften

| Stahlsorte | Behandlungszustand | Gewährleistete Werte d. Kerbschlagzähigkeit an DVM-Proben[1]) bei °C kpm/cm² | | | | | | | Streckgrenze oder 0,2-Grenzen[2]) bei °C kp/mm² | | | | | |
|---|---|---|---|---|---|---|---|---|---|---|---|---|---|---|
| | | −195 | −170 | −140 | −120 | −80 | −50 | −20 | −195 | −170 | −120 | −80 | −50 | −20 |
| TTSt35 | N V | | | | | 6 (4) | 6 8,5 (6) | 9 12 (8,6) | | | 42 42/43 | 35 35/37 | 30/ 30/33 | 27 28/30 |
| TTSt41 | V | | | | | 6 (3,5) | 7,5 (5,5) | 10,5 (7,5) | | | 48 | 41 | 35 | 30 |
| 26CrMo4 14Ni6 | V N oder V | | | | | 5 (3,5) 6 (3,5) | 7 9,5 (5,5) 7,5 (5) | 9 12 14 (6,5) (8) 9 11 (5,5) (6) | | | 60 42 53 | 55 38 46 | 50 32 42 | 48 30 37 |
| 10Ni14 | N oder V | | | | | 6 (3,5) | 7,5 (5) | 9 11 (5,5) (6) | | | 53 | 46 | 42 | 39 | 37 |
| 16Ni14 | N oder V | | | | | 6 (3,5) | 7,5 (5) | 9 11 (5,5) (6) | | | 53 | 46 | 42 | 39 | 37 |
| 12Ni19 | N oder V | | | 6 (3,5) | 7 (4,5) | 11 (6) | 12 (7) | 13 (7,5) | 80 | 72 | 60 | 54 | 50 | 48 |
| X8Ni9 | N oder N + A oder V | 6 (3,5) | 7 (4) | 8 (4,5) | 9 (5) | 10,5 (5,5) | 11 (6) | 11 (6,5) | 71 | 64 | 56 | 53 | 51 | 50 |
| X 5CrNi1810 X 12CrNi189 X 10CrNiTi1810 X 10CrNiNb1810 | H H H H | 7/15 7/15 6/11 6/11 | 8/16 8/16 6/12 6/12 | 8/17 8/17 6/13 6/13 | 9/18 9/18 7/14 7/14 | 10/19 10/19 7/15 7/15 | 10/20 10/20 8/15 8/15 | 10/20 10/20 8/15 8/15 | 28 31 28 28 | 27 30 27 27 | 25 29 26 26 | 23 27 25 25 | 22 25 23 23 | 20 23 22 22 |

[1]) Werte gelten für Längsproben; Klammerwerte für Querproben aus Blech.  [2]) je nach Erzeugnisform.
[3]) je nach Erzeugnisform und Materialdicke.

### 4.9.2 Stähle für den Stahlbau und Behälterbau

Chemische Zusammensetzung und mechanische Eigenschaften bei Raumtemperatur in Tabelle 4.9-11. Danach handelt es sich um drei unlegierte Stähle mit Zugfestigkeiten von 35 bis 60 kp/mm² und vier hochlegierte austenitische Mn—Cr- bzw. Cr—Ni-Stähle mit Zugfestigkeiten von 50 bis 90 kp/mm². Die mechanischen Eigenschaften werden für begrenzte Dicken, bei den unlegierten Stählen für den normalgeglühten bzw. vergüteten Zustand, bei den ferritischen Stählen für den vergüteten Zustand und bei den austenitischen Stählen für den abgeschreckten Zustand gewährleistet. Angaben über mechanische Eigenschaften bei Temperaturen unter $-20\,°C$ in Tabelle 4.9-12.

Die kaltzähen Stähle sind schweißbar, jedoch müssen insbesondere bei den ferritischen Nickelstählen Schweißbedingungen eingehalten werden, die zwischen Hersteller und Verarbeiter angesprochen werden müssen. Ganz allgemein ist zu beachten, daß die *Kaltzähigkeit* durch das Schweißen beeinträchtigt wird, durch anschließende Wärmebehandlung aber wieder verbessert werden kann, so lange mit artgleichem Zusatzwerkstoff geschweißt wird.

#### 4.9.2.5 Witterungs- und Korrosionsschutz

Alljährlich gehen erhebliche Stahlmengen durch Korrosion verloren. Unter Korrosion versteht man nach DIN 50900 die von der Oberfläche ausgehende, durch unbeabsichtigte chemische oder elektrochemische Einflüsse (Angriff) hervorgerufene Veränderung der Oberfläche eines Werkstoffes. Die Erscheinungsformen der Korrosion können sehr unterschiedlich sein. Art und Intensität richten sich nach den Umweltbedingungen, der Zusammensetzung der Stähle, sowie nach der Wirksamkeit einer eventuell durchgeführten Korrosionsschutzmaßnahme [H 03; 11].

bei Temperaturen unter $-20\,°C$ für Stähle nach St. E. W. 680

| | Zugfestigkeit[2]) bei °C | | | | | Bruchdehnung $\delta_5$[3]) bei °C | | | | | | Brucheinschnürung[3]) bei °C | | | | | |
|---|---|---|---|---|---|---|---|---|---|---|---|---|---|---|---|---|---|
| | $-195$ | $-170$ | $-120$ | $-80$ | $-50$ | $-20$ | $-195$ | $-170$ | $-120$ | $-80$ | $-50$ | $-20$ | $-195$ | $-170$ | $-120$ | $-80$ | $-50$ | $-20$ |
| | | | | kp/mm² | | | | | | % | | | | | | % | | |
| | | 52 | 47 | 43 | 40 | | | 25 | 25 | 25 | 25 | | | 37 | 39 | 41 | 43 | |
| | | 56 | 51 | 48 | 44 | | | 23/24 | 23/24 | 23/24 | 23/24 | | | 40 | 43 | 45 | 45 | |
| | | | 62 | 57 | 53 | 50 | | | 21 | 21 | 21 | 21 | | | 35 | 38 | 40 | 40 |
| | | 80 | 73 | 68 | 65 | | | 14 | 15 | 16 | 17 | | | 48 | 53 | 56 | 58 | |
| | | 62 | 58 | 55 | 53 | | | 22 | 22 | 22 | 22 | | | 60 | 62 | 63 | 65 | |
| | 67 | 59 | 53 | 50 | 47 | | 17 | 18 | 19 | 20 | 21 | | 27 | 30 | 36 | 40 | 46 | |
| | 67 | 59 | 53 | 50 | 47 | | 17 | 18 | 19 | 20 | 21 | | 27 | 30 | 36 | 40 | 46 | |
| 90 | 82 | 72 | 67 | 64 | 62 | 15 | 16 | 17 | 17 | 18 | 18 | 20 | 24 | 40 | 44 | 46 | 48 |
| 102 | 96 | 80 | 75 | 72 | 70 | 14 | 15 | 15 | 16 | 16 | 17 | 30 | 34 | 38 | 43 | 46 | 48 |
| 120 | 110 | 95 | 80 | 70 | 60 | 30 | 33 | 37 | 41 | 43 | 46 | 35 | 38 | 44 | 48 | 52 | 55 |
| 120 | 110 | 95 | 80 | 70 | 60 | 30 | 33 | 37 | 41 | 43 | 46 | 35 | 38 | 44 | 48 | 52 | 55 |
| 120 | 110 | 95 | 80 | 70 | 60 | 25 | 27 | 30 | 33 | 35 | 37 | 30 | 33 | 37 | 41 | 43 | 46 |
| 120 | 110 | 95 | 80 | 70 | 60 | 25 | 27 | 30 | 33 | 35 | 37 | 30 | 33 | 37 | 41 | 43 | 46 |

Aus Gründen der Wirtschaftlichkeit und der Sicherheit ist es notwendig, bei der Erstellung von Stahlkonstruktionen der Rostgefahr Rechnung zu tragen und ihr durch ausreichend wirksame Maßnahmen zu begegnen. Im Einzelfall kann es zweckmäßig sein, eine ebenmäßig abtragend wirkende Korrosion nur durch entsprechende Zugaben in der Materialdicke zu berücksichtigen. In der Regel wird man jedoch bemüht sein, den Stahl durch geeignete Maßnahmen gegen Rost zu schützen. Das kann geschehen durch einen Schutz der Oberfläche (Anstrich, metallische oder nichtmetallische Überzüge) oder aber durch Wahl einer Stahlqualität, die auf Grund ihrer chemischen Zusammensetzung ausreichend beständig gegen den zu erwartenden Korrosionsangriff ist (Korrosionsschutz durch Legierung).

#### 4.9.2.5.1 Korrosionsschutz durch Oberflächenbehandlung [H 03]

*4.9.2.5.1.1 Anstriche.* Stahlbauwerke werden z. Z. noch am häufigsten durch Schutzanstriche vor Korrosionsangriff geschützt [22]. Richtlinien für die Durchführung dieses Verfahrens in DIN 55928, Begriffe für die Anstrichstoffe in DIN 55945. Aus [22] ist eine Vielzahl weiterer Normen und Vorschriften zu entnehmen, die den Oberflächenschutz von Stahl durch Anstriche betreffen.

Die Wirksamkeit eines Anstrichs als Rostschutz einer Stahlkonstruktion ist an verschiedene Bedingungen geknüpft, wie anstrichtechnisch zweckmäßige Konstruktion des Bauwerkes, Vorbereitung des Untergrundes, richtige Auswahl der Anstrichstoffe, fachgerechte Ausführung des Anstriches. Ein erster Schutzanstrich auf die Walzerzeugnisse kann bereits im Anschluß an den Walzprozeß beim Hersteller oder Verbraucher erfolgen. Man spricht hierbei von Walzstahlkonservierung, bestehend aus Strahlentzunderung bzw. -entrostung und Grundanstrich. Der gewählte Grundanstrich darf die Weiterverarbeitung, insbesondere das Schweißen nicht nachteilig beeinflussen. Die Wirtschaftlichkeit dieses Verfahrens hängt entscheidend davon ab, ob die Konservierung als Grundanstrich ausreicht und anerkannt wird.

In der Regel werden die Schutzanstriche noch von den Stahlbaufirmen auf zusammengebaute Bauteile oder auf die fertigen Gesamtkonstruktionen aufgetragen. Dabei ist darauf zu achten, daß die Fügestellen und etwaige Stellen mit beschädigtem Schutzanstrich in geeigneter Weise nachgestrichen werden. Voraussetzung für wirksamen Korrosionsschutz ist eine von allen anhaftenden Bestandteilen (Rost, Verunreinigungen, festsitzender Zunder) gereinigte Werkstoffoberfläche. Der Anstrich soll in der Regel aus mehreren Schichten bestehen.

Die Anstrichstoffe haben sehr unterschiedliche Zusammensetzung. Unter Beachtung ihrer spezifischen Wirkungsweise werden sie nach den jeweiligen Gegebenheiten ausgewählt. Die *Grundanstriche* sind im allg. auf Bleimennigebasis aufgebaut. Sie können als Bindemittel Leinöle oder Kunstharze, als Pigmente Bleimennige, Bleicyanamid oder Eisenoxid enthalten, aber auch Zink- oder Bleichromate mit ihren günstigen Passivierungseigenschaften. Für den Rohrleitungsbau und den Stahlwasserbau werden häufig auch bituminöse Bindemittel eingesetzt, die zwar säurefest aber empfindlich gegen Sonneneinstrahlung sind.

Für *Deckanstriche* kommen als Pigmente hauptsächlich Bleiweiß und Zinkoxid sowie Eisenglimmer, Graphit und Aluminium zur Anwendung. Der Hauptvorteil der ersten Gruppe liegt in der guten Rostschutzwirkung durch Seifenbildung. Die zweite Gruppe ist wegen des großen Reflexionsvermögens für Licht- und Wärmestrahlen besonders für Anstriche von Tanks u. ä. geeignet. Die Wirkung von Anstrichen als Korrosionsschutz ist zeitlich begrenzt. Deshalb wird von Zeit zu Zeit ein örtliches Ausbessern des Anstriches und gegebenenfalls auch ein gesamter Neuanstrich notwendig.

*4.9.2.5.1.2 Metallische Überzüge.* Ein Korrosionsschutz durch metallische Überzüge wird häufig für Konstruktionen des Stahlleichtbaues angewendet. Hierfür kommen die verschiedenen Verfahren des Verzinkens bzw. Verbleiens von Stahloberflächen, nämlich die Feuerverzinkung oder -verbleiung sowie die galvanische Verzinkung oder -verbleiung in Betracht. Es kommen jedoch auch Metallspritzverfahren zur Anwendung, bei denen geeignete Metalle (Zink oder Aluminium) aufgeschmolzen und durch Spritzpistolen auf die Werkstoffoberfläche aufgeschleudert werden. Da vor dem Aufbringen der metallischen

### 4.9.2 Stähle für den Stahlbau und Behälterbau

Überzüge die Oberfläche des zu schützenden Werkstoffes metallisch blank sein muß, wird vor dem Auftragungsvorgang der Stahl z. B. im Säurebad entrostet. Die fachgerechte Durchführung des Beizens ist sehr wichtig. Ist die Beizwirkung zu gering, ergibt sich keine ausreichende Haftung des metallischen Überzuges auf der Stahloberfläche. Wird jedoch unsachgemäß gebeizt, so kann eine Schädigung des Stahles eintreten (*Beizsprödigkeit*). Die Behandlung von Konstruktionsteilen nach diesen Verfahren bedingt wegen der Anwendung von Tauchbädern eine Beschränkung der Abmessungen.

Gegen Korrosion schützen metallische Überzüge meist besser als Schutzanstriche. Bei einem verzinkten Bauteil wirken sich örtlich begrenzte Beschädigungen der Schutzschicht nicht nachteilig aus, weil ein fernwirkender kathodischer Schutz vorliegt [23]. Die Schutzwirkung wird noch verbessert, wenn auf die metallischen Überzüge ein zusätzlicher Anstrich aufgebracht wird.

*4.9.2.5.1.3 Nichtmetallische Überzüge.* Durch die Entwicklung von Beschichtungsverfahren für Stahlbreitband und -blech in den 50er Jahren [24] hat die Verwendung beschichteter Flacherzeugnisse Eingang in den Stahlbau gefunden.

Als Vormaterial für die Bandbeschichtung werden hauptsächlich kaltgewalzte, z. T. verzinkte Stahlbänder bis zu 2 mm Dicke und bis zu 2 m Breite eingesetzt. Die Stahlwerkstoffe werden je nach den erforderlichen Verarbeitungs- und Verwendungseigenschaften ausgewählt. Die Stufen der Herstellung des Verbundwerkstoffes sind: mechanische und chemische Oberflächenbehandlung, Grundierung (Primer), Aufbringen und Nachbehandeln der Deckschicht, evtl. Aufbringen entfernbarer Schutzfilme und -schichten. Die fertig beschichteten Bänder können beliebig längs- (Schmalbänder) und querzerteilt (Bleche) werden.

Die wichtigsten zum Bandbeschichten verwendeten Kunststoffe, die Auftragsart und die üblichen Schichtdicken zeigt Tabelle 4.9-13. Ständig werden neue Beschichtungssysteme mit speziellen Eigenschaften entwickelt, u. a. Epoxydester, modifizierte Alkyd-, Acryl- und Polyesterlacke sowie im Vakuum metallbedampfte Folien. Die Kunststoffe werden flüssig oder als feste Folien aufgebracht. Der Farbe und Struktur der Oberfläche sind praktisch keine Grenzen gesetzt; vgl. 4.8.

Neben der Verwirklichung eines dauerhaften Korrosionsschutzes wird von der Beschichtung ein guter Widerstand gegen Verschleiß und mechanische Beschädigungen, z. T. auch eine bestimmte Kälte-, Wärme- bzw. Chemikalienbeständigkeit erwartet.

Die Verarbeitung der beschichteten Bleche erfolgt im allg. durch Schneiden, Stanzen, Biegen, Kanten und Tiefziehen. Die thermoplastischen Kunststoffe sollen nicht bei Temperaturen unter 20 °C verformt werden.

Tabelle 4.9-13. Kunststoffe zum Bandbeschichten

| Kunststoff | Abkürzung | Auftragsart | üblicher Schichtdickenbereich in μm/Seite |
|---|---|---|---|
| Polyvinylchlorid | PVC | Plastisol | 60···400 |
| | | Organosol | 50···80 |
| | | Folie | 100···300 |
| Vinylchlorid-Copolymerisate (z. B. mit Vinylacetat) | PVC/PVA | Flüssigauftrag | 20···30 |
| Polyvinylfluorid | PVF | Folie | 50 |
| Polyvinylidenfluorid | PVDF | Flüssigauftrag | 30 |
| Alkydharz bzw. Polyesterharz, ölfrei | — | Flüssigauftrag | 20···30 |
| Acrylatharz | — | Flüssigauftrag | 20···30 |

Als Verbindungsmittel stehen neben den üblichen mechanischen Schraub-, Niet-, Falz- und Klemmverbindungen das Kleben und Schweißen zur Verfügung. Das *Widerstandspunktschweißen* kann als Sonderverfahren mit Kontakt- und Schweißelektrode an der unbeschichteten Seite ohne Wärmeschäden des Kunststoffes angewendet werden, solange die Blechdicke 0,6 mm nicht unterschreitet. Unter den gleichen Voraussetzungen können mit dem *Kondensator-Impuls-Schweißverfahren* z. B. Bolzen und Schrauben angeschweißt werden. Für Nahtschweißungen muß der Kunststoff im Nahtbereich entfernt und später die Stelle entsprechend ausgebessert werden.

Beschichtetes Stahlblech hat im Bauwesen als Fassaden-, Wand- und Dachhaut ein weites Anwendungsfeld gefunden. Das gleiche gilt für Ummantelungen im Apparate- und Rohrleitungsbau.

**4.9.2.5.2 Korrosionsschutz durch Legierung.** Der Schutz des Stahles gegen Korrosion kann auch durch Legierung mit geeigneten Elementen erreicht werden. Dabei sind drei Stufen zu unterscheiden: Verringerung der Rostungsgeschwindigkeit, Witterungsbeständigkeit (wetterfeste Baustähle), Beständigkeit gegen atmosphärische Korrosion (nichtrostende Stähle).

*4.9.2.5.2.1 Verringerung der Rostungsgeschwindigkeit.* Bereits in den dreißiger Jahren fand *Daeves*, daß geringe Zusätze von Cu und P die Rostungsgeschwindigkeit eines Stahles stark verringern. Die Deutsche Bundesbahn hat sich diesen Vorteil und den der größeren Anstrichhaltbarkeit von Stählen mit Kupferzusatz (0,25 bis 0,35% Cu) in breitem Umfang nutzbar gemacht. Die Stahlgüten nach DIN 17100 können mit entsprechendem Kupferzusatz bestellt werden.

*4.9.2.5.2.2 Wetterfeste Baustähle.* Für die Anwendung ohne Oberflächenschutz reicht ein Stahl entsprechend 4.9.2.5.2.1 nicht aus. Erst in USA entwickelte und erprobte Legierungskombinationen mit Cu, Cr, Ni, V verlangsamen die Abtragung durch Korrosion so stark, daß ein Stahl unter bestimmten Bedingungen als wetterfest gelten kann, d. h. es ist kein zusätzlicher Oberflächenschutz notwendig [27]. Im Verlaufe einiger Jahre bilden sich feste und dichte oxidische Deckschichten, jedoch nur bei atmosphärischer Korrosion, nicht aber bei ständiger Befeuchtung, in extremer Industrieluft und in Meeresnähe. Die Haltbarkeit von Anstrichen auf wetterfesten Baustählen ist wesentlich besser als die von Anstrichen auf normalen Stählen. Insbesondere die Unterrostung wird durch die oben beschriebene Deckschichtbildung verhindert.

Richtlinien für Lieferung, Verarbeitung und Anwendung von wetterfesten Baustählen, die als Ergänzung zur DIN 17100 bauaufsichtlich eingeführt sind, im Stahl-Eisen-Werkstoffblatt 087-70. Sie gelten für alle im Stahlbau üblichen Erzeugnisformen. Es stehen drei Stähle zur Verfügung, die den Sorten RSt 37-2, St 37-3 und St 52-3 nach DIN 17100 entsprechen. Chemische Zusammensetzung in Tabelle 4.9-14. .

Tabelle 4.9-14. Chemische Zusammensetzung der wetterfesten Baustähle nach St. E. W. 087

| Stahlsorte Kurzname | Chemische Zusammensetzung in % | | | | | | | | | |
|---|---|---|---|---|---|---|---|---|---|---|
| | C | Si | Mn | P[1] | S[1] | N[1] | Cr | Cu | Ni | V |
| WTSt 37-2 | $\leq 0{,}13$ | 0,10 bis 0,40 | 0,20 bis 9,50 | 0,050 | 0,035 | 0,007 | 0,50 bis 0,80 | 0,30 bis 0,50 | $\leq 0{,}40$ | |
| TSt 37-3 | $\leq 0{,}13$ | 0,10 bis 0,40 | 0,20 bis 0,50 | 0,045 | 0,035 | 0,009 | 0,50 bis 0,80 | 0,30 bis 0,50 | $\leq 0{,}40$ | |
| WWTSt 52-3 | $\leq 0{,}15$ | 0,10 bis 0,40 | 0,90 bis 1,30 | 0,045 | 0,035 | 0,009 | 0,50 bis 0,80 | 0,30 bis 0,50 | $\leq 0{,}40$ | 0,02 bis 0,10 |

[1]) Höchstwerte

Die Umformbarkeit entspricht in etwa den Stählen nach DIN 17100. Warmumformen soll bei 1050 °C bis 800 °C vorgenommen werden. Kaltumformen ist bis zu Wanddicken von $\approx 20$ mm möglich. Bei gewünschter Gewährleistung des rißfreien Abkantens müssen (wie bei den Stählen der DIN 17100) Q-Güten eingesetzt werden.

Für das Schmelzschweißen gelten die Angaben der DIN 17100. Soll sich die Schweißnaht im Aussehen und im Korrosionsverhalten nicht vom Grundwerkstoff unterscheiden, müssen wenigstens für ihre Außenlagen entsprechend dem Grundwerkstoff legierte Sonderelektroden eingesetzt werden, die festigkeitsmäßig ebenfalls auf den Grundwerkstoff abzustimmen sind.

Verbindungselemente wie Schrauben oder Nieten sind so zu wählen, daß die Bildung nachteilig wirkender elektrochemischer Lokalelemente vermieden wird. Das ist bei rohen, verzinkten Schrauben gewährleistet.

Die bisherigen Anwendungsgebiete liegen im Stahlhoch- und Brückenbau sowie im Fahrzeugbau, wo man mit Erfolg den etwas höheren Abriebwiderstand der wetterfesten Baustähle nutzt. Beim Entwurf der Bauteile müssen die Voraussetzungen dafür geschaffen werden, daß sich die schützende Deckschicht ungehindert ausbilden kann. Dazu muß alle Feuchtigkeit insbesondere Regen- und Schwitzwasser ablaufen können; für horizontale Flächen ist wetterfester Stahl daher nicht geeignet. Während der ersten Jahre kann ablaufendes Wasser zu Braunfärbung angrenzender Bauteile führen, da aus der frisch gebildeten Deckschicht Eisenhydroxid und Eisensulfat ausgewaschen werden. Das kann durch Aufbringen eines Spezialprimers, der durch Verwitterung wieder abgebaut wird, verhindert werden.

*4.9.2.5.2.3 Nichtrostende Stähle.* Vor nunmehr fast 60 Jahren begann mit den Patenten der Fa. Krupp für den V2A-Stahl die industrielle Erzeugung und Anwendung der nichtrostenden Stähle. Durch Legieren des Eisens mit rund 13% Chrom entsteht ein korrosionsunempfindlicher Werkstoff, der an feuchter Luft und in Wasser keinen Rost bildet, da metallisches Chrom bei Gegenwart oxydierender Medien eine passivierende Oxidhaut bildet und diese Eigenschaft als Legierungselement des Eisens auf dieses überträgt. Die Beständigkeit bei einem Stahl mit 13% Chrom wird aber nur im Zusammenwirken mit einer optimal polierten Oberfläche erreicht. Für Zwecke des Stahlbaues muß der Anteil des Chroms auf $\approx$ 17% erhöht werden. Eine weitere Verbesserung der Beständigkeit auch in Industrieatmosphäre wird durch Zusätze von Ni, Mo und Ti erreicht.

Die nichtrostenden Stähle für warm- und kaltgeformte Bleche, Stäbe, Drähte, Rohre und Schmiedestücke sind in DIN 17440 genormt. Es sind zwei Gruppen zu unterscheiden: die ferritischen, vorwiegend mit Chrom legierten und die austenitischen Chrom-Nickel-Stähle. Die im allg. der Lieferung zugrunde liegenden Wärmebehandlungszustände und die dafür maßgebenden mechanischen Eigenschaften sowie Angaben über die Beständigkeit gegen interkristalline Korrosion sind ebenfalls in DIN 17440 angegeben. Besonders bemerkenswert ist die hohe Zähigkeit der austenitischen Stähle, die es möglich macht, die verhältnismäßig geringen Werte für Streckgrenze und Zugfestigkeit durch Kaltverformung beträchtlich zu steigern.

Die Stähle sind für Warm- und Kaltformgebung geeignet. Die ferritischen Stähle mit C-Gehalten bis $\approx$ 0,2% sind für die Schmelz- und Preßschweißung, gegebenenfalls unter Einhaltung gewisser Vorsichtsmaßnahmen, geeignet. Die austenitischen Stähle sind gut schweißbar. Besonders geeignet ist das *Argon-Arc-Verfahren* [H 20]. Um ein Verzinken und Anlaufen in der Nähe der Schweißnaht zu verhindern und die Korrosionsbeständigkeit der Schweißnaht selbst sicherzustellen, sind evtl. besondere Maßnahmen zu ergreifen. Im letzteren Fall sollten vorzugsweise die mit Ti oder Nb stabilisierten oder besonders C-armen Stähle verwendet werden. Das Brennschneiden ist bei allen Güten unter Schutzgas oder Zusatz von Pulvern möglich.

Die Erzeugnisse aus rostfreien Stählen können in einer Vielzahl von Ausführungsarten und Oberflächenbeschaffenheiten geliefert werden. Einige für die Verwendung im Bauwesen wichtige Stahlsorten und Oberflächenausführungen sind zusammen mit Anwendungsbeispielen in Tabelle 4.9-15 aufgeführt.

Tabelle 4.9-15. Nichtrostende Stähle für das Bauwesen. Zusammensetzung

| Kurzname nach DIN 17006 | Chemische Zusammensetzung in % | | | | | | |
|---|---|---|---|---|---|---|---|
| | C | Si | Mn | Cr | Ni | Mo | Sonstige |
| | | | | (maximal) | | | |
| X 8 Cr 17 | 0,10 | 1,0 | 1,0 | 15,0···17,5 | — | — | — |
| X 12 CrNi 188 | 0,12 | 1,0 | 2,0 | 17,0···19,0 | 8,0···10,0 | — | — |
| X 5 CrNi 189 | 0,07 | 1,0 | 2,0 | 17,0···20,0 | 9,0···11,5 | — | — |
| X 5 CrNiMo 1810 | 0,07 | 1,0 | 2,0 | 16,5···18,5 | 10,5···13,5 | 2,0···2,5 | — |
| X 10 CrNiTi 189 | 0,10 | 1,0 | 2,0 | 17,0···19,0 | 9,0···11,5 | — | Ti $\geq$ 5x % C |

Eigenschaften

| Kurzname nach DIN 17006 | Wärmebehand-lungszustand | mechanische Eigenschaften bei 20°C ||||
|---|---|---|---|---|---|
| | | Streckgrenze (mind.) kp/mm² | Festigkeit kp/mm² | Dehnung (mind.) % | Kerbschlagzähigk. (mind.) kpm/cm² |
| X8Cr17 | geglüht | 30 | 45···60 | 20 | — |
| X12CrNi188 | abgeschreckt | 22 | 50···70 | 50 | 20 |
| X5CrNi189 | abgeschreckt | 20 | 50···70 | 50 | 20 |
| X5CrNiMo1810 | abgeschreckt | 20 | 50···70 | 45 | 20 |
| X10CrNiTi189 | abgeschreckt | 25 | 50···75 | 40 | 15 |

Oberflächenausführungen

| | |
|---|---|
| warmgewalzt, wärmebehandelt, gebeizt (IIa) | Die Oberfläche ist metallisch sauber und verhältnismäßig rauh |
| kaltgewalzt, wärmebehandelt, gebeizt (IIIb) | Die Oberfläche ist wesentlich glatter als nach Verfahren IIa. Sie ist matt und weitgehend frei von Oberflächenfehlern. |
| kaltgewalzt, blankgeglüht (IIId) | Die Oberfläche ist blanker als nach Verfahren IIIb. |
| wie Verfahren IIIb oder IIId, jedoch mit geglätteter Oberfläche (walzpoliert) (IIIc) | Durch die leichte abschließende Formgebung wird die Oberfläche geglättet und dadurch glänzender als nach Verfahren IIIb oder IIId. |
| geschliffen (IV) | Einseitig oder beidseitig mit verschiedenem Korn geschliffen, wobei die Körnungen 240, 320 und 400 gebräuchlich sind. |

## 4.9.3 Bewehrungsstähle

### 4.9.3.1 Begriffsbestimmung, Einsatzgebiete, Anforderungen

Bewehrungsstähle sind runde, ovale oder vierkantige Stäbe mit glatter oder profilierter Oberfläche bzw. Sonderprofilen. Aus Betonstählen werden flächige oder räumliche Gebilde durch Verrödeln, Schweißen oder Kunststoffknoten hergestellt, die vom Beton umhüllt den *Stahlbeton* ergeben. Wendet man zusätzlich vorgespannte Stäbe oder Litzen an (Spannstähle), erhält man den *Spannbeton*. Grundlage des Zusammenwirkens der Baustoffe Beton und Stahl ist der näherungsweise gleiche lineare Wärmedehnkoeffizient (vgl. 4.1).

Für die *Stahlbetonbauweise* ist kennzeichnend, daß die Stahlbewehrung spannungslos einbetoniert wird und Spannungen nur aus dem Betonschwinden, dem Eigengewicht und den Nutzlasten erhält. In zugbeanspruchten Bauteilen bzw. den Zugzonen der Biegeträger reißt der Beton, da er die bei der zulässigen Spannung des Stahles sich einstellenden Dehnungen nicht aufnehmen kann. Die Bewehrung übernimmt dann in diesen Zonen allein die äußeren Kräfte. In druckbeanspruchten Bauteilen bzw. der Druckzone von Biegeträgern wirken die beiden Baustoffe im Verhältnis ihrer Elastizitätsmodulen zusammen.

Bei der *Spannbetonbauweise* werden hochfeste Spannstähle in den Zugbereichen im gespannten Zustand unmittelbar einbetoniert (*Spannbettverfahren*) oder in besonderen Hüllrohren verlegt und gegen den erhärteten Beton vorgespannt [15]. Auf diese Weise werden die unter den äußeren Lasten zugbeanspruchten Bereiche so überdrückt, daß auch beim Zusammenwirken der ungünstigsten Lastspannungen keine oder nur begrenzte Zugspannungen auftreten können (Vollvorspannung oder beschränkte Vorspannung). Der Beton bleibt also rißfrei.

In beiden Bauweisen werden die gerade, gebogen oder elastisch gekrümmt verlegten Stähle vorzugsweise einachsig und ruhend, evtl. mit bestimmten dynamischen Anteilen beansprucht. Dementsprechend müssen Bewehrungsstähle für ihre Verarbeitung eine ausreichende Kaltbiegefähigkeit besitzen, und bei Betonstählen ist vielfach Schweißeignung erwünscht. Für die Verwendung der Bewehrungsstähle sind gute Elastizität bei

### 4.9.3 Bewehrungsstähle

Tabelle 4.9-16. Betonstahlsorten, Einteilung, Abmessungen und zu garantierende Eigenschaften nach DIN 488

| | Betonstabstahl | | | | | Betonstahlmatte | | | |
|---|---|---|---|---|---|---|---|---|---|
| Oberfläche | glatt G | gerippt R | | | | geschweißt | | | nicht geschweißt |
| | | Querrippen | Schrägrippen | | | glatt G | profiliert P | | gerippt R Schrägrippen |
| Behandlungszustand | | unbehandelt U | | | | kaltverformt K | | | |
| Bezeichnung | BSt 22/34 GU | BSt 22/34 RU | BSt 42/50 RU | BSt 42/50 RK | | BSt 50/55 GK | BSt 50/55 PK | BSt 50/55 RK | BSt 50/55 RK |
| Bereich der zulässigen Nenndurchmesser $d_e$ in mm | 5···28 | 6···40 | 6···28 | 6···28 | | 4···12 | 4···12 | 4···12 | 6···12 |
| Mindest-Streckgrenze in kp/cm² | 2200 | 2200 | 4200 | 4200 | | 5000 | 5000 | 5000 | 5000 |
| Mindest-Zugfestigkeit in kp/cm² | 3400 | 3400 | 5000 | 5000 | | 5500 | 5500 | 5500 | 5500 |
| Mindest-Bruchdehnung $\delta_{10}$ in % | 18 | 18 | 10 | 10 | | 8 | 8 | 8 | 8 |
| Schwingbreite der Dauerfestigkeit — gerade Stäbe | 1800 | — | 2300 | 2300 | | 1200 | 1200 | 1200 | 2300 |
| Schwingbreite der Dauerfestigkeit — gekrümmte Stäbe $D = 15\,d_e$ einbetoniert | 1800 | — | 2000 | 2000 | | 1200 | 1200 | 1200 | 2000 |

statischer Dauerlast und ausreichende Dauerschwingfestigkeit auch im gebogenen Zustand erforderlich. Für die Spannstähle kommt noch hinzu, daß sie sehr hoch liegende Streckgrenzen und Zugfestigkeiten erfordern, damit auch nach dem Ablauf der Verkürzungsvorgänge des Betons infolge Kriechen und Schwinden ausreichend hohe Stahldehnungen und damit Vorspannungen in den überdrückten Zonen erhalten bleiben. Weiterhin ist für derartige Stähle ein günstiges Relaxations- bzw. Kriechverhalten bei Raumtemperatur und leicht erhöhten Temperaturen von großer Bedeutung, sowie eine ausreichende Korrosionsunempfindlichkeit.

#### 4.9.3.2 Betonstähle

**4.9.3.2.1 Lieferformen.** Ursprünglich wurden als Betonstähle überwiegend glatte Rundstähle benutzt. Die begrenzte Verbundwirkung zwischen diesen Stählen und dem umgebenden Beton machte es notwendig, für die Verankerung der Stähle im Beton Endhaken anzubiegen. Aus dem gleichen Grund mußten die zulässigen Spannungen verhältnismäßig niedrig festgesetzt werden, um die in der Zugzone auftretenden Rißbreiten zum Zwecke eines ausreichenden Korrosionsschutzes auf erträgliche Maße zu begrenzen.

Mit den sog. *Betonformstählen* begann die Entwicklung von Stählen mit verbesserter Verbundwirkung [13]. Heute haben sich die *Betonrippenstähle* [48] als hochwertige Betonstähle überall durchgesetzt. Wegen ihrer ausgezeichneten Verbundeigenschaften kann bei ihrer Verwendung auf das Anbiegen von Endhaken verzichtet werden. Da außerdem die Rißverteilung sehr verfeinert (Bild 4.9-21) und dadurch eine Begrenzung der Breite des

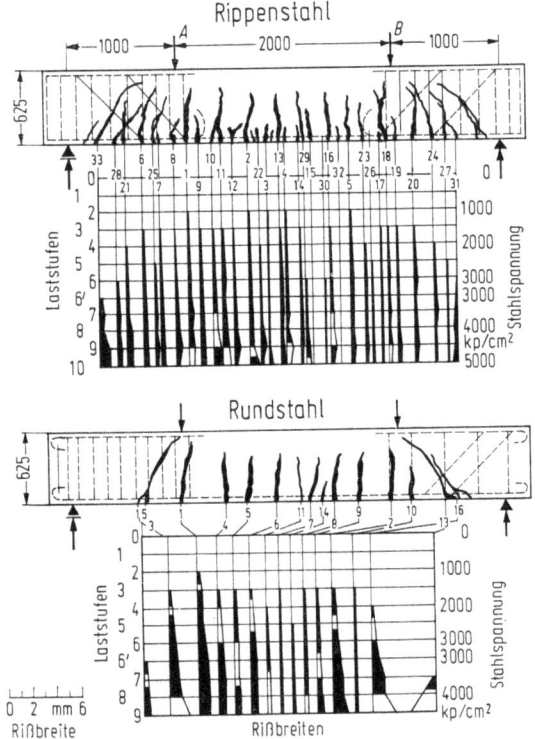

Bild 4.9-21. Rißverfeinerung im biegebeanspruchten Stahlbeton bei Verwendung von Betonrippenstählen.

### 4.9.3 Bewehrungsstähle

Einzelrisses erreicht wird, war es auch möglich, die zulässige Spannung für derartige Stähle mit hoher Streckgrenze und Zugfestigkeit beträchtlich anzuheben. Einen Überblick über die Entwicklung der zulässigen Stahlspannungen in Abhängigkeit von den verwendeten Betongüten gibt Bild 4.9-22.

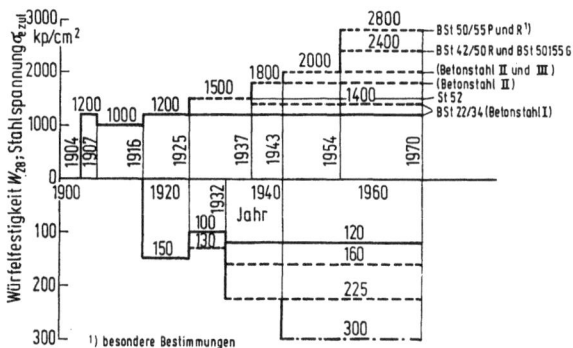

Bild 4.9-22. Entwicklung der zulässigen Stahlspannung für Betonstähle in Abhängigkeit von der Betongüte.

Die übergeordneten Richtlinien für Betonstähle im EWG-Bereich sind in den Euronormen 80, 81 und 82 festgelegt worden, denen sich im Laufe der Zeit die nationalen Normen anpassen sollen. In der BRD sind die Betonstähle in DIN 488 genormt.

*4.9.3.2.1.1 Betonstabstähle.* Betonstabstahl ist ein Stahl mit kreisförmigem oder nahezu kreisförmigem Querschnitt, der zur Bewehrung von Beton geeignet ist und der in Form von Stäben für die Einzelstabbewehrung geliefert wird. Die Sorteneinteilung erfolgt einmal nach der äußeren Form und zum anderen nach der Herstellung und den Festigkeitseigenschaften. Danach unterscheidet man bei den Betonstabstählen glatte Bewehrungsstähle (Kurzzeichen G), gerippte Bewehrungsstähle (R) mit rechtwinklig oder schräg zur Stabachse verlaufenden Rippen sowie mit oder ohne Längsrippen und profilierte Bewehrungsstähle (P) für die Herstellung von Bewehrungsmatten. Nach der Herstellung ist zu unterscheiden zwischen warmgewalztem, unbehandeltem (naturhartem) Betonstahl (Kurzzeichen U) und kaltverformtem Betonstahl (K). Während Betonstahl (U) seine Festigkeitseigenschaften im wesentlichen auf Grund seiner chemischen Zusammensetzung erhält, werden diese bei Betonstahl (K) durch Ziehen, Kaltwalzen, Verwinden oder Recken des warmgewalzten Ausgangszustandes erreicht. Die Festigkeitswerte selbst gehen in die Kurzbezeichnung durch Angabe der Mindeststreckgrenze und Mindestzugfestigkeit ein. Einen Überblick über die Einteilung, die Abmessungen und die zu garantierenden Eigenschaften für die einzelnen Betonstahlsorten gibt Tabelle 4.9-16. Bild 4.9-23 zeigt die Oberflächenform der einzelnen Sorten, die sich in kennzeichnender Weise unterscheiden. Für Lieferland und Herstellerwerk müssen sie ein im Abstand von ≈ 1 m auf dem Stab angebrachtes Kennzeichen aufweisen. Dazu dienen Gruppen von normalen Rippen zwischen jeweils einzelnen verdickten Rippen (Bild 4.9-24).

*4.9.3.2.1.2 Betonstahlmatten.* Geschweißte Betonstahlmatten sind eine werkmäßig vorgefertigte Bewehrung aus sich kreuzenden, glatten, profilierten oder gerippten Bewehrungsstäben, die an den Kreuzungsstellen durch Widerstandspunktschweißung scherfest miteinander verbunden sind. Daneben gibt es auch nichtgeschweißte Betonstahlmatten, die sich von den geschweißten dadurch unterscheiden, daß sie an den Kreuzungsstellen nicht scherfest, aber doch so miteinander verbunden sind, daß sich die Stäbe nicht gegeneinander verschieben und nicht wesentlich gegeneinander verdrehen lassen. Das ist beispielsweise durch Kunststoffknoten möglich.

Die Tragstäbe bei Betonstahlmatten können sowohl Einzel- als auch Doppelstäbe sein. Dazu werden üblicherweise glatte oder profilierte Stäbe bis 12 mm Dmr. der Betonstahlsorte BSt 50/55 GK bzw. PK eingesetzt. Außerdem können Rippenstähle bis 16 mm Dmr. der gleichen Festigkeitsgruppe verwendet werden. Die profilierten Bewehrungsstäbe für die Herstellung von Betonstahlmatten haben 3 oder mehr möglichst gleichmäßig über den Stabumfang und die Stablänge verteilte Profilreihen (Bild 4.9-25), die kalt eingewalzt sind.

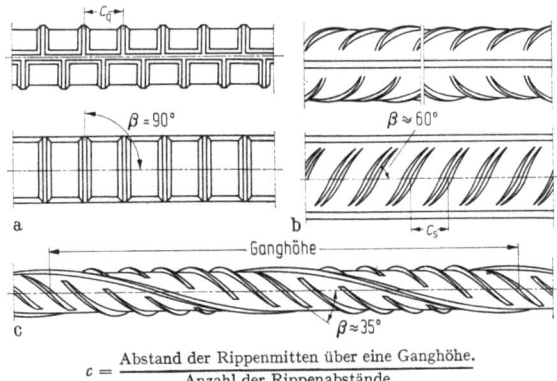

$$c = \frac{\text{Abstand der Rippenmitten über eine Ganghöhe.}}{\text{Anzahl der Rippenabstände}}$$

Bild 4.9-23. Oberflächen einzelner Sorten Betonstabstahl. a) BSt 22/34 RU; b) BSt 42/50 RU; c) BSt 42/50 RK.

Bild 4.9-24. Beispiel für die Werkskennzeichnung von BSt 42/50 R.

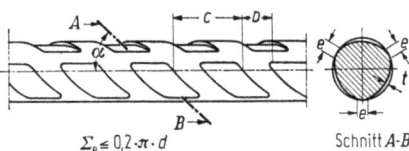

Bild 4.9-25. Oberflächenprofilierung bei Bewehrungsstäben für die Herstellung von Betonstahlmatten BSt 50/55 PK.

Einzelheiten über den Aufbau der Bewehrungsmatten in DIN 488. Es sind drei Mattenarten zu unterscheiden:

*Listenmatten* sind Betonstahlmatten, deren äußere Abmessungen vom Besteller festgelegt werden und deren Stababstände und Stabnenndurchmesser im Rahmen der Tabelle 3 in DIN 488, Blatt 4 frei wählbar sind, mit der Einschränkung, daß für eine Mattenrichtung, gegebenenfalls mit Ausnahme der Randbereiche, Stababstände und -nenndurchmesser gleich sind. Aus Transportgründen sollten Mattenbreite 2,45 m (Straße) bzw. 2,65 m (Bahn) und Mattenlänge 12 m nicht überschreiten.

*Lagermatten* sind Betonstahlmatten aus profilierten oder gerippten Stäben für bevorzugte Abmessungen, die vom Hersteller im Rahmen von Tabelle 3, DIN 488, Blatt 4 festgelegt sind.

### 4.9.3 Bewehrungsstähle

*Zeichnungsmatten* sind Betonstahlmatten, deren Aufbau (Abmessungen und Stababstände) vom Besteller durch eine Zeichnung festgelegt wird, deren Stabnenndurchmesser jedoch DIN 488, Blatt 4, Tabelle 1 entsprechen müssen.

Alle Matten können für ebene Bauteile in ebener, für gekrümmte Bauteile in gekrümmter Form und für besondere Zwecke, z. B. als Bügelkörbe, auch in abgebogener Form geliefert werden.

#### 4.9.3.2.1.3 Sonderbewehrungen.

*GEWI-Stahl:* Beim GEWI-Stahl handelt es sich um einen naturharten, mit Gewinderippen versehenen Betonstabstahl mit Eigenschaften entsprechend Betonstahl BSt 42/50 RU nach DIN 488, bei dem die einander gegenüberliegenden, warm aufgewalzten Rippenreihen ein eingängiges Linksgewinde bilden (Bild 4.9-26). Dieser Stahl ist nicht genormt aber allgemein bauaufsichtlich zugelassen. Gegenüber den herkömmlichen Bewehrungsstählen liegt der Vorteil des GEWI-Stahls in der Möglichkeit, Einzelstäbe durch Muffen zug- und druckfest miteinander zu verbinden.

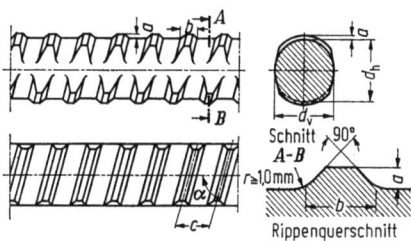

Bild 4.9-26. Oberfläche des GEWI-Stahles.

*Schleuderbetonstahl:* Für geschleuderte Stahlbetonmasten nach DIN 4234 wird als Bewehrungsstahl der sog. Schleuderbetonstahl verwendet. Es handelt sich dabei um einen naturharten, schräggerippten Betonformstahl mit besonderer Profilierung, dessen Festigkeitseigenschaften (üblich ist ein St 55/85) erheblich über denen der genormten Bewehrungsstähle liegen.

Für Stahlleichtträgerdecken als Stahlbeton-Montagekonstruktionen werden Stahlleichtträger [2] verwendet, die im Montagezustand als Stahlträger und im einbetonierten Zustand als Bewehrung der Stahlbetondecke wirken. Diese Konstruktionen sind bisher nicht genormt aber in großer Zahl allgemein bauaufsichtlich zugelassen. Die verwendeten Profilformen reichen von einteiligen Kaltprofilen bis zu zusammengesetzten Profilen, bei denen sowohl der Ober- als auch der Untergurt und die Diagonalen wahlweise aus kaltprofiliertem Bandstahl bzw. aus Rundstahl bestehen können. Die einzelnen Teile werden entweder durch Lichtbogenschweißung von Hand oder durch Widerstandspunktschweißung miteinander verbunden und z. T. vollkontinuierlich auf speziellen Fertigungsstraßen hergestellt und abgelängt. Das statische System der Stahlleichtträger ist im allgemeinen ein parallelgurtiger Fachwerkträger mit Diagonalen.

#### 4.9.3.2.2 Herstellung der Betonstähle.

Die glatten und gerippten Betonstabstähle werden in Rund- bzw. Profilkalibern je nach Abmessung teils im Ring auf Drahtstraßen oder als Einzelstäbe auf Stabstahlstraßen gewalzt.

Die unbehandelten (naturharten) Sorten erreichen die geforderten Festigkeitseigenschaften ohne Nachbehandlung nach dem Warmwalzen im wesentlichen auf Grund ihrer chemischen Zusammensetzung. Für den B St 22/34 wird ein weicher Stahl, für den B St 42/50 RU ein Stahl mit erhöhtem Kohlenstoff- und Mangangehalt eingesetzt.

Bei den kaltverformten Betonrippenstählen werden die geforderten Festigkeitseigenschaften durch eine Kaltverformung (Recken, Ziehen oder, wie hauptsächlich angewendet, Verdrehen) nach dem Warmwalzen eingestellt. Bei diesen Stählen können die Anteile der die Schweißbarkeit beeinträchtigenden Festigkeitsbildner Kohlenstoff und Mangan beschränkt werden. Das Profil wird durch die Kaltverformung erheblich verändert. Bild

4.9-27 zeigt einen Rippen-TORSTAHL (BSt 42/50 RK) im Walzzustand und nach dem Verdrehen mit der üblichen Ganghöhe von 10 bis 12 d.

Die Drähte für Betonstahlmatten werden aus weichen Stählen als glatte Drähte ebenfalls auf Drahtstraßen im Ring gewalzt und im Anschluß daran durch das Kaltziehen und ggf. auch durch das Kaltprofilieren verfestigt. Durch maschinelle Widerstands-Punktschweißung an den Kreuzungsstellen der Stäbe werden dann die Matten hergestellt. Bei nicht verschweißten Matten werden die sich kreuzenden Stähle z. B. durch Kunststoffknoten verbunden.

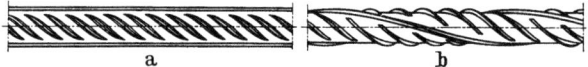

Bild 4.9-27. Rippen-TORSTAHL (BSt 42/50 RK) im Walzzustand und nach dem Verdrehen; (Ganghöhe: 10 bis 12 d).

**4.9.3.2.3 Eigenschaften.** Die für Betonstähle wichtigsten Gebrauchseigenschaften entsprechend 4.9.3.1 sind im folgenden näher erläutert:

*4.9.3.2.3.1 Verbundwirkung.* Das Zusammenwirken der beiden Baustoffe Beton und Stahl im Werkstoff Stahlbeton bedingt einen innigen „Verbund" der beiden Komponenten. Die Überleitung von Kräften von einem Baustoff auf den anderen erfolgt dabei im wesentlichen über die Oberfläche des Stahles. Die dort aufzunehmenden Verbundkräfte setzen sich zusammen aus dem sog. Haftverbund und dem Scherverbund. Die heutige übliche Konstruktionspraxis im Stahlbetonbau und die zulässigen Spannungen des Stahles bewirken Verbundspannungen, wie sie von glatten Rundstählen und dem dabei auftretenden Haftverbund in keiner Weise übernommen werden können. Erst der wesentlich größere Scherverbund zwischen den Rippen der Rippenstähle und dem Beton schaffte diese notwendige Voraussetzung. *Rehm* [49] wies nach, daß die Bezugsgröße für den Scherverbund die sog. bezogene Rippenfläche ist. Sie ist ein dimensionsloser Beiwert, der sich aus der Projektion der Rippen auf eine Ebene senkrecht zur Stabachse, bezogen auf den Umfang eines zylindrischen Stabes vom Nenndurchmesser und den mittleren Rippenabstand errechnet. Der erforderliche Mindestwert für die bezogene Rippenfläche ($f_R$) in Verbindung mit den angewendeten Betongüten und zulässigen Spannungen ist durch Versuche ermittelt worden. Da er auch von der Bewehrungsverteilung im Querschnitt abhängig ist, wurde er nach den Nenndurchmessern $D$ der Stäbe wie folgt gestaffelt:

$D = 6$ mm, $\quad f_R = 0{,}048$
$D = 8$ mm, $\quad f_R = 0{,}055$
$D = 10$ mm, $\quad f_R = 0{,}060$
$D = 12$ bis 26 mm, $\quad f_R = 0{,}065$

Da die Rippen für die Stähle eine gewisse Kerbwirkung mit sich bringen, die das Verhalten bei Kaltbiegebeanspruchungen und bei dynamischen Beanspruchungen prinzipiell verschlechtert, mußte durch umfangreiche Versuche die günstigste Formgebung unter Berücksichtigung all dieser Gesichtspunkte ermittelt werden. Das Ergebnis sind die in DIN 488 genormten Formen der Rippenstähle.

*4.9.3.2.3.2 Verhalten unter statischen Zugbeanspruchungen.* Hierfür ist die beim Zugversuch gemessene Spannungs-Dehnungs-Linie charakteristisch. Die Betonstähle der üblichen Herstellungsverfahren unterscheiden sich im Verlauf der Spannungs-Dehnungs-Linie bis zur Streckgrenze nur unwesentlich (Bild 4.9-28). Daher ist in DIN 1045 für alle Betonstähle, unabhängig vom Herstellungsverfahren, ein gleichartiger bilinearer Verlauf der Spannungs-Dehnungs-Linie (Bild 4.9-29) für entsprechende Berechnungen vorgegeben worden.

Nach den baupolizeilichen Vorschriften wird für Stahlbetonbauteile eine bestimmte Feuerwiderstandsdauer (DIN 4102) gefordert. Hierfür ist unter anderem die Kenntnis des Verhaltens der Betonstähle bei den höheren Temperaturen im Brandfalle von Bedeutung. Die Streckgrenze von Betonstählen fällt bei Temperaturen oberhalb 200 °C allmählich ab und erreicht je nach Stahlsorte zwischen 400 und 500 °C die für die Gebrauchslast zugrunde gelegten Spannungen. Die Zugfestigkeit verhält sich ähnlich [50]. Von dem überdeckenden Beton hängt es ab, ob und wann im Brandfalle diese Temperaturen im Stahl erreicht werden. Hat ein Bauwerk bei einem Brand Schäden erlitten, ist zu beachten, daß nur die unbehandelten Stähle nach dem Erkalten annähernd ihre ursprünglichen Festigkeitswerte wieder zurückgewinnen. Bei den kaltverfestigten Stählen können sie bis auf den Zustand vor der Kaltverformung abfallen.

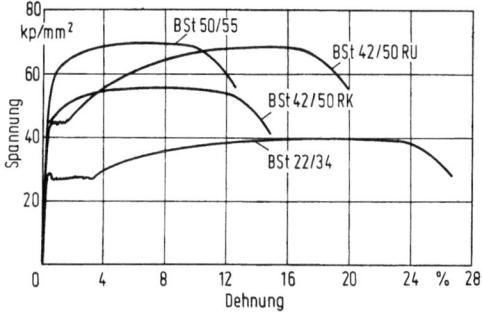

Bild 4.9-28. Spannungs-Dehnungs-Linien gebräuchlicher Betonstähle.

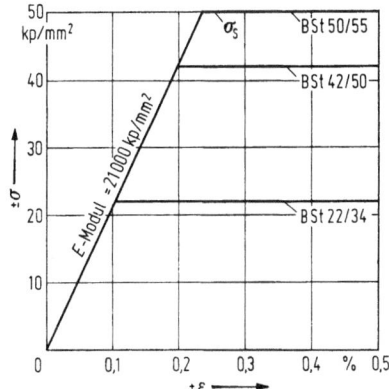

Bild 4.9-29. Bilinearer Verlauf der Spannungs-Dehnungs-Linien (nach DIN 1045).

*4.9.3.2.3.3 Das Verhalten eines Betonstahles beim Biegen und bei Rückbiegebeanspruchungen* zählt zu den wesentlichen Verarbeitungseigenschaften. Zunächst wurde diese Eigenschaft durch einen einfachen Faltversuch (*Kaltbiegeversuch*) mit bestimmtem Biegedorndurchmesser überprüft. Dieser Versuch erwies sich für glatte und schwach profilierte Betonstähle als ausreichend und ist daher für diese Betonstähle auch in der DIN 488 festgelegt. Die erhöhte Kerbwirkung gerippter Betonstähle und möglicherweise eine Alterungsversprödung machten es erforderlich, für diese Stähle einen *Alterungsrückbiegeversuch* einzuführen. Dieser Versuch hat sich bei der Entwicklung ihrer Verarbeitungseigenschaften gut bewährt [48]. Dennoch ist darauf hinzuweisen, daß nicht nur wegen der hohen Betonpressungen in den Krümmungen die nach DIN 1045 vorgeschriebenen Mindestdurchmesser bei Biegen der Betonstähle nicht unterschritten werden dürfen.

*4.9.3.2.3.4 Dauerschwingfestigkeit.* Für alle nicht vorwiegend ruhend belasteten Bauwerke im Sinne der DIN 1055 müssen Betonstähle eingesetzt werden, die eine ausreichende Schwingbreite der Dauerfestigkeit im Zugschwellbereich aufweisen [51]. Für glatte Stäbe ist diese Dauerschwingfestigkeit in der Regel gegeben. Bei den Rippenstählen wirkt sich allerdings die starke Profilierung im Sinne einer Absenkung der Dauerfestigkeit aus. Da außerdem in gekrümmten Stäben die Dauerschwingfestigkeit mit kleiner werdendem Durchmesser der Biegung abnimmt, war es erforderlich, für die Zulassung der Rippenstähle in nicht vorwiegend ruhend belasteten Bauwerken umfangreiche Untersuchungen über die Dauerschwingfestigkeit gerader und gekrümmter Stäbe durchzuführen. Diese Versuche erwiesen die Eignung von Rippenstählen entsprechender Formgebung für diesen Zweck. Sie ergaben u. a. [52], daß bei glatten Rundstählen im einbetonierten Zustand im Gegensatz zu den Rippenstählen eine Minderung der Dauerfestigkeit eintritt. DIN 488 schreibt für Betonrippenstähle BSt 42/50 eine Dauerschwingfestigkeit des geraden Stabes von 2300 kp/cm² und des gekrümmten Stabes im einbetonierten Zustand von 2000 kp/cm² vor. Den Prüfkörper und die Versuchsanordnung für die Prüfung des gekrümmten Stabes zeigt Bild 4.9-30.

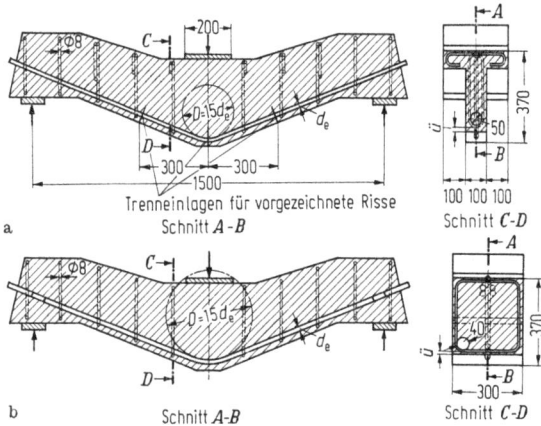

Bild 4.9-30. Prüfkörper und Versuchsanordnung für die Dauerschwingprüfung gekrümmter, einbetonierter Betonrippenstähle. Krümmungsdurchmesser $D = 15 d_e$; a) $d_e = 12$ bis 18 mm, b) $d_e = 20$ bis 28 mm.

*4.9.3.2.3.5 Schweißeignung* nach DIN 488. Sämtliche Betonstähle sind auf Grund ihrer Zusammensetzung bei Einhalten eines maximalen Siliciumgehaltes von 0,6% nach dem Verfahren der Widerstands-Abbrennstumpfschweißung (RA) schweißbar. Bei den Betonstabstählen sind außerdem die unbehandelten Rippenstähle BSt 22/34 und die kaltverformten Rippenstähle BSt 42/50 mit Nenndurchmessern > 12 mm für das Metall-Lichtbogenschweißen (E) geeignet, letztere in überwachten Werken im gesamten Abmessungsbereich auch für das Widerstands-Punktschweißen (RP). Bei den kaltverformten glatten, profilierten und gerippten Stählen BSt 50/55 für die Betonstahlmattenfertigung ist das Widerstands-Punktschweißen (RP) ebenfalls nur in überwachten Werken zugelassen.

Die Schweißeignung für das Metall-Lichtbogenschweißen und das Widerstands-Punktschweißen ist gegeben, wenn die Vorschriften über die chemische Zusammensetzung eingehalten sind oder die Erfüllung der in DIN 488 vorgeschriebenen Schweißeignungsversuche vom Hersteller nachgewiesen worden ist.

**4.9.3.2.4 Eignungsnachweis und Güteüberwachung.** Nach Einführung der DIN 488 entfällt die bis dahin notwendige Zulassungspflicht für die dort genannten Betonstähle. Sie wird ersetzt durch einen Eignungsnachweis, dem sich jeder Hersteller zu unterziehen hat. Zum Nachweis der Gütesicherung muß jeder Hersteller eine laufende Eigenüberwachung

### 4.9.3 Bewehrungsstähle

durchführen und zusätzlich eine von den Bauaufsichtsbehörden anerkannte Prüfanstalt oder Güteschutzorganisation mit der Fremdüberwachung seiner Erzeugung beauftragen. Die Einzelvorschriften für die Durchführung eines Eignungsnachweises bei Betonstählen sowie für Art und Umfang der Eigenüberwachung und Fremdüberwachung sind im einzelnen in DIN 488, Bl. 6 geregelt.

**4.9.3.2.5 Schweißen von Betonstählen.** Das Schweißen von Betonstählen nach DIN 488, Bl. 1 auf Baustellen und in Betrieben ist in DIN 4099 genormt. Diese Norm enthält in Blatt 1 Ausführungs- und Überwachungsbestimmungen für die Herstellung tragender Verbindungen mittels Widerstands-Abbrennstumpfschweißen (RA) und Metall-Lichtbogenschweißen (E) sowie für Heftverbindungen nach den zwei letztgenannten Verfahren. DIN 4099, Bl. 2 soll als Vornorm die Ausführung und Überwachung des Widerstandsschweißens (RP) von Betonstählen in Werken regeln.

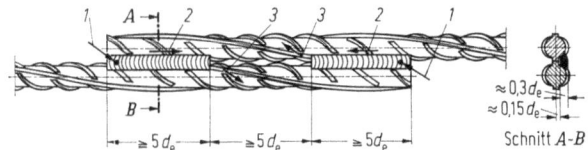

Bild 4.9-31. Übergreifungsstoß. *1* Stabelektrode zünden; die Zündstelle muß in der Fuge liegen, die später überschweißt wird. *2* Schweißrichtungen bei horizontalen oder annähernd horizontalen Übergreifungsstößen; bei vertikalen Übergreifungsstößen ist von unten nach oben (steigend) zu schweißen. *3* Stabelektrode abheben.

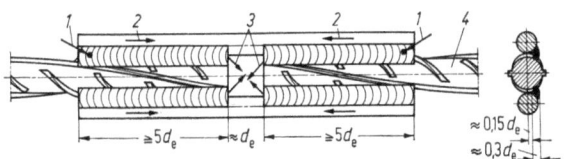

Bild 4.9-32. Laschenstoß. $d_e$ Nenndurchmesser des gestoßenen Stabes. Erläuterung von *1* bis *3* wie in Bild 31. *4* gestoßener Stab.

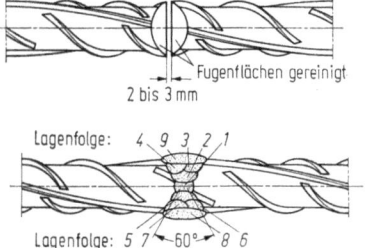

Bild 4.9-33. Stumpfstoß mit X-Naht.

Das Widerstands-Abbrennstumpfschweißen ist für tragende Verbindungen aller Betonstähle nach DIN 488 unter Beachtung der in DIN 4099, Bl. 1 festgelegten Bedingungen für die Schweißmaschine und das -verfahren zugelassen. Allerdings dürfen unbehandelte Betonstähle nicht mit kaltverformten geschweißt werden.

Das Metall-Lichtbogenschweißen für tragende Verbindungen an kaltverfestigten Betonstählen setzt eine Abstimmung von Schweißnahtlänge, -dicke und Elektrodendurchmesser voraus, damit bei geringer Wärmeeinwirkung eine kraftdurchlässige Verbindung ohne Entfestigung bei ausreichender Zähigkeit erreicht wird. Die Norm gibt im einzelnen die Schweißvorschriften für den Übergreifungsstoß (Bild 4.9-31), den Laschenstoß (Bild 4.9-32), den Stumpfstoß mit X-Naht (Bild 4.9-33) und den Kreuzungsstoß (Bild 4.9-34) an.

Das Metall-Lichtbogenschweißen für Heftverbindungen in Form des Kreuzungs- oder Übergreifungsstoßes zu Montage- oder Tranportzwecken ohne definierte Anforderungen an die Festigkeit der Verbindungen darf nur auf Grund einer Zulassung oder Zustimmung im Einzelfall durch die oberste Bauaufsichtsbehörde angewendet werden. Außerdem ist die Eignung des Betonstahles durch Werksbescheinigung des Herstellers nachzuweisen.

Bild 4.9-34. Kreuzungsstoß.

Das Widerstands-Punktschweißen für tragende Verbindungen und Heftverbindungen in Form des Kreuzungsstoßes ist in überwachten Werken zugelassen. Auf Baustellen darf es nur in Verbindung mit einer Zulassung oder Zustimmung im Einzelfall und bei nachgewiesener Eignung des Betonstahles (Werksbescheinigung nach DIN 50049) angewendet werden.

Neben den in DIN 4099 genormten Schweißverfahren ist in den vergangenen Jahren auf zahlreichen Baustellen für die Herstellung von tragenden Stumpfstößen das Gaspreßschweißen angewendet worden [53]. Dabei werden die zu verbindenden Betonstähle mit Stirnflächenabstand durch Brenngas-Sauerstoff-Flämmen bis zum Aufschmelzen erhitzt und dann durch schlagartiges Stauchen verschweißt. Bei kaltverfestigten Stählen kann durch anschließendes Abschrecken mit Wasser eine Entfestigung in der Nähe der Schweißnaht verhindert werden. Da die Schweißmaschine für dieses Verfahren wesentlich kleiner als die für das Widerstands-Abbrennstumpfschweißen ist, kann auch auf Baustellen in der Schalung und an Stützen geschweißt werden.

Vor Beginn von Schweißarbeiten auf der Baustelle sind unter den örtlichen Herstellungsbedingungen Eignungsprüfungen (Verfahrensprüfungen) durchzuführen, um nachzuweisen, daß die verlangte Tragfähigkeit und Biegefähigkeit erreicht werden. Während der Schweißarbeiten sind in bestimmtem Umfang Überwachungsprüfungen (Arbeitsproben) durchzuführen. Für den Stumpfstoß und den Kreuzungsstoß sind dabei zu prüfenden Proben mit der Ausführung nach den Bildern 4.9-33 und 34 identisch. Für die beiden Varianten des Übergreifungsstoßes und für den Laschenstoß ist eine besondere Probe (Bild 4.9-35) herzustellen, die im Zugversuch mindestens 70% der Nennbruchlast der verschweißten Stäbe übernehmen muß. Die ausführenden Unternehmen müssen über Fachkräfte für die Ausführung und Schweißaufsicht sowie über alle erforderlichen Einrichtungen verfügen.

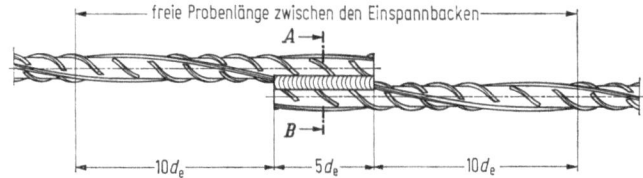

Bild 4.9-35. Schweißprobe für die Prüfung des Übergreifungs- und Laschenstoßes bei Baustellenschweißungen. Schnitt A—B vgl. Bild 4.9-31.

### 4.9.3.3 Bewehrungsstähle für den Spannbetonbau (Spannstähle)

Die üblichen Betonstähle sind als Spannstähle nicht geeignet; von der maximal möglichen elastischen Dehnung dieser Stähle würde durch Kriechen und Schwinden des Betons und durch Kriechen der Stähle selbst ein so hoher Anteil wieder verloren gehen, daß auf die Dauer nennenswerte Druckspannungen im Beton nicht aufrecht erhalten werden könnten [15]. Der auf die Anfangsvorspannung bezogene Spannkraftverlust ist

### 4.9.3 Bewehrungsstähle

um so geringer, je größer die beim Vorspannen erreichbare elastische Dehnung des Stahles ist. Diese wiederum ist abhängig von der absoluten Höhe der Elastizitätsgrenze des Spannstahles. Aus diesem Grunde liegen die Streckgrenzen der üblichen Spannstähle zwischen etwa 80 und 160 kp/mm². Bild 4.9-36 zeigt die Spannungs-Dehnungslinien einiger üblicher Spannstähle im Vergleich zu denen charakteristischer Betonstähle. Die Zugfestigkeit der Spannstähle nach oben wird so begrenzt, daß noch eine ausreichende Zähigkeit vorliegt.

**4.9.3.3.1 Lieferformen.** Abgesehen von gewickelten Behältern und Rohren werden die Spannstähle bei den üblichen Konstruktionen des Spannbetonbaues in Form von Stäben verlegt und vorgespannt. Aus Gründen der Wirtschaftlichkeit hat es sich jedoch als zweckmäßig erwiesen, unter Ausnutzung der hohen Elastizitätsgrenze der Spannstähle die dünneren Abmessungen bis ≈ 16 mm elastisch zu Ringen gewickelt am Verwendungsort anzuliefern. Spannstähle noch größerer Durchmesser werden bereits im Herstellerwerk zu Stäben abgelängt und entsprechend ausgeliefert. Unabhängig vom Durchmesser des Spannstahles und von der Art der Verwendung spricht man bei den in Ringen angelieferten Spannstählen von Drähten und bei den in Stabform angelieferten von Stabstählen. Außerdem werden im Spannbetonbau Litzen angewendet, die ebenfalls in Form von Ringen geliefert werden.

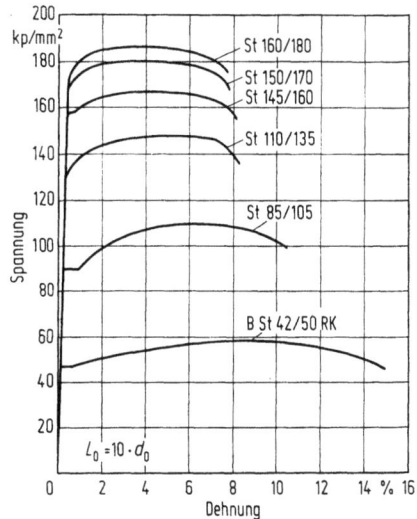

Bild 4.9-36. Spannungs-Dehnungs-Linien gebräuchlicher Bewehrungsstähle. (Meßlänge $10d$.)

Hochfeste Stahldrähte geringer Durchmesser und sehr großer Festigkeiten waren vom Stahlbrückenbau her seit langem bekannt. Aus diesem Grunde wurden in der Anfangszeit des Spannbetonbaues auch Drähte hoher Festigkeit und sehr geringer Durchmesser verwendet. Heute sind aus Sicherheitsgründen die Durchmesser der Spannstähle nach unten und die Festigkeiten nach oben begrenzt.

*4.9.3.3.1.1 Spannstahl-Stabstähle.* Bei den Stabstählen wird die Zugfestigkeit ausschließlich durch Legierung eingestellt. Sie werden in Abmessungen zwischen ≈ 15 und 36 mm Dmr. und in zwei Festigkeitsstufen entsprechend St 85/105 (Mindeststreckgrenze/Mindestzugfestigkeit) und St 1105/135 sowie in zwei Formen geliefert, die sich durch die Art der Oberfläche und die der Verankerung unterscheiden:

Die glatten Rundstähle werden bereits im Werk auf fertige Gebrauchslängen geschnitten und an den Enden mit einem kalt aufgewalzten metrischen Gewinde bzw. Sondergewinde geliefert. Durch das Verfahren des Kaltaufwalzens werden die Tragfähigkeitsverluste im Gewindebereich so weit durch Kaltverformung ausgeglichen, daß ein die

Bemessung beeinträchtigender Unterschied zur Tragfähigkeit des Ausgangsschaftdurchmessers nicht besteht. Diese Stähle werden durch übliche Muttern gegen einfach ausgebildete Ankerplatten vorgespannt und in ihnen verankert.

Bei der zweiten Form werden bereits während des Warmwalzens von der Ober- und Unterwalze je eine Rippenreihe aufgewalzt, die sich durch entsprechende Synchronisierung der Walzen zu einem Gewinde ergänzen (Gewindestabstähle). Diese Stäbe können in fertigen oder kombinierten Längen auf die Baustelle geliefert und im letzteren Fall beliebig unterteilt werden. Dem Vorteil, daß bei diesen Stählen der zusätzliche Arbeitsvorgang zum Aufwalzen der Gewinde entfällt, steht gegenüber, daß die aufgewalzten Gewinderippen nicht voll mittragen. Das muß durch einen entsprechenden Querschnittsabzug berücksichtigt werden. Außerdem sind die Verankerungs- und Verbindungsteile wegen der groben Form des Gewindes länger als bei glatten Stäben mit kalt aufgewalztem Gewinde.

Die maximale Fertigungslänge bei den Spannstahl-Stabstählen beträgt $\approx$ 36 m. Die größte Lieferlänge ist durch die Transportmöglichkeiten begrenzt.

*4.9.3.3.1.2 Spannstahl-Drähte* werden im Abmessungsbereich zwischen 5 und 16 mm Dmr. mit glatter Oberfläche, mit warm aufgewalzten Schrägrippen oder mit Gewinderippen oder mit kaltprofilierter Oberfläche geliefert. Neben den runden Querschnittsformen sind mit warm aufgewalzten Rippen auch ovale und rechteckige Querschnitte üblich. Die Ringgewichte betragen z. Z. je nach Herstellungsart bis zu 500 kg. Während für die mit nachträglichem Verbund arbeitenden Spannverfahren sämtliche Drahtformen verwendet werden, sind für die Spannbettvorspannung nur gerippte Drähte bis 12 mm Dmr. und profilierte Drähte bis 8 mm Dmr. zugelassen und werden hierbei im allg. auf Grund ihrer guten Verbundwirkung ohne zusätzliche Endverankerung eingesetzt.

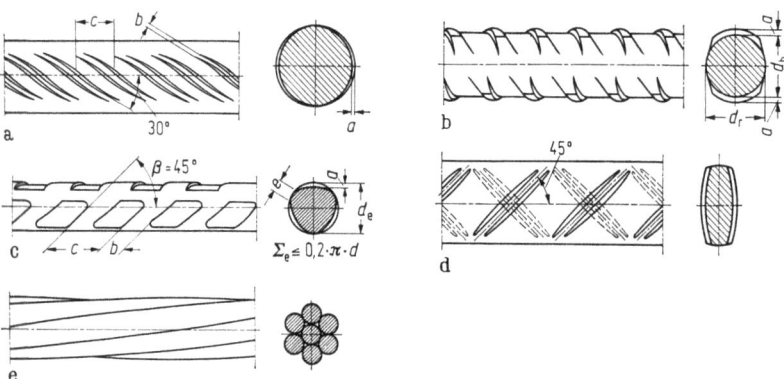

Bild 4.9-37. Übersicht der Querschnitts- und Oberflächenformen von Spannstählen. a) rund, gerippt; b) rund mit Gewinderippen; c) rund, profiliert; d) oval oder rechteckig mit Rippen; e) 7 Runddrähte verlitzt.

*4.9.3.3.1.3 Spannstahl-Litzen.* Für den Spannbetonbau werden im allg. siebendrähtige Litzen mit Einzeldrähten von $\approx$ 3 bis 5 mm Dmr. verwendet. Dabei ist der Kerndraht um etwa 5 bis 7% dicker als die entsprechenden Randdrähte. Die Drähte selbst sind gezogene glatte bzw. profilierte Drähte, die auf sog. Verlitzmaschinen mit einer bestimmten Schlaglänge verlitzt werden. Durch versetzte Schweißung der Einzeldrähte ist es möglich, ohne Beeinträchtigung der Tragfähigkeit Litzen nahezu unbegrenzter Länge herzustellen. Die üblichen Liefergewichte der aufgehaspelten Litzen liegen bei $\approx$ 3 t.

Bild 4.9-37 gibt eine Übersicht über die genannten Querschnitts- und Oberflächenformen der Spannstähle. Tabelle 4.9-17 enthält die in der BRD zugelassenen Spannstähle zusammen mit Angaben über ihre charakteristischen Eigenschaften.

### 4.9.3 Bewehrungsstähle

Tabelle 4.9-17. Übersicht über die allgemein bauaufsichtlich zugelassenen Spannstähle (Stand September 1972)

| Stahlgüte St | Bezeichnung des Spannstahles | | | | | Festigkeitswerte | | | |
|---|---|---|---|---|---|---|---|---|---|
| | Herstellungsart | Querschnitts- | | | Hersteller[1]) und Land | Elastizitätsgrenze $\beta_{0,01}$ in kp/mm² | Bruchdehnung $\delta_{10}$ in % | Kriechgrenze $\beta_{kr}$ in kp/mm² | Schwingbreite $\sigma_0 = \sigma_{zul}$ in kp/mm² |
| | | Form | Durchmesser bzw. Abmessung in mm bzw. mm² | | | | | | |
| 1 | 2 | 3 | 4 | | 5 | 6 | 7 | 8 | 9 |
| 60/90 | warmgewalzt (naturhart) | rund | 13,0 - 32,0 | | FKH NRW | 55 | 8 | 55 | 40 |
| 85/105 | warmgewalzt gereckt und angelassen | rund | 14,0 - 18,6 - 26,0 32,0 - 36,0 | | FKH NRW | 75 | 7 | 65 | 39 |
| 80/105 | warmgewalzt gereckt und angelassen | rund | 16,0 - 18,6 - 20,0 22,0 - 24,0 - 26,0 28,0 - 30,0 - 32,0 | | SPS Nieders. | 70 | 7 | 65 | 33 |
| 90/110 | warmgewalzt gereckt und angelassen | rund, mit beidseitig aufgewalzten Gewinderippen | 15,0 | | SPS Nieders. | 80 | 7 | 75 | 25 |
| 85/105 | warmgewalzt gereckt und angelassen | rund, mit beidseitig aufgewalzten Gewinderippen | 16,0 - 18,0 - 20,0 22,0 - 24,0 - 26,0 28,0 - 30,0 - 32,0 | | SPS Nieders. | 75 | 7 | 65 | 27 |
| 85/105 | warmgewalzt gereckt und angelassen | rund, mit beidseitig aufgewalzten Gewinderippen | 34,0 - 36,0 | | SPS Nieders. | 70 | 7 | 65 | 24 |
| 145/160 | vergütet | rund | 5,0 - 5,5 - 6,0 6,5 - 7,0 - 7,5 8,0 - 9,0 - 10,0 12,2 | | FKH NRW | 125 | 6 | 110 | 38 |
| 145/160 | vergütet | rund | 5,0 - 5,5 - 6,0 6,5 - 7,0 - 7,5 8,0 - 9,0 - 10,0 12,2 | | A – F & G NRW | 125 | 6 | 110 | 35 |
| 135/150 | vergütet | rund mit Rippen | 10,0 - 12,0 | | FKH NRW | 120 | 6 | 100 | 32 |
| 145/160 | vergütet | rund mit Rippen | 5,2 - 6,2 - 7,2 8,0 | | FKH NRW | 125 | 6 | 110 | 24 |
| 145/160 | vergütet | oval mit Rippen | 4,5 × 11,0 ≙ 40 5,4 × 11,0 ≙ 50 | | FKH NRW | 125 | 5 | 110 | 27 |
| 135/150 | vergütet | rechteckig mit Rippen | 6,75 × 13,5 ≙ 85 7,3 × 14,6 ≙ 100 8,0 × 16,0 ≙ 120 | | A – F & G NRW | 120 | 5 | 110 | 28 |
| 135/150 | vergütet | oval mit Rippen | 8,0 × 18,0 ≙ 120 | | FKH NRW | 120 | 6 | 100 | 35 |

Tabelle 4.9-17 (Fortsetzung)

| Bezeichnung des Spannstahles | | | | | Festigkeitswerte | | | |
|---|---|---|---|---|---|---|---|---|
| Stahlgüte St | Herstellungsart | Querschnitts- | | Hersteller[1]) und Land | Elastizitätsgrenze $\beta_{0,01}$ in kp/mm² | Bruchdehnung $\delta_{10}$ in % | Kriechgrenze $\beta_{kr}$ in kp/mm² | Schwingbreite $\sigma_0 = \sigma_{zul}$ in kp/mm² |
| | | Form | Durchmesser bzw. Abmessung in mm bzw. mm² | | | | | |
| 1 | 2 | 3 | 4 | 5 | 6 | 7 | 8 | 9 |
| 135/150 | vergütet | rund, mit zweiseitiger Gewinderippe | 14,0 - 16,0 | FKH NRW | 120 | 6 | 100 | 23 |
| 140/160 | kaltgezogen | rund | 8,0 - 9,0 10,0 - 12,2 | A — F & G NRW | 115 | 6 | 100 | 32 |
| 150/170 | | | 6,0 - 6,5 7,0 - 7,5 | | 125 | 6 | 105 | 44 |
| 160/180 | | | 5,0 - 5,5 (4,0 - 4,5)²) | | 135 | 6 | 110 | 56 |
| 140/160 | kaltgezogen | rund | 8,0 - 9,0 - 10,0 | WDI NRW | 115 | 6 | 100 | 26 |
| 150/170 | | | 6,0 - 6,5 7,0 - 7,5 | | 125 | 6 | 105 | 30 |
| 160/180 | | | 5,0 - 5,5 (4,0 - 4,5)²) | | 135 | 6 | 110 | 30 |
| 140/160 | kaltgezogen | rund | 8,0 - 9,0 - 10,0 12,2 | WU NRW | 115 | 6 | 100 | 28 |
| 150/170 | | | 6,0 - 6,5 - 7,0 7,5 | | 125 | 6 | 105 | 36 |
| 160/180 | | | 5,0 - 5,5 4,0 - 4,5)²) | | 135 | 6 | 110 | 38 |
| 180/200 | | | (1,5 - 3,5)²) | | 135 | 6 | 120 | 50 |
| 140/160 | kaltgezogen | rund | 8,0 | NDI (Niederl.) | 115 | 6 | 100 | 37 |
| 150/170 | | | 6,0 - 6,5 7,0 - 7,5 | | 125 | 6 | 105 | 38 |
| 160/180 | | | 5,0 - 5,5 (4,0 - 4,5)²) | | 135 | 6 | 110 | 38 |
| 150/170 | kaltgezogen | rund | 6,0 - 6,5 - 7,0 7,5 | Cock. (Belgien) | 125 | 6 | 105 | 34 |
| 140/160 | kaltgezogen | rund | 8,0 - 9,0 10,0 - 12,2 | F & G-B. (Österr.) | 115 | 6 | 100 | 30 |
| 150/170 | | | 6,0 - 6,5 7,0 - 7,5 | | 125 | 6 | 105 | 46 |
| 160/180 | | | 5,0 - 5,5 (4,0 - 4,5)²) | | 135 | 6 | 110 | 50 |

### 4.9.3 Bewehrungsstähle

Tabelle 4.9-17 (Fortsetzung)

| Stahlgüte St | Herstellungsart | Form | Querschnitts- Durchmesser bzw. Abmessung in mm bzw. mm² | Hersteller[1]) und Land | Elastizitätsgrenze $\beta_{0,01}$ in kp/mm² | Bruchdehnung $\delta_{10}$ in % | Kriechgrenze $\beta_{kr}$ in kp/mm² | Schwingbreite $\sigma_0 = \sigma_{zul}$ in kp/mm² |
|---|---|---|---|---|---|---|---|---|
| 1 | 2 | 3 | 4 | 5 | 6 | 7 | 8 | 9 |
| 150/170 | kaltgezogen | rund profiliert | 5,5 - 6,0 - 6,5 7,0 - 7,5 | A — F & G NRW | 125 | 6 | 100 | 27 |
| 160/180 | | | 5,0 (4,0 - 4,5)²) | | 130 | 6 | 110 | 30 |
| 150/170 | kaltgezogen | rund profiliert | 5,5 - 6,0 - 6,5 7,0 - 7,5 | WDI NRW | 125 | 6 | 100 | 24 |
| 160/180 | | | 5,0 (4,0 - 4,5)²) | | 130 | 6 | 110 | 28 |
| 150/170 | kaltgezogen | rund profiliert | 5,5 - 6,0 - 6,5 7,0 - 7,5 | WU NRW | 125 | 6 | 100 | 24 |
| 160/180 | | | 5,0 (4,0 - 4,5)²) | | 130 | 6 | 110 | 30 |
| 150/170 | kaltgezogen | rund profiliert | 5,5 - 6,0 - 6,5 7,0 - 7,5 | NDI (Niederl.) | 125 | 6 | 100 | 25 |
| 160/180 | | | 5,0 (4,0 - 4,5)²) | | 130 | 6 | 110 | 24 |
| 150/170 | kaltgezogen | rund profiliert | 5,5 - 6,0 - 6,5 7,0 - 7,5 | Cock. (Belgien) | 125 | 6 | 100 | 29 |
| 160/180 | | | 5,0 (4,0 - 4,5)²) | | 130 | 6 | 110 | 32 |
| 160/180 | kaltgezogen | rund profiliert | 5,0 (4,0 - 4,5)²) | Heckel Saarl. | 130 | 6 | 110 | 29 |
| 160/180 | kaltgezogen (Litze) | 7 Drähte verseilt | 3,0 bis 5,0 Einzeldraht ⌀ | A — F & G NRW | 115 | 6 | 110 | 22 |
| 160/180 | kaltgezogen (Litze) | 7 Drähte verseilt | 3,0 bis 5,0 Einzeldraht ⌀ | WDI NRW | 115 | 6 | 110 | 26 |
| 160/180 | kaltgezogen (Litze) | 7 Drähte verseilt | 3,0 bis 5,0 Einzeldraht ⌀ | WU NRW | 115 | 6 | 110 | 25 |
| 160/180 | kaltgezogen (Litze) | 7 Drähte verseilt | 3,0 - 5,0 Einzeldraht ⌀ | Cock. (Belgien) | 115 | 6 | 110 | 25 |
| 160/180 | kaltgezogen (Litze) | 7 Drähte verseilt | 3,0 bis 5,0 Einzeldraht ⌀ | NDI (Niederl.) | 115 | 6 | 110 | 30 |
| 160/180 | kaltgezogene (Litze) | 7 Drähte verseilt | 3,0 bis 5,0 ⌀ Einzeldraht | Fagersta (Schweden) | 115 | 6 | 110 | 41 |

[1]) FKH = —Fried. Krupp Hüttenwerke AG, Werk Rheinhausen — WU = Westfälische Union AG, Werk Gelsenkirchen — WDI = Westfälische Drahtindustrie, Hamm/W. — SPS = Stahlwerke Peine-Salzgitter AG — NDI = Niederländische Drahtindustrie, Venlo — Cock. = Cockerill, Hemiksem; Bevollm. Bekaert — F & G — B = Felten & Guilleaume, Bruck/M. — A—F & G = ARBED—Felten & Guilleaume, Köln
[2]) nur für Sonderzwecke

**4.9.3.3.2 Herstellung.** Die perlitischen Spannbeton-Stabstähle sind bei einem C-Gehalt von $\approx 0{,}7\%$ mit $\approx 1{,}5\%$ Mn und $0{,}7\%$ Si legiert. Nach dem Warmwalzen werden sie noch einem Reckvorgang und einer anschließenden Anlaßbehandlung unterworfen. Dabei werden insbesondere Streckgrenze und Elastizitätsgrenze erhöht. In diesem Zustand erreichen die Spannbeton-Stabstähle Mindeststreckgrenzen von 80 oder 85 kp/mm² und Zugfestigkeiten von mindestens 105 kp/mm². In jüngster Zeit wurde ein Spannstahl-Stabstahl entwickelt, der bei begrenztem Kohlenstoffgehalt aufgrund seiner Legierung mit insbesondere 3% Chrom beim Abkühlen aus der Walzhitze in der Zwischenstufe umwandelt. Bei besonders hoher Zähigkeit erreicht dieser inzwischen bauaufsichtlich zugelassene Stahl eine Mindeststreckgrenze von 110 und eine Mindestzugfestigkeit von 135 kp/mm². [55] Damit wird die große Festigkeitslücke zwischen Spannstahl-Drähten und Spannstahl-Stabstählen weitgehend geschlossen (Bild 4.9-36).

Die auf Länge geschnittenen Stabstähle mit glatter Oberfläche werden im Bereich des herzustellenden Gewindes auf genaue Durchmesser geschält. Anschließend wird das Gewinde in der erforderlichen Länge kalt aufgewalzt.

Bei den in Ringen gelieferten Spannstählen stehen zwei unterschiedliche Herstellungsarten nebeneinander: das Vergüten legierter Stähle und das Ziehen von Kohlenstoffstählen.

Der größere Teil der Spanndrähte wird durch Vergüten eines leicht legierten Stahles mit etwa $0{,}5\%$ C, $1{,}6\%$ Si, $0{,}6\%$ Mn und $0{,}4\%$ Cr auf die erwünschten Eigenschaften gebracht. Dazu werden die endlos aneinandergeschweißten Drahtringe im Durchlaufverfahren auf Härtetemperatur erwärmt, anschließend in Öl abgeschreckt und in einem Bleibad so hoch angelassen, daß sich bei guten Zähigkeitseigenschaften Festigkeitswerte bis zu 180 kp/mm² ergeben. Die Drähte werden dann so aufgewickelt, daß die Biegerandspannungen die Elastizitätsgrenze nicht überschreiten. Beim Abwickeln legt sich der Draht gerade aus.

Ein weiteres, häufig angewendetes Verfahren zur Erzeugung von Spannstählen beruht auf dem seit langem bekannten Prinzip der Erhöhung der Stahlfestigkeit durch Kaltziehen. Im glatten Kaliber warmgewalzte Drähte mit $\approx 0{,}8\%$ C, $0{,}2\%$ Si und $0{,}7\%$ Mn werden bei Raumtemperatur durch eine Ziehdüse gezogen, wobei mit Querschnittsverminderung des Drahtes eine Steigerung der Zugfestigkeit und der Streckgrenze eintritt. Mit diesem Prozeß stellt sich allerdings ein unzureichendes elastisches Verhalten ein. Um die daraus resultierenden Nachteile für den gezogenen Draht aufzuheben, wird er abschließend einer Anlaßbehandlung unterzogen. Um das Zeitstandverhalten der gezogenen Drähte unter Zugbeanspruchungen weiter zu verbessern, wird der Anlaßvorgang z. T. auch unter Zugspannung durchgeführt (*stabilisierter Draht*). Bei den gezogenen Drähten mit zu profilierender Oberfläche schließt sich an das Ziehen noch das Profilieren an, indem der Draht durch profilierte Rollen hindurchgezogen wird.

Für die Herstellung von Litzen werden ausschließlich gezogene und angelassene Drähte mit glatter oder profilierter Oberfläche verwendet. Die Einzeldrähte werden auf Verlitzmaschinen zu Litzen mit Schlaglängen von 1:12 bis 1:14 verlitzt. Kleinere Schlaglängen sind nicht üblich, da mit abnehmender Schlaglänge der sog. *Seilreck*, ein durch Strecken der Drähte in den Windungen auftretender unelastischer Dehnungsbetrag, zunimmt.

**4.9.3.3.3 Eigenschaften.** Die für die Spannstähle wesentlichen Gebrauchseigenschaften entsprechend 4.9.3.1.3 sind im folgenden näher behandelt:

*4.9.3.3.3.1 Verhalten unter statischen Zugbeanspruchungen.* Spannstähle sind im Gebrauchszustand überwiegend einachsig und statisch auf Zug beansprucht.

Ihr Verhalten bei Kurzzeitbeanspruchung geht anschaulich aus den Ergebnissen des Zugversuches, insbesondere aus der Spannungs-Dehnungslinie, hervor. Bei diesem Versuch können als kennzeichnende Werte die Elastizitätsgrenze, die Fließgrenze bzw. 0,2%-Dehngrenze, die Gleichmaßdehnung bei der Höchstlast, die Höchstlast selbst, die Bruchdehnung sowie die Brucheinschnürung bestimmt werden. Neben den Dehnungswerten kommt eine besondere Bedeutung der Elastizitätsgrenze zu, die möglichst nahe bei der Streckgrenze liegen sollte, um ein elastisches Verhalten des Stahles auch unter Langzeitbeanspruchungen sicherzustellen.

### 4.9.3 Bewehrungsstähle

Bei Langzeitbelastung durch statischen Zug treten wesentlich früher als bei kurzzeitiger Beanspruchung unelastische Dehnungsbeträge auf. Bild 4.9-38 zeigt Spannungs-Dehnungslinien eines vergüteten Spannstahles für kurzzeitige Belastung und langzeitige Belastung nach Kriechversuchen von 1000 h Dauer. Das Ausmaß dieser durch das Kriechen des Stahles verursachten plastischen Dehnungen hängt außer von der Stahlart von der Höhe der angelegten Spannung, der Temperatur und der Zeit ab. Bild 4.9-39 zeigt Ergebnisse von Langzeit-Relaxationsversuchen an einem vergüteten Stahl bei unterschiedlichen Anfangsspannungen und Temperaturen sowie die Relaxation nach 1000 h für verschiedene Stahlsorten und Anfangsspannungen.

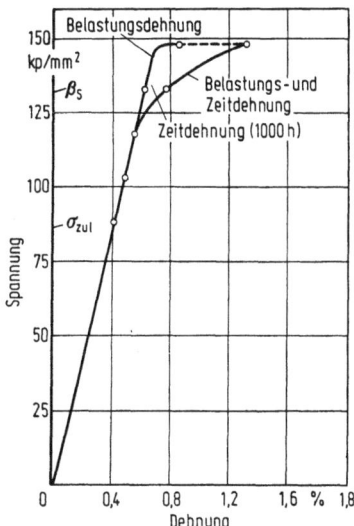

Bild 4.9-38. Spannungs-Dehnungs-Linie für kurz- und langzeitige Belastung von Spannstahl SIGMA-St 145/160; 5,2 bis 12,2 mm Dmr., glatt.

Für die Bemessung im Spannbetonbau spielte bis vor kurzem gegenwärtig noch die *technische Kriechgrenze* die entscheidende Rolle. Sie ist definiert als diejenige Spannung, die bei konstanter Last und bei 20°C in der Zeit zwischen der 6. Minute und der 1000. Stunde nach dem Aufbringen der Last eine Kriechdehnung von 3% der bei zügiger Belastung auftretenden anfänglichen Dehnung ergibt. Solange die Kriechgrenze oberhalb der zulässigen Spannung liegt, braucht das Stahlkriechen bei der Bemessung nicht berücksichtigt zu werden. Das ist bei allen üblichen Spannstählen der Fall [54].

Wegen des Verhaltens von Spannbetonkonstruktionen bei erhöhten Temperaturen im Brandfalle gilt das für den Stahlbeton Gesagte (4.9.3.2.3.2). Die Änderung der Festigkeitseigenschaften der verschiedenen Spannstähle mit der Temperatur zeigt Bild 4.9-40. Nur die Stähle, die allein auf Grund ihrer chemischen Zusammensetzung ihre Festigkeitseigenschaften im Gebrauchszustand besitzen, gewinnen diese nach Abkühlung von höheren Temperaturen praktisch wieder zurück [55; 56]. Aus Brandversuchen mit den gängigsten Konstruktionsteilen des Spannbeton-Fertigteilbaues sind Konstruktionsvorschriften abgeleitet worden (DIN 4102, Bl. 4), bei deren Einhaltung eine bestimmte Feuerwiderstandsdauer gesichert ist [57; 58].

*4.9.3.3.3.2 Verhalten unter dynamischer Beanspruchung.* Die Verkehrslasten führen bei Spannbetonbauwerken, insbesondere bei Brücken, Kranbahnen, zu einer Zugschwellbeanspruchung der Spannstähle, die sich näherungsweise der eingebrachten Vorspannung überlagert. Zur Kennzeichnung des Dauerschwingverhaltens von Spannstählen hat sich eingebürgert, das Smithsche Teilschaubild zwischen der zulässigen Spannung und 90% der Streckgrenze als Überspannung zu belegen. Bild 4.9-41 zeigt die Schwingbreite der

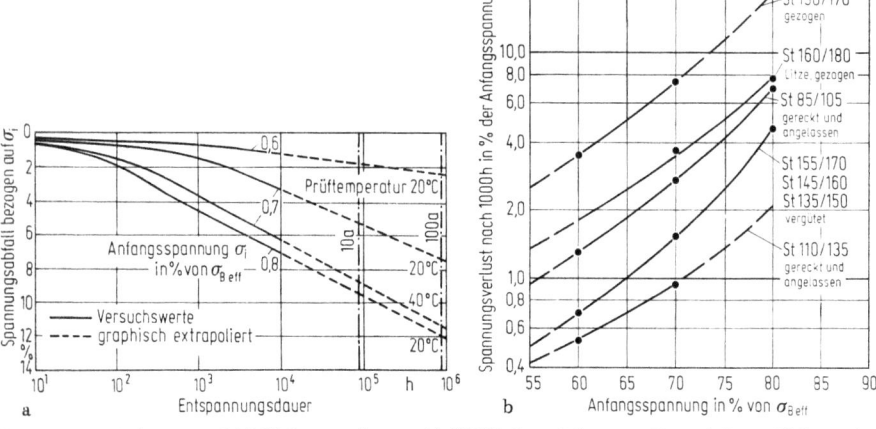

Bild 4.9-39. Zeit-Spannungsabfall-Linien von Spannstahl SIGMA-St 145/160, 7 mm Dmr., bei verschiedenen Anfangsspannungen und Prüftemperaturen.
b) Relaxationswerte nach 1000 h für verschiedene Spannstähle und Anfangsspannungen

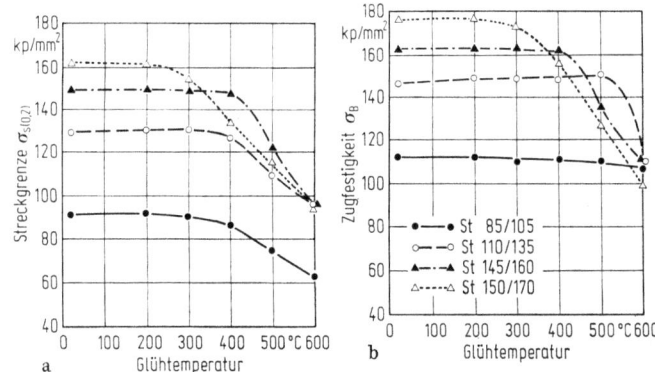

Bild 4.9-40. Streckgrenze (a) und Zugfestigkeit (b) bei 20 °C in Abhängigkeit von der Glühtemperatur (nach [55]);
(1) Warmgewalzter Stabstahl (St 60/90 von 26 mm Dmr.); (2) Vergüteter Spanndraht (St 145/160 von 5,2 mm Dmr.);
(3) Kaltgezogener Spanndraht (St 160/180 von 5 mm Dmr.).

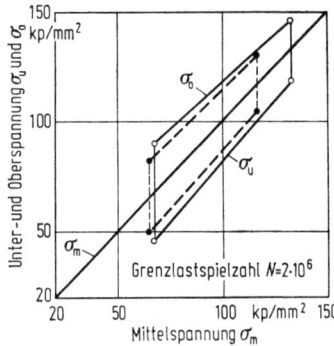

Bild 4.9-41. Dauerfestigkeitsschaubild glatter und gerippter Spannstähle zwischen der zulässigen Spannung und der Streckgrenze als Oberspannung (nach *Smith*). — SIGMA-St 145/160; 12,2 mm Dmr., glatt; SIGMA-St 135/150; 12,0 mm Dmr. gerippt.

Dauerfestigkeit je eines glatten und eines gerippten Spannstahles in diesem Bereich. Wie daraus hervorgeht, liegt bei den Spannstählen nur eine sehr geringe Mittelspannungsabhängigkeit der Dauerschwingfestigkeit vor. Die erreichten Werte zeigen, daß bei den im Spannbeton bei voller Vorspannung möglichen größten Schwingbreiten von $\approx 8$ kp/mm$^2$, die verwendeten Spannstähle eine gute Sicherheit gegen Versagen bei dynamischer Beanspruchung bieten. Allerdings ist zu beachten, daß bei allen Spannverfahren, die mit nachträglichem Verbund arbeiten, durch die zur Verankerung notwendigen Maßnahmen und durch die Bündelwirkung ein deutlicher Abfall der Dauerschwingfestigkeit der Verankerung gegenüber der des Stahles eintritt. Jedoch werden die Endverankerungen durch den nach dem Auspressen der Spannglieder wirksam werdenden Verbund entlastet.

*4.9.3.3.3.3 Verhalten der Spannstähle gegen Korrosionsbeanspruchung.* Die Spannstähle als unlegierte bzw. niedriglegierte Stähle unterliegen an der Atmosphäre einer abtragenden Korrosion (Rostung). Im Anfangsstadium handelt es sich um eine gleichmäßig abtragende Korrosion (*Flugrost*). Dieser Zustand ist im allg. unbedenklich. Daher dürfen lt. Korrosionserlaß Spannstähle mit Flugrost noch verwendet werden. Im weiteren Verlauf führt die abtragende Korrosion zu einer Aufrauhung der Oberfläche und dann zur Narbenbildung. Dadurch werden Verformungsvermögen (Bild 4.9-42) und Dauerschwingfestigkeit der hochfesten Stähle beeinträchtigt.

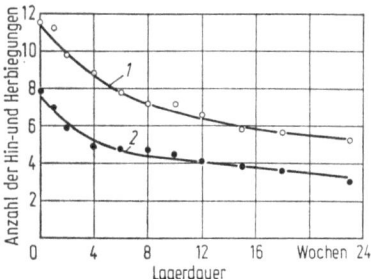

Bild 4.9-42. Absinken der Biegezahlen von Spannstahl durch Korrosion an Industrieluft. *1* SIGMA-St 135/150; 8 mm Dmr.; *2* SIGMA-St 145/160; Oval 30.

Bei unter Spannung stehenden ungeschützten Spannstählen kann durch zusätzliche Einwirkung bestimmter aggressiver Medien *Spannungsrißkorrosion* auftreten, die teilweise auch ohne stärkere abtragende Korrosion zur Rißbildung und bei weiterem Fortschreiten zu verformungslosen Brüchen führen kann. Heute gibt es Spannstähle jeder Erzeugungsart, die unter den Anwendungsbedingungen der Praxis eine ausreichend große Sicherheit gegen Spannungsrißkorrosion bieten [59]. So hat eine Untersuchung [60] ergeben, daß bei im Laufe der letzten Jahre aufgetretenen Spannstahlbrüchen in der überwiegenden Zahl der Fälle Fehler in der Verarbeitung und Verwendung vorgelegen haben. Nur in einem unbedeutenden Anteil waren auch die Eigenschaften der verwendeten Stähle von Einfluß.

Für Spannstähle, die aus baulichen Gründen längere Zeit unausgepreßt unter Vorspannung stehen, sind in jüngerer Zeit zahlreiche Mittel und Behandlungsmethoden vorgeschlagen worden, um auch diese wirksam vor Korrosion zu schützen.

*4.9.3.3.3.4 Verbundverhalten.* Da in der BRD praktisch nur Spannverfahren mit Verbund angewendet werden, ist das Verbundverhalten der Spannstähle von Bedeutung. Auch für Spannstähle gilt das Grundgesetz des Verbundes [49], nach dem die Verbundwirkung eines Stahles proportional seiner bezogenen Rippenfläche ist. Entsprechend sind nach diesem Gesichtspunkt die Spannstähle in der Reihenfolge gerippt, profiliert, glatt einzuordnen. Für die Spannbettverfahren (Verankerung nur durch Haftung und Reibung) sind als Einzeldrähte nur die gerippten und profilierten Drähte zugelassen. Die zur Überleitung der Spannkräfte auf den Beton benötigten Übertragungslängen sind bei den gerippten Stählen besonders klein. Auch beim Auspressen von Spanngliedern wirken sich gerippte Stähle günstig im Sinne einer satten Umhüllung der Spannstähle aus.

*4.9.3.3.3.5 Verarbeitungseigenschaften der Spannstähle.* Die Spannstähle werden überwiegend gerade verlegt. Bei den Drähten können in den freien Längen elastische Krümmungen auftreten. Im Bereich der festen und beweglichen Anker kommt es jedoch zu nennenswerten plastischen Biegebeanspruchungen. Um auch gegen diese Beanspruchungen ein ausreichendes Sicherheitsmaß einhalten zu können, werden die Spannstähle im Ablieferungszustand überprüft. Der Faltversuch um einen Biegedorndurchmesser, der proportional dem Stabdurchmesser steigt, muß rißfrei bestanden werden. Für den Hin- und Herbiegeversuch ist bis zum Bruch eine gewisse Anzahl ertragener Hin- und Herbiegungen vorgeschrieben. Außerdem wird ein Zugversuch nach einmaligem Hin- und Herbiegen durchgeführt, bei dem der Spannungsabfall des Zustandes nach Hin- und Herbiegen nicht mehr als 5% gegenüber der Ausgangsfestigkeit betragen darf. In einigen ausländischen Spannstahlvorschriften ist z. T. zur Kennzeichnung des Kaltbiegeverhaltens der *Wickelversuch* vorgeschrieben.

Bei den Stabstählen verhindern die in gewissen Spannbeton-Konstruktionen erforderlichen Krümmungen der Spannglieder das Verlegen im elastisch gebogenen Zustand. Diese Stähle müssen daher vor der Verwendung kalt gebogen werden. Das Vorbiegen muß auf Maschinen mit drehbaren Rollen und Gegenhaltern durchgeführt werden, um Verletzungen der Spannstahloberfläche zu vermeiden. Bei der Berechnung der Dehnwege stärker gekrümmter Stähle ist neben dem Einfluß der Reibung auch zu beachten, daß bei stärkerer Krümmung die Elastizitätsgrenze absinkt und somit der Spannweg unter Beachtung eines Arbeitsmoduls zu berechnen ist.

Spannstähle dürfen nicht geschweißt werden. Brennschnitte sind nur in solchen Bereichen zugelassen, in denen die Zonen mit Gefügeumwandlung neben dem Brennschnitt später keinen Zug- oder Biegebeanspruchungen ausgesetzt sind. Bei Schweiß- und Brennarbeiten sind Spannstähle sicher vor Schweißspritzern zu schützen, da an solchen Stellen kritische Gefügeumwandlungen entstehen können, die bereits bei geringen Zugbeanspruchungen zu Anrissen des umgewandelten Gefügebereiches und evtl. zu Sprödbrüchen des Spannstahles führen.

**4.9.3.3.4 Zulassung, Eignungsnachweis, Güteüberwachung.** Da die Entwicklung der Formen und Güten der Spannstähle selbst und auch der Spannverfahren und Spannbetonbauweisen noch nicht zu einem Abschluß gekommen ist, gibt es bisher keine Normen für Spannstähle. In der BRD dürfen daher für Spannbeton gemäß DIN 4227 nur Spannstähle eingesetzt werden, die allgemein bauaufsichtlich zugelassen sind. Vor Zulassung ist ein Eignungsnachweis durchzuführen, der im einzelnen in den ,,Vorläufigen Richtlinien für die Prüfung bei Zulassung und Abnahme von Spannstählen" festgelegt ist. Außerdem sind Spannstähle einer laufenden Eigen- und Fremdüberwachung nach den gleichen Richtlinien zu unterziehen. Ringe und Bunde sind mit einem Anhängeschild zu versehen, aus dem der Hersteller und die wesentlichen Eigenschaften des gelieferten Stahles hervorgehen. Jeder Lieferung ist ein Zeugnis beizufügen, aus dem hervorgeht, daß der Spannstahl den gültigen Bestimmungen genügt und daß die vorgeschriebene Eigen- und Fremdüberwachung durchgeführt worden ist.

## 4.9.4 Stähle für Verbindungsmittel

### 4.9.4.1 Funktion der Verbindungsmittel

Die Verbindungsmittel haben im Stahlbau die Aufgabe, die einzelnen Bauteile zu statisch gemeinsam wirkenden Tragwerken zusammenzufassen. Sie müssen dazu die inneren Kräfte insgesamt oder je nach beabsichtigter Wirkung nur bestimmte Kräftearten sicher von einem auf das andere Bauteil übertragen. Man unterscheidet dabei nach lösbaren Verbindungsmitteln (Schrauben und Bolzen) sowie unlösbaren (Nieten und Schweißung). Nach der Wirkungsweise und damit auch nach der Beanspruchungsart des Verbindungsmittels ist zu unterscheiden zwischen solchen, die die Kräfte vorwiegend durch Scherbeanspruchung und Lochleibungsdruck übertragen (Nieten, Schrauben und Bolzen) sowie solchen, die eine Kräfteübertragung durch Reibung bewirken (gleitfeste Verbindungen mit hochfesten vorgespannten Schrauben — HV-Schrauben). Bei der Schweißung hingegen werden durch unmittelbare metallische Verbindung der Bauteile die Kräfte zwischen ihnen direkt übertragen.

Die Bedeutung der einzelnen Verbindungsmittel hat sich sehr gewandelt. Während die Nietung an Bedeutung wesentlich verloren hat, nimmt die Schweißung, ergänzt durch HV-Schraubenverbindungen, heute die dominierende Stellung ein.

#### 4.9.4.2 Stähle für Schrauben, Niete und Muttern

Für Niete wird ein besonders bildsamer Werkstoff benötigt. Einerseits soll sich beim Schlagen des Nietes der im allg. 1 mm dünnere Schaft soweit aufstauchen, daß er das Nietloch satt ausfüllt; andererseits soll in der meist aus zahlreichen Nieten gebildeten Verbindung durch plastisches Fließen ein gleichmäßiges Tragen aller Einzelniete erreicht werden. Wegen der Sicherstellung der benötigten Klemmkräfte werden Nietwerkstoffe mit hochliegendem Temperaturbereich der $\gamma$-$\alpha$-Umwandlung eingesetzt (Bild 4.9-43), damit die Umwandlung bereits während des Nietvorganges erfolgt und die Klemmkraft nicht herabgesetzt wird [8]. Bei den auf Lochleibung und Abscheren beanspruchten Schrauben (außer HV-Schrauben) ist der Gesichtspunkt der gleichmäßigen Tragwirkung ebenfalls von Bedeutung. Für die hochfesten vorgespannten Schrauben stehen dagegen die Festigkeitseigenschaften im vergüteten Zustand, insbesondere die Elastizitätsgrenze im Vordergrund.

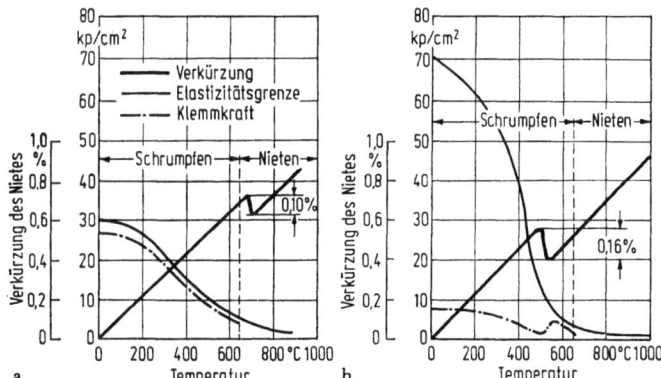

Bild 4.9-43. Bedeutung der Lage der $\gamma$-$\alpha$-Umwandlung für die Klemmkraft von Nieten.
a) Niete aus St 34; b) Niete aus St 52 mit 3% Ni.

Die kohlenstoffarmen, unlegierten Stähle für niedrig beanspruchte Schrauben, ferner für Muttern und Niete sind in DIN 17111 genormt (Tabelle 4.9-18). Sie gilt für Stähle bis 40 mm Dicke, die nicht für eine Vergütung oder Einsatzhärtung bestimmt sind und im warmgewalzten Zustand für die Warm- oder Kaltfertigung von Schrauben, Muttern und Niete verwendet werden. Die Werkstoffe für höher beanspruchte Schrauben und HV-Schrauben sowie Schrauben aus kaltzähen und warmfesten Stählen sind in DIN 267 zusammengestellt. Entsprechend DIN 17111 kommen für Schrauben- und Nietstähle drei Festigkeitsstufen, nach der Zugfestigkeit benannt, in Frage. Zwei weitere Stahlgruppen, die eine durch den P-Gehalt, die andere durch den S-Gehalt gekennzeichnet, werden für die Mutternherstellung eingesetzt.

Die Wahl des Erschmelzungsverfahrens steht im Ermessen des Herstellers. Die Stähle mit einem maximalen C-Gehalt von 0,19% werden unberuhigt bzw. Si-beruhigt vergossen. Der normale Lieferzustand ist der warmgewalzte, unbehandelte. Entsprechend den Ver-

Tabelle 4.9-18. Chemische Zusammensetzung und mechanische Eigenschaften der Stähle für Schrauben, Muttern und Niete nach DIN 17111

| Stahlsorte | Chemische Zusammensetzung der Schmelzen in % | | | | | | Zug-festig-keit kp/mm² | Streck-grenze (mind.) kp/mm² | Bruch-dehnung ($L_0 = 5d_0$) (mind.) % | Stauch-versuch $h_1 : h_0 = 1:3$ bei °C | Scher-festigkeit kp/mm² |
|---|---|---|---|---|---|---|---|---|---|---|---|
| | C (max.) | Si | Mn | P | S | N[1] (max.) | | | | | |
| USt36-1 | 0,14 | Spuren | 0,25···0,45 | ≦0,080 | ≦0,050 | — | 34···44 | 21 | 30 | 900 | 25···36 |
| USt36-2 | 0,14 | Spuren | 0,25···0,50 | ≦0,050 | ≦0,050 | 0,007 | | | | 900 | |
| UQSt36-2 | 0,13 | Spuren | 0,25···0,45 | ≦0,040 | ≦0,040 | 0,007 | | | | 20 | |
| RSt36-2 | 0,13 | ≦0,40 | 0,25···0,50 | ≦0,050 | ≦0,050 | 0,007 | | | | 900 | |
| USt38-1 | 0,19 | Spuren | ≦0,50 | ≦0,080 | ≦0,050 | — | 38···47 | 23 | 25 | 900 | 28···39 |
| USt38-2 | 0,19 | Spuren | ≦0,50 | ≦0,050 | ≦0,050 | 0,007 | | | | 900 | |
| UQSt38-2 | 0,19 | Spuren | 0,25···0,45 | ≦0,040 | ≦0,040 | 0,007 | | | | 20 | |
| RSt38-2 | 0,18 | ≦0,40 | 0,25···0,50 | ≦0,050 | ≦0,050 | 0,007 | | | | 900 | |
| RSt44-2 | 0,18 | ≦0,45 | ≦0,80 | ≦0,050 | ≦0,050 | 0,007 | 44···54 | 26 | 24 | 900 | 33···44 |
| 6P10 | 0,09 | Spuren | 0,20···0,45 | 0,08···0,15 | ≦0,050 | — | (35···50) | (19) | — | — | — |
| 6P20 | 0,09 | Spuren | 0,20···0,45 | 0,15···0,25 | ≦0,050 | — | (40···55) | (21) | — | | |
| U7S10 | 0,10 | Spuren | 0,40···0,70 | ≦0,080 | 0,08···0,12 | — | (32···45) | (21) | — | — | — |
| U10S6 | 0,15 | Spuren | 0,30···0,60 | ≦0,080 | 0,03···0,08 | — | (35···48) | (23) | — | | |
| U10S10 | 0,15 | Spuren | 0,40···0,70 | ≦0,050 | 0,08···0,12 | — | (35···48) | (23) | — | | |

[1]) Bei Elektrostahl ≦ 0,012%.

### 4.9.4 Stähle für Verbindungsmittel

arbeitungs- und Verwendungsbeanspruchungen stehen bei den gewährleisteten technologischen Eigenschaften die Umformbarkeit und die Sprödbruchunempfindlichkeit im Vordergrund. Für die Nietstähle ist der Warm- und Kaltstauchversuch von besonderer Bedeutung.

#### 4.9.4.3 Festigkeitsklassen, Formen und Abmessungen für Niete

Im Stahlbau werden für Bauteile aus St 33 und St 37 Niete mit einer Mindestzugfestigkeit von 34 kp/mm² verwendet, und zwar die Stahlsorten U St 36-1 und 36-2 sowie UQ St 36-2 und R St 36-2 nach DIN 17111. Für die Baustahlgüte St 52-3 kommen Niete der Stahlsorte R St 44-2 mit einer Mindestzugfestigkeit von 44 kg/mm² in Betracht (vgl. Tabelle 4.9-18).

Niete für den allgemeinen Stahlbau werden von 10 bis 36 mm Durchmesser in zwei Formen angewendet: Halbrundniete nach DIN 124 und Senkniete nach DIN 302. Für den Kesselbau sind Halbrundniete in DIN 123 genormt. Die Schäfte der Niete sind im allg. zylindrisch, nur bei großen Klemmlängen werden konisch gedrehte Schäfte verwendet.

#### 4.9.4.4 Festigkeitsklassen, Abmessungen und Prüfverfahren für Schrauben und Muttern für allgemeine Verwendung

Schrauben sind in DIN 267, Bl. 3, Muttern in DIN 267, Bl. 4 hinsichtlich der Festigkeitsklassen und der anzuwendenden Prüfverfahren genormt. Diese Norm gilt für Schrauben und Muttern bis 39 mm Gewindedurchmesser aus unlegierten und niedrig legierten Stählen, die keinen speziellen Anforderungen wie Schweißbarkeit, Korrosionsbeständigkeit, Warmfestigkeit über $+300\,°C$ oder Kaltzähigkeit unter $-50\,°C$ unterliegen.

Nach einem Bezeichnungssystem, bei dem die erste Zahl $1/10$ der Mindestzugfestigkeit in kp/mm², und die zweite das 10fache Streckgrenzenverhältnis angibt (das Produkt beider Zahlen ist die Mindeststreckgrenze in kp/mm²), sind bei den Schrauben 8 Festigkeitsgruppen mit einer Zugfestigkeit bis zu 140 kp/mm² und mit jeweils 1 bis 3 verschiedenen Streckgrenzenverhältnissen genormt. Übersicht in Tabelle 4.9-19. Gleichzeitig sind die für Automatenstähle zulässigen und für vergütete Stähle vorgeschriebenen Bereiche gekennzeichnet. Wesentliche mechanische Eigenschaften bei Raumtemperatur in Tabelle 4.9-20. Die Verwendung von T-Stahl für die Festigkeitsgruppen mit garantierter Kerbschlagzähigkeit wurde ausgeschlossen. Ansonsten sind Erschmelzungs- und Vergießungsart

Tabelle 4.9-19. Festigkeitsklassen und Bezeichnung der Schrauben nach DIN 267, Bl. 3

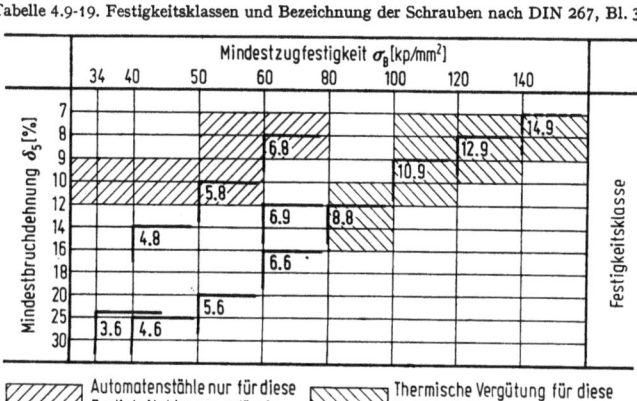

Tabelle 4.9-20. Mechanische Eigenschaften bei Raumtemperatur der Schrauben nach DIN 267, Bl. 3

| Festigkeitsklasse | | 3.6 | 4.6 | 4.8 | 5.6 | 5.8 | 6.6 | 6.8 | 6.9 | 8.8 | 10.9 | 12.9 | 14.9 |
|---|---|---|---|---|---|---|---|---|---|---|---|---|---|
| Zugfestigkeit $\sigma_B$ kp/mm² | mind. | 34 | 40 | | 50 | | 60 | | | 80 | 100 | 120 | 140 |
| | max. | 49 | 55 | | 70 | | 80 | | | 100 | 120 | 140 | 160 |
| Streckgrenze $\sigma_s$ kp/mm² | (mind.) | 20 | 24 | 32 | 30 | 40 | 36 | 48 | – | – | – | – | – |
| 0,2-Dehngrenze $\sigma_{0,2}$ kp/mm² | (mind.) | – | – | – | – | – | – | – | 54 | 64 | 90 | 108 | 126 |
| Bruchdehnung $\delta_s$ % | (mind.) | 25 | 25 | 14 | 20 | 10 | 16 | 8 | 12 | 12 | 9 | 8 | 7 |
| Kerbschlagzähigkeit (ISO-Probe) kp m/cm² | (mind.) | – | 5 | – | 4 | – | 3 | 6 | 4 | 3 | 3 | | |

freigestellt. Neben dem früher allein angewendeten Zugversuch an abgedrehten Schrauben sind in die geltende Neufassung von DIN 267, Bl. 3 zur Vereinfachung der Prüfung ein Prüflastversuch und der Zugversuch an ganzen Schrauben aufgenommen worden. Die vorgeschriebenen Prüfungen erlauben die Beurteilung der für Schrauben wesentlichen Stahleigenschaften wie Streckgrenze, Zugfestigkeit, Duktilität, Schlagzähigkeit sowie Beschaffenheit der Oberfläche und der Randzonen (Randentkohlung).

DIN 267, Bl. 4 teilt die Muttern ein in solche für Schraubverbindungen mit voller, eingeschränkter und ohne festgelegte Belastbarkeit. Die 6 Festigkeitsklassen der Muttern für Schraubenverbindungen mit voller Belastbarkeit werden mit einer Zahl entsprechend $^1/_{10}$ der Prüfspannung in kp/mm² bezeichnet. Die Prüfspannung entspricht der Mindestzugfestigkeit einer Schraube, mit der die Mutter gepaart werden muß, wenn die Belastbarkeit der Verbindung bis zur Mindestbruchlast der Schraube gewährleistet sein soll. Die Prüfspannung liegt entsprechend zwischen 50 und 140 kp/mm². Chemische Zusammensetzung der für Muttern verwendeten Ausgangswerkstoffe sowie mechanische Eigenschaften der fertigen Muttern in Tabelle 4.9-21. T-Stahl ist nur für die Festigkeitsklassen 5 und 6 zulässig, ebenso Automatenstahl.

Tabelle 4.9-21. Chemische Zusammensetzung der Werkstoffe für Muttern von Schraubenverbindungen mit voller Belastbarkeit und mechanische Eigenschaften der fertigen Muttern nach DIN 267, Bl. 4

a) Chemische Zusammensetzung

| Festigkeitsklasse | Chemische Zusammensetzung (Stückanalyse) in % | | | |
|---|---|---|---|---|
| | C (max.) | Mn (mind.) | P (max.) | S (max.) |
| 5[1]) und 6[1]) | 0,50 | – | 0,110 | 0,150 |
| 8 | 0,58 | 0,30 | 0,060 | 0,150 |
| 10 | 0,58 | 0,30 | 0,048 | 0,058 |
| 12 und 14 | 0,58 | 0,45 | 0,048 | 0,058 |

[1]) Maximal zulässige Schwefel-, Phosphor- und Bleianteile bei Verwendung von Automatenstahl:
$S = 0,34\%$; $P = 0,12\%$, $Pb = 0,35\%$.

b) Mechanische Eigenschaften

| Mechanische Eigenschaften | Festigkeitsklasse | | | | | |
|---|---|---|---|---|---|---|
| | 5 | 6 | 8 | 10 | 12 | 14 |
| Prüfspannung $\delta_{zul}$ in kp/mm² | 50 | 60 | 80 | 100 | 120 | 140 |
| Brinellhärte $H_{B30}$ in kp/mm² (max.) | 302 | 302 | 302 | 353 | 353 | 375 |
| Rockwellhärte $H_{RC}$ (max.) | 30 | 30 | 30 | 36 | 36 | 39 |

4.9.4 Stähle für Verbindungsmittel

Entgegen der früheren Regelung, bei der der Konstrukteur für jede Schraube je nach Gewindefeinheit und Mutternhöhe aus mehreren Muttern-Güteklassen die richtige auswählen mußte, liegt nach dem neuen System der DIN 267, Bl. 3 (Schrauben) und Bl. 4 (Muttern) die Paarung eindeutig fest (Tabelle 4.9-22). Kennzeichnendes Merkmal ist die Abstreiffestigkeit des Gewindes der Mutter gepaart mit einem Prüfdorn. Für die Ausführung und Maßgenauigkeit der Schrauben und Muttern gilt DIN 267, Bl. 2, für Kennzeichnung und Lieferart Bl. 7 und 8.

Tabelle 4.9-22. Paarung der Schrauben und Muttern nach Festigkeitsklassen gemäß DIN 267

| Festigkeitsklassen | |
|---|---|
| Schraube | Mutter |
| 3.6, 4.6, 4.8, 5.6, 5.8, 6.6, 6.8, 6.9 | 5 |
| | 6 |
| 8.8 | 8 |
| 10.9 | 10 |
| 12.9 | 12 |
| 14.9 | 14 |

Im Stahlbau werden für auf Lochleibung bzw. Abscheren beanspruchte Schrauben vorwiegend solche der Festigkeitsgruppen 4 und 5 angewendet und zwar vorzugsweise mit metrischem Gewinde. Man unterscheidet dabei nach Schrauben ohne Fassung (rohe Schrauben) und Schrauben mit Fassung. Letztere müssen einen zylindrisch gedrehten Schaft aufweisen. Als hochfeste, vorgespannte Schrauben für den Stahlbau werden im Abmessungsbereich von 12 bis 24 mm Dmr. die Festigkeitsgruppen 8 und vorzugsweise 10 für die Verbindung der Baustähle nach DIN 17100 von 4 bis 30 mm Dicke verwendet.

### 4.9.4.5 Schrauben und Muttern für besondere Verwendungszwecke

**4.9.4.5.1 Schrauben und Muttern mit galvanischen Überzügen.** Für Schrauben und Muttern mit Überzügen aus Zink, Kadmium, Kupfer, Messing, Nickel, Nickel-Chrom, Kupfer-Nickel, Kupfer-Nickel-Chrom, Zinn, sowie Kupfer-Zinn legt Bl. 9 der DIN 267 Schichtdicken, Bezeichnung und Prüfung fest. Grundlage für die Schichtdicken sind die Toleranzen für metrisches ISO-Gewinde nach DIN 13, Bl. 32 (Vornorm) mit den Toleranzlagen g und e für die Bolzen, sowie H und G für die Muttergewinde. Diese gelten vor Aufbringen des galvanischen Überzuges. Mit dem Überzug darf die Nullinie beim Bolzengewinde nicht über- und beim Muttergewinde nicht unterschritten werden. Teilweise können nur dann meßbare Schichtdicken aufgebracht werden, wenn das Toleranzfeld bei der Fertigung nicht ganz ausgenutzt wird.

Beim Galvanisieren muß einer möglichen *Wasserstoffversprödung* entgegengewirkt werden. Bei den Festigkeitsklassen 10.9, 12.9 und 14.9 können zusätzliche Nachbehandlungen erforderlich sein.

Im Normalfall dient die Bestimmung der Schichtdicke des galvanischen Überzuges zur Beurteilung des Korrosionsverhaltens. Reicht dies nicht aus, muß in Sonderfällen die Anwendung genormter Korrosionsprüfverfahren vereinbart werden. Als maßgebend für die Beurteilung des Korrosionsschutzes sind der Schraubenkopf und die Gewindekuppe des Bolzens sowie die Schlüsselflächen der Mutter festgelegt worden, da die Schichtdicken mit Art und Form der Schraube oder Mutter sehr unterschiedlich auf der Oberfläche verteilt sind.

**4.9.4.5.2 Schrauben und Muttern aus nichtrostenden Stählen.** Gemessen am Gesamtbedarf ist der Anteil an nichtrostenden Schrauben und Muttern gering, jedoch unabdingbare Voraussetzung für das Bauen mit nichtrostenden Stählen. In DIN 267, Bl. 11 sind Schrauben und Muttern aus nichtrostenden Stählen genormt, und zwar austenitische Chrom-Nickelstähle bis 27 mm Gewindedurchmesser, ferritische Chrom-Stähle bis 14 mm Gewindedurchmesser und martensitische Chrom-Stähle bis 39 mm Gewindedurchmesser.

Hauptmerkmal ist der hohe Widerstand gegen Korrosionseinflüsse. Daher werden vorwiegend Chrom-Nickel-Stähle verwendet, weil diese im allg. noch korrosionsbeständiger sind. Für die Beständigkeit gegen interkristalline Korrosion sind die Angaben zu den jeweiligen Stahlgüten in DIN 17440 maßgebend. Abmessungen und Maßgenauigkeit entsprechen DIN 267, Bl. 2. Chemische Zusammensetzung und mechanische Eigenschaften bei Raumtemperatur für die verschiedenen Werkstoffe in Tabelle 4.9-23. Die Werte für Streckgrenze und Zugfestigkeit gelten nur für die Prüfung ganzer Schrauben, Dehnung und Kerbschlagzähigkeit für abgedrehte Proben. Es ist zu beachten, daß durch die Kaltumformung Schrauben und Muttern aus austenitischen Chrom-Nickel-Stählen höhere Festigkeiten haben als in DIN 17440 für den abgeschreckten Zustand angegeben. Das gilt insbesondere für Schrauben mit kleinen Durchmessern.

Tabelle 4.9-23. Nichtrostende Stähle für Schrauben und Muttern nach DIN 267, Bl. 11; chemische Zusammensetzung und mechanische Eigenschaften bei Raumtemperatur

| Stahlgruppe | Werkstoff-Kurzzeichen | Chemische Zusammensetzung in % | | | | | Zu verwendende Stähle nach DIN 17440 Werkstoff-Nummer |
|---|---|---|---|---|---|---|---|
| | | C | Cr | Mo | Ni | S | |
| Austenitische Chrom-Nickel-Stähle | A 1 | | 18 | — | 9 | 0,15 | 1,4305 |
| | A 2 | | 18 | — | 10 | — | 1,4301 oder 1,4541 |
| | A 4 | | 18 | 2,3 | 12 | — | 1.4401 oder 1.4571 |
| Ferritische u. martensitische Chromstähle | C 1 | 0,1 | 13 | — | — | — | 1,4006 |
| | C 2 | 0,08 | 16 | — | — | — | 1,4016 |
| | C 3 | 0,22 | 17 | — | 1,7 | — | 1,4057 |
| | C 4 | 0,12 | 16 | 0,25 | — | 0,2 | 1,4104 |

| Stahlgruppe | Werkstoff-Kurzzeichen | Zustand | Gewindedurchmesser in mm | | Mechanische Eigenschaften | | | |
|---|---|---|---|---|---|---|---|---|
| | | | | | Streckgrenze $\sigma_{0,2}$ (mind.) kp/mm² | Zugfestigkeit $\sigma_B$ (mind.) kp/mm² | Dehnung $\delta_5$ (mind.) % | Kerbschlagzähigkeit (ISO)-Rundkerbprobe) (mind.) kpm/cm² |
| | | | über | bis | | | | |
| Austenitische Chrom-Nickel-Stähle[1]) | | | 2 | 5 | 55 | 70 | 25 | — |
| | | | 5 | 12 | 50 | 65 | 30 | — |
| | | | 12 | 16 | 45 | 60 | 35 | 8 |
| | | | 16 | 27 | 30 | 55 | 40 | 8 |
| Ferritische u. martensitische Chromstähle[2]) | C 1 | vergütet | | | 45 | 60 | 18 | 8 |
| | C 2 | geglüht | | | 27 | 45 | 20 | — |
| | C 3 | vergütet | | | 60 | 80 | 14 | 4 |
| | C 4 | geglüht | | | 30 | 55 | 20 | — |

[1]) Diese Werte gelten für Schrauben und Muttern A 2 und A 4; für A 1 gelten die Werte nach DIN 17440.
[2]) Diese Werte gelten bei C 1, C 2 und C 4 bis 14 mm Gewindedurchmesser, bei C 3 bis 39 mm Gewindedurchmesser.

Schrauben und Muttern nach A 2 und A 4 gelten als beständig gegen interkristalline Korrosion, als im allgemeinen nicht magnetisierbar und haben eine gute Kaltzähigkeit. In einigen Fällen werden auch Warmstreckgrenzen gewährleistet.

**4.9.4.5.3 Schrauben und Muttern aus kaltzähen oder warmfesten Stählen.** Bei Schrauben-Muttern-Verbindungen aus kaltzähen und warmfesten Stählen werden im allg. Dehnschäfte angewendet. Das gilt auch im mittleren Temperaturbereich ($-20$ bis $+300\,°C$), soweit es sich um Betriebstemperaturen handelt und spezielle Anforderungen gestellt sind, die über DIN 267, Bl. 3 und 4, hinausgehen. Derartige Schrauben und Muttern sind in DIN 267, Bl. 13 genormt. Für Ausführung und Maßgenauigkeit sind die bei höheren und tieferen Temperaturen gestellten besonderen Anforderungen zu berücksichtigen.

Die Norm unterscheidet nach verschiedenen Betriebstemperaturbereichen, für die Werkstoffe entsprechend Tabelle 4.9-24 empfohlen werden. Der Betriebstemperaturbereich von $+300$ bis $+540\,°C$ ist den ferritischen, der über $+540\,°C$ den austenitischen Stählen

4.9.4 Stähle für Verbindungsmittel 741

zugeordnet. Für die mechanischen Eigenschaften und ihre Prüfung gelten die angegebenen Werkstoffnormen oder Stahl-Eisen-Werkstoffblätter, soweit die Schrauben und Muttern nicht durch DIN 267, Bl. 3 und 4 erfaßt sind. Für den Betriebstemperaturbereich $-20$ bis $+300\,°C$ sind nur für Schrauben, nicht für Muttern Warmfestigkeitswerte angegeben, da in diesem Bereich die Festigkeitswerte der Muttern etwa im gleichen Verhältnis wie die der Schrauben absinken. In keinem der Temperaturbereiche sind Hinweise über die Werkstoffpaarungen für Schrauben und Muttern gemacht, da diese nach den jeweiligen konstruktiven und betrieblichen Anforderungen festgelegt werden müssen.

Tabelle 4.9-24. Stahlsorten bzw. Festigkeitsklassen der Schrauben und Muttern für die Betriebstemperaturbereiche nach DIN 267, Bl. 13

| Betriebstemperaturbereich in °C | | | | | |
|---|---|---|---|---|---|
| unter $-20$ Schrauben u. Muttern | $-20$ bis $+300$ Schrauben | Muttern | 300 bis 540 Schrauben u. Muttern[2]) | über 540 Schrauben | Muttern |
| 26CrMo4 12Ni19 X12CrNi189 X10CrNiTi1810 | 4,6-2[1]) 5,6 6,6 8,8 | 4 5 6 8 | CK35 24CrMo5 24CrMoV55 21CrMoV511 | X22CrMoV121 X8CrNiMoBNb1616K | X19CrMo121 |
| StEW[3]) 680-70 | DIN 267 Bl. 3 | DIN 267 Bl. 4 | DIN 17240 | DIN 17240 | DIN 17240 |

[1]) DIN 267 Bl. 3 mit garantierter Mindestkerbschlagzähigkeit von 5 kpm/cm² (ISO-Rundkerbprobe, Thomasstahl ausgeschlossen).
[2]) für Muttern aus St 50-2 (DIN 17100) und C35 (DIN 17240)
[3]) Stahl-Eisen-Werkstoffblatt.

### 4.9.4.6 Bedingungen für den Einsatz von Nieten und Schrauben

**4.9.4.6.1 Niete.** Im Stahlbau werden Halbrund- und Senkniete im Abmessungsbereich von 10 bis 36 mm verwendet. Die Klemmlänge sollte $4,5d$ ($d$ Lochdurchmesser), bei Anwendung besonderer Maßnahmen $6,5d$ nicht überschreiten. Die Nietlöcher sollten vorzugsweise auf einen 2 bis 3 mm kleineren Durchmesser gebohrt und anschließend gemeinsam aufgerieben werden. Im Hochbau und bis zu Blechdicken von 10 mm ist auch Stanzen erlaubt. Für die Wahl des Rohnietdurchmessers $d$ in Abhängigkeit von der kleinsten zu verbindenden Blechdicke $t$ wird häufig die Formel

$$d \approx \sqrt{5t} - 0{,}2 \quad (\text{in cm})$$

angewendet. Wird der Nietdurchmesser nach dieser Formel gewählt, ist bei Einhaltung der zulässigen Werte für Schubspannung und Lochleibungsdruck die Biegebeanspruchung immer mit abgedeckt. Die Beanspruchungsmöglichkeit der Niete auf Zug ist unabhängig von der vorliegenden Klemmkraft nur durch die Fließgrenze des Nietes bzw. durch die Arbeißkraft des Kopfes begrenzt.

**4.9.4.6.2 Schrauben.** Im Stahlbau wird unabhängig von der Güte der Schrauben unterschieden nach Schrauben mit Passung (Paßschrauben) und Schrauben ohne Passung (rohe Schrauben). Für erste fordern die Bundesbahnvorschriften die Passung $H_{11}/h_{11}$ nach DIN 7154 und 7155 für Loch-/Schaftdurchmesser, und die Hochbauvorschriften verlangen ein Spiel von maximal 0,3 mm. Um zu vermeiden, daß der Gewindeauslauf der Schraube in die Bohrung hineinragt und damit größere Lochleibungsdrücke als berechnet auftreten, sind unter den Muttern Unterlegscheiben nach DIN 7989 zu verwenden. Die übliche Schraubenform ist die Sechskantschraube nach DIN 7968 (Paßschraube) und DIN 7990 (rohe Schraube) gepaart mit Sechskantmutter nach DIN 555. Die Paßschraube ist im Brückenbau vorgeschrieben und sollte auch im Hochbau bei nicht vorwiegend ruhend belasteten Bauteilen und hochbeanspruchten Verbindungen angewendet werden. Für die

Wahl des Durchmessers und die Beanspruchung der Schrauben gilt das bei Nieten Gesagte. Lediglich bei der Beanspruchung auf Zug sind wegen der besseren Formgebung und der geringen Toleranzen für Schrauben höhere Werte zugelassen (Tabelle 4.9-25).

Tabelle 4.9-25. Zulässige Spannungen in kp/cm² für Niete und Schrauben nach DIN 1050

| Spannungsart | Niete | | | | Paßschrauben (DIN 7968) | | | | Rohe Schrauben (DIN 7990) 4.6[1]) | |
|---|---|---|---|---|---|---|---|---|---|---|
| | St 34 für Bauteile aus St 37 | | St 44 für Bauteile aus St 52 | | 4.6[1]) für Bauteile aus St 37 | | 5.6[1]) für Bauteile aus St 52 | | | |
| Lastfall | H | HZ | H | HZ | H | HZ | H | HZ | H | HZ |
| Abscheren zul $\tau_a$ | 1400 | 1600 | 2100 | 2400 | 1400 | 1600 | 2100 | 2400 | 1120 | 1260 |
| Lochleibungsdruck zul $\sigma_l$ | 2800 | 3200 | 4200 | 4800 | 2800 | 3200 | 4200 | 4800 | 2400 | 2700 |
| Zug zul $\sigma_z$ | 480 | 540 | 720 | 810 | 1120 | 1120 | 1500 | 1500 | 1120 | 1120 |

[1]) Festigkeitseigenschaften der Schrauben gemäß DIN 267.

**4.9.4.6.3 HV-Schrauben.** Die Klemmwirkung von Nieten und Schrauben und die sich daraus ergebende Wirkung in den Berührungsflächen darf bei der Bemessung nicht berücksichtigt werden. Da sie aber bei dynamischer Beanspruchung die Tragfähigkeit beträchtlich erhöht, verzichtet man in solchen Fällen bewußt auf Anstrich der Anschlußflächen. Eine konsequente Fortentwicklung in diesem Sinne ist die gleitfeste Schraubenverbindung. Dabei werden Schrauben aus Stahl hoher Festigkeit und Elastizität so stark vorgespannt, daß die anzuschließenden Kräfte allein durch Reibung in den Anschlußflächen übertragen werden. Hohe Spannungsspitzen im Bereich der Lochränder wie bei Nieten und Schrauben werden dabei vermieden [16]. Die Größe der übertragbaren Kräfte hängt allein von der Vorspannkraft und dem Reibbeiwert ab. Um diesen zu erhöhen, müssen die Anschlußflächen durch Flammstrahlen oder Sandstrahlen gereinigt, entrostet und aufgerauht und in diesem Zustand möglichst bald verschraubt werden. Für die Herstellung der Löcher ist Bohren oder Stanzen zugelassen.

Die Maße der HV-Schrauben sollen DIN 931 mit Sondervorschriften für den Radius am Übergang Kopf-Schaft, die der Muttern DIN 934 und die der Unterlegscheiben DIN 125 mit Sondervorschriften für die Dicke entsprechen. Für Berechnung, Ausführung und bauliche Durchbildung gilt [18].

### 4.9.4.7 Schweißzusatzwerkstoffe

Metallschweißen ist ein Vereinigen metallischer Werkstoffe unter Anwendung von Wärme oder von Druck oder von beiden, und zwar mit oder ohne Zusetzen von artgleichem Werkstoff mit gleichem oder nahezu gleichem Schmelzbereich (DIN 1910 und [17]). Nach Art des Schweißvorganges ist vor allem zu unterscheiden zwischen Schmelzschweißen und Preßschweißen. Davon arbeiten die Schmelzschweißverfahren zum größten Teil mit Zusatzwerkstoff.

Für den Stahlbau sind die Lichtbogenschweißverfahren von beherrschender Bedeutung. Das Gasschweißen ist praktisch nur als Handschweißung ausführbar und daher dem Lichtbogenschweißverfahren in Leistung und Wirtschaftlichkeit unterlegen. Es hat allerdings seine Bedeutung behalten bei Dünnblechschweißungen, im Rohrleitungsbau und bei Auftragsschweißungen. Folgende Lichtbogenschweißverfahren sind besonders zu nennen: a) Offenes Lichtbogenschweißen mit Schweißelektrode, b) verdecktes Lichtbogenschweißen (Unterpulver-Schweißen) und c) Schutzgas-Lichtbogenschweißen. Diese Verfahren werden für Verbindungs- und auch für Auftragsschweißungen eingesetzt. Während das Verfahren nach a) überwiegend als Handschweißung mit Stabelektroden in Gebrauch ist, sind die Verfahren nach b) und c) mehr oder weniger automatisierte Maschinenschweißverfahren, bei denen mit Schweißdrähten von Rollen gearbeitet wird [2].

### 4.9.4.7.1 Lichtbogen-Schweißelektroden, Gasschweißstäbe und Drähte für Verbindungsschweißen.
Die hier behandelten Schweißzusatzwerkstoffe werden im allg. für Handschweißverfahren eingesetzt.

Die unlegierten und niedriglegierten Stabelektroden (Mn $<1,6\%$, Mo $<0,45\%$) sind in DIN 1913 genormt. Nach der äußeren Beschaffenheit ist zu unterscheiden nach nicht umhüllten (nackten und Seelenelektroden) und umhüllten Elektroden. Die Umhüllung hat die Aufgabe, den Lichtbogen zu stabilisieren, das Schweißbad gegen die Atmosphäre abzuschirmen und durch Bildung einer Schlackendecke eine zu rasche Abkühlung der Naht zu verhindern. Außerdem ist es möglich, durch Reaktion zwischen Schweißbad und flüssiger Schlacke eine zusätzliche Legierung des Schweißbades zu bewirken.

Nackte Elektroden liefern nur mäßige Werte für Dehnung und Kerbschlagzähigkeit des Schweißgutes, da das ungeschützte Schweißbad Sauerstoff und Stickstoff aus der Luft aufnimmt. Der Einbrand ist gering, die Verschweißung in Zwangslagen schwierig. Solche Elektroden sind daher nur für qualitativ untergeordnete Nähte und statisch gering beanspruchte Bauteile geeignet. Es handelt sich um gezogene oder nur warmgewalzte Drähte. Oberflächenbehandlungen (Galvanisieren, Lackieren, Pudern), soweit erforderlich, ändern die Schweißeigenschaften nicht.

Seelen-Elektroden enthalten eine eingewalzte Füllung aus lichtbogenstabilisierenden Stoffen, die auch eine feine Schlackenschicht mit gewisser Schutzwirkung über dem Schweißbad bilden. Der Einbrand und die Eignung für Zwangslagen sind besser als bei nackten Elektroden. Die erzielbaren Gütewerte des Schweißgutes reichen aber für dynamisch und schlagartig beanspruchte Schweißnähte noch nicht aus.

Aus den vorgenannten Gründen werden im Stahlbau und Behälterbau heute fast ausschließlich umhüllte Elektroden (Mantelelektroden) verwendet. Es handelt sich dabei um gezogene oder gewalzte Drähte, auf die durch Tauchen oder Pressen eine Umhüllung aufgebracht wird. Man unterscheidet nach der Dicke der Umhüllung zwischen dünnumhüllten, getauchten (Gesamtdicke $D < 1,2$ des Kerndrahtes $d$), mitteldick umhüllten ($D \leq 1,55 \, d$) und stark umhüllten ($D > 1,55 \, d$) Elektroden. Bei diesen wird der Mantel aufgepreßt (Preßmantelelektroden).

Die Schweißeigenschaften der Elektrode sowie die Gütewerte des Schweißgutes werden von Art und Dicke der Umhüllung bestimmt. Wichtige Eigenschaften und das Verhalten beim Schweißen der fünf umhüllten Grundtypen Titandioxid-Typ (Ti), Erzsaurer Typ (Es), Oxidischer Typ (Ox), Kalkbasischer Typ (Kb) und Zellulose-Typ (Ze) in Tabelle 4.9-26.

Im Stahlbau werden hauptsächlich Ti- und Kb-Elektroden verwendet, da diese die besten mechanischen Gütewerte der Schweißnaht liefern und am wenigsten zur Rißbildung neigen. Bei höchsten Anforderungen an die Verbindung werden Kb-Elektroden bevorzugt. Da ihre Umhüllung hygroskopisch ist, dürfen sie nur im getrockneten Zustand verwendet werden; sonst könnten die Gütewerte des Schweißgutes durch eingebrachten Wasserstoff erheblich verschlechtert werden.

Für das Schweißen der verschiedenen Stähle nach DIN 17100, der Kesselbleche, Schiffbaustähle und Rohrstähle sind die Elektroden gemäß DIN 1913, Bl. 1 in 13 mit römischen Zahlen bezeichnete Klassen eingeteilt. Die Klassen I bis V beziehen sich auf nackte, dünn umhüllte und Seelenelektroden, die Klassen VII bis XIV auf mitteldick und sehr dick umhüllte. Die Klasseneinteilung ist so vorgenommen worden, daß die Zugfestigkeit der Schweißverbindung mindestens der gewährleisteten Festigkeit des geschweißten Baustahles entspricht. In Abhängigkeit von Elektrodenklasse und Grundwerkstoff sind für die Schweißverbindung durch Faltversuch nach DIN 50121 und Kerbschlagversuch nach DIN 50115 gemessen an der DVM-Probe Mindestwerte nachzuweisen. Die für die Elektroden garantierten mechanischen Gütewerte der Zugfestigkeit, Bruchdehnung und Kerbschlagzähigkeit gelten für Proben aus reinem Schweißgut nach DIN 1913, Bl. 2. Tabelle 4.9-27 gibt eine Übersicht für die im Stahlbau und Behälterbau wichtigen Stahlgüten. Während die westdeutsche Vorschrift sich in der Kurzbezeichnung einer Elektrode mit Angabe des Typs, der Klasse und der Umhüllungsdicke begnügt, werden bei der ISO-Kennzeichnung verschlüsselt noch die Gütewerte des reinen Schweißgutes, die Schweißposition und die Stromeignung hinzugefügt.

Tabelle 4.9-26. Eigenschaften und Verhalten beim Schweißen der

| Typ-Kurzzeichen / Benennung oder Typ / Umhüllungscharakter | Umhüllungsdicke[1] [4] | Stromart und Polung[2] [4] | Werkstoffübergang[4] | Schweißposition[3] [4] | Schlackenart / Schlackenentfernbarkeit | Einbrandtiefe / Spaltüberbrückbarkeit |
|---|---|---|---|---|---|---|
| **Ti** — Titandioxid-Typ — Hoher Gehalt an Titandioxid | (d) m s | G⁻ G⁺ W | mittel- bis feintropfig (großtropfig) | w h s f q ü | dichte bis wabenartig poröse, gleichmäßig verteilte Schlackendecke — leicht entfernbar | mitteltief — sehr gut bis gut, von Umhüllungsdicke abhängig |
| **Es** — Erzsaurer Typ — Hoher Gehalt an Schwermetalloxiden (Erze und Silikate) und an desoxidierenden Bestandteilen, vorwiegend Ferromangan | (d) (m) s | G⁻ G⁺ W | feintropfig | w h s (q) ü | wabenartig poröse, gleichmäßige Schlackendecke — sehr leicht entfernbar | tief — mäßig |
| **Ox** — Oxidischer Typ — Hoher Gehalt an Eisenoxiden | s | G⁻ W | feintropfig | w | dichte und gleichmäßig dick verteilte Schlackendecke — sehr leicht entfernbar | flach — sehr schlecht |
| **Kb** — Kalkbasischer Typ — Hoher Gehalt an Kalzium- oder anderen basischen Karbonaten und Zusatz von Erdalkali-Fluoriden (Flußspat) | (m) s | G⁺ (G⁻) (W) | mittel- bis großtropfig | w h s (f) q ü | dichte Schlackendecke — noch gut entfernbar | mitteltief — gut |
| **Ze** — Zellulose-Typ — Hoher Gehalt an organischen Bestandteilen | m (s) | G⁺ (G⁻) W | mittel- bis großtropfig | w h s f q ü | geringe, meist schnell erstarrende dünne Schlackendecke — leicht entfernbar | tief — sehr gut |

(umhüllte Elektroden)

[1]) d dünn umhüllt
  m mitteldick umhüllt
  s sehr dick umhüllt

[2]) G⁻ Gleichstrom, Elektrode am Minuspol
  G⁺ Gleichstrom, Elektrode am Pluspol
  W Wechselstrom

### 4.9.4 Stähle für Verbindungsmittel

fünf Grundtypen umhüllter Elektroden nach DIN 1913, Bl. 1

| Rißempfindlichkeit (nach DIN 50129) | Nahtaussehen | Schweißtechnische Handhabung | Charakteristische Gütemerkmale | Charakteristisches für die Anwendbarkeit | Bemerkung |
|---|---|---|---|---|---|
| weniger rißempfindlich als Es-Typen | gering überwölbt bis flach, fein bis mittelgrobschuppig | mit steigender Umhüllungsdicke in w- und h-Positionen leichter verschweißbar | gute mechanische Gütewerte | vielseitig anwendbar, auch bei geringer Anpaßarbeit anwendbar, für schweißempfindliche Stähle; für Dünnblechschweißungen | |
| warmrißempfindlich mit steigendem C-, S- und P-Gehalt des Grundwerkstoffes | flach, feinschuppig | mit steigender Umhüllungsdicke in w- und h-Positionen leichter verschweißbar | je nach Umhüllungsdicke und Umhüllungscharakter gute bis sehr gute mechanische Gütewerte | für schweißunempfindliche Stähle, gute Anpaßarbeit erforderlich | |
| warmrißempfindlicher als alle anderen Typen | unterwölbt, sehr feinschuppig | leichte Handhabung, nur in Wannenlage verschweißbar | geringe mechanische Gütewerte; starker Abbrand von C und Mn | für unlegierte Stähle mit niedrigem C-Gehalt, besonders schönes und glattes Aussehen der Schweißnähte; gute Anpaßarbeit erforderlich | |
| weniger rißempfindlich als alle anderen Typen | gering überwölbt, mittelgrobschuppig | Handhabung erfordert einige Übung, besonders beim An- und Absetzen der Elektrode | höhere mechanische Gütewerte als alle anderen Typen; besonders geringer H₂-, O₂-, N₂-Gehalt; hohe Kerbschlagzähigkeit auch bei Minustemperaturen | besonders geeignet zum Schweißen dicker Abmessungen und starrer Konstruktionen; für Stähle mit höheren C-Gehalten; für Thomasstahl | trocken lagern; Trocknung mindestens $1/2$ Stunde vor Gebrauch bei 250 °C ist zu empfehlen |
| weniger rißempfindlich als Es-Typen | gering überwölbt, mittelgrobschuppig | leichte Handhabung, da geringe Schlackenmenge; starke Rauchentwicklung | gute mechanische Gütewerte | für Zwangslagen-Schweißungen geringe Anpaßbarkeit | |

[3]) w waagerecht oder Kehlnähte in Wannenlage
h horizontal (Kehlnähte)
s senkrecht steigend
f senkrecht fallend
q Quernaht
ü überkopf verschweißbar
[4]) Die eingeklammerten Angaben betreffen Elektrodenausführungen, die weniger gebräuchlich sind.

Tabelle 4.9-27. Elektrodenklassen nach DIN 1913 für das Schweißen Allgemeiner Baustähle und Kesselbleche

| Grundwerkstoff | | | Elektrodenklasse | | | | | | | | | | | | | | Faltversuch Durchdurchmesser |
|---|---|---|---|---|---|---|---|---|---|---|---|---|---|---|---|---|---|
| Stahlart | Stahlsorte | Zugfestigkeit $\sigma_B$ kp/mm² | I | II | III | V | VII | VIIIa | VIIIb | IX | X | XI | XII | XIII | XIV | |
| | | | | | | | | $\alpha$ = Biegewinkel $\alpha_K$ = Kerbschlagzähigkeit | | | | | | | | |
| Allgemeine Baustähle nach DIN 17100 | St 37-1 | 37···45 | — | | | | | | | 50° / — | | | | | | 2·s |
| | St 37-2 | 37···45 | — | — | | | | | | — / — | | | | | | 2·s |
| | St 50-2 | 50···60 | | | — | 50° / — | 50° / — | | | 90° / 5 | | | | | | 3·s |
| | St 37-3 | 37···45 | | | — | — | | 90° / 5 | | — / — | | | | | | 2·s |
| | St 52-3 | 52···62 | | | | — | 90° / 5 | 180° / 7 | 180° / 7 | 180° / 7 | 180° / 5 | 180° / 5 | 90° / 5 | 90° / 5 | | 3·s |
| | | | | | | | 90° / 5 | 180° / 5 | 180° / 5 | 180° / 5 | | | | 180° / 5 | | |
| | H I | 35···45 | | | | | | 180° / 8 | 180° / 8 | 180° / 8 | | | | | | 1·s |
| | H II | 41···50 | | | | | | 180° / 7 | 180° / 7 | 180° / 7 | 180° / 7 | 180° / 6 | | | | 2·s |
| Kesselbleche nach DIN 17155 | H III | 44···53 | | | | | | | | 180° / 6 | 180° / 6 | 180° / 5 | 180° / 5 | 180° / 5 | | 2,5·s |
| | H IV | 47···56 | | | | | | | | 180° / 5 | 180° / 5 | 180° / 5 | 180° / 5 | 180° / 5 | | 3·s |
| | 17Mn4 | 47···56 | | | | | | | | 180° / 5 | 180° / 5 | 180° / 5 | 180° / 5 | 180° / 5 | | |
| | 19Mn5 | 52···62 | | | | | | | | | 180° / 5 | 180° / 5 | 180° / 5 | 180° / 5 | 180° / 5 | 3,5·s |

nur bei Kb-Elektroden und Wanddicken bis 12 mm

Anwendungsbereich und Prüfwerte

### 4.9.4 Stähle für Verbindungsmittel

Für den Lieferzustand schreibt DIN 1913 vor, daß die Oberfläche nicht umhüllter Elektroden frei von Verunreinigungen sein muß. Bei Seelenelektroden muß die Seele mittig liegen und gleichmäßig dick sein. Umhüllungen müssen den Kerndraht mittig umschließen und lagerbeständig sein. Für Durchmesser und Länge gelten die Vorzugsmaße gemäß Tabelle 4.9-28. Die dort außerdem gemachten Angaben für den erforderlichen Elektrodendurchmesser in Abhängigkeit von der Blechdicke und die anzuwendende Stromstärke können als Anhalt dienen. Maßgebend sind die Vorschriften der Elektrodenhersteller.

In der BRD überwiegt bei der Lichtbogenhandschweißung die Gleichstromschweißung mit 10 bis 60 V Spannung. Die Spannung soll möglichst niedrig, d. h. der Lichtbogen kurz sein, um die Sauerstoff- und Stickstoffaufnahme aus der Luft zu beschränken. Die Einbrandtiefe und die Abschmelzleistung steigen mit der Stromstärke an. Zu hohe Ströme bewirken einen unruhigen Lichtbogen und Schweißspritzer.

Tabelle 4.9-28. Abmessungen der Stabelektroden nach DIN 1913 mit Angaben über Anwendungsbereiche

| Länge mm | Durchmesser mm | Blechdicke mm | Stromstärke A |
|---|---|---|---|
| 250[1]) und 350 | 1 1,5 2 2,5 | bis 4 | 60–100 |
| 350 und 450 | 3,25 4 | bis 6 | 100–150 |
| | 5 | bis 10 | 150–200 |
| 450 | 6 8 10 | über 10 | 200–400 |

[1]) nicht für nackte und Seelen-Elektroden

Die Gasschweißstäbe für das Verbindungsschweißen der Baustähle nach DIN 17100 sowie für Kesselbleche nach DIN 17155 sind in DIN 8554 genormt. Sie sind unlegiert, niedrig legiert bzw. in den folgenden Höchstgehalten: Cr 2,5%, Mn 1,6%, Mo 1,0% und Ni 1,0%. Die Wahl der Zusammensetzung erfolgt nach dem Gesichtspunkt, daß im allg. mit dem Grundwerkstoff artgleichem Zusatzwerkstoff geschweißt wird. Das Bezeichnungsschema der Gasschweißstäbe und -drähte entspricht im deutschen Kurzzeichen und in der ISO-Kennzeichnung dem der DIN 1913 für Lichtbogen-Schweißelektroden.

Für das Schweißen der verschiedenen Stahlsorten sind die Schweißstäbe in 7 Klassen (0 bis VI) eingeteilt, die sich in Abhängigkeit vom Grundwerkstoff durch die erreichbaren Mindestgütewerte der Schweißverbindung unterscheiden (Tabelle 4.9-29). Der Anwendungsbereich der Schweißstabklassen ist gekennzeichnet. Wo keine Prüfwerte angegeben sind, ist die Schweißstabklasse zwar anwendbar aber ohne garantierte Prüfwerte.

Die Gasschweißstäbe werden im allg. in Längen von 1000 mm mit verkupferter Oberfläche geliefert. Die vorzugsweise anzuwendenden Durchmesser sind die ganzzahligen Werte zwischen 1 und 6 mm. Stäbe der Klassen IV bis VI, die zum Schweißen warmfester Stähle verwendet werden, müssen ein dem Grundwerkstoff entsprechendes Schweißgut ergeben. Dazu müssen im Schweißgut mindestens folgende Konzentrationen der Legierungselemente erreicht werden: Klasse IV: mind. 0,25% Mo, Klasse V: mind. 0,4% Mo und 0,7% Cr und Klasse VI: mind. 0,9% Mo und 2% Cr.

**4.9.4.7.2 Schweißzusatzwerkstoffe für das Unterpulver- und Schutzgas-Lichtbogenschweißen.** Beim Unterpulver- und Schutzgas-Lichtbogenschweißen handelt es sich um typische Automaten-Schweißverfahren. Während die Lichtbogen-Handschweißung für alle Schweißpositionen und Nahtverläufe geeignet ist, beschränkt sich die Anwendung der Schweißautomaten im wesentlichen auf gerade Nähte in waagerechter Lage.

Tabelle 4.9-29. Klassen der Gasschweißstäbe nach DIN 8554, Bl. 1 für das Schweißen Allgemeiner Baustähle und Kesselbleche

| Grundwerkstoff | | | Schweißstabklasse | | | | | | | Faltversuch Dorndurchmesser |
|---|---|---|---|---|---|---|---|---|---|---|
| Stahlart | Stahlsorte | Zugfestigkeit kp/mm² | 0 | I | II | III | IV | V¹) | VI¹) | |
| | | | | | Anwendungsbereich und Biegewinkel | | | | | |
| Wichtigste Baustähle nach DIN 17100 | St 37-2 St 37-3 | 34···42 | | | 150° | 180° | | | | 2 · s²) |
| | | 37···45 | — | | 150° | 150° | | | | |
| | | 42···50 | | | 120° | 150° | | | | 3 · s |
| | St 52-3 | 52···62 | | | | | 75° | | | |
| Kesselbleche nach DIN 17155 | H I | 35···45 | | | 150° | | 150° | | | 1 · s |
| | H II | 41···50 | | | 150° | | 150° | | | 2 · s |
| | H III | 44···53 | | | | | 150° | | | 2,5 · s |
| | 17Mn4 | 47···56 | | | | | 150° | | | 3 · s |
| | 15Mo 3 | 44···53 | | | | | 150° | | | 2,5 · s |
| | 13CrMo44 | 44···56 | | | | | | | 150° | 3 · s |

¹) Nach dem Schweißen ist eine Wärmebehandlung der Proben notwendig.
²) s = Blechdicke.

Beim Unterpulver-Schweißen wird ein nackter von einer Spule ablaufender Schweißdraht in die mit Schweißpulver gefüllte Naht getaucht. Der Lichtbogen brennt dort unter weitgehendem Luftabschluß. Unter diesen Bedingungen können mit hohen Stromstärken große Abschmelzleistungen und tiefe Einbrände erreicht werden.

Die Schutzgas-Schweißverfahren benutzen ebenfalls nackte Schweißdrähte von Spulen. Die Abschirmung des Lichtbogens gegen die Atmosphäre übernimmt ein aus einer Ringdüse austretender Gasstrahl aus Argon, Kohlendioxid, Stickstoff, Wasserstoff oder Gemischen aus diesen. In Sonderfällen werden auch sog. Fülldrähte oder Falzdrähte (Drähte mit einem Kern aus metallischen und nichtmetallischen Pulverbestandteilen) verwendet. Wegen der großen Einbrandtiefe ist das $CO_2$-Schutzgasschweißen für die Dickblechschweißungen des Stahlbaues gut geeignet. Nachteilig wirkt sich die durch das unruhige Bad beschränkte Schweißgeschwindigkeit aus.

Die Schweißzusatzwerkstoffe für das Unterpulver-Schweißen von unlegierten und niedrig legierten Baustählen sind als blanke Drähte, Bänder und Profile in DIN 8557 genormt. Maßgebend für die Bezeichnung ist die chemische Zusammensetzung. Es sind im wesentlichen 2 Reihen mit jeweils steigenden Gehalten an C und Mn zu unterscheiden, von denen die eine zusätzlich mit 0,45 bis 0,60% Mo legiert ist (Tabelle 4.9-30).

Die Drähte sollen mit metallischen Überzügen versehen (üblicherweise Kupfer) und frei von Verunreinigungen sein. Die Bänder und Profile sollten den Vorzugsmaßen der Durchmesserreihe entsprechende Querschnitte haben. Sie werden in Ringen mit Gewichten bis zu 35 kg geliefert.

Die Zusatzwerkstoffe für das Schutzgas-Schweißen werden als gebündelte Stäbe, hauptsächlich aber in Ringen nach DIN 8559 geliefert. Es sind Zusatzwerkstoffe aus unlegierten und legierten Stählen, aus Chromstählen und austenitischen Stählen. In Abhängigkeit vom Drahtdurchmesser werden für die Stahlgruppen die in Tabelle 4.9-31 angegebenen Zugfestigkeiten gefordert. Vorzugsweise anzuwendende Durchmesser der Stäbe, Drähte und Fülldrähte für das Unterpulver- und Schutzgas-Schweißen in Tabelle 4.9-32.

### 4.9.4 Stähle für Verbindungsmittel

Tabelle 4.9-30. Chemische Zusammensetzung der Schweißzusatzwerkstoffe für das Unterpulver-Schweißen nach DIN 8557

| Bezeichnung | Zusammensetzung in %[1] | | | |
|---|---|---|---|---|
| | C | Mn | Si | Mo |
| S1 | 0,06···0,12 | 0,40···0,60 | Spuren···0,10 | — |
| S1Si | 0,06···0,12 | 0,30···0,60 | 0,10···0,40 | — |
| S2 | 0,08···0,14 | 0,80···1,20 | 0,05···0,15 | — |
| S2Si | 0,08···0,14 | 0,80···1,20 | 0,15···0,40 | — |
| S3 | 0,08···0,15 | 1,30···1,70 | 0,05···0,25 | — |
| S4 | 0,08···0,16 | 1,80···2,20 | 0,05···0,25 | — |
| S5 | 0,08···0,16 | 2,30···2,70 | 0,05···0,25 | — |
| S6 | 0,08···0,17 | 2,80···3,20 | 0,20···0,30 | — |
| S1Mo | 0,06···0,12 | 0,30···0,60 | 0,15···0,40 | 0,45···0,60 |
| S2Mo | 0,08···0,12 | 0,80···1,20 | 0,05···0,15 | 0,45···0,60 |
| S3Mo | 0,08···0,14 | 1,10···1,50 | 0,05···0,15 | 0,45···0,60 |
| S4Mo | 0,08···0,16 | 1,70···2,10 | 0,05···0,15 | 0,45···0,60 |
| S6Mo | 0,08···0,17 | 2,80···3,20 | 0,15···0,30 | 0,45···0,60 |

[1] Al, S, P jeweils < 0,03.

Tabelle 4.9-31. Schweißzusatzwerkstoffe für das Schutzgas-Lichtbogenschweißen nach DIN 8559

| Schweißzusatzwerkstoffe aus | Zugfestigkeit in kp/mm² bei Durchmesser in mm | | | | | | |
|---|---|---|---|---|---|---|---|
| | 0,6 | 0,8 | 1 | 1,2 | 1,6 | 2,4 3 3,2 | |
| unlegierten und legierten Stählen (außer Chrom-Stählen und Austeniten) | 100···130 | 90···120 | 85···110 | 80···105 | 70···95 | 60···80 | |
| Chromstählen mit einem Chromgehalt über 10% Cr | 80···100 | 75···95 | 70···90 | 70···85 | 60···75 | 50···70 | |
| Austenitischen Stählen | 110···140 | 100···130 | 90···125 | 95···120 | 90···110 | 80···100 | |

Tabelle 4.9-32. Stäbe, Drähte und Fülldrähte für das Unterpulver-(UP-) und Schutzgas-(SG-) Schweißen

| UP | SG | | | |
|---|---|---|---|---|
| Ringe Dm. mmr | Stäbe Dmr. mm | Länge mm | Drähte Dmr. mm | Fülldrähte Dmr. mm |
| 1,2 1,6 2,5 3 | 1,0 1,2 1,6 2,4 3 | 1 000 | 0,6 0,8 1,0 1,2 1,6 2,4 3 3,2 | |
| 4 5 6 8 10 12 | 4 5 6 | | 4 5 | |

**4.9.4.7.3 Schweißzusatzwerkstoffe für das Schweißen nichtrostender Stähle.** Während die Anwendung der nichtrostenden Stähle im Behälterbau und Chemieanlagenbau schon seit langem zum gesicherten Stand der Praxis gehört, haben diese erst in neuerer Zeit Eingang in den allgemeinen Stahlbau (für architektonische Zwecke) und in den Fahrzeugbau gefunden. Da die Verarbeitung für diese Anwendungsfälle ohne die moderne Schweißtechnik nicht denkbar ist, sind in der Vornorm DIN 8556 Schweißzusatzwerkstoffe für diese Stähle genormt worden, und zwar für die Verfahren Lichtbogenschweißen, Schutzgas-Lichtbogenschweißen, Unterpulver-Schweißen und Gasschweißen. Neben den unter 4.9.4.7.1 und 4.9.4.7.2 beschriebenen Verfahren für das Verbindungsschweißen allgemeiner Baustähle kommen für die Schweißung der nichtrostenden Stähle das MiG- und das WiG-Verfahren hinzu.

Beim *MiG-Verfahren* (Metal-Inert-Gas-Schweißverfahren) wird der Lichtbogen zwischen einer schweißenden Drahtelektrode und dem Werkstück unter Schutzgas gezogen. Es handelt sich um ein Verfahren, das nur mit Gleichstrom arbeitet und bei dem das Werkstück immer an den Minuspol angeschlossen wird. Dadurch wird ein stabiler Lichtbogen mit hoher Abschmelzleistung erzielt.

Tabelle 4.9-33. Schweißzusatzwerkstoffe für das Schweißen nichtrostender und hitzebeständiger Stähle nach DIN 8556, Bl. 1

| Kurzzeichen | Chemische Zusammensetzung in % | | | | |
|---|---|---|---|---|---|
| | C | Cr | Mo | Ni | Sonstige |
| 14 | $\leq 0{,}12$ | 12···15 | — | — | — |
| 18 | $\leq 0{,}10$ | 16···18 | — | — | — |
| 17 Nb | $\leq 0{,}10$ | 16···18 | — | — | Nb[1]) |
| 19 9 | $\leq 0{,}07$ | 17···20 | — | 8···10,5 | — |
| 19 9 nC | $\leq 0{,}04$ | 17···20 | — | 8···11 | — |
| 19 9 Nb | $\leq 0{,}08$ | 17···20 | — | 8···11 | Nb[1]) |
| 19 10 2 | $\leq 0{,}07$ | 17···20 | 2,0···2,5 | 8···11 | — |
| 19 11 3 | $\leq 0{,}07$ | 17···20 | 2,5···3,0 | 9···12 | — |
| 19 10 2 nC | $\leq 0{,}04$ | 17···20 | 2,0···2,5 | 9···12 | — |
| 19 12 3 nC | $\leq 0{,}04$ | 17···20 | 2,5···3,0 | 10···13 | — |
| 19 10 2 Nb | $\leq 0{,}08$ | 17···20 | 2,0···2,5 | 9···12 | Nb[1]) |
| 19 12 3 Nb | $\leq 0{,}08$ | 17···20 | 2,5···3,0 | 10···13 | Nb[1]) |
| 18 13 4 | $\leq 0{,}07$ | 16···19 | 4,0···5,0 | 12···15 | — |
| 18 20 2CuNb | $\leq 0{,}10$ | 17···20 | 2,0···2,5 | 19···22 | Nb[1]) Cu 1,8···2,2 |
| 25 25 2Nb | $\leq 0{,}10$ | 24···27 | 2,0···2,5 | 24···26 | Nb[1]) |
| 18 8Mn6 | $\leq 0{,}20$ | 17···20 | — | 7···9 | Mn 5···7 |
| 30 | $\leq 0{,}10$ | 27···30 | — | — | — |
| 23 4 | $\leq 0{,}15$ | 24···27 | — | 4···6 | — |
| 22 12 | $\leq 0{,}15$ | 20···23 | — | 10···13 | — |
| 25 20 | $\leq 0{,}15$ | 24···26 | — | 19···22 | — |
| 18 36 | $\leq 0{,}20$ | 16···19 | — | 34···38 | — |

[1]) Der Nb-Gehalt ist mindestens 8mal so groß wie der C-Gehalt, jedoch höchstens 1,1%; bis 20% des Nb-Gehaltes können durch Tantal ersetzt werden.

Beim *WiG-Verfahren* (Wolfram-Inert-Gas-Verfahren) wird eine permanente Wolframelektrode unter Argon als Schutzgas benutzt. Diese Stahlschweißung arbeitet mit Gleichstrom, Elektrode an Minuspol. Beim Gasschweißen der nichtrostenden Stähle darf das Schweißgut durch die Flamme nicht aufgekohlt werden („neutrale Flamme"), da sonst das Korrosionsverhalten der Schweißverbindung ungünstiger als das des Grundwerkstoffes wird.

Als Beurteilungsmaßstab dienen bei umhüllten Elektroden für das Lichtbogenschweißen die chemische Zusammensetzung und die Eigenschaften des *Schweißgutes*, bei den Schweißdrähten, -stäben und Drahtelektroden für das Schutzgas-Lichtbogenschweißen, das Unterpulver-Schweißen und das Gasschweißen die chemische Zusammensetzung des Zusatzwerkstoffes alleine.

Bei den umhüllten Stabelektroden sind nach der Zusammensetzung des Schweißgutes vier Legierungstypen zu unterscheiden: Cr-legiert, Cr—Ni-legiert, Cr—Ni—Mn-legiert sowie Cr—Ni—Mo-legiert. Chemische Zusammensetzung sowie Kurzzeichen gemäß DIN 8556 in Tabelle 4.9-33. Der Zusatz nC steht für „besonders niedriger C-Gehalt".

4.9.5 Stähle für sonstige Konstruktionselemente im Bauwesen

Die chemische Zusammensetzung der Schweißzusatzwerkstoffe für das Schutzgas-Lichtbogenschweißen, das Unterpulver-Schweißen und das Gasschweißen entspricht weitgehend der des Schweißgutes von Stabelektroden in Tabelle 4.9-33. Genormte Abmessungen der Schweißzusatzwerkstoffe gemäß DIN 8556 in Tabelle 4.9-34.

Tabelle 4.9-34. Abmessungen der Schweißzusatzwerkstoffe für das Schweißen nichtrostender und hitzebeständiger Stähle nach DIN 8556, Bl. 1

| Stabelektroden | | Schweißstäbe | | | Schweißdrähte |
|---|---|---|---|---|---|
| Dmr. | Länge | Dmr. | | Länge | Dmr. |
| | | WIG-Schweißen | Gas- | | |
| mm | mm | mm | mm | mm | mm |
| 2<br>2,5 | 250 | 1<br>1,2<br>1,6<br>2,4 | 1<br>1,6<br>2<br>2,4 | 1 000 | 0,6<br>0,8<br>1<br>1,2<br>1,6<br>2<br>2,4 |
| 3,25<br>4 | 350 | 3<br>4 | 3<br>4 | | 3<br>3,2<br>4 |
| 5 | 450 | 5<br>6 | 5 | | 5<br>6 |

## 4.9.5 Stähle für sonstige Konstruktionselemente im Bauwesen

### 4.9.5.1 Seile

Stahlseile werden im Bauwesen für Aufzüge, als Trag- und Abspannseile von Kranen, als Seile für Seiltriebe, als Trag- und Abspannseile für Überdachungen sowie als Tragseile für Hängebrücken und Schrägseilbrücken verwendet. Bis auf die Spezialseile für den Brückenbau handelt es sich bei den übrigen um Drahtseile aus Drähten gleichen Durchmessers, die nach Form, Aufbau und Tragfähigkeit in DIN 655 genormt sind. Als Werkstoff wird Stahldraht nach DIN 2078 in Abmessungen von 0,23 bis 2,2 mm Dmr., blank oder verzinkt, gezogen mit Nennzugfestigkeiten von 140, 160 und 180 kp/mm$^2$ eingesetzt. Die Seile sind aus sechs oder acht Litzen mit je bis zu 37 Drähten im Kreuz- oder Gleichschlag um eine Fasereinlage aufgebaut. Die rechnerische Bruchbelastung (Produkt aus metallischem Querschnitt und Nennzugfestigkeit) reicht von 0,2 bis $\approx$ 200 Mp. Die ermittelte Bruchlast liegt im allg. darüber, da sie als Summe aller im Zugversuch festgestellten Bruchlasten der Seildrähte definiert ist. Die wirkliche Bruchlast eines Drahtseiles wird durch Zerreißen des ganzen Seiles ermittelt und liegt um den sog. Verseilverlust unter der ermittelten Bruchlast. Die Größe des Verseilverlustes hängt außer vom verwendeten Drahtwerkstoff von der Machart des Seiles ab [20]. DIN 655 läßt für die dort genannten Seile Verseilverluste bis 20% zu. Der Sicherheitsfaktor für die Bemessung von Drahtseilen im Brückenbau liegt bei etwa 2,5.

Bei Erstbelastung eines Seiles stellt sich ein unelastischer Dehnungsbetrag (Seilreck) ein, der je nach Machart bis zu 1% ausmachen kann. Erst wenn das Seil einige Zeit unter Last gestanden hat, verhält es sich annähernd elastisch. Im Gegensatz zu Paralleldrahtseilen erreichen geschlagene Seile nie den Elastizitätsmodul der verwendeten Drähte [61]. Bei der üblichen Schlaglänge von 10 liegt der Wert $E'$ zwischen 16 000 und 17 000 kp/mm$^2$ (Bild 4.9-44).

Als Tragbänder für Hänge- und Schrägseilbrücken werden in der BRD vorwiegend patentverschlossene Rundseile verwendet, die sich durch einen hohen Füllgrad (Verhältnis des metallischen Querschnittes zur Fläche des umschreibenden Kreises) auszeichnen. Als Werkstoff wird ein Stahldraht mit 0,8 bis 0,9% C patentiert gezogen an den Enddurchmesser von 4 bis 5 mm Dmr. kalt gewalzt. Die Festigkeiten liegen bei $\approx$ 160 kp/mm² für die Runddrähte und $\approx$ 140 kp/mm² für Formdrähte. Das Seil selbst (vgl. Bild 4.9-44) besteht aus einem Kern von Runddrähten, die sich in drei bis vier Lagen schraubenförmig um einen weichen Kerndraht legen. Dann folgen ein oder zwei Lagen keilförmige Drähte und außen zwei bis drei Lagen S-förmige Drähte. Zur Erzielung weitgehender Drallfreiheit haben die Lagen abwechselnd Links- und Rechtsschlag. Die Drähte sind nicht verzinkt, sondern werden beim Zusammenbau des Seiles durch Mennige gezogen. Das fertige Seil erhält einen Anstrich z. B. aus Patrol-Asphalt zum Korrosionsschutz. Die einzelnen Seile bilden parallel in Sechskantform verlegt das Tragband.

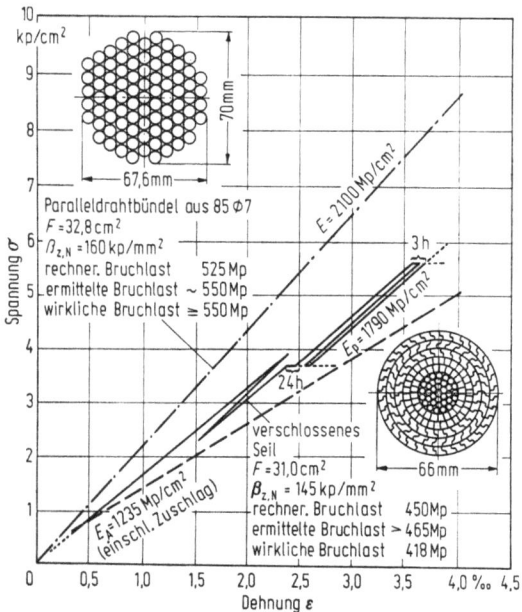

Bild 4.9-44. Spannungs-Dehnungs-Verhalten von Seilen (nach [61]).

Bei größeren Tragbandlängen ($\geqq$ 300 m) werden vor allem in den USA Paralleldrahtkabel aus $\approx$ 5 mm dicken Einzeldrähten von bis zu 160 kp/mm² Zugfestigkeit verwendet. Die Kabel werden z. T. in der Luft „gesponnen", d. h. die um beide Ankerblöcke herum parallel ausgelegten Drähte werden bündelweise vereinigt, das gesamte Kabel dann hydraulisch in eine Kreisform gepreßt, mit Draht umwickelt und mit einem Rostschutz versehen. Auf diese Weise wurden u. a. die 920 mm dicken Tragbänder der Golden-Gate-Bridge hergestellt.

#### 4.9.5.2 Stahlspundwände

Spundwände sind einseitig ins Erdreich getriebene (gerammte) Flächentragwerke aus einzelnen biegungs- und knicksteifen Elementen. Sie dienen der Aufnahme vornehmlich horizontal wirkender Erd- und Wasserdrücke sowie vertikaler Lasten aus aufgelagerten Bauwerken [H 32; 21]. Wände aus Kanaldielen können nur Erddruckkräfte aufnehmen. Rammpfähle sind einzeln stehende oder zu Gruppen zusammengefaßte Bauelemente zur Auf-

### 4.9.5 Stähle für sonstige Konstruktionselemente im Bauwesen

nahme von Zug- oder Druckkräften (Gründungspfähle) bzw. Biegungskräften aus Belastungen des Schiffsverkehrs (Dalben). Stahlspundbohlen im Sinne der „Technischen Lieferbedingungen für Stahlspundbohlen" sind rammbare Walzwerks-Fertigerzeugnisse, die entweder durch sog. Schlösser (Zug- und druckfeste Verbindungsteile mit gewisser Verdrehbarkeit) miteinander verbunden im Boden weitgehend wasserdichte Wände bilden oder ohne Schlösser als sog. Kanaldielen Baugruben gegen das Erdreich abschirmen. Mit unter diesen Begriff fallen die Stahlrammpfähle, die aus Spundbohlen oder Sonderprofilen durch Schlösser, Nieten oder Schweißen zusammengesetzt werden.

Stahlspundbohlen werden in drei Stahlgüten mit den in Tabelle 4.9-35 angegebenen Bezeichnungen, mechanischen Eigenschaften und Grenzwerten der chemischen Zusammensetzung geliefert, in Sonderfällen auch in den Stahlgüten R St 37-2, St 37-3 und St 52-3 gemäß DIN 17100. Bei den Stahlsorten St Sp 37 und St Sp S und (eingeschränkt) bei St Sp 45 kann unter Beachtung der allgemeinen Schweißvorschriften die Eignung zum Schmelzschweißen vorausgesetzt werden.

Die lieferbaren Profilformen und -abmessungen sind vielgestaltig. Bild 4.9-45 zeigt die Grundformen westdeutscher Hersteller mit den Grenzen der statischen und geometrischen Werte. Herstellung von Spundbohlen durch Warmwalzen oder Kaltprofilieren.

| Profilart | Grenzen der Profilwerte | | | |
|---|---|---|---|---|
| | Baubreite $b$ mm | Bauhöhe $h$ mm | Gewicht kg/m² Wand | Widerstandsmoment cm³/m Wand |
| Larssen 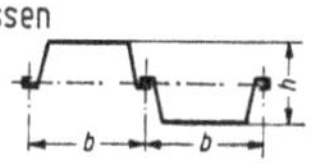 | 400 bis 500 | 220 bis 420 | 79 bis 175 | 600 bis 2500 |
| Hoesch 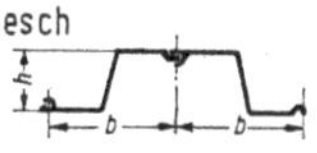 | 525 | 190 bis 340 | 95 bis 215 | 750 bis 3150 |
| Krupp 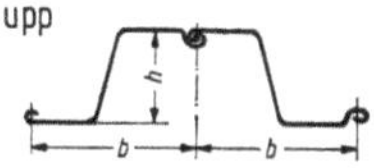 | 550 bis 600 | 200 bis 340 | 78 bis 146 | 680 bis 2200 |
| Krupp 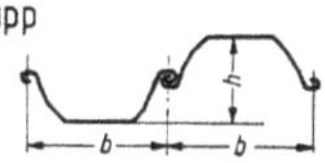 | 500 bis 575 | 240 bis 360 | 95 bis 134 | 700 bis 1370 |
| Peine 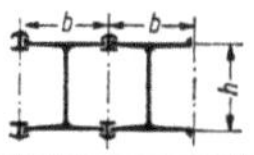 | 340 bis 400 | 300 bis 900 | 356 bis 744 | 4870 bis 36250 |

Einzelangaben sind den Prospekten der Hersteller zu entnehmen.

Bild 4.9-45. Grenzen der Profilwerte für Spundwand-Normalprofile westdeutscher Hersteller.

Tabelle 4.9-35. Chemische Zusammensetzung und mechanische Eigenschaften der Stähle für Stahlspundbohlen

| Stahlsorte | Zugfestigkeit kp/mm² | Streckgrenze (mind.) kp/mm² | Bruchdehnung (mind.) % | Dorndurchm. beim Faltversuch mit 180° Biegewinkel bei d. Probendicke $a$ | Chem. Zusammensetzung in % (maximal) | | | | |
|---|---|---|---|---|---|---|---|---|---|
| | | | | | C | Si | Mn | P | S |
| St Sp 37 | 37···45 | 24 | 25 | $1 \cdot a$ | — | — | — | 0,08 | 0,05 |
| St Sp 45 | 45···54 | 27 | 22 | $2 \cdot a$ | — | — | — | 0,08 | 0,05 |
| St Sp S  | 50···60 | 36 | 22 | $3 \cdot a$ | 0,22 | 0,60 | 1,50 | 0,06 | 0,05 |

Der Anteil der durch Kaltprofilieren hergestellten Spundbohlen nimmt zu, da auf diesem Wege häufig eine bessere Anpassung der Profile an die gewünschten Verwendungseigenschaften erreicht werden kann.

### 4.9.5.3 Rohre — Hohlprofile

Tabelle 4.9-36. Chemische Zusammensetzung und mechanische Eigenschaften für warm fertiggestellte Stahlhohlprofile nach DIN 1627, Bl. 1

| Stahlsorte | Chem. Zusammensetzung (Schmelzanalyse) % (max.) | | | | Zug-festigkeit kp/mm² | Mechanische Eigenschaften Streckgrenze bei Dicken in mm kp/mm² (mind.) | | | Bruch-dehnung $\delta_s$ % (mind.) |
|---|---|---|---|---|---|---|---|---|---|
| | C | P | S | N[1]) | | $\leq 16$ | $\vert > 16 \leq 30\vert$ | $> 30$ | |
| USt 37-2 | 0,17 | 0,050 | 0,050 | 0,007 | 37···45 | 24 | 23 | 22 | 25 |
| RSt 37-2 | 0,17 | 0,050 | 0,050 | 0,007 | 37···45 | 24 | 23 | 22 | 25 |
| St 44-2  | 0,21 | 0,050 | 0,050 | 0,007 | 44···52 | 28 | 27 | 26 | 22 |
| St 52-3  | 0,20 | 0,045 | 0,045 | 0,009 | 52···62 | 36 | 35 | 34 | 22 |
| WSt 37-2[2]) | 0,13 | 0,050 | 0,035 | 0,007 | 37···45 | 24 | 23 | 22 | 25 |
| WSt 52-3[2]) | 0,15 | 0,045 | 0,035 | 0,009 | 52···62 | 36 | 35 | 34 | 22 |

[1]) Bei Elektrostahl: $N_{max} = 0{,}012\%$
[2]) Weitere chem. Zusammensetzung gemäß Stahl-Eisen-Werkstoffblatt 087-70.

Das Rohr ist das klassische Konstruktionselement im Leitungsbau für den Transport flüssiger und gasförmiger Medien. Der kreisförmige Querschnitt bietet hohen Widerstand gegen Beanspruchungen durch Innen- und Außendrücke und einfache Anschluß- und Verbindungsmöglichkeiten durch Gewinde und Schweißen. Aber auch für Stahlbaukonstruktionen ist das Rohr wegen seiner statisch sehr günstigen Form besonders geeignet: Das in allen Richtungen gleichgroße Trägheitsmoment und die hohe Torsionssteifigkeit machen es zum wirtschaftlichen Knickstab. Ein weiterer Vorteil der Rohre liegt in der relativ geringen Anstrichfläche begründet. Nur bei Beanspruchung auf Biegen ist das Rohr den dafür speziell entwickelten Trägerprofilen unterlegen. Breiten Eingang in den Stahlbau fand das Rohr erst nach Einführung der Schweißtechnik, da mit den älteren Verbindungsmitteln (Nieten und Schrauben) nur ebene Anschlüsse bewerkstelligt werden konnten. Für die Hauptanwendungsgebiete Masten, Stützen, Fachwerkträger wurden umfassende und schweißgerechte konstruktive Lösungen gefunden [DIN 4115 und (62)]. Eine weitere Verbesserung der Wirtschaftlichkeit wurde mit Einführung der *Formrohre* erreicht, von denen für den Stahlbau die Quadrat- und Rechteckrohre besondere Bedeutung erlangt haben [26].

Wegen der für Leitungs- und Konstruktionszwecke voneinander abweichenden Formen und Anforderungen unterscheidet man auch in neueren Normen zwischen Rohren (für Leitungszwecke) und *Stahlhohlprofilen* (für den Stahlbau). Dabei werden als Stahlhohlprofile sowohl runde als auch quadratische und rechteckige Querschnitte verwendet, die auf verschiedenen Wegen hergestellt werden. Die wesentlichsten sind:

*Warm fertiggestellte Stahlhohlprofile:*

1. Warmgewalzte oder warmgepreßte nahtlose Hohlprofile mit rundem und viereckigem Querschnitt; letztere aus runden Querschnitten warm umgeformt.
2. Längs- oder spiralgeschweißte Hohlprofile mit quadratischem oder rechteckigem Querschnitt, warm aus zuvor kaltgeformten runden Querschnitten umgeformt.

*Kalt fertiggestellte Stahlhohlprofile:*

Kaltprofilierte und längsgeschweißte runde und viereckige Hohlprofile sowie kaltprofilierte längs- oder spiralgeschweißte runde Hohlprofile.

Für warm fertiggestellte Hohlprofile gelten folgende Maßnormen:

Nahtlose runde Hohlprofile:     DIN 2448,
Längs- und spiralnahtgeschweißte runde Hohlprofile:     DIN 2458,

Quadratische und rechteckige Hohlprofile bis zu 400 mm Kantenlänge: DIN 59410, Entw. Sept. 72.
Für kalt fertiggestellte Hohlprofile sind die Abmessungsnormen in Vorbereitung. Sie werden sich an die vorgenannten Maßnormen für warm fertiggestellte Hohlprofile anlehnen, soweit nicht fertigungstechnische Gegebenheiten dem entgegenstehen. Gegenwärtig werden sie in rund- und scharfkantiger Ausführung bis zu Kantenlängen von 400 mm und 12 mm Wanddicke geliefert.
Die in den technischen Lieferbedingungen für warm fertigestellte Hohlprofile (DIN 1627, Entw. Nov. 72) vorgesehenen Stahlgüten sind der DIN 17100 entnommen. Hinzu kommen ein St 44-2 und die wetterfesten Baustähle, die auch in eine spätere Neuausgabe von DIN 17100 übernommen werden sollen. Chemische Zusammensetzung und zu garantierende mechanische Eigenschaften dieser Stähle in Tab. 4.9-36. Die kalt fertiggestellten Quadrat- und Rechteck-Hohlprofile werden ebenfalls vorwiegend aus Stahlgüten nach DIN 17100, aber auch aus hochfesten, schweißbaren Feinkornbaustählen sowie perlitarmen und wetterfesten Baustählen hergestellt.

## Literatur zu 4.9 Stahl

### DIN-Normen

DIN 13 Bl. 32 Vornorm: Metrisches ISO-Gewinde; Grundmaße und Toleranzen.
DIN 123 Bl. 1 Halbrundniete für den Kesselbau, 10 bis 36 mm Durchmesser.
DIN 124 Bl. 1 Halbrundniete für den Stahlbau, 10 bis 36 mm Durchmesser.
DIN 125 Scheiben; Ausführung mittel (bisher blank), vorzugsweise für Sechskantschrauben und -muttern.
DIN 267 Bl. 2 Schrauben, Muttern und ähnliche Gewinde- und Formteile; Technische Lieferbedingungen, Ausführung und Maßgenauigkeit.
Bl. 3 Technische Lieferbedingungen, Festigkeitsklassen und Prüfverfahren für Schrauben aus unlegierten oder niedrig legierten Stählen.
Bl. 4 Schrauben, Muttern und ähnliche Gewinde- und Formteile; Technische Lieferbedingungen, Festigkeitsklassen und Prüfverfahren für Muttern aus unlegierten oder niedrig legierten Stählen.
Bl. 7 Technische Lieferbedingungen, Kennzeichnung und Lieferart für Schrauben aus unlegierten oder niedrig legierten Stählen.
Bl. 8 Schrauben, Muttern und ähnliche Gewinde- und Formteile; Technische Lieferbedingungen, Kennzeichnung und Lieferart für Muttern aus unlegierten oder niedrig legierten Stählen.
Bl. 9 Technische Lieferbedingungen, Schrauben und Muttern mit galvanischen Überzügen.
Bl. 11 Technische Lieferbedingungen, Schrauben und Muttern aus nichtrostenden Stählen.
Bl. 13 Technische Lieferbedingungen, Schrauben und Muttern vorwiegend aus kaltzähen oder warmfesten Stählen.
DIN 302 Bl. 1 Senkniete, 10 bis 36 mm Durchmesser.
DIN 488 Betonstahl.
Bl. 1 Begriffe, Eigenschaften, Werkkennzeichnung.
Bl. 2 Betonstabstahl, Abmessungen.
Bl. 3 Betonstabstahl, Prüfungen.
Bl. 4 Betonstahlmatten, Aufbau.
Bl. 5 Betonstahlmatten, Prüfungen.
Bl. 6 Eignungsnachweis und Güteüberwachung (Vornorm).
DIN 555 Sechskantmuttern; metrisches Gewinde, Ausführung g.
DIN 655 Drahtseile aus Drähten gleichen Durchmesssers

DIN 931 Sechskantschrauben; metrisches Gewinde, Ausführung m und mg.
M 1,6 bis M 88, M 72 × 6 bis M 150 × 6.
DIN 934 Sechskantmuttern, metrisches Gewinde, Ausführung m und mg.
DIN 1045 Beton- und Stahlbetonbau; Bemessung und Ausführung.
DIN 1055 Lastannahmen für Bauten.
DIN 1605, Bl. 4 Mechanische Prüfung der Metalle; Faltversuch.
DIN 1624 Bl. 3 Nahtlose Rohre aus unlegierten Stählen für Leitungen, Apparate und Behälter; Rohre mit Gütevorschriften, Technische Lieferbedingungen.
DIN 1626 Bl. 1 Geschweißte Stahlrohre aus unlegierten und niedriglegierten Stählen für Leitungen, Apparate und Behälter; Allgemeine Angaben, Übersicht, Hinweise für die Verwendung.
DIN 1627 Bl. 1 Entwurf: Warm fertigestellte Stahlhohlprofile für den Stahlbau; Allgemeine Angaben, Anwendungsbereich, Eigenschaften.
Bl. 2 Entwurf: Technische Lieferbedingungen für Profile mit quadratischem oder rechteckigem Querschnitt.
Bl. 3 Entwurf: Technische Lieferbedingungen für Profile mit kreisförmigem Querschnitt.
DIN 1629 Bl. 1 Nahtlose Rohre aus unlegierten Stählen für Leitungen, Apparate und Behälter; Übersicht, Technische Lieferbedingungen, Allgemeine Angaben.
DIN 1681 Stahlguß für allgemeine Verwendungszwecke.
DIN 1910 Bl. 1 Schweißen; Begriff, Einteilung der Schweißverfahren.
DIN 1913 Bl. 1 Lichtbogen-Schweißelektroden für Verbindungsschweißen, Stabelektroden für Stahl, unlegiert und niedrig legiert.
DIN 2078 Bl. 1 Stahldrähte für Drahtseile; Maße, zulässige Abweichungen, Gewichte.
Bl. 2 Technische Lieferbedingungen.
DIN 2448 Nahtlose Stahlrohre; Maße und Gewichte.
DIN 2458 Geschweißte Stahlrohre; Maße und Gewichte.
DIN 4099 Bl. 1 Schweißen von Betonstahl.
DIN 4102 Widerstandsfähigkeit von Baustoffen und Bauteilen gegen Feuer.
DIN 4115 Stahlleichtbau und Stahlrohrbau im Hochbau; Richtlinien für die Zulassung, Ausführung, Bemessung.

# Literatur zu 4.9 Stahl

DIN 4227 Spannbeton, Richtlinien für Bemessung und Ausführung.
DIN 4234 Stahlbeton-Maste, Bestimmungen für die Bemessung und Herstellung.
DIN 7154 ISO-Passungen für Einheitsbohrung.
DIN 7155 ISO-Passungen für Einheitswelle.
DIN 7968 Sechskant-Paßschrauben, ohne Mutter — mit Sechskantmutter, M 10 bis M 36, für Stahlkonstruktionen.
DIN 7989 Entwurf: Scheiben für Stahlkonstruktionen.
DIN 7990 Sechskantschrauben mit Sechskantmuttern M 10 bis M 36.
DIN 8528 Bl. 1 Entwurf: Schweißbarkeit; Begriffe
Bl. 2 Entwurf: Schweißeignung der allgemeinen Baustähle zum Schmelzschweißen.
DIN 8554 Bl. 1 Gasschweißstäbe und -drähte für Verbindungsschweißen von Stählen; Bezeichnung, Technische Lieferbedingungen.
DIN 8556 Bl. 1 Vornorm: Schweißzusatzwerkstoffe für das Schweißen nichtrostender und hitzebeständiger Stähle; Bezeichnung, Technische Lieferbedingungen.
DIN 8557 Schweißzusatzwerkstoffe und Schweißpulver für das Unterpulver-Schweißen (Verbindungsschweißen von unlegierten und niedriglegierten Stählen).
DIN 8559 Schweißzusatzwerkstoffe und Schutzgase für das Schutzgas-Lichtbogen-Schweißen; Technische Lieferbedingungen, Maße.

DIN 17014 Wärmebehandlung von Eisen und Stahl; Fachausdrücke.
DIN 17100 Allgemeine Baustähle.
DIN 17111 Kohlenstoffarme unlegierte Stähle für Schrauben, Muttern und Niete.
DIN 17118 Kaltprofile aus Stahl; Technische Lieferbedingungen.
DIN 17135 Alterungsbeständige Stähle.
DIN 17155 Bl. 1 u. 2 Kesselbleche.
DIN 17200 Vergütungsstähle.
DIN 17210 Einsatzstähle.
DIN 17440 Nichtrostende Stähle.
DIN 50049 Bescheinigungen über Werkstoffprüfungen.
DIN 50106 Druckversuch.
DIN 50115 Prüfung metallischer Werkstoffe, Kerbschlagbiegeversuch.
DIN 50121 Faltversuch an schmelzgeschweißten Stumpfnähten.
DIN 50145 Zugversuch; Begriffe, Zeichen.
DIN 50146 Zugversuch ohne Feindehnungsmessungen.
DIN 50900 Korrosion der Metalle; Begriffe.
DIN 55928 Schutzanstrich von Stahlbauwerken.
DIN 55945 Bl. 1 Anstrichstoffe, Begriffe.
DIN 59410 Entwurf: Warm gefertigte Stahl-Hohlprofile mit quadratischem oder rechteckigem Querschnitt für den Stahlbau; Maße, Gewichte, zulässige Abweichungen, statische Werte.

## Sonstige Normen; Werkstoffblätter

DIN-Taschenbuch 4, Stahl u. Eisen, Gütenormen.
DIN-Taschenbuch 28, Stahl u. Eisen, Maßnormen.
Euronorm 79-69 Benennung und Einteilung von Stahlerzeugnissen nach Formen und Abmessungen.
Stahl-Eisen-Werkstoffblatt 670 Hochwarmfeste Stähle.
Stahl-Eisen-Werkstoffblatt 680 Kaltzähe Stähle.
Stahl-Eisen-Werkstoffblatt 087 Wetterfeste Baustähle.

Stahl-Eisen-Werkstoffblatt 088 Schweißbare Feinkornbaustähle; Richtlinien für die Verarbeitung.
Stahl-Eisen-Werkstoffblatt 089 Schweißbare Feinkornbaustähle; Gütevorschriften.
AD-Merkblatt W 1 Unlegierte und legierte Stähle für Bleche.
AD-Merkblatt W 10 Werkstoffe für tiefe Temperaturen; Eisenwerkstoffe.

## Bücher

H 03 Stoffhütte, 4. Aufl., Berlin, München: Ernst & Sohn 1967.
H 20 Betriebshütte I, 6. Aufl., Berlin, München: Ernst & Sohn 1964.

1 Gemeinfaßliche Darstellung des Eisenhüttenwesens, 17. Aufl., Düsseldorf: Stahleisen 1971.
2 Stahl im Hochbau, 13. Aufl., Düsseldorf: Stahleisen 1967.
3 Stahlbau Profile, 11. Aufl., Düsseldorf: Stahleisen 1969.
4 Kaltprofile, 2. Aufl., Düsseldorf: Stahleisen 1969.
5 *Siebel*: Handbuch der Werkstoffprüfung, 2. Bd., Metallische Werkstoffe, 2. Aufl., Berlin, Göttingen, Heidelberg: Springer 1955.
6 *Guy*: Metallkunde für Ingenieure, Frankfurt: Akademische Verlagsgesellschaft 1970.
7 Stahlbau, Bd. 1, Köln: Stahlbau-Verlag 1961.
8 Stahlbau, Bd. 2, Köln: Stahlbau-Verlag 1957.
9 Werkstoff-Handbuch Stahl und Eisen, 4. Aufl., Düsseldorf: Stahleisen 1965.
10 Katalog zur Wahl der Stahlgütegruppen für geschweißte Stahlbauten, Düsseldorf: Dt. Verlag für Schweißtechnik 1962.
11 *Klas, Steinrath*: Die Korrosion des Eisens und ihre Verhütung, Düsseldorf: Stahleisen 1956.
12 Beton-Kalender, Berlin: Ernst & Sohn.
13 *Saliger, R.*: Fortschritte im Stahlbeton durch hochwertige Werkstoffe und neue Forschungen, Wien: Franz Deuticke 1950.

H 32 Bauhütte II, 29. Aufl., Berlin, München, Düsseldorf: Ernst & Sohn 1970.
H 90 Eisenhütte, 5. Aufl., Berlin: Ernst & Sohn 1961.

14 *Bub, H., Deutschmann, H.*: Betonstahl, Erkenntnisse aus Bauforschung und Baupraxis, Berlin: Erich Schmidt-Verlag.
15 *Leonhardt, F.*: Spannbeton für die Praxis, 2. Aufl., Berlin: Ernst & Sohn 1962.
16 *Steinhardt, Möhler*: Versuche zur Anwendung vorgespannter Schrauben im Stahlbau, Teil I bis III, Köln: Stahlbau-Verlag.
17 *Zeyen, Lohmann*: Schweißen der Eisenwerkstoffe, Düsseldorf: Stahleisen.
18 Vorläufige Richtlinien für Berechnung, Ausführung und bauliche Durchbildung von gleitfesten Schraubverbindungen, Köln: Stahlbau-Verlag 1963.
19 *Pomp, A.*: Stahldraht, 2. Aufl., Düsseldorf: Stahleisen 1952.
20 Stahldraht-Erzeugnisse, Düsseldorf: Stahleisen 1956.
21 Grundbau-Taschenbuch, Bd. 1, Berlin: Ernst & Sohn 1955.
22 Oberflächenschutz von Stahl durch Anstriche, Merkblatt 269 der Beratungsstelle für Stahlverwendung Düsseldorf.
23 Feuerverzinken, Merkblatt 293.
24 Kunststoffbeschichtetes Stahlblech, Merkblatt 325.

25 Feinkornbaustähle für geschweißte Konstruktionen, Merkblatt 365 Beratungsstelle für Stahlverwendung Düsseldorf.
26 Rechteck-Hohlprofile für den Stahlbau, Merkblatt 387 der Beratungstelle für Stahlverwendung.
27 Wetterfester Baustahl, Merkblatt 434.
28 Technische Lieferbedingungen für Stahlspundbohlen, Dortmund: Verkehrs- und Wirtschafts-Verlag Dr. Borgmann 1967.

### Aufsätze

40 *Heller, W., Kremer, K. J.*: Vergleich der Verfahren zur Prüfung der Sprödbruchneigung von Baustählen. Stahl u. Eisen [89] H. 18 (1969) 1015—1018.
41 *Dahl, W.*: Anwendungsmöglichkeiten der Bruchmechanik bei der Sprödbruchprüfung. Zeitschrift für Metallkunde. [61] H. 11 (1970) 794—804.
42 *Gassner, E.*: Betriebsfestigkeit. Konstruktion. [6] (1954) 97.
43 *Bierett, G.*: Über die Bedeutung und Auswirkung betriebsnaher Lastannahmen beim Dauerfestigkeitsnachweis von Metallkonstruktionen. Bauingenieur. [41] H. 11 (1966).
44 *Bierett, G.*: Über die Betriebsfestigkeit von geschweißten und genieteten Stahlverbindungen. Stahl u. Eisen. [87] H. 24 (1967).
45 *Schenck, H., Schmidtmann, E.*: Der Einfluß von Seigerungen. Stahl u. Eisen. [77] (1957) 784.
46 *Adrian, H., Brühl, F.*: Die Entwicklung der hochfesten schweißbaren Stähle. Stahl u. Eisen. [86] (1966) H. 11.
47 *Rose, A.*: Schweißbarkeit der hochfesten Baustähle. Stahl u. Eisen. [86] H. 11 (1966).
48 *Jäniche, W.*: Entwicklung eines gerippten Betonstahles. Stahl u. Eisen. [80] H. 18 (1960).
49 *Rehm, G.*: Über die Grundlagen des Verbundes zwischen Stahl und Beton. Deutscher Ausschuß für Stahlbeton H. 138, Vertrieb durch Ernst & Sohn.
50 *Kordina, K., Meyer-Ottens, C.*: Die Widerstandsfähigkeit von biegebeanspruchten Stahlbeton- und Spannbetonbauteilen gegen Feuer. Bauwirtschaft. H. 6 u. 7 (1963).
51 *Soretz, S.*: Ermüdungseinfluß im Stahlbeton. Schriftenreihe: Betonstahl in Entwicklung. TOR-Isteg-STEEL Corp. Luxemburg. H. 31 (1965).
52 *Wascheidt, H.*: Dauerschwingfestigkeit von Betonstählen im einbetonierten Zustand. Deutscher Ausschuß für Stahlbeton, H. 200, Vertrieb durch Ernst & Sohn.
53 *Steidl, P.*: Das autogene Preßschweißen von Bewehrungsstählen. Bau und Bauindustrie H. 5 (1960).
54 *Papsdorf, W., Schwier, F.*: Kriechen und Spannungsverlust bei Stahldraht, insbesondere bei leicht erhöhten Temperaturen. Stahl u. Eisen. [78] H. 14 (1958).
55 Tech. Mitt. Krupp, Werksberichte. H. 1 (Mai 1973)
56 *Jäniche, W., Wascheidt, H.*: Warmkriechversuche an Spannstählen, Feuerwiderstandsfähigkeit von Spannbeton, Wiesbaden: Bauverlag 1966.
57 *Kordina, K.*: Wirtschaftliche Verfahren zur Erhöhung der Feuerwiderstandsfähigkeit von Massivbauteilen. Vorträge Betontag 1969, Deutscher Betonverein.
58 *Meyer-Ottens, C.*: Klassifizierung des Brandverhaltens von Baustoffen und Bauteilen. Bauwirtschaft. [25] H. 50/51 (1971).
59 *Jäniche, W.*: Zur Weiterentwicklung von vergüteten Spannstählen. Vorträge Betontag 1965, Deutscher Betonverein.
60 div: Cases of damage due to corrosion of Prestressing steel. Report 49, Netherlands Commitee for Concrete Research.
61 *Andrä, W., Zellner, W.*: Zugglieder aus Paralleldrahtbündeln und ihre Verankerung bei hoher Dauerschwellbelastung.
62 *Böhden, Köhler*: Rohrverbindungen im Stahlbau. Schweißen und Schneiden. [5] (1953) 429.

## 4.10 Nichteisenmetalle[1])[2])

Bearbeitet von *K. Wesche* und *W. Manns*

### 4.10.1 Definition

Zu den Nichteisenmetallen werden alle metallischen Werkstoffe gerechnet, in denen Eisen nicht überwiegt. Die Kurzzeichen richten sich nach DIN 1700, Nichteisenmetalle; Systematik der Kurzzeichen. Nichteisenmetalle werden auf Grund ihrer Dichte in *Schwermetalle* und *Leichtmetalle* eingeteilt.

### 4.10.2 Schwermetalle

#### 4.10.2.1 Kennzeichnung, Verwendung im Bauwesen

Zu den Schwermetallen werden alle Nichteisenmetalle und deren Legierungen mit einer Dichte $\geq 5{,}0$ kg/dm$^3$ gerechnet. Physikalische Eigenschaften von Schwermetallen in Tabelle 4.10-1. Die Werkstoffnummern richten sich nach DIN 17007, Bl. 4, Systematik der Hauptgruppe 2, Schwermetalle außer Fe.

---

[1]) Vorkommen und Gewinnung in [H 03]. [2]) Literatur S. 793.

4.10 Nichteisenmetalle

Tabelle 4.10-1. Physikalische Eigenschaften und Elastizitätsmodul von Schwermetallen

| Werkstoff | Dichte kg/dm³ | Längendehn-koeffizient $10^{-6}$/K | Wärmeleitfähigkeit kcal/m h K | E-Modul Mp/cm² |
|---|---|---|---|---|
| Blei | 11,3 | 29,1 | 30 | 175 |
| Kupfer | 8,9 | 16,8 | 339 | 1250 |
| Kupfer-Zink-Legierungen[1]) Messing, Sondermessing) | 7,5···8,9 | 20,7···17,4 | 40···150 | 850···1250 |
| Kupfer-Zinn-Legierungen[1]) (Zinnbronze, Mehrstoff-Zinnbronze) | 8,8···8,9 | 18,2···17,8 | 50···160 | 1050···1200 |
| Kupfer-Nickel-Legierungen[1]) | 8,8···8,9 | 14,5···16,3 | 20···40 | 1600···1250 |
| Kupfer-Nickel-Zink-Legierungen[1]) (Neusilber) | 8,5···8,8 | 19,5···16,0 | 30···40 | 1400···1250 |
| Kupfer-Aluminium Legierungen[1]) (Aluminiumbronze, Mehrstoff-Aluminiumbronze) | 7,4···8,2 | 16,0···18,0 | 30···65 | 1050···1250 |
| Zink | 7,1 | 29 | 95 | 1000 |
| Zink-Kupfer-Titan-Legierungen (Zn-Cu-Ti-Legierungen, Titanzink, STZ) | 7,2 | 23 | 90···95 | 800···1400 |

[1]) Soweit möglich, geben linke Grenzwerte Legierungen mit niedrigem Cu-Gehalt, rechte Legierungen mit hohem Cu-Gehalt an.

Im Bauwesen ist der Einsatz der Schwermetalle rückläufig. Für Rohrinstallation, Dichtungen, Beschläge, Architekturprofile, Rostschutz u. a. werden vorwiegend aus wirtschaftlichen Gründen neue Baustoffe, insbesondere Kunststoffe, verwendet. Bedeutung haben neben *Kupfer* und *Kupferlegierungen* 4.10.2.2.2 Werkstoffe aus *Zink* 4.10.2.2.3 und *Blei* 4.10.2.2.1.

Neben Kupfer, Zink und Blei werden auch andere Schwermetalle verwendet, z. B. als *Überzüge* Chrom, Nickel, Cadmium, Zinn (Weißblech); als *Legierungsbestandteile* Zinn, Nickel (Nickel-Kupferlegierungen), Titan; zur Erzeugung von *Rohren* Zinn; zur Herstellung von *Blechen* Nickel und Nickel-Kupferlegierungen; für die Erzeugung von *Mineralpigmenten* Chrom, Mangan, Cadmium, Kobalt, Titan. Angaben über die genannten Metalle finden sich im folgenden Schrifttum: Vorkommen, Gewinnung und Eigenschaften [H 03; 1; 2; 4; 5; 7]; Verwendung für Legierungen und Überzüge [1; 2; 4; 5; 7; 8] Mineralpigmente [6].

## 4.10.2.2 Blei-, Kupfer- und Zinkwerkstoffe

### 4.10.2.2.1 Blei und Bleilegierungen

*4.10.2.2.1.1 Zusammensetzung* [1; 2; 10]

*Blei.* Die Werkstoffkennzeichnung „Blei" gilt für technisch reines Blei. Der Pb-Gehalt der Bleisorten ist $\geq$ 98,5%. Genormte Bleisorten nach DIN 1719 in Tabelle 4.10-2.

*Bleilegierungen.* Für die Verwendung im Bauwesen sind nur Blei-Antimon-Legierungen wichtig. Nach DIN 17641 unterscheidet man Rohrblei und Hartblei. Angaben über die Zusammensetzung in Tabelle 4.10-3.

*4.10.2.2.1.2 Eigenschaften* [1; 2; 4; 5; 10]

*Allgemeines.* Blei hat von allen Gebrauchsmetallen die höchste Dichte und mit 82 auch die höchste Ordnungszahl im Periodensystem. Blei ist weicher und schmiegsamer als die übrigen Schwermetalle; reines Pb läßt sich mit dem Fingernagel ritzen. Die niedrige Schmelztemperatur von 327 °C gibt Bleiwerkstoffen ausgezeichnete Löt- und Schweiß-

4.10.2 Schwermetalle

Tabelle 4.10-2. Genormte Bleisorten nach DIN 1719

| Benennung | Kurzzeichen | Zulässige Beimengungen in Gew.-%[1] | | Verwendung |
|---|---|---|---|---|
| | | insgesamt höchstens | Cu | |
| Feinblei | Pb 99,99<br>Pb 99,985 | 0,01<br>0,015 | —<br>— | Herstellung von Bleimennige, Bleiweiß, Bleiglätte und optischen Gläsern, Akkumulatorenplatten, Bleiblechen, Bleirohren und Bleidrähten für die chemische Industrie. Chemische Apparate nach Anforderung |
| Kupferfeinblei | Pb 99,9 Cu | 0,015[2] | 0,04 ⋯0,08 | Chemische Geräte in der Schwefelsäureindustrie. Weitere Werkstoffe dieser Art in DIN 17640 |
| Hüttenblei | Pb 99,94<br>Pb 99,9 | 0,06<br>0,10 | —<br>— | Ausgangswerkstoff für die Herstellung von Legierungen, von Hartblei für chemische Anlagen<br>Ausgangswerkstoff für die Herstellung von Legierungen, außer solchen für chemische Apparate. Trinkwasserleitungen |
| Umschmelzblei | Pb 99,75<br>Pb 98,5 | 0,25<br>1,5 | —<br>— | Ausgangswerkstoff für die Herstellung von Legierungen, Bleiwaren. Die Verwendbarkeit von Umschmelzblei als Legierungsblei soll für den jeweiligen Legierungszweck vom Verbraucher geprüft werden. Nicht immer gut schweißbar |

[1] Angaben über zulässige Beimengungen in DIN 1719.  [2] außer Cu und Ag.

Tabelle 4.10-3. Genormte Blei-Antimon-Legierungen nach DIN 17641

| Benennung | Kurzzeichen | Legierungsbestandteile[1] Gew.-% | | | Verwendung |
|---|---|---|---|---|---|
| | | Sb | As | Pb | |
| Rohrblei | R-Pb<br>Pb(Sb) | 0,75⋯1,25<br>0,2⋯0,3 | 0,02 ⋯0,05<br>— | Rest<br>Rest | Hartblei-Rohre für Druckleitungen (Trinkwasser) nach DIN 1262<br>Bleilegierungen für Abflußrohre nach DIN 1263 und Geruchverschlüsse nach DIN 1260 |
| Hartblei | PbSb 5<br>PbSb 8<br>PbSb 12 | 5⋯7<br>7,5⋯8,5<br>12⋯13 | —<br>—<br>— | Rest<br>Rest<br>Rest | Korrosionsbeständiger<br>Werkstoff<br>Basislegierung zum Herstellen von Nichteisenmetall-Legierungen |
| | PbSb 9 und PbSb 9 X[2] | 8,7⋯9,0 | — | Rest | Basismetall zum Herstellen von PbSb-Legierungen größerer Reinheit und anderer Nichteisenmetall-Legierungen |

[1] Angaben über zulässige Beimengungen in DIN 17641.
[2] Der Werkstoff PbSb 9 X unterscheidet sich vom Werkstoff PbSb 9 nur durch größere zulässige Beimengungen in Ag, As, Bi, Cu und Sn.

Tabelle 4.10-4. Richtwerte für Festigkeitseigenschaften von Blei und Blei-Antimon-Legierungen (gepreßt)

| Werkstoff | Zugfestigkeit $\beta_Z$ kp/mm² | Brinellhärte $H_{B10}$ kp/mm² | Bruchdehnung $\delta_{10}$ % |
|---|---|---|---|
| Blei | 1,2 | 4 | 110 |
| Blei-Antimon-Legierung | | | |
| mit 6% Sb | 2,3 | 11 | 65 |
| mit 10% Sb | 2,6 | 14 | 64 |

barkeit. Zusammenstellung physikalischer Eigenschaften in Tabelle 4.10-1. Blei besitzt gutes Formänderungsvermögen bei mäßigen Festigkeitswerten, die bei abnehmender Verformbarkeit durch Sb-Zusatz gesteigert werden können. Die mechanischen Eigenschaften von Bleiwerkstoffen sind stark vom Herstellverfahren (Pressen, Gießen, Walzen) sowie von der Nachbehandlung (Aushärten) abhängig. Richtwerte für Blei und Blei-Antimonlegierungen in Tabelle 4.10-4. Blei zeigt bei Raumtemperatur und niedrigen Beanspruchungen *Kriecherscheinungen*. Häufig maßgebend für die Verwendung von Blei im Bauwesen ist die gute Korrosionsbeständigkeit.

*Korrosionsverhalten*. Blei ist verhältnismäßig beständig, da es gegen die Wasserstoffelektrode nur ein geringes negatives Potential hat. Verhalten von Blei gegenüber verschiedenen Angriffsmitteln in Tabelle 4.10-16.

### 4.10.2.2.1.3 Verwendung im Bauwesen [2; 4; 6; 9—11]

*Allgemeines*. Hinweise für die Verwendung finden sich in DIN 1719 und DIN 17641; Auszüge für die wichtigsten Bleisorten in Tabelle 4.10-2 und 4.10-3. Anwendung von Bleiwerkstoffen für Dachdeckungen und Klempnerarbeiten, Rohrinstallation und Dichtungen, für Gelenke und Auflager von Tragwerken und für den Strahlenschutz. Weiterhin findet Pb Verwendung als Legierungsbestandteil und zur Herstellung von Rostschutzüberzügen und Pigmenten.

*Spezielle Anwendungsgebiete*

*Dachdeckung und Klempnerei*. Für die Einfassung von Schornsteinen, Gesimsen, Dachfenstern u. a. werden Hartbleibleche (Dachdeckerblei) mit 0,5 mm Dicke in Breiten von 500 oder 1000 mm benötigt; Weichblei müßte für gleiche Beanspruchungen 2- bis 3fache Dicke haben. Bleibleche von 2 mm Dicke sind für Dacheindeckungen geeignet. Langlebige Bleidächer dienen vorwiegend für Dächer historischer Gebäude, z. B. Kölner Dom. Maße für Bleche aus Blei enthält DIN 59610, zur Kennzeichnung der Bleche werden Dicke und Breite in mm angegeben, z. B. Blech 1 × 800 DIN 59610 — Pb 99,9 [9—11].

*Rohrinstallation*. Für Trinkwasserleitungen eignen sich Druckrohre für Nenndruck 6 und 10 aus Weich- und Hartblei (für Nenndruck 10 nach DIN 1262). Für Weichbleirohre kommt Hüttenblei Pb 99,9 und Kupferfeinblei 99,9 Cu, jedoch nicht Feinblei Pb 99,99 und Pb 99,985 zur Anwendung. Hartbleirohre werden aus R-Pb hergestellt. Zur Kennzeichnung der Rohre werden Außendurchmesser und Wanddicke in mm angegeben, z. B. Druckrohr 37 × 6 DIN 1262 Pb 99,9 Cu. Für Entwässerungsanlagen werden Abflußrohre und -stücke nach DIN 1263 und Geruchverschlüsse nach DIN 1260 aus Rohrblei Pb(Sb) hergestellt [9—11].

*Dichtung und Isolierung*. Bleifolien in einer Dicke von 0,10 bis 0,30 mm zwischen zwei Lagen Bitumenpappe dienen als Abdichtungen bei hohen Wasserüberdrücken (< 40 at). Bleiabdichtungen sind geeignet als Terrassen, Balkone, Dächer sowie zur Verwendung beim Brücken-, Tunnel- und Kanalbau. Sie sind wasser-, säure- und luftdicht, unbegrenzt haltbar, sehr biegsam und dehnbar.

Auskleidung von Behältern mit Bleiblechen empfiehlt sich bei aggressiven Medien. Bleiwolle und Riffelblei verwendet man neben der heute kaum noch angewandten Dichtung aus Gießblei für Abdichtungen von Gas-, Wasser- und Kanalisationsrohren, Bleiunterlegscheiben für das Anschrauben von Schildern und das Abdichten von Flanschrohren.

Wegen großer Dichte, geringer Biegefestigkeit und Porenfreiheit sind Bleibleche für den Schallschutz (Bürotrennwände u. ä.) verwendbar. Auflagerungen aus Weich- und Hartbleistreifen sind für mäßige Beanspruchungen ($\sigma_{zul} = 100$ kp/cm$^2$ für Weichblei, $\sigma_{zul} = 150$ kp/cm$^2$ für Hartblei) und geringe Formänderungen geeignet. Zwischenlagen aus Blei werden zur Schwingungsdämpfung verwandt, z. B. Blei-Asbest-Dämpfungsplatten [9—11].

*Strahlenschutz*. Blei, sofern es von durch Strahlung aktivierbaren Beimengungen frei ist, wird durch Neutronenbestrahlung nicht radioaktiv. Wegen hoher Dichte und Ordnungszahl ist es auch für Bleischutzwände (z. B. aus Bleibausteinen nach DIN 25407) zur Abschirmung von Röntgen- und Gammastrahlen sehr geeignet, da der Absorptionskoeffizient für diese Strahlen proportional mit der Dichte und der 3. Potenz der Ordnungszahl steigt [2; 10].

*Pigmente und Rostschutz*. Pb ist Ausgangsstoff für viele Mineral- sowie Rostschutzpigmente: Chromrot (Chromorange) PbO · PbCrO$_4$; Molybdatrot PbCrO$_4$ · MoO$_4$; Chrom-

### 4.10.2 Schwermetalle

gelb $PbCrO_4$; Neapelgelb $Pb(SbO_3)_2$; Bleimennige $Pb_3O_4$; Bleiweiß $2PbCO_3 \cdot Pb(OH)_2$. Bleimennige ist ein bevorzugtes Rostschutzpigment für den Grundanstrich. Verschnitt bis 40% (Schwerspat) gibt keine Beeinträchtigung der Rostschutzwirkung. Bleiweiß dient für wetterbeständige Außenanstriche auf Putz, Holz und Stahl, sowie für Zwischen- und Schlußanstriche beim Korrosionsschutz (Bleiweißanstriche bräunen bei schwefelwasserstoffhaltiger Luft). Zu beachtende Vorschriften: DV 807 (RoSt) Technische Vorschriften für den Rostschutz von Stahlbauwerken; RAL 844 (vom Ausschuß für Lieferbedingungen und Gütezeichen beim DNA); Bleimerkblatt zur Verhütung der Bleikrankheit.

Bleiüberzüge (Verbleiung) dienen zum Schutz gegen chemische Beanspruchungen (z. B. von Rauchgasrohren). Je nach Art des Angriffes und der zu schützenden Teile wird Feuer- oder Schmelztauchverbleiung, galvanische Verbleiung sowie Spritzverbleiung angewandt [4; 6; 9; 10].

*Legierungsbestandteil.* Abgesehen von der Verwendung als Legierungsbestandteil verschiedener Kupferlegierungen ist Pb neben Sn Hauptbestandteil der Blei- und Zinnlote nach DIN 1707, die zum Weichlöten von Schwermetallen und deren Legierungen sowie zur Herstellung von Überzügen verwendet werden [9–11].

#### 4.10.2.2.2 Kupfer und Kupferlegierungen

*4.10.2.2.2.1 Zusammensetzung* [1; 2; 12]

*Kupfer.* Die Werkstoffbezeichnung „Kupfer" gilt für technisch reines Cu und Legierungen mit sehr geringen Zusätzen. Der Cu-Gehalt der Kupfersorten ist $\geqq$ 99,0%. Genormte Kupfersorten nach DIN 1708 und DIN 1787 in Tabelle 4.10-5.

Tabelle 4.10-5. Genormte Kupfersorten nach DIN 1708 und DIN 1787

| Benennung nach DIN 1708 u. DIN 1787 | Kurzzeichen | Zusammensetzung in Gew.-% Cu mindestens | Zusätze | Verwendung (nach DIN 1787) |
|---|---|---|---|---|
| *Sauerstoffhaltige Kupfersorten* | | | | |
| C-Kupfer | C-Cu | 99,5 | — | Halbzeug, insbesondere Bleche und Bänder |
| D-Kupfer | D-Cu | 99,75 | — | ohne Anforderung an die Leitfähigkeit nach |
| F-Kupfer | F-Cu | 99,90 | — | VDE-Vorschrift und ohne besondere Anforderungen an Schweiß- und Hartlötfähigkeit |
| E-Kupfer | E-Cu | 99,90 | — | Halbzeug jeder Art, wenn Leitfähigkeit nach VDE-Vorschrift verlangt wird (Elektrotechnik) |
| *Sauerstofffreie Kupfersorten* | | | | |
| SA-Kupfer | SA-Cu | 99,0 | As 0,30 bis 0,50 | Feuerbuchsen, Stehbolzen und im Apparatebau |
| SB-Kupfer | SB-Cu | 99,25 | | Rohre für Sonderzwecke, z. B. im Schiffbau |
| SD-Kupfer | SD-Cu | 99,8 | — | Halbzeug jeder Art bei hohen Anforderungen an Schweiß- und Hartlötfähigkeit sowie Verformbarkeit (Apparatebau). Leitfähigkeit nach VDE-Vorschrift nicht verlangt |
| SF-Kupfer | SF-Cu | 99,90 | — | |
| SE-Kupfer | SE-Cu | 99,90 | — | Bei besonderen Anforderungen an Verformbarkeit, Schweißbarkeit und Leitfähigkeit sowie zum Plattieren, Röhreneinbauwerkstoff |
| *Elektrolytisch niedergeschlagenes Kupfer* (ohne Umschmelzung) | | | | |
| Kathoden-Elektrolytkupfer[1] | Ke-Cu | 99,90 | — | Einsatz für Schmelzungen hoher Reinheit, insbesondere mit Leitfähigkeit nach VDE-Vorschrift[1] |

[1] nur nach DIN 1708.

## 4.10 Nichteisenmetalle

Tabelle 4.10-6. Genormte Kupfer-Knetlegierungen, Zusammensetzung

| Legierungsgruppe | Kennzeichen neu | alt | Cu | Zn |
|---|---|---|---|---|
| Kupfer-Zink-Legierungen nach DIN 17660 (Messing) (Sondermessing) | CuZn 5 | Ms 95 | 94,0···96,0 | Rest |
| | CuZn 10 | Ms 90 | 89,0···91,0 | Rest |
| | CuZn 15 | Ms 85 | 84,0···86,0 | Rest |
| | CuZn 20 | Ms 80 | 79,0···81,0 | Rest |
| | CuZn 28 | Ms 72 | 71,0···73,0 | Rest |
| | CuZn 30 | Ms 70 | 64,0···71,0 | Rest |
| | CuZn 33 | Ms 67 | 66,0···68,5 | Rest |
| | CuZn 36 | Ms 63 | 63,5···65,0 | Rest |
| | CuZn 37 | Ms 63 | 62,0···64,0 | Rest |
| | CuZn 36 Pb 1 | Ms 63 Pb | 62,0···64,0 | Rest |
| | CuZn 36 Pb 3 | — | 60,0···62,0 | Rest |
| | CuZn 40 | Ms 60 | 59,5···61,5 | Rest |
| | CuZn 38 Pb 1 | Ms 60 Pb | 59,5···61,5 | Rest |
| | CuZn 39 Pb 2 | Ms 58 | 58,5···59,8 | Rest |
| | CuZn 39 Pb 3 | Ms 58 | 57,5···59,0 | Rest |
| | CuZn 40 Pb 2 | Ms 58 | 57,5···59,0 | Rest |
| | CuZn 40 Pb 3 | Ms 58 | 56,5···58,0 | Rest |
| | CuZn 41 Pb 2 | Ms 58 | 56,0···58,0 | Rest |
| | CuZn 44 Pb 2 | Ms 56 | 53,5···56,0 | Rest |
| | CuZn 20 Al | SoMs 76 | 76,0···79,0 | Rest |
| | CuZn 28 Sn | SoMs 71 | 70,0···72,5 | Rest |
| | CuZn 30 Al | — | 60,0···62,0 | Rest |
| | CuZn 31 Si | SoMs 68 | 66,0···70,0 | Rest |
| | CuZn 35 Ni | SoMs 59 | 58,0···61,0 | Rest |
| | CuZn 39 Sn | SoMs 60 | 59,0···62,0 | Rest |
| | CuZn 37 Al | SoMs 58 Al 1 | 59,0···62,5 | Rest |
| | CuZn 40 Al 1 | SoMs 58 Al 1 | 56,5···59,5 | Rest |
| | CuZn 40 Al 2 | SoMs 58 Al 2 | 55,0···59,0 | Rest |
| | CuZn 40 Ni | SoMs 58 | 56,0···58,0 | Rest |
| | CuZn 40 Mn | SoMs 58 | 57,0···59,0 | Rest |
| | CuZn 40 MnPb | SoMs 58 Pb | 57,0···59,0 | Rest |
| Kupfer-Zinn-Legierungen nach DIN 17662 (Zinnbronze) (Mehrstoff-Zinnbronze) | CuSn 2 | SnBz 2 | Rest | — |
| | CuSn 6 | SnBz 6 | Rest | — |
| | CuSn 8 | SnBz 8 | Rest | — |
| | CuSn 6 Zn | MSnBz 6 | Rest | 5,0···7,0 |
| Kupfer-Nickel-Zink-Legierungen nach DIN 17663 (Neusilber) | CuNi 10 Zn 42 Pb | Ns 4711 Pb | 45,0···48,0 | Rest |
| | CuNi 12 Zn 24 | Ns 6512 | 63,0···66,0 | Rest |
| | CuNi 12 Zn 30 Pb | Ns 5712 Pb | 56,0···58,0 | Rest |
| | CuNi 18 Zn 20 | Ns 6218 | 60,0···63,0 | Rest |
| | CuNi 18 Zn 19 Pb | Ns 6218 Pb | 59,0···63,0 | Rest |
| | CuNi 25 Zn 15 | Ns 6025 | 58,0···61,0 | Rest |
| Kupfer-Nickel-Legierungen nach DIN 17664 | CuNi 5 Fe | | Rest | — |
| | CuNi 10 Fe | | Rest | — |
| | CuNi 20 Fe | | Rest | — |
| | CuNi 25 | | Rest | — |
| | CuNi 30 Fe | | Rest | — |
| | CuNi 44 | | Rest | — |
| Kupfer-Aluminium-Legierungen nach DIN 17665 (Aluminiumbronzen) (Mehrstoff-Aluminium-Bronzen) | CuAl 5 | AlBz 5 | 92,5···96,0 | — |
| | CuAl 8 | AlBz 8 | 89,0···93,0 | — |
| | CuAl 8 Fe | AlBz 8 Fe | 86,5···91,0 | — |
| | CuAl 10 Fe | AlBz 10 Fe | 80,0···86,5 | — |
| | CuAl 9 Mn | AlBz 9 Mn | 86,5···90,0 | — |
| | CuAl 10 Ni | AlBz 10 Ni | 79,5···85,0 | — |
| | CuAl 11 Ni | AlBz 11 Ni | 74,0···78,5 | — |

[1]) Angaben über zulässige Beimengungen in den entsprechenden Normen.

## 4.10.2 Schwermetalle

| | | | Legierungsbestandteile in Gew.-%[1]) | | | | |
|---|---|---|---|---|---|---|---|
| Pb | Ni | Mn | Fe | Sn | Al | As | Si |
| — | — | — | — | — | — | — | — |
| — | — | — | — | — | — | — | — |
| — | — | — | — | — | — | — | — |
| — | — | — | — | — | — | — | — |
| — | — | — | — | — | — | — | — |
| — | — | — | — | — | — | — | — |
| — | — | — | — | — | — | — | — |
| — | — | — | — | — | — | — | — |
| 0,5···2,5 | — | — | — | — | — | — | — |
| 2,5···3,5 | — | — | — | — | — | — | — |
| — | — | — | — | — | — | — | — |
| 0,5···2,0 | — | — | — | — | — | — | — |
| 1,5···2,3 | — | — | — | — | — | — | — |
| 2,5···3,3 | — | — | — | — | — | — | — |
| 1,5···2,5 | — | — | — | — | — | — | — |
| 2,5···3,3 | — | — | — | — | — | — | — |
| 1,5···2,5 | — | — | — | — | — | — | — |
| 1,0···2,5 | — | — | — | — | — | — | — |
| — | — | — | — | — | 1,8···2,3 | 0,02···0,035 | — |
| — | — | — | — | 0,9···1,3 | — | 0,02···0,035 | — |
| — | 3,0···4,0 | — | — | — | 5,0···7,0 | — | — |
| — | — | — | — | — | — | — | 0,7···1,3 |
| — | 2,0···3,0 | 1,5···2,5 | — | — | 0,3···1,5 | — | — |
| — | — | — | — | 0,5···1,0 | — | — | — |
| — | — | 0,4···1,8 | — | — | 0,2···1,3 | — | — |
| — | — | 0,4···1,8 | — | — | 0,4···1,6 | — | — |
| — | — | 1,0···2,4 | — | — | 1,3···2,3 | — | — |
| — | 1,0···2,0 | 0,5···1,0 | — | — | — | — | — |
| — | — | 1,0···2,5 | — | — | — | — | — |
| 1,0···2,0 | — | 0,4···1,8 | — | — | — | — | — |
| — | — | — | — | 1,0···2,5 | — | — | — |
| — | — | — | — | 5,5···7,5 | — | — | — |
| — | — | — | — | 7,5···9,0 | — | — | — |
| — | — | — | — | 5,0···7,0 | — | — | — |
| 0,5···2,0 | 9,5···11,5 | — | — | — | — | — | — |
| — | 11,0···13,0 | — | — | — | — | — | — |
| 0,5···2,0 | 11,0···13,0 | — | — | — | — | — | — |
| — | 17,0···19,0 | — | — | — | — | — | — |
| 0,5···2,0 | 17,0···19,0 | — | — | — | — | — | — |
| — | 24,0···26,0 | — | — | — | — | — | — |
| — | 4,8··· 6,0 | 0,3···0,8 | 1,0···1,5 | — | — | — | — |
| — | 9,0···11,0 | 0,5···1,0 | 1,0···1,8 | — | — | — | — |
| — | 20,0···22,0 | 0,5···1,5 | 0,5···1,0 | — | — | — | — |
| — | 24,0···26,0 | — | — | — | — | — | — |
| — | 30,0···32,0 | 0,5···1,5 | 0,4···1,0 | — | — | — | — |
| — | 43,0···45,0 | 0,5···2,0 | — | — | — | — | — |
| — | — | — | — | — | 4,0··· 6,0 | — | — |
| — | — | — | — | — | 7,0··· 9,0 | — | — |
| — | — | — | 1,5···3,5 | — | 6,5··· 9,0 | — | — |
| — | — | 1,5···3,5 | 1,5···4,0 | — | 9,0···11,0 | — | — |
| — | — | 1,5···3,0 | — | — | 7,7··· 9,7 | — | — |
| — | 3,0···6,0 | — | 2,5···5,3 | — | 8,5···10,5 | — | — |
| — | 5,0···7,5 | — | 4,8···7,3 | — | 10,5···12,5 | — | — |

*Kupferlegierungen.* Die Terminologie der Kupferlegierungen wird umgestellt; Gegenüberstellung der alten und neuen Bezeichnungen in Tabelle 4.10-7. Kupferlegierungen werden eingeteilt hinsichtlich ihrer Verarbeitbarkeit in Kupfer-Knetlegierungen und Kupfer-Gußlegierungen, Übersicht in Tabelle 4.10-8. Genormte Kupfer-Knetlegierungen in Tabelle 4.10-6. Niedrig legierte Kupfer-Knetlegierungen nach DIN 17666, wie Kupfer-Beryllium-, Kupfer-Nickel-Silicium- und Kupfer-Cadmium-Legierungen, sind nicht aufgeführt, da deren hauptsächliches Anwendungsgebiet die Elektrotechnik ist. Genormte Kupfer-Gußlegierungen mit Angabe der Lieferform in Tabelle 4.10-9.

Tabelle 4.10-7. Bezeichnung von Kupferlegierungen

| alt | neu |
| --- | --- |
| Messing und Sondermessing | Kupfer-Zink-Legierungen |
| Zinnbronze und Mehrstoff-Zinnbronze | Kupfer-Zinn-Legierungen |
| Neusilber | Kupfer-Nickel-Zink-Legierungen |
| Kupfer-Nickel-Legierungen | Kupfer-Nickel-Legierungen |
| Aluminiumbronze und Mehrstoff-Aluminiumbronze | Kupfer-Aluminium-Legierungen |
| Guß-Zinnbronze | Kupfer-Zinn-Gußlegierungen |
| Rotguß | Kupfer-Zinn-Zink-Blei-Gußlegierungen |
| Guß-Messing | Kupfer-Zink-Gußlegierungen |
| Guß-Sondermessing | Kupfer-Zink-Gußlegierungen mit Zusätzen |
| Guß-Aluminiumbronze und Guß-Mehrstoff-Aluminiumbronze | Kupfer-Aluminium-Gußlegierungen |
| Guß-Bleibronze | Kupfer-Blei-Gußlegierungen |
| Guß-Zinn-Bleibronze | Kupfer-Blei-Zinn-Gußlegierungen |

Tabelle 4.10-8. DIN-Normen für Kupferlegierungen

*Kupfer-Knetlegierungen*

DIN 17660 Kupfer-Zink-Legierungen (Messing), (Sondermessing)
DIN 17662 Kupfer-Zinn-Legierungen (Zinnbronze)
DIN 17663 Kupfer-Nickel-Zink-Legierungen (Neusilber)
DIN 17664 Kupfer-Nickel-Legierungen
DIN 17665 Kupfer-Aluminium-Legierungen (Aluminiumbronze)

*Kupfer-Gußlegierungen*

DIN 1705 Guß-Zinnbronze und Rotguß, Gußstücke
DIN 1709 Guß-Messing und Guß-Sondermessing, Gußstücke
DIN 1714 Guß-Aluminiumbronze und Guß-Mehrstoff-Aluminiumbronze, Gußstücke
DIN 1716 Guß-Bleibronze und Guß-Zinn-Bleibronze, Gußstücke
DIN 17656 Kupfer-Gußlegierungen, Blockmetalle

### 4.10.2.2.2.2 Eigenschaften [1; 2; 4; 5; 12—15]

*Allgemeines.* Von allen Gebrauchsmetallen haben Kupferwerkstoffe die höchste elektrische und thermische Leitfähigkeit. Die thermische Dehnung von Kupfer und seinen Legierungen beträgt das 1,5- bis 2,0fache derjenigen des Stahls. Kupferwerkstoffe lassen sich gut bearbeiten, für gute Zerspanbarkeit verwendet man Legierungen mit Pb-Zusatz. Die Schmelztemperatur des Kupfers und seiner Legierungen liegt bei 880 bis 1300 °C. Zusammenstellung physikalischer Eigenschaften in Tabelle 4.10-1. Für die Verwendung im Bauwesen sind die guten Festigkeitseigenschaften und die Korrosionsbeständigkeit häufig maßgebend.

*Festigkeitseigenschaften.* Kupfer besitzt großes *Formänderungsvermögen* bei guten Festigkeiten. Die *Bruchdehnung* und *Einschnürung* von sauerstofffreiem Kupfer in weichem Zustand beträgt 40 bis 60%.

4.10.2 Schwermetalle

Tabelle 4.10-9. Kupfergußlegierungen, Zusammensetzung, Lieferform und Festigkeitszustand

| Legierungsgruppe | Kurzzeichen | Zusammensetzung in Gew.-%[1] | | | | | | | | Lieferform | Festigkeits-klasse |
|---|---|---|---|---|---|---|---|---|---|---|---|
| | | Cu | Sn | Zn | Pb | Al | Fe | Ni | Mn | | |
| Guß-Zinnbronze nach DIN 1705 | SnBz14 | 85···87 | 13···15 | – | – | – | – | – | – | Formguß | F20 |
| | SnBz12 | 87···89 | 11···13 | – | – | – | – | – | – | Formguß, Schleuderguß, Stranguß | F24, F28 |
| | SnBz10 | 89···91 | 9···11 | – | – | – | – | – | – | Formguß | F25 |
| Rotguß (Guß-Mehrstoff-Zinn-bronze) nach DIN 1705 | Rg10 | 86,5···89 | 8,5···11 | 1···3 | – | – | – | – | – | Formguß, Schleuderguß, Stranguß | F25, F27 |
| | Rg7 | 83···85 | 6···8 | 3···5 | 5···7 | – | – | – | – | Formguß, Schleuderguß, Stranguß | F22, F27 |
| | Rg5 | 84···86 | 4···6 | 3···5 | 5···7 | – | – | – | – | Formguß, Schleuderguß, Stranguß | F20, F25 |
| Guß-Aluminiumbronze nach DIN ,714 | AlBz9 | 88···92 | – | – | – | 8···10,5 | – | – | – | Formguß | F35 |
| Guß-Mehrstoff-Aluminiumbronze nach DIN 1714 | FeAlBz F50 | 83···89,5 | – | – | – | 8,5···11 | 2···4 | – | – | Formguß | F50 |
| | NiAlBzF60 | 78···82 | – | – | – | 7,8···9,8 | 4···6 | 4···6,5 | – | Formguß | F50 |
| | F68 | 77···81 | – | – | – | 8,8···10,8 | 4···6 | 4···6,5 | – | Formguß, Schleuderguß | F60 |
| | | 73···80 | – | – | – | 9···12 | 5···7 | 4,5···7 | – | Formguß | F70 |
| | MnAlBz | 82···85 | – | – | – | 7···9 | – | 1···2 | 5···6,5 | Formguß | F42 |
| Guß-Bleibronze | PbBz25 | 69···77 | – | – | 22···28 | – | – | – | – | Verbundguß | – |
| Guß-Zinn-Bleibronze nach DIN 1716 | SnPbBz 5 | 84···87 | 9···11 | – | 4···6 | – | – | – | – | Formguß | F20 |
| | SnPbBz10 | 78···82 | 9···11 | – | 8···11 | – | – | – | – | Formguß | F18 |
| | SnPbBz15 | 75···79 | 7···9 | – | 13···17 | – | – | – | – | Formguß | F16 |
| | SnPbBz20 | 69···77 | 3,5···5,5 | – | 18···23 | – | – | – | – | Formguß | F15 |
| Guß-Messing nach DIN 1709 | Ms65 | 63···67 | – | Rest | 1···3 | – | – | – | – | Formguß | F15 |
| | Ms60 | 58···64 | – | Rest | – | – | – | – | – | Kokillenguß, Druckguß | F25 |
| Guß-Sonder-Messing nach DIN 1709 | SoMsF30 | 55···64 | ≦1 | Rest | – | 1···2,5 | ≦1,2 | – | ≦2,5 | Formguß | F30 |
| | F45 | 55···68 | – | Rest | – | ≦2 | ≦2 | ≦2 | ≦3[2] | Formguß | F45 |
| | F60 | 55···68 | – | Rest | – | 5 | ≦2,5 | ≦2 | ≦4[3] | Formguß | F60 |
| | F75 | 55···68 | – | Rest | – | ≦7,5 | ≦4 | ≦2 | ≦5[4] | Formguß | F75 |

[1] Angaben über zulässige Beimengungen in den entsprechenden Normen
[2] Al + Fe + Ni + Mn  1···6,5
[3] Al + Fe + Ni + Mn  1···7,5
[4] Al + Fe + Ni + Mn  2···16

4.10 Nichteisenmetalle

Die mechanischen Eigenschaften verschiedener *Kupfersorten* weichen nur sehr wenig voneinander ab. Die Festigkeiten von Halbzeug und Gußkupfer sind stark vom Ausmaß der Verformung bzw. vom Gießverfahren abhängig. Höhere Festigkeiten werden durch Kaltumformung erreicht, gehen jedoch nach vollständigem Weichglühen nahezu auf die Ausgangswerte zurück. Früher übliche Zustandsbezeichnungen wie weich, halbhart, hart usw. sind durch Festigkeitsangaben (*F-Zahlen*) ersetzt worden. Die Zustände werden durch Anhängezahlen an die Werkstoffnummern gekennzeichnet, so wird *weich ohne Korngrößenangabe* durch die Anhängezahl .10, *halbhart* durch .26 und *hart* durch .30 gekennzeichnet.

Die mechanischen Eigenschaften der *Kupferlegierungen* sind abhängig von den Legierungsbestandteilen, vom Ausmaß der Verformung und bei Gußlegierungen vom Gießverfahren. Festigkeitseigenschaften für Bleche und Bänder aus Kupfer und Kupfer-Knetlegierungen nach DIN 17670 in Tabelle 4.10-10a und b. Für andere Halbzeugarten und Querschnitte sowie Gesenkschmiedestücke gelten zum Teil andere Werte, für Rohre DIN 17671, für Stangen und Drähte DIN 17672, für Gesenkschmiedestücke DIN 17673, für Strangpreßprofile DIN 17674. Eine Übersicht über die in den Normen aufgeführten Festigkeitsangaben gibt Tabelle 4.10-11, über die Festigkeitsangaben der genormten Gußlegierungen Tab. 4.10-9. Für *Gußkupfer* werden die *Zugfestigkeit* mit 15 bis 17 kp/mm², die *Bruchdehnung* $\delta_{10}$ mit 25 bis 30% und die *Brinellhärte* $H_{B10}$ mit 40 bis 45 kp/mm² angegeben.

Tabelle 4.10-10a. Festigkeitseigenschaften für Bleche und Bänder aus Kupfer nach DIN 17670
Zusammensetzung nach DIN 1787

| Werkstoff | Festigkeits-zustand (Kurzzeichen) | Abmessungen[1]) Dicke mm | Breite mm | Zugfestigkeit $\beta_Z$ kp/mm² | 0,2-Grenze $\beta_{0,2}$ kp/mm² | Bruchdehnung $\delta_5$ % (mindestens) | $\delta_{10}$ % | Brinellhärte $H_{B10}$ kp/mm² (Ungefährwert) |
|---|---|---|---|---|---|---|---|---|
| Kupfersorten nach DIN 1787 | F 20 | ≧ 5 | —[1]) | 20···25 | ≦ 10 | 42 | 36 | 55 |
| | F 22 | 0,2··· 5 | —[1]) | 22···26 | ≦ 14 | 45 | 40 | 55 |
| | F 25 | 0,2··· 5 | ≦ 1 200 | 25···31 | ≧ 18 | 15 | 12 | 80 |
| | F 25 | 5 ···20 | ≦ 1 200 | 25···31 | ≧ 15 | 8 | 6 | 80 |
| | F 30 | 0,2···10 | ≦ 1 200 | 30···37 | ≧ 26 | 6 | 4 | 95 |
| | F 37 | 0,2··· 1 | ≦ 600 | ≧ 37 | ≧ 3 | 3 | 2 | 105 |

[1]) Entsprechend den Maßnormen

Tabelle 4.10-10b. Festigkeitseigenschaften für Bleche und Bänder aus Kupfer-Knetlegierungen

| Legierungsgruppe | Werkstoff | Abmessungen[1]) für Bleche Dicke mm | Breite mm | Abmessungen[1]) für Bänder Dicke mm | Breite mm | Zugfestigkeit $\beta_Z$ kp/mm² | 0,2-Grenze $\beta_{0,2}$ kp/mm² | Bruchdehnung $\delta_5$ % | $\delta_{10}$ % (mindestens) | Brinellhärte $H_{B10}$ kp/mm² (Ungefährwert) |
|---|---|---|---|---|---|---|---|---|---|---|
| Kupfer-Zink-Legierungen nach DIN 17660 (Messing) (Sondermessing) | CuZn 5 F22 | 0,3···5 | —[1]) | 0,3···2 | ≦ 600 | 22···27 | ≦ 13 | 40 | 34 | 60 |
| | CuZn 5 F27 | 0,3··· 5 | ≦ 600 | 0,3···2 | ≦ 500 | 27···33 | ≧ 20 | 19 | 16 | 85 |
| | CuZn 5 F33 | 0,3···5 | ≦ 600 | 0,3···2 | ≦ 600 | ≧33 | ≧ 27 | 8 | 5 | 110 |
| | CuZn 10 F24 | 0,3···5 | —[1]) | 0,3···2 | ≦ 600 | 24···30 | ≦ 14 | 42 | 36 | 60 |
| | CuZn 10 F30 | 0,3···5 | ≦ 600 | 0,3···2 | ≦ 600 | 30···36 | ≧ 20 | 22 | 19 | 85 |
| | CuZn 10 F36 | 0,3···5 | ≦ 600 | 0,3···2 | ≦ 600 | ≧36 | ≧ 30 | 9 | 6 | 110 |
| | CuZn 15 F26 | 0,3···5 | —[1]) | 0,3···2 | ≦ 600 | 26···32 | ≦ 14 | 44 | 39 | 65 |
| | CuZn 15 F32 | 0,3···5 | ≦ 600 | 0,3···2 | ≦ 600 | 32···38 | ≧ 20 | 25 | 22 | 95 |
| | CuZn 15 F38 | 0,3···5 | ≦ 600 | 0,3···2 | ≦ 600 | 38···47 | ≧ 31 | 11 | 8 | 120 |
| | CuZn 15 F47 | — | — | 0,3···2 | ≦ 350 | ≧47 | ≧ 42 | — | 3 | 150 |
| | CuZn 20 F27 | 0,3···5 | —[1]) | 0,3···2 | ≦ 600 | 27···33 | ≦ 15 | 46 | 41 | 65 |
| | CuZn 20 F33 | 0,3···5 | ≦ 600 | 0,3···2 | ≦ 600 | 33···40 | ≧ 20 | 28 | 25 | 100 |
| | CuZn 20 F40 | 0,3···5 | ≦ 600 | 0,3···2 | ≦ 600 | 40···50 | ≧ 33 | 12 | 9 | 125 |
| | CuZn 20 F50 | — | — | 0,3···2 | ≦ 350 | ≧50 | ≧ 45 | — | 4 | 155 |
| | CuZn 28 F28 | 0,3···5 | —[1]) | 0,3···2 | ≦ 600 | 28···36 | ≦ 16 | 50 | 45 | 70 |

## 4.10.2 Schwermetalle

Tabelle 4.10-10b (Fortsetzung)

| Legierungsgruppe | Werkstoff | Abmessungen[1]) für Bleche Dicke mm | Abmessungen[1]) für Bleche Breite mm | Abmessungen[1]) für Bänder Dicke mm | Abmessungen[1]) für Bänder Breite mm | Zugfestigkeit $\beta_z$ kp/mm² | 0,2-Grenze $\beta_{0,2}$ kp/mm² | Bruchdehnung $\delta_5$ % (mindestens) | Bruchdehnung $\delta_{10}$ % (mindestens) | Brinellhärte $H_{B10}$ kp/mm² (Ungefährwert) |
|---|---|---|---|---|---|---|---|---|---|---|
| | CuZn28F36 | 0,3···5 | ≦ 600 | 0,3···2 | ≦ 600 | 36···43 | ≧ 20 | 33 | 30 | 110 |
| | CuZn28F43 | 0,3···5 | ≦ 600 | 0,3···2 | ≦ 600 | 43···53 | ≧ 35 | 15 | 12 | 130 |
| | CuZn28F53 | — | — | 0,3···2 | ≦ 350 | ≧35 | ≧ 48 | — | 5 | 160 |
| | CuZn30F28 | 0,3···5 | —[1]) | 0,3···2 | ≦ 600 | 28···36 | ≦ 16 | 50 | 45 | 70 |
| | CuZn30F36 | 0,3···5 | ≦ 600 | 0,3···2 | ≦ 600 | 36···43 | ≧ 20 | 33 | 30 | 110 |
| | CuZn30F43 | 0,3···5 | ≦ 600 | 0,3···2 | ≦ 600 | 43···53 | ≧ 35 | 15 | 12 | 130 |
| | CuZn30F53 | — | — | 0,3···2 | ≦ 350 | ≧53 | ≧ 48 | — | 5 | 160 |
| | CuZn33F29 | 0,3···5 | —[1]) | 0,3···2 | ≦ 600 | 29···37 | ≦ 17 | 50 | 45 | 70 |
| | CuZn33F37 | 0,3···5 | ≦ 600 | 0,3···2 | ≦ 600 | 37···44 | ≧ 20 | 31 | 28 | 110 |
| | CuZn33F44 | 0,3···5 | ≦ 600 | 0,3···2 | ≦ 600 | 44···54 | ≧ 37 | 18 | 15 | 130 |
| | CuZn33F54 | — | — | 0,3···2 | ≦ 350 | ≧54 | ≧ 49 | — | 4 | 160 |
| | CuZn36F30 | 0,2···5 | —[1]) | 0,2···2 | ≦ 600 | 30···38 | ≦ 20 | 50 | 44 | 70 |
| | CuZn36F38 | 0,2···5 | ≦ 600 | 0,2···2 | ≦ 600 | 38···45 | ≧ 20 | 28 | 24 | 110 |
| | CuZn36F45 | 0,2···5 | ≦ 600 | 0,2···2 | ≦ 600 | 45···55 | ≧ 38 | 12 | 8 | 135 |
| | CuZn36F55 | 0,2···2 | ≦ 600 | 0,2···2 | ≦ 350 | 55···62 | ≧ 50 | — | 2 | 160 |
| | CuZn36F62 | — | — | 0,2···2 | ≦ 350 | ≧62 | ≧ 59 | — | — | 180 |
| | CuZn37F30 | 0,2···5 | —[1]) | 0,2···2 | ≦ 600 | 30···38 | ≦ 20 | 50 | 44 | 70 |
| | CuZn37F38 | 0,2···5 | ≦ 600 | 0,2···2 | ≦ 600 | 38···45 | ≧ 20 | 28 | 24 | 110 |
| | CuZn37F45 | 0,2···5 | ≦ 600 | 0,2···2 | ≦ 600 | 45···55 | ≧ 38 | 12 | 8 | 135 |
| | CuZn37F55 | 0,2···2 | ≦ 600 | 0,2···2 | ≦ 350 | 55···62 | ≧ 50 | — | 2 | 160 |
| | CuZn37F62 | — | — | 0,2···2 | ≦ 350 | ≧62 | ≧ 59 | — | — | 180 |
| | CuZn36Pb1F30 | 0,3···5 | —[1]) | 0,3···2 | ≦ 600 | 30···38 | ≦ 20 | 50 | 44 | 70 |
| | CuZn36Pb1F38 | 0,3···5 | ≦ 600 | 0,2···2 | ≦ 600 | 38···45 | ≧ 20 | 28 | 24 | 110 |
| | CuZn36Pb1F45 | 0,3···5 | ≦ 600 | 0,2···2 | ≦ 600 | 45···55 | ≧ 38 | 12 | 8 | 135 |
| | CuZn36Pb1F55 | 0,3···2 | ≦ 600 | 0,2···2 | ≦ 350 | ≧55 | ≧ 50 | — | 2 | 160 |
| | CuZn40F35 | 0,3···5 | —[1]) | 0,3···2 | ≦ 600 | ≧35 | ≦ 24 | 43 | 38 | 80 |
| | CuZn40F42 | 0,3···5 | ≦ 600 | 0,3···2 | ≦ 600 | ≧42 | ≧ 24 | 23 | 20 | 115 |
| | CuZn40F48 | 0,3···5 | ≦ 600 | 0,3···2 | ≦ 600 | ≧48 | ≧ 40 | 12 | 9 | 140 |
| | CuZn38Pb1F35 | 0,3···5 | —[1]) | 0,3···2 | ≦ 600 | ≧35 | ≦ 24 | 43 | 38 | 80 |
| | CuZn38Pb1F42 | 0,3···5 | ≦ 600 | 0,3···2 | ≦ 600 | ≧42 | ≧ 24 | 23 | 20 | 115 |
| | CuZn38Pb1F48 | 0,3···5 | ≦ 600 | 0,3···2 | ≦ 600 | ≧48 | ≧ 40 | 12 | 9 | 140 |
| | CuZn38Pb1F55 | — | — | 0,3···2 | ≦ 350 | ≧55 | ≧ 50 | — | 3 | 165 |
| | CuZn39Pb2F37 | 0,3···5 | —[1]) | 0,3···2 | ≦ 600 | ≧37 | ≦ 28 | 40 | 35 | 85 |
| | CuZn39Pb2F44 | 0,3···5 | ≦ 600 | 0,3···2 | ≦ 600 | ≧44 | ≧ 28 | 20 | 17 | 125 |
| | CuZn39Pb2F50 | 0,3···5 | ≦ 600 | 0,3···2 | ≦ 600 | ≧50 | ≧ 43 | 9 | 6 | 150 |
| | CuZn39Pb2F60 | — | — | 0,3···2 | ≦ 350 | ≧60 | ≦ 55 | — | — | 170 |
| | CuZn40Pb2F39 | 0,3···5 | —[1]) | 0,3···2 | ≦ 600 | ≧39 | ≦ 31 | 35 | 30 | 95 |
| | CuZn40Pb2F45 | 0,3···5 | ≦ 600 | 0,3···2 | ≦ 600 | ≧45 | ≧ 31 | 18 | 15 | 125 |
| | CuZn40Pb2F53 | 0,3···5 | ≦ 600 | 0,3···2 | ≦ 600 | ≧53 | ≧ 47 | 8 | 5 | 150 |
| | CuZn40Pb2F62 | — | — | 0,3···2 | ≦ 350 | ≧62 | ≧ 58 | — | 2 | 170 |
| | CuZn40Pb2F67 | — | — | 0,3···2 | ≦ 250 | ≧67 | ≧ 64 | — | — | 180 |
| | CuZn20AlF35 | 18···45 | ≦ 2500 | — | — | ≧35 | ≧ 14 | 30 | — | 85 |
| | CuZn28SnF33 | 18···60 | ≦ 2500 | — | — | ≧33 | ≧ 10 | 40 | — | 80 |
| | CuZn31SiF38 | — | — | 0,5···5 | ≦ 300 | 38···45 | ≦ 30 | 35 | 32 | 95 |
| | CuZn31SiF45 | — | — | 0,3···4 | ≦ 300 | 45···52 | ≧ 22 | 25 | 22 | 115 |
| | CuZn31SiF52 | — | — | 0,2···3 | ≦ 300 | 52···60 | ≧ 34 | 15 | 13 | 145 |
| | CuZn31SiF60 | — | — | 0,2···2 | ≦ 300 | ≧60 | ≧ 54 | 6 | 5 | 165 |
| | CuZn39SnF35 | 10···60 | ≧ 2500 | — | — | ≧35 | ≧ 14 | 30 | — | 100 |
| Kupfer-Zinn-Legierungen nach DIN 17662 (Zinnbronze) | CuSn2F26 | — | — | 0,2···5 | —[1]) | ≧26 | ≦ 15 | 50 | 45 | 60 |
| | CuSn6F35 | 0,2···5 | —[1]) | 0,2···5 | —[1]) | 35···41 | ≦ 25 | 55 | 50 | 85 |
| | CuSn6F41 | 0,2···5 | ≦ 600 | 0,2···5 | ≦ 600 | 41···48 | ≧ 20 | 35 | 30 | 120 |
| | CuSn6F48 | 0,2···5 | ≦ 600 | 0,2···5 | ≦ 600 | 48···56 | ≧ 40 | 23 | 18 | 160 |
| | CuSn6F56 | 0,2···2 | ≦ 350 | 0,2···2 | ≦ 350 | 56···65 | ≧ 50 | 13 | 11 | 180 |
| | CuSn6F65 | 0,2···2 | ≦ 350 | 0,2···2 | ≦ 350 | 65···75 | ≧ 60 | 7 | 5 | 195 |
| | CuSn6F75 | 0,2···2 | ≦ 350 | 0,2···2 | ≦ 350 | ≧75 | ≧ 70 | 5 | 3 | 220 |
| | CuSn8F38 | 0,2···5 | —[1]) | 0,2···5 | —[1]) | 38···46 | ≦ 30 | 60 | 55 | 90 |
| | CuSn8F46 | 0,2···5 | ≦ 600 | 0,2···5 | ≦ 600 | 46···53 | ≧ 25 | 35 | 30 | 135 |
| | CuSn8F53 | 0,2···5 | ≦ 600 | 0,2···5 | ≦ 600 | 53···60 | ≧ 43 | 23 | 20 | 165 |
| | CuSn8F60 | 0,2···2 | ≦ 350 | 0,2···2 | ≦ 350 | 60···70 | ≧ 55 | 10 | 7 | 185 |
| | CuSn8F70 | 0,2···2 | ≦ 350 | 0,2···2 | ≦ 350 | ≧70 | ≧ 65 | 5 | 3 | 205 |
| | CuSn6ZnF62 | — | — | 0,2···2 | ≦ 350 | 62···70 | ≧ 58 | 15 | 12 | 195 |
| | CuSn6ZnF70 | — | — | 0,2···2 | ≦ 350 | 70···77 | ≧ 63 | 7 | 5 | 215 |
| | CuSn6ZnF77 | — | — | 0,2···2 | ≦ 350 | ≧77 | ≧ 70 | 3 | 2 | 225 |

Tabelle 4.10-10b. (Fortsetzung)

| Legierungsgruppe | Werkstoff | Abmessungen[1]) für Bleche Dicke mm | Abmessungen[1]) für Bleche Breite mm | Abmessungen[1]) für Bänder Dicke mm | Abmessungen[1]) für Bänder Breite mm | Zugfestigkeit $\beta_Z$ kp/mm² | 0,2-Grenze $\beta_{0/2}$ kp/mm² (mindestens) | Bruchdehnung $\delta_5$ % | Bruchdehnung $\delta_{10}$ % | Brinellhärte $H_{B10}$ kp/mm² (Ungefährwert) |
|---|---|---|---|---|---|---|---|---|---|---|
| Kupfer-Nickel-Zink-Legierungen nach DIN 17663 (Neusilber) | CuNi12Zn30 PbF50 | 0,3···5 | ≦ 350 | 0,3···5 | ≦ 350 | 50···60 | ≧ 42 | 12 | 8 | 155 |
| | CuNi12Zn30 PbF60 | 0,3···5 | ≦ 350 | 0,3···5 | ≦ 350 | ≧60 | ≧ 52 | 5 | 3 | 175 |
| | CuNi12Zn24F35 | 0,2···5 | ≦ 600 | 0,2···5 | ≦ 600 | 35···42 | ≦ 30 | 45 | 40 | 85 |
| | CuNi12Zn24F42 | 0,2···5 | ≦ 600 | 0,2···5 | ≦ 600 | 42···48 | ≧ 25 | 30 | 25 | 120 |
| | CuNi12Zn24F48 | 0,2···5 | ≦ 600 | 0,2···5 | ≦ 600 | 48···55 | ≧ 40 | 13 | 10 | 145 |
| | CuNi12Zn24F55 | 0,2···2 | ≦ 350 | 0,2···2 | ≦ 350 | 55···62 | ≧ 48 | – | 3 | 165 |
| | CuNi12Zn24F62 | 0,2···2 | ≦ 350 | 0,2···2 | ≦ 350 | ≧62 | ≧ 55 | – | – | 185 |
| | CuNi18Zn20F38 | 0,2···5 | ≦ 600 | 0,2···5 | ≦ 600 | 38···44 | ≦ 30 | 40 | 35 | 90 |
| | CuNi18Zn20F44 | 0,2···5 | ≦ 600 | 0,2···5 | ≦ 600 | 44···53 | ≧ 30 | 22 | 18 | 130 |
| | CuNi18Zn20F53 | 0,2···2 | ≦ 350 | 0,2···2 | ≦ 350 | 53···62 | ≧ 45 | 6 | 4 | 155 |
| | CuNi18Zn20F62 | 0,2···2 | ≦ 350 | 0,2···2 | ≦ 350 | ≧62 | ≧ 55 | – | 1 | 185 |
| | CuNi25Zn15F40 | 0,2···5 | ≦ 600 | 0,2···5 | ≦ 600 | 40···47 | ≦ 30 | 40 | 35 | 90 |
| | CuNi25Zn15F47 | 0,2···5 | ≦ 600 | 0,2···5 | ≦ 600 | 47···55 | ≧ 30 | 22 | 18 | 130 |
| | CuNi25Zn15F55 | 0,2···5 | ≦ 600 | 0,2···5 | ≦ 600 | ≧55 | ≧ 46 | 10 | 7 | 165 |
| Kupfer-Nickel-Legierungen nach DIN 17664 | CuNi5FeF24 | 0,3···5 | ≦ 600 | 0,2···3 | ≦ 600 | ≧24 | ≧ 8 | 40 | 35 | 65 |
| | CuNi10FeF28 | 0,3···10 | ≦1500[2]) | 0,2···2 | ≦ 600 | ≧28 | ≧ 10 | 35 | 30 | 70 |
| | CuNi20FeF30 | 0,3···10 | ≦1500 | 0,2···2 | ≦ 600 | ≧30 | ≧ 11 | 35 | 30 | 85 |
| | CuNi25F30 | 0,3···5 | ≦ 600 | 0,2···2 | ≦ 600 | ≧30 | (≈ 10) | 40 | 35 | 85 |
| | CuNi30FeF32 | 0,3···10 | ≦1500[2]) | 0,2···2 | ≦ 600 | ≧32 | ≧ 12 | 35 | 30 | 90 |
| | CuNi44F45 | 0,3···5 | ≦ 600 | 0,2···2 | ≦ 600 | ≧45 | – | 42 | 38 | 95 |
| Kupfer-Aluminium-Legierungen nach DIN 17665 (Aluminiumbronze) | CuAl5F35 | 3···30 | ≦2500[2]) | 3···30 | ≦2500[2]) | ≧35 | ≧ 10 | 50 | – | 80 |
| | CuAl5F45 | 3···15 | ≦1200 | 3···15 | ≦1200 | ≧45 | ≧ 25 | 20 | – | 130 |
| | CuAl8F38 | 3···30 | ≦2500[2]) | 3···30 | ≦2500[2]) | ≧38 | ≧ 13 | 30 | – | 90 |
| | CuAl8FeF45 | ≧ 3 | ≦2500[2]) | – | – | ≧45 | ≧ 22 | 25 | – | 110 |
| | CuAl10NiF56 | ≧ 6 | ≦2500[2]) | – | – | ≧56 | ≧ 25 | 8 | – | 160 |

[1]) Entsprechend den Maßnormen.
[2]) Bei kleineren Dicken nur geringere Breiten.

*Korrosionsverhalten.* Kupfer und seine Legierungen sind chemisch verhältnismäßig beständig, denn Cu hat gegen die Wasserstoffelektrode ein positives Potential. Verhalten gegenüber verschiedenen Angriffsmitteln in Tabelle 4.10-16.

*Korrosionsschutz* ist nur in Sonderfällen nötig. Oberflächen werden behandelt nur bei hohen Anforderungen an die Anlaufbeständigkeit, den Glanz und die dekorative Wirkung. Kupferwerkstoffe lassen sich lackieren, färben, emaillieren und mit metallischen Schichten überziehen.

*4.10.2.2.2.3 Verwendung im Bauwesen* [6; 9; 16−21]

*Allgemeines.* Das Anwendungsgebiet der Kupferwerkstoffe ist vielfältig; die Normen enthalten stichwortartige Angaben über die Eigenschaften und darauf beruhende Hinweise für die Verwendung. Für *Kupfer* nach DIN 1787 bzw. 1708 enthält Hinweise für die Verwendung Tabelle 4.10-5. Kupferwerkstoffe werden angewendet für Dachdeckungen und Klempnerarbeiten, Rohrinstallation, Dichtungen, Blitzschutz und Innenausbau. Cu findet weiterhin Verwendung als Legierungsbestandteil und zum Herstellen von Mineralpigmenten.

*Halbzeug.* Für viele Verwendungszwecke werden Kupferwerkstoffe als Halbzeug benötigt und in Form von Blechen, Bändern (Streifen), Platten, Scheiben, Rohren, Stangen (Rund-, Flach-, Vierkant-, Sechskant-, Vielkantstangen), Drähten und Profilen geliefert. Die technischen Lieferbedingungen richten sich für Bleche und Bänder nach DIN 17670,

## 4.10.2 Schwermetalle

Tabelle 4.10-11. Festigkeitsklassen für Halbzeug und Gesenkschmiedestücke aus Kupfer und Kupferlegierungen

| Kupfer oder Legierung | Bleche und Bänder nach DIN 17670 | Rohre nach DIN 17671 | Stangen und Drähte nach DIN 17672 | Gesenkschmiedestücke nach DIN 17673 | Strangpreßprofile nach DIN 17674[1]) |
|---|---|---|---|---|---|
| Kupfersorten nach DIN 1787 | F20···F37 | F20···F37[2]) | F20···F37[2]) | F20 u. F28[2]) | F20···F28[2]) |
| CuZn5 | F22···F33 | F22···F33 | F22···F33 | — | — |
| CuZn10 | F24···F36 | F24···F36 | F24···F36 | — | — |
| CuZn15 | F26···F47 | F26···F38 | F26···F38 | — | — |
| CuZn20 | F27···F50 | F27···F40 | F27···F40 | — | — |
| CuZn28 | F28···F53 | F28···F43 | F28···F43 | — | — |
| CuZn30 | F28···F53 | F28···F43 | F28···F43 | — | — |
| CuZn33 | F29···F54 | F29···F54 | F29···F44 | — | — |
| CuZn36 | F30···F62 | F30···F55 | F30···F55 | — | — |
| CuZn37 | F30···F62 | F30···F55[2]) | F30···F55[2]) | — | — |
| CuZn36Pb1 | F30···F55 | F30···F55 | F30···F45[2]) | — | — |
| CuZn36Pb3 | — | F35···F47 | F35···F47[2]) | F35 | — |
| CuZn40 | F35···F48 | F35···F48 | F35···F48[2]) | F35 | — |
| CuZn38Pb1 | F35···F55 | F35···F48 | F35···F48[2]) | F35 | F34 u. F41[2]) |
| CuZn39Pb2 | F37···F60 | F37···F50 | F37···F50[2]) | — | F37 u. F44[2]) |
| CuZn39Pb3 | — | F37···F51[2]) | F44···F51[2]) | F37 | — |
| CuZn40Pb2 | F39···F67 | F37···F51[2]) | F37···F51[2]) | F37 | F37 u. F44[2]) |
| CuZn40Pb3 | — | — | F44 u. F51[2]) | — | — |
| CuZn41Pb2 | — | — | —[2]) | F38 | —[2]) |
| CuZn44Pb2 | — | — | —[2]) | F40 | —[2]) |
| CuZn20Al | F35 | F34 | —[2]) | F30 | — |
| CuZn28Sn | F33 | — | — | — | — |
| CuZn30Al | — | F75 | F75[2]) | F70 | — |
| CuZn31Si | F45···F60 | F45 u. F50 | F45 u. F50[2]) | F40 | — |
| CuZn35Ni | — | F50 u. F55 | F45 u. F55[2]) | F45 | — |
| CuZn39Sn | F35 | — | — | — | — |
| CuZn37Al | — | F40···F50 | F45 u. F52 | — | F40 u. F45 |
| CuZn40Al1 | — | F40···F50 | F45 u. F52[2]) | F45 | F40 u. F45 |
| CuZn40Al2 | — | F55 u. F60 | F55 u. F60[2]) | F52 | F55 |
| CuZn40Ni | — | F45 u. F50 | F45 u. F50[2]) | F40 | F40 u. F45 |
| CuZn40Mn | — | F45 u. F50 | F45 u. F50[2]) | F40 | F40 u. F45 |
| CuZn40MnPb | — | F40···F50 | F40···F50[2]) | F40 | F40 u. F45 |
| CuSn2 | F26 | F28 | — | — | — |
| CuSn6 | F35···F75 | F35···F62 | F35···F65 | — | — |
| CuSn8 | F38···F70 | F40···F55 | F40···F70 | — | — |
| CuSn6Zn | F62···F77 | — | — | — | — |
| CuNi10Zn42Pb | — | — | F52 u. F60 | — | — |
| CuNi12Zn24 | F35···F62 | F35···F50 | F35···F65 | — | — |
| CuNi12Zn30Pb | F50 u. F60 | — | F42 u. F50 | — | — |
| CuNi18Zn20 | F38···F62 | F38···F55 | F40···F65 | — | — |
| CuNi18Zn19Pb | — | — | F44 u. F53 | — | — |
| CuNi25Zn15 | F44···F55 | — | — | — | — |
| CuNi5Fe | F24 | F28 | — | — | — |
| CuNi10Fe | F28 | F30 | F28 u. F36[2]) | F26 | — |
| CuNi20Fe | F30 | — | — | — | — |
| CuNi25 | F30 | — | — | — | — |
| CuNi30Fe | F32 | F37 u. F50 | F35 u. F43 | — | — |
| CuNi44 | F45 | — | F65 | F65 | — |
| CuAl5 | F35 u. F45 | F35 | F35 u. F45 | — | — |
| CuAl8 | F38 | F38 u. F50 | F38 u. F50[2]) | F38 | — |
| CuAl8Fe | F45 | F40 u. F55 | F48 u. F60[2]) | F42 | — |
| CuAl10Fe | — | F65 | F60 u. F70[2]) | F60 | — |
| CuAl9Mn | — | F45 u. F58 | F50 u. F60[2]) | F50 | — |
| CuAl10Ni | F56 | F65 | F65 u. F75[2]) | F65 u. F75 | — |
| CuAl11Ni | — | F70 | F75 u. F85[2]) | F75 u. F85 | — |

[1]) Die Zugfestigkeit wird nur in Richtung des Faserverlaufs gewährleistet, für die Brinellhärte gelten Mindestwerte.
[2]) Von diesen Werkstoffen auch Halbzeug und Gesenkschmiedestücke ohne vorgeschriebene Festigkeitswerte.

## 4.10 Nichteisenmetalle

für Rohre nach DIN 17671, für Stangen und Drähte nach DIN 17672 und für Strangpreßprofile nach DIN 17674 in Blatt 2 der Vorschriften. Handelsübliche Abmessungen und Toleranzen sind in Maßnormen festgelegt, die wichtigsten Maßnormen in Tabelle 4.10-12.

Tabelle 4.10-12. Wichtige Maßnormen für Halbzeug aus Kupferwerkstoffen

| Halbzeuggruppe | Bezeichnung des Halbzeuges | DIN |
|---|---|---|
| Bleche, Bänder | Bleche und Blechstreifen aus Kupfer und Kupfer-Knetlegierungen, kaltgewalzt | 1751 |
| | Bänder und Bandstreifen aus Kupfer und Kupfer-Knetlegierungen, kaltgewalzt | 1791 |
| Rohre | Rohre aus Kupfer, nahtlos gezogen | 1754, Bl. 1 bis 3 |
| | Rohre aus Kupfer-Knetlegierungen, nahtlos gezogen | 1755, Bl. 1 bis 3 |
| | Leitungsrohre aus Kupfer für Kapillarlötverbindungen, nahtlos gezogen | 1786 |
| Stangen, Drähte, Profile | Rundstangen aus Kupfer und Kupfer-Knetlegierungen, gezogen | 1756 |
| | Rundstangen aus Kupfer und Kupfer-Knetlegierungen, gepreßt | 1782 |
| | Flachstangen aus Kupfer-Knetlegierungen, gezogen, mit scharfen Kanten | 1759 |
| | Flachstangen aus Kupfer, gezogen, mit scharfen Kanten | 1768 |
| | Drähte aus Kupfer und Kupfer-Knetlegierungen, gezogen | 1757 |
| | Vierkantstangen aus Kupfer und Kupfer-Knetlegierungen, gezogen, mit scharfen Kanten | 1761 |
| | Sechskantstangen aus Kupfer und Kupfer-Knetlegierungen, gezogen, mit scharfen Kanten | 1763 |
| | Strangpreßprofile aus Kupfer und Kupfer-Knetlegierungen, Gestaltung und zulässige Abweichung | 17674, Bl. 3 bis 5 |

Halbzeug wird durch seine Abmessungen in mm gekennzeichnet: Bleche, Bänder und Streifen durch ihre Dicke und Breite (z. B. 1,2 × 500), Rohre durch ihren Außendurchmesser und die Wanddicke (z. B. Rohr 20 × 1), Stangen, Drähte und Profile durch den Querschnitt, Angabe des Durchmessers (z. B. ⌀ 50), Kantenlänge (z. B. Vierkant 60), Dicke und Breite (z. B. Flach 10 × 4), Schlüsselweite (z. B. Sechskant 22) oder durch Profilzeichen mit Maßen (z. B. T 40 × 40 × 4).

*Spezielle Anwendungsgebiete*

**Dachdeckung und Klempnerei.** Hierfür werden C-Cu oder auch arsenhaltiges A-Cu verwendet (Cu mit höherem Reinheitsgehalt ist unwirtschaftlich). Jede Kupferdachdeckung muß durch Falze (einfache und doppelte Stehfalze, Liege- und Schiebefalze) und Dilatationsleisten die Wärmeausdehnung berücksichtigen, deshalb benutzt man weiches Cu. Kupferbleche mit Dicken $\geq$ 0,4 mm dienen für das auch heute noch für Steil- und Flachdächer angewandte Tafeldach (vorwiegend aus 2000 × 1000 mm Blechen, verlustfreie Arbeiten sind bei 50- oder 66er Deckung möglich); Kupferblech mit einer Dicke von 0,3 mm eignet sich für materialsparendes, aber lohnintensives Spardach mit Längs- und Querfalzen. Kupferbänder mit Dicken $\geq$ 0,5 mm bei Breiten von $\approx$ 600 mm verwendet man für Kupferbanddach ($\leq$ 20 m ohne Querfalzen und Abtreppungen) oder mit Dicken von 0,3 mm für Sparform des Kupferbanddaches bei Aufkleben auf Unterkonstruktion, wo auch mit Bitumenpappen kombinierte Kupferriffelbänder benutzt werden. Regenrinnen, Rinnenkessel, Ablaufrohre, Kehlrinnen werden aus Kupferblech F 25 mit 0,5 bis 0,8 mm Dicke, Rinnenhalter, Schneefanggitter aus Flachkupfer F 25 hergestellt. Zur Befestigung sind wegen Korrosionsgefahr nur Bronze- oder Kupferschrauben geeignet. Verbindungen werden mit Falzen oder durch Nieten bzw. Schweißen ausgeführt. Bei Lötungen kann Lötnahtkorrosion eintreten [9; 16].

**Rohrinstallation.** Hauptsächlich werden dafür nahtlose Rohre aus C-, D-, SD-, SE-Cu angewandt, vorwiegend weich oder halbhart (F 20 u. F 25). Weiche Rohre sind von Hand oder mit einfachen Vorrichtungen biegbar; halbharte Rohre werden vorher aus-

## 4.10.2 Schwermetalle

geglüht oder durch Kupferrohrbogen verbunden. Die Rohre sind weich und hart lötbar, Rohre aus sauerstofffreiem Cu auch schweißbar. Kupferrohre dienen für Abwasserleitungen (lange Lebensdauer, keine Ansatzmöglichkeiten durch glatte Innenflächen); für Gasleitungen (Stadtgas, Propangas); für Kalt- und Warmwasserleitungen (Kupferrohre in Strömungsrichtungen zuletzt anordnen, sonst tritt bei kupferlösendem Wasser Korrosion ein; es bilden sich keine kalkhaltigen Abscheidungen auch bei Warmwasser); für Zentralheizungen (Wasserzirkulation ist möglich, da Wasser durch Erwärmung seine Aggressivität verliert); für Strahlungsheizungen (gute Wärmeabstrahlung, keine Korrosionsgefahr, keine Verkrustungsgefahr; Spezialmörtel ist wegen großer Dilatation zu verwenden); für Regenwasserabläufe (selten nahtlos, meist gefalzt aus Blechen und Bändern) [9; 17—19].

*Dichtungen.* Kupferabdichtungen empfehlen sich bei besonderen Anforderungen z. B. für Brücken, Staudämme, Behälter. Geeignet sind Kupferfolien ($0,2 \times \leq 650$ oder $0,15 \times \leq 350$), aufgeklebt mit Bitumen; Kupferriffelband mit Bitumenklebeschicht ($0,1$ bis $0,2 \times \leq 600$); Fugenbleche ($0,4$ bis $2,0$ mm Dicke in allen Abmessungen und Formen). Kupferabdichtungen sind in zement- und kalkgebundenen Baustoffen beständig. [9; 21]

*Blitzschutz.* Verwendet werden Erdungsplatten aus Rohren, Blechen oder Bändern; Leitungen aus Kupferdraht (Dmr. 8 mm), aus Kupferband ($2,5 \times 20$ mm) und Kupferbauteilen (DIN 48801 bis DIN 48860) [9; 16].

*Mineralische und metallische Pigmente.* Cu ist Bestandteil von Mineralpigmenten, wie *Bremer Blau* ($Cu(OH)_2$) und *Schweinfurter Grün* ($Cu(CH_3COO)_2 \cdot 3Cu(AsO_2)_2$); weiterhin wird Cu zur Herstellung von sog. *Goldbronzen* und *Blattmetallen (Kompositionsgold)* verwandt [6].

*Innenausbau*

*Kupfer: Dessinbleche* sind einseitig dekorativ gemusterte Bleche mit hochglanzpolierter oder mattgeschliffener Oberfläche für Verkleidungen, z. B. Heizkörper. Kannelierte Rohre gibt es für Leuchten, Treppengeländer u. ä. in zahlreichen Formen und Oberflächengestaltungen, patiniert oder als *Altkupfer* (ein durch Metallbeizen erzeugter Farbton). Bleche dienen für dekorative Treibarbeiten [9; 20].

*Kupfer-Zink-Legierungen (Messinge)*: Knetlegierungen benutzt man für Fassaden- und Innenausbau, Gußlegierungen für Armaturen und Beschläge; hochkupferhaltige Legierungen (CuZn 28 bis CuZn 5, früher *Tombak* genannt, Farbe mit fallendem Cu-Gehalt von rot nach gelb) für Dessinbleche, kannelierte Rohre (Profilrohre), Treibarbeiten, Beschläge, Metallbuchstaben u. ä. Die übrigen Kupfer-Zink-Legierungen (CuZn 44 Pb 2 bis CuZn 33), von denen CuZn 44 Pb 2 als Profilmessing (Ms 56) und CuZn 40 als *Muntzmetall* bekannt sind, eignen sich außerdem für Fassaden- und Schaufensterbau, Vitrinen und Ladentische, Dekorationsprofile (Einfaß- und Kantenschutzleisten, Bodenrand- und Teppichprofile, Treppen- und Vorstoßschienen, Schraubenleisten). Kupfer-Zink-Legierungen mit besonderen Zusätzen (Sondermessing) werden zu Konstruktionsprofilen (Fassaden- und Schaufensterbau) verwendet, wenn erhöhte Ansprüche an Festigkeit und Korrosionsbeständigkeit (Seeklima) gestellt werden [9; 13].

*Legierungen des Kupfers mit Zinn, Nickel und anderen Metallen (Bronzen)*: Aus Kupfer-Zinn-Knetlegierungen werden echte Bronzeprofile (*Baubronze* ist falsche Bezeichnung für Profile aus Sondermessing), Schrauben und Feindrahtgeflechte mit guten mechanischen Eigenschaften und hoher Korrosionsbeständigkeit hergestellt. Sie werden für Siebe, Brunnenfilter, Metalltrichter, Insektenschutz (Moskitonetze) verwandt. *Gußbronzen* dienen für Beschläge, Kupferrohrverbinder und Glockenguß (Sn-Gehalt $\approx 20\%$), Rotguß neben Guß-Aluminiumbronzen außerdem für Kunstguß. *Kupfer-Nickel-Legierungen* (mit Ni-Gehalten $\geq 15\%$) eignen sich wegen weißer Farbe, Kupfer-Nickel-Zink-Legierungen (Neusilber) wegen weißer Farbe und hoher Anlaufbeständigkeit, Kupfer-Aluminium-Legierungen (Aluminiumbronze) wegen messingartiger Farbe und guter Anlaufbeständigkeit für Vitrinen, Ladenfronten, Schanktischverkleidungen und Beschlagteile (Guß). Rohre aus Kupfer-Nickel-Legierungen und Armaturen entsprechender *Gußlegierungen* werden für Seewasserleitungen benutzt, Kupfer-Aluminium- und Kupfer-Beryllium-Legierungen für funkenfreie Werkzeuge [9; 15].

*Legierungsbestandteile.* Cu ist Hauptbestandteil der meisten Legierungen zum *Schweißen* und *Hartlöten* der Schwermetalle sowie zum Hartlöten der Eisenwerkstoffe (DIN 1733 und 8513) und wesentlicher Bestandteil der sog. *Silberlote,* außerdem Legierungsbestandteil für Stahl, Aluminium und Nickel (Nickel-Kupferlegierungen, [9]).

#### 4.10.2.2.3 Zink und Zinklegierungen

*4.10.2.2.3.1 Zusammensetzung* [1; 2; 22—24]

*Zink.* Die Werkstoffbezeichnung „Zink" gilt für technisch reines Zink. Der Zn-Gehalt der Zinksorten ist $\geq 96\%$. Genormte Zinksorten nach DIN 1706 in Tabelle 4.10-13.

*Zinklegierungen.* Für die Verwendung im Bauwesen sind nur Knetlegierungen, insbesondere Zink-Kupfer-Titan-Legierungen wichtig. Angaben über die Zusammensetzung in Tabelle 4.10-14.

Tabelle 4.10-13. Genormte Zinksorten nach DIN 1706

| Benennung | Kurzzeichen | Zulässige Beimengungen in Gew.-%[1]) insgesamt höchstens | Verwendung |
|---|---|---|---|
| Feinzink 99,995 | Zn 99,995 | 0,005 | Lösliche Anoden; Feinzinklegierungen |
| Feinzink 99,99 | Zn 99,99 | 0,010 | Zinkbleche, -bänder, -drähte Drahtverzinkung |
| Feinzink 99,95 | Zn 99,95 | 0,05 | Zinkbleche, -bänder, -drähte, Verzinkung |
| Hüttenzink 99,5 | Zn 99,5 | 0,5 | |
| Hüttenzink 98,5 | Zn 98,5 | 1,5 | Zinkbleche, -bänder, Verzinkung, Legierungszwecke |
| Hüttenzink 97,5 | Zn 97,5 | 2,5 | |

[1]) Angaben über Art der Beimengungen in DIN 1706.

Tabelle 4.10-14. Zinkknetlegierungen, Zusammensetzung

| Benennung | Kurzzeichen | Legierungsbestandteile in Gew.-% | | | Rest |
|---|---|---|---|---|---|
| | | Cu | Ti | Sonstige | |
| | KZnCu1Ti | 0,1···2,0 | 0,05···0,5 | ···0,05 | Feinzink nach DIN 1706 |
| | KZnCu1Ti | 0,5···1,5 | 0,1 ···0,5 | ···0,09 | Hüttenzink nach DIN 1706 |
| Titan-Zink (STZ 20) | — | 0,5···0,8 | 0,1 ···0,2 | ···0,005 | Feinzink nach DIN 1706 |
| Titan-Zink (STZ 30) | — | 0,6···1,2 | 0,1 ···0,2 | ···0,02 | Feinzink nach DIN 1706 |

*4.10.2.2.3.2 Eigenschaften* [1; 2; 4; 22—24]

*Allgemeines.* Zink ist von den im Bauwesen viel verwendeten Schwermetallen das billigste. Die niedrige Schmelztemperatur von 419°C gibt Zinkwerkstoffen gute Lötbarkeit. Zusammenstellung physikalischer Eigenschaften in Tabelle 4.10-1.

Die mechanischen Eigenschaften der Zinkwerkstoffe sind nicht stark von dem Herstellungsverfahren und der Nachbehandlung abhängig, jedoch zeigen sie Anisotropie; Richtwerte für Zinkwerkstoffe in Tabelle 4.10-15. Hierbei ist zu beachten, daß Zink bei Raumtemperatur und niedrigen Beanspruchungen kriecht, während Zn-Cu-Ti-Legierungen gutes Dauerstandverhalten zeigen.

### 4.10.2 Schwermetalle

Tabelle 4.10-15. Richtwerte für Festigkeitseigenschaften von Zink und Zink-Kupfer-Titan-Legierungen (gewalzt)

| Werkstoff | Zugfestigkeit kp/mm² | | 0,2-Grenze kp/mm² | | Bruchdehnung $\delta_{10}$ % | | Kriechgrenze[3]) kp/mm² | Brinellhärte kp/mm² |
|---|---|---|---|---|---|---|---|---|
| | ∥ [1]) | ⊥ [2]) | ∥ | ⊥ | ∥ | ⊥ | | |
| Feinzink | 12 | 14 | — | — | 90 | 60 | ≈ 1,0 | 30···32 |
| Mischzink | 17 | 24 | — | — | 50 | 30 | — | 38···42 |
| Handelszink (Walzzink) | 22 | 25 | — | — | 40 | 30 | ≈ 1,5 | 42···48 |
| Zn-Cu-Ti-Legierung | | | | | | | | |
| STZ 20 | 17 | 24 | 7 | 8 | 40 | 20 | ≈ 8,0 | 47···52 |
| STZ 30 | 24 | 28 | 12 | 15 | 30 | 15 | ≈ 8,5 | 50···60 |

[1]) parallel zur Walzrichtung.
[2]) senkrecht zur Walzrichtung.
[3]) Spannung, bei der bleibende Verformung bis 10000 h nach Lastaufbringung nicht mehr als 1% beträgt.

Häufig maßgebend für die Verwendung von Zinkwerkstoffen im Bauwesen ist die gute Korrosionsbeständigkeit bei atmosphärischen Beanspruchungen.

*Korrosionsverhalten.* Zinkwerkstoffe sind trotz günstigen Verhaltens bei atmosphärischen Beanspruchungen chemisch nur mäßig beständig, denn Zn hat gegen die Wasserstoffelektrode ein großes negatives Potential (größer als das von Fe). Verhalten gegenüber verschiedenen Angriffsmitteln in Tabelle 4.10-16.

Bei ungenügender Beständigkeit von Zink oder Verzinkungen wird guter *Korrosionsschutz* erreicht durch Anstriche (teerhaltige und bituminöse Farben, Kunstharzlacke u. a.) auf Oberflächen, die durch Phosphatieren, Chromatieren, natürliche Bewitterung oder Washprimer vorbehandelt sind.

#### 4.10.2.2.3.3 Verwendung im Bauwesen [1; 4—6; 9; 22—25]

*Allgemeines.* Hinweise für die Verwendung von Zinksorten finden sich in DIN 1706 (Auszug in Tabelle 4.10-13). Zinkwerkstoffe werden verwendet für Dachdeckungen und Klempnerarbeiten. Zn findet Verwendung zur Verzinkung, als kathodischer Schutz, zur Herstellung von mineralischen und metallischen Pigmenten sowie als Legierungsbestandteil.

*Halbzeug.* Für viele Verwendungszwecke werden Zinkwerkstoffe als Halbzeug in der Form von Blechen und Bändern benötigt, technische Lieferbedingungen für Bleche und Bänder aus Zink enthält DIN 17770. Für paketgewalzte Bleche und einzeln gewalzte Bänder aus Walzzink, Feinzink und Mischzink sind handelsübliche Abmessungen und Toleranzen genormt in DIN 9721 und DIN 9722. Diesen Maßnormen entsprechend sind auch Bleche und Bänder aus Zn-Cu-Ti-Legierungen im Handel. Bleche und Bänder werden gekennzeichnet durch Dicke und Breite (z. B. 1,2 × 1 000), sie werden geliefert in Herstellängen und festen Längen (z. B. 1,2 × 1 000 × 2 250 Herstellmaße oder 1,2 × 1 000 × 2 250 fest).

*Spezielle Anwendungsgebiete*

*Dachdeckung und Klempnerei.* Hierfür werden Handels- und Mischzink sowie Zn-Cu-Ti-Legierungen verwendet. Jede Zinkdachinstallation muß durch Falze (einfache und doppelte Stehfalze, Liege- und Schiebefalze) und Dilatationsleisten die Wärmeausdehnung berücksichtigen. Bänder mit 0,7 mm, bei aggressiver Atmosphäre bis 1,0 mm Dicke, dienen für das Stehfalzdach und Bleche und Bänder mit gleichen Dicken für das Leistendach. Um Wellenbildung durch Temperaturwechsel infolge niedriger Kriechfestigkeit zu vermeiden, beträgt Scharenlänge bei Zink ≤ 4 m, bei Zn-Cu-Ti-Legierungen sind Längen von 8 bis 10 m möglich. Heute erfolgt auch Zusammenbau vorgefertigter Dachelemente zu Leistendächern. Aus Zn-Cu-Ti-Legierungen werden bis 3,50 m freitragende, profilierte Dachelemente, Well- und Faltprofile, mit 0,65 bis 1,0 mm Dicke hergestellt; Regenrinnen, Rinnenkessel, Ablaufrohre, Kehlrinnen, Schornsteinfassungen aus Blechen oder Bändern von 0,65 bis 0,90 mm Dicke; Gesims-, Mauerabdeckungen sowie Gebäudedehnfugen, ggf.

auch Balkon-, Fenster- und Wandverkleidungen aus Blechen und Bändern von 0,6 bis 2,0 mm. Kleinteile (z. B. Rinnenhalter und Schneefanggitter) sowie Verbindungsmittel (z. B. Schrauben, Niete und Nägel) werden auch aus Zn-Cu-Ti-Legierungen gefertigt. Verbindungen neben Falzen, Nieten und Schrauben erfolgen vorwiegend durch Weichlöten [9; 22-25].

*Verzinkung.* Von metallischen Überzügen auf Eisen und Stahl haben Verzinkungen wegen ihrer Wirtschaftlichkeit und des zuverlässigen, wartungsfreien Schutzes bei Beanspruchung durch normale Atmosphäre die größte Bedeutung. Nach der Herstellung werden unterschieden: Feuer-, galvanische, Spritz- und Diffusionsverzinkung (Sherardisieren) [1; 4; 22].

*Feuerverzinkung* ist die häufigste Art (90% des für Verzinkung benötigten Zn). Verwendet wird Hüttenzink mit 98,5 bis 99,5% Zn, daneben auch Umschmelzzink und für Spezialzwecke Feinzink. Mit Hilfe des *Naßzinkverfahrens* erhält man Überzüge, die in unteren Schichten Hartzink (Zn-Fe-Legierungen) enthalten. Bei Zinkschmelze mit Al-Zusätzen bis 0,2% wird Hartzinkbildung unterbunden, man erhält zwar dünnere aber gut biegefähige Überzüge. Sonderverfahren, wie *Sendzimirverfahren* oder *Crape-Verfahren*, liefern ebenfalls hartzinkfreie Überzüge. Feuerverzinkung ist geeignet für Drähte, Bleche und Bänder, Rohre und Bauteile.

*Galvanische Verzinkung* erfolgt mit Anoden aus Walzzink mit Zn $\geq$ 98,5%, bei Glanzzinkbändern aus Feinzink bis Zn 99,995. Galvanische Verzinkung eignet sich vorwiegend für Kleinteile (z. B. Schrauben, Muttern, Unterlegscheiben), jedoch auch für Drähte, Bänder und Bleche; sie liefert Überzüge ohne Hartzink. Gewindelöcher und Bohrungen bleiben frei. Die Schichtdicke ist dem Verwendungszweck gut anpaßbar. Bei gleicher Schichtdicke wird gleiche Beständigkeit wie bei Feuerverzinkung erreicht.

*Sherardisieren* (*Diffusionsverzinkung*) ist besonders geeignet für Kleinteile (z. B. Schrauben, Nägel, Bolzen); es ergibt dünne Zn-Fe-Legierungsschichten von guter Verschleißbeständigkeit. Bei Gewinden ist wegen geringer Dicke der Schicht kein Nachschneiden nötig.

*Spritzverzinkung.* Ausgangsstoff: Zinkdraht Zn 99,5 oder Zn 99,99 oder Zinkpulver hoher Reinheit. Spritzverzinkung eignet sich für Konstruktionsteile, wie Innenseite von Wasserrohren für Wasserkraftwerke, Stahlwasserbauten, Maste aller Art, Stahlhoch- und -brückenbauwerke. Haftfestigkeit der Schicht hängt von Vorbehandlung (Strahlen mit Sand oft besser als mit Stahlkies) und Schichtdicke ab. Zu dicke Schichten können abblättern. Mit Zinkpulver hergestellte Schichten können poriger sein als mit Draht hergestellte. Spritzverzinkung ist oft Grundierung für Anstriche.

*Kathodischer Schutz.* Zink ist geeigneter Anodenwerkstoff zum Schutz von Eisen, Stahl und Kupferwerkstoffen. Feinzinkanoden werden für erdverlegte Rohrleitungen und Stahlwasserbauten angewandt. Bei Seewassereinwirkung muß Fe-Gehalt wegen der Gefahr von Eigenpolarisation begrenzt werden (Fe $\leq$ 0,0014%).

*Mineralische und metallische Pigmente.* Zinkpulver mit Zn > 95% und Korngröße 0,005 mm dient für Zinkstaubfarben. Verwendet werden sie als Rostschutz großflächiger Teile, als Grund- und auch als Deckanstrich, zum Ausbessern beschädigter Verzinkungen. Der getrocknete Anstrich enthält 90 bis 94% Zn. Zn ist Ausgangsstoff oder Bestandteil vieler Mineral- und Rostschutzpigmente: *Zinktetraoxichromat* $ZnCrO_4 \cdot 4 Zn(OH)_2$, *Kobaltgrün* $CoO \cdot ZnO$, *Zinkgelb* $ZnCrO_4$, *Lithopone* (Mischungen von ZnS und $BaSO_4$), *Zinkoxid* (basisches Bleisulfat enthaltendes ZnO), *Zinkweiß* ZnO.

Zinkweiß, Zinkoxid und Lithopone sind häufig verwendete Weißpigmente für gut deckende, wetterfeste Außenwandanstriche (Metallseifenbildung) und für Innenanstriche mit fungizider, d. h. schwammverhütender Wirkung (für Innen nur bleiarme Pigmente). Zinkchromat ist ein gelbes Rostschutzpigment, hitzebeständiger als Bleimennige, ergibt gemischt mit Berliner Blau *Zinkgrün*. Zinktetraoxichromat wird als Pigment für *Washprimer* benutzt, vgl. 4.10.3.2.2.3.

Zink ist ferner Bestandteil der *Bronzen* (Gold- und Silberbronze) sowie der *Blattmetalle* (Kompositionsgold) [6].

*Legierungsbestandteil.* Abgesehen von der Verwendung als Legierungsbestandteil verschiedener Kupferwerkstoffe (vgl. 4.10.2.2.2.1) ist Zn Legierungsbestandteil einiger

*Lote* (Silberlote für Schwermetalle und Eisenwerkstoffe DIN 8513 Bl. 2 u. 3; Weichlote für Aluminiumwerkstoffe DIN 8512) und *Schweißzusatzwerkstoffe* (Schweißzusatzwerkstoffe für Kupfer und Kupferlegierungen DIN 1733) [9; 22].

### 4.10.2.3 Korrosionsverhalten der Schwermetalle

Allgemeine Angaben zum Korrosionsverhalten für Blei 4.10.2.2.1.2, für Kupfer 4.10.2.2.2.2 und Zink 4.10.2.2.3.2, Verhalten gegenüber verschiedenen Angriffsmitteln in Tabelle 4.10-16.

Tabelle 4.10-16. Verhalten der Schwermetalle gegen vercshiedene Angriffsmittel

| | Bleiwerkstoffe | Kupferwerkstoffe | Zinkwerkstoffe |
|---|---|---|---|
| Atmosphäre und Gase | Blei wird durch Angriffe der Atmosphäre nicht zerstört, denn es bilden sich schützende Deckschichten. Der sich bildende Bleioxidfilm geht unter Einwirkung der Luftkohlensäure in basisches Carbonat über. Sehr gute Beständigkeit gegen Rauchgase. | Kupfer und Kupferlegierungen werden durch Angriffe der Atmosphäre nicht zerstört, es bilden sich Deck- und Schutzschichten. Auf Dächern gebildete Patina besteht in Industriegegenden im wesentlichen aus basischem Kupfersulfat, in Meeresnähe aus basischem Kupferchlorid. Kupferlegierungen mit Ausnahme zinkreicher Messinge zeigen bessere Witterungsbeständigkeit als das reine Metall; bei Einwirkung von Schwefelverbindungen können allerdings zinkreiche Messinge dem Kupfer überlegen sein Kupfer-Nickel-Legierungen behalten in Innenräumen in schwefelfreier Luft im polierten Zustand ihren Glanz, in feuchter Luft laufen sie an, lassen sich jedoch nachpolieren. In Industrie- und Seeatmosphäre zeigen sie besonders gutes Verhalten. Bei oxidhaltigen Kupfersorten beim Glühen in reduzierender Atmosphäre (Wasserdampf, Leuchtgas, Acetylen) besteht Gefahr der Wasserstoffversprödung. | Zink und seine Legierungen werden durch Angriffe der Atmosphäre nicht zerstört, es bilden sich festhaftende, schützende Deckschichten. Zunächst sich bildende Zinkoxidschicht geht unter Einwirkung der Luftkohlensäure in basisches Carbonat über. Stark vermindert ist die Beständigkeit bei Rauchgasen (Schwefeldioxid). Schwitzwasserbildung soll vermieden werden (weißer Rost, „wet-store stain"), bei Schwitzwasserbildung (in Tropen nicht immer zu vermeiden) ist Oberflächenschutz erforderlich. |
| Böden | Blei verhält sich i. allg. günstig in nicht bindigen Böden. Korrosionserscheinungen können auftreten in Lehm, Mergel und kalk- sowie schlackehaltigen Böden durch Gehalt an Alkalien und organischen Säuren (Humus). In Stromquellennnähe Gefahr der Fremdstromkorrosion. | Korrosionserscheinungen können auftreten in Industrieböden (Schwefelgehalt bei Schlacken) und in durch menschliche und tierische Abfallstoffe verunreinigten Böden. In Moorböden bilden sich meist befriedigende Schutzschichten. Bei Korrosionsgefahr ist Schutz durch Bitumen oder geeignete Isolierbinden zu empfehlen. | Korrosionserscheinungen treten in bindigen und humushaltigen Böden auf, ggf. auch in durch chemische Verbindungen (z. B. Düngesalze) angereichertem Untergrund. |
| Wasser | Blei wird angegriffen durch weiches, lufthaltiges sowie durch aggressive Kohlensäure enthaltendes Wasser (Gefahr der Bleivergiftung). Blei ist geeigneter Werkstoff für Wasserleitungen, wenn sich festhaftende Schutzschichten ausbilden können; das ist allgemein der Fall bei Wasser mit $\geq 7$ dH; Ausbildung der Schutzschicht (Bleicarbonat) innerhalb eines Jahres. | Kupferwerkstoffe sind für alle Wassersorten geeignet, da sich Schutzschichten innerhalb einiger Wochen oder Monate ausbilden. Nach Abschluß der Schutzschichtenbildung ist nachweisbarer Kupfergehalt bei fließendem Wasser sehr gering, auch bei arsenhaltigem Kupfer; daher ist Verwendung für Trinkwasseranlagen unbedenklich. Bei sauren Wässern verhalten sich Kupfer-Aluminium- und Kupfer-Zink-Legierungen meist besser als Kupfer. | Gut ist Beständigkeit von Zink in Wasser, wenn Schutzschichten ausgebildet werden und beständig bleiben. Beständigkeit geht in warmem Wasser stark zurück. Schutzwirkung von Zinküberzügen auf Stahl kann bei Wassertemperaturen $> 70°C$ durch Potentialumkehrung weitgehend aufgehoben werden. In Seewasser ist keine dauernde Beständigkeit zu erwarten. |

## 4.10 Nichteisenmetalle

Tabelle 4.10-16 (Fortsetzung)

| | Bleiwerkstoffe | Kupferwerkstoffe | Zinkwerkstoffe |
|---|---|---|---|
| Säuren, Laugen, Salze und organische Verbindungen | Blei ist widerstandsfähig gegen die meisten Säuren, insbesondere Schwefelsäure, schweflige Säure und verdünnte Salzsäure, sowie unempfindlich gegen sehr viele Salze. Wismutbeimengungen wirken sich ungünstig auf die Schwefelsäurebeständigkeit aus. Blei wird von basisch reagierenden Stoffen, insbesondere von frischem Kalk- und Zementmörtel sowie Beton, stark angegriffen und auch zerstört. | Kupferwerkstoffe sind gegen Basen gut beständig, werden jedoch von Ammoniak stark angegriffen. Bei Kupfer-Zink-Legierungen besteht Gefahr der Spannungsrißkorrosion. Günstig ist Verhalten gegen Salze, wenn sie nicht mit Kupfer komplexe Verbindungen eingehen. Gegen Säuren ist Verhalten unterschiedlich; alle Kupferwerkstoffe werden von oxidierenden Säuren, z. B. Salpetersäure, schnell aufgelöst. Gut ist Beständigkeit gegen organische Verbindungen. Anwendungsbereiche sind daher z. B. Nahrungsmittelindustrie (Brauereien, Brennereien, Zuckerraffinerien) und Erdölraffinerien. An der Grenze Luft/Flüssigkeit bildet sich bei frucht- oder essigsäurehaltigen Stoffen giftiger Grünspan. | Anorganische Säuren selbst in schwachen Verdünnungen und organische Säuren, z. B. Gerbsäure aus frischem Holz oder vom Regenwasser mitgeführte saure organische Verbindungen (aus Bitumen u. a.), greifen Zink stark an. Bei Lebens- und Futtermitteln können sich schädliche Zinksalze bilden, daher ist Verwendung verboten. Bei Ammoniumsalzen erfolgt starker, bei Alkalichloriden und -sulfaten mäßiger Angriff. Calciumsalze können bei alkalischer Lösung Schutzschichten ausbilden. Bei Holzimprägnierungsmittel ist starker Angriff möglich. Gut ist Beständigkeit im schwachbasischen Bereich, da Schutzschichten im $p$H-Bereich von 7 bis 12 stabil. Gut ist Beständigkeit gegen alkalische Reinigungs- und milde Waschmittel, bei Schnellwaschmitteln ist Korrosion möglich. Starke Basen (frischer Kalkmörtel, Zementmörtel, Beton) greifen stark an. |
| Kontaktkorrosion | Blei ist Kathode in Verbindung mit Eisen, Aluminium, Zink und Zinn und deshalb geschützt, Anode in Verbindung mit Kupfer und deshalb gefährdet. Kann sich beim Zusammenbau Kupfer-Blei auf dem Blei elektrisch isolierende Schutzschicht bilden, ist Zusammenbau möglich. Durch Potentialumkehrung wird Blei in der Kombination Blei-Eisen im alkalischen Medium (nicht carbonatisierter Zementmörtel und Beton) zur Anode und zerstört. | Kontaktkorrosion tritt bei Kupferwerkstoffen bei Berührung mit weniger edlen metallischen Werkstoffen nicht auf, führt jedoch bei den anderen Werkstoffen zur schnellen Zerstörung. In einem wassergefüllten System können in Lösung gegangene geringe Kupfermengen sich auf einem anderen Metall niederschlagen und durch Lokalelementbildung zu Lochfraß führen. | Wegen großen Potentialunterschiedes zwischen Kupferwerkstoffen und Zink besteht Gefahr der Kontaktkorrosion; aus diesem Grunde soll man Zinkwerkstoffe bei Fließwasser nicht hinter Kupferwerkstoffe installieren. Bei Kontaktkorrosion zwischen Zink und Eisen ist Zn, abgesehen von Fällen der Potentialumkehr, Lösungselektrode (Fernschutzwirkung) ist bei schadhafter Verzinkung möglich. Aus diesem Grunde sind nur verzinkte Kleineisenteile für Zinkinstallationen verwendbar. |

## 4.10.3 Leichtmetalle

### 4.10.3.1 Kennzeichnung

Zu den Leichtmetallen werden alle Nichteisenmetalle und deren Legierungen mit einer Dichte $< 5,0$ kg/dm³ gerechnet. Die Werkstoffnummern richten sich nach DIN 17 007, Bl. 4, Systematik der Hauptgruppe 3, Leichtmetalle. Von den Leichtmetallen finden nur Aluminiumwerkstoffe ein breites Anwendungsgebiet im Bauwesen.

### 4.10.3.2 Aluminium und Aluminiumlegierungen

#### 4.10.3.2.1 Zusammensetzung [1; 3; 26—28]

*4.10.3.2.1.1 Reinaluminium, Reinstaluminium, Hüttenaluminium.* Die Werkstoffbezeichnung „Aluminium" gilt sowohl für technisch reines Al als auch für Aluminiumlegierungen. Der Al-Gehalt für technisch reines Aluminium ist $\geq 98\%$. Die Zusammen-

## 4.10.3 Leichtmetalle

setzung für Reinstaluminium und Hüttenaluminium ist genormt in DIN 1712, Bl. 1, für Reinaluminium und Reinstaluminium als Halbzeug in DIN 1712, Bl. 3, Auszug in Tabelle 4.10-17.

Tabelle 4.10-17. Genormte Aluminiumsorten nach DIN 1712, Bl. 3

| Kurzzeichen[1] | Zulässige Beimengungen in Gew.-%[2] insgesamt höchstens |
|---|---|
| Al99,98 R | 0,02 |
| Al99,9 | 0,1 |
| Al99,8 | 0,2 |
| Al99,7 | 0,3 |
| Al99,5 | 0,5 |
| Al99 | 1,0 |
| Al98 | 2,0 |

[1] Angaben über Kennzeichnung in DIN 1712, Bl. 3.
[2] Angaben über Art der Beimengungen DIN 1712, Bl. 3.

*4.10.3.2.1.2 Aluminiumlegierungen.* Für viele Zwecke reichen Festigkeit und andere Eigenschaften des reinen Al nicht aus. In solchen Fällen verwendet man *Knet-* und *Gußlegierungen*.

Aluminiumlegierungen enthalten neben dem Basismetall Aluminium als Hauptlegierungselemente Cu, Si, Mg, Zn, Mn; in kleineren Mengen häufig Fe, Cr, Ti. Die Legierungskomponenten sind im flüssigen Al bei genügend hoher Temperatur vollständig löslich. Die Löslichkeit im festen Zustand unter Mischkristallbildung ist für alle Elemente beschränkt. Die nicht gelösten Anteile bilden meist harte und spröde Kristalle (heterogene Gefügebestandteile), die aus den Elementen selbst oder aus intermetallischen Verbindungen mit Al bestehen. Die Mischkristallbildung und die Ausbildung der heterogenen Gefügebestandteile (Menge, Größe, Form und Verteilung) bestimmen die physikalischen, chemischen und technologischen Eigenschaften der Legierungen.

Aluminium-Knetlegierungen nach DIN 1725, Bl. 1, Auszug in Tabelle 4.10-18. Aluminium-Gußlegierungen nach DIN 1725, Bl. 2, Auszug in Tabelle 4.10-19.

Tabelle 4.10-18. Aluminium-Knetlegierungen nach DIN 1725, Bl. 1

| Kurzzeichen[1] | Zusammensetzung in Gew.-% Legierungsbestandteile | zul. Beimengungen | Dichte kg/dm³ Ungefährwerte | Bemerkungen |
|---|---|---|---|---|
| AlMn | Mn 0,9···1,4<br>Mg 0···0,3<br>Al Rest | Si 0,5<br>Fe 0,6<br>Cu 0,1<br>Cr 0,05<br>Zn 0,2<br>Ti 0,1[2]<br>sonstige einz. 0,05<br>zus. 0,15 | 2,73 | bei sehr guter Formbarkeit im weichen Zustand etwas höhere Festigkeit als Reinaluminium |
| AlMg 1 | Mg 0,8···1,2<br>Al Rest | Si 0,30<br>Fe 0,4<br>Cu 0,05<br>Mn 0,2<br>Cr 0,1<br>Zn 0,2<br>Ti 0,1[2]<br>sonstige einz. 0,05<br>zus. 0,15 | 2,69 | nicht aushärtbare Legierungen mit niedriger bis hoher Festigkeit, steigend in der angegebenen Reihenfolge; AlMgMn hat gute Festigkeit bei höheren Betriebstemperaturen |

## 4.10 Nichteisenmetalle

Tabelle 4.10-18 (Fortsetzung)

| Kurzzeichen[1] | Zusammensetzung in Gew.-% Legierungsbestandteile | zul. Beimengungen | Dichte kg/dm³ Ungefährwerte | Bemerkungen |
|---|---|---|---|---|
| AlMg 2 | Mg 1,7···2,4<br>Al Rest | Si 0,3<br>Fe 0,4<br>Cu 0,05<br>Mn 0,3<br>Cr 0,3<br>Zn 0,2<br>Ti 0,1 [2])<br>sonstige<br>einz. 0,05<br>zus. 0,15 | 2,68 | |
| AlMg 3 | Mg 2,6···3,4<br>Mn 0···0,5[3])<br>Cr 0···0,3[3])<br>Al Rest | Si 0,4<br>Fe 0,4<br>Cu 0,05<br>Zn 0,2<br>Ti 0,1 [2])<br>sonstige<br>einz. 0,05<br>zus. 0,15 | 2,66 | |
| AlMg 5 | Mg 4,3···5,5<br>Mn 0···0,55[3])<br>Cr 0···0,3[3])<br>Al Rest | Si 0,4<br>Fe 0,40<br>Cu 0,05<br>Zn 0,2<br>Ti 0,1 [2])<br>sonstige<br>einz. 0,05<br>zus. 0,15 | 2,64 | |
| AlMgMn | Mg 1,6···2,5<br>Mn 0,5···1,1<br>Cr 0···0,3<br>Al Rest | Si 0,4<br>Fe 0,5[4])<br>Cu 0,10[4])<br>Zn 0,2<br>sonstige<br>einz. 0,05<br>zus. 0,15 | 2,71 | |
| AlMg 4,5 Mn | Mg 4,0···4,9<br>Mn 0,60···1,0<br>Cr 0,05···0,25 | Si 0,40<br>Fe 0,40<br>Cu 0,10<br>Zn 0,2<br>Ti 0,1 [2])<br>sonstige<br>einz. 0,05<br>zus. 0,15 | 2,66 | |
| AlSi 5 | Si 3,5···5,5<br>Mg 0···0,7<br>Al Rest | Fe 0,4<br>Cu 0,1<br>Mn 0,3<br>Zn 0,2<br>Ti 0,2[2])<br>sonstige<br>einz. 0,05<br>zus. 0,15 | 2,68 | dekorativ in Grautönen anodisierbar |
| AlMgSi 0,5 | Mg 0,4···0,8<br>Si 0,35···0,7<br>Al Rest | Fe 0,3<br>Cu 0,05<br>Mn 0,1<br>Cr 0,05<br>Zn 0,2<br>Ti 0,1 [2])<br>sonstige<br>einz.0,05<br>zus. 0,15 | 2,70 | kalt- und warmaushärtbare Legierungen mittlerer Festigkeit; im Zustand weich gut, im Zustand kaltausgehärtet begrenzt formbar |

## 4.10.3 Leichtmetalle

Tabelle 4.10-18 (Fortsetzung)

| Kurzzeichen[1]) | Zusammensetzung in Gew.-% Legierungsbestandteile | zul. Beimengungen | Dichte kg/dm³ Ungefährwerte | Bemerkungen |
|---|---|---|---|---|
| AlMgSi 0,8 | Mg 0,6 ···1,2<br>Si 0,75···1,2<br>Al Rest | Fe 0,4<br>Cu 0,10<br>Mn 0,3<br>Cr 0,3<br>Zn 0,2<br>Ti 0,1 [2])<br>sonstige einz. 0,05<br>zus. 0,15 | 2,70 | |
| AlMgSi 1 | Mg 0,6 ···1,2<br>Si 0,75···1,3<br>Mn 0,4 ···1,0<br>Cr 0···0,3<br>Al Rest | Fe 0,5 [4])<br>Cu 0,10 [4])<br>Zn 0,2<br>Ti 0,1 [2])<br>sonstiges einz. 0,05<br>zus. 0,15 | 2,70 | |
| AlCuMg 0,5 | Cu 2,0···3,0<br>Mg 0,2···0,5<br>Al Rest | Si 0,8<br>Si + Fe 1,0<br>Fe 1,0<br>Mn 0,2<br>Cr 0,10<br>Zn 0,25<br>Ti 0,2 [1])<br>sonstige einz. 0,05<br>zus. 0,15 | 2,74 | für kaltausgehärtet schlagbare Niete |
| AlCuMg 1 | Cu 3,5···4,5<br>Mg 0,4···1,0<br>Mn 0,3···1,0<br>Al Rest | Si 0,6<br>Fe 0,5<br>Cr 0,1<br>Zn 0,5<br>Ti 0,2 [2])<br>sonstige einz. 0,05<br>zus. 0,20 | 2,80 | kaltaushärtbare Legierungen hoher Festigkeit |
| AlCuMg 2 | Cu 4,0 ···4,8<br>Mg 1,2 ···1,8<br>Mn 0,30···0,9<br>Mn Rest | Si 0,4<br>Fe 0,4<br>Cr 0,10<br>Zn 0,25<br>Ti 0,2 [2])<br>sonstige einz. 0,05<br>zus. 0,20 | 2,77 | |
| AlZnMg 1 | Zn 4,0 ···5,0<br>Mg 1,0 ···1,4<br>Mn 0,1 ···0,5<br>Cr 0,1 ···0,25<br>Ti 0,01···0,2 [2])<br>Al Rest | Si 0,5<br>Fe 0,5<br>Cu 0,1<br>sonstige einz. 0,05<br>zus. 0,15 | 2,77 | kalt- und warmaushärtbare Legierung hoher Festigkeit für Schweißkonstruktionen |

[1]) Angaben über Kennzeichnung in DIN 1725, Bl. 1.
[2]) Wenn kornfeinende Zusätze gemacht werden, kann Ti ganz oder teilweise durch andere geeignete Elemente ersetzt werden.
[3]) Von den beiden Legierungsbestandteilen Mn und Cr muß wenigstens einer, und zwar Mn ≧ 0,2% oder Cr ≧ 0,1% vorhanden sein. Für AlMg 3 entfällt diese Beschränkung, wenn Halbzeug in Eloxalqualität bestellt wird.
[4]) Bei Seewasserbeanspruchung: Cu ≦ 0,05% und Fe ≦ 0,40%.

Tabelle 4.10-19. Aluminium-Gußlegierungen nach DIN 1725, Bl. 2

| Kurzzeichen[1]) | Chemische Zusammensetzung in Gew.-%[2]) Legierungsbestandteile | | | | | Lieferform | | Zugfestigkeit[3]) mindestens kp/mm² |
|---|---|---|---|---|---|---|---|---|
| | Si | Mn | Mg | Ti | Al | | | |
| G-AlSi12 | 11,0···13,5 | 0···0,4 | — | — | Rest | Sandguß, Kokillenguß, Druckguß | | 16···22 |
| G-AlSi10Mg | 9,0···11,0 | 0···0,4 | 0,2··· 0,5 | — | Rest | Sandguß, Kokillenguß, Druckguß | | 17···24 |
| G-AlSi5Mg | 5,0··· 6,0 | 0 ···0,4 | 0,4··· 0,8 | 0···0,2 | Rest | Sandguß, Kokillenguß | | 14···26 |
| G-AlMg3 | — | 0 ···0,4 | 2,5··· 3,5 | 0···0,2 | Rest[4]) | Sandguß, Kokillenguß | | 14···15 |
| G-AlMg3 (Cu)? | — | 0 ···0,6 | 2,0··· 4,0 | 0···0,2 | Rest[4]) | Sandguß, Kokillenguß | | 14 |
| G-AlMg5 | — | 0 ···0,4 | 4,5··· 5,5 | 0···0,2 | Rest[4]) | Sandguß, Kokillenguß | | 16···18 |
| G-AlMg9 | 0,5··· 2,5 | 0,2···0,5 | 7,0···10,0 | — | Rest[4]) | Druckguß | | 20 |

[1]) Angaben über Kennzeichnung DIN 1725, Bl. 2.
[2]) Angaben über die Art der zulässigen Beimengungen DIN 1725, Bl. 2. Abweichend von diesen Angaben ist der Cu-Gehalt für Baubeschläge in einigen DIN-Normen (z. B. DIN 18255, DIN 18256, DIN 18257 und DIN 18270) für G-AlMg3 (Cu) auf 0,15% begrenzt.
[3]) Weitere Angaben über Festigkeitsverhalten, DIN 1725, Bl. 2.
[4]) je nach Vereinbarung.

#### 4.10.3.2.2 Eigenschaften [1; 3—5; 26—28]

*4.10.3.2.2.1 Allgemeines.* Aluminiumwerkstoffe besitzen günstige mechanische Festigkeitseigenschaften bei geringer Dichte, hohe chemische Widerstandsfähigkeit, sowie Eignung zur anodischen Oxydation und gute Verarbeitbarkeit. Zusammenstellung der wichtigsten physikalischen Eigenschaften in Tabelle 4.10-20. Für das Bauwesen am wichtigsten sind die Festigkeitseigenschaften und das Korrosionsverhalten.

Tabelle 4.10-20. Physikalische Eigenschaften von Aluminium

| Werkstoff | Dichte kg/dm³ | Längendehnkoeffizient $10^{-6}$/K | Wärmeleitfähigkeit $\frac{kcal}{m\,h\,K}$ | Schmelzbereich °C | E-Modul Mp/cm² |
|---|---|---|---|---|---|
| Al99,5 | 2,70 | 24,0 | 198 | 658 | 600···650 |
| AlMn | 2,73 | 23,6 | 133···162 | 645···655 | ≈ 650 |
| AlMgSi1 | 2,70 | 23 | 140···162 | 585···650 | ≈ 700 |
| AlMgMn | 2,71 | 23 | 108···144 | 620···650 | 600···650 |
| AlCuMg1 | 2,80 | 23,6 | 128···144 | 512···650 | ≈ 700 |

*4.10.3.2.2.2 Festigkeitseigenschaften.* Durch das gute elastische und plastische Formänderungsvermögen bei guten mechanischen Eigenschaften können bestimmte Legierungen im Ingenieurbau verwendet werden. Festigkeitseigenschaften der für Aluminium im Hochbau nach DIN 4113 zugelassenen Legierungen für Konstruktionsteile in Tabelle 4.10-21, für Niete und Schrauben in Tabelle 4.10-22.

Tabelle 4.10-21. Legierungen für Konstruktionsteile nach DIN 4113[1])

| Legierung nach DIN 1725, Bl. 1 | Festigkeitseigenschaften für | | | Bemerkungen |
|---|---|---|---|---|
| | Bleche | Rohre | Profile | |
| AlCuMg1[1]) | F 37···F 40 | F 38···F 40 | F 40 | kalt ausgehärtet |
| AlCuMg2[1]) | F 41···F 44 | F 43···F 44 | F 44 | kalt ausgehärtet |
| AlMgSi1 | F 28, 32 | F 28 | F 28 | warm ausgehärtet |
| AlMg3 oder AlMgMn | F 23 | F 23 | F 18 | nicht aushärtbar |
| AlMn[2]) | F 9···F 15 | — | — | nicht aushärtbar |

[1]) Bei der Neubearbeitung von DIN 4113 ist beabsichtigt, AlCuMg1 und AlCuMg2 wegen schlechter Schweißbarkeit und Korrosionsbeständigkeit nicht mehr zu berücksichtigen und zusätzlich AlMg4,5Mn, AlMgSi0,5 und AlZn-Mg1 aufzunehmen.
[2]) für tragende Dachdeckungen.

4.10.3 Leichtmetalle

Tabelle 4.10-22. Nietlegierungen nach DIN 4113[1])

| Nietwerkstoff | Anlieferungs-zustand | Niete sind kalt schlagbar | Werkstoff der zu verbindenden Teile |
|---|---|---|---|
| AlCuMg1 F 40[2]) | kalt ausgehärtet | bis 4 Stunden nach erneutem Lösungsglühen bei 500°C ± 5° und sofortigem Abschrecken | AlCuMg mit AlCuMg |
| AlCuMg0,5 F 28 | kalt ausgehärtet | im Anlieferungszustand | |
| AlMgSi1 F 23[3]) | kalt ausgehärtet | im Anlieferungszustand oder bei großen Nietdurchmessern nach erneutem Lösungsglühen bis 540°C und Abschrecken | AlMgSi mit AlMgSi und AlMgSi mit AlMg3 bzw. AlMgMn |
| AlMg3 F 23 | halbhart gezogen | im Anlieferungszustand | AlMg3 mit AlMg3 bzw. AlMgMn |

[1]) Bei der Neubearbeitung von DIN 4113 ist beabsichtigt, kupferhaltige Legierungen für Niete nicht mehr zu berücksichtigen und zusätzlich AlMg5 aufzunehmen.
[2]) auch für Schrauben.
[3]) auch für Schrauben in der Festigkeitseigenschaft F 32.

Die mechanischen Eigenschaften verschiedener Aluminiumwerkstoffe sind in weichem Zustand unterschiedlich, z. B. reicht die Zugfestigkeit etwa von 4 bis 25 kp/mm² (Bild 4.10-1 und 2). Bei Aluminiumlegierungen kann die Festigkeit durch Kaltverfestigung (nicht aushärtbare Werkstoffe) und ggf. durch *Wärmebehandlung* (aushärtbare Werkstoffe) gesteigert werden. Bei der Wärmebehandlung unterscheidet man *Kaltaushärtung* (Glühen,

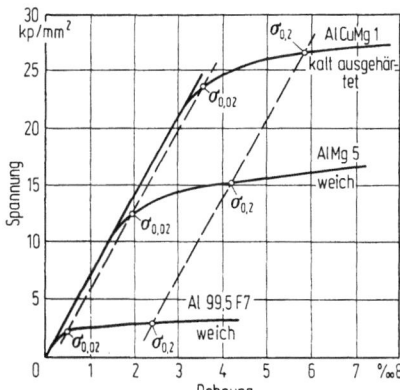

Bild 4.10-1. Spannungs-Dehnungs-Linien von Aluminium im elastischen und beginnenden plastischen Bereich [27].

Abschrecken und Auslagern bei Raumtemperatur) und *Warmaushärtung* (Glühen, Abschrecken und Auslagern bei erhöhter Temperatur). Für die weitere Verarbeitung ist die Art der Nachbehandlung wichtig, beispielsweise können kaltverformte und ausgehärtete Werkstoffe durch Warmverformung den durch die Nachbehandlung gewonnenen Festigkeitszuwachs verlieren; dieser Verlust kann — wenn technisch möglich — bei ausgehärteten Werkstoffen durch Neuaushärtung rückgängig gemacht werden (Bild 4.10-3 und 4). Bei gleicher Zugfestigkeit haben ausgehärtete Werkstoffe i. allg. eine

## 4.10 Nichteisenmetalle

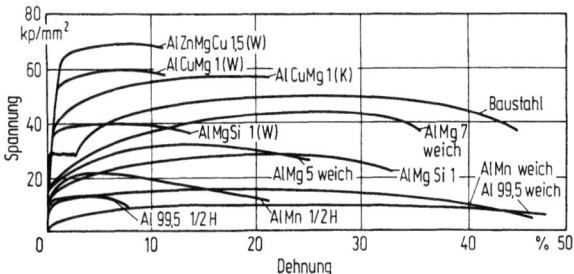

Bild 4.10-2. Spannungs-Dehnungs-Linien von Aluminium (Vergleich: naturharter Baustahl) [27].

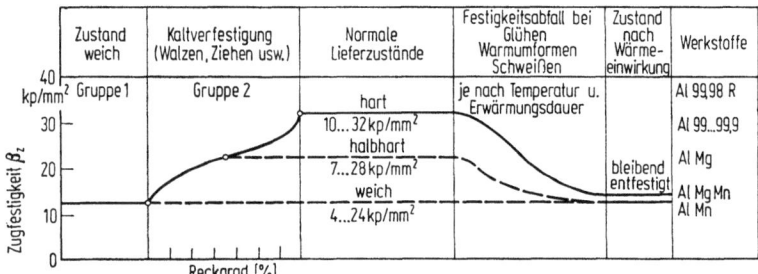

Bild 4.10-3. Einfluß von Kaltverformung und anschließender Erwärmung auf die Zugfestigkeit nicht aushärtbarer Aluminiumwerkstoffe [26].

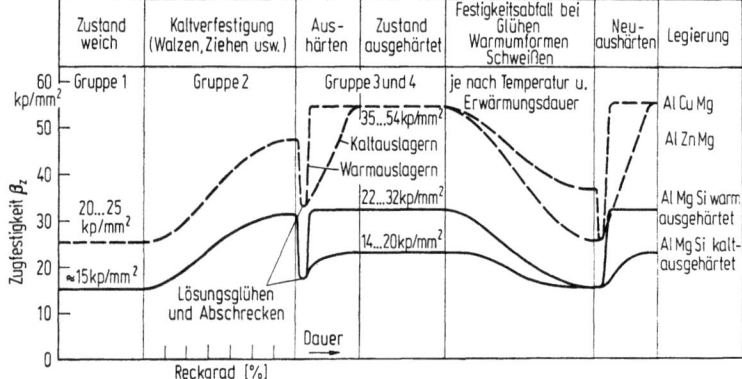

Bild 4.10-4. Einfluß von Kaltverformung, Aushärtung und anschließender Erwärmung auf die Zugfestigkeit aushärtbarer Aluminiumwerkstoffe [26].

## 4.10.3 Leichtmetalle

Tabelle 4.10-23. Festigkeitseigenschaften für Bleche und Bänder aus Reinstaluminium und Reinaluminium nach DIN 1745

| Kurzzeichen | Zustand | Abmessungen Bleche Dicke mm | Abmessungen Bänder Dicke mm | Zugfestigkeit $\beta_z$ kp/mm² mindestens | 0,2-Grenze $\beta_{0,2}$ kp/mm² mindestens[1]) | Bruchdehnung $\delta_5$ % mindestens | Bruchdehnung $\delta_{10}$ % mindestens | Brinellhärte[2]) $H_B$ kp/mm² Ungefährwert |
|---|---|---|---|---|---|---|---|---|
| Al99,98 R wh | gewalzt | ≧0,2 | ≧0,2 | ohne vorgeschriebene Festigkeitswerte[3]) | | | | |
| Al99,98 R w | weich | 0,2···5 | 0,2···3 | 4 | – | 33 | 28 | 15 |
| Al99,98 R F 7 | halbhart | 0,2···5 | 0,2···3 | 7 | – | 9 | 8 | 20 |
| Al99,98 R F 10 | hart[4]) | 0,2···2 | 0,2···2 | 10 | – | 5 | 4 | 25 |
| Al99,9 wh | gewalzt | ≧0,2 | ≧0,2 | ohne vorgeschriebene Festigkeitswerte[3]) | | | | |
| Al99,9 w | weich | 0,2···5 | 0,2···3 | 4 | – | 33 | 28 | 15 |
| Al99,9 F 7 | halbhart | 0,2···5 | 0,2···3 | 7 | – | 9 | 8 | 20 |
| Al99,9 F 10 | hart[4]) | 0,2···2 | 0,2···2 | 10 | – | 5 | 4 | 25 |
| Al99,8 wh | gewalzt | ≧0,2 | ≧0,2 | ohne vorgeschriebene Festigkeitswerte[3]) | | | | |
| Al99,8 w | weich | 0,2···20 | 0,2···3 | 6 | ≦5 | 38 | 32 | 18 |
| Al99,8 F 9 | halbhart | 0,2···6 | 0,2···3 | 9 | 5 | 9 | 8 | 25 |
| Al99,8 F 8 | halbhart | über 6···20 | – | 8 | 5 | 8 | 7 | 23 |
| Al99,8 F 12 | hart[4]) | 0,2···2,5 | 0,2···2,5 | 12 | 10 | 5 | 4 | 30 |
| Al99,7 wh | gewalzt | ≧0,2 | ≧0,2 | ohne vorgeschriebene Festigkeitswerte[3]) | | | | |
| Al99,7 w | weich | 0,2···20 | 0,2···3 | 6 | ≦5 | 38 | 32 | 18 |
| Al99,7 F 9 | halbhart | 0,2···6 | 0,2···3 | 9 | 5 | 9 | 8 | 25 |
| Al99,7 F 8 | halbhart | über 6···20 | – | 8 | 5 | 8 | 7 | 23 |
| Al99,7 F 12 | hart[4]) | 0,2···2,5 | 0,2···2,5 | 12 | 10 | 5 | 4 | 30 |
| Al99,5 wh | gewalzt | ≧0,2 | ≧0,2 | ohne vorgeschriebene Festigkeitswerte[3]) | | | | |
| Al99,5 w | weich | 0,2···20 | 0,2···3 | 7 | ≦6 | 35 | 30 | 20 |
| Al99,5 F 10 | halbhart | 0,2···6 | 0,2···3 | 10 | 7 | 6 | 5 | 30 |
| Al99,5 F 9 | halbhart | über 6···12 | – | 9 | 6 | 6 | 5 | 27 |
| Al99,5 F 13 | hart[4]) | 0,2···3 | 0,2···2,5 | 13 | 11 | 5 | 4 | 35 |
| Al99 wh | gewalzt | ≧0,2 | ≧0,2 | ohne vorgeschriebene Festigkeitswerte[3]) | | | | |
| Al99 w | weich | 0,2···20 | 0,2···3 | 8 | ≦7 | 30 | 25 | 22 |
| Al99 F 11 | halbhart | 0,2···6 | 0,2···3 | 11 | 8 | 5 | 4 | 32 |
| Al99 F 10 | halbhart | über 6···12 | – | 10 | 7 | 5 | 4 | 30 |
| Al99 F 14 | hart[4]) | 0,2···3 | 0,2···2,5 | 14 | 12 | 4 | 3 | 38 |

Fußnoten s. Tab. 4.10-24

größere Bruchdehnung als nicht ausgehärtete Werkstoffe. Die mechanischen Eigenschaften der Aluminiumwerkstoffe sind abhängig von den Legierungsbestandteilen, vom Ausmaß der Verformung, der Art der Aushärtung, bei Gußlegierungen außerdem vom Gießverfahren. Festigkeitseigenschaften für Bleche und Bänder nach DIN 1745 in Tabelle 4.10-24 und 25. Für andere Halbzeugarten und Querschnitte sowie Gesenkschmiedestücke gelten z. T. andere Werte; für Rohre DIN 1746, für Stangen und Drähte DIN 1747, für Strangpreßprofile DIN 1748, für Gesenkschmiedestücke DIN 1749. Eine Übersicht über die in den Normen aufgeführten Festigkeitswerte gibt Tabelle 4.10-25. Festigkeitswerte von Gußlegierungen Tabelle 4.10-19.

Früher übliche Zustandsbezeichnungen wie weich, halbhart, hart sind meist durch *F-Zahlen* (*Festigkeitszahlen*) ersetzt worden.

Für die Verwendung von Aluminiumwerkstoffen im Ingenieurbau ist die *Ermüdungsfestigkeit* wichtig. Zur Beurteilung der *Dauerstandfestigkeit* von Aluminium werden diejenigen Spannungen herangezogen, die bei ständiger Einwirkung in einer vorgegebenen Zeit zum Bruch (*Zeitstandfestigkeit*) oder zu einer bestimmten bleibenden Dehnung (*Zeitdehngrenze*) führen (Bild 4.10-5, 6 und 7).

Tabelle 4.10-24. Festigkeitseigenschaften für Bleche und Bänder aus Knetlegierungen nach DIN 1745

| Kurzzeichen | Zustand | Abmessungen Bleche Dicke mm | Abmessungen Bänder Dicke mm | Zugfestigkeit $\beta_z$ kp/mm² mindestens[1] | 0,2-Grenze $\beta_{0,2}$ kp/mm² mindestens | Bruchdehnung $\delta_5$ $\delta_{10}$ % mindestens | Brinellhärte[2]) $H_B$ kp/mm² Ungefährwerte |
|---|---|---|---|---|---|---|---|
| **AlMn-, AlMg-, AlMgMn-Legierungen** | | | | | | | |
| AlMn wh | gewalzt | ≧ 0,2 | ≧ 0,2 | ohne vorgeschriebene Festigkeitswerte[3]) | | | |
| AlMn w | weich | 0,2···6 | 0,2···3 | 10 | 4 | 24 21 | 25 |
| AlMn F 13 | halbhart | 0,2···6 | 0,2···3 | 13 | 9 | 7 6 | 35 |
| AlMn F 16 | hart[4]) | 0,2···6 | 0,2···3 | 16 | 13 | 4 3 | 40 |
| AlMg 1 wh | gewalzt | ≧ 0,2 | ≧ 0,2 | ohne vorgeschriebene Festigkeitswerte[3] | | | |
| AlMg 1 w | weich | 0,2···6 | 0,2···3 | 10 | 4 | 24 20 | 30 |
| AlMg 1 F 13 | halbhart | 0,2···6 | 0,2···3 | 13 | 9 | 7 6 | 40 |
| AlMg 1 F 16 | hart[4]) | 0,2···6 | 0,2···3 | 16 | 14 | 4 3 | 50 |
| AlMg 2 wh | gewalzt | ≧ 0,2 | ≧ 0,2 | ohne vorgeschriebene Festigkeitswerte[3]) | | | |
| AlMg 2 w | weich | 0,2···6 | 0,2···3 | 15 | 6 | 19 17 | 40 |
| AlMg 2 F 18 | halbhart | 0,2···6 | 0,2···3 | 18 | 11 | 9 8 | 50 |
| AlMg 2 F 21 | hart[4]) | 0,2···6 | 0,2···3 | 21 | 16 | 4 3 | 60 |
| AlMg 3 wh | gewalzt | ≧ 0,2 | ≧ 0,2 | ohne vorgeschriebene Festigkeitswerte[3]) | | | |
| AlMg 3 w | weich | 0,2···6 | 0,2···3 | 18 | 8 | 17 15 | 45 |
| AlMg 3 F 23 | halbhart | 0,2···6 | 0,2···3 | 23 | 14 | 9 8 | 65 |
| AlMg 3 F 21 | verfestigt | 4···10 | — | 21 | 14 | 12 10 | 60 |
| AlMg 3 F 20 | verfestigt | über 10···20 | — | 20 | 12 | 10 8 | 60 |
| AlMg 3 F 26 | hart[4]) | 0,2···6 | 0,2···3 | 26 | 18 | 4 3 | 75 |
| AlMg 5 wh | gewalzt | ≧ 0,2 | ≧ 0,2 | ohne vorgeschriebene Festigkeitswerte[2]) | | | |
| AlMg 5 w | weich | 0,2···6 | 0,2···3 | 24 | 11 | 17 15 | 55 |
| AlMg 5 F 28 | halbhart | 0,2···6 | 0,2···3 | 28 | 18 | 9 8 | 80 |
| AlMg 5 F 27 | verfestigt | 4···10 | — | 27 | 16 | 12 10 | 80 |
| AlMg 5 F 27 | verfestigt | über 10···20 | — | 27 | 15 | 12 10 | 80 |
| AlMg 5 F 32 | hart[4]) | 0,2···6 | 0,2···3 | 32 | 24 | 4 3 | 90 |
| AlMgMn wh | gewalzt | ≧ 0,2 | ≧ 0,2 | ohne vorgeschriebene Festigkeitswerte[2]) | | | |
| AlMgMn w | weich | 0,2···6 | 0,2···3 | 18 | 8 | 17 15 | 45 |
| AlMgMn F 23 | halbhart | 0,2···6 | 0,2···3 | 23 | 14 | 9 8 | 65 |
| AlMgMn F 21[5]) | verfestigt | 4···10 | — | 21 | 14 | 12 10 | 60 |
| AlMgMn F 20 | verfestigt | über 10···20 | — | 20 | 12 | 10 8 | 60 |
| AlMgMn F 26 | hart[4]) | 0,2···6 | 0,2···3 | 26 | 18 | 4 3 | 75 |
| AlMg 4,5 Mn w | weich | 0,4···30 | 0,4···3 | 28 | 12,5 | 17 15 | 60 |
| AlMg 4,5 Mn w | weich | über 30···50 | — | 27 | 12 | 17 15 | 60 |
| AlMg 4,5 Mn F 31 | verfestigt | 0,4···3 | 0,4···3 | 31 | 24 | 8 6 | 85 |
| AlMg 4,5 Mn F 31 | verfestigt | über 3···5 | — | 31 | 24 | 10 8 | 85 |
| AlMg 4,5 Mn F 30 | verfestigt | über 5···40 | — | 30 | 21 | 12 10 | 85 |
| **AlSi-, AlMgSi-Legierungen** | | | | | | | |
| AlSi 5 F 13 | halbhart | 0,2···6 | — | 13 | 9 | 10 8 | 40 |
| AlMgSi0,8 F 20 | kaltausgehärtet | 0,4···3 | 0,4···3 | 20···27 | 10 | 16 14 | 60 |
| AlMgSi0,8 F 28 | warmausgehärtet | 0,4···3 | 0,4···3 | 28 | 20 | 12 10 | 80 |
| AlMgSi 1 w | weich | 0,2···6 | 0,2···3 | ≦ 15 | — | 18 15 | 35 |
| AlMgSi 1 F 21 | kaltausgehärtet | 0,2···20 | 0,2···3 | 21···28 | 11 | 16 14 | 65 |
| AlMgSi 1 F 28 | warmausgehärtet | 0,2···3 | 0,2···3 | 28 | 20 | 14 12 | 80 |
| AlMgSi 1 F 28[6]) | warmausgehärtet | über 3···20 | — | 28 | 20 | 12 10 | 80 |
| AlMgSi 1 F 32 | warmausgehärtet | 0,2···10 | 0,2···3 | 32 | 26 | 10 8 | 95 |
| AlMgSi 1 F 32 | warmausgehärtet | über 10···20 | — | 32 | 25 | 9 7 | 95 |

## 4.10.3 Leichtmetalle

Tabelle 4.10-24 (Fortsetzung)

| Kurzzeichen | Zustand | Abmessungen Bleche Dicke mm | Abmessungen Bänder Dicke mm | Zugfestigkeit $\beta_Z$ kp/mm² mindestens[1] | 0,2-Grenze $\beta_{0,2}$ kp/mm² mindestens | Bruchdehnung $\delta_5$ $\delta_{10}$ % mindestens | Brinellhärte[2] $H_B$ Ungefährwerte |
|---|---|---|---|---|---|---|---|
| **AlCuMg-Legierungen** | | | | | | | |
| AlCuMg 1 w | weich | 0,2···6 | 0,2···3 | ≦22 | — | 14   12 | — |
| AlCuMg 1 F 40 | kaltausgehärtet | 1···10 | 1···3 | 40 | 27 | 15   13 | 100 |
| AlCuMg 1 F 38 | kaltausgehärtet | über 10···20 | — | 38 | 24 | 14   12 | 90 |
| AlCuMg 1 F 37 | kaltausgehärtet | über 20···30 | — | 37 | 23 | 12   11 | 90 |
| **AlZnMg-Legierungen** | | | | | | | |
| AlZnMg 1 w | weich | 0,2···12 | 0,2···3 | ≦22 | — | 15   13 | 45 |
| AlZnMg 1 F 32[6] | kaltausgehärtet | 0,2···12 | 0,2···3 | 32 | 22 | 12   10 | 70 |
| AlZnMg 1 F 36 | warmausgehärtet | 0,2···12 | 0,2···3 | 36 | 28 | 10    8 | 80 |

[1] Die angegebenen Werte sind Mindestwerte abgesehen von den gekennzeichneten Höchstwerten (≦) oder Bereichen (... bis ...).
[2] Prüfbedingungen für die Härte   Belastungsgrad bei Brinellhärte in kp/mm²
$P = 2,5 D^2$ bei $H_B$ ···25
$P = 5\ \ D^2$ bei $H_B$ über 25···55
$P = 10\ D^2$ bei $H_B$ über 55
[3] Die Festigkeitswerte von Halbzeug, das im Zustand gewalzt (wh) geliefert wird, können zwischen denen des Zustandes weich und denen des Zustandes hart variieren.
[4] Für den Zustand „hart" gelten die angefügten Festigkeitseigenschaften nur für Breiten bis zu 1 500 mm.
[5] Für AlMgMn und AlMgSi 1 mit höchstens 0,05 Gew.-% Cu und höchstens 0,4 Gew.-% Fe bei Seewasserbeanspruchung gelten die gleichen Festigkeitseigenschaften wie angegeben.
[6] Diese Festigkeitswerte werden nach 3 Monate langer Lagerung bei Raumtemperatur erreicht. Der Nachweis daß diese Werte erreicht werden, kann an Proben geführt werden, die 6 Stunden lang bei 50 °C gelagert worden sind

Tabelle 4.10-25. Festigkeitszustände (Mindestfestigkeiten in kp/mm²) für Halbzeug und Gesenkschmiedestücke aus Aluminium[1]

| Aluminium | Bleche und Bänder DIN 1745 Blatt 1 | Rohre DIN 1746 Blatt 1 | Stangen und Drähte DIN 1747 Blatt 1 | Strangpreßprofile DIN 1748 Blatt 1 | Gesenkschmiedestücke DIN 1749 Blatt 1 |
|---|---|---|---|---|---|
| Al 99,98 R | 4···10 | 4···10 | 4···11 | 4 | 4 |
| Al 99,9 | 4···10 | — | 4···11 | 4 | 4 |
| Al 99,8 | 6···12 | 6···11 | 6···12 | 6 | 6 |
| Al 99,7 | 6···12 | 6···11 | 6···12 | 6 | 6 |
| Al 99,5 | 7···13 | 7···13 | 7···12 | 7 | 7 |
| Al 99 | 8···14 | 8···14 | 8···14 | 8 | 8 |
| AlMn | 10···16 | 10···16 | 10···16 | 10 | — |
| AlMg 1 | 10···16 | 10···16 | 10···16 | 10 | — |
| AlMg 2 | 15···21 | 15···21 | 15···21 | 15 | — |
| AlMg 3 | 18···26 | 18···26 | 18···26 | 18 | 18 |
| AlMg 5 | 24···32 | 24···32 | 24···30 | 25 | 24 |
| AlMgMn | 18···26 | 18···26 | 20 | 20 | — |
| AlMg 4,5 Mn | 27···31 | 28 | 28 | 28 | 26 |
| AlSi 5 | 13 | — | 13 | 13 | — |
| AlMgSi 0,5 | — | 13···25 | 13···25 | 13···25 | — |
| AlMgSi 0,8 | 20···28 | 20···28 | 20···28 | 20···28 | — |
| AlMgSi 1 | 21···32 | 20···32 | 20···32 | 21···32 | 13···32 |
| AlCuMg 1 | 37···40 | 38···40 | 36···40 | 40 | 38 |
| AlCuMg 2 | — | 42···44 | 40···48 | 42···44 | 42 |
| AlZnMg 1 | 32···36 | 36 | 34···36 | 36 | 36 |

[1] Von den meisten Werkstoffen und Halbzeugen gibt es auch Erzeugnisse ohne vorgeschriebene Festigkeitswerte.

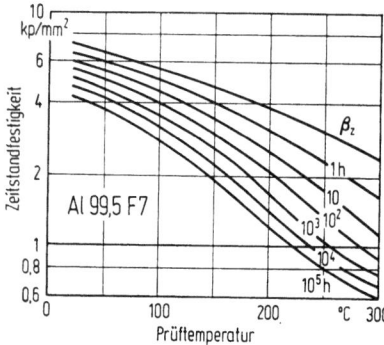

Bild 4.10-5. Zeitstandfestigkeit in Abhängigkeit von der Temperatur für Al99,5 F 7 (nach *Wellinger, Keil* und *Maier*) [26].

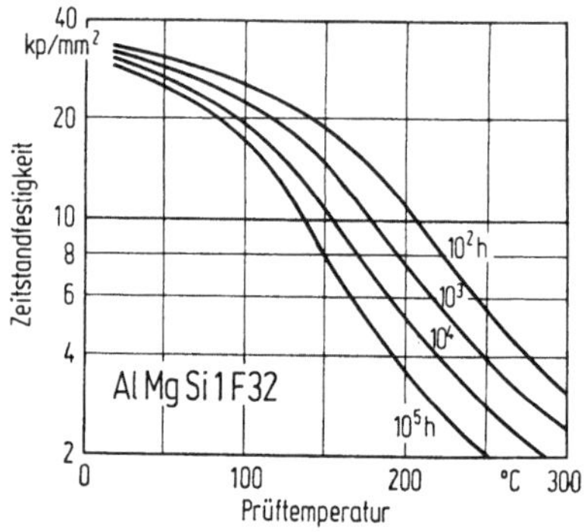

Bild 4.10-6. Zeitstandfestigkeit in Abhängigkeit von der Temperatur für AlMgSi1 F 32 (nach *Wellinger, Keil* und *Maier*) [26].

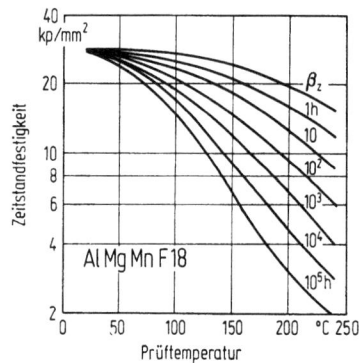

Bild 4.10-7. Zeitstandfestigkeit in Abhängigkeit von der Temperatur für AlMgMn F 18 (nach *Wellinger, Keil* und *Maier*) [26].

Für dynamisch beanspruchte Konstruktionen ist die *Dauerschwingfestigkeit* (Kurzbezeichnung „*Dauerfestigkeit*", vgl. DIN 50100) maßgebend; Richtwerte für einige Werkstoffe in Tabelle 4.10-26.

Tabelle 4.10-26. Richtwerte für die Dauerschwingfestigkeit einiger Knetwerkstoffe [26]

| Beanspruchung<br>Lastspielzahl<br>Ermüdungsfestigkeit | | Biegung[1])<br>$50 \cdot 10^6$<br>$\beta_{F(-1)B}$ | Biegung[2])<br>$2 \cdot 10^6$<br>$\beta_{F(0)}$ | Zug-Druck[2])<br>$50 \cdot 10^6$<br>$\beta_{F(-1)}$ |
|---|---|---|---|---|
| Werkstoff | Zustand | kp/mm² | kp/mm² | kp/mm² |
| Al99,5 | halbhart $\cong$ F 10 | 5$\cdots$ 6 | 7$\cdots$10 | — |
| AlCuMg 1 | kaltausgehärtet<br>$\cong$ F 37$\cdots$F 40 | 14 | 17 | 8$\cdots$10 |
| AlCuMg 2 | kaltausgehärtet<br>$\cong$ F 41$\cdots$F 44 | 15$\cdots$16 | 18 | 9,5$\cdots$11 |
| AlMgSi 1 | warmausgehärtet<br>$\cong$ F 28$\cdots$F 32 | 10$\cdots$14 | 15 | 8$\cdots$ 9 |
| AlMg 3 | weich $\cong$ F 18 | 12$\cdots$13 | 14 | — |
| AlMn | halbhart $\cong$ F 13 | 6$\cdots$ 7 | 7$\cdots$10 | 4$\cdots$ 5 |

[1]) Probe bearbeitet    [2]) Probe unbearbeitet

### 4.10.3 Leichtmetalle

Bei Aluminium-Knetlegierungen besteht ein Unterschied zwischen den aushärtbaren und nicht aushärtbaren Knetlegierungen. Bei nichtaushärtbaren Legierungen läuft die *Wöhlerkurve* wie bei Baustählen schon bei niedrigen Lastspielzahlen nahezu horizontal, bei aushärtbaren Legierungen dagegen geschieht dies erst in einem Bereich oberhalb $10^8$ Lastwechsel (Bild 4.10-8).

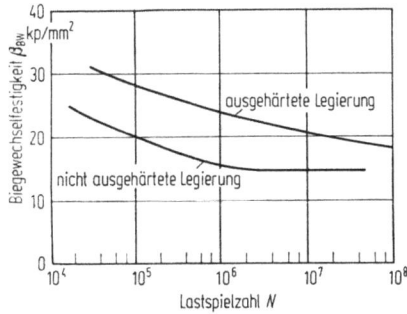

Bild 4.10-8. Verlauf der Wöhlerkurven bei nicht ausgehärteter und ausgehärteter Aluminium-Legierung (nach *Forrest*) [26].

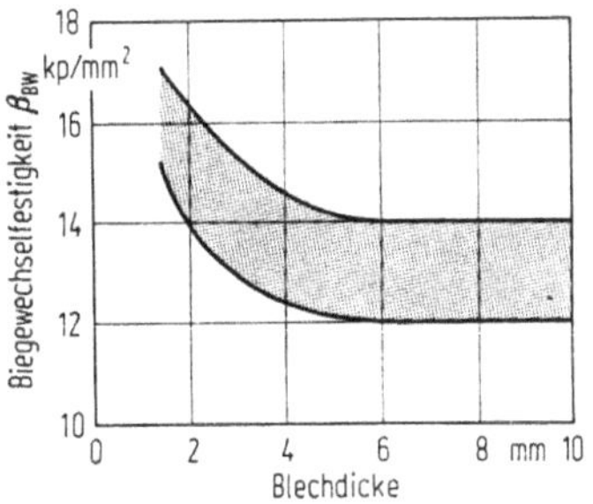

Bild 4.10-9. Biegewechselfestigkeit in Abhängigkeit von der Blechdicke (nach *v. Rajakovics*) [26].

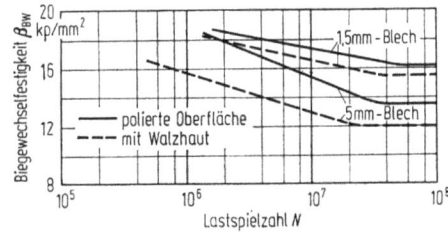

Bild 4.10-10. Biegewechselfestigkeit in Abhängigkeit von Oberflächenbeschaffenheit und Blechdicke (nach *v. Rajakovics*) [26].

Die Dauerschwingfestigkeit wird in der Praxis dem Wöhlerschaubild für eine endliche Grenzlastspielzahl entnommen, bei der die Kurve die Asymptote erfahrungsgemäß nahezu erreicht; zur Abkürzung der Versuchsdauer hat sich für Aluminium $5 \cdot 10^7$ eingebürgert. Dauerschwingfestigkeitsergebnisse werden in Dauerschwingfestigkeitsschaubildern dargestellt (z. B. nach *Smith* oder *Haigh*). Die Dauerschwingfestigkeit wird beeinflußt von der Herstellung, der Probendicke, Oberflächenfehlern und Kerben (Bild 4.10-9 und 10). Die in den Bildern angegebene *Biegewechselfestigkeit* ist ein Sonderfall der Dauerschwingfestigkeit, vgl. DIN 50100.

Eine weitergehende Beurteilung ist mit bisher nur in der Luftfahrtindustrie üblichen Methoden möglich.

Aus der Wöhlerkurve im Einstufenversuch kann die Abschätzung der *Lebensdauer* aus der Annahme einer „linearen Schadensanhäufung" (*Palmgren-Miner-Hypothese*) erfolgen. Bezeichnet $n_i$ die Anzahl der aufgebrachten Lastspiele mit dem Spannungsausschlag $\sigma_i$ und $N_i$ die zur Spannung $\sigma_i$ gehörende Bruchlastspielzahl in einem Einstufenversuch, so stellt die über alle Spannungsstufen des Kollektivs erstreckte Summe $n_i/N_i$ eine Kennzahl für die Schädigung dar. Der Bruch ist zu erwarten, wenn $\sum_{i} n_i/N_i$ den Wert 1 erreicht.

788   4.10 Nichteisenmetalle

Nach den bisherigen Erfahrungen scheint diese Abschätzung bei überwiegend im Zugbereich liegenden Spannungen bei Bauteilen und Verbindungen brauchbar zu sein. Bei Belastungsspektren, die erhebliche Druckspannungen enthalten, kann die Lebensdauer zu hoch eingeschätzt werden, so daß Mehrstufenversuche mit betriebsähnlichen Belastungsfolgen zur Ermittlung der Lebensdauerfunktionen notwendig werden (Bild 4.10-11 und 12).

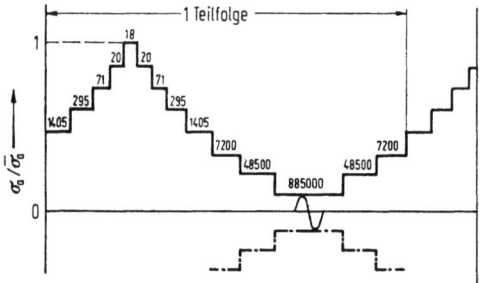

Bild 4.10-11. Beispiel einer Belastungsfolge für logarithmische Binomialverteilung des Spannungsausschlages (schem. Darstellung nach *Gaßner*) [26].

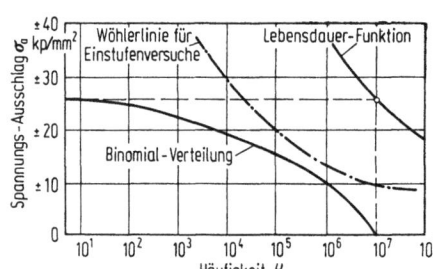

Bild 4.10-12. Wöhlerkurve und Lebensdauerfunktion für Belastungsfolge mit binomialverteiltem Spannungsausschlag (schem. Darstellung nach *Gaßner*) [26].

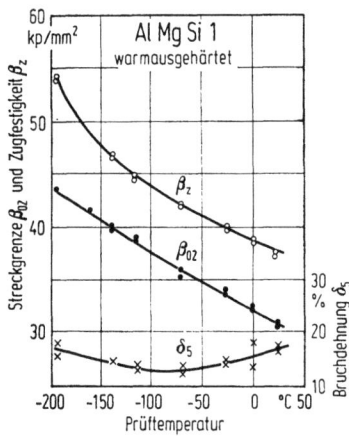

Bild 4.10-13. Festigkeitseigenschaften von AlMgSi1 in Abhängigkeit von der Temperatur (nach *Mori*) [26].

Der Abfall der Festigkeiten mit steigender Temperatur tritt bei Aluminiumlegierungen bei niedrigerer Temperatur ein als bei Stahl, deshalb dürfen Aluminiumbauteile nur dann nach DIN 4102 als feuerhemmend bzw. als feuerbeständig angesehen werden, wenn dies durch Versuche an Bauteilen derselben Bauart nachgewiesen ist (Bild 4.10-5 bis 7).

Niedrige Temperaturen beeinflussen die Festigkeitseigenschaften nicht nachteilig (Bild 4.10-13). Das Verhalten bei tiefen Temperaturen hängt wesentlich vom Aufbau des Kristallgitters ab. Aluminium besitzt ein kubisch-flächenzentriertes Gitter (wie Kupfer und austenitische Stähle). Eine Versprödung bei Temperaturen unterhalb der Raumtemperatur, wie bei kubisch-raumzentrierten Metallen, insbesondere ferritischen Stählen, gekennzeichnet u. a. durch den Steilabfall der Kerbschlagzähigkeit, tritt bei Aluminiumlegierungen nicht ein (Bild 4.10-14).

### 4.10.3 Leichtmetalle

#### 4.10.3.2.2.3 Korrosionsverhalten [1; 3—5; 26—28]

*Allgemeines.* Aluminiumwerkstoffe erweisen sich im praktischen Gebrauch oft als korrosionsbeständig, obwohl Al gegen die Wasserstoffelektrode ein hohes negatives Potential hat. Eine sich in kürzester Zeit bildende, dichte, fest haftende, wasserunlösliche Oxidhaut dient sowohl als schützende wie auch als passivierende Schicht und wird auch als Korrosionsschutz künstlich erzeugt.

Für das Korrosionsverhalten ist neben dem Gefüge und der Oberflächenbeschaffenheit die Zusammensetzung des Werkstoffes von großer Bedeutung. Beimengungen von Cu setzen die Beständigkeit in jedem Fall herab, Si wirkt nur bei Reinaluminium, Fe bei Al 99,5-, AlMg- und AlMgSi-Werkstoffen schädlich. Günstigen Einfluß auf die Korrosionsbeständigkeit scheinen nur Mn und Mg zu haben.

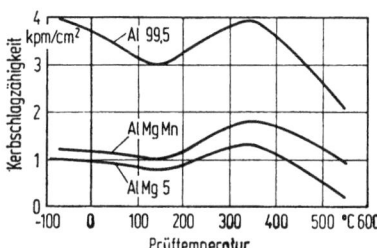

Bild 4.10-14. Kerbschlagzähigkeit von Aluminium in Abhängigkeit von der Temperatur (nach *Matting* und *Müller-Busse*) [26].

*Verhalten der Aluminiumwerkstoffe gegen verschiedene Angriffsmittel*

*Atmosphäre und Gase.* Im Regelfall ist die natürliche Oxidhaut des Aluminiums beständig gegen Angriffe der Atmosphäre. Kupferhaltige Legierungen (Cu-Gehalt $\geq$ 0,1%, zeigen jedoch bei Industrieatmosphäre und meerwasserhaltiger Luft Korrosionserscheinungen. Gegenüber der Bewitterung kann man die Beständigkeit verschiedener Aluminiumwerkstoffe vom kleinsten zum größten Angriff wie folgt ordnen: Al 99,98 R, AlMn, AlMg, Al 99,5, AlMgSi, AlSi, AlZnMg, AlCuMg. Aluminiumwerkstoffe sind widerstandsfähig gegenüber verschiedenen Gasen (Gasflaschen).

*Böden.* Aluminium ist im allgemeinen beständig, bei stark wechselnder Feuchtigkeit ist Korrosion möglich.

*Wasser.* Gegenüber Wasser ist Aluminium i. allg. beständig, unterschiedliches Verhalten ist durch die Art und Menge der in den Wässern enthaltenen Stoffe möglich. Die Beständigkeit des Aluminiums gegenüber Meerwasser kann nach dem Verhalten bei Witterungseinfluß abgeschätzt werden.

*Laugen, Basen, Salze und organische Verbindungen.* Stark saure oder stark alkalische Medien greifen die ihnen gegenüber nicht widerstandsfähige Oxidschicht an, in einigen Fällen, besonders bei Säuren mit stark oxydierender Wirkung, beobachtet man jedoch überraschend gute Beständigkeit. Basisch reagierende Stoffe greifen Aluminium stark an, so daß Aluminiumwerkstoffe vor dem Einbau in Mörtel, Beton oder Mauerwerk zu schützen sind; eloxierte Oberflächen werden zweckmäßig bis zum Abschluß aller Bauarbeiten durch Schutzmaßnahmen (Abziehlacke) vor Oberflächenbeschädigungen durch alkalische Medien geschützt. Gegen Salze besteht unterschiedliches Verhalten, von Einfluß sind $p_H$-Wert der Salzlösungen und Art der Anionen und Kationen, bei Holzimprägnierungsmitteln ist starker Angriff möglich. Im allgemeinen ist gute Beständigkeit gegenüber organischen Verbindungen gegeben (Anwendung in der Nahrungsmittelindustrie).

*Kontaktkorrosion* ist schon beim Zusammenbau verschiedener Aluminiumlegierungen möglich. Beim Zusammenbau mit Stahlwerkstoffen ist Aluminium in natürlichen Wässern Kathode, im Seewasser Anode, in Kombination mit Zink ist Zn die Anode. Eloxierte Flächen verhalten sich hierbei nicht wesentlich anders als unbehandelte.

*Korrosionsschutz.* Für alle Verwendungszwecke, bei denen die natürliche Oxidschicht erhalten bleibt, können Korrosionsbeständigkeit und dekorative Wirkung durch Behandlung gesteigert werden. Anodisch erzeugte Schutzschichten sind den auf chemischem Wege erhaltenen überlegen, deshalb dienen die mit chemischem Verfahren (Chromatieren, Phosphatieren) erhaltenen Schichten neben der Behandlung mit Washprimern nur als Anstrichvorbehandlung. Vorbehandelte Flächen werden mit Grundanstrich (Zinkchromat-Grundierungen) und bleifreien Deckanstrichen versehen. Bitumenanstriche werden häufig ohne Vorbehandlung und Grundierung aufgebracht.

Die in der Architektur fast ausschließlich verwendeten kupferfreien Werkstoffe benötigen keine Anstriche, zur Erhaltung des dekorativen Aussehens oder Effektes wird die Oxidschicht anodisch erzeugt (*Eloxal-Verfahren*: elektrisch oxidiertes Aluminium). Die Eloxalschicht steigert die Witterungsbeständigkeit und Verschleißfestigkeit, sie ist außerordentlich hart (Mohs-Härte $\geq$ 7). Da die Eloxalschicht durchsichtig und farblos ist, muß die Oberfläche vor dem Eloxieren fertig behandelt sein (Hochglanz, Mattglanz). Die in frischem Zustand poröse Schicht läßt sich verdichten und in vielen Tönungen einfärben. Für dekorative Eloxierung eignen sich, neben Reinst- und Reinaluminium, AlSi 5, AlMg- und AlMgSi-Legierungen in Eloxalqualität.

Bei Mischbauweise ist Kontaktkorrosion durch geeignete Maßnahmen (Anstriche, Zwischenlagen, Dichtpaste) zu vermeiden. Stahlteile müssen vor dem Zusammenbau mit Aluminium allseitig geschützt werden (Leichtmetallgrundierungen, keine Mennige).

### 4.10.3.2.3 Verwendung im Bauwesen [6; 9; 26; 28−31]

*4.10.3.2.3.1 Allgemeines.* Aluminium wird verwendet für Dachdeckungen und Wandbekleidungen, Fenster, Türen, Fassaden, Brüstungen, Sonnenschutz, Geländer, Dichtung und Isolierung, Innenausbau und Ingenieurbau. Weiterhin dient Al als Legierungsbestandteil, zur Herstellung von Pigmenten, zur Erzeugung von Gasbeton und zum Thermitschweißen. Für Aluminiumlegierungen sind Hinweise für die Verwendung in DIN 1725 zu finden, Auszug in Tabelle 4.10-27.

*4.10.3.2.3.2 Halbzeug.* Aluminiumwerkstoffe werden als Halbzeug benötigt und in Form von Blechen, Bändern, Rohren, Stangen, Drähten und Strangpreßprofilen geliefert.

Tabelle 4.10-27. Aluminium-Knetlegierungen − Anwendungsgebiete und besondere Eignung (Auszug aus DIN 1725)

| | | AlMn | AlMg 1 | AlMg 2 | AlMg 3 | AlMg 5 | AlMgMn | AlMg 4,5 Mn | AlSi 5 | AlMgSi 0,5 | AlMgSi 0,8 | AlMgSi 1 | AlCuMg 0,5 | AlCuMg 1 | AlCuMg 2 | AlZnMg 1 |
|---|---|---|---|---|---|---|---|---|---|---|---|---|---|---|---|---|
| Typische Anwendungsgebiete | Bauwesen (Fassaden, Fenster u. ä.) | x | x | x | x | | | | | x | x | x | | | | x |
| | Bedachung | x | | | | | | | | | | | | | | |
| | Ingenieurbau | | | | x | x | x | x | | | | x[1] | x | x | x | x |
| | Straßenschilder | | | | | x | | | | | | | | | | x |
| Besondere Eignung für | statisch beanspruchte Konstruktionen | | | | x | x | x | x | | | | x[1] | x | x | x | x |
| | Witterungs-Beanspruchung | x | x | | x | | x | x | | | | x | | | | |
| | Beanspruchung durch Seewasser und Seeklima | | | | | x | x | x | x | | | | x | | | | |
| | Eloxalqualität | | x | x | x | | | | x | x | x | | | | | |

[1]) für kaltausgehärtet schlagbare Niete

### 4.10.3 Leichtmetalle

Gestaltungsmöglichkeiten und -richtlinien für Strangpreßprofile in DIN 1748, Bl. 3. Technische Lieferbedingungen für Bleche und Bänder nach DIN 1745, Bl. 2; für Bleche und Bänder in Eloxalqualität nach DIN 1745, Bl. 3; für Rohre nach DIN 1746, Bl. 2; für Stangen und Drähte nach DIN 1747, Bl. 2; für Strangpreßprofile nach DIN 1748, Bl. 2; für anodisch oxydierte Strangpreßprofile für das Bauwesen nach DIN 17611; für anodisch oxydierte Teile aus Blechen und Bändern für das Bauwesen nach DIN 17612. Handelsübliche Abmessungen und Toleranzen sind in Maßnormen festgelegt. Wichtige Maßnormen vgl. Tabelle 4.10-28.

Tabelle 4.10-28. Wichtige Maßnormen für Halbzeug aus Aluminium

| Halbzeuggruppe | Bezeichnung des Halbzeuges | DIN |
|---|---|---|
| Bleche, Bänder | Bleche und Blechstreifen aus Aluminium, 0,4···15 mm, kaltgewalzt | 1783 |
| | Bänder aus Aluminium; Bänder und Bandstreifen, 0,4···3 mm, kaltgewalzt | 1784, Bl. 1 |
| | Bänder aus Aluminium; Bänder und Bandbleche; 0,021···0,350 mm, kaltgewalzt | 1784, Bl. 2 |
| | Bänder aus Aluminium; Folien; 0,007···0,020 mm, kaltgewalzt | 1784, B. 3 |
| | Bleche und Bänder aus Aluminium, 5···40 mm, warmgewalzt | 59600 |
| | Ronden aus Aluminium, kaltgewalzt | 59603 |
| | Bleche mit eingewalzten Mustern aus Aluminium | 59605 |
| Rohre | Rohre aus Aluminium (Reinstaluminium, Reinaluminium und Aluminium-Knetlegierungen), gepreßt | 9107 |
| | Rohre aus Aluminium (Reinstaluminium, Reinaluminium und Aluminium-Knetlegierungen), nahtlos gezogen | 1795, Bl. 1···3 |
| Stangen, Drähte | Flachstangen aus Reinaluminium und Aluminium-Knetlegierungen, scharfkantig, gezogen | 1769 |
| | Flachstangen aus Reinaluminium und Aluminium-Knetlegierungen, gepreßt | 1770 |
| | Vierkantstangen aus Aluminium (Reinstaluminium, Reinaluminium und Aluminium-Knetlegierungen) gezogen, mit scharfen Kanten | 1796 |
| | Sechskantstangen aus Aluminium (Reinstaluminium, Reinaluminium und Aluminium-Knetlegierungen) gezogen, mit scharfen Kanten | 1797 |
| | Rundstangen aus Aluminium (Reinstaluminium, Reinaluminium und Aluminium-Knetlegierungen), gezogen | 1798 |
| | Rundstangen aus Aluminium (Reinstaluminium, Reinaluminium und Aluminium-Knetlegierungen), gepreßt | 1799 |
| | Vierkantstangen aus Aluminium (Reinstaluminium, Reinaluminium und Aluminium-Knetlegierungen), gepreßt | 59700 |
| | Sechskantstangen aus Aluminium (Reinstaluminium, Reinaluminium und Aluminium-Knetlegierungen), gepreßt | 59701 |
| | Drähte und Stangen für Niete aus Reinaluminium und Aluminium-Knetlegierungen | 59675 |
| Profile | Strangpreßprofile aus Aluminium (Reinstaluminium, Reinaluminium und Aluminium-Knetlegierungen); zulässige Abweichungen | 1748, Bl. 4 |
| | Winkel-Profile aus Aluminium und Magnesium, gepreßt | 1771 |
| | Doppel-T-Profile aus Aluminium und Magnesium, gepreßt | 9712 |
| | U-Profile aus Aluminium und Magnesium, gepreßt | 9713 |
| | T-Profile aus Aluminium und Magnesium, gepreßt | 9714 |
| | Wulstflach-Profile aus Aluminium-Knetlegierungen, gepreßt | 80291 |
| | Wulstflach-Profile mit Schweißflansch aus Aluminium-Knetlegierungen, gepreßt | 80292 |
| | Wulstwinkel-Profile aus Aluminium-Knetlegierungen, gepreßt | 80293 |

#### 4.10.3.2.3.3 Spezielle Anwendungsgebiete

*Dachdeckung und Klempnerei.* Hierfür verwendet man Aluminiumwerkstoffe mit Cu-Gehalt $\leq 0{,}05\%$, bevorzugt Al 99,5, AlMn, AlMg1 und AlMgSi1. Jede Aluminiumdachdeckung muß Wärmeausdehnung durch Falze (einfache und doppelte Stehfalze, Liege- und Schiebefalze) und Dilatationsleisten berücksichtigen. Deshalb sind nur gut falzbare Werkstoffe zu verwenden. Für Doppelfalz- und Leistendach dienen vorwiegend Bleche oder Bänder mit Dicken von 0,6 bis 0,8 mm aus Al 99,5 oder AlMn; für Klebedach Bänder mit Dicken von 0,1 bis 0,5 mm aus Al 99,5 und AlMn; für Wellblechdach Wellbleche bis 6 m Länge mit Dicken von 0,35 bis 1,0 mm in verschiedener Profilierung. Profilierte Bänder in vielfältiger Gestaltung meist aus AlMn, AlMg1 oder Al99,5 eignen sich für Klemmfalzdächer, vorgefertigte Bleche mit angearbeiteten Falzen für Plattendach. Für Regenrinnen und -abfallrohre dienen bevorzugt AlMn-Werkstoffe; für Leiterhaken, Schneefanggitter, Rohrschellen vorwiegend AlMgSi 1. Verbindungen erfolgen neben Falzen durch Nieten, Hartlöten und Schweißen. Bei schwermetallhaltigen Verbindungswerkstoffen besteht die Gefahr der Kontaktkorrosion (mit Ausnahme von Weichloten auf der Basis von Zink und Cadmium). Für Lote ist DIN 8512, für Schweißzusatzwerkstoffe DIN 1732 maßgebend.

*Dichtung und Isolierung.* Für Abdichtungen nimmt man vorzugsweise dünne Bänder mit Dicken von 0,10 bis 0,20 mm aus Al 99,5, meist in Kombination mit anderen Isolierstoffen, z. B. Bitumen. Für Wärme- und Kälteisolierungen von Dächern, Decken, Heizkörpernischen und Sonnenschutz dienen Folien, Bänder, Bleche oder daraus gefertigte Bauelemente.

*Innenausbau und Metallbau.* Geringes Gewicht, gute Verformbarkeit und Oberflächengestaltungsmöglichkeit ergeben Verwendungsmöglichkeit zum einfachen Brüstungsblech, zur vorgehängten Fassade, zum vollständigen Ganzaluminium-Wandelement (curtain wall); für Fenster in den verschiedensten Konstruktionen, auch im Verbund mit anderen Werkstoffen, z. B. Holz, Stahl und Kunststoff, Schaufenster, Garagentore (Schwing- und Rolladentore), Bekleidungen, Leuchten, Vitrinen, Gitter, Leitern, Dekorationsprofile (Handläufe, Einfaß- und Kantenschutzleisten, Treppen- und Stoßschienen u. a.), Baubeschläge (aus Guß, Profilen und Blechen), Treibarbeiten, Metallbuchstaben und Schriften. Als Werkstoffe eignen sich Reinaluminium und kupferarme Legierungen, wie AlMn-, AlMg- und AlMgSi-Legierungen; für Grautöne AlSi5, für Baubeschläge kupferarme Legierungen.

*Ingenieurbau.* Aluminiumkonstruktionen werden angewendet, wenn die höheren Werkstoffkosten durch sonstige Vorteile ausgeglichen werden. Geringes Gewicht ist vorteilhaft bei schwieriger Montage und Transport in unwegsamen Gebieten, bei beschränkter Tragfähigkeit der Unterkonstruktion oder des Fundamentes oder zur Erhöhung der Nutzlast im Kran- und Hebezeugbau, oftmaligem Auf- und Abbau bei demontablen Konstruktionen, wie Ausstellungshallen, Tribünen, Baugerüste, Schalungselemente (Stollenschalung). Wichtige Vorschrift: DIN 4113 „Aluminium im Hochbau; Richtlinien für Berechnung und Ausführung von Aluminiumbauteilen". Von besonderer Bedeutung für den Ingenieurbau ist die Verbindungstechnik mit Schrauben (Aluminium- und Stahlschrauben, bei häufig zu lösenden Verbindungen nimmt man Gewindeeinsätze), Nieten (Kraftübertragung beim kaltgeschlagenen Aluminiumniet durch Lochleibung, Scher- und Biegefestigkeit), Schweißen, insbesondere Schutzgasschweißen mit nichtabschmelzender Wolframelektrode (WIG-Verfahren) und abschmelzender Metallelektrode (MIG-Verfahren), Löten (vorwiegend Hartlöten) und Kleben (lösungsmittelfreie Ein- oder Zweikomponentenkleber auf Kunststoffbasis). Beim Mischbau bevorzugt man Schrauben und Nieten unter Beachtung der Isolation zur Vermeidung von Kontaktkorrosion.

*Pigmente und Rostschutz.* Reinaluminium, mind. Al 99,5, ist Ausgangsstoff für *Aluminiumpulver* (frühere Bezeichnung: Aluminiumbronzepulver), das vorwiegend als Rostschutzpigment und zur Steigerung des Reflexionsvermögens für Stahl Verwendung findet, jedoch auch für *Anstriche* von Holz, Ziegelmauerwerk und zementgebundene Flächen. Aluminiumpulver dient zum Abtönen von Bitumen und Teeren, zur Herstellung von Effektlacken (Hammerschlaglack), zur Pigmentierung von Kunststoffen, zur Herstellung von Kunststoffpasten.

Aluminiumüberzüge zum Korrosions- und Zunderschutz von Eisen und Stahl werden nach mehreren Verfahren (Plattieren, Tauchaluminieren, Tauchalitieren, Pulveralitieren, Spritzaluminieren, Aufdampfen) hergestellt. Größere Bedeutung haben Spritzaluminieren (Ausgangsstoffe: Draht aus Al 99,5, manchmal auch AlMg-Legierung) für Brückenbauwerke und Stahlkonstruktionen in Industrienähe und im Gezeitenbereich sowie Aufdampfen (dünne kondensierte Schichten von im Vakuum verdampftem Rein- bzw. Reinstaluminium) für Kunststoff- und Metallteile mit hohem Glanzeffekt.

*Legierungselement* ist Al für Kupfer (Kupfer-Aluminium-Legierungen und Kupfer-Zink-Legierungen mit besonderen Zusätzen). Al dient auch als Zusatz bei Verzinkungen zur Verbesserung der Biegefähigkeit des Überzuges.

## Literatur zu 4.10 Nichteisenmetalle

### Normen

DIN-Taschenbuch Bd. 26: Nichteisenmetalle, Normen über Schwermetalle, Berlin, Köln, Frankfurt: Beuth 1969.

DIN-Taschenbuch Bd. 27: Nichteisenmetalle, Normen über Leichtmetalle, Berlin, Köln, Frankfurt: Beuth 1969.

### Richtlinien und Vorschriften

DV 807 (RoST) Technische Vorschriften für den Rostschutz von Stahlbauwerken (RoST). Hrsg. Deutsche Bundesbahn. Erhältlich beim Drucksachenlager der Bundesbahndirektion Hannover, Minden/Westf., Schwarzer Weg 8.

Bleimerkblatt Merkblatt über Erkennung und Verhütung der Bleikrankheit. Köln, Heymann.

RAL 844 A u. B Bleiweiß und Bleimennige. Berlin, Beuth.

RAL 844 C 2 Zinkweiß, Zinkoxid. Berlin, Beuth.

RAL 844 J 3 Lithopone. Berlin, Beuth.

### Bücher

H 03 Stoffhütte, 4. Aufl., Berlin, München: Ernst & Sohn 1967.
1 Werkstoff-Handbuch Nichteisenmetalle. Hrsg. Deutsche Gesellschaft für Metallkunde und VDI. 2. Aufl., Düsseldorf: VDI 1960.
2 *Landolt, Börnstein:* Zahlenwerte und Funktionen, Bd. IV/2b, Sinterwerkstoffe, Schwermetall, 6. Aufl., Berlin, Göttingen, Heidelberg, New York: Springer 1964.
3 *Landolt, Börnstein:* Zahlenwerte und Funktionen, Bd. IV/2c, Leichtmetalle, Sonderwerkstoffe, Halbleiter, Korrosion, 6. Aufl., Berlin, Göttingen, Heidelberg, New York: Springer 1965.
4 *Tödt:* Korrosion und Korrosionsschutz, 2. Aufl., Berlin: de Gruyter 1961.
5 *Ritter:* Korrosionstabellen metall. Werkstoffe, 4. Aufl., Wien: Springer 1958.
6 *Sponsel, Wallenfang:* Lexikon der Anstrichtechnik 3. Aufl., München: Callwey 1970.
7 Eigenschaften von Nickel, Hrsg. International Nickel Deutschland GmbH, Düsseldorf: 1971.
8 Nickel-Kupfer-Legierungen, 2. Aufl., Hrsg. Nickel-Informationsbüro GmbH, Düsseldorf: 1966.
9 *Hähnle:* Baustofflexikon, Stuttgart: Deutsche Verlagsanstalt 1961.
10 *Hofmann:* Blei und Bleilegierungen, 2. Aufl., Berlin, Göttingen, Heidelberg: Springer 1962.
11 Blei im Bauwesen, Hrsg. Bleiberatung, Duisburg: Fachtechnik 1964.
12 Kupfer, Berlin: Deutsches Kupfer-Institut 1961.
13 Kupfer-Zink-Legierungen (Messing und Sondermessing), Berlin: Deutsches Kupfer-Institut 1966.
14 Legierungen des Kupfers mit Zinn, Nickel, Blei und anderen Metallen, Berlin: Deutsches Kupfer-Institut 1965.
15 Kupfer-Aluminium-Legierungen (Aluminiumbronzen), Berlin: Deutsches Kupfer-Institut (in Vorbereitung).
16 Kupferdachdeckung-Kupferbauklempnerei, Berlin: Deutsches Kupfer-Institut 1956.
17 Kupferrohre im Wasserfach, 5. Aufl., Berlin: Deutsches Kupfer-Institut 1969.
18 Kupferrohre in der Heizungstechnik, Berlin: Deutsches Kupfer-Institut 1969.
19 Löten von Kupfer und Kupferlegierungen, Berlin: Deutsches Kupfer-Institut 1969.
20 Chemische Färbungen von Kupfer und Kupferlegierungen, 3. Aufl., Berlin: Deutsches Kupfer-Institut 1962.
21 *Kleinlogel:* Bewegungsfugen, 6. Aufl., Berlin: Ernst & Sohn 1958.
22 Zink-Taschenbuch, Hrsg. Zinkberatung, Düsseldorf: 1963.
23 Zink im Bauwesen, Hrsg. Zinkberatung, Düsseldorf: 1963.
24 *Neufert:* STZ-Metall im Bauwesen, Berlin: Ullstein 1964.
25 *v. Flotow:* Dach-Details, Hrsg. Zinkberatung, Stuttgart: Krämer 1964.
26 Aluminium-Taschenbuch, Hrsg. Aluminium-Zentrale e. V., 12. Aufl., Düsseldorf: Aluminium-Verlag 1963 (Nachdruck 1969, Neuauflage in Vorbereitung).
27 *Altenpohl:* Aluminium und Aluminiumlegierungen, Berlin, Heidelberg, New York: Springer 1965.
28 Aluminium-Merkblätter, Hrsg. Aluminium-Zentrale e. V., Düsseldorf: Aluminium-Verlag.
29 Aluminium-Berichte, Hrsg. Aluminium-Zentrale e. V., Düsseldorf: Aluminium-Verlag.
30 Arbeitsblätter für das Metallkleben, Hrsg. Aluminium-Zentrale e. V., Düsseldorf: Aluminium-Verlag.
31 Bauen mit Aluminium 1972, Hrsg. Aluminium-Zentrale e.V., Düsseldorf: Aluminium-Verlag 1972.

### Zeitschriften

Kupfer, Hrsg. Conseil International pour le Développement du Cuivre, Berlin: Deutsches Kupfer-Institut.

Aluminium, Hrsg. Aluminium-Zentrale e.V., Düsseldorf: Aluminium-Verlag.

# Sachverzeichnis

Die Umlaute ä, ö, ü werden wie a, o, u behandelt

Abdichtung .................. 650
Ablaufdiagramm ............ 332
Ablaufplanung .............. 197
Ablesemikroskop ............ 16
Abnahme ....... 359, 388, 397, 413
Abnutzung .................. 435
Abrechnung ............. 400, 407
Abrechnungsgrundlagen ...... 213
Abrufplan .................. 156
Abschlagsrechnungen ........ 216
Abschlagszahlungen ..... 400, 403
Abschluß ................... 253
Abschlußarbeiten ........... 151
Abschlußaufgaben ....... 155, 157
Abschnitts-Arge ............. 369
Abstandsbild ............... 97
Abstecken, Bauwerke ........ 117
Absteckung symmetrischer
 Hauptpunkte .............. 80
AD-Merkblätter .............. 703
Aeroprojektor Multiplex ..... 113
Ägyptisches Dreieck ......... 11
Akkordlohn ................. 339
Akquisition ................ 146
Aktiengesellschaft .......... 173
Alhidadenlibelle ............. 27
Alignement ................. 122
Alleininhaber .............. 173
Altertumsfunde ............. 389
Aluminium ................. 776ff.
Aluminiumbänder ......... 783ff.
Aluminiumbleche ......... 783ff.
Aluminium-Gesenkschmiedestücke
 .......................... 785
Aluminiumhalbzeug ..... 785, 790
Aluminiumlegierungen ..... 776ff.
Aluminiumwerkstoffe
 Dauerfestigkeit ........... 786
 Festigkeitseigenschaften . 780ff.
 Korrosion ................ 789
 Lebensdauer .............. 787
 Wöhlerkurve .............. 787
Anaglyphenverfahren ........ 109
Änderungsbefugnis........... 352
Aneroidbarometer ........... 69
Anfechtung eines Bauvertrages 347
Anforderungsarten .......... 334
Angebot ........ 146, 156, 379ff.
Angebotsbearbeitung ........ 149
Angebotserstellung .......... 269
Angebotsfrist .............. 378
Anlagendeckung ............ 266
Annahmeverzug ............. 359
Anordnungsbedingungen ..... 103
Anschlußnivellement ...... 61ff.
Anschlußpunkt .............. 57
Anstriche ......... 667, 675, 710
Anweisungen ........... 177, 182
Arbeitergruppe ............. 189
Arbeiterkolonne ............ 189
Arbeitgeberverbände ........ 179
Arbeitnehmer .............. 162
Arbeitnehmerbetreuung ..... 156

Arbeitnehmerverbände ....... 179
Arbeitsablauf ............. 312ff.
Arbeitsablaufbeschreibung ... 177
Arbeitsanweisung ....... 177, 182
Arbeitsbeschreibung ........ 331
Arbeitsbewertung ......... 330ff.
Arbeitsgemeinschaften 158, 174,
 264, 369ff., 379, 389, 404
Arbeitsgestaltung ........... 330
Arbeitskräfte........ 183, 204, 208
 s. a. Personal
Arbeitskräfteausgleich ...... 235
Arbeitskräfte-Bedarfsplan ... 204
Arbeitspläne ............... 206
Arbeitsplatzbeschreibung .... 177
Arbeitsschutzbestimmungen... 212
Arbeitsstudium ........... 311ff.
Arbeitsstunden ......... 199, 210
Arbeitstakte ............... 192
Arbeitsunfälle ......... 212, 403ff.
Arbeitsverzeichnis .......... 203
Arbeitsvorbereitung ....... 181ff.
Arbeitsvorgänge ......... 188, 197
Arbeitszeit ................. 188
Arbeitszeitordnung ......... 368
Architekt ................ 408ff.
 Berufsbezeichnung ........ 410
 Gewährleistungsverpflich-
  tung .................... 411
 Haftung ................. 411
 Pflichten ................ 410
 Planungsfehler .......... 411ff.
Architektenleistungen ....... 409
Architektenvertrag .......... 408
Aregger-Kern-Instrument .... 36
Arge s. Arbeitsgemeinschaften
Aufmaßbücher .............. 214
Aufmaße ............... 400, 407
Aufnahme nach zerstreuten
 Punkten .................. 66
Aufnahmehöhennetze ........ 61
Aufopferungsanspruch....... 357
Aufsichtspflicht ............ 412
Aufsichtsstelle ......... 175, 369
Aufstellungswärme.......... 124
Auftragsabwicklung ...... 181ff.
Auftragsbeschaffung ...146ff., 164
Auftragserteilung .......... 146
Auftragsgebundene Aufgaben
 146ff., 154, 156
Auftragsgebundene Funktionen
 144, 157, 159
Auftragsrechnung .......... 269
Auftragsübernahme ......... 146
Auftragszeit ............... 314
Aufwand ............. 190, 245
Ausbildungsprogramm ...... 156
Ausführung ................ 387
Ausführungsbedingungen .... 182
Ausführungsbehinderung .... 390
Ausführungsfristen ......... 389
Ausführungskapazität ...... 198
Ausführungspläne .......... 148

Ausführungstermin ......... 198
Ausführungsunterbrechung ... 390
Ausführungsunterlagen ...... 386
Ausführungszeit ............ 315
Ausgaben .................. 245
Ausgleichsanspruch ..... 357, 396
Ausgleichspflicht ........... 414
Ausgleichung, Vermessungen . 127
Ausgleichung direkter Beob-
 achtungen ................ 129
Ausgleichung nach bedingten
 Beobachtungen ........... 132
Ausgleichung nach vermitteln-
 den Beobachtungen ........ 130
Auslegungsregelung für den
 Bauvertrag .............. 349
Ausschreibung .... 146, 283, 374ff.
Auswertegeräte ............ 113
Autokartograph ............ 114
Automatische Auswertegeräte 113
Azimut .................... 6ff.

Baken ..................... 9
Balkendiagramm, Arbeitsablauf 190
Balkenplan, Datenverarbeitung 237
Bankkredit ................ 401
Barometer ................. 69
Barometrische Flächennivelle-
 ments .................... 69
Barometrische Höhenstufen.. 68
Basislatte................ 38f.
Basisvergrößerungsnetz...... 49
Bauablaufkontrolle .......... 208
Bauablaufpläne ............ 161
Bauablaufplanung ........ 187ff.
Bauablaufstörungen ......... 194
Bauabrechnung, elektronisch 216ff.
Bauabschnitte ......... 188, 197
Bauabteilungen ............ 165
Bauarbeitsschlüssel ........ 206
Bauaufträge ............... 165
Bauauftragsrechnung ....... 159
Bauberichterstattung ....... 208
Baubeschreibung .......... 283
Baubetrieb, Rechnungswesen 242ff.
Baubetriebsrechnung ... 159, 210
Baubetriebswirtschaft .... 143ff.
Baubüros ................. 298
Baudarlehen .............. 361
Bauersfeld-Stereoplanigraph .. 114
Baugeräteliste ........ 188, 284
Baugewerbe................ 179
Bauglas s. Glas
Baugrund ............ 375, 412
Bauhandwerk ....... 179, 246ff.
Bauhauptgewerbe ... 155, 174, 246
Bauherr ...... 175, 349ff., 372ff.
Bauherrnanordnungen ...... 351
Bauherrnverpflichtungen ... 359ff.
Bauholz ................. 611ff.
Bauindustrie ........ 179, 246ff.
Bauingenieur s. Fachingenieur

# Sachverzeichnis

Baukonto .................. 269
Baukosten ................. 183
Bauleistungen . 371, 375, 383 ff., 398
Bauleistungsabrechnung ... 213 ff.
Bauleistungsänderung ....... 351
Bauleiter .......... 212, 369, 412
Bauleitung ................. 387
Baumarkt .................. 148
Baumaschinenbericht ....... 150
Baumsignale ............... 48
Baunivellier ............... 23
Baunormzahlen ............ 421
Baupolizei ................ 367
Baupolizeiliche Genehmigung . 387
Baupreisrecht ............ 363 ff.
Baupreisverordnung ..... 366, 378
Bauprogramme ............ 148
Baurecht s. Bauvertragsrecht
Baurichtmaße .............. 421
Bauschöffenämter .......... 362
Baustähle ................ 691 ff.
  hochfeste schweißbare ...... 698
Baustellen ..... 160, 387, 394, 406
  Druckluftversorgung ...... 286
  Eisenbiegeplätze .......... 292
  Fördermittel ............. 304
  Sanitäranlagen ........... 299
  Sozialeinrichtungen ....... 299
  Stromversorgung ......... 286
  Verkehrsanlagen ......... 294
  Verkehrssicherung ........ 296
  Wasserversorgung ....... 284
  Werkstätten ............. 291
  Zimmerplätze ........... 291
Baustellenberichte .......... 210
Baustelleneinrichtung .. 150, 283 ff.
  Planung ........... 205, 300 ff.
  Platzbedarf .............. 284
Baustelleneinrichtungs-
  Merkblatt ................ 306
Baustelleneinrichtungspläne
  ...................... 283, 303
Baustelleneinrichtungsplanung 284
Baustellengebäude ......... 298
Baustellenunterkünfte ...... 299
Baustellenwerkstätten ..... 150, 153
Baustoffbedarfsrechnung ... 534
Baustoffe .......... 156 f., 417 ff.
  Brandverhalten .......... 435
  chemische Reaktionen ..... 434
  Eigenschaften .......... 418 ff.
  elektrische Eigenschaften . 425
  Festigkeitseigenschaften ... 425
  Lichtstrahleneinwirkung .. 436
  LichttechnischeEigenschaften 425
  plastisches Verhalten ...... 431
  Platzbedarf .............. 296
  rheologische Eigenschaften . 432
  Strahleinwirkung ......... 436
  technologisches Verhalten.. 434
  thermische Eigenschaften .. 424
  Verhalten gegen Gase .... 423
  Verhalten gegen Wasser .... 423
  s. a. Stoffbereitstellungspläne
  s. a. Stoffberichterstattung
Baustoffgüte ............. 182
Baustoffkauf .............. 371
Baustoffmengen .......... 182
Baustraßen ............... 296
Bautagebuch .............. 208
Bautermine .............. 210
Bauunfälle ...... 367, 374, 403 ff.
Bauunternehmen
  Aufgaben ............... 143
  Organisation .......... 143 ff.
Bauunternehmer ........ 344 ff.

Bauverbände .............. 178
Bauverfahren ............ 182 ff.
Bauvertrag ..... 213, 345 ff., 372 ff.
Bauvertragsänderungen .... 351 ff.
Bauvertragskündigung ..... 391 ff.
Bauvertragsrecht ......... 344 ff.
Bauwagnis ............... 356
Bauwerksanalyse .......... 197
Bauwerksteile ............ 197
Bauwesenversicherung ...... 393
Bauzäune ................ 296
Bauzeit ............. 183, 187
Bauzeitenplan ............ 389
Bauzeitkontrolle .......... 161
Becker-Planimeter ......... 76
Bedingungsgleichungen ..... 132
Behälterstähle ..... 695 ff., 703 ff.
Beihilfegemeinschaft ...... 175
Beihilfevertrag .......... 370
Beirat für Vermessungswesen.. 56
Belastungsspektrum ....... 429
Beobachtungsdifferenzen .... 129
Bereitstellungsplan ...... 154, 204
Berichtauswertung ........ 210
Berichtswesen ............ 208
Berufliche Weiterbildung ... 156
Berufsgenossenschaften .. 212, 404
Besselsches Bezugsellipsoid ... 6
Besselsches Erdellipsoid ...... 2
Bestätigung ............. 401
Beteiligungsverträge ..... 369 ff.
Beton .................. 444 ff.
  Ausblühungen .......... 523
  Ausgangsstoffe ......... 449
  Biegefestigkeit ........ 485 ff.
  Bindemittel ........... 450 ff.
  Bluten ............... 473
  Brandverhalten ........ 520
  Carbonatisierung ...... 523
  chemische Angriffe ...... 521
  Dehnmodul ............ 507
  Dichte ................ 471
  Druckfestigkeit ..... 475 ff., 520
  Durchdringbarkeit ..... 513 ff.
  Eigenschaften ........ 470 ff.
  Elastizitätsmodul ...... 506
  Erhärtung ............ 529
  Festbeton ........ 474, 535
  Festigkeitseigenschaften . 474 ff.
  Festigkeitsklassen ...... 477
  Formänderungen ....... 496
  Frischbeton ...... 471, 534
  Frostwiderstand ....... 519
  Grunddruckfestigkeit .... 478
  Güte ................ 470
  Haftfestigkeit ........ 492
  Herstellung ...... 448, 526
  Klassifizierung ....... 535
  Konsistenz .......... 471 ff.
  Konsistenzmaße ....... 473
  Kriechen .......... 500, 510
  Mischen ............ 526
  Nachbehandlung ...... 528
  Poren ............... 467
  Rißbildung ........... 523
  Scherfestigkeit ....... 492
  Schlagfestigkeit ...... 494
  Sichtfläche .......... 535
  Spaltzugfestigkeit ..... 485 ff.
  Spannungsdehnungslinien .. 503
  Stahlbeton .......... 492
  Temperaturdehnung ..... 501
  Verarbeitung ......... 448
  Verdichten .......... 527
  Verdrehfestigkeit ...... 491
  Verschleiß ........... 522

Wärmeentwicklung ........ 518
Wasseraufnahme ......... 517
Wasserverdunstung ....... 499
Zugabewasser ........... 462
Zugfestigkeit ........... 483
Zusammensetzung . 447, 525, 534
Zusatzmittel ........... 465
Zusatzstoffe ........... 463
Zuschläge ............. 455 ff.
Betonarten .............. 447
Betonbaustellen ......... 300 ff.
Betondichtungsmittel ....... 466
Betonformstähle .......... 716
Betongläser ............ 596
Betonmischungen ........ 530 ff.
Betonrippenstähle ........ 716
Betonrohdichte .......... 472
Betonstabstähle .......... 717
Betonstähle ........... 715 ff.
Betonstahlmatten ......... 717
Betonstahlsorten ........ 715
Betonverflüssiger ......... 466
Betonzusammensetzungen 447, 525,
  .................. 534
Betriebsabrechnung ..... 269, 276
Betriebsabrechnungsbogen 245, 251
Betriebsbuchhaltung ....... 244
Betriebsergebnisrechnung .... 262
Betriebsgemeinkosten ..... 271
Betriebskontrolle ......... 161
Betriebsmittel .......... 149
Betriebsmittelzeiten ...... 316
Betriebsrat ............. 162
Betriebsschutz .......... 212
Betriebsstatistik ..... 160, 279 f.
Betriebsstellen .......... 160
Betriebsverfassungsgesetz 162, 174
Betrug ................ 368
Bewehrungsstähle ....... 714 ff.
Beweissicherung ......... 400
BGB-Gesellschaft ......... 174
Bilanzanalyse ........... 264
Bilanzgliederung ........ 260
Bilanzgliederungsprinzip ... 244
Bildbrett .............. 109
Bildebenen ............. 16
Bildmaßstab ....... 101, 104
Bildmessung ............ 100 ff.
Bindemittel ........... 450 ff.
Bitumen ............. 635 ff.
Bitumenemulsionen ..... 639 ff.
Bituminöse Abdichtungsstoffe . 650
Bituminöse Baustoffe ..... 633 ff.
  Anwendung .......... 645 ff.
  Prüfverfahren ........ 633
Bituminöse Klebedichtungen.. 650
Bituminöser Straßendecken-
  bau ............... 645 ff.
Bituminöser Wasserbau ..... 650
Blainewert ............. 473
Blankett .......... 375 ff., 408
Blei ................. 758 ff.
Bleilegierungen ........ 758 ff.
Bluten, Beton .......... 473
Bodenarten ............ 373
Bodenklassen .......... 406
Bogenabsteckung mit gleichen
  Peripheriewinkeln ...... 86
Bogenlängen, Absteckung ... 82
Bolzen, Talsperrenüber-
  wachung .............. 120
Böschung ............. 118
Böschungsinstrument ..... 119
Boßhardt-Entfernungsmesser .. 37
Brandschutz ........... 436
Brandverhalten ......... 354

## Sachverzeichnis

Breccie .................... 437
Brennen ................... 549
Brennschneiden ............ 690
Brücken
  Belastungsprobe .......... 125
  Höhenmessungen .......... 125
  Kontrollvermessungen ..... 126
Brückenbau, Absteckungs- und
  Kontrollvermessungen ..... 122
Buchführung .............. 243 ff.
Bundesrahmentarifvertrag ... 188
Bundesrechnungshof ........ 401
Bundesverband der Deutschen
  Industrie ................. 179
Büromaschinen ............. 178
Bussolen .............. 25 ff., 31 ff.
Bussolentachymeter ......... 32

Cassini-Lösung ............. 51
Chemische Elemente ........ 434
Coast and Geodetic Survey ... 6
Collins-Lösung ............. 50
Consulting Engineer ........ 415

Dachabdichtungsfolien ..... 676 f.
Dachbelagstoffe ............ 649
Dammprofile .............. 117 ff.
Datenermittlung ............ 311
Datenverarbeitung .......... 206
Datenverarbeitungsanlagen 178,
                          212, 236
Dauerfestigkeitsschaubild .... 429
Dauerschwingversuch ....... 428
Deformation, Staumauern ... 120
Deutsche Angestelltengewerk-
  schaft ................... 179
Deutsche Grundkarte ........ 79
Deutsche Karte ............. 79
Deutscher Gewerkschaftsbund 179
Deutsches Hydrographisches
  Institut ................ 8, 80
Dezentraler Unternehmensauf-
  bau ..................... 164
Dezentralisierung ........... 165
Diagrammtachymeter ..... 34, 71
Dichte ............. 422, 471, 606
Differenzierter Verfahrensver-
  gleich ................... 187
Diopterinstrumente ......... 11
Diopterkreuz .............. 12
Distanzlatte ............... 10
Distanzmesser, optische ..... 33 ff.
Divisionskalkulation ........ 270
Doppelbildentfernungsmesser.. 35
Doppelkreis-Theodolit ....... 17
Doppelprismen ............. 13
Doppelpunkteinschaltung .... 52
Doppelrechenmaschine ...... 46
Doppelte Wechselpunkte .... 72
Doppische Betriebsbuchhaltung 245
Dosenlibelle ............... 14
Drahtglas ................. 581
Dreibeinsignal ............. 48
Dreibock .................. 117
Dreiecksnetz .............. 49
Druckluftversorgungsanlagen.. 286
Duromere ............. 656, 671
Duroplaste s. Duromere

EDV s. Datenverarbeitung
Eichung ................... 9
Eigenfinanzierung .......... 158

Eigentumsrecht ............ 361
Einarbeitung, Fertigungsgrup-
  pen ...................... 194
Einheiten ........ 437, 444, 574
Einheitensysteme ......... 418 ff.
Einheitskontenrahmen ....... 246
Einheitskreis ............... 42
Einheitspreise ..... 346, 390 f., 407
Einheitspreisvertrag .... 146, 375
Einkauf .................. 157
Einkaufsplan ............... 281
Einkreissystem ............ 244
Einnahmen ................ 245
Einpreßhilfen .............. 467
Einrückungsmethode ....... 86
Einsatzstähle .............. 702
Einsatzsteuerung ........... 151
Einschneideaufgaben ....... 50
Einschnittprofile .......... 117 ff.
Einstellungsprogramm ...... 155
Einzelaufnahme des Geländes . 73
Einzelkostenlöhne .......... 270
Einzelkostenstoffe .......... 270
Einzelpunkteinschaltung .... 50
Einzelunternehmen ......... 173
Einzelvermessung ......... 58 ff.
Eisenbahnbau .............. 91
Eisenbiegeplätze ........... 292
Eisen-Kohlenstoff-Diagramm . 686
Elaste s. Elastomere
Elastomere ........... 655, 670
Elektronische Bauabrechnung 216 f.
Elektronische Entfernungs-
  messung ................. 10
Elektronische Planimeter ..... 77
Elektronischer Nahbereichs-
  Entfernungsmesser ........ 11
Ellingsches Verfahren ....... 75
Ellipsen ................... 86
Engelhard-Lampe .......... 2
Engobe ................... 548
Entfernungsmessung, elektro-
  nische ................... 10
Entfernungsmessung mit elek-
  tromagnetischen Wellen ... 114
Entfernungsreduktion ...... 35
Entzerrungsgeräte .......... 107
Erdarbeiten .............. 405 ff.
Erdbildmessung ........... 100
Erdgestalt ................ 2
Erdkrümmung ............. 67
Erdlot .................. 2, 3
Erdmagnetische Kraftlinien ... 32
Erdmassenberechnung ...... 65
Ereigniszeitpunkte ......... 222
Ergebnisrechnung .......... 159
Erholungszeit ............. 316
Erlöse .................... 245
Ersatzteilbeschaffung ....... 154
Ersatzteillager ............ 153
Erstarrungsbeschleuniger .... 466
Erstarrungsverzögerer ...... 466
Ertrag ................... 245
E-Stahl .................. 678

Fachbauleiter ............. 212
Fachingenieur ......... 408, 414
Fadendistanzmesser ........ 33
Fahrlässige Tötung .... 367, 403
Farbenglas ............... 590 f.
Federbarometer ............ 69
Federführende Firma ....... 369
Federführungsgebühr ....... 175
Fehlbuchungen ............ 184
Fehlerfortpflanzungsgesetz ... 128

Fehlermaße .............. 127
Fehlerrechnung, Vermessungen 127
Feinablesevorrichtung ...... 24
Feinkornbaustähle ...... 698, 702
Feinmeßmikroskop ........ 17
Feinnivellier .............. 14
Feinplanung .......... 201, 232
Feldaufnahmen ............ 69
Feldbücher ............... 118
Feldmaße ................. 75
Fennel-Ablesemikroskop .... 16
Fertigteilbau .............. 183
Fertigungsablaufkontrolle... 208 ff.
Fertigungsabschnitte ..... 191 ff.
Fertigungsabschnitt-Wieder-
  holung ................. 191
Fertigungsgruppen ..... 188, 193
Fertigungsmasse .......... 188
Fertigungsmengen ..... 188, 198
Fertigungsplanung .. 181 ff., 206 ff.
Fertigungszeit ............ 187
Festbeton ................ 585
Festbetoneigenschaften ..... 474
Festpunktfeld ............. 6
Festpunktnivellement ..... 61 ff.
Feuchtigkeitsänderungen .... 434
Feuchtigkeitsdehnungen .... 496
Feuerbeständigkeit ........ 435
Feuerschutzmittel ......... 628
Finanzbuchführung ........ 160
Finanzbuchhaltung ........ 244
Finanzdispositionen ........ 153
Finanzen ............... 157 ff.
Finanzierungsarten ........ 158
Finanzierungsbereich ....... 165
Finanzierungspläne ........ 157
Finanzkontrolle ........... 159
Finanzplan ............... 181
Finanzplanung ............ 258
Finanzstatus .............. 159
Flächenberechnung .... 74 ff., 215
Flächenberechnung verschränk-
  ter Figuren .............. 75
Flächenbestimmung, graphisch 76
Flächennivellement..... 61, 65 ff,
Flächenteilungen .......... 76
Flachglas ................ 581 f.
Fließarbeit ............... 192
Fließfertigung ............ 192
Fluchtstäbe ............... 9
Flughöhe und Bildmaßstab ... 104
Flugstreifen .............. 102
Flußbrücken, Vermessung ... 123
Flüsse, Höhenaufnahmen .... 66
Flußübergangsnivellement ... 125
Fixkostenplanung ......... 160
Folgeschäden ......... 396, 399
Fördermittel .............. 304
Formänderungen, Beton ..... 496
Formänderungsmodul ...... 431
Formelzeichen .. 421, 437, 444, 574
Formmassen, Kunststoffe ... 656
Fraktile .................. 481
Freihändige Vergabe .... 146, 375
Fremdfinanzierung ........ 158
Frischbeton .............. 534
Frischbetoneigenschaften .... 471
Frösche (Unterlegplatten).... 25
Funktionensystem ......... 164

Garantieerklärung ......... 353
Gauß-Krüger-Abbildung ... 5, 79
Gaußsche Flächeninhalts-
  formeln ................. 75
Gaußscher Algorithmus ..... 130

## Sachverzeichnis

Gaußsches Fehlergesetz ...... 128
Gauß-Schumacher-Verfahren . 29
Gebäudeaufnahme ........... 59
Gebührenordnung, Architekten ....................... 409
Gebührensätze .............. 149
Gefährdungshaftung ......... 404
Gefährlicher Kreis ........... 50
Gefahrtragung .......... 358, 392
Gefüge ..................... 422
Gelände-Einzelaufnahme ..... 73
Geländeformen .............. 73
Geländepunkte .............. 65
Gemeinkosten .............. 270
Gemischte Kolonnen ........ 189
Genehmigung .......... 387, 412
Generalunternehmer ......... 175
Geodäsie ................... 4
Geodätische Photogrammetrie. 114
Geodimeter ................. 10
Geographisch-Nord .......... 31
Geradenschnitt .......... 45, 50
Geräte .................... 149 ff.
Gerätebereitstellung .......... 204
Geräteberichterstattung ...... 210
Gerätebeschaffung ........... 149
Gerätebeschaffungsplan ...... 151
Geräteeinsatz .............. 150
Geräteinstandhaltung ........ 153
Gerätekontrolle ............. 154
Geräteliste ................. 149
Gerätemieten ............... 151
Gerätestatistik .............. 154
Gerippllinien ................ 73
Gerüstpolygonzüge .......... 53
Gesamtschuldverhältnis .. 398, 413
Geschwindigkeitsdiagramm ... 190
Gesellschaft mit beschränkter Haftung ................... 174
Gesellschaften bürgerlichen Rechts .................... 174
Gesellschaftsvertrag ......... 174
Gesetz gegen Wettbewerbsbeschränkungen .... 366, 368, 381
Gesichtsfeld ................ 19
Gewährleistung ....... 373, 398 ff.
Gewährleistungsansprüche .... 371
Gewährleistungsfrist ......... 397
Gewährleistungspflicht ... 388, 411
Gewährleistungsverpflichtung 396, 398 ff.
Gewerkschaften ............. 179
Gewicht .................... 422
Gewichtsfortpflanzung ....... 128
Gewinn- und Verlustrechnung . 261
GEWI-Stahl ................ 719
Gezeitentafeln .............. 8
Gips ....................... 450
Gitter-Nord ................ 31
Glas ...................... 574 ff.
chemische Widerstandsfähigkeit .................. 576
Eigenschaften ........... 576 ff.
Herstellung .......... 575, 581
Zusammensetzung ........ 575
Glasarten .................. 580
Glasbausteine .............. 595
Glasdachsteine ............. 598
Glasfasererzeugnisse ........ 598 ff.
Glasfasern ................. 582
Glasschmelze .............. 575
Glasur .................... 548
Gleisfeinrichtverfahren ....... 100
Gleitklauseln ........... 216, 364
gon .................... 3, 11
Grad, Kreisteilung ....... 3, 134 ff.

Graphentheorie ............. 218
Graphische Flächenbestimmung ...................... 76
Grenzbegradigung ........... 75
Grenzeinsatzdauer .......... 186
Grenzfehler ................ 128
Grobplanung ........... 198, 231
Großbaustellen .......... 118, 285
Großbauvorhaben ........... 157
Größen ........... 437, 444, 574
Großunternehmen ........... 168
Grundkarte ................. 79
Grundriß ................... 117
Grundüberholung ........... 153
Grundwasserverhältnisse ..... 375
Grundwertmessungs-Instrumente ..................... 69
Grundzeit .................. 315
Gruppenpläne .............. 284
Gußasphalt ................. 650
Gußglas ............... 581, 585

Haftpflichtversicherung 395 ff., 405, 407
Haftung ... 370, 388, 394 ff., 412 ff.
Haftungsbeschränkung ....... 404
Haftungsbestimmungen ...... 378
Halbgraphische Flächenberechnung ................ 76
Halbsatz ................... 76
Halbzeug, Aluminium ... 785, 790
Halbzeug, Kunststoffe ....... 656
Handelsgesellschaften ....... 174
Härte ..................... 433
Haufwerk .................. 456
Hauptbetriebe .............. 160
Haupthöhennetz ............ 61
Hauptmessungslinien ........ 118
Hauptmessungsliniennetz .... 59
Hauptpolygonzüge .......... 53
Hauptunternehmer .......... 175
Hauptverband der Deutschen Bauindustrie .............. 179
Heckmann-Breithaupt-Kombinationsmikroskop .... 17
Heckmann-Fadendistanzmesser ................ 24, 34
Helligkeit .................. 19
Helmert-Verfahren .......... 89
Hilfsbetriebe ............... 160
Hilfskonstruktionen ......... 148
Hilfsmittel für die Betriebsorganisation .............. 176
Hochbau, Maßordnung ...... 421
Hochbaustellen ............ 300 ff.
Hochpunkt ................. 57
Höhenabsteckungen ......... 117
Höhenaufnahmen ........... 60 ff.
Küsten .................. 66
Wasserläufe ............. 66
Höhenbestimmung .......... 7
physikalisch ............. 68
trigonometrisch ......... 66 ff.
Höhenbolzen ............... 7
Höhenfestpunkte ........ 6 ff., 118
Höhenindex-Stabilisierung .... 30
Höhenlinien ................ 65
Höhenmessungen ........... 110
Höhenmessungen, Brücken ... 125
Höhennetz ................. 61
Höhenpaßpunkte ............ 111
Höhentafel ................. 76
Höhenverbesserung ......... 112
Höhere Gewalt ............. 390
Hohlraumverfahren ......... 533

Holz ..................... 601 ff.
Abnutzungswiderstand ..... 608
Aufbau ................. 602 ff.
Dichte ................. 606
Eigenschaften .......... 605 ff.
Festigkeit .............. 607
Feuchtigkeitsverhalten .... 606
Härte .................. 608
Verformungsverhalten .... 608
Wärmeverhalten ........ 607
Holzarten ................ 615
Holzfehler ............... 609
Holzfaserwerkstoffe ...... 618
Holzschutz .............. 620 ff.
Holzspanwerkstoffe ....... 619
Holzvergütung ........... 616
Holzwerkstoffe .......... 611 ff.
Horizontalparallaxe ....... 108
Horizontalwinkelmessung ... 28 ff.
Hoyer-Effekt ............. 493
Hugershoff-Autokartograph ... 114
HV-Schrauben ............ 742
Hydrostatische Instrumente ... 20
Hyperbeltafel ............. 76
Hypsometer .............. 69

Indexverbesserung .......... 31
Indirekte Streckenmessung ... 58
Industriegewerkschaft Bau-Steine-Erden ............ 179
Industrie-Kontenrahmen .... 245
Ingenieurbau
Kontrollvermessungen ..... 117
Photogrammetrie ........ 114
Ingenieurvermessungen .... 47 ff.
Ingenieur-Vertrag ......... 415
Instrumente für Grundwertmessungen .............. 69
Instrumente zum flüchtigen Einwägen ............... 20
Instrumentenhöhe ........ 70
Internationale Union für Geodäsie und Geophysik ...... 2
Internationale Weltkarte .... 80
Internationales Hydrographisches Büro .............. 8
Invardrähte ........... 10, 124
Investierung ............. 266
Investitionskapital ....... 281
Investitionsplan .......... 183
Investitionsplanung ...... 151
Investitionsquote ........ 281

Jordansche Rechnungshöhen .. 68
Justierung
Libellen ................ 14 f.
Nivelliere ............. 21 ff.

Kalenderdaten, Datenverarbeitung ................... 237
Kalendrierung ........... 228
Kalk .................... 450
Kalkulation ...... 159, 184, 269 f.
Kalkulatorischer Verfahrensvergleich ........... 182, 185
Kaltprofilieren .......... 682
Kaltteer ................ 644
Kaltwalzen ............. 681
Kaolin .................. 547
Kapazität .............. 160
Kapazitätsplanung .... 160, 234
Kapitalgesellschaften ... 173
Kapitalrentabilität ...... 267

## Sachverzeichnis

Kapitalstruktur ............. 266
Kapitalumschlag ........... 268
Karte des Deutschen Reiches .. 79
Kartellgesetz
s. Gesetz gegen Wettbewerbsbeschränkung
Karten ................... 74 ff.
Karten, topographische ...... 79
Kartengitter ............... 104
Kartenmaßstäbe ............ 101
Kartierung ................. 74
Kastenkompaß ............. 32
Kastenlatten ............... 25
Katasterplankarte .......... 79
Kaufvertrag ............... 371
Kavalierperspektive ......... 121
Kegelkreuzscheibe .......... 11
KEK-Plotter ................ 113
Kelsh-Plotter .............. 113
Kennziffernbildung ......... 265
Keramische Baustoffe ..... 547 ff.
  Eigenschaften ............ 554
  Fehler und Schäden ..... 549 ff.
  Herstellung .............. 548
  Rohstoffe ................ 547
Kern-Doppelkreis-Theodolit .. 9
Kernebenen ............... 107
Kernstrahlenverlauf......... 108
Kesselbleche .............. 704
Kesselstähle .............. 703 ff.
Kippachsenfehler ........... 28
Kleber ................ 667, 676
Kleinbetriebe .............. 167
Kleinbogen ................ 84
Kleinpunktabsteckung ....... 84
Kleinpunktabsteckung mit runden Abszissen ............ 83
Kleinpunktabsteckung von der Sehne .................. 84
Kleinpunktberechnung ...... 41
Klothoide ............. 89, 91 ff.
Klothoidenabsteckung ..... 93 ff.
Kolonnen ................. 189
Kombinationsmikroskop .... 17
Kommandit-Aktionäre ...... 174
Kommanditgesellschaft ..... 173
Kommanditgesellschaft auf Aktien .................. 174
Komparator ............... 9
Kompaß .................. 31 f.
Kompensations-Polarplanimeter ................... 77
Kompensatoren ............ 20
Komplementär ............ 173 f.
Konglomerat .............. 437
Konsistenz................. 471 ff.
Konstruktion .............. 148
Konstruktionsbüro ......... 148
Konten ................... 244
Kontenartenschlüssel ....... 259
Konteneinrichtung ......... 254
Kontenklassen ............ 250 ff.
Kontenplan ............... 244
Kontenrahmen ............ 244
Kontroll-Liste ............. 233
Kontrollvermessungen, Ingenieurbau ............ 229
Koordinaten .............. 40 ff.
Koordinaten-Flächenberechnung .............. 75
Koordinaten-Nullpunkt ..... 48
Koordinatensysteme ....... 4
Koordinatentransformation ... 40
Koordinatographen ........ 74
Kopierverfahren ........... 79
Korbbögen ................ 86

Kornform ................. 456
Korngruppen ............. 456 ff.
Kornstruktur ............. 437
Körperverletzung ....... 367, 403
Korrespondenzabteilung ..... 171
Korrosion
  Aluminiumwerkstoffe ...... 789
  Leichtmetalle ............ 789
  Schwermetalle........... 775
Kosten ........... 184, 245, 268
Kostenarten ............... 250
Kostenartensammelklasse .... 244
Kostenplanung ............ 234
Kostenprüfung ............ 183
Kosten- und Leistungsrechnung ................ 269 ff.
Kostenremanenz ........... 281
Kostenschätzung ........... 412
Kostenvoranschlag ......... 362
Kreditbeschaffung .......... 158
Kreisbögen ............... 80 ff.
Kreisbogenabsteckung ...... 82
Kreisteilung .............. 134 ff.
Kriechen
  Beton .................. 500
  Stahl................... 691
Kritischer Abstand, Fertigungsgruppen ................ 193
Kritischer Weg ............ 226
Kubische Parabel .......... 89
Kündigung, Bauvertrag . 362, 391 ff.
Kunstharze ............... 656
Kunststoffanstriche ..... 667, 675
Kunststoffbauteile ......... 658
Kunststoffbeläge .......... 662
Kunststoffbeschichtungen 666, 711
Kunststoffbodenbeläge ..... 661
Kunststoffdämmung ....... 662
Kunststoffdichtung ........ 662
Kunststoffe .............. 652 ff.
  Anwendungsgebiete .... 658 ff.
  bautechnische Eigenschaften 657
  chemischer Aufbau ...... 653
  Kunstharze ............. 656
  Lieferformen ........... 656 ff.
  physikalische Einteilung ... 655
Kunststoff-Fensterprofile .... 660
Kunststoff-Formmassen ..... 656
Kunststoff-Halbzeug ....... 656
Kunststoffkleber ....... 667, 676
Kunststofflichtelemente .... 660
Kunststoffplatten ......... 661
Kunststoffrohre ........... 664 ff.
Kunststoff-Tabellen ....... 668 ff.
Kunststoffversiegelungen .... 666
Kupfer .................. 761 ff.
Kupferlegierungen ........ 761 ff.
Kuppenausrundung ........ 88
Kurvenabsteckung ......... 80 ff.
Kurvenabsteckung, Nalenzverfahren ............... 96 ff.
Küsten-Höhenaufnahmen .... 66
Küstenmessungen .......... 66

Lage- und Höhenaufnahme, gleichzeitig ............. 70 ff.
Lagefestpunkte ........... 6 ff.
Lagemessungen ........... 40 ff.
Lagenholz ............... 616
Lagevermarkung .......... 9
Lambertsche konforme konische Abbildung .......... 80
Länderbauordnungen ...... 212
Landeshöhennetze ......... 61
Landes-Triangulation ...... 49 ff.

Landesvermessung ......... 8 ff
Landesvermessungsamt ....... 8
Landstraßenbau ............ 91
Längeneinheit .............. 2
Längenfehler............... 124
Längenmaßstäbe ........... 99
Längsprofile .............. 63 ff.
Lattenhürde .............. 117
Lattenprofil .............. 119
Laufzeitmessung .......... 10 f.
Leichtmetalle ............ 776 ff.
Leichtmetalle, Korrosion .... 789
Leistung ........... 190, 245, 268
Leistungsabstimmung ...... 192
Leistungsabstimmung von Maschinen ............. 196
Leistungsbeschreibung
  375, 377, 405 ff.
Leistungsentlohnung ....... 336 ff.
Leistungserfassung ........ 213
Leistungserstellung ....... 181 ff.
Leistungsgrad ............ 320
Leistungslohn ............. 154
Leistungsmeldungen ....... 210
Leistungsrechnung ........ 277
Leistungsspanne .......... 321
Leistungsverzeichnis 213, 375, 380,
  382 f., 387, 406 ff.
Leistungsverzug .......... 393
Leistungswert ............ 190
Leistungszulagen ......... 155
Leitliniennivellement ....... 64
Libellen .............. 13 ff., 27 f.
Lichtstrahleneinwirkung .... 436
Lieferantenkartei .......... 157
Liefergarantie ............ 157
Lieferscheine............. 157
Liniendiagramm, Arbeitsablauf ................. 190
Linienschnittverfahren ..... 103
Liniensystem ............. 163
Linsenstereoskop ......... 109
Liquidität ............ 158, 267
Liquiditätsstatus .......... 159
Listenausdruck ........... 240
Lochkarten .............. 218
Lochstreifen ............. 218
Lohnbildung ............. 330
Lohngleitklauseln ..... 216, 364
Lotstabentfernungsmesser .... 37
Luftbildaufnahme ......... 101
Luftbildausmessung ....... 103 ff.
Luftbildüberdeckung ...... 100 ff.
Luftbildpläne ............ 107
Luftbildtriangulation ...... 114
Luftbildüberdeckung ...... 102
Luftbildumzeichner ....... 105
Luftdruckmessung ......... 68
Luftporenbildner ......... 466
Lupe .................... 15

Magazine ............... 298
Mängelbeseitigung .... 352 f., 388 f.,
  396 f., 399
Mangelfreie Herstellung .... 352
Mängelhaftung .. 373, 387, 399, 411
Mängelrügen ............ 161
Marktforschung ...... 147, 160
Marktpreis .............. 363
Marktuntersuchung ....... 157
Maschinerie .............. 65
Maschinenberichterstattung .. 210
Maschineneinsatz ......... 188
Maschinengruppe ......... 189

## Sachverzeichnis

Maschinenintensive Arbeiten, Leistungslohn ............ 340
Maschinenkonstruktionsbüros . 154
Maschinenpersonal ........... 153
Maschinen-Tagesbericht ...... 210
Masse .................... 422
Massenermittlung ........... 198
Massengarantie .............. 380
Maßeinheiten ............... 2
Maßordnung, Hochbau ....... 421
Maßstäbe ................. 74ff.
Maßstabsänderung .......... 78
Maßstabszahl ............... 99
Maßveränderungen .......... 78
Mauerverformung ........... 121
Meerestiefen ................ 8
Mehrleistung ............... 384
Mehrwertsteuergesetz ........ 261
Meilensteinberichte .......... 240
Mengenberechnung .......... 213
Meridiankonvergenz ......... 31
Meridianstreifensystem ....... 5
Merkatorabbildung .......... 5
Messungslinien ............. 41, 57
Meßbänder ................. 9
Meßbandzüge ............... 65
Meßfernrohr ............... 18ff.
Meßkeil .................... 9
Meßlatten .................. 9
Meßtechnik ............... 418ff.
Meßtischblatt ............... 79
Meßtischtachymetrie ........ 73
Meßverfahren, Zeitermittlung . 321
Metallische Überzüge ........ 710
Meter ..................... 2
Methode der kleinsten Quadrate ............ 127, 129, 133
Mikrobarometer ............ 69
Mikrometer ................ 17
Mikroskop ................ 15ff.
Minderwert ................ 353
Mischbilder ................ 36
Mißweisung ............... 32
Mitbestimmungsrecht ........ 162
Mittelbetriebe ............. 168
Mittelfristige Planung ........ 231
Mitwirkungsverschulden ..... 354
Montagekolonnen ........... 150
Mörtel .................... 444ff.
Ausgangsstoffe ............ 449
Bindemittel ............. 450ff.
Formänderungen .......... 496
Klassifizierung ............ 536
Zug-Haftfestigkeit ......... 494
Zusammensetzung ......... 447
Zuschläge ............... 455ff.
Mörtelarten ................ 447
Multimomentaufnahmen ..... 326
Multiplex .................. 113
Musterkontenplan ........... 246
Musterkontenrahmen ....... 250ff.
Musterverträge ............. 175
Muttern .................. 735ff.

Nachforderungen ........ 400, 408
Nachfrist .................. 394
Nachkalkulation . 151, 210, 270, 276
Nachrichtenübermittlung ..... 177
Nachtragsangebot ........... 385
Nachunternehmer ........... 175
Nachwuchsschulung ......... 149
Nadelabweichung ........... 32
Nadelbussole ............... 33
Nadirpunkt ................ 104
Nalenzverfahren ............ 96ff.

Naturasphalte ............. 640
Natursteine .............. 436ff.
Bearbeitung ............. 443
Begriffe ................. 436
Bewertung .............. 438
Eigenschaften ........... 437
Handelsformen .......... 443
petrographische Merkmale .. 437
physikalisch-chemische Eigenschaften ........... 442
physikalisch-technische Eigenschaften ......... 439ff.
Navier-Hypothese .......... 431
Nebenangebote ............ 380
Nebenbetriebe ............. 160
Nebenleistungen .383, 388, 393, 406
Nebenunternehmer ......... 175
Neigungsmesser ............ 10
NE-Metalle s. Nichteisenmetalle
Netzplan .................. 191
Netzplansysteme ........... 228
Netzplantechnik ....... 218ff., 240
Neugrad ................. 136ff.
Neupunkt ................. 46
Nichteisenmetalle ......... 757ff.
Nichtmetallische Überzüge ... 710
Nichtrostende Stähle ........ 713
Niederlassung .... 165, 171, 207
Niederlassungsbetriebe ...... 164
Niederlassungsunternehmen ... 151
Niete ................... 735ff.
Nivellement .............. 60ff.
tachymetrisch ............ 67
trigonometrisch .......... 67
Nivellementsnetz ........... 61
Nivellierinstrumente ....... 20ff.
Nivellierlatten .......... 25, 125
Nivellierstative ............ 23
Nivelliertachymeter ......... 66
Nonius ............... 15ff., 31
Nordrichtungen .......... 31ff.
Normal-Höhenpunkt ....... 7
Normalkontenplan ....... 248f.
Normalmeterpaar .......... 9
Normal-Null-Fläche ........ 7
Normung ................ 421
Nullziel .................. 28
Nutzungsdauer, Baugeräte .... 151

Oberbauleitung ............ 207
Offene Handelsgesellschaft .... 173
Offsetdruck ............... 79
Operations Research ... 218, 283
Optische Distanzmesser .... 33ff.
Optisches Mikrometer ....... 17
Ordnungswidrigkeiten ... 365ff.
Organisation, Bauunternehmen .............. 143ff.
Organisationsbereiche ..... 161ff.
Organisationsform, Bauunternehmen ................ 163ff.
Organisationsmittel ......... 176
Organisationsmittelprüfung ... 162
Organisationsplan . 167ff., 207, 244
Organisationsprinzipien ..... 163
Orientierungsbogen ........ 121
Orthogonale Aufmessung ... 58ff.
Orthophotoskopie ......... 107
Orthoskopischer Effekt ..... 109
Pantograph ............... 87
Papierstreifenverfahren ..... 103
Papierveränderung ......... 77
Parabelmethode ............ 85
Parabeln .............. 86, 89
Parallelentafel ............. 76

Paßpunkte ................ 104
Patentrechte ............... 397
Pauschalpreis .............. 347
Pauschalvergütung .......... 384
Pech ............... 636, 640ff.
Pegelbuch ................ 8
Peilpfähle ................. 66
Peripheriewinkelverfahren .... 12
Personal ................ 154ff.
Personalbedarf ............. 154
Personalbeschaffung ........ 154
Personaleinsatz ............ 154
Personalkartei ............. 156
Personalplan .............. 281
Personalplanung ........... 155
Personalstatistik ........... 156
Personengesellschaft ........ 173
Personenkartei ............. 204
PERT-Verfahren ........... 221
Perspektives Strahlenbüschel . 103
Pfeiler ................... 121
Pfeilerbewegungen ......... 121
Pfeilhöhe ................. 81
Pfeilhöhenmaßstäbe ......... 99
Pfeilhöhenmesser ........... 98
Pfeilhöhenvergleichsverfahren . 100
Pflöcke, Absteckung ........ 119
Photogrammetrie ........ 100ff.
geodätische .............. 114
Ingenieurbau .......... 114ff.
Photogrammetrische Auswertegeräte ................ 113
Photographische Planreproduktion ................. 78
Photostereograph ........... 114
Physikalische Höhenbestimmung ................... 68
Physikalisch-Technische Bundesanstalt ............. 9
Planarbeiten ............. 74ff.
Pläne
Reproduktion ............ 78
Vervielfältigung .......... 78
Planglasmikroskop .......... 17
Planimeter ................ 214
Planimeterharfe ............ 76
Planitrop ................. 113
Planungsebenen ............ 230
Planungsfehler .......... 411ff.
Planungsphase ............. 233
Planungsrechnung .... 160, 279ff.
Plastomere s. Thermoplaste
Plotter ................... 240
Polare Aufmessung ......... 60
Polare Koordinaten ......... 44
Polarisationsfilter .......... 109
Polarplanimeter ............ 76
Polyaddukte .............. 655
Polygone, Absteckung ...... 82
Polygonierung ........... 53ff.
Polygonnetze ............ 57ff.
Polygonpunktberechnung ... 53
Polygonsteine ............. 9
Polygonzug ..... 44, 53ff., 83
Polykondensate ........... 654
Polymerisate .............. 653
Poren, Beton .............. 467
Porositätsgrade ............ 439
Porositätswerte ............ 469
Positionswinkel ............ 12
Positiv-Kontakt-Kopierverfahren ................. 79
Prämienlohn ............. 339
Präzisions-Pantograph ...... 78
Preisabrede s. Preisabsprache
Preisabsprache ...... 368, 381, 394

## Sachverzeichnis

Preisaufsicht .............. 364
Preislisten ................ 157
Preisrecht ................ 363 ff.
Preßglas ............. 582, 595 ff.
Prismenbussole ............ 33
Produktionsergebnisrechnung . 278
Produktionsfaktoren ........ 182
Produktionsplanung ........ 160
Profillatten ................ 119
Prognosen ................ 281
Programmkapazität, Datenverarbeitung .............. 236
Projektänderung ........... 384
Projektbearbeitung ......... 148
Projektionszentrum ..... 101, 106
Projektkontrolle ............ 233
Prozeßgliederungsprinzip .... 244
Prüfsiebe ................. 456 ff.
Prüfung von Nivellieren ..... 21 ff.
Prüfungspflicht ............ 387
Pseudoskopischer Effekt ..... 109
Public Relations ....... 148, 162
Pufferarbeiten ............. 193
Pufferzeit ............ 193, 223
Punktreihenverfahren ....... 103
Pythagoras ................ 42

Quadrantenregeln .......... 43
Quadratglastafel ........... 76
Qualitätskontrolle ...... 161, 212
Quecksilberbarometer ...... 69
Quellen .................. 496
Querprofile ................ 63 ff.
Quoten-Arge ........... 369, 389

rad ........................ 11
Radialabstände ............ 91
Radialtriangulation ......... 106
Radialverschiebung ......... 112
Radiant ................... 3
Rahmennivellement ........ 60
Rahmenvereinbarung ....... 205
Rammarbeiten ............. 407
Ramsdenscher Kreis ........ 19
Ramsdensches Okular ...... 18
Rechenmaschine ........... 46
Rechnungsaufstellung ...... 215
Rechnungshöhen ........... 68
Rechnungswesen .... 159 ff., 242 ff.
Rechtsbereich ............. 162
Rechtwinklige Koordinaten ... 44
Reduktion von Messungen .. 10
Reduktionstachymeter ...... 36
REFA-Standardprogramm
  Anforderungsermittlung .... 335
REFA-Standardprogramm
  Arbeitsgestaltung .......... 333
REFA-Standardprogramm
  Zeitaufnahme ............. 318
Refraktion ................ 67
Reichenbachsche Fadendistanzmessung ................ 35
Reichsamt für Landesaufnahme 7
Reichsrechnungslegungsordnung ................ 213
Reichsverdingungsausschuß .. 372
Reichsversicherungsordnung .. 403
Reisebarometer ............ 69
Reiterlibelle ............... 28
Reliefpolyederverfahren ..... 73
Reparaturpauschalen ....... 151
Reparaturwerkstatt ......... 153
Repetitions-Theodolit ....... 26
Repetitionswinkelmessung ... 29

Revision .................. 165
Revisionsbereich ........... 162
Richtlinien für die elektronische Bauabrechnung ..... 218
Richtlinienpreise ........... 363
Richtungsmessung ......... 28
Richtungswinkel .......... 42 ff.
Richtungszug .............. 44
Richtwerttabelle, Schalungsarbeiten ................ 337
Risikozuschlag ............ 359
Röhrenkompaß ............ 32
Röhrenlibelle .............. 14
Rostaufnahme ............. 65
Rückkoppelung ............ 176
Rücknivellement ........... 62
Rücktritt vom Vertrag ...... 147
Rückwärtseinschnitt ..... 50, 121
Run ...................... 16
Rüstzeit .................. 315
Rüttelschreiberscheibe ...... 324

Satzmessung .............. 28
Sauerstoffblasverfahren ..... 678
Seekarten ................. 80
Seekartennull .............. 8
Sehne, Kreisbogen ......... 80
Sehnen, Absteckung ........ 83
Sehnenvielecke, Absteckung .. 82
Sehnenwinkelverfahren .... 84, 94
Seile ..................... 751
Sekantenmethode .......... 86
Sekundentheodolit ......... 124
Selbstfinanzierung ......... 158
Selbstkosten .............. 159
Selbstkostenerstattungsverträge ................ 347
Senkrechtaufnahmen, Ausmessen ................ 104
Setzlattenprofile ............ 64
Setzlibellen ................ 14
Sextant ................. 11 f.
Shoran-Geräte ............. 11
Sicherheitsbeauftragter ..... 405
Sicherheitsgläser ........... 588
Sicherheitsleistung ......... 402
Sicherung des Unternehmers ... 361
Sicherungshypothek ........ 361
Sicherungsmaßnahmen ..... 368
Sichtbarkeitsbestimmung .... 68
Sieblinien ............... 456 ff.
Siedethermometer .......... 69
Siemens-Martin-Stahl ...... 678
Signalhöhe ................ 48
Signalisierung ............. 47
Skontoabzüge ............. 401
SM-Stahl ................. 678
Sonderbaustähle ........... 700
Sondergläser .............. 593
Sondertriangulation ........ 126
Sondervermessung ......... 8
Spannbeton ............... 714
Spannbetonbau .......... 724 ff.
Spannbettverfahren ........ 714
Spannstahl-Drähte ......... 726
Spannstähle ............. 724 ff.
  Spannungsrißkorrosion .... 733
Spannstahl-Litzen .......... 726
Spannstahl-Stabstähle ...... 725
Spannungs-Dehnungs-Diagramm ............. 431
Sperrmauerbolzen ........ 120 f.
Spezialisierte Kolonnen ..... 189
Spiegelglas ........... 582, 585
Spiegelinstrumente ......... 12

Spiegellinsenfernrohr ........ 18
Spiegelstereoskop .......... 109
Sprengstofflager ........... 298
Springniedrigwasser ........ 8
Sprödigkeit ............... 433
Spundwand-Normalprofile ... 753
Submissionsergebnisse ...... 147
Subunternehmer ....... 175, 389
Subunternehmerangebot ..... 156

Schadensersatz 353, 356, 370 f., 374
  386, 388 ff., 394, 404 f., 412
Schalungsarbeiten, Richtwerttabelle .................. 337
Schaubilder ............... 177
Schaumglas .......... 582, 600
Schaumkunststoffe ......... 673
Scheinangebote ............ 381
Scheinvorgang ............ 221
Scheitelabstand, Kreisbogen .. 80
Scheitelabszisse, Kreisbogen .. 81
Scheitelordinate, Kreisbogen .. 81
Scheiteltangente, Kreisbogen . 81
Schicht ................... 190
Schiedsgericht ............. 402
Schiedsgutachterverfahren ... 403
Schiefstellung, Brückenpfeiler . 126
Schiffsbarometer ........... 69
Schlauchwaage ............ 20
Schleuderbetonstahl ........ 719
Schlüsselnummer .......... 229
Schlußrechnung ...... 215, 400
Schlußzahlung ............ 400
Schmalkalder Bussole ...... 33
Schnellsignal .............. 47
Schnurdreieck ............. 11
Schnurlot ................. 20
Schnur-Pfeilhöhenmesser ... 98
Schrägaufnahmen, Ausmessen 103
Schrauben .............. 735 ff.
Schraubenmikroskop ....... 16
Schrumpfen .............. 496
Schulung .......... 149, 153, 156
Schutzstreifen ............. 119
Schweißelektroden ......... 743
Schweißleistung .......... 742 ff.
Schweißzusatzwerkstoffe ... 742 ff.
Schwermetalle .......... 757 ff.
  Korrosion ............... 775
Schwerpunktwerkstätten .... 153

Stab-Liniensystem .......... 164
Stabsbereich .............. 146
Stabsstellen .............. 161
Stahl .................. 678 ff.
  Alterungsbeständigkeit .... 705
  Alterungssprödung ....... 678
  Betriebsfestigkeit ......... 694
  Bewehrungsstähle ...... 714 ff.
  Brennschneiden .......... 690
  Dauerfestigkeit .......... 691
  Dauerfestigkeitsschaubild .. 693
  Dauerschwingfestigkeit ... 691
  Eigenschaften ..... 678 ff., 683 ff.
  Elastizitätsgrenze ......... 685
  Elastizitätsmodul ......... 685
  Erschmelzen ............ 678
  Fließgrenze .............. 685
  Gebrauchseigenschaften .. 689
  Gestaltfestigkeit .......... 694
  Gleichmaßdehnung ....... 685
  Härten ................. 689
  Kaltprofilieren ........... 682
  Kaltwalzen .............. 681

## Sachverzeichnis 801

Korrosion .......... 709ff., 733
Korrosionsschutz ........ 709ff.
Kriechen ................ 691
Mutternstähle ........... 735ff.
nichtrostend .............. 713
Nietenstähle ............. 735ff.
Normalglühen ............. 688
Normalisieren ............ 688
Oberflächenbehandlung .... 710
Prüfeigenschaften ........ 683ff.
Quetschgrenze ............ 685
Reißfestigkeit ............ 685
Rekristallisationsglühen .... 689
Relaxation ............... 691
Schraubenstähle ......... 735ff.
Schweißbarkeit ........... 689
Schweißzusatzwerkstoffe .. 742ff.
Schwellfestigkeit ......... 682
Spannstähle ............. 724ff.
Spannungsarmglühen ...... 689
Spannungs-Dehnungslinie
 685ff., 721, 725, 731, 752
Sprödbruchunempfindlich-
 keit ............. 690, 697, 699
Streckgrenze ............. 685
Temperaturversprödung ... 695
Verbindungsmittelstähle .. 734ff.
Vergießen ................ 679
Vergüten ................. 689
Walzen .................. 680
Wärmebehandlung ........ 688
warmfest ................ 706
Warmwalzen ............. 680
Wechselfestigkeit ........ 692
Witterungsschutz ........ 709ff.
Wöhlerkurve ............. 692
Zeitfestigkeit ............. 692
ZTU-Schaubild ........... 688
Zugversuch .............. 685
Stahlbaustähle ........... 695ff.
Stahlbeton .......... 492, 714
Stahlerzeugung .......... 678ff.
Stahlguß ................ 679
Stahlhohlprofile .......... 754
Stahlprofile, stranggepreßt ... 683
Stahlrohre ............... 754
Stahlseile ................ 751
Stahlspundwände ........ 752
Stammarbeiterzulagen ..... 155
Stampferscher Unterbau ..... 21
Standbarometer ........... 69
Standortplanung .......... 161
Standpunktzentrierung ...... 52
Stangensignal ............. 47
Stationierung der Bögen ..... 85
Stationspfähle ............. 66
Statistik ................ 162
Staumauern ............. 120ff.
Steilsichtprismen .......... 113
Steinzeugprodukte ........ 567ff.
Stereoflex ............... 113
Stereokartograph ......... 114
Stereometer ............. 110
Stereophotogrammetrie,
 Grundgleichung .......... 110
Stereoskop .............. 108ff.
Stereoskopisches Sehen ...... 107
Stereotop ............... 113
Stereotopograph .......... 114
Stille Gesellschaft ......... 173
Stoffbedarf .............. 156
Stoffbereitstellungspläne .... 204
Stoffberichterstattung ...... 210
Stoffbestellung ........... 156
Stoffe s. Baustoffe
Stoffgleitklauseln ......... 216

Stoffpreisgleitklauseln ....... 364
Stoffverarbeitung ........... 156
Störungen im Bauablauf ..... 194
Strafrechtliche Vorschriften .. 367
Straftaten ............... 365ff.
Strahlbüschel .............. 86
Strahlenschutz .......... 436, 760
Stranggepreßte Stahlprofile ... 683
Stranggießen .............. 679
Straßenbaubitumen ........ 637
Straßenbaustellen ......... 305ff.
Straßendecken ........... 645ff.
Straßenteere ............ 642ff.
Streckenberechnung ........ 42
Streitigkeiten ............. 402
Strip-Kamera ............. 116
Stromversorgung .......... 286
Studentenverteilung ........ 481
Stundenlohn .............. 347
Stundenlohnarbeiten ....... 400

Tabellarische Betriebsbuch-
 haltung ................ 245
Tabelle, Arbeitsablauf ....... 190
Tachymeter ............... 34ff.
Tachymetertheodolit ...... 35, 71
Tachymeterzüge ........... 72
Tachymetrisches Nivellement .. 67
Tafelglas ................ 581ff.
Tagesarbeitsbericht ........ 211
Tages-Stundenbericht ...... 208
Tagewerk ................ 190
Taktfertigung ............. 191
Taktzeit ................. 192f.
Talsperrenüberwachung .... 120ff.
Talübergangsausrüstung,
 Nivellieur ............... 125
Tangente, Kreisbogen ....... 80
Tangenten an gegebene Bögen . 87
Tangentenschrauben ........ 39
Taschennivellier ........... 20
Tätigkeitszeit ............. 315
Taylor-Bedingungsgleichun-
 gen .................... 132
Taylor-System ........... 164
Teer ................ 636, 640ff.
Teeremulsion ............. 645
Teilkreis-Ableseeinrichtungen 15 ff.
Teilleistungen ............. 397
Teilschlußrechnungen ....... 216
Teilzentralisierung ......... 165
Terminierung ............. 228
Theodolit ........... 17, 25ff., 124
Theodolitstativ ............ 26
Theodolittachymetrie ...... 70ff.
Thermoplaste ....... 655, 668ff.
Thomasstahl ............. 678
Tiefbaustellen ........... 305ff.
Ton .................... 547
Topographische Karten .... 8, 79
Topographische Übersichts-
 karte ................... 80
TORSTAHL ............. 720
Totalunternehmer ......... 176
Tötung, fahrlässige .... 367f., 403
Transformationsgleichungen .. 40
Transparentfolien .......... 77
Traß .................... 450
Trassierung, Klothoide ...... 95
Triangulation ....... 8ff., 47, 126
Trigonometrische Höhen-
 bestimmung ............ 66ff.
Trigonometrische Punkte ..... 6ff.
Trigonometrisches Nivelle-
 ment ................... 67

Trilateration ............... 6ff.
T-Stahl ................. 678
Tunnelbau, Vermessungen ... 126
Turmdrehkräne ........... 302ff.
Turmhöhenbestimmung ...... 68

Übergangsbögen ........... 90
Übergangsbogenlängen ....... 96
Übergangskurven ........... 89
Überhöhung ............... 90
Überhöhungsrampe .......... 90
Übersichtskarte von Mittel-
 europa ................. 80
Übersichtskarten ........... 79
Übertragungsgleichungen ..... 40
Übertretung .............. 368
Überwachungspflicht ...... 413ff.
Überwachungsrecht ........ 387
Überweitwinkel-Aufnahmen .. 114
UGGI s. Union Géodésique et
 Géophysique
Umsatzprognose ........... 281
Umsatzsteuer ............. 371
Unfallfürsorge ............ 403
Unfallgeld ............... 183
Unfallverhütung .......... 404
Unfallverhütungsvorschriften . 212
Unfallversicherung .... 212, 403ff.
Ungleiche Sehnen .......... 83
Union Géodésique et Géophy-
 sique Internationale (UGGI) 2, 5
Universal-Theodolit ...... 26, 70
Universale-Transverse-Merka-
 tor-System s. UTM-System
Unmöglichkeit der Vertrags-
 erfüllung ............... 356
Unternehmen ............ 247
Unternehmensaufbau, Einfluß-
 faktoren ............... 166
Unternehmensaufgaben ...... 163
Unternehmensformen, recht-
 liche .................. 173
Unternehmensforschung ..... 218
Unternehmensgebundene Auf-
 gaben ..... 147ff., 151, 155, 157
Unternehmensgebundene
 Funktionen ...... 145, 158, 160
Unternehmensgröße ........ 166
Unternehmenskonzeption .... 165
Unternehmensrechnung ..... 160
Unternehmenstypen ...... 167ff.
Unternehmerverpflichtung ... 352
Unterschiedsrechnung ...... 185
Urzahlen ................ 216
UTM-System .............. 5

Verantwortlicher Bauleiter ... 212
Verbandswesen ........... 178
Verbesserungsgleichungen .. 129ff.
Verbindungsmittelstähle .... 734ff.
Verbrauchskontrolle ........ 157
Verbrauchsstatistik ......... 157
Verbuchung .............. 245
Verdingungsordnung für Bau-
 leistungen ... 181, 345ff., 372ff.
Verdingungsunterlagen .375ff., 380
Verfahrensvergleich ...... 182ff.
Vergleichserschwerende Ein-
 flüsse .................. 184
Vergleichskalkulation ....... 185
Vergrößerung, Fernrohr ..... 19
Vergußmassen ............ 650
Vergütung 216, 346, 352, 359f.,
 378, 383ff., 393, 409
Vergütungsgefahr .......... 358

# Sachverzeichnis

Vergütungsstähle ............ 703
Verjährung 216, 354, 360, 365, 371, 399
Verkehrsanlagen ............ 294
Verkehrsbänder ............. 115
Verkehrssicherung .......... 296
Vermarkung ............ 9ff., 117
Vermessungsgeräte ......... 9ff.
Vermessungsinstrumente ..... 9ff.
Vermessungstechnik ......... 1
Vermögensstruktur .......... 266
Verpflichtungen des Bauherrn .................. 359ff.
Verpflichtungen des Unternehmers ................ 352
Verrechnungskontos ......... 159
Verrechnungspreise .......... 276
Verschiebungsvektor ........ 120
Verschlüsselung ............ 184
Verschränktes Trapez ........ 75
Verschulden .. 389, 395, 398ff., 403
Verschuldenshaftung ........ 378
Versicherungsbolzen ........ 121
Verspätete Fertigstellung ..... 355
Verteilzeit ................. 315
Vertikalachsenlibelle ......... 14
Vertikalwinkelmessung ...... 30ff.
Vertragsabteilung .......... 162
Vertragsänderungen ......... 384
Vertragsbedingungen ........ 197
Vertragsformen ............ 344
Vertragsparteien ............ 349
Vertragsrücktritt ............ 147
Vertragsstrafe ...... 355, 394, 397
Vertragsverletzung ... 354, 373, 399, 412
Vertragswerkstätten ......... 153
Vertragswidrige Leistungen 388, 393
Verursachungshaftung ..... 377f.
Verwirkung ................ 352
Verwitterung ............... 442
Verzugszinsen ............. 401
Vierstrahlverfahren ......... 103
Viertelsmethode ............. 85
Viskoelastische Formänderungen ................... 433
VOB s. Verdingungsordnung für Bauleistungen
Vollholz .................. 616
Vorberechnungen .......... 265
Vorblick ................... 62
Vorbogen ................ 89ff.
Vorgabezeit .......... 155, 314
Vorgabezeitermittlung ....... 336
Vorgangsdauer ............ 222
Vorgangsknotennetze ....... 224
Vorgangspfeilnetze .......... 220
Vorgegebene Abhängigkeiten .. 184
Vorkalkulation ... 149, 250, 269f.
Vorsatztubus ............... 37
Vorstecktubus .............. 36

Vorwärtseinschnitt ....... 45, 50
Vorzeichenregeln ............ 43

Walzprofile ................ 682
Walzwerkserzeugnisse ...... 681ff.
Wandersehnenverfahren ...... 100
Wannenausrundung ......... 88
Wärmeschutzgläser .......... 589
Warmfeste Stähle .......... 706
Warmwalzen ............... 680
Wartezeit ................. 315
Wasseranspruchszahl ....... 531
Wasserläufe, Höhenaufnahmen .................. 66
Wasserschaden ............ 354
Wasserstoffversprödung ..... 739
Wasserversorgungsanlagen ... 284
Wasserzementwert ...... 454, 471
Wechselblenden ............ 110
Wechselpunkte, doppelte ..... 72
Weisungsrecht ............. 175
Weltkarte .................. 80
Werbeabteilung ............ 162
Werbung .................. 148
Werklieferungsvertrag ....... 361
Werkstätten .......... 150, 153, 291
Wettbewerb ............... 374
s. a. Gesetz gegen Wettbewerbsbeschränkungen
Wettbewerbspreise .......... 364
Wetterfeste Baustähle ....... 712
Wetterteere ................ 644
Widerstandspunktschweißen .. 711
Wild-Autograph ............ 114
Wild-Zeiß-Mikrometer ....... 17
Winkelberechnung .......... 42
Winkelbildverfahren ....... 96ff.
Winkeleinheiten ............ 3
Winkelhalbierer ............ 12f.
Winkelkreuz ............... 12
Winkelmessung ....... 11ff., 25
Winkelmeßinstrumente, geodätische ................ 13ff.
Winkelprismen ............. 13
Winkelspiegel ............. 11f.
Winkelteilung ............ 136ff.
Winkeltrommel ............. 12
Wirtschaftlichkeit ........... 268
Wirtschaftlichkeitsgrenze .... 186
Wirtschaftlichkeitskontrolle 149, 161, 210
Wirtschaftlichkeitsvergleich ... 185
Wirtschaftsausschuß ........ 163
Wirtschaftsstrafgesetz .... 365ff.
Witterungseinflüsse ......... 434
Wöhlerlinie ................ 428
W-Stähle ................. 678

Y-Stahl ................... 678

Zähigkeit ................. 433
Zahlung ................ 400ff.
Zahlungsfristen ............ 216
Zahlungsunfähigkeit ........ 159
Zahlungsverkehr ........... 159
Zeichenfolien ............... 77
Zeichenmaschinen ..... 218, 238ff.
Zeichenpapiere ............. 77
Zeiß-Reduktionstachymeter ... 36
Zeitaufnahme ........... 319ff.
Zeitaufnahmebogen ......... 322
Zeitdauer ................. 221
Zeiteinheiten, Datenverarbeitung .................. 237
Zeitermittlung ............. 337
Zeitgliederung ............. 312
Zeit-Mengen-Diagramm ..... 190
Zeitmeßverfahren .......... 321
Zeit-Weg-Diagramm ........ 190
Zement ................ 450ff.
 Gewährleistungsbedingungen 455
 Temperaturdehnung ....... 501
 Wärmeentwicklung ....... 518
Zementleimrohdichte ....... 471
Zementleimverfahren ....... 532
Zementsteinfestigkeit ....... 475
Zenitwinkelmessung ......... 31
Zentraler Unternehmensaufbau 164
Zentralisierung ............ 164
Zentralsekretariat .......... 162
Zentralverband des Deutschen Baugewerbes ............ 179
Zentralverband des Deutschen Handwerks ............. 179
Zentrierstativ .............. 26
Zentrierung ................ 52
Ziegeleierzeugnisse ...... 555ff.
Zielachse ............... 19, 21
Zielachsenabweichung ....... 32
Zieleinrichtungen .......... 125
Zielhöhe .................. 70
Zielpunktzentrierung ........ 52
Zimmerplätze ............. 291
Zink .................. 772ff.
Zinklegierungen ......... 772ff.
Zugabewasser ............. 462
Zusammenarbeit von Bauunternehmen ........... 174
Zusatzmittel .............. 465
Zusatzstoffe .............. 463
Zuschlag ............... 379ff.
Zuschläge, Mörtel und Beton 455ff.
Zuschlagsfrist ............. 378
Zuschlagsrechnung ......... 270
Zwangspunkte ............ 185
Zwangstrierung ............ 122
Zweikeilmethode ............ 95
Zweikreissystem ...... 244, 253
Zwischennachkalkulation ..... 270
Zwischenorientierung ........ 58
Zwischenpunkte ............. 95
Zyklogramm .............. 191

MIX
Papier aus verantwortungsvollen Quellen
Paper from responsible sources
FSC® C105338

If you have any concerns about our products,
you can contact us on
**ProductSafety@springernature.com**

In case Publisher is established outside the EU,
the EU authorized representative is:
**Springer Nature Customer Service Center GmbH
Europaplatz 3, 69115 Heidelberg, Germany**

Printed by Libri Plureos GmbH
in Hamburg, Germany